Beilsteins Handbuch der Organischen Chemie

(Beilsteins) Handbuch der Organischen Chemie

Vierte Auflage

Drittes und Viertes Ergänzungswerk

Die Literatur von 1930 bis 1959 umfassend

Herausgegeben vom
Beilstein-Institut für Literatur der Organischen Chemie
Frankfurt am Main

3. Teil

Seite **1756**, Zeile 1 v. o. Nach [1958] ist einzufügen „Nr. 1, S.".

Seite **1756**, Zeile 2 v. o. An Stelle von „Kp: $130-133°$" ist zu setzen „Kp_4: $130-133°$".

Erich Bayer · Marie-Elisabeth Fernholz · Volker Guth · Hans Härter
Irmgard Hagel · Ursula Jacobshagen · Rotraud Kayser · Klaus Koulen
Bruno Langhammer · Dieter Liebegott · Richard Meister · Annerose Naumann
Wilma Nickel · Burkhard Polenski · Annemarie Reichard · Eleonore Schieber
Eberhard Schwarz · Ilse Sölken · Achim Trede · Paul Vincke

Neunzehnter Band

Dritter Teil

Springer-Verlag Berlin · Heidelberg · New York 1977

ISBN 3-540-08193-3 Springer-Verlag, Berlin·Heidelberg·New York
ISBN 0-387-08193-3 Springer-Verlag, New York·Heidelberg·Berlin

© by Springer-Verlag, Berlin · Heidelberg 1977
Library of Congress Catalog Card Number: 22—79
Printed in Germany

Satz, Druck und Bindearbeiten: Universitätsdruckerei H. Stürtz AG Würzburg

Mitarbeiter der Redaktion

Helmut Appelt
Gerhard Bambach
Klaus Baumberger
Elise Blazek
Kurt Bohg
Kurt Bohle
Reinhard Bollwan
Jörg Bräutigam
Ruth Brandt
Eberhard Breither
Stephanie Corsepius
Edgar Deuring
Ingeborg Deuring
Reinhard Ecker
Walter Eggersglüss
Irene Eigen
Adolf Fahrmeir
Hellmut Fiedler
Franz Heinz Flock
Manfred Frodl
Ingeborg Geibler
Friedo Giese
Libuse Goebels
Gerhard Grimm
Karl Grimm
Friedhelm Gundlach
Alfred Haltmeier
Franz-Josef Heinen
Erika Henseleit
Karl-Heinz Herbst
Ruth Hintz-Kowalski
Guido Höffer
Eva Hoffmann
Werner Hoffmann
Gerhard Hofmann
Günter Imsieke
Gerhard Jooss
Klaus Kinsky
Heinz Klute
Ernst Heinrich Koetter
Irene Kowol
Gisela Lange
Sok Hun Lim

Lothar Mähler
Gerhard Maleck
Kurt Michels
Ingeborg Mischon
Klaus-Diether Möhle
Gerhard Mühle
Heinz-Harald Müller
Ulrich Müller
Peter Otto
Hella Rabien
Peter Raig
Walter Reinhard
Gerhard Richter
Hans Richter
Helmut Rockelmann
Lutz Rogge
Günter Roth
Liselotte Sauer
Siegfried Schenk
Max Schick
Gundula Schindler
Joachim Schmidt
Gerhard Schmitt
Thilo Schmitt
Peter Schomann
Wolfgang Schütt
Jürgen Schunck
Wolfgang Schurek
Wolfgang Staehle
Wolfgang Stender
Karl-Heinz Störr
Josef Sunkel
Hans Tarrach
Elisabeth Tauchert
Otto Unger
Mathilde Urban
Rüdiger Walentowski
Hartmut Wehrt
Hedi Weissmann
Frank Wente
Ulrich Winckler
Renate Wittrock

Inhalt

Dritte Abteilung

Heterocyclische Verbindungen

(Fortsetzung)

2. Verbindungen mit zwei Chalkogen-Ringatomen

III. Oxo-Verbindungen

A. Monooxo-Verbindungen

B. Dioxo-Verbindungen

C. Trioxo-Verbindungen

Abkürzungen und Symbole
für physikalische Grössen und Einheiten [1])

Å	Ångström-Einheiten (10^{-10} m)
at	technische Atmosphäre(n) (98066,5 N·m^{-2} = 0,980665 bar = 735,559 Torr)
atm	physikalische Atmosphäre(n) (101325 N·m^{-2} = 1,01325 bar = 760 Torr)
C_p (C_p^0)	Wärmekapazität (des idealen Gases) bei konstantem Druck
C_v (C_v^0)	Wärmekapazität (des idealen Gases) bei konstantem Volumen
d	Tag(e)
D	1) Debye (10^{-18} esE·cm)
	2) Dichte (z. B. D_4^{20}: Dichte bei 20°, bezogen auf Wasser von 4°)
D (R−X)	Energie der Dissoziation der Verbindung RX in die freien Radikale R· und X·
E	Erstarrungspunkt
EPR	Elektronen-paramagnetische Resonanz (= Elektronenspin-Resonanz)
F	Schmelzpunkt
h	Stunde(n)
K	Grad Kelvin
Kp	Siedepunkt
$[M]_\lambda^t$	molares optisches Drehungsvermögen für Licht der Wellenlänge λ bei der Temperatur t
min	Minute(n)
n	1) bei Dimensionen von Elementarzellen: Anzahl der Moleküle pro Elementarzelle
	2) Brechungsindex (z. B. $n_{656,1}^{15}$: Brechungsindex für Licht der Wellenlänge 656,1 nm bei 15°)
nm	Nanometer (= mμ = 10^{-9} m)
pK	negativer dekadischer Logarithmus der Dissoziationskonstante
s	Sekunde(n)
Torr	Torr (= mm Quecksilber)
α	optisches Drehungsvermögen (z. B. α_D^{20}: ... [unverd.; l = 1]: Drehungsvermögen der unverdünnten Flüssigkeit für Licht der Natrium-D-Linie bei 20° und 1 dm Rohrlänge)
$[\alpha]$	spezifisches optisches Drehungsvermögen (z. B. $[\alpha]_{546}^{20}$: ... [Butanon; c = 1,2]: spezifisches Drehungsvermögen einer Lösung in Butanon, die 1,2 g der Substanz in 100 ml Lösung enthält, für Licht der Wellenlänge 546 nm bei 23°)
ε	1) Dielektrizitätskonstante
	2) Molarer dekadischer Extinktionskoeffizient
μ	Mikron (10^{-6} m)
°	Grad Celcius oder Grad (Drehungswinkel)

---

[1]) Bezüglich weiterer, hier nicht aufgeführter Symbole und Abkürzungen für physikalisch chemische Grössen und Einheiten s. International Union of Pure and Applied Chemistry Manual of Symbols and Terminology for Physicochemical Quantities and Units (1969) [London 1970]; s. a. Symbole, Einheiten und Nomenklatur in der Physik (Vieweg-Verlag, Braunschweig).

Weitere Abkürzungen

A.	Äthanol	Py.	Pyridin
Acn.	Aceton	*RRI*	The Ring Index [2. Aufl. 1960]
Ae.	Diäthyläther	*RIS*	The Ring Index [2. Aufl. 1960] Supplement
alkal.	alkalisch		
Anm.	Anmerkung	S.	Seite
B.	Bildungsweise(n), Bildung	s.	siehe
Bd.	Band	s. a.	siehe auch
Bzl.	Benzol	s. o.	siehe oben
Bzn.	Benzin	sog.	sogenannt
bzw.	beziehungsweise	Spl.	Supplement
Diss.	Dissertation	stdg.	stündig
E	Ergänzungswerk des Beilstein-Handbuches	s. u.	siehe unten
		Syst. Nr.	System-Nummer (im Beilstein-Handbuch)
E.	Äthylacetat		
Eg.	Essigsäure (Eisessig)	Tl.	Teil
engl. Ausg.	englische Ausgabe	unkorr.	unkorrigiert
Gew.-%	Gewichtsprozent	unverd.	unverdünnt
H	Hauptwerk des Beilstein-Handbuches	verd.	verdünnt
		vgl.	vergleiche
konz.	konzentriert	W.	Wasser
korr.	korrigiert	wss.	wässrig
Me.	Methanol	z. B.	zum Beispiel
opt.-inakt.	optisch inaktiv	Zers.	Zersetzung
PAe.	Petroläther		

In den Seitenüberschriften sind die Seiten des Beilstein-Hauptwerks angegeben, zu denen der auf der betreffenden Seite des vorliegenden Ergänzungswerks befindliche Text gehört.

Die mit einem Stern (*) markierten Artikel betreffen Präparate, über deren Konfiguration und konfigurative Einheitlichkeit keine Angaben oder hinreichend zuverlässige Indizien vorliegen. Wenn mehrere Präparate in einem solchen Artikel beschrieben sind, ist deren Identität nicht gewährleistet.

Stereochemische Bezeichnungsweisen

Übersicht

Präfix	Definition in §	Symbol	Definition in §
allo	5c, 6c	c	4
altro	5c, 6c	c_F	7a
anti	9	D	6
arabino	5c	D_g	6b
cat$_F$	7a	D_r	7b
cis	2	D_s	6b
endo	8	(*E*)	3
ent	10e	L	6
erythro	5a	L_g	6b
exo	8	L_r	7b
galacto	5c, 6c	L_s	6b
gluco	5c, 6c	*r*	4c, d, e
glycero	6c	(*r*)	1a
gulo	5c, 6c	(*R*)	1a
ido	5c, 6c	(R_a)	1b
lyxo	5c	(R_p)	1b
manno	5c, 6c	(*s*)	1a
meso	5b	(*S*)	1a
rac	10e	(S_a)	1b
racem.	5b	(S_p)	1b
ribo	5c	*t*	4
syn	9	t_F	7a
talo	5c, 6c	(*Z*)	3
threo	5a	α	10a, c
trans	2	$α_F$	10b, c
xylo	5c	β	10a, c
		$β_F$	10b, c
		ξ	11a
		Ξ	11b
		(Ξ)	11b
		($Ξ_a$)	11c
		($Ξ_p$)	11c

§ 1. a) Die Symbole (**R**) und (**S**) bzw. (**r**) und (**s**) kennzeichnen die absolute Konfiguration an Chiralitätszentren (Asymmetriezentren) bzw. ,,Pseudoasymmetriezentren" gemäss der ,,Sequenzregel" und ihren Anwendungsvorschriften (*Cahn, Ingold, Prelog*, Experientia **12** [1956] 81; Ang. Ch. **78** [1966] 413, 419; Ang. Ch. internat. Ed. **5** [1966] 385, 390; *Cahn, Ingold*, Soc. **1951** 612; s. a. *Cahn*, J. chem. Educ. **41** [1964] 116, 508). Zur Kennzeichnung der Konfiguration von Racematen aus Verbindungen mit mehreren Chiralitätszentren dienen die Buchstabenpaare (**RS**) und (**SR**), wobei z. B. durch das Symbol (1*RS*:2*SR*) das aus dem (1*R*:2*S*)-Enantiomeren und dem (1*S*:2*R*)-Enantiomeren bestehende Racemat spezifiziert wird (vgl. *Cahn, Ingold, Prelog*, Ang. Ch. **78** 435; Angl. Ch. internat. Ed. **5** 404).

Beispiele:
(*R*)-Propan-1,2-diol [E IV **1** 2468]
(1*R*:2*S*:3*S*)-Pinanol-(3) [E III **6** 281]
(3a*R*:4*S*:8*R*:8a*S*:9*s*)-9-Hydroxy-2.2.4.8-tetramethyl-decahydro-
    4.8-methano-azulen [E III **6** 425]
(1*RS*:2*SR*)-1-Phenyl-butandiol-(1.2) [E III **6** 4663]

b) Die Symbole (**R_a**) und (**S_a**) bzw. (**R_p**) und (**S_p**) werden in Anlehnung an den Vorschlag von *Cahn, Ingold* und *Prelog* (Ang. Ch. **78** 437; Ang. Ch. internat. Ed. **5** 406) zur Kennzeichnung der Konfiguration von Elementen der axialen bzw. planaren Chiralität verwendet.

Beispiele:
(R_a)-1,11-Dimethyl-5,7-dihydro-dibenz[*c, e*]oxepin [E III/IV **17** 642]
(R_a:S_a)-3.3'.6'.3''-Tetrabrom-2'.5'-bis-[((1*R*)-menthyloxy)-acetoxy]-
    2.4.6.2''.4''.6''-hexamethyl-*p*-terphenyl [E III **6** 5820]
(R_p)-Cyclohexanhexol-(1*r*.2*c*.3*t*.4*c*.5*t*.6*t*) [E III **6** 6925]

§ 2.   Die Präfixe *cis* und *trans* geben an, dass sich in (oder an) der Bezifferungseinheit [1]), deren Namen diese Präfixe vorangestellt sind, die beiden Bezugsliganden [2]) auf der gleichen Seite (*cis*) bzw. auf den entgegengesetzten Seiten (*trans*) der (durch die beiden doppelt-gebundenen Atome verlaufenden) Bezugsgeraden (bei Spezifizierung der Konfiguration an einer Doppelbindung) oder der (durch die Ringatome festgelegten) Bezugsfläche (bei Spezifizierung der Konfiguration an einem Ring oder einem Ringsystem) befinden. Bezugsliganden sind

1) bei Verbindungen mit konfigurativ relevanten Doppelbindungen die von Wasserstoff verschiedenen Liganden an den doppelt-gebundenen Atomen,

2) bei Verbindungen mit konfigurativ relevanten angularen Ringatomen die exocyclischen Liganden an diesen Atomen,

3) bei Verbindungen mit konfigurativ relevanten peripheren Ringatomen die von Wasserstoff verschiedenen Liganden an diesen Atomen.

Beispiele:
β-Brom-*cis*-zimtsäure [E III **9** 2732]
trans-*β*-Nitro-4-methoxy-styrol [E III **6** 2388]
5-Oxo-*cis*-decahydro-azulen [E III **7** 360]
cis-Bicyclohexyl-carbonsäure-(4) [E III **9** 261]

§ 3.   Die Symbole (**E**) und (**Z**) am Anfang des Namens (oder eines Namensteils) einer Verbindung kennzeichnen die Konfiguration an der (den) Doppelbindung(en), deren Stellungsbezeichnung bei Anwesenheit von

---

[1]) Eine Bezifferungseinheit ist ein durch die Wahl des Namens abgegrenztes cyclisches, acyclisches oder cyclisch-acyclisches Gerüst (von endständigen Heteroatomen oder Heteroatom-Gruppen befreites Molekül oder Molekül-Bruchstück), in dem jedes Atom eine andere Stellungsziffer erhält; z. B. liegt im Namen Stilben nur eine Bezifferungseinheit vor, während der Name 3-Phenyl-penten-(2) aus zwei, der Name [1-Äthyl-propenyl]-benzol aus drei Bezifferungseinheiten besteht.

[2]) Als „Ligand" wird hier ein einfach kovalent gebundenes Atom oder eine einfach kovalent gebundene Atomgruppe verstanden.

mehreren Doppelbindungen dem Symbol beigefügt ist. Sie zeigen an, dass sich die — jeweils mit Hilfe der Sequenzregel (s. § 1a) ausgewählten — Bezugsliganden [2]) der beiden doppelt gebundenen Atome auf den entgegengesetzten Seiten (*E*) bzw. auf der gleichen Seite (*Z*) der (durch die doppelt gebundenen Atome verlaufenden) Bezugsgeraden befinden.

Beispiele:

(*E*)-1,2,3-Trichlor-propen [E IV **1** 748]
(*Z*)-1,3-Dichlor-but-2-en [E IV **1** 786]

§ 4. a) Die Symbole *c* bzw. *t* hinter der Stellungsziffer einer C,C-Doppelbindung sowie die der Bezeichnung eines doppelt-gebundenen Radikals (z. B. der Endung „yliden") nachgestellten Symbole -(*c*) bzw. -(*t*) geben an, dass die jeweiligen „Bezugsliganden" [2]) an den beiden doppelt-gebundenen Kohlenstoff-Atomen cis-ständig (*c*) bzw. transständig (*t*) sind (vgl. § 2). Als Bezugsligand gilt auf jeder der beiden Seiten der Doppelbindung derjenige Ligand, der der gleichen Bezifferungseinheit [1]) angehört wie das mit ihm verknüpfte doppelt-gebundene Atom; gehören beide Liganden eines der doppelt-gebundenen Atome der gleichen Bezifferungseinheit an, so gilt der niedriger bezifferte als Bezugsligand.

Beispiele:

3-Methyl-1-[2.2.6-trimethyl-cyclohexen-(6)-yl]-hexen-(2*t*)-ol-(4) [E III **6** 426]
(1*S*:9*R*)-6.10.10-Trimethyl-2-methylen-bicyclo[7.2.0]undecen-(5*t*)
   [E III **5** 1083]
5α-Ergostadien-(7.22*t*) [E III **5** 1435]
5α-Pregnen-(17(20)*t*)-ol-(3β) [E III **6** 2591]
(3*S*)-9.10-Seco-ergostatrien-(5*t*.7*c*.10(19))-ol-(3) [E III **6** 2832]
1-[2-Cyclohexyliden-äthyliden-(*t*)]-cyclohexanon-(2) [E III **7** 1231]

b) Die Symbole *c* bzw. *t* hinter der Stellungsziffer eines Substituenten an einem doppelt-gebundenen endständigen Kohlenstoff-Atom eines acyclischen Gerüstes (oder Teilgerüstes) geben an, dass dieser Substituent cis-ständig (*c*) bzw. trans-ständig (*t*) (vgl. § 2) zum „Bezugsliganden" ist. Als Bezugsligand gilt derjenige Ligand [2]) an der nicht-endständigen Seite der Doppelbindung, der der gleichen Bezifferungseinheit angehört wie die doppelt-gebundenen Atome; liegt eine an der Doppelbindung verzweigte Bezifferungseinheit vor, so gilt der niedriger bezifferte Ligand des nicht-endständigen doppelt-gebundenen Atoms als Bezugsligand.

Beispiele:

1*c*.2-Diphenyl-propen-(1) [E III **5** 1995]
1*t*.6*t*-Diphenyl-hexatrien-(1.3*t*.5) [E III **5** 2243]

c) Die Symbole *c* bzw. *t* hinter der Stellungsziffer 2 eines Substituenten am Äthylen-System (Äthylen oder Vinyl) geben die cis-Stellung (*c*) bzw. die trans-Stellung (*t*) (vgl. § 2) dieses Substituenten zu dem durch das Symbol *r* gekennzeichneten Bezugsliganden an dem mit 1 bezifferten Kohlenstoff-Atom an.

Beispiele:

1.2*t*-Diphenyl-1*r*-[4-chlor-phenyl]-äthylen [E III **5** 2399]
4-[2*t*-Nitro-vinyl-(*r*)]-benzoesäure-methylester [E III **9** 2756]

d) Die mit der Stellungsziffer eines Substituenten oder den Stellungsziffern einer im Namen durch ein Präfix bezeichneten Brücke eines
Ringsystems kombinierten Symbole *c* bzw. *t* geben an, dass sich
der Substituent oder die mit dem Stamm-Ringsystem verknüpften
Brückenatome auf der gleichen Seite (*c*) bzw. der entgegengesetzten
Seite (*t*) der „Bezugsfläche" befinden wie der Bezugsligand [2]) (der auch
aus einem Brückenzweig bestehen kann), der seinerseits durch Hinzu-
fügen des Symbols *r* zu seiner Stellungsziffer kenntlich gemacht ist.
Die „Bezugsfläche" ist durch die Atome desjenigen Ringes (oder
Systems von ortho/peri-anellierten Ringen) bestimmt, in dem alle
Liganden gebunden sind, deren Stellungsziffern die Symbole *r*, *c*
oder *t* aufweisen. Bei einer aus mehreren isolierten Ringen oder Ring-
systemen bestehenden Verbindung kann jeder Ring bzw. jedes Ringsystem als gesonderte Bezugsfläche für Konfigurationskennzeichen
fungieren; die zusammengehörigen (d. h. auf die gleichen Bezugs-
flächen bezogenen) Sätze von Konfigurationssymbolen *r*, *c* und *t* sind
dann im Namen der Verbindung durch Klammerung voneinander ge-
trennt oder durch Strichelung unterschieden (s. Beispiele 3 und 4
unter Abschnitt e).

Beispiele:
   1*r*.2*t*.3*c*.4*t*-Tetrabrom-cyclohexan [E III **5** 51]
   1*r*-Äthyl-cyclopentanol-(2*c*) [E III **6** 79]
   1*r*.2*c*-Dimethyl-cyclopentanol-(1) [E III **6** 80]

e) Die mit einem (gegebenenfalls mit hochgestellter Stellungsziffer ausgestatteten) Atomsymbol kombinierten Symbole *r*, *c* oder *t* beziehen
sich auf die räumliche Orientierung des indizierten Atoms (das sich
in diesem Fall in einem weder durch Präfix noch durch Suffix be-
nannten Teil des Moleküls befindet). Die Bezugsfläche ist dabei durch
die Atome desjenigen Ringsystems bestimmt, an das alle indizierten
Atome und gegebenenfalls alle weiteren Liganden gebunden sind,
deren Stellungsziffern die Symbole *r*, *c* oder *t* aufweisen. Gehört ein
indiziertes Atom dem gleichen Ringsystem an wie das Ringatom, zu
dessen konfigurativer Kennzeichnung es dient (wie z. B. bei Spiro-
Atomen), so umfasst die Bezugsfläche nur denjenigen Teil des Ringsystems [3]), dem das indizierte Atom nicht angehört.

Beispiele:
   2*t*-Chlor-(4a*rH*.8a*tH*)-decalin [E III **5** 250]
   (3a*rH*.7a*cH*)-3a.4.7.7a-Tetrahydro-4*c*.7*c*-methano-inden [E III **5** 1232]
   1-[(4a*R*)-6*t*-Hydroxy-2*c*.5.5.8a*t*-tetramethyl-(4a*rH*)-decahydro-naphth=
      yl-(1*t*)]-2-[(4a*R*)-6*t*-hydroxy-2*t*.5.5.8a*t*-tetramethyl-(4a*rH*)-decahydro-
      naphthyl-(1*t*)]-äthan [E III **6** 4829]
   4*c*.4't'-Dihydroxy-(1*rH*.1'*r*'*H*)-bicyclohexyl [E III **6** 4153]
   6*c*.10*c*-Dimethyl-2-isopropyl-(5*rC*[1])-spiro[4.5]decanon-(8) [E III **7** 514]

§ 5. a) Die Präfixe *erythro* bzw. *threo* zeigen an, dass sich die jeweiligen
„Bezugsliganden" an zwei Chiralitätszentren, die einer acyclischen
Bezifferungseinheit [1]) (oder dem unverzweigten acyclischen Teil einer
komplexen Bezifferungseinheit) angehören, in der Projektionsebene

---

[3]) Bei Spiran-Systemen erfolgt die Unterteilung des Ringsystems in getrennte Bezugs-
systeme jeweils am Spiro-Atom.

auf der gleichen Seite (*erythro*) bzw. auf den entgegengesetzten Seiten
(*threo*) der „Bezugsgeraden" befinden. Bezugsgerade ist dabei die in
„gerader Fischer-Projektion" [4]) wiedergegebene Kohlenstoff-Kette der
Bezifferungseinheit, der die beiden Chiralitätszentren angehören. Als
Bezugsliganden dienen jeweils die von Wasserstoff verschiedenen
extracatenalen (d. h. nicht der Kette der Bezifferungseinheit angehörenden) Liganden [2]) der in den Chiralitätszentren befindlichen
Atome.

Beispiele:
> *threo*-Pentan-2,3-diol [E IV **1** 2543]
> *threo*-2-Amino-3-methyl-pentansäure-(1) [E III **4** 1463]
> *threo*-3-Methyl-asparaginsäure [E III **4** 1554]
> *erythro*-2.4′.α.α′-Tetrabrom-bibenzyl [E III **5** 1819]

b) Das Präfix **meso** gibt an, dass ein mit 2n (Chiralitätszentren (n =
1, 2, 3 usw.) ausgestattetes Molekül eine Symmetrieebene aufweist.
Das Präfix **racem.** kennzeichnet ein Gemisch gleicher Mengen von
Enantiomeren, die zwei identische Chiralitätszentren oder zwei identische Sätze von Chiralitätszentren enthalten.

Beispiele:
> *meso*-Pentan-2,4-diol [E IV **1** 2543]
> *racem.*-1.2-Dicyclohexyl-äthandiol-(1.2) [E III **6** 4156]
> *racem.*-(1*rH*.1′*r′H*)-Bicyclohexyl-dicarbonsäure-(2*c*.2′*c*′) [E III **9** 4020]

c) Die „Kohlenhydrat-Präfixe **ribo**, **arabino**, **xylo** und **lyxo** bzw. **allo**,
altro, **gluco**, **manno**, **gulo**, **ido**, **galacto** und **talo** kennzeichnen die
relative Konfiguration von Molekülen mit drei Chiralitätszentren
(deren mittleres ein „Pseudoasymmetriezentrum" sein kann) bzw. vier
Chiralitätszentren, die sich jeweils in einer unverzweigten acyclischen
Bezifferungseinheit [1]) befinden. In den nachstehend abgebildeten
„Leiter-Mustern" geben die horizontalen Striche die Orientierung der
wie unter a) definierten Bezugsliganden an der jeweils in „abwärts
bezifferter vertikaler Fischer-Projektion" [5]) wiedergegebenen Kohlenstoff-Kette an.

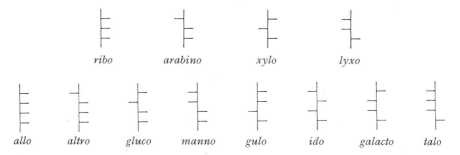

<hr />

[4]) Bei „gerader Fischer-Projektion" erscheint eine Kohlenstoff-Kette als vertikale oder
horizontale Gerade; in dem der Projektion zugrunde liegenden räumlichen Modell des
Moleküls sind an jedem Chiralitätszentrum (sowie an einem Zentrum der Pseudoasym-
metrie) die catenalen (d. h. der Kette angehörenden) Bindungen nach der dem Betrachter
abgewandten Seite der Projektionsebene, die extracatenalen (d. h. nicht der Kette
angehörenden) Bindungen nach der dem Betrachter zugewandten Seite der Projektionsebene hin gerichtet.

Beispiele:
   ribo-2,3,4-Trimethoxy-pentan-1,5-diol [E IV **1** 2834]
   galacto-Hexan-1,2,3,4,5,6-hexaol [E IV **1** 2844]

§ 6. a) Die „Fischer-Symbole" D bzw. L im Namen einer Verbindung mit
einem Chiralitätszentrum geben an, dass sich der Bezugsligand (der
von Wasserstoff verschiedene extracatenale Ligand; vgl. § 5a) am
Chiralitätszentrum in der „abwärts-bezifferten vertikalen Fischer-
Projektion" [5]) der betreffenden Bezifferungseinheit [1]) auf der rechten
Seite (D) bzw. auf der linken Seite (L) der das Chiralitätszentrum enthaltenden Kette befindet.

Beispiele:
   D-Tetradecan-1,2-diol [E IV **1** 2631]
   L-4-Hydroxy-valeriansäure [E III **3** 612]

b) In Kombination mit dem Präfix *erythro* geben die Symbole D und L
an, dass sich die beiden Bezugsliganden (s. § 5a) auf der rechten Seite
(D) bzw. auf der linken Seite (L) der Bezugsgeraden in der „abwärts-
bezifferten vertikalen Fischer-Projektion" der betreffenden Bezifferungseinheit befinden. Die mit dem Präfix *threo* kombinierten Symbole D_g und D_s geben an, dass sich der höhergezifferte (D_g) bzw. der
niedrigerbezifferte (D_s) Bezugsligand auf der rechten Seite der „abwärts-bezifferten vertikalen Fischer-Projektion" befindet; linksseitige
Position des jeweiligen Bezugsliganden wird entsprechend durch die
Symbole L_g bzw. L_s angezeigt.
In Kombination mit den in § 5c aufgeführten konfigurationsbestim-
menden Präfixen werden die Symbole D und L ohne Index verwendet;
sie beziehen sich dabei jeweils auf die Orientierung des höchstbezif-
ferten (d. h. des in der Abbildung am weitesten unten erscheinenden)
Bezugsliganden (die in § 5c abgebildeten „Leiter-Muster" repräsen-
tieren jeweils das D-Enantiomere).

Beispiele:
   D-*erythro*-Nonan-1,2,3-triol [E IV **1** 2792]
   D_s-*threo*-2.3-Diamino-bernsteinsäure [E III **4** 1528]
   L_g-*threo*-Hexadecan-7,10-diol [E IV **1** 2636]
   D-*lyxo*-Pentan-1,2,3,4-tetraol [E IV **1** 2811]
   6-Allyloxy-D-*manno*-hexan-1,2,3,4,5-pentaol [E IV **1** 2846]

c) Kombinationen der Präfixe D-*glycero* oder L-*glycero* mit einem der
in § 5c aufgeführten, jeweils mit einem Fischer-Symbol versehenen
Kohlenhydrat-Präfixe für Bezifferungseinheiten mit vier Chiralitätszentren dienen zur Kennzeichnung der Konfiguration von Molekülen
mit fünf in einer Kette angeordneten Chiralitätszentren (deren mittleres auch „Pseudoasymmetriezentrum" sein kann). Dabei bezieht
sich das Kohlenhydrat-Präfix auf die vier niedrigstbezifferten Chiralitätszentren nach der in § 5c und § 6b gegebenen Definition, das
Präfix D-*glycero* oder L-*glycero* auf das höchstbezifferte (d. h. in der
Abbildung am weitesten unten erscheinende) Chiralitätszentrum.

---

[5]) Eine „abwärts-bezifferte vertikale Fischer-Projektion" ist eine vertikal orientierte
„gerade Fischer-Projektion" (s. Anm. 4), bei der sich das niedrigstbezifferte Atom am
oberen Ende der Kette befindet.

Beispiel:
D-*glycero*-L-*gulo*-Heptit [E IV **1** 2854]

§ 7. a) Die Symbole c_F bzw. t_F hinter der Stellungsziffer eines Substituenten an einer mehrere Chiralitätszentren aufweisenden unverzweigten acyclischen Bezifferungseinheit [1]) geben an, dass sich dieser Substituent und der Bezugssubstituent, der seinerseits durch das Symbol r_F gekennzeichnet wird, auf der gleichen Seite (c_F) bzw. auf den entgegengesetzten Seiten (t_F) der wie in § 5a definierten Bezugsgeraden befinden. Ist eines der endständigen Atome der Bezifferungseinheit Chiralitätszentrum, so wird der Stellungsziffer des „catenoiden" Substituenten (d. h. des Substituenten, der in der Fischer-Projektion als Verlängerung der Kette erscheint) das Symbol cat_F beigefügt.

b) Die Symbole D_r bzw. L_r am Anfang eines mit dem Kennzeichen r_F ausgestatteten Namens geben an, dass sich der Bezugssubstituent auf der rechten Seite (D_r) bzw. auf der linken Seite (L_r) der in „abwärtsbezifferter vertikaler Fischer-Projektion" wiedergegebenen Kette der Bezifferungseinheit befindet.

Beispiele:
Heptan-1,2r_F,3c_F,4t_F,5c_F,6c_F,7-heptaol [E IV **1** 2854]
D_r-1cat_F.2cat_F-Diphenyl-1r_F-[4-methoxy-phenyl]-äthandiol-(1.2c_F)
[E III **6** 6589]

§ 8. Die Symbole *exo* bzw. *endo* hinter der Stellungsziffer eines Substituenten an einem dem Hauptring [6]) angehörenden Atom eines Bicyclo-alkan-Systems geben an, dass der Substituent der Brücke [6]) zugewandt (*exo*) bzw. abgewandt (*endo*) ist.

Beispiele:
2*endo*-Phenyl-norbornen-(5) [E III **5** 1666]
(±)-1.2*endo*.3*exo*-Trimethyl-norbornandiol-(2*exo*.3*endo*) [E III **6** 4146]
Bicyclo[2.2.2]octen-(5)-dicarbonsäure-(2*exo*.3*exo*) [E III **9** 4054]

§ 9. a) Die Symbole *syn* bzw. *anti* hinter der Stellungsziffer eines Substituenten an einem Atom der Brücke [6]) eines Bicycloalkan-Systems oder einer Brücke über einem ortho- oder ortho/peri-anellierten Ringsystem geben an, dass der Substituent demjenigen Hauptzweig [6]) zugewandt (*syn*) bzw. abgewandt (*anti*) ist, der das niedrigstbezifferte aller in den Hauptzweigen enthaltenen Ringatome aufweist.

Beispiele:
1.7*syn*-Dimethyl-norbornanol-(2*endo*) [E III **6** 236]
(3aS)-3c.9*anti*-Dihydroxy-1c.5.5.8ac-tetramethyl-(3arH)-decahydro-
1t.4t-methano-azulen [E III **6** 4183]

---

[6]) Ein Brücken-System besteht aus drei „Zweigen", die zwei „Brückenkopf-Atome" miteinander verbinden; von den drei Zweigen bilden die beiden „Hauptzweige" den „Hauptring", während der dritte Zweig als „Brücke" bezeichnet wird. Als Hauptzweige gelten
1. die Zweige, die einem ortho- oder ortho/peri-anellierten Ringsystem angehören (und zwar a) dem Ringsystem mit der grössten Anzahl von Ringen, b) dem Ringsystem mit der grössten Anzahl von Ringgliedern),
2. die gliedreichsten Zweige (z. B. bei Bicycloalkan-Systemen),
3. die Zweige, denen auf Grund vorhandener Substituenten oder Mehrfachbindungen Bezifferungsvorrang einzuräumen ist.

(3a*R*)-2*c*.8*t*.11*c*.11a*c*.12*anti*-Pentahydroxy-1.1.8*c*-trimethyl-4-methylen-
(3a*r*H.4a*c*H)-tetradecahydro-7*t*.9a*t*-methano-cyclopenta[*b*]heptalen
[E III **6** 6892]

b) In Verbindung mit einem stickstoffhaltigen Funktionsabwandlungs-
suffix an einem auf „-aldehyd" oder „-al" endenden Namen kennzeichnen *syn* bzw. *anti* die cis-Orientierung bzw. trans-Orientierung
des Wasserstoff-Atoms der Aldehyd-Gruppe zum Substituenten X der
abwandelnden Gruppe =N-X, bezogen auf die durch die doppelt-
gebundenen Atome verlaufende Gerade.

Beispiel:
Perillaaldehyd-*anti*-oxim [E III **7** 567]

§ 10. a) Die Symbole α bzw. β hinter der Stellungsziffer eines ringständigen
Substituenten im halbrationalen Namen einer Verbindung mit einer
dem Cholestan [E III **5** 1132] entsprechenden Bezifferung und Pro-
jektionslage geben an, dass sich der Substituent auf der dem Betrachter abgewandten (α) bzw. zugewandten (*β*) Seite der Fläche des
Ringgerüstes befindet.

Beispiele:
3*β*-Chlor-7α-brom-cholesten-(5) [E III **5** 1328]
Phyllocladandiol-(15α.16α) [E III **6** 4770]
Lupanol-(1*β*) [E III **6** 2730]
Onocerandiol-(3*β*.21α) [E III **6** 4829]

b) Die Symbole $α_F$ bzw. $β_F$ hinter der Stellungsziffer eines an der Seitenkette befindlichen Substituenten im halbrationalen Namen einer Verbindung der unter a) erläuterten Art geben an, dass sich der Substituent auf der rechten ($α_F$) bzw. linken ($β_F$) Seite der in „aufwärts-
bezifferter vertikaler Fischer-Projektion" [7] dargestellten Seitenkette
befindet.

Beispiele:
3*β*-Chlor-24$α_F$-äthyl-cholestadien-(5.22*t*) [E III **5** 1436]
24$β_F$-Äthyl-cholesten-(5) [E III **5** 1336]

c) Sind die Symbole α, β, $α_F$ oder $β_F$ nicht ·mit der Stellungsziffer
eines Substituenten kombiniert, sondern zusammen mit der Stellungsziffer eines angularen Chiralitätszentrums oder eines Wasser=
stoff-Atoms — in diesem Fall mit dem Atomsymbol *H* versehen
(α*H*, β*H*, $α_F$*H* bzw. $β_F$) — unmittelbar vor dem Namensstamm einer
Verbindung mit halbrationalem Namen angeordnet, so kennzeichnen
sie entweder die Orientierung einer angularen exocyclischen Bindung,
deren Lage durch den Namen nicht festgelegt ist, oder sie zeigen an,
dass die Orientierung des betreffenden exocyclischen Liganden oder
Wasserstoff-Atoms (das — wie durch Suffix oder Präfix ausge-
drückt — auch substituiert sein kann) in der angegebenen Weise von
der mit dem Namensstamm festgelegten Orientierung abweicht.

Beispiele:
5-Chlor-5α-cholestan [E III **5** 1135]
5*β*.14*β*.17*β*H-Pregnan [E III **5** 1120]

[7]) Eine „aufwärts-bezifferte vertikale Fischer-Projektion" ist eine vertikal orientierte
„gerade Fischer-Projektion" (s. Anm. 4), bei der sich das niedrigstbezifferte Atom am
unteren Ende der Kette befindet.

18α.19βH-Ursen-(20(30)) [E III **5** 1444]
(13R)-8βH-Labden-(14)-diol-(8.13) [E III **6** 4186]
5α.20β$_F$H.24β$_F$H-Ergostanol-(3β) [E III **6** 2161]

d) Die Symbole α bzw. β vor einem systematischen oder halbrationalen Namen eines Kohlenhydrats geben an, dass sich die am niedriger bezifferten Nachbaratom des cyclisch gebundenen Sauerstoff-Atoms befindliche Hydroxy-Gruppe (oder sonstige Heteroatom-Gruppe) in der geraden Fischer-Projektion auf der gleichen (α) bzw. der entgegengesetzten (β) Seite der Bezugsgeraden befindet wie der Bezugsligand (vgl. § 5a, 5c, 6a).

Beispiele:
Methyl-α-D-ribopyranosid [E III/IV **17** 2425]
Tetra-O-acetyl-α-D-fructofuranosylchlorid [E III/IV **17** 2651]

e) Das Präfix *ent* vor dem Namen einer Verbindung mit mehreren Chiralitätszentren, deren Konfiguration mit dem Namen festgelegt ist, dient zur Kennzeichnung des Enantiomeren der betreffenden Verbindung. Das Präfix *rac* wird zur Kennzeichnung des einer solchen Verbindung entsprechenden Racemats verwendet.

Beispiele:
ent-7βH-Eudesmen-(4)-on-(3) [E III **7** 692]
rac-Östrapentaen(1.3.5.7.9) [E III **5** 2043]

§11. a) Das Symbol ξ tritt an die Stelle von *cis, trans, c, t, c*$_F$*, t*$_F$*, cat*$_F$*, endo, exo, syn, anti,* α, β, α$_F$ oder β$_F$, wenn die Konfiguration an der betreffenden Doppelbindung bzw. an dem betreffenden Chiralitätszentrum (oder die konfigurative Einheitlichkeit eines Präparats hinsichtlich des betreffenden Strukturelements) ungewiss ist.

Beispiele:
(Ξ)-3.6-Dimethyl-1-[(1Ξ)-2.2.6c-trimethyl-cyclohexyl-(r)]-octen-(6ξ)-in-(4)-ol-(3) [E III **6** 2097]
1t,2-Dibrom-3-methyl-penta-1,3ξ-dien [E IV **1** 1022]
10t-Methyl-(8ξH.10aξH)-1.2.3.4.5.6.7.8.8a.9.10.10a-dodecahydro-phen= anthren-carbonsäure-(9r) [E III **9** 2626]
D$_r$-1ξ-Phenyl-1ξ-p-tolyl-hexanpentol-(2r$_F$.3t$_F$.4c$_F$.5c$_F$.6) [E III **6** 6904]
(1S)-1.2ξ.3.3-Tetramethyl-norbornanol-(2ξ) [E III **6** 331]
3ξ-Acetoxy-5ξ.17ξ-pregnen-(20) [E III **6** 2592]
28-Nor-17ξ-oleanen-(12) [E III **5** 1438]
5.6β.22ξ.23ξ-Tetrabrom-3β-acetoxy-24β$_F$-äthyl-5α-cholestan [E III **6** 2179]

b) Das Symbol Ξ tritt an die Stelle von D oder L, das Symbol (Ξ) an die Stelle von (R) oder (S) bzw. von (E) oder (Z), wenn die Konfiguration an dem betreffenden Chiralitätszentrum bzw. an der betreffenden Doppelbindung (oder die konfigurative Einheitlichkeit eines Präparats hinsichtlich des betreffenden Strukturelements) ungewiss ist.

Beispiele:
N-{N-[N-(Toluol-sulfonyl-(4))-glycyl]-Ξ-seryl}-L-glutaminsäure [E III **11** 280]
(Ξ)-1-Acetoxy-2-methyl-5-[(R)-2.3-dimethyl-2.6-cyclo-norbornyl-(3)]-pentanol-(2) [E III **6** 4183]
(14Ξ:18Ξ)-Ambranol-(8) [E III **6** 431]
(1Z,3Ξ)-1,2-Dibrom-3-methyl-penta-1,3-dien [E IV **1** 1022]

c) Die Symbole ($\mathit{\Xi}_\mathrm{a}$) und ($\mathit{\Xi}_\mathrm{p}$) zeigen unbekannte Konfiguration von Strukturelementen mit axialer bzw. planarer Chiralität (oder ungewisse Einheitlichkeit eines Präparats hinsichtlich dieser Elemente) an; das Symbol (ξ) kennzeichnet unbekannte Konfiguration eines Pseudoasymmetriezentrums.

Beispiele:

($\mathit{\Xi}_\mathrm{a}$)-3β.3'β-Dihydroxy-(7ξH.7'ξH)-[7.7']bi[ergostatrien-(5.8.22t)-yl]
[E III **6** 5897]

(3ξ)-5-Methyl-spiro[2.5]octan-dicarbonsäure-(1r.2c) [E III **9** 4002]

Transliteration von russischen Autorennamen

Russisches Schrift- zeichen		Deutsches Äquivalent (BEILSTEIN)	Englisches Äquivalent (Chemical Abstracts)	Russisches Schrift- zeichen		Deutsches Äquivalent (BEILSTEIN)	Englisches Äquivalent (Chemical Abstracts)
А	а	a	a	Р	р	r	r
Б	б	b	b	С	с	š	s
В	в	w	v	Т	т	t	t
Г	г	g	g	У	у	u	u
Д	д	d	d	Ф	ф	f	f
Е	е	e	e	Х	х	ch	kh
Ж	ж	sh	zh	Ц	ц	z	ts
З	з	s	z	Ч	ч	tsch	ch
И	и	i	i	Ш	ш	sch	sh
Й	й	ĭ	ĭ	Щ	щ	schtsch	shch
К	к	k	k	Ы	ы	y	y
Л	л	l	l		ь	'	'
М	м	m	m	Э	э	ė	e
Н	н	n	n	Ю	ю	ju	yu
О	о	o	o	Я	я	ja	ya
П	п	p	p				

Dritte Abteilung

Heterocyclische Verbindungen

Verbindungen mit zwei cyclisch gebundenen Chalkogen-Atomen

III. Oxo-Verbindungen

A. Monooxo-Verbindungen

Monooxo-Verbindungen $C_nH_{2n-2}O_3$

Oxo-Verbindungen $C_2H_2O_3$

Dichlor-[1,3]dithietanon, Dithiokohlensäure-S,S'-dichlormethandiylester $C_2Cl_2OS_2$, Formel I.

Diese Konstitution kommt dem nachstehend beschriebenen, früher (s. E III **3** 246) mit Vorbehalt als 1,3-Dithio-dikohlensäure-dichlorid oder 1,3-Dichlor-2-oxa-4,5-dithia-bicyclo[1.1.1]pentan formulierten Kohlenstoffchloroxysulfid („Kohlenstoffsulfoxy=chlorid") zu (*Jones et al.*, Soc. **1957** 614, 617; *Wortmann et al.*, Z. anorg. Ch. **376** [1970] 64, 72).

B. Aus Tetrachlor-[1,3]dithietan beim Erwärmen mit wss. Essigsäure (*Schönberg, Stephenson*, B. **66** [1933] 567, 570; *Wo. et al.*, l. c. S. 69) sowie beim 15-tägigen Behandeln mit Wasser (*Delépine et al.*, Bl. [5] **2** [1935] 1969, 1977).

Krystalle; F: 70° [aus PAe. bzw. nach Sublimation im Hochvakuum] (*Jo. et al.*; *Wo. et al.*, l. c. S. 70), 69,5° [aus CHCl₃ oder Bzl.] (*De. et al.*). Bei 85°/14 Torr sublimier-bar (*Sch., St.*). IR-Spektrum (1900—650 cm⁻¹): *Jo. et al.*, l. c. S. 616; *Wo. et al.*, l. c. S. 71.

Die von *Delépine et al.* (l. c. S. 1972, 1978) beim Behandeln mit Dimethylamin bzw. mit *N*-Methyl-anilin erhaltenen, als 1,2-Dithio-dikohlensäure-bis-dimethylamid bzw. 1,2-Dithio-dikohlensäure-bis-[*N*-methyl-anilid] angesehenen Verbindungen (F: 79° bzw. F: 116°) sind als 1,μ-Dithio-dikohlensäure-bis-dimethylamid bzw. 1,μ-Dithio-dikohlen=säure-bis-[*N*-methyl-anilid] zu formulieren (*White*, Canad. J. Chem. **32** [1954] 867, 869).

I   II   III

Dichlor-[1,3]dithietanon-phenylimin, [Dichlor-[1,3]dithietanyliden]-anilin $C_8H_5Cl_2NS_2$, Formel II.

Diese Konstitution kommt wahrscheinlich der früher (s. H **27** 135; E III **12** 914) mit Vorbehalt als 4,4-Dichlor-3-phenyl-[1,3]thiazetidin-2-thion bzw. als *N,N*-Bis-chlorthio=carbonyl-anilin formulierten Verbindung (F: 70°) zu (*Schönberg, Stephenson*, B. **66** [1933] 567, 569).

Beim Erwärmen dieser Verbindung mit *N*-Methyl-anilin und Benzol ist 1,5-Dimethyl-1,3,5-triphenyl-dithiobiuret erhalten worden (*Delépine et al.*, Bl. [5] **2** [1935] 1962, 1979).

[1,3]Dithietanthion, Trithiokohlensäure-methandiylester, Methandiyl-tri=thiocarbonat $C_2H_2S_3$, Formel III (X = H).

In dem früher (s. H **19** 100) unter dieser Konstitution beschriebenen, als Trithio=kohlensäure-methylenester bezeichneten Präparat hat ein Polymeres des Thioform=aldehyds vorgelegen (*Wortmann et al.*, Z. anorg. Ch. **376** [1970] 73, 74). — Über authen-tisches [1,3]Dithietanthion (gelbe Krystalle [aus A.], F: 55°; wenig beständig) s. *Wo. et al.*, l. c. S. 75.

Dichlor-[1,3]dithietanthion, Trithiokohlensäure-dichlormethandiylester $C_2Cl_2S_3$, Formel III (X = Cl).

Diese Konstitution kommt der nachstehend beschriebenen, früher (s. E III **3** 352) als Trithiodikohlensäure-dichlorid („Bis-chlorthioformyl-sulfid") formulierten Verbindung zu (*Wortmann et al.*, Z. anorg. Ch. **376** [1970] 64, 69; *Wortmann, Gattow*, Z. anorg. Ch. **377** [1970] 79, 80).

B. Beim Behandeln von Tetrachlor-[1,3]dithietan mit Trithiokohlensäure (*Wo. et al.*, l. c. S. 66).

Gelbe Krystalle (aus A.); F: 58—59° (*Delépine et al.*, Bl. [5] **2** [1935] 1969, 1976), 57° (*Wo. et al.*, l. c. S. 67).

Oxo-Verbindungen $C_3H_4O_3$

2,2-Dioxo-2λ^6-[1,2]oxathiolan-5-on, 3-Sulfo-propionsäure-anhydrid $C_3H_4O_4S$, Formel IV.

B. Neben kleineren Mengen 2-Chlor-propionsäure beim Erwärmen von Propionsäure mit Sulfurylchlorid unter Bestrahlung mit Glühlampenlicht (*Kharasch et al.*, Am. Soc. **62** [1940] 2393, 2395). Beim Erwärmen von 3-Sulfo-propionsäure mit Thionylchlorid (*Kharasch, Brown*, Am. Soc. **62** [1940] 925, 929).

Krystalle (aus Bzl. oder Thionylchlorid bzw. aus Thionylchlorid + Bzn.); F: 76—77° (*Kh. et al.*; *Kh., Br.*).

Beim Behandeln mit flüssigem Ammoniak ist das Ammonium-Salz des 3-Sulfo-propionamids, beim Behandeln mit Methanol ist 3-Sulfo-propionsäure-methylester erhalten worden (*Kh. et al.*, l. c. S. 2397).

[1,2]Dithiolan-4-on-semicarbazon $C_4H_7N_3OS_2$, Formel V.

B. Beim Eintragen eines Gemisches von 1,3-Dimercapto-aceton und Äthanol in Jod-Lösung und Behandeln der Reaktionslösung mit Semicarbazid-hydrochlorid und Natrium=hydrogencarbonat (*Schotte*, Ark. Kemi **5** [1953] 533, 538).

Gelbliche Krystalle (aus A. + Bzl.); F: 224° [Kofler-App.] (*Sch.*, Ark. Kemi **5** 538). IR-Banden (KBr) im Bereich von 12 μ bis 24,5 μ: *Schotte*, Ark. Kemi **9** [1956] 309, 314. UV-Spektrum (A.; 225—375 nm): *Sch.*, Ark. Kemi **9** 310.

| IV | V | VI | VII | VIII |

[1,3]Dioxolan-2-on, Kohlensäure-äthandiylester, Äthandiylcarbonat $C_3H_4O_3$, Formel VI (X = H) (H 100; E II 135; dort als Äthylencarbonat bezeichnet).

B. Beim Erwärmen von 2-Chlor-äthanol mit Natriumhydrogencarbonat, Wasser und Kohlendioxid unter Druck auf 80° (*Jefferson Chem. Co.*, U.S.P. 2766258 [1952]; s. a. *I.G. Farbenind.*, D.R.P. 516281 [1928]; Frdl. **17** 175). Beim Erhitzen von 2-Chlor-äthanol mit Natrium-methylcarbonat unter Entfernen des entstehenden Methanols (*Union Carbide & Carbon Corp.*, U.S.P. 2784201 [1953]). Beim Erhitzen von Äthylen=glykol mit Kohlensäure-diäthylester und Kaliumcarbonat auf 105° unter Entfernen des entstehenden Äthanols (*Morgan, Cretcher*, Am. Soc. **68** [1946] 781, 783). Beim Erhitzen von Äthylenglykol mit Kohlensäure-diäthylester und wenig Natrium bis auf 170° (*Pitts-burgh Plate Glass Co.*, U.S.P. 2441298 [1944]). Beim Erwärmen von Äthylenglykol mit Trichloressigsäure-methylester und wenig Pyridin unter Entfernen des entstehenden Methanols (*Lesher, Surrey*, Am. Soc. **77** [1955] 636, 640). Beim Erhitzen von Äthylen=oxid mit Kohlendioxid unter Zusatz von Triäthylamin und Dioxan auf 200° (*Union Carbide & Carbon Corp.*, U.S.P. 2773881 [1953]; *Union Carbide Corp.*, D.B.P. 1008315 [1954]), unter Zusatz von Ammoniumbromid in [1,3]Dioxolan-2-on auf 250°, unter Zusatz von Tetraäthylammonium-bromid auf 200°, unter Zusatz von Anilin-hydrobromid auf 200°, unter Zusatz von Tri-*N*-methyl-anilinium-jodid in [1,3]Dioxolan-2-on auf 200° oder unter Zusatz von Morpholin-hydrochlorid auf 200° (*Jefferson Chem. Co.*, U.S.P. 2773070 [1952]), jeweils unter Druck. — Kontinuierliche Herstellung aus Äthylenoxid und Kohlendioxid in Gegenwart von Trimethylamin, Wasser und Dioxan bei 240°/140 at: *Union Carbide & Carbon Corp.*, U.S.P. 2773881; *Union Carbide Corp.*; in Gegenwart von

Tetraäthylammonium-bromid in [1,3]Dioxolan-2-on bei 150—200°/100 at: *Peppel*, Ind. eng. Chem. **50** [1958] 767, 768.

Nach Ausweis der ^{1}H-NMR-Absorption (*Paasivirta*, Suomen Kem. **41**B [1968] 364) und des Röntgen-Diagramms (*Brown*, Acta cryst. **7** [1954] 92, 96) ist das Molekül nicht planar. Atomabstände und Bindungswinkel (aus dem Röntgen-Diagramm ermittelt): *Br*. Dipolmoment (ε; Bzl.): 4,60 D (*Longster*, *Walker*, Trans. Faraday Soc. **49** [1953] 228, 229), 4,80 D (*Arbusow*, *Schawscha*, Doklady Akad. S.S.S.R. **68** [1949] 1045, 1047; C. A. **1950** 886), 4,87 D (*Kempa*, *Lee*, Soc. **1958** 1936; s. a. *Harris*, U.S. Atomic Energy Comm. UCRL-8381 [1958] 6). Grundschwindungsfrequenzen des Moleküls: *Angell*, Trans. Faraday Soc. **52** [1956] 1178, 1181.

Krystalle; F: 40° (*Pittsburgh Plate Glass Co.*, U.S.P. 2441298 [1944]), 39° (*Hill*, *Carothers*, Am. Soc. **55** [1933] 5031, 5034; *Brown*, Acta cryst. **7** [1954] 92), 36,4° (*Peppel*, Ind. eng. Chem. **50** [1958] 767, 768), 36,2° [aus Ae.] (*Kempa*, *Lee*, Soc. **1958** 1936). Monoklin; Raumgruppe $C2/c$ ($= C_{2h}^6$); aus dem Röntgen-Diagramm ermittelte Dimensionen der Elementarzelle: a = 8,92 Å; b = 6,25 Å; c = 6,94 Å; β = 100,57°; n = 4 (*Br.*; s. a. *Klug*, Acta cryst. **8** [1955] 116). Kp$_{760}$: 248° (*Pe.*); Kp: 238° (*Ke.*, *Lee*; *Hill*, *Ca.*); Kp$_{17}$: 126° (*Watanabe,Fuoss*, Am. Soc. **78** [1956] 527); Kp$_1$: 65—67° (*Union Carbide Corp.*, D.B.P. 1008315 [1954]; *Union Carbide & Carbon Corp.*, U.S.P. 2773881 [1953]); Kp$_{0,2}$: 79° (*Dyer*, *Read*, J. org. Chem. **24** [1959] 1788). Dichte der Krystalle: 1,47 (*Br.*). D^{25}: 1,338 [unterkühlte Schmelze] (*Harris*, U.S. Atomic Energy Comm. UCRL-8381 [1958] 6); D$_4^{39}$: 1,3218 (*Pe.*); D$_4^{40}$: 1,3208 (*Ke.*, *Lee*); D^{40}: 1,323 (*Ha.*, l. c. S. 6); D$_4^{50}$: 1,3079 (*Hill*, *Ca.*); D^{50}: 1,308 (*Thomas et al.*, J. Polymer Sci. **17** [1955] 275, 276). Viscosität [g·cm^{-1}·s^{-1}] bei 25°: 0,02547; bei 40°: 0,01955 [unterkühlte Schmelze] (*Ha.*, l. c. S. 6, 35). Verdampfungsenthalpie [kcal·mol^{-1}] bei 115°: 13,7 (*Walker*, J. appl. Chem. **2** [1952] 470, 474); bei 150°: 13,5 (*Pe.*). Wärmekapazität C$_p$ bei 50°: 0,363 cal·grad^{-1}·g^{-1} (*Pe.*). n$_D^{40}$: 1,4199 (*Ke.*, *Lee*), 1,4158 (*Pe.*); n$_D^{50}$: 1,4158 (*Hill*, *Ca.*). IR-Spektrum von dampfförmigem [1,3]Dioxolan-2-on (3,2—15 μ): *Angell*, Trans. Faraday Soc. **52** [1956] 1178, 1180; von unverdünntem flüssigem [1,3]Dioxolan-2-on (1—15 μ bzw. 3,2—15 μ): *Mecke et al.*, B. **90** [1957] 975, 980; *An.*; eines festen Films [bei 0°] (3,2—15 μ): *An.* IR-Banden von Lösungen in Benzol, in Tetrachlormethan, in Schwefelkohlenstoff, in Chloroform und in Wasser im Bereich von 3,2 μ bis 15 μ: *An.*, l. c. S. 1181. C=O-(Carbonyl)-Valenz= schwingungsbanden und C—O-(Äther)-Valenzschwingungsbanden eines festen Films, von unverdünntem flüssigem sowie von in Tetrachlormethan und in Schwefelkohlenstoff gelöstem [1,3]Dioxolan-2-on: *Hales et al.*, Soc. **1957** 618, 620; s. a. *Pohoryles*, *Sarel*, Bl. Res. Coun. Israel **7**A [1957] 42. Einfluss von Lösungsmitteln auf die C=O-(Carb= onyl)-Valenzschwingungsbande: *Bellamy*, *Williams*, Trans. Faraday Soc. **55** [1959] 14, 15. Raman-Banden: *Me. et al.*, l. c. S. 977, 979; *An.*, l. c. S. 1181. UV-Spektrum (W.; 210—400 nm): *Schurz*, *Stübchen*, Z. El. Ch. **61** [1957] 754, 760; s. a. *Schurz*, *Kienzl*, M. **88** [1957] 78, 89. Dielektrizitätskonstante von unverdünntem flüssigem [1,3]Di= oxolan-2-on bei 36°: 90,8 (*Seward*, *Vieira*, J. phys. Chem. **62** [1958] 127); bei 40°: 89,6 (*Ke.*, *Lee*); bei 50°: 85,1; bei 60°: 81,0; bei 70°: 77,3 (*Se.*, *Vi.*).

Lösungsvermögen für Natriumjodid, Kaliumjodid, Zinkchlorid und Quecksilber(II)-chlorid bei 40°: *Harris*, U.S. Atomic Energy Comm. UCRL-8381 [1958] 6, 33. Löslich-keitsdiagramm des ternären Systems mit Heptan und Benzol bei 40°, eines Gemisches mit Wasser, Heptan und Benzol bei 30° sowie eines Gemisches mit Äthylenglykol, Heptan und Benzol bei 30°: *Socony-Vacuum Oil Co.*, U.S.P. 2688645 [1952]. Aze-otrope mit Äthylenglykol bei 10—72 Torr: *Peppel*, Ind. eng. Chem. **50** [1958] 767, 770.

Pyrolyse unter Bildung von Äthylenoxid und Kohlendioxid bei 200° sowie in Gegen-wart von Silberoxid bei 100°: *BASF*, D.B.P. 845937 [1939]; in Gegenwart von Lithium= chlorid bei 175°: *Peppel*, Ind. eng. Chem. **50** [1958] 767, 769.

Beim Behandeln von geschmolzenem [1,3]Dioxolan-2-on mit Chlor (1 Mol) bei 70° unter Bestrahlung mit UV-Licht sind 4-Chlor-[1,3]dioxolan-2-on und kleine Mengen *trans*-4,5-Dichlor-[1,3]dioxolan-2-on (S. 1558) erhalten worden (*Newman*, *Addor*, Am. Soc. **75** [1953] 1263). Überführung in Tetrachlor-[1,3]dioxolan-2-on durch Behandlung einer Lösung in Tetrachlormethan mit Chlor (Überschuss) unter Belichtung: *Du Pont de Ne-mours & Co.*, U.S.P. 2816287 [1955]. Geschwindigkeitskonstante der Hydrolyse in Wasser bei 18° und 25°: *Kempa*, *Lee*, Soc. **1959** 1576, 1578; der Hydrolyse in Wasser, in wss. Schwefelsäure und in wss. Natriumcarbonat-Lösung bei 100°: *Peppel*, Ind. eng. Chem. **50** [1958] 767, 769; der Hydrolyse in wss. Natronlauge (0,004 n bis 0,01 n) bei

15°, 25° und 35°: *Saadi, Lee,* Soc. [B] **1966** 1, 3. Über die Geschwindigkeitskonstante
der Hydrolyse in wss. Kaliumcarbonat-Lösung bei 0° (*Pohoryles, Sarel,* C. r. **245** [1957]
2321) sowie in wss. Natriumcarbonat-Lösung bei 25° (*Kempa, Lee,* l. c. S. 1577) s. *Sa.,
Lee.* Reaktion mit Ammoniak (1 Mol) in wss. Lösung unter Bildung von Carbamidsäure-
[2-hydroxy-äthylester]: *Strain et al.,* Am. Soc. **72** [1950] 1254, 1259; *Delaby et al.,* Bl.
1956 212, 214. Reaktion mit Hydrazin (0,5 Mol bzw. 1 Mol) unter Bildung von Hydrazin-
N,N'-dicarbonsäure-bis-[2-hydroxy-äthylester] bzw. von Carbazinsäure-[2-hydroxy-
äthylester]: *Delaby et al.,* Bl. **1955** 1616, 1618; C. r. **239** [1954] 674.

Bildung von 2-[2]Naphthyloxy-äthanol beim Erhitzen mit [2]Naphthol (0,5 Mol) auf
200° sowie beim Erwärmen mit Natrium-[2]naphtholat (0,5 Mol) in Toluol: *Carlson,
Cretcher,* Am. Soc. **69** [1947] 1952, 1955. Beim Erhitzen mit Glycerin in Gegenwart
eines schwach sauren oder schwach basischen Katalysators unter vermindertem Druck
bis auf 125° ist 4-Hydroxymethyl-[1,3]dioxolan-2-on (*Peppel,* Ind. eng. Chem. **50** [1958]
767, 770), beim Erhitzen mit Glycerin (1 Mol) unter 35 Torr auf 150° und Erhitzen des
Reaktionsprodukts unter 10—15 Torr bis auf 240° ist 2,3-Epoxy-propan-1-ol (*Bruson,
Riener,* Am. Soc. **74** [1952] 2100) erhalten worden. Bildung von 1,2-Dibenzoyloxy-äthan
beim Erhitzen mit Benzoesäure-anhydrid auf Temperaturen oberhalb 200°: *Windholz,*
J. org. Chem. **23** [1958] 2044. Verhalten beim Erhitzen mit Diacetamid und Natrium-
carbonat auf 195° (Bildung von N-[2-Hydroxy-äthyl]-diacetamid): *Yanagi, Akiyoshi,*
J. org. Chem. **24** [1959] 1122. Überführung in Äthylensulfid durch Erwärmen mit
Kaliumthiocyanat: *Searles et al.,* Org. Synth. Coll. Vol. V [1973] 562; s. a. *Searles, Lutz,*
Am. Soc. **80** [1958] 3168. Beim Behandeln mit 3-Amino-propan-1-ol unterhalb 50° ist
[3-Hydroxy-propyl]-carbamidsäure-[2-hydroxy-äthylester] (*Najer et al.,* Bl. **1959** 1609),
beim Erwärmen mit 3-Amino-propan-1-ol (*Dyer, Scott,* Am. Soc. **79** [1957] 672, 674) sowie
beim Erhitzen mit 3-Amino-propan-1-ol unter 3 Torr auf 165° (*Na. et al.*) ist hingegen
Tetrahydro-[1,3]oxazin-2-on erhalten worden (*Dyer, Read,* J. org. Chem. **24** [1959] 1788).

(±)-4-Chlor-[1,3]dioxolan-2-on, (±)-Kohlensäure-chloräthandiylester $C_3H_3ClO_3$,
Formel VI (X = Cl) auf S. 1556.

B. Neben kleinen Mengen *trans*-4,5-Dichlor-[1,3]dioxolan-2-on beim Behandeln von
geschmolzenem [1,3]Dioxolan-2-on mit Chlor (1 Mol) bei 70° unter Bestrahlung mit
UV-Licht (*Newman, Addor,* Am. Soc. **75** [1953] 1263).

Dipolmoment (ε; Bzl.): 3,99 D (*Kempa, Lee,* Soc. **1958** 1936).

Kp: 212° (*Ke., Lee*); Kp$_{735}$: 212° (*Ne., Ad.,* Am. Soc. **75** 1263); Kp$_{18}$: 121—123° (*Judge,
Price,* J. Polymer Sci. **41** [1959] 435); Kp$_{10-11}$: 106—107° (*Ne., Ad.,* Am. Soc. **75** 1263);
Kp$_8$: 93—94° (*Overberger et al.,* J. Polymer Sci. **27** [1958] 381); Kp$_{4,4}$: 83—84° (*Hayashi,*
Bl. Res. Inst. synth. Fibers Nr. 15 [1958] 69, 70; C. A. **1960** 958); Kp$_2$: 73° (*Du Pont
de Nemours & Co.,* U.S.P. 3021340 [1953]). D_4^{25}: 1,5198 (*Ke., Lee*), 1,5082 (*Ne., Ad.,*
Am. Soc. **75** 1263). n_D^{20}: 1,4555 (*Ju., Pr.*); n_D^{25}: 1,4603 (*Ke., Lee*), 1,4537 (*Ov. et al.*),
1,4532 (*Ha.; Du Pont*), 1,4530 (*Ne., Ad.,* Am. Soc. **75** 1263). C=O-(Carbonyl)-Valenz-
schwingungsbanden und C—O-(Äther)-Valenzschwingungsbanden von unverdünntem
flüssigem 4-Chlor-[1,3]dioxolan-2-on: *Hales et al.,* Soc. **1957** 618, 620. Dielektrizitätskonstante bei 40°: 62,0 (*Ke., Lee*).

Beim Erwärmen mit Triäthylamin in Äther ist [1,3]Dioxol-2-on, beim Behandeln mit
Kalium-*tert*-butylat in *tert*-Butylalkohol und Äther ist 4-*tert*-Butoxy-[1,3]dioxolan-2-on
erhalten worden (*Newman, Addor,* Am. Soc. **77** [1955] 3789, 3791).

**(±)-*trans*-4,5-Dichlor-[1,3]dioxolan-2-on, (±)-Kohlensäure-[*trans*-1,2-dichlor-äthan-
diylester]** $C_3H_2Cl_2O_3$, Formel VII (X = Cl) [auf S. 1556] + Spiegelbild.

Konfigurationszuordnung: *Paasivirta,* Suomen Kem. **41**B [1968] 364.

B. Aus [1,3]Dioxol-2-on und Chlor (*Newman, Addor,* Am. Soc. **77** [1955] 3789, 3791).
Neben 4-Chlor-[1,3]dioxolan-2-on (Hauptprodukt) und kleinen Mengen [1,3]Dioxol-2-on
beim Behandeln einer mit Eisen(III)-chlorid versetzten Lösung von [1,3]Dioxolan-2-on
in Tetrachlormethan mit Chlor (*Du Pont de Nemours & Co.,* U.S.P. 3021340 [1953]).

Das Molekül ist nach Ausweis der ¹H-NMR-Absorption (CCl$_4$) nicht planar (*Pa.*).
Dipolmoment (ε; Bzl.): 3,44 D (*Kempa, Lee,* Soc. **1958** 1936).

Kp: 178° (*Ke., Lee*); Kp$_{739}$: 178° (*Newman, Addor,* Am. Soc. **75** [1953] 1263); Kp$_{20}$:
84° (*Du Pont*); Kp$_{19-20}$: 78—79° (*Ne., Ad.,* Am. Soc. **75** 1263); Kp$_{19}$: 78—79° (*Judge,
Price,* J. Polymer Sci. **41** [1959] 435). D_4^{25}: 1,5900 (*Ne., Ad.,* Am. Soc. **75** 1263), 1,5830

(*Ke., Lee*). n_D^{20}: 1,4631 (*Ju., Pr.*); n_D^{25}: 1,4623 (*Du Pont*), 1,4615 (*Ke., Lee*), 1,4610 (*Ne., Ad.*, Am. Soc. **75** 1263). ¹H-NMR-Absorption (CCl₄) sowie ¹³C—¹H-Spin-Spin-Kopplungs=
konstante (unverd. sowie CCl₄): *Pa*. C=O-(Carbonyl)-Valenzschwingungsbanden und
C—O-(Äther)-Valenzschwingungsbanden: *Hales et al.*, Soc. **1957** 618, 620. Dielektrizitätskonstante bei 40°: 31,8 (*Ke., Lee*).

Überführung in [1,3]Dioxol-2-on durch Erwärmen mit Benzol, 1,2-Dimethoxy-äthan
und Zink-Pulver: *Ne., Ad.*, Am. Soc. **77** 3791. Beim Erwärmen mit Äthylenglykol und
Benzol sind zwei nach *Furberg* und *Hassel* (Acta chem. scand. **4** [1950] 1584, 1596)
sowie *Fuchs et al.* (J.C.S. Perkin II **1972** 357) als [2,2′]Bi[1,3]dioxolanyl bzw. als *cis*-
Hexahydro-[1,4]dioxino[2,3-*b*][1,4]dioxin zu formulierende Verbindungen C₆H₁₀O₄
(F: 111—113° bzw. F: 134,6—135,6°) erhalten worden (*Ne., Ad.*, Am. Soc. **77** 3791).

Tetrachlor-[1,3]dioxolan-2-on, Kohlensäure-tetrachloräthandiylester C₃Cl₄O₃,
Formel VIII auf S. 1556.

B. Beim Behandeln einer Lösung von [1,3]Dioxol-2-on in Tetrachlormethan mit
Chlor bei 75—80° unter Belichtung (*Du Pont de Nemours & Co.*, U.S.P. 2816287 [1955]).
Kp₇₆₀: 165°; Kp₇: 52°. D²⁵: 1,7059. n_D^{25}: 1,4683.

**(±)-*trans*(?)-4,5-Dibrom-[1,3]dioxolan-2-on, (±)-Kohlensäure-[*trans*(?)-1,2-dibrom-
äthandiylester]** C₃H₂Br₂O₃, vermutlich Formel VII (X = Br) auf S. 1556.

B. Beim Erwärmen von [1,3]Dioxol-2-on mit Brom in Tetrachlormethan (*Newman,
Addor*, Am. Soc. **77** [1955] 3789, 3791).
F: 29°. Kp₁₀₋₁₁: 96—97°. D³³,⁷: 2,2824. $n_D^{33,7}$: 1,5288.

[1,3]Oxathiolan-2-on, Thiokohlensäure-*O,S*-äthandiylester C₃H₄O₂S, Formel IX.

B. Beim Behandeln von 2-Mercapto-äthanol mit Phosgen in Äther (*Backer, Wiggering*,
R. **60** [1941] 453, 469) oder mit Phosgen in Äthylacetat unter Zusatz von Pyridin (*Rey-
nolds*, Am. Soc. **79** [1957] 4951; Eastman Kodak Co., U.S.P. 2828318 [1957]).
Krystalle, F: ca. —20° (*Ba., Wi.*). Kp₁₄: 105°; Kp₂: 73° (*Ba., Wi.*). Kp₀,₀₈: 47—50°;
n_D^{25}: 1,5104 (*Re.*). Kp₀,₀₈: 47—50°; n_D^{25}: 1,5092; n_D^{27}: 1,5107 (*Eastman Kodak Co.*).
Beim Erwärmen mit Benzol und wenig Schwefelsäure und Erhitzen des Reaktions-
produkts ist [1,4]Dithian erhalten worden (*Ba., Wi.*). Bildung von Äthylensulfid beim
Erhitzen mit Natriumcarbonat auf 200°: *Re.*

2-Imino-[1,3]oxathiolan, [1,3]Oxathiolan-2-on-imin, Thiocarbimidsäure-*O,S*-
äthandiylester C₃H₅NOS, Formel X (R = H).

Hydrochlorid C₃H₅NOS·HCl. *B.* Beim Behandeln von 2-Thiocyanato-äthanol
(aus Äthylenoxid und Thiocyansäure hergestellt) mit Chlorwasserstoff in Äther (*Wagner-
Jauregg, Häring*, Helv. **41** [1958] 377, 382, 383; s. a. *Sergeew, Kolytschew*, Ž. obšč. Chim.
7 [1937] 1390, 1395; C. **1938** I 598) oder mit Thionylchlorid (*Se., Ko.*). — Krystalle,
F: 121,5° (*Se., Ko.*, l. c. S. 1392) bzw. F: 114—115° [unkorr.; Block; aus Me. + Ae.
oder aus Me. + E.] (*Wa.-Ja., Hä.*); die Schmelze erstarrt beim Abkühlen zu Thiocarb=
amidsäure-*S*-[2-chlor-äthylester] [F: 106°] (*Se., Ko.*, l. c. S. 1393). IR-Spektrum (KBr;
4000 cm⁻¹ bis 600 cm⁻¹): *Wa.-Ja., Hä.*, l. c. S. 379. Elektrische Leitfähigkeit von Lösungen
in wss. Äthanol: *Wa.-Ja., Hä.*, l. c. S. 382. — Beim Erwärmen ohne Zusatz (*Se.,
Ko.*, l. c. S. 1393, 1396) sowie beim Erhitzen mit Essigsäure (*Wa.-Ja., Hä.*, l. c. S. 382)
ist Thiocarbamidsäure-*S*-[2-chlor-äthylester] erhalten worden (*Wa.-Ja., Hä.*, l. c. S. 380
Anm. 8).

*[1,3]Oxathiolan-2-yliden-harnstoff C₄H₆N₂O₂S, Formel X (R = CO-NH₂).

Diese Konstitution kommt der nachstehend beschriebenen, von *Sergeew, Kolytschew*
(Ž. obšč. Chim. **7** [1937] 1390, 1392; C. **1938** I 598) als 1-[2-Hydroxy-äthyl]-imidazolidin-
2-thion (C₅H₁₀N₂OS), von *Wagner-Jauregg* (A. **561** [1949] 87, 89, 90) hingegen als
(±)-6-Methyl-dihydro-[1,3,5]thiodiazin-2,4-dion (C₄H₆N₂O₂S) angesehenen Verbindung zu
(*Wagner-Jauregg, Häring*, Helv. **41** [1958] 377, 379).

B. Aus 2-Thiocyanato-äthanol bei mehrtägigem Aufbewahren (*Se., Ko.*, l. c. S. 1394)
sowie beim Behandeln mit Wasser und wenig 2-Amino-äthanol (*Wa.-Ja.*, l. c. S. 94).
Krystalle; F: 168,5° [Zers.; aus A. oder W.] (*Se., Ko.*, l. c. S. 1392), 166—168° [un-
korr.; Zers.; aus E.].

Beim Erwärmen mit wss. Essigsäure ist eine nach *Wagner-Jauregg* und *Häring*(l. c.) als 1-Thio-allophansäure-*S*-[2-hydroxy-äthylester] zu formulierende Verbindung (F: 116° bis 119°) erhalten worden (*Wa.-Ja.*, l. c. S. 96). Bildung von 1-Thio-allophansäure-*S*-[2-chlor-äthylester] beim Erwärmen einer Lösung in Essigsäure mit Chlorwasserstoff: *Wa.-Ja.*, *Hä.*, l. c. S. 384.

IX   X   XI   XII   XIII

[1,3]Dithiolan-2-on, Dithiokohlensäure-*S,S'*-äthandiylester, *S,S'*-Äthandiyl-dithiocarbonat $C_3H_4OS_2$, Formel XI (H 100; dort als Dithiokohlensäure-*S.S*-äthylenester bezeichnet).

B. Beim Behandeln von Äthan-1,2-dithiol mit Phosgen in Äther (*Backer, Wiggerink*, R. **60** [1941] 453, 469). Aus [1,3]Dithiolan-2-thion beim Behandeln einer Lösung in Chloroform mit Quecksilber(II)-acetat und Essigsäure (*Challenger et al.*, Soc. **1953** 292, 302) sowie beim Behandeln einer Lösung in Acetanhydrid mit Quecksilber(II)-oxid und Wasser (*Overberger, Bonsignore*, Am. Soc. **80** [1958] 5427, 5430).

Dipolmoment (ε; Bzl.): 4,46 D (*Lüttringhaus, Grohmann*, Z. Naturf. **10 b** [1955] 365). Krystalle; F: 34—35,5° [aus PAe.] (*Ba., Wi.*), 35° [aus A.] (*Ov., Bo.*), 35° [aus PAe.] (*Ch. et al.*). IR-Spektrum (KBr; 1—15 μ): *Mecke et al.*, B. **90** [1957] 975, 981, 986.

2-Imino-[1,3]dithiolan, [1,3]Dithiolan-2-on-imin, Dithiocarbimidsäure-äthandiyl-ester $C_3H_5NS_2$, Formel XII (X = H) (H 100; dort als Dithiokohlensäure-äthylenester-imid bezeichnet).

B. Als Hydrochlorid (s. u.) beim Erhitzen von 1,2-Dithiocyanato-äthan mit Zinn(II)-chlorid und wss. Salzsäure und Behandeln einer Suspension des Reaktionsprodukts in Wasser mit Schwefelwasserstoff (*Siegel, Rosenblatt*, Am. Soc. **80** [1958] 1753; vgl. H 100). Als Thiocyanat (s. u.) beim Behandeln von Äthylensulfid mit Kaliumthiocyanat und Essigsäure (*Wagner-Jauregg, Häring*, Helv. **41** [1958] 377, 384).

Krystalle; F: 63,8—64,8° (*Addor*, J. org. Chem. **29** [1964] 738, 740). UV-Absorptions-maximum (W.): 239 nm (*Ad.*).

Die Base ist wenig beständig; in wss. Lösungen vom pH >7 erfolgt schnell Zersetzung (*Ad.*, l. c. S. 741). Bildung von Natriumthiocyanat beim Behandeln mit wss. Natron-lauge: *Si., Ro.*

Hydrochlorid $C_3H_5NS_2 \cdot HCl$ (H 101). Krystalle; F: 220—221° [Zers.; Block; nach Sintern bei 210°] (*Wa.-Ja., Hä.*), 207—209° [aus A.] (*Si., Ro.*).

Thiocyanat $C_3H_5NS_2 \cdot HSCN$ (H 101). Krystalle (aus Me. + Ae.); F: 125° [Block; braungelbe Schmelze] (*Wa.-Ja., Hä.*).

Diäthyl-[1,3]dithiolan-2-yliden-ammonium $[C_7H_{14}NS_2]^+$, Formel XIII.

Tetraphenylborat $[C_7H_{14}NS_2]B(C_6H_5)_4$. *B.* Beim Behandeln einer Lösung von Diäthyl-dithiocarbamidsäure-[2-hydroxy-äthylester] in Benzol mit Triäthylamin und Toluol-4-sulfonylchlorid, Erwärmen der vom Triäthylamin-hydrochlorid befreiten Reaktions-lösung und Behandeln des Reaktionsprodukts mit Natrium-tetraphenylborat in Was-ser (*Kennard, VanAllan*, J. org. Chem. **24** [1959] 470, 473). — Krystalle (aus Dimethyl-sulfoxid), F: 208° [unkorr.]; UV-Absorptionsmaximum (Dimethylsulfoxid): 256 nm (*Ke., VanA.*, l. c. S. 471).

[1,3]Dithiolan-2-on-oxim, Hydroxy-dithiocarbimidsäure-äthandiylester $C_3H_5NOS_2$, Formel XII (X = OH) (H 102; dort als Dithiokohlensäure-äthylester-oxim bezeichnet).

B. Aus [1,3]Dithiolan-2-on und Hydroxylamin (*Challenger et al.*, Soc. **1953** 292, 302). F: 126—128°.

[1,3]Dithiolan-2-thion, Trithiokohlensäure-äthandiylester, Äthandiyl-tri-thiocarbonat $C_3H_4S_3$, Formel XIV (H 103; E II 135; dort als Trithiokohlensäure-äthylenester bezeichnet).

B. Beim Erwärmen von 1,2-Dichlor-äthan mit Schwefelkohlenstoff und wss. Kalilauge

(*Shell Devel. Co.*, U.S.P. 2193415 [1938]). Beim Behandeln von Äthan-1,2-dithiol mit Schwefelkohlenstoff und methanol. Kalilauge (*Culvenor et al.*, Soc. **1946** 1050; vgl. E II 135). Beim Behandeln von Äthylenoxid mit Schwefelkohlenstoff und methanol. Kalilauge (*Cu. et al.*) oder mit wss. Kaliumthiocyanat-Lösung und Schwefelkohlenstoff (*Shell Devel. Co.*). Beim Erhitzen von 1,2-Bis-methylmercaptothiocarbonylmercapto-äthan (E III **3** 359; dort als Äthylen-bis-trithiokohlensäure-methylester bezeichnet) auf 220° (*Tischtschenko, Košternaja*, Ž. obšč. Chim. **7** [1937] 1366, 1368). Beim Erhitzen von [1,3]Dithiolan mit Schwefel bis auf 230° (*Challenger et al.*, Soc. **1953** 292, 303).

Dipolmoment (ε; Bzl.): 4,86 D (*Lüttringhaus, Grohmann*, Z. Naturf. **10** b [1955] 365). Gelbe Krystalle; F: 36—37° [aus Bzl. + PAe.] (*Cu. et al.*), 36° [aus A. bzw. aus Me.] (*Ch. et al.*, l. c. S. 303; *Ti., Ko.*, l. c. S. 1370). IR-Spektrum (KBr; 1—15 μ); *Mecke et al.*, B. **90** [1957] 975, 984, 986. Absorptionsspektrum einer Lösung in Cyclohexan (200 nm bis 500 nm): *Ch. et al.*, l. c. S. 297; einer Lösung in Petroläther (210—510 nm): *Haszeldine, Kidd*, Soc. **1955** 3871, 3873.

Überführung in [1,3]Dithiolan-2-on durch Behandlung einer Lösung in Choroform mit Blei(IV)-acetat in Essigsäure: *Ch. et al.*, l. c. S. 302. Reaktion mit Brom (1 Mol) in Chloroform unter Bildung einer vermutlich als 2-Brommercapto-4,5-dihydro-[1,3]dithiolylium-bromid ([$C_3H_4BrS_3$]Br, Formel XV) zu formulierenden (s. dazu *Mayer, Schäfer*, J. pr. [4] **26** [1964] 279, 283; *Boberg, v. Gentzkow*, J. pr. **315** [1973] 965, 966) orangegelben Verbindung (F: 120°): *Ch. et al.*, l. c. S. 295, 303. Zwei von *Delaby et al.* (C. r. **230** [1950] 1671) beim Behandeln mit Dimethylamin bzw. mit Piperidin (jeweils 1 Mol) unter Luftzutritt erhaltene, als Dimethyl-dithiocarbamidsäure-[2-mercapto-äthylester] bzw. Piperidin-1-dithiocarbonsäure-[2-mercapto-äthylester] angesehene Verbindungen (F: 86° bzw. F: 111°) sind als Bis-[2-dimethylthiocarbamoyl-mercapto-äthyl]-disulfid bzw. Bis-[2-piperidinothiocarbonylmercapto-äthyl]-disulfid zu formulieren; Entsprechendes gilt auch für die von *Delaby et al.* (C. r. **230** 1671) bei der Umsetzung mit Diäthylamin und mit Morpholin erhaltenen Verbindungen (*Delaby et al.*, C. r. **232** [1951] 1676; *Durden et al.*, Am. Soc. **82** [1960] 3082; *Field, Kim*, J. org. Chem. **31** [1966] 597). In einem von *Challenger et al.* (l. c. S. 302, 303) beim Erwärmen mit Piperidin (Überschuss) auf 100° neben dem Piperidin-Salz der Piperidin-1-dithiocarbon-säure erhaltenen Präparat (F: 212°) der vermeintlichen Zusammensetzung $C_{16}H_{28}N_2S_4$, hat wahrscheinlich unreines 1,2-Bis-piperidinothiocarbonylmercapto-äthan ($C_{14}H_{24}N_2S_4$) vorgelegen (*Warolin, Delaby*, C. r. **240** [1955] 204; *Ma., Sch.*, l. c. S. 283, 290).

Verbindung mit Quecksilber(II)-chlorid. F: 166° (*Ch. et al.*, l. c. S. 303).

XIV   XV   XVI   XVII

[1,3]Dioxolan-4-on, Hydroxymethoxy-essigsäure-lacton $C_3H_4O_3$, Formel XVI.
B. Beim Leiten von gasförmigem [1,4]Dioxan-2,6-dion über Aluminiumoxid oder über Manganphosphat/Kohle bei 300° (*I.G. Farbenind.*, D.R.P. 737623 [1940]; D.R.P. Org. Chem. **6** 1259).
Kp_{760}: 157—160°; Kp_{40}: 75—80°. D^{20}: 1,316.

[1,3]Oxathiolan-5-on, Hydroxymethylmercapto-essigsäure-lacton $C_3H_4O_2S$, Formel XVII.
B. Beim Erhitzen von Mercaptoessigsäure mit Paraformaldehyd und Acetanhydrid (*K. Jönsson*, Diss. [Lund 1929] S. 85).
Kp_{15-16}: 158—159°.

Oxo-Verbindungen $C_4H_6O_3$

[1,3]Dioxan-2-on, Kohlensäure-propandiylester, Propandiylcarbonat $C_4H_6O_3$, Formel I.
B. Beim Erhitzen von Propan-1,3-diol mit Kohlensäure-diäthylester unter Zusatz von Natrium bis auf 170° (*Carothers, Van Natta*, Am. Soc. **52** [1930] 314, 322) oder unter Zusatz von Natriummethylat bis auf 160° (*Sarel et al.*, J. org. Chem. **24** [1959] 1873,

1876) jeweils unter Entfernen des entstehenden Äthanols.

Dipolmoment (ε; Bzl.): 5,21 D (*Arbusow, Schawscha*, Doklady Akad. S.S.S.R. **68** [1949] 1045, 1047).

Krystalle (aus Ae.); F: 47—48° (*Ca., Van N.*; s. a. *Hill, Carothers*, Am. Soc. **55** [1933] 5023, 5034), 43° (*Sa. et al.*). Kp_6: 160—165°; Kp_4: 135°; $Kp_{0,2}$: 105° (*Ca., Van N.*). D_4^{50}: 1,2282 (*Hill, Ca.*), 1,228 (*Ruzicka, Giacomello*, Helv. **20** [1937] 548, 557). n_D^{50}: 1,4409 (*Hill, Ca.*). IR-Banden im Bereich von 3000 cm^{-1} bis 1740 cm^{-1} (KBr sowie Nujol): *Hall, Zbinden*, Am. Soc. **80** [1958] 6428, 6429; von 1750 cm^{-1} bis 1060 cm^{-1}: *Pohoryles, Sarel*, Bl. Res. Coun. Israel **7** A [1957] 42. [1,3]Dioxan-2-on ist hygroskopisch (*Ca., Van N.*).

Überführung in eine Substanz von hohem Molekulargewicht, die beim Erhitzen unter vermindertem Druck in [1,3]Dioxan-2-on zurückverwandelt wird, durch Erhitzen mit wenig Kaliumcarbonat auf 130°: *Carothers et al.*, Am. Soc. **54** [1932] 761, 762. Beim Erhitzen mit Kaliumthiocyanat auf 140° sind kleine Mengen Thietan erhalten worden (*Searles, Lutz*, Am. Soc. **80** [1958] 3168).

2-Imino-[1,3]oxathian, [1,3]Oxathian-2-on-imin, Thiocarbimidsäure-*O,S*-propandiylester C_4H_7NOS, Formel II.

Hydrochlorid $C_4H_7NOS \cdot HCl$. B. Beim mehrtägigen Behandeln von 1,3-Epoxypropan mit Thiocyansäure in Äther und anschliessend mit Chlorwasserstoff (*Wagner-Jauregg, Häring*, Helv. **41** [1958] 377, 382). — Hygroskopische Krystalle (aus Me. + E.); F: 81,5—83°.

I   II   III   IV

[1,3]Dithian-2-yliden-dimethyl-ammonium $[C_6H_{12}NS_2]^+$, Formel III (R = CH$_3$).

Toluol-4-sulfonat $[C_6H_{12}NS_2]C_7H_7O_3S$. B. Beim Behandeln von Dimethyl-dithiocarbamidsäure-[3-hydroxy-propylester] mit Toluol-4-sulfonylchlorid in Dimethylformamid (*Kennard, VanAllan*, J. org. Chem. **24** [1959] 470, 471). — Hygroskopische Krystalle (aus Acn.); F: 136—138° [unkorr.]. UV-Absorptionsmaximum (Me.): 262 nm.

Diäthyl-[1,3]dithian-2-yliden-ammonium $[C_8H_{16}NS_2]^+$, Formel III (R = C$_2$H$_5$).

Perchlorat $[C_8H_{16}NS_2]ClO_4$. B. Beim Behandeln von Diäthyl-dithiocarbamidsäure-[3-hydroxy-propylester] mit Toluol-4-sulfonylchlorid in Dimethylformamid und anschliessend mit wss. Natriumperchlorat-Lösung (*Kennard, VanAllan*, J. org. Chem. **24** [1959] 470, 473). — Krystalle (aus wss. Acn.); F: 125,5—127° [unkorr.]. UV-Absorptionsmaximum (Me.): 266 nm (*Ke., VanA.*, l. c. S. 471). — Beim Erwärmen mit wss. Natronlauge sind Propan-1,3-dithiol, Diäthyl-thiocarbamidsäure-*S*-[3-mercapto-propylester] und Bis-[3-diäthylcarbamoylmercapto-propyl]-disulfid erhalten worden (*Ke., VanA.*, l. c. S. 472, 473).

Tetraphenylborat $[C_8H_{16}NS_2]B(C_6H_5)_4$. Krystalle (aus Dimethylsulfoxid); F: 184° [unkorr.] (*Ke., VanA.*, l. c. S. 471, 473).

[1,3]Dithian-2-yliden-dipropyl-ammonium $[C_{10}H_{20}NS_2]^+$, Formel III (R = CH$_2$-C$_2$H$_5$).

Perchlorat $[C_{10}H_{20}NS_2]ClO_4$. B. Beim Behandeln von Dipropyl-dithiocarbamidsäure-[3-hydroxy-propylester] mit Toluol-4-sulfonylchlorid in Dimethylformamid und anschliessend mit wss. Natriumperchlorat-Lösung (*Kennard, VanAllan*, J. org. Chem. **24** [1959] 470, 471). — Krystalle (aus Acn.); F: 153—155° [unkorr.]. UV-Absorptionsmaximum (Me.): 268 nm.

Dibenzyl-[1,3]dithian-2-yliden-ammonium $[C_{18}H_{20}NS_2]^+$, Formel III (R = CH$_2$-C$_6$H$_5$).

Perchlorat $[C_{18}H_{20}NS_2]ClO_4$. B. Beim Behandeln von Dibenzyl-dithiocarbamidsäure-[3-hydroxy-propylester] mit Toluol-4-sulfonylchlorid in Dimethylformamid und anschliessend mit wss. Natriumperchlorat-Lösung (*Kennard, VanAllan*, J. org. Chem. **24** [1959] 470, 471). — Krystalle (aus A.); F: 134° [unkorr.]. UV-Absorptionsmaximum (Me.): 271 nm.

2-[1,3]Dithian-2-ylidenhydrazino-benzoesäure $C_{11}H_{12}N_2O_2S_2$, Formel IV (R = H).
B. Beim Erwärmen von 2-[1,3]Dithian-2-ylidenhydrazino-benzoesäure-methylester mit Natriumäthylat in Äthanol (*Mills, Saunders*, Soc. **1931** 537, 546).
Gelbe Krystalle (aus A.); F: 212°.

2-[1,3]Dithian-2-ylidenhydrazino-benzoesäure-methylester $C_{12}H_{14}N_2O_2S_2$, Formel IV (R = CH$_3$).
B. Beim Erwärmen von [1,3]Dithian-2-thion mit 2-Hydrazino-benzoesäure-methylester in Methanol (*Mills, Saunders*, Soc. **1931** 537, 546).
Krystalle (aus Me.); F: 139—140°.

[1,3]Dithian-2-thion, Trithiokohlensäure-propandiylester, Propandiyl-tri‍thiocarbonat $C_4H_6S_3$, Formel V.
B. Beim Behandeln von 1,3-Dibrom-propan mit äthanol. Natriumtrithiocarbonat-Lösung [aus Natriumäthylat, Äthanol, Schwefelwasserstoff und Schwefelkohlenstoff hergestellt] (*Mills, Saunders*, Soc. **1931** 537, 546).
F: 80° (*Mi., Sa.*), 73—74° [aus A.] (*Lefort, Hugel*, Bl. **1952** 172, 175).

[1,3]Dithian-5-on $C_4H_6OS_2$, Formel VI.
B. Beim Erhitzen von 5-Oxo-[1,3]dithian-4-carbonsäure-methylester (*Martani*, Ann. Chimica **49** [1959] 1844, 1849) oder von 5-Oxo-[1,3]dithian-4-carbonsäure-äthylester (*Lüttringhaus, Prinzbach*, A. **624** [1959] 79, 90) mit wss. Schwefelsäure.
Krystalle; F: 105° [aus W.] (*Ma.*), 103,5—104,5° [unkorr.; Kofler-App.; aus A. + Me.] (*Lü., Pr.*), 100—100,5° [aus W.] (*Du Pont de Nemours & Co.*, U.S.P. 2790811 [1954], 2848458 [1954]).

[1,3]Dithian-5-on-oxim $C_4H_7NOS_2$, Formel VII (X = OH).
B. Aus [1,3]Dithian-5-on und Hydroxylamin (*Du Pont de Nemours & Co.*, U.S.P. 2790811 [1954]; *Lüttringhaus, Prinzbach*, A. **624** [1959] 79, 91).
Krystalle; F: 166—167° [aus wss. A.] (*Du Pont*), 161—162° [unkorr.; Kofler-App.; aus wss. Me.] (*Lü., Pr.*).

[1,3]Dithian-5-on-phenylhydrazon $C_{10}H_{12}N_2S_2$, Formel VII (X = NH-C$_6$H$_5$).
B. Aus [1,3]Dithian-5-on und Phenylhydrazin (*Martani*, Ann. Chimica **49** [1959] 1844, 1847).
Gelbliche Krystalle (aus A.); F: 148° [Zers.] (*Ma.*, l. c. S. 1849).
Beim Erhitzen mit Essigsäure ist 4,5-Dihydro-[1,3]dithiino[5,4-b]indol erhalten worden (*Ma.*, l. c. S. 1849).

[1,3]Dithian-5-on-semicarbazon $C_5H_9N_3OS_2$, Formel VII (X = NH-CO-NH$_2$).
B. Aus [1,3]Dithian-5-on und Semicarbazid (*Martani*, Ann. Chimica **49** [1959] 1844, 1847).
Krystalle; F: 198° [Zers.; aus A.] (*Ma.*, l. c. S. 1849), 196,5—198° [unkorr.; Zers.; Kofler-App.; aus A. + Me.] (*Lüttringhaus, Prinzbach*, A. **624** [1959] 79, 90).

V   VI   VII   VIII   IX

[1,3]Dithian-5-on-thiosemicarbazon $C_5H_9N_3S_3$, Formel VII (X = NH-CS-NH$_2$).
B. Aus [1,3]Dithian-5-on und Thiosemicarbazid (*Lüttringhaus, Prinzbach*, A. **624** [1959] 79, 91).
Krystalle (aus A.); F: 168—169° [unkorr.; Kofler-App.].

[1,4]Dioxan-2-on, [2-Hydroxy-äthoxy]-essigsäure-lacton $C_4H_6O_3$, Formel VIII (H 103; E II 135; dort als Glykolsäure-äthylenätherester bezeichnet).
B. Beim Erhitzen von Chloressigsäure-äthylester mit der Mononatrium-Verbindung

des Äthylenglykols in Äthylenglykol und Erhitzen des Reaktionsprodukts mit wss. Salzsäure (*Séguin, Vièles*, Bl. **1956** 1210). Beim Erhitzen von Diäthylenglykol mit einem Kupferoxid-Chromoxid-Katalysator bis auf 275° (*Jefferson Chem. Co.*, U.S.P. 2807629 [1953]). Beim Erhitzen von [2-Chlor-äthoxy]-essigsäure mit wss. Natronlauge unter vermindertem Druck (*Salmi et al.*, Suomen Kem. **17**B [1944] 17). Beim Behandeln von [2-Methoxy-äthoxy]-essigsäure mit wss. Bromwasserstoffsäure, zuletzt bei 150° (*Palomaa, Järvenkylä*, B. **65** [1932] 923). Beim Erhitzen von *trans*-2,3-Dichlor-[1,4]= dioxan mit Ameisensäure bis auf 200° (*Summerbell, Lunk*, Am. Soc. **80** [1958] 604).

Krystalle; F: 26,7° [aus Bzl.] (*Pa., Jä.*). Kp_{760}: 212—213° (*Sa. et al.*); Kp_{25}: 115° (*Sé., Vi.*), 110° (*Carbide & Carbon Chem. Co.*, U.S.P. 2142033 [1936]); $Kp_{0,3}$: 55—56° (*Su., Lunk*). D_4^{25}: 1,266 (*Carbide & Carbon Chem. Co.*); D_4^{30}: 1,2664 (*Pa., Jä.*). $n_{656,3}^{30}$: 1,44874; n_D^{30}: 1,45109; $n_{486,1}^{30}$: 1,45663 (*Pa., Jä.*).

Zeitlicher Verlauf der Umwandlung in Substanzen von hohem Molekulargewicht bei 100°, 130° und 160°, bei 160° auch in Gegenwart von Äthylenglykol, Phenol, Chlor= essigsäure, Toluol-4-sulfonsäure oder Anilin: *Leimu, Virtanen*, Suomen Kem. **16**B [1943] 4, 5, 7; s. a. *Pa., Jä.* Reaktion mit Hydrazin (Bildung einer wahrscheinlich als [2-Hydr= oxy-äthoxy]-essigsäure-hydrazid zu formulierenden Verbindung vom F: 84°): *Sé., Vi.* Beim Behandeln einer Lösung in Benzol mit Phenylmagnesiumbromid in Äther ist 2-[2-Hydroxy-äthoxy]-1,1-diphenyl-äthanol, beim Behandeln mit 4-Methoxy-phenyl= magnesium-bromid in Äther ist 2,2-[4-Methoxy-phenyl]-[1,4]dioxan erhalten worden (*Summerbell et al.*, J. org. Chem. **23** [1958] 932).

(±)-4-Methyl-2,2-dioxo-2λ^6-[1,2]oxathiolan-5-on, (±)-β-Sulfo-isobuttersäure-anhydrid $C_4H_6O_4S$, Formel IX.

Bestätigung der Konstitutionszuordnung: *Nishitomi et al.*, Bl. chem. Soc. Japan **41** [1968] 1388, 1392.

B. Als Hauptprodukt neben α-Chlor-isobuttersäure beim Behandeln von Isobutter= säure mit Sulfurylchlorid und wenig Pyridin unter Bestrahlung mit Glühlampenlicht (*Kharasch et al.*, Am. Soc. **62** [1940] 2393, 2395 Tab. I, 2396; s. a. *Ni. et al.*).

Kp_3: 134—135° (*Ni. et al.*). $D^{22,5}$: 1,442 (*Kh. et al.*).

(±)-2-Methyl-[1,3]dioxolan-4-on, (±)-[1-Hydroxy-äthoxy]-essigsäure-lacton $C_4H_6O_3$, Formel X.

B. Beim Erwärmen von Glykolsäure mit Vinylacetat (Überschuss) und wenig Schwefel= säure (*Adelman*, J. org. Chem. **14** [1949] 1057, 1074). Beim Behandeln eines Gemisches von Glykolsäure, Aceton, Quecksilber(II)-acetat, Quecksilber(II)-oxid, Acetanhydrid und konz. Schwefelsäure mit Acetylen (*Du Pont de Nemours & Co.*, U.S.P. 2370779 [1942]).

Kp_{757}: 148—150°; D^{25}: 1,103 (*Du Pont*). D^{20}: 1,11 (*Ad.*).

(±)-2-Trichlormethyl-[1,3]oxathiolan-5-on, (±)-[2,2,2-Trichlor-1-hydroxy-äthyl= mercapto]-essigsäure-lacton $C_4H_3Cl_3O_2S$, Formel XI.

B. Beim Behandeln eines Gemisches von Mercaptoessigsäure-äthylester, Chloral und Benzol mit wenig Schwefelsäure (*Lüttringhaus, Prinzbach*, A. **624** [1959] 79, 88).

$Kp_{0,15}$: 92—93°. n_D^{20}: 1,5472.

[1,3]Dioxolan-2-carbaldehyd, Glyoxal-mono-äthandiylacetal $C_4H_6O_3$, Formel XII.

B. Beim Behandeln von 1-[1,3]Dioxolan-2-yl-äthan-1,2-diol mit Blei(IV)-acetat in Benzol (*Faass, Hilgert*, B. **87** [1954] 1343, 1350).

Bei 55—65°/13—14 Torr destillierbar.

Beim Behandeln mit Dioxan, Äthylenglykol, wenig Borfluorid und wenig Queck= silber(II)-oxid ist [2,2']Bi[1,3]dioxolanyl erhalten worden.

(±)-4-Methyl-[1,3]dioxolan-2-on, (±)-Kohlensäure-methyläthandiylester, (±)-Propy= lencarbonat $C_4H_6O_3$, Formel XIII (X = H).

B. Beim Erwärmen von (±)-1-Chlor-propan-2-ol mit wss. Natriumhydrogencarbonat-Lösung und Kohlendioxid unter 35 at auf 80° (*Jefferson Chem. Co.*, U.S.P. 2766258

[1952]). Aus (±)-Propan-1,2-diol beim Erhitzen mit wenig Natrium und mit Kohlen=
säure-diäthylester bis auf 135° (*Najer et al.*, Bl. **1954** 1142, 1144) sowie beim Erwärmen
mit Trichloressigsäure-methylester und wenig Triäthylamin (*Lesher, Surrey*, Am. Soc.
77 [1955] 636, 640). Beim Erhitzen von (±)-1,2-Epoxy-propan mit Kohlendioxid in
Gegenwart von Trimethyl-octadecyl-ammonium-chlorid unter 60 at auf 165° (*Jefferson
Chem. Co.*, U.S.P. 2773070 [1952]). — Kontinuierliche Herstellung aus (±)-1,2-Epoxy-
propan und Kohlendioxid in Gegenwart von Trimethylamin in Dioxan bei 225°/140 at:
Union Carbide Corp., D.B.P. 1008315 [1954]; *Union Carbide & Carbon Corp.*, U.S.P.
2773881 [1953]; in Gegenwart von Tetraäthylammonium-bromid in 4-Methyl-[1,3]di=
oxolan-2-on bei 150—185°/100 at: *Peppel*, Ind. eng. Chem. **50** [1958] 767, 768.

Dipolmoment (ε; Bzl.): 4,94 D (*Kempa, Lee*, Soc. **1958** 1936).

F: −49,2° (*Peppel*, Ind. eng. Chem. **50** [1958] 767, 768). Kp_{760}: 241,7° (*Pe.*); Kp:
232,5° (*Walker*, J. appl. Chem. **2** [1952] 470, 474), 232° (*Kempa, Lee*, Soc. **1958** 1936);
Kp_5: 90° (*Union Carbide Corp.*, D.B.P. 1008315 [1954]; *Union Carbide & Carbon Corp.*,
U.S.P. 2773881 [1953]); $Kp_{4,5}$: 92° (*Kronick, Fuoss*, Am. Soc. **77** [1955] 6114); Kp_2:
112—114° (*Lesher, Surrey*, Am. Soc. **77** [1955] 636, 640); $Kp_{0,08}$: 79—80° (*Najer et al.*,
Bl. **1954** 1142, 1144). D_D^{20}: 1,2057 (*Pe.*); D_{20}^{20}: 1,205 (*Union Carbide Corp.*; *Union Carbide
& Carbon Corp.*); D^{23}: 1,209 (*Na. et al.*); D_4^{25}: 1,2065 (*Ke., Lee*); D^{25}: 1,198 (*Harris*,
U.S. Atomic Energy Comm. UCRL-8381 [1958] 6), 1,197 (*Kr., Fu.*); D^{40}: 1,183 (*Har.*,
l. c. S. 6); D^{50}: 1,171; D^{75}: 1,144 (*Kr., Fu.*). Oberflächenspannung bei 25°: 40,7 g·s⁻²
(*Bernett, Zisman*, J. phys. Chem. **63** [1959] 1241, 1245). Viscosität [g·cm⁻¹·s⁻¹] bei
25°: 0,02530; bei 40°: 0,01916 (*Har.*, l. c. S. 6, 35). Verdampfungsenthalpie [kcal·mol⁻¹]
bei 20°: 15,6 (*Wa.*); bei 150°: 13,2 (*Pe.*). Wärmekapazität C_p bei 50°: 0,431 cal·grad⁻¹·g⁻¹
(*Pe.*). n_D^{20}: 1,4209 (*Pe.*); n_D^{25}: 1,4212 (*Ke., Lee*), 1,4197 (*Le., Su.*). C=O-(Carbonyl)-
Valenzschwingungsbande und C—O-(Äther)-Valenzschwingungsbanden von unverdünn-
tem, flüssigem und von in Tetrachlormethan gelöstem (±)-4-Methyl-[1,3]dioxolan-2-on:
Hales et al., Soc. **1957** 618, 620; s. a. *Pohoryles, Sarel*, Bl. Res. Coun. Israel **7** A [1957]
42. Dielektrizitätskonstante bei 23°: 69,0 (*Pe.*); bei 25°: 65,1 (*Kr., Fu.*; *Watanabe,
Fuoss*, Am. Soc. **78** [1956] 527); bei 40°: 61,7 (*Ke., Lee*).

Lösungsvermögen für Lithiumbromid, Natriumjodid, Magnesiumbromid, Calcium=
bromid, Zinkchlorid, Quecksilber(II)-chlorid, Aluminiumchlorid, Uran(IV)-chlorid,
Zinn(IV)-chlorid, Wismut(III)-chlorid, Niob(V)-chlorid, Mangan(II)-bromid, Eisen(III)-
chlorid und andere Salze bei 25° sowie für Kaliumjodid bei 40°: *Harris*, U.S. Atomic
Energy Comm. UCRL-8381 [1958] 6, 29—32. Löslichkeitsdiagramm des ternären
Systems mit Heptan und Toluol bei 20°: *Gladel, Lablaude*, Rev. Inst. franç. Pétr. **12**
[1957] 1236, 1237. Volumenänderung beim Vermischen mit Glutaronitril bei 28°:
Phibbs, J. phys. Chem. **59** [1955] 346, 350. Enthalpie des Vermischens mit Glutaro=
nitril bei 28°: *Ph.*, l. c. S. 349.

Beim Erwärmen mit Lithium-tetradeuterioalanat in O,O′-Diäthyl-diäthylenglykol
und anschliessenden Behandeln mit O-Butyl-diäthylenglykol ist C,C,C-Trideuterio-
methanol erhalten worden (*Edgell, Parts*, Am. Soc. **77** [1955] 5515; Org. Synth. Isotopes
1958 1337). Geschwindigkeitskonstante der Hydrolyse in Wasser bei 25°: *Kempa, Lee*,
Soc. **1959** 1576, 1578; der Hydrolyse in Wasser, in wss. Schwefelsäure und in wss. Natrium=
carbonat-Lösung bei 100°: *Peppel*, Ind. eng. Chem. **50** [1958] 767, 769; der Hydrolyse
in wss. Natronlauge (0,004n bis 0,01n) bei 15°, 25° und 35°: *Saadi, Lee*, Soc. [B] **1966**
1, 4. Über die Geschwindigkeitskonstante der Hydrolyse in wss. Kaliumcarbonat-Lösung
bei 0° (*Pohoryles, Sarel*, C. r. **245** [1957] 2321; s. a. *Pohoryles et al.*, Soc. **1960** 3082, 3084)
und von *Kempa, Lee* (l. c. S. 1577) bzw. in wss. Natriumcarbonat-Lösung bei 25° (*Ke.,
Lee*, l. c. S. 1577) s. *Sa., Lee*. In einem beim Behandeln mit Äthylamin und Wasser
erhaltenen Präparat (*Najer et al.*, Bl. **1954** 1142, 1145) hat ein Gemisch von Äthylcarb=
amidsäure-[2-hydroxy-propylester] und kleineren Mengen Äthylcarbamidsäure-[β-hydr=
oxy-isopropylester] vorgelegen (*Baizer et al.*, J. org. Chem. **22** [1957] 1706).

    X   XI   XII   XIII   XIV

(±)-4-Chlormethyl-[1,3]dioxolan-2-on, (±)-Kohlensäure-[chlormethyl-äthandiylester]
$C_4H_5ClO_3$, Formel XIII (X = Cl).

B. Beim Behandeln von (±)-3-Chlor-propan-1,2-diol mit Phosgen (*Contardi, Ercoli,*
G. **64** [1934] 522, 524). Beim Behandeln von (±)-1-Chlor-2,3-epoxy-propan mit Kohlen=
dioxid in Gegenwart von Benzyl-trimethyl-ammonium-hydrogencarbonat bei 120—150°/
50 at (*Jefferson Chem. Co.,* U.S.P. 2 873 282 [1952]).

Dipolmoment (ε; Bzl.): 4,68 D (*Kempa, Lee,* Soc. **1958** 1936).

Kp: 252°; D_4^{25}: 1,4403; n_D^{25}: 1,4680 (*Ke., Lee*). Kp_{10-12}: 156—157°; D^{20}: 1,55 (*Co.,
Er.*). C=O-(Carbonyl)-Valenzschwingungsbande und C—O-(Äther)-Valenzschwingungs=
banden: *Hales et al.,* Soc. **1957** 618, 620. Dielektrizitätskonstante bei 40°: 97,5 (*Ke., Lee*).

(±)-2-Imino-5-methyl-[1,3]oxathiolan, (±)-5-Methyl-[1,3]oxathiolan-2-on-imin
C_4H_7NOS, Formel XIV (R = H).

Hydrochlorid $C_4H_7NOS \cdot HCl$. *B.* Beim Behandeln von (±)-1-Thiocyanato-propan-
2-ol (aus (±)-1,2-Epoxy-propan und Thiocyansäure hergestellt) mit Chlorwasserstoff in
Äther (*Wagner-Jauregg, Häring,* Helv. **41** [1958] 377, 383; s. a. *Price, Kirk,* Am. Soc.
75 [1953] 2396, 2399). — Krystalle (aus Me. + E. oder aus Me. + Ae.); F: 108—110°
[unkorr.; Block] (*Wa.-Ja., Hä.,* l. c. S. 382, 383). — Hygroskopisch; an feuchter Luft
erfolgt Hydrolyse unter Bildung von Ammoniumchlorid (*Pr., Kirk*).

**(±)-5-Methyl-[1,3]oxathiolan-2-on-[4-nitro-benzoylimin], (±)-4-Nitro-benzoesäure-
[5-methyl-[1,3]oxathiolan-2-ylidenamid]* $C_{11}H_{10}N_2O_4S$, Formel XIV (R = CO-C_6H_4-NO_2).

B. Beim Behandeln von (±)-1,2-Epoxy-propan mit wss. Kaliumthiocyanat-Lösung
und anschliessend mit 4-Nitro-benzoylchlorid (*Price, Kirk,* Am. Soc. **75** [1953] 2396,
2398). Beim Behandeln von (±)-5-Methyl-[1,3]oxathiolan-2-on-imin-hydrochlorid mit
4-Nitro-benzoylchlorid und wss. Natriumhydrogencarbonat-Lösung (*Pr., Kirk,* l. c.
S. 2399).

Krystalle (aus Bzl.), F: 166—171° [unkorr.]; die Schmelze erstarrt bei langsamem
Abkühlen zu Krystallen vom F: 156—158° (*Pr., Kirk,* l. c. S. 2398). IR-Banden im
Bereich von 3,4 μ bis 14,1 μ: *Pr., Kirk,* l. c. S. 2398.

*(±)-[5-Methyl-[1,3]oxathiolan-2-yliden]-harnstoff $C_5H_8N_2O_2S$, Formel XIV
(R = CO-NH_2).

Diese Konstitution kommt der nachstehend beschriebenen, von *Vogelsang et al.* (A.
569 [1950] 183, 184) als 6,6-Dimethyl-dihydro-[1,3,5]thiodiazin-2,4-dion angesehenen
Verbindung zu (*Price, Kirk,* Am. Soc. **75** [1953] 2396, 2397; *Wagner-Jauregg, Häring,*
Helv. **41** [1958] 377, 379).

B. Neben 1,2-Epithio-propan beim Behandeln von (±)-1-Thiocyanato-propan-2-ol mit
wenig 2-Amino-äthanol (*Vo. et al.,* l. c. S. 189). Beim Erwärmen von (±)-5-Methyl-
[1,3]oxathiolan-2-on-imin-hydrochlorid mit wss. Kaliumcyanat-Lösung (*Pr., Kirk,* l. c.
S. 2399).

Krystalle; F: 177—178° [unkorr.; Zers.; aus E.] (*Vo. et al.,* l. c. S. 189), 173—174°
[unkorr.; Zers.; aus Me.] (*Pr., Kirk,* l. c. S. 2399). IR-Banden im Bereich von 2,9 μ
bis 14,3 μ: *Pr., Kirk,* l. c. S. 2398.

Eine von *Vogelsang et al.* (l. c. S. 190) beim Erwärmen mit wss. Essigsäure erhaltene,
als 4-[α-Mercapto-isopropyl]-allophansäure angesehene Verbindung $C_5H_{10}N_2O_3S$ (F: 115°
bis 117°) ist wahrscheinlich als 1-Thio-allophansäure-S-[2-hydroxy-propylester] zu for=
mulieren (*Wa.-Ja., Hä.*).

*(±)-Butyl-[5-methyl-[1,3]oxathiolan-2-yliden]-harnstoff $C_9H_{16}N_2O_2S$, Formel XIV
(R = CO-NH-$[CH_2]_3$-CH_3).

B. Beim Behandeln von (±)-5-Methyl-[1,3]oxathiolan-2-on-imin-hydrochlorid mit
Butylcarbamoylchlorid (aus Butylamin-hydrochlorid und Phosgen hergestellt) und
Natriumcarbonat (*Wagner-Jauregg, Häring,* Helv. **41** [1958] 377, 382).

Krystalle (aus A. + W.); F: 93—95° [Block].

*(±)-[5-Chlormethyl-[1,3]oxathiolan-2-yliden]-harnstoff $C_5H_7ClN_2O_2S$, Formel XV.

B. Beim Behandeln von (±)-1-Chlor-3-thiocyanato-propan-2-ol (aus (±)-Epichlor=
hydrin und Thiocyansäure hergestellt) mit Chlorwasserstoff in Äther und Behandeln

des erhaltenen (±)-5-Chlormethyl-[1,3]oxathiolan-2-on-imin-hydrochlorids ($C_4H_6ClNOS \cdot HCl$; Öl) mit Kaliumcyanat in Wasser (*Wagner-Jauregg, Häring*, Helv. **41** [1958] 377, 382, 383).
F: 144,5—146,5° [unkorr.; Block].

(±)-2-Imino-4-methyl-[1,3]dithiolan, (±)-4-Methyl-[1,3]dithiolan-2-on-imin, (±)-Dithiocarbimidsäure-methyläthandiylester $C_4H_7NS_2$, Formel XVI (H 104; dort als Dithiokohlensäure-propylenester-imid bezeichnet).
Thiocyanat $C_4H_7NS_2 \cdot HSCN$. *B.* Beim Behandeln von (±)-1,2-Epithio-propan mit Kaliumthiocyanat und Essigsäure (*Wagner-Jauregg, Häring*, Helv. **41** [1958] 377, 385). — Krystalle (aus E.); F: 86° [nach Sintern ab 76°].

XV   XVI   XVII   XIII

(±)-4-Methyl-[1,3]dithiolan-2-thion, (±)-Trithiokohlensäure-methyläthandiyl=ester $C_4H_6S_3$, Formel XVII (H 104; dort als Trithiokohlensäure-propylenester bezeichnet).
B. Beim Erwärmen von (±)-1,2-Dichlor-propan mit Schwefelkohlenstoff und wss. Kalilauge (*Shell Devel. Co.*, U.S.P. 2193415 [1938]). Beim Behandeln von (±)-1,2-Epoxy-propan mit einer aus Schwefelkohlenstoff, Kaliumhydroxid und Äthanol bereiteten Kalium-*O*-äthyl-dithiocarbonat-Lösung (*Culvenor, Davies*, Austral. J. scient. Res. [A] **1** [1948] 236, 238).
Kp_{10}: 157° (*Challenger et al.*, Soc. **1953** 292, 304); $Kp_{0,2}$: 136° (*Cu., Da.*).

(±)-5-Methyl-[1,3]dioxolan-4-on, (±)-2-Hydroxymethoxy-propionsäure-lacton $C_4H_6O_3$, Formel XVIII (H 104; dort als Milchsäure-methylenäther ester bezeichnet).
B. Beim Erhitzen von DL-Milchsäure mit Paraformaldehyd und wenig Toluol-4-sulfon=säure auf 160° (*Palomaa et al.*, B. **68** [1935] 609, 615).
Kp_{758}: 152—153°; D_4^{20}: 1,1735; $n_{656,3}^{20}$: 1,41194; n_D^{20}: 1,41383; $n_{486,1}^{20}$: 1,41865 (*Pa. et al.*). Geschwindigkeitskonstante der Hydrolyse in wss. Salzsäure (0,05n bis 0,2n) bei 15°, 25° und 35°: *Pa. et al.*; bei 25°: *Salmi*, B. **72** [1939] 319, 321. Geschwindigkeitskonstante der Hydrolyse in wss. Natronlauge (0,02n) bei 15°: *Salmi, Laaksonen*, Ann. Acad. Sci. fenn. [A] **54** Nr. 11 [1940] 6.

Oxo-Verbindungen $C_5H_8O_3$

[1,3]Dioxepan-2-on, Kohlensäure-butandiylester, Butandiylcarbonat $C_5H_8O_3$, Formel I.
B. Neben 1,3,8,10-Tetraoxa-cyclotetradecan-2,9-dion beim Behandeln eines Gemisches von Butan-1,4-diol, Antipyrin, Chloroform und Toluol mit Phosgen in Toluol (*Sarel et al.*, J. org. Chem. **24** [1959] 1873, 1875).
$Kp_{0,8}$: 88—93°; D_0^{16}: 1,0867; n_D^{16}: 1,4260 (*Sa. et al.*, l. c. S. 1876).

I   II   III   IV   V

Diäthyl-[1,3]dithiepan-2-yliden-ammonium $[C_9H_{18}NS_2]^+$, Formel II.
Perchlorat $[C_9H_{18}NS_2]ClO_4$. *B.* Beim Behandeln einer Lösung von Diäthyl-dithiocarb=amidsäure-[4-hydroxy-butylester] in Benzol mit Triäthylamin und Toluol-4-sulfonyl=chlorid, Erwärmen der vom Triäthylamin-hydrochlorid befreiten Reaktionslösung und Behandeln des Reaktionsprodukts mit Natriumperchlorat in Wasser (*Kennard, VanAllan*, J. org. Chem. **24** [1959] 470, 471). — Krystalle (aus W.); F: 99—100°. UV-Absorptions=maximum (W.): 276 nm.

[1,4]Dioxepan-2-on, [3-Hydroxy-propoxy]-essigsäure-lacton $C_5H_8O_3$, Formel III.

B. Aus [3-Hydroxy-propoxy]-essigsäure beim Erhitzen unter 0,1 — 1 Torr (*Palomaa, Toukola*, B. **66** [1933] 1629, 1632).

Krystalle; F: 135,2 — 136° [aus Acn.] bzw. F: 135 — 135,8° [aus Bzl.].

Geschwindigkeitskonstante der Hydrolyse in Chlorwasserstoff enthaltendem 50%ig. wss. Aceton bei 25° sowie in Chlorwasserstoff enthaltendem 50%ig. wss. Dioxan bei 25° und bei 35°: *Pa., To.*

[1,4]Dithiepan-6-on $C_5H_8OS_2$, Formel IV.

B. Beim Erhitzen von 6-Oxo-[1,4]dithiepan-5-carbonsäure-äthylester mit wss. Schwe= felsäure (*Lüttringhaus, Prinzbach*, A. **624** [1959] 79, 94).

$Kp_{0,1}$: 75°.

Charakterisierung als Semicarbazon (s. u.): *Lü., Pr.*, l. c. S. 95.

1,1,4,4-Tetraoxo-1λ^6,4λ^6-[1,4]dithiepan-6-on $C_5H_8O_5S_2$, Formel V.

B. Beim Behandeln einer Suspension von 1,1,4,4-Tetraoxo-1λ^6,4λ^6-[1,4]dithiepan-6-ol in Wasser mit Kaliumdichromat und Schwefelsäure (*Fuson, Speziale*, Am. Soc. **71** [1949] 823).

Krystalle (aus Dioxan oder W.); F: 252 — 253° [Zers.].

[1,4]Dithiepan-6-on-semicarbazon $C_6H_{11}N_3OS_2$, Formel VI.

B. Aus [1,4]Dithiepan-6-on und Semicarbazid (*Lüttringhaus, Prinzbach*, A. **624** [1959] 79, 95).

Krystalle (aus wss. A.); F: 217 — 218° [unkorr.; Kofler-App.].

1,1,4,4-Tetraoxo-1λ^6,4λ^6-[1,4]dithiepan-6-on-phenylhydrazon $C_{11}H_{14}N_2O_4S_2$, Formel VII.

B. Beim Erwärmen einer Lösung von 1,1,4,4-Tetraoxo-1λ^6,4λ^6-[1,4]dithiepan-6-on in Dioxan mit Phenylhydrazin und wenig Essigsäure (*Fuson, Speziale*, Am. Soc. **71** [1949] 823).

Krystalle (aus wss. Dioxan); F: 235 — 236° [Zers.].

2-Methyl-[1,3]dithian-5-on $C_5H_8OS_2$, Formel VIII.

B. Beim Erhitzen von 2-Methyl-5-oxo-[1,3]dithian-4-carbonsäure-äthylester mit wss. Schwefelsäure (*Lüttringhaus, Prinzbach*, A. **624** [1959] 79, 91).

Krystalle (aus wss. A.); F: 39,5 — 40° [Kofler-App.]. Mit Wasserdampf flüchtig.

VI   VII   VIII   IX

(±)-2-Methyl-[1,3]dithian-5-on-semicarbazon $C_6H_{11}N_3OS_2$, Formel IX
(R = NH-CO-NH$_2$).

B. Aus 2-Methyl-[1,3]dithian-5-on und Semicarbazid (*Lüttringhaus, Prinzbach*, A. **624** [1959] 79, 91).

Krystalle (aus A. oder wss. A.); F: 206 — 207° [unkorr.; Zers.; Kofler-App.].

(±)-2-Methyl-[1,3]dithian-5-on-thiosemicarbazon $C_6H_{11}N_3S_3$, Formel IX
(R = NH-CS-NH$_2$).

B. Aus 2-Methyl-[1,3]dithian-5-on und Thiosemicarbazid (*Lüttringhaus, Prinzbach*, A. **624** [1959] 79, 91).

Krystalle (aus A.); F: 183 — 184° [unkorr.; Zers.; Kofler-App.].

[1,3]Dioxan-2-carbaldehyd, Glyoxal-mono-propandiylacetal $C_5H_8O_3$, Formel X.

B. Beim Behandeln von 1-[1,3]Dioxan-2-yl-äthan-1,2-diol mit Blei(IV)-acetat in Benzol (*Faass, Hilgert*, B. **87** [1954] 1343, 1350).

Kp_{12}: 68 — 71°.

Beim Behandeln mit Dioxan, Propan-1,3-diol, wenig Quecksilber(II)-oxid und Bor=
fluorid ist [2,2']Bi[1,3]dioxanyl erhalten worden.

Charakterisierung durch Überführung in 2-[1,3]Dioxan-2-yl-1,3-diphenyl-imidazolidin
(F: 122−123°) mit Hilfe von *N,N'*-Diphenyl-äthylendiamin: *Fa., Hi.*

(±)-4-Methyl-[1,3]dioxan-2-on, Kohlensäure-[1-methyl-propandiylester] $C_5H_8O_3$,
Formel XI.

B. Beim Erhitzen von (±)-Butan-1,3-diol mit Kohlensäure-diäthylester und wenig
Natriummethylat unter Entfernen des entstehenden Äthanols (*Sarel et al.*, J. org. Chem.
24 [1959] 1873, 1876).

Dipolmoment (ε; Bzl.): 5,28 D (*Arbusow, Schawscha*, Doklady Akad. S.S.S.R. **68** [1949]
1045, 1048).

$Kp_{0,2}$: 113−115°; D_0^{15}: 1,965; n_D^{15}: 1,4465 (*Sarel et al.*). IR-Banden im Bereich von
3010 cm^{-1} bis 770 cm^{-1}: *Sarel et al.*, l. c. S. 1877.

(±)-5-Methyl-[1,3]dithian-2-on-phenylhydrazon $C_{11}H_{14}N_2S_2$, Formel XII (R = H).

B. Beim Erwärmen von 5-Methyl-[1,3]dithian-2-thion mit Phenylhydrazin und
Äthanol (*Mills, Saunders*, Soc. **1931** 537, 543).

Krystalle (aus A.); F: 89°.

X   XI   XII

2-[5-Methyl-[1,3]dithian-2-ylidenhydrazino]-benzoesäure $C_{12}H_{14}N_2O_2S_2$, Formel XII
(R = CO-OH).

a) **(+)-2-[5-Methyl-[1,3]dithian-2-ylidenhydrazino]-benzoesäure** $C_{12}H_{14}N_2O_2S_2$.

Gewinnung aus dem unter c) beschriebenen Racemat über das Chinin-Salz (s. u.):
Mills, Saunders, Soc. **1931** 537, 544.

Grüngelbe Krystalle (aus CHCl$_3$ + PAe.); F: 199°. $[α]_{546}^{17}$: +12,3° [CHCl$_3$; c = 1];
$[α]_{546}^{17}$: +10,7° (Natrium-Salz in wss. Natronlauge [0,2n]).

In Lösungen in Chloroform, in Essigsäure und in wss. Natronlauge (0,2n) erfolgt bei
Raumtemperatur innerhalb mehrerer Tage keine, bei Siedetemperatur jedoch schnell
Racemisierung (*Mi., Sa.*, l. c. S. 545, 546).

Chinin-Salz $C_{20}H_{24}N_2O_2 \cdot C_{12}H_{14}N_2O_2S_2$. Krystalle (aus wss. A.), F: 184−185°.
$[α]_{578}^{17}$: −216° [CHCl$_3$]; $[α]_{546}^{17}$: −255° [CHCl$_3$].

b) **(−)-2-[5-Methyl-[1,3]dithian-2-ylidenhydrazino]-benzoesäure** $C_{12}H_{14}N_2O_2S_2$.

Gewinnung aus dem unter c) beschriebenen Racemat mit Hilfe von Chinin: *Mills,
Saunders*, Soc. **1931** 537, 545.

Grüngelbe Krystalle; F: 199°. $[α]_{546}^{17}$: −12,8° [CHCl$_3$; c = 1].

c) **(±)-2-[5-Methyl-[1,3]dithian-2-ylidenhydrazino]-benzoesäure** $C_{12}H_{14}N_2O_2S_2$.

B. Beim Erwärmen von (±)-2-[5-Methyl-[1,3]dithian-2-ylidenhydrazino]-benzoesäure-
methylester mit Natriumäthylat in Äthanol (*Mills, Saunders*, Soc. **1931** 537, 544).

Gelbe Krystalle (aus A.); F: 202°.

(±)-2-[5-Methyl-[1,3]dithian-2-ylidenhydrazino]-benzoesäure-methylester
$C_{13}H_{16}N_2O_2S_2$, Formel XII (R = CO-O-CH$_3$).

B. Beim Erwärmen von 5-Methyl-[1,3]dithian-2-thion mit 2-Hydrazino-benzoesäure-
methylester in Methanol (*Mills, Saunders*, Soc. **1931** 537, 543).

Krystalle (aus A.); F: 91,5−93°.

5-Methyl-[1,3]dithian-2-thion, Trithiokohlensäure-[2-methyl-propandiylester]
$C_5H_8S_3$, Formel XIII.

B. Beim Behandeln von 1,3-Dibrom-2-methyl-propan mit äthanol. Natriumtrithio=
carbonat-Lösung [aus Natriumäthylat, Äthanol, Schwefelwasserstoff und Schwefel=

kohlenstoff hergestellt] (*Mills, Saunders*, Soc. **1931** 537, 542).
   Gelbe Krystalle (aus A.); F: 74°.

(±)-6-Methyl-[1,4]dioxan-2-on, (±)-[2-Hydroxy-propoxy]-essigsäure-lacton $C_5H_8O_3$, Formel XIV.
   B. Als Hauptprodukt neben 5-Methyl-2,3-dihydro-[1,4]dioxin (S. 113) beim Erhitzen von (±)-1-[2-Hydroxy-äthoxy]-propan-2-ol (E IV **1** 2473) mit einem Kupferoxid-Chromoxid-Katalysator bis auf 280° (*Jefferson Chem. Co.*, U.S.P. 2807629 [1953]).
   Kp: 209—213°. n_D^{20}: 1,4442.

XIII   XIV   XV   XVI

4,4-Dimethyl-2,2-dioxo-2λ^6-[1,2]oxathiolan-5-on, 2,2-Dimethyl-3-sulfo-propionsäure-anhydrid $C_5H_8O_4S$, Formel XV.
   B. Beim Erwärmen von 2,2-Dimethyl-3-sulfo-propionsäure mit Thionylchlorid (*Greene, Hagemeyer*, Am. Soc. **77** [1955] 6065).
   Krystalle (aus Bzl. + Bzn.); F: 62—64°.
   Beim Behandeln mit *p*-Toluidin und Benzol ist das *p*-Toluidin-Salz der 2-Methyl-2-*p*-tolylcarbamoyl-propan-1-sulfonsäure erhalten worden.

2-Acetyl-[1,3]dioxolan, 1-[1,3]Dioxolan-2-yl-äthanon, Pyruvaldehyd-1-äthandiyl=acetal $C_5H_8O_3$, Formel XVI.
   B. Beim Erwärmen von Pyruvaldehyd mit Äthylenglykol, Benzol und wenig Toluol-4-sulfonsäure unter Entfernen des entstehenden Wassers (*Hoffmann-La Roche*, D.B.P. 1021360 [1956]; U.S.P. 2819312 [1956]).
   Kp_{10}: 102°. n_D^{26}: 1,4845 (*Hoffmann-La Roche*, U.S.P. 2819312); n_D^{26}: 1,4145 (*Hoffmann-La Roche*, D.B.P. 1021360).

(±)-2-[2-Äthoxy-2-methoxy-äthyl]-[1,3]dioxolan, (±)-1-Äthoxy-2-[1,3]dioxolan-2-yl-1-methoxy-äthan, (±)-Malonaldehyd-1-äthandiylacetal-3-[äthyl-methyl-acetal] $C_8H_{16}O_4$, Formel I.
   Diese Verbindung ist in den zitierten Patentschriften irrtümlich als 2-(3-Methoxy-3-äthoxy-propyl)-dioxolan bezeichnet worden.
   B. Beim Behandeln von 2-Äthoxy-[1,3]dioxolan mit Methyl-vinyl-äther und dem Bor=fluorid-Äther-Adduht (*Gen. Aniline & Film Corp.*, D.B.P. 821201 [1951]; D.R.B.P. Org. Chem. 1950—1951 **6** 1071; U.S.P. 2527533 [1946]).
   Kp_{15}: 95—98°.

I   II   III   IV

(±)-2-[2-Äthylmercapto-2-methoxy-äthyl]-[1,3]dioxolan, (±)-1-Äthylmercapto-2-[1,3]dioxolan-2-yl-1-methoxy-äthan $C_8H_{16}O_3S$, Formel II.
   B. Beim Behandeln von 2-Äthylmercapto-[1,3]dioxolan mit Methyl-vinyl-äther und dem Borfluorid-Äther-Adduht (*Gen. Aniline & Film Corp.*, D.B.P. 831243 [1948]; D.R.B.P. Org. Chem. 1950—1951 **6** 1607; U.S.P. 2500486 [1946]).
   Kp_2: 117—123°.

(±)-4-Äthyl-[1,3]dioxolan-2-on, (±)-Kohlensäure-äthyläthandiylester $C_5H_8O_3$, Formel III.

B. Beim Erhitzen von (±)-1,2-Epoxy-butan mit Kohlendioxid und 2,5-Dihydro-pyrrol-hydrobromid unter 50 at auf 200° (*Jefferson Chem. Co.*, U.S.P. 2773070 [1952]).

$Kp_{0,8}$: 75—80° (*Burkhardt et al.*, B. **99** [1966] 1912, 1916).

(±)-5-Äthyl-[1,3]dioxolan-4-on, (±)-2-Hydroxymethoxy-buttersäure-lacton $C_5H_8O_3$, Formel IV (H 104; dort als „inaktiver α-Oxy-buttersäure-methylenätherester" bezeichnet).

B. Beim Erhitzen von (±)-2-Hydroxy-buttersäure mit Paraformaldehyd und wenig Toluol-4-sulfonsäure bis auf 150° (*Salmi, Pohjolainen*, B. **72** [1939] 798, 801; vgl. H 104).

Kp_{760}: 165—166,2°; D_4^{20}: 1,1220; $n_{656,3}^{20}$: 1,41881; n_D^{20}: 1,42109; $n_{486,1}^{20}$: 1,42585 (*Sa., Po.*). Geschwindigkeitskonstante der Hydrolyse in wss. Salzsäure bei 25°: *Salmi*, B. **72** [1939] 319, 321; der Hydrolyse in wss. Natronlauge (0,02n) bei 15°: *Salmi, Laaksonen*, Ann. Acad. Sci. fenn. [A] **54** Nr. 11 [1940] 6.

(±)-cis-2,5-Dimethyl-[1,3]dioxolan-4-on $C_5H_8O_3$, Formel V + Spiegelbild, und **(±)-trans-2,5-Dimethyl-[1,3]dioxolan-4-on** $C_5H_8O_3$, Formel VI + Spiegelbild.

Gemische dieser beiden Racemate haben wahrscheinlich in den früher (s. H 105 und E I 655) sowie in den nachstehend beschriebenen Präparaten vorgelegen (*Salomaa, Laiho*, Suomen Kem. **35** B [1962] 92, 95; *Salomaa, Sallinen*, Acta chem. scand. **19** [1965] 1054, 1057; *Brettle, Logan*, J.C.S. Perkin II **1973** 687).

B. Aus DL(?)-Milchsäure beim Behandeln mit einer mit wenig Quecksilber(II)-oxid versetzten Lösung von Borfluorid in Methanol und anschliessend mit Acetylen (*Nieuwland et al.*, Am. Soc. **52** [1930] 1018, 1020, 1022) sowie beim Erhitzen mit Acetaldehyd und wenig Toluol-4-sulfonsäure auf 160° (*Palomaa et al.*, B. **68** [1935] 609, 617; vgl. H 105). Beim Leiten von gasförmigem opt.-inakt. (?) Dilactylsäure-anhydrid (3,5-Dimethyl-[1,4]dioxan-2,6-dion [vgl. S. 1927]) über einen Manganphosphat-Kohle-Katalysator bei 300° (*I.G. Farbenind.*, D.R.P. 737623 [1940]; D.R.P. Org. Chem. **6** 1259).

F: —22°; Kp_{42}: 91° (*Sa., La.*). Kp_{769}: 154—155° (*Pa. et al.*). Kp: 149—151° (*Ni. et al.*). Kp_9: 43—44,5° (*I.G. Farbenind.*).

Geschwindigkeitskonstante der Hydrolyse des *cis*-Isomeren und des *trans*-Isomeren in Wasser bei 15°, 25° und 35° sowie in wss. Salzsäure bei 25° und 35°: *Salomaa*, Suomen Kem. **37** B [1964] 86, 87.

(±)-trans-2,5-Bis-trichlormethyl-[1,3]dioxolan-4-on $C_5H_2Cl_6O_3$, Formel VII + Spiegelbild.

Diese Konfiguration ist dem früher (s. H 105, E I 656 und E II 136) und nachstehend beschriebenen **Chloralid** zuzuordnen (*Chia, Huang*, Soc. [B] **1968** 1369, 1373).

Dipolmoment (ε; Bzl.): 1,64 D (*Chia, Hu.*, l. c. S. 1371).

Krystalle (aus A.); F: 116°. IR-Banden (Nujol, CCl_4 sowie Hexachlor-buta-1,3-dien) im Bereich von 3660 cm^{-1} bis 430 cm^{-1}: *Chia, Hu.*, l. c. S. 1370.

    V   VI   VII   VIII

2,5-Bis-trichlormethyl-[1,3]-dioxolan-4-on-[2,2,2-trichlor-1-hydroxy-äthylimin] $C_7H_4Cl_9NO_3$, Formel VIII (R = H).

Diese Konstitution ist der früher (s. E I **27** 523) als 2,4,7-Tris-trichlormethyl-dihydro-[1,3,5]dioxazepin-6-on („2.4.7-Tris-trichlormethyl-1,3-dioxa-5-aza-cycloheptan-on-(6)") beschriebenen, danach (s. E IV **1** 3143 im Artikel Chloral) als 3-[2,2,2-Trichlor-1-hydroxy-äthyl]-2,5-bis-trichlormethyl-oxazolidin-4-on formulierten opt.-inakt. Verbindung vom F: 123° zuzuordnen (*Franck, Hennessy*, J. org. Chem. **30** [1965] 1670).

Die bei der Umsetzung mit Acetylchlorid bzw. mit Chlorokohlensäure-äthylester erhaltenen, früher (s. E I **27** 523, 524) als 5-Acetyl-2,4,7-tris-trichlormethyl-dihydro-[1,3,5]dioxazepin-6-on (,,5-Acetyl-2.4.7-tris-trichlormethyl-1.3-dioxa-5-aza-cycloheptan=on-(6)") bzw. als 6-Oxo-2,4,7-tris-trichlormethyl-dihydro-[1,3,5]dioxazepin-5-carbon=säure-äthylester (,,2.4.7-Tris-trichlormethyl-1.3-dioxa-5-aza-cycloheptanon-(6)-carbon=säure-(5)-äthylester") beschriebenen opt.-inakt. Verbindungen (F: 161° bzw. F: 152°) sind wahrscheinlich als 2,5-Bis-trichlormethyl-[1,3]dioxolan-4-on-[1-acetoxy-2,2,2-trichlor-äthylimin] ($C_9H_6Cl_9NO_4$; Formel VIII [R = CO-CH_3]) bzw. als 2,5-Bis-trichlormethyl-[1,3]dioxolan-4-on-[1-äthoxycarbonyloxy-2,2,2-tri=chlor-äthylimin] ($C_{10}H_8Cl_9NO_5$; Formel VIII [R = CO-O-C_2H_5]) zu formulieren (s. dazu *Fr., He.*).

2,5-Bis-trichlormethyl-[1,3]dioxolan-4-on-[1-benzoyloxy-2,2,2-trichlor-äthylimin]
$C_{14}H_8Cl_9NO_4$, Formel VIII (R = CO-C_6H_5).

Diese Konstitution ist der früher (s. E I **27** 523) als 5-Benzoyl-2,4,7-tris-trichlor=methyl-dihydro-[1,3,5]dioxazepin-6-on (,,5-Benzoyl-2.4.7-tris-trichlormethyl-1.3-dioxa-5-aza-cycloheptanon-(6)") beschriebenen, von *Bowman et al.* (Soc. **1963** 692) als 3-[1-Benzoyloxy-2,2,2-trichlor-äthyl]-2,5-bis-trichlormethyl-oxazolidin-4-on angesehenen opt.-inakt. Verbindung (F: 141—142°) zuzuordnen (*Franck, Hennessy*, J. org. Chem. **30** [1965] 1670).

In der beim Erwärmen mit Äthanol und konz. wss. Salzsäure erhaltenen, früher (s. E I **27** 523) mit Vorbehalt als N-[3,3,3-Trichlor-2-(2,2,2-trichlor-1-hydroxy-äthoxy)-propionyl]-benzamid formulierten opt.-inakt. Verbindung (F: 166°) hat ein 1-Benzoyloxy-2,2,2-trichlor-1-[3,3,3-trichlor-2-hydroxy-propionylamino]-äthan vorgelegen (*Bo. et al.*; *Fr., He.*).

2-Tribrommethyl-5-trichlormethyl-[1,3]dioxolan-4-on-[2,2,2-tribrom-1-hydroxy-äthyl=imin] $C_7H_4Br_6Cl_3NO_3$, Formel IX (R = H).

Diese Konstitution ist der früher (s. E I **27** 524) als 2,4-Bis-tribrommethyl-7-tri=chlormethyl-dihydro-[1,3,5]dioxazepin-6-on (,,7-Trichlormethyl-2.4-bis-tribrommethyl-1.3-dioxa-5-aza-cycloheptanon-(6)") beschriebenen, von *Bowman et al.* (Soc. **1963** 692) als 3-[2,2,2-Tribrom-1-hydroxy-äthyl]-2-tribrommethyl-5-trichlormethyl-oxazolidin-4-on angesehenen opt.-inakt. Verbindung (F: 132°) auf Grund ihrer Bildungsweise sowie ihrer Überführung durch Hydrolyse in 2-Tribrommethyl-5-trichlormethyl-[1,3]dioxolan-4-on (,,Trichlormilchsäure-[β.β.β-tribrom-äthyliden]-ätherester", $C_5H_2Br_3Cl_3O_3$ [s. E I **19** 656]) zuzuordnen (s. dazu *Franck, Hennessy*, J. org. Chem. **30** [1965] 1670); entsprechend ist das bei der Umsetzung mit Acetylchlorid erhaltene, früher (s. E I **27** 524) als 5-Acetyl-2,4-bis-tribrommethyl-7-trichlormethyl-dihydro-[1,3,5]=dioxazepin-6-on (,,5-Acetyl-7-trichlormethyl-2.4-bis-tribrommethyl-1.3-dioxa-5-aza-cycloheptanon-(6)") beschriebene Acetyl-Derivat (F: 158° [Zers.]) wahrscheinlich als 2-Tribrommethyl-5-trichlormethyl-[1,3]dioxolan-4-on-[1-acetoxy-2,2,2-tribrom-äthylimin] ($C_9H_6Br_6Cl_3NO_4$; Formel IX [R = CO-CH_3]) zu formulieren.

2-Tribrommethyl-5-trichlormethyl-[1,3]dioxolan-4-on-[1-benzoyloxy-2,2,2-tribrom-äthylimin] $C_{14}H_8Br_6Cl_3NO_4$, Formel IX (R = CO-C_6H_5).

Diese Konstitution ist der früher (s. E I **27** 524) als 5-Benzoyl-2,4-bis-tribrom=methyl-7-trichlormethyl-dihydro-[1,3,5]dioxazepin-6-on (,,5-Benzoyl-7-trichlormethyl-2.4-bis-tribrommethyl-1.3-dioxa-5-aza-cycloheptanon-(6)") beschriebenen, von *Bowman et al.* (Soc. **1963** 692) als 3-[1-Benzoyloxy-2,2,2-tribrom-äthyl]-2-tribrommethyl-5-tri=chlormethyl-oxazolidin-4-on angesehenen opt.-inakt. Verbindung (F: 163°) auf Grund ihrer genetischen Beziehung zu der im vorangehenden Artikel beschriebenen Verbindung zuzuordnen (s. dazu *Franck, Hennessy*, J. org. Chem. **30** [1965] 1670).

Die beim Erwärmen mit Chlorwasserstoff enthaltendem Äthanol und Erhitzen des Reaktionsprodukts mit wss. Natriumcarbonat-Lösung erhaltene Verbindung (s. E I **27** 265, 524) ist nicht als 6,6-Dichlor-1-tribrommethyl-5-oxa-2-aza-bicyclo[2.1.1]hexan-3-on (,,3.3-Dichlor-2.4-oxido-2-tribrommethyl-pyrrolidon-(5)"), sondern als 5-Dichlormethylen-2-tribrommethyl-oxazolidin-4-on zu formulieren (*Bo. et al.*; vgl. *Bishop et al.*, Soc. **1963** 2381).

4,4-Dimethyl-[1,3]dioxolan-2-on, Kohlensäure-[1,1-dimethyl-äthandiylester] $C_5H_8O_3$, Formel X.

B. Beim Erhitzen von 1,2-Epoxy-2-methyl-propan mit Kohlendioxid in Gegenwart von Tetraäthylammonium-bromid unter 70—100 at auf 180° (*Jefferson Chem. Co.*, U.S.P. 2773070 [1952]), in Gegenwart von *N,N*-Dimethyl-*p*-toluidin-hydrochlorid unter 60 at bis auf 195° (*Jefferson Chem. Co.*, U.S.P. 2773070) oder in Gegenwart von 1-Äthyl-1-methyl-piperidinium-hydrogencarbonat unter 50 at bis auf 150° (*Jefferson Chem. Co.*, U.S.P. 2873282 [1952]).

E: 25,8°; Kp_{760}: 224°; D_{30}^{30}: 1,1125; n_D^{30}: 1,4152 (*Jefferson Chem. Co.*, U.S.P. 2773070). E: 25°; Kp_{1-2}: 58° (*Jefferson Chem. Co.*, U.S.P. 2873282).

IX   X   XI

4,4-Dimethyl-[1,3]dithiolan-2-thion, Trithiokohlensäure-[1,1-dimethyl-äthandiylester] $C_5H_8S_3$, Formel XI.

B. Beim Erwärmen von 1-Chlor-2-methyl-propan-2-ol mit Schwefelkohlenstoff und methanol. Kalilauge (*Culvenor, Davies,* Austral. J. Res. [A] **1** [1948] 236, 239). Beim mehrtägigen Behandeln von 1,2-Epoxy-2-methyl-propan mit einer aus Schwefelkohlenstoff, Kaliumhydroxid und Äthanol bereiteten Kalium-*O*-äthyl-dithiocarbonat-Lösung (*Cu., Da.*).

Kp_{25}: 166—168°; $Kp_{0,2}$: 126°.

5,5-Dimethyl-[1,3]dioxolan-4-on, α-Hydroxymethoxy-isobuttersäure-lacton $C_5H_8O_3$, Formel XII (H 106; dort als α-Oxy-isobuttersäure-methylenätherester bezeichnet).

B. Beim Erhitzen von α-Hydroxy-isobuttersäure mit Paraformaldehyd unter Zusatz von Natriumsulfat auf 160° (*Palomaa et al.,* B. **68** [1935] 609, 616) oder unter Zusatz von konz. Schwefelsäure (*Celanese Corp. Am.*, U.S.P. 1962157 [1932]).

Kp: 148—149° (*Celanese Corp. Am.*); Kp_{755}: 149,5—150° (*Pa. et al.*). D_4^{20}: 1,0997 (*Pa. et al.*). $n_{656,3}^{20}$: 1,4090; n_D^{20}: 1,4111; $n_{486,1}^{20}$: 1,4158 (*Pa. et al.*).

Geschwindigkeitskonstante der Hydrolyse in wss. Salzsäure (0,2n bis 0,5n) bei 15°, 25° und 35°: *Pa. et al.*; in wss. Natronlauge (0,02n) bei 15°: *Salmi, Laaksonen,* Ann. Acad. Sci. fenn. [A] **54** Nr. 11 [1940] 6.

4,5-Dimethyl-[1,3]dioxolan-2-on, Kohlensäure-[1,2-dimethyl-äthandiylester] $C_5H_8O_3$.

a) *cis*-**4,5-Dimethyl-[1,3]dioxolan-2-on** $C_5H_8O_3$, Formel XIII.

B. Beim Erhitzen von *meso*-Butan-2,3-diol mit Kohlensäure-diäthylester unter Zusatz von Natrium (*Anet,* Am. Soc. **84** [1962] 747, 748; *Searles et al.,* J. org. Chem. **27** [1962] 2832; s. a. *Najer et al.,* Bl. **1954** 1142, 1145) oder unter Zusatz von Natriummethylat (*Sarel et al.,* J. org. Chem. **24** [1959] 1873, 1875, 1876), jeweils unter Entfernen des entstehenden Äthanols.

Kp_5: 116—117° (*Anet*). $Kp_{0,1}$: 70—75°; n_D^{20}: 1,4251 (*Se. et al.*). ¹H-NMR-Absorption (CCl_4) sowie ¹H-¹H-Spin-Spin-Kopplungskonstanten: *Anet,* l. c. S. 751.

XII   XIII   XIV   XV

b) **(R)-*trans*-4,5-Dimethyl-[1,3]dioxolan-2-on** $C_5H_8O_3$, Formel XIV.

B. Beim Behandeln von D_g-*threo*-Butan-2,3-diol mit Phosgen in Toluol (*Garner, Lucas,* Am. Soc. **72** [1950] 5497, 5500).

Krystalle (aus Ae.); F: 21,2—21,5°. Kp_{10}: 104,8—104,9° [korr.]. D_4^{25}: 1,1122. n_D^{25}: 1,4160. $[\alpha]_D^{25}$: +32,7° [Lösungsmittel nicht angegeben].

c) (±)-*trans*-4,5-Dimethyl-[1,3]dioxolan-2-on $C_5H_8O_3$, Formel XIV + Spiegelbild.
B. Beim Erhitzen von *racem.*-Butan-2,3-diol mit Kohlensäure-diäthylester und wenig Natrium unter Entfernen des entstehenden Äthanols (*Anet*, Am. Soc. **84** [1962] 747, 748).
Krystalle (aus PAe. sowie nach Sublimation unter vermindertem Druck); F: 37°.
^{1}H-NMR-Absorption (CCl_4) sowie ^{1}H-^{1}H-Spin-Spin-Kopplungskonstanten: *Anet*, l. c. S. 751.

*Opt.-inakt. 4,5-Dimethyl-[1,3]dioxolan-2-thion, Thiokohlensäure-O,O'-[1,2-dimethyl-äthandiylester] $C_5H_8O_2S$, Formel XV.
B. Neben kleinen Mengen Butanon beim Erhitzen von opt.-inakt. Dithiokohlensäure-O-[2-hydroxy-1-methyl-propylester]-S-methylester [E III **3** 347] auf Siedetemperatur (*Stevens, Richmond,* Am. Soc. **63** [1941] 3132, 3136).
Kp_8: 87°. D_4^{25}: 1,216. n_D^{25}: 1,6082.

Oxo-Verbindungen $C_6H_{10}O_3$

[1,5]Dithiocan-3-on-semicarbazon $C_7H_{13}N_3OS_2$, Formel I.
B. Beim langsamen Eintragen (im Verlaufe von 45 h) einer Lösung von 1,3-Bis-äthoxycarbonylmethylmercapto-propan in Benzol in eine heisse Suspension von Kalium-*tert*-butylat in Benzol unter Entfernen des entstehenden Äthanols, Erhitzen des erhaltenen 3-Oxo-[1,5]dithiocan-2-carbonsäure-äthylesters mit wss. Schwefelsäure und Erwärmen des Reaktionsprodukts mit Semicarbazid-hydrochlorid und Natriumacetat in wss. Äthanol (*Lüttringhaus, Prinzbach,* A. **624** [1959] 79, 95, 96).
Krystalle (aus wss. A.); F: 188—189° [unreines Präparat].

*Opt.-inakt. 4,5-Dimethyl-2,2-dioxo-$2\lambda^6$-[1,2]oxathian-6-on, 2,3-Dimethyl-4-sulfo-butter-säure-anhydrid $C_6H_{10}O_4S$, Formel II.
B. Beim Erwärmen von opt.-inakt. 2,3-Dimethyl-4-sulfo-buttersäure (*m*-Toluidin-Salz, F: 103—105°) mit Thionylchlorid und Benzol (*Kögl et al.,* Z. physiol. Chem. **279** [1943] 121, 135).
Bei 140°/0,02—0,03 Torr destillierbar.
Beim Behandeln einer Lösung in Benzol mit Anilin ist das Anilin-Salz (F: 168° [korr.]) einer 2-Methyl-3-phenylcarbamoyl-butan-1-sulfonsäure (E III **12** 1037) erhalten worden.

5-Acetyl-[1,3]dioxan, 1-[1,3]Dioxan-5-yl-äthanon $C_6H_{10}O_3$, Formel III (X = H).
B. In kleiner Menge beim Erwärmen von Aceton mit Paraformaldehyd und methanol. Kalilauge (*White, Haward,* Soc. **1943** 25, 29, 30).
Kp_{12}: 160°.

I   II   III   IV

5-Acetyl-5-chlor-[1,3]dioxan, 1-[5-Chlor-[1,3]dioxan-5-yl]-äthanon $C_6H_9ClO_3$, Formel III (X = Cl).
B. Neben 3-Chlor-4-hydroxy-3-hydroxymethyl-butan-2-on (Hauptprodukt) beim Behandeln von Chloraceton mit wss. Formaldehyd-Lösung (2,1 Mol CH_2O) und wss. Natron-lauge (*Hurd et al.,* Am. Soc. **70** [1948] 329; s. a. *Comm. Solv. Corp.,* U.S.P. 2330179 [1940]). Beim Behandeln von 3-Chlor-4-hydroxy-3-hydroxymethyl-butan-2-on mit einer äther. Lösung von Formaldehyd und wenig Schwefelsäure bei —80° (*Hurd et al.*).
Kp_{760}: 210° (*Comm. Solv. Corp.*). Kp_{10}: 93,5°; D_{20}^{20}: 1,286 (*Hurd et al.; Comm. Solv. Corp.*).

*1-[5-Chlor-[1,3]dioxan-5-yl]-äthanon-[2,4-dinitro-phenylhydrazon] $C_{12}H_{13}ClN_4O_6$, Formel IV.
B. Aus [5-Chlor-[1,3]dioxan-5-yl]-äthanon und [2,4-Dinitro-phenyl]-hydrazin (*Hurd*

et al., Am. Soc. **70** [1948] 329).
Krystalle (aus A.); F: 159—160°.

---

*2,2-Dimethyl-5-nitro-5-phenylazo-[1,3]dioxan, [2,2-Dimethyl-5-nitro-[1,3]dioxan-5-yl]-phenyl-diazen $C_{12}H_{15}N_3O_4$, Formel V (X = H).

B. Beim Behandeln einer Lösung von 2,2-Dimethyl-5-nitro-[1,3]dioxan oder von [2,2-Dimethyl-5-nitro-[1,3]dioxan-5-yl]-methanol in Äthanol mit wss. Kalilauge und anschliessend mit wss. Benzoldiazoniumchlorid-Lösung (*Eckstein, Urbański*, Bl. Acad. polon. [III] **3** [1955] 433, 434; Roczniki Chem. **30** [1956] 1175, 1179, 1183).
Krystalle (aus A.); F: 94—95°.
Beim Erwärmen einer äthanol. Lösung mit wss. Salzsäure sind 2-Nitro-2-phenylazo-propan-1,3-diol und Aceton erhalten worden (*Eck., Ur.*, Bl. Acad. polon. [III] **3** 435, 436; Roczniki Chem. **30** 1181, 1185).

---

*5-[4-Chlor-phenylazo]-2,2-dimethyl-5-nitro-[1,3]dioxan, [4-Chlor-phenyl]-[2,2-dimethyl-5-nitro-[1,3]dioxan-5-yl]-diazen $C_{12}H_{14}ClN_3O_4$, Formel V (X = Cl).

B. Beim Behandeln einer Lösung von 2,2-Dimethyl-5-nitro-[1,3]dioxan oder von [2,2-Dimethyl-5-nitro-[1,3]dioxan-5-yl]-methanol in Äthanol mit wss. Kalilauge und anschliessend mit wss. 4-Chlor-benzoldiazonium-chlorid-Lösung (*Eckstein, Urbański*, Bl. Acad. polon. [III] **3** [1955] 433, 434; Roczniki Chem. **30** [1956] 1175, 1179, 1183).
Krystalle (aus A.); F: 142—143,5° [Zers.]. Absorptionsspektrum (210—460 nm): *Eck., Ur.*, Bl. Acad. polon. [III] **3** 435; Roczniki Chem. **30** 1180.

---

*2,2-Dimethyl-5-nitro-5-[4-nitro-phenylazo]-[1,3]dioxan, [2,2-Dimethyl-5-nitro-[1,3]dioxan-5-yl]-[4-nitro-phenyl]-diazen $C_{12}H_{14}N_4O_6$, Formel V (X = NO₂).

B. Beim Behandeln einer Lösung von 2,2-Dimethyl-5-nitro-[1,3]dioxan oder von [2,2-Dimethyl-5-nitro-[1,3]dioxan-5-yl]-methanol in Äthanol mit wss. Kalilauge und anschliessend mit wss. 4-Nitro-benzoldiazonium-chlorid-Lösung (*Eckstein, Urbański*, Bl. Acad. polon. [III] **3** [1955] 433, 434; Roczniki Chem. **30** [1956] 1175, 1179, 1183).
Krystalle (aus A.); F: 173—174° [Zers.].

V   VI

---

*2,2-Dimethyl-5-nitro-5-*p*-tolylazo-[1,3]dioxan, [2,2-Dimethyl-5-nitro-[1,3]dioxan-5-yl]-*p*-tolyl-diazen $C_{13}H_{17}N_3O_4$, Formel V (X = CH₃).

B. Beim Behandeln einer Lösung von 2,2-Dimethyl-5-nitro-[1,3]dioxan oder von [2,2-Dimethyl-5-nitro-[1,3]dioxan-5-yl]-methanol in Äthanol mit wss. Kalilauge und anschliessend mit wss. Toluol-4-diazoniumchlorid-Lösung (*Eckstein, Urbański*, Bl. Acad. polon. [III] **3** [1955] 433, 434; Roczniki Chem. **30** [1956] 1175, 1179, 1183).
Krystalle (aus A.); F: 124,5—126°.

---

*2,2-Dimethyl-5-[2]naphthylazo-5-nitro-[1,3]dioxan, [2,2-Dimethyl-5-nitro-[1,3]dioxan-5-yl]-[2]naphthyl-diazen $C_{16}H_{17}N_3O_4$, Formel VI.

B. Beim Behandeln einer Lösung von 2,2-Dimethyl-5-nitro-[1,3]dioxan oder von [2,2-Dimethyl-5-nitro-[1,3]dioxan-5-yl]-methanol in Äthanol mit wss. Kalilauge und anschliessend mit wss. Naphthalin-2-diazoniumchlorid-Lösung (*Eckstein, Urbański*, Bl. Acad. polon. [III] **3** [1955] 433, 434; Roczniki Chem. **30** [1956] 1175, 1179, 1183).
Krystalle (aus A.); F: 133—134°.

---

*2,2-Dimethyl-5-nitro-5-[4-(4-nitro-phenylmercapto)-phenylazo]-[1,3]dioxan, [2,2-Dimethyl-5-nitro-[1,3]dioxan-5-yl]-[4-(4-nitro-phenylmercapto)-phenyl]-diazen $C_{18}H_{18}N_4O_6S$, Formel VII.

B. Beim Behandeln einer Lösung von 2,2-Dimethyl-5-nitro-[1,3]dioxan oder von [2,2-Dimethyl-5-nitro-[1,3]dioxan-5-yl]-methanol in Äthanol mit wss. Kalilauge und anschliessend mit wss. 4-[4-Nitro-phenylmercapto]-benzoldiazonium-chlorid-Lösung

(*Eckstein*, *Urbański*, Bl. Acad. polon. [III] **3** [1955] 433, 434; Roczniki Chem. **30** [1956] 1175, 1179, 1183).
Krystalle (aus A.); F: 168—169° [Zers.].

VII   VIII   IX

2,2-Dimethyl-[1,3]dithian-5-on $C_6H_{10}OS_2$, Formel VIII.
B. In kleiner Menge beim Erhitzen von 2,2-Dimethyl-5-oxo-[1,3]dithian-4-carbon= säure-äthylester mit wss. Schwefelsäure (*Lüttringhaus*, *Prinzbach*, A. **624** [1959] 79, 91). Beim Erwärmen von 8,8-Dimethyl-1,4-dioxa-7,9-dithia-spiro[4.5]decan-6-carbonsäure mit wss. Salzsäure (*Du Pont de Nemours & Co.*, U.S.P. 2790811 [1954]).
Kp_{12}: 106—108° (*Lü.*, *Pr.*). $Kp_{0,5}$: 57,5—59°; n_D^{25}: 1,5540 (*Du Pont*). Mit Wasser- dampf flüchtig (*Lü.*, *Pr.*).

2,2-Dimethyl-[1,3]dithian-5-on-semicarbazon $C_7H_{13}N_3OS_2$, Formel IX (R = CO-NH$_2$).
B. Aus 2,2-Dimethyl-[1,3]dithian-5-on und Semicarbazid (*Lüttringhaus*, *Prinzbach*, A. **624** [1959] 79, 91).
Krystalle (aus wss. A.); F: 196,5—197,5° [unkorr.; Zers.; Kofler-App.].

2,2-Dimethyl-[1,3]dithian-5-on-thiosemicarbazon $C_7H_{13}N_3S_3$, Formel IX (R = CS-NH$_2$).
B. Aus 2,2-Dimethyl-[1,3]dithian-5-on und Thiosemicarbazid (*Lüttringhaus*, *Prinzbach*, A. **624** [1959] 79, 91).
Krystalle (aus A.); F: 177—178° [unkorr.; Kofler-App.].

---

*Opt.-inakt. 4,4-Dimethoxy-2,6-bis-trichlormethyl-[1,3]dioxan $C_8H_{10}Cl_6O_4$, Formel X.
B. Beim Erhitzen von (±)-4,4,4-Trichlor-3-hydroxy-orthobuttersäure-trimethylester mit Chloral (*Dow Chem. Co.*, U.S.P. 3000904 [1958]).
Krystalle (aus Me.); F: 108—109°.

4,6-Dimethyl-[1,3]dioxan-2-on, Kohlensäure-[1,3-dimethyl-propandiylester] $C_6H_{10}O_3$, Formel XI.
Über ein beim Erhitzen von opt.-inakt. Pentan-2,4-diol (nicht charakterisiert) mit Kohlensäure-diäthylester und wenig Natriummethylat erhaltenes opt.-inakt. Präparat ($Kp_{2,5}$: 116—117°; D_0^{15}: 1,1179; n_D^{15}: 1,4443) s. *Sarel et al.*, J. org. Chem. **24** [1959] 1873, 1875, 1876.

X   XI   XII   XIII

5,5-Dimethyl-[1,3]dioxan-2-on, Kohlensäure-[2,2-dimethyl-propandiylester] $C_6H_{10}O_3$, Formel XII.
B. Aus 2,2-Dimethyl-propan-1,3-diol beim Erhitzen mit Kohlensäure-diäthylester und wenig Natriummethylat unter Entfernen des entstehenden Äthanols (*Sarel*, *Pohoryles*, Am. Soc. **80** [1958] 4596, 4597) sowie beim Behandeln einer Lösung in Chloroform mit Antipyrin und mit Phosgen in Toluol (*Ludwig*, *Piech*, Am. Soc. **73** [1951] 5779).
Krystalle; F: 110—111° [unkorr.; aus Bzl. + Bzn.] (*Lu.*, *Pi.*), 110° [aus Bzl. + Bzn. sowie nach Sublimation unter vermindertem Druck] (*Sa.*, *Po.*). IR-Banden im Bereich von 2920 cm^{-1} bis 770 cm^{-1}: *Sarel et al.*, J. org. Chem. **24** [1959] 1873, 1877; s. a. *Sa.*, *Po.*, l. c. S. 4598; *Pohoryles*, *Sarel*, Bl. Res. Coun. Israel **7** A [1957] 42.
Überführung in 3,3-Dimethyl-thietan durch Erhitzen mit Kaliumthiocyanat auf 180°: *Searles*, *Lutz*, Am. Soc. **80** [1958] 3168.

(±)-4-Isopropyl-2,2-dioxo-2λ^6-[1,2]oxathiolan-5-on, (±)-3-Methyl-2-sulfomethyl-buttersäure-anhydrid $C_6H_{10}O_4S$, Formel XIII.

B. Beim Erwärmen von (±)-3-Methyl-2-sulfomethyl-buttersäure mit Thionylchlorid und Benzol (*Kögl et al.*, Z. physiol. Chem. **279** [1943] 121, 138).

Hygroskopische Flüssigkeit; $Kp_{0,02}$: 113°.

2-Acetonyl-[1,3]dioxolan, [1,3]Dioxolan-2-yl-aceton, Acetoacetaldehyd-1-äthan⸗diylacetal $C_6H_{10}O_3$, Formel I (X = H).

B. Beim Behandeln von Butadiin mit Äthylenglykol und wenig Alkalilauge und Behandeln des Reaktionsprodukts mit Wasser in Gegenwart eines Quecksilber(II)-Salzes (*Chem. Werke Hüls*, D.B.P. 924028 [1952]). Beim Behandeln von 4t(?)-Chlor-but-3-en-2-on (E IV **1** 3445) mit Äthylenglykol und Kaliumcarbonat (*Kotschetkow et al.*, Izv. Akad. S.S.S.R. Otd. chim. **1957** 949, 951; engl. Ausg. S. 977, 979). Als Hauptprodukt neben 2-[1,3]Dioxolan-2-ylmethyl-2-methyl-[1,3]dioxolan beim Behandeln eines Gemisches von Äthylenglykol und Benzol mit Chlorwasserstoff und anschliessend mit der Natrium-Verbindung des Acetoacetaldehyds [E IV **1** 3640] (*Yamada*, J. pharm. Soc. Japan **71** [1951] 1349, 1354; C. A. **1952** 8033).

Kp_9: 82—83°; D_4^{20}: 1,1084; n_D^{20}: 1,4400 (*Ko. et al.*, Izv. Akad. S.S.S.R. Otd. chim. **1957** 951; engl. Ausg. S. 979). Kp_4: 74—76° (*Ya.*).

Überführung in 1,3,5-Triacetyl-benzol durch Behandlung mit wss. Salzsäure: *Ko. et al.*, Izv. Akad. S.S.S.R. Otd. chim. **1957** 953; engl. Ausg. S. 980. Beim Behandeln mit [2]Naphthol in Essigsäure und anschliessend mit Eisen(III)-chlorid in wss. Salzsäure ist 3-Methyl-benzo[*f*]chromenylium-tetrachloroferrat(III) erhalten worden (*Kotschetkow et al.*, Ž. obšč. Chim. **29** [1959] 2330, 2336; engl. Ausg. S. 2294, 2299). Bildung von 2-Methyl-naphthalin beim Behandeln mit Benzylmagnesiumchlorid in Äther und Erhitzen des nach der Hydrolyse (wss. Ammoniumchlorid-Lösung) erhaltenen Reaktionsprodukts mit Essigsäure und wss. Bromwasserstoffsäure: *Ko. et al.*, Izv. Akad. S.S.S.R. Otd. chim. **1957** 953; engl. Ausg. S. 980.

I   II   III   IV

*[1,3]Dioxolan-2-yl-aceton-butylimin, Butyl-[2-[1,3]dioxolan-2-yl-1-methyl-äthyliden]-amin $C_{10}H_{19}NO_2$, Formel II.

B. Beim Behandeln von [1,3]Dioxolan-2-yl-aceton mit Butylamin (*Chem. Werke Hüls*, D.B.P. 924028 [1952]).

$Kp_{4,5}$: 83—86°. D_4^{20}: 1,0844. n_D^{20}: 1,4589.

(±)-1-Brom-1-[1,3]dioxolan-2-yl-aceton $C_6H_9BrO_3$, Formel I (X = Br).

B. Beim Behandeln einer äther. Lösung von [1,3]Dioxolan-2-yl-aceton mit Bariumcarbonat und Brom unter Bestrahlung mit Glühlampenlicht (*Kotschetkow, Nifant'ew*, Doklady Akad. S.S.S.R. **121** [1958] 462, 464; Pr. Acad. Sci. U.S.S.R. Chem. Sect. **118—123** [1958] 553, 555).

Kp_6: 104—104,5°; D_4^{20}: 1,5840; n_D^{20}: 1,4938 (*Ko., Ni.*).

Wenig beständig (*Ko., Ni.*).

Überführung in Acetessigsäure-methylester durch Erwärmen mit methanol. Kalilauge: *Ko., Ni.* Beim Behandeln mit [2]Naphthol in Essigsäure und anschliessend mit Eisen(III)-chlorid in wss. Salzsäure ist 2-Brom-3-methyl-benzo[*f*]chromenylium-tetrachloro⸗ferrat(III) erhalten worden (*Kotschetkow et al.*, Ž. obšč. Chim. **29** [1959] 2330, 2336; engl. Ausg. S. 2294, 2299).

2-Acetonyl-[1,3]dithiolan, [1,3]Dithiolan-2-yl-aceton $C_6H_{10}OS_2$, Formel III.

B. Beim Behandeln von 4t(?)-Chlor-but-3-en-2-on (E IV **1** 3445) mit Äthan-1,2-dithiol und Kaliumcarbonat in Wasser (*Kotschetkow et al.*, Doklady Akad. S.S.S.R. **125** [1959] 327; Pr. Acad. Sci. U.S.S.R. Chem. Sect. **124—129** [1959] 199, 200).

Kp_{10}: 143—145°. D_4^{20}: 1,2080. n_D^{20}: 1,5579.

Beim Behandeln mit [2]Naphthol in Essigsäure und anschliessend mit Eisen(III)-chlorid in konz. wss. Salzsäure ist 3-Methyl-benzo[f]chromenylium-tetrachloroferrat(III) erhalten worden.

[1,1,3,3-Tetraoxo-1λ^6,3λ^6-[1,3]dithiolan-2-yl]-aceton $C_6H_{10}O_5S_2$, Formel IV.

B. Bei mehrtägigem Behandeln einer Lösung von [1,3]Dithiolan-2-yl-aceton in Essig= säure mit wss. Wasserstoffperoxid (*Kotschetkow et al.*, Doklady Akad. S.S.S.R. **125** [1959] 327; Pr. Acad. Sci. U.S.S.R. Chem. Sect. **124–129** [1959] 199, 201).

Krystalle (aus PAe. oder A.); F: 124,5—125°.

(±)-5-Isopropyl-[1,3]dioxolan-4-on, (±)-α-Hydroxymethoxy-isovaleriansäure-lacton $C_6H_{10}O_3$, Formel V.

B. Beim Erhitzen von (±)-α-Hydroxy-isovaleriansäure mit Paraformaldehyd und wenig Toluol-4-sulfonsäure auf 150° (*Salmi, Pohjolainen*, B. **72** [1939] 798, 801).

Kp_{756}: 172,2—173,4°; D_4^{20}: 1,0754; $n_{656,3}^{20}$: 1,42105; n_D^{20}: 1,42325; $n_{486,1}^{20}$: 1,42808 (*Sa., Po.*, l. c. S. 801).

Geschwindigkeitskonstante der Hydrolyse in wss. Salzsäure bei 25°: *Salmi*, B. **72** [1939] 319, 321; in wss. Natronlauge (0,02n) bei 15°: *Salmi, Laaksonen*, Ann. Acad. Sci. fenn. [A] **54** Nr. 11 [1940] 4, 6.

2-Acetyl-2-methyl-[1,3]dioxolan, 1-[2-Methyl-[1,3]dioxolan-2-yl]-äthanon, Butandion- mono-äthandiylacetal $C_6H_{10}O_3$, Formel VI.

B. Neben kleinen Mengen 2,2′-Dimethyl-[2,2′]bi[1,3]dioxolanyl beim Behandeln von Butandion mit Äthylenglykol und konz. Schwefelsäure (*Böeseken, Tellegen*, R. **57** [1938] 133, 138).

Kp_{17}: 75—77°.

V   VI   VII   VIII

---

*(±)-[5-Äthyl-5-methyl-[1,3]oxathiolan-2-yliden]-harnstoff $C_7H_{12}N_2O_2S$, Formel VII.

B. Beim Behandeln von (±)-1,2-Epoxy-2-methyl-butan (E II **17** 22) mit Thiocyan= säure in Äther und anschliessend mit Chlorwasserstoff und Behandeln des Reaktions- produkts mit Kaliumcyanat in Wasser (*Wagner-Jauregg, Häring*, Helv. **41** [1958] 377, 382, 383).

Krystalle (aus A.); F: 156° [unkorr.; Block].

(±)-5-Äthyl-5-methyl-[1,3]dioxolan-4-on, (±)-2-Hydroxymethoxy-2-methyl-buttersäure-lacton $C_6H_{10}O_3$, Formel VIII.

B. Beim Erhitzen von (±)-2-Hydroxy-2-methyl-buttersäure mit Paraformaldehyd und Natriumsulfat auf 160° (*Palomaa et al.*, B. **68** [1935] 609, 616).

Kp_{762}: 165,5—166,5°; D_4^{20}: 1,0719; $n_{656,3}^{20}$: 1,4159; n_D^{20}: 1,4178; $n_{486,1}^{20}$: 1,4228 (*Pa. et al.*).

Geschwindigkeitskonstante der Hydrolyse in wss. Salzsäure bei 15°, 25° und 35°: *Pa. et al.*; der Hydrolyse in wss. Natronlauge (0,02n) bei 15°: *Salmi, Laaksonen*, Ann. Acad. Sci. fenn. [A] **54** Nr. 11 [1940] 4, 6.

(±)-2,2,5-Trimethyl-[1,3]dioxolan-4-on, (±)-2-[α-Hydroxy-isopropoxy]-propionsäure-lacton $C_6H_{10}O_3$, Formel IX.

B. Beim Behandeln von DL-Milchsäure mit Aceton und konz. Schwefelsäure (*Oeda*, Bl. chem. Soc. Japan **10** [1935] 187, 190; *Fuson, Rachlin*, Am. Soc. **64** [1942] 1567, 1569).

Kp$_{18}$: 58—60° (*Fu., Ra.*), 58—58,5° (*Oeda*, Bl. chem. Soc. Japan **10** 192); Kp$_{11}$: 49° bis 49,5° (*Oeda*, Bl. chem. Soc. Japan **10** 190). Raman-Spektrum: *Oeda*, Bl. chem. Soc. Japan **10** 191.

Beim Behandeln mit flüssigem Ammoniak sind Lactamid und kleine Mengen 4-Amino-4-methyl-pentan-2-on erhalten worden (*Oeda*, Bl. chem. Soc. Japan **11** [1936] 385, 387). Bildung von 2-Isopropoxy-propionsäure und Isobutylen beim Erwärmen mit *tert*-Butyl=magnesiumchlorid in Äther: *Fu., Ra.*, l. c. S. 1570.

2,2-Dimethyl-[1,3]dioxolan-4-carbaldehyd C$_6$H$_{10}$O$_3$.

a) **(R)-2,2-Dimethyl-[1,3]dioxolan-4-carbaldehyd**, *O,O′*-Isopropyliden-D-glycerinaldehyd C$_6$H$_{10}$O$_3$, Formel X.

B. Beim Behandeln von *O^1,O^2;O^5,O^6*-Diisopropyliden-D-mannit mit Blei(IV)-acetat in Benzol (*Fischer, Baer*, Helv. **17** [1934] 622, 625; *Baer, Fischer*, J. biol. Chem. **128** [1939] 463, 467).

Kp$_{20}$: 63°; Kp$_{12}$: 54° (*Iwadare*, Bl. chem. Soc. Japan **14** [1939] 131, 134). Kp$_2$: 27°; Kp$_{0,8}$: 18—20°; n$_D^{21}$: 1,4232 [nach 3 min]; [α]$_D^{21}$: +64,9° [Bzl.; c = 6] [nach 10 min] (*Fi., Baer*).

Wenig beständig (*Fi., Baer*; vgl. *Gresham, Grigsby*, J. org. Chem. **14** [1949] 1103, 1106).

b) **(S)-2,2-Dimethyl-[1,3]dioxolan-4-carbaldehyd**, *O,O′*-Isopropyliden-L-glycerinaldehyd C$_6$H$_{10}$O$_3$, Formel XI.

B. Beim Behandeln von *O^1,O^2;O^5,O^6*-Diisopropyliden-L-mannit mit Blei(IV)-acetat in Benzol (*Baer, Fischer*, Am. Soc. **61** [1939] 761, 764).

Kp$_{11}$: 40,5—41,5°; Kp$_8$: 37,5—38°. n$_D^{21}$: 1,4204 [nach 3 min]. [α]$_D^{22}$: −67,9° [Bzl.; c = 8] (nach 10 min).

IX   X   XI   XII

c) **(±)-2,2-Dimethyl-[1,3]dioxolan-4-carbaldehyd**, *O,O′*-Isopropyliden-DL-glycerinaldehyd C$_6$H$_{10}$O$_3$, Formel X + XI.

B. Bei mehrtägigem Behandeln von DL-Glycerinaldehyd mit Aceton und Zinkchlorid (*Fischer, Baer*, B. **63** [1930] 1749, 1750; Helv. **17** [1934] 622, 631). Aus (±)-[2,2-Di=methyl-[1,3]dioxolan-4-yl]-methanol beim Leiten des Dampfes über einen Kupfer-Nickel-Asbest-Katalysator bei 250—300° (*Schering-Kahlbaum A.G.*, D.R.P. 551420 [1929]; Frdl. **19** 1510) sowie beim Leiten des Dampfes im Gemisch mit Luft über einen Silber-Aluminiumoxid-Katalysator bei 410° (*Gresham, Grigsby*, J. org. Chem. **14** [1949] 1103, 1104).

Kp$_{50}$: 74°; n$_D^{25}$: 1,4189 (*Gre., Gri.*, l. c. S. 1106). Kp$_1$: 30—35° (*Fi., Baer*, B. **63** 1751; *Schering-Kahlbaum A.G.*).

Wenig beständig (*Gre., Gri.*).

4-Diäthoxymethyl-2,2-dimethyl-[1,3]dioxolan, 2,2-Dimethyl-[1,3]dioxolan-4-carb=aldehyd-diäthylacetal C$_{10}$H$_{20}$O$_4$.

a) **(R)-2,2-Dimethyl-[1,3]dioxolan-4-carbaldehyd-diäthylacetal** C$_{10}$H$_{20}$O$_4$, Formel XII.

B. Beim Behandeln von *O^1,O^2;O^5,O^6*-Diisopropyliden-D-mannit mit Blei(IV)-acetat in Benzol und Behandeln der Reaktionslösung mit Orthoameisensäure-triäthylester und wenig Ammoniumchlorid in Äthanol (*Fischer, Baer*, Helv. **17** [1934] 622, 629).

Kp$_{10}$: 90—92°; D$_4^{19}$: 0,9529; n$_D^{18}$: 1,4218; [α]$_D^{19}$: +28,8° [unverd.].

b) **(±)-2,2-Dimethyl-[1,3]dioxolan-4-carbaldehyd-diäthylacetal** C$_{10}$H$_{20}$O$_4$, Formel XII + Spiegelbild.

Dieses Racemat hat in dem früher (s. E II **19** 136) beschriebenen (als Glycerinaldehyd-isopropylidenäther-diäthylacetal bezeichneten) und in dem nachstehend aufgeführten Präparat vorgelegen (*Fischer, Baer*, Helv. **17** [1934] 622).

B. Beim Behandeln von (±)-2,2-Dimethyl-[1,3]dioxolan-4-carbaldehyd mit Ortho=
ameisensäure-triäthylester und wenig Ammoniumchlorid in Äthanol (*Fischer, Baer,* B.
63 [1930] 1749, 1751).
Kp_{18}: 90—95° (*Fi., Baer,* B. **63** 1751).

*(S?)-2,2-Dimethyl-[1,3]dioxolan-4-carbaldehyd-[4-nitro-phenylhydrazon] $C_{12}H_{15}N_3O_4$,
vermutlich Formel XIII.
Über ein beim Behandeln von $O^1,O^2;O^5,O^6$-Diisopropyliden-D(?)-mannit mit Natrium=
perjodat in Wasser und Erwärmen des Reaktionsprodukts mit [4-Nitro-phenyl]-hydrazin
in Äthanol erhaltenes Präparat (Krystalle [aus A.]; F: 122°) s. *Akiya et al.*, J. pharm.
Soc. Japan **72** [1952] 785.

(±)-2,5,5-Trimethyl-[1,3]dioxolan-4-on, (±)-α-[1-Hydroxy-äthoxy]-isobuttersäure-lacton
$C_6H_{10}O_3$, Formel XIV (X = H).
B. Aus α-Hydroxy-isobuttersäure beim Behandeln mit einer mit Quecksilber(II)-oxid
versetzten Lösung von Borfluorid in Methanol und anschliessend mit Acetylen (*Nieuw-
land et al.,* Am. Soc. **52** [1930] 1018, 1020) sowie beim Erhitzen mit Acetaldehyd und
Natriumsulfat auf 150° (*Palomaa et al.,* B. **68** [1935] 609, 617).
Kp_{758}: 151—152°; D_4^{20}: 1,0296; $n_{656,3}^{20}$: 1,40371; n_D^{20}: 1,40582; $n_{486,1}^{20}$: 1,41041 (*Pa. et al.*).
Kp_{745}: 150°; D_4^{28}: 1,0226; n_D^{28}: 1,4034 (*Ni. et al.,* l. c. S. 1022).
Geschwindigkeitskonstante der Hydrolyse in wss. Salzsäure (0,1 n) bei 25° und 35°:
Pa. et al.

XIII   XIV   XV

**(±)-5,5-Dimethyl-2-trichlormethyl-[1,3]dioxolan-4-on, (±)-α-[2,2,2-Trichlor-1-hydroxy-
äthoxy]-isobuttersäure-lacton** $C_6H_7Cl_3O_3$, Formel XIV (X = Cl).
B. Beim Erwärmen von α-Hydroxy-isobuttersäure mit Chloral (*Fourneau, Florence,*
Bl. [4] **47** [1930] 350, 355).
Krystalle (aus wss. A.); F: 70—71° (*Fo., Fl.*).
Geschwindigkeitskonstante der Hydrolyse in 50%ig. wss. Dioxan sowie in Chlor=
wasserstoff enthaltendem 50%ig. wss. Dioxan, jeweils bei 25° und 35°: *Salmi, Suonpää,*
B. **73** [1940] 1126, 1130.

(±)-4,4,5-Trimethyl-[1,3]dioxolan-2-on, (±)-Kohlensäure-trimethyläthandiylester
$C_6H_{10}O_3$, Formel XV.
B. Beim Behandeln von (±)-2-Methyl-butan-2,3-diol mit Phosgen in Toluol (*Sarel
et al.,* J. org. Chem. **24** [1959] 1873, 1875, 1876).
Krystalle (aus Me.); F: 59—60°.

Oxo-Verbindungen $C_7H_{12}O_3$

2-Acetyl-2-methyl-[1,3]dioxan, 1-[2-Methyl-[1,3]dioxan-2-yl]-äthanon, Butandion-
mono-propandiylacetal $C_7H_{12}O_3$, Formel I.
B. Beim Behandeln von Butandion mit Propan-1,3-diol und konz. Schwefelsäure
(*Böeseken, Tellegen,* R. **57** [1938] 133, 141).
Kp_{16}: 82°.

5-Acetyl-5-methyl-[1,3]dioxan, 1-[5-Methyl-[1,3]dioxan-5-yl]-äthanon $C_7H_{12}O_3$,
Formel II.
B. Beim Erhitzen von 4-Hydroxy-3-hydroxymethyl-3-methyl-butan-2-on mit Para=
formaldehyd und wenig Jod (*Morgan, Griffith,* Soc. **1937** 841, 844).
Kp_{760}: 202° (*Rheinpreussen A.G.,* D.B.P. 930688 [1933]). Kp_{31}: 110° (*Mo., Gr.,* l. c.
S. 843). Kp_{29}: 109°; D_{20}^{20}: 1,082; n_D^{20}: 1,4495 (*Mo., Gr.,* l. c. S. 844).

*1-[5-Methyl-[1,3]dioxan-5-yl]-äthanon-[2,4-dinitro-phenylhydrazon] $C_{13}H_{16}N_4O_6$,
Formel III (R = $C_6H_3(NO_2)_2$).

B. Beim Erwärmen von 1-[5-Methyl-[1,3]dioxan-5-yl]-äthanon mit [2,4-Dinitro-phenyl]-hydrazin, Methanol und kleinen Mengen wss. Salzsäure (*Morgan, Griffith*, Soc.
1937 841, 844).

Orangegelbe Krystalle (aus Me.); F: 155—157°.

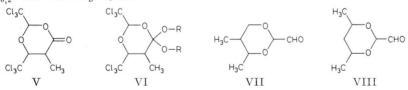

I   II   III   IV

*1-[5-Methyl-[1,3]dioxan-5-yl]-äthanon-semicarbazon $C_8H_{15}N_3O_3$, Formel III
(R = CO-NH$_2$).

B. Beim Erwärmen von 1-[5-Methyl-[1,3]dioxan-5-yl]-äthanon mit Semicarbazid-hydrochlorid und Kaliumcarbonat in Methanol (*Morgan, Griffith*, Soc. **1937** 841, 844).

Krystalle (aus Me.); F: 174—176°.

*Bis-[1-(5-methyl-[1,3]dioxan-5-yl)-äthyliden]-hydrazin, 1-[5-Methyl-[1,3]dioxan-5-yl]-äthanon-azin $C_{14}H_{24}N_2O_4$, Formel IV.

B. Beim Erwärmen von 1-[5-Methyl-[1,3]dioxan-5-yl]-äthanon mit Hydrazin-sulfat und Kaliumcarbonat in wss. Methanol (*Morgan, Griffith*, Soc. **1937** 841, 844).

Gelbe Krystalle (aus Me.); F: 88—90°.

5-Methyl-2,6-bis-trichlormethyl-[1,3]dioxan-4-on, 4,4,4-Trichlor-2-methyl-3-[2,2,2-tri⸗chlor-1-hydroxy-äthoxy]-buttersäure-lacton $C_7H_6Cl_6O_3$, Formel V.

Zwei opt.-inakt. Präparate (a) Krystalle [aus A.], F: 131—133°; b) Krystalle [aus A.],
F: 110,5—113°), denen diese Konstitution zugeordnet worden ist, sind aus opt.-inakt.
4,4-Diäthoxy-5-methyl-2,6-bis-trichlormethyl-[1,3]dioxan (F: 81—82° [s. u.]) erhalten
worden (*Dow Chem. Co.*, U.S.P. 2854460 [1957]).

*Opt.-inakt. 4,4-Dimethoxy-5-methyl-2,6-bis-trichlormethyl-[1,3]dioxan $C_9H_{12}Cl_6O_4$,
Formel VI (R = CH$_3$).

B. Beim Erwärmen von Orthopropionsäure-trimethylester mit Chloral (*Dow Chem. Co.*, U.S.P. 3000904 [1958]).

Kp$_{0,2}$: 105—107°. n$_D^{27}$: 1,495.

Cl$_3$C   Cl$_3$C   H$_3$C
                                  O—R

        O=   O   O
                  O—R

Cl$_3$C   CH$_3$ Cl$_3$C   CH$_3$ H$_3$C—   —CHO   H$_3$C—   —CHO

     V   VI   H$_3$C   H$_3$C

                                    VII   VIII

*Opt.-inakt. 4,4-Diäthoxy-5-methyl-2,6-bis-trichlormethyl-[1,3]dioxan $C_{11}H_{16}Cl_6O_4$,
Formel VI (R = C$_2$H$_5$).

B. Beim Erwärmen von Orthopropionsäure-triäthylester mit Chloral (*Dow Chem. Co.*,
U.S.P. 3000904 [1958]).

Krystalle (aus A.); F: 81—82°.

---

*Opt.-inakt. 4,5-Dimethyl-[1,3]dioxan-2-carbaldehyd $C_7H_{12}O_3$, Formel VII.

B. Beim Behandeln von opt.-inakt. 1-[4,5-Dimethyl-[1,3]dioxan-2-yl]-äthan-1,2-diol
(Kp$_{0,5-1}$: 116—118° [S. 973]) mit Blei(IV)-acetat in Benzol (*Faass, Hilgert*, B. **87** [1954]
1343, 1350).

Bei 85—95°/13—15 Torr destillierbar.

Charakterisierung durch Überführung in 2-[4,5-Dimethyl-[1,3]dioxan-2-yl]-1,3-di⸗phenyl-imidazolidin (F: 119°) mit Hilfe von *N,N'*-Diphenyl-äthylendiamin: *Fa., Hi.*

*Opt.-inakt. 4,6-Dimethyl-[1,3]dioxan-2-carbaldehyd $C_7H_{12}O_3$, Formel VIII.

B. Beim Behandeln von opt.-inakt. 1-[4,6-Dimethyl-[1,3]dioxan-2-yl]-äthan-1,2-diol ($Kp_{0,5-1}$: 120—121° [S. 973]) mit Blei(IV)-acetat in Benzol (*Faass, Hilgert,* B. **87** [1954] 1343, 1350).

Bei 80—85°/15—17 Torr destillierbar.

Charakterisierung durch Überführung in 2-[4,6-Dimethyl-[1,3]dioxan-2-yl]-1,3-diphenyl-imidazolidin (F: 123°) mit Hilfe von N,N'-Diphenyl-äthylendiamin: *Fa., Hi.*

(±)-4,4,6-Trimethyl-[1,3]dioxan-2-on, (±)-Kohlensäure-[1,1,3-trimethyl-propandiyl= ester] $C_7H_{12}O_3$, Formel IX.

B. Aus (±)-2-Methyl-pentan-2,4-diol mit Hilfe von Phosgen (*Rabjohn et al.,* Am. Soc. **74** [1952] 3215, 3216).

Krystalle (aus Ae.); F: 96—97°.

(±)-3,3,6-Trimethyl-[1,4]dioxan-2-on, (±)-α-[2-Hydroxy-propoxy]-isobuttersäure-lacton $C_7H_{12}O_3$, Formel X.

B. Beim Erhitzen von (±)-1,2-Epoxy-propan mit α-Hydroxy-isobuttersäure-methyl= ester und wenig Natrium auf 130° (*Hall, Schneider,* Am. Soc. **80** [1958] 6409, 6412).

Krystalle (aus PAe.); F: 41—42°. Bei 100—104°/20 Torr destillierbar.

1-[1,3]Dioxolan-2-yl-butan-2-on $C_7H_{12}O_3$, Formel XI (X = H).

B. Beim Behandeln von 1t-Chlor-pent-1-en-3-on (E IV **1** 3458) mit Äthylenglykol und Kaliumhydroxid (*Kotschetkow et al.,* Izv. Akad. S.S.S.R. Otd. chim. **1957** 949, 951; engl. Ausg. S. 977, 979).

Kp_{10}: 90—91°. D_4^{20}: 1,0741. n_D^{20}: 1,4420.

IX   X   XI   XII

(±)-1-Brom-1-[1,3]dioxolan-2-yl-butan-2-on $C_7H_{11}BrO_3$, Formel XI (X = Br).

B. Beim Behandeln einer äther. Lösung von 1-[1,3]Dioxolan-2-yl-butan-2-on mit Bariumcarbonat und Brom unter Belichtung (*Kotschetkow et al.,* Ž. obšč. Chim. **29** [1959] 2330, 2333; engl. Ausg. S. 2294, 2296).

Kp_3: 100—101°; D_4^{20}: 1,4907; n_D^{20}: 1,4892 (*Ko. et al.,* l. c. S. 2334; engl. Ausg. S. 2297).

1-[1,3]Dithiolan-2-yl-butan-2-on $C_7H_{12}OS_2$, Formel XII.

B. Beim Behandeln von 1t-Chlor-pent-1-en-3-on (E IV **1** 3458) mit Äthan-1,2-dithiol und Kaliumcarbonat in Wasser (*Kotschetkow et al.,* Doklady Akad. S.S.S.R. **125** [1959] 327; Pr. Acad. Sci. U.S.S.R. Chem. Sect. **124—129** [1959] 199, 200).

Kp_8: 130—132°. D_4^{20}: 1,1693. n_D^{20}: 1,5464.

1-[1,1,3,3-Tetraoxo-1λ⁶,3λ⁶-[1,3]dithiolan-2-yl]-butan-2-on $C_7H_{12}O_5S_2$, Formel I.

B. Bei mehrtägigem Behandeln von 1-[1,3]Dithiolan-2-yl-butan-2-on mit Essigsäure und mit wss. Wasserstoffperoxid (*Kotschetkow et al.,* Doklady Akad. S.S.S.R. **125** [1959] 327; Pr. Acad. Sci. U.S.S.R. Chem. Sect. **124—129** [1959] 199, 201).

Krystalle (aus PAe. oder A.); F: 149,5—150°.

(±)-3-[1,3]Dioxolan-2-yl-butan-2-on $C_7H_{12}O_3$, Formel II.

B. Beim Behandeln der Natrium-Verbindung des 2-Methyl-3-oxo-butyraldehyds (E IV **1** 3682) mit Äthylenglykol, Benzol und konz. Schwefelsäure (*Sugasawa et al.,* J. pharm Soc. Japan **71** [1951] 1345, 1347; C. A. **1952** 8034).

Kp_4: 74—77°.

I   II   III   IV

(±)-5-Isobutyl-[1,3]dioxolan-4-on, (±)-2-Hydroxymethoxy-4-methyl-valeriansäure-lacton $C_7H_{12}O_3$, Formel III.

B. Beim Erhitzen von (±)-2-Hydroxy-4-methyl-valeriansäure mit Paraformaldehyd und wenig Toluol-4-sulfonsäure auf 150° (*Salmi, Pohjolainen*, B. **72** [1939] 798, 801).
Kp_9: 84—86°; D_4^{20}: 1,0351; $n_{656,3}^{20}$: 1,4266; n_D^{20}: 1,4288; $n_{486,1}^{20}$: 1,4338 (*Sa., Po.*).
Geschwindigkeitskonstante der Hydrolyse in wss. Salzsäure bei 25°: *Salmi*, B. **72** [1939] 319, 321; der Hydrolyse in wss. Natronlauge (0,02 n) bei 15°: *Salmi, Laaksonen*, Ann. Acad. Sci. fenn. [A] **54** Nr. 11 [1940] 4, 6.

2-Acetonyl-2-methyl-[1,3]dioxolan, [2-Methyl-[1,3]dioxolan-2-yl]-aceton, Pentan-2,4-dion-mono-äthandiylacetal $C_7H_{12}O_3$, Formel IV.

B. Beim Erwärmen von Pentan-2,4-dion mit Äthylenglykol, Benzol und wenig Toluol-4-sulfonsäure unter Entfernen des entstehenden Wassers (*Dutta et al.*, J. Indian chem. Soc. **31** [1954] 881, 892).
Kp: 185—190°.

(±)-5-Methyl-5-propyl-[1,3]dioxolan-4-on, (±)-2-Hydroxymethoxy-2-methyl-valeriansäure-lacton $C_7H_{12}O_3$, Formel V.

B. Beim Erhitzen von (±)-2-Hydroxy-2-methyl-valeriansäure mit Paraformaldehyd und wenig Toluol-4-sulfonsäure auf 150° (*Salmi, Pohjolainen*, B. **72** [1939] 798, 801).
Kp_3: 62—62,2°; D_4^{20}: 1,0372; $n_{656,3}^{20}$: 1,4210; n_D^{20}: 1,4234; $n_{486,1}^{20}$: 1,4280 (*Sa., Po.*).
Geschwindigkeitskonstante der Hydrolyse in wss. Salzsäure bei 25°: *Salmi*, B. **72** [1939] 319, 321; der Hydrolyse in wss. Natronlauge (0,02 n) bei 15°: *Salmi, Laaksonen*, Ann. Acad. Sci. fenn. [A] **54** Nr. 11 [1940] 4, 6.

---

*Opt.-inakt. 2-Isopropyl-5-methyl-[1,3]dioxolan-4-on, 2-[α-Hydroxy-isobutoxy]-propionsäure-lacton $C_7H_{12}O_3$, Formel VI.

B. Aus DL-Milchsäure beim Erwärmen mit Methallylalkohol, Benzol und wenig Toluol-4-sulfonsäure-monohydrat (*Gaylord*, Am. Soc. **72** [1950] 5316; *Gaylord, Benzinger*, J. org. Chem. **19** [1954] 1991, 1994) sowie beim Erhitzen mit Isobutyraldehyd und wenig Toluol-4-sulfonsäure auf 135° (*Palomaa et al.*, B. **68** [1935] 609, 618).
Kp_{14}: 68—69,5°; D_4^{20}: 1,0186; $n_{656,3}^{20}$: 1,4170; n_D^{20}: 1,4191; $n_{486,1}^{20}$: 1,4240 (*Pa. et al.*).
Kp_{14}: 71—71,3°; D_4^{25}: 1,0168; n_D^{25}: 1,4198 (*Ga.*). Kp_{13}: 70—72°; D_4^{25}: 1,0145; n_D^{25}: 1,4174 (*Ga., Be.*, l. c. S. 1993).

V   VI   VII   VIII

5,5-Diäthyl-[1,3]dioxolan-4-on, 2-Äthyl-2-hydroxymethoxy-buttersäure-lacton $C_7H_{12}O_3$. Formel VII.

B. Beim Erhitzen von 2-Äthyl-2-hydroxy-buttersäure mit Paraformaldehyd, Natriumsulfat und wenig Toluol-4-sulfonsäure auf 160° (*Palomaa et al.*, B. **68** [1935] 609, 616).
Kp_{8-9}: 68—69,5°; D_4^{20}: 1,0429; $n_{656,3}^{20}$: 1,4222; n_D^{20}: 1,4243; $n_{486,1}^{20}$: 1,4295 (*Pa. et al.*).
Geschwindigkeitskonstante der Hydrolyse in wss. Salzsäure (0,2 n) bei 15°, 25° und

35°: *Pa. et al*; der Hydrolyse in wss. Natronlauge (0,02n) bei 15°: *Salmi, Laaksonen*, Ann. Acad. Sci. fenn. [A] **54** Nr. 11 [1940] 4, 6.

(±)-4-Acetyl-2,2-dimethyl-[1,3]dioxolan, (±)-1-[2,2-Dimethyl-[1,3]dioxolan-4-yl]-äthanon $C_7H_{12}O_3$, Formel VIII.

B. Beim Behandeln von (±)-3,4-Dihydroxy-butan-2-on mit Aceton und Zinkchlorid (*Fischer et al.*, Helv. **20** [1937] 1213, 1220). Beim Behandeln von (±)-2,2-Dimethyl-[1,3]dioxolan-4-carbonsäure-piperidid mit Methylmagnesiumjodid in Äther (*Fischer, Baer*, Helv. **16** [1933] 534, 545; *Cornforth*, Chem. Penicillin **1949** 688, 841).

Kp_{14}: 64—67° (*Co.*). Kp_{11}: 60°; n_D^{22}: 1,4230 (*Fi. et al.*).

Beim Behandeln mit Methanol, Kaliumcyanid, wss. Ammoniak und Ammoniumchlorid und Behandeln der Reaktionslösung mit wss. Salzsäure ist 2-Amino-3,4-dihydroxy-2-methyl-buttersäure (Monohydrat, F: 227—228°) erhalten worden (*Co.*).

*(±)-1-[2,2-Dimethyl-[1,3]dioxolan-4-yl]-äthanon-semicarbazon $C_8H_{15}N_3O_3$, Formel IX.

B. Aus (±)-1-[2,2-Dimethyl-[1,3]dioxolan-4-yl]-äthanon und Semicarbazid (*Cornforth*, Chem. Penicillin **1949** 688, 841).

Krystalle (aus W.); F: 136—137° [im vorgeheizten Bad].

2-Äthyl-2,5-dimethyl-[1,3]dioxolan-4-on, 2-[1-Hydroxy-1-methyl-propoxy]-propion-säure-lacton $C_7H_{12}O_3$, Formel X.

Über ein beim Erwärmen von Milchsäure (nicht charakterisiert) mit Butanon, Benzol und wenig Toluol-4-sulfonsäure erhaltenes Präparat von unbekanntem opt. Drehungs-vermögen s. *Gaylord, Benzinger*, J. org. Chem. **19** [1954] 1991, 1992.

---

*Opt.-inakt. 5-Äthyl-2,5-dimethyl-[1,3]dioxolan-4-on, 2-[1-Hydroxy-äthoxy]-2-methyl-buttersäure-lacton $C_7H_{12}O_3$, Formel XI (X = H).

B. Beim Erhitzen von (±)-2-Hydroxy-2-methyl-buttersäure mit Acetaldehyd und Natriumsulfat auf 150° (*Palomaa et al.*, B. **68** [1935] 609, 617).

Kp_{763}: 169—170°. D_4^{20}: 1,0159. $n_{656,3}^{20}$: 1,4117; n_D^{20}: 1,4136; $n_{486,1}^{20}$: 1,4188.

Geschwindigkeitskonstante der Hydrolyse in wss. Salzsäure (0,1n und 0,2n) bei 25° und 35°: *Pa. et al.*

| IX | X | XI |

---

*Opt.-inakt. 5-Äthyl-5-methyl-2-trichlormethyl-[1,3]dioxolan-4-on, 2-Methyl-2-[2,2,2-trichlor-1-hydroxy-äthoxy]-buttersäure-lacton $C_7H_9Cl_3O_3$, Formel XI (X = Cl).

B. Beim Erwärmen von (±)-2-Hydroxy-2-methyl-buttersäure mit Chloral (*Fourneau, Florence*, Bl. [4] **47** [1930] 350, 355).

Krystalle (aus wss. A.); F: 74—75° (*Fo., Fl.*).

Geschwindigkeitskonstante der Hydrolyse in 50%ig. wss. Dioxan bei 25° und 35° sowie in Chlorwasserstoff enthaltendem 50%ig. wss. Dioxan bei 35°: *Salmi, Suonpää*, B. **73** [1940] 1126, 1130.

Tetramethyl-[1,3]dioxolan-4-on, α-[α-Hydroxy-isopropoxy]-isobuttersäure-lacton $C_7H_{12}O_3$, Formel XII (X = H).

B. Beim Behandeln von α-Hydroxy-isobuttersäure mit Aceton und konz. Schwefel-säure (*Fuson, Rachlin*, Am. Soc. **64** [1942] 1567, 1569).

Kp_{42}: 71°. n_D^{20}: 1,4065.

Tetrakis-trifluormethyl-[1,3]dioxolan-4-on, Hexafluor-α-[hexafluor-α-hydroxy-isoprop-oxy]-isobuttersäure-lacton $C_7F_{12}O_3$, Formel XII (X = F).

B. Aus Hexafluor-α-hydroxy-isobutyronitril und Hexafluor-propan-2,2-diol (E IV **1**

3215) mit Hilfe von Schwefelsäure (*Knunjanz et al.*, Chim. Nauka Promyšl. **4** [1959] 802; C. A. **1960** 10851).

Kp: 84—85°. D_4^{20}: 1,7189. n_D^{20}: 1,2885.

Tetramethyl-[1,3]dioxolan-2-on, Kohlensäure-tetramethyläthandiylester $C_7H_{12}O_3$, Formel XIII (E I 656; dort auch als Pinakoncarbonat bezeichnet).

B. Aus 2,3-Dimethyl-butan-2,3-diol beim Erhitzen mit Kohlensäure-diäthylester und wenig Natrium (*Searles et al.*, J. org. Chem. **27** [1962] 2832; s. a. *Hall, Schneider*, Am. Soc. **80** [1958] 6409, 6412) sowie beim Behandeln mit Phosgen in Toluol (*Sarel et al.*, J. org. Chem. **24** [1959] 1873, 1876).

Krystalle; F: 181—182° [aus A.] (*Hall, Sch.*), 180—181° [unkorr.; aus Me.] (*Sa. et al.*). IR-Banden im Bereich von 1800 cm^{-1} bis 1000 cm^{-1}: *Pohoryles, Sarel*, Bl. Res. Coun. Israel **7A** [1957] 42.

     XII   XIII   XIV   XV

Tetramethyl-[1,3]dioxolan-2-thion, Thiokohlensäure-O,O'-tetramethyläthandiylester $C_7H_{12}O_2S$, Formel XIV.

B. Beim Erwärmen einer Lösung der Monokalium-Verbindung des 2,3-Dimethyl-butan-2,3-diols in Xylol mit Schwefelkohlenstoff und anschliessend mit Methyljodid (*Fomin*, Ž. obšč. Chim. **5** [1935] 1192; C. A. **1936** 1745).

Krystalle (aus Acn.); F: 156° [geschlossene Kapillare].

Tetramethyl-[1,3]dithiolan-2-thion, Trithiokohlensäure-tetramethyläthan=diylester $C_7H_{12}S_3$, Formel XV.

B. Bei 3-wöchigem Behandeln von 2,3-Epoxy-2,3-dimethyl-butan mit Schwefelkohlen=stoff und methanol. Kalilauge (*Culvenor et al.*, Soc. **1946** 1050).

Gelbe Krystalle (aus A.); F: 156°.

Oxo-Verbindungen $C_8H_{14}O_3$

[1,3]Dithiecan-2-thion, Trithiokohlensäure-heptandiylester, Heptandiyl-tri=thiocarbonat $C_8H_{14}S_3$, Formel I.

B. Beim Eintragen von 1,7-Dibrom-heptan in eine warme Suspension von Kalium-trithiocarbonat in Äthanol (*Runge, El-Hewehi*, J. pr. [4] **7** [1959] 268, 274).

Gelbe Krystalle (aus Dioxan + Ae.) mit 2 Mol Dioxan; F: ca. 128° [korr.] (*Ru., El-He.*, l. c. S. 270, 271).

[1,5]Dithiecan-3-on-semicarbazon $C_9H_{17}N_3OS_2$, Formel II.

B. Bei langsamem Eintragen einer Lösung von 1,5-Bis-äthoxycarbonylmethyl=mercapto-pentan in Benzol in eine warme Suspension von Kalium-*tert*-butylat in Benzol, Erhitzen des erhaltenen 3-Oxo-[1,5]dithiecan-2-carbonsäure-äthylesters mit wss. Schwe=felsäure und Erwärmen des Reaktionsprodukts mit Semicarbazid-hydrochlorid und Natriumacetat in wss. Äthanol (*Lüttringhaus, Prinzbach*, A. **624** [1959] 79, 96).

Krystalle (aus A.); F: 156—158° [unkorr.].

      I   II   III

*Opt.-inakt. 2-Acetonyl-4-methyl-[1,3]dioxan, [4-Methyl-[1,3]dioxan-2-yl]-aceton $C_8H_{14}O_3$, Formel III.

B. Aus 4,4-Dimethoxy-butan-2-on und ($\pm$)-Butan-1,3-diol mit Hilfe von Toluol-4-sulfonsäure (*Chem. Werke Hüls*, D.B.P. 924028 [1952]).

Kp_{10}: 95–97°. D_4^{20}: 1,0234. n_D^{20}: 1,4408.

*Opt.-inakt. [4-Methyl-[1,3]dioxan-2-yl]-aceton-butylimin, Butyl-[1-methyl-2-(4-methyl-[1,3]dioxan-2-yl)-äthyliden]-amin $C_{12}H_{23}NO_2$, Formel IV.

B. Beim Behandeln der im vorangehenden Artikel beschriebenen Verbindung mit Butylamin (*Chem. Werke Hüls*, D.B.P. 924028 [1952]).

Kp_3: 98–102°. D_4^{20}: 1,0272. n_D^{20}: 1,4592.

IV   V   VI

5-Methyl-5-propyl-[1,3]dioxan-2-on, Kohlensäure-[2-methyl-2-propyl-propandiylester] $C_8H_{14}O_3$, Formel V.

B. Aus 2-Methyl-2-propyl-propan-1,3-diol beim Erhitzen mit Kohlensäure-diäthylester und wenig Natriummethylat unter Entfernen des entstehenden Äthanols (*Sarel, Pohoryles*, Am. Soc. **80** [1958] 4596, 4597; *Sarel et al.*, J. org. Chem. **24** [1959] 1873, 1875, 1876) sowie beim Behandeln mit Antipyrin und mit Phosgen in Chloroform (*Ludwig, Piech*, Am. Soc. **73** [1951] 5779).

Kp_{680}: 240°; Kp_2: 117–119°; n_D^{20}: 1,4540 (*Sa., Po.*). $Kp_{0,5}$: 117–119°; D_4^{16}: 1,0733; n_D^{16}: 1,4545 (*Sa. et al.*).

5,5-Diäthyl-[1,3]dioxan-2-on, Kohlensäure-[2,2-diäthyl-propandiylester] $C_8H_{14}O_3$, Formel VI.

B. Aus 2,2-Diäthyl-propan-1,3-diol beim Erhitzen mit Kohlensäure-diäthylester und wenig Natriummethylat unter Entfernen des entstehenden Äthanols (*Sarel et al.*, J. org. Chem. **24** [1959] 1873, 1875, 1876) sowie beim Behandeln mit Antipyrin und mit Phosgen in Toluol (*Ludwig, Piech*, Am. Soc. **73** [1951] 5779).

Krystalle; F: 45–46° [aus Bzl. + Bzn.] (*Lu., Pi.*), 44–45° [aus wss. A.] (*Sa. et al.*).

*Opt.-inakt. 2,2,4,6-Tetramethyl-5-nitro-5-phenylazo-[1,3]dioxan, Phenyl-[2,2,4,6-tetramethyl-5-nitro-[1,3]dioxan-5-yl]-diazen $C_{14}H_{19}N_3O_4$, Formel VII (X = H).

B. Beim Behandeln einer Lösung von opt.-inakt. 2,2,4,6-Tetramethyl-5-nitro-[1,3]dioxan (F: 73,5–75,5° [S. 86]) in Äthanol mit wss. Kalilauge und anschliessend mit wss. Benzoldiazoniumchlorid-Lösung (*Eckstein, Urbański*, Bl. Acad. polon. [III] **3** [1955] 433, 434; Roczniki Chem. **30** [1956] 1175, 1179, 1183).

Krystalle (aus A.); F: 99–100,5°.

*Opt.-inakt. 5-[4-Chlor-phenylazo]-2,2,4,6-tetramethyl-5-nitro-[1,3]dioxan, [4-Chlor-phenyl]-[2,2,4,6-tetramethyl-5-nitro-[1,3]dioxan-5-yl]-diazen $C_{14}H_{18}ClN_3O_4$, Formel VII (X = Cl).

B. Beim Behandeln einer Lösung von opt.-inakt. 2,2,4,6-Tetramethyl-5-nitro-[1,3]dioxan (F: 73,5–75,5° [S. 86]) in Äthanol mit wss. Kalilauge und anschliessend mit wss. 4-Chlor-benzoldiazonium-chlorid-Lösung (*Eckstein, Urbański*, Bl. Acad. polon. [III] **3** [1955] 433, 434; Roczniki Chem. **30** [1956] 1175, 1179, 1183).

Krystalle (aus A.); F: 138,5–140°.

VII   VIII

2,2,4,6-Tetramethyl-5-nitro-5-[4-nitro-phenylazo]-[1,3]dioxan, [4-Nitro-phenyl]-[2,2,4,6-tetramethyl-5-nitro-[1,3]dioxan-5-yl]-diazen $C_{14}H_{18}N_4O_6$, Formel VII (X = NO_2).

a) Stereoisomeres vom F: 164°.

B. Neben dem unter b) beschriebenen Stereoisomeren beim Behandeln einer Lösung von opt.-inakt. 2,2,4,6-Tetramethyl-5-nitro-[1,3]dioxan (F: 73,5—75,5° [S. 86]) in Äthanol mit wss. Kalilauge und anschliessend mit wss. 4-Nitro-benzoldiazonium-chlorid-Lösung (*Eckstein, Urbański,* Bl. Acad. polon. [III] **3** [1955] 433, 434; Roczniki Chem. **30** [1956] 1175, 1183, 1185).

Orangegelbe Krystalle (aus A.); F: 163—164° [Zers.]. Absorptionsspektrum (210 nm bis 480 nm): *Eck., Ur.,* Bl. Acad. polon. [III] **3** 435; Roczniki Chem. **30** 1180.

b) Stereoisomeres vom F: 121°.

B. s. bei dem unter a) beschriebenen Stereoisomeren.

Rote Krystalle (aus A.); F: 120—121° (*Eckstein, Urbański,* Bl. Acad. polon. [III] **3** [1955] 433, 434; Roczniki Chem. **30** [1956] 1175, 1185). Absorptionsspektrum (210 nm bis 480 nm): *Eck., Ur.,* Bl. Acad. polon. [III] **3** 435; Roczniki Chem. **30** 1180.

*Opt.-inakt. 2,2,4,6-Tetramethyl-5-[2]naphthylazo-5-nitro-[1,3]dioxan, [2]Naphthyl-[2,2,4,6-tetramethyl-5-nitro-[1,3]dioxan-5-yl]-diazen $C_{18}H_{21}N_3O_4$, Formel VIII.

B. Beim Behandeln einer Lösung von opt.-inakt. 2,2,4,6-Tetramethyl-5-nitro-[1,3]dioxan (F: 73,5—75,5° [S. 86]) in Äthanol mit wss. Kalilauge und anschliessend mit wss. Naphthalin-2-diazonium-chlorid-Lösung (*Eckstein, Urbański,* Bl. Acad. polon. [III] **3** [1955] 433, 434; Roczniki Chem. **30** [1956] 1175, 1179, 1183).

Krystalle (aus A.); F: 112—114°.

1-[1,3]Dioxolan-2-yl-pentan-2-on $C_8H_{14}O_3$, Formel IX (X = H).

B. Beim Behandeln von 1t-Chlor-hex-1-en-3-on (E IV **1** 3466) mit Äthylenglykol und Kaliumhydroxid (*Kotschetkow et al.,* Izv. Akad. S.S.S.R. Otd. chim. **1957** 949, 952; engl. Ausg. S. 977, 979). Beim Erhitzen von 1,1-Dimethoxy-hexan-3-on mit Äthylenglykol und wenig Kaliumhydroxid (*Ko. et al.,* l. c. S. 953; engl. Ausg. S. 980).

Kp_7: 92—93°; D_4^{20}: 1,0440; n_D^{20}: 1,4427 (*Ko. et al.,* l. c. S. 952; engl. Ausg. S. 979).

(±)-1-Brom-1-[1,3]dioxolan-2-yl-pentan-2-on $C_8H_{13}BrO_3$, Formel IX (X = Br).

B. Beim Behandeln von 1-[1,3]Dioxolan-2-yl-pentan-2-on mit Äther, Bariumcarbonat und Brom unter Belichtung (*Kotschetkow et al.,* Ž. obšč. Chim. **29** [1959] 2330, 2333; engl. Ausg. S. 2294, 2296).

Kp_1: 99—100°; D_4^{20}: 1,4319; n_D^{20}: 1,4852 (*Ko. et al.,* l. c. S. 2334; engl. Ausg. S. 2297).

IX   X   XI

1-[1,3]Dithiolan-2-yl-pentan-2-on $C_8H_{14}OS_2$, Formel X.

B. Beim Behandeln von 1t-Chlor-hex-1-en-3-on (E IV **1** 3466) mit Äthan-1,2-dithiol und Kaliumcarbonat in Wasser (*Kotschetkow et al.,* Doklady Akad. S.S.S.R. **125** [1959] 327; Pr. Acad. Sci. U.S.S.R. Chem. Sect. **124–129** [1959] 199, 200).

Kp_5: 136—138°. D_4^{20}: 1,1311. n_D^{20}: 1,5381.

1-[1,1,3,3-Tetraoxo-1λ^6,3λ^6-[1,3]dithiolan-2-yl]-pentan-2-on $C_8H_{14}O_5S_2$, Formel XI.

B. Bei mehrtägigem Behandeln von 1-[1,3]Dithiolan-2-yl-pentan-2-on mit Essigsäure und mit wss. Wasserstoffperoxid (*Kotschetkow et al.,* Doklady Akad. S.S.S.R. **125** [1959] 327; Pr. Acad. Sci. U.S.S.R. Chem. Sect. **124–129** [1959] 199, 201).

Krystalle (aus PAe. oder aus A.); F: 128,5—129°.

4-[2-Methyl-[1,3]dioxolan-2-yl]-butan-2-on, Hexan-2,5-dion-mono-äthandiyl-acetal $C_8H_{14}O_3$, Formel XII.

B. Beim Erwärmen von 3-[2-Methyl-[1,3]dioxolan-2-yl]-propionsäure mit Methyllithium in Äther (*Warren, Weedon*, Soc. **1958** 3972, 3979).

Kp_{12}: 101,5—102°. n_D^{22}: 1,4411.

Beim Behandeln mit [2,4-Dinitro-phenyl]-hydrazin in Schwefelsäure enthaltendem Äthanol ist Hexan-2,5-dion-bis-[2,4-dinitro-phenylhydrazon] erhalten worden.

XII   XIII

*4-[2-Methyl-[1,3]dioxolan-2-yl]-butan-2-on-semicarbazon $C_9H_{17}N_3O_3$, Formel XIII.

B. Aus 4-[2-Methyl-[1,3]dioxolan-2-yl]-butan-2-on und Semicarbazid (*Warren, Weedon*, Soc. **1958** 3972, 3979).

Krystalle (aus W.); F: 141° [evakuierte Kapillare].

(±)-3-[2-Methyl-[1,3]dioxolan-2-yl]-butan-2-on $C_8H_{14}O_3$, Formel XIV.

B. Beim Erwärmen von 3-Methyl-pentan-2,4-dion mit Äthylenglykol, Benzol und wenig Toluol-4-sulfonsäure unter Entfernen des entstehenden Wassers (*Carruthers, Gray*, Soc. **1958** 1280, 1286).

$Kp_{0,1}$: 60°. n_D^{20}: 1,4411.

XIV   XV   XVI   XVII

*Opt.-inakt. 3-[2-Methyl-[1,3]oxathiolan-2-yl]-butan-2-on $C_8H_{14}O_2S$, Formel XV.

B. Beim Erwärmen von 3-Methyl-pentan-2,4-dion mit 2-Mercapto-äthanol, Benzol und wenig Toluol-4-sulfonsäure unter Entfernen des entstehenden Wassers (*Carruthers, Gray*, Soc. **1958** 1280, 1286).

$Kp_{0,1}$: 56°. n_D^{23}: 1,4860.

(±)-5,5-Diäthyl-2-methyl-[1,3]dioxolan-4-on, (±)-2-Äthyl-2-[1-hydroxy-äthoxy]-butter= säure-lacton $C_8H_{14}O_3$, Formel XVI.

B. Beim Erhitzen von 2-Äthyl-2-hydroxy-buttersäure mit Acetaldehyd, Toluol-4-sulfonsäure und Natriumsulfat auf 150° (*Palomaa et al.*, B. **68** [1935] 609, 617).

Kp_{8-10}: 69,5—72°. D_4^{20}: 1,0052. $n_{656,3}^{20}$: 1,4220; n_D^{20}: 1,4241; $n_{486,1}^{20}$: 1,4295.

Geschwindigkeitskonstante der Hydrolyse in wss. Salzsäure (0,1—0,2n) bei 25° und 35°: *Pa. et al.*, l. c. S. 618.

(4R)-2-Acetyl-2,4r,5t-trimethyl-[1,3]dioxolan, 1-[(4R)-2,4r,5t-Trimethyl-[1,3]dioxolan-2-yl]-äthanon $C_8H_{14}O_3$, Formel XVII.

B. Neben (4R,4′R)-2,4r,5t,2′,4′r′,5′t′-Hexamethyl-[2,2′]bi[1,3]dioxolanyl beim Behandeln von D$_g$-*threo*-Butan-2,3-diol (E III **1** 2183) mit Butandion und konz. wss. Salzsäure (*Neish, MacDonald*, Canad. J. Res. [B] **25** [1947] 70, 78).

Kp_{200}: 134—135° (*Ne., MacD.*, l. c. S. 78). Kp_{760}: 177°; D_4^{25}: 0,9857; n_D^{25}: 1,4170; $[\alpha]_D^{25}$: +13,2° [unverd.(?)] (*Ne., MacD.*, l. c. S. 71).

Oxo-Verbindungen $C_9H_{16}O_3$

1,3-Dioxa-cycloundecan-2-on, Kohlensäure-octandiylester, Octandiylcarbonat $C_9H_{16}O_3$, Formel I.

B. Neben kleinen Mengen 1,3,12,14-Tetraoxa-cyclodocosan-2,13-dion beim Erhitzen von Octan-1,8-diol mit Kohlensäure-dibutylester und wenig Natrium und Erhitzen des Reaktionsprodukts unter 0,5 Torr auf 240° (*Du Pont de Nemours & Co.*, U.S.P. 2020298

[1933]; D.R.P. 690629 [1934]; D.R.P. Org. Chem. **6** 1237, 1241; s. a. *Hill, Carothers,*
Am. Soc. **55** [1933] 5031, 5035, 5037).

F: $21,5-23°$; $Kp_{0,5}$: $74-76°$; D_4^{20}: 1,0727; n_D^{20}: 1,4665 (*Hill, Ca.,* l. c. S. 5034). $Kp_{0,5}$:
$74-76°$ (*Du Pont*).

---

*Opt.-inakt. **4,4-Dimethoxy-5-propyl-2,6-bis-trichlormethyl-[1,3]dioxan** $C_{11}H_{16}Cl_6O_4$,
Formel II.

B. Beim Behandeln von Orthovaleriansäure-trimethylester mit Chloral (*Dow Chem.
Co.,* U.S.P. 3000904 [1958]).

Kp_2: $123-125°$. n_D^{20}: 1,4950.

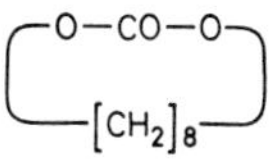

I 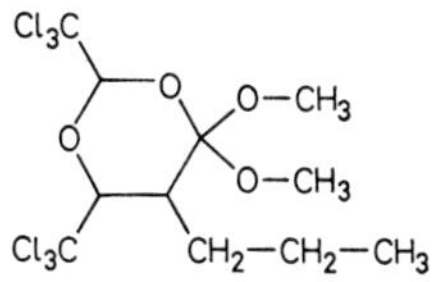   II 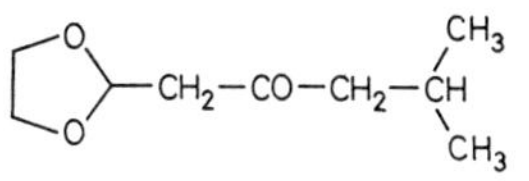   III 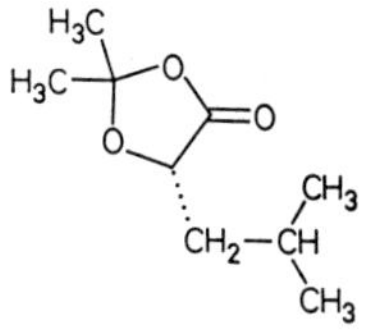   IV

1-[1,3]Dioxolan-2-yl-4-methyl-pentan-2-on $C_9H_{16}O_3$, Formel III.

B. Beim Behandeln von 1t-Chlor-5-methyl-hex-1-en-3-on (E IV **1** 3483) mit Äthylen≈
glykol und Kaliumhydroxid (*Kotschetkow et al.,* Izv. Akad. S.S.S.R. Otd. chim. **1957**
949, 952; engl. Ausg. S. 977, 979).

$Kp_{4,5}$: $92-93°$. D_4^{20}: 1,0181. n_D^{20}: 1,4429.

**(S)-5-Isobutyl-2,2-dimethyl-[1,3]dioxolan-4-on, (S)-2-[α-Hydroxy-isopropoxy]-
4-methyl-valeriansäure-lacton** $C_9H_{16}O_3$, Formel IV.

B. Beim Behandeln von L-Leucinsäure ((S)-2-Hydroxy-4-methyl-valeriansäure [E III **3**
632]) mit Aceton und konz. Schwefelsäure (*Oeda,* Bl. chem. Soc. Japan **10** [1935] 187,
190, **11** [1936] 385, 387).

Kp_{18}: $90-92,5°$ (*Oeda,* Bl. chem. Soc. Japan **10** 190); Kp_{14}: $85-86°$ (*Oeda,* Bl. chem.
Soc. Japan **11** 387); Kp_{13}: $84,5-85,5°$ (*Oeda,* Bl. chem. Soc. Japan **10** 188). Raman-
Spektrum: *Oeda,* Bl. chem. Soc. Japan **10** 191.

Oxo-Verbindungen $C_{10}H_{18}O_3$

1,3-Dioxa-cyclododecan-2-on, Kohlensäure-nonandiylester, Nonandiylcarbonat $C_{10}H_{18}O_3$,
Formel V.

B. Neben kleinen Mengen 1,3,13,15-Tetraoxa-cyclotetracosan-2,14-dion beim Erhitzen
von Nonan-1,9-diol mit Kohlensäure-dibutylester und wenig Natrium und Erhitzen des
Reaktionsprodukts unter vermindertem Druck bis auf 250° (*Hill, Carothers,* Am. Soc.
55 [1933] 5031, 5035, 5037; s. a. *Du Pont de Nemours & Co.,* U.S.P. 2020298 [1933];
D.R.P. 690629 [1934]; D.R.P. Org. Chem. **6** 1237, 1243).

F: $34-35°$; $Kp_{0,1}$: $63-64°$ (*Hill, Ca.,* l. c. S. 5034; *Du Pont*). D_4^{50}: 1,0240; n_D^{50}: 1,4528
(*Hill, Ca.,* l. c. S. 5034).

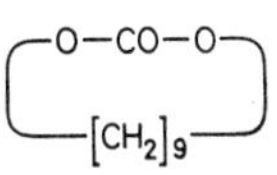

V 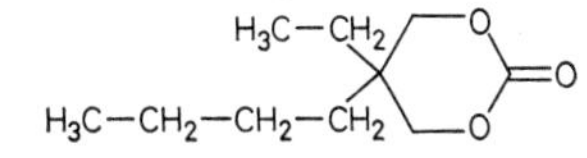   VI 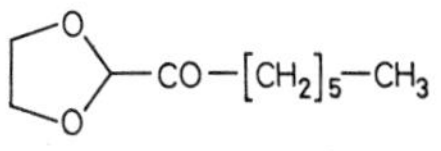   VII

5-Äthyl-5-butyl-[1,3]dioxan-2-on, Kohlensäure-[2-äthyl-2-butyl-propandiylester]
$C_{10}H_{18}O_3$, Formel VI.

B. Beim Behandeln einer Lösung von 2-Äthyl-2-butyl-propan-1,3-diol und Antipyrin
in Chloroform mit Phosgen in Toluol (*Ludwig, Piech,* Am. Soc. **73** [1951] 5779).

Kp_1: $125-130°$ [unkorr.]. n_D^{25}: 1,4638.

2-Heptanoyl-[1,3]dioxolan, 1-[1,3]Dioxolan-2-yl-heptan-1-on $C_{10}H_{18}O_3$, Formel VII.

B. Neben anderen Verbindungen beim Behandeln von [1,3]Dioxolan mit Äthylen, Kohlenmonoxid und Di-*tert*-butylperoxid bei 175°/200 at (*Foster et al.*, Am. Soc. **78** [1956] 5606, 5607, 5611; *Du Pont de Nemours & Co.*, U.S.P. 2 680 763 [1949]).

K_5: 85—86°; n_D^{25}: 1,4304 (*Fo. et al.*, l. c. S. 5608; *Du Pont*).

1-[1,3]Dioxolan-2-yl-heptan-2-on $C_{10}H_{18}O_3$, Formel VIII.

B. Beim Behandeln von 1*t*-Chlor-oct-1-en-3-on (E IV **1** 3488) mit Äthylenglykol und Kaliumhydroxid (*Kotschetkow et al.*, Izv. Akad. S.S.S.R. Otd. chim. **1957** 949, 952; engl. Ausg. S. 977, 980).

Kp_6: 112—115°. D_4^{20}: 1,0062. n_D^{20}: 1,4471.

VIII   IX

(±)-2-Butyl-2,5,5-trimethyl-[1,3]dioxolan-4-on, (±)-α-[1-Hydroxy-1-methyl-pentyloxy]-isobuttersäure-lacton $C_{10}H_{18}O_3$, Formel IX.

B. Beim Behandeln von α-Hydroxy-isobuttersäure mit Hex-1-in unter Zusatz eines aus Quecksilber(II)-oxid, Methanol, Trichloressigsäure und dem Borfluorid-Äther-Addukt bereiteten Reaktionsgemisches (*Killian et al.*, Am. Soc. **58** [1936] 1658).

Kp_{25}: 104°. D_{25}: 0,953. n_D^{25}: 1,4225.

Oxo-Verbindungen $C_{11}H_{20}O_3$

1,3-Dioxa-cyclotridecan-2-on, Kohlensäure-decandiylester, Decandiylcarbonat $C_{11}H_{20}O_3$, Formel X.

B. Beim Erhitzen von Decan-1,10-diol mit Kohlensäure-dibutylester und wenig Zinn(II)-chlorid auf 200° und Erhitzen des Reaktionsprodukts mit wenig Zinn(II)-chlorid unter 1 Torr auf 268° (*Du Pont de Nemours & Co.*, U.S.P. 2 092 031 [1935]). Neben kleinen Mengen anderer Verbindungen beim Erhitzen von Decan-1,10-diol mit Kohlen=säure-dibutylester und wenig Natrium und Erhitzen des Reaktionsprodukts unter 0,5 Torr auf 250° (*Hill, Carothers*, Am. Soc. **55** [1933] 5031, 5035, 5037; *Du Pont de Nemours & Co.*, U.S.P. 2 020 298 [1933]; D.R.P. 690 629 [1934]; D.R.P. Org. Chem. **6** 1237, 1240).

F: 10—11°; Kp_1: 92—93°; D_4^{20}: 1,0354; n_D^{20}: 1,4659 (*Hill, Ca.*, l. c. S. 5034). Kp_1: 92—93° (*Du Pont*).

X   XI   XII   XIII

1,3-Dithia-cyclotridecan-2-thion, Trithiokohlensäure-decandiylester, Decan=diyltrithiocarbonat $C_{11}H_{20}S_3$, Formel XI.

B. Beim Eintragen von 1,10-Dibrom-decan in eine warme Suspension von Kalium=trithiocarbonat in Äthanol (*Runge, El-Hewehi*, J. pr. [4] **7** [1959] 268, 274).

Gelbe Krystalle (aus E.); F: 65—66° (*Ru., El-He.*, l. c. S. 270, 271).

5-Äthyl-5-isopentyl-[1,3]dioxan-2-on, Kohlensäure-[2-äthyl-2-isopentyl-propandiylester] $C_{11}H_{20}O_3$, Formel XII.

B. Beim Erhitzen von 2-Äthyl-2-isopentyl-propan-1,3-diol mit Kohlensäure-diäthyl=

ester und wenig Natriummethylat unter Entfernen des entstehenden Äthanols (*Sarel et al.*, J. org. Chem. **24** [1959] 1873, 1875, 1876).

Kp_1: 130—135°; n_D^{15}: 1,4705 [unreines Präparat] (*Sa. et al.*). IR-Banden im Bereich von 1800 cm^{-1} bis 1000 cm^{-1}: *Pohoryles, Sarel*, Bl. Res. Coun. Israel **7**A [1957] 42.

---

*Opt.-inakt. 4,4-Dimethoxy-5-methyl-2,6-bis-[1,1,2-trichlor-propyl]-[1,3]dioxan $C_{13}H_{20}Cl_6O_4$, Formel XIII (R = CH_3).

B. Beim Erhitzen von (±)-2,2,3-Trichlor-butyraldehyd mit Orthopropionsäure-tri=methylester (*Dow Chem. Co.*, U.S.P. 3000904 [1958]).

Krystalle (aus Me.); F: 112—113°.

Oxo-Verbindungen $C_{12}H_{22}O_3$

1,3-Dioxa-cyclotetradecan-2-on, Kohlensäure-undecandiylester, Undecandiylcarbonat $C_{12}H_{22}O_3$, Formel I.

B. Neben 1,3,15,17-Tetraoxa-cyclooctacosan-2,16-dion beim Erhitzen von Undecan-1,11-diol mit Kohlensäure-dibutylester und wenig Natrium und Erhitzen des Reaktions-produkts unter 0,1—2 Torr auf 240° (*Hill, Carothers*, Am. Soc. **55** [1933] 5031, 5035, 5036; *Du Pont de Nemours & Co.*, U.S.P. 2020298 [1933]; D.R.P. 690629 [1934]; D.R.P. Org. Chem. **6** 1237, 1243).

F: 40—41°; Kp_7: 104,5° (*Hill, Ca.*, l. c. S. 5034; *Du Pont*). D_4^{50}: 0,9968; n_D^{50}: 1,4544 (*Hill, Ca.*, l. c. S. 5034).

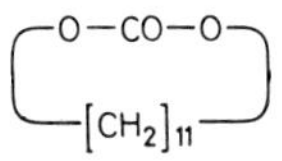

I 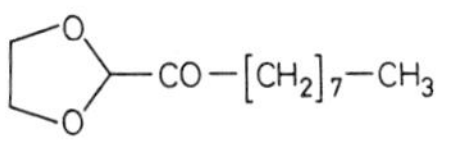   II 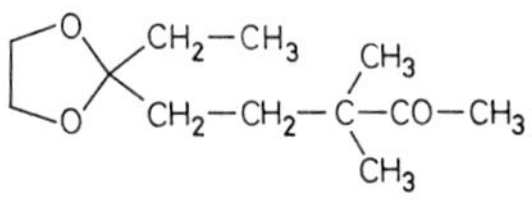   III

2-Nonanoyl-[1,3]dioxolan, 1-[1,3]Dioxolan-2-yl-nonan-1-on $C_{12}H_{22}O_3$, Formel II.

B. Neben anderen Verbindungen beim Behandeln von [1,3]Dioxolan mit Äthylen, Kohlenmonoxid und Di-*tert*-butylperoxid bei 175°/200 at (*Foster et al.*, Am. Soc. **78** [1956] 5606, 5607, 5611; s. a. *Du Pont de Nemours & Co.*, U.S.P. 2680763 [1949]).

$Kp_{0,4}$: 81—82°; n_D^{25}: 1,4416 (*Fo. et al.*, l. c. S. 5608; *Du Pont*).

5-[2-Äthyl-[1,3]dioxolan-2-yl]-3,3-dimethyl-pentan-2-on $C_{12}H_{22}O_3$, Formel III.

B. Beim Erwärmen von 4-[2-Äthyl-[1,3]dioxolan-2-yl]-2,2-dimethyl-buttersäure mit Methyllithium in Äther (*Warren, Weedon*, Soc. **1958** 3986, 3990).

$Kp_{0,5}$: 78—84°. n_D^{21}: 1,4508.

Beim Behandeln mit [2,4-Dinitro-phenyl]-hydrazin in Schwefelsäure enthaltendem Äthanol ist 3,3-Dimethyl-octan-2,6-dion-bis-[2,4-dinitro-phenylhydrazon] erhalten worden.

*5-[2-Äthyl-[1,3]dioxolan-2-yl]-3,3-dimethyl-pentan-2-on-semicarbazon $C_{13}H_{25}N_3O_3$, Formel IV.

B. Aus 5-[2-Äthyl-[1,3]dioxolan-2-yl]-3,3-dimethyl-pentan-2-on und Semicarbazid (*Warren, Weedon*, Soc. **1958** 3986, 3991).

Krystalle (aus wss. Me.); F: 119,5° [evakuierte Kapillare].

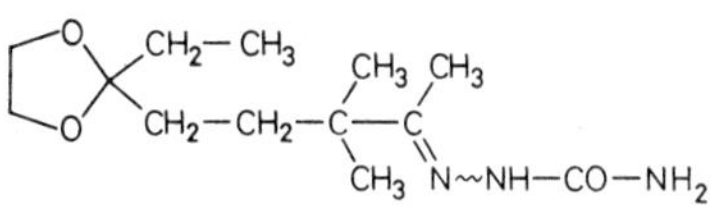

IV 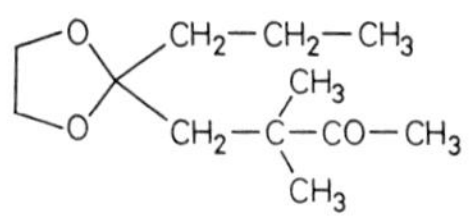   V 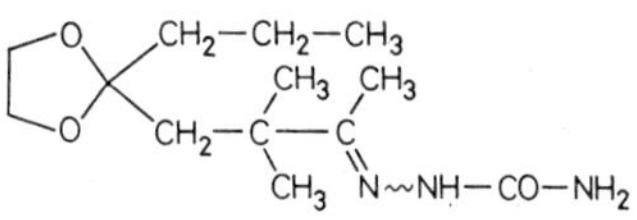   VI

3,3-Dimethyl-4-[2-propyl-[1,3]dioxolan-2-yl]-butan-2-on $C_{12}H_{22}O_3$, Formel V.

B. Beim Erwärmen von 2,2-Dimethyl-3-[2-propyl-[1,3]dioxolan-2-yl]-propionsäure mit Methyllithium in Äther (*Warren, Weedon*, Soc. **1958** 3972, 3979).

$Kp_{0,6}$: 66,5—68,5°. n_D^{25}: 1,4502.

Beim Behandeln mit [2,4-Dinitro-phenyl]-hydrazin und Schwefelsäure enthaltendem Äthanol ist 3,3-Dimethyl-octan-2,5-dion-bis-[2,4-dinitro-phenylhydrazon] erhalten worden.

*3,3-Dimethyl-4-[2-propyl-[1,3]dioxolan-2-yl]-butan-2-on-semicarbazon $C_{13}H_{25}N_3O_3$, Formel VI.

B. Aus 3,3-Dimethyl-4-[2-propyl-[1,3]dioxolan-2-yl]-butan-2-on und Semicarbazid (*Warren, Weedon*, Soc. **1958** 3972, 3979).

Krystalle (aus wss. Me.); F: 181,5—182° [evakuierte Kapillare].

Oxo-Verbindungen $C_{13}H_{24}O_3$

1,3-Dioxa-cyclopentadecan-2-on, Kohlensäure-dodecandiylester, Dodecandiylcarbonat $C_{13}H_{24}O_3$, Formel VII.

B. Neben kleinen Mengen 1,3,16,18-Tetraoxa-cyclotriacontan-2,17-dion beim Erhitzen von Dodecan-1,12-diol mit Kohlensäure-dibutylester und wenig Natrium und Erhitzen des Reaktionsprodukts unter 0,1—2 Torr auf 240° (*Hill, Carothers*, Am. Soc. **55** [1933] 5031, 5035, 5036; *Du Pont de Nemours & Co.*, D.R.P. 690629 [1934]; D.R.P. Org. Chem. **6** 1237, 1243).

F: 11—12°; Kp_3: 118—119° (*Hill, Ca.*, l. c. S. 5034; *Du Pont*). D_4^{20}: 1,0036; n_D^{20}: 1,4639 (*Hill, Ca.*, l. c. S. 5034).

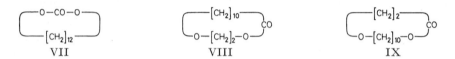

        VII   VIII   IX

1,4-Dioxa-cyclopentadecan-5-on, 11-[2-Hydroxy-äthoxy]-undecansäure-lacton $C_{13}H_{24}O_3$, Formel VIII.

B. Neben kleinen Mengen 1,4,16,19-Tetraoxa-cyclotriacontan-5,20-dion beim Erhitzen von 11-[2-Hydroxy-äthoxy]-undecansäure bis auf 250°, zuletzt unter vermindertem Druck, und Erhitzen des Reaktionsprodukts mit Magnesiumchlorid-hexahydrat unter 1 Torr auf 270° (*Spanagel, Carothers*, Am. Soc. **58** [1936] 654).

F: 8°. Kp_1: 108—111°. D_4^{33}: 0,9916. n_D^{33}: 1,4645.

1,5-Dioxa-cyclopentadecan-2-on, 3-[10-Hydroxy-decyloxy]-propionsäure-lacton $C_{13}H_{24}O_3$, Formel IX.

B. Neben kleinen Mengen 1,5,16,20-Tetraoxa-cyclotriacontan-2,17-dion beim Erwärmen einer Lösung von 3-[10-Jod-decyloxy]-propionsäure in Butanon mit Kaliumcarbonat (*Allen, VanAllan*, J. org. Chem. **14** [1949] 754, 757).

E: 1,5°; Kp_2: 135—137°; D_4^{26}: 1,012; n_D^{26}: 1,4670 (*Al., VanA.*, l. c. S. 755); n_D^{30}: 1,4650 (*Al., VanA.*, l. c. S. 757). IR-Spektrum (5—11 µ): *Al., VanA.*, l. c. S. 755.

1,5-Dithia-cyclopentadecan-3-on $C_{13}H_{24}OS_2$, Formel X.

B. Beim langsamen Eintragen einer Lösung von 1,10-Bis-äthoxycarbonylmethyl=mercapto-decan in Benzol in eine warme Suspension von Kalium-*tert*-butylat in Benzol und Erhitzen des erhaltenen 3-Oxo-1,5-dithia-cyclopentadecan-2-carbonsäure-äthylesters mit wss. Schwefelsäure (*Lüttringhaus, Prinzbach*, A. **624** [1959] 79, 96, 97).

F: 66—67° [über das Semicarbazon und durch Destillation im Wasserdampf-Strom gereinigtes Präparat].

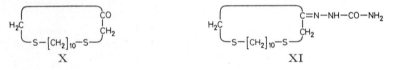

                    X   XI

1,5-Dithia-cyclopentadecan-3-on-semicarbazon $C_{14}H_{27}N_3OS_2$, Formel XI.

B. Aus 1,5-Dithia-cyclopentadecan-3-on und Semicarbazid (*Lüttringhaus, Prinzbach,* A. **624** [1959] 79, 97).

Krystalle (aus A.); F: 156—158° [unkorr.].

Oxo-Verbindungen $C_{14}H_{26}O_3$

1,3-Dioxa-cyclohexadecan-2-on, Kohlensäure-tridecandiylester, Tridecandiylcarbonat $C_{14}H_{26}O_3$, Formel I.

B. Bei 3-tägigem Erhitzen von Tridecan-1,13-diol mit Kohlensäure-dibutylester und wenig Natrium und Erhitzen des Reaktionsprodukts unter 2 Torr auf 220° (*Du Pont de Nemours & Co.,* U.S.P. 2020298 [1933]; D.R.P. 690629 [1934]; D.R.P. Org. Chem. **6** 1237, 1241; s. a. *Hill, Carothers,* Am. Soc. **55** [1933] 5031, 5034, 5035).

F: 23—24,5° (*Hill, Ca.; Du Pont*). Kp_6: 151—152° (*Du Pont*); $Kp_{4,5}$: 149—150° (*Hill, Ca.; Du Pont*). D_4^{25}: 0,9888; n_D^{25}: 1,4622 (*Hill, Ca.*).

1,4-Dioxa-cyclohexadecan-5-on, 12-[2-Hydroxy-äthoxy]-dodecansäure-lacton $C_{14}H_{26}O_3$, Formel II.

B. Beim Erhitzen von 12-[2-Acetoxy-äthoxy]-dodecansäure-methylester mit Natrium= methylat unter 3 Torr auf 230° (*Etabl. Roure-Bertrand Fils & Justin Dupont,* D.B.P. 820300 [1948]; D.R.B.P. Org. Chem. 1950—1951 **6** 1481, 1485; U.S.P. 2652406 [1948]).

E: 12,5°. $Kp_{2,5}$: 110—112°. D_4^{17}: 0,9950. n_D^{17}: 1,4702.

I   II   III   IV

1,5-Dioxa-cyclohexadecan-2-on, 3-[11-Hydroxy-undecyloxy]-propionsäure-lacton $C_{14}H_{26}O_3$, Formel III.

B. Bei langsamem Eintragen einer Lösung von 3-[11-Jod-undecyloxy]-propionsäure in Butanon in eine heisse Suspension von Kaliumcarbonat in Butanon (*Beets, Meerburg,* Perfum. essent. Oil Rec. **44** [1953] 310, 313; R. **72** [1953] 411, 418).

F: 17°. $Kp_{0,3}$: 120°. D_4^{20}: 0,9912. n_D^{20}: 1,4665.

1,5-Dioxa-cyclohexadecan-6-on, 11-[3-Hydroxy-propoxy]-undecansäure-lacton $C_{14}H_{26}O_3$, Formel IV.

B. Beim Erhitzen von 11-[3-Hydroxy-propoxy]-undecansäure bis auf 250°, zuletzt unter vermindertem Druck, und Erhitzen des Reaktionsprodukts mit Magnesium= chlorid-hexahydrat unter 1 Torr auf 270° (*Spanagel, Carothers,* Am. Soc. **58** [1936] 654). Als Hauptprodukt neben 1,5,17,21-Tetraoxa-cyclodotriacontan-6,22-dion beim Erwärmen von 11-[3-Hydroxy-propoxy]-undecansäure mit Benzolsulfonsäure und Benzol unter Entfernen des entstehenden Wassers (*Stoll, Rouvé,* Helv. **18** [1935] 1087, 1124).

F: 14—15° (*St., Ro.*), 12° (*Sp., Ca.*). $Kp_{0,01}$: 88—90°; $D_4^{17,8}$: 0,9904; $n_D^{17,5}$: 1,4679 (*St., Ro.*). Kp_2: 119—120°; D_4^{33}: 0,9762; n_D^{33}: 1,4622 (*Sp., Ca.*).

2-Undecanoyl-[1,3]dioxolan, 1-[1,3]Dioxolan-2-yl-undecan-1-on $C_{14}H_{26}O_3$, Formel V.

B. Neben anderen Verbindungen beim Behandeln von [1,3]Dioxolan mit Äthylen, Kohlenmonoxid und Di-*tert*-butylperoxid bei 175°/200 at (*Foster et al.,* Am. Soc. **78** [1956] 5606, 5607, 5611; s. a. *Du Pont de Nemours & Co.,* U.S.P. 2680763 [1949]).

$Kp_{0,5}$: 101—102°; n_D^{25}: 1,4445 (*Du Pont; Fo. et al.,* l. c. S. 5609).

V   VI   VII

Oxo-Verbindungen $C_{15}H_{28}O_3$

1,3-Dioxa-cycloheptadecan-2-on, Kohlensäure-tetradecandiylester, Tetradecandiyl=carbonat $C_{15}H_{28}O_3$, Formel VI.

B. Bei 6-tägigem Erhitzen von Tetradecan-1,14-diol mit Kohlensäure-diäthylester und wenig Natrium und Erhitzen des Reaktionsprodukts unter 2 Torr auf 240° (*Du Pont de Nemours & Co.*, U.S.P. 2020298 [1933]; D.R.P. 690629 [1934]; D.R.P. Org. Chem. 6 1237, 1241; s. a. *Hill, Carothers*, Am. Soc. 55 [1933] 5031, 5034, 5035).

F: 21—22°; Kp_2: 144—146° (*Hill, Ca.*; *Du Pont*). D_4^{20}: 0,9814; n_D^{20}: 1,4622 (*Hill, Ca.*).

1,5-Dioxa-cycloheptadecan-6-on, 12-[3-Hydroxy-propoxy]-dodecansäure-lacton $C_{15}H_{28}O_3$, Formel VII.

B. Beim Erhitzen von 12-[3-Hydroxy-propoxy]-dodecansäure (aus 12-Brom-dodecan=säure und der Mononatrium-Verbindung des Propan-1,3-diols hergestellt) auf 200°, zuletzt im Vakuum, und Erhitzen des Reaktionsprodukts mit Magnesiumchlorid-hexa=hydrat unter 0,1—0,5 Torr bis auf 300° (*Tong*, Soap Perfum. Cosmet. 27 [1954] 58, 60). Beim Behandeln von 12-[3-Hydroxy-propoxy]-dodecansäure-methylester mit Borsäure und Erhitzen des Reaktionsprodukts mit Natriummethylat unter 3 Torr auf 230° (*Etabl. Roure-Bertrand Fils & Justin Dupont*, D.B.P. 820300 [1948]; D.R.B.P. Org. Chem. 1950 bis 1951 6 1481, 1485; U.S.P. 2652406 [1948]).

Kp_2: 113—115°; D_4^{17}: 0,9853; n_D^{17}: 1,4683 (*Etabl. Roure-Bertrand Fils & Justin Dupont*). Kp_1: 152°; n_D^{20}: 1,4644 (*Tong*).

1,6-Dioxa-cycloheptadecan-7-on, 11-[4-Hydroxy-butoxy]-undecansäure-lacton $C_{15}H_{28}O_3$, Formel VIII.

B. Beim Erhitzen von 11-[4-Hydroxy-butoxy]-undecansäure bis auf 250°, zuletzt unter vermindertem Druck, und Erhitzen des Reaktionsprodukts mit Magnesium=chlorid-hexahydrat unter 1 Torr auf 270° (*Spanagel, Carothers*, Am. Soc. 58 [1936] 654). Beim Behandeln des Natrium-Salzes der 11-[4-Hydroxy-butoxy]-undecansäure mit 3-Chlor-propan-1,2-diol und Glycerin und Erhitzen des erhaltenen 11-[4-Hydroxy-butoxy]-undecansäure-[2,3-dihydroxy-propylesters] mit kleinen Mengen der Mono=natrium-Verbindung des Glycerins in Glycerin unter 3 Torr auf 190° (*Givaudan & Cie.*, D.R.P. 691971 [1937]; D.R.P. Org. Chem. 6 1264, 1266; *Givaudan-Delawanna Inc.*, U.S.P. 2234551 [1937]).

F: −19° (*Sp., Ca.*). Kp_1: 129—131°; D_4^{33}: 0,9724; n_D^{33}: 1,4646 (*Sp., Ca.*). Kp_3: 143°; D^{20}: 0,983; n_D^{20}: 1,4678 (*Givaudan-Delawanna Inc.*).

VIII   IX   X

(±)-7-Methyl-1,4-dioxa-cyclohexadecan-5-on, (±)-12-[2-Hydroxy-äthoxy]-3-methyl-dodecansäure-lacton $C_{15}H_{28}O_3$, Formel IX.

B. Beim Behandeln des Natrium-Salzes der (±)-12-[2-Hydroxy-äthoxy]-3-methyl-dodecansäure mit (±)-3-Chlor-propan-1,2-diol und Glycerin und Erhitzen des Reaktions-produkts mit wenig Natriummethylat in Glycerin unter 3 Torr (*Givaudan-Delawanna Inc.*, U.S.P. 2234551 [1937]).

Kp_3: 146°. D^{25}: 0,982. n_D^{25}: 1,4665.

(±)-4-Methyl-1,5-dioxa-cyclohexadecan-6-on, (±)-11-[3-Hydroxy-butoxy]-undecan=säure-lacton $C_{15}H_{28}O_3$, Formel X.

B. Beim Behandeln des Natrium-Salzes der (±)-11-[3-Hydroxy-butoxy]-undecansäure mit (±)-3-Chlor-propan-1,2-diol und Glycerin und Erhitzen des Reaktionsprodukts mit wenig Natriummethylat in Glycerin unter 3 Torr (*Givaudan-Delawanna Inc.*, U.S.P. 2234551 [1937]).

$Kp_{4,5}$: 150°. D_4^{20}: 0,9780. n_D^{20}: 1,4650.

Oxo-Verbindungen $C_{16}H_{30}O_3$

1,5-Dioxa-cyclooctadecan-2-on, 3-[13-Hydroxy-tridecyloxy]-propionsäure-lacton $C_{16}H_{30}O_3$, Formel I.

B. Bei langsamem Eintragen einer Lösung von 3-[13-Jod-tridecyloxy]-propionsäure in Butanon in eine heisse Suspension von Kaliumcarbonat in Butanon (*Beets, Meerburg*, Perfum. essent. Oil Rec. **44** [1953] 310, 313; R. **72** [1953] 411, 418).

F: 5°. Kp_3: 162°. D_4^{20}: 0,9728. n_D^{20}: 1,4672.

Oxo-Verbindungen $C_{17}H_{32}O_3$

1,3-Dioxa-cyclononadecan-2-on, Kohlensäure-hexadecandiylester, Hexadecandiyl=carbonat $C_{17}H_{32}O_3$, Formel II.

B. Beim Erhitzen von Hexadecan-1,16-diol mit Kohlensäure-dibutylester und wenig Natriumbutylat unter Entfernen des entstehenden Butan-1-ols und Erhitzen des Reaktionsprodukts mit wenig Kobalt(II)-chlorid-hexahydrat unter 1 Torr auf 270° (*Tong*, Soap Perfum. Cosmet. **27** [1954] 58, 60).

F: 31°. $Kp_{0,5}$: 135°.

I   II   III   IV

Oxo-Verbindungen $C_{18}H_{34}O_3$

1,5-Dioxa-cycloeicosan-2-on, 3-[15-Hydroxy-pentadecyloxy]-propionsäure-lacton $C_{18}H_{34}O_3$, Formel III.

B. Bei langsamem Eintragen einer Lösung von 3-[15-Jod-pentadecyloxy]-propionsäure in Butanon in eine heisse Suspension von Kaliumcarbonat in Butanon (*Beets, Meerburg*, Perfum. essent. Oil Rec. **44** [1953] 310, 314; R. **72** [1953] 411, 418).

F: −4,7°. $Kp_{3,5}$: 188°. D_4^{20}: 0,9565. n_D^{20}: 1,4670.

Oxo-Verbindungen $C_{19}H_{36}O_3$

1,3-Dioxa-cycloheneicosan-2-on, Kohlensäure-octadecandiylester, Octadecandiylcarbonat $C_{19}H_{36}O_3$, Formel IV.

B. Beim Erhitzen von Octadecan-1,18-diol mit Kohlensäure-dibutylester und wenig Natrium und Erhitzen des Reaktionsprodukts unter 0,1−2 Torr bis auf 240° (*Hill, Carothers*, Am. Soc. **55** [1933] 5031, 5034, 5035; s. a. *Du Pont de Nemours & Co.*, U.S.P. 2020298 [1933]; D.R.P. 690629 [1934]; D.R.P. Org. Chem. **6** 1237, 1243).

F: 36−37°; Kp_1: 165−169° (*Hill, Ca.*; *Du Pont*). D_4^{50}: 0,9273; n_D^{50}: 1,4537 (*Hill, Ca.*).

Oxo-Verbindungen $C_{20}H_{38}O_3$

15-[(S)-2,2-Dimethyl-[1,3]dioxolan-4-yl]-pentadecan-2-on $C_{20}H_{38}O_3$, Formel V.

B. Beim Erwärmen von sog. Isopropyliden-ustilamid-A (14-[(S)-2,2-Dimethyl-[1,3]di=oxolan-4-yl]-tetradecansäure-amid) mit Methylmagnesiumbromid in Äther und Benzol (*Crossley, Craig*, Canad. J. Chem. **33** [1955] 1426, 1430).

Krystalle; F: 40−40,5° [durch Chromatographie gereinigtes Präparat].

V   VI

*15-[(S)-2,2-Dimethyl-[1,3]dioxolan-4-yl]-pentadecan-2-on-semicarbazon $C_{21}H_{41}N_3O_3$, Formel VI.

B. Aus 15-[(S)-2,2-Dimethyl-[1,3]dioxolan-4-yl]-pentadecan-2-on (S. 1595) und Semi-carbazid (*Crossley, Craig*, Canad. J. Chem. **33** [1955] 1426, 1431).

Krystalle; F: 123,5—124° [korr.].

Oxo-Verbindungen $C_{21}H_{40}O_3$

16-[(S)-2,2-Dimethyl-[1,3]dioxolan-4-yl]-hexadecan-3-on $C_{21}H_{40}O_3$, Formel VII.

B. Beim Erwärmen von sog. Isopropyliden-ustilamid-A (14-[(S)-2,2-Dimethyl-[1,3]di-oxolan-4-yl]-tetradecansäure-amid) mit Äthylmagnesiumbromid in Äther und Benzol (*Crossley, Craig*, Canad. J. Chem. **33** [1955] 1426, 1431).

Krystalle; F: 37°.

$$H_3C-\overset{H_3C}{\underset{}{\diagup}}\hspace{-1mm}\text{[CH}_2]_{13}\text{—CO—CH}_2\text{—CH}_3 \qquad\qquad H_3C-\overset{H_3C}{\underset{}{\diagup}}\hspace{-1mm}\text{[CH}_2]_{13}\text{—CO—CH}_2\text{—CH}_2\text{—CH}_3$$

$$\text{VII}\hspace{5cm}\text{VIII}$$

Oxo-Verbindungen $C_{22}H_{42}O_3$

17-[(S)-2,2-Dimethyl-[1,3]dioxolan-4-yl]-heptadecan-4-on $C_{22}H_{42}O_3$, Formel VIII.

B. Beim Erwärmen von sog. Isopropyliden-ustilamid-A (14-[(S)-2,2-Dimethyl-[1,3]di-oxolan-4-yl]-tetradecansäure-amid) mit Propylmagnesiumbromid in Äther und Benzol (*Crossley, Craig*, Canad. J. Chem. **33** [1955] 1426, 1431).

Krystalle; F: 43°.

Oxo-Verbindungen $C_{23}H_{44}O_3$

18-[(S)-2,2-Dimethyl-[1,3]dioxolan-4-yl]-octadecan-5-on $C_{23}H_{44}O_3$, Formel IX.

B. Beim Erwärmen von sog. Isopropyliden-ustilamid-A (14-[(S)-2,2-Dimethyl-[1,3]di-oxolan-4-yl]-tetradecansäure-amid) mit Butylmagnesiumbromid in Äther und Benzol (*Crossley, Craig*, Canad. J. Chem. **33** [1955] 1426, 1431).

Krystalle; F: 48,5°.

$$H_3C-\overset{H_3C}{\underset{}{\diagup}}\hspace{-1mm}\text{[CH}_2]_{13}\text{—CO—[CH}_2]_3\text{—CH}_3 \qquad\qquad Cl_3C\text{---}\hspace{-1mm}\overset{O}{\underset{O}{\diagup}}\hspace{-1mm}\overset{}{\underset{CH_2-[CH_2]_{22}-CH_3}{\diagup}}$$

$$\text{IX}\hspace{5cm}\text{X}$$

Oxo-Verbindungen $C_{28}H_{54}O_3$

(2Ξ,5R)-5-Tetracosyl-2-trichlormethyl-[1,3]dioxolan-4-on, **(R)-2-[(Ξ)-2,2,2-Trichlor-1-hydroxy-äthoxy]-hexacosansäure-lacton** $C_{28}H_{51}Cl_3O_3$, Formel X.

B. Beim Erhitzen von (R)-2-Hydroxy-hexacosansäure (E III **3** 678) mit Chloral auf 130° (*Reindel*, A. **480** [1930] 76, 86).

Krystalle (aus Acn. oder Eg.); F: 67—68°.   [*Walentowski*]

Monooxo-Verbindungen $C_nH_{2n-4}O_3$

Oxo-Verbindungen $C_3H_2O_3$

[1,2]Dithiol-3-thion, Trithion $C_3H_2S_3$, Formel I.

B. In kleiner Menge neben Propan-2-thiol beim Erhitzen von Propen mit Schwefel bis auf 240° (*Lüttringhaus et al.*, A. **560** [1948] 201, 211).

Orangegelbe bzw. gelbe Krystalle; F: 82° [aus A. bzw. Me.] (*Challenger et al.*, Soc. **1953** 292, 298; *Lü. et al.*), 78—80° [aus PAe.] (*Wessely, Siegel*, M. **82** [1951] 607, 618, 619).

Die Krystalle sind tetragonal (*Ch. et al.*, l. c. S. 297). C=S-Valenzschwingungsbande: 1173 cm^{-1} (*Mecke et al.*, Z. Naturf. **10b** [1955] 367, 368). Absorptionsspektrum einer Lösung in Cyclohexan (200—500 nm [λ_{max}: 230 nm, 254 nm, 336 nm und 415 nm]): *Ch. et al.*, l. c. S. 296, 297; einer Lösung in Äthanol (300—490 nm): *Jirousek, Stárka*, Naturwiss. **45** [1958] 386; s. a. *We., Si.*

Verbindung mit Kupfer(II)-chlorid C$_3$H$_2$S$_3$·CuCl$_2$. Rote Krystalle (*Ch. et al.*, l. c. S. 299).

Verbindung mit Silbernitrat C$_3$H$_2$S$_3$·AgNO$_3$. Gelb; F: 135° [Zers.] (*Ch. et al.*, l. c. S. 299).

Verbindung mit Quecksilber(II)-chlorid C$_3$H$_2$S$_3$·HgCl$_2$. Gelblich; F: 218° bis 219° [Zers.] (*Ch. et al.*, l. c. S. 298, 301).

Verbindung mit Triphenylphosphin C$_3$H$_2$S$_3$·C$_{18}$H$_{15}$P. Braune Krystalle (*Ch. et al.*, l. c. S. 301).

3-Methylmercapto-[1,2]dithiolylium [C$_4$H$_5$S$_3$]$^+$, Formel II.

Bezüglich der Konstitutionszuordnung vgl. *Lüttringhaus, Schmidt*, Ch. Z. **77** [1953] 135; *Boberg, v. Gentzkow*, J. pr. **315** [1973] 965, 966.

Jodid [C$_4$H$_5$S$_3$]I. *B.* Beim Behandeln von [1,2]Dithiol-3-thion mit Methyljodid und Nitromethan (*Challenger et al.*, Soc. **1953** 292, 301). — Orangefarben; F: 175° [Zers.].

I   II   III   IV

[1,3]Dioxol-2-on, Kohlensäure-äthendiylester, Äthendiylcarbonat C$_3$H$_2$O$_3$, Formel III.

B. Beim Erwärmen von 4-Chlor-[1,3]dioxolan-2-on mit Triäthylamin und Äther (*Newman, Addor*, Am. Soc. **77** [1955] 3789, 3791; s. a. *Hales et al.*, Soc. **1957** 618, 625). Beim Erwärmen einer Lösung von *trans*-4,5-Dichlor-[1,3]dioxolan-2-on (S. 1558) in 1,2-Dimethoxy-äthan und Benzol mit Zink (*Ne., Ad.*, Am. Soc. **77** 3791).

Das Molekül ist planar (*Slayton et al.*, J. chem. Physics **22** [1954] 1678). Dipolmoment (aus dem Stark-Effekt ermittelt): 4,51 D (*Sl. et al.*). Rotationskonstanten: *Sl. et al.*

F: 22° (*Ne., Ad.*, Am. Soc. **77** 3791; *Smets, Hayashi*, J. Polymer Sci. **29** [1958] 257), 20,5° (*Judge, Price*, J. Polymer Sci. **41** [1959] 435, 436). Kp$_{735}$: 162° (*Newman, Addor*, Am. Soc. **75** [1953] 1263); Kp$_{37}$: 76—78° (*Hayashi*, Bl. Res. Inst. synth. Fibers Nr. 15 [1958] 69, 70; C. A. **1960** 958); Kp$_{34}$: 74—75° (*Ju., Pr.*); Kp$_{33}$: 74° (*Overberger et al.*, J. Polymer Sci. **27** [1958] 381, 382); Kp$_{32}$: 73—74° (*Ne., Ad.*; *Sm., Ha.*; *Haas, Schuler*, J. Polymer Sci. **31** [1958] 237); Kp$_{18}$: 59,8—60° (*Kwart, Vosburgh*, Am. Soc. **76** [1954] 5400, 5402). D$_4^{25}$: 1,3541 (*Ne., Ad.*); D^{70}: 1,307; D^{80}: 1,293; D^{90}: 1,279 (*Sm., Ha.*, l.c. S. 258). n$_D^{25}$: 1,4218 (*Ov. et al.*), 1,4212 (*Kw., Vo.*), 1,4190 (*Ne., Ad.*); n$_D^{26}$: 1,4183 (*Ju., Pr.*). Mikrowellenfrequenzen im Bereich von 19000 MHz bis 31500 MHz: *Sl. et al.* IR-Banden im Bereich von 3 μ bis 14 μ: *Ju., Pr.*, l. c. S. 442. C=O-(Carbonyl)-Valenzschwingungsbanden und C—O-(Äther)-Valenzschwingungsbanden eines festen Films sowie von unverdünntem flüssigem und von in Tetrachlormethan gelöstem [1,3]Dioxol-2-on: *Ha. et al.*, l. c. S. 620.

Kinetik der durch [α,α']Azoisobutyronitril initiierten Polymerisation in Benzol, in Aceton, in [1,3]Dioxolan-2-on und in Methylbenzoat bei 70° sowie in Äthylbenzoat bei 77°: *Sm., Hay.* Geschwindigkeit der durch [α,α']Azoisobutyronitril initiierten Copolymerisation mit Vinylchlorid bei 80°, mit Vinylacetat bei 70°, mit Methylmethacrylat bei 70° und mit 1-Vinyl-pyrrolidin-2-on bei 60°, jeweils in Aceton, sowie mit Styrol in Toluol bei 85°: *Hayashi, Smets*, J. Polymer Sci. **27** [1958] 275. Verlauf der durch [α,α']Azoisobutyronitril initiierten Copolymerisation mit Methyl-vinyl-sulfid in Aceton, mit Vinylacetat in Aceton und mit Styrol in Benzol, jeweils bei 60°: *Ju., Pr.*, l. c. S. 435; mit Thioessigsäure-*S*-vinylester in Benzol bei 60°: *Ov. et al.*, l. c. S. 381. Beim Erhitzen mit Buta-1,3-dien, Benzol und wenig Hydrochinon auf 175° ist *cis*-3a,4,7,7a-Tetrahydro-benzo[1,3]dioxol-2-on (*Ne., Ad.*, Am. Soc. **77** 3791), beim Erhitzen mit 1*t*,4*t*-Diacetoxy-buta-1,3-dien, Benzol und wenig Hydrochinon auf 210° ist 4*t*,7*t*-Diacetoxy-(3a*r*,7a*c*)-3a,4,7,7a-tetrahydro-benzo[1,3]dioxol-2-on (*Criegee, Becher*, B. **90** [1957] 2516, 2519) erhalten worden.

[1,3]Dithiol-2-on, Dithiokohlensäure-S,S'-äthendiylester, S,S'-Äthendiyl-dithiocarbonat $C_3H_2OS_2$, Formel IV.

Bestätigung der Konstitutionszuordnung: *Mayer, Gebhardt,* B. **97** [1964] 1298, 1299.

B. Beim Erwärmen von [1,3]Dithiolan-2-on mit N-Brom-succinimid in Tetrachlor=methan und Erwärmen des Reaktionsprodukts mit Triäthylamin und Äther (*Ma., Ge.*, l. c. S. 1304). Beim Behandeln einer Lösung von [1,3]Dithiol-2-thion in Chloroform mit Quecksilber(II)-acetat in Essigsäure (*Challenger et al.*, Soc. **1953** 292, 300).

Krystalle (aus PAe. bzw. nach Destillation unter 6 Torr); F: 35° (*Ch. et al.*; *Ma., Ge.*). Kp_6: 72° (*Ma., Ge.*). UV-Absorptionsmaxima (A.): 240 nm und 267 nm (*Ma., Ge.*).

Beim Behandeln mit Brom in Tetrachlormethan sowie beim Behandeln mit Wasserstoff in Gegenwart von Palladium/Kohle oder Platin in Methanol erfolgt keine Reaktion (*Ch. et al.*). Zersetzung unter Bildung von Schwefelwasserstoff und Schwefel beim Behandeln mit Hydroxylamin-hydrochlorid und Natriumcarbonat in Wasser: *Ch. et al.*

V   VI   VII

[1,3]Dithiol-2-thion, Trithiokohlensäure-äthendiylester, Äthendiyl-trithio=carbonat $C_3H_2S_3$, Formel V.

Konstitutionszuordnung: *Challenger et al.*, Soc. **1953** 292, 295; *Mayer, Gebhardt,* B. **97** [1964] 1298, 1299.

Herstellung aus Acetylen, Schwefel und Schwefelkohlenstoff: *Ma., Ge.*, l. c. S. 1304; aus [1,3]Dithiol-2-on mit Hilfe von Phosphor(V)-sulfid in Toluol: *Ma., Ge.*, l. c. S. 1303.

Gelbe Krystalle; F: 50° [aus PAe. oder A.] (*Challenger et al.*, Soc. **1953** 292, 298), 48,5° [aus PAe.] (*Ma., Ge.*, l. c. S. 1303). Die Krystalle sind monoklin (*Ch. et al.*, l. c. S. 297). $C=S$-Valenzschwingungsbande: 1053 cm^{-1} (*Mecke et al.*, Z. Naturf. **10**b [1955] 367, 368). Absorptionsspektrum (Cyclohexan; 200—480 nm [λ_{max}: 230 nm, 254 nm, 336 nm und 415 nm]): *Ch. et al.*, l. c. S. 296, 297. UV-Absorptionsmaxima (A.): 231 nm und 367 nm (*Ma., Ge.*, l. c. S. 1305).

Am Licht erfolgt Zersetzung (*Ch. et al.*, l. c. S. 298). Beim Behandeln mit Brom (1 Mol) in Tetrachlormethan ist eine wahrscheinlich als 2-Brommercapto-[1,3]dithiolylium-bromid ([$C_3H_2BrS_3$]Br; Formel VI) zu formulierende (vgl. *Biton et al.*, C. r. [C] **267** [1968] 586; *Boberg, v.Gentzkow,* J. pr. **315** [1973] 965, 966) orangefarbene Verbindung (F: 147° [Zers. unter Entwicklung von Bromwasserstoff]) erhalten worden, die sich durch Behandlung mit kaltem Wasser in [1,3]Dithiol-2-thion hat zurückver-wandeln lassen (*Ch. et al.*, l. c. S. 295, 300). Überführung in [1,3]Dithiol-2-on durch Behandlung einer Lösung in Chloroform mit Quecksilber(II)-acetat in Essigsäure: *Ch. et al.*, l. c. S. 300. Beim Behandeln mit Wasserstoff in Gegenwart von Palladium oder Nickel in Äthanol erfolgt keine Reaktion; beim Behandeln mit Wasserstoff in Gegenwart von Raney-Nickel in Äthanol erfolgt Zersetzung unter Bildung von Sulfid (*Ch. et al.*, l. c. S. 296, 300). Bildung von Äthan-1,2-dithiol beim Erwärmen mit Lithiumalanat in Äther sowie Bildung von Äthan-1,2-dithiol und Methanthiol beim Behandeln mit Äthanol und Natrium: *Ch. et al.*, l. c. S. 295, 299. Verhalten beim Erhitzen mit Essigsäure und Zink (Bildung von Schwefelwasserstoff und einer möglicherweise als [2,2']Bi[1,3]dithiolyl zu formulierenden Verbindung [F: 150—151°]): *Ch. et al.*, l. c. S. 296, 300. Beim Er-wärmen mit Kaliumhydrogensulfid in Äthanol sind Kaliumtrithiocarbonat und (nach dem Ansäuern) eine vermutlich als Äthen-1,2-dithiol zu formulierende Verbindung $C_2H_4S_2$ (Bis-S-[2,4-dinitro-phenyl]-Derivat $C_{14}H_8N_4O_8S_2$, F: 185°) erhalten wor-den (*Ch. et al.*, l. c. S. 301). Bildung von Glyoxal-(E,E)-dioxim, Natriumthiosulfat, Schwefelwasserstoff und Schwefel beim Erwärmen mit Hydroxylamin-hydrochlorid und Natriumcarbonat in wss. Methanol: *Ch. et al.*, l. c. S. 295, 299. Reaktion mit Piperidin bei 100° unter Bildung des Piperidin-Salzes der Piperidin-1-dithiocarbonsäure: *Ch. et al.*, l. c. S. 300.

Verbindung mit Kupfer(II)-chlorid $C_3H_2S_3 \cdot CuCl_2$. Rote Krystalle (*Ch. et al.*, l. c. S. 299).

Verbindung mit Silbernitrat $C_3H_2S_3 \cdot AgNO_3$. Gelb; F: 124° [Zers.] (*Ch. et al.*, l. c. S. 299).

Verbindungen mit Quecksilber(II)-chlorid. a) $C_3H_2S_3 \cdot HgCl_2$. Gelblich; F: 191° [Zers.] (*Ch. et al.*, l. c. S. 298). — b) $C_3H_2S_3 \cdot 2(?)HgCl_2$. Gelblich; F: 222—223° [Zers.] (*Ch. et al.*, l. c. S. 298).

2-Methylmercapto-[1,3]dithiolylium $[C_4H_5S_3]^+$, Formel VII.
Konstitutionszuordnung: *Mayer, Gebhardt*, B. **97** [1964] 1298, 1302; vgl. *Boberg, v. Gentzkow*, J. pr. **315** [1973] 965, 966.
   Jodid $[C_4H_5S_3]$I. B. Beim Behandeln von [1,3]Dithiol-2-thion mit Methyljodid und Nitromethan (*Challenger et al.*, Soc. **1953** 292, 298; s. a. *Ma., Ge.*, l. c. S. 1305). — Gelbe Krystalle (aus Me.); F: 131—132° [Zers.] (*Ch. et al.*). Absorptionsmaxima (Dioxan): 220 nm, 286 nm und 359 nm (*Ma., Ge.*). — Beim Behandeln mit Pyridin ist [1,3]Dithiol-2-thion erhalten worden (*Ch. et al.*; *Ma., Ge.*, l. c. S. 1301).
   Methylsulfat $[C_4H_5S_3]CH_3O_4S$. B. Beim Behandeln von [1,3]Dithiol-2-thion mit Dimethylsulfat und Aceton (*Ch. et al.*, l. c. S. 299). — Krystalle; F: 132°.

Oxo-Verbindungen $C_4H_4O_3$

5-Methyl-[1,2]dithiol-3-on $C_4H_4OS_2$, Formel VIII.
   B. Beim Erwärmen einer Lösung von 3-Acetyldisulfanyl-ξ-crotonsäure-äthylester (F: 48°) in Methanol mit Chlorwasserstoff (*Raoul, Vialle*, Bl. **1959** 1670, 1673).
   Gelbes Öl, das beim Abkühlen auf $-20°$ krystallin erstarrt. $Kp_{0,05}$: 50—51°. n_D^{23}: 1,633. ^{1}H-NMR-Spektrum sowie ^{1}H-^{1}H-Spin-Spin-Kopplungskonstante: *Ra., Vi.*, l. c. S. 1672.

5-Methyl-[1,2]dithiol-3-thion $C_4H_4S_3$, Formel IX.
   Diese Verbindung hat wahrscheinlich auch in einem von *Caesar* und *Branton* (Ind. eng. Chem. **44** [1952] 122, 124) bei der Herstellung von Thiophen aus Butan und Schwefel als Nebenprodukt erhaltenen, mit Vorbehalt als Thiophen-3,4-dithion ($\rightleftharpoons$ Thiophen-3,4-dithiol $[C_4H_5S_3]$) angesehenen Präparat (Kp_2: 120—125°) als Hauptbestandteil vorgelegen (*Gronowitz, Moses*, Acta chem. scand. **16** [1962] 105).
   B. Beim Erhitzen von Crotonsäure-äthylester (nicht charakterisiert) mit Phosphor(V)-sulfid, Schwefel, Schwefelwasserstoff, Piperidin und Xylol unter Zusatz von Quarzsand auf 130° (*Wander A.G.*, D.B.P. 909097 [1951]). Beim Erhitzen von 3-Mercapto-buttersäure-äthylester mit Phosphor(V)-sulfid, Schwefel und Schwefelkohlenstoff unter Zusatz von Quarzsand auf 130° (*Wander A.G.*). Beim Erhitzen von Acetessigsäure-äthylester mit Phosphor(V)-sulfid in Xylol oder Tetralin (*Legrand et al.*, Bl. **1953** 327, 328; *Legrand, Lozac'h*, Bl. **1955** 79, 83) oder mit Phosphor(V)-sulfid, Schwefel und Schwefel= kohlenstoff auf 125° (*Wander A.G.*). Beim Erhitzen von 5-Methyl-[1,2]dithiol-3-on mit Phosphor(V)-sulfid in Xylol (*Raoul, Vialle*, Bl. **1959** 1670, 1673).
   Reinigung über die Additionsverbindung mit Quecksilber(II)-chlorid: *Le. et al.*; *Le., Lo.*; *Ra., Vi.*
   Gelbe Krystalle; F: 34° (*Ra., Vi.*), 33° [aus PAe., Cyclohexan, A. bzw. Me.] (*Wessely, Siegel*, M. **82** [1951] 607, 620; *Le., Lo.*; *Le. et al.*; *Wander A.G.*). Absorptionsspektrum (A. [?]; 220—450 nm): *We., Si.*, l. c. S. 619.

VIII   IX   X   XI

4-Methyl-[1,2]dithiol-3-thion $C_4H_4S_3$, Formel X.
   B. Beim Erhitzen von Isobutylen mit Schwefel auf 170° (*Spindt et al.*, Am. Soc. **73** [1951] 3693, 3695). Beim Erhitzen von Diisobutyldisulfid mit Schwefel auf 200° (*Wessely, Siegel*, M. **82** [1951] 607, 615, 618). Beim Erhitzen von β-Oxo-isobuttersäure-äthylester mit Phosphor(V)-sulfid in Xylol (*Legrand et al.*, Bl. **1953** 327, 328). — Reinigung über die Additionsverbindung mit Quecksilber(II)-chlorid: *Le. et al.*
   Atomabstände und Bindungswinkel (aus dem Röntgen-Diagramm ermittelt): *Jeffrey, Shiono*, Acta cryst. **12** [1959] 447, 451, 452.

Orangefarbene bzw. gelbe Krystalle; F: 40,5—41,5° [aus Ae. + Pentan] (*Sp. et al.*), 40° [aus PAe. bzw. A.] (*We., Si.*, l. c. S. 619; *Le. et al.*). Orthorhombisch; Raumgruppe $P2_12_12_1(=D_2^4)$; aus dem Röntgen-Diagramm ermittelte Dimensionen der Elementarzelle: a = 12,35 Å; b = 12,44 Å; c = 4,11 Å; n = 4 (*Kehl, Jeffrey*, Acta cryst. **11** [1958] 813, 814). $Kp_{1,7}$: 110—112° (*Sp. et al.*). Dichte der Krystalle: 1,560 (*Kehl, Je.*). D_4^{20}: 1,466 [unterkühlte Schmelze] (*Sp. et al.*). Absorptionsspektrum (Isooctan; 220—470 nm): *Sp. et al.*; s. a. *We., Si.*, l. c. S. 619. Absorptionsmaxima (Isooctan): 224 nm, 249 nm, 327 nm und 413 nm (*Zahradnik*, Collect. **24** [1959] 3193).

Beim Erhitzen mit wss. Natronlauge und Behandeln der Reaktionslösung mit Di= methylsulfat und Äther sind Dimethylsulfid, Dimethyldisulfid und eine **Verbindung** $C_8H_{16}S_3$ (Krystalle [aus Ae.]; F: 154—155°) erhalten worden (*Sp. et al.*, l. c. S. 3696).

4-Methyl-3-methylmercapto-[1,2]dithiolylium $[C_5H_7S_3]^+$, Formel XI,.
Bezüglich der Konstitutionszuordnung vgl. *Lüttringhaus, Schmidt*, Ch. Z. **77** [1953] 135; *Boberg, v. Gentzkow*, J. pr. **315** [1973] 965, 966.

Jodid $[C_5H_7S_3]I$. *B.* Beim Behandeln von 4-Methyl-[1,2]dithiol-3-thion mit Methyl= jodid und Äthanol (*Spindt et al.*, Am. Soc. **73** [1951] 3693, 3696). — Gelbe Krystalle (aus A.); F: 175°.

Oxo-Verbindungen $C_5H_6O_3$

5-Äthyl-[1,2]dithiol-3-thion $C_5H_6S_3$, Formel I.
Unter dieser Konstitution sind die beiden folgenden Präparate beschrieben worden.
B. Neben anderen Verbindungen beim Erhitzen von Pent-2-en (n_D^{20}: 1,3844) mit Schwefel auf 170° (*Broun et al.*, Ž. obšč. Chim. **20** [1950] 726, 729, 735; engl. Ausg. S. 765, 769, 774). Beim Erhitzen von 3-Oxo-valeriansäure-äthylester (E III **3** 1213) mit Phos= phor(V)-sulfid in Xylol (*Legrand, Lozac'h*, Bl. **1955** 79, 82).
Gelbe Krystalle (aus A.); F: 96—96,5° (*Br. et al.*). Gelbe Krystalle (aus A.); F: 21° (*Le., Lo.*).

4-Äthyl-[1,2]dithiol-3-thion $C_5H_6S_3$, Formel II.
Bestätigung der Konstitutionszuordnung: *Saquet, Thuillier*, Bl. **1966** 1582, 1584.
B. Beim Erhitzen von 2-Formyl-buttersäure-äthylester (E III **3** 1228) mit Phosphor(V)- sulfid in Xylol (*Legrand, Lozac'h*, Bl. **1955** 79, 82).
Rote Krystalle [aus Cyclohexan] (*Le., Lo.*); gelbe Krystalle (*Sa., Th.*, l. c. S. 1586); F: 21° (*Sa., Th.*; *Le., Lo.*).

I   II   III   IV   V

Dimethyl-[1,2]dithiol-3-on $C_5H_6OS_2$, Formel III.
B. Beim Behandeln von 2-Methyl-3-thioxo-buttersäure-äthylester (E III **3** 1227) mit Acetyl-chlor-sulfan und Äther und Erwärmen einer Lösung des Reaktionsprodukts in Methanol mit Chlorwasserstoff (*Raoul, Vialle*, Bl. **1959** 1670, 1673).
$Kp_{0,05}$: 57—58°. n_D^{23}: 1,617. ^{1}H-NMR-Spektrum: *Ra., Vi.*, l. c. S. 1672.

Dimethyl-[1,2]dithiol-3-on-oxim $C_5H_7NOS_2$, Formel IV.
Diese Konstitution ist der nachstehend beschriebenen, von *Böttcher* und *Lüttringhaus* (A. **557** [1947] 89, 107) mit Vorbehalt als 4-Methyl-6H-[1,2]dithiin-3-on-oxim formulierten Verbindung zuzuordnen (*Lüttringhaus, Cleve*, A. **575** [1952] 112, 113, 117).
B. Aus Dimethyl-[1,2]dithiol-3-thion (S. 1601) und Hydroxylamin (*Bö., Lü.*; *Wander A.G.*, D.B.P. 909097 [1951]).
Hellgelbe Krystalle (aus Bzl. + E. bzw. aus Butylacetat); F: 180° (*Bö., Lü.*; *Wander A.G.*).

Dimethyl-[1,2]dithiol-3-thion $C_5H_6S_3$, Formel V.

Diese Konstitution kommt der nachstehend beschriebenen, von *Selker* und *Kemp* (Ind. eng. Chem. **39** [1947] 895, 899) als 3-Methyl-dihydro-thiophen-2,5-dithion, von *Böttcher* und *Lüttringhaus* (A. **557** [1947] 89, 98) mit Vorbehalt als 4-Methyl-6*H*-[1,2]dithiin-3-thion formulierten Verbindung zu (*Broun et al.*, Ž. obšč. Chim. **20** [1950] 726, 729; engl. Ausg. S. 765, 768; *Spindt et al.*, Am. Soc. **73** [1951] 3693, 3694; *Lüttringhaus, Cleve,* A. **575** [1952] 112, 113, 117).

B. Neben anderen Verbindungen beim Erhitzen von 2-Methyl-but-2-en mit Schwefel auf 140° (*Selker, Kemp,* Ind. eng. Chem. **39** [1947] 895, 896), auf 170° (*Broun et al.*, Ž. obšč. Chim. **20** [1950] 726, 729, 733; engl. Ausg. S. 765, 769, 772) oder auf 210° (*Lüttringhaus, Cleve,* A. **575** [1952] 112, 120). Beim Erhitzen von 2-Methyl-butan-2-ol mit Schwefel, Phosphor(V)-sulfid und Biphenyl auf 210° (*Teste, Lozac'h,* Bl. **1955** 442). Beim Erhitzen von Diisopentyldisulfid mit Schwefel auf 200° (*Wessely, Siegel,* M. **82** [1951] 607, 615, 618). Als Hauptprodukt beim Erhitzen von Isovaleraldehyd mit Schwefel auf 240° (*Se., Kemp,* l. c. S. 898; s. a. *Barbaglia,* B. **17** [1884] 2654; G. **16** [1886] 426). Beim Erhitzen von 2-Methyl-3-oxo-butyraldehyd (E IV **1** 3682) mit Phosphor(V)-sulfid, Schwefel und Biphenyl auf 210° (*Legrand,* Bl. **1959** 1599, 1601). Beim Erhitzen von 2-Äthylacrylsäure-äthylester, von Angelicasäure-äthylester oder von Tiglinsäure-äthylester, mit Schwefel, Schwefelkohlenstoff und Phosphor(V)-sulfid unter Zusatz von Quarzsand auf 160° (*Lü., Cl.,* l. c. S. 120, 121). Beim Erhitzen von 2-Methyl-acetessigsäure-äthyl≠ ester mit Schwefelkohlenstoff, Phosphor(V)-sulfid und Schwefel unter Zusatz von Quarzsand auf 125° (*Wander A.G.,* D.B.P. 909097 [1951]). Beim Erhitzen von Di≠ methyl-[1,2]dithiol-3-on mit Phosphor(V)-sulfid in Xylol (*Raoul, Vialle,* Bl. **1959** 1670, 1673).

Gelbe bis orangefarbene Krystalle; F: 97° [aus Cyclohexan bzw. A.] (*Böttcher, Lüttringhaus,* A. **557** [1947] 89, 107; *Raoul, Vialle,* Bl. **1959** 1670, 1673), 96° [aus A. bzw. Me.] (*Lüttringhaus, Cleve,* A. **575** [1952] 112, 120; *Wander A.G.,* D.B.P. 909097 [1951]), 95,2° [aus A.] (*Selker, Kemp,* Ind. eng. Chem. **39** [1947] 895, 896). Bei 90—100°/14 Torr sublimierbar (*Wander A.G.*). C = S-Valenzschwingungsbande: 1162 cm^{-1} (*Mecke et al.*, Z. Naturf. **10b** [1955] 367, 368). Absorptionsspektrum einer Lösung in Isooctan (220 nm bis 440 nm): *Spindt et al.*, Am. Soc. **73** [1951] 3694; einer Lösung in Äthanol (220—450 nm): *Wessely, Siegel,* M. **82** [1951] 607, 609; einer Lösung in Methanol (250—450 nm): *Lü., Cl.,* l. c. S. 115. Polarographie: *Jirousek, Stárka,* Naturwiss. **45** [1958] 386.

In einem von *Selker* und *Kemp* (Ind. eng. Chem. **39** [1947] 895, 898) beim Behandeln mit Jod in Tetrachlormethan erhaltenen Präparat (rotbraune Krystalle [aus CCl₄], F: 135,2—136°) hat vielleicht 3-Jodmercapto-4,5-dimethyl-[1,2]dithiolylium-jodid ([$C_5H_6IS_3$]I; entsprechend Formel VI [X = I]) vorgelegen (vgl. *Biton et al.*, C. r. [C] **267** [1968] 586; *Boberg, v. Gentzkow,* J. pr. **315** [1973] 965, 966).

Verbindung mit Quecksilber(II)-chlorid $C_5H_6S_3 \cdot HgCl_2$. Hellgelbe Krystalle (*Lüttringhaus, Cleve,* A. **575** [1952] 112, 120).

Verbindung mit Quecksilber(II)-jodid $C_5H_6S_3 \cdot HgI_2$. Gelb; F: 192,5° [im auf 189° vorgeheizten Bad] (*Selker, Kemp,* Ind. eng. Chem. **39** [1947] 895, 898).

3,4-Dimethyl-5-methylmercapto-[1,2]dithiolylium [$C_6H_9S_3$]$^+$, Formel VI (X = CH₃).

Bezüglich der Konstitutionszuordnung vgl. *Lüttringhaus, Schmidt,* Ch. Z. **77** [1953] 135; *Boberg, v. Gentzkow,* J. pr. **315** [1973] 965, 966.

Jodid [$C_6H_9S_3$]I. *B.* Beim Behandeln von Dimethyl-[1,2]dithiol-3-thion (s. o.) mit Methyljodid und Äthanol (*Selker, Kemp,* Ind. eng. Chem. **39** [1947] 895, 898; s. a. *Lüttringhaus, Cleve,* A. **575** [1952] 112, 120). — Rote Krystalle (aus A.), F: 150,5—151° (*Se., Kemp*); graugrüne Krystalle, F: 149,3° (*Lü., Cl.*).

Trijodomercurat(II) [$C_6H_9S_3$]HgI₃. *B.* Beim Behandeln von Dimethyl-[1,2]dithiol-3-thion (s. o.) mit Methyljodid, Quecksilber(II)-jodid und Äthanol (*Se., Kemp*). — Gelb; F: 131—131,2° (*Se., Kemp*).

(±)-4-Vinyl-[1,3]dioxolan-2-on, (±)-Kohlensäure-vinyläthandiylester $C_5H_6O_3$, Formel VII.

B. Beim Erhitzen von (±)-But-3-en-1,2-diol mit Kohlensäure-diäthylester und wenig Natrium unter Entfernen des entstehenden Äthanols (*Bissinger et al.*, Am. Soc. **69** [1947]

2955, 2960; s. a. *Shell Devel. Co.*, U.S.P. 2563771 [1946]). Beim Erhitzen von (±)-3,4-Ep=
oxy-but-1-en mit Kohlendioxid unter Zusatz von Kaliumhydroxid auf 200° (*Du Pont de
Nemours & Co.*, U.S.P. 2511942 [1948]; vgl. dagegen *Peppel*, Ind. eng. Chem. **50** [1958]
767), unter Zusatz von Tetrabutylammonium-bromid auf 150° (*Jefferson Chem. Co.*,
U.S.P. 2773070 [1952]), unter Zusatz von Triäthyl-benzyl-ammonium-bromid auf 180°
(*Jefferson Chem. Co.*, U.S.P. 2773070) oder unter Zusatz von 1-Äthyl-1-butyl-pyrrolidin-
carbonat bis auf 150° (*Jefferson Chem. Co.*, U.S.P. 2873282 [1952]).

Kp_{18-20}: 132,5 – 133,7° (*Shell Devel. Co.*); Kp_{14}: 123°; Kp_5: 101° (*Du Pont*). D_4^{25}: 1,1827
(*Du Pont*). n_D^{20}: 1,4495 (*Shell Devel. Co.*), 1,4487 (*Bi. et al.*); n_D^{25}: 1,4472 (*Du Pont*).

VI   VII   VIII   IX

---

*Opt.-inakt. Bis-oxiranyl-keton, 1,2;4,5-Diepoxy-pentan-3-on** $C_5H_6O_3$, Formel VIII.

B. Beim Behandeln von Penta-1,4-dien-3-on mit Dioxan, wss. Wasserstoffperoxid und
wss. Natronlauge bei – 14°/100 Torr (*Nasarow, Achrem*, Izv. Akad. S.S.S.R. Otd. chim.
1950 621, 631; C.A. **1951** 8516).

Kp_1: 63°. D_4^{20}: 1,2467. n_D^{20}: 1,4629.

Beim Erwärmen mit Wasser ist neben anderen Substanzen eine als 3,5-Dihydroxy-
tetrahydro-pyran-4-on angesehene Verbindung (F: 145 – 146°) [E III/IV **18** 1103]) erhalten worden.

(±)-2-Oxa-5-thia-norbornan-3-on, (±)-4-Hydroxy-tetrahydro-thiophen-2-carbonsäure-
lacton $C_5H_6O_2S$, Formel IX.

B. In kleiner Menge beim Erwärmen einer Lösung von opt.-inakt. 3-Brom-5-chlor=
methyl-dihydro-furan-2-on (H **17** 237) in Äthanol mit Kaliumjodid und anschliessend mit
wss. Natriumsulfid-Lösung (*Karrer, Kehren*, Helv. **27** [1944] 142, 145).

Krystalle (aus A.); F: 60,5°.

Oxo-Verbindungen $C_6H_8O_3$

4-Äthyl-5-methyl-[1,2]dithiol-3-thion $C_6H_8S_3$, Formel I.

B. Beim Erhitzen von 3-Methyl-pent-1-in-3-ol mit Schwefel und Biphenyl auf 210°
(*Teste, Lozac'h*, Bl. **1955** 442). Beim Erhitzen von 2-Äthyl-acetessigsäure-äthylester mit
Phosphor(V)-sulfid in Xylol (*Legrand, Lozac'h*, Bl. **1955** 79, 82).

Braungelbe bzw. orangefarbene Krystalle; F: 41,5° [aus A.] (*Le., Lo.*), 39° [durch
Chromatographie an Aluminiumoxid gereinigtes Präparat] (*Te., Lo.*).

5-Äthyl-4-methyl-[1,2]dithiol-3-thion $C_6H_8S_3$, Formel II.

B. Beim Erhitzen von 2-Methyl-3-oxo-valeraldehyd (E IV **1** 3691) mit Phosphor(V)-
sulfid, Schwefel und Biphenyl auf 210° (*Legrand*, Bl. **1959** 1599, 1601). Beim Erhitzen
von 2-Methyl-3-oxo-valeriansäure-methylester (E III **3** 1234) mit Phosphor(V)-sulfid in
Xylol (*Legrand, Lozac'h*, Bl. **1955** 79, 82).

Braungelbe Krystalle (aus A.); F: 29° (*Le., Lo.; Le.*).

I   II   III   IV

2-Acetonyliden-[1,3]dioxolan, [1,3]Dioxolan-2-yliden-aceton $C_6H_8O_3$, Formel III.

B. Beim Behandeln von Acetessigsäure-[2-brom-äthylester] mit Natriumhydrid in

Tetrahydrofuran (*Parker*, Am. Soc. **78** [1956] 4944, 4946).
Krystalle (aus CH$_2$Cl$_2$ + Ae.); F: 66,5—69°. Kp$_{0,05}$: 70°. UV-Absorptionsmaximum (Tetrahydrofuran): 250 nm (*Pa.*, l. c. S. 4945).

(±)-*cis*-Tetrahydro-cyclopent[1,3]oxathiol-2-on, (±)-Thiokohlensäure-*O,S-cis*-cyclopentan-1,2-diylester C$_6$H$_8$O$_2$S, Formel IV + Spiegelbild.
B. Aus (±)-*cis*-2-Mercapto-cyclopentanol und Kohlensäure-diäthylester mit Hilfe von Natriummethylat (*Goodman et al.*, Am. Soc. **80** [1958] 6582, 6586). Beim Erwärmen der im folgenden Artikel beschriebenen Verbindung mit wss. Essigsäure (*Go. et al.*).
Kp$_1$: 65—66°. n$_D^{20}$: 1,5264.

*(±)-2-Phenylimino-(3a*r*,6a*c*)-tetrahydro-cyclopent[1,3]oxathiol, (±)-*cis*-Tetrahydro-cyclopent[1,3]oxathiol-2-on-phenylimin C$_{12}$H$_{13}$NOS, Formel V + Spiegelbild.
B. Beim Behandeln von (±)-*trans*-2-Phenylthiocarbamoyloxy-cyclopentanol mit Thionylchlorid und anschliessend mit Natriumhydrogencarbonat und Wasser (*Goodman et al.*, Am. Soc. **80** [1958] 6582, 6585).
Krystalle (aus PAe.); F: 65—67° [über das Picrat gereinigtes Präparat].
Hydrochlorid C$_{12}$H$_{13}$NOS·HCl. F: 76—79°.
Picrat C$_{12}$H$_{13}$NOS·C$_6$H$_3$N$_3$O$_7$. Krystalle (aus PAe. + Bzl.); F: 119—120° [unkorr.; Fisher-Johns-App.].

(±)-6,8-Dioxa-bicyclo[3.2.1]octan-7-on, (±)-6-Hydroxy-tetrahydro-pyran-2-carbonsäure-lacton C$_6$H$_8$O$_3$, Formel VI.
B. Beim Behandeln von (±)-3,4-Dihydro-2*H*-pyran-2-carbonsäure-äthylester mit wss. Natronlauge, Behandeln des erhaltenen Natrium-Salzes der 3,4-Dihydro-2*H*-pyran-2-carbonsäure mit wss. Salzsäure und Erhitzen des Reaktionsprodukts unter vermindertem Druck (*Whetstone, Ballard*, Am. Soc. **73** [1951] 5280; s. a. *Brezinski et al.*, J. org. Chem. **24** [1959] 1807).
F: 18—20°; Kp$_{14}$: 91—92°; Kp$_3$: 62—64°; n$_D^{20}$: 1,4587 (*Wh., Ba.*). Kp$_3$: 65°; n$_D^{20}$: 1,4582 (*Br. et al.*).
Bei der Behandlung mit wss. Ammoniak und anschliessenden Hydrierung an Raney-Nickel bei 80—110°/80 at ist 6-Amino-2-hydroxy-hexansäure-amid erhalten worden (*Wh., Ba.*).

V   VI   VII   VIII

*Opt.-inakt. [3-Methyl-oxiranyl]-oxiranyl-keton, 1,2;4,5-Diepoxy-hexan-3-on C$_6$H$_8$O$_3$, Formel VII.
B. Beim Behandeln eines Gemisches von Hexa-1,4-dien-3-on (n$_D^{19}$: 1,4710 [E IV **1** 3545]) und Dioxan mit wss. Wasserstoffperoxid und wss. Natronlauge (*Nasarow et al.*, Ž. obšč. Chim. **25** [1955] 725, 728; engl. Ausg. S. 691, 693).
Kp$_2$: 74—76°. D$_4^{20}$: 1,1405. n$_D^{20}$: 1,4545.
Beim Erwärmen mit Wasser ist eine als 3,5-Dihydroxy-2-methyl-tetrahydro-pyran-4-on angesehene Verbindung (F: 158° [E III/IV **18** 1111]) erhalten worden (*Na. et al.*, l. c. S. 729). Überführung in eine als 1,2;4,5-Diepoxy-hexan-3-on-[2,4-dinitro-phenyl-hydrazon] angesehene Verbindung C$_{12}$H$_{12}$N$_4$O$_6$ (orangefarbene Krystalle; F: 212—213°) durch Umsetzung mit [2,4-Dinitro-phenyl]-hydrazin: *Na. et al.*

2,6-Dioxa-spiro[3.4]octan-7-on, [3-Hydroxymethyl-oxetan-3-yl]-essigsäure-lacton C$_6$H$_8$O$_3$, Formel VIII.
B. Beim Erhitzen von [3-Hydroxymethyl-oxetan-3-yl]-essigsäure mit kleinen Mengen wss. Salzsäure unter vermindertem Druck auf 110° (*Govaert, Cornand*, Meded. vlaam.

Acad. **16** [1954] Nr. 8, S. 3, 10). Beim Erwärmen von [3-Hydroxymethyl-oxetan-3-yl]-acetonitril mit wss. Ammoniak (*Go., Co.*, l. c. S. 9).

Krystalle (aus A.); F: 59,5°. $Kp_{0,5}$: 120°.

Oxo-Verbindungen $C_7H_{10}O_3$

2,2,6-Trimethyl-[1,3]dioxin-4-on, 3-[α-Hydroxy-isopropoxy]-crotonsäure-lacton $C_7H_{10}O_3$, Formel IX (X = H).

Diese Konstitution kommt der nachstehend beschriebenen, von *Naylor* (Soc. **1945** 244) sowie von *Bal'jan* und *Schtangeew* (Ž. obšč. Chim. **24** [1954] 238, 239; engl. Ausg. S. 239) als Acetessigsäure-isopropenylester formulierten Verbindung zu (*Carroll, Bader*, Am. Soc. **75** [1953] 5400 Anm. 3; *Gaylord, Kay*, Am. Soc. **77** [1955] 6641; *Bader et al.*, J. org. Chem. **21** [1956] 821).

B. In kleiner Menge beim Erwärmen von Keten mit Aceton, Äther und wenig Zink-chlorid (*Na.*). Beim Behandeln von Diketen (E III/IV **17** 4297) mit Aceton unter Zusatz von Pyridin und Zinksulfat (*Ba., Sch.*, l. c. S. 240) oder unter Zusatz von Toluol-4-sulfon-säure (*Ca., Ba.*).

F: 12−13° (*Ca., Ba.*). Kp_4: 77° (*Ba., Sch.*); Kp_2: 65−67° (*Ca., Ba.*); $Kp_{0,03}$: 40° (*Na.*). D_4^{20}: 1,0879 (*Ca., Ba.*). n_D^{18}: 1,4632 (*Na.*); n_D^{20}: 1,4678 (*Ba., Sch.*), 1,4636 (*Ca., Ba.*). ¹H-NMR-Spektrum: *Ba. et al.* IR-Spektrum (CS_2; 2−16 μ): *Ca., Ba.* UV-Absorptions-maximum: 239 nm [Isooctan] bzw. 247,5 nm [A.] bzw. 252,5 nm [W.] (*Ca., Ba.*).

Beim Erhitzen einer Lösung in Toluol mit wenig Calciumacetat sind Dehydracetsäure (E III/IV **17** 6699) und Aceton erhalten worden (*Ca., Ba.*). Bildung von Isopropylalkohol und 3-Isopropoxy-but-3-en-1-ol beim Erwärmen mit Lithiumalanat in Äther: *Ga., Kay.* Reaktion mit Phenylhydrazin in Äthanol unter Bildung von 4-Methyl-1-phenyl-1,3(oder 1,5)-dihydro-pyrazol-2-on (F: 126,5°): *Ba., Sch.*, l. c. S. 241. Beim Behandeln mit [2,4-Di-nitro-phenyl]-hydrazin und Schwefelsäure enthaltendem Äthanol ist Aceton-[2,4-dinitro-phenylhydrazon] erhalten worden (*Na.*).

IX   X   XI   XII

2,2-Dimethyl-6-trichlormethyl-[1,3]dioxin-4-on $C_7H_7Cl_3O_3$, Formel IX (X = Cl).

B. Aus Trichloracetylchlorid, Keten und Aceton (*Stachel*, Ang. Ch. **69** [1957] 507).

Krystalle; F: 63−64°.

5-Methyl-4-propyl-[1,2]dithiol-3-thion $C_7H_{10}S_3$, Formel X.

B. Beim Erhitzen von 2-Propyl-acetessigsäure-äthylester mit Phosphor(V)-sulfid und Xylol (*Quiniou, Lozac'h*, Bl. **1958** 517) oder mit Phosphor(V)-sulfid, Schwefel und Schwefel-kohlenstoff unter Zusatz von Quarzsand auf 125° (*Wander A.G.*, D.B.P. 909097 [1951]).

Orangegelbe Krystalle (aus PAe.), F: 51,5° (*Wander A.G.*); gelbe Krystalle (aus A.), F: 48,5° (*Qu., Lo.*). Bei 125°/12 Torr sublimierbar (*Wander A.G.*).

Diäthyl-[1,2]dithiol-3-thion $C_7H_{10}S_3$, Formel XI.

B. Beim Erhitzen von 2-Äthyl-3-oxo-valeriansäure-äthylester mit Phosphor(V)-sulfid in Xylol (*Legrand, Lozac'h*, Bl. **1955** 79, 82).

Gelbe Krystalle (aus A.); F: 46°.

1,3-Dioxa-spiro[4.4]nonan-4-on, 1-Hydroxymethoxy-cyclopentancarbonsäure-lacton $C_7H_{10}O_3$, Formel XII.

B. Beim Erhitzen von 1-Hydroxy-cyclopentancarbonsäure mit Paraformaldehyd und Toluol-4-sulfonsäure bis auf 150° (*Salmi, Pohjolainen*, B. **72** [1939] 798, 801).

Kp_{17}: 96,2−96,6°; D_4^{20}: 1,1622; $n_{656,3}^{20}$: 1,4550; n_D^{20}: 1,4573; $n_{486,1}^{20}$: 1,4672 (*Sa., Po.*). Geschwindigkeitskonstante der Hydrolyse in wss. Salzsäure bei 25°: *Salmi*, B. **72**

[1939] 319, 321; der Hydrolyse in wss. Natronlauge (0,02 n) bei 15°: *Salmi, Laaksonen,* Ann. Acad. Sci. fenn. [A] **54** Nr. 11 [1940] 1, 6.

(±)-*trans*-2-Imino-hexahydro-benz[1,3]oxathiol, (±)-*trans*-Hexahydro-benz[1,3]oxathiol-2-on-imin $C_7H_{11}NOS$, Formel I (R = H) + Spiegelbild.

Hydrochlorid $C_7H_{11}NOS \cdot HCl$. *B.* Beim Behandeln einer aus 1,2-Epoxy-cyclohexan und Thiocyansäure in Äther bereiteten (±)-*trans*-2-Thiocyanato-cyclohexanol-Lösung mit Chlorwasserstoff (*Wagner-Jauregg, Häring,* Helv. **41** [1958] 377, 382, 383; s. a. *van Tamelen,* Am. Soc. **73** [1951] 3444, 3447). — Krystalle (aus Ae. + Me.); Zers. oberhalb 220° (*v. Ta.*) bzw. oberhalb 200° (*Wa.-Ja., Hä.*). — Beim Behandeln einer Lösung in Wasser mit Natriumcarbonat oder wss. Natronlauge ist 1,2-Epithio-cyclohexan erhalten worden (*v. Ta.*).

*(±)-[*trans*-Hexahydro-benz[1,3]oxathiol-2-yliden]-harnstoff $C_8H_{12}N_2O_2S$, Formel I (R = CO-NH₂) + Spiegelbild.

B. Beim Behandeln von (±)-*trans*-Hexahydro-benz[1,3]oxathiol-2-on-imin-hydrochlorid (s. o.) mit Kaliumcyanat in Wasser (*Wagner-Jauregg, Häring,* Helv. **41** [1958] 377, 382, 383).

Krystalle (aus A.); Zers. oberhalb 180°.

Hexahydro-benzo[1,3]dithiol-2-thion, Trithiokohlensäure-cyclohexan-1,2-diyl-ester $C_7H_{10}S_3$.

a) *cis*-**Hexahydro-benzo[1,3]dithiol-2-thion** $C_7H_{10}S_3$, Formel II.

B. Aus *cis*-Cyclohexan-1,2-dithiol [hergestellt durch Erhitzen von Cyclohexen mit Schwefel auf 140° und Erwärmen des Reaktionsprodukts mit Lithiumalanat in Tetrahydrofuran] (*Bateman et al.,* Soc. **1958** 2838, 2841).

F: 99—99,5°.

I   II   III   IV   V

b) (±)-*trans*-**Hexahydro-benzo[1,3]dithiol-2-thion** $C_7H_{10}S_3$, Formel III + Spiegelbild (E II 137; dort als 1.2-Thiocarbonyldimercapto-cyclohexan bezeichnet).

Konfigurationszuordnung: *Iqbal, Owen,* Soc. **1960** 1030, 1034.

B. Beim Behandeln von (±)-*trans*-2-Chlor-cyclohexanol mit Kalium-O-methyl-dithiocarbonat in Methanol (*Culvenor et al.,* Soc. **1946** 1050). Beim Behandeln von 1,2-Epoxy-cyclohexan oder von 1,2-Epithio-cyclohexan mit Kalium-O-methyl-dithiocarbonat in Methanol (*Cu. et al.,* Soc. **1946** 1050).

Gelbe Krystalle; F: 169° (*Cu. et al.,* Soc. **1946** 1050), 164—165° [aus Bzl.] (*Culvenor et al.,* Soc. **1952** 4480, 4484).

Überführung in *trans*-Cyclohexan-1,2-dithiol durch Behandlung einer Lösung in Tetrahydrofuran mit Lithiumalanat in Äther: *Iq., Owen.*

2,4-Dioxa-bicyclo[3.3.1]nonan-3-on, Kohlensäure-cyclohexan-1,3-diylester $C_7H_{10}O_3$, Formel IV.

B. Beim Erhitzen von *cis*-Cyclohexan-1,3-diol mit Kohlensäure-diäthylester und wenig Kaliumcarbonat auf 200° (*Hall,* Am. Soc. **80** [1958] 6412, 6419).

Krystalle; F: 173—174° [nach Sublimation bei 175°/0,5 Torr] (*Hall*). C=O-Valenzschwingungsbande: 1762 cm⁻¹ [CCl₄] bzw. 1732 cm⁻¹ [KBr] (*Hall, Zbinden,* Am. Soc. **80** [1958] 6428, 6429).

Beim Erhitzen mit 2,5-Dichlor-benzolsulfonsäure auf 200° sind Cyclohexa-1,3-dien, Cyclohexa-1,4-dien, Kohlendioxid und Wasser erhalten worden (*Hall*).

(±)-1-Methyl-6,8-dioxa-bicyclo[3.2.1]octan-7-on, (±)-6-Hydroxy-2-methyl-tetrahydro-pyran-2-carbonsäure-lacton $C_7H_{10}O_3$, Formel V.

B. Beim Erwärmen von (±)-2-Methyl-3,4-dihydro-2*H*-pyran-2-carbaldehyd mit wss. Natronlauge, Behandeln des neben [2-Methyl-3,4-dihydro-2*H*-pyran-2-yl]-methanol erhaltenen Natrium-Salzes der 2-Methyl-3,4-dihydro-2*H*-pyran-2-carbonsäure mit wss. Salzsäure und Erhitzen des Reaktionsprodukts unter vermindertem Druck (*Shell Devel. Co.,* U.S.P. 2511890 [1947]).

Kp$_{10}$: 80—80,5°.

Opt.-inakt. [3,3-Dimethyl-oxiranyl]-oxiranyl-keton, 1,2;4,5-Diepoxy-5-methyl-hexan-3-on $C_7H_{10}O_3$, Formel VI.

B. Beim Behandeln einer Lösung von 5-Methyl-hexa-1,4-dien-3-on in Dioxan mit wss. Wasserstoffperoxid und wss. Natronlauge (*Nasarow, Achrem,* Izv. Akad. S.S.S.R. Otd. chim. **1950** 621, 625; C. A. **1951** 8516).

Kp$_{2,5}$: 80°; Kp$_1$: 71°; D$_4^{20}$: 1,1188; n$_D^{20}$: 1,4560 (*Na., Ach.,* l. c. S. 626).

Bei der Hydrierung an Raney-Nickel in Äthanol sind 2-Isopropyl-dihydro-furan-3-on und 4-Hydroxy-2-isopropyl-dihydro-furan-3-on (n$_D^{20}$: 1,4570; Semicarbazon: F: 186,5° [Zers.]) erhalten worden (*Nasarow et al.,* Izv. Akad. S.S.S.R. Otd. chim. **1957** 80, 86; engl. Ausg. S. 85, 90). Reaktion mit Wasser: *Na., Ach.,* l. c. S. 626. Reaktion mit Methanol bei 250° (Bildung von 2-[α-Methoxy-isopropyl]-furan-3-on): *Na. et al.,* l. c. S. 84; engl. Ausg. S. 89. Verhalten beim Erhitzen mit Acetanhydrid und Essigsäure auf 150° (Bildung einer als 4-Acetoxy-2-[α-acetoxy-isopropyl]-dihydro-furan-3-on angesehenen Verbindung [n$_D^{20}$: 1,4525]): *Na. et al.,* l. c. S. 84; engl. Ausg. S. 88. Reaktion mit Semicarbazid unter Bildung einer als 1,2;4,5-Diepoxy-5-methyl-hexan-3-on-semicarbazon angesehenen Verbindung $C_8H_{13}N_3O_3$ (F: 156—159°): *Na., Ach.,* l. c. S. 626. Bildung einer als 3-Äthylamino-2,2-dimethyl-2,3-dihydro-pyran-4-on oder 1-Äthyl-3-hydr=oxy-2,2-dimethyl-2,3-dihydro-1*H*-pyridin-4-on zu formulierenden Verbindung $C_9H_{15}NO_2$ (Krystalle [aus A.]; F: 108°) beim Behandeln mit Äthylamin und Erhitzen des Reaktionsprodukts unter vermindertem Druck bis auf 160°: *Na., Ach.,* l. c. S. 629. Beim Erwärmen mit Diäthylamin auf 50—60° ist eine als 3-Diäthylamino-5-hydroxy-2,2-di=methyl-tetrahydro-pyran-4-on angesehene Verbindung [E III/IV **18** 8074] (*Na., Ach.,* l. c. S. 628), beim Behandeln mit Diäthylamin und Wasser ist ein als 2-[α-Diäthylamino-isopropyl]-4-hydroxy-dihydro-furan-3-on angesehenes Isomeres [E III/IV **18** 8075] (*Na. et. al.,* l. c. S. 88; engl. Ausg. S. 92) erhalten worden.

Opt.-inakt. [2-Methyl-oxiranyl]-[3-methyl-oxiranyl]-keton, 1,2;4,5-Diepoxy-2-methyl-hexan-3-on $C_7H_{10}O_3$, Formel VII.

B. Beim Behandeln von 2-Methyl-hexa-1,4*t*-dien-3-on (E IV **1** 3551) mit Dioxan, wss. Wasserstoffperoxid und wss. Natronlauge (*Nasarow et al.,* Ž. obšč. Chim. **25** [1955] 708, 713; engl. Ausg. S. 677, 681).

Kp$_5$: 93°; Kp$_1$: 79°. D$_4^{20}$: 1,1166. n$_D^{20}$: 1,4510.

Bei mehrwöchigem Behandeln mit Wasser ist eine als 3,5-Dihydroxy-2,5-dimethyl-tetrahydro-pyran-4-on angesehene Verbindung (F: 167° [E III/IV **18** 1116]) erhalten worden (*Na. et al.,* l. c. S. 714). Bildung einer vermutlich als 2-[Benzylmercapto-methyl]-4-hydroxy-2,5-dimethyl-dihydro-furan-3-on zu formulierenden Verbindung (E III/IV **18** 1117) beim Erhitzen mit Benzylmercaptan auf 130°: *Na. et al.,* l. c. S. 716. Reaktion mit [2,4-Dinitro-phenyl]-hydrazin unter Bildung einer als 1,2;4,5-Diepoxy-2-methyl-hexan-3-on-[2,4-dinitro-phenylhydrazon] angesehenen Verbindung $C_{13}H_{14}N_4O_6$ (F: 224—226°): *Na. et al.,* l. c. S. 714. Reaktion mit *N*-Methyl-anilin (Bildung einer als 4-Hydroxy-2,5-dimethyl-2-[(*N*-methyl-anilino)-methyl]-dihydro-furan-3-on angesehenen Verbindung [E III/IV **18** 8075]): *Na. et al.,* l. c. S. 716 bzw. 683.

VI   VI   VIII   IX

*Opt.-inakt. Tetrahydro-furo[3,2-*c*]pyran-2-on, [4-Hydroxy-tetrahydro-pyran-3-yl]-essigsäure-lacton $C_7H_{10}O_3$, Formel VIII.

B. Beim Erwärmen von opt.-inakt. [4-Hydroxy-tetrahydro-pyran-3-yl]-acetonitril (Kp_{10}: 166°; n_D^{19}: 1,4818) mit konz. wss. Salzsäure (*Olsen, Brandal,* Acta chem. scand. **8** [1954] 420, 424).

Kp_8: 133—134°. D_4^{23}: 1,2179. n_D^{23}: 1,4814.

Bei mehrtägigem Behandeln mit Chrom(VI)-oxid und wss. Schwefelsäure sind [4-Hydr≈oxy-tetrahydro-pyran-3-yl]-essigsäure (F: 108—110°), [4-Oxo-tetrahydro-pyran-3-yl]-essigsäure, 3-Carboxymethoxy-propionsäure und 2-[Carboxymethoxy-methyl]-bernstein≈säure erhalten worden (*Ol., Br.,* l. c. S. 424, 425). Bildung von 2-[Carboxymethoxy-methyl]-bernsteinsäure beim Erwärmen mit wss. Salpetersäure: *Ol., Br.,* l. c. S. 425.

---

*Opt.-inakt. Tetrahydro-furo[2,3-*b*]pyran-2-on, [2-Hydroxy-tetrahydro-pyran-3-yl]-essigsäure-lacton $C_7H_{10}O_3$, Formel IX.

B. Beim Erwärmen von [5,6-Dihydro-2*H*-pyran-3-yl]-acetonitril mit äthanol. Kalilauge und Ansäuern einer wss. Lösung des Reaktionsprodukts (*Belleau,* Canad. J. Chem. **35** [1957] 663, 669). Beim Erwärmen von opt.-inakt. 2-Oxa-norcaran-7-carbonsäure (F: 108°) oder von opt.-inakt. 2-Oxa-norcaran-7-carbonsäure-äthylester ($Kp_{0,8}$: 71—72°; n_D^{15}: 1,4658) mit wss. Schwefelsäure (*Canonica et al.,* G. **87** [1957] 998, 1008).

$Kp_{0,3}$: 94—95°; D_4^{25}: 1,1867; n_D^{21}: 1,4704 (*Ca. et al.*). $Kp_{0,2}$: 86—88° (*Be.*).

Überführung in 6-Hydroxy-3-methyl-hexansäure durch Erhitzen mit wss. Salzsäure und amalgamiertem Zink: *Ca. et al.,* l. c. S. 1009. Beim Erhitzen mit Ammoniak in Methanol auf 110° ist eine als Hexahydro-pyrano[2,3-*b*]pyrrol-2-on angesehene Ver≈bindung (F: 80—81°) erhalten worden (*Ca. et al.,* l. c. S. 1005, 1012). Reaktion mit Anilin in Äthanol unter Bildung von [2-Anilino-tetrahydro-pyran-3-yl]-essigsäure-anilid (F: 152—153°): *Ca. et al.,* l. c. S. 1006, 1012. Reaktion mit Phenylhydrazin in Benzol unter Bildung von [2-(*N'*-Phenyl-hydrazino)-tetrahydro-pyran-3-yl]-essigsäure-[*N'*-phen≈yl-hydrazid] (F: 156°): *Ca. et al.,* l. c. S. 1006, 1013. Beim Erwärmen mit [2,4-Dinitro-phenyl]-hydrazin, Äthanol und kleinen Mengen wss. Salzsäure ist eine als 1-[2,4-Dinitro-anilino]-hexahydro-pyrano[2,3-*b*]pyrrol-2-on angesehene Verbindung (F: 179°) erhalten worden (*Ca. et al.,* l. c. S. 1004, 1012).

Oxo-Verbindungen $C_8H_{12}O_3$

(±)-2-Äthyl-2,6-dimethyl-[1,3]dioxin-4-on, 3-[1-Hydroxy-1-methyl-propoxy]-croton≈säure-lacton $C_8H_{12}O_3$, Formel I.

B. Beim Erwärmen von Diketen (E III/IV **17** 4297) mit Butanon und wenig Toluol-4-sulfonsäure (*Carroll, Bader,* Am. Soc. **75** [1953] 5400).

Kp_5: 70—74°. D_4^{20}: 1,065. n_D^{20}: 1,4633.

4-Neopentyl-[1,2]dithiol-3-on $C_8H_{12}OS_2$, Formel II.

B. Bei 3-tägigem Behandeln von 3,3-Dichlor-4-neopentyl-3*H*-[1,2]dithiol mit wss. Essigsäure (*Spindt et al.,* Am. Soc. **73** [1951] 3693, 3696).

Hellgelbe Krystalle (nach Destillation bei 137°/10 Torr); F: 54—56°.

I   II   III   IV

4-Neopentyl-[1,2]dithiol-3-thion $C_8H_{12}S_3$, Formel III.

B. Neben 5-*tert*-Butyl-4-methyl-[1,2]dithiol-3-thion beim Erhitzen von 2,4,4-Trimethyl-pent-2-en oder von 2,4,4-Trimethyl-pent-1-en mit Schwefel auf 210° (*Spindt et al.,* Am. Soc. **73** [1951] 3693, 3695).

Orangefarbene Krystalle (aus Ae. + Pentan); F: 86,5—87,3°. Absorptionsspektrum (Isooctan; 220—470 nm): *Sp. et al.,* l. c. S. 3694.

3-Methylmercapto-4-neopentyl-[1,2]dithiolylium $[C_9H_{15}S_3]^+$, Formel IV.

Jodid $[C_9H_{15}S_3]$I. *B.* Beim Behandeln von 4-Neopentyl-[1,2]dithiol-3-thion mit Methyl=
jodid und Äthanol (*Spindt et al.*, Am. Soc. **73** [1951] 3693, 3696). — Hellgelbe Krystalle
(aus wss. A.); F: 157—158°.

4-Butyl-5-methyl-[1,2]dithiol-3-thion $C_8H_{12}S_3$, Formel V.

B. Beim Erhitzen von 2-Butyl-acetessigsäure-äthylester mit Phosphor(V)-sulfid in
Xylol (*Legrand et al.*, Bl. **1953** 327, 328).

Gelbe Krystalle (aus A.); F: 33° (*Le et al.*). C=S-Valenzschwingungsbande: 1152 cm^{-1}
(*Mecke et al.*, Z. Naturf. **10b** [1955] 367, 368).

5-*tert*-Butyl-4-methyl-[1,2]dithiol-3-on $C_8H_{12}OS_2$, Formel VI.

B. Beim Behandeln von 5-*tert*-Butyl-3,3-dichlor-4-methyl-3*H*-[1,2]dithiol mit wss.
Essigsäure (*Spindt et al.*, Am. Soc. **73** [1951] 3693, 3696).

F: 35—36° [durch Destillation bei 142—143°/10 Torr gereinigtes Präparat].

5-*tert*-Butyl-4-methyl-[1,2]dithiol-3-thion $C_8H_{12}S_3$, Formel VII.

B. Neben 4-Neopentyl-[1,2]dithiol-3-thion beim Erhitzen von 2,4,4-Trimethyl-pent-
2-en oder von 2,4,4-Trimethyl-pent-1-en mit Schwefel auf 210° (*Spindt et al.*, Am. Soc.
73 [1951] 3693, 3695).

Orangerote Krystalle (aus CHCl$_3$ oder Ae.); F: 80,5—81,3°. Absorptionsspektrum
(Isooctan; 220—470 nm): *Sp. et al.*, l. c. S. 3694.

V   VI   VII   VIII

3-*tert*-Butyl-4-methyl-5-methylmercapto-[1,2]dithiolylium $[C_9H_{15}S_3]^+$, Formel VIII.

Jodid $[C_9H_{15}S_3]$I. *B.* Neben einer Verbindung $C_{13}H_{24}I_4S_5$ (rote Krystalle [aus A.],
F: 149—149,5°) beim Erwärmen einer Lösung von 5-*tert*-Butyl-4-methyl-[1,2]dithiol-
3-thion in Äthanol mit Methyljodid [4 Mol] (*Spindt et al.*, Am. Soc. **73** [1951] 3693,
3696). — Orangefarbene Krystalle (aus A.); F: 148—149°.

2-[1,3]Dioxolan-2-yliden-pentan-3-on $C_8H_{12}O_3$, Formel IX.

B. Beim Behandeln von 2-Methyl-3-oxo-valeriansäure-[2-chlor-äthylester] mit
Natriumhydrid in Äther und Erwärmen des Reaktionsgemisches mit Benzol (*Huffman,
Tarbell*, Am. Soc. **80** [1958] 6341, 6345).

Krystalle (aus Hexan); F: 121—122,5°.

(±)-2-[1,3]Dioxolan-2-yl-cyclopentanon $C_8H_{12}O_3$, Formel X.

B. Beim Erwärmen von 2-Oxo-cyclopentancarbaldehyd mit Äthylenglykol, Benzol
und wenig Benzolsulfonsäure (*Walker*, J. org. Chem. **23** [1958] 34, 38).

Bei 90—107°/1 Torr destillierbar [unreines Präparat].

IX   X   XI   XII

1,3-Dioxa-spiro[4.5]decan-4-on, 1-Hydroxymethoxy-cyclohexancarbonsäure-lacton
$C_8H_{12}O_3$, Formel XI.

B. Beim Erhitzen von 1-Hydroxy-cyclohexancarbonsäure mit Paraformaldehyd und wenig Toluol-4-sulfonsäure (*Salmi, Pohjolainen*, B. **72** [1939] 798, 802).

F: $21-21,4°$; Kp_{21}: $114,8-115,2°$; D_4^{20}: $1,1381$; $n_{656,3}^{20}$: $1,4613$; n_D^{20}: $1,4636$; $n_{486,1}^{20}$: $1,46895$ (*Sa., Po.*).

Geschwindigkeitskonstante der Hydrolyse in wss. Salzsäure bei 25°: *Salmi*, B. **72** [1939] 319, 321; der Hydrolyse in wss. Natronlauge (0,02n) bei 15°: *Salmi, Laaksonen*, Ann. Acad. Sci. fenn. [A] **54** Nr. 11 [1940] 1, 6.

1,4-Dioxa-spiro[4.5]decan-6-on, Cyclohexan-1,2-dion-mono-äthandiylacetal $C_8H_{12}O_3$, Formel XII.

B. Neben 1,4,7,10-Tetraoxa-dispiro[4.0.4.4]tetradecan beim Erwärmen von Cyclohexan-1,2-dion mit Benzol und Äthylenglykol unter Zusatz von Toluol-4-sulfonsäure (*Jaeger, Smith*, Soc. **1955** 160, 163) oder unter Zusatz von Benzolsulfonsäure (*Rosenmund, Kositzke*, B. **92** [1959] 486, 493). Beim Erwärmen von 6-Acetoxy-1,4-dioxa-spiro[4.5]dec-6-en mit äthanol. Kalilauge (*Ro., Ko.*).

Kp_{22}: $115-116°$ (*Ja., Sm.*); Kp_{10}: $110-111°$ (*Ro., Ko.*). UV-Absorptionsmaximum (Me.): 296 nm (*Ja., Sm.*).

*1,4-Dioxa-spiro[4.5]decan-6-on-[2,4-dinitro-phenylhydrazon] $C_{14}H_{16}N_4O_6$, Formel I ($R = C_6H_3(NO_2)_2$).

B. Beim Erhitzen von 1,4-Dioxa-spiro[4.5]decan-6-on mit [2,4-Dinitro-phenyl]-hydrazin in Pyridin (*Jaeger, Smith*, Soc. **1955** 160, 163).

Orangerote Krystalle (aus E. + A.); F: 171°.

*1,4-Dioxa-spiro[4.5]decan-6-on-semicarbazon $C_9H_{15}N_3O_3$, Formel I ($R = CO-NH_2$).

B. Aus 1,4-Dioxa-spiro[4.5]decan-6-on und Semicarbazid (*Rosenmund, Kositzke*, B. **92** [1959] 486, 493).

Krystalle (aus Me.); F: $201-202°$.

(±)-1-Oxa-4-thia-spiro[4.5]decan-6-on $C_8H_{12}O_2S$, Formel II.

B. Als Hauptprodukt beim Erwärmen von Cyclohexan-1,2-dion mit Benzol, 2-Mercapto-äthanol und wenig Toluol-4-sulfonsäure (*Jaeger, Smith*, Soc. **1955** 160, 164).

$Kp_{0,3}$: $78-82°$.

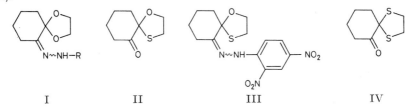

| I | II | III | IV |

*(±)-1-Oxa-4-thia-spiro[4.5]decan-6-on-[2,4-dinitro-phenylhydrazon] $C_{14}H_{16}N_4O_5S$, Formel III.

B. Aus (±)-1-Oxa-4-thia-spiro[4.5]decan-6-on und [2,4-Dinitro-phenyl]-hydrazin (*Jaeger, Smith*, Soc. **1955** 160, 164).

Orangefarbene Krystalle (aus E. + A.); F: 178°.

1,4-Dithia-spiro[4.5]decan-6-on, Cyclohexan-1,2-dion-mono-äthandiyldithioacetal $C_8H_{12}OS_2$, Formel IV.

B. Neben 1,4,7,10-Tetrathia-dispiro[4.0.4.4]tetradecan beim Erwärmen von Cyclohexan-1,2-dion mit Benzol, Äthan-1,2-dithiol und wenig Toluol-4-sulfonsäure (*Jaeger, Smith*, Soc. **1955** 160, 165).

Krystalle (aus PAe.); F: 57,5°.

1,4-Dioxa-spiro[4.5]decan-7-on, Cyclohexan-1,3-dion-mono-äthandiylacetal $C_8H_{12}O_3$, Formel V.

B. Als Hauptprodukt beim Erwärmen von Cyclohexan-1,3-dion mit Benzol, Äthylenglykol und wenig Toluol-4-sulfonsäure (*Cronyn, Goodrich*, Am. Soc. **74** [1952] 3331).

Kp$_1$: $84-85°$; n$_D^{25}$: 1,4738 *(Cr., Go.)*. UV-Spektrum (A.; $220-300$ nm, λ_{max}: 256 nm): *Cr., Go.*

Überführung in 3-[2-Hydroxy-äthoxy]-cyclohex-2-enon durch Erwärmen mit wss. Natriumhydrogencarbonat-Lösung: *Cr., Go.* Beim Erwärmen mit Cyanessigsäure, Benzol und wenig Ammoniumacetat ist [1,4-Dioxa-spiro[4.5]dec-6-en-7-yl]-acetonitril, beim Erwärmen mit Cyanessigsäure-äthylester, Chloroform, Essigsäure und wenig Ammonium= acetat ist Cyan-[3-(2-hydroxy-äthoxy)-cyclohex-2-enyliden]-essigsäure-äthylester (F: $112-112,5°$), beim Behandeln mit Cyanessigsäure-äthylester und Ammoniak in Äthanol ist [3-Amino-cyclohex-2-enyliden]-cyan-essigsäure-äthylester (F: $232-233,5°$) erhalten worden *(Cronyn, Riesser,* Am. Soc. **75** [1953] 1247, 1248).

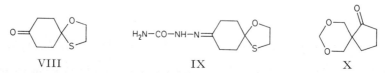

V   VI   VII

*1,4-Dioxa-spiro[4.5]decan-7-on-[2,4-dinitro-phenylhydrazon] $C_{14} H_{16} N_4 O_6$, Formel VI.

B. Beim Behandeln von 1,4-Dioxa-spiro[4.5]decan-7-on mit [2,4-Dinitro-phenyl]-hydrazin und wss. Salzsäure *(Cronyn, Goodrich,* Am. Soc. **74** [1952] 3331).

Krystalle (aus A.); F: $177-178°$.

1,4-Dioxa-spiro[4.5]decan-8-on, Cyclohexan-1,4-dion-mono-äthandiylacetal $C_8 H_{12} O_3$, Formel VII.

B. Beim Behandeln von 1,4-Dioxa-spiro[4.5]decan-8-ol mit Chrom(VI)-oxid und Pyridin *(Plieninger, Grasshoff,* B. **90** [1957] 1973, 1977; *Prins,* Helv. **40** [1957] 1621, 1626). Neben anderen Verbindungen beim mehrtägigen Behandeln von 2,2-Bis-[2-äthoxy= carbonyl-äthyl]-[1,3]dioxolan mit Natrium in Xylol *(Gardner et al.,* J. org. Chem. **22** [1957] 1206, 1209; *Leonard et al.,* Am. Soc. **79** [1957] 1482, 1485).

Krystalle; F: $73,5-74,5°$ *(Le. et al.)*, $73-74°$ [aus PAe.; durch Sublimation gereinigtes Präparat] *(Ga. et al.)*, $72-73°$ [durch Destillation unter vermindertem Druck gereinigtes Präparat] *(Pr.)*, $69-70°$ [durch Sublimation gereinigtes Präparat] *(Pl., Gr.)*.

1-Oxa-4-thia-spiro[4.5]decan-8-on $C_8 H_{12} O_2 S$, Formel VIII.

B. Beim Erhitzen von Cyclohexan-1,4-dion mit 2-Mercapto-äthanol und wenig Toluol-4-sulfonsäure auf $135°$ *(Plieninger, Grasshoff,* B. **90** [1957] 1973, 1976).

Kp$_{12}$: $130-135°$.

VIII   IX   X

1-Oxa-4-thia-spiro[4.5]decan-8-on-semicarbazon $C_9 H_{15} N_3 O_2 S$, Formel IX.

B. Aus 1-Oxa-4-thia-spiro[4.5]decan-8-on und Semicarbazid *(Plieninger, Grasshoff,* B. **90** [1957] 1973, 1976).

F: $180°$.

7,9-Dioxa-spiro[4.5]decan-1-on $C_8 H_{12} O_3$, Formel X.

B. Beim Behandeln von 2,2-Bis-hydroxymethyl-cyclopentanon mit wss. Formaldehyd-Lösung und wss. Salzsäure *(Gault, Skoda,* Bl. **1946** 316, 323).

Krystalle; F: $68°$.

(±)-2-Methyl-1,3-dioxa-spiro[4.4]nonan-4-on, (±)-1-[1-Hydroxy-äthoxy]-cyclopentan= carbonsäure-lacton $C_8 H_{12} O_3$, Formel XI.

B. Beim Erhitzen von 1-Hydroxy-cyclopentancarbonsäure mit Acetaldehyd und wenig

Toluol-4-sulfonsäure auf 130° (*Salmi, Pohjolainen*, B. **72** [1939] 798, 799, 802).
Kp_{15}: 94,1°. D_4^{20}: 1,0936. $n_{656,3}^{20}$: 1,4469; n_D^{20}: 1,4493; $n_{486,1}^{20}$: 1,4549.

---

*Opt.-inakt. **1,4-Dimethyl-6,8-dioxa-bicyclo[3.2.1]octan-7-on**, **6-Hydroxy-2,5-dimethyl-tetrahydro-pyran-2-carbonsäure-lacton** $C_8H_{12}O_3$, Formel XII.
B. Neben [2,5-Dimethyl-3,4-dihydro-2H-pyran-2-yl]-methanol beim Behandeln von
(±)-2,5-Dimethyl-3,4-dihydro-2H-pyran-2-carbaldehyd mit wss. Natronlauge und anschliessenden Ansäuern mit wss. Salzsäure (*Stoner, McNulty*, Am. Soc. **72** [1950] 1531).
Kp_{750}: 209°; Kp_{30}: 108—110°. D_4^{20}: 1,108. n_D^{20}: 1,449.

XI   XII   XIII   XIV

---

*Opt.-inakt. **Hexahydro-[2,3′]bifuryl-2′-on**, **4-Hydroxy-2-tetrahydro[2]furyl-buttersäure-lacton** $C_8H_{12}O_3$, Formel XIII.
B. Bei der Hydrierung von Tetrahydro-[2,3′]bifuryliden-2′-on (F: 85—87°) an
Raney-Nickel in Methanol unter 6 at (*Kotschetkow et al.*, Chim. Nauka Promyšl. **4** [1959]
678; C. A. **1960** 8878; Ž. obšč. Chim. **30** [1960] 2077, 2080; engl. Ausg. S. 2058, 2060).
Kp_1: 78—79°. D_4^{20}: 1,1692. n_D^{20}: 1,4759.

---

*Opt.-inakt. **[2,3-Dimethyl-oxiranyl]-[3-methyl-oxiranyl]-keton**, **2,3;5,6-Diepoxy-3-methyl-heptan-4-on** $C_8H_{12}O_3$, Formel XIV.
B. Neben anderen Verbindungen beim Behandeln einer Lösung von 3-Methyl-hepta-
2ξ,5t-dien-4-on (E IV **1** 3556) in Dioxan mit wss. Wasserstoffperoxid und wss. Natron=
lauge (*Nasarow et al.*, Ž. obšč. Chim. **25** [1955] 725, 730; engl. Ausg. S. 691, 694).
Kp_2: 83—84°. D_4^{20}: 1,0768. n_D^{20}: 1,4545.
2,4-Dinitro-phenylhydrazon $C_{14}H_{16}N_4O_6$. F: 257° [Zers.] (*Na. et al.*, l. c. S. 731).

Oxo-Verbindungen $C_9H_{14}O_3$

1-[1,3]Dioxan-5-yl-3-methyl-but-2-en-1-on $C_9H_{14}O_3$, Formel I.
Diese Konstitution ist für die nachstehend beschriebene Verbindung in Betracht gezogen worden (*White, Haward*, Soc. **1943** 25, 30).
B. Neben anderen Verbindungen beim Erwärmen von Aceton mit Paraformaldehyd
und kleinen Mengen methanol. Kalilauge (*Wh., Ha.*).
Kp_{12}: 90—91°. n_D^{15}: 1,4720.

(±)-2-[1,3]Dioxolan-2-yl-cyclohexanon $C_9H_{14}O_3$, Formel II.
B. Beim Erwärmen von 2-Oxo-cyclohexancarbaldehyd mit Benzol, Äthylenglykol
und wenig Benzolsulfonsäure (*Walker*, J. org. Chem. **23** [1958] 34, 37, 38).
Kp_{3-4}: 133—147°.

I   II   III

*(±)-2-[1,3]Dioxolan-2-yl-cyclohexanon-[2,4-dinitro-phenylhydrazon] $C_{15}H_{18}N_4O_6$, Formel III.

B. Aus (±)-2-[1,3]Dioxolan-2-yl-cyclohexanon und [2,4-Dinitro-phenyl]-hydrazin (*Walker*, J. org. Chem. **23** [1958] 34, 37).

Krystalle (aus A. + E.); F: 186—188° [korr.].

1,4-Dioxa-spiro[4.6]undecan-8-on, Cycloheptan-1,4-dion-mono-äthandiylacetal $C_9H_{14}O_3$, Formel IV.

B. Beim Erhitzen einer Lösung von 2-[2-Äthoxycarbonyl-äthyl]-2-[3-äthoxycarbonyl-propyl]-[1,3]dioxolan in Xylol mit Natriumhydrid in Methanol enthaltendem Xylol (*Leonard et al.*, Am. Soc. **79** [1957] 1482, 1485).

$Kp_{1,5}$: 102°; n_D^{20}: 1,4828 (*Le. et al.*). Kp_1: 86—88°; n_D^{22}: 1,480 (*Courtot*, A. ch. [13] **8** [1963] 197, 208).

1,5-Dithia-spiro[5.5]undecan-3-on $C_9H_{14}OS_2$, Formel V.

B. Beim Erhitzen von 3-Oxo-1,5-dithia-spiro[5.5]undecan-2-carbonsäure-äthylester mit wss. Schwefelsäure auf 140° (*Lüttringhaus, Prinzbach*, A. **624** [1959] 79, 91).

Kp_{12}: 146—147°.

IV   V   VI   VII

1,5-Dithia-spiro[5.5]undecan-3-on-semicarbazon $C_{10}H_{17}N_3OS_2$, Formel VI (R = CO-NH₂).

B. Aus 1,5-Dithia-spiro[5.5]undecan-3-on und Semicarbazid (*Lüttringhaus, Prinzbach*, A. **624** [1959] 79, 91).

Krystalle (aus wss. A.); F: 211—212° [unkorr.; Zers.].

1,5-Dithia-spiro[5.5]undecan-3-on-thiosemicarbazon $C_{10}H_{17}N_3S_3$, Formel VI (R = CS-NH₂).

B. Aus 1,5-Dithia-spiro[5.5]undecan-3-on und Thiosemicarbazid (*Lüttringhaus, Prinzbach*, A. **624** [1959] 79, 91).

Krystalle (aus wss. A.); F: 199—200° [unkorr.; Zers.].

2,4-Dioxa-spiro[5.5]undecan-7-on $C_9H_{14}O_3$, Formel VII.

Diese Konstitution ist für die nachstehend beschriebene Verbindung in Betracht gezogen worden (*Olsen*, Acta chem. scand. **7** [1953] 1364, 1367).

B. Neben einer als Hexahydro-benzo[1,2-*d*;1,6-*d'*]bis[1,3]dioxin oder als 4a,8a-Butano-[1,3]dioxino[4,5-*d*][1,3]dioxin angesehenen Verbindung (F: 87—89°) beim Behandeln von Cyclohexanon mit Paraformaldehyd (entsprechend 4 Mol CH_2O), Essigsäure und wenig Schwefelsäure (*Ol.*).

Krystalle (aus A.); F: 39—40°.

*2,4-Dioxa-spiro[5.5]undecan-7-on-[2,4-dinitro-phenylhydrazon] $C_{15}H_{18}N_4O_6$, Formel VIII (R = $C_6H_3(NO_2)_2$).

B. Aus 2,4-Dioxa-spiro[5.5]undecan-7-on (s. o.) und [2,4-Dinitro-phenyl]-hydrazin (*Olsen*, Acta chem. scand. **7** [1953] 1364, 1367).

Krystalle (aus Me.); F: 198—200°.

VIII   IX   X   XI

*2,4-Dioxa-spiro[5.5]undecan-7-on-semicarbazon $C_{10}H_{17}N_3O_3$, Formel VIII
(R = CO-NH$_2$).

    B. Aus 2,4-Dioxa-spiro[5.5]undecan-7-on (S. 1612) und Semicarbazid (*Olsen*, Acta chem. scand. **7** [1953] 1364, 1367).

    Krystalle (aus Me.); F: 235—237,5°.

(±)-2-Methyl-1,3-dioxa-spiro[4.5]decan-4-on, (±)-1-[1-Hydroxy-äthoxy]-cyclohexan⸗ carbonsäure-lacton $C_9H_{14}O_3$, Formel IX.

    B. Beim Erhitzen von 1-Hydroxy-cyclohexancarbonsäure mit Acetaldehyd und wenig Toluol-4-sulfonsäure auf 130° (*Salmi, Pohjolainen,* B. **72** [1939] 798, 799, 802).

    Kp$_{13}$: 101,5—103°. D$_4^{20}$: 1,0836. n$_{656,3}^{20}$: 1,4537; n$_D^{20}$: 1,4561; n$_{486,1}^{20}$: 1,4616.

(±)-3-Methyl-1,4-dioxa-spiro[4.5]decan-2-on, (±)-2-[1-Hydroxy-cyclohexyloxy]-propionsäure-lacton $C_9H_{14}O_3$, Formel X.

    B. Beim Erwärmen von Cyclohexanon mit DL-Milchsäure und wenig Toluol-4-sulfon⸗ säure in Benzol (*Gaylord, Benzinger,* J. org. Chem. **19** [1954] 1991, 1993).

    Kp$_2$: 84—86°. D$_4^{22}$: 1,0869. n$_D^{25}$: 1,4565.

    Beim Erwärmen mit *tert*-Butylmagnesiumchlorid in Äther ist 2-Cyclohexyloxy-propion⸗ säure (Kp$_{1,5}$: 117—119°) erhalten worden (*Ga., Be.,* l. c. S. 1994).

---

*(±)-6-Methyl-1,4-dioxa-spiro[4.5]decan-7-on-[2,4-dinitro-phenylhydrazon] $C_{15}H_{18}N_4O_6$, Formel XI.

    B. Beim Behandeln von 6-Methyl-1,4,8,11-tetraoxa-dispiro[4.1.4.3]tetradecan mit [2,4-Dinitro-phenyl]-hydrazin, Äthanol und kleinen Mengen wss. Salzsäure (*Adlerová et al.,* Collect. **23** [1958] 681, 688).

    Krystalle (aus A.); F: 163—164° [unkorr.].

(±)-6-Acetyl-1,4-dioxa-spiro[4.4]nonan, (±)-1-[1,4-Dioxa-spiro[4.4]non-6-yl]-äthanon $C_9H_{14}O_3$, Formel XII.

    B. Beim Behandeln von 1-[2-Chlor-cyclopent-1-enyl]-äthanon mit Äthylenglykol und Kaliumhydroxid (*Kotschetkow et al.,* Ž. obšč. Chim. **29** [1959] 2324, 2328; engl. Ausg. S. 2288, 2291).

    Kp$_{16}$: 115—116°. D$_4^{20}$: 1,1170. n$_D^{20}$: 1,4700.

3,3-Dimethyl-1,4-dioxa-spiro[4.4]nonan-2-on, α-[1-Hydroxy-cyclopentyloxy]-isobutter⸗ säure-lacton $C_9H_{14}O_3$, Formel XIII.

    B. Beim Erwärmen von Cyclopentanon mit α-Hydroxy-isobuttersäure, Benzol und wenig Toluol-4-sulfonsäure (*Salmi, Pohjolainen,* B. **72** [1939] 798, 799, 802).

    Kp$_7$: 82—83°. D$_4^{20}$: 1,0568. n$_{656,3}^{20}$: 1,4397; n$_D^{20}$: 1,4418; n$_{486,1}^{20}$: 1,4471.

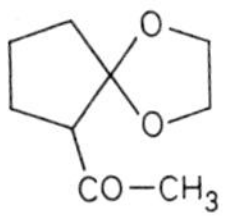

     XII 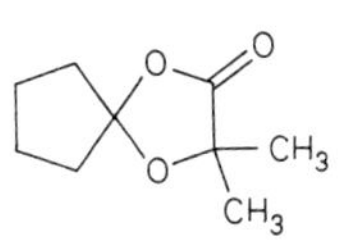   XIII 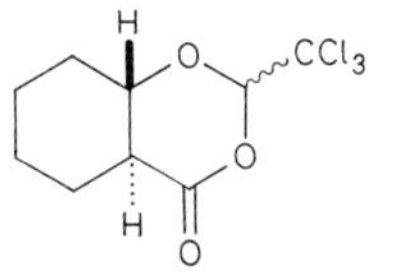   XIV 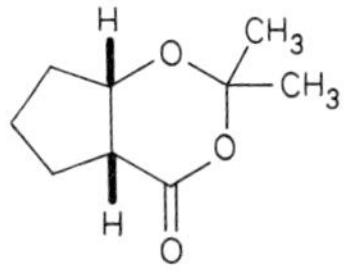   XV

(±)-2ξ-Trichlormethyl-(4ar,8at)-hexahydro-benzo[1,3]dioxin-4-on, (±)-(1Ξ)-*trans*-2-[(Ξ)-2,2,2-Trichlor-1-hydroxy-äthoxy]-cyclohexancarbonsäure-lacton $C_9H_{11}Cl_3O_3$, Formel XIV + Spiegelbild.

    B. Beim Erhitzen von (±)-*trans*-2-Hydroxy-cyclohexancarbonsäure mit Chloral (*Böeseken et al.,* R. **52** [1933] 881, 885).

    F: 142°.

(±)-2,2-Dimethyl-(4a*r*,7a*c*)-tetrahydro-cyclopenta[1,3]dioxin-4-on, (±)-*cis*-2-[α-Hydr‑oxy-isopropoxy]-cyclopentancarbonsäure-lacton $C_9H_{14}O_3$, Formel XV + Spiegelbild.

B. Beim Behandeln von (±)-*cis*-2-Hydroxy-cyclopentancarbonsäure mit Aceton und Phosphor(V)-oxid (*Böeseken et al.*, R. **52** [1933] 881, 889).

Öl; im Hochvakuum bei 60° destillierbar.

---

*Opt.-inakt. [3-Methyl-3-propyl-oxiranyl]-oxiranyl-keton, 1,2;4,5-Diepoxy-5-methyl-octan-3-on $C_9H_{14}O_3$, Formel XVI.

B. Beim Behandeln von 5-Methyl-octa-1,4-dien-3-on (Kp_2: 59—61°; n_D^{18}: 1,4760) mit Dioxan, wss. Wasserstoffperoxid und wss. Natronlauge (*Tischtschenko et al.*, Ž. obšč. Chim. **29** [1959] 809, 819; engl. Ausg. S. 795, 803).

Kp_1: 84,5—85,5°. D_4^{20}: 1,0074. n_D^{20}: 1,4570.

2,4-Dinitro-phenylhydrazon $C_{15}H_{18}N_4O_6$. Gelbe Krystalle (aus A.); F: 193—195°.

XVI   XVII   XVIII

---

*Opt.-inakt. Bis-[3,3-dimethyl-oxiranyl]-keton, 2,3;5,6-Diepoxy-2,6-dimethyl-heptan-4-on $C_9H_{14}O_3$, Formel XVII.

B. Beim Behandeln einer Lösung von Phoron (2,6-Dimethyl-hepta-2,5-dien-4-on) in Dioxan und Methanol mit wss. Wasserstoffperoxid und wss. Natronlauge (*Nasarow, Achrem*, Izv. Akad. S.S.S.R. Otd. chim. **1950** 621, 632; C. A. **1951** 8516).

Kp_1: 76°. D_4^{20}: 1,0448. n_D^{20}: 1,4525.

Beim Behandeln mit Wasser ist eine als 3,5-Dihydroxy-2,2,6,6-tetramethyl-tetrahydro-pyran-4-on angesehene Verbindung (F: 109—110° [E III/IV **18** 1119]) erhalten worden (*Na., Ach.*, l. c S. 633).

---

*Opt.-inakt. 1,3,5-Trimethyl-2,6-dioxa-bicyclo[3.2.1]octan-7-on, 4-Hydroxy-2,4,6-tri‑methyl-tetrahydro-pyran-2-carbonsäure-lacton $C_9H_{14}O_3$, Formel XVIII.

Diese Konstitution kommt wahrscheinlich der früher (s. E I **3** 219 im Artikel Brenz‑traubensäure) erwähnten und nachstehend beschriebenen Verbindung $C_9H_{14}O_3$ zu (*Diet-rich et al.*, A. **603** [1957] 8, 9).

B. Beim Erhitzen von (±)-2-Methyl-pentan-2,4-diol mit Brenztraubensäure auf 140° (*Di. et al.*, l. c. S. 13; vgl. E I **3** 219).

Krystalle (aus PAe. oder wss. A.); F: 65°.

Beim Erwärmen mit Lithiumalanat in Äther ist 2-Hydroxymethyl-2,4,6-trimethyl-tetrahydro-pyran-4-ol ((?; E III/IV **17** 2027) erhalten worden (*Di. et al.*, l. c. S. 14).

Oxo-Verbindungen $C_{10}H_{16}O_3$

*Opt.-inakt. 4-Acetyl-2,2,4-trimethyl-5-vinyl-[1,3]dioxolan, 1-[2,2,4-Trimethyl-5-vinyl-[1,3]dioxolan-4-yl]-äthanon $C_{10}H_{16}O_3$, Formel I.

B. Beim Behandeln eines Gemisches aus Butandion und Acrylaldehyd mit Zink und Essigsäure und Behandeln des Reaktionsprodukts mit Aceton und Kupfer(II)-sulfat (*Glacet, Wiemann*, C. r. **206** [1938] 1736).

Kp_{14}: 81—82°. D_4^{15}: 1,002. n_D^{15}: 1,4448. Raman-Banden: *Gl., Wi.*

(±)-2-[1,3]Dioxolan-2-yl-cycloheptanon $C_{10}H_{16}O_3$, Formel II.

B. Beim Erwärmen von (±)-2-Oxo-cycloheptancarbaldehyd mit Äthylenglykol, Benzol und wenig Benzolsulfonsäure (*Walker*, J. org. Chem. **23** [1958] 34, 38).

$Kp_{0,85}$: 99—103° (*Wa.*, l. c. S. 37).

I   II   III

*(±)-2-[1,3]Dioxolan-2-yl-cycloheptanon-[2,4-dinitro-phenylhydrazon] $C_{16}H_{20}N_4O_6$, Formel III.

B. Aus (±)-2-[1,3]Dioxolan-2-yl-cycloheptanon und [2,4-Dinitro-phenyl]-hydrazin (*Walker*, J. org. Chem. **23** [1958] 34, 37).
Krystalle (aus A. + E.); F: 120—122° [korr.].

(±)-6-Acetyl-1,4-dioxa-spiro[4.5]decan, (±)-1-[1,4-Dioxa-spiro[4.5]dec-6-yl]-äthanon $C_{10}H_{16}O_3$, Formel IV.

B. Beim Erhitzen von (±)-1-[2-Chlor-cyclohex-2-enyl]-äthanon mit Äthylenglykol, Dioxan und Kaliumhydroxid (*Kotschetkow et al.*, Chim. Nauka Promyšl. **4** [1959] 808; C. A. **1960** 10980; Ž. obšč. Chim. **30** [1960] 2275, 2279; engl. Ausg. S. 2257, 2260).
Kp_{10}: 121—122°. D_4^{20}: 1,1197. n_D^{20}: 1,4781.

3,3-Dimethyl-1,4-dioxa-spiro[4.5]decan-2-on, α-[1-Hydroxy-cyclohexyloxy]-isobutter=säure-lacton $C_{10}H_{16}O_3$, Formel V.

B. Beim Erwärmen von Cyclohexanon mit α-Hydroxy-isobuttersäure, Benzol und wenig Toluol-4-sulfonsäure (*Salmi, Pohjolainen*, B. **72** [1939] 798, 799, 803).
Kp_{17}: 109—110°. D_4^{20}: 1,0523. $n_{656,3}^{20}$: 1,4505; n_D^{20}: 1,4527; $n_{486,1}^{20}$: 1,4584.

IV   V   VI   VII

(±)-6-Propionyl-1,4-dioxa-spiro[4.4]nonan, (±)-1-[1,4-Dioxa-spiro[4.4]non-6-yl]-propan-1-on $C_{10}H_{16}O_3$, Formel VI.

B. Beim Behandeln von 1-[2-Chlor-cyclopent-1-enyl]-propan-1-on mit Äthylenglykol und Kaliumhydroxid (*Kotschetkow et al.*, Ž. obšč. Chim. **29** [1959] 2324, 2328; engl. Ausg. S. 2288, 2292).
Kp_{12}: 118—121°. D_4^{20}: 1,0905. n_D^{20}: 1,4703.

(±)-3-Äthyl-3-methyl-1,4-dioxa-spiro[4.4]nonan-2-on, (±)-2-[1-Hydroxy-cyclopentyl=oxy]-2-methyl-buttersäure-lacton $C_{10}H_{16}O_3$, Formel VII.

B. Beim Erwärmen von Cyclopentanon mit (±)-2-Hydroxy-2-methyl-buttersäure, Benzol und wenig Toluol-4-sulfonsäure (*Salmi, Pohjolainen*, B. **72** [1939] 798, 799, 803).
Kp_{5-6}: 89—92°. D_4^{20}: 1,0446. $n_{656,3}^{20}$: 1,4436; n_D^{20}: 1,4460; $n_{486,1}^{20}$: 1,4510.

---

*Opt.-inakt. 5-[2-Tetrahydro[2]furyl-äthyl]-dihydro-furan-2-on, 4-Hydroxy-6-tetra=hydro[2]furyl-hexansäure-lacton $C_{10}H_{16}O_3$, Formel VIII.

B. Neben 1,2-Bis-tetrahydro[2]furyl-äthan (Kp_2: 84—85°; n_D^{20}: 1,4620) bei der Hydrie-rung von opt.-inakt. 1,2-Bis-[5-oxo-tetrahydro-[2]furyl]-äthan (F: 111—112°) an Raney-Nickel in Äthanol bei 230°/110 at (*Hayashi*, J. chem. Soc. Japan Ind. Chem. Sect. **60** [1957] 282, 285; C. A. **1959** 8105).
$Kp_{0,5}$: 115—120°. D_4^{20}: 1,095. n_D^{20}: 1,4722.

VIII   IX   X

*Opt.-inakt. 6-Isopropyl-tetrahydro-furo[2,3-*b*]pyran-2-on, [2-Hydroxy-6-isopropyl-tetrahydro-pyran-3-yl]-essigsäure-lacton $C_{10}H_{16}O_3$, Formel IX.

B. Beim Behandeln von (±)-[6-Isopropyl-5,6-dihydro-4*H*-pyran-3-yl]-essigsäure-methylester mit wss.-methanol. Kalilauge, Ansäuern der Reaktionslösung mit wss. Salz= säure und Erhitzen des Reaktionsprodukts mit wenig Schwefelsäure unter vermindertem Druck (*Korte et al.*, B. **91** [1958] 759, 767).

$Kp_{0,2}$: 88—90°.

---

*Opt.-inakt. 4,6,6-Trimethyl-tetrahydro-furo[2,3-*b*]pyran-2-on, [2-Hydroxy-4,6,6-tri= methyl-tetrahydro-pyran-3-yl]-essigsäure-lacton $C_{10}H_{16}O_3$, Formel X.

B. Beim Erwärmen von opt.-inakt. [2-Methoxy-4,6,6-trimethyl-tetrahydro-pyran-3-yl]-essigsäure-methylester ($Kp_{0,05}$: 54°) mit wenig Polyphosphorsäure unter 5 Torr, Behandeln des erhaltenen (±)-[4,6,6-Trimethyl-5,6-dihydro-4*H*-pyran-3-yl]-essigsäure-methylesters ($C_{11}H_{18}O_3$) mit wss.-methanol. Kalilauge und Erhitzen des nach dem Ansäuern mit wss. Salzsäure isolierten Reaktionsprodukts mit wenig Schwefel= säure unter vermindertem Druck (*Korte, Machleidt*, B. **90** [1957] 2276, 2278).

$Kp_{0,03}$: 76°.

Oxo-Verbindungen $C_{11}H_{18}O_3$

(±)-6-Propionyl-1,4-dioxa-spiro[4.5]decan, (±)-1-[1,4-Dioxa-spiro[4.5]dec-6-yl]-propan-1-on $C_{11}H_{18}O_3$, Formel XI.

B. Beim Erhitzen von (±)-1-[2-Chlor-cyclohex-2-enyl]-propan-1-on mit Äthylenglykol, Dioxan und Kaliumhydroxid (*Kotschetkow et al.*, Chim. Nauka Promyšl. **4** [1959] 808; C. A. **1960** 10980; Ž. obšč. Chim. **30** [1960] 2275, 2279; engl. Ausg. S. 2257, 2260).

Kp_8: 123—124°. D_4^{20}: 1,0808. n_D^{20}: 1,4745.

Beim Erwärmen mit Benzylmagnesiumchlorid in Äther und Erwärmen des Reaktions= produkts mit Schwefelsäure und Phosphorsäure ist 10-Äthyl-1,2,3,4-tetrahydro-phen= anthren erhalten worden (*Ko. et al.*, Ž. obšč. Chim. **30** 2281).

8-Propionyl-1,4-dioxa-spiro[4.5]decan, 1-[1,4-Dioxa-spiro[4.5]dec-8-yl]-propan-1-on $C_{11}H_{18}O_3$, Formel XII.

B. Beim Behandeln einer Lösung von 1,4-Dioxa-spiro[4.5]decan-8-carbonsäure in Äther mit Thionylchlorid und Pyridin und Behandeln des Reaktionsprodukts mit Di= äthylcadmium in Äther und Benzol (*Yoder*, Pr. Iowa Acad. **64** [1957] 247, 249).

Kp_2:120—125°.

Beim Erwärmen einer Lösung mit Kaliumcyanid und Ammoniumcarbonat in wss. Äthanol ist 2-[2,4-Dioxo-1,3-diaza-spiro[4.5]dec-8-yl]-2-hydroxy-butyronitril (F: 318° bis 319°) erhalten worden (*Yo.*, l. c. S. 250).

XI   XII   XIII

(±)-3-Äthyl-3-methyl-1,4-dioxa-spiro[4.5]decan-2-on, (±)-2-[1-Hydroxy-cyclohexyl= oxy]-2-methyl-buttersäure-lacton $C_{11}H_{18}O_3$, Formel XIII.

B. Beim Erwärmen von Cyclohexanon mit (±)-2-Hydroxy-2-methyl-buttersäure. Benzol

und wenig Toluol-4-sulfonsäure (*Salmi, Pohjolainen*, B. **72** [1939] 798, 799, 803).
Kp$_{16}$: 123 – 125°. D$_4^{20}$: 1,0412. n$_{656,3}^{20}$: 1,4537; n$_D^{20}$: 1,4561; n$_{486,1}^{20}$: 1,4617.

(±)-7,7-Dimethyl-1,4-dioxa-spiro[4.5]decan-6-carbaldehyd C$_{11}$H$_{18}$O$_3$, Formel XIV.
B. Beim Erwärmen von (±)-[7,7-Dimethyl-1,4-dioxa-spiro[4.5]dec-6-yl]-methanol mit
Aluminiumisopropylat unter vermindertem Druck und Erwärmen des Reaktionsgemisches
mit Veratrumaldehyd unter vermindertem Druck (*Willhalm et al.*, Helv. **41** [1958] 1359,
1364).
Kp$_{0,01}$: 65 – 67° [unreines Präparat].
Überführung in ein 2,4-Dinitro-phenylhydrazon (C$_{17}$H$_{22}$N$_4$O$_6$; F: 245°) und in
ein Thiosemicarbazon (C$_{12}$H$_{21}$N$_3$O$_2$S; F: 186 – 187°): *Wi. et al.*, l. c. S. 1365.

XIV   XV   XVI

(±)-7,7,9-Trimethyl-1,4-dioxa-spiro[4.5]decan-8-on C$_{11}$H$_{18}$O$_3$, Formel XV.
B. Beim Erwärmen von (±)-2,2,6-Trimethyl-cyclohexan-1,4-dion mit Äthylenglykol,
Benzol und wenig Toluol-4-sulfonsäure (*Isler et al.*, Helv. **39** [1956] 2041, 2049).
Kp$_{0,1}$: 65 – 67°. n$_D^{21}$: 1,469.

**(±)-6-Butyryl-1,4-dioxa-spiro[4.4]nonan, (±)-1-[1,4-Dioxa-spiro[4.4]non-6-yl]-butan-
1-on** C$_{11}$H$_{18}$O$_3$, Formel XVI.
B. Beim Erwärmen von 1-[2-Chlor-cyclopent-1-enyl]-butan-1-on mit Äthylenglykol
und Kaliumhydroxid (*Kotschetkow et al.*, Ž. obšč. Chim. **29** [1959] 2324, 2328; engl. Ausg.
S. 2288, 2292).
Kp$_5$: 105,5 – 107°. D$_4^{20}$: 1,0711. n$_D^{20}$: 1,4713.

Oxo-Verbindungen C$_{12}$H$_{20}$O$_3$

(±)-3,6-Di-*tert*-butyl-4,4-dioxo-4λ^6-[1,4]oxathiin-2-on C$_{12}$H$_{20}$O$_4$S, Formel I.
Diese Konstitution ist für die nachstehend beschriebene Verbindung in Betracht
gezogen worden (*Backer, Strating*, R. **56** [1937] 1069, 1081).
B. Beim Erhitzen von (±)-2-[3,3-Dimethyl-2-oxo-butan-1-sulfonyl]-3,3-dimethyl-
buttersäure mit Acetanhydrid und wenig Schwefelsäure auf 110° (*Ba., St.*).
Krystalle (aus wss. Eg.); F: 106°.

I   II   III

7-[1,3]Dioxolan-2-yl-2,6-dimethyl-hept-2-enal C$_{12}$H$_{20}$O$_3$.
a) **(R)-7-[1,3]Dioxolan-2-yl-2,6-dimethyl-hept-2ξ-enal** C$_{12}$H$_{20}$O$_3$, Formel II.
B. Beim Erwärmen von (R)-7-[1,3]Dioxolan-2-yl-2,6-dimethyl-hept-2-en (S. 147) mit
Selendioxid in Äthanol (*Clark et al.*, Tetrahedron **6** [1959] 217, 221).
Kp$_{0,1}$: 100 – 106°. [α]$_D^{17}$: +6° [unverd.].

b) **(S)-7-[1,3]Dioxolan-2-yl-2,6-dimethyl-hept-2ξ-enal** $C_{12}H_{20}O_3$, Formel III.

B. Beim Erwärmen von (S)-7-[1,3]Dioxolan-2-yl-2,6-dimethyl-hept-2-en (S. 147) mit Selendioxid in Äthanol (*Clark et al.*, Tetrahedron **6** [1959] 217, 223).

$Kp_{0,1}$: 88—90°. $[\alpha]_D^{27}$: —5,5° [unverd.].

(±)-2-[2-Methyl-[1,3]dioxolan-2-ylmethyl]-cycloheptanon $C_{12}H_{20}O_3$, Formel IV.

B. Beim Behandeln von [2-(2-Methyl-[1,3]dioxolan-2-yl)-äthyl]-carbamidsäure-methylester mit Natriumnitrit und wss. Salpetersäure und Behandeln des Reaktionsprodukts mit Cyclohexanon, Äthanol und Kaliumcarbonat (*Islam, Raphael*, Soc. **1955** 3151, 3153).

$Kp_{0,3}$: 94—96°; $n_D^{20,5}$: 1,4747 [unreines Präparat].

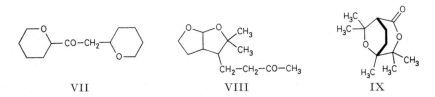

IV   V   VI

(±)-6-Isovaleryl-1,4-dioxa-spiro[4.4]nonan, (±)-1-[1,4-Dioxa-spiro[4.4]non-6-yl]-3-methyl-butan-1-on $C_{12}H_{20}O_3$, Formel V.

B. Beim Erwärmen von 1-[2-Chlor-cyclopent-1-enyl]-3-methyl-butan-1-on mit Äthylenglykol und Kaliumhydroxid (*Kotschetkow et al.*, Ž. obšč. Chim. **29** [1959] 2324, 2329; engl. Ausg. S. 2288, 2292).

Kp_3: 101—102°. D_4^{20}: 1,0350. n_D^{20}: 1,4652.

5-[(3ar,7ac)-Hexahydro-benzo[1,3]dioxol-2ξ-yl]-pentanal $C_{12}H_{20}O_3$, Formel VI.

B. Neben Adipinaldehyd beim Behandeln von cis-Cyclohexan-1,2-diol mit Natriumbismutat und wss. Phosphorsäure (*Rigby*, Soc. **1950** 1907, 1912).

Kp_1: 130°.

2,4-Dinitro-phenylhydrazon $C_{18}H_{24}N_4O_6$. Gelbe Krystalle; F: 102—103° [durch Chromatographie an Aluminiumoxid gereinigtes Präparat] (*Ri.*, l. c. S. 1913).

***Opt.-inakt. 1,2-Bis-tetrahydropyran-2-yl-äthanon** $C_{12}H_{20}O_3$, Formel VII.

B. Beim Erwärmen von opt.-inakt. Bis-tetrahydropyran-2-yl-acetylen (Kp_{18}: 158° bis 160°; n_D^{21}: 1,4935) mit Quecksilber(II)-sulfat in Wasser (*Riobé, Gouin*, C. r. **243** [1956] 1424).

Kp_{27}: 174°. $D_4^{25,5}$: 1,055. $n_D^{25,5}$: 1,4760.

2,4-Dinitro-phenylhydrazon $C_{18}H_{24}N_4O_6$. F: 131°.

VII   VIII   IX

4-[2,2-Dimethyl-hexahydro-furo[2,3-b]furan-3-yl]-butan-2-on $C_{12}H_{20}O_3$, Formel VIII.

Diese Konstitution kommt für die nachstehend beschriebene opt.-inakt. Verbindung in Betracht (*Schinz*, Helv. **45** [1962] 1036).

B. Beim Behandeln einer Lösung von (±)-2-[2c-(2-Hydroxy-äthyl)-4-methyl-cyclohex-3-en-r-yl]-propan-2-ol in Essigsäure mit Ozon, Behandeln der Reaktionslösung mit Chrom(VI)-oxid und wss. Essigsäure und Erhitzen des Reaktionsprodukts unter vermindertem Druck (*de Tribolet et al.*, Helv. **41** [1958] 1587, 1600).

$Kp_{0,1}$: 96° [unreines Präparat] (*de Tr. et al.*).

2,4-Dinitro-phenylhydrazon $C_{18}H_{24}N_4O_6$. Gelbe Krystalle (aus $CHCl_3$ + Me.); F: 137° [unkorr.; Block]. UV-Absorptionsmaximum (A.): 364 nm (*de Tr. et al.*, l. c. S. 1592). Semicarbazon $C_{13}H_{23}N_3O_3$. Krystalle (aus Me. + Bzl.); F: 162° [unkorr.; Block]. UV-Absorptionsmaximum (A.): 225 nm (*de Tr. et al.*, l. c. S. 1592).

(±)-4,4,5,7,7-Pentamethyl-3,6-dioxa-bicyclo[3.2.2]nonan-2-on, (±)-6c-[α-Hydroxy-isopropyl]-2,2,6t-trimethyl-tetrahydro-pyran-3r-carbonsäure-lacton $C_{12}H_{20}O_3$, Formel IX + Spiegelbild.

B. Beim Erhitzen von (±)-6c-[α-Hydroxy-isopropyl]-2,2,6t-trimethyl-tetrahydro-pyran-3r-carbonsäure (E III/IV **18** 4816) mit Acetanhydrid (*Rupe, Zweidler*, Helv. **23** [1940] 1025, 1037).

Krystalle (aus wss. A.); F: 77—78°.

Beim Behandeln mit Äthanol und Natrium ist 2-[5c-Hydroxymethyl-2,6,6-tri methyl-tetrahydro-pyran-2r-yl]-propan-2-ol ($C_{12}H_{24}O_3$) erhalten worden.

Oxo-Verbindungen $C_{13}H_{22}O_3$

(±)-6-Isovaleryl-1,4-dioxa-spiro[4.5]decan, (±)-1-[1,4-Dioxa-spiro[4.5]dec-6-yl]-3-methyl-butan-1-on $C_{13}H_{22}O_3$, Formel I.

B. Beim Erhitzen von (±)-1-[2-Chlor-cyclohex-2-enyl]-3-methyl-butan-1-on mit Äthylenglykol, Dioxan und Kaliumhydroxid (*Kotschetkow et al.*, Chim. Nauka Promyšl. **4** [1959] 808; C. A. **1960** 10980; Ž. obšč. Chim. **30** [1960] 2275, 2279; engl. Ausg. S. 2257, 2261).

$Kp_{0,4}$: 96—97°. D_4^{20}: 1,0413. n_D^{20}: 1,4727.

Beim Erwärmen mit Benzylmagnesiumchlorid in Äther und Erwärmen des Reaktions-produkts mit Schwefelsäure und Phosphorsäure ist 10-Isobutyl-1,2,3,4-tetrahydro-phenanthren erhalten worden (*Ko. et al.*, Ž. obšč. Chim. **30** 2281).

I   II   III

---

*Opt.-inakt. 2'-Acetonyl-octahydro-[2,3']bipyranyl, Octahydro[2,3']bipyranyl-2'-yl-aceton $C_{13}H_{22}O_3$, Formel II.

B. In kleiner Menge neben Tetrahydropyran-2-yl-aceton beim Behandeln einer wss. Lösung von Tetrahydro-pyran-2-ol (E IV **1** 4002) mit Aceton und wss. Natronlauge (*Colonge, Corbet*, C. r. **245** [1957] 974; Bl. **1960** 283, 285).

Kp_7: 147°. n_D^{25}: 1,4780.

Semicarbazon $C_{14}H_{25}N_3O_3$. Krystalle (aus Bzl.); F: 183°.

---

*Opt.-inakt. 1,5-Bis-tetrahydro-[2]furyl-pentan-3-on $C_{13}H_{22}O_3$, Formel III.

B. Aus opt.-inakt. 1,5-Bis-tetrahydro[2]furyl-pentan-3-ol (Kp_{15}: 189°) mit Hilfe von Chrom(VI)-oxid (*Thomas*, Bl. **1954** 529).

Kp_{14}: 182°.

(4aR)-5ξ-Jod-6ξ-pentyl-(4ar,8at)-hexahydro-pyrano[3,4-c]pyran-1-on, (3R)-4t-[2-Hydr oxy-äthyl]-5ξ-jod-6ξ-pentyl-tetrahydro-pyran-3r-carbonsäure-lacton $C_{13}H_{21}IO_3$, Formel IV.

Diese Konstitution und Konfiguration kommt wahrscheinlich der nachstehend be-schriebenen Verbindung zu.

B. Bei der Hydrierung von (4aR)-5ξ-Jod-6ξ-pent-1-en-t-yl-(4ar,8at)-hexahydro-pyrano[3,4-c]pyran-1-on (S. 1629) an Palladium/Kohle in Äthylacetat (*Bowden et al.*, Soc. **1959** 1662, 1669).

Krystalle (aus PAe.); F: 53—54°.

(±)-4ξ-Isopropyl-5,7,7-trimethyl-3,6-dioxa-bicyclo[3.2.2]nonan-2-on, (±)(3Ξ)-6c-[(Ξ)-α-Hydroxy-isobutyl]-2,2,6t-trimethyl-tetrahydro-pyran-3r-carbonsäure-lacton $C_{13}H_{22}O_3$, Formel V + Spiegelbild.

B. Beim Erhitzen von (±)-(3Ξ)-6c-[(Ξ)-α-Hydroxy-isobutyl]-2,2,6t-trimethyl-tetrahydro-pyran-3r-carbonsäure (F: 114—115° [E III/IV **18** 4817]) mit Acetanhydrid und Natriumacetat (*Rupe, Zweidler*, Helv. **23** [1940] 1025, 1043).

Krystalle (aus wss. A.); F: 119—120°.

IV   V   VI

Oxo-Verbindungen $C_{14}H_{24}O_3$

(±)-4,4-Diäthyl-5,7,7-trimethyl-3,6-dioxa-bicyclo[3.2.2]nonan-2-on, (±)-6c-[1-Äthyl-1-hydroxy-propyl]-2,2,6t-trimethyl-tetrahydro-pyran-3r-carbonsäure-lacton $C_{14}H_{24}O_3$, Formel VI + Spiegelbild.

B. Beim Erhitzen von (±)-6c-[1-Äthyl-1-hydroxy-propyl]-2,2,6t-trimethyl-tetrahydro-pyran-3r-carbonsäure (E III/IV **18** 4817) mit Acetanhydrid (*Rupe, Zweidler*, Helv. **23** [1940] 1025, 1038).

Krystalle (aus wss. A.); F: 89—90°.

Beim Erwärmen mit Bromwasserstoff enthaltendem Methanol und Erhitzen des Reaktionsprodukts mit Pyridin ist je nach der Reaktionsdauer 6-[1-Äthyl-1-methyl-propyl]-2,2-dimethyl-3,4-dihydro-2H-pyran-3-carbonsäure-methylester oder eine Verbindung $C_{15}H_{26}O_2$ (Kp$_{10}$: 123—127°) erhalten worden (*Rupe, Zw.*, l. c. S. 1039, 1040).

Oxo-Verbindungen $C_{15}H_{26}O_3$

4-Methyl-1-[5-methyl-octahydro-[2,3′]bifuryl-5-yl]-pentan-2-on $C_{15}H_{26}O_3$.

a) **4-Methyl-1-[(2R,3′Ξ)-5c-methyl-(2rH)-octahydro-[2,3′]bifuryl-5t-yl]-pentan-2-on** $C_{15}H_{26}O_3$, Formel VII.

Diese Konstitution und Konfiguration kommt dem nachstehend beschriebenen **Tetra⸗hydroipomeamaron** zu.

B. Bei der Hydrierung von Ipomeamaron (S. 1637) an Palladium in Äthanol (*Kubota et al.*, J. chem. Soc. Japan Pure Chem. Sect. **74** [1953] 44, 46; C. A. **1954** 9995).

Kp$_{0,008}$: 98—100°; n_D^{14}: 1,4690; $[\alpha]_D^{13}$: +10,4° [A.] (unreines Präparat) [*Ku. et al.*].

Semicarbazon $C_{16}H_{29}N_3O_3$. Krystalle (aus wss. A.); F: 95,5—97° (*Ku. et al.*), 95—96° (*Ohno*, Bl. chem. Soc. Japan **25** [1952] 222, 224).

VII   VIII

b) **4-Methyl-1-[(2S,3′Ξ)-5c-methyl-(2rH)-octahydro-[2,3′]bifuryl-5t-yl]-pentan-2-on** $C_{15}H_{26}O_3$, Formel VIII.

Diese Konstitution und Konfiguration kommt dem nachstehend beschriebenen **Tetra⸗hydro-ngaion** zu.

B. Bei der Hydrierung von Ngaion (S. 1637) an Palladium in wss. Äthanol (*McDowall*, Soc. **1927** 731, 733).

Kp$_{29}$: 196—198°. D_{20}^{20}: 0,9977. n_D^{20}: 1,4652. $[\alpha]_D$: −5,4° [Lösungsmittel nicht angegeben].

Oxo-Verbindungen C₁₈H₃₂O₃

1,4-Dithia-spiro[4.15]eicosan-13-on $C_{18}H_{32}OS_2$ Formel IX (n = 5).

B. Neben 1,4,14,17-Tetrathia-dispiro[4.7.4.7]tetracosan bei mehrtägigem Behandeln einer Lösung von Cyclohexadecan-1,9-dion in Benzol mit Äthan-1,2-dithiol, Natrium≈ sulfat und Zinkchlorid (*Blomquist et al.*, Am. Soc. 77 [1955] 1804).
Nicht rein erhalten.

Oxo-Verbindungen C₂₀H₃₆O₃

1,4-Dithia-spiro[4.17]docosan-14-on $C_{20}H_{36}OS_2$, Formel IX (n = 6).

B. Neben 1,4,15,18-Tetrathia-dispiro[4.8.4.8]hexacosan bei mehrtägigem Behandeln einer Lösung von Cyclooctadecan-1,10-dion in Benzol mit Äthan-1,2-dithiol, Natrium≈ sulfat und Zinkchlorid (*Blomquist et al.*, Am. Soc. 77 [1955] 1804).
Bei 73—92° schmelzend [unreines Präparat].

IX   X

Oxo-Verbindungen C₃₅H₆₆O₃

1,15-Bis-[3-octyl-thiiranyl]-pentadecan-8-on, 9,10;26,27-Diepithio-pentatriacontan-18-on $C_{35}H_{66}OS_2$, Formel X.

Über ein beim Erhitzen von Pentatriaconta-9c,26c-dien-18-on mit Schwefel auf 175° erhaltenes opt.-inakt. Präparat (braunes Öl) s. *Socony-Vacuum Oil Co.*, U.S.P. 2520101 [1945].

[*Baumberger*]

Monooxo-Verbindungen $C_nH_{2n-6}O_3$

Oxo-Verbindungen C₅H₄O₃

[(Z)-[1,2]Dithiol-3-yliden]-acetaldehyd $C_5H_4OS_2$, Formel I.

Diese Konstitution und Konfiguration kommt der nachstehend beschriebenen, von *Traverso* (B. 91 [1958] 1224, 1228) als [1,2]Dithiepin-5-on $C_5H_4OS_2$ formulierten Ver≈ bindung zu (*Hertz et al.*, A. 625 [1959] 43, 44).

B. Neben Thiopyran-4-on beim Behandeln von Thiopyran-4-thion mit Quecksilber(II)-chlorid in Äther und Erhitzen des Reaktionsprodukts mit wss. Natriumcarbonat-Lösung (*Tr.*; *He. et al.*, l. c. S. 52).

Gelbe Krystalle; F: 29—30° (*He. et al.*, l. c. S. 52), 9—12° (*Tr.*). Bei 77°/0,02 Torr bis 0,04 Torr destillierbar (*He. et al.*, l. c. S. 52). ¹H-NMR-Spektrum: *He. et al.*, l. c. S. 45.

[(Z)-[1,2]Dithiol-3-yliden]-acetaldehyd-[2,4-dinitro-phenylhydrazon] $C_{11}H_8N_4O_4S_2$, Formel II (X = NH-C₆H₃(NO₂)₂).

B. Aus [(Z)-[1,2]Dithiol-3-yliden]-acetaldehyd und [2,4-Dinitro-phenyl]-hydrazin (*Hertz et al.*, A. 625 [1959] 43, 52).
Violette Krystalle (aus Py. + Bzn.); F: 247—248°.

I   II   III   IV   V

[(Z)-[1,2]Dithiol-3-yliden]-thioacetaldehyd $C_5H_4S_3$, Formel III, und **7λ⁴-[1,2]Dithiolo≈ [1,5-b][1,2]dithiol** $C_5H_4S_3$, Formel IV.

Diese beiden Konstitutionsformeln sind für die nachstehend beschriebene, ursprünglich

(*Traverso*, B. **91** [1958] 1224, 1229) als [1,2]Dithiepin-5-thion $C_5H_4S_3$ formulierte Verbindung in Betracht zu ziehen (*Hertz et al.*, A. **625** [1959] 43, 44; *Fabian*, Z. Chem. **13** [1973] 26; *Pedersen, Schaumburg*, Org. magnet. Resonance **6** [1974] 586).

B. Beim Erwärmen von [(*Z*)-[1,2]Dithiol-3-yliden]-acetaldehyd mit Phosphor(V)-sulfid in Benzol (*Traverso*, B. **91** [1958] 1224, 1229).

Atomabstände und Bindungswinkel (aus dem Röntgen-Diagramm ermittelt): *Hansen, Hordvik*, Acta chem. scand. **27** [1973] 411, 413.

Krystalle (aus Me.); F: 114° (*Tr.*). Orthorhombisch; Raumgruppe $Pnma(=D_{2h}^{16})$; aus dem Röntgen-Diagramm ermittelte Dimensionen der Elementarzelle: a = 7,768 Å; b = 15,784 Å; c = 5,385 Å; n = 4 (*Ha., Ho.*, l. c. S. 416). Dichte der Krystalle: 1,61 (*Ha., Ho.*, l. c. S. 416). ^{1}H-NMR-Spektrum: *He. et al.*, l. c. S. 45.

1-Diacetoxymethyl-1,2;3,4-diepoxy-cyclobutan $C_9H_{10}O_6$, Formel V (R = CO-CH$_3$).
Diese Konstitution ist für die nachstehend beschriebene Verbindung in Betracht gezogen worden (*Scheibler et al.*, J. pr. [2] **137** [1933] 322, 323).

B. Beim Erwärmen von 2-Diacetoxymethyl-furan mit Peroxybenzoesäure in Chloroform (*Sch. et al.*).

Krystalle (aus Ae.); F: 118—119° [nach Sintern bei 115°]. Kp$_2$: 120°.

Oxo-Verbindungen $C_6H_6O_3$

2-Acetyl-[1,4]dithiin, 1-[1,4]Dithiin-2-yl-äthanon $C_6H_6OS_2$, Formel VI.
Die früher (s. H **19** 108) unter dieser Konstitution beschriebene Verbindung ist nicht wieder erhalten worden (*Varvoglis, Tsatsaronis*, B. **86** [1953] 19).

5,6-Dihydro-4*H***-cyclopenta[1,2]dithiol-3-on** $C_6H_6OS_2$, Formel VII.
B. Beim Behandeln einer warmen Lösung von 2-Acetyldisulfanyl-cyclopent-1-encarbonsäure-äthylester in Methanol mit Chlorwasserstoff (*Raoul, Vialle*, Bl. **1959** 1670, 1674).

Gelbliche Krystalle (aus A.); F: 69°

VI   VII   VIII

5,6-Dihydro-4*H***-cyclopenta[1,2]dithiol-3-thion** $C_6H_6S_3$, Formel VIII.
B. Beim Erhitzen von 5,6-Dihydro-4*H*-cyclopenta[1,2]dithiol-3-on mit Phosphor(V)-sulfid in Xylol (*Raoul, Vialle*, Bl. **1959** 1670, 1674). Aus 2-Oxo-cyclopentancarbonsäure-äthylester beim Erhitzen mit Phosphor(V)-sulfid in Xylol (*Legrand et al.*, Bl. **1953** 327, 329) sowie beim Erhitzen mit Phosphor(V)-sulfid und Schwefel in Schwefelkohlenstoff unter Zusatz von Quarzsand auf 135° (*Schmidt et al.*, A. **631** [1960] 129, 137).

Gelbe Krystalle (nach Sublimation bei 130° unter vermindertem Druck); F: 123° [unkorr.] (*Sch. et al.*); Krystalle; F: 122—123° (*Le. et al.*).

Oxo-Verbindungen $C_7H_8O_3$

[(*Z*)-5-Methyl-[1,2]dithiol-3-yliden]-aceton $C_7H_8OS_2$, Formel I.
Diese Konstitution und Konfiguration kommt der nachstehend beschriebenen, ursprünglich (*Arndt*, Rev. Fac. Sci. Istanbul [A] **13** [1948] 57, 74; *Traverso*, Ann. Chimica **44** [1954] 1018, **46** [1956] 821, 835; *Franzosini, Traverso*, Ann. Chimica **45** [1955] 675) als 3,7-Dimethyl-[1,2]dithiepin-5-on $C_7H_8OS_2$ angesehenen Verbindung zu (*Hertz et al.*, A. **625** [1959] 43, 44; *Mammi et al.*, Nature **192** [1961] 1282; *Lindberg et al.*, Chem. Scripta **1** [1971] 183).

B. Beim Behandeln einer Lösung von 2,6-Dimethyl-pyran-4-thion in Aceton mit wss. Natriumsulfid-Lösung und Leiten von Luft durch die angesäuerte Reaktionslösung (*Tr.*, Ann. Chimica **46** 835). Beim Erwärmen von [(*Z*)-5-Methyl-[1,2]dithiol-3-yliden]-propan-2-thion mit Schwefelsäure (*Ar.*).

Gelbe Krystalle (aus Bzn.); F: 104° (*Ar.*), 102° (*Tr.*, Ann. Chimica **46** 836). ^{1}H-NMR-Spektrum: *He. et al.*, l. c. S. 45. Absorptionsspektrum (A.; 220—470 nm): *Fr., Tr.*, l. c. S. 679.

Beim Erwärmen mit wss.-äthanol. Kaliumhydrogensulfid-Lösung ist 2,6-Dimethyl-pyran-4-thion erhalten worden (*Tr.*, Ann. Chimica **44** 1027).

[(Z)-5-Methyl-[1,2]dithiol-3-yliden]-aceton-[2,4-dinitro-phenylhydrazon]

$C_{13}H_{12}N_4O_4S_2$, Formel II (X = NH-C$_6$H$_3$(NO$_2$)$_2$).

B. Aus [(Z)-5-Methyl-[1,2]dithiol-3-yliden]-aceton und [2,4-Dinitro-phenyl]-hydrazin (*Hertz et al.*, A. **625** [1959] 43, 52).

Violette Krystalle (aus Py. + W.); F: 236—238°.

I　　　　　　II　　　　　　III　　　　　　IV

[(Z)-5-Methyl-[1,2]dithiol-3-yliden]-propan-2-thion $C_7H_8S_3$, Formel III, und
2,5-Dimethyl-7λ⁴-[1,2]dithiolo[1,5-b][1,2]dithiol $C_7H_8S_3$, Formel IV.

Diese beiden Konstitutionsformeln sind für die nachstehend beschriebene, von *Arndt et al.* (E II **19** 137; s. a. *Arndt*, Rev. Fac. Sci. Istanbul [A] **13** [1948] 57, 73) sowie von *Franzosini* und *Traverso* (Ann. Chimica **45** [1955] 675; s. a. *Traverso*, Ann. Chimica **46** [1956] 821, 836) als 3,7-Dimethyl-[1,2]dithiepin-5-thion $C_7H_8S_3$ („5-Thion-3,7-dimethyl-1,2-dithia-cycloheptadien-(3.6)") angesehene Verbindung in Betracht zu ziehen (*Bezzi et al.*, G. **88** [1958] 1226; *Hertz et al.*, A. **625** [1959] 43, 44; *Mammi, Zannetti*, G. **92** [1962] 437; *Lindberg et al.*, Chem. Scripta **1** [1971] 183).

B. Beim Erwärmen von [(Z)-5-Methyl-[1,2]dithiol-3-yliden]-aceton mit Phosphor(V)-sulfid in Benzol (*Tr.*).

Atomabstände und Bindungswinkel (aus dem Röntgen-Diagramm ermittelt): *Leung, Nyburg*, Chem. Commun. **1969** 137.

Orangerote Krystalle; F: 183—184° [aus Toluol] (*Ar.*), 183° (*Tr.*). Orthorhombisch; Raumgruppe $Pnma (= D_{2h}^{16})$; aus dem Röntgen-Diagramm ermittelte Dimensionen der Elementarzelle: a = 7,846 Å; b = 10,173 Å; c = 5,385 Å (*Le., Ny.*). Dichte der Krystalle: 1,47 (*Be. et al.*, l. c. S. 1227). ^{1}H-NMR-Spektrum: *He. et al.*, l. c. S. 45. Absorptionsspektrum (A.; 220—550 nm): *Fr., Tr.*, l. c. S. 680.

Beim Erwärmen mit methanol. Kalilauge ist 1-[4-Mercapto-[2]thienyl]-propan-2-thion (E III/IV **18** 113) erhalten worden (*Ar.*).

[(Z)-5-Methyl-[1,2]diselenol-3-yliden]-aceton $C_7H_8OSe_2$, Formel V.

Diese Konstitution und Konfiguration kommt der nachstehend beschriebenen, von *Traverso* (Ann. Chimica **47** [1957] 3, 14) als 3,7-Dimethyl-[1,2]diselenepin-5-on $C_7H_8OSe_2$ angesehenen Verbindung zu (*Pietra et al.*, G. **94** [1964] 48, 50; s. a. *Bezzi et al.*, G. **88** [1958] 1226, 1232).

B. Neben 4,6-Diselenoxo-heptan-2-on (s. E III/IV **17** 4536 [im Artikel 2,6-Dimethyl-pyran-4-selon]) beim Behandeln einer Lösung von 2,6-Dimethyl-pyran-4-selon in Aceton mit wss. Natriumselenid-Lösung (*Tr.*, l. c. S. 14). Beim Behandeln einer angesäuerten Lösung von 4,6-Diselenoxo-heptan-2-on in wss. Aceton mit Luft (*Tr.*, l. c. S. 17).

Gelbe Krystalle (aus Bzn.); F: 83° (*Tr.*, l. c. S. 14).

V　　　　　　　VI　　　　　　　VII

[(Z)-5-Methyl-[1,2]diselenol-3-yliden]-propan-2-thion $C_7H_8SSe_2$, Formel VI, und
2,5-Dimethyl-7λ⁴-[1,2]diselenolo[1,5-b][1,2]thioselenol $C_7H_8SSe_2$, Formel VII.

Diese beiden Konstitutionsformeln sind für die nachstehend beschriebene, von *Traverso* (Ann. Chimica **47** [1957] 3, 17) als 3,7-Dimethyl-[1,2]diselenepin-5-thion $C_7H_8SSe_2$

formulierte Verbindung in Betracht zu ziehen (*Pietra et al.*, G. **94** [1964] 48, 50).

B. Beim Erwärmen von 4,6-Diselenoxo-heptan-2-on (s. E III/IV **17** 4536 [im Artikel 2,6-Dimethyl-pyran-4-selon]) oder von [(*Z*)-5-Methyl-[1,2]diselenol-3-yliden]-aceton mit Phosphor(V)-sulfid in Benzol (*Tr.*).

Orangerote Krystalle (aus Toluol); F: 215—216°.

4,5,6,7-Tetrahydro-benzo[1,2]dithiol-3-on $C_7H_8OS_2$, Formel VIII.

B. Beim Behandeln einer warmen Lösung von 2-Acetyldisulfanyl-cyclohex-1-encarbon= säure-äthylester in Methanol mit Chlorwasserstoff (*Raoul, Vialle*, Bl. **1959** 1670, 1674).

Gelbes Öl; $Kp_{0,5}$: 109°. n_D^{23}: 1,628. ^{1}H-NMR-Spektrum: *Ra., Vi.*, l. c. S. 1672.

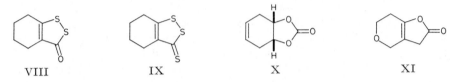

VIII   IX   X   XI

4,5,6,7-Tetrahydro-benzo[1,2]dithiol-3-thion $C_7H_8S_3$, Formel IX.

B. Beim Erhitzen von 4,5,6,7-Tetrahydro-benzo[1,2]dithiol-3-on mit Phosphor(V)-sulfid in Xylol (*Raoul, Vialle*, Bl. **1959** 1670, 1674). Aus 2-Oxo-cyclohexancarbonsäure= äthylester beim Erhitzen mit Phosphor(V)-sulfid in Xylol (*Legrand et al.*, Bl. **1953** 327, 329) sowie beim Erhitzen mit Phosphor(V)-sulfid und Schwefel in Schwefelkohlenstoff unter Zusatz von Quarzsand auf 135° (*Schmidt et al.*, A. **631** [1960] 129, 136).

Gelbe Krystalle (aus A. + Acn), F: 103° [unkorr.] (*Sch. et al.*); orangegelbe Krystalle (aus A.), F: 102° (*Ra., Vi.*).

(3ar,7ac)-3a,4,7,7a-Tetrahydro-benzo[1,3]dioxol-2-on, *cis*-**3a,4,7,7a-Tetrahydro-benzo= [1,3]dioxol-2-on, Kohlensäure-[*cis*-cyclohex-4-en-1,2-diylester]** $C_7H_8O_3$, Formel X.

B. Beim Erhitzen von [1,3]Dioxol-2-on mit Buta-1,3-dien und Benzol auf 175° (*Newman, Addor*, Am. Soc. **77** [1955] 3789, 3791).

Krystalle (aus Ae. + PAe.); F: 52,4—53,2°.

Beim Erwärmen mit wss. Kalilauge ist *cis*-Cyclohex-4-en-1,2-diol erhalten worden.

6,7-Dihydro-3*H*,4*H*-furo[3,2-*c*]pyran-2-on, [4-Hydroxy-5,6-dihydro-2*H*-pyran-3-yl]- essigsäure-lacton $C_7H_8O_3$, Formel XI.

B. Bei der Hydrierung von (±)-4-Chlor-4*H*,6*H*-furo[3,2-*c*]pyran-2-on an Palladium/ Bariumsulfat in Dioxan (*Dauben, Weisenborn*, Am. Soc. **71** [1949] 3853).

$Kp_{0,5}$: 90—95°. UV-Absorptionsmaximum: 212 nm.

Beim Erwärmen mit wss.-äthanol. Natronlauge ist [4-Oxo-tetrahydro-pyran-3-yl]- essigsäure erhalten worden.

Oxo-Verbindungen $C_8H_{10}O_3$

*Tetrahydro-[2,3']bifuryliden-2'-on, 2-Dihydro[2]furyliden-4-hydroxy-buttersäure-lacton** $C_8H_{10}O_3$, Formel XII oder XIII (H 108).

B. Beim Erwärmen von Dihydro-furan-2-on mit Natriummethylat in Methanol und Behandeln des Reaktionsprodukts mit wss. Salzsäure (*Spencer, Wright*, Am. Soc. **63** [1941] 1281, 1285). Beim Erwärmen einer Suspension der Natrium-Verbindung des 3-Acetyl-dihydro-furan-2-ons in Benzol mit 4-Brom-butyrylchlorid (*Štepanow, Smirnow*, Ž. obšč. Chim. **27** [1957] 1042; engl. Ausg. S. 1124).

Krystalle; F: 86—87° [aus W.] (*St., Sm.*), 86° (*Sp., Wr.*).

(±)-6*c*-Brom-7*anti*-trifluormethyl-(3a*r*)-tetrahydro-3,5-methano-furo[3,2-*b*]furan-2-on, (±)-5*exo*-Brom-6*endo*-hydroxy-3*exo*-trifluormethyl-7-oxa-norbornan-2*endo*-carbonsäure- lacton $C_8H_6BrF_3O_3$, Formel XIVa ≡ XIVb + Spiegelbild.

B. Beim Behandeln von (±)-3*exo*-Trifluormethyl-7-oxa-norborn-5-en-2*endo*-carbon=

säure mit wss. Natriumhydrogencarbonat-Lösung und mit Brom (*McBee et al.*, Am. Soc. **78** [1956] 3389, 3392).

Krystalle (aus Bzl. + Bzn.); F: 137—139° [unkorr.].

Beim Erhitzen mit verd. wss. Natronlauge ist 5endo,6endo-Epoxy-3exo-trifluormethyl-7-oxa-norbornan-2endo-carbonsäure erhalten worden.

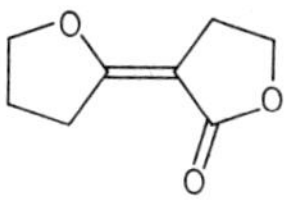

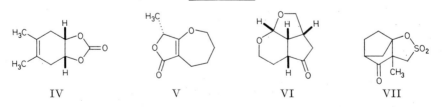

| XII | XIII | XIVa | XIVb |

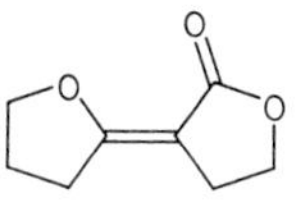

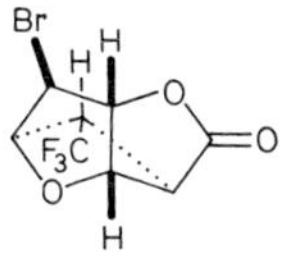

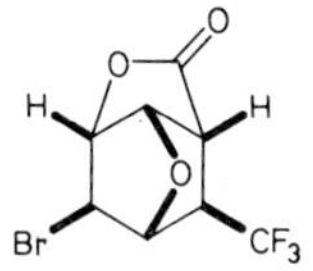

Oxo-Verbindungen $C_9H_{12}O_3$

1-[(Z)-5-Äthyl-[1,2]dithiol-3-yliden]-butan-2-thion $C_9H_{12}S_3$, Formel I, und **2,5-Di=äthyl-7λ⁴-[1,2]dithiolo[1,5-b][1,2]dithiol** $C_9H_{12}S_3$, Formel II.

Diese beiden Konstitutionsformeln sind für die nachstehend beschriebene, von *Traverso* (Ann. Chimica **45** [1955] 687, 694) als 3,7-Diäthyl-[1,2]dithiepin-5-thion $C_9H_{12}S_3$ formulierte Verbindung in Betracht zu ziehen (vgl. *Hertz et al.*, A. **625** [1959] 43).

B. Neben 2,6-Diäthyl-pyran-4-thion beim Erwärmen von Nonan-3,5,7-trion mit Phosphor(V)-sulfid in Benzol (*Tr.*).

Orangerote Krystalle (aus Me.); F: 56° (*Tr.*)..

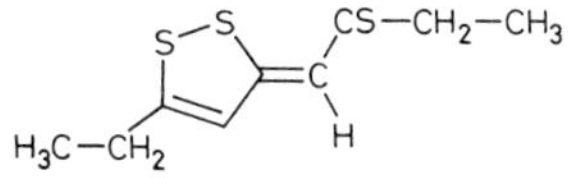

———

| I | II | III |

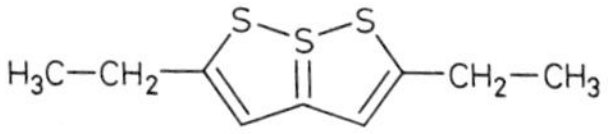

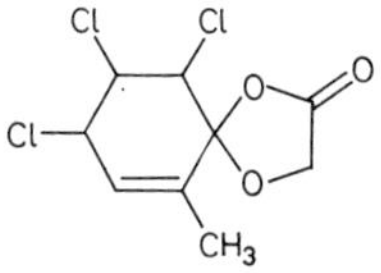

*Opt.-inakt. 8,9,10-Trichlor-6-methyl-1,4-dioxa-spiro[4.5]dec-6-en-2-on, [4,5,6-Trichlor-1-hydroxy-2-methyl-cyclohex-2-enyloxy]-essigsäure-lacton $C_9H_9Cl_3O_3$, Formel III.

B. Neben [4-Chlor-2-methyl-phenoxy]-essigsäure beim Behandeln einer Lösung von o-Tolyloxyessigsäure in Essigsäure mit Chlor (*Danske Gasvaerkers Tjaerekomp.*, Dän. P. 78535 [1946]; *Lund*, Acta chem. scand. **12** [1958] 793, 795).

Krystalle (aus A.); F: 137° (*Lund*).

Beim Erwärmen mit Diäthylamin ist [2,3-Dichlor-6-methyl-phenoxy]-essigsäure erhalten worden (*Lund*).

———

5,6-Dimethyl-(3ar,7ac)-3a,4,7,7a-tetrahydro-benzo[1,3]dioxol-2-on, Kohlensäure-[4,5-dimethyl-cyclohex-4-en-1r,2c-diylester] $C_9H_{12}O_3$, Formel IV.

B. Beim Erhitzen von [1,3]Dioxol-2-on mit 2,3-Dimethyl-buta-1,3-dien und Benzol auf 180° (*Newman, Addor*, Am. Soc. **77** [1955] 3789, 3791).

Krystalle (aus Ae. + PAe.); F: 57,1—57,7°.

———

| IV | V | VI | VII |

(R)-8-Methyl-3,4,5,8-tetrahydro-2H-furo[3,4-b]oxepin-6-on, 2-[(R)-1-Hydroxy-äthyl]-4,5,6,7-tetrahydro-oxepin-3-carbonsäure-lacton $C_9H_{12}O_3$, Formel V.

B. Beim Erhitzen von (5R)-3-[4-Hydroxy-butyl]-5-methyl-furan-2,4-dion (E III/IV **18**

1135) im Hochvakuum (*Clutterbuck et al.*, Biochem. J. **29** [1935] 300, 316).

Krystalle (aus Ae. + PAe.); F: 45°.

(2aR)-(2ar,4ac,7ac,7bc)-Hexahydro-1,7-dioxa-cyclopent[cd]inden-4-on, Tetrahydro-anhydroaucubigenon $C_9H_{12}O_3$, Formel VI.

B. Beim Behandeln von Tetrahydroanhydroaucubigenin ((2aR)-(2ar,4ac,7ac,7bc)-Octa-hydro-1,7-dioxa-cyclopent[cd]inden-4c-ol) mit Chrom(VI)-oxid und wss. Schwefelsäure (*Karrer, Schmid*, Helv. **29** [1946] 525, 551; s. a. *Fujise*, J. chem. Soc. Japan Pure Chem. Sect. **74** [1953] 725, 727; C. A. **1954** 13678).

Krystalle (aus Bzl. + PAe.); F: 77—78° (*Fu.*). Bei 86—87°/0,01 Torr unter partieller Zersetzung destillierbar (*Fu.*). $[\alpha]_D^{17}$: — 41,3° [A.] (*Fu.*).

4-Nitro-phenylhydrazon $C_{15}H_{17}N_3O_4$. F: 238° (*Fu.*); gelbe Krystalle (aus A.), F: 233° [Zers.] (*Ka., Sch.*).

3a-Methyl-2,2-dioxo-tetrahydro-2λ^6-5,7a-methano-benz[d][1,2]oxathiol-4-on, [1-Hydroxy-2-methyl-3-oxo-[2]norbornyl]-methansulfonsäure-lacton $C_9H_{12}O_4S$, Formel VII.

Eine rechtsdrehende Verbindung dieser Konstitution hat in dem nachstehend be-schriebenen Präparat vorgelegen.

B. Beim Behandeln einer Lösung von (—)-[1-Hydroxy-2-methyl-3-methylen-[2]nor-bornyl]-methansulfonsäure-lacton (S. 180) in Chloroform mit Ozon und Behandeln des Reaktionsprodukts mit Wasser (*Asahina, Yamaguti*, B. **71** [1938] 318, 323).

Krystalle (aus A.); F: 171—172°. $[\alpha]_D^{30}$: + 47,3° [Bzl.].

4-Nitro-phenylhydrazon $C_{15}H_{17}N_3O_5S$. Hellgelbe Krystalle (aus A.); F: 230°.

Oxo-Verbindungen $C_{10}H_{14}O_3$

4-Trichlormethyl-1,5-dioxa-spiro[5.5]undec-3-en-2-on, 4,4,4-Trichlor-3-[1-hydroxy-cyclohexyloxy]-*trans*-crotonsäure-lacton $C_{10}H_{11}Cl_3O_3$, Formel VIII.

B. Beim Behandeln von Trichloracetylchlorid mit Keten und Cyclohexanon (*Stachel*, Ang. Ch. **69** [1957] 507).

Krystalle; Zers. bei 95—115°.

VIII   IX   X   XI

*Opt.-inakt. 5,5'-Dimethyl-tetrahydro-[2,3']bifuryliden-2'-on, 4-Hydroxy-2-[5-methyl-dihydro-[2]furyliden]-valeriansäure-lacton $C_{10}H_{14}O_3$, Formel IX oder X (vgl. H 110; E I 658).

B. Beim mehrtägigen Behandeln von (±)-4-Hydroxy-valeriansäure-lacton mit Natrium-methylat in Methanol und Behandeln des Reaktionsprodukts mit wss. Salzsäure (*Spencer, Wright*, Am. Soc. **63** [1941] 1281, 1284; vgl. H 110).

Kp$_2$: 163—166°. n_D^{26}: 1,5068.

5-Äthyl-4,4a,8,8a-tetrahydro-3H-pyrano[3,4-c]pyran-1-on $C_{10}H_{14}O_3$, Formel XI.

Eine rechtsdrehende Verbindung dieser Konstitution hat in den nachstehend beschrie-benen Präparaten vorgelegen.

B. Beim Erhitzen von Hexahydroprotogentiogenin ((R)-2-[(3Ξ,4Ξ)-3-Hydroxymethyl-2-oxo-tetrahydro-pyran-4-yl]-butyraldehyd [E III/IV **18** 1136]) unter 5 Torr bis auf 200° (*Sakurai, Yoshino*, J. pharm. Soc. Japan **71** [1951] 795; C. A. **1952** 2499) oder unter

0,5 Torr auf 150° (*Canonica et al.*, Tetrahedron **16** [1961] 192, 199).

Krystalle [aus Ae.] (*Ca. et al.*). F: 69° (*Sa., Yo.; Ca. et al.*). $[\alpha]_D$: +126° [CHCl$_3$; c = 1] (*Ca. et al.*).

---

*Opt.-inakt. [1,2-Epoxy-cyclohexyl]-[3-methyl-oxiranyl]-keton, 2,3-Epoxy-1-[1,2-epoxy-cyclohexyl]-butan-1-on** C$_{10}$H$_{14}$O$_3$, Formel XII.

Ein krystallines Präparat (F: 54,5°) und ein flüssiges Präparat (Kp$_2$: 105°; D$_4^{20}$: 1,1281; n$_D^{20}$: 1,4840) sind beim Behandeln von 1-Cyclohex-1-enyl-but-2-en-1-on (Kp$_{1,5}$: 80°; n$_D^{24}$: 1,5100) mit wss. Wasserstoffperoxid, Dioxan und wss. Natronlauge erhalten worden (*Nasarow, Achrem*, Izv. Akad. S.S.S.R. Otd. chim. **1956** 1457, 1460; engl. Ausg. S. 1499, 1502).

(3S,5S,6S)-5,6-Epoxy-2,2,6-trimethyl-1-oxa-spiro[2.5]octan-4-on, (1S)-1,2;4,8-Diepoxy-*cis-p*-menthan-3-on, (–)-Piperitenon-dioxid C$_{10}$H$_{14}$O$_3$, Formel XIII.

Konfigurationszuordnung: *Katsuhara*, J. org. Chem. **32** [1967] 797.

B. Beim Behandeln von Rotundifolon ((S)-1,2-Epoxy-*p*-ment-4(8)-en-3-on [E III/IV **17** 4624]) mit Peroxybenzoesäure in Chloroform (*Shimizu*, Bl. agric. chem. Soc. Japan **21** [1957] 107, 112).

Krystalle (aus Ae. + Hexan), F: 78°; $[\alpha]_D^{10}$: –28,2° [Me.] (*Sh.*). IR-Spektrum (Nujol; 2–15 μ): *Sh.*, l. c. S. 109.

Beim Behandeln mit wss. Schwefelsäure ist (1S,4Ξ)-1,2-Epoxy-4,8-dihydroxy-*p*-menthan-3-on (E III/IV **18** 1138) erhalten worden (*Sh.*).

XII   XIII   XIVa   XIVb

(4aS)-7a-Methyl-3,3-dioxo-(7at)-tetrahydro-3λ^6-4ar,7c-äthano-cyclopent[d][1,2]oxathiin-5-on, (1S)-8-Hydroxy-2-oxo-bornan-10-sulfonsäure-lacton C$_{10}$H$_{14}$O$_4$S, Formel XIVa ≡ XIVb (X = H).

Diese Konstitution ist für die nachstehend beschriebene Verbindung in Betracht gezogen worden (*Nishikawa, Hagiwara*, J. pharm. Soc. Japan **74** [1954] 81, 84; C. A. **1955** 1596).

B. Beim Erhitzen der im folgenden Artikel beschriebenen Verbindung mit Zink und Essigsäure (*Ni., Ha.*).

Krystalle (aus Me.); F: 222°. $[\alpha]_D^{14}$: –27,7° [CHCl$_3$; c = 1]; $[\alpha]_D^{16}$: –26,8° [Acn.; c = 1].

(4aS)-6c-Chlor-7a-methyl-3,3-dioxo-(7at)-tetrahydro-3λ^6-4ar,7c-äthano-cyclopent[d][1,2]oxathiin-5-on, (1S)-3endo-Chlor-8-hydroxy-2-oxo-bornan-10-sulfonsäure-lacton C$_{10}$H$_{13}$ClO$_4$S, Formel XIVa ≡ XIVb (X = Cl).

Diese Konstitution ist für die nachstehend beschriebene Verbindung in Betracht gezogen worden (*Nishikawa, Hagiwara*, J. pharm. Soc. Japan **74** [1954] 81, 84; C. A. **1955** 1596).

B. Beim Erhitzen von (1S)-3endo,8-Dichlor-2-oxo-bornan-10-sulfonsäure mit wss. Schwefelsäure (*Ni., Ha.*).

Krystalle (aus Me.); F: 216°. $[\alpha]_D^{13}$: +6,2° [CHCl$_3$; c = 1].

Oxo-Verbindungen C$_{11}$H$_{16}$O$_3$

7,9,9-Trimethyl-1,4-dioxa-spiro[4.5]dec-6-en-8-on C$_{11}$H$_{16}$O$_3$, Formel I.

B. Beim Erwärmen von 2,6,6-Trimethyl-cyclohex-2-en-1,4-dion mit Äthylenglykol, Benzol und wenig Toluol-4-sulfonsäure (*Hoffmann-La Roche*, D.B.P. 1016702 [1956]; U.S.P. 2827481 [1956], 2845440 [1956]).

Kp$_{0,03}$: 65°. n$_D^{22}$: 1,490. UV-Absorptionsmaximum (PAe.): 225,5 nm.

I   II   III

Oxo-Verbindungen $C_{12}H_{18}O_3$

*5,5,5′,5′-Tetramethyl-tetrahydro-[2,3′]bifuryliden-2′-on, 2-[5,5-Dimethyl-dihydro-[2]furyliden]-4-hydroxy-4-methyl-valeriansäure-lacton $C_{12}H_{18}O_3$, Formel II oder III (vgl. H 110).

B. In kleiner Menge neben 3-Acetyl-5,5-dimethyl-dihydro-furan-2-on beim Behandeln von 5,5-Dimethyl-dihydro-furan-2-on mit Natriumhydrid, Äthylacetat und Äther (*Korte et al.*, B. **92** [1959] 884, 891).

F: 120−122°.

---

*Opt.-inakt. 2,5,7-Trimethyl-4a,7,8,8a-tetrahydro-2H,5H-pyrano[4,3-b]pyran-3-carbaldehyd $C_{12}H_{18}O_3$, Formel IV.

B. In kleiner Menge neben 2,6-Dimethyl-5,6-dihydro-2H-pyran-3-carbaldehyd (E III/IV **17** 4324) beim Erhitzen von *trans*-Crotonaldehyd mit wss. Salzsäure (*Bernhauer, Irrgang*, A. **525** [1936] 43, 63; *Badoche*, C. r. **214** [1942] 845).

Gelbe Krystalle; F: 64−66° (*Ba.*), 63° [nach Sublimation bei 115° unter vermindertem Druck] (*Be., Ir.*).

Phenylhydrazon. Krystalle (aus wss. A.); F: 139−141° (*Be., Ir.*).

4-Nitro-phenylhydrazon $C_{18}H_{23}N_3O_4$. Orangefarbene Krystalle (aus wss. A.); F: 208,5° (*Be., Ir.*).

Semicarbazon $C_{13}H_{21}N_3O_3$. Krystalle; F: 234−235° [aus wss. A.] (*Ba.*), 213,5° [aus A.] (*Be., Ir.*).

Thiosemicarbazon $C_{13}H_{21}N_3O_2S$. Krystalle; F: 221−222° (*Langenbeck et al.*, Pharmazie **7** [1952] 831, 834).

(±)-*trans*-Octahydro-spiro[[1,3]dithiolan-2,2′-naphthalin]-1′-on, (±)-2,2-Äthandiyldimercapto-(4ar,8at)-octahydro-naphthalin-1-on $C_{12}H_{18}OS_2$, Formel V + Spiegelbild.

B. Beim Erwärmen von (±)-2-Hydroxymethylen-(4ar,8at)-octahydro-naphthalin-1-on mit 1,2-Bis-[toluol-4-sulfonylmercapto]-äthan und Kaliumacetat in Äthanol (*Georgian*, U.S.P. 2858314, 3015661 [1958]).

Krystalle (aus Me.); F: 96−97°.

IV   V   VI   VII

(±)-8,8-Dimethyl-2ξ-trichlormethyl-(8at)-tetrahydro-4ar,7c-methano-benzo[1,3]dioxin-4-on, (±)-3,3-Dimethyl-2exo-[($\varXi$)-2,2,2-trichlor-1-hydroxy-äthoxy]-norbornan-1-carbonsäure-lacton $C_{12}H_{15}Cl_3O_3$, Formel VI + Spiegelbild.

B. Beim Erwärmen von (±)-2exo-Hydroxy-3,3-dimethyl-norbornan-1-carbonsäure mit Chloral (*Kuusinen*, Ann. Acad. Sci. fenn. [A II] Nr. 69 [1956] 47).

Krystalle; F: 136−137° [nach Sublimation bei 0,1 Torr] (*Ku.*). IR-Spektrum (CS$_2$ bzw. KBr; 2,5−15 μ): *Ku.*, l. c. S. 27; *Kuusinen, Lampinen*, Suomen Kem. **32** B [1959] 26, 28.

(±)-9,9-Dimethyl-2ξ-trichlormethyl-(8at)-tetrahydro-4ar,7c-methano-benzo[1,3]=
dioxin-4-on, (±)-2exo-[(Ξ)-2,2,2-Trichlor-1-hydroxy-äthoxy]-bornan-10-säure-lacton
$C_{12}H_{15}Cl_3O_3$, Formel VII + Spiegelbild.

B. Beim Erwärmen von (±)-2exo-Hydroxy-bornan-10-säure mit Chloral (*Kuusinen*,
Lampinen, Suomen Kem. **32** B [1959] 26, 33).
Krystalle (aus Bzl. + PAe.); F: 155,5—156°. IR-Spektrum (KBr; 2,5—15 μ): *Ku.*,
La., l. c. S. 28.

Oxo-Verbindungen $C_{13}H_{20}O_3$

(4aR)-5ξ-Jod-6ξ-pent-1-en-t-yl-(4ar,8at)-hexahydro-pyrano[3,4-c]pyran-1-on,
(3R)-4t-[2-Hydroxy-äthyl]-5ξ-jod-6ξ-pent-1-en-t-yl-tetrahydro-pyran-3r-carbonsäure-
lacton $C_{13}H_{19}IO_3$, Formel VIII.

Diese Konstitution und Konfiguration kommt wahrscheinlich der nachstehend beschriebenen Verbindung zu.

B. Beim Behandeln einer äthanol. Lösung von (3R)-4t-Hepta-1,3t-dien-t-yl-3r-hydr=
oxymethyl-tetrahydro-pyran-2-on (E III/IV **18** 126) mit wss. Jod-Lösung (*Bowden et al.*,
Soc. **1959** 1662, 1669).
Krystalle (aus Ae.); F: 78°. [α]$_D^{18}$: −55° [CHCl₃]. UV-Absorptionsmaximum (A.):
258 nm.

VIII   IX   X

7,14-Dioxa-dispiro[5.1.5.2]pentadecan-15-on, 1-[1-Hydroxy-cyclohexyloxy]-cyclohexan=
carbonsäure-lacton $C_{13}H_{20}O_3$, Formel IX.

B. Aus 1-Hydroxy-cyclohexancarbonsäure beim Erhitzen mit Cyclohexanon und wss.
Salzsäure (*Bucherer*, *Dahlem*, J. pr. [2] **140** [1934] 251, 268; s. a. *Tchoubar*, *Collin*, Bl.
1947 680) sowie beim Erwärmen mit Cyclohexanon, Benzol und wenig Toluol-4-sulfon=
säure (*Salmi*, *Pohjolainen*, B. **72** [1939] 798, 803).
Krystalle (aus A.); F: 39° (*Bu.*, *Da.*). Kp₁₅: 150—152°; D₄²⁰: 1,0765; n₆₅₆,₃²⁰: 1,4879; n_D²⁰:
1,4908; n₄₈₆,₁²⁰: 1,4980 (*Sa.*, *Po.*). Kp₁₅: 148—150° (*Tch.*, *Co.*).

(4aS)-8,9,9-Trimethyl-2ξ-trichlormethyl-(4ar,8ac)-hexahydro-5c,8c-methano-benzo=
[1,3]dioxin-4-on, (1R)-4,7,7-Trimethyl-3$endo$-[(Ξ)-2,2,2-trichlor-1-hydroxy-äthoxy]-
norbornan-2$endo$-carbonsäure-lacton $C_{13}H_{17}Cl_3O_3$, Formel X.

B. Beim Erwärmen von (1R)-3$endo$-Hydroxy-4,7,7-trimethyl-norbornan-2$endo$-carbon=
säure mit Chloralhydrat und Schwefelsäure (*Böeseken et al.*, R. **52** [1933] 881, 885).
Krystalle (aus A.); F: 191°.

(±)-3,6,6,7a-Tetramethyl-(3ar,7ac)-hexahydro-3t,7t-oxaäthano-benzofuran-2-on,
(±)-9syn-Hydroxy-2$endo$,6,6,9$anti$-tetramethyl-3-oxa-bicyclo[3.3.1]nonan-2exo-carbon=
säure-lacton $C_{13}H_{20}O_3$, Formel XIa ⇌ XIb + Spiegelbild.

Diese Konstitution und Konfiguration kommt wahrscheinlich dem früher (s. E I **6** 43
[im Artikel α-Cyclogeraniol]) und nachstehend beschriebenen Lacton $C_{13}H_{20}O_3$ zu (*Dietrich
et al.*, A. **603** [1957] 8, 9).

B. Beim Erhitzen von (±)-α-Cyclogeraniol ((±)-[2,6,6-Trimethyl-cyclohex-2-enyl]-
methanol) mit Brenztraubensäure auf 140° (*Di. et al.*, l. c. S. 13; vgl. E I **6** 43).
Krystalle (aus PAe. oder wss. A.); F: 113—114°.

Beim Erwärmen mit Lithiumalanat in Äther sind eine wahrscheinlich als 3c,6,6,7a-
Tetramethyl-(3ar,7ac)-octahydro-3t,7t-oxaäthano-benzofuran-2ξ-ol zu formulierende Verbindung (E III/IV **18** 79) und eine wahrscheinlich als 2exo-Hydroxymethyl-2$endo$,6,6,9=

anti-tetramethyl-3-oxa-bicyclo[3.3.1]nonan-9*syn*-ol zu formulierende Verbindung (E III/ IV **17** 2045) erhalten worden.

XIa   XIb   XII   XIII

(3*RS*,4*SR*)-3,4-Epoxy-4-[(1*RS*)-2*c*,3*c*-epoxy-2*t*,6,6-trimethyl-cyclohex-*r*-yl]-butan-2-on $C_{13}H_{20}O_3$, Formel XII + Spiegelbild.

Diese Konstitution und Konfiguration kommt dem nachstehend beschriebenen α-Jonon-diepoxid zu.

B. Beim Behandeln von (3*RS*,4*SR*)-3,4-Epoxy-4-[(*SR*)-2,6,6-trimethyl-cyclohex-2-enyl]-butan-2-on mit Monoperoxyphthalsäure in Äther (*Karrer, Stürzinger,* Helv. **29** [1946] 1829, 1834). Beim Behandeln einer Lösung von (±)-4*t*-[2*c*,3*c*-Epoxy-2*t*,6,6-trimethyl-cyclohex-*r*-yl]-but-3-en-2-on in Methanol mit wss. Kalilauge und wss. Wasserstoffperoxid (*Ka., St.*).

Öl; bei 90−100°/0,05 Torr destillierbar.

Beim Behandeln mit wss.-äthanol. Schwefelsäure ist eine vermutlich als 1-[3,7-Dihydroxy-4,4,7a-trimethyl-octahydro-benzofuran-2-yl]-äthanon zu formulierende Verbindung (E III/IV **18** 1140) erhalten worden.

*Opt.-inakt. 3,4-Epoxy-4-[1,2-epoxy-2,6,6-trimethyl-cyclohexyl]-butan-2-on $C_{13}H_{20}O_3$, Formel XIII.

Diese Konstitution kommt dem nachstehend beschriebenen β-Jonon-diepoxid zu.

B. Beim Behandeln einer Lösung von (±)-4*t*-[1,2-Epoxy-2,6,6-trimethyl-cyclohexyl]-but-3-en-2-on in Methanol mit wss. Kalilauge und wss. Wasserstoffperoxid (*Karrer, Stürzinger,* Helv. **29** [1946] 1829, 1835).

Krystalle (aus PAe.); F: 75°.

Beim Behandeln mit wss.-äthanol. Schwefelsäure ist eine vermutlich als 1-[3,3a-Dihydroxy-4,4,7a-trimethyl-octahydro-benzofuran-2-yl]-äthanon zu formulierende Verbindung (E III/IV **18** 1139) erhalten worden.

Oxo-Verbindungen $C_{14}H_{22}O_3$

(±)-8′a-Methyl-(4′a*r*,8′a*t*)-octahydro-spiro[[1,3]dithian-2,2′-naphthalin]-3′-on,
(±)-4a-Methyl-3,3-propandiyldimercapto-(4a*r*,8a*t*)-octahydro-naphthalin-2-on $C_{14}H_{22}OS_2$, Formel I + Spiegelbild.

B. Beim Erwärmen von 3-Hydroxymethylen-4a-methyl-(4a*r*,8a*t*)-octahydro-naphthalin-2-on (F: 75,5−76°) mit 1,3-Bis-[toluol-4-sulfonylmercapto]-propan und Kaliumacetat in Äthanol (*Gaspert et al.,* Soc. **1958** 624, 627).

Krystalle (aus A.); F: 136,5−138° [korr.; Kofler-App.].

I   II   III

(±)-4,7,7-Trimethyl-(6a*r*)-octahydro-4*c*,10a*c*-methano-benzo[*d*][1,3]dioxocin-2-on,
(±)-Kohlensäure-[2*c*,5,5-trimethyl-(4a*r*)-octahydro-naphthalin-2*t*,8a*t*-diylester]
$C_{14}H_{22}O_3$, Formel II + Spiegelbild.

B. Beim Erhitzen von (±)-2*c*,5,5-Trimethyl-(4a*r*)-decahydro-naphthalin-2*t*,8a*t*-diol mit

Kohlensäure-diäthylester und wenig Natriumäthylat (*Armour et al.*, Helv. **42** [1959] 2233, 2244).

Krystalle (aus Hexan); F: 105,5—106,5° [korr.; Kofler-App.]. IR-Banden (CHCl$_3$) im Bereich von 5,8 μ bis 11,7 μ: *Ar. et al.*

(4a*S*)-2,2,8,9,9-Pentamethyl-(4a*r*,8a*c*)-hexahydro-5*c*,8*c*-methano-benzo[1,3]dioxin-4-on, (1*R*)-3*endo*-[α-Hydroxy-isopropoxy]-4,7,7-trimethyl-norbornan-2*endo*-carbonsäure-lacton C$_{14}$H$_{22}$O$_3$, Formel III.

B. Beim Behandeln von (1*R*)-3*endo*-Hydroxy-4,7,7-trimethyl-norbornan-2*endo*-carbon= säure mit Aceton und Schwefelsäure bei —15° (*Böeseken et al.*, R. **52** [1933] 881, 884).

Krystalle (aus A.); F: 124°.

Oxo-Verbindungen C$_{15}$H$_{24}$O$_3$

(3a*S*)-10ξ,11-Epoxy-3*c*,6ξ,10ξ-trimethyl-(3a*r*,11a*t*)-decahydro-cyclodeca[*b*]furan-2-on, (*S*)-2-[(1*S*)-3ξ,4ξ-Epoxy-2*t*-hydroxy-4ξ,8ξ-dimethyl-cyclodec-*r*-yl]-propionsäure-lacton, (11*S*)-4,5-Epoxy-6α-hydroxy-4ξ*H*,5ξ,10ξ*H*-germacran-12-säure-lacton[1]) C$_{15}$H$_{24}$O$_3$, Formel IV.

Die Konfiguration der nachstehend beschriebenen Verbindung ergibt sich aus ihrer genetischen Beziehung (s. *Bawdekar et al.*, Tetrahedron Letters **1966** 1225) zu Dihydro= costunolid ((11*S*)-6α-Hydroxy-germacra-1(10)*t*,4*t*-dien-12-säure-lacton [E III/IV **17** 4759]).

B. Beim Behandeln von (3a*S*)-11ξ-Hydroxy-3*c*,6ξ,10ξ-trimethyl-(3a*r*,11a*t*)-decahydro-cyclodeca[*b*]furan-2-on (S. 1731 [im Artikel (3a*S*,6*E*)-10ξ,11ξ-Epoxy-6,10ξ-dimethyl-3-methylen-(3a*r*,11a*t*)-3a,4,5,8,9,10,11,11a-octahydro-3*H*-cyclodeca[*b*]furan-2-on]) mit Chrom(VI)-oxid in Essigsäure (*Souček et al.*, Collect. **26** [1961] 803, 808; *Herout et al.*, Chem. and Ind. **1959** 1069).

F: 120—128° [Kofler-App.] (*So. et al.*; *He. et al.*).

IV   Va   Vb

(±)-3-Isopropyl-6,6,7a-trimethyl-(3a*r*,7a*c*)-hexahydro-3*t*,7*t*-oxaäthano-benzofuran-2-on, (±)-9*syn*-Hydroxy-2*endo*-isopropyl-6,6,9*anti*-trimethyl-3-oxa-bicyclo[3.3.1]nonan-2*exo*-carbonsäure-lacton C$_{15}$H$_{24}$O$_3$, Formel Va ≡ Vb + Spiegelbild.

Diese Konstitution kommt vermutlich der nachstehend beschriebenen Verbindung zu (*Dietrich et al.*, A. **603** [1957] 8, 13).

B. Beim Erhitzen von (±)-α-Cyclogeraniol ((±)-[2,6,6-Trimethyl-cyclohex-2-enyl]-methanol) mit 3-Methyl-2-oxo-buttersäure auf 140° (*Di. et al.*, l. c. S. 15).

Krystalle (aus PAe.); F: 81—83°.

Oxo-Verbindungen C$_{16}$H$_{26}$O$_3$

(±)-4',4',8'a-Trimethyl-(4'a*r*,8'a*t*)-octahydro-spiro[[1,3]dithian-2,2'-naphthalin]-3'-on, (±)-1,1,4a-Trimethyl-3,3-propandiyldimercapto-(4a*r*,8a*t*)-octahydro-naphthalin-2-on C$_{16}$H$_{26}$OS$_2$, Formel VI + Spiegelbild.

B. Beim Erwärmen von (±)-8'a-Methyl-(4'a*r*,8'a*t*)-octahydro-spiro[[1,3]dithian-2,2'-naphthalin]-3'-on mit Natrium-*tert*-pentylat in Benzol und mit Methyljodid (*Gaspert et al.*, Soc. **1958** 624, 627).

Krystalle (aus A.); F: 137—138° [korr.; Kofler-App.].

---

[1]) Stellungsbezeichnung bei von Germacran abgeleiteten Namen s. E III/IV **17** 4393.

(±)-6',6',8'a-Trimethyl-(4'ar,8'ac)-octahydro-spiro[[1,3]dithian-2,2'-naphthalin]-3'-on,
(±)-4a,7,7-Trimethyl-3,3-propandiyldimercapto-(4ar,8ac)-octahydro-
naphthalin-2-on $C_{16}H_{26}OS_2$, Formel VII.

B. Beim mehrtägigen Behandeln einer Lösung von (±)-4a,7,7-Trimethyl-(4ar,8ac)-
octahydro-naphthalin-2-on in Benzol mit Äthylformiat und Natriumhydrid und Erwärmen des Reaktionsprodukts mit 1,3-Bis-[toluol-4-sulfonylmercapto]-propan und
Kaliumacetat in Äthanol (*Sondheimer, Wolfe,* Canad. J. Chem. **37** [1959] 1870, 1880).

Krystalle (aus Me.); F: 120—121°.

VI   VII   VIII   IX

Oxo-Verbindungen $C_{17}H_{28}O_3$

(7S,8R,11S,14S)-8-Isopropyl-11,14-dimethyl-1,4-dithia-dispiro[4.1.4.3]tetradecan-9-on
$C_{17}H_{28}OS_2$, Formel VIII.

Konfiguration: *Marx, Norman,* J. org. Chem. **40** [1975] 1602.

B. Beim Behandeln von (+)-Acoron ((1R,4S,5S,8S)-1-Isopropyl-4,8-dimethyl-spiro=
[4.5]decan-2,7-dion) mit Äthan-1,2-dithiol und dem Borfluorid-Äther-Addukt (*Sýkora
et al.,* Collect. **23** [1958] 1072, 1077).

Krystalle (aus PAe.); F: 77—78,5°. $[\alpha]_D^{20}$: +111,6° [CHCl$_3$; c = 4].

Oxo-Verbindungen $C_{18}H_{30}O_3$

**(5aR)-4ξ,5a,8,8,11a-Pentamethyl-(5ar,7at,11ac,11bt)-decahydro-naphtho[2,1-d][1,3]di=
oxepin-2-on,** [(4aS)-2c-((Ξ)-1-Hydroxy-äthoxy)-2t,5,5,8a-tetramethyl-(4ar,8at)-deca=
hydro-[1t]naphthyl]-essigsäure-lacton, 8-[(Ξ)-1-Hydroxy-äthoxy]-13,14,15,16-tetranor-
labdan-12-säure-lacton[1] $C_{18}H_{30}O_3$, Formel IX.

B. In kleiner Menge beim Behandeln einer Lösung von Sclareoloxid (8,13-Epoxy-
15,16-dinor-labd-12-en [E III/IV **17** 394]) in Äthylacetat mit Ozon, Erwärmen der
Reaktionslösung mit Wasser und Erhitzen der neutralen Anteile bis auf 250° (*Stoll,
Hinder,* Helv. **36** [1953] 1984, 1990).

Krystalle (aus E.); F: 215—215,5° [unkorr.]. IR-Spektrum (2—13 μ): *St., Hi.,* l. c.
S. 1987.

Beim Erhitzen mit Äthanol und wenig Schwefelsäure unter Durchleiten von Wasserdampf sind 8-Hydroxy-13,14,15,16-tetranor-labdan-12-säure (E III **10** 78), 8-Hydroxy-
13,14,15,16-tetranor-labdan-12-säure-lacton (E III/IV **17** 4683) und Acetaldehyd erhalten
worden.

Monooxo-Verbindungen $C_nH_{2n-8}O_3$

Oxo-Verbindungen $C_6H_4O_3$

2-Acetylimino-2,3-dihydro-thieno[3,2-b]thiophen, *N*-[3*H*-Thieno[3,2-b]thiophen-
2-yliden]-acetamid $C_8H_7NOS_2$, Formel I, und **2-Acetylamino-thieno[3,2-b]thiophen,**
N-Thieno[3,2-b]thiophen-2-yl-acetamid $C_8H_7NOS_2$, Formel II.

B. Bei der Hydrierung von 2-Nitro-thieno[3,2-b]thiophen an Raney-Nickel in Acet=
anhydrid (*Challenger, Emmott,* J. Inst. Petr. **37** [1951] 396, 402). Beim Behandeln einer
Lösung von 1-Thieno[3,2-b]thiophen-2-yl-äthanon-(E)-oxim in Aceton mit Thionylchlorid
(*Ch., Em.*).

Krystalle (aus Me. oder A.); F: 223,5° [Zers.].

---

[1]) Stellungsbezeichnung bei von Labdan abgeleiteten Namen s. E IV **5** 368, 369.

I   II

2-Acetylimino-2,3-dihydro-thieno[2,3-b]thiophen, *N*-[3*H*-Thieno[2,3-*b*]thiophen-2-yl=
iden]-acetamid $C_8H_7NOS_2$, Formel III (X = H), und **2-Acetylamino-thieno[2,3-b]=
thiophen**, *N*-Thieno[2,3-*b*]thiophen-2-yl-acetamid $C_8H_7NOS_2$, Formel IV (X = H).

B. Bei der Hydrierung von 2-Nitro-thieno[2,3-*b*]thiophen an Raney-Nickel in Acet=
anhydrid (*Challenger, Emmott*, J. Inst. Petr. **37** [1951] 396, 401). Beim Behandeln einer
Lösung von 1-Thieno[2,3-*b*]thiophen-2-yl-äthanon-(*E*)-oxim in Aceton mit Thionylchlorid
(*Ch., Em.*, l. c. S. 400).

Krystalle (aus A.); F: 221,5°.

III   IV

2-Acetylimino-5-nitro-2,3-dihydro-thieno[2,3-b]thiophen, *N*-[5-Nitro-3*H*-thieno[2,3-*b*]=
thiophen-2-yliden]-acetamid $C_8H_6N_2O_3S_2$, Formel III (X = NO₂), und
2-Acetylamino-5-nitro-thieno[2,3-b]thiophen, *N*-[5-Nitro-thieno[2,3-*b*]thiophen-2-yl]-
acetamid $C_8H_6N_2O_3S_2$, Formel IV (X = NO₂).

B. Beim Behandeln einer Lösung von 1-[5-Nitro-thieno[2,3-*b*]thiophen-2-yl]-äthanon-
(*E*)-oxim in Aceton mit Thionylchlorid (*Challenger, Emmott*, J. Inst. Petr. **37** [1951] 396,
404).

Orangefarbene Krystalle (aus A.); F: 259° [Zers.].

Oxo-Verbindungen $C_7H_6O_3$

4H,6H-Furo[3,2-c]pyran-2-on, [(*Z*)-4-Hydroxy-6*H*-pyran-3-yliden]-essigsäure-lacton
$C_7H_6O_3$, Formel V (X = H).

B. Beim Erwärmen von (±)-7a-Acetoxy-7,7a-dihydro-4*H*,6*H*-furo[3,2-*c*]pyran-2-on
mit Acetanhydrid, Essigsäure und wenig Schwefelsäure (*Woodward, Singh*, Am. Soc. **71**
[1949] 578).

F: 46—48°. UV-Absorptionsmaximum: 273 nm.

(±)-4-Chlor-4H,6H-furo[3,2-c]pyran-2-on, (±)-[(*E*)-2-Chlor-4-hydroxy-6*H*-pyran-
3-yliden]-essigsäure-lacton $C_7H_5ClO_3$, Formel V (X = Cl).

B. Beim Erwärmen von Patulin (E III/IV **18** 1184) mit Thionylchlorid (*Dauben,
Weisenborn*, Am. Soc. **71** [1949] 3853).

F: 92—94°. UV-Absorptionsmaximum: 277 nm.

Wenig beständig.

7H-Thieno[2,3-c]thiopyran-4-on $C_7H_6OS_2$, Formel VI.

B. Beim Behandeln von [2]Thienylmethylmercapto-acetylchlorid mit Zinn(IV)-chlorid
in Schwefelkohlenstoff (*Cagniant*, C. r. **229** [1949] 1342).

Krystalle (aus PAe.); F: 41,5°. Kp₁₅: 167°.

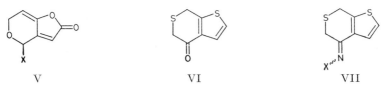

V   VI   VII

*7H-Thieno[2,3-c]thiopyran-4-on-oxim $C_7H_7NOS_2$, Formel VII (X = OH).

B. Aus 7*H*-Thieno[2,3-*c*]thiopyran-4-on und Hydroxylamin (*Cagniant*, C. r. **229** [1949]

1342).

Krystalle (aus Bzl. + PAe.); F: 135°.

*7H-Thieno[2,3-c]thiopyran-4-on-semicarbazon $C_8H_9N_3OS_2$, Formel VII
(X = NH-CO-NH₂).

B. Aus 7H-Thieno[2,3-c]thiopyran-4-on und Semicarbazid (*Cagniant*, C. r. **229** [1949] 1342).

Krystalle (aus A.); F: 288° [im vorgeheizten Block].

Oxo-Verbindungen $C_8H_8O_3$

(±)-2,3-Dihydro-[2,2']bithienyl-4-on $C_8H_8OS_2$, Formel VIII.

B. Beim Erwärmen von 3t-[2]Thienyl-acrylsäure-methylester mit Mercaptoessigsäureäthylester und Piperidin, Behandeln des Reaktionsprodukts mit Natriummethylat in Äther und Erhitzen des danach isolierten Reaktionsprodukts mit wss. Schwefelsäure (*Wynberg et al.*, Am. Soc. **79** [1957] 1972, 1975).

Krystalle (aus A.); F: 59−60°.

(±)-5-Methyl-7H-thieno[2,3-c]thiopyran-4-on $C_8H_8OS_2$, Formel IX.

B. Beim Behandeln von (±)-2-[2]Thienylmethylmercapto-propionylchlorid mit Zinn-(IV)-chlorid in Schwefelkohlenstoff (*Cagniant*, C. r. **229** [1949] 1342).

Kp₁₆: 170°.

VIII   IX   X

*(±)-5-Methyl-7H-thieno[2,3-c]thiopyran-4-on-oxim $C_8H_9NOS_2$, Formel X (X = OH).

B. Aus (±)-5-Methyl-7H-thieno[2,3-c]thiopyran-4-on und Hydroxylamin (*Cagniant*, C. r. **229** [1949] 1342).

Krystalle (aus Bzl. + PAe.); F: 151°.

*(±)-5-Methyl-7H-thieno[2,3-c]thiopyran-4-on-semicarbazon $C_9H_{11}N_3OS_2$, Formel X
(X = NH-CO-NH₂).

B. Aus (±)-5-Methyl-7H-thieno[2,3-c]thiopyran-4-on und Semicarbazid (*Cagniant*, C. r. **229** [1949] 1342).

Krystalle (aus A.); F: 259,5° [im vorgeheizten Block].

(3ar,7ac)-3a,4,7,7a-Tetrahydro-4c,7c-methano-benzo[1,3]dioxol-2-on, Kohlensäure-norborn-5-en-2endo,3endo-diylester $C_8H_8O_3$, Formel XI (X = H).

B. Beim Erhitzen von [1,3]Dioxol-2-on mit Cyclopentadien in Benzol auf 170° (*Newman, Addor*, Am. Soc. **77** [1955] 3789, 3792; s. a. *Kwart, Vosburgh*, Am. Soc. **76** [1954] 5400, 5403).

Krystalle; F: 114,4−115° [korr.; aus CCl₄ + PAe.] (*Ne., Ad.*), 113,2−113,5° [aus Hexan] (*Kw., Vo.*).

4,5,6,7,8,8-Hexachlor-(3ar,7ac)-3a,4,7,7a-tetrahydro-4c,7c-methano-benzo[1,3]dioxol-2-on $C_8H_2Cl_6O_3$, Formel XI (X = Cl).

B. Beim Erhitzen von [1,3]Dioxol-2-on mit Hexachlorcyclopentadien in Benzol bzw. in 1,2-Dichlor-benzol auf 180° (*Newman, Addor*, Am. Soc. **77** [1955] 3789, 3792; *Monsanto Chem. Co.*, U.S.P. 2799567 [1955]).

Krystalle; F: 241−242,8° [korr.; nach Sintern bei 236°; aus PAe.] (*Ne., Ad.*), 233−234° [aus Hexan] (*Monsanto Chem. Co.*).

Oxo-Verbindungen $C_9H_{10}O_3$

*Opt.-inakt. 2-Acetyl-3-[2]furyl-2-methyl-oxiran, 3,4-Epoxy-4-[2]furyl-3-methyl-butan-2-on $C_9H_{10}O_3$, Formel XII.

B. Beim Behandeln von (±)-3-Chlor-butan-2-on mit Furfural und Natriummethylat in Methanol (*Martynow*, Ž. obšč. Chim. **23** [1953] 1884; engl. Ausg. S. 1991).

Kp_1: 72—73°. D_4^{16}: 1,1384. $n_{656,4}^{16}$: 1,4916.

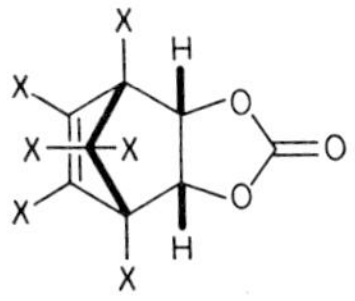

XI 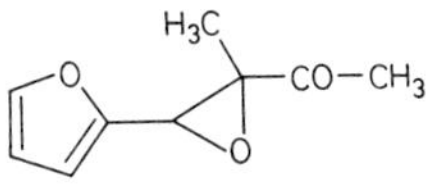   XII 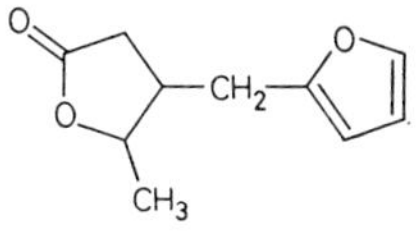   XIII

Oxo-Verbindungen $C_{10}H_{12}O_3$

*Opt.-inakt. 4-Furfuryl-5-methyl-dihydro-furan-2-on, 3-Furfuryl-4-hydroxy-valeriansäure-lacton $C_{10}H_{12}O_3$, Formel XIII.

B. Beim Behandeln von 3-Acetyl-4ξ-[2]furyl-but-3-ensäure (H **18** 417) mit wss. Natronlauge und Natrium-Amalgam und Ansäuern der Reaktionslösung (*Russell et al.* Biochem. J. **45** [1949] 530).

Kp: 230°; $Kp_{0,1}$: 70—75°.

---

*Opt.-inakt. 3-Furfuryl-5-methyl-dihydro-furan-2-on, 2-Furfuryl-4-hydroxy-valeriansäure-lacton $C_{10}H_{12}O_3$, Formel I.

B. Beim Behandeln einer Lösung von 3-Furfuryliden-5-methyl-3H-furan-2-on (F: 78—79°) in wss. Äthanol mit Natrium-Amalgam und Ansäuern der Reaktionslösung (*Russell et al.*, Biochem. J. **45** [1949] 530).

$Kp_{0,1}$: 85°.

---

*(4S)-5,5-Dimethyl-4,5,6,7-tetrahydro-4,6-methano-benzo[1,2]dithiol-3-on-oxim $C_{10}H_{13}NOS_2$, Formel II.

B. Aus (4S)-5,5-Dimethyl-4,5,6,7-tetrahydro-4,6-methano-benzo[1,2]dithiol-3-thion (s. u.) und Hydroxylamin (*Böttcher, Lüttringhaus*, A. **557** [1947] 89, 106).

Orangegelbe Krystalle; F: 123°.

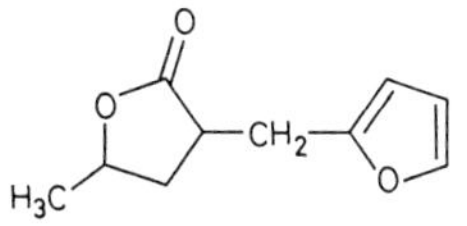

I 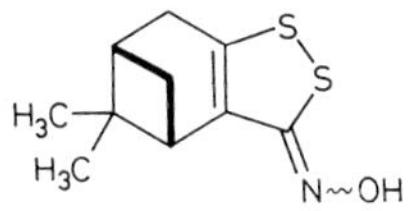   II 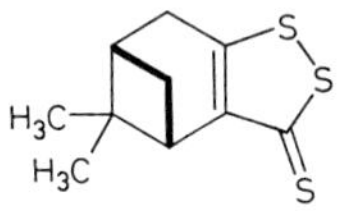   III

(4S)-5,5-Dimethyl-4,5,6,7-tetrahydro-4,6-methano-benzo[1,2]dithiol-3-thion $C_{10}H_{12}S_3$, Formel III.

B. Beim Erhitzen von (+)-α-Pinen((1R)-Pin-2-en) mit Schwefel auf 220° (*Böttcher, Lüttringhaus*, A. **557** [1947] 89, 106; *Djerassi, Lüttringhaus*, B. **94** [1961] 2305, 2310).

Orangebraune Krystalle (aus Acn. + Ae.), F: 106,5°; bei 100°/0,05 Torr sublimierbar (*Dj., Lü.*). $[\alpha]_{578}^{25}$: —48,5°; $[\alpha]_{546}^{25}$: —132,5° [jeweils in Dimethylformamid; c = 1] (*Dj., Lü.*). Optisches Drehungsvermögen $[\alpha]^{27}$ einer Lösung in Isooctan für Licht der Wellenlängen von 260 nm bis 650 nm: *Dj., Lü.* Absorptionsspektrum einer Lösung in Isooctan (210—530 nm): *Dj., Lü.*, l. c. S. 2308; einer Lösung in Methanol (260—470 nm): *Lüttringhaus, Cleve*, A. **575** [1952] 112, 115.

(*4S*)-5,5-Dimethyl-3-methylmercapto-4,5,6,7-tetrahydro-4,6-methano-benzo[1,2]=
dithiolylium $[C_{11}H_{15}S_3]^+$, Formel IV.

Bezüglich der Konstitutionszuordnung s. *Lüttringhaus, Cleve*, A. **575** [1952] 112, 116.

Jodid $[C_{11}H_{15}S_3]I$. *B*. Aus (*4S*)-5,5-Dimethyl-4,5,6,7-tetrahydro-4,6-methano-benzo=
[1,2]dithiol-3-thion (S. 1635) und Methyljodid (*Böttcher, Lüttringhaus*, A. **557** [1947] 89,
106). — Hellgelbe Krystalle; F: 141—142° [Zers.] (*Bö., Lü.*).

IV   V   VI

Oxo-Verbindungen $C_{11}H_{14}O_3$

(±)-3-[3-[2]Furyl-propyl]-dihydro-furan-2-on, (±)-5-[2]Furyl-2-[2-hydroxy-äthyl]-
valeriansäure-lacton $C_{11}H_{14}O_3$, Formel V.

B. Bei der Hydrierung von 3-[(*Ξ*)-3*t*(?)-[2]Furyl-allyliden]-dihydro-furan-2-on (F:
98—99°) an Platin in Methanol (*Zimmer, Rothe*, J. org. Chem. **24** [1959] 28, 31).

Kp_5: 150—152°. n_D^{20}: 1,4797.

(±)-7,8,8-Trimethyl-4,5,6,7-tetrahydro-4,7-methano-benzo[1,2]dithiol-3-thion $C_{11}H_{14}S_3$,
Formel VI.

B. Beim Erhitzen von (±)-4,7,7-Trimethyl-3-oxo-norbornan-2-carbaldehyd mit Phos=
phor(V)-sulfid in Tetralin (*Legrand*, Bl. **1959** 1599, 1602).

Gelbe Krystalle (aus A.); F: 170°.

Oxo-Verbindungen $C_{13}H_{18}O_3$

(±)-8′a-Methyl-3′,4′,8′,8′a-tetrahydro-2′*H*,7′*H*-spiro[[1,3]dioxolan-2,1′-naphthalin]-
6′-on, (±)-5,5-Äthandiyldioxy-4a-methyl-4,4a,5,6,7,8-hexahydro-3*H*-naphth=
alin-2-on $C_{13}H_{18}O_3$, Formel VII.

B. Als Hauptprodukt beim Erwärmen von (±)-8a-Methyl-3,4,8,8a-tetrahydro-2*H*,7*H*-
naphthalin-1,6-dion mit Äthylenglykol, Benzol und Toluol-4-sulfonsäure (*Kalvoda,
Loeffel*, Helv. **40** [1957] 2340, 2347).

Bei 124°/0,1 Torr unter partieller Zersetzung destillierbar. n_D^{20}: 1,5370. UV-Absorptions=
maximum (A.): 242 nm.

VII   VIII   IX   X

*(±)-8′a-Methyl-3′,4′,8′,8′a-tetrahydro-2′*H*,7′*H*-spiro[[1,3]dioxolan-2,1′-naphthalin]-
6′-on-semicarbazon $C_{14}H_{21}N_3O_3$, Formel VIII (X = NH-CO-NH$_2$).

B. Aus der im vorangehenden Artikel beschriebenen Verbindung und Semicarbazid
(*Kalvoda, Loeffel*, Helv. **40** [1957] 2340, 2348).

Krystalle (aus Me.); F: 203—204° [korr.; evakuierte Kapillare; Kofler-App.].

(±)-4′a-Methyl-4′,4′a,6′,7′-tetrahydro-1′*H*,3′*H*-spiro[[1,3]dioxolan-2,2′-naphthalin]-
5′-on, (±)-6,6-Äthandiyldioxy-8a-methyl-3,5,6,7,8,8a-hexahydro-2*H*-naphth=
alin-1-on $C_{13}H_{18}O_3$, Formel IX.

Diese Konstitution kommt wahrscheinlich der nachstehend beschriebenen Verbindung zu; die Position der Doppelbindung ist aber nicht bewiesen.

B. In kleiner Menge neben anderen Verbindungen beim Erwärmen von (±)-8a-Methyl-3,7,8,8a-tetrahydro-2*H*,5*H*-naphthalin-1,6-dion mit Äthylenglykol, Benzol und Toluol-4-sulfonsäure (*Kalvoda, Loeffel*, Helv. **40** [1957] 2340, 2348).

Krystalle (aus Hexan); F: 61–62°.

4,7,8-Tribrom-decahydro-3,10a-methano-oxepino[3,4-*b*]benzofuran-1-on, 2,7,8-Tribrom-3-hydroxy-decahydro-dibenzofuran-4a-carbonsäure-lacton $C_{13}H_{15}Br_3O_3$, Formel X.

Diese Konstitution kommt vermutlich der nachstehend beschriebenen opt.-inakt. Verbindung zu (*Raffauf*, Am. Soc. **74** [1952] 4460).

B. Beim Behandeln von opt.-inakt. 1,5a,6,9,9a,9b-Hexahydro-4*H*-dibenzofuran-4a-carbonsäure (E III/IV **18** 4239) mit Brom in Chloroform (*Ra.*).

Krystalle (aus Eg.); F: 228–230° [Zers.].

Oxo-Verbindungen $C_{15}H_{22}O_3$

4-Methyl-1-[5-methyl-2,3,4,5-tetrahydro-[2,3′]bifuryl-5-yl]-pentan-2-on $C_{15}H_{22}O_3$.

Über die Konstitution der folgenden Stereoisomeren s. *Birch et al.*, Chem. and Ind. **1954** 902; *Kubota*, Tetrahedron **4** [1958] 68, 69; über die Konfiguration s. *Hegarty et al.*, Austral. J. Chem. **23** [1970] 107, 113; *Hamilton et al.*, Austral. J. Chem. **26** [1973] 375, 378.

a) **4-Methyl-1-[(2*R*)-5*c*-methyl-(2*rH*)-2,3,4,5-tetrahydro-[2,3′]bifuryl-5*t*-yl]-pentan-2-on, Ipomeamaron** $C_{15}H_{22}O_3$, Formel I.

Isolierung aus von Schwarzfäule befallener Ipomea batatas: *Watanabe, Iwata*, J. agric. chem. Soc. Japan **23** [1950] 521; C. A. **1952** 9263; *Ohno*, Bl. chem. Soc. Japan **25** [1952] 222, 223; *Kubota*, Tetrahedron **4** [1958] 68).

$Kp_{0,06}$: 112–113°; $[\alpha]_D^{20}$: +11,1° [Bzl.; c = 3] (*Ohno, Toyao*, Bl. chem. Soc. Japan **25** [1952] 414, 416). $Kp_{0,001}$: 103°; D_4^{15}: 1,0423; n_D^{15}: 1,4827; $[\alpha]_D^{25,5}$: +28,1° [unverd.] (*Kubota et al.*, J. chem. Soc. Japan Pure Chem. Sect. **74** [1953] 44; C. A. **1954** 9995).

Beim Behandeln mit Kaliumpermanganat in Wasser ist Ipomeansäure [E III/IV **18** 5320] (*Ohno, To.*), beim Behandeln einer Lösung in Chloroform mit Ozon und Behandeln des Reaktionsprodukts mit Kaliumdichromat und wss. Schwefelsäure sind Ipomeansäure und (+)-Ipomlacton [E III/IV **17** 5884; E III/IV **18** 8471] (*Kubota, Matsuura*, Pr. Japan Acad. **28** [1952] 44; J. chem. Soc. Japan Pure Chem. Sect. **74** [1953] 101, 102, 103; C. A. **1953** 6395) erhalten worden. Bildung von 9-Acetoxy-9-[3]furyl-2,6-dimethyl-non-5-en-4-on und 9-Acetoxy-9-[3]furyl-2,6-dimethyl-non-6-en-4-on (E III/IV **18** 142) beim Erhitzen mit Acetanhydrid und Natriumacetat: *Kubota, Matsuura*, Chem. and Ind. **1956** 521; J. chem. Soc. Japan Pure Chem. Sect. **78** [1957] 385, 387; C. A. **1959** 21861; Soc. **1958** 3667, 3669; *Hegarty et al.*, Austral. J. Chem. **23** [1970] 107, 111.

Oxim $C_{15}H_{23}NO_3$. Kp_6: 153–156°; D_4^{15}: 1,0633; n_D^{15}: 1,5032; $[\alpha]_D^{15}$: +23,3° [Bzl.; c = 6] (*Ohno*).

2,4-Dinitro-phenylhydrazon $C_{21}H_{26}N_4O_6$. Orangegelbe Krystalle (aus A.); F: 148,5° (*Wa., Iw.*, l. c. S. 522).

Semicarbazon $C_{16}H_{25}N_3O_3$. Krystalle; F: 133–134° [Zers.] (*Kubota et al.*, J. chem. Soc. Japan Pure Chem. Sect. **73** [1952] 897; C. A. **1953** 6394), 131–132° [aus wss. A.] (*Ohno*). $[\alpha]_D^{19}$: +85° [Bzl.] (*Ohno*; s. dagegen *He. et al.*, l. c. S. 109).

I   II

b) **4-Methyl-1-[(2*S*)-5*c*-methyl-(2*rH*)-2,3,4,5-tetrahydro-[2,3′]-bifuryl-5*t*-yl]-pentan-2-on, Ngaion** $C_{15}H_{22}O_3$, Formel II.

Isolierung aus dem ätherischen Öl der Blätter von Myoporum acuminatum: *Birch et al.*, Austral. J. Chem. **6** [1953] 385; von Myoporum bontioides: *Kubota, Matsuura*, Bl. chem. Soc. Japan **31** [1958] 491, 493; von Myoporum laetum: *McDowall*, Soc. **127** [1925] 2200, 2202; *Brandt, Ross*, Soc. **1949** 2778, 2780.

Kp_{29}: 188° [korr.]; D_{20}^{20}: 1,0273; n_D^{20}: 1,4794 (*McD.*, l. c. S. 2203). Kp_{10}: 159–160°; D_4^{25}: 1,0231; n_D^{25}: 1,4769; $[\alpha]_D^{24}$: −25,1° [unverd.]; $[\alpha]_D^{24}$: −12,3° [Bzl.; c = 5] (*Birch et al.*,

Chem. and Ind. **1954** 902). $Kp_{0,4}$: 124°; D_4^{15}: 1,028; n_D^{15}: 1,4800 (*Br., Ross*). IR-Spektrum (CS_2 sowie $CHCl_3$; 5,5—15 μ): *J. Plíva, M. Horák, V. Herout, F. Šorm*, Die Terpene, Tl. 1 [Berlin 1960] Nr. S 5. UV-Spektrum (Hexan; 220—360 nm): *Br., Ross*.

Bei der Hydrierung an Platin in Essigsäure und Behandlung des Reaktionsprodukts mit warmer äthanol. Kalilauge sind eine **Verbindung** $C_{15}H_{28}O_3$ ($Kp_{0,2}$: 108—111°; D_4^{20}: 0,9757; n_D^{20}: 1,4662; Acetyl-Derivat $C_{17}H_{30}O_4$; $Kp_{0,4}$: 136—138°; D_4^{18}: 0,9874; n_D^{18}: 1,4575) und andere Substanzen erhalten worden (*Br., Ross*).

Oxim $C_{15}H_{23}NO_3$. Kp_{27}: 201°; D_{20}^{20}: 1,0640; n_D^{23}: 1,5008; $[\alpha]_D$: −13,5° [$CHCl_3$; c = 10] (*McD.*, l. c. S. 2204).

4-Nitro-phenylhydrazon $C_{21}H_{27}N_3O_4$. Hellgelbe Krystalle (aus A.); F: 103° (*McD.*, l. c. S. 2203).

2,4-Dinitro-phenylhydrazon $C_{21}H_{26}N_4O_6$. F: 148° (*Bi. et al.*, Chem. and Ind. **1954** 902).

Semicarbazon $C_{16}H_{25}N_3O_3$. Krystalle; F: 132,5—133°; $[\alpha]_D$: −66,2° [Bzl.] (*Bi. et al.*, Chem. and Ind. **1954** 902); $[\alpha]_D^{20}$: −68° [Bzl.] (*Hegarty et al.*, Austral. J. Chem. **23** [1970] 107, 115).

c) (±)-4-Methyl-1-[5c-methyl-(2rH)-2,3,4,5-tetrahydro-[2,3′]bifuryl-5t-yl]-pentan-2-on, (±)-Ipomeamaron, (±)-Ngaion $C_{15}H_{22}O_3$, Formel II + Spiegelbild.

B. Beim Erhitzen von 9-Acetoxy-9-[3]furyl-2,6-dimethyl-non-5-en-4-on (E III/IV **18** 142) mit wss. Natronlauge (*Kubota, Matsuura*, J. chem. Soc. Japan Pure Chem. Sect. **78** [1957] 385, 388; C. A. **1959** 21861; Soc. **1958** 3667, 3669).

$Kp_{0,002}$: 91—93°; $n_D^{9,5}$: 1,4842 (*Ku., Ma.*, J. chem. Soc. Japan Pure Chem. Sect. **78** 388). Semicarbazon $C_{16}H_{25}N_3O_3$. Krystalle; F: 110—111,5° (*Birch et al.*, Chem. and Ind. **1954** 902), 109—110,5° [aus CCl_4] (*Kubota, Matsuura*, Soc. **1958** 3667, 3669).

d) (±)-4-Methyl-1-[5t-methyl-(2rH)-2,3,4,5-tetrahydro-[2,3′]bifuryl-5c-yl]-pentan-2-on, (±)-Epiipomeamaron $C_{15}H_{22}O_3$, Formel III + Spiegelbild.

B. Neben 7-Methyl-5,6,7,8-tetrahydro-4H-4,7-epoxido-cycloocta[b]furan-9-on beim Behandeln des aus opt.-inakt. [5-Methyl-2,3,4,5-tetrahydro-[2,3′]bifuryl-5-yl]-essigsäure (n_D^{19}: 1,4990) mit Hilfe von Oxalylchlorid hergestellten Säurechlorids mit Diisobutylcadmium in Benzol (*Matsuura*, J. chem. Soc. Japan Pure Chem. Sect. **78** [1957] 389, 394; C. A. **1959** 21861; *Kubota, Matsuura*, Soc. **1958** 3667, 3671).

$Kp_{0,01}$: 92—95°; n_D^{12}: 1,4812 [über das Semicarbazon gereinigtes Präparat] (*Ma.; Ku., Ma.*).

Semicarbazon $C_{16}H_{25}N_3O_3$. Krystalle (aus CCl_4); F: 104—106° (*Ma.; Ku., Ma.*).

III   IV   V

(±)-5′,5′,8′a-Trimethyl-3′,7′,8′,8′a-tetrahydro-2′H,5′H-spiro[[1,3]dioxolan-2,1′-naphthalin]-6′-on, (±)-5,5-Äthandiyldioxy-1,1,4a-trimethyl-3,4,4a,5,6,7-hexahydro-1H-naphthalin-2-on $C_{15}H_{22}O_3$, Formel IV.

B. Beim Behandeln von (±)-8′a-Methyl-3′,4′,8′,8′a-tetrahydro-2′H,7′H-spiro[[1,3]dioxolan-2,1′-naphthalin]-6′-on mit Kalium-*tert*-pentylat in *tert*-Pentylalkohol und mit Methyljodid unter Stickstoff (*Kalvoda, Loeffel*, Helv. **40** [1957] 2340, 2348).

Bei 110°/0,05 Torr destillierbar. n_D^{20}: 1,510.

(3aS,6E)-10ξ,11ξ-Epoxy-3c,6,10ξ-trimethyl-(3ar,11at)-3a,4,5,8,9,10,11,11a-octahydro-3H-cyclodeca[b]furan-2-on, (11S)-4,5ξ-Epoxy-6α-hydroxy-4ξH-germacr-1(10)t-en-12-säure-lacton [1] $C_{15}H_{22}O_3$, Formel V.

Diese Konstitution und Konfiguration kommt dem nachstehend beschriebenen **Dihydroparthenolid** zu; die Konfiguration ergibt sich aus der genetischen Beziehung

---

[1] Stellungsbezeichnung bei von Germacran abgeleiteten Namen s. E III/IV **17** 4393.

(s. *Bawdekar et al.*, Tetrahedron Letters **1966** 1225) zu Dihydrocostunolid ((11*S*)-6α-Hydr=
oxy-germacra-1(10)*t*,4*t*-dien-12-säure-lacton [E III/IV **17** 4759]).

B. Bei der Hydrierung von Parthenolid (S. 1731) an Platin in Methanol (*Souček et al.*,
Collect. **26** [1961] 803, 807; *Herout et al.*, Chem. and Ind. **1959** 1069).

Krystalle (aus Diisopropyläther); F: 137—139° [Kofler-App.]; $[\alpha]_D^{20}$: —101,3° [CHCl$_3$;
c = 2] (*So. et al.*).

4,5; 8,9-Diepoxy-2-isopropyliden-5,9-dimethyl-cyclodecanon C$_{15}$H$_{22}$O$_3$, Formel VI.
Diese Konstitution kommt dem nachstehend beschriebenen Germacron-diepoxid zu.

B. Beim Behandeln von Germacron (10-Isopropyliden-3,7-dimethyl-cyclodeca-3*t*,7*t*-di=
enon) mit Monoperoxyphthalsäure (2 Mol) in Äther (*J. Pliva, M. Horák, V. Herout,
F. Šorm*, Die Terpene, Tl. 1 [Berlin 1960] Nr. S 43; s. a. *Herout et al.*, Chem. and Ind.
1959 1089).

Krystalle (aus PAe. + A.); F: 124° (*Pl., Ho., He., Šorm*). IR-Spektrum (CHCl$_3$;
5,8—12,2 μ): *Pl., Ho., He., Šorm*. UV-Absorptionsmaxima: 248 nm und 317 nm (*Pl.,
Ho., He., Šorm*).

VI   VII   VIII

(3a*S*)-8ξ,9ξ-Dibrom-6ξ,6a-epoxy-3*c*,6ξ,9ξ-trimethyl-(3a*r*,6aξ,9a*c*,9b*t*)-decahydro-
azuleno[4,5-*b*]furan-2-on, (*S*)-2-[(3a*R*)-2ξ,3ξ-Dibrom-8ξ,8a-epoxy-4*c*-hydroxy-3ξ,8ξ-di=
methyl-(3a*r*,8aξ)-decahydro-azulen-5*t*-yl]-propionsäure-lacton, (11*S*)-3ξ,4-Dibrom-
1,10-epoxy-6α-hydroxy-1ξ,4ξ*H*,10ξ*H*-guajan-12-säure-lacton [1]) C$_{15}$H$_{20}$Br$_2$O$_3$, Formel VII.
B. Aus Arborescin (S. 1732) und Brom (*Mazur, Meisels*, Chem. and Ind. **1956** 492).
F: 123—124°.

(3a*R*)-4*c*,4a-Epoxy-3*t*,5*t*,8a-trimethyl-(3a*r*,4a*c*,8a*t*,9a*c*)-decahydro-naphtho[2,3-*b*]furan-
2-on, (11*S*)-5,6α-Epoxy-8β-hydroxy-eudesman-12-säure-lacton [2]), Dihydroalantolacton=
oxid C$_{15}$H$_{22}$O$_3$, Formel VIII.
B. Beim Erhitzen einer Lösung von Dihydroalantolacton ((11*S*)-8β-Hydroxy-eudesm-
5-en-12-säure-lacton [E III/IV **17** 4763]) in Essigsäure mit wss. Wasserstoffperoxid
(*Ukita et al.*, J. pharm. Soc. Japan **72** [1952] 796, 800; *Fujita et al.*, Kumamoto pharm.
Bl. Nr. 3 [1958] 86, 88).

Krystalle; F: 208° [aus Me.] (*Fu. et al.*), 203° [aus A.] (*Uk. et al.*). $[\alpha]_D^{27}$: —34,9° [Py.;
c = 2] (*Uk. et al.*).

Beim Erwärmen mit wss.-methanol. Natronlauge bzw. äthanol. Kalilauge und Behandeln des Reaktionsprodukts mit wss. Salzsäure ist (11*S*)-5,6β,8β-Trihydroxy-eudesman-
12-säure-6-lacton (E III/IV **18** 1178) erhalten worden (*Uk. et al.; Fu. et al.*).

Oxo-Verbindungen C$_{16}$H$_{24}$O$_3$

(2*R*,8'a*R*)-4'a,5'ξ-Epoxy-2'*t*,5'ξ,8'a-trimethyl-decahydro-(4'aξ,8'a*r*)-spiro[furan-
2,1'-naphthalin]-5-on, 3-[(8a*R*)-4a,5ξ-Epoxy-1*t*-hydroxy-2*t*,5ξ,8a-trimethyl-(4aξ,8a*r*)-
decahydro-[1*c*]naphthyl]-propionsäure-lacton, 4,5-Epoxy-9-hydroxy-14,15,16,19-tetra=
nor-4ξ*H*,5ξ,8β*H*-labdan-13-säure-lacton [3]) C$_{16}$H$_{24}$O$_3$, Formel IX.
B. Beim Behandeln von 9-Hydroxy-14,15,16,19-tetranor-8β*H*-labd-4-en-13-säure-

---

[1]) Stellungsbezeichnung bei von Guajan abgeleiteten Namen s. E III/IV **17** 4677
Anm. 2.

[2]) Stellungsbezeichnung bei von Eudesman abgeleiteten Namen s. E IV **5** 355.

[3]) Stellungsbezeichnung bei von Labdan abgeleiteten Namen s. E IV **5** 368, 369.

lacton (E III/IV **17** 4769) mit Kaliumpermanganat in wss. Essigsäure (*Burn, Rigby*, Soc. **1957** 2964, 2973).

Krystalle (aus Ae. + PAe.); F: 136—137°. $[\alpha]_D^{26}$: +7,5° [CHCl₃; c = 2].

IX   X   XI

Oxo-Verbindungen C₁₇H₂₆O₃

8,12-Dithia-trispiro[5.0.5.0.5.1]nonadecan-19-on, Dispiro[5.1.5.1]tetradecan-7,14-dion-mono-propandiyldithioacetal $C_{17}H_{26}OS_2$, Formel X.

B. Beim Behandeln von Dispiro[5.1.5.1]tetradecan-7,14-dion mit Propan-1,3-dithiol und Chlorwasserstoff (*Walborsky*, J. org. Chem. **18** [1953] 702, 705).

Krystalle (aus Bzl. + A.); F: 112,5—113°.

(±)-4′a-Methyl-(4′ar,4′bt,8′ac,10′at)-decahydro-spiro[[1,3]dioxolan-2,2′-phenanthren]-8′-on, (±)-7,7-Äthandiyldioxy-4b-methyl-(4ar,4bt,8ac,10at)-dodecahydro-phenanthren-1-on $C_{17}H_{26}O_3$, Formel XI + Spiegelbild.

B. Bei der Hydrierung von (±)-7,7-Äthandiyldioxy-4b-methyl-(4br,8at)-4b,5,6,7,8,8a,=9,10-octahydro-[1]phenanthrol an Raney-Nickel in wenig wss. Natronlauge enthaltendem Äthanol bei 170°/140 at und Behandlung des Reaktionsprodukts mit Chrom(VI)-oxid und Pyridin (*Cornforth et al.*, Soc. **1955** 3348, 3360).

Krystalle (aus Me.); F: 113—114,5°.

Oxo-Verbindungen C₁₈H₂₈O₃

3,5,5,8a,9a-Pentamethyl-decahydro-3,9-oxaäthano-naphtho[2,3-b]furan-2-on, 11-Hydr=oxy-4,7,7,10a,11-pentamethyl-decahydro-1,5-methano-benz[d]oxocin-4-carbonsäure-lacton $C_{18}H_{28}O_3$, Formel XIIa ≡ XIIb.

Diese Konstitution kommt vermutlich der nachstehend beschriebenen opt.-inakt. Verbindung zu (*Dietrich et al.*, A. **603** [1957] 8, 12).

B. Beim Erhitzen von (±)-α-Bicyclofarnesol ((±)-[2,5,5,8a-Tetramethyl-(4ar,8at)-1,4,4a,5,6,7,8,8a-octahydro-[1ξ]naphthyl]-methanol; Stereoisomeren-Gemisch) mit Brenz=traubensäure auf 140° (*Di. et al.*, l. c. S. 14).

F: 186—187°.

XIIa   XIIb

Oxo-Verbindungen C₁₉H₃₀O₃

4,6a,9,9-Tetramethyl-dodecahydro-phenanthro[2,3-d][1,3]dioxol-3-on, 6,7-Isopropyliden=dioxy-1,8a-dimethyl-dodecahydro-phenanthren-2-on $C_{19}H_{30}O_3$.

Bezüglich der Zuordnung der Konfiguration an den C-Atomen 6 und 7 (Phenanthren-bezifferung) der beiden folgenden Stereoisomeren s. *Woodward, Brutcher*, Am. Soc. **80** [1958] 209.

a) **(±)-6t,7t-Isopropylidendioxy-1c,8a-dimethyl-(4ar,4bt,8ac,10ac)-dodecahydro-phenanthren-2-on** $C_{19}H_{30}O_3$, Formel XIII + Spiegelbild.

B. Beim Erwärmen von (±)-6t,7t-Diacetoxy-1c,8a-dimethyl-(4ar,4bt,8ac,10ac)-dodeca=

hydro-phenanthren-2-on mit methanol. Kalilauge und Behandeln des Reaktionsprodukts mit Aceton und Kupfer(II)-sulfat (*Woodward et al.*, Am. Soc. **74** [1952] 4223, 4243). Krystalle (aus PAe.); F: 111,5—112,5° [korr.].

XIII   XIV

b) **(±)-6*t*,7*t*-Isopropylidendioxy-1*t*,8a-dimethyl-(4a*r*,4b*t*,8a*c*,10a*t*)-dodecahydro-phenanthren-2-on** $C_{19}H_{30}O_3$, Formel XIV + Spiegelbild.

B. Beim Erwärmen von (±)-6*t*,7*t*-Diacetoxy-1*t*,8a-dimethyl-(4a*r*,4b*t*,8a*c*,10a*t*)-dodeca-hydro-phenanthren-2-on oder von (±)-6*t*,7*t*-Diacetoxy-1*c*,8a-dimethyl-(4a*r*,4b*t*,8a*c*,10a*t*)-dodecahydro-phenanthren-2-on mit methanol. Kalilauge und Behandeln des jeweiligen Reaktionsprodukts mit Aceton und Kupfer(II)-sulfat (*Woodward et al.*, Am. Soc. **74** [1952] 4223, 4243).

Krystalle (aus PAe.); F: 104° [korr.].   [*Schmidt*]

Monooxo-Verbindungen $C_nH_{2n-10}O_3$

Oxo-Verbindungen $C_7H_4O_3$

1,1-Dioxo-1λ^6-benz[*c*][1,2]oxathiol-3-on, 2-Sulfo-benzoesäure-anhydrid $C_7H_4O_4S$, Formel I (R = X = H) (H 110; E I 659; E II 137; dort als Benzoesäure-*o*-sulfonsäure-endoanhydrid bezeichnet).

B. Beim Erwärmen des Monoammonium-Salzes der 2-Sulfo-benzoesäure mit Phos-phor(III)-chlorid in Benzol (*Vodák, Leminger*, Collect. **19** [1954] 925, 928).

Beim Erhitzen mit Brenzcatechin auf 110° ist 3,3-Bis-[3,4-dihydroxy-phenyl]-3*H*-benz[*c*][1,2]oxathiol-1,1-dioxid erhalten worden (*Vo., Le.*). Bildung von 2-[4-Di-methylamino-benzoyl]-benzolsulfonsäure beim Erhitzen mit *N,N*-Dimethyl-anilin auf 110°: *Cornwell*, Am. Soc. **54** [1932] 819.

3,3-Bis-äthylamino-3*H*-benz[*c*][1,2]oxathiol-1,1-dioxid $C_{11}H_{16}N_2O_3S$, Formel II (R = C_2H_5) (H 111; dort als ,,asymm. *o*-Sulfo-benzoesäure-bis-äthylamid'' bezeichnet).

B. Beim Erhitzen von α,α-Bis-äthylamino-α-hydroxy-toluol-2-sulfonsäure-amid (?) (E III **11** 659) mit Acetanhydrid und Natriumacetat (*Oddo, Mingoia*, G. **61** [1931] 435, 443).

Krystalle (aus wss. A.); F: 276° (*Oddo, Mi.*; s. dagegen H 111).

Beim Erhitzen mit wss. Alkalilauge (0,5n) erfolgt keine Reaktion; beim Erhitzen mit wss.-äthanol. Kalilauge (20%ig) ist dagegen α,α-Bis-äthylamino-α-hydroxy-toluol-2-sulf-onsäure (?) (E III **11** 659) erhalten worden (*Oddo, Mi.*, l. c. S. 444). Bildung von Salicyl-säure und Äthylamin beim Erhitzen mit Kaliumhydroxid: *Oddo, Mi.*, l. c. S. 443.

3,3-Dianilino-3*H*-benz[*c*][1,2]oxathiol-1,1-dioxid $C_{19}H_{16}N_2O_3S$, Formel II (R = C_6H_5) (H 111; dort als ,,asymm. *o*-Sulfo-benzoesäure-dianilid'' bezeichnet).

B. Beim Erhitzen von α,α-Dianilino-α-hydroxy-toluol-2-sulfonsäure-amid (?) (E III **12** 1039) mit Acetanhydrid und Natriumacetat (*Oddo, Mingoia*, G. **61** [1931] 435, 439).

Krystalle (aus A.); F: 315° (*Oddo, Mi.*; s. dagegen H 111).

3,3-Di-*o*-toluidino-3*H*-benz[*c*][1,2]oxathiol-1,1-dioxid $C_{21}H_{20}N_2O_3S$, Formel II (R = C_6H_4-CH_3) (H 112; dort als ,,asymm. *o*-Sulfo-benzoesäure-di-*o*-toluidid'' bezeichnet).

B. Beim Erhitzen von α-Hydroxy-α,α-di-*o*-toluidino-toluol-2-sulfonsäure-amid (?) (E III **12** 1899) mit Acetanhydrid und Natriumacetat (*Oddo, Mingoia*, G. **61** [1931] 435, 441).

Krystalle (aus A.); F: 278° (*Oddo, Mi.*; s. dagegen H 112).

4,7-Dichlor-1,1-dioxo-1λ^6-benz[c][1,2]oxathiol-3-on, 3,6-Dichlor-2-sulfo-benzoesäure-anhydrid $C_7H_2Cl_2O_4S$, Formel I (R = X = Cl).

B. Beim Behandeln des Monoammonium-Salzes der 2-Sulfo-benzoesäure mit Schwefel=
trioxid enthaltender Schwefelsäure und Behandeln der warmen Reaktionslösung mit
Chlor [2 Mol] (*Twiss, Farinholt*, Am. Soc. **58** [1936] 1561, 1564).
Krystalle (aus Eg. + Acetanhydrid); F: 121—122°.
An feuchter Luft nicht beständig.

    I   II   III   IV

7-Brom-1,1-dioxo-1λ^6-benz[c][1,2]oxathiol-3-on, 3-Brom-2-sulfo-benzoesäure-anhydrid
$C_7H_3BrO_4S$, Formel I (R = H, X = Br).

B. Als Hauptprodukt neben 3,6-Dibrom-2-sulfo-benzoesäure-anhydrid beim Behandeln
des Monoammonium-Salzes der 2-Sulfo-benzoesäure mit Schwefeltrioxid enthaltender
Schwefelsäure und Erhitzen der Reaktionslösung mit Brom (0,5 Mol) bis auf 180° (*Twiss,
Farinholt*, Am. Soc. **58** [1936] 1561, 1564).
Krystalle (aus Bzl. + Thionylchlorid); F: 175—176°.
An feuchter Luft nicht beständig.

4,7-Dibrom-1,1-dioxo-1λ^6-benz[c][1,2]oxathiol-3-on, 3,6-Dibrom-2-sulfo-benzoesäure-anhydrid $C_7H_2Br_2O_4S$, Formel I (R = X = Br) (E II 138).

B. Beim Behandeln des Monoammonium-Salzes der 2-Sulfo-benzoesäure mit Schwefel=
trioxid enthaltender Schwefelsäure und Erhitzen der Reaktionslösung mit Brom (1 Mol)
bis auf 180° (*Twiss, Farinholt*, Am. Soc. **58** [1936] 1561, 1564).
Krystalle (aus Bzl. + Thionylchlorid); F: 167—168°.

**4,5,7-Tribrom-1,1-dioxo-1λ^6-benz[c][1,2]oxathiol-3-on, 2,3,5-Tribrom-6-sulfo-benzoe=
säure-anhydrid** $C_7HBr_3O_4S$, Formel III (X = Br).

B. Neben 2,3,4,5-Tetrabrom-6-sulfo-benzoesäure-anhydrid (Hauptprodukt) beim Be=
handeln von 2-Sulfo-benzoesäure mit Schwefeltrioxid enthaltender Schwefelsäure und
Erhitzen der Reaktionslösung mit Brom (2,4 Mol) bis auf 170° (*Twiss, Farinholt*, Am. Soc.
58 [1936] 1561, 1563).
Krystalle (aus Eg. + Acetanhydrid); F: 224°.

**x,x-Dijod-1,1-dioxo-1λ^6-benz[c][1,2]oxathiol-3-on, x,x-Dijod-2-sulfo-benzoesäure-
anhydrid** $C_7H_2I_2O_4S$, Formel IV.

B. Beim Erhitzen von 2,3,4,5-Tetrajod-6-sulfo-benzoesäure-anhydrid (E II 138) mit
Wasser, Behandeln der Reaktionslösung mit wss. Ammoniak und anschliessend mit
Schwefelwasserstoff und Erwärmen des neben dem Diammonium-Salz der 2,3,5-Trijod-
6-sulfo-benzoesäure erhaltenen Reaktionsprodukts mit Thionylchlorid (*Twiss, Farinholt*,
Am. Soc. **58** [1936] 1561, 1565).
Krystalle (aus Acetanhydrid); F: 221—223°.

**4,5,7-Trijod-1,1-dioxo-1λ^6-benz[c][1,2]oxathiol-3-on, 2,3,5-Trijod-6-sulfo-benzoesäure-
anhydrid** $C_7HI_3O_4S$, Formel III (X = I).

B. Neben kleinen Mengen 2,3,4,5-Tetrajod-6-sulfo-benzoesäure-anhydrid (E II 138)
beim Behandeln von 2-Sulfo-benzoesäure-anhydrid mit Schwefeltrioxid enthaltender
Schwefelsäure und Erhitzen der Reaktionslösung mit Jod (1,5 Mol) bis auf 170° (*Twiss,
Farinholt*, Am. Soc. **58** [1936] 1561, 1563).
Gelbe Krystalle (aus Eg. + Acetanhydrid); F: 287—288°.

6-Nitro-1,1-dioxo-1λ^6-benz[c][1,2]oxathiol-3-on, 4-Nitro-2-sulfo-benzoesäure-anhydrid
$C_7H_3NO_6S$, Formel V.

B. Aus 4-Nitro-2-sulfo-benzoesäure beim Erhitzen ohne Zusatz unter 12 Torr auf 185°, beim Erhitzen mit Phosphor(V)-oxid oder mit Acetylchlorid (*Grob, Goldberg*, Helv. **32** [1949] 172, 180), beim Erwärmen des Monokalium-Salzes mit Thionylchlorid (*Grob, Go.*) sowie beim Erhitzen des Dikalium-Salzes mit Phosphor(V)-chlorid auf 180° (*Grob, Go.*, l. c. S. 179).

Krystalle (aus Bzl. + Hexan); F: 112° [korr.]. Bei 184°/12 Torr destillierbar.

An feuchter Luft erfolgt Hydrolyse (Bildung von 4-Nitro-2-sulfo-benzoesäure). Beim Erwärmen mit Äthanol ist 4-Nitro-2-sulfo-benzoesäure-äthylester erhalten worden (*Grob, Go.*, l. c. S. 180).

Benzo[1,2]dithiol-3-on $C_7H_4OS_2$, Formel VI (E II 138; dort als Benzoylendisulfid bezeichnet).

Diese Verbindung hat auch in einem früher (s. E I **10** 57 im Artikel Diphenyldisulfiddicarbonsäure-2,2') beschriebenen Präparat (F: 75—76°) der vermeintlichen Zusammensetzung $C_{14}H_8O_2S_4$ vorgelegen (*Schönberg, Mostafa*, Soc. **1941** 793).

B. Beim Behandeln einer warmen Lösung von 2-Acetyldisulfanyl-benzoesäure-methyl= ester in Methanol mit Chlorwasserstoff (*Raoul, Vialle*, Bl. **1959** 1670, 1675).

Dipolmoment (ε; Bzl.): 3,36 D (*Lüttringhaus, Grohmann*, Z. Naturf. **10b** [1955] 365).

Gelbe Krystalle (aus A.); F: 77° (*Ra., Vi.*).

V   VI   VII   VIII

***Benzo[1,2]dithiol-3-on-[2-hydroxy-äthylimin]**, 2-Benzo[1,2]dithiol-3-ylidenamino-äthanol** $C_9H_9NOS_2$, Formel VII, und **2-[2-Hydroxy-äthyl]-benz[d]isothiazol-3-thion** $C_9H_9NOS_2$, Formel VIII.

Diese beiden Konstitutionsformeln kommen für die nachstehend beschriebene Verbindung in Betracht.

B. Beim Erwärmen einer äthanol. Lösung von Benzo[1,2]dithiol-3-thion mit 2-Amino-äthanol (*McClelland, Salkeld*, Soc. **1936** 1143, 1146).

Gelbe Krystalle (aus Me.); F: 107°.

O-Acetyl-Derivat $C_{11}H_{11}NO_2S_2$. Gelbe Krystalle (aus Me.); F: 64,5°.

Benzo[1,2]dithiol-3-on-(Z)-oxim $C_7H_5NOS_2$, Formel IX (R = H).

Bestätigung der Konstitutionszuordnung: *Baruffini et al.*, Farmaco Ed. scient. **23** [1968] 572, 575; *Andretti et al.*, Acta cryst. [B] **25** [1969] 288. Konfigurationszuordnung: *An. et al.*

B. Beim Erwärmen einer Suspension von Benzo[1,2]dithiol-3-thion in Äthanol mit Hydroxylamin-hydrochlorid und Natriumacetat (*McClelland, Salkeld*, Soc. **1936** 1143, 1146) oder mit Hydroxylamin-hydrochlorid und wss. Natriumcarbonat-Lösung (*Mannessier-Mameli*, G. **62** [1932] 1067, 1090).

Gelbe Krystalle; F: 210° [Zers.; aus Bzl. + A. oder aus A. + W.] (*Ma.-Ma.*), 208° [aus A.] (*McC., Sa.*). Orthorhombisch; Raumgruppe $P2_12_12_1$ (= D_2^4); aus dem Röntgen-Diagramm ermittelte Dimensionen der Elementarzelle: a = 11,979 Å; b = 15,26 Å; c = 4,024 Å; n = 4 (*An. et al.*, l. c. S. 288).

Benzo[1,2]dithiol-3-on-[(Z)-O-methyl-oxim] $C_8H_7NOS_2$, Formel IX (R = CH_3).

B. Beim Behandeln von Benzo[1,2]dithiol-3-on-(Z)-oxim (s. o.) mit wss. Natronlauge und mit Dimethylsulfat (*McClelland, Salkeld*, Soc. **1936** 1143, 1146). Beim Erwärmen von Benzo[1,2]dithiol-3-thion mit O-Methyl-hydroxylamin, Natriumacetat und Äthanol (*McC., Sa.*).

Gelbe Krystalle (aus Me.); F: 55°. Mit Wasserdampf flüchtig.

Benzo[1,2]dithiol-3-on-[(Z)-O-benzoyl-oxim] $C_{14}H_9NO_2S_2$, Formel IX (R = $CO-C_6H_5$).

B. Beim Behandeln von Benzo[1,2]dithiol-3-on-(Z)-oxim (s. o.) mit Benzoylchlorid und wss. Natronlauge (*Mannessier-Mameli*, G. **62** [1932] 1067, 1091).

Krystalle (aus A.); F: 147°.

1,1-Dioxo-1λ^6-benzo[1,2]dithiol-3-on-(Z)-oxim $C_7H_5NO_3S_2$, Formel X (R = H).
Die Konstitution und Konfiguration ergibt sich aus der genetischen Beziehung zu der im folgenden Artikel beschriebenen Verbindung.

B. Beim Erwärmen von Benzo[1,2]dithiol-3-on-(Z)-oxim (S. 1643) mit Essigsäure und mit wss. Wasserstoffperoxid (*McClelland, Salkeld*, Soc. **1936** 1143, 1146).
Krystalle (aus A.); F: 177°.

1,1-Dioxo-1λ^6-benzo[1,2]dithiol-3-on-[(Z)-O-methyl-oxim] $C_8H_7NO_3S_2$, Formel X (R = CH$_3$).
Konstitution und Konfiguration: *Belicchi Ferrari et al.*, Cryst. Struct. Commun. **2** [1973] 185, 187.

B. Beim Behandeln von 1,1-Dioxo-1λ^6-benzo[1,2]dithiol-3-on-(Z)-oxim mit Kalium$=$ carbonat, Dimethylsulfat und Äthanol (*McClelland, Salkeld*, Soc. **1936** 1143, 1146). Beim Erwärmen von Benzo[1,2]dithiol-3-on-[(Z)-O-methyl-oxim] mit Essigsäure und wss. Wasserstoffperoxid (*McC., Sa.*).

Krystalle (aus wss. A.); F: 135° (*McC., Sa.*). Triklin; Raumgruppe $P\bar{1}$ $(= C_i^1)$; aus dem Röntgen-Diagramm ermittelte Dimensionen der Elementarzelle: a = 8,037 Å; b = 8,541 Å; c = 14,625 Å; $\alpha = 91,7°$; $\beta = 92,3°$; $\gamma = 106,7°$; n = 4 (*Be. Fe. et al.*).

IX   X   XI   XII

*Benzo[1,2]dithiol-3-on-hydrazon $C_7H_6N_2S_2$, Formel XI (R = H).
Diese Konstitution ist der nachstehend beschriebenen Verbindung zuzuordnen (*Ba$=$ ruffini et al.*, Farmaco Ed. scient. **23** [1968] 1193, 1196, 1205 Anm. b; *Hüning et al.*, A. **754** [1971] 46, 47).

B. Beim Erwärmen einer Lösung von Benzo[1,2]dithiol-3-thion in Äthanol mit Hydr$=$ azin-hydrochlorid und Natriumacetat (*McClelland, Salkeld*, Soc. **1936** 1143, 1146).
Orangefarbene Krystalle; F: 125–126° [korr.; Kofler-App.; aus Me.] (*Hü. et al.*, l. c. S. 52), 125° [aus Bzn. bzw. Me.] (*Ba. et al.*, l. c. S. 1197; *McC., Sa.*).

Beim Erhitzen mit konz. wss. Salzsäure bis auf 160° sind Benzo[1,2]dithiol-3-on und Bis-[2-carboxy-phenyl]-disulfid erhalten worden (*McC., Sa.*, l. c. S. 1145).

*Benzo[1,2]dithiol-3-on-phenylhydrazon $C_{13}H_{10}N_2S_2$, Formel XI (R = C$_6$H$_5$).
Diese Konstitution ist vermutlich der nachstehend beschriebenen Verbindung auf Grund ihrer Bildungsweise zuzuordnen (vgl. die im vorangehenden Artikel beschriebene, analog hergestellte Verbindung).

B. Beim Erwärmen von Benzo[1,2]dithiol-3-thion mit Phenylhydrazin ohne Zusatz (*McClelland, Salkeld*, Soc. **1936** 1143, 1146) oder unter Zusatz von Äthanol (*Baruffini et al.*, Farmaco Ed. scient. **23** [1968] 1193, 1197).
Braune Krystalle (aus A. bzw. Me.); F: 106° (*McC., Sa.*; *Ba. et al.*).

*Benzo[1,2]dithiol-3-yliden-carbazinsäure-äthylester $C_{10}H_{10}N_2O_2S_2$, Formel XI (R = CO-O-C$_2$H$_5$).
B. Beim Behandeln einer wenig Pyridin enthaltenden Lösung von Benzo[1,2]dithiol-3-on-hydrazon (s. o.) in Äther mit Chlorokohlensäure-äthylester (*McClelland, Salkeld*, Soc. **1936** 1143, 1146).
Orangefarbene Krystalle (aus Me.); F: 96° (*McC., Sa.*; *Baruffini et al.*, Farmaco Ed. scient. **23** [1968] 1193, 1198).

*Benzo[1,2]dithiol-3-yliden-carbazinsäure-isopentylester $C_{13}H_{16}N_2O_2S_2$, Formel XI (R = CO-O-CH$_2$-CH$_2$-CH(CH$_3$)$_2$).
Diese Konstitution ist der nachstehend beschriebenen Verbindung zugeordnet worden (*McClelland, Salkeld*, Soc. **1936** 1143, 1147).

B. Beim Erhitzen eines als 1-[3-Mercapto-3*H*-benzo[1,2]dithiol-3-yl]-semicarbazid angesehenen, bei 205—212° schmelzenden Präparats (s. u.) mit Isopentylalkohol (*McC.*, *Sa.*).

Gelbe Krystalle (aus A.); F: 105°.

5,7-Dichlor-benzo[1,2]dithiol-3-on $C_7H_2Cl_2OS_2$, Formel XII.

B. Beim Behandeln einer warmen Lösung von 2-Acetyldisulfanyl-3,5-dichlor-benzoe=säure-methylester in Methanol mit Chlorwasserstoff (*Raoul, Vialle,* Bl. **1959** 1670, 1675).

Gelbliche Krystalle (aus A.); F: 114° [Kofler-App.; nach Sublimation von 90° an].

Benzo[1,2]dithiol-3-thion $C_7H_4S_3$, Formel I (X = H) (E I 659; E II 139; dort als Thio=benzoylendisulfid bezeichnet).

B. Beim Erhitzen von 1-Methyl-cyclohexen mit Schwefel bis auf 205° (*Legrand et al.,* Bl. **1953** 327, 330). Beim Erhitzen von Benzo[1,2]dithiol-3-on (*Raoul, Vialle,* Bl. **1959** 1670, 1675) oder von Bis-[2-carboxy-phenyl]-disulfid (*Fowkes, McClelland,* Soc. **1941** 187, 190) mit Phosphor(V)-sulfid in Xylol. Beim Erhitzen der Natrium-Verbindung des Saccharins (1,1-Dioxo-1λ^6-benz[*d*]isothiazol-3-ons) mit Phosphor(V)-sulfid bis auf 140° (*Le. et al.,* l. c. S. 329; vgl. E I 659).

Dipolmoment (ε; Bzl.): 3,88 D (*Lüttringhaus, Grohmann,* Z. Naturf. **10b** [1955] 365). Orangerote Krystalle; F: 98° [aus Eg.] (*Mannessier-Mameli,* G. **65** [1935] 69, 73), 95° [aus A. bzw. nach Chromatographie an Aluminiumoxid] (*Ra., Vi.; Le. et al.*). Über eine metastabile (?) Modifikation (orangefarbene Krystalle [aus A.] vom F: 89—90°, deren Schmelze zu Krystallen vom F: 94—95° erstarrt) s. *Le. et al.,* l. c. S. 329. Absorptionsspektrum (Me.; 250—450 nm): *Lüttringhaus, Cleve,* A. **575** [1952] 112, 115.

Eine von *Böttcher* und *Lüttringhaus* (A. **557** [1947] 89, 94 105) beim Erwärmen mit Methyljodid und Aceton erhaltene Verbindung [$C_8H_7S_3$]I (rote Krystalle, F: 139—140°) ist als 3-Methylmercapto-benzo[1,2]dithiolylium-jodid (entsprechend Formel II [und Mesomere]) zu formulieren (*Hünig et al.,* A. **754** [1971] 46, 47; s. a. *Schmidt,* A. **635** [1960] 109, 114).

Verbindung mit Quecksilber(II)-chlorid $C_7H_4S_3 \cdot HgCl_2$. Gelbe Krystalle (aus A.); F: 225° [Zers.] (*Bö., Lü.,* l. c. S. 104).

     I   II   III

(±)-3-Semicarbazido-3*H*-benzo[1,2]dithiol-3-thiol, (±)-1-[3-Mercapto-3*H*-benzo[1,2]=dithiol-3-yl]-semicarbazid $C_8H_9N_3OS_3$, Formel III.

Diese Verbindung hat nach *McClelland* und *Salkeld* (Soc. **1936** 1143, 1146) in dem nachstehend beschriebenen Präparat vorgelegen.

B. Beim Erwärmen einer äthanol. Lösung von Benzo[1,2]dithiol-3-thion mit Semi=carbazid-hydrochlorid und Natriumacetat (*McC., Sa.*).

Bei 205—212° schmelzend.

Beim Erhitzen mit Isopentylalkohol ist eine als Benzo[1,2]dithiol-3-yliden-carbazin=säure-isopentylester angesehene Verbindung (F: 105° [S. 1644]) erhalten worden (*McC., Sa.,* l. c. S. 1147).

5,7-Dichlor-benzo[1,2]dithiol-3-thion $C_7H_2Cl_2S_3$, Formel I (X = Cl).

B. Beim Erhitzen von 5,7-Dichlor-benzo[1,2]dithiol-3-on mit Phosphor(V)-sulfid in Xylol (*Raoul, Vialle,* Bl. **1959** 1670, 1675).

Rote Krystalle (aus A.); F: 174° [Kofler-App.; nach Sublimation von 110° an].

Benzo[1,3]dioxol-2-on, Kohlensäure-*o*-phenylenester, *o*-Phenylencarbonat $C_7H_4O_3$, Formel IV (H 112; E I 660).

B. Beim Behandeln von Brenzcatechin mit wss. Natronlauge und mit Phosgen in Toluol

(*Hanslick et al.*, Org. Synth. Coll. Vol. IV [1963] 788; vgl. H 112). Beim Erhitzen von Oxalodiimidsäure-bis-[2-hydroxy-phenylester] (?) (E III **6** 4231) auf 280° (*Hahn, Leopold*, B. **68** [1935] 1974, 1982). Beim Erhitzen von Kohlensäure-bis-imidazolidid mit Brenz≈catechin auf 120° (*Staab*, A. **609** [1957] 75, 82).

Dipolmoment (ε; Bzl.): 4,14 D (*Lüttringhaus, Grohmann*, Z. Naturf. **10b** [1955] 365).

Krystalle; F: 120° [aus Me.] (*Hahn, Le.*), 110—120° [aus Toluol] (*Han. et al.*), 117,5° bis 118° (*St.*).

2,2-Dimethoxy-benzo[1,3]dioxol, Orthokohlensäure-dimethylester-o-phenylenester $C_9H_{10}O_4$, Formel V.

B. Beim Erhitzen von Brenzcatechin mit Orthokohlensäure-tetramethylester unter Entfernen des entstehenden Methanols (*Smith*, Acta chem. scand. **10** [1956] 1006, 1009).

Kp_{19}: 115—116°. D_4^{20}: 1,1959. n_D^{20}: 1,4978.

IV   V   VI

Benzo[1,3]dioxol-2-thion, Thiokohlensäure-O,O'-o-phenylenester, O,O'-o-Phenylen-thio≈carbonat $C_7H_4O_2S$, Formel VI (E II 139; dort als 2-Thion-1.3-benzdioxol bezeichnet).

Dipolmoment (ε; Bzl.): 4,40 D (*Lüttringhaus, Grohmann*, Z. Naturf. **10b** [1955] 365).

Reines Benzo[1,3]dioxol-2-thion ist farblos (*Lü., Gr.*; vgl. E II 139).

Benz[1,3]oxathiol-2-on, Thiokohlensäure-O,S-o-phenylenester, O,S-o-Phenylen-thiocarbonat $C_7H_4O_2S$, Formel VII (X = H).

B. Beim Behandeln von 2-Mercapto-phenol mit Natronlauge und mit Phosgen (*Green-wood, Stevenson*, Soc. **1953** 1514, 1517).

F: 26°. Kp_2: 94°.

5(?)-Nitro-benz[1,3]oxathiol-2-on $C_7H_3NO_4S$, vermutlich Formel VII (X = NO$_2$).

B. Beim Erhitzen von Benz[1,3]oxathiol-2-on mit wss. Salpetersäure [D: 1,4] (*Green-wood, Stevenson*, Soc. **1953** 1514, 1517).

Krystalle (aus A.); F: 182—183°.

VII   VIII   IX

Benz[1,3]oxathiol-2-thion, Dithiokohlensäure-O,S-o-phenylenester, O,S-o-Phenylen-dithiocarbonat $C_7H_4OS_2$, Formel VIII (H 113).

B. Beim Behandeln von 2-Mercapto-phenol mit wss. Natronlauge und mit Thiophosgen (*Greenwood, Stevenson*, Soc. **1953** 1514, 1517).

Gelbe Krystalle (aus A.); F: 97—98°.

Benzo[1,3]dithiol-2-on, Dithiokohlensäure-S,S'-o-phenylenester, S,S'-o-Phen≈ylen-dithiocarbonat $C_7H_4OS_2$, Formel IX (E II 139; dort als 1.3-Benzdithiolon-(2) bezeichnet).

B. Beim Erhitzen von Dithiobrenzcatechin mit Phosgen und Dioxan auf 160° (*Backer, Wiggerink*, R. **60** [1941] 453, 472; vgl. E II 139).

Krystalle (aus wss. A.); F: 78—78,5°.

Oxo-Verbindungen $C_8H_6O_3$

Benzo[1,3]dioxin-4-on, 2-Hydroxymethoxy-benzoesäure-lacton $C_8H_6O_3$, Formel X (R = X = H).

B. Beim Erhitzen von Salicylsäure-acetoxymethylester mit wenig Schwefelsäure bei 30 Torr unter Entfernen der entstehenden Essigsäure (*Mowry et al.*, Am. Soc. **69** [1947]

2358, 2361). Beim Erwärmen von 4*H*-Benzo[1,3]dioxin mit Kaliumpermanganat in Aceton (*Calvet, Carnero*, An. Soc. españ. **30** [1932] 445, 450). Beim Erwärmen von 4*H*-Benzo[1,3]dioxin-6-carbonsäure mit Kaliumpermanganat in Aceton (*Mejuto, Calvet*, An. Soc. españ. **32** [1934] 1168, 1180).

Krystalle; F: 53—54° [aus Ae. + PAe.] (*Cal., Car.*; *Me., Ca.*), 53° [aus wss. A.] (*Mo. et al.*). Bei 99—103°/1 Torr destillierbar (*Mo. et al.*).

6,8-Dichlor-benzo[1,3]dioxin-4-on, 3,5-Dichlor-2-hydroxymethoxy-benzoesäure-lacton $C_8H_4Cl_2O_3$, Formel X (R = X = Cl).

B. Beim Erwärmen von 6,8-Dichlor-4*H*-benzo[1,3]dioxin mit Chrom(VI)-oxid in Essig= säure (*Ziegler, Simmler*, B. **74** [1941] 1871, 1876; *Buehler et al.*, J. org. Chem. **6** [1941] 902, 905).

Krystalle; F: 117° [aus W. oder wss. A.] (*Zi., Si.*), 114° [aus A.] (*Bu. et al.*).

6-Brom-benzo[1,3]dioxin-4-on, 5-Brom-2-hydroxymethoxy-benzoesäure-lacton $C_8H_5BrO_3$, Formel X (R = H, X = Br).

B. Beim Erwärmen von 6-Brom-4*H*-benzo[1,3]dioxin mit Kaliumpermanganat in Aceton (*Calvet, Carnero*, An. Soc. españ. **30** [1932] 445, 452).

Krystalle (aus A.); F: 103—105°.

6,8-Dibrom-benzo[1,3]dioxin-4-on, 3,5-Dibrom-2-hydroxymethoxy-benzoesäure-lacton $C_8H_4Br_2O_3$, Formel X (R = X = Br).

B. Beim Erwärmen von 6,8-Dibrom-4*H*-benzo[1,3]dioxin mit Chrom(VI)-oxid in Essigsäure (*Ziegler et al.*, B. **76** [1943] 664, 668).

Krystalle (aus wss. A.); F: 136°.

8-Chlor-6-nitro-benzo[1,3]dioxin-4-on, 3-Chlor-2-hydroxymethoxy-5-nitro-benzoesäure-lacton $C_8H_4ClNO_5$, Formel X (R = Cl, X = NO_2).

B. Aus 8-Chlor-6-nitro-4*H*-benzo[1,3]dioxin mit Hilfe von Chrom(VI)-oxid (*Chattaway, Goepp*, Soc. **1933** 699).

Krystalle (aus A.); F: 125—126°.

X   XI   XII   XIII

8-Brom-6-nitro-benzo[1,3]dioxin-4-on, 3-Brom-2-hydroxymethoxy-5-nitro-benzoesäure-lacton $C_8H_4BrNO_5$, Formel X (R = Br, X = NO_2).

B. Aus 8-Brom-6-nitro-4*H*-benzo[1,3]dioxin mit Hilfe von Chrom(VI)-oxid (*Chattaway, Goepp*, Soc. **1933** 699).

Krystalle (aus A.); F: 120—121°.

6,8-Dinitro-benzo[1,3]dioxin-4-on, 2-Hydroxymethoxy-3,5-dinitro-benzoesäure-lacton $C_8H_4N_2O_7$, Formel X (R = X = NO_2).

B. Beim Erhitzen von 6,8-Dinitro-4*H*-benzo[1,3]dioxin mit Chrom(VI)-oxid in Essig= säure (*Chattaway, Irving*, Soc. **1931** 2492).

Krystalle (aus Eg.); F: 196,5—197,5°.

Benzo[1,4]dioxin-2-on, [2-Hydroxy-phenoxy]-essigsäure-lacton $C_8H_6O_3$, Formel XI (R = X = H) (H 113; E I 660; dort als Glykolsäure-*o*-phenylenätherester bezeichnet).

Bei der Hydrierung an Kupferoxid-Chromoxid bei 250°/100—200 at ist 2-[2-Hydroxy-phenoxy]-äthanol, bei der Hydrierung an Raney-Nickel bei 200°/100—200 at sind hin= gegen 2-[2-Hydroxy-äthoxy]-cyclohexanol (n_D^{30}: 1,4772 [E III 6 4065]), Cyclohexanol und Äthylenglykol erhalten worden (*McClelland, Connor*, Am. Soc. **63** [1941] 484, 486).

5,7-Dichlor-benzo[1,4]dioxin-2-on, [2,4-Dichlor-6-hydroxy-phenoxy]-essigsäure-lacton $C_8H_4Cl_2O_3$, Formel XI (R = X = Cl).

B. Beim Erhitzen von [2,4-Dichlor-6-hydroxy-phenoxy]-essigsäure mit Acetanhydrid (*Cavill, Ford*, Soc. **1954** 565, 567).

Krystalle (aus Bzl. + PAe.); F: 134—134,5°.

7-Nitro-benzo[1,4]dioxin-2-on, [2-Hydroxy-4-nitro-phenoxy]-essigsäure-lacton $C_8H_5NO_5$, Formel XI (R = NO_2, X = H).

B. Beim Behandeln von Benzo[1,4]dioxin-2-on mit Acetanhydrid und Salpetersäure (*Berti*, G. **87** [1957] 659, 670).

Krystalle (aus Bzl.); F: 157—158° [nach Krystallumwandlung bei 140°; Kofler-App.].

Benz[1,4]oxathiin-2-on, [2-Hydroxy-phenylmercapto]-essigsäure-lacton $C_8H_6O_2S$, Formel XII.

Diese Konstitution ist der nachstehend beschriebenen Verbindung zugeordnet worden (*Greenwood, Stevenson*, Soc. **1953** 1514, 1518).

B. Beim Erhitzen von 2-Mercapto-phenol mit wss. Kalilauge und mit Chloressigsäure und Erwärmen des Reaktionsprodukts unter 3 Torr auf 100° (*Gr., St.*).

Kp_5: 128°.

Benzo[1,4]dithiin-2-on $C_8H_6OS_2$, Formel XIII.

B. Aus [2-Mercapto-phenylmercapto]-essigsäure beim Erhitzen mit Polyphosphorsäure oder mit Acetanhydrid sowie beim Behandeln einer Lösung in Benzol mit Chlorwasserstoff (*Ricci, Negri*, Ann. Chimica **50** [1960] 1066, 1070; s. a. *Ricci*, Ric. scient. **28** [1958] 2360).

Krystalle (aus PAe.); F: 41—42° (*Ri., Ne.*), 41° (*Ri.*). Mit Wasserdampf flüchtig (*Ri.*).

*Benzo[1,4]dithiin-2-on-oxim $C_8H_7NOS_2$, Formel XIV (X = OH).

B. Aus Benzo[1,4]dithiin-2-on und Hydroxylamin (*Ricci*, Ric. scient. **28** [1958] 2360; *Ricci, Negri*, Ann. Chimica **50** [1960] 1066, 1070).

Krystalle (aus Me.); F: 151° (*Ri., Ne.*).

*Benzo[1,4]dithiin-2-on-thiosemicarbazon $C_9H_9N_3S_3$, Formel XIV (X = NH-CS-NH$_2$).

B. Aus Benzo[1,4]dithiin-2-on und Thiosemicarbazid (*Ricci*, Ric. scient. **28** [1958]2360).

Krystalle (aus A.); F: 191° [Zers.] (*Ricci, Negri*, Ann. Chimica **50** [1960] 1066, 1070).

5-Methyl-benzo[1,2]dithiol-3-on $C_8H_6OS_2$, Formel XV.

B. Beim Behandeln einer warmen Lösung von 2-Acetyldisulfanyl-5-methyl-benzoe-säure-methylester in Methanol mit Chlorwasserstoff (*Raoul, Vialle*, Bl. **1959** 1670, 1675).

Gelbe Krystalle (aus PAe.); F: 77°.

XIV $\qquad$ XV $\qquad$ XVI $\qquad$ XVII

5-Methyl-benzo[1,2]dithiol-3-thion $C_8H_6S_3$, Formel XVI.

B. Beim Erhitzen von 5-Methyl-benzo[1,2]dithiol-3-on mit Phosphor(V)-sulfid in Xylol (*Raoul, Vialle*, Bl. **1959** 1670, 1675).

Orangefarbene Krystalle (aus A.); F: 95°.

7-Methyl-benzo[1,2]dithiol-3-thion $C_8H_6S_3$, Formel XVII.

B. Beim Erhitzen von 3-Methyl-2-oxo-cyclohexancarbaldehyd mit Schwefel, Phosphor(V)-sulfid und Biphenyl auf 210° (*Legrand*, Bl. **1959** 1599, 1601, 1602).

Orangegelbe Krystalle (aus A.); F: 108°. $\hfill$ [*Geibler*]

5-Chlor-6-chlormethyl-benzo[1,3]dioxol-2-on $C_8H_4Cl_2O_3$, Formel I (X = Cl).

B. Beim Behandeln von 2,2,5-Trichlor-6-chlormethyl-benzo[1,3]dioxol mit Ameisen=
säure (*Naik, Wheeler*, Soc. **1938** 1780, 1783).

Krystalle (aus PAe.); F: 64°.

5-Brom-6-chlormethyl-benzo[1,3]dioxol-2-on $C_8H_4BrClO_3$, Formel II (X = Br).

B. Beim Behandeln von 5-Brom-2,2-dichlor-6-chlormethyl-benzo[1,3]dioxol mit Amei=
sensäure (*Naik, Wheeler*, Soc. **1938** 1780, 1783).

Krystalle (aus PAe.); F: 80—81°.

5-Methyl-benz[1,3]oxathiol-2-on $C_8H_6O_2S$, Formel II (E I 660; E II 141).

Beim Behandeln einer Lösung in Aceton mit wss. Ammoniak ist Thiocarbamidsäure-
S-[2-hydroxy-5-methyl-phenylester] erhalten worden (*Oupéroff-Urné*, Acta chem. scand. **4**
[1950] 1393, 1396). Analoge Reaktionen mit Methylamin und mit Dimethylamin: *Ou.-
Urné*. Bildung von 8-Methyl-3-nitro-phenoxathiin-1-carbonsäure beim Erwärmen mit
wss.-äthanol. Kalilauge und Erwärmen des Reaktionsgemisches mit Kalium-[2-chlor-
3,5-dinitro-benzoat] in Wasser: *Bennett et al.*, Soc. **1937** 444. Reaktion mit Piperazin in
Aceton unter Bildung von 1,4-Bis-[2-hydroxy-5-methyl-phenylmercaptocarbonyl]-piper=
azin: *Ou.-Urné*, l.c. S. 1397.

I   II   III   IV

5-Methyl-benz[1,3]oxathiol-2-thion $C_8H_6OS_2$, Formel III.

B. Beim Erhitzen einer Suspension von 5-Methyl-benz[1,3]oxathiol-2-on-imin-hydro=
chlorid in Essigsäure mit Schwefelwasserstoff (*Thomae GmbH*, U.S.P. 2 886 488 [1956]).

Gelbliche Krystalle (aus A.); F: 106—108°.

5-Methyl-benzo[1,3]dithiol-2-thion $C_8H_6S_3$, Formel IV.

B. Beim Erwärmen von 4-Methyl-dithiobrenzcatechin mit wss. Natronlauge und
mit Schwefelkohlenstoff (*Soder, Wizinger*, Helv. **42** [1959] 1733, 1736).

Gelbe Krystalle (aus A.); F: 84°.

5-Methyl-2-methylmercapto-benzo[1,3]dithiolylium $[C_9H_9S_3]^+$, Formel V auf S. 1654.

Perchlorat $[C_9H_9S_3]ClO_4$. *B.* Beim Erhitzen von 5-Methyl-benzo[1,3]dithiol-2-thion mit
Dimethylsulfat auf 160° und Behandeln der Reaktionslösung mit Essigsäure und wss.
Perchlorsäure (*Soder, Wizinger*, Helv. **42** [1959] 1733, 1736). — Gelbliche Krystalle (aus
Eg.); F: 140—142°; oberhalb 142° erfolgt heftige Verpuffung. — Beim Erhitzen mit
Anisol, Essigsäure, Acetanhydrid und kleinen Mengen wss. Perchlorsäure ist 2-[4-Methoxy-
phenyl]-5-methyl-benzo[1,3]dithiolylium-perchlorat erhalten worden (*Soder, Wizinger*,
Helv **42** [1959] 1779, 1784). Bildung von 5-Methyl-2-[5-methyl-benzo[1,3]dithiol-2-yliden=
methyl]-benzo[1,3]dithiolylium-perchlorat (Zers. bei ca. 270°) beim Erhitzen mit 2,5-Di=
methyl-benzo[1,3]dithiolylium-perchlorat in Essigsäure: *So., Wi.*, l.c. S. 1736.

Benzo[1,3]dioxol-5-carbaldehyd, 3,4-Methylendioxy-benzaldehyd, Piperonal, H e l i o =
tropin $C_8H_6O_3$, Formel VI auf S. 1654 (H 115; E I 660; E II 141).

B. Beim Erwärmen von Benzo[1,3]dioxol mit Hexamethylentetramin, *N,N*-Dimethyl-
4-nitroso-anilin, wss. Salzsäure und Zinkchlorid und Erwärmen des Reaktionsgemisches
mit Wasser (*Eliševa, Debizkaja, Ž. prikl. Chim.* **29** [1956] 1894; engl. Ausg. S. 2043).
Beim Erwärmen von 5-Chlormethyl-benzo[1,3]dioxol mit Hexamethylentetramin in
wss. Äthanol (*Schorygin et al., Ž. obšč. Chim.* **8** [1938] 975, 979; C. **1939** I 2178). Beim
Behandeln von Isosafrol (s. S. 273) mit Wasserstoffperoxid in *tert*-Butylalkohol (oder
tert-Pentylalkohol) unter Zusatz von Vanadium(V)-oxid (*Milas*, Am. Soc. **59** [1937]
2342). Beim Erwärmen von Isosafrol mit Essigsäure, Phosphorsäure, Natriumhydrogen=
phosphat und wss. Chromsäure-Lösung (*Farinacci*, U.S.P. 2 794 813 [1953]). Bei der
Hydrierung von Piperonyloylchlorid an Palladium/Bariumsulfat in *N,N*-Dimethyl-
anilin enthaltendem Aceton (*Kondo, Kataoka*, Ann. Rep. ITSUU Labor. Nr. 2 [1951] 7,

9; engl. Ref. S. 43, 46; C. A. **1953** 7519). Beim kurzen Erhitzen von Piperonylsäure-[N'-benzolsulfonyl-hydrazid] mit Natriumcarbonat in Äthylenglykol auf 155° (*McFadyen, Stevens*, Soc. **1936** 584, 586). Beim Erwärmen von Benzo[1,3]dioxol-5-yl-hydroxy-essigsäure mit dem Silberbenzoat-Jod-Komplex in Benzol (*Raman*, Curr. Sci. **27** [1958] 22). Beim Erhitzen von Benzo[1,3]dioxol-5-yl-glyoxylsäure mit N,N-Dimethyl-p-toluidin auf 160° (*Ruschtschinškiĭ*, Ž. prikl. Chim. **7** [1934] 1113; C. **1936** II 2901).

Dipolmoment: 3,49 D [ε; Bzl.] (*Le Fèvre, Northcott*, Soc. **1949** 2374), 3,45 D [ε;Lösung] (*Holleck, Marsen*, Z. El. Ch. **57** [1953] 944, 955).

Krystalle; F: 37° [aus Bzn. bzw. Hexan] (*Baker*, Soc. **1931** 1765, 1768; *Hilmer, Schorning*, Z. physik. Chem. [A] **168** [1934] 81, 104), 36,5—37° [aus A.] (*Elišeewa, Debizkaja*, Ž. prikl. Chim. **29** [1956] 1894; engl. Ausg. S. 2043), 36° [aus wss. A.] (*Ruschtschinškiĭ*, Ž. prikl. Chim. **7** [1934] 1113; C. **1936** II 2901; *Schorygin et al.*, Ž. obšč. Chim. **8** [1938] 975, 979; C. **1939** I 2178). Kp_{18}: 142° (*Le Fèvre, Northcott*, Soc. **1949** 2374). Netz-ebenenabstände von krystallinem Piperonal: *Tanaka, Muro*, Pr. phys. math. Soc. Japan **17** [1935] 548, 552; *Lewaschewitsch et al.*, Trudy Dnepropetrovsk. chim.-technol. Inst. Nr. 4 [1955] 84, 88; C.A. **1959** 9760. Keimbildung bei der Krystallisation: *Biilmann, Klit*, Danske Vid. Selsk. Math. fys. Medd. **12** Nr. 4 [1932]; *Hammer*, Ann. Physik [5] **33** [1938] 445, 447; *Tamman et al.*, Z. anorg. Ch. **200** [1931] 57, 59, 68, 70. Dampfdruck bei Temperaturen von 20,3° (0,00295 Torr) bis 53,7° (0,087 Torr): *Šerpinškiĭ et al.*, Trudy Inst. sint. nat. dušist. Veščestv Nr. 4 [1958] 125, 127; C.A. **1959** 12776. $D_4^{43,2}$: 1,2792; $D_4^{53,4}$: 1,2672; $D_4^{59,4}$: 1,2650 (*Hartley, Linnell*, Quart. J. Pharm. Pharmacol. **11** [1938] 714, 720). Oberflächenspannung [g·s⁻²] bei 43,2°: 46,26; bei 53,4°: 45,27; bei 59,4°: 44,29 (*Ha., Li.*).

IR-Spektrum im Bereich von 2 μ bis 15 μ (Nujol): *Paolini, Marini-Bettòlo*, G. **89** [1959] 1972, 1994; von 2 μ bis 12 μ (CCl₄): *Pa., Ma.-Be.*; von 6 μ bis 12 μ (CCl₄): *Briner et al.*, Helv. **41** [1958] 1390, 1395. IR-Banden im Bereich von 3,2 μ bis 14,3 μ (Nujol, CS₂, CHCl₃ sowie CCl₄): *Briggs et al.*, Anal. Chem. **29** [1957] 904, 905; im Bereich von 3,5 μ bis 11,8 μ (CCl₄): *Eggers, Lingren*, Anal. Chem. **28** [1956] 1328. Raman-Banden von Lösungen in Tetrachlormethan und in Äthanol: *Susz et al.*, Helv. **19** [1936] 548, 551; einer Lösung in Methanol: *Bonino, Manzoni-Ansidei*, Ric. scient. **8** II [1937] 354, 356; s. a. *Bonino, Manzoni-Ansidei*, Mem. Accad. Bologna [9] **1** [1933/34] 27, 29. UV-Spektrum von Lösungen in Hexan (235—380 nm bzw. 235—370 nm): *Ramart-Lucas*, Bl. [5] **1** [1934] 719, 728; *Hilmer, Schorning*, Z. physik. Chem. [A] **168** [1934] 81, 85; von Lösungen in Äthanol (235—370 nm bzw. 235—355 nm bzw. 235—340 nm): *Ra.-Lu.*; *Hi., Sch.*; *Grinbaum, Marchlewski*, Bl. Acad. polon. [A] **1937** 156, 164; einer Lösung in Wasser (230—380 nm): *Hi., Sch.* UV-Absorptionsmaxima von Lösungen in Hexan: 268 nm und 308 nm (*Herzog, Hillmer*, B. **64** [1931] 1288, 1304) bzw. 269 nm und 302,8 nm (*Hi., Sch.*, l. c. S. 91); von Lösungen in Äthanol: 274 nm und 313 nm (*He., Hi.*; *Hi., Sch.*, l. c. S. 103) bzw. 272,3 nm und 312,5 nm (*Patterson, Hibbert*, Am. Soc. **65** [1943] 1862, 1864); von Lösungen in Wasser: 278 nm und 316 nm (*He., Hi.*) bzw. 278 nm und 316,5 nm (*Hi., Sch.*, l. c. S. 103).

Reduktionspotential: *Adkins, Cox*, Am. Soc. **60** [1938] 1151, 1153; *Semerano, Chisini*, G. **63** [1933] 802, 810; *Winkel, Proske*, B. **69** [1936] 1917, 1922. Polarographie: *Holleck, Marsen*, Z. El. Ch. **57** [1953] 944, 954; *Sartori et al.*, Ric. scient. **24** [1954] 1471, 1473; *Powers, Day*, Am. Soc. **80** [1958] 808, 810; *Gerber et al.*, Ž. anal. Chim. **4** [1949] 103, 104, 106; C.A. **1950** 2416; *Sato*, Japan Analyst **6** [1957] 551, 553; C.A. **1958** 16088.

Gegenseitige Löslichkeit mit flüssigem Kohlendioxid bei 21—26°/65 at: *Francis*, J. phys. Chem. **58** [1954] 1099, 1106. Löslichkeitsdiagramme der ternären Systeme mit flüssigem Kohlendioxid und Heptan sowie mit flüssigem Kohlendioxid und Methyl-cyclohexan bei 21—26°/65 at: *Fr.*, l. c. S. 1111. Schmelzdiagramm der binären Systeme mit Phosphorigsäure (Eutektikum): *Redfield, King*, J. phys. Chem. **40** [1936] 919, 921, 922; mit Trichloressigsäure (Verbindung 1:1 [F: 33,5°] und Verbindung 1:2 [F: 37°]): *Pušin, Rikovski*, Glasnik chem. Društva Beograd **11** Nr. 3/4 [1940/46] 62, 63, 66; C.A. **1948** 2232; mit Acridin (Eutektikum): *Pušin et al.*, Glasnik chem. Društva Beograd **14** [1949] 173, 174; C.A. **1952** 4344; mit Diphenylamin (Eutektikum): *Pušin, Živadinovič*, Glasnik chem. Društva Jugosl. **4** [1933] 23, 25; C. **1934** I 2574. Erstarrungsdiagramm des Systems mit *trans*(?)-Azobenzol (Eutektikum sowie Ausbildung von metastabilen Phasen): *Gretschnyi*, Doklady Akad. S.S.S.R. **74** [1950] 259; C.A. **1951** 7397. Eutektikum mit Vanillin: *Opfer-Schaum, Piristi*, Z. Lebensm. Unters. **87** [1944] 65, 66; mit Benzidin:

Quehenberger, M. **80** [1949] 595, 600. Ebullioskopie in Fluorwasserstoff: *Fredenhagen*, *Fredenhagen*, Z. anorg. Ch. **243** [1939] 39, 55.

Beim Behandeln mit Peroxyessigsäure in Essigsäure unter Zusatz von Toluol-4-sulfon⸗ säure sind 5-Acetoxy-benzo[1,3]dioxol, Essigsäure und Ameisensäure erhalten worden (*Böeseken et al.*, R. **55** [1936] 815, 817). Geschwindigkeitskonstante der Reaktion mit Kaliumpermanganat in gepufferten wss. Lösungen von pH 5,4 bis pH 12,8 bei 25°: *Wiberg, Stewart*, Am. Soc. **77** [1955] 1786, 1788. Verhalten beim Erhitzen mit *N*-Brom-succinimid auf 170° (Bildung von 6-Brom-benzo[1,3]dioxol-5-carbaldehyd und von 6-Brom-benzo[1,3]dioxol-5-carbonsäure): *Yamaguchi*, J. chem. Soc. Japan Pure Chem. Sect. **77** [1956] 513; C.A. **1958** 9014. Beim Erwärmen mit *N*-Brom-succinimid in Chloro⸗ form, auch unter Zusatz von Dibenzoylperoxid, sind 3,4-Dihydroxy-benzaldehyd, 6-Brom-benzo[1,3]dioxol-5-carbaldehyd und 6-Brom-benzo[1,3]dioxol-5-carbonsäure er⸗ halten worden (*Ya.*, l. c. S. 514, 516). Hydrierung an Raney-Nickel in Äthanol unter Druck bei 35—60° (Bildung von Piperonylalkohol) sowie bei 135° (Bildung von *trans*-4-Methyl-cyclohexanol und wenig 4-Hydroxymethyl-cyclohexanol [F: 27—28°; Stereo⸗ isomeren-Gemisch]): *Palfray, Gauthier*, Bl. **1947** 676, 678. Beim Behandeln einer Sus-pension in Äthanol mit Ammonium-Amalgam sind *meso*-α,α'-Diamino-3,4;3',4'-bis-methylendioxy-bibenzyl, Piperonylamin und Dipiperonylamin erhalten worden (*Ueda*, J. pharm. Soc. Japan **58** [1938] 156, 180; C.A. **1938** 4149). In einem von *Bellavita* und *Cagnoli* (G. **69** [1939] 602, 608) beim Behandeln mit Kaliumthiocyanat und Hydroxyl⸗ amin-hydrochlorid in wenig Wasser erhaltenen, als Piperonylidenharnstoff angesehenen Präparat hat Piperonal-(*E*)-oxim vorgelegen (*Dalton, Foley*, J. org. Chem. **38** [1973] 4200, 4202). Geschwindigkeit der Reaktion mit Hydroxylamin in wss.-äthanol. Lösungen vom pH 0 bis pH 2 bei 0°: *Vavon, Anziani*, Bl. [5] **4** [1937] 2026, 2036.

Geschwindigkeitskonstante der Reaktion mit Nitromethan in Gegenwart von Butyl⸗ amin-acetat (Bildung von *trans*-3,4-Methylendioxy-β-nitro-styrol) in Methanol bei 25°: *Crowell, Peck*, Am. Soc. **75** [1953] 1075; in Essigsäure in Abhängigkeit von kleinen Mengen Wasser bei 100°: *Bell, Crowell*, J. org. Chem. **24** [1959] 1159. Reaktion mit Diäthyl⸗ phosphonat und Ammoniak in Äthanol (Bildung von [α-Amino-3,4-methylendioxy-benzyl]-phosphonsäure-diäthylester): *Kabatschnik, Medwed'*, Doklady Akad. S.S.S.R. **83** [1952] 689, 690; C. A. **1953** 2724. Bildung von 1-Benzo[1,3]dioxol-5-yl-propan-1-on beim Behandeln einer Lösung in Äthanol mit Diazoäthan in Äther: *Mosettig, Czadek*, M. **57** [1931] 291, 301. Beim Be-handeln mit Butanon und wss. Natronlauge bzw. wss.-äthanol. Natronlauge ist 1*t*(?)-Benzo[1,3]dioxol-5-yl-pent-1-en-3-on [S. 1761] (*Gheorghiu*, Bl. [4] **53** [1933] 1442, 1458; *Ishiwata, Suzuki*, J. pharm. Soc. Japan **70** [1950] 195; C. A. **1951** 626), beim Behandeln mit Butanon und Chlorwasserstoff sind hingegen 4-Benzo[1,3]dioxol-5-yl-3-methyl-but-3-en-2-on (F: 97—98° [S. 1761]) und kleine Mengen einer vermutlich als 4-Benzo[1,3]di⸗ oxol-5-yl-4-chlor-3-methyl-butan-2-on (S. 1761 im Artikel 4-Benzo[1,3]dioxol-5-yl-3-methyl-but-3-en-2-on) zu formulierenden Verbindung [F: 135—136°] (*Rateb, Soli-man*, Soc. **1960** 1426, 1427; s. a. *O'Donoghue et al.*, Pr. Irish Acad. **37** B [1926] 141, 143; *Gh.*, l. c. S. 1459) erhalten worden. Bildung von 3-Benzo[1,3]dioxol-5-yl-2-pentyl-acrylaldehyd (S. 1771) beim Behandeln mit Heptanal und äthanol. Kalilauge bzw. mit Heptanal, Pyridin und Piperidin: *Bogert, Powell*, Am. Perfumer **25** [1930] 617, 619; *Weizmann*, Am. Soc. **66** [1944] 310. Beim Erwärmen mit Benzaldehyd und Kaliumcyanid in wss. Äthanol sind 3,4-Methylendioxy-benzoin und Benzoin erhalten worden (*Tiffeneau, Lévy*, Bl. [4] **49** [1931] 725, 735; s. a. *Brass, Stroebel*, B. **63** [1930] 2617, 2618; *Buck, Ide*, Am. Soc. **52** [1930] 220, 223). Einfluss von Röntgen-Strahlen (λ: 0,24 Å) auf die Reaktion mit Acetophenon in Gegenwart von wss. Salzsäure: *Clark, Pickett*, Am. Soc. **52** [1930] 465, 466, 468. Bildung von 1-[β-Hydroxy-3,4-methylendioxy-phenäthyl]-pyridinium-bromid beim Behandeln mit 1-Phenacyl-pyridinium-bromid und wss.-äthanol. Natron⸗ lauge und Ansäuern des Reaktionsgemisches mit wss. Bromwasserstoffsäure: *Kröhnke*, B. **67** [1934] 656, 657, 664. Beim Erwärmen mit Phthalid und Natriumäthylat in Äthanol ist 2-Benzo[1,3]dioxol-5-yl-indan-1,3-dion erhalten worden (*Zalukajev, Vanag*, Latvijas Akad. Vēstis **1956** Nr. 3, S. 109, 114; C. A. **1957** 4335). Bildung von 3-[α-Hydroxy-3,4-me⸗ thylendioxy-benzyl]-4-piperonyl-dihydro-furan-2-on (F: 152°) beim Behandeln mit 4-Piperonyl-dihydrofuran-2-on in Äther und mit Kaliumamid in flüssigem Ammoniak: *Yamashita, Matsui*, Bl. agric. chem. Soc. Japan **23** [1959] 230, 232. Bildung von 5-Benzo[1,3]dioxol-5-yl-3,4-dihydroxy-5*H*-furan-2-on-imin beim Behandeln mit dem

Natriumhydrogensulfit-Addukt des Glyoxals in Dioxan und mit einer wss. Lösung von Kaliumcyanid und Natriumcarbonat und Neutralisieren der Reaktionslösung mit Essig= säure: *Dahn et al.*, Helv. **37** [1954] 1309, 1313, 1315. Reaktion mit Pentan-2,4-dion in Gegenwart von Boroxid unter Bildung von $1t(?),7t(?)$-Bis-benzo[1,3]dioxol-5-yl-hepta-1,6-dien-3,5-dion (F: 190—195°): *Pavolini et al.*, Ann. Chimica **40** [1950] 280, 289. Beim Erhitzen mit Phenanthren-9,10-chinon und Ammoniumacetat (Überschuss) und Essigsäure ist 2-Benzo[1,3]dioxol-5-yl-$1H$-phenanthro[9,10-d]imidazol erhalten worden (*Steck*, *Day*, Am. Soc. **65** [1943] 452, 456). Bildung von 3,4-Methylendioxy-benzoin beim Erwärmen mit Benzoin und Kaliumcyanid in wss. Äthanol: *Buck*, *Ide*, Am. Soc. **53** [1931] 2350, 2353.

Bildung von Piperonylformamid beim Erhitzen mit Formamid (4 Mol) auf 140°: *Mastagli et al.*, Bl. **1948** 662, 665. Reaktion mit Cyanwasserstoff in Chloroform in Gegen= wart von Chinin unter Bildung von (+)-Benzo[1,3]dioxol-5-yl-hydroxy-acetonitril: *Bredig*, *Minaeff*, Bio. Z. **249** [1932] 241, 242. Beim Behandeln einer Lösung in Äthanol mit Kaliumcyanid und Essigsäure, mit Ammoniak und mit Schwefelwasserstoff und Erwärmen des Reaktionsprodukts mit Aceton sind 5-Benzo[1,3]dioxol-5-yl-2,2-dimethyl-imidazolidin-4-thion und Bis-[5-benzo[1,3]dioxol-5-yl-imidazol-4-yl]-disulfid erhalten worden (*Abe*, J. chem. Soc. Japan **66** [1945] 1). Bildung von N,N'-Dibenzoyl-piperonyl= idendiamin beim Erhitzen mit Benzamid (2 Mol) auf 130°: *Pandya*, *Varghese*, Pr. Indian Acad. [A] **14** [1941] 18, 20. Geschwindigkeitskonstante der Reaktion mit [4-Nitro-phenyl]-acetonitril in Äthanol bei 60° in Abhängigkeit von zugesetztem Piperidin: *Patai*, *Israeli*, Bl. Res. Coun. Israel [A] **8** [1959] 179, 180. Beim Erhitzen mit Natriumsuccinat und Acetanhydrid auf 125° sind 2-Benzo[1,3]dioxol-5-yl-5-oxo-tetrahydro-furan-3-carbon= säure (F: 164—165°) und 4-Benzo[1,3]dioxol-5-yl-but-3-ensäure (F: 117—118°) erhalten worden (*Cornforth et al.*, J. Pr. Soc. N. S. Wales **72** [1938] 228, 229; vgl. H 117). Bildung von [(E)-Piperonyliden]-bernsteinsäure beim Erwärmen von Piperonal mit Bernstein= säure-diäthylester und Natriumäthylat in Äthanol und anschliessenden Behandeln mit wss. Salzsäure sowie beim Erwärmen von Piperonal mit Brombernsteinsäure-diäthyl= ester, Zink und Benzol und Erwärmen des Reaktionsprodukts mit äthanol. Natronlauge: *Co. et al.*, l. c. S. 231. Bildung von α-Methoxy-3,4-methylendioxy-*trans*-zimtsäure-methyl= ester beim Behandeln mit Methoxyessigsäure-methylester in Äthanol unter Zusatz von Natrium in Toluol und Äther: *Gröger*, *Waldmann*, M. **89** [1958] 370, 373. Reaktion mit 3-Mercapto-propionsäure in Gegenwart von wss. Salzsäure unter Bildung von Bis-[2-carboxy-äthylmercapto]-benzo[1,3]dioxol-5-yl-methan: *Holmberg*, Ark. Kemi **15** A Nr. 8 [1942] 1, 6. Beim Behandeln einer Lösung in Äthanol mit Di-O-nitro-L_g-weinsäure und wss. Ammoniak ist 2-Benzo[1,3]dioxol-5-yl-imidazol-4,5-dicarbonsäure erhalten worden (*Tamamushi*, J. pharm. Soc. Japan **53** [1933] 359, 365; dtsch. Ref. S. 53; C. A. **1933** 3934). Reaktion mit Acetessigsäure-äthylester in Äthanol in Gegenwart von wss. Benzyl-trimethyl-ammonium-hydroxid-Lösung (Bildung von 2-Benzo[1,3]dioxol-5-yl-4-hydroxy-4-methyl-6-oxo-cyclohexan-1,3-dicarbonsäure-diäthylester [F: 148—150°] und einer Verbindung $C_{17}H_{20}O_6$ [amorph; 2,4-Dinitro-phenylhydrazon $C_{23}H_{24}N_4O_9$, F: 204—206°]): *Walker*, Am. Soc. **77** [1955] 3664, 3667. Bildung von 4-Benzo[1,3]dioxol-5-yl-6-methyl-2-oxo-1,2,3,4-tetrahydro-pyrimidin-5-carbonsäure-äthylester beim Erwär= men mit Acetessigsäure-äthylester, Harnstoff, Äthanol und kleinen Mengen wss. Salzsäu= re: *Folkers et al.*, Am. Soc. **54** [1932] 3751, 3755. Reaktion mit Lävulinsäure in Gegenwart von Chlorwasserstoff (Bildung einer als 1-[8-Hydroxy-naphtho[2,3-d][1,3]dioxol-6-yl]-äthanon oder als 1-[9-Hydroxy-naphtho[1,2-d][1,3]dioxol-7-yl]-äthanon angesehenen Verbindung [F: 234°]): *Sen*, *Roy*, J. Indian chem. Soc. **7** [1930] 401, 413. Beim Behandeln einer Lösung in Benzol mit 2,4-Dioxo-valeriansäure-äthylester und mit Ammoniak in Äthanol ist 4-Acetyl-5-benzo[1,3]dioxol-5-yl-pyrrolidin-2,3-dion (F: 158—159°) erhalten worden (*Dohrn*, *Thiele*, B. **64** [1931] 2863).

Geschwindigkeit der Reaktion mit primären aliphatischen Aminen in Methanol bei 0°, 25° und 45°: *Hill*, *Crowell*, Am. Soc. **78** [1956] 2284. Geschwindigkeitskonstante der Reaktion mit Butylamin in gepufferten wss.-methanol. Lösungen vom pH 8,7, pH 9,0 und pH 9,3 in Abhängigkeit von zugesetzter Essigsäure bei 25°: *Santerre et al.*, Am. Soc. **80** [1958] 1254, 1255. Geschwindigkeitskonstante der Reaktion mit Butylammonium-acetat in Methanol bei 25°: *Crowell*, *Peck*, Am. Soc. **75** [1953] 1075. Gleichgewichtskonstante der Reaktionssysteme mit Butylamin, mit *sec*-Butylamin und mit *tert*-Butylamin in wasser-haltigem Methanol bei 25°: *Hill*, *Cr.*, l. c. S. 2286; *Crowell*, Am. Soc. **78** [1956] 6425.

Gleichgewichtskonstante des Reaktionssystems mit Butylamin in wss. Essigsäure bei 100°: *Bell, Crowell,* J. org. Chem. **24** [1959] 1159. Geschwindigkeitskonstante der Reaktion mit *sec*-Butylamin in Methanol bei 25°: *Hill, Cr.,* l. c. S. 2286. Geschwindigkeit der Reaktionen mit Heptylamin, mit 1-Propyl-butylamin und mit 1-Isopropyl-2-methyl-propylamin in Äthanol bei 39° sowie der Reaktion mit 1,1-Diäthyl-propylamin in Äthanol bei 69°: *Vavon, Bourgeois,* C. r. **202** [1936] 1593. Beim Behandeln einer Lösung in Äthanol mit Anilin und Acetessigsäure-äthylester unter Zusatz von Malonsäure ist 2,6-Bis-benzo=[1,3]dioxol-5-yl-1-phenyl-4-phenylimino-piperidin-3-carbonsäure-äthylester (F: 195°) erhalten worden (*Boehm, Stöcker,* Ar. **281** [1943] 62, 74). Bildung von Piperonyl-[2]pyridyl-amin beim Erhitzen mit [2]Pyridylamin und Ameisensäure: *Tschitschibabin, Knunjanz,* B. **64** [1931] 2839, 2841; *Sunagawa et al.,* Pharm. Bl. **3** [1955] 109, 113. Reaktion mit 2-Amino-1-isopropylamino-2-methyl-propan in Benzol unter Bildung von 2-Benzo=[1,3]dioxol-5-yl-1-isopropyl-4,4-dimethyl-imidazolidin: *Epstein,* J. org. Chem. **24** [1959] 68, 69. Reaktion mit *N,N'*-Dibenzyl-propandiyldiamin unter Bildung von 2-Benzo=[1,3]dioxol-5-yl-1,3-dibenzyl-hexahydro-pyrimidin: *Poštowškiǐ, Nošenkowa,* Ž. obšč. Chim. **27** [1957] 526, 528; engl. Ausg. S. 595. Beim Behandeln mit 4-Chlor-*o*-phenylendi=amin und Essigsäure sind 2-Benzo[1,3]dioxol-5-yl-5-chlor-benzimidazol und 2-Benzo=[1,3]dioxol-5-yl-5-chlor-1-piperonyl-benzimidazol erhalten worden (*Rao et al.,* Pr. Indian Acad. [A] **48** [1958] 256, 259). Bildung von Benzo[1,3]dioxol-5-thiocarbonsäure-[4-phenyl-piperazid] beim Erhitzen mit 1-Phenyl-piperazin und Schwefel in Pyridin: *Pollard, Braun,* Am. Soc. **77** [1955] 6685. Reaktion mit 2-Amino-phenol in Nitrobenzol unter Bildung von 2-Benzo[1,3]dioxol-5-yl-benzoxazol: *Somayajulu, Rao,* Curr. Sci. **25** [1956] 86. Reaktion mit Glycin in wss.-äthanol. Natronlauge unter Bildung von *threo*-3,4;3′,4′-Bis-methylen=dioxy-α′-piperonylidenamino-bibenzyl-α-ol: *Read, Campbell,* Soc. **1930** 2674, 2680. Bildung von α-[Benzoyl-methyl-amino]-3,4-methylendioxy-zimtsäure (F: 199°) beim Erhitzen mit *N*-Benzoyl-*N*-methyl-glycin, Natriumacetat und Acetanhydrid auf 130°: *Deulofeu,* B. **67** [1934] 1542, 1545. Beim Erhitzen mit DL-Alanin auf 160° und anschliessenden Erwärmen mit wss.-äthanol. Salzsäure sind *threo*-α′-Amino-3,4;3′,4′-bis-methylen=dioxy-bibenzyl-α-ol, Piperonylamin, Acetaldehyd und Kohlendioxid (*Takagi,* [J. pharm. Soc. Japan **71** [1951] 655; C. A. **1952** 8046), beim Erhitzen mit *N*-Methyl-DL-alanin bis auf 180° sind 1-Benzo[1,3]dioxol-5-yl-2-methylamino-propanol vom F: 166—168° und vom F: 205—208° (*Takagi,* J. pharm. Soc. Japan **71** [1951] 648; C. A. **1952** 8045) erhalten worden. Reaktion mit Anthranilsäure bei 175° unter Bildung von *N*-Piperonyl=iden-anthranilsäure und einer vielleicht als 2-Benzo[1,3]dioxol-5-yl-1,2-dihydro-benz[*d*]oxazin-4-on (*N*-[α-Hydroxy-3,4-methylendioxy-benzyl]-anthranil-säure-lacton) zu formulierenden Verbindung $C_{15}H_{11}NO_4$ [amorph; F: 65°]: *Labruto, Stagno d'Alcontres,* Ann. Chimica applic. **31** [1941] 94, 97. Reaktion mit L-Cystein in wss.-äthanol. Lösung unter Bildung von 2-Benzo[1,3]dioxol-5-yl-thiazolidin-4-carbon=säure (F: 167—168° [Zers.]): *Soloway et al.,* Am. Soc. **70** [1948] 1667. Reaktion mit 4-Hydrazino-benzolsulfonsäure in Wasser unter Bildung von 4-[*N'*-(α-Hydroxy-3,4-methylendioxy-benzyl)-hydrazino]-benzolsulfonsäure: *Biltz,* B. **68** [1935] 221, 225.

Charakterisierung als 4-[4-Brom-phenyl]-thiosemicarbazon (F: 211°): *Tišler,* Z. anal. Chem. **151** [1956] 187, 189. Charakterisierung durch Überführung in 2-Benzo[1,3]dioxol-5-yl-1,3-diphenyl-imidazolidin (F: 159°) mit Hilfe von 1,2-Dianilino-äthan: *Wanzlick, Löchel,* B. **86** [1953] 1463, 1465; durch Überführung in 2-Benzo[1,3]dioxol-5-yl-1,3-bis-[4-chlor-benzyl]-imidazolidin (F: 107°) mit Hilfe von *N,N'*-Bis-[4-chlor-benzyl]-äthylen-diamin: *Billman et al.,* J. org. Chem. **22** [1957] 538; durch Überführung in Benzo[1,3]di=oxol-5-yl-bis-[2,6-dioxo-cyclohexyl]-methan (F: 212°) mit Hilfe von Cyclohexan-1,3-dion: *King, Felton,* Soc. **1948** 1371; durch Überführung in 5-Benzo[1,3]dioxol-5-yl-imidazolidin-2,4-dion (F: 207°) mit Hilfe von Kaliumcyanid und Ammoniumcarbonat: *Henze, Speer,* Am. Soc. **64** [1942] 522; durch Überführung in 1,5-Dimethyl-2-phenyl-4-piperonyliden=amino-1,2-dihydro-pyrazol-3-on (F: 234°) mit Hilfe von 4-Amino-antipyrin: *Manns, Pfeifer,* Mikroch. Acta **1958** 630, 634, 636.

Verbindung mit Cadmiumchlorid $C_8H_6O_3 \cdot CdCl_2$. Unterhalb 240° beständig (*Marini-Bettòlo, Baroni,* Ric. scient. **17** [1947] 435). IR-Spektrum (Nujol; 2—15 µ): *Paoloni, Marini-Bettòlo,* G. **89** [1959] 1972, 1994).

Verbindung mit Quecksilber(II)-chlorid $C_8H_6O_3 \cdot HgCl_2$. Krystalle; F: 84—86° (*Marini-Bettòlo, Paoloni,* G. **75** [1945] 78, 83). IR-Spektrum (Nujol; 2—15 µ): *Paoloni, Marini-Bettòlo,* G. **89** [1959] 1972, 1994.

V   VI   VII   VIII

Benzo[1,3]dioxol-5-deuteriocarbaldehyd, α-Deuterio-3,4-methylendioxy-benzaldehyd
$C_8H_5DO_3$, Formel VII.

B. Beim Behandeln von 3,4;3′,4′-Bis-methylendioxy-benzil mit Lithium-tetradeuterio=
alanat in Äther und anschliessend mit Blei(IV)-acetat (*Wiberg, Stewart*, Am. Soc. **77**
[1955] 1786).

IR-Banden (CCl$_4$) im Bereich von 2070 cm^{-1} bis 890 cm^{-1}: *Eggers, Lingren*, Anal.
Chem. **28** [1956] 1328.

Geschwindigkeitskonstante der Reaktion mit Kaliumpermanganat in gepufferten wss.
Lösungen vom pH 7,9 und pH 12,7 bei 25°: *Wi., St.,* l. c. S. 1790.
                                                                   [*Baumberger*]

5-Diacetoxymethyl-benzo[1,3]dioxol, Piperonylidendiacetat $C_{12}H_{12}O_6$, Formel VIII
(R = CO-CH$_3$) (E I 661; E II 143).

Über die spontane Umwandlung der (metastabilen) Modifikation vom F: 51° in die
(stabile) Modifikation vom F: 80° (vgl. E I 661) s. *Böeseken et al.,* R. **55** [1936] 815, 816.

Beim Erhitzen mit Salicylsäure, Essigsäure und wenig Schwefelsäure unter 20 Torr
bis auf 105° ist 2-Benzo[1,3]dioxol-5-yl-benzo[1,3]dioxin-4-on erhalten worden (*Mowry*,
Am. Soc. **69** [1947] 2362).

**(±)-Acetoxy-[N-acetyl-anilino]-benzo[1,3]dioxol-5-yl-methan, (±)-N-[Acetoxy-benzo=
[1,3]dioxol-5-yl-methyl]-acetanilid, (±)-N-[α-Acetoxy-3,4-methylendioxy-benzyl]-
acetanilid** $C_{18}H_{17}NO_5$, Formel IX (R = CO-CH$_3$).

B. Beim Erwärmen von Piperonylidenanilin mit Acetanhydrid und Benzol (*Ekeley
et al.,* G. **62** [1932] 81, 84).

Krystalle; F: 89°.

*Cyclohexyl-piperonyliden-amin, Piperonal-cyclohexylimin $C_{14}H_{17}NO_2$, Formel X
(R = C$_6$H$_{11}$).

B. Beim Behandeln von Piperonal mit Cyclohexylamin (*Baddar, Iskander*, Soc. **1954**
209, 211).

Gelbliche Krystalle; F: 65—66°.

*Piperonylidenanilin, Piperonal-phenylimin $C_{14}H_{11}NO_2$, Formel XI (R = X = H) (H 120;
E I 662; E II 144; dort als Piperonal-anil bezeichnet).

B. Beim Behandeln von Piperonal mit Anilin und Äthanol (*Kiršanow, Iwaschtschenko*,
Ž. obšč. Chim. **5** [1935] 1494, 1503; Bl. [5] **2** [1935] 2109, 2121; *Koslow, Koštromina*,
Sbornik Statei obšč. Chim. **1953** 937; C. A. **1955** 6955; vgl. H 120).

Dipolmoment (ε; Bzl.): 1,85 D (*Le Fèvre, Northcott*, Soc. **1949** 2374).

Krystalle; F: 67° [aus A.] (*Ko., Ko.*), 66—67° [aus PAe.] (*Ki., Iw.,* Ž. obšč. Chim. **5**
1504; Bl. [5] **2** 2122), 65° [aus Bzn.] (*Le Fè., No.*).

Überführung in N-Piperonyl-anilin mit Hilfe von Natrium-Amalgam und Äthanol:
Ki., Iw.; mit Hilfe von Magnesium und Methanol: *Zechmeister, Truka*, B. **63** [1930] 2883.
Beim Erhitzen mit Natriumamid in Toluol sind N-Phenyl-piperonylamidin und N-Piper=
onyl-anilin erhalten worden (*Ki., Iw.,* Ž. obšč. Chim. **5** 1503; Bl. [5] **2** 2122). Reaktion
mit 1,3-Diphenyl-aceton in Äthanol unter Bildung von 4-Anilino-4-benzo[1,3]dioxol-
5-yl-1,3-diphenyl-butan-2-on (F: 164—166°): *Dilthey, Nagel*, J. pr. [2] **130** [1931] 147, 159.
Geschwindigkeit der Reaktion mit 1,2-Dimethyl-chinolinium-jodid in Äthanol und Anilin
(Bildung von 1-Methyl-2-[3,4-methylendioxy-styryl]-chinolinium-jodid) bei 35°: *Katayanagi*, J. pharm. Soc. Japan **68** [1948] 238; C. A. **1954** 4545.

*4-Chlor-N-piperonyliden-anilin, Piperonal-[4-chlor-phenylimin] $C_{14}H_{10}ClNO_2$,
Formel XI (R = Cl, X = H) (H 120; dort als Piperonal-[4-chlor-anil] bezeichnet).

B. Beim Behandeln von 4-Chlor-anilin mit Piperonal und Äthanol (*Koslow, Koštromina*,

Sbornik Statei obšč. Chim. **1953** 937; C. A. **1955** 6955; vgl. H 120).
Krystalle (aus A.); F: 79°.

*2,3-Dichlor-*N*-piperonyliden-anilin, Piperonal-[2,3-dichlor-phenylimin] C₁₄H₉Cl₂NO₂,
Formel XI (R = H, X = Cl).

B. Beim Erwärmen von Piperonal mit 2,3-Dichlor-anilin und Äthanol (*Dow Chem. Co.*,
U.S.P. 2876220 [1957]).
Krystalle (aus A.); F: 104—110°.

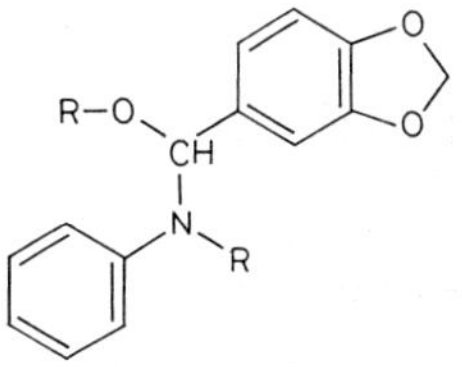

IX 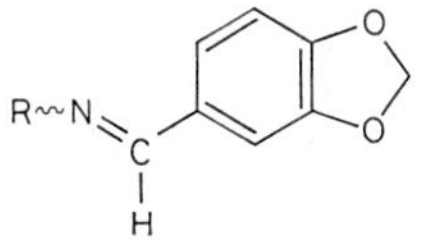   X 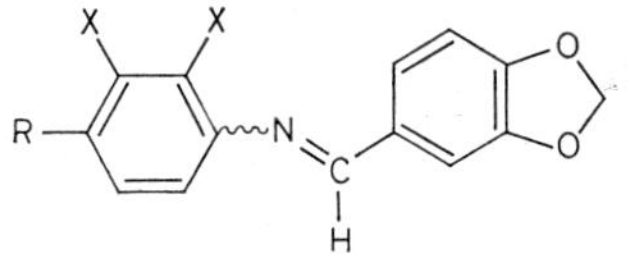   XI

*4-Brom-*N*-piperonyliden-anilin, Piperonal-[4-brom-phenylimin] C₁₄H₁₀BrNO₂,
Formel XI (R = Br, X = H).

B. Beim Behandeln von 4-Brom-anilin mit Piperonal und Äthanol (*Koslow, Koštromina,*
Sbornik Statei obšč. Chim. **1953** 937; C. A. **1955** 6955).
Krystalle (aus A.); F: 108°.

*3-Nitro-*N*-piperonyliden-anilin, Piperonal-[3-nitro-phenylimin] C₁₄H₁₀N₂O₄,
Formel XII (R = H, X = NO₂) (H 121; dort als Piperonal-[3-nitro-anil] bezeichnet).

Geschwindigkeit der Reaktion mit 1,2-Dimethyl-chinolinium-jodid in Äthanol und
Anilin (Bildung von 1-Methyl-2-[3,4-methylendioxy-styryl]-chinolinium-jodid) bei 35°:
Katayanagi, J. pharm. Soc. Japan **68** [1948] 238; C. A. **1954** 4545.

*Piperonyliden-anilin-*N*-oxid, *C*-Benzo[1,3]dioxol-5-yl-*N*-phenyl-nitron, Piperonal-
[*N*-phenyl-oxim] C₁₄H₁₁NO₃, Formel XIII (R = H) (H 27 540; E II **19** 144; dort als
N-Phenyl-piperonalisoxim bezeichnet).

Beim Behandeln mit Kaliumcyanid und Methanol bei Raumtemperatur ist Benzo-
[1,3]dioxol-5-yl-phenylimino-acetonitril (*Bellavita*, G. **65** [1935] 897, 905), beim Erwärmen mit Kaliumcyanid und Methanol ist hingegen *N*-Phenyl-piperonylimidsäure-methyl-
ester (*Bellavita*, G. **65** [1935] 889, 895) erhalten worden.

*N-Piperonyliden-*o*-toluidin, Piperonal-*o*-tolylimin C₁₅H₁₃NO₂, Formel XII (R = CH₃,
X = H).

B. Aus Piperonal beim Erhitzen mit *o*-Toluidin (*Hansch et al.*, Am. Soc. **73** [1951] 704)
sowie beim Behandeln mit *o*-Toluidin und Äthanol (*Koslow, Koštromina*, Sbornik Statei
obšč. Chim. **1953** 937; C. A. **1955** 6955).
F: 106° [aus A.] (*Ko., Ko.*), 105,5—106° [aus Bzn.] (*Ha. et al.*).

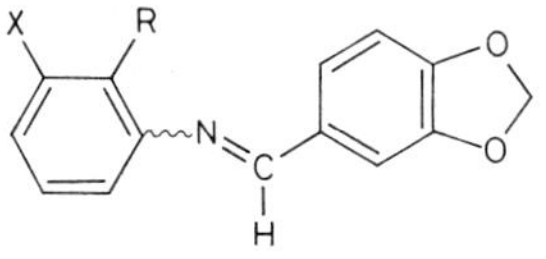

XII 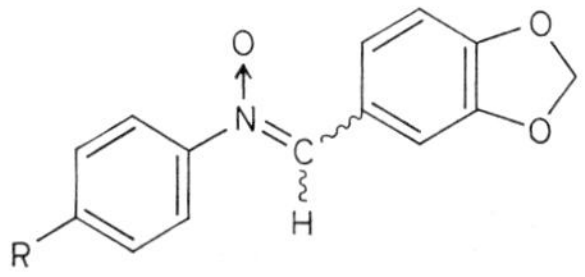   XIII 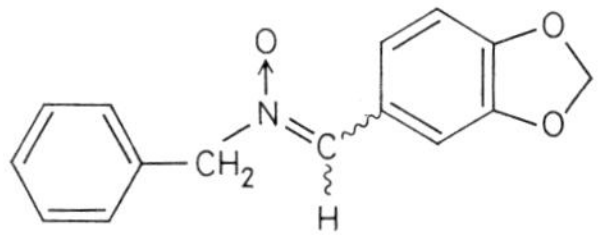   XIV

*N-Piperonyliden-*m*-toluidin, Piperonal-*m*-tolylimin C₁₅H₁₃NO₂, Formel XII (R = H,
X = CH₃) (H 121).

B. Beim Behandeln von Piperonal mit *m*-Toluidin und Äthanol (*Koslow, Koštromina,*
Sbornik Statei obšč. Chim. **1953** 937; C. A. **1955** 6955).
Krystalle (aus A.); F: 71°.

*N-Piperonyliden-*p*-toluidin, Piperonal-*p*-tolylimin C₁₅H₁₃NO₂, Formel XI (R = CH₃,
X = H) (H 121).

B. Beim Behandeln von Piperonal mit *p*-Toluidin und Äthanol (*Koslow, Koštromina,*

Sbornik Statei obšč. Chim. **1953** 937; C. A. **1955** 6955).
Krystalle (aus A.); F: 101°.

*N-Piperonyliden-p-toluidin-N-oxid, C-Benzo[1,3]dioxol-5-yl-N-p-tolyl-nitron,
Piperonal-[N-p-tolyl-oxim] $C_{15}H_{13}NO_3$, Formel XIII (R = CH_3).
B. Beim Behandeln von Piperonal mit N-p-Tolyl-hydroxylamin und Äthanol (*Bellavita*,
G. **70** [1940] 584, 588).
Gelbliche Krystalle; F: 142°.

*Benzyl-piperonyliden-amin, Piperonal-benzylimin $C_{15}H_{13}NO_2$, Formel X
(R = CH_2-C_6H_5) (H 121).
B. Aus Piperonal und Benzylamin (*Baddar, Iskander*, Soc. **1954** 209, 211).
Krystalle (aus Bzl. + PAe.); F: 73—74°.

*Benzyl-piperonyliden-aminoxid, C-Benzo[1,3]dioxol-5-yl-N-benzyl-nitron,
Piperonal-[N-benzyl-oxim] $C_{15}H_{13}NO_3$, Formel XIV.
B. Aus Piperonal und N-Benzyl-hydroxylamin (*Ramart-Lucas, Hoch*, Bl. [5] **5** [1938]
987, 1003).
F: 121°. UV-Spektrum (A.; 295—375 nm): *Ra.-Lu., Hoch*, l. c. S. 994.

*[(R)-1-Phenyl-äthyl]-piperonyliden-amin, Piperonal-[(R)-1-phenyl-äthylimin]
$C_{16}H_{15}NO_2$, Formel I.
B. Aus Piperonal und (R)-1-Phenyl-äthylamin [E III **12** 2386] (*Terent'ew, Potapow*,
Ž. obšč. Chim. **28** [1958] 1161, 1164; engl. Ausg. S. 1220, 1222).
Kp_4: 198—200°; D_4^{20}: 1,1495; n_D^{20}: 1,5940 (*Te., Po.*, l. c. S. 1162; engl. Ausg. S. 1221).
$[\alpha]_D^{20}$: −148,4° [Bzl.; c = 7]; $[\alpha]_D^{20}$: −132,5° [1,2-Dichlor-äthan; c = 2]; $[\alpha]_D^{20}$: −146,2°
[Acn.; c = 5]; $[\alpha]_D^{20}$: −129,0° [Me.; c = 4,5] (*Te., Po.*, l. c. S. 1164; engl. Ausg. S. 1222).

I   II   III

*Phenäthyl-piperonyliden-amin, Piperonal-phenäthylimin $C_{16}H_{15}NO_2$, Formel II
(R = CH_2-CH_2-C_6H_5) (E I 662).
B. Aus Piperonal und Phenäthylamin (*Biniecki et al.*, Ann. pharm. franç. **13** [1955]
249, 251).
F: 70°.

*Methyl-phenäthyl-piperonyliden-ammonium $[C_{17}H_{18}NO_2]^+$, Formel III.
Jodid $[C_{17}H_{18}NO_2]$I. B. Beim Erwärmen von Piperonal-phenäthylimin mit Methyl=
jodid (*Forbes*, Soc. **1955** 3926, 3931). — F: 85—87° [Rohprodukt]. — Gegen warmes
Äthanol nicht beständig. Überführung in Phenäthyl-piperonyl-amin durch Behandlung
mit Lithiummalanat in Äther: *Fo.*

*Indan-2-yl-piperonyliden-amin, Piperonal-indan-2-ylimin $C_{17}H_{15}NO_2$, Formel IV.
B. Beim Erwärmen von Piperonal mit Indan-2-ylamin-hydrochlorid und Natrium=
hydrogencarbonat in Äthanol (*Levin et al.*, J. org. Chem. **9** [1944] 380, 386).
Krystalle (aus wss. A.); F: 93,5—95,5°.

IV   V

*[1]Naphthyl-piperonyliden-amin, Piperonal-[1]naphthylimin C$_{18}$H$_{13}$NO$_2$, Formel V.

B. Beim Erwärmen von Piperonal und [1]Naphthylamin in Äthanol (*Am. Cyanamid Co.*, U.S.P. 2647895 [1950]).

F: 109,5−111° (*Crossley et al.*, Am. Soc. **74** [1952] 573, 575 Tab. I).

*[2]Naphthyl-piperonyliden-amin, Piperonal-[2]naphthylimin C$_{18}$H$_{13}$NO$_2$, Formel VI (H 121; dort als Piperonal-β-naphthylimid bezeichnet).

B. Beim Erwärmen von Piperonal mit [2]Naphthylamin in Methanol (*Koslow, Kos'minych,* Ž. obšč. Chim. **27** [1957] 1628, 1631; engl. Ausg. S. 1700).

Krystalle; F: 119−120° (*Ko., Ko.*).

Beim Erwärmen einer mit Anilin und Quecksilber(II)-chlorid versetzten Lösung in Toluol unter Einleiten von Acetylen und Erwärmen des Reaktionsgemisches mit wss.-äthanol. Salzsäure ist 3-Benzo[1,3]dioxol-5-yl-benzo[*f*]chinolin erhalten worden (*Ko., Ko.*). Bildung von 3-Benzo[1,3]dioxol-5-yl-1-methyl-benzo[*f*]chinolin beim Erwärmen mit Aceton (1 Mol) und [2]Naphthylamin-hydrochlorid in Äthanol: *Koslow, Schur,* Doklady Akad. S.S.S.R. **123** [1958] 102, 104; Pr. Acad. Sci. U.S.S.R. Chem. Sect. **118−123** [1958] 801. Reaktion mit Brenztraubensäure in Äthanol (Bildung von 3-Benzo[1,3]dioxol-5-yl-benzo[*f*]chinolin-1-carbonsäure und [2]Naphthyl-piperonyl-amin) sowie Reaktion mit 2,4-Dioxo-4-phenyl-buttersäure in Äthanol (Bildung von 3-Benzo[1,3]dioxol-5-yl-2-benzo= yl-benzo[*f*]chinolin-1-carbonsäure und [2]Naphthyl-piperonyl-amin): *Robinson, Bogert,* J. org. Chem. **1** [1936] 65, 68, 71.

*Biphenyl-4-yl-piperonyliden-amin, Piperonal-biphenyl-4-ylimin C$_{20}$H$_{15}$NO$_2$, Formel VII (R = X = H).

B. Beim Erwärmen von Piperonal mit Biphenyl-4-ylamin in Äthanol (*Trefilowa, Postowskiǐ,* Doklady Akad. S.S.S.R. **114** [1957] 116, 117; Pr. Acad. Sci. U.S.S.R. Chem. Sect. **112−117** [1957] 461).

Gelbe Krystalle; F: 144−145°.

[2′-Brom-biphenyl-4-yl]-piperonyliden-amin, Piperonal-[2′-brom-biphenyl-4-ylimin] C$_{20}$H$_{14}$BrNO$_2$, Formel VII (R = H, X = Br).

Die Identität eines von *Guglialmelli, Franco* (An. Asoc. quim. arg. **20** [1932] 8, 34, 45) unter dieser Konstitution beschriebenen, aus Piperonal und vermeintlichem 2′-Brom-biphenyl-4-ylamin (F: 120−121° [E III **12** 3188]) in Äthanol erhaltenen Präparats (gelbe Krystalle [aus A.], F: 124°) ist ungewiss (vgl. dazu *Case,* Am. Soc. **60** [1938] 424, 425).

VI   VII

*[4′-Brom-biphenyl-4-yl]-piperonyliden-amin, Piperonal-[4′-brom-biphenyl-4-ylimin] C$_{20}$H$_{14}$BrNO$_2$, Formel VII (R = Br, X = H).

B. Beim Erwärmen von Piperonal mit 4′-Brom-biphenyl-4-ylamin in Äthanol (*Guglialmelli, Franco,* An. Asoc. quim. arg. **20** [1932] 8, 34, 35).

Gelbe Krystalle (aus A.); F: 129°.

*[4′-Jod-biphenyl-4-yl]-piperonyliden-amin, Piperonal-[4′-jod-biphenyl-4-ylimin] C$_{20}$H$_{14}$INO$_2$, Formel VII (R = I, X = H).

B. Beim Erwärmen von Piperonal mit 4′-Jod-biphenyl-4-ylamin in Äthanol (*Guglialmelli, Franco,* An. Asoc. quim. arg. **19** [1931] 5, 31).

Gelbe Krystalle (aus A.); F: 150−151°.

*Benzhydryl-piperonyliden-amin, Piperonal-benzhydrylimin C$_{21}$H$_{17}$NO$_2$, Formel II (R = CH(C$_6$H$_5$)$_2$).

B. Aus Piperonal und Benzhydrylamin (*Lespagnol et al.*, Bl. Soc. Pharm. Lille **1945** 49).

Krystalle (aus A.); F: 88°.

*Fluoren-2-yl-piperonyliden-amin, Piperonal-fluoren-2-ylimin $C_{21}H_{15}NO_2$, Formel VIII.

B. Beim Erwärmen von Piperonal mit Fluoren-2-ylamin in Äthanol (*Sawicki, Chastain,* J. org. Chem. **21** [1956] 1028).

Krystalle (aus Heptan); F: 179—180° [unkorr.].

VIII   IX

*[4,2′-Dinitro-stilben-α-yl]-piperonyliden-amin, Piperonal-[4,2′-dinitro-stilben-α-ylimin] $C_{22}H_{15}N_3O_6$, Formel IX.

B. Beim Erhitzen von Piperonal mit 4,2′-Dinitro-stilben-α-ylamin (F: 135—136°), Pyridin und wenig Piperidin (*Kröhnke, Vogt,* A. **589** [1954] 26, 39).

Hellgelbe Krystalle (aus Py. + A.); F: 154—156°.

*2-Piperonylidenamino-phenol, Piperonal-[2-hydroxy-phenylimin] $C_{14}H_{11}NO_3$, Formel X (X = OH).

B. Beim Erwärmen von Piperonal mit 2-Amino-phenol in Äthanol (*Stephens, Bower,* Soc. **1949** 2971).

Hellgelbe Krystalle (aus wss. A.); F: 107°.

Beim Behandeln mit Blei(IV)-acetat (1 Mol) in Benzol oder Essigsäure ist 2-Benzo[1,3]=dioxol-5-yl-benzoxazol erhalten worden.

*N-Piperonyliden-o-phenetidin, Piperonal-[2-äthoxy-phenylimin] $C_{16}H_{15}NO_3$, Formel X (X = O-C$_2$H$_5$).

B. Beim Behandeln von Piperonal mit o-Phenetidin und Äthanol (*Koslow, Koštromina,* Sbornik Statei obšč. Chim. **1953** 937; C. A. **1955** 6955).

Krystalle (aus A.); F: 79°.

*2-Piperonylidenamino-thiophenol, Piperonal-[2-mercapto-phenylimin] $C_{14}H_{11}NO_2S$, Formel X (X = SH).

Zink-Salz $Zn(C_{14}H_{10}NO_2S)_2$. *B.* Bei kurzem Erhitzen von Piperonal mit der Zink-Verbindung des 2-Amino-thiophenols (*Bogert, Naiman,* Am. Soc. **57** [1935] 1529, 1532). — Gelbe Krystalle; Zers. bei 245—250°. — Beim Erhitzen mit Essigsäure ist 2-Benzo[1,3]=dioxol-5-yl-benzothiazol erhalten worden.

*4-Piperonylidenamino-phenol, Piperonal-[4-hydroxy-phenylimin] $C_{14}H_{11}NO_3$, Formel XI (R = X = H) (H 121).

Geschwindigkeit der Reaktion mit 1,2-Dimethyl-chinolinium-jodid in Äthanol und Anilin (Bildung von 1-Methyl-2-[3,4-methylendioxy-styryl]-chinolinium-jodid) bei 35°: *Katayanagi,* J. pharm. Soc. Japan **68** [1948] 238; C. A. **1954** 4545.

*N-Piperonyliden-p-anisidin, Piperonal-[4-methoxy-phenylimin] $C_{15}H_{13}NO_3$, Formel XI (R = CH$_3$, X = H) (H 121; E I 662).

B. Beim Behandeln von Piperonal mit p-Anisidin und Äthanol (*Koslow, Koštromina,* Sbornik Statei obšč. Chim. **1953** 937; C. A. **1955** 6955).

Krystalle (aus A.); F: 108° (*Ko., Ko.*).

Geschwindigkeit der Reaktion mit 1,2-Dimethyl-chinolinium-jodid in Äthanol und Anilin (Bildung von 1-Methyl-2-[3,4-methylendioxy-styryl]-chinolinium-jodid) bei 35°: *Katayanagi,* J. pharm. Soc. Japan **68** [1948] 238; C. A. **1954** 4545.

*N-Piperonyliden-p-phenetidin, Piperonal-[4-äthoxy-phenylimin] $C_{16}H_{15}NO_3$, Formel XI (R = C$_2$H$_5$, X = H) (H 121).

B. Beim Behandeln von Piperonal mit p-Phenetidin und Äthanol (*Koslow, Koštromina,*

Sbornik Statei obšč. Chim. **1953** 937; C. A. **1955** 6955).
Krystalle (aus A.); F: 104°.

X   XI

*2,5-Dibrom-4-methoxy-N-piperonyliden-anilin, Piperonal-[2,5-dibrom-4-methoxy-phenylimin] $C_{15}H_{11}Br_2NO_3$, Formel XI (R = CH$_3$, X = Br).
B. Beim Erwärmen von Piperonal mit 2,5-Dibrom-4-methoxy-anilin in Äthanol (*Bargellini, Grippa,* R.A.L. [6] **11** [1930] 673, 675).
Hellgelbe Krystalle (aus A.); F: 171—172°.

*4-Äthoxy-2,5-dibrom-N-piperonyliden-anilin, Piperonal-[4-äthoxy-2,5-dibrom-phenyl=imin] $C_{16}H_{13}Br_2NO_3$, Formel XI (R = C$_2$H$_5$, X = Br).
B. Beim Erwärmen von Piperonal mit 4-Äthoxy-2,5-dibrom-anilin in Äthanol (*Bargellini, Grippa,* R.A.L. [6] **11** [1930] 489, 491; *Bargellini,* G. **60** [1930] 559, 570).
Hellgelbe Krystalle (aus A.); F: 143—145°.

*2,6-Dibrom-4-piperonylidenamino-phenol, Piperonal-[3,5-dibrom-4-hydroxy-phenylimin] $C_{14}H_9Br_2NO_3$, Formel XII (R = H).
B. Beim Erwärmen von Piperonal mit 4-Amino-2,6-dibrom-phenol (*Bargellini, Monti,* R.A.L. [6] **11** [1930] 574, 577; *Bargellini,* G. **60** [1930] 559, 564).
Gelbliche Krystalle (aus A.); F: 150—152°.

*3,5-Dibrom-4-methoxy-N-piperonyliden-anilin, Piperonal-[3,5-dibrom-4-methoxy-phenylimin] $C_{15}H_{11}Br_2NO_3$, Formel XII (R = CH$_3$).
B. Beim Erwärmen von Piperonal mit 3,5-Dibrom-4-methoxy-anilin in Benzol (*Bargellini, Madesani,* R.A.L. [6] **11** [1930] 676, 678).
Gelbliche Krystalle (aus wss. A.); F: 143°.

*4-[4-Nitro-benzolsulfonyl]-N-piperonyliden-anilin, Piperonal-[4-(4-nitro-benzol=sulfonyl)-phenylimin] $C_{20}H_{14}N_2O_6S$, Formel XIII (X = NO$_2$).
B. Beim Erwärmen von Piperonal mit 4-[4-Nitro-benzolsulfonyl]-anilin in Äthanol (*Jain et al.,* J. Indian chem. Soc. **24** [1947] 191).
F: 215°.

XII   XIII

*Bis-[4-piperonylidenamino-phenyl]-sulfid $C_{28}H_{20}N_2O_4S$, Formel XIV.
Diese Konstitution ist der nachstehend beschriebenen Verbindung zugeordnet worden (*Raghavan et al.,* Curr. Sci. **17** [1948] 330).
B. Beim Behandeln von Bis-[4-amino-phenyl]-sulfid mit Piperonal und Zinkchlorid in Äthanol (*Ra. et al.*).
Krystalle (aus A.); F: 175—176°.

XIV

*Bis-[4-piperonylidenamino-phenyl]-sulfoxid $C_{28}H_{20}N_2O_5S$, Formel XV.

B. Beim Erhitzen von Piperonal mit Bis-[4-amino-phenyl]-sulfoxid in Isobutylalkohol (*Buu-Hoi et al.*, Bl. **1956** 1710, 1712).

Gelbliche Krystalle (aus Isobutylalkohol); F: 218°.

XV

*N-Piperonyliden-4-sulfanilyl-anilin, Piperonal-[4-sulfanilyl-phenylimin] $C_{20}H_{16}N_2O_4S$, Formel XIII (X = NH₂).

B. Beim Erwärmen von Piperonal mit Bis-[4-amino-phenyl]-sulfon in Äthanol (*Buttle et al.*, Biochem. J. **32** [1938] 1101, 1107; s. a. *I.G. Farbenind.*, D.R.P. 700801 [1937]; D.R.P. Org. Chem. **3** 1003; *Winthrop Chem. Co.*, U.S.P. 2339318 [1939]). Beim Erwärmen einer Suspension von 4-[4-Nitro-benzolsulfonyl]-*N*-piperonyliden-anilin in Äthanol mit Natriumdithionit in Wasser (*Jain et al.*, J. Indian chem. Soc. **24** [1947] 191).

Krystalle; F: 232° [korr.] (*Bu. et al.*; s. dazu *Buu-Hoi et al.*, Bl. **1956** 1710, 1711), 230° (*Jain et al.*), 227° (*I. G. Farbenind.*; *Winthrop Chem. Co.*).

*Essigsäure-[4-(N-piperonyliden-sulfanilyl)-anilid], Piperonal-[4-(N-acetyl-sulfanilyl)- phenylimin], [4-Acetylamino-phenyl]-[4-piperonylidenamino-phenyl]-sulfon $C_{22}H_{18}N_2O_5S$, Formel XIII (X = NH-CO-CH₃).

B. Beim Erwärmen von Piperonal mit Essigsäure-[4-sulfanilyl-anilid] (E III **13** 1286) in Äthanol (*Winthrop Chem. Co.*, U.S.P. 2282211 [1940]).

F: 219—220°.

*Bis-[4-piperonylidenamino-phenyl]-sulfon $C_{28}H_{20}N_2O_6S$, Formel I.

B. Beim Erhitzen von Piperonal mit Bis-[4-amino-phenyl]-sulfon in Isobutylalkohol (*Buu-Hoi et al.*, Bl. **1956** 1710, 1712).

Krystalle; F: 232° [aus Isobutylalkohol] (*Buu-Hoi et al.*).

Ein ebenfalls als Bis-[4-piperonylidenamino-phenyl]-sulfon beschriebenes Präparat (gelbliche Krystalle [aus A.]; F: 228—229°), in dem aber möglicherweise *N*-Piperonyliden-4-sulfanilyl-anilin (s. o.) vorgelegen hat, ist von *Budenau* (Anal. ştiinţ. Univ. Iaşi [I] **4** [1958] 169, 176) beim Behandeln von Piperonal mit Bis-[4-amino-phenyl]-sulfon in Methanol erhalten worden.

I   II

2-Piperonylidenamino-benzylalkohol, Piperonal-[2-hydroxymethyl-phenylimin] $C_{15}H_{13}NO_3$, Formel II.

Die früher (s. H **19** 121) unter dieser Konstitution beschriebene Verbindung (F: 78°) ist wahrscheinlich als 2-Benzo[1,3]dioxol-5-yl-1,4-dihydro-2*H*-benz[*d*][1,3]oxazin zu formulieren (s. dazu *Holly*, *Cope*, Am. Soc. **66** [1944] 1875).

(±)-1-Phenyl-2-piperonylidenamino-äthanol, (±)-Piperonal-[β-hydroxy-phenäthylimin] $C_{16}H_{15}NO_3$, Formel III (R = X = H).

Für die nachstehend beschriebene Verbindung kommt ausser dieser Konstitution auch die Formulierung als 2-Benzo[1,3]dioxol-5-yl-5-phenyl-oxazolidin ($C_{16}H_{15}NO_3$; Formel IV [R = X = H]) in Betracht (s. dazu *Bergmann et al.*, R. **71** [1952] 168).

B. Beim Erwärmen von Piperonal mit (±)-2-Amino-1-phenyl-äthanol und wss.-äthanol. Natronlauge (*Bhatnagar et al.*, J. Indian chem. Soc. **14** [1937] 344, 346).

Krystalle (aus A.); F: 105—106° (*Bh. et al.*).
Beim Erwärmen mit Methyljodid und Benzol und Erwärmen des Reaktionsprodukts
mit wss. Salzsäure ist 2-Methylamino-1-phenyl-äthanol erhalten worden (*Bh. et al.*).

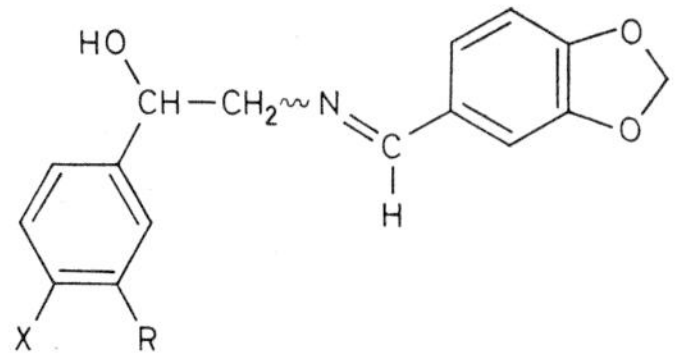

III 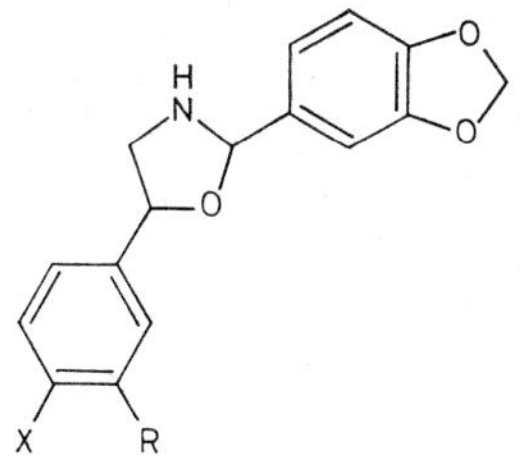   IV

***2-Isopropyl-5-methyl-4-piperonylidenamino-phenol, Piperonal-[4-hydroxy-5-isopropyl-
2-methyl-phenylimin]** $C_{18}H_{19}NO_3$, Formel V.
B. Beim Behandeln von Piperonal mit Natriumacetat und 4-Amino-2-isopropyl-
5-methyl-phenol-hydrochlorid in Äthanol (*Sumerford et al.*, Am. Soc. **62** [1940] 2082).
Krystalle (aus wss. A.); F: 161—162° [korr.].

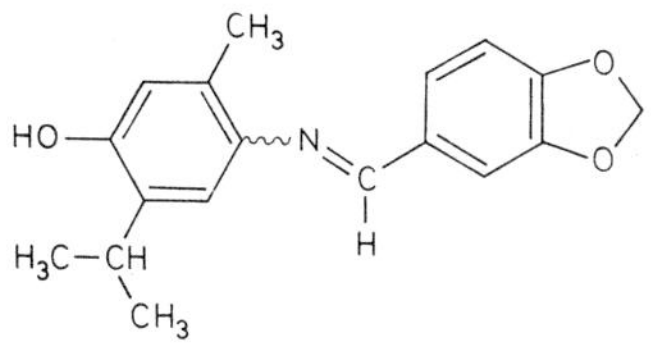

V 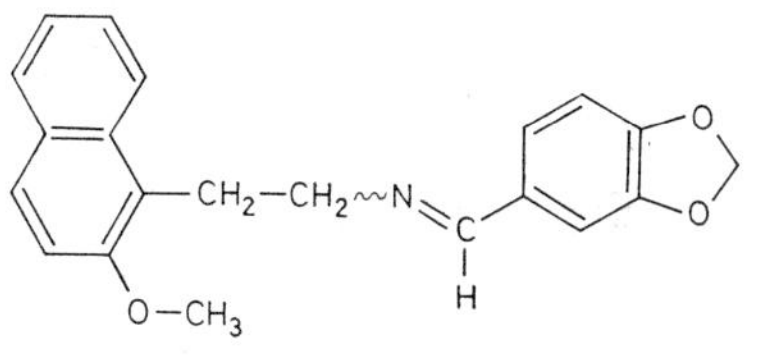   VI

***[2-(2-Methoxy-[1]naphthyl)-äthyl]-piperonyliden-amin, Piperonal-[2-(2-methoxy-
[1]naphthyl)-äthylimin]** $C_{21}H_{19}NO_3$, Formel VI.
B. Beim Erwärmen von Piperonal mit 2-[2-Methoxy-[1]naphthyl]-äthylamin unter
vermindertem Druck auf 80° (*Koelsch, Hood*, J. org. Chem. **20** [1955] 1282, 1285).
Krystalle (aus A.); F: 89—91°.

*3,4-Dimethoxy-*N*-piperonyliden-anilin, Piperonal-[3,4-dimethoxy-phenylimin]
$C_{16}H_{15}NO_4$, Formel VII.
B. Aus Piperonal und 3,4-Dimethoxy-anilin (*Hughes et al.*, J. Pr. Soc. N.S. Wales **71**
[1937/38] 421, 423; *Forbes*, Soc. **1956** 513, 516).
Krystalle (aus A.); F: 109° (*Fo.*), 107° (*Hu. et al.*).

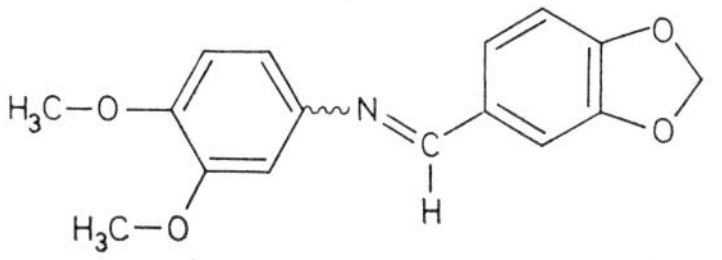

VII 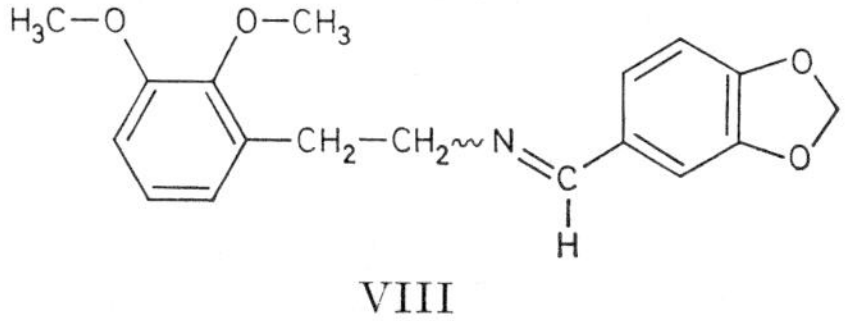   VIII

***[2,3-Dimethoxy-phenäthyl]-piperonyliden-amin, Piperonal-[2,3-dimethoxy-phenäthyl-
imin]** $C_{18}H_{19}NO_4$, Formel VIII.
B. Aus Piperonal und 2,3-Dimethoxy-phenäthylamin (*Delaby et al.*, Bl. **1956** 1830,
1832).
Krystalle (aus A.); F: 61° [Block].

***[3,4-Dimethoxy-phenäthyl]-piperonyliden-amin, Piperonal-[3,4-dimethoxy-phenäthyl-
imin]** $C_{18}H_{19}NO_4$, Formel IX (R = CH_3).
B. Aus Piperonal und 3,4-Dimethoxy-phenäthylamin (*Buck*, Am. Soc. **53** [1931]
2192, 2194; *Delaby et al.*, Bl. **1956** 1830, 1832).
Krystalle; F: 103° [korr.; Block; aus A.] (*De. et al.*), 101° [aus Ae.] (*Buck*).

*[3,4-Bis-benzyloxy-phenäthyl]-piperonyliden-amin, Piperonal-[3,4-bis-benzyloxy-phenäthylimin] $C_{30}H_{27}NO_4$, Formel IX (R = CH_2-C_6H_5).

B. Beim Behandeln von Piperonal mit 3,4-Bis-benzyloxy-phenäthylamin bei 100°/50 Torr (*Forbes*, Soc. **1955** 3926, 3930).

Krystalle (aus A.); F: 77—78°.

IX   X

(±)-1-[4-Methoxy-phenyl]-2-piperonylidenamino-äthanol, (±)-Piperonal-[β-hydroxy-4-methoxy-phenäthylimin] $C_{17}H_{17}NO_4$, Formel III (R = H, X = O-CH$_3$).

Für die nachstehend beschriebene Verbindung kommt ausser dieser Konstitution auch die Formulierung als 2-Benzo[1,3]dioxol-5-yl-5-[4-methoxy-phenyl]-oxazolidin ($C_{17}H_{17}NO_4$; Formel IV [R = H, X = O-CH$_3$]) in Betracht (s. dazu *Bergmann et al.*, R. **71** [1952] 168).

B. Beim Erwärmen von Piperonal mit (±)-2-Amino-1-[4-methoxy-phenyl]-äthanol in Äthanol (*Adityachaudhury, Chatterjee,* J. Indian chem. Soc. **36** [1959] 585, 587).

Krystalle (aus Bzl. + PAe.); F: 115—116° [unkorr.] (*Ad., Ch.*).

(±)-1-[3,4-Dimethoxy-phenyl]-2-piperonylidenamino-äthanol, (±)-Piperonal-[β-hydroxy-3,4-dimethoxy-phenäthylimin] $C_{18}H_{19}NO_5$, Formel III (R = X = O-CH$_3$), und 2-Benzo[1,3]dioxol-5-yl-5-[3,4-dimethoxy-phenyl]-oxazolidin $C_{18}H_{19}NO_5$, Formel IV (R = X = O-CH$_3$).

Diese beiden Konstitutionsformeln kommen für die nachstehend beschriebene, von *Adityachaudhury* und *Chatterjee* (J. Indian chem. Soc. **36** [1959] 585, 587) als Piperonal-[β-hydroxy-3,4-dimethoxy-phenäthylimin], von *Földi* (Acta chim. hung. **10** [1957] 1, 2) hingegen als 2-Benzo[1,3]dioxol-5-yl-5-[3,4-dimethoxy-phenyl]-oxazolidin angesehene Verbindung in Betracht (s. dazu *Bergmann et al.*, R. **71** [1952] 168).

B. Aus Piperonal und (±)-2-Amino-1-[3,4-dimethoxy-phenyl]-äthanol in äthanol. Lösung (*Ad., Ch.*) oder in wss. Lösung (*Fö.*, l. c. S. 12).

Krystalle; F: 133,5—134° [unkorr.; aus CHCl$_3$ + Me.] (*Fö.*, l. c. S. 12), 129—130° [unkorr.; aus Bzl. + PAe.] (*Ad., Ch.*).

*4,5,3′,4′-Tetramethoxy-2-piperonylidenamino-biphenyl, Piperonyliden-[4,5,3′,4′-tetra=methoxy-biphenyl-2-yl]-amin, Piperonal-[4,5,3′,4′-tetramethoxy-biphenyl-2-ylimin] $C_{24}H_{23}NO_6$, Formel X.

B. Beim Behandeln von Piperonal mit 4,5,3′,4′-Tetramethoxy-biphenyl-2-ylamin ohne Zusatz bei 100° (*Whaley, White,* J. org. Chem. **18** [1953] 184) sowie unter Zusatz von Äthanol (*Ritchie,* J. Pr. Soc. N.S. Wales **78** [1944] 134, 137).

Gelbe Krystalle; F: 164—165° [aus A. oder Me.] (*Wh., Wh.*), 155° [aus A.] (*Ri.*).

Piperonylidenharnstoff $C_9H_8N_2O_3$, Formel XI (R = CO-NH$_2$).

Eine von *Bellavita* und *Cagnoli* (G. **69** [1939] 583, 592, 602, 608) unter dieser Konstitution beschriebene Verbindung (F: 113,5°) ist als Piperonal-(*E*)-oxim, die aus ihr hergestellten, von *Bellavita* und *Cagnoli* (l. c. S. 593, 608) als *N*-Acetyl-*N*′-piperonyliden-harnstoff ($C_{11}H_{10}N_2O_4$) und als *N*-Benzoyl-*N*′-piperonyliden-harnstoff ($C_{16}H_{12}N_2O_4$) angesehenen Acyl-Derivate (F: 108—109° bzw. F: 167°) sind als Piperonal-[(*E*)-*O*-acetyl-oxim] bzw. Piperonal-[(*E*)-*O*-benzoyl-oxim] zu formulieren (*Dalton, Foley,* J. org. Chem. **38** [1973] 4200, 4202).

N-Piperonyliden-glycin-amid $C_{10}H_{10}N_2O_3$, Formel XI (R = CH$_2$-CO-NH$_2$).

B. Bei kurzem Erhitzen von Piperonal mit 2,2-Dimethyl-oxazolidin-5-on-imin und

wenig Wasser (*Davis, Levy*, Soc. **1951** 3479, 3487).
Krystalle (aus E.); F: 185—186°.

*N-Piperonyliden-anthranilsäure $C_{15}H_{11}NO_4$, Formel XII (vgl. H 122; E I 662).
B. Beim Behandeln einer Lösung von Piperonal in Essigsäure mit Anthranilsäure
(*Arroyo Patiño*, An. Fac. Farm. Bioquím. Univ. San Marcos **3** [1952] 472, 476). ·
Gelbe bzw. orangegelbe Krystalle; F: 195° (*Ar. Pa.*), 193° [aus $CHCl_3$] (*Labruto, Stagno d'Alcontres*, Ann. Chimica applic. **31** [1941] 94, 96).
Beim Behandeln mit Wasser wird eine farblose Lösung erhalten (*Ar. Pa.*).
Geschwindigkeit der Reaktion mit 1,2-Dimethyl-chinolinium-jodid in Äthanol und
Anilin (Bildung von 1-Methyl-2-[3,4-methylendioxy-styryl]-chinolinium-jodid) bei 35°:
Katayanagi, J. pharm. Soc. Japan **68** [1948] 238; C. A. **1954** 4545.

*2-Methyl-5-piperonylidenamino-benzonitril $C_{16}H_{12}N_2O_2$, Formel XIII (R = CN,
X = CH_3).
B. Bei kurzem Erwärmen von Piperonal mit 5-Amino-2-methyl-benzonitril in Äthanol
(*Candea, Macovski*, Bl. [5] **5** [1938] 1487, 1488).
Gelbe Krystalle (aus A.); F: 127°.

XI XII XIII

*4-Piperonylidenamino-*trans*-zimtsäure-methylester $C_{18}H_{15}NO_4$, Formel XIV (R = CH_3).
B. Beim Behandeln von Piperonal mit 4-Amino-*trans*-zimtsäure-methylester in
Methanol (*Vorländer*, B. **71** [1938] 501, 517).
Hellgelbe Krystalle (aus Bzl. + Me.); F: 160—161° [korr.]. Über flüssig-krystalline
Phasen s. *Vo.*

*4-Piperonylidenamino-*trans*-zimtsäure-äthylester $C_{19}H_{17}NO_4$, Formel XIV (R = C_2H_5).
B. Beim Behandeln von Piperonal mit 4-Amino-*trans*-zimtsäure-äthylester in Äthanol
(*Vorländer*, B. **71** [1938] 501, 504, 517).
Hellgelbe Krystalle (aus A. + Bzn.); F: 119—121° [korr.]. Über flüssig-krystalline
Phasen s. *Vo.*

*N-Piperonyliden-sulfanilsäure-amid $C_{14}H_{12}N_2O_4S$, Formel XIII (R = H, X = SO_2-NH_2).
B. Beim Erhitzen von Piperonal mit Sulfanilamid auf 150° (*Gray et al.*, Biochem. J. **31**
[1937] 724, 728).
F: 219°.

*N,N-Diäthyl-N'-piperonyliden-äthylendiamin, Piperonal-[2-diäthylamino-äthylimin]
$C_{14}H_{20}N_2O_2$, Formel XI (R = CH_2-CH_2-N(C_2H_5)_2).
B. Beim Erwärmen von Piperonal mit N,N-Diäthyl-äthylendiamin und Benzol unter
Entfernen des entstehenden Wassers (*Surrey*, Am. Soc. **71** [1949] 3105).
$Kp_{0,2}$: 132—133° [unkorr.]. n_D^{25}: 1,5463.
Beim Erhitzen mit Mercaptoessigsäure-methylester und Benzin unter Entfernen des
entstehenden Methanols ist 2-Benzo[1,3]dioxol-5-yl-3-[2-diäthylamino-äthyl]-thiazolidin-
4-on erhalten worden.

XIV XV

*N,N′-Dipiperonyliden-äthylendiamin $C_{18}H_{16}N_2O_4$, Formel XV.

B. Beim Erwärmen von Piperonal mit Äthylendiamin-monohydrat und Äthanol (*Epstein*, J. org. Chem. **24** [1959] 68, 69). Beim Behandeln einer Lösung von Piperonal in Äthanol mit Äthylendiamin und Wasser (*Wyeth Inc.*, U.S.P. 2627491 [1950]).

Krystalle; F: 179—180° (*Wyeth Inc.*), 178—179° [unkorr.; aus A.] (*Ep.*).

*N,N-Diäthyl-N′-piperonyliden-propandiyldiamin, Piperonal-[3-diäthylamino-propylimin] $C_{15}H_{22}N_2O_2$, Formel XI (R = $[CH_2]_3$-$N(C_2H_5)_2$).

B. Beim Erwärmen von Piperonal mit N,N-Diäthyl-propandiyldiamin und Benzol unter Entfernen des entstehenden Wassers (*Surrey*, Am. Soc. **71** [1949] 3105).

$Kp_{0,4}$: 155° [unkorr.]. n_D^{25}: 1,5402.

*N,N′-Dipiperonyliden-octandiyldiamin $C_{24}H_{28}N_2O_4$, Formel I.

B. Aus Piperonal und Octandiyldiamin (*Goodson et al.*, Brit. J. Pharmacol. Chemotherapy **3** [1948] 49, 59).

Krystalle (aus A.); F: 111—112°.

I

*Opt.-inakt. 5,11-Bis-piperonylidenamino-pentadecan, 1,7-Dibutyl-N,N′-dipiperon=yliden-heptandiyldiamin $C_{31}H_{42}N_2O_4$, Formel II.

Krystalline Präparate vom F: 105—107° [korr.] und vom F: 74—75,5° sind beim Erwärmen von Piperonal mit opt.-inakt. 5,11-Diamino-pentadecan ($Kp_{0,6}$: 139—140°; Stereoisomeren-Gemisch), Äthanol und Benzol erhalten worden (*Fancher et al.*, Am. Soc. **80** [1958] 1451, 1454).

II   III

*N,N-Dimethyl-N′-piperonyliden-p-phenylendiamin, Piperonal-[4-dimethylamino-phenylimin] $C_{16}H_{16}N_2O_2$, Formel III (vgl. H 122).

B. Beim Erwärmen von Piperonal mit N,N-Dimethyl-p-phenylendiamin und Äthanol (*Sen Gupta et al.*, J. Indian chem. Soc. **34** [1957] 528).

Krystalle (aus wss. A.); F: 112°.

Hydrochlorid. F: 213°.

IV   V

*1,5-Dianilino-2,4-bis-piperonylidenamino-benzol $C_{34}H_{26}N_4O_4$, Formel IV (R = H).

B. Bei kurzem Erwärmen von Piperonal mit 1,5-Diamino-2,4-dianilino-benzol in Äthanol (*Jois et al.*, J. Indian chem. Soc. **16** [1939] 43, 45).

Rot; bei 162—169° schmelzend [unreines Präparat].

Wenig beständig; beim Erwärmen mit Äthanol ist eine als 5,7-Dipiperonyl-5,7,12,14-

tetrahydro-chinoxalino[2,3-*b*]phenazin formulierte Verbindung (F: 291°) erhalten worden.

1,5-Bis-piperonylidenamino-2,4-di-*o*-toluidino-benzol $C_{36}H_{30}N_4O_4$, Formel IV (R = CH_3).
    B. Bei kurzem Erwärmen von Piperonal mit 1,5-Diamino-2,4-di-*o*-toluidino-benzol in Äthanol (*Jois et al.*, J. Indian chem. Soc. **16** [1939] 43, 45).
    Rote Krystalle (aus A.); F: 179°.

*Piperonyliden-[2-[2]thienyl-äthyl]-amin, Piperonal-[2-[2]thienyl-äthylimin] $C_{14}H_{13}NO_2S$, Formel V.
    B. Aus Piperonal und 2-[2]Thienyl-äthylamin (*Barger, Easson*, Soc. **1938** 2100, 2103).
    Krystalle (aus A.); F: 57—58°.

*Chlor-piperonyliden-amin, Piperonal-chlorimin $C_8H_6ClNO_2$, Formel VI.
    B. Beim Behandeln einer Lösung von Piperonal in Äther mit einer aus wss. Ammoniak und wss. Natriumhypochlorit-Lösung bereiteten wss. Chloramin-Lösung (*Hauser et al.*, Am. Soc. **52** [1930] 4158, 4160).
    Krystalle (aus A.), F: 68—69°; aus der Schmelze scheiden sich bei 72—77° feste Zersetzungsprodukte ab.
    Wenig beständig; Geschwindigkeit der spontanen Zersetzung unter Bildung von Piperonylonitril und Chlorwasserstoff bei 30°: *Ha. et al.*, Am. Soc. **52** 4163; s. a. *Hauser et al.*, Am. Soc. **57** [1935] 567, 569. Geschwindigkeit der Bildung von Piperonylonitril beim Behandeln mit wss.-äthanol. Natronlauge bei 0°: *Hauser et al.*, Am. Soc. **57** [1935] 1056, 1058. Überführung in Piperonylonitril durch Behandlung mit äthanol. Natrium= äthylat-Lösung oder mit äthanol. Kalilauge: *Hauser, Gillaspie*, Am. Soc. **52** [1930] 4517.

Bis-acetylamino-benzo[1,3]dioxol-5-yl-methan, *N,N'*-Diacetyl-piperonylidendiamin $C_{12}H_{14}N_2O_4$, Formel VII (R = CO-CH_3).
    B. Aus Piperonal und Acetamid beim Erhitzen auf 120° (*Pandya, Varghese*, Pr. Indian Acad. [A] **14** [1941] 18, 21) sowie beim Erwärmen mit Benzol unter Entfernen des entstehenden Wassers (*Paulson, Mersereau*, Trans. Illinois Acad. **47** [1955] 94).
    Krystalle (aus A.); F: 237—238° (*Pa., Va.*), 227—228° [Zers.] (*Pa., Me.*).

Benzo[1,3]dioxol-5-yl-bis-propionylamino-methan, *N,N'*-Dipropionyl-piperonyliden= diamin $C_{14}H_{18}N_2O_4$, Formel VII (R = CO-CH_2-CH_3).
    B. Beim Erhitzen von Piperonal mit Propionamid auf 120° (*Pandya, Varghese*, Pr. Indian Acad. [A] **14** [1941] 18, 22).
    Krystalle (aus A.); F: 225°.

Benzo[1,3]dioxol-5-yl-bis-butyrylamino-methan, *N,N'*-Dibutyryl-piperonylidendiamin $C_{16}H_{22}N_2O_4$, Formel VII (R = CO-CH_2-CH_2-CH_3).
    B. Beim Erhitzen von Piperonal mit Butyramid auf 120° (*Pandya, Varghese*, Pr. Indian Acad. [A] **14** [1941] 18, 23).
    Krystalle (aus A.); F: 208°.

Benzo[1,3]dioxol-5-yl-bis-heptanoylamino-methan, *N,N'*-Diheptanoyl-piperonyliden= diamin $C_{22}H_{34}N_2O_4$, Formel VII (R = CO-$[CH_2]_5$-CH_3).
    B. Beim Erhitzen von Piperonal mit Heptanamid auf 120° (*Pandya, Varghese*, Pr. Indian Acad. [A] **14** [1941] 18, 24).
    Krystalle (aus A.); F: 163°.

Benzo[1,3]dioxol-5-yl-bis-benzoylamino-methan, *N,N'*-Dibenzoyl-piperonylidendiamin $C_{22}H_{18}N_2O_4$, Formel VII (R = CO-C_6H_5).
    B. Beim Erhitzen von Piperonal mit Benzamid auf 130° (*Pandya, Varghese*, Pr. Indian Acad. [A] **14** [1941] 18, 20).
    Krystalle (aus A.); F: 222°.

Benzo[1,3]dioxol-5-yl-bis-[phenylacetyl-amino]-methan, *N,N'*-Bis-phenylacetyl-piperon= ylidendiamin $C_{24}H_{22}N_2O_4$, Formel VII (R = CO-CH_2-C_6H_5).
    B. Beim Erhitzen von Piperonal mit Phenylessigsäure-amid auf 130° (*Pandya, Varghese*, Pr. Indian Acad. [A] **14** [1941] 18, 23).
    Krystalle (aus A.); F: 224°.

Benzo[1,3]dioxol-5-yl-bis-[2-methyl-5-nitro-benzoylamino]-methan, *N,N'*-Bis-[2-methyl-5-nitro-benzoyl]-piperonylidendiamin $C_{24}H_{20}N_4O_8$, Formel VIII.

B. Beim Erhitzen von Piperonal mit 2-Methyl-5-nitro-benzamid auf 150° (*Macovski, Bachmeyer*, B. **77/79** [1944/46] 487, 494; Bl. scient. Acad. roum. **28** [1946] 413, 423).

Krystalle (aus Nitrobenzol + Xylol); F: 257° [Zers.; nach Sintern von 245° an].

VI   VII   VIII

Benzo[1,3]dioxol-5-yl-bis-*trans*-cinnamoylamino-methan, *N,N'*-Di-*trans*-cinnamoyl-piperonylidendiamin $C_{26}H_{22}N_2O_4$, Formel IX.

B. Beim Erhitzen von Piperonal mit *trans*-Cinnamamid auf 120° (*Pandya, Varghese*, Pr. Indian Acad. [A] **14** [1941] 18, 23).

Krystalle (aus Py.); F: 248°.

Benzo[1,3]dioxol-5-yl-bis-[(2-fluor-äthoxycarbonyl)-amino]-methan, *N,N'*-Piperon=yliden-bis-carbamidsäure-bis-[2-fluor-äthylester] $C_{14}H_{16}F_2N_2O_6$, Formel VII (R = CO-O-CH$_2$-CH$_2$F).

B. Beim Behandeln von Piperonal mit Carbamidsäure-[2-fluor-äthylester] und kleinen Mengen wss. Salzsäure (*Oliverio, Sawicki*, J. org. Chem. **20** [1955] 1733, 1734).

F: 180—181° [unkorr.].

Benzo[1,3]dioxol-5-yl-bis-[benzyloxycarbonyl-amino]-methan, *N,N'*-Piperonyliden-bis-carbamidsäure-dibenzylester $C_{24}H_{22}N_2O_6$, Formel VII (R = CO-O-CH$_2$-C$_6$H$_5$).

B. Beim Erhitzen von Piperonal mit Carbamidsäure-benzylester unter 15 Torr auf 110° (*Martell, Herbst*, J. org. Chem. **6** [1941] 878, 883).

Krystalle (aus Bzl. oder Toluol); F: 204°.

IX   X

*Benzo[1,3]dioxol-5-yl-bis-piperonylidenamino-methan, *N,N'*-Dipiperonyliden-piperon=ylidendiamin $C_{24}H_{18}N_2O_6$, Formel X (vgl. H 123; E I 663; dort als ,,Hydramid des Piperonals" bezeichnet).

B. Aus Piperonal und Ammoniak in Äthanol (*Marécoff*, Doklady Bolgarsk. Akad. **6** [1953] Nr. 3, S. 29; vgl. H 123).

Krystalle (aus Bzl. + PAe.); F: 151—152°.

Beim Erwärmen einer Lösung in Benzol mit dem Natrium-Salz der Chloromagnesio-phenyl-essigsäure in Äther und anschliessenden Behandeln mit wss. Salzsäure sind 3-Amino-3-benzo[1,3]dioxol-5-yl-2-phenyl-propionsäure (F: 202—203° [Zers.]) und Piperonal erhalten worden.

Piperonal-oxim $C_8H_7NO_3$.

Über die Konfiguration der beiden Stereoisomeren s. *Tütülkoff, Stefanova*, Doklady Bolgarsk. Akad. **9** [1956] Nr. 4, S. 49; *Tjutjulkow*, Ž. fiz. Chim. **32** [1958] 1389; C. A. **1959** 922; *LeFèvre, Pierens*, Austral. J. Chem. **14** [1961] 512, 517.

a) **Piperonal-(Z)-oxim** $C_8H_7NO_3$, Formel XI (R = H) auf S. 1669 (H 123; E I 663; E II 147; dort als „höherschmelzendes Piperonaloxim" beschrieben).

Herstellung aus Piperonal-(E)-oxim über das Hydrochlorid: *Benger, Brady*, Soc. **1950** 1221, 1226; vgl. H 123.

Dipolmoment (ε; Bzl.): 1,55 D (*LeFèvre, Northcott*, Soc. **1949** 2235).

Krystalle; F: 144° (*LeFè., No.*), 142° [aus Me. + W.] (*Brady, Sharawy*, Soc. **1953** 4082, 4086). Polarographie: *Tjutjulkow*, Ž. fiz. Chim. **32** [1958] 1389, 1390; C. A. **1959** 922; *Tütülkoff, Stefanova*, Doklady Bolgarsk. Akad. **9** [1956] Nr. 4, S. 49, 51.

Geschwindigkeitskonstante der Isomerisierung zu Piperonal-(E)-oxim in Tetrachlor=methan, Benzol, Chlorbenzol, Chloroform, Pyridin und Cyclohexanon bei 25° und 42,5° sowie in Cyclohexan bei 25°: *LeFè., No.*, l. c. S. 2236. Beim Behandeln mit Wasser und wss. Dioxan bei 100° (*Jordan, Hauser*, Am. Soc. **58** [1936] 1304) sowie beim Behandeln mit äthanol. Natronlauge (5%ig) oder mit Ammoniak in Äthanol bei Raumtemperatur (*Vermillion et al.*, J. org. Chem. **5** [1940] 68, 72) erfolgt keine Veränderung. Bildung von Piperonal-(E)-oxim und Piperonylsäure beim Erwärmen mit wss. Natronlauge (2n) auf 100°: *Jo., Ha.* Mengenverhältnis der Reaktionsprodukte (Piperonylonitril und Piperonal-[(E)-O-benzoyl-oxim]) beim Behandeln mit Benzoylchlorid und Pyridin: *Vermillion, Hauser*, Am. Soc. **62** [1940] 2939, 2940. Beim Behandeln mit Benzoylchlorid und Pyridin unter Zusatz von Triäthylamin ist nur Piperonylonitril erhalten worden (*Ve., Ha.*; s. a. *Vermillion et al.*, J. org. Chem. **5** [1940] 75, 77, 78).

b) **Piperonal-(E)-oxim** $C_8H_7NO_3$, Formel XII (R = H) auf S. 1669 (H 123; E I 663; E II 146; dort als „niedrigerschmelzendes Piperonaloxim" bezeichnet).

Diese Verbindung hat auch in einem von *Bellavita* und *Cagnoli* (G. **69** [1939] 583, 592, 602, 608) als Piperonylidenharnstoff angesehenen Präparat vorgelegen (*Dalton, Foley*, J. org. Chem. **38** [1973] 4200, 4202).

Dipolmoment (ε; Bzl.): 1,75 D (*LeFèvre, Northcott*, Soc. **1949** 2235).

Krystalle; F: 113,5° [aus W.] (*Be., Ca.*), 112° (*LeFè., No.*). UV-Spektrum (A.; 225 nm bis 345 nm): *Ramart-Lucas, Hoch*, Bl. [5] **5** [1938] 987, 994. Polarographie: *Tjutjulkow*, Ž. fiz. Chim. **32** [1958] 1389, 1390; C. A. **1959** 922; *Tütülkoff, Stefanova*, Doklady Bolgarsk. Akad. **9** [1956] Nr. 4, S. 49, 51.

Bildung von 5-Dinitromethyl-benzo[1,3]dioxol und wenig Piperonal beim Behandeln einer Lösung in Essigsäure mit Salpetersäure: *Charlton et al.*, Soc. **1932** 30, 41; vgl. H 123. Verhalten beim Erwärmen mit Maleinsäure-anhydrid in Benzol (Bildung von Piperonylsäure und Piperonylonitril): *La Parola*, G. **73** [1943] 94, 98. Beim Behandeln mit Benzoylchlorid und Pyridin sind Piperonylonitril und Benzaldehyd-[(E)-O-benzoyl-oxim], beim Behandeln mit Benzoylchlorid, Pyridin und Triäthylamin ist nur Benz=aldehyd-[(E)-O-benzoyl-oxim] erhalten worden (*Vermillion et al.*, J. org. Chem. **5** [1940] 75, 77, 78; *Vermillion, Hauser*, Am. Soc. **62** [1940] 2939, 2941).

Über Piperonal-[(E)-O-(2-nitro-benzoyl)-oxim] $C_{15}H_{10}N_2O_6$ (Krystalle [aus A.]; F: 128°), Piperonal-[(E)-O-(4-nitro-benzoyl)-oxim] $C_{15}H_{10}N_2O_6$ (gelbe Krystalle [aus Acn.]; F: 178°), Piperonal-[(E)-O-(3,5-dinitro-benzoyl)-oxim] $C_{15}H_9N_3O_8$ (gelbe Krystalle [aus Acn. + A.]; F: 193°) und Piperonal-[(E)-O-(4-meth=oxy-benzoyl)-oxim] $C_{16}H_{13}NO_5$ (Krystalle [aus Bzl.]; F: 188°) s. *Benger, Brady*, Soc. **1953** 3612, 3616.

Piperonal-[(E)-O-(2,4-dinitro-phenyl)-oxim] $C_{14}H_9N_3O_7$, Formel XII (R = $C_6H_3(NO_2)_2$) auf S. 1669.

Diese Konfiguration kommt wahrscheinlich der früher (s. E II **19** 148) als Piperonal-[(Z)-O-(2,4-dinitro-phenyl)-oxim] („β-Piperonaloxim-O-[2.4-dinitro-phenyläther]") beschriebenen Verbindung (F: 194° [Zers.]) zu (*Benger, Brady*, Soc. **1950** 1221, 1225).

Piperonal-[(E)-O-picryl-oxim] $C_{14}H_8N_4O_9$, Formel XII (R = $C_6H_2(NO_2)_3$) auf S. 1669.

Diese Konfiguration kommt wahrscheinlich der früher (s. E II **19** 148) als Piperonal-[(Z)-O-picryl-oxim] („β-Piperonaloxim-O-pikryläther") beschriebenen Verbindung (F: 152° [Zers.]) zu (*Benger, Brady*, Soc. **1950** 1221, 1225; *Vermillion et al.*, J. org. Chem. **5** [1940] 68, 71).

Beim Behandeln mit äthanol. Natronlauge (5%ig) ist Piperonal-(E)-oxim erhalten worden (*Ve. et al.*, l. c. S. 73; vgl. E II 148).

Piperonal-[(E)-O-benzyl-oxim] $C_{15}H_{13}NO_3$, Formel XII (R = $CH_2\text{-}C_6H_5$) auf S. 1669.

B. Beim Behandeln von Piperonal mit O-Benzyl-hydroxylamin (*Ramart-Lucas, Hoch*,

Bl. [5] **5** [1938] 987, 1003). Beim Erwärmen von Piperonal-(*E*)-oxim mit äthanol.Natrium=äthylat-Lösung und anschliessend mit Benzylchlorid (*Ra.-Lu., Hoch*).

Krystalle (aus PAe.); F: 55°. UV-Spektrum (A.; 230—340 nm): *Ra.-Lu., Hoch*, 1. c. S. 994.

Piperonal-[*O*-acetyl-oxim], *O*-Acetyl-*N*-piperonyliden-hydroxylamin $C_{10}H_9NO_4$.

a) **Piperonal-[(*Z*)-*O*-acetyl-oxim]** $C_{10}H_9NO_4$, Formel XI (R = CO-CH$_3$) (E II 148; dort als β-Piperonaloxim-*O*-acetat bezeichnet [1])).

B. Beim Behandeln von Piperonal-(*Z*)-oxim mit Acetanhydrid (*Brady, Sharawy*, Soc. **1953** 4082, 4086, 4087; s. a. *Hauser, Sullivan*, Am. Soc. **55** [1933] 4611).

Krystalle; F: 87° [aus Bzl. + PAe.] (*Br., Sh.*), 84—85° (*Ha., Su.*).

Geschwindigkeitskonstante der Zersetzung (Bildung von Piperonylonitril und Essig=säure) in Xylol bei 120°, auch nach Zusatz von Essigsäure oder von Trichloressigsäure: *Br., Sh.*, 1. c. S. 4083, 4084. Mengenverhältnis der Reaktionsprodukte (Piperonylonitril und Piperonal-(*Z*)-oxim) beim Behandeln mit wss. Natronlauge (2 n) bei 0° und bei 30°: *Hauser, Jordan*, Am. Soc. **57** [1935] 2450, 2451; s. a. *Benger, Brady*, Soc. **1950** 1221, 1222; beim Behandeln mit äthanol. Natronlauge bei 30°: *Ha., Su.*, 1. c. S. 4611; beim Behandeln mit wss. Natriumcarbonat-Lösung (10%ig) bei 0° und 30° sowie mit Natrium=carbonat in wss. Aceton bei 0°: *Ha., Jo.*, Am. Soc. **57** 2451; beim Behandeln mit wss. Ammoniak (1 n bzw. 14 n) bei 30° sowie mit äthanol. Ammoniak (14 n) bei 30°: *Hauser, Jordan*, Am. Soc. **58** [1936] 1419, 1421. Beim Behandeln einer Lösung in Äther mit 1 Mol Kaliumamid in flüssigem Ammoniak sind Piperonylonitril und kleine Mengen Piperonal-(*Z*)-oxim (*Vermillion, Hauser*, J. org. Chem. **6** [1941] 507, 510, 514), bei Anwendung von 2,5 Mol Kaliumamid sind Piperonylamidin (Hauptprodukt), Piperonylonitril und Piperonal-(*Z*)-oxim (*Hauser, Hoffenberg*, J. org. Chem. **20** [1955] 1535), beim Behandeln mit wss. Ammoniak (*Ha., Jo.*, Am. Soc. **58** 1421) sowie beim Behandeln mit Äther und flüssigem Ammoniak (*Ha., Ho.*) ist Piperonal-(*Z*)-oxim als einziges Reaktionsprodukt erhalten worden. Überführung in Piperonylonitril durch Behandlung mit Diäthylamin, Piperidin, Triäthylamin, Pyridin oder wss. Pyridin bei Raumtemperatur: *Ha., Jo.*, Am. Soc. **58** 1421. Beim Behandeln mit Anilin bei 30° ist nur Piperonal-(*Z*)-oxim, beim Behan=deln mit Anilin bei 100° sind Piperonal-(*E*)-oxim (Hauptprodukt) und Piperonylonitril erhalten worden (*Ha., Jo.*, Am. Soc. **58** 1421). Mengenverhältnis der Reaktionsprodukte (Piperonal-(*Z*)-oxim bzw. Piperonal-(*E*)-oxim und Piperonylonitril) in Abhängigkeit von der Temperatur und vom Lösungsmittel (Dioxan oder Wasser) beim Behandeln mit Butylamin, Piperidin und Triäthylamin: *Ha., Jo.*, Am. Soc. **58** 1421.

b) **Piperonal-[(*E*)-*O*-acetyl-oxim]** $C_{10}H_9NO_4$, Formel XII (R = CO-CH$_3$) (E II 148; dort als α-Piperonaloxim-*O*-acetat bezeichnet).

Diese Verbindung hat nach *Dalton* und *Foley* (J. org. Chem. **38** [1973] 4200) auch in einem von *Bellavita* und *Cagnoli* (G. **69** [1939] 583, 593, 602, 608) als *N*-Acetyl-*N'*-piperon=yliden-harnstoff angesehenen Präparat vorgelegen.

B. Beim Behandeln von Piperonal-(*E*)-oxim mit Acetanhydrid unterhalb 25° (*Brady, Sharawy*, Soc. **1953** 4082, 4086, 4087; s. a. *Hauser, Jordan*, Am. Soc. **57** [1935] 2450, 2454).

Krystalle; F: 108—109° (*Be., Ca.*, 1. c. S. 593), 105° [aus Bzl. + PAe.] (*Br., Sh.*).

Geschwindigkeitskonstante der Zersetzung (Bildung von Piperonylonitril und Essig=säure) in Xylol bei 115° und 139°: *Ambrose, Brady*, Soc. **1950** 1243, 1246; bei 120°, auch nach Zusatz von Essigsäure: *Br., Sh.*, 1. c. S. 4083. Geschwindigkeitskonstante der Hydro=lyse in Chlorwasserstoff enthaltendem 80%ig. wss. Aceton bei 25°: *Brady, Miller*, Soc. **1950** 1234, 1236. Ausbeute an Piperonal-(*E*)-oxim beim Behandeln mit wss. Natronlauge (2 n) bei 0°, 30° und 100°, mit äthanol. Natronlauge bei 0°, mit äthanol. Natriumäthylat-Lösung (2 n) bei Siedetemperatur sowie mit Natriumcarbonat in wss. Aceton bei 0°: *Ha., Jo.*, Am. Soc. **57** 2451, 2452. Mengenverhältnis (63:24 bzw. 48:44) der Reaktions=produkte (Piperonylonitril und Piperonal-(*E*)-oxim) beim Behandeln einer Suspension in Äther mit Natriumamid (2,5 Mol) bzw. Kaliumamid (1 Mol) in flüssigem Ammoniak: *Hauser, Hoffenberg*, J. org. Chem. **20** [1955] 1535; *Vermillion, Hauser*, J. org. Chem. **6** [1941] 507, 510, 514. Überführung in Piperonal-(*E*)-oxim durch Behandlung mit Äther

---

[1]) Ergänzung zu E II, S. 148, Zeile 21 v.u.: Nach „Krystalle (aus Bzl. + PAe.)." ist einzufügen „F: 86°."

und flüssigem Ammoniak: *Ha.*, *Ho.*; durch Behandlung mit Butylamin, Anilin, Diäthyl=
amin oder Piperidin bei Raumtemperatur: *Hauser*, *Jordan*, Am. Soc. **58** [1936] 1419,
1421. Beim Behandeln mit Triäthylamin bei 89° sowie beim Behandeln mit Pyridin bei
100° erfolgt keine Reaktion (*Ha.*, *Jo.*, Am. Soc. **58** 1421).

XI   XII   XIII

Piperonal-[(*E*)-*O*-chloracetyl-oxim], *O*-Chloracetyl-*N*-[(*E*)-piperonyliden]-hydroxylamin
$C_{10}H_8ClNO_4$, Formel XII (R = CO-CH$_2$Cl).

Geschwindigkeitskonstante der Zersetzung in Xylol bei 139° (Bildung von Piperonylo=
nitril und Chloressigsäure): *Ambrose*, *Brady*, Soc. **1950** 1243, 1246.

Piperonal-[(*E*)-*O*-trichloracetyl-oxim], *N*-[(*E*)-Piperonyliden]-*O*-trichloracetyl-hydroxylamin $C_{10}H_6Cl_3NO_4$, Formel XII (R = CO-CCl$_3$).

B. Beim Behandeln von Piperonal-(*E*)-oxim mit Trichloressigsäure-anhydrid (*Benger*,
Brady, Soc. **1950** 1221, 1226).

Krystalle (aus CCl$_4$ + PAe.); F: 93°.

Piperonal-[*O*-propionyl-oxim], *N*-Piperonyliden-*O*-propionyl-hydroxylamin $C_{11}H_{11}NO_4$.

a) **Piperonal-[(*Z*)-*O*-propionyl-oxim]** $C_{11}H_{11}NO_4$, Formel XI (R = CO-CH$_2$-CH$_3$).

B. Beim Behandeln von Piperonal-(*Z*)-oxim mit Propionsäure-anhydrid (*Benger*,
Brady, Soc. **1950** 1221, 1227).

Krystalle; F: 72,5° [aus Bzl. + PAe.] (*Brady*, *Sharawy*, Soc. **1953** 4082, 4087), 71°
(*Be.*, *Br.*).

Geschwindigkeitskonstante der Zersetzung in Xylol, auch nach Zusatz von Essigsäure
oder von Propionsäure, bei 120° (Bildung von Piperonylonitril und Propionsäure): *Br.*,
Sh., l. c. S. 4083.

b) **Piperonal-[(*E*)-*O*-propionyl-oxim]** $C_{11}H_{11}NO_4$, Formel XII (R = CO-CH$_2$-CH$_3$).

B. Bei kurzem Erwärmen von Piperonal-(*E*)-oxim mit Propionsäure-anhydrid (*Benger*,
Brady, Soc. **1950** 1221, 1226).

Krystalle (aus Bzl. + PAe.); F: 95° (*Be.*, *Br.*), 94—95° (*Brady*, *Sharawy*, Soc. **1953**
4082, 4087).

Geschwindigkeitskonstante der Zersetzung in Xylol bei 120° (Bildung von Piperonylo=
nitril und Propionsäure): *Br.*, *Sh.*, l. c. S. 4083. Beim kurzen Erhitzen (5 min) mit
wss. Natronlauge ist Piperonal-(*E*)-oxim als einziges Reaktionsprodukt erhalten worden
(*Be.*, *Br.*, l. c. S. 1227).

Piperonal-[(*E*)-*O*-butyryl-oxim], *O*-Butyryl-*N*-[(*E*)-piperonyliden]-hydroxylamin
$C_{12}H_{13}NO_4$, Formel XII (R = CO-CH$_2$-CH$_2$-CH$_3$).

B. Beim Behandeln von Piperonal-(*E*)-oxim mit Buttersäure-anhydrid (*Brady*, *Sharawy*,
Soc. **1953** 4082, 4087).

Krystalle (aus Bzl. + PAe.); F: 72,5°.

Geschwindigkeitskonstante der Zersetzung in Xylol bei 120° (Bildung von Piperonylo=
nitril und Buttersäure): *Br.*, *Sh.*, l. c. S. 4083.

Piperonal-[(*E*)-*O*-benzoyl-oxim], *O*-Benzoyl-*N*-[(*E*)-piperonyliden]-hydroxylamin
$C_{15}H_{11}NO_4$, Formel XII (R = CO-C$_6$H$_5$) (E II 148; dort als α-Piperonaloxim-*O*-benzoat
bezeichnet).

Diese Verbindung hat auch in einem von *Bellavita* und *Cagnoli* (G. **69** [1939] 583,
593, 602, 608) als *N*-Benzoyl-*N'*-piperonyliden-harnstoff angesehenen Präparat vorgelegen
(*Dalton*, *Foley*, J. org. Chem. **38** [1973] 4200).

B. Beim Behandeln von Piperonal-(*E*)-oxim mit Benzoylchlorid, Pyridin und Triäthyl=
amin (*Vermillion et al.*, J. org. Chem. **5** [1940] 75, 77, 78).

Krystalle (aus A.); F: 167° (*Be.*, *Ca.*).

Beim Behandeln mit Pyridin erfolgt auch bei 100° keine Reaktion; beim Behandeln mit

Butylamin bei 25° ist Piperonal-(E)-oxim erhalten worden (*Hauser, Jordan*, Am. Soc. **58** [1936] 1772, 1775).

Piperonal-[(E)-O-äthoxycarbonyl-oxim], [(E)-Piperonyliden]-hydroxylamin-O-carbon= säure-äthylester $C_{11}H_{11}NO_5$, Formel XII (R = CO-O-C$_2$H$_5$).

Diese Konfiguration kommt der früher (s. E II **19** 148) als Piperonal-[(Z)-O-äthoxy= carbonyl-oxim] („β-Piperonaloxim-O-carbonsäure-äthylester") beschriebenen Verbin- dung (F: 78°) zu (*Hauser et al.*, Am. Soc. **57** [1935] 2456; *Hauser, Jordan*, Am. Soc. **58** [1936] 1772, 1775).

Beim Behandeln mit wss. Natronlauge (2 n) bei 30° bzw. 100° sind Piperonal-(E)-oxim (Hauptprodukt) und Piperonylsäure-amid bzw. Piperonal-(E)-oxim (Hauptprodukt) und Piperonylsäure erhalten worden (*Ha. et al.*). Beim Behandeln mit Pyridin erfolgt auch bei 100° keine Reaktion; beim Behandeln mit Butylamin bei 25° ist Piperonal-(E)-oxim erhalten worden (*Ha., Jo.*).

Piperonal-[(E)-O-carbamoyl-oxim], [(E)-Piperonyliden]-hydroxylamin-O-carbonsäure- amid $C_9H_8N_2O_4$, Formel XII (R = CO-NH$_2$).

Diese Konstitution und Konfiguration kommt der früher (s. H **27** 540) als 3-Benzo= [1,3]dioxol-5-yl-oxaziridin-2-carbonsäure-amid oder N-Piperonyliden- harnstoff-N-oxid („N-Aminoformyl-piperonalisoxim") angesehenen Verbindung (Zers. bei 156—157°) zu (*Dalton, Foley*, J. org. Chem. **38** [1973] 4200, 4202).

Beim Erwärmen mit Kaliumcyanid in Methanol ist eine ursprünglich als Piperonyliden= harnstoff angesehene, nach *Dalton* und *Foley* (l. c.) als Piperonal-(E)-oxim zu formu- lierende Verbindung (F: 113,5°) erhalten worden (*Bellavita, Cagnoli*, G. **69** [1939] 583, 592).

Piperonal-[O-phenylcarbamoyl-oxim], Piperonyliden-hydroxylamin-O-carbonsäure- anilid $C_{15}H_{12}N_2O_4$.

a) **Piperonal-[(Z)-O-phenylcarbamoyl-oxim]** $C_{15}H_{12}N_2O_4$, Formel XI (R = CO-NH-C$_6$H$_5$) (E II 148; dort als β-Piperonaloxim-O-carbonsäure-anilid bezeichnet).

B. Beim Behandeln von Piperonal-(Z)-oxim mit Phenylisocyanat und wenig Äther (*Rainsford, Hauser*, J. org. Chem. **4** [1939] 480, 483, 490).

Krystalle; F: 82—84° [Rohprodukt] (*Ra., Ha.*).

Beim Behandeln mit äthanol. Natronlauge bei 0° sind Piperonal-(Z)-oxim, Piperonylo= nitril und Piperonylsäure, beim Erwärmen mit wss. Natronlauge (2 n) auf 100° ist nur Piperonylsäure erhalten worden (*Hauser, Jordan*, Am. Soc. **58** [1936] 1772, 1775; vgl. E II 148). Bildung von Piperonylonitril beim Behandeln mit Pyridin: *Ha., Jo.*, l. c. S. 1774; vgl. *Ra., Ha.*, l. c. S. 490.

b) **Piperonal-[(E)-O-phenylcarbamoyl-oxim]** $C_{15}H_{12}N_2O_4$, Formel XII (R = CO-NH-C$_6$H$_5$).

Das früher (s. E II **19** 148) beschriebene Präparat („α-Piperonaloxim-O-carbonsäure- anilid" vom F: 104° [Zers.]) ist vermutlich mit dem unter a) beschriebenen Stereo- isomeren verunreinigt gewesen (*Rainsford, Hauser*, J. org. Chem. **4** [1939] 480, 484).

B. Beim Behandeln von Piperonal-(E)-oxim mit Phenylisocyanat und Äther unter Zusatz von Triäthylamin, Tripropylamin oder N,N-Dimethyl-anilin (*Ra., Ha.*, l. c. S. 488, 491).

Krystalle (aus A.); F: 127° (*Ra., Ha.*, l. c. S. 490).

Beim Erwärmen mit wss. Natronlauge auf 100° sind Piperonal-(E)-oxim und kleine Mengen Piperonylsäure erhalten worden (*Hauser, Jordan*, Am. Soc. **58** [1936] 1772, 1775). Beim Behandeln mit Pyridin erfolgt keine Reaktion; Reaktion mit Butylamin unter Bildung von Piperonal-(E)-oxim und N-Butyl-N'-phenyl-harnstoff: *Ha., Jo.*, l. c. S. 1774; *Ra., Ha.*, l. c. S. 483, 491.

Piperonal-[O-[1]naphthylcarbamoyl-oxim], Piperonyliden-hydroxylamin-O-carbonsäure- [1]naphthylamid $C_{19}H_{14}N_2O_4$.

a) **Piperonal-[(Z)-O-[1]naphthylcarbamoyl-oxim]** $C_{19}H_{14}N_2O_4$, Formel XIII (E II 149; dort als β-Piperonaloxim-O-carbonsäure-α-naphthylamid bezeichnet).

Beim Behandeln mit Pyridin oder Butylamin bei Raumtemperatur ist Piperonylo= nitril erhalten worden (*Rainsford, Hauser*, J. org. Chem. **4** [1939] 480, 485, 491).

b) **Piperonal-[(*E*)-*O*-[1]naphthylcarbamoyl-oxim]** $C_{19}H_{14}N_2O_4$, Formel XIV
(E II 149; dort als α-Piperonaloxim-*O*-carbonsäure-α-naphthylamid bezeichnet).

F: 225° (*Rainsford, Hauser*, J. org. Chem. **4** [1939] 480, 485).

Beim Behandeln mit Pyridin bei Raumtemperatur erfolgt keine Reaktion; beim Behandeln mit Butylamin ist Piperonal-(*E*)-oxim erhalten worden (*Ra., Ha.*, l. c. S. 485, 491).

XIV   XV

(±)-4-[*N'*-(Benzo[1,3]dioxol-5-yl-hydroxy-methyl)-hydrazino]-benzolsulfonsäure,
(±)-4-[*N'*-(α-Hydroxy-3,4-methylendioxy-benzyl)-hydrazino]-benzolsulfonsäure
$C_{14}H_{14}N_2O_6S$, Formel XV.

B. Beim Behandeln von Piperonal mit einer heissen wss. Lösung von 4-Hydrazino-benzolsulfonsäure (*Biltz*, B. **68** [1935] 221, 225).

Gelbe Krystalle; Zers. bei 180—190° [nach Sintern bei 160—170°].

Wenig beständig; beim Behandeln mit Wasser oder mit Äthanol erfolgt allmählich, beim Behandeln mit Mineralsäure, mit Essigsäure und mit heissem Wasser erfolgt schnell Zersetzung unter Bildung von Piperonal und 4-Hydrazino-benzolsulfonsäure.

Natrium-Salz $NaC_{14}H_{13}N_2O_6S$. Krystalle (aus W.) mit 1 Mol oder 2 Mol H_2O; das Krystallwasser wird im Exsiccator sowie beim Behandeln mit Äthanol abgegeben.

*Piperonal-phenylhydrazon $C_{14}H_{12}N_2O_2$, Formel I (R = X = H) (vgl. H 123; E I 663; E II 149).

Eine Verbindung dieser Konstitution hat auch in einem von *Aggarwal et al.* (Soc. **1930** 2354, 2356) als 4,5-Methylendioxy-α-phenylhydrazono-bibenzyl-2-carb-aldehyd-phenylhydrazon ($C_{28}H_{24}N_4O_2$) angesehenen Präparat (F: 104—105°) vorgelegen (*Rodda, Rogasch*, Soc. **1956** 3927).

Überführung eines aus Piperonal hergestellten Präparats in Piperonal-[4-(4'-hydrazino-3,4-methylendioxy-benzhydryl)-phenylhydrazon] (F: 214°) durch Behandlung einer Lösung in Äther mit Chlorwasserstoff: *Di Fonzo*, Atti Accad. pugliese **5** [1947] 321, 325. Beim Erwärmen mit Natriumamid in Benzol (*Robew*, Doklady Akad. S.S.S.R. **101** [1955] 277; C. A. **1956** 3315) sowie beim Erhitzen einer Lösung in Xylol mit Phenyl-lithium (*Robew*, Doklady Bolgarsk. Akad. **12** [1959] 207, 210; C. A. **1960** 22463) ist *N*-Phenyl-piperonylamidin erhalten worden.

*Piperonal-[4-jod-phenylhydrazon] $C_{14}H_{11}IN_2O_2$, Formel I (R = H, X = I).

B. Aus Piperonal und [4-Jod-phenyl]-hydrazin in Äthanol (*Robew, Šumerška*, Doklady Bolgarsk. Akad. **12** [1959] 137, 139; C. A. **1960** 4480).

Krystalle (aus wss. A.); F: 157—158° [Zers.].

*Piperonal-[2-nitro-phenylhydrazon] $C_{14}H_{11}N_3O_4$, Formel I (R = NO_2, X = H).

B. Aus Piperonal und [2-Nitro-phenyl]-hydrazin (*Fischer, Moor*, Mikroch. **15** [1934] 74, 81).

Rotgelbe Krystalle; F: 209° [Kofler-App.].

*Piperonal-[3-nitro-phenylhydrazon] $C_{14}H_{11}N_3O_4$, Formel II (R = H, X = NO_2).

B. Aus Piperonal und [3-Nitro-phenyl]-hydrazin (*Fischer, Moor*, Mikroch. **15** [1934] 74, 81, 84).

Krystalle; F: 168° [Kofler-App.].

*Piperonal-[5-chlor-2-nitro-phenylhydrazon] $C_{14}H_{10}ClN_3O_4$, Formel II (R = NO_2, X = Cl).

B. Aus Piperonal und [5-Chlor-2-nitro-phenyl]-hydrazin (*Maaskant*, R. **56** [1937] 211,

227).

Rote Krystalle; F: 218°.

*Piperonal-[5-brom-2-nitro-phenylhydrazon] $C_{14}H_{10}BrN_3O_4$, Formel II (R = NO₂, X = Br).

B. Aus Piperonal und [5-Brom-2-nitro-phenyl]-hydrazin (*Maaskant*, R. **56** [1937] 211, 229).

Rote Krystalle; F: 210°.

I   II

*Piperonal-[2-brom-5-nitro-phenylhydrazon] $C_{14}H_{10}BrN_3O_4$, Formel II (R = Br, X = NO₂).

B. Aus Piperonal und [2-Brom-5-nitro-phenyl]-hydrazin in Äthanol (*Joshi*, *Deorha*, J. Indian chem. Soc. **34** [1957] 14, 16, 18).

Orangegelbe Krystalle (aus A.); F: 230°.

*Piperonal-[2-jod-4-nitro-phenylhydrazon] $C_{14}H_{10}IN_3O_4$, Formel I (R = I, X = NO₂).

B. Aus Piperonal und [2-Jod-4-nitro-phenyl]-hydrazin in Äthanol (*Joshi*, *Deorha*, J. Indian chem. Soc. **34** [1957] 14, 16, 18).

Gelbe Krystalle (aus A.); F: 208°.

*Piperonal-[2,4-dinitro-phenylhydrazon] $C_{14}H_{10}N_4O_6$, Formel I (R = X = NO₂) (vgl. E II 149).

B. Beim Behandeln von Piperonal mit [2,4-Dinitro-phenyl]-hydrazin in Äthanol unter Zusatz von Schwefelsäure (*Brady*, Soc. **1931** 756, 758) oder von wss. Salzsäure (*Tsukamoto*, *Nishioka*, J. pharm. Soc. Japan **78** [1958] 810; C.A. **1958** 16125).

Rote Krystalle; F: 275—277° [Zers.; aus Eg.] (*Barltrop et al.*, Soc. **1959** 1132, 1142), 271—272° [korr.; Kofler-App.] (*Highet*, *Wildman*, Am. Soc. **77** [1955] 4399), 270° [aus E.] (*Ts.*, *Ni.*), 266° [Zers.; aus Eg.] (*Campbell*, Analyst **61** [1936] 391, 392), 265° [Zers.; aus Xylol] (*Br.*).

Natrium-Verbindung NaC₁₄H₉N₄O₆. Violette Krystalle (*Ragno*, G. **75** [1945] 175, 184).

Kalium-Verbindung KC₁₄H₉N₄O₆. Violette Krystalle (*Ra.*).

*Piperonal-[5-chlor-2,4-dinitro-phenylhydrazon] $C_{14}H_9ClN_4O_6$, Formel III (R = H, X=Cl).

B. Beim Erwärmen von Piperonal mit [5-Chlor-2,4-dinitro-phenyl]-hydrazin in Äthanol unter Zusatz von wenig Schwefelsäure (*Robert*, R. **56** [1937] 413, 416, 421).

Rote Krystalle; F: 247° [Block].

*Piperonal-[4-chlor-2,6-dinitro-phenylhydrazon] $C_{14}H_9ClN_4O_6$, Formel IV (R = H, X=Cl).

B. Beim Erwärmen von Piperonal mit [4-Chlor-2,6-dinitro-phenyl]-hydrazin in Äthanol unter Zusatz von wenig Schwefelsäure (*Joshi*, *Deorha*, J. Indian chem. Soc. **34** [1957] 14, 16).

Dunkelrote Krystalle (aus A.); F: 240°.

*Piperonal-[4-brom-2,6-dinitro-phenylhydrazon] $C_{14}H_9BrN_4O_6$, Formel IV (R = H, X = Br).

B. Beim Erwärmen von Piperonal mit [4-Brom-2,6-dinitro-phenyl]-hydrazin in Äthanol unter Zusatz von wenig Schwefelsäure (*Joshi*, *Deorha*, J. Indian chem. Soc. **34** [1957] 14, 16).

Rote Krystalle (aus A.); F: 245°.

*Piperonal-picrylhydrazon $C_{14}H_9N_5O_8$, Formel IV (R = H, X = NO₂) (vgl. H 124; dort als Piperonal-[2.4.6-trinitro-phenylhydrazon] bezeichnet).

B. Beim Erwärmen von Piperonal mit Picrylhydrazin in Äthanol unter Zusatz von

wenig Schwefelsäure (*Blanksma*, *Wackers*, R. **55** [1936] 661, 665, 667).
Rote Krystalle; F: 260°.

*Piperonal-[3-chlor-2,4,6-trinitro-phenylhydrazon] $C_{14}H_8ClN_5O_8$, Formel IV (R = Cl, X = NO_2).
B. Beim Erwärmen von Piperonal mit [3-Chlor-2,4,6-trinitro-phenyl]-hydrazin in Äthanol unter Zusatz von wenig Schwefelsäure (*Joshi*, *Deorha*, J. Indian chem. Soc. **34** [1957] 14, 16, 17).
Rote Krystalle (aus A.); F: 249°.

III   IV

*Piperonal-[methyl-(2-nitro-phenyl)-hydrazon] $C_{15}H_{13}N_3O_4$, Formel V (R = X = H).
B. Aus Piperonal und N-Methyl-N-[2-nitro-phenyl]-hydrazin (*Maaskant*, R. **56** [1937] 211, 220).
Orangegelbe Krystalle; F: 136°.

*Piperonal-[(4-chlor-2-nitro-phenyl)-methyl-hydrazon] $C_{15}H_{12}ClN_3O_4$, Formel V (R = H, X = Cl).
B. Aus Piperonal und N-[4-Chlor-2-nitro-phenyl]-N-methyl-hydrazin (*Maaskant*, R. **56** [1937] 211, 224).
Orangerote Krystalle; F: 129°.

*Piperonal-[(4-brom-2-nitro-phenyl)-methyl-hydrazon] $C_{15}H_{12}BrN_3O_4$, Formel V (R = H, X = Br).
B. Aus Piperonal und N-[4-Brom-2-nitro-phenyl]-N-methyl-hydrazin (*Maaskant*, R. **56** [1937] 211, 226).
Rote Krystalle; F: 144°.

*Piperonal-[(2,4-dinitro-phenyl)-methyl-hydrazon] $C_{15}H_{12}N_4O_6$, Formel III (R = CH_3, X = H).
B. Beim Erwärmen von Piperonal mit N-[2,4-Dinitro-phenyl]-N-methyl-hydrazin in Äthanol unter Zusatz von wenig Schwefelsäure (*Blanksma*, *Wackers*, R. **55** [1936] 655, 657, 659).
Orangefarbene Krystalle; F: 212°.

*Piperonal-[(5-chlor-2,4-dinitro-phenyl)-methyl-hydrazon] $C_{15}H_{11}ClN_4O_6$, Formel III (R = CH_3, X = Cl).
B. Beim Erwärmen von Piperonal mit N-[5-Chlor-2,4-dinitro-phenyl]-N-methyl-hydrazin in Äthanol unter Zusatz von wenig Schwefelsäure (*Robert*, R. **56** [1937] 413, 418, 423).
Rote Krystalle; F: 214° [Block].

*Piperonal-[methyl-picryl-hydrazon] $C_{15}H_{11}N_5O_8$, Formel V (R = X = NO_2).
B. Beim Erwärmen von Piperonal mit N-Methyl-N-picryl-hydrazin in Äthanol unter Zusatz von wenig Schwefelsäure (*Blanksma*, *Wackers*, R. **55** [1936] 661, 663, 666).
Orangebraune Krystalle; F: 236°.

*Piperonal-[5-methyl-2,4-dinitro-phenylhydrazon] $C_{15}H_{12}N_4O_6$, Formel III (R = H, X = CH_3).
B. Beim Erwärmen von Piperonal mit [5-Methyl-2,4-dinitro-phenyl]-hydrazin in Äthanol unter Zusatz von wenig Schwefelsäure (*Joshi*, *Deorha*, J. Indian chem. Soc. **29**

[1952] 46).
Rote Krystalle (aus A.); F: 238°.

*Piperonal-[6-chlor-3-methyl-2,4-dinitro-phenylhydrazon] $C_{15}H_{11}ClN_4O_6$, Formel VI (X = Cl).
B. Beim Erwärmen von Piperonal mit [6-Chlor-3-methyl-2,4-dinitro-phenyl]-hydrazin in Äthanol unter Zusatz von wenig Schwefelsäure (*Joshi, Deorha,* J. Indian chem. Soc. **34** [1957] 14, 16, 17).
Gelbe Krystalle (aus A.); F: 221°.

*Piperonal-[4-brom-3-methyl-2,6-dinitro-phenylhydrazon] $C_{15}H_{11}BrN_4O_6$, Formel IV (R = CH_3, X = Br).
B. Beim Erwärmen von Piperonal mit [4-Brom-3-methyl-2,6-dinitro-phenyl]-hydrazin in Äthanol unter Zusatz von wenig Schwefelsäure (*Joshi, Deorha,* J. Indian chem. Soc. **34** [1957] 14, 16, 17).
Rote Krystalle (aus A.); F: 168°.

V   VI

*Piperonal-[6-brom-3-methyl-2,4-dinitro-phenylhydrazon] $C_{15}H_{11}BrN_4O_6$, Formel VI (X = Br).
B. Beim Erwärmen von Piperonal mit [6-Brom-3-methyl-2,4-dinitro-phenyl]-hydrazin in Äthanol unter Zusatz von wenig Schwefelsäure (*Joshi, Deorha,* J. Indian chem. Soc. **29** [1952] 46).
Gelbe Krystalle (aus A.); F: 219°.

*Piperonal-[3-methyl-2,4,6-trinitro-phenylhydrazon] $C_{15}H_{11}N_5O_8$, Formel VI (X = NO_2).
B. Beim Erwärmen von Piperonal mit [3-Methyl-2,4,6-trinitro-phenyl]-hydrazin in Äthanol unter Zusatz von wenig Schwefelsäure (*Joshi, Deorha,* J. Indian chem. Soc. **29** [1952] 46).
Rote Krystalle (aus A.); F: 244°.

*Piperonal-*p*-tolylhydrazon $C_{15}H_{14}N_2O_2$, Formel VII (R = H, X = CH_3) (vgl. H 124; E II 150).
Magnetische Susceptibilität eines aus Piperonal und *p*-Tolylhydrazin hergestellten Präparats: $-0,5833 \cdot 10^{-6}$ cm³·g⁻¹ (*Bhatnagar et al.,* J. Indian chem. Soc. **15** [1938] 573, 575).

*Piperonal-[benzyl-*p*-tolyl-hydrazon] $C_{22}H_{20}N_2O_2$, Formel VII (R = CH_2-C_6H_5, X = CH_3).
B. Beim Behandeln von Piperonal mit *N*-Benzyl-*N*-*p*-tolyl-hydrazin und wss. Essig= säure (*Votoček, Allan,* Collect. **8** [1936] 311, 320).
Krystalle (aus A.); F: 143° (*Vo., Al.,* l.c. S. 321).

VII   VIII

*Piperonal-[(2,4-dinitro-[1]naphthyl)-methyl-hydrazon] $C_{19}H_{14}N_4O_6$, Formel VIII.

B. Aus Piperonal und *N*-[2,4-Dinitro-[1]naphthyl]-*N*-methyl-hydrazin (*Robert*, R. **56** [1937] 909, 917).

Violettrote Krystalle; F: 185° [Block].

*Piperonal-[2]naphthylhydrazon $C_{18}H_{14}N_2O_2$, Formel IX (vgl. H 124; E I 664).

Magnetische Susceptibilität eines aus Piperonal und [2]Naphthylhydrazin hergestellten Präparats: $-0,4962 \cdot 10^{-6}$ cm³·g⁻¹ (*Bhatnagar et al.*, J. Indian chem. Soc. **15** [1938] 573, 575).

*Piperonal-[5-äthoxy-2,4-dinitro-phenylhydrazon] $C_{16}H_{14}N_4O_7$, Formel X (R = H, X = C_2H_5).

B. Beim Erwärmen von Piperonal mit [5-Äthoxy-2,4-dinitro-phenyl]-hydrazin und wss.-äthanol. Salzsäure (*Robert*, R. **56** [1937] 909, 911, 913).

Orangerote Krystalle; F: 279°.

IX   X

*Piperonal-[(5-äthoxy-2,4-dinitro-phenyl)-methyl-hydrazon] $C_{17}H_{16}N_4O_7$, Formel X (R = CH_3, X = C_2H_5).

B. Beim Erwärmen von Piperonal mit *N*-[5-Äthoxy-2,4-dinitro-phenyl]-*N*-methyl-hydrazin und wss.-äthanol. Salzsäure (*Robert*, R. **56** [1937] 909, 911, 915).

Gelb; F: 191—192°.

*Piperonal-[4-thiocyanato-phenylhydrazon] $C_{15}H_{11}N_3O_2S$, Formel VII (R = H, X = SCN).

B. Beim Behandeln von Piperonal mit [4-Thiocyanato-phenyl]-hydrazin in Äthanol (*Horii*, J. pharm. Soc. Japan **55** [1935] 880, 883, 884; dtsch. Ref. S. 165, 166; C.A. **1936** 1763).

Krystalle; F: 153—154°.

*Bis-[4-piperonylidenhydrazino-phenyl]-sulfon $C_{28}H_{22}N_4O_6S$, Formel XI.

B. Beim Erwärmen von Piperonal mit Bis-[4-hydrazino-phenyl]-sulfon in Äthanol (*Takubo et al.*, J. pharm. Soc. Japan **78** [1958] 482, 485; C.A. **1958** 17267).

Gelbe Krystalle (aus Dimethylformamid + W.); F: 227—228°.

XI

*Piperonal-cyclohexancarbonylhydrazon, Cyclohexancarbonsäure-piperonylidenhydrazid $C_{15}H_{18}N_2O_3$, Formel I (R = C_6H_{11}).

B. Beim Erwärmen von Piperonal mit Cyclohexancarbonsäure-hydrazid in Äthanol (*Olsen*, *Enkemeyer*, B. **81** [1948] 359).

Krystalle (aus Amylalkohol); F: 210° [unkorr.].

*Piperonal-[2-chlor-benzoylhydrazon], 2-Chlor-benzoesäure-piperonylidenhydrazid $C_{15}H_{11}ClN_2O_3$, Formel II (R = H, X = Cl).

B. Aus Piperonal und 2-Chlor-benzoesäure-hydrazid (*Offe et al.*, Z. Naturf. **7b** [1952] 446, 451).

F: 151°.

*Piperonal-[3-nitro-benzoylhydrazon], 3-Nitro-benzoesäure-piperonylidenhydrazid
$C_{15}H_{11}N_3O_5$, Formel II (R = NO$_2$, X = H) (vgl. E II 150).

B. Beim Erwärmen von Piperonal mit 3-Nitro-benzoesäure-hydrazid in Äthanol (*Strain*, Am. Soc. **57** [1935] 758, 759).

Krystalle; F: 229—230,5° [korr.; aus Nitrobenzol] (*St.*), 218° [Kofler-App.] (*Fischer*, *Moor*, Mikroch. **15** [1934] 74, 81).

I   II

*Piperonal-[4-nitro-benzoylhydrazon], 4-Nitro-benzoesäure-piperonylidenhydrazid
$C_{15}H_{11}N_3O_5$, Formel III.

B. Aus Piperonal und 4-Nitro-benzoesäure-hydrazid (*Fischer*, Mikroch. **13** [1933] 123, 128; *Fischer*, *Moor*, Mikroch. **15** [1934] 74, 84).

Gelbliche Krystalle; F: 218° [Kofler-App.].

*Piperonal-[phenylacetyl-hydrazon], Phenylessigsäure-piperonylidenhydrazid
$C_{16}H_{14}N_2O_3$, Formel I (R = CH$_2$-C$_6$H$_5$).

B. Beim Erwärmen von Piperonal mit Phenylessigsäure-hydrazid in Äthanol unter Zusatz von wss. Natronlauge (*Aggarwal et al.*, Soc. **1930** 2354, 2355).

Krystalle; F: 219° [aus A.] (*Buu-Hoi et al.*, Soc. **1953** 1358, 1362), 210° (*Ag. et al.*).
Eine beim Erhitzen mit Chlorwasserstoff enthaltendem Amylalkohol erhaltene, von *Aggarwal et al.* (l. c.) als 1-Benzyl-6,7-methylendioxy-phthalazin angesehene Verbindung (F: 203—204°) ist als Piperonal-azin zu formulieren (*Rodda*, *Rogasch*, Soc. **1956** 3927).

III   IV

*Piperonal-[4-nitro-*trans*(?)-cinnamoylhydrazon], 4-Nitro-*trans*(?)-zimtsäure-piperonyl=
idenhydrazid $C_{17}H_{13}N_3O_5$, vermutlich Formel IV.

B. Beim Erwärmen von Piperonal mit 4-Nitro-*trans*(?)-zimtsäure-hydrazid-hydro=
chlorid (E III 9 2747) in Äthanol unter Zusatz von wss. Natronlauge (*Freri*, *Solza*, R.A.L. [6] **29** [1939] 691, 693, 694).

F: 217°.

*Piperonal-methoxyoxalylhydrazon, Oxalsäure-methylester-piperonylidenhydrazid
$C_{11}H_{10}N_2O_5$, Formel I (R = CO-O-CH$_3$).

B. Beim Erwärmen von Piperonal mit Oxalsäure-hydrazid-methylester in Wasser (*Tierie*, R. **52** [1933] 357, 359).

F: 215°.

*Piperonal-äthoxyoxalylhydrazon, Oxalsäure-äthylester-piperonylidenhydrazid
$C_{12}H_{12}N_2O_5$, Formel I (R = CO-O-C$_2$H$_5$).

B. Beim Behandeln von Piperonal mit Oxalsäure-äthylester-hydrazid in Wasser (*Tierie*, R. **52** [1933] 357, 358).

Krystalle (aus A.); F: 169°.

*Piperonal-aminooxalylhydrazon, Oxalamidsäure-piperonylidenhydrazid, Piperonal-
semioxamazon $C_{10}H_9N_3O_4$, Formel I (R = CO-NH$_2$).

B. Beim Behandeln von Piperonal mit Oxalsäure-amid-hydrazid in Wasser (*Tierie*, R. **52** [1933] 357, 362).

Krystalle; F: 290° [Zers.] (*Ti.*), 281—283° [Kofler-App.] (*Fischer, Moor*, Mikroch. **15** [1934] 74, 81).

*Piperonal-[methylaminooxalyl-hydrazon], Methyloxalamidsäure-piperonylidenhydrazid C₁₁H₁₁N₃O₄, Formel I (R = CO-NH-CH₃).
B. Beim Behandeln von Piperonal mit Methyloxalamidsäure-hydrazid (E III **4** 131) in Wasser (*Tierie*, R. **52** [1933] 357, 367).
Krystalle (aus W.); F: 280°.

*Piperonal-[cyclohexylaminooxalyl-hydrazon], Cyclohexyloxalamidsäure-piperonyliden=hydrazid C₁₆H₁₉N₃O₄, Formel I (R = CO-NH-C₆H₁₁).
B. Beim Behandeln von Piperonal mit Cyclohexyloxalamidsäure-hydrazid in Wasser unter Zusatz von wenig Schwefelsäure (*de Vries*, R. **61** [1942] 223, 241, 243).
F: 265°.

*Piperonal-[anilinooxalyl-hydrazon], Phenyloxalamidsäure-piperonylidenhydrazid C₁₆H₁₃N₃O₄, Formel I (R = CO-NH-C₆H₅).
B. Beim Behandeln von Piperonal mit Phenyloxalamidsäure-hydrazid in Wasser (*Tierie*, R. **52** [1933] 533, 534).
F: 274°.

*Piperonal-[(2,4-dimethyl-anilinooxalyl)-hydrazon], [2,4-Dimethyl-phenyl]-oxalamid=säure-piperonylidenhydrazid C₁₈H₁₇N₃O₄, Formel I (R = CO-NH-C₆H₃(CH₃)₂).
B. Aus Piperonal und [2,4-Dimethyl-phenyl]-oxalamidsäure-hydrazid in wss. Äthanol (*van Kleef*, R. **55** [1936] 765, 780, 784).
F: 261°.

*Piperonal-[(2,4,5-trimethyl-anilinooxalyl)-hydrazon], [2,4,5-Trimethyl-phenyl]-oxalamidsäure-piperonylidenhydrazid C₁₉H₁₉N₃O₄, Formel I (R = CO-NH-C₆H₂(CH₃)₃).
B. Aus Piperonal und [2,4,5-Trimethyl-phenyl]-oxalamidsäure-hydrazid in wss. Äthanol (*van Kleef*, R. **55** [1936] 765, 783, 784).
Krystalle (aus A.); F: 226°.

*N-Äthoxyoxalyl-N'-piperonylidenhydrazinooxalyl-äthylendiamin, N,N'-Äthandiyl-bis-oxalamidsäure-äthylester-piperonylidenhydrazid C₁₆H₁₈N₄O₇, Formel I (R = CO-NH-CH₂-CH₂-NH-CO-CO-O-C₂H₅).
B. Beim Behandeln von Piperonal mit N-Äthoxyoxalyl-N'-hydrazinooxalyl-äthylen=diamin in Wasser (*van Alphen*, R. **53** [1934] 1159, 1163; *Gaade*, R. **55** [1936] 541, 556).
F: 254° (*v. Al.*; *Ga.*).

*Piperonal-[cyanacetyl-hydrazon], Cyanessigsäure-piperonylidenhydrazid C₁₁H₉N₃O₃, Formel I (R = CH₂-CN).
B. Beim Erwärmen von Piperonal mit Cyanessigsäure-hydrazid in Äthanol (*Canbäck, Erne*, Svensk farm. Tidskr. **59** [1955] 89, 94).
Hellgelbe Krystalle (aus A.); F: 179—182° [Kofler-App.].

*Malonsäure-bis-piperonylidenhydrazid C₁₉H₁₆N₄O₆, Formel V (n = 1).
B. Beim Behandeln von Piperonal mit Malonsäure-dihydrazid in wss. Äthanol (*Blanksma, de Graaf*, R. **57** [1938] 3, 5) oder in Äthanol (*Blanksma, Bakels*, R. **58** [1939] 497, 498).
Krystalle; F: 223° (*Bl., de Gr.*), 221° (*Bl., Ba.*).

*Bernsteinsäure-bis-piperonylidenhydrazid C₂₀H₁₈N₄O₆, Formel V (n = 2).
B. Beim Behandeln von Piperonal mit Bernsteinsäure-dihydrazid in Äthanol oder Wasser (*Blanksma, Bakels*, R. **58** [1939] 497, 500).
F: 268°.

*Methylmalonsäure-bis-piperonylidenhydrazid C₂₀H₁₈N₄O₆, Formel VI (R = CH₃).
B. Aus Piperonal und Methylmalonsäure-dihydrazid (*Blanksma, de Graaf*, R. **57** [1938]

3, 6).

F: 247°.

*Äthylmalonsäure-bis-piperonylidenhydrazid $C_{21}H_{20}N_4O_6$, Formel VI ($R = C_2H_5$).

B. Aus Piperonal und Äthylmalonsäure-dihydrazid (*Blanksma, de Graaf*, R. **57** [1938] 3, 7).

F: 223°.

V

*Adipinsäure-bis-piperonylidenhydrazid $C_{22}H_{22}N_4O_6$, Formel V (n = 4).

B. Aus Piperonal und Adipinsäure-dihydrazid (*Buu-Hoi et al.*, Soc. **1953** 1358, 1363).

Krystalle (aus A.); F: 234°.

*Propylmalonsäure-bis-piperonylidenhydrazid $C_{22}H_{22}N_4O_6$, Formel VI
($R = CH_2\text{-}CH_2\text{-}CH_3$).

B. Aus Piperonal und Propylmalonsäure-dihydrazid (*Blanksma, de Graaf*, R. **57** [1938] 3, 8).

F: 244°.

*Isopropylmalonsäure-bis-piperonylidenhydrazid $C_{22}H_{22}N_4O_6$, Formel VI
($R = CH(CH_3)_2$).

B. Aus Piperonal und Isopropylmalonsäure-dihydrazid in wss. Äthanol (*Blanksma, de Graaf*, R. **57** [1938] 3, 9).

F: 283°.

VI   VII

*Butylmalonsäure-bis-piperonylidenhydrazid $C_{23}H_{24}N_4O_6$, Formel VI ($R = [CH_2]_3\text{-}CH_3$).

B. Aus Piperonal und Butylmalonsäure-dihydrazid (*Blanksma, de Graaf*, R. **57** [1938] 3, 10).

F: 253°.

*Decandisäure-bis-piperonylidenhydrazid, Sebacinsäure-bis-piperonylidenhydrazid
$C_{26}H_{30}N_4O_6$, Formel V (n = 8).

B. Aus Piperonal und Sebacinsäure-dihydrazid (*Buu-Hoi et al.*, Soc. **1953** 1358, 1364).

Krystalle (aus A.); F: 203°.

*Benzylmalonsäure-bis-piperonylidenhydrazid $C_{26}H_{22}N_4O_6$, Formel VI ($R = CH_2\text{-}C_6H_5$).

B. Aus Piperonal und Benzylmalonsäure-dihydrazid (*Blanksma, de Graaf*, R. **57** [1938] 3, 12).

F: 244°.

*Piperonal-äthoxycarbonylhydrazon, Piperonyliden-carbazinsäure-äthylester
$C_{11}H_{12}N_2O_4$, Formel VII ($X = O\text{-}C_2H_5$).

B. Aus Piperonal und Carbazinsäure-äthylester (*Majumdar, Guha*, J. Indian chem. Soc. **10** [1933] 685, 690).

Krystalle (aus A.); F: 123—124,5°.

*Piperonal-isopentyloxycarbonylhydrazon, Piperonyliden-carbazinsäure-isopentylester
$C_{14}H_{18}N_2O_4$, Formel VII ($X = O\text{-}CH_2\text{-}CH_2\text{-}CH(CH_3)_2$).

B. Beim Erhitzen von Piperonal-semicarbazon mit Isopentylalkohol (*McClelland*,

Salkeld, Soc. **1936** 1050).
  Krystalle (aus Bzl. + Bzn.); F: 83°.

*Piperonal-semicarbazon $C_9H_9N_3O_3$, Formel VII (X = NH_2) (vgl. H 124; E I 665; E II 150).
  B. Aus Piperonal und Semicarbazid (*Wilson, Keenan*, J. Assoc. agric. Chemists **13** [1930] 389, 394).
  Krystalle; F: 234°.

*Piperonal-[4-methyl-semicarbazon] $C_{10}H_{11}N_3O_3$, Formel VII (X = NH-CH_3) (vgl. E I 665).
  B. Aus Piperonal und 4-Methyl-semicarbazid (*Vogelsang*, R. **62** [1943] 5, 11).
  F: 208°.

*Piperonal-[4,4-dimethyl-semicarbazon] $C_{11}H_{13}N_3O_3$, Formel VII (X = N(CH_3)$_2$).
  B. Aus Piperonal und 4,4-Dimethyl-semicarbazid (*Vogelsang*, R. **62** [1943] 5, 11).
  F: 158°.

*Piperonal-carbamimidoylhydrazon, Piperonylidenamino-guanidin $C_9H_{10}N_4O_2$, Formel VIII (X = H) und Tautomeres.
  B. Bei kurzem Erwärmen von Piperonal mit Aminoguanidin-nitrat in wss. Äthanol (*Scott et al.*, Am. Soc. **75** [1953] 5309, 5310).
  Krystalle mit 1 Mol H_2O; F: 184° [unkorr.].

                  VIII   IX

*N,N'-Bis-piperonylidenamino-guanidin $C_{17}H_{15}N_5O_4$, Formel IX (X = NH) und Tautomeres.
  Nitrat $C_{17}H_{15}N_5O_4 \cdot HNO_3$. *B*. Beim Behandeln von Piperonal mit *N,N'*-Diamino-guanidin-nitrat in Wasser (*Lieber, Strojny*, J. org. Chem. **17** [1952] 518, 519). – F: 206° bis 210° [korr.; Zers.; aus A.].

*N,N',N''-Tris-piperonylidenamino-guanidin $C_{25}H_{20}N_6O_6$, Formel X.
  B. Beim Erwärmen einer Lösung von Piperonal in Äthanol mit *N,N',N''*-Triamino-guanidin-nitrat in Wasser (*Scott et al.*, Am. Soc. **74** [1952] 5802).
  Krystalle (aus Py.) mit 1 Mol H_2O; F: 223°.

*Piperonal-[nitrocarbamimidoyl-hydrazon], N-Nitro-N'-piperonylidenamino-guanidin $C_9H_9N_5O_4$, Formel VIII (X = NO_2) und Tautomere.
  B. Beim Behandeln von Piperonal mit *N*-Amino-*N'*-nitro-guanidin in einem Gemisch von Wasser, Methanol und Essigsäure (*Whitmore et al.*, Am. Soc. **57** [1935] 706; s. a. *Kumler, Sah*, J. Am. pharm. Assoc. **41** [1952] 375, 376).
  Krystalle; F: 227—228° [korr.; Zers.; aus A., Me. oder wss. A.] (*Ku., Sah*), 220° [korr.; aus Me.] (*Wh. et al.*). UV-Absorptionsmaxima: 260 nm und 432 nm (*Ku., Sah*, l. c. S. 377).

*Piperonal-thiosemicarbazon $C_9H_9N_3O_2S$, Formel XI (R = CS-NH_2) (vgl. H 124; E II 150).
  B. Beim Behandeln einer Lösung von Piperonal in Äthanol mit Thiosemicarbazid und wss. Essigsäure (*Sah, Daniels*, R. **69** [1950] 1545, 1547, 1549). Beim Erhitzen von Piper=onal-azin mit Thiosemicarbazid in Essigsäure (*Miyatake*, J. pharm. Soc. Japan **72** [1952] 1162; C. A. **1953** 6885).
  Krystalle; F: 190—191° [korr.; aus wss. A.] (*Sah, Da.*), 187° [aus A.] (*Mi.*).
  Verhalten beim Erwärmen einer Lösung in Äthanol mit Chloressigsäure bzw. mit Chloressigsäure-äthylester: *Stoicescu-Crivetz, Mandasescu*, Acad. Iaşi Stud. Cerc. ştiinţ. **4** [1953] 307, 309, 311; *Taniyama et al.*, J. pharm. Soc. Japan **75** [1955] 382, 385; C. A. **1956** 2549; s. a. *Chabrier, Cattelain*, Bl. **1950** 48, 50, 57.

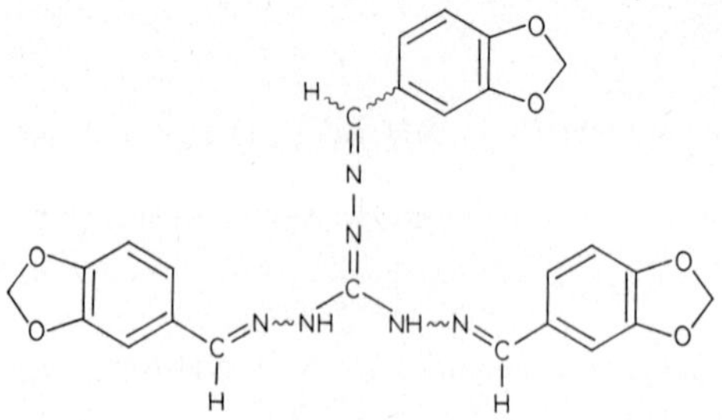

X 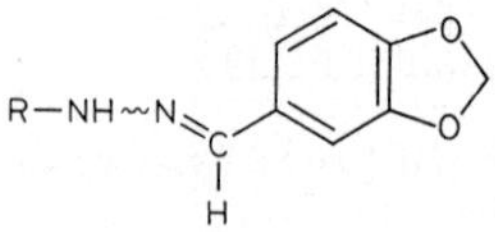   **XI**

*Piperonal-[4-phenyl-thiosemicarbazon] $C_{15}H_{13}N_3O_2S$, Formel XII (X = H).
  B. Beim Erwärmen von Piperonal mit 4-Phenyl-thiosemicarbazid in Äthanol (*Tišler*,
Z. anal. Chem. **149** [1956] 164, 165).
  Krystalle (aus A.); F: 198° [Kofler-App.]. IR-Spektrum (Nujol; 2—15 μ): *Ti.*, l. c.
S. 167.

*Piperonal-[4-(4-fluor-phenyl)-thiosemicarbazon] $C_{15}H_{12}FN_3O_2S$, Formel XII (X = F).
  B. Aus Piperonal und 4-[4-Fluor-phenyl]-thiosemicarbazid (*Buu-Hoi et al.*, Soc. **1956**
2160, 2163).
  Krystalle (aus A. + Bzl.); F: 223° [korr.; Kofler-App.].

*Piperonal-[4-(4-brom-phenyl)-thiosemicarbazon] $C_{15}H_{12}BrN_3O_2S$, Formel XII (X = Br).
  B. Beim Erwärmen von Piperonal mit 4-[4-Brom-phenyl]-thiosemicarbazid in Äthanol
(*Tišler*, Z. anal. Chem. **151** [1956] 187, 189).
  Krystalle (aus A.); F: 211° [Kofler-App.].

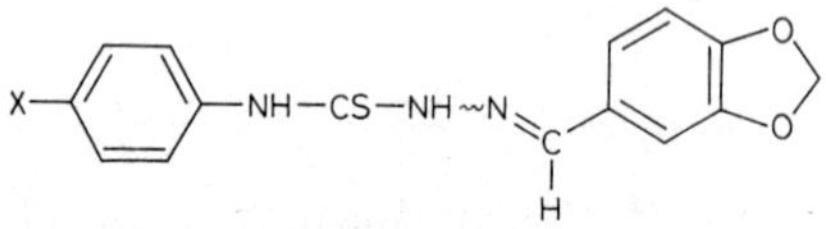

XII 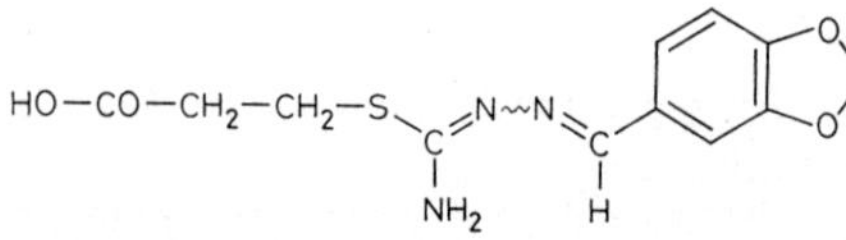   **XIII**

*Piperonal-[4-p-tolyl-thiosemicarbazon] $C_{16}H_{15}N_3O_2S$, Formel XII (X = CH₃).
  B. Beim Erwärmen von Piperonal mit 4-*p*-Tolyl-thiosemicarbazid in Äthanol (*Tišler*,
Z. anal. Chem. **150** [1956] 345).
  Krystalle (aus A.); F: 202—203° [Kofler-App.].

*3-[Amino-piperonylidenhydrazono-methylmercapto]-propionsäure $C_{12}H_{13}N_3O_4S$,
Formel XIII, und Tautomeres.
  B. Bei der Umsetzung von Piperonal mit Thiosemicarbazid und Behandlung des er-
haltenen Piperonal-thiosemicarbazons mit 3-Hydroxy-propionsäure-lacton in Aceton
(*CIBA*, U.S.P. 2672463 [1951]).
  Krystalle (aus A.); F: 218—220° [Zers.].

*1,5-Dipiperonyliden-thiocarbonohydrazid $C_{17}H_{14}N_4O_4S$, Formel IX (X = S) (vgl.
E II 150).
  B. Beim Behandeln von Piperonal mit Thiocarbonohydrazid in wss. Äthanol (*Duval*,
Xuong, Mikroch. Acta **1956** 747).
  F: 193° [Block].

*Piperonal-[2-methyl-semicarbazon] $C_{10}H_{11}N_3O_3$, Formel XIV (R = H) (vgl. E II 150).
  B. Aus Piperonal und 2-Methyl-semicarbazid (*Vogelsang*, R. **62** [1943] 5, 11).
  F: 227°.

*Piperonal-[2,4-dimethyl-semicarbazon] $C_{11}H_{13}N_3O_3$, Formel XIV (R = CH₃).
  B. Aus Piperonal und 2,4-Dimethyl-semicarbazid (*Vogelsang*, R. **62** [1943] 5, 11).
  F: 114°.

*Piperonal-[phenoxyacetyl-hydrazon], Phenoxyessigsäure-piperonylidenhydrazid
$C_{16}H_{14}N_2O_4$, Formel XI (R = CO-CH$_2$-O-C$_6$H$_5$).

B. Aus Piperonal und Phenoxyessigsäure-hydrazid (*Buu-Hoi et al.*, Soc. **1953** 1358, 1362; *Baltazzi, Delavigne*, C. r. **241** [1955] 633).

Krystalle (aus A.); F: 201° (*Buu-Hoi et al.*), 194° (*Ba., De.*).

XIV   XV

*Piperonal-[[2]naphthyloxyacetyl-hydrazon], [2]Naphthyloxyessigsäure-piperonyliden≈ hydrazid $C_{20}H_{16}N_2O_4$, Formel XV.

B. Aus Piperonal und [2]Naphthyloxyessigsäure-hydrazid (*Buu-Hoi et al.*, Soc. **1953** 1358, 1362).

Krystalle; F: 190°.

*2-Piperonylidenhydrazino-benzoesäure $C_{15}H_{12}N_2O_4$, Formel I (R = CO-OH, X = H).

B. Beim Behandeln von Piperonal mit 2-Hydrazino-benzoesäure-hydrochlorid in wss. Äthanol (*Veibel et al.*, Dansk Tidsskr. Farm. **14** [1940] 184, 196).

F: 221−222° [Block].

*Piperonal-[2-cyan-4-nitro-phenylhydrazon], 5-Nitro-2-piperonylidenhydrazino-benzonitril $C_{15}H_{10}N_4O_4$, Formel I (R = CN, X = NO$_2$).

Eine von *Hartmans* (R. **65** [1946] 468, 474) unter dieser Konstitution beschriebene Verbindung (F: 219°) ist wahrscheinlich als 5-Nitro-3-piperonylidenamino-indazol zu formulieren (*Parnell*, Soc. **1959** 2363).

*Piperonal-salicyloylhydrazon, Salicylsäure-piperonylidenhydrazid $C_{15}H_{12}N_2O_4$, Formel II (R = OH, X = H).

B. Beim Erwärmen von Piperonal mit Salicylsäure-hydrazid in Äthanol (*Baker et al.*, Soc. **1950** 170, 172).

Krystalle (aus A.); F: 270°.

I   II

*Piperonal-[5-chlor-2-hydroxy-benzoylhydrazon], 5-Chlor-2-hydroxy-benzoesäure-piperonylidenhydrazid $C_{15}H_{11}ClN_2O_4$, Formel II (R = OH, X = Cl).

B. Aus Piperonal und 5-Chlor-2-hydroxy-benzoesäure-hydrazid (*Buu-Hoi et al.*, Soc. **1953** 1358, 1359).

F: 263°.

*Piperonal-[5-brom-2-hydroxy-benzoylhydrazon], 5-Brom-2-hydroxy-benzoesäure-piperonylidenhydrazid $C_{15}H_{11}BrN_2O_4$, Formel II (R = OH, X = Br).

B. Aus Piperonal und 5-Brom-2-hydroxy-benzoesäure-hydrazid (*Buu-Hoi et al.*, Soc. **1953** 1358, 1359).

F: 253°.

*Bis-[2-piperonylidencarbazoyl-phenyl]-disulfid $C_{30}H_{22}N_4O_6S_2$, Formel III.

B. Beim Erwärmen von Piperonal mit 2-Mercapto-benzoesäure-hydrazid in Methanol unter Zusatz von Essigsäure an der Luft (*Katz et al.*, J. org. Chem. **18** [1953] 1380, 1389, 1392).

Krystalle (aus wss. 2-Methoxy-äthanol); F: 250−252° [unkorr.].

***4-Piperonylidenhydrazino-benzoesäure** $C_{15}H_{12}N_2O_4$, Formel IV (R = H).

B. Beim Behandeln einer äthanol. Lösung von Piperonal mit 4-Hydrazino-benzoesäure-hydrochlorid in Wasser (*Veibel et al.*, Dansk Tidsskr. Farm. **14** [1940] 184, 185, 188; s. a. *Veibel*, Acta chem. scand. **1** [1947] 54, 55, 62).

Krystalle (aus A. oder wss. A.); F: 244—246°.

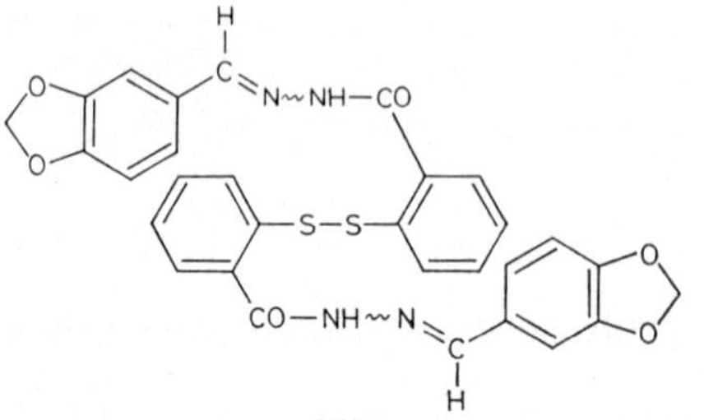

III

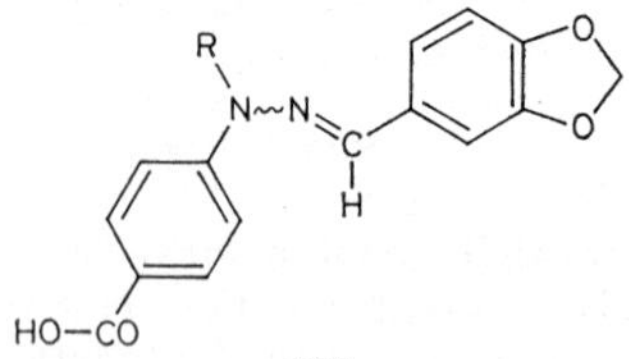

IV

***Piperonal-[4-cyan-2-nitro-phenylhydrazon], 3-Nitro-4-piperonylidenhydrazino-benzonitril** $C_{15}H_{10}N_4O_4$, Formel V (R = H).

B. Beim Erwärmen von Piperonal und 4-Hydrazino-3-nitro-benzonitril in Äthanol unter Zusatz von wenig Schwefelsäure (*Blanksma, Witte*, R. **60** [1941] 811, 821, 822).

Rot; F: 279°.

***Piperonal-[(4-cyan-2-nitro-phenyl)-methyl-hydrazon], 4-[Methyl-piperonyliden-hydrazino]-3-nitro-benzonitril** $C_{16}H_{12}N_4O_4$, Formel V (R = CH₃).

B. Beim Erwärmen von Piperonal mit 4-[*N*-Methyl-hydrazino]-3-nitro-benzonitril in Äthanol unter Zusatz von wenig Schwefelsäure (*Blanksma, Witte*, R. **60** [1941] 811, 823, 824).

Orangegelb; F: 176°.

***4-[Benzyl-piperonyliden-hydrazino]-benzoesäure** $C_{22}H_{18}N_2O_4$, Formel IV (R = CH₂-C₆H₅).

B. Beim Erwärmen von Piperonal mit 4-[*N*-Benzyl-hydrazino]-benzoesäure in Äthanol oder Butan-1-ol (*Di Fonzo, Saracini*, Farmaco Ed. scient. **13** [1958] 639, 642, 648).

Gelbliche Krystalle (aus A.); F: 244,5—245,5° [korr.]. UV-Absorptionsmaxima (A.): 270 nm, 313 nm und 354—355 nm (*Di Fo., Sa.*, l. c. S. 642).

***Piperonal-[4-hydroxy-benzoylhydrazon], 4-Hydroxy-benzoesäure-piperonylidenhydrazid** $C_{15}H_{12}N_2O_4$, Formel VI (R = H, X = OH).

B. Beim Erwärmen von Piperonal mit 4-Hydroxy-benzoesäure-hydrazid in wss.-äthanol. Lösung vom pH 6 (*Silbernagel*, M. **86** [1955] 256).

Krystalle; F: 247,5—249°.

***Piperonal-[2-hydroxymethyl-benzoylhydrazon], 2-Hydroxymethyl-benzoesäure-piperonylidenhydrazid** $C_{16}H_{14}N_2O_4$, Formel II (R = CH₂-OH, X = H).

B. Aus Piperonal und 2-Hydroxymethyl-benzoesäure-hydrazid (*Blanksma, Bakels*, R. **58** [1939] 497, 505, 506).

Gelbe Krystalle; F: 183°.

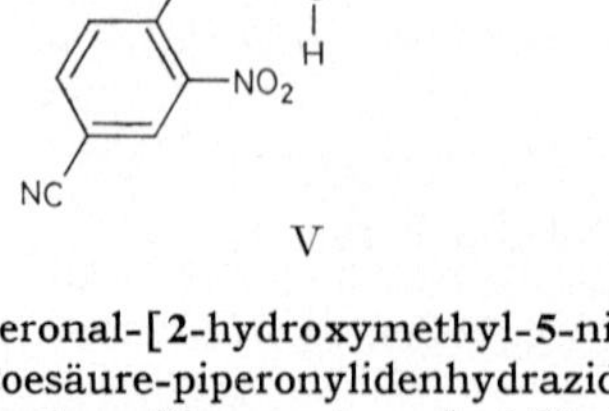

V

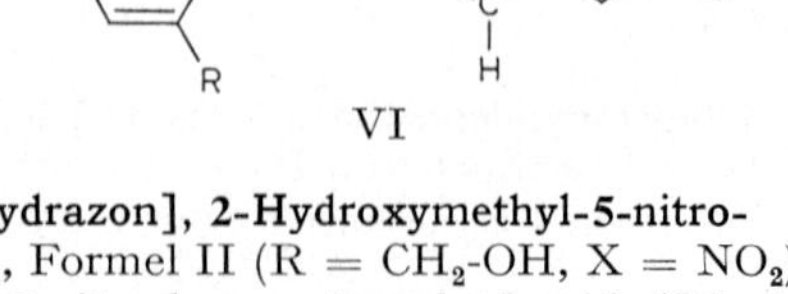

VI

***Piperonal-[2-hydroxymethyl-5-nitro-benzoylhydrazon], 2-Hydroxymethyl-5-nitro-benzoesäure-piperonylidenhydrazid** $C_{16}H_{13}N_3O_6$, Formel II (R = CH₂-OH, X = NO₂).

B. Aus Piperonal und 2-Hydroxymethyl-5-nitro-benzoesäure-hydrazid (*Blanksma,*

Bakels, R. **58** [1939] 497, 505).
    F: 203°.

*Piperonal-[2-hydroxy-3-methyl-benzoylhydrazon], 2-Hydroxy-3-methyl-benzoesäure-piperonylidenhydrazid $C_{16}H_{14}N_2O_4$, Formel VII.
    B. Beim Erwärmen von Piperonal mit 2-Hydroxy-3-methyl-benzoesäure-hydrazid in Äthanol (*Misra, Khare*, J. Indian chem. Soc. **31** [1954] 323).
    Krystalle (aus A.); F: 188—189°.

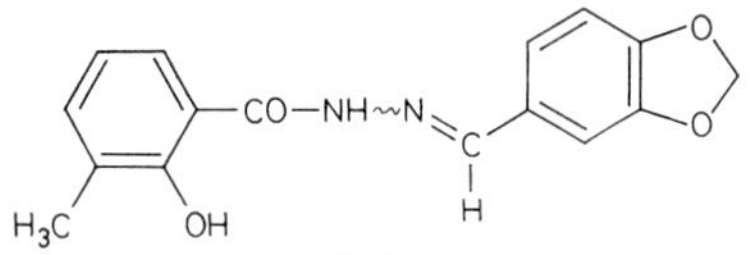

VII 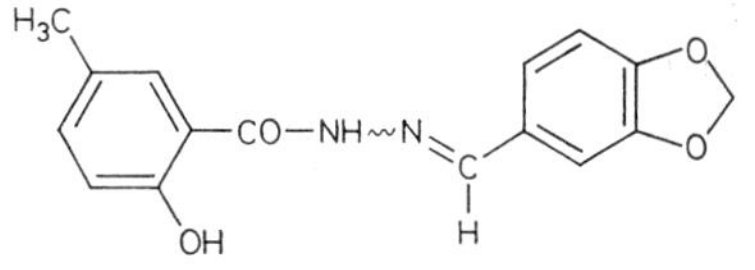   VIII

*Piperonal-[2-hydroxy-5-methyl-benzoylhydrazon], 2-Hydroxy-5-methyl-benzoesäure-piperonylidenhydrazid $C_{16}H_{14}N_2O_4$, Formel VIII.
    B. Beim Erwärmen von Piperonal mit 2-Hydroxy-5-methyl-benzoesäure-hydrazid in Äthanol (*Misra, Khare*, J. Indian chem. Soc. **31** [1954] 323).
    Krystalle (aus Dioxan); F: 216—217°.

*Piperonal-[2-hydroxy-4-methyl-benzoylhydrazon], 2-Hydroxy-4-methyl-benzoesäure-piperonylidenhydrazid $C_{16}H_{14}N_2O_4$, Formel VI (R = OH, X = CH_3).
    B. Beim Erwärmen von Piperonal mit 2-Hydroxy-4-methyl-benzoesäure-hydrazid in Äthanol (*Misra, Khare*, J. Indian chem. Soc. **31** [1954] 323).
    Krystalle (aus A.); F: 216—217°.

*Piperonal-[3-hydroxy-[2]naphthoylhydrazon], 3-Hydroxy-[2]naphthoesäure-piperonyl= idenhydrazid $C_{19}H_{14}N_2O_4$, Formel IX.
    B. Aus Piperonal und 3-Hydroxy-[2]naphthoesäure-hydrazid (*Buu-Hoi et al.*, Soc. **1953** 1358, 1360).
    F: 236°.

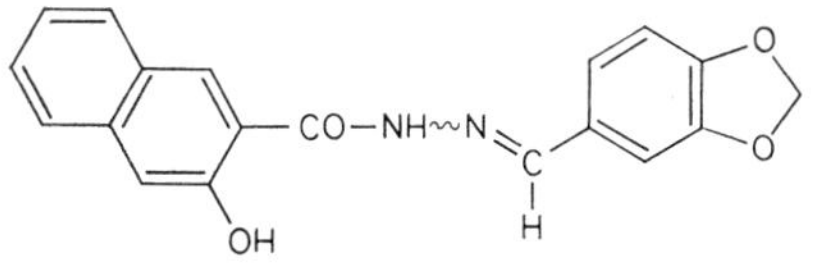

IX 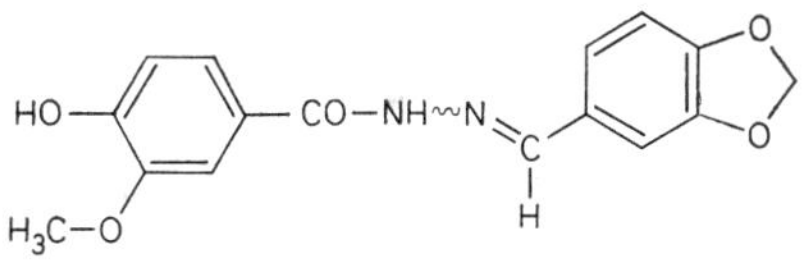   X

*Piperonal-vanilloylhydrazon, Vanillinsäure-piperonylidenhydrazid $C_{16}H_{14}N_2O_5$, Formel X.
    B. Beim Erwärmen von Piperonal mit Vanillinsäure-hydrazid (E II **10** 265) in Äthanol unter Zusatz von wss. Natronlauge (*Kratzl et al.*, M. **86** [1955] 251, 253, 255).
    Krystalle (aus wss. A.); F: 187,5—188°.

*2-Hydroxy-propan-1,2,3-tricarbonsäure-tris-piperonylidenhydrazid, Citronensäure-tris-piperonylidenhydrazid $C_{30}H_{26}N_6O_{10}$, Formel XI.
    B. Beim Behandeln einer Lösung von Piperonal in Äthanol mit Citronensäure-tri= hydrazid in Wasser (*Blanksma, Bakels*, R. **58** [1939] 497, 501, 502).
    F: 195°.

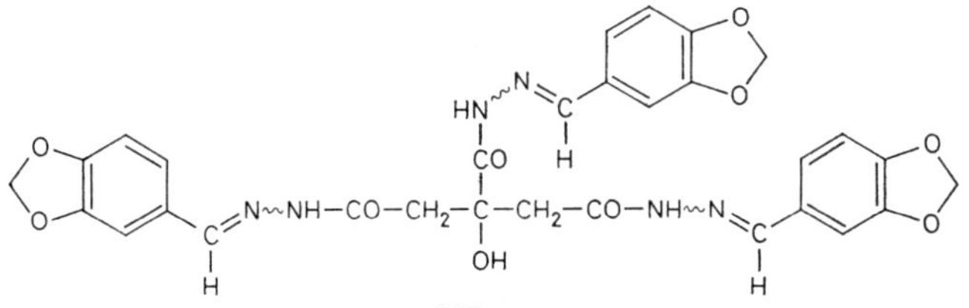

XI

*[(1R)-4,7,7-Trimethyl-3-oxo-[2ξ]norbornyl]-essigsäure-piperonylidenhydrazid
$C_{20}H_{24}N_2O_4$, Formel XII.
B. Beim Behandeln von Piperonal mit [(1R)-4,7,7-Trimethyl-3-oxo-[2ξ]norbornyl]-essigsäure-hydrazid vom F: 136° (E III **10** 2939) in Äthanol (*Rupe, Buxtorf*, Helv. **13** [1930] 444, 451).
Krystalle (aus Bzl. + Bzn.); F: 147°.

*N-Phenyl-glycin-[phenyl-piperonyliden-hydrazid] $C_{22}H_{19}N_3O_3$, Formel XIII (X = H).
B. Beim Erwärmen einer Lösung von Piperonal in Äthanol mit N-Phenyl-glycin-[N-phenyl-hydrazid] und wss. Essigsäure (*Hoppenbrouwers*, R. **53** [1934] 325, 348, 349).
Krystalle; F: 190°.

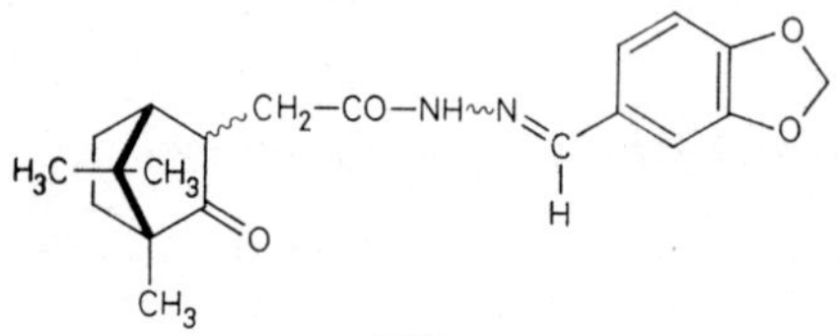

XII 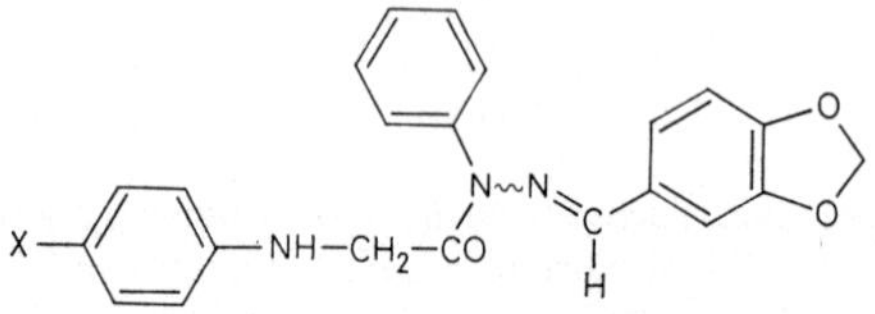   XIII

*N-[4-Brom-phenyl]-glycin-[phenyl-piperonyliden-hydrazid] $C_{22}H_{18}BrN_3O_3$, Formel XIII (X = Br).
B. Beim Erwärmen einer Lösung von Piperonal in Äthanol mit N-[4-Brom-phenyl]-glycin-[N-phenyl-hydrazid] und wss. Essigsäure (*Hoppenbrouwers*, R. **53** [1934] 325, 350).
Krystalle (aus A.); F: 218°.

*1,3-Bis-piperonylidenhydrazino-2,2-bis-[piperonylidenhydrazino-methyl]-propan,
Tetrakis-[piperonylidenhydrazino-methyl]-methan $C_{37}H_{36}N_8O_8$, Formel XIV.
B. Aus Piperonal und 1,3-Dihydrazino-2,2-bis-hydrazinomethyl-propan in wss. Äthanol (*van Alphen*, R. **57** [1938] 265, 276).
F: 310°.

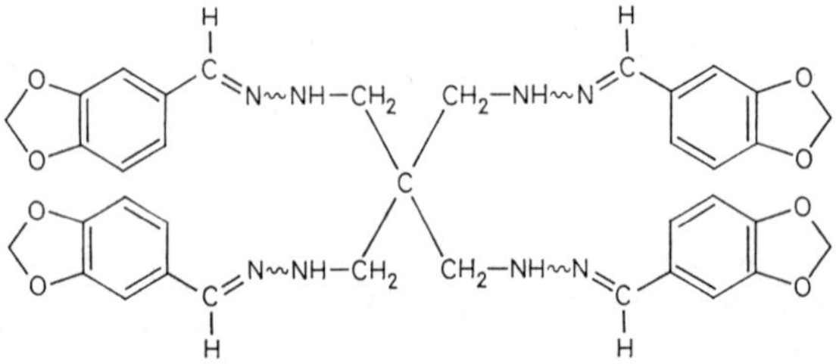

XIV

*1,3-Bis-piperonylidenhydrazino-benzol $C_{22}H_{18}N_4O_4$, Formel I.
B. Beim Behandeln einer Lösung von Piperonal in Äthanol mit 1,3-Dihydrazino-benzol-dihydrochlorid und Natriumacetat in Wasser (*Schoutissen*, R. **54** [1935] 253).
Krystalle (aus Xylol); F: 225—226°.

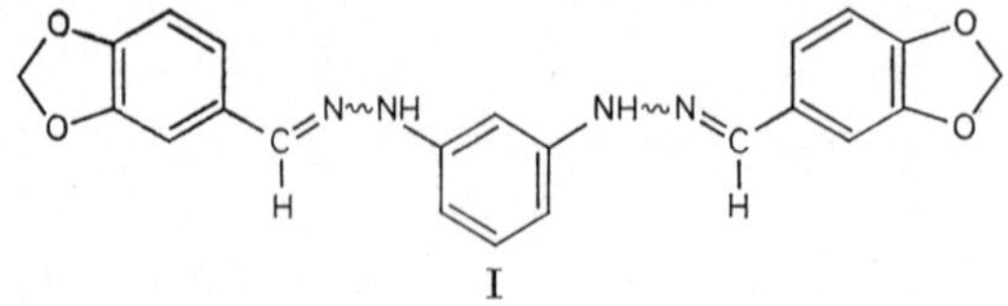

I 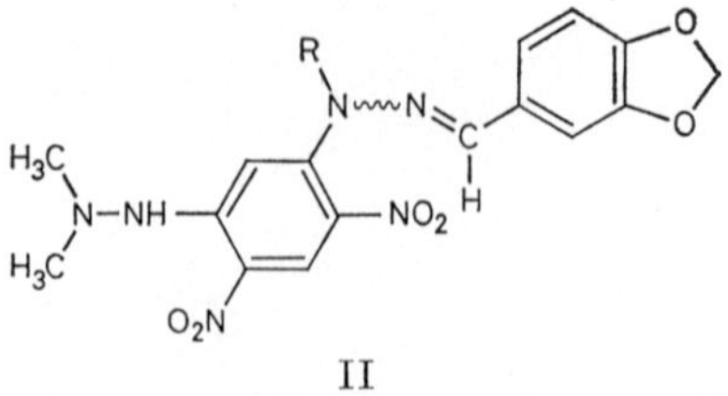   II

*1-[N',N'-Dimethyl-hydrazino]-2,4-dinitro-5-piperonylidenhydrazino-benzol,
Piperonal-[5-(N',N'-dimethyl-hydrazino)-2,4-dinitro-phenylhydrazon] $C_{16}H_{16}N_6O_6$,
Formel II (R = H).

B. Beim Behandeln von Piperonal mit 1-[N',N'-Dimethyl-hydrazino]-5-hydrazino-2,4-dinitro-benzol in Schwefelsäure enthaltendem Äthanol (B. *Vis*, Diss. [Leiden 1938] S. 94).

Rote Krystalle (aus Nitrobenzol); F: 267° (B. *Vis*, Diss. [Leiden 1938] S. 5 Anm. 2, 94; s. a. *Vis*, R. **58** [1939] 387, 393).

*1,5-Dinitro-2,4-bis-piperonylidenhydrazino-benzol $C_{22}H_{16}N_6O_8$, Formel III (R = X = H).

B. Beim Behandeln von Piperonal mit 1,5-Dihydrazino-2,4-dinitro-benzol und wss.-äthanol. Schwefelsäure (B. *Vis*, Diss. [Leiden 1938] S. 55).

Rotbraune Krystalle mit 1 Mol H_2O; F: 345° [Block] (B. *Vis*, Diss. [Leiden 1938] S. 55; s. a. *Vis*, R. **58** [1939] 387, 392).

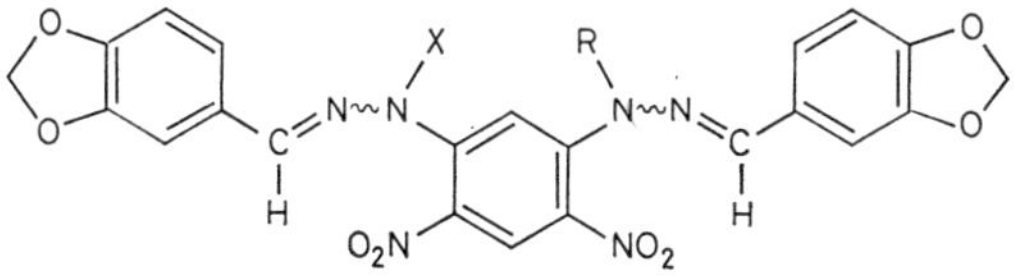

III

*1-[N',N'-Dimethyl-hydrazino]-5-[methyl-piperonyliden-hydrazino]-2,4-dinitro-benzol $C_{17}H_{18}N_6O_6$, Formel II (R = CH_3).

B. Beim Behandeln von Piperonal mit 1-[N',N'-Dimethyl-hydrazino]-5-[N-methyl-hydrazino]-2,4-dinitro-benzol in Äthanol unter Zusatz von Schwefelsäure (B. *Vis*, Diss. [Leiden 1938] S. 115).

Orangefarbene Krystalle (aus Nitrobenzol); F: 244° (B. *Vis*, Diss. [Leiden 1938] S. 5 Anm. 2, 115; s. a. *Vis*, R. **58** [1939] 387, 393).

*1-[Methyl-piperonyliden-hydrazino]-2,4-dinitro-5-piperonylidenhydrazino-benzol $C_{23}H_{18}N_6O_8$, Formel III (R = CH_3, X = H).

Zwei unter dieser Konstitution beschriebene Präparate (a) hellrot, F: 200° [Block]; b) dunkelrot, F: 267° [Block]) sind aus Piperonal und 1-Hydrazino-5-[N-methyl-hydrazino]-2,4-dinitro-benzol erhalten worden (*Robert*, R. **56** [1937] 413, 431, 433).

*1,5-Bis-[methyl-piperonyliden-hydrazino]-2,4-dinitro-benzol $C_{24}H_{20}N_6O_8$, Formel III (R = X = CH_3).

B. Beim Behandeln von Piperonal mit 1,5-Bis-[N-methyl-hydrazino]-2,4-dinitro-benzol und wss.-äthanol. Salzsäure (B. *Vis*, Diss. [Leiden 1938] S. 66).

Orangefarbene Krystalle (aus Nitrobenzol); F: 272° [Block] (B. *Vis*, Diss. [Leiden 1938] S. 66; s. a. *Vis*, R. **58** [1939] 387, 392).

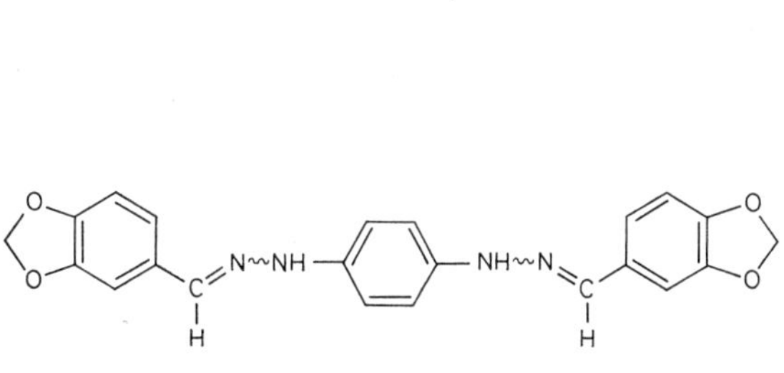

IV 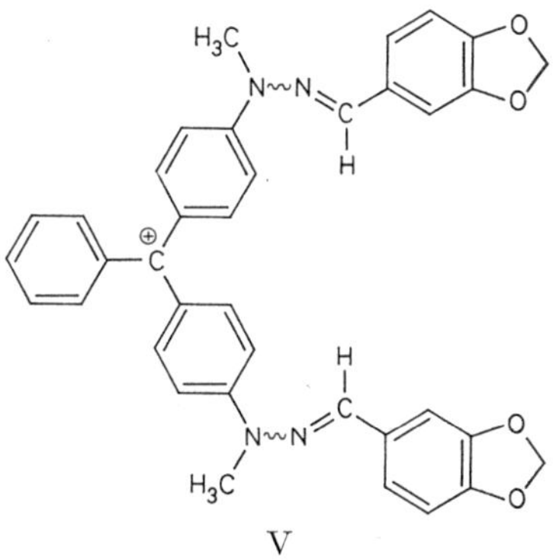   V

*1,4-Bis-piperonylidenhydrazino-benzol $C_{22}H_{18}N_4O_4$, Formel IV.

B. Beim Behandeln von Piperonal mit 1,4-Dihydrazino-benzol-dihydrochlorid und Natriumacetat in wss. Äthanol (*Schoutissen*, R. **53** [1934] 561, 564).

Gelbe Krystalle (aus Xylol); F: ca. 245° [Zers.; nach Sintern].

*Bis-[4-(methyl-piperonyliden-hydrazino)-phenyl]-phenyl-methylium $[C_{37}H_{31}N_4O_4]^+$, Formel V, und Mesomere.

Ein Kation dieser Konstitution hat wahrscheinlich dem nachstehend beschriebenen Salz zugrunde gelegen.

Hydrogensulfat $[C_{37}H_{31}N_4O_4]HSO_4$. *B.* Beim Behandeln von Piperonal mit Bis-[4-(*N*-methyl-hydrazino)-phenyl]-phenyl-methylium-hydrogensulfat (E III **15** 816) in wss. Schwefelsäure (*Ottolino*, Atti Accad. pugliese **6** [1948] 63, 66, 67). — Krystalle (aus A.); F: 189°.

*Piperonal-[(thiophen-2-carbonyl)-hydrazon], Thiophen-2-carbonsäure-piperonyliden=hydrazid $C_{13}H_{10}N_2O_3S$, Formel VI.

B. Beim Erwärmen von Piperonal mit Thiophen-2-carbonsäure-hydrazid in Äthanol (*Buu-Hoï et al.*, Soc. **1953** 547).

Krystalle (aus A.); F: 199°.

VI   VII

*Dipiperonylidenhydrazin, Piperonal-azin $C_{16}H_{12}N_2O_4$, Formel VII (vgl. H 124; E I 665; E II 150).

Diese Konstitution kommt auch der früher (s. E II **27** 873) als 6,7-Methylendioxy-1-phenyl-phthalazin beschriebenen Verbindung sowie einer von *Aggarwal et al.* (Soc. **1930** 2354, 2356) als 1-Benzyl-6,7-methylendioxy-phthalazin, von *Wilson* (Am. Soc. **70** [1948] 1901) als 6,7-Methylendioxy-1-[3,4-methylendioxy-phenyl]-phthalazin angesehenen Verbindung (F: 203—204°) zu (*Rodda, Rogasch*, Soc. **1956** 3927).

B. Beim Erwärmen einer Lösung von Piperonal in Äthanol mit Hydrazin-hydrochlorid in Wasser (*Schapiro*, B. **66** [1933] 1103, 1106).

F: 202—203° [Zers.; aus Eg.] (*Sch.*).

Über ein Hydrochlorid $C_{16}H_{12}N_2O_4 \cdot HCl$ vom F: 205—208° (orangegelbe Krystalle) s. *Bogoslowskiǐ, Jakowenko*, Ž. obšč. Chim. **27** [1957] 159, 160; engl. Ausg. S. 177, 178.

*Piperonal-[2-nitro-benzolsulfonylhydrazon], 2-Nitro-benzolsulfonsäure-piperonyliden=hydrazid $C_{14}H_{11}N_3O_6S$, Formel VIII (R = C_6H_4-NO_2).

B. Bei kurzem Erwärmen (1 min) von Piperonal mit 2-Nitro-benzolsulfonsäure-hydr=azid in Äthanol (*Davies et al.*, Soc. **1931** 624, 625; *Witte*, R. **51** [1932] 299, 314).

Gelbe Krystalle; F: 177—179° [Zers.] (*Da. et al.*), 177° [aus A.] (*Wi.*).

*Piperonal-[3-nitro-benzolsulfonylhydrazon], 3-Nitro-benzolsulfonsäure-piperonyliden=hydrazid $C_{14}H_{11}N_3O_6S$, Formel VIII (R = C_6H_4-NO_2).

B. Beim Erwärmen von Piperonal mit 3-Nitro-benzolsulfonsäure-hydrazid in Äthanol (*Davies et al.*, Soc. **1931** 624, 626; *Witte*, R. **51** [1932] 299, 305).

Hellgelbe Krystalle; F: 173—175° [Zers.] (*Da. et al.*), 171° [aus A.] (*Wi.*).

*Piperonal-[4-nitro-benzolsulfonylhydrazon], 4-Nitro-benzolsulfonsäure-piperonyliden=hydrazid $C_{14}H_{11}N_3O_6S$, Formel VIII (R = C_6H_4-NO_2).

B. Beim Erwärmen von Piperonal mit 4-Nitro-benzolsulfonsäure-hydrazid in Äthanol (*Davies et al.*, Soc. **1931** 624, 626; *Witte*, R. **51** [1932] 299, 310).

Gelbe Krystalle; F: 189—190° [Zers.] (*Da. et al.*), 185° [aus A.] (*Wi* \.

*Piperonal-[2,4-dinitro-benzolsulfonylhydrazon], 2,4-Dinitro-benzolsulfonsäure-piperon⸗
ylidenhydrazid $C_{14}H_{10}N_4O_8S$, Formel VIII (R = $C_6H_3(NO_2)_2$).
  B. Aus Piperonal und 2,4-Dinitro-benzolsulfonsäure-hydrazid in Äthanol (*Cameron,
Storrie*, Soc. **1934** 1330).
  Orangefarbene Krystalle (aus Acn.); F: 172—173° [Zers.].

*Piperonal-sulfanilylhydrazon, Sulfanilsäure-piperonylidenhydrazid $C_{14}H_{13}N_3O_4S$,
Formel VIII (R = C_6H_4-NH_2).
  B. Beim Behandeln von Piperonal mit Sulfanilsäure-hydrazid in Wasser (*Zimmer et al.,*
J. org. Chem. **24** [1959] 1667, 1668, 1672).
  Krystalle; F: 174—175° [unkorr.; Zers.].

*Piperonal-[(*N*-acetyl-sulfanilyl)-hydrazon], *N*-Acetyl-sulfanilsäure-piperonyliden⸗
hydrazid $C_{16}H_{15}N_3O_5S$, Formel VIII (R = C_6H_4-NH-CO-CH_3).
  B. Beim Behandeln von Piperonal mit *N*-Acetyl-sulfanilsäure-hydrazid in Wasser
(*Zimmer et al.,* J. org. Chem. **24** [1959] 1667, 1669, 1672).
  Krystalle; F: 203—204° [unkorr.; Zers.].

        VIII   IX   X

(±)-Benzo[1,3]dioxol-5-yl-dibenzylphosphinoyl-methanol, (±)-α-Dibenzylphosphinoyl-
3,4-methylendioxy-benzylalkohol, (±)-Dibenzyl-[α-hydroxy-3,4-methylendioxy-benzyl]-
phosphinoxid $C_{22}H_{21}O_4P$, Formel IX.
  B. Beim Behandeln von Piperonal mit Dibenzylphosphinoxid und Natriumäthylat in
Äthanol (*Miller et al.,* Am. Soc. **79** [1957] 424, 426).
  Krystalle (aus wss. A.); F: 195,5—196,3° [unkorr.].

(±)-[Amino-benzo[1,3]dioxol-5-yl-methyl]-phosphonsäure, (±)-[α-Amino-3,4-methylen⸗
dioxy-benzyl]-phosphonsäure $C_8H_{10}NO_5P$, Formel X (R = X = H).
  B. Beim Erwärmen von (±)-[α-Amino-3,4-methylendioxy-benzyl]-phosphonsäure-
diäthylester-hydrochlorid mit wss. Salzsäure (*Kabatschnik, Medwed'*, Izv. Akad. S.S.S.R.
Otd. chim. **1953** 868, 876; engl. Ausg. S. 769, 776).
  Krystalle (aus W.); F: 255°.

(±)-[Amino-benzo[1,3]dioxol-5-yl-methyl]-phosphonsäure-monoäthylester,
(±)-[α-Amino-3,4-methylendioxy-benzyl]-phosphonsäure-monoäthylester $C_{10}H_{14}NO_5P$,
Formel X (R = C_2H_5, X = H).
  B. In kleiner Menge neben [α-Amino-3,4-methylendioxy-benzyl]-phosphonsäure-
diäthylester beim Erhitzen von Piperonal mit Phosphonsäure-diäthylester und Ammoniak
in Äthanol auf 140° (*Kabatschnik, Medwed'*, Izv. Akad. S.S.S.R. Otd. chim. **1953** 868, 876;
engl. Ausg. S. 769, 775).
  Krystalle (aus wss. A.); F: 240°.

(±)-[Amino-benzo[1,3]dioxol-5-yl-methyl]-phosphonsäure-diäthylester, (±)-[α-Amino-
3,4-methylendioxy-benzyl]-phosphonsäure-diäthylester $C_{12}H_{18}NO_5P$, Formel X
(R = X = C_2H_5).
  B. Beim Erwärmen von Piperonal mit Phosphonsäure-diäthylester und Ammoniak in
Äthanol (*Kabatschnik, Medwed'*, Izv. Akad. S.S.S.R. Otd. chim. **1953** 868, 876; engl. Ausg.
S. 769, 775).
  Hydrochlorid $C_{12}H_{18}NO_5P \cdot HCl$. Krystalle (aus Dioxan); F: 145° [Zers.].

XI   XII

(±)-[Amino-benzo[1,3]dioxol-5-yl-methyl]-phosphonsäure-dibutylester, (±)-[α-Amino-3,4-methylendioxy-benzyl]-phosphonsäure-dibutylester $C_{16}H_{26}NO_5P$, Formel X
(R = X = [CH$_2$]$_3$-CH$_3$).
B. Beim Erwärmen von Piperonal mit Phosphonsäure-dibutylester und Ammoniak in Äthanol (*Kabatschnik, Medwed'*, Izv. Akad. S.S.S.R. Otd. chim. **1953** 868, 876; engl. Ausg. S. 769, 775).
Hydrochlorid $C_{16}H_{26}NO_5P \cdot HCl$. Krystalle (aus Butan-1-ol); F: 160° und F: 214°.

5-Chlor-6-diacetoxymethyl-benzo[1,3]dioxol $C_{12}H_{11}ClO_6$, Formel XI (R = CO-CH$_3$).
B. Beim Erwärmen von 2-Chlor-4,5-methylendioxy-benzaldehyd (E I 666; E II 151) mit Acetanhydrid und wenig Schwefelsäure (*Parijs*, R. **49** [1930] 17, 21).
Krystalle (aus CHCl$_3$); F: 133°.

*6-Chlor-benzo[1,3]dioxol-5-carbaldehyd-phenylimin, 2-Chlor-4,5-methylendioxy-benzaldehyd-phenylimin, [2-Chlor-4,5-methylendioxy-benzyliden]-anilin $C_{14}H_{10}ClNO_2$, Formel XII.
B. Beim Erwärmen von 2-Chlor-4,5-methylendioxy-benzaldehyd (E I 666; E II 151) mit Anilin (*Naik, Wheeler*, Soc. **1938** 1780, 1781).
Krystalle (aus A.); F: 112°.

*6-Chlor-benzo[1,3]dioxol-5-carbaldehyd-phenylhydrazon, 2-Chlor-4,5-methylendioxy-benzaldehyd-phenylhydrazon $C_{14}H_{11}ClN_2O_2$, Formel I (X = H).
B. Beim Behandeln einer Lösung von 2-Chlor-4,5-methylendioxy-benzaldehyd (E I 666; E II 151) in wss. Essigsäure mit Phenylhydrazin (*Parijs*, R. **49** [1930] 17, 22).
Krystalle (aus wss. A.); F: 117—118°. An der Luft erfolgt Gelbfärbung.

*6-Chlor-benzo[1,3]dioxol-5-carbaldehyd-[4-nitro-phenylhydrazon], 2-Chlor-4,5-methylendioxy-benzaldehyd-[4-nitro-phenylhydrazon] $C_{14}H_{10}ClN_3O_4$, Formel I (X = NO$_2$).
B. Beim Behandeln von 2-Chlor-4,5-methylendioxy-benzaldehyd (E I 666; E II 151) mit [4-Nitro-phenyl]-hydrazin und wss. Essigsäure (*Parijs*, R. **49** [1930] 17, 22).
Orangerot; F: 281—282° [Zers.].

I   II

*6-Chlor-benzo[1,3]dioxol-5-carbaldehyd-aminooxalylhydrazon, 2-Chlor-4,5-methylendioxy-benzaldehyd-aminooxalylhydrazon, Oxalamidsäure-[2-chlor-4,5-methylendioxy-benzylidenhydrazid] $C_{10}H_8ClN_3O_4$, Formel II (X = CO-NH$_2$).
B. Beim Erwärmen von 2-Chlor-4,5-methylendioxy-benzaldehyd (E I 666; E II 151) mit Oxalsäure-amid-hydrazid in Wasser (*Parijs*, R. **49** [1930] 17, 23).
F: 299° [Zers.].

*6-Chlor-benzo[1,3]dioxol-5-carbaldehyd-semicarbazon, 2-Chlor-4,5-methylendioxy-benzaldehyd-semicarbazon $C_9H_8ClN_3O_3$, Formel II (X = NH$_2$).
B. Aus 2-Chlor-4,5-methylendioxy-benzaldehyd (E I 666; E II 151) und Semicarbazid (*Parijs*, R. **49** [1930] 17, 22).
Krystalle (aus Nitrobenzol); F: 280° [Zers.].

*Bis-[2-chlor-4,5-methylendioxy-benzyliden]-hydrazin, 6-Chlor-benzo[1,3]dioxol-5-carbaldehyd-azin, 2-Chlor-4,5-methylendioxy-benzaldehyd-azin $C_{16}H_{10}Cl_2N_2O_4$, Formel III.

B. Aus 2-Chlor-4,5-methylendioxy-benzaldehyd (E I 666; E II 151) und Hydrazin (*Parijs*, R. 49 [1930] 17, 21).

Gelbliche Krystalle (aus Nitrobenzol); F: 303° [Zers.].

6-Brom-benzo[1,3]dioxol-5-carbaldehyd, 2-Brom-4,5-methylendioxy-benzaldehyd $C_8H_5BrO_3$, Formel IV (H 125; E I 666; E II 151; dort als 6-Brom-piperonal bezeichnet).

B. Als Hauptprodukt neben 5,6-Dibrom-benzo[1,3]dioxol beim Behandeln von Piperonal mit Brom in Essigsäure (*Parijs*, R. 49 [1930] 17, 28). Als Hauptprodukt neben 2-Brom-4,5-methylendioxy-benzoesäure beim Erhitzen von Piperonal mit *N*-Brom-succinimid bis auf 110° (*Yamaguchi*, J. chem. Soc. Japan Pure Chem. Sect. 77 [1956] 513; C. A. 1958 9014).

Krystalle (aus Acn.); F: 130° (*Ya.*).

Beim Erwärmen mit Brom (Überschuss) und wenig Aluminiumbromid sind 4,5,6,7-Tetrabrom-benzo[1,3]dioxol und Tetrabrom-brenzcatechin erhalten worden (*Raiford, Oberst*, Am. Soc. 55 [1933] 4288, 4289). Bildung von 4-Brom-5-nitro-brenzcatechin beim Behandeln mit Stickstoffdioxid enthaltender Salpetersäure und Acetanhydrid: *Ra., Ob.*, l. c. S. 4291. Bildung von 2′-Formyl-4′,5′-methylendioxy-biphenyl-3-carbonsäure-methyl≠ ester und zwei als 9-Oxo-9*H*-fluoreno[2,3-*d*][1,3]dioxol-6-carbonsäure-methylester bzw. 9-Oxo-9*H*-fluoreno[2,3-*d*][1,3]dioxol-8-carbonsäure-methylester angesehenen Verbindun≠ gen $C_{16}H_{10}O_5$ (F: 287—288° bzw. F: 272,5—275°) beim Erhitzen mit 3-Jod-benzoesäure≠ methylester und Kupfer-Pulver auf 250°: *Warnhoff, Wildman*, Am. Soc. 79 [1957] 2192, 2198.

III   IV   V

5-Brom-6-dimethoxymethyl-benzo[1,3]dioxol, 6-Brom-benzo[1,3]dioxol-5-carbaldehyd-dimethylacetal, 2-Brom-4,5-methylendioxy-benzaldehyd-dimethylacetal $C_{10}H_{11}BrO_4$, Formel V (R = CH₃).

IR-Banden (CHCl₃ sowie CCl₄) im Bereich von 2850 cm⁻¹ bis 930 cm⁻¹: *Briggs et al.*, Anal. Chem. 29 [1957] 904, 905.

5-Brom-6-diacetoxymethyl-benzo[1,3]dioxol $C_{12}H_{11}BrO_6$, Formel V (R = CO-CH₃).

B. Beim Behandeln von 2-Brom-4,5-methylendioxy-benzaldehyd mit Acetanhydrid und wenig Schwefelsäure (*Parijs*, R. 49 [1930] 33, 38).

Krystalle (aus CHCl₃); F: 128° (*Pa.*).

Beim Erwärmen mit Brom (Überschuss) und wenig Aluminiumbromid sind 4,5,6,7-Tetrabrom-benzo[1,3]dioxol und Tetrabrom-brenzcatechin erhalten worden (*Raiford, Oberst*, Am. Soc. 55 [1933] 4288, 4291). Bildung von 2-Brom-4,5-dihydroxy-benz≠ aldehyd beim Erwärmen mit *N*-Brom-succinimid und Dibenzoylperoxid in Chloroform und Behandeln des Reaktionsprodukts mit wss. Natronlauge: *Yamaguchi*, J. chem. Soc. Japan Pure Chem. Sect. 77 [1956] 513, 515; C. A. 1958 9014.

*6-Brom-benzo[1,3]dioxol-5-carbaldehyd-phenylimin, 2-Brom-4,5-methylendioxy-benzaldehyd-phenylimin, [2-Brom-4,5-methylendioxy-benzyliden]-anilin $C_{14}H_{10}BrNO_2$, Formel VI (X = H).

B. Beim Erwärmen von 2-Brom-4,5-methylendioxy-benzaldehyd mit Anilin (*Naik, Wheeler*, Soc. 1938 1780, 1781).

Krystalle (aus A.); F: 131—132°.

***6-Brom-benzo[1,3]dioxol-5-carbaldehyd-[2-brom-phenylimin], 2-Brom-4,5-methylen=
dioxy-benzaldehyd-[2-brom-phenylimin], 2-Brom-*N*-[2-brom-4,5-methylendioxy-
benzyliden]-anilin** $C_{14}H_9Br_2NO_2$, Formel VI (X = Br).

B. Beim Erwärmen von 2-Brom-4,5-methylendioxy-benzaldehyd mit 2-Brom-anilin
(*Kondo, Uyeo*, B. **68** [1935] 1756, 1757 Anm. 4, 1760).

Krystalle (aus Me.); F: 121—122°.

Beim Erhitzen mit Kupfer-Pulver auf 200° ist [1,3]Dioxolo[4,5-*j*]phenanthridin erhalten worden.

VI   VII   VIII

**1-[6-Brom-benzo[1,3]dioxol-5-ylmethylen]-biuret, 1-[2-Brom-4,5-methylendioxy-
benzyliden]-biuret** $C_{10}H_8BrN_3O_4$, Formel VII, und **6-[6-Brom-benzo[1,3]dioxol-5-yl]-
dihydro-[1,3,5]triazin-2,4-dion** $C_{10}H_8BrN_3O_4$, Formel VIII.

Diese beiden Konstitutionsformeln kommen für die nachstehend beschriebene Verbindung in Betracht.

B. Beim Erhitzen von 2-Brom-4,5-methylendioxy-benzaldehyd mit Harnstoff (2 Mol)
und Pyridin auf 110° (*Pandya, Sethi*, J. Indian chem. Soc. **25** [1948] 145).

Krystalle (aus A.); F: 198—199°.

**Bis-acetylamino-[6-brom-benzo[1,3]dioxol-5-yl]-methan, *N,N'*-Diacetyl-2-brom-
4,5-methylendioxy-benzylidendiamin** $C_{12}H_{13}BrN_2O_4$, Formel IX (R = CO-CH₃).

B. Beim Erhitzen von 2-Brom-4,5-methylendioxy-benzaldehyd mit Acetamid, Essig=
säure und wenig Pyridin auf 110° (*Pandya, Sethi*, J. Indian chem. Soc. **25** [1948] 145).

Krystalle (aus A.); F: 230°.

**[6-Brom-benzo[1,3]dioxol-5-yl]-bis-propionylamino-methan, 2-Brom-4,5-methylen=
dioxy-*N,N'*-dipropionyl-benzylidendiamin** $C_{14}H_{17}BrN_2O_4$, Formel IX (R = CO-CH₂-CH₃).

B. Beim Erhitzen von 2-Brom-4,5-methylendioxy-benzaldehyd mit Propionamid und
Essigsäure auf 110° (*Pandya, Sethi*, J. Indian chem. Soc. **25** [1948] 145).

Krystalle (aus A.); F: 225°.

**[6-Brom-benzo[1,3]dioxol-5-yl]-bis-heptanoylamino-methan, 2-Brom-*N,N'*-diheptanoyl-
4,5-methylendioxy-benzylidendiamin** $C_{22}H_{33}BrN_2O_4$, Formel IX (R = CO-[CH₂]₅-CH₃).

B. Beim Erhitzen von 2-Brom-4,5-methylendioxy-benzaldehyd mit Heptanamid und
Essigsäure auf 110° (*Pandya, Sethi*, J. Indian chem. Soc. **25** [1948] 145).

Krystalle (aus A.); F: 183°.

**Bis-benzoylamino-[6-brom-benzo[1,3]dioxol-5-yl]-methan, *N,N'*-Dibenzoyl-2-brom-
4,5-methylendioxy-benzylidendiamin** $C_{22}H_{17}BrN_2O_4$, Formel IX (R = CO-C₆H₅).

B. In kleiner Menge beim Erhitzen von 2-Brom-4,5-methylendioxy-benzaldehyd mit
Benzamid und Essigsäure auf 110° (*Pandya, Sethi*, J. Indian chem. Soc. **25** [1948] 145).

Krystalle (aus A.); F: 227°.

IX   X   XI

*6-Brom-benzo[1,3]dioxol-5-carbaldehyd-[4-nitro-phenylhydrazon], 2-Brom-4,5-meth=
ylendioxy-benzaldehyd-[4-nitro-phenylhydrazon] $C_{14}H_{10}BrN_3O_4$, Formel X (X = NO_2).
  B. Aus 2-Brom-4,5-methylendioxy-benzaldehyd und [4-Nitro-phenyl]-hydrazin (*Parijs,*
R. **49** [1930] 17, 28).
  Orangerote Krystalle; F: 253° [Zers.].

*6-Brom-benzo[1,3]dioxol-5-carbaldehyd-[4-thiocyanato-phenylhydrazon], 2-Brom-
4,5-methylendioxy-benzaldehyd-[4-thiocyanato-phenylhydrazon] $C_{15}H_{10}BrN_3O_2S$,
Formel X (X = SCN).
  B. Aus 2-Brom-4,5-methylendioxy-benzaldehyd und [4-Thiocyanato-phenyl]-hydrazin
(*Horii, Kinouchi,* J. pharm. Soc. Japan **56** [1936] 690, 696; dtsch. Ref. S. 163, 166;
C. A. **1937** 2591).
  Hellbraune Krystalle; F: 203—204°.

*6-Brom-benzo[1,3]dioxol-5-carbaldehyd-aminooxalylhydrazon, 2-Brom-4,5-methylen=
dioxy-benzaldehyd-aminooxalylhydrazon, Oxalamidsäure-[2-brom-4,5-methylendioxy-
benzylidenhydrazid] $C_{10}H_8BrN_3O_4$, Formel XI (X = $CO-NH_2$).
  B. Aus 2-Brom-4,5-methylendioxy-benzaldehyd und Oxalsäure-amid-hydrazid (*Parijs,*
R. **49** [1930] 17, 29).
  F: 278—279° [Zers.].

*6-Brom-benzo[1,3]dioxol-5-carbaldehyd-semicarbazon, 2-Brom-4,5-methylendioxy-
benzaldehyd-semicarbazon $C_9H_8BrN_3O_3$, Formel XI (X = NH_2).
  B. Aus 2-Brom-4,5-methylendioxy-benzaldehyd und Semicarbazid (*Parijs,* R. **49** [1930]
17, 28).
  Krystalle; F: 230° [Zers.].

*Bis-[2-brom-4,5-methylendioxy-benzyliden]-hydrazin, 6-Brom-benzo[1,3]dioxol-
5-carbaldehyd-azin, 2-Brom-4,5-methylendioxy-benzaldehyd-azin $C_{16}H_{10}Br_2N_2O_4$,
Formel XII.
  B. Aus 2-Brom-4,5-methylendioxy-benzaldehyd und Hydrazin (*Parijs,* R. **49** [1930]
17, 28).
  Blassgelb; F: 252° [Zers.].

*6-Brom-benzo[1,3]dioxol-5-carbaldehyd-[2-nitro-benzolsulfonylhydrazon], 2-Brom-
4,5-methylendioxy-benzaldehyd-[2-nitro-benzolsulfonylhydrazon], 2-Nitro-benzol=
sulfonsäure-[2-brom-4,5-methylendioxy-benzylidenhydrazid] $C_{14}H_{10}BrN_3O_6S$,
Formel XIII (R = $C_6H_4-NO_2$).
  B. Aus 2-Brom-4,5-methylendioxy-benzaldehyd und 2-Nitro-benzolsulfonsäure-hydr=
azid (*Cameron, Storrie,* Soc. **1934** 1330).
  Gelbliche Krystalle (aus A.); F: 169—171° [Zers.].

*6-Brom-benzo[1,3]dioxol-5-carbaldehyd-[4-nitro-benzolsulfonylhydrazon], 2-Brom-
4,5-methylendioxy-benzaldehyd-[4-nitro-benzolsulfonylhydrazon], 4-Nitro-benzol=
sulfonsäure-[2-brom-4,5-methylendioxy-benzylidenhydrazid] $C_{14}H_{10}BrN_3O_6S$,
Formel XIII (R = $C_6H_4-NO_2$).
  B. Aus 2-Brom-4,5-methylendioxy-benzaldehyd und 4-Nitro-benzolsulfonsäure-hydr=
azid (*Cameron, Storrie,* Soc. **1934** 1330).
  Krystalle (aus A.); F: 197° [Zers.].

XII   XIII   XIV

*6-Brom-benzo[1,3]dioxol-5-carbaldehyd-[2,4-dinitro-benzolsulfonylhydrazon],
2-Brom-4,5-methylendioxy-benzaldehyd-[2,4-dinitro-benzolsulfonylhydrazon],
2,4-Dinitro-benzolsulfonsäure-[2-brom-4,5-methylendioxy-benzylidenhydrazid]
$C_{14}H_9BrN_4O_8S$, Formel XIII (R = $C_6H_3(NO_2)_2$).
B. Aus 2-Brom-4,5-methylendioxy-benzaldehyd und 2,4-Dinitro-benzolsulfonsäure-
hydrazid (*Cameron, Storrie*, Soc. **1934** 1330).
Gelbe Krystalle (aus Acn.); F: 177° [Zers.].

7-Brom-benzo[1,3]dioxol-5-carbaldehyd, 3-Brom-4,5-methylendioxy-benzaldehyd
$C_8H_5BrO_3$, Formel XIV.
B. Beim Behandeln von 3-Brom-4,5-dihydroxy-benzaldehyd mit wss. Kalilauge und
mit Methylensulfat [E IV **1** 3054] (*Erne, Ramirez*, Helv. **33** [1950] 912, 914; *Kondo
et al.*, Ann. Rep. ITSUU Labor. Nr. 1 [1950] 15, 16; engl. Ref. S. 54, 55; C. A. **1953** 7518).
Krystalle; F: 125° [aus Me.] (*Uyeo*, B. **73** [1940] 661, 665), 124—125° [korr.; aus Me.
oder E.] (*Erne, Ra.*), 120° (*Ko. et al.*). Kp$_4$: 152—153° (*Uyeo*).

*7-Brom-benzo[1,3]dioxol-5-carbaldehyd-[4-nitro-phenylhydrazon], 3-Brom-4,5-meth=
ylendioxy-benzaldehyd-[4-nitro-phenylhydrazon] $C_{14}H_{10}BrN_3O_4$, Formel I
(R = C_6H_4-NO_2).
B. Aus 3-Brom-4,5-methylendioxy-benzaldehyd und [4-Nitro-phenyl]-hydrazin (*Erne,
Ramirez*, Helv. **33** [1950] 912, 915).
Rote Krystalle (aus Eg.); F: 244—245° [korr.; Zers.].

*7-Brom-benzo[1,3]dioxol-5-carbaldehyd-thiosemicarbazon, 3-Brom-4,5-methylendioxy-
benzaldehyd-thiosemicarbazon $C_9H_8BrN_3O_2S$, Formel I (R = CS-NH$_2$).
B. Beim Erwärmen einer Lösung von 3-Brom-4,5-methylendioxy-benzaldehyd in
Äthanol mit Thiosemicarbazid und wss. Essigsäure (*Winternitz, Mousseron*, Trav. Soc.
Pharm. Montpellier **10** [1950] 26).
Krystalle (aus A.); F: ca. 250°.

6-Nitro-benzo[1,3]dioxol-5-carbaldehyd, 4,5-Methylendioxy-2-nitro-benzaldehyd
$C_8H_5NO_5$, Formel II (H 125; E I 666; E II 151; dort als 6-Nitro-piperonal bezeichnet).
Herstellung aus Piperonal und Salpetersäure: *Parijs*, R. **49** [1930] 17, 18; *Konowalowa
et al.*, Ž. obšč. Chim. **9** [1939] 1507, 1508; C. **1941** I 2529.
Krystalle; F: 98,5° [aus A.] (*Mosettig, Czadek*, M. **57** [1931] 291, 297), 95° [aus Me.]
(*Singh, Ráy*, J. Indian chem. Soc. **7** [1930] 637, 640), 94—95° [aus A.] (*Ko. et al.*).
IR-Banden (Nujol) im Bereich von 1420 cm^{-1} bis 725 cm^{-1}: *Briggs et al.*, Anal. Chem. **29**
[1957] 904, 905. Polarographie: *Ried, Wilk*, A. **590** [1954] 91, 105.
Beim Behandeln einer Lösung in Methanol mit Diazomethan in Äther sind 5-Nitro-
6-oxiranyl-benzo[1,3]dioxol und kleine Mengen [6-Nitro-benzo[1,3]dioxol-5-yl]-aceton,
beim Behandeln einer Lösung in Äthanol mit Diazoäthan in Äther ist 1-[6-Nitro-benzo=
[1,3]dioxol-5-yl]-propan-1-on als einziges Produkt erhalten worden (*Mo., Cz.*, l. c. S. 293,
298, 303).

I   II   III

5-Diacetoxymethyl-6-nitro-benzo[1,3]dioxol $C_{12}H_{11}NO_8$, Formel III (R = CO-CH$_3$).
B. Beim Behandeln von 4,5-Methylendioxy-2-nitro-benzaldehyd mit Acetanhydrid
und wenig Schwefelsäure (*Parijs*, R. **49** [1930] 33, 36).
Gelbe Krystalle (aus CHCl$_3$); F: 142° (*Pa.*).
Beim Behandeln mit Salpetersäure und Acetanhydrid bei —15° und Erwärmen des
Reaktionsprodukts mit wss. Schwefelsäure ist 4,5-Dihydroxy-2-nitro-benzaldehyd er-
halten worden (*Beer et al.*, Soc. **1948** 2223, 2224; s. a. *Pa.*).

*6-Nitro-benzo[1,3]dioxol-5-carbaldehyd-[1]naphthylimin, 4,5-Methylendioxy-2-nitro-
benzaldehyd-[1]naphthylimin, [4,5-Methylendioxy-2-nitro-benzyliden]-[1]naphthyl-amin
$C_{18}H_{12}N_2O_4$, Formel IV.

B. Beim Erhitzen von 4,5-Methylendioxy-2-nitro-benzaldehyd mit [1]Naphthylamin
auf 130° (*Richardson et al.*, Soc. **1937** 835, 836).

Braungelbe Krystalle (aus Bzl.); F: 151—153°.

IV   V

*6-Nitro-benzo[1,3]dioxol-5-carbaldehyd-[4-methoxy-phenylimin], 4,5-Methylendioxy-
2-nitro-benzaldehyd-[4-methoxy-phenylimin], *N*-[4,5-Methylendioxy-2-nitro-benzyliden]-
p-anisidin $C_{15}H_{12}N_2O_5$, Formel V (vgl. E I 666; dort als 6-Nitro-piperonal-[4-methoxy-
anil] bezeichnet).

B. Beim Erwärmen von 4,5-Methylendioxy-2-nitro-benzaldehyd mit *p*-Anisidin und
Äthanol (*Borsche, Sell*, B. **83** [1950] 78, 86).

Orangegelbe Krystalle; F: 132°.

Im Sonnenlicht erfolgt Schwarzfärbung.

*6-Nitro-benzo[1,3]dioxol-5-carbaldehyd-[4-(4-nitro-benzolsulfonyl)-phenylimin],
4,5-Methylendioxy-2-nitro-benzaldehyd-[4-(4-nitro-benzolsulfonyl)-phenylimin],
N-[4,5-Methylendioxy-2-nitro-benzyliden]-4-[4-nitro-benzolsulfonyl]-anilin $C_{20}H_{13}N_3O_8S$,
Formel VI (X = NO_2).

B. Beim Erwärmen von 4,5-Methylendioxy-2-nitro-benzaldehyd mit 4-[4-Nitro-
benzolsulfonyl]-anilin in Äthanol (*Jain et al.*, J. Indian chem. Soc. **24** [1947] 191).

F: 240°.

*6-Nitro-benzo[1,3]dioxol-5-carbaldehyd-[4-sulfanilyl-phenylimin], 4,5-Methylendioxy-
2-nitro-benzaldehyd-[4-sulfanilyl-phenylimin], *N*-[4,5-Methylendioxy-2-nitro-benzyl=
iden]-4-sulfanilyl-anilin $C_{20}H_{15}N_3O_6S$, Formel VI (X = NH_2).

B. Aus 4,5-Methylendioxy-2-nitro-benzaldehyd und Bis-[4-amino-phenyl]-sulfon (*Jain
et al.*, J. Indian chem. Soc. **24** [1947] 191).

F: 241°.

Bis-formylamino-[6-nitro-benzo[1,3]dioxol-5-yl]-methan, *N,N'*-Diformyl-4,5-methylen=
dioxy-2-nitro-benzylidendiamin $C_{10}H_9N_3O_6$, Formel VII (R = CHO).

B. Beim Behandeln von 4,5-Methylendioxy-2-nitro-benzaldehyd mit Formamid und
Benzol unter Einleiten von Chlorwasserstoff (*Raynolds, Robinson*, Soc. **1936** 196, 198).

Krystalle (aus W.); F: 248—250° [Zers.; nach Sintern].

Beim Behandeln mit wss. Essigsäure und Zink-Pulver und Behandeln des Reaktionsgemisches mit wss. Natronlauge ist [1,3]Dioxolo[4,5-*g*]chinazolin erhalten worden.

Bis-acetylamino-[6-nitro-benzo[1,3]dioxol-5-yl]-methan, *N,N'*-Diacetyl-4,5-methylen=
dioxy-2-nitro-benzylidendiamin $C_{12}H_{13}N_3O_6$, Formel VII (R = CO-CH_3).

B. Beim Erhitzen von 4,5-Methylendioxy-2-nitro-benzaldehyd mit Acetamid auf
110° (*Pandya, Varghese*, Pr. Indian Acad. [A] **14** [1941] 25, 26).

Gelbliche Krystalle (aus A. + Py.); F: 235°.

VI   VII

[6-Nitro-benzo[1,3]dioxol-5-yl]-bis-propionylamino-methan, 4,5-Methylendioxy-2-nitro-*N,N'*-dipropionyl-benzylidendiamin $C_{14}H_{17}N_3O_6$, Formel VII (R = CO-CH$_2$-CH$_3$).

B. Beim Erhitzen von 4,5-Methylendioxy-2-nitro-benzaldehyd mit Propionamid auf 110° (*Pandya, Varghese,* Pr. Indian Acad. [A] **14** [1941] 25, 26).

Krystalle; F: 212°.

Bis-butyrylamino-[6-nitro-benzo[1,3]dioxol-5-yl]-methan, *N,N'*-Dibutyryl-4,5-methylendioxy-2-nitro-benzylidendiamin $C_{16}H_{21}N_3O_6$, Formel VII (R = CO-CH$_2$-CH$_2$-CH$_3$).

B. Beim Erhitzen von 4,5-Methylendioxy-2-nitro-benzaldehyd mit Butyramid auf 110° (*Pandya, Varghese,* Pr. Indian Acad. [A] **14** [1941] 25, 26).

Krystalle (aus A.); F: 209°.

Bis-heptanoylamino-[6-nitro-benzo[1,3]dioxol-5-yl]-methan, *N,N'*-Diheptanoyl-4,5-methylendioxy-2-nitro-benzylidendiamin $C_{22}H_{33}N_3O_6$, Formel VII (R = CO-[CH$_2$]$_5$-CH$_3$).

B. Beim Erhitzen von 4,5-Methylendioxy-2-nitro-benzaldehyd mit Heptanamid auf 110° (*Pandya, Varghese,* Pr. Indian Acad. [A] **14** [1941] 25, 27).

Krystalle (aus A.); F: 185°.

Bis-benzoylamino-[6-nitro-benzo[1,3]dioxol-5-yl]-methan, *N,N'*-Dibenzoyl-4,5-methylendioxy-2-nitro-benzylidendiamin $C_{22}H_{17}N_3O_6$, Formel VII (R = CO-C$_6$H$_5$).

B. Beim Erhitzen von 4,5-Methylendioxy-2-nitro-benzaldehyd mit Benzamid auf 110° (*Pandya, Varghese,* Pr. Indian Acad. [A] **14** [1941] 25, 27).

Krystalle (aus Py.); F: 248°.

[6-Nitro-benzo[1,3]dioxol-5-yl]-bis-[phenylacetyl-amino]-methan, 4,5-Methylendioxy-2-nitro-*N,N'*-bis-phenylacetyl-benzylidendiamin $C_{24}H_{21}N_3O_6$, Formel VII (R = CO-CH$_2$-C$_6$H$_5$).

B. Beim Erhitzen von 4,5-Methylendioxy-2-nitro-benzaldehyd mit Phenylessigsäureamid auf 110° (*Pandya, Varghese,* Pr. Indian Acad. [A] **14** [1941] 25, 27).

Krystalle (aus Py.); F: 231°.

Bis-*trans*(?)-cinnamoylamino-[6-nitro-benzo[1,3]dioxol-5-yl]-methan, *N,N'*-Di-*trans*-cinnamoyl-4,5-methylendioxy-2-nitro-benzylidendiamin $C_{26}H_{21}N_3O_6$, Formel VIII.

B. Beim Erhitzen von 4,5-Methylendioxy-2-nitro-benzaldehyd mit *trans*-Cinnamamid auf 110° (*Pandya, Varghese,* Pr. Indian Acad. [A] **14** [1941] 25, 27).

Krystalle (aus Py.); F: 232°.

VIII   IX

6-Nitro-benzo[1,3]dioxol-5-carbaldehyd-(*E*)-oxim, 4,5-Methylendioxy-2-nitro-benzaldehyd-(*E*)-oxim $C_8H_6N_2O_5$, Formel IX (H 126; E II 152; dort als α-6-Nitro-piperonaloxim bezeichnet).

F: 203° (*Benger, Brady,* Soc. **1953** 3612, 3616).

Beim Erhitzen mit wss. Natriumsulfit-Lösung ist 4,5-Methylendioxy-2-nitro-benzoesäure-amid erhalten worden.

*6-Nitro-benzo[1,3]dioxol-5-carbaldehyd-phenylhydrazon, 4,5-Methylendioxy-2-nitro-benzaldehyd-phenylhydrazon $C_{14}H_{11}N_3O_4$, Formel X (X = H) (vgl. H 126; E II 152; dort als 6-Nitro-piperonal-phenylhydrazon bezeichnet).

B. Aus 4,5-Methylendioxy-2-nitro-benzaldehyd und Phenylhydrazin (*Parijs,* R. **49** [1930] 17, 19).

Rote Krystalle (aus Py.); F: 218,5° [Zers.].

*6-Nitro-benzo[1,3]dioxol-5-carbaldehyd-[4-nitro-phenylhydrazon], 4,5-Methylendioxy-2-nitro-benzaldehyd-[4-nitro-phenylhydrazon] $C_{14}H_{10}N_4O_6$, Formel X (X = NO_2).

B. Aus 4,5-Methylendioxy-2-nitro-benzaldehyd und [4-Nitro-phenyl]-hydrazin (*Parijs*, R. **49** [1930] 17, 20).

Rote Krystalle (aus Py.); F: 248° [Zers.].

*6-Nitro-benzo[1,3]dioxol-5-carbaldehyd-[4-thiocyanato-phenylhydrazon], 4,5-Methylendioxy-2-nitro-benzaldehyd-[4-thiocyanato-phenylhydrazon] $C_{15}H_{10}N_4O_4S$, Formel X (X = SCN).

B. Aus 4,5-Methylendioxy-2-nitro-benzaldehyd und [4-Thiocyanato-phenyl]-hydrazin (*Horii, Kinouchi,* J. pharm. Soc. Japan **56** [1936] 690, 696; dtsch. Ref. S. 163, 166; C. A. **1937** 2591).

Orangerote Krystalle; F: 209°.

X   XI

*6-Nitro-benzo[1,3]dioxol-5-carbaldehyd-aminooxalylhydrazon, 4,5-Methylendioxy-2-nitro-benzaldehyd-aminooxalylhydrazon, Oxalamidsäure-[4,5-methylendioxy-2-nitro-benzylidenhydrazid] $C_{10}H_8N_4O_6$, Formel XI (X = CO-NH$_2$).

B. Beim Erwärmen einer äthanol. Lösung von 4,5-Methylendioxy-2-nitro-benzaldehyd mit Oxalsäure-amid-hydrazid in Wasser (*Parijs*, R. **49** [1930] 17, 20).

Gelb; F: 325° [Zers.].

*6-Nitro-benzo[1,3]dioxol-5-carbaldehyd-semicarbazon, 4,5-Methylendioxy-2-nitro-benzaldehyd-semicarbazon $C_9H_8N_4O_5$, Formel XI (X = NH$_2$).

B. Aus 4,5-Methylendioxy-2-nitro-benzaldehyd und Semicarbazid (*Parijs*, R. **49** [1930] 17, 20).

Gelbe Krystalle (aus Py.); Zers. bei 272,5—278°.

*Bis-[4,5-methylendioxy-2-nitro-benzyliden]-hydrazin, 6-Nitro-benzo[1,3]dioxol-5-carbaldehyd-azin, 4,5-Methylendioxy-2-nitro-benzaldehyd-azin $C_{16}H_{10}N_4O_8$, Formel XII.

B. Aus 4,5-Methylendioxy-2-nitro-benzaldehyd und Hydrazin (*Parijs*, R. **49** [1930] 17, 19).

Gelbliche Krystalle (aus Py.); Zers. bei 257°.

(±)-[Acetylmercapto-benzo[1,3]dioxol-5-yl-methyl]-carbamidsäure-äthylester, (±)-[α-Acetylmercapto-3,4-methylendioxy-benzyl]-carbamidsäure-äthylester $C_{13}H_{15}NO_5S$, Formel XIII.

B. Beim Behandeln von Piperonal mit Thioessigsäure, Carbamidsäure-äthylester und kleinen Mengen wss. Salzsäure (*Sirotanović*, Glasnik chem. Društva Beograd **21** [1956] 219, 222; C. A. **1958** 16257).

Krystalle (aus A.); F: 110,5°.

Benzo[1,3]dioxol-5-yl-bis-carboxymethylmercapto-methan, Piperonylidendimercapto-di-essigsäure $C_{12}H_{12}O_6S_2$, Formel XIV (R = CH$_2$-CO-OH).

B. Beim Behandeln von Piperonal mit Mercaptoessigsäure (*Holmberg*, J. pr. [2] **135** [1932] 57, 63) oder mit Mercaptoessigsäure und wss. Salzsäure (*Ritter, Lover,* Am. Soc. **74** [1952] 5576).

Krystalle; F: 138—139° [aus wss. A.] (*Ho.,* J. pr. [2] **135** 63), 134—134,5° (*Ri., Lo.*).

Beim Behandeln einer wss. Lösung des Dinatrium-Salzes mit Kaliumperoxodisulfat (0,8 Mol) und Benzol ist 2-Benzo[1,3]dioxol-5-yl-[1,3]oxathiolan-5-on erhalten worden (*Holmberg*, Ark. Kemi **15**A Nr. 24 [1942] 3, 6).

*Opt.-inakt. Benzo[1,3]dioxol-5-yl-bis-[1-carboxy-äthylmercapto]-methan, 2,2'-Piperonylidendimercapto-di-propionsäure $C_{14}H_{16}O_6S_2$, Formel XIV (R = CH(CH$_3$)-CO-OH).

B. Beim Behandeln von Piperonal mit (±)-2-Mercapto-propionsäure und Chlorwasser-

stoff (*Ritter, Lover*, Am. Soc. **74** [1952] 5576).
Krystalle; F: 129—130°.

XII   XIII   XIV

**Benzo[1,3]dioxol-5-yl-bis-[2-carboxy-äthylmercapto]-methan, 3,3′-Piperonylidendimer⸗
capto-di-propionsäure** $C_{14}H_{16}O_6S_2$, Formel XIV (R = CH_2-CH_2-CO-OH).
B. Beim Behandeln von Piperonal mit 3-Mercapto-propionsäure und kleinen Mengen
wss. Salzsäure (*Holmberg*, Ark. Kemi **15**A Nr. 8 [1942] 6).
Krystalle (aus E. + Bzl.); F: 104—105°.   [*Geibler*]

5-[2]Thienyl-3H-furan-2-on, 4c-Hydroxy-4t-[2]thienyl-but-3-ensäure-lacton $C_8H_6O_2S$,
Formel I.
B. Beim Erhitzen von 4-Oxo-4-[2]thienyl-buttersäure mit Acetanhydrid (*Vaitiekunas,
Nord*, Am. Soc. **76** [1954] 2737, 2739).
Gelbbraune Krystalle (aus A.); F: 74—75°. UV-Absorptionsmaximum (A.): 282 nm.

2-Acetyl-thieno[3,2-b]thiophen, 1-Thieno[3,2-b]thiophen-2-yl-äthanon $C_8H_6OS_2$,
Formel II.
B. Aus Thieno[3,2-b]thiophen beim Behandeln mit Acetylchlorid, Zinn(IV)-chlorid und
Schwefelkohlenstoff (*Challenger, Harrison*, J. Inst. Petr. **21** [1935] 135, 152) oder beim
Erhitzen mit Acetanhydrid und wenig Jod (*Challenger, Emmott*, J. Inst. Petr. **37** [1951]
396, 402). Beim Behandeln von Thieno[3,2-b]thiophen-2-ylquecksilberchlorid mit Acetyl⸗
chlorid (*Challenger, Gibson*, Soc. **1940** 305, 306).
Krystalle (aus A.); F: 126—127° (*Ch., Ha.*).
Überführung in Octan-2-on durch Erwärmen mit Raney-Nickel in Äthanol: *Challenger,
Holmes*, Soc. **1953** 1837, 1839.

I   II   III

1-Thieno[3,2-b]thiophen-2-yl-äthanon-(E)-oxim $C_8H_7NOS_2$, Formel III (R = H).
B. Beim Erwärmen von 1-Thieno[3,2-b]thiophen-2-yl-äthanon mit Hydroxylamin-
hydrochlorid und Bariumcarbonat in Äthanol (*Challenger, Harrison*, J. Inst. Petr. **21**
[1935] 135, 152).
Krystalle (aus A.); F: 172—173° (*Ch., Ha.*).
Überführung in N-Thieno[3,2-b]thiophen-2-yl-acetamid (S. 1632) durch Behandlung
einer Lösung in Aceton mit Thionylchlorid: *Challenger, Emmott*, J. Inst. Petr. **37** [1951]
396, 402.
Hydrochlorid. Krystalle (aus A.); F: 175° [Zers.] (*Ch., Em.*).

1-Thieno[3,2-b]thiophen-2-yl-äthanon-[(E)-O-acetyl-oxim] $C_{10}H_9NO_2S_2$, Formel III
(R = CO-CH_3).
B. Beim Erwärmen von 1-Thieno[3,2-b]thiophen-2-yl-äthanon-(E)-oxim mit Acetyl⸗
chlorid (*Challenger, Emmott*, J. Inst. Petr. **37** [1951] 396, 402).
Krystalle (aus E.); F: 120°.

*1-Thieno[3,2-b]thiophen-2-yl-äthanon-phenylhydrazon $C_{11}H_{12}N_2S_2$, Formel IV
(R = X = H).
B. Aus 1-Thieno[3,2-b]thiophen-2-yl-äthanon und Phenylhydrazin (*Challenger, Gibson*,

Soc. **1940** 305, 307).
Krystalle (aus A.); F: 165,5—166°.

*1-Thieno[3,2-*b*]thiophen-2-yl-äthanon-[4-nitro-phenylhydrazon] $C_{14}H_{11}N_3O_2S_2$,
Formel IV (R = NO_2, X = H).
B. Aus 1-Thieno[3,2-*b*]thiophen-2-yl-äthanon und [4-Nitro-phenyl]-hydrazin (*Challenger, Harrison*, J. Inst. Petr. **21** [1935] 135, 139).
F: 246—247°.

IV   V

*1-Thieno[3,2-*b*]thiophen-2-yl-äthanon-[2,4-dinitro-phenylhydrazon] $C_{14}H_{10}N_4O_4S_2$,
Formel IV (R = X = NO_2).
B. Aus 1-Thieno[3,2-*b*]thiophen-2-yl-äthanon und [2,4-Dinitro-phenyl]-hydrazin (*Challenger, Gibson*, Soc. **1940** 305, 307).
Krystalle (aus E.); F: 272°.

2-Acetyl-thieno[2,3-*b*]thiophen, 1-Thieno-[2,3-*b*]thiophen-2-yl-äthanon $C_8H_6OS_2$,
Formel V (X = H).
B. Beim Behandeln von Thieno[2,3-*b*]thiophen mit Acetylchlorid, Zinn(IV)-chlorid und Schwefelkohlenstoff (*Challenger, Harrison*, J. Inst. Petr. **21** [1935] 135, 152; *Challenger, Fishwick*, J. Inst. Petr. **39** [1953] 220, 230).
Krystalle; F: 117° (*Challenger, Emmott*, J. Inst. Petr. **37** [1951] 396, 400), 115—116° [aus A.] (*Ch., Ha.*).
Beim Erwärmen mit Raney-Nickel in Benzol ist 5-Methyl-heptan-2-ol (Kp: 160—162°) erhalten worden (*Challenger, Holmes*, Soc. **1953** 1837, 1839).

1-Thieno[2,3-*b*]thiophen-2-yl-äthanon-(*E*)-oxim $C_8H_7NOS_2$, Formel VI (R = X = H).
B. Beim Erwärmen von 1-Thieno[2,3-*b*]thiophen-2-yl-äthanon mit Hydroxylamin-hydrochlorid und Bariumcarbonat in Äthanol (*Challenger, Harrison*, J. Inst. Petr. **21** [1935] 135, 152).
Krystalle; F: 160—161° (*Ch., Ha.*).
Überführung in *N*-Thieno[2,3-*b*]thiophen-2-yl-acetamid (S. 1633) durch Behandlung einer Lösung in Aceton mit Thionylchlorid: *Challenger, Emmott*, J. Inst. Petr. **37** [1951] 396, 400.
Hydrochlorid $C_8H_7NOS_2 \cdot HCl$. Krystalle; F: 169—172° [Zers.; bei schnellem Erhitzen] bzw. F: 163° [Zers.; bei langsamem Erhitzen] (*Ch., Em.*).

1-Thieno[2,3-*b*]thiophen-2-yl-äthanon-[(*E*)-*O*-acetyl-oxim] $C_{10}H_9NO_2S_2$, Formel VI
(R = CO-CH_3, X = H).
B. Beim Erwärmen von 1-Thieno[2,3-*b*]thiophen-2-yl-äthanon-(*E*)-oxim mit Acetyl‌chlorid (*Challenger, Emmott*, J. Inst. Petr. **37** [1951] 396, 400).
Krystalle (aus E.); F: 105°.

VI   VII

*1-Thieno[2,3-*b*]thiophen-2-yl-äthanon-[4-nitro-phenylhydrazon] $C_{14}H_{11}N_3O_2S_2$,
Formel VII (X = H).
B. Aus 1-Thieno[2,3-*b*]thiophen-2-yl-äthanon und [4-Nitro-phenyl]-hydrazin (*Challen-*

ger, Harrison, J. Inst. Petr. **21** [1935] 135, 138).
F: 241−242°.

*1-Thieno[2,3-*b*]thiophen-2-yl-äthanon-[2,4-dinitro-phenylhydrazon] $C_{14}H_{10}N_4O_4S_2$, Formel VII (X = NO₂).

B. Aus 1-Thieno[2,3-*b*]thiophen-2-yl-äthanon und [2,4-Dinitro-phenyl]-hydrazin (*Challenger, Harrison*, J. Inst. Petr. **21** [1935] 135, 151).
Krystalle (aus E.); F: 267−268°.

2-Acetyl-5-nitro-thieno[2,3-*b*]thiophen, 1-[5-Nitro-thieno[2,3-*b*]thiophen-2-yl]-äthanon $C_8H_5NO_3S_2$, Formel V (X = NO₂).

B. Beim Behandeln von 2-Nitro-thieno[2,3-*b*]thiophen mit Acetylchlorid, Aluminium=chlorid und Schwefelkohlenstoff (*Challenger, Emmott*, J. Inst. Petr. **37** [1951] 396, 404). Beim Behandeln einer Lösung von 1-Thieno[2,3-*b*]thiophen-2-yl-äthanon in Acetanhydrid mit Salpetersäure (*Ch., Em.*, l. c. S. 403).
Krystalle (aus Eg.); F: 220°.

1-[5-Nitro-thieno[2,3-*b*]thiophen-2-yl]-äthanon-(*E*)-oxim $C_8H_6N_2O_3S_2$, Formel VI (R = H, X = NO₂).

B. Beim Erwärmen von 1-[5-Nitro-thieno[2,3-*b*]thiophen-2-yl]-äthanon mit Hydr=oxylamin-hydrochlorid und Bariumcarbonat in Äthanol (*Challenger, Emmott*, J. Inst. Petr. **37** [1951] 396, 403).
Krystalle (aus A.); F: 230,5° [Zers.].
Überführung in *N*-[5-Nitro-thieno[2,3-*b*]thiophen-2-yl]-acetamid (S. 1633) durch Be=handlung einer Lösung in Aceton mit Thionylchlorid: *Ch., Em.*, l. c. S. 404.

Oxo-Verbindungen $C_9H_8O_3$

(±)-2-Phenyl-[1,3]oxathiolan-5-on, (±)-[α-Hydroxy-benzylmercapto]-essigsäure-lacton $C_9H_8O_2S$, Formel VIII.

B. Beim Behandeln einer wss. Lösung des Dinatrium-Salzes des α,α-Bis-carboxy=methylmercapto-toluols mit Kaliumperoxodisulfat oder mit einer wss. Lösung von Jod und Kaliumjodid (*Holmberg*, Ark. Kemi **12** B Nr. 2 [1936] 2, 3, **15** A Nr. 24 [1942] 3, 5).
Krystalle (aus Bzl. + PAe.); F: 57−58°.

(±)-4-Phenyl-[1,3]dioxolan-2-on, (±)-Kohlensäure-phenyläthandiylester $C_9H_8O_3$, Formel IX.

B. Beim Erhitzen von (±)-Phenyloxiran mit Kohlendioxid (60 at Anfangsdruck) in Gegenwart von Pyrrolidin-hydrochlorid auf 195° (*Jefferson Chem. Co.*, U.S.P. 2773070 [1952]). Beim Erhitzen von (±)-1-Phenyl-äthan-1,2-diol mit Kohlensäure-diäthylester und Natriummethylat (*Clark, Pugliese*, J. org. Chem. **24** [1959] 1088, 1090). Beim Er=wärmen von Carbamidsäure-[β-chlor-phenäthylester] (über die Konstitution dieser Ver=bindung s. *Cl., Pu.*, l. c. S. 1089 Anm.) mit Wasser oder Methanol (*Jones*, Soc. 1957 2735, 2742).
Krystalle; F: 55,7−56,7° [aus A.] (*Cl., Pu.*), 54−56° [aus wss. A.] (*Jo.*). C=O-(Carb=onyl)-Valenzschwingungsbanden und C−O-(Äther)-Valenzschwingungsbanden (KCl sowie CS₂): *Hales et al.*, Soc. 1957 618, 620.

(±)-2-Imino-4-phenyl-[1,3]oxathiolan, (±)-4-Phenyl-[1,3]oxathiolan-2-on-imin C_9H_9NOS, Formel X (R = H).

B. Als Hydrochlorid beim Behandeln von (±)-Phenyloxiran mit Thiocyansäure (1 Mol) in Äther und anschliessend mit Chlorwasserstoff (*Wagner-Jauregg, Häring*, Helv. **41** [1958] 377, 383).
Beim Erhitzen des Hydrochlorids mit Essigsäure ist Thiocarbamidsäure-*S*-[2-chlor-1-phenyl-äthylester] erhalten worden.
Hydrochlorid $C_9H_9NOS \cdot HCl$. Krystalle (aus Me. + Ae. oder aus Me. + E.); F: 110−111° [unkorr.; Block].

VIII   IX   X   XI

*(±)-[4-Phenyl-[1,3]oxathiolan-2-yliden]-harnstoff $C_{10}H_{10}N_2O_2S$, Formel X
(R = CO-NH$_2$).

B. Beim Behandeln von (±)-4-Phenyl-[1,3]oxathiolan-2-on-imin-hydrochlorid mit Kaliumcyanat in Wasser (*Wagner-Jauregg, Häring*, Helv. **41** [1958] 377, 382, 383).
Krystalle (aus A.); F: 133—135° [unkorr.; Block].

(±)-4-Phenyl-[1,3]dithiolan-2-on $C_9H_8OS_2$, Formel XI.
Dipolmoment (ε; Bzl.): 4,62 D (*Lüttringhaus, Grohmann*, Z. Naturf. **10b** [1955] 365).

(±)-4-Phenyl-[1,3]dithiolan-2-thion $C_9H_8S_3$, Formel XII.
B. Beim Behandeln von (±)-Phenyloxiran mit Schwefelkohlenstoff und methanol. Kalilauge (*Culvenor et al.*, Soc. **1946** 1050).
Dipolmoment (ε; Bzl.): 4,69 D (*Lüttringhaus, Grohmann*, Z. Naturf. **10b** [1955] 365).
Gelbe Krystalle; F: 87—88° (*Cu. et al.*).

2,3-Dihydro-benzo[e][1,4]dioxepin-5-on, 2-[2-Hydroxy-äthoxy]-benzoesäure-lacton $C_9H_8O_3$, Formel XIII.
Über diese Verbindung (F: 34°) s. *Gilbert et al.*, Bl. **1975** 277, 279.
Eine von *Weizmann et al.* (J. org. Chem. **13** [1948] 796) unter dieser Konstitution beschriebene Verbindung (F: 82°) ist als 1,2-Bis-salicyloyloxy-äthan zu formulieren (*Gi. et al.*).

(±)-2-Methyl-benzo[1,3]dioxin-4-on, (±)-2-[1-Hydroxy-äthoxy]-benzoesäure-lacton $C_9H_8O_3$, Formel XIV (X = H).
B. Beim Erwärmen von Salicylsäure mit Vinylacetat, Quecksilber(II)-acetat, Hydro≈ chinon und Schwefelsäure (*Mowry et al.*, Am. Soc. **69** [1947] 2358, 2360). Beim Erhitzen von Salicylsäure mit 1,1-Diacetoxy-äthan, Essigsäure und wenig Schwefelsäure unter vermindertem Druck (*Mowry*, Am. Soc. **69** [1947] 2362).
Krystalle (aus wss. A.); F: 32—33° (*Mo. et al.*). Bei 97—98°/1 Torr destillierbar; n_D^{25}: 1,5398 [flüssiges Präparat] (*Mo. et al.*). IR-Spektrum (CCl$_4$; 2,5—3,8 μ): *Mo. et al.*

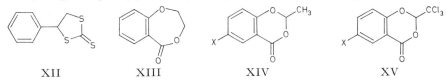

XII   XIII   XIV   XV

(±)-6-Chlor-2-methyl-benzo[1,3]dioxin-4-on, (±)-5-Chlor-2-[1-hydroxy-äthoxy]-benzoesäure-lacton $C_9H_7ClO_3$, Formel XIV (X = Cl).
B. Beim Erwärmen von 5-Chlor-2-hydroxy-benzoesäure mit Vinylacetat, Queck≈ silber(II)-acetat, Schwefelsäure und Hydrochinon (*Mowry et al.*, Am. Soc. **69** [1947] 2358, 2360).
F: 95—96°. Bei 160°/7 Torr destillierbar.

(±)-2-Trichlormethyl-benzo[1,3]dioxin-4-on, (±)-2-[2,2,2-Trichlor-1-hydroxy-äthoxy]-benzoesäure-lacton $C_9H_5Cl_3O_3$, Formel XV (X = H) (H 127; dort als Salicylsäure-[β.β.β-trichlor-äthyliden]-ätherester bezeichnet).
B. Beim Erwärmen von Salicylsäure mit Chloral und Thionylchlorid (*Mowry et al.*, Am. Soc. **69** [1947] 2358, 2361; vgl. H 127).
Krystalle (aus wss. A.); F: 124°.

(±)-6-Brom-2-methyl-benzo[1,3]dioxin-4-on, (±)-5-Brom-2-[1-hydroxy-äthoxy]-benzoesäure-lacton $C_9H_7BrO_3$, Formel XIV (X = Br).
B. Beim Erwärmen von 5-Brom-2-hydroxy-benzoesäure mit Vinylacetat, Queck≈

silber(II)-acetat, Schwefelsäure und Hydrochinon (*Mowry et al.*, Am. Soc. **69** [1947] 2358, 2360).

F: 84—85°. Bei 148—150°/5 Torr destillierbar.

(±)-2-Methyl-6-nitro-benzo[1,3]dioxin-4-on, (±)-2-[1-Hydroxy-äthoxy]-5-nitro-benzoesäure-lacton $C_9H_7NO_5$, Formel XIV (X = NO_2).

B. Beim Erwärmen von 2-Hydroxy-5-nitro-benzoesäure mit Vinylacetat, Queck-silber(II)-acetat, Schwefelsäure und Hydrochinon (*Mowry et al.*, Am. Soc. **69** [1947] 2358, 2360).

F: 111—112°. Bei dem Versuch zur Destillation (bei 182°/4 Torr) ist explosionsartige Zersetzung erfogt.

(±)-6-Nitro-2-trichlormethyl-benzo[1,3]dioxin-4-on, (±)-5-Nitro-2-[2,2,2-trichlor-1-hydroxy-äthoxy]-benzoesäure-lacton $C_9H_4Cl_3NO_5$, Formel XV (X = NO_2).

B. Beim Erhitzen von (±)-4-Dichlormethylen-6-nitro-2-trichlormethyl-benzo[1,3]di-oxin mit Chrom(VI)-oxid in Essigsäure (*Chattaway, Irving*, Soc. **1934** 325, 329).

Krystalle (aus Eg.); F: 172,5°.

(±)-2-Methyl-benz[d][1,3]oxathiin-4-on, (±)-2-[1-Hydroxy-äthylmercapto]-benzoe-säure-lacton $C_9H_8O_2S$, Formel I (X = H).

B. Beim Erwärmen von 2-Mercapto-benzoesäure mit Vinylacetat, Quecksilber(II)-acetat, Schwefelsäure und Hydrochinon (*Mowry et al.*, Am. Soc. **69** [1947] 2358, 2360).

Krystalle (aus wss. A.); F: 56,5—57,5° (*Monsanto Chem. Co.*, U.S.P. 2496741 [1946]). Bei 147°/5 Torr destillierbar (*Mowry et al.; Monsanto Chem. Co.*).

(±)-2-Trichlormethyl-benz[d][1,3]oxathiin-4-on, (±)-2-[2,2,2-Trichlor-1-hydroxy-äthylmercapto]-benzoesäure-lacton $C_9H_5Cl_3O_2S$, Formel I (X = Cl).

B. Beim Erwärmen von 2-Mercapto-benzoesäure mit Chloral (*Böhme, Schmidt*, Ar. **286** [1953] 330, 336). Beim Erwärmen von 2-Mercapto-benzoesäure-amid mit Chloral unter Durchleiten von Chlorwasserstoff (*Bö., Sch.*).

Krystalle (aus A. oder wss. Eg.); F: 98°.

6-Chlor-8-chlormethyl-benzo[1,3]dioxin-4-on, 5-Chlor-3-chlormethyl-2-hydroxymethoxy-benzoesäure-lacton $C_9H_6Cl_2O_3$, Formel II.

B. Beim Erhitzen von 6-Chlor-8-chlormethyl-4H-benzo[1,3]dioxin mit Chrom(VI)-oxid in Essigsäure (*Buehler et al.*, Am. Soc. **62** [1940] 890, 891).

Krystalle (aus A.); F: 181—182°.

Überführung in 5-Chlor-2-hydroxy-3-hydroxymethyl-benzoesäure durch Erwärmen mit wss. Natronlauge: *Bu. et al.*

6-Chlor-4H-benzo[1,3]dioxin-8-carbaldehyd $C_9H_7ClO_3$, Formel III.

B. In kleiner Menge beim Erhitzen von 6-Chlor-8-chlormethyl-4H-benzo[1,3]dioxin mit Kaliumpermanganat in wss. Essigsäure (*Buehler et al.*, Am. Soc. **62** [1940] 890, 891).

F: 138—138,5° [aus Me. + W.].

I II III IV

***6-Chlor-4H-benzo[1,3]dioxin-8-carbaldehyd-phenylhydrazon** $C_{15}H_{13}ClN_2O_2$, Formel IV.

B. Aus 6-Chlor-4H-benzo[1,3]dioxin-8-carbaldehyd und Phenylhydrazin (*Buehler et al.*, Am. Soc. **62** [1940] 890, 892).

Gelbliche Krystalle (aus A. + W.); F: 152,5—155°.

(±)-3-Methyl-benzo[1,4]dioxin-2-on, (±)-2-[2-Hydroxy-phenoxy]-propionsäure-lacton
C₉H₈O₃, Formel V (H 127; dort als Milchsäure-o-phenylenätherester und als [Brenz=
catechin-O-α-propionsäure]-lacton bezeichnet).

B. Beim Erwärmen von Brenzcatechin mit (±)-2-Brom-propionsäure-äthylester,
Kaliumcarbonat und Aceton (*Marini-Bettòlo et al.*, G. **86** [1956] 1336, 1352; vgl. H 127).
Krystalle (aus Bzn.); F: 45°. UV-Absorptionsmaxima (A.): 271 nm und 276 nm.

2,3-Dihydro-benzo[1,4]dioxin-6-carbaldehyd, 3,4-Äthandiyldioxy-benzaldehyd C₉H₈O₃,
Formel VI (H 128; dort als Protocatechualdehyd-äthyläther bezeichnet).

B. Aus 3,4-Dihydroxy-benzaldehyd und 1,2-Dibrom-äthan mit Hilfe von äthanol.
Natriumäthylat-Lösung (*Perkin et al.*, Soc. **1937** 49, 51) oder mit Hilfe von wss. Kalilauge
(*Tomita, Takahashi*, J. pharm. Soc. Japan **77** [1957] 478, 480; C. A. **1957** 14728). Beim
Behandeln einer Lösung von 2,3-Dihydro-benzo[1,4]dioxin in Benzol mit Zinkcyanid,
Chlorwasserstoff und Aluminiumchlorid und anschliessend mit wss. Salzsäure (*Sugasawa,
Arata*, Pharm. Bl. **4** [1956] 406).
Krystalle; F: 51,5° (*Pe. et al.*), 49,5—50,5° [aus Hexan] (*Su., Ar.*). Bei 105°/15 Torr
destillierbar (*Pe. et al.*).

5-Acetyl-benzo[1,3]dioxol, 1-Benzo[1,3]dioxol-5-yl-äthanon, Acetopiperon C₉H₈O₃,
Formel VII (X = H) (H 128; E I 667; E II 153; dort als 3.4-Methylendioxy-acetophenon
bezeichnet).

B. Aus Benzo[1,3]dioxol beim Behandeln mit Acetanhydrid und Zinkchlorid (*Gensler,
Samour*, J. org. Chem. **18** [1953] 9, 14) sowie beim Erwärmen mit Essigsäure, Acet=
anhydrid, Acetylchlorid und Natriumperchlorat (*Mathur et al.*, Am. Soc. **79** [1957] 3582,
3584, 3586). Beim Erwärmen von Piperonyloylchlorid mit Dimethylcadmium in Benzol
(*Gopinath et al.*, Soc. **1957** 4760, 4763). Beim Erwärmen von 3-Benzo[1,3]dioxol-5-yl-
3-oxo-propionsäure-äthylester mit wss.-äthanol. Kalilauge (*Kametani, Ninomiya*, J.
pharm. Soc. Japan **73** [1953] 681, 684; C. A. **1954** 8788).
Krystalle; F: 87° [aus Bzl.] (*Ma. et al.*), 85,6—86,3° [aus PAe.] (*Ge., Sa.*).

V   VI   VII   VIII

*1-Benzo[1,3]dioxol-5-yl-äthanon-oxim C₉H₉NO₃, Formel VIII (R = OH, X = H)
(vgl. E I 667).
UV-Spektrum (A.; 230—330 nm): *Ramart-Lucas*, C. r. **198** [1934] 97; Bl. [5] **1** [1934]
719, 728.

*1-Benzo[1,3]dioxol-5-yl-äthanon-[O-(toluol-4-sulfonyl)-oxim] C₁₆H₁₅NO₅S,
Formel VIII (R = O-SO₂-C₆H₄-CH₃, X = H).
B. Beim Behandeln von 1-Benzo[1,3]dioxol-5-yl-äthanon-oxim (E I **19** 667) mit Toluol-
4-sulfonylchlorid und Pyridin (*Neber et al.*, A. **526** [1936] 277, 282).
Krystalle (aus Bzl. + PAe.); F: 75° [Zers.].
Beim Behandeln mit Kaliumäthylat in Äthanol und Behandeln der (vom gebildeten
Kalium-[toluol-4-sulfonat] befreiten) Reaktionslösung mit wss. Salzsäure ist 2-Amino-
1-benzo[1,3]dioxol-5-yl-äthanon erhalten worden.

5-Bromacetyl-benzo[1,3]dioxol, 1-Benzo[1,3]dioxol-5-yl-2-brom-äthanon C₉H₇BrO₃,
Formel VII (X = Br).
B. Aus 1-Benzo[1,3]dioxol-5-yl-äthanon beim Behandeln mit Brom in Essigsäure
unter Bestrahlung mit UV-Licht (*Späth, Lederer*, B. **63** [1930] 743, 746) sowie beim Be-
handeln mit Brom in Äther (*Drake, Tuemmler*, Am. Soc. **77** [1955] 1204, 1207).
Krystalle; F: 90—92,5° [aus PAe.] (*Dr., Tu.*), 86—87° [aus Me.] (*Sp., Le.*).

5-Acetyl-6-nitro-benzo[1,3]dioxol, 1-[6-Nitro-benzo[1,3]dioxol-5-yl]-äthanon $C_9H_7NO_5$, Formel IX.

B. Beim Behandeln von 1-Benzo[1,3]dioxol-5-yl-äthanon mit Chloroform und mit wss. Salpetersäure [D: 1,42] (*Mosettig, Czadek*, M. **57** [1931] 291, 300).

Gelbliche Krystalle (aus A.); F: 122,5—123,5°.

*1-[6-Nitro-benzo[1,3]dioxol-5-yl]-äthanon-semicarbazon** $C_{10}H_{10}N_4O_5$, Formel VIII (R = NH-CO-NH_2, X = NO_2).

B. Beim Erwärmen von 1-[6-Nitro-benzo[1,3]dioxol-5-yl]-äthanon mit Semicarbazid-hydrochlorid und Natriumacetat in wss. Äthanol (*Mosettig, Czadek*, M. **57** [1931] 291, 300).

Gelbliche Krystalle (aus A.); F: 224—226°.

5-Nitroacetyl-benzo[1,3]dioxol, 1-Benzo[1,3]dioxol-5-yl-2-nitro-äthanon $C_9H_7NO_5$, Formel VII (X = NO_2) (H 129; dort als ω-Nitro-3.4-methylendioxy-acetophenon bezeichnet).

B. Beim Erwärmen von 5-[2-Brom-2-nitro-vinyl]-benzo[1,3]dioxol (S. 269) mit Kaliumacetat in Methanol (*Reichert, Koch*, B. **68** [1935] 445, 450) oder mit methanol. Kalilauge (*Neber et al.*, A. **526** [1936] 277, 283). Beim Behandeln von 1-Benzo[1,3]dioxol-5-yl-2-nitro-äthanol mit Chrom(VI)-oxid in Essigsäure (*Canonica, Cardani*, G. **79** [1949] 262, 269).

Krystalle; F: 174° [aus Me.] (*Re., Koch*), 172° [aus E.] (*Ne. et al.*), 166° [aus Eg.] (*Ca., Ca.*).

Benzo[1,3]dioxol-5-yl-acetaldehyd, Homopiperonal $C_9H_8O_3$, Formel X (H 129; E II 153).

B. Bei der Behandlung einer Lösung von Safrol (5-Allyl-benzo[1,3]dioxol) in Äthylacetat mit Ozon und anschliessenden Hydrierung an Palladium/Calciumcarbonat (*Hahn, Schales*, B. **67** [1934] 1486, 1490, **68** [1935] 24, 27). Beim Behandeln von 3-Benzo[1,3]dioxol-5-yl-propan-1,2-diol mit Blei(IV)-acetat in Benzol (*Erdtman, Robinson*, Soc. **1933** 1530; *Howell, Taylor*, Soc. **1956** 4252, 4254). Beim Erwärmen einer Suspension des Natrium-Salzes der 3-Benzo[1,3]dioxol-5-yl-2,3-epoxy-propionsäure (aus 3-Benzo[1,3]-dioxol-5-yl-2,3-epoxy-propionsäure-methylester mit Hilfe von Natriummethylat hergestellt) in Benzol mit Essigsäure (*Ban, Oishi*, Chem. pharm. Bl. **6** [1958] 574).

Kp_{14}: 135—137° (*Hahn, Sch.*, B. **68** 28); Kp_1: 123—125° (*Er., Ro.*); Kp_{0,04}: 88—90° (*Schöpf, Salzer*, A. **544** [1940] 1, 21). In 1 l Wasser lösen sich bei 25° ca. 1,8 g (*Sch., Sa.*).

Verhalten beim Behandeln einer Lösung in Essigsäure mit kleinen Mengen wss. Salzsäure (Bildung von 6-Benzo[1,3]dioxol-5-yl-naphtho[2,3-d][1,3]dioxol): *Er., Ro.* Beim Behandeln einer methanol. Lösung mit Diazomethan (1 Mol) in Äther sind Benzo[1,3]dioxol-5-yl-aceton und 5-[2,3-Epoxy-propyl]-benzo[1,3]dioxol erhalten worden (*Mosettig, Czadek*, M. **57** [1931] 291, 295). Geschwindigkeit der Reaktion mit 4-[2-Amino-äthyl]-brenzcatechin in wss. Lösungen vom pH 3 bis pH 7 (Bildung von 1-Piperonyl-1,2,3,4-tetrahydro-isochinolin-6,7-diol) bei 25°: *Sch., Sa.*, l. c. S. 23, 24, 27.

IX   X   XI

*[2-Benzo[1,3]dioxol-5-yl-äthyliden]-carbamidsäure-methylester, [3,4-Methylendioxy-phenäthyliden]-carbamidsäure-methylester**, Homopiperonylidencarbamidsäuremethylester $C_{11}H_{11}NO_4$, Formel XI (R = CO-O-CH_3), und Tautomeres.

Die nachstehend beschriebene Verbindung ist von *Dey* und *Parikshit* (Pr. nation. Inst. Sci. India **11** [1945] 37, 39) als [3,4-Methylendioxy-styryl]-carbamidsäure-methylester (Formel XII) formuliert worden.

B. Beim Behandeln von 3,4-Methylendioxy-zimtsäure-amid (F: 180°) mit Methanol und wss. Natriumhypochlorit-Lösung (*Dey, Pa.*).

Krystalle (aus Bzl.); F: 142—143°.

*Benzo[1,3]dioxol-5-yl-acetaldehyd-oxim, Homopiperonal-oxim $C_9H_9NO_3$, Formel XI
(R = OH) (H 129; E I 667).

B. Bei der Hydrierung von (*E*?)-3,4-Methylendioxy-β-nitro-styrol (S. 268) an Pal=
ladium/Kohle in Pyridin (*Reichert, Koch*, Ar. **273** [1935] 265, 271; vgl. E I 667).
Krystalle; F: 121° [aus wss. A.] (*Erdtman, Robinson*, Soc. **1933** 1530), 118—119°
[aus Bzl. + Me.] (*Re., Koch*).

***Benzo[1,3]dioxol-5-yl-acetaldehyd-[2,4-dinitro-phenylhydrazon], Homopiperonal-
[2,4-dinitro-phenylhydrazon]** $C_{15}H_{12}N_4O_6$, Formel XI (R = NH-$C_6H_3(NO_2)_2$).

B. Aus Homopiperonal (S. 1702) und [2,4-Dinitro-phenyl]-hydrazin (*Erdtman, Robinson*,
Soc. **1933** 1530).
Orangegelbe Krystalle (aus Eg.); F: 140—141°.

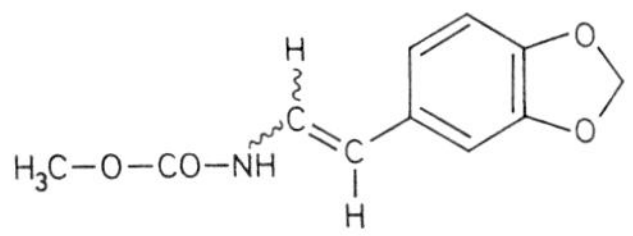

XII 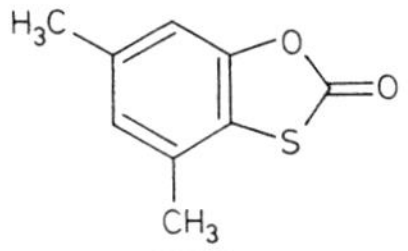   XIII 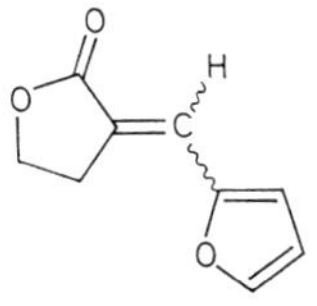   XIV

***Benzo[1,3]dioxol-5-yl-acetaldehyd-acetylhydrazon, Homopiperonal-acetylhydrazon,
Essigsäure-[3,4-methylendioxy-phenäthylidenhydrazid]**, Essigsäure-homopiperon=
ylidenhydrazid $C_{11}H_{12}N_2O_3$, Formel XI (R = NH-CO-CH$_3$).

B. Beim Erwärmen von Homopiperonal (S. 1702) mit Essigsäure-hydrazid in Äthanol
(*Sugasawa, Kohno*, Pharm. Bl. **4** [1956] 477).
Krystalle (aus wss. A.); F: 135°.

4,6-Dimethyl-benz[1,3]oxathiol-2-on $C_9H_8O_2S$, Formel XIII.

B. Beim Behandeln von 3,5-Dimethyl-phenol mit Ammoniumthiocyanat und Kup=
fer(II)-sulfat in Wasser (*Wada*, J. pharm. Soc. Japan **79** [1959] 92, 95; C.A. **1959** 8424).
Krystalle (aus Me.); F: 129—131°.

**3-[(*E*)-Furfuryliden]-dihydro-furan-2-on, 3ξ-[2]Furyl-2-[2-hydroxy-äthyl]-acrylsäure-
lacton** $C_9H_8O_3$, Formel XIV.

B. Beim Behandeln von Dihydro-furan-2-on mit Furfural und Natriummethylat in
Benzol (*Reppe et al.*, A. **596** [1955] 1, 183).
Krystalle; F: 95°.

**4,6-Dimethyl-thieno[2,3-*b*]pyran-2-on, 3-[2-Hydroxy-5-methyl-[3]thienyl]-*trans*-croton=
säure-lacton** $C_9H_8O_2S$. Formel XV.

B. In mässiger Ausbeute beim Behandeln von 5-Methyl-3H-thiophen-2-on mit Acet=
essigsäure-äthylester und Schwefelsäure (*Mentzer, Billet*, Bl. [5] **12** [1945] 292, 295).
Krystalle (aus wss. A.); F: 141°. UV-Spektrum (A.; 220—340 nm): *Me., Bi.*

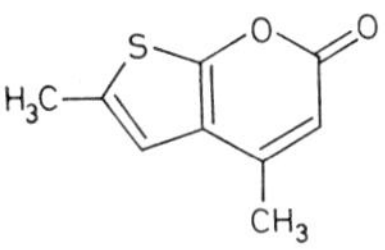

XV 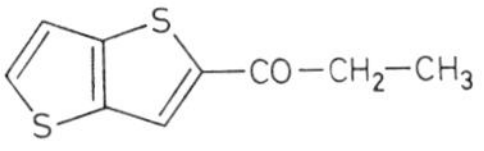   XVI 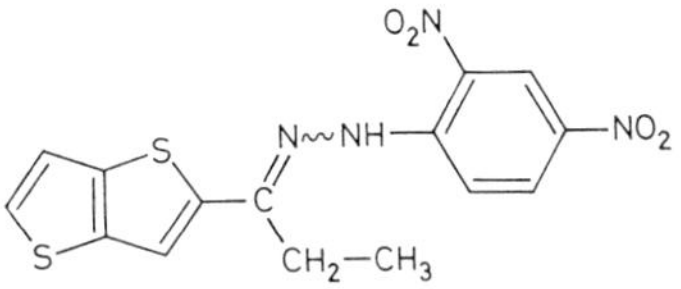   XVII

2-Propionyl-thieno[3,2-*b*]thiophen, 1-Thieno[3,2-*b*]thiophen-2-yl-propan-1-on $C_9H_8OS_2$,
Formel XVI.

B. Beim Behandeln von Thieno[3,2-*b*]thiophen mit Propionylchlorid, Zinn(IV)-chlorid
und Schwefelkohlenstoff (*Challenger, Gibson*, Soc. **1940** 305, 306). Aus Thieno[3,2-*b*]thio=
phen-2-ylquecksilberchlorid und Propionylchlorid (*Ch., Gi.*).
Krystalle (aus wss. A.); F: 92—92,5°.

*1-Thieno[3,2-*b*]thiophen-2-yl-propan-1-on-[2,4-dinitro-phenylhydrazon] $C_{15}H_{12}N_4O_4S_2$, Formel XVII.

B. Aus 1-Thieno[3,2-*b*]thiophen-2-yl-propan-1-on und [2,4-Dinitro-phenyl]-hydrazin (*Challenger*, *Gibson*, Soc. **1940** 305, 306).

Rote Krystalle (aus A. + CHCl₃); F: 251—252°.

Oxo-Verbindungen $C_{10}H_{10}O_3$

5-Nitro-2-phenyl-5-phenylazo-[1,3]dioxan, [5-Nitro-2-phenyl-[1,3]dioxan-5-yl]-phenyldiazen $C_{16}H_{15}N_3O_4$, Formel I (X = H).

a) **Stereoisomeres vom F: 156°.**

B. Beim Erwärmen von 2-Nitro-2-phenylazo-propan-1,3-diol (F: 97—99°) mit Benz= aldehyd, Benzol und kleinen Mengen Chlorwasserstoff enthaltendem Äthanol (*Eckstein*, *Urbański*, Roczniki Chem. **30** [1956] 1175, 1183; C.A. **1957** 8755).

Gelbe Krystalle (Aus A.); F: 154—156° [Zers.].

b) **Stereoisomeres vom F: 108°.**

B. Beim Behandeln einer Lösung von 5-Nitro-2-phenyl-[1,3]dioxan (S. 216) oder von [5-Nitro-2-phenyl-[1,3]dioxan-5-yl]-methanol (S. 775) in Äthanol mit wss. Kalilauge und anschliessend mit wss. Benzoldiazoniumchlorid-Lösung (*Eckstein*, *Urbański*, Roczniki Chem. **30** [1956] 1175, 1178; Bl. Acad. polon. [III] **3** [1955] 433, 434).

Krystalle (aus A.); F: 107—108,5°.

5-[4-Chlor-phenylazo]-5-nitro-2-phenyl-[1,3]dioxan, [4-Chlor-phenyl]-[5-nitro-2-phenyl-[1,3]dioxan-5-yl]-diazen $C_{16}H_{14}ClN_3O_4$, Formel I (X = Cl).

a) **Stereoisomeres vom F: 167°.**

B. Beim Erwärmen von 2-[4-Chlor-phenylazo]-2-nitro-propan-1,3-diol (F: 97—98°) mit Benzaldehyd, Benzol und kleinen Mengen Chlorwasserstoff enthaltendem Äthanol (*Eckstein*, *Urbański*, Roczniki Chem. **30** [1956] 1175, 1185; C. A. **1957** 8755).

Gelbe Krystalle (aus A.); F: 166—167° [Zers.] (*Eck.*, *Ur.*, Roczniki Chem. **30** 1183). Absorptionsspektrum (200—520 nm): *Eckstein*, *Urbański*, Roczniki Chem. **30** 1177; Bl. Acad. polon. [III] **3** [1955] 433, 435.

b) **Stereoisomeres vom F: 113°.**

B. Neben kleinen Mengen des unter a) beschriebenen Stereoisomeren beim Behandeln einer Lösung von 5-Nitro-2-phenyl-[1,3]dioxan (S. 216) oder von [5-Nitro-2-phenyl-[1,3]dioxan-5-yl]-methanol (S. 775) in Äthanol mit wss. Kalilauge und anschliessend mit wss. 4-Chlor-benzoldiazonium-chlorid-Lösung (*Eckstein*, *Urbański*, Roczniki Chem. **30** [1956] 1175, 1184; Bl. Acad. polon. [III] **3** [1955] 433, 434).

Gelbe Krystalle (aus A.); F: 111,5—113°. Absorptionsspektrum (200—520 nm): *Eck.*, *Ur.*, Roczniki Chem. **30** 1177; Bl. Acad. polon. [III] **3** 435.

5-Nitro-5-[4-nitro-phenylazo]-2-phenyl-[1,3]dioxan, [4-Nitro-phenyl]-[5-nitro-2-phenyl-[1,3]dioxan-5-yl]-diazen $C_{16}H_{14}N_4O_6$, Formel I (X = NO₂).

a) **Stereoisomeres vom F: 178°.**

B. Beim Erwärmen von 2-Nitro-2-[4-nitro-phenylazo]-propan-1,3-diol (F: 114—116°) mit Benzaldehyd, Benzol und kleinen Mengen Chlorwasserstoff enthaltendem Äthanol (*Eckstein*, *Urbański*, Roczniki Chem. **30** [1956] 1175, 1183; C. A. **1957** 8755).

Gelbe Krystalle (aus A.); F: 178—178,5° [Zers.].

b) **Stereoisomeres vom F: 148°.**

B. Beim Behandeln einer Lösung von 5-Nitro-2-phenyl-[1,3]dioxan (S. 216) oder von [5-Nitro-2-phenyl-[1,3]dioxan-5-yl]-methanol (S. 775) in Äthanol mit wss. Kalilauge und anschliessend mit wss. 4-Nitro-benzoldiazonium-chlorid-Lösung (*Eckstein*, *Urbański*, Roczniki Chem. **30** [1956] 1175, 1178; Bl. Acad. polon. [III] **3** [1955] 433, 434).

Krystalle (aus A.); F: 146—148° [Zers.].

I   II

5-Nitro-2-phenyl-5-*p*-tolylazo-[1,3]dioxan, [5-Nitro-2-phenyl-[1,3]dioxan-5-yl]-*p*-tolyl-diazen $C_{17}H_{17}N_3O_4$, Formel I (X = CH$_3$).

   a) Stereoisomeres vom F: 151°.

   B. Beim Erwärmen von 2-Nitro-2-*p*-tolylazo-propan-1,3-diol (F: 95—97°) mit Benz=aldehyd, Benzol und kleinen Mengen Chlorwasserstoff enthaltendem Äthanol (*Eckstein, Urbański*, Roczniki Chem. **30** [1956] 1175, 1183; C. A. **1957** 8755).

   Gelbe Krystalle (aus A.); F: 150—151° [Zers.].

   b) Stereoisomeres vom F: 127°.

   B. Beim Behandeln von 5-Nitro-2-phenyl-[1,3]dioxan (S. 216) oder von [5-Nitro-2-phenyl-[1,3]dioxan-5-yl]-methanol (S. 775) mit Äthanol und wss. Kalilauge und anschliessend mit wss. Toluol-4-diazoniumchlorid-Lösung (*Eckstein, Urbański*, Roczniki Chem. **30** [1956] 1175, 1178; Bl. Acad. polon. [III] **3** [1955] 433, 434).

   Krystalle (aus A.); F: 125,5—127°.

5-[2]Naphthylazo-5-nitro-2-phenyl-[1,3]dioxan, [2]Naphthyl-[5-nitro-2-phenyl-[1,3]=dioxan-5-yl]-diazen $C_{20}H_{17}N_3O_4$, Formel II.

   a) Stereoisomeres vom F: 184°.

   B. Beim Erwärmen von 2-[2]Naphthylazo-2-nitro-propan-1,3-diol (F: 107—108°) mit Benzaldehyd, Benzol und kleinen Mengen Chlorwasserstoff enthaltendem Äthanol (*Eckstein Urbański*, Roczniki Chem. **30** [1956] 1175, 1185; C. A. **1957** 8755).

   Gelbe Krystalle (aus A.); F: 183—184,5° [Zers.].

   b) Stereoisomeres vom F: 128°.

   B. Neben kleinen Mengen des unter a) beschriebenen Stereoisomeren beim Behandeln einer Lösung von 5-Nitro-2-phenyl-[1,3]dioxan (S. 216) oder von [5-Nitro-2-phenyl-[1,3]dioxan-5-yl]-methanol (S. 775) in Äthanol mit wss. Kalilauge und anschliessend mit wss. Naphthalin-2-diazoniumchlorid-Lösung (*Eckstein, Urbański*, Roczniki Chem. **30** [1956] 1175, 1178; Bl. Acad. polon. [III] **3** [1955] 433, 434).

   Gelbe Krystalle (aus A.); F: 126,5—128°.

2-[2-Chlor-phenyl]-[1,3]dithian-5-on $C_{10}H_9ClOS_2$, Formel III.

   B. Beim Erwärmen von 8-[2-Chlor-phenyl]-1,4-dioxa-7,9-dithia-spiro[4.5]decan-6-carbonsäure (F: 190—192°) mit wss.-äthanol. Salzsäure (*Du Pont de Nemours & Co.*, U.S.P. 2790811 [1954]).

   Krystalle (aus A.); F: 140—141°.

(±)-5,5-Dichlor-4-phenyl-[1,3]dioxan-2-on $C_{10}H_8Cl_2O_3$, Formel IV.

   B. Beim Behandeln einer Lösung von (±)-2,2-Dichlor-1-phenyl-propan-1,3-diol in Chloroform mit Phosgen in Toluol unter Zusatz von Antipyrin (*Olin Mathieson Chem. Corp.*, U.S.P. 2848459 [1957]).

   Krystalle (aus wss. Acn.); F: 163—164°.

    III   IV   V   VI

(±)-2-Benzyl-[1,3]oxathiolan-5-on, (±)-[α-Hydroxy-phenäthylmercapto]-essigsäure-lacton $C_{10}H_{10}O_2S$, Formel V.

   B. Als Hauptprodukt beim Erhitzen von Phenäthylidendimercaptodiessigsäure unter vermindertem Druck bis auf 200° (*Holmberg*, Ark. Kemi **2** [1950/51] 567, 572).

   Kp$_{0,45}$: 110°—112°. D$_4^{20}$: 1,2331.

(±)-2-Methyl-2-phenyl-[1,3]oxathiolan-5-on, (±)-[1-Hydroxy-1-phenyl-äthylmercapto]-essigsäure-lacton $C_{10}H_{10}O_2S$, Formel VI.

   B. Bei langsamem Erhitzen von 1,1-Bis-carboxymethylmercapto-1-phenyl-äthan unter vermindertem Druck bis auf 160° (*Holmberg*, Ark. Kemi **2** [1950/51] 567, 573).

$Kp_{0,5}$: 96—99°.

Beim Aufbewahren erfolgt allmähliche Umwandlung in 1,1-Bis-carboxymethyl=mercapto-1-phenyl-äthan.

*Opt.-inakt. **2-Methyl-5-phenyl-[1,3]dioxolan-4-on**, [1-Hydroxy-äthoxy]-phenyl-essig=säure-lacton $C_{10}H_{10}O_3$, Formel VII (X = H).

B. Beim Behandeln einer Lösung von DL-Mandelsäure in 2-Methyl-[1,3]dioxolan mit Acetylen unter Zusatz von Quecksilber(II)-oxid und methanol. Borfluorid-Lösung (*Nieuwland et al.*, Am. Soc. **52** [1930] 1018, 1021, 1022). Beim Erhitzen von DL-Mandel=säure mit Vinylacetat, Quecksilber(II)-acetat, Schwefelsäure und Hydrochinon (*Mowry et al.*, Am. Soc. **69** [1947] 2358, 2360).

Kp_{21}: 154°; n_D^{25}: 1,5112 (*Mo. et al.*). Kp_{14}: 142—144°; D_4^{25}: 1,1681; n_D^{25}: 1,4145 (*Ni. et al.*).

5-Phenyl-2-trichlormethyl-[1,3]dioxolan-4-on, Phenyl-[2,2,2-trichlor-1-hydroxy-äthoxy]-essigsäure-lacton $C_{10}H_7Cl_3O_3$, Formel VII (X = Cl) (vgl. H 129; E II 154; dort als *dl*-Mandelsäure-chloralid bezeichnet).

a) Opt.-inakt. Präparat vom F: 83°.
B. Beim Behandeln von DL-Mandelsäure mit Chloral-hydrat und Schwefelsäure (*Meldrum, Bhatt*, J. Univ. Bombay **3**, Tl. 2 [1934] 149, 152).
Krystalle (aus $CHCl_3$); F: 82—83°.

b) Opt.-inakt. Präparat vom F: 71°.
B. Beim Erhitzen von DL-Mandelsäure mit Chloral-hydrat auf 120° (*Shah, Alimchandani*, J. Indian chem. Soc. **11** [1934] 545, 549).
Krystalle (aus A.); F: 70—71°.
Überführung in [2,2-Dichlor-äthoxy]-phenyl-essigsäure durch Erwärmen mit Zink-Pulver und Essigsäure: *Shah, Al.*

VII   VIII   IX   X

*Opt.-inakt. **4-Methyl-2-phenyl-[1,3]oxathiolan-5-on**, 2-[α-Hydroxy-benzylmercapto]-propionsäure-lacton $C_{10}H_{10}O_2S$, Formel VIII.

B. Beim Behandeln einer wss. Lösung des Dinatrium-Salzes des opt.-inakt. α,α-Bis-[1-carboxy-äthylmercapto]-toluols (E III **7** 932) mit Kaliumperoxodisulfat (*Holmberg*, Ark. Kemi **15** A Nr. 24 [1942] 8).
Krystalle (aus Bzl. + PAe.); F: 77—78°.

(±)-4-Methyl-4-phenyl-[1,3]dioxolan-2-on, (±)-Kohlensäure-[1-methyl-1-phenyl-äthan=diylester] $C_{10}H_{10}O_3$, Formel IX.

B. Beim Erwärmen von (±)-2-Phenyl-propan-1,2-diol mit Kohlensäure-diäthylester und Kaliumcarbonat in Benzol (*Newman, Edwards*, Am. Soc. **76** [1954] 1840, 1844).
Bei 135—137°/1—2 Torr destillierbar. n_D^{25}: 1,5202.

8-Chlor-5,5-dioxo-6H-5λ⁶-benz[b][1,5]oxathiocin-3-on $C_{10}H_9ClO_4S$, Formel X.

B. Beim Erwärmen von 8-Chlor-5,5-dioxo-3,4-dihydro-2H,6H-5λ⁶-benz[b][1,5]oxa=thiocin-3-ol mit Chrom(VI)-oxid in Essigsäure (*Kulka*, J. org. Chem. **22** [1957] 241, 244).
Krystalle (aus Me.); F: 191—192°.

*8-Chlor-5,5-dioxo-6H-5λ⁶-benz[b][1,5]oxathiocin-3-on-semicarbazon $C_{11}H_{12}ClN_3O_4S$, Formel XI.

B. Aus 8-Chlor-5,5-dioxo-6H-5λ⁶-benz[b][1,5]oxathiocin-3-on und Semicarbazid (*Kulka*,

J. org. Chem. **22** [1957] 241, 244).
F: 250° [korr.; Zers.].

7-Methyl-benzo[*b*][1,4]dithiepin-3-on C₁₀H₁₀OS₂, Formel XII.
  B. Beim Erhitzen von 7-Methyl-3-oxo-3,4-dihydro-2*H*-benzo[*b*][1,4]dithiepin-2-carbon=
säure-äthylester mit wss. Schwefelsäure (*Lüttringhaus, Prinzbach*, A. **624** [1959] 79, 95).
Gelbes Öl; nicht rein erhalten.
Als Semicarbazon (s. u.) charakterisiert.

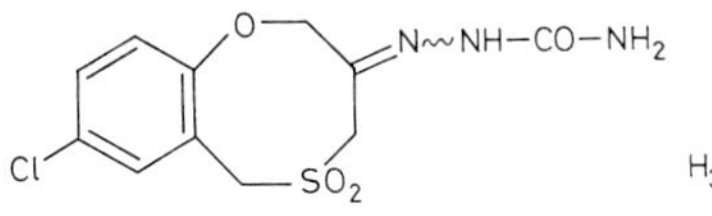

XI 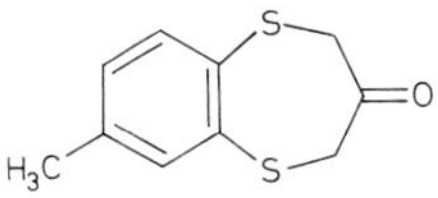   XII 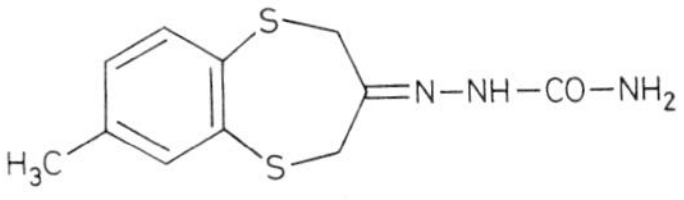   XIII

*7-Methyl-benzo[*b*][1,4]dithiepin-3-on-semicarbazon C₁₁H₁₃N₃OS₂, Formel XIII.
  B. Aus 7-Methyl-benzo[*b*][1,4]dithiepin-3-on und Semicarbazid (*Lüttringhaus, Prinz-bach*, A. **624** [1959] 79, 95).
Krystalle (aus Bzl.); F: 190–191° [unkorr.; Zers.].

3,4-Dihydro-2*H*-benzo[*b*][1,4]dioxepin-7-carbaldehyd, 3,4-Propandiyldioxy-benzaldehyd
C₁₀H₁₀O₃, Formel I.
  B. Beim Erhitzen von 3,4-Dihydroxy-benzaldehyd mit 1,3-Dibrom-propan und
Natriummethylat in Methanol auf 120° (*Tomita, Takahashi*, J. pharm. Soc. Japan **77**
[1957] 1041; C. A. **1958** 3816).
Hellgelbes Öl.
Als Semicarbazon (s. u.) charakterisiert.

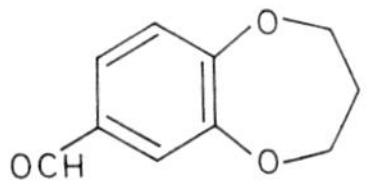

I 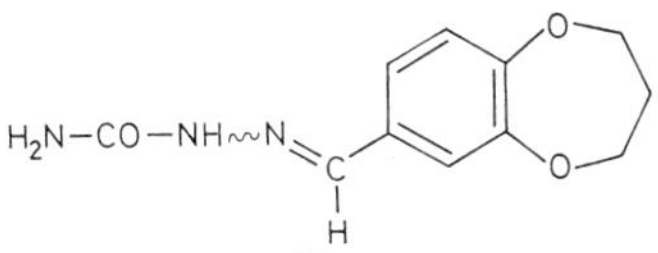   II 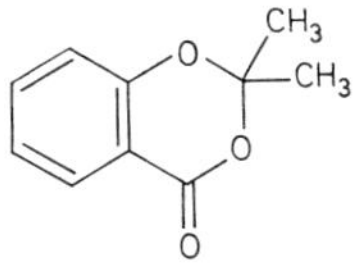   III

***3,4-Dihydro-2*H*-benzo[*b*][1,4]dioxepin-7-carbaldehyd-semicarbazon, 3,4-Propan=
diyldioxy-benzaldehyd-semicarbazon** C₁₁H₁₃N₃O₃, Formel II.
  B. Aus 3,4-Dihydro-2*H*-benzo[*b*][1,4]dioxepin-7-carbaldehyd und Semicarbazid
(*Tomita, Takahashi*, J. pharm. Soc. Japan **77** [1957] 1041; C. A. **1958** 3816).
Krystalle (aus Me.); F: 188–190° [unkorr.].

2,2-Dimethyl-benzo[1,3]dioxin-4-on, 2-[α-Hydroxy-isopropoxy]-benzoesäure-lacton
C₁₀H₁₀O₃, Formel III.
  B. Beim Erhitzen von Salicylsäure mit Isopropenylacetat, Quecksilber(II)-acetat und
Schwefelsäure (*Mowry et al.*, Am. Soc. **69** [1947] 2358, 2361).
Krystalle (aus wss. A.); F: 58–59°. Bei 112–114°/4 Torr destillierbar.

**(±)-7-Methyl-6-nitro-2-trichlormethyl-benzo[1,3]dioxin-4-on, (±)-4-Methyl-5-nitro-
2-[2,2,2-trichlor-1-hydroxy-äthoxy]-benzoesäure-lacton** C₁₀H₆Cl₃NO₅ Formel IV.
  B. Beim Erhitzen von (±)-4-Dichlormethylen-7-methyl-6-nitro-2-trichlormethyl-
4*H*-benzo[1,3]dioxin mit Chrom(VI)-oxid in Essigsäure (*Chattaway, Irving*, Soc. **1934**
325, 329).
Krystalle (aus Eg.); F: 149°.

**(±)-2,8-Dimethyl-benzo[1,3]dioxin-4-on, (±)-2-[1-Hydroxy-äthoxy]-3-methyl-benzoe=
säure-lacton** C₁₀H₁₀O₃, Formel V (X = H).
  B. Beim Erwärmen von 2-Hydroxy-3-methyl-benzoesäure mit Vinylacetat, Queck=

silber(II)-acetat, Schwefelsäure und Hydrochinon (*Mowry et al.*, Am. Soc. **69** [1947] 2358, 2360).

F: 86—87°. Kp_{25}: 164—166°.

IV   V   VI   VII

(±)-6-Chlor-2,8-dimethyl-benzo[1,3]dioxin-4-on, (±)-5-Chlor-2-[1-hydroxy-äthoxy]-3-methyl-benzoesäure-lacton $C_{10}H_9ClO_3$, Formel V (X = Cl).

B. Beim Erwärmen von 5-Chlor-2-hydroxy-3-methyl-benzoesäure mit Vinylacetat, Quecksilber(II)-acetat, Schwefelsäure und Hydrochinon (*Mowry et al.*, Am. Soc. **69** [1947] 2358, 2360).

F: 130°.

6-Acetyl-2,3-dihydro-benzo[1,4]dioxin, 1-[2,3-Dihydro-benzo[1,4]dioxin-6-yl]-äthanon $C_{10}H_{10}O_3$, Formel VI (X = H).

B. Aus 1-[3,4-Dihydroxy-phenyl]-äthanon und 1,2-Dibrom-äthan (*I. G. Farbenind.*, D.R.P. 619332 [1931]; Frdl. **21** 693; *Winthrop Chem. Co.*, U.S.P. 1964973 [1932]). Beim Erwärmen von 2,3-Dihydro-benzo[1,4]dioxin mit Acetylchlorid, Aluminiumchlorid und Schwefelkohlenstoff (*Denton et al.*, Am. Soc. **71** [1949] 2048; *Heertjes et al.*, Soc. **1957** 3445; s. a. *Geigy A. G.*, U.S.P. 2383874 [1942]).

Krystalle; F: 88° (*Geigy A. G.*), 86—87,5° [aus wss. A. oder Acn.] (*He. et al.*). Kp_4: 153° (*I.G. Farbenind.*; *Winthrop Chem. Co.*).

6-Bromacetyl-2,3-dihydro-benzo[1,4]dioxin, 2-Brom-1-[2,3-dihydro-benzo[1,4]dioxin-6-yl]-äthanon $C_{10}H_9BrO_3$, Formel VI (X = Br).

B. Beim Behandeln einer Lösung von 1-[2,3-Dihydro-benzo[1,4]dioxin-6-yl]-äthanon in Dichlormethan mit Brom und Calciumcarbonat (*I.G. Farbenind.*, D.R.P. 619332 [1931]; Frdl. **21** 693; *Winthrop Chem. Co.* U.S.P. 1964973 [1932]).

Krystalle (aus A.); F: 114—116° (*I.G. Farbenind.*; *Winthrop Chem. Co.*).

5,6,7,8-Tetrachlor-3,3-dimethyl-benzo[1,4]dioxin-2-on, α-[2,3,4,5-Tetrachlor-6-hydroxy-phenoxy]-isobuttersäure-lacton $C_{10}H_6Cl_4O_3$, Formel VII.

B. Beim Erwärmen von Tetrachlor-[1,2]benzochinon mit Dimethylketen in Äther (*Horner et al.*, A. **573** [1951] 17, 29).

Krystalle (aus Ae.); F: 148—149°.

4-Propionyl-benzo[1,3]dioxol, 1-Benzo[1,3]dioxol-4-yl-propan-1-on $C_{10}H_{10}O_3$, Formel VIII.

B. Beim Erwärmen von Benzo[1,3]dioxol-4-carbonitril mit Äthylmagnesiumbromid in Äther und Erwärmen des erhaltenen 1-Benzo[1,3]dioxol-4-yl-propan-1-on-imins ($C_{10}H_{11}NO_2$; Hydrochlorid, F: ca. 330° [Zers.]) mit wss. Salzsäure (*Fuson et al.*, J. org. Chem. **13** [1948] 489, 494).

Krystalle (aus PAe.); F: 63,5—64,5°.

---

*1-Benzo[1,3]dioxol-4-yl-propan-1-on-oxim $C_{10}H_{11}NO_3$, Formel IX.

B. Aus 1-Benzo[1,3]dioxol-4-yl-propan-1-on und Hydroxylamin (*Fuson et al.*, J. org. Chem. **13** [1948] 489, 494).

Krystalle (aus wss. A.); F: 112—113°.

5-Propionyl-benzo[1,3]dioxol, 1-Benzo[1,3]dioxol-5-yl-propan-1-on, Propiopiperon
$C_{10}H_{10}O_3$, Formel X (X = H) (H 130; E I 668; dort als 3.4-Methylendioxy-propiophenon
bezeichnet).

B. Beim Behandeln einer Lösung von Piperonal in Äthanol mit Diazoäthan in Äther
(*Mosettig, Czadek*, M. **57** [1931] 291, 301). Beim Erwärmen von Benzo[1,3]dioxol-5-carbo⸗
nitril mit Äthylmagnesiumbromid in Äther und Erwärmen des erhaltenen 1-Benzo⸗
[1,3]dioxol-5-yl-propan-1-on-imins ($C_{10}H_{11}NO_2$; Hydrochlorid, F: 143—144°)
mit wss. Salzsäure (*Fuson et al.*, J. org. Chem. **13** [1948] 489, 493). Beim Erhitzen von
1-[3,4-Dihydroxy-phenyl]-propan-1-on mit Dichlormethan und äthanol. Kalilauge auf
120° (*Winthrop Chem. Co.*, U.S.P. 1964973 [1932]).

Krystalle; F: 38—39° (*Fu. et al.*), 38° [aus Hexan] (*Hillmer, Schorning*, Z. physik. Chem.
[A] **168** [1934] 81, 104). $Kp_{3,5}$: 128° (*Winthrop Chem. Co.*). UV-Spektrum (Hexan und
Äthanol; 230—350 nm): *Hi., Sch.*, l. c. S. 92.

       VIII   **IX**   **X**   **XI**

*1-Benzo[1,3]dioxol-5-yl-propan-1-on-oxim $C_{10}H_{11}NO_3$, Formel XI (X = OH).

a) Präparat vom F: 123°.
B. Beim Erwärmen von 1-Benzo[1,3]dioxol-5-yl-propan-1-on mit Hydroxylamin-
hydrochlorid und Kaliumcarbonat in wss. Äthanol (*Wierzchowski*, Roczniki Chem. **16**
[1936] 451, 455; C. A. **1937** 1786).
Krystalle (aus wss. A.); F: 123°.
Beim Erwärmen mit 1 %ig. wss. Schwefelsäure ist das unter b) beschriebene Präparat
erhalten worden.

b) Präparat vom F: 104° (H 131).
B. s. bei dem unter a) beschriebenen Präparat.
F: 103,5—104,5° (*Nelb, Tarbell*, Am. Soc. **71** [1949] 2936), 104° (*Wierzchowski*, Roczniki
Chem. **16** [1936] 451, 455; C. A. **1937** 1786).

*1-Benzo[1,3]dioxol-5-yl-propan-1-on-phenylhydrazon $C_{16}H_{16}N_2O_2$, Formel XI
(X = NH-C_6H_5) (vgl. H 131).
B. Aus 1-Benzo[1,3]dioxol-5-yl-propan-1-on und Phenylhydrazin (*Fuson et al.*, J. org
Chem. **13** [1948] 489, 493).
F: 106—107°.

*1-Benzo[1,3]dioxol-5-yl-propan-1-on-[2,4-dinitro-phenylhydrazon] $C_{16}H_{14}N_4O_6$,
Formel XI (X = NH-$C_6H_3(NO_2)_2$).
B. Aus 1-Benzo[1,3]dioxol-5-yl-propan-1-on und [2,4-Dinitro-phenyl]-hydrazin (*Nelb,
Tarbell*, Am. Soc. **71** [1949] 2936).
F: 256—257° [unkorr.; Zers.].

(±)-1-Benzo[1,3]dioxol-5-yl-2-brom-propan-1-on $C_{10}H_9BrO_3$, Formel X (X = Br).
B. Beim Behandeln von 1-Benzo[1,3]dioxol-5-yl-propan-1-on mit Brom in Dichlor⸗
methan (*Winthrop Chem. Co.*, U.S.P. 1964973 [1932]), in Tetrachlormethan (*Ohara*,
J. pharm. Soc. Japan **71** [1951] 1244; C. A. **1952** 5552) oder in Essigsäure (*Shapiro*, J. org.
Chem. **15** [1950] 1027, 1031).
Krystalle (aus Me.); F: 52—53° (*Sh.*). Kp_3: 155° (*Winthrop Chem. Co.*).

5-Nitro-6-propionyl-benzo[1,3]dioxol, 1-[6-Nitro-benzo[1,3]dioxol-5-yl]-propan-1-on
$C_{10}H_9NO_5$, Formel I.
B. Beim Behandeln einer Lösung von 4,5-Methylendioxy-2-nitro-benzaldehyd in
Äthanol mit Diazoäthan in Äther (*Mosettig, Czadek*, M. **57** [1931] 291, 303). Beim Be-
handeln einer Lösung von 1-Benzo[1,3]dioxol-5-yl-propan-1-on in Chloroform mit wss.
Salpetersäure [D: 1,42] (*Mo., Cz.*).

Krystalle (aus Me.); F: 69°.
Ein Semicarbazon ist nicht erhalten worden.

I   II   III

*(±)-1-Benzo[1,3]dioxol-5-yl-2-nitro-propan-1-on-oxim $C_{10}H_{10}N_2O_5$, Formel II.
B. Beim Erwärmen von Isosafrol-pseudonitrosit (S. 229) mit Methanol (*Bruckner, Vinkler*, J. pr. [2] 142 [1935] 277, 284).
Krystalle (aus Bzl.); F: 122° [Zers.; bei schnellem Erhitzen].

5-Acetonyl-benzo[1,3]dioxol, Benzo[1,3]dioxol-5-yl-aceton $C_{10}H_{10}O_3$, Formel III (X =H)
(H 131; E I 668; E II 154; dort als Methyl-[3.4-methylendioxy-benzyl]-keton bezeichnet).
B. Beim Behandeln von Isosafrol (S. 273) mit wss. Palladiumchlorid-Lösung und Sauerstoff (*Smidt et al.*, Ang. Ch. 71 [1959] 176, 180). Beim Behandeln eines Gemisches von Isosafrol und Aceton mit wss. Wasserstoffperoxid und Ameisensäure und Erwärmen des Reaktionsgemisches mit wss.-methanol. Schwefelsäure (*Fujisawa, Deguchi*, J. pharm. Soc. Japan 74 [1954] 975; C. A. 1955 10958). Beim Erwärmen von 5-[2-Nitro-propenyl]-benzo[1,3]dioxol (S. 274) mit wss.-äthanol. Salzsäure, Eisen-Pulver und Eisen(III)-chlorid und Behandeln der Reaktionslösung mit wss. Salzsäure (*Pearl, Beyer*, J. org. Chem. 16 [1951] 221, 223). Beim Erwärmen von 5-[2-Brom-propyl]-benzo[1,3]dioxol mit 2-Nitro-propan und äthanol. Kalilauge (*Lieberman*, Am. Soc. 77 [1955] 1114). Beim Erhitzen von Isosafroloxid (5-[1,2-Epoxy-propyl]-benzo[1,3]dioxol) mit wss. Salzsäure (*Sugawara*, J. agric. chem. Soc. Japan 33 [1959] 648, 651).
Kp_3: 132—133°; D_4^{25}: 1,2040; n_D^{25}: 1,5445 (*Su.*). $Kp_{0,8}$: 110—111° (*Li.*). $Kp_{0,2}$: 103—104°; n_D^{26}: 1,5400 (*Pe., Be.*). UV-Spektrum (Hexan und Äthanol; 220—320 nm): *Hillmer, Schorning*, Z. physik. Chem. [A] 168 [1934] 81, 94.

*Benzo[1,3]dioxol-5-yl-aceton-hydrazon $C_{10}H_{12}N_2O_2$, Formel IV (R = X = H).
B. Beim Erwärmen von Benzo[1,3]dioxol-5-yl-aceton mit Hydrazin-hydrat und Methanol (*Biel et al.*, Am. Soc. 81 [1959] 2805, 2806, 2808).
$Kp_{0,03}$: 135°.

IV   V   VI

*Benzo[1,3]dioxol-5-yl-aceton-[2,4-dinitro-phenylhydrazon] $C_{16}H_{14}N_4O_6$, Formel IV (R = $C_6H_3(NO_2)_2$, X = H).
B. Aus Benzo[1,3]dioxol-5-yl-aceton und [2,4-Dinitro-phenyl]-hydrazin (*Kawazu*, J. pharm. Soc. Japan 79 [1959] 1335, 1337; C. A. 1960 4475).
Orangerote Krystalle (aus A.); F: 130°.

1-Chlor-3-[6-chlor-benzo[1,3]dioxol-5-yl]-aceton $C_{10}H_8Cl_2O_3$, Formel III (X = Cl).
Diese Konstitution kommt wahrscheinlich der nachstehend beschriebenen Verbindung zu (*Haworth, Atkinson*, Soc. 1938 797, 800).
B. Beim Behandeln von Benzo[1,3]dioxol-5-yl-acetylchlorid mit Diazomethan in Äther und anschliessend mit Chlorwasserstoff in Äther (*Ha., At.*, l. c. S. 806).
Krystalle (aus Ae. + PAe.); F: 107—108°.

5-Acetonyl-6-nitro-benzo[1,3]dioxol, [6-Nitro-benzo[1,3]dioxol-5-yl]-aceton $C_{10}H_9NO_5$, Formel V.
B. Beim Behandeln einer Lösung von Benzo[1,3]dioxol-5-yl-aceton in Chloroform mit

wss. Salpetersäure [D: 1,42] (*Mosettig, Czadek,* M. **57** [1931] 291, 299).
Krystalle; F: 147—148° (*Sugawara,* J. agric. chem. Soc. Japan **33** [1959] 648, 651),
144—144,5° [aus Me.] (*Mo., Cz.*).

*[6-Nitro-benzo[1,3]dioxol-5-yl]-aceton-semicarbazon $C_{11}H_{12}N_4O_5$, Formel IV
(R = CO-NH$_2$, X = NO$_2$).
B. Aus [6-Nitro-benzo[1,3]dioxol-5-yl]-aceton und Semicarbazid (*Mosettig, Czadek,*
M. **57** [1931] 291, 299).
Krystalle (aus A.); F: 216° [Zers.].

6-Äthyl-benzo[1,3]dioxol-5-carbaldehyd, 2-Äthyl-4,5-methylendioxy-benzaldehyd
$C_{10}H_{10}O_3$, Formel VI.
B. Bei der Hydrierung von 4,5-Methylendioxy-2-vinyl-benzaldehyd an Palladium/
Calciumcarbonat in Methanol (*Brown, Newbold,* Soc. **1952** 4397, 4403).
Öl.
Als 2,4-Dinitro-phenylhydrazon (s. u.) charakterisiert.

***6-Äthyl-benzo[1,3]dioxol-5-carbaldehyd-[2,4-dinitro-phenylhydrazon], 2-Äthyl-
4,5-methylendioxy-benzaldehyd-[2,4-dinitro-phenylhydrazon]** $C_{16}H_{14}N_4O_6$, Formel VII.
B. Aus 2-Äthyl-4,5-methylendioxy-benzaldehyd und [2,4-Dinitro-phenyl]-hydrazin
(*Brown, Newbold,* Soc. **1952** 4397, 4403).
Rote Krystalle (aus Bzl.); F: 236—237° [Zers.]. UV-Absorptionsmaxima (CHCl$_3$):
246 nm und 312 nm.

VII   VIII   IX

**(±)-3-Furfuryl-5-methyl-3H-furan-2-on, (±)-2-Furfuryl-4-hydroxy-pent-3*t*-ensäure-
lacton** $C_{10}H_{10}O_3$, Formel VIII.
B. Beim Erwärmen von Furfuryl-prop-2-inyl-malonsäure mit Zinkcarbonat (*Schulte
et al.,* Ar. **291** [1958] 227, 236).
Kp$_6$: 108—114,5°. n_D^{20}: 1,4993.

2-Acetyl-5-äthyl-thieno[3,2-*b*]thiophen, 1-[5-Äthyl-thieno[3,2-*b*]thiophen-2-yl]-äthanon
$C_{10}H_{10}OS_2$, Formel IX.
B. Beim Behandeln von 2-Äthyl-thieno[3,2-*b*]thiophen mit Acetylchlorid, Zinn(IV)-
chlorid und Schwefelkohlenstoff (*Challenger, Fishwick,* J. Inst. Petr. **39** [1953] 220, 229).
Krystalle (aus wss. A.); F: 72,5°.

*1-[5-Äthyl-thieno[3,2-*b*]thiophen-2-yl]-äthanon-oxim $C_{10}H_{11}NOS_2$, Formel X
(X = OH).
B. Beim Erwärmen von 1-[5-Äthyl-thieno[3,2-*b*]thiophen-2-yl]-äthanon mit Hydroxyl=
amin-hydrochlorid und Bariumcarbonat in Äthanol (*Challenger, Fishwick,* J. Inst. Petr.
39 [1953] 220, 229).
Krystalle (aus wss. A.); F: 182,5—183°.

*1-[5-Äthyl-thieno[3,2-*b*]thiophen-2-yl]-äthanon-semicarbazon $C_{11}H_{13}N_3OS_2$, Formel X
(X = NH-CO-NH$_2$).
B. Beim Behandeln von 1-[5-Äthyl-thieno[3,2-*b*]thiophen-2-yl]-äthanon mit Semicarb=
azid-hydrochlorid und Natriumacetat in wss. Äthanol (*Challenger, Fishwick,* J. Inst. Petr.
39 [1953] 220, 229).
Krystalle (aus wss. A.); F: 241° [Zers.].

| X | XI | XII |

2-Acetyl-3-äthyl-thieno[2,3-*b*]thiophen, 1-[3-Äthyl-thieno[2,3-*b*]thiophen-2-yl]-äthanon $C_{10}H_{10}OS_2$, Formel XI, und **2-Acetyl-4-äthyl-thieno[2,3-*b*]thiophen, 1-[4-Äthyl-thieno= [2,3-*b*]thiophen-2-yl]-äthanon** $C_{10}H_{10}OS_2$, Formel XII.

Diese beiden Konstitutionsformeln sind für die nachstehend beschriebene Verbindung in Betracht zu ziehen.

B. Beim Behandeln von 3-Äthyl-thieno[2,3-*b*]thiophen mit Acetylchlorid, Zinn(IV)-chlorid und Schwefelkohlenstoff (*Challenger, Fishwick*, J. Inst. Petr. **39** [1953] 220, 226). Krystalle (aus wss. A.); F: 50—51°.

Oxim $C_{10}H_{11}NOS_2$. Krystalle (aus wss. A.); F: 103,5°.

Semicarbazon $C_{11}H_{13}N_3OS_2$. Krystalle (aus wss. A.); F: 224,5° [Zers.].

2-Acetyl-5-äthyl-thieno[2,3-*b*]thiophen, 1-[5-Äthyl-thieno[2,3-*b*]thiophen-2-yl]-äthanon $C_{10}H_{10}OS_2$, Formel XIII.

B. Beim Behandeln von 2-Äthyl-thieno[2,3-*b*]thiophen mit Acetylchlorid, Zinn(IV)-chlorid und Schwefelkohlenstoff (*Challenger, Fishwick*, J. Inst. Petr. **39** [1953] 220, 231, 235).

Krystalle (aus wss. A.); F: 61,5—62°.

---

*1-[5-Äthyl-thieno[2,3-*b*]thiophen-2-yl]-äthanon-oxim $C_{10}H_{11}NOS_2$, Formel XIV (X = OH).

B. Beim Erwärmen von 1-[5-Äthyl-thieno[2,3,-*b*]thiophen-2-yl]-äthanon mit Hydroxyl= amin-hydrochlorid und Bariumcarbonat in Äthanol (*Challenger, Fishwick*, J. Inst. Petr. **39** [1953] 220, 232, 236).

Krystalle (aus wss. A.); F: 171—171,5°.

| XIII | XIV |

*1-[5-Äthyl-thieno[2,3-*b*]thiophen-2-yl]-äthanon-semicarbazon $C_{11}H_{13}N_3OS_2$, Formel XIV (X = NH-CO-NH$_2$).

B. Beim Erwärmen von 1-[5-Äthyl-thieno[2,3-*b*]thiophen-2-yl]-äthanon mit Semicarb= azid-hydrochlorid und Natriumacetat in wss. Äthanol (*Challenger, Fishwick*, J. Inst. Petr. **39** [1953] 220, 232, 235).

Krystalle (aus wss. A.); F: 243° [Zers.].

Oxo-Verbindungen $C_{11}H_{12}O_3$

5-Benzoyl-[1,3]dioxan, [1,3]Dioxan-5-yl-phenyl-keton $C_{11}H_{12}O_3$, Formel I.

Eine von *Fuson et al.* (Am. Soc. **60** [1938] 2935) unter dieser Konstitution beschriebene Verbindung (Kp$_3$: 124—126°) ist als 3-Methoxy-2-methoxymethyl-1-phenyl-propan-1-on zu formulieren (*Beets, Heeringa*, R. **74** [1955] 1085, 1090).

B. In kleiner Menge neben anderen Verbindungen beim Erwärmen von Phenylacetylen mit wss. Formaldehyd-Lösung, Paraformaldehyd und Schwefelsäure (*Be., He.*, l. c. S. 1095, 1096).

Krystalle (aus A.); F: 49,3—49,7° (*Be., He.*). UV-Spektrum (Cyclohexan; 220—370 nm): *Be., He.*, l. c. S. 1089.

*[1,3]Dioxan-5-yl-phenyl-keton-semicarbazon $C_{12}H_{15}N_3O_3$, Formel II.

B. Aus [1,3]Dioxan-5-yl-phenyl-keton und Semicarbazid (*Beets, Heeringa*, R. **74** [1955] 1085, 1097).

Krystalle (aus W.); F: 160,8—161,2°.

I   II   III

5-Methyl-5-phenyl-[1,3]dioxan-2-on, Kohlensäure-[2-methyl-2-phenyl-propandiylester] $C_{11}H_{12}O_3$, Formel III.

B. Beim Erhitzen von 2-Methyl-2-phenyl-propan-1,3-diol mit Kohlensäure-diäthylester und wenig Natriummethylat unter Entfernen des entstehenden Äthanols (*Sarel et al.*, J. org. Chem. **24** [1959] 1873, 1876).

Krystalle (aus CCl_4); F: 100°.

(±)-Benzoyl-[1,4]dioxan, (±)-[1,4]Dioxanyl-phenyl-keton $C_{11}H_{12}O_3$, Formel IV.

B. Beim Behandeln von (±)-[1,4]Dioxancarbonitril mit Phenylmagnesiumbromid in Äther und Behandeln der Reaktionslösung mit wss. Salzsäure (*Nelson et al.*, Am. Soc. **77** [1955] 1695).

Kp_{25}: 182−183,5°. D_4^{20}: 1,1915. n_D^{20}: 1,5487.

IV   V   VI

*(±)-[1,4]Dioxanyl-phenyl-keton-[2,4-dinitro-phenylhydrazon] $C_{17}H_{16}N_4O_6$, Formel V.

B. Aus (±)-[1,4]Dioxanyl-phenyl-keton und [2,4-Dinitro-phenyl]-hydrazin (*Nelson et al.*, Am. Soc. **77** [1955] 1695).

F: 153−154° [Zers.].

2-Phenacyl-[1,3]dioxolan, 2-[1,3]Dioxolan-2-yl-1-phenyl-äthanon $C_{11}H_{12}O_3$, Formel VI (X = H).

B. Bei mehrtägigem Behandeln von 3-Chlor-1-phenyl-propenon (n_D^{20}: 1,5860) mit Äthyl= englykol und Kaliumhydroxid (*Kotschetkow et al.*, Izv. Akad. S.S.S.R. Otd. chim. **1957** 949, 952; engl. Ausg. S. 977, 980; Ž. obšč. Chim. **29** [1959] 2570, 2573; engl. Ausg. S. 2533, 2535). Beim Erwärmen von 3-Oxo-3-phenyl-propionaldehyd mit Äthylenglykol, Benzol und wenig Benzolsulfonsäure (*Walker*, J. org. Chem. **23** [1958] 34, 37, 38).

Krystalle (aus Bzn.); F: 60−61° (*Ko. et al.*, Ž. obšč. Chim. **29** 2573). $Kp_{2,8}$: 144−148° (*Wa.*).

Überführung in 2-Phenyl-naphthalin durch Erwärmen mit Benzylmagnesiumchlorid in Äther und Erhitzen des nach der Hydrolyse (wss. Ammoniumchlorid-Lösung) erhal= tenen Reaktionsprodukts mit Essigsäure und wss. Bromwasserstoffsäure: *Ko. et al.*, Izv. Akad. S.S.S.R. Otd. chim. **1957** 954. Beim Behandeln einer Lösung in Methanol mit Benzaldehyd und Chlorwasserstoff ist 3-Chlor-1,3-diphenyl-propan-1-on erhalten worden (*Kotschetkow, Nifant'ew*, Doklady Akad. S.S.S.R. **121** [1958] 462, 465; Pr. Acad. Sci. U.S.S.R. Chem. Sect. **118−123** [1958] 553, 556).

---

*2-[1,3]Dioxolan-2-yl-1-phenyl-äthanon-[2,4-dinitro-phenylhydrazon] $C_{17}H_{16}N_4O_6$, Formel VII.

B. Aus 2-[1,3]Dioxolan-2-yl-1-phenyl-äthanon und [2,4-Dinitro-phenyl]-hydrazin (*Walker*, J. org. Chem. **23** [1958] 34, 37).

Krystalle (aus A. oder aus A. + E.); F: 174−176° [korr.].

1-[2-Chlor-phenyl]-2-[1,3]dioxolan-2-yl-äthanon $C_{11}H_{11}ClO_3$, Formel VI (X = Cl).

B. Bei mehrtägigem Behandeln von 3-Chlor-1-[2-chlor-phenyl]-propenon (nicht charakterisiert) mit Äthylenglykol und Kaliumcarbonat (*Kotschetkow et al.*, Ž. obšč. Chim. **29** [1959] 2570, 2573; engl. Ausg. S. 2533, 2536).

F: 16—18°. Kp_2: 137—138°. D_4^{20}: 1,2744. n_D^{20}: 1,5852.

1-[4-Chlor-phenyl]-2-[1,3]dioxolan-2-yl-äthanon $C_{11}H_{11}ClO_3$, Formel VIII (X = Cl).

B. Bei mehrtägigem Behandeln von 3-Chlor-1-[4-chlor-phenyl]-propenon (F: 35,5° bis 36,5°) mit Äthylenglykol und Kaliumhydroxid oder Kaliumcarbonat (*Kotschetkow et al.*, Ž. obšč. Chim. **29** [1959] 2570, 2573; engl. Ausg. S. 2533, 2536).

F: 45—46°.

VII VIII IX

1-[4-Brom-phenyl]-2-[1,3]dioxolan-2-yl-äthanon $C_{11}H_{11}BrO_3$, Formel VIII (X = Br).

B. Bei mehrtägigem Behandeln von 1-[4-Brom-phenyl]-3-chlor-propenon (F: 39°) mit Äthylenglykol und Kaliumhydroxid (*Kotschetkow et al.*, Ž. obšč. Chim. **29** [1959] 2570, 2573; engl. Ausg. S. 2533, 2536).

F: 55—56°.

(±)-2-Brom-2-[1,3]dioxolan-2-yl-1-phenyl-äthanon $C_{11}H_{11}BrO_3$, Formel IX.

B. Beim Behandeln von 2-[1,3]Dioxolan-2-yl-1-phenyl-äthanon mit Äther, Brom und Bariumcarbonat unter Bestrahlung mit Glühlampenlicht (*Kotschetkow et al.*, Ž. obšč. Chim. **29** [1959] 2330, 2333; engl. Ausg. S. 2294, 2296).

Krystalle (aus Me.); F: 68,5—69°.

2-Phenacyl-[1,3]dithiolan, 2-[1,3]Dithiolan-2-yl-1-phenyl-äthanon $C_{11}H_{12}OS_2$,
Formel X (X = H) (E I 668; dort als Benzoylacetaldehyd-äthylenmercaptal bezeichnet).

B. Beim Behandeln von 3-Chlor-1-phenyl-propenon (n_D^{20}: 1,5860) mit Äthan-1,2-dithiol und Kaliumcarbonat in Wasser (*Kotschetkow et al.*, Doklady Akad. S.S.S.R. **125** [1959] 327; Pr. Acad. Sci. U.S.S.R. Chem. Sect. **124–129** [1959] 199).

Krystalle (aus A.); F: 74,5—75°.

X XI XII

1-[4-Brom-phenyl]-2-[1,3]dithiolan-2-yl-äthanon $C_{11}H_{11}BrOS_2$, Formel X (X = Br).

B. Beim Behandeln von 1-[4-Brom-phenyl]-3-chlor-propenon (F: 39°) mit Äthan-1,2-dithiol und Kaliumcarbonat in Wasser (*Kotschetkow et al.*, Doklady Akad. S.S.S.R. **125** [1959] 327; Pr. Acad. Sci. U.S.S.R. Chem. Sect. **124–129** [1959] 199).

Krystalle (aus A.); F: 101—102°.

(±)-4-[2-Methyl-benzyl]-[1,3]dioxolan-2-on $C_{11}H_{12}O_3$, Formel XI.

B. Beim Behandeln von (±)-3-o-Tolyl-propan-1,2-diol mit Phosgen in Benzol unter Zusatz von Antipyrin (*Beasley et al.*, J. Pharm. Pharmacol. **11** [1959] 36, 39).

Krystalle (aus Bzl. + PAe.); F: 48—49°.

2,2-Dimethyl-5-phenyl-[1,3]dioxolan-4-on, [α-Hydroxy-isopropoxy]-phenyl-essigsäure-lacton $C_{11}H_{12}O_3$.

a) **(R)-2,2-Dimethyl-5-phenyl-[1,3]dioxolan-4-on** $C_{11}H_{12}O_3$, Formel XII (X = H) (E II 155; dort als [d(−)-Mandelsäure]-isopropylidenätherester bezeichnet).

F: 75°; $[α]_{578}^{18}$: −99° [Me.; c = 5] (*Freudenberg et al.*, A. **501** [1933] 199, 210).

b) **(±)-2,2-Dimethyl-5-phenyl-[1,3]dioxolan-4-on** $C_{11}H_{12}O_3$, Formel XII (X = H) + Spiegelbild (E II 155; dort als dl-Mandelsäure-isopropylidenätherester bezeichnet).

Beim Erwärmen mit *tert*-Butylmagnesiumchlorid in Äther sind Isopropoxy-phenyl-essigsäure und Isobutylen erhalten worden (*Fuson, Rachlin*, Am. Soc. **64** [1942] 1567, 1569). Bildung von 2-Phenyl-1,1-di-*o*-tolyl-äthan-1,2-diol sowie kleineren Mengen 2,2-Di=methyl-5-phenyl-4,4-di-*o*-tolyl-[1,3]dioxolan und 1-Phenyl-2,2-di-*o*-tolyl-äthanon beim Er=wärmen mit *o*-Tolylmagnesiumbromid in Äther und anschliessenden Behandeln mit Eis und wss. Salzsäure: *Fu., Ra.*

(±)-5-[4-Brom-phenyl]-2,2-dimethyl-[1,3]dioxolan-4-on, (±)-[4-Brom-phenyl]-[α-hydroxy-isopropoxy]-essigsäure-lacton $C_{11}H_{11}BrO_3$, Formel XII (X = Br) + Spiegelbild.

B. Beim Behandeln von 4-Brom-DL-mandelsäure mit Aceton und Schwefelsäure (*Fuson, Rachlin*, Am. Soc. **64** [1942] 1567, 1569).

F: 65—66°.

(±)-5,5-Dimethyl-2-phenyl-[1,3]dioxolan-4-on, (±)-α-[α-Hydroxy-benzyloxy]-iso=buttersäure-lacton $C_{11}H_{12}O_3$, Formel I.

B. Beim Erwärmen von α-Hydroxy-isobuttersäure mit Benzaldehyd in Gegenwart von Toluol-4-sulfonsäure in Benzol (*Salmi, Pohjolainen*, B. **72** [1939] 798, 802).

Kp_{12}: 134,5—135,3°. D_4^{20}: 1,1176. $n_{656,3}^{20}$: 1,49918; n_D^{20}: 1,50298; $n_{486,1}^{20}$: 1,51233.

2,3,4,5-Tetrahydro-benzo[b][1,4]dioxocin-8-carbaldehyd, 3,4-Butandiyldioxy-benz=aldehyd $C_{11}H_{12}O_3$, Formel II.

B. Beim Erhitzen von 2,3,4,5-Tetrahydro-benzo[b][1,4]dioxocin mit N-Methyl-form=anilid [als Verbindung mit Phosphorylchlorid eingesetzt] (*Lettré, Delitzsch*, Z. physiol. Chem. **289** [1952] 220, 223).

Hellgelbes Öl.

2,4-Dinitro-phenylhydrazon und Semicarbazon s. u.

***2,3,4,5-Tetrahydro-benzo[b][1,4]dioxocin-8-carbaldehyd-[2,4-dinitro-phenyl=hydrazon], 3,4-Butandiyldioxy-benzaldehyd-[2,4-dinitro-phenylhydrazon]** $C_{17}H_{16}N_4O_6$, Formel III (R = $C_6H_3(NO_2)_2$).

B. Aus 2,3,4,5-Tetrahydro-benzo[b][1,4]dioxocin-8-carbaldehyd und [2,4-Dinitro-phenyl]-hydrazin (*Lettré, Delitzsch*, Z. physiol. Chem. **289** [1952] 220, 224).

Rote Krystalle (aus $CHCl_3$); F: 217—218°.

I   II   III   IV

***2,3,4,5-Tetrahydro-benzo[b][1,4]dioxocin-8-carbaldehyd-semicarbazon, 3,4-Butandiyl=dioxy-benzaldehyd-semicarbazon** $C_{12}H_{15}N_3O_3$, Formel III (R = $CO-NH_2$).

B. Aus 2,3,4,5-Tetrahydro-benzo[b][1,4]dioxocin-8-carbaldehyd und Semicarbazid (*Lettré, Delitzsch*, Z. physiol. Chem. **289** [1952] 220, 224).

Krystalle (aus A. oder E.); F: 179—180°.

5-Propionyl-2,3-dihydro-benzo[1,4]dioxin, 1-[2,3-Dihydro-benzo[1,4]dioxin-5-yl]-propan-1-on $C_{11}H_{12}O_3$, Formel IV.

B. Beim Erwärmen von 2,3-Dihydro-benzo[1,4]dioxin-5-carbonitril mit Äthylmagne=

siumbromid in Äther und Erwärmen des Reaktionsprodukts mit wss. Salzsäure (*Fuson et al.*, J. org. Chem. **13** [1948] 489, 494).

Krystalle (aus PAe.); F: 57,5—58°. Bei 115—116°/1 Torr destillierbar.

Überführung in ein Oxim $C_{11}H_{13}NO_3$ (F: 124—125°; nach dem Umkrystallisieren aus wss. Äthanol F: 113—114°): *Fu. et al.*, l. c. S. 495.

(±)-2-Brom-1-[2,3-dihydro-benzo[1,4]dioxin-6-yl]-propan-1-on $C_{11}H_{11}BrO_3$, Formel V.

B. Beim Behandeln von 1-[2,3-Dihydro-benzo[1,4]dioxin-6-yl]-propan-1-on in Dichlor= methan mit Brom (*I.G. Farbenind.*, D.R.P. 619332 [1931]; Frdl. **21** 693; *Winthrop Chem. Co.*, U.S.P. 1964973 [1932]).

$Kp_{1,5}$: 180—182° (*I.G. Farbenind.*; *Winthrop Chem. Co.*).

V   VI   VII

(±)-5-Acetyl-2-chlormethyl-2,3-dihydro-benzo[1,4]dioxin, (±)-1-[2-Chlormethyl-2,3-dihydro-benzo[1,4]dioxin-5-yl]-äthanon $C_{11}H_{11}ClO_3$, Formel VI.

B. Aus (±)-2-Chlormethyl-2,3-dihydro-benzo[1,4]dioxin-5-carbonitril und Methyl= magnesiumjodid (*Funke, Paulsen*, C. r. **246** [1958] 784).

Bei 150—160°/0,04 Torr destillierbar.

(±)-6-Acetyl-2-chlormethyl-2,3-dihydro-benzo[1,4]dioxin, (±)-1-[2-Chlormethyl-2,3-dihydro-benzo[1,4]dioxin-6-yl]-äthanon $C_{11}H_{11}ClO_3$, Formel VII.

B. Beim Erwärmen von (±)-2-Chlormethyl-2,3-dihydro-benzo[1,4]dioxin-6-carbonitril mit Methylmagnesiumjodid in Benzol und Behandeln des Reaktionsgemisches mit wss. Salzsäure (*Funke, Delavigne*, Bl. **1959** 1974, 1976).

Krystalle (aus A.); F: 66°. Bei 175°/0,5 Torr destillierbar.

(±)-7-Acetyl-2-chlormethyl-2,3-dihydro-benzo[1,4]dioxin, (±)-1-[3-Chlormethyl-2,3-dihydro-benzo[1,4]dioxin-6-yl]-äthanon $C_{11}H_{11}ClO_3$, Formel VIII.

B. Beim Erwärmen von (±)-3-Chlormethyl-2,3-dihydro-benzo[1,4]dioxin-6-carbonitril mit Methylmagnesiumjodid in Benzol und Behandeln des Reaktionsgemisches mit wss. Salzsäure (*Funke, Delavigne*, Bl. **1959** 1974, 1976).

$Kp_{0,5}$: 175°.

VIII   IX   X

(±)-8-Acetyl-2-chlormethyl-2,3-dihydro-benzo[1,4]dioxin, (±)-1-[3-Chlormethyl-2,3-dihydro-benzo[1,4]dioxin-5-yl]-äthanon $C_{11}H_{11}ClO_3$, Formel IX.

B. Aus (±)-3-Chlormethyl-benzo[1,4]dioxin-5-carbonitril und Methylmagnesiumjodid (*Funke, Paulsen*, C. r. **246** [1958] 784).

Bei 150—160°/0,04 Torr destillierbar.

7-Isopropyl-4-methyl-benzo[1,2]dithiol-3-thion $C_{11}H_{12}S_3$, Formel X.

B. Beim Erhitzen von 3-Isopropyl-6-methyl-2-oxo-cyclohexancarbaldehyd (Kp$_3$: 118°
bis 121°) mit Phosphor(V)-sulfid, Schwefel und Biphenyl auf 210° (*Legrand*, Bl. **1959**
1599, 1602).

Orangerote Krystalle (aus A.); F: 74°.

4-Benzo[1,3]dioxol-5-yl-butan-2-on $C_{11}H_{12}O_3$, Formel XI (X = H) (E I 669; E II 155;
dort als 3,4-Methylendioxy-benzylaceton bezeichnet).

B. Aus 4*t*-Benzo[1,3]dioxol-5-yl-but-3-en-2-on bei der elektrochemischen Reduktion
an vernickelter Kupfer-Kathode in mit kleinen Mengen wss. Schwefelsäure versetztem
Äthanol (*Ishiwata et al.*, J. pharm. Soc. Japan **70** [1950] 190; C. A. **1950** 6751), beim Behandeln mit Natrium-Amalgam und Wasser (*Berlin, Scherlin*, Ž. obšč. Chim. **18** [1948]
1386, 1393; C. A. **1949** 2185) sowie bei der Hydrierung an Raney-Nickel in Äthylacetat
(*Matsui et al.*, Bl. chem. Soc. Japan **26** [1953] 194, 195) oder an Nickel/Kieselgur in
Äthanol bei 70°/140 at (*Yuh-Lin Chen, Barthel*, Am. Soc. **75** [1953] 4287).

F: 55° (*Yuh-Lin Chen, Ba.*).

4-Benzo[1,3]dioxol-5-yl-butan-2-on-(*E*)-oxim $C_{11}H_{13}NO_3$, Formel XII (E I 669).

B. Aus 4-Benzo[1,3]dioxol-5-yl-butan-2-on und Hydroxylamin (*Gaind et al.*, J. Indian
chem. Soc. **18** [1941] 213, 214).

Krystalle (aus wss. A.); F: 100°.

Beim Erhitzen mit Phosphorylchlorid und Toluol ist 5-Methyl-7,8-dihydro-[1,3]di=
oxolo[4,5-*g*]isochinolin erhalten worden.

H$_3$C—CO—CH$_2$—CH$_2$ XI   XII   XIII

4-[6-Brom-benzo[1,3]dioxol-5-yl]-butan-2-on $C_{11}H_{11}BrO_3$, Formel XI (X = Br).

B. Bei der elektrochemischen Reduktion von 4-[6-Brom-benzo[1,3]dioxol-5-yl]-but-
3-en-2-on an vernickelter Kupfer-Kathode in mit kleinen Mengen wss. Schwefelsäure versetztem Äthanol (*Ishiwata et al.*, J. pharm. Soc. Japan **70** [1950] 193; C. A. **1950** 6751).

Krystalle (aus A.); F: 52°.

*4-[6-Brom-benzo[1,3]dioxol-5-yl]-butan-2-on-semicarbazon $C_{12}H_{14}BrN_3O_3$, Formel XIII
(X = NH-CO-NH$_2$).

B. Aus 4-[6-Brom-benzo[1,3]dioxol-5-yl]-butan-2-on und Semicarbazid (*Ishiwata et al.*,
J. pharm. Soc. Japan **70** [1950] 193; C. A. **1950** 6751).

Krystalle; F: 200°.

(±)-3-Benzo[1,3]dioxol-5-yl-butan-2-on $C_{11}H_{12}O_3$, Formel I (X = H).

B. Beim Behandeln einer Lösung von Benzo[1,3]dioxol-5-yl-aceton in Äther mit Na=
triumamid (1 Mol) und anschliessend mit Methyljodid (*Tiffeneau, Lévy*, Bl. [4] **49** [1931]
1738, 1749; *Fujisawa*, J. pharm. Soc. Japan **79** [1959] 778, 781; C. A. **1959** 21951). Beim
Erhitzen von (±)-5-[1,2-Epoxy-2-methyl-propyl]-benzo[1,3]dioxol unter Normaldruck
(*Ti., Lévy*, l. c. S. 1748).

Kp$_{12}$: 150°; D^{15}: 1,223; n$_D^{15}$: 1,537 (*Ti., Lévy*). Kp$_2$: 116—117° (*Fu.*).

*(±)-3-Benzo[1,3]dioxol-5-yl-butan-2-on-[2,4-dinitro-phenylhydrazon] $C_{17}H_{16}N_4O_6$,
Formel II (R = C$_6$H$_3$(NO$_2$)$_2$).

B. Aus (±)-3-Benzo[1,3]dioxol-5-yl-butan-2-on und [2,4-Dinitro-phenyl]-hydrazin
(*Fujisawa*, J. pharm. Soc. Japan **79** [1959] 778, 781; C. A. **1959** 21951).

Krystalle (aus A.); F: 161—162°.

*(±)-3-Benzo[1,3]dioxol-5-yl-butan-2-on-semicarbazon $C_{12}H_{15}N_3O_3$, Formel II
(R = CO-NH$_2$).

B. Aus (±)-3-Benzo[1,3]dioxol-5-yl-butan-2-on und Semicarbazid (*Tiffeneau, Lévy*, Bl.
[4] **49** [1931] 1738, 1749).

F: 179—180°.

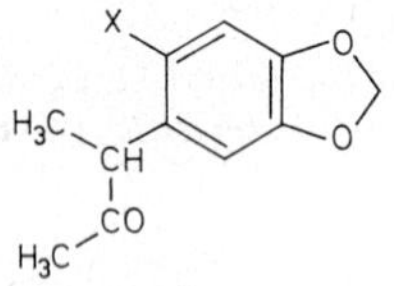

I 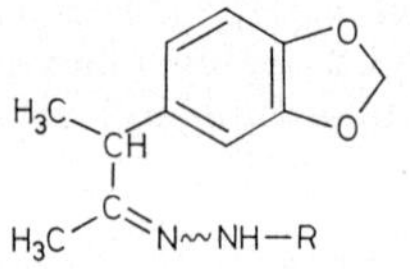   II 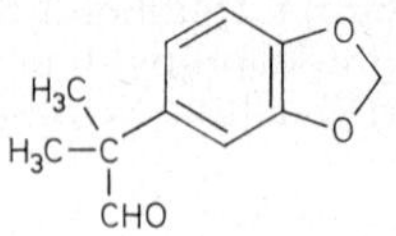   III 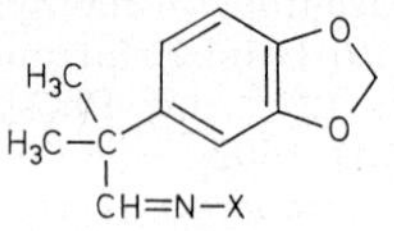   IV

(±)-3-[6-Nitro-benzo[1,3]dioxol-5-yl]-butan-2-on $C_{11}H_{11}NO_5$, Formel I (X = NO_2).

B. Beim Behandeln von (±)-3-Benzo[1,3]dioxol-5-yl-butan-2-on mit Chloroform und wss. Salpetersäure [D: 1,42] (*Fujisawa*, J. pharm. Soc. Japan **79** [1959] 778, 781; C. A. **1959** 21951).

Krystalle (aus A.); F: 87—88°.

___

2-Benzo[1,3]dioxol-5-yl-2-methyl-propionaldehyd $C_{11}H_{12}O_3$, Formel III.

B. Beim Erhitzen von 1-Benzo[1,3]dioxol-5-yl-2-methyl-propan-1,2-diol mit wss. Schwefelsäure (*Tiffeneau*, *Lévy*, Bl. [4] **49** [1931] 1738, 1753).

Kp_{12}: 148—150°; D^{16}: 1,179; n_D^{16}: 1,537 (*Ti.*, *Lévy*, l. c. S. 1747).

*2-Benzo[1,3]dioxol-5-yl-2-methyl-propionaldehyd-oxim $C_{11}H_{13}NO_3$, Formel IV (X = OH).

B. Aus 2-Benzo[1,3]dioxol-5-yl-2-methyl-propionaldehyd und Hydroxylamin (*Tiffeneau*, *Lévy*, Bl. [4] **49** [1931] 1738, 1747).

Krystalle; F: 90—91°.

*2-Benzo[1,3]dioxol-5-yl-2-methyl-propionaldehyd-semicarbazon $C_{12}H_{15}N_3O_3$, Formel IV (X = NH-CO-NH$_2$).

B. Aus 2-Benzo[1,3]dioxol-5-yl-2-methyl-propionaldehyd und Semicarbazid (*Tiffeneau*, *Lévy*, Bl. [4] **49** [1931] 1738, 1747).

Krystalle; F: 184—185°.

___

2-Acetonyl-2-methyl-benzo[1,3]dioxol, [2-Methyl-benzo[1,3]dioxol-2-yl]-aceton $C_{11}H_{12}O_3$, Formel V.

B. Beim Erwärmen von Brenzcatechin mit Pentan-2,4-dion und Phosphor(V)-oxid (*Arnold et al.*, Am. Soc. **64** [1942] 1410).

Kp_{20}: 136—138°.

___

5-Acetyl-2,2-dimethyl-benzo[1,3]dioxol, 1-[2,2-Dimethyl-benzo[1,3]dioxol-5-yl]-äthanon $C_{11}H_{12}O_3$, Formel VI.

B. Beim Behandeln von 2,2-Dimethyl-benzo[1,3]dioxol mit Acetanhydrid und Borfluorid (*Hoch*, *Tsatsas*, C. r. **234** [1952] 2610).

F: 47°. Kp_{12}: 144—145°.

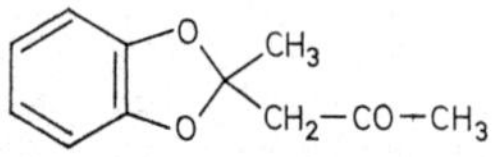

V 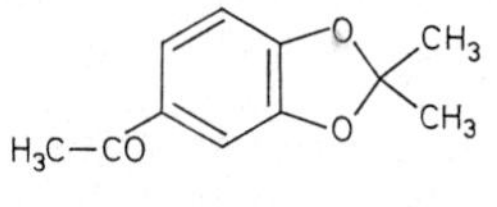   VI 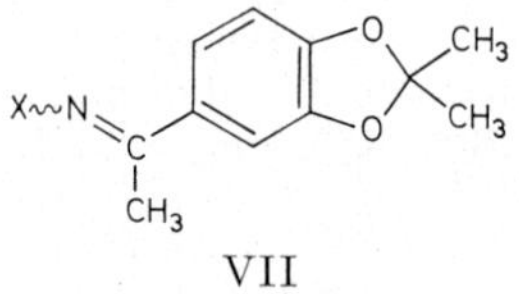   VII

*1-[2,2-Dimethyl-benzo[1,3]dioxol-5-yl]-äthanon-oxim $C_{11}H_{13}NO_3$, Formel VII (X = OH).

B. Aus 1-[2,2-Dimethyl-benzo[1,3]dioxol-5-yl]-äthanon und Hydroxylamin (*Hoch*, *Tsatsas*, C. r. **234** [1952] 2610).

F: 124°.

*1-[2,2-Dimethyl-benzo[1,3]dioxol-5-yl]-äthanon-semicarbazon $C_{12}H_{15}N_3O_3$, Formel VII (X = NH-CO-NH$_2$).

B. Aus 1-[2,2-Dimethyl-benzo[1,3]dioxol-5-yl]-äthanon und Semicarbazid (*Hoch*, *Tsatsas*, C. r. **234** [1952] 2610).

F: 229°.

___

7-[($\mathit{\Xi}$)-Furfuryliden]-oxepan-2-on, 7ξ-[2]Furyl-6-hydroxy-hept-6-ensäure-lacton $C_{11}H_{12}O_3$, Formel VIII.

B. Beim Behandeln von 2-Furfuryliden-cyclohexanon (E III/IV **17** 4985) mit Peroxyessigsäure und Kaliumacetat enthaltender Essigsäure (*Walton*, J. org. Chem. **22** [1957] 1161, 1163, 1164).

Kp$_{1,5}$: 137°.

(±)-7-Methyl-5,6,7,8-tetrahydro-4H-4,7-epoxido-cycloocta[b]furan-9-on $C_{11}H_{12}O_3$, Formel IX.

B. Neben 4-Methyl-1-[5t-methyl-(2rH)-2,3,4,5-tetrahydro-[2,3′]bifuryl-5c-yl]-pentan-2-on beim Behandeln des aus opt.-inakt. [5-Methyl-2,3,4,5-tetrahydro-[2,3′]bifuryl-5-yl]-essigsäure (n$_D^{19}$: 1,4990) mit Hilfe von Oxalylchlorid hergestellten Säurechlorids mit Diisobutylcadmium in Benzol (*Matsuura*, J. chem. Soc. Japan Pure Chem. Sect. **78** [1957] 389, 394; C. A. **1959** 21861; *Kubota, Matsuura*, Soc. **1958** 3667, 3671).

Krystalle (aus CCl$_4$); F: 103−104° (*Ma.; Ku., Ma.*).

Beim Behandeln einer Lösung in Chloroform mit Ozon und Behandeln des Reaktionsprodukts mit Kaliumdichromat und wss. Schwefelsäure ist [5c-Carboxy-2-methyl-tetrahydro-[2r]furyl]-essigsäure erhalten worden (*Ku., Ma.*).

VIII   IX   X   XI

*(±)-7-Methyl-5,6,7,8-tetrahydro-4H-4,7-epoxido-cycloocta[b]furan-9-on-[2,4-dinitrophenylhydrazon] $C_{17}H_{16}N_4O_6$, Formel X (R = $C_6H_3(NO_2)_2$).

B. Aus (±)-7-Methyl-5,6,7,8-tetrahydro-4H-4,7-epoxido-cycloocta[b]furan-9-on und [2,4-Dinitro-phenyl]-hydrazin (*Matsuura*, J. chem. Soc. Japan Pure Chem. Sect. **78** [1957] 389, 394; *Kubota, Matsuura*, Soc. **1958** 3667, 3671).

Orangerote Krystalle (aus A. + E.); F: 223−224° (*Ma.; Ku., Ma.*).

---

*(±)-7-Methyl-5,6,7,8-tetrahydro-4H-4,7-epoxido-cycloocta[b]furan-9-on-semicarbazon $C_{12}H_{15}N_3O_3$, Formel X (R = CO-NH$_2$).

B. Aus (±)-7-Methyl-5,6,7,8-tetrahydro-4H-4,7-epoxido-cycloocta[b]furan-9-on und Semicarbazid (*Matsuura*, J. chem. Soc. Japan Pure Chem. Sect. **78** [1957] 389, 394; *Kubota, Matsuura*, Soc. **1958** 3667, 3671).

Krystalle (aus A.); F: 239° (*Ma.; Ku., Ma.*).

3-Brom-2a,3,4,5,5a,6,8a,8b-octahydro-4,6-epoxido-naphtho[1,8-bc]furan-2-on, 6-Brom-4-hydroxy-1,4,4a,5,6,7,8,8a-octahydro-1,7-epoxido-naphthalin-5-carbonsäure-lacton $C_{11}H_{11}BrO_3$.

a) **(2aR)-3c-Brom-(2ar,5ac,8ac,8bc)-2a,3,4,5,5a,6,8a,8b-octahydro-4t,6t-epoxido-naphtho[1,8-bc]furan-2-on, (4aS)-6c-Brom-4t-hydroxy-(4ar,8ac)-1,4,4a,5,6,7,8,8a-octahydro-1t,7t-epoxido-naphthalin-5-carbonsäure-lacton** $C_{11}H_{11}BrO_3$, Formel XI.

B. Beim Behandeln einer Lösung von (4aS)-5t,8t-Dihydroxy-(4ar,8ac)-1,4,4a,5,8,8a-hexahydro-[1t]naphthoesäure-8-lacton (E III/IV **18** 215) in *tert*-Butylalkohol mit *N*-Brom-succinimid (*Velluz et al.*, Bl. **1958** 673, 676).

F: 152°. [α]$_D$: +89° [A.; c = 0,5].

b) **(±)-3c-Brom-(2ar,5ac,8ac,8bc)-2a,3,4,5,5a,6,8a,8b-octahydro-4t,6t-epoxido-naphtho[1,8-bc]furan-2-on, (±)-6c-Brom-4t-hydroxy-(4ar,8ac)-1,4,4a,5,6,7,8,8a-octahydro-1t,7t-epoxido-naphthalin-5t-carbonsäure-lacton** $C_{11}H_{11}BrO_3$, Formel XI + Spiegelbild.

B. Beim Behandeln von (±)-5t,8t-Dihydroxy-(4ar,8ac)-1,4,4a,5,8,8a-hexahydro-[1t]-

naphthoesäure-8-lacton mit Brom in Methanol (*Woodward et al.*, Tetrahedron **2** [1958] 1, 39).

Krystalle (aus Acn. + Ae.); F: 129—130° [Heizbank]. IR-Spektrum (CHCl$_3$; 2—12 μ): *Wo. et al.*

Oxo-Verbindungen $C_{12}H_{14}O_3$

5-Äthyl-5-phenyl-[1,3]dioxan-2-on, Kohlensäure-[2-äthyl-2-phenyl-propandiylester] $C_{12}H_{14}O_3$, Formel I.

B. Aus 2-Äthyl-2-phenyl-propan-1,3-diol beim Behandeln einer Lösung in Chloroform mit Phosgen in Toluol unter Zusatz von Antipyrin (*Ludwig, Piech*, Am. Soc. **73** [1951] 5779) sowie beim Erhitzen mit Kohlensäure-diäthylester und wenig Natriummethylat unter Entfernen des entstehenden Äthanols (*Sarel et al.*, J. org. Chem. **24** [1959] 1873, 1876).

Krystalle; F: 99,5—100,5° [unkorr.; aus Bzl. + Bzn.] (*Lu., Pi.*), 99—100° [aus CCl$_4$] (*Sa. et al.*).

*****Opt.-inakt. 4,6-Dimethyl-5-nitro-2-phenyl-5-phenylazo-[1,3]dioxan, [4,6-Dimethyl-5-nitro-2-phenyl-[1,3]dioxan-5-yl]-phenyl-diazen** $C_{18}H_{19}N_3O_4$, Formel II (R = X = H).

B. Beim Behandeln einer Lösung von opt.-inakt. 4,6-Dimethyl-5-nitro-2-phenyl-[1,3]dioxan (S. 241) in Äthanol mit wss. Kalilauge und anschliessend mit wss. Benzoldiazonium-chlorid-Lösung (*Eckstein, Urbański*, Bl. Acad. polon. [III] **3** [1955] 433, 434; Roczniki Chem. **30** [1956] 1175, 1178).

Krystalle (aus A.); F: 145—146°.

*****Opt.-inakt. 5-[4-Chlor-phenylazo]-4,6-dimethyl-5-nitro-2-phenyl-[1,3]dioxan, [4-Chlor-phenyl]-[4,6-dimethyl-5-nitro-2-phenyl-[1,3]dioxan-5-yl]-diazen** $C_{18}H_{18}ClN_3O_4$, Formel II (R = H, X = Cl).

B. Beim Behandeln einer Lösung von opt.-inakt. 4,6-Dimethyl-5-nitro-2-phenyl-[1,3]dioxan (S. 241) in Äthanol mit wss. Kalilauge und anschliessend mit wss. 4-Chlorbenzoldiazonium-chlorid-Lösung (*Eckstein, Urbański*, Bl. Acad. polon. [III] **3** [1955] 433, 434; Roczniki Chem. **30** [1956] 1175, 1178).

Krystalle (aus A.); F: 155,5—156,5°.

*****Opt.-inakt. 4,6-Dimethyl-5-nitro-5-[4-nitro-phenylazo]-2-phenyl-[1,3]dioxan, [4,6-Dimethyl-5-nitro-2-phenyl-[1,3]dioxan-5-yl]-[4-nitro-phenyl]-diazen** $C_{18}H_{18}N_4O_6$, Formel II (R = H, X = NO$_2$).

B. Beim Behandeln einer Lösung von opt.-inakt. 4,6-Dimethyl-5-nitro-2-phenyl-[1,3]dioxan (S. 241) in Äthanol mit wss. Kalilauge und anschliessend mit wss. 4-Nitrobenzoldiazonium-chlorid-Lösung (*Eckstein, Urbański*, Bl. Acad. polon. [III] **3** [1955] 433, 434; Roczniki Chem. **30** [1956] 1175, 1178).

Krystalle (aus A.); F: 186—187° [Zers.].

I   II

*****Opt.-inakt. 4,6-Dimethyl-5-nitro-2-phenyl-5-*p*-tolylazo-[1,3]dioxan, [4,6-Dimethyl-5-nitro-2-phenyl-[1,3]dioxan-5-yl]-*p*-tolyl-diazen** $C_{19}H_{21}N_3O_4$, Formel II (R = H, X = CH$_3$).

B. Beim Behandeln einer Lösung von opt.-inakt. 4,6-Dimethyl-5-nitro-2-phenyl-[1,3]dioxan (S. 241) in Äthanol mit wss. Kalilauge und anschliessend mit wss. Toluol-4-diazonium-chlorid-Lösung (*Eckstein, Urbański*, Bl. Acad. polon. [III] **3** [1955] 433, 434; Roczniki Chem. **30** [1956] 1175, 1178).

Krystalle (aus A.); F: 141—142°.

*Opt.-inakt. 4,6-Dimethyl-5-[2]naphthylazo-5-nitro-2-phenyl-[1,3]dioxan, [4,6-Dimethyl-5-nitro-2-phenyl-[1,3]dioxan-5-yl]-[2]naphthyl-diazen C$_{22}$H$_{21}$N$_3$O$_4$, Formel III.

B. Beim Behandeln einer Lösung von opt.-inakt. 4,6-Dimethyl-5-nitro-2-phenyl-[1,3]dioxan (S. 241) in Äthanol mit wss. Kalilauge und anschliessend mit wss. Naphthalin-2-diazonium-chlorid-Lösung (*Eckstein, Urbański*, Bl. Acad. polon. [III] 3 [1955] 433, 434; Roczniki Chem. 30 [1956] 1175, 1178).

Krystalle (aus A.); F: 142—143°.

III   IV

*Opt.-inakt. 2-[4-Chlor-phenyl]-4,6-dimethyl-5-nitro-5-[4-nitro-phenylazo]-[1,3]dioxan, [2-(4-Chlor-phenyl)-4,6-dimethyl-5-nitro-[1,3]dioxan-5-yl]-[4-nitro-phenyl]-diazen C$_{18}$H$_{17}$ClN$_4$O$_6$, Formel II (R = Cl, X = NO$_2$).

B. Beim Behandeln einer Lösung von 2-[4-Chlor-phenyl]-4,6-dimethyl-5-nitro-[1,3]dioxan (S. 241) in Äthanol mit wss. Kalilauge und anschliessend mit wss. 4-Nitro-benzoldiazonium-chlorid-Lösung (*Eckstein, Urbański*, Bl. Acad. polon. [III] 3 [1955] 433, 434; Roczniki Chem. 30 [1956] 1175, 1178).

Krystalle (aus A.); F: 187—188° [Zers.].

2-[1,3]Dioxolan-2-yl-1-*o*-tolyl-äthanon C$_{12}$H$_{14}$O$_3$, Formel IV.

B. Bei mehrtägigem Behandeln von 3-Chlor-1-*o*-tolyl-propenon (n$_D^{20}$: 1,5733) mit Äthylenglykol und Kaliumcarbonat (*Kotschetkow et al.*, Ž. obšč. Chim. 29 [1959] 2570, 2573; engl. Ausg. S. 2533, 2536).

F: 36—37°.

2-[1,3]Dioxolan-2-yl-1-*m*-tolyl-äthanon C$_{12}$H$_{14}$O$_3$, Formel V.

B. Bei mehrtägigem Behandeln von 3-Chlor-1-*m*-tolyl-propenon (n$_D^{20}$: 1,5772) mit Äthylenglykol und Kaliumcarbonat (*Kotschetkow et al.*, Ž. obšč. Chim. 29 [1959] 2570, 2573; engl. Ausg. S. 2533, 2536).

F: 48—49°.

V   VI   VII

2-[1,3]Dithiolan-2-yl-1-*m*-tolyl-äthanon C$_{12}$H$_{14}$OS$_2$, Formel VI.

B. Beim Behandeln von 3-Chlor-1-*m*-tolyl-propenon (n$_D^{20}$: 1,5772) mit Äthan-1,2-dithiol und Kaliumcarbonat in Wasser (*Kotschetkow et al.*, Doklady Akad. S.S.S.R. 125 [1959] 327; Pr. Acad. Sci. U.S.S.R. Chem. Sect. 124—129 [1959] 199).

Krystalle (aus A.); F: 66—66,5°.

2-[1,3]Dioxolan-2-yl-1-*p*-tolyl-äthanon C$_{12}$H$_{14}$O$_3$, Formel VII.

B. Bei mehrtägigem Behandeln von 3-Chlor-1-*p*-tolyl-propenon (n$_D^{20}$: 1,5835) mit Äthylenglykol und Kaliumhydroxid (*Kotschetkow et al.*, Ž. obšč. Chim. 29 [1959] 2570, 2573; engl. Ausg. S. 2533, 2536).

F: 47,5—48,5°.

(±)-1-[1,3]Dioxolan-2-yl-1-phenyl-aceton C$_{12}$H$_{14}$O$_3$, Formel VIII.

B. Beim Erwärmen von (±)-3-Oxo-2-phenyl-butyraldehyd mit Äthylenglykol, Benzol und wenig Benzolsulfonsäure (*Walker*, J. org. Chem. 23 [1958] 34, 37, 38).

Bei 125—139°/0,8 Torr destillierbar [Rohprodukt].

2,4-Dinitro-phenylhydrazon s. S. 1722.

VIII   IX   X

*(±)-1-[1,3]Dioxolan-2-yl-1-phenyl-aceton-[2,4-dinitro-phenylhydrazon] $C_{18}H_{18}N_4O_6$, Formel IX.

B. Aus (±)-1-[2,4]Dioxolan-2-yl-1-phenyl-aceton und [2,4-Dinitro-phenyl]-hydrazin (*Walker*, J. org. Chem. **23** [1958] 34, 37).
Krystalle (aus A. oder aus A. + E.); F: 151—153° [korr.].

(S)-5-Benzyl-2,2-dimethyl-[1,3]dioxolan-4-on, (S)-2-[α-Hydroxy-isopropoxy]-3-phenyl-propionsäure-lacton $C_{12}H_{14}O_3$, Formel X.
B. Beim Behandeln von (S)-2-Hydroxy-3-phenyl-propionsäure mit Aceton und Schwefelsäure (*Oeda*, Bl. chem. Soc. Japan **10** [1935] 187, 190).
Krystalle (aus A.); F: 63—64° (*Oeda*, Bl. chem. Soc. Japan **10** 191).
Beim Behandeln mit flüssigem Ammoniak ist (S)-2-Hydroxy-3-phenyl-propionsäure-amid erhalten worden (*Oeda*, Bl. chem. Soc. Japan **11** [1936] 385, 387).

(±)-2,2-Dimethyl-5-p-tolyl-[1,3]dioxolan-4-on, (±)-[α-Hydroxy-isopropoxy]-p-tolyl-essigsäure-lacton $C_{12}H_{14}O_3$, Formel XI.
B. Beim Behandeln von 4-Methyl-DL-mandelsäure mit Aceton und Schwefelsäure (*Fuson, Rachlin*, Am. Soc. **64** [1942] 1567, 1569).
F: 56—57°.

XI   XII   XIII

6-Butyryl-2,3-dihydro-benzo[1,4]dioxin, 1-[2,3-Dihydro-benzo[1,4]dioxin-6-yl]-butan-1-on $C_{12}H_{14}O_3$, Formel XII.
B. Beim Erhitzen von 1-[3,4-Dihydroxy-phenyl]-butan-1-on mit 1,2-Dibrom-äthan und äthanol. Kalilauge auf 120° (*I. G. Farbenind.*, D.R.P. 619332 [1931]; Frdl. **21** 693; *Winthrop Chem. Co.*, U.S.P. 1964973 [1932]).
Kp_2: 145° (*I. G. Farbenind.*; *Winthrop Chem. Co.*).

1-Benzo[1,3]dioxol-5-yl-pentan-3-on $C_{12}H_{14}O_3$, Formel XIII (X = H).
B. Aus 1-Benzo[1,3]dioxol-5-yl-pent-1-en-3-on (S. 1761) bei der elektrochemischen Reduktion an vernickelter Kupfer-Kathode in mit wss. Schwefelsäure versetztem Äthanol (*Ishiwata et al.*, J. pharm. Soc. Japan **70** [1950] 190; C. A. **1950** 6751) sowie bei der Hydrierung an Palladium/Kohle in Aceton (*Is. et al.*) oder an Raney-Nickel in Äthyl≈acetat (*Ono*, Bl. Inst. Insect Control Kyoto **15** [1950] 155, 159; C. A. **1951** 2133).
Krystalle; F: 30° (*Ono*), 29° [nach Destillation bei 185—186°/23 Torr] (*Is. et al.*).

1-Benzo[1,3]dioxol-5-yl-pentan-3-on-(E)-oxim $C_{12}H_{15}NO_3$, Formel XIV.
B. Beim Erwärmen von 1-Benzo[1,3]dioxol-5-yl-pentan-3-on mit Hydroxylamin-hydrochlorid und Natriumcarbonat in wss. Äthanol (*Ishiwata, Suzuki*, J. pharm. Soc. Japan **70** [1950] 195; C. A. **1951** 625).
Krystalle (aus wss. A.); F: 81°.
Beim Erhitzen mit Phosphor(V)-oxid in Toluol ist 5-Äthyl-7,8-dihydro-[1,3]dioxolo≈[4,5-g]isochinolin erhalten worden.

1-[6-Brom-benzo[1,3]dioxol-5-yl]-pentan-3-on $C_{12}H_{13}BrO_3$, Formel XIII (X = Br).

B. Bei der elektrochemischen Reduktion von 1-[6-Brom-benzo[1,3]dioxol-5-yl]-pent-1-en-3-on an vernickelter Kupfer-Kathode in mit wss. Schwefelsäure versetztem Äthanol (*Ishiwata et al.*, J. pharm. Soc. Japan **70** [1950] 193; C. A. **1950** 6751).

Krystalle (aus wss. A.); F: 56°.

XIV   XV   XVI

***1-[6-Brom-benzo[1,3]dioxol-5-yl]-pentan-3-on-semicarbazon** $C_{13}H_{16}BrN_3O_3$, Formel XV (R = CO-NH₂).

B. Aus 1-[6-Brom-benzo[1,3]dioxol-5-yl] pentan-3-on und Semicarbazid (*Ishiwata et al.*, J. pharm. Soc. Japan **70** [1950] 193; C. A. **1950** 6751).

Krystalle; F: 164°.

(±)-4-Benzo[1,3]dioxol-5-yl-5-nitro-pentan-2-on $C_{12}H_{13}NO_5$, Formel XVI.

B. Beim Erwärmen von 4t-Benzo[1,3]dioxol-5-yl-but-3-en-2-on mit Nitromethan und mit Natriummethylat in Methanol (*Reichert, Posemann*, Ar. **275** [1937] 67, 80).

Krystalle (aus Me.); F: 97—98°.

***(±)-4-Benzo[1,3]dioxol-5-yl-5-nitro-pentan-2-on-semicarbazon** $C_{13}H_{16}N_4O_5$, Formel I.

B. Aus (±)-4-Benzo[1,3]dioxol-5-yl-5-nitro-pentan-2-on und Semicarbazid (*Reichert, Posemann*, Ar. **275** [1937] 67, 80).

Krystalle (aus A.); F: 175—176° [Zers.].

I   II   III

(±)-2-Äthyl-3-benzo[1,3]dioxol-5-yl-propionaldehyd, (±)-2-Piperonyl-butyraldehyd $C_{12}H_{14}O_3$, Formel II.

B. Neben anderen Verbindungen bei der Hydrierung von 2-Äthyl-3-benzo[1,3]dioxol-5-yl-acryldehyd (S. 1762) an Palladium in wss. Essigsäure (*Bogert, Powell*, Am. Soc. **53** [1931] 2747, 2752).

Kp₃: 136° [unkorr.].

(±)-3-Benzo[1,3]dioxol-5-yl-pentan-2-on $C_{12}H_{14}O_3$, Formel III.

B. Beim Erwärmen von Benzo[1,3]dioxol-5-yl-aceton mit Äthyljodid und Natrium= äthylat in Äthanol (*Pailer*, M. **77** [1947] 45, 51).

Öl; bei 100—120°/0,01 Torr destillierbar.

Senicarbazon s. u.

***(±)-3-Benzo[1,3]dioxol-5-yl-pentan-2-on-semicarbazon** $C_{13}H_{17}N_3O_3$, Formel IV.

B. Aus (±)-3-Benzo[1,3]dioxol-5-yl-pentan-2-on und Semicarbazid (*Pailer*, M. **77** [1947] 45, 51).

Krystalle (aus A.); F: 204°.

3-Benzo[1,3]dioxol-5-yl-3-methyl-butan-2-on $C_{12}H_{14}O_3$, Formel V.

B. Beim Behandeln einer Lösung von Benzo[1,3]dioxol-5-yl-aceton oder von 3-Benzo= [1,3]dioxol-5-yl-butan-2-on in Äther mit Natriumamid (2 Mol bzw. 1 Mol) und anschlies-

send mit Methyljodid (*Tiffeneau, Lévy*, Bl. [4] **49** [1931] 1738, 1749).
Kp_{17}: 164°. D^{15}: 1,232. n_D^{15}: 1,526.

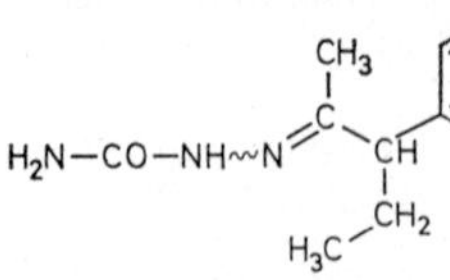

IV 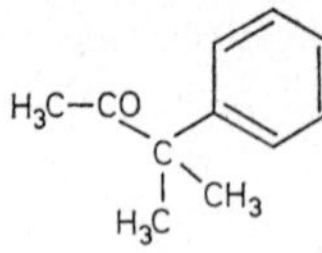   V 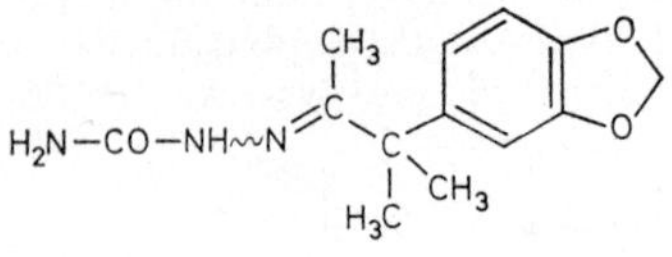   VI

*3-Benzo[1,3]dioxol-5-yl-3-methyl-butan-2-on-semicarbazon $C_{13}H_{17}N_3O_3$, Formel VI.
B. Aus 3-Benzo[1,3]dioxol-5-yl-3-methyl-butan-2-on und Semicarbazid (*Tiffeneau, Lévy*, Bl. [4] **49** [1931] 1738, 1749).
F:217°.

5-Acetyl-6-propyl-benzo[1,3]dioxol, 1-[6-Propyl-benzo[1,3]dioxol-5-yl]-äthanon $C_{12}H_{14}O_3$, Formel VII.
B. Beim Erhitzen von 5-Propyl-benzo[1,3]dioxol mit Acetanhydrid und Phosphorsäure (*Kuraoka et al.*, J. chem. Soc. Japan Pure Chem. Sect. **79** [1958] 1554; C. A. **1960** 4479).
F: 43—44°.
Überführung in 5-Acetoxy-6-propyl-benzo[1,3]dioxol durch Behandlung einer Lösung in Ameisensäure mit wss. Wasserstoffperoxid: *Ku. et al.*

2,2-Dimethyl-5-propionyl-benzo[1,3]dioxol, 1-[2,2-Dimethyl-benzo[1,3]dioxol-5-yl]-propan-1-on $C_{12}H_{14}O_3$, Formel VIII.
B. Beim Behandeln von 2,2-Dimethyl-benzo[1,3]dioxol mit Propionsäure-anhydrid und Borfluorid (*Tsatsas, Hoch*, C. r. **236** [1953] 494).
Kp_{15}: 160—161°.

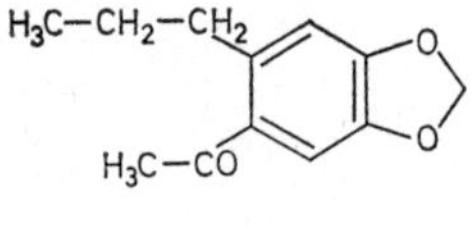

VII 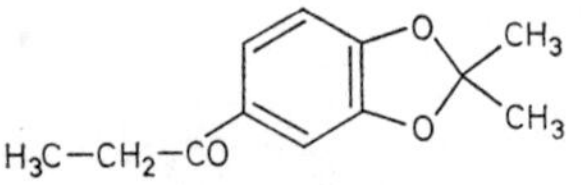   VIII 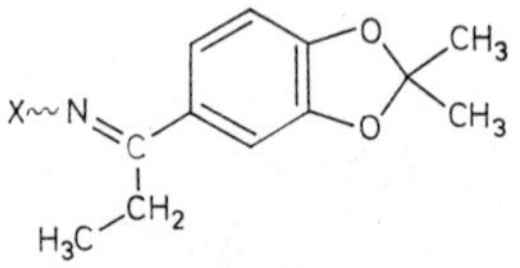   IX

*1-[2,2-Dimethyl-benzo[1,3]dioxol-5-yl]-propan-1-on-oxim $C_{12}H_{15}NO_3$, Formel IX (X = OH).
B. Aus 1-[2,2-Dimethyl-benzo[1,3]dioxol-5-yl]-propan-1-on und Hydroxylamin (*Tsatsas, Hoch*, C. r. **236** [1953] 494).
F: 136°.

*1-[2,2-Dimethyl-benzo[1,3]dioxol-5-yl]-propan-1-on-semicarbazon $C_{13}H_{17}N_3O_3$,
Formel IX (X = NH-CO-NH₂).
Zwei Präparate vom F: 187° bzw. vom F: 172° sind aus 1-[2,2-Dimethyl-benzo[1,3]=
dioxol-5-yl]-propan-1-on und Semicarbazid erhalten worden (*Tsatsas, Hoch*, C. r. **236** [1953] 494).

**(±)-5-Acetyl-2-äthyl-2-methyl-benzo[1,3]dioxol, (±)-1-[2-Äthyl-2-methyl-benzo[1,3]=
dioxol-5-yl]-äthanon** $C_{12}H_{14}O_3$, Formel X.
B. Beim Behandeln von 2-Äthyl-2-methyl-benzo[1,3]dioxol mit Acetanhydrid und Borfluorid (*Hoch, Tsatsas*, C. r. **234** [1952] 2610).
Kp_{12}: 156°.

*(±)-1-[2-Äthyl-2-methyl-benzo[1,3]dioxol-5-yl]-äthanon-oxim $C_{12}H_{15}NO_3$, Formel XI (X = OH).
B. Aus (±)-1-[2-Äthyl-2-methyl-benzo[1,3]dioxol-5-yl]-äthanon und Hydroxylamin

(*Hoch*, *Tsatsas*, C. r. **234** [1952] 2610).
F: 72°.

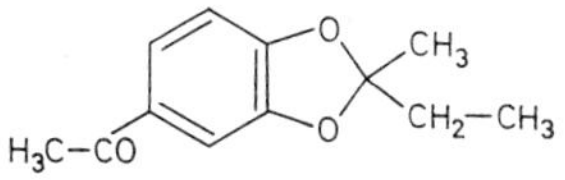

| X | 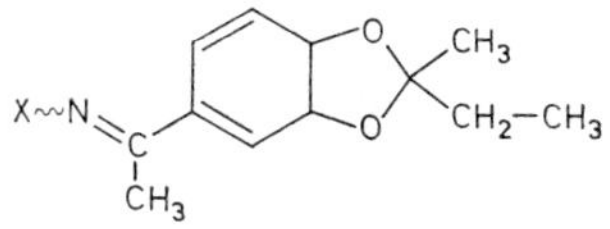 XI | 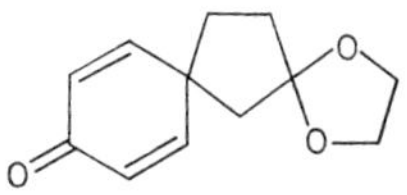 XII |

*(±)-1-[2-Äthyl-2-methyl-benzo[1,3]dioxol-5-yl]-äthanon-semicarbazon $C_{13}H_{17}N_3O_3$,
Formel XI (X = NH-CO-NH₂).

B. Aus (±)-1-[2-Äthyl-2-methyl-benzo[1,3]dioxol-5-yl]-äthanon und Semicarbazid
(*Hoch*, *Tsatsas*, C. r. **234** [1952] 2610).
F: 161°.

1,4-Dioxa-dispiro[4.1.5.2]tetradeca-8,11-dien-10-on $C_{12}H_{14}O_3$, Formel XII.
B. Aus 4-[2-(2-Chlormethyl-[1,3]dioxolan-2-yl)-äthyl]-phenol (hergestellt aus 3-[4-Acet=
oxy-phenyl]-propionylchlorid über 4-[4-Acetoxy-phenyl]-1-chlor-butan-2-on) beim Erhitzen mit Kalium-*tert*-butylat in *tert*-Butylalkohol auf 180° sowie beim Erhitzen der
Natrium-Verbindung unter 0,001 Torr auf 220° (*Dorling*, *Harley-Mason*, Chem. and Ind.
1959 1551).
F: 63°.

(±)-4,5,6,7-Tetrahydro-4*t*,7*t*-epoxido-3a*r*,7a*c*-[2]oxapropano-inden-3-carbaldehyd,
(±)-4,5,6,7-Tetrahydro-4*c*,7*c*-epoxido-3a*r*,7a*c*-propeno-isobenzofuran-8-carbaldehyd,
(±)-8-Oxa-2,5-epoxido-[4.3.3]propell-10-en-10-carbaldehyd $C_{12}H_{14}O_3$, Formel XIII.
B. Beim Behandeln von Octahydro-1*t*,4*t*-epoxido-4a*r*,8a*c*-[2]oxapropano-naphthalin-
6*t*,7*t*-diol mit Blei(IV)-acetat und Kaliumcarbonat in Chloroform und Erhitzen des Reaktionsprodukts in Wasser (*Stork et al.*, Am. Soc. **75** [1953] 384, 392).
Als 2,4-Dinitro-phenylhydrazon (s. u.) charakterisiert.

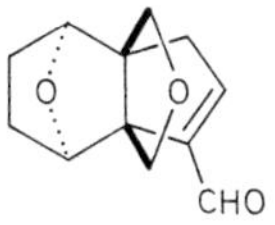

| XIII | 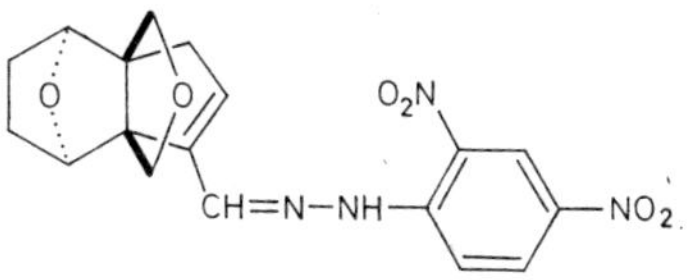 XIV |

*(±)-4,5,6,7-Tetrahydro-4*t*,7*t*-epoxido-3a*r*,7a*c*-[2]oxapropano-inden-3-carbaldehyd-
[2,4-dinitro-phenylhydrazon], (±)-4,5,6,7-Tetrahydro-4*c*,7*c*-epoxido-3a*r*,7a*c*-propeno-
isobenzofuran-8-carbaldehyd-[2,4-dinitro-phenylhydrazon] $C_{18}H_{18}N_4O_6$, Formel XIV.
B. Aus (±)-4,5,6,7-Tetrahydro-4*t*,7*t*-epoxido-3a*r*,7a*c*-[2]oxapropano-inden-3-carb=
aldehyd und [2,4-Dinitro-phenyl]-hydrazin (*Stork et al.*, Am. Soc. **75** [1953] 384, 392).
Orangefarbene Krystalle; F: 265° [Zers.].

Oxo-Verbindungen $C_{13}H_{16}O_3$

*5-Acetyl-5-methyl-2-phenyl-[1,3]dioxan, 1-[5-Methyl-2-phenyl-[1,3]dioxan-5-yl]-
äthanon $C_{13}H_{16}O_3$, Formel I.
B. Aus Benzaldehyd und 4-Hydroxy-3-hydroxymethyl-3-methyl-butan-2-on mit
Hilfe von wss. Salzsäure (*Morgan*, *Holmes*, Soc. **1932** 2667, 2671) oder von Zinkchlorid
(*Morgan*, *Griffith*, Soc. **1937** 841, 843).
Krystalle (aus PAe.); F: 103° (*Mo.*, *Ho.*; *Mo.*, *Gr.*).

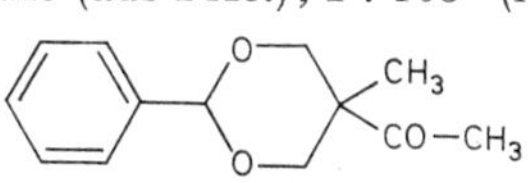

| I | 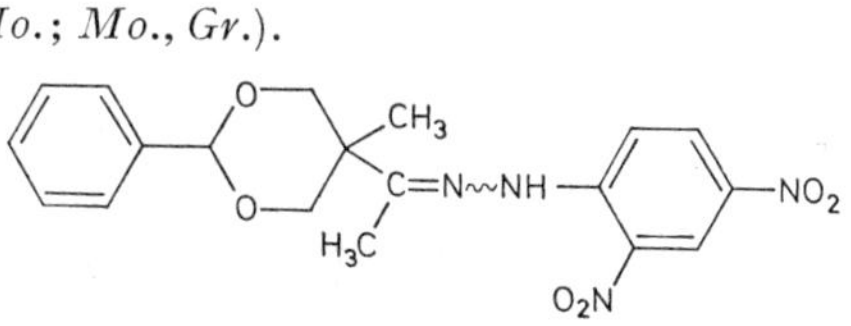 II |

*1-[5-Methyl-2-phenyl-[1,3]dioxan-5-yl]-äthanon-[2,4-dinitro-phenylhydrazon]
$C_{19}H_{20}N_4O_6$, Formel II.

B. Beim Behandeln von 4-Hydroxy-3-hydroxymethyl-3-methyl-butan-2-on-[2,4-di=
nitro-phenylhydrazon] (F: 160—162°) mit Benzaldehyd, Zinkchlorid, Petroläther und
Wasser (*Morgan, Griffith,* Soc. **1937** 841, 843).

Orangefarbene Krystalle (aus E.); F: 176—177°.

5,6-Dipropyl-benzo[1,3]dioxol-2-on $C_{13}H_{16}O_3$, Formel III.

B. Beim Behandeln von 2,2-Dichlor-5,6-dipropyl-benzo[1,3]dioxol mit Wasser (*Koelsch,*
Am. Soc. **68** [1946] 148).

Krystalle (aus A.); F: 70—73°.

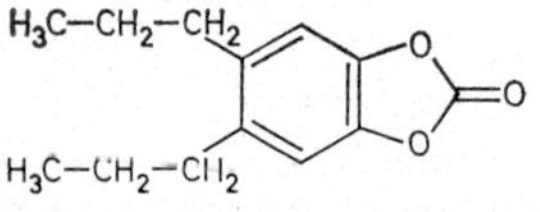

III 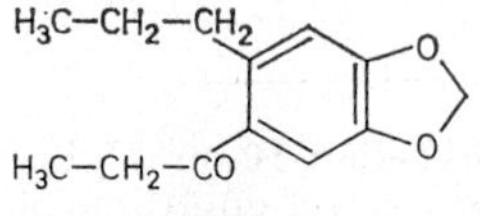 IV 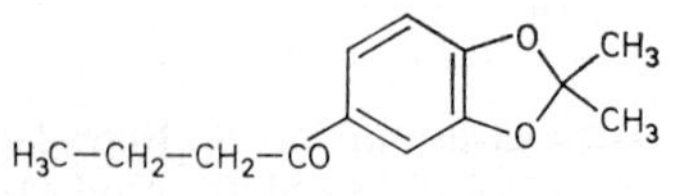 V

5-Propionyl-6-propyl-benzo[1,3]dioxol, 1-[6-Propyl-benzo[1,3]dioxol-5-yl]-propan-1-on
$C_{13}H_{16}O_3$, Formel IV.

B. Beim Erhitzen von 5-Propyl-benzo[1,3]dioxol mit Propionylchlorid, Phosphoryl=
chlorid und Toluol (*Koelsch,* Am. Soc. **68** [1946] 148).

Krystalle (aus Bzn.); F: 51—52°. Bei 184—186°/24 Torr destillierbar.

5-Butyryl-2,2-dimethyl-benzo[1,3]dioxol, 1-[2,2-Dimethyl-benzo[1,3]dioxol-5-yl]-
butan-1-on $C_{13}H_{16}O_3$, Formel V.

B. Beim Behandeln von 2,2-Dimethyl-benzo[1,3]dioxol mit Buttersäure-anhydrid und
Borfluorid (*Tsatsas, Hoch,* C. r. **236** [1953] 494).

Kp_{18}: 173—174°.

*1-[2,2-Dimethyl-benzo[1,3]dioxol-5-yl]-butan-1-on-oxim $C_{13}H_{17}NO_3$, Formel VI
(X = OH).

B. Aus 1-[2,2-Dimethyl-benzo[1,3]dioxol-5-yl]-butan-1-on und Hydroxylamin (*Tsatsas,
Hoch,* C. r. **236** [1953] 494).

F: 97—98°.

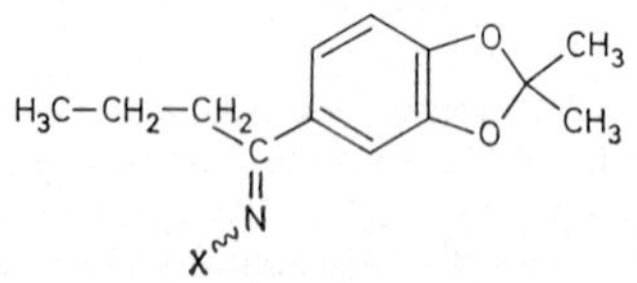

VI 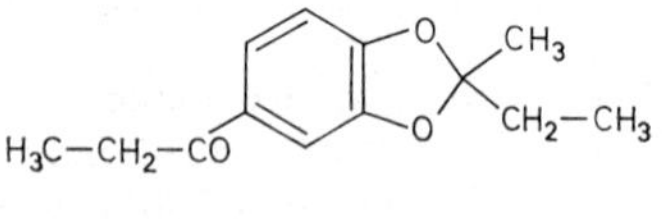 VII

*1-[2,2-Dimethyl-benzo[1,3]dioxol-5-yl]-butan-1-on-semicarbazon $C_{14}H_{19}N_3O_3$,
Formel VI (X = NH-CO-NH₂).

B. Aus 1-[2,2-Dimethyl-benzo[1,3]dioxol-5-yl]-butan-1-on und Semicarbazid (*Tsatsas,
Hoch,* C. r. **236** [1953] 494).

F: 182°.

**(±)-2-Äthyl-2-methyl-5-propionyl-benzo[1,3]dioxol, (±)-1-[2-Äthyl-2-methyl-benzo=
[1,3]dioxol-5-yl]-propan-1-on** $C_{13}H_{16}O_3$, Formel VII.

B. Beim Behandeln von 2-Äthyl-2-methyl-benzo[1,3]dioxol mit Propionsäure-
anhydrid und Borfluorid (*Tsatsas, Hoch,* C. r. **236** [1953] 494).

Kp_{14}: 167—168°.

*(±)-1-[2-Äthyl-2-methyl-benzo[1,3]dioxol-5-yl]-propan-1-on-oxim $C_{13}H_{17}NO_3$,
Formel VIII (X = OH).

B. Aus (±)-1-[2-Äthyl-2-methyl-benzo[1,3]dioxol-5-yl]-propan-1-on und Hydroxyl=

amin (*Tsatsas, Hoch,* C. r. **236** [1953] 494).

F: 81°.

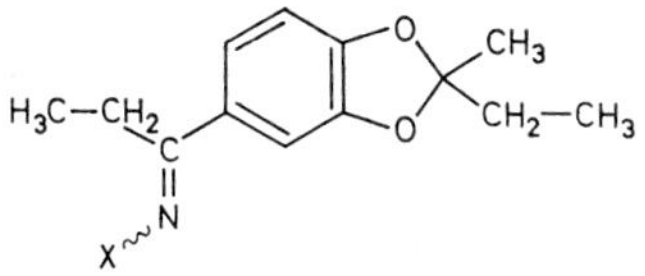

VIII 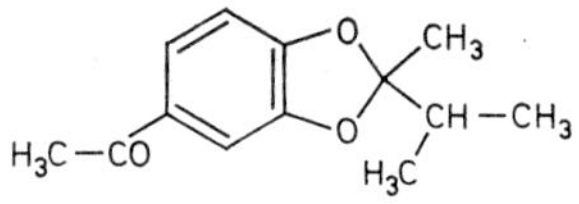   IX

*(±)-1-[2-Äthyl-2-methyl-benzo[1,3]dioxol-5-yl]-propan-1-on-semicarbazon** $C_{14}H_{19}N_3O_3$, Formel VIII (X = NH-CO-NH$_2$).

B. Aus (±)-1-[2-Äthyl-2-methyl-benzo[1,3]dioxol-5-yl]-propan-1-on und Semicarbazid (*Tsatsas, Hoch,* C. r. **236** [1953] 494).

F: 184°.

———

(±)-5-Acetyl-2-isopropyl-2-methyl-benzo[1,3]dioxol, (±)-1-[2-Isopropyl-2-methyl-benzo[1,3]dioxol-5-yl]-äthanon $C_{13}H_{16}O_3$, Formel IX.

B. Beim Behandeln von 2-Isopropyl-2-methyl-benzo[1,3]dioxol mit Acetanhydrid und Borfluorid (*Hoch, Tsatsas,* C. r. **234** [1952] 2610).

Kp$_{11}$: 161°.

*(±)-1-[2-Isopropyl-2-methyl-benzo[1,3]dioxol-5-yl]-äthanon-oxim** $C_{13}H_{17}NO_3$, Formel X (X = OH).

B. Aus (±)-1-[2-Isopropyl-2-methyl-benzo[1,3]dioxol-5-yl]-äthanon und Hydroxylamin (*Hoch, Tsatsas,* C. r. **234** [1952] 2610).

F: 80°.

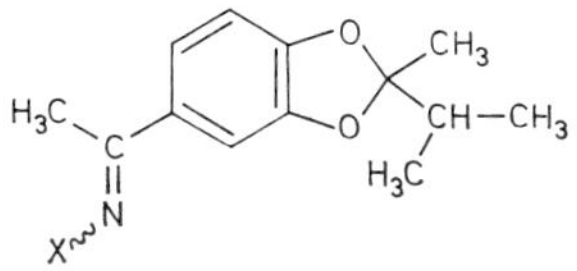

X 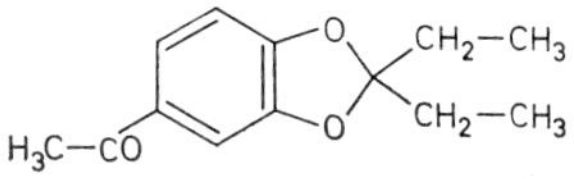   XI

*(±)-1-[2-Isopropyl-2-methyl-benzo[1,3]dioxol-5-yl]-äthanon-semicarbazon** $C_{14}H_{19}N_3O_3$, Formel X (X = NH-CO-NH$_2$).

B. Aus (±)-1-[2-Isopropyl-2-methyl-benzo[1,3]dioxol-5-yl]-äthanon und Semicarbazid (*Hoch, Tsatsas,* C. r. **234** [1952] 2610).

F: 176°.

———

5-Acetyl-2,2-diäthyl-benzo[1,3]dioxol, 1-[2,2-Diäthyl-benzo[1,3]dioxol-5-yl]-äthanon $C_{13}H_{16}O_3$, Formel XI.

B. Beim Behandeln von 2,2-Diäthyl-benzo[1,3]dioxol mit Acetanhydrid und Borfluorid (*Hoch, Tsatsas,* C. r. **234** [1952] 2610).

Kp$_{10}$: 160°.

*1-[2,2-Diäthyl-benzo[1,3]dioxol-5-yl]-äthanon-oxim** $C_{13}H_{17}NO_3$, Formel XII (X = OH).

B. Aus 1-[2,2-Diäthyl-benzo[1,3]dioxol-5-yl]-äthanon und Hydroxylamin (*Hoch, Tsatsas,* C. r. **234** [1952] 2610).

F: 53°.

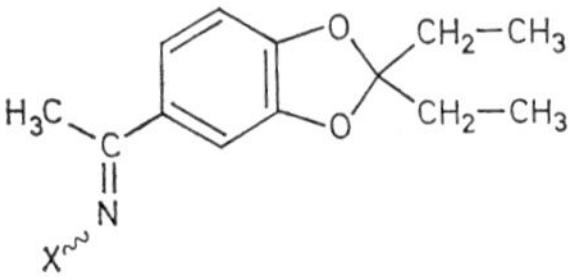

XII 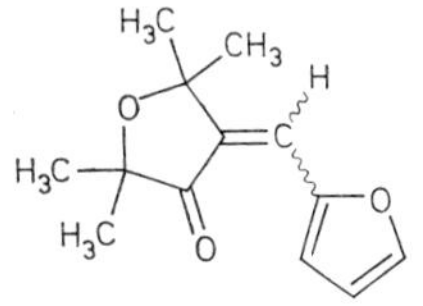   XIII

*1-[2,2-Diäthyl-benzo[1,3]dioxol-5-yl]-äthanon-semicarbazon $C_{14}H_{19}N_3O_3$, Formel XII (X = NH-CO-NH$_2$).

B. Aus 1-[2,2-Diäthyl-benzo[1,3]dioxol-5-yl]-äthanon und Semicarbazid (*Hoch, Tsatsas*, C. r. **234** [1952] 2610).

F: 175°.

4-[(Ξ)-Furfuryliden]-2,2,5,5-tetramethyl-dihydro-furan-3-on $C_{13}H_{16}O_3$, Formel XIII.

B. Beim Behandeln von 2,2,5,5-Tetramethyl-dihydro-furan-3-on mit Furfural und äthanol. Kalilauge (*Tamate*, J. chem. Soc. Japan Pure Chem. Sect. **78** [1957] 1293, 1297; C. A. **1960** 476).

Gelbe Flüssigkeit; Kp$_{1,5}$: 100—101°.

2,4-Dinitro-phenylhydrazon $C_{19}H_{20}N_4O_6$. Rote Krystalle; F: 194—196° [Zers.].

Oxo-Verbindungen $C_{14}H_{18}O_3$

(±)-5-Mesityl-2,2-dimethyl-[1,3]dioxolan-4-on, **(±)-[α-Hydroxy-isopropoxy]-mesityl-essigsäure-lacton** $C_{14}H_{18}O_3$, Formel I.

B. Beim Behandeln von 2,4,6-Trimethyl-DL-mandelsäure mit Aceton und Schwefelsäure bei —10° (*Fuson, Rachlin*, Am. Soc. **64** [1942] 1567, 1569).

F: 92°.

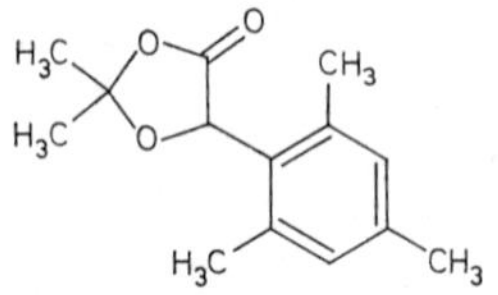

I 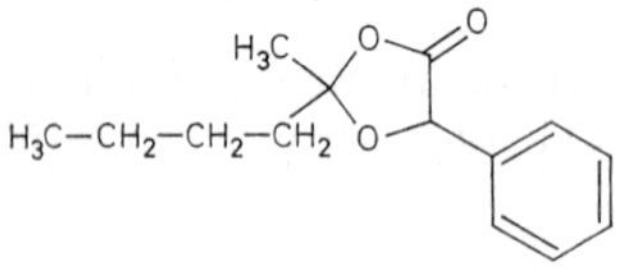   II 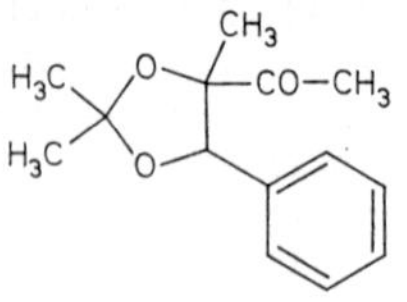   III

*Opt.-inakt. 2-Butyl-2-methyl-5-phenyl-[1,3]dioxolan-4-on, **[1-Hydroxy-1-methyl-pentyloxy]-phenyl-essigsäure-lacton** $C_{14}H_{18}O_3$, Formel II.

B. Beim Behandeln von DL-Mandelsäure mit Hex-1-in, Quecksilber(II)-oxid, dem Bor-fluorid-Äther-Addukt, Methanol und Trichloressigsäure (*Killian et al.*, Am. Soc. **58** [1936] 1658).

F: 44—45°. Kp$_{19}$: 136—138°.

---

*Opt.-inakt. 4-Acetyl-2,2,4-trimethyl-5-phenyl-[1,3]dioxolan, **1-[2,2,4-Trimethyl-5-phenyl-[1,3]dioxolan-4-yl]-äthanon** $C_{14}H_{18}O_3$, Formel III.

B. Beim Behandeln eines Gemisches von Benzaldehyd und Butandion mit Zink und wss. Essigsäure und Behandeln des Reaktionsprodukts mit Aceton und Kupfer(II)-sulfat (*Glacet, Wiemann*, C. r. **206** [1938] 1736).

Flüssigkeit. D$_4^{17}$: 1,066. n$_D^{17}$: 1,4981. Raman-Spektrum: *Gl., Wi.*

(±)-2-Äthyl-5-butyryl-2-methyl-benzo[1,3]dioxol, **(±)-1-[2-Äthyl-2-methyl-benzo[1,3]dioxol-5-yl]-butan-1-on** $C_{14}H_{18}O_3$, Formel IV.

B. Beim Behandeln von 2-Äthyl-2-methyl-benzo[1,3]dioxol mit Buttersäure-anhydrid und Borfluorid (*Tsatsas, Hoch*, C. r. **236** [1953] 494).

Kp$_{12}$: 171—172°.

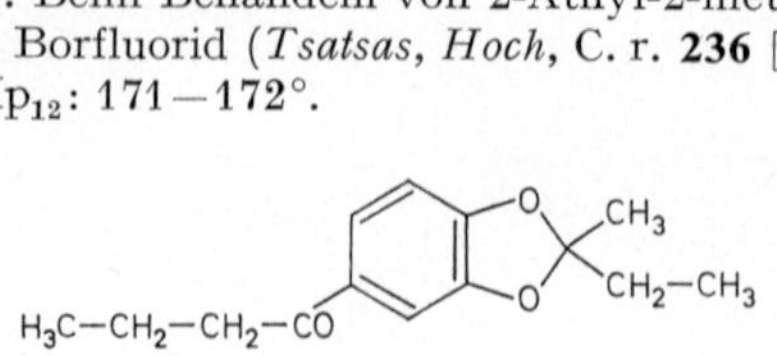

IV 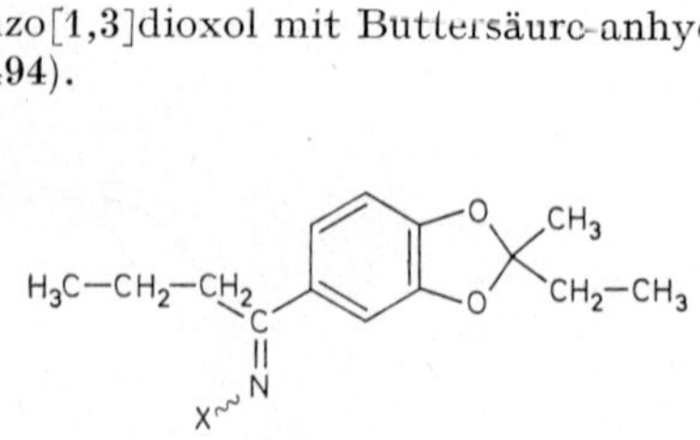   V

*(±)-1-[2-Äthyl-2-methyl-benzo[1,3]dioxol-5-yl]-butan-1-on-oxim $C_{14}H_{19}NO_3$, Formel V
(X = OH).

B. Aus (±)-1-[2-Äthyl-2-methyl-benzo[1,3]dioxol-5-yl]-butan-1-on und Hydroxylamin
(*Tsatsas, Hoch,* C. r. **236** [1953] 494).

Kp_{16}: 192—195°.

*(±)-1-[2-Äthyl-2-methyl-benzo[1,3]dioxol-5-yl]-butan-1-on-semicarbazon $C_{15}H_{21}N_3O_3$,
Formel V (X = NH-CO-NH₂).

B. Aus (±)-1-[2-Äthyl-2-methyl-benzo[1,3]dioxol-5-yl]-butan-1-on und Semicarbazid
(*Tsatsas, Hoch,* C. r. **236** [1953] 494).

F: 173°.

––––––––

(±)-5-Acetyl-2-isobutyl-2-methyl-benzo[1,3]dioxol, (±)-1-[2-Isobutyl-2-methyl-benzo-
[1,3]dioxol-5-yl]-äthanon $C_{14}H_{18}O_3$, Formel VI.

B. Beim Behandeln von 2-Isobutyl-2-methyl-benzo[1,3]dioxol mit Acetanhydrid und
Borfluorid (*Hoch, Tsatsas,* C. r. **234** [1952] 2610).

Kp_{12}: 167°.

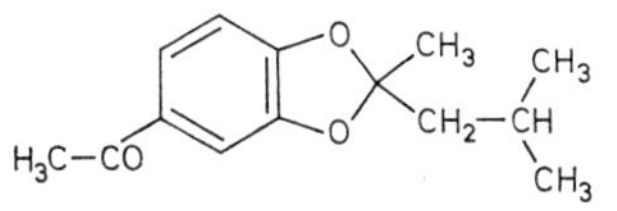

VI 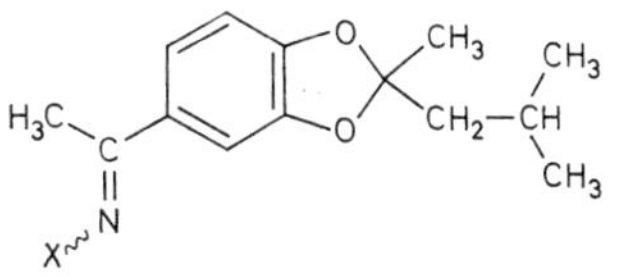   VII

*(±)-1-[2-Isobutyl-2-methyl-benzo[1,3]dioxol-5-yl]-äthanon-oxim $C_{14}H_{19}NO_3$,
Formel VII (X = OH).

B. Aus (±)-1-[2-Isobutyl-2-methyl-benzo[1,3]dioxol-5-yl]-äthanon und Hydroxylamin
(*Hoch, Tsatsas,* C. r. **234** [1952] 2610).

Kp_{14}: 200—202°.

*(±)-1-[2-Isobutyl-2-methyl-benzo[1,3]dioxol-5-yl]-äthanon-semicarbazon $C_{15}H_{21}N_3O_3$,
Formel VII (X = NH-CO-NH₂).

B. Aus (±)-1-[2-Isobutyl-2-methyl-benzo[1,3]dioxol-5-yl]-äthanon und Semicarbazid
(*Hoch, Tsatsas,* C. r. **234** [1952] 2610).

F: 136°.

––––––––

(±)-2-Isopropyl-2-methyl-5-propionyl-benzo[1,3]dioxol, (±)-1-[2-Isopropyl-2-methyl-
benzo[1,3]dioxol-5-yl]-propan-1-on $C_{14}H_{18}O_3$, Formel VIII.

B. Beim Behandeln von 2-Isopropyl-2-methyl-benzo[1,3]dioxol mit Propionsäure-
anhydrid und Borfluorid (*Tsatsas, Hoch,* C. r. **236** [1953] 494).

Kp_{15}: 176°.

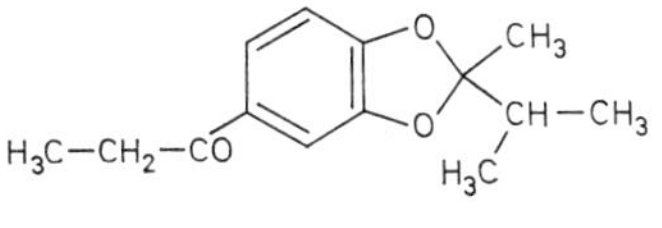

VIII 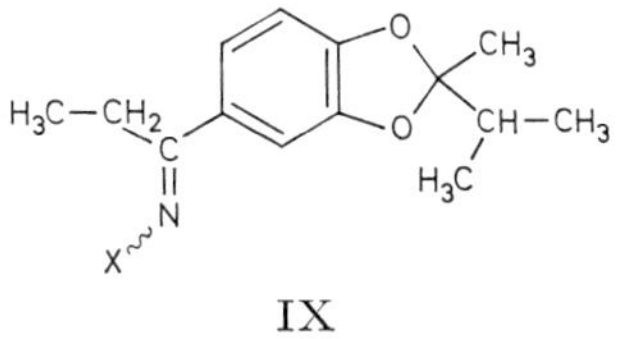   IX

*(±)-1-[2-Isopropyl-2-methyl-benzo[1,3]dioxol-5-yl]-propan-1-on-oxim $C_{14}H_{19}NO_3$,
Formel IX (X = OH).

B. Aus (±)-1-[2-Isopropyl-2-methyl-benzo[1,3]dioxol-5-yl]-propan-1-on und Hydroxylamin (*Tsatsas, Hoch,* C. r. **236** [1953] 494).

F: 78,5°.

*(±)-1-[2-Isopropyl-2-methyl-benzo[1,3]dioxol-5-yl]-propan-1-on-semicarbazon
$C_{15}H_{21}N_3O_3$, Formel IX (X = NH-CO-NH₂).

B. Aus (±)-1-[2-Isopropyl-2-methyl-benzo[1,3]dioxol-5-yl]-propan-1-on und Semicarb-

azid (*Tsatsas, Hoch*, C. r. **236** [1953] 494).
   F: 192°.

2,2-Diäthyl-5-propionyl-benzo[1,3]dioxol, 1-[2,2-Diäthyl-benzo[1,3]dioxol-5-yl]-propan-1-on $C_{14}H_{18}O_3$, Formel X.
   B. Beim Behandeln von 2,2-Diäthyl-benzo[1,3]dioxol mit Propionsäure-anhydrid und Borfluorid (*Tsatsas, Hoch*, C. r. **236** [1953] 494).
   Kp_{20}: 187—188°.

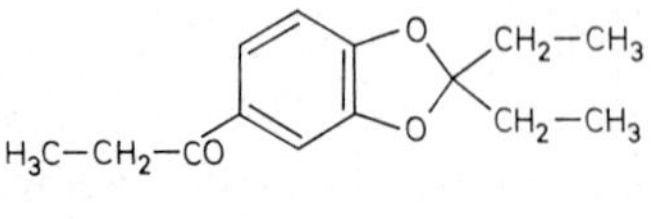

X

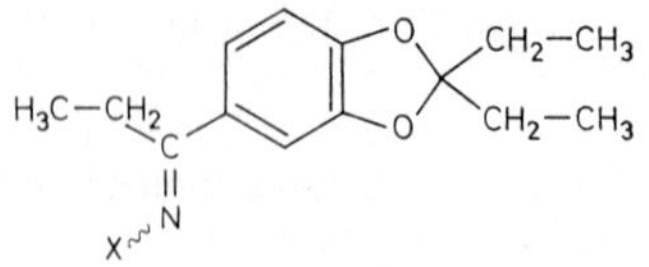

XI

*1-[2,2-Diäthyl-benzo[1,3]dioxol-5-yl]-propan-1-on-oxim $C_{14}H_{19}NO_3$, Formel XI
(X = OH).
   B. Aus 1-[2,2-Diäthyl-benzo[1,3]dioxol-5-yl]-propan-1-on und Hydroxylamin (*Tsatsas, Hoch*, C. r. **236** [1953] 494).
   F: 68,5°.

*1-[2,2-Diäthyl-benzo[1,3]dioxol-5-yl]-propan-1-on-semicarbazon $C_{15}H_{21}N_3O_3$,
Formel XI (X = NH-CO-NH₂).
   B. Aus 1-[2,2-Diäthyl-benzo[1,3]dioxol-5-yl]-propan-1-on und Semicarbazid (*Tsatsas, Hoch*, C. r. **236** [1953] 494).
   F: 196°.

Oxo-Verbindungen $C_{15}H_{20}O_3$

1-Benzo[1,3]dioxol-5-yl-octan-3-on $C_{15}H_{20}O_3$, Formel I.
   B. Aus 1-Benzo[1,3]dioxol-5-yl-oct-1-en-3-on (S. 1771) bei der elektrochemischen Reduktion an vernickelter Kupfer-Kathode in mit wss. Schwefelsäure versetztem Methanol (*Ishiwata, Nozaki*, J. pharm. Soc. Japan **71** [1951] 1257, 1259; C. A. **1952** 5589).
   Kp_6: 181—185°.

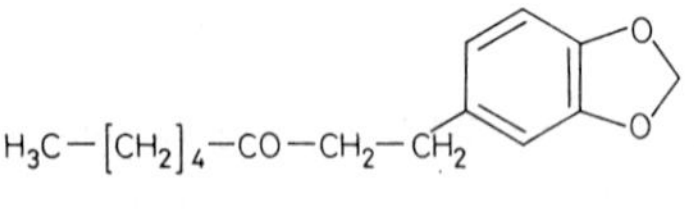

I

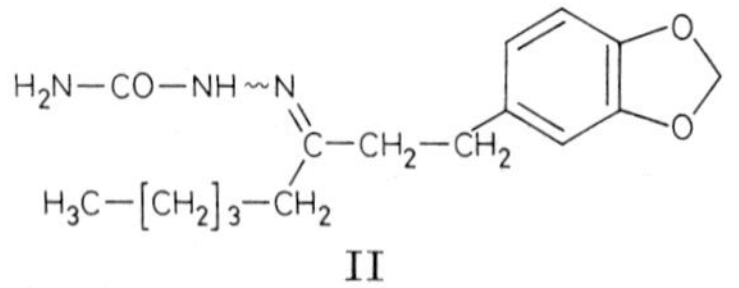

II

*1-Benzo[1,3]dioxol-5-yl-octan-3-on-semicarbazon $C_{16}H_{23}N_3O_3$, Formel II.
   B. Aus 1-Benzo[1,3]dioxol-5-yl-octan-3-on und Semicarbazid (*Ishiwata, Nozaki*, J. pharm. Soc. Japan **71** [1951] 1257, 1259; C. A. **1952** 5589).
   Krystalle (aus wss. Me.); F: 86°.

2,2-Diäthyl-5-butyryl-benzo[1,3]dioxol, 1-[2,2-Diäthyl-benzo[1,3]dioxol-5-yl]-butan-1-on $C_{15}H_{20}O_3$, Formel III.
   B. Beim Behandeln von 2,2-Diäthyl-benzo[1,3]dioxol mit Buttersäure-anhydrid und Borfluorid (*Tsatsas, Hoch*, C. r. **236** [1953] 494).
   Kp_{15}: 182—184°.

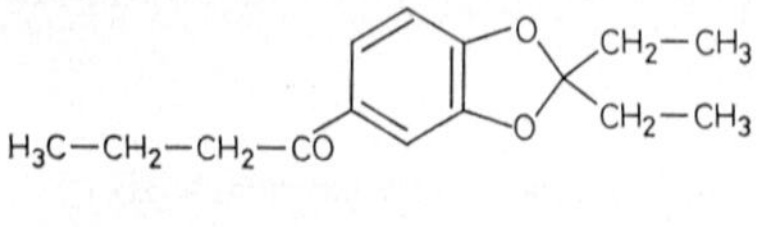

III

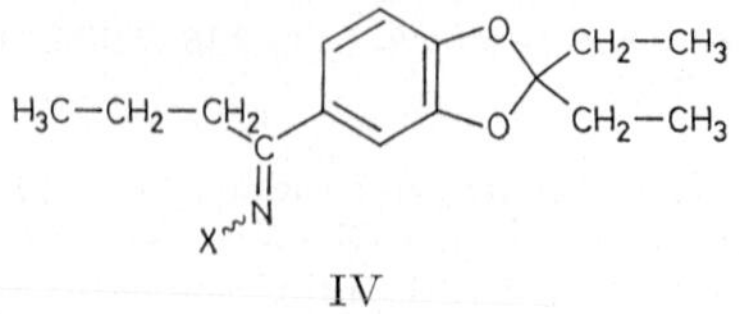

IV

*1-[2,2-Diäthyl-benzo[1,3]dioxol-5-yl]-butan-1-on-oxim $C_{15}H_{21}NO_3$, Formel IV
(X = OH).
B. Aus 1-[2,2-Diäthyl-benzo[1,3]dioxol-5-yl]-butan-1-on und Hydroxylamin (*Tsatsas*, *Hoch*, C. r. **236** [1953] 494).
F: 53°.

*1-[2,2-Diäthyl-benzo[1,3]dioxol-5-yl]-butan-1-on-semicarbazon $C_{16}H_{23}N_3O_3$, Formel IV
(X = NH-CO-NH₂).
B. Aus 1-[2,2-Diäthyl-benzo[1,3]dioxol-5-yl]-butan-1-on und Semicarbazid (*Tsatsas*, *Hoch*, C. r. **236** [1953] 494).
F: 181°.

5-Acetyl-2,2-dipropyl-benzo[1,3]dioxol, 1-[2,2-Dipropyl-benzo[1,3]dioxol-5-yl]-äthanon
$C_{15}H_{20}O_3$, Formel V.
B. Beim Behandeln von 2,2-Dipropyl-benzo[1,3]dioxol mit Acetanhydrid und Bor‐
fluorid (*Hoch*, *Tsatsas*, C. r. **234** [1952] 2610).
Kp_{12}: 181—182°.

          V   VI

*1-[2,2-Dipropyl-benzo[1,3]dioxol-5-yl]-äthanon-oxim $C_{15}H_{21}NO_3$, Formel VI (X = OH).
B. Aus 1-[2,2-Dipropyl-benzo[1,3]dioxol-5-yl]-äthanon und Hydroxylamin (*Hoch*, *Tsatsas*, C. r. **234** [1952] 2610).
Kp_{13}: 205°.

*1-[2,2-Dipropyl-benzo[1,3]dioxol-5-yl]-äthanon-semicarbazon $C_{16}H_{23}N_3O_3$, Formel VI
(X = NH-CO-NH₂).
B. Aus 1-[2,2-Dipropyl-benzo[1,3]dioxol-5-yl]-äthanon und Semicarbazid (*Hoch*, *Tsatsas*, C. r. **234** [1952] 2610).
F: 122°.

**(3aS,6E)-10ξ,11ξ-Epoxy-6,10ξ-dimethyl-3-methylen-(3ar,11at)-3a,4,5,8,9,10,11,11a-octa‐
hydro-3H-cyclodeca[b]furan-2-on, 2-[(1S)-8ξ,9ξ-Epoxy-10t-hydroxy-4,8ξ-dimethyl-
cyclodeca-4t-en-r-yl]-acrylsäure-lacton, 4,5ξ-Epoxy-6α-hydroxy-4ξH-germacra-
1(10)t,11(13)-dien-12-säure-lacton**[1] $C_{15}H_{20}O_3$, Formel VII.
Diese Konstitution und Konfiguration kommt dem nachstehend beschriebenen **Parth‐
enolid** zu (*Govindachari et al.*, Tetrahedron **21** [1965] 1509); die Konfiguration ergibt sich
aus der genetischen Beziehung (s. *Bawdekar et al.*, Tetrahedron Letters **1966** 1225) zu
Costunolid (6α-Hydroxy-germacra-1(10)t,4t,11(13)-trien-12-säure-lacton [E III/IV **17**
5028]).
Isolierung aus Chrysanthemum parthenium: *Souček et al.*, Collect. **26** [1961] 803, 807;
Herout et al., Chem. and Ind. **1959** 1069.
Krystalle; F: 116,5—117° [Kofler-App.; aus Diisopropyläther] (*So. et al.*), 115—116°
(*He. et al.*). $[\alpha]_D^{20}$: −81,4° [CHCl₃; c = 1] (*So. et al.*). IR-Spektrum (CHCl₃; 2000 cm⁻¹ bis
800 cm⁻¹): *M. Horák, O. Motl, J. Pliva, F. Šorm*, Die Terpene, Tl. 2 [Berlin 1963] Nr. S I 3.
Bei der Hydrierung an Platin in Methanol ist Dihydroparthenolid ((11S)-4,5-Epoxy-
6α-hydroxy-4ξH-germacr-1(10)t-en-12-säure-lacton [S. 1638]), bei der Hydrierung an Platin
in Essigsäure ist Hexahydroparthenolid ((3aS)-11ξ-Hydroxy-3c,6ξ,10ξ-tri‐
methyl-(3ar,11at)-decahydro-cyclodeca[b]furan-2-on, (11S)-5ξ,6α-Dihydroxy-
4ξH,10ξH-germacran-12-säure-6-lacton; $C_{15}H_{26}O_3$, Formel VIII; Krystalle [aus Di‐
isopropyläther], F: 158—160°) erhalten worden (*So. et al.*; *He. et al.*).

---

[1] Stellungsbezeichnung bei von Germacran abgeleiteten Namen s. E III/IV **17** 4393.

VII   VIII   IX

(3aS)-6ξ,6a-Epoxy-3c,6ξ,9-trimethyl-(3ar,6aξ,9ac,9bt)-3a,4,5,6,6a,7,9a,9b-octahydro-3H-azuleno[4,5-b]furan-2-on, (S)-2-[(3aR)-8ξ,8a-Epoxy-4c-hydroxy-3,8ξ-dimethyl-(3ar,8aξ)-1,3a,4,5,6,7,8,8a-octahydro-azulen-5t-yl]-propionsäure-lacton, (11S)-1,10-Epoxy-6α-hydroxy-1ξ,10$\xi$$H$-guaj-3-en-12-säure-lacton[1]) $C_{15}H_{20}O_3$, Formel IX.

Diese Konstitution und Konfiguration kommt dem nachstehend beschriebenen Arbo=rescin zu (*Bates et al.*, Tetrahedron Letters **1963** 1127; *Suchý et al.*, Collect. **29** [1964] 1829).

Isolierung aus dem ätherischen Öl von Artemisia arborescens: *Meisels, Weizmann*, Am. Soc. **75** [1953] 3865; *Mazur, Meisels*, Chem. and Ind. **1956** 492.

F: 145°; [α]$_D$: +63° [CHCl$_3$; c = 4] (*Me., We.*).

Beim Behandeln mit Schwefelsäure und Essigsäure ist (11S)-1,6α,10-Trihydroxy-1ξ,10$\xi$$H$-guaj-3-en-12-säure-6-lacton (E III/IV **18** 1205) erhalten worden (*Ma., Me.*). Hydrierung an Palladium in Äthylacetat unter Bildung von Tetrahydroarborescin (E III/IV **18** 130): *Ma., Me.*

Oxo-Verbindungen $C_{16}H_{22}O_3$

*Opt.-inakt. 5-Nitro-5-[4-nitro-phenylazo]-2-phenyl-4,6-dipropyl-[1,3]dioxan, [4-Nitro-phenyl]-[5-nitro-2-phenyl-4,6-dipropyl-[1,3]dioxan-5-yl]-diazen $C_{22}H_{26}N_4O_6$, Formel X.

Über ein aus opt.-inakt. 5-Nitro-2-phenyl-4,6-dipropyl-[1,3]dioxan (nicht charakteri·siert) und 4-Nitro-benzoldiazonium-chlorid hergestelltes Präparat (Krystalle [aus A.]; F: 137−138,5°) s. *Eckstein, Urbański*, Bl. Acad. polon. [III] **3** [1955] 433, 434; Roczniki Chem. **30** [1956] 1175, 1178.

X   XI

1-Benzo[1,3]dioxol-5-yl-nonan-3-on $C_{16}H_{22}O_3$, Formel XI.

B. Bei der Hydrierung von 1-Benzo[1,3]dioxol-5-yl-non-1-en-3-on (S. 1772) an Palla=dium/Kohle in Äthanol (*Hedenburg, Wachs*, Am. Soc. **70** [1948] 2216) oder an Raney-Nickel in Äthylacetat (*Ono*, Bl. Inst. Insect Control Kyoto **15** [1950] 155, 159; C. A. **1951** 2133).

Kp$_{4,5}$: 204°; D^{25}: 1,0539; n$_D^{20}$: 1,5109 (*He., Wa.*).

(±)-5-Butyryl-2-isobutyl-2-methyl-benzo[1,3]dioxol, (±)-1-[2-Isobutyl-2-methyl-benzo[1,3]dioxol-5-yl]-butan-1-on $C_{16}H_{22}O_3$, Formel XII.

B. Beim Behandeln von 2-Isobutyl-2-methyl-benzo[1,3]dioxol mit Buttersäure-anhydrid und Borfluorid (*Tsatsas, Hoch*, C. r. **236** [1953] 494).

Kp$_{10}$: 185−187°.

*(±)-1-[2-Isobutyl-2-methyl-benzo[1,3]dioxol-5-yl]-butan-1-on-oxim $C_{16}H_{23}NO_3$, Formel XIII (X = OH).

B. Aus (±)-1-[2-Isobutyl-2-methyl-benzo[1,3]dioxol-5-yl]-butan-1-on und Hydroxyl=

---

[1]) Stellungsbezeichnung bei von G u a j a n abgeleiteten Namen s. E III/IV **17** 4677 Anm. 2.

amin (*Tsatsas, Hoch*, C. r. **236** [1953] 494).
Kp_{10}: 200−205°.

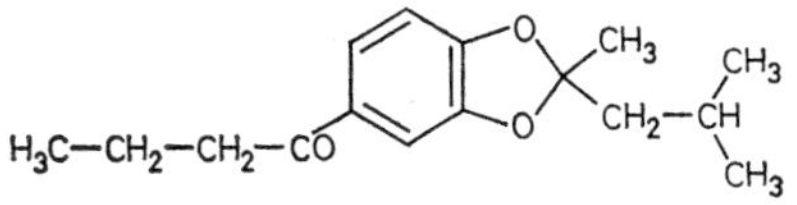

XII 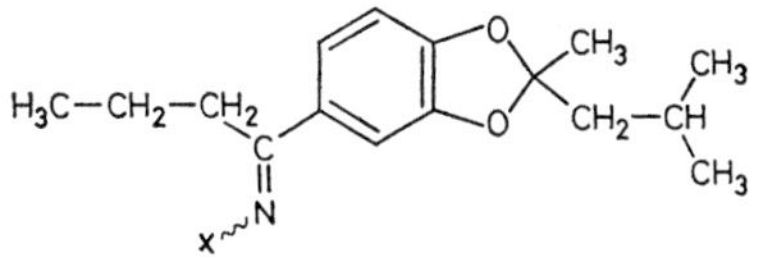   XIII

*(±)-1-[2-Isobutyl-2-methyl-benzo[1,3]dioxol-5-yl]-butan-1-on-semicarbazon
$C_{17}H_{25}N_3O_3$, Formel XIII (X = NH-CO-NH$_2$).

B. Aus (±)-1-[2-Isobutyl-2-methyl-benzo[1,3]dioxol-5-yl]-butan-1-on und Semicarb=
azid (*Tsatsas, Hoch*, C. r. **236** [1953] 494).
F: 139−140°.

2′,3′,4′a,4′b,5′,6′,7′,8′,10′,10′a-Decahydro-spiro[[1,3]dioxolan-2,1′-phenanthren]-4′-on,
1,1-Äthandiyldioxy-2,3,4a,4b,5,6,7,8,10,10a-decahydro-1*H*-phenanthren-4-on $C_{16}H_{22}O_3$.

a) (±)-1,1-Äthandiyldioxy-(4a*r*,4b*t*,10a*t*)-2,3,4a,4b,5,6,7,8,10,10a-decahydro-
1*H*-phenanthren-4-on $C_{16}H_{22}O_3$, Formel XIV + Spiegelbild.

B. Beim Erwärmen von (±)-(4a*r*,4b*t*,10a*t*)-2,3,4a,4b,5,6,7,8,10,10a-Decahydro-phen=
anthren-1,4-dion mit Äthylenglykol, Benzol und wenig Toluol-4-sulfonsäure (*Nasarow
et al.*, Izv. Akad. S.S.S.R. Otd. chim. **1959** 283, 287; engl. Ausg. S. 260, 265).
Krystalle (aus PAe.); F: 124,5−125°.

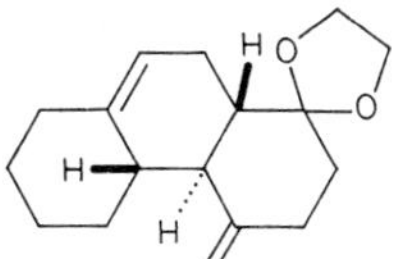

XIV 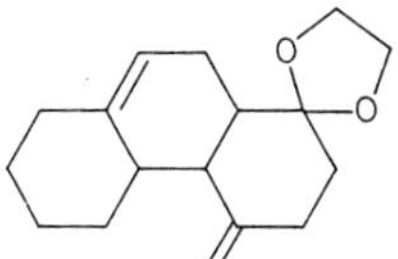   XV

b) *Opt.-inakt.* 1,1-Äthandiyldioxy-2,3,4a,4b,5,6,7,8,10,10a(?)-decahydro-
1*H*-phenanthren-4-on $C_{16}H_{22}O_3$, vermutlich Formel XV.

B. In geringer Menge aus (±)-(4a*r*,4b*c*,10a*c*)-2,3,4a,4b,5,6,7,8,10,10a-Decahydro-
phenanthren-1,4-dion analog dem unter a) beschriebenen Isomeren (*Nasarow et al.*, Izv.
Akad. S.S.S.R. Otd. chim. **1959** 283, 287; engl. Ausg. S. 260, 265).
Krystalle (aus PAe.); F: 140−141°.

Oxo-Verbindungen $C_{18}H_{26}O_3$

Opt.-inakt. 4,6-Diisobutyl-5-nitro-5-[4-nitro-phenylazo]-2-phenyl-[1,3]dioxan, [4,6-Di=
isobutyl-5-nitro-2-phenyl-[1,3]dioxan-5-yl]-[4-nitro-phenyl]-diazen $C_{24}H_{30}N_4O_6$,
Formel I.

B. Beim Behandeln einer Lösung von opt.-inakt. 4,6-Diisobutyl-5-nitro-2-phenyl-
[1,3]dioxan (S. 256) in Äthanol mit wss. Kalilauge und anschliessend mit wss. 4-Nitro=
benzoldiazonium-chlorid-Lösung (*Eckstein, Urbański*, Bl. Acad. polon. [III] **3** [1955]
433, 434; Roczniki Chem. **30** [1956] 1175, 1178).
Krystalle (aus A.); F: 127,5−128,5°.

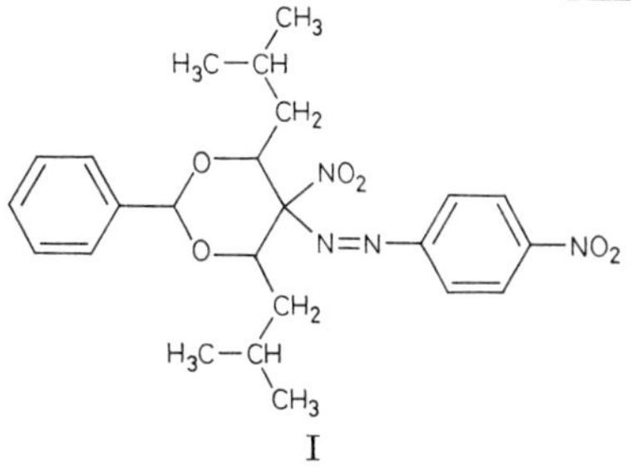

I 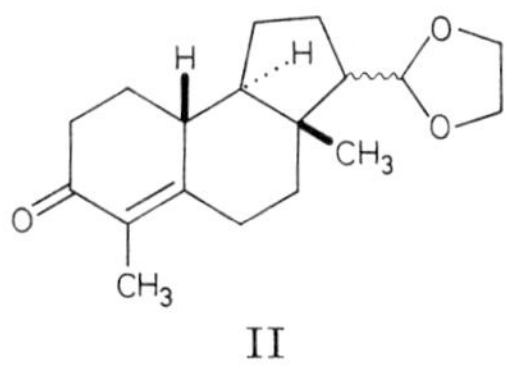   II

(±)-3ξ-[1,3]Dioxolan-2-yl-3a,6-dimethyl-(3a*r*,9a*c*,9b*t*)-1,2,3,3a,4,5,8,9,9a,9b-decahydro-cyclopenta[*a*]naphthalin-7-on $C_{18}H_{26}O_3$, Formel II + Spiegelbild.

B. Beim Hydrieren von (±)-3a,6-Dimethyl-7-oxo-(3a*r*,9a*c*,9b*t*)-3a,4,5,7,8,9,9a,9b-octa=hydro-1*H*-cyclopenta[*a*]naphthalin-3-carbaldehyd an Palladium/Strontiumcarbonat in Isopropylalkohol und Erwärmen des Reaktionsprodukts mit Äthylenglykol, Benzol, Dioxan und wenig Toluol-4-sulfonsäure (*Barkley et al.*, Am. Soc. **78** [1956] 4111, 4114).

F: 138−139°.

(±)-8′,10′a-Dimethyl-(4′a*r*,4′b*t*,10′a*t*)-3′,4′,4′a,4′b,5′,6′,10′,10′a-octahydro-2′*H*,9′*H*-spiro=[[1,3]dioxolan-2,1′-phenanthren]-7′-on, (±)-8,8-Äthandiyldioxy-1,8a-dimethyl-(4a*r*,4b*t*,8a*c*)-4,4a,4b,5,6,7,8,8a,9,10-decahydro-3*H*-phenanthren-2-on $C_{18}H_{26}O_3$, Formel III + Spiegelbild.

B. Beim Erwärmen von (±)-8,10a-Dimethyl-(4a*r*,4b*t*,10a*t*)-2,3,4,4a,4b,5,6,9,10,10a-decahydro-phenanthren-1,7-dion mit Äthylenglykol, Benzol und wenig Toluol-4-sulfon=säure (*Wieland et al.*, Helv. **36** [1953] 376, 385).

Krystalle (aus PAe.); F: 116−117° [unkorr.]. IR-Spektrum (CH_2Cl_2; 3600−670 cm⁻¹): *Wi. et al.*, l. c. S. 380. UV-Absorptionsmaximum (A.): 252 nm.

III   IV   V

(±)-1′ξ,8′a-Dimethyl-(4′a*r*,4′b*t*,8′a*c*)-4′,4′a,4′b,5′,6′,7′,8′a,9′-octahydro-1′*H*,3′*H*-spiro=[[1,3]dioxolan-2,2′-phenanthren]-8′-on, (±)-7,7-Äthandiyldioxy-8ξ,10a-dimethyl-(4a*r*,4b*t*,10a*t*)-3,4,4a,4b,5,6,7,8,10,10a-decahydro-2*H*-phenanthren-1-on $C_{18}H_{26}O_3$, Formel IV + Spiegelbild, und (±)-1′ξ,8′a-Dimethyl-(4′b*r*,8′a*t*)-4′,4′b,5′,6′,7′,8′a,9′,10′-octahydro-1′*H*,3′*H*-spiro[[1,3]dioxolan-2,2′-phenanthren]-8′-on, (±)-7,7-Äthandiyldioxy-8ξ,10a-dimethyl-(4a*r*,10a*t*)-3,4,4a,5,6,7,8,9,10,10a-decahydro-2*H*-phenanthren-1-on $C_{18}H_{26}O_3$, Formel V + Spiegelbild.

Diese beiden Formeln sind für die beiden nachstehend beschriebenen Isomeren in Betracht gezogen worden (*Wieland et al.*, Helv. **36** [1953] 1803, 1804).

a) Isomeres vom F: 156°.

B. Neben kleinen Mengen des unter b) beschriebenen Isomeren beim Erwärmen der beiden (±)-8ξ-Hydroxy-1,8a-dimethyl-(4a*r*,4b*t*,8a*c*)-4,4a,4b,5,6,7,8,8a,9,10-decahydro-3*H*-phenanthren-2-one (F: 133−134° bzw. F: 122,5−123°) mit Äthylenglykol, Benzol und wenig Toluol-4-sulfonsäure und Behandeln des jeweiligen Reaktionsprodukts mit Chrom(VI)-oxid und Pyridin (*Wieland et al.*, Helv. **36** [1953] 1803, 1806).

Krystalle (aus PAe.); F: 154−156° [unkorr.].

b) Isomeres vom F: 112°.

B. s. bei dem unter a) beschriebenen Isomeren.

Krystalle (aus PAe.); F: 111−112,5° [unkorr.] (*Wieland et al.*, Helv. **36** [1953] 1803, 1804).

Oxo-Verbindungen $C_{19}H_{28}O_3$

(±)-5-Acetyl-2-methyl-2-nonyl-benzo[1,3]dioxol, (±)-1-[2-Methyl-2-nonyl-benzo[1,3]=dioxol-5-yl]-äthanon $C_{19}H_{28}O_3$, Formel VI.

B. Beim Behandeln von 2-Methyl-2-nonyl-benzo[1,3]dioxol mit Acetanhydrid und Borfluorid (*Hoch, Tsatsas*, C. r. **234** [1952] 2610).

Kp_{11}: 225−226°.

VI   VII

*(±)-1-[2-Methyl-2-nonyl-benzo[1,3]dioxol-5-yl]-äthanon-oxim $C_{19}H_{29}NO_3$,
Formel VII (X = OH).

    B. Aus (±)-1-[2-Methyl-2-nonyl-benzo[1,3]dioxol-5-yl]-äthanon und Hydroxylamin
(*Hoch, Tsatsas,* C. r. **234** [1952] 2610).

    Kp_{14}: 238°.

*(±)-1-[2-Methyl-2-nonyl-benzo[1,3]dioxol-5-yl]-äthanon-semicarbazon $C_{20}H_{31}N_3O_3$,
Formel VII (X = NH-CO-NH$_2$).

    B. Aus (±)-1-[2-Methyl-2-nonyl-benzo[1,3]dioxol-5-yl]-äthanon und Semicarbazid
(*Hoch, Tsatsas,* C. r. **234** [1952] 2610).

    F: 128°.

2,16-Dioxa-bicyclo[15.2.2]heneicosa-17,19,20-trien-9-on, 1,15-Dioxa-[15]paracyclophan-8-on $C_{19}H_{28}O_3$, Formel VIII.

    B. Beim Erhitzen von 8-Imino-1,15-dioxa-[15]paracyclophan-7-carbonitril mit wss.
Schwefelsäure (*Ziegler, Lüttringhaus,* A. **511** [1934] 1, 11).

    Krystalle (aus PAe.); F: 58—59°.

       VIII   IX   X

2,16-Dioxa-bicyclo[15.2.2]heneicosa-17,19,20-trien-9-on-semicarbazon, 1,15-Dioxa-[15]paracyclophan-8-on-semicarbazon $C_{20}H_{31}N_3O_3$, Formel IX (R = CO-NH$_2$).

    B. Aus 1,15-Dioxa-[15]paracyclophan-8-on und Semicarbazid (*Ziegler, Lüttringhaus,*
A. **511** [1934] 1, 11).

    Krystalle (aus E.); F: 124—126°.

(±)-6*t*-[1,4-Dioxa-spiro[4.5]dec-7-en-8-yl]-8a-methyl-(4a*r*,8a*t*)-octahydro-naphthalin-1-on $C_{19}H_{28}O_3$, vermutlich Formel X + Spiegelbild.

    B. Beim Behandeln von (±)-6*t*-[1,4-Dioxa-spiro[4.5]dec-7-en-8-yl]-8a-methyl-(4a*r*,8a*t*)-
decahydro-[1*t*]naphthol mit Chrom(VI)-oxid und Pyridin (*Birch et al.,* Soc. **1958** 4688,
4692).

    Bei 200°/0,5 Torr destillierbar. IR-Banden im Bereich von 5,9 μ bis 11,6 μ: *Bi. et al.*

4,6a,9,9-Tetramethyl-1,5,6,6a,7,7a,10a,11,11a,11b-decahydro-2*H*-phenanthro[2,3-*d*]-[1,3]dioxol-3-on, 6,7-Isopropylidendioxy-1,8a-dimethyl-4,4a,4b,5,6,7,8,8a,9,10-decahydro-3*H*-phenanthren-2-on $C_{19}H_{28}O_3$.

    a) **(±)-6*t*,7*t*-Isopropylidendioxy-1,8a-dimethyl-(4a*r*,4b*t*,8a*c*)-4,4a,4b,5,6,7,8,8a,9,10-decahydro-3*H*-phenanthren-2-on** $C_{19}H_{28}O_3$, Formel XI + Spiegelbild.

    B. Bei der Hydrierung von (±)-6*t*,7*t*-Isopropylidendioxy-1,8a-dimethyl-(4a*r*,4b*t*,8a*c*)-
4,4a,4b,5,6,7,8,8a-octahydro-3*H*-phenanthren-2-on (S. 1774) an Palladium/Strontium=
carbonat in Benzol (*Woodward et al.,* Am. Soc. **74** [1952] 4223, 4241).

    Krystalle (aus Bzl. + PAe. oder aus wss. Acn.); F: 157,5—158,5° [korr.]. IR-Spektrum
(CHCl$_3$; 2—12 μ): *Wo. et al.* UV-Absorptionsmaximum (A.): 250 nm.

         XI   XII

b) (±)-6c,7c-Isopropylidendioxy-1,8a-dimethyl-(4ar,4bt,8ac)-4,4a,4b,5,6,7,8,8a,9,10-decahydro-3H-phenanthren-2-on $C_{19}H_{28}O_3$, Formel XII + Spiegelbild.

B. Beim Behandeln von 6c,7c-Dihydroxy-1,8a-dimethyl-(4ar,4bt,8ac)-4,4a,4b,5,6,7,8,=8a,9,10-decahydro-3H-phenanthren-2-on mit Aceton und Kupfer(II)-sulfat (*Barkley et al.*, Am. Soc. **78** [1956] 4111, 4114). Bei der Hydrierung von (±)-6c,7c-Isopropylidendioxy-1,8a-dimethyl-(4ar,4bt,8ac)-4,4a,4b,5,6,7,8,8a-octahydro-3H-phenanthren-2-on (S. 1774) an Palladium/Strontiumcarbonat in mit kleinen Mengen wss. Natronlauge versetztem Iso=propylalkohol (*Knowles, Thompson*, Am. Soc. **79** [1957] 3212, 3214).

Krystalle; F: 157—160° (*Ba. et al.*), 157—159° [unkorr.; aus Ae.] (*Kn., Th.*). UV-Ab=sorptionsmaximum (A.): 250 nm (*Kn., Th.*).

Oxo-Verbindungen $C_{20}H_{30}O_3$

(±)-2,2-Dimethyl-5-[2,4,6-triisopropyl-phenyl]-[1,3]dioxolan-4-on, (±)-[α-Hydroxy-isopropoxy]-[2,4,6-triisopropyl-phenyl]-essigsäure-lacton $C_{20}H_{30}O_3$, Formel XIII.

B. Beim Behandeln von 2,4,6-Triisopropyl-DL-mandelsäure mit Aceton und Schwefel=säure (*Fuson et al.*, Am. Soc. **66** [1944] 964, 966).

Krystalle; F: 165—165,5°.

XIII   XIV

(2aS)-2a,5a,7c-Trimethyl-6-[(Ξ)-2-((Ξ)-tetrahydro[3]furyl)-äthyliden]-(2ar,5at,8ac,=8bc)-decahydro-naphtho[1,8-bc]furan-2-on, (13Ξ)-15,16-Epoxy-6β-hydroxy-8βH-labd-9(11)ξ-en-19-säure-lacton[1]) $C_{20}H_{30}O_3$, Formel XIV.

Diese Konstitution und Konfiguration kommt dem nachstehend beschriebenen **Anhydrotetrahydromarrubiin** zu; bezüglich der Konfiguration am C-Atom 13 (Labdan-Bezifferung) s. *Boyle*, Chem. and Ind. **1966** 33.

B. Beim Erwärmen von Tetrahydromarrubiin ((13Ξ)-15,16-Epoxy-6β,9-dihydroxy-8βH-labdan-19→6-lacton) mit Thionylchlorid (oder Phosphor(III)-chlorid) und Benzol (*Lawson, Eustice*, Soc. **1939** 587; *Hardy et al.*, Soc. **1957** 2955, 2959).

Krystalle; F: 125—126° [aus Ae.] (*Ha. et al.*), 124° [aus PAe.] (*La., Eu.*). $[\alpha]_D^{16,5}$: +55,2° [CHCl₃] (*Ha. et al.*).

Bei der Hydrierung an Platin in Essigsäure ist eine Verbindung $C_{20}H_{32}O_3$(?) (Kry-stalle [aus PAe.], F: 89°) erhalten worden (*La., Eu.*).

2,2-Äthandiyldioxy-A-nor-5α-androstan-17-on $C_{20}H_{30}O_3$, Formel I.

B. Beim Behandeln von 2,2-Äthandiyldioxy-A-nor-5α-androstan-17β-ol mit Chrom(VI)-oxid und Pyridin (*Rull, Ourisson*, Bl. **1958** 1573, 1576).

F: 157—158° [korr.]. $[\alpha]_{578}$: +85° [CHCl₃; c = 1]. UV-Absorptionsmaxima (A.): 295 nm und 297 nm.

Oxo-Verbindungen $C_{21}H_{32}O_3$

3,3-Äthandiyldioxy-5α-androstan-17-on $C_{21}H_{32}O_3$, Formel II.

B. Beim Erwärmen von 5α-Androstan-3,17-dion mit Äthylenglykol, Benzol und Toluol-4-sulfonsäure (*Herzog et al.*, Am. Soc. **75** [1953] 4425).

---

[1]) Stellungsbezeichnung bei von **Labdan** abgeleiteten Namen s. E IV **5** 368, 369.

Krystalle [aus Hexan]. F: 155—156° [korr.]; $[\alpha]_D^{25}$: +81,5° [CHCl$_3$] (*He. et al.*);
F: 155—155,5° [unkorr.]; $[\alpha]_D$: +84,5° [CHCl$_3$] (*Vorbrueggen*, Steroids **1** [1967] 45, 49).

I   II   III

Oxo-Verbindungen C$_{23}$H$_{36}$O$_3$

10,13-Dimethyl-17-[1-methyl-[1,3]dioxolan-2-yl]-hexadecahydro-cyclopenta[a]phen-
anthren-3-on C$_{23}$H$_{36}$O$_3$.

a) **20,20-Äthandiyldioxy-5β-pregnan-3-on** C$_{23}$H$_{36}$O$_3$, Formel III.

B. Bei der Hydrierung von 20,20-Äthandiyldioxy-pregn-4-en-3-on an Palladium/Kohle
in Kaliumhydroxid enthaltendem Äthanol (*Nathansohn, Ribaldone*, G. **89** [1959] 1884,
1889).
Krystalle (aus A.); F: 175—176°.

b) **20,20-Äthandiyldioxy-5α-pregnan-3-on** C$_{23}$H$_{36}$O$_3$, Formel IV.

B. Beim Behandeln von 20,20-Äthandiyldioxy-5α-pregnan-3β-ol mit Chrom(VI)-oxid
und Pyridin (*Schütt, Tamm*, Helv. **41** [1958] 1730, 1749).
Krystalle (aus Acn.); F: 187—190° [korr.; Kofler-App.]. $[\alpha]_D^{22}$: + 38° [CHCl$_3$; c = 1].

20,20-Äthandiyldimercapto-A-nor-5α-pregnan-2ξ-carbaldehyd, 20,20-Äthandiyldi-
mercapto-3ξH,5α-1(2→3)-abeo-pregnan-2-al C$_{23}$H$_{36}$OS$_2$, Formel V.

B. Beim Behandeln von [20,20-Äthandiyldimercapto-A-nor-5α-pregnan-2ξ-yl]-meth-
anol ($[\alpha]_D$: + 5,4° [CHCl$_3$]) mit Chrom(VI)-oxid und Pyridin (*Pappas, Nace*, Am. Soc. **81**
[1959] 4556, 4559).
Krystalle (aus wss. Acn.); F: 147,5—148,5° [korr.]. $[\alpha]_D$: + 12,4° [CHCl$_3$].

IV   V   VI

Oxo-Verbindungen C$_{24}$H$_{38}$O$_3$

3,3-Äthandiyldioxy-6α-methyl-5α-pregnan-20-on C$_{24}$H$_{38}$O$_3$, Formel VI.

B. Bei mehrtägigem Behandeln einer Lösung von 6α-Methyl-5α-pregnan-3,20-dion in
Dichlormethan mit Äthylenglykol, Selendioxid und Toluol-4-sulfonsäure (*Nussbaum et al.*,
Am. Soc. **81** [1959] 1228, 1230).
Krystalle (aus Hexan); F: 190—191° [Kofler-App.]. $[\alpha]_D^{26}$: + 87,5° [CHCl$_3$; c = 1].

Oxo-Verbindungen C$_{28}$H$_{46}$O$_3$

6,6-Äthandiyldioxy-B-nor-5β-cholestan-3-on C$_{28}$H$_{46}$O$_3$, Formel VII.

B. Beim Behandeln einer Lösung von B-Nor-5β-cholestan-3,6-dion in Äther und
Methanol mit kleinen Mengen wss. Natronlauge und mit Natrium-trimethoxoboranat,

Erwärmen des erhaltenen Öls mit Äthylenglykol, Benzol und Toluol-4-sulfonsäure und Behandeln des Reaktionsprodukts mit Chrom(VI)-oxid und Pyridin (*Goto*, Am. Soc. **82** [1960] 2005, 2010; s. a. *Goto, Fieser*, Am. Soc. **81** [1959] 2276).

Krystalle (aus Bzl.); F: 120—121° (*Goto, Fi.; Goto*). $[\alpha]_D$: $+50°$ [Lösungsmittel nicht angegeben] (*Goto, Fi.*).

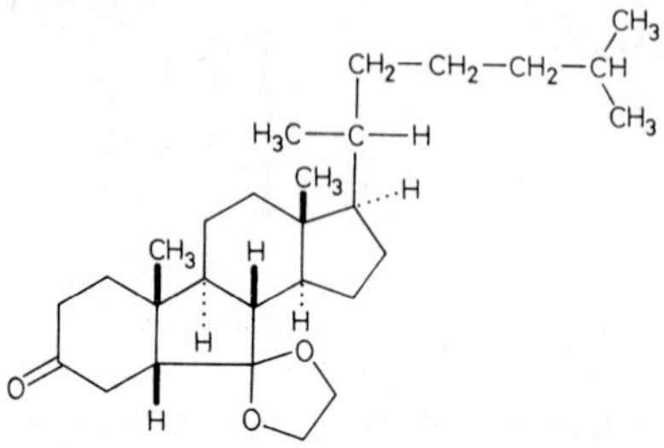

VII

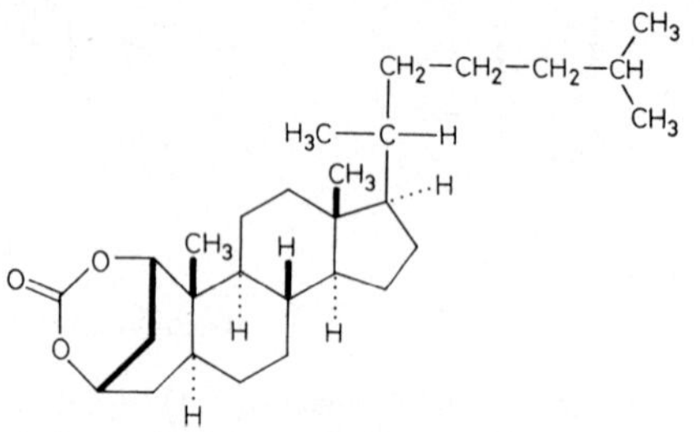

VIII

1α,3α-Carbonyldioxy-5α-cholestan, Kohlensäure-[5α-cholestan-1α,3α-diylester] $C_{28}H_{46}O_3$, Formel VIII.

B. Beim Behandeln einer Lösung von 5α-Cholestan-1α,3α-diol in Chloroform mit Pyridin und mit Phosgen in Toluol (*Schütt, Tamm*, Helv. **41** [1958] 1730, 1749).

Krystalle (aus Acn. + PAe.); F: 186—188° [korr.; Kofler-App.]. $[\alpha]_D^{25}$: $+61°$ [CHCl$_3$; c = 1].

9-[1,5-Dimethyl-hexyl]-6a,8a-dimethyl-tetradecahydro-4,13a-methano-cyclopenta[5,6]‌naphtho[2,1-*d*][1,3]dioxocin-2-on $C_{28}H_{46}O_3$.

a) **3β,5-Carbonyldioxy-5β-cholestan, Kohlensäure-[5β-cholestan-3β,5-diylester]** $C_{28}H_{46}O_3$, Formel IX.

B. Beim Behandeln einer Lösung von 5β-Cholestan-3β,5-diol in Chloroform mit Pyridin und mit Phosgen in Toluol (*Plattner et al.*, Helv. **31** [1948] 1885, 1889).

Krystalle (aus Me.); F: 179—180° [korr.; evakuierte Kapillare]. $[\alpha]_D^{22}$: $+82,5°$ [CHCl$_3$; c = 1,2] bzw. $[\alpha]_D^{22}$: $+81,1°$ [CHCl$_3$; c = 0,8].

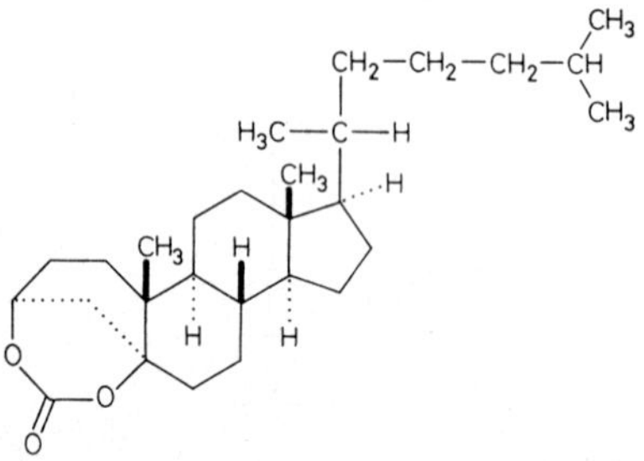

IX

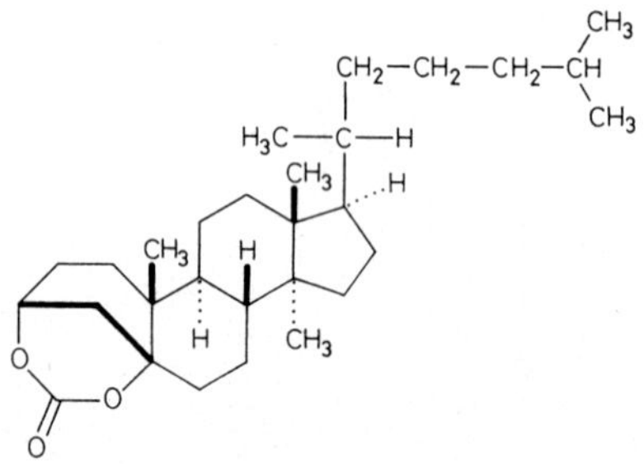

X

b) **3α,5-Carbonyldioxy-5α-cholestan, Kohlensäure-[5α-cholestan-3α,5-diylester]** $C_{28}H_{46}O_3$, Formel X.

B. Beim Behandeln einer Lösung von 5α-Cholestan-3α,5-diol in Chloroform mit Pyridin und mit Phosgen in Toluol (*Plattner et al.*, Helv. **31** [1948] 1455, 1462).

Krystalle (aus Acn.); F: 244—245° [korr.]. $[\alpha]_D$: $+15,6°$ [CHCl$_3$; c = 1] bzw. $[\alpha]_D$: $+14,8°$ [CHCl$_3$; c = 0,5].

Oxo-Verbindungen $C_{29}H_{48}O_3$

3,3-Äthandiyldimercapto-5β-cholestan-4-on $C_{29}H_{48}OS_2$, Formel XI.

B. Beim Behandeln von 4-Hydroxy-cholest-4-en-3-on (E III **7** 3580) mit Äthan-1,2-di‌

thiol und dem Borfluorid-Äther-Addukt (*Stevenson, Fieser*, Am. Soc. **78** [1956] 1409).
Krystalle (aus Acn. + Me.); F: 126—128°. $[\alpha]_D$: + 125° [$CHCl_3$; c = 1].

XI   XII

3,3-Äthandiyldimercapto-5α-cholestan-6-on $C_{29}H_{48}OS_2$, Formel XII.
   B. Beim Behandeln einer Lösung von 5α-Cholestan-3,6-dion in Essigsäure mit Äthan-
1,2-dithiol (1 Mol) und dem Borfluorid-Äther-Addukt (*Fieser*, Am. Soc. **76** [1954] 1945).
Krystalle (aus Me.); F: 131—132°. $[\alpha]_D$: + 24,4° [$CHCl_3$; c = 2].

Oxo-Verbindungen $C_{30}H_{50}O_3$

2,2-Propandiyldimercapto-5α-cholestan-3-on $C_{30}H_{50}OS_2$, Formel XIII.
   B. Beim Erwärmen von 2-Hydroxymethylen-5α-cholestan-3-on (E III 7 3588) mit
1,3-Bis-[toluol-4-sulfonylmercapto]-propan und Kaliumacetat in Äthanol (*Beton et al.*,
Soc. **1957** 753, 758).
   Krystalle (aus $CHCl_3$ + Me.), F: 182—183° [korr.; Kofler-App.]; $[\alpha]_D^{20}$: + 114°
[$CHCl_3$; c = 1] (*Be. et al.*). $[\alpha]_{700}$: + 73°; $[\alpha]_D$: + 121°; $[\alpha]_{330}$: + 1805°; $[\alpha]_{300}$: + 47°
[jeweils in Methanol + Dioxan [1:1]] (*Djerassi et al.*, Am. Soc. **80** [1958] 4001, 4014).

XIII   XIV

Oxo-Verbindungen $C_{31}H_{52}O_3$

17-[1,5-Dimethyl-hexyl]-4,10,13-trimethyl-tetradecahydro-spiro[cyclopenta[*a*]phen=
anthren-2,2'-[1,3]dithian]-3-on $C_{31}H_{52}OS_2$.
   a) **4β-Methyl-2,2-propandiyldimercapto-5α-cholestan-3-on** $C_{31}H_{52}OS_2$, Formel XIV.
   B. In kleiner Menge neben dem unter b) beschriebenen Stereoisomeren und 4,4-Di=
methyl-2,2-propandiyldimercapto-5α-cholestan-3-on beim Erwärmen einer Lösung von
2,2-Propandiyldimercapto-5α-cholestan-3-on in Benzol mit Kalium-*tert*-butylat und in *tert*-
Butylalkohol und mit Methyljodid (*Beton et al.*, Soc. **1957** 753, 758).
   Krystalle (aus $CHCl_3$ + Me.), F: 161—162° [korr.; Kofler-App.]; $[\alpha]_D^{20}$: + 89° [$CHCl_3$;
c = 1] (*Be. et al.*). $[\alpha]_{700}$: + 49°; $[\alpha]_D$: + 86°; $[\alpha]_{325}$: + 1800°; $[\alpha]_{285}$: — 835° [jeweils in
Methanol + Dioxan [1:1]] (*Djerassi et al.*, Am. Soc. **80** [1958] 4001, 4014).
   Beim Erwärmen einer Lösung in Benzol mit Kalium-*tert*-butylat in *tert*-Butylalkohol
erfolgt Umwandlung in das unter b) beschriebene Stereoisomere (*Be. et al.*, l. c. S. 760).

b) **4α-Methyl-2,2-propandiyldimercapto-5α-cholestan-3-on** $C_{31}H_{52}OS_2$, Formel XV.
B. s. bei dem unter a) beschriebenen Stereoisomeren.

Krystalle (aus Me.), F: 159—162° [korr.; Kofler-App.]; $[\alpha]_D^{20}$: $+70°$ [CHCl$_3$; c = 2] (*Beton et al.*, Soc. **1957** 753, 759). $[\alpha]_{700}$: $+45°$; $[\alpha]_D$: $+70°$; $[\alpha]_{320}$: $+1665°$; $[\alpha]_{290}$: $-427°$ $[\alpha]_{285}$: $-277°$ [jeweils in Methanol + Dioxan [1:1]] (*Djerassi et al.*, Am. Soc. **80** [1958] 4001, 4014).

XV   XVI

Oxo-Verbindungen $C_{32}H_{54}O_3$

4,4-Dimethyl-2,2-propandiyldimercapto-5α-cholestan-3-on, 2,2-Propandiyldimercapto-32-nor-lanostan-3-on $C_{32}H_{54}OS_2$, Formel XVI.

B. Beim Erwärmen von 2-Hydroxymethylen-4,4-dimethyl-5α-cholestan-3-on (F: 131—138°) mit 1,3-Bis-[toluol-4-sulfonylmercapto]-propan und Kaliumacetat in Äthanol (*Beton et al.*, Soc. **1957** 753, 759). Weitere Bildungsweise s. S. 1739 im Artikel 4β-Methyl-2,2-propandiyldimercapto-5α-cholestan-3-on.

Krystalle (aus CHCl$_3$ + Me.), F: 128—129° [korr.; Kofler-App.]; $[\alpha]_D^{20}$: $-19°$ [CHCl$_3$; c = 1] (*Be. et al.*). $[\alpha]_{700}$: $-8°$; $[\alpha]_D$: $-3°$; $[\alpha]_{337}$: $-1165°$; $[\alpha]_{285}$: $+323°$ [jeweils in Dioxan] (*Djerassi et al.*, Am. Soc. **80** [1958] 4001, 4014).　　　　　　　　　[*Schmidt*]

Monooxo-Verbindungen $C_nH_{2n-12}O_3$

Oxo-Verbindungen $C_9H_6O_3$

5-Phenyl-[1,2]dithiol-3-on $C_9H_6OS_2$, Formel I (X = H) (H 134; E I 669).

B. Beim Erwärmen von 3-Acetyldisulfanyl-3-phenyl-acrylsäure-äthylester (F: 77°) mit Chlorwasserstoff enthaltendem Methanol (*Raoul, Vialle*, Bl. **1959** 1670, 1673). Aus 5-Phenyl-[1,2]dithiol-3-thion beim Behandeln einer Lösung in Chloroform mit Queck‌silber(II)-acetat in Essigsäure (*Böttcher*, B. **81** [1948] 376) sowie beim Behandeln mit Kaliumpermanganat in Aceton (*Woronkow et al.*, Ž. obšč. Chim. **19** [1949] 1927, 1940; engl. Ausg. S. a 395, a 408).

Dipolmoment (ε; Bzl.): 4,30 D (*Lüttringhaus, Grohmann*, Z. Naturf. **10b** [1955] 365).

Gelbliche Krystalle; F: 118—119° [aus A.] (*Bö.*), 118° [aus PAe.] (*Ra., Vi.*), 116,6° bis 117° [aus A.] (*Wo. et al.*), 116—116,8° [aus Me.] (*Kosak et al.*, Am. Soc. **76** [1954] 4450, 4452).

Verhalten beim Erwärmen mit Phosphor(V)-sulfid in Schwefelkohlenstoff (Bildung von 5-Phenyl-[1,2]dithiol-3-thion): *Böttcher, Bauer*, A. **568** [1950] 227, 230. Bildung von *N,N'*-Diphenyl-harnstoff beim Erhitzen mit Anilin: *Bö., Ba.*, l. c. S. 237. Beim Erhitzen mit Phenylhydrazin unter Luftzutritt sind 2,5-Diphenyl-2*H*-pyrazol-3,4-dion-4-phenyl‌hydrazon,　[5-Oxo-1,3-diphenyl-4,5-dihydro-pyrazol-4-yl]-[5-oxo-1,3-diphenyl-1,5-di‌hydro-pyrazol-4-yliden]-amin　und　2,5,2',5'-Tetraphenyl-2,4,2',4'-tetrahydro-[4,4']bi‌pyrazolyl-3,3'-dion erhalten worden (*Bö., Ba.*, l. c. S. 236; vgl. H 134).

*2-Hydroxy-4-[5-phenyl-[1,2]dithiol-3-ylidenamino]-benzoesäure $C_{16}H_{11}NO_3S_2$, Formel II.

B. Beim Erhitzen einer Lösung von 3-Methylmercapto-5-phenyl-[1,2]dithiolylium-methylsulfat (aus 5-Phenyl-[1,2]dithiol-3-thion und Dimethylsulfat hergestellt) in Essig‌

säure und wenig Pyridin mit 4-Amino-2-hydroxy-benzoesäure (*Luettringhaus, Schmidt,* U.S.P. 2846444 [1952]).
Orangefarbene Krystalle (aus Butan-1-ol); F: 217°.

I   II   III

*5-Phenyl-[1,2]dithiol-3-on-oxim $C_9H_7NOS_2$, Formel III.

B. Beim Erwärmen einer Lösung von 5-Phenyl-[1,2]dithiol-3-thion in Äthanol mit Hydroxylamin-hydrochlorid und Natriumacetat (*Woronkow et al.*, Ž. obšč. Chim. **19** [1949] 1927, 1940; engl. Ausg. S. a 395, a 408; *Tornetta*, Ann. Chimica **48** [1958] 577, 580). Gelbe Krystalle (aus Bzl.); F: 137—139° (*Wo. et al.*), 137° (*To.*).

5-[4-Chlor-phenyl]-[1,2]dithiol-3-on $C_9H_5ClOS_2$, Formel I (X = Cl).

B. Beim Erwärmen von 3-Acetyldisulfanyl-3-[4-chlor-phenyl]-acrylsäure-äthylester (F: 70°) mit Chlorwasserstoff enthaltendem Methanol (*Raoul, Vialle*, Bl. **1959** 1670, 1674). Krystalle (aus A.); F: 96°.

IV   V

5-Phenyl-[1,2]dithiol-3-thion $C_9H_6S_3$, Formel IV (X = H).

B. Beim Erhitzen von *trans*-Propenyl-benzol mit Schwefel auf 190° bzw. 220° (*Woronkow et al.*, Ž. obšč. Chim. **19** [1949] 1927, 1939; engl. Ausg. S. a 395, a 407; *Böttcher, Lüttringhaus*, A. **557** [1947] 89, 105). Beim Erhitzen von Allylbenzol mit Schwefel (4 Grammatom) auf 220° (*Bö., Lü.*; s. a. *Wo. et al.*, l. c. S. 1940; engl. Ausg. S. a 409). Beim Erhitzen von 3-Oxo-3-phenyl-propionaldehyd-(*Z*)-oxim (E III **7** 3474) mit Phosphor(V)-sulfid auf 150° (*Tornetta*, Ann. Chimica **48** [1958] 577, 579). Beim Erhitzen von 3,3-Di= mercapto-1-phenyl-propenon, von 3,3-Bis-methylmercapto-1-phenyl-propenon oder von 2-[1,3]Dithiolan-2-yliden-1-phenyl-äthanon mit Phosphor(V)-sulfid in Xylol (*Thuillier, Vialle*, Bl. **1959** 1398, 1400). Beim Erhitzen von *trans*-Zimtsäure-äthylester mit Phos= phor(V)-sulfid und Schwefel auf 130° (*Lüttringhaus et al.*, A. **560** [1948] 201, 209). Beim Erhitzen von Phenylpropiolsäure-äthylester mit Phosphor(V)-sulfid, Schwefel, Xylol, Schwefelwasserstoff und wenig Piperidin auf 130° (*Wander A.G.*, D.B.P. 909097 [1951]). Beim Erhitzen von 3-Oxo-3-phenyl-propionsäure-äthylester mit Phosphor(V)-sulfid in Tetralin (*Legrand, Lozac'h*, Bl. **1955** 79, 83). Aus 5-Phenyl-[1,2]dithiol-3-on beim Er= hitzen mit Phosphor(V)-sulfid in Xylol (*Lü. et al.*; *Raoul, Vialle*, Bl. **1959** 1670, 1673) sowie beim Erwärmen mit Phosphor(V)-sulfid in Schwefelkohlenstoff (*Böttcher, Bauer*, A. **568** [1950] 227, 230). Beim Erhitzen von 5-Phenyl-isoxazol oder von 3-Phenyl-2*H*(oder 4*H*)-isoxazol-5-on (H **27** 200; E II **27** 250) mit Phosphor(V)-sulfid auf 150° (*To.*, l. c. S. 579, 580).

Dipolmoment (ε; Bzl.): 4,93 D (*Lüttringhaus, Grohmann*, Z. Naturf. **10b** [1955] 365).

Orangefarbene Krystalle; F: 127° [aus A.] (*Raoul, Vialle*, Bl. **1959** 1670, 1673), 126,2° [aus A.] (*Woronkow et al.*, Ž. obšč. Chim. **19** [1949] 1927, 1939; engl. Ausg. S. a 395, a 407), 126° [aus Acn. + Cyclohexan bzw. aus A. oder E.] (*Lüttringhaus et al.*, A. **560** [1948] 201, 209; *Tornetta*, Ann. Chimica **48** [1958] 577, 580). Absorptionsspektrum (Me.; 250—450 nm): *Lüttringhaus, Cleve*, A. **575** [1952] 112, 115.

Überführung in 5-Phenyl-[1,2]dithiol-3-on durch Behandlung einer Lösung in Chloro= form mit Quecksilber(II)-acetat in Essigsäure: *Böttcher*, B. **81** [1948] 376; durch Behand= lung mit Kaliumpermanganat in Aceton: *Woronkow et al.*, Ž. obšč. Chim. **19** [1949] 1927, 1940; engl. Ausg. S. a 395, a 408. Reaktion mit Thionylchlorid unter Bildung von

5,5'-Diphenyl-3,3'-sulfinyldimercapto-bis-[1,2]dithiolylium-dichlorid ([$C_{18}H_{12}OS_7$]Cl_2; entsprechend Formel V) sowie Reaktion mit Sulfurylchlorid unter Bildung von 5,5'-Diphenyl-3,3'-sulfonyldimercapto-bis-[1,2]dithiolylium-dichlorid ([$C_{18}H_{12}O_2S_7$]Cl_2; entsprechend Formel VI): *Mollier, Lozac'h*, Bl. **1952** 1076. Eine von *Woronkow et al.* (Ž. obšč. Chim. **19** [1949] 1927, 1940; engl. Ausg. S. a 395, a 408) bei der Umsetzung mit Methyljodid erhaltene Verbindung (orangefarbene Krystalle; F: 155°) ist als 3-Methylmercapto-5-phenyl-[1,2]dithiolylium-jodid ([$C_{10}H_9S_3$]I; entsprechend Formel VII) zu formulieren (*Woronkow et al.*, Chimija geterocikl. Soedin. **1967** 633, 636; engl. Ausg. S. 510; s. a. *Lüttringhaus, Schmidt*, Ch. Z. **77** [1953] 135; *Biton et al.*, C. r. [C] **267** [1968] 586). Verhalten beim Erhitzen mit Anilin (Bildung einer vermutlich als β-Anilino-N,N'-diphenyl-cinnamamidin ($C_{27}H_{23}N_3$) oder als 1,2,5-Triphenyl-1,2-dihydro-pyrazol-3-on-phenylimin ($C_{27}H_{21}N_3$) zu formulierenden Verbindung [F: 214—216°] und einer als 1,2,5-Triphenyl-1,2-dihydro-pyrazol-3-thion angesehenen Verbindung $C_{21}H_{16}N_2S$ [F: 144—145°]): *Böttcher, Bauer*, A. **568** [1950] 227, 238. Beim Erhitzen mit Benzylamin ist eine als 3-Benzylimino-3-phenyl-thiopropionsäure-benzylamid angesehene Verbindung $C_{23}H_{22}N_2S$ (F: 67—68°), beim Erhitzen mit Phenylhydrazin auf 210° ist 2,5-Diphenyl-2,4-dihydro-pyrazol-3-on-imin erhalten worden (*Bö., Ba.*, l. c. S. 238, 239).

Verbindung mit Zinn(IV)-chlorid 2 $C_9H_6S_3 \cdot SnCl_4$; *trans*-Tetrachloro-bis-[5-phenyl-[1,2]dithiol-3-thion]-zinn(IV) [$Sn(C_9H_6S_3)_2Cl_4$]. Gelbe bis orangefarbene Krystalle (aus CCl_4); F: 222° (*Petillon, Guerchais*, Int. J. Sulfur Chem. **8** [1973] 367, 368, 371; s. a. *Mollier, Lozac'h*, Bl. **1952** 1076).

Über eine Verbindung mit Wismut(III)-chlorid $C_9H_6S_3 \cdot BiCl_3$ s. *Mo., Lo.*

Verbindung mit Quecksilber(II)-chlorid 2 $C_9H_6S_3 \cdot 2HgCl_2$; μ-Dichloro-bis-[chloro-(5-phenyl-[1,2]dithiol-3-thion)-quecksilber(II)] [$Hg_2(C_9H_6S_3)_2Cl_4$]. Orangegelbe Krystalle (aus Acn.); F: 226° (*Pe., Gu.*; s. a. *Lüttringhaus et al.*, A. **560** [1948] 201, 209; *Tornetta*, Ann. Chimica **48** [1958] 577, 580).

VI   VII   VIII

5-[4-Chlor-phenyl]-[1,2]dithiol-3-thion $C_9H_5ClS_3$, Formel IV (X = Cl).

B. Beim Erhitzen von 1-[4-Chlor-phenyl]-3,3-dimercapto-propenon (*Thuillier, Vialle*, Bl. **1959** 1398, 1400) oder von 5-[4-Chlor-phenyl]-[1,2]dithiol-3-on (*Raoul, Vialle*, Bl. **1959** 1670, 1674) mit Phosphor(V)-sulfid in Xylol.

Rote Krystalle; F: 136° [aus A.] (*Ra., Vi.*), 135—136° [aus Bzl. + Cyclohexan] (*Legrand, Lozac'h*, Bl. **1959** 1686), 135° [aus E.] (*Th., Vi.*).

5-[4-Brom-phenyl]-[1,2]dithiol-3-thion $C_9H_5BrS_3$, Formel IV (X = Br).

B. Beim Erhitzen von 1-Allyl-4-brom-benzol mit Schwefel und Äthylbenzoat auf 205° (*Lozac'h et al.*, Bl. **1953** 1016, 1020). Beim Erhitzen von 1-[4-Brom-phenyl]-3,3-dimercapto-propenon mit Phosphor(V)-sulfid in Xylol (*Thuillier, Vialle*, Bl. **1959** 1398, 1400).

Rotbraune Krystalle; F: 130—131° [aus E.] (*Th., Vi.*), 129° [aus Cyclohexan] (*Lo. et al.*, s. a. *Legrand, Lozac'h*, Bl. **1959** 1686).

5-[4-Jod-phenyl]-[1,2]dithiol-3-thion $C_9H_5IS_3$, Formel IV (X = I).

B. In kleiner Menge beim Erhitzen von 1-[4-Jod-phenyl]-propan-1-on mit Phosphor(V)-sulfid, Schwefel und Biphenyl auf 210° (*Legrand, Lozac'h*, Bl. **1959** 1686).

Gelbbraune Krystalle (aus Bzl.); F: 198°.

---

*4-Phenyl-[1,2]dithiol-3-on-oxim $C_9H_7NOS_2$, Formel VIII.

B. Beim Erwärmen einer Lösung von 4-Phenyl-[1,2]dithiol-3-thion in Äthanol mit Hydroxylamin-hydrochlorid und Natriumacetat (*Woronkow et al.*, Ž. obšč. Chim. **19**

[1949] 1927, 1938; engl. Ausg. S. a 395, a 407; s. a. *Wander A.G.*, D.B.P. 909097 [1951]).

Orangegelbe bzw. gelbe Krystalle; F: 175° [Zers.; aus Bzl.] (*Böttcher, Lüttringhaus,* A. **557** [1947] 89, 106; s. a. *Wander A.G.*), 172,5° (*Wo. et al.*).

4-Phenyl-[1,2]dithiol-3-thion $C_9H_6S_3$, Formel IX.

B. Als Hauptprodukt neben Bis-[1-methyl-1-phenyl-äthyl]-disulfid bei mehrtägigem Erhitzen von Cumol mit Schwefel und wenig *N,N'*-Di-*o*-tolyl-guanidin auf 155° (*Fields,* Am. Soc. **77** [1955] 4255). Aus Isopropenylbenzol beim Erhitzen mit Schwefel auf 220° (*Böttcher, Lüttringhaus,* A. **557** [1947] 89, 105; *Woronkow et al.*, Ž. obšč. Chim. **19** [1949] 1927, 1938; engl. Ausg. S. a 395, a 406) sowie beim Erhitzen mit Schwefel und wenig *N,N'*-Di-*o*-tolyl-guanidin in *tert*-Butyl-benzol auf 155° (*Fi.*). Beim Erhitzen von (±)-3-Hydroxy-2-phenyl-propionsäure-äthylester mit Phosphor(V)-sulfid, Schwefel und Schwefelkohlenstoff unter Zusatz von Quarzsand auf 140° (*Wander A.G.*, D.B.P. 909097 [1951]). Beim Erhitzen von Phenylmalonaldehydsäure-äthylester mit Phosphor(V)-sulfid in Xylol (*Legrand et al.*, Bl. **1953** 327, 328).

Orangefarbene Krystalle; F: 123° [aus Butylacetat] (*Bö., Lü.*), 122,8° [aus A.] (*Wo. et al.*), 122° [aus Bzl.] (*Fi.*).

Reaktion mit Thionylchlorid unter Bildung von 4,4'-Diphenyl-3,3'-sulfinyldi≈ mercapto-bis-[1,2]dithiolylium-dichlorid ([$C_{18}H_{12}OS_7$]Cl_2; entsprechend Formel X) sowie Reaktion mit Sulfurylchlorid unter Bildung von 4,4'-Diphenyl-3,3'-sulfon≈ yldimercapto-bis-[1,2]dithiolylium-dichlorid ([$C_{18}H_{12}O_2S_7$]Cl_2; entsprechend Formel XI): *Mollier, Lozac'h*, Bl. **1952** 1076. Beim Erhitzen mit Methyljodid (Überschuss) und Butylacetat ist eine als 3-Methylmercapto-4-phenyl-[1,2]dithiolylium-jodid ([$C_{10}H_9S_3$]I; entsprechend Formel XII) zu formulierende Verbindung (F: 194° [Zers.]) erhalten worden (*Fi.*).

Über eine Verbindung mit Zinn(IV)-chlorid (2 $C_9H_6S_3$·$SnCl_4$) sowie eine Ver≈ bindung mit Wismut(III)-chlorid ($C_9H_6S_3$·$BiCl_3$) s. *Mo., Lo.*

IX   X   XI   XII

Benz[1,4]oxathiin-2-carbaldehyd $C_9H_6O_2S$, Formel I.

Konstitutionszuordnung: *Parham, Willette*, J. org. Chem. **25** [1960] 53.

B. Aus Benz[1,4]oxathiin mit Hilfe von *N*-Methyl-formanilid und Phosphorylchlorid (*Parham, Jones*, Am. Soc. **76** [1954] 1068, 1073).

Hellgelbe Krystalle (nach Sublimation unter vermindertem Druck); F: 127—128° (*Pa., Jo.*).

*Benz[1,4]oxathiin-2-carbaldehyd-[4-nitro-phenylhydrazon] $C_{15}H_{11}N_3O_3S$, Formel II (X = H).

B. Aus Benz[1,4]oxathiin-2-carbaldehyd (s. o.) und [4-Nitro-phenyl]-hydrazin (*Parham, Jones*, Am. Soc. **76** [1954] 1068, 1073).

Krystalle (aus A.); F: 217—219°.

I   II   III

*Benz[1,4]oxathiin-2-carbaldehyd-[2,4-dinitro-phenylhydrazon] $C_{15}H_{10}N_4O_5S$,
Formel II (X = NO$_2$).

B. Aus Benz[1,4]oxathiin-2-carbaldehyd (S. 1743) und [2,4-Dinitro-phenyl]-hydrazin
(*Parham, Jones*, Am. Soc. **76** [1954] 1068, 1073).

Krystalle (aus CHCl$_3$ + A.); F: 246—247°.

Benzo[1,4]dithiin-2-carbaldehyd $C_9H_6OS_2$, Formel III.

B. Aus Benzo[1,4]dithiin mit Hilfe von *N*-Methyl-formanilid und Phosphorylchlorid
(*Parham et al.*, Am. Soc. **75** [1953] 1647, 1650).

Orangefarbenes Öl. UV-Absorptionsmaximum (A.): 271 nm.

Beim Erhitzen mit wss. Kaliumpermanganat-Lösung und wss. Natronlauge ist Benzol-
1,2-disulfonsäure erhalten worden.

Oxim und Phenylhydrazon s. u.

*Benzo[1,4]dithiin-2-carbaldehyd-oxim $C_9H_7NOS_2$, Formel IV (X = OH).

B. Aus Benzo[1,4]dithiin-2-carbaldehyd und Hydroxylamin (*Parham et al.*, Am. Soc.
75 [1953] 1647, 1650).

Krystalle (aus A.); F: 166—169°.

*Benzo[1,4]dithiin-2-carbaldehyd-phenylhydrazon $C_{15}H_{12}N_2S_2$, Formel IV
(X = NH-C$_6$H$_5$).

B. Aus Benzo[1,4]dithiin-2-carbaldehyd und Phenylhydrazin (*Parham et al.*, Am.
Soc. **75** [1953] 1647, 1650).

Gelbe Krystalle (aus A.); F: 138,8—139,4°.

Wenig beständig.

Di-[2]furyl-keton $C_9H_6O_3$, Formel V.

B. Beim Behandeln von Furan-2-carbonitril mit [2]Furylmagnesiumbromid in Äther,
Erwärmen des Reaktionsprodukts und anschliessenden Erhitzen mit wss. Essigsäure
(*Reichstein et al.*, Helv. **15** [1932] 1066, 1071). Beim Erwärmen von Furan-2-carbonitril
mit [2]Furylmagnesiumjodid in Äther und anschliessenden Behandeln mit wss. Schwefel=
säure (*Gilman, Wright*, Am. Soc. **55** [1933] 3302, 3307).

Krystalle; F: 34° [aus Ae. + Pentan] (*Re. et al.*), 33—34° [aus Pentan] (*Reichstein*,
Helv. **13** [1930] 356, 359), 33° (*Gi., Wr.*). Kp$_{12}$: ca. 150° (*Re.*, l. c. S. 360); Kp$_6$: 113°
(*Gi., Wr.*); Kp$_1$: ca. 102° (*Re.*, l. c. S. 359).

An der Luft nicht beständig (*Re.*, l. c. S. 359).

IV   V   VI   VII

Di-[2]furyl-keton-semicarbazon $C_{10}H_9N_3O_3$, Formel VI.

B. Bei 14-tägigem Behandeln von Di-[2]furyl-keton mit Semicarbazid-hydrochlorid
und Natriumacetat in wss. Methanol (*Reichstein*, Helv. **13** [1930] 356, 359).

Krystalle (aus W.); F: 144—145,5° [korr.].

[2]Furyl-[2]thienyl-keton $C_9H_6O_2S$, Formel VII (X = H).

B. Beim Behandeln von Thiophen mit Furan-2-carbonylchlorid, Zinn(IV)-chlorid und
Benzol und Behandeln des Reaktionsgemisches mit Wasser (*Gilman et al.*, R. **52** [1933]
395, 397). Beim Erwärmen von Thiophen mit Trichlor-[furan-2-carbonyloxy]-silan (oder
Tetrakis-[furan-2-carbonyloxy]-silan), Zinn(IV)-chlorid und Benzol und Behandeln des
Reaktionsgemisches mit Wasser (*Jur'ew et al.*, Ž. obšč. Chim. **29** [1959] 3873, 3878; engl.
Ausg. S. 3831, 3836).

Kp$_5$: 140—141°; D$_4^{20}$: 1,3217; n$_D^{20}$: 1,6332 (*Ju. et al.*). Kp$_3$: 134—136°; D$_{23}^{23}$: 1,3004;
n$_D^{24}$: 1,6694 (*Gi. et al.*).

Überführung in [5-Nitro-[2]furyl]-[2]thienyl-keton bzw. in [5-Nitro-[2]furyl]-[5-nitro-[2]thienyl]-keton mit Hilfe von Salpetersäure: *Gilman, Young,* Am. Soc. **56** [1934] 464; *Dann, Möller,* B. **82** [1949] 76, 89. Beim Erhitzen mit Ammoniumacetat auf 250° ist 2-[2]Thienyl-pyridin-3-ol erhalten worden (*Leditschke,* B. **86** [1953] 123, 125).

*[2]Furyl-[2]thienyl-keton-semicarbazon $C_{10}H_9N_3O_2S$, Formel VIII.
B. Aus [2]Furyl-[2]thienyl-keton und Semicarbazid (*Gilman, Young,* Am. Soc. **56** [1934] 464).
Krystalle (aus wss. A.); F: 150°.

[5-Chlor-[2]thienyl]-[2]furyl-keton $C_9H_5ClO_2S$, Formel VII (X = Cl).
B. Beim Behandeln von 2-Chlor-thiophen mit Furan-2-carbonylchlorid und Aluminium=chlorid in Schwefelkohlenstoff (*Buu-Hoi et al.,* R. **69** [1950] 1083, 1102).
Krystalle (aus wss. A.); F: 54°. Kp$_{15}$: 183°.

[5-Nitro-[2]furyl]-[2]thienyl-keton $C_9H_5NO_4S$, Formel IX (X = H).
B. Beim Behandeln von [2]Furyl-[2]thienyl-keton mit Salpetersäure und Acetanhydrid bei —10° (*Gilman, Young,* Am. Soc. **56** [1934] 464).
Krystalle (aus wss. Acn.); F: 161°.
Beim Erwärmen mit wss. Natronlauge und Behandeln der Reaktionslösung mit wss. Kaliumpermanganat-Lösung ist Thiophen-2-carbonsäure erhalten worden.

VIII   IX   X

[5-Nitro-[2]furyl]-[5-nitro-[2]thienyl]-keton $C_9H_4N_2O_6S$, Formel IX (X = NO$_2$).
B. Beim Behandeln von [2]Furyl-[2]thienyl-keton mit Salpetersäure (Überschuss) und Acetanhydrid bei —5° (*Dann, Möller,* B. **82** [1949] 76, 89).
Krystalle (aus A.); F: 159—162° [unkorr.].

Di-[2]thienyl-keton, Thienon $C_9H_6OS_2$, Formel X (H 135; E I 670; E II 156).
B. Beim Erhitzen von Thiophen-2-carbonsäure mit Thiophen und mit Phosphor(V)-oxid ohne Lösungsmittel (*Hartough, Kosak,* Am. Soc. **69** [1947] 3098) oder in Benzol (*Acheson et al.,* Soc. **1956** 698, 703). Beim Behandeln von Thiophen-2-carbonylchlorid mit Thiophen unter Zusatz von Zinn(IV)-chlorid und Schwefelkohlenstoff (*Buu-Hoi, Hoán,* R. **68** [1949] 5, 24; *Buu-Hoi et al.,* Bl. **1955** 1583, 1585), unter Zusatz von Zinn(IV)-chlorid und Benzol (*Blicke, Anderson,* Am. Soc. **74** [1952] 1733, 1734) oder unter Zusatz von Aluminium=chlorid und Schwefelkohlenstoff (*Steinkopf, Hempel,* A. **495** [1932] 144, 162). Beim Er=wärmen von 1,1,1-Trichlor-2,2-di-[2]thienyl-äthan mit äthanol. Kalilauge und Erhitzen des Reaktionsprodukts mit Chrom(VI)-oxid in Essigsäure (*Metcalf, Gunther,* Am. Soc. **69** [1947] 2579, 2580). Beim Erwärmen von Thiophen mit Butyllithium in Äther und Behandeln der Reaktionslösung mit Kohlendioxid (*Löfgren, Tegnér,* Acta chem. scand. **6** [1952] 1020, 1021). Beim Erwärmen von Thiophen mit Trichlor-[thiophen-2-carbonyl=oxy]-silan (oder Tetrakis-[thiophen-2-carbonyloxy]-silan), Zinn(IV)-chlorid und Benzol und Behandeln des Reaktionsgemisches mit Wasser (*Jur'ew et al.,* Ž. obšč. Chim. **29** [1959] 3873, 3878; engl. Ausg. S. 3831, 3836).
Krystalle; F: 90—90,5° [aus Diisopropyläther] (*Lö., Te.*), 89,5—90° [aus A.] (*Ju. et al.*), 88—89° [aus wss. A. bzw. Bzn.] (*Ha., Ko.; Ach. et al.*), 88,6° [aus Eg.] (*Galle,* Ž. obšč. Chim. **8** [1938] 402, 408). Bei 218°/18 Torr bzw. bei 189—190°/10 Torr destillier=bar (*Buu-Hoi et al.; Ha., Ko.*). Polarographie: *Day, Blanchard,* Am. Soc. **76** [1954] 1166.
Beim Erhitzen mit Isatin, Essigsäure und konz. Schwefelsäure auf 150° ist 2,2''-Dioxo-2',6'-bis-[thiophen-2-carbonyl]-dispiro[indolin-3,4'-benzo[1,2-b;4,5-b']dithiophen-8',3''-indolin]-1,1''-disulfonsäure erhalten worden (*St., He.*).

Di-[2]thienyl-keton-phenylhydrazon $C_{15}H_{12}N_2S_2$, Formel I (X = H) (H 135; E I 670).
B. Aus Di-[2]thienyl-keton und Phenylhydrazin (*Metcalf, Gunther*, Am. Soc. **69** [1947] 2579).
F: 134—135°.

Di-[2]thienyl-keton-[2,4-dinitro-phenylhydrazon] $C_{15}H_{10}N_4O_4S_2$, Formel I (X = NO$_2$).
B. Aus Di-[2]thienyl-keton und [2,4-Dinitro-phenyl]-hydrazin (*Metcalf, Gunther*, Am. Soc. **69** [1947] 2579).
F: 222—223°.

I   II   III

[5-Chlor-[2]thienyl]-[2]thienyl-keton $C_9H_5ClOS_2$, Formel II (X = H).
B. Beim Behandeln von 2-Chlor-thiophen mit Thiophen-2-carbonylchlorid, Aluminium=chlorid und Schwefelkohlenstoff (*Buu-Hoi et al.*, R. **69** [1950] 1083, 1101).
Krystalle (aus wss. A.); F: 72°. Bei 213—214°/18 Torr destillierbar.

Bis-[5-chlor-[2]thienyl]-keton $C_9H_4Cl_2OS_2$, Formel II (X = Cl).
B. Beim Behandeln von 2-Chlor-thiophen mit 5-Chlor-thiophen-2-carbonylchlorid, Aluminiumchlorid und Schwefelkohlenstoff (*Buu-Hoi et al.*, R. **69** [1950] 1083, 1101).
Krystalle (aus A. + Bzl.); F: 127°. Bei 229—231°/20 Torr destillierbar.

[5-Brom-[2]thienyl]-[5-chlor-[2]thienyl]-keton $C_9H_4BrClOS_2$, Formel II (X = Br).
B. Beim Behandeln von 2-Chlor-thiophen mit 5-Brom-thiophen-2-carbonylchlorid, Aluminiumchlorid und Schwefelkohlenstoff (*Buu-Hoi et al.*, R. **69** [1950] 1083, 1101).
Gelbliche Krystalle (aus A. + Bzl.); F: 124°. Bei 235—237°/15 Torr destillierbar.

[3,4-Dibrom-[2]thienyl]-[2]thienyl-keton $C_9H_4Br_2OS_2$, Formel III (X = H).
B. Beim Behandeln von 3,4-Dibrom-thiophen mit Thiophen-2-carbonylchlorid und Aluminiumchlorid in Petroläther (*Steinkopf, Köhler*, A. **522** [1936] 17, 27).
Gelbliche Krystalle (aus A.); F: 110—111°.

Bis-[5-brom-[2]thienyl]-keton $C_9H_4Br_2OS_2$, Formel IV.
B. Beim Behandeln von 5-Brom-thiophen-2-carbonylchlorid mit 2-Brom-thiophen, Aluminiumchlorid und Schwefelkohlenstoff (*Buu-Hoi, Hoán*, R. **68** [1949] 5, 27). Beim Behandeln von Di-[2]thienyl-keton mit Brom [2 Mol] (*Buu-Hoi, Hoán*).
Grüngelbe Krystalle (aus A.); F: 119°.

[3,4-Dibrom-[2]thienyl]-[tribrom-[2]thienyl]-keton $C_9HBr_5OS_2$, Formel III (X = Br).
B. Beim Behandeln von [3,4-Dibrom-[2]thienyl]-[2]thienyl-keton mit Brom [Über-schuss] (*Steinkopf, Köhler*, A. **522** [1936] 17, 27).
Krystalle (aus Propan-1-ol); F: 143—144°.

---

[2]Thienyl-[3]thienyl-keton $C_9H_6OS_2$, Formel V (X = H).
B. Beim Behandeln von Thiophen-3-carbonylchlorid mit Thiophen, Zinn(IV)-chlorid und Benzol (*Campaigne, Thomas*, Am. Soc. **77** [1955] 5365, 5368). Beim Behandeln von (±)-[2]Thienyl-[3]thienyl-methanol mit Chrom(VI)-oxid und wss. Essigsäure (*Grono-witz*, Ark. Kemi **12** [1958] 533, 543).
Krystalle; F: 63° [aus Hexan] (*Ca., Th.*), 62—63° [aus Me.] (*Gr.*). Bei 133—136°/2 Torr destillierbar (*Ca., Th.*). IR-Spektrum (KBr; 2—15 μ): *Gr.*, l. c. S. 538.

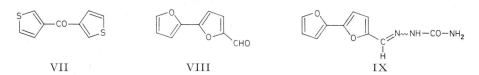

IV   V   VI

*[2]Thienyl-[3]thienyl-keton-[2,4-dinitro-phenylhydrazon] $C_{15}H_{10}N_4O_4S_2$, Formel VI.
B. Aus [2]Thienyl-[3]thienyl-keton und [2,4-Dinitro-phenyl]-hydrazin (*Campaigne, Thomas*, Am. Soc. **77** [1955] 5365, 5368).
Rote Krystalle (aus CHCl$_3$); F: 221—222° (*Ca., Th.*, l. c. S. 5366).

[2,5-Dichlor-[3]thienyl]-[2]thienyl-keton $C_9H_4Cl_2OS_2$, Formel V (X = Cl).
B. In kleiner Menge beim Behandeln von 2,5-Dichlor-thiophen mit Thiophen-2-carb=
onylchlorid, Aluminiumchlorid und Schwefelkohlenstoff (*Buu-Hoi, Lavit*, Soc. **1958** 1721).
Kp$_{20}$: 210—212°. n_D^{22}: 1,6860.

Di-[3]thienyl-keton $C_9H_6OS_2$, Formel VII.
B. In kleiner Menge beim Erhitzen des Calcium-Salzes der Thiophen-3-carbonsäure
(*Steinkopf, Schmitt*, A. **533** [1938] 264, 268).
Krystalle; F: 78—80° [aus Me.] (*Gronowitz, Erikson*, Ark. Kemi **21** [1963] 335, 340),
72—73° [aus PAe.] (*St., Sch.*).

[2,2′]Bifuryl-5-carbaldehyd $C_9H_6O_3$, Formel VIII.
B. Beim Behandeln von [2,2′]Bifuryl mit Cyanwasserstoff, Äther und Chlorwasserstoff
und anschliessend mit Wasser (*Reichstein et al.*, Helv. **15** [1932] 1066, 1069).
Gelbliche Krystalle (aus wss. A.); F: 54°. Bei 91—94°/0,4 Torr destillierbar.

VII   VIII   IX

*[2,2′]Bifuryl-5-carbaldehyd-semicarbazon $C_{10}H_9N_3O_3$, Formel IX.
B. Aus [2,2′]Bifuryl-5-carbaldehyd und Semicarbazid (*Reichstein et al.*, Helv. **15** [1932]
1066, 1070).
Krystalle (aus wss. A.); F: 221° [korr.].

[2,2′]Bithienyl-5-carbaldehyd $C_9H_6OS_2$, Formel X.
B. Beim Erwärmen von [2,2′]Bithienyl mit Dimethylformamid, Phosphorylchlorid und
Toluol und anschliessenden Behandeln mit wss. Natriumacetat-Lösung (*Lescot et al.*,
Soc. **1959** 3234, 3235).
Krystalle (aus A.); F: 59°. Bei 210°/18 Torr destillierbar.
Charakterisierung als Thiosemicarbazon (s. u.) und als 4-Oxo-4,5-dihydro-thiazol-
2-ylhydrazon (F: 269°): *Le. et al.*

X   XI

*[2,2′]Bithienyl-5-carbaldehyd-thiosemicarbazon $C_{10}H_9N_3S_3$, Formel XI.
B. Aus [2,2′]Bithienyl-5-carbaldehyd und Thiosemicarbazid (*Lescot et al.*, Soc. **1959**
3234, 3235).
Gelbe Krystalle (aus A.); F: 197°.

Oxo-Verbindungen $C_{10}H_8O_3$

5-*p*-Tolyl-[1,2]dithiol-3-on $C_{10}H_8OS_2$, Formel I.

B. Beim Behandeln einer Lösung von 3-Oxo-3-*p*-tolyl-propionsäure-äthylester in Chlorwasserstoff enthaltendem Äthanol mit Schwefelwasserstoff, Behandeln des erhaltenen, über das Blei(II)-Salz gereinigten 3-Mercapto-3-*p*-tolyl-acrylsäure-äthyl= esters ($C_{12}H_{14}O_2S$) mit Acetyl-chlor-sulfan in Äther und Erwärmen des danach isolierten Reaktionsprodukts mit Chlorwasserstoff enthaltendem Methanol (*Raoul, Vialle*, Bl. **1959** 1670, 1674).

Krystalle (aus Me.); F: 105° [Kofler-App.].

I   II   III

5-*p*-Tolyl-[1,2]dithiol-3-thion $C_{10}H_8S_3$, Formel II.

B. Beim Erhitzen von 3,3-Dimercapto-1-*p*-tolyl-propenon (E I **7** 376) mit Phosphor(V)-sulfid in Xylol (*Thuillier, Vialle*, Bl. **1959** 1398, 1400). Beim Behandeln von 3-Oxo-3-*p*-tol= yl-propionaldehyd mit Phosphor(V)-sulfid, Schwefel und Biphenyl auf 210° (*Legrand*, Bl. **1959** 1599, 1601). Beim Erhitzen von 5-*p*-Tolyl-[1,2]dithiol-3-on mit Phosphor(V)-sulfid in Xylol (*Raoul, Vialle*, Bl. **1959** 1670, 1674).

Gelbe Krystalle; F: 120° [aus A.] (*Le.*), 119—120° [aus E. bzw. Cyclohexan] (*Th., Vi.*; *Legrand, Lozac'h*, Bl. **1956** 1130, 1132), 118° [Kofler-App.; aus Bzl. + PAe.] (*Ra., Vi.*).

4-*p*-Tolyl-[1,2]dithiol-3-thion $C_{10}H_8S_3$, Formel III.

B. Als Hauptprodukt neben Bis-[1-methyl-1-*p*-tolyl-äthyl]-disulfid beim Erhitzen von *p*-Cymol mit Schwefel und wenig *N,N'*-Di-*o*-tolyl-guanidin auf 185° (*Fields*, Am. Soc. **77** [1955] 4255). Beim Erhitzen von 1-Isopropenyl-4-methyl-benzol mit Schwefel auf 260° (*Schmitt, Lespagnol*, Bl. **1950** 459, 462).

Rote bzw. orangegelbe Krystalle; F: 122,5—123° [aus Bzl.] (*Fi.*), 104° [aus A.] (*Sch., Le.*).

Beim Erwärmen mit Methyljodid und Butylacetat ist eine als 3-Methylmercapto-4-*p*-tolyl-[1,2]dithiolylium-jodid ([$C_{11}H_{11}S_3$]I; entsprechend Formel IV) zu formu-lierende Verbindung (F: 178,5—179°) erhalten worden (*Fi.*).

5-Methyl-4-phenyl-[1,2]dithiol-3-thion $C_{10}H_8S_3$, Formel V.

B. Beim Erhitzen von 2-Phenyl-acetessigsäure-äthylester mit Phosphor(V)-sulfid in Xylol (*Legrand et al.*, Bl. **1953** 327, 329). In geringer Menge beim Erhitzen von (±)-3-Phen= yl-butan-2-on mit Phosphor(V)-sulfid, Schwefel und Biphenyl auf 210° (*Legrand, Lozac'h*, Bl. **1956** 1130, 1132).

Krystalle (aus A. + Cyclohexan), F: 92—93° (*Le., Lo.*), 92° (*Le. et al.*).

IV   V   VI

4-Methyl-5-phenyl-[1,2]dithiol-3-thion $C_{10}H_8S_3$, Formel VI (X = H).

B. Beim Erhitzen von 2-Methyl-1-phenyl-propen mit Schwefel auf 210° (*Woronkow et al.*, Ž. obšč. Chim. **19** [1949] 1927, 1934; engl. Ausg. S. a 395, a 402). Beim Erhitzen von 2-Methyl-1-phenyl-propan-1-on mit Phosphor(V)-sulfid, Schwefel und Biphenyl auf 210° (*Legrand, Lozac'h*, Bl. **1956** 1130, 1132). Beim Erhitzen von 2-Brom-2-methyl-

1-phenyl-propan-1-on mit Phosphor(V)-sulfid, Schwefel und Biphenyl auf 210° (*Legrand, Lozac'h*, Bl. **1959** 1686). Beim Erhitzen von 2-Methyl-3-phenyl-acrylsäure (nicht charakterisiert) mit Phosphor(V)-sulfid und Schwefel in Xylol oder Anisol auf 150° (*Jirousek, Stárka*, Collect. **24** [1959] 1982, 1984, 1985). Beim Erhitzen von (±)-2-Methyl-3-oxo-3-phenyl-propionsäure-äthylester mit Phosphor(V)-sulfid in Xylol (*Legrand et al.*, Bl. **1953** 327, 329).

Reinigung über die Verbindung mit Quecksilber(II)-bromid (s. u.): *Wo. et al.*, l. c. S. 1936.

Orangerote bis orangegelbe Krystalle; F: 104,8° [aus Acn.] (*Wo. et al.*), 104° [aus A.] (*Le., Lo.*, Bl. **1956** 1132), 103–104° [aus A. oder Acn.] (*Lozac'h, Legrand*, C. r. **234** [1952] 1291), 102° [unkorr.; Kofler-App.] (*Ji., St.*). Orthorhombisch; Raumgruppe $P2_12_12_1$ (= D_2^4); aus dem Röntgen-Diagramm ermittelte Dimensionen der Elementarzelle: a = 14,46 Å; b = 9,05 Å; c = 7,69 Å; n = 4 (*Saślawśkiǐ, Kondraschow*, Ž. obšč. Chim. **19** [1949] 1144, 1146, 1147; engl. Ausg. S. 1137, 1138, 1140). Krystallmorphologie: *Sa., Ko.*, l. c. S. 1146. $Kp_{1,5}$: 208–209°; D_4^{20}: 1,450 (*Wo. et al.*). Absorptionsspektrum (Me.; 270 nm bis 450 nm): *Lüttringhaus, Cleve*, A. **575** [1952] 112, 115.

Eine von *Woronkow et al.* (l. c. S. 1935) beim Behandeln mit Methyljodid (Überschuss) erhaltene Verbindung (orangerote Krystalle, F: 136° [Zers.]) ist vermutlich als 4-Methyl-3-methylmercapto-5-phenyl-[1,2]dithiolylium-jodid ([$C_{11}H_{11}S_3$]I; entsprechend Formel VII) zu formulieren (vgl. das analog hergestellte Jodid im Artikel 5-Phenyl-[1,2]dithiol-3-thion [S. 1741]).

Verbindung mit Quecksilber(II)-bromid $C_{10}H_8S_3 \cdot HgBr_2$. Gelbe Krystalle (aus Toluol); F: 215,2° [Zers.] (*Wo. et al.*, l. c. S. 1935).

5-[4-Chlor-phenyl]-4-methyl-[1,2]dithiol-3-thion $C_{10}H_7ClS_3$, Formel VI (X = Cl).

B. Beim Erhitzen von 1-[4-Chlor-phenyl]-2-methyl-propan-1-on mit Phosphor(V)-sulfid, Schwefel und Biphenyl auf 210° (*Legrand, Lozac'h*, Bl. **1959** 1686).

Rote Krystalle (aus Bzl.); F: 156°.

5-[4-Brom-phenyl]-4-methyl-[1,2]dithiol-3-thion $C_{10}H_7BrS_3$, Formel VI (X = Br).

B. Beim Erhitzen von 1-[4-Brom-phenyl]-2-methyl-propan-1-on mit Phosphor(V)-sulfid, Schwefel und Biphenyl auf 210° (*Legrand, Lozac'h*, Bl. **1959** 1686).

Orangerote Krystalle (aus Bzl. + Cyclohexan); F: 164–165°.

VII   VIII   IX   X

5-[4-Jod-phenyl]-4-methyl-[1,2]dithiol-3-thion $C_{10}H_7IS_3$, Formel VI (X = I).

B. Beim Erhitzen von 1-[4-Jod-phenyl]-2-methyl-propan-1-on mit Phosphor(V)-sulfid, Schwefel und Biphenyl auf 210° (*Legrand, Lozac'h*, Bl. **1959** 1686).

Orangefarbene Krystalle (aus Bzl.); F: 155°.

(±)-2-Vinyl-benzo[1,3]dioxin-4-on, (±)-2-[1-Hydroxy-allyloxy]-benzoesäure-lacton $C_{10}H_8O_3$, Formel VIII.

B. In kleiner Menge neben 2-Acetoxy-benzoesäure beim Erhitzen von Salicylsäure mit 3,3-Diacetoxy-propen, Essigsäure und wenig Schwefelsäure unter vermindertem Druck auf 105° (*Mowry*, Am. Soc. **69** [1947] 2362).

F: 33°. Bei 110°/2 Torr destillierbar.

2-Acetyl-benzo[1,4]dithiin, 1-Benzo[1,4]dithiin-2-yl-äthanon $C_{10}H_8OS_2$, Formel IX.

B. Beim Erhitzen von Benzo[1,4]dithiin mit Acetanhydrid und wenig Phosphorsäure auf 110° (*Parham et al.*, Am. Soc. **76** [1954] 4957, 4958).

Gelbe Krystalle (aus PAe.); F: 55–55,5°. Bei 124–127°/0,08 Torr destillierbar.

UV-Absorptionsmaxima: 234 nm und 272 nm (*Pa. et al.*).

Beim Erwärmen mit Natriumhypojodit in wss. Dioxan ist Benzo[1,4]dithiin-2-carbon= säure, beim Erwärmen mit Kaliumhypochlorit in wss. Dioxan ist Benzol-1,2-disulfonsäure erhalten worden (*Pa. et al.*).

*1-Benzo[1,4]dithiin-2-yl-äthanon-oxim $C_{10}H_9NOS_2$, Formel X (X = OH).

B. Aus 1-Benzo[1,4]dithiin-2-yl-äthanon und Hydroxylamin (*Parham et al.*, Am. Soc. **76** [1954] 4957, 4959).

Hellgelbe Krystalle (aus A.); F: 169—170°.

*1-Benzo[1,4]dithiin-2-yl-äthanon-[2,4-dinitro-phenylhydrazon] $C_{16}H_{12}N_4O_4S_2$, Formel X (X = NH-$C_6H_3(NO_2)_2$).

B. Aus 1-Benzo[1,4]dithiin-2-yl-äthanon und [2,4-Dinitro-phenyl]-hydrazin (*Parham et al.*, Am. Soc. **76** [1954] 4957, 4959).

Rote Krystalle (aus CHCl$_3$ + Me.); F: 248—248,5°.

3*t*-Benzo[1,3]dioxol-5-yl-acrylaldehyd, 3,4-Methylendioxy-*trans*-zimtaldehyd $C_{10}H_8O_3$, Formel XI (H 135; E I 670; E II 156; dort als Piperonylidenacetaldehyd bezeichnet).

Die Konfiguration ergibt sich aus der genetischen Beziehung zu *trans-trans*-Piperinsäure.

B. Beim Erhitzen von (±)-1-Benzo[1,3]dioxol-5-yl-prop-2-in-1-ol mit wss. Schwefel= säure oder mit wss. Kaliumhydrogensulfat-Lösung (*Clapperton, MacGregor*, Am. Soc. **72** [1950] 2501). Beim Behandeln von Piperonal mit Acetaldehyd und wss.-äthanol. Natronlauge (*Lohaus, Gall*, A. **517** [1935] 278, 284; vgl. H 135).

Gelbe Krystalle; F: 86—86,5° [aus A.] (*Wenuš-Danilowa*, Ž. obšč. Chim. **4** [1934] 866, 870; C. **1935** I 3766), 84,5—85° [aus W.] (*Cl., MacG.*), 84° [aus PAe.] (*Ono*, Bl. Inst. Insect Control Kyoto **15** [1950] 155, 158; C. A. **1951** 2133). Bei 162—163°/5 Torr destillierbar (*Bogert, Powell*, Am. Soc. **53** [1931] 1605, 1609). UV-Absorptionsmaximum (A.): 338 nm (*Herzog, Hillmer*, B. **64** [1931] 1288, 1305).

Beim Behandeln einer Lösung in Essigsäure mit Brom und anschliessenden Erwärmen mit Kaliumcarbonat sind α-Brom-3,4-methylendioxy-*cis*-zimtaldehyd und 2,α-Dibrom- 4,5-methylendioxy-*cis*-zimtaldehyd erhalten worden (*Lo., Gall*). Hydrierung an Pal= ladium in wss. Äthanol unter Bildung von 5-Propyl-benzo[1,3]dioxol und 3-Benzo[1,3]= dioxol-5-yl-propan-1-ol: *Bogert, Powell*, Am. Soc. **53** [1931] 2747, 2750. Bildung von 1*t*(?)-Benzo[1,3]dioxol-5-yl-4,4-dimethyl-pent-1-en-3-on (F: 93—94°) beim Behandeln mit 3,3-Dimethyl-butan-2-on und Natriumäthylat in Äthanol: *Powell, Wasserman*, Am. Soc. **79** [1957] 1934, 1938.

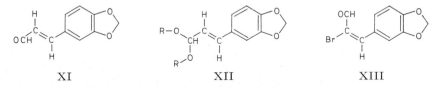

| XI | XII | XIII |

3,3-Diacetoxy-1*t*-benzo[1,3]dioxol-5-yl-propen $C_{14}H_{14}O_6$, Formel XII (R = CO-CH$_3$).

B. Beim Behandeln von 3*t*-Benzo[1,3]dioxol-5-yl-acrylaldehyd (s. o.) mit Acetanhydrid und wenig Schwefelsäure (*W. Bücking*, Diss. [Leipzig 1928] S. 68).

Gelbgrüne Krystalle (aus A.); F: 105°.

3*c*-Benzo[1,3]dioxol-5-yl-2-brom-acrylaldehyd, α-Brom-3,4-methylendioxy-*cis*-zimt= aldehyd $C_{10}H_7BrO_3$, Formel XIII.

Konfigurationszuordnung: *Lohaus, Gall*, A. **517** [1935] 278, 281.

B. Neben kleinen Mengen 2,α-Dibrom-4,5-methylendioxy-*cis*-zimtaldehyd beim Be= handeln einer Lösung von 3,4-Methylendioxy-*trans*-zimtaldehyd in Essigsäure mit Brom (1 Mol) und Erwärmen des Reaktionsgemisches mit Kaliumcarbonat (*Lo., Gall*, l. c. S. 285).

Gelbe Krystalle; F: 104°.

*3c-Benzo[1,3]dioxol-5-yl-2-brom-acrylaldehyd-oxim, α-Brom-3,4-methylendioxy-*cis*-zimtaldehyd-oxim C$_{10}$H$_8$BrNO$_3$, Formel I (X = H).
B. Aus α-Brom-3,4-methylendioxy-*cis*-zimtaldehyd und Hydroxylamin (*Lohaus, Gall*, A. **517** [1935] 278, 285).
Krystalle; F: 182°.

2-Brom-3c-[6-brom-benzo[1,3]dioxol-5-yl]-acrylaldehyd, 2,α-Dibrom-4,5-methylendioxy-*cis*-zimtaldehyd C$_{10}$H$_6$Br$_2$O$_3$, Formel II.
B. In kleiner Menge neben α-Brom-3,4-methylendioxy-*cis*-zimtaldehyd beim Behandeln einer Lösung von 3,4-Methylendioxy-*trans*-zimtaldehyd in Essigsäure mit Brom (1 Mol) und anschliessend mit Kaliumcarbonat (*Lohaus, Gall*, A. **517** [1935] 278, 285).
Gelbe Krystalle; F: 131°.

I   II   III

*2-Brom-3c-[6-brom-benzo[1,3]dioxol-5-yl]-acrylaldehyd-oxim, 2,α-Dibrom-4,5-methylendioxy-*cis*-zimtaldehyd-oxim C$_{10}$H$_7$Br$_2$NO$_3$, Formel I (X = Br).
B. Aus 2,α-Dibrom-4,5-methylendioxy-*cis*-zimtaldehyd und Hydroxylamin (*Lohaus, Gall*, A. **517** [1935] 278, 285).
F: 205°.

6-Vinyl-benzo[1,3]dioxol-5-carbaldehyd, 4,5-Methylendioxy-2-vinyl-benzaldehyd, Hydrastal C$_{10}$H$_8$O$_3$, Formel III (H 136).
Krystalle (aus Bzn.); F: 76—78° (*Brown, Newbold*, Soc. **1952** 4397, 4402). UV-Absorptionsmaxima (A.): 206 nm, 248 nm, 300 nm und 328 nm (*Br., Ne*.).
Beim Erwärmen einer Lösung in Äthanol mit Raney-Nickel ist 6,7-Dihydro-indeno=[5,6-*d*][1,3]dioxol-5-on erhalten worden (*Br., Ne*.).

*6-Vinyl-benzo[1,3]dioxol-5-carbaldehyd-[2,4-dinitro-phenylhydrazon], 4,5-Methylen=dioxy-2-vinyl-benzaldehyd-[2,4-dinitro-phenylhydrazon] C$_{16}$H$_{12}$N$_4$O$_6$, Formel IV.
B. Aus 6-Vinyl-benzo[1,3]dioxol-5-carbaldehyd und [2,4-Dinitro-phenyl]-hydrazin (*Brown, Newbold*, Soc. **1952** 4397, 4402).
Rote Krystalle (aus Bzl.); F: 227—228° [Zers.]. UV-Absorptionsmaxima (CHCl$_3$): 250 nm, 314 nm und 396 nm (*Br., Ne*.).

[5-Methyl-[2]thienyl]-[2]thienyl-keton C$_{10}$H$_8$OS$_2$, Formel V (X = H).
B. Beim Behandeln von 5-Methyl-thiophen-2-carbonylchlorid mit Thiophen, Zinn(IV)-chlorid und Benzol (*Gol'dfarb, Konštantinow*, Izv. Akad. S.S.S.R. Otd. chim. **1956** 992, 995; engl. Ausg. S. 1013, 1015).
Krystalle (aus wss. A.); F: 48,5—50°.
Beim Erwärmen einer Lösung in Äthanol mit Raney-Nickel ist Decan-5-ol erhalten worden (*Go., Ko*., l. c. S. 997).

IV   V   VI

*[5-Methyl-[2]thienyl]-[2]thienyl-keton-oxim $C_{10}H_9NOS_2$, Formel VI.

B. Aus [5-Methyl-[2]thienyl]-[2]thienyl-keton und Hydroxylamin (*Gol'dfarb, Konštantinow,* Izv. Akad. S.S.S.R. Otd. chim. **1956** 992, 995; engl. Ausg. S. 1013, 1016).

Krystalle (aus wss. A.); F: 98—99°.

[5-Chlor-[2]thienyl]-[5-methyl-[2]thienyl]-keton $C_{10}H_7ClOS_2$, Formel V (X = Cl).

B. Beim Behandeln von 5-Chlor-thiophen-2-carbonylchlorid mit 2-Methyl-thiophen, Aluminiumchlorid und Schwefelkohlenstoff (*Buu-Hoi et al.,* R. **69** [1950] 1083, 1102).

Grüngelbe Krystalle (aus wss. A.); F: 83°. Bei 220—222°/15 Torr destillierbar.

5-[2]Thienylmethyl-thiophen-2-carbaldehyd $C_{10}H_8OS_2$, Formel VII.

B. Beim Behandeln von Di-[2]thienyl-methan mit *N*-Methyl-formanilid, Phosphoryl= chlorid und Toluol (*Gol'dfarb, Danjuschewškiǐ,* Izv. Akad. S.S.S.R. Otd. chim. **1956** 1361, 1365; engl. Ausg. S. 1395, 1399) in Benzol (*Gol'dfarb, Kirmalowa,* Ž. obšč. Chim. **29** [1959] 897, 900; engl. Ausg. S. 881, 883).

Krystalle (aus Me.); F: 33—34° (*Go., Da.*). Unter 3 Torr bei 156—159° (*Go., Da.*) bzw. bei 153—155° (*Go., Ki.*) destillierbar.

Beim Erwärmen einer Lösung in Äthanol mit Raney-Nickel ist Decan-1-ol erhalten worden (*Go., Da.,* l. c. S. 1366).

*5-[2]Thienylmethyl-thiophen-2-carbaldehyd-oxim $C_{10}H_9NOS_2$, Formel VIII (X = OH).

B. Aus 5-[2]Thienylmethyl-thiophen-2-carbaldehyd und Hydroxylamin (*Gol'dfarb, Danjuschewškiǐ,* Izv. Akad. S.S.S.R. Otd. chim. **1956** 1361, 1366; engl. Ausg. S. 1395, 1399).

Krystalle (aus wss. A.); F: 93,5—95°.

VII   VIII   IX

*5-[2]Thienylmethyl-thiophen-2-carbaldehyd-semicarbazon $C_{11}H_{11}N_3OS_2$, Formel VIII (X = NH-CO-NH$_2$).

B. Aus 5-[2]Thienylmethyl-thiophen-2-carbaldehyd und Semicarbazid (*Gol'dfarb, Danjuschewškiǐ,* Izv. Akad. S.S.S.R. Otd. chim. **1956** 1361, 1366; engl. Ausg. S. 1395, 1399).

Krystalle (aus A.); F: 207—209°.

3-[(Ξ)-Furfuryliden]-5-methyl-3H-furan-2-on, 2-[(Ξ)-Furfuryliden]-4-hydroxy-pent-3t-ensäure-lacton $C_{10}H_8O_3$, Formel IX.

B. Beim Erwärmen von Furfural mit α-Angelicalacton (5-Methyl-3H-furan-2-on) und wenig Piperidin (*Russell et al.,* Biochem. J. **45** [1949] 530).

Gelbe Krystalle (aus Me.); F: 78—79°.

5-Acetyl-[2,2′]bithienyl, 1-[2,2′]Bithienyl-5-yl-äthanon $C_{10}H_8OS_2$, Formel X (X = H).

B. Neben 5,5′-Diacetyl-[2,2′]bithienyl beim Erwärmen von [2,2′]Bithienyl mit Acetyl= chlorid, Titan(IV)-chlorid und Benzol (*Steinkopf, v. Petersdorff,* A. **543** [1940] 119, 123) oder mit Acetanhydrid und wenig Phosphorsäure (*Rebstock, Stratton,* Am. Soc. **77** [1955] 3082, 3085).

Krystalle; F: 114,5—115,5° [durch Sublimation unter vermindertem Druck gerei= nigtes Präparat] (*St., v. Pe.*); 108—111° [aus A.] (*Re., St.*).

5-Acetyl-5′-brom-[2,2′]bithienyl, 1-[5′-Brom-[2,2′]bithienyl-5-yl]-äthanon $C_{10}H_7BrOS_2$, Formel X (X = Br).

B. Beim Behandeln von [2,2′]Bithienyl-5-yl-äthanon mit Brom [1 Mol] (*Rebstock,*

Stratton, Am. Soc. **77** [1955] 3082, 3085).
Krystalle (aus 1,2-Dichlor-äthan); F: 170—172°.

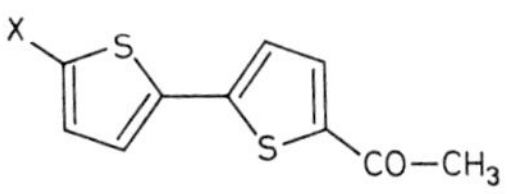

X 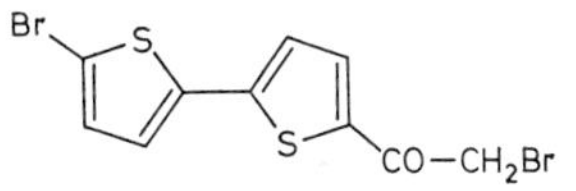   XI 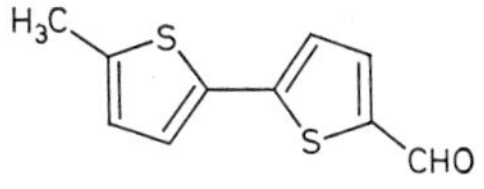   XII

5-Brom-5'-bromacetyl-[2,2']bithienyl, 2-Brom-1-[5'-brom-[2,2']bithienyl-5-yl]-äthanon $C_{10}H_6Br_2OS_2$, Formel XI.
B. Beim Behandeln einer Suspension von 1-[5'-Brom-[2,2']bithienyl-5-yl]-äthanon in Chloroform mit Brom [1 Mol] (*Rebstock, Stratton*, Am. Soc. **77** [1955] 3082, 3085).
Krystalle (aus Bzl. + PAe.); F: 128—129°.

5'-Methyl-[2,2']bithienyl-5-carbaldehyd $C_{10}H_8OS_2$, Formel XII.
B. Beim Erwärmen von 5-Methyl-[2,2']bithienyl mit Dimethylformamid und Phos=
phorylchlorid in Toluol und anschliessenden Behandeln mit wss. Natriumacetat-Lösung (*Lescot et al.*, Soc. **1959** 3234, 3235).
Hellgelbe Krystalle (aus A.); F: 98°. Bei 208°/18 Torr destillierbar.

5-Acetyl-[2,3']bithienyl, 1-[2,3']Bithienyl-5-yl-äthanon $C_{10}H_8OS_2$, Formel XIII.
B. Beim Behandeln von [2,3']Bithienyl mit Acetanhydrid und wenig Phosphorsäure (*Wynberg et al.*, Am. Soc. **79** [1957] 1972, 1974).
Hellgelbe Krystalle (aus Me.); F: 121,5—122,5° [korr.].

6,7-Dihydro-indeno[5,6-*d*][1,3]dioxol-5-on, 5,6-Methylendioxy-indan-1-on $C_{10}H_8O_3$, Formel XIV (H 136; E I 671).
B. Beim Behandeln einer Lösung von 3-Benzo[1,3]dioxol-5-yl-propionsäure in Benzol mit Phosphor(V)-chlorid und anschliessend mit Zinn(IV)-chlorid (*Barltrop*, Soc. **1946** 958, 961; *Reeve, Myers*, Am. Soc. **73** [1951] 1371). Beim Erwärmen einer Lösung von 6-Vinyl-benzo[1,3]dioxol-5-carbaldehyd in Äthanol mit Raney-Nickel (*Brown, Newbold*, Soc. **1952** 4397, 4402). Beim Erwärmen von 5-Oxo-5*H*-thiopyrano[3,4-*f*]benzo[1,3]di=
oxol-7-carbonsäure mit Raney-Nickel und Äthanol (*Br., Ne.*).
Krystalle; F: 164—165° [durch Sublimation bei 120°/0,0001 Torr gereinigtes Präpa=
rat] (*Br., Ne.*), 163—164° [korr.; aus wss. A.] (*Re., My.*), 161—162° (*Ba.*). UV-Ab=
sorptionsmaxima (A.): 208 nm, 229 nm, 265 nm und 315 nm (*Br., Ne.*).

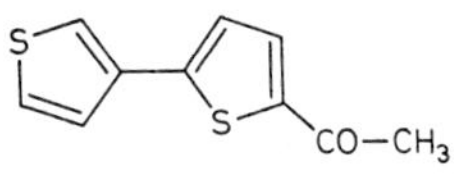

XIII 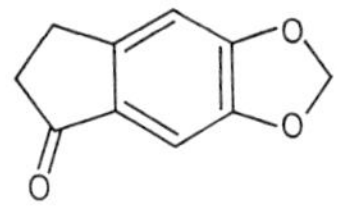   XIV 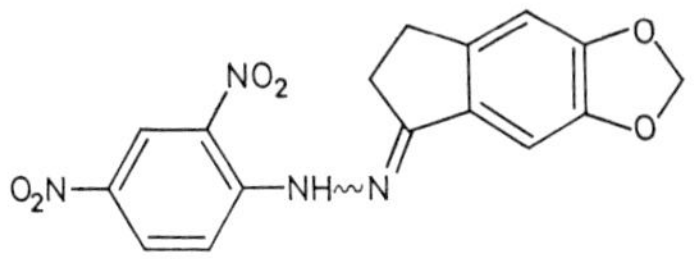   XV

*6,7-Dihydro-indeno[5,6-*d*][1,3]dioxol-5-on-[2,4-dinitro-phenylhydrazon] $C_{16}H_{12}N_4O_6$, Formel XV.
B. Aus 6,7-Dihydro-indeno[5,6-*d*][1,3]dioxol-5-on und [2,4-Dinitro-phenyl]-hydrazin (*Brown, Newbold*, Soc. **1952** 4397, 4402).
Rote Krystalle (aus Bzl.); F: 265—266° [Zers.]. Absorptionsmaxima (CHCl₃): 246 nm, 316 nm, 334 nm und 404 nm (*Br., Ne.*).   [*Baumberger*]

Oxo-Verbindungen $C_{11}H_{10}O_3$

(*R*)-2-Phenyl-6*H*-[1,3]dioxin-4-carbaldehyd $C_{11}H_{10}O_3$, Formel I.
Die Konfiguration ergibt sich aus der genetischen Beziehung zu Methyl-[*O*⁴,*O*⁶-((*R*)-benzyliden)-α-D-glucopyranosid] (über diese Verbindung s. *Baggett et al.*, Soc. **1965** 3401, 3402).

B. Neben anderen Verbindungen beim Behandeln von (4a*R*)-6*c*-Methoxy-2*c*-phenyl-(4a*r*,9a*t*)-hexahydro-[1,3]dioxino[5,4-*e*][1,4]dioxepin-7ξ,9ξ-diol (F: 142—144°) mit Calciumhydroxid und Wasser unter Ausschluss von Sauerstoff (*O'Meara, Richards*, Soc. **1958** 1204, 1209).
Krystalle (aus Ae.); F: 70—71°.

4-[4-Äthyl-phenyl]-[1,2]dithiol-3-thion $C_{11}H_{10}S_3$, Formel II.
B. Beim Erhitzen von 1-Äthyl-4-isopropyl-benzol mit Schwefel und wenig *N,N'*-Di-*o*-tolyl-guanidin auf 200° (*Fields*, Am. Soc. **77** [1955] 4255).
Krystalle (aus Bzl. oder aus Bzl. + Hexan); F: 108°.

I II III

4-[4-Äthyl-phenyl]-3-methylmercapto-[1,2]dithiolylium $[C_{12}H_{13}S_3]^+$, Formel III.
Jodid $[C_{12}H_{13}S_3]I$. *B.* Beim Erhitzen von 4-[4-Äthyl-phenyl]-[1,2]dithiol-3-thion mit Methyljodid in Butylacetat (*Fields*, Am. Soc. **77** [1955] 4255). — F: 163—164°.

5-[2,4-Dimethyl-phenyl]-[1,2]dithiol-3-thion $C_{11}H_{10}S_3$, Formel IV.
B. In kleiner Menge beim Erhitzen von 1-[2,4-Dimethyl-phenyl]-propan-1-on mit Schwefel, Phosphor(V)-sulfid und Biphenyl auf 210° (*Legrand, Lozac'h*, Bl. **1956** 1130, 1132).
Krystalle (aus Cyclohexan); F: 78°.

IV V VI

4-Benzyl-5-methyl-[1,2]dithiol-3-thion $C_{11}H_{10}S_3$, Formel V.
B. Beim Erhitzen von 2-Benzyl-acetessigsäure-äthylester mit Phosphor(V)-sulfid, Schwefel und Schwefelkohlenstoff unter Zusatz von Quarzsand auf 130° (*Schmidt et al.*, A. **631** [1960] 129, 134; s. a. *Wander A.G.*, D.B.P. 909097 [1951]).
Reinigung über eine Additionsverbindung mit Quecksilber(II)-chlorid: *Sch. et al.*
Orangegelbe Krystalle (aus Acn. oder CS$_2$ bzw. aus Acn. + Me.); F: 72° (*Wander A.G.; Sch. et al.*).

4-Methyl-5-*p*-tolyl-[1,2]dithiol-3-thion $C_{11}H_{10}S_3$, Formel VI.
B. Beim Erhitzen von 2-Methyl-1-*p*-tolyl-propan-1-on mit Schwefel, Phosphor(V)-sulfid und Biphenyl auf 210° (*Legrand, Lozac'h*, Bl. **1956** 1130, 1132).
Orangefarbene Krystalle (aus A. und Cyclohexan); F: 73° und (nach Wiedererstarren bei weiterem Erwärmen) F: 82°.

4-Äthyl-5-phenyl-[1,2]dithiol-3-thion $C_{11}H_{10}S_3$, Formel VII.
B. Beim Erhitzen von 2-Äthyl-3-oxo-3-phenyl-propionsäure-äthylester mit Phosphor(V)-sulfid in Tetralin (*Legrand, Lozac'h*, Bl. **1955** 79, 83).
Orangerote Krystalle (aus Cyclohexan); F: 60°.

2-Phenacyliden-[1,3]dioxolan, 2-[1,3]Dioxolan-2-yliden-1-phenyl-äthanon $C_{11}H_{10}O_3$, Formel VIII.
B. Beim Behandeln von 2-Brom-2-[1,3]dioxolan-2-yl-1-phenyl-äthanon mit Kalium-

hydroxid in Benzol (*Kotschetkow*, *Nifant'ew*, Doklady Akad. S.S.S.R. **121** [1958] 462, 464; Pr. Acad. Sci. U.S.S.R. Chem. Sect. **118–123** [1958] 553, 555).
Krystalle (aus CHCl₃); F: 61 – 61,5°.

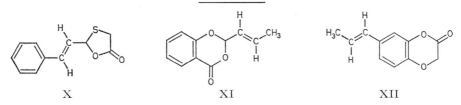

VII   VIII   IX

2-Phenacyliden-[1,3]dithiolan, 2-[1,3]Dithiolan-2-yliden-1-phenyl-äthanon C₁₁H₁₀OS₂,
Formel IX (X = H) (E I 671; dort als Äthylen-benzoylvinyliden-disulfid bezeichnet).
B. Beim Erwärmen der Natrium-Verbindung des 3,3-Dimercapto-1-phenyl-propenons
mit 1,2-Dibrom-äthan und Methanol (*Thuillier*, *Vialle*, Bl. **1959** 1398, 1400).
Krystalle (aus E.); F: 80°.
Überführung in 5-Phenyl-[1,2]dithiol-3-thion durch Erhitzen mit Phosphor(V)-sulfid
in Xylol: *Th.*, *Vi*.

1-[4-Chlor-phenyl]-2-[1,3]dithiolan-2-yliden-äthanon C₁₁H₉ClOS₂, Formel IX (X = Cl).
B. Beim Erwärmen der Natrium-Verbindung des 1-[4-Chlor-phenyl]-3,3-dimercapto-
propenons mit 1,2-Dibrom-äthan und Methanol (*Thuillier*, *Vialle*, Bl. **1959** 1398, 1400).
Krystalle (aus E.); F: 120°.

1-[4-Brom-phenyl]-2-[1,3]dithiolan-2-yliden-äthanon C₁₁H₉BrOS₂, Formel IX (X = Br).
B. Beim Erwärmen der Natrium-Verbindung des 1-[4-Brom-phenyl]-3,3-dimercapto-
propenons mit 1,2-Dibrom-äthan und Methanol (*Thuillier*, *Vialle*, Bl. **1959** 1398, 1400).
Krystalle (aus E.); F: 153°.

**(±)-2-*trans*-Styryl-[1,3]oxathiolan-5-on, (±)-[α-Hydroxy-*trans*-cinnamylmercapto]-
essigsäure-lacton** C₁₁H₁₀O₂S, Formel X.
B. Beim Behandeln einer wss. Lösung der Natrium-Verbindung des 3,3-Bis-carboxy⸗
methylmercapto-1*t*-phenyl-propens mit Kaliumperoxodisulfat (0,8 Mol) und Benzol
(*Holmberg*, Ark. Kemi **15** A Nr. 24 [1942] 3, 7).
Krystalle (aus Bzl.); F: 111 – 112°.

X   XI   XII

**(±)-2-*trans*(?)-Propenyl-benzo[1,3]dioxin-4-on, (±)-2-[1-Hydroxy-but-2*t*(?)-enyloxy]-
benzoesäure-lacton** C₁₁H₁₀O₃, vermutlich Formel XI.
B. Beim Erhitzen von Salicylsäure mit 1,1-Diacetoxy-but-2*t*(?)-en (E IV **2** 291), Essig⸗
säure und wenig Schwefelsäure unter 20 Torr auf 105° (*Mowry*, Am. Soc. **69** [1947] 2362).
Krystalle (aus wss. A.); F: 76°. Bei 150 – 155°/10 Torr destillierbar.

**7-*trans*-Propenyl-benzo[1,4]dioxin-2-on, [2-Hydroxy-4-*trans*-propenyl-phenoxy]-essig⸗
säure-lacton** C₁₁H₁₀O₃, Formel XII.
B. Beim Erhitzen von [2-Hydroxy-4-*trans*-propenyl-phenoxy]-essigsäure unter 14 Torr
bis auf 175° (*Riedel de Haën*, D.R.P. 555408 [1928]; Frdl. **17** 2580).
Krystalle (aus Ae. oder Bzn.); F: 76°.

6-Allyl-benzo[1,4]dioxin-2-on, [5-Allyl-2-hydroxy-phenoxy]-essigsäure-lacton
C₁₁H₁₀O₃, Formel I.
B. Beim Erhitzen von [5-Allyl-2-hydroxy-phenoxy]-essigsäure auf 160° (*Shigematsu*,

Sugimoto, Ann. Rep. Tanabe pharm. Res. **3** [1958] **8**, 11; C. A. **1958** 20007).
Kp: 130—133°.

I   II   III

4*t*-Benzo[1,3]dioxol-5-yl-but-3-en-2-on $C_{11}H_{10}O_3$, Formel II.

Diese Konfiguration kommt dem früher (s. H **19** 137, E I **19** 671, E II **19** 157) und nachstehend beschriebenen Piperonylidenaceton zu; die Farbe der sog. „gelben Form" (s. E II 157) ist auf eine Verunreinigung durch 1*t*(?),5*t*(?)-Bis-benzo[1,3]dioxol-5-yl-penta-1,4-dien-3-on zurückzuführen (*Brink*, Tetrahedron **25** [1969] 995).

^{1}H-NMR-Absorption (CDCl$_3$) und ^{1}H-^{1}H-Spin-Spin-Kopplungskonstante: *Br.*, l. c. S. 997. Absorptionsspektren von Lösungen in Heptan (250—390 nm) und in Äthanol (255—415 nm): *Alexa*, Bulet. Soc. Chim. România **18** [1936] 83, 84, 85. Absorptionsmaxima (A.): 299 nm, 336 nm und 380 nm (*Herzog*, *Hillmer*, B. **64** [1931] 1288, 1305). Polarographie: *Sato*, Bl. nation. hyg. Labor. Tokyo **75** [1957] 47, 58; C. A. **1958** 16089.

Bei der Hydrierung an Palladium/Strontiumcarbonat in Äthylacetat (*McQuillin*, *Ord*, Soc. **1959** 2902, 2907) sowie bei der elektrochemischen Reduktion an einer vernickelten Kupfer-Kathode in wss.-äthanol. Schwefelsäure (*Ishiwata et al.*, J. pharm. Soc. Japan **70** [1950] 190, 192; C. A. **1950** 6751) ist 4-Benzo[1,3]dioxol-5-yl-butan-2-on erhalten worden.

*4*t*-Benzo[1,3]dioxol-5-yl-but-3-en-2-on-thiosemicarbazon $C_{12}H_{13}N_3O_2S$, Formel III.

B. Aus der im vorangehenden Artikel beschriebenen Verbindung und Thiosemicarbazid (*Buu-Hoi et al.*, J. org. Chem. **21** [1956] 415, 417, 418).

Krystalle; F: 199°.

3ξ-Benzo[1,3]dioxol-5-yl-2-methyl-acrylaldehyd $C_{11}H_{10}O_3$, Formel IV.

B. Aus Piperonal beim Behandeln einer Lösung in wss. Äthanol mit Propionaldehyd und wss. Natronlauge (*Bogert*, *Powell*, Am. Perfumer **25** [1930] 617, 619) sowie beim Behandeln des Natriumhydrogensulfit-Addukts mit Propionaldehyd und wss.-methanol. Kalilauge (*Du Pont de Nemours & Co.*, D.R.P. 707426 [1936]; D.R.P. Org. Chem. **6** 1996; U.S.P. 2102965 [1936]). Beim Erwärmen von Isosafrol (S. 273) mit Dimethylformamid und Phosphorylchlorid (*Schmidle*, *Barnett*, Am. Soc. **78** [1956] 3209).

Krystalle; F: 65,5—66,5° [aus PAe.] (*Bo.*, *Po.*), 64—65° (*Du Pont*). Bei 150—155°/0,5 Torr (*Bo.*, *Po.*) bzw. bei 110—130°/0,1 Torr (*Sch.*, *Ba.*) destillierbar.

Oxim $C_{11}H_{11}NO_3$. Krystalle; F: 124—125° [unkorr.; aus A.] (*Bo.*, *Po.*), 124—126° (*Sch.*, *Ba.*).

Phenylhydrazon $C_{17}H_{16}N_2O_2$. Krystalle (aus A.); F: 121—123° [unkorr.] (*Bo.*, *Po.*).

Semicarbazon $C_{12}H_{13}N_3O_3$. F: 230—233° (*Sch.*, *Ba.*).

6-Allyl-benzo[1,3]dioxol-5-carbaldehyd, 2-Allyl-4,5-methylendioxy-benzaldehyd $C_{11}H_{10}O_3$, Formel V.

B. Beim Erhitzen von 5-Allyl-6-chlormethyl-benzo[1,3]dioxol mit Hexamethylentetramin und wss. Essigsäure (*Sugasawa*, *Yoshida*, Pharm. Bl. **1** [1953] 281).

Kp$_{12}$: 160—165°.

Beim Aufbewahren erfolgt Gelbfärbung.

Verhalten beim Erwärmen mit wss.-methanol. Kalilauge (Bildung von 4,5-Methylendioxy-2-propenyl-benzylalkohol [F: 67°] und 4,5-Methylendioxy-2-propenyl-benzoesäure [F: 192°]): *Sugasawa et al.*, Pharm. Bl. **2** [1954] 149. Bildung von 2-Allyl-4,5-methylendioxy-benzylalkohol beim Behandeln mit Methanol, wss. Formaldehyd-Lösung und wss. Natronlauge: *Su. et al.* Beim Erwärmen mit Malonsäure, Pyridin und wenig Piperidin ist 2-Allyl-4,5-methylendioxy-*trans*(?)-zimtsäure (F: 225—226°) erhalten worden (*Su.*, *Yo.*).

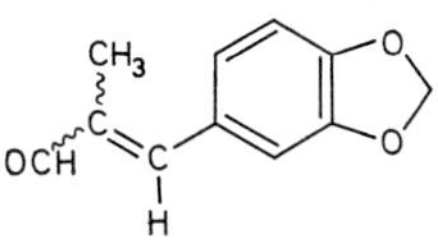

IV 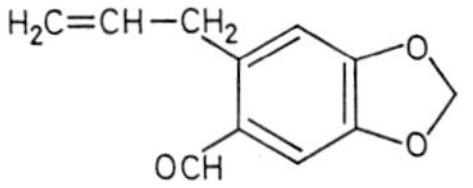   **V** 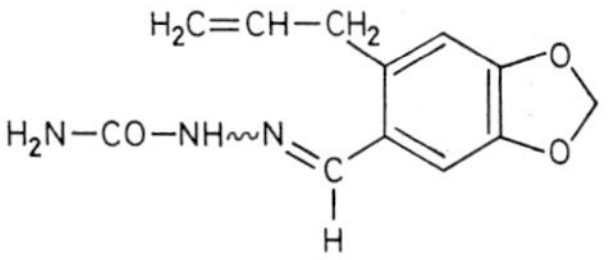   **VI**

*6-Allyl-benzo[1,3]dioxol-5-carbaldehyd-semicarbazon, 2-Allyl-4,5-methylendioxy-benzaldehyd-semicarbazon $C_{12}H_{13}N_3O_3$, Formel VI.

B. Aus 6-Allyl-benzo[1,3]dioxol-5-carbaldehyd und Semicarbazid (*Sugasawa, Yoshida*, Pharm. Bl. **1** [1953] 281).

Krystalle (aus A.); F: 195° [Zers.].

1,3-Di-[2]furyl-propan-1-on $C_{11}H_{10}O_3$, Formel VII.

Diese Verbindung hat als Hauptbestandteil in dem nachstehend beschriebenen Präparat vorgelegen.

B. Bei partieller Hydrierung von 1,3t(?)-Di-[2]furyl-propenon (F: 89—90°) an Nickel/Kieselgur in Äthanol bei 45—65°/100 at (*Alexander, Smith*, Am. Soc. **71** [1949] 735; s. a. *Alexander*, U.S.P. 2532279 [1949]).

Flüssigkeit; bei 104—110°/0,5 Torr destillierbar.

Oxim $C_{11}H_{11}NO_3$. Krystalle (aus wss. Me.); F: 83—84°.

2,4-Dinitro-phenylhydrazon $C_{17}H_{14}N_4O_6$. Rote Krystalle (aus A. + E.); F: 157,5° bis 159,5°.

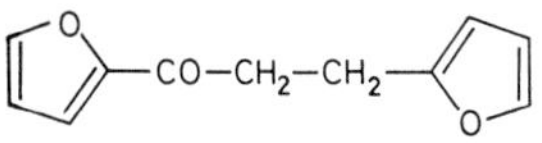

VII 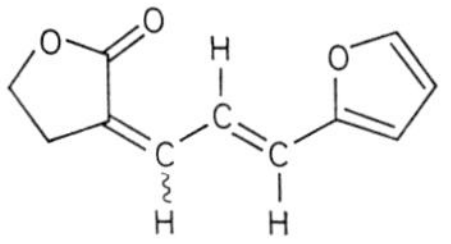   **VIII** 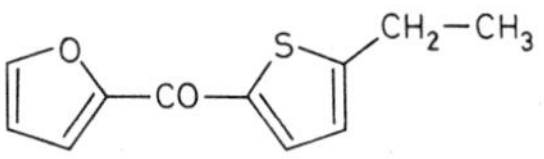   **IX**

3-[(Ξ)-3t(?)-[2]Furyl-allyliden]-dihydro-furan-2-on, 5t(?)-[2]Furyl-2-[2-hydroxy-äthyl]-penta-2ξ,4-diensäure-lacton $C_{11}H_{10}O_3$, vermutlich Formel VIII.

B. Beim Behandeln einer Lösung von 3t(?)-[2]Furyl-acrylaldehyd (E III/IV **17** 4695) und Dihydro-furan-2-on in Benzol mit Natriummethylat (*Zimmer, Rothe*, J. org. Chem. **24** [1959] 28, 30, 31).

Bräunliche Krystalle (aus A.); F: 98—99°.

[5-Äthyl-[2]thienyl]-[2]furyl-keton $C_{11}H_{10}O_2S$, Formel IX.

Bezüglich der Konstitutionszuordnung vgl. die analog hergestellte 2-[5-Äthyl-thiophen-2-carbonyl]-benzoesäure (E III/IV **18** 5641).

B. Aus Furan-2-carbonylchlorid und 2-Äthyl-thiophen mit Hilfe von Aluminiumchlorid (*Buu-Hoï*, Soc. **1958** 2418).

Kp$_{20}$: 195—197°.

[5-Äthyl-[2]thienyl]-[2]thienyl-keton $C_{11}H_{10}OS_2$, Formel X (X = H).

Bezüglich der Konstitutionszuordnung vgl. die analog hergestellte 2-[5-Äthyl-thiophen-2-carbonyl]-benzoesäure (E III/IV **18** 5641).

B. Aus Thiophen-2-carbonylchlorid und 2-Äthyl-thiophen mit Hilfe von Aluminium-chlorid (*Buu-Hoï*, Soc. **1958** 2418).

Krystalle (aus Bzn. oder Bzn. + Bzl.); F: 41°.

[5-Äthyl-[2]thienyl]-[5-chlor-[2]thienyl]-keton $C_{11}H_9ClOS_2$, Formel X (X = Cl).

Bezüglich der Konstitutionszuordnung vgl. die analog hergestellte 2-[5-Äthyl-thiophen-2-carbonyl]-benzoesäure (E III/IV **18** 5641).

B. Aus 5-Chlor-thiophen-2-carbonylchlorid und 2-Äthyl-thiophen mit Hilfe von Aluminiumchlorid (*Buu-Hoï*, Soc. **1958** 2418).

Kp$_{23}$: 228—230°.

$$X \qquad\qquad XI \qquad\qquad XII$$

[5-Äthyl-[2]thienyl]-[5-brom-[2]thienyl]-keton $C_{11}H_9BrOS_2$, Formel X (X = Br).

Bezüglich der Konstitutionszuordnung vgl. die analog hergestellte 2-[5-Äthyl-thiophen-2-carbonyl]-benzoesäure (E III/IV **18** 5641).

B. Aus 5-Brom-thiophen-2-carbonylchlorid und 2-Äthyl-thiophen mit Hilfe von Aluminiumchlorid (*Buu-Hoi*, Soc. **1958** 2418).

Krystalle (aus Bzn. oder aus Bzn. + Bzl.); F: 44°.

Bis-[5-methyl-[2]thienyl]-keton $C_{11}H_{10}OS_2$, Formel XI.

B. Beim Behandeln von 5-Methyl-thiophen-2-carbonylchlorid mit 2-Methyl-thiophen unter Zusatz von Aluminiumchlorid und Schwefelkohlenstoff (*Buu-Hoi, Hoán,* R. **68** [1949] 5, 29) oder unter Zusatz von Zinn(IV)-chlorid und Benzol (*Gol'dfarb, Danjuschew-škiĭ,* Izv. Akad. S.S.S.R. Otd. chim. **1956** 1361, 1368; engl. Ausg. S. 1395, 1401).

Krystalle (aus wss. Me.); F: 53° (*Buu-Hoi, Hoán*), 48—49° (*Go., Da.*). Bei 218—220°/13 Torr (*Buu-Hoi, Hoán*) bzw. bei 212—214°/13 Torr (*Go., Da.*) destillierbar.

5-[5-Methyl-[2]thienylmethyl]-thiophen-2-carbaldehyd $C_{11}H_{10}OS_2$, Formel XII.

B. Beim Behandeln von [5-Methyl-[2]thienyl]-[2]thienyl-methan mit *N*-Methyl-formanilid und Phosphorylchlorid (*Gol'dfarb, Konštantinow,* Izv. Akad. S.S.S.R. Otd. chim. **1956** 992, 995; engl. Ausg. S. 1013, 1016). Beim Behandeln von [5-Methyl-[2]thienyl]-[2]thienyl-methan mit Butyllithium (1 Mol) in Äther und anschliessend mit Dimethylformamid (*Gol'dfarb, Kirmalowa,* Ž. obšč. Chim. **29** [1959] 897, 898, 901; engl. Ausg. S. 881, 884).

Kp_3: 156—158°; D_4^{20}: 1,2256; n_D^{20}: 1,6218 (*Go., Ko.*).

Beim Erwärmen mit Äthanol und Raney-Nickel ist Undecan-1-ol erhalten worden (*Go., Ko.*).

---

*5-[5-Methyl-[2]thienylmethyl]-thiophen-2-carbaldehyd-oxim $C_{11}H_{11}NOS_2$, Formel I.

B. Aus 5-[5-Methyl-[2]thienylmethyl]-thiophen-2-carbaldehyd und Hydroxylamin (*Gol'dfarb, Kirmalowa,* Ž. obšč. Chim. **29** [1959] 897, 901; engl. Ausg. S. 881, 884).

Krystalle; F: 119,5—121° [aus wss. A.] (*Gol'dfarb, Konštantinow,* Izv. Akad. S.S.S.R. Otd. chim. **1956** 992, 996; engl. Ausg. S. 1013, 1016), 119—120° [aus wss. A. oder aus Bzl. + Heptan] (*Go., Ki.*), 99—99,5° [aus wss. A.] (*Go., Ki.*).

[2,5-Dimethyl-[3]thienyl]-[2]furyl-keton $C_{11}H_{10}O_2S$, Formel II.

B. In mässiger Ausbeute beim Behandeln von 2,5-Dimethyl-thiophen mit Furan-2-carbonylchlorid, Aluminiumchlorid und Schwefelkohlenstoff (*Buu-Hoi, Hoán,* R. **67** [1948] 309, 322).

Kp_{18}: 180—182°.

$$I \qquad\qquad II \qquad\qquad III$$

*[2,5-Dimethyl-[3]thienyl]-[2]furyl-keton-semicarbazon $C_{12}H_{13}N_3O_2S$, Formel III.

B. Aus [2,5-Dimethyl-[3]thienyl]-[2]furyl-keton und Semicarbazid (*Buu-Hoi, Hoán,* R. **67** [1948] 309, 323).

Krystalle (aus A.); F: 167°.

[2,5-Dimethyl-[3]thienyl]-[2]thienyl-keton $C_{11}H_{10}OS_2$, Formel IV (X = H).

B. Beim Behandeln von Thiophen-2-carbonylchlorid mit 2,5-Dimethyl-thiophen, Alu᎓ miniumchlorid und Schwefelkohlenstoff, anfangs bei 0° (*Buu-Hoi, Hoán*, R. **68** [1949] 5, 24).

Krystalle (aus A.); F: 77°. Bei 189—190°/13 Torr destillierbar.

[5-Chlor-[2]thienyl]-[2,5-dimethyl-[3]thienyl]-keton $C_{11}H_9ClOS_2$, Formel IV (X = Cl).

B. Beim Behandeln von 5-Chlor-thiophen-2-carbonylchlorid mit 2,5-Dimethyl-thiophen, Aluminiumchlorid und Schwefelkohlenstoff (*Buu-Hoi et al.*, R. **69** [1950] 1083, 1102).

Krystalle (aus A.); F: 70°. Bei 209—211°/15 Torr destillierbar.

[5-Brom-[2]thienyl]-[2,5-dimethyl-[3]thienyl]-keton $C_{11}H_9BrOS_2$, Formel IV (X = Br).

B. Beim Behandeln von 5-Brom-thiophen-2-carbonylchlorid mit 2,5-Dimethyl-thiophen, Aluminiumchlorid und Schwefelkohlenstoff (*Buu-Hoi, Hoán*, R. **68** [1949] 5, 27).

Krystalle (aus A.); F: 69°. Bei 211—214°/13 Torr destillierbar.

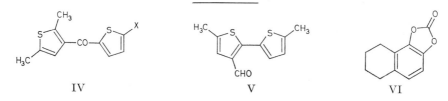

IV　　　　　　　　　V　　　　　　　　　VI

5,5′-Dimethyl-[2,2′]bithienyl-3-carbaldehyd $C_{11}H_{10}OS_2$, Formel V.

B. Beim Behandeln von 5,5′-Dimethyl-[2,2′]bithienyl mit Dimethylformamid, Phos᎓ phorylchlorid und Toluol (*Lescot et al.*, Soc. **1959** 3234, 3235).

Gelbliche Krystalle (aus A.); F: 65°.

6,7,8,9-Tetrahydro-naphtho[1,2-*d*][1,3]dioxol-2-on, Kohlensäure-[5,6,7,8-tetrahydro-naphthalin-1,2-diylester], 5,6-Carbonyldioxy-1,2,3,4-tetrahydro-naphthalin $C_{11}H_{10}O_3$, Formel VI.

B. Beim Behandeln von 5,6,7,8-Tetrahydro-naphthalin-1,2-diol mit wss. Natronlauge und mit Phosgen in Toluol (*Schroeter*, B. **71** [1938] 1040, 1050).

Krystalle (aus A.); F: 124—125°.

2,3,5,6-Tetrahydro-furo[3,2-*g*]chromen-7-on, 3-[6-Hydroxy-2,3-dihydro-benzofuran-5-yl]-propionsäure-lacton, Tetrahydropsoralen, Tetrahydroficusin $C_{11}H_{10}O_3$, Formel VII.

B. Bei der Hydrierung von Ficusin (Furo[3,2-*g*]chromen-7-on) an Palladium in Äthanol (*Okahara*, Bl. chem. Soc. Japan **11** [1936] 389, 392). Bei der Hydrierung von 2,3-Di᎓ hydro-furo[3,2-*g*]chromen-7-on an Platin in Äthanol (*Okahara*, Bl. chem. Soc. Japan **13** [1938] 653).

Krystalle (aus A.); F: 154—155° (*Ok.*, Bl. chem. Soc. Japan **13** 653), 154° (*Ok.*, Bl. chem. Soc. Japan **11** 392).

***Opt.-inakt. 8a-Methyl-3a,8a-dihydro-3*H*-furo[2,3-*b*]benzofuran-2-on, [2-Hydroxy-2-methyl-2,3-dihydro-benzofuran-3-yl]-essigsäure-lacton** $C_{11}H_{10}O_3$, Formel VIII.

B. Beim Erhitzen von 4-[2-Acetoxy-phenyl]-5-methyl-3*H*-furan-2-on mit wss. Salz᎓ säure (*Lawson*, Soc. **1957** 144, 149).

Krystalle (aus Bzl.); F: 95°. UV-Absorptionsmaxima (A.): 271 nm und 310 nm.

4,5,5a,6,8a,8b-Hexahydro-4,6-epoxido-naphtho[1,8-*bc*]furan-2-on, 4-Hydroxy-1,4,4a,7,8,8a-hexahydro-1,7-epoxido-naphthalin-5-carbonsäure-lacton $C_{11}H_{10}O_3$.

a) **(5a*S*)-(5a*r*,8a*c*,8b*c*)-4,5,5a,6,8a,8b-Hexahydro-4*t*,6*t*-epoxido-naphtho[1,8-*bc*]᎓ furan-2-on, (4a*S*)-4*t*-Hydroxy-(4a*r*,8a*c*)-1,4,4a,7,8,8a-hexahydro-1*t*,7*t*-epoxido-naphthalin-5-carbonsäure-lacton** $C_{11}H_{10}O_3$, Formel IX.

B. Beim Behandeln von (4a*S*)-4*t*-Hydroxy-(4a*r*,8a*c*)-1,4,4a,7,8,8a-hexahydro-1*t*,7*t*-ep᎓

oxido-naphthalin-5-carbonsäure (E III/IV **18** 4882) mit Acetanhydrid und Pyridin (*Novák et al.*, Tetrahedron Letters **1959** Nr. 5, S. 10, 13; Collect. **25** [1960] 2196, 2204) oder mit Dicyclohexylcarbodiimid in Dioxan (*No. et al.*, Tetrahedron Letters **1959** Nr. 5, S. 13).

Krystalle (aus Acn. + Ae.), F: 166°; $[\alpha]_D^{20}$: $-16°$ [CHCl$_3$; c = 1] (*No. et al.*, Collect. **25** 2204; s. a. *No. et al.*, Tetrahedron Letters **1959** Nr. 5, S. 13).

Beim Behandeln mit Natriummethylat in Methanol ist (4a*S*)-4*t*-Hydroxy-6*c*-methoxy-(4a*r*,8a*c*)-1,4,4a,5,6,7,8,8a-octahydro-1*t*,7*t*-epoxido-naphthalin-5*t*-carbonsäure-lacton erhalten worden.

VII   VIII   IX

b) (±)-(5a*r*,8a*c*,8b*c*)-4,5,5a,6,8a,8b-Hexahydro-4*t*,6*t*-epoxido-naphtho[1,8-*bc*]furan-2-on, (±)-4*t*-Hydroxy-(4a*r*,8a*c*)-1,4,4a,7,8,8a-hexahydro-1*t*,7*t*-epoxido-naphthalin-5-carbonsäure-lacton $C_{11}H_{10}O_3$, Formel IX + Spiegelbild.

B. Beim Erwärmen von (±)-2*c*,3*c*-Epoxy-5*t*-hydroxy-8-oxo-(4a*r*,8a*c*)-1,2,3,4,4a,5,8,8a-octahydro-[1*t*]naphthoesäure-lacton mit Aluminiumisopropylat in Isopropylalkohol unter Entfernen des entstehenden Acetons (*Woodward et al.*, Tetrahedron **2** [1958] 1, 13, 40).

Krystalle (aus E. + Ae.); F: 124—126° [Kofler-App.]. IR-Spektrum (KI; 2—12 μ): *Wo. et al.* UV-Absorptionsmaximum (A.): 228 nm.

Oxo-Verbindungen $C_{12}H_{12}O_3$

(±)-2,6-Dimethyl-2-phenyl-[1,3]dioxin-4-on, (±)-3-[1-Hydroxy-1-phenyl-äthoxy]-*trans*-crotonsäure-lacton $C_{12}H_{12}O_3$, Formel I.

B. Beim Erwärmen von Acetophenon mit Diketen (3-Hydroxy-but-3-ensäure-lacton) und wenig *m*-Xylol-4-sulfonsäure (*Carroll, Bader*, Am. Soc. **75** [1953] 5400).

Krystalle (aus Bzl. + Cyclohexan); F: 93,5°. IR-Spektrum (CHCl$_3$; 2—16 μ): *Ca., Ba.* UV-Absorptionsmaximum: 240 nm [Isooctan] bzw. 247,5 nm [A.].

I   II   III

5-[2,4-Dimethyl-phenyl]-4-methyl-[1,2]dithiol-3-thion $C_{12}H_{12}S_3$, Formel II.

B. Beim Erhitzen von 1-[2,4-Dimethyl-phenyl]-2-methyl-propan-1-on (*Legrand, Lozac'h*, Bl. **1956** 1130, 1132) oder von 3-[2,4-Dimethyl-phenyl]-2-methyl-3-oxo-propion=aldehyd (*Legrand*, Bl. **1959** 1599, 1601) mit Phosphor(V)-sulfid, Schwefel und Biphenyl auf 210°.

Gelbe Krystalle (aus A.); F: 59° (*Le., Lo.; Le.*).

5-[2,5-Dimethyl-phenyl]-4-methyl-[1,2]dithiol-3-thion $C_{12}H_{12}S_3$, Formel III.

B. Beim Erhitzen von 1-[2,5-Dimethyl-phenyl]-2-methyl-propan-1-on (*Legrand, Lozac'h*, Bl. **1956** 1130, 1132) oder von 3-[2,5-Dimethyl-phenyl]-2-methyl-3-oxo-propion=aldehyd (*Legrand*, Bl. **1959** 1599, 1601) mit Phosphor(V)-sulfid, Schwefel und Biphenyl auf 210°.

Gelbe Krystalle (aus A.); F: 73° (*Le., Lo.; Le.*).

5-[3,4-Dimethyl-phenyl]-4-methyl-[1,2]dithiol-3-thion $C_{12}H_{12}S_3$, Formel IV.

B. Beim Erhitzen von 1-[3,4-Dimethyl-phenyl]-2-methyl-propan-1-on mit Phos=
phor(V)-sulfid, Schwefel und Biphenyl auf 210° (*Legrand, Lozac'h*, Bl. **1956** 1130, 1132).
Orangegelbe Krystalle (aus Cyclohexan); F: 96°.

2-[1,3]Dithiolan-2-yliden-1-p-tolyl-äthanon $C_{12}H_{12}OS_2$, Formel V.

B. Beim Erwärmen der Natrium-Verbindung des 3,3-Dimercapto-1-p-tolyl-propenons
mit 1,2-Dibrom-äthan und Methanol (*Thuillier, Vialle*, Bl. **1959** 1398, 1400).
Krystalle (aus E.); F: 136°.

IV   V   VI

1t-Benzo[1,3]dioxol-5-yl-pent-1-en-3-on $C_{12}H_{12}O_3$, Formel VI.

Diese Konfiguration kommt wahrscheinlich der früher (s. E II 19 158) und nachstehend
beschriebenen, als Piperonyliden-methyläthylketon bezeichneten Verbindung auf Grund
ihrer Bildungsweise zu (vgl. das analog hergestellte 4t-Benzo[1,3]dioxol-5-yl-but-3-en-2-on
[H **19** 137, E III/IV **19** 1756]).

B. Beim Behandeln einer äthanol. Lösung von Piperonal mit Butanon und wss. Natron=
lauge (*Ishiwata, Suzuki*, J. pharm. Soc. Japan **70** [1950] 195; C. A. **1951** 626).

Krystalle; F: 101—102° [aus A.] (*Gheorghiu*, Bl. [4] **53** [1933] 1442, 1458), 101° [aus
Bzn.] (*Ish., Su.*).

Beim Behandeln einer äthanol. Lösung mit Semicarbazid-hydrochlorid und Kalium=
acetat in Wasser sind zwei Semicarbazone $C_{13}H_{15}N_3O_3$ a) gelbe Krystalle (aus A.)
vom F: 198—200°; b) farblose Krystalle [aus CHCl$_3$] vom F: 198°) erhalten worden (*Gh.*,
Bl. [4] **53** 1458).

Oxim $C_{12}H_{13}NO_3$ (vgl. E II 158). Krystalle; F: 158° (*Ish., Su.*).

4-Phenyl-semicarbazon $C_{19}H_{19}N_3O_3$. Krystalle, die bei 180—190° schmelzen
(*Gheorghiu*, Bl. [5] **1** [1934] 97, 105).

Thiosemicarbazon $C_{13}H_{15}N_3O_2S$. Krystalle (aus A.); F: 170—172° (*Gh.*, Bl. [5] **1**
101), 169—170° [orangefarbene Schmelze] (*Gheorghiu, Avramovici*, Anal. științ. Univ.
Iași [I] **3** [1957] 381, 387). Am Licht erfolgt Gelbfärbung (*Gh., Av.; Gh.*, Bl. [5] **1** 101).

4ξ-Benzo[1,3]dioxol-5-yl-3-methyl-but-3-en-2-on $C_{12}H_{12}O_3$, Formel VII.

Eine von *Gheorghiu* (Bl. [4] **53** [1933] 1442, 1459) unter dieser Konstitution beschrie=
bene Verbindung (gelbliche Krystalle [aus Bzl.], F: 135—136°; Semicarbazon
$C_{13}H_{15}N_3O_3$: F: 216—218° [Zers.]) ist vermutlich als 4-Benzo[1,3]dioxol-5-yl-
4-chlor-3-methyl-butan-2-on ($C_{12}H_{13}ClO_3$, Formel VIII) zu formulieren (vgl. *Rateb,
Soliman*, Soc. **1960** 1426, 1427).

B. Neben kleinen Mengen der zuvor erwähnten Verbindung $C_{12}H_{13}ClO_3$ (F: 136°) beim
Behandeln von Piperonal mit Butanon und Chlorwasserstoff (*Ra., So.*; s.a. *O'Donoghue
et al.*, Pr. Irish Acad. **37** B [1926] 141, 143).

Gelbliche Krystalle; F: 97—98° [aus A.] (*O'Do. et al.*), 97° [aus PAe.] (*Ra., So.*).

Beim Behandeln mit 1 Mol Benzaldehyd und wss.-äthanol. Kalilauge ist eine als
4-Benzo[1,3]dioxol-5-yl-5-methyl-3-phenyl-cyclopent-2-enon angesehene Verbindung
$C_{19}H_{16}O_3$ (F: 88,6—89,4°), beim Behandeln mit 2 Mol Benzaldehyd und Chlorwasserstoff
enthaltendem Äthanol ist hingegen eine als 3-Benzo[1,3]dioxol-5-yl-5-benzyliden-
2-methyl-4-phenyl-cyclopent-3-enon angesehene Verbindung $C_{26}H_{20}O_3$ (F: 140—141°)
erhalten worden (*O'Do. et al.*, l. c. S. 144, 145).

Über zwei als Oxime angesehene Verbindungen $C_{12}H_{13}NO_3$ a) Krystalle [aus A.],
F: 130°; b) Krystalle [aus PAe.], F: 119°), für die aber auch die Formulierung als 5-Benzo=
[1,3]dioxol-5-yl-3,4-dimethyl-4,5-dihydro-isoxazol (Formel IX) in Betracht
kommt, s. *O'Do. et al.*, l. c. S. 144; *Ra., So.*

VII   VIII   IX

2-Äthyl-3ξ-benzo[1,3]dioxol-5-yl-acrylaldehyd $C_{12}H_{12}O_3$, Formel X.

B. Beim Behandeln von Piperonal mit Butyraldehyd und äthanol. Alkalilauge (*Bogert, Powell*, Am. Perfumer **25** [1930] 617, 619).

Krystalle (aus PAe. + Bzl.); F: 56—57°. Bei 155—160°/4 Torr destillierbar.

Oxim $C_{12}H_{13}NO_3$. Krystalle (aus wss. A.) vom F: 141—143° [unkorr.], die sich allmählich gelb färben.

Phenylhydràzon $C_{18}H_{18}N_2O_2$. Krystalle (aus wss. A.); F: 118—120° [unkorr.].

X   XI   XII

*Opt.-inakt. **2-[1,2-Dichlor-2-[2]furyl-äthyl]-6-methyl-pyran-4-on** $C_{12}H_{10}Cl_2O_3$, Formel XI.

B. Beim Behandeln von 2-[*trans*(?)-2-[2]Furyl-vinyl]-6-methyl-pyran-4-on (F: 204° bis 205°) mit Sulfurylchlorid (*Woods*, Am. Soc. **80** [1958] 1440).

Braune Krystalle (aus A.); Zers. oberhalb 103° [nach Erweichen von 86° an].

(±)-1,3-Di-[2]thienyl-butan-1-on $C_{12}H_{12}OS_2$, Formel XII.

B. Beim Behandeln von 2-Brom-thiophen mit Magnesium in Äther und Erwärmen der Reaktionslösung mit *trans*(?)-Crotonsäure-äthylester (*Hirao*, J. pharm. Soc. Japan **73** [1953] 1024; C. A. **1954** 10724).

F: 41—43°. $Kp_{0,15}$: 140—142°.

*(±)-1,3-Di-[2]thienyl-butan-1-on-oxim $C_{12}H_{13}NOS_2$, Formel I (X = OH).

B. Aus (±)-1,3-Di-[2]thienyl-butan-1-on und Hydroxylamin (*Hirao*, J. pharm. Soc. Japan **73** [1953] 1024).

Krystalle; F: 101—103°.

*(±)-1,3-Di-[2]thienyl-butan-1-on-[2,4-dinitro-phenylhydrazon] $C_{18}H_{16}N_4O_4S_2$, Formel I (X = NH-C$_6$H$_3$(NO$_2$)$_2$).

B. Aus (±)-1,3-Di-[2]thienyl-butan-1-on und [2,4-Dinitro-phenyl]-hydrazin (*Hirao*, J. pharm. Soc. Japan **73** [1953] 1024; C. A. **1954** 10724).

Rote Krystalle; F: 176—178°.

I   II   III

1,2-Di-[2]thienyl-2-methyl-propan-1-on $C_{12}H_{12}OS_2$, Formel II.

B. Beim Erwärmen von 2-Methyl-2-[2]thienyl-propionitril mit [2]Thienyllithium in Äther oder mit [2]Thienylmagnesiumjodid in Xylol und anschliessenden Erwärmen des jeweiligen Reaktionsgemisches mit wss. Salzsäure (*Hill, Brooks*, J. org. Chem. **23** [1958] 1289, 1291).

Kp$_{1,5}$: 134° (*Hill, Br.*, l. c. S. 1290).

3-Acetyl-5,5′-dimethyl-[2,2′]bithienyl, 1-[5,5′-Dimethyl-[2,2′]bithienyl-3-yl]-äthanon C$_{12}$H$_{12}$OS$_2$, Formel III.

B. Als Haptprodukt neben 3,3′-Diacetyl-5,5′-dimethyl-[2,2′]bithienyl beim Behandeln von 5,5′-Dimethyl-[2,2′]dithienyl mit Acetylchlorid, Zinn(IV)-chlorid und Schwefelkohlenstoff (*Lescot et al.*, Soc. **1959** 3234, 3235).

Krystalle (aus PAe.); F: 49°.

---

*Opt.-inakt. 2-Phenyl-1,4-dioxa-spiro[2.5]octan-5-on, 5,6-Epoxy-5-hydroxy-6-phenylhexansäure-lacton C$_{12}$H$_{12}$O$_3$, Formel IV.

B. Beim Behandeln von 6-Benzyliden-tetrahydro-pyran-2-on (F: 79—80°) mit Peroxy≠essigsäure und Kaliumacetat in Essigsäure (*Walton*, J. org. Chem. **22** [1957] 1161, 1165).

Krystalle (aus Diisopropyläther); F: 80° (*Wa.*, l. c. S. 1163).

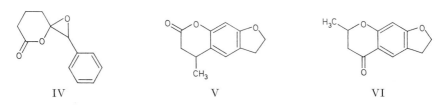

IV   V   VI

(±)-5-Methyl-2,3,5,6-tetrahydro-furo[3,2-*g*]chromen-7-on, (±)-3-[6-Hydroxy-2,3-di≠hydro-benzofuran-5-yl]-buttersäure-lacton C$_{12}$H$_{12}$O$_3$, Formel V.

B. Bei der Hydrierung von 5-Methyl-2,3-dihydro-furo[3,2-*g*]chromen-7-on an Palla≠dium/Kohle in Essigsäure bei 65° (*Horning, Reisner*, Am. Soc. **72** [1950] 1514, 1517).

Krystalle (aus Ae. + Cyclohexan); F: 68,5—69,5°. UV-Spektrum (A.; 220—350 nm): *Ho., Re.*, l. c. S. 1516.

(±)-7-Methyl-2,3,6,7-tetrahydro-furo[3,2-*g*]chromen-5-on C$_{12}$H$_{12}$O$_3$, Formel VI.

B. Beim Behandeln einer Lösung von 1-[6-Hydroxy-2,3-dihydro-benzofuran-5-yl]-but-2*t*-en-1-on in Methanol mit wss. Natronlauge (*Dann, Illing*, A. **605** [1957] 146, 153).

Krystalle (aus wss. Me.); F: 94°.

---

*(±)-7-Methyl-2,3,6,7-tetrahydro-furo[3,2-*g*]chromen-5-on-oxim C$_{12}$H$_{13}$NO$_3$, Formel VII.

B. Aus (±)-7-Methyl-2,3,6,7-tetrahydro-furo[3,2-*g*]chromen-5-on und Hydroxylamin (*Dann, Illing*, A. **605** [1957] 146, 153).

Krystalle (aus A.); F: 206° [unkorr.; Block].

(±)-2-Methyl-5,6-dihydro-2,6-methano-benzo[*d*][1,3]dioxocin-4-on, (±)-[2-Hydroxy-2-methyl-chroman-4-yl]-essigsäure-lacton C$_{12}$H$_{12}$O$_3$, Formel VIII.

Diese Konstitution ist der nachstehend beschriebenen Verbindung zugeordnet worden (*Boehm*, Ar. **272** [1934] 406, 424).

B. Beim Erhitzen von (±)-3-[2-Hydroxy-phenyl]-5-oxo-hexansäure oder von (±)-3-[2-Hydroxy-phenyl]-5-oxo-hexansäure-lacton mit Essigsäure (*Bo.*). Beim Erhitzen einer als (±)-2,3-Dimethyl-2,3,5,6-tetrahydro-2,6-methano-benz[*g*][1,3]oxazocin-4-on an≠gesehenen Verbindung (F: 110°) mit konz. wss. Salzsäure (*Koelsch, Freerks*, J. org. Chem. **18** [1953] 1538, 1542).

Krystalle; F: 148° [aus A.] (*Bo.*), 147—148° [aus Ae.] (*Ko., Fr.*).

Verhalten beim Behandeln mit wss. Ammoniak (Bildung einer als 2-Methyl-2,3,5,6-tetrahydro-2,6-methano-benz[*g*][1,3]oxazocin-4-on angesehenen Verbindung [F: 252° bis 254°]): *Bo.*, l. c. S. 420. Beim Erwärmen mit Hydroxylamin, wenig Essigsäure und

Äthanol (*Bo.*, l. c. S. 425) oder mit Hydroxylamin-hydrochlorid, Pyridin und Methanol (*Ko., Fr.*) ist eine von *Boehm* als 4-[2-Hydroxyimino-propyl]-chroman-2-on, von *Koelsch* und *Freerks* hingegen als 3-Hydroxy-2-methyl-2,3,5,6-tetrahydro-2,6-methano-benz[*g*]=[1,3]oxazocin-4-on angesehene Verbindung $C_{12}H_{13}NO_3$ (F: 197—198° bzw. F: 197°) erhalten worden.

$$\text{VII} \qquad \text{VIII} \qquad \text{IX} \qquad \text{X}$$

(±)-2-Methyl-5,6-dihydro-2,6-methano-benz[*g*][1,3]oxathiocin-4-on-methylimin, (±)-Methyl-[2-methyl-5,6-dihydro-2,6-methano-benz[*g*][1,3]oxathiocin-4-yliden]-amin $C_{13}H_{15}NOS$, Formel IX, und (±)-2-Methyl-4-methylamino-6*H*-2,6-methano-benz[*g*][1,3]=oxathiocin, (±)-Methyl-[2-methyl-6*H*-2,6-methano-benz[*g*][1,3]oxathiocin-4-yl]-amin $C_{13}H_{15}NOS$, Formel X.

Die nachstehend beschriebene Verbindung ist von *Koelsch* und *Freerks* (J. org. Chem. **18** [1953] 1538, 1540) als (±)-2-Methyl-4-methylamino-6*H*-2,6-methano-benz[*g*][1,3]=oxathiocin (Formel X) formuliert worden.

B. Als Hauptprodukt neben der im vorangehenden Artikel beschriebenen Verbindung (F: 147—148°) beim Erhitzen einer als (±)-2,3-Dimethyl-2,3,5,6-tetrahydro-2,6-methano-benz[*g*][1,3]oxazocin-4-thion angesehenen Verbindung (F: 122—124°) mit konz. wss. Salzsäure (*Ko., Fr.*, l. c. S. 1543).

Krystalle (aus A.); F: 147°.

Charakterisierung als *N*-Benzoyl-Derivat (F: 157—157,5°): *Ko., Fr.*

Oxo-Verbindungen $C_{13}H_{14}O_3$

4-[4-*tert*-Butyl-phenyl]-[1,2]dithiol-3-thion $C_{13}H_{14}S_3$, Formel I.

B. Beim Erhitzen von 1-*tert*-Butyl-4-isopropyl-benzol mit Schwefel und wenig *N,N'*-Di-*o*-tolyl-guanidin auf 193° (*Fields*, Am. Soc. **77** [1955] 4255).

Krystalle (aus Bzl. oder aus Bzl. + Hexan); F: 145 —146°.

$$\text{I} \qquad\qquad \text{II} \qquad\qquad \text{III}$$

4-[4-*tert*-Butyl-phenyl]-3-methylmercapto-[1,2]dithiolylium $[C_{14}H_{17}S_3]$,+ Formel II und Mesomere.

Jodid $[C_{14}H_{17}S_3]$I. *B.* Beim Erhitzen von 4-[4-*tert*-Butyl-phenyl]-[1,2]dithiol-3-thion mit Methyljodid und Butylacetat (*Fields*, Am. Soc. **77** [1955] 4255). — F: 161—161,5°.

5-Mesityl-4-methyl-[1,2]dithiol-3-thion $C_{13}H_{14}S_3$, Formel III.

B. Beim Erhitzen von 1-Mesityl-2-methyl-propan-1-on mit Schwefel, Phosphor(V)-sulfid und Biphenyl auf 210° (*Legrand, Lozac'h*, Bl. **1956** 1130, 1133).

Krystalle (aus A. und Cyclohexan); F: 119°.

1*t*(?)-Benzo[1,3]dioxol-5-yl-hex-1-en-3-on $C_{13}H_{14}O_3$, vermutlich Formel IV.

B. Beim Behandeln einer Lösung von Piperonal in Äthanol mit Pentan-2-on und wss. Natronlauge (*Gheorghiu*, Bl. [4] **53** [1933] 1442, 1460).

Krystalle (aus A.); F: 63° (*Gh.*, Bl. [4] **53** 1460).

Beim Behandeln einer äthanol. Lösung mit Semicarbazid-hydrochlorid und Kalium=

acetat sind zwei Semicarbazone $C_{14}H_{17}N_3O_3$ (a) farblose Krystalle [aus $CHCl_3$] vom F: 175°; b) gelbe Krystalle [aus A.], die sich beim Erwärmen mit Benzol, Toluol oder Äthanol partiell in die farblosen Krystalle umwandeln) erhalten worden (*Gh.*, Bl. [4] 53 1460).

4-Phenyl-semicarbazon $C_{20}H_{21}N_3O_3$. Krystalle (aus Xylol); F: 175° [gelbe Schmelze] (*Gheorghiu*, Bl. [5] 1 [1934] 97, 104).

IV   V

1*t*(?)-Benzo[1,3]dioxol-5-yl-4-methyl-pent-1-en-3-on $C_{13}H_{14}O_3$, vermutlich Formel V.

B. Beim Behandeln einer Lösung von Piperonal in Äthanol mit 3-Methyl-butan-2-on und wss. Natronlauge (*Gheorghiu*, Bl. [4] 53 [1933] 1442, 1461).

Krystalle (aus wss. A.); F: 56° (*Gh.*, Bl. [4] 53 1461).

Semicarbazon $C_{14}H_{17}N_3O_3$. Krystalle; F: 188° [orangegelbe Schmelze] (*Gh.*, Bl. [4] 53 1461).

Thiosemicarbazon $C_{14}H_{17}N_3O_2S$. Krystalle (aus A.); F: 157° [orangegelbe Schmelze] (*Gheorghiu*, Bl. [5] 1 [1934] 97, 101).

1,5-Di-[2]furyl-pentan-3-on $C_{13}H_{14}O_3$, Formel VI (E II 158).

B. Bei der Hydrierung von 1*t*(?),5*t*(?)-Di-[2]furyl-penta-1,4-dien-3-on (F: 59—60°) an Raney-Nickel in Äthanol in Gegenwart von Methyljodid (*Thomas*, Bl. **1954** 529).

Bei der Hydrierung an Nickel/Kieselgur in Wasser bei 200°/200 at in Gegenwart von Ameisensäure sind 9-Tetrahydro[2]furyl-nonan-1,4,7-triol [E III/IV 17 2327] (Hauptprodukt), 1,5-Bis-tetrahydro[2]furyl-pentan-3-ol (S. 704) und kleine Mengen Tridecan-1,4,7,10,13-pentaol (Stereoisomeren-Gemisch) erhalten worden (*Russell et al.*, Am. Soc. 74 [1952] 4543).

(±)-5-[1-Methyl-1-[2]thienyl-propyl]-thiophen-2-carbaldehyd $C_{13}H_{14}OS_2$, Formel VII.

B. Beim Behandeln von 2,2-Di-[2]thienyl-butan mit *N*-Methyl-formanilid und Phosphorylchlorid (*Gol'dfarb, Konstantinow*, Izv. Akad. S.S.S.R. Otd. chim. **1959** 121, 125; engl. Ausg. S. 108, 111).

Kp_3: 160—162°. D_4^{20}: 1,2016. n_D^{20}: 1,6120.

VI   VII   VIII

***(±)-5-[1-Methyl-1-[2]thienyl-propyl]-thiophen-2-carbaldehyd-oxim** $C_{13}H_{15}NOS_2$, Formel VIII.

B. Aus dem im vorangehenden Artikel beschriebenen Aldehyd und Hydroxylamin (*Gol'dfarb, Konstantinow*, Izv. Akad. S.S.S.R. Otd. chim. **1959** 121, 125; engl. Ausg. S. 108, 112).

Krystalle (aus wss. A.); F: 103—104°.

2-[5-Acetyl-[2]furyl]-2-[2]furyl-propan, 1-[5-(1-[2]Furyl-1-methyl-äthyl)-[2]furyl]-äthanon $C_{13}H_{14}O_3$, Formel IX.

B. Beim Behandeln von 2,2-Di-[2]furyl-propan mit Acetanhydrid und dem Borfluorid-Äther-Adduct (*Brown, French*, Canad. J. Chem. 36 [1958] 371, 375).

Krystalle (aus wss. A.); F: 84,0—84,5°.

*1-[5-(1-[2]Furyl-1-methyl-äthyl)-[2]furyl]-äthanon-semicarbazon $C_{14}H_{17}N_3O_3$, Formel X (X = NH-CO-NH$_2$).

B. Aus 1-[5-(1-[2]Furyl-1-methyl-äthyl)-[2]furyl]-äthanon und Semicarbazid (*Brown, French,* Canad. J. Chem. **36** [1958] 371, 375).

Krystalle; F: 186,5° [korr.].

IX   X   XI

Bis-[5-äthyl-[2]thienyl]-keton $C_{13}H_{14}OS_2$, Formel XI.

B. Aus 5-Äthyl-thiophen-2-carbonylchlorid und 2-Äthyl-thiophen mit Hilfe von Aluminiumchlorid (*Buu-Hoï,* Soc. **1958** 2418).

Krystalle (aus Bzn. oder Bzn. + Bzl.); F: 81°.

Bis-[2,5-dimethyl-[3]thienyl]-keton $C_{13}H_{14}OS_2$, Formel XII.

B. Beim Behandeln von 2,5-Dimethyl-thiophen mit 2,5-Dimethyl-thiophen-3-carbon-säure und Phosphor(V)-oxid in Benzol (*Gol'dfarb, Kondakowa,* Izv. Akad. S.S.S.R. Otd. chim. **1956** 495, 504; engl. Ausg. S. 487, 494, 495), mit 2,5-Dimethyl-thiophen-3-carbonyl-chlorid und Aluminiumchlorid in Schwefelkohlenstoff (*Buu-Hoï, Hoán,* R. **67** [1948] 309, 323) oder mit 2,5-Dimethyl-thiophen-3-carbonylchlorid, Zinn(IV)-chlorid und Benzol (*Gol'dfarb, Konstantinow,* Izv. Akad. S.S.S.R. Otd. chim. **1959** 121, 124; engl. Ausg. S. 108, 111).

Krystalle; F: 79° [aus A.] (*Buu-Hoï, Hoán*), 63—64° [aus A. bzw. wss. A.] (*Go., Kond.; Go., Konst.*). Bei 218—222°/13 Torr destillierbar (*Buu-Hoï, Hoán*).

XII   XIII   XIV

(±)-2-Benzo[1,3]dioxol-5-yl-cyclohexanon $C_{13}H_{14}O_3$, Formel XIII.

B. Beim Behandeln von opt.-inakt. 4-Benzo[1,3]dioxol-5-yl-5-nitro-cyclohexen (S. 311) mit Natriumäthylat in Äthanol, Behandeln des Reaktionsgemisches mit wss.-äthanol. Salzsäure und Hydrieren des Reaktionsprodukts an Palladium/Kohle in Äthanol (*Wildman,* Am. Soc. **80** [1958] 2567, 2573).

F: 93—94° [nach Sublimation bei 90°/0,001 Torr] (*Wi.*). IR-Banden im Bereich von 2980 cm^{-1} bis 2790 cm^{-1} (CCl$_4$) und von 1490 cm^{-1} bis 935 cm^{-1} (CHCl$_3$): *Briggs et al.,* Anal. Chem. **29** [1957] 904, 905.

5-Acetyl-spiro[benzo[1,3]dioxol-2,1'-cyclopentan], 1-[Spiro[benzo[1,3]dioxol-2,1'-cyclo-pentan]-5-yl]-äthanon $C_{13}H_{14}O_3$, Formel XIV.

B. Beim Behandeln von Spiro[benzo[1,3]dioxol-2,1'-cyclopentan] mit Acetanhydrid und mit Borfluorid (*Hoch, Tsatsas,* C. r. **234** [1952] 2610).

Kp$_{13}$: 184—185°.

*1-[Spiro[benzo[1,3]dioxol-2,1'-cyclopentan]-5-yl]-äthanon-oxim $C_{13}H_{15}NO_3$, Formel XV (X = OH).

B. Aus 1-[Spiro[benzo[1,3]dioxol-2,1'-cyclopentan]-5-yl]-äthanon und Hydroxylamin (*Hoch, Tsatsas,* C. r. **234** [1952] 2610).

F: 112°.

XV   XVI   XVII

*1-[Spiro[benzo[1,3]dioxol-2,1′-cyclopentan]-5-yl]-äthanon-semicarbazon $C_{14}H_{17}N_3O_3$, Formel XV (X = NH-CO-NH$_2$).
B. Aus 1-[Spiro[benzo[1,3]dioxol-2,1′-cyclopentan]-5-yl]-äthanon und Semicarbazid (*Hoch, Tsatsas*, C. r. **234** [1952] 2610).
F: 220°.

———

(±)-2-Äthyl-5,6-dihydro-2,6-methano-benzo[*d*][1,3]dioxocin-4-on, (±)-[2-Äthyl-2-hydroxy-chroman-4-yl]-essigsäure-lacton $C_{13}H_{14}O_3$, Formel XVI.
Diese Konstitution ist von *Koelsch, Freerks* (J. org. Chem. **18** [1953] 1538, 1542) der nachstehend beschriebenen Verbindung zugeordnet worden.
B. Beim Erhitzen einer als (±)-2-Äthyl-3-methyl-2,3,5,6-tetrahydro-2,6-methano-benz[*g*][1,3]oxazocin-4-on angesehenen Verbindung (F: 89—90°) mit konz. wss. Salzsäure (*Ko., Fr.*).
Krystalle; F: 142°.

———

(3a*r*,4a ξ,8a ξ,9a*c*)-3a,4,4a,5,8,8a,9,9a-Octahydro-4*c*,9*c*;5 ξ,8 ξ-dimethano-naphtho[2,3-*d*]=[1,3]dioxol-2-on, 2*t*,3*t*-Carbonyldioxy-(4a ξ,8a ξ)-1,2,3,4,4a,5,8,8a-octahydro-1*r*,4*c*;5 ξ,8 ξ-dimethano-naphthalin $C_{13}H_{14}O_3$, Formel XVII.
Diese Konstitution und Konfiguration kommt wahrscheinlich der nachstehend beschriebenen Verbindung zu.
B. In kleiner Menge neben (3a*r*,7a*c*)-3a,4,7,7a-Tetrahydro-4*c*,7*c*-methano-benzo=[1,3]dioxol-2-on beim Erhitzen von [1,3]Dioxol-2-on mit Cyclopentadien, Benzol und wenig Hydrochinon auf 175° (*Newman, Addor*, Am. Soc. **77** [1955] 3789, 3792).
Krystalle (aus CCl$_4$ + Hexan); F: 162—165°.

Oxo-Verbindungen $C_{14}H_{16}O_3$

4-[4-*tert*-Pentyl-phenyl]-[1,2]dithiol-3-thion $C_{14}H_{16}S_3$, Formel I.
B. Beim Erhitzen von 1-Isopropyl-4-*tert*-pentyl-benzol mit Schwefel und wenig *N,N′*-Di-*o*-tolyl-guanidin auf 190° (*Fields*, Am. Soc. **77** [1955] 4255).
Krystalle (aus Bzl. oder aus Bzl. + Hexan); F: 112°.

I   II

3-Methylmercapto-4-[4-*tert*-pentyl-phenyl]-[1,2]dithiolylium $[C_{15}H_{19}S_3]^+$, Formel II und Mesomere.
Jodid $[C_{15}H_{19}S_3]$I. B. Beim Erhitzen von 4-[4-*tert*-Pentyl-phenyl]-[1,2]dithiol-3-thion mit Methyljodid und Butylacetat (*Fields*, Am. Soc. **77** [1955] 4255). — F: 155—156° [Zers.].

———

1*t*(?)-Benzo[1,3]dioxol-5-yl-5-methyl-hex-1-en-3-on $C_{14}H_{16}O_3$, vermutlich Formel III.
B. Beim Behandeln von Piperonal mit 4-Methyl-pentan-2-on und wss.-äthanol. bzw. wss.-methanol. Natronlauge (*Gheorghiu, Matei*, Bl. [5] **6** [1939] 1324, 1328; *Hedenburg, Wachs*, Am. Soc. **70** [1948] 2216).
Krystalle; F: 66,5° (*He., Wa.*), 64—65° [aus A.] (*Gh., Ma.*). Bei 166—173°/2 Torr

destillierbar (*He., Wa.*).

Beim Behandeln mit Acetessigsäure-äthylester und Natriumäthylat in Äthanol ist 5-Benzo[1,3]dioxol-5-yl-3-isobutyl-cyclohex-2-enon erhalten worden (*He., Wa.*).

Phenylhydrazon $C_{20}H_{22}N_2O_2$. Krystalle (aus A.) vom F: $110-111°$, die sich am Licht gelb färben (*Gh., Ma.*). An der Luft nicht beständig (*Gh., Ma.*).

Semicarbazon $C_{15}H_{19}N_3O_3$. Krystalle (aus A.) vom F: $190-191°$, die sich am Licht gelb färben (*Gh., Ma.*).

4-Phenyl-semicarbazon $C_{21}H_{23}N_3O_3$. Krystalle vom F: $185°$, die sich am Licht gelb färben (*Gh., Ma.,* l. c. S. 1329).

Thiosemicarbazon $C_{15}H_{19}N_3O_2S$. Gelbe Krystalle (aus A.); F: $128-130°$ (*Gheorghiu, Avramovici,* Anal. ştiinţ. Univ. Iaşi [I] **3** [1957] 381, 387).

III   IV

1*t*-Benzo[1,3]dioxol-5-yl-4,4-dimethyl-pent-1-en-3-on $C_{14}H_{16}O_3$, Formel IV.

Diese Konfiguration ist wahrscheinlich der früher (s. H **19** 138; E I **19** 673 und E II **19** 159 [dort als Piperonylidenpinakolin bezeichnet]) und nachstehend beschriebenen Verbindung auf Grund ihrer Bildungsweise zuzuordnen (vgl. das analog hergestellte 4*t*-Benzo=[1,3]dioxol-5-yl-but-3-en-2-on [H **19** 137, E III/IV **19** 1756]).

B. Beim Behandeln von Piperonal mit 3,3-Dimethyl-butan-2-on und Natriumäthylat in Äthanol (*Powell, Wasserman,* Am. Soc. **79** [1957] 1934, 1938).

Krystalle; F: 97° [aus PAe.] (*Ono,* Bl. Inst. Insect Control Kyoto **15** [1950] 155, 163), $93-94°$ [aus A.] (*Po., Wa.*). UV-Absorptionsmaxima (A.): 250 nm und 339 nm (*Po., Wa.*).

Über ein 2,4-Dinitro-phenylhydrazon $C_{20}H_{20}N_4O_6$ (orangefarbene Krystalle [aus Me.], F: $149,5-156°$ [unkorr.; Fisher-Johns-App.] bzw. rote Krystalle [aus A.], F: 149° bis 156° [unkorr.; Fisher-Johns-App.]) s. *Po., Wa.*

*Opt.-inakt. 2-Benzo[1,3]dioxol-5-yl-5-methyl-cyclohexanon $C_{14}H_{16}O_3$, Formel V.

B. Bei der Hydrierung von ($\pm$)-6-Benzo[1,3]dioxol-5-yl-3-methyl-cyclohex-2-enon an Platin in Äthanol (*Fujisawa,* J. pharm. Soc. Japan **79** [1959] 783; C. A. **1959** 21952).

Krystalle (aus A.); F: $93-94°$.

Oxim $C_{14}H_{17}NO_3$. Krystalle (aus A.); F: $213-214°$.

5-Acetyl-spiro[benzo[1,3]dioxol-2,1'-cyclohexan], 1-[Spiro[benzo[1,3]dioxol-2,1'-cyclo=hexan]-5-yl]-äthanon $C_{14}H_{16}O_3$, Formel VI.

B. Beim Behandeln von Spiro[benzo[1,3]dioxol-2,1'-cyclohexan] mit Acetanhydrid und mit Borfluorid (*Hoch, Tsatsas,* C. r. **234** [1952] 2610).

F: 52°. Kp_{11}: $192-193°$.

V   VI   VII

*1-[Spiro[benzo[1,3]dioxol-2,1'-cyclohexan]-5-yl]-äthanon-oxim $C_{14}H_{17}NO_3$, Formel VII (X = OH).

B. Aus 1-[Spiro[benzo[1,3]dioxol-2,1'-cyclohexan]-5-yl]-äthanon und Hydroxylamin (*Hoch, Tsatsas,* C. r. **234** [1952] 2610).

F: 135°.

*1-[Spiro[benzo[1,3]dioxol-2,1'-cyclohexan]-5-yl]-äthanon-semicarbazon $C_{15}H_{19}N_3O_3$,
Formel VII (X = NH-CO-NH$_2$).

B. Aus 1-[Spiro[benzo[1,3]dioxol-2,1'-cyclohexan]-5-yl]-äthanon (*Hoch, Tsatsas,* C. r.
234 [1952] 2610).

F: 194°.

5-Propionyl-spiro[benzo[1,3]dioxol-2,1'-cyclopentan], 1-[Spiro[benzo[1,3]dioxol-
2,1'-cyclopentan]-5-yl]-propan-1-on $C_{14}H_{16}O_3$, Formel VIII.

B. Aus Spiro[benzo[1,3]dioxol-2,1'-cyclopentan] und Propionsäure-anhydrid mit Hilfe
von Borfluorid (*Tsatsas, Hoch,* C. r. **236** [1953] 494).

Kp$_{14}$: 195—197°.

---

*1-[Spiro[benzo[1,3]dioxol-2,1'-cyclopentan]-5-yl]-propan-1-on-oxim $C_{14}H_{17}NO_3$,
Formel IX (X = OH).

B. Aus 1-[Spiro[benzo[1,3]dioxol-2,1'-cyclopentan]-5-yl]-propan-1-on und Hydroxyl=
amin (*Tsatsas, Hoch,* C. r. **236** [1953] 494).

F: 135°.

VIII   IX   X

---

*1-[Spiro[benzo[1,3]dioxol-2,1'-cyclopentan]-5-yl]-propan-1-on-semicarbazon
$C_{15}H_{19}N_3O_3$, Formel IX (X = NH-CO-NH$_2$).

B. Aus 1-[Spiro[benzo[1,3]dioxol-2,1'-cyclopentan]-5-yl]-propan-1-on und Semicarb=
azid (*Tsatsas, Hoch,* C. r. **236** [1953] 494).

F: 197°.

(3aR)-3c-[3]Furyl-3a,7-dimethyl-(3ar)-3a,4,5,6-tetrahydro-3H-isobenzofuran-1-on,
(R)-6-[(R)-[3]Furyl-hydroxy-methyl]-2,6-dimethyl-cyclohex-1-encarbonsäure-lacton,
Fraxinellon $C_{14}H_{16}O_3$, Formel X (X = H).

Konstitution: *Pailer et al.,* M. **96** [1965] 1324. Konfiguration: *Coggon, McPhail,* Soc.
[B] **1970** 1521.

Isolierung aus Wurzeln von Dictamnus albus: *Thoms, Dambergis,* Ar. **268** [1930] 39, 44;
Kaku, Ri, J. pharm. Soc. Japan **55** [1935] 1153, 1158; dtsch. Ref. S. 219; C. A. **1937** 6642.

Krystalle (aus A.); F: 120° (*Kaku, Ri*), 117° (*Th., Da.*). [α]$_D^{15}$: −38,4° [CHCl$_3$; c = 4]
(*Th., Da.*); [α]$_D^{19}$: −39,6° [Acn.] (*Kaku, Ri*).

Reaktion mit Brom unter Bildung einer vermutlich als (3aR)-3c-[2(oder 5)-Brom-
[3]furyl]-3a,7-dimethyl-(3ar)-3a,4,5,6-tetrahydro-3H-isobenzofuran-1-on zu
formulierenden Verbindung $C_{14}H_{15}BrO_3$ (F: 130°): *Th., Da.,* l. c. S. 45. Eine von *Pailer
et al.* (l. c. S. 1336, 1346) beim Erwärmen mit *N*-Brom-succinimid (1,3 Mol) in Tetrachlor=
methan erhaltene Verbindung $C_{14}H_{15}BrO_3$ (Krystalle [aus Ae. + PAe.]; F: 110° [Kofler-
App.]) ist als (3aR)-6t-Brom-3c-[3]furyl-3a,7-dimethyl-(3ar)-3a,4,5,6-tetra=
hydro-3H-isobenzofuran-1-on (Formel X [X = Br]) zu formulieren (*Co., McPh.,*
l. c. S. 1522). Beim Erhitzen mit Acetanhydrid und Chlorwasserstoff auf 170° ist eine
vermutlich als (3aR)-3c-[2(oder 5)-Acetyl-[3]furyl]-3a,7-dimethyl-(3ar)-3a,4,=
5,6-tetrahydro-3H-isobenzofuran-1-on zu formulierende Verbindung $C_{16}H_{18}O_4$
(Krystalle [aus A.], F: 169—170°; [α]$_D^{15}$: −47,5° [CHCl$_3$]; 4-Nitro-phenylhydrazon
$C_{22}H_{23}N_3O_5$: Krystalle [aus wss. A.], F: 198°) erhalten worden (*Th., Da.,* l. c. S. 40, 46).

**8,8-Dimethyl-3,4,7,8-tetrahydro-6H-pyrano[3,2-g]chromen-2-on, 3-[7-Hydroxy-2,2-di=
methyl-chroman-6-yl]-propionsäure-lacton, Tetrahydroxanthyletin** $C_{14}H_{16}O_3$, Formel XI.

B. Beim Erhitzen von 3-[7-Hydroxy-2,2-dimethyl-chroman-6-yl]-propionsäure auf
180° (*Bell et al.*, Soc. **1937** 1542, 1545). Bei der Hydrierung von Dihydroxanthyletin
(8,8-Dimethyl-7,8-dihydro-6H-pyrano[3,2-g]chromen-2-on) an Palladium in Essigsäure
(*Späth, Močnik*, B. **70** [1937] 2276, 2281).

Krystalle; F: 158° [nach Sublimation bei 150°/1 Torr] (*Sp., Mo.*), 156° [aus A.] (*Bell
et al.*).

XI

XII

*Opt.-inakt. **2,8-Dimethyl-2,3,7,8-tetrahydro-6H-pyrano[3,2-g]chromen-4-on** $C_{14}H_{16}O_3$,
Formel XII.

B. Beim Erwärmen von (±)-*trans*-Crotonsäure-[2-methyl-chroman-7-ylester] mit
Fluorwasserstoff (*Dann et al.*, A. **587** [1954] 16, 35).

Krystalle (aus Bzn.); F: 82—85°.

Oxim $C_{14}H_{17}NO_3$. Krystalle (aus Bzn. + Bzl.); F: 151—153°.

**8,8-Dimethyl-3,4,9,10-tetrahydro-8H-pyrano[2,3-f]chromen-2-on, 3-[5-Hydroxy-2,2-di=
methyl-chroman-6-yl]-propionsäure-lacton, Tetrahydroseselin** $C_{14}H_{16}O_3$, Formel XIII.

Bestätigung der Konstitutionszuordnung: *Das Gupta et al.*, Experientia **26** [1970] 474.

B. Aus 2,2-Dimethyl-chroman-5-ol und Acrylnitril mit Hilfe von Zinkchlorid (*Das Gu.
et al.*). Bei der Hydrierung von Seselin (8,8-Dimethyl-8H-pyrano[2,3-f]chromen-2-on) an
Palladium in Essigsäure (*Späth, Neufeld*, B. **71** [1938] 353, 356).

Krystalle; F: 106—107° [aus Me.] (*Sp., Ne.*), 105—106° (*Das Gu. et al.*).

XIII

XIV

XV

**(±)-2-Isopropyl-2,3,5,6-tetrahydro-furo[3,2-g]chromen-7-on, (±)-3-[6-Hydroxy-2-iso=
propyl-2,3-dihydro-benzofuran-5-yl]-propionsäure-lacton** $C_{14}H_{16}O_3$, Formel XIV.

B. Bei der Hydrierung von 2-Isopropyl-furo[3,2-g]chromen-7-on an Palladium in
Essigsäure (*Späth, Kainrath*, B. **69** [1936] 2062, 2066) oder an Platin in Essigsäure
(*Chatterjee, Mitra*, Am. Soc. **71** [1949] 606, 608). Bei der Hydrierung von 2-Isopropyl-
5,6-dihydro-furo[3,2-g]chromen-7-on an Palladium/Kohle in Methanol bei 50° (*Späth,
Klager*, B. **66** [1933] 749, 752).

Krystalle; F: 117,5° [nach Destillation] (*Sp., Kl.*), 116—117° [aus Bzl. + PAe.] (*Ch.,
Mi.*), 115—117° [nach Destillation bei 125—160°/1 Torr] (*Sp., Ka.*).

**(±)-8-Isopropyl-3,4,8,9-tetrahydro-furo[2,3-h]chromen-2-on, (±)3-[4-Hydroxy-2-iso=
propyl-2,3-dihydro-benzofuran-5-yl]-propionsäure-lacton, Hexahydrooroselon**
$C_{14}H_{16}O_3$, Formel XV.

B. Beim Hydrieren von 3t-[4-Hydroxy-2-(α-methoxy-isopropyl)-benzofuran-5-yl]-
acrylsäure-methylester an Palladium/Kohle in Essigsäure, Behandeln des Reaktionsprodukts mit wss.-methanol. Alkalilauge und anschliessenden Ansäuern (*Halpern et al.*,
Helv. **40** [1957] 758, 773). Bei der Hydrierung von Oroselon (8-Isopropenyl-furo[2,3-h]=

chromen-2-on) an Palladium/Kohle in Essigsäure bei 40−50° (*Späth et al.*, B. **73** [1940]
709, 715).
Krystalle (aus wss. Me.); F: 98° (*Sp. et al.*; *Ha. et al.*). Bei 130−140°/0,01−0,02 Torr
destillierbar (*Sp. et al.*; *Ha. et al.*). UV-Absorptionsmaximum (A.): 290 nm (*Ha. et al.*,
l. c. S. 760).

Oxo-Verbindungen C$_{15}$H$_{18}$O$_3$

1*t*(?)-Benzo[1,3]dioxol-5-yl-oct-1-en-3-on C$_{15}$H$_{18}$O$_3$, vermutlich Formel I.
B. Beim Behandeln von Piperonal mit Heptan-2-on und wss.-methanol. bzw. wss.-
äthanol. Natronlauge (*Hedenburg, Wachs*, Am. Soc. **70** [1948] 2216; *Ishiwata, Nozaki*,
J. pharm. Soc. Japan **71** [1951] 1257, 1259; C. A. **1952** 5589).
Krystalle; F: 73° (*He., Wa.*), 72° [aus Me.] (*Ish., No.*). Bei 171−181°/1,3 Torr destil-
lierbar (*He., Wa.*).

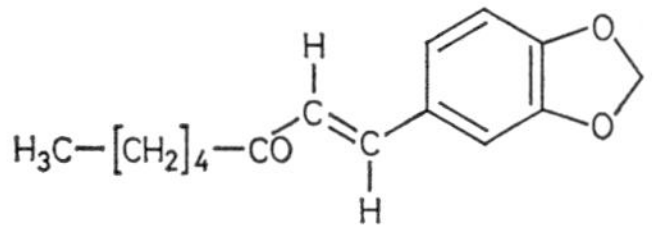

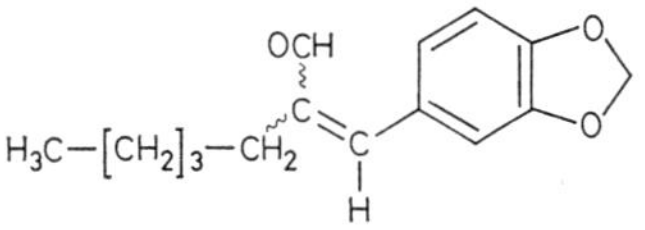

3ξ-Benzo[1,3]dioxol-5-yl-2-pentyl-acrylaldehyd C$_{15}$H$_{18}$O$_3$, Formel II.
Beim Behandeln von Piperonal mit Heptanal und äthanol. Kalilauge (*Bogert, Powell*,
Am. Perfumer **25** [1930] 617, 619). Beim Erwärmen von Piperonal mit Heptanal, Pyridin
und wenig Piperidin (*Weizmann*, Am. Soc. **66** [1944] 310).
Kp$_3$: 165−167°; n$_D^{23}$: 1,5859 (*Bo., Po.*). Kp$_{0,9}$: 158−159° (*We.*).
Phenylhydrazon C$_{21}$H$_{24}$N$_2$O$_2$. Gelbe Krystalle; F: 85−87° (*Bo., Po.*).
Semicarbazon C$_{16}$H$_{21}$N$_3$O$_3$. Krystalle (aus Butan-1-ol); F: 155° (*We.*).

**2-[5-Methyl-[2]thienylmethyl]-5-valeryl-thiophen, 1-[5-(5-Methyl-[2]thienylmethyl)-
[2]thienyl]-pentan-1-on** C$_{15}$H$_{18}$OS$_2$, Formel III.
Unter dieser Konstitution ist das nachstehend aufgeführte Präparat beschrieben worden
(*Gol'dfarb, Kirmalowa*, Ž. obšč. Chim. **29** [1959] 897, 901, 902; engl. Ausg. S. 881, 884).
B. In kleiner Menge neben 5-[5-Methyl-[2]thienylmethyl]-thiophen-2-carbonsäure beim
Behandeln von [5-Methyl-[2]thienyl]-[2]thienyl-methan mit Butyllithium in Äther und
anschliessend mit festem Kohlendioxid (*Go., Ki.*).
Öl; bei 180−190°/6 Torr destillierbar.
2,4-Dinitro-phenylhydrazon C$_{21}$H$_{22}$N$_4$O$_4$S$_2$. Krystalle (aus E.); F: 156°.

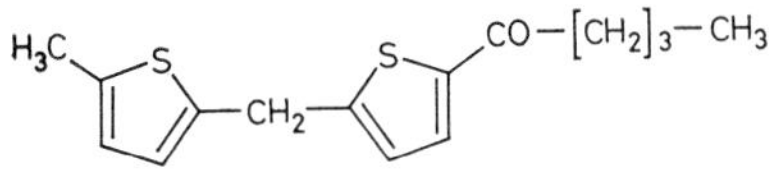

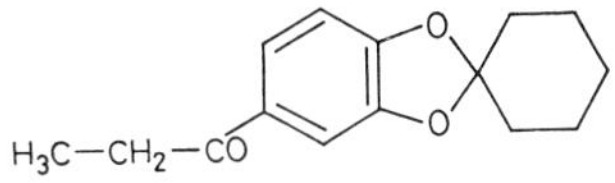

**5-Propionyl-spiro[benzo[1,3]dioxol-2,1'-cyclohexan], 1-[Spiro[benzo[1,3]dioxol-
2,1'-cyclohexan]-5-yl]-propan-1-on** C$_{15}$H$_{18}$O$_3$, Formel IV.
B. Aus Spiro[benzo[1,3]dioxol-2,1'-cyclohexan] und Propionsäure-anhydrid mit Hilfe
von Borfluorid (*Tsatsas, Hoch*, C. r. **236** [1953] 494).
Kp$_{14}$: 207°.

*****1-[Spiro[benzo[1,3]dioxol-2,1'-cyclohexan]-5-yl]-propan-1-on-oxim** C$_{15}$H$_{19}$NO$_3$,
Formel V (X = OH).
B. Aus 1-[Spiro[benzo[1,3]dioxol-2,1'-cyclohexan]-5-yl]-propan-1-on und Hydroxyl=
amin (*Tsatsas, Hoch*, C. r. **236** [1953] 494).
F: 152°.

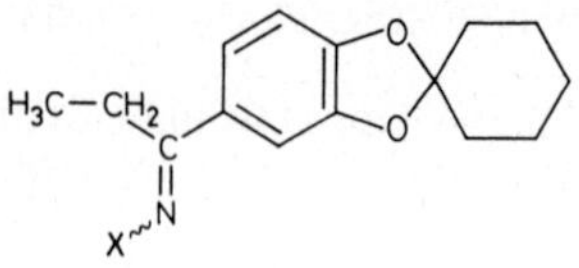

V

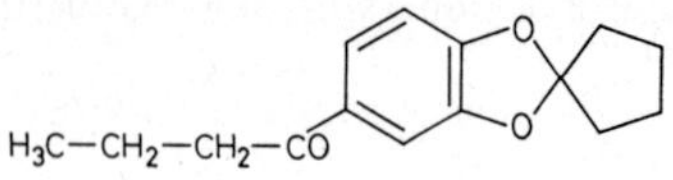

VI

*1-[Spiro[benzo[1,3]dioxol-2,1'-cyclohexan]-5-yl]-propan-1-on-semicarbazon
$C_{16}H_{21}N_3O_3$, Formel V (X = NH-CO-NH$_2$).
B. Aus 1-[Spiro[benzo[1,3]dioxol-2,1'-cyclohexan]-5-yl]-propan-1-on und Semi=
carbazid (*Tsatsas, Hoch,* C. r. **236** [1953] 494).
F: 216°.

5-Butyryl-spiro[benzo[1,3]dioxol-2,1'-cyclopentan], 1-[Spiro[benzo[1,3]dioxol-2,1'-cyclo=
pentan]-5-yl]-butan-1-on $C_{15}H_{18}O_3$, Formel VI.
B. Aus Spiro[benzo[1,3]dioxol-2,1'-cyclopentan] und Buttersäure-anhydrid mit Hilfe
von Borfluorid (*Tsatsas, Hoch,* C. r. **236** [1953] 494).
Kp$_{13}$: 203°.

*1-[Spiro[benzo[1,3]dioxol-2,1'-cyclopentan]-5-yl]-butan-1-on-oxim $C_{15}H_{19}NO_3$,
Formel VII (X = OH).
B. Aus 1-[Spiro[benzo[1,3]dioxol-2,1'-cyclopentan]-5-yl]-butan-1-on und Hydroxyl=
amin (*Tsatsas, Hoch,* C. r. **236** [1953] 494).
F: 117—118°.

*1-[Spiro[benzo[1,3]dioxol-2,1'-cyclopentan]-5-yl]-butan-1-on-semicarbazon
$C_{16}H_{21}N_3O_3$, Formel VII (X = NH-CO-NH$_2$).
B. Aus 1-[Spiro[benzo[1,3]dioxol-2,1'-cyclopentan]-5-yl]-butan-1-on und Semi=
carbazid (*Tsatsas, Hoch,* C. r. **236** [1953] 494).
F: 180°.

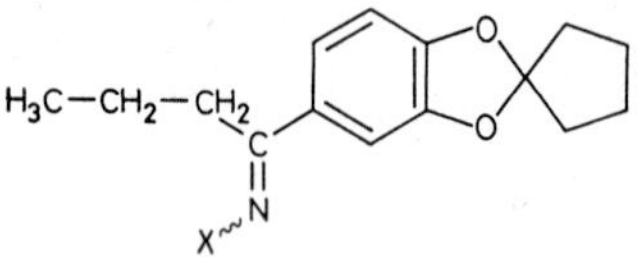

VII

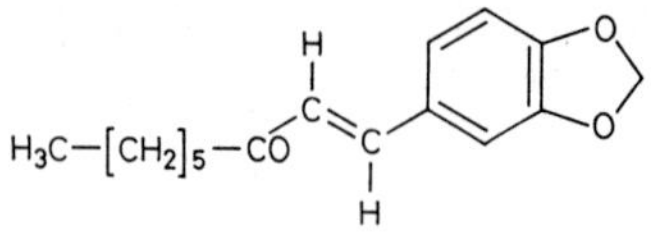

VIII

Oxo-Verbindungen $C_{16}H_{20}O_3$

1t(?)-Benzo[1,3]dioxol-5-yl-non-1-en-3-on $C_{16}H_{20}O_3$, vermutlich Formel VIII.
B. Beim Behandeln von Piperonal mit Octan-2-on und wss.-methanol. Natronlauge
(*Hedenburg, Wachs,* Am. Soc. **70** [1948] 2216).
Krystalle (aus Me. sowie nach Destillation bei 175—185°/1 Torr); F: 61° (*He., Wa.*).
Beim Behandeln mit Acetessigsäure-äthylester und Natriumäthylat in Äthanol bei
33° und Ansäuern des Reaktionsgemisches ist 5-Benzo[1,3]dioxol-5-yl-3-hexyl-cyclohex-
2-enon (*He., Wa.*), beim Behandeln einer Lösung in Benzol mit Acetessigsäure-äthylester
und Natriumäthylat in Äthanol bei 5° ist hingegen 2-Acetyl-3-benzo[1,3]dioxol-5-yl-
5-oxo-undecansäure-äthylester (*Wachs, Hedenburg,* Am. Soc. **70** [1948] 2695) erhalten
worden.

5-Butyryl-spiro[benzo[1,3]dioxol-2,1'-cyclohexan], 1-[Spiro[benzo[1,3]dioxol-2,1'-cyclo=
hexan]-5-yl]-butan-1-on $C_{16}H_{20}O_3$, Formel IX.
B. Aus Spiro[benzo[1,3]dioxol-2,1'-cyclohexan] und Buttersäure-anhydrid mit Hilfe
von Borfluorid (*Tsatsas, Hoch,* C. r. **236** [1953] 494).
F: 48°. Kp$_{13}$: 213—215°.

***1-[Spiro[benzo[1,3]dioxol-2,1'-cyclohexan]-5-yl]-butan-1-on-oxim** $C_{16}H_{21}NO_3$,
Formel X (X = OH).
  B. Aus 1-[Spiro[benzo[1,3]dioxol-2,1'-cyclohexan]-5-yl]-butan-1-on und Hydroxyl=
amin (*Tsatsas, Hoch,* C. r. **236** [1953] 494).
  F: 125°.

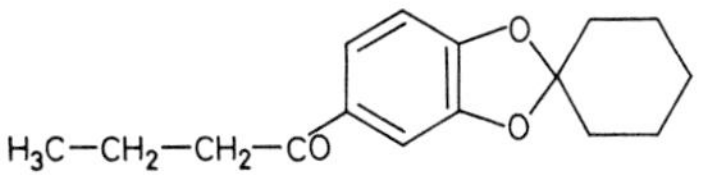

IX

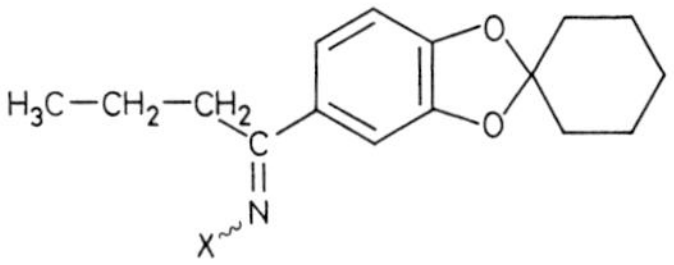

X

***1-[Spiro[benzo[1,3]dioxol-2,1'-cyclohexan]-5-yl]-butan-1-on-semicarbazon** $C_{17}H_{23}N_3O_3$,
Formel X (X = NH-CO-NH$_2$).
  B. Aus 1-[Spiro[benzo[1,3]dioxol-2,1'-cyclohexan]-5-yl]-butan-1-on und Semicarbazid
(*Tsatsas, Hoch,* C. r. **236** [1953] 494).
  F: 176°.

Oxo-Verbindungen $C_{17}H_{22}O_3$

5-Nonanoyl-[2,2']bithienyl, 1-[2,2']Bithienyl-5-yl-nonan-1-on $C_{17}H_{22}OS_2$, Formel XI.
  B. Beim Erwärmen von [2,2']Bithienyl mit Nonansäure und Phosphor(V)-oxid in
Benzol (*Wynberg, Logothetis,* Am. Soc. **78** [1956] 1958, 1960).
  Krystalle (aus Me.); F: 75° (*Wy., Lo.,* l. c. S. 1959).

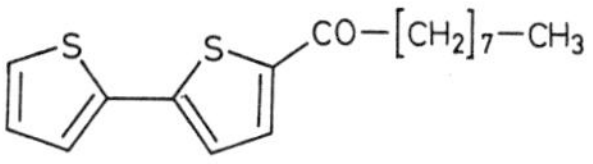

XI 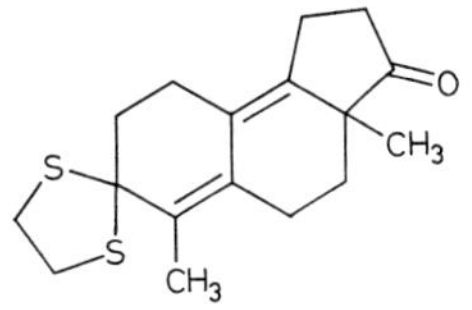   XII 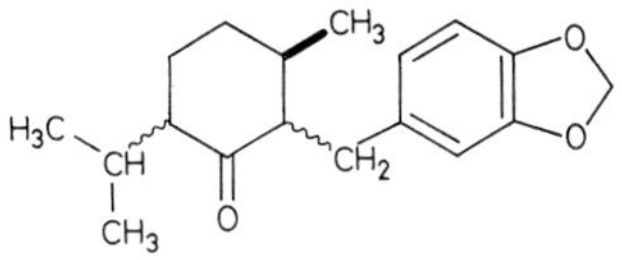   XIII

**(±)-3a,6-Dimethyl-1,2,4,5,8,9-hexahydro-3aH-spiro[cyclopenta[*a*]naphthalin-7,2'-[1,3]=
dithiolan]-3-on, (±)-7,7-Äthandiyldimercapto-3a,6-dimethyl-1,2,3a,4,5,7,8,9-octahydro-
cyclopenta[*a*]naphthalin-3-on** $C_{17}H_{22}OS_2$, Formel XII.
  B. Beim Behandeln einer Lösung von (±)-3a,6-Dimethyl-1,2,4,5,8,9-hexahydro-
3aH-cyclopenta[*a*]naphthalin-3,7-dion in Essigsäure mit konz. wsss. Salzsäure und Äthan-
1,2-dithiol (*Sannié et al.,* Bl. **1958** 635, 639).
  Hellgelbe Krystalle (aus Acn.); F: 192° [Kofler-App.]. UV-Absorptionsmaxima (A.):
253 nm und 265 nm (*Sa.,* l. c. S. 636).

Oxo-Verbindungen $C_{18}H_{24}O_3$

(2Ξ,3R,6Ξ)-6-Isopropyl-3-methyl-2-piperonyl-cyclohexanon $C_{18}H_{24}O_3$, Formel XIII.
  B. Bei der Hydrierung von (*R*)-6-Isopropyliden-3-methyl-2-[(Ξ)-piperonyliden]-cyclo=
hexanon (Kp$_{0,25}$: 218—220°) an Palladium in Äthanol bei 60° (*Thoms, Soltner,* Ar. **268**
[1930] 157, 163).
  Kp$_{0,25}$: 202—204°. D_{16}^{16}: 1,1027. n_D: 1,52997.   [*Walentowski*]

Oxo-Verbindungen $C_{19}H_{26}O_3$

***Opt.-inakt. 4,8-Di-[2]furyl-undecan-6-on** $C_{19}H_{26}O_3$, Formel I.
  B. Beim Behandeln von 1*t*(?)-1,5-Di-[2]furyl-oct-1-en-3-on (F: 31°) mit Propyl=
magnesiumbromid in Äther (*Maxim, Popescu,* Bl. [5] **4** [1937] 265, 276).
  Gelbes Öl; Kp$_{18}$: 200°.

I   II

*Opt.-inakt. 3-Benzo[1,3]dioxol-5-yl-5-hexyl-cyclohexanon $C_{19}H_{26}O_3$, Formel II.

B. Bei der Hydrierung von ($\pm$)-5-Benzo[1,3]dioxol-5-yl-3-hexyl-cyclohex-2-enon an Palladium/Kohle in Äthanol (*Hedenburg, Wachs,* Am. Soc. **70** [1948] 2216).

Öl. D^{25}: 1,0754. n_D^{20}: 1,528.

4,6a,9,9-Tetramethyl-1,6a,7,7a,10a,11a,11b-octahydro-2H-phenanthro[2,3-d][1,3]dioxol-3-on, 6,7-Isopropylidendioxy-1,8a-dimethyl-4,4a,4b,5,6,7,8,8a-octahydro-3H-phenanthren-2-on $C_{19}H_{26}O_3$.

a) ($\pm$)-6t,7t-Isopropylidendioxy-1,8a-dimethyl-(4ar,4bt,8ac)-4,4a,4b,5,6,7,8,8a-octahydro-3H-phenanthren-2-on $C_{19}H_{26}O_3$, Formel III + Spiegelbild.

B. Beim Behandeln von ($\pm$)-6t,7t-Dihydroxy-1,8a-dimethyl-(4ar,4bt,8ac)-4,4a,4b,5,6,7,8,8a-octahydro-3H-phenanthren-2-on (über die Konfiguration dieser Verbindung s. *Woodward, Brutcher,* Am. Soc. **80** [1958] 209) mit Aceton und Kupfer(II)-sulfat (*Woodward et al.,* Am. Soc. **74** [1952] 4223, 4241).

Krystalle (aus Bzl. + Bzn.); F: 116—118,5° [korr.] und F: 98—99° (dimorph). IR-Spektrum (CHCl₃; 2—12 µ): *Wo. et al.*

III   IV

b) ($\pm$)-6c,7c-Isopropylidendioxy-1,8a-dimethyl-(4ar,4bt,8ac)-4,4a,4b,5,6,7,8,8a-octahydro-3H-phenanthren-2-on $C_{19}H_{26}O_3$, Formel IV + Spiegelbild.

Über die Konfiguration s. *Woodward, Brutcher,* Am. Soc. **80** [1958] 209.

B. Beim Behandeln von ($\pm$)-6c,7c-Dihydroxy-1,8a-dimethyl-(4ar,4bt,8ac)-4,4a,4b,5,6,7,8,8a-octahydro-3H-phenanthren-2-on mit Aceton und Kupfer(II)-sulfat (*Wo., Br.; Knowles, Thompson,* Am. Soc. **79** [1957] 3212, 3214).

Krystalle; F: 155—155,8° [unkorr.; aus Bzl. + Bzn.] (*Wo., Br.*), 153—154° [unkorr.; aus Acn.] (*Kn., Th.*). UV-Absorptionsmaximum (A.): 289 nm (*Wo., Br.; Kn., Th.*).

Beim Behandeln mit Monoperoxyphthalsäure in Äther ist 9t,10t-Epoxy-6c,7c-isopropylidendioxy-1,8a-dimethyl-(4ar,4bt,8ac)-4,4a,4b,5,6,7,8,8a,9,10-decahydro-3H-phenanthren-2-on erhalten worden (*Kn., Th.*).

Oxo-Verbindungen $C_{20}H_{28}O_3$

($\pm$)-(4ar,4bt,6ac,10at,10bc)-$\Delta^{1(12a)}$-Tetradecahydro-spiro[chrysen-2,2'-[1,3]dioxolan]-8-on, rac-17,17-Äthandiyldioxy-D-homo-5α-gon-13(17a)-en-3-on $C_{20}H_{28}O_3$, Formel V + Spiegelbild.

B. Aus ($\pm$)-(4ar,4bt,10at,10bc)-$\Delta^{1(12a),6a}$-Dodecahydro-spiro[chrysen-2,2'-[1,3]dioxolan]-8-on mit Hilfe von Lithium und flüssigem Ammoniak (*Stork et al.,* Am. Soc. **80** [1958] 6457).

F: 145—147°.

Semicarbazon $C_{21}H_{31}N_3O_3$. F: 202—203°.

3,3-Äthandiyldioxy-östr-5-en-17-on $C_{20}H_{28}O_3$, Formel VI.

B. Beim Erwärmen von 3,3-Äthandiyldioxy-17ξ-hydroxy-östr-5-en-17ξ-carbonitril (F:

199—200° [Zers.]) mit wasserhaltigem Pyridin (*De Ruggieri*, G. **87** [1957] 795, 802).
Krystalle (aus wss. Me. + Py.); F: 131—132° [unkorr.]. $[\alpha]_D^{20}$: +175° [Py.; c = 1].

V   VI

Oxo-Verbindungen $C_{21}H_{30}O_3$

rac-3,3-Äthandiyldioxy-D-homo-18-nor-androst-5-en-17a-on $C_{21}H_{30}O_3$, Formel VII
+ Spiegelbild.

B. Bei der Hydrierung von *rac*-3,3-Äthandiyldioxy-*D*-homo-18-nor-androsta-5,13-dien-17a-on an Palladium/Kohle in mit wss. Kalilauge versetztem Äthanol (*Johnson et al.*, Am. Soc. **78** [1956] 6354, 6358).
Krystalle (aus Diisopropyläther); F: 142—143° [korr.].

(3Ξ)-Spiro[androst-4(?)-en-3,2'-[1,3]oxathiolan]-17-on $C_{21}H_{30}O_2S$, vermutlich
Formel VIII.

B. Beim Erwärmen von Androst-4-en-3,17-dion mit 2-Mercapto-äthanol, Benzol und wenig Toluol-4-sulfonsäure unter Entfernen des entstehenden Wassers (*Herzog et al.*, Am. Soc. **75** [1953] 4425).
Krystalle (aus Ae. + Hexan); F: 167—170° [korr.]. $[\alpha]_D^{25}$: +271° [Dioxan; c = 1].

VII   VIII   IX

3,3-Äthandiyldimercapto-androst-4-en-17-on $C_{21}H_{30}OS_2$, Formel IX.
Bezüglich der Position der Doppelbindung vgl. *Djerassi, Gorman*, Am. Soc. **75** [1953] 3704, 3705.
B. Als Hauptprodukt neben 3,3;17,17-Bis-äthandiyldimercapto-androst-4-en beim Behandeln von Androst-4-en-3,17-dion mit Äthan-1,2-dithiol (1 Mol), Essigsäure und Toluol-4-sulfonsäure (*Ralls, Riegel*, Am. Soc. **76** [1954] 4479).
Krystalle (aus E.); F: 173—174,5° (*Ra., Ri.*).

10,13-Dimethyl-Δ⁵-dodecahydro-spiro[cyclopenta[*a*]phenanthren-3,2'-[1,3]dioxolan]-17-on $C_{21}H_{30}O_3$.

   a) **3,3-Äthandiyldioxy-androst-5-en-17-on** $C_{21}H_{30}O_3$, Formel X.
Über die Position der Doppelbindung s. *Herzog et al.*, Am. Soc. **75** [1953] 4425.
B. Aus Androst-4-en-3,17-dion beim Erhitzen mit 2-Äthyl-2-methyl-[1,3]dioxolan und wenig Toluol-4-sulfonsäure unter Entfernen des entstehenden Butanons (*Dauben et al.*, Am. Soc. **76** [1954] 1359, 1363) sowie beim Erwärmen mit Äthylenglykol, Benzol und wenig Toluol-4-sulfonsäure unter Entfernen des entstehenden Wassers (*Schering A.G.*, D.B.P. 892450 [1938]; *Schering Corp.*, U.S.P. 2302636 [1939]; *Squibb & Sons*, U.S.P. 2356154 [1941]; *He. et al.*). Bildung aus 3,3-Äthandiyldioxy-androst-5-en-17β-ol beim Behandeln mit Chrom(VI)-oxid und Pyridin: *Johnson et al.*, Am. Soc. **78** [1956] 6354, 6361.

Krystalle; F: 202—204° [korr.; aus Me. + Py.] (*Jo. et al.*); F: 199° [aus A. + Py.] (*Schering A.G.*; *Schering Corp.*); F: 197—198° [unkorr.; Block; aus Me. + Py.] (*Da. et al.*); F: 194° und (nach Wiedererstarren bei weiterem Erhitzen) F: 202° [aus Me.] (*Squibb & Sons*). $[\alpha]_D^{20}$: +26° [Dioxan] (*Schering A.G.*; *Schering Corp.*); $[\alpha]_D^{24}$: +15,4° [CHCl$_3$; c = 1] (*Da. et al.*).

b) ***rac*-3,3-Äthandiyldioxy-androst-5-en-17-on** $C_{21}H_{30}O_3$, Formel X + Spiegelbild.

B. Aus *rac*-3,3-Äthandiyldioxy-17-oxo-androst-5-en-16-carbonsäure-methylester beim Erhitzen mit *p*-Cymol (*Johnson et al.*, Am. Soc. **78** [1956] 6354, 6360).

Krystalle (aus Me. + wenig Py.); F: 167—169° [korr.].

X   XI   XII

c) ***rac*-3,3-Äthandiyldioxy-13α-androst-5-en-17-on** $C_{21}H_{30}O_3$, Formel XI + Spiegelbild.

B. Beim Erwärmen von *rac*-3,3-Äthandiyldioxy-17,17a-seco-*D*-homo-13α-androst-5-en-17,17a-disäure-dimethylester mit Kalium-*tert*-butylat in Benzol und Erhitzen des nach dem Ansäuern erhaltenen *rac*-3,3-Äthandiyldioxy-17-oxo-13α-androst-5-en-16-carbonsäure-methylesters ($C_{23}H_{32}O_5$; F: 150—154° [Zers.]) mit *p*-Cymol (*Johnson et al.*, Am. Soc. **78** [1956] 6354, 6360).

Krystalle (aus PAe.); F: 161—162,5° [korr.].

17,17-Äthandiyldioxy-androst-4-en-3-on $C_{21}H_{30}O_3$, Formel XII.

B. Neben kleinen Mengen 3,3;17,17-Bis-äthandiyldioxy-androst-5-en beim Erwärmen von Androst-4-en-3,17-dion mit Äthylenglykol (1 Mol), Benzol und Toluol-4-sulfonsäure unter Entfernen des entstehenden Wassers (*Herzog et al.*, Am. Soc. **75** [1953] 4425).

Krystalle (aus Heptan); F: 146,2—148° [korr.]. $[\alpha]_D^{25}$: +58,7° [Dioxan; c = 1].

(17*Ξ*)-Spiro[androst-4-en-17,2′-[1,3]oxathiolan]-3-on $C_{21}H_{30}O_2S$, Formel XIII.

Über die Konstitution s. *Romo et al.*, Am. Soc. **73** [1951] 4961.

B. Beim Behandeln von Androst-4-en-3,17-dion mit Dioxan, 2-Mercapto-äthanol, Zinkchlorid und Natriumsulfat (*Rosenkranz et al.*, Am. Soc. **71** [1949] 3689, 3693). Beim Erhitzen von (17*Ξ*)-Spiro[androst-5-en-17,2′-[1,3]oxathiolan]-3β-ol (F: 151—153°) mit Cyclohexanon und Aluminium-*tert*-butylat in Toluol (*Romo et al.*, l. c. S. 4963).

Krystalle (aus Me.); F: 192—193° [unkorr.]; $[\alpha]_D^{20}$: +46° [Dioxan] (*Romo et al.*).

XIII   XIV

13,20β$_F$;18,20α$_F$-Diepoxy-13α(?)*H*-13,17-seco-pregn-4-en-3-on $C_{21}H_{30}O_3$, vermutlich Formel XIV.

B. Beim mehrtägigen Behandeln einer Lösung von 13,17-Seco-pregna-4,13(18)-dien-3,20-dion in Äther mit Osmium(VIII)-oxid und Erwärmen des Reaktionsprodukts mit wss.-äthanol. Natriumsulfit-Lösung (*Heusser et al.*, Helv. **42** [1959] 2140, 2143).

F: 153—155° [unkorr.; evakuierte Kapillare; nach Sublimation bei 120°]. $[\alpha]_D^{22}$: +64° [CHCl$_3$]. UV-Absorptionsmaximum (A.): 240 nm.

Oxo-Verbindungen $C_{22}H_{32}O_3$

3,3-Äthandiyldioxy-18-nor-pregn-5-en-20-on $C_{22}H_{32}O_3$, Formel I.

B. Beim Behandeln von 3,3-Äthandiyldioxy-18-nor-pregna-5,13(17)-dien-20-on mit Äther, Lithium und flüssigem Ammoniak (*Anliker et al.*, Helv. **42** [1959] 1071, 1083). Krystalle (aus PAe. + Bzl.) mit 0,25 Mol H_2O; F: 98° [evakuierte Kapillare].

I   II   III

3,3-Äthandiyldioxy-2α-methyl-androst-5-en-17-on $C_{22}H_{32}O_3$, Formel II.

B. Beim Behandeln einer Lösung von 3,3-Äthandiyldioxy-2α-methyl-androst-5-en-17β-ol in Pyridin mit Chrom(VI)-oxid (*Ringold et al.*, Am. Soc. **81** [1959] 427, 430). Krystalle (aus Acn.); F: 206—210° [unkorr.]. $[\alpha]_D$: +51° [Py.].

16β,17β-Isopropylidendioxy-androst-4-en-3-on $C_{22}H_{32}O_3$, Formel III.

B. Beim Erhitzen von 16β,17β-Isopropylidendioxy-androst-5-en-3β-ol mit Aluminium≈ isopropylat, Cyclohexanon und Toluol (*Butenandt et al.*, B. **72** [1939] 417, 423). Krystalle (aus Me.); F: 183—184° [unkorr.]. UV-Absorptionsmaximum (Ae.): 233 nm.

Oxo-Verbindungen $C_{23}H_{34}O_3$

3,3-Äthandiyldioxy-13,17-seco-pregna-5,13(18)-dien-20-on $C_{23}H_{34}O_3$, Formel IV.

B. Beim Behandeln einer Lösung von 3,3-Äthandiyldioxy-13,17-seco-androsta-5,13(18)-dien-17-carbonsäure in Tetrahydrofuran mit Methyllithium in Äther (*Anliker et al.*, Helv. **42** [1959] 1071, 1082). Krystalle (aus Acn. + Hexan); F: 152° [unkorr.; evakuierte Kapillare]; $[\alpha]_D^{20}$: −66° [$CHCl_3$; c = 1] (*An. et al.*).

Bei der Bestrahlung einer Lösung in Hexan mit UV-Licht ist 3,3-Äthandiyldioxy-16,17-seco-18-nor-androsta-5,13(17),15-trien erhalten worden (*Buchschacher et al.*, Helv. **42** [1959] 2122, 2140). Bildung von 3,3-Äthandiyldioxy-13,17-seco-18-nor-pregn-5-en-13,20-dion beim Behandeln einer Lösung in Pyridin und Chloroform mit Ozon und an≈ schliessend mit Zink, wss. Essigsäure und Pyridin: *An. et al.*, l. c. S. 1083.

IV   V

20,20-Äthandiyldioxy-pregn-4-en-3-on $C_{23}H_{34}O_3$, Formel V.

B. Beim Erhitzen von 20,20-Äthandiyldioxy-pregn-5-en-3β-ol mit Aluminiumiso≈ propylat, Cyclohexanon und Toluol (*Bharucha et al.*, Canad. J. Chem. **34** [1956] 982, 988; *Gut*, J. org. Chem. **21** [1956] 1327; *Nathansohn, Ribaldone*, G. **89** [1959] 1884, 1889) oder mit Aluminium-*tert*-butylat, Cyclohexanon und Toluol (*Adams et al.*, Soc. **1956** 4490, 4493).

Krystalle; F: 193—194° [aus PAe.] (*Na., Ri.*), 189—191° [unkorr.; aus Me.] (*Gut*), 189—191° [aus E.] (*Bh. et al.*), 188—190° [aus Me.] (*Ad. et al.*). $[\alpha]_D^{22}$: +104° [CHCl₃; c = 1] (*W. Neudert, H. Röpke*, Steroid-Spektrenatlas [Berlin 1965] Nr. 460); $[\alpha]_D^{26}$: +101° [CHCl₃; c = 0,5] (*Ad. et al.*); $[\alpha]_D^{26}$: +119° [CHCl₃] (*Gut*); $[\alpha]_D^{24}$: +97,5° [Py.; c = 1] (*Bh. et al.*); $[\alpha]_{546}^{22}$: +121° [CHCl₃; c = 1] (*Ne., Rö.*). IR-Spektrum (KBr; 2—15 µ): *Ne., Rö.* UV-Absorptionsmaximum: 242 nm (*Bh. et al.*).

Hydrierung an Palladium/Kohle in Kaliumhydroxid enthaltendem Äthanol unter Bildung von 20,20-Äthandiyldioxy-5β-pregnan-3-on: *Na., Ri.* Beim Behandeln mit Natrium=boranat in Methanol (*Gut*) sowie beim Erwärmen mit Lithiumalanat in Tetrahydrofuran und Äther (*Sondheimer, Klibansky*, Tetrahedron **5** [1959] 15, 23) ist 20,20-Äthandiyl=dioxy-pregn-4-en-3β-ol erhalten worden.

17β-[(Ξ)-2-Methyl-[1,3]oxathiolan-2-yl]-androst-4-en-3-on $C_{23}H_{34}O_2S$, Formel VI.

B. Beim Erhitzen von 17β-[(Ξ)-2-Methyl-[1,3]oxathiolan-2-yl]-androst-5-en-3β-ol (S. 818) mit Aluminium-*tert*-butylat, Cyclohexanon und Toluol (*Romo et al.*, Am. Soc. **73** [1951] 4961, 4964).

Krystalle (aus CHCl₃ + Me.); F: 190—192,5° [unkorr.]. $[\alpha]_D^{20}$: +77,4° [Dioxan]. UV-Absorptionsmaximum (A.); 242 nm.

VI   VII

3,3-Äthandiyldimercapto-pregn-4-en-20-on, Progesteron-3-äthandiyldithio=acetal $C_{23}H_{34}OS_2$, Formel VII.

B. Beim Behandeln von Progesteron (Pregn-4-en-3,20-dion) mit Äthan-1,2-dithiol, Essigsäure und Toluol-4-sulfonsäure (*Ralls, Riegel*, Am. Soc. **76** [1954] 4479).

Krystalle (aus E.); F: 184—186°. $[\alpha]_D$: +211° [CHCl₃; c = 1].

3,3-Äthandiyldioxy-pregn-5-en-20-on $C_{23}H_{34}O_3$, Formel VIII (X = H).

B. Beim Erhitzen von Progesteron (Pregn-4-en-3,20-dion) mit 2-Äthyl-2-methyl-[1,3]dioxolan und Toluol-4-sulfonsäure unter Entfernen des entstehenden Butanons (*Sondheimer et al.*, Am. Soc. **77** [1955] 192). Beim Behandeln von 3,3-Äthandiyldioxy-pregn-5-en-20β_F-ol mit Chrom(VI)-oxid und Pyridin (*So. et al.*). Bei der Hydrierung von 3,3-Äthandiyldioxy-pregna-5,16-dien-20-on an Palladium/Calciumcarbonat in Äthyl=acetat (*Schering A.G.*, D.B.P. 876407 [1941]; *So. et al.*). Beim Behandeln von 3,3;20,20-Bis-äthandiyldioxy-pregn-5-en mit dem Borfluorid-Äther-Addukt in Benzol und Äther (*Bowers et al.*, Tetrahedron **7** [1959] 138, 149). Beim Erwärmen von 3,3-Äthandiyldioxy-20-hydroxy-23,24-dinor-20ξH-chol-5-en-21-nitril (F: 195° [Zers.]) mit Pyridin (*Ercoli, De Ruggieri*, G. **84** [1954] 312, 321).

Krystalle; F: 180—181° [unkorr.; aus Acn. + Hexan] (*So. et al.*), 178—180° [unkorr.; aus Bzl. + Hexan] (*Bo. et al.*), 171—173° [unkorr.; aus Ae. + PAe.] (*Er., De Ru.*). $[\alpha]_D^{20}$: +28° [CHCl₃] (*So. et al.*); $[\alpha]_D^{18}$: +54° [Py.; c = 1] (*Er., De Ru.*); $[\alpha]_D^{20}$: +53° [Py.] (*So. et al.*); $[\alpha]_D$: +47° [Py.] (*Bo. et al.*).

Bei der Bestrahlung einer Lösung in Hexan mit UV-Licht sind (20S)-3,3-Äthandiyl=dioxy-18,20-cyclo-pregn-5-en-20-ol, 3,3-Äthandiyldioxy-13,17-seco-pregna-5,13(18)-dien-20-on und 3,3-Äthandiyldioxy-16,17-seco-18-nor-androsta-5,13(17),15-trien erhalten worden (*Buchschacher et al.*, Helv. **42** [1959] 2122, 2138).

3,3-Äthandiyldioxy-21-jod-pregn-5-en-20-on $C_{23}H_{33}IO_3$, Formel VIII (X = I).

B. Beim Behandeln der Natrium-Verbindung des 3,3-Äthandiyldioxy-20,23-dioxo-

21-nor-chol-5-en-24-säure-äthylesters mit äthanol. Kalilauge, mit wss. Dinatrium=
hydrogenphosphat-Lösung und mit Jod in Methanol und Behandeln der Reaktionslösung
mit wss. Kalilauge (*Ercoli, De Ruggieri*, G. **84** [1954] 312, 324).
    Krystalle (aus Acn.); F: 100—102° [Zers.; unkorr.]. $[\alpha]_D^{18}$: +73° [Acn.; c = 1].

VIII   IX

17,17-Äthandiyldioxy-4,4-dimethyl-androst-5-en-3-on $C_{23}H_{34}O_3$, Formel IX.
    B. Beim Behandeln von 17,17-Äthandiyldioxy-androst-4-en-3-on mit *tert*-Butylalkohol
und Kalium und Erwärmen des Reaktionsgemisches mit Methyljodid (*Adams et al.*, Soc.
1956 4490, 4493).
    Krystalle (aus Acn. + Hexan); F: 128—129°. $[\alpha]_D^{27}$: —40° [CHCl$_3$; c = 0,7].

***rac*-16α,17α-Isopropylidendioxy-*D*-homo-5β-androst-9(11)-en-3-on** $C_{23}H_{34}O_3$, Formel X
+ Spiegelbild.
    B. Bei der Hydrierung von *rac*-16α,17α-Isopropylidendioxy-*D*-homo-androsta-4,9(11)-
dien-3-on (S. 1806) an Palladium in mit kleinen Mengen wss. Natronlauge versetztem
Methanol (*Research Corp.*, U.S.P. 2675396 [1953]).
    Krystalle (aus Diisopropyläther); F: 152—153°.

X   XI

(20Ξ)-3β,19-Epoxy-5ξ,14ξ-cardanolid, Octahydrotrianhydrostrophanthidin
$C_{23}H_{34}O_3$, Formel XI.
    a) Stereoisomeres vom F: 242°.
    B. Neben kleinen Mengen des unter b) beschriebenen Stereoisomeren bei der Hydrierung
(4 Mol Wasserstoff) von Dianhydrostrophanthidin (3β-Hydroxy-19-oxo-carda-5,14,20(22)-
trienolid) an Palladium in Essigsäure (*Jacobs, Collins*, J. biol. Chem. **63** [1925] 123, 130).
    Krystalle (aus E. oder A.); F: 239—242°. $[\alpha]_D^{22}$: +49° [CHCl$_3$].
    b) Stereoisomeres vom F: 213°.
    B. s. bei dem unter a) beschriebenen Stereoisomeren.
    Krystalle (aus Acn.), F: 210—213°; $[\alpha]_D^{21}$: +67° [CHCl$_3$] (*Jacobs, Collins*, J. biol.
Chem. **63** [1925] 123, 131).

Oxo-Verbindungen $C_{24}H_{36}O_3$

**17-[2,2-Dimethyl-[1,3]dioxolan-4-yl]-10,13-dimethyl-Δ⁴-tetradecahydro-cyclopenta[*a*]=
phenanthren-3-on** $C_{24}H_{36}O_3$.
    a) **20α$_F$,21-Isopropylidendioxy-pregn-4-en-3-on** $C_{24}H_{36}O_3$, Formel XII.
    B. Neben dem unter b) beschriebenen Stereoisomeren beim Erwärmen eines Gemisches

von $20\alpha_F$,21-Isopropylidendioxy-pregn-5-en-3β-ol und $20\beta_F$, 21-Isopropylidendioxy-pregn-5-en-3β-ol mit Aluminium-*tert*-butylat, Aceton und Benzol (*Steiger, Reichstein*, Helv. **21** [1938] 171, 177, 179).

Krystalle (aus Pentan); F: 132° [korr.]. $[\alpha]_D^{20}$: +70,5° [Acn.; c = 2]. UV-Absorptions=maximum (A.): 241 nm (*St., Re.*, l. c. S. 175).

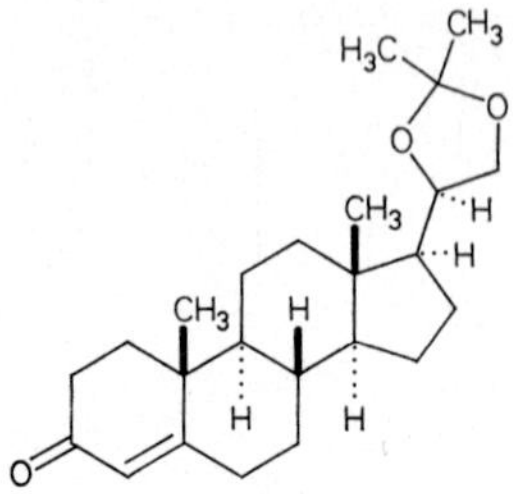

XII 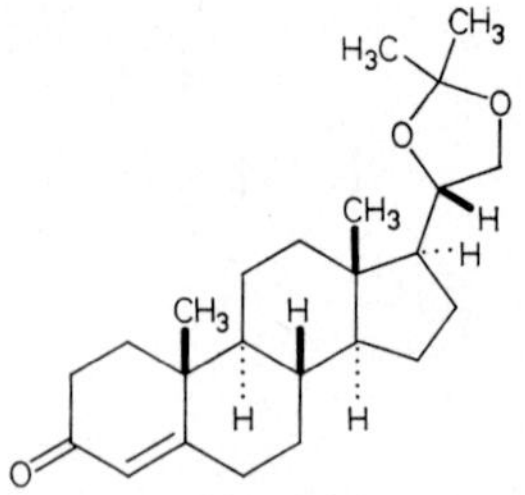   XIII

b) **20β_F,21-Isopropylidendioxy-pregn-4-en-3-on** $C_{24}H_{36}O_3$, Formel XIII.
Über die Konfiguration am C-Atom 20 s. *Norymberski, Woods*, Soc. **1955** 3426, 3427.
B. Beim Behandeln von $20\beta_F$,21-Dihydroxy-pregn-4-en-3-on mit Aceton und Zink=chlorid (*No., Wo.*, l. c. S. 3429). Weitere Bildungsweise s. bei dem unter a) beschriebenen Stereoisomeren.
Krystalle; F: 126° [korr.; aus Pentan] (*Steiger, Reichstein*, Helv. **21** [1938] 171, 179), 121—123° [Kofler-App.; aus Hexan] (*No., Wo.*). $[\alpha]_D^{20}$: +91,5° [Acn.; c = 2] (*St., Re.*); $[\alpha]_D$: +94° [Acn.; c = 1] (*No., Wo.*). UV-Absorptionsmaximum (A.): 240,5 nm (*No., Wo.*).

(2Ξ,4Ξ)-4-Methyl-spiro[[1,3]dioxolan-2,3′-pregn-5′-en]-20′-on, (3Ξ)-3,3-[(Ξ)-Methyl-äthandiyldioxy]-pregn-5-en-20-on $C_{24}H_{36}O_3$, Formel XIV.
B. Beim Erwärmen von Pregn-4-en-3,20-dion mit ($\pm$)-Propan-1,2-diol, Benzol und Toluol-4-sulfonsäure (*Wada*, J. pharm. Soc. Japan **79** [1959] 120; C. A. **1959** 10295).
Krystalle (aus Me.); F: 174—175°.

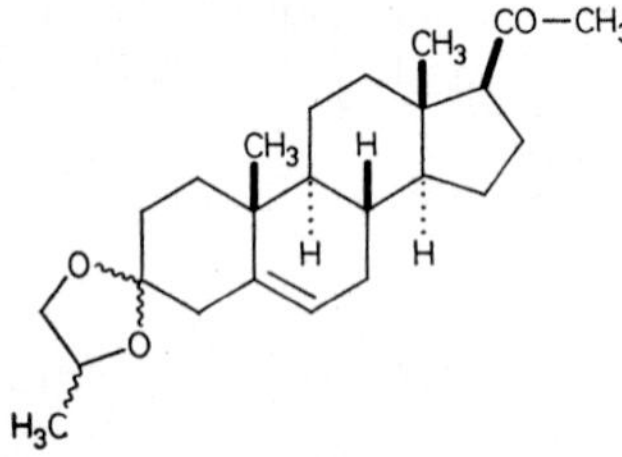

XIV 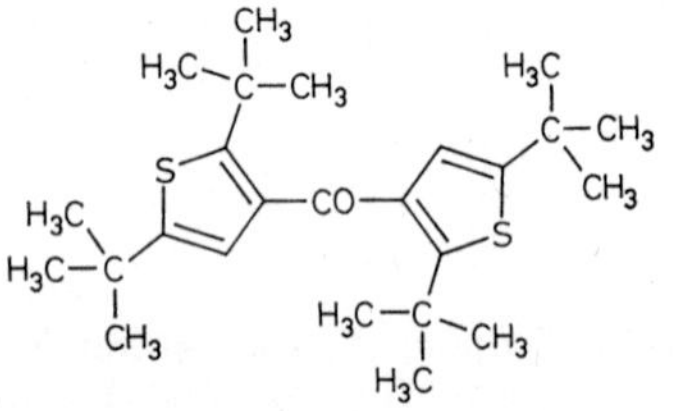   XV

Oxo-Verbindungen $C_{25}H_{38}O_3$

Bis-[2,5-di-*tert*-butyl-[3]thienyl]-keton $C_{25}H_{38}OS_2$, Formel XV.
B. Beim Behandeln von 2,5-Di-*tert*-butyl-thiophen-3-carbonylchlorid mit 2,5-Di-*tert*-butyl-thiophen, Benzol und Zinn(IV)-chlorid (*Gol'dfarb, Konstantinow*, Izv. Akad. S.S.S.R. Otd. chim. **1959** 121, 124; engl. Ausg. S. 108, 111).
Krystalle (aus A.); F: 221—222°.

20,20-Äthandiyldioxy-4,4-dimethyl-pregn-5-en-3-on $C_{25}H_{38}O_3$, Formel XVI.
B. Beim Erwärmen von 4,4-Dimethyl-pregn-5-en-3,20-dion mit Äthylenglykol, Benzol und Toluol-4-sulfonsäure (*Adams et al.*, Soc. **1956** 4490, 4493). Beim Behandeln von 20,20-Äthandiyldioxy-pregn-4-en-3-on mit *tert*-Butylalkohol und Kalium und Erwärmen des Reaktionsgemisches mit Methyljodid (*Ad. et al.*).
Krystalle (aus Acn.); F: 190—193°. $[\alpha]_D^{25}$: −8° [CHCl$_3$; c = 0,4].

XVI   XVII

Oxo-Verbindungen $C_{26}H_{40}O_3$

5-Stearoyl-[2,2′]bithienyl, 1-[2,2′]Bithienyl-5-yl-octadecan-1-on $C_{26}H_{40}OS_2$, Formel XVII.

B. Beim Erwärmen von [2,2′]Bithienyl mit Stearinsäure und Phosphor(V)-oxid in Benzol (*Wynberg, Logothetis*, Am. Soc. **78** [1956] 1958, 1960). Krystalle (aus Me.); F: 100° [korr.] (*Wy., Lo.,* l. c. S. 1959).

Oxo-Verbindungen $C_{27}H_{42}O_3$

4a,6a,7,5′-Tetramethyl-eicosahydro-spiro[naphth[2′,1′;4,5]indeno[2,1-b]furan-8,2′-pyran]-2-on $C_{27}H_{42}O_3$.

a) **(22S,25S)-5β,20αH-Spirostan-3-on** $C_{27}H_{42}O_3$, Formel I (in der Literatur auch als 20-Iso-sarsasapogenon bezeichnet).

B. Beim Behandeln von Cyclopseudosarsasapogenin („20-Iso-sarsasapogenin"; (22S,25S)-5β,20αH-Spirostan-3β-ol) mit Chrom(VI)-oxid und Pyridin (*Wall et al.*, Am. Soc. **77** [1955] 1230, 1236).

Krystalle (aus Me.); F: 151—152° [Kofler-App.]. $[\alpha]_D^{25}$: +49,5° [CHCl$_3$; c = 0,8].

Beim Erwärmen mit Äthanol und konz. wss. Salzsäure ist Sarsasapogenon (s. u.) erhalten worden.

I   II

b) **(25R)-5β,20αH-Spirostan-3-on** $C_{27}H_{42}O_3$, Formel II (in der Literatur auch als 20-Iso-smilagenon bezeichnet).

B. Beim Behandeln von Cyclopseudosmilagenin („20-Iso-smilagenin"; (25R)-5β,20αH-Spirostan-3β-ol) mit Chrom(VI)-oxid und Pyridin (*Wall et al.*, Am. Soc. **77** [1955] 1230, 1237).

Krystalle (aus Me.); F: 162—163° [Kofler-App.]. $[\alpha]_D^{25}$: −54,9° [CHCl$_3$; c = 0,8].

Beim Erwärmen mit Äthanol und konz. wss. Salzsäure ist Smilagenon (S. 1782) erhalten worden.

c) **(25S)-5β-Spirostan-3-on, Sarsasapogenon** $C_{27}H_{42}O_3$, Formel III.

B. Aus Sarsasapogenin ((25S)-5β-Spirostan-3β-ol) beim Erwärmen mit Chrom(VI)-oxid und Essigsäure (*Jacobs, Fleck,* J. biol. Chem. **88** [1930] 545, 549; *Simpson, Jacobs,* J. biol. Chem. **109** [1935] 573, 580; *Courtney et al.,* Austral. J. Chem. **7** [1954] 124; s. a. *Wall, Serota,* Am. Soc. **78** [1956] 1747, 1748) sowie beim Behandeln mit Aceton, Chrom(VI)-oxid und wss. Schwefelsäure (*Thompson et al.,* Am. Soc. **81** [1959] 5225, 5227).

Krystalle; F: 225—228° [aus A.] (*Marker et al.,* Am. Soc. **69** [1947] 2167, 2186), 222°

bis 223° [aus E.; Kofler-App.] (*Wall, Serota*, Am. Soc. **78** [1956] 1747, 1749), 220—222° [aus Acn.] (*Jacobs, Fleck*, J. biol. Chem. **88** [1930] 545, 549). $[\alpha]_D^{25}$: $-70°$ [$CHCl_3$; c = 0,8] (*Wall, Se.*); $[\alpha]_D^{25}$: $-46°$ [Py.; c = 1] (*Ja., Fl.*). IR-Spektrum (CS_2; 1340—860 cm⁻¹): *Jones et al.*, Am. Soc. **75** [1953] 158, 162; *K. Dobriner, E. R. Katzenellenbogen, R. N. Jones*, Infrared Absorption Spectra of Steroids [New York 1953] Nr. 279.

Beim Erwärmen mit wss.-äthanol. Salzsäure (*Marker, Rohrmann*, Am. Soc. **61** [1939] 846, 851) oder mit wss. Bromwasserstoffsäure und Chloroform (*Fieser, Jacobsen*, Am. Soc. **60** [1938] 28, 31) erfolgt Umwandlung in Smilagenon (s. u.). Überführung in Pseudo=sarsasapogenon ((25S)-26-Hydroxy-5β-furost-20(22)-en-3-on) durch Erhitzen mit Acetan=hydrid auf 200° und Erwärmen des Reaktionsprodukts mit äthanol. Kalilauge: *Marker et al.*, Am. Soc. **62** [1940] 648. Beim Erwärmen einer Suspension in Essigsäure mit Sal=petersäure ist 16β-Hydroxy-3,4-seco-23,24-dinor-5β-cholan-3,4,22-trisäure-22-lacton [E III/IV **18** 6158] (*Marker, Rohrmann*, Am. Soc. **62** [1940] 76, 78), beim Behandeln mit Chrom(VI)-oxid und wasserhaltiger Essigsäure ist (25S)-3,16,22-Trioxo-5β-cholestan-26-säure (*Fieser et al.*, Am. Soc. **61** [1939] 1849, 1852) erhalten worden. Reaktion mit 1 Mol bzw. 2 Mol Brom in Bromwasserstoff enthaltender Essigsäure unter Bildung von (23S,25S)-23-Brom-5β-spirostan-3-on (S. 1783) bzw. von (23S,25S)-4β,23-Dibrom-5β-spirostan-3-on (S. 1784): *Marker, Rohrmann*, Am. Soc. **61** [1939] 1921. Überführung in Episarsasapo=genin ((25S)-5β-Spirostan-3α-ol) durch Hydrierung an Platin in Äthanol: *Marker, Rohr-mann*, Am. Soc. **61** [1939] 943; durch Erwärmen mit Äthanol und Natrium: *Ma. et al.*, Am. Soc. **62** 648; durch Behandeln einer Lösung in Äther mit Natrium und Wasser: *Askew et al.*, Soc. **1936** 1399, 1402; durch Erwärmen mit Lithiumalanat in Äther und Benzol: *Thompson et al.*, Am. Soc. **81** [1959] 5222, 5227. Beim Erwärmen einer Lösung in Benzol mit amalgamiertem Zink, wss. Salzsäure und Äthanol (*Fieser, Jacobsen*, Am. Soc. **60** [1938] 2761; *Fi. et al.*, l. c. S. 1852), beim Erwärmen mit Zink, wss. Salzsäure und Äthanol (*Marker, Rohrmann*, Am. Soc. **61** [1939] 1284) sowie beim Erhitzen mit Diäthylen=glykol, Äthanol, Hydrazin-hydrat und Natriumhydroxid auf 190° (*Wall, Serota*, Am. Soc. **78** [1956] 1747, 1749) ist Desoxysarsasapogenin ((25S)-5β-Spirostan) erhalten worden. Bildung von (25S)-5β-Cholestan-16β,26-diol (E III **6** 4820) und einer (isomeren) Verbin=dung $C_{27}H_{48}O_2$ (F: 118°) beim Erwärmen mit amalgamiertem Zink, wss. Salzsäure und Äthanol: *Ma., Ro.*, Am. Soc. **61** 1284. Bildung von annähernd gleichen Mengen Sarsa=sapogenin ((25S)-5β-Spirostan-3β-ol) und Episarsasapogenin ((25S-5β-Spirostan-3α-ol) beim Erwärmen mit Aluminiumisopropylat in Isopropylalkohol: *Ma., Ro.*, Am. Soc. **61** 943.

Oxim $C_{27}H_{43}NO_3$. Krystalle (aus Acn.); F: 127° (*Courtney et al.*, Austral. J. Chem. **7** [1954] 124), 126—128° (*Jacobs, Fleck*, J. biol. Chem. **88** [1930] 545, 550).

Semicarbazon $C_{28}H_{45}N_3O_3$. Krystalle (aus wss. A.); F: 182° [Zers.] (*Co. et al.*), 180° [Zers.] (*Marker, Rohrmann*, Am. Soc. **61** [1939] 1284).

III   IV

d) **(25R)-5β-Spirostan-3-on, Smilagenon**, Isosarsasapogenon $C_{27}H_{42}O_3$, Formel IV (X = H).

B. Beim Behandeln von Smilagenin ((25R)-5β-Spirostan-3β-ol) mit Chrom(VI)-oxid und wasserhaltiger Essigsäure (*Askew et al.*, Soc. **1936** 1399, 1403; *Marker, Rohrmann*, Am. Soc. **61** [1939] 846, 851; s. a. *Wall et al.*, Am. Soc. **77** [1955] 1230, 1237). Bei der Hydrierung von Diosgenon ((25R)-Spirost-4-en-3-on) an Palladium/Bariumsulfat in Äther (*Marker et al.*, Am. Soc. **62** [1940] 2525, 2529) oder an Palladium/Kohle in Äthanol (*Djerassi et al.*, Am. Soc. **74** [1952] 422).

Krystalle; F: 188,5° [aus wss. Acn.] (*Ma., Ro.*), 188° [Kofler-App.; aus Acn.] (*Wall,*

Serota, Am. Soc. **78** [1956] 1747, 1749), 186−188° [unkorr.; aus $CHCl_3$ + Me.] (*Dj. et al.*). $[\alpha]_D^{20}$: −52° [$CHCl_3$] (*Dj. et al.*); $[\alpha]_D^{25}$: −60° [$CHCl_3$; c = 0,8] (*Wall, Se.*). IR-Spektrum (KBr; 2−15 µ): *W. Neudert, H. Röpke*, Steroid-Spektrenatlas [Berlin 1965] Nr. 837. UV-Absorptionsmaximum (A.): 284 nm (*Dj. et al.*).

Beim Behandeln einer Lösung in Äther mit Brom (1 Mol) in Chloroform ist ein Gemisch von (23*Ξ*,25*R*)-23-Brom-5β-spirostan-3-on und (25*R*)-4β-Brom-5β-spirostan-3-on erhalten worden (*Djerassi, Fishman*, Am. Soc. **77** [1955] 4291, 4297).

O x i m $C_{27}H_{43}NO_3$. Krystalle (aus wss. Me.); F: 176−179° [korr.; Zers.] (*Fieser, Jacobsen*, Am. Soc. **60** [1938] 28, 31).

e) **(25*S*)-5α-Spirostan-3-on, Neotigogenon** $C_{27}H_{42}O_3$, Formel V.
B. Beim Behandeln von Neotigogenin ((25*S*)-5α-Spirostan-3β-ol) mit Chrom(VI)-oxid und wss. Essigsäure (*Goodson, Noller*, Am. Soc. **61** [1939] 2420; *Marker et al.*, Am. Soc. **69** [1947] 2167, 2187).

Krystalle (aus Acn.); F: 216−218° (*Ma. et al.*), 211−214° (*Go., No.*). $[\alpha]_D^{25}$: −60,6° [$CHCl_3$; c = 0,7] (*Go., No.*).

O x i m $C_{27}H_{43}NO_3$. Krystalle (aus Acn.); F: 231−232° (*Go., No.*).

V   VI

f) **(25*R*)-5α-Spirostan-3-on, Tigogenon** $C_{27}H_{42}O_3$, Formel VI (in der Literatur auch als Dihydrodiosgenon und Dihydrodioscoreasapogenon bezeichnet).
B. Beim Erwärmen von Tigogenin ((25*R*)-5α-Spirostan-3β-ol) mit Chrom(VI)-oxid und Essigsäure (*Jacobs, Fleck*, J. biol. Chem. **88** [1930] 545, 548; *Tsukamoto et al.*, J. pharm. Soc. Japan **56** [1936] 931, 936; dtsch. Ref. **57** [1936] 9, 14) oder mit Kaliumdichromat, wss. Schwefelsäure und Aceton (*Brooks et al.*, Soc. **1957** 1175, 1182).

Krystalle; F: 207−209° [korr.; aus A.] (*Ts. et al.*), 206−207° [aus Acn.] (*Ja., Fl.*), 204−208° [Kofler-App.; aus Acn.] (*Br. et al.*). Bei 140−170°/10⁻⁵ Torr sublimierbar (*Br. et al.*). $[\alpha]_D^{24}$: −56° [Dioxan; c = 0,1] (*Djerassi, Ehrlich*, Am. Soc. **78** [1956] 440, 446); $[\alpha]_D^{29}$: −50° [$CHCl_3$; c = 0,5] (*Br. et al.*); $[\alpha]_D^{17}$: −43,4° [Py.] (*Ts. et al.*); $[\alpha]_D^{24}$: −35° [Py.; c = 1] (*Ja., Fl.*); $[\alpha]_D^{29}$: −35° [Py.; c = 0,6] (*Br. et al.*). Optisches Drehungsvermögen $[\alpha]^{24}$ einer Lösung in Dioxan für Licht der Wellenlängen von 280 nm bis 700 nm: *Dj., Eh.*, l. c. S. 442, 446. IR-Spektrum (CS_2; 1500−850 cm⁻¹): *Jones et al.*, Am. Soc. **75** [1953] 158, 163; *K. Dobriner, E. R. Katzenellenbogen, R. N. Jones*, Infrared Absorption Spectra of Steroids [New York 1953] Nr. 284. IR-Banden (CCl_4) im Bereich von 1470 cm⁻¹ bis 1360 cm⁻¹: *Jo. et al.*, l. c. S. 162.

Beim Erwärmen einer Suspension in Essigsäure mit Salpetersäure ist 16β-Hydroxy-2,3-seco-23,24-dinor-5α-cholan-2,3,22-trisäure-22-lacton erhalten worden (*Marker et al.*, Am. Soc. **63** [1941] 763, 765).

O x i m $C_{27}H_{43}NO_3$. Krystalle; F: 260° [korr.; Zers.; aus A.] (*Ts. et al.*), 256−258° [Zers.; aus Acn.] (*Ja., Fl.*).

2,4-D i n i t r o - p h e n y l h y d r a z o n $C_{33}H_{46}N_4O_6$. Gelbe Krystalle (aus E.), die bei 260° bis 266° schmelzen; $[\alpha]_D^{25}$: −44° [$CHCl_3$]; Absorptionsmaximum: 368,5 nm (*Br. et al.*).

3′-Brom-4a,6a,7,5′-tetramethyl-eicosahydro-spiro[naphth[2′,1′;4,5]indeno[2,1-*b*]furan-8,2′-pyran]-2-on $C_{27}H_{41}BrO_3$.
a) **(23*S*,25*S*)-23-Brom-5β-spirostan-3-on** $C_{27}H_{41}BrO_3$, Formel VII (X = H).
B. Beim Behandeln von Sarsasapogenon (S. 1781)) mit Brom (1 Mol) in Bromwasser=stoff enthaltender Essigsäure (*Marker, Rohrmann*, Am. Soc. **61** [1939] 1921). Beim Behandeln von (23*S*,25*S*)-23-Brom-5β-spirostan-3β-ol (S. 837) mit Chrom(VI)-oxid und

wasserhaltiger Essigsäure (*Ma., Ro.*).

Krystalle (aus Acn.); F: 191° [Zers.].

b) **(23$\varXi$,25R)-23-Brom-5α-spirostan-3-on** $C_{27}H_{41}BrO_3$, Formel VIII (X = H).

B. Beim Behandeln von *O*-Acetyl-tigogenin ((25R)-3β-Acetoxy-5α-spirostan) mit Brom (1 Mol) in Bromwasserstoff enthaltender Essigsäure, Erwärmen des Reaktionsprodukts mit methanol. Kalilauge und Behandeln des danach isolierten Reaktionsprodukts mit Chrom(VI)-oxid und wasserhaltiger Essigsäure (*Herran et al.*, Am. Soc. **76** [1954] 5531).

Krystalle (aus Acn.), F: 214—216° [unkorr.]; $[\alpha]_D^{20}$: —45° [CHCl₃] (*He. et al.*).

Beim Erwärmen mit Blei(IV)-acetat in Essigsäure und Erwärmen des Reaktionsprodukts ((23$\varXi$,25R)-2α-Acetoxy-23-brom-5α-spirostan-3-on [F: 215—220°]) mit Zink und Äthanol ist (25R)-2α-Acetoxy-5α-spirostan-3-on (bezüglich der Konfiguration dieser Verbindung am C-Atom 2 vgl. *Djerassi et al.*, Chem. and Ind. **1955** 474) erhalten worden (*He. et al.*).

VII   VIII

1,3′-Dibrom-4a,6a,7,5′-tetramethyl-eicosahydro-spiro[naphth[2′,1′;4,5]indeno[2,1-*b*]=furan-8,2′-pyran]-2-on $C_{27}H_{40}Br_2O_3$.

a) **(23S,25S)-4β,23-Dibrom-5β-spirostan-3-on** $C_{27}H_{40}Br_2O_3$, Formel VII (X = Br).

Bezüglich der Zuordnung der Konfiguration am C-Atom 4 bzw. am C-Atom 23 vgl. *Corey*, Am. Soc. **76** [1954] 175 bzw. *Callow et al.*, Soc. [C] **1966** 288.

B. Beim Behandeln von Sarsasapogenon (S. 1781) mit Brom (2 Mol) in Bromwasserstoff enthaltender Essigsäure (*Marker, Rohrmann*, Am. Soc. **61** [1939] 1921).

Krystalle (aus Acn. + E.); F: 190° [Zers.] (*Ma., Ro.*, Am. Soc. **61** 1921).

Beim Erhitzen mit Pyridin sind (23S,25S)-23-Brom-spirost-4-en-3-on und eine Verbindung $C_{32}H_{45}Br_2NO_3$ (F: 235° [Zers.]) erhalten worden (*Marker, Rohrmann*, Am. Soc. **62** [1940] 647).

b) **(23$\varXi$,25R)-4β,23-Dibrom-5β-spirostan-3-on** $C_{27}H_{40}Br_2O_3$, Formel IV (X = Br) auf S. 1782.

Bezüglich der Zuordnung der Konfiguration am C-Atom 4 vgl. *Corey*, Am. Soc. **76** [1954] 175.

B. Beim Behandeln von Smilagenon (S. 1782) mit Brom (2 Mol) in Bromwasserstoff enthaltender Essigsäure (*Marker, Rohrmann*, Am. Soc. **62** [1940] 1162).

Krystalle (aus Acn. + E.); F: 184—188° [Zers.].

Beim Erhitzen mit Pyridin sind (23$\varXi$,25R)-23-Brom-spirost-4-en-3-on $C_{27}H_{39}BrO_3$ (F: 200—205° [Zers.]) und eine Verbindung $C_{32}H_{45}Br_2NO_3$ (F: 245—246° [Zers.]) erhalten worden.

(23$\varXi$,25R)-2α,4α,23-Tribrom-5α-spirostan-3-on $C_{27}H_{39}Br_3O_3$, Formel VIII (X = Br).

Über die Konfiguration an den C-Atomen 2 und 4 s. *Mazur et al.*, Am. Soc. **82** [1960] 5889, 5900.

B. Beim Behandeln von Tigogenon (S. 1783) mit Brom (3 Mol) in Essigsäure (*Burn et al.*, Soc. **1958** 795, 798) oder in Bromwasserstoff enthaltender Essigsäure (*Ma. et al.*, l. c. S. 5907).

Krystalle (aus CH₂Cl₂ + E. (?)), F: 196—198° [unkorr.; Zers.]; $[\alpha]_D$: —23° [CHCl₃] (*Ma. et al.*). F: 192—195° (*Burn et al.*).

(25R)-5β-Spirostan-1-on $C_{27}H_{42}O_3$, Formel IX.

B. Bei der Hydrierung von (25R)-5β-Spirost-2-en-1-on an Palladium/Kohle in Methanol (*Morita*, Pharm. Bl. **5** [1957] 494; Bl. chem. Soc. Japan **32** [1959] 791, 794).

Krystalle (aus Me.); F: 183—184°.

IX   X

(25R)-5α-Spirostan-12-on $C_{27}H_{42}O_3$, Formel X (in der Literatur auch als 3-Desoxy-hecogenin und als 12-Oxo-desoxytigogenin bezeichnet).

B. Beim Erwärmen von Hecogenon ((25R)-5α-Spirostan-3,12-dion) mit Äthanol, Zink und konz. wss. Salzsäure (*Marker et al.*, Am. Soc. **69** [1947] 2167, 2180).

Krystalle (aus Acn.); F: 198—199° [Kofler-App.] (*Wall, Serota*, Am. Soc. **78** [1956] 1747), 196—198° (*Ma. et al.*). [α]$_D^{25}$: +0,5° [CHCl$_3$; c = 0,8] (*Wall, Se.*). IR-Spektrum (CCl$_4$; 3100—2750 cm^{-1}): *Smith, Eddy*, Anal. Chem. **31** [1959] 1539, 1540.

(25R)-5α-Spirostan-7-on $C_{27}H_{42}O_3$, Formel XI (in der Literatur auch als 7-Oxo-desoxy-tigogenin bezeichnet).

B. Bei der Hydrierung von (25R)-Spirosta-3,5-dien-7-on an Palladium/Bariumsulfat in Äther (*Marker et al.*, Am. Soc. **69** [1947] 2167, 2179).

Krystalle (aus Acn.); F: 202—204°.

XI   XII

Oxo-Verbindungen $C_{28}H_{44}O_3$

3β,4β-Carbonyldioxy-cholest-5-en, Kohlensäure-cholest-5-en-3β,4β-diylester $C_{28}H_{44}O_3$, Formel XII.

B. Aus Cholest-5-en-3β,4β-diol beim Behandeln mit Benzol und einer aus Pyridin und Phosgen erhaltenen Verbindung (*Scholtissek*, B. **89** [1956] 2562) sowie beim Erwärmen mit Phosgen, Pyridin, Benzol und Toluol (*Paige*, Soc. **1943** 437, 440).

Krystalle; F: 173—173,5° [aus A.] (*Pa.*), 172° [aus Me.] (*Sch.*).

Beim Behandeln mit Methylmagnesiumjodid in Äther ist Cholest-4-en erhalten worden (*Pa.*).

(25R)-5α-Spirostan-3ξ-carbaldehyd $C_{28}H_{44}O_3$, Formel XIII.

In dem nachstehend beschriebenen Präparat hat ein Gemisch der dieser Formel entsprechenden Stereoisomeren vorgelegen (*Levine*, Am. Soc. **80** [1958] 6150).

B. Beim Behandeln von (25*R*)-3-Methoxymethylen-5α-spirostan (F: 178—181°) mit wss. Perchlorsäure und Äther (*Le.*).

Bei 160—170° schmelzend. $[\alpha]_D^{23}$: −57,4° [Lösungsmittel nicht angegeben].

XIII   XIV

(25*R*)-16-Methyl-5α-spirostan-3-on $C_{28}H_{44}O_3$, Formel XIV (in der Literatur auch als 16-Methyl-tigogenon bezeichnet).

B. Beim Behandeln von (25*R*)-16-Methyl-5α-spirostan-3β-ol mit Chrom(VI)-oxid in Essigsäure (*Kaufmann, Rosenkranz*, Am. Soc. **71** [1949] 3552).

F: 175—178° [Kofler-App.]. $[\alpha]_D^{20}$: −45° [CHCl₃].

Oxo-Verbindungen $C_{29}H_{46}O_3$

3,3-Äthandiyldimercapto-cholest-4-en-6-on $C_{29}H_{46}OS_2$, Formel I.

B. Neben 3,3;6,6-Bis-äthandiyldimercapto-cholest-4-en beim Behandeln von Cholest-4-en-3,6-dion mit Äthan-1,2-dithiol (1 Mol), Essigsäure und dem Borfluorid-Äther-Addukt (*Fieser*, Am. Soc. **76** [1954] 1945).

Krystalle (aus Hexan); F: 158,5—159,5°. $[\alpha]_D$: +81,2° [CHCl₃; c = 2]. UV-Absorptionsmaximum (A.): 244 nm.

Beim Erhitzen mit Raney-Nickel und Dioxan ist 5α-Cholestan-6-on, beim Erhitzen mit partiell desaktiviertem Raney-Nickel ist hingegen Cholest-4-en-6-on erhalten worden.

I   II

3,3-Äthandiyldioxy-cholest-5-en-4-on $C_{29}H_{46}O_3$, Formel II.

B. Beim Behandeln von 3,3-Äthandiyldioxy-cholest-5-en-4α-ol mit Natriumdichromat und Essigsäure (*Fieser, Stevenson*, Am. Soc. **76** [1954] 1728, 1732).

Krystalle (aus A.); F: 155—156°. $[\alpha]_D$: −76° [CHCl₃; c = 2]. UV-Absorptionsmaximum (A.): 250 nm.

(25*R*)-16-Äthyl-5α-spirostan-3-on $C_{29}H_{46}O_3$, Formel III (in der Literatur auch als 16-Äthyl-tigogenon bezeichnet).

B. Beim Behandeln von (25*R*)-16-Äthyl-5α-spirostan-3β-ol mit Chrom(VI)-oxid in Essigsäure (*Kaufmann, Rosenkranz*, Am. Soc. **71** [1949] 3552).

F: 169—173° [Kofler-App.]. $[\alpha]_D^{20}$: −44° [CHCl₃].

Oxo-Verbindungen C₃₀H₄₈O₃

2,2-Propandiyldimercapto-cholest-4-en-3-on $C_{30}H_{48}OS_2$, Formel IV.

B. Beim Erwärmen von 3-Oxo-cholest-4-en-2-carbaldehyd ($\rightleftharpoons$ 2-Hydroxymethylen-cholest-4-en-3-on) mit 1,3-Bis-[toluol-4-sulfonylmercapto]-propan und Kaliumacetat in Äthanol (*Woodward et al.*, Soc. **1957** 1131, 1138).

Krystalle (aus Acn.); F: 179—180°.

III   IV

Oxo-Verbindungen C₃₂H₅₂O₃

4,4-Dimethyl-2,2-propandiyldimercapto-cholest-5-en-3-on $C_{32}H_{52}OS_2$, Formel V.

B. Beim Behandeln von 2,2-Propandiyldimercapto-cholest-4-en-3-on mit *tert*-Butyl=
alkohol und Kalium und Erwärmen des Reaktionsgemisches mit Methyljodid und Butan-1-ol (*Woodward et al.*, Soc. **1957** 1131, 1138).

Krystalle (aus Acn.) mit 1 Mol Aceton; F: 178—179°.

V   VI

3,3-Äthandiyldioxy-lanost-8-en-7-on $C_{32}H_{52}O_3$, Formel VI.

B. Beim Erhitzen von 11β-Acetoxy-lanostan-3,7-dion mit Äthylenglykol, Benzol und Toluol-4-sulfonsäure unter Entfernen des entstehenden Wassers (*Barnes*, Austral. J. Chem. **11** [1958] 546, 557).

Krystalle (aus CHCl₃ + Me.); F: 219—221° [korr.]. $[\alpha]_D^{20}$: —7° [CHCl₃; c = 1]. UV-Absorptionsmaximum (A.): 254 nm.

VII   VIII

2,2-Propandiyldimercapto-9β,19-cyclo-31-nor-lanostan-3-on, 2,2-Propandiyldimercapto-31-nor-cycloartan-3-on[1]) $C_{32}H_{52}OS_2$, Formel VII.

B. Beim Erwärmen von 3-Oxo-9β,19-cyclo-31-nor-lanostan-2-carbaldehyd (⇌ 2-Hydroxymethylen-9β,19-cyclo-31-nor-lanostan-3-on) mit 1,3-Bis-[toluol-4-sulfonylmercapto]-propan und Kaliumacetat in Äthanol (*Cox et al.*, Soc. **1959** 514, 518).

Amorph. $[α]_D$: $+160°$ [$CHCl_3$].

Oxo-Verbindungen $C_{33}H_{54}O_3$

2,2-Propandiyldimercapto-9β,19-cyclo-lanostan-3-on, 2,2-Propandiyldimercapto-cycloartan-3-on[1]) $C_{33}H_{54}OS_2$, Formel VIII.

B. Beim Erwärmen von 2,2-Propandiyldimercapto-9β,19-cyclo-31-nor-lanostan-3-on mit Kalium-*tert*-butylat in *tert*-Butylalkohol und Benzol und anschliessend mit Methyljodid (*Cox et al.*, Soc. **1959** 514, 518).

Krystalle (aus $CHCl_3$ + Me.); F: 168—170°. $[α]_D$: $+107°$ [$CHCl_3$; c = 1].

[*Wente*]

Monooxo-Verbindungen $C_nH_{2n-14}O_3$

Oxo-Verbindungen $C_{10}H_6O_3$

Indeno[1,2-*d*][1,3]dioxol-8-on, 2,3-Methylendioxy-inden-1-on $C_{10}H_6O_3$, Formel I.

B. Beim Behandeln von Indan-1,2,3-trion mit Diazomethan in Äther (*Moubasher et al.*, Soc. **1950** 1998).

Gelbliche Krystalle (aus Me.); F: 185°.

Beim Erwärmen mit wss.-methanol. Salzsäure ist [2,2′]Biindanyl-1,3,1′,3′-tetraon erhalten worden.

Oxo-Verbindungen $C_{11}H_8O_3$

3-[(*Z*)-Phenacyliden]-3*H*-[1,2]dithiol, 2-[(*Z*)-[1,2]Dithiol-3-yliden]-1-phenyl-äthanon $C_{11}H_8OS_2$, Formel II.

Diese Konstitution kommt der nachstehend beschriebenen, ursprünglich (*Traverso, Sanesi*, Ann. Chimica **43** [1953] 795, 799; *Traverso*, Ann. Chimica **44** [1954] 1018, 1024) als 3-Phenyl-[1,2]dithiepin-5-on ($C_{11}H_8OS_2$) formulierten Verbindung zu (*Pfister-Guillouzo, Lozac'h*, Bl. **1964** 3254, 3256; vgl. *Hertz et al.*, A. **625** [1959] 43).

B. Beim Erwärmen einer Lösung von 2-Phenyl-pyran-4-thion in Äthanol mit wss. Kaliumhydrogensulfid-Lösung (*Tr., Sa.; Tr.; Pf.-Gu., Lo.*). Beim Erhitzen von 5-Phenacyliden-5*H*-[1,2]dithiol-3-carbonsäure (F: 140° [Zers.]; bezüglich der Konstitution dieser Verbindung vgl. *He. et al.*) mit Äthylenglykol bis auf 160° (*Tr.*).

Gelbe Krystalle (aus Me.); F: 130° (*Tr., Sa.; Pf.-Gu., Lo.*). Absorptionsspektrum (A.; 220—480 nm): *Franzosini, Traverso*, Ann. Chimica **45** [1955] 675, 679.

I   II   III   IV

2-[(*Z*)-[1,2]Dithiol-3-yliden]-1-phenyl-äthanthion $C_{11}H_8S_3$, Formel III, und **2-Phenyl-7λ⁴-[1,2]dithiolo[1,5-*b*][1,2]dithiol** $C_{11}H_8S_3$, Formel IV.

Diese beiden Konstitutionsformeln sind für die nachstehend beschriebene, ursprünglich (*Traverso, Sanesi*, Ann. Chimica **43** [1953] 795, 800; *Traverso*, Ann. Chimica **44** [1954] 1018, 1023) als 3-Phenyl-[1,2]dithiepin-5-thion ($C_{11}H_8S_3$) formulierte Verbindung in Betracht zu ziehen (*Pfister-Guillouzo, Lozac'h*, Bl. **1964** 3254, 3256; vgl. *Hertz et al.*, A. **625** [1959] 43).

---

[1]) Stellungsbezeichnung bei von Cycloartan abgeleiteten Namen s. E III **5** 1343.

B. Beim Erwärmen der im vorangehenden Artikel beschriebenen Verbindung mit Phosphor(V)-sulfid in Benzol (*Tr.*, *Sa.*; *Pf.-Gu.*, *Lo.*). Beim Erhitzen von 5-Phenacyliden-5*H*-[1,2]dithiol-3-carbonsäure (F: 140° [Zers.]; bezüglich der Konstitution dieser Verbindung vgl. *He. et al.*) mit Phosphor(V)-sulfid in Toluol (*Tr.*).

Rote Krystalle; F: 136° [aus Me.] (*Pf.-Gu.*, *Lo.*), 135−136° [aus Bzn. oder A.] (*Tr.*, *Sa.*). Absorptionsspektrum (A.; 220−550 nm): *Franzosini*, *Traverso*, Ann. Chimica **45** [1955] 675, 680.

5-*trans*(?)-Styryl-[1,2]dithiol-3-thion $C_{11}H_8S_3$, vermutlich Formel V.

B. Beim Erwärmen von 5-Methyl-[1,2]dithiol-3-thion mit Benzaldehyd, Äthanol und wenig Piperidin (*Quiniou*, *Lozac'h*, Bl. **1958** 517).

Braune Krystalle (aus A. oder Bzl.); F: 121,5°.

1,3*t*(?)-Di-[2]furyl-propenon $C_{11}H_8O_3$, vermutlich Formel VI.

B. Beim Behandeln von 1-[2]Furyl-äthanon mit Furfural und wss.-methanol. Kalilauge bzw. wss.-äthanol. Natronlauge (*Weygand*, *Strobelt*, B. **68** [1935] 1839, 1845; *Alexander*, *Smith*, Am. Soc. **71** [1949] 735).

Krystalle; F: 89−90° [aus wss. A.] (*Al.*, *Sm.*), 88−89° [aus Me.] (*We.*, *St.*). Über metastabile Modifikationen vom F: 61° und F: 57° s. *We.*, *St.* Absorptionsspektrum (A.; 220−400 nm): *Szmant*, *Planinsek*, Am. Soc. **76** [1954] 1193.

Bei partieller Hydrierung an Nickel/Kieselgur in Äthanol bei 50°/100 at ist 1,3-Bis-[2]furyl-propan-1-on, bei der Hydrierung an einem Kupferoxid-Chromoxid-Katalysator in Äthanol bei 90−110°/20−70 at ist 1,3-Bis-[2]furyl-propan-1-ol, bei der Hydrierung an Raney-Nickel in Äthanol bei 130°/120 at ist 1,3-Bis-tetrahydro[2]furyl-propan-1-ol (n_D^{25}: 1,4727) erhalten worden (*Al.*, *Sm.*).

V   VI   VII

1-[2]Furyl-3*t*(?)-[2]thienyl-propenon $C_{11}H_8O_2S$, vermutlich Formel VII.

B. Beim Behandeln von 1-[2]Furyl-äthanon mit Thiophen-2-carbaldehyd und wss.-methanol. Kalilauge (*Weygand*, *Strobelt*, B. **68** [1935] 1839, 1845).

Krystalle (aus PAe. + Bzl.); F: 81−82° (*We.*, *St.*). Über metastabile Modifikationen vom F: 72° und F: 49° s. *We.*, *St.* Absorptionsspektrum (A.; 220−400 nm): *Szmant*, *Planinsek*, Am. Soc. **76** [1954] 1193.

3*t*(?)-[2]Furyl-1-[2]thienyl-propenon $C_{11}H_8O_2S$, vermutlich Formel I (X = H).

B. Beim Behandeln von 1-[2]Thienyl-äthanon mit Furfural und wss.-methanol. Kalilauge (*Weygand*, *Strobelt*, B. **68** [1935] 1839, 1845; *Marvel et al.*, J. org. Chem. **18** [1953] 1730, 1734).

Gelbe Krystalle; F: 76° (*Buu-Hoi et al.*, Bl. **1956** 1646, 1648), 70,8−71,6° [aus Me.] (*Ma. et al.*), 70−71° [aus Me.] (*We.*, *St.*). Über metastabile Modifikationen vom F: 54° und F: 53° s. *We.*, *St.* Absorptionsspektrum (A.; 220−400 nm): *Szmant*, *Planinsek*, Am. Soc. **76** [1954] 1193.

Thiosemicarbazon $C_{12}H_{11}N_3OS_2$. Gelbliche Krystalle (aus A.); F: 176° (*Buu-Hoi et al.*).

1-[5-Chlor-[2]thienyl]-3*t*(?)-[2]furyl-propenon $C_{11}H_7ClO_2S$, vermutlich Formel I (X = Cl).

B. Beim Behandeln von 1-[5-Chlor-[2]thienyl]-äthanon mit Furfural und wss.-äthanol. Natronlauge (*Buu-Hoi et al.*, Bl. **1956** 1646, 1649).

Gelbliche Krystalle (aus A.); F: 103°.

1-[5-Brom-[2]thienyl]-3*t*(?)-[2]furyl-propenon $C_{11}H_7BrO_2S$, vermutlich Formel I (X = Br).

B. Beim Behandeln von 1-[5-Brom-[2]thienyl]-äthanon mit Furfural und wss.-äthanol.

Natronlauge (*Buu-Hoi et al.*, Bl. **1956** 1646, 1649).
Gelbliche Krystalle (aus A.); F: 95°.

I   II   III

1,3t(?)-Di-[2]thienyl-propenon $C_{11}H_8OS_2$, vermutlich Formel II (X = H).
B. Beim Behandeln von 1-[2]Thienyl-äthanon mit Thiophen-2-carbaldehyd unter Zusatz von wss.-methanol. Kalilauge (*Weygand, Strobelt*, B. **68** [1935] 1839, 1844; *Marvel et al.*, J. org. Chem. **18** [1953] 1730, 1734) oder unter Zusatz von äthanol. Natriumäthylat-Lösung (*Pallaud, Delaveau*, Bl. **1955** 1220, 1223).
Gelbe Krystalle; F: 100—101° [aus A. + E.] (*Pa., De.*), 99,2—99,8° [aus Me.] (*Ma. et al.*). Krystalle (aus Me.), die anfangs bei 54—55°, nach längerem Aufbewahren bei 99° schmelzen (*We., St.*). Absorptionsspektrum (A.; 220—400 nm): *Szmant, Planinsek*, Am. Soc. **76** [1954] 1193.
Beim Erwärmen mit 2-Amino-thiophenol in Äthanol in Gegenwart von wss. Benzyl-trimethyl-ammonium-hydroxid-Lösung ist 3-[2-Amino-phenylmercapto]-1,3-bis-[2]thienyl-propan-1-on, beim Erwärmen mit 2-Amino-thiophenol-hydrochlorid in Äthanol ist 2,4-Di-[2]thienyl-2,3-dihydro-benzo[*b*][1,4]thiazepin erhalten worden (*Ried, Marx*, B. **90** [1957] 2683, 2687). Bildung von 1-Phenyl-3,5-di-[2]thienyl-4,5(?)-dihydro-pyrazol (F: 155°) beim Erhitzen einer Lösung in Äthanol mit Phenylhydrazin und wss. Essig-säure: *Ried, Dankert*, B. **90** [1957] 2707, 2711.

3t(?)-[5-Chlor-[2]thienyl]-1-[2]thienyl-propenon $C_{11}H_7ClOS_2$, vermutlich Formel II (X = Cl).
B. Beim Behandeln von 1-[2]Thienyl-äthanon mit 5-Chlor-thiophen-2-carbaldehyd und wss.-äthanol. Natronlauge (*Buu-Hoi et al.*, Bl. **1956** 1646, 1649).
Hellgelbe Krystalle (aus A.); F: 104°.
Thiosemicarbazon $C_{12}H_{10}ClN_3S_3$. Hellgelbe Krystalle (aus A.); F: 178°.

1-[5-Chlor-[2]thienyl]-3t(?)-[2]thienyl-propenon $C_{11}H_7ClOS_2$, vermutlich Formel III.
B. Beim Behandeln von 1-[5-Chlor-[2]thienyl]-äthanon mit Thiophen-2-carbaldehyd und wss.-äthanol. Natronlauge (*Buu-Hoi et al.*, Bl. **1956** 1646, 1649).
Hellgelbe Krystalle (aus A.); F: 100°.
Thiosemicarbazon $C_{12}H_{10}ClN_3S_3$. Hellgelbe Krystalle (aus A.); F: 179°.

1-[5-Brom-[2]thienyl]-3t(?)-[2]thienyl-propenon $C_{11}H_7BrOS_2$, vermutlich Formel IV (X = H).
B. Beim Behandeln von 1-[5-Brom-[2]thienyl]-äthanon mit Thiophen-2-carbaldehyd und wss.-äthanol. Natronlauge (*Buu-Hoi et al.*, Bl. **1956** 1646, 1649).
Hellgelbe Krystalle (aus A.); F: 115°.

1-[5-Brom-[2]thienyl]-3t(?)-[5-chlor-[2]thienyl]-propenon $C_{11}H_6BrClOS_2$, vermutlich Formel IV (X = Cl).
B. Beim Behandeln von 1-[5-Brom-[2]thienyl]-äthanon mit 5-Chlor-thiophen-2-carb-aldehyd und wss.-äthanol. Natronlauge (*Buu-Hoi et al.*, Bl. **1956** 1646, 1649).
Hellgelbe Krystalle (aus A.); F: 132°.

IV   V   VI

4,5-Dihydro-naphtho[1,2-c][1,2]dithiol-3-thion $C_{11}H_8S_3$, Formel V.

B. Beim Erhitzen von 1-Oxo-1,2,3,4-tetrahydro-[2]naphthoesäure-äthylester mit Phosphor(V)-sulfid, Schwefel und Schwefelkohlenstoff auf 140° (*Lüttringhaus et al.*, Ang. Ch. **67** [1955] 274; *Schmidt et al.*, A. **631** [1960] 129, 137).

Rote Krystalle (aus A. oder Acn.); F: 87—88° (*Lü. et al.*; *Sch. et al.*).

2,3-Dihydro-furo[2,3-g]chromen-8-on $C_{11}H_8O_3$, Formel VI.

B. Beim Erhitzen von 8-Oxo-3,8-dihydro-2*H*-furo[2,3-g]chromen-6-carbonsäure unter vermindertem Druck (*Ramage, Stead*, Soc. **1953** 3602, 3605).

F: 170° (nach Sublimation bei 150°/10⁻⁴ Torr).

5,6-Dihydro-furo[3,2-g]chromen-7-on, 3-[6-Hydroxy-benzofuran-5-yl]-propionsäure-lacton $C_{11}H_8O_3$, Formel VII.

B. Beim Erhitzen von 3-[6-Hydroxy-benzofuran-5-yl]-propionsäure unter vermindertem Druck auf 155° (*Jois, Manjunath*, B. **70** [1937] 434, 437).

Krystalle (aus E. + PAe.); F: 105—106°.

2,3-Dihydro-furo[3,2-g]chromen-7-on, 3c-[6-Hydroxy-2,3-dihydro-benzofuran-5-yl]-acrylsäure-lacton, Dihydropsoralen $C_{11}H_8O_3$, Formel VIII.

B. Beim Erhitzen von 2,3-Dihydro-benzofuran-6-ol mit Äpfelsäure und Schwefelsäure auf 120° (*Späth et al.*, B. **69** [1936] 1087, 1089; *Okahara*, Bl. chem. Soc. Japan **13** [1938] 653). Beim Erhitzen von 6-Hydroxy-2,3-dihydro-benzofuran-5-carbaldehyd mit Acetanhydrid, Natriumacetat und wenig Jod (*Davies et al.*, Soc. **1950** 3206, 3212). Aus 7-Oxo-2,3-dihydro-7*H*-furo[3,2-g]chromen-6-carbonsäure beim Erhitzen mit Kupfer-Pulver und Chinolin (*Foster et al.*, Soc. **1948** 2254, 2257) sowie beim Erhitzen mit Kupfer-Pulver unter vermindertem Druck (*Horning, Reisner*, Am. Soc. **72** [1950] 1514, 1516).

Krystalle (aus Me.); F: 204° (*Sp. et al.*; *Da. et al.*), 200—201° (*Ok.*), 200° (*Fo. et al.*). Bei 140—150°/0,1 Torr sublimierbar (*Fo. et al.*). UV-Spektrum (A.; 220—350 nm): *Ho., Re.*

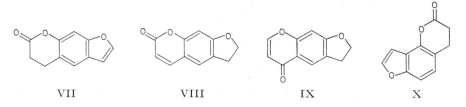

VII   VIII   IX   X

2,3-Dihydro-furo[3,2-g]chromen-5-on $C_{11}H_8O_3$, Formel IX.

B. Beim Erhitzen von 3-[6-Hydroxy-2,3-dihydro-benzofuran-5-yl]-3-oxo-propionaldehyd mit Essigsäure und kleinen Mengen wss. Salzsäure (*Davies et al.*, Soc. **1950** 3206, 3212).

Krystalle (aus A.); F: 184—185°. UV-Spektrum (220—330 nm): *Da. et al.*, l. c. S. 3208.

3,4-Dihydro-furo[2,3-h]chromen-2-on, 3-[4-Hydroxy-benzofuran-5-yl]-propionsäure-lacton $C_{11}H_8O_3$, Formel X.

B. Beim Erhitzen von 3-[4-Hydroxy-benzofuran-5-yl]-propionsäure unter vermindertem Druck auf 155° (*Jois, Manjunath*, B. **69** [1936] 964, 966).

Krystalle (aus E. + PAe.); F: 74,5°.

Oxo-Verbindungen $C_{12}H_{10}O_3$

5-Methyl-3-[(Z)-phenacyliden]-3H-[1,2]dithiol, 2-[(Z)-5-Methyl-[1,2]dithiol-3-yliden]-1-phenyl-äthanon $C_{12}H_{10}OS_2$, Formel I.

Diese Konstitution kommt der nachstehend beschriebenen, ursprünglich (*Traverso, Sanesi*, Ann. Chimica **43** [1953] 795, 801) als 3-Methyl-7-phenyl-[1,2]dithiepin-

5-on $(C_{12}H_{10}OS_2)$ formulierten Verbindung zu (*Pfister-Guillouzo, Lozac'h*, Bl. **1964** 3254, 3256; vgl. *Hertz et al.*, A. **625** [1959] 43).

B. Beim Erwärmen einer äthanol. Lösung von 2-Methyl-6-phenyl-pyran-4-thion mit wss. Kaliumhydrogensulfid-Lösung (*Tr., Sa.*; *Pf.-Gu., Lo.*).

Gelbe Krystalle (aus Me.); F: 141° (*Pf.-Gu., Lo.*), 140° (*Tr., Sa.*). Absorptionsspektrum (A.; 220—470 nm): *Franzosini, Traverso*, Ann. Chimica **45** [1955] 675, 679.

I   II   III

2-[(Z)-5-Methyl-[1,2]dithiol-3-yliden]-1-phenyl-äthanthion $C_{12}H_{10}S_3$, Formel II, und **2-Methyl-5-phenyl-7λ^4-[1,2]dithiolo[1,5-b][1,2]dithiol** $C_{12}H_{10}S_3$, Formel III.

Diese beiden Konstitutionsformeln sind für die nachstehend beschriebene, ursprünglich (*Traverso, Sanesi*, Ann. Chimica **43** [1953] 795, 802; *Traverso*, Ann. Chimica **44** [1954] 1018, 1027; *Arndt, Traverso*, B. **89** [1956] 124, 127) als 3-Methyl-7-phenyl-[1,2]di=thiepin-5-thion ($C_{12}H_{10}S_3$) formulierte Verbindung in Betracht zu ziehen (*Pfister-Guillouzo, Lozac'h*, Bl. **1964** 3254, 3256; vgl. *Hertz et al.*, A. **625** [1959] 43).

B. Beim Erwärmen der im vorangehenden Artikel beschriebenen Verbindung (*Tr., Sa.*; *Pf.-Gu., Lo.*) oder von 1-Phenyl-hexan-1,3,5-trion (*Tr.*) mit Phosphor(V)-sulfid in Benzol.

Rote Krystalle; F: 169° [aus A.] (*Pf.-Gu., Lo.*), 168—169° [aus Bzn. oder A.] (*Tr., Sa.*). Absorptionsspektrum (A.; 220—550 nm): *Franzosini, Traverso*, Ann. Chimica **45** [1955] 675, 680.

Beim Erwärmen mit methanol. Kalilauge ist 2-[4-Mercapto-[2]thienyl]-1-phenyl-äthanthion (E III/IV **18** 499) erhalten worden (*Ar., Tr.*).

***

5t-Benzo[1,3]dioxol-5-yl-penta-2t,4-dienal, *trans,trans*-Piperinaldehyd $C_{12}H_{10}O_3$, Formel IV.

Die Einheitlichkeit des früher (s. H **19** 138) beschriebenen, als Piperinsäurealdehyd bezeichneten Präparats (F: 89—90°; Phenylhydrazon, F: 190—192°) ist ungewiss (*Lohaus, Gall*, A. **517** [1935] 278, 284).

B. Neben 3t-Benzo[1,3]dioxol-5-yl-acrylaldehyd beim Behandeln von Piperonal mit Acetaldehyd und wss.-äthanol. Natronlauge (*Lo., Gall*).

Gelbe Krystalle; F: 108°.

Überführung in *trans,trans*-Piperinsäure (5t-Benzo[1,3]dioxol-5-yl-penta-2t,4-dien=säure) mit Hilfe von Silberoxid: *Lo., Gall*. Bei der Umsetzung mit Hydroxylamin sind zwei Oxime $C_{12}H_{11}NO_3$ (F: 195° bzw. F: 171°) erhalten worden (*Lo., Gall*, l. c. S. 285).

IV   V

***

*****5t-Benzo[1,3]dioxol-5-yl-penta-2t,4-dienal-phenylhydrazon, *trans,trans*-Piperinaldehyd-phenylhydrazon** $C_{18}H_{16}N_2O_2$, Formel V.

B. Aus 5t-Benzo[1,3]dioxol-5-yl-penta-2t,4-dienal und Phenylhydrazin (*Lohaus, Gall*, A. **517** [1935] 278, 284).

Gelbe Krystalle; F: 158—159°.

***

*****1-Benzo[1,3]dioxol-5-yl-5,5-dichlor-penta-2,4-dien-1-on** $C_{12}H_8Cl_2O_3$, Formel VI.

B. Beim Erhitzen (20 min) von 5-Benzo[1,3]dioxol-5-yl-1,1-dichlor-pent-1-en-4-in-3-ol mit Essigsäure und kleinen Mengen wss. Salzsäure (*Julia, Bullot*, Bl. **1959** 1689, **1960** 23, 26).

Gelbe Krystalle (aus Bzl.); F: 134—134,5° (*Ju., Bu.*, Bl. **1960** 26). Absorptionsmaximum (A.): 299 nm (*Ju., Bu.*, Bl. **1960** 26).

Bei 20-stdg. Erhitzen mit Essigsäure und kleinen Mengen wss. Salzsäure ist 6-Benzo=[1,3]dioxol-5-yl-pyran-2-on erhalten worden (*Ju., Bu.*, Bl. **1959** 1689, **1960** 26).

2,4-Dinitro-phenylhydrazon $C_{18}H_{12}Cl_2N_4O_6$. Rote Krystalle (aus Bzl.); F: 183,5° bis 184° (*Ju., Bu.*, Bl. **1960** 26). Absorptionsmaximum $(CHCl_3)$: 408 nm (*Ju., Bu.*, Bl. **1960** 26).

2-[*trans*(?)-2-[2]Furyl-vinyl]-6-methyl-pyran-4-on $C_{12}H_{10}O_3$, vermutlich Formel VII.

B. Beim Behandeln von 2,6-Dimethyl-pyran-4-on mit Furfural und methanol. Kalilauge (*Woods*, Am. Soc. **80** [1958] 1440).

Krystalle (aus A.); F: 204—205°.

---

*1,3-Bis-[5-chlor-[2]thienyl]-but-2-en-1-on $C_{12}H_8Cl_2OS_2$, Formel VIII (X = Cl).

B. Beim Erwärmen von 1-[5-Chlor-[2]thienyl]-äthanon mit dem Borfluorid-Äther-Addukt (*Farrar, Levine*, Am. Soc. **72** [1950] 3695, 3698).

Krystalle (aus A.); F: 95—96°.

VI   VII   VIII

*1,3-Bis-[5-brom-[2]thienyl]-but-2-en-1-on $C_{12}H_8Br_2OS_2$, Formel VIII (X = Br).

B. In kleiner Menge neben 1-[5-Brom-[2]thienyl]-äthanon (Hauptprodukt) und wenig 1-[5-Brom-[2]thienyl]-butan-1,3-dion beim Erwärmen von 2-Brom-thiophen mit Acet=anhydrid und dem Borfluorid-Äther-Addukt (*Farrar, Levine*, Am. Soc. **72** [1950] 3695, 3698).

Krystalle (aus A.); F: 107—108° [korr.].

3*t*(?)-[5-Methyl-[2]thienyl]-1-[2]thienyl-propenon $C_{12}H_{10}OS_2$, vermutlich Formel IX.

B. Beim Behandeln von 1-[2]Thienyl-äthanon mit 5-Methyl-thiophen-2-carbaldehyd und wss.-äthanol. Natronlauge (*Buu-Hoi et al.*, Bl. **1956** 1646, 1649).

Hellgelbe Krystalle (aus A.); F: 100°.

Thiosemicarbazon $C_{13}H_{13}N_3S_3$. Hellgelbe Krystalle (aus A.); F: 154—155° [im vorgeheizten Block].

5-[*trans*(?)-2-(5-Methyl-[2]furyl)-vinyl]-furan-2-carbaldehyd $C_{12}H_{10}O_3$, vermutlich Formel X.

B. Beim Behandeln von 5-Methyl-furan-2-carbaldehyd mit wss. Natriumhypojodit-Lösung (*Maekawa*, J. Fac. Agric. Kyushu Univ. **9** [1949] 159, 161; C. A. **1954** 2028).

Gelbe Krystalle (aus A.); F: 93,5°. Absorptionsspektren (220—460 nm) von Lösungen in Wasser und in Äthanol: *Maekawa*, Scient. Rep. Matsuyama agric. Coll. Nr. 3 [1950] 113, 120; C. A. **1952** 4523.

IX   X   XI

6-Methyl-2,3-dihydro-furo[2,3-*g*]chromen-8-on $C_{12}H_{10}O_3$, Formel XI.

B. Beim Erwärmen von 1-[5-Hydroxy-2,3-dihydro-benzofuran-6-yl]-äthanon mit

Äthylacetat und Natrium, Behandeln des erhaltenen Natrium-Salzes mit wss. Essigsäure und Erhitzen des Reaktionsprodukts mit Wasser (*Ramage, Stead*, Soc. **1953** 3602, 3605).
Krystalle (aus W.); F: 139°.

(±)-3-Methyl-2,3-dihydro-furo[3,2-g]chromen-7-on, (±)-3c-[6-Hydroxy-3-methyl-2,3-dihydro-benzofuran-5-yl]-acrylsäure-lacton $C_{12}H_{10}O_3$, Formel XII.
B. Beim Erhitzen von (±)-3-Methyl-7-oxo-2,3-dihydro-7H-furo[3,2-g]chromen-6-carb=onsäure mit Kupfer-Pulver und Chinolin (*Foster et al.*, Soc. **1948** 2254, 2259).
Gelbliche Krystalle (aus Me.); F: 137°.

5-Methyl-2,3-dihydro-furo[3,2-g]chromen-7-on, 3-[6-Hydroxy-2,3-dihydro-benzofuran-5-yl]-*trans*-crotonsäure-lacton $C_{12}H_{10}O_3$, Formel XIII (X = H).
B. Beim Erwärmen von 6-Acetoxy-2,3-dihydro-benzofuran mit Acetessigsäure-äthyl=ester und anschliessend mit 75%ig. wss. Schwefelsäure (*Horning, Reisner*, Am. Soc. **72** [1950] 1514, 1516). Beim Erwärmen von 3-[2,3-Dihydro-benzofuran-6-yloxy]-*trans*(?)-crotonsäure-methylester (F: 81°) mit Polyphosphorsäure (*Dann, Illing*, A. **605** [1957] 146, 155).
Krystalle; F: 170−171° [korr.; aus E.] (*Ho., Re.*), 167° [unkorr.] (*Dann, Il.*). UV-Spektrum (A.; 220−350 nm): *Ho., Re.*

6(?)-Brom-5-methyl-2,3-dihydro-furo[3,2-g]chromen-7-on, 2(?)-Brom-3-[6-hydroxy-2,3-dihydro-benzofuran-5-yl]-*trans*-crotonsäure-lacton $C_{12}H_9BrO_3$, vermutlich Formel XIII (X = Br).
B. Beim Erwärmen von 5-Methyl-2,3-dihydro-furo[3,2-g]chromen-7-on mit *N*-Brom-succinimid in Tetrachlormethan (*Horning, Reisner*, Am. Soc. **72** [1950] 1514, 1517).
Krystalle (aus E. + Pentan); F: 206−207° [korr.].

XII   XIII   XIV   XV

7-Methyl-2,3-dihydro-furo[3,2-g]chromen-5-on $C_{12}H_{10}O_3$, Formel XIV.
B. Beim Erwärmen von 3-[2,3-Dihydro-benzofuran-6-yloxy]-*trans*(?)-crotonsäure (F: 180°) mit Acetylchlorid und wenig Schwefelsäure (*Dann, Illing*, A. **605** [1957] 146, 154). Beim Behandeln von 3-Chlor-1-[6-hydroxy-2,3-dihydro-benzofuran-5-yl]-but-2t-en-1-on mit wss. Natronlauge (*Dann, Il.*). Beim Erhitzen von 1-[6-Hydroxy-2,3-dihydro-benzofuran-5-yl]-butan-1,3-dion mit Essigsäure und kleinen Mengen wss. Salzsäure (*Gruber, Horváth*, M. **81** [1950] 828, 834; *Davies et al.*, Soc. **1950** 3206, 3212).
Krystalle; F: 166−167° [unkorr.; aus W.], 165−167° [aus Me.] (*Gr., Ho.*), 166° [aus A.] (*Da. et al.*). Bei 100−120°/0,005 Torr sublimierbar (*Gr., Ho.*).
Beim Erhitzen mit Palladium auf 210° ist 6-Äthyl-7-hydroxy-2-methyl-chromen-4-on erhalten worden (*Gr., Ho.*).

(±)-8-Jodmethyl-8,9-dihydro-furo[2,3-h]chromen-2-on, (±)-3c-[4-Hydroxy-2-jodmethyl-2,3-dihydro-benzofuran-5-yl]-acrylsäure-lacton $C_{12}H_9IO_3$, Formel XV.
B. Beim Erwärmen von (±)-2-Oxo-8,9-dihydro-2H-furo[2,3-h]chromen-8-ylmethyl=quecksilber-chlorid mit einer wss. Lösung von Jod und Kaliumjodid (*Krishnaswamy, Seshadri*, Pr. Indian Acad. [A] **13** [1941] 43, 46).
Krystalle (aus A.); F: 168−169°.
Über die Reaktion mit Natrium und Äthanol s. die Angaben im Artikel 8-Methyl-furo[2,3-h]chromen-2-on (S. 1821).

Oxo-Verbindungen C₁₃H₁₂O₃

4-Äthyl-5-*trans*(?)-styryl-[1,2]dithiol-3-thion $C_{13}H_{12}S_3$, vermutlich Formel I.

B. Beim Erwärmen von 4-Äthyl-5-methyl-[1,2]dithiol-3-thion mit Benzaldehyd, Äthanol und wenig Piperidin (*Quiniou, Lozac'h*, Bl. **1958** 517).

Rote Krystalle (aus A. oder Bzl.); F: 97,5°.

I   II   III

1-[5-Äthyl-[2]thienyl]-3*t*(?)-[2]thienyl-propenon $C_{13}H_{12}OS_2$, vermutlich Formel II.

B. Beim Behandeln von 1-[5-Äthyl-[2]thienyl]-äthanon mit Thiophen-2-carbaldehyd und wss.-äthanol. Natronlauge (*Buu-Hoï et al.*, Bl. **1956** 1646, 1649).

Hellgelbe Krystalle (aus A.); F: 85°.

Thiosemicarbazon $C_{14}H_{15}N_3S_3$. Hellgelbe Krystalle (aus A.); F: 129—130°.

1-[5-Brom-[2]thienyl]-3*t*(?)-[2,5-dimethyl-[3]thienyl]-propenon $C_{13}H_{11}BrOS_2$, vermutlich Formel III.

B. Beim Behandeln von 2,5-Dimethyl-thiophen-3-carbaldehyd mit 1-[5-Brom-[2]thien⸗ yl]-äthanon und wss.-äthanol. Natronlauge (*Buu-Hoï et al.*, Bl. **1956** 1646, 1649).

Hellgelbe Krystalle (aus A.); F: 120°.

Thiosemicarbazon $C_{14}H_{14}BrN_3S_3$. Hellgelbe Krystalle (aus A.); F: 157° [im vorgeheizten Block].

2-[(*E*?)-Piperonyliden]-cyclopentanon $C_{13}H_{12}O_3$, vermutlich Formel IV.

Bezüglich der Konfigurationszuordnung vgl. *Hassner, Mead*, Tetrahedron **20** [1964] 2201.

B. Beim Behandeln von Piperonal mit Cyclopentanon und Natrium-*tert*-pentylat in Toluol (*Vavon, Conia*, C. r. **234** [1952] 526).

Gelbe Krystalle; F: 102° (*Va., Co.*).

Beim Behandeln mit Peroxyessigsäure in Kaliumacetat enthaltender Essigsäure ist 6-Benzo[1,3]dioxol-5-yl-5-hydroxy-hex-5-ensäure-lacton (F: 96—97°) erhalten worden (*Walton*, J. org. Chem. **22** [1957] 1161, 1163).

Oxim $C_{13}H_{13}NO_3$. Krystalle (aus A.); F: 194° (*Va., Co.*).

IV   V

7-Äthyl-2,3-dihydro-furo[3,2-*g*]chromen-5-on $C_{13}H_{12}O_3$, Formel V.

B. Beim Erhitzen von 1-[6-Hydroxy-2,3-dihydro-benzofuran-5-yl]-pentan-1,3-dion mit Essigsäure und kleinen Mengen wss. Salzsäure (*Davies et al.*, Soc. **1950** 3206, 3213).

Krystalle (aus Me.); F: 124—125°.

(±)-3,7-Dimethyl-2,3-dihydro-furo[3,2-*g*]chromen-5-on $C_{13}H_{12}O_3$, Formel VI.

B. Beim Erhitzen von (±)-1-[6-Hydroxy-3-methyl-2,3-dihydro-benzofuran-5-yl]-butan-1,3-dion mit Essigsäure und kleinen Mengen wss. Salzsäure (*Phillipps et al.*, Soc. **1952** 4951, 4956).

Krystalle (aus PAe.); F: 131°.
Charakterisierung als Piperonyliden-Derivat (3-Methyl-7-[3,4-methylendioxy-styryl]-2,3-dihydro-furo[3,2-g]chromen-5-on; F: 188°): *Ph. et al.*

VI   VII

(±)-8-Jodmethyl-4-methyl-8,9-dihydro-furo[2,3-h]chromen-2-on, (±)-3-[4-Hydroxy-2-jodmethyl-2,3-dihydro-benzofuran-5-yl]-*trans*-crotonsäure-lacton $C_{13}H_{11}IO_3$, Formel VII.

B. Beim Erwärmen von (±)-4-Methyl-2-oxo-8,9-dihydro-2H-furo[2,3-h]chromen-8-yl=methylquecksilber-chlorid mit einer wss. Lösung von Jod und Kaliumjodid (*Krishnaswamy, Seshadri*, Pr. Indian Acad. [A] **13** [1941] 43, 47).
Krystalle (aus A.); F: 158—159°.

Oxo-Verbindungen $C_{14}H_{14}O_3$

(±)-2-Phenyl-5,6,7,8-tetrahydro-benz[d][1,3]oxathiin-4-on, (±)-2-[α-Hydroxy-benzyl=mercapto]-cyclohex-1-encarbonsäure-lacton $C_{14}H_{14}O_2S$, Formel VIII.

B. Beim Behandeln von 2-Thioxo-cyclohexancarbonsäure oder von 2-Thioxo-cyclo=hexancarbonsäure-äthylester mit Benzaldehyd und mit Chlorwasserstoff enthaltendem Äthanol (*Chandra et al.*, J. Indian chem. Soc. **19** [1942] 139, 144).
Krystalle (aus Eg. oder A.); F: 85°.

VIII   IX   X

2-[(*E*?)-Piperonyliden]-cyclohexanon $C_{14}H_{14}O_3$, vermutlich Formel IX.
Bezüglich der Konfigurationszuordnung vgl. *Hassner, Mead*, Tetrahedron **20** [1964] 2201.
B. Beim Behandeln von Piperonal mit Cyclohexanon und Natrium-*tert*-pentylat in Toluol (*Vavon, Conia*, C. r. **234** [1952] 526) oder mit Cyclohexanon und wss. Natron=lauge (*Emerson et al.*, Am. Soc. **75** [1953] 1312).
Krystalle; F: 88—89° [aus A.] (*Va., Co.*), 87—88° (*Em. et al.*).
Oxim $C_{14}H_{15}NO_3$. Krystalle (aus wss. A.); F: 138° (*Va., Co.*).

(±)-6-Benzo[1,3]dioxol-5-yl-3-methyl-cyclohex-2-enon $C_{14}H_{14}O_3$, Formel X.
B. Beim Erwärmen einer Lösung von Benzo[1,3]dioxol-5-yl-aceton in Benzol mit Trimethyl-[3-oxo-butyl]-ammonium-jodid und mit Kalium-*tert*-butylat in *tert*-Butyl-alkohol (*Fujisawa*, J. pharm. Soc. Japan **79** [1959] 783; C. A. **1959** 21952).
Krystalle (aus Diisopropyläther); F: 59—60°.
Beim Behandeln mit Kaliumpermanganat in Aceton ist 2-Benzo[1,3]dioxol-5-yl-5-oxo-hexansäure erhalten worden.

***(±)-6-Benzo[1,3]dioxol-5-yl-3-methyl-cyclohex-2-enon-[2,4-dinitro-phenylhydrazon]**
$C_{20}H_{18}N_4O_6$, Formel I (R = $C_6H_3(NO_2)_2$).
B. Aus (±)-6-Benzo[1,3]dioxol-5-yl-3-methyl-cyclohex-2-enon und [2,4-Dinitro-phenyl]-

hydrazin (*Fujisawa*, J. pharm. Soc. Japan **79** [1959] 783; C. A. **1959** 21952).
Rote Krystalle (aus A. + E.); F: 188—189°.

I II III

*(±)-6-Benzo[1,3]dioxol-5-yl-3-methyl-cyclohex-2-enon-semicarbazon $C_{15}H_{17}N_3O_3$,
Formel I (R = CO-NH₂).
B. Aus (±)-6-Benzo[1,3]dioxol-5-yl-3-methyl-cyclohex-2-enon und Semicarbazid
(*Fujisawa*, J. pharm. Soc. Japan **79** [1959] 783; C. A. **1959** 21952).
Krystalle (aus A.); F: 195—196°.

8,8-Dimethyl-7,8-dihydro-6H-pyrano[3,2-g]chromen-2-on, 3c-[7-Hydroxy-2,2-dimethyl-
chroman-6-yl]-acrylsäure-lacton, Dihydroxanthyletin $C_{14}H_{14}O_3$, Formel II (X = H).
B. Beim Erhitzen von 7-Hydroxy-2,2-dimethyl-chroman-6-carbaldehyd mit Acet⸗
anhydrid, Natriumacetat und wenig Jod auf 190° (*Späth, Močnik*, B. **70** [1937] 2276, 2280).
Beim Erwärmen von 7-Hydroxy-6-[3-methyl-but-2-enyl]-cumarin mit wss.-äthanol. Salz⸗
säure (*King et al.*, Soc. **1954** 1392, 1398). Beim Erhitzen von Suberosin (7-Methoxy-
6-[3-methyl-but-2-enyl]-cumarin) mit rotem Phosphor und wss. Bromwasserstoffsäure
(*King et al.*, l. c. S. 1396). Bei der Hydrierung von Xanthyletin (8,8-Dimethyl-8H-pyrano⸗
[3,2-g]chromen-2-on) an Palladium in Äthanol (*Bell, Robertson*, Soc. **1936** 1828, 1829).
Beim Erhitzen von 8,8-Dimethyl-2-oxo-7,8-dihydro-2H,6H-pyrano[3,2-g]chromen-3-carb⸗
onsäure mit Kupfer-Pulver (*Bell et al.*, Soc. **1937** 1542, 1544).
Krystalle (aus PAe.); F: 125° (*Sp., Mo.*; *Bell et al.*). Im Hochvakuum bei 130° sublimierbar (*Bell et al.*).

3-Brom-8,8-dimethyl-7,8-dihydro-6H-pyrano[3,2-g]chromen-2-on, 2-Brom-3c-[7-hydr⸗
oxy-2,2-dimethyl-chroman-6-yl]-acrylsäure-lacton $C_{14}H_{13}BrO_3$, Formel II (X = Br).
B. Beim Behandeln von 8,8-Dimethyl-7,8-dihydro-6H-pyrano[3,2-g]chromen-2-on mit
Brom in Essigsäure (*King et al.*, Soc. **1954** 1392, 1398).
Krystalle (aus Bzl.); F: 163—164°.

(±)-2,8-Dimethyl-7,8-dihydro-6H-pyrano[3,2-g]chromen-4-on $C_{14}H_{14}O_3$, Formel III.
B. Beim Behandeln von (±)-2-Methyl-chroman-7-ol mit 3-Chlor-*cis*-crotonsäure und
Fluorwasserstoff und Behandeln des Reaktionsprodukts mit verd. wss. Natronlauge
(*Dann et al.*, A. **587** [1954] 16, 37).
Krystalle (aus Me.); F: 130°. UV-Spektrum (Me.; 200—340 nm): *Dann et al.*, l. c.
S. 24.

5,10-Dimethyl-3,4-dihydro-2H-pyrano[2,3-f]chromen-8-on, 3-[7-Hydroxy-5-methyl-
chroman-8-yl]-*trans*-crotonsäure-lacton $C_{14}H_{14}O_3$, Formel IV.
B. Beim Erhitzen von 5-Allyloxy-4,7-dimethyl-cumarin bis auf 200° (*Krishnaswamy
et al.*, Pr. Indian Acad. [A] **19** [1954] 5, 10).
Krystalle (aus A.); F: 164—165°.

8,8-Dimethyl-9,10-dihydro-8H-pyrano[2,3-f]chromen-2-on, 3c-[5-Hydroxy-2,2-dimethyl-
chroman-6-yl]-acrylsäure-lacton, Dihydroseselin $C_{14}H_{14}O_3$, Formel V (X = H).
B. Beim Erhitzen von Osthenol (7-Hydroxy-8-[3-methyl-but-2-enyl]-cumarin) mit
wss. Salzsäure (*Bottomley, White*, Austral J. scient. Res. [A] **4** [1951] 112, 115) oder mit
wss. Bromwasserstoffsäure und rotem Phosphor (*Späth et al.*, B. **75** [1942] 1623, 1629).
Beim Erhitzen von Osthol (7-Methoxy-8-[3-methyl-but-2-enyl]-cumarin) mit wss. Brom⸗

wasserstoffsäure und rotem Phosphor (*Sp. et al.*, B. **75** 1628). Aus Vellein (7-β-D-Gluco= pyranosyloxy-8-[3-methyl-but-2-enyl]-cumarin) beim Erwärmen mit wss. Salzsäure sowie beim Erhitzen mit wss. Schwefelsäure (*Bo.*, *Wh.*, l. c. S. 114). Bei der Hydrierung von Seselin (S. 1829) an Palladium in Essigsäure (*Späth et al.*, B. **72** [1939] 821, 826) oder an Palladium/Kohle in Äthanol (*Stamm et al.*, Helv. **41** [1958] 2006, 2020).

Krystalle; F: 105—105,5° [aus Ae. + PAe.] (*St. et al.*), 104—105° [aus Ae. + PAe. bzw. aus A.] (*Sp. et al.*, B. **72** 826; *Bo.*, *Wh.*). Bei 130°/0,05 Torr destillierbar (*Bo.*, *Wh.*).

IV   V   VI

(±)-9*r*,10*t*-Dibrom-8,8-dimethyl-9,10-dihydro-8*H*-pyrano[2,3-*f*]chromen-2-on, (±)-3*c*-[3*r*,4*t*-Dibrom-5-hydroxy-2,2-dimethyl-chroman-6-yl]-acrylsäure-lacton $C_{14}H_{12}Br_2O_3$, Formel V (X = Br) + Spiegelbild.

B. Beim Behandeln von Seselin (S. 1829) mit Brom in Tetrachlormethan (*Schroeder et al.*, B. **92** [1959] 2338, 2362).

Krystalle (aus CH_2Cl_2 + PAe.); F: 169—170° [Kofler-App.].

7-Propyl-2,3-dihydro-furo[3,2-*g*]chromen-5-on $C_{14}H_{14}O_3$, Formel VI.

B. Beim Erhitzen von 1-[6-Hydroxy-2,3-dihydro-benzofuran-5-yl]-hexan-1,3-dion mit Essigsäure und kleinen Mengen wss. Salzsäure (*Davies et al.*, Soc. **1950** 3206, 3213).

Krystalle (aus A.); F: 103°.

2-Isopropyl-5,6-dihydro-furo[3,2-*g*]chromen-7-on, 3-[6-Hydroxy-2-isopropyl-benzofuran-5-yl]-propionsäure-lacton $C_{14}H_{14}O_3$, Formel VII.

B. Beim Hydrieren von Peucedanin (2-Isopropyl-3-methoxy-furo[3,2-*g*]chromen-7-on) an Palladium/Kohle in Methanol und Erhitzen des Reaktionsprodukts im Hochvakuum (*Späth et al.*, B. **64** [1931] 2203, 2208).

Krystalle (aus wss. Me.); F: 126°.

(±)-2,5,9-Trimethyl-2,3-dihydro-furo[3,2-*g*]chromen-7-on, (±)-3-[6-Hydroxy-2,7-dimethyl-2,3-dihydro-benzofuran-5-yl]-*trans*-crotonsäure-lacton $C_{14}H_{14}O_3$, Formel VIII (X = H).

In dem nachstehend beschriebenen, als (±)-2,5,9-Trimethyl-2,3-dihydro-furo[3,2-*g*]= chromen-7-on angesehenen Präparat hat möglicherweise 2,5,9-Trimethyl-furo= [3,2-*g*]chromen-7-on ($C_{14}H_{12}O_3$) als Hauptbestandteil vorgelegen (vgl. *Kaufman et al.*, J. org. Chem. **26** [1961] 2443, 2444).

B. Beim Behandeln einer Lösung von (±)-2-Jodmethyl-5,9-dimethyl-2,3-dihydro-furo[3,2-*g*]chromen-7-on in Äthanol mit Natrium (*Sastri et al.*, Pr. Indian Acad. [A] **37** [1953] 681, 696).

Krystalle (aus A.); F: 230—231° (*Sa. et al.*).

VII   VIII

(±)-2-Jodmethyl-5,9-dimethyl-2,3-dihydro-furo[3,2-*g*]chromen-7-on, (±)-3-[6-Hydr=
oxy-2-jodmethyl-7-methyl-2,3-dihydro-benzofuran-5-yl]-*trans*-crotonsäure-lacton
$C_{14}H_{13}IO_3$, Formel VIII (X = I).

B. Beim Erwärmen von (±)-6-[2-Chlor-3-chloromercurio-propyl]-7-hydroxy-4,8-di=
methyl-cumarin (E III/IV **18** 8441) mit einer wss. Lösung von Jod und Kaliumjodid
(*Sastri et al.*, Pr. Indian Acad. [A] **37** [1953] 681, 695).

Krystalle (aus A.); F: 144—145°.

(±)-2,4,9-Trimethyl-2,3-dihydro-furo[2,3-*f*]chromen-7-on, (±)-3-[6-Hydroxy-2,4-di=
methyl-2,3-dihydro-benzofuran-7-yl]-*trans*-crotonsäure-lacton $C_{14}H_{14}O_3$, Formel IX
(X = H).

In dem nachstehend beschriebenen, als (±)-2,4,9-Trimethyl-2,3-dihydro-furo[2,3-*f*]=
chromen-7-on angesehenen Präparat hat möglicherweise 2,4,9-Trimethyl-furo-
[2,3-*f*]chromen-7-on ($C_{14}H_{12}O_3$) als Hauptbestandteil vorgelegen (vgl. *Kaufman et al.*,
J. org. Chem. **26** [1961] 2443, 2444).

B. Beim Behandeln einer Lösung von (±)-2-Jodmethyl-4,9-dimethyl-2,3-dihydro-
furo[2,3-*f*]chromen-7-on in Äthanol mit Natrium (*Krishnaswamy et al.*, Pr. Indian
Acad. [A] **19** [1944] 5, 11).

Krystalle; F: 205—206°.

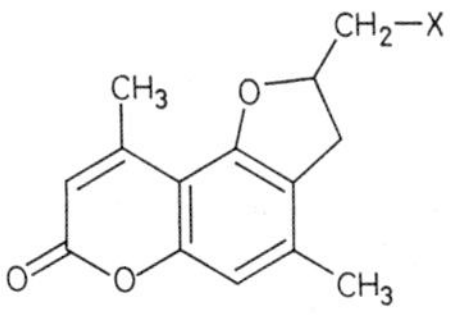

IX 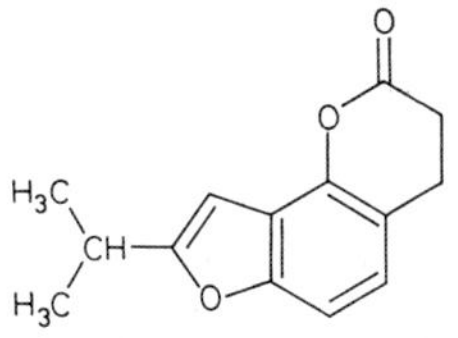   X

(±)-2-Jodmethyl-4,9-dimethyl-2,3-dihydro-furo[2,3-*f*]chromen-7-on, (±)-3-[6-Hydroxy-
2-jodmethyl-4-methyl-2,3-dihydro-benzofuran-7-yl]-*trans*-crotonsäure-lacton $C_{14}H_{13}IO_3$,
Formel IX (X = I).

B. Beim Erwärmen von (±)-6-[2-Chlor-3-chloromercurio-propyl]-5-hydroxy-4,7-di=
methyl-cumarin (E III/IV **18** 8441) mit einer wss. Lösung von Jod und Kaliumjodid
(*Krishnaswamy et al.*, Fr. Indian Acad. [A] **19** [1944] 5, 11).

Krystalle (aus A.); F: 166—167°.

8-Isopropyl-3,4-dihydro-furo[2,3-*h*]chromen-2-on, 3-[4-Hydroxy-2-isopropyl-benzofuran-
5-yl]-propionsäure-lacton, Tetrahydrooroselon $C_{14}H_{14}O_3$, Formel X.

B. Bei der Hydrierung von Oroselon (8-Isopropenyl-furo[2,3-*h*]chromen-2-on) an
Palladium/Kohle in Essigsäure (*Späth et al.*, B. **73** [1940] 709, 714).

Krystalle (aus PAe.); F: 60—62°.

Oxo-Verbindungen $C_{15}H_{16}O_3$

(±)-1*t*(?),5-Di-[2]furyl-hept-1-en-3-on $C_{15}H_{16}O_3$, vermutlich Formel I.

B. Beim Erwärmen von 1*t*(?),5*t*(?)-Di-[2]furyl-penta-1,4-dien-3-on (vgl. S. 1822) mit
Äthylmagnesiumjodid in Äther (*Maxim, Popescu*, Bl. [5] **4** [1937] 265, 270).

Kp$_{20}$: 199°.

Semicarbazon $C_{16}H_{19}N_3O_3$. F: 76°.

(±)-2-Methyl-6-[(*Ξ*)-piperonyliden]-cyclohexanon $C_{15}H_{16}O_3$, Formel II.

B. Bei mehrtägigem Behandeln von Piperonal mit (±)-2-Methyl-cyclohexanon und
Natriumäthylat in Äthanol (*Birch*, Soc. **1943** 661).

Krystalle (aus A.); F: 74—75°.

I   II   III

(±)-2,8,10-Trimethyl-7,8-dihydro-6H-pyrano[3,2-g]chromen-4-on $C_{15}H_{16}O_3$, Formel III.
B. Beim Behandeln von (±)-2,8-Dimethyl-chroman-7-ol mit 3-Chlor-*cis*-crotonsäure und Fluorwasserstoff und Behandeln des Reaktionsprodukts mit verd. wss. Natronlauge (*Dann et al.*, A. **587** [1954] 16, 37).
Krystalle; F: 196—197°. UV-Spektrum (Me.; 220—350 nm): *Dann et al.*, l. c. S. 24.

IV   V

(±)-2,6,8-Trimethyl-3,4-dihydro-2H-pyrano[2,3-f]chromen-10-on $C_{15}H_{16}O_3$, Formel IV.
B. Beim Behandeln von (±)-2,6-Dimethyl-chroman-7-ol mit 3-Chlor-*cis*-crotonsäure und Fluorwasserstoff und Behandeln des Reaktionsprodukts mit verd. wss. Natronlauge (*Dann et al.*, A. **587** [1954] 16, 37).
Krystalle (aus Bzn.); F: 115—116°. UV-Spektrum (Me.; 220—380 nm): *Dann et al.*, l. c. S. 24.

(±)-2-Isopropyl-7-methyl-2,3-dihydro-furo[3,2-g]chromen-5-on $C_{15}H_{16}O_3$, Formel V.
B. Beim Erhitzen von (±)-1-[6-Hydroxy-2-isopropyl-2,3-dihydro-benzofuran-5-yl]-butan-1,3-dion mit Essigsäure und kleinen Mengen wss. Salzsäure (*Kamthong, Robertson*, Soc. **1939** 933, 936).
Krystalle (aus PAe.); F: 119—120°.

Oxo-Verbindungen $C_{16}H_{18}O_3$

(±)-1t(?),5-Di-[2]furyl-oct-1-en-3-on $C_{16}H_{18}O_3$, vermutlich Formel VI.
B. Beim Erwärmen von 1t(?),5t(?)-Di-[2]furyl-penta-1,4-dien-3-on (vgl. S. 1822) mit Propylmagnesiumbromid in Äther (*Maxim, Popescu*, Bl. [5] **4** [1937] 265, 271).
F: 31°. Kp$_{16}$: 200°.
Oxim $C_{16}H_{19}NO_3$. Gelbe Krystalle (aus Eg.); F: 90°.

VI   VII   VIII

2,2-Dimethyl-6-[(Ξ)-piperonyliden]-cyclohexanon $C_{16}H_{18}O_3$, Formel VII.
B. Beim Erwärmen von 2,2-Dimethyl-cyclohexanon mit Natriumamid in Benzol und

Behandeln der Reaktionslösung mit Piperonal (*Birch*, Soc. **1943** 661). Beim Erhitzen einer Lösung von 2-Methyl-6-piperonyliden-cyclohexanon (S. 1799) in Toluol mit Natriumamid und anschliessend mit Methyljodid (*Bi.*).

Krystalle (aus A.); F: 67°. Bei 230—245°/10 Torr destillierbar.

(±)-(4′a*r*,10′a*t*)-2′,3′,10′,10′a-Tetrahydro-1′*H*,4′a*H*-spiro[[1,3]dioxolan-2,4′-phen=
anthren]-9′-on, (±)-4,4-Äthandiyldioxy-(4a*r*,10a*t*)-2,3,4,4a,10,10a-hexahydro-1*H*-phen=
anthren-9-on C₁₆H₁₈O₃, Formel VIII + Spiegelbild.

B. Beim Erwärmen von (±)-(4a*r*,10a*t*)-2,3,10,10a-Tetrahydro-1*H*,4a*H*-phenanthren-
4,9-dion mit Äthylenglykol, Benzol und wenig Toluol-4-sulfonsäure unter Entfernen des entstehenden Wassers (*Ginsburg, Pappo*, Soc. **1951** 938, 945). Beim Erwärmen von (±)-5,5-Äthandiyldioxy-10-oxo-(4b*r*,8a*t*)-4b,5,6,7,8,8a,9,10-octahydro-phenanthren-
9-carbonsäure-äthylester mit wss.-äthanol. Salzsäure (*Ginsburg, Pappo*, Soc. **1953** 1524, 1531).

Krystalle; F: 90° (*Gi., Pa.*, Soc. **1953** 1531), 89° [aus Hexan] (*Gi., Pa.*, Soc. **1951** 945).

Oxo-Verbindungen C₁₇H₂₀O₃

(±)-1*t*(?),5-Di-[2]furyl-7-methyl-oct-1-en-3-on C₁₇H₂₀O₃, vermutlich Formel IX.

B. Beim Erwärmen von 1*t*(?),5*t*(?)-Di-[2]furyl-penta-1,4-dien-3-on (vgl. S. 1822) mit Isobutylmagnesiumchlorid in Äther (*Maxim, Popescu*, Bl. [5] **4** [1937] 265, 271).

Kp₁₅: 205°.

Semicarbazon C₁₈H₂₃N₃O₃. F: 65°.

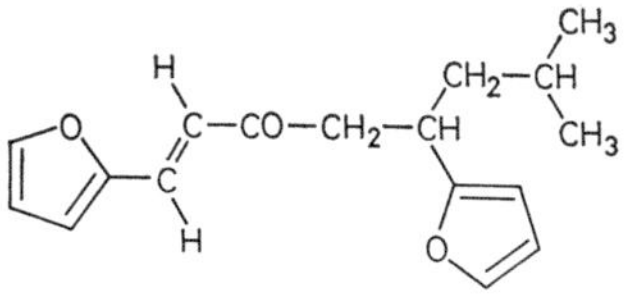

IX 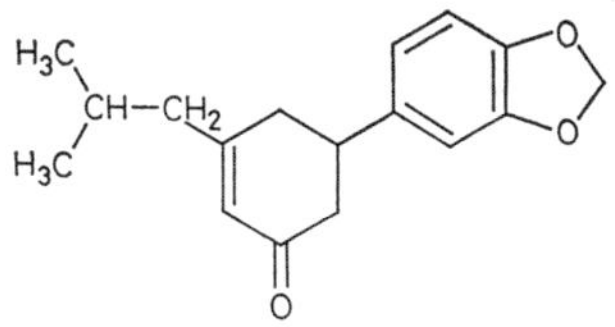   X

(±)-5-Benzo[1,3]dioxol-5-yl-3-isobutyl-cyclohex-2-enon C₁₇H₂₀O₃, Formel X.

B. Beim Behandeln von 1*t*(?)-Benzo[1,3]dioxol-5-yl-5-methyl-hex-1-en-3-on (F: 66,5°) mit äthanol. Natriumäthylat-Lösung und Acetessigsäure-äthylester und Behandeln der Reaktionslösung mit wss. Salzsäure und Benzol (*Hedenburg, Wachs*, Am. Soc. **70** [1948] 2216).

Krystalle (aus A.); F: 70,5°.

*(±)-5-Benzo[1,3]dioxol-5-yl-3-isobutyl-cyclohex-2-enon-oxim C₁₇H₂₁NO₃, Formel XI.

B. Aus (±)-5-Benzo[1,3]dioxol-5-yl-3-isobutyl-cyclohex-2-enon und Hydroxylamin (*Hedenburg, Wachs*, Am. Soc. **70** [1948] 2216).

F: 106,5°.

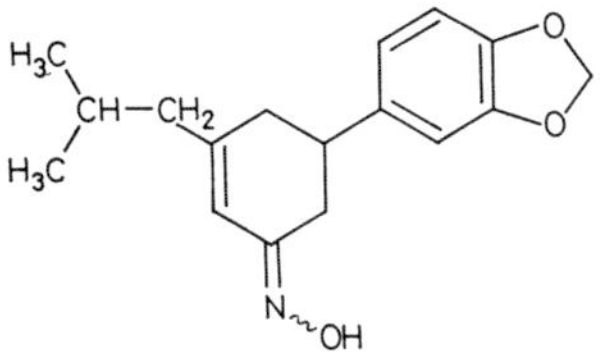

XI 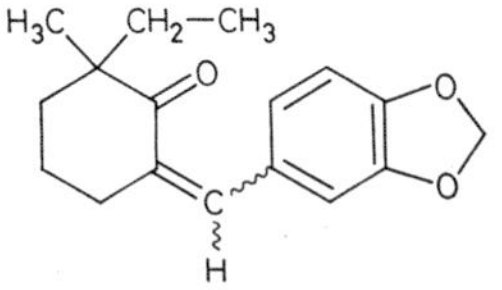   XII 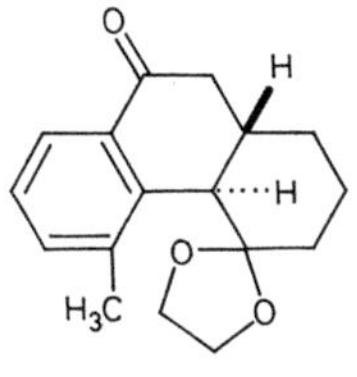   XIII

(±)-2-Äthyl-2-methyl-6-[(Ξ)-piperonyliden]-cyclohexanon C₁₇H₂₀O₃, Formel XII.

B. Beim Erwärmen einer Lösung von (±)-2-Methyl-6-piperonyliden-cyclohexanon

(S. 1799) in Benzol mit Natriumamid und anschliessend mit Äthyljodid (*Birch*, Soc. **1943** 661).

Krystalle (aus A.); F: 60—61°. Bei 245°/10 Torr destillierbar.

(±)-5′-Methyl-(4′ar,10′at)-2′,3′,10′,10′a-tetrahydro-1′H,4′aH-spiro[[1,3]dioxolan-2,4′-phenanthren]-9′-on, (±)-4,4-Äthandiyldioxy-5-methyl-(4ar,10at)-2,3,4,4a,10,10a-hexahydro-1H-phenanthren-9-on $C_{17}H_{20}O_3$, Formel XIII + Spiegelbild.

B. Beim Erwärmen von (±)-5-Methyl-(4ar,10at)-2,3,10,10a-tetrahydro-1H,4aH-phen=anthren-4,9-dion mit Äthylenglykol, Benzol und wenig Toluol-4-sulfonsäure unter Entfernen des entstehenden Wassers (*Klibansky*, *Ginsburg*, Soc. **1957** 1293, 1295).

Krystalle (aus Hexan); F: 72—73°.   [*Schmidt*]

Oxo-Verbindungen $C_{19}H_{24}O_3$

(±)-5-Benzo[1,3]dioxol-5-yl-3-hexyl-cyclohex-2-enon $C_{19}H_{24}O_3$, Formel I.

B. Beim Behandeln von 1t(?)-Benzo[1,3]dioxol-5-yl-non-1-en-3-on (F: 61° [S. 1772]) mit Natriumäthylat in Äthanol und mit Acetessigsäure-äthylester und Behandeln der Reaktionslösung mit wss. Salzsäure und Benzol (*Hedenburg*, *Wachs*, Am. Soc. **70** [1948] 2216).

Krystalle (aus A.); F: 59°.

I   II   III

Oxo-Verbindungen $C_{20}H_{26}O_3$

(6aR,10aR)-7c-[2-[3]Furyl-äthyl]-7t,8t-dimethyl-(6ar)-6,6a,7,8,9,10-hexahydro-5H-naphtho[1,8a-c]furan-3-on, (4aR)-5c-[2-[3]Furyl-äthyl]-8a-hydroxymethyl-5t,6t-dimethyl-(4ar,8at)-3,4,4a,5,6,7,8,8a-octahydro-[1]naphthoesäure-lacton, 15,16-Epoxy-5-hydroxymethyl-9-methyl-17,19-dinor-8βH-labda-4,13(16),14-trien-18-säure-lacton [1]), Hautriwasäure-lacton $C_{20}H_{26}O_3$, Formel II.

B. Beim Erhitzen von Hautriwasäure ((4aR)-5c-[2-[3]Furyl-äthyl]-8a-hydroxymethyl-5t,6t-dimethyl-(4ar,8at)-3,4,4a,5,6,7,8,8a-octahydro-[1]naphthoesäure) auf 190° (*Kotake*, *Kuwata*, J. chem. Soc. Japan **57** [1936] 837; C. A. **1937** 1417).

Krystalle (aus A.); F: 119—120°. $[\alpha]_D^{20}$: —130° [A.; c = 0,5].

(2aS)-6-[($\varXi$)-2-[3]Furyl-äthyliden]-2a,5a,7c-trimethyl-(2ar,5at,8ac,8bc)-decahydro-naphtho[1,8-bc]furan-2-on, 15,16-Epoxy-6β-hydroxy-8βH-labda-9(11),13(16),14-trien-19-säure-lacton [1] $C_{20}H_{26}O_3$, Formel III.

Diese Konstitution und Konfiguration kommt dem nachstehend beschriebenen **Anhydromarrubiin** zu.

B. Beim Erwärmen von Marrubiin (15,16-Epoxy-6β,9-dihydroxy-8βH-labda-13(16),14-dien-19-säure-6-lacton) mit Phosphor(III)-chlorid in Benzol (*Lawson*, *Eustice*, Soc. **1939** 587; *Ghigi*, G. **78** [1948] 856, 871; *Hardy et al.*, Soc. **1957** 2955, 2960; *Fulke et al.*, Soc. [C] **1968** 807, 810).

Krystalle; F: 98° [aus A. bzw. Me.] (*La.*, *Eu.* ; *Gh.*; *Ha. et al.*), 95—96° [aus Me.] (*Fu. et al.*), 94—96° [aus Me.] (*Mangoni et al.*, Tetrahedron **28** [1972] 611, 617). $[\alpha]_D^{26}$: +34° [CHCl$_3$; c = 2] (*Ha. et al.*). UV-Absorptionsmaximum (A.): 205 nm (*Ha. et al.*).

---

[1]) Stellungsbezeichnung bei von L a b d a n abgeleiteten Namen s. E IV **5** 368, 369.

2,3-Epoxy-7-[2,3-epoxy-2,6,6-trimethyl-cyclohept-4-enyliden]-2,6,6-trimethyl-cyclohept-4-enon, 6,7; 6',7'-Diepoxy-3,3,6,3',3',6'-hexamethyl-[4,5']bicyclohept-1-enyliden-5-on $C_{20}H_{26}O_3$, Formel IV oder Stereoisomeres.

Diese Konstitution wird für die nachstehend beschriebenen Präparate in Betracht gezogen.

a) Opt.-inakt. Präparat vom F: 217°.

B. Neben dem unter b) beschriebenen Präparat beim Behandeln von Eucarvon (2,6,6-Trimethyl-cyclohepta-2,4-dienon) mit methanol. Kalilauge und mit Sauerstoff (*Treibs*, B. **66** [1933] 1483, 1490).

Krystalle (aus wss. Me. oder E.); F: 217°.

Semicarbazon $C_{21}H_{29}N_3O_3$. Krystalle; F: 254° [Zers.].

b) Opt.-inakt. Präparat vom F: 215°.

B. s. bei dem unter a) beschriebenen Präparat.

Krystalle (aus wss. Me. oder E.); F: 215° (*Treibs*, B. **66** [1933] 1483, 1490).

Semicarbazon $C_{21}H_{29}N_3O_3$. Krystalle; F: 266° [Zers.].

(±)-(4ar,4bt,10at,10bc)-$\Delta^{1(12a),\,6a}$-Dodecahydro-spiro[chrysen-2,2'-[1,3]dioxolan]-8-on, rac-17,17-Äthandiyldioxy-D-homo-gona-4,13(17a)-dien-3-on $C_{20}H_{26}O_3$, Formel V + Spiegelbild.

B. Aus *rac*-D-Homo-gona-4,13(17a)-dien-3,17-dion (*Stork et al.*, Am. Soc. **80** [1958] 6457).

F: 150—151°.

IV   V   VI

(±)-(4ar,4bt,10bc)-4,4a,4b,5,6,8,9,10,10b,11-Decahydro-1H,3H-spiro[chrysen-2,2'-[1,3]dioxolan]-7-on, rac-17,17-Äthandiyldioxy-D-homo-gona-5(10),12-dien-4-on $C_{20}H_{26}O_3$, Formel VI + Spiegelbild.

B. Neben *rac*-3,3-Äthandiyldioxy-D-homo-13ξ-gona-5,14-dien (oder *rac*-3,3-Äthandiyldioxy-D-homo-14ξ-gona-5,13(17a)-dien [F: 120—122°; S. 316]) beim Behandeln von (±)-7-Methoxy-(4ar,4bt,10bc)-3,4,4a,4b,5,6,10b,11-octahydro-1H-spiro[chrysen-2,2'-[1,3]dioxolan] mit Tetrahydrofuran, Lithium, Äthanol und flüssigem Ammoniak, Behandeln einer Lösung des Reaktionsprodukts in Äthanol mit wss. Oxalsäure und Erwärmen des danach isolierten Reaktionsprodukts mit Äthanol und wss. Natriumacetat-Lösung (*Birch, Smith*, Soc. **1956** 4909, 4914).

Krystalle (aus Ae. bei −10°); F: 132—136°. UV-Absorptionsmaximum (A.): 248,5 nm (*ε*: 12500).

Beim Behandeln mit Tetrahydrofuran, Lithium, flüssigem Ammoniak und Äthanol und Erwärmen einer Lösung des Reaktionsprodukts in Äthanol mit wss. Salzsäure ist *rac*-17aβ-Hydroxy-D-homo-gon-4-en-3-on erhalten worden.

Oxo-Verbindungen $C_{21}H_{28}O_3$

rac-3,3-Äthandiyldioxy-D-homo-18-nor-androsta-5,13-dien-17a-on $C_{21}H_{28}O_3$, Formel VII + Spiegelbild.

B. Als Hauptprodukt neben *rac*-3,3-Äthandiyldioxy-D-homo-18-nor-androsta-5,16-dien-17a-on beim Behandeln von (±)-2,2-Äthandiyldioxy-7-methoxy-4a-methyl-(4ar,4bt,10bc)-1,2,3,4,4a,4b,5,6,10b,11-decahydro-chrysen mit Dioxan, flüssigem Ammoniak, Äthanol und Lithium und Behandeln einer Lösung des Reaktionsprodukts in Methanol mit wss. Oxalsäure (*Johnson et al.*, Am. Soc. **78** [1956] 6354, 6357).

Krystalle (aus Ae.); F: 142,8—143,2° [korr.]. UV-Absorptionsmaximum (wss. A.): 246,5 nm (log *ε*: 4,13).

Bei der Hydrierung an Palladium/Kohle in Kaliumhydroxid enthaltendem wss. Äthanol ist *rac*-3,3-Äthandiyldioxy-*D*-homo-18-nor-androst-5-en-17a-on erhalten worden.

VII   VIII   IX

rac-3,3-Äthandiyldioxy-*D*-homo-18-nor-androsta-5,16-dien-17a-on $C_{21}H_{28}O_3$, Formel VIII + Spiegelbild.

B. s. im vorangehenden Artikel.

Krystalle (aus Diisopropyläther); F: 175—176° [korr.] (*Johnson et al.*, Am. Soc. **78** [1956] 6354, 6357). UV-Absorptionsmaximum (wss. A.): 225 nm (log ε: 3,94).

Bei der Hydrierung an Palladium/Kohle in Kaliumhydroxid enthaltendem wss. Äthanol ist *rac*-3,3-Äthandiyldioxy-*D*-homo-18-nor-androst-5-en-17a-on erhalten worden.

17,17-Äthandiyldioxy-androsta-1,4-dien-3-on $C_{21}H_{28}O_3$, Formel IX.

B. Beim Erwärmen von Androsta-1,4-dien-3,17-dion mit Äthylenglykol, Benzol und Toluol-4-sulfonsäure (*Gentles et al.*, Am. Soc. **80** [1958] 3702, 3704). Beim Erhitzen von Androsta-1,4-dien-3,17-dion mit 2-Äthyl-2-methyl-[1,3]dioxolan und Toluol-4-sulfonsäure (*Searle & Co.*, U.S.P. 2875215 [1957]).

Krystalle; F: ca. 172—174° [aus Acn.] (*Searle & Co.*), 171—172° [korr.; aus Hexan] (*Ge. et al.*). $[\alpha]_D^{25}$: 0° [Dioxan] (*Ge. et al.*). IR-Spektrum (KBr sowie Nujol; 2—15 μ): *W. Neudert*, *H. Röpke*, Stereoid-Spektrenatlas [Berlin 1965] Nr. 257. UV-Absorptions= maximum (Me.): 244 nm (ε: 15600 bzw. 15200) (*Ge. et al.*; *Ne., Rö.*).

Oxo-Verbindungen $C_{22}H_{30}O_3$

17ξ-[1,3]Dioxolan-2-yl-androsta-4,9(11)-dien-3-on, 20,20-Äthandiyldioxy-21-nor-17ξH-pregna-4,9(11)-dien-3-on $C_{22}H_{30}O_3$, Formel X.

B. Beim Erwärmen von 3-Oxo-androsta-4,9(11)-dien-17ξ-carbaldehyd (F: 127—131°) mit Äthylenglykol, Dioxan, Benzol und wenig Toluol-4-sulfonsäure (*Barkley et al.*, Am. Soc. **78** [1956] 4111, 4116). Beim Erwärmen von 3-[(3aS)-3ξ-[1,3]Dioxolan-2-yl-3a-meth= yl-7-oxo-(3ar,9ac,9bt)-2,3,3a,4,5,7,8,9,9a,9b-decahydro-1H-cyclopenta[a]naphthalin-6-yl]-propionsäure-methylester (F: 100—101°) mit Benzol, mit Kalium-*tert*-butylat in *tert*-Butyl= alkohol und mit Methyljodid, Erhitzen des Reaktionsprodukts mit Acetanhydrid und Natriumacetat, Behandeln des danach isolierten Reaktionsprodukts mit Methylmagne= siumbromid in Äther und Benzol bei —50° und Erwärmen des danach erhaltenen Reak= tionsprodukts in Methanol mit wss. Kalilauge (*Ba. et al.*, l. c. S. 4115).

Krystalle (aus Me.); F: 177—180°; $[\alpha]_D^{25}$: +79,1° [CHCl$_3$] (*Ba. et al.*, l. c. S. 4116). F: 176—179°; $[\alpha]_D^{25}$: +76° [CHCl$_3$] (*Ba. et al.*, l. c. S. 4115).

X   XI

10a,12a-Dimethyl-3,4,4a,4b,5,6,10,10a,12,12a-decahydro-2H,9H-spiro[chrysen-1,2'-[1,3]dioxolan]-8-on $C_{22}H_{30}O_3$.

a) *rac*-**17a,17a-Äthandiyldioxy-D-homo-androsta-4,9(11)-dien-3-on** $C_{22}H_{30}O_3$, Formel XI + Spiegelbild.

B. Beim Behandeln von *rac*-17a,17a-Äthandiyldioxy-4-oxa-D-homo-androsta-5,9(11)-dien-3-on mit Methylmagnesiumjodid in Äther und Benzol und Erwärmen des Reaktionsprodukts mit wss.-methanol. Natronlauge (*Wieland et al.*, Helv. 36 [1953] 1231, 1239). Neben *rac*-17a,17a-Äthandiyldioxy-D-homo-4-oxa-D-homo-androsta-4,9(11)-dien-3-on beim Behandeln von (±)-8',10'a-Dimethyl-(4'a*r*,4'b*t*,10'a*t*)-3',4',4'a,4'b,5',6',10',10'a-octahydro-2'H,9'H-spiro[[1,3]dioxolan-2,1'-phenanthren]-7'-on mit Dioxan, Natriumäthylat in Äthanol und mit Butenon und Erwärmen des Reaktionsprodukts mit methanol. Natronlauge (*CIBA*, D.B.P. 957660 [1956]).

Krystalle (aus Bzl. + PAe.); F: 186–187° [unkorr.] (*Wi. et al.*), 186–186,5° (*CIBA*). UV-Absorptionsmaximum (A.): 240 nm [log ε: 4,20] (*Wi. et al.*).

Bei der Hydrierung an Palladium/Kohle in wss.-äthanol. Natronlauge und Behandlung einer Lösung des Reaktionsprodukts in Äther mit Toluol-4-sulfonsäure und Aceton ist *rac*-D-Homo-5β-androst-9(11)-en-3,17a-dion erhalten worden (*Wi. et al.*).

b) *rac*-**17a,17a-Äthandiyldioxy-D-homo-10α-androsta-4,9(11)-dien-3-on** $C_{22}H_{30}O_3$, Formel XII + Spiegelbild.

B. Beim Behandeln von *rac*-17a,17a-Äthandiyldioxy-4-oxa-D-homo-10α-androsta-5,9(11)-dien-3-on mit Methylmagnesiumjodid in Äther und Benzol und Erwärmen des Reaktionsprodukts mit wss.-methanol. Natronlauge (*Wieland et al.*, Helv. 36 [1953] 1231, 1240). Über eine weitere Bildungsweise s. bei dem unter a) beschriebenen Racemat.

Krystalle (aus PAe.); F: 149–151° (*CIBA*, D.B.P. 957660 [1953]), 148–151° [unkorr.] (*Wi. et al.*). UV-Absorptionsmaximum (A.): 236 nm [log ε: 4,16] (*Wi. et al.*).

XII   XIII

3,3-Äthandiyldioxy-18-nor-pregna-5,13(17)-dien-20-on $C_{22}H_{30}O_3$, Formel XIII.

B. Beim Erwärmen von 3,3-Äthandiyldioxy-18-nor-androsta-5,13(17)-dien-17-carbonitril mit Methylmagnesiumbromid in Äther, anschliessenden Behandeln mit Wasser und Erhitzen des Reaktionsprodukts mit Dioxan und Wasser auf 180° (*Anliker et al.*, Helv. 42 [1959] 1071, 1083). Beim Erwärmen von 3,3-Äthandiyldioxy-13,17-seco-18-nor-pregn-5-en-13,20-dion mit Aluminiumoxid in Benzol und Diisopropyläther (*An. et al.*).

Krystalle (aus wss. Acn.) mit 0,25 Mol H_2O; F: 142° [unkorr.; evakuierte Kapillare]. $[\alpha]_D^{20}$: −75,5° [CHCl$_3$; c = 1]. UV-Absorptionsmaximum (A.): 256 nm (log ε: 4,05).

Beim Behandeln einer Lösung in Äther mit Lithium und flüssigem Ammoniak ist 3,3-Äthandiyldioxy-18-nor-pregn-5-en-20-on erhalten worden.

Oxo-Verbindungen $C_{23}H_{32}O_3$

20,20-Äthandiyldioxy-pregna-4,16-dien-3-on $C_{23}H_{32}O_3$, Formel I.

B. Beim Erhitzen von 20,20-Äthandiyldioxy-pregna-5,16-dien-3β-ol mit Cyclohexanon, Aluminiumisopropylat und Toluol (*Bernstein et al.*, Am. Soc. 76 [1954] 5674, 5678).

Krystalle (aus PAe.), F: 120,5–123° [unkorr.]; $[\alpha]_D$: +92° [CHCl$_3$; c = 1] (*Be. et al.*). IR-Spektrum (KBr; 2–15 μ): W. *Neudert*, H. *Röpke*, Steroid-Spektrenatlas [Berlin 1965] Nr. 567. UV-Absorptionsmaximum einer Lösung in Äthanol: 240 nm [ε: 16600] (*Be. et al.*); einer Lösung in Methanol: 241 nm [ε: 16800] (*Ne., Rö.*).

I

II

3,3-Äthandiyldioxy-pregna-5,16-dien-20-on $C_{23}H_{32}O_3$, Formel II.

B. Beim Erwärmen von 3,3-Äthandiyldioxy-androsta-5,16-dien-17-carbonitril mit Methylmagnesiumbromid in Anisol und anschliessenden Behandeln mit wss. Ammonium= chlorid-Lösung (*Fajkoš, Šorm*, Collect. **22** [1957] 1876, 1885). Beim Erhitzen von Pregna-4,16-dien-3,20-dion mit 2-Äthyl-2-methyl-[1,3]dioxolan und wenig Toluol-4-sulfonsäure-hydrat (*Sondheimer et al.*, Am. Soc. **77** [1955] 192).

Krystalle; F: 236—239° [Kofler-App.; aus Bzn.] (*Fa., Šorm*), 234—236° [unkorr.; aus Acn.] (*So. et al.*). $[\alpha]_D^{20}$: +8° [Py.] (*So. et al.*). UV-Absorptionsmaximum (A.): 238 nm [log ε: 4,03] (*So. et al.*).

3,3-Äthandiyldioxy-4β-chlor-5β-pregna-9(11),16-dien-20-on $C_{23}H_{31}ClO_3$, Formel III.

B. Beim Behandeln von 3,3-Äthandiyldioxy-4β-chlor-11β,17-dihydroxy-5β-pregnan-20-on mit Phosphorylchlorid und Pyridin (*Szpilfogel, Gervis*, R. **74** [1955] 1462, 1465).

Krystalle (aus wss. Acn.); F: 208—210° [unkorr.; Fisher-Johns-App.]. $[\alpha]_D$: +155° [Acn.]. UV-Absorptionsmaximum (A.): 238 nm.

III

IV

4a,6a,9,9-Tetramethyl-$\Delta^{1(13a),\ 4b}$-dodecahydro-chryseno[2,3-d][1,3]dioxol-2-on $C_{23}H_{32}O_3$.

a) **rac-16β,17β-Isopropylidendioxy-D-homo-androsta-4,9(11)-dien-3-on** $C_{23}H_{32}O_2$, Formel IV + Spiegelbild.

B. Beim Behandeln von *rac*-16β,17β-Dihydroxy-D-homo-androsta-4,9(11)-dien-3-on mit Aceton und Kupfer(II)-sulfat (*Barkley et al.*, Am. Soc. **76** [1954] 5014).

Krystalle (aus Me.); F: 173—175° (*Ba. et al.*, l. c. S. 5016).

Beim Behandeln einer Lösung in Dioxan mit wss. Perjodsäure und Erwärmen des Reaktionsprodukts mit Benzol, Piperidin und Essigsäure ist *rac*-3-Oxo-androsta-4,9(11),= 16-trien-17-carbaldehyd erhalten worden (*Ba. et al.*, l. c. S. 5016). Bildung von *rac*-9-Brom-11β-hydroxy-16β,17β-isopropylidendioxy-D-homo-androst-4-en-3-on beim Behandeln einer Lösung in Aceton und wss. Schwefelsäure mit *N*-Brom-succinimid in Aceton: *Barkley et al.*, Am. Soc. **76** [1954] 5017.

b) **rac-16α,17α-Isopropylidendioxy-D-homo-androsta-4,9(11)-dien-3-on** $C_{23}H_{32}O_3$, Formel V + Spiegelbild.

Bezüglich der Zuordnung der Konfiguration an den C-Atomen 16 und 17 s. *Woodward* Am. Soc. **74** [1952] 4223, 4227 Anm. 28; *Barkley et al.*, Am. Soc. **76** [1954] 5014, 5015 Anm. 9.

B. Beim Behandeln von *rac*-16α,17α-Isopropylidendioxy-4-oxa-D-homo-androsta-5,9(11)-dien-3-on mit Methylmagnesiumbromid in Äther und Benzol und Erwärmen des nach der Hydrolyse (wss. Salzsäure) erhaltenen Reaktionsprodukts mit wss.-methanol. Natronlauge (*Wo. et al.*, l. c. S. 4246).

Krystalle (aus A. oder aus Bzl. + Bzn.); F: 200—202° [korr.] (*Wo. et al.*). IR-Spektrum (CHCl$_3$; 2—12 μ): *Wo. et al.* UV-Absorptionsmaximum (A.): 239 nm [ε: 14100] (*Wo. et al.*).

Beim Behandeln einer Lösung in Dioxan mit wss. Perjodsäure unter Stickstoff ist *rac*-3-Oxo-16,17-seco-*D*-homo-androsta-4,9(11)-dien-16,17-dial erhalten worden (*Wo. et al.*, l. c. S. 4247).

V   VI

c) *rac*-16α,17α-Isopropylidendioxy-*D*-homo-10α-androsta-4,9(11)-dien-3-on C$_{23}$H$_{32}$O$_2$, Formel VI + Spiegelbild.

Bezüglich der Zuordnung der Konfiguration an den C-Atomen 16 und 17 s. *Woodward et al.*, Am. Soc. **74** [1952] 4223, 4227 Anm. 28; s. dazu *Barkley et al.*, Am. Soc. **76** [1954] 5014, 5015 Anm. 9.

B. Beim Behandeln von *rac*-16α,17α-Isopropylidendioxy-4-oxa-*D*-homo-10α-androsta-5,9(11)-dien-3-on mit Methylmagnesiumbromid in Äther und Benzol und Erwärmen des nach der Hydrolyse (wss. Salzsäure) erhaltenen Reaktionsprodukts mit wss.-methanol. Natronlauge (*Wo. et al.*, l. c. S. 4246).

Krystalle (aus Bzn.); F: 168—169° [korr.] (*Wo. et al.*). IR-Spektrum (CHCl$_3$; 2—12 μ): *Wo. et al.* UV-Absorptionsmaximum (A.): 237 nm [ε: 14100] (*Wo. et al.*).

2α,3α-Epoxy-5α,14α-card-20(22)-enolid C$_{23}$H$_{32}$O$_3$, Formel VII.

B. Beim Behandeln von 5α,14α-Carda-2,20(22)-dienolid mit Peroxybenzoesäure in Chloroform (*Plattner, Fürst*, Helv. **28** [1945] 173, 176).

Krystalle (aus Acn. + Hexan); F: 218° [korr.]. [α]$_D$: +15,2° [CHCl$_3$; c = 1].

VII   VIII

4-[13-Methyl-hexadecahydro-3,10-oxaäthano-cyclopenta[*a*]phenanthren-17-yl]-5*H*-furan-2-on C$_{23}$H$_{32}$O$_3$.

a) **3β,19-Epoxy-5ξ,14ξ-card-20(22)-enolid** C$_{23}$H$_{32}$O$_3$, Formel VIII, vom F: 224—227°.

B. Neben dem unter b) beschriebenen Präparat bei der Hydrierung von Dianhydro=strophanthidin (3β-Hydroxy-19-oxo-carda-5,14,20(22)-trienolid) an Palladium in Essig=säure (*Jacobs, Collins*, J. biol. Chem. **63** [1925] 123, 129).

Krystalle (aus A.); F: 224—227°. [α]$_D^{22}$: +37° [CHCl$_3$; c = 0,5].

b) **3β,19-Epoxy-5ξ,14ξ-card-20(22)-enolid** C$_{23}$H$_{32}$O$_2$, Formel VIII, vom F: 183—187°.

B. s. bei dem unter a) beschriebenen Präparat.

Krystalle (aus A.); F: 183—187° (*Jacobs, Collins*, J. biol. Chem. **63** [1925] 123, 129). [α]$_D^{22}$: +7° [CHCl$_3$; c = 1].

Oxo-Verbindungen $C_{27}H_{40}O_3$

1α,4α-Epidioxy-cholesta-2,5-dien-7-on $C_{27}H_{40}O_3$, Formel IX.

B. Aus Cholesta-1,3,5-trien-7-on mit Hilfe von Sauerstoff im UV-Licht (*Henbest, Wilson*, Chem. and Ind. **1956** 86).

F: 193—196°. [α]$_D$: —79° [Lösungsmittel nicht angegeben]. Absorptionsmaximum (A.): 232 nm (ε: 11600).

IX   X

(25R)-5β-Spirost-2-en-1-on $C_{27}H_{40}O_3$, Formel X.

B. Beim Behandeln von (25R)-2β,3β-Epoxy-5β-spirostan-1-on mit Chrom(II)-chlorid in Essigsäure (*Morita*, Bl. chem. Soc. Japan **32** [1959] 791, 794).

Krystalle (aus Ae.); F: 222—223°. Absorptionsmaximum (A.): 225 nm (ε: 7690).

(25R)-5α-Spirost-2-en-12-on $C_{27}H_{40}O_3$, Formel XI.

B. Beim Erwärmen von Bis-O-methansulfonyl-manogenin ((25R)-2α,3β-Bis-methan= sulfonyloxy-5α-spirostan-12-on) oder von O-Methansulfonyl-hecogenin ((25R)-3β-Methan= sulfonyloxy-5α-spirostan-12-on) mit Natriumjodid in Aceton (*Wendler et al.*, Am. Soc. **74** [1952] 4894, 4896).

Krystalle (aus wss. Acn.), F: 199—200°; [α]$_D^{24,5}$: +39,1° [CHCl$_3$] (*We. et al.*).

Beim Behandeln einer Lösung in Pyridin und Benzol mit Osmium(VIII)-oxid und Er= wärmen des Reaktionsprodukts mit Natriumsulfit und Natriumsulfat in einem Gemisch von Wasser, Methanol und Benzol ist (25R)-2α,3α-Dihydroxy-5α-spirostan-12-on erhalten worden (*Slates, Wendler*, Am. Soc. **78** [1956] 3749, 3751). Reaktion mit N-Brom-succin= imid in Dioxan und wss. Perchlorsäure unter Bildung von (25R)-3α-Brom-2β-hydroxy-5α-spirostan-12-on: *Sl., We.*.

XI   XII

(25R)-5β-Spirost-1-en-3-on $C_{27}H_{40}O_3$, Formel XII.

B. Aus (25R)-1β-Acetoxy-5β-spirostan-3-on mit Hilfe von Aluminiumoxid (*Morita*, Bl. chem. Soc. Japan **32** [1959] 796, 798).

Krystalle; F: 191—192°. UV-Absorptionsmaximum (A.): 232,5 nm (ε: 9700).

(25R)-5β-Spirost-8-en-3-on $C_{27}H_{40}O_3$, Formel I.

B. Bei der Hydrierung von (25R)-Spirosta-4,6,8-trien-3-on an Palladium/Kohle in äthanol. Kalilauge (*Djerassi et al.*, Am. Soc. **74** [1952] 422).

Krystalle (aus Acn.); F: 200—202° [unkorr.]. [α]$_D^{20}$: −30° [CHCl$_3$].

I   II

4a,6a,7,5′-Tetramethyl-Δ^{10b}-octadecahydro-spiro[naphth[2′,1′;4,5]indeno[2,1-b]furan-8,2′-pyran]-2-on C$_{27}$H$_{40}$O$_3$.

a) **(25R)-5β-Spirost-7-en-3-on** C$_{27}$H$_{40}$O$_3$, Formel II.

B. Bei der Hydrierung von (25R)-Spirosta-4,7-dien-3-on an Palladium/Kohle in Dioxan und methanol. Kalilauge (*Velasco et al.*, J. org. Chem. **18** [1953] 92, 93).

Krystalle (aus Me.); F: 201—203° [unkorr.]. [α]$_D^{20}$: −33° [CHCl$_3$].

Oxim C$_{27}$H$_{41}$NO$_3$. Krystalle (aus Me.); F: 229—231° [unkorr.] (*Ve. et al.*, l. c. S. 94).

b) **(25R)-5α-Spirost-7-en-3-on** C$_{27}$H$_{40}$O$_3$, Formel III.

B. Beim Erwärmen von (25R)-3,3-Äthandiyldioxy-5α-spirost-7-en mit wss. Essigsäure (*Bernstein et al.*, J. org. Chem. **18** [1953] 1418, 1424).

Krystalle (aus Acn. + Me.); F: 235—237° [unkorr.]. [α]$_D^{24}$: −65°; [α]$_{546}^{24}$: −77° [jeweils in CHCl$_3$; c = 1].

III   IV

(25R)-Spirost-5-en-11-on C$_{27}$H$_{40}$O$_3$, Formel IV.

Diese Konstitution und Konfiguration ist dem nachstehend beschriebenen Präparat zugeordnet worden (*Rothman, Wall*, Am. Soc. **79** [1957] 3228, 3231).

B. Neben anderen Verbindungen beim Behandeln von (25R)-3β,12β-Diacetoxy-spirost-5-en-11-on mit Tetrahydrofuran, Calcium und flüssigem Ammoniak (*Ro., Wall*).

F: 178—184° [unkorr.; Kofler-App.].

(25R)-Spirost-5-en-12-on C$_{27}$H$_{40}$O$_3$, Formel V.

B. Beim Behandeln von (25R)-3β,12β-Diacetoxy-spirost-5-en-11-on mit Tetrahydro=furan, Calcium und flüssigem Ammoniak und Behandeln des neben anderen Verbindun=gen erhaltenen (25R)-Spirost-5-en-12β-ols (C$_{27}$H$_{42}$O$_3$) mit Chrom(VI)-oxid und Pyridin (*Rothman, Wall*, Am. Soc. **79** [1957] 3228, 3231).

Krystalle (aus A.); F: 209—213° [unkorr.; Kofler-App.]. [α]$_D^{25}$: −65° [CHCl$_3$; c = 2].

4a,6a,7,5′-Tetramethyl-Δ$^{1(12a)}$-octadecahydro-spiro[naphth[2′,1′;4,5]indeno[2,1-b]furan-8,2′-pyran]-2-on C$_{27}$H$_{40}$O$_3$.

a) **(25R)-Spirost-4-en-3-on, Diosgenon** C$_{27}$H$_{40}$O$_3$, Formel VI (X = H).

B. Beim Erhitzen von Diosgenin ((25R)-Spirost-5-en-3β-ol) mit Cyclohexanon und

Aluminiumisopropylat in Toluol (*Marker et al.*, Am. Soc. **62** [1940] 2525, 2529). Beim Erhitzen von Diosgenin mit Raney-Nickel in *p*-Cymol (*Chakravarti et al.*, Bl. Calcutta School trop. Med. **7** [1959] 145).

Krystalle; F: 190,5—192° [korr.] (*Rothrock et al.*, Arch. Biochem. **57** [1955] 151, 152), 190—192° [unkorr.; aus wss. Eg.] (*Bernstein et al.*, J. org. Chem. **18** [1953] 1418, 1422), 186—188° [aus Ae. + Pentan] (*Ma. et al.*). $[\alpha]_D^{27}$: —14° [Dioxan; c = 0,04] (*Djerassi, Ehrlich*, Am. Soc. **78** [1956] 440, 446); $[\alpha]_D^{20}$: —10° [CHCl$_3$] (*Herran et al.*, Am. Soc. **76** [1954] 5531 Anm. 12); $[\alpha]_D^{24}$: —9,7° [CHCl$_3$; c = 2] (*Rot. et al.*). Optisches Drehungsvermögen $[\alpha]^{27}$ einer Lösung in Dioxan für Licht der Wellenlängen von 290 nm bis 700 nm: *Dj., Eh.*, l. c. S. 445, 446. IR-Spektrum (KBr; 2—15 μ): *W. Neudert, H. Röpke*, Steroid-Spektrenatlas [Berlin 1965] Nr. 879. UV-Absorptionsmaximum einer Lösung in Methanol: 241 nm [ε: 16 700] (*Be. et al.*); einer Lösung in Methanol: 240 nm [ε: 17 200] (*Ne., Rö.*).

Beim Behandeln mit Selendioxid in Benzol (*Miki, Hara*, Pharm. Bl. **4** [1956] 421) sowie beim Erhitzen mit Selendioxid in *tert*-Amylalkohol und Essigsäure (*Nussbaum et al.*, Am. Soc. **81** [1959] 5230, 5232) ist (25*R*)-Spirosta-1,4-dien-3-on, beim Behandeln mit Mangan(IV)-oxid in Chloroform (*Sondheimer et al.*, Am. Soc. **75** [1953] 5932, 5934) ist (25*R*)-Spirosta-4,6-dien-3-on erhalten worden. Überführung in (25*R*)-Spirost-4-en-3α-ol durch Erwärmen mit Aluminiumisopropylat in Isopropylalkohol: *Marker, Turner*, Am. Soc. **63** [1941] 767, 771. Bildung von (25*R*)-5β-Spirost-3-en, (25*R*)-5α-Spirost-3-en und (25*R*)-Spirost-4-en beim Erhitzen mit Hydrazin und Natriumäthylat in Äthanol oder mit Hydrazin-hydrat, Diäthylenglykol, Äthanol und Kaliumhydroxid: *Djerassi, Fishman*, Am. Soc. **77** [1955] 4291, 4296. Bildung 3-Benzylmercapto-spirosta-3,5-dien beim Erhitzen mit Benzylmercaptan, Benzol, Äthanol und Pyridin-hydrochlorid: *Romo et al.*, Am. Soc. **73** [1951] 1528, 1530. Beim Erhitzen mit Äthylenglykol, Toluol (oder Benzol) und wenig Toluol-4-sulfonsäure ist 3,3-Äthandiyldioxy-spirost-5-en (*Be. et al.*, l. c. S. 1422; *Sondheimer et al.*, Am. Soc. **76** [1954] 5020, 5021), beim Erwärmen mit 2-Mercapto-äthanol (oder 2,2-Dimethyl-[1,3]oxathiolan), Benzol und wenig Toluol-4-sulfonsäure ist (25′*R*)-Spiro[[1,3]oxathiolan-2,3′-spirost-5-en] (*Djerassi, Gorman*, Am. Soc. **75** [1953] 3704, 3705, 3707), beim Behandeln mit einem Gemisch von Äthan-1,2-dithiol, Natriumsulfat, Zinkchlorid und Dioxan ist 3,3-Äthandiyldimercapto-spirost-4-en (*Dj., Fi.*, l. c. S. 4296) erhalten worden. Überführung in 3-Acetoxy-spirosta-3,5-dien durch Erhitzen mit Acetanhydrid und Acetylchlorid: *Djerassi et al.*, Am. Soc. **77** [1955] 3826; durch Erhitzen mit Benzol, Isopropenylacetat und wenig Toluol-4-sulfonsäure: *Romo et al.*, J. org. Chem. **19** [1954] 1509, 1511.

2,4-Dinitro-phenylhydrazon $C_{33}H_{44}N_4O_6$. Krystalle; F: 272—274° [unkorr.; aus A. + CHCl$_3$] (*Dj., Fi.*, l. c. S. 4297), 265,5—266,5° [korr.] (*Rot. et al.*, l. c. S. 152).

V   VI

b) **(25S)-Spirost-4-en-3-on** $C_{27}H_{40}O_3$, Formel VII (X = H).

B. Beim Erhitzen von Yamogenin ((25*S*)-Spirost-5-en-3β-ol) mit Aceton und Aluminium-*tert*-butylat in Toluol (*Marker et al.*, Am. Soc. **69** [1947] 2167, 2185).

Krystalle (aus Ae.); F: 196—198° (*Ma. et al.*). IR-Spektrum (CS$_2$; 1400—800 cm^{-1}): *K. Dobriner, E. R. Katzenellenbogen, R. N. Jones*, Infrared Absorption Spectra of Steroids [New York 1953] Nr. 268.

(25R)-6ξ-Brom-spirost-4-en-3-on $C_{27}H_{39}BrO_3$, Formel VIII (R = H, X = Br).

B. Beim Erwärmen von Diosgenon (S. ?809) mit *N*-Brom-succinimid in Tetrachlormethan unter Bestrahlung mit UV-Licht (*Romo et al.*, J. org. Chem. **16** [1951] 1873, 1875).

Krystalle (aus Hexan + Acn.), F: 185—187° [unkorr.; Zers.]; $[\alpha]_D^{20}$: —26° [CHCl$_3$]

(*Romo et al.*). UV-Absorptionsmaximum (A.): 238 nm [log ε: 4,26] (*Romo et al.*).
Beim Erhitzen mit Essigsäure und Kaliumacetat ist (25*R*)-2α-Acetoxy-spirost-4-en-3-on erhalten worden (*Herran et al.*, Am. Soc. **76** [1954] 5531).

VII   VIII

3'-Brom-4a,6a,7,5'-tetramethyl-Δ¹⁽¹²ᵃ⁾-octadecahydro-spiro[naphth[2',1';4,5]indeno⹀[2,1-*b*]furan-8,2'-pyran]-2-on $C_{27}H_{39}BrO_3$.

a) **(23*R*,25*R*)-23-Brom-spirost-4-en-3-on** $C_{27}H_{39}BrO_3$, Formel VI (X = Br).
B. Beim Erwärmen von (23*R*,25*R*)-3β-Acetoxy-5,6β,23-tribrom-5α-spirostan mit äthanol. Kalilauge, Behandeln einer Lösung des Reaktionsprodukts in Benzol mit Chrom(VI)-oxid und wss. Essigsäure und Erwärmen einer Lösung des danach isolierten Reaktionsprodukts in Benzol mit Kaliumjodid in Äthanol (*Marker et al.*, Am. Soc. **63** [1941] 1032).
Krystalle (aus E.); Zers. bei 214°.

b) **(23*S*,25*S*)-23-Brom-spirost-4-en-3-on** $C_{27}H_{39}BrO_3$, Formel VII (X = Br).
Bezüglich der Zuordnung der Konfiguration am C-Atom 23 vgl. *Callow et al.*, Soc. [C] 1966 288, 290.
B. Beim Erhitzen von (23*S*,25*S*)-4β,23-Dibrom-5β-spirostan-3-on (S. 1784) mit Pyridin (*Marker, Rohrmann*, Am. Soc. **62** [1940] 647).
Krystalle (aus Acn.); F: 185—188° [Zers.].
Beim Erwärmen mit Äthanol und Natrium ist (25*S*)-5α-Spirostan-3β-ol erhalten worden.

(25*R*)-2ξ,6ξ-Dibrom-spirost-4-en-3-on $C_{27}H_{38}Br_2O_3$, Formel VIII (R = X = Br).
B. Beim Behandeln einer Lösung von Diosgenon (S. 1809) in einem Gemisch von Äther und wenig Bromwasserstoff enthaltender Essigsäure mit Brom (*Yashin et al.*, Am. Soc. **73** [1951] 4654, 4657).
Krystalle (aus CH_2Cl_2 + Me.); F: 205—207° [unkorr.; Zers.]. $[α]_D^{20}$: −13,9° [$CHCl_3$].
UV-Absorptionsmaximum (A.): 250 nm (log ε: 4,22).

(25*R*)-6ξ-Jod-spirost-4-en-3-on $C_{27}H_{39}IO_3$, Formel VIII (R = H, X = I).
B. Beim Behandeln von (25*R*)-3β-Acetoxy-spirosta-3,5-dien mit *N*-Jod-succinimid in Dioxan unter Ausschluss von Licht (*Djerassi et al.*, Am. Soc. **77** [1955] 3826, 3828).
Krystalle (aus Me. + Acn.); F: 126—128° [unkorr.]. $[α]_D$: −94° [$CHCl_3$]. Absorptionsmaximum (A.): 248 nm (log ε: 4,08).
Beim Behandeln einer Lösung in Chloroform mit wss. Natriumhydrogensulfit-Lösung ist Diosgenon (S. 1809), beim Erwärmen mit Natriumjodid in Aceton sowie beim Behandeln mit Chrom(II)-chlorid in Aceton ist daneben (25*R*)-Spirosta-4,6-dien-3-on erhalten worden. Reaktion mit 2,4-Dinitro-phenylhydrazin in Essigsäure unter Bildung von (25*R*)-Spirosta-4,6-dien-3-on-[2,4-dinitro-phenylhydrazon]: *Dj. et al.*

**(25*R*)-17a-Methyl-*D*(17a)-homo-*C*,18-dinor-5α-spirost-13(17a)-en-3-on,
(25*R*)-14(13 → 12)-Abeo-5α-spirost-12-en-3-on** $C_{27}H_{40}O_3$, Formel IX.
B. Beim Behandeln von (25*R*)-17a-Methyl-*D*(17a)-homo-*C*,18-dinor-5α-spirost-13(17a)-en-3β-ol (S. 875) mit Chrom(VI)-oxid in Essigsäure (*Elks et al.*, Soc. 1954 1739, 1748).
F: 101—104° [Kofler-App.]. $[α]_D$: −40° [$CHCl_3$; c = 1].
2,4-Dinitro-phenylhydrazon $C_{33}H_{44}N_4O_6$. Orangefarben; F: 206—208° [Kofler-App.].

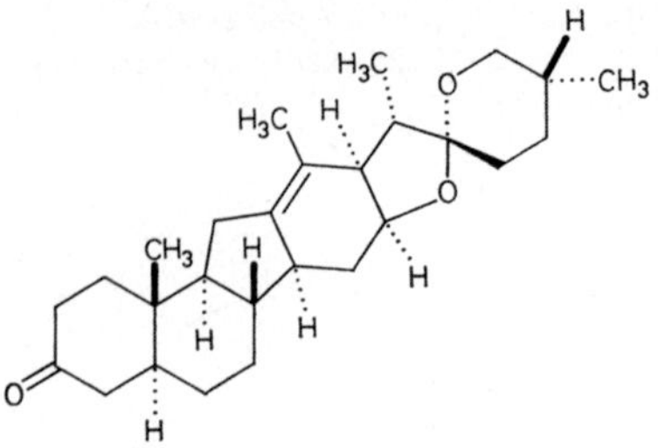

IX

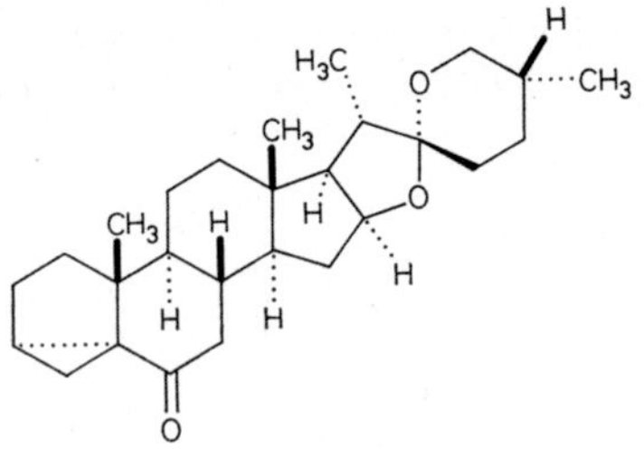

X

(25R)-3α,5α-Cyclo-spirostan-6-on $C_{27}H_{40}O_3$, Formel X.

B. Beim Behandeln von (25R)-3α,5α-Cyclo-spirostan-6β-ol mit Chrom(VI)-oxid und Pyridin (*Burn et al.*, Soc. **1957** 4092, 4095).

Krystalle (aus Acn.), F: 185°; [α]$_D^{20}$: −48° [CHCl$_3$; c = 1] (*Burn et al.*).

Beim Erwärmen mit Methylmagnesiumjodid in Äther sind (25R)-6β-Methyl-3α,5α-cyclo-spirostan-6α-ol und geringe Mengen (25R)-6-Methyl-spirost-5-en-3β-ol (S. 881) erhalten worden (*Burn et al.*; *Summers*, Soc. **1961** 1821).

Oxo-Verbindungen $C_{28}H_{42}O_3$

(25R)-16-Methyl-spirost-4-en-3-on $C_{28}H_{42}O_3$, Formel I.

B. Beim Behandeln von (25R)-16-Methyl-spirost-5-en-3β-ol mit Cyclohexanon und Aluminium-*tert*-butylat (*Kaufmann, Rosenkranz*, Am. Soc. **71** [1949] 3552).

F: 182,5−186° [Kofler-App.]. [α]$_D^{20}$: −8° [CHCl$_3$].

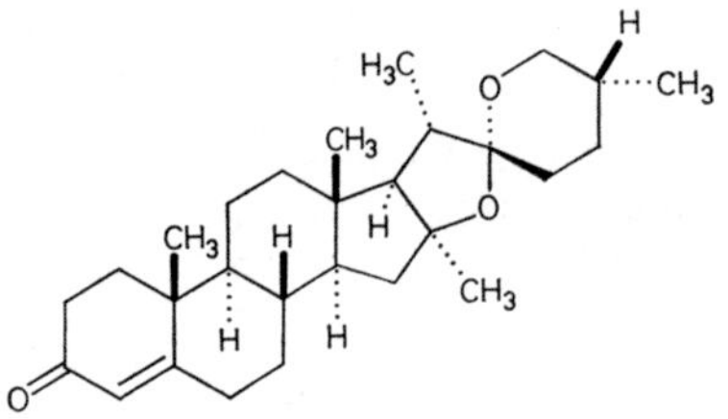

I

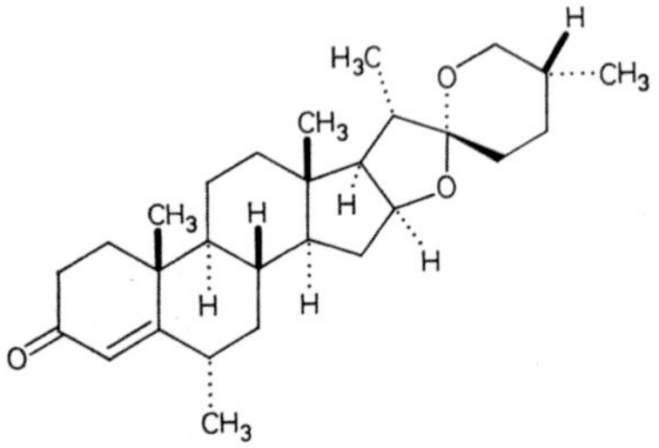

II

(25R)-6α-Methyl-spirost-4-en-3-on $C_{28}H_{42}O_3$, Formel II.

B. Beim Erwärmen von (25R)-5-Hydroxy-6β-methyl-5α-spirostan-3-on mit wss.-methanol. Kalilauge (*Searle & Co.*, U.S.P. 2875198, 2880213 [1958]).

Krystalle (aus Me.); F: ca. 211−213°. [α]$_D$: −28° [CHCl$_3$].

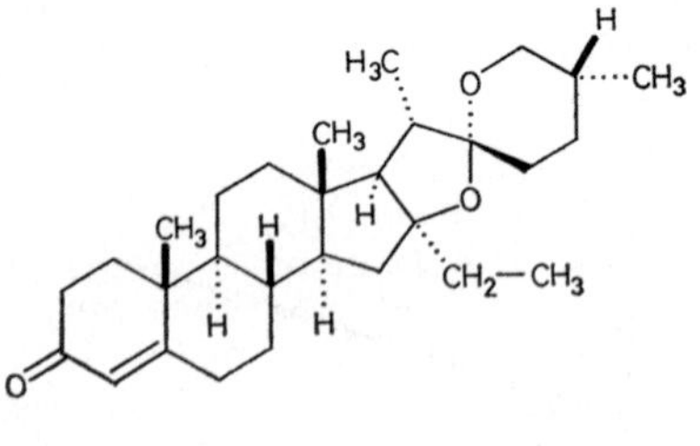

III

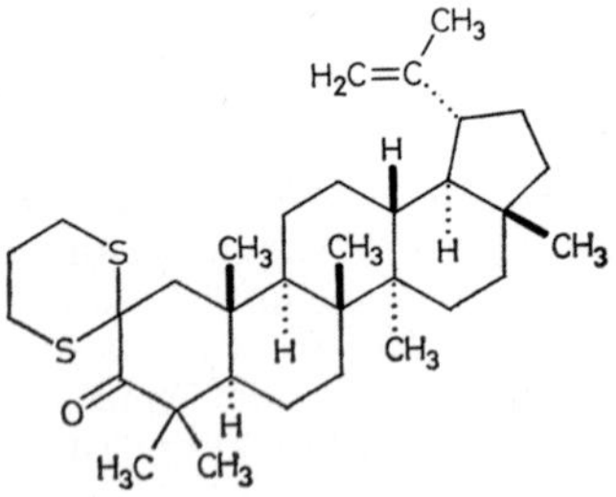

IV

Oxo-Verbindungen $C_{29}H_{44}O_3$

(25R)-16-Äthyl-spirost-4-en-3-on $C_{29}H_{44}O_3$, Formel III.

B. Beim Behandeln von (25R)-16-Äthyl-spirost-5-en-3β-ol mit Cyclohexanon und Aluminium-*tert*-butylat (*Kaufmann, Rosenkranz*, Am. Soc. **71** [1949] 3552).

F: 171—173° [Kofler-App.]. $[\alpha]_D^{20}$: −7° [CHCl$_3$].

Oxo-Verbindungen $C_{33}H_{52}O_3$

2,2-Propandiyldimercapto-lup-20(29)-en-3-on [1]) $C_{33}H_{52}OS_2$, Formel IV.

B. Beim Erwärmen von 2-Hydroxymethylen-lup-20(29)-en-3-on mit 1,3-Bis-[toluol-4-sulfonylmercapto]-propan und Kaliumacetat in Äthanol (*Beton et al.*, Soc. **1957** 753, 765).

Krystalle (aus CHCl$_3$ + Me.); F: 257—258,5° [korr.; Kofler-App.]. $[\alpha]_D^{20}$: −14,4° [CHCl$_3$; c = 5].

3β,24-Isopropylidendioxy-olean-13(18)-en-21-on [2]) $C_{33}H_{52}O_3$, Formel V, und **3β,24-Isopropylidendioxy-olean-13(18)-en-22-on** [2]) $C_{33}H_{52}O_3$, Formel VI.

Diese beiden Formeln kommen für die nachstehend beschriebene Verbindung in Betracht.

B. Beim Behandeln von 3β,24-Isopropylidendioxy-olean-13(18)-en-21ξ(oder 22ξ)-ol (F: 214° [S. 883]) mit Chrom(VI)-oxid in Essigsäure (*Meyer et al.*, Helv. **33** [1950] 687, 696).

Krystalle (aus Me.); F: 210—211° [korr.; evakuierte Kapillare]. $[\alpha]_D$: −60° [CHCl$_3$; c = 1].

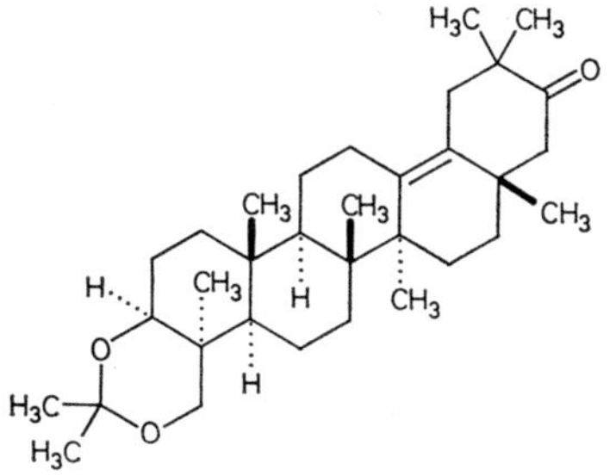

V 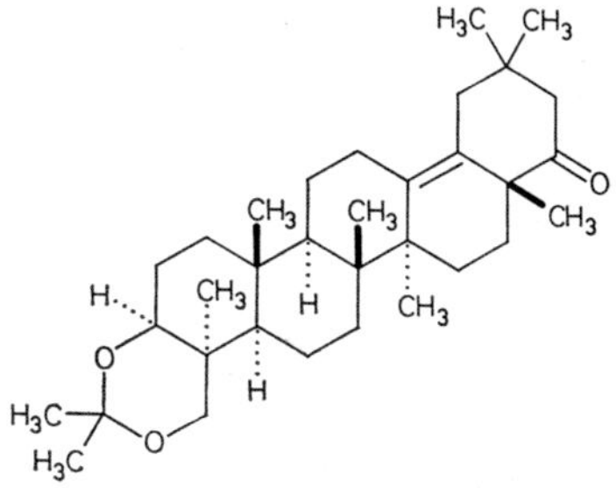   VI

3β,23-Isopropylidendioxy-olean-12-en-16-on [2]) $C_{33}H_{52}O_3$, Formel VII.

B. Beim Behandeln von 3β,23-Isopropylidendioxy-olean-12-en-16α-ol mit Chrom(VI)-oxid in Aceton (*Ruzicka et al.*, Collect. **15** [1950] 893, 898).

Krystalle (aus Me.); F: 177—183° [korr.; evakuierte Kapillare]. Im Hochvakuum bei 160° sublimierbar. $[\alpha]_D$: +18° [CHCl$_3$; c = 1].

3β,24-Isopropylidendioxy-olean-12-en-21-on [2]) $C_{33}H_{52}O_3$, Formel VIII.

B. Beim Behandeln von 3β,24-Isopropylidendioxy-olean-12-en-21α-ol mit Chrom(VI)-oxid und Pyridin (*Smith et al.*, Tetrahedron **4** [1958] 111, 127).

Krystalle (aus Me.); F: 208—209° [unkorr.]. $[\alpha]_D$: +14,3° [CHCl$_3$; c = 1].

[Lange]

---

[1]) Stellungsbezeichnung bei von Lupan abgeleiteten Namen s. E III **5** 1342.

[2]) Stellungsbezeichnung bei von Oleanan abgeleiteten Namen s. E III **5** 1341.

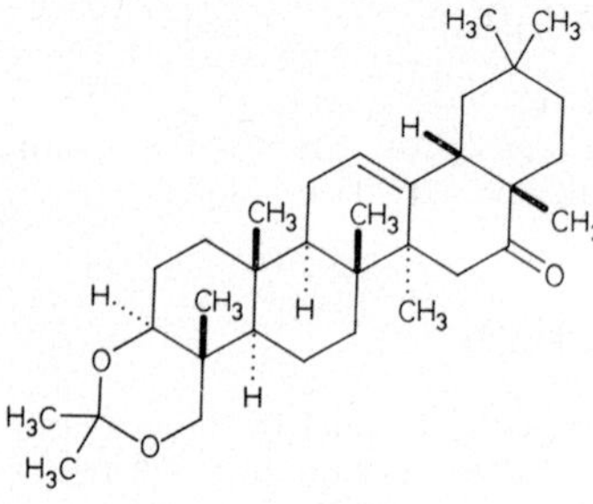

VII 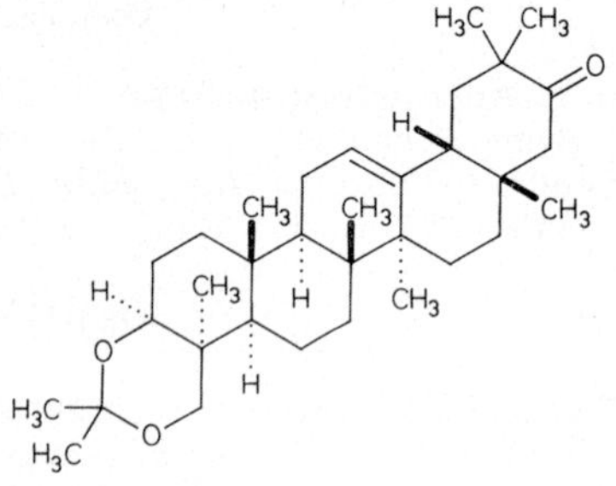   VIII

Monooxo-Verbindungen $C_nH_{2n-16}O_3$

Oxo-Verbindungen $C_{11}H_6O_3$

*Naphtho[2,3-*c*][1,2]dithiol-3-on-oxim $C_{11}H_7NOS_2$, Formel I.

B. Beim Erwärmen einer Lösung von Naphtho[2,3-*c*][1,2]dithiol-3-thion in Äthanol mit Hydroxylamin-hydrochlorid und Natriumacetat in wenig Wasser (*Legrand et al.*, Bl. **1953** 327, 330).

Hellgelbe Krystalle; F: 232°.

Naphtho[2,3-*c*][1,2]dithiol-3-thion $C_{11}H_6S_3$, Formel II.

B. Beim Behandeln einer aus 3-Amino-[2]naphthoesäure, wss. Schwefelsäure und Natriumnitrit bereiteten Diazoniumsalz-Lösung mit Natriumdisulfid und Erhitzen des Reaktionsprodukts mit Phosphor(V)-sulfid in Xylol (*Legrand et al.*, Bl. **1953** 327, 330).

Rote Krystalle (aus A.); F: 144°.

---

*Naphtho[1,2-*c*][1,2]dithiol-3-on-oxim $C_{11}H_7NOS_2$, Formel III.

B. Beim Erwärmen einer Lösung von Naphtho[1,2-*c*][1,2]dithiol-3-thion in Äthanol mit Hydroxylamin-hydrochlorid und Natriumacetat in wenig Wasser (*Legrand et al.*, Bl. **1953** 327, 330).

Hellgelbe Krystalle (aus A. + Cyclohexan); F: 227—228°.

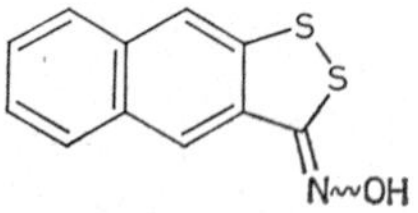

I 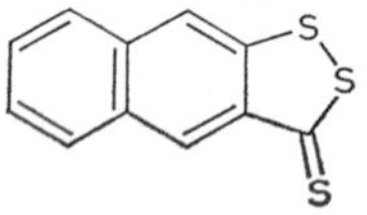   II 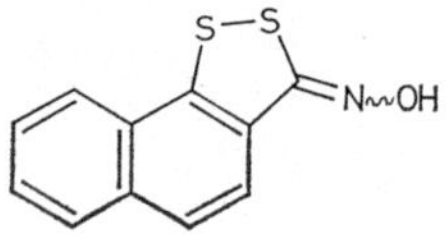   III 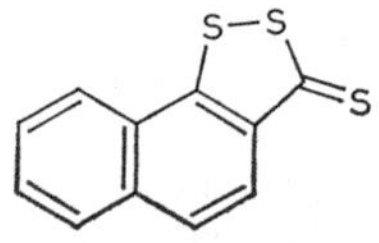   IV

Naphtho[1,2-*c*][1,2]dithiol-3-thion $C_{11}H_6S_3$, Formel IV.

B. Beim Erhitzen von 3-Methyl-1,2-dihydro-naphthalin mit Schwefel auf 205° (*Legrand et al.*, Bl. **1953** 327, 330). Beim Erhitzen von 1-Oxo-1,2,3,4-tetrahydro-[2]naphth= aldehyd mit Phosphor(V)-sulfid, Schwefel und Biphenyl auf 210° (*Legrand*, Bl. **1959** 1599, 1602). Beim kurzen Erhitzen von 1,1-Dioxo-1λ^6-naphth[2,1-*d*]isothiazol-3-on mit Phosphor(V)-sulfid auf 200° und Erhitzen des Reaktionsgemisches mit Xylol (*Le. et al.*).

Orangegelbe Krystalle; F: 171° [aus Bzl.] (*Le.*), 170° [aus A.] (*Le. et al.*).

Naphtho[1,2-*d*][1,3]dioxol-2-on, Kohlensäure-naphthalin-1,2-diylester, 1,2-Carbonyl= dioxy-naphthalin $C_{11}H_6O_3$, Formel V.

B. Beim Erwärmen von Naphthalin-1,2-diol mit Pyridin unter Einleiten von Phosgen (*Yates, Robb*, Am. Soc. **79** [1957] 5760, 5767).

Krystalle (aus Cyclohexan); F: 138—139° [unkorr.; Fisher-Johns-App.].

Naphth[1,2-*d*][1,3]oxathiol-2-on $C_{11}H_6O_2S$, Formel VI (X = H).

B. Beim Behandeln von 1-Mercapto-[2]naphthol mit Phosgen und wss.-äthanol.

Natronlauge (*Tsukamoto et al.*, J. pharm. Soc. Japan **73** [1953] 1083; C. A. **1954** 12053).
Beim Erwärmen von 1-Thiocyanato-[2]naphthol mit Essigsäure und kleinen Mengen
wss. Schwefelsäure (*Stevenson, Smiles*, Soc. **1930** 1740, 1743; s. a. *Ts. et al.*). Beim Er-
wärmen von 2-Äthoxycarbonyloxy-naphthalin-1-sulfonylchlorid mit Zink und wss.-
äthanol. Salzsäure (*Jusa, Hönigsfeld*, M. **72** [1939] 93, 111).
Hellgelbe Krystalle (aus Me.), F: 107° (*Ts. et al.*); Krystalle (aus A.), F: 107° (*Jusa,
Hö.*), 106° (*St., Sm.*).
Beim Behandeln einer Lösung in Äthanol mit Luft (*Jusa, Hö.*, l. c. S. 111) oder beim
Erwärmen einer Lösung in Methanol bzw. in Äthanol mit wss. Natronlauge (*Ts. et al.*;
St., Sm.) ist Bis-[2-hydroxy-[1]naphthyl]-disulfid, beim Erwärmen einer Lösung in
Methanol mit wss. Natriumcarbonat-Lösung (*Ts. et al.*) ist daneben Bis-[2-hydroxy-
[1]naphthyl]-sulfid erhalten worden. Reaktion mit Natriumäthylat in Äthanol unter
Bildung von 1-Äthoxycarbonylmercapto-[2]naphthol: *St., Sm.*

V   VI   VII   VIII

7-Brom-naphth[1,2-*d*][1,3]oxathiol-2-on $C_{11}H_5BrO_2S$, Formel VI (X = Br).
B. Beim Behandeln von 6-Brom-[2]naphthol mit Natriumthiocyanat und Brom in
Essigsäure und Behandeln des Reaktionsprodukts mit Zink und Essigsäure (*McClelland,
Smiles*, Soc. **1933** 786).
Krystalle (aus A.); F: 167°.

---

*Naphtho[2,1-*c*][1,2]dithiol-1-on-oxim $C_{11}H_7NOS_2$, Formel VII.
B. Beim Erwärmen einer Lösung von Naphtho[2,1-*c*][1,2]dithiol-1-thion in Äthanol
mit Hydroxylamin-hydrochlorid und Natriumacetat in wenig Wasser (*Legrand et al.*,
Bl. **1953** 327, 331).
Gelbe Krystalle (aus Cyclohexan + CHCl₃); F: 161°.

Naphtho[2,1-*c*][1,2]dithiol-1-thion $C_{11}H_6S_3$, Formel VIII.
B. Beim Erhitzen von 1-Methyl-3,4-dihydro-naphthalin mit Schwefel auf 205° (*Legrand
et al.*, Bl. **1953** 327, 330). Beim Erhitzen von 2-Oxo-1,2,3,4-tetrahydro-[1]naphthaldehyd
mit Phosphor(V)-sulfid, Schwefel und Biphenyl auf 210° (*Legrand*, Bl. **1959** 1599, 1602).
Rote Krystalle; F: 149° [aus Cyclohexan] (*Le.*), 148—149° [aus A.] (*Le. et al.*).

1,1-Dioxo-1λ^6-naphth[1,8-*cd*][1,2]oxathiin-3-on, 8-Sulfo-[1]naphthoesäure-anhydrid
$C_{11}H_6O_4S$, Formel IX (E II 161; dort als Naphthoesäure-(1)-sulfonsäure-(8)-anhydrid
bezeichnet).
B. Beim Erwärmen von 8-Brom-[1]naphthoesäure mit wss. Natriumhydrogensulfit-
Lösung und wenig Kupfer-Pulver und Erwärmen des Reaktionsprodukts mit Thionyl=
chlorid (*Rule, Turner*, Soc. **1935** 317).
Krystalle (aus wss. Eg.); F: 152—153° (*Rule, Tu.*).
Beim Behandeln mit Schwefelsäure und Salpetersäure ist x-Nitro-1,1-dioxo-
1λ^6-naphth[1,8-*cd*][1,2]oxathiin-3-on ($C_{11}H_5NO_6S$; gelbliche Krystalle [aus Eg.],
F: 196°) erhalten worden (*I.G. Farbenind.*, D.R.P. 511022 [1928]; Frdl. **17** [1930] 708).

**2,2-Dioxo-2λ^6-naphth[1,8-*cd*][1,2]oxathiol-6-carbaldehyd, 5-Formyl-8-hydroxy-naphth=
alin-1-sulfonsäure-lacton** $C_{11}H_6O_4S$, Formel X.
B. Beim Erwärmen einer Lösung von [2,2-Dioxo-2λ^6-naphth[1,8-*cd*][1,2]oxathiol-6-yl]-
methanol in Essigsäure mit Chrom(VI)-oxid (*Schetty*, Helv. **31** [1948] 1229, 1234).
Krystalle (aus Dioxan); F: 213—214° [unkorr.].

2,2-Dioxo-2λ^6-naphth[1,8-cd][1,2]oxathiol-6-carbaldehyd-phenylhydrazon, 8-Hydroxy-5-[phenylhydrazono-methyl]-naphthalin-1-sulfonsäure-lacton $C_{17}H_{12}N_2O_3S$, Formel XI.
B. Aus dem im vorangehenden Artikel beschriebenen Aldehyd und Phenylhydrazin (*Schetty*, Helv. **31** [1948] 1229, 1234).
Gelbbraune Krystalle (aus Eg.); F: 175,5—176,5° [unkorr.].

Thieno[3,2-b]thiochromen-9-on $C_{11}H_6OS_2$, Formel XII.
Diese Konstitution wird der nachstehend beschriebenen Verbindung zugeordnet (*Steinkopf, Schmitt*, A. **533** [1938] 264, 269).
B. Beim Erwärmen von 2-[3]Thienylmercapto-benzoesäure mit konz. Schwefelsäure (*St., Sch.*).
Gelbliche Krystalle (aus A.); F: 161,5°.

Furo[2,3-g]chromen-8-on $C_{11}H_6O_3$, Formel XIII.
B. Beim Erhitzen von 8-Oxo-8H-furo[2,3-g]chromen-7-carbonsäure unter vermindertem Druck (*Ramage, Stead*, Soc. **1953** 3602, 3606).
Krystalle; F: 149° [durch Sublimation bei 100°/10^{-4} Torr gereinigtes Präparat].

Furo[3,2-g]chromen-7-on, 3c-[6-Hydroxy-benzofuran-5-yl]-acrylsäure-lacton, Psoralen, Ficusin $C_{11}H_6O_3$, Formel XIV.
Über die Identität von Ficusin mit Psoralen s. *Späth et al.*, B. **70** [1937] 73.
Isolierung aus Coronilla glauca: *Stoll et al.*, Helv. **33** [1950] 1637, 1643; aus Ficus carica: *Okahara*, Bl. chem. Soc. Japan **11** [1936] 389, 391; *Späth, Hillel*, B. **72** [1939] 1577, 1579; *Obata, Fukushi*, J. agric. chem. Soc. Japan **29** [1955] 451; C. A. **1958** 9323; *Fukushi, Saimen*, J. agric. chem. Soc. Japan **31** [1957] 593; C. A. **1958** 13016; *Fukushi*, J. agric. chem. Soc. Japan **33** [1959] 564; aus Phebalium argenteum: *Finlayson*, Trans. Pr. roy. Soc. S. Australia **52** [1928] 235; *Bose, Finlayson*, J. Indian chem. Soc. **15** [1938] 516; aus Psoralea corylifolia: *Seshadri, Venkatarao*, Pr. Indian Acad. [A] **5** [1937] 351, 353; *Jois et al.*, J. Indian chem. Soc. **10** [1938] 41, 45; *Chakravarti et al.*, J. scient. ind. Res. India **7** B [1948] 24; *Khastgir et al.*, Indian J. appl. Chem. **22** [1959] 82, 84; aus Zanthoxylum flavum: *King et al.*, Soc. **1954** 1392, 1395.
B. Aus Psoralsäure (3t-[6-Hydroxy-benzofuran-5-yl]-acrylsäure) bei 16-stdg. Bestrahlung einer Lösung in Äther mit Sonnenlicht (*Rao et al.*, Pr. Indian Acad. [A] **6** [1937] 148, 152) sowie beim Erwärmen mit Quecksilber(II)-chlorid in Wasser (*Rao et al.*). Beim Behandeln einer Lösung von 7-Hydroxy-6-[3-methyl-but-2-enyl]-cumarin in Äthylacetat mit Ozon, anschliessenden Hydrieren an Palladium/Kohle und kurzen Erwärmen des Reaktionsprodukts mit Phosphorsäure (*Aneja et al.*, Tetrahedron **4** [1958] 256, 270). Beim Erhitzen von 7-Oxo-2,3-dihydro-7H-furo[3,2-g]chromen-6-carbonsäure mit Palladium/Kohle in Diphenyläther (*Horning, Reisner*, Am. Soc. **72** [1950] 1514, 1517). Aus 2,3-Dihydro-furo-[3,2-g]chromen-7-on beim Erhitzen mit Palladium auf 170° (*Späth et al.*, B. **69** [1936] 1087, 1089; *Okahara*, Bl. chem. Soc. Japan **13** [1938] 653; *Foster et al.*, Soc. **1948** 2254, 2258) sowie beim Erhitzen mit Palladium/Kohle in Diphenyläther (*Ho., Re.*, l. c. S. 1516).
Krystalle; F: 171° [aus Ae.] (*Späth et al.*, B. **69** [1936] 1087, 1089), 166—167° [korr.; evakuierte Kapillare; durch Sublimation bei 120°/0,01 Torr gereinigtes Präparat] (*Späth, Hillel*, B. **72** [1939] 1577, 1579), 165° [aus E.] (*Fukushi, Saimen*, J. agric. chem. Soc. Japan **31** [1957] 593; C. A. **1958** 13016), 162—162,5° [korr.; durch Sublimation unter vermindertem Druck gereinigtes Präparat] (*Horning, Reisner*, Am. Soc. **72** [1950] 1514,

1517), 161—162° [aus Me. bzw. aus Bzl. + Bzn.] (*Khastgir et al.*, Indian J. appl. Chem.
22 [1959] 82, 84; *King et al.*, Soc. **1954** 1392, 1397). IR-Spektrum (Nujol; 4000—650 cm^{-1}
bzw. 3500—700 cm^{-1}): *Fukushi, Tanaka*, J. agric. chem. Soc. Japan **33** [1959] 376; *Fu.,
Sa.* UV-Spektrum einer Lösung in Dioxan (230—385 nm): *Wessely, Kotlan*, M. **86** [1955]
430, 432; einer Lösung in Isopropylalkohol (200—370 nm): *Obata, Fukushi*, J. agric. chem.
Soc. Japan **29** [1955] 451; C. A. **1958** 9323; von Lösungen in Äthanol im Bereich von
200 nm bis 370 nm: *Caporale, Cingolani*, Rend. Ist. super. Sanità **21** [1958] 943, 946; von
220 nm bis 370 nm: *Rodighiero, Antonello*, Farmaco Ed. scient. **14** [1959] 679, 682; von
220 nm bis 350 nm: *Ho., Re.; Stanley, Vannier*, Am. Soc. **79** [1957] 3488, 3489; einer
Lösung in wss. Perchlorsäure (200—375 nm): *Ca., Ci.*; einer Lösung in wss. Natronlauge
(220—380 nm): *Ca., Ci.*, l. c. S. 949. UV-Absorptionsmaxima: 207 nm, 246 nm, 291 nm
und 320 nm [A.] bzw. 246 nm und 342 nm [äthanol. Kalilauge] (*Kh. et al.*). Fluorescenz
von wss. oder wss.-äthanol. Lösungen von pH −1,6 bis pH +9: *Goodwin, Kavanagh*,
Arch. Biochem. **36** [1952] 442, 447.

Verhalten bei der Bestrahlung mit UV-Licht (Bildung einer als 4a,4b,11b,11c-Tetra=
hydro-difuro[3,2-*g*;3′,2′-*g′*]cyclobuta[1,2-*c*;3,4-*c′*]dichromen-5,12-dion oder als 6a,6b,13b,=
13c-Tetrahydro-difuro[3,2-*g*;3′,2′-*g′*]cyclobuta[1,2-*c*;4,3-*c′*]dichromen-6,7-dion zu formulierenden Verbindung [F: 290°]): *Wessely, Kotlan*, M. **86** [1955] 430, 434. Beim Behandeln einer Lösung in Essigsäure mit Salpetersäure sind zwei x-Nitro-furo[3,2-*g*]=
chromen-7-on-Präparate (C$_{11}$H$_5$NO$_5$; braungelbe Krystalle [aus A.] vom F: 278—279°
[Zers.] bzw. gelbe Krystalle [aus A.] vom F: 254° [Zers.]) erhalten worden (*Jois, Manjunath*, B. **70** [1937] 434, 437; *Okahara*, Bl. chem. Soc. Japan **11** [1936] 389, 392). Überführung in 3c-[6-Methoxy-benzofuran-5-yl]-acrylsäure durch Behandlung einer Lösung
in Aceton mit Dimethylsulfat und äthanol. Kalilauge: *Jois, Ma.*, l. c. S. 437; s. a. *King
et al.*, Soc. **1954** 1392, 1397. Verhalten beim Erwärmen mit Aluminiumchlorid und Benzol
(Bildung einer als 6-Bibenzyl-α-yl-7-hydroxy-cumarin angesehenen Verbindung
[E III/IV **18** 850]): *Krishnaswamy, Seshadri*, Pr. Indian Acad. [A] **16** [1942] 151, 154.

XIII   XIV   XV   XVI

Thieno[2,3-*b*]thiochromen-4-on C$_{11}$H$_6$OS$_2$, Formel XV.
B. Beim Erwärmen von 2-[2]Thienylmercapto-benzoesäure mit konz. Schwefelsäure
(*Steinkopf et al.*, A. **527** [1937] 237, 254).
Krystalle (aus Bzn., wss. A. oder Eg.); F: 157—158°.
Beim Erwärmen mit Essigsäure, Zink und kleinen Mengen wss. Salzsäure ist [4,4′]Bi=
[thieno[2,3-*b*]thiochromenyliden] (F: 320—322°) erhalten worden (*St. et al.*, l. c. S. 255).

**Furo[2,3-*h*]chromen-2-on, 3c-[4-Hydroxy-benzofuran-5-yl]-acrylsäure-lacton, Angelicin,
Isopsoralen** C$_{11}$H$_6$O$_3$, Formel XVI.
Über die Identität von Isopsoralen mit Angelicin s. *Jois, Manjunath*, B. **69** [1936] 964.
Isolierung aus Angelica archangelica: *Späth, Pesta*, B. **67** [1934] 853, 855; *Corcilius*, Ar.
289 [1956] 81, 84; aus Psoralea corylifolia: *Jois, Ma.; Seshadri, Venkatarao*, Pr. Indian
Acad. [A] **5** [1937] 351, 353; *Chakravarti et al.*, J. scient. ind. Res. India **7** B [1948] 24;
Khastgir et al., Indian J. appl. Chem. **22** [1959] 82, 84.
B. Beim Erhitzen von 4-Hydroxy-benzofuran-5-carbaldehyd mit Acetanhydrid und
Natriumacetat auf 170° (*Limaye*, Rasayanam **1** [1936] 1, 14). Beim kurzen Erwärmen von
[7-Hydroxy-2-oxo-2*H*-chromen-8-yl]-acetaldehyd mit Phosphorsäure (*Aneja et al.*,
Tetrahedron **4** [1958] 256, 270). Aus Isopsoralsäure (3t-[4-Hydroxy-benzofuran-5-yl]-
acrylsäure) bei der Bestrahlung einer Lösung in Äthanol mit Sonnenlicht (*Rao et al.*, Pr.
Indian Acad. [A] **6** [1937] 148, 152) sowie beim Erwärmen mit Quecksilber(II)-chlorid in
Wasser (*Rao et al.*). Beim Erhitzen von 2-Oxo-2*H*-furo[2,3-*h*]chromen-8-carbonsäure mit

Kupfer-Pulver und Chinolin auf 225° (*Naik, Thakor,* J. org. Chem. **22** [1957] 1696).

Krystalle; F: 142° [aus W.] (*Jois, Ma.*), 139—140° [aus W.] (*Li.*), 139° [aus wss. Me.] (*Böhme, Severin,* Ar. **290** [1957] 486, 494), 138—139,5° [aus wss. Me. bzw. nach Reinigung durch Destillation unter vermindertem Druck] (*Späth, Pailer,* B. **68** [1935] 940, 943; *Sp., Pe.*), 138° [korr.] (*Patzak, Neugebauer,* M. **83** [1952] 776, 783). Bei 120°/0,001 Torr sublimierbar (*Bö., Se.*). UV-Spektrum einer Lösung in Dioxan (230—370 nm): *Wessely, Kotlan,* M. **86** [1955] 432, 433; einer Lösung in Äthanol (220—355 nm): *Caporale, Cingolani,* Rend. Ist. super. Sanità **21** [1958] 943, 946; einer Lösung in Methanol (220—350 nm): *Bö., Se.,* l. c. S. 491; einer Lösung in wss. Perchlorsäure (215—360 nm): *Ca., Ci.*; von Lösungen in wss. Natronlauge (220—380 nm): *Ca., Ci.,* l. c. S. 949; *Bö., Se.* UV-Absorptionsmaxima: 207 nm, 247 nm und 299 nm [A]. bzw. 245 nm, 278 nm und 340 nm [äthanol. Kalilauge] (*Kh. et al.*). Fluorescenz von wss. oder wss.-äthanol. Lösungen von pH −1,6 bis pH +12,6: *Goodwin, Kavanagh,* Arch. Biochem. **36** [1952] 442, 448. Polarographie: *Pa., Ne.,* l. c. S. 784.

Verhalten bei der Bestrahlung mit UV-Licht (Bildung einer als 5a,5b,12a,12b-Tetrahydro-difuro[2,3-*h*;2′,3′-*h*′]cyclobuta[1,2-*c*;3,4-*c*′]dichromen-5,12-dion oder als 5a,5b,12b,12c-Tetrahydro-difuro[2,3-*h*;2′,3′-*h*′]cyclobuta[1,2-*c*;4,3-*c*′]dichromen-5,6-dion zu formulierenden Verbindung (F: 268—269°): *We., Ko.,* l. c. S. 434. Verhalten beim Behandeln mit Aluminiumchlorid und Benzol (Bildung einer als 8-Bibenzyl-α-yl-7-hydroxy-cumarin angesehenen Verbindung [E III/IV **18** 850]): *Krishnaswamy, Seshadri,* Pr. Indian Acad. [A] **16** [1942] 151, 153. Beim Behandeln mit Dimethylsulfat und wss. Natronlauge ist 3*c*-[4-Methoxy-benzofuran-5-yl]-acrylsäure erhalten worden (*Jois, Ma.,* l. c. S. 966).

Oxo-Verbindungen $C_{12}H_8O_3$

Naphtho[2,3-*b*][1,4]dioxin-2-on, [3-Hydroxy-[2]naphthyloxy]-essigsäure-lacton $C_{12}H_8O_3$, Formel I.

B. Beim Erhitzen von [3-Hydroxy-[2]naphthyloxy]-essigsäure mit Acetanhydrid (*Woodcock, Davies,* Soc. **1958** 4723, 4726).

Krystalle (aus A., Bzl. oder PAe.); F: 142—143°. Bei 120°/0,5 Torr sublimierbar.

Naphtho[1,2-*d*][1,3]dioxin-4-on, 1-Hydroxymethoxy-[2]naphthoesäure-lacton $C_{12}H_8O_3$, Formel II.

B. In kleiner Menge beim Erwärmen von 4*H*-Naphtho[1,2-*d*][1,3]dioxin mit Kaliumpermanganat in Aceton (*Carnero, Calvet,* An. Soc. españ. **32** [1934] 1157, 1163).

Krystalle; F: 65—70°.

6-Acetyl-naphth[1,8-*cd*][1,2]oxathiol-2,2-dioxid, 1-[2,2-Dioxo-2λ⁶-naphth[1,8-*cd*][1,2]oxathiol-6-yl]-äthanon, 5-Acetyl-8-hydroxy-naphthalin-1-sulfonsäure-lacton $C_{12}H_8O_4S$, Formel III (X = H).

B. Beim Erwärmen einer Lösung von Naphth[1,8-*cd*][1,2]oxathiol-2,2-dioxid in 1,2,4-Trichlor-benzol mit Acetylchlorid und Aluminiumchlorid (*Schetty,* Helv. **30** [1947] 1650, 1654).

Gelbliche Krystalle (aus CHCl₃ + A.); F: 172—173° (*Sch.*).

Beim Erwärmen einer Lösung in Benzol mit Phenylmagnesiumbromid in Äther ist 1-[5-Benzolsulfonyl-4-hydroxy-[1]naphthyl]-1-phenyl-äthanol erhalten worden (*Mustafa, Hilmy,* Soc. **1952** 1339, 1340).

I	II	III	IV

*1-[2,2-Dioxo-2λ^6-naphth[1,8-*cd*][1,2]oxathiol-6-yl]-äthanon-phenylhydrazon, 8-Hydr=
oxy-5-[1-phenylhydrazono-äthyl]-naphthalin-1-sulfonsäure-lacton C$_{18}$H$_{14}$N$_2$O$_3$S,
Formel IV (X = H).
B. Aus dem im vorangehenden Artikel beschriebenen Keton und Phenylhydrazin
(*Schetty*, Helv. **30** [1947] 1650, 1655).
Gelbe Krystalle (aus CHCl$_3$ + A.); F: 159,5—160,5°.

*1-[2,2-Dioxo-2λ^6-naphth[1,8-*cd*][1,2]oxathiol-6-yl]-äthanon-[3-chlor-phenylhydrazon],
5-[1-(3-Chlor-phenylhydrazono)-äthyl]-8-hydroxy-naphthalin-1-sulfonsäure-lacton
C$_{18}$H$_{13}$ClN$_2$O$_3$S, Formel IV (X = Cl).
B. Aus 1-[2,2-Dioxo-2λ^6-naphth[1,8-*cd*][1,2]oxathiol-6-yl]-äthanon und [3-Chlor-
phenyl]-hydrazin (*Schetty*, Helv. **30** [1947] 1650, 1655).
Gelbe Krystalle (aus Dioxan); F: 212—213°.

6-Chloracetyl-naphth[1,8-*cd*][1,2]oxathiol-2,2-dioxid, 2-Chlor-1-[2,2-dioxo-2λ^6-
naphth[1,8-*cd*][1,2]oxathiol-6-yl]-äthanon, 5-Chloracetyl-8-hydroxy-naphthalin-
1-sulfonsäure-lacton C$_{12}$H$_7$ClO$_4$S, Formel III (X = Cl).
B. Beim Erwärmen einer Lösung von Naphth[1,8-*cd*][1,2]oxathiol-2,2-dioxid in
1,2,4-Trichlor-benzol oder Nitrobenzol mit Chloracetylchlorid und Aluminiumchlorid
(*Schetty*, Helv. **30** [1947] 1650, 1656).
F: 164—166°.

(±)-3-Chlor-7-nitro-3-[2]thienyl-phthalid C$_{12}$H$_6$ClNO$_4$S, Formel V.
B. Beim Erwärmen von 2-Nitro-6-[thiophen-2-carbonyl]-benzoesäure mit Thionyl=
chlorid [Überschuss] (*Newman, Ihrman*, Am. Soc. **80** [1958] 3652, 3656).
Krystalle (aus Bzl. + Bzn.); F: 117—119° [korr.].
Beim Behandeln mit Methanol und Harnstoff ist 3-Methoxy-7-nitro-3-[2]thienyl-
phthalid erhalten worden.

(±)-3-Chlor-6-nitro-3-[2]thienyl-phthalid C$_{12}$H$_6$ClNO$_4$S, Formel VI.
B. Beim Erwärmen von 5-Nitro-2-[thiophen-2-carbonyl]-benzoesäure mit Thionyl=
chlorid [Überschuss] (*Newman, Ihrman*, Am. Soc. **80** [1958] 3652, 3656).
Krystalle (aus Bzl. + Bzn.); F: 129—130° [korr.].

    V   VI   VII   VIII

(±)-3-Chlor-5-nitro-3-[2]thienyl-phthalid C$_{12}$H$_6$ClNO$_4$S, Formel VII.
B. Beim Erwärmen von 4-Nitro-2-[thiophen-2-carbonyl]-benzoesäure mit Thionyl=
chlorid [Überschuss] (*Newman, Ihrman*, Am. Soc. **80** [1958] 3652, 3656).
Krystalle (aus Bzl. + Bzn.); F: 130,5—133,5° [korr.].

(±)-3-Chlor-4-nitro-3-[2]thienyl-phthalid C$_{12}$H$_6$ClNO$_4$S, Formel VIII.
B. Beim Erwärmen von 3-Nitro-2-[thiophen-2-carbonyl]-benzoesäure mit Thionyl=
chlorid [Überschuss] (*Newman, Ihrman*, Am. Soc. **80** [1958] 3652, 3656).
Krystalle (aus Bzl. + Bzn.); F: 127,5—129,5° [korr.].

6-Methyl-furo[2,3-*g*]chromen-8-on C$_{12}$H$_8$O$_3$, Formel IX.
B. Beim Erwärmen von 1-[5-Hydroxy-benzofuran-6-yl]-äthanon mit Äthylacetat und
Natrium und Behandeln des Reaktionsprodukts mit wss. Essigsäure (*Ramage, Stead*, Soc.
1953 3602, 3606).
Krystalle (aus W.); F: 169° [durch Sublimation bei 140°/0,0001 Torr gereinigtes
Präparat].

3-Methyl-furo[3,2-*g*]chromen-7-on, 3*c*-[6-Hydroxy-3-methyl-benzofuran-5-yl]-acrylsäure-lacton $C_{12}H_8O_3$, Formel X.

B. Beim Erwärmen von 7-Acetonyloxy-cumarin mit Natriumäthylat in Äthanol und anschliessenden Ansäuern (*Rây et al.*, Soc. **1935** 813, 815).

Krystalle (aus A.); F: 188°.

IX   X   XI

3-Methyl-furo[3,2-*g*]chromen-5-on $C_{12}H_8O_3$, Formel XI.

B. Beim Behandeln von 1-[6-Hydroxy-3-methyl-benzofuran-5-yl]-äthanon mit Äthylformiat und Natrium und Erwärmen des Reaktionsprodukts mit Äthanol und wss. Salzsäure (*Phillipps et al.*, Soc. **1952** 4951, 4956).

Gelbliche Krystalle (aus wss. A.); F: 136°.

5-Methyl-furo[3,2-*g*]chromen-7-on, 3-[6-Hydroxy-benzofuran-5-yl]-*trans*-crotonsäure-lacton $C_{12}H_8O_3$, Formel I.

B. Beim Erhitzen von 5-Methyl-2,3-dihydro-furo[3,2-*g*]chromen-7-on mit Palladium/Kohle in Diphenyläther (*Horning, Reisner*, Am. Soc. **72** [1950] 1514, 1517).

Gelbliche Krystalle (aus E.); F: 187,5—188,5° [korr.]. UV-Spektrum (A.; 220—350 nm): *Ho., Re.*, l. c. S. 1516.

I   II   III

7-Methyl-furo[3,2-*g*]chromen-5-on $C_{12}H_8O_3$, Formel II.

B. Aus 1-[6-Hydroxy-benzofuran-5-yl]-butan-1,3-dion beim Erwärmen mit Schwefelsäure enthaltendem Äthanol sowie beim Erhitzen mit Essigsäure und kleinen Mengen wss. Salzsäure (*Davies et al.*, Soc. **1950** 3206, 3213). Beim Erhitzen von 7-Methyl-2,3-dihydro-furo[3,2-*g*]chromen-5-on mit Palladium/Kohle unter 0,0001 Torr auf 100° (*Da. et al.*). Beim Erwärmen von 7-Methyl-2,3-dihydro-furo[3,2-*g*]chromen-5-on mit *N*-Bromsuccinimid und wenig Dibenzoylperoxid in Tetrachlormethan und Erhitzen des Reaktionsprodukts mit *N,N*-Dimethyl-anilin (*Geissman*, U.S.P. 2659734 [1951]).

Krystalle; F: 186° [unkorr.; aus A.] (*Da. et al.*), 175—181° [aus Me.] (*Ge.*). UV-Spektrum (220—345 nm): *Da. et al.*, l. c. S. 3208.

3-Methyl-furo[2,3-*f*]chromen-7-on, 3*c*-[6-Hydroxy-3-methyl-benzofuran-7-yl]-acrylsäure-lacton $C_{12}H_8O_3$, Formel III.

B. Beim Erhitzen von 3-Methyl-7-oxo-7*H*-furo[2,3-*f*]chromen-8-carbonsäure mit Kupfer-Pulver und Chinolin (*Shah, Shah*, J. Indian chem. Soc. **17** [1940] 41, 43).

Krystalle (aus W.); F: 138—140°.

7-Methyl-furo[2,3-*f*]chromen-9-on $C_{12}H_8O_3$, Formel IV.

B. Beim Behandeln von 3-Benzofuran-6-yloxy-*trans*(?)-crotonsäure (E III/IV **17** 1473) mit Acetylchlorid und wenig Schwefelsäure (*Dann, Illing*, A. **605** [1957] 146, 156).

Krystalle (aus Me.); F: 225° [unkorr.; Block].

*7-Methyl-furo[2,3-*f*]chromen-9-on-oxim $C_{12}H_9NO_3$, Formel V.

B. Beim Erwärmen einer Lösung von 7-Methyl-furo[2,3-*f*]chromen-9-on in Methanol mit Hydroxylamin-hydrochlorid und Natriumacetat in Wasser (*Dann, Illing,* A. **605** [1957] 146, 156).

Krystalle (aus wss. Me.); Zers. bei 139°.

IV   V   VI   VII

2-Methyl-furo[2,3-*h*]chromen-4-on $C_{12}H_8O_3$, Formel VI.

B. Beim Erhitzen von [8-Formyl-2-methyl-4-oxo-4*H*-chromen-7-yloxy]-essigsäure mit Acetanhydrid und Natriumacetat (*Rao et al.*, J. org. Chem. **24** [1959] 685). Beim Erwärmen von [8-Formyl-2-methyl-4-oxo-4*H*-chromen-7-yloxy]-essigsäure-äthylester mit wss. Kalilauge (*Rao et al.*).

Gelbliche Krystalle (aus Me.); F: 105—106°.

4-Methyl-furo[2,3-*h*]chromen-2-on, 3-[4-Hydroxy-benzofuran-5-yl]-*trans*-crotonsäure-lacton $C_{12}H_8O_3$, Formel VII.

B. Beim Erwärmen von 4-Methyl-2-oxo-2*H*-furo[2,3-*h*]chromen-8-carbonsäure-äthyl= ester mit wss.-methanol. Kalilauge, anschliessenden Behandeln mit wss. Salzsäure und Erhitzen des Reaktionsprodukts mit Acetanhydrid und Natriumacetat (*Antonello,* G. **88** [1958] 430, 433).

Krystalle (aus PAe.); F: 194°. Bei 130—140°/0,005 Torr sublimierbar. Absorptions-maxima (A.): 218 nm, 250 nm und 296 nm.

8-Methyl-furo[2,3-*h*]chromen-2-on, 3*c*-[4-Hydroxy-2-methyl-benzofuran-5-yl]-acryl= säure-lacton $C_{12}H_8O_3$, Formel VIII.

Diese Verbindung hat wahrscheinlich in dem nachstehend beschriebenen, von *Krishna-swamy* und *Seshadri* (Pr. Indian Acad. [A] **13** [1941] 43, 46) als 8-Methyl-8,9-dihydro-furo[2,3-*h*]chromen-2-on ($C_{12}H_{10}O_3$) angesehenen Präparat vorgelegen (*Kaufman et al.*, J. org. Chem. **26** [1961] 2443, 2444).

B. Beim Behandeln von 8-Jodmethyl-8,9-dihydro-furo[2,3-*h*]chromen-2-on mit Äthanol und Natrium (*Kr., Se.*).

Krystalle (aus A.); F: 148—149° (*Kr., Se.*).

9-Methyl-furo[2,3-*h*]chromen-4-on $C_{12}H_8O_3$, Formel IX.

B. Beim Erwärmen von 1-[4-Hydroxy-3-methyl-benzofuran-5-yl]-äthanon mit Äthyl= formiat und Natrium und Erhitzen des Reaktionsprodukts mit Essigsäure und kleinen Mengen wss. Salzsäure (*Phillipps et al.*, Soc. **1952** 4951, 4955).

Krystalle (aus wss. A.); F: 140°.

VIII   IX   X

**9-Methyl-furo[2,3-*h*]chromen-2-on, 3*c*-[4-Hydroxy-3-methyl-benzofuran-5-yl]-acryl=
säure-lacton** $C_{12}H_8O_3$, Formel X (X = H).

B. Beim Erhitzen von [8-Acetyl-2-oxo-2*H*-chromen-7-yloxy]-essigsäure mit Acetan=
hydrid und Natriumacetat auf 170° (*Shah, Shah*, J. org. Chem. **19** [1954] 1938, 1943).
Krystalle (aus A.); F: 148°.

**6-Chlor-9-methyl-furo[2,3-*h*]chromen-2-on, 3*c*-[7-Chlor-4-hydroxy-3-methyl-benzofuran-
5-yl]-acrylsäure-lacton** $C_{12}H_7ClO_3$, Formel X (X = Cl).

B. Beim Erhitzen von [8-Acetyl-6-chlor-2-oxo-2*H*-chromen-7-yloxy]-essigsäure mit
Acetanhydrid und Natriumacetat auf 170° (*Shah, Shah*, J. org. Chem. **19** [1954] 1938,
1941).
Krystalle (aus A.); F: 219°.

Oxo-Verbindungen $C_{13}H_{10}O_3$

1,5*t*(?)-Di-[2]furyl-penta-2*t*(?),4-dien-1-on $C_{13}H_{10}O_3$, vermutlich Formel I.

B. Beim Behandeln von 3*t*(?)-[2]Furyl-acrylaldehyd (E III/IV **17** 4695) mit 1-[2]=
Furyl-äthanon und wss.-äthanol. Natronlauge (*Alexander et al.*, Am. Soc. **72** [1950]
5506).
Krystalle (aus wss. A.); F: 80—81°.

1*t*(?), 5*t*(?)-Di-[2]furyl-penta-1,4-dien-3-on $C_{13}H_{10}O_3$, vermutlich Formel II
(R = X = H) (vgl. H 140; E II 162; dort als Difurylidenaceton bezeichnet).

B. Beim Behandeln von 4*t*(?)-[2]Furyl-but-3-en-2-on (E III/IV **17** 4714) mit Aceton
und wss.-äthanol. Natronlauge (*Maxim, Copuzeanu*, Bulet. Soc. Chim. România **16** [1934]
117, 118).
Gelbe Krystalle; F: 60—61° [aus Bzn.] (*Midorikawa*, Bl. chem. Soc. Japan **26** [1953]
317), 59—60° [aus PAe.] (*Yeh et al.*, J. Chin. chem. Soc. [II] **4** [1957] 82, 100), 59—59,5°
[aus Hexan] (*Marvel et al.*, Ind. eng. Chem. **45** [1953] 1532, 1533), 57,5° [aus Bzn.] (*Ma.,
Co.*). Schmelzdiagramm des Systems mit Brenzcatechin: *Čelincev*, C. r. Doklady **16**
[1937] 347, 349; *Tschelinzeff, Kusnezow*, Bl. [5] **6** [1939] 256, 260, 261; *Tschelinzew et al.*,
Ž. obšč. Chim. **9** [1937] 347, 349; des Systems mit Resorcin: *Tsch., Ku.*; *Tsch. et al.*; des
Systems mit Hydrochinon: *Če.*; *Tsch., Ku.*; *Tsch. et al.*
Verhalten beim Erwärmen mit wss.-methanol. Salzsäure (Bildung von 4,7,10-Trioxo-
tridecandisäure): *Mi.*; s. a. *Thüring. Zellwolle A.G.*, D.R.P. 765970 [1941]; D.R.P. Org.
Chem. **6** 1058. Bei der Hydrierung an Raney-Nickel in Äthanol ist 1,5-Bis-tetrahydro=
[2]furyl-pentan-3-ol (Kp$_{15}$: 189°), bei der Hydrierung an Raney-Nickel in Äthanol in
Gegenwart von Methyljodid ist 1,5-Di-[2]furyl-pentan-3-on erhalten worden (*Thomas*,
Bl. **1954** 529). Hydrierung mit Hilfe von Raney-Nickel unter Bildung von 1,5-Di-[2]furyl-
pentan-3-on: *Balandin*, Izv. Akad. S.S.S.R. Otd. chim. **1955** 624, 635; engl. Ausg.
S. 557, 566; *Balandin, Ponomarew*, Doklady Akad. S.S.S.R. **100** [1955] 917, 918; C. A.
1956 1746. Bildung von 1,5-Di-[2]furyl-pentan-3-ol und 1,5-Di-[2]furyl-pentan-3-on bei
der Hydrierung an Nickel-Katalysatoren: *Cornubert, Phélisse*, C. r. **229** [1949] 460.
Verhalten bei aufeinanderfolgender Hydrierung an Kupferoxid-Chromoxid und an Nickel
in Ameisensäure enthaltendem wss. Äthanol bei 200°/170—200 at (Bildung von Tri=
decan-1,4,7,10,13-pentaol ($C_{13}H_{28}O_5$; n$_D^{25}$: 1,5006 [unterkühlte Schmelze]; n$_D^{60}$: 1,4920),
9-Tetrahydro[2]furyl-nonan-1,4,7-triol (E III/IV **17** 2327) und 1,5-Bis-tetrahydro=
[2]furyl-pentan-3-ol (Kp$_{0,7}$: 144°; n$_D^{25}$: 1,4793)): *Russell et al.*, Am. Soc. **74** [1952] 4543,
4545, 4546. Hydrierung an Kupferoxid-Chromoxid in Äthanol bei 110—135°/115 at
unter Bildung von 1,5-Di-[2]furyl-pentan-3-ol und 2-[2-[2]Furyl-äthyl]-1,6-dioxa-spiro=
[4.4]nonan (Kp$_{0,08}$: 84—85°; n$_D^{25}$: 1,4888): *Alexander et al.*, Am. Soc. **72** [1950] 5506;
Alexander, Schniepp, U.S.P. 2657220 [1951], 2676972 [1953]. Reaktion mit Äthyl=
magnesiumjodid in Äther (Bildung von 1*t*(?),5-Di-[2]furyl-hept-1-en-3-on [S. 1799]):
Maxim, Popescu, Bl. [5] **4** [1937] 265, 270.
Phenylhydrazon $C_{19}H_{16}N_2O_2$. Gelbe Krystalle (aus A.); F: 121—122° (*Surmin*,
Ž. obšč. Chim. **5** [1935] 1642; C. A. **1936** 3430).

1*t*(?)-[5-Chlor-[2]furyl]-5*t*(?)-[2]furyl-penta-1,4-dien-3-on $C_{13}H_9ClO_3$, vermutlich
Formel II (R = H, X = Cl).

B. Beim Behandeln einer Lösung von 5-Chlor-furan-2-carbaldehyd in wenig Methanol mit 4*t*(?)-[2]Furyl-but-3-en-2-on (E III/IV **17** 4714) und wss. Kalilauge unter Bestrahlung mit Sonnenlicht (*Nasarowa*, Ž. obšč. Chim. **27** [1957] 2931, 2933, 2935; engl. Ausg. S. 2964, 2966, 2967).

Gelbe Krystalle (aus Me., A. oder CCl₄); F: 75—76°.

2,4-Dinitro-phenylhydrazon $C_{19}H_{13}ClN_4O_6$. F: 153—155° [Zers.].

I   II

1*t*(?),5*t*(?)-Bis-[5-chlor-[2]furyl]-penta-1,4-dien-3-on $C_{13}H_8Cl_2O_3$, vermutlich Formel II (R = X = Cl).

B. Beim Behandeln einer Lösung von 5-Chlor-furan-2-carbaldehyd in wenig Methanol mit Aceton und wss. Kalilauge unter Bestrahlung mit Sonnenlicht (*Nasarowa*, Ž. obšč. Chim. **27** [1957] 2931, 2933, 2934; engl. Ausg. S. 2964, 2965, 2966).

Gelbe Krystalle (aus Me. oder A.); F: 124—125°.

2,4-Dinitro-phenylhydrazon $C_{19}H_{12}Cl_2N_4O_6$. F: 185--186°.

1*t*(?)-[5-Brom-[2]furyl]-5*t*(?)-[2]furyl-penta-1,4-dien-3-on $C_{13}H_9BrO_3$, vermutlich Formel II (R = H, X = Br).

B. Beim Behandeln einer Lösung von 5-Brom-furan-2-carbaldehyd in wenig Methanol mit 4*t*(?)-[2]Furyl-but-3-en-2-on (E III/IV **17** 4714) und wss. Kalilauge unter Bestrahlung mit Sonnenlicht (*Nasarowa*, Ž. obšč. Chim. **27** [1957] 2931, 2933, 2935; engl. Ausg. S. 2964, 2966, 2967).

Gelbe Krystalle (aus Me., A. oder CCl₄); F: 93—94°.

2,4-Dinitro-phenylhydrazon $C_{19}H_{13}BrN_4O_6$. F: 176° [Zers.].

1*t*(?),5*t*(?)-Bis-[5-brom-[2]furyl]-penta-1,4-dien-3-on $C_{13}H_8Br_2O_3$, vermutlich Formel II (R = X = Br).

B. Beim Behandeln einer Lösung von 5-Brom-furan-2-carbaldehyd in wenig Methanol mit Aceton und wss. Kalilauge unter Einwirkung von Sonnenlicht (*Nasarowa*, Ž. obšč. Chim. **27** [1957] 2931, 2933, 2934; engl. Ausg. S. 2964, 2965, 2966; s. a. *Sakutškaja*, *Bobrik*, Doklady Akad. Uzbeksk. S.S.R. **1958** Nr. 10, S. 21, 23; C. A. **1959** 11335).

Gelbe Krystalle; F: 136—137° [aus Me. oder A.] (*Na.*), 134—135° [aus A. + Bzl.] (*Sa., Bo.*).

2,4-Dinitro-phenylhydrazon $C_{19}H_{12}Br_2N_4O_6$. Rote Krystalle, F: 183,5° [Zers.] (*Sa., Bo.*); F: 188—189° [Zers.] (*Na.*).

1*t*(?)-[2]Furyl-5*t*(?)-[5-jod-[2]furyl]-penta-1,4-dien-3-on $C_{13}H_9IO_3$, vermutlich Formel II (R = H, X = I).

B. Beim Behandeln einer Lösung von 5-Jod-furan-2-carbaldehyd in wenig Methanol mit 4*t*(?)-[2]Furyl-but-3-en-2-on (E III/IV **17** 4714) und wss. Kalilauge unter Bestrahlung mit Sonnenlicht (*Nasarowa*, Ž. obšč. Chim. **27** [1957] 2931, 2933, 2935; engl. Ausg. S. 2964, 2966, 2967). Beim Erhitzen von 1*t*(?)-[5-Brom-[2]furyl]-5*t*(?)-[2]furyl-penta-1,4-dien-3-on (s. o.) mit Kaliumjodid und Essigsäure (*Na.*).

Gelbe Krystalle (aus Me., A. oder CCl₄); F: 129—130°.

2,4-Dinitro-phenylhydrazon $C_{19}H_{13}IN_4O_6$. F: 187° [Zers.].

1*t*(?),5*t*(?)-Bis-[5-jod-[2]furyl]-penta-1,4-dien-3-on $C_{13}H_8I_2O_3$, vermutlich Formel II (R = X = I).

B. Beim Behandeln einer Lösung von 5-Jod-furan-2-carbaldehyd in wenig Methanol mit Aceton und wss. Kalilauge unter Bestrahlung mit Sonnenlicht (*Nasarowa*, Ž. obšč. Chim. **27** [1957] 2931, 2933, 2934; engl. Ausg. S. 2964, 2965, 2966). Beim Erhitzen von 1*t*(?),5*t*(?)-Bis-[5-brom-[2]furyl]-penta-1,4-dien-3-on (s. o.) mit Kaliumjodid und Essigsäure unter Bestrahlung mit Sonnenlicht (*Na.*).

Gelbe Krystalle (aus Me.); F: 146—147°.

2,4-Dinitro-phenylhydrazon $C_{19}H_{12}I_2N_4O_6$. Rotbraune Krystalle (aus Bzl.); F: 247° [Zers.].

$1t(?),5t(?)$-Bis-[5-nitro-[2]furyl]-penta-1,4-dien-3-on $C_{13}H_8N_2O_7$, vermutlich Formel II (R = X = NO₂).

B. Beim Erwärmen von 2-Diacetoxymethyl-5-nitro-furan mit Schwefelsäure enthaltender Essigsäure und Behandeln der Reaktionslösung mit Aceton und konz. Schwefel= säure (*Toyama Chem. Ind. Co.*, Japan P. 2974 [1952]; C. A. **1954** 2115). Beim Behandeln von $1t(?),5t(?)$-Di-[2]furyl-penta-1,4-dien-3-on (F: 52—54°) mit Essigsäure und Salpeter= säure (*Sasaki*, Bl. chem. Soc. Japan **27** [1954] 398). Beim Behandeln von $1t(?),5t(?)$-Bis-[5-brom-[2]furyl]-penta-1,4-dien-3-on (S. 1823) oder von $1t(?),5t(?)$-Bis-[5-jod-[2]furyl]-penta-1,4-dien-3-on (S. 1823) mit Silbernitrat und Essigsäure (*Nasarowa*, Ž. obšč. Chim. **27** [1957] 2931, 2935; engl. Ausg. S. 2964, 2967).

Gelbe Krystalle (aus Eg.); F: 198—200° [Zers.] (*Sa.*), 198—200° (*Na.*), 196—197° (*Toyama Chem. Ind. Co.*).

2,4-Dinitro-phenylhydrazon $C_{19}H_{12}N_6O_{10}$. F: 237—238° [Zers.] (*Na.*).

Carbamimidoylhydrazon $C_{14}H_{12}N_6O_6$; {$3t(?)$-[5-Nitro-[2]furyl]-1-[*trans*(?)-2-(5-nitro-furyl)-vinyl]-allylidenamino}-guanidin. Violette Krystalle (aus A.); Zers. bei 217° (*Toyama Chem. Ind. Co.*, Japan P. 2673 [1952]; C. A. **1954** 2115). — Hydrochlorid $C_{14}H_{12}N_6O_6 \cdot HCl$. Orangegelbe Krystalle; F: 280° [Zers.]. — Sulfat. Gelbe Krystalle; Zers. bei 258°. — Picrat. Gelbe Krystalle; F: 245°. — Acetat. Gelbbraune Krystalle (aus A.); Zers. bei 275—278°.

$1t(?),5t(?)$-Di-[2]thienyl-penta-1,4-dien-3-on $C_{13}H_{10}OS_2$, vermutlich Formel III (vgl. E I 674; dort als Dithenylidenaceton bezeichnet).

B. Beim Behandeln einer Lösung von Thiophen-2-carbaldehyd in wss. Äthanol mit Aceton und wss. Natronlauge (*Miller, Nord*, J. org. Chem. **16** [1951] 1720, 1728).

Krystalle (aus A.); F: 113—114°.

2,4-Dinitro-phenylhydrazon $C_{19}H_{14}N_4O_4S_2$. F: 186,5—187°.

III   IV

$1t(?)$-[2]Furyl-5$t(?)$-selenophen-2-yl-penta-1,4-dien-3-on $C_{13}H_{10}O_2Se$, vermutlich Formel IV.

B. Beim Behandeln einer Lösung von $4t(?)$-[2]Furyl-but-3-en-2-on (E III/IV **17** 4714) in wss. Äthanol mit Selenophen-2-carbaldehyd und wss. Natronlauge (*Jur'ew et al.*, Ž. obšč. Chim. **27** [1957] 3155, 3158; engl. Ausg. S. 3193, 3195).

Gelbe Krystalle (aus wss. A.); F: 60°.

$1t(?),5t(?)$-Di-selenophen-2-yl-penta-1,4-dien-3-on $C_{13}H_{10}OSe_2$, vermutlich Formel V.

B. Beim Behandeln einer Lösung von $4t(?)$-Selenophen-2-yl-but-3-en-2-on (E III/IV **17** 4720) in wss. Äthanol mit Selenophen-2-carbaldehyd und wss. Natronlauge (*Jur'ew et al.*, Ž. obšč. Chim. **27** [1957] 3155, 3158; engl. Ausg. S. 3193, 3195).

Gelbe Krystalle (aus wss. A.); F: 128°.

V   VI   VII

(±)-2-Methyl-naphtho[2,3-*d*][1,3]dioxin-4-on, (±)-3-[1-Hydroxy-äthoxy]-[2]naphthoe=
säure-lacton C$_{13}$H$_{10}$O$_3$, Formel VI.

B. Beim Erwärmen von 3-Hydroxy-[2]naphthoesäure mit Vinylacetat (3 Mol), Queck=
silber(II)-acetat, wss. Schwefelsäure und Hydrochinon (*Mowry et al.*, Am. Soc. **69** [1947]
2358, 2360).

F: 91—92°. Kp$_2$: 185°.

6-Propionyl-naphth[1,8-*cd*][1,2]oxathiol-2,2-dioxid, 1-[2,2-Dioxo-2λ^6-naphth[1,8-*cd*]=
[1,2]oxathiol-6-yl]-propan-1-on, 8-Hydroxy-5-propionyl-naphthalin-1-sulfonsäure-lacton
C$_{13}$H$_{10}$O$_4$S, Formel VII.

B. Beim Erwärmen einer Lösung von Naphth[1,8-*cd*][1,2]oxathiol-2,2-dioxid in
1,2,4-Trichlor-benzol oder Nitrobenzol mit Propionylchlorid und Aluminiumchlorid
(*Schetty*, Helv. **30** [1947] 1650, 1654, 1656).

F: 160—161°.

---

*1-[2,2-Dioxo-2λ^6-naphth[1,8-*cd*][1,2]oxathiol-6-yl]-propan-1-on-phenylhydrazon,
8-Hydroxy-5-[1-phenylhydrazono-propyl]-naphthalin-1-sulfonsäure-lacton
C$_{19}$H$_{16}$N$_2$O$_3$S, Formel VIII.

B. Aus 1-[2,2-Dioxo-2λ^6-naphth[1,8-*cd*][1,2]oxathiol-6-yl]-propan-1-on und Phenyl=
hydrazin (*Schetty*, Helv. **30** [1947] 1650, 1656).

F: 151—152°.

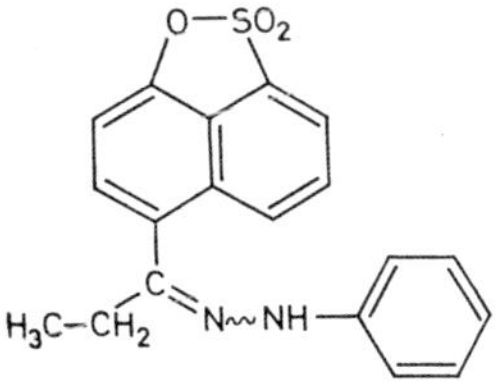

VIII 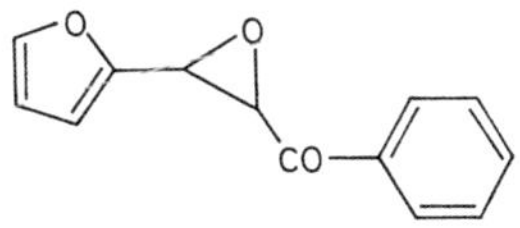   IX 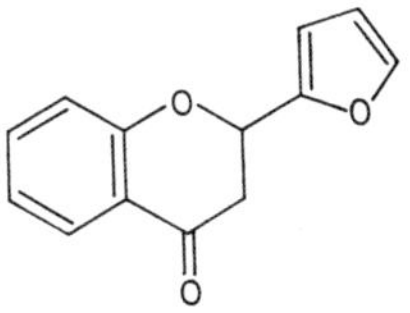   X

---

*Opt.-inakt. [3-[2]Furyl-oxiran-2-yl]-phenyl-keton, 2,3-Epoxy-3-[2]furyl-1-phenyl-
propan-1-on C$_{13}$H$_{10}$O$_3$, Formel IX.

B. Beim Behandeln einer Lösung von Furfural mit Phenacylchlorid und Natrium=
methylat in Methanol (*Martynow*, Ž. obšč. Chim. **23** [1953] 1884; engl. Ausg. S. 1991).

Krystalle (aus PAe.); F: 58—59°.

(±)-2-[2]Furyl-chroman-4-on C$_{13}$H$_{10}$O$_3$, Formel X.

B. Beim Erwärmen von 3*t*(?)-[2]Furyl-1-[2-hydroxy-phenyl]-propenon (F: 110°) mit
Phosphor(V)-oxid und wss. Äthanol (*Otsuka*, J. chem. Soc. Japan **65** [1944] 539; C. A.
1947 3797).

F: 80°. Absorptionsspektrum (A.; 250—450 nm): *Ot.*

3,5-Dimethyl-furo[3,2-*g*]chromen-7-on, 3-[6-Hydroxy-3-methyl-benzofuran-5-yl]-
trans-crotonsäure-lacton C$_{13}$H$_{10}$O$_3$, Formel I.

B. Beim Erwärmen von 7-Acetonyloxy-4-methyl-cumarin mit Natriumäthylat in
Äthanol (*Rây et al.*, Soc. **1935** 813, 815). Beim Erhitzen von [6-Acetyl-4-methyl-2-oxo-
2H-chromen-7-yloxy]-essigsäure mit Acetanhydrid auf 150° (*Limaye, Gangal*, Rasayanam
1 [1936] 15, 22).

Krystalle; F: 222° [aus Eg.] (*Li., Ga.*), 220° [aus wss. A.] (*Rây et al.*).

3,7-Dimethyl-furo[3,2-*g*]chromen-5-on C$_{13}$H$_{10}$O$_3$, Formel II.

B. Beim Erhitzen von 1-[6-Hydroxy-3-methyl-benzofuran-5-yl]-butan-1,3-dion mit
Essigsäure und kleinen Mengen wss. Salzsäure (*Phillipps et al.*, Soc. **1952** 4951, 4956).

Krystalle (aus E. + PAe.); F: 158°.

Charakterisierung als Piperonyliden-Derivat (3-Methyl-7-[3,4-methylendioxy-styryl]-furo[3,2-g]chromen-5-on [F: 239°]): *Ph. et al.*

I   II   III

1,3-Dimethyl-thieno[3,4-b]thiochromen-9-on $C_{13}H_{10}OS_2$, Formel III.
B. Beim Erwärmen von 2-[2,5-Dimethyl-[3]thienylmercapto]-benzoesäure mit konz. Schwefelsäure (*Steinkopf et al.*, A. **536** [1938] 128, 131).
Gelbe Krystalle (aus wss. A.); F: 104—105°.

3-Äthyl-furo[2,3-f]chromen-7-on, 3c-[3-Äthyl-6-hydroxy-benzofuran-7-yl]-acrylsäure-lacton $C_{13}H_{10}O_3$, Formel IV.
B. Beim Erhitzen von 3-Äthyl-7-oxo-7H-furo[2,3-f]chromen-8-carbonsäure mit Kupfer-Pulver und Chinolin (*Shah, Shah*, J. Indian chem. Soc. **17** [1940] 41, 44).
Krystalle (aus W.); F: 150—152°.

IV   V   VI

3,7-Dimethyl-furo[2,3-f]chromen-9-on $C_{13}H_{10}O_3$, Formel V.
B. Beim Erwärmen von 8-Acetyl-3,7-dimethyl-furo[2,3-f]chromen-9-on mit wss. Na=triumcarbonat-Lösung (*Limaye, Sathe*, Rasayanam **1** [1937] 87, 91).
Krystalle (aus wss. Eg.); F: 198°.
Beim Behandeln mit äthanol. Natronlauge ist 1-[6-Hydroxy-3-methyl-benzofuran-7-yl]-butan-1,3-dion, beim Erhitzen mit wss. Natronlauge sind 1-[6-Hydroxy-3-methyl-benzo=furan-7-yl]-äthanon und 6-Hydroxy-3-methyl-benzofuran-7-carbonsäure erhalten worden.

3,9-Dimethyl-furo[2,3-f]chromen-7-on, 3-[6-Hydroxy-3-methyl-benzofuran-7-yl]-trans-crotonsäure-lacton $C_{13}H_{10}O_3$, Formel VI.
B. Beim Erhitzen von [6-Acetyl-4-methyl-2-oxo-2H-chromen-5-yloxy]-essigsäure mit Acetanhydrid und Natriumacetat auf 160° (*Chudgar, Shah*, J. Univ. Bombay **13**, Tl. 3 A [1944] 15, 17; s. a. *Kelkar, Karve*, Rasayanam **1** [1938] 151, 154).
Krystalle; F: 198° [aus Eg.] (*Ch., Shah*), 196° [aus wss. Eg.] (*Limaye, Sathe*, Rasayanam **1** [1937] 87, 90; *Ke., Ka.*).

2,9-Dimethyl-furo[2,3-h]chromen-4-on $C_{13}H_{10}O_3$, Formel VII.
B. Beim Erhitzen von 1-[4-Hydroxy-3-methyl-benzofuran-5-yl]-butan-1,3-dion mit Essigsäure und kleinen Mengen wss. Salzsäure (*Phillipps et al.*, Soc. **1952** 4951, 4954).
Hellbraune Krystalle (aus wss. A.); F: 198°.
Charakterisierung als Piperonyliden-Derivat (9-Methyl-2-[3,4-methylendioxy-styryl]-furo[2,3-h]chromen-4-on [F: 242°]): *Ph. et al.*, l. c. S. 4955.

4,8-Dimethyl-furo[2,3-h]chromen-2-on, 3-[4-Hydroxy-2-methyl-benzofuran-5-yl]-trans-crotonsäure-lacton $C_{13}H_{10}O_3$, Formel VIII.
Diese Verbindung hat wahrscheinlich in dem nachstehend beschriebenen, von *Krish-naswamy* und *Seshadri* (Pr. Indian Acad. [A] **13** [1941] 43, 47) als 4,8-Dimethyl-

8,9-dihydro-furo[2,3-*h*]chromen-2-on (C$_{13}$H$_{12}$O$_3$) angesehenen Präparat vorgelegen (*Kaufman et al.*, J. org. Chem. **26** [1961] 2443, 2444).

B. Beim Behandeln von 8-Jodmethyl-4-methyl-8,9-dihydro-furo[2,3-*h*]chromen-2-on mit Äthanol und Natrium (*Kr., Se.*).

Krystalle (aus A.); F: 182—183° (*Kr., Se.*).

VII   VIII   IX

4,9-Dimethyl-furo[2,3-*h*]chromen-2-on, 3-[4-Hydroxy-3-methyl-benzofuran-5-yl]-*trans*-crotonsäure-lacton C$_{13}$H$_{10}$O$_3$, Formel IX.

Konstitutionszuordnung: *Limaye, Gangal*, Rasayanam **1** [1936] 64, 66.

B. Beim Erhitzen von [8-Acetyl-4-methyl-2-oxo-2*H*-chromen-7-yloxy]-essigsäure mit Acetanhydrid und Natriumacetat (*Limaye*, B. **65** [1932] 375).

Krystalle (aus A.); F: 176° [unter Sublimation] (*Li.*).

Oxo-Verbindungen C$_{14}$H$_{12}$O$_3$

1*t*(?),5*t*(?)-Di-[2]furyl-2-methyl-penta-1,4-dien-3-on C$_{14}$H$_{12}$O$_3$, vermutlich Formel I (vgl. E II 162; dort als Difurfuryliden-methyläthylketon bezeichnet).

B. Beim Behandeln von Furfural mit Butanon (0,5 Mol) und wss.-äthanol. Natronlauge (*Am. Cyanamid Co.*, U.S.P. 2373152 [1942], 2455282 [1945]; *Alexander et al.*, Am. Soc. **72** [1950] 5506).

Hellgelbe Krystalle (aus wss. A.); F: 60—61° (*Am. Cyanamid Co.*; *Al. et al.*).

Bei der Hydrierung an Kupferoxid-Chromoxid in Äthanol bei 110—135°/115 at ist 1,5-Di-[2]furyl-2-methyl-pentan-3-ol (S. 808) erhalten worden (*Al. et al.*).

I   II

3,3-Dimethyl-naphtho[2,3-*b*][1,4]dioxin-2-on, α-[3-Hydroxy-[2]naphthyloxy]-isobutter-säure-lacton C$_{14}$H$_{12}$O$_3$, Formel II.

B. Beim Erwärmen von Naphthalin-2,3-diol mit α-Brom-isobuttersäure-äthylester und Natriumäthylat in Äthanol, Erwärmen der Reaktionslösung mit wss. Natronlauge und anschliessenden Ansäuern (*Woodcock, Davies*, Soc. **1958** 4723, 4727).

Krystalle (aus A.); F: 144—145°.

6-Acetyl-5-methyl-naphtho[2,3-*d*][1,3]dioxol, 1-[5-Methyl-naphtho[2,3-*d*][1,3]dioxol-6-yl]-äthanon C$_{14}$H$_{12}$O$_3$, Formel III.

Diese Konstitution kommt vermutlich der nachstehend beschriebenen Verbindung zu (*Lin, Robinson*, Soc. **1938** 2005, 2007; *Howell, Taylor*, Soc. **1956** 4252, 4255).

B. Bei 14-tägigem Aufbewahren einer mit Chlorwasserstoff gesättigten Lösung von 3-[3,4-Methylendioxy-phenäthyliden]-pentan-2,4-dion in Chloroform (*Ho., Ta.*; s. a. *Lin, Ro.*).

Krystalle (aus A.); F: 134—135° (*Ho., Ta.*).

2,4-Dinitro-phenylhydrazon C$_{20}$H$_{16}$N$_4$O$_6$. Krystalle (aus E.); F: 299—300° [Zers.] (*Lin, Ro.*).

6-Butyryl-naphth[1,8-*cd*][1,2]oxathiol-2,2-dioxid, 1-[2,2-Dioxo-2λ^6-naphth[1,8-*cd*]=[1,2]oxathiol-6-yl]-butan-1-on, 5-Butyryl-8-hydroxy-naphthalin-1-sulfonsäure-lacton $C_{14}H_{12}O_4S$, Formel IV.

B. Beim Erwärmen von Naphth[1,8-*cd*][1,2]oxathiol-2,2-dioxid mit Butyrylchlorid und Aluminiumchlorid in 1,2,4-Trichlor-benzol oder in Nitrobenzol (*Schetty*, Helv. **30** [1947] 1650, 1656).

F: 131—132°.

III   IV   V

***1-[2,2-Dioxo-2λ^6-naphth[1,8-*cd*][1,2]oxathiol-6-yl]-butan-1-on-phenylhydrazon, 8-Hydroxy-5-[1-phenylhydrazono-butyl]-naphthalin-1-sulfonsäure-lacton** $C_{20}H_{18}N_2O_3S$, Formel V.

B. Aus 1-[2,2-Dioxo-2λ^6-naphth[1,8-*cd*][1,2]oxathiol-6-yl]-butan-1-on und Phenyl=hydrazin (*Schetty*, Helv. **30** [1947] 1650, 1656).

F: 188—189°.

(±)-3-[2,5-Dimethyl-[3]thienyl]-phthalid $C_{14}H_{12}O_2S$, Formel VI.

B. Beim Erhitzen von 2-[2,5-Dimethyl-thiophen-3-carbonyl]-benzoesäure mit Zink und wss. Essigsäure (*Steinkopf et al.*, A. **540** [1939] 7, 11).

Krystalle (aus Eg.); F: 154°.

VI   VII   VIII

8,8-Dimethyl-8*H*-pyrano[3,2-*g*]chromen-2-on, 3*c*-[7-Hydroxy-2,2-dimethyl-2*H*-chromen-6-yl]-acrylsäure-lacton, Xanthyletin $C_{14}H_{12}O_3$, Formel VII.

Isolierung aus Chloroxylon swietenia: *King et al.*, Soc. **1954** 1392, 1397; aus Citrus acida: *Mookerjee*, J. Indian chem. Soc. **23** [1946] 41; aus Luvunga scandens: *Bose, Mookerjee*, J. Indian chem. Soc. **21** [1944] 181, 184, 185; s. a. *Späth et al.*, B. **72** [1939] 1450; aus Zanthoxylum americanum: *Bell, Robertson*, Soc. **1936** 1828, 1829.

B. In kleiner Menge neben Seselin (S. 1829) beim Erhitzen von Umbelliferon (7-Hydr=oxy-cumarin) mit 2-Methyl-but-3-in-2-ol unter vermindertem Druck auf 200° (*Späth, Hillel*, B. **72** [1939] 2093).

Krystalle; F: 131—132° [nach Reinigung durch Sublimation bei 120°/0,003 Torr] (*Sp., Hi.*), 131,5° [aus A.] (*Mo.*), 128—128,5° [aus Bzn.] (*Bell, Ro.*), 126—127° [aus Me.] (*King et al.*). UV-Absorptionsmaxima (A.): 266 nm und 348 nm (*King et al.*). Fluorescenz von wss. oder wss.-äthanol. Lösungen vom pH 0,3 bis pH 7: *Goodwin, Kavanagh*, Arch. Biochem. **36** [1952] 442, 448.

Beim Behandeln einer Lösung in Chloroform mit Ozon und Behandeln des Reaktions-produkts mit Wasser ist 7-Hydroxy-2-oxo-2*H*-chromen-6-carbaldehyd erhalten worden (*Bell, Ro.*, l. c. S. 1830). Hydrierung an Palladium in Äthanol unter Bildung von 8,8-Di=methyl-7,8-dihydro-6*H*-pyrano[3,2-*g*]chromen-2-on: *Bell, Ro.*; *King et al.* Hydrierung an

Platin in Essigsäure unter Bildung von 8,8-Dimethyl-3,4,7,8-tetrahydro-6H-pyrano=
[3,2-g]chromen-2-on: *Mo.*; s. a. *Sp. et al.* Überführung in O-Methyl-xanthyletinsäure
(3c(?)-[7-Methoxy-2,2-dimethyl-2H-chromen-6-yl]-acrylsäure [E III/IV **18** 4954]) durch
Erwärmen mit wss.-methanol. Natronlauge, anschliessenden Behandeln mit Dimethyl=
sulfat und Erwärmen des Reaktionsprodukts mit wss.-äthanol. Kalilauge: *Bell, Ro.*; s. a.
King et al.

8,8-Dimethyl-8H-pyrano[2,3-f]chromen-2-on, 3c-[5-Hydroxy-2,2-dimethyl-2H-chromen-
6-yl]-acrylsäure-lacton, Seselin $C_{14}H_{12}O_3$, Formel VIII.

Identität von **Amyrolin** (*v. Soden, Rojahn*, Pharm. Ztg. **45** [1900] 871) mit Seselin:
Kato, Acta cryst. [B] **26** [1970] 2022.

Isolierung aus Sandelholz-Öl (von Santalum album): *v. So., Ro.*; aus Seseli indicum:
Bose, Guha, Sci. Culture **2** [1936] 326; *Späth et al.*, B. **72** [1939] 821, 825; *Farooq, Gupta*,
Perfum. essent. Oil Rec. **50** [1959] 31; aus Skimmia japonica: *Späth, Neufeld*, B. **71** [1938]
353, 354.

B. Beim Erhitzen von Umbelliferon (7-Hydroxy-cumarin) mit 2-Methyl-but-3-in-2-ol
ohne Lösungsmittel unter vermindertem Druck auf 200° (*Späth, Hillel*, B. **72** [1939] 963,
2093) oder in 1,2-Dichlor-benzol auf 160° (*Schroeder et al.*, B. **92** [1959] 2338, 2360).

Krystalle; F: 120—121° [aus A.] (*Fa., Gu.*), 119—120° [evakuierte Kapillare; aus Me.]
(*Sp., Ne.*), 117—118° [Kofler-App.; aus Ae. + PAe.] (*Sch. et al.*), 117° [aus Bzl.] (*Rose*,
N. Jb. Min. Geol. **1918** 1, 2), 117° [aus Me.] (*v. So., Ro.*). Monoklin; Raumgruppe $P2_1/c$
($=C_{2h}^5$); aus dem Röntgen-Diagramm ermittelte Dimensionen der Elementarzelle:
a = 8,4281 Å; b = 11,1119 Å; c = 12,3279 Å; β = 103,14°; n = 4 (*Kato*, l. c. S. 2023).
Dichte der Krystalle bei 18°: 1,3515 bzw. 1,3506 (*Rose*, N. Jb. Min. Geol. **1918** 2).
Krystalloptik: *Rose*, N. Jb. Min. Geol. **1918** 3; Zbl. Min. **20** [1920] 15. Fluorescenz von
wss. oder wss.-äthanol. Lösungen von pH 0,3 bis pH 12,6: *Goodwin, Kavanagh*, Arch.
Biochem. **36** [1952] 442, 448. In 100 g Benzol lösen sich bei 18° 25,5 g, bei Siedetem=
peratur 100 g (*Rose*, N. Jb. Min. Geol. **1918** 1).

Überführung in β-Tubasäure (5-Hydroxy-2,2-dimethyl-2H-chromen-6-carbonsäure)
durch Erwärmen mit wss.-äthanol. Kalilauge und wss. Wasserstoffperoxid: *Stamm et al.*,
Helv. **41** [1958] 2006, 2019. Beim Behandeln mit Peroxybenzoesäure in Chloroform sind
9,10-Epoxy-8,8-dimethyl-9,10-dihydro-8H-pyrano[2,3-f]chromen-2-on und 10t-Benzoyl=
oxy-9r-hydroxy-8,8-dimethyl-9,10-dihydro-8H-pyrano[2,3-f]chromen-2-on erhalten wor=
den (*Sch. et al.*). Überführung in 9r,10c-Dihydroxy-8,8-dimethyl-9,10-dihydro-8H-pyrano=
[2,3-f]chromen-2-on mit Hilfe von Osmium(VIII)-oxid in Äther: *Sch. et al.*, l. c. S. 2362.
Überführung in Umbelliferon (7-Hydroxy-cumarin) durch Erhitzen mit Essigsäure und
wenig Schwefelsäure: *Sp. et al.*, l. c. S. 827. Bildung von 3c(?)-[5-Methoxy-2,2-dimethyl-
2H-chromen-6-yl]-acrylsäure (E III/IV **18** 4954) beim Erwärmen mit wss. Kalilauge und
Dimethylsulfat: *Sp. et al.*, l. c. S. 828. Beim Behandeln einer Lösung in Essigsäure mit
Silberacetat und Jod und Erwärmen der Reaktionslösung mit wenig Wasser ist 10t-Acet=
oxy-9r-jod-8,8-dimethyl-9,10-dihydro-8H-pyrano[2,3-f]chromen-2-on erhalten worden
(*Sch. et al.*, l. c. S. 2363).

2-Isopropyl-furo[3,2-g]chromen-7-on, 3c-[6-Hydroxy-2-isopropyl-benzofuran-5-yl]-
acrylsäure-lacton, Anhydromarmesin, Anhydronodakenetin, Desoxyoreosolon
$C_{14}H_{12}O_3$, Formel IX.

B. Beim Erhitzen von 2-Isopropyl-5,6-dihydro-furo[3,2-g]chromen-7-on oder von
(±)-2-Isopropyl-2,3,5,6-tetrahydro-furo[3,2-g]chromen-7-on mit Palladium auf 200°
(*Späth, Galinovsky*, B. **70** [1937] 235, 238). Aus Marmesin ((S)-2-[α-Hydroxy-isopropyl]-
2,3-dihydro-furo[3,2-g]chromen-7-on) beim Erwärmen mit Phosphor(V)-oxid in Benzol
(*Chatterjee, Mitra*, Am. Soc. **71** [1949] 606, 608; *Starkowsky, Badran*, J. org. Chem. **23**
[1958] 1818), beim Erhitzen mit Phosphor(V)-oxid unter 1 Torr auf 120° (*St., Ba.*) sowie
beim Erhitzen mit Benzoylchlorid (*Abu-Mustafa et al.*, Nature **182** [1958] 54; *Abu-
Mustafa, Fayez*, J. org. Chem. **26** [1961] 161, 166). Beim Erhitzen von Nodakenetin
((R)-2-[α-Hydroxy-isopropyl]-2,3-dihydro-furo[3,2-g]chromen-7-on) mit Phosphor(V)-
oxid unter 1 Torr auf 120° (*Späth, Kainrath*, B. **69** [1936] 2062, 2065). Beim Erwärmen
einer Lösung von (±)-2-[α-Hydroxy-isopropyl]-2,3-dihydro-furo[3,2-g]chromen-7-on in
Benzol mit Phosphor(V)-oxid (*King et al.*, Soc. **1954** 1392, 1399).

Krystalle; F: 138—140° (*Ch., Mi.*), 138—139° [durch Destillation bei 135—145° unter vermindertem Druck gereinigtes Präparat] (*Sp., Ka.*), 136—137° [aus PAe.] (*King et al.*).

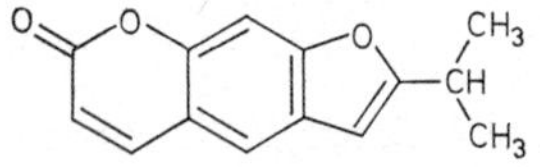

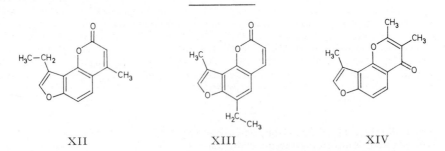

IX 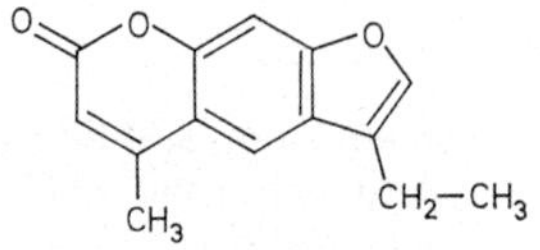   X 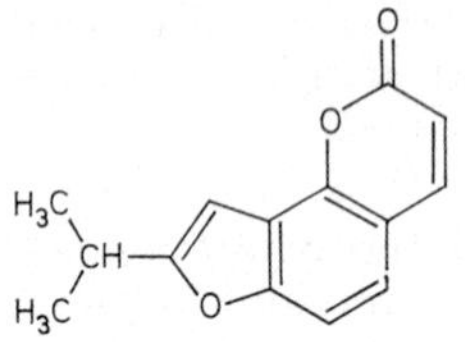   XI

3-Äthyl-5-methyl-furo[3,2-*g*]chromen-7-on, 3-[3-Äthyl-6-hydroxy-benzofuran-5-yl]-*trans*-crotonsäure-lacton $C_{14}H_{12}O_3$, Formel X.

B. Beim Erhitzen von [4-Methyl-2-oxo-6-propionyl-2*H*-chromen-7-yloxy]-essigsäure mit Acetanhydrid und Natriumacetat (*Limaye et al.*, Rasayanam **1** [1939] 187, 189). F: 177°.

8-Isopropyl-furo[2,3-*h*]chromen-2-on, 3*c*-[4-Hydroxy-2-isopropyl-benzofuran-5-yl]-acrylsäure-lacton, Dihydrooroselon $C_{14}H_{12}O_3$, Formel XI.

B. Bei der Hydrierung von Oroselon (8-Isopropenyl-furo[2,3-*h*]chromen-2-on) an Palladium/Kohle in Essigsäure (*Späth et al.*, B. **73** [1940] 709, 714). Beim Erwärmen von Ostholoxid (8-[2,3-Epoxy-3-methyl-butyl]-7-methoxy-cumarin) mit wss. Bromwasser=stoffsäure und Phosphor (*Späth et al.*, B. **75** [1942] 1623, 1629).

Krystalle; F: 142—143° [durch Sublimation gereinigtes Präparat] (*Sp. et al.*, B. **75** 1629), 142° [aus wss. Me.] (*Sp. et al.*, B. **73** 714).

9-Äthyl-4-methyl-furo[2,3-*h*]chromen-2-on, 3-[3-Äthyl-4-hydroxy-benzofuran-5-yl]-*trans*-crotonsäure-lacton $C_{14}H_{12}O_3$, Formel XII.

B. Beim Erhitzen von [4-Methyl-2-oxo-8-propionyl-2*H*-chromen-7-yloxy]-essigsäure mit Acetanhydrid und Natriumacetat (*Limaye et al.*, Rasayanam **1** [1939] 187, 188). F: 137°.

XII   XIII   XIV

6-Äthyl-9-methyl-furo[2,3-*h*]chromen-2-on, 3*c*-[7-Äthyl-4-hydroxy-3-methyl-benzo=furan-5-yl]-acrylsäure-lacton $C_{14}H_{12}O_3$, Formel XIII.

B. Beim Erhitzen von [8-Acetyl-6-äthyl-2-oxo-2*H*-chromen-7-yloxy]-essigsäure mit Acetanhydrid und Natriumacetat auf 170° (*Shah, Shah*, J. org. Chem. **19** [1954] 1938, 1941). Krystalle (aus A.); F: 111°.

2,3,9-Trimethyl-furo[2,3-*h*]chromen-4-on $C_{14}H_{12}O_3$, Formel XIV.

B. Beim Erhitzen von [8-Acetyl-2,3-dimethyl-4-oxo-4*H*-chromen-7-yloxy]-essigsäure mit Acetanhydrid und Natriumacetat auf 170° (*Kelkar, Limaye*, Rasayanam **1** [1941] 228). Krystalle (aus A.); F: 245°.

Oxo-Verbindungen $C_{15}H_{14}O_3$

6-Isovaleryl-naphth[1,8-*cd*][1,2]oxathiol-2,2-dioxid, 1-[2,2-Dioxo-2λ^6-naphth[1,8-*cd*]=[1,2]oxathiol-6-yl]-3-methyl-butan-1-on, 8-Hydroxy-5-isovaleryl-naphthalin-1-sulfon=säure-lacton $C_{15}H_{14}O_4S$, Formel I.

B. Beim Erwärmen von Naphth[1,8-*cd*][1,2]oxathiol-2,2-dioxid mit Isovalerylchlorid und Aluminiumchlorid in 1,2,4-Trichlor-benzol oder in Nitrobenzol (*Schetty*, Helv. **30** [1947] 1650, 1654, 1656).

F: 121,5—122,5°.

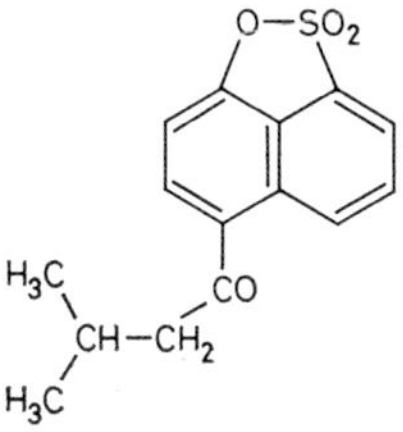

I 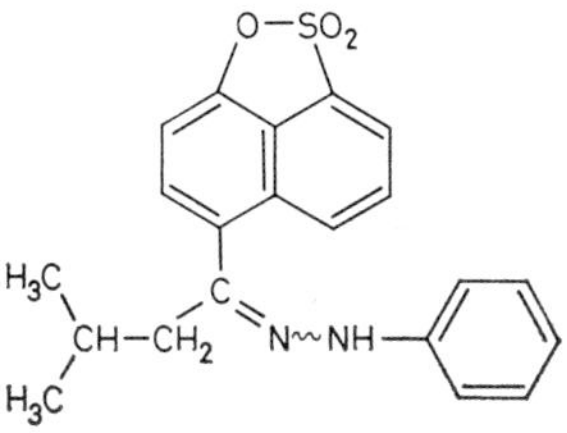   II 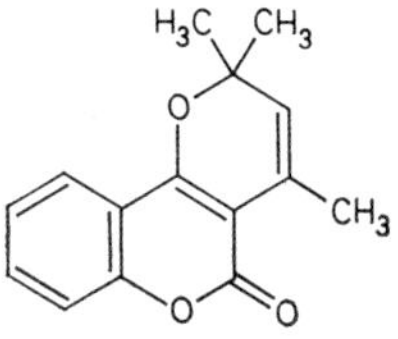   III

*1-[2,2-Dioxo-2λ^6-naphth[1,8-*cd*][1,2]oxathiol-6-yl]-3-methyl-butan-1-on-phenyl=hydrazon, 8-Hydroxy-5-[3-methyl-1-phenylhydrazono-butyl]-naphthalin-1-sulfonsäure-lacton $C_{21}H_{20}N_2O_3S$, Formel II.

B. Aus 1-[2,2-Dioxo-2λ^6-naphth[1,8-*cd*][1,2]oxathiol-6-yl]-3-methyl-butan-1-on und Phenylhydrazin (*Schetty*, Helv. **30** [1947] 1650, 1656).

F: 177—178°.

2,2,4-Trimethyl-2*H*-pyrano[3,2-*c*]chromen-5-on, 2-[2-Hydroxy-phenyl]-4,6,6-trimethyl-6*H*-pyran-3-carbonsäure-lacton $C_{15}H_{14}O_3$, Formel III.

Diese Konstitution kommt der nachstehend beschriebenen, von *Ikawa et al.* (Am. Soc. **66** [1944] 902, 904) als 3-[1,3-Dimethyl-but-2-enyliden]-chroman-2,4-dion angesehenen Verbindung zu (*Hutchinson, Tomlinson*, Tetrahedron Letters **1968** 5027).

B. Neben 3-[1,1-Dimethyl-3-oxo-butyl]-chroman-2,4-dion beim Erhitzen von Chroman-2,4-dion mit 4-Methyl-pent-3-en-2-on und Pyridin (*Ik. et al.*).

Krystalle (aus Hexan); F: 93° (*Ik. et al.*).

5-Methyl-3-propyl-furo[3,2-*g*]chromen-7-on, 3-[6-Hydroxy-3-propyl-benzofuran-5-yl]-*trans*-crotonsäure-lacton $C_{15}H_{14}O_3$, Formel IV.

B. Beim Erhitzen von [6-Butyryl-4-methyl-2-oxo-2*H*-chromen-7-yloxy]-essigsäure mit Acetanhydrid und Natriumacetat (*Limaye et al.*, Rasayanam **1** [1939] 187, 189).

F: 175°.

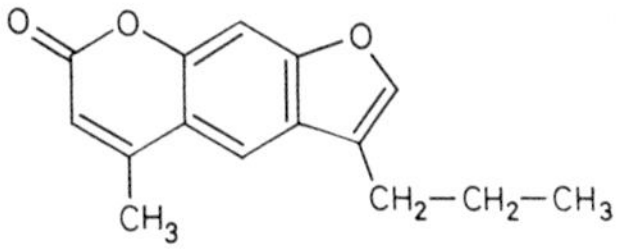

IV 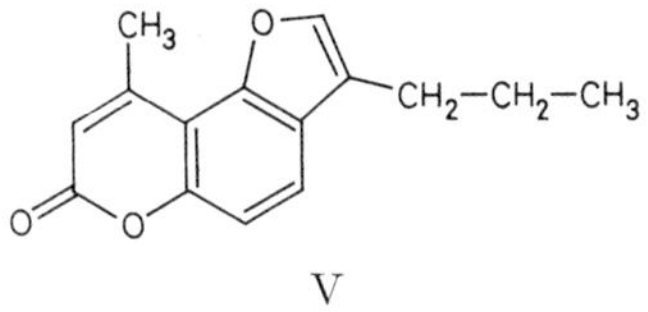   V

9-Methyl-3-propyl-furo[2,3-*f*]chromen-7-on, 3-[6-Hydroxy-3-propyl-benzofuran-7-yl]-*trans*-crotonsäure-lacton $C_{15}H_{14}O_3$, Formel V.

B. Beim Erhitzen von [6-Butyryl-4-methyl-2-oxo-2*H*-chromen-5-yloxy]-essigsäure mit Acetanhydrid und Natriumacetat auf 160° (*Chudgar, Shah*, J. Univ. Bombay **13**, Tl. 3 A [1944] 15, 18).

Krystalle (aus wss. Eg.); F: 129°.

4-Methyl-9-propyl-furo[2,3-*h*]chromen-2-on, 3-[4-Hydroxy-3-propyl-benzofuran-5-yl]-*trans*-crotonsäure-lacton $C_{15}H_{14}O_3$, Formel VI.

B. Beim Erhitzen von [8-Butyryl-4-methyl-2-oxo-2*H*-chromen-7-yloxy]-essigsäure mit Acetanhydrid und Natriumacetat (*Limaye et al.*, Rasayanam **1** [1939] 187, 189).

F: 85°.

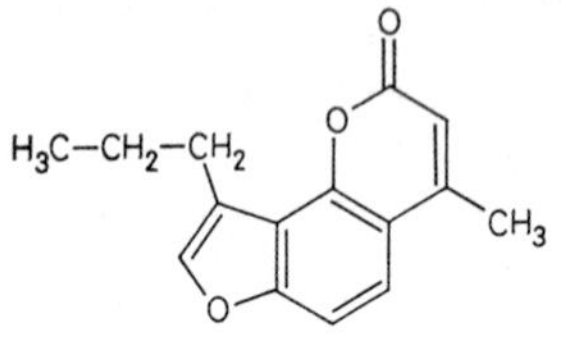

VI 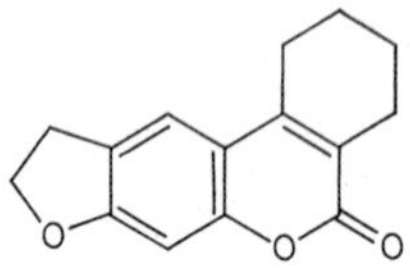   VII

1,2,3,4,9,10-Hexahydro-benzo[*c*]furo[3,2-*g*]chromen-5-on, 2-[6-Hydroxy-2,3-dihydro-benzofuran-5-yl]-cyclohex-1-encarbonsäure-lacton $C_{15}H_{14}O_3$, Formel VII.

B. Beim Erwärmen von 6-Acetoxy-2,3-dihydro-benzofuran mit 2-Oxo-cyclohexan=carbonsäure-äthylester und 75%ig. wss. Schwefelsäure (*Horning, Reisner*, Am. Soc. **72** [1950] 1514, 1516).

Krystalle (aus E.); F: 190,5—191,5° [korr.].

Oxo-Verbindungen $C_{16}H_{16}O_3$

(±)-1*t*(?),5-Di-[2]furyl-octa-1,7-dien-3-on $C_{16}H_{16}O_3$, vermutlich Formel VIII.

B. Beim Behandeln einer Lösung von 1*t*(?),5*t*(?)-Di-[2]furyl-penta-1,4-dien-3-on (S. 1822) in Benzol mit Allylmagnesiumbromid in Äther (*Daschkewitsch, Shuder*, Doklady Akad. S.S.S.R. **108** [1956] 87, 88; Pr. Acad. Sci. U.S.S.R. Chem. Sect. **106—111** [1956] 211, 212).

Gelbe Krystalle (aus Me. + W.); F: 95—97°.

2,4-Dinitro-phenylhydrazon $C_{22}H_{20}N_4O_7$. F: 160° [Zers.].

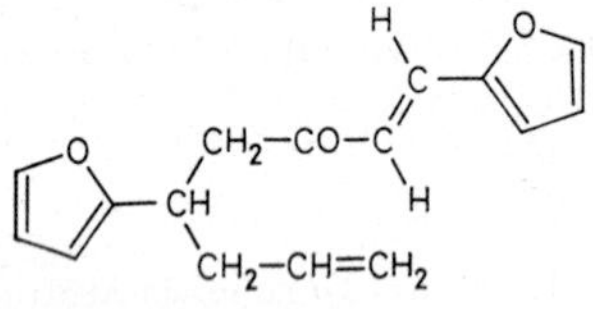

VIII 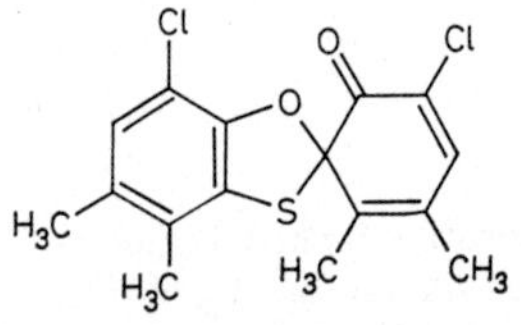   IX

(±)-7,3'-Dichlor-4,5,5',6'-tetramethyl-spiro[benz[1,3]oxathiol-2,1'-cyclohexa-3',5'-dien]-2'-on $C_{16}H_{14}Cl_2O_2S$, Formel IX.

Für die nachstehend beschriebene Verbindung sind auch die Formulierungen als [5-Chlor-2,3-dimethyl-6-oxo-cyclohexa-2,4-dienyliden]-[3-chlor-2-hydr=oxy-5,6-dimethyl-phenyl]-sulfonium-betain (Formel X) [und Mesomere] sowie als [5-Chlor-2,3-dimethyl-6-oxo-cyclohexa-2,4-dienyliden]-[6-chlor-2-mercapto-3,4-dimethyl-phenyl]-oxonium-betain (Formel XI) [und Mesomere] in Betracht zu ziehen (vgl. *Schönberg et al.*, Am. Soc. **73** [1951] 2876, 2878).

B. Beim Behandeln einer Lösung von Bis-[3-chlor-2-hydroxy-5,6-dimethyl-phenyl]-sulfid mit wss. Natronlauge und wss. Natriumhypochlorit-Lösung (*Dvorkovitz, Smiles*, Soc. **1938** 2022, 2026).

Orangefarbene Krystalle (aus wss. Acn.); F: ca. 115° (*Dv., Sm.*).

(±)-5,5'-Dichlor-4,7,3',6'-tetramethyl-spiro[benz[1,3]oxathiol-2,1'-cyclohexa-3',5'-dien]-2'-on $C_{16}H_{14}Cl_2O_2S$, Formel XII.

Für die nachstehend beschriebene Verbindung sind auch die Formulierungen als

[3-Chlor-2,5-dimethyl-6-oxo-cyclohexa-2,4-dienyliden]-[3-chlor-6-hydroxy-2,5-dimethyl-phenyl]-sulfonium-betain (E III 7 3402) [und Mesomere] sowie als [3-Chlor-2,5-dimethyl-6-oxo-cyclohexa-2,4-dienyliden]-[4-chlor-2-mercapto-3,6-dimethyl-phenyl]-oxonium-betain (E III 7 3402) [und Mesomere] in Betracht zu ziehen (vgl. *Schönberg et al.*, Am. Soc. **73** [1951] 2876, 2878).

B. Beim Behandeln von Bis-[3-chlor-6-hydroxy-2,5-dimethyl-phenyl]-sulfid mit Blei(IV)-oxid in Benzol oder mit Kalium-hexacyanoferrat(III) und wss. Alkalilauge (*McClement, Smiles*, Soc. **1937** 1016, 1021).

Orangefarbene Krystalle (aus wss. Eg.); F: 165° (*McCl., Sm.*).

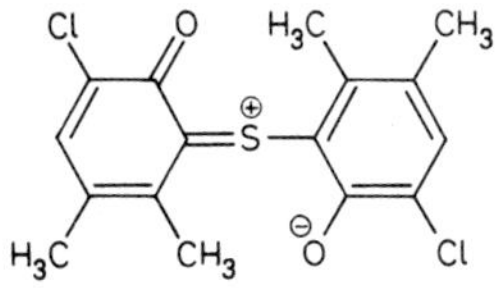

X 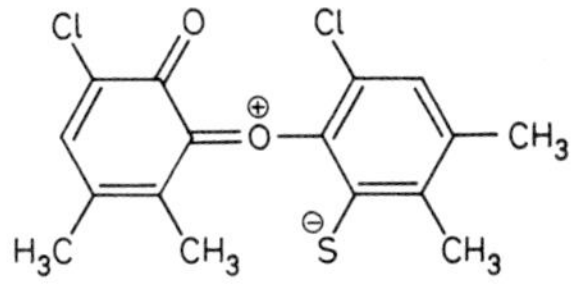   XI

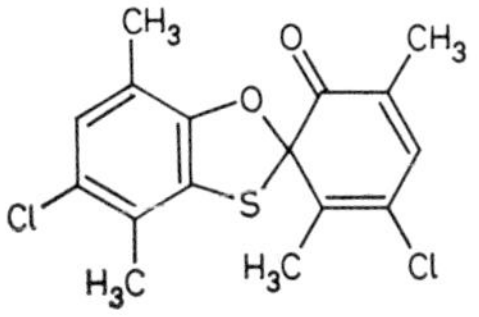

XII 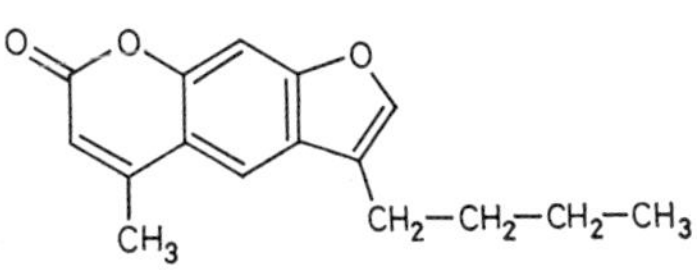   XIII

3-Butyl-5-methyl-furo[3,2-*g*]chromen-7-on, 3-[3-Butyl-6-hydroxy-benzofuran-5-yl]-*trans*-crotonsäure-lacton $C_{16}H_{16}O_3$, Formel XIII.

B. Beim Erhitzen von [4-Methyl-2-oxo-6-valeryl-2*H*-chromen-7-yloxy]-essigsäure mit Acetanhydrid und Natriumacetat (*Bhagwat, Shahane*, Rasayanam **1** [1939] 190).

F: 158°.

3-Isobutyl-9-methyl-furo[2,3-*f*]chromen-7-on, 3-[6-Hydroxy-3-isobutyl-benzofuran-7-yl]-*trans*-crotonsäure-lacton $C_{16}H_{16}O_3$, Formel XIV.

B. Beim Erhitzen von [6-Isovaleryl-4-methyl-2-oxo-2*H*-chromen-5-yloxy]-essigsäure mit Acetanhydrid und Natriumacetat auf 160° (*Chudgar, Shah*, J. Univ. Bombay **13**, Tl. 3 A [1944] 15, 18).

Krystalle (aus A.); F: 101—102°.

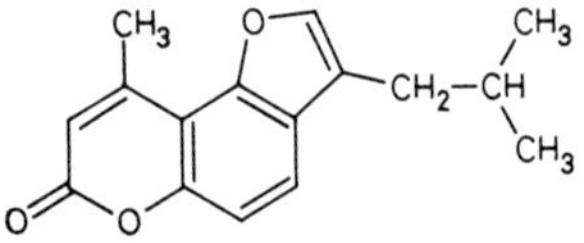

XIV 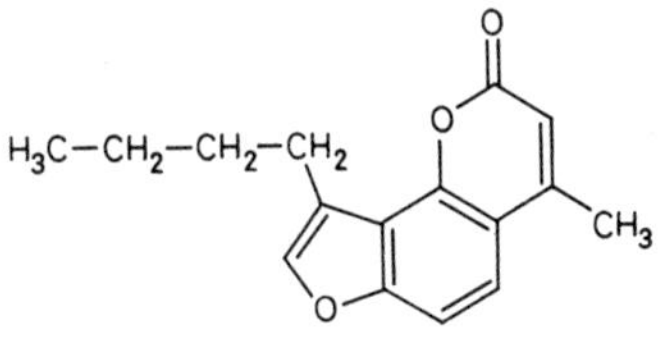   XV

9-Butyl-4-methyl-furo[2,3-*h*]chromen-2-on, 3-[3-Butyl-4-hydroxy-benzofuran-5-yl]-*trans*-crotonsäure-lacton $C_{16}H_{16}O_3$, Formel XV.

B. Beim Erhitzen von [4-Methyl-2-oxo-8-valeryl-2*H*-chromen-7-yloxy]-essigsäure mit Acetanhydrid und Natriumacetat (*Bhagwat, Shahane*, Rasayanam **1** [1939] 190).

F: 89°.

Oxo-Verbindungen $C_{18}H_{20}O_3$

(*R*)-6-Isopropyliden-3-methyl-2-[(*Ξ*)-piperonyliden]-cyclohexanon $C_{18}H_{20}O_3$, Formel I.

B. Beim Behandeln von Piperonal mit (+)-Pulegon ((*R*)-*p*-Menth-4(8)-en-3-on) und wss.-äthanol. Natronlauge (*Thoms, Soltner*, Ar. **268** [1930] 157, 163).

$Kp_{0,25}$: 218—220°.

I

II

(±)-4,5,7,3′,5′,6′-Hexamethyl-spiro[benz[1,3]oxathiol-2,1′-cyclohexa-3′,5′-dien]-2′-on $C_{18}H_{20}O_2S$, Formel II.

Für die nachstehend beschriebene Verbindung sind auch die Formulierungen als [2-Hydroxy-3,5,6-trimethyl-phenyl]-[2,3,5-trimethyl-6-oxo-cyclohexa-2,4-dienyliden]-sulfonium-betain (E III **7** 3407) [und Mesomere] sowie als [2-Mercapto-3,4,6-trimethyl-phenyl]-[2,3,5-trimethyl-6-oxo-cyclohexa-2,4-dienyliden]-oxonium-betain (E III **7** 3407) [und Mesomere] in Betracht zu ziehen (vgl. *Schönberg et al.*, Am. Soc. **73** [1951] 2876, 2878).

B. Beim Behandeln von Bis-[2-hydroxy-3,5,6-trimethyl-phenyl]-sulfid mit Blei(IV)-oxid in Benzol oder mit Kalium-hexacyanoferrat(III) und wss. Alkalilauge (*McClement, Smiles*, Soc. **1937** 1016, 1021).

Orangefarbene Krystalle (aus wss. Eg.); F: 97° (*McCl., Sm.*).

1,7,7-Trimethyl-3-piperonyliden-norbornan-2-on, 3 - P i p e r o n y l i d e n - c a m p h e r $C_{18}H_{20}O_3$.

a) **(1R)-1,7,7-Trimethyl-3-[($\mathit{\Xi}$)-piperonyliden]-norbornan-2-on** $C_{18}H_{20}O_3$, Formel III (vgl. H 140; E II 163).

B. Beim Erhitzen von Piperonal mit (1R)-Campher und Natrium in Toluol (*Ono*, Bl. Inst. Insect Control Kyoto **15** [1950] 155, 162; C. A. **1951** 2133).

Krystalle (aus A.); F: 160°. $[\alpha]_D^{20}$: +432,3° [Toluol].

III

IV

b) **(1S)-1,7,7-Trimethyl-3-[($\mathit{\Xi}$)-piperonyliden]-norbornan-2-on** $C_{18}H_{20}O_3$, Formel IV (vgl. H 140).

B. Beim Erhitzen von Piperonal mit (1S)-Campher und Natrium in Toluol (*Ono*, Bl. Inst. Insect Control Kyoto **15** [1950] 155, 162; C. A. **1951** 2133).

F: 159°. $[\alpha]_D^{20}$: −396° [Toluol].

Oxo-Verbindungen $C_{23}H_{30}O_3$

9-Methyl-3-undecyl-furo[2,3-f]chromen-7-on, 3-[6-Hydroxy-3-undecyl-benzofuran-7-yl]-*trans*-crotonsäure-lacton $C_{23}H_{30}O_3$, Formel V.

B. Beim Erhitzen von [6-Lauroyl-4-methyl-2-oxo-2H-chromen-5-yloxy]-essigsäure mit Acetanhydrid und Natriumacetat auf 160° (*Chudgar, Shah*, J. Univ. Bombay **13**, Tl. 3 A [1944] 15, 18).

Krystalle (aus A.); F: 106—107°.

(20$\mathit{\Xi}$,22$\mathit{\Xi}$)-14,22-Epoxy-14β-carda-3,5-dienolid $C_{23}H_{30}O_3$, Formel VI.

Diese Konstitution kommt vermutlich dem nachstehend beschriebenen **Isoanhydro-canariengenin-A** zu (*González, Calero*, An. Soc. españ. [B] **51** [1955] 341, 344; *González González et al.*, An. Soc. españ. [B] **56** [1960] 85).

B. Beim Erwärmen von Anhydrocanarigenin (14-Hydroxy-14β-carda-3,5,20(22)-tri=
enolid) mit methanol. Kalilauge und anschliessenden Ansäuern mit wss. Salzsäure (*Go.,
Ca.*, l. c. S. 347; *Breton et al.*, Chem. and Ind. **1959** 513).

Krystalle (aus Me.), die bei 210−220° [unkorr.] schmelzen (*Go. Go. et al.*, l. c. S. 90);
Krystalle (aus Me.), F: 204−206° [nach Erweichen bei 195°] (*Go., Ca.*). [α]_D: −123°
[CHCl_3; c = 1] (*Go., Ca.; Br. et al.*). IR-Spektrum (3600−700 cm⁻¹): *Go. Go. et al.*, l. c.
S. 86.

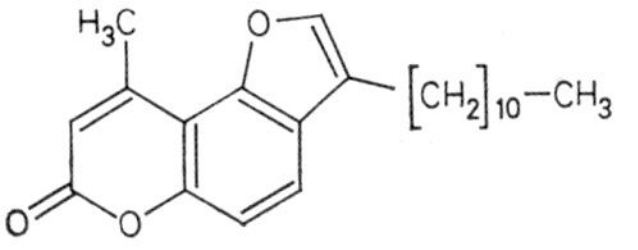

V 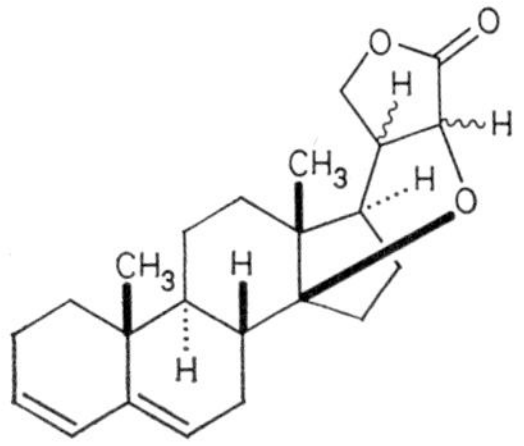   VI

Oxo-Verbindungen C₂₇H₃₈O₃

**9-Methyl-3-pentadecyl-furo[2,3-*f*]chromen-7-on, 3-[6-Hydroxy-3-pentadecyl-benzofuran-
7-yl]-*trans*-crotonsäure-lacton** C₂₇H₃₈O₃, Formel VII.

B. Beim Erhitzen von [4-Methyl-2-oxo-6-palmitoyl-2*H*-chromen-5-yloxy]-essigsäure
mit Acetanhydrid und Natriumacetat auf 160° (*Chudgar, Shah*, J. Univ. Bombay **13**,
Tl. 3 A [1944] 15, 18).

Krystalle (aus A.); F: 124°.

———

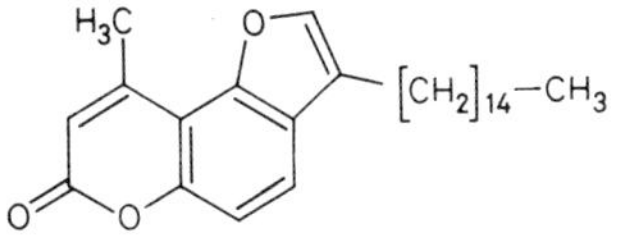

VII 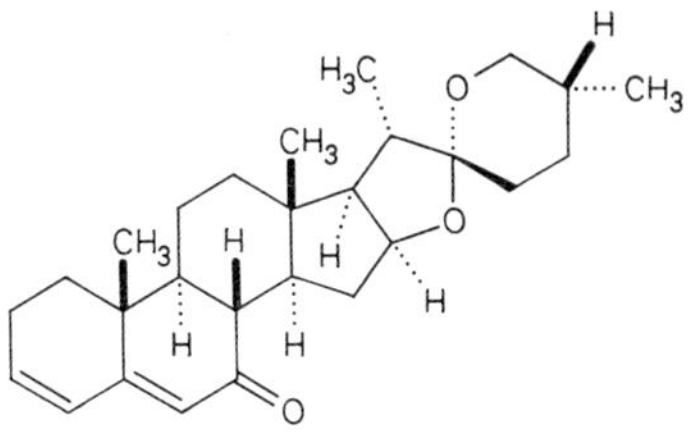   VIII

(25*R*)-Spirosta-3,5-dien-7-on C₂₇H₃₈O₃, Formel VIII.

B. Beim Erwärmen von (25*R*)-3β-Acetoxy-spirost-5-en-7-on mit äthanol. Kalilauge
(*Marker, Turner*, Am. Soc. **63** [1941] 767, 770; *Marker et al.*, Am. Soc. **69** [1947] 2167,
2178).

Krystalle; F: 206−208° [aus Ae. + Pentan] (*Ma. et al.*), 197−198° [aus Pentan]
(*Ma., Tu.*).

Bei der Hydrierung an Palladium/Bariumsulfat in Äther ist (25*R*)-5α-Spirostan-7-on
erhalten worden (*Ma. et al.*, l. c. S. 2179).

———

(25*R*)-Spirosta-1,4-dien-3-on C₂₇H₃₈O₃, Formel IX (X = H).

B. Beim Erhitzen von (25*R*)-*O*¹-Acetyl-ruscogenin ((25*R*)-1β-Acetoxy-spirost-5-en-
3β-ol) mit Aluminiumisopropylat, Cyclohexanon und Toluol (*Lapin, Sannié*, Bl. **1955**
1552, 1554; *Nussbaum et al.*, Am. Soc. **81** [1959] 5230, 5232). Aus Diosgenon ((25*R*)-Spirost-
4-en-3-on) beim Erwärmen mit Selendioxid in Benzol (*Miki, Hara*, Pharm. Bl. **4** [1956]
421) sowie beim Erhitzen mit Selendioxid in *tert*-Amylalkohol und Essigsäure (*Nu. et al.*).
Beim Erwärmen von (23*Ξ*,25*R*)-23-Brom-spirosta-1,4-dien-3-on (F: 192−195°) mit
Natriumjodid und Acetanhydrid (*Burn et al.*, Soc. **1958** 795, 798).

Krystalle; F: 198−200° [aus wss. Acn.] (*Burn et al.*), 189−192° [Kofler-App.; aus
Me.] (*La., Sa.*), 186° (*Miki, Hara*). [α]_D²³: −73,8° [CHCl_3; c = 1] (*Nu. et al.*); [α]_D²⁴: −70,4°
[CHCl_3; c = 0,6] (*Burn et al.*). IR-Banden (Nujol) im Bereich von 6 μ bis 11,6 μ: *Nu. et al.*
UV-Absorptionsmaximum: 244 nm [Me.] (*Nu. et al.*) bzw. 244,5 nm [A.] (*Burn et al.*).

IX   X

(23Ξ,25R)-23-Brom-spirosta-1,4-dien-3-on $C_{27}H_{37}BrO_3$, Formel IX (X = Br).

B. Beim Erhitzen von (23Ξ,25R)-2α,4α,23-Tribrom-5α-spirostan-3-on (S. 1784) mit 2,4,6-Trimethyl-pyridin (*Burn et al.*, Soc. **1958** 795, 798; s. a. *Searle & Co.*, U.S.P. 2875201 [1957]).

Krystalle; F: ca. 201° [Zers.; aus Ae. + Hexan] (*Searle & Co.*), 192—195° [aus Me.] (*Burn et al.*).

4a,6a,7,5'-Tetramethyl-$\Delta^{4b,10b}$-hexadecahydro-spiro[naphth[2',1';4,5]indeno[2,1-b]furan-8,2'-pyran]-2-on $C_{27}H_{38}O_3$.

  a) **(25R)-5β-Spirosta-7,9(11)-dien-3-on** $C_{27}H_{38}O_3$, Formel X.

B. Bei der Hydrierung von (25R)-Spirosta-4,7,9(11)-trien-3-on an Palladium/Kohle in äthanol. Kalilauge (*Yashin et al.*, Am. Soc. **73** [1951] 4654, 4657).

Krystalle (aus Me.); F: 191—193° [unkorr.]. UV-Absorptionsmaxima (A.): 236 nm und 244 nm.

  b) **(25R)-5α-Spirosta-7,9(11)-dien-3-on** $C_{27}H_{38}O_3$, Formel XI.

B. Beim Erwärmen von (25R)-3,3-Äthandiyldioxy-5α-spirosta-7,9(11)-dien mit wss. Essigsäure (*Bernstein et al.*, J. org. Chem. **18** [1953] 1418, 1424).

Krystalle (aus Acn. + W.); F: 211—216° [nach Erweichen bei 207°]. $[\alpha]_D^{33}$: +16° [CHCl$_3$; c = 0,8]. UV-Absorptionsmaxima (A.): 236 nm, 243 nm und 251 nm.

XI   XII

(25R)-Spirosta-4,7-dien-3-on $C_{27}H_{38}O_3$, Formel XII.

B. Beim Erhitzen von (25R)-Spirosta-5,7-dien-3β-ol mit Aluminium-*tert*-butylat, Cyclohexanon und Toluol (*Yashin et al.*, Am. Soc. **73** [1951] 4654, 4656). Beim Erwärmen von (25R)-3,3-Äthandiyldioxy-spirosta-5,7-dien mit wss. Essigsäure (*Bernstein et al.*, J. org. Chem. **18** [1953] 1418, 1423).

Krystalle; F: 188—190° [Kofler-App.; aus Pentan + E.] (*Ya. et al.*), 187—189° [unkorr.; aus Acn. + W.] (*Be. et al.*). $[\alpha]_D^{20}$: −65° [CHCl$_3$] (*Ya. et al.*); $[\alpha]_D^{21}$: −60° [CHCl$_3$; c = 0,7]; $[\alpha]_{578}^{21}$: −75° [CHCl$_3$; c = 0,7] (*Be. et al.*). UV-Absorptionsmaximum (A.): 238 nm (*Ya. et al.*; *Be. et al.*).

(25R)-Spirosta-4,6-dien-3-on $C_{27}H_{38}O_3$, Formel XIII (X = O).

B. Beim Erhitzen einer Lösung von Diosgenin ((25R)-Spirost-5-en-3β-ol) in Toluol mit Aluminiumisopropylat bzw. Aluminium-*tert*-butylat und [1,4]Benzochinon (*Marker*, *Turner*, Am. Soc. **63** [1941] 767, 771; *Dauben et al.*, Am. Soc. **75** [1953] 3255, 3258).

Beim Erwärmen von Diosgenin mit Mangan(IV)-oxid in Benzol (*Sondheimer et al.*, Am. Soc. **75** [1953] 5932, 5934). Beim Erhitzen von (25*R*)-Spirosta-4,6-dien-3β-ol mit Aluminium-*tert*-butylat, Cyclohexanon und Toluol (*Romo et al.*, J. org. Chem. **16** [1951] 1873, 1876). Beim Erwärmen von Diosgenon ((25*R*)-Spirost-4-en-3-on) mit Mangan(IV)-oxid in Benzol (*So. et al.*). Beim Erhitzen von (25*R*)-6ξ-Brom-spirost-4-en-3-on (S. 1810) mit 2,4,6-Trimethyl-pyridin (*Romo et al.*). Beim Erwärmen von (25*R*)-6ξ-Jod-spirost-4-en-3-on (S. 1811) mit Semicarbazid-hydrochlorid und Natriumacetat in Essigsäure und Erwärmen der Reaktionslösung mit Brenztraubensäure in Wasser (*Djerassi et al.*, Am. Soc. **77** [1955] 3826, 3828).

Krystalle; F: 212—213° [unkorr.; aus Acn. + Me.] (*Bernstein et al.*, J. org. Chem. **18** [1953] 1418, 1423), 210—212° [unkorr.; aus Acn. + Me.] (*So. et al.*), 205—207° [unkorr.; aus Acn. + Me.] (*Romo et al.*). [α]$_D^{20}$: −56° [CHCl$_3$] (*So. et al.*); [α]$_D^{20}$: −55° [CHCl$_3$] (*Romo et al.*); [α]$_D^{29}$: −64° [CHCl$_3$; c = 2] (*Be. et al.*). UV-Absorptionsmaximum: 284 nm [A.] (*Dj. et al.*; *Romo et al.*; *So. et al.*) bzw. 284 nm [Me.] (*Da. et al.*).

Hydrierung an Palladium/Kohle in äthanol. Kalilauge unter Bildung von Smilagenon ((25*R*)-5β-Spirostan-3-on): *Djerassi et al.*, Am. Soc. **74** [1952] 422. Beim Erwärmen einer Lösung in Benzol mit Isopropenylacetat und wenig Toluol-4-sulfonsäure ist (25*R*)-3-Acetoxy-spirosta-2,4,6-trien, beim Erwärmen mit Acetanhydrid und Acetylchlorid unter Ausschluss von Licht ist (25*R*)-3-Acetoxy-spirosta-3,5,7-trien, beim Erhitzen mit Acetanhydrid, Acetylchlorid und Pyridin ist (25*R*)-3,26-Diacetoxy-furosta-3,5,7,20(22)-tetraen (E III/IV **18** 8465) erhalten worden (*Da. et al.*).

(25*R*)-Spirosta-4,6-dien-3-on-[2,4-dinitro-phenylhydrazon] C$_{33}$H$_{42}$N$_4$O$_6$, Formel XIII (X = N-NH-C$_6$H$_3$(NO$_2$)$_2$).

B. Beim Erhitzen einer Lösung von (25*R*)-6ξ-Jod-spirost-4-en-3-on (S. 1811) in Essigsäure mit [2,4-Dinitro-phenyl]-hydrazin (*Djerassi et al.*, Am. Soc. **77** [1955] 3826, 3828).

Krystalle (aus A. + CHCl$_3$); F: 263—268° [unkorr.]. Absorptionsmaxima (CHCl$_3$): 310 nm und 404 nm.

XIII   XIV

Oxo-Verbindungen C$_{29}$H$_{42}$O$_3$

3-Heptadecyl-9-methyl-furo[2,3-*f*]chromen-7-on C$_{29}$H$_{42}$O$_3$, Formel XIV.

B. Beim Erhitzen von [4-Methyl-2-oxo-6-stearoyl-2*H*-chromen-5-yloxy]-essigsäure mit Acetanhydrid und Natriumacetat auf 160° (*Chudgar, Shah*, J. Univ. Bombay **13**, Tl. 3 A [1944] 15, 18).

Krystalle (aus A.); F: 101—102°.

Oxo-Verbindungen C$_{33}$H$_{50}$O$_3$

3β,24-Isopropylidendioxy-oleana-11,13(18)-dien-21-on C$_{33}$H$_{50}$O$_3$, Formel XV.

B. Beim Behandeln von 3β,24-Isopropylidendioxy-oleana-11,13(18)-dien-21α-ol mit Chrom(VI)-oxid und Pyridin (*Smith et al.*, Tetrahedron **4** [1958] 111, 127).

Krystalle (aus CHCl$_3$ + Bzn.); F: 243—245° [unkorr.]. [α]$_D^{20}$: −65° [CHCl$_3$; c = 3]. UV-Absorptionsmaxima (A.): 242 nm, 250 nm und 259 nm.

[*Baumberger*]

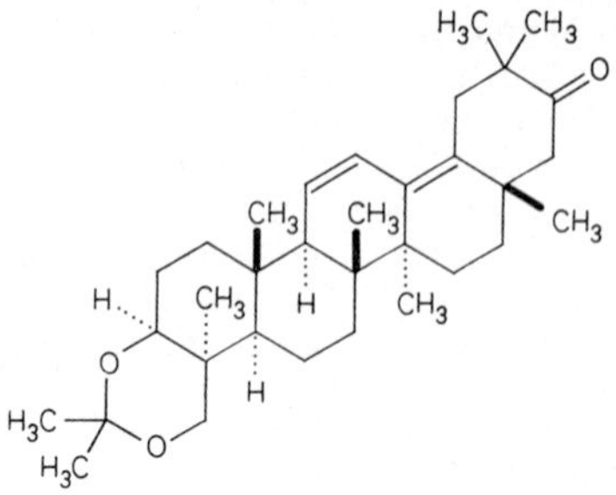

XV

Monooxo-Verbindungen $C_nH_{2n-18}O_3$

Oxo-Verbindungen $C_{13}H_8O_3$

5-[1]Naphthyl-[1,2]dithiol-3-thion $C_{13}H_8S_3$, Formel I.

B. Beim Erhitzen von 1-Allyl-naphthalin mit Schwefel in Äthylbenzoat (*Böttcher,
Bauer*, B. **84** [1951] 458, 460). Reinigung über eine Additionsverbindung mit Queck=
silber(II)-chlorid: *Bö., Ba.*

Rotbraune Krystalle (aus A.); F: 104—105°.

4-[1]Naphthyl-[1,2]dithiol-3-thion $C_{13}H_8S_3$, Formel II.

B. Beim Erhitzen von 1-Isopropenyl-naphthalin mit Schwefel auf 300° (*Schmitt,
Lespagnol*, Bl. **1950** 459, 462).

Gelbe Krystalle (aus Anisol); F: 198°. Bei 300°/1 Torr destillierbar.

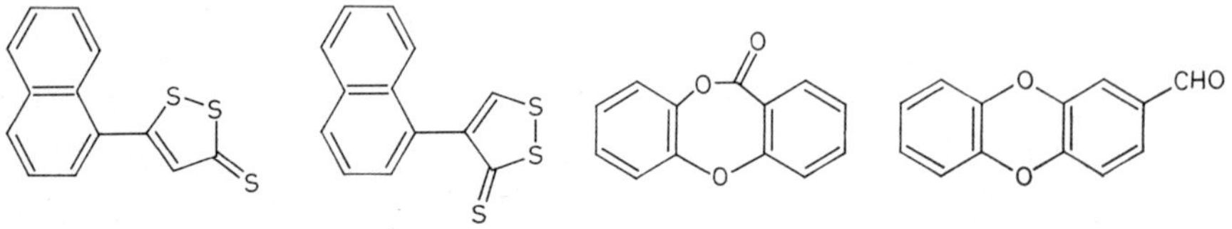

I   II   III   IV

Dibenzo[*b,e*][1,4]dioxepin-11-on, 2-[2-Hydroxy-phenoxy]-benzoesäure-lacton, Depsidon
$C_{13}H_8O_3$, Formel III.

In einem von *Ungnade* und *Rubin* (J. org. Chem. **16** [1951] 1311, 1315) unter dieser
Konstitution beschriebenen Präparat (F: 100—101°) hat ein Gemisch von 2-[2-Hydroxy-
phenoxy]-benzoesäure und 2-[2-Methoxy-phenoxy]-benzoesäure vorgelegen (*Ungnade,
Rubin*, J. org. Chem. **19** [1954] 2023).

B. Aus 2-[2-Hydroxy-phenoxy]-benzoesäure beim Behandeln mit Thionylchlorid,
Äther und Pyridin (*Noyce, Weldon*, Am. Soc. **74** [1952] 401) sowie beim Erhitzen mit
Acetanhydrid (*No., We.*; s. a. *Un., Ru.*, J. org. Chem. **19** 2023; *Clark, Ollis*, Chem. and
Ind. **1952** 337).

Krystalle; F: 67,5—68° [aus Bzl. + PAe.] (*Cl., Ol.*), 65,5—66° [aus Hexan] (*No.,
We.*), 61—63° (*Un., Ru.*, J. org. Chem. **19** 2023). UV-Absorptionsmaximum (A.): 264 nm
(*Un., Ru.*, J. org. Chem. **19** 2023).

Dibenzo[1,4]dioxin-2-carbaldehyd $C_{13}H_8O_3$, Formel IV.

B. In kleiner Menge beim Behandeln einer Lösung von Dibenzo[1,4]dioxin in Benzol
mit Kohlenmonoxid, Chlorwasserstoff, Aluminiumchlorid und wenig Kupfer(I)-chlorid
bei 40—50° (*Gilman, Dietrich*, J. org. Chem. **22** [1957] 1403, 1406).

Krystalle (aus wss. A.); F: 91—93°.

*Dibenzo[1,4]dioxin-2-carbaldehyd-[2,4-dinitro-phenylhydrazon] $C_{19}H_{12}N_4O_6$, Formel V.
B. Aus Dibenzo[1,4]dioxin-2-carbaldehyd und [2,4-Dinitro-phenyl]-hydrazin (*Gilman,
Dietrich*, J. org. Chem. **22** [1957] 1403, 1406).
Krystalle (aus Py. + A.); F: 300—301°.

V   VI

2-[2]Furyl-chromen-4-on $C_{13}H_8O_3$, Formel VI.
B. Beim Erwärmen von 1-[2]Furyl-3-[2-hydroxy-phenyl]-propan-1,3-dion mit Essig=
säure und wss. Salzsäure (*Ollis, Weight*, Soc. **1952** 3826, 3830).
Krystalle (aus A.); F: 135°.

*Benzyl-[2-[2]furyl-chromen-4-yliden]-amin, 2-[2]Furyl-chromen-4-on-benzylimin
$C_{20}H_{15}NO_2$, Formel VII (X = CH_2-C_6H_5).
B. Beim Erwärmen von 2-[2]Furyl-2-hydroxy-chroman-4-on-benzylimin (E III/IV
18 1637) mit Essigsäure (*Baker et al.*, Soc. **1952** 1294, 1301). Beim Erwärmen von 2-[2]Fur=
yl-chromen-4-thion mit Benzylamin in Äthanol (*Baker et al.*, Soc. **1954** 998, 1000).
Krystalle (aus A.); F: 120—122°.

*2-[2]Furyl-chromen-4-on-hydrazon $C_{13}H_{10}N_2O_2$, Formel VII (X = NH_2).
B. Beim Erwärmen einer Lösung von 2-[2]Furyl-chromen-4-thion in Äthanol mit
Hydrazin-hydrat (*Baker et al.*, Soc. **1954** 998, 1000).
Hellgelbe Krystalle (aus wss. Me.); F: 139—140°.

*2-[2]Furyl-chromen-4-on-phenylhydrazon $C_{19}H_{14}N_2O_2$, Formel VII (X = NH-C_6H_5).
B. Beim Erwärmen von 2-[2]Furyl-chromen-4-thion mit Phenylhydrazin und Äthanol
(*Baker et al.*, Soc. **1954** 998, 1001).
Gelbe Krystalle; F: 156—158°.

VII   VIII   IX

2-[2]Furyl-chromen-4-thion $C_{13}H_8O_2S$, Formel VIII.
B. Beim Erhitzen von 2-[2]Furyl-chromen-4-on mit Phosphor(V)-sulfid in Benzol,
Toluol oder Xylol (*Baker et al.*, Soc. **1954** 998, 999).
Rote Krystalle (aus A. oder PAe.); F: 108°.
Beim Behandeln mit Methyljodid (Überschuss) ist 2-[2]Furyl-4-methylmercapto-
chromenylium-jodid ([$C_{14}H_{11}O_2S$]I; entsprechend Formel IX; braune Krystalle,
F: 195°) erhalten worden (*Ba. et al.*, l. c. S. 1002).

2-[2]Thienyl-thiochromen-4-on $C_{13}H_8OS_2$, Formel X.
B. Beim Erwärmen von Thiophenol mit 3-Oxo-3-[2]thienyl-propionsäure-äthylester
und Polyphosphorsäure (*Farbenfabr. Bayer*, Brit.P. 803803 [1956]).
F: 127—128°.

3-[2]Thienyl-cumarin $C_{13}H_8O_2S$, Formel XI.
B. Beim Erhitzen von 3c(?)-[2-Methoxy-phenyl]-2-[2]thienyl-acrylonitril (E III/IV **18**

4955) mit Pyridin-hydrochlorid (*Buu-Hoi et al.*, Soc. **1950** 2130, 2134).
Gelbliche Krystalle (aus A.); F: 167°.

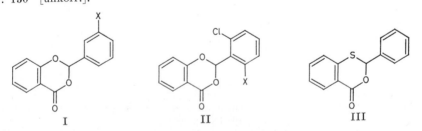

X	XI	XII

2-[(Ξ)-Benzyliden]-thieno[3,2-b]thiophen-3-on $C_{13}H_8OS_2$, Formel XII.
B. Beim Erwärmen von Thieno[3,2-*b*]thiophen-3-on (S. 718) mit Benzaldehyd,
Äthanol und kleinen Mengen wss. Salzsäure (*Challenger, Holmes*, Soc. **1953** 1837, 1840).
Gelbliche Krystalle (aus A.); F: 141—142°.
Ein Semicarbazon ist nicht erhalten worden.

Oxo-Verbindungen $C_{14}H_{10}O_3$

(±)-2-Phenyl-benzo[1,3]dioxin-4-on, (±)-2-[α-Hydroxy-benzyloxy]-benzoesäure-lacton
$C_{14}H_{10}O_3$, Formel I (X = H).
B. Beim Erhitzen von Salicylsäure mit α,α-Diacetoxy-toluol, Schwefelsäure und Essig=
säure unter 20—30 Torr bis auf 105° (*Mowry*, Am. Soc. **69** [1947] 2362).
Krystalle (aus wss. A.); F: 60°.

(±)-2-[2-Chlor-phenyl]-benzo[1,3]dioxin-4-on, (±)-2-[2-Chlor-α-hydroxy-benzyloxy]-
benzoesäure-lacton $C_{14}H_9ClO_3$, Formel II (X = H).
B. Beim Erhitzen von Salicylsäure mit α,α-Diacetoxy-2-chlor-toluol, Schwefelsäure
und Essigsäure unter 20—30 Torr bis auf 105° (*Mowry*, Am. Soc. **69** [1947] 2362).
F: 134° [unkorr.].

(±)-2-[2,6-Dichlor-phenyl]-benzo[1,3]dioxin-4-on, (±)-2-[2,6-Dichlor-α-hydroxy-benzyl=
oxy]-benzoesäure-lacton $C_{14}H_8Cl_2O_3$, Formel II (X = Cl).
B. Beim Erhitzen von Salicylsäure mit α,α-Diacetoxy-2,6-dichlor-toluol, Schwefel=
säure und Essigsäure unter 20—30 Torr bis auf 105° (*Mowry*, Am. Soc. **69** [1947] 2362).
F: 130° [unkorr.].

I	II	III

(±)-2-[3-Nitro-phenyl]-benzo[1,3]dioxin-4-on, (±)-2-[α-Hydroxy-3-nitro-benzyloxy]-
benzoesäure-lacton $C_{14}H_9NO_5$, Formel I (X = NO_2).
B. Beim Erhitzen von Salicylsäure mit α,α-Diacetoxy-3-nitro-toluol, Schwefelsäure
und Essigsäure unter 20—30 Torr bis auf 105° (*Mowry*, Am. Soc. **69** [1947] 2362).
F: 141° [unkorr.].

(±)-2-Phenyl-benz[d][1,3]oxathiin-4-on, (±)-2-[α-Hydroxy-benzylmercapto]-benzoe=
säure-lacton $C_{14}H_{10}O_2S$, Formel III.
B. Beim Erhitzen von 2-Mercapto-benzoesäure mit α,α-Diacetoxy-toluol, Schwefel=
säure und Essigsäure unter 20—30 Torr bis auf 105° (*Mowry*, Am. Soc. **69** [1947] 2362).
F: 90°.

5-Methyl-4-[1]naphthyl-[1,2]dithiol-3-thion $C_{14}H_{10}S_3$, Formel IV.

B. Neben 3-[1]Naphthyl-thiophen beim Erhitzen von 1-[1-Methyl-propenyl]-naphthalin (Kp_1: 155°) mit Schwefel auf 300°, zuletzt unter 1 Torr (*Schmitt et al.*, Bl. **1956** 1147, 1149).
Orangefarbene Krystalle (aus A.); F: 138°.

5-Benzoyl-benzo[1,3]dioxol, Benzo[1,3]dioxol-5-yl-phenyl-keton, 3,4-Methylendioxy-benzophenon, Benzopiperon $C_{14}H_{10}O_3$, Formel V (X = H).

B. Bei der Behandlung einer Lösung von Piperonylonitril in Benzol mit Phenyl-magnesiumbromid in Äther und anschliessenden Hydrolyse (*Borsche*, A. **526** [1936] 1, 5, 13). Aus Benzo[1,3]dioxol-5-yl-phenyl-methanol mit Hilfe von Chromsäure (*Tiffeneau*, *Lévy*, Bl. [4] **49** [1931] 1738, 1745). Aus 3,4-Methylendioxy-benzophenon-imin (s. u.) mit Hilfe von wss. Salzsäure (*Ramart-Lucas*, *Hoch*, Bl. [5] **5** [1938] 987, 1009).
Krystalle; F: 56° [aus Ae. + PAe.] (*Ra.-Lu.*, *Hoch*), 55° [aus Me.] (*Bo.*), 52° (*Ti.*, *Lévy*). Bei 205—210°/16 Torr destillierbar (*Bo.*).

IV   V   VI

Benzo[1,3]dioxol-5-yl-phenyl-keton-imin, 3,4-Methylendioxy-benzophenon-imin $C_{14}H_{11}NO_2$, Formel VI (X = H).

B. Aus Piperonylonitril mit Hilfe von Phenylmagnesiumbromid (*Ramart-Lucas*, *Hoch*, Bl. [5] **5** [1938] 987, 1010).
Kp_{11}: 210—211°.

*Benzo[1,3]dioxol-5-yl-phenyl-keton-oxim, 3,4-Methylendioxy-benzophenon-oxim $C_{14}H_{11}NO_3$, Formel VI (X = OH).

B. Beim Behandeln von 3,4-Methylendioxy-benzophenon oder von 3,4-Methylendioxy-benzophenon-imin mit Hydroxylamin-hydrochlorid und Natriumacetat in wss. Äthanol (*Ramart-Lucas*, *Hoch*, Bl. [5] **5** [1938] 987, 1010).
Krystalle; F: 143° [aus A.] (*Ra.-Lu.*, *Hoch*), 138—139° [aus CHCl$_3$] (*Borsche*, A. **526** [1936] 1, 13). UV-Spektrum (A.; 235—340 nm): *Ra.-Lu.*, *Hoch*, l. c. S. 998.

*Benzo[1,3]dioxol-5-yl-phenyl-keton-[O-benzyl-oxim], 3,4-Methylendioxy-benzophenon-[O-benzyl-oxim] $C_{21}H_{17}NO_3$, Formel VI (X = O-CH$_2$-C$_6$H$_5$).

B. Aus 3,4-Methylendioxy-benzophenon und O-Benzyl-hydroxylamin (*Ramart-Lucas*, *Hoch*, Bl. [5] **5** [1938] 987, 1005). Beim Erwärmen von 3,4-Methylendioxy-benzophenon-oxim (F: 143°) mit Natriumäthylat in Äthanol und anschliessend mit Benzylchlorid (*Ra.-Lu.*, *Hoch*).
Krystalle (aus Ae. + PAe.); F: 84°. UV-Spektrum (A.; 235—350 nm): *Ra.-Lu.*, *Hoch*, l. c. S. 998.

*Benzo[1,3]dioxol-5-yl-phenyl-keton-[2,4-dinitro-phenylhydrazon], 3,4-Methylendioxy-benzophenon-[2,4-dinitro-phenylhydrazon] $C_{20}H_{14}N_4O_6$, Formel VI (X = NH-C$_6$H$_3$(NO$_2$)$_2$).

B. Aus 3,4-Methylendioxy-benzophenon und [2,4-Dinitro-phenyl]-hydrazin (*Borsche*, A. **526** [1936] 1, 13).
Rote Krystalle (aus CHCl$_3$ + Me.); F: 220°.

5-Benzoyl-6-nitro-benzo[1,3]dioxol, [6-Nitro-benzo[1,3]dioxol-5-yl]-phenyl-keton, 4,5-Methylendioxy-2-nitro-benzophenon $C_{14}H_9NO_5$, Formel V (X = NO$_2$).

B. Beim Behandeln von 4,5-Methylendioxy-2-nitro-benzaldehyd mit Phenylmagnesium=

bromid in Äther und Erhitzen des nach der Hydrolyse (wss. Salzsäure) erhaltenen Reaktionsprodukts mit Chrom(VI)-oxid in Essigsäure (*Berlingozzi*, R.A.L. [6] **19** [1934] 332, 336).

Gelbliche Krystalle (aus A.); F: 146°.

6-Phenyl-benzo[1,3]dioxol-5-carbaldehyd, 4,5-Methylendioxy-biphenyl-2-carbaldehyd $C_{14}H_{10}O_3$, Formel VII.

B. Beim Erhitzen von 2-Brom-4,5-methylendioxy-benzaldehyd mit Jodbenzol und Kupfer-Pulver bis auf 250° (*Späth, Kahovec*, B. **67** [1934] 1501, 1506; s. a. *Kondo et al.*, Ann. Rep. ITSUU Labor. Nr. 2 [1951] 24, 27; engl. Ref. S. 60, 64; C. A. **1953** 7516).

Krystalle; F: 89° [aus PAe.; nach Sublimation von 75° an] (*Warren, Wright*, Soc. **1958** 4696, 4700), 87° [aus Me.] (*Sp., Ka.*).

*6-Phenyl-benzo[1,3]dioxol-5-carbaldehyd-[2,4-dinitro-phenylhydrazon], 4,5-Methylendioxy-biphenyl-2-carbaldehyd-[2,4-dinitro-phenylhydrazon] $C_{20}H_{14}N_4O_6$, Formel VIII (R = $C_6H_3(NO_2)_2$).

B. Beim Behandeln von 4,5-Methylendioxy-biphenyl-2-carbaldehyd mit [2,4-Dinitrophenyl]-hydrazin-hydrochlorid in Äthanol (*Warren, Wright*, Soc. **1958** 4696, 4700).

Orangefarbene Krystalle (aus Bzl.); F: 280° [bei schnellem Erhitzen] bzw. F: 297° [bei langsamem Erhitzen; nach Sublimation von 130° an und Krystallumwandlung bei 270—275°] (*Wa., Wr.*). Über ein Präparat vom F: 260° s. *Clemo, Hoggarth*, Chem. and Ind. **1954** 1046.

VII   VIII   IX

*6-Phenyl-benzo[1,3]dioxol-5-carbaldehyd-semicarbazon, 4,5-Methylendioxy-biphenyl-2-carbaldehyd-semicarbazon $C_{15}H_{13}N_3O_3$, Formel VIII (R = CO-NH$_2$).

B. Aus 4,5-Methylendioxy-biphenyl-2-carbaldehyd und Semicarbazid (*Späth, Kahovec*, B. **67** [1934] 1501, 1506).

F: 298° [Zers.].

2-Methyl-8-nitro-dibenz[b,e][1,4]oxathiepin-6-on, 2-[2-Hydroxy-5-methyl-phenylmercapto]-5-nitro-benzoesäure-lacton $C_{14}H_9NO_4S$, Formel IX.

B. Beim Erwärmen von 2-[2-Hydroxy-5-methyl-phenylmercapto]-5-nitro-benzoesäure mit Acetanhydrid (*Galbraith, Smiles*, Soc. **1935** 1234, 1238).

F: 178°.

X   XI

2-Acetyl-phenoxathiin, 1-Phenoxathiin-2-yl-äthanon $C_{14}H_{10}O_2S$, Formel X (X = H).

B. Beim Behandeln von Phenoxathiin mit Acetylchlorid, Aluminiumchlorid und Schwefelkohlenstoff (*Suter et al.*, Am. Soc. **58** [1936] 717, 719; *Flowers, Flowers*, Am. Soc. **71** [1949] 3102; *Nobis et al.*, Am. Soc. **75** [1953] 3384, 3385; *Lescot et al.*, Soc. **1956** 2408, 2409).

Krystalle; F: 117,5—118° [aus Me.] (*No. et al.*), 113° [aus A.] (*Le. et al.*), 111—112° [aus A.] (*Fl., Fl.*). Bei 258—260°/20 Torr (*Le. et al.*) bzw. 165—185°/1 Torr (*Fl., Fl.*) destillierbar.

Beim Behandeln mit Brom (1 Mol) in Essigsäure ist 2-Brom-1-phenoxathiin-2-yl-äthanon erhalten worden (*Le. et al.*, l. c. S. 2410).

1-Phenoxathiin-2-yl-äthanon-(E)-oxim $C_{14}H_{11}NO_2S$, Formel XI.

B. Beim Erwärmen von 1-Phenoxathiin-2-yl-äthanon mit Hydroxylamin-hydrochlorid, Pyridin und Äthanol (*Nobis et al.*, Am. Soc. **75** [1953] 3384, 3385).

Krystalle; F: 158−159,5° (*No. et al.*), 153° [aus A.] (*Lescot et al.*, Soc. **1956** 2408, 2409).

Beim Erwärmen mit Phosphor(V)-chlorid in Benzol und Erhitzen des Reaktions-produkts mit wss. Salzsäure ist Phenoxathiin-2-ylamin erhalten worden (*No. et al.*).

***1-Phenoxathiin-2-yl-äthanon-phenylhydrazon** $C_{20}H_{16}N_2OS$, Formel XII.

B. Aus 1-Phenoxathiin-2-yl-äthanon und Phenylhydrazin (*Suter et al.*, Am. Soc. **58** [1936] 717, 719).

F: 93,5−94,5°.

XII   XIII

2-Bromacetyl-phenoxathiin, 2-Brom-1-phenoxathiin-2-yl-äthanon $C_{14}H_9BrO_2S$, Formel X (X = Br).

B. Beim Behandeln von 1-Phenoxathiin-2-yl-äthanon mit Brom in Essigsäure (*Lescot et al.*, Soc. **1956** 2408, 2410).

Gelbliche Krystalle (aus A.); F: 134°.

8-Isopropenyl-furo[2,3-h]chromen-2-on, 3c-[4-Hydroxy-2-isopropenyl-benzofuran-5-yl]-acrylsäure-lacton, Oroselon $C_{14}H_{10}O_3$, Formel XIII.

Konstitutionszuordnung: *Späth et al.*, B. **73** [1940] 709, 711.

Identität von Kvannin (*Svendsen*, Blyttia **11** [1953] 96, 100) mit Oroselon: *Nielsen, Lemmich*, Acta chem. scand. **18** [1964] 932, 933.

Isolierung aus Wurzeln von Angelica archangelica: *Sv.*; von Athamanta oreoselinum: *Späth, Schmid*, B. **73** [1940] 1309, 1314; *Halpern et al.*, Helv. **40** [1957] 758, 767.

B. Beim Erwärmen von Athamantin ((8S)-*cis*-9-Isovaleryloxy-8-[α-isovaleryloxy-isopropyl]-8,9-dihydro-furo[2,3-h]chromen-2-on; über die Konfiguration dieser Verbin-dung s. *Nakazaki et al.*, Tetrahedron Letters **1966** 4735; *Lemmich et al.*, Acta chem. scand. **24** [1970] 2893, 2896, 2897 Anm.) mit wss.-methanol. Salzsäure (*Sp. et al.*, l. c. S. 712; s. a. *Schnedermann, Winckler*, A. **51** [1844] 315, 320; *Ha. et al.*, l. c. S. 776).

Krystalle; F: 188−189° [aus A. sowie nach Sublimation bei 140−150°/0,01 Torr] (*Sp. et al.*, l. c. S. 713), 188° [Kofler-App.] (*Späth, Schmid*, B. **74** [1941] 595, 598), 178−180° [geschlossene Kapillare; aus Ae.] (*Ni., Le.*, l. c. S. 935). UV-Absorptionsmaxima (A.): 284 nm und 297 nm (*Ha. et al.*, l. c. S. 760). Fluorescenz von wss. oder wss.-äthanol. Lösungen: *Goodwin, Kavanagh*, Arch. Biochem. **36** [1952] 442, 448.

Überführung in 7-Hydroxy-2-oxo-2H-chromen-8-carbaldehyd bzw. 2,4-Dihydroxy-isophthalaldehyd durch Behandlung einer Lösung in Chloroform mit Ozon (1,5 Mol bzw. 6 Mol): *Sp. et al.*, l. c. S. 711, 717. Hydrierung an Palladium/Kohle in Essigsäure unter Bildung von Dihydrooroselon (8-Isopropyl-furo[2,3-h]chromen-2-on), Tetrahydrooroselon (8-Isopropyl-3,4-dihydro-furo[2,3-h]chromen-2-on) und Hexahydrooroselon (8-Isopropyl-3,4,8,9-tetrahydro-furo[2,3-h]chromen-2-on): *Sp. et al.*, l. c. S. 714, 715. Beim Behandeln mit Natriummethylat in Methanol und anschliessend mit Dimethylsulfat und Behandeln des Reaktionsprodukts mit wss. Kalilauge ist 3-[2-Isopropenyl-4-methoxy-benzofuran-5-yl]-acrylsäure vom F: 223° erhalten worden (*Sp. et al.*, l. c. S. 713).

Oxo-Verbindungen $C_{15}H_{12}O_3$

1t(?),7t(?)-Di-[2]furyl-hepta-1,4t(?),6-trien-3-on $C_{15}H_{12}O_3$, vermutlich Formel I.

B. Beim Behandeln einer Lösung von 4t(?)-[2]Furyl-but-3-en-2-on (E III/IV **17** 4714)

und 3t(?)-[2]Furyl-acrylaldehyd (E III/IV **17** 4695) in Äthanol mit wss. Alkalilauge (*Rudtschenko*, Uč. Zap. Kazansk. Univ. **100** [1940] Nr. 3, S. 135, 172; C. A. **1943** 4389).
Orangegelbe Krystalle (aus PAe.); F: 65—70° (*Ru.*, l. c. S. 173).

---

*Opt.-inakt. 2,5-Diphenyl-[1,3]dioxolan-4-on, [α-Hydroxy-benzyloxy]-phenyl-essigsäure-lacton $C_{15}H_{12}O_3$, Formel II (X = H).
B. Aus DL-Mandelsäure und Benzaldehyd mit Hilfe von Phosphor(V)-oxid (*Pette*, R. **53** [1934] 967, 985) oder mit Hilfe von konz. Schwefelsäure (*Fuson*, *Brasure*, Am. Soc. **77** [1955] 3131).
Krystalle; F: 104—105° (*Fu.*, *Br.*), 103° [aus Bzn.] (*Pe.*).

I   II   III

*Opt.-inakt. 2-[2-Chlor-phenyl]-5-phenyl-[1,3]dioxolan-4-on, [2-Chlor-α-hydroxy-benzyloxy]-phenyl-essigsäure-lacton $C_{15}H_{11}ClO_3$, Formel II (X = Cl).
B. Beim Behandeln von DL-Mandelsäure mit 2-Chlor-benzaldehyd und Phosphor(V)-oxid (*Pette*, R. **53** [1934] 967, 986).
Krystalle (aus PAe.); F: 74°.

*Opt.-inakt. 2-[3-Chlor-phenyl]-5-phenyl-[1,3]dioxolan-4-on, [3-Chlor-α-hydroxy-benzyloxy]-phenyl-essigsäure-lacton $C_{15}H_{11}ClO_3$, Formel III (X = Cl).
B. Beim Behandeln von DL-Mandelsäure mit 3-Chlor-benzaldehyd und Phosphor(V)-oxid (*Pette*, R. **53** [1934] 967, 986).
Krystalle (aus PAe.); F: 63°.

*Opt.-inakt. 2-[4-Chlor-phenyl]-5-phenyl-[1,3]dioxolan-4-on, [4-Chlor-α-hydroxy-benzyloxy]-phenyl-essigsäure-lacton $C_{15}H_{11}ClO_3$, Formel IV (X = Cl).
B. Beim Behandeln von DL-Mandelsäure mit 4-Chlor-benzaldehyd und Phosphor(V)-oxid (*Pette*, R. **53** [1934] 967, 986).
Krystalle (aus PAe.); F: 77°.

*Opt.-inakt. 2-[2-Nitro-phenyl]-5-phenyl-[1,3]dioxolan-4-on, [α-Hydroxy-2-nitro-benzyloxy]-phenyl-essigsäure-lacton $C_{15}H_{11}NO_5$, Formel II (X = NO₂).
B. Beim Behandeln von DL-Mandelsäure mit 2-Nitro-benzaldehyd und Phosphor(V)-oxid (*Pette*, R. **53** [1934] 967, 985).
Krystalle; F: 95°.

*Opt.-inakt. 2-[3-Nitro-phenyl]-5-phenyl-[1,3]dioxolan-4-on, [α-Hydroxy-3-nitro-benzyloxy]-phenyl-essigsäure-lacton $C_{15}H_{11}NO_5$, Formel III (X = NO₂).
B. Beim Behandeln von DL-Mandelsäure mit 3-Nitro-benzaldehyd und Phosphor(V)-oxid (*Pette*, R. **53** [1934] 967, 985).
Krystalle; F: 104°.

*Opt.-inakt. 2-[4-Nitro-phenyl]-5-phenyl-[1,3]dioxolan-4-on, [α-Hydroxy-4-nitro-benzyloxy]-phenyl-essigsäure-lacton $C_{15}H_{11}NO_5$, Formel IV (X = NO₂).
B. Beim Behandeln von DL-Mandelsäure mit 4-Nitro-benzaldehyd und Phosphor(V)-oxid (*Pette*, R. **53** [1934] 967, 985).
Krystalle; F: 106°.

---

cis-4,5-Diphenyl-[1,3]dioxolan-2-on, Kohlensäure-[*meso*-bibenzyl-α,α'-diylester] $C_{15}H_{12}O_3$, Formel V (H 140; dort als Hydrobenzoincarbonat bezeichnet).
B. Beim Erwärmen von Hydrobenzoin (*meso*-Bibenzyl-α,α'-diol) mit Kohlensäure-diäthylester und wenig Natriummethylat unter Entfernen des entstehenden Äthanols

(*Sarel et al.*, J. org. Chem. **24** [1959] 1873, 1875, 1876).
Krystalle (aus wss. A.); F: 127° [unkorr.].

**5-Phenylacetyl-benzo[1,3]dioxol, 1-Benzo[1,3]dioxol-5-yl-2-phenyl-äthanon,
3,4-Methylendioxy-desoxybenzoin** C₁₅H₁₂O₃, Formel VI (X = H).
B. Beim Behandeln von 3,4-Methylendioxy-bibenzyl-α-ol mit Chrom(VI)-oxid in
Essigsäure (*Tiffeneau, Lévy*, Bl. [4] **49** [1931] 1738, 1744). Beim Behandeln einer Lösung
von 3,4-Methylendioxy-benzoin in Äthanol mit Zinn, konz. wss. Salzsäure und wenig
Kupfer(II)-sulfat (*Buck, Ide*, Am. Soc. **53** [1931] 1536, 1540) oder mit Zink und Chlor=
wasserstoff (*Tiffeneau, Lévy*, Bl. [4] **49** [1931] 725, 736).
Krystalle; F: 91—92° (*Ti., Lévy*, l. c. S. 1743), 86° (*Buck, Ide*). Kp: 222—223° (*Ti.,
Lévy*, l. c. S. 1743).

IV   V   VI

**1-Benzo[1,3]dioxol-5-yl-2-phenyl-äthanon-oxim, 3,4-Methylendioxy-desoxybenzoin-
oxim** C₁₅H₁₃NO₃.
a) **3,4-Methylendioxy-desoxybenzoin-(Z)-oxim** C₁₅H₁₃NO₃, Formel VII.
B. s. bei dem unter b) beschriebenen Stereoisomeren.
Krystalle (aus A.); F: 130° [korr.] (*Buck, Ide*, Am. Soc. **53** [1931] 1536, 1541).
b) **3,4-Methylendioxy-desoxybenzoin-(E)-oxim** C₁₅H₁₃NO₃, Formel VIII (X = H).
B. Neben kleinen Mengen des unter a) beschriebenen Stereoisomeren beim Erwärmen
einer Lösung von 3,4-Methylendioxy-desoxybenzoin in Pyridin mit Hydroxylamin-
hydrochlorid (*Buck, Ide*, Am. Soc. **53** [1931] 1536, 1541).
Krystalle; F: 106,8—107,8° [korr.] (*Hartwell, Kornberg*, Am. Soc. **67** [1945] 1606), 103°
[korr.; aus A.] (*Buck, Ide*).
Beim Behandeln einer Lösung in Äther mit Phosphor(V)-chlorid ist Phenylessigsäure-
benzo[1,3]dioxol-5-ylamid erhalten worden (*Buck, Ide*).

***1-Benzo[1,3]dioxol-5-yl-2-phenyl-äthanon-semicarbazon, 3,4-Methylendioxy-desoxy=
benzoin-semicarbazon** C₁₆H₁₅N₃O₃, Formel IX.
B. Beim Behandeln von 3,4-Methylendioxy-desoxybenzoin mit Semicarbazid-hydro=
chlorid und Natriumacetat in wss. Äthanol (*Tiffeneau, Lévy*, Bl. [4] **49** [1931] 725, 736).
Krystalle; F: 172° (*Tiffeneau, Lévy*, Bl. [4] **49** [1931] 1738, 1743), 171° (*Ti., Lévy*, l. c.
S. 736).

VII   VIII   IX

**1-Benzo[1,3]dioxol-5-yl-2-[2-chlor-phenyl]-äthanon, 2'-Chlor-3,4-methylendioxy-
desoxybenzoin** C₁₅H₁₁ClO₃, Formel VI (X = Cl).
B. Beim Erwärmen von 2'-Chlor-3,4-methylendioxy-benzoin mit Äthanol, konz.
wss. Salzsäure, Zinn und wenig Kupfer(II)-sulfat (*Buck, Ide*, Am. Soc. **53** [1931] 1536,
1540).
Krystalle; F: 105° [korr.].

1-Benzo[1,3]dioxol-5-yl-2-[2-chlor-phenyl]-äthanon-(E)-oxim, 2'-Chlor-3,4-methylen=
dioxy-desoxybenzoin-(E)-oxim $C_{15}H_{12}ClNO_3$, Formel VIII (X = Cl).

B. Beim Behandeln von 2'-Chlor-3,4-methylendioxy-desoxybenzoin mit Hydroxyl=
amin-acetat in Äthanol (*Buck, Ide*, Am. Soc. **53** [1931] 1536, 1541).

Krystalle (aus A.); F: 120° [korr.].

Beim Behandeln einer Lösung in Äther mit Phosphor(V)-chlorid ist [2-Chlor-phenyl]-
essigsäure-benzo[1,3]dioxol-5-ylamid erhalten worden.

1-Benzo[1,3]dioxol-5-yl-2-[4-chlor-phenyl]-äthanon, 4'-Chlor-3,4-methylendioxy-
desoxybenzoin $C_{15}H_{11}ClO_3$, Formel X.

B. Beim Erwärmen von 4'-Chlor-3,4-methylendioxy-benzoin mit Äthanol, konz.
wss. Salzsäure, Zinn und wenig Kupfer(II)-sulfat (*Buck, Ide*, Am. Soc. **52** [1930] 4107,
54 [1932] 3302, 3306).

Krystalle (aus A.); F: 113°.

X   XI

1-Benzo[1,3]dioxol-5-yl-2-[4-chlor-phenyl]-äthanon-(E)-oxim, 4'-Chlor-3,4-methylen=
dioxy-desoxybenzoin-(E)-oxim $C_{15}H_{12}ClNO_3$, Formel XI.

B. Aus 4'-Chlor-3,4-methylendioxy-desoxybenzoin und Hydroxylamin (*Buck, Ide*,
Am. Soc. **54** [1932] 3302, 3307).

F: 119°.

Beim Behandeln einer Lösung in Äther mit Phosphor(V)-chlorid ist [4-Chlor-phenyl]-
essigsäure-benzo[1,3]dioxol-5-ylamid erhalten worden.

5-Phenacyl-benzo[1,3]dioxol, 2-Benzo[1,3]dioxol-5-yl-1-phenyl-äthanon, 3',4'-Methylen=
dioxy-desoxybenzoin $C_{15}H_{12}O_3$, Formel I (X = H).

B. Beim Behandeln von 3,4-Methylendioxy-*trans*-stilben mit Peroxybenzoesäure in
Äther und Erhitzen des Reaktionsprodukts (*Tiffeneau, Lévy*, Bl. [4] **49** [1931] 1738,
1743, 1744). Neben Benzo[1,3]dioxol-5-yl-phenyl-acetaldehyd beim Erhitzen von
3,4-Methylendioxy-bibenzyl-α,α'-diol (S. 1100) mit wss. Schwefelsäure (*Ti., Lévy*, l. c.
S. 1746). Beim Behandeln von 3-Benzo[1,3]dioxol-5-yl-2-hydroxy-2-phenyl-propion=
säure mit Kaliumdichromat und wss. Essigsäure (*Dodwadmath, Wheeler*, Pr. Indian
Acad. [A] **2** [1935] 438, 449).

Krystalle; F: 70—71° [aus PAe.] (*Do., Wh.*), 70° (*Ti., Lévy*, l. c. S. 1743).

*2-Benzo[1,3]dioxol-5-yl-1-phenyl-äthanon-oxim, 3',4'-Methylendioxy-desoxybenzoin-
oxim $C_{15}H_{13}NO_3$, Formel II (X = OH).

B. Bei der Hydrierung von 3,4-Methylendioxy-α'-nitro-stilben (H **19** 53) an Palladium/
Kohle in Pyridin bei 60° (*Reichert, Hoffmann*, Ar. **274** [1936] 153, 161).

F: 138°.

*2-Benzo[1,3]dioxol-5-yl-1-phenyl-äthanon-semicarbazon, 3',4'-Methylendioxy-
desoxybenzoin-semicarbazon $C_{16}H_{15}N_3O_3$, Formel II (X = NH-CO-NH_2).

B. Aus 3',4'-Methylendioxy-desoxybenzoin und Semicarbazid (*Tiffeneau, Lévy*, Bl. [4]
49 [1931] 1738, 1743).

Krystalle; F: 187°.

I   II   III

2-Benzo[1,3]dioxol-5-yl-1-[4-nitro-phenyl]-äthanon, 3',4'-Methylendioxy-4-nitro-desoxybenzoin $C_{15}H_{11}NO_5$, Formel I (X = NO_2).

B. Beim Erwärmen von 1-[3',4'-Methylendioxy-4-nitro-stilben-α-yl]-pyridinium-bromid (F: 285—287° [Zers.]) mit Pyridin, Wasser und Piperidin und Behandeln der eingeengten Reaktionslösung mit wss. Bromwasserstoffsäure und Essigsäure (*Kröhnke, Vogt*, A. **589** [1954] 26, 43).

Gelbe Krystalle (aus Acn. + W.); F: 147—148°.

(±)-Benzo[1,3]dioxol-5-yl-phenyl-acetaldehyd $C_{15}H_{12}O_3$, Formel III.

B. Neben 3',4'-Methylendioxy-desoxybenzoin beim Erhitzen von opt.-inakt. 3,4-Methylendioxy-bibenzyl-α,α'-diol (S. 1100) mit wss. Schwefelsäure (*Tiffeneau, Lévy*, Bl. [4] **49** [1931] 1738, 1746).

Kp$_{14}$: 214—215° [über das Natriumhydrogensulfit-Addukt gereinigtes Präparat] (*Ti., Lévy*, l. c. S. 1743, 1745).

Beim Behandeln mit äthanol. Kalilauge und Behandeln des Reaktionsprodukts mit Chrom(VI)-oxid in Essigsäure ist 3,4-Methylendioxy-benzophenon erhalten worden.

---

*(±)-Benzo[1,3]dioxol-5-yl-phenyl-acetaldehyd-semicarbazon $C_{16}H_{15}N_3O_3$, Formel IV.

B. Aus (±)-Benzo[1,3]dioxol-5-yl-phenyl-acetaldehyd und Semicarbazid (*Tiffeneau, Lévy*, Bl. [4] **49** [1931] 1738, 1743).

Krystalle; F: 172—173°.

IV   V   VI

3,9-Dimethyl-dibenzo[d,f][1,3]dithiepin-6-thion $C_{15}H_{12}S_3$, Formel V.

B. Beim Behandeln von 3,8-Dimethyl-dibenzo[c,e][1,2]dithiin mit Äthanol, Zink-Pulver und konz. wss. Salzsäure und Erwärmen des Reaktionsprodukts mit wss. Natronlauge und Schwefelkohlenstoff (*Armarego, Turner*, Soc. **1957** 13, 22).

Orangerote Krystalle (aus A. oder Eg.); F: 177—178°.

2-Propionyl-phenoxathiin, 1-Phenoxathiin-2-yl-propan-1-on $C_{15}H_{12}O_2S$, Formel VI.

B. Beim Erwärmen von Phenoxathiin mit Propionylchlorid, Aluminiumchlorid und Schwefelkohlenstoff (*Lescot et al.*, Soc. **1956** 2408, 2410).

Gelbe Krystalle (aus A.); F: 71—72°. Bei 275—277°/25 Torr destillierbar.

(E,E)-2,5-Difurfuryliden-cyclopentanon $C_{15}H_{12}O_3$, Formel VII.

Diese Konfiguration kommt wahrscheinlich dem früher (s. H **19** 140; E I **19** 674) und nachstehend beschriebenen **Pyroxanthin** zu (*Zukerman et al.*, Ž. struktur. Chim. **9** [1968] 67, 68; engl. Ausg. S. 53, 55).

B. Aus Furfural und Cyclopentanon mit Hilfe von wss.-äthanol. Natronlauge (*Alexander et al.*, Am. Soc. **72** [1950] 5506; *Pallaud, Delaveau*, Bl. **1952** 741; vgl. H 140), mit Hilfe von äthanol. Natronlauge (*Pallaud*, Chim. anal. **38** [1956] 155) oder mit Hilfe von äthanol. Natriumäthylat-Lösung (*Pa., De.*).

Dipolmoment (ε; Dioxan): 4,08 D [nach Hedestrand] bzw. 4,03 D [nach Higashi] (*Zu. et al.*, l. c. S. 69; engl. Ausg. S. 54).

Orangegelbe bis gelbe Krystalle; F: 169° [aus A. bzw. aus A. + E.] (*Maccioni, Marongiu*, G. **85** [1955] 1570, 1572; *Pa.*; *Pa., De.*), 163—164° [aus A.] (*Al. et al.*). Absorptionsspektrum (A.; 220—450 nm): *Maccioni, Marongiu*, Ann. Chimica **48** [1958] 557, 559, 564.

Bei der Hydrierung an Kupferoxid-Chromoxid in Äthanol bei 110—135°/100—120 at ist 2,5-Difurfuryl-cyclopentanol (S. 850) erhalten worden (*Al. et al.*).

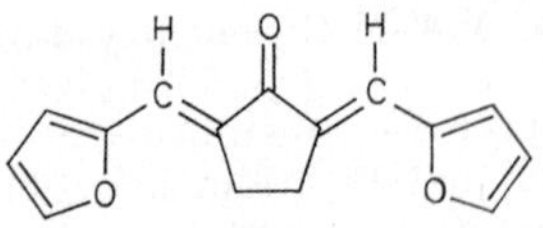

VII 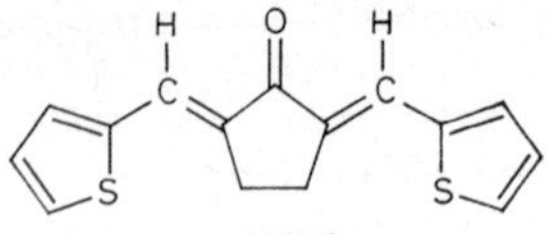   VIII

(E,E)-2,5-Bis-[2]thienylmethylen-cyclopentanon $C_{15}H_{12}OS_2$, Formel VIII.

Diese Konfiguration kommt wahrscheinlich der nachstehend beschriebenen Verbindung zu (*Zukerman et al.*, Ž. struktur. Chim. **9** [1968] 67, 68; engl. Ausg. S. 53, 55).

B. Aus Thiophen-2-carbaldehyd und Cyclopentanon mit Hilfe von äthanol. Natronlauge oder äthanol. Natriumäthylat-Lösung (*Pallaud, Delaveau,* Bl. **1955** 1220; s. a. *Pallaud,* Chim. anal. **38** [1956] 155; *Zukerman et al.*, Ž. obšč. Chim. **34** [1964] 3597, 3604; engl. Ausg. S. 3645, 3651).

Dipolmoment (ε; Dioxan): 3,93 D (*Zu. et al.*, Ž. struktur. Chim. **9** 69; engl. Ausg. S. 54). Gelbe Krystalle; F: 230–231° [aus A. + E.] (*Pa., De.; Pa.*), 226° (*Zu. et al.*, Ž. obšč. Chim. **34** 3604; engl. Ausg. S. 3651).

Am Licht nicht beständig (*Pa., De.; Pa.*).

4,6-Dimethyl-2-[(Ξ)-4-nitro-benzyliden]-thieno[3,4-b]thiophen-3-on $C_{15}H_{11}NO_3S_2$, Formel IX.

B. Beim Behandeln einer Lösung von 4,6-Dimethyl-thieno[3,4-b]thiophen-3-on (S. 738) in Essigsäure mit 4-Nitro-benzaldehyd und kleinen Mengen wss. Salzsäure (*Dann, Dimmling,* B. **87** [1954] 373, 377).

Gelbe Krystalle (aus Eg.). Oberhalb 255° erfolgt Zersetzung.

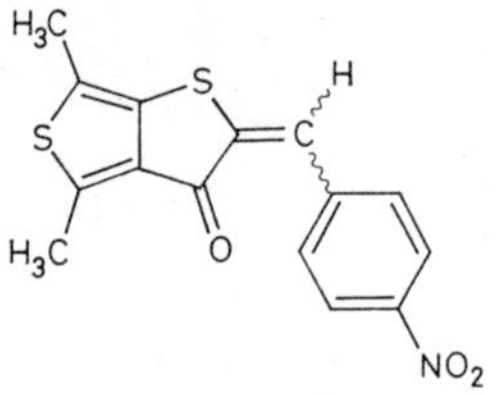

IX 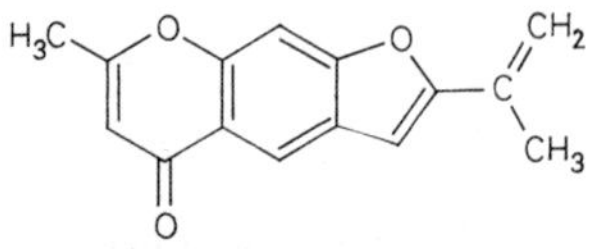   X

2-Isopropenyl-7-methyl-furo[3,2-g]chromen-5-on $C_{15}H_{12}O_3$, Formel X.

B. Beim Erhitzen von 1-[6-Hydroxy-2-isopropenyl-benzofuran-5-yl]-butan-1,3-dion mit Essigsäure und kleinen Mengen wss. Salzsäure (*Kamthong, Robertson,* Soc. **1939** 933, 936).

Krystalle (aus A.); F: 220°. Lösungen in Äthanol und in konz. Schwefelsäure sind farblos und fluorescieren purpurrot.

Oxo-Verbindungen $C_{16}H_{14}O_3$

5,5-Diphenyl-[1,3]dioxan-2-on, Kohlensäure-[2,2-diphenyl-propandiylester] $C_{16}H_{14}O_3$, Formel I.

B. Beim Behandeln von 2,2-Diphenyl-propan-1,3-diol mit Phosgen in Benzol (*Markees, Burger,* Am. Soc. **71** [1949] 2031, 2034).

Krystalle (aus wss. Acn.); F: 153,5–155,5° [korr.].

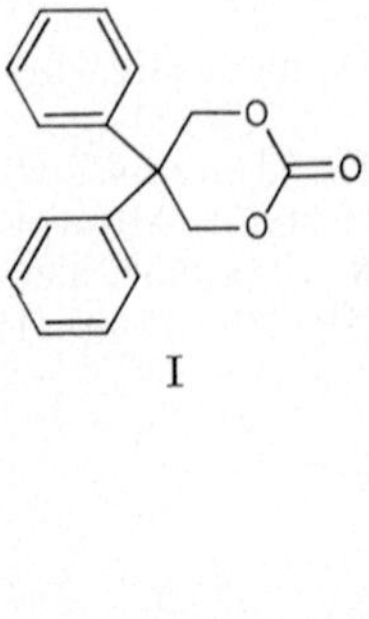

I 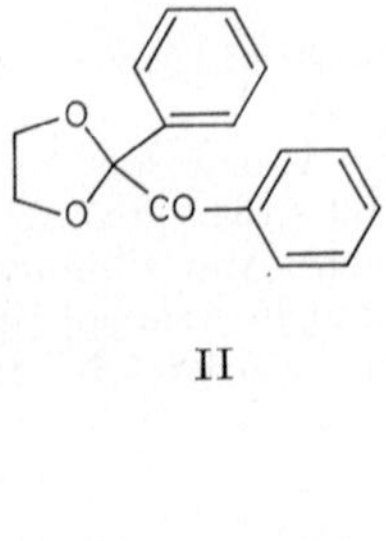   II 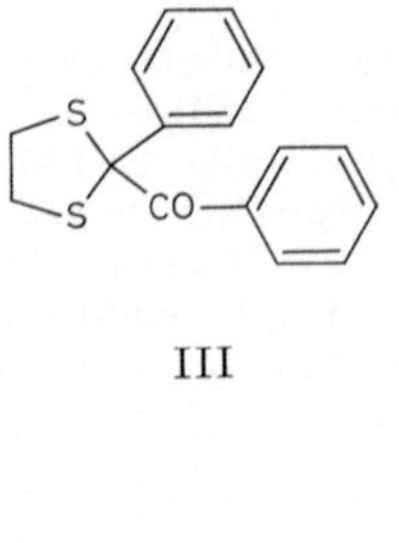   III 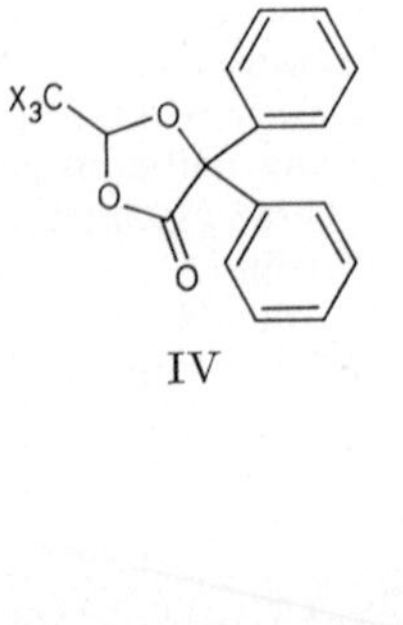   IV

2-Benzoyl-2-phenyl-[1,3]dioxolan, Phenyl-[2-phenyl-[1,3]dioxolan-2-yl]-keton,
Benzil-mono-äthandiylacetal $C_{16}H_{14}O_3$, Formel II.

B. Beim Erwärmen von Phenyl-[2-phenyl-[1,3]dioxolan-2-yl]-methanol mit Kalium=
permanganat und wss. Natronlauge (*Summerbell, Berger,* Am. Soc. **81** [1959] 633, 637).
Krystalle (aus A.); F: 66,6−67,5°. IR-Banden (KBr) im Bereich von 3,4 μ bis 15,7 μ:
Su., Be.

2-Benzoyl-2-phenyl-[1,3]dithiolan, Phenyl-[2-phenyl-[1,3]dithiolan-2-yl]-keton,
Benzil-mono-äthandiyldithioacetal $C_{16}H_{14}OS_2$, Formel III (E II 164).

B. Beim Behandeln einer Lösung von Benzil in Essigsäure mit Äthan-1,2-dithiol und
dem Borfluorid-Äther-Addukt (*Fieser,* Am. Soc. **76** [1954] 1945).
Krystalle (aus A.); F: 95−96°.

(±)-2-Methyl-5,5-diphenyl-[1,3]dioxolan-4-on, (±)-[1-Hydroxy-äthoxy]-diphenyl-
essigsäure-lacton $C_{16}H_{14}O_3$, Formel IV (X = H).

B. Beim Behandeln eines Gemisches von Benzilsäure, Borfluorid, Quecksilber(II)-oxid
und Methanol mit Acetylen (*Nieuwland et al.,* Am. Soc. **52** [1930] 1018, 1020, 1022).
Krystalle (aus A.); F: 77°. Kp_{17}: 198−200°.

(±)-5,5-Diphenyl-2-trichlormethyl-[1,3]dioxolan-4-on, (±)-Diphenyl-[2,2,2-trichlor-
1-hydroxy-äthoxy]-essigsäure-lacton $C_{16}H_{11}Cl_3O_3$, Formel IV (X = Cl).

B. Beim Erhitzen von Benzilsäure mit Chloralhydrat und kleinen Mengen wss. Salz=
säure (*Shah, Alimchandani,* J. Indian chem. Soc. **11** [1934] 545, 549).
Krystalle (aus A.); F: 70°.

***2-[2,3-Dihydro-benzo[1,4]dioxin-6-yl]-1-phenyl-äthanon-oxim, 3′,4′-Äthandiyldioxy-**
desoxybenzoin-oxim $C_{16}H_{15}NO_3$, Formel V.

B. Beim Behandeln von 6-[β-Nitro-styryl]-2,3-dihydro-benzo[1,4]dioxin (S. 390)
mit Äthanol, Essigsäure und Zink-Pulver (*Lettré, Delitzsch,* Z. physiol. Chem. **289** [1952]
220, 223).
Krystalle (aus A.); F: 108−109°.

     V   VI   VII

(±)-6-Benzoyl-2-chlormethyl-2,3-dihydro-benzo[1,4]dioxin, (±)-[2-Chlormethyl-
2,3-dihydro-benzo[1,4]dioxin-6-yl]-phenyl-keton $C_{16}H_{13}ClO_3$, Formel VI.

B. Beim Behandeln von (±)-[2-Hydroxymethyl-2,3-dihydro-benzo[1,4]dioxin-6-yl]-
phenyl-keton mit Thionylchlorid und Pyridin (*Funke,* C. r. **244** [1957] 360).
$Kp_{0,06}$: 185−190°.

3-Benzo[1,3]dioxol-5-yl-1-phenyl-propan-1-on $C_{16}H_{14}O_3$, Formel VII (R = X = H)
(E I 674; E II 164; dort als ω-Piperonyl-acetophenon bezeichnet).

B. Aus 3,4-Methylendioxy-*trans*(?)-chalkon (S. 1866) bei der Hydrierung an Raney-
Nickel in Äthylacetat (*Ono,* Bl. Inst. Insect Control Kyoto **15** [1950] 155, 159; C. A. **1951**
2133; s. a. *Bar, Erb-Debruyne,* Ann. pharm. franç. **16** [1958] 235, 241) sowie bei der
elektrochemischen Reduktion an vernickelter Kupfer-Kathode in wss.-äthanol. Schwefel=
säure (*Ishiwata et al.,* J. pharm. Soc. Japan **70** [1950] 193; C. A. **1950** 6751).
Krystalle; F: 60° [aus A. bzw. wss. A.] (*Ono; Ish. et al.*), 51−53° [aus A.] (*Bar, Erb-
De.*).

3-Benzo[1,3]dioxol-5-yl-1-phenyl-propan-1-on-(Z)-oxim $C_{16}H_{15}NO_3$, Formel VIII.

B. Beim Behandeln einer äthanol. Lösung von 3-Benzo[1,3]dioxol-5-yl-1-phenyl-propan-1-on mit Hydroxylamin-hydrochlorid und Natriumacetat in Wasser (*Ishiwata et al.*, J. pharm. Soc. Japan **70** [1950] 193; C. A. **1950** 6751; *Ishiwata, Suzuki*, J. pharm. Soc. Japan **70** [1950] 195; C. A. **1951** 626; *Ono*, Bl. Inst. Insect Control Kyoto **15** [1950] 155, 159; C. A. **1951** 2133).

Krystalle [aus wss. A.] (*Ish., Su.*); F: 92° (*Ish. et al.*; *Ish., Su.*; *Ono*).

Beim Erhitzen mit Phosphorylchlorid und Toluol ist 6,7-Methylendioxy-1-phenyl-3,4-dihydro-isochinolin erhalten worden (*Ish., Su.*).

*Opt.-inakt. 2,3-Dichlor-3-[6-chlor-benzo[1,3]dioxol-5-yl]-1-phenyl-propan-1-on $C_{16}H_{11}Cl_3O_3$, Formel VII (R = X = Cl).

B. Beim Behandeln einer Lösung von 3,4-Methylendioxy-*trans*(?)-chalkon (S. 1866) in Essigsäure mit Chlor [2 Mol] (*Dodwadmath, Wheeler*, Pr. Indian Acad. [A] **2** [1935] 438, 445).

Krystalle (aus Bzl. + PAe.); F: 127—128°.

*Opt.-inakt. 3-[6-Brom-benzo[1,3]dioxol-5-yl]-2,3-dichlor-1-phenyl-propan-1-on $C_{16}H_{11}BrCl_2O_3$, Formel VII (R = Br, X = Cl).

B. Beim Behandeln von 2-Brom-4,5-methylendioxy-*trans*(?)-chalkon (S. 1867) mit Chlor (1 Mol) in Essigsäure (*Deshmukh, Wheeler*, Soc. **1939** 96).

Krystalle (aus Bzl. + PAe.); F: 149—150°.

Beim Erhitzen mit Pyridin ist 2-Brom-α-chlor-4,5-methylendioxy-chalkon (S. 1867) erhalten worden.

(2RS,3SR?)-3-Benzo[1,3]dioxol-5-yl-2,3-dibrom-1-phenyl-propan-1-on $C_{16}H_{12}Br_2O_3$, vermutlich Formel IX (R = X = H) + Spiegelbild (vgl. E II 164; dort als α.β-Dibrom-β-[3.4-methylendioxy-phenyl]-propiophenon bezeichnet).

Beim Erwärmen mit Hydroxylamin-hydrochlorid in Äthanol unter Zusatz von wss. Natronlauge ist 5-Benzo[1,3]dioxol-5-yl-3-phenyl-isoxazol erhalten worden (*Shenoi et al.*, Soc. **1940** 247, 251). Reaktion mit Methanol unter Bildung von 3-Benzo[1,3]dioxol-5-yl-2-brom-3-methoxy-1-phenyl-propan-1-on (F: 115—116°): *Dodwadmath, Wheeler*, Pr. Indian Acad. [A] **2** [1935] 438, 444.

(2RS,3SR?)-3-Benzo[1,3]dioxol-5-yl-2,3-dibrom-1-[4-chlor-phenyl]-propan-1-on $C_{16}H_{11}Br_2ClO_3$, vermutlich Formel IX (R = Cl, X = H) + Spiegelbild.

B. Beim Behandeln einer Lösung von 4'-Chlor-3,4-methylendioxy-*trans*(?)-chalkon (S. 1867) in Schwefelkohlenstoff oder Essigsäure mit Brom [1 Mol] (*Kanthi, Nargund*, J. Karnatak Univ. **2** [1957] 8, 9, 10; s. a. *Allen et al.*, Canad. J. Res. **11** [1934] 382, 388).

Krystalle; F: 162° [aus Bzl. oder Eg.] (*Ka., Na.*), 152° [korr.; Zers.] (*Al. et al.*).

VIII   IX   X

(2RS,3SR?)-2,3-Dibrom-3-[6-brom-benzo[1,3]dioxol-5-yl]-1-phenyl-propan-1-on $C_{16}H_{11}Br_3O_3$, vermutlich Formel IX (R = H, X = Br) + Spiegelbild.

B. Beim Erwärmen von 3,4-Methylendioxy-*trans*(?)-chalkon (S. 1866) mit Brom (2 Mol) in Essigsäure (*Dodwadmath, Wheeler*, Pr. Indian Acad. [A] **2** [1935] 438, 444).

Krystalle (aus Bzl. + PAe.); F: 174—175° (*Do., Wh.*).

Verhalten beim Erwärmen mit Kaliumjodid in wss. Aceton (Bildung von Jod und

2-Brom-4,5-methylendioxy-*trans*(?)-chalkon [S. 1867]): *Do., Wh.* Verhalten beim Erhitzen mit Pyridin (Bildung von 2,α-Dibrom-4,5-methylendioxy-ξ-chalkon [S. 1867]): *Deshmukh, Wheeler,* Soc. **1939** 96. Beim Erwärmen mit Methanol ist 2-Brom-3-[6-brom-benzo[1,3]dioxol-5-yl]-3-methoxy-1-phenyl-propan-1-on [F: 131—132°] (*Do., Wh.*), beim Erwärmen mit Natriummethylat in Methanol ist hingegen 3-[6-Brom-benzo[1,3]dioxol-5-yl]-3-methoxy-1-phenyl-propenon [F: 79—80°] (*De., Wh.*) erhalten worden.

*Opt.-inakt. 2,3-Dichlor-3-[6-nitro-benzo[1,3]dioxol-5-yl]-1-phenyl-propan-1-on
$C_{16}H_{11}Cl_2NO_5$, Formel VII (R = NO_2, X = Cl) auf S. 1849.
B. Beim Behandeln von 4,5-Methylendioxy-2-nitro-*trans*(?)-chalkon (E I **19** 675; E III/IV **19** 1868) mit Essigsäure und mit Chlor (*Dodwadmath, Wheeler,* Pr. Indian Acad. [A] **2** [1935] 438, 446).
Gelbliche Krystalle (aus Bzl. + PAe.); F: 151—152°.

(2RS,3SR?)-2,3-Dibrom-3-[6-nitro-benzo[1,3]dioxol-5-yl]-1-phenyl-propan-1-on
$C_{16}H_{11}Br_2NO_5$, vermutlich Formel IX (R = H, X = NO_2) + Spiegelbild.
B. Beim Behandeln von 4,5-Methylendioxy-2-nitro-*trans*(?)-chalkon (E I **19** 675; E III/IV **19** 1868) mit Brom in Tetrachlormethan (*Dodwadmath, Wheeler,* Pr. Indian Acad. [A] **2** [1935] 438, 446).
Blassgelbe Krystalle (aus Bzl. + Toluol); F: 174—175°.

5-Benzoyl-2,2-dimethyl-benzo[1,3]dioxol, [2,2-Dimethyl-benzo[1,3]dioxol-5-yl]-phenyl-keton, 3,4-Isopropylidendioxy-benzophenon $C_{16}H_{14}O_3$, Formel X.
B. Beim Behandeln von 2,2-Dimethyl-benzo[1,3]dioxol mit Benzoesäure-anhydrid und Borfluorid (*Tsatsas, Hoch,* C. r. **236** [1953] 494).
Kp_{13}: 212—215°.
Über zwei Oxim-Präparate $C_{16}H_{15}NO_3$ vom F: 181° bzw. vom F: 130° s. *Ts., Hoch.*

(±)-14-Chlor-6,7-dihydro-14H-dibenzo[e,i][1,4]dioxecin-13-on $C_{16}H_{13}ClO_3$, Formel I.
B. Aus (±)-14-Hydroxy-6,7-dihydro-14H-dibenzo[e,i][1,4]dioxecin-13-on mit Hilfe von Thionylchlorid (*LaForge,* Am. Soc. **55** [1933] 3040, 3047).
Krystalle (aus Me.); F: 105°.

I   II

2-Butyryl-phenoxathiin, 1-Phenoxathiin-2-yl-butan-1-on $C_{16}H_{14}O_2S$, Formel II.
B. Beim Erwärmen von Phenoxathiin mit Butyrylchlorid, Aluminiumchlorid und Schwefelkohlenstoff (*Lescot et al.,* Soc. **1956** 2408, 2410).
Krystalle (aus A.); F: 64°. Bei 276—278°/21 Torr destillierbar.

III   IV   V

2(?)-Acetyl-8-äthyl-phenoxathiin, 1-[8-Äthyl-phenoxathiin-2(?)-yl]-äthanon
$C_{16}H_{14}O_2S$, vermutlich Formel III.
B. Beim Erwärmen von 2-Äthyl-phenoxathiin mit Acetylchlorid, Aluminiumchlorid und Schwefelkohlenstoff (*Lescot et al.,* Soc. **1956** 2408, 2410).

Kp_{13}: 249—250°. n_D^{25}: 1,6561.
Semicarbazon $C_{17}H_{17}N_3O_2S$. Krystalle (aus A.); F: 212°.

(E,E)-2,6-Difurfuryliden-cyclohexanon $C_{16}H_{14}O_3$, Formel IV.
Diese Konfiguration kommt wahrscheinlich der früher (s. E II **19** 165) und nachstehend beschriebenen Verbindung zu (*Zukerman et al.*, Ž. struktur. Chim. **9** [1968] 67, 68; engl. Ausg. S. 53, 55).
B. Aus Furfural und Cyclohexanon mit Hilfe von wss. Kalilauge (*Poggi et al.*, G. **84** [1954] 528, 530), mit Hilfe von wss.-äthanol. Natronlauge (*Alexander et al.*, Am. Soc. **72** [1950] 5506; s. a. *Castiglioni*, Z. anal. Chem. **135** [1952] 110, 112; *Pallaud, Delaveau*, Bl. **1952** 741), mit Hilfe von äthanol. Natronlauge (*Pallaud*, Chim. anal. **38** [1956] 155) oder mit Hilfe von äthanol. Natriumäthylat-Lösung (*Pa., De.*).
Dipolmoment (ε; Dioxan): 3,71 D [nach Hedestrand] bzw. 3,67 D [nach Higashi] (*Zu. et al.*, l. c. S. 69; engl. Ausg. S. 54).
Gelbe bis orangefarbene Krystalle; F: 145° [aus A. + E.] (*Pa., De.; Pa.*), 144—145° [aus A.] (*Al. et al.*; *Tilitschenko, Chartschenko*, Ž. obšč. Chim. **29** [1959] 1911, 1913; engl. Ausg. S. 1882).
Hydrierung an Kupferoxid-Chromoxid in Äthanol bei 110—135°/100—120 at unter Bildung von 2,6-Difurfuryl-cyclohexanol (S. 851): *Al. et al.* Bei der Hydrierung im Gemisch mit Ammoniak an Raney-Nickel in Methanol bei 150°/120 at ist 2,6-Difurfuryl-cyclohexylamin (n_D^{18}: 1,5210) erhalten worden (*Zafiriadis, Mastagli*, C. r. **236** [1953] 295).

(E,E)-2,6-Bis-[2]thienylmethylen-cyclohexanon $C_{16}H_{14}OS_2$, Formel V.
Diese Konfiguration kommt wahrscheinlich der nachstehend beschriebenen Verbindung zu (*Zukerman et al.*, Ž. struktur. Chim. **9** [1968] 67, 68; engl. Ausg. S. 53, 55).
B. Beim Behandeln von Thiophen-2-carbaldehyd mit Cyclohexanon und äthanol. Natronlauge oder äthanol. Natriumäthylat-Lösung (*Pallaud, Delaveau*, Bl. **1955** 1220, 1221; s. a. *Pallaud*, Chim. anal. **38** [1956] 155; *Zukerman et al.*, Ž. obšč. Chim. **34** [1964] 3597, 3604; engl. Ausg. S. 3645, 3651).
Dipolmoment (ε; Dioxan): 3,21 D [nach Hedestrand] bzw. 3,24 D [nach Higashi] (*Zu. et al.*, Ž. struktur. Chim. **9** 69; engl. Ausg. S. 54).
Gelbe Krystalle; F: 160° [aus A. + E.] (*Pa., De.; Pa.*), 156° (*Zu. et al.*, Ž. obšč. Chim. **34** 3604; engl. Ausg. S. 3651).
Am Licht nicht beständig (*Pa., De.; Pa.*).
Thiosemicarbazon $C_{17}H_{17}N_3S_3$. Gelbliche Krystalle (aus Eg.); F: 186° (*Buu-Hoi, Sy*, Bl. **1958** 219).

(E?,E?)-2,6-Bis-[3]thienylmethylen-cyclohexanon $C_{16}H_{14}OS_2$, vermutlich Formel VI.
B. Beim Erwärmen von Thiophen-3-carbaldehyd mit Cyclohexanon und wss.-äthanol. Natronlauge (*Mihailović, Tot*, J. org. Chem. **22** [1957] 652).
Krystalle (aus A.); F: 139° [unkorr.].

VI VII VIII

6-[1,1-Dimethyl-allyl]-furo[3,2-g]chromen-7-on, 2-[(Z)-6-Hydroxy-benzofuran-5-yl-methylen]-3,3-dimethyl-pent-4-ensäure-lacton $C_{16}H_{14}O_3$, Formel VII.
Über diese Verbindung (Krystalle; F: 119°) s. *Kuffner et al.*, M. **104** [1973] 911, 914.
Ein Gemisch aus ca. 75% 6-[1,1-Dimethyl-allyl]-furo[3,2-g]chromen-7-on und ca. 25% (±)-6-[2,2-Dimethyl-cyclopropyl]-furo[3,2-g]chromen-7-on (S. 1853) hat in dem von *Pfau* (Helv. **22** [1939] 382, 391) aus dem ätherischen Öl von Ruta montana isolierten Rutolid (F: 85,5—86°) vorgelegen (*Ku. et al.*, l. c. S. 912, 914); um Gemische der beiden genannten Isomeren hat es sich möglicherweise auch bei den aus den ätherischen Ölen

von Ruta chalepensis (*Brooker et al.*, Lloydia **30** [1967] 73, 74), von Ruta graveolens (*Reisch et al.*, Tetrahedron Letters **1968** 4395), von Ruta montana (*Sepulveda Arques et al.*, An. Quimica **70** [1974] 1020) und von Clausena indica (*Joshi, Gawad*, Phytochemistry **10** [1971] 480) isolierten, als 6-[1,1-Dimethyl-allyl]-furo[3,2-*g*]chromen-7-on angesehenen Chalepensin-Präparaten (F: 89—90°, F: 85—86°, F: 89° bzw. F: 87—88°) gehandelt.

3-[2,3-Epoxy-butyl]-3*H*-naphtho[2,3-*b*]furan-2-on, 4,5-Epoxy-2-[3-hydroxy-[2]naphth= yl]-hexansäure-lacton $C_{16}H_{14}O_3$, Formel VIII, und 1-[2,3-Epoxy-butyl]-1*H*-naphtho= [2,1-*b*]furan-2-on, 4,5-Epoxy-2-[2-hydroxy-[1]naphthyl]-hexansäure-lacton $C_{16}H_{14}O_3$, Formel IX.

Diese beiden Konstitutionsformeln kommen für die nachstehend beschriebene opt.-inakt. Verbindung in Betracht.

B. Beim Behandeln einer als (±)-3-But-2ξ-enyl-3*H*-naphtho[2,3-*b*]furan-2-on oder (±)-1-But-2ξ-enyl-1*H*-naphtho[2,1-*b*]furan-2-on zu formulierenden Verbindung (E III/IV **17** 5377) mit Peroxybenzoesäure in Chloroform (*Salfeld*, B. **73** [1940] 376, 385). Krystalle; F: 144—145°.

IX   X   XI

(±)-6-[2,2-Dimethyl-cyclopropyl]-furo[3,2-*g*]chromen-7-on, (±)-Clausindin $C_{16}H_{14}O_3$, Formel X.

Über diese Verbindung (Krystalle, F: 128° [aus Ae. + Hexan] bzw. F: 126—127° [aus Me.]) s. *Joshi et al.*, J.C.S. Perkin I **1974** 1561, 1562 Anm., 1563; *Kuffner et al.*, M. **104** [1973] 911, 914.

Über Rutolid, in dem Clausindin als Komponente vorgelegen hat, s. S. 1852 im Artikel 6-[1,1-Dimethyl-allyl]-furo[3,2-*g*]chromen-7-on.

Oxo-Verbindungen $C_{17}H_{16}O_3$

(±)-3-Benzo[1,3]dioxol-5-yl-4-nitro-1-phenyl-butan-1-on $C_{17}H_{15}NO_5$, Formel XI (E II 165; dort als γ-Nitro-β-[3.4-methylendioxy-phenyl]-butyrophenon bezeichnet).

B. Beim Erwärmen von 3,4-Methylendioxy-*trans*(?)-chalkon (S. 1866) mit Nitromethan, Diäthylamin, Äthanol und Methanol (*Kloetzel, Pinkus*, Am. Soc. **80** [1958] 2332).

Krystalle; F: 94—95° (*Worrall, Bradway*, Am. Soc. **58** [1936] 1607), 94° [aus Me.] (*Kl., Pi.*).

Bei der Behandlung mit Zink-Pulver, Ammoniumchlorid und wss. Methanol sowie bei der Hydrierung an Raney-Nickel in Methanol ist 3-Benzo[1,3]dioxol-5-yl-5-phenyl-3,4-dihydro-2*H*-pyrrol (*Kl., Pi.*), bei der Behandlung mit Zink-Pulver, Ammonium= chlorid und wss. Tetrahydrofuran ist 3-Benzo[1,3]dioxol-5-yl-5-phenyl-3,4-dihydro-2*H*-pyrrol-1-oxid (*Bonnet et al.*, Soc. **1959** 2094, 2098) erhalten worden.

*Opt.-inakt. 3-Benzo[1,3]dioxol-5-yl-2,3-dichlor-1-*p*-tolyl-propan-1-on $C_{17}H_{14}Cl_2O_3$, Formel XII (R = H, X = Cl).

B. Beim Behandeln von 4′-Methyl-3,4-methylendioxy-*trans*(?)-chalkon (H **19** 142) mit Chlor (1 Mol) in Essigsäure (*Nadkarni et al.*, Soc. **1937** 1798, 1801).

Krystalle (aus Bzl. oder Eg.); F: 140°.

Reaktion mit Methanol unter Bildung von 3-Benzo[1,3]dioxol-5-yl-2-chlor-3-methoxy-1-*p*-tolyl-propan-1-on (F: 94°): *Na. et al.*, l. c. S. 1802. Beim Erhitzen mit Pyridin sowie beim Erwärmen mit 1 Mol Natriummethylat in Methanol ist α-Chlor-4′-methyl-3,4-methylendioxy-chalkon (S. 1870) erhalten worden (*Na. et al.*, l. c. S. 1800, 1803).

*Opt.-inakt. 2,3-Dichlor-3-[6-chlor-benzo[1,3]dioxol-5-yl]-1-p-tolyl-propan-1-on
$C_{17}H_{13}Cl_3O_3$, Formel XII (R = X = Cl).
B. Beim Behandeln einer Lösung von 4'-Methyl-3,4-methylendioxy-*trans*(?)-chalkon
(H **19** 142) in Essigsäure mit Chlor [Überschuss] (*Nadkarni et al.*, Soc. **1937** 1798, 1801).
Krystalle (aus Bzl. oder Eg.); F: 157°.

*Opt.-inakt. 3-Benzo[1,3]dioxol-5-yl-3-brom-2-chlor-1-p-tolyl-propan-1-on
$C_{17}H_{14}BrClO_3$, Formel XII (R = H, X = Br).
B. Beim Behandeln von opt.-inakt. 3-Äthoxy-3-benzo[1,3]dioxol-5-yl-2-chlor-1-p-tolyl-
propan-1-on (F: 95°) mit wss. Bromwasserstoffsäure (*Nadkarni et al.*, Soc. **1937** 1798,
1802).
Krystalle (aus PAe.); F: 137°.

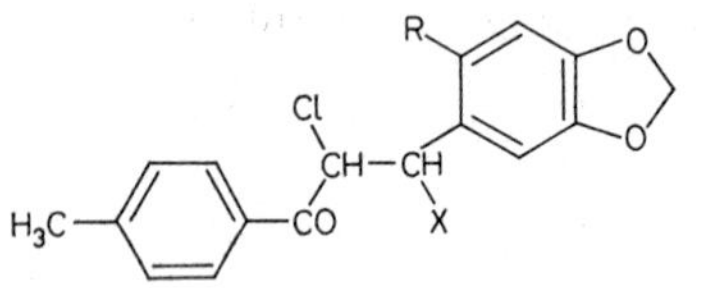

XII 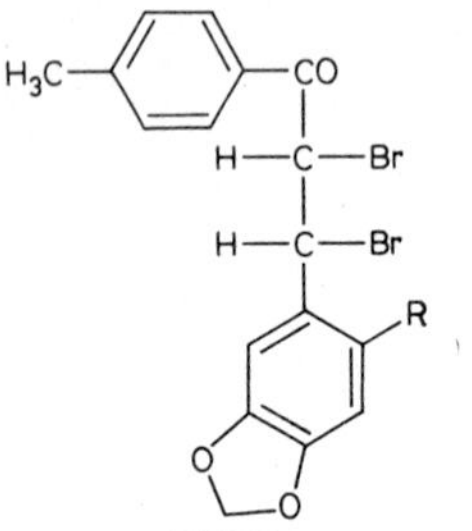   XIII

*Opt.-inakt. 3-[6-Brom-benzo[1,3]dioxol-5-yl]-2,3-dichlor-1-p-tolyl-propan-1-on
$C_{17}H_{13}BrCl_2O_3$, Formel XII (R = Br, X = Cl).
B. Beim Behandeln von 2-Brom-4'-methyl-4,5-methylendioxy-*trans*(?)-chalkon (S. 1870)
mit Chlor (1 Mol) in Essigsäure (*Nadkarni et al.*, Soc. **1937** 1798, 1801).
Krystalle (aus Bzl. oder Eg.); F: 160°.

*Opt.-inakt. 3-Brom-2-chlor-3-[6-chlor-benzo[1,3]dioxol-5-yl]-1-p-tolyl-propan-1-on
$C_{17}H_{13}BrCl_2O_3$, Formel XII (R = Cl, X = Br).
B. Beim Behandeln von opt.-inakt. 3-Äthoxy-2-chlor-3-[6-chlor-benzo[1,3]dioxol-5-yl]-
1-p-tolyl-propan-1-on (F: 95°) mit wss. Bromwasserstoffsäure (*Nadkarni et al.*, Soc.
1937 1798, 1802).
Krystalle (aus PAe.); F: 165°.

(2RS,3SR?)-3-Benzo[1,3]dioxol-5-yl-2,3-dibrom-1-p-tolyl-propan-1-on $C_{17}H_{14}Br_2O_3$,
vermutlich Formel XIII (R = H) + Spiegelbild.
B. Beim Behandeln von 4'-Methyl-3,4-methylendioxy-*trans*(?)-chalkon (H **19** 142) mit
Brom (1 Mol) in Essigsäure (*Nadkarni et al.*, Soc. **1937** 1798, 1801).
Krystalle (aus Bzl. oder Eg.); F: 144°.
Beim Behandeln mit Kaliumcyanid in Methanol bei Raumtemperatur bzw. bei Siede-
temperatur ist 4'-Methyl-3,4-methylendioxy-*trans*(?)-chalkon bzw. 2-Benzo[1,3]dioxol-
5-yl-4-oxo-4-p-tolyl-butyronitril erhalten worden (*Na. et al.*, l. c. S. 1802).

(2RS,3SR?)-2,3-Dibrom-3-[6-chlor-benzo[1,3]dioxol-5-yl]-1-p-tolyl-propan-1-on
$C_{17}H_{13}Br_2ClO_3$, vermutlich Formel XIII (R = Cl) + Spiegelbild.
B. Beim Behandeln von 2-Chlor-4'-methyl-4,5-methylendioxy-*trans*(?)-chalkon (S.
1870) mit Brom (1 Mol) in Essigsäure (*Nadkarni et al.*, Soc. **1937** 1798, 1801).
Krystalle (aus Bzl. oder Eg.); F: 169°.

(2RS,3SR?)-2,3-Dibrom-3-[6-brom-benzo[1,3]dioxol-5-yl]-1-p-tolyl-propan-1-on
$C_{17}H_{13}Br_3O_3$, vermutlich Formel XIII (R = Br) + Spiegelbild.
B. Beim Behandeln von 4'-Methyl-3,4-methylendioxy-*trans*(?)-chalkon (H **19** 142) mit
Brom (2 Mol) in Essigsäure (*Nadkarni et al.*, Soc. **1937** 1798, 1801).
Krystalle (aus Bzl. oder Eg.); F: 175°.

(±)-3-Benzo[1,3]dioxol-5-yl-4-phenyl-butan-2-on $C_{17}H_{16}O_3$, Formel I.

B. Beim Behandeln von Benzo[1,3]dioxol-5-yl-aceton mit Natriumamid, Benzylchlorid und Äther (*Fujisawa,* J. pharm. Soc. Japan **79** [1959] 775; C. A. **1959** 21950).
Kp$_{0,04}$: 161°.

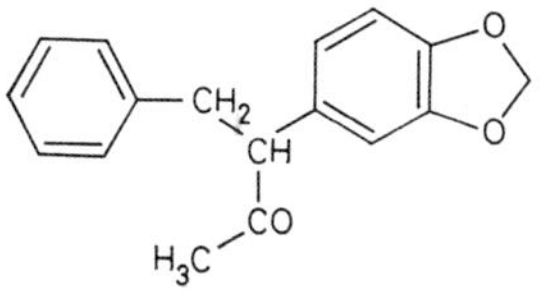

I 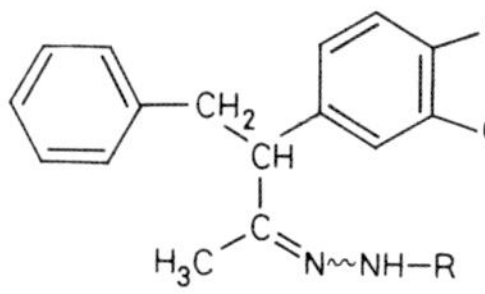   II 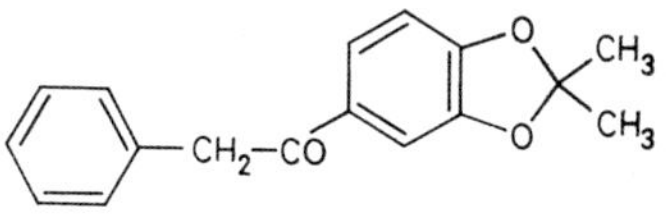   III

*(±)-3-Benzo[1,3]dioxol-5-yl-4-phenyl-butan-2-on-semicarbazon $C_{18}H_{19}N_3O_3$, Formel II (R = CO-NH$_2$).

B. Aus (±)-3-Benzo[1,3]dioxol-5-yl-4-phenyl-butan-2-on und Semicarbazid (*Fujisawa,* J. pharm. Soc. Japan **79** [1959] 775; C. A. **1959** 21950).
Krystalle; F: 159—160°.

2,2-Dimethyl-5-phenylacetyl-benzo[1,3]dioxol, 1-[2,2-Dimethyl-benzo[1,3]dioxol-5-yl]-2-phenyl-äthanon, 3,4-Isopropylidendioxy-desoxybenzoin $C_{17}H_{16}O_3$, Formel III.

B. Beim Behandeln von 2,2-Dimethyl-benzo[1,3]dioxol mit Phenylessigsäure-anhydrid und Borfluorid (*Tsatsas, Hoch,* C. r. **236** [1953] 494).
F: 73°. Kp$_{12}$: 224—225°.

*1-[2,2-Dimethyl-benzo[1,3]dioxol-5-yl]-2-phenyl-äthanon-oxim, 3,4-Isopropyliden≠dioxy-desoxybenzoin-oxim $C_{17}H_{17}NO_3$, Formel IV (X = OH).

B. Aus 3,4-Isopropylendioxy-desoxybenzoin und Hydroxylamin (*Tsatsas, Hoch,* C. r. **236** [1953] 494).
Krystalle; F: 142°.

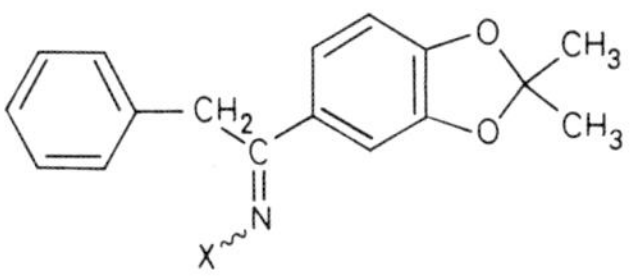

IV 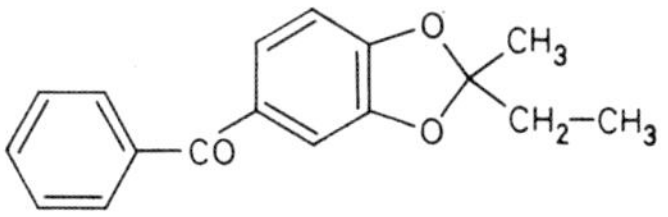   V

*1-[2,2-Dimethyl-benzo[1,3]dioxol-5-yl]-2-phenyl-äthanon-semicarbazon, 3,4-Iso≠propylidendioxy-desoxybenzoin-semicarbazon $C_{18}H_{19}N_3O_3$, Formel IV (X = NH-CO-NH$_2$).

B. Aus 3,4-Isopropylendioxy-desoxybenzoin und Semicarbazid (*Tsatsas, Hoch,* C. r. **236** [1953] 494).
Krystalle; F: 168°.

(±)-2-Äthyl-5-benzoyl-2-methyl-benzo[1,3]dioxol, (±)-[2-Äthyl-2-methyl-benzo≠[1,3]dioxol-5-yl]-phenyl-keton, (±)-3,4-*sec*-Butylidendioxy-benzophenon $C_{17}H_{16}O_3$, Formel V.

B. Beim Behandeln von 2-Äthyl-2-methyl-benzo[1,3]dioxol mit Benzoesäure-anhydrid und Borfluorid (*Tsatsas, Hoch,* C. r. **236** [1953] 494).
Kp$_{11}$: 215°.
Über zwei Oxim-Präparate $C_{17}H_{17}NO_3$ vom F: 144° bzw. F: 85° s. *Ts., Hoch.*

2-Valeryl-phenoxathiin, 1-Phenoxathiin-2-yl-pentan-1-on $C_{17}H_{16}O_2S$, Formel VI.

B. Beim Erwärmen von Phenoxathiin mit Valerylchlorid, Aluminiumchlorid und Schwefelkohlenstoff (*Lescot et al.,* Soc. **1956** 2408, 2410).
Krystalle (aus A.); F: 63—64°. Bei 279—280°/20 Torr destillierbar.

VI

VII

*1-Phenoxathiin-2-yl-pentan-1-on-semicarbazon $C_{18}H_{19}N_3O_2S$, Formel VII.

B. Aus 1-Phenoxathiin-2-yl-pentan-1-on und Semicarbazid (*Lescot et al.*, Soc. **1956** 2408, 2410).

Krystalle (aus A.); F: 177°.

(Ξ,Ξ)-2,7-Difurfuryliden-cycloheptanon $C_{17}H_{16}O_3$, Formel VIII.

a) Präparat vom F: 148°.

B. Aus Furfural und Cycloheptanon mit Hilfe von wss.-äthanol. Natronlauge (*Pallaud, Delaveau*, Bl. **1952** 741) oder mit Hilfe von äthanol. Natriumäthylat-Lösung (*Leonard et al.*, Am. Soc. **79** [1957] 1482, 1484).

Gelbe Krystalle; F: 147—148° [korr.; aus Me.] (*Le. et al.*), 147° [aus A. + E.] (*Pa., De.*). IR-Banden (CS₂) im Bereich von 1680 cm⁻¹ bis 1100 cm⁻¹: *Le. et al.* UV-Absorp= tionsmaxima (Cyclohexan): 261 nm und 330 nm (*Le. et al.*).

b) Präparat vom F: 114°, vermutlich **(E,E)-2,7-Difurfuryliden-cycloheptanon**, Formel IX.

Über die Konfiguration s. *Zukerman et al.*, Ž. struktur. Chim. **9** [1968] 67, 68; engl. Ausg. S. 53, 55.

B. Beim Behandeln von Furfural mit Cycloheptanon, Äthanol und wss. Kalilauge (*Zukerman et al.*, Ž. obšč. Chim. **34** [1964] 3597, 3604; engl. Ausg. S. 3645, 3651; s. a. *Gardner et al.*, Am. Soc. **80** [1958] 143, 147).

Dipolmoment (ε; Dioxan): 3,72 D [nach *Hedestrand*] bzw. 3,67 D [nach *Higashi*] (*Zu. et al.*, Ž. struktur. Chim. **9** 69; engl. Ausg. S. 54).

Gelbe Krystalle; F: 114° [aus A.] (*Zu. et al.*, Ž. obšč. Chim. **34** 3604; engl. Ausg. S. 3651), 110—112° [korr.; aus E. + PAe.] (*Ga. et al.*). UV-Absorptionsmaxima (A.): 266 nm und 340 nm (*Zu. et al.*, Ž. obšč. Chim. **34** 3602; engl. Ausg. S. 3650).

2,4-Dinitro-phenylhydrazon $C_{23}H_{20}N_4O_6$. Rote Krystalle (aus CHCl₃ + Me.); F: 222—223° [korr.] (*Ga. et al.*).

c) Präparat vom F: 100°.

B. Beim Behandeln von Furfural mit Cycloheptanon und Natriummethylat in Methanol (*Islam, Zemaity*, Am. Soc. **79** [1957] 6023).

Krystalle (aus A.); F: 100° [unkorr.].

VIII   IX   X

(Ξ,Ξ)-2,7-Bis-[2]thienylmethylen-cycloheptanon $C_{17}H_{16}OS_2$, Formel X.

B. Beim Behandeln von Thiophen-2-carbaldehyd mit Cycloheptanon und äthanol. Natronlauge oder äthanol. Natriumäthylat-Lösung (*Pallaud, Delaveau*, Bl. **1955** 1220, 1221).

Gelbe Krystalle (aus A. + E.); F: 154°.

(±)(2Ξ,6Ξ)-3-Methyl-2,6-bis-[2]thienylmethylen-cyclohexanon $C_{17}H_{16}OS_2$, Formel XI.

B. Beim Behandeln von Thiophen-2-carbaldehyd mit (±)-3-Methyl-cyclohexanon und wss. Natronlauge (*Buu-Hoi, Xuong*, Bl. **1958** 758, 760).

Gelbliche Krystalle (aus A.); F: 152°.

(2Ξ,6Ξ)-2,6-Difurfuryliden-4-methyl-cyclohexanon $C_{17}H_{16}O_3$, Formel XII.

a) Präparat vom F: 130°.

B. Beim Behandeln von Furfural mit 4-Methyl-cyclohexanon und Natriummethylat in Methanol (*Islam, Zemaity*, Am. Soc. **79** [1957] 6023).

Krystalle (aus A.); F: 130° [unkorr.].

b) Präparat vom F: 97° (E II 166; dort als 1-Methyl-3.5-difurfuryliden-cyclo=hexanon-(4) bezeichnet).

B. Beim Behandeln von Furfural mit 4-Methyl-cyclohexanon und wss. Kalilauge (*Poggi et al.*, G. **84** [1954] 528, 532).

Gelbe Krystalle (aus A.); F: 96—97°.

Ein Phenylhydrazon und ein Semicarbazon sind nicht erhalten worden.

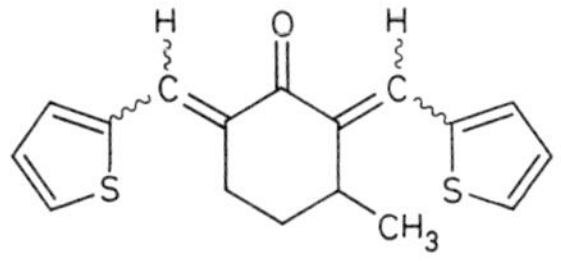

XI 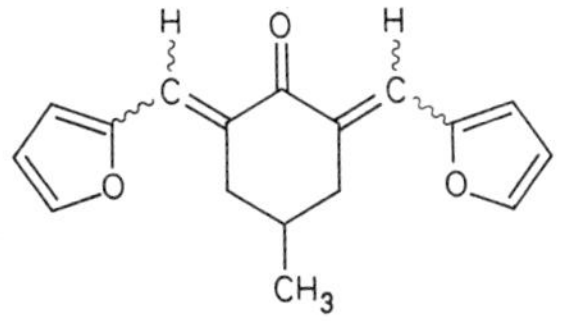   XII 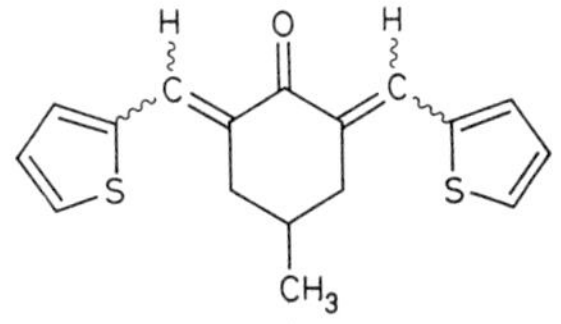   XIII

(2Ξ,6Ξ)-4-Methyl-2,6-bis-[2]thienylmethylen-cyclohexanon $C_{17}H_{16}OS_2$, Formel XIII.

a) Präparat vom F: 160°.

B. Beim Behandeln von Thiophen-2-carbaldehyd mit 4-Methyl-cyclohexanon und äthanol. Natronlauge oder äthanol. Natriumäthylat-Lösung (*Pallaud, Delaveau*, Bl. **1955** 1220, 1221).

Gelbe Krystalle (aus A. + E.); F: 160°.

b) Präparat vom F: 120°.

B. Beim Behandeln von Thiophen-2-carbaldehyd mit 4-Methyl-cyclohexanon, Äthanol und wss. Natronlauge (*Buu-Hoi, Xuong*, Bl. **1958** 758, 760).

Gelbliche Krystalle (aus A.); F: 120°.

(Ξ,Ξ)-2,5-Bis-[5-methyl-furfuryliden]-cyclopentanon $C_{17}H_{16}O_3$, Formel XIV.

B. Beim Behandeln von 5-Methyl-furan-2-carbaldehyd mit Cyclopentanon, Äthanol und wss. Natronlauge (*Ponomarew, Lipanowa*, Ž. obšč. Chim. **23** [1953] 1719, 1724; engl. Ausg. S. 1811, 1814).

Gelbe Krystalle (aus A.); F: 131—132°.

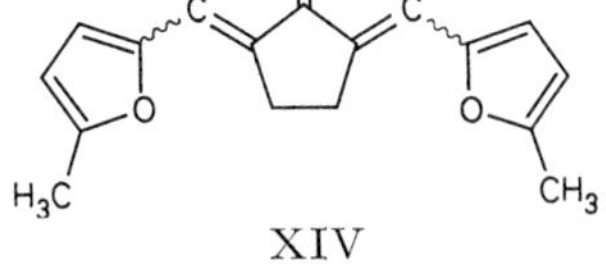

XIV 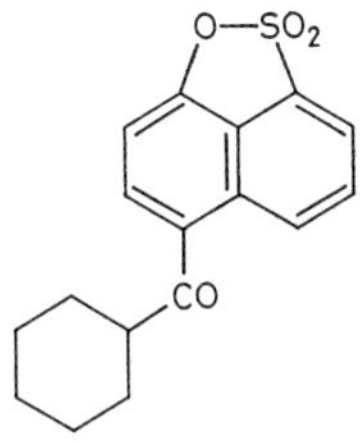   XV

6-Cyclohexancarbonyl-naphth[1,8-*cd*][1,2]oxathiol-2,2-dioxid, Cyclohexyl-[2,2-dioxo-2λ⁶-naphth[1,8-*cd*][1,2]oxathiol-6-yl]-keton, 5-Cyclohexancarbonyl-8-hydroxy-naphthalin-1-sulfonsäure-lacton $C_{17}H_{16}O_4S$, Formel XV.

B. Beim Erwärmen von Naphth[1,8-*cd*][1,2]oxathiol-2,2-dioxid mit Cyclohexancarb=onylchlorid und Aluminiumchlorid in 1,2,4-Trichlor-benzol oder Nitrobenzol (*Schetty*, Helv. **30** [1947] 1650, 1654, 1656).

F: 134—135°.

Oxo-Verbindungen $C_{18}H_{18}O_3$

*(±)-1-[2-Chlormethyl-2,3-dihydro-benzo[1,4]dioxin-6-yl]-3-phenyl-propan-1-on-[2,4-dinitro-phenylhydrazon] $C_{24}H_{21}ClN_4O_6$, Formel I.

B. Bei der Hydrierung von (±)-1-[2-Chlormethyl-2,3-dihydro-benzo[1,4]dioxin-6-yl]-3*t*(?)-phenyl-propenon (S. 1872) an Raney-Nickel in Äthylacetat und Behandlung des Reaktionsprodukts mit [2,4-Dinitro-phenyl]-hydrazin (*Funke, Delavigne,* Bl. **1959** 1974, 1978).

F: 194° [aus Bzl. + A.].

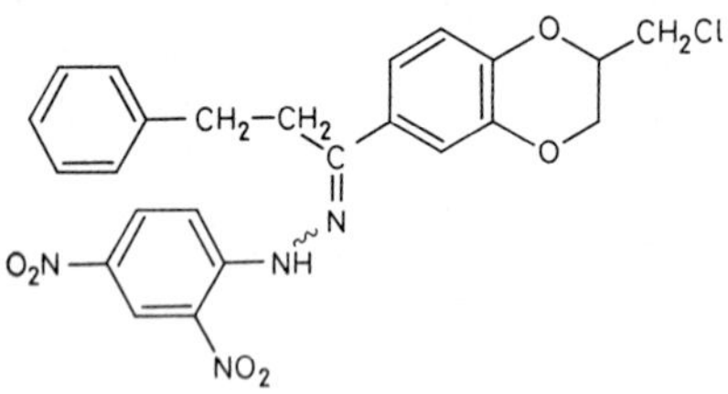

I

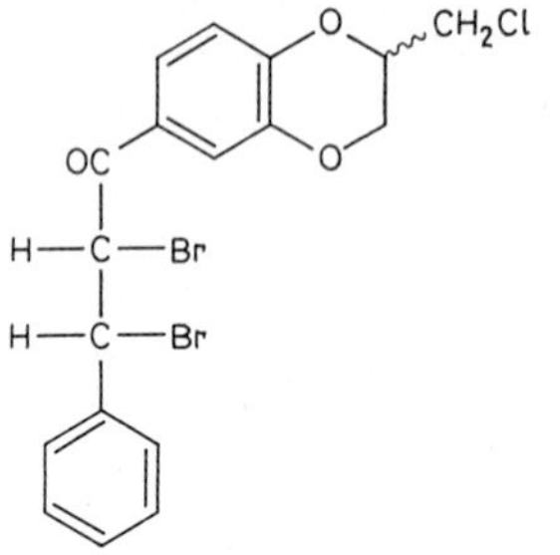

II

(2*RS*,3*SR*?)-2,3-Dibrom-1-[(*Ξ*)-2-chlormethyl-2,3-dihydro-benzo[1,4]dioxin-6-yl]-3-phenyl-propan-1-on $C_{18}H_{15}Br_2ClO_3$, vermutlich Formel II + Spiegelbild.

B. Beim Behandeln von (±)-1-[2-Chlormethyl-2,3-dihydro-benzo[1,4]dioxin-6-yl]-3*t*(?)-phenyl-propenon (S. 1872) mit Brom in Chloroform (*Funke, Delavigne,* Bl. **1959** 1974, 1977).

Krystalle (aus Dioxan + PAe.); F: 211°.

(±)-1-[3-Chlormethyl-2,3-dihydro-benzo[1,4]dioxin-6-yl]-3-phenyl-propan-1-on $C_{18}H_{17}ClO_3$, Formel III.

B. Bei der Hydrierung von (±)-1-[3-Chlormethyl-2,3-dihydro-benzo[1,4]dioxin-6-yl]-3*t*(?)-phenyl-propenon (S. 1872) an Raney-Nickel in Äthylacetat (*Funke, Delavigne,* Bl. **1959** 1974, 1978).

Krystalle (aus A.); F: 122°.

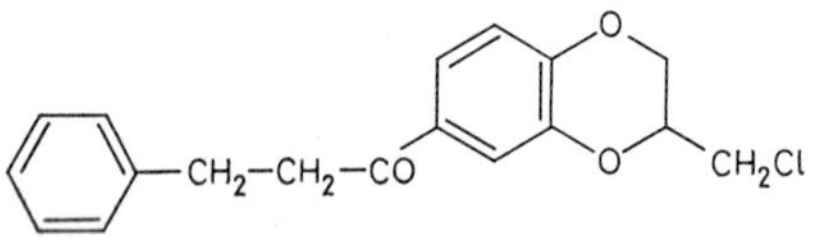

III

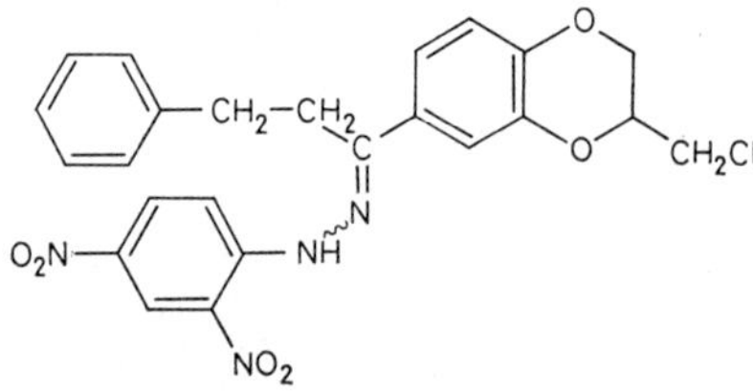

IV

*(±)-1-[3-Chlormethyl-2,3-dihydro-benzo[1,4]dioxin-6-yl]-3-phenyl-propan-1-on-[2,4-dinitro-phenylhydrazon] $C_{24}H_{21}ClN_4O_6$, Formel IV.

B. Aus (±)-1-[3-Chlormethyl-2,3-dihydro-benzo[1,4]dioxin-6-yl]-3-phenyl-propan-1-on und [2,4-Dinitro-phenyl]-hydrazin (*Funke, Delavigne,* Bl. **1959** 1974, 1978).

F: 177° [aus Bzl. + A.].

(2*RS*,3*SR*?)-2,3-Dibrom-1-[(*Ξ*)-3-chlormethyl-2,3-dihydro-benzo[1,4]dioxin-6-yl]-3-phenyl-propan-1-on $C_{18}H_{15}Br_2ClO_3$, vermutlich Formel V + Spiegelbild.

B. Beim Behandeln von (±)-1-[3-Chlormethyl-2,3-dihydro-benzo[1,4]dioxin-6-yl]-3*t*(?)-phenyl-propenon (S. 1872) mit Brom in Chloroform (*Funke, Delavigne,* Bl. **1959** 1974, 1976).

Krystalle (aus A.); F: 145°.

*Opt.-inakt. 1-Benzo[1,3]dioxol-5-yl-1,2,4,5-tetrabrom-5-[2-nitro-phenyl]-pentan-3-on
$C_{18}H_{13}Br_4NO_5$, Formel VI (R = H, X = NO_2).

B. Beim Behandeln von 1*t*-Benzo[1,3]dioxol-5-yl-5*t*(?)-[2-nitro-phenyl]-penta-1,4-dien-3-on (S. 1880) mit Brom in Essigsäure (*Kraszewski, Golebicki*, Roczniki Chem. **14** [1934] 203, 205; C. **1934** II 3505).

F: 138—140° [Zers.].

Wenig beständig.

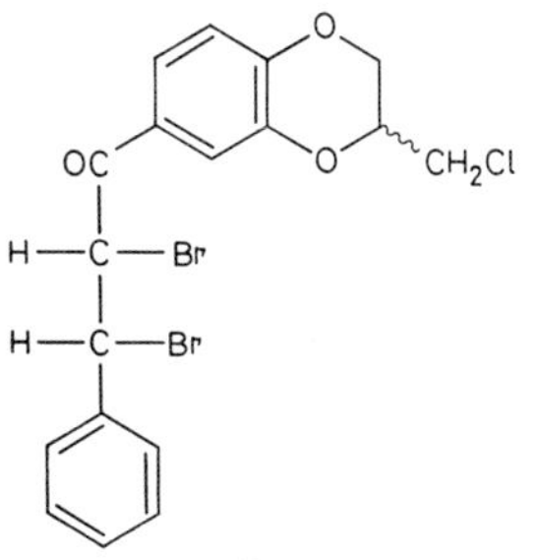

V 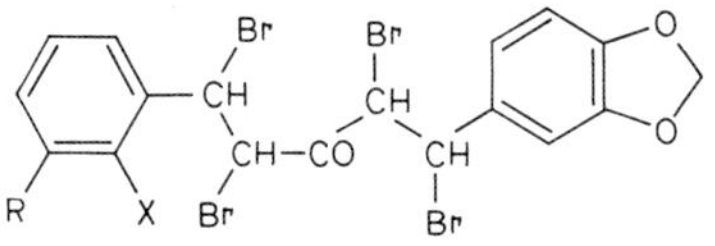   VI

*Opt.-inakt. 1-Benzo[1,3]dioxol-5-yl-1,2,4,5-tetrabrom-5-[3-nitro-phenyl]-pentan-3-on
$C_{18}H_{13}Br_4NO_5$, Formel VI (R = NO_2, X = H).

B. Beim Behandeln von 1*t*-Benzo[1,3]dioxol-5-yl-5*t*(?)-[3-nitro-phenyl]-penta-1,4-dien-3-on (S. 1880) mit Brom in Essigsäure (*Kraszewski, Golebicki*, Roczniki Chem. **14** [1934] 203, 204; C. **1934** II 3505).

F: 155°.

*Opt.-inakt. 1-Benzo[1,3]dioxol-5-yl-1,2,4,5-tetrabrom-5-[4-nitro-phenyl]-pentan-3-on
$C_{18}H_{13}Br_4NO_5$, Formel VII.

B. Beim Behandeln von 1*t*-Benzo[1,3]dioxol-5-yl-5*t*(?)-[4-nitro-phenyl]-penta-1,4-dien-3-on (S. 1880) mit Brom in Essigsäure (*Kraszewski, Golebicki*, Roczniki Chem. **14** [1934] 203, 204; C. **1934** II 3505).

Krystalle (aus Me.); F: 142°.

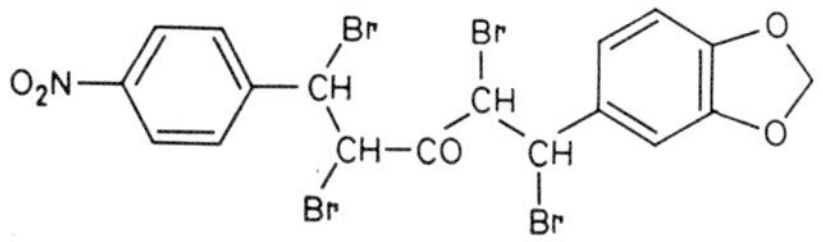

VII 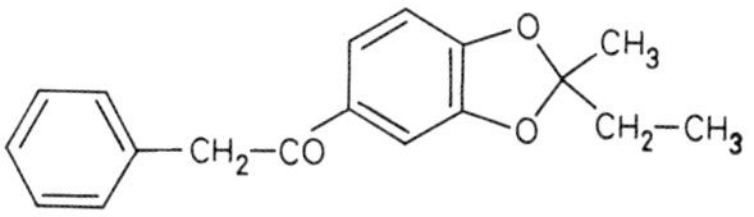   VIII

(±)-2-Äthyl-2-methyl-5-phenylacetyl-benzo[1,3]dioxol, (±)-1-[2-Äthyl-2-methyl-benzo[1,3]dioxol-5-yl]-2-phenyl-äthanon, (±)-3,4-*sec*-Butylidendioxy-desoxybenzoin
$C_{18}H_{18}O_3$, Formel VIII.

B. Beim Behandeln von 2-Äthyl-2-methyl-benzo[1,3]dioxol mit Phenylessigsäure-anhydrid und Borfluorid (*Tsatsas, Hoch*, C. r. **236** [1953] 494).

F: 58°. Kp$_{13}$: 233—234°.

*(±)-1-[2-Äthyl-2-methyl-benzo[1,3]dioxol-5-yl]-2-phenyl-äthanon-oxim, (±)-3,4-*sec*-Butylidendioxy-desoxybenzoin-oxim $C_{18}H_{19}NO_3$, Formel IX (X = OH).

B. Aus (±)-1-[2-Äthyl-2-methyl-benzo[1,3]dioxol-5-yl]-2-phenyl-äthanon und Hydr=oxylamin (*Tsatsas, Hoch*, C. r. **236** [1953] 494).

Krystalle; F: 132°.

*(±)-1-[2-Äthyl-2-methyl-benzo[1,3]dioxol-5-yl]-2-phenyl-äthanon-semicarbazon,
(±)-3,4-*sec*-Butylidendioxy-desoxybenzoin-semicarbazon $C_{19}H_{21}N_3O_3$, Formel IX
(X = NH-CO-NH$_2$).

B. Aus (±)-1-[2-Äthyl-2-methyl-benzo[1,3]dioxol-5-yl]-2-phenyl-äthanon und Semi=

carbazid (*Tsatsas, Hoch*, C. r. **236** [1953] 494).
Krystalle; F: 143°.

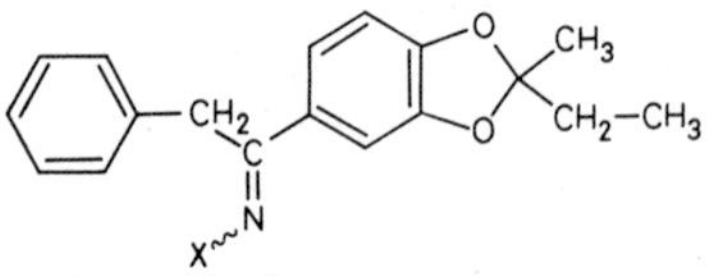

IX

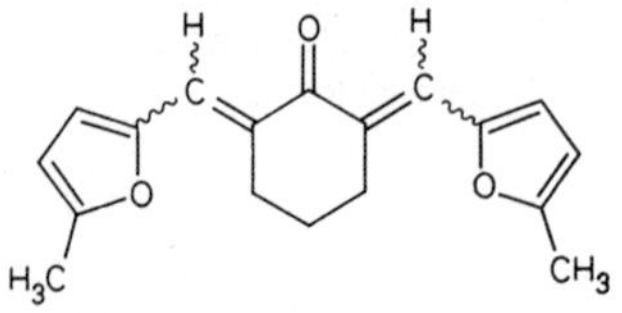

X

2,6-Bis-[(Ξ)-5-methyl-furfuryliden]-cyclohexanon $C_{18}H_{18}O_3$, Formel X.

B. Beim Behandeln von 5-Methyl-furan-2-carbaldehyd mit Cyclohexanon und wss.-äthanol. Natronlauge (*Ponomarew, Lipanowa*, Ž. obšč. Chim. **23** [1953] 1719, 1724; engl. Ausg. S. 1811, 1814).
Gelbe Krystalle (aus A.); F: 118—119°.

Oxo-Verbindungen $C_{19}H_{20}O_3$

2,2-Diäthyl-5-phenylacetyl-benzo[1,3]dioxol, 1-[2,2-Diäthyl-benzo[1,3]dioxol-5-yl]-2-phenyl-äthanon, 3,4-[1-Äthyl-propylidendioxy]-desoxybenzoin $C_{19}H_{20}O_3$, Formel XI.

B. Beim Behandeln von 2,2-Diäthyl-benzo[1,3]dioxol mit Phenylessigsäure-anhydrid und Borfluorid (*Tsatsas, Hoch*, C. r. **236** [1953] 494).
F: 64°. Kp_{13}: 240—241°.

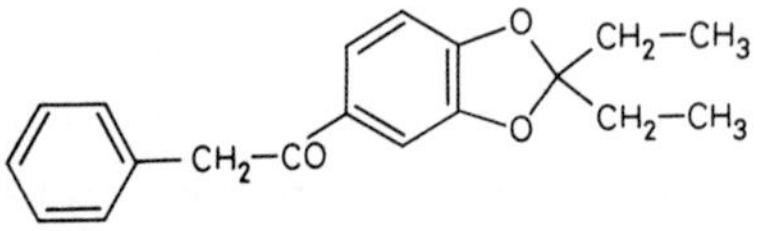

XI

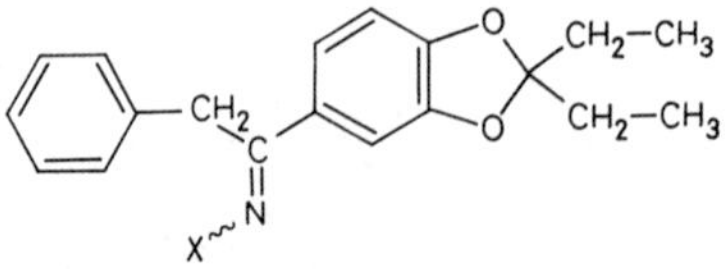

XII

***1-[2,2-Diäthyl-benzo[1,3]dioxol-5-yl]-2-phenyl-äthanon-oxim, 3,4-[1-Äthyl-propyliden-dioxy]-desoxybenzoin-oxim** $C_{19}H_{21}NO_3$, Formel XII (X = OH).

B. Aus 1-[2,2-Diäthyl-benzo[1,3]dioxol-5-yl]-2-phenyl-äthanon und Hydroxylamin (*Tsatsas, Hoch*, C. r. **236** [1953] 494).
Krystalle; F: 122,5°.

***1-[2,2-Diäthyl-benzo[1,3]dioxol-5-yl]-2-phenyl-äthanon-semicarbazon, 3,4-[1-Äthyl-propylidendioxy]-desoxybenzoin-semicarbazon** $C_{20}H_{23}N_3O_3$, Formel XII (X = NH-CO-NH$_2$).

B. Aus 1-[2,2-Diäthyl-benzo[1,3]dioxol-5-yl]-2-phenyl-äthanon und Semicarbazid (*Tsatsas, Hoch*, C. r. **236** [1953] 494).
Krystalle; F: 113°.

Oxo-Verbindungen $C_{20}H_{22}O_3$

5-Benzoyl-2,2-dipropyl-benzo[1,3]dioxol, [2,2-Dipropyl-benzo[1,3]dioxol-5-yl]-phenyl-keton, 3,4-[1-Propyl-butylidendioxy]-benzophenon $C_{20}H_{22}O_3$, Formel I.

B. Beim Behandeln von 2,2-Dipropyl-benzo[1,3]dioxol mit Benzoesäure-anhydrid und Borfluorid (*Tsatsas, Hoch*, C. r. **236** [1953] 494).
Kp_{12}: 236—237°.
Über zwei Oxim-Präparate $C_{20}H_{23}NO_3$ vom F: 175° bzw. F: 122° s. *Ts., Hoch*.

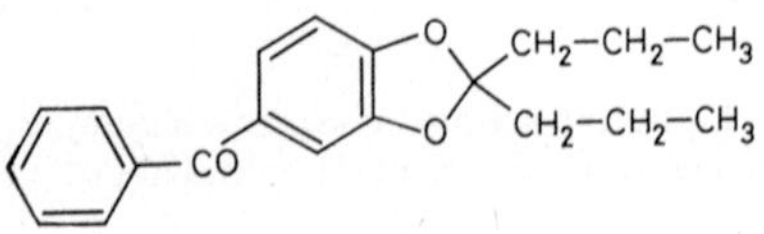

I

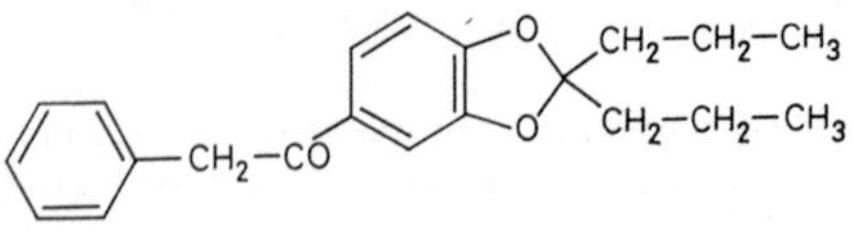

II

Oxo-Verbindungen $C_{21}H_{24}O_3$

5-Phenylacetyl-2,2-dipropyl-benzo[1,3]dioxol, 1-[2,2-Dipropyl-benzo[1,3]dioxol-5-yl]-2-phenyl-äthanon, 3,4-[1-Propyl-butylidendioxy]-desoxybenzoin $C_{21}H_{24}O_3$, Formel II.

B. Beim Behandeln von 2,2-Dipropyl-benzo[1,3]dioxol mit Phenylessigsäure-anhydrid und Borfluorid (*Tsatsas, Hoch,* C. r. **236** [1953] 494).

F: 72°. Kp$_{13}$: 250—251°.

*1-[2,2-Dipropyl-benzo[1,3]dioxol-5-yl]-2-phenyl-äthanon-oxim, 3,4-[1-Propyl-butyl‑idendioxy]-desoxybenzoin-oxim $C_{21}H_{25}NO_3$, Formel III (X = OH).

B. Aus 1-[2,2-Dipropyl-benzo[1,3]dioxol-5-yl]-2-phenyl-äthanon und Hydroxylamin (*Tsatsas, Hoch,* C. r. **236** [1953] 494).

Krystalle; F: 69°.

*1-[2,2-Dipropyl-benzo[1,3]dioxol-5-yl]-2-phenyl-äthanon-semicarbazon, 3,4-[1-Propyl-butylidendioxy]-desoxybenzoin-semicarbazon $C_{22}H_{27}N_3O_3$, Formel III (X = NH-CO-NH$_2$).

B. Aus 1-[2,2-Dipropyl-benzo[1,3]dioxol-5-yl]-2-phenyl-äthanon und Semicarbazid (*Tsatsas, Hoch,* C. r. **236** [1953] 494).

Krystalle; F: 106°.

III   IV

Oxo-Verbindungen $C_{22}H_{26}O_3$

2-Decanoyl-phenoxathiin, 1-Phenoxathiin-2-yl-decan-1-on $C_{22}H_{26}O_2S$, Formel IV.

B. Beim Erwärmen von Phenoxathiin mit Decanoylchlorid, Aluminiumchlorid und Schwefelkohlenstoff (*Lescot et al.,* Soc. **1956** 2408, 2410).

Krystalle; F: 68—69°.

Oxo-Verbindungen $C_{23}H_{28}O_3$

(20Ξ)-1β,4β-Epoxy-A-homo-19-nor-14ξ-carda-5,7,9-trienolid, (20Ξ)-3β,19β-Epoxy-1(10 → 19)-abeo-14ξ-carda-5,7,9-trienolid $C_{23}H_{28}O_3$, Formel V.

Diese Konstitution und Konfiguration ist dem nachstehend beschriebenen **Dihydrotri‑anhydrostrophanthidin** zuzuordnen.

B. Beim Behandeln von Dianhydrodihydrostrophanthidin (E III/IV **18** 1656) mit konz. wss. Salzsäure (*Jacobs, Collins,* J. biol. Chem. **63** [1925] 123, 129). Bei der Hydrierung von Trianhydrostrophanthidin (S. 1875) an Palladium in Essigsäure (*Ja., Co.,* l. c. S. 128).

Krystalle (aus A.); F: 132—133° (*Ja., Co.*). [α]$_D^{21}$: +97° [CHCl$_3$; c = 1]; [α]$_D^{22}$: +96° [CHCl$_3$; c = 1] (*Ja., Co.*). UV-Spektrum (A.; 210—340 nm): *Elderfield, Rothen,* J. biol. Chem. **106** [1934] 71, 74.

V   VI

Oxo-Verbindungen $C_{25}H_{32}O_3$

7,20-Dioxa-tricyclo[19.2.2.2^{3,6}]heptacosa-1(23),3,5,21,24,26-hexaen-2-on, 1,14-Dioxa-[14.1]paracyclophan-21-on $C_{25}H_{32}O_3$, Formel VI.

B. Beim Erhitzen von 4-[12-Brom-dodecyloxy]-4'-hydroxy-benzophenon mit Kalium‑

carbonat in Isoamylalkohol (*Lüttringhaus, Buchholz*, B. **73** [1940] 134, 145).
Krystalle (aus PAe.); F: 139°. Bei 170°/0,02 Torr destillierbar.

Oxo-Verbindungen $C_{27}H_{36}O_3$

(25R)-Spirosta-1,4,6-trien-3-on $C_{27}H_{36}O_3$, Formel VII.
B. Beim Erhitzen von (25R)-2ξ,6ξ-Dibrom-spirost-4-en-3-on (S. 1811) mit 2,4,6-Tri=
methyl-pyridin (*Yashin et al.*, Am. Soc. **73** [1951] 4654, 4657).
Krystalle (aus Acn.); F: 208—210° [korr.; Kofler-App.] (*Ya. et al.*). $[\alpha]_D^{24}$: −114°
[Dioxan; c = 0,06] (*Djerassi, Ehrlich*, Am. Soc. **78** [1956] 440, 446); $[\alpha]_D^{20}$: −105° [CHCl₃]
(*Ya. et al.*). Optisches Drehungsvermögen $[\alpha]^{24}$ einer Lösung in Dioxan für Licht der
Wellenlängen von 300 nm bis 700 nm: *Dj., Eh.*, l. c. S. 445, 446. UV-Absorptionsmaxima
(A.): 222 nm, 256 nm und 296 nm (*Ya. et al.*).
Beim Leiten eines Gemisches mit Mineralöl über Pyrex-Glas bei 600° ist (25R)-19-Nor-
spirosta-1,3,5(10),6-tetraen-3-ol erhalten worden (*Sondheimer et al.*, Am. Soc. **76** [1954]
2230, 2232). Bildung von (25R)-3-Acetoxy-1-methyl-19-nor-spirosta-1,3,5(10),6-tetraen
beim Behandeln mit Acetanhydrid und wenig Toluol-4-sulfonsäure: *So. et al.*, l. c. S. 2233.

VII   VIII

(25R)-Spirosta-4,7,9(11)-trien-3-on $C_{27}H_{36}O_3$, Formel VIII.
B. Beim Erhitzen von (25R)-Spirosta-5,7,9(11)-trien-3β-ol mit Cyclohexanon, Toluol
und Aluminium-*tert*-butylat (*Yashin et al.*, Am. Soc. **73** [1951] 4654, 4657).
Gelbliche Krystalle (aus Hexan); F: 169—171° [unkorr.]. $[\alpha]_D^{20}$: +210° [CHCl₃].
UV-Absorptionsmaximum (A.): 242 nm.
Hydrierung an Palladium/Kohle in äthanol. Kalilauge unter Bildung von (25R)-5β-
Spirosta-7,9(11)-dien-3-on: *Ya. et al.* Beim Erhitzen mit Acetanhydrid und Pyridin ist
(25R)-3-Acetoxy-spirosta-3,5,7,9(11)-tetraen erhalten worden.

(25R)-Spirosta-4,6,8-trien-3-on $C_{27}H_{36}O_3$, Formel IX.
B. Beim Erwärmen von (25R)-3-Acetoxy-spirosta-3,5,7,9(11)-tetraen mit wss.-meth=
anol. Salzsäure (*Yashin et al.*, Am. Soc. **73** [1951] 4654, 4657).
Krystalle (aus Me. + E.); F: 163—165° [korr.; Kofler-App.]. $[\alpha]_D^{20}$: +627° [CHCl₃].
UV-Absorptionsmaxima (A.): 244 nm, 284 nm und 388 nm.

IX   X

Spirosta-1,4,25(27)-trien-3-on $C_{27}H_{36}O_3$, Formel X.
Diese Konstitution und Konfiguration ist der nachstehend beschriebenen, von *Burn
et al.* (Soc. **1958** 795, 797) sowie von *Sannié* und *Lapin* (Bl. **1957** 1237, 1241) als (25S)-Spi=
rosta-1,4-dien-3-on ($C_{27}H_{38}O_3$) angesehenen Verbindung zuzuordnen.
B. Neben 1β-Hydroxy-spirosta-4,25(27)-dien-3-on beim Erhitzen von Neoruscogenin

(Spirosta-5,25(27)-dien-1β,3β-diol) mit Cyclohexanon, Toluol und Aluminiumisopropylat (*Sa., La.*, l. c. S. 1241; s. a. *Burn et al.*, l. c. S. 797). Beim Erhitzen von O^1-Acetyl-neoruscoᵍenin (1β-Acetoxy-spirosta-5,25(27)-dien-3β-ol) mit Cyclohexanon, Toluol und Aluminiumᵍisopropylat (*Sa., La.*).

Krystalle; F: 206−209° [aus wss. Me.] (*Burn et al.*), 193−196° [Kofler-App.; aus Me.] (*Sa., La.*). $[\alpha]_D^{22}$: −72° [CHCl$_3$] (*Sa., La.*); $[\alpha]_D^{23}$: −77,2° [CHCl$_3$; c = 0,3] (*Burn et al.*). UV-Absorptionsmaximum (A.): 245 nm (*Burn et al.*).

2,4-Dinitro-phenylhydrazon $C_{33}H_{40}N_4O_6$. Rote Krystalle, F: 243−244° [Zers.; aus Acn. + A.] (*Burn et al.*), 242−244° [Kofler-App.; aus A.] (*Sa., La.*). Absorptionsᵍmaximum (A.): 402 nm (*Burn et al.*).

Monooxo-Verbindungen $C_nH_{2n-20}O_3$

Oxo-Verbindungen $C_{13}H_6O_3$

Acenaphtho[1,2-c][1,2]dithiol-9-thion $C_{13}H_6S_3$, Formel I.

B. Beim Erhitzen von 1-Methyl-acenaphthylen mit Schwefel auf 200° (*Lozac'h, Mollier*, Bl. **1950** 1243).

Rote Krystalle (aus Cyclohexan); F: 205−206° [korr.; im vorgeheizten Block].

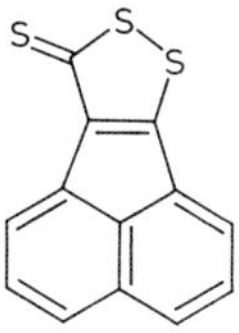

I 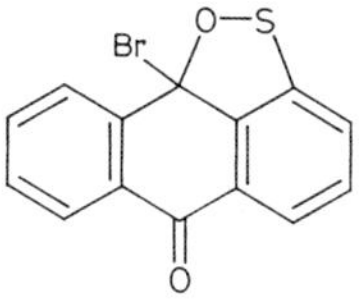   II 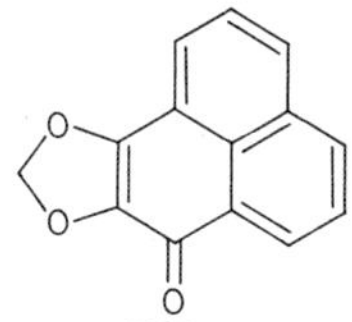   III

Oxo-Verbindungen $C_{14}H_8O_3$

(±)-10b-Brom-10bH-anthra[1,9-cd][1,2]oxathiol-6-on $C_{14}H_7BrO_2S$, Formel II.

Diese Konstitution ist von *Rylander* (J. org. Chem. **21** [1956] 1296) für die früher (s. E I **8** 657 und E III **8** 2918) als 1-Brommercapto-anthrachinon beschriebene Verbindung in Betracht gezogen worden.

Phenaleno[1,2-d][1,3]dioxol-7-on, 2,3-Methylendioxy-phenalen-1-on $C_{14}H_8O_3$, Formel III.

B. Beim Behandeln von Phenalen-1,2,3-trion mit Diazomethan in Äther (*Moubasher et al.*, Soc. **1950** 1998).

Gelbliche Krystalle (aus Me.); F: 200° [braunrote Schmelze].

Oxo-Verbindungen $C_{15}H_{10}O_3$

5-Biphenyl-4-yl-[1,2]dithiol-3-thion $C_{15}H_{10}S_3$, Formel IV.

B. Beim Erhitzen von 1-Biphenyl-4-yl-3,3-dimercapto-propenon mit Phosphor(V)-sulfid in Xylol (*Thuillier, Vialle*, Bl. **1959** 1398, 1400).

Krystalle (aus E.); F: 164°.

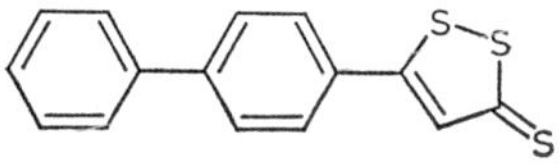

IV 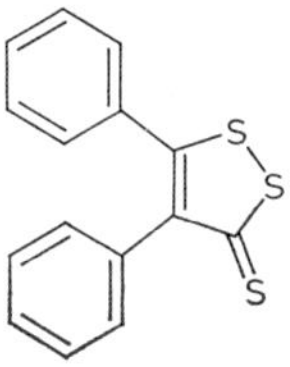   V 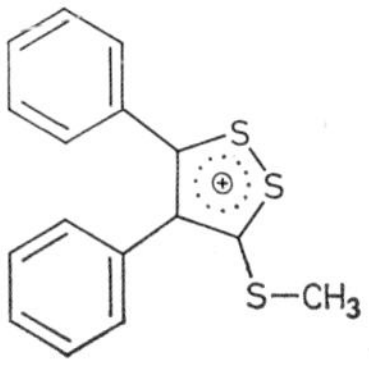   VI

Diphenyl-[1,2]dithiol-3-thion $C_{15}H_{10}S_3$, Formel V.

B. Beim Erhitzen von 1c,2-Diphenyl-propen (E III **5** 1995) mit Schwefel auf 180° (*Woronkow et al.*, Ž. obšč. Chim. **19** [1949] 1927, 1937; engl. Ausg. S. a395, a405; s. a. *Lüttringhaus et al.*, A. **560** [1948] 201, 210; *Schmitt, Suquet*, Bl. **1955** 84, 85). Beim Er= hitzen von 2,3-Diphenyl-prop-2-en-1-thiol (Kp$_{0,005}$: 105—106° [E III **6** 3509]) mit Schwe= fel bis auf 220° (*Lü. et al.*, l. c. S. 213; s. a. *Böttcher*, D. B.P. 861846 [1945]). Beim Erhitzen von 1,2-Diphenyl-propan-1-on mit Phosphor(V)-sulfid, Schwefel und Biphenyl auf 210° (*Legrand, Lozac'h*, Bl. **1956** 1130, 1133). Beim Erhitzen von 2,3-Diphenyl-acrylsäure mit Phosphor(V)-sulfid und Schwefel in Xylol oder Anisol (*Jirousek, Stárka*, Collect. **24** [1959] 1982, 1984).

Rote bzw. orangerote Krystalle; F: 162° [aus E.] (*Sch., Su.*), 161,5° [korr.] (*Bö.*), 160,4—160,5° [aus Bzn., Acn. oder A.] (*Wo. et al.*), 159,5° [aus CS_2 oder Butylacetat] (*Lü. et al.*).

Eine von *Woronkow et al.* (l. c.) beim Behandeln mit Methyljodid erhaltene Verbindung (rote Krystalle, F: 170—171,5°) ist vermutlich als 3-Methylmercapto-4,5-diphenyl-[1,2]dithiolylium-jodid ([$C_{16}H_{13}S_3$]I; entsprechend Formel VI) zu formulieren (vgl. die im Artikel 5-Phenyl-[1,2]dithiol-3-thion [S. 1741] erwähnte homologe Verbindung).

3-[(Ξ)-Benzyliden]-5-[2]thienyl-3*H*-furan-2-on, 2-[(Ξ)-Benzyliden]-4c-hydroxy-4*t*-[2]thienyl-but-3-ensäure-lacton $C_{15}H_{10}O_2S$, Formel VII.

B. Beim Erwärmen von Benzaldehyd mit 4-Oxo-4-[2]thienyl-buttersäure, Acetan= hydrid und Natriumacetat (*Hanna, Schueler*, Am. Soc. **75** [1953] 741).

Orangefarbene Krystalle (aus $CHCl_3$); F: 131° [korr.]. Absorptionsmaxima (A.): 278 nm und 400 nm.

VII

VIII

[5-(4-Chlor-phenyl)-[2]thienyl]-[2]furyl-keton $C_{15}H_9ClO_2S$, Formel VIII.

B. Beim Behandeln von 2-[4-Chlor-phenyl]-thiophen mit Furan-2-carbonylchlorid, Aluminiumchlorid und Schwefelkohlenstoff (*Buu-Hoï, Hoán*, R. **69** [1950] 1455, 1466). Gelbliche Krystalle (aus A.); F: 161°. Kp$_{15}$: 278—280°.

[5-(4-Chlor-phenyl)-[2]thienyl]-[2]thienyl-keton $C_{15}H_9ClOS_2$, Formel IX (X = H).

B. Beim Behandeln von 2-[4-Chlor-phenyl]-thiophen mit Thiophen-2-carbonylchlorid, Aluminiumchlorid und Schwefelkohlenstoff (*Buu-Hoï, Hoán*, R. **69** [1950] 1455, 1466). Gelbliche Krystalle (aus A. + Bzl.); F: 160°. Kp$_{13}$: 286—288°.

IX

X

[5-(4-Chlor-phenyl)-[2]thienyl]-[5-chlor-[2]thienyl]-keton $C_{15}H_8Cl_2OS_2$, Formel IX (X = Cl).

B. Beim Behandeln von 2-[4-Chlor-phenyl]-thiophen mit 5-Chlor-thiophen-2-carbonyl= chlorid, Aluminiumchlorid und Schwefelkohlenstoff (*Buu-Hoï, Hoán*, R. **69** [1950] 1455, 1466).

Hellgelbe Krystalle (aus A. + Bzl.); F: 148°. Kp$_{13}$: 295°.

3-[($\mathit{\Xi}$)-Furfuryliden]-5-phenyl-3H-furan-2-on, 2-[($\mathit{\Xi}$)-Furfuryliden]-4c-hydroxy-4t-phenyl-but-3-ensäure-lacton $C_{15}H_{10}O_3$, Formel X.

B. Beim Erwärmen von Furfural mit 4-Oxo-4-phenyl-buttersäure, Acetanhydrid und Natriumacetat (*Schueler, Hanna,* Am. Soc. **73** [1951] 3528).

Braune Krystalle (aus A.); F: 116°. Absorptionsmaxima (A.): 259 nm und 405 nm.

3t(?)-Benzo[b]thiophen-2-yl-1-[2]furyl-propenon $C_{15}H_{10}O_2S$, vermutlich Formel XI.

B. Beim Behandeln von Benzo[b]thiophen-2-carbaldehyd mit 1-[2]Furyl-äthanon, Äthanol und kleinen Mengen wss. Kalilauge bei 0° (*Ried, Dankert,* B. **90** [1957] 2707, 2709).

Hellgelbe Krystalle (aus A.); F: 155° [unkorr.].

XI   XII

3t(?)-Benzo[b]thiophen-2-yl-1-[2]thienyl-propenon $C_{15}H_{10}OS_2$, vermutlich Formel XII.

B. Beim Behandeln von Benzo[b]thiophen-2-carbaldehyd mit 1-[2]Thienyl-äthanon, Äthanol und wss. Kalilauge (*Ried, Dankert,* B. **90** [1957] 2707, 2709).

Gelbe Krystalle (aus Bzn. oder A.); F: 146° (*Ried, Da.*).

Beim Erwärmen mit 2-Amino-thiophenol- hydrochlorid in wenig Äthanol ist 2-Benzo*[b]thiophen-2-yl-4-[2]thienyl-2,3-dihydro-benzo[b][1,4]thiazepin erhalten worden (*Ried, Marx,* B. **90** [1957] 2683, 2684, 2686).

2,4-Dinitro-phenylhydrazon $C_{21}H_{14}N_4O_4S_2$. Rote Krystalle (aus Bzl.); F: 266° (*Ried, Da.*).

1-Benzofuran-2-yl-3t(?)-[2]furyl-propenon $C_{15}H_{10}O_3$, vermutlich Formel XIII.

B. Aus 1-Benzofuran-2-yl-äthanon beim Erwärmen mit Furfural, Äthanol und wenig Piperidin sowie beim Behandeln mit Furfural und wss.-äthanol. Natronlauge (*Polonovski et al.,* Bl. **1953** 200, 202).

Krystalle (aus A.); F: 117° [Block].

10,11-Dihydro-phenanthro[1,2-c][1,2]dithiol-1-thion $C_{15}H_{10}S_3$, Formel XIV.

B. Beim Erhitzen von 1-Oxo-1,2,3,4-tetrahydro-phenanthren-2-carbonsäure-methyl=ester mit Phosphor(V)-sulfid, Schwefel und Schwefelkohlenstoff auf 110° (*Schmidt et al.,* A. **631** [1960] 129, 131, 137).

Violettrote Krystalle (aus Acn.); F: 185° [unkorr.] (*Sch. et al.;* s. a. *Lüttringhaus et al.,* Ang. Ch. **67** [1955] 274).

XIII   XIV   XV

(±)-3-[2]Furyl-2,3-dihydro-indeno[1,2-b]furan-4-on $C_{15}H_{10}O_3$, Formel XV.

B. Beim Behandeln einer Lösung von 2-Furfuryliden-indan-1,3-dion in Methanol mit Diazomethan in Äther (*Mustafa, Hilmy,* Soc. **1952** 1434).

Krystalle (aus Bzn.); F: 126°.

Oxo-Verbindungen $C_{16}H_{12}O_3$

5-Benzyl-4-phenyl-[1,2]dithiol-3-thion $C_{16}H_{12}S_3$, Formel I.

B. Beim Erhitzen von 2,4-Diphenyl-acetessigsäure-äthylester mit Phosphor(V)-sulfid und Schwefel in Xylol unter Zusatz von Quarzsand; Isolierung über eine Additionsverbindung mit Quecksilber(II)-chlorid (*Schmidt et al.*, A. **631** [1960] 129, 135; *Wander A.G.*, D.B.P. 909097 [1951]).

Rotbraune Krystalle (aus Butan-1-ol); F: 84°.

4-Benzoyl-5-phenyl-[1,3]dioxol, Phenyl-[5-phenyl-[1,3]dioxol-4-yl]-keton $C_{16}H_{12}O_3$, Formel II.

B. Beim Behandeln von Diphenyl-propantrion mit Diazomethan in Äther (*Schönberg et al.*, Soc. **1951** 348).

Krystalle (aus A. + W. [2:1]); F: 160°.

I   II   III

(±)-2-*trans*-Styryl-benzo[1,3]dioxin-4-on $C_{16}H_{12}O_3$, Formel III.

B. Beim Erhitzen von Salicylsäure mit 3,3-Diacetoxy-1*t*-phenyl-propen (E III 7 1372), Essigsäure und wenig Schwefelsäure unter 20—30 Torr auf 105° (*Mowry*, Am. Soc. **69** [1947] 2362).

F: 99°.

3*t*(?)-Benzo[1,3]dioxol-5-yl-1-phenyl-propenon, 3,4-Methylendioxy-*trans*(?)-chalkon $C_{16}H_{12}O_3$, vermutlich Formel IV (X = H) (vgl. H 141; E I 674; E II 167).

B. Beim Behandeln von Piperonal mit Acetophenon und Natriummäthylat in Äthanol (*Bar, Erb-Debruyne*, Ann. pharm. franç. **16** [1958] 235, 240).

Gelbliche Krystalle (aus A.); F: 122° (*Ishiwata, Suzuki*, J. pharm. Soc. Japan **70** [1950] 195; C. A. **1951** 626), 121° (*Asahina*, Bl. chem. Soc. Japan **9** [1934] 131, 133). Absorptionsspektrum einer Lösung in Hexan (220—410 nm): *Alexa*, Bulet. Soc. Chim. România **18** [1936] 94, 100; einer Lösung in Äthanol (215—430 nm): *Al.*, l. c. S. 95, 98; vgl. E II 167. Phasendiagramme (fest/flüssig) der binären Systeme mit 2-Nitro-toluol: *Asahina*, Bl. chem. Soc. Japan **9** [1934] 181, 182; mit 2-Nitro-phenol: *As.*, l. c. S. 183; mit 3-Nitro-phenol (Verbindung 1:1): *As.*, l. c. S. 184, 185; mit 4-Nitro-phenol (Verbindung 1:1): *As.*, l. c. S. 185, 186; mit Picrinsäure (Verbindung 1:2): *As.*, l.c. S. 134; mit [2]Naphthol: *As.*, l. c. S. 138. Phasendiagramm des ternären Systems mit Picrinsäure und [2]Naphthol: *Asahina*, Bl. chem. Soc. Japan **9** [1934] 222, 235.

Bei der elektrochemischen Reduktion an vernickelter Kupfer-Kathode in wss.-äthanol. Schwefelsäure (*Ishiwata et al.*, J. pharm. Soc. Japan **70** [1950] 193; C. A. **1950** 6751) sowie bei der Hydrierung an Raney-Nickel in Äthylacetat (*Ono*, Bl. Inst. Insect Control Kyoto **15** [1950] 155, 159; C. A. **1951** 2133; s. a. *Bar, Erb-De.*, l. c. S. 241) ist 3-Benzo[1,3]di=oxol-5-yl-1-phenyl-propan-1-on, bei der Hydrierung an Palladium in Äthanol bei 60° ist 3-Benzo[1,3]dioxol- 5-yl-1-phenyl-propan-1-ol (*Do., Wh.*, l. c. S. 446) erhalten worden. Die beim Erwärmen mit Cyclopentanon und Diäthylamin (oder Piperidin) in kleiner Menge neben 3-Benzo[1,3]dioxol-5-yl-3-[2-oxo-cyclopentyl]-1-phenyl-propan-1-on erhaltene Verbindung $C_{37}H_{32}O_7$ vom F: 275° (s. E I 647) ist möglicherweise als 2,5-Bis-[1-benzo=[1,3]dioxol-5-yl-3-oxo-3-phenyl-propyl]-cyclopentanon zu formulieren. Bildung von 6-Benzo[1,3]dioxol-5-yl-2-oxo-4-phenyl-cyclohex-3-encarbonsäure-äthylester beim Erwärmen mit Acetessigsäure-äthylester und Natriummäthylat in Äthanol: *Dodwadmath, Wheeler*, Pr. Indian Acad. [A] **2** [1935] 438, 446. Reaktion mit Phenylhydrazin unter Bildung von 5-Benzo[1,3]dioxol-5-yl-1,3-diphenyl-4,5-dihydro-pyrazol: *Neunhoeffer, Rosahl*, B. **86** [1953] 226, 231; *Do., Wh.*, l. c. S. 447.

3t(?)-[6-Chlor-benzo[1,3]dioxol-5-yl]-1-phenyl-propenon, 2-Chlor-4,5-methylendioxy-*trans*(?)-chalkon $C_{16}H_{11}ClO_3$, vermutlich Formel IV (X = Cl).

B. Beim Erwärmen von 2-Chlor-4,5-methylendioxy-benzaldehyd mit Acetophenon, Äthanol und wss. Natronlauge (*Dev, Wheeler*, J. Univ. Bombay **7**, Tl. 3 [1938] 205, 208). Krystalle (aus A.); F: 136°.

3t(?)-Benzo[1,3]dioxol-5-yl-1-[2-chlor-phenyl]-propenon, 2′-Chlor-3,4-methylendioxy-*trans*(?)-chalkon $C_{16}H_{11}ClO_3$, vermutlich Formel V (X = H).

B. Beim Behandeln von Piperonal mit 1-[2-Chlor-phenyl]-äthanon und wss.-äthanol. Natronlauge (*Bradsher et al.*, Am. Soc. **71** [1949] 3570). Krystalle (aus Me.); F: 97—98°.

IV   V

3t(?)-Benzo[1,3]dioxol-5-yl-1-[4-chlor-phenyl]-propenon, 4′-Chlor-3,4-methylendioxy-*trans*(?)-chalkon $C_{16}H_{11}ClO_3$, vermutlich Formel VI.

B. Beim Behandeln von Piperonal mit 1-[4-Chlor-phenyl]-äthanon und wss.-äthanol. Natronlauge (*Allen et al.*, Canad. J. Res. **11** [1934] 382, 387, 388; *Kanthi, Nargund*, J. Karnatak Univ. **2** [1957] 8, 9, 10). Krystalle; F: 128° [korr.] (*Al. et al.*), 127° [aus A. oder Bzl.] (*Ka., Na.*).

3t(?)-Benzo[1,3]dioxol-5-yl-1-[2,5-dichlor-phenyl]-propenon, 2′,5′-Dichlor-3,4-methylendioxy-*trans*(?)-chalkon $C_{16}H_{10}Cl_2O_3$, vermutlich Formel V (X = Cl).

B. Beim Behandeln von Piperonal mit 1-[2,5-Dichlor-phenyl]-äthanon, Äthanol und wss. Alkalilauge (*Ghadawala, Amin*, Sci. Culture **21** [1955] 268). Gelbe Krystalle (aus A. oder Eg.); F: 122°.

3t(?)-[6-Brom-benzo[1,3]dioxol-5-yl]-1-phenyl-propenon, 2-Brom-4,5-methylendioxy-*trans*(?)-chalkon $C_{16}H_{11}BrO_3$, vermutlich Formel IV (X = Br).

B. Beim Erwärmen von 2-Brom-4,5-methylendioxy-benzaldehyd mit Acetophenon und wss.-äthanol. Natronlauge (*Dodwadmath, Wheeler*, Pr. Indian Acad. [A] **2** [1935] 438, 444). Beim Erwärmen von (2*RS*,3*SR*)-2,3-Dibrom-3-[6-brom-benzo[1,3]dioxol-5-yl]-1-phenyl-propan-1-on (F: 174—175°) mit Kaliumjodid in wss. Aceton (*Do., Wh.*). Krystalle (aus A. + Acn.); F: 146—147°.

VI   VII

3ξ-[6-Brom-benzo[1,3]dioxol-5-yl]-2-chlor-1-phenyl-propenon, 2-Brom-α-chlor-4,5-methylendioxy-ξ-chalkon $C_{16}H_{10}BrClO_3$, Formel VII (X = Cl).

B. Beim Erhitzen von 3-[6-Brom-benzo[1,3]dioxol-5-yl]-2,3-dichlor-1-phenyl-propan-1-on (F: 149—150°) mit Pyridin (*Deshmukh, Wheeler*, Soc. **1939** 96). Gelbe Krystalle (aus A.); F: 125°.

Beim Erwärmen einer äthanol. Lösung mit Phenylhydrazin und Essigsäure ist 5-[6-Brom-benzo[1,3]dioxol-5-yl]-1,3-diphenyl-pyrazol erhalten worden.

2-Brom-3ξ-[6-brom-benzo[1,3]dioxol-5-yl]-1-phenyl-propenon, 2,α-Dibrom-4,5-methylendioxy-ξ-chalkon $C_{16}H_{10}Br_2O_3$, Formel VII (X = Br).

B. Beim Erhitzen von (2*RS*,3*SR*?)-2,3-Dibrom-3-[6-brom-benzo[1,3]dioxol-5-yl]-1-phenyl-propan-1-on (F: 174—175°) mit Pyridin (*Deshmukh, Wheeler*, Soc. **1939** 96). Gelbe Krystalle (aus A.); F: 123—124°.

Beim Erwärmen einer Lösung in Äthanol mit Phenylhydrazin und Essigsäure ist 5-[6-Brom-benzo[1,3]dioxol-5-yl]-1,3-diphenyl-pyrazol erhalten worden.

3*t*-[6-Nitro-benzo[1,3]dioxol-5-yl]-1-phenyl-propenon, 4,5-Methylendioxy-2-nitro-*trans*-chalkon $C_{16}H_{11}NO_5$, Formel IV (X = NO₂).

Diese Konfiguration ist vermutlich dem früher (s. E I **19** 675) beschriebenen 4,5-Methylendioxy-2-nitro-chalkon (,,[6-Nitro-piperonyliden]-acetophenon") vom F: 165—166° auf Grund seiner genetischen Beziehung zu 3,4-Methylendioxy-*trans*(?)-chalkon (S. 1866) zuzuordnen. Aus diesem Keton ist ein Phenylhydrazon $C_{22}H_{17}N_3O_4$ (rote Krystalle [aus A. + Acn.]; F: 159—160°) hergestellt und durch Erhitzen mit Essigsäure in 5-[6-Nitro-benzo[1,3]dioxol-5-yl]-1,3-diphenyl-4,5-dihydro-pyrazol übergeführt worden (*Dodwadmath, Wheeler*, Pr. Indian Acad. [A] **2** [1935] 438, 450).

6-[3-Vinyl-phenyl]-benzo[1,3]dioxol-5-carbaldehyd, 4,5-Methylendioxy-3′-vinyl-biphenyl-2-carbaldehyd $C_{16}H_{12}O_3$, Formel VIII.

B. Beim Behandeln einer Lösung von 4,5-Methylendioxy-2-[3-vinyl-phenyl]-benzylalkohol in Chloroform mit Mangan(IV)-oxid (*Warnhoff, Wildman*, Am. Soc. **79** [1957] 2192, 2197).

Harz [nach Destillation bei 140°/0,025 Torr]. IR-Banden (CHCl₃) im Bereich von 6 μ bis 11 μ: *Wa., Wi.* UV-Absorptionsmaxima (A.): 247 nm und 325 nm.

Beim Behandeln einer Lösung in Aceton mit wss. Kaliumpermanganat-Lösung ist 4,5-Methylendioxy-biphenyl-2,3′-dicarbonsäure erhalten worden (*Wa., Wi.*, l. c. S. 2198).

VIII   IX

*6-[3-Vinyl-phenyl]-benzo[1,3]dioxol-5-carbaldehyd-[2,4-dinitro-phenylhydrazon], 4,5-Methylendioxy-3′-vinyl-biphenyl-2-carbaldehyd-[2,4-dinitro-phenylhydrazon] $C_{22}H_{16}N_4O_6$, Formel IX.

B. Aus 4,5-Methylendioxy-3′-vinyl-biphenyl-2-carbaldehyd und [2,4-Dinitro-phenyl]-hydrazin (*Warnhoff, Wildman*, Am. Soc. **79** [1957] 2192, 2197).

Orangefarbene Krystalle (aus CHCl₃ + A.); F: 215,5—216,5° [korr.; Kofler-App.]. IR-Banden (CHCl₃) im Bereich von 3μ bis 10,7 μ: *Wa., Wi.* UV-Absorptionsmaximum (CHCl₃): 396 nm.

---

[2]Thienyl-[5-*p*-tolyl-[2]thienyl]-keton $C_{16}H_{12}OS_2$, Formel X (X = H).

B. Beim Behandeln von 2-*p*-Tolyl-thiophen mit Thiophen-2-carbonylchlorid, Aluminiumchlorid und Schwefelkohlenstoff (*Buu-Hoi, Hoán*, R. **69** [1950] 1455, 1465).

Gelbe Krystalle (aus A.); F: 164°. Bei 290—300°/16 Torr destillierbar.

[5-Chlor-[2]thienyl]-[5-*p*-tolyl-[2]thienyl]-keton $C_{16}H_{11}ClOS_2$, Formel X (X = Cl).

B. Beim Behandeln von 2-*p*-Tolyl-thiophen mit 5-Chlor-thiophen-2-carbonylchlorid, Aluminiumchlorid und Schwefelkohlenstoff (*Buu-Hoi, Hoán*, R. **69** [1950] 1455, 1465).

Gelbliche Krystalle (aus A.); F: 144°. Bei 296—300°/15 Torr destillierbar.

X   XI

[5-Brom-[2]thienyl]-[5-*p*-tolyl-[2]thienyl]-keton $C_{16}H_{11}BrOS_2$, Formel X (X = Br).

B. Beim Behandeln von 2-*p*-Tolyl-thiophen mit 5-Brom-thiophen-2-carbonylchlorid, Aluminiumchlorid und Schwefelkohlenstoff (*Buu-Hoï, Hoán*, R. **69** [1950] 1455, 1465). Grüngelbe Krystalle (aus A.); F: 144°. Bei 300—310°/13 Torr destillierbar.

(3*RS*,3'*SR*)-3'-Phenyl-spiro[chroman-3,2'-oxiran]-4-on $C_{16}H_{12}O_3$, Formel XI + Spiegelbild.

Konfigurationszuordnung: *Dann, Hofmann*, B. **96** [1963] 320.

B. Beim Behandeln einer Suspension von 3-[(*E*)-Benzyliden]-chroman-4-on (E III/IV **17** 5439) in Methanol mit wss. Wasserstoffperoxid und wss. Natronlauge (*Dann, Hofmann*, B. **95** [1962] 1446, 1449; s. a. *Dann, Hofmann*, Naturwiss. **44** [1957] 559). Krystalle (aus Bzl.), F: 128,5—130°; UV-Absorptionsmaxima (Me.): 258 nm und 328 nm (*Dann, Ho.*, B. **95** 1449).

Bei der Hydrierung an Palladium/Bariumsulfat in Methanol ist 3-Benzyl-3-hydroxy-chroman-4-on erhalten worden (*Dann, Ho.*, B. **96** 323; s. a. *Dann, Ho.*, Naturwiss. **44** 559).

3,4-Dihydro-2*H*-pyrano[2,3-*a*]xanthen-12-on $C_{16}H_{12}O_3$, Formel XII.

B. Beim Erwärmen eines Gemisches von 2-[3-Brom-propyl]-1-hydroxy-xanthen-9-on und 1-Acetoxy-2-[3-brom-propyl]-xanthen-9-on mit Natriumäthylat in Äthanol (*Scheinmann, Suschitzky*, Tetrahedron **7** [1959] 31, 35).

Krystalle; F: 166°.

XII   XIII

(±)-2-Methyl-2,3-dihydro-furo[2,3-*a*]xanthen-11-on $C_{16}H_{12}O_3$, Formel XIII.

B. Beim Erwärmen von (±)-2-[2-Brom-propyl]-1-hydroxy-xanthen-9-on mit Natrium-äthylat in Äthanol (*Scheinmann, Suschitzky*, Tetrahedron **7** [1959] 31, 35). Krystalle (aus Bzn.); F: 181°. UV-Absorptionsmaxima (Me.): 234 nm, 254 nm und 364 nm.

Oxo-Verbindungen $C_{17}H_{14}O_3$

1*t*(?),9*t*(?)-Di-[2]furyl-nona-1,3*t*(?),6*t*(?),8-tetraen-5-on $C_{17}H_{14}O_3$, vermutlich Formel I.

B. Beim Behandeln eines Gemisches von 3*t*(?)-[2]Furyl-acrylaldehyd (E III/IV **17** 4695), Aceton und Äthanol mit wss. Natronlauge (*Hinz et al.*, B. **76** [1943] 676, 682; *Karrer et al.*, Helv. **29** [1946] 1836, 1840; *Alexander et al.*, Am. Soc. **72** [1950] 5506). Beim Behandeln einer Lösung von 3*t*(?)-[2]Furyl-acrylaldehyd und 6*t*(?)-[2]Furyl-hexa-3*t*(?),5-dien-2-on (E III/IV **17** 4968) in Äthanol mit wss. Natronlauge (*Maxim, Popescu*, Bl. [5] **5** [1938] 49, 50).

Orangegelbe Krystalle; F: 130° (*Ka. et al.*), 128—129° [aus Bzl.] (*Al. et al.*), 121° [aus A. oder Bzn.] (*Hinz et al.*; *Ma., Po.*). Paramagnetische Resonanz bei 90 K und 300 K: *Kosyrew*, Doklady Akad. S.S.S.R. **81** [1951] 427, 429; C. A. **1952** 3396. Absorptionsspektrum (320—460 nm): *Ka. et al.*, l. c. S. 1838. Erhöhung der Intensität der Fluorescenz einer Lösung in Hexan durch Zusatz von Äthanol, Polarisation der Fluorescenz einer Lösung in Glycerin bei 293—393 K, Dauer der Fluorescenz von Lösungen in Äthanol bei 77 K und in Glycerin bei 293 K sowie Löschung der Fluorescenz einer Lösung in Äthanol durch Anilin: *Nepotschatych*, Izv. Akad. S.S.S.R. Ser. fiz. **22** [1958] 1417; engl. Ausg. S. 1407.

Bei der Hydrierung an Kupferoxid-Chromoxid in Äthanol bei 110—135°/105—125 at ist 1,9-Di-[2]furyl-nonan-5-ol (*Al. et al.*), bei der Hydrierung an Raney-Nickel in Äthanol bei 175° ist 1,9-Bis-tetrahydro[2]furyl-nonan-5-ol (*Hinz et al.*, l. c. S. 686) erhalten worden.

I   II

2-[1,3]Dithiolan-2-yliden-1,2-diphenyl-äthanon $C_{17}H_{14}OS_2$, Formel II.

B. Beim mehrtägigen Behandeln einer Suspension der aus Desoxybenzoin mit Hilfe von Natriumamid hergestellten Natrium-Verbindung in Benzol mit Schwefelkohlenstoff und anschliessenden Erwärmen mit 1,2-Dibrom-äthan (*Yates et al.*, Canad. J. Chem. **49** [1971] 1467, 1475).

Gelbe Krystalle (aus A.); F: 157,5—158° [unkorr.; Fisher-Johns-App.] (*Ya. et al.*; s. a. *Yates, Moore*, Am. Soc. **80** [1958] 5577). Monoklin; Raumgruppe $P2_1/c$ ($=C_{2h}^5$); aus dem Röntgen-Diagramm ermittelte Dimensionen der Elementarzelle: a = 9,54 Å; b = 17,40Å; c = 9,83 Å; β = 116,83°; n = 4 (*Schmidt, Tulinsky*, Tetrahedron Letters **1967** 5311). Absorptionsmaxima (A.): 257 nm und 350 nm (*Ya. et al.*, l. c. S. 1472; *Ya., Mo.*).

1-Biphenyl-4-yl-2-[1,3]dithiolan-2-yliden-äthanon $C_{17}H_{14}OS_2$, Formel III.

B. Beim Erwärmen einer methanol. Lösung der Dinatrium-Verbindung des 1-Biphenyl-4-yl-3,3-dimercapto-propenons mit 1,2-Dibrom-äthan (*Thuillier, Vialle*, Bl. **1959** 1398, 1400).

Krystalle (aus E.); F: 186°.

3t(?)-[6-Chlor-benzo[1,3]dioxol-5-yl]-1-p-tolyl-propenon, 2-Chlor-4′-methyl-4,5-methylendioxy-*trans*(?)-chalkon $C_{17}H_{13}ClO_3$, vermutlich Formel IV (X = Cl).

B. Aus 2-Chlor-4,5-methylendioxy-benzaldehyd und 1-p-Tolyl-äthanon mit Hilfe von äthanol. Alkalilauge (*Nadkarni et al.*, Soc. **1937** 1798, 1801). Beim Erwärmen von 2,3-Dichlor-3-[6-chlor-benzo[1,3]dioxol-5-yl]-1-p-tolyl-propan-1-on (F: 157°) mit Kaliumjodid in Aceton (*Na. et al.*).

Gelbe Krystalle (aus A.); F: 139°.

III   IV

3ξ-Benzo[1,3]dioxol-5-yl-2-chlor-1-p-tolyl-propenon, α-Chlor-4′-methyl-3,4-methylendioxy-ξ-chalkon $C_{17}H_{13}ClO_3$, Formel V (X = H).

B. Beim Erwärmen von 3-Benzo[1,3]dioxol-5-yl-2,3-dichlor-1-p-tolyl-propan-1-on (F: 140°) mit Natriummethylat in Methanol oder mit Pyridin (*Nadkarni et al.*, Soc. **1937** 1798, 1803).

Gelbe Krystalle (aus A.); F: 85°.

2-Chlor-3ξ-[6-chlor-benzo[1,3]dioxol-5-yl]-1-p-tolyl-propenon, 2,α-Dichlor-4′-methyl-4,5-methylendioxy-ξ-chalkon $C_{17}H_{12}Cl_2O_3$, Formel V (X = Cl).

B. Beim Erwärmen von 2,3-Dichlor-3-[6-chlor-benzo[1,3]dioxol-5-yl]-1-p-tolyl-propan-1-on (F: 157°) mit Natriummethylat in Methanol oder mit Pyridin (*Nadkarni et al.*, Soc. **1937** 1798, 1803).

Gelbe Krystalle (aus A.); F: 114°.

3t(?)-[6-Brom-benzo[1,3]dioxol-5-yl]-1-p-tolyl-propenon, 2-Brom-4′-methyl-4,5-methylendioxy-*trans*(?)-chalkon $C_{17}H_{13}BrO_3$, vermutlich Formel IV (X = Br).

B. Aus 2-Brom-4,5-methylendioxy-benzaldehyd und 1-p-Tolyl-äthanon mit Hilfe von äthanol. Alkalilauge (*Nadkarni et al.*, Soc. **1937** 1798, 1801). Aus (2*RS*,3*SR*?)-2,3-Dibrom-3-[6-brom-benzo[1,3]dioxol-5-yl]-1-*p*-tolyl-propan-1-on (F: 175°) beim Erwärmen mit Kaliumjodid in Aceton (*Na. et al.*, l. c. S. 1801) sowie beim Behandeln mit Kaliumcyanid in Äthanol (*Na. et al.*, l. c. S. 1802).

Gelbe Krystalle (aus A.); F: 150°.

V   VI

3ξ-Benzo[1,3]dioxol-5-yl-2-brom-1-*p*-tolyl-propenon, α-Brom-4′-methyl-3,4-methylen⸗dioxy-ξ-chalkon C₁₇H₁₃BrO₃, Formel VI (X = H).

B. Beim Erwärmen von (2*RS*,3*SR*?)-3-Benzo[1,3]dioxol-5-yl-2,3-dibrom-1-*p*-tolyl-propan-1-on (F: 144°) mit Natriummethylat in Methanol oder mit Pyridin (*Nadkarni et al.*, Soc. **1937** 1798, 1803).

Gelbe Krystalle (aus A.); F: 80°.

Überführung in ein O x i m C₁₇H₁₄BrNO₃ (Krystalle [aus A.]; F: 164°) durch Erwärmen mit Hydroxylamin-hydrochlorid in Äthanol unter Zusatz von wenig wss. Salzsäure: *Na. et al.*, l. c. S. 1804.

3ξ-[6-Brom-benzo[1,3]dioxol-5-yl]-2-chlor-1-*p*-tolyl-propenon, 2-Brom-α-chlor-4′-methyl-4,5-methylendioxy-ξ-chalkon C₁₇H₁₂BrClO₃, Formel V (X = Br).

B. Beim Erwärmen von 3-[6-Brom-benzo[1,3]dioxol-5-yl]-2,3-dichlor-1-*p*-tolyl-propan-1-on (F: 160°) mit Natriummethylat in Methanol oder mit Pyridin (*Nadkarni et al.*, Soc. **1937** 1798, 1803).

Gelbe Krystalle (aus A.); F: 124°.

2-Brom-3ξ-[6-chlor-benzo[1,3]dioxol-5-yl]-1-*p*-tolyl-propenon, α-Brom-2-chlor-4′-methyl-4,5-methylendioxy-ξ-chalkon C₁₇H₁₂BrClO₃, Formel VI (X = Cl).

B. Beim Erwärmen von (2*RS*,3*SR*?)-2,3-Dibrom-3-[6-chlor-benzo[1,3]dioxol-5-yl]-1-*p*-tolyl-propan-1-on (F: 169°) mit Natriummethylat in Methanol oder mit Pyridin (*Nadkarni et al.*, Soc. **1937** 1798, 1803).

Gelbe Krystalle (aus A.); F: 130°.

2-Brom-3ξ-[6-brom-benzo[1,3]dioxol-5-yl]-1-*p*-tolyl-propenon, 2,α-Dibrom-4′-methyl-4,5-methylendioxy-ξ-chalkon C₁₇H₁₂Br₂O₃, Formel VI (X = Br).

B. Beim Erwärmen von (2*RS*,3*SR*?)-2,3-Dibrom-3-[6-brom-benzo[1,3]dioxol-5-yl]-1-*p*-tolyl-propan-1-on (F: 175°) mit Natriummethylat in Methanol oder mit Pyridin (*Nadkarni et al.*, Soc. **1937** 1798, 1803).

Gelbe Krystalle (aus A.); F: 130°.

[4-Nitro-phenyl]-[6-ξ-propenyl-benzo[1,3]dioxol-5-yl]-keton, 4,5-Methylendioxy-4′-nitro-2-ξ-propenyl-benzophenon C₁₇H₁₃NO₅, Formel VII.

B. Beim Erwärmen von 3-Methyl-6,7-methylendioxy-1-[4-nitro-phenyl]-3,4-dihydro-isochinolin mit wss. Natronlauge und Dimethylsulfat (*Lora-Tamayo et al.*, An. Soc. españ. [B] **54** [1958] 567, 576).

Krystalle (aus A.); F: 112—113°.

VII   VIII   IX

2,7-Bis-[2]thienylmethyl-cycloheptatrienon $C_{17}H_{14}OS_2$, Formel VIII.

B. Beim Erhitzen einer Lösung von 2,7-Bis-[2]thienylmethylen-cyclohept-3-enon (s. u.) in Triäthylenglykol mit Palladium/Kohle (*Treibs, Grossmann,* B. **92** [1959] 273, 277).

Bräunliche Krystalle (aus Bzn.); F: 125,5—126,5° [unkorr.; Block]. IR-Banden im Bereich von 1630 cm⁻¹ bis 820 cm⁻¹. UV-Spektrum (A.; 220—400 nm): *Tr., Gr.,* l. c. S. 275.

2,7-Bis-[($\mathcal{Z}$)-[2]thienylmethylen]-cyclohept-3-enon $C_{17}H_{14}OS_2$, Formel IX.

B. Beim Behandeln einer Lösung von 1,4-Dioxa-spiro[4.6]undec-6-en und Thiophen-2-carbaldehyd in Essigsäure mit wss. Salzsäure (*Treibs, Grossmann,* B. **92** [1959] 273, 276).

Hellgelbe Krystalle (aus Bzl.); F: 183,5° [unkorr.; Block]. IR-Banden (KBr) im Bereich von 1660 cm⁻¹ bis 1560 cm⁻¹. UV-Absorptionsmaximum: 349 nm.

Mit Hydroxylamin erfolgt bei Raumtemperatur keine Reaktion (*Tr., Gr.,* l. c. S. 274).

Bis-[3-phenyl-oxiranyl]-keton, 1,2;4,5-Diepoxy-1,5-diphenyl-pentan-3-on $C_{17}H_{14}O_3$, Formel X.

a) **Opt.-inakt. Stereoisomeres vom F: 119°.**

B. Neben dem unter b) beschriebenen Stereoisomeren beim Behandeln einer Lösung von 1t,5t-Diphenyl-penta-1,4-dien-3-on (E III **7** 2554) in Dioxan mit wss. Wasserstoff peroxid und wss. Natronlauge (*Nasarow, Achrem,* Izv. Akad. S.S.S.R. Otd. chim. **1956** 1457, 1459; engl. Ausg. S. 1499, 1501).

Krystalle (aus Bzn.); F: 119—119,5°.

b) **Opt.-inakt. Stereoisomeres vom F: 99°.**

B. s. bei dem unter a) beschriebenen Stereoisomeren.

Krystalle (aus Bzn.); F: 99,5° (*Nasarow, Achrem,* Izv. Akad. S.S.S.R. Otd. chim. **1956** 1457, 1459; engl. Ausg. S. 1499, 1502).

Oxo-Verbindungen $C_{18}H_{16}O_3$

(±)-5-Phenyl-4-[1-phenyl-propyl]-[1,2]dithiol-3-thion $C_{18}H_{16}S_3$, Formel XI.

Eine unter dieser Konstitution beschriebene Verbindung (F: 159°) ist beim Erhitzen von 1-Phenyl-propan-1-on mit Schwefel und Phosphor(V)-sulfid auf 210° erhalten worden (*Lozac'h et al.,* Bl. **1953** 1016, 1017, 1019).

X   XI   XII

(±)-2-Chlormethyl-6-*trans*(?)-cinnamoyl-2,3-dihydro-benzo[1,4]dioxin, (±)-1-[2-Chlor methyl-2,3-dihydro-benzo[1,4]dioxin-6-yl]-3t(?)-phenyl-propenon $C_{18}H_{15}ClO_3$, vermut lich Formel XII.

B. Beim Behandeln von (±)-1-[2-Chlormethyl-2,3-dihydro-benzo[1,4]dioxin-6-yl]-äthanon mit Benzaldehyd und wss.-äthanol. Natronlauge (*Funke, Delavigne,* Bl. **1959** 1974, 1977). Weitere Bildungsweise s. im folgenden Artikel.

Krystalle (aus A.); F: 107°.

(±)-2-Chlormethyl-7-*trans*(?)-cinnamoyl-2,3-dihydro-benzo[1,4]dioxin, (±)-1-[3-Chlor methyl-2,3-dihydro-benzo[1,4]dioxin-6-yl]-3t(?)-phenyl-propenon $C_{18}H_{15}ClO_3$, vermut lich Formel I.

B. Beim Behandeln von (±)-1-[3-Chlormethyl-2,3-dihydro-benzo[1,4]dioxin-6-yl]-

äthanon mit Benzaldehyd und wss.-äthanol. Natronlauge (*Funke, Delavigne*, Bl. **1959** 1974, 1976). Neben 1-[2-Chlormethyl-2,3-dihydro-benzo[1,4]dioxin-6-yl]-3*t*(?)-phenyl-propenon beim Behandeln von (±)-2-Chlormethyl-2,3-dihydro-benzo[1,4]dioxin mit *trans*(?)-Cinnamoylchlorid, Aluminiumchlorid und Schwefelkohlenstoff (*Fu., De.*, l. c. S. 1977).

Krystalle (aus A.); F: 133°.

4′,5′-Dimethyl-3,4-dihydro-spiro[furan-2,9′-xanthen]-5-on, 3-[9-Hydroxy-4,5-dimethyl-xanthen-9-yl]-propionsäure-lacton $C_{18}H_{16}O_3$, Formel II.

B. Neben 5,5-Bis-[4-hydroxy-3-methyl-phenyl]-dihydro-furan-2-on (Hauptprodukt) beim Erwärmen von Bernsteinsäure-anhydrid mit *o*-Kresol und Zinn(IV)-chlorid (*Dutt*, Pr. Indian Acad. [A] **14** [1941] 158, 160).

Krystalle (aus Eg.); F: 178—179°.

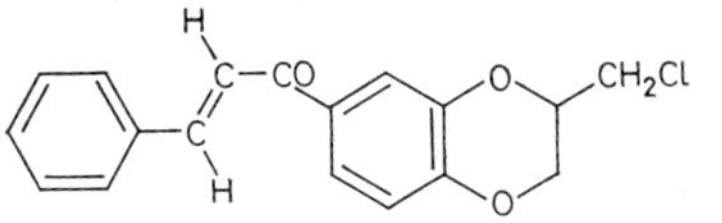

I 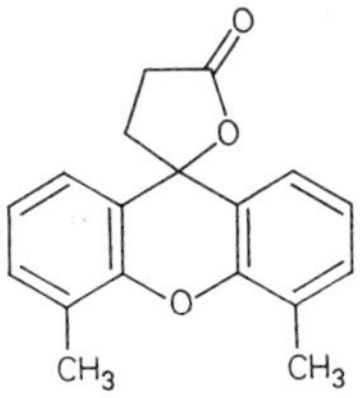   II 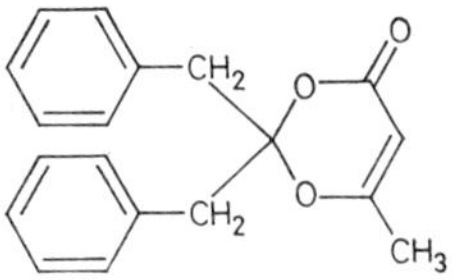   III

Oxo-Verbindungen $C_{19}H_{18}O_3$

2,2-Dibenzyl-6-methyl-[1,3]dioxin-4-on, 3-[1-Benzyl-1-hydroxy-2-phenyl-äthoxy]-*trans*-crotonsäure-lacton $C_{19}H_{18}O_3$, Formel III.

B. Beim Erwärmen von Diketen (3-Hydroxy-but-3-ensäure-lacton) mit 1,3-Diphenyl-aceton und wenig Toluol-4-sulfonsäure (*Caroll, Bader*, Am. Soc. **75** [1953] 5400).

Krystalle (aus Bzl.); F: 104—105°. UV-Absorptionsmaximum: 252 nm [A.] bzw. 246 nm [Isooctan].

---

*Opt.-inakt. Bis-[2-brommethyl-2,3-dihydro-benzofuran-5-yl]-keton $C_{19}H_{16}Br_2O_3$, Formel IV.

B. Beim Erwärmen von opt.-inakt. 4,4′-Diacetoxy-3,3′-bis-[2,3-dibrom-propyl]-benzo=phenon (F: 157—158°) mit Natriumäthylat in Äthanol (*Funke, v. Daniken*, Bl. **1953** 457, 461).

Krystalle (aus CHCl₃ + A.); F: 136°.

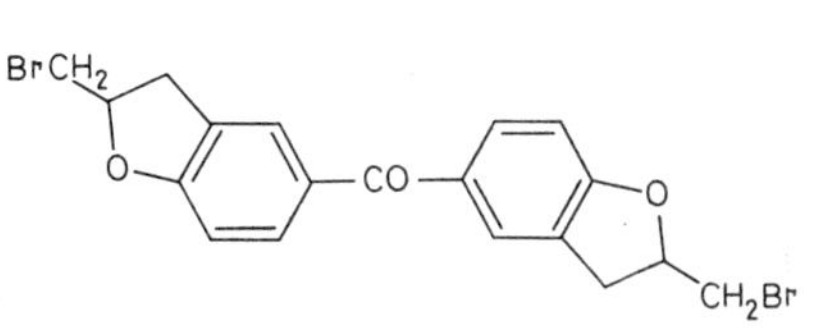

IV 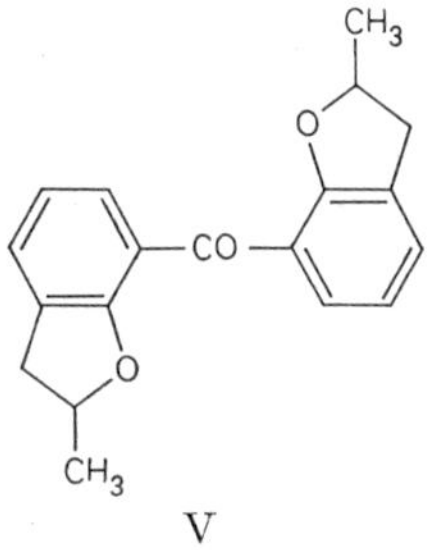   V

*Opt.-inakt. Bis-[2-methyl-2,3-dihydro-benzofuran-7(?)-yl]-keton $C_{19}H_{18}O_3$, vermutlich Formel V.

B. Neben kleinen Mengen 2-Propenyl-phenol(*O*-Carboxymethyl-Derivat: F: 113,5° bis 115°) beim Behandeln von (±)-2-Methyl-2,3-dihydro-benzofuran mit Butyllithium in Äther und anschliessend mit festem Kohlendioxid (*Traynham*, J. scient. Labor. Denison Univ. **42** [1951] 60, 62 Anm. 5).

F: 55,5—56,5°.

2,4-Dinitro-phenylhydrazon $C_{25}H_{22}N_4O_6$. F: 159—160°.

Oxo-Verbindungen $C_{20}H_{20}O_3$

3,3-Diphenyl-1-oxa-4-thia-spiro[4.5]decan-2-on, [1-Hydroxy-cyclohexylmercapto]-diphenyl-essigsäure-lacton $C_{20}H_{20}O_2S$, Formel VI.

B. Beim Erwärmen von Mercapto-diphenyl-essigsäure mit Cyclohexanon, Benzol und wenig Toluol-4-sulfonsäure (*de Vivar, Romo,* J. org. Chem. **24** [1959] 1490, 1492).

Krystalle (aus Ae. + Hexan); F: 80—82°.

VI   VII   VIII

(±)-1,3-Bis-[(Ξ)-[2]thienylmethylen]-(4ar,8ac)-octahydro-naphthalin-2-on $C_{20}H_{20}OS_2$, Formel VII + Spiegelbild.

B. Beim Behandeln einer Lösung von Thiophen-2-carbaldehyd und (±)-*cis*-Octahydro-naphthalin-2-on in Äthanol mit wss. Natronlauge (*Buu-Hoi, Xuong,* Bl. **1958** 758, 760).

Gelbliche Krystalle (aus A.); F: 147°.

(±)-*trans*(?)-3,4,4a,12c-Tetrahydro-2H,5H-spiro[benzo[c]phenanthren-1,2'-[1,3]dioxolan]-6-on, (±)-1,1-Äthandiyldioxy-(4ar,12ct(?))-1,3,4,4a,5,12c-hexahydro-2H-benzo[c]phenanthren-6-on $C_{20}H_{20}O_3$, vermutlich Formel VIII + Spiegelbild.

B. Als Hauptprodukt neben einem Kohlenwasserstoff $C_{36}H_{24}$ (gelbe Krystalle; F: ca. 340°) beim Erhitzen von (±)-*trans*(?)-3,4,4a,12c-Tetrahydro-2H,5H-benzo[c]phenanthren-1,6-dion (F: 40—41°) mit Äthylenglykol, Toluol und wenig Toluol-4-sulfonsäure unter Entfernen des entstehenden Wassers (*Klibansky, Ginsburg,* Soc. **1957** 1293, 1298).

Gelbliche Krystalle (aus Toluol); F: 136—138°.

Oxo-Verbindungen $C_{21}H_{22}O_3$

2,8-Diäthyl-1ξ,9ξ-di-[2]furyl-nona-1,3t(?),6t(?),8-tetraen-5-on $C_{21}H_{22}O_3$, vermutlich Formel IX.

B. Aus 2-Äthyl-3ξ-[2]furyl-acrylaldehyd (vgl. E III/IV **17** 4729) und Aceton mit Hilfe von äthanol. Alkalilauge (*Hinz et al.,* B. **76** [1943] 676).

Rötlichgelbe Krystalle; F: 105°.

IX   X   XI

3,3-Diphenyl-1-oxa-4-thia-spiro[4.6]undecan-2-on, [1-Hydroxy-cycloheptylmercapto]-diphenyl-essigsäure-lacton $C_{21}H_{22}O_2S$, Formel X.

B. Beim Erwärmen von Mercapto-diphenyl-essigsäure mit Cycloheptanon, Benzol und

wenig Toluol-4-sulfonsäure (*de Vivar, Romo*, J. org. Chem. **24** [1959] 1490, 1492).
Krystalle (aus Ae. + Hexan); F: 112—113° [unkorr.].

Oxo-Verbindungen $C_{22}H_{24}O_3$

(±)-5,7,7-Trimethyl-4,4-diphenyl-3,6-dioxa-bicyclo[3.2.2]nonan-2-on, (±)-6c-[α-Hydroxy-benzhydryl]-2,2,6t-trimethyl-tetrahydro-pyran-3r-carbonsäure-lacton $C_{22}H_{24}O_3$, Formel XI + Spiegelbild.

B. Beim Erhitzen von (±)-6c-[α-Hydroxy-benzhydryl]-2,2,6t-trimethyl-tetrahydro-pyran-3r-carbonsäure (E III/IV **18** 4979) mit Acetanhydrid (*Rupe, Zweidler*, Helv. **23** [1940] 1025, 1032).
Krystalle (aus A. oder E.); F: 133—134°.
Beim Behandeln mit warmem Methanol und Bromwasserstoff, Erhitzen des Reaktionsprodukts mit Pyridin und Erwärmen des danach isolierten Esters $C_{23}H_{26}O_3$ (Öl) mit äthanol. Kalilauge ist 6-[1,1-Diphenyl-äthyl]-2,2-dimethyl-3,4-dihydro-2H-pyran-3-carbonsäure erhalten worden (*Rupe, Zw.*, l. c. S. 1032, 1033).

3,5-Bis-[(Ξ)-[2]thienylmethylen]-bicyclohexyl-4-on $C_{22}H_{24}OS_2$, Formel XII.
B. Beim Behandeln von Thiophen-2-carbaldehyd mit Bicyclohexyl-4-on, Äthanol und wss. Natronlauge (*Buu-Hoï et al.*, Soc. **1957** 3126, 3129).
Gelbe Krystalle (aus A.); F: 172°.

Oxo-Verbindungen $C_{23}H_{26}O_3$

1β,4β-Epoxy-A-homo-19-nor-14ξ-carda-5,7,9,20(22)-tetraenolid, 3β,19β-Epoxy-1(10 → 19)-abeo-14ξ-carda-5,7,9,20(22)-tetraenolid $C_{23}H_{26}O_3$, Formel XIII.
Diese Konstitution und Konfiguration kommt dem nachstehend beschriebenen **Trianhydrostrophanthidin** zu (*Fieser, Goto*, Am. Soc. **82** [1960] 1697).
B. Beim Behandeln von Dianhydrostrophanthidin [3β-Hydroxy-19-oxo-carda-5,14,20(22)-trienolid (E III/IV **18** 1754)] (*Jacobs, Collins*, J. biol. Chem. **63** [1925] 123, 126; *Fieser, Jacobsen*, Am. Soc. **59** [1937] 2335, 2338) oder von Pachygenin [„Anhydrostrophanthidin"; 3β,14-Dihydroxy-19-oxo-14β-carda-5,20(22)-dienolid (E III/IV **18** 2585)] (*Ja., Co.*, l. c. S. 127) mit konz. wss. Salzsäure.
Krystalle; F: 135,5—137,5° [aus A.] (*Ja., Co.*), 135,5—136,5° [korr.; aus Ae. + Hexan] (*Fi., Ja.*). $[α]_D^{21}$: +98° [CHCl_3; c = 1] (*Ja., Co.*, l. c. S. 127). UV-Spektrum (A.; 210 nm bis 300 nm): *Elderfield, Rothen*, J. biol. Chem. **106** [1934] 71, 74.
Eine von *Jacobs* und *Gustus* (J. biol. Chem. **74** [1927] 805, 808) beim Behandeln mit Kaliumpermanganat in Aceton erhaltene Säure $C_{20}H_{24}O_3$ (F: 206—208°) ist nach *Fieser* und *Goto* (l. c. S. 1699, 1700) als 1β,4β-Epoxy-A-homo-14ξ-östra-5,7,9-trien-17β-carbonsäure zu formulieren. Beim Behandeln einer Lösung in Essigsäure mit Chrom(VI)-oxid und wss. Schwefelsäure ist eine Säure $C_{23}H_{24}O_6$ (Krystalle [aus wss. Acn.], F: 236° bis 237°; Methylester $C_{24}H_{26}O_6$: Krystalle [aus Me.], F: 144—146°) erhalten worden (*Ja., Gu.*, l. c. S. 809, 810). Hydrierung an Palladium in Essigsäure unter Bildung von Dihydrotrianhydrostrophanthidin (S. 1861): *Ja., Co.*, l. c. S. 128.

XII XIII XIV

Oxo-Verbindungen $C_{24}H_{28}O_3$

14,15β-Epoxy-14β-bufa-3,5,20,22-tetraenolid, Dianhydromarinobufagin $C_{24}H_{28}O_3$, Formel XIV.
B. Beim Erwärmen von Δ⁴-Anhydromarinobufagon (14,15β-Epoxy-3-oxo-14β-bufa-

4,20,22-trienolid [S. 2075]) mit Aluminiumisopropylat in Isopropylalkohol und Behandeln des Reaktionsprodukts mit Chlorwasserstoff enthaltendem Methanol (*Pataki, Meyer,* Helv. **38** [1955] 1631, 1648). Beim Erwärmen von Marinobufagin (14,15β-Epoxy-3β,5-dihydroxy-5β,14β-bufa-20,22-dienolid) mit wss.-äthanol. Schwefelsäure (*Jensen, Evans,* J. biol. Chem. **104** [1934] 307, 313; s. a. *Pa., Me.,* l. c. S. 1640). Beim Behandeln von O³-Acetyl-marinobufagin (3β-Acetoxy-14,15β-epoxy-5-hydroxy-5β,14β-bufa-20,22-dienolid) mit Phosphorylchlorid und Pyridin (*Pa., Me.*).

Gelbliche Krystalle; F: 233—248° [korr.; Kofler-App.; aus Acn. + Ae.] (*Pa., Me.*), 245—246° [unkorr.; Zers.; aus A. + Acn.] (*Je., Ev.*). [α]$_D^{18}$: —110,1° [CHCl$_3$; c = 0,3] (*Pa., Me.*). UV-Spektrum (A.; 215—360 nm): *Pa., Me.,* l. c. S. 1639. UV-Absorptionsmaxima (A.): 228 nm, 235 nm und 300 nm (*Pa., Me.,* l. c. S. 1639).

[*Geibler*]

Monooxo-Verbindungen C$_n$H$_{2n-22}$O$_3$

Oxo-Verbindungen C$_{15}$H$_8$O$_3$

Furo[3,2-a]xanthen-11-on C$_{15}$H$_8$O$_3$, Formel I.

B. Neben 11-Oxo-11H-furo[3,2-a]xanthen-2-carbonsäure (Hauptprodukt) beim Erhitzen von [1-Formyl-9-oxo-xanthen-2-yloxy]-essigsäure mit Acetanhydrid und Natriumacetat (*Davies et al.,* Soc. **1958** 1790, 1793). Beim Erhitzen von (±)-2-Hydroxy-1-oxiranylxanthen-9-on mit wss. Schwefelsäure (*Lamb, Suschitzky,* Tetrahedron **5** [1959] 1, 7). Beim Erhitzen von 11-Oxo-11H-furo[3,2-a]xanthen-2-carbonsäure mit Chinolin und Kupfer-Pulver (*Da. et al.*).

Krystalle; F: 144° (*Da. et al.; Lamb, Su.*). UV-Absorptionsmaxima (Me.): 233 nm, 250 nm, 305 nm und 351 nm (*Lamb, Su.*).

I   II   III

Benzo[c]furo[3,2-g]chromen-5-on, 2-[6-Hydroxy-benzofuran-5-yl]-benzoesäure-lacton C$_{15}$H$_8$O$_3$, Formel II.

B. Beim Erhitzen von 1,2,3,4,9,10-Hexahydro-benzo[c]furo[3,2-g]chromen-5-on mit Palladium/Kohle in Diphenyläther (*Horning, Reisner,* Am. Soc. **72** [1950] 1514, 1517).

Krystalle (aus E.); F: 197,5—198,5° [korr.].

Benzofuro[3,2-c]chromen-6-on, 2-[2-Hydroxy-phenyl]-benzofuran-3-carbonsäure-lacton C$_{15}$H$_8$O$_3$, Formel III.

B. Neben 2-Benzofuran-2-yl-phenol beim Erhitzen von 2,3-Bis-[2-methoxy-phenyl]-3-oxo-propionitril mit Essigsäure und wss. Bromwasserstoffsäure (*Chatterjea, Roy,* J. Indian chem. Soc. **34** [1957] 98). Beim Erhitzen von 4-Hydroxy-3-[2-hydroxy-phenyl]-cumarin auf 280° (*Govindachari et al.,* Soc. **1957** 548, 550). Beim Erhitzen von 4-Hydroxy-3-[2-methoxy-phenyl]-cumarin mit Pyridin-hydrochlorid auf 220° (*Go. et al.*).

Krystalle; F: 181—182° [aus Me.] (*Go. et al.*), 180—181° [unkorr.; aus Eg.] (*Ch., Roy*). UV-Spektrum (A.; 230—350 nm; λ$_{max}$: 233 nm, 295 nm, 310 nm und 323 nm): *Go. et al.,* l. c. S. 549.

Oxo-Verbindungen C$_{16}$H$_{10}$O$_3$

(±)-1-Chlor-1-[2]thienyl-1H-naphtho[1,2-c]furan-3-on, (±)-1-[Chlor-hydroxy-[2]thienylmethyl]-[2]naphthoesäure-lacton C$_{16}$H$_9$ClO$_2$S, Formel IV.

B. Beim Erwärmen von 1-[Thiophen-2-carbonyl]-[2]naphthoesäure mit Thionylchlorid (*Newman, Ihrman,* Am. Soc. **80** [1958] 3652, 3656).

Krystalle (aus Bzl. + PAe.); F: 147—150° [korr.].

(±)-3-Chlor-3-[2]thienyl-3H-naphtho[1,2-c]furan-1-on, (±)-2-[Chlor-hydroxy-[2]thienyl-methyl]-[1]naphthoesäure-lacton $C_{16}H_9ClO_2S$, Formel V.

B. Beim Erwärmen von 2-[Thiophen-2-carbonyl]-[1]naphthoesäure mit Thionylchlorid (*Newman, Ihrman,* Am. Soc. **80** [1958] 3652, 3656).

Krystalle (aus Bzl. + PAe.); F: 114,5—116,5° [korr.].

IV   V   VI   VII

(±)-3'H-[2,3']Bi[benzo[b]thiophenyl]-2'-on $C_{16}H_{10}OS_2$, Formel VI.

Diese Konstitution ist für die nachstehend beschriebene, von *Chatterjea* und *Mitra* (J. Indian chem. Soc. **36** [1959] 315, 316) als 3H-[2,3']Bi[benzo[b]thiophenyliden]-2'-on ($C_{16}H_{10}OS_2$; Formel VII oder Stereoisomeres) angesehene Verbindung auf Grund der Lage der CO-Valenzschwingungsbande in Betracht zu ziehen.

B. Beim Erwärmen von 3H-Benzo[b]thiophen-2-on mit Natriumhydrid in Benzol (*Ch., Mi.,* l. c. S. 317).

Krystalle (aus Eg.); F: 144° [unkorr.]. UV-Absorptionsmaxima (Me.): 228 nm, 316 nm und 350 nm. In kalter wss. Natronlauge schwer löslich, in heisser wss. Natronlauge infolge Isomerisierung zu [2,3']Bi[benzo[b]thiophenyl]-2'-ol ($C_{16}H_{10}OS_2$) löslich.

Überführung in 2'-Acetoxy-[2,3']bi[benzo[b]thiophenyl] durch Erwärmen mit Acetanhydrid: *Ch., Mi.,* l. c. S. 318.

6H-Benz[6,7]oxepino[4,3-b]benzofuran-12-on, 2-Salicyl-benzofuran-3-carbonsäure-lacton $C_{16}H_{10}O_3$, Formel VIII.

B. Aus 2-Salicyl-benzofuran-3-carbonsäure mit Hilfe von Propionsäure-anhydrid (*Chatterjea,* J. Indian chem. Soc. **33** [1956] 175, 182) oder mit Hilfe von Thionylchlorid (*Chatterjea,* J. Indian chem. Soc. **34** [1957] 299, 303).

Krystalle (aus A.); F: 138—139° [unkorr.] (*Ch.,* J. Indian Chem. Soc. **33** 182), 138° [unkorr.] (*Ch.,* J. Indian chem. Soc. **34** 303).

6H-Chromeno[3,4-b]chromen-12-on $C_{16}H_{10}O_3$, Formel IX.

B. Neben [2-Benzofuran-2-yl-phenoxy]-essigsäure beim Erwärmen von 2,2'-Dihydroxy-desoxybenzoin mit Natriumäthylat in Äthanol und mit Bromessigsäure-äthylester (*LaForge,* Am. Soc. **55** [1933] 3040, 3046).

Gelbliche Krystalle (aus wss. A.); F: 135°.

VIII   IX   X

1-Methyl-furo[3,2-a]xanthen-11-on $C_{16}H_{10}O_3$, Formel X.

B. Beim Erhitzen von [1-Acetyl-9-oxo-xanthen-2-yloxy]-essigsäure mit Acetanhydrid und Natriumacetat (*Lamb, Suschitzky,* Tetrahedron **5** [1959] 1, 9).

Krystalle (aus A.); F: 137°. UV-Spektrum (Me.; 220—370 nm; λ_{max}: 235 nm, 318 nm und 354 nm): *Lamb, Su.,* l. c. S. 3, 9.

Oxo-Verbindungen $C_{17}H_{12}O_3$

1-Phenyl-2-[(Z)-5-phenyl-[1,2]dithiol-3-yliden]-äthanthion $C_{17}H_{12}S_3$, Formel I und
2,5-Diphenyl-7λ^4-[1,2]dithiolo[1,5-b][1,2]dithiol $C_{17}H_{12}S_3$, Formel II.

Diese Konstitutionsformeln sind für die nachstehend beschriebene, von *Traverso*
(Ann. Chimica **44** [1954] 1018, 1025) als 3,7-Diphenyl-[1,2]dithiepin-5-thion
($C_{17}H_{12}S_3$) formulierte Verbindung in Betracht zu ziehen (vgl. *Klingsberg*, Am. Soc. **85**
[1963] 3244).

B. Beim Erwärmen von 1,5-Diphenyl-pentan-1,3,5-trion mit Phosphor(V)-sulfid in
Benzol (*Tr.*; *Kl.*).

F: 166—168° (*Kl.*); rote Krystalle (aus Bzn.); F: 161,6—162,4° (*Tr.*). Absorptionsspektrum (A.; 220—600 nm; λ_{max}: 252 nm, 308 nm und 512 nm): *Franzosini*, *Traverso*,
Ann. Chimica **45** [1955] 675, 678, 680.

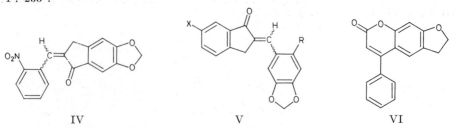

I   II   III

**3-[(E?)-3t(?)-[2]Furyl-allyliden]-5-phenyl-3H-furan-2-on, 5t(?)-[2]Furyl-2-[β-hydroxy-
trans(?)-styryl]-penta-2t(?),4-diensäure-lacton** $C_{17}H_{12}O_3$, vermutlich Formel III.

B. Beim Erwärmen von 3t(?)-[2]Furyl-acrylaldehyd (E III/IV **17** 4695) mit 4-Oxo-
4-phenyl-buttersäure, Acetanhydrid und Natriumacetat (*Schueler*, *Hanna*, Am. Soc. **73**
[1951] 3528).

Braune Krystalle (aus A.); F: 143—144,5°.

**6-[(Ξ)-2-Nitro-benzyliden]-6,7-dihydro-indeno[5,6-d][1,3]dioxol-5-on, 5,6-Methylen=
dioxy-2-[(Ξ)-2-nitro-benzyliden]-indan-1-on** $C_{17}H_{11}NO_5$, Formel IV.

B. Beim Erhitzen von 6,7-Dihydro-indeno[5,6-d][1,3]dioxol-5-on mit 2-Nitro-benz=
aldehyd und Acetanhydrid (*Singh*, *Rây*, J. Indian chem. Soc. **7** [1930] 637, 643).

Gelbe Krystalle (aus Eg.); F: 212°.

Beim Erhitzen mit Essigsäure und Zink-Pulver ist 5H-[1,3]Dioxolo[5,6]indeno[1,2-b]=
chinolin erhalten worden.

6-Chlor-2-[(Ξ)-piperonyliden]-indan-1-on $C_{17}H_{11}ClO_3$, Formel V (R = H, X = Cl).

B. Aus Piperonal und 6-Chlor-indan-1-on (*Buu-Hoï*, *Xuong*, Soc. **1952** 2225, 2227).

F: 235°.

IV   V   VI

**2-[(Ξ)-6-Nitro-benzo[1,3]dioxol-5-ylmethylen]-indan-1-on, 2-[(Ξ)-4,5-Methylendioxy-
2-nitro-benzyliden]-indan-1-on** $C_{17}H_{11}NO_5$, Formel V (R = NO_2, X = H) (vgl.
E II 168; dort als 2-[6-Nitro-piperonyliden]-hydrindon-(1) bezeichnet).

B. Beim Erhitzen von 4,5-Methylendioxy-2-nitro-benzaldehyd mit Indan-1-on und
Acetanhydrid (*Singh*, *Rây*, J. Indian chem. Soc. **7** [1930] 637, 641).

Gelbe Krystalle (aus Eg.); F: 178°.

5-Phenyl-2,3-dihydro-furo[3,2-g]chromen-7-on, 3c-[6-Hydroxy-2,3-dihydro-benzofuran-5-yl]-3t-phenyl-acrylsäure-lacton $C_{17}H_{12}O_3$, Formel VI.

B. Beim Erwärmen von 6-Acetoxy-2,3-dihydro-benzofuran mit 3-Oxo-3-phenyl-propion=säure-äthylester und anschliessend mit wss. Schwefelsäure (*Horning, Reisner*, Am. Soc. **72** [1950] 1514, 1516).

Krystalle (aus Eg.); F: 202—203° [korr.].

6-Phenyl-2,3-dihydro-furo[3,2-g]chromen-5-on $C_{17}H_{12}O_3$, Formel VII (R = C_6H_5, X = H).

B. Beim Behandeln von 1-[6-Hydroxy-2,3-dihydro-benzofuran-5-yl]-2-phenyl-äthanon mit Äthylformiat und Natrium und anschliessend mit wss. Salzsäure (*Pavanaram et al.*, J. scient. ind. Res. India **15**B [1956] 495).

Krystalle (aus A.); F: 192—193°.

7-Phenyl-2,3-dihydro-furo[3,2-g]chromen-5-on $C_{17}H_{12}O_3$, Formel VII (R = H, X = C_6H_5).

B. Beim Erhitzen von 1-[6-Hydroxy-2,3-dihydro-benzofuran-5-yl]-3-phenyl-propan-1,3-dion mit Essigsäure und kleinen Mengen wss. Salzsäure (*Pavanaram, Row*, Curr. Sci. **24** [1955] 301).

Gelbliche Krystalle (aus A.); F: 202—203°.

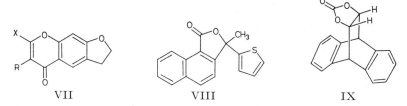

VII   VIII   IX

(±)-3-Methyl-3-[2]thienyl-3H-naphtho[1,2-c]furan-1-on, (±)-2-[1-Hydroxy-1-[2]thienyl-äthyl]-[1]naphthoesäure-lacton $C_{17}H_{12}O_2S$, Formel VIII.

B. Beim Behandeln von 2-[Thiophen-2-carbonyl]-[1]naphthoesäure mit Methyl=magnesiumbromid in Äther und Benzol und Behandeln des Reaktionsprodukts mit wss. Salzsäure (*Sandin, Fieser*, Am. Soc. **62** [1940] 3098, 3103).

Krystalle (aus A.); F: 112—113° [korr.].

(11r,12c)-9,10,11,12-Tetrahydro-9,10-[1,3]dioxolo[4,5]ätheno-anthracen-14-on, cis-11,12-Carbonyldioxy-9,10-dihydro-9,10-äthano-anthracen, Kohlensäure-[cis-9,10-di=hydro-9,10-äthano-anthracen-11,12-diylester] $C_{17}H_{12}O_3$, Formel IX.

B. Beim Erhitzen von [1,3]Dioxol-2-on mit Anthracen in Benzol auf 170° (*Newman, Addor*, Am. Soc. **77** [1955] 3789, 3793).

Krystalle (aus Bzl. + Hexan); F: 259—259,6° [korr.].

Oxo-Verbindungen $C_{18}H_{14}O_3$

4,6-Di-[(Ξ)-benzyliden]-[1,3]dithian-5-on $C_{18}H_{14}OS_2$, Formel I.

B. Bei mehrtägigem Behandeln von [1,3]Dithian-5-on mit Benzaldehyd, Äthanol und wenig Piperidin (*Du Pont de Nemours & Co.*, U.S.P. 2848458 [1954]).

Krystalle (aus A.); F: 147—148,5°. UV-Absorptionsmaxima: 271 nm und 317 nm.

1t-Benzo[1,3]dioxol-5-yl-5t-phenyl-penta-1,4-dien-3-on $C_{18}H_{14}O_3$, Formel II (R = X = H) (H 144; E I 675; E II 168; dort als Benzyliden-piperonyliden-aceton bezeichnet).

Die Konfiguration ergibt sich aus der genetischen Beziehung (s. H 144) zu 4t-Phenyl-but-3-en-2-on (E III 7 1399) und zu 4t-Benzo[1,3]dioxol-5-yl-but-3-en-2-on (S. 1756).

Gelbe Krystalle; F: 115° (*Raiford, Hill*, Am. Soc. **56** [1934] 174, 175 Tab. II Anm. c).

Beim Behandeln einer Lösung in Essigsäure mit Phenylhydrazin ist 5-Benzo[1,3]=dioxol-5-yl-1-phenyl-3-*trans*-styryl-4,5-dihydro-pyrazol erhalten worden.

I   II

1t(?)-[6-Brom-benzo[1,3]dioxol-5-yl]-5t(?)-phenyl-penta-1,4-dien-3-on $C_{18}H_{13}BrO_3$,
vermutlich Formel II (R = H, X = Br).

B. Beim Behandeln von 4t(?)-[6-Brom-benzo[1,3]dioxol-5-yl]-but-3-en-2-on (,,6-Brom-
piperonylidenaceton" [H **19** 137]) mit Benzaldehyd, Äthanol und wss. Natronlauge
(*Raiford, Tanzer*, J. org. Chem. **6** [1941] 722, 724, 728).

Braune Krystalle (aus Toluol); F: 147—148°.

1t-Benzo[1,3]dioxol-5-yl-5t(?)-[2-nitro-phenyl]-penta-1,4-dien-3-on $C_{18}H_{13}NO_5$, vermutlich Formel II (R = NO₂, X = H).

B. Neben 1t-Benzo[1,3]dioxol-5-yl-5-hydroxy-5-[2-nitro-phenyl]-pent-1-en-3-on (F:
118°) beim Behandeln von 4t-Benzo[1,3]dioxol-5-yl-but-3-en-2-on (S. 1756) mit 2-Nitro-
benzaldehyd, Äthanol und wss. Natronlauge (*Kraszewski, Gołębicki*, Roczniki Chem. **14**
[1934] 203, 204, 205; C. **1934** II 3505).

Gelbe Krystalle (aus A.); F: 154°.

Überführung in eine als ein Phenylhydrazon angesehene Verbindung $C_{24}H_{19}N_3O_4$
(F: 88—89°): *Kr., Go*.

1t-Benzo[1,3]dioxol-5-yl-5t(?)-[3-nitro-phenyl]-penta-1,4-dien-3-on $C_{18}H_{13}NO_5$, vermutlich Formel III (R = NO₂, X = H).

B. Beim Behandeln von 4t-Benzo[1,3]dioxol-5-yl-but-3-en-2-on (S. 1756) mit 3-Nitro-
benzaldehyd, Äthanol und wss. Natronlauge (*Kraszewski, Gołębicki*, Roczniki Chem.
14 [1934] 203, 204; C. **1934** II 3505).

Gelbe Krystalle (aus Acn.); F: 188°.

Überführung in eine als ein Phenylhydrazon angesehene rote Verbindung $C_{24}H_{19}N_3O_4$
(F: 170°): *Kr., Go*.

III   IV

1t-Benzo[1,3]dioxol-5-yl-5t(?)-[4-nitro-phenyl]-penta-1,4-dien-3-on $C_{18}H_{13}NO_5$, vermutlich Formel III (R = H, X = NO₂).

B. Beim Behandeln von 4t-Benzo[1,3]dioxol-5-yl-but-3-en-2-on (S. 1756) mit 4-Nitro-
benzaldehyd, Äthanol und wss. Natronlauge (*Kraszewski, Gołębicki*, Roczniki Chem. **14**
[1934] 203; C. **1934** II 3505).

Gelbe Krystalle (aus E.); F: 189—190°.

Überführung in eine als ein Phenylhydrazon angesehene rotbraune Verbindung
$C_{24}H_{19}N_3O_4$ (F: 165°): *Kr., Go*.

6-Methyl-2-[(Ξ)-piperonyliden]-indan-1-on $C_{18}H_{14}O_3$, Formel IV.

B. Aus Piperonal und 6-Methyl-indan-1-on (*Buu-Hoï, Xuong*, Soc. **1952** 2225, 2226).
F: 168°.

*Opt.-inakt. 3-Brom-2-phenyl-3,4-dihydro-2*H*-pyrano[3,2-*c*]chromen-5-on, 5-Brom-2-[2-hydroxy-phenyl]-6-phenyl-5,6-dihydro-4*H*-pyran-3-carbonsäure-lacton $C_{18}H_{13}BrO_3$, Formel V.

B. Beim Behandeln von 3-*trans*-Cinnamyl-4-hydroxy-cumarin (E III/IV **17** 6486) mit Brom (1 Mol) in Chloroform und anschliessenden Erwärmen unter vermindertem Druck (*Grüssner*, Festschrift E. Barell [Basel 1946] S. 238, 252).

Krystalle (aus Me.); F: 195—196° [Kofler-App.].

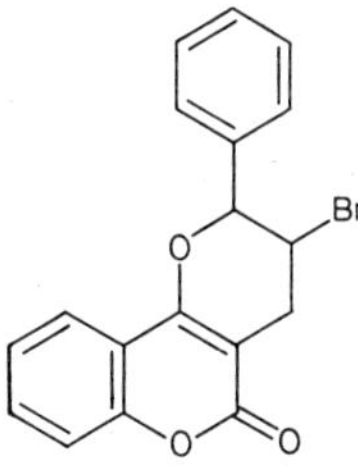

V 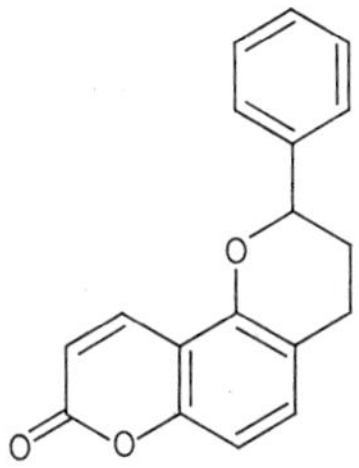   VI 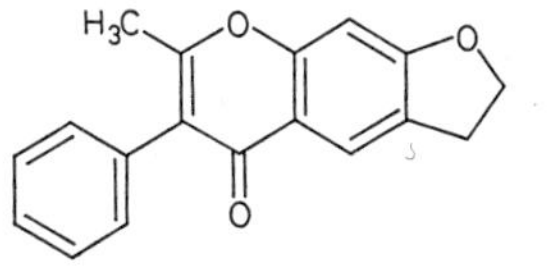   VII

(±)-2-Phenyl-3,4-dihydro-2*H*-pyrano[2,3-*f*]chromen-8-on, (±)-3*c*-[7-Hydroxy-2-phenyl-chroman-8-yl]-acrylsäure-lacton $C_{18}H_{14}O_3$, Formel VI.

B. Beim Erwärmen von 8-Oxo-2-phenyl-3,4-dihydro-2*H*,8*H*-pyrano[2,3-*f*]chromen-9-carbonsäure-äthylester mit äthanol. Kalilauge (*Robertson et al.*, Soc. **1954** 3137, 3138).

Krystalle (aus Me.); F: 153°.

7-Methyl-6-phenyl-2,3-dihydro-furo[3,2-*g*]chromen-5-on $C_{18}H_{14}O_3$, Formel VII.

B. Beim Erhitzen von 1-[6-Hydroxy-2,3-dihydro-benzofuran-5-yl]-2-phenyl-äthanon mit Acetanhydrid und Natriumacetat (*Pavanaram et al.*, J. scient. ind. Res. India **15**B [1956] 495).

Gelbliche Krystalle (aus A.); F: 138—139°.

(±)-3-Methyl-7-phenyl-7,8-dihydro-furo[2,3-*f*]chromen-9-on $C_{18}H_{14}O_3$, Formel VIII.

B. Neben 1-[6-Hydroxy-3-methyl-benzofuran-7-yl]-3*t*(?)-phenyl-propenon (E III/IV **18** 805) beim Behandeln von 1-[6-Hydroxy-3-methyl-benzofuran-7-yl]-äthanon mit Benzaldehyd und wss.-äthanol. Natronlauge (*Limaye*, *Marathe*, Rasayanam **2** [1950] 9 Anm., 11).

F: 184°.

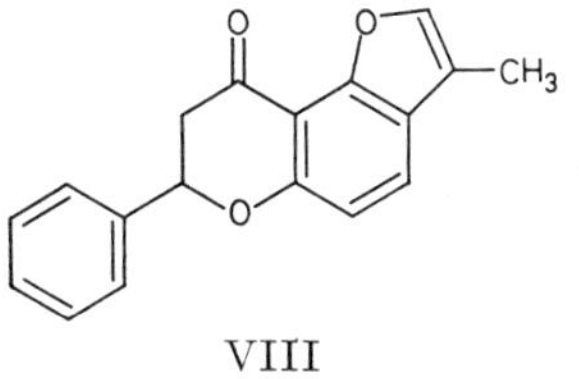

VIII 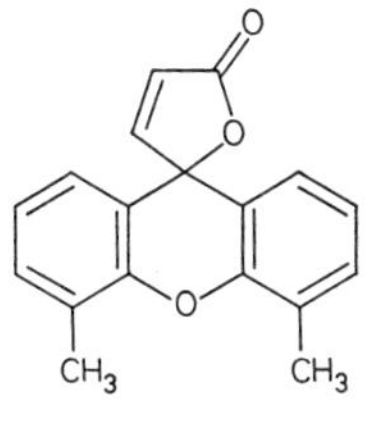   IX 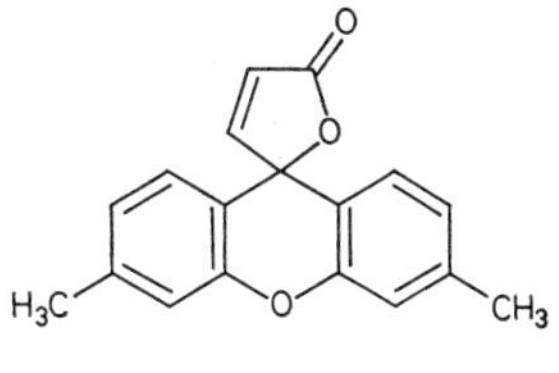   X

4′,5′-Dimethyl-spiro[furan-2,9′-xanthen]-5-on, 3*c*-[9-Hydroxy-4,5-dimethyl-xanthen-9-yl]-acrylsäure-lacton $C_{18}H_{14}O_3$, Formel IX.

Die Identität des von *Dass* und *Tewari* (Pr. Indian Acad. [A] **13** [1941] 68, 71, 75) unter dieser Konstitution beschriebenen, beim Erhitzen von *o*-Kresol mit Maleinsäure und wenig Schwefelsäure auf 150° erhaltenen *o*-Kresolmaleins (schwarzes Pulver, F: 228°; λ_{max}: 540 nm [A.] bzw. 630 nm [äthanol. Alkalilauge]) ist ungewiss (s. dazu *Rao et al.*, Pr. Indian Acad. [A] **26** [1947] 299, 301; *Webster*, *Kamstra*, Pr. S. Dakota Acad. **30** [1951] 40, 47, **33** [1954] 54).

3′,6′-Dimethyl-spiro[furan-2,9′-xanthen]-5-on, 3c-[9-Hydroxy-3,6-dimethyl-xanthen-9-yl]-acrylsäure-lacton $C_{18}H_{14}O_3$, Formel X.

Die Identität des von *Dass* und *Tewari* (Pr. Indian Acad. [A] **13** [1941] 68, 71, 75) unter dieser Konstitution beschriebenen, beim Erhitzen von *m*-Kresol mit Maleinsäure und wenig Schwefelsäure auf 135° erhaltenen *m*-Kresolmaleins (schwarzes Pulver, F: 155°; λ_{max}: 445 nm [A.] bzw. 460 nm [äthanol. Alkalilauge]) ist ungewiss (s. dazu *Rao et al.*, Pr. Indian Acad. [A] **26** [1947] 299, 301; *Webster, Kamstra*, Pr. S. Dakota Acad. **30** [1951] 40, 47, 33 [1954] 54).

(±)-9-Chlor-7,11-dimethyl-7H-chromeno[4,3-b]chromen-6-on, (±)-6-Chlor-2-[2-hydroxy-phenyl]-4,8-dimethyl-4H-chromen-3-carbonsäure-lacton $C_{18}H_{13}ClO_3$, Formel XI.

B. Neben 3-[1-(5-Chlor-2-hydroxy-3-methyl-phenyl)-äthyl]-4-hydroxy-cumarin beim Behandeln einer mit Calciumchlorid versetzten Lösung von 1-[5-Chlor-2-hydroxy-3-methyl-phenyl]-äthanol in 1,1,2,2-Tetrachlor-äthan mit Chlorwasserstoff und Erhitzen des vom Calciumchlorid befreiten Reaktionsgemisches mit 4-Hydroxy-cumarin [E III/IV **17** 6153] (*Ziegler et al.*, M. **88** [1957] 587, 591). Beim Behandeln einer warmen Lösung von (±)-3-[1-(5-Chlor-2-hydroxy-3-methyl-phenyl)-äthyl]-4-hydroxy-cumarin in 1,1,2,2-Tetrachlor-äthan mit Chlorwasserstoff (*Zi. et al.*).

Krystalle (aus Acn.); F: 174,5—175°.

XI   XII

9,11-Dimethyl-7H-chromeno[4,3-b]chromen-6-on, 2-[2-Hydroxy-phenyl]-6,8-dimethyl-4H-chromen-3-carbonsäure-lacton $C_{18}H_{14}O_3$, Formel XII.

B. Beim Erhitzen von 4-Hydroxy-3-[2-hydroxy-3,5-dimethyl-benzyl]-cumarin mit Phosphorylchlorid (*Ziegler, Rossmann*, M. **88** [1957] 25, 31).

Krystalle (aus A. oder Amylacetat); F: 209—210°.

Oxo-Verbindungen $C_{19}H_{16}O_3$

1t(?),11t(?)-Di-[2]furyl-undeca-1,3t(?),6t(?),8t(?),10-pentaen-5-on $C_{19}H_{16}O_3$, vermutlich Formel I.

B. Beim Behandeln von 6t(?)-[2]Furyl-hexa-3t(?),5-dien-2-on (vgl. H **17** 319; E III/IV **17** 4968) mit 5t(?)-[2]Furyl-penta-2t(?),4-dienal (vgl. E II **17** 334; E III/IV **17** 4953) und wss.-äthanol. Natronlauge (*Maxim, Popescu*, Bl. [5] **5** [1938] 49, 53).

Orangerote Krystalle (aus Bzn.); F: 129°.

I   II

(±)-1t(?),5-Di-[2]furyl-5-phenyl-pent-1-en-3-on $C_{19}H_{16}O_3$, Formel II.

B. Beim Behandeln von 1t(?),5t(?)-Di-[2]furyl-penta-1,4-dien-3-on (S. 1822) mit Phenylmagnesiumbromid in Äther (*Maxim, Popescu*, Bl. [5] **4** [1937] 265, 271).

Krystalle (aus A.); F: 102°.

2,5-Bis-[(Ξ)-3t(?)-[2]furyl-allyliden]-cyclopentanon $C_{19}H_{16}O_3$, vermutlich Formel III.
B. Beim Behandeln von Cyclopentanon mit 3t(?)-[2]Furyl-acrylaldehyd (E III/IV 17 4695), Äthanol und wss. Natronlauge (*Hinz et al.*, B. **76** [1943] 676, 681).
Hellgelbe Krystalle; F: 149°.

III   IV

3-Benzo[1,3]dioxol-5-yl-5-methyl-4-phenyl-cyclopent-2-enon $C_{19}H_{16}O_3$, Formel IV.
Diese Konstitution ist der nachstehend beschriebenen opt.-inakt. Verbindung zugeord-
net worden (*Ryan, Lennon*, Pr. Irish Acad. **37** B [1925] 27, 30).
B. Beim Behandeln von Piperonal mit 3-Methyl-4t-phenyl-but-3-en-2-on (E III **7** 1434)
und wss.-äthanol. Natronlauge (*Ryan, Le.*, l. c. S. 34).
Krystalle (aus A.); F: 113—114°.
Beim Behandeln mit Piperonal und Chlorwasserstoff enthaltendem Äthanol ist eine als
3-Benzo[1,3]dioxol-5-yl-5-methyl-4-phenyl-2-piperonylidencyclopent-3-enon angesehene
Verbindung (F: 225—226°) erhalten worden (*Ryan, Le.*, l. c. S. 35).

4-Benzo[1,3]dioxol-5-yl-5-methyl-3-phenyl-cyclopent-2-enon $C_{19}H_{16}O_3$, Formel V.
Diese Konstitution ist der nachstehend beschriebenen opt.-inakt. Verbindung zugeordnet worden (*O'Donoghue et al.*, Pr. Irish Acad. **37** B [1926] 141, 143).
B. Beim Behandeln von 4-Benzo[1,3]dioxol-5-yl-3-methyl-but-3-en-2-on (F: 97°
bis 98°) mit Benzaldehyd, Äthanol und wss. Kalilauge (*O'Do. et al.*, l. c. S. 144).
Gelbliche Krystalle (aus A.); F: 88,6—89,4°.
Beim Behandeln mit Benzaldehyd und Äthanol unter Einleiten von Chlои.asserstoff
ist eine als 3-Benzo[1,3]dioxol-5-yl-5-benzyliden-2-methyl-4-phenyl-cyclopent-3-enon angesehene Verbindung (F: 140—141°) erhalten worden (*O'Do. et al.*, l. c. S. 146).

V   VI

6-[(Ξ)-Piperonyliden]-6,7,8,9-tetrahydro-benzocyclohepten-5-on $C_{19}H_{16}O_3$, Formel VI.
B. Aus Piperonal und 6,7,8,9-Tetrahydro-benzocyclohepten-5-on (*Buu-Hoï, Xuong*,
Soc. **1952** 2225, 2227).
F: 138°.

4,6-Dimethyl-2-[(Ξ)-piperonyliden]-indan-1-on $C_{19}H_{16}O_3$, Formel VII.
B. Aus Piperonal und 4,6-Dimethyl-indan-1-on (*Buu-Hoï, Xuong*, Soc. **1952** 2225,
2227).
F: 214°.

**(±)-10-Methyl-8-phenyl-7,8-dihydro-6H-pyrano[3,2-g]chromen-2-on, (±)-3c-[7-Hydr⸗
oxy-8-methyl-2-phenyl-chroman-6-yl]-acrylsäure-lacton** $C_{19}H_{16}O_3$, Formel VIII.
B. Beim Erwärmen von 2-Oxo-10-methyl-8-phenyl-7,8-dihydro-2H,6H-pyrano[3,2-g]⸗

chromen-3-carbonsäure-äthylester mit äthanol. Kalilauge (*Robertson et al.*, Soc. **1954** 137, 3139).
3 Krystalle (aus Bzn. oder Me.); F: 167°.

VII   VIII

(±)-8-Methyl-2-phenyl-3,4-dihydro-2*H*-pyrano[2,3-*f*]chromen-10-on $C_{19}H_{16}O_3$,
Formel IX.
B. Beim Erwärmen von (±)-1-[7-Hydroxy-2-phenyl-chroman-8-yl]-äthanon mit Äthyl=
acetat und Natrium und anschliessend mit wss.-äthanol. Salzsäure (*Robertson et al.*, Soc.
1954 3137, 3139).
Krystalle (aus Me.); F: 158°.

IX   X   XI

(±)-2,8-Dimethyl-3-phenyl-8,9-dihydro-furo[2,3-*h*]chromen-4-on $C_{19}H_{16}O_3$, Formel X.
B. Beim Erwärmen von (±)-8-[2-Brom-propyl]-7-hydroxy-2-methyl-3-phenyl-chrom=
en-4-on mit Kaliumcarbonat in Aceton (*Sarin et al.*, J. scient. ind. Res. India **16** B [1957]
61, 64).
Krystalle (aus E. + PAe.); F: 148—150°.

(±)-7-Äthyl-9-chlor-11-methyl-7*H*-chromeno[4,3-*b*]chromen-6-on, (±)-4-Äthyl-6-chlor-
2-[2-hydroxy-phenyl]-8-methyl-4*H*-chromen-3-carbonsäure-lacton $C_{19}H_{15}ClO_3$,
Formel XI.
B. Neben 3-[1-(5-Chlor-2-hydroxy-3-methyl-phenyl)-propyl]-4-hydroxy-cumarin beim
Behandeln einer mit Calciumchlorid versetzten Lösung von 1-[5-Chlor-2-hydroxy-
3-methyl-phenyl]-propan-1-ol in 1,1,2,2-Tetrachlor-äthan mit Chlorwasserstoff und Er-
hitzen des vom Cacliumchlorid befreiten Reaktionsgemisches mit 4-Hydroxy-cumarin
[E III/IV **17** 6153] (*Ziegler et al.*, M. **88** [1957] 587, 592).
Krystalle (aus Acn.); F: 172,5°.

Oxo-Verbindungen $C_{20}H_{18}O_3$

2,6-Bis-[(*Ξ*)-3*t*(?)-[2]furyl-allyliden]-cyclohexanon $C_{20}H_{18}O_3$, vermutlich Formel XII.
B. Beim Behandeln von 3*t*(?)-[2]Furyl-acrylaldehyd (E III/IV **17** 4695) mit
Cyclohexanon, Äthanol und wss. Natronlauge (*Hinz et al.*, B. **76** [1943] 676, 681).
Gelbe Krystalle; F: 166°.

(±)-5-Benzo[1,3]dioxol-5-yl-3-*p*-tolyl-cyclohex-2-enon $C_{20}H_{18}O_3$, Formel XIII (X = H).
B. Beim Erhitzen von (±)-6-Benzo[1,3]dioxol-5-yl-2-oxo-4-*p*-tolyl-cyclohex-3-encarb=
onsäure-äthylester mit wss. Salzsäure auf 150° (*Nadkarni et al.*, Soc. **1937** 1798, 1804).
Gelbe Krystalle (aus A.); F: 130°.

XII   XIII

(±)-5-[6-Chlor-benzo[1,3]dioxol-5-yl]-3-*p*-tolyl-cyclohex-2-enon $C_{20}H_{17}ClO_3$,
Formel XIII (X = Cl).

B. Beim Erhitzen von (±)-6-[6-Chlor-benzo[1,3]dioxol-5-yl]-2-oxo-4-*p*-tolyl-cyclohex-3-encarbonsäure-äthylester mit wss. Salzsäure auf 150° (*Nadkarni et al.*, Soc. **1937** 1798, 1804).

Gelbe Krystalle (aus A.); F: 151°.

(±)-5-[6-Brom-benzo[1,3]dioxol-5-yl]-3-*p*-tolyl-cyclohex-2-enon $C_{20}H_{17}BrO_3$,
Formel XIII (X = Br).

B. Beim Erhitzen von (±)-6-[6-Brom-benzo[1,3]dioxol-5-yl]-2-oxo-4-*p*-tolyl-cyclohex-3-encarbonsäure-äthylester mit wss. Salzsäure auf 150° (*Nadkarni et al.*, Soc. **1937** 1798, 1804).

Gelbe Krystalle (aus A.); F: 153°.

8,8-Dimethyl-2-phenyl-2,3-dihydro-8*H*-pyrano[2,3-*f*]chromen-4-on $C_{20}H_{18}O_3$.

a) **(*S*)-8,8-Dimethyl-2-phenyl-2,3-dihydro-8*H*-pyrano[2,3-*f*]chromen-4-on,
(−)-Isolonchocarpin** $C_{20}H_{18}O_3$, Formel XIV.

Konfigurationszuordnung: *Satam*, *Bringi*, Indian J. Chem. **11** [1973] 209.

Isolierung aus Samen von Pongamia glabra: *Sa.*, *Br.*

Krystalle (aus Hexan); F: 115°. $[\alpha]_D^{24}$: −125° [CHCl₃]. ¹H-NMR-Absorption (CCl₄) sowie ¹H-¹H-Spin-Spin-Kopplungskonstante: *Sa.*, *Br.* UV-Absorptionsmaxima (A.): 268 nm und 310 nm.

XIV   XV   XVI

b) **(±)-8,8-Dimethyl-2-phenyl-2,3-dihydro-8*H*-pyrano[2,3-*f*]chromen-4-on,
(±)-Isolonchocarpin** $C_{20}H_{18}O_3$, Formel XIV + Spiegelbild.

B. Beim Behandeln einer Lösung von Lonchocarpin (E III/IV **18** 807) in Äthanol mit wss. Natronlauge (*Baudrenghien et al.*, Bl. Acad. Belgique [5] **39** [1953] 105, 116).

Krystalle (aus PAe.); F: 123°. IR-Spektrum (Paraffinöl; 3—8 μ): *Ba. et al.*, l. c. S. 120. UV-Spektrum (Me.; 250—330 nm; λ_{max}: 264 nm und 308 nm): *Ba. et al.*, l. c. S. 117, 118.

2,4-Dinitro-phenylhydrazon $C_{26}H_{22}N_4O_6$. Rote Krystalle (aus A.); F: 269°.

---

*Opt.-inakt. **[3,4-Dihydro-[2,2′]spirobichromen-4-yl]-aceton** $C_{20}H_{18}O_3$, Formel XV.

B. Beim Erwärmen von opt.-inakt. [2-Dimethylamino-2*H*-chromen-2-yl]-[2-dimethyl=amino-2-methyl-chroman-4-yl]-methan (F: 213°) mit wss.-äthanol. Salzsäure (*Kuhn et al.*, A. **611** [1958] 83, 94).

Krystalle (aus A.); F: 196° [Block]. IR-Spektrum (2—15,5 μ): *Kuhn et al.*, l. c. S. 88. Beim Erwärmen mit Chlorwasserstoff enthaltendem Methanol sind [2-Methoxy-2*H*-

chromen-2-yl]-[2-methoxy-2-methyl-chroman-4-yl]-methan (F: 170°) und eine (isomere) Verbindung $C_{22}H_{24}O_4$ (F: 182°) erhalten worden (*Kuhn et al.*, l. c. S. 95).

Oxim $C_{20}H_{19}NO_3$. Krystalle (aus Eg.); F: 220° [Zers.; Block] (*Kuhn et al.*, l. c. S. 94).

2,4-Dinitro-phenylhydrazon $C_{26}H_{22}N_4O_6$. Orangefarbene Krystalle (aus Dimeth= ylformamid + A.); F: 252° [Block].

---

*Dispiro[indan-1,2'-[1,3]dioxan-5',2''-indan]-1''-on $C_{20}H_{18}O_3$, Formel XVI.

Diese Konstitution kommt möglicherweise der nachstehend beschriebenen Verbindung zu (*Beets, Heeringa,* R. **74** [1955] 1085, 1092; s. a. *Terada,* J. chem. Soc. Japan Pure Chem. Sect. **81** [1960] 612, 614; C. A. **56** [1962] 1446).

B. In kleiner Menge neben anderen Verbindungen beim Erwärmen von Phenylacetylen oder von 3-Phenyl-prop-2-in-1-ol mit wss. Formaldehyd-Lösung, Paraformaldehyd und Schwefelsäure (*Be., He.,* l. c. S. 1095, 1097, 1099). Neben anderen Verbindungen beim Erhitzen von Acetophenon mit Paraformaldehyd und Toluol-4-sulfonsäure in Dioxan (*Te.,* l. c. S. 617).

Krystalle; F: 91,4—91,7° [aus A. + PAe.] (*Be., He.,* l. c. S. 1097), 89—91° [aus Me.] (*Te.*). UV-Spektrum (Cyclohexan; 220—370 nm): *Be., He.,* l. c. S. 1091.

Oxim $C_{20}H_{19}NO_3$. Krystalle (aus wss. A. + PAe.); F: 158,2—159,2° (*Be., He.,* l. c. S. 1097).

Oxo-Verbindungen $C_{21}H_{20}O_3$

2,5-Bis-[(*Ξ*)-3*t*(?)-(5-methyl-[2]furyl)-allyliden]-cyclopentanon $C_{21}H_{20}O_3$, vermutlich Formel XVII.

B. Beim Behandeln von 3*t*(?)-[5-Methyl-[2]furyl]-acrylaldehyd (E III/IV **17** 4725) mit Cyclopentanon, Äthanol und wss. Natronlauge (*Ponomarew, Lipanowa,* Ž. obšč. Chim. **23** [1953] 1719, 1724; engl. Ausg. S. 1811, 1814).

Rote Krystalle (aus Isopropylalkohol); F: 165—166°.

XVII   XVIII

Oxo-Verbindungen $C_{22}H_{22}O_3$

2,6-Bis-[(*Ξ*)-3*t*(?)-(5-methyl-[2]furyl)-allyliden]-cyclohexanon $C_{22}H_{22}O_3$, vermutlich Formel XVIII.

B. Beim Behandeln von 3*t*(?)-[5-Methyl-[2]furyl]-acrylaldehyd (E III/IV **17** 4725) mit Cyclohexanon und wss.-äthanol. Natronlauge (*Ponomarew, Lipanowa,* Ž. obšč. Chim. **23** [1953] 1719, 1724; engl. Ausg. S. 1811, 1814).

Orangefarbene Krystalle; F: 168—168,5°.

Monooxo-Verbindungen $C_nH_{2n-24}O_3$

Oxo-Verbindungen $C_{17}H_{10}O_3$

6-Benzoyl-naphth[1,8-*cd*][1,2]oxathiol-2,2-dioxid, [2,2-Dioxo-2λ^6-naphth[1,8-*cd*][1,2]= oxathiol-6-yl]-phenyl-keton, 5-Benzoyl-8-hydroxy-naphthalin-1-sulfonsäure-lacton $C_{17}H_{10}O_4S$, Formel I (R = X = H).

B. Beim Erwärmen von Naphth[1,8-*cd*][1,2]oxathiol-2,2-dioxid mit Benzoylchlorid, Aluminiumchlorid und 1,2,4-Trichlor-benzol (*Geigy* A. G., Schweiz. P. 240571 [1942]; U.S.P. 2539730 [1943]; s. a. *Schetty,* Helv. **30** [1947] 1650, 1654, 1656).

Krystalle; F: 158—159° (*Sch.*), 156—159° [aus $CHCl_3$ + A.] (*Geigy* A.G.).

Reaktion mit Methylmagnesiumjodid in Äther unter Bildung von 1-[4-Hydroxy-

5-methansulfonyl-[1]naphthyl]-1-phenyl-äthanol: *Mustafa*, *Hilmy*, Soc. **1952** 1339, 1340, 1341.

Ein Phenylhydrazon ist nicht erhalten worden (*Sch.*).

[2,4-Dichlor-phenyl]-[2,2-dioxo-2λ⁶-naphth[1,8-*cd*][1,2]oxathiol-6-yl]-keton,
5-[2,4-Dichlor-benzoyl]-8-hydroxy-naphthalin-1-sulfonsäure-lacton $C_{17}H_8Cl_2O_4S$,
Formel I (R = X = Cl).

B. Beim Erwärmen von Naphth[1,8-*cd*][1,2]oxathiol-2,2-dioxid mit 2,4-Dichlor-benzoylchlorid, Aluminiumchlorid und 1,2,4-Trichlor-benzol (*Schetty*, Helv. **30** [1947] 1650, 1654, 1656).

Krystalle; F: 171—172°.

I   II   III

[2,2-Dioxo-2λ⁶-naphth[1,8-*cd*][1,2]oxathiol-6-yl]-[3-nitro-phenyl]-keton, 8-Hydroxy-
5-[3-nitro-benzoyl]-naphthalin-1-sulfonsäure-lacton $C_{17}H_9NO_6S$, Formel II (X = H).

B. Beim Erwärmen von Naphth[1,8-*cd*][1,2]oxathiol-2,2-dioxid mit 3-Nitro-benzoyl=chlorid, Aluminiumchlorid und 1,2,4-Trichlor-benzol (*Schetty*, Helv. **30** [1947] 1650, 1654, 1656).

Krystalle; F: 236—237°.

[2,2-Dioxo-2λ⁶-naphth[1,8-*cd*][1,2]oxathiol-6-yl]-[4-nitro-phenyl]-keton, 8-Hydroxy-
5-[4-nitro-benzoyl]-naphthalin-1-sulfonsäure-lacton $C_{17}H_9NO_6S$, Formel I (R = H,
X = NO₂).

B. Beim Erhitzen von Naphth[1,8-*cd*][1,2]oxathiol-2,2-dioxid mit 4-Nitro-benzoyl=chlorid, Aluminiumchlorid und 1,2,4-Trichlor-benzol auf 120° (*Geigy A.G.*, Schweiz. P. 240572 [1942]; U.S.P. 2359730 [1943]; s. a. *Schetty*, Helv. **30** [1947] 1650, 1654, 1656).
F: 231—232,5° (*Geigy A.G.*; *Sch.*).

[4-Chlor-3-nitro-phenyl]-[2,2-dioxo-2λ⁶-naphth[1,8-*cd*][1,2]oxathiol-6-yl]-keton,
5-[4-Chlor-3-nitro-benzoyl]-8-hydroxy-naphthalin-1-sulfonsäure-lacton $C_{17}H_8ClNO_6S$,
Formel II (X = Cl).

B. Beim Erhitzen von Naphth[1,8-*cd*][1,2]oxathiol-2,2-dioxid mit 4-Chlor-3-nitro-benzoylchlorid, Aluminiumchlorid und 1,2,4-Trichlorbenzol (*Geigy A.G.*, U.S.P. 2359730 [1943]; s. a. *Schetty*, Helv. **30** [1947] 1650, 1654, 1656).

Braune Krystalle (aus Dioxan); F: 218—219° (*Geigy A.G.*; s. a. *Sch.*).

8-Brom-2-[2]thienyl-benzo[*f*]chromen-3-on, 3*c*-[6-Brom-2-hydroxy-[1]naphthyl]-
2-[2]thienyl-acrylsäure-lacton $C_{17}H_9BrO_2S$, Formel III.

B. Beim Erhitzen von 3*c*(?)-[6-Brom-2-methoxy-[1]naphthyl]-2-[2]thienyl-acrylo=nitril (E III/IV **18** 4989) mit Pyridin-hydrochlorid (*Nguyên-Hoan*, Bl. **1953** 309, 313).

Gelbe Krystalle (aus Toluol); F: 242°.

3-Phenyl-furo[3,2-*g*]chromen-7-on, 3*c*-[6-Hydroxy-3-phenyl-benzofuran-5-yl]-acrylsäure-
lacton $C_{17}H_{10}O_3$, Formel IV.

B. Beim Erwärmen von 7-Phenacyloxy-cumarin mit Natriumäthylat in Äthanol und anschliessenden Ansäuern (*Ray et al.*, Soc. **1935** 813, 815).

Krystalle (aus A.); F: 200°.

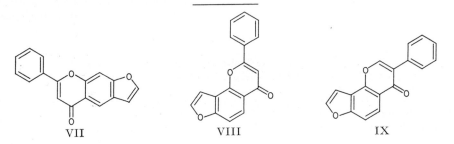

IV   V   VI

**5-Phenyl-furo[3,2-g]chromen-7-on, 3c-[6-Hydroxy-benzofuran-5-yl]-3t-phenyl-acryl=
säure-lacton** $C_{17}H_{10}O_3$, Formel V.

B. Beim Erhitzen von 5-Phenyl-2,3-dihydro-furo[3,2-g]chromen-7-on mit Palladium/
Kohle in Diphenyläther (*Horning, Reisner,* Am. Soc. **72** [1950] 1514, 1517).

Krystalle (aus E.); F: 178—179° [korr.].

6-Phenyl-furo[3,2-g]chromen-5-on $C_{17}H_{10}O_3$, Formel VI.

B. Beim Erhitzen von 6-Phenyl-2,3-dihydro-furo[3,2-g]chromen-5-on mit Palladium/
Kohle in Diphenyläther (*Pavanaram et al.,* J. scient. ind. Res. India **15** B [1956] 495).

Krystalle (aus A.); F: 202—203°.

7-Phenyl-furo[3,2-g]chromen-5-on $C_{17}H_{10}O_3$, Formel VII.

B. Beim Erhitzen von 7-Phenyl-2,3-dihydro-furo[3,2-g]chromen-5-on mit Palladium/
Kohle in Diphenyläther (*Pavanaram, Row,* Curr. Sci. **24** [1955] 301).

Gelbliche Krystalle (aus A.); F: 168—169°.

VII   VIII   IX

2-Phenyl-furo[2,3-h]chromen-4-on, Lanceolatin-B $C_{17}H_{10}O_3$, Formel VIII.

Konstitutionszuordnung: *Narayanaswamy et al.,* Soc. **1954** 1871; *Rangaswami, Sastry,*
Curr. Sci. **24** [1955] 13; *Srimannarayana, Rao,* Curr. Sci. **34** [1965] 581.

Isolierung aus Wurzeln von Tephrosia lanceolata: *Rangaswami, Sastry,* Pr. Indian
Acad. [A] **35** [1952] 166, 169, 170, **38** [1953] 13, 14, 18.

B. Beim Erhitzen von Pongamol (E III/IV **18** 1906) mit wss. Jodwasserstoffsäure
(*Rangaswami, Seshadri,* Pr. Indian Acad. [A] **15** [1942] 417, 421) oder mit wss. Jodwasser=
stoffsäure und Acetanhydrid (*Na. et al.*).

Wasserfreie Krystalle (aus A.) vom F: 148—149° [nach Trocknen bei 100°] (*Ra., Sa.,*
Pr. Indian Acad. [A] **38** 13, 18) bzw. F: 145—146° (*Ra., Se.*); Krystalle (aus wss. A.) mit
1 Mol H_2O, die bei 122° (*Ra., Sa.,* Pr. Indian Acad. [A] **35** 166, 168) bzw. bei 115° (*Na.
et al.*) und (nach Wiedererstarren) bei 147—149° bzw. bei 146° schmelzen.

In einem von *Manjunath* und *Seetharamiah* (J. Mysore Univ. [N.S.] **2** [1941] 19, 22)
ebenfalls als 2-Phenyl-furo[2,3-h]chromen-4-on beschriebenen, beim Erhitzen von
1-[4-Hydroxy-benzofuran-5-yl]-äthanon mit Benzoesäure-anhydrid und Natriumbenzoat
auf 180° erhaltenen Präparat (Krystalle [aus E.], F: 229°) hat möglicherweise 3 - B e n z o y l -
2 - p h e n y l - f u r o [2,3-h] c h r o m e n - 4 - o n ($C_{24}H_{14}O_4$) vorgelegen (vgl. das analog hergestellte 3-Acetyl-2-methyl-furo[2,3-h]chromen-4-on [S. 2052]).

3-Phenyl-furo[2,3-h]chromen-4-on $C_{17}H_{10}O_3$, Formel IX.

B. Beim Erhitzen von 1-[4-Hydroxy-benzofuran-5-yl]-2-phenyl-äthanon mit Ortho=

ameisensäure-triäthylester, Pyridin und Piperidin (*Fukui, Kawase*, Bl. chem. Soc. Japan **31** [1958] 693). Beim Erhitzen von 4-Oxo-3-phenyl-4*H*-furo[2,3-*h*]chromen-8-carbonsäure mit Chinolin und Kupfer-Pulver auf 190° (*Fu., Ka.*).
Krystalle (aus A.); F: 152—152,5° [unkorr.].

9-Phenyl-furo[2,3-*h*]chromen-2-on, 3*c*-[4-Hydroxy-3-phenyl-benzofuran-5-yl]-acryl≏säure-lacton C$_{17}$H$_{10}$O$_3$, Formel X.
B. Beim Erhitzen von [8-Benzoyl-2-oxo-2*H*-chromen-7-yloxy]-essigsäure mit Acet≏anhydrid und Natriumacetat (*Shah, Shah*, J. org. Chem. **19** [1954] 1938, 1941).
Krystalle (aus A.); F: 121°.

Dibenzofuran-2-yl-[2]furyl-keton C$_{17}$H$_{10}$O$_3$, Formel XI.
B. Beim Behandeln von Dibenzofuran mit Furan-2-carbonylchlorid, Aluminiumchlorid und Schwefelkohlenstoff (*Buu-Hoï, Royer*, R. **67** [1948] 175, 186).
Krystalle (aus A.); F: 84°. Bei 262—264°/15 Torr destillierbar.
Beim Erhitzen mit Ammoniumchlorid und Ammoniak in Äthanol auf 200° ist 2-Di≏benzofuran-2-yl-pyridin-3-ol erhalten worden (*Leditschke*, B. **86** [1953] 612).

X   XI   XII

Dibenzofuran-2-yl-[2]thienyl-keton C$_{17}$H$_{10}$O$_2$S, Formel XII.
B. Beim Behandeln von Dibenzofuran mit Thiophen-2-carbonylchlorid, Aluminium≏chlorid und Schwefelkohlenstoff (*Buu-Hoï, Royer*, R. **69** [1950] 861, 867).
Krystalle (aus A.); F: 120°. Bei 280°/13 Torr destillierbar.

---

*2-Chromen-2-yliden-benzo[*b*]thiophen-3-on C$_{17}$H$_{10}$O$_2$S, Formel XIII oder Stereoiso≏meres.
B. Aus 1-[3-Hydroxy-benzo[*b*]thiophen-2-yl]-3-[2-hydroxy-phenyl]-propenon (E III/IV **18** 1904) beim Erhitzen auf 215° (*Jenny*, Helv. **34** [1951] 539, 553) sowie beim Be≏handeln einer Suspension in Methanol mit Chlorwasserstoff (*Je.*, l. c. S. 554).
Rote Krystalle (aus Dioxan); F: 222° [Kofler-App.]. Absorptionsspektrum (CHCl$_3$; 250—600 nm): *Je.*, l. c. S. 548.

3-Benzo[*b*]thiophen-3-yl-cumarin C$_{17}$H$_{10}$O$_2$S, Formel XIV (X = H).
B. Beim Erhitzen von 2-Benzo[*b*]thiophen-3-yl-3*c*(?)-[2-methoxy-phenyl]-acrylonitril (E III/IV **18** 4990) mit Pyridin-hydrochlorid (*Buu-Hoï, Hoán*, Soc. **1951** 251, 253).
Gelbliche Krystalle (aus Bzl.); F: 181°.

XIII   XIV   XV

3-Benzo[*b*]thiophen-3-yl-6-chlor-cumarin C$_{17}$H$_9$ClO$_2$S, Formel XIV (X = Cl).
B. Beim Erhitzen von 2-Benzo[*b*]thiophen-3-yl-3*c*(?)-[5-chlor-2-methoxy-phenyl]-acrylonitril (E III/IV **18** 4990) mit Pyridin-hydrochlorid (*Buu-Hoï, Hoán*, Soc. **1951** 251, 253).
F: 175—180° [unreines Präparat].

3-Benzo[*b*]thiophen-3-yl-6-brom-cumarin $C_{17}H_9BrO_2S$, Formel XIV (X = Br).

B. Beim Erhitzen von 2-Benzo[*b*]thiophen-3-yl-3*c*(?)-[5-brom-2-methoxy-phenyl]-acrylonitril (E III/IV **18** 4990) mit Pyridin-hydrochlorid (*Buu-Hoï, Hoán*, Soc. **1951** 251, 253).

Gelbliche Krystalle (aus Bzl.); F: 223°.

Bis-benzo[*b*]thiophen-3-yl-keton $C_{17}H_{10}OS_2$, Formel XV.

B. Beim Behandeln von Benzo[*b*]thiophen-3-carbonylchlorid mit Benzo[*b*]thiophen-3-ylmagnesiumbromid in Äther (*Komppa, Weckman*, J. pr. [2] **138** [1933] 109, 119). In kleiner Menge beim Erwärmen von 3-Brom-benzo[*b*]thiophen mit Magnesium und wenig Jod in Äther und Einleiten von Kohlendioxid in das Reaktionsgemisch (*Ko., We.*, l. c. S. 116).

Krystalle (aus A.); F: 167−167,5° (*Ko., We.*, l. c. S. 119).

Oxo-Verbindungen $C_{18}H_{12}O_3$

5-[1]Naphthoyl-6-nitro-benzo[1,3]dioxol, [1]Naphthyl-[6-nitro-benzo[1,3]dioxol-5-yl]-keton $C_{18}H_{11}NO_5$, Formel I.

B. Beim Behandeln von 4,5-Methylendioxy-2-nitro-benzaldehyd mit [1]Naphthyl-magnesiumbromid in Äther und Erhitzen des nach der Hydrolyse (wss. Salzsäure) erhaltenen Reaktionsprodukts mit Chrom(VI)-oxid in Essigsäure (*Berlingozzi*, R.A.L. [6] **19** [1934] 332, 334, 336).

Gelbe Krystalle (aus A.); F: 175°.

I   II   III

(±)-3-[4-Brom-phenyl]-3-[2]thienyl-phthalid $C_{18}H_{11}BrO_2S$, Formel II.

B. Beim Erwärmen von 2-[4-Brom-benzoyl]-benzoesäure mit Thionylchlorid und Behandeln des Reaktionsprodukts mit Thiophen, Zinn(IV)-chlorid und Benzol (*Buu-Hoï et al.*, Bl. **1957** 679).

Krystalle (aus Me.); F: 90°.

5-Methyl-3-phenyl-furo[3,2-*g*]chromen-7-on, 3-[6-Hydroxy-3-phenyl-benzofuran-5-yl]-*trans*-crotonsäure-lacton $C_{18}H_{12}O_3$, Formel III.

B. Beim Erwärmen von 4-Methyl-7-phenacyloxy-cumarin mit Natriumäthylat in Äthanol und anschliessenden Behandeln mit wss. Salzsäure (*Caporale, Antonello*, Farmaco Ed. scient. **13** [1958] 363, 366).

Krystalle (aus Me.); F: 185°. UV-Absorptionsmaxima (A.): 214 nm, 224 nm, 250 nm und 298 nm.

7-Methyl-6-phenyl-furo[3,2-*g*]chromen-5-on $C_{18}H_{12}O_3$, Formel IV.

B. Beim Erhitzen von 7-Methyl-6-phenyl-2,3-dihydro-furo[3,2-*g*]chromen-5-on mit Palladium/Kohle in Diphenyläther (*Pavanaram et al.*, J. scient. ind. Res. India **15** B [1956] 495).

Krystalle (aus A.); F: 230−232°.

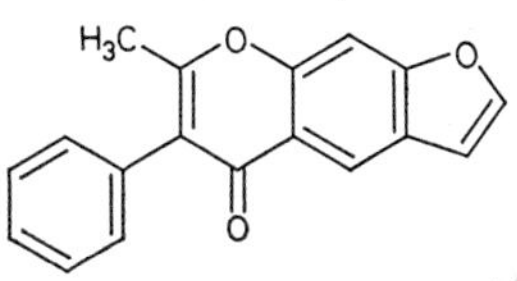

IV 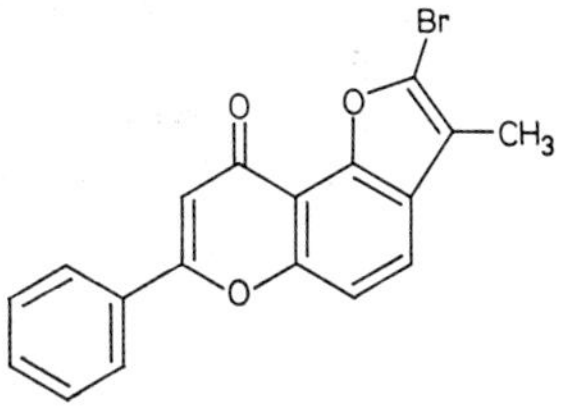   V 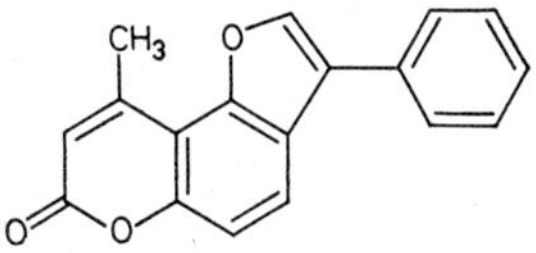   VI

2-Brom-3-methyl-7-phenyl-furo[2,3-f]chromen-9-on $C_{18}H_{11}BrO_3$, Formel V.
B. Beim Erwärmen einer Lösung von opt.-inakt. 1-[6-Acetoxy-2-brom-3-methyl-benzo=
furan-7-yl]-2,3-dibrom-3-phenyl-propan-1-on (E III/IV **18** 779) in Äthanol mit wss.
Natronlauge (*Limaye, Marathe*, Rasayanam **2** [1950] 9, 12).
Krystalle (aus Eg.); F: 243°.
Beim Erhitzen mit wss. Natronlauge (10 n) sind 1-[2-Brom-6-hydroxy-3-methyl-benzo=
furan-7-yl]-äthanon, 2-Brom-6-hydroxy-3-methyl-benzofuran-7-carbonsäure und Aceto=
phenon erhalten worden.

9-Methyl-3-phenyl-furo[2,3-f]chromen-7-on, **3-[6-Hydroxy-3-phenyl-benzofuran-7-yl]-
trans-crotonsäure-lacton** $C_{18}H_{12}O_3$, Formel VI.
B. Beim Erhitzen von [6-Benzoyl-4-methyl-2-oxo-2H-chromen-5-yloxy]-essigsäure mit
Acetanhydrid und Natriumacetat auf 160° (*Chudgar, Shah*, J. Univ. Bombay **13**, Tl. 3 A
[1944] 15, 17, 18).
Krystalle (aus A.); F: 197°.

2-Methyl-3-phenyl-furo[2,3-h]chromen-4-on $C_{18}H_{12}O_3$, Formel VII.
B. Beim Erhitzen von 1-[4-Hydroxy-benzofuran-5-yl]-2-phenyl-äthanon (F: 86–87°
[E III/IV **18** 751]) mit Acetanhydrid und Natriumacetat (*Matsumoto et al.*, Bl. chem. Soc.
Japan **31** [1958] 688). Beim Erhitzen von 4-Oxo-2-methyl-3-phenyl-4H-furo[2,3-h]=
chromen-8-carbonsäure (F: 295–297°) mit Chinolin und Kupfer-Pulver auf 190° (*Ma.
et al.*).
Krystalle (aus E.); F: 187–188° [unkorr.] (*Ma. et al.*).
Eine ebenfalls als 2-Methyl-3-phenyl-furo[2,3-h]chromen beschriebene Verbindung
(gelbliche Krystalle [aus A. oder PAe.], F: 95–96°) ist beim Erhitzen von 1-[4-Hydroxy-
benzofuran-5-yl]-2-phenyl-äthanon (F: 105–106° [E III/IV **18** 751]) mit Acetanhydrid
und Natriumacetat sowie beim Erhitzen von 4-Oxo-2-methyl-3-phenyl-4H-furo[2,3-h]=
chromen-8-carbonsäure (F: 253–255°) mit Chinolin und Kupfer-Pulver erhalten worden
(*Row, Seshadri*, Pr. Indian Acad. [A] **34** [1951] 187, 191, 193).

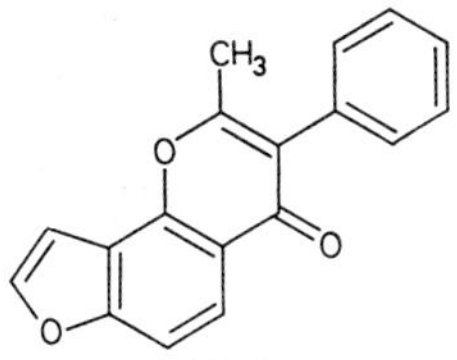

VII 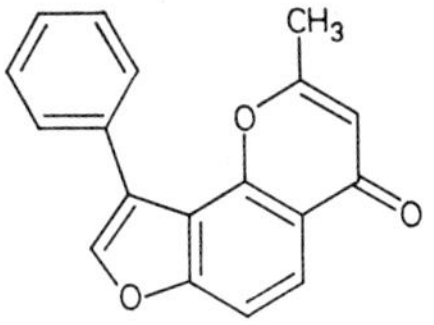   VIII 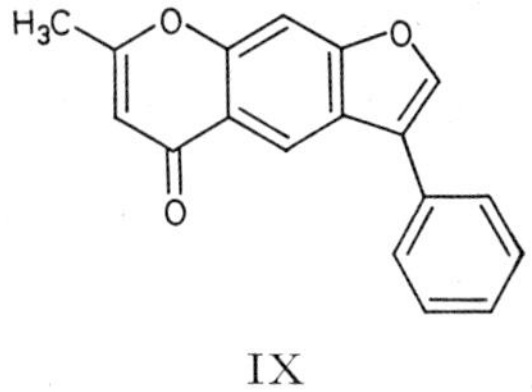   IX

2-Methyl-9-phenyl-furo[2,3-h]chromen-4-on $C_{18}H_{12}O_3$, Formel VIII, und **7-Methyl-
3-phenyl-furo[3,2-g]chromen-5-on** $C_{18}H_{12}O_3$, Formel IX.
Diese beiden Konstitutionsformeln kommen für die nachstehend beschriebene Ver-
bindung in Betracht.
B. Aus [8(oder 6)-Benzoyl-2-methyl-4-oxo-4H-chromen-7-yloxy]-essigsäure (E III/IV
18 1898) beim Erhitzen ohne Zusatz auf 260° sowie beim Erhitzen mit Acetanhydrid und
Natriumacetat (*Kelkar, Limaye*, Rasayanam **1** [1941] 228).
Krystalle (aus A.); F: 193°.

4-Methyl-9-phenyl-furo[2,3-h]chromen-2-on, 3-[4-Hydroxy-3-phenyl-benzofuran-5-yl]-trans-crotonsäure-lacton $C_{18}H_{12}O_3$, Formel X.

B. Beim Erhitzen von [8-Benzoyl-4-methyl-2-oxo-2H-chromen-7-yloxy]-essigsäure mit Acetanhydrid und Natriumacetat (*Limaye*, B. **67** [1934] 12, 14).

Krystalle (aus A.); F: 170°.

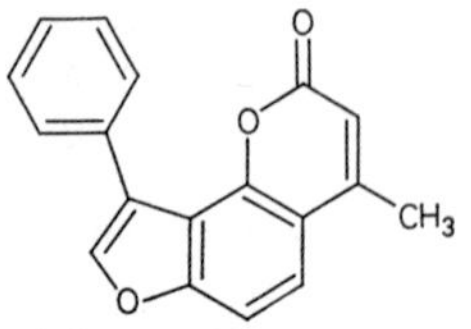

X

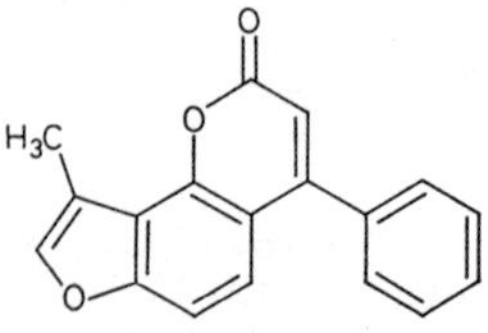

XI

9-Methyl-4-phenyl-furo[2,3-h]chromen-2-on, 3c-[4-Hydroxy-3-methyl-benzofuran-5-yl]-3t-phenyl-acrylsäure-lacton $C_{18}H_{12}O_3$, Formel XI.

B. Aus [8-Acetyl-2-oxo-4-phenyl-2H-chromen-7-yloxy]-essigsäure (*Limaye et al.*, Rasayanam **1** [1939] 187).

F: 153°.

Oxo-Verbindungen $C_{19}H_{14}O_3$

(±)-3-[2]Thienyl-3-p-tolyl-phthalid $C_{19}H_{14}O_2S$, Formel I.

B. Beim Erwärmen von 2-p-Toluoyl-benzoesäure mit Thionylchlorid und Behandeln des Reaktionsprodukts mit Thiophen, Zinn(IV)-chlorid und Benzol (*Buu-Hoi et al.*, Bl. **1957** 679).

Krystalle (aus Me.); F: ca. 86°.

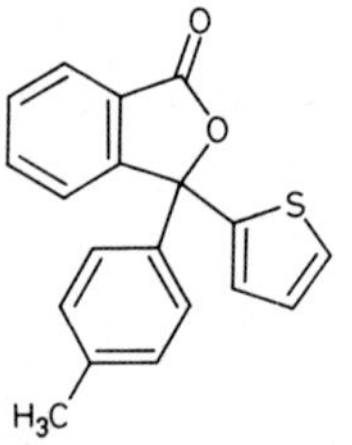

I

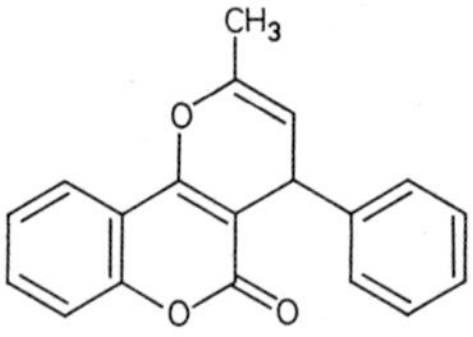

II

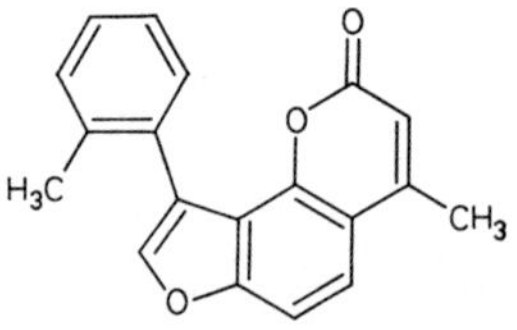

III

(±)-2-Methyl-4-phenyl-4H-pyrano[3,2-c]chromen-5-on, (±)-2-[2-Hydroxy-phenyl]-6-methyl-4-phenyl-4H-pyran-3-carbonsäure-lacton $C_{19}H_{14}O_3$, Formel II.

B. Aus (±)-2r-Hydroxy-2-methyl-4t-phenyl-3,4-dihydro-2H-pyrano[3,2-c]chromen-5-on (E III/IV **17** 6795) beim Behandeln mit Acetanhydrid in Gegenwart von Perchlorsäure (*Seidman et al.*, Am. Soc. **72** [1950] 5193), beim Erhitzen mit Propionsäure-anhydrid oder Chloracetylchlorid (*Se. et al.*) sowie beim Erwärmen mit Zinkchlorid und Phenol (*Seidman, Link*, Am. Soc. **74** [1952] 1885).

Krystalle (aus Me.); F: 145—146° (*Se. et al.*; *Se., Link*).

4-Methyl-9-o-tolyl-furo[2,3-h]chromen-2-on, 3-[4-Hydroxy-3-o-tolyl-benzofuran-5-yl]-trans-crotonsäure-lacton $C_{19}H_{14}O_3$, Formel III.

B. Beim Erhitzen von [4-Methyl-2-oxo-8-o-toluoyl-2H-chromen-7-yloxy]-essigsäure mit Acetanhydrid und Natriumacetat (*Limaye et al.*, Rasayanam **1** [1939] 187, 189).

F: 165°.

4-Methyl-9-m-tolyl-furo[2,3-h]chromen-2-on, 3-[4-Hydroxy-3-m-tolyl-benzofuran-5-yl]-trans-crotonsäure-lacton $C_{19}H_{14}O_3$, Formel IV.

B. Beim Erhitzen von [4-Methyl-2-oxo-8-m-toluoyl-2H-chromen-7-yloxy]-essigsäure

mit Acetanhydrid und Natriumacetat (*Limaye et al.*, Rasayanam **1** [1939] 187, 190).
F: 190°.

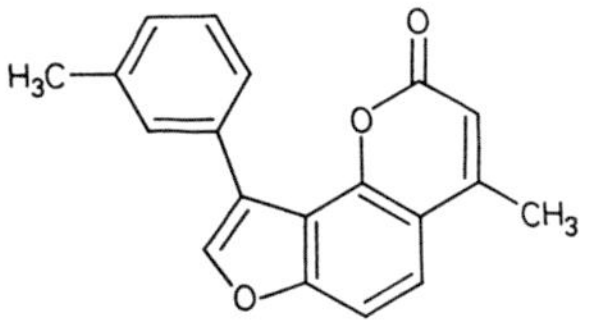

IV

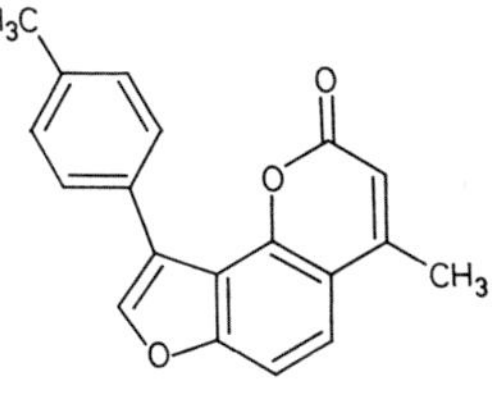

V

4-Methyl-9-*p*-tolyl-furo[2,3-*h*]chromen-2-on, 3-[4-Hydroxy-3-*p*-tolyl-benzofuran-5-yl]-*trans*-crotonsäure-lacton C$_{19}$H$_{14}$O$_3$, Formel V.
B. Aus [4-Methyl-2-oxo-8-*p*-toluoyl-2*H*-chromen-7-yloxy]-essigsäure (*Limaye et al.*, Rasayanam **1** [1939] 187, 189).
F: 175°.

2,8-Dimethyl-3-phenyl-furo[2,3-*h*]chromen-4-on C$_{19}$H$_{14}$O$_3$, Formel VI.
B. Beim Behandeln von (±)-2,8-Dimethyl-3-phenyl-8,9-dihydro-furo[2,3-*h*]chromen-4-on mit *N*-Brom-succinimid und anschliessend mit Pyridin (*Sarin et al.*, J. scient. ind. Res. India **16**B [1957] 61, 62, 64).
Krystalle (aus E. + PAe.); F: 168—169°.

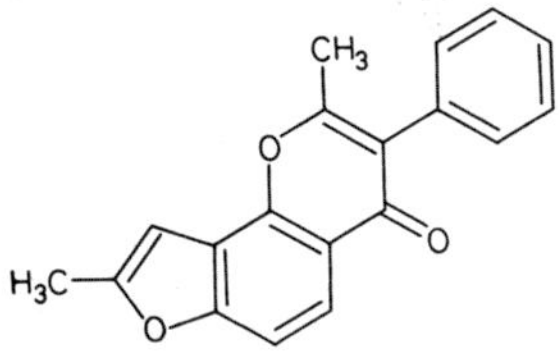

VI

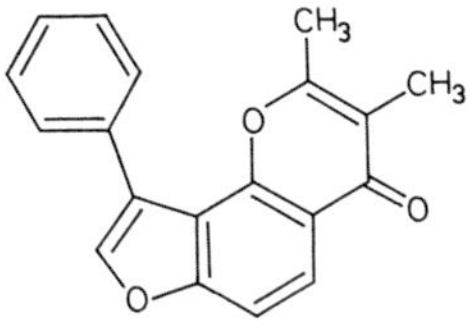

VII

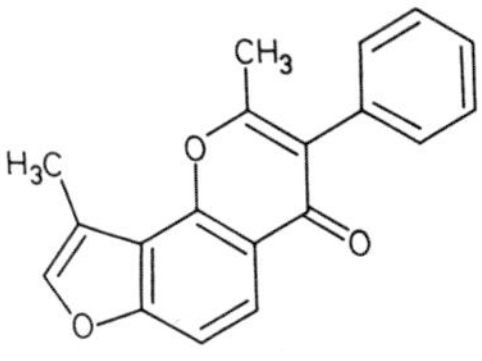

VIII

2,3-Dimethyl-9-phenyl-furo[2,3-*h*]chromen-4-on C$_{19}$H$_{14}$O$_3$, Formel VII.
Diese Konstitution kommt vermutlich der nachstehend beschriebenen Verbindung zu.
B. Beim Erhitzen von [8(?)-Benzoyl-2,3-dimethyl-4-oxo-4*H*-chromen-7-yloxy]-essig=
säure (E III/IV **18** 1913) mit Acetanhydrid und Natriumacetat (*Kelkar, Limaye*, Rasaya-
nam **1** [1941] 228).
Krystalle (aus wss. A.); F: 153—155°.

2,9-Dimethyl-3-phenyl-furo[2,3-*h*]chromen-4-on C$_{19}$H$_{14}$O$_3$, Formel VIII.
Diese Konstitution kommt vermutlich der nachstehend beschriebenen Verbindung zu.
B. Beim Erhitzen [8(?)-Acetyl-2-methyl-4-oxo-3-phenyl-4*H*-chromen-7-yloxy]-essig=
säure (E III/IV **18** 1914) mit Acetanhydrid und Natriumacetat (*Row, Seshadri*, Pr. Indian
Acad. [A] **34** [1951] 187, 195).
Krystalle (aus A.); F: 170—171°.

Oxo-Verbindungen C$_{20}$H$_{16}$O$_3$

2-[(*E*?)-Benzyliden]-5-[(*E*?)-piperonyliden]-cyclopentanon C$_{20}$H$_{16}$O$_3$, vermutlich
Formel IX.
Bezüglich der Konfigurationszuordnung vgl. *Becker et al.*, Z. El. Ch. **61** [1957] 96, 97;
Hassner, Mead, Tetrahedron **20** [1964] 2201, 2203. In den früher (s. H **19** 145, 146) unter
dieser Konstitution beschriebenen Präparaten (F: 176° bzw. F: 192°) haben wahrschein-
lich Gemische von 2-[(*E*?)-Benzyliden]-5-[(*E*?)-piperonyliden]-cyclopentanon, 2,5-Di-
[(*E*?)-benzyliden]-cyclopentanon (E III **7** 2647) und 2,5-Di-[(*E*?)-piperonyliden]-cyclo=
pentanon (F: 252—253°) vorgelegen (*Maccioni et al.*, Ann. Chimica **50** [1960] 543, 544).

B. Beim Erwärmen von 2-[(*E*?)-Piperonyliden]-cyclopentanon (S. 1795) mit wss. Kali=
lauge, Benzaldehyd und Äther (*Ma. et al.,* l. c. S. 545).
F: 204—205° (*Ma. et al.,* l. c. S. 546).

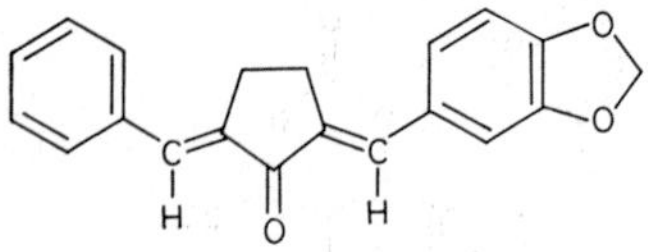

IX

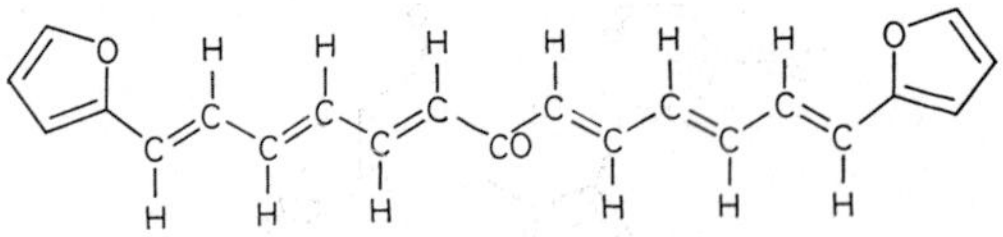

X

Oxo-Verbindungen $C_{21}H_{18}O_3$

1*t*(?),13*t*(?)-Di-[2]furyl-trideca-1,3*t*(?),5*t*(?),8*t*(?),10*t*(?),12-hexaen-7-on $C_{21}H_{18}O_3$,
vermutlich Formel X.
B. Beim Behandeln von 5*t*(?)-[2]Furyl-penta-2*t*(?),4-dienal (E II **17** 334; E III/IV
17 4953) mit Aceton, Äthanol und wss. Natronlauge (*Karrer et al.,* Helv. **29** [1946] 1836,
1840).
Orangerote Krystalle (aus Bzl.); F: 175—176° [unkorr.]. Absorptionsspektrum (350 nm
bis 500 nm): *Ka. et al.,* l. c. 1838.

---

*Opt.-inakt. 9′,9′a-Dihydro-4′a*H*-spiro[chroman-2,1′-xanthen]-2′-on $C_{21}H_{18}O_3$, Formel XI.
B. Beim Leiten des mit Stickstoff verdünnten Dampfes von 2-Methoxymethyl-phenol
unter vermindertem Druck durch ein auf 800° erhitztes Quarzglasrohr (*Cavitt et al.,* J. org.
Chem. **27** [1962] 1211, 1214; s. a. *Gardner et al.,* Am. Soc. **81** [1959] 5515).
Krystalle; F: 191—192° (*Ga. et al.*), 190—192° [aus $CHCl_3$ + PAe, aus E. oder aus Acn.]
(*Ca. et al.*).

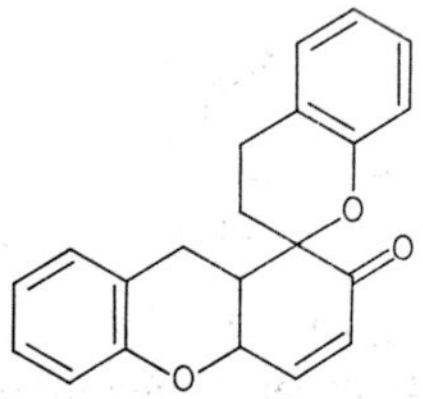

XI

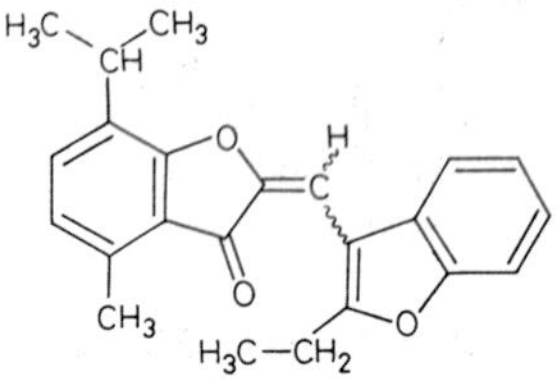

XII

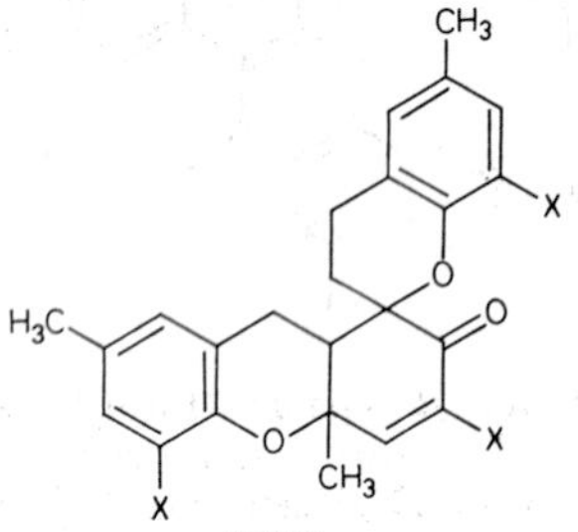

XIII

Oxo-Verbindungen $C_{23}H_{22}O_3$

2-[(*Ξ*)-2-Äthyl-benzofuran-3-ylmethylen]-7-isopropyl-4-methyl-benzofuran-3-on
$C_{23}H_{22}O_3$, Formel XII.
B. Beim Erwärmen von 2-Äthyl-benzofuran-3-carbaldehyd mit 7-Isopropyl-4-methyl-
benzofuran-3-on (E III/IV **17** 1499) und wss.-äthanol. Natronlauge (*Royer, Bisagni,* Bl.
1959 521, 527).
F: 124° (*Ro., Bi.,* l. c. S. 523).

Oxo-Verbindungen $C_{24}H_{24}O_3$

*Opt.-inakt. 6,4′a,7′-Trimethyl-9′,9′a-dihydro-4′a*H*-spiro[chroman-2,1′-xanthen]-2′-on
$C_{24}H_{24}O_3$, Formel XIII (X = H).
Diese Konstitution kommt wahrscheinlich der nachstehend beschriebenen Verbindung
zu (s. dazu *Cavitt et al.,* J. org. Chem. **27** [1962] 1211; *Merijan et al.,* J. org. Chem. **28**
[1963] 2148).
B. Beim Behandeln eines Gemisches von 2-Hydroxy-5-methyl-benzylalkohol und
Chloroform mit Bromwasserstoff und Behandeln der Reaktionslösung mit wss. Natrium=
hydrogencarbonat-Lösung (*v. Euler et al.,* Ark. Kemi **15** B Nr. 9 [1942] 2, 6).
Krystalle (aus A.); F: 150—151° (*v. Eu. et al.*).

*Opt.-inakt. 8,3′,5′-Tribrom-6,4′a,7′-trimethyl-9′,9′a-dihydro-4′aH-spiro[chroman-2,1′-xanthen]-2′-on $C_{24}H_{21}Br_3O_3$, Formel XIII (X = Br).

Diese Konstitution kommt wahrscheinlich der nachstehend beschriebenen Verbindung zu (s. dazu *Cavitt et al.*, J. org. Chem. **27** [1962] 1211; *Merijan et al.*, J. org. Chem. **28** [1963] 2148).

B. Beim Behandeln einer Lösung von 2-Brom-6-brommethyl-4-methyl-phenol in Äther mit wss. Natriumcarbonat-Lösung (*Adler et al.*, Ark. Kemi **15** B Nr. 10 [1942] 3, 8). Neben Bis-[3-brom-2-hydroxy-5-methyl-benzyl]-äther beim Erhitzen von 3-Brom-2-hydroxy-5-methyl-benzylalkohol auf 150° (*Ad. et al.*, l. c. S. 6).

Krystalle (aus E.); F: 262—262,5° (*Ad. et al.*, l. c. S. 8).

Oxo-Verbindungen $C_{27}H_{30}O_3$

6,8,3′,4′a,5′,7′-Hexamethyl-9′,9′a-dihydro-4′aH-spiro[chroman-2,1′-xanthen]-2′-on $C_{27}H_{30}O_3$, Formel XIV (X = H).

Diese Konstitution ist der früher (s. H **6** 519 [im Artikel 2¹-Chlor-mesitol]) und nachstehend beschriebenen, von *v. Euler et al.* (Ark. Kemi **14** A Nr. 14 [1941] 3,4) mit Vorbehalt als 5,7,13,15,21,23-Hexamethyl-1,9,17-trioxa-[2.2.2]orthocyclophan ($C_{27}H_{30}O_3$) formulierten, von *Schiemann* und *Hultzsch* (Naturwiss. **35** [1948] 124), von *Schiemann* (Rev. Fac. Sci. Istanbul [A] **17** [1952] 290, 296) und von *Civelekoğlu* (Rev. Fac. Sci. Istanbul [A] **18** [1953] 14, 15) als 6,8,4′,6′,6″,8″-Hexamethyl-4H-dispiro[benzo[1,3]dioxin-2,1′-cyclohexa-3′,5′-dien-2′,2″-chroman] ($C_{27}H_{30}O_3$) angesehenen opt.-inakt. Verbindung („Trimeres des 3,5-Dimethyl-*o*-chinon methids") zuzuordnen (*Merijan et al.*, J. org. Chem. **28** [1963] 2148).

B. Beim Behandeln von 2,4-Dimethyl-phenol mit wss. Natronlauge und wss. Formaldehyd-Lösung, Einleiten von Chlorwasserstoff in eine äther. Lösung des Reaktionsprodukts und Behandeln der mit Hilfe von wss. Natriumcarbonat neutralisierten Reaktionslösung mit methanol. Natronlauge (*Ci.*, l. c. S. 26). Beim Behandeln einer äther. Lösung von 2-Chlormethyl-4,6-dimethyl-phenol (*Ci.*, l. c. S. 27) oder von 2-Brommethyl-4,6-dimethyl-phenol (*v. Eu. et al.*, l. c. S. 19) mit wss. Natriumcarbonat-Lösung.

Krystalle; F: 200—201° [aus E.] (*v. Eu. et al.*, l. c. S. 14), 199—201° [aus E. + PAe.] (*Me. et al.*).

Verhalten beim Erhitzen unter Kohlendioxid auf 250° (Bildung von 3,5,3′,5′-Tetramethyl-bibenzyl-2,2′-diol und 2,4,6-Trimethyl-phenol): *Zinke, Ziegler*, B. **77/79** [1944/46] 264, 267, 271; s. a. *Hultzsch*, B. **74** [1941] 898, 903. Ein Phenylimin und ein Phenylhydrazon sind nicht erhalten worden (*F. Struffmann*, Diss. [T. H. Braunschweig 1925] S. 30).

8,3′,5′-Tris-chlormethyl-6,4′a,7′-trimethyl-9′,9′a-dihydro-4′aH-spiro[chroman-2,1′-xanthen]-2′-on $C_{27}H_{27}Cl_3O_3$, Formel XIV (X = Cl).

Diese Konstitution kommt der nachstehend beschriebenen, als „Trimeres des 5-Methyl-3-chlormethyl-2-chinonmethids" bezeichneten opt.-inakt. Verbindung zu (*Merijan et al.*, J. org. Chem. **28** [1963] 2148).

B. Beim Behandeln einer äther. Lösung von 2,6-Bis-chlormethyl-4-methyl-phenol mit wss. Natriumcarbonat-Lösung (*Hultzsch*, J. pr. [2] **159** [1941] 180, 187).

Krystalle (aus E.); F: 163° (*Hu.*).

XIV

XV

8,3′,5′-Tris-brommethyl-6,4′a,7′-trimethyl-9′,9′a-dihydro-4′aH-spiro[chroman-2,1′-xanthen]-2′-on $C_{27}H_{27}Br_3O_3$, Formel XIV (X = Br).

Diese Konstitution ist der nachstehend beschriebenen opt.-inakt. Verbindung zuzuordnen (s. dazu *Merijan et al.*, J. org. Chem. **28** [1963] 2148).

B. Beim Behandeln einer äther. Lösung von 2,6-Bis-brommethyl-4-methyl-phenol mit wss. Natriumcarbonat-Lösung (*Fries, Brandes*, A. **542** [1939] 48, 75).

Krystalle (aus Bzn.); F: 167° (*Fr., Br.*).

Oxo-Verbindungen $C_{36}H_{48}O_3$

6,4′a,7′-Tri-*tert*-butyl-8,3′,5′-tris-chlormethyl-9′,9′a-dihydro-4′aH-spiro[chroman-2,1′-xanthen]-2′-on $C_{36}H_{45}Cl_3O_3$, Formel XV.

Diese Konstitution ist der nachstehend beschriebenen, als „Trimeres des 3-Chlor-methyl-5-*tert*-butyl-2-chinonmethids" bezeichneten Verbindung zuzuordnen (s. dazu *Merijan et al.*, J. org. Chem. **28** [1963] 2148).

B. Beim Behandeln einer äther. Lösung von 4-*tert*-Butyl-2,6-bis-chlormethyl-phenol mit wss. Natriumcarbonat-Lösung (*Hultzsch*, J. pr. [2] **159** [1941] 180, 187).

Krystalle (aus E.); F: 175° (*Hu.*).

Oxo-Verbindungen $C_{42}H_{60}O_3$

1-[2-Äthyl-[1,3]dioxolan-2-yl]-3,3,7,11,16,20-hexamethyl-22*t*-[2,6,6-trimethyl-cyclohex-1-enyl]-docosa-5*t*,7*t*,9*t*,11*t*,13*t*,15*t*,17*t*,19*t*,21-nonaen-4-on, 4,4-Äthandiyldioxy-5,6-seco-β,β-carotin-6-on[1]) $C_{42}H_{60}O_3$, Formel XVI.

B. Beim Behandeln von 5-[2-Äthyl-[1,3]dioxolan-2-yl]-3,3-dimethyl-pentan-2-on mit *all-trans*-8′-Apo-β-carotin-8′-al (E III **7** 2622) und äthanol. Kalilauge (*Warren, Weedon*, Soc. **1958** 3986, 3992).

Violette Krystalle (aus Bzn.); F: 124—125° [evakuierte Kapillare]. Absorptionsmaximum (Bzl.): 484 nm (*Wa., We.*, l. c. S. 3988).

XVI

Monooxo-Verbindungen $C_nH_{2n-26}O_3$

Oxo-Verbindungen $C_{18}H_{10}O_3$

Indeno[1′,2′;6,7]naphtho[2,3-*d*][1,3]dioxol-6-on, 7,8-Methylendioxy-benzo[*b*]fluoren-11-on $C_{18}H_{10}O_3$, Formel I, und **Indeno[2′,1′;5,6]naphtho[2,3-*d*][1,3]dioxol-11-on, 2,3-Methylendioxy-benzo[*a*]fluoren-11-on** $C_{18}H_{10}O_3$, Formel II.

Diese beiden Konstitutionsformeln sind für die nachstehend beschriebene, von *Jones, Pinder* (Soc. **1958** 2612, 2615) als Indeno[1′,2′;5,6]naphtho[1,2-*d*][1,3]dioxol-6-on (3,4-Methylendioxy-benzo[*c*]fluoren-7-on; $C_{18}H_{10}O_3$; Formel III) angesehene Verbindung auf Grund ihrer Bildungsweisen in Betracht zu ziehen.

B. Neben kleinen Mengen 2,3-Methylendioxy-dibenzo[*c,h*]chromen-6-on beim Erhitzen von opt.-inakt. 2,3-Methylendioxy-4b,10b-dihydro-dibenzo[*c,h*]chromen-6-on [F: 188°] (*Jo., Pi.*, l. c. S. 2618) oder von opt.-inakt. 12-Hydroxy-2,3-methylendioxy-4b,10b,11,12-tetrahydro-dibenzo[*c,h*]chromen-6-on [F: 167° bzw. F: 182—183°] (*Jo., Pi.*, l. c. S. 2617) mit Palladium/Kohle auf 220° bzw. auf 270° (*Jo., Pi.*, l. c. S. 2617, 2618).

Orangefarbene Krystalle (aus Dioxan); F: 205°. IR-Banden (Nujol) im Bereich von 1700 cm⁻¹ bis 850 cm⁻¹: *Jo., Pi.*, l. c. S. 2617. UV-Absorptionsmaxima (CHCl₃): 255 nm, 280 nm und 351 nm.

---

[1]) Stellungsbezeichnung bei von β,β-Carotin (β-Carotin) abgeleiteten Namen s. E III **5** 2453.

I   II   III

Oxo-Verbindungen C$_{19}$H$_{12}$O$_3$

1-Benzoyl-3-nitro-dibenzo[1,4]dioxin, [3-Nitro-dibenzo[1,4]dioxin-1-yl]-phenyl-keton C$_{19}$H$_{11}$NO$_5$, Formel IV.

B. Beim Erwärmen von 2-Chlor-3,5-dinitro-benzophenon mit Brenzcatechin und Kaliumcarbonat in Aceton (*Loudon, McCapra,* Soc. **1959** 1899). Beim Erwärmen von 2-[2-Hydroxy-phenoxy]-3,5-dinitro-benzophenon mit wss. Pyridin (*Lo., McC.*).

Krystalle (aus A.); F: 146°.

IV   V

2-Benzoyl-phenoxathiin, Phenoxathiin-2-yl-phenyl-keton C$_{19}$H$_{12}$O$_2$S, Formel V.

B. Als Hauptprodukt neben 2,8-Dibenzoyl-phenoxathiin beim Behandeln von Phen=oxathiin mit Benzoylchlorid, Aluminiumchlorid und Schwefelkohlenstoff (*Suter et al.,* Am. Soc. **58** [1936] 717, 719).

Hellgelbe Krystalle (aus A.); F: 96−97°.

Oxo-Verbindungen C$_{20}$H$_{14}$O$_3$

3,3-Diphenyl-benzo[1,4]dioxin-2-on, [2-Hydroxy-phenoxy]-diphenyl-essigsäure-lacton C$_{20}$H$_{14}$O$_3$, Formel VI (X = H).

Diese Konstitution kommt der früher (s. H **18** 72) als 7-Hydroxy-3,3-diphenyl-3*H*-benzofuran-2-on (,,7-Oxy-2-oxo-3.3-diphenyl-cumaran'') beschriebenen Verbindung zu (*Erickson, Dechary,* Am. Soc. **74** [1952] 2644).

B. Beim Behandeln von [1,2]Benzochinon mit Diphenylketen in Benzol unter Ausschluss von Licht (*Er., De.*). Beim Behandeln von Chlor-diphenyl-acetylchlorid mit Brenzcatechin und Kaliumcarbonat in Aceton (*Er., De.*).

Krystalle (aus Ae. oder aus Bzl. + PAe.); F: 136−137,5° [unkorr.].

5,6,7,8-Tetrachlor-3,3-diphenyl-benzo[1,4]dioxin-2-on, Diphenyl-[2,3,4,5-tetrachlor-6-hydroxy-phenoxy]-essigsäure-lacton C$_{20}$H$_{10}$Cl$_4$O$_3$, Formel VI (X = Cl).

B. Beim Behandeln von Tetrachlor-[1,2]benzochinon mit Diphenylketen in Äther (*Horner et al.,* A. **573** [1951] 17, 28).

Krystalle (aus CCl$_4$); F: 188°.

VI   VII

5,6,7,8-Tetrabrom-3,3-diphenyl-benzo[1,4]dioxin-2-on, Diphenyl-[2,3,4,5-tetrabrom-6-hydroxy-phenoxy]-essigsäure-lacton $C_{20}H_{10}Br_4O_3$, Formel VI (X = Br).
B. Beim Behandeln von Tetrabrom-[1,2]benzochinon mit Diphenylketen in Äther (*Horner et al.*, A. **573** [1951] 17, 29).
Krystalle (aus $CHCl_3$ + PAe.); F: 218°.

2-Phenylacetyl-phenoxathiin, 1-Phenoxathiin-2-yl-2-phenyl-äthanon $C_{20}H_{14}O_2S$, Formel VII.
B. Beim Erwärmen von Phenoxathiin mit Phenylacetylchlorid, Aluminiumchlorid und Schwefelkohlenstoff (*Lescot et al.*, Soc. **1956** 2408, 2410).
Krystalle; F: 127°. Bei 310−311°/18 Torr destillierbar.

3t(?)-Benzo[1,3]dioxol-5-yl-1-[1]naphthyl-propenon $C_{20}H_{14}O_3$, vermutlich Formel VIII (X = H).
B. Beim Behandeln von Piperonal mit 1-[1]Naphthyl-äthanon, Äthanol und wss. Natronlauge (*Gheorghiu, Matei*, G. **73** [1943] 65, 68).
Krystalle (aus A.); F: 92−93°.
Beim Erhitzen mit Phenylhydrazin auf 150° ist 5-Benzo[1,3]dioxol-5-yl-3-[1]naphthyl-1-phenyl-4,5-dihydro-pyrazol erhalten worden.

VIII   IX

3t(?)-Benzo[1,3]dioxol-5-yl-1-[4-fluor-[1]naphthyl]-propenon $C_{20}H_{13}FO_3$, vermutlich Formel VIII (X = F).
B. Aus Piperonal und 1-[4-Fluor-[1]naphthyl]-äthanon mit Hilfe von wss.-äthanol. Natronlauge (*Buu-Hoi et al.*, J. org. Chem. **23** [1958] 539).
Gelbliche Krystalle (aus A.); F: 114°.

3t(?)-Benzo[1,3]dioxol-5-yl-1-[2]naphthyl-propenon $C_{20}H_{14}O_3$, vermutlich Formel IX.
B. Beim Behandeln von Piperonal mit 1-[2]Naphthyl-äthanon, Äthanol und mit wss. Natronlauge (*Gheorghiu, Matei*, Bl. [5] **6** [1939] 1324, 1332).
Gelbe Krystalle (aus A.); F: 142−144°.
Ein Phenylhydrazon ist nicht erhalten worden.
Semicarbazon $C_{21}H_{17}N_3O_3$. Krystalle; F: 203−204°.

3-Methyl-7-*trans*(?)-styryl-furo[2,3-*f*]chromen-9-on $C_{20}H_{14}O_3$, vermutlich Formel X.
B. Bei mehrtägigem Behandeln von 3,7-Dimethyl-furo[2,3-*f*]chromen-9-on mit Benzaldehyd und Natriumäthylat in Äthanol (*Limaye, Sathe*, Rasayanam **1** [1937] 87, 92).
Krystalle (aus Eg.); F: 227−229°.

X   XI

Oxo-Verbindungen $C_{21}H_{16}O_3$

(±)-2,4,4-Triphenyl-[1,3]oxathiolan-5-on, (±)-[α-Hydroxy-benzylmercapto]-diphenyl-essigsäure-lacton $C_{21}H_{16}O_2S$, Formel XI (E II 170; dort als Thiobenzilsäure-benzyliden-ätherester bezeichnet).
B. Beim Erwärmen von Mercapto-diphenyl-essigsäure mit Benzaldehyd, Benzol und

wenig Toluol-4-sulfonsäure (*de Vivar, Romo*, J. org. Chem. **24** [1959] 1490, 1492).
Krystalle (aus Ae. + Hexan); F: 94—95°.

Oxo-Verbindungen C₂₂H₁₈O₃

*Opt.-inakt. 4-Benzyl-4,5-diphenyl-[1,3]dioxolan-2-on, Kohlensäure-[1-benzyl-1,2-di=
phenyl-äthandiylester] $C_{22}H_{18}O_3$, Formel XII.
B. Beim Erhitzen von opt.-inakt. 1,2,3-Triphenyl-propan-1,2-diol (F: 160° [E III **6**
5801]) mit Chinolin und mit Phosgen in Toluol auf 100° (*Bergmann*, R. **58** [1939] 863, 869)
oder mit Phenylisocyanat auf 130° (*Be.*, l. c. S. 868).
Krystalle (aus A.); F: 119—120°.

9-Benzoyl-1,2,4-trimethyl-7-nitro-dibenzo[1,4]dioxin, Phenyl-[6,8,9-trimethyl-3-nitro-
dibenzo[1,4]dioxin-1-yl]-keton $C_{22}H_{17}NO_5$, Formel XIII, und 6-Benzoyl-1,2,4-trimethyl-
8-nitro-dibenzo[1,4]dioxin, Phenyl-[6,7,9-trimethyl-3-nitro-dibenzo[1,4]dioxin-1-yl]-
keton $C_{22}H_{17}NO_5$, Formel XIV.
Diese beiden Formeln kommen für die nachstehend beschriebene Verbindung in Betracht.
B. Aus 2-[2-Hydroxy-3,5,6-trimethyl-phenoxy]-3,5-dinitro-benzophenon beim Behandeln mit wss.-äthanol. Natronlauge, beim Erwärmen mit Kaliumcarbonat in Aceton
sowie beim Erhitzen mit Piperidin oder wss. Pyridin (*Loudon, McCapra*, Soc. **1959** 1899).
Gelbe Krystalle (aus Bzl.); F: 241°.

4-[(Ξ)-Furfuryliden]-2,2-diphenyl-dihydro-pyran-3-on $C_{22}H_{18}O_3$, Formel XV.
B. Aus 2,2-Diphenyl-dihydro-pyran-3-on und Furfural mit Hilfe von wss.-äthanol.
Natronlauge (*Huffman, Tarbell*, Am. Soc. **80** [1958] 6341, 6344).
Gelbe Krystalle (aus A.); F: 107,5—108,5° [korr.].

Monooxo-Verbindungen CₙH₂ₙ₋₂₈O₃

Oxo-Verbindungen C₂₀H₁₂O₃

(±)-Spiro[naphthalin-1,2'-naphth[1,2-d][1,3]oxathiol]-2-on $C_{20}H_{12}O_2S$, Formel I
(R = X = H) (H **6** 976; E I **6** 471; E II **19** 172; dort als Dehydro-β-naphtholsulfid
bezeichnet).
Für die nachstehend beschriebene Verbindung sind auch die Formulierungen als
[2-Hydroxy-[1]naphthyl]-[2-oxo-2H-[1]naphthyliden]-sulfonium-betain (E III **7** 3694)

[und Mesomere] und als [1-Mercapto-[2]naphthyl]-[2-oxo-2H-[1]naphthyliden]-oxonium-betain (E III 7 3694) [und Mesomere] in Betracht zu ziehen (*Schönberg et al.*, Am. Soc. **73** [1951] 2876, 2878).

B. Neben Spiro[naphthalin-1,3'-naphth[1,2-*e*][1,3,4]oxadithiin]-2-on beim Behandeln von 2-Hydroxy-naphthalin-1-sulfenylbromid mit 1-Brom-[2]naphthol in Tetrachlor=methan und anschliessend mit Pyridin (*Stevenson, Smiles*, Soc. **1930** 1740, 1744).

Rote Krystalle (aus Eg.); F: 155° (*St., Sm.*).

Reaktion mit Brom (1 Mol) in Chloroform unter Bildung von 3-Brom-spiro[naphthalin-1,2'-naphth[1,2-*d*][1,3]oxathiol]-2-on: *McClelland, Smiles*, Soc. **1932** 637, 638, 640. Beim Erhitzen mit wss. Jodwasserstoffsäure ist 1-[2]Naphthyloxy-[2]naphthol erhalten wor-den (*Warren, Smiles*, Soc. **1930** 956, 962).

Über ein **Phenylhydrazon** $C_{26}H_{18}N_2OS$ s. E I **6** 471.

(±)-1′,1′-Dioxo-1′λ⁶-spiro[naphthalin-1,2′-naphth[1,2-*d*][1,3]oxathiol]-2-on $C_{20}H_{12}O_4S$, Formel II (E I **6** 472; E II **6** 946; dort als Dehydro-β-naphtholsulfon bezeichnet).

B. Beim Behandeln von Bis-[2-hydroxy-[1]naphthyl]-sulfon mit wss. Natronlauge, Chloroform und wss. Kalium-hexacyanoferrat(III)-Lösung (*Warren, Smiles*, Soc. **1930** 1327, 1329).

Gelbe Krystalle (aus Eg.); F: 245°.

Beim Erwärmen mit Natrium-Amalgam und wss. Äthanol sowie beim Erhitzen mit Zink-Pulver und Essigsäure ist 1-[2]Naphthyloxy-[2]naphthol, beim Erhitzen mit Zink-Pulver, Essigsäure und konz. wss. Salzsäure ist hingegen 1-[1-Mercapto-[2]naphthyloxy]-[2]naphthol erhalten worden (*Wa., Sm.*, l. c. S. 1330).

I

II

(±)-3-Brom-spiro[naphthalin-1,2′-naphth[1,2-*d*][1,3]oxathiol]-2-on [1]) $C_{20}H_{11}BrO_2S$, Formel I (R = Br, X = H).

B. Beim Behandeln von (±)-Spiro[naphthalin-1,2′-naphth[1,2-*d*][1,3]oxathiol]-2-on mit Brom in Chloroform (*McClelland, Smiles*, Soc. **1932** 637, 640).

Rote Krystalle (aus Bzl.); F: 155°.

Beim Behandeln mit Acetyljodid und Acetanhydrid ist 13-Brom-dibenzo[*a,h*]phen=oxathiin erhalten worden (*McC., Sm.*, l. c. S. 641). Bildung von [3-Brom-2-hydroxy-[1]naphthyl]-[2-hydroxy-[1]naphthyl]-sulfid beim Erhitzen mit Essigsäure, Zink-Pulver und wss. Salzsäure und Erwärmen des Reaktionsprodukts mit wss. Natronlauge: *McC., Sm.*, l. c. S. 641.

(±)-4′-Brom-spiro[naphthalin-1,2′-naphth[1,2-*d*][1,3]oxathiol]-2-on [1]) $C_{20}H_{11}BrO_2S$, Formel I (R = H, X = Br).

B. Aus [3-Brom-2-hydroxy-[1]naphthyl]-[2-hydroxy-[1]naphthyl]-sulfid mit Hilfe von Kalium-hexacyanoferrat(III) (*McClelland, Smiles*, Soc. **1932** 637, 640).

Orangefarbene Krystalle (aus Bzl. + PAe.); F: 172—173°.

Phenylhydrazon $C_{26}H_{17}BrN_2OS$. Orangefarbene Krystalle; F: 196°.

(±)-3,4-Dibrom-spiro[naphthalin-1,2′-naphth[1,2-*d*][1,3]oxathiol]-2-on [1]) $C_{20}H_{10}Br_2O_2S$, Formel III.

Diese Konstitution ist auch der früher (s. E I **6** 471) beschriebenen Verbindung $C_{20}H_{10}Br_2O_2S$ vom F: 213° zuzuordnen (*McClelland, Smiles*, Soc. **1932** 637, 638).

B. Beim Behandeln von (±)-3-Brom-spiro[naphthalin-1,2′-naphth[1,2-*d*][1,3]oxathiol]-

---

[1]) Bezüglich der Formulierung als Betain vgl. die Angaben im Artikel (±)-Spiro=[naphthalin-1,2′-naphth[1,2-*d*][1,3]oxathiol]-2-on (S. 1899).

2-on mit Brom in Chloroform (*McC., Sm.*, l. c. S. 641).

Rote Krystalle (aus Acetanhydrid); F: 204° (*McC., Sm.*, l. c. S. 641).

Beim Erhitzen mit Anilin und Essigsäure ist 4-Anilino-3-brom-spiro[naphthalin-1,2'-naphth[1,2-*d*][1,3]oxathiol]-2-on (S. 2135) erhalten worden (*McC., Sm.*, l. c. S. 638, 641).

(±)-**3,4'-Dibrom-spiro[naphthalin-1,2'-naphth[1,2-*d*][1,3]oxathiol]-2-on** [1]) $C_{20}H_{10}Br_2O_2S$, Formel I (R = X = Br).

B. Beim Behandeln von Bis-[3-brom-2-hydroxy-[1]naphthyl]-sulfid mit wss. Natronlauge und mit wss. Kalium-hexacyanoferrat(III)-Lösung (*McClelland, Smiles*, Soc. **1932** 637, 639).

Rote Krystalle (aus Eg.), F: 205°; Krystalle (aus Bzl.) mit 0,5 Mol Benzol, die beim Erhitzen das Benzol abgeben.

Beim Behandeln mit Acetyljodid und Acetanhydrid ist 6,13-Dibrom-dibenzo[*a,h*]phenoxathiin, beim Erwärmen mit Acetylchlorid und Acetanhydrid ist hingegen 6,13-Dibrom-x-chlor-dibenzo[*a,h*]phenoxathiin (S. 442) erhalten worden (*McC., Sm.*, l. c. S. 640).

III   IV   V

(±)-**Spiro[naphthalin-1,2'-naphth[1,2-*d*][1,3]oxaselenol]-2-on** [1]) $C_{20}H_{12}O_2Se$, Formel IV (in der Literatur als Dehydro-β-naphtholselenid bezeichnet).

B. Beim Behandeln von Bis-[2-hydroxy-[1]naphthyl]-selenid mit wss. Kalilauge und wss. Kalium-hexacyanoferrat(III)-Lösung (*Dvorkovitz, Smiles*, Soc. **1938** 2022, 2024).

Rotbraune Krystalle (aus A.); F: 145°.

Spiro[phthalan-1,9'-xanthen]-3-on, 2-[9-Hydroxy-xanthen-9-yl]-benzoesäure-lacton, Fluoran $C_{20}H_{12}O_3$, Formel V (X = H) (H 146; E I 676; E II 173).

B. Beim Erhitzen von 9-o-Tolyl-xanthen-9-ol mit wss. Schwefelsäure und wss. Natriumdichromat-Lösung (*Blicke, Weinkauff*, Am. Soc. **54** [1932] 1446, 1452). Beim Erhitzen von 9-[2-Äthoxymethyl-phenyl]-xanthen-9-ol mit Natriumdichromat und Essigsäure (*Bl., We.*, l. c. S. 1452, 1453). Beim Erhitzen von 3,3-Bis-[2-methoxy-phenyl]-phthalid mit wss. Bromwasserstoffsäure und Essigsäure (*Bl., We.*, l. c. S. 1450, 1453).

Krystalle (aus A.); F: 183,9—184,2° [korr.] (*Hubacher et al.*, J. Am. pharm. Assoc. **42** [1953] 23, 27), 182—183° (*Bl., We.*, l. c. S. 1452). Im Hochvakuum bei 150° sublimierbar (*Hu. et al.*).

3',6'-Dichlor-spiro[phthalan-1,9'-xanthen]-3-on, 2-[3,6-Dichlor-9-hydroxy-xanthen-9-yl]-benzoesäure-lacton $C_{20}H_{10}Cl_2O_3$, Formel V (X = Cl) (H 147; E II 173; dort als Fluoresceinchlorid bezeichnet).

B. Beim Erwärmen von Fluorescein (3',6'-Dihydroxy-spiro[phthalan-1,9'-xanthen]-3-on ⇌ 2-[6-Hydroxy-3-oxo-3*H*-xanthen-9-yl]-benzoesäure) mit Thionylchlorid (*Hurd, Schmerling*, Am. Soc. **59** [1937] 112, 114).

Krystalle; F: 262° [unkorr.; aus A., Toluol oder Acetanhydrid].

Spiro[phthalan-1,9'-thioxanthen]-3-on, 2-[9-Hydroxy-thioxanthen-9-yl]-benzoesäure-lacton $C_{20}H_{12}O_2S$, Formel VI (X = H).

B. Aus 2-Thioxanthen-9-yl-benzoesäure beim Behandeln mit konz. Schwefelsäure (*Knapp*, M. **56** [1930] 106, 111), beim Erhitzen mit Essigsäure unter Zutritt von Luft (*Kn.*, l. c. S. 110) sowie beim Leiten von Luft durch eine heisse alkal. wss. Lösung und

---

[1]) Bezüglich der Formulierung als Betain vgl. die Angaben im Artikel (±)-Spiro[naphthalin-1,2'-naphth[1,2-*d*][1,3]oxathiol]-2-on (S. 1899).

anschliessenden Ansäuern (*Kn.*, l. c. S. 110).
Krystalle (aus Eg.); F: 174—175°.

*10'-Oxo-10'λ⁴-spiro[phthalan-1,9'-thioxanthen]-3-on, 2-[9-Hydroxy-10-oxo-10λ⁴-thio=
xanthen-9-yl]-benzoesäure-lacton $C_{20}H_{12}O_3S$, Formel VII.
B. Beim Erhitzen einer Lösung von Spiro[phthalan-1,9'-thioxanthen]-3-on in Essig=
säure mit wss. Wasserstoffperoxid (*Knapp*, M. **56** [1930] 106, 111).
Krystalle (aus A.); F: 266—268°.

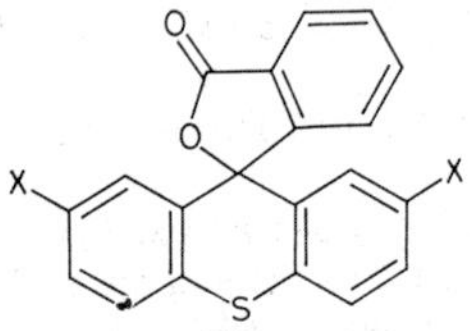

VI 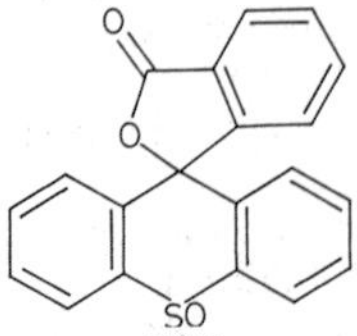   VII 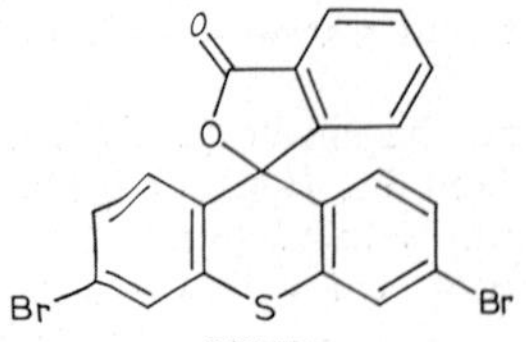   VIII

2',7'-Dibrom-spiro[phthalan-1,9'-thioxanthen]-3-on, 2-[2,7-Dibrom-9-hydroxy-thio=
xanthen-9-yl]-benzoesäure-lacton $C_{20}H_{10}Br_2O_2S$, Formel VI (X = Br).
B. Beim Behandeln von Phthaloylchlorid mit 1-Brom-4-methylmercapto-benzol,
Aluminiumchlorid und Schwefelkohlenstoff (*Knapp*, M. **56** [1930] 106, 109).
Krystalle (aus A.); F: 214—216°.
Beim Erwärmen mit Natrium-Amalgam und Äthanol ist 2-Thioxanthen-9-yl-benzoe=
säure erhalten worden.

3',6'-Dibrom-spiro[phthalan-1,9'-thioxanthen]-3-on, 2-[3,6-Dibrom-9-hydroxy-thio=
xanthen-9-yl]-benzoesäure-lacton $C_{20}H_{10}Br_2O_2S$, Formel VIII (H 149; dort als 10-Thio-
fluoresceinbromid bezeichnet).
Die Einheitlichkeit des früher (s. H **19** 149) unter dieser Konstitution beschriebenen
Präparats vom F: 252° ist ungewiss (*Knapp*, M. **56** [1930] 106, 107 Anm.).

Oxo-Verbindungen $C_{21}H_{14}O_3$

3(?)-[4-Chlor-phenyl]-1-phenoxathiin-2-yl-propenon $C_{21}H_{13}ClO_2S$, vermutlich
Formel IX.
B. Beim Behandeln von 1-Phenoxathiin-2-yl-äthanon mit 4-Chlor-benzaldehyd,
Äthanol und kleinen Mengen wss. Natronlauge (*Lescot et al.*, Soc. **1956** 2408, 2409).
Gelbe Krystalle (aus Bzl.); F: 195°.

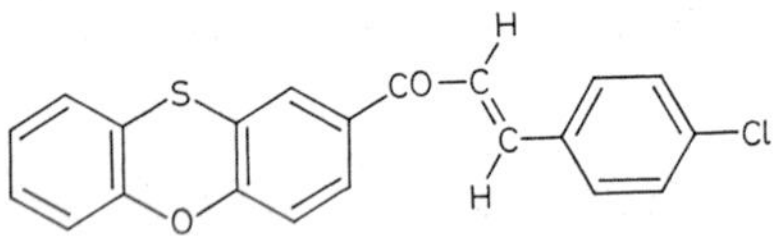

IX 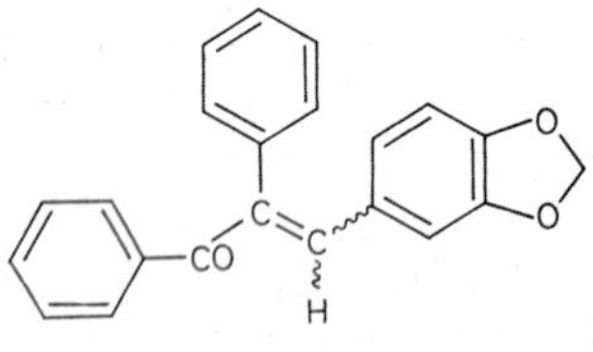   X

Oxo-Verbindungen $C_{22}H_{16}O_3$

3-Benzo[1,3]dioxol-5-yl-1,2-diphenyl-propenon $C_{22}H_{16}O_3$, Formel X (vgl. E I 677; dort
als Piperonyliden-desoxybenzoin bezeichnet).
a) Präparat vom F: 137°.
B. Beim Behandeln von Piperonal mit Desoxybenzoin und Piperidin und Erwärmen
des Reaktionsprodukts mit Essigsäure (*Dilthey, Steinborn*, J. pr. [2] **133** [1932] 219, 226).
Krystalle (aus A.); F: 137°.
b) Präparat vom F: 126°.
B. Neben dem unter a) beschriebenen Präparat beim Behandeln einer Lösung von
opt.-inakt. 3-Benzo[1,3]dioxol-5-yl-3-chlor-1,2-diphenyl-propan-1-on (vgl. E I 676; dort

als *ms*-[α-Chlor-piperonyl]-desoxybenzoin bezeichnet) mit Piperidin (*Dilthey, Steinborn*, J. pr. [2] **133** [1932] 219, 223, 226).
F: 126°.

3*t***(?)-Benzo[1,3]dioxol-5-yl-1-biphenyl-4-yl-propenon, 3,4-Methylendioxy-4′-phenyl-*trans*(?)-chalkon** C$_{22}$H$_{16}$O$_3$, vermutlich Formel XI.
B. Beim Behandeln von Piperonal mit 1-Biphenyl-4-yl-äthanon, Äthanol und kleinen Mengen wss. Natronlauge (*Buu-Hoi, Xuong*, Bl. **1958** 758, 760).
Gelbe Krystalle (aus Bzl. + A.); F: 193°.

XI   XII

1,2-Diphenyl-2,2-di-[2]thienyl-äthanon C$_{22}$H$_{16}$OS$_2$, Formel XII.
B. Beim Behandeln von Thiophen mit Benzil, Chloroform und konz. Schwefelsäure (*Steinkopf, Hanske*, A. **541** [1939] 238, 257).
Krystalle (aus Bzn.); F: 103,5—104°.

4′(?),5′(?)-Dibrom-2′,7′-dimethyl-spiro[phthalan-1,9′-xanthen]-3-on, 2-[4(?),5(?)-Dibrom-9-hydroxy-2,7-dimethyl-xanthen-9-yl]-benzoesäure-lacton C$_{22}$H$_{14}$Br$_2$O$_3$, vermutlich Formel I (X = Br).
B. Beim Erwärmen einer Lösung von 2′,7′-Dimethyl-spiro[phthalan-1,9′-xanthen]-3-on (H 150; E II 173) in Äthanol mit Quecksilber(II)-acetat in wss. Essigsäure und Behandeln des erhaltenen 4′(?),5′(?)-Bis-acetoxomercurio-2′,7′-dimethyl-spiro-[phthalan-1,9′-xanthen]-3-ons (C$_{26}$H$_{20}$Hg$_2$O$_7$) mit Brom und Kaliumbromid in Essigsäure (*Rohatgi*, Indian J. appl. Chem. **21** [1958] 117, 119).
Orangefarben; F: 284—285°.

2′,7′-Dimethyl-4-nitro-spiro[phthalan-1,9′-xanthen]-3-on, 2-[9-Hydroxy-2,7-dimethyl-xanthen-9-yl]-6-nitro-benzoesäure-lacton C$_{22}$H$_{15}$NO$_5$, Formel II (R = H, X = NO$_2$), und **2′,7′-Dimethyl-7-nitro-spiro[phthalan-1,9′-xanthen]-3-on, 2-[9-Hydroxy-2,7-dimethyl-xanthen-9-yl]-3-nitro-benzoesäure-lacton** C$_{22}$H$_{15}$NO$_5$, Formel II (R = NO$_2$, X = H).
Diese beiden Konstitutionsformeln kommen für die nachstehend beschriebene Verbindung in Betracht.
B. Neben anderen Verbindungen beim Erhitzen von 3-Nitro-phthalsäure-anhydrid mit *p*-Kresol und Borsäure auf 180° (*Eder, Siegfried*, Pharm. Acta Helv. **14** [1939] 34, 66, 67).
Krystalle (aus Eg. oder A.); F: 249,5° [korr.].

I   II   III

(±)-2′,7′-Dimethyl-4′-nitro-spiro[phthalan-1,9′-xanthen]-3-on, (±)-2-[9-Hydroxy-2,7-dimethyl-4-nitro-xanthen-9-yl]-benzoesäure-lacton C$_{22}$H$_{15}$NO$_5$, Formel III.
B. Beim Behandeln von 2′,7′-Dimethyl-spiro[phthalan-1,9′-xanthen]-3-on (H 150; E II 173) mit Essigsäure und Salpetersäure bei Raumtemperatur (*Dominikiewicz*, Rocz-

niki Chem. **11** [1931] 113, 118; C. **1931** I 2475).
Gelbe Krystalle (aus Eg.); F: 206° [Zers.].

**2′,7′-Dimethyl-4′,5′-dinitro-spiro[phthalan-1,9′-xanthen]-3-on, 2-[9-Hydroxy-2,7-di=
methyl-4,5-dinitro-xanthen-9-yl]-benzoesäure-lacton** $C_{22}H_{14}N_2O_7$, Formel I (X = NO_2).
B. Beim Erhitzen von 2′,7′-Dimethyl-spiro[phthalan-1,9′-xanthen]-3-on mit Essig=
säure und Salpetersäure (*Dominikiewcz*, Roczniki Chem. **11** [1931] 113, 120; C. **1931** I
2475).
Gelbliche Krystalle (aus wss. Eg.); F: 302° [Zers.].

**2′,7′-Dimethyl-spiro[phthalan-1,9′-thioxanthen]-3-on, 2-[9-Hydroxy-2,7-dimethyl-thio=
xanthen-9-yl]-benzoesäure-lacton** $C_{22}H_{16}O_2S$, Formel IV (E II 174; dort als 2.7-Dimethyl-
10-thiofluoran bezeichnet).
B. Aus 2-[5-Methyl-2-*p*-tolylmercapto-benzoyl]-benzoesäure (F: 207°) beim Erwärmen
mit konz. Schwefelsäure sowie beim Erwärmen einer Lösung in Benzol mit Phosphor(V)-
chlorid und anschliessend mit Aluminiumchlorid (*Reilly et al.*, Pr. Irish Acad. **39**B [1930]
515, 519, 520).
Krystalle (aus Eg.); F: 222° (*Re. et al.*), 220—221° (*Krollpfeiffer, Wissner*, A. **572** [1951]
195, 211).

IV   V

**3′,6′-Dimethyl-spiro[phthalan-1,9′-xanthen]-3-on, 2-[9-Hydroxy-3,6-dimethyl-xanthen-
9-yl]-benzoesäure-lacton** $C_{22}H_{16}O_3$, Formel V (R = X = H) (H 150; E II 174; dort als
3,6-Dimethyl-fluoran bezeichnet).
Verbindung mit Zinn(IV)-chlorid $C_{22}H_{16}O_3 \cdot SnCl_4$. Gelbe Krystalle (*Sachs, Ryf=
fel-Neumann*, Am. Soc. **62** [1940] 993).
Verbindungen mit Zinn(IV)-chlorid und Anisol. a) $C_{22}H_{16}O_3 \cdot SnCl_4 \cdot C_7H_8O$.
Rote Krystalle. — b) $2 C_{22}H_{16}O_3 \cdot 3 SnCl_4 \cdot 2 C_7H_8O$. Krystalle; F: 139° [Zers.].
Verbindung mit Antimon(V)-chlorid $C_{22}H_{16}O_3 \cdot SbCl_5$. Gelbe Krystalle; F: 203°.
Verbindung mit Antimon(V)-chlorid, Chlorwasserstoff und Essigsäure
$C_{22}H_{16}O_3 \cdot SbCl_5 \cdot HCl \cdot C_2H_4O_2$. Orangegelbe Krystalle (aus $CHCl_3$ oder aus Acn.); F: 203°.

**2′,7′-Dibrom-3′,6′-dimethyl-spiro[phthalan-1,9′-xanthen]-3-on, 2-[2,7-Dibrom-9-hydr=
oxy-3,6-dimethyl-xanthen-9-yl]-benzoesäure-lacton** $C_{22}H_{14}Br_2O_3$, Formel V (R = H,
X = Br), und **4′,5′-Dibrom-3′,6′-dimethyl-spiro[phthalan-1,9′-xanthen]-3-on, 2-[4,5-Di=
brom-9-hydroxy-3,6-dimethyl-xanthen-9-yl]-benzoesäure-lacton** $C_{22}H_{14}Br_2O_3$, Formel V
(R = Br, X = H).
Diese beiden Konstitutionsformeln kommen für die nachstehend beschriebene Ver-
bindung in Betracht.
B. Beim Erwärmen einer Lösung von 3′,6′-Dimethyl-spiro[phthalan-1,9′-xanthen]-
3-on in Äthanol mit Quecksilber(II)-acetat in wss. Essigsäure und Behandeln des
Reaktionsprodukts (2′,7′-Bis-acetoxomercurio-3′,6′-dimethyl-spiro[phthalan-
1,9′-xanthen]-3-on oder 4′,5′-Bis-acetoxomercurio-3′,6′-dimethyl-spiro=
[phthalan-1,9′-xanthen]-3-on [$C_{26}H_{20}Hg_2O_7$]) mit Brom und Kaliumbromid in
Essigsäure (*Rohatgi*, Indian J. appl. Chem. **21** [1958] 117, 119).
Orangefarben; F: 249—250°.

**3′,6′-Dimethyl-4′,5′-dinitro-spiro[phthalan-1,9′-xanthen]-3-on, 2-[9-Hydroxy-3,6-di=
methyl-4,5-dinitro-xanthen-9-yl]-benzoesäure-lacton** $C_{22}H_{14}N_2O_7$, Formel V (R = NO_2,
X = H).
Für die nachstehend aufgeführte, von *Dominikiewcz* (Roczniki Chem. **11** [1931] 113,

116; C. **1931** I 2475) unter dieser Konstitution beschriebene Verbindung kommt auch die Formulierung als 3',6'-Dimethyl-2',7'-dinitro-spiro[phthalan-1,9'-xanthen]-3-on ($C_{22}H_{14}N_2O_7$; Formel V [R = H, X = NO$_2$]) in Betracht.

B. Beim Behandeln von 3',6'-Dimethyl-spiro[phthalan-1,9'-xanthen]-3-on mit Salpetersäure und Essigsäure (*Do.*, l. c. S. 120).

Krystalle (aus A.); F: 210° [Zers.].

Oxo-Verbindungen $C_{24}H_{20}O_3$

1',3',6',8'-Tetramethyl-spiro[phthalan-1,9'-xanthen]-3-on, 2-[9-Hydroxy-1,3,6,8-tetramethyl-xanthen-9-yl]-benzoesäure-lacton $C_{24}H_{20}O_3$, Formel VI (R = X = H).

B. Beim Erhitzen eines Gemisches von Phthalsäure-anhydrid und 3,5-Dimethyl-phenol mit konz. Schwefelsäure auf 160° (*Dominikiewicz*, Roczniki Chem. **11** [1931] 113, 118; C. **1931** I 2475) oder mit Zinkchlorid auf 220° (*Lejeune et al.*, Bl. **1957** 1073, 1076).

Krystalle; F: 275° [aus Eg.] (*Do.*), 271° [aus A.] (*Le. et al.*).

1',3',6',8'-Tetramethyl-4',5'-dinitro-spiro[phthalan-1,9'-xanthen]-3-on, 2-[9-Hydroxy-1,3,6,8-tetramethyl-4,5-dinitro-xanthen-9-yl]-benzoesäure-lacton $C_{24}H_{18}N_2O_7$, Formel VI (R = H, X = NO$_2$).

Für die nachstehend aufgeführte, von *Dominikiewicz* (Roczniki Chem. **11** [1931] 113, 117; C. **1931** I 2475) unter dieser Konstitution beschriebene Verbindung kommt auch die Formulierung als 1',3',6',8'-Tetramethyl-2',7'-dinitro-spiro-[phthalan-1,9'-xanthen]-3-on ($C_{24}H_{18}N_2O_7$; Formel VI [R = NO$_2$, X = H]) in Betracht.

B. Beim Erwärmen von 1',3',6',8'-Tetramethyl-spiro[phthalan-1,9'-xanthen]-3-on mit Salpetersäure und Essigsäure (*Do.*, l. c. S. 121).

Krystalle (aus Eg.); F: 195° [Zers.].

VI   VII

1',3',6',8'-Tetramethyl-2',4',5',7'-tetranitro-spiro[phthalan-1,9'-xanthen]-3-on, 2-[9-Hydroxy-1,3,6,8-tetramethyl-2,4,5,7-tetranitro-xanthen-9-yl]-benzoesäure-lacton $C_{24}H_{16}N_4O_{11}$, Formel VI (R = X = NO$_2$).

B. Beim Behandeln von 1',3',6',8'-Tetramethyl-spiro[phthalan-1,9'-xanthen]-3-on mit Salpetersäure (*Dominikiewicz*, Roczniki Chem. **11** [1931] 113, 121; C. **1931** I 2475).

Krystalle (aus Eg.); F: 344° [Zers.].

2',3',6',7'-Tetramethyl-spiro[phthalan-1,9'-xanthen]-3-on, 2-[9-Hydroxy-2,3,6,7-tetramethyl-xanthen-9-yl]-benzoesäure-lacton $C_{24}H_{20}O_3$, Formel VII (X = H).

B. Beim Erhitzen von Phthalsäure-anhydrid mit 3,4-Dimethyl-phenol und konz. Schwefelsäure auf 120° (*Dominikiewicz*, Roczniki Chem. **11** [1931] 113, 118; C. **1931** I 2475).

Krystalle (aus Eg.); F: 269°.

2',3',6',7'-Tetramethyl-4',5'-dinitro-spiro[phthalan-1,9'-xanthen]-3-on, 2-[9-Hydroxy-2,3,6,7-tetramethyl-4,5-dinitro-xanthen-9-yl]-benzoesäure-lacton $C_{24}H_{18}N_2O_7$, Formel VII (X = NO$_2$).

B. Beim Erhitzen von 2',3',6',7'-Tetramethyl-spiro[phthalan-1,9'-xanthen]-3-on mit Salpetersäure und Essigsäure (*Dominikiewicz*, Roczniki Chem. **11** [1931] 113, 122; C. **1931** I 2475).

Gelbliche Krystalle (aus Eg.); F: 340° [Zers.].

2′,4′,5′,7′-Tetramethyl-spiro[phthalan-1,9′-xanthen]-3-on, 2-[9-Hydroxy-2,4,5,7-tetra=
methyl-xanthen-9-yl]-benzoesäure-lacton $C_{24}H_{20}O_3$, Formel VIII (X = H) (vgl. H 151;
dort als 2,4,5,7-Tetramethyl-fluoran bezeichnet).
  B. Beim Erhitzen von Phthalsäure-anhydrid mit 2,4-Dimethyl-phenol und konz.
Schwefelsäure auf 160° (*Dominikiewicz*, Roczniki Chem. 11 [1931] 113, 117; C. 1931 I
2475).
  Krystalle (aus Eg.); F: 271° (*Do.*; vgl. H 151).

(±)-2′,4′,5′,7′-Tetramethyl-1′,6′-dinitro-spiro[phthalan-1,9′-xanthen]-3-on,
(±)-2-[9-Hydroxy-2,4,5,7-tetramethyl-1,6-dinitro-xanthen-9-yl]-benzoesäure-lacton
$C_{24}H_{18}N_2O_7$, Formel IX (R = H, X = NO₂).
  Diese Konstitution ist der nachstehend beschriebenen Verbindung zugeordnet worden
(*Dominikiewicz*, Roczniki Chem. 11 [1931] 113, 116; C. 1931 I 2475).
  B. Beim Erhitzen von 2′,4′,5′,7′-Tetramethyl-spiro[phthalan-1,9′-xanthen]-3-on mit
Salpetersäure und Essigsäure (*Do.*, l. c. S. 121).
  Krystalle (aus Eg. oder A.); F: 255° [Zers.].

VIII   IX

2′,4′,5′,7′-Tetramethyl-1′,8′-dinitro-spiro[phthalan-1,9′-xanthen]-3-on, 2-[9-Hydroxy-
2,4,5,7-tetramethyl-1,8-dinitro-xanthen-9-yl]-benzoesäure-lacton $C_{24}H_{18}N_2O_7$, Formel IX
(R = NO₂, X = H).
  Diese Konstitution ist der nachstehend beschriebenen Verbindung zugeordnet worden
(*Dominikiewicz*, Roczniki Chem. 11 [1931] 113, 116; C. 1931 I 2475).
  B. Neben der im folgenden Artikel beschriebenen Verbindung beim Behandeln von
2′,4′,5′,7′-Tetramethyl-spiro[phthalan-1,9′-xanthen]-3-on mit Salpetersäure (*Do.*, l. c.
S. 120).
  Gelbe Krystalle (aus Eg.); F: 188° [Zers.] (*Do.*, l. c. S. 121).

2′,4′,5′,7′-Tetramethyl-3′,6′-dinitro-spiro[phthalan-1,9′-xanthen]-3-on, 2-[9-Hydroxy-
2,4,5,7-tetramethyl-3,6-dinitro-xanthen-9-yl]-benzoesäure-lacton $C_{24}H_{18}N_2O_7$,
Formel VIII (X = NO₂).
  Diese Konstitution ist der nachstehend beschriebenen Verbindung zugeordnet worden
(*Dominikiewicz*, Roczniki Chem. 11 [1931] 113, 116; C. 1931 I 2475).
  B. s. im vorangehenden Artikel.
  Gelbliche Krystalle (aus Eg.); F: 335° [Zers.] (*Do.*, l. c. S. 121).

Oxo-Verbindungen $C_{25}H_{22}O_3$

(±)-3,8,9-Trimethyl-2-[(Ξ)-piperonyliden]-3,4-dihydro-2H-phenanthren-1-on $C_{25}H_{22}O_3$,
Formel X.
  B. Beim Erwärmen von Piperonal mit (±)-3,8,9-Trimethyl-3,4-dihydro-2H-phen=
anthren-1-on und Natriumäthylat-Lösung in Äthanol (*Corran, Whalley*, Soc. 1958 4719,
4722).
  Gelbliche Krystalle (aus Bzl. + Acn.); F: 226°.

Oxo-Verbindungen $C_{26}H_{24}O_3$

1′,2′,3′,6′,7′,8′-Hexamethyl-spiro[phthalan-1,9′-xanthen]-3-on, 2-[9-Hydroxy-1,2,3,6,7,8-
hexamethyl-xanthen-9-yl]-benzoesäure-lacton $C_{26}H_{24}O_3$, Formel XI.
  B. Beim Erhitzen von Phthalsäure-anhydrid mit 3,4,5-Trimethyl-phenol und Zink=
chlorid auf 220° (*Lejeune et al.*, Bl. 1957 1073, 1077).
  Gelbliche Krystalle (aus A. + Bzl.); F: ca. 240°.

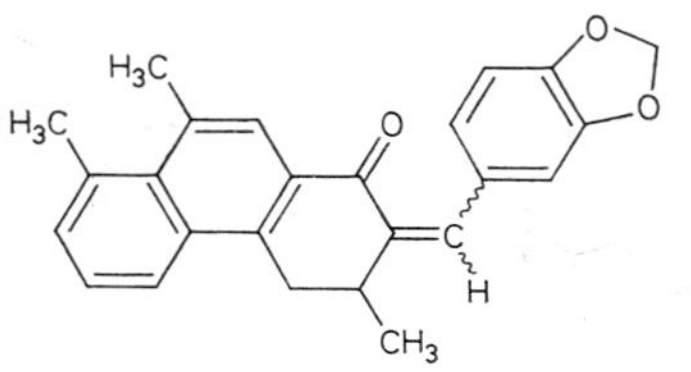

X 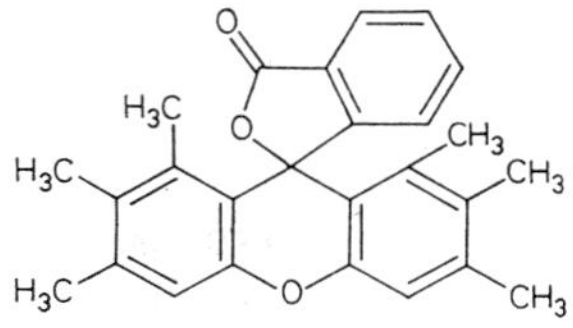   XI

Monooxo-Verbindungen $C_nH_{2n-30}O_3$

Oxo-Verbindungen $C_{21}H_{12}O_3$

2-Benzo[*b*]thiophen-3-yl-benzo[*f*]chromen-3-on, 2-Benzo[*b*]thiophen-3-yl-3*c*-[2-hydroxy-[1]naphthyl]-acrylsäure-lacton $C_{21}H_{12}O_2S$, Formel I (X = H).
B. Beim Erhitzen von 2-Benzo[*b*]thiophen-3-yl-3*c*(?)-[2-methoxy-[1]naphthyl]-acrylo= nitril (E III/IV **18** 4993) mit Pyridin-hydrochlorid (*Buu-Hoi, Hoán*, Soc. **1951** 251, 253).
Gelbe Krystalle (aus A. + Bzl.); F: 222°.

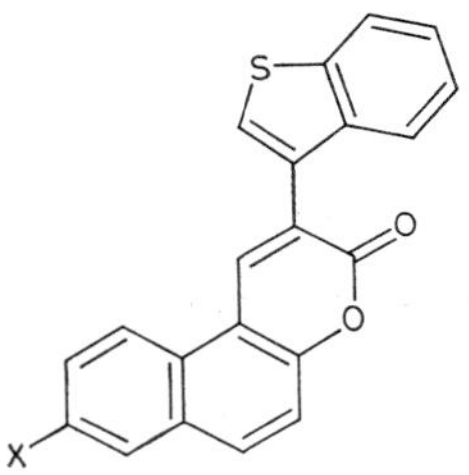

I 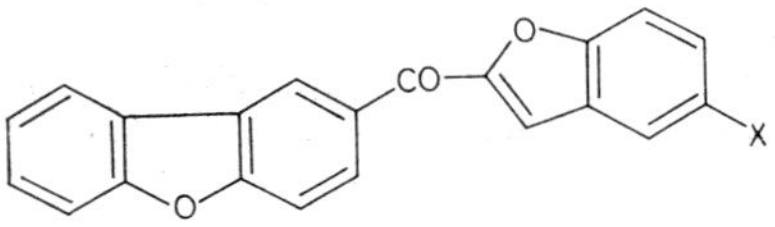   II

2-Benzo[*b*]thiophen-3-yl-8-brom-benzo[*f*]chromen-3-on, 2-Benzo[*b*]thiophen-3-yl-3*c*-[6-brom-2-hydroxy-[1]naphthyl]-acrylsäure-lacton $C_{21}H_{11}BrO_2S$, Formel I (X = Br).
B. Beim Erhitzen von 2-Benzo[*b*]thiophen-3-yl-3*c*(?)-[6-brom-2-methoxy-[1]naphthyl]-acrylonitril (E III/IV **18** 4993) mit Pyridin-hydrochlorid auf 200° (*Nguyên-Hoán*, Bl. **1953** 309, 313).
Gelbe Krystalle (aus Bzl.); F: 266°.

[5-Chlor-benzofuran-2-yl]-dibenzofuran-2-yl-keton $C_{21}H_{11}ClO_3$, Formel II (X = Cl).
B. Beim Erwärmen von 2-Brom-1-dibenzofuran-2-yl-äthanon mit 5-Chlor-2-hydroxy-benzaldehyd und äthanol. Kalilauge (*Buu-Hoi et al.*, Soc. **1957** 2593, 2596).
Krystalle (aus A. + Bzl.); F: 203°.

[5-Brom-benzofuran-2-yl]-dibenzofuran-2-yl-keton $C_{21}H_{11}BrO_3$, Formel II (X = Br).
B. Beim Erwärmen von 2-Brom-1-dibenzofuran-2-yl-äthanon mit 5-Brom-2-hydroxy-benzaldehyd und äthanol. Kalilauge (*Buu-Hoi et al.*, Soc. **1957** 2593, 2596).
Krystalle (aus A. + Bzl.); F: 196°.

Oxo-Verbindungen $C_{22}H_{14}O_3$

5-[10-[2]Furyl-[9]anthryl]-3*H*-furan-2-on, 4*t*-[10-[2]Furyl-[9]anthryl]-4*c*-hydroxy-but-3-ensäure-lacton $C_{22}H_{14}O_3$, Formel III und Tautomeres (5-[10-[2]Furyl-[9]anthryl]-furan-2-ol, Formel IV).
Diese Konstitutionsformeln sind von *Brisson* (A. ch. [12] **7** [1951] 311, 339) für die nachstehend beschriebene Verbindung vorgeschlagen worden.
B. Beim Behandeln einer Lösung von 9,10-Di-[2]furyl-9,10-dihydro-anthracen-9,10-diol (F: 213°) in Äther mit wss. Salzsäure (*Br.*, l. c. S. 345).
Gelbe Krystalle (aus A.); F: 184° [im vorgeheizten Block]. Absorptionsmaxima (A.): 256 nm, 337 nm, 355 nm, 372 nm und 391 nm.

III   IV   V

(±)-9,11-Dichlor-7-phenyl-7*H*-chromeno[4,3-*b*]chromen-6-on, 6,8-Dichlor-2-[2-hydroxy-phenyl]-4-phenyl-4*H*-chromen-3-carbonsäure-lacton C$_{22}$H$_{12}$Cl$_2$O$_3$, Formel V.

B. Neben Bis-[3,5-dichlor-2-hydroxy-benzhydryl]-äther vom F: 156° (Hauptprodukt) beim Behandeln einer mit Calciumchlorid versetzten Lösung von 3,5-Dichlor-2-hydroxy-benzhydrol in 1,1,2,2-Tetrachlor-äthan mit Chlorwasserstoff bei 50° und Erhitzen des vom Calciumchlorid befreiten Reaktionsgemisches mit 4-Hydroxy-cumarin (E III/IV **17** 6153) auf 130° (*Ziegler et al.*, M. **88** [1957] 587, 592).

Krystalle (aus A.); F: 200—202°.

Oxo-Verbindungen C$_{23}$H$_{16}$O$_3$

1,3*t*(?)-Bis-[5-(3-chlor-phenyl)-[2]thienyl]-propenon C$_{23}$H$_{14}$Cl$_2$OS$_2$, vermutlich Formel VI.

B. Aus 1-[5-(3-Chlor-phenyl)-[2]thienyl]-äthanon und 5-[3-Chlor-phenyl]-thiophen-2-carbaldehyd (*Demerseman et al.*, Soc. **1954** 4193, 4195).

Gelbe Krystalle (aus A.); F: 213°.

VI   VII

*Opt.-inakt. 2,3-Diphenyl-2,3-dihydro-indeno[1,2-*b*][1,4]dioxin-9-on C$_{23}$H$_{16}$O$_3$, Formel VII.

B. Bei 3-wöchiger Bestrahlung einer mit Natriumsulfat versetzten Lösung von Indan-1,2,3-trion und *trans*-Stilben in Benzol mit Sonnenlicht (*Schönberg et al.*, Soc. **1948** 2126, 2128).

Hellgelbe Krystalle (aus Bzl. + PAe.); F: 210° [Zers.].

Oxo-Verbindungen C$_{25}$H$_{20}$O$_3$

*Opt.-inakt. 16-[(Ξ)-Piperonyliden]-11,12,13,14,15,16-hexahydro-cyclopenta[*a*]phenanthren-17-on C$_{25}$H$_{20}$O$_3$, Formel VIII.

B. Beim Behandeln von opt.-inakt. 11,12,13,14,15,16-Hexahydro-cyclopenta[*a*]phenanthren-17-on (F: 111—112° [E III **7** 2467]) mit Piperonal und Natriummethylat in Äthanol (*Koebner, Robinson*, Soc. **1941** 566, 573).

Gelbliche Krystalle (aus Bzl. + PAe.); F: 173—174°.

Oxo-Verbindungen C$_{26}$H$_{22}$O$_3$

*Opt.-inakt. 13-Methyl-16-[(Ξ)-piperonyliden]-11,12,13,14,15,16-hexahydro-cyclopenta[*a*]phenanthren-17-on C$_{26}$H$_{22}$O$_3$, Formel IX.

B. Beim Erwärmen von opt.-inakt. 16-Piperonyliden-11,12,13,14,15,16-hexahydro-cyclopenta[*a*]phenanthren-17-on (s. o.) mit Kalium-*tert*-butylat in *tert*-Butylalkohol und

mit Methyljodid (*Koebner, Robinson*, Soc. **1941** 566, 573).
   Krystalle (aus E. + PAe.); F: 158—159°.

VIII   IX

Oxo-Verbindungen C$_{27}$H$_{24}$O$_3$

4ξ-Benzo[1,3]dioxol-5-yl-3-[1-fluoren-9-yl-1-methyl-äthyl]-but-3-en-2-on C$_{27}$H$_{24}$O$_3$,
Formel X.
   B. Beim Erwärmen einer Lösung von 4-Fluoren-9-yl-4-methyl-pentan-2-on und
Piperonal in Äthanol mit wss. Natronlauge (*France et al.*, Soc. **1937** 1739, 1742).
   Grünliche Krystalle (aus A. oder aus A. + Eg.); F: 167—168°.

X   XI

Oxo-Verbindungen C$_{42}$H$_{54}$O$_3$

**8,3′,5′-Tricyclohexyl-6,4′a,7′-trimethyl-9,9′a-dihydro-4′aH-spiro[chroman-
2,1′-xanthen]-2′-on** C$_{42}$H$_{54}$O$_3$, Formel XI.
   Diese Konstitution kommt vermutlich der nachstehend beschriebenen opt.-inakt.
Verbindung zu (s. dazu *Merijan et al.*, J. org. Chem. **28** [1963] 2148).
   B. Beim Behandeln einer Lösung von 2-Chlormethyl-6-cyclohexyl-4-methyl-phenol
in Äther mit wss. Natriumcarbonat-Lösung (*Hultzsch*, J. pr. [2] **159** [1941] 155, 176).
Neben Bis-[3-cyclohexyl-2-hydroxy-5-methyl-benzyl]-äther beim Erhitzen von 3-Cyclo≈
hexyl-2-hydroxy-5-methyl-benzylalkohol auf 200° (*Hu.*, l. c. S. 172, 173).
   Krystalle (aus E.); F: 175° (*Hu.*, l. c. S. 173).

Monooxo-Verbindungen C$_n$H$_{2n—32}$O$_3$

Oxo-Verbindungen C$_{23}$H$_{14}$O$_3$

**4,9-Diphenyl-furo[2,3-*h*]chromen-2-on, 3c-[4-Hydroxy-3-phenyl-benzofuran-5-yl]-
3t-phenyl-acrylsäure-lacton** C$_{23}$H$_{14}$O$_3$, Formel I.
   B. Beim Erhitzen von [8-Benzoyl-2-oxo-4-phenyl-2H-chromen-7-yloxy]-essigsäure mit
Acetanhydrid und Natriumacetat (*Limaye et al.*, Rasayanam **1** [1939] 187).
   F: 154°.

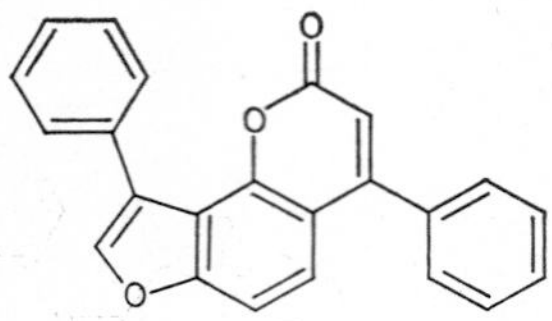

I

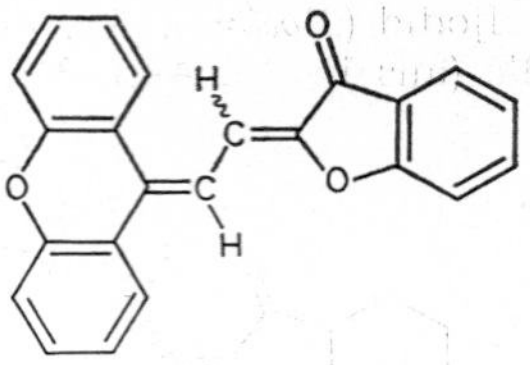

II

2-[(*Ξ*)-2-Xanthen-9-yliden-äthyliden]-benzofuran-3-on $C_{23}H_{14}O_3$, Formel II.

B. Beim Erwärmen von Xanthen-9-yliden-acetaldehyd mit Benzofuran-3-ol, Borsäure und Acetanhydrid (*Wizinger, Arni,* B. **92** [1959] 2309, 2319).

Rote Krystalle (aus A.); F: 175—177°. Absorptionsmaximum (Eg.): **458** nm (*Wi., Arni,* l. c. S. 2315).

2-[(*Ξ*)-2-Xanthen-9-yliden-äthyliden]-benzo[*b*]thiophen-3-on $C_{23}H_{14}O_2S$, Formel III.

B. Beim Erwärmen von Xanthen-9-yliden-acetaldehyd mit Benzo[*b*]thiophen-3-ol, Borsäure und Acetanhydrid (*Wizinger, Arni,* B. **92** [1959] 2309, 2319).

Braunrote Krystalle (aus Eg.); F: 231—234°. Absorptionsmaximum (Eg.): **495** nm (*Wi., Arni,* l. c. S. 2315).

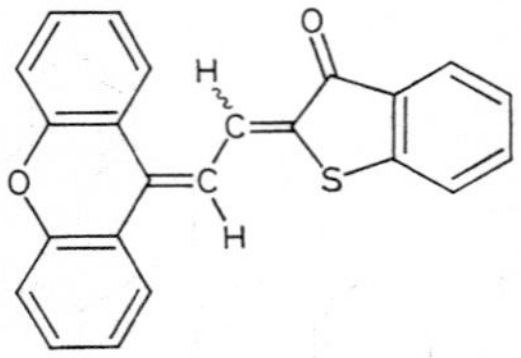

III

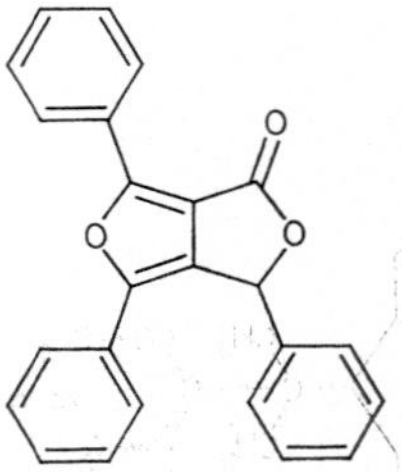

IV

Oxo-Verbindungen $C_{24}H_{16}O_3$

(±)-3,4,6-Triphenyl-3*H*-furo[3,4-*c*]furan-1-on, (±)-4-[α-Hydroxy-benzyl]-2,5-diphenyl-furan-3-carbonsäure-lacton $C_{24}H_{16}O_3$, Formel IV.

B. Beim Erhitzen von 4-Benzoyl-2,5-diphenyl-furan-3-carbonsäure-methylester mit Natriumamid in Toluol und Erhitzen des Reaktionsprodukts mit Acetanhydrid (*Schmid et al.,* Helv. **30** [1947] 423, 429). Beim Erhitzen von 4-Benzoyl-3-[α-phenoxy-benz=yliden]-5-phenyl-3*H*-furan-2-on (E III/IV **18** 1985) mit Zink-Pulver, Pyridin und wenig Essigsäure (*Schmid et al.,* Helv. **30** [1947] 1135, 1142).

Krystalle; F: 232—234° [korr.; unter Sublimation; aus Dioxan + Me.] (*Sch. et al.,* l. c. S. 429), 232—233° [nach Sublimation bei 180—200°/0,03 Torr] (*Sch. et al.,* l. c. S. 1142). UV-Spektrum (A.; 240—380 nm): *Sch. et al.,* l. c. S. 427.

Oxo-Verbindungen $C_{25}H_{18}O_3$

(±)-2-Chlor-3,4-diphenyl-5-[(*Ξ*)-piperonyliden]-cyclopent-2-enon $C_{25}H_{17}ClO_3$, Formel V.

Die Identität eines von *Burton* und *Shoppee* (Soc. **1939** 1408, 1413) unter dieser Kon=stitution beschriebenen, aus Piperonal und vermeintlichem (±)-2-Chlor-3,4-diphenyl-cyclopent-2-enon (s. E III **7** 2560 im Artikel (±)-4-Chlor-3-oxo-1.2-diphenyl-cyclo=penten-(1)) mit Hilfe von Chlorwasserstoff enthaltender Essigsäure erhaltenen Präparats (gelbe Krystalle [aus A.], F: 165°) ist ungewiss.

Oxo-Verbindungen $C_{26}H_{20}O_3$

(±)-3-Benzo[1,3]dioxol-5-yl-5-[(*Ξ*)-benzyliden]-2-methyl-4-phenyl-cyclopent-3-enon $C_{26}H_{20}O_3$, Formel VI.

Diese Konstitution ist der nachstehend beschriebenen Verbindung zugeordnet worden

(*O'Donoghue et al.*, Pr. Irish Acad. **37** B [1926] 141, 143).

B. Beim Behandeln eines Gemisches von 4-Benzo[1,3]dioxol-5-yl-3-methyl-but-3-en-2-on (S. 1761), Benzaldehyd und Äthanol mit Chlorwasserstoff (*O'Do. et al.*, l. c. S. 145).

Gelbliche Krystalle (aus A. + CHCl₃); F: 140—141°.

V   VI

Monooxo-Verbindungen $C_nH_{2n-34}O_3$

Oxo-Verbindungen $C_{24}H_{14}O_3$

Spiro[dibenzo[*a,j*]xanthen-14,2'-furan]-5'-on, 3-[14-Hydroxy-14*H*-dibenzo[*a,j*]xanthen-14-yl]-acrylsäure-lacton $C_{24}H_{14}O_3$, Formel VII.

Diese Verbindung hat möglicherweise in dem nachstehend beschriebenen Präparat der vermeintlichen Zusammensetzung $C_{24}H_{16}O_4$ als Hauptbestandteil vorgelegen.

B. Beim Erhitzen von Maleinsäure mit [2]Naphthol und Zinkchlorid auf 150° (*Dass, Tewari*, Pr. Indian Acad. [A] **13** [1941] 68, 72).

Braunes Pulver; F: 140° [nach Erweichen bei 133°]. Absorptionsmaximum: 475 nm [A.] bzw. 525 nm [äthanol. Alkalilauge] (*Dass, Te.*, l. c. S. 75).

VII   VIII

Oxo-Verbindungen $C_{26}H_{18}O_3$

(*Ξ,Ξ*)-4,6-Bis-[1]naphthylmethylen-[1,3]dithian-5-on $C_{26}H_{18}OS_2$, Formel VIII.

B. Bei mehrtägigem Behandeln einer Lösung von [1,3]Dithian-5-on und [1]Naphthaldehyd in Äthanol mit wenig Piperidin (*Du Pont de Nemours & Co.*, U.S.P. 2848458 [1954]).

Krystalle (aus A. + Bzl.); F: 153,5—155°. UV-Absorptionsmaximum: 385 nm.

Monooxo-Verbindungen $C_nH_{2n-36}O_3$

Oxo-Verbindungen $C_{25}H_{14}O_3$

Bis-dibenzofuran-4-yl-keton $C_{25}H_{14}O_3$, Formel I.

B. Beim Behandeln von Dibenzofuran mit Butyllithium in Äther und Behandeln der Reaktionslösung mit Kohlendioxid (*Chatterjea*, J. Indian chem. Soc. **33** [1956] 369, 371;

s. a. *Gilman et al.*, Am. Soc. **61** [1939] 643, 645).
Krystalle (aus A.); F: 174° [unkorr.] *(Ch.)*, 172−173° *(Gi. et al.)*.

Bis-dibenzofuran-4-yl-keton-oxim $C_{25}H_{15}NO_3$, Formel II (X = OH).
B. Aus Bis-dibenzofuran-4-yl-keton und Hydroxylamin *(Chatterjea, J. Indian chem. Soc. 33* [1956] 369, 371).
Krystalle (aus A.); F: 253° [unkorr.; Zers.].

Bis-dibenzofuran-4-yl-keton-[2,4-dinitro-phenylhydrazon] $C_{31}H_{18}N_4O_6$, Formel II (X = NH-C$_6$H$_3$(NO$_2$)$_2$).
B. Aus Bis-dibenzofuran-4-yl-keton und [2,4-Dinitro-phenyl]-hydrazin *(Chatterjea, J. Indian chem. Soc. 33* [1956] 369, 371).
Orangegelbe Krystalle (aus Nitrobenzol + A.), die unterhalb 320° nicht schmelzen.

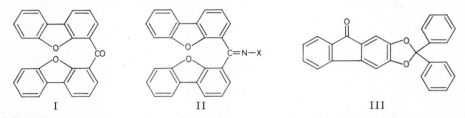

I II III

Oxo-Verbindungen $C_{26}H_{16}O_3$

2,2-Diphenyl-fluoreno[2,3-*d*][1,3]dioxol-9-on, 2,3-Benzhydrylidendioxy-fluoren-9-on $C_{26}H_{16}O_3$, Formel III.
B. Beim Erhitzen von 2,3-Dihydroxy-fluoren-9-on mit Benzhydrylidendichlorid bis auf 160° *(Koelsch, Flesch, J. org. Chem. 20* [1955] 1270, 1275).
Orangegelbe Krystalle (aus A.); F: 172−173°.

Oxo-Verbindungen $C_{27}H_{18}O_3$

*Opt.-inakt. 9,10-Diphenyl-9,10-dihydro-phenaleno[1,2-*b*][1,4]dioxin-7-on $C_{27}H_{18}O_3$, Formel IV.
B. Bei 10-tägiger Bestrahlung einer Suspension von Phenalen-1,2,3-trion und *trans*-Stilben in Benzol mit Sonnenlicht *(Schönberg et al., Soc. 1948* 2126, 2128).
Gelbliche Krystalle (aus Me.); F: 220−222° [Zers.].

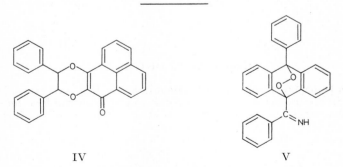

IV V

Phenyl-[10-phenyl-9,10-dihydro-9,10-epidioxido-anthracen-9-yl]-keton-imin $C_{27}H_{19}NO_2$, Formel V.
B. Bei der Bestrahlung einer Lösung von Phenyl-[10-phenyl-[9]anthryl]-keton-imin in Schwefelkohlenstoff mit Sonnenlicht unter Luftzutritt *(Dufraisse, Mathieu, Bl. 1947* 307, 309).
Krystalle (aus CS$_2$); Zers. bei 120°.

Oxo-Verbindungen C$_{28}$H$_{20}$O$_3$

**(±)-2-Acetyl-9,10-diphenyl-9,10-dihydro-9,10-epidioxido-anthracen, (±)-1-[9,10-Di=
phenyl-9,10-dihydro-9,10-epidioxido-anthracen-2-yl]-äthanon** C$_{28}$H$_{20}$O$_3$, Formel VI.
B. Bei der Bestrahlung einer Lösung von 1-[9,10-Diphenyl-[2]anthryl]-äthanon in
Schwefelkohlenstoff mit Sonnenlicht unter Luftzutritt (*de Bruyn*, A. ch. [11] **20** [1945]
551, 577).
Krystalle (aus CS$_2$); Zers. bei 165—170° [unter Bildung von 1-[9,10-Diphenyl-
[9]anthryl]-äthanon und Sauerstoff].
Überführung in 1-[9*r*,10*c*(?)-Dihydroxy-9,10*t*(?)-diphenyl-9,10-dihydro-[2]anthryl]-
äthanon (F: 133°) durch Hydrierung an Raney-Nickel in Toluol: *de Br.*, l. c. S. 571.

VI   VII

*(±)-1-[9,10-Diphenyl-9,10-dihydro-9,10-epidioxido-anthracen-2-yl]-äthanon-oxim
C$_{28}$H$_{21}$NO$_3$, Formel VII (X = OH).
B. Bei der Bestrahlung einer Lösung von 1-[9,10-Diphenyl-[2]anthryl]-äthanon-oxim
(F: 252°) in Schwefelkohlenstoff mit Sonnenlicht unter Luftzutritt (*de Bruyn*, A. ch.
[11] **20** [1945] 551, 578).
Krystalle (aus Bzl.); Zers. bei 180°.

***(±)-1-[9,10-Diphenyl-9,10-dihydro-9,10-epidioxido-anthracen-2-yl]-äthanon-phenyl=
hydrazon** C$_{34}$H$_{26}$N$_2$O$_2$, Formel VII (X = NH-C$_6$H$_5$).
B. Beim Erwärmen von (±)-1-[9,10-Diphenyl-9,10-dihydro-9,10-epidioxido-anthracen-
2-yl]-äthanon mit Phenylhydrazin und Benzol (*de Bruyn*, A. ch. [11] **20** [1945] 551, 578).
Krystalle (aus Bzl.). Bei 180° erfolgt explosionsartige Zersetzung.

Oxo-Verbindungen C$_{29}$H$_{22}$O$_3$

**(±)-9,10-Diphenyl-2-propionyl-9,10-dihydro-9,10-epidioxido-anthracen,
(±)-1-[9,10-Diphenyl-9,10-dihydro-9,10-epidioxido-anthracen-2-yl]-propan-1-on**
C$_{29}$H$_{22}$O$_3$, Formel VIII.
B. Bei der Bestrahlung einer Lösung von 1-[9,10-Diphenyl-[2]anthryl]-propan-1-on
in Schwefelkohlenstoff mit Sonnenlicht unter Luftzutritt (*de Bruyn*, A. ch. [11] **20** [1945]
551, 577).
Krystalle (aus CS$_2$); Zers. bei 170°.

VIII   IX   X

(±)-1-[3-Methyl-9,10-diphenyl-9,10-dihydro-9,10-epidioxido-anthracen-2-yl]-äthanon
$C_{29}H_{22}O_3$, Formel IX.

B. Bei der Bestrahlung einer Lösung von 1-[3-Methyl-9,10-diphenyl-[2]anthryl]-äthanon in Schwefelkohlenstoff mit Sonnenlicht unter Luftzutritt (*de Bruyn*, A. ch. [11] **20** [1945] 551, 577).

Krystalle (aus Bzl. + Bzn.); Zers. bei 160°.

Oxo-Verbindungen $C_{30}H_{24}O_3$

6-Benzoyl-2,3-epoxy-2,3,6-triphenyl-tetrahydro-pyran, [5,6-Epoxy-2,5,6-triphenyl-tetrahydro-pyran-2-yl]-phenyl-keton $C_{30}H_{24}O_3$, Formel X.

a) Opt.-inakt. Stereoisomeres vom F: 235°.

B. Beim Erwärmen von opt.-inakt. [5,6-Dihydroxy-2,5,6-triphenyl-tetrahydro-pyran-2-yl]-phenyl-keton (⇌ 2,5-Dihydroxy-1,2,5,6-tetraphenyl-hexan-1,6-dion [F: 219−220°]) mit Brom in Chloroform (*Fiesselmann, Meisel*, B. **89** [1956] 657, 668). Aus dem unter b) beschriebenen Stereoisomeren beim Erhitzen mit Essigsäure sowie beim Erwärmen mit Kaliumcarbonat in Aceton (*Fi., Me.*).

Krystalle (aus Eg.); F: 235°.

b) Opt.-inakt. Stereoisomeres vom F: 168°.

B. Bei 1-stdg. Erwärmen von opt.-inakt. [5-Brom-6-hydroxy-2,5,6-triphenyl-tetra-hydro-pyran-2-yl]-phenyl-keton (⇌ 2-Brom-5-hydroxy-1,2,5,6-tetraphenyl-hexan-1,6-dion [F: 133°]) mit methanol. Natronlauge oder mit Kaliumcarbonat in Aceton (*Fiesselmann, Meisel*, B. **89** [1956] 657, 668).

Krystalle (aus Me.); F: 168°.

Monooxo-Verbindungen $C_nH_{2n-38}O_3$

Oxo-Verbindungen $C_{28}H_{18}O_3$

3,3-Diphenyl-phenanthro[9,10-*b*][1,4]dioxin-2-on, [10-Hydroxy-[9]phenanthryl-oxy]-diphenyl-essigsäure-lacton $C_{28}H_{18}O_3$, Formel I.

B. Bei 3-monatiger Bestrahlung einer Lösung von Phenanthren-9,10-chinon und Diphenylketen in Benzol mit Sonnenlicht (*Schönberg, Mustafa*, Soc. **1947** 997, 999).

Krystalle (aus Bzl.); F: 227−230° [Zers.].

Beim Erhitzen auf 270° ist Phenanthren-9,10-chinon erhalten worden.

I   II   III

Oxo-Verbindungen $C_{29}H_{20}O_3$

(±)-2-[9]Anthryl-4,4-diphenyl-[1,3]oxathiolan-5-on, (±)-[[9]Anthryl-hydroxy-methylmercapto]-diphenyl-essigsäure-lacton $C_{29}H_{20}O_2S$, Formel II.

B. Beim Erwärmen von Mercapto-diphenyl-essigsäure mit Anthracen-9-carbaldehyd und Toluol-4-sulfonsäure in Benzol (*de Vivar, Romo*, J. org. Chem. **24** [1959] 1490, 1492).

Gelbe Krystalle (aus Ae. + Me.); F: 157−159° [unkorr.].

2*r*,3*c*; 4*c*,5*c*-Diepoxy-2,3*t*,4*t*,5*t*-tetraphenyl-cyclopentanon $C_{29}H_{20}O_3$, Formel III.

Konfigurationszuordnung: *Rio et al.*, C. r. [C] **268** [1969] 1157.

B. Aus   1*r*,2*c*;3*c*,4*c*-Diepoxy-5-methylen-1,2*t*,3*t*,4*t*-tetraphenyl-cyclopentan   (S. 478)

mit Hilfe von Ozon (*Basselier*, C. r. **248** [1959] 700).

F: 192° (*Ba.*).

Überführung in 2*r*,3*c*;4*c*,5*c*-Diepoxy-2,3*t*,4*t*,5*t*-tetraphenyl-cyclopentan-ξ-ol (F: 219° [S. 946]) mit Hilfe von Kaliumboranat sowie Überführung in 1,2,3,5-Tetraphenyl-cyclopentan-1,2,4-triol (F: 162°) mit Hilfe von Lithiumalanat: *Ba.*

Monooxo-Verbindungen $C_nH_{2n-40}O_3$

Oxo-Verbindungen $C_{27}H_{14}O_3$

3-Benzoyl-perixanthenoxanthen, Perixanthenoxanthen-3-yl-phenyl-keton $C_{27}H_{14}O_3$, Formel IV (X = H).

B. Beim Behandeln von Perixanthenoxanthen mit Benzoylchlorid, Aluminiumchlorid und Chlorbenzol (*Pummerer et al.*, A. **553** [1942] 103, 105, 122).

Krystalle (aus Eg.); F: 252°.

[2-Brom-phenyl]-perixanthenoxanthen-3-yl-keton $C_{27}H_{13}BrO_3$, Formel IV (X = Br).

B. Beim Behandeln von Perixanthenoxanthen mit 2-Brom-benzoylchlorid, Aluminium≈ chlorid und Chlorbenzol (*Pummerer et al.*, A. **553** [1942] 103, 107, 123).

Krystalle (aus Chlorbenzol und Pyridin); F: 308°. Bei 270—280°/0,5 Torr sublimierbar.

Beim Erhitzen mit Kaliumhydroxid in Chinolin ist 9,15-Dioxa-anthra[3,2,1,9,8-*rstuva*]≈ pentaphen-3-on (S. 1918) erhalten worden (*Pu. et al.*, l. c. S. 125).

IV   V   VI

Oxo-Verbindungen $C_{28}H_{16}O_3$

Spiro[dibenzo[a,j]xanthen-14,1'-phthalan]-3'-on, 2-[14-Hydroxy-14H-dibenzo[a,j]≈ xanthen-14-yl]-benzoesäure-lacton $C_{28}H_{16}O_3$, Formel V (X = H).

Diese Konstitution kommt vermutlich der früher (s. H **19** 152; E II **19** 175) [β-Naphtha≈ fluoran]) und nachstehend beschriebenen, als β-Naphthophthalein bezeichneten Verbin-dung zu.

B. Beim Erhitzen von Phthalsäure-anhydrid mit [2]Naphthol und konz. Schwefelsäure bis auf 140° (*Rohatgi*, Indian J. appl. Chem. **21** [1958] 117, 118).

F: 293°.

Beim Erwärmen einer Lösung in Äthanol mit Quecksilber(II)-acetat in wss. Essigsäure und Behandeln des Reaktionsprodukts mit Brom und Kaliumbromid in Essigsäure ist eine vermutlich als 6-Brom-spiro[dibenzo[a,j]xanthen-14,1'-phthalan]-3'-on ($C_{28}H_{15}BrO_3$; Formel V [X = Br]) zu formulierende Verbindung (braun; unterhalb 300° nicht schmelzend) erhalten worden (*Ro.*, l. c. S. 119).

Spiro[dibenzo[c,h]xanthen-7,1'-phthalan]-3'-on, 2-[7-Hydroxy-7H-dibenzo[c,h]xanthen-7-yl]-benzoesäure-lacton $C_{28}H_{16}O_3$, Formel VI (H 152; E I 679; E II 175; dort als 3.4;5.6-Dibenzo-fluoran und als α-Naphthofluoran bezeichnet).

B. Beim Erhitzen von Phthalsäure-anhydrid mit [1]Naphthol und Oxalsäure bis auf 140° (*Nakanishi*, J. pharm. Soc. Japan **51** [1931] 1, 33; dtsch. Ref. S. 10; C. A. **1931** 2140).

Krystalle (aus Eg.); F: 300°.

Oxo-Verbindungen $C_{29}H_{18}O_3$

2,3,8-Triphenyl-furo[2,3-g]chromen-6-on, 3c-[5-Hydroxy-2,3-diphenyl-benzofuran-6-yl]-3t-phenyl-acrylsäure-lacton $C_{29}H_{18}O_3$, Formel VII (X = H).

B. Beim Erhitzen von [5-Acetoxy-2,3-diphenyl-benzofuran-6-yl]-phenyl-keton bis auf 275° (*Dischendorfer, Limontschew,* M. **80** [1949] 58, 66).

Hellgelbe Krystalle (aus A., Eg. oder Bzn.); F: 236° [korr.].

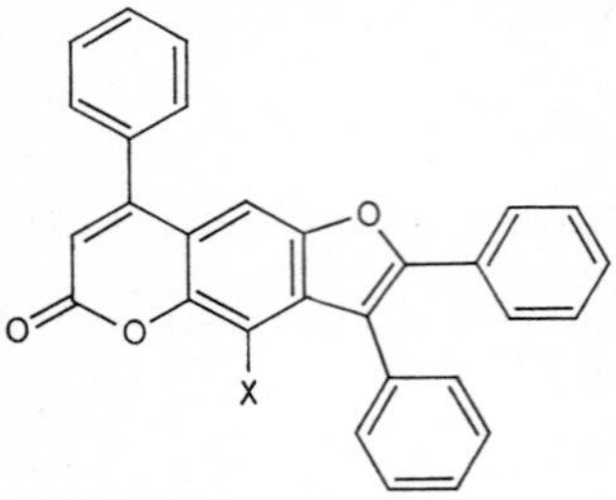

VII 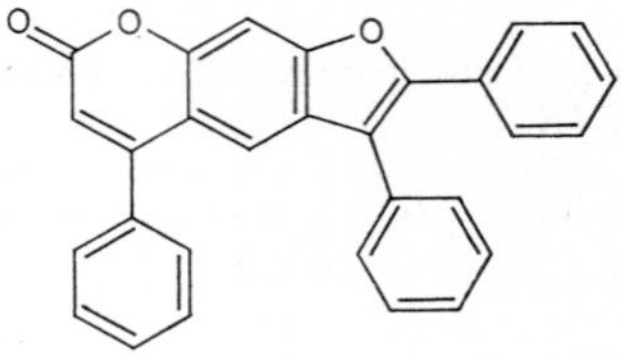   VIII

4-Brom-2,3,8-triphenyl-furo[2,3-g]chromen-6-on, 3c-[4-Brom-5-hydroxy-2,3-diphenyl-benzofuran-6-yl]-3t-phenyl-acrylsäure-lacton $C_{29}H_{17}BrO_3$, Formel VII (X = Br).

B. Beim Erhitzen von [4-Brom-5-hydroxy-2,3-diphenyl-benzofuran-6-yl]-phenyl-keton oder von [5-Acetoxy-4-brom-2,3-diphenyl-benzofuran-6-yl]-phenyl-keton mit Acet‹ anhydrid und Natriumacetat auf 230° (*Limontschew, Dischendorfer,* M. **81** [1950] 737, 742).

Hellgelbe Krystalle (aus Eg. oder Py.); F: 327° [korr.]. Bei 240—250°/0,4 Torr sub‹ limierbar.

2,3,5-Triphenyl-furo[3,2-g]chromen-7-on, 3c-[6-Hydroxy-2,3-diphenyl-benzofuran-5-yl]-3t-phenyl-acrylsäure-lacton $C_{29}H_{18}O_3$, Formel VIII.

B. Beim Erhitzen von [6-Hydroxy-2,3-diphenyl-benzofuran-5-yl]-phenyl-keton oder von [6-Acetoxy-2,3-diphenyl-benzofuran-5-yl]-phenyl-keton mit Acetanhydrid und Na‹ triumacetat auf 240° (*Limontschew, Pelikan-Kollmann,* M. **87** [1956] 399, 403).

Gelbliche Krystalle (aus Eg.); F: 242°. Bei 230°/1 Torr sublimierbar.

2,3,6-Triphenyl-furo[3,2-h]chromen-8-on, 3-[7-Hydroxy-2,3-diphenyl-benzofuran-6-yl]-3t-phenyl-acrylsäure-lacton $C_{29}H_{18}O_3$, Formel IX (X = H).

B. Beim Erhitzen von [7-Hydroxy-2,3-diphenyl-benzofuran-6-yl]-phenyl-keton oder von [7-Acetoxy-2,3-diphenyl-benzofuran-6-yl]-phenyl-keton mit Acetanhydrid und Na‹ triumacetat bis auf 240° (*Dischendorfer, Limontschew,* M. **80** [1949] 741, 747).

Gelbliche Krystalle (aus A.); F: 192,5° [korr.]. Bei 240°/0,6 Torr sublimierbar.

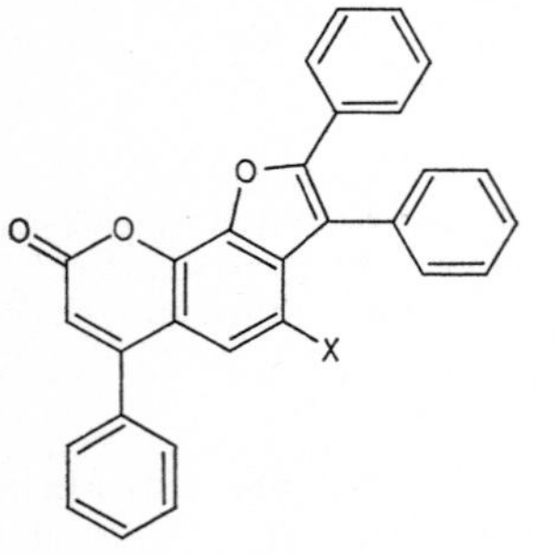

IX 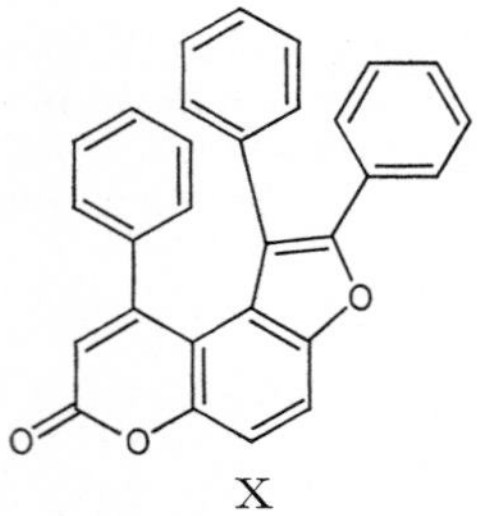   X 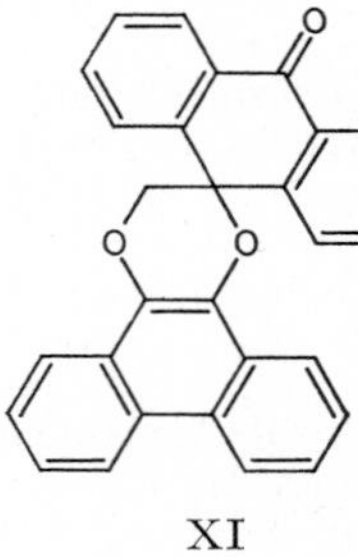   XI

4-Brom-2,3,6-triphenyl-furo[3,2-h]chromen-8-on, 3c-[4-Brom-7-hydroxy-2,3-diphenyl-benzofuran-6-yl]-3t-phenyl-acrylsäure-lacton $C_{29}H_{17}BrO_3$, Formel IX (X = Br).

B. Beim Erhitzen von [4-Brom-7-hydroxy-2,3-diphenyl-benzofuran-6-yl]-phenyl-keton

oder von [7-Acetoxy-4-brom-2,3-diphenyl-benzofuran-6-yl]-phenyl-keton mit Acet=
anhydrid und Natriumacetat auf 240° (*Limontschew*, M. **83** [1952] 137, 141).
Hellgelbe Krystalle (aus Eg.); F: 274° [korr.].

**1,2,9-Triphenyl-furo[3,2-*f*]chromen-7-on, 3*c*-[5-Hydroxy-2,3-diphenyl-benzofuran-4-yl]-
3*t*-phenyl-acrylsäure-lacton** $C_{29}H_{18}O_3$, Formel X.
B. Beim Erhitzen von [5-Acetoxy-2,3-diphenyl-benzofuran-4-yl]-phenyl-keton bis auf
285° (*Dischendorfer, Limontschew*, M. **80** [1949] 58, 68).
Krystalle (aus A., Bzn. oder Eg.); F: 209° [korr.]. Bei 180—185°/0,5 Torr sublimierbar.

Spiro[anthracen-9,2′-phenanthro[9,10-*b*][1,4]dioxin]-10-on $C_{29}H_{18}O_3$, Formel XI.
B. Bei mehrwöchiger Bestrahlung einer Lösung von Phenanthren-9,10-chinon und
10-Methylen-anthron in Benzol mit Sonnenlicht (*Schönberg, Mustafa*, Soc. **1947** 997, 998).
Krystalle (aus Chlorbenzol); F: 165° [Zers.].

Oxo-Verbindungen $C_{30}H_{20}O_3$

**3,3,4,6-Tetraphenyl-3*H*-furo[3,4-*c*]furan-1-on, 4-[α-Hydroxy-benzhydryl]-2,5-diphenyl-
furan-3-carbonsäure-lacton** $C_{30}H_{20}O_3$, Formel XII.
B. Beim Behandeln von 4,6-Diphenyl-furo[3,4-*c*]furan-1,3-dion mit Phenyllithium in
Äther (*Nightingale, Sukornick*, J. org. Chem. **24** [1959] 497, 500).
Krystalle (aus A.); F: 189—190° [unkorr.].

XII   XIII

Oxo-Verbindungen $C_{33}H_{26}O_3$

**(±)-4,4-Diphenyl-2-[7,8,9,10-tetrahydro-naphthacen-5-yl]-[1,3]oxathiolan-5-on,
(±)-[Hydroxy-(7,8,9,10-tetrahydro-naphthacen-5-yl)-methylmercapto]-diphenyl-
essigsäure-lacton** $C_{33}H_{26}O_2S$, Formel XIII.
B. Beim Erwärmen von Mercapto-diphenyl-essigsäure mit 7,8,9,10-Tetrahydro-naphth=
acen-5-carbaldehyd und Toluol-4-sulfonsäure in Benzol (*de Vivar, Romo*, J. org. Chem. **24**
[1959] 1490, 1492).
Krystalle (aus CHCl₃ + Hexan); F: 159—160° [unkorr.].

11′-Isopropyl-5′-methyl-spiro[anthracen-9,2′-phenanthro[9,10-*b*][1,4]dioxin]-10-on
$C_{33}H_{26}O_3$, Formel XIV, und **6′-Isopropyl-12′-methyl-spiro[anthracen-9,2′-phenanthro-
[9,10-*b*][1,4]dioxin]-10-on** $C_{33}H_{26}O_3$, Formel XV.
Diese beiden Formeln kommen für die nachstehend beschriebene, von *Mustafa* (Soc.
1949 Spl. 83, 86) als 6′-Isopropyl-12′-methyl-spiro[anthracen-9,2′-phenanthro[9,10-*b*]=
[1,4]dioxin]-10-on angesehene Verbindung in Betracht (*Baddar*, Soc. **1950** 749).
B. Bei 13-tägiger Bestrahlung einer Lösung von 7-Isopropyl-1-methyl-phenanthren-
9,10-chinon und 10-Methylen-anthron in Benzol mit Sonnenlicht (*Mu.*).
Krystalle (aus CHCl₃ + PAe.); F: 190° (*Mu.*).

XIV   XV

Monooxo-Verbindungen $C_nH_{2n-42}O_3$

9,15-Dioxa-anthra[3,2,1,9,8-*rstuva*]pentaphen-3-on $C_{27}H_{12}O_3$, Formel I.

B. Beim Erhitzen von [2-Brom-phenyl]-perixanthenoxanthen-3-yl-keton mit Kalium-hydroxid in Chinolin (*Pummerer et al.*, A. **553** [1942] 103, 125).

Krystalle (nach Sublimation bei 280—300°/0,5—1 Torr); F: 323° [braunrote Schmelze; nach partieller Sublimation von 315° an].

I   II

Monooxo-Verbindungen $C_nH_{2n-44}O_3$

(±)-2-Benzoyl-9,10-diphenyl-9,10-dihydro-9,10-epidioxido-anthracen, (±)-[9,10-Di-phenyl-9,10-dihydro-9,10-epidioxido-anthracen-2-yl]-phenyl-keton $C_{33}H_{22}O_3$, Formel II.

B. Bei der Bestrahlung einer Lösung von [9,10-Diphenyl-[2]anthryl]-phenyl-keton in Schwefelkohlenstoff mit Sonnenlicht unter Luftzutritt (*de Bruyn*, A. ch. [11] **20** [1945] 551, 578).

Krystalle (aus Bzl.); Zers. bei 140°.

Monooxo-Verbindungen $C_nH_{2n-46}O_3$

Oxo-Verbindungen $C_{31}H_{16}O_3$

Dibenzo[*f,h*]phenanthro[9′,10′;4,5]furo[3,2-*c*]chromen-10-on, 2-[10-Hydroxy-[9]phenanthryl]-phenanthro[9,10-*b*]furan-3-carbonsäure-lacton $C_{31}H_{16}O_3$, Formel III.

Diese Konstitution kommt wahrscheinlich der nachstehend beschriebenen, von *Diels* und *Kassebart* (A. **536** [1938] 78, 81) als Diphenanthro[9,10-*b*;9′,10′-*f*]oxepin-18,19-dion ($C_{30}H_{16}O_3$) angesehenen Verbindung zu (*Bloom*, Am. Soc. **83** [1961] 3808, 3810).

B. Bei kurzem Erhitzen von Bis-[10-hydroxy-[9]phenanthryl]-fumarsäure (E III **10** 2552) mit Nitrobenzol oder mit Essigsäure (*Di., Ka.,* l. c. S. 88). Beim Erhitzen von 3-[10-Hydroxy-[9]phenanthryl]-2-oxo-2H-dibenzo[*f,h*]chromen-4-carbonsäure-anilid (s. E III/IV **18** 6449) oder von 3-[10-Hydroxy-[9]phenanthryl]-2-oxo-2H-dibenzo[*f,h*]-chromen-4-carbonsäure-[N-methyl-anilid] (s. E III/IV **18** 6449) mit Nitrobenzol (*Di., Ka.,* l. c. S. 86). Bei der Bestrahlung einer Lösung von [3,3′]Bi[phenanthro[9,10-*b*]-

furanyliden]-2,2′-dion (S. 2177) in Pyridin mit Sonnenlicht (*Di., Ka.,* l. c. S. 86).

Gelbliche Krystalle (aus Nitrobenzol), die unterhalb 360° nicht schmelzen (*Di., Ka.,* l. c. S. 86, 88).

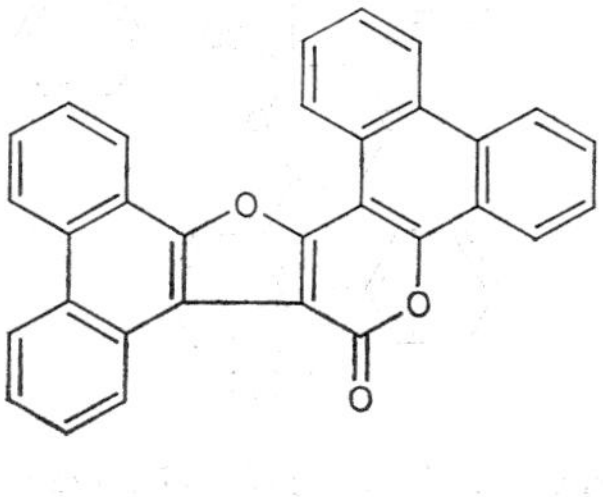

III 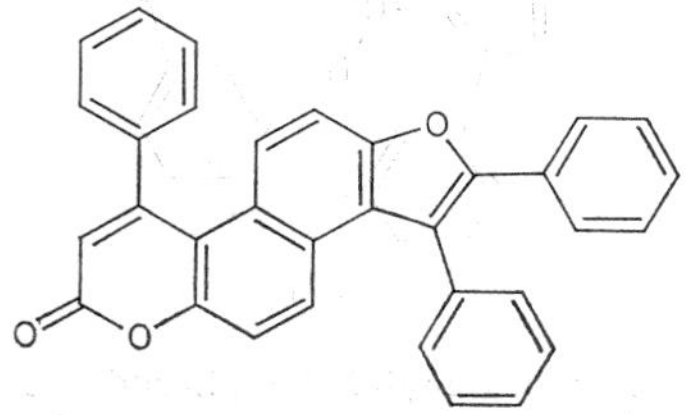   IV

Oxo-Verbindungen $C_{33}H_{20}O_3$

2,3,9-Triphenyl-furo[3′,2′;3,4]benzo[1,2-*f*]chromen-7-on, 3*c*-[7-Hydroxy-1,2-diphenyl-naphtho[2,1-*b*]furan-6-yl]-3*t*-phenyl-acrylsäure-lacton $C_{33}H_{20}O_3$, Formel IV.

B. Beim Erhitzen von [7-Hydroxy-1,2-diphenyl-naphtho[2,1-*b*]furan-6-yl]-phenyl-keton oder von [7-Acetoxy-1,2-diphenyl-naphtho[2,1-*b*]furan-6-yl]-phenyl-keton mit Acetanhydrid und Natriumacetat (*Dischendorfer, Hinterbauer*, M. **82** [1951] 1, 11).

Hellgelbe Krystalle (aus A., Eg. oder Py.); F: **224°**.

2,3,4-Triphenyl-benzo[*h*]furo[3,2-*f*]chromen-6-on, 3*c*-[5-Hydroxy-2,3-diphenyl-naphtho[1,2-*b*]furan-4-yl]-3*t*-phenyl-acrylsäure-lacton $C_{33}H_{20}O_3$, Formel V.

B. Beim Erhitzen von [5-Hydroxy-2,3-diphenyl-naphtho[1,2-*b*]furan-4-yl]-phenyl-keton mit Acetanhydrid und Natriumacetat auf 230° (*Dischendorfer, Marek*, M. **80** [1949] 400, 403).

Gelbe Krystalle (aus A., Eg. oder wss. Py.); F: **256,5°** [korr.].

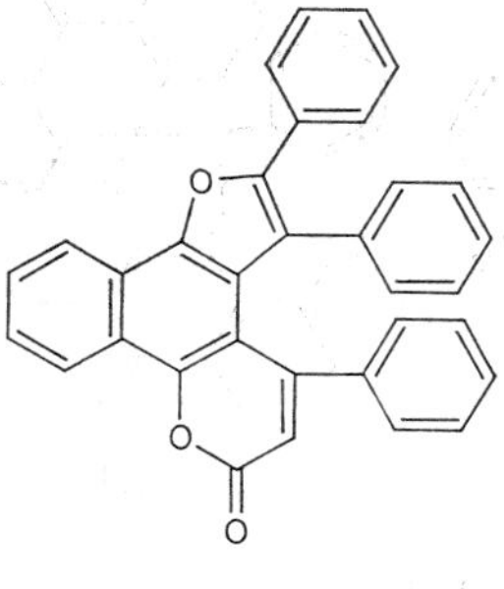

V 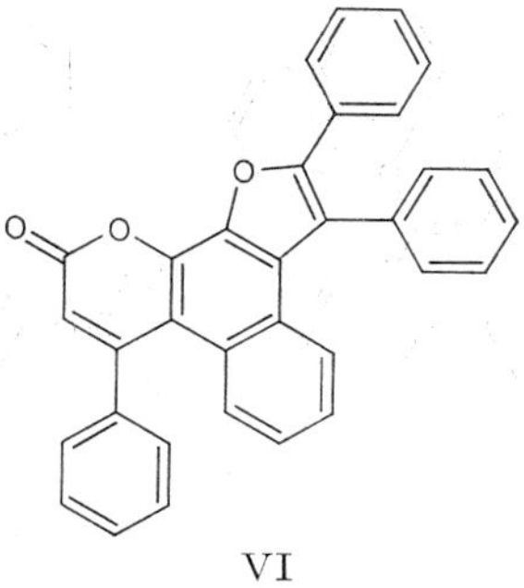   VI

2,3,8-Triphenyl-benzo[*f*]furo[3,2-*h*]chromen-10-on, 3*c*-[4-Hydroxy-1,2-diphenyl-naphtho[2,1-*b*]furan-5-yl]-3*t*-phenyl-acrylsäure-lacton $C_{33}H_{20}O_3$, Formel VI.

B. Beim Erhitzen von [4-Acetoxy-1,2-diphenyl-naphtho[2,1-*b*]furan-5-yl]-phenyl-keton mit Acetanhydrid und Natriumacetat auf 220° (*Dischendorfer et al.*, M. **81** [1950] 725, 734).

Gelbe Krystalle (aus A., Eg., Py. oder wss. Acn.); F: **250°** [korr.].

Oxo-Verbindungen $C_{35}H_{24}O_3$

1,3*t*(?)-Bis-[3,5-diphenyl-[2]thienyl]-propenon $C_{35}H_{24}OS_2$, vermutlich Formel VII.

B. Beim Behandeln einer Lösung von 1-[3,5-Diphenyl-[2]thienyl]-äthanon und 3,5-Di=phenyl-thiophen-2-carbaldehyd in Äthanol mit kleinen Mengen wss. Natronlauge (*Demer-seman et al.*, Soc. **1954** 4193, 4196).

Gelbe Krystalle (aus A.); F: **182°**.

VII   VIII

*Opt.-inakt. 2-Benzoyl-2,3-diphenyl-2,3-dihydro-phenanthro[9,10-*b*][1,4]dioxin,
[2,3-Diphenyl-2,3-dihydro-phenanthro[9,10-*b*][1,4]dioxin-2-yl]-phenyl-keton $C_{35}H_{24}O_3$,
Formel VIII.

B. Bei 8-monatiger Bestrahlung einer Lösung von Phenanthren-9,10-chinon und
1,2,3*t*-Triphenyl-propenon (E III 7 2822) in Benzol mit Sonnenlicht (*Mustafa*, Soc. **1949**
Spl. 83, 85).

Krystalle (aus Bzl. + PAe.); F: 233° [braunrote Schmelze].

Monooxo-Verbindungen $C_nH_{2n-48}O_3$

Oxo-Verbindungen $C_{35}H_{22}O_3$

(±)-3'-Phenyl-spiro[anthracen-9,2'-phenanthro[9,10-*b*][1,4]dioxin]-10-on $C_{35}H_{22}O_3$,
Formel IX.

B. Bei 3-monatiger Bestrahlung einer Lösung von Phenanthren-9,10-chinon und
10-Benzyliden-anthron in Benzol mit Sonnenlicht (*Mustafa, Islam*, Soc. **1949** Spl. 81).

Krystalle (aus Bzl.); F: 248° [rote Schmelze].

IX   X   XI

Oxo-Verbindungen $C_{39}H_{30}O_3$

(±)-6'-Isopropyl-12'-methyl-3'-phenyl-spiro[anthracen-9,2'-phenanthro[9,10-*b*][1,4]=
dioxin]-10-on $C_{39}H_{30}O_3$, Formel X, und (±)-11'-Isopropyl-5'-methyl-3'-phenyl-spiro=
[anthracen-9,2'-phenanthro[9,10-*b*][1,4]dioxin]-10-on $C_{39}H_{30}O_3$, Formel XI.

Diese beiden Konstitutionsformeln kommen für die nachstehend beschriebene Verbindung in Betracht.

B. Bei mehrwöchiger Bestrahlung einer Lösung von 7-Isopropyl-1-methyl-phenanthren-
9,10-chinon und 10-Benzyliden-anthron in Benzol mit Sonnenlicht (*Mustafa*, Soc. **1951**
1034, 1036).

Krystalle (aus Bzl.); F: 230°.   [*Walentowski*]

B. Dioxo-Verbindungen

Dioxo-Verbindungen $C_nH_{2n-4}O_4$

Dioxo-Verbindungen $C_3H_2O_4$

3,5-Diimino-[1,2]dithiolan $C_3H_4N_2S_2$, Formel I (R = H), und Tautomere.

3,5-Diamino-[1,2]dithiolylium $[C_3H_5N_2S_2]^+$, Formel II.

Chlorid $[C_3H_5N_2S_2]Cl$. *B*. Beim Erwärmen von Dithiomalonamid mit wss. Salzsäure und wss. Wasserstoffperoxid (*Schmidt*, B. **92** [1959] 1171, 1175). — Krystalle (aus W.); F: ca. 240° [Zers.; nach Sintern von 220° an].

Jodid $[C_3H_5N_2S_2]I$. *B*. Beim Erwärmen von Dithiomalonamid mit Jod in Äthanol (*Sch.*). — Hellgelbe Krystalle (aus W.); F: 180° [Zers.].

Picrat $[C_3H_5N_2S_2]C_6H_2N_3O_7$. F: 213° [Zers.] (*Sch.*).

    I   II   III   IV   V

3,5-Bis-phenylimino-[1,2]dithiolan, [1,2]Dithiolan-3,5-dion-bis-phenylimin $C_{15}H_{12}N_2S_2$, Formel I (R = C_6H_5).

B. Beim Behandeln von 1,3-Dithio-malonsäure-dianilid mit Jod in Äthanol (*Schmidt*, B. **92** [1959] 1171, 1176).

Picrat $C_{15}H_{12}N_2S_2 \cdot C_6H_3N_3O_7$. Krystalle (aus Eg.); F: 180° [Zers.].

[1,3]Dioxolan-2,4-dion, Carboxyoxy-essigsäure-anhydrid $C_3H_2O_4$, Formel III.

B. Beim Behandeln von Glykolsäure mit Phosgen in Dioxan und Erwärmen des Reaktionsprodukts unter 15 Torr auf 60° (*Davies*, Soc. **1951** 1357).

Krystalle (aus Ae.); F: 18°. Bei 49°/0,1 Torr unter partieller Zersetzung destillierbar.

[1,3]Oxathiolan-2,5-dion, Carboxymercapto-essigsäure-anhydrid $C_3H_2O_3S$, Formel IV.

B. Beim Behandeln von Mercaptoessigsäure mit Phosgen in Dioxan und Erwärmen des Reaktionsprodukts unter 15 Torr auf 60° (*Davies*, Soc. **1951** 1357).

Krystalle (aus E.); F: 68—70° [Zers.].

4,4,5,5-Tetrakis-phenylmercapto-[1,3]dithiolan $C_{27}H_{22}S_6$, Formel V (R = C_6H_5).

Diese Konstitution kommt für die nachstehend beschriebene Verbindung in Betracht (*Schönberg et al.*, B. **65** [1932] 289, 292).

B. Beim Behandeln von Trithiokohlensäure-diphenylester mit Diazomethan in Äther (*Sch. et al.*).

Krystalle (aus $CHCl_3$ + PAe.); Zers. bei ca. 140° [bei schnellem Erhitzen].

Dioxo-Verbindungen $C_4H_4O_4$

[1,4]Dithian-2,3-dion, 1,2-Dithio-oxalsäure-S,S'-äthandiylester $C_4H_4O_2S_2$, Formel VI.

B. Beim Behandeln von Äthan-1,2-dithiol mit Oxalylchlorid unter Stickstoff (*Tsatsaronis*, Chimika Chronika **26** [1956] 120; C. A. **1957** 1192).

Krystalle (aus Bzl. + PAe.); F: 176—177°.

VI   VII   VIII   IX

*[1,4]Dithian-2,3-dion-bis-[4-nitro-phenylhydrazon] $C_{16}H_{14}N_6O_4S_2$, Formel VII.
  B. Aus [1,4]Dithian-2,3-dion und [4-Nitro-phenyl]-hydrazin (*Tsatsaronis*, Chimika Chronika **26** [1956] 120; C. A. **1957** 1192).
  Gelbe Krystalle (aus A.); F: 241° [Zers.].

[1,4]Dioxan-2,5-dion, Diglykolid, Glykolid $C_4H_4O_4$, Formel VIII (H 153; E I 679; E II 175).
  B. Beim Erhitzen von Natrium-chloracetat mit Kupfer-Spänen unter 5 Torr bis auf 300° (*Sporzyński et al.*, R. **68** [1949] 613, 615).
  Dimorph; unterhalb von 42° sind die Krystalle der monoklinen β-Modifikation stabil, oberhalb von 42° sind die Krystalle der orthorhombischen α-Modifikation stabil (*Schmitt et al.*, Brit. P. 1188295 [1966]). Schmelzpunkt von Gemischen der beiden Modifikationen: 83,8—84,3° (*Sch. et al.*), 82—83° (*Sp. et al.*). Krystalloptik sowie IR-Banden der beiden Modifikationen: *Sch. et al.* Raman-Banden von krystallinem und von geschmolzenem [1,4]Dioxan-2,5-dion: *Kohlrausch*, Z. physik. Chem. [A] **193** [1944] 188, 195.

[1,4]Dithian-2,5-dion $C_4H_4O_2S_2$, Formel IX (in der Literatur als Dithioglykolid bezeichnet).
  B. Beim 3-tägigen Erhitzen von Mercaptoessigsäure unter 1 Torr auf 130° und Erhitzen des Reaktionsprodukts mit Zinkoxid unter 0,4 Torr bis auf 210° (*Schöberl, Wiehler*, A. **595** [1955] 101, 126; s. a. *Schöberl, Krumey*, B. **77/79** [1944/46] 371, 374).
  Krystalle (aus CCl_4); F: 96,5—97,5° [durch Sublimation gereinigtes Präparat] (*Sch., Wi.*). IR-Spektrum (3800—700 cm⁻¹): *Sch., Wi.*, l. c. S. 114.
  Geschwindigkeit der Hydrolyse in Wasser bei 100°: *Sch., Wi.*, l. c. S. 127; in wss. Natronlauge (0,1 n) bei 20°: *Sch., Kr.*, l. c. S. 377. Beim Behandeln mit Lithiumalanat in Äther sind 2-Mercapto-äthanol und Äthan-1,2-dithiol erhalten worden (*Sch., Wi.*, l. c. S. 128).

*[1,4]Dithian-2,5-dion-mono-[2,4-dinitro-phenylhydrazon] $C_{10}H_8N_4O_5S_2$, Formel X.
  B. Beim Behandeln einer Lösung von [1,4]Dithian-2,5-dion in Äthanol mit [2,4-Dinitro-phenyl]-hydrazin und wss. Schwefelsäure (*Schöberl, Wiehler*, A. **595** [1955] 101. 128).
  Orangerote Krystalle (aus A. + E.); F: 233—234° [unkorr.; Zers.; Block].

X   XI

*2,5-Dinitro-3,6-bis-phenylimino-[1,4]dithian, 3,6-Dinitro-[1,4]dithian-2,5-dion-bis-phenylimin $C_{16}H_{12}N_4O_4S_2$, Formel XI (R = H), und Tautomere (z. B. 2,5-Dianilino-3,6-dinitro-[1,4]dithiin; Formel I [R = C_6H_5]).
  B. Beim Behandeln einer Lösung von 2,5-Bis-äthoxycarbonylmethylmercapto-3,6-dinitro-[1,4]dithiin, von 2,5-Bis-methoxycarbonylmethylmercapto-3,6-dinitro-[1,4]dithiin oder von 2,5-Dinitro-3,6-bis-phenylmercapto-[1,4]dithiin in Chloroform mit Anilin (*Schöberl, Wiehler*, A. **595** [1955] 101, 130).
  Orangerote Krystalle (aus $CHCl_3$ + Ae.); F: 179—180° [unkorr.; Zers.; Block].

*2,5-Dinitro-3,6-bis-*p*-tolylimino-[1,4]dithian, 3,6-Dinitro-[1,4]dithian-2,5-dion-bis-*p*-tolylimin $C_{18}H_{16}N_4O_4S_2$, Formel XI (R = CH$_3$), und Tautomere (z. B. 2,5-Dinitro-3,6-bis-*p*-toluidino-[1,4]dithiin; Formel I [R = C$_6$H$_5$-CH$_3$]).

B. Beim Behandeln einer Lösung von 2,5-Bis-äthoxycarbonylmethylmercapto-3,6-dinitro-[1,4]dithiin oder von 2,5-Bis-methoxycarbonylmethylmercapto-3,6-dinitro-[1,4]dithiin in Chloroform mit *p*-Toluidin (*Schöberl, Wiehler,* A. **595** [1955] 101, 130).

Braungelbe Krystalle (aus CHCl$_3$ + Ae.); F: 163,5—164° [unkorr.; Zers.; Block].

*2,5-Bis-[1]naphthylimino-3,6-dinitro-[1,4]dithian, 3,6-Dinitro-[1,4]dithian-2,5-dion-bis-[1]naphthylimin $C_{24}H_{16}N_4O_4S_2$, Formel II, und Tautomere (z. B. 2,5-Bis-[1]naphthylamino-3,6-dinitro-[1,4]dithiin; Formel I [R = C$_{10}$H$_7$]).

B. Beim Behandeln einer Lösung von 2,5-Bis-äthoxycarbonylmethylmercapto-3,6-dinitro-[1,4]dithiin oder von 2,5-Bis-methoxycarbonylmethylmercapto-3,6-dinitro-[1,4]dithiin in Chloroform mit [1]Naphthylamin (*Schöberl, Wiehler,* A. **595** [1955] 101, 130).

Braungelbe Krystalle (aus CHCl$_3$ + Ae.); F: 199—200° [unkorr.; Zers.; Block].

2,2,5,5-Tetrakis-phenylmercapto-[1,4]dithian $C_{28}H_{24}S_6$, Formel III (R = C$_6$H$_5$).

B. Beim Behandeln einer Lösung von [1,4]Dithian-2,5-dion in Essigsäure mit Thiophenol und Chlorwasserstoff oder mit Thiophenol und dem Borfluorid-Äther-Addukt (*Schöberl, Wiehler,* A. **595** [1955] 101, 129).

Krystalle (aus Eg.); F: ca. 189—190° [unkorr.; Zers.; Block].

Beim Erwärmen mit Salpetersäure ist 2,5-Dinitro-3,6-bis-phenylmercapto-[1,4]dithiin erhalten worden (*Sch., Wi.,* l. c. S. 130).

2,2,5,5-Tetrakis-benzylmercapto-[1,4]dithian $C_{32}H_{32}S_6$, Formel III (R = CH$_2$-C$_6$H$_5$).

B. Beim Behandeln von [1,4]Dithian-2,5-dion mit Benzylmercaptan und Chlorwasserstoff (*Schöberl, Wiehler,* A. **595** [1955] 101, 129).

Krystalle (aus E.); F: 154,5—155,5° [unkorr.; Block].

I   II   III

2,2,5,5-Tetrakis-carboxymethylmercapto-[1,4]dithian, [1,4]Dithian-2,2,5,5-tetrayl-tetramercapto-tetra-essigsäure $C_{12}H_{16}O_8S_6$, Formel IV (X = OH).

B. Bei 75-tägigem Behandeln von Mercaptoessigsäure mit konz. wss. Salzsäure (*Schöberl, Wiehler,* A. **595** [1955] 101, 119). Beim Behandeln von [1,4]Dithian-2,5-dion mit Mercaptoessigsäure und Chlorwasserstoff (*Sch., Wi.*).

Krystalle; F: 202—204° [unkorr.; Zers.; Block].

Geschwindigkeit der Hydrolyse in Quecksilber(II)-chlorid enthaltender wss. Salzsäure (0,1 n) bei 100°: *Sch., Wi.,* l. c. S. 121.

S-Benzyl-isothiouronium-Salz [C$_8$H$_{11}$N$_2$S]$_4$C$_{12}$H$_{12}$O$_8$S$_6$. F: 164,5—166° [unkorr.; Zers.; Block] (*Sch., Wi.,* l. c. S. 120).

2,2,5,5-Tetrakis-methoxycarbonylmethylmercapto-[1,4]dithian, [1,4]Dithian-2,2,5,5-tetrayltetramercapto-tetra-essigsäure-tetramethylester $C_{16}H_{24}O_8S_6$, Formel IV (X = O-CH$_3$).

B. Bei 42-tägigem Behandeln von Mercaptoessigsäure-methylester mit dem Borfluorid-Äther-Addukt (*Schöberl, Wiehler,* A. **595** [1955] 101, 120). Bei 4-tägigem Behandeln von [1,4]Dithian-2,5-dion mit Mercaptoessigsäure-methylester und Borfluorid in Äther (*Sch., Wi.*). Beim Erwärmen von 2,2,5,5-Tetrakis-carboxymethylmercapto-[1,4]dithian (s. o.) mit Methanol und Chlorwasserstoff (*Sch., Wi.*).

Krystalle (aus Me. oder A.); F: 118—119° [unkorr.; Block].

Geschwindigkeit der Hydrolyse in Quecksilber(II)-chlorid enthaltender wss. Salzsäure (0,1 n) bei 100°: *Sch., Wi.,* l. c. S. 121. Beim Behandeln mit Salpetersäure ist 2,5-Bis-methoxycarbonylmethylmercapto-3,6-dinitro-[1,4]dithiin erhalten worden (*Sch.*, *Wi.*, l. c. S. 129).

2,2,5,5-Tetrakis-äthoxycarbonylmethylmercapto-[1,4]dithian, [1,4]Dithian-2,2,5,5-tetrayl=tetramercapto-tetra-essigsäure-tetraäthylester $C_{20}H_{32}O_8S_6$, Formel IV (X = O-C_2H_5).

B. Bei 52-tägigem Behandeln von Mercaptoessigsäure-äthylester mit dem Bor=fluorid-Äther-Addukt (*Schöberl, Wiehler*, A. **595** [1955] 101, 121). Bei 4-tägigem Behandeln von [1,4]Dithian-2,5-dion mit Mercaptoessigsäure-äthylester und Borfluorid in Äther (*Sch.*, *Wi.*). Beim Erwärmen von 2,2,5,5-Tetrakis-carboxymethylmercapto-[1,4]dithian (S. 1923) mit Äthanol und Chlorwasserstoff (*Sch.*, *Wi.*).

Krystalle (aus A.); F: 92,5—93,5°.

Geschwindigkeit der Hydrolyse in Quecksilber(II)-chlorid enthaltender wss. Salzsäure (0,1 n) bei 100°: *Sch.*, *Wi.*, l. c. S. 121. Beim Behandeln mit Salpetersäure ist 2,5-Bis-äthoxycarbonylmethylmercapto-3,6-dinitro-[1,4]dithiin erhalten worden (*Sch.*, *Wi.*, l. c. S. 129).

IV   V   VI   VII

2,2,5,5-Tetrakis-[benzylcarbamoyl-methylmercapto]-[1,4]dithian, [1,4]Dithian-2,2,5,5-tetrayltetramercapto-tetra-essigsäure-tetrakis-benzylamid $C_{40}H_{44}N_4O_4S_6$, Formel IV (X = NH-CH_2-C_6H_5).

B. Beim Erhitzen von 2,2,5,5-Tetrakis-methoxycarbonylmethylmercapto-[1,4]dithian mit Benzylamin und Ammoniumchlorid (*Schöberl, Wiehler*, A. **595** [1955] 101, 122).

Krystalle (aus Dioxan + Ae.); F: 180—181° [unkorr.; Zers.; Block].

2,2,5,5-Tetrakis-carbazoylmethylmercapto-[1,4]dithian, [1,4]Dithian-2,2,5,5-tetrayl=tetramercapto-tetra-essigsäure-tetrahydrazid $C_{12}H_{24}N_8O_4S_6$, Formel IV (X = NH-NH_2).

B. Beim Erhitzen von 2,2,5,5-Tetrakis-methoxycarbonylmethylmercapto-[1,4]dithian mit wss. Hydrazin-Lösung (*Schöberl, Wiehler*, A. **595** [1955] 101, 121).

Krystalle (aus W.); F: 210—212° [unkorr.; Zers.; Block].

2,2,5,5-Tetrakis-[2-carboxy-äthylmercapto]-[1,4]dithian, 3,3′,3″,3‴-[1,4]Dithian-2,2,5,5-tetrayltetramercapto-tetra-propionsäure $C_{16}H_{24}O_8S_6$, Formel III (R = CH_2-CH_2-CO-OH).

B. Beim Behandeln von [1,4]Dithian-2,5-dion mit 3-Mercapto-propionsäure und Chlor=wasserstoff (*Schöberl, Wiehler*, A. **595** [1955] 101, 128).

Krystalle; F: 181—182,5° [unkorr.; Zers.; Block].

S-Benzyl-isothiouronium-Salz $[C_8H_{11}N_2S]_4C_{16}H_{20}O_8S_6$. F: 158—160° [unkorr.; Zers.; Block] (*Sch.*, *Wi.*).

[1,4]Dioxan-2,6-dion, Oxydiessigsäure-anhydrid, 3-Oxa-glutarsäure-anhydrid, Diglykolsäure-anhydrid $C_4H_4O_4$, Formel V (H 153).

B. Beim Erhitzen von 3-Oxa-glutarsäure mit Acetanhydrid (*Hurd, Glass*, Am. Soc. **61** [1939] 3490).

F: 94—95°; Kp_{20}: 130° (*Hurd, Gl.*).

Beim Leiten durch ein auf 450° erhitztes Rohr ist Maleinsäure-anhydrid, beim Leiten durch ein auf 500° erhitztes Rohr sind ausserdem geringe Mengen Keten erhalten worden (*Hurd, Gl.*). Reaktion mit 2-Mercapto-anilin in Benzol unter Bildung von Benzothiazol-2-ylmethoxy-essigsäure: *Babitschew, Derkatsch*, Ukr. chim. Ž. **22** [1956] 208, 211; C. A. **1957** 373.

[1,4]Oxathian-2,6-dion, Sulfandiyldiessigsäure-anhydrid, 3-Thia-glutarsäure-anhydrid $C_4H_4O_3S$, Formel VI (H 154; dort als Thiodiglykolsäure-anhydrid bezeichnet).

B. Beim Erhitzen von 3-Thia-glutarsäure unter 12 Torr auf 158° (*Lappas, Jenkins*, J.

Am. pharm. Assoc. **41** [1952] 257, 258).
Krystalle (aus CHCl₃); F: 101° (*La., Je.*).
Beim Behandeln einer Lösung in Benzol mit 2-Mercapto-anilin ist Benzothiazol-2-ylmethylmercapto-essigsäure erhalten worden (*Babitschew, Derkatsch*, Ukr. chim. Ž. **22** [1956] 208, 211; C. A. **1957** 373).

(±)-5-Methyl-[1,3]dioxolan-2,4-dion, (±)-2-Carboxyoxy-propionsäure-anhydrid $C_4H_4O_4$, Formel VII.
B. Beim Behandeln von DL-Milchsäure mit Phosgen in Dioxan und Erwärmen des Reaktionsprodukts unter 15 Torr auf 65° (*Davies*, Soc. **1951** 1357).
Krystalle (aus Ae.); F: 27—28°. Kp_{15}: 93°.

Dioxo-Verbindungen $C_5H_6O_4$

3-Methyl-[1,4]dioxan-2,6-dion, 2-Carboxymethoxy-propionsäure-anhydrid, 2-Methyl-3-oxa-glutarsäure-anhydrid $C_5H_6O_4$.
 a) **(S)-3-Methyl-[1,4]dioxan-2,6-dion** $C_5H_6O_4$, Formel VIII.
B. Beim Erhitzen von (S)-2-Carboxymethoxy-propionsäure mit Acetanhydrid (*Godchot, Vièles*, C. r. **202** [1936] 1358; Bl. [5] **4** [1937] 937, 942).
Kp_{27}: 118—120°; $[\alpha]_{546}$: − 2° [Ae.; c = 12] (*Go., Vi.*).
Beim Behandeln mit Äthanol ist (S)-2-Äthoxycarbonylmethoxy-propionsäure erhalten worden (*Vièles, Amir*, C. r. **209** [1939] 457).

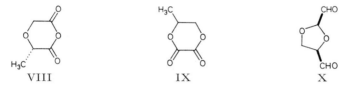

VIII   IX   X

 b) **(±)-3-Methyl-[1,4]dioxan-2,6-dion** $C_5H_6O_4$, Formel VIII + Spiegelbild (H 154).
B. Beim Erhitzen von (±)-2-Carboxymethoxy-propionsäure mit Acetanhydrid (*Godchot, Vièles*, Bl. [5] **4** [1937] 937, 939).
Kp_{28}: 118° (*Go., Vi.*).

(±)-5-Methyl-[1,4]dioxan-2,3-dion, (±)-Oxalsäure-methyläthandiylester, (±)-Oxal-säure-propylenester, (±)-Propylenoxalat $C_5H_6O_4$, Formel IX.
B. Beim Erhitzen von Oxalsäure-diäthylester mit (±)-Propan-1,2-diol und Erhitzen des Reaktionsprodukts unter 5 Torr (*Carothers et al.*, Am. Soc. **52** [1930] 3292, 3297).
Krystalle (aus A.); F: 142° (*Ca. et al.*).
Beim Erhitzen auf 150° erfolgt Umwandlung in eine Substanz von hohem Molekulargewicht (*Ca. et al.*). Beim Erhitzen mit 10%ig. wss. Schwefelsäure auf 160° sind Propion-aldehyd und Aceton erhalten worden (*Shell Devel. Co.*, U.S.P. 2106347 [1934]).

(2R)-[1,3]Dioxolan-2r,4c-dicarbaldehyd, (2R)-cis-[1,3]Dioxolan-2,4-dicarbaldehyd $C_5H_6O_4$, Formel X.
B. Beim Behandeln von Lävoglucosan [1,6-Anhydro-β-D-glucopyranose] (*Jackson, Hudson*, Am. Soc. **62** [1940] 958, 959, 961), von D-Altrosan [1,6-Anhydro-β-D-altropyr-anose] (*Richtmyer, Hudson*, Am. Soc. **62** [1940] 961, 963), von D-Mannosan [1,6-Anhydro-β-D-mannopyranose] (*Knauf et al.*, Am. Soc. **63** [1941] 1447, 1450) oder von D-Galactosan [1,6-Anhydro-β-D-galactopyranose] (*Hann, Hudson*, Am. Soc. **64** [1942] 2435, 2437) mit Perjodsäure oder Natriumperjodat in Wasser. Beim Behandeln von 2-Amino-2-desoxy-1,6-anhydro-β-D-gulopyranose-hydrochlorid (*van Tamelen et al.*, Am. Soc. **78** [1956] 4817) oder von 2-Amino-2-desoxy-1,6-anhydro-β-D-idopyranose-hydrochlorid (*Kuhn, Bister*, A. **617** [1958] 92, 103) mit Natriumperjodat in Wasser.
$[\alpha]_D^{20}$: − 13,9° [W.] (*Hann, Hu.*); $[M]_D^{20}$: − 1500° [W.] (*Ja., Hu.*).

Beim Behandeln einer wss. Lösung mit Strontiumcarbonat und Brom ist $(2R)$-*cis*-[1,3]Dioxolan-2,4-dicarbonsäure erhalten worden (*Ja., Hu.*).

Charakterisierung durch Überführung in $(2R)$-*cis*-2,4-Bis-[bis-(4,4-dimethyl-2,6-dioxo-cyclohexyl)-methyl]-[1,3]dioxolan (F: 135,6—136,2°; $[\alpha]_D^{25}$: — 13,3° [A.] bzw. F: 135° bis 136°; $[\alpha]_D^{22}$: — 16,6° [A.] [S. 2301]) mit Hilfe von Dimedon: *v. Ta. et al.*; *Kuhn, Bi.*, l. c. S. 104.

Dioxo-Verbindungen $C_6H_8O_4$

2,2-Dimethyl-[1,3]dioxan-4,6-dion, Malonsäure-isopropylidenester, Isopropylidenmalonat, Meldrum-Säure $C_6H_8O_4$, Formel I (X = H).

Diese Konstitution kommt der früher (s. H **18** 374; E I **18** 478; E II **18** 313; s. a. *Schemjakin, Wul'fšon*, Ž. obšč. Chim. **13** [1943] 448; C. A. **1944** 3255; *Wul'fšon*, Ž. obšč. Chim. **20** [1950] 425, 428; engl. Ausg. S. 449, 452; *Chaimow*, Trudy Tadžiksk. selskochoz. Inst. **1** [1958] 19, 20, 26; C. A. **1961** 427) als [α-Hydroxy-isopropyl]-malonsäure-lacton formulierten Verbindung zu (*Davidson, Bernhard*, Am. Soc. **70** [1948] 3426; *Abramovitch*, Canad. J. Chem. **37** [1959] 361; *Eistert, Geiss*, B. **94** [1961] 929, 931, 933).

B. Beim Behandeln von Malonsäure mit Acetanhydrid und Aceton (*Wu.*, l. c. S. 428). Beim Behandeln von Silbermalonat mit Acetylchlorid und Aceton (*Wu.*, l. c. S. 429). Beim Behandeln von Malonsäure mit Isopropenylacetat und wenig Schwefelsäure (*Da., Be.*).

Krystalle (aus Acn. + W.); F: 96,5—97,5° [Zers.] (*Scheuer, Cohen*, Am. Soc. **80** [1958] 4933, 4936), 96—97° [aus Acn. oder Bzl.] (*Wu.*, l. c. S. 429), 96° [aus Acn. + W., aus W. oder aus CCl_4] (*Ab.*), 94—95° [Zers.; aus Acn. + W.] (*Da., Be.*). ¹H-NMR-Absorption: *Snyder, Kruse*, Am. Soc. **80** [1958] 1942. IR-Banden (CHCl₃) im Bereich von 2,8 μ bis 12 μ: *Sch., Co.*, l. c. S. 4938. CO-Valenzschwingungsbanden: *Sn., Kr.* UV-Spektrum (Me.; 220—305 nm): *Ei., Ge.*, B. **94** 932. Scheinbarer Dissoziationsexponent pK_a' (Wasser): 5,1 [potentiometrisch ermittelt] (*Da., Be.*), ca. 5,2 (*Eistert, Geiss*, Tetrahedron **7** [1959] 1, 7).

Geschwindigkeitskonstante der Hydrolyse in wss. Natronlauge (0,1n) bei 75°, 85,5° und 104°: *Sch., Wu.*, l. c. S. 449, 451. Überführung in 3-Methyl-crotonsäure durch Erwärmen mit Acetanhydrid: *Wul'fšon*, Ž. obšč. Chim. **20** [1950] 600; engl. Ausg. S. 633. Beim Behandeln einer Lösung in Acetonitril mit Methyljodid und Silberoxid ist 2,2,5,5-Tetramethyl-[1,3]dioxan-4,6-dion erhalten worden (*Da., Be.*). Reaktion mit 4-Brom-anilin in Acetonitril unter Bildung von N-[4-Brom-phenyl]-malonamidsäure: *Hurd, Hayao*, Am. Soc. **76** [1954] 5563. Eine von *Chaimow* (l. c. S. 27) beim Behandeln einer Lösung in Äthanol mit Natriumacetat und mit wss. Benzoldiazoniumsalz-Lösung erhaltene, als 2,2-Dimethyl-4-oxo-3-phenylazo-oxetan-3-carbonsäure angesehene Verbindung ist als 2,2-Dimethyl-[1,3]dioxan-4,5,6-trion-5-phenylhydrazon zu formulieren (*Ei., Ge.*, B. **94** 940, 947).

I   II   III   IV

5,5-Dideuterio-2,2-dimethyl-[1,3]dioxan-4,6-dion, Dideuteriomalonsäure-isopropyliden=ester $C_6H_6D_2O_4$, Formel I (X = D).

B. Beim Erwärmen von 2,2-Dimethyl-[1,3]dioxan-4,6-dion (s. o.) mit Deuteriumoxid (*Abramovitch*, Canad. J. Chem. **37** [1959] 361, 362).

Krystalle (aus Deuteriumoxid); F: 93—94°. CO-Valenzschwingungsbanden: *Ab.*, l. c. S. 363.

5-Brom-2,2-dimethyl-[1,3]dioxan-4,6-dion, Brommalonsäure-isopropylidenester $C_6H_7BrO_4$, Formel II (X = H).

Diese Konstitution ist der früher (s. E I **18** 478) als Brom-[α-hydroxy-isopropyl]-malonsäure-lacton formulierten Verbindung auf Grund ihrer genetischen Beziehung zu 2,2-Dimethyl-[1,3]dioxan-4,6-dion (s. o.) zuzuordnen.

^{1}H-NMR-Absorption: *Snyder*, *Kruse*, Am. Soc. **80** [1958] 1942. CO-Valenzschwingungs=
banden: *Sn.*, *Kr.*

5,5-Dibrom-2,2-dimethyl-[1,3]dioxan-4,6-dion, Dibrommalonsäure-isopropylidenester $C_6H_6Br_2O_4$, Formel II (X = Br).

B. Beim Behandeln von 2,2-Dimethyl-[1,3]dioxan-4,6-dion (S. 1926) oder von 5-Brom-
2,2-dimethyl-[1,3]dioxan-4,6-dion (S. 1926) mit wss. Natronlauge und Brom (*Snyder*,
Kruse, Am. Soc. **80** [1958] 1942).

Krystalle (aus CCl_4); F: 75—76°. CO-Valenzschwingungsbanden: *Sn.*, *Kr.*

Beim Behandeln mit Dimethylformamid ist 2,2,2',2'-Tetramethyl-[5,5']bi[1,3]dioxan=
yliden-4,6,4',6'-tetraon erhalten worden.

5,6-Dimethyl-[1,4]dioxan-2,3-dion $C_6H_8O_4$.

a) *cis*-5,6-Dimethyl-[1,4]dioxan-2,3-dion $C_6H_8O_4$, Formel III.

B. Beim Erhitzen von Oxalsäure-diäthylester mit *meso*-Butan-2,3-diol und wenig
Magnesiumchlorid-hexahydrat bis auf 200° und Erhitzen des Reaktionsprodukts unter
0,2 Torr bis auf 170° (*Ripley*, *Watson*, Canad. J. Chem. **29** [1951] 970, 973).

F: 78,4—80,4° [unreines Präparat].

Geschwindigkeitskonstante der Hydrolyse in Wasser bei 25°: *Ri.*, *Wa.*, l. c. S. 971.

b) (*R*)-*trans*-5,6-Dimethyl-[1,4]dioxan-2,3-dion $C_6H_8O_4$, Formel IV.

B. Neben anderen Verbindungen beim Erhitzen von Oxalsäure-diäthylester mit
D_g-*threo*-Butan-2,3-diol und wenig Magnesiumchlorid-hexahydrat bis auf 200° und Erhitzen des Reaktionsprodukts unter 0,2 Torr bis auf 170° (*Watson et al.*, Canad. J. Res.
[B] **28** [1950] 652, 655).

Krystalle; F: 97,1—100,5° [unreines Präparat] (*Ripley*, *Watson*, Canad. J. Chem. **29**
[1951] 970, 973). $[\alpha]_D^{25}$: +9,1° [$CHCl_3$]; $[\alpha]_D^{25}$: +23,3° [E.]; $[\alpha]_D^{25}$: +24,6° [Acn.] (*Ri.*, *Wa.*).

Geschwindigkeitskonstante der Hydrolyse in Wasser bei 25°: *Ri.*, *Wa.*, l. c. S. 971.

3,6-Dimethyl-[1,4]dioxan-2,5-dion, Dilactid, Lactid $C_6H_8O_4$.

a) (*R*)-*cis*-3,6-Dimethyl-[1,4]dioxan-2,5-dion, (−)-Dilactid $C_6H_8O_4$, Formel V
(H 154; dort als *d*-Lactid bezeichnet).

Krystalle (aus E.); F: 98,7° (*Kleine*, *Kleine*, Makromol. Ch. **30** [1959] 23, 31). Eutekti=
kum mit (*S*)-*cis*-3,6-Dimethyl-[1,4]dioxan-2,5-dion: *Kl.*, *Kl.*

b) (*S*)-*cis*-3,6-Dimethyl-[1,4]dioxan-2,5-dion, (+)-Dilactid $C_6H_8O_4$, Formel VI
(H 154; dort als *l*-Lactid bezeichnet).

Krystalle (aus E.); F: 98,7° (*Kleine*, *Kleine*, Makromol. Ch. **30** [1959] 23, 31). Eutekti=
kum mit (*R*)-*cis*-3,6-Dimethyl-[1,4]dioxan-2,5-dion: *Kl.*, *Kl.*

c) (±)-*cis*-3,6-Dimethyl-[1,4]dioxan-2,5-dion, (±)-Dilactid $C_6H_8O_4$, Formel V + VI
(H 154; E I 679; E II 176; dort als inaktives Lactid bezeichnet).

Krystalle; F: 128° [aus Ae.] (*Carothers et al.*, Am. Soc. **54** [1932] 761, 772), 128° [aus E.]
(*Kleine*, *Kleine*, Makromol. Ch. **30** [1959] 23, 31), 126—127° [aus A.] (*Kahovec*, *Kohlrausch*,
Z. physik. Chem. [A] **193** [1944] 188, 195). Raman-Spektrum (Krystalle): *Ka.*, *Ko.*, l. c.
S. 189, 195.

Geschwindigkeitskonstante der Hydrolyse in Chlorwasserstoff enthaltendem wss.
Aceton bei 0° bis 35° in Abhängigkeit von der Chlorwasserstoff-Konzentration: *Bezzi et al.*,
Mem. Accad. Italia **8** [1937] 127, 138.

3,5-Dimethyl-[1,4]dioxan-2,6-dion, 2,2'-Oxy-di-propionsäure-anhydrid, 2,4-Dimethyl-3-oxa-glutarsäure-anhydrid $C_6H_8O_4$.

a) (*R*)-*trans*-3,5-Dimethyl-[1,4]dioxan-2,6-dion, D_g-*threo*-2,4-Dimethyl-3-oxa-
glutarsäure-anhydrid, D-Dilactylsäure-anhydrid $C_6H_8O_4$, Formel VII.

B. Beim Erhitzen von D-Dilactylsäure (E III 3 449) mit Acetanhydrid (*Vièles*, A. ch.
[11] **3** [1935] 143, 211).

Kp_{20}: 108—110°. D_4^{20}: 1,2100. n_D^{20}: 1,4455. $[\alpha]_{546}^{17}$: −18,6° [Bzl.].

Beim Behandeln mit Äthanol ist D-Dilactylsäure-diäthylester erhalten worden.

b) **(S)-*trans*-3,5-Dimethyl-[1,4]dioxan-2,6-dion, L$_g$-*threo*-2,4-Dimethyl-3-oxa-glutarsäure-anhydrid, L-Dilactylsäure-anhydrid** $C_6H_8O_4$, Formel VIII.

B. Beim Erhitzen von L-Dilactylsäure (E III **3** 445) mit Acetanhydrid (*Vièles*, A. ch. [11] **3** [1935] 143, 211).

Kp$_{20}$: 108—110°. D$_4^{20}$: 1,2100. n$_D^{20}$: 1,4455. [α]$_{546}^{17}$: +18,6° [Bzl.].

Beim Behandeln mit Äthanol ist L-Dilactylsäure-diäthylester erhalten worden.

V   VI   VII   VIII   IX

c) **(±)-*trans*-3,5-Dimethyl-[1,4]dioxan-2,6-dion, (±)-*threo*-2,4-Dimethyl-3-oxa-glutarsäure-anhydrid, DL-Dilactylsäure-anhydrid** $C_6H_8O_4$, Formel VII + VIII (vgl. H 155; E II 176).

B. Beim Erhitzen von DL-Dilactylsäure (E III **3** 468) mit Acetanhydrid (*Vièles*, A. ch. [11] **3** [1935] 143, 166).

Krystalle, F: 36°; Kp$_{20}$: 108—109°; D$_4^{20}$: 1,2106; n$_D^{20}$: 1,4456.

*Opt.-inakt. 3,5-Dimethyl-[1,4]oxathian-2,6-dion, 2,2'-Sulfandiyl-di-propionsäure-anhydrid, 2,4-Dimethyl-3-thia-glutarsäure-anhydrid $C_6H_8O_3S$, Formel IX.

B. Beim Erwärmen von opt.-inakt. 2,4-Dimethyl-3-thia-glutarsäure (aus dem Natrium-Salz der (±)-2-Chlor-propionsäure und Natriumsulfid hergestellt) mit Acetylchlorid (*Lappas, Jenkins*, J. Am. pharm. Assoc. **41** [1952] 257).

Kp$_{14}$: 133—137°. n$_D^{20}$: 1,5010.

Dioxo-Verbindungen $C_7H_{10}O_4$

[1,5]Dioxonan-6,9-dion, Bernsteinsäure-propandiylester, Propandiylsuccinat $C_7H_{10}O_4$, Formel X.

B. In kleiner Menge neben 1,5,10,14-Tetraoxa-cyclooctadecan-6,9,15,18-tetraon beim Erhitzen des aus Bernsteinsäure und Propan-1,3-diol hergestellten Polyesters (s. E III **2** 1669; dort als „polymeres Trimethylensuccinat" bezeichnet) mit Zinn(II)-chlorid-di= hydrat unter 1 Torr auf 270° (*Spanagel, Carothers*, Am. Soc. **57** [1935] 929, 933).

Krystalle (aus A.); F: 81° (*Sp., Ca.*, l. c. S. 931).

2,2,5-Trimethyl-[1,3]dioxan-4,6-dion, Methylmalonsäure-isopropylidenester $C_7H_{10}O_4$, Formel XI.

Diese Konstitution kommt der früher (s. E I **18** 480) als [α-Hydroxy-isopropyl]-methyl-malonsäure-lacton formulierten Verbindung zu (vgl. *Davidson, Bernhard*, Am. Soc. **70** [1948] 3426; *Eistert, Geiss*, B. **94** [1961] 929).

UV-Spektrum (A. und Me.; 220—295 nm): *Kabachnik et al.*, Tetrahedron **1** [1957] 317, 323.

X   XI   XII

(S)-2,2-Dimethyl-[1,3]dioxolan-4r,5t-dicarbaldehyd, D$_g$-*threo*-2,3-Isopropylidendioxy-succinaldehyd, O,O'-Isopropyliden-D$_g$-tartaraldehyd, O²,O³-Isopropyliden-D-*threo*-tetro=dialdose $C_7H_{10}O_4$, Formel XII.

B. Beim Erwärmen von O³,O⁴-Isopropyliden-D-mannit mit Blei(IV)-acetat in Benzol

(*Fischer, Appel*, Helv. **17** [1934] 1574, 1577). Beim Behandeln von O^3,O^4-Isopropyliden-
D-glucit (*Bourne et al.*, Soc. **1952** 1408, 1412) oder von O^3,O^4-Isopropyliden-L-idit (*Bourne
et al.*, Soc. **1952** 2542, 2544) mit Natriumperjodat in Wasser.

Flüssigkeit, die allmählich glasartig erstarrt (*Fi., Ap.*). $[\alpha]_D^{18}$: $+26,6°$ (Anfangswert)
$\rightarrow +5,2°$ (nach 6 h) [A.; c = 4] (*Fi., Ap.*).

Beim aufeinanderfolgenden Behandeln mit Methanol, Cyanwasserstoff und Ammoniak
und Behandeln einer Lösung des Reaktionsprodukts in Methanol mit konz. wss. Salzsäure
ist D_g-*threo*-2ξ,5ξ-Diamino-3,4-dihydroxy-hexandisäure (E III **4** 1682) erhalten worden
(*Fischer, Feldmann*, Helv. **19** [1936] 538, 539). Reaktion mit Benzylmercaptan in Gegenwart von wss. Salzsäure unter Bildung von 1,1,4,4-Tetrakis-benzylmercapto-D_g-*threo*-
butan-2,3-diol (F: 101°; $[\alpha]_D^{16}$: $+70°$ [Py.]): *Bo. et al.*, l. c. S. 2545.

Bis-phenylhydrazon s. u.

**(S)-2,2-Dimethyl-[1,3]dioxolan-4r,5t-dicarbaldehyd-bis-diäthylacetal, O^2,O^3-Isoprop≠
yliden-D-*threo*-tetrodialdose-bis-diäthylacetal** $C_{15}H_{30}O_6$, Formel XIII (R = C_2H_5).

B. Bei mehrtägigem Behandeln von O^2,O^3-Isopropyliden-D-*threo*-tetrodialdose mit
Orthoameisensäure-triäthylester und Äthanol (*Fischer, Appel*, Helv. **17** [1934] 1574,
1579).

$Kp_{0,08}$: $88-89°$. $[\alpha]_D^{19}$: $+16,1°$ [A.; c = 5].

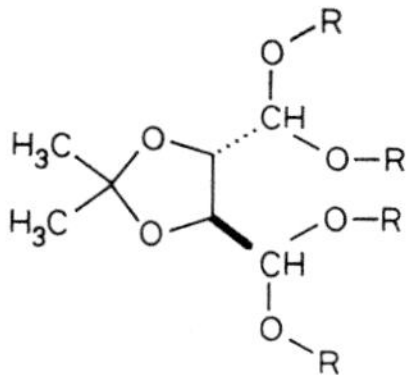

XIII 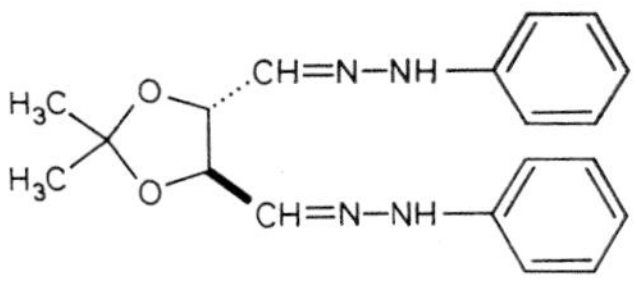   XIV

**(S)-2,2-Dimethyl-[1,3]dioxolan-4r,5t-dicarbaldehyd-bis-phenylhydrazon, O^2,O^3-Iso≠
propyliden-D-*threo*-tetrodialdose-bis-phenylhydrazon* $C_{19}H_{22}N_4O_2$, Formel XIV.

B. Beim Behandeln von O^2,O^3-Isopropyliden-D-*threo*-tetrodialdose (S. 1928) mit Phenyl≠
hydrazin und Äthanol (*Fischer, Appel*, Helv. **17** [1934] 1574, 1579; *Bourne et al.*, Soc.
1952 1408, 1412).

Krystalle (aus wss. A.) mit 1 Mol H_2O (*Fi., Ap.*). F: 145° [wasserfreies Präparat] (*Fi.,
Ap.*), 143° [aus A.] (*Bo. et al.*). $[\alpha]_D^{22}$: $-250°$ [A.; c = 2] [wasserfreies Präparat]; $[\alpha]_D^{20}$:
$-239°$ [A.; c = 3] [Monohydrat] (*Fi., Ap.*); $[\alpha]_D^{14}$: $-236°$ [$CHCl_3$] (*Bo. et al.*).

Dioxo-Verbindungen $C_8H_{12}O_4$

[1,3]Dioxecan-2,7-dion $C_8H_{12}O_4$, Formel I.

B. Bei der Behandlung einer Lösung von 3,4,6,7-Tetrahydro-2H,5H-pyrano[2,3-b]pyran
in Äthylacetat mit Ozon bei $-70°$ und anschliessenden Hydrierung an Palladium/Stron≠
tiumcarbonat (*McElvain, McKay*, Am. Soc. **77** [1955] 5601, 5604).

$Kp_{0,06}$: $94,5-95,5°$. n_D^{25}: 1,4755.

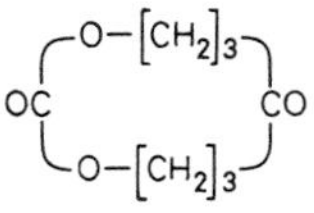

I 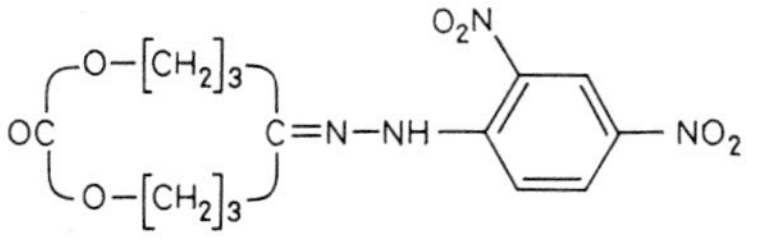   II 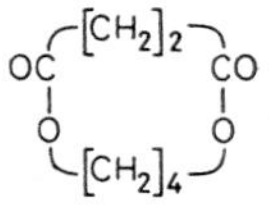   III

[1,3]Dioxecan-2,7-dion-7-[2,4-dinitro-phenylhydrazon] $C_{14}H_{16}N_4O_7$, Formel II.

B. Aus [1,3]Dioxecan-2,7-dion und [2,4-Dinitro-phenyl]-hydrazin (*McElvain, McKay*,
Am. Soc. **77** [1955] 5601, 5605).

Orangefarbene Krystalle (aus E.); F: $253-254°$.

[1,6]Dioxecan-2,5-dion, Bernsteinsäure-butandiylester, Butandiylsuccinat $C_8H_{12}O_4$, Formel III.

B. Als Hauptprodukt neben 1,6,11,16-Tetraoxa-cycloeicosan-2,5,12,15-tetraon beim Erhitzen des aus Bernsteinsäure und Butan-1,4-diol hergestellten Polyesters (E III **2** 1669; dort als „polymeres Tetramethylensuccinat" bezeichnet) mit wenig Zinn(II)-chlorid-dihydrat unter 1 Torr auf 270° (*Spanagel, Carothers,* Am. Soc. **57** [1935] 929, 933, 934).

Krystalle (aus A.), F: 42°; Kp$_2$: 95—96°; D$_4^{60}$: 1,1732; n$_D^{60}$: 1,4567 (*Sp., Ca.,* l. c. S. **931**).

5-Äthyl-2,2-dimethyl-[1,3]dioxan-4,6-dion, Äthylmalonsäure-isopropylidenester $C_8H_{12}O_4$, Formel IV.

B. Beim Behandeln von Äthylmalonsäure mit Acetanhydrid, Aceton und wenig Schwefelsäure (*Abramovitch,* Canad. J. Chem. **37** [1959] 361, 362).

Krystalle (aus W.); F: 108—109° (*Ab.*). IR-Spektrum (KBr; 4000—400 cm^{-1}): *Kabachnik et al.,* Tetrahedron **12** [1961] 76, 84. CO-Valenzschwingungen: *Ab.,* l. c. S. **363**. UV-Spektrum von Lösungen in Äthanol und in Methanol (210—300 nm): *Kabachnik et al.,* Tetrahedron **1** [1957] 317, 323; einer Lösung in Methanol (230—310 nm): *Eistert, Geiss,* B. **94** [1961] 929, 932.

2,2,5,5-Tetramethyl-[1,3]dioxan-4,6-dion, Dimethylmalonsäure-isopropylidenester $C_8H_{12}O_4$, Formel V.

Diese Konstitution kommt der früher (s. E I **18** 480) als [α-Hydroxy-isopropyl]-methyl-malonsäure-lacton-methylester formulierten Verbindung zu (*Davidson, Bernhard,* Am. Soc. **70** [1948] 3426).

B. Beim Behandeln von 2,2-Dimethyl-[1,3]dioxan-4,6-dion (S. 1926) mit Methyljodid, Silberoxid und Acetonitril (*Da., Be.*).

Krystalle (aus Bzl. + PAe.), F: 62° (*Da., Be.*). CO-Valenzschwingungsbanden: *Abramovitch,* Canad. J. Chem. **37** [1959] 361, 363.

IV   V   VI   VII

3,3-Diäthyl-[1,4]oxathian-2,6-dion, 2-Äthyl-2-carboxymethylmercapto-buttersäure-anhydrid, 2,2-Diäthyl-3-thia-glutarsäure-anhydrid $C_8H_{12}O_3S$, Formel VI.

B. Beim Erhitzen von 2-Äthyl-2-carboxymethylmercapto-buttersäure mit Acet=anhydrid (*Merck & Co. Inc.,* U.S.P. 2786838 [1954]).

Kp$_{15}$: 149—151°.

3,6-Bis-[1-chlor-äthyl]-[1,4]dioxan-2,5-dion $C_8H_{10}Cl_2O_4$, Formel VII.

Diese Konstitution ist für die nachstehend beschriebene opt.-inakt. Verbindung in Betracht gezogen worden (*Schaer,* Helv. **41** [1958] 560, 568).

B. In kleiner Menge neben anderen Verbindungen beim Behandeln von Hex-2t-enal mit alkal. wss. Natriumhypochlorit-Lösung (*Sch.*).

Krystalle (aus Bzl.); F: 137—138° [korr.; Kofler-App.].

***Opt.-inakt. 3,6-Bis-[1,2-dibrom-äthyl]-[1,4]dioxan-2,5-dion** $C_8H_8Br_4O_4$, Formel VIII.

B. Beim Behandeln von opt.-inakt. 3,6-Divinyl-[1,4]dioxan-2,5-dion (S. 1954) mit Brom in Chloroform (*Rambaud,* Bl. [5] **1** [1934] 1317, 1326).

Krystalle (aus Bzl.); F: 225° [oberhalb von 190° sublimierend].

cis-3,5-Diäthyl-[1,4]oxathian-2,6-dion, *meso*-2,2′-Sulfandiyl-di-buttersäure-anhydrid, *meso*-2,4-Diäthyl-3-thia-glutarsäure-anhydrid $C_8H_{12}O_3S$, Formel IX.

B. Beim Erwärmen von *meso*-2,4-Diäthyl-3-thia-glutarsäure mit Acetylchlorid (*Rasanen, Jenkins*, J. Am. pharm. Assoc. **38** [1949] 599, 601).

Krystalle; F: 18—19° (*Ra., Je.*), 14—15° (*Lappas, Jenkins*, J. Am. pharm. Assoc. **41** [1952] 257, 258). Kp_{15}: 149—151° (*Ra., Je.*), 149—150° (*La., Je.*). D_{20}^{20}: 1,1938 (*Ra., Je.*). n_D^{20}: 1,4942 (*Ra., Je.*; *La., Je.*).

VIII   IX   X   XI

3*r*,5*c*-Diäthyl-4,4-dioxo-4λ^6-[1,4]oxathian-2,6-dion, *meso*-2,2′-Sulfonyl-di-buttersäure-anhydrid $C_8H_{12}O_5S$, Formel X.

B. Beim Erwärmen von *meso*-2,2′-Sulfonyl-di-buttersäure mit Acetylchlorid (*Rasanen, Jenkins*, J. Am. pharm. Assoc. **38** [1949] 599, 602).

Krystalle (aus Bzl. + PAe.); F: 63—64°.

3,3,6,6-Tetramethyl-[1,4]dioxan-2,5-dion $C_8H_{12}O_4$, Formel XI (H 155; dort als Tetra= methylglykolid bezeichnet).

Sublimationsenthalpie bei 25°: 18,8 kcal·mol⁻¹ (*Beynon, Nicholson*, J. scient. Instruments **33** [1956] 376, 379).

Dioxo-Verbindungen $C_9H_{14}O_4$

1,6-Dioxa-cycloundecan-2,5-dion, Bernsteinsäure-pentandiylester, Pentandiylsuccinat $C_9H_{14}O_4$, Formel XII.

B. Neben 1,6,12,17-Tetraoxa-cyclodocosan-2,5,13,16-tetraon beim Erhitzen des aus Bernsteinsäure und Pentan-1,5-diol hergestellten Polyesters mit wenig Zinn(II)-chlorid-dihydrat unter 1 Torr auf 270° (*Spanagel, Carothers*, Am. Soc. **57** [1935] 929, 933).

Krystalle (aus A.), F: 19°; Kp_1: 88—89°; D_4^{60}: 1,1373; n_D^{60}: 1,4583 (*Sp., Ca.*, l. c. S. 931).

XII   XIII

(±)-4-Acetoacetyl-2,2-dimethyl-[1,3]dioxolan, (±)-1-[2,2-Dimethyl-[1,3]dioxolan-4-yl]-butan-1,3-dion $C_9H_{14}O_4$, Formel XIII, und Tautomere.

B. Beim Behandeln von (±)-2,2-Dimethyl-[1,3]dioxolan-4-carbonsäure-methylester mit Aceton und Natrium (*Fischer, Baer*, Helv. **16** [1933] 534, 538).

Kp_{11}: 107—109°. $n_D^{17,5}$: 1,4695.

Kupfer(II)-Salz $Cu(C_9H_{13}O_4)_2$. Blaue Krystalle (aus Acn. oder A.); F: 184—186° (*Fi., Baer*, l. c. S. 539).

Dioxo-Verbindungen $C_{10}H_{16}O_4$

1,6-Dioxa-cyclododecan-2,5-dion, Bernsteinsäure-hexandiylester, Hexandiylsuccinat $C_{10}H_{16}O_4$, Formel I.

B. Neben 1,6,13,18-Tetraoxa-cyclotetracosan-2,5,14,17-tetraon beim Erhitzen des aus Bernsteinsäure und Hexan-1,6-diol hergestellten Polyesters mit wenig Zinn(II)-chlorid-dihydrat unter 1 Torr auf 270° (*Spanagel, Carothers*, Am. Soc. **57** [1935] 929, 933).

F: −15°; Kp_2: 108—110°; D_4^{60}: 1,1140; n_D^{60}: 1,4606 (*Sp., Ca.*, l. c. S. 931).

2,2-Dipropyl-[1,3]dioxan-4,6-dion $C_{10}H_{16}O_4$, Formel II.
Diese Konstitution ist der nachstehend beschriebenen, von *Kandiah* (Soc. **1932** 1215, 1226) als 2,2-Dipropyl-4-oxo-oxetan-3-carbonsäure angesehenen Verbindung zuzuordnen (vgl. *Davidson, Bernhard*, Am. Soc. **70** [1948] 3426; *Eistert, Geiss*, B. **94** [1961] 929).
B. Beim Behandeln von Malonsäure mit Heptan-4-on, Acetanhydrid und wenig Schwefelsäure (*Ka.*).
Krystalle (aus PAe.); F: 89° (*Ka.*).

I   II   III   IV

Dioxo-Verbindungen $C_{11}H_{18}O_4$

1,4-Dioxa-cyclotridecan-5,13-dion, Nonandisäure-äthandiylester, Azelainsäure-äthan-diylester $C_{11}H_{18}O_4$, Formel III.
B. Neben kleinen Mengen 1,4,14,17-Tetraoxa-cyclohexacosan-5,13,18,26-tetraon beim Erhitzen des aus Azelainsäure und Äthylenglykol hergestellten Polyesters (s. E III **2** 1788; dort als „polymeres Äthylenazelat" bezeichnet) mit wenig Zinn(II)-chlorid-dihydrat unter 1 Torr auf 270° (*Spanagel, Carothers*, Am. Soc. **57** [1935] 929, 933).
Krystalle (aus A.); F: 52°; D_4^{60}: 1,0851; n_D^{60}: 1,4593 (*Sp., Ca.*, l. c. S. 931).

1,6-Dioxa-cyclotridecan-2,5-dion, Bernsteinsäure-heptandiylester, Heptandiylsuccinat $C_{11}H_{18}O_4$, Formel IV.
B. Neben 1,6,14,19-Tetraoxa-cyclohexacosan-2,5,15,18-tetraon beim Erhitzen des aus Bernsteinsäure und Heptan-1,7-diol hergestellten Polyesters mit Zinn(II)-chlorid-dihydrat unter 1 Torr auf 270° (*Spanagel, Carothers*, Am. Soc. **57** [1935] 929, 933).
Krystalle (aus A.); F: 49°; Kp_{1-2}: 116—118°; D_4^{60}: 1,0821; n_D^{60}: 1,4576 (*Sp., Ca.*, l. c. S. 931).

Dioxo-Verbindungen $C_{12}H_{20}O_4$

1,4-Dioxa-cyclotetradecan-2,3-dion, Oxalsäure-decandiylester, Decandiyloxalat $C_{12}H_{20}O_4$, Formel V.
B. Beim Erhitzen des aus Oxalsäure-diäthylester und Decan-1,10-diol hergestellten Polyesters (s. E III **2** 1582; dort als „polymeres Decamethylenoxalat" bezeichnet) mit wenig Natrium unter 0,1—2 Torr bis auf 240° (*Hill, Carothers*, Am. Soc. **55** [1933] 5031, 5033, 5035).
$Kp_{0,2}$: 125—126°; D_4^{20}: 1,0812; n_D^{20}: 1,4730 (*Hill, Ca.*, l. c. S. 5034).

1,4-Dioxa-cyclotetradecan-5,14-dion, Decandisäure-äthandiylester, Sebacinsäure-äthan-diylester $C_{12}H_{20}O_4$, Formel VI.
B. Neben 1,4,15,18-Tetraoxa-cyclooctacosan-5,14,19,28-tetraon beim Erhitzen des aus Sebacinsäure und Äthylenglykol hergestellten Polyesters (s. E III **2** 1812; dort als „polymeres Äthylensebacinat" bezeichnet) mit wenig Zinn(II)-chlorid-dihydrat unter 1 Torr auf 270° (*Spanagel, Carothers*, Am. Soc. **57** [1935] 929, 933).
Krystalle (aus A.), F: 42°; Kp_2: 119—123°; D_4^{60}: 1,0669; n_D^{60}: 1,4599 (*Sp., Ca.*, l. c. S. 931).

V   VI   VII   VIII

1,6-Dioxa-cyclotetradecan-2,5-dion, Bernsteinsäure-octandiylester, Octandiylsuccinat $C_{12}H_{20}O_4$, Formel VII.

B. Neben kleinen Mengen 1,6,15,20-Tetraoxa-cyclooctacosan-2,5,16,19-tetraon beim Er-hitzen des aus Bernsteinsäure und Octan-1,8-diol hergestellten Polyesters mit wenig Zinn(II)-chlorid-dihydrat unter 1 Torr auf 270° (*Spanagel, Carothers*, Am. Soc. **57** [1935] 929, 933).

Krystalle (aus A.), F: 71°; D_4^{80}: 1,0540; n_D^{80}: 1,4528 (*Sp., Ca.*, l. c. S. 931).

1,8-Dioxa-cyclotetradecan-2,7-dion, Adipinsäure-hexandiylester, Hexandiyladipat $C_{12}H_{20}O_4$, Formel VIII.

B. Beim Erhitzen des aus Adipinsäure und Hexan-1,6-diol hergestellten Polyesters (s. E III **2** 1719; dort als „polymeres Hexamethylenadipat" bezeichnet) mit Zinn(II)-chlorid-dihydrat unter 1 Torr auf 270° (*Spanagel, Carothers*, Am. Soc. **57** [1935] 929, 933).

Krystalle (aus A.), F: 70°; Kp_2: 117°; D_4^{80}: 1,0535; n_D^{80}: 1,4542 (*Sp., Ca.*, l. c. S. 931).

1,8-Dioxa-cyclotetradecan-2,9-dion $C_{12}H_{20}O_4$, Formel IX.

B. In kleiner Menge beim Erwärmen von 6-Brom-hexansäure mit Natriumäthylat in Äthanol und anschliessenden Ansäuern mit wss. Salzsäure (*Van Natta et al.*, Am. Soc. **56** [1934] 455). In kleiner Menge beim Erwärmen von 6-Hydroxy-hexansäure mit wenig Benzolsulfonsäure in Benzol (*Stoll, Rouvé*, Helv. **18** [1935] 1087, 1091, 1114). In kleiner Menge beim Behandeln von Cyclohexanon mit wss. Wasserstoffperoxid und Fluor-wasserstoff (*Hudlicky*, Collect. **16** [1951] 283, 290).

Krystalle (aus W. oder PAe.); F: 112—113° (*Hu.*, l. c. S. 291), 111—111,5° [aus Ae.] (*St., Ro.*, l. c. S. 1116). D_4^{119}: 1,0268; n_D^{120}: 1,4418; n_D^{131}: 1,4379 (*St., Ro.*, l. c. S. 1116).

IX   X

Opt.-inakt. 3,6-Diisobutyl-[1,4]dioxan-2,5-dion $C_{12}H_{20}O_4$, Formel X.

B. In kleiner Menge beim Erhitzen von (±)-2-Isovaleryloxy-4-methyl-valeriansäure unter 24 Torr auf 170° (*Takayama*, Bl. chem. Soc. Japan **8** [1933] 173, 176). Aus (±)-2-Hydroxy-4-methyl-valeriansäure (*Ta.*).

Krystalle; F: 169—170°.

Opt.-inakt. 3,6-Dimethyl-3,6-dipropyl-[1,4]dioxan-2,5-dion $C_{12}H_{20}O_4$, Formel XI.

B. Neben 2-Methyl-pent-2c-ensäure und 2-Methyl-pent-2t-ensäure beim Erhitzen von (±)-2-Hydroxy-2-methyl-valeriansäure auf 220° (*Lucas, Prater*, Am. Soc. **59** [1937] 1682, 1684).

$Kp_{0,4}$: 82,5—84,3°. n_D^{25}: 1,4475.

XI   XII

(±)-1-[2,2-Dimethyl-[1,3]dioxolan-4-yl]-4,4-dimethyl-pentan-1,3-dion $C_{12}H_{20}O_4$, Formel XII, und Tautomere.

B. Beim Behandeln von (±)-2,2-Dimethyl-[1,3]dioxolan-4-carbonsäure-methylester mit 3,3-Dimethyl-butan-2-on und Natrium (*Fischer, Baer*, Helv. **16** [1933] 534, 540).

Kp_8: 116—118°. $n_D^{13,5}$: 1,4713.

Kupfer(II)-Salz $Cu(C_{12}H_{19}O_4)_2$. Blaue Krystalle (aus A.); F: 163° (*Fi., Baer*, l. c. S. 541).

Dioxo-Verbindungen $C_{13}H_{22}O_4$

1,4-Dioxa-cyclopentadecan-2,3-dion, Oxalsäure-undecandiylester, Undecandiyloxalat $C_{13}H_{22}O_4$, Formel I.

B. Beim Erhitzen von Oxalsäure-diäthylester mit Undecan-1,11-diol und wenig Natri=
um unter 1 Torr bis auf 220° und Erhitzen des Reaktionsprodukts unter 0,1—2 Torr bis
auf 240° (*Hill, Carothers*, Am. Soc. **55** [1933] 5031, 5035).

F: 23—24,5°; $Kp_{0,5}$: 120—123°; D_4^{25}: 1,0623; n_D^{25}: 1,4700 (*Hill, Ca.*, l. c. S. 5034).

1,4-Dioxa-cyclopentadecan-5,15-dion, Undecandisäure-äthandiylester $C_{13}H_{22}O_4$, Formel II.

B. Neben 1,4,16,19-Tetraoxa-cyclotriacontan-5,15,20,30-tetraon beim Erhitzen von Un=
decandisäure mit Äthylenglykol unter 10 Torr auf 220° und Erhitzen des Reaktionsprodukts unter 2 Torr auf 240° (*Du Pont de Nemours & Co.*, U.S.P. 2020298 [1933];
D.R.P. 690629 [1934]; D.R.P. Org. Chem. **6** 1237, 1242).

F: 35° (*Du Pont; Hill, Carothers*, Am. Soc. **55** [1933] 5031, 5034).

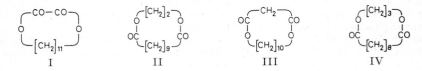

I   II   III   IV

1,5-Dioxa-cyclopentadecan-2,4-dion, Malonsäure-decandiylester, Decandiylmalonat $C_{13}H_{22}O_4$, Formel III.

B. Beim Erhitzen von Malonsäure-diäthylester mit Decan-1,10-diol und wenig Natrium
unter vermindertem Druck bis auf 220° und Erhitzen des Reaktionsprodukts unter
0,1—2 Torr bis auf 240° (*Hill, Carothers*, Am. Soc. **55** [1933] 5031, 5035).

$Kp_{0,5}$: 117—118°; D_4^{20}: 1,0599; n_D^{20}: 1,4695 (*Hill, Ca.*, l. c. S. 5034).

1,5-Dioxa-cyclopentadecan-6,15-dion, Decandisäure-propandiylester, Sebacinsäure-propandiylester $C_{13}H_{22}O_4$, Formel IV.

B. Beim Erhitzen des aus Sebacinsäure und Propan-1,3-diol hergestellten Polyesters
(s. E III **2** 1813; dort als „polymeres Trimethylensebacinat" bezeichnet) mit wenig Zinn(II)-
chlorid-dihydrat unter 1 Torr auf 270° (*Spanagel, Carothers*, Am. Soc. **57** [1935] 929,
933).

F: 14—17°; $Kp_{0,02}$: 100—102°; D_4^{20}: 1,0747; n_D^{20}: 1,4719 (*Stoll, Rouvé*, Helv. **19** [1936]
253, 260). Krystalle (aus A.); F: 7°; Kp_2: 130—133°; D_4^{60}: 1,0372; n_D^{60}: 1,4560 (*Sp., Ca.*,
l. c. S. 931).

1,6-Dioxa-cyclopentadecan-2,5-dion, Bernsteinsäure-nonandiylester, Nonandiylsuccinat $C_{13}H_{22}O_4$, Formel V.

B. Beim Erhitzen des aus Bernsteinsäure und Nonan-1,9-diol hergestellten Polyesters
mit wenig Zinn(II)-chlorid-dihydrat unter 1 Torr auf 270° (*Spanagel, Carothers*, Am.
Soc. **57** [1935] 929, 933).

Krystalle (aus A.), F: 71°; D_4^{80}: 1,0357; n_D^{80}: 1,4529 (*Sp., Ca.*, l.c. S. 931).

**1,6-Dioxa-cyclopentadecan-7,15-dion, Nonandisäure-butandiylester, Azelainsäure-butan=
diylester** $C_{13}H_{22}O_4$, Formel VI.

B. Beim Erhitzen des aus Azelainsäure und Butan-1,4-diol hergestellten Polyesters
(s. E III **2** 1788; dort als „polymeres Tetramethylenazelat" bezeichnet) mit wenig Zinn(II)-
chlorid-dihydrat unter 1 Torr auf 270° (*Spanagel, Carothers*. Am. Soc. **57** [1935] 929, 933).

Krystalle (aus A.), F: 9°; Kp_2: 123—124°; D_4^{60}: 1,0471; n_D^{60}: 1,4595 (*Sp., Ca.*, l.c.S. 931).

$$\text{OC}\overbrace{[CH_2]_2}\text{CO} \quad\quad \overbrace{[CH_2]_4} \quad\quad \overbrace{[CH_2]_2} \quad\quad \text{OC}\overbrace{[CH_2]_2}\text{CO}$$

$$\underbrace{[CH_2]_9} \quad\quad \text{OC}\underbrace{[CH_2]_7}\text{CO} \quad\quad \text{OC}\underbrace{[CH_2]_{10}}\text{CO} \quad\quad \underbrace{[CH_2]_{10}}$$

V   VI   VII   VIII

Dioxo-Verbindungen $C_{14}H_{24}O_4$

1,4-Dioxa-cyclohexadecan-5,16-dion, Dodecandisäure-äthandiylester $C_{14}H_{24}O_4$, Formel VII.

B. Neben 1,4,17,20-Tetraoxa-cyclodotriacontan-5,16,21,32-tetraon beim Erhitzen des aus Dodecandisäure und Äthylenglykol hergestellten Polyesters (s. E III **2** 1845; dort als „polymerer Decan-dicarbonsäure-(1,10)-äthylenester" bezeichnet) mit wenig Zinn(II)-chlorid-dihydrat unter 1 Torr auf 270° (*Spanagel, Carothers*, Am. Soc. **57** [1935] 929, 933).

Krystalle (aus A.), F: 18°; Kp_2: 139–141°; D_4^{60}: 1,0303; n_D^{60}: 1,4588 (*Sp., Ca.*, l.c. S. 931).

1,6-Dioxa-cyclohexadecan-2,5-dion, Bernsteinsäure-decandiylester, Decandiylsuccinat $C_{14}H_{24}O_4$, Formel VIII.

B. Neben 1,6,17,22-Tetraoxa-cyclodotriacontan-2,5,18,21-tetraon beim Erhitzen des aus Bernsteinsäure und Decan-1,10-diol hergestellten Polyesters mit wenig Zinn(II)-chlorid-dihydrat unter 1 Torr auf 270° (*Spanagel, Carothers*, Am. Soc. **57** [1935] 929, 933).

Krystalle (aus A.), F: 58°; Kp_2: 135–140°; D_4^{60}: 1,0308; n_D^{60}: 1,4592 (*Sp., Ca.*, l.c. S. 931).

1,6-Dioxa-cyclohexadecan-7,16-dion, Decandisäure-butandiylester, Sebacinsäure-butan-diylester $C_{14}H_{24}O_4$, Formel IX.

B. Beim Erhitzen des aus Sebacinsäure und Butan-1,4-diol hergestellten Polyesters (s. E III **2** 1813; dort als „polymeres Tetramethylensebacinat" bezeichnet) mit wenig Zinn(II)-chlorid-dihydrat unter 1 Torr auf 270° (*Spanagel, Carothers*, Am. Soc. **57** [1935] 929, 933).

Krystalle (aus A.), F: 6°; Kp_2: 136–138°; D_4^{60}: 1,0344; n_D^{60}: 1,4605 (*Sp., Ca.*, l.c. S. 931).

1,9-Dioxa-cyclohexadecan-2,10-dion $C_{14}H_{24}O_4$, Formel X.

B. Neben anderen Verbindungen beim Erwärmen von 7-Hydroxy-heptansäure mit wenig Benzolsulfonsäure in Benzol (*Stoll, Rouvé*, Helv. **18** [1935] 1087, 1116).

Krystalle; F: 40–41°. D_4^{25}: 1,068; $n_D^{24,5}$: 1,4690 [unterkühlte Schmelze].

$$\overbrace{[CH_2]_4} \quad\quad \text{OC}\overbrace{[CH_2]_6} \quad\quad \overbrace{[CH_2]_3-S-[CH_2]_3} \quad\quad$$

$$\text{OC}\underbrace{[CH_2]_8}\text{CO} \quad\quad \underbrace{[CH_2]_6}\text{CO} \quad\quad \text{OC}\underbrace{[CH_2]_3-S-[CH_2]_3}\text{CO}$$

IX   X   XI   XII

1,9-Dithia-cyclohexadecan-5,13-dion $C_{14}H_{24}O_2S_2$, Formel XI.

B. Neben Thiocan-5-on beim Erhitzen von Bis-[3-äthoxycarbonyl-propyl]-sulfid mit Kalium-*tert*-butylat in Xylol und Erwärmen des Reaktionsprodukts mit wss. Salzsäure (*Leonard et al.*, Am. Soc. **81** [1959] 504, **82** [1960] 4075, 4081).

Krystalle (aus E.+Pentan); F: 65–66°.

Octamethyl-[1,5]dithiocan-3,7-dion $C_{14}H_{24}O_2S_2$, Formel XII.

B. Beim Erwärmen von 2,4-Dibrom-2,4-dimethyl-pentan-3-on mit Kaliumhydrogen=

sulfid in Äthanol (*Schotte*, Ark. Kemi **5** [1953] 57, 59).
Krystalle (aus wss. A.); F: 104—106°.

Dioxo-Verbindungen $C_{15}H_{26}O_4$

1,4-Dioxa-cycloheptadecan-5,17-dion, Tridecandisäure-äthandiylester $C_{15}H_{26}O_4$, Formel I.
B. Beim Erhitzen von Tridecandisäure mit Äthylenglykol unter 2 Torr auf 200° und Erhitzen des Reaktionsprodukts mit wenig Zinn(II)-chlorid-dihydrat unter 1 Torr auf 270° (*Spanagel, Carothers*, Am. Soc. **57** [1935] 929, 933).
F: —8°; Kp_1: 139—142°; D_4^{60}: 1,0180; n_D^{60}: 1,4582 (*Sp., Ca.*, l. c. S. 931). Kp_1: 140°; n_D^{20}: 1,4702 (*Tong*, Soap Perfum. Cosmet. **27** [1954] 58).

1,7-Dioxa-cycloheptadecan-2,6-dion, Glutarsäure-decandiylester, Decandiylglutarat $C_{15}H_{26}O_4$, Formel II.
B. Beim Erhitzen des aus Glutarsäure und Decan-1,10-diol hergestellten Polyesters (s. E III **2** 1690; dort als „polymeres Decamethylenglutarat" bezeichnet) mit wenig Zinn(II)-chlorid-dihydrat unter 1 Torr auf 270° (*Spanagel, Carothers*, Am. Soc. **57** [1935] 929, 933).
Krystalle (aus A.), F: 14°; Kp_1: 136—139°; D_4^{60}: 1,0168; n_D^{60}: 1,4585 (*Sp., Ca.*, l. c. S. 931).

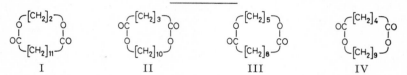

| I | II | III | IV |

1,7-Dioxa-cycloheptadecan-8,17-dion, Decandisäure-pentandiylester, Sebacinsäurepentandiylester $C_{15}H_{26}O_4$, Formel III.
B. Beim Erhitzen des aus Sebacinsäure und Pentan-1,5-diol hergestellten Polyesters (s. E III **2** 1813; dort als „polymeres Pentamethylensebacinat" bezeichnet) mit wenig Zinn(II)-chlorid-dihydrat unter 1 Torr auf 270° (*Spanagel, Carothers*, Am. Soc. **57** [1935] 929, 933).
Krystalle (aus A.), F: 37°; Kp_2: 159—160°; D_4^{60}: 1,0176; n_D^{60}: 1,4594 (*Sp., Ca.*, l.c. S.931).

1,8-Dioxa-cycloheptadecan-2,7-dion, Adipinsäure-nonandiylester, Nonandiyladipat $C_{15}H_{26}O_4$, Formel IV.
B. Beim Erhitzen des aus Adipinsäure und Nonan-1,9-diol hergestellten Polyesters (s. E III **2** 1719; dort als „polymeres Nonamethylenadipat" bezeichnet) mit wenig Zinn(II)-chlorid-dihydrat unter 1 Torr auf 270° (*Spanagel, Carothers*, Am. Soc. **57** [1935] 929, 933).
Krystalle (aus A.), F: 26°; Kp_2: 144—146°; D_4^{60}: 1,0186; n_D^{60}: 1,4594 (*Sp., Ca.*, l. c. S. 931).

1,8-Dioxa-cycloheptadecan-9,17-dion, Nonandisäure-hexandiylester, Azelainsäurehexandiylester $C_{15}H_{26}O_4$, Formel V.
B. Beim Erhitzen des aus Azelainsäure und Hexan-1,6-diol hergestellten Polyesters (s. E III **2** 1788; dort als „polymeres Hexamethylenazelat" bezeichnet) mit wenig Zinn(II)-chlorid-dihydrat unter 1 Torr auf 270° (*Spanagel, Carothers*, Am. Soc. **57** [1935] 929, 933).
Krystalle (aus A.), F: 59°; D_4^{80}: 1,0032; n_D^{80}: 1,4520 (*Sp., Ca.*, l. c. S. 931).

1,9-Dioxa-cycloheptadecan-10,17-dion, Octandisäure-heptandiylester, Korksäureheptandiylester $C_{15}H_{26}O_4$, Formel VI.
B. Beim Erhitzen des aus Korksäure und Heptan-1,7-diol hergestellten Polyesters (s. E III **2** 1767; dort als „polymeres Heptamethylensuberat" bezeichnet) mit wenig Zinn(II)-chlorid-dihydrat unter 1 Torr auf 270° (*Spanagel, Carothers*, Am. Soc. **57** [1935] 929, 933).

Krystalle (aus A.), F: 47°; Kp_{1-2}: 158−160°; D_4^{60}: 1,0188; n_D^{60}: 1,4592 (*Sp., Ca.,* l. c. S. 931).

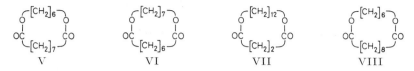

V   VI   VII   VIII

Dioxo-Verbindungen $C_{16}H_{28}O_4$

1,6-Dioxa-cyclooctadecan-2,5-dion, Bernsteinsäure-dodecandiylester, Dodecandiyl= succinat $C_{16}H_{28}O_4$, Formel VII.

B. Beim Erhitzen von Bernsteinsäure mit Dodecan-1,12-diol unter 2 Torr auf 200° und Erhitzen des Reaktionsprodukts mit Zinn(II)-chlorid-dihydrat unter 1 Torr auf 270° (*Spanagel, Carothers,* Am. Soc. **57** [1935] 929, 933).
Krystalle (aus A.), F: 12°; Kp_2: 156−159°; D_4^{60}: 1,0060; n_D^{60}: 1,4588 (*Sp., Ca.,* l. c. S. 931).

1,8-Dioxa-cyclooctadecan-9,18-dion, Decandisäure-hexandiylester, Sebacinsäure-hexan= diylester $C_{16}H_{28}O_4$, Formel VIII.

B. Beim Erhitzen von Sebacinsäure mit Hexan-1,6-diol unter 2 Torr auf 200° und Erhitzen des Reaktionsprodukts mit wenig Zinn(II)-chlorid-dihydrat unter 1 Torr auf 270° (*Spanagel, Carothers,* Am. Soc. **57** [1935] 929, 933).
Krystalle (aus A.), F: 47°; D_4^{60}: 1,0053; n_D^{60}: 1,4589 (*Sp., Ca.,* l. c. S. 931).

1,10-Dioxa-cyclooctadecan-2,11-dion $C_{16}H_{28}O_4$, Formel IX.

B. Als Hauptprodukt neben anderen Verbindungen beim Erwärmen von 8-Hydroxy-octansäure mit Benzolsulfonsäure in Benzol (*Stoll, Rouvé,* Helv. **18** [1935] 1087, 1117).
Krystalle (aus PAe.), F: 92,5−93,5°. $Kp_{0,3}$: 150−152°. $D_4^{108,7}$: 0,9737. $n_D^{108,7}$: 1,4444.

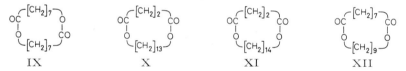

IX   X   XI   XII

Dioxo-Verbindungen $C_{17}H_{30}O_4$

1,6-Dioxa-cyclononadecan-2,5-dion, Bernsteinsäure-tridecandiylester, Tridecandiyl= succinat $C_{17}H_{30}O_4$, Formel X.

B. Beim Erhitzen von Bernsteinsäure mit Tridecan-1,13-diol unter 2 Torr auf 200° und Erhitzen des Reaktionsprodukts mit wenig Zinn(II)-chlorid-dihydrat unter 1 Torr auf 270° (*Spanagel, Carothers,* Am. Soc. **57** [1935] 929, 933).
Krystalle (aus A.), F: 13°; Kp_{1-2}: 154°; D_4^{60}: 0,9958; n_D^{60}: 1,4579 (*Sp., Ca.,* l. c. S. 931).

Dioxo-Verbindungen $C_{18}H_{32}O_4$

1,6-Dioxa-cycloeicosan-2,5-dion, Bernsteinsäure-tetradecandiylester, Tetradecandiyl= succinat $C_{18}H_{32}O_4$, Formel XI.

B. Beim Erhitzen von Bernsteinsäure mit Tetradecan-1,14-diol unter 2 Torr auf 200° und Erhitzen des Reaktionsprodukts mit wenig Zinn(II)-chlorid-dihydrat unter 1 Torr auf 270° (*Spanagel, Carothers,* Am. Soc. **57** [1935] 929, 933).
Krystalle (aus A.), F: 11°; Kp_2: 167°; D_4^{60}: 0,9807; n_D^{60}: 1,4568 (*Sp., Ca.,* l. c. S. 931).

1,11-Dioxa-cycloeicosan-2,10-dion, Nonandisäure-nonandiylester, Azelainsäure-nonandiylester $C_{18}H_{32}O_4$, Formel XII.

B. Als Hauptprodukt neben anderen Verbindungen beim Erwärmen von Azelainsäure mit Nonan-1,9-diol und Benzolsulfonsäure in Benzol (*Stoll, Rouvé*, Helv. **19** [1936] 253, 257).

F: 10—12°. $Kp_{0,01}$: 147—148°. $D_4^{19,2}$: 1,0094. $n_D^{19,5}$: 1,4702.

1,11-Dioxa-cycloeicosan-2,12-dion $C_{18}H_{32}O_4$, Formel XIII.

B. Als Hauptprodukt beim Erwärmen von 9-Hydroxy-nonansäure mit Benzolsulfon=säure in Benzol (*Stoll, Rouvé*, Helv. **18** [1935] 1087, 1118).

Krystalle (aus PAe.); F: 56—57°. $Kp_{0,03}$: 155—158°. D_4^{20}: 1,0171 [unterkühlte Schmelze]. D_4^{63}: 0,9819; D_4^{79}: 0,9685; $n_D^{61,8}$: 1,4563.

XIII   XIV   XV

Dioxo-Verbindungen $C_{20}H_{36}O_4$

1,12-Dioxa-cyclodocosan-2,13-dion $C_{20}H_{36}O_4$, Formel XIV (E II 176; dort als „dimeres Lacton der ω-Oxy-caprinsäure" bezeichnet).

B. Als Hauptprodukt beim Erwärmen von 10-Hydroxy-decansäure mit Benzolsulfon=säure in Benzol (*Stoll, Rouvé*, Helv. **18** [1935] 1087, 1118). Neben wenig Oxacycloundecan-2-on beim Erhitzen eines aus 10-Hydroxy-decansäure hergestellten Polyesters (s. E III **3** 650) mit wenig Magnesiumchlorid-hexahydrat unter 1 Torr auf 270° (*Spanagel, Carothers*, Am. Soc. **58** [1936] 654).

Krystalle (aus PAe.); F: 96—97° (*St., Ro.*, l. c. S. 1119), 95—96° [aus wss. A.] (*Carothers, Van Natta*, Am. Soc. **55** [1933] 4714, 4719).

(4R)-cis-4,8-Diheptyl-[1,5]dioxocan-2,6-dion $C_{20}H_{36}O_4$, Formel XV.

B. Beim Erwärmen von (R)-3-Hydroxy-decansäure (F: 47°; $[\alpha]_D^{20}$: —19° [CHCl₃]) mit konz. wss. Salzsäure (*Cartwright*, Biochem. J. **67** [1957] 663, 668).

Bei 130°/0,001 Torr unter geringfügiger Zersetzung destillierbar.

Dioxo-Verbindungen $C_{22}H_{40}O_4$

1,6-Dioxa-cyclotetracosan-2,5-dion, Bernsteinsäure-octadecandiylester, Octadecandiyl=succinat $C_{22}H_{40}O_4$, Formel I.

B. Beim Erhitzen von Bernsteinsäure mit Octadecan-1,18-diol unter 2 Torr auf 200° und Erhitzen des Reaktionsprodukts mit wenig Zinn(II)-chlorid-dihydrat unter 1 Torr auf 270° (*Spanagel, Carothers*, Am. Soc. **57** [1935] 929, 933).

Krystalle (aus A.), F: 13°; Kp_2: 199—201°; n_D^{60}: 1,4553 (*Sp., Ca.*, l. c. S. 931).

1,13-Dioxa-cyclotetracosan-2,14-dion $C_{22}H_{40}O_4$, Formel II.

B. Als Hauptprodukt beim Erwärmen von 11-Hydroxy-undecansäure mit Benzol=sulfonsäure in Benzol (*Stoll, Rouvé*, Helv. **18** [1935] 1087, 1119). Neben Oxacyclododec-an-2-on beim Erhitzen eines aus 11-Hydroxy-undecansäure hergestellten Polyesters mit wenig Magnesiumchlorid-hexahydrat unter 1 Torr auf 270° (*Spanagel, Carothers*, Am. Soc. **58** [1936] 654).

Krystalle; F: 74° (*Sp., Ca.*), 71,5—72° [aus PAe.] (*St., Ro.*).

I   II   III   IV

Dioxo-Verbindungen $C_{24}H_{44}O_4$

1,14-Dioxa-cyclohexacosan-2,15-dion $C_{24}H_{44}O_4$, Formel III.

B. Als Hauptprodukt beim Erwärmen von 12-Hydroxy-dodecansäure mit Benzol=
sulfonsäure in Benzol (*Stoll, Rouvé*, Helv. **18** [1935] 1087, 1120).

Krystalle (aus PAe.); F: 100—101°.

Dioxo-Verbindungen $C_{26}H_{48}O_4$

1,15-Dioxa-cyclooctacosan-2,16-dion $C_{26}H_{48}O_4$, Formel IV.

B. Neben Oxacyclotetradecan-2-on beim Erwärmen von 13-Hydroxy-tridecansäure mit
Benzolsulfonsäure in Benzol (*Stoll, Rouvé*, Helv. **18** [1935] 1087, 1120). Als Hauptprodukt
beim Erhitzen eines aus 13-Hydroxy-tridecansäure hergestellten Polyesters mit wenig
Zinn(II)-chlorid-dihydrat unter 1 Torr auf 270° (*Spanagel, Carothers*, Am. Soc. **58** [1936]
654).

Krystalle; F: 84° (*Sp., Ca.*), 80—81° [aus PAe.] (*St., Ro.*).

Dioxo-Verbindungen $C_{28}H_{52}O_4$

1,12-Dioxa-cyclotriacontan-13,30-dion, Octadecandisäure-decandiylester $C_{28}H_{52}O_4$,
Formel V.

B. Beim Erhitzen von Octadecandisäure mit Decan-1,10-diol unter 2 Torr auf 200°
und Erhitzen des Reaktionsprodukts mit wenig Zinn(II)-chlorid-dihydrat unter 1 Torr
auf 270° (*Spanagel, Carothers*, Am. Soc. **57** [1935] 929, 933).

Krystalle (aus A.), F: 60°; n_D^{60}: 1,4576 (*Sp., Ca.*, l. c. S. 931).

1,16-Dioxa-cyclotriacontan-2,17-dion $C_{28}H_{52}O_4$, Formel VI.

B. Neben Oxacyclopentadecan-2-on beim Erwärmen von 14-Hydroxy-tetradecansäure
mit Benzolsulfonsäure in Benzol (*Stoll, Rouvé*, Helv. **18** [1935] 1087, 1121).

Krystalle (aus Bzl.); F: 106—107°.

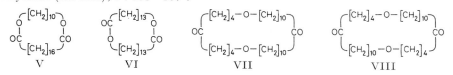

Dioxo-Verbindungen $C_{30}H_{56}O_4$

1,11-Dioxa-cyclodotriacontan-6,22-dion $C_{30}H_{56}O_4$, Formel VII, und **1,17-Dioxa-
cyclodotriacontan-6,22-dion** $C_{30}H_{56}O_4$, Formel VIII.

Diese beiden Konstitutionsformeln kommen für die nachstehend beschriebene Verbindung in Betracht (*Stoll, Scherrer*, Helv. **19** [1936] 735, 741).

B. Neben Oxacyclohexadecan-6-on beim Erhitzen des Cer-Salzes der 11-[4-Carboxy-
butoxy]-undecansäure (*St., Sch.*).

Krystalle (aus PAe.); F: 67,5—68°.

Semicarbazon. Krystalle (aus Me.); F: 182,5—183°.

1,17-Dioxa-cyclodotriacontan-2,18-dion $C_{30}H_{56}O_4$, Formel IX.

B. Als Hauptprodukt beim Erhitzen eines aus 15-Hydroxy-pentadecansäure hergestellten Polyesters (s. E III **3** 662) mit wenig Natrium unter 0,1—2 Torr bis auf 240°
(*Hill, Carothers*, Am. Soc. **55** [1933] 5031, 5034, 5035).

Krystalle; F: 83—84°.

---

*Opt.-inakt. **15,30-Dimethyl-1,16-dioxa-cyclotriacontan-2,17-dion** $C_{30}H_{56}O_4$, Formel X.

B. In kleiner Menge neben 15-Methyl-oxacyclopentadecan-2-on beim Erwärmen von
(±)-14-Hydroxy-pentadecansäure mit Benzolsulfonsäure in Benzol (*Stoll, Rouvé*, Helv. **18**
[1935] 1087, 1123).

F: 117,5—118°.

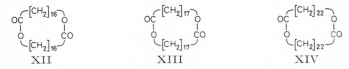

IX   X   XI

Dioxo-Verbindungen $C_{32}H_{60}O_4$

1,18-Dioxa-cyclotetratriacontan-2,19-dion $C_{32}H_{60}O_4$, Formel XI.

B. Neben anderen Verbindungen beim Erwärmen von 16-Hydroxy-hexadecansäure mit Benzolsulfonsäure in Benzol (*Stoll, Rouvé*, Helv. **18** [1935] 1087, 1121).

Krystalle (aus PAe.); F: 108−108,5°.

Dioxo-Verbindungen $C_{34}H_{64}O_4$

1,19-Dioxa-cyclohexatriacontan-2,20-dion $C_{34}H_{64}O_4$, Formel XII.

B. In kleiner Menge neben Oxacyclooctadecan-2-on beim Erwärmen von 17-Hydroxy-heptadecansäure mit Benzolsulfonsäure in Benzol (*Stoll, Rouvé*, Helv. **18** [1935] 1087, 1122).

Krystalle (aus PAe.); F: 96−97°.

XII   XIII   XIV

Dioxo-Verbindungen $C_{36}H_{68}O_4$

1,20-Dioxa-cyclooctatriacontan-2,21-dion $C_{36}H_{68}O_4$, Formel XIII.

B. In kleiner Menge neben Oxacyclononadecan-2-on beim Erwärmen von 18-Hydroxy-octadecansäure mit Benzolsulfonsäure bzw. Toluol-4-sulfonsäure in Benzol (*Stoll, Rouvé*, Helv. **18** [1935] 1087, 1122; *Gupta, Aggarwal*, J. Indian chem. Soc. **33** [1956] 804).

Krystalle (aus PAe.); F: 113−114° (*St., Ro.*), 113−113,5° [aus Bzl.] (*Gu., Ag.*).

Dioxo-Verbindungen $C_{46}H_{88}O_4$

1,25-Dioxa-cyclooctatetracontan-2,26-dion $C_{46}H_{88}O_4$, Formel XIV.

B. In kleiner Menge neben Oxacyclotetracosan-2-on beim Erwärmen von 23-Hydroxy-tricosansäure mit Benzolsulfonsäure in Benzol (*Stoll, Rouvé*, Helv. **18** [1935] 1087, 1122).

F: 104−105°.   [*Baumberger*]

Dioxo-Verbindungen $C_nH_{2n-6}O_4$

Dioxo-Verbindungen $C_6H_6O_4$

3-Oxa-8-thia-bicyclo[3.2.1]octan-2,4-dion, *cis*-**Tetrahydro-thiophen-2,5-dicarbonsäure-anhydrid** $C_6H_6O_3S$, Formel I.

B. Beim Erwärmen des Dinatrium-Salzes der *cis*-Tetrahydro-thiophen-2,5-dicarbon=säure mit Thionylchlorid und Acetanhydrid (*Turner, Hill*, J. org. Chem. **14** [1949] 476, 478). Beim Erwärmen von *cis*-Tetrahydro-thiophen-2,5-dicarbonsäure mit Acetylchlorid und Benzol (*Horák*, Chem. Listy **44** [1950] 34; C. A. **1952** 103).

Krystalle; F: 149−150° [aus Bzl. + PAe.] (*Ho.*), 141−142° [aus Nitromethan] (*Tu., Hill*).

Tetrahydro-furo[3,2-*b*]furan-2,5-dion, 3,4-Dihydroxy-adipinsäure-1→4;6→3-dilacton C$_6$H$_6$O$_4$.

a) (3a*R*)-*cis*-Tetrahydro-furo[3,2-*b*]furan-2,5-dion, D$_g$-*threo*-3,4-Dihydroxy-adipin= säure-1 → 4 ;6 → 3-dilacton C$_6$H$_6$O$_4$, Formel II.

B. Beim Eindampfen einer Lösung von D$_g$-*threo*-3,4-Dihydroxy-adipinsäure in wss. Salzsäure (*Posternak, Susz*, Helv. **39** [1956] 2032, 2037).

Krystalle (aus E.); F: 122—123° [korr.; Kofler-App.]. [α]$_D^{19}$: +143° [W.; c = 0,8].

I   II   III   IV

b) (±)-*cis*-Tetrahydro-furo[3,2-*b*]furan-2,5-dion, *racem.*-3,4-Dihydroxy-adipinsäure-1 → 4 ;6→3-dilacton C$_6$H$_6$O$_4$, Formel II + Spiegelbild.

B. Beim Eindampfen einer Lösung von Hexa-2*c*,4*c*-diendisäure (*Elvidge et al.*, Soc. **1950** 2235, 2241), von *racem.*-3,4-Dihydroxy-adipinsäure (*Posternak, Susz*, Helv. **39** [1956] 2032, 2036) oder von *racem.*-3,4-Dihydroxy-adipinsäure-dimethylester (*Legrand*, Bl. **1953** 540; *Linstead et al.*, Soc. **1953** 1225, 1228) in wss. Salzsäure. Beim Erwärmen von (±)-[3*c*-Hydroxy-5-oxo-tetrahydro-[2*r*]furyl]-acetaldehyd ((±)-5ξ-Hydroxy-(3a*r*,6a*c*)-tetrahydro-furo[3,2-*b*]furan-2-on) mit Brom in Wasser (*Ali, Owen*, Soc. **1958** 1074, 1076).

Krystalle; F: 132° [aus E.] (*Ali, Owen*), 131—132° [aus W.] (*Le.*), 129—131° [aus E.] (*Po., Susz*).

Bei kurzem Behandeln mit verd. wss. Natronlauge ist [5-Oxo-2,5-dihydro-[2]furyl]-essigsäure erhalten worden (*Li. et al.*). Bildung von Lävulinsäure-methylester bei 2-tägigem Behandeln mit methanol. Natriummethylat-Lösung: *Li. et al.*

cis-Tetrahydro-thieno[3,4-*c*]furan-1,3-dion, *cis*-Tetrahydro-thiophen-3,4-dicarbonsäure-anhydrid C$_6$H$_6$O$_3$S, Formel III.

B. Beim Erwärmen von Tetrahydro-thiophen-3,4-dicarbonsäure (Stereoisomeren-Ge= misch) mit Acetylchlorid (*Brown et al.*, J. org. Chem. **12** [1947] 155, 158). Beim Erhitzen von Tetrahydro-thiophen-3,3,4,4-tetracarbonsäure-tetraäthylester mit wss. Natronlauge und Dioxan und Erhitzen des nach dem Ansäuern erhaltenen Reaktionsprodukts (*Marvel et al.*, Am. Soc. **78** [1956] 6171, 6172; s. a. *Marvel, Ryder*, Am. Soc. **77** [1955] 66).

Krystalle; F: 87—87,5° [aus Bzl. + PAe.] (*Ma., Ry.*), 84—85° (*Br. et al.*).

Beim Erwärmen mit Hydrazin-hydrat und wss. Essigsäure ist *cis*-Hexahydro-thieno= [3,4-*d*]pyridazin-1,4-dion erhalten worden (*Baker et al.*, J. org. Chem. **12** [1947] 174, 179).

Tetrahydro-thieno[3,4-*c*]thiophen-1,3-dion C$_6$H$_6$O$_2$S$_2$, Formel IV.

Diese Konstitution kommt vermutlich der nachstehend beschriebenen opt.-inakt. Ver= bindung zu (*Marvel et al.*, Am. Soc. **78** [1956] 6171, 6174).

B. In kleiner Menge beim Erhitzen von Tetrahydro-thiophen-3,3,4-tetracarbonsäure-tetraäthylester (*Ma. et al.*).

Krystalle (aus Bzl. + Acn.); F: 159—160°.

Tetrahydro-furo[3,4-*c*]furan-1,4-dion C$_6$H$_6$O$_4$.

a) (3a*R*)-*cis*-Tetrahydro-furo[3,4-*c*]furan-1,4-dion C$_6$H$_6$O$_4$, Formel V.

B. Beim Erwärmen von (+)-Pinoresinol ((3a*R*)-1*c*,4*c*-Bis-[4-hydroxy-3-methoxy-phenyl]-(3a*r*,6a*c*)-tetrahydro-furo[3,4-*c*]furan) mit wss. Salpetersäure (*Freudenberg, Dietrich*, B. **86** [1953] 4, 8). Beim Behandeln von (+)-Sesamolin ((3a*R*)-1*c*-Benzo[1,3]di= oxol-5-yl-4*c*-benzo[1,3]dioxol-5-yloxy-(3a*r*,6a*c*)-tetrahydro-furo[3,4-*c*]furan; s. diesbezüg-lich *Haslam*, Soc. [C] **1970** 2332) oder von (+)-Sesamin ((3a*R*)-1*c*,4*c*-Bis-benzo[1,3]di= oxol-5-yl-(3a*r*,6a*c*)-tetrahydro-furo[3,4-*c*]furan; s. diesbezüglich *Freudenberg, Sidhu*, B. **94** [1961] 851) mit wss. Salpetersäure (*Beroza*, Am. Soc. **77** [1955] 3332).

Krystalle; F: 162,5—163° [aus Bzl. + Ae.] (*Carnmalm et al.*, Acta chem. scand. **9**

[1955] 1111, 1117), 161° (*Fr.*, *Di.*), 160—161° (*Be.*). $[\alpha]_D^{20}$: +215° [W.; c = 0,9] (*Ca. et al.*); $[\alpha]_D^{20}$: +203° [W.] (*Fr.*, *Di.*); $[\alpha]_D^{36}$: +210° [W.; c = 1] (*Be.*).

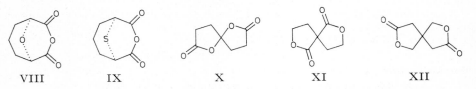

V   VI   VII

b) **(3a*S*)-*cis*-Tetrahydro-furo[3,4-*c*]furan-1,4-dion** $C_6H_6O_4$, Formel VI.
B. Beim Behandeln von (−)-Asarinin ((3a*S*)-1*t*,4*c*-Bis-benzo[1,3]dioxol-5-yl-(3a*r*,6a*c*)-tetrahydro-furo[3,4-*c*]furan; vgl. diesbezüglich *Freudenberg*, *Sidhu*, B. **94** [1961] 851) mit wss. Salpetersäure (*Beroza*, Am. Soc. **77** [1955] 3332).
Krystalle; F: 160—161°; $[\alpha]_D^{30}$: −204° [W.; c = 0,5] (*Be.*).

c) **(±)-*cis*-Tetrahydro-furo[3,4-*c*]furan-1,4-dion** $C_6H_6O_4$, Formel VI + Spiegelbild.
B. Neben anderen Verbindungen bei 2-wöchigem Behandeln von Äthan-1,1,2,2-tetra=carbonsäure mit Paraformaldehyd, Acetanhydrid und Essigsäure (*Michael*, *Ross*, Am. Soc. **55** [1933] 3684, 3693; *Freudenberg*, *Dietrich*, B. **86** [1953] 4, 10). Beim Erhitzen von (±)-1,4-Dioxo-(6a*c*)-dihydro-furo[3,4-*c*]furan-3a*r*-carbonsäure auf 180° (*Mi.*, *Ross*). Beim Behandeln von (±)-1*c*,4*c*-Bis-[2-brom-4,5-dimethoxy-phenyl]-(3a*r*,6a*c*)-tetrahydro-furo=[3,4-*c*]furan (S. 1320) mit wss. Salpetersäure (*Erdtman*, *Gripenberg*, Acta chem. scand. **1** [1947] 71, 75). Beim Erwärmen von (±)-1*c*,4*c*-Bis-[2-brom-3,4,5-trimethoxy-phenyl]-(3a*r*,6a*c*)-tetrahydro-furo[3,4-*c*]furan (S. 1353) mit wss. Salpetersäure (*Fr.*, *Di.*, l. c. S. 9).
Krystalle; F: 138° [aus Acn. + Ae.] (*Mi.*, *Ross*), 137—138° [aus Bzl. + A.] (*Er.*, *Gr.*), 137° [aus Bzl. + A.] (*Fr.*, *Di.*).

(1*S*)-2,5-Dioxa-bicyclo[2.2.2]octan-3,6-dion, D_g-*threo*-2,5-Dihydroxy-adipinsäure-1→5;6→2-dilacton $C_6H_6O_4$, Formel VII.
B. Beim Erhitzen von D_g-*threo*-2,5-Dihydroxy-adipinsäure (E III **3** 1035; dort als „rechtsdrehende 2,5-Dihydroxy-adipinsäure" bezeichnet) auf 160° (*Freudenberg et al.*, A. **510** [1934] 206, 221).
F: 120—121° [durch Sublimation im Hochvakuum bei 120—130° gereinigtes Präparat]. $[\alpha]_{578}$: +11,2°; $[\alpha]_{546}$: +11,8° [jeweils in Dioxan; p = 3].

Dioxo-Verbindungen $C_7H_8O_4$

3,9-Dioxa-bicyclo[3.3.1]nonan-2,4-dion, *cis*-Tetrahydro-pyran-2,6-dicarbonsäure-anhydrid $C_7H_8O_4$, Formel VIII.
B. Beim Erwärmen von *cis*-Tetrahydro-pyran-2,6-dicarbonsäure mit Acetanhydrid oder mit Thionylchlorid (*Czornodola*, Roczniki Chem. **16** [1936] 459, 463; C. **1937** I 3146).
Krystalle (aus Bzn.); F: 71°.

VIII   IX   X   XI   XII

3-Oxa-9-thia-bicyclo[3.3.1]nonan-2,4-dion, *cis*-Tetrahydro-thiopyran-2,6-dicarbonsäure-anhydrid $C_7H_8O_3S$, Formel IX.
B. Beim Erhitzen von *cis*-Tetrahydro-thiopyran-2,6-dicarbonsäure mit Acetanhydrid (*Fehnel*, *Oppenlander*, Am. Soc. **75** [1953] 4660, 4662). Beim Erhitzen von *cis*-Tetrahydro-thiopyran-2,6-dicarbonsäure oder von *trans*-Tetrahydro-thiopyran-2,6-dicarbonsäure mit Propionsäure-anhydrid (*Schotte*, Ark. Kemi **7** [1954/55] 493, 498).
Krystalle; F: 168—169° [aus Cyclohexan] (*Fe.*, *Op.*), 168° (*Sch.*).

(±)-1,6-Dioxa-spiro[4.4]nonan-2,7-dion, (±)-4,4-Dihydroxy-heptandisäure-dilacton $C_7H_8O_4$, Formel X (H **3** 805; E I **3** 281; dort als Hydrochelidonsäure-anhydrid bezeichnet).

B. Beim Erhitzen von Bernsteinsäure-anhydrid mit Natriumbenzoat auf 200° (*Reppe et al.,* A. **596** [1955] 1, 158). Beim Erhitzen von 4-Oxo-heptandisäure mit Acetanhydrid (*Katritzky, Robinson,* Soc. **1955** 2481, 2484; vgl. H **3** 805).

Krystalle (aus A. + $CHCl_3$); F: 60—61° (*Ka., Ro.*). Kp_1: 170° (*Re. et al.*).

(±)-2,7-Dioxa-spiro[4.4]nonan-1,6-dion, (±)-Bis-[2-hydroxy-äthyl]-malonsäure-dilacton $C_7H_8O_4$, Formel XI (E I 80; E II 176).

B. Bei 5-tägigem Behandeln von Malonsäure-diäthylester mit Äthylenoxid in Gegenwart von Piperidin oder Diäthylamin (*Pakendorf,* C. r. Doklady **25** [1939] 387, 390).

Krystalle (aus A.); F: 110° (*Pa.,* C. r. Doklady **25** 390).

Beim Erhitzen mit wss. Salzsäure auf 140° ist 3-[2-Chlor-äthyl]-dihydro-furan-2-on erhalten worden (*Pakendorf,* Doklady Akad. S.S.S.R. **25** [1939] 393; C. r. Doklady **25** [1939] 392).

(±)-2,7-Dioxa-spiro[4.4]nonan-3,8-dion, (±)-3,3-Bis-hydroxymethyl-glutarsäure-dilacton $C_7H_8O_4$, Formel XII.

B. Beim Erhitzen von 3,3-Bis-cyanmethyl-oxetan mit wss. Natronlauge und anschliessend mit wss. Schwefelsäure (*Cornand, Govaert,* Meded. vlaam. Acad. **16** [1954] Nr. 14, S. 3, 8).

Krystalle (aus Bzl.); F: 206°.

---

*Opt.-inakt. 3a-Chlor-tetrahydro-furo[2,3-*b*]pyran-2,4-dion, [3-Chlor-2-hydroxy-4-oxo-tetrahydro-pyran-3-yl]-essigsäure-lacton $C_7H_7ClO_4$, Formel XIII.

B. Beim Behandeln von Desoxypatulinsäure ([4-Oxo-5,6-dihydro-4*H*-pyran-3-yl]-essigsäure) mit Chlor in Chloroform (*Woodward, Singh,* Am. Soc. **72** [1950] 5351).

F: 124—125,5°.

(±)-*cis*-Tetrahydro-thiopyrano[3,4-*c*]furan-1,3-dion, (±)-*cis*-Tetrahydro-thiopyran-3,4-dicarbonsäure-anhydrid $C_7H_8O_3S$, Formel XIV + Spiegelbild.

B. Beim Erwärmen von 5,6-Dihydro-2*H*-thiopyran-3,4-dicarbonsäure-anhydrid mit wss. Natronlauge und Natrium-Amalgam und Erhitzen des Reaktionsprodukts mit Propionsäure-anhydrid (*Baker, Ablondi,* J. org. Chem. **12** [1947] 328, 331).

Bei 122—128°/1 Torr destillierbar.

---

*6a-Methyl-dihydro-furo[2,3-*b*]furan-2,5-dion, 3-[1,1-Dihydroxy-äthyl]-glutarsäure-dilacton $C_7H_8O_4$, Formel XV (vgl. H **3** 809; dort als β-Acetyl-glutarsäure-anhydrid bezeichnet).

B. Beim Erhitzen von Tricarballylsäure (Propan-1,2,3-tricarbonsäure) mit Acet= anhydrid (*Lawson,* Soc. **1957** 144, 149; vgl. H **3** 809).

Krystalle (aus E. + PAe.); F: 99° (*La.*).

Beim Erwärmen mit Lithiummalanat in Tetrahydrofuran ist 3-[1-Hydroxy-äthyl]-pentan-1,5-diol erhalten worden (*Lukeš, Ferles,* Collect. **20** [1955] 1227, 1233).

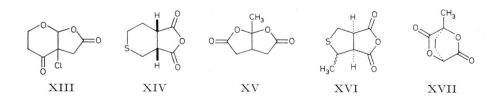

     XIII   XIV   XV   XVI   XVII

(±)-4ξ-Methyl-(3ar,6ac?)-tetrahydro-thieno[3,4-c]furan-1,3-dion, (±)-2ξ-Methyl-tetra⸗
hydro-thiophen-3r,4c(?)-dicarbonsäure-anhydrid $C_7H_8O_3S$, vermutlich Formel XVI
+ Spiegelbild.

B. Beim Erhitzen von (±)-2ξ-Methyl-tetrahydro-thiophen-3r,4c(?)-dicarbonsäure
(E III/IV **18** 4439) mit Acetanhydrid (*Schnider et al.*, Helv. **28** [1945] 510, 516).

Bei 99—100°/0,04 Torr destillierbares Öl, das beim Aufbewahren krystallin erstarrt.

1-Methyl-2,5-dioxa-bicyclo[2.2.2]octan-3,6-dion, 2,5-Dihydroxy-2-methyl-adipinsäure-
1→5 ;6→2-dilacton $C_7H_8O_4$.

a) **(1S)-1-Methyl-2,5-dioxa-bicyclo[2.2.2]octan-3,6-dion, (2S)-2r_F,5t_F-Dihydroxy-
2-methyl-adipinsäure-1 → 5;6 → 2-dilacton** $C_7H_8O_4$, Formel XVII.

B. Beim kurzen Erhitzen von (2S)-2r_F,5t_F-Dihydroxy-2-methyl-adipinsäure (E III **3**
1039; dort als „rechtsdrehende racemoide 2,5-Dihydroxy-2-methyl-adipinsäure" bezeichnet) auf 185° (*Freudenberg et al.*, A. **510** [1934] 206, 216).

Krystalle (aus Ae.); F: 110—111°. $[\alpha]_{578}$: +27,5°; $[\alpha]_{546}$: +30,4° [jeweils in Dioxan;
p = 7].

b) **(±)-1-Methyl-2,5-dioxa-bicyclo[2.2.2]octan-3,6-dion, (±)-2r_F,5t_F-Dihydroxy-
2-methyl-adipinsäure-1 → 5;6 → 2-dilacton** $C_7H_8O_4$, Formel XVII + Spiegelbild.

B. Beim Erhitzen von (±)-2r_F,5t_F-Dihydroxy-2-methyl-adipinsäure (E III **3** 1039;
dort als „inaktive racemoide 2.5-Dihydroxy-2-methyl-adipinsäure" bezeichnet) bis auf
240° (*Freudenberg et al.*, A. **510** [1934] 206, 214).

Krystalle (aus Ae.); F: 75—76°. Bei 154—155°/11—12 Torr destillierbar.

Dioxo-Verbindungen $C_8H_{10}O_4$

6,10-Dioxa-spiro[4.5]decan-7,9-dion, Malonsäure-cyclopentylidenester, Cyclopentyliden⸗
malonat $C_8H_{10}O_4$, Formel I.

Diese Konstitution kommt der nachstehend beschriebenen, von *Kandiah* (Soc. **1932**
1215, 1226) als [1-Hydroxy-cyclopentyl]-malonsäure-lacton angesehenen Verbindung zu
(*Eistert, Geiss*, Tetrahedron **7** [1959] 1, 2; B. **94** [1961] 929, 930).

B. Beim Behandeln von Cyclopentanon mit Malonsäure und Acetanhydrid (*Ka.*; s. a.
Ei., Ge., B. **94** 943).

Krystalle; F: 73° [aus Bzl. + PAe.] (*Ka.*), 71° [aus Butan-1-ol] (*Ei., Ge.*, B. **94** 943).
UV-Absorptionsmaximum (Me.): 259 nm (*Ei., Ge.*, B. **94** 943).

I   II   III

---

*Opt.-inakt. Tetrahydro-[2,2']bifuryl-5,5'-dion, 4,5-Dihydroxy-octandisäure-1 → 4 ;8 → 5-
dilacton $C_8H_{10}O_4$, Formel II.

B. Neben dem niedrigerschmelzenden Stereoisomeren (F: 64°) und 4-[5-Oxo-tetrahydro-
[2]furyl]-buttersäure bei der Hydrierung von (E)-[2,2']Bifuryliden-5,5'-dion an Palla⸗
dium/Calciumcarbonat oder an Palladium/Kohle in Dioxan (*Holmquist et al.*, Am. Soc. **81**
[1959] 3681, 3683; s. a. *Albanesi, Tovaglieri*, Chimica e Ind. **41** [1959] 189, 190).

Krystalle; F: 107° [aus CHCl₃ + Ae.] (*Al., To.*), 104—106° [aus CHCl₃ + Bzn.] (*Ho.
et al.*).

Bei der Hydrierung an Bariumoxid enthaltendem Kupferoxid-Chromoxid in Dioxan
bei 225°/200 at ist Octan-1,4,5,8-tetraol (F: 111,5°) erhalten worden (*Ho. et al.*).

---

*Opt.-inakt. Tetrahydro-[3,3']bifuryl-2,2'-dion $C_8H_{10}O_4$, Formel III.

B. Beim Erhitzen von opt.-inakt. 2,2'-Dioxo-tetrahydro-[3,3']bifuryl-3,3'-dicarbon⸗
säure (F: 154—156°) auf 170° (*Michael, Weiner*, Am. Soc. **58** [1936] 999, 1002).

Krystalle (aus Acn.); F: 176°.

---

*6a-Äthyl-dihydro-furo[2,3-*b*]furan-2,5-dion, 3-[1,1-Dihydroxy-propyl]-glutarsäure-dilacton $C_8H_{10}O_4$, Formel IV.

B. Beim Erhitzen des Trinatrium-Salzes der Tricarballylsäure (Propan-1,2,3-tricarbon=säure) mit Propionsäure-anhydrid auf 120° (*Mehta, McEwen*, Am. Soc. **75** [1953] 240).

Krystalle (aus Acn. + Ae.); F: 62—62,5°.

Beim Behandeln mit wss. Kalilauge und Natriumboranat ist [2-Äthyl-5-oxo-tetra=hydro-[3]furyl]-essigsäure (F: 98°) erhalten worden.

IV   V   VI

*3a,6a-Dimethyl-dihydro-furo[2,3-*b*]furan-2,5-dion, 3-[1,1-Dihydroxy-äthyl]-3-methyl-glutarsäure-dilacton $C_8H_{10}O_4$, Formel V.

B. Beim Erhitzen von opt.-inakt. Cyan-[4-cyan-2-hydroxy-2,3-dimethyl-5-oxo-pyrrol=idin-3-yl]-essigsäure-amid (F: 289°) mit wss. Schwefelsäure (*Jocelyn, Queen*, Soc. **1957** 4437, 4439).

Krystalle (aus W.); F: 148°.

Überführung in eine als 2,4-Dinitro-phenylhydrazon angesehene Verbindung $C_{14}H_{14}N_4O_7$ (F: 256°): *Jo., Qu.*

(1*R*)-1,4-Dimethyl-2,5-dioxa-bicyclo[2.2.2]octan-3,6-dion, (2*R*)-2r_F,5t_F-Dihydroxy-2,5c_F-dimethyl-adipinsäure-1 → 5 ; 6 → 2-dilacton $C_8H_{10}O_4$, Formel VI.

B. Beim Erhitzen von (2*R*)-2r_F,5t_F-Dihydroxy-2,5c_F-dimethyl-adipinsäure [E III **3** 1041; dort als „linksdrehende 2.5-Dihydroxy-2.5-dimethyl-adipinsäure" bezeichnet] (*Freudenberg et al.*, A. **510** [1934] 206, 219).

F: 110—111° [durch Sublimation im Hochvakuum gereinigtes Präparat]. $[\alpha]_{578}$: −38,2°; $[\alpha]_{546}$: −42,6° [jeweils in Dioxan; p = 5].

Dioxo-Verbindungen $C_9H_{12}O_4$

2-Isopropyliden-5,5-dimethyl-[1,3]dioxan-4,6-dion $C_9H_{12}O_4$, Formel VII.

Diese Verbindung hat in den früher (s. E II **17** 523) als 3,3,5,5-Tetramethyl-pyran-2,4,6-trion beschriebenen Präparaten (F: 78°) vorgelegen (*Bestian, Günther*, Ang. Ch. **75** [1963] 841, 842).

VII   VIII   IX   X

1,5-Dioxa-spiro[5.5]undecan-2,4-dion, Malonsäure-cyclohexylidenester, Cyclohexyliden=malonat $C_9H_{12}O_4$, Formel VIII.

Diese Konstitution kommt der nachstehend beschriebenen, von *Kandiah* (Soc. **1932** 1215, 1226) und von *Wul'fsōn* (Ž. obšč. Chim. **20** [1950] 425, 431; engl. Ausg. S. 449, 455) als [1-Hydroxy-cyclohexyl]-malonsäure-lacton angesehenen Verbindung zu (*Eistert, Geiss*, Tetrahedron **7** [1959] 1, 2; B. **94** [1961] 929, 930).

B. Beim Behandeln von Cyclohexanon mit Malonsäure und Acetanhydrid (*Ka.*; s. a. *Ei., Ge.*, B. **94** 943). Beim Behandeln von Cyclohexanon mit dem Disilber-Salz der Malon=säure und mit Acetylchlorid (*Wu.*).

Krystalle; F: 95° [aus PAe.] (*Ka.*), 94° [aus Butan-1-ol] (*Ei., Ge.*, B. **94** 943).

(±)-2,8-Dioxa-spiro[5.5]undecan-1,7-dion, (±)-Bis-[3-hydroxy-propyl]-malonsäure-
dilacton $C_9H_{12}O_4$, Formel IX.
B. Beim Erhitzen von Bis-[3-hydroxy-propyl]-malonsäure unter 18 Torr auf 140°
(*Wenuš-Danilowa*, Ž. obšč. Chim. **8** [1938] 477, 480; C. **1940** I 697).
Krystalle; F: 49—51°.

3-Äthyl-1,6-dioxa-spiro[4.4]nonan-2,7-dion, 2-Äthyl-4,4-dihydroxy-heptandisäure-
dilacton $C_9H_{12}O_4$.
   a) (3*R*,5*R*)-3-Äthyl-1,6-dioxa-spiro[4.4]nonan-2,7-dion $C_9H_{12}O_4$, Formel X.
B. Neben anderen Verbindungen beim Erhitzen von (4a*S*,7*R*,4′*R*)-4′-Äthyl-1ξ-hydroxy-5′-oxo-(4ar,7ac)-octahydro-spiro[cyclopenta[*c*]pyran-7,2′-furan]-4*t*-carbonsäure-
methylester (E III/IV **18** 6464) mit Chrom(VI)-oxid und wss. Schwefelsäure (*Halpern,
Schmid*, Helv. **41** [1958] 1109, 1149).
   Krystalle (aus Ae. + PAe.); F: 118—119° [nach Krystallumwandlung bei 112°;
Kofler-App.]. $[\alpha]_D^{22}$: +44° [$CHCl_3$; c = 0,8].
   b) (3*RS*,5*RS*)-3-Äthyl-1,6-dioxa-spiro[4.4]nonan-2,7-dion $C_9H_{12}O_4$, Formel X
+ Spiegelbild.
B. Beim Erwärmen von (±)-2-Äthyl-4-oxo-heptandisäure mit Acetylchlorid (*Halpern,
Schmid*, Helv. **41** [1958] 1109, 1150).
   Krystalle (aus Ae. + PAe.); F: 80°.

3,8-Dimethyl-1,6-dioxa-spiro[4.4]nonan-2,7-dion, 4,4-Dihydroxy-2,6-dimethyl-heptandisäure-dilacton $C_9H_{12}O_4$.
   a) (3*RS*,5*rs*,8*SR*)-3,8-Dimethyl-1,6-dioxa-spiro[4.4]nonan-2,7-dion $C_9H_{12}O_4$,
Formel XI + Spiegelbild.
B. Neben den beiden unter b) beschriebenen Racematen beim Erwärmen von 3-Oxo-
glutarsäure-diäthylester mit Natriummethylat und (±)-2-Brom-propionsäure-äthylester,
Erhitzen des Reaktionsprodukts mit wss. Salzsäure und Erwärmen des erhaltenen Gemisches von *meso*-2,6-Dimethyl-4-oxo-heptandisäure und *racem.*-2,6-Dimethyl-4-oxo-
heptandisäure mit Acetylchlorid (*Sutter, Wijkman*, A. **519** [1935] 97, 110; s. a. *Eskola*,
Ann. Acad. Sci. fenn. [A II] Nr. 18 [1945] 21) sowie beim Erhitzen von Glauconin (Bis-
[4-methyl-2,5-dioxo-2,5-dihydro-[3]furyl]-methan [S. 2236]) mit wss. Salzsäure auf
200° und Erwärmen des Reaktionsprodukts mit Acetylchlorid (*Su., Wi.*, l. c. S. 107).
   Krystalle (aus Ae. bzw. aus E. + PAe.); F: 116° (*Su., Wi.*, l. c. S. 108; *Es.*).
   Beim Erwärmen mit wss. Natronlauge ist *meso*-2,6-Dimethyl-4-oxo-heptandisäure
erhalten worden (*Su., Wi.*, l. c. S. 109).

XI   XII   XIII

   b) (3*RS*,5*S*ₐ*R*ₐ,8*RS*)-3,8-Dimethyl-1,6-dioxa-spiro[4.4]nonan-2,7-dion $C_9H_{12}O_4$,
Formel XII + Spiegelbild, und (3*RS*,5*R*ₐ*S*ₐ,8*RS*)-3,8-Dimethyl-1,6-dioxa-spiro[4.4]
nonan-2,7-dion $C_9H_{12}O_4$, Formel XIII + Spiegelbild.
   Diese Formeln kommen für die beiden nachstehend beschriebenen Racemate in Be-
tracht.
   α) Racemat vom F: 144°. *B.* s. bei dem unter a) beschriebenen Stereoisomeren. —
Krystalle; F: 144° [aus Ae.] (*Sutter, Wijkman*, A. **519** [1935] 97, 108), 143—144° [aus
E. + PAe.] (*Eskola*, Ann. Acad. Sci. fenn. [A II] Nr. 18 [1945] 21). — Beim Erhitzen mit
wss. Natronlauge ist *racem.*-2,6-Dimethyl-4-oxo-heptandisäure erhalten worden (*Su., Wi.*;
Es.).
   β) Racemat vom F: 126°. *B.* s. bei dem unter a) beschriebenen Stereoisomeren. —
Krystalle (aus Ae.); F: 126° (*Sutter, Wijkman*, A. **519** [1935] 97, 108). — Beim Erhitzen

mit wss. Natronlauge ist *racem.*-2,6-Dimethyl-4-oxo-heptandisäure erhalten worden (*Su., Wi.*).

3,8-Dimethyl-2,7-dioxa-spiro[4.4]nonan-1,6-dion, Bis-[2-hydroxy-propyl]-malonsäuredilacton $C_9H_{12}O_4$, Formel XIV.

a) Opt.-inakt. Präparat vom F: 120°.

B. Bei der Hydrierung von (±)-3,8-Dimethyl-2,7-dioxa-spiro[4.4]nona-3,8-dien-1,6-dion an Palladium in Methanol (*Schulte, Nimke,* Ar. **290** [1957] 597, 604).
Krystalle (aus A.); F: 120°.

b) Opt.-inakt. Präparat vom F: 105° (vgl. H 159; E I 680; E II 177).

B. Bei 2-wöchigem Behandeln von 5,5-Diallyl-barbitursäure mit konz. Schwefelsäure (*Maynert, Washburn,* Am. Soc. **75** [1953] 700, 701).
Krystalle (aus A. oder W.); F: 103—105° (*Ma., Wa.,* l. c. S. 703).

XIV   XV

1,8,8-Trimethyl-2,6-dioxa-bicyclo[2.2.2]octan-3,5-dion, [3,3-Dihydroxy-1,1-dimethyl-butyl]-malonsäure-dilacton $C_9H_{12}O_4$, Formel XV (H **3** 818; E II **19** 177).

B. Beim Erhitzen von [1,1-Dimethyl-3-oxo-butyl]-malonsäure-diäthylester (*Iyer,* J. Indian chem. Soc. **17** [1940] 215, 218) oder von 2,2-Dimethyl-4-oxo-pentan-1,1,3-tricarbonsäure-triäthylester (*Mayuranathan, Guha,* J. Indian Inst. Sci. [A] **15** [1932] 131, 135) mit wss. Salzsäure.
Krystalle; F: 136° [aus Bzl.] (*Ma., Guha*), 135—136° [aus W.] (*Iyer*).

Dioxo-Verbindungen $C_{10}H_{14}O_4$

1,5-Dioxa-spiro[5.6]dodecan-2,4-dion, Malonsäure-cycloheptylidenester, Cycloheptyliden=malonat $C_{10}H_{14}O_4$, Formel I.

B. Beim Behandeln von Cycloheptanon mit Malonsäure, Acetanhydrid und wenig Schwefelsäure (*Eistert, Geiss,* B. **94** [1961] 929, 943).
F: 60° [aus Me.] (*Ei., Ge.,* B. **94** 943). IR-Spektrum (KBr; 2—7 µ): *Eistert, Geiss,* Tetrahedron **7** [1959] 1, 5. UV-Spektrum (220—300 nm) von Lösungen in Isooctan, in Methanol und in Chlorwasserstoff enthaltendem Methanol: *Ei., Ge.,* Tetrahedron **7** 7.

1,2-Bis-[5-oxo-tetrahydro-[2]furyl]-äthan, 4,7-Dihydroxy-decandisäure-1 → 4 ; 10 → 7-dilacton $C_{10}H_{14}O_4$, Formel II (X = H).

a) Opt.-inakt. Stereoisomeres vom F: 111°.

B. Neben dem unter b) beschriebenen Stereoisomeren bei der Hydrierung von 4,7-Di=oxo-decandisäure an Raney-Nickel in Äthanol bei 190°/120 at (*Hayashi, Nawakura,* J. chem. Soc. Japan Pure Chem. Sect. **79** [1958] 1134, 1136; C. A. **1960** 5610; s. a. *Hayashi,* J. chem. Soc. Japan Ind. Chem. Sect. **60** [1957] 282, 283; C. A. **1959** 8105).
Krystalle (aus Me. bzw. Bzl.); F: 110—111° (*Ha.; Ha., Na.*). IR-Spektrum (3—13 µ) der Schmelze: *Ha., Na.*

b) Opt.-inakt. Stereoisomeres vom F: 36°.

B. s. o. bei dem unter a) beschriebenen Stereoisomeren.
Krystalle (aus Bzl.); F: 34—36° (*Hayashi, Nawakura,* J. chem. Soc. Japan Pure Chem. Sect. **79** [1958] 1134, 1137; C. A. **1960** 5610). IR-Spektrum (3—13 µ) der Schmelze: *Ha., Na.*

---

*Opt.-inakt. 1,2-Bis-[2,3-dibrom-5-oxo-tetrahydro-[2]furyl]-äthan, 3,4,7,8-Tetrabrom-4,7-dihydroxy-decandisäure-1 → 4 ; 10 → 7-dilacton $C_{10}H_{10}Br_4O_4$, Formel II (X = Br).

B. Beim Behandeln einer Lösung von 1,2-Bis-[5-oxo-4,5-dihydro-[2]furyl]-äthan in

Schwefelkohlenstoff mit Brom (*Iwakura et al.*, J. chem. Soc. Japan Pure Chem. Sect. **78** [1957] 746, 750; C. A. **1960** 5448).

Krystalle (aus $CHCl_3$); F: 126—127° [Zers.].

I   II   III   IV

*Opt.-inakt. 2,2'-Dimethyl-tetrahydro-[2,3']bifuryl-5,5'-dion $C_{10}H_{14}O_4$, Formel III.

B. Bei der Hydrierung von opt.-inakt. 2,2'-Dimethyl-3',4'-dihydro-2*H*,2'*H*-[2,3']bi=furyl-5,5'-dion (S. 1957) an Platin in Methanol (*Lukeš, Syhora*, Collect. **19** [1954] 1205, 1210).

Krystalle (aus W.); F: 62,2°.

(4a$\varXi$,5R,8a$\varXi$)-5-Äthyl-hexahydro-pyrano[3,4-c]pyran-1,6-dion $C_{10}H_{14}O_4$, Formel IV.

B. Beim Erwärmen von Hexahydroprotogentiogenin (E III/IV **18** 1136) mit Chrom(VI)-oxid in Essigsäure (*Asahina et al.*, B. **69** [1936] 771, 779; *Korte*, B. **87** [1954] 769, 779; s. a. *Canonica et al.*, Tetrahedron **16** [1961] 192, 199).

Krystalle; F: 93—94° (*Ko.*), 93° [aus Ae.] (*As. et al.*). $[\alpha]_D^{20}$: −30,5° [A.; c = 1] (*As. et al.*); $[\alpha]_D$: −30,4° [A.] (*Ko.*).

---

*3a,6a-Diäthyl-dihydro-furo[2,3-b]furan-2,5-dion, 3-Äthyl-3-[1,1-dihydroxy-propyl]-glutarsäure-dilacton $C_{10}H_{14}O_4$, Formel V.

B. Beim Erhitzen von opt.-inakt. Cyan-[2,3-diäthyl-4-cyan-2-hydroxy-5-oxo-pyrrol=idin-2-yl]-essigsäure-amid (F: 325—326°) mit wss. Schwefelsäure (*Jocelyn, Queen*, Soc. **1957** 4437, 4440).

Krystalle (aus W.); F: 100°.

1,9,9-Trimethyl-2,8-dioxa-bicyclo[3.3.1]nonan-3,7-dion, 3-[2,2-Dihydroxy-1,1-dimethyl-propyl]-glutarsäure-dilacton $C_{10}H_{14}O_4$, Formel VI.

B. Beim Erwärmen von 3-[1,1-Dimethyl-2-oxo-propyl]-glutarsäure mit Acetylchlorid (*Bredt-Savelsberg, Buchkremer*, B. **64** [1931] 600, 609).

Krystalle (aus E. + Bzn.); F: 180—185°.

(1R)-4-[(R)-1-Chlor-äthyl]-1,7syn-dimethyl-2,5-dioxa-bicyclo[2.2.2]octan-3,6-dion, (2R)-5c_F-[(R)-1-Chlor-äthyl]-2r_F,5t_F-dihydroxy-2,3c_F-dimethyl-hexandisäure-1 → 5; 6 → 2-dilacton $C_{10}H_{13}ClO_4$, Formel VII (X = Cl).

Diese Konstitution kommt der nachstehend beschriebenen, von *Adams et al.* (Am. Soc. **78** [1956] 3513, 3516) als 6-Äthyl-3-chlor-3,3a-dimethyl-tetrahydro-furo[3,2-b]furan-2,5-dion ($C_{10}H_{13}ClO_4$) formulierten Verbindung zu (*Geissman*, Austral. J. Chem. **12** [1959] 247, 252; *Bradbury, Masamune*, Am. Soc. **81** [1959] 5201, 5204); bezüglich der Konfiguration s. *McMathieson, Taylor*, Acta cryst. **16** [1963] 524, 525.

B. Beim Erhitzen von Othosenin [Tomentosin; Syst. Nr. 4475] (*Ad. et al.*, l. c. S. 3518; s. a. *Shdanowitsch, Men'schikow*, Ž. obšč. Chim. **11** [1941] 835, 837; C. A. **1942** 4123) oder von Jacobin [Syst. Nr. 4475] (*Bradbury, Willis*, Austral. J. Chem. **9** [1956] 258, 269) mit wss. Salzsäure.

Krystalle; F: 112—113° [korr.; nach Sublimation bei 100—120°/0,1 Torr] (*Br., Wi.*), 111—113° [aus A.] (*Sh., Me.*), 111—112° [nach Sublimation bei 100°/0,05 Torr] (*Ad. et al.*). $[\alpha]_D^{20}$: −25,9° [$CHCl_3$; c = 1] (*Br., Wi.*); $[\alpha]_D$: −25,2° [$CHCl_3$; c = 2] (*Sh., Me.*); $[\alpha]_D^{36}$: −76° [A.; c = 0,6] (*Ad. et al.*). ^{1}H-NMR-Spektrum (CDCl$_3$): *Br., Ma.* IR-Spektrum (Nujol; 2—15 μ): *Br., Wi.*, l. c. S. 274.

Beim Erwärmen mit wss.-äthanol. Natronlauge und Behandeln der Reaktionslösung mit wss. Salzsäure sind Jaconecinsäure (E III/IV **18** 5079), Isojaconecinsäure (E III/IV **18** 5077) und Jaconecinsäure-lacton erhalten worden (*Br., Wi.*, l.. c. S. 272).

V   VI   VII   VIII

(1R)-4-[(R)-1-Brom-äthyl]-1,7syn-dimethyl-2,5-dioxa-bicyclo[2.2.2]octan-3,6-dion,
(2R)-5c_F-[(R)-1-Brom-äthyl]-2r_F,5t_F-dihydroxy-2,3c_F-dimethyl-hexandisäure-
1 → 5 ; 6 → 2-dilacton $C_{10}H_{13}BrO_4$, Formel VII (X = Br).

Konfigurationszuordnung: *McMathieson, Taylor*, Acta cryst. **16** [1963] 524.

B. Beim Erhitzen von Jacobin (Syst. Nr. 4475) mit wss. Bromwasserstoffsäure (*Brad-bury, Willis*, Austral. J. Chem. **9** [1956] 258, 269).

Krystalle (aus Bzl. + PAe.); F: 117° [korr.] (*Br., Wi.*). Monoklin; Raumgruppe $P2_1$ ($= C_2^2$); aus dem Röntgen-Diagramm ermittelte Dimensionen der Elementarzelle bei −150°: a = 8,70 Å; b = 6,34 Å; c = 10,44 Å; β = 98,2°; n = 2 (*McM., Ta.*). Dichte der Krystalle: 1,55 (*McM., Ta.*). $[\alpha]_D^{19}$: −21,9° [CHCl$_3$; c = 2] (*Br., Wi.*).

(1R)-1-Chlormethyl-4,7syn,8anti-trimethyl-2,5-dioxa-bicyclo[2.2.2]octan-3,6-dion,
(2R)-2r_F-Chlormethyl-2,5c_F-dihydroxy-3t_F,4c_F,5t_F-trimethyl-hexandisäure-
1 → 5 ; 6 → 2-dilacton, Sceleratinsäure-dilacton $C_{10}H_{13}ClO_4$, Formel VIII.

Konstitutionszuordnung: *de Waal et al.*, Soc. **1963** 953, 954. Konfigurationszuordnung: *Coetzer, Wiechers*, Acta cryst. [B] **29** [1973] 917.

Isolierung aus Senecio sceleratus: *de Waal, Louw*, Tydskr. Wet. Kuns [N.S.] **10** [1950] 174, 177.

B. Beim Erwärmen des aus Sceleranecinsäure-dilacton ((1S)-1-Hydroxymethyl-4,7syn,8anti-trimethyl-2,5-dioxa-bicyclo[2.2.2]octan-3,6-dion) hergestellten Kalium-Salzes mit Pyridin und Thionylchlorid (*de Waal, Louw*).

Krystalle (aus Me.); F: 208° (*de Waal, Louw*). Trigonal; Raumgruppe $P3_1$ ($= C_3^2$); aus dem Röntgen-Diagramm ermittelte Dimensionen der Elementarzelle: a = 7,10 Å; c = 19,09 Å; n = 3 (*Co., Wi.*). Dichte der Krystalle: 1,39 (*Co., Wi.*). IR-Banden (CHCl$_3$) im Bereich von 3,4 μ bis 7,3 μ: *de Waal, van Duuren*, Am. Soc. **78** [1956] 4464, 4466.

Überführung in (2R)-5t-Hydroxy-2,3t,4c-trimethyl-tetrahydro-pyran-2r,5c-dicarbon= säure (E III/IV **18** 5077) durch 2-tägiges Behandeln mit wss. Kalilauge: *de Waal et al.*, J.S. African chem. Inst. [N.S.] **4** [1951] Nr. 1, S. 115, 120. Beim Erhitzen mit wss. Kali= lauge und Blei(IV)-acetat und Behandeln der Reaktionslösung mit wss. Schwefelsäure ist (2R)-2,3t,4c-Trimethyl-5-oxo-tetrahydro-furan-2r-carbonsäure (E III/IV **18** 5305) erhalten worden (*de Waal et al.*, J.S. African chem. Inst. [N.S.] **4** 121).

Dioxo-Verbindungen $C_{11}H_{16}O_4$

3-[(S?)-2,2-Dimethyl-[1,3]dioxolan-4-ylmethylen]-pentan-2,4-dion $C_{11}H_{16}O_4$, vermutlich Formel IX.

B. Beim Behandeln von (R)-2,2-Dimethyl-[1,3]dioxolan-4-carbaldehyd (S. 1579) mit Pentan-2,4-dion und Piperidin (*Lopez Aparicio et al.*, An. Soc. españ. [B] **54** [1958] 705, 713).

Kp$_{0,8}$: 97—98°. n$_D^{22}$: 1,4922.

(±)-3,3,8,8-Tetramethyl-1,6-dioxa-spiro[4.4]nonan-2,7-dion, (±)-4,4-Dihydroxy-2,2,6,6-tetramethyl-heptandisäure-dilacton, (±)-Phoronsäure-dilacton $C_{11}H_{16}O_4$, Formel X (H **3** 821; E I **3** 286; E II **19** 178; dort als Phoronsäure-anhydrid bezeichnet).

Beim Erhitzen mit Natriummethylat in Methanol bis auf 130° ist 2-[3,3-Dimethyl-

2,5-dioxo-cyclopentyl]-2-methyl-propionsäure erhalten worden (*Eskola*, Suomen Kem. **15**B [1942] 17).

IX   X   XI

**1,5,9,9-Tetramethyl-2,8-dioxa-bicyclo[3.3.1]nonan-3,7-dion, 3-[2,2-Dihydroxy-1,1-di=
methyl-propyl]-3-methyl-glutarsäure-dilacton** $C_{11}H_{16}O_4$, Formel XI.

B. Neben anderen Verbindungen beim Behandeln einer wss. Lösung des Natrium-
Salzes der [1,2,2,3-Tetramethyl-cyclopent-3-enyl]-essigsäure mit wss. Kalium=
permanganat-Lösung und Erhitzen des Reaktionsprodukts mit Chrom(VI)-oxid und wss.
Schwefelsäure (*Bredt-Savelsberg, Buchkremer*, B. **64** [1931] 600, 608).

Krystalle; F: 240—242°.

Beim Behandeln mit wss. Natriumhypobromit-Lösung ist 3-Carboxymethyl-2,2,3-tri=
methyl-glutarsäure erhalten worden. Überführung in eine als **Monosemicarbazon** an=
gesehene Verbindung $C_{12}H_{19}N_3O_4$ (Krystalle [aus A.], Zers. bei 224—225°) und in eine
als **Disemicarbazon** angesehene Verbindung $C_{13}H_{22}N_6O_4$ (F: 244—245° [Zers.]) durch
Umsetzung mit 1 Mol bzw. 2 Mol Semicarbazid: *Br.-Sa., Bu.*

Dioxo-Verbindungen $C_{12}H_{18}O_4$

(±)-1-[2,2-Dimethyl-[1,3]dioxolan-4-yl]-5-methyl-hex-4-en-1,3-dion $C_{12}H_{18}O_4$, Formel I,
und Tautomere.

B. Beim Behandeln von (±)-2,2-Dimethyl-[1,3]dioxolan-4-carbonsäure-methylester
mit Natrium und Mesityloxid [4-Methyl-pent-3-en-2-on] (*Fischer, Baer*, Helv. **16** [1933]
534, 541).

Gelbes Öl; Kp_{10}: 143—147°. n_D^{20}: 1,5241.

Kupfer(II)-salz $Cu(C_{12}H_{17}O_4)_2$. Grüne Krystalle (aus A.); F: 145—146°.

I   II

***Opt.-inakt. 2-[2,2-Dimethyl-[1,3]dioxolan-4-carbonyl]-cyclohexanon** $C_{12}H_{18}O_4$,
Formel II, und Tautomere.

B. Beim Behandeln von (±)-2,2-Dimethyl-[1,3]dioxolan-4-carbonsäure-methylester
mit Natrium und Cyclohexanon (*Fischer, Baer*, Helv. **16** [1933] 534, 543).

Krystalle (aus A.); F: 44—46°.

Kupfer(II)-Salz $Cu(C_{12}H_{17}O_4)_2$. Olivgrüne Krystalle (aus A. oder Acn.); F: 198°.

**(±)-*trans*-Decahydro-benzo[*b*][1,4]dioxecin-2,7-dion, (±)-Adipinsäure-*trans*-cyclohexan-
1,2-diylester** $C_{12}H_{18}O_4$, Formel III.

B. In kleinerer Menge neben Adipinsäure beim Behandeln einer Lösung von (±)-*trans*-
Cyclohexan-1,2-diol in Benzol mit Chrom(VI)-oxid und *tert*-Butylalkohol (*Sugu*, J. chem.
Soc. Japan Pure Chem. Sect. **80** [1959] 918, 920; C. A. **1961** 3464).

Krystalle (aus A.); F: 124—125°. IR-Spektrum (KBr; 3—13 μ): *Sugu*.

**3,3,4,9,9-Pentamethyl-1,6-dioxa-spiro[4.4]nonan-2,7-dion, 4,4-Dihydroxy-
2,2,3,5,5-pentamethyl-heptandisäure-dilacton** $C_{12}H_{18}O_4$, Formel IV.

Diese Konstitution ist der nachstehend beschriebenen opt.-inakt. Verbindung zugeordnet worden (*Eskola et al.*, Suomen Kem. **30**B [1957] 24, 25, 26).

B. Beim Erwärmen von (±)-2-Methyl-2-[1,3,3-trimethyl-2,5-dioxo-cyclopentyl]-propionsäure oder von (±)-2-Methyl-2-[1,3,3-trimethyl-2,5-dioxo-cyclopentyl]-propion=säure-methylester mit konz. Schwefelsäure (*Es. et al.*, l. c. S. 28, 29).

Krystalle (aus Acetanhydrid oder wss. A.); F: 117°.

III   IV   V

*3a,6a-Dipropyl-dihydro-furo[2,3-*b*]furan-2,5-dion, 3-[1,1-Dihydroxy-butyl]-3-propyl-glutarsäure-dilacton C$_{12}$H$_{18}$O$_4$, Formel V.

B. Beim Erhitzen von opt.-inakt. Cyan-[4-cyan-2-hydroxy-5-oxo-2,3-dipropyl-pyrrol=idin-2-yl]-essigsäure-amid (F: 343°) mit wss. Schwefelsäure (*Jocelyn, Queen*, Soc. **1957** 4437, 4440).

Krystalle (aus W.); F: 88—89°.

Überführung in eine als 2,4-Dinitro-phenylhydrazon angesehene Verbindung C$_{18}$H$_{22}$N$_4$O$_7$ (F: 235—238°): *Jo., Qu.*

Dioxo-Verbindungen C$_{13}$H$_{20}$O$_4$

(5*S*)-6*c*-[(2*R*)-2,4*c*-Dimethyl-5-oxo-tetrahydro-[2*r*]furyl]-3ξ,5*r*-dimethyl-tetrahydro-pyran-2-on, D$_r$-4*t*$_F$,5*c*$_F$-Dihydroxy-2*r*$_F$,4*c*$_F$,6*t*$_F$,8ξ-tetramethyl-nonandisäure-1→4 ; 9→5-dilacton C$_{13}$H$_{20}$O$_4$, Formel VI.

B. Bei der Hydrierung von D$_r$-5*t*$_F$,6*c*$_F$-Dihydroxy-2,4*r*$_F$,6*t*$_F$,8*t*$_F$-tetramethyl-non-2*c*-en=disäure-1→5;9→6-dilacton (S. 1960) an Platin in Methanol (*Wiley et al.*, Am. Soc. **79** [1957] 6062, 6065; *Djerassi et al.*, Tetrahedron **4** [1958] 369, 380).

Krystalle (aus Diisopropyläther); F: 128—130° (*Wi. et al.*), 126—127° (*Dj. et al.*). [α]$_D$: −78° [CHCl$_3$] (*Dj. et al.*).

VI   VII

Dioxo-Verbindungen C$_{14}$H$_{22}$O$_4$

4,5,5,4′,5′,5′-Hexamethyl-tetrahydro-[3,3′]bifuryl-2,2′-dion C$_{14}$H$_{22}$O$_4$, Formel VII.

Diese Konstitution kommt vermutlich der nachstehend beschriebenen opt.-inakt. Ver-bindung zu (*Dulou et al.*, C. r. **249** [1959] 429).

B. In kleiner Menge neben 4,5,5-Trimethyl-dihydro-furan-2-on beim Erhitzen von *trans*-Crotonsäure mit Isopropylalkohol und wenig Benzophenon im UV-Licht (*Du. et al.*).

Krystalle; F: 168—169°.

Dioxo-Verbindungen C$_{16}$H$_{26}$O$_4$

1,8-Bis-[5-oxo-tetrahydro-[2]furyl]-octan, 4,13-Dihydroxy-hexadecandisäure-1→4 ;16→13-dilacton C$_{16}$H$_{26}$O$_4$, Formel VIII.

Diese Konstitution kommt vermutlich der nachstehend beschriebenen opt.-inakt. Ver-bindung zu (*Badger, Sasse*, Soc. **1957** 3862, 3867).

B. In kleiner Menge neben anderen Verbindungen beim Erwärmen einer wss. Lösung

von 4-Oxo-4-[2]thienyl-buttersäure mit Raney-Nickel und Natriumcarbonat (*Ba., Ga.*).
Krystalle (aus Bzl. + PAe. bei −70°); F: 86—88°.

---

*Opt.-inakt. 2,2,5,5,2′,2′,5′,5′-Octamethyl-tetrahydro-[3,3′]bifuryl-4,4′-dion $C_{16}H_{26}O_4$,
Formel IX.

B. Bei der Hydrierung von Octamethyl-[3,3′]bifuryliden-4,4′-dion (S. 1963) an Raney-
Nickel in Äthanol (*Korobizyna et al.,* Ž. obšč. Chim. **29** [1959] 2190, 2193; engl. Ausg.
S. 2157, 2160).
Krystalle (aus wss. A.); F: 121—121,5°.

VIII   IX   X

*Opt.-inakt. 2,2,5,5,2′,2′,5′,5′-Octamethyl-4,4′-bis-phenylimino-octahydro-[3,3′]bifuryl,
2,2,5,5,2′,2′,5′,5′-Octamethyl-tetrahydro-[3,3′]bifuryl-4,4′-dion-bis-phenylimin
$C_{28}H_{36}N_2O_2$, Formel X.

B. Beim Erhitzen der im vorangehenden Artikel beschriebenen Verbindung mit Anilin
und Zinkchlorid (*Korobizyna et al.,* Ž. obšč. Chim. **29** [1959] 2190, 2194; engl. Ausg.
S. 2157, 2160).
Krystalle (aus Cyclohexan); F: 260° [Zers.].

Dioxo-Verbindungen $C_nH_{2n-8}O_4$

Dioxo-Verbindungen $C_6H_4O_4$

**4,6-Dihydro-thieno[3,4-c]furan-1,3-dion, 2,5-Dihydro-thiophen-3,4-dicarbonsäure-
anhydrid** $C_6H_4O_3S$, Formel I.
B. Beim Erwärmen von 2,5-Dihydro-thiophen-3,4-dicarbonsäure mit Thionylchlorid
und Benzol (*Baker et al.,* J. org. Chem. **13** [1948] 123, 132).
Krystalle (aus Bzl.); F: 164—166°.

I   II   III   IV   V

Dioxo-Verbindungen $C_7H_6O_4$

**2,3-Dihydro-5H-furo[3,4-b]pyran-4,7-dion, 3-Hydroxymethyl-4-oxo-5,6-dihydro-
4H-pyran-2-carbonsäure-lacton,** Isopatulin, Isoclavatin $C_7H_6O_4$, Formel II (X = H).
B. Beim Erhitzen von 4-[3-Methoxy-propionyl]-dihydro-furan-2,3-dion mit Chlor‍
wasserstoff enthaltendem Äthylacetat (*Földi et al.,* Soc. **1948** 1295, 1298) oder mit
Schwefelsäure enthaltendem Dioxan (*Puetzer et al.,* Am. Soc. **67** [1945] 832, 835).
Krystalle; F: 88—89° (*Fö. et al.*), 87° [aus Bzl. + PAe.] (*Pu. et al.*). UV-Absorptions‍
maximum: 276 nm (*Pu. et al.*).

Beim Behandeln mit Pyridin und Pyridin-hydrochlorid ist 1-[3-(4-Hydroxy-5-oxo-2,5-dihydro-[3]furyl)-3-oxo-propyl]-pyridinium-betain erhalten worden (*Fö. et al.*).

2,3-Dihydro-5*H*-furo[3,4-*b*]pyran-4,7-dion-4-(*E*)-oxim, 4-[(*E*)-Hydroxyimino]-3-hydr⸗oxymethyl-5,6-dihydro-4*H*-pyran-2-carbonsäure-lacton $C_7H_7NO_4$, Formel III (R = H).
B. Aus 2,3-Dihydro-5*H*-furo[3,4-*b*]pyran-4,7-dion und Hydroxylamin (*Földi*, Acta chim. hung. **6** [1955] 307, 319).
Krystalle; F: 208—209° [Zers.; unkorr.].
Beim Erwärmen mit Acetylchlorid ist 4-Acetoxy-2,3-dihydro-6*H*-furo[3,4-*b*][1,4]⸗oxazepin-8-on erhalten worden.

2,3-Dihydro-5*H*-furo[3,4-*b*]pyran-4,7-dion-4-[(*E*)-*O*-benzolsulfonyl-oxim] $C_{13}H_{11}NO_6S$, Formel III (R = SO_2-C_6H_5).
B. Beim Behandeln von 2,3-Dihydro-5*H*-furo[3,4-*b*]pyran-4,7-dion-4-(*E*)-oxim mit Benzolsulfonylchlorid und Pyridin (*Földi*, Acta chim. hung. **6** [1955] 307, 319).
Krystalle (aus Me.); F: 148—150° [unkorr.].

***2,3-Dihydro-5*H*-furo[3,4-*b*]pyran-4,7-dion-4-[2,4-dinitro-phenylhydrazon]** $C_{13}H_{10}N_4O_7$, Formel IV (X = NH-$C_6H_3(NO_2)_2$).
B. Aus 2,3-Dihydro-5*H*-furo[3,4-*b*]pyran-4,7-dion und [2,4-Dinitro-phenyl]-hydrazin (*Földi et al.*, Soc. **1948** 1295, 1299).
Orangegelb; Zers. bei 265—267°.

(±)-3-Brom-2,3-dihydro-5*H*-furo[3,4-*b*]pyran-4,7-dion, (±)-5-Brom-3-hydroxymethyl-4-oxo-5,6-dihydro-4*H*-pyran-2-carbonsäure-lacton $C_7H_5BrO_4$, Formel II (X = Br).
B. Beim Behandeln von 2,3-Dihydro-5*H*-furo[3,4-*b*]pyran-4,7-dion mit Brom in Chloro⸗form (*Földi et al.*, Soc. **1948** 1295, 1299).
Krystalle (aus W.); F: 112° (*Fö. et al.*).
Beim Behandeln mit Thioharnstoff in Aceton ist 2-Amino-4*H*,8*H*-furo[3′,4′;5,6]⸗pyrano[4,3-*d*]thiazol-6-on erhalten worden (*Földi*, Acta chim. hung. **6** [1955] 307, 318).

3,4-Dihydro-2*H*-thiopyrano[2,3-*c*]furan-5,7-dion, 5,6-Dihydro-4*H*-thiopyran-2,3-dicarbon⸗säure-anhydrid $C_7H_6O_3S$, Formel V.
B. Beim Erwärmen von 5,6-Dihydro-4*H*-thiopyran-2,3-dicarbonsäure-diäthylester mit wss. Kalilauge und Behandeln der Reaktionslösung mit wss. Salzsäure (*Korte, Löhmer*, B. **91** [1958] 1397, 1403).
Hellgelbe Krystalle (aus Ae.); F: 41—42°. UV-Absorptionsmaximum (Me.): 287 nm.

(±)-5,6-Dihydro-7a*H*-furo[2,3-*b*]pyran-2,4-dion, (±)-[(*E*)-2-Hydroxy-4-oxo-dihydro-pyran-3-yliden]-essigsäure-lacton, (±)-Allopatulin $C_7H_6O_4$, Formel VI.
B. Beim Behandeln von opt.-inakt. 3a-Chlor-tetrahydro-furo[2,3-*b*]pyran-2,4-dion (F: 124—125,5°) mit Kaliumacetat in Methanol (*Woodward, Singh*, Am. Soc. **72** [1950] 5351).
F: 116—117°.
Reaktion mit Chlorwasserstoff unter Bildung von Chlor-[4-oxo-5,6-dihydro-4*H*-pyran-3-yl]-essigsäure: *Wo., Si.*

***(±)-5,6-Dihydro-7a*H*-furo[2,3-*b*]pyran-2,4-dion-4-phenylhydrazon, (±)-[(*Z*)-2-Hydr⸗oxy-4-phenylhydrazono-dihydro-pyran-3-yliden]-essigsäure-lacton** $C_{13}H_{12}N_2O_3$, Formel VII.
B. Aus (±)-5,6-Dihydro-7a*H*-furo[2,3-*b*]pyran-2,4-dion und Phenylhydrazin (*Woodward, Singh*, Am. Soc. **72** [1950] 5351).
F: 195°.

6,7-Dihydro-4*H*-thiopyrano[3,4-*c*]furan-1,3-dion, 5,6-Dihydro-2*H*-thiopyran-3,4-dicarbon⸗säure-anhydrid $C_7H_6O_3S$, Formel VIII.
B. Beim Behandeln von 4-Oxo-tetrahydro-thiopyran-3-carbonsäure-äthylester mit Cyanwasserstoff und Erhitzen des Reaktionsprodukts mit Essigsäure und wss. Salzsäure

und anschliessend mit Acetanhydrid (*Baker, Ablondi*, J. org. Chem. **12** [1947] 328, 330).
Krystalle (aus Bzl. + PAe.); F: 82—83°.

Beim Erwärmen mit wss. Natronlauge und Natrium-Amalgam sind *cis*-Tetrahydro-thiopyran-3,4-dicarbonsäure und *trans*-Tetrahydro-thiopyran-3,4-dicarbonsäure erhalten worden.

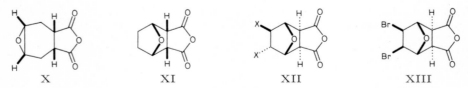

VI   VII   VIII   IX

Dioxo-Verbindungen $C_8 H_8 O_4$

*Opt.-inakt. 3,6-Divinyl-[1,4]dioxan-2,5-dion $C_8 H_8 O_4$, Formel IX.

B. Beim Erhitzen von (±)-2-Hydroxy-but-3-ensäure (*Rambaud*, Bl. [5] **1** [1934] 1317, 1326).
Krystalle (aus A.); F: 151—152°.

5*t*,6*t*-Epoxy-(3a*r*,7a*c*)-hexahydro-isobenzofuran-1,3-dion, 4*c*,5*c*-Epoxy-cyclohexan-1*r*,2*c*-dicarbonsäure-anhydrid $C_8 H_8 O_4$, Formel X.

Konfigurationszuordnung: *Gray et al.*, Am. Soc. **84** [1962] 89.

B. Beim Behandeln von *cis*-Cyclohex-4-en-1,2-dicarbonsäure-anhydrid mit Peroxy-essigsäure in Essigsäure (*Gill, Munro*, Soc. **1952** 4630).
Krystalle (aus E.); F: 204—205° (*Gill, Mu.*).

Hexahydro-4,7-epoxido-isobenzofuran-1,3-dion, 7-Oxa-norbornan-2,3-dicarbonsäure-anhydrid $C_8 H_8 O_4$.

a) **7-Oxa-norbornan-2*endo*,3*endo*-dicarbonsäure-anhydrid** $C_8 H_8 O_4$, Formel XI.

B. Beim Erwärmen von 7-Oxa-norbornan-2*endo*,3*endo*-dicarbonsäure (E III/IV **18** 4457) mit Acetylchlorid (*Alder, Backendorf*, A. **535** [1938] 113, 119).
Krystalle; F: 158—160° [aus Acetanhydrid + Bzn.], 158—159° [aus Bzn.].

b) **7-Oxa-norbornan-2*exo*,3*exo*-dicarbonsäure-anhydrid, Norcantharidin** $C_8 H_8 O_4$, Formel XII (X = H) (E II 178).

B. Beim Erhitzen von 7-Oxa-norbornan-2*exo*,3*exo*-dicarbonsäure unter vermindertem Druck (*Kwart, Burchuk*, Am. Soc. **74** [1952] 3094, 3096). Bei der Hydrierung von 7-Oxa-norborn-5-en-2*exo*,3*exo*-dicarbonsäure-anhydrid mit Hilfe von Palladium (*Diels, Olsen*, J. pr. [2] **156** [1940] 285, 302; *Mel'nikow, Kraft*, Ž. obšč. Chim. **26** [1956] 213, 216; engl. Ausg. S. 227, 230).
Krystalle [aus Acn. + Bzn.] (*Di., Ol.*); F: 116—117° (*Di., Ol.; Me., Kr.*).

Beim Behandeln mit Diäthylamin in Dioxan ist eine nach *Jur'ew et al.* (Ž. obšč. Chim. **31** [1961] 2898, 2899; engl. Ausg. S. 2700) als Diäthylamin-Salz der 7-Oxa-norbornan-2*exo*,3*exo*-dicarbonsäure zu formulierende Verbindung erhalten worden (*Me., Kr.*).

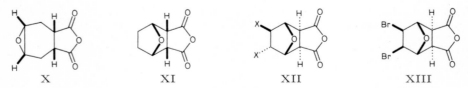

X   XI   XII   XIII

(±)-5*c*,6*t*-Dichlor-(3a*r*,7a*c*)-hexahydro-4*t*,7*t*-epoxido-isobenzofuran-1,3-dion,
(±)-5*endo*,6*exo*-Dichlor-7-oxa-norbornan-2*exo*,3*exo*-dicarbonsäure-anhydrid $C_8 H_6 Cl_2 O_4$,
Formel XII (X = Cl) + Spiegelbild.

Konfigurationszuordnung: *Sefirow et al.*, Ž. obšč. Chim. **35** [1965] 1373, 1374; engl.

Ausg. S. 1379, 1380.

B. Beim Behandeln einer Lösung von 7-Oxa-norborn-5-en-2*exo*,3*exo*-dicarbonsäure-anhydrid in Essigsäure (*Sharples Chem. Inc.*, U.S.P. 2576080 [1949]) oder in Chloroform (*Mel'nikow, Kraft*, Ž. obšč. Chim. **26** [1956] 213, 217; engl. Ausg. S. 227, 230) mit Chlor bzw. mit Chlor in Chloroform.

Krystalle; F: 164—167° (*Sharples Chem. Inc.*), 161—162° [aus CHCl₃] (*Me., Kr.*).

5,6-Dibrom-hexahydro-4,7-epoxido-isobenzofuran-1,3-dion, 5,6-Dibrom-7-oxa-nor⸗bornan-2,3-dicarbonsäure-anhydrid $C_8H_6Br_2O_4$.

a) **(—)-5*endo*,6*exo*-Dibrom-7-oxa-norbornan-2*exo*,3*exo*-dicarbonsäure-anhydrid** $C_8H_6Br_2O_4$, Formel XII (X = Br) oder Spiegelbild.

Ein partiell racemisches Präparat (Krystalle [aus E. + CCl₄], F: 132—137° [unkorr.]; $[\alpha]_D$: —59,2° [Dioxan]) ist beim Erwärmen von partiell racemischer (—)-5*endo*,6*exo*-Di⸗brom-7-oxa-norbornan-2*exo*,3*exo*-dicarbonsäure ($[\alpha]_D$: —52,9° [Dioxan]) mit Acet⸗anhydrid erhalten worden (*Berson, Swidler*, Am. Soc. **76** [1954] 4060, 4068).

b) **(±)-5*endo*,6*exo*-Dibrom-7-oxa-norbornan-2*exo*,3*exo*-dicarbonsäure-anhydrid** $C_8H_6Br_2O_4$, Formel XII (X = Br) + Spiegelbild.

B. Neben kleineren Mengen des unter c) beschriebenen Stereoisomeren beim Behandeln einer Lösung von 7-Oxa-norborn-5-en-2*exo*,3*exo*-dicarbonsäure-anhydrid in Dichlor⸗methan mit Brom (*Berson, Swidler*, Am. Soc. **75** [1953] 1721, 1726, **76** [1954] 4060, 4066). Beim Erhitzen von (±)-5*endo*,6*exo*-Dibrom-7-oxa-norbornan-2*exo*,3*exo*-dicarbonsäure mit Acetanhydrid (*Be., Sw.*, Am. Soc. **75** 1726).

Krystalle (aus CCl₄ + Acn.); F: 162—163° [korr.] (*Be., Sw.*, Am. Soc. **75** 1726).

c) **5*exo*,6*exo*-Dibrom-7-oxa-norbornan-2*exo*,3*exo*-dicarbonsäure-anhydrid** $C_8H_6Br_2O_4$, Formel XIII.

B. s. bei dem unter b) beschriebenen Stereoisomeren.

Krystalle (aus Acn.); F: 331° [Zers.; unkorr.] (*Berson, Swidler*, Am. Soc. **76** [1954] 4060, 4066).

Dioxo-Verbindungen $C_9H_{10}O_4$

8-Methyl-3,4-dihydro-2*H*,8*H*-furo[3,4-*b*]oxepin-5,6-dion, 2-[1-Hydroxy-äthyl]-4-oxo-4,5,6,7-tetrahydro-oxepin-3-carbonsäure-lacton $C_9H_{10}O_4$.

a) **(*R*)-8-Methyl-3,4-dihydro-2*H*,8*H*-furo[3,4-*b*]oxepin-5,6-dion, (+)-Carolsäure** $C_9H_{10}O_4$, Formel I (X = H).

Konstitutionszuordnung: *Plimmer*, J. org. Chem. **29** [1964] 511. Konfigurationszu-ordnung: *Boll et al.*, Acta chem. scand. **22** [1968] 3251, 3253.

Isolierung aus Substanzen, die bei der Vergärung von D-Glucose mit Hilfe von Peni⸗cillium charlesii bzw. Penicillium fellutanum erhalten worden sind: *Clutterbuck et al.*, Biochem. J. **28** [1934] 94, 103; *Lybing, Reio*, Acta chem. scand. **12** [1958] 1575, 1577; *Vora*, J. scient. ind. Res. India **13** B [1954] 504.

Krystalle (aus A.), F: 132°; nach wiederholtem Umkrystallisieren liegt der Schmelz-punkt bei 113° (*Cl. et al.*, Biochem. J. **28** 105). $[\alpha]_{546}$: +84° [W.; c = 0,5] (*Cl. et al.*, Biochem. J. **28** 105). UV-Spektren (200—310 nm) von Lösungen in Äthanol, in Wasser, in wss. Schwefelsäure und in wss. Natronlauge: *Herbert, Hirst*, Biochem. J. **29** [1935] 1881, 1885.

Beim Behandeln mit Brom in Essigsäure ist (4*Ξ*,8*R*)-4(?)-Brom-8-methyl-3,4-di⸗hydro-2*H*,8*H*-furo[3,4-*b*]oxepin-5,6-dion ($C_9H_9BrO_4$, vermutlich Formel I (X = Br); Krystalle [aus Me.], F: 158°; $[\alpha]_{546}$: +39° [W.]), beim Behandeln mit Brom in Wasser oder wss. Essigsäure sind (5*R*)-3-Brom-5-methyl-furan-2,4-dion (E III/IV **17** 5827) und (5*S*)-3,5-Dibrom-5-methyl-furan-2,4-dion (E III/IV **17** 5827) erhalten worden (*Clutterbuck et al.*, Biochem. J. **29** [1935] 300, 308, 309). Hydrierung an Palladium/Kohle in Wasser unter Bildung von (5*R*)-3-[4-Hydroxy-butyl]-5-methyl-furan-2,4-dion (E III/IV **18** 1135): *Cl. et al.*, Biochem. J. **29** 316.

b) **(±)-8-Methyl-3,4-dihydro-2*H*,8*H*-furo[3,4-*b*]oxepin-5,6-dion** $C_9H_{10}O_4$, Formel I (X = H) + Spiegelbild.

B. Bei der Hydrierung von Dehydrocarolsäure (8-Methylen-3,4-dihydro-2*H*,8*H*-furo⸗[3,4-*b*]oxepin-5,6-dion) an Palladium in Wasser (*Bracken, Raistrick*, Biochem. J. **41** [1947] 569, 572).

Krystalle (aus Bzl. + Ae.); F: 117° und (nach Wiedererstarren) F: 113°.

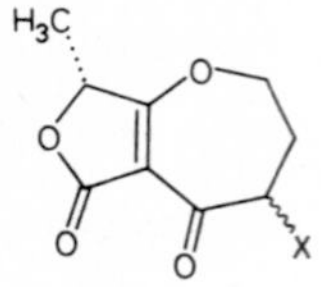

I 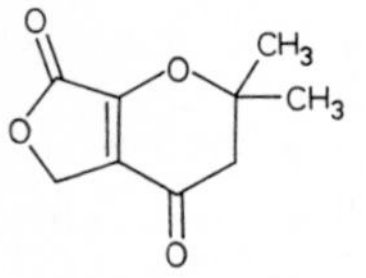   II 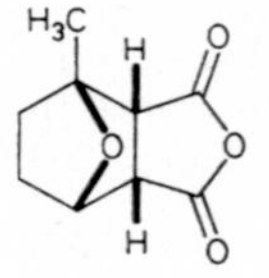   III

2,2-Dimethyl-2,3-dihydro-5H-furo[3,4-b]pyran-4,7-dion, 3-Hydroxymethyl-6,6-dimethyl-4-oxo-5,6-dihydro-4H-pyran-2-carbonsäure-lacton $C_9H_{10}O_4$, Formel II.

B. Beim Erwärmen von 4-[3-Methyl-crotonoyl]-dihydro-furan-2,3-dion mit wss.-äthanol. Salzsäure (*Puetzer et al.*, Am. Soc. **67** [1945] 832, 835).

Krystalle (aus wss. A.); F: 84—85°. Kp$_1$: 138°. UV-Absorptionsmaximum: 280 nm.

Beim Erwärmen mit Brom in Essigsäure ist eine vermutlich als 3-Brom-2,2-dimeth=yl-2,3-dihydro-5H-furo[3,4-b]pyran-4,7-dion zu formulierende Verbindung $C_9H_9BrO_4$ (Krystalle [aus Isopropylalkohol + E.], F: 142—143°) erhalten worden.

4-Methyl-hexahydro-4,7-epoxido-isobenzofuran-1,3-dion, 1-Methyl-7-oxa-norbornan-2,3-dicarbonsäure-anhydrid $C_9H_{10}O_4$.

a) **(±)-1-Methyl-7-oxa-norbornan-2endo,3endo-dicarbonsäure-anhydrid** $C_9H_{10}O_4$, Formel III + Spiegelbild.

B. Beim Erwärmen von (±)-1-Methyl-7-oxa-norbornan-2endo,3endo-dicarbonsäure (E III/IV **18** 4468) mit Acetylchlorid (*Alder, Backendorf*, A. **535** [1938] 113, 120).
F: 87—89°.

b) **(±)-1-Methyl-7-oxa-norbornan-2exo,3exo-dicarbonsäure-anhydrid** $C_9H_{10}O_4$, Formel IV (X = H) + Spiegelbild.

B. Bei der Hydrierung von (±)-1-Methyl-7-oxa-norborn-5-en-2exo,3exo-dicarbonsäure-anhydrid (S. 1966) an Palladium/Calciumcarbonat in Äthylacetat (*Alder, Backendorf*, A. **535** [1938] 101, 108; s. a. *Mel'nikow, Kraft*, Ž. obšč. Chim. **26** [1956] 213, 216; engl. Ausg. S. 227, 230).

Krystalle [aus E.] (*Al., Ba.*); F: 105—106° (*Al., Ba.; Me., Kr.*).

5,6-Dichlor-4-methyl-hexahydro-4,7-epoxido-isobenzofuran-1,3-dion, 5,6-Dichlor-1-methyl-7-oxa-norbornan-2,3-dicarbonsäure-anhydrid $C_9H_8Cl_2O_4$.

a) **(±)-5endo,6exo-Dichlor-1-methyl-7-oxa-norbornan-2exo,3exo-dicarbonsäure-anhydrid** $C_9H_8Cl_2O_4$, Formel V + Spiegelbild, und **(±)-5exo,6endo-Dichlor-1-methyl-7-oxa-norbornan-2exo,3exo-dicarbonsäure-anhydrid** $C_9H_8Cl_2O_4$, Formel VI + Spiegelbild.

Diese beiden Formeln kommen für die nachstehend beschriebene Verbindung in Betracht (*Mel'nikow, Kraft*, Ž. obšč. Chim. **29** [1959] 968, 969; engl. Ausg. S. 949, 951).

B. Neben dem unter b) beschriebenen Stereoisomeren beim Behandeln von (±)-1-Meth=yl-7-oxa-norborn-5-en-2exo,3exo-dicarbonsäure-anhydrid (S. 1966) mit Chlor in Chloroform (*Me., Kr.*).

F: 113—114°.

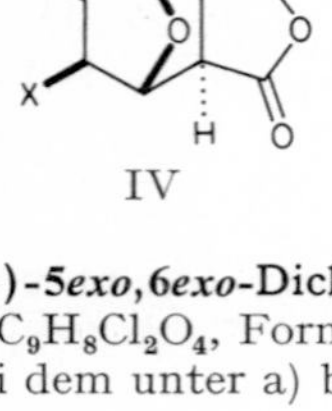

IV 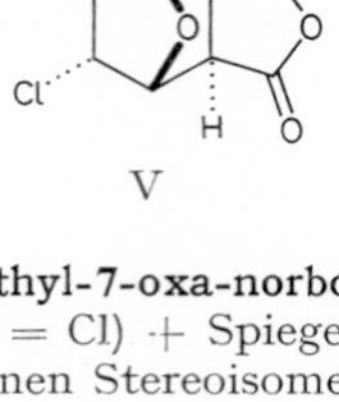   V 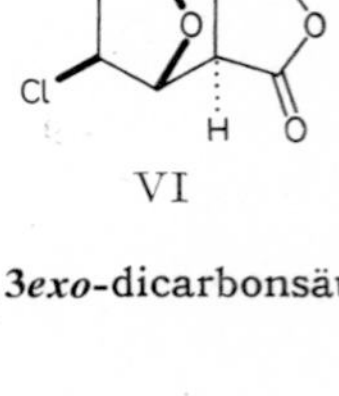   VI

b) **(±)-5exo,6exo-Dichlor-1-methyl-7-oxa-norbornan-2exo,3exo-dicarbonsäure-anhydrid** $C_9H_8Cl_2O_4$, Formel IV (X = Cl) + Spiegelbild.

B. s. bei dem unter a) beschriebenen Stereoisomeren.

Krystalle (aus Ae.); F: 151—152° (*Mel'nikow*, *Kraft*, Ž. obšč. Chim. **29** [1959] 968, 969; engl. Ausg. S. 949, 951).

Dioxo-Verbindungen $C_{10}H_{12}O_4$

*Opt.-inakt. 2,2'-Dimethyl-3',4'-dihydro-2H,2'H-[2,3']bifuryl-5,5'-dion $C_{10}H_{12}O_4$, Formel VII (vgl. E I **17** 139; dort als „dimeres β-Angelicalacton" bezeichnet).

Konstitutionszuordnung: *Lukeš et al.*, Collect. **29** [1964] 1663, 1665.

Präparate vom F: 87—88° bzw. vom F: 83—84° [aus A. oder Bzl.] sind beim Erwärmen von (±)-β-Angelicalacton ((±)-5-Methyl-5H-furan-2-on) mit Natrium bzw mit Natrium= methylat (*Staley Mfg. Co.*, U.S.P. 2493373, 2493374 [1946]), ein Präparat vom F: 85,2—85,5° [aus A.] beim Verreiben von α-Angelicalacton (5-Methyl-3H-furan-2-on) mit Kaliumcarbonat (*Lukeš*, *Syhora*, Collect. **19** [1954] 1205, 1209) erhalten worden.

Beim Erhitzen mit Bariumhydroxid in Wasser (*Staley Mfg. Co.*, U.S.P. 2493375 [1946]) bzw. beim Behandeln mit wss. Kalilauge (*Lu.*, *Sy.*) und anschliessenden Ansäuern ist aus den Präparaten vom F: 87—88° und vom F: 85,2—85,5° 4-Hydroxy-4-[2-methyl-5-oxo-tetrahydro-[3]furyl]-pent-2-ensäure vom F: 156—157° bzw. vom F: 159,7°, beim Erhitzen mit Bariumhydroxid in Wasser (*Staley Mfg. Co.*, U.S.P. 2493375) und Behan= deln der Reaktionslösung mit wss. Schwefelsäure ist aus dem Präparat vom F: 83—84° 4-Hydroxy-4-[2-methyl-5-oxo-tetrahydro-[3]furyl]-pent-2-ensäure vom F: 123—124° er= halten worden.

VII   VIII   IX

(±)-2,2,5-Trimethyl-2,3-dihydro-5H-furo[3,4-b]pyran-4,7-dion, (±)-3-[1-Hydroxy-äthyl]-6,6-dimethyl-4-oxo-5,6-dihydro-4H-pyran-2-carbonsäure-lacton $C_{10}H_{12}O_4$, Formel VIII.

B. Beim Erwärmen von (±)-5-Methyl-4-[3-methyl-crotonoyl]-dihydro-furan-2,3-dion mit wss.-äthanol. Salzsäure (*Puetzer et al.*, Am. Soc. **67** [1945] 832, 836).

Krystalle (aus A.); F: 142°.

3a-Äthyl-6-methyl-3a,7a-dihydro-1H-furo[3,4-c]pyran-3,4-dion $C_{10}H_{12}O_4$, Formel IX.

Diese Konstitution kommt vermutlich der nachstehend beschriebenen opt.-inakt. Ver= bindung zu.

B. Neben *trans*-4-Acetonyl-3-äthyl-dihydro-furan-2-on und *cis*-4-Acetonyl-3-äthyl-di= hydro-furan-2-on beim Behandeln von opt.-inakt. 3-Äthoxymethyl-2-äthyl-2-cyan-5-oxo-hexansäure-äthylester (Kp$_{17}$: 187—193° [E III **3** 1475]) mit wss. Bromwasserstoffsäure (*Dey*, Soc. **1937** 1057, 1063).

Krystalle (aus E.); F: 135°.

5,6-Epoxy-4,5-dimethyl-hexahydro-isobenzofuran-1,3-dion, 4,5-Epoxy-3,4-dimethyl-cyclohexan-1,2-dicarbonsäure-anhydrid $C_{10}H_{12}O_4$.

a) **(±)-4c,5c-Epoxy-3c,4t-dimethyl-cyclohexan-1r,2c-dicarbonsäure-anhydrid** $C_{10}H_{12}O_4$, Formel X + Spiegelbild.

B. s. bei dem unter b) beschriebenen Stereoisomeren.

Krystalle (aus Acn. + Ae.); F: 137—138° (*Nasarow et al.*, Croat. chem. Acta **29** [1957] 369, 390; *Kutscherow et al.*, Izv. Akad. S.S.S.R. Otd. chim. **1959** 1262, 1266; engl. Ausg. S. 1217, 1220).

b) **(±)-4t,5t-Epoxy-3c,4c-dimethyl-cyclohexan-1r,2c-dicarbonsäure-anhydrid** $C_{10}H_{12}O_4$, Formel XI + Spiegelbild.

B. Neben kleineren Mengen des unter a) beschriebenen Stereoisomeren beim Behandeln einer Lösung von (±)-3c,4-Dimethyl-cyclohex-4-en-1r,2c-dicarbonsäure-anhydrid in

Chloroform mit Peroxyessigsäure in Essigsäure (*Nasarow et al.*, Croat. chem. Acta **29** [1957] 369, 390; *Kutscherow et al.*, Izv. Akad. S.S.S.R. Otd. chim. **1959** 1262, 1266; engl. Ausg. S. 1217, 1220).

Krystalle (aus Acn.); F: 141—142° (*Ku. et al.*), 140—142° (*Na. et al.*).

X   XI   XII   XIII

*Opt.-inakt. 2,3;5,6-Diepoxy-2-isopropyl-5-methyl-cyclohexan-1,4-dion $C_{10}H_{12}O_4$, Formel XII.

B. Beim Erwärmen einer Lösung von 2-Isopropyl-5-methyl-[1,4]benzochinon in Aceton mit wss. Wasserstoffperoxid und Natriumcarbonat (*Zavarin*, J. org. Chem. **23** [1958] 47, 50).

Krystalle (aus Isooctan); F: 89,6—90,4°. UV-Spektrum (A.; 210—350 nm): *Za.*, l. c. S. 48.

2,3;5,6-Diepoxy-2,3,5,6-tetramethyl-cyclohexan-1,4-dion $C_{10}H_{12}O_4$, Formel XIII.

B. Beim Erwärmen einer Lösung von Tetramethyl-[1,4]benzochinon in Äthanol mit wss. Wasserstoffperoxid und Natriumcarbonat (*Boyer*, Am. Soc. **73** [1951] 733, 740).

Krystalle (aus A. + W.); F: 111,5—112° [Fisher-Johns-App.].

(±)-4-Äthyl-(3ar,7ac)-hexahydro-4t,7t-epoxido-isobenzofuran-1,3-dion, (±)-1-Äthyl-7-oxa-norbornan-2exo,3exo-dicarbonsäure-anhydrid $C_{10}H_{12}O_4$, Formel I + Spiegelbild.

B. Bei der Hydrierung von (±)-1-Äthyl-7-oxa-norborn-5-en-2exo,3exo-dicarbonsäure-anhydrid (F: 97—98° [S. 1968]) an Raney-Nickel in Äthylacetat (*Paul*, Bl. [5] **10** [1943] 163, 169).

Krystalle (aus E. + PAe.); F: 109—110° [Block].

3a,7a-Dimethyl-(3ar,7ac)-hexahydro-4t,7t-epoxido-isobenzofuran-1,3-dion, 2$endo$,3$endo$-Dimethyl-7-oxa-norbornan-2exo,3exo-dicarbonsäure-anhydrid, Cantharidin $C_{10}H_{12}O_4$, Formel II (H 161; E I 682; E II 179).

Isolierung aus Mylabris pustulata: *Iyer, Guha*, J. Indian Inst. Sci. [A] **14** [1931] 31, 36.

B. Beim Behandeln von 1,2t-Dimethyl-3,6-dioxo-cyclohexan-1r,2c-dicarbonsäure-diäthylester (E III **10** 4050) mit Aluminiumisopropylat in Isopropylalkohol und 4-tägigen Behandeln des Reaktionsprodukts mit konz. Schwefelsäure (*Paranjape et al.*, Pr. Indian Acad. [A] **19** [1944] 385, 387). Beim Behandeln einer Lösung von 1-[(Ξ)-Benzyliden]-3a,7a-dimethyl-(3ar,7ac)-3a,4,5,6,7,7a-hexahydro-4t,7t-epoxido-inden (E III/IV **17** 651) in Äthylacetat mit Ozon bei —40° und Erhitzen des Reaktionsprodukts mit Essigsäure und wss. Wasserstoffperoxid (*Stork et al.*, Am. Soc. **75** [1953] 384, 391).

Krystalle; F: 217° (*Pa. et al.*), 212—213° [unkorr.; aus Acn.] (*St. et al.*). Orthorhombisch; Raumgruppe $Pnma$ (= D_{2h}^{16}); aus dem Röntgen-Diagramm ermittelte Dimensionen der Elementarzelle: a = 11,05 Å; b = 12,54 Å; c = 6,74 Å; n = 4 (*Garrido*, Acta cryst. **1** [1948] 159). Dichte der Krystalle: 1,41 (*Ga.*).

I   II   III   IV

4,7-Dimethyl-hexahydro-4,7-epoxido-isobenzofuran-1,3-dion, 1,4-Dimethyl-7-oxa-norbornan-2,3-dicarbonsäure-anhydrid $C_{10}H_{12}O_4$.

a) **1,4-Dimethyl-7-oxa-norbornan-2endo,3endo-dicarbonsäure-anhydrid** $C_{10}H_{12}O_4$, Formel III.

B. Beim Erwärmen von 1,4-Dimethyl-7-oxa-norbornan-2endo,3endo-dicarbonsäure (E III/IV **18** 4474) mit Acetylchlorid (*Alder, Backendorf*, A. **535** [1938] 113, 121).

Krystalle (aus Bzn.); F: 175—177°.

b) **1,4-Dimethyl-7-oxa-norbornan-2exo,3exo-dicarbonsäure-anhydrid, Isocantharidin** $C_{10}H_{12}O_4$, Formel IV (E II 179).

B. Bei der Hydrierung von 1,4-Dimethyl-7-oxa-norborn-5-en-2exo,3exo-dicarbonsäure-anhydrid (S. 1968) an Palladium in Äthanol (*Diels, Olsen*, J. pr. [2] **156** [1940] 285, 305; vgl. E II 179).

Beim Erwärmen mit Aluminiumchlorid in Schwefelkohlenstoff, Behandeln des Reaktionsprodukts mit wss. Salzsäure und Erhitzen des danach isolierten Reaktionsprodukts auf 200° ist 6-Hydroxy-3,6-dimethyl-cyclohex-3-en-1,2-dicarbonsäure-2-lacton (F: 218°) erhalten worden.

Dioxo-Verbindungen $C_{11}H_{14}O_4$

3,4-Dimethylen-1,6-dioxa-cycloundecan-7,11-dion $C_{11}H_{14}O_4$, Formel V.

B. Beim Erhitzen von 2,3-Dimethylen-butan-1,4-diol mit Glutarsäure-dimethylester, Natriumäthylat und wenig Diphenylamin in Toluol (*Bailey, Sorenson*, Am. Soc. **78** [1956] 2287, 2290).

Krystalle (aus Bzl. + Ae. + PAe.); F: 95—96°. UV-Absorptionsmaximum (A.): 224 nm.

V   VI   VII

(2Ξ,8R)-2-Äthyl-8-methyl-3,4-dihydro-2H,8H-furo[3,4-b]oxepin-5,6-dion, (Ξ)-7-Äthyl-2-[(R)-1-hydroxy-äthyl]-4-oxo-4,5,6,7-tetrahydro-oxepin-3-carbonsäure-lacton $C_{11}H_{14}O_4$, Formel VI.

Diese Konstitution und Konfiguration kommt der nachstehend beschriebenen **Terrestrinsäure** zu; die Konfiguration am C-Atom 8 ergibt sich aus der genetischen Beziehung zu (+)-Carolsäure (S. 1955).

Isolierung aus den bei der Vergärung von D-Glucose mit Hilfe von Penicillium terrestre erhaltenen Substanzen: *Birkinshaw, Raistrick*, Biochem. J. **30** [1936] 2194, 2196.

Krystalle (aus PAe.); F: 89°. $[\alpha]_{546}^{20}$: +61,1° [W.; c = 0,5].

Beim Erhitzen mit wss. Schwefelsäure ist (−)-5-Äthyl-dihydro-furan-2-on (E III/IV **17** 4194) erhalten worden (*Bi., Ra.*, l. c. S. 2197). Reaktion mit Brom (2 Mol) in wss. Essigsäure (Bildung von (5R)-3-Brom-5-methyl-furan-2,4-dion [E III/IV **17** 5827]): *Bi., Ra.*, l. c. S. 2200.

(±)-(1Ξ,3aΞ)-6a-Methyl-(3ar,6ac)-hexahydro-spiro[cyclopenta[c]furan-1,2'-furan]-3,5'-dion $C_{11}H_{14}O_4$, Formel VII.

Diese Konstitution und Konfiguration kommt vermutlich der nachstehend beschriebenen Verbindung zu (*Bachmann, Struve*, Am. Soc. **63** [1941] 1262, 1263).

B. Beim Erwärmen von (±)-[2c-Methoxycarbonyl-1-methyl-cyclopentan-r-carbonyl]-malonsäure-diäthylester mit Natriumäthylat in Äthanol und mit Bromessigsäure-methylester und Erhitzen des Reaktionsprodukts mit Essigsäure und wss. Salzsäure (*Ba., St.*, l. c. S. 1265).

Krystalle (aus Bzl.+PAe.); F: 155—156°.

*Opt.-inakt. 5-Methyl-hexahydro-8a,5-oxaäthano-chromen-2,10-dion $C_{11}H_{14}O_4$, Formel VIII.

B. Bei langsamem Erhitzen von $(\pm)$-3-[2t-Carboxy-2c-methyl-6-oxo-cyclohex-r-yl]-propionsäure oder eines Gemisches von $(\pm)$-3-[2t-Carboxy-2c-methyl-6-oxo-cyclohex-r-yl]-propionsäure und $(\pm)$-3-[2c-Carboxy-3t-methyl-6-oxo-cyclohex-r-yl]-propionsäure im Hochvakuum (*Inhoffen et al.*, B. **91** [1958] 2626, 2631).

Hygroskopische Krystalle (aus Acn.); F: $120-122°$.

VIII   IX   X

Dioxo-Verbindungen $C_{12}H_{16}O_4$

5-Cyclohexyliden-2,2-dimethyl-[1,3]dioxan-4,6-dion $C_{12}H_{16}O_4$, Formel IX.

B. Beim Behandeln von 2,2-Dimethyl-[1,3]dioxan-4,6-dion mit Cyclohexanon und Dimethylformamid (*Snyder, Kruse*, Am Soc. **80** [1958] 1942).

Krystalle (aus Me.); F: $87-87,5°$.

6,13-Dioxa-dispiro[4.2.4.2]tetradecan-7,14-dion $C_{12}H_{16}O_4$, Formel X.

B. Beim Erwärmen von 1-Hydroxy-cyclopentancarbonsäure mit Phosphorylchlorid und Benzol (*Giuliano, Leonardi*, Ric. scient. **22** [1952] 1205, 1207).

Krystalle (aus A.); F: $77-78°$.

Dioxo-Verbindungen $C_{13}H_{18}O_4$

(5S)-6c-[(2R)-2,4c-Dimethyl-5-oxo-tetrahydro-[2r]furyl]-3,5r-dimethyl-5,6-dihydro-pyran-2-on, D_r-5t_F,6c_F-Dihydroxy-2,4r_F,6t_F,8t_F-tetramethyl-non-2c-endisäure-1→5;9→6-dilacton $C_{13}H_{18}O_4$, Formel I.

B. Beim Behandeln von Erythralosamin ((3R)-14t-Äthyl-6t-[3-dimethylamino-β-D-*xylo*-3,4,6-tridesoxy-hexopyranosyloxy]-7,10ξ;10ξ,13-diepoxy-4t-hydroxy-3r,5c,7t,9t,11,13t-hexamethyl-oxacyclotetradec-11c-en-2-on) mit Chrom(VI)-oxid und wss. Essigsäure und Erhitzen des Reaktionsprodukts (F: $219-221°$) mit wss. Salzsäure (*Wiley et al.*, Am. Soc. **79** [1957] 6062, 6065).

Krystalle; F: $132-134°$ [aus Diisopropyläther] (*Wi., et al.*), $130-132°$ (*Djerassi et al.*, Tetrahedron **4** [1958] 369, 380). $[\alpha]_D$: $+199°$ [CHCl$_3$] (*Dj. et al.*). UV-Absorptionsmaximum: 209 nm (*Wi. et al.*).

I   II   III

*Opt.-inakt. 3,1'-Dimethyl-spiro[cyclohexan-1,8'-(2,6-dioxa-bicyclo[2.2.2]octan)]-3',5'-dion, [1-(2,2-Dihydroxy-propyl)-3-methyl-cyclohexyl]-malonsäure-dilacton $C_{13}H_{18}O_4$, Formel II.

B. Beim Erhitzen von opt.-inakt. 4-Hydroxy-4,8-dimethyl-2-oxo-3-aza-spiro[5.5]undecan-1-carbonitril mit wss. Salzsäure (*Qudrat-i-Khuda, Mukherji*, Soc. **1936** 570, 573).

Krystalle (aus wss. A.); F: $144°$.

*4,1′-Dimethyl-spiro[cyclohexan-1,8′-(2,6-dioxa-bicyclo[2.2.2]octan)]-3′,5′-dion,
[1-(2,2-Dihydroxy-propyl)-4-methyl-cyclohexyl]-malonsäure-dilacton $C_{13}H_{18}O_4$,
Formel III.

B. Beim Erhitzen von opt.-inakt. 4-Hydroxy-4,9-dimethyl-2-oxo-3-aza-spiro[5.5]=
undecan-1-carbonitril mit wss. Salzsäure (*Qudrat-i-Khuda, Mukherji*, Soc. **1936** 570,
572).

Krystalle (aus wss. A.); F: 172°.

---

*Opt.-inakt. 4-*sec*-Butyl-7-methyl-hexahydro-4,7-epoxido-isobenzofuran-1,3-dion,
1-*sec*-Butyl-4-methyl-7-oxa-norbornan-2,3-dicarbonsäure-anhydrid $C_{13}H_{18}O_4$, Formel IV.

B. Bei der Hydrierung von opt.-inakt. 1-*sec*-Butyl-4-methyl-7-oxa-norborn-5-en-2,3-di=
carbonsäure-anhydrid (F: 72° [Zers.]) an Platin in Äthylacetat (*Alder, Schmidt*, B. **76**
[1943] 183, 204).

Krystalle (aus E. + PAe.); F: 127°.

(±)-3,6,6-Trimethyl-(4a*r*,8a*c*)-hexahydro-3*t*,5*t*-äthano-pyrano[3,4-*c*]pyran-1,8-dion,
(*RS*)-[(1*SR*)-1,8-Dihydroxy-neomenthyl]-malonsäure-dilacton $C_{13}H_{18}O_4$, Formel V
+ Spiegelbild.

Diese Konstitution und Konfiguration kommt der früher (s. H **2** 809) und nachstehend
beschriebenen, als Citrylidenmalonsäure bezeichneten Verbindung zu (*Berkoff, Crombie*,
Pr. chem. Soc. **1959** 400; Soc. **1960** 3734, 3738; *Meisters, Wailes*, Austral. J. Chem. **13**
[1960] 110, 111), die von *Kuhn* und *Hoffer* (B. **64** [1931] 1243, 1248; E II **19** 181) als
7a-Isopropyl-5-methyl-hexahydro-5,3-oxaäthano-benzofuran-2,9-dion,
von *Wul'fson* und *Schemjakin* (Ž. obšč. Chim. **13** [1943] 436, 441; C. A. **1944** 3254) als
4-Methyl-4-[4-methyl-pent-3-enyl]-3,7-dioxa-bicyclo[4.2.0]octan-2,8-dion
formuliert worden ist.

B. Beim Erwärmen von Citral (Gemisch von *trans*-Citral und *cis*-Citral (?)) mit Malon=
säure, Essigsäure und Piperidin (*Wu., Sch.*; vgl. H **2** 809).

Krystalle; F: 186—187° [aus A.] (*Wu., Sch.*), 186° [korr.; Block; aus E., A. oder W.]
(*Kuhn, Ho.*). ¹H-NMR-Spektrum: *Hyne et al.*, Chem. and Ind. **1959** 1446; s. a. *Be., Cr.*,
Soc. **1960** 3737.

Beim Erhitzen mit Kupfer-Pulver unter vermindertem Druck auf 140° ist 5,9-Dimethyl-
deca-2*c*,4*c*(?),8-triensäure [E IV **2** 1774] (*Batty et al.*, Soc. **1937** 755, 758), beim Erhitzen
mit Kupfer-Pulver auf 200° sind daneben 6-Methyl-6-[4-methyl-pent-3-enyl]-tetrahydro-
pyran-2-on, 6*endo*-Isopropenyl-1-methyl-2-oxa-bicyclo[3.3.1]nonan-3-on (E III/IV **17**
4648) und 4,8-Dimethyl-nona-1,3*c*(?),7-trien [n_D^{25}: 1,4841] (*Be., Cr.*, Pr. chem. Soc. **1959**
402; Soc. **1960** 3748) erhalten worden. Überführung in 6*endo*-[α-Hydroxy-isopropyl]-
1-methyl-2-oxa-bicyclo[3.3.1]nonan-3-on (E III/IV **18** 78) durch Erwärmen mit wss.
Natronlauge (1 Mol NaOH): *Kuhn, Ho.* Bildung von 6*t*-Hydroxy-1,1,6*c*-trimethyl-(4a*r*,8a*c*)-
hexahydro-isochroman-3-on (E III/IV **18** 77) beim Erhitzen mit wss. Kalilauge und anschliessenden Ansäuern mit Schwefelsäure: *Kuhn, Ho.*; s. a. *Wu., Sch.*, l.c. S. 442.

IV   V   VI   VII

Dioxo-Verbindungen $C_{14}H_{20}O_4$

7,15-Dioxa-dispiro[5.2.5.2]hexadecan-8,16-dion $C_{14}H_{20}O_4$, Formel VI.

B. Beim Erhitzen von 1-[1-Hydroxy-cyclohexancarbonyloxy]-cyclohexancarbonsäure
mit Acetanhydrid und Natriumacetat auf 160° (*Bucherer, Dahlem*, J. pr. [2] **140** [1934]
251, 267).

Krystalle (aus Eg.); F: 181°.

3,3,6,10-Tetramethyl-hexahydro-6,9-methano-pyrano[3,4-*d*]oxepin-1,8-dion $C_{14}H_{20}O_4$, Formel VII (X=H).

Diese Konstitution ist der nachstehend beschriebenen opt.-inakt. Verbindung zugeordnet worden (*Chrétien-Bessière*, A. ch. [13] **2** [1957] 301, 339).

B. Aus (±)-3*c*,4-Dimethyl-6*c*-[2-methyl-propenyl]-cyclohex-4-en-1*r*,2*c*-dicarbonsäure-anhydrid (E III/IV **17** 6093) bei 5-tägigem Behandeln mit 50%ig. wss. Schwefelsäure (*Alder et al.*, A. **609** [1957] 1, 13) sowie beim Erhitzen mit 3,5%ig. wss Schwefelsäure (*Ch.-Be.*).

Krystalle; F: 189° [aus A.] (*Ch.-Be.*), 186° [aus W.] (*Al. et al.*).

4a,9-Dibrom-3,3,6,10-tetramethyl-hexahydro-6,9-methano-pyrano[3,4-*d*]oxepin-1,8-dion $C_{14}H_{18}Br_2O_4$, Formel VII (X = Br).

Diese Konstitution ist der nachstehend beschriebenen opt.-inakt. Verbindung zugeordnet worden (*Chrétien-Bessière*, A. ch. [13] **2** [1957] 301, 339).

B. Beim Behandeln von (±)-3*c*,4-Dimethyl-6*c*-[2-methyl-propenyl]-cyclohex-4-en-1*r*,2*c*-dicarbonsäure-anhydrid (E III/IV **17** 6093) mit *N*-Brom-succinimid (2 Mol) in Essigsäure (*Ch.-Be.*, l. c. S. 346).

Krystalle (aus A.); F: 159—160°.

Beim Behandeln mit wss. Kalilauge ist eine als 9-Brom-3,3,6,10-tetramethyl-5,6,9,9a-tetrahydro-3*H*-6,9-methano-pyrano[3,4-*d*]oxepin-1,8-dion angesehene Verbindung (S. 1974) erhalten worden.

Dioxo-Verbindungen $C_{15}H_{22}O_4$

(3a*S*)-3*c*,5a,7*ξ*-Trimethyl-(3a*r*,5a*ξ*,9a*ξ*,10a*t*)-octahydro-furo[2′,3′;4,5]cyclohepta[1,2-*b*] pyran-2,10-dion, (*S*)-2-[(6*S*)-6*r*-Hydroxy-2*ξ*,9a-dimethyl-5-oxo-(4a*ξ*,9a*ξ*)-decahydro-cyclohepta[*b*]pyran-7*t*-yl]-propionsäure-lacton $C_{15}H_{22}O_4$, Formel VIII.

Diese Konstitution und Konfiguration ist der nachstehend beschriebenen Verbindung auf Grund ihrer genetischen Beziehung zu Dihydroartabsin (E III/IV **18** 144) zuzuordnen (*Vokáč et al.*, Collect. **34** [1969] 2288, 2295).

B. Beim Behandeln von (3a*S*)-10*ξ*-Hydroxy-3*c*,5a,7*ξ*-trimethyl-(3a*r*,5a*ξ*,9a*ξ*,10a*t*)-decahydro-furo[2′,3′;4,5]cyclohepta[1,2-*b*]pyran-2-on (F: 160°) mit Chrom(VI)-oxid in Essigsäure (*Herout et al.*, Collect. **22** [1957] 1914, 1920).

F: 145° [korr.; aus Diisopropyläther].

VIII   IX   X

(4a*R*)-6-Isopropyl-4*t*,9-dimethyl-(4a*r*,9a*c*)-octahydro-6*ξ*,9*ξ*-epoxido-cyclohepta[*c*]pyran-1,3-dion, (*S*)-2-[(1*Ξ*,2*S*)-2*r*-Carboxy-5-isopropyl-1-methyl-8-oxa-bicyclo[3.2.1]oct-3*c*-yl]-propionsäure-anhydrid, *ent*-7,10-Epoxy-2,3-seco-7*ξH*,10*ξH*-guajan-2,3-disäure-anhydrid[1] $C_{15}H_{22}O_4$, Formel IX.

Diese Konstitution und Konfiguration kommt dem nachstehend beschriebenen **β-Kessylonsäure-anhydrid** zu.

B. Neben β-Kessylonsäure (E III/IV **18** 4476) beim Behandeln einer Lösung von *ent*-7,10-Epoxy-2-oxo-7*ξH*,10*ξH*-guajan-3-carbaldehyd (E III/IV **17** 6061) in Chloroform mit Ozon und Erwärmen des Reaktionsprodukts mit Wasser (*Asahina, Nakanishi*, J. pharm. Soc. Japan **1926** Nr. 536, S. 823, 832; dtsch. Ref. S. 75, 79; C. **1927** I 429; *Asahina et al.*, J. pharm. Soc. Japan **52** [1932] 1, 3; dtsch. Ref. S. 1, 2; C. **1932** I 2460).

Krystalle (aus A.); F: 125° (*As., Na.; As. et al.*). $[\alpha]_D$: —9,2° [A.] (*As., Na.*).

---

[1]) Stellungsbezeichnung bei von Guajan abgeleiteten Namen s. E III/IV **17** 4677 Anm. 2.

(4aR)-4t,7,7,9-Tetramethyl-(4ar,9ac)-hexahydro-6t,9t-äthano-pyrano[3,4-c]oxepin-1,3-dion, (S)-2-[(1R)-4exo-Carboxy-5,7,7-trimethyl-6-oxa-bicyclo[3.2.2]non-3exo-yl]-propionsäure-anhydrid, *ent*-10,11-Epoxy-2,3-seco-7βH-guajan-2,3-disäure-anhydrid [1]), α-Kessylonsäure-anhydrid $C_{15}H_{22}O_4$, Formel X.

B. Neben α-Kessylonsäure (E III/IV **18** 4476) beim Behandeln einer Lösung von *ent*-10,11-Expoxy-2-oxo-7βH-guajan-3-carbaldehyd (E III/IV **17** 6062) in Chloroform mit Ozon und Erwärmen des Reaktionsprodukts mit Wasser (*Asahina, Nakanishi*, J. pharm. Soc. Japan **1926** Nr. 536, S. 823, 832; dtsch. Ref. S. 75, 78; C. **1927** I 429; *Asahina et al.*, J. pharm. Soc. Japan **52** [1932] 1, 3; dtsch. Ref. S. 1, 2; C. **1932** I 2460).

Krystalle (aus A.); F: 143°; $[\alpha]_D^{18}$: +23° [A.; c = 1] (*As. et al.*).

Dioxo-Verbindungen $C_{16}H_{24}O_4$

*Octamethyl-[3,3']bifuryliden-4,4'-dion $C_{16}H_{24}O_4$, Formel XI oder Stereoisomeres.

B. Beim Erhitzen von (±)-4-Brom-2,2,5,5-tetramethyl-dihydro-furan-3-on mit Natrium-sulfid auf 140° (*Korobizyna et al.*, Ž. obšč. Chim. **29** [1959] 2190, 2193; engl. Ausg. S. 2157, 2159; s. a. *Richet et al.*, Bl. **1947** 693, 695).

Gelbe Krystalle; F: 137,5—138° [aus wss. A.] (*Ri.et al.*), 137—137,5° [aus A.] (*Ko.et al.*).

XI   XII

Dioxo-Verbindungen $C_{20}H_{32}O_4$

*Opt.-inakt. 2,5,2',5'-Tetraäthyl-2,5,2',5'-tetramethyl-[3,3']bifuryliden-4,4'-dion $C_{20}H_{32}O_4$, Formel XII oder Stereoisomeres.

B. Beim Erhitzen von opt.-inakt. 2,5-Diäthyl-4-brom-2,5-dimethyl-dihydro-furan-3-on (E III/IV **17** 4256) mit Natriumsulfid auf 140° (*Korobizyna et al.*, Ž. obšč. Chim. **29** [1959] 2190, 2193; engl. Ausg. S. 2157, 2159).

Gelbes Öl. Kp_5: 148—149°. D_4^{20}: 1,00. n_D^{20}: 1,4827.

[*Schmidt*]

Dioxo-Verbindungen $C_nH_{2n-10}O_4$

Dioxo-Verbindungen $C_6H_2O_4$

Thieno[2,3-c]furan-4,6-dion, Thiophen-2,3-dicarbonsäure-anhydrid $C_6H_2O_3S$, Formel I.

B. Beim Erhitzen von Thiophen-2,3-dicarbonsäure mit Acetanhydrid (*Linstead et al.*, Soc. **1937** 911, 916).

Krystalle; F: 140—141° [korr.] (*Gaertner*, Am. Soc. **72** [1950] 4326), 140° [aus Bzl.] (*Li. et al.*).

I   II   III   IV

Thieno[3,4-c]furan-1,3-dion, Thiophen-3,4-dicarbonsäure-anhydrid $C_6H_2O_3S$, Formel II.

B. Beim Erwärmen von Thiophen-3,4-dicarbonsäure mit Acetylchlorid (*Sicé*, J. org.

---

[1]) Stellungsbezeichnung bei von Guajan abgeleiteten Namen s. E III/IV **17** 4677 Anm. 2.

Chem. **19** [1954] 70, 73).
Krystalle (aus Bzl.); F: 145—146° [durch Sublimation gereinigtes Präparat].

Dioxo-Verbindungen $C_7H_4O_4$

3-Methyl-selenolo[2,3-c]furan-4,6-dion, 4-Methyl-selenophen-2,3-dicarbonsäure-anhydrid
$C_7H_4O_3Se$, Formel III.
B. Beim Erhitzen von 4-Methyl-selenophen-2,3-dicarbonsäure unter vermindertem
Druck auf 150° (*Schmitt, Seilert,* A. **562** [1949] 15, 23).
Krystalle; F: 144—145°.

Dioxo-Verbindungen $C_8H_6O_4$

**4,5,6,7-Tetrachlor-8,8-dimethoxy-(3ar,7ac)-3a,4,7,7a-tetrahydro-4c,7c-methano-benzo=
[1,3]dioxol-2-on** $C_{10}H_8Cl_4O_5$, Formel IV.
Bezüglich der Konfigurationszuordnung vgl. *Newman, Addor,* Am. Soc. **77** [1955] 3789,
3790.
B. Beim Erhitzen von 1,2,3,4-Tetrachlor-5,5-dimethoxy-cyclopenta-1,3-dien mit
[1,3]Dioxol-2-on und 1,2-Dichlor-benzol (*Monsanto Chem. Co.,* U.S.P. 2 799 567 [1955]).
Krystalle (aus Bzl.); F: 157—158°.

***Opt.-inakt. 2,2'-Dichlor-2H,2'H-[2,2']bifuryl-5,5'-dion, 4,5-Dichlor-4,5-dihydroxy-octa-
2c,6c-diendisäure-1→4;8→5-dilacton** $C_8H_4Cl_2O_4$, Formel V.
B. In kleiner Menge neben 12-Oxo-1,7,11,13-tetraoxa-12λ^4-thia-dispiro[4.0.4.3]=
trideca-3,9-dien-2,8-dion (F: 134—135°) beim Erwärmen von 2,2'-Dihydroxy-2H,2'H-
[2,2']bifuryl-5,5'dion ($\rightleftharpoons$ 4,5-Dioxo-octa-2c,6c-diendisäure) mit Thionylchlorid (*Holmquist
et al.,* Am. Soc. **81** [1959] 3686, 3690).
Krystalle (aus E.); F: 213—214°.

***3,4-Dihydro-[2,2']bifuryliden-5,5'-dion, 4,5-Dihydroxy-octa-2c,4ξ-diendisäure-
1→4;8→5-dilacton** $C_8H_6O_4$, Formel VI oder Stereoisomeres.
In dem nachstehend beschriebenen Präparat hat vermutlich ein Gemisch der Stereo-
isomeren vorgelegen (*Holmquist et al.,* Am. Soc. **81** [1959] 3681, 3686).
B. Bei der Hydrierung von (E)-[2,2']Bifuryliden-5,5'-dion an einem Nickel-Molybdän-
Katalysator in Dioxan bei 120°/200 at (*Ho. et al.*).
Krystalle (aus E. oder Butanon); F: 153—156° [nach Sintern bei 148°].

**(3ar,7ac)-3a,4,7,7a-Tetrahydro-4t,7t-epoxido-isobenzofuran-1,3-dion, 7-Oxa-norborn-
5-en-2exo,3exo-dicarbonsäure-anhydrid** $C_8H_6O_4$, Formel VII (R = X = H) (E II 181;
dort als exo-cis-3,6-Oxido-Δ^4-tetrahydrophthalsäure-anhydrid bezeichnet).
Geschwindigkeitskonstante der Reaktion mit 4-Nitro-peroxybenzoesäure in einem
Gemisch (9:1) von Chloroform und Benzol bei 20°: *Vilkas,* Bl. **1959** 1401, 1402. Beim
Behandeln einer Lösung in Essigsäure (*Sharples Chem. Inc.,* U.S.P. 2576080 [1949]) oder
in Chloroform (*Mel'nikow, Kraft,* Ž. obšč. Chim. **26** [1956] 213, 217; engl. Ausg. S. 227,
230) mit Chlor bzw. mit Chlor in Chloroform ist 5$endo$, 6exo-Dichlor-7-oxa-norbornan-
2exo,3exo-dicarbonsäure-anhydrid, beim Behandeln einer Lösung in wss. Essigsäure mit
Chlor (*Jolivet,* C. r. **243** [1956] 2085; A. ch. [13] **5** [1960] 1165, 1175) ist 5$endo$,6exo-
Dichlor-7-oxa-norbornan-2exo,3exo-dicarbonsäure erhalten worden. Reaktion mit Brom
in Dichlormethan unter Bildung von 5$endo$,6exo-Dibrom-7-oxa-norbornan-2exo,3exo-di=
carbonsäure-anhydrid und 5exo,6exo-Dibrom-7-oxa-norbornan-2exo,3exo-dicarbonsäure-
anhydrid: *Berson, Swidler,* Am. Soc. **76** [1954] 4060, 4066. Bildung von 7syn-Brom-
3$endo$-hydroxy-2-oxa-norbornan-5$endo$,6$endo$-dicarbonsäure-5-lacton und kleinen Mengen
5$endo$,6exo-Dibrom-7-oxa-norbornan-2exo,3exo-dicarbonsäure beim Behandeln mit Brom
und wss. Natronlauge und Ansäuern der Reaktionslösung mit wss. Salzsäure: *Woodward,
Baer,* Am. Soc. **70** [1948] 1161, 1165. Reaktion mit Phenylazid in Aceton unter Bildung
von 1-Phenyl-(3ar,7ac)-3a,4,5,6,7,7a-hexahydro-1H-4t,7t-epoxido-benzotriazol-5t,6t-di=
carbonsäure-anhydrid (über die Konfiguration dieser Verbindung s. *Sefirow et al.,* Ž.
obšč. Chim. **35** [1965] 259, 260; engl. Ausg. S. 262): *Alder, Stein,* A. **485** [1931] 211, 222.

V   VI   VII

(±)-5-Chlor-(3a*r*,7a*c*)-3a,4,7,7a-tetrahydro-4*t*,7*t*-epoxido-isobenzofuran-1,3-dion,
(±)-5-Chlor-7-oxa-norborn-5-en-2*exo*,3*exo*-dicarbonsäure-anhydrid $C_8H_5ClO_4$,
Formel VII (R = H, X = Cl) + Spiegelbild.
   B. Beim Behandeln von 3-Chlor-furan mit Maleinsäure-anhydrid in Toluol (*Pennsylvania Salt Mfg. Co.*, U.S.P. 2 773 882 [1952]).
   Krystalle; F: 119—122° [Zers.].

(±)-4-Brom-(3a*r*,7a*c*)-3a,4,7,7a-tetrahydro-4*t*(?),7*t*(?)-epoxido-isobenzofuran-1,3-dion,
(±)-1-Brom-7-oxa-norborn-5-en-2*exo*(?),3*exo*(?)-dicarbonsäure-anhydrid $C_8H_5BrO_4$,
vermutlich Formel VII (R = Br, X = H) + Spiegelbild.
   Bezüglich der Konfiguration vgl. 7-Oxa-norborn-5-en-2*exo*,3*exo*-dicarbonsäure-anhydrid (S. 1964).
   B. Aus Maleinsäure-anhydrid und 2-Brom-furan (*Van Campen, Johnson*, Am. Soc. **55** [1933] 430).
   Krystalle; F: 116°.
   Beim Erwärmen mit Bromwasserstoff in Essigsäure ist 3-Brom-phthalsäure-anhydrid erhalten worden.

(±)-5-Brom-(3a*r*,7a*c*)-3a,4,7,7a-tetrahydro-4*t*,7*t*-epoxido-isobenzofuran-1,3-dion,
(±)-5-Brom-7-oxa-norborn-5-en-2*exo*,3*exo*-dicarbonsäure-anhydrid $C_8H_5BrO_4$,
Formel VII (R = H, X = Br) + Spiegelbild.
   B. Beim Behandeln von 3-Brom-furan mit Maleinsäure-anhydrid in Toluol (*Pennsylvania Salt Mfg. Co.*, U.S.P. 2 773 882 [1952]; s. a. *Van Campen, Johnson*, Am. Soc. **55** [1933] 430).
   Krystalle; F: 131,5—132° (*Van Ca., Jo.*), 128—130° [Zers.] (*Pennsylvania Salt Mfg. Co.*).
   Beim Erwärmen mit Bromwasserstoff in Essigsäure ist 4-Brom-phthalsäure-anhydrid erhalten worden (*Van Ca., Jo.*).

Dioxo-Verbindungen $C_9H_8O_4$

(±)-3,8-Dimethyl-2,7-dioxa-spiro[4.4]nona-3,8-dien-1,6-dion, (±)-Bis-[2-hydroxy-*trans*-propenyl]-malonsäure-dilacton $C_9H_8O_4$, Formel VIII.
   B. Neben anderen Verbindungen beim Erhitzen von Di-prop-2-inyl-malonsäure mit Zinkcarbonat (*Schulte, Nimke*, Ar. **290** [1957] 597, 602).
   Krystalle (aus A.); F: 108—109°. IR-Spektrum (CHCl$_3$; 2—12 µ): *Sch., Ni.*, l. c. S. 599.
   Beim Behandeln mit wss.-äthanol. Kalilauge und Ansäuern der Reaktionslösung mit wss. Salzsäure ist 3-Methyl-5-oxo-cyclohex-2-en-1,1-dicarbonsäure erhalten worden (*Sch., Ni.*, l. c. S. 605). Hydrierung an Palladium in Methanol unter Bildung von 3,8-Dimethyl-2,7-dioxa-spiro[4.4]nonan-1,6-dion (F: 120°) sowie Hydrierung an Raney-Nickel in wss.-methanol. Kalilauge bei 50° unter Bildung von 3-Methyl-7-oxo-6-oxa-bicyclo[3.2.1]octan-1-carbonsäure (F: 143°): *Sch., Ni.*, l. c. S. 604, 607.

8-Methylen-3,4-dihydro-2*H*,8*H*-furo[3,4-*b*]oxepin-5,6-dion, 2-[1-Hydroxy-vinyl]-4-oxo-4,5,6,7-tetrahydro-oxepin-3-carbonsäure-lacton, Dehydrocarolsäure $C_9H_8O_4$, Formel IX.
   Isolierung aus den bei der Vergärung von D-Glucose mit Hilfe von Penicillium cineracens erhaltenen Substanzen: *Bracken, Raistrick*, Biochem. J. **41** [1947] 569, 571.
   Krystalle (aus PAe.).
   Hydrierung an Palladium/Kohle in Wasser unter Bildung von 8-Methyl-3,4-dihydro-2*H*,8*H*-furo[3,4-*b*]oxepin-5,6-dion: *Br., Ra.*, l. c. S. 572. Beim Behandeln mit [2,4-Dinitro-

phenyl]-hydrazin und wss. Salzsäure ist 3-[1-(2,4-Dinitro-phenylhydrazono)-4-hydroxy-butyl]-5-methylen-furan-2,4-dion (F: 157°) erhalten worden (*Br., Ra.*, l. c. S. 572).

VIII IX X XI

(±)-4-Methyl-(3ar,7ac)-3a,4,7,7a-tetrahydro-4t,7t-epoxido-isobenzofuran-1,3-dion,
(±)-1-Methyl-7-oxa-norborn-5-en-2exo,3exo-dicarbonsäure-anhydrid $C_9H_8O_4$,
Formel X + Spiegelbild.

Konfigurationszuordnung: *Woodward, Baer*, Am. Soc. **70** [1948] 1161, 1164; *Sefirow et al.*, Ž. obšč. Chim. **35** [1965] 58; engl. Ausg. S. 54.

B. Beim Behandeln von 2-Methyl-furan mit Maleinsäure-anhydrid in Benzol (*Rinkes*, R. **50** [1931] 1127, 1131) oder in Äther (*Kishner*, Ž. obšč. Chim. **1** [1931] 1212, 1227; C. **1932** II 1173; *Alder, Backendorf*, A. **535** [1938] 101, 107).

Krystalle; F: 84° [aus E.] (*Al., Ba.*), 80° [aus Ae.] (*Ri.*), 71 – 72° [aus $CHCl_3$] (*Ki.*).

Reaktion mit Chlor in Chloroform unter Bildung einer als 5*endo*,6*exo*-Dichlor-1-methyl-7-oxa-norbornan-2*exo*,3*exo*-dicarbonsäure-anhydrid oder als 5*exo*,6*endo*-Dichlor-1-methyl-7-oxa-norbornan-2*exo*,3*exo*-dicarbonsäure-anhydrid zu formulierenden Verbindung (F: 113 – 114°) und von 5*exo*,6*exo*-Dichlor-1-methyl-7-oxa-norbornan-2*exo*,3*exo*-dicarbonsäure-anhydrid: *Mel'nikow, Kraft*, Ž. obšč. Chim. **29** [1959] 968, 969; engl. Ausg. S. 949, 951; s. a. *Mel'nikow, Kraft*, Ž. obšč. Chim. **26** [1956] 213, 216; engl. Ausg. S. 227, 230. Eine von *Alder* und *Backendorf* (l. c. S. 103, 108) beim Behandeln einer Lösung in Wasser mit Brom erhaltene Verbindung vom F: 127° ist als 7*syn*-Brom-3*endo*-hydroxy-3*exo*-methyl-2-oxa-norbornan-5*endo*,6*endo*-dicarbonsäure-5-lacton zu formulieren (*Sefirow et al.*, Ž. obšč. Chim. **35** [1965] 61, 66; engl. Ausg. S. 58, 61). Beim Erwärmen mit Wasser ist 1-Methyl-7-oxa-norborn-5-en-2*exo*,3*exo*-dicarbonsäure (*Al., Ba.*, l. c. S. 108), beim Erhitzen mit Wasser sind 2-Methyl-furan und Maleinsäure erhalten worden (*Ki.*, l. c. S. 1228).

(±)-5-Methyl-(3ar,7ac)-3a,4,7,7a-tetrahydro-4t(?),7t(?)-epoxido-isobenzofuran-1,3-dion,
(±)-5-Methyl-7-oxa-norborn-5-en-2exo(?),3exo(?)-dicarbonsäure-anhydrid $C_9H_8O_4$,
vermutlich Formel XI + Spiegelbild.

Bezüglich der Konfigurationszuordnung vgl. *Woodward, Baer*, Am. Soc. **70** [1948] 1161.

B. Beim Behandeln von 3-Methyl-furan mit Maleinsäure-anhydrid in Benzol bzw. in Äther (*Rinkes*, R. **50** [1931] 1127, 1131; *Burness*, J. org. Chem. **21** [1956] 102).

Krystalle; F: 82° [aus Ae.] (*Ri.*), 78 – 79° [aus E.] (*Bu.*).

5,6-Epoxy-hexahydro-4,7-methano-isobenzofuran-1,3-dion, 5,6-Epoxy-norbornan-2,3-dicarbonsäure-anhydrid $C_9H_8O_4$.

a) **5exo,6exo-Epoxy-norbornan-2endo,3endo-dicarbonsäure-anhydrid** $C_9H_8O_4$,
Formel XII.

B. Aus Norborn-5-en-2*endo*,3*endo*-dicarbonsäure-anhydrid beim Behandeln einer Lösung in Dichlormethan und Chloroform mit Trifluor-peroxyessigsäure und Natriumsulfat (*Berson, Suzuki*, Am. Soc. **80** [1958] 4341, 4344) sowie beim Erwärmen einer Lösung in Chloroform mit Peroxyessigsäure (*Nasarow et al.*, Izv. Akad. S.S.S.R. Otd. chim. **1958** 192, 194; engl. Ausg. S. 179, 181).

Krystalle; F: 247 – 248° [aus Dioxan] (*Na. et al.*), 232 – 233° [korr.; Zers.; aus Acetonitril] (*Be., Su.*).

Beim Erwärmen mit Wasser ist 5*endo*,6*exo*-Dihydroxy-norbornan-2*endo*,3*endo*-dicarbonsäure-3 → 5-lacton erhalten worden (*Be., Su.; Na. et al.*).

b) **5exo,6exo-Epoxy-norbornan-2exo,3exo-dicarbonsäure-anhydrid** $C_9H_8O_4$,
Formel XIII.

B. Aus Norborn-5-en-2*exo*,3*exo*-dicarbonsäure-anhydrid analog dem unter a) beschriebenen Stereoisomeren (*Berson, Suzuki*, Am. Soc. **80** [1958] 4341, 4343; *Nasarow et al.*, Izv. Akad. S.S.S.R. Otd. chim. **1958** 192, 196; engl. Ausg. S. 179, 183). Beim Erhitzen von 5*exo*,6*exo*-Epoxy-norbornan-2*exo*,3*exo*-dicarbonsäure auf 170° (*Na. et al.*).

Krystalle; F: 207−208° [aus Dioxan] (*Na. et al.*), 204−206° [korr.; Zers.; aus CHCl$_3$] (*Be., Su.*).

Beim Behandeln einer Suspension in Chloroform mit Bromwasserstoff in Essigsäure und Erwärmen des Reaktionsprodukts mit Raney-Nickel in Wasser ist 5*exo*-Hydroxy-norbornan-2*exo*,3*exo*-dicarbonsäure erhalten worden (*Be., Su.*, l. c. S. 4344). Überführung in 5*exo*,6*exo*-Epoxy-norbornan-2*exo*,3*exo*-dicarbonsäure durch Erhitzen mit Wasser: *Be., Su.*; *Na. et al.*

XII   XIII   XIVa   XIVb

Hexahydro-3,5-cyclo-cyclopenta[2,1-*b*;3,4-*b'*]difuran-2,6-dion, 5*endo*,6*endo*-Dihydroxy-norbornan-2*endo*,3*endo*-dicarbonsäure-2 → 6;3 → 5-dilacton C$_9$H$_8$O$_4$, Formel XIVa ≡ XIVb.

B. Beim Erhitzen von 5*exo*,6*exo*-Dibrom-norbornan-2*endo*,3*endo*-dicarbonsäure-an≠hydrid mit wss. Natriumcarbonat-Lösung und Ansäuern der Reaktionslösung mit wss. Salzsäure (*Winston, Wilder*, Am. Soc. **76** [1954] 3045). Beim Erwärmen von Norborn-5-en-2*endo*,3*endo*-dicarbonsäure-anhydrid mit Blei(IV)-acetat in Essigsäure (*Alder, Schneider*, A. **524** [1936] 189, 201). Beim Behandeln von (±)-5*exo*-Brom-6*endo*-hydroxy-norbornan-2*endo*,3*endo*-dicarbonsäure-2-lacton mit methanol. Kalilauge bzw. wss. Kalilauge und Ansäuern der Reaktionslösung mit wss. Salzsäure (*Alder, Stein*, A. **514** [1934] 1, 24; *Pirsch*, M. **86** [1955] 226, 231). Beim Erwärmen von (±)-5*exo*-Brom-6*endo*-hydroxy-norbornan-2*endo*,3*endo*-dicarbonsäure-2-lacton mit Diäthylamin und wenig Äthanol und Erhitzen des Reaktionsprodukts mit Wasser (*Pi.*).

Dipolmoment (ε; Dioxan): 8,8 D (*Kwart, Kaplan*, Am. Soc. **76** [1954] 4078, 4080).

Krystalle (aus W.); F: 274−275° [korr.] (*Wi., Wi.*), 266° (*Al., St.*, l. c. S. 21; *Al., Sch.*; *Pi.*). Bei 240°/10 Torr sublimierbar (*Pi.*). Schmelzenthalpie: 1,56 kcal·mol⁻¹ (*Pirsch*, M. **86** 229; Mikroch. Acta **1956** 992, 996). Kryoskopische Konstante: *Pi.*, M. **86** 229; Mikroch. Acta **1956** 996.

Beim Erwärmen mit methanol. Kalilauge ist 5*endo*,6*endo*-Dihydroxy-norbornan-2*endo*,3*exo*-dicarbonsäure-2→6-lacton erhalten worden (*Al., St.*, l. c. S. 21).

Dioxo-Verbindungen C$_{10}$H$_{10}$O$_4$

1,2-Bis-[5-oxo-4,5-dihydro-[2]furyl]-äthan, 4,7-Dihydroxy-deca-3*t*,7*t*-diendisäure-1 → 4;10 → 7-dilacton, Dihydroanemonin C$_{10}$H$_{10}$O$_4$, Formel I (E II 181).

Krystalle (aus Dichlorbenzol); F: 170−171° (*Iwakura et al.*, J. chem. Soc. Japan Pure Chem. Sect. **78** [1957] 746, 750; C. A. **1960** 5448). IR-Spektrum (1900−1500 cm⁻¹): *Iw. et al.*, l. c. S. 748.

Überführung in 1,2-Bis-[5-oxo-2,5-dihydro-[2]furyl]-äthan (S. 1968) durch Erwärmen mit Dichlorbenzol und wenig Triäthylamin: *Iw. et al.*, l. c. S. 751. Bildung von 1,2-Bis-[6-oxo-1,4,5,6-tetrahydro-pyridazin-3-yl]-äthan beim Erwärmen einer Lösung in Äthanol mit Hydrazin-hydrat: *Iw. et al.*, l. c. S. 751. Beim Erwärmen mit Methanol und wenig Schwefelsäure ist 4,7-Dioxo-decandisäure-dimethylester, beim Erwärmen einer Lösung in Dichlorbenzol mit Methanol und wenig Toluol-4-sulfonsäure ist 2,5-Bis-[2-methoxycarb≠onyl-äthyl]-furan erhalten worden (*Iw. et al.*, l. c. S. 751, 753). Bildung von 2,9-Dibenzyl≠iden-4,7-dioxo-decandisäure (F: 165−165,5°) beim Erwärmen einer Lösung in Äthanol mit Benzaldehyd und wenig Anilin (vgl. E II 181): *Iw. et al.*, l. c. S. 751. Beim Erwärmen einer Lösung in Äthanol mit Anilin ist 4,7-Dioxo-decandisäure-dianilid, beim Erwärmen mit Anilin und wenig Essigsäure ist 1-Phenyl-2,5-bis-[2-phenylcarbamoyl-äthyl]-pyrrol erhalten worden (*Iw. et al.*, l. c. S. 751, 752).

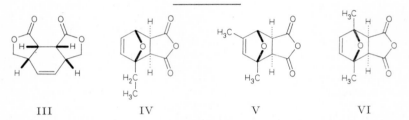

I   II

*Opt.-inakt. 1,2-Bis-[5-oxo-2,5-dihydro-[2]furyl]-äthan, 4,7-Dihydroxy-deca-2c,8c-dien=
disäure-1 → 4;10 → 7-dilacton $C_{10}H_{10}O_4$, Formel II.

    B. Beim Erwärmen von 1,2-Bis-[5-oxo-4,5-dihydro-[2]furyl]-äthan (S. 1967) mit Di=
chlorbenzol und wenig Triäthylamin (*Iwakura et al.*, J. chem. Soc. Japan Pure Chem.
Sect. **78** [1957] 746, 751; C. A. **1960** 5448).

    Krystalle (aus W.); F: 135—136°. IR-Spektrum (1900—1500 cm⁻¹): *Iw. et al.*, l. c.
S. 748.

(3ar,5ac,8ac,8bc)-3,3a,5a,6,8a,8b-Hexahydro-benzo[1,2-c;3,4-c']difuran-1,8-dion
$C_{10}H_{10}O_4$, Formel III (E II 182; dort als „Dilacton der 3.6-Bis-oxymethyl-Δ^4-tetrahydro=
phthalsäure" bezeichnet).

    Bezüglich der Konfigurationszuordnung vgl. 3c,6c-Dimethyl-cyclohex-4-en-1r,2c-di=
carbonsäure-anhydrid (E III/IV **17** 6015).

    B. Beim Erwärmen von Hexa-2t,4t-dien-1,6-diol mit Maleinsäure-anhydrid in Benzol
(*Bates et al.*, Soc. **1954** 1854, 1859).

    Krystalle (aus A.); F: 167,5—168,5° [Kofler-App.].

III   IV   V   VI

(±)-4-Äthyl-(3ar,7ac)-3a,4,7,7a-tetrahydro-4t(?),7t(?)-epoxido-isobenzofuran-1,3-dion,
(±)-1-Äthyl-7-oxa-norborn-5-en-2exo(?),3exo(?)-dicarbonsäure-anhydrid $C_{10}H_{10}O_4$,
vermutlich Formel IV + Spiegelbild.

    Bezüglich der Konfigurationszuordnung vgl. das analog hergestellte 1-Methyl-7-oxa-
norborn-5-en-2exo,3exo-dicarbonsäure-anhydrid (S. 1966).

    B. Beim Behandeln von 2-Äthyl-furan mit Maleinsäure-anhydrid in Äther (*Paul*, Bl.
[5] **10** [1943] 163, 167).

    Krystalle (aus Acn.); F: 97—98°.

(±)-4,6-Dimethyl-(3ar,7ac)-3a,4,7,7a-tetrahydro-4t(?),7t(?)-epoxido-isobenzofuran-
1,3-dion, (±)-1,5-Dimethyl-7-oxa-norborn-5-en-2exo(?),3exo(?)-dicarbonsäure-anhydrid
$C_{10}H_{10}O_4$, vermutlich Formel V + Spiegelbild.

    Bezüglich der Konfigurationszuordnung vgl. die Angaben im Artikel 1-Methyl-7-oxa-
norborn-5-en-2exo,3exo-dicarbonsäure-anhydrid (S. 1966).

    B. Aus 2,4-Dimethyl-furan und Maleinsäure-anhydrid (*Jur'ew et al.*, Doklady Akad.
S.S.S.R. **72** [1950] 523; C. A. **1951** 602).

    Krystalle; F: 75—75,5° (*Morel, Verkade*, R. **70** [1951] 35, 41), 75° [aus Ae.] (*Ju.
et al.*).

4,7-Dimethyl-(3ar,7ac)-3a,4,7,7a-tetrahydro-4t,7t-epoxido-isobenzofuran-1,3-dion,
1,4-Dimethyl-7-oxa-norborn-5-en-2exo,3exo-dicarbonsäure-anhydrid, Dehydroiso=
cantharidin $C_{10}H_{10}O_4$, Formel VI (E II 182; dort als 3.6-Oxido-3.6-dimethyl-Δ^4-tetra=
hydrophthalsäure-anhydrid bezeichnet).

    Konfigurationszuordnung: *Sefirow et al.*, Ž. obšč. Chim. **35** [1965] 58; engl. Ausg. S. 54.

Eine von *Alder* und *Backendorf* (A. **535** [1938] 101, 109) beim Behandeln mit wss. Natriumcarbonat-Lösung, Ansäuern der Reaktionslösung mit Essigsäure und anschliessenden Behandeln mit Brom erhaltene Verbindung vom F: 168° ist als 7*syn*-Brom-3*endo*-hydroxy-1,3*exo*-dimethyl-2-oxa-norbornan-5*endo*,6*endo*-dicarbonsäure-5-lacton zu formulieren (*Sefirow et al.*, Ž. obšč. Chim. **35** [1965] 61, 65; engl. Ausg. S. 58, 61). Beim Behandeln mit 90%ig. wss. Schwefelsäure sind 3,6-Dimethyl-phthalsäure-anhydrid und 2,5-Dimethyl-benzoesäure erhalten worden (*Newman, Lord*, Am. Soc. **66** [1944] 733). Reaktion mit Phenylazid in Äthylacetat unter Bildung von 4,7-Dimethyl-1-phenyl-(3a*r*,7a*c*)-3a,4,5,6,7,7a-hexahydro-1*H*-4*t*,7*t*-epoxido-benzotriazol-5*t*,6*t*-dicarbonsäure-an≠hydrid (bezüglich der Konfiguration vgl. *Sefirow et al.*, Ž. obšč. Chim. **35** [1965] 259, 260; engl. Ausg. S. 262, 263): *Alder, Stein*, A. **501** [1933] 1, 27.

5,6-Epoxy-3a-methyl-hexahydro-4,7-methano-isobenzofuran-1,3-dion, 5,6-Epoxy-2-methyl-norbornan-2,3-dicarbonsäure-anhydrid $C_{10}H_{10}O_4$.

a) (±)-**5***exo*,6*exo*-**Epoxy-2***exo*-**methyl-norbornan-2***endo*,3*endo*-**dicarbonsäure-anhydrid** $C_{10}H_{10}O_4$, Formel VII + Spiegelbild.

B. Beim Behandeln einer Lösung von (±)-2*exo*-Methyl-norborn-5-en-2*endo*,3*endo*-dicarbonsäure-anhydrid in Chloroform mit Peroxyessigsäure (*Nasarow et al.*, Izv. Akad. S.S.S.R. Otd. chim. **1958** 328, 330; engl. Ausg. S. 309, 311).

Krystalle (aus Bzl. + Ae.); F: 219—220°.

Beim Erwärmen mit Wasser ist 5*exo*,6*endo*-Dihydroxy-2*exo*-methyl-norbornan-2*endo*,3*endo*-dicarbonsäure-2 → 6-lacton, beim Erwärmen mit Methanol ist 5*exo*,6*endo*-Dihydr≠oxy-2*exo*-methyl-norbornan-2*endo*,3*endo*-dicarbonsäure-2 → 6-lacton-3-methylester erhalten worden.

VII   VIII   IXa   IXb

b) (±)-**5***exo*,6*exo*-**Epoxy-2***endo*-**methyl-norbornan-2***exo*,3*exo*-**dicarbonsäure-anhydrid** $C_{10}H_{10}O_4$, Formel VIII + Spiegelbild.

B. Beim Behandeln einer Lösung von (±)-2*endo*-Methyl-norborn-5-en-2*exo*,3*exo*-dicarbonsäure-anhydrid in Chloroform mit Peroxyessigsäure (*Nasarow et al.*, Izv. Akad. S.S.S.R. Otd. chim. **1958** 328, 333; engl. Ausg. S. 309, 313).

Krystalle (aus Bzl.); F: 228—229°.

Beim Erwärmen mit Wasser ist 5*exo*,6*exo*-Epoxy-2*endo*-methyl-norbornan-2*exo*,3*exo*-dicarbonsäure erhalten worden.

(±)-**3-Methyl-hexahydro-3,5-cyclo-cyclopenta[2,1-***b***;3,4-***b'***]difuran-2,6-dion**, (±)-**5***endo*,6*endo*-**Dihydroxy-2***exo*-**methyl-norbornan-2***endo*,3*endo*-**dicarbonsäure-2 → 6;3 → 5-dilacton** $C_{10}H_{10}O_4$, Formel IXa ≡ IXb + Spiegelbild.

B. Beim Erhitzen von (±)-5*endo*,6*endo*-Dihydroxy-2*exo*-methyl-norbornan-2*endo*,3*endo*-dicarbonsäure-3 → 5-lacton (E III/IV **18** 6299) mit Acetanhydrid (*Alder et al.*, A. **593** [1955] 1, 11).

Krystalle (aus E. oder W.); F: 215°.

(±)-**Octahydro-3,7-cyclo-benzo[1,2-***b***;4,5-***b'***]difuran-2,6-dion**, (±)-**5***endo*,7*syn*-**Dihydroxy-bicyclo[2.2.2]octan-2***exo*,3*endo*-**dicarbonsäure-2 → 7;3 → 5-dilacton** $C_{10}H_{10}O_4$, Formel Xa ≡ Xb + Spiegelbild.

B. Beim Erwärmen von (±)-5,7-Dioxo-bicyclo[2.2.2]octan-2*r*,3*c*-dicarbonsäure mit wss. Salzsäure, Behandeln der Reaktionslösung mit Kaliumboranat und anschliessenden Ansäuern mit wss. Salzsäure (*Cookson, Wariyar*, Soc. **1957** 327, 329).

Krystalle (aus Me.); F: 330° [Zers.].

Xa   Xb   XIa   XIb

Octahydro-3,6-cyclo-benzo[2,1-*b*;3,4-*b'*]difuran-2,7-dion, 5*endo*,6*endo*-Dihydroxy-bicyclo[2.2.2]octan-2*endo*,3*endo*-dicarbonsäure-2 → 6;3 → 5-dilacton $C_{10}H_{10}O_4$,
Formel XIa ≡ XIb.

B. Beim Erhitzen von (±)-5*endo*,6*endo*-Dihydroxy-bicyclo[2.2.2]octan-2*endo*,3*endo*-dicarbonsäure-2 → 6-lacton mit Acetanhydrid (*Alder, Stein,* A. **514** [1934] 1, 29; s. a. *Pirsch,* M. **86** [1955] 226, 232).

Krystalle (aus Eg.); F: 305° (*Al., St.; Pi.*). Schmelzenthalpie: 1,79 kcal·mol⁻¹ (*Pirsch,* M. **86** 229; Mikroch. Acta **1956** 992, 996). Kryoskopische Konstante: *Pi.*, M. **86** 229; Mikroch. Acta **1956** 996.

Dioxo-Verbindungen $C_{11}H_{12}O_4$

4,7,7-Trimethyl-7,8-dihydro-pyrano[4,3-*b*]pyran-2,5-dion $C_{11}H_{12}O_4$, Formel XII.

B. Beim Erhitzen von 3-Methyl-*cis*-pentendisäure unter 3 Torr auf 185° (*Wiley et al.*, J. org. Chem. **22** [1957] 1737).

Krystalle (aus Me.); F: 154—155°. UV-Absorptionsmaxima: 254 nm und 294 nm.

Beim Erhitzen mit Kupfer-Pulver bis auf 350° ist 4-Methyl-6-[2-methyl-propenyl]-pyran-2-on erhalten worden.

XII   XIII   XIV

(±)-4,5,6-Trimethyl-(3a*r*,7a*c*)-3a,4,7,7a-tetrahydro-4*t*(?),7*t*(?)-epoxido-isobenzofuran-1,3-dion, (±)-1,5,6-Trimethyl-7-oxa-norborn-5-en-2*exo*(?),3*exo*(?)-dicarbonsäure-anhydrid $C_{11}H_{12}O_4$, vermutlich Formel XIII + Spiegelbild.

Bezüglich der Konfigurationszuordnung vgl. die Angaben im Artikel 1-Methyl-7-oxa-norborn-5-en-2*exo*,3*exo*-dicarbonsäure-anhydrid (S. 1966).

B. Aus 2,3,4-Trimethyl-furan und Maleinsäure-anhydrid (*Morel, Verkade,* R. **70** [1951] 35, 44).

F: 85,5—86°.

(±)-4,5,7-Trimethyl-(3a*r*,7a*c*)-3a,4,7,7a-tetrahydro-4*t*(?),7*t*(?)-epoxido-isobenzofuran-1,3-dion, (±)-1,4,5-Trimethyl-7-oxa-norborn-5-en-2*exo*(?),3*exo*(?)-dicarbonsäure-anhydrid $C_{11}H_{12}O_4$, vermutlich Formel XIV + Spiegelbild.

Bezüglich der Konfigurationszuordnung vgl. die Angaben im Artikel 1,4-Dimethyl-7-oxa-norborn-5-en-2*exo*,3*exo*-dicarbonsäure-anhydrid (S. 1968).

B. Aus 2,3,5-Trimethyl-furan und Maleinsäure-anhydrid (*Morel, Verkade,* R. **70** [1951] 35, 45).

F: 109,5—110°.

9*ξ*,10*ξ*-Epoxy-(3a*r*,8a*c*)-hexahydro-4*t*,8*t*-äthano-cyclohepta[*c*]furan-1,3-dion, 8*ξ*,9*ξ*-Epoxy-bicyclo[3.2.2]nonan-6*exo*,7*exo*-dicarbonsäure-anhydrid $C_{11}H_{12}O_4$,
Formel XV.

B. Beim Erwärmen von Bicyclo[3.2.2]non-8-en-6*exo*,7*exo*-dicarbonsäure-anhydrid

mit Essigsäure und wss. Wasserstoffperoxid (*Alder, Mölls,* B. **89** [1956] 1960, 1970).
Krystalle (aus E. + Bzn.); F: 162°.
Beim Erhitzen mit Acetanhydrid und kleinen Mengen wss. Salzsäure ist 8ξ,9ξ-Di=
acetoxy-bicyclo[3.2.2]nonan-6*exo*,7*exo*-dicarbonsäure-anhydrid (E III/IV **18** 2328) erhalten worden.

XV   XVIa   XVIb

(±)-3-Methyl-octahydro-3,6-cyclo-benzo[2,1-*b*;3,4-*b'*]difuran-2,7-dion,
(±)-5*endo*,6*endo*-Dihydroxy-2*exo*-methyl-bicyclo[2.2.2]octan-2*endo*,3*endo*-dicarbonsäure-
2 → 6;3 → 5-dilacton $C_{11}H_{12}O_4$, Formel XVIa ≡ XVIb + Spiegelbild.
B. Beim Erhitzen von (±)-5*endo*,6*endo*-Dihydroxy-2*exo*-methyl-bicyclo[2.2.2]octan-
2*endo*,3*endo*-dicarbonsäure-3→5-lacton mit Acetanhydrid (*Alder et al.,* A. **593** [1955]
1, 19).
Krystalle (aus E.); F: 303°.

Dioxo-Verbindungen $C_{12}H_{14}O_4$

(±)-6-Methyl-4-propyl-(3a*r*,7a*c*)-3a,4,7,7a-tetrahydro-4*t*(?),7*t*(?)-epoxido-isobenzofuran-
1,3-dion, (±)-5-Methyl-1-propyl-7-oxa-norborn-5-en-2*exo*(?),3*exo*(?)-dicarbonsäure-
anhydrid $C_{12}H_{14}O_4$, vermutlich Formel I + Spiegelbild.
Bezüglich der Konfigurationszuordnung vgl. die Angaben im Artikel 1-Methyl-7-oxa-
norborn-5-en-2*exo*,3*exo*-dicarbonsäure-anhydrid (S. 1966).
B. Aus 4-Methyl-2-propyl-furan und Maleinsäure-anhydrid (*Morel, Verkade,* R. **70**
[1951] 35, 42).
F: 87−87,5°.

(±)-4-Isopropyl-7-methyl-(3a*r*,7a*c*)-3a,4,7,7a-tetrahydro-4*t*(?),7*t*(?)-epoxido-isobenzo=
furan-1,3-dion, (±)-1-Isopropyl-4-methyl-7-oxa-norborn-5-en-2*exo*(?),3*exo*(?)-dicarbon=
säure-anhydrid $C_{12}H_{14}O_4$, vermutlich Formel II + Spiegelbild.
Bezüglich der Konfigurationszuordnung vgl. das analog hergestellte 1,4-Dimethyl-
7-oxa-norborn-5-en-2*exo*,3*exo*-dicarbonsäure-anhydrid (S. 1968).
B. Beim Behandeln von 2-Isopropyl-5-methyl-furan mit Maleinsäure-anhydrid in
Äther (*Butz,* Am. Soc. **57** [1935] 1314).
Krystalle (aus Ae. + PAe.); F: 77°.

I   II   III   IV

4,7-Diäthyl-(3a*r*,7a*c*)-3a,4,7,7a-tetrahydro-4*t*(?),7*t*(?)-epoxido-isobenzofuran-1,3-dion,
1,4-Diäthyl-7-oxa-norborn-5-en-2*exo*(?),3*exo*(?)-dicarbonsäure-anhydrid $C_{12}H_{14}O_4$,
vermutlich Formel III.
Bezüglich der Konfigurationszuordnung vgl. *Sefirow et al.,* Ž. obšč. Chim. **35** [1965]
58; engl. Ausg. S. 54.

B. Aus 2,5-Diäthyl-furan und Maleinsäure-anhydrid (*Giller et al*., Latvijas Akad. Věstis **1958** Nr. 4, S. 71, 75; C. A. **1959** 325; *Giller, Bersin'*, Latvijas Akad. Věstis **1959** Nr. 5, S. 109, 112, C. A. **1960** 15348).

F: 118° (*Gi. et al.*; *Gi., Be.*).

4,5,6,7-Tetramethyl-(3a*r*,7a*c*)-3a,4,7,7a-tetrahydro-4*t*(?),7*t*(?)-epoxido-isobenzofuran-1,3-dion, 1,4,5,6-Tetramethyl-7-oxa-norborn-5-en-2*exo*(?),3*exo*(?)-dicarbonsäure-anhydrid $C_{12}H_{14}O_4$, vermutlich Formel IV.

Bezüglich der Konfigurationszuordnung vgl. das analog hergestellte 1,4-Dimethyl-7-oxa-norborn-5-en-2*exo*,3*exo*-dicarbonsäure-anhydrid (S. 1968).

B. Beim Behandeln von 2,3,4,5-Tetramethyl-furan mit Maleinsäure-anhydrid in Äther (*Gaertner, Tonkyn*, Am. Soc. **73** [1951] 5872).

Krystalle (aus PAe. + Ae.); F: 95,8—96,6° [durch Sublimation bei 2 Torr gereinigtes Präparat].

5,5a-Epoxy-decahydro-naphtho[1,2-*c*]furan-1,3-dion, 4,4a-Epoxy-decahydro-naphthalin-1,2-dicarbonsäure-anhydrid $C_{12}H_{14}O_4$.

a) **(±)-4*c*,4a-Epoxy-(4a*r*,8a*c*)-decahydro-naphthalin-1*t*,2*t*-dicarbonsäure-anhydrid** $C_{12}H_{14}O_4$, Formel V + Spiegelbild.

B. s. bei dem unter b) beschriebenen Stereoisomeren.

Krystalle (aus Ae. + Bzl.); F: 82—83° (*Nasarow et al*., Croat. chem. Acta **29** [1957] 369, 390, 391; *Kutscherow et al*., Izv. Akad. S.S.S.R. Otd. chim. **1959** 1253, 1258; engl. Ausg. S. 1209, 1213).

Beim Erhitzen einer Lösung in Dioxan mit Wasser ist 4*t*,4a-Dihydroxy-(4a*r*,8a*t*)-decahydro-naphthalin-1*c*,2*c*-dicarbonsäure-1 → 4a-lacton erhalten worden (*Ku. et al*., l. c. S. 1258).

b) **(±)-4*c*,4a-Epoxy-(4a*r*,8a*t*)-decahydro-naphthalin-1*c*,2*c*-dicarbonsäure-anhydrid** $C_{12}H_{14}O_4$, Formel VI + Spiegelbild.

B. Neben kleineren Mengen des unter a) beschriebenen Stereoisomeren beim Behandeln einer Lösung von (±)-(8a*r*)-1,2,3,5,6,7,8,8a-Octahydro-naphthalin-1*t*,2*t*-dicarbonsäure-anhydrid in Chloroform mit Peroxyessigsäure (*Nasarow et al*., Croat. chem. Acta **29** [1957] 369, 390, 391; *Kutscherow et al*., Izv. Akad. S.S.S.R. Otd. chim. **1959** 1253, 1258; engl. Ausg. S. 1209, 1213).

Krystalle; F: 161—162° [aus Bzl.] (*Na. et al*., Croat chem. Acta **29** 390), 159—161° (*Ku. et al*.).

Überführung in 4*t*-Chlor-4a-hydroxy-(4a*r*,8a*t*)-decahydro-naphthalin-1*c*,2*c*-dicarbonsäure durch Behandlung einer Lösung in Äther mit Chlorwasserstoff: *Ku. et al*., l. c. S. 1259. Beim 6-stdg. Erhitzen einer Lösung in Dioxan mit Wasser ist 4*t*,4a-Dihydroxy-(4a*r*,8a*t*)-decahydro-naphthalin-1*c*,2*c*-dicarbonsäure erhalten worden (*Ku. et al*., l. c. S. 1259). Bildung von 4*t*,4a-Dihydroxy-(4a*r*,8a*t*)-decahydro-naphthalin-1*c*,2*c*-dicarbonsäure-1 → 4a-lacton beim Erhitzen mit wss. Dioxan: *Ku. et al*., l. c. S. 1259; beim Erwärmen mit wss. Natronlauge und anschliessend mit wss. Schwefelsäure: *Nasarow et al*., Izv. Akad. S.S.S.R. Otd. chim. **1957** 471, 475; engl. Ausg. S. 479, 483.

V   VI   VII   VIII

c) **(±)-4*c*,4a-Epoxy-(4a*r*,8a*t*)-decahydro-naphthalin-1*t*,2*t*-dicarbonsäure-anhydrid** $C_{12}H_{14}O_4$, Formel VII + Spiegelbild.

B. Beim Behandeln einer Lösung von (±)-(8a*r*)-1,2,3,5,6,7,8,8a-Octahydro-naphthalin-1*c*,2*c*-dicarbonsäure-anhydrid in Chloroform mit Peroxyessigsäure (*Kutscherow et al*.,

Ž. obšč. Chim. **29** [1959] 804, 806; engl. Ausg. S. 790, 792).

Krystalle (aus Bzl.); F: 156—157°.

Beim Behandeln einer Lösung in Äther mit konz. wss. Salzsäure ist 4t-Chlor-4a-hydroxy-(4ar,8at)-decahydro-naphthalin-1t,2t-dicarbonsäure erhalten worden. Überführung in 4t,4a-Dihydroxy-(4ar,8at)-decahydro-naphthalin-1t,2t-dicarbonsäure-2 → 4-lacton durch Erhitzen mit wss. Dioxan: *Ku. et al.*

Octahydro-1t,4t-epoxido-4ar,8ac-[2]oxapropano-naphthalin-9,11-dion, Octahydro-1t,4t-epoxido-naphthalin-4ar,8ac-dicarbonsäure-anhydrid $C_{12}H_{14}O_4$, Formel VIII.

B. Bei der Hydrierung von 1,2,3,4,5,8-Hexahydro-1t,4t-epoxido-naphthalin-4ar,8ac-dicarbonsäure-anhydrid an Palladium/Calciumcarbonat in Äthylacetat (*Alder, Backendorf,* A. **535** [1938] 101, 113).

Krystalle (aus E. + Bzn.); F: 189—190°.

(3aRS,9aRS)-(3ar,4at,7at,9bt)-Octahydro-indeno[1,2-b; 1,7-$b'c'$]difuran-2,8-dion $C_{12}H_{14}O_4$, Formel IX + Spiegelbild.

B. Bei der Hydrierung von (3aRS,9aRS)-(3ar,4at,7at,9bt)-3a,4,4a,7,7a,9b-Hexahydro-3H-indeno[1,2-b; 1,7-$b'c'$]difuran-2,8-dion (S. 1990) an Platin in Essigsäure (*Alder, Münz,* A. **565** [1949] 126, 133).

Krystalle (aus E.); F: 97° (*Al., Münz*). Eine von *Alder* und *Münz* (l. c.) beim Erhitzen mit wss. Natriumcarbonat-Lösung erhaltene Verbindung $C_{12}H_{16}O_5$ vom F: 150—153° ist vermutlich als [7t-Carboxy-1-oxo-(3ar,7ac)-hexahydro-indan-2c-yl]-essigsäure, eine von *Alder* und *Münz* (l. c.) beim Erwärmen mit Methanol und wss. Schwefelsäure erhaltene Verbindung $C_{14}H_{20}O_5$ vom F: 67° ist vermutlich als [7t-Methoxycarbonyl-1-oxo-(3ar,7ac)-hexahydro-indan-2c-yl]-essigsäure-methylester zu formulieren (vgl. *Hill, Barger,* J. org. Chem. **30** [1965] 2558).

IX   Xa   Xb

3,6-Dimethyl-octahydro-3,6-cyclo-benzo[2,1-b; 3,4-b']difuran-2,7-dion, 5$endo$,6$endo$-Dihydroxy-2exo,3exo-dimethyl-bicyclo[2.2.2]octan-2$endo$,3$endo$-dicarbonsäure-2 → 6; 3 → 5-dilacton $C_{12}H_{14}O_4$, Formel Xa ≡ Xb.

B. Beim Erwärmen des Natrium-Salzes des (±)-5exo(?)-Brom-6$endo$-hydroxy-2exo,3exo-dimethyl-bicyclo[2.2.2]octan-2$endo$,3$endo$-dicarbonsäure-2-lactons (E III/IV **18** 5474) mit Wasser, Äthanol oder Aceton (*Ziegler et al.,* A. **551** [1942] 1, 64).

Krystalle (aus Eg.); F: ca. 375°.

Beim Erhitzen mit wss. Natronlauge und Ansäuern der Reaktionslösung ist 5$endo$(?),6$endo$-Dihydroxy-2exo,3exo-dimethyl-bicyclo[2.2.2]octan-2$endo$,3$endo$-dicarbonsäure-2 → 6-lacton (E III/IV **18** 6301) erhalten worden.

Dioxo-Verbindungen $C_{13}H_{16}O_4$

(±)-7,7-Dimethyl-(3ar,9ac,9bc)-3a,6,7,9,9a,9b-hexahydro-4H-furo[3,4-h]isochromen-1,3-dion, (±)-3,3-Dimethyl-(8ar)-3,4,6,7,8,8a-hexahydro-1H-isochromen-7t,8t-dicarbonsäure-anhydrid $C_{13}H_{16}O_4$, Formel I + Spiegelbild.

B. Beim Erhitzen von 2,2-Dimethyl-4-vinyl-3,6-dihydro-2H-pyran mit Maleinsäure-anhydrid in Benzol auf 125—130° (*Nasarow, Torgow,* Ž. obšč. Chim. **19** [1949] 1766, 1772; engl. Ausg. S. a 211, a 218).

Krystalle (aus Bzl.); F: 148—149°.

---

*Opt.-inakt. **4-sec-Butyl-7-methyl-3a,4,7,7a-tetrahydro-4,7-epoxido-isobenzofuran-1,3-dion, 1-sec-Butyl-4-methyl-7-oxa-norborn-5-en-2,3-dicarbonsäure-anhydrid** $C_{13}H_{16}O_4$, Formel II.

B. Beim Behandeln von (±)-2-sec-Butyl-5-methyl-furan mit Maleinsäure-anhydrid in Äther (*Alder, Schmidt*, B. **76** [1943] 183, 204).

Krystalle; Zers. bei 72°.

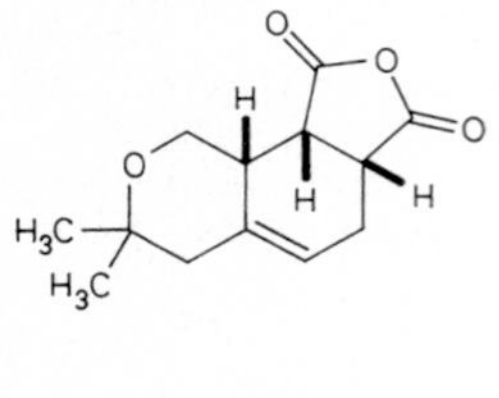

I 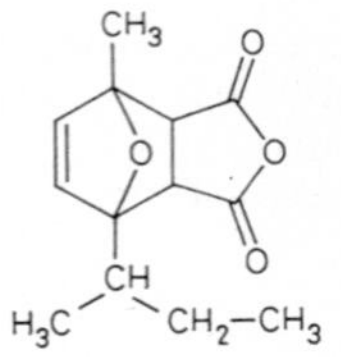   II 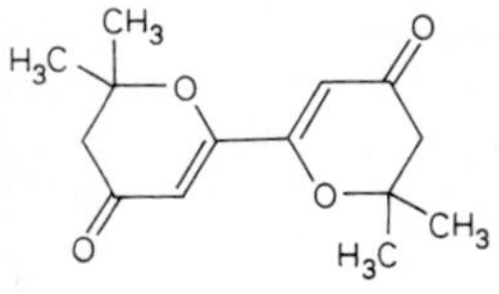   III 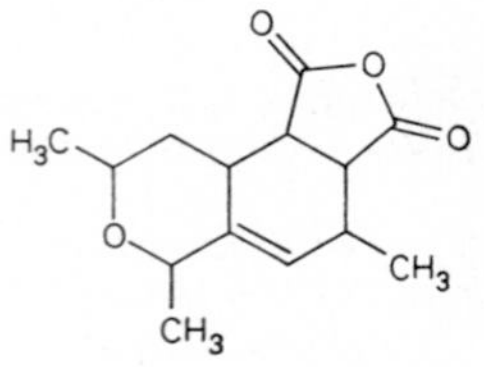   IV

Dioxo-Verbindungen $C_{14}H_{18}O_4$

6,6,6′,6′-Tetramethyl-5,6,5′,6′-tetrahydro-[2,2′]bipyranyl-4,4′-dion $C_{14}H_{18}O_4$, Formel III.

B. Beim Erwärmen einer Lösung von 2,11-Dimethyl-dodeca-2,10-dien-4,6,7,9-tetraon in Äthanol mit kleinen Mengen wss. Salzsäure (*Schmitt*, A. **569** [1950] 32, 36).

Gelbliche Krystalle (aus A.); F: 198°. Bei 180°/1 Torr sublimierbar.

4,6,8-Trimethyl-4,6,8,9,9a,9b-hexahydro-3aH-furo[3,4-f]isochromen-1,3-dion, 1,3,7-Trimethyl-3,4,4a,5,6,7-hexahydro-1H-isochromen-5,6-dicarbonsäure-anhydrid $C_{14}H_{18}O_4$, Formel IV.

a) Opt.-inakt. Präparat vom F: 108°.

B. Neben kleineren Mengen des unter b) beschriebenen Präparats bei der Umsetzung von opt.-inakt. 2,6-Dimethyl-5-propenyl-3,6-dihydro-2H-pyran (E III/IV **17** 322) mit Maleinsäure-anhydrid (*Delépine, Compagnon*, C. r. **212** [1941] 1017, 1020).

Krystalle (aus Ae. + CHCl$_3$); F: 107—108° [Block].

Beim Erwärmen mit wss. Natronlauge ist 1,3,7-Trimethyl-3,4,4a,5,6,7-hexahydro-1H-isochromen-5,6-dicarbonsäure vom F: 223° erhalten worden.

b) Opt.-inakt. Präparat vom F: 96°.

B. s. bei dem unter a) beschriebenen Präparat.

Krystalle (aus CHCl$_3$ + Bzn.); F: 93—96° (*Delépine, Compagnon*, C. r. **212** [1941] 1017, 1020).

Beim Behandeln mit wasserhaltigem Äther oder mit wss. Natronlauge ist 1,3,7-Tri=methyl-3,4,4a,5,6,7-hexahydro-1H-isochromen-5,6-dicarbonsäure vom F: 298° erhalten worden (*De., Co.*, l. c. S. 1021).

---

*Opt.-inakt. **9-Brom-3,3,6,10-tetramethyl-5,6,9,9a-tetrahydro-3H-6,9-methano-pyrano[3,4-d]oxepin-1,8-dion** $C_{14}H_{17}BrO_4$, Formel V.

B. Beim Behandeln von opt.-inakt. 4a,9-Dibrom-3,3,6,10-tetramethyl-hexahydro-6,9-methano-pyrano[3,4-d]oxepin-1,8-dion (F: 159—160° [S. 1962]) mit wss. Kalilauge (*Chrétien-Bessière*, A. ch. [13] **2** [1957] 301, 340, 346).

F: 174°.

(±)-5-Äthyl-7-methyl-4-propyl-(3ar,7ac)-3a,4,7,7a-tetrahydro-4t(?),7t(?)-epoxido-iso=benzofuran-1,3-dion, (±)-5-Äthyl-1-methyl-4-propyl-7-oxa-norborn-5-en-2exo(?),3exo(?)-dicarbonsäure-anhydrid $C_{14}H_{18}O_4$, vermutlich Formel VI + Spiegelbild.

Bezüglich der Konfigurationszuordnung vgl. das analog hergestellte 1,4-Dimethyl-7-oxa-norborn-5-en-2exo,3exo-dicarbonsäure-anhydrid (S. 1968).

B. Beim Behandeln von 3-Äthyl-5-methyl-2-propyl-furan mit Maleinsäure-anhydrid in Äther (*Heilbron et al.*, Soc. **1946** 54, 57).

Krystalle (aus Ae. + Pentan); F: 51,5—52,5°.

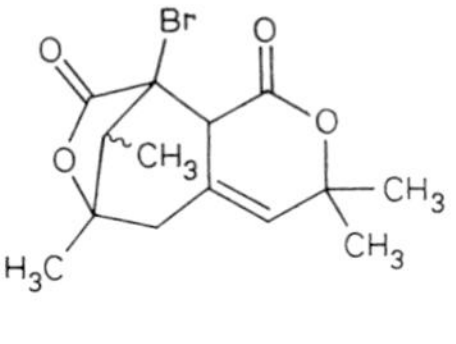

V 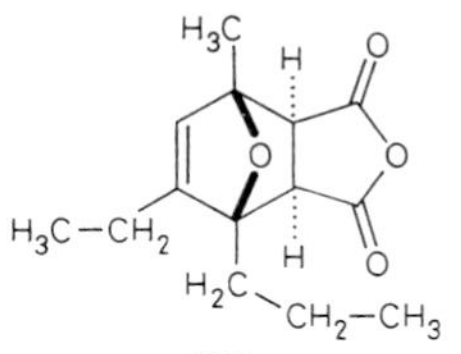   VI 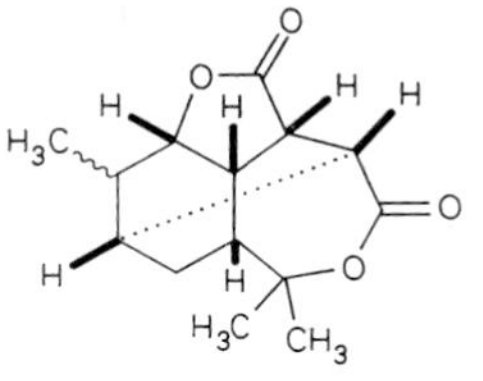   VIIa 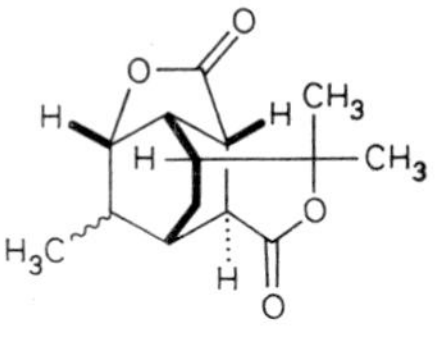   VIIb

(±)-6,6,9ξ-Trimethyl-(2ar,6ac,9ac,9bc)-octahydro-3t,8t-cyclo-oxepino[5,4,3-cd]benzo=
furan-2,4-dion, (±)-6endo-Hydroxy-7syn-[α-hydroxy-isopropyl]-5ξ-methyl-bicyclo=
[2.2.2]octan-2endo,3exo-dicarbonsäure-2 → 6; 3 → α-dilacton C₁₄H₁₈O₄,
Formel VIIa ≡ VIIb + Spiegelbild.

B. Beim Behandeln von (±)-7syn-Isopropenyl-5-methyl-bicyclo[2.2.2]oct-5-en-2endo,=
3exo-dicarbonsäure mit wss. Schwefelsäure (*Alder, Schumacher*, B. **89** [1956] 2485, 2494).
F: 164 – 165°.

(±)-5,5,9a-Trimethyl-(3ar,4ac,8ac,9ac)-octahydro-3t,8t-cyclo-furo[2,3-g]isochromen-
2,7-dion, (±)-5endo-Hydroxy-7syn-[α-hydroxy-isopropyl]-5exo-methyl-bicyclo[2.2.2]=
octan-2exo,3endo-dicarbonsäure-2 → α; 3→5-dilacton C₁₄H₁₈O₄, Formel VIIIa ≡ VIIIb
+ Spiegelbild.

B. Beim Erwärmen von (±)-5endo-Hydroxy-7-isopropyliden-5exo-methyl-bicyclo=
[2.2.2]octan-2endo,3endo-dicarbonsäure-3-lacton-2-methylester mit Natriumäthylat in
Äthanol und Behandeln einer Lösung des Reaktionsprodukts in wenig Dioxan mit wss.
Schwefelsäure (*Alder, Schumacher*, B. **89** [1956] 2485, 2494).
Krystalle (aus E.); F: 158°.

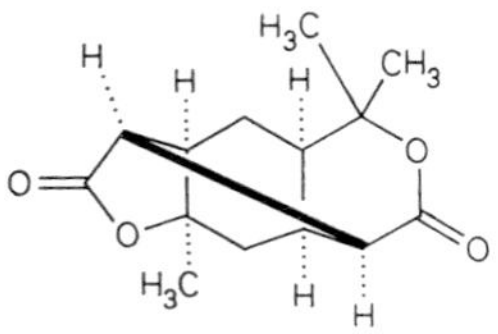

VIIIa 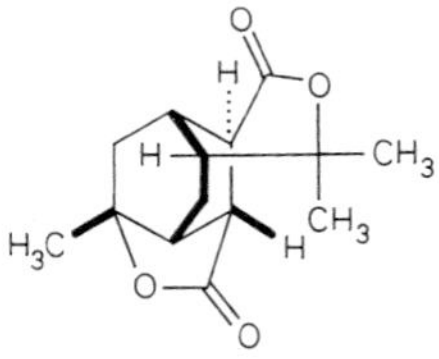   VIIIb 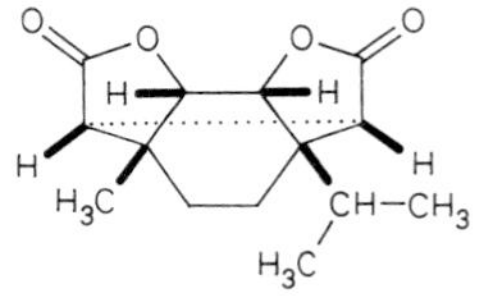   IXa 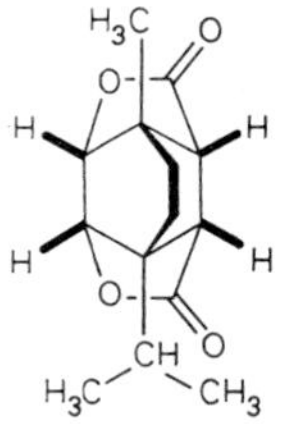   IXb

(±)-3a-Isopropyl-5a-methyl-octahydro-3,6-cyclo-benzo[2,1-b;3,4-b']difuran-2,7-dion,
(±)-5endo,6endo-Dihydroxy-1-isopropyl-4-methyl-bicyclo[2.2.2]octan-2endo,3endo-di=
carbonsäure-2 → 6; 3 → 5-dilacton C₁₄H₁₈O₄, Formel IXa ≡ IXb + Spiegelbild.

B. Beim Erwärmen von (±)-5exo-Brom-6endo-hydroxy-1-isopropyl-4-methyl-bicyclo=
[2.2.2]octan-2endo,3endo-dicarbonsäure-2-lacton mit wss.-methanol. Kalilauge, Ansäuern
der Reaktionslösung mit wss. Salzsäure und Erwärmen des Reaktionsprodukts mit Acet=
anhydrid (*Diels et al.*, B. **71** [1938] 1163, 1170).
Krystalle (aus E.); F: 235°.

Dioxo-Verbindungen C₁₅H₂₀O₄

(3aS,7Ξ)-6ξ-Isopropenyl-3c-methyl-(3ar,7at)-hexahydro-spiro[benzofuran-7,2'-furan]-
2,5'-dion C₁₅H₂₀O₄, Formel I.

B. Neben anderen Verbindungen beim Behandeln von Photosantonsäure (3-[(3aS,7E)-
6-Isopropyliden-3c-methyl-2-oxo-(3ar,7at)-hexahydro-benzofuran-7-yliden]-propionsäure
[E III/IV **18** 5507]; eingesetzt als Hydrat) mit konz. wss. Salzsäure (*van Tamelen et al.*,
Am. Soc. **81** [1959] 1666, 1678).
Krystalle (aus E. + Cyclohexan); F: 224,7 – 225,3°.

(3a*R*)-4a,9*c*-Dimethyl-3-methylen-(3a*r*,4a*t*,8a*c*,10a*t*)-octahydro-furo[2′,3′;5,6]cyclo=
hepta[1,2-*c*]pyran-2,7-dion, 4,8α-Dihydroxy-3,4-seco-ambros-11(13)-en-3,12-disäure-
3→4;12→8-dilacton [1]), Vermeerin $C_{15}H_{20}O_4$, Formel II.

Konstitution: *Anderson et al.*, Tetrahedron **23** [1967] 4153, 4154. Konfiguration: *Herz et al.*, J. org. Chem. **35** [1970] 2611, 2612, 2618; *Stöcklin et al.*, Tetrahedron **26** [1970] 2397, 2402.

Isolierung aus Geigeria aspera: *Rimington et al.*, Onderstepoort J. veterin. Sci. **7** [1936] 507, 513; aus Geigeria africana: *An. et al.*, l. c. S. 4158; aus Hymenoxys anthemoides und aus Hymenoxys richardsonii: *Herz et al.*, l. c. S. 2621, 2622.

Krystalle; F: 147° [unkorr.; aus CHCl₃ + Ae.] (*An. et al.*), 145—146° [unkorr.; aus CHCl₃ + Ae.] (*Herz et al.*, l. c. S. 2621), 143° [aus CHCl₃ + PAe.] (*Ri. et al.*, l. c. S. 514). $[\alpha]_D^{28}$: −50,51° [A.; c = 0,3] (*Ri. et al.*, l. c. S. 516); $[\alpha]_D$: −58° [A.; c = 1] (*An. et al.*); $[\alpha]_D$: −67,1° [Me.; c = 0,4] (*Herz et al.*, l. c. S. 2621). ¹H-NMR-Absorption: *An. et al.*, l. c. S. 4157; *Herz et al.*, l. c. S. 2614. IR-Banden (CHCl₃) im Bereich von 1745 cm⁻¹ bis 810 cm⁻¹: *An. et al.*, l. c. S. 4159. UV-Absorptionsmaximum (A.): 209 nm (*An. et al.*, l. c. S. 4159).

I   II   III   IV

(3a*S*)-5a-[α-Brom-isopropyl]-3*c*-methyl-(3a*r*,5aξ,9b*t*)-3a,4,5,5a,8,9b-hexahydro-3*H*-furo=
[2,3-*f*]chromen-2,7-dion $C_{15}H_{19}BrO_4$, Formel III.

B. Beim Behandeln einer Lösung von Photosantonsäure (3-[(3a*S*,7*E*)-6-Isopropyliden-
3*c*-methyl-2-oxo-(3a*r*,7a*t*)-hexahydro-benzofuran-7-yliden]-propionsäure [E III/IV **18** 5507]) in Chloroform mit Brom (*Barton et al.*, Soc. **1958** 3314, 3318; *van Tamelen et al.*, Am. Soc. **81** [1959] 1666, 1675).

Krystalle; F: 173—177° [Kofler-App.; aus CHCl₃ + PAe.] (*Ba. et al.*); F: 173—174° [Zers.; aus CHCl₃ + Hexan] bzw. F: 170,7—171,8° [Zers.; aus CHCl₃ + Hexan] (*v. Ta. et al.*). $[\alpha]_D$: +30° [CHCl₃; c = 1] (*Ba. et al.*).

(±)-1-Methyl-(3′a*r*,7′a*t*)-hexahydro-spiro[2,6-dioxa-bicyclo[2.2.2]octan-8,2′-indan]-
3,5-dion, (±)-[2-(2,2-Dihydroxy-propyl)-(3a*r*,7a*t*)-hexahydro-indan-2-yl]-malonsäure-
dilacton $C_{15}H_{20}O_4$, Formel IV + Spiegelbild.

B. In kleiner Menge neben [2-Acetonyl-(3a*r*,7a*t*)-hexahydro-indan-2-yl]-essigsäure beim Erhitzen von (±)-[2-Acetonyl-(3a*r*,7a*t*)-hexahydro-indan-2-yl]-malonsäure auf 175° (*Kandiah*, Soc. **1931** 952, 960, 973). Beim Erhitzen einer als (±)-6′ξ-Hydroxy-6′ξ-methyl-
2′-oxo-(3a*r*,7a*t*)-hexahydro-spiro[indan-2,4′-piperidin]-3′ξ-carbonitril angesehenen, aus (±)-[(3a*r*,7a*t*)-Hexahydro-indan-2-yliden]-aceton [E III 7 629] und Cyanessigsäure-amid hergestellten Verbindung (F: 293°) mit konz. wss. Salzsäure (*Ka.*).

Krystalle (aus A.); F: 154°.

(5a*R*,10*S*)-5,5a,8ξ-Trimethyl-(5a*r*,9a*c*)-hexahydro-spiro[2*t*,5*t*-methano-benz[*b*]oxepin-
10,2′-oxiran]-4,7-dion, 12,13-Epoxy-9ξ*H*-trichothecan-4,8-dion [2]) $C_{15}H_{20}O_4$, Formel V.

Diese Konstitution und Konfiguration kommt dem nachstehend beschriebenen **Dihydrotrichothecodion** zu.

B. Bei der Hydrierung von Trichothecodion (S. 1996) an Palladium/Kohle in Äthanol (*Freeman et al.*, Soc. **1959** 1105, 1119). Beim Behandeln von Dihydrotrichothecolon

---

[1]) Stellungsbezeichnung bei von Ambrosan abgeleiteten Namen s. E III/IV **17** 4670.
[2]) Stellungsbezeichnung bei von Trichothecan abgeleiteten Namen s. E III/IV **17** 2337 Anm. 2.

(12,13-Epoxy-4β-hydroxy-9ξH-trichothecan-8-on) mit Chrom(VI)-oxid und Essigsäure (*Fr. et al.*).

Krystalle (aus wss. A.); F: 164—164,5° [korr.].

Beim Erwärmen einer Lösung in Methanol mit wss. Natriumcarbonat-Lösung ist Neo≠ dihydrotrichothecodion (E III/IV **18** 1285) erhalten worden (*Fr. et al.*, l. c. S. 1126).

2,4-Dinitro-phenylhydrazon $C_{21}H_{24}N_4O_7$. Gelbe Krystalle (aus A.); F: 225—226° [korr.] (*Fr. et al.*, l. c. S. 1119).

(3aS)-9c,9a-Epoxy-3c,5a,9t-trimethyl-(3ar,5at,9ac,9bt)-octahydro-naphtho[1,2-b]furan-2,8-dion, (11S)-4,5-Epoxy-6α-hydroxy-3-oxo-eudesman-12-säure-lacton [1], α-Dihydro≠ santoninoxid $C_{15}H_{20}O_4$, Formel VI.

B. Aus (11S)-4-Chlor-5,6α-dihydroxy-3-oxo-4βH-eudesman-12-säure-6-lacton (E III/IV **18** 1214) beim Erhitzen mit Wasser sowie beim Erwärmen mit methanol. Kalilauge (*Wedekind, Tettweiler*, B. **64** [1931] 387, 395, 396). Bei der Hydrierung von (11S)-4,5-Ep≠ oxy-6α-hydroxy-3-oxo-eudesm-1-en-12-säure-lacton (S. 1997) an Palladium in Äthyl≠ acetat (*Hendrickson, Bogard*, Soc. **1962** 1678, 1687; s. a. *We., Te.*, l. c. S. 394).

Krystalle; F: 142—143° [aus A.] (*We., Te.*, l. c. S. 394), 142° (*He., Bo.*).

Beim Behandeln mit konz. wss. Salzsäure sind (11S)-1α,2β-Dichlor-6α-hydroxy-3-oxo-4βH-eudesman-12-säure-lacton (E III/IV **17** 6056) und kleine Mengen (11S)-4-Chlor-5,6α-dihydroxy-3-oxo-4βH-eudesman-12-säure-6-lacton (E III/IV **18** 1214) erhalten worden (*We., Te.*, l. c. S. 396).

Oxim $C_{15}H_{21}NO_4$. Krystalle (aus wss. A.); Zers. bei 225° (*We., Te.*, l. c. S. 395).

V   VI   VIIa   VIIb

(3aS)-4c-Isopropyl-8a,8b-dimethyl-(3ar)-octahydro-3t,6t-cyclo-benzo[2,1-b;3,4-b′]di≠ furan-2,7-dion, (1S)-5endo,6endo-Dihydroxy-7anti-isopropyl-5exo,6exo-dimethyl-bicyclo≠ [2.2.2]octan-2endo,3endo-dicarbonsäure-2→6;3→5-dilacton $C_{15}H_{20}O_4$, Formel VIIa ≡ VIIb.

B. Beim Behandeln von (1S)-7anti-Isopropyl-5,6-dimethyl-bicyclo[2.2.2]oct-5-en-2endo,3endo-dicarbonsäure-anhydrid (E III/IV **17** 6115) mit wss. Natriumhydrogen≠ carbonat-Lösung und mit einer wss. Lösung von Jod und Kaliumjodid (*Günzl-Schumacher et al.*, B. **92** [1959] 178, 187). Beim Erhitzen von (1S)-5ξ-Brom-6endo-hydroxy-7anti-iso≠ propyl-5ξ,6exo-dimethyl-bicyclo[2.2.2]octan-2endo,3endo-dicarbonsäure-2-lacton (E III/IV **18** 5487) mit Essigsäure und verkupfertem Zink-Pulver (*Gü.-Sch. et al.*).

Krystalle (aus E.); F: 200°.

Dioxo-Verbindungen $C_{16}H_{22}O_4$

[2-Methyl-3-(2,3,3,5-tetramethyl-2,3-dihydro-[2]furyl)-allyl]-bernsteinsäure-anhydrid $C_{16}H_{22}O_4$, Formel VIII.

Diese Konstitution kommt wahrscheinlich der nachstehend beschriebenen, ursprünglich (*Kolobielski*, C. r. **237** [1953] 1717) als [2-Methyl-1-(2,3,3,5-tetramethyl-2,3-di≠ hydro-[2]furyl)-propenyl]-bernsteinsäure-anhydrid $(C_{16}H_{22}O_4)$ angesehenen opt.-inakt. Verbindung zu (*Kolobielski*, A. ch. [12] **10** [1955] 271, 279).

B. Beim Erwärmen von (±)-2,3,3,5-Tetramethyl-2-[2-methyl-propenyl]-2,3-dihydro-furan mit Maleinsäure-anhydrid in Benzol (*Ko.*, A. ch. [12] **10** 297).

---

[1]) Stellungsbezeichnung bei von Eudesman abgeleiteten Namen s. E IV **5** 355 Anm. 2.

Krystalle (aus E. + PAe.); F: 94,5—95,5° (*Ko.*, A. ch. [12] **10** 297).

Beim Behandeln einer Lösung in Äthylacetat mit Ozon und Behandeln des Reaktionsprodukts mit Wasser ist eine als [2-(3-Hydroxy-3,4,4-trimethyl-5-oxo-tetrahydro-[2]furyl)-propyl]-bernsteinsäure angesehene Verbindung (F: 132—133°) erhalten worden (*Ko.*, A. ch. [12] **10** 298). Reaktion mit [2,4-Dinitro-phenyl]-hydrazin unter Bildung einer Verbindung $C_{22}H_{28}N_4O_8$ (gelbe Krystalle [aus A. + Bzl.], F: 159—160°): *Ko.*, A. ch. [12] **10** 298.

VIII   IX

*Opt.-inakt. **4-Cyclohexyl-hexahydro-8a,3-oxaäthano-chromen-2,10-dion**, [Cyclohexyl-(2,2-dihydroxy-cyclohexyl)-methyl]-malonsäure-dilacton $C_{16}H_{22}O_4$, Formel IX.

B. Bei der Hydrierung von opt.-inakt. 4-Phenyl-hexahydro-8a,3-oxaäthano-chromen-2,10-dion (S. 2039) an Platin in Essigsäure (*Badger et al.*, Soc. **1948** 2011, 2013 Anm.).

Krystalle (aus A.); F: 137°.

Dioxo-Verbindungen $C_{17}H_{24}O_4$

(2R,2'aS)-2'a,5'a,7'c-Trimethyl-(2'ar,5'at,8'ac,8'bc)-decahydro-spiro[furan-2,6'-naphtho=[1,8-bc]furan]-5,2'-dion, **6β,9-Dihydroxy-14,15,16-trinor-8βH-labdan-13,19-disäure-13→9;19→6-dilacton** [1]) $C_{17}H_{24}O_4$, Formel X (X = H).

B. Aus 6β,9-Dihydroxy-14,15,16-trinor-8βH-labdan-13,19-disäure-13→9-lacton (E III/IV **18** 6306) beim Erhitzen auf 230° (*Burn, Rigby*, Soc. **1957** 2964, 2970) sowie beim Erhitzen mit Kupfer auf 200° (*Ghigi*, G. **78** [1948] 856, 865). Beim Behandeln von Marrubiin (15,16-Epoxy-6β,9-dihydroxy-8βH-labda-13(16),14-dien-19-säure-6-lacton) mit Chrom(VI)-oxid und wss. Essigsäure (*Ghigi, Bernardi*, Farmaco **2** [1947] 397, 399; *Gh.*, l. c. S. 864; *Cocker et al.*, Soc. **1953** 2540, 2546; *Burn, Ri.*). Beim Behandeln einer Lösung von Marrubiin in Essigsäure mit Ozon und Behandeln des Reaktionsprodukts mit Methanol (*Co. et al.*).

Krystalle; F: 163—164° [aus E. + Cyclohexan] (*Burn, Ri.*), 162° [aus W.] (*Gh., Be.*; *Gh.*), 160° (*Co. et al.*). $[\alpha]_D^{16}$: +30° [$CHCl_3$; c = 1] (*Co. et al.*); $[\alpha]_D^{25}$: +29,3° [$CHCl_3$] (*Burn, Ri.*); $[\alpha]_D^{20}$: +28,5° bzw. $[\alpha]_D^{20}$: +28,2° [Acn.; c = 1] (*Ghigi, Balbi*, G. **84** [1954] 428, 431).

Überführung in 14,15,16-Trinor-8βH-labdan-6β,9,13,19-tetraol durch Erwärmen mit Lithiummalanat in Äther: *Ghigi, Drusiani*, G. **85** [1955] 187, 189; s. a. *Co. et al.*, l. c. S. 2548. Beim Erwärmen mit wss. Natronlauge (*Gh., Be.*; *Gh.*, l. c. S. 864) oder mit methanol. Kalilauge (*Co. et al.*, l. c. S. 2546) und anschliessenden Ansäuern ist 6β,9-Dihydroxy-14,15,16-trinor-8βH-labdan-13,19-disäure-13→9-lacton erhalten worden.

X   XI

---

[1]) Stellungsbezeichnung bei von Labdan abgeleiteten Namen s. E IV **5** 368, 369.

$(2R,4\Xi,2'aS)$-4-Chlor-2′a,5′a,7′c-trimethyl-$(2'ar,5'at,8'ac,8'bc)$-decahydro-spiro[furan-2,6′-naphtho[1,8-bc]furan]-5,2′-dion, (12Ξ)-12-Chlor-6β,9-dihydroxy-14,15,16-trinor-8βH-labdan-13,19-disäure-13→9;19→6-dilacton $C_{17}H_{23}ClO_4$, Formel X (X = Cl).

B. Beim Erwärmen von $(12\Xi,13\Xi)$-12-Chlor-6β,9,13-trihydroxy-13-methoxy-14,15,16,‑19-tetranor-8βH-labdan-4β,12,13-tricarbonsäure-13-äthylester-4→6;12→9-dilacton (F: 132,5−134,5°; aus Marrubiin hergestellt) mit wenig Natriumhydroxid in Methanol (*Burn, Rigby*, Soc. **1957** 2964, 2971).

Krystalle (aus Me.); F: 224,5−226°. $[\alpha]_D^{25}$: +40,4° [CHCl$_3$; c = 1].

Dioxo-Verbindungen $C_{18}H_{26}O_4$

$(\pm)$-3,6ξ-Dimethyl-6ξ-[4-methyl-pent-3-enyl]-$(4ar,8ac)$-hexahydro-3t,5t-äthano-pyrano‑[3,4-c]pyran-1,8-dion, (RS)-[$(1SR)$-5c-Hydroxy-2c-$((1\Xi)$-1-hydroxy-1,5-dimethyl-hex-4-enyl)-5t-methyl-cyclohex-r-yl]-malonsäure-dilacton $C_{18}H_{26}O_4$, Formel XI + Spiegel-bild.

B. Beim Behandeln von Farnesal (E IV **1** 3603) mit Malonsäure und Pyridin (*Berkoff, Crombie*, Pr. chem. Soc. **1959** 400; Soc. **1960** 3734, 3752).

Krystalle (aus A.); F: 140,5−141,5° (*Be., Cr.*, Soc. **1960** 3752).

Dioxo-Verbindungen $C_{20}H_{30}O_4$

$(\pm)$-4t,6a,9,9-Tetramethyl-$(4ar,6at,7at,10at,11ac,11bt)$-3-oxo-tetradecahydro-phenanthro‑[2,3-d][1,3]dioxol-2-carbaldehyd, $(\pm)$-6t,7t-Isopropylidendioxy-1c,8a-dimethyl-2-oxo-$(4ar,4bt,8ac,10at)$-tetradecahydro-phenanthren-3-carbaldehyd $C_{20}H_{30}O_4$, Formel XII + Spiegelbild, und Tautomere (z.B. $(\pm)$-2-Hydroxymethylen-4t,6a,9,9-tetramethyl-$(4ar,6at,7at,10at,11ac,11bt)$-dodecahydro-phenanthro[2,3-d][1,3]dioxol-3-on).

B. Beim Behandeln von $(\pm)$-4t,6a,9,9-Tetramethyl-$(4ar,6at,7at,10at,11ac,11bt)$-dodeca‑hydro-phenanthro[2,3-d][1,3]dioxol-3-on mit Äthylformiat und Natriummethylat in Benzol (*Woodward et al.*, Am. Soc. **74** [1952] 4223, 4244).

Krystalle; F: 126−129° [unreines Präparat].

Charakterisierung durch Überführung in 4t,6a,9,9-Tetramethyl-2-[(N-methyl-anilino)-methylen]-$(4ar,8at,7at,10at,11ac,11bt)$-dodecahydro-phenanthro[2,3-d][1,3]dioxol-3-on (F: 161°): *Wo. et al.*

XII   XIII

3,6,6,3′,6′,6′-Hexamethyl-[2,2′]bi[8-oxa-bicyclo[5.1.0]octanyl]-4,4′-dion, 6,7;6′,7′-Di‑epoxy-2,5,5,2′,5′,5′-hexamethyl-bicycloheptyl-3,3′-dion $C_{20}H_{30}O_4$, Formel XIII.

a) Opt.-inakt. Stereoisomeres vom F: 298°; α-Diepoxydieucarvelon.

B. Beim Erwärmen einer Lösung von α-Dieucarvelon (E III **7** 3560) in Dichlormethan mit wss. Wasserstoffperoxid, Trifluoressigsäure-anhydrid und Natriumdihydrogenphos‑phat (*Büchi, Saari*, Am. Soc. **79** [1957] 3519, 3523). Beim Behandeln von opt.-inakt. 6,7;6′,7′-Diepoxy-2,5,5,2′,5′,5′-hexamethyl-bicycloheptyl-3,3′-diol (S. 1013) mit Chrom(VI)-oxid und Pyridin (*Bü., Sa.*).

Krystalle (aus CHCl$_3$); F: 296,5−298,5° [unkorr.; Zers.]. IR-Banden (KBr) im Bereich von 2960 cm^{-1} bis 775 cm^{-1}: *Bü., Sa.*, l. c. S. 3524.

Beim Erwärmen mit wss.-äthanol. Kalilauge ist 5,5′-Dihydroxy-1,4,4,1′,4′,4′-hexa‑methyl-[7,7′]binorcaranyl-2,2′-dion vom F: 265−266° erhalten worden (*Bü., Sa.*, l. c. S. 3524).

b) Opt.-inakt. Stereoisomeres vom F: 177°; ε-Diepoxydieucarvelon.
B. Beim Erwärmen einer Lösung von ε-Dieucarvelon (E III **7** 3561) in Dichlormethan mit wss. Wasserstoffperoxid, Trifluoressigsäure-anhydrid und Natriumdihydrogen=phosphat (*Büchi, Saari*, Am. Soc. **79** [1957] 3519, 3524).
Krystalle (aus A.); F: 176,5—177,5° [unkorr.]. IR-Banden (KBr) im Bereich von 2950 cm^{-1} bis 800 cm^{-1}: *Bü., Sa.*
Beim Erwärmen mit wss. Kalilauge ist 5,5'-Dihydroxy-1,4,4,1',4',4'-hexamethyl-[7,7']binorcaranyl-2,2'-dion vom F: 239—240,5° erhalten worden (*Bü., Sa.*).

[*Baumberger*]

Dioxo-Verbindungen $C_nH_{2n-12}O_4$

Dioxo-Verbindungen $C_8H_4O_4$

Benzo[1,3]dioxin-2,4-dion $C_8H_4O_4$, Formel I.
B. Beim Behandeln des Dinatrium-Salzes der Salicylsäure mit Phosgen in Toluol (*Tchitchibabine*, C. r. **213** [1941] 355; *Davies*, Soc. **1951** 1357) oder in Benzol (*Kaufmann et al.*, A. **587** [1954] 226, 230).
Krystalle (aus Bzl.); F: 142—146° [Zers.] (*Ka. et al.*, l. c. S. 230), 118—120° [Zers.] (*Da.*), 114° [Zers.] (*Tch.*). Der Schmelzpunkt ist von der Geschwindigkeit des Erhitzens abhängig (*Da.*).
Beim Erhitzen unter Normaldruck auf 140° und anschliessenden Erhitzen unter 15 Torr auf 250° sind Dibenzo[*b,f*][1,5]dioxocin-6,12-dion („*cis*-Disalicylid") und Tribenzo[*b,f,j*]=[1,5,9]trioxacyclododecin-6,12,18-trion („Trisalicylid") erhalten worden (*Kaufmann et al.*, A. **587** [1954] 231, 234). Reaktion mit Benzol in Gegenwart von Aluminiumchlorid unter Bildung von 2-Hydroxy-benzophenon: *Da.* Reaktion mit Methanol unter Bildung von 2-Methoxycarbonyloxy-benzoesäure und kleinen Mengen Salicylsäure-methylester: *Tch.* Bildung von 2-Phenylcarbamoyloxy-benzoesäure (Anilin-Salz) beim Behandeln mit Anilin und Dioxan: *Da.*

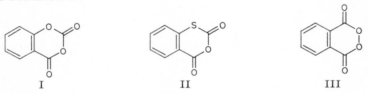

I   II   III

Benz[*d*][1,3]oxathiin-2,4-dion $C_8H_4O_3S$, Formel II.
B. Beim Behandeln einer Suspension des Blei(II)-Salzes der 2-Mercapto-benzoesäure in Benzol mit Phosgen (*Kaufmann et al.*, A. **587** [1954] 231, 234).
Krystalle (aus Bzl.); Zers. bei 120°.

Benzo[*d*][1,2]dioxin-1,4-dion, Phthaloylperoxid $C_8H_4O_4$, Formel III.
B. Beim Behandeln einer Lösung von Phthaloylchlorid in Chloroform mit Natriumper=oxid, Natriumdihydrogenphosphat und Dinatriumhydrogenphosphat in Wasser (*Russell*, Am. Soc. **77** [1955] 4814). Beim Behandeln von Phthaloylchlorid mit wss. Wasserstoff=peroxid (90 %ig), Natriumcarbonat und Äther (*Greene*, Am. Soc. **78** [1956] 2246, 2249).
Krystalle; F: 126—127° [aus CH₂Cl₂] (*Gr.*), 126° [aus Bzl. + PAe.] (*Ru.*). Bei 130° erfolgt Explosion (*Gr.*, l. c. S. 2249).
Geschwindigkeit der Zersetzung in Toluol bei 60° und 70°, in Xylol bei 60°, in Methyl=methacrylat bei 75° und in Styrol bei 75°: *Ru.*; in Benzol bei 80° und in Tetrachlormethan in Gegenwart von Trichloressigsäure bei 80°: *Gr.* Beim Erwärmen mit Cyclohexen und Tetrachlormethan sind 1,2,3,4,4a,12a-Hexahydro-dibenzo[*b,f*][1,4]dioxo=cin-6,11-dion ($C_{14}H_{14}O_4$), 3a,4,5,6,7,7a-Hexahydro-spiro[benzo[1,3]dioxol-2,1'=phthalan]-3'-on (2-[2-Hydroxy-hexahydro-benzo[1,3]dioxol-2-yl]-benzoe=säure-lacton) ($C_{14}H_{14}O_4$), Phthalsäure-mono-cyclohex-2-enylester und Phthalsäure-anhydrid erhalten worden (*Greene, Rees*, Am. Soc. **80** [1958] 3432, 3437). Reaktion mit *trans*-Stilben in Tetrachlormethan (Bildung von *trans*-3,4-Diphenyl-3,4-dihydro-benzo[*f*]=[1,4]dioxocin-1,6-dion und von *trans*-4,5-Diphenyl-spiro[[1,3]dioxolan-2,1'-phthalan]-

3'-on [F: 126°]) sowie Reaktion mit *cis*-Stilben in Tetrachlormethan (Bildung von *cis*-3,4-Diphenyl-3,4-dihydro-benzo[*f*][1,4]dioxocin-1,6-dion und von *cis*-4,5-Diphenyl-spiro[[1,3]dioxolan-2,1'-phthalan]-3'-on [F: 199°]): *Greene*, Am. Soc. **78** [1956] 2250, 2253.

2-Oxo-benzo[1,3]dioxol-5-carbaldehyd, 3,4-Carbonyldioxy-benzaldehyd $C_8H_4O_4$, Formel IV (H 163; E I 683).

B. Aus 3,4-Bis-äthoxycarbonyloxy-benzaldehyd beim Erhitzen unter vermindertem Druck [< 0,1 Torr] (*Dalgliesh, Mann*, Soc. **1947** 653, 660; s. a. *Dalgliesh*, Soc. **1949** 90, 92).

Krystalle (aus Bzl.); F: 122° (*Da., Mann*).

IV   V   VI

[2,2']Bifuryliden-5,5'-dion, 4,5-Dihydroxy-octa-2,4,6-triendisäure-1 → 4;8 → 5-dilacton $C_8H_4O_4$.

a) **(*E*)-[2,2']Bifuryliden-5,5'-dion** $C_8H_4O_4$, Formel V.

Konfigurationszuordnung: *Sauer et al.*, Am. Soc. **81** [1959] 3677; *Albanesi, Tovaglieri*, Chimica e Ind. **41** [1959] 189.

B. Beim Behandeln von Acetylen mit Kohlenmonoxid, Acetonitril und Octacarbonyldikobalt bei 90°/900 at (*Sa. et al.*, l. c. S. 3679). Beim Behandeln von Acetylen mit Kohlenmonoxid, Acetessigsäure-äthylester und Kobalt(II)-acetat bei 90°/900 at (*Sa. et al.*, l. c. S. 3680). Neben (*Z*)-[2,2']Bifuryliden-5,5'-dion beim Behandeln von Acetylen mit Kohlenmonoxid, Aceton, Acetanhydrid und Octacarbonyldikobalt bei 100°/180 at (*Al., To.*, l. c. S. 192).

Dipolmoment: 0 (*Al., To.*, l. c. S. 194).

Krystalle; F: 237—238° [aus Dioxan] (*Al., To.*, l. c. S. 192), 237° [Zers.; aus Dioxan, Eg. oder Butanon] (*Sa. et al.*, l. c. S. 3680). Monoklin; Raumgruppe $P2_1/c$ (=C_{2h}^5); aus dem Röntgen-Diagramm ermittelte Dimensionen der Elementarzelle: a = 8,42 Å; b = 5,99 Å; c = 6,84 Å; β = 96,33°; n = 2 (*Sa. et al.*, l. c. S. 3679). Dichte der Krystalle: 1,59 (*Sa. et al.*, l. c. S. 3679). IR-Spektrum (KBr; 1—15 µ): *Sa. et al.*, l. c. S. 3679. UV-Absorptionsmaximum (Acetonitril): 340 nm (*Sa. et al.*, l. c. S. 3679). Polarographie: *Abrahamson*, Am. Soc. **81** [1959] 3692.

Überführung in eine Verbindung $C_8H_4Cl_2O_4$ (Krystalle [aus A.], F: 169,5°) durch Behandlung einer Lösung in Essigsäure mit Chlor bei 100°: *Holmquist et al.*, Am. Soc. **81** [1959] 3686, 3692. Beim Behandeln mit wss. Natronlauge und Ansäuern der Reaktionslösung mit wss. Salzsäure ist 4-Hydroxy-4-[5-oxo-5H-[2]furyliden]-crotonsäure (E III/IV **18** 6010), beim Behandeln mit wss. Natronlauge und Ansäuern der Reaktionslösung mit Essigsäure ist hingegen 4,5-Dihydroxy-octa-2,4,6-triendisäure als Mononatrium-Salz (gelborange; λ_{max}: 393 nm) erhalten worden (*Ho. et al.*, l. c. S. 3688, 3690). Hydrierung an Platin in Essigsäure unter Bildung von Octandisäure: *Sa. et al.*, l. c. S. 3680. Hydrierung an Palladium/Calciumcarbonat in Dioxan unter Bildung von Tetrahydro-[2,2']bifuryl-5,5'-dion (S. 1944) und von 4-[5-Oxo-tetrahydro-[2]furyl]-buttersäure: *Holmquist et al.*, Am. Soc. **81** [1959] 3681, 3683. Hydrierung an Palladium/Kohle in Essigsäure und wss. Salzsäure unter Bildung von 4-Oxo-octandisäure: *Ho. et al.*, l. c. S. 3685. Hydrierung an Ruthenium in Dioxan bei 200°/170—200 at (Bildung von 5-[4-Hydroxy-butyl]-dihydro-furan-2-on und von Octan-1,4,8-triol): *Ho. et al.*, l. c. S. 3685. Bei der Hydrierung an Raney-Nickel in Äthylacetat bei 250°/200 at sind 4-Tetrahydro[2]furyl-buttersäure-äthylester und 4-[5-Oxo-tetrahydro-[2]furyl]-buttersäure-äthylester, bei der Hydrierung an Raney-Nickel in Ammoniak enthaltendem Dioxan bei 100°/200 at ist Succinimid, bei der Hydrierung an Raney-Nickel in wss. Natronlauge bei 200°/900 at sind Tetrahydro-[2,2']bifuryl-5,5'-dion (Stereoisomeren-Gemisch?) und Bernsteinsäure erhalten worden (*Ho. et al.*, l. c. S. 3685). Hydrierung an Bariumoxid enthaltendem Kupferoxid-Chromoxid in Dioxan bei 190°/140—200 at bzw. bei 290°/170—200 at (Bildung von Korksäure bzw. von Octan-1,8-diol und 4-Tetrahydro[2]furyl-butan-1-ol): *Ho. et al.*, l. c. S. 3685. Elektrochemische Reduktion unter Verwendung einer Quecksilber-Kathode in konz. Schwefelsäure bei $-0,65$ V bis $-0,8$ V unter Bildung von 4,5-Dioxo-octandisäure: *Ho. et al.*, l. c. S. 3686. Beim Erhitzen mit 1 Mol 2,3-Dimethyl-buta-1,3-dien und Dioxan auf 150° ist 5,6-Dimethyl-3-[(*E*)-5-oxo-5*H*-[2]furyliden]-3a,4,7,7a-tetrahydro-3*H*-isobenzofuran-1-on   (F: 156°), beim Erhitzen mit 2 Mol 2,3-Dimethyl-buta-1,3-dien und Dioxan auf 175° sind 5,6-Dimethyl-3-[(*E*)-5-oxo-5*H*-[2]furyliden]-3a,4,7,7a-tetrahydro-3*H*-isobenzofuran-1-on   (F: 156°)   und   (*E*)-5,6,5′,6′-Tetramethyl-3a,4,7,7a,3′a,4′,7′,7′a-octahydro-[1,1′]biisobenzofuranyliden-3,3′-dion (F: 243°) erhalten worden (*Ho. et al.*, l. c. S. 3689).

    b) **(*Z*)-[2,2′]Bifuryliden-5,5′-dion** $C_8H_4O_4$, Formel VI.

Konfigurationszuordnung: *Sauer et al.*, Am. Soc. **81** [1959] 3677; *Albanesi, Tovaglieri*, Chimica e Ind. **41** [1959] 189.

    B. Beim Behandeln von Acetylen mit Kohlenmonoxid, Octacarbonyldikobalt und Tetramethylharnstoff bei 90°/300 at (*Sa. et al.*, l. c. S. 3680). Beim Erwärmen von (*E*)-[2,2′]Bifuryliden-5,5′-dion mit konz. Schwefelsäure oder wasserhaltiger Phosphorsäure (*Sa. et al.*, l. c. S. 3680). Neben (*E*)-[2,2′]Bifuryliden-5,5′-dion beim Behandeln von Acetylen mit Kohlenmonoxid, Aceton, Acetanhydrid und Octacarbonyldikobalt bei 100°/180 at (*Al., To.*, l. c. S. 192).

Dipolmoment (ε; Dioxan) bei 25°: 7,6 D (*Al., To.*, l. c. S. 194).

Krystalle; F: $259-260°$ [aus Dioxan] (*Al., To.*), 248° [aus Butanon] (*Sa. et al.*, l. c. S. 3680). Monoklin; Raumgruppe $C2/m (=C_{2h}^3)$; aus dem Röntgen-Diagramm ermittelte Dimensionen der Elementarzelle: a = 7,25 Å; b = 5,72 Å; c = 16,58 Å; β = 98,67°; n = 4 (*Sa. et al.*, l. c. S. 3679). Dichte der Krystalle: 1,59 (*Sa. et al.*, l. c. S. 3679). IR-Spektrum (KBr; $1-15$ μ): *Sa. et al.*, l. c. S. 3679. UV-Absorptionsmaximum (Acetonitril): 334 nm (*Sa. et al.*, l. c. S. 3679). Polarographie: *Abrahamson*, Am. Soc. **81** [1959] 3692.

Hydrierung an Palladium/Kohle in Essigsäure unter Bildung von Tetrahydro-[2,2′]bifuryl-5,5′-dion (S. 1944) und 4-[5-Oxo-tetrahydro-[2]furyl]-buttersäure: *Holmquist et al.*, Am. Soc. **81** [1959] 3681, 3683. Hydrierung an Platin in Essigsäure unter Bildung von Korksäure: *Du Pont de Nemours & Co.*, U.S.P. 2835710 [1955]; U.S.P. 2840608 [1956]; U.S.P. 2849457 [1956]; s. a. *Sa. et al.*, l. c. S. 3680. Beim Erhitzen mit 2,3-Dimethyl-buta-1,3-dien (1 Mol) und Dioxan auf 150° sind 5,6-Dimethyl-3-[(*E*)-5-oxo-5*H*-[2]furyliden]-3a,4,7,7a-tetrahydro-3*H*-isobenzofuran-1-on (F: 156°) und 5,6-Dimethyl-3-[(*Z*)-5-oxo-5*H*-[2]furyliden]-3a,4,7,7a-tetrahydro-3*H*-isobenzofuran-1-on (F: $174-178°$) erhalten worden (*Holmquist et al.*, Am. Soc. **81** [1959] 3886, 3689).

Dioxo-Verbindungen $C_9H_6O_4$

3,5-Diimino-4-phenyl-[1,2]dithiolan $C_9H_8N_2S_2$ und Tautomere.

    3,5-Diamino-4-phenyl-[1,2]dithiolylium $[C_9H_9N_2S_2]^+$, Formel VII.

    Jodid $[C_9H_9N_2S_2]I$. *B.* Beim Erwärmen von 2-Phenyl-dithiomalonamid mit Jod in Äthanol (*Schmidt*, B. **92** [1959] 1171, 1176). — Krystalle; F: 240° [Zers.].

    Picrat $[C_9H_9N_2S_2]C_6H_2N_3O_7$. F: 188° [Zers.] (*Sch.*).

        VII   VIII   IX

(±)-5-Phenyl-[1,3]dioxolan-2,4-dion $C_9H_6O_4$, Formel VIII.

    B. Beim 8-tägigen Behandeln von DL-Mandelsäure mit Phosgen in Dioxan und Erwärmen der Reaktionslösung unter 15 Torr auf 60° (*Davies*, Soc. **1951** 1357).

Krystalle (aus Ae.); F: $55-57°$.

Benzo[*e*][1,4]dioxepin-2,5-dion $C_9H_6O_4$, Formel IX.

    B. Beim Erwärmen von 2-Jodacetoxy-benzoesäure mit Triäthylamin und Aceton (*Kagan, Birkenmeyer*, Am. Soc. **81** [1959] 1986, 1990).

Krystalle (aus Bzl. + Methylcyclohexan); F: $115-115,5°$ [unkorr.]. IR-Banden

(Mineralöl) im Bereich von 1800 cm⁻¹ bis 680 cm⁻¹: *Ka., Bi.* UV-Absorptionsmaxima (A.): 239 nm und 307 nm.

Beim Erwärmen mit Pyrrolidin und Aceton ist Salicylsäure-[2-oxo-2-pyrrolidino-äthylester] erhalten worden.

6-Chlor-4-oxo-4H-benzo[1,3]dioxin-8-carbaldehyd, 5-Chlor-3-formyl-2-hydroxymethoxy-benzoesäure-lacton $C_9H_5ClO_4$, Formel X.

B. Neben anderen Verbindungen beim Erhitzen von 6-Chlor-8-chlormethyl-4H-benzo=[1,3]dioxin mit wss. Essigsäure und Kaliumpermanganat (*Buehler et al.,* Am. Soc. **62** [1940] 890, 891, 892).

Krystalle (aus CHCl₃); F: 165—170° [bei schnellem Erhitzen; bei langsamem Erhitzen erfolgt Sublimation].

Beim Behandeln mit Hydroxylamin-hydrochlorid und wss. Natronlauge ist 5-Chlor-2-hydroxy-3-[hydroxyimino-methyl]-benzoesäure (F: 199,5—200,5°) erhalten worden.

(±)-2-Äthoxy-1-benzo[1,3]dioxol-5-yl-2-hydroxy-äthanon $C_{11}H_{12}O_5$, Formel XI (R = C_2H_5).

B. Beim Erwärmen von Homopiperonal (Benzo[1,3]dioxol-5-yl-acetaldehyd) mit Selendioxid und Äthanol (*Kawai, Ashino,* Bl. chem. Soc. Japan **13** [1938] 480).

Krystalle (aus Ae.); F: 107°.

X   XI   XII

---

*1-Benzo[1,3]dioxol-5-yl-2-phenylhydrazono-äthanon, 1-Benzo[1,3]dioxol-5-yl-glyoxal-2-phenylhydrazon $C_{15}H_{12}N_2O_3$, Formel XII.

B. Aus 2-Äthoxy-1-benzo[1,3]dioxol-5-yl-2-hydroxy-äthanon und Phenylhydrazin (*Kawai, Ashino,* Bl. chem. Soc. Japan **13** [1938] 480).

Orangegelbe Krystalle (aus A.); F: 140°.

5-Diazoacetyl-6-nitro-benzo[1,3]dioxol, 2-Diazo-1-[6-nitro-benzo[1,3]dioxol-5-yl]-äthanon $C_9H_5N_3O_5$, Formel XIII.

B. Beim Erwärmen einer Lösung von 6-Nitro-benzo[1,3]dioxol-5-carbonsäure in Benzol mit Thionylchlorid und Behandeln der Reaktionslösung mit Diazomethan in Äther (*Hey, Lobo,* Soc. **1954** 2246, 2252).

Gelbe Krystalle (aus Bzl.); F: 133—134° [Zers.].

XIII   XIV   XV

Benzo[1,3]dioxol-4,6-dicarbaldehyd, 4,5-Methylendioxy-isophthalaldehyd $C_9H_6O_4$, Formel XIV.

B. Beim Erhitzen von 4,5-Dihydroxy-isophthalaldehyd mit Natriummethylat in Methanol und mit Dijodmethan auf 140° (*Freudenberg, Klink,* B. **73** [1940] 1369, 1376).

Krystalle (aus W.); F: 153—154°.

Benzo[1,3]dioxol-5,6-dicarbaldehyd, 4,5-Methylendioxy-phthalaldehyd $C_9H_6O_4$, Formel XV.

B. Beim Behandeln einer Lösung von 4,5-Methylendioxy-2-vinyl-benzaldehyd in Benzol und wenig Pyridin mit Osmium(VIII)-oxid, Erwärmen des Reaktionsprodukts mit Natriumsulfit in wss. Äthanol und Behandeln einer Lösung des danach isolierten Reaktionsprodukts in wss. Methanol mit Kaliumperjodat (*Blair*, *Newbold*, Soc. **1954** 1836, 1837).

Hellgelbe Krystalle (aus Bzl. + Bzn.); F: 149—150°. UV-Absorptionsmaxima (A.): 250 nm und 322 nm.

Beim Erhitzen mit 50%ig. wss. Kalilauge ist 5,6-Methylendioxy-phthalid erhalten worden.

Dioxo-Verbindungen $C_{10}H_8O_4$

2-Phenyl-[1,3]dioxan-4,6-dion, Malonsäure-benzylidenester, Benzylidenmalonat $C_{10}H_8O_4$, Formel I (X = H).

Diese Konstitution kommt der nachstehend beschriebenen, von *Michael* und *Weiner* (Am. Soc. **58** [1936] 680, 681), von *Wessely et al.* (M. **71** [1938] 27), von *Schemjakin* und *Wul'fson* (Ž. obšč. Chim. **13** [1943] 448; C. A. **1944** 3255) sowie von *Wul'fson* (Ž. obšč. Chim. **20** [1950] 425, 430, 600; engl. Ausg. S. 449, 454, 635; Ž. obšč. Chim. **24** [1954] 1853; engl. Ausg. S. 1817) als 2-Oxo-4-phenyl-oxetan-3-carbonsäure angesehenen Verbindung zu (*Hedge et al.*, J. org. Chem. **26** [1961] 3166; s. a. *Eistert*, *Geiss*, B. **94** [1961] 929).

B. Beim Behandeln von Malonsäure mit Acetanhydrid und wenig Schwefelsäure und Behandeln des von Acetanhydrid und Essigsäure befreiten Reaktionsgemisches mit Benzaldehyd (*Mi.*, *We.*, l. c. S. 683; s. a. *Wu.*, Ž. obšč. Chim. **20** 430; engl. Ausg. S. 454). Beim Behandeln einer Suspension des Dinatrium-Salzes der [α-Hydroxy-benzyl]-malonsäure in Äther mit Acetylchlorid (*Wu.*, Ž. obšč. Chim. **24** 1853; engl. Ausg. S. 1817).

Krystalle (aus Acn. + Bzl.); F: 148° [Zers.] (*Mi.*, *We.*), 145—146° [Zers.] (*Wu.*, Ž. obšč. Chim. **20** 430; engl. Ausg. S. 454).

Beim Erwärmen mit Acetanhydrid ist *trans*-Zimtsäure erhalten worden (*Wu.*, Ž. obšč. Chim. **20** 600; engl. Ausg. S. 635). Geschwindigkeitskonstante der Hydrolyse in wss. Natronlauge (0,1 n) bei 75°, 85,5° und 103°: *Sch.*, *Wu.*, l. c. S. 452—455.

2-[2-Chlor-phenyl]-[1,3]dioxan-4,6-dion $C_{10}H_7ClO_4$, Formel II.

Diese Konstitution ist der nachstehend beschriebenen, von *Wul'fson* (Ž. obšč. Chim. **20** [1950] 435, 440; engl. Ausg. S. 459, 464) als 2-[2-Chlor-phenyl]-4-oxo-oxetan-3-carbonsäure angesehenen Verbindung auf Grund ihrer Bildungsweise zuzuordnen (vgl. das analog hergestellte 2-Phenyl-[1,3]dioxan-4,6-dion [s. o.]).

B. Beim Behandeln von Malonsäure mit Acetanhydrid und wenig Schwefelsäure und Behandeln des von Acetanhydrid und Essigsäure befreiten Reaktionsgemisches mit 2-Chlor-benzaldehyd (*Wu.*).

Krystalle (aus CHCl₃); F: 123—123,5°.

2-[3-Chlor-phenyl]-[1,3]dioxan-4,6-dion $C_{10}H_7ClO_4$, Formel I (X = Cl).

Diese Konstitution ist der nachstehend beschriebenen, von *Wul'fson* (Ž. obšč. Chim. **20** [1950] 435, 441; engl. Ausg. S. 459, 465) als 2-[3-Chlor-phenyl]-4-oxo-oxetan-3-carbonsäure angesehenen Verbindung auf Grund ihrer Bildungsweise zuzuordnen (vgl. das analog hergestellte 2-Phenyl-[1,3]dioxan-4,6-dion [s. o.]).

B. Beim Behandeln von Malonsäure mit Acetanhydrid und wenig Schwefelsäure und Behandeln des von Acetanhydrid und Essigsäure befreiten Reaktionsgemisches mit 3-Chlor-benzaldehyd (*Wu.*).

Krystalle (aus A. + Bzl.); F: 161—162°.

I   II   III

2-[4-Chlor-phenyl]-[1,3]dioxan-4,6-dion $C_{10}H_7ClO_4$, Formel III.

Diese Konstitution ist der nachstehend beschriebenen, von *Wul'fson* (Ž. obšč. Chim. **20** [1950] 435, 441; engl. Ausg. S. 459, 464) als 2-[4-Chlor-phenyl]-4-oxo-oxetan-3-carbonsäure angesehenen Verbindung auf Grund ihrer Bildungsweise zuzuordnen (vgl. das analog hergestellte 2-Phenyl-[1,3]dioxan-4,6-dion [S. 1984]).

B. Beim Behandeln von Malonsäure mit Acetanhydrid und wenig Schwefelsäure und Behandeln des von Acetanhydrid und Essigsäure befreiten Reaktionsgemisches mit 4-Chlor-benzaldehyd (*Wu.*).

Krystalle (aus A. + Acn.); F: 154—155°.

2-[3-Nitro-phenyl]-[1,3]dioxan-4,6-dion $C_{10}H_7NO_6$, Formel I (X = NO₂).

Diese Konstitution ist der nachstehend beschriebenen, von *Wul'fson* (Ž. obšč. Chim. **20** [1950] 425, 430; engl. Ausg. S. 449, 454) als 2-[3-Nitro-phenyl]-4-oxo-oxetan-3-carbonsäure angesehenen Verbindung auf Grund ihrer Bildungsweise zuzuordnen (vgl. das analog hergestellte 2-Phenyl-[1,3]dioxan-4,6-dion [S. 1984]).

B. Beim Behandeln von Malonsäure mit Acetanhydrid und wenig Schwefelsäure und Behandeln des von Acetanhydrid und Essigsäure befreiten Reaktionsgemisches mit 3-Nitro-benzaldehyd (*Wu.*).

Krystalle (aus Me.); F: 158,5—159°.

———

(±)-2-Benzoyl-[1,3]oxathiolan-5-on, (±)-[α-Hydroxy-phenacylmercapto]-essigsäure-lacton $C_{10}H_8O_3S$, Formel IV.

Diese Konstitution ist der nachstehend beschriebenen Verbindung zugeordnet worden (*Schubert*, J. biol. Chem. **121** [1937] 539, 547).

B. Beim Behandeln von (±)-[α-Hydroxy-phenacylmercapto]-essigsäure (s. E III 7 3444 im Artikel Phenylglyoxal; dort als „Verbindung $C_{10}H_{10}O_4S$" bezeichnet) mit Acetanhydrid und Natriumacetat (*Sch.*).

Krystalle (aus W. oder aus CHCl₃ + PAe.); F: 93—94°.

———

3,4-Dihydro-benzo[*f*][1,4]dioxocin-1,6-dion, Phthalsäure-äthandiylester, Äthandiyl-phthalat $C_{10}H_8O_4$, Formel V.

B. Neben 2,5,14,17-Tetraoxa-[6.6]orthocyclophan-1,6,13,18-tetraon beim Erhitzen von Phthalsäure mit Äthylenglykol auf 200°, zuletzt unter 2 Torr, und Erhitzen des erhaltenen Reaktionsprodukts mit Zinn(II)-chlorid-hydrat unter vermindertem Druck auf 270° (*Du Pont de Nemours & Co.*, U.S.P. 2092031 [1935]).

F: 55°. Bei 160—170°/2 Torr destillierbar.

———

*1-Benzo[1,3]dioxol-5-yl-propan-1,2-dion-2-oxim $C_{10}H_9NO_4$, Formel VI.

B. Beim Behandeln einer Lösung von 1-Benzo[1,3]dioxol-5-yl-propan-1-on in Dichlormethan mit Butylnitrit und Chlorwasserstoff enthaltendem Äther (*Winthrop Chem. Co.*, U.S.P. 1964973 [1932]).

Krystalle (aus A.); F: 153—154°.

IV   V   VI   VII

1-Benzo[1,3]dioxol-5-yl-propan-1,2-dion-dioxim $C_{10}H_{10}N_2O_4$, Formel VII.

   a) Stereoisomeres vom F: 163° (H 164; E II 182, dort als „*amphi*"-Methyl-[3.4-methylendioxy-phenyl]-glyoxim bezeichnet).

B. Beim Behandeln von 4-Benzo[1,3]dioxol-5-yl-3-methyl-furazan-2-oxid (F: 124,5°) mit Zink und Essigsäure (*Ponzio, Carta-Satta*, G. **60** [1930] 150, 151).

Gelbliche Krystalle (aus Bzl.); F: 165°.

   b) Stereoisomeres vom F: 209° (H 164; E II 182; dort als „*syn*"-Methyl-[3.4-methylendioxy-phenyl]-glyoxim bezeichnet).

B. Beim Erwärmen einer Lösung des unter a) beschriebenen Stereoisomeren in wss. Äthanol mit Nickel(II)-acetat und Essigsäure und Behandeln des Reaktionsprodukts mit Äther enthaltender wss. Salzsäure (*Ponzio, Carta-Satta*, G. **60** [1930] 150, 152). Beim Erwärmen von 5-[2-Nitro-1-nitroso-propyl]-benzo[1,3]dioxol (S. 229) mit Chlor= wasserstoff enthaltendem Methanol (*Bruckner, Vinkler*, J. pr. [2] **142** [1935] 277, 284).

Krystalle; F: 207−209° [Zers.; aus Bzl.] (*Po., Ca.-Sa.*), 206−207° [Zers.; aus Me.] (*Br., Vi.*).

---

*x,x′-Dimethyl-[2,2′]bifuryliden-5,5′-dion $C_{10}H_8O_4$, Formel VIII oder Stereoisomeres.

Über ein beim Behandeln von Propin mit Kohlenmonoxid, Aceton und Octacarbonyl= dikobalt bei 100°/800 at erhaltenes Präparat (Krystalle; F: 183−184,5°; λ_{max} [Acetoni= tril]: 342 nm) s. *Sauer et al.*, Am. Soc. **81** [1959] 3677, 3679, 3680.

VIII   IX   X

---

*5,5′-Dimethyl-[3,3′]bithienyliden-2,2′-dion $C_{10}H_8O_2S_2$, Formel IX oder Stereoisomeres.

B. Beim Erwärmen von 5-Methyl-thiophen-2-ol (E III/IV **17** 4301) mit Eisen(III)- chlorid-hydrat in Äthanol (*Steinkopf, Thormann*, A. **540** [1939] 1, 5).

Braunschwarze Krystalle (aus Bzl.); F: 188−190°.

2-Chlormethyl-6-methyl-pyrano[3,2-*b*]pyran-4,8-dion $C_{10}H_7ClO_4$, Formel X.

Diese Konstitution ist der nachstehend beschriebenen Verbindung zugeordnet worden.

B. Beim Erhitzen von 5-Acetoxy-2-chlormethyl-pyran-4-on mit Acetanhydrid und Kaliumacetat auf 130° (*Woods, Dix*, J. org. Chem. **24** [1959] 1148).

Krystalle (aus A.); F: 106° [Fisher-Johns-App.].

4,7-Dimethyl-pyrano[4,3-*b*]pyran-2,5-dion $C_{10}H_8O_4$, Formel XI (X = H).

Diese Konstitution kommt der früher (s. H **19** 165) auch als 4,7-Dimethyl-pyrano= [2,3-*b*]pyran-2,5-dion („4.2′-Dioxo-6.4′-dimethyl-[(1.2-pyrano)-6′.5′:2.3-(1.4-pyran)]'') beschriebenen Verbindung zu (*Kiang, Tan*, Soc. **1965** 2283); Entsprechendes gilt für das Brom-Derivat $C_{10}H_7BrO_4$ (H 165) und das Nitro-Derivat $C_{10}H_7NO_6$ (H 165).

B. Neben Dehydracetsäure (E III/IV **17** 6699) beim Erhitzen von Acetessigsäure- äthylester mit wenig Natriumhydrogencarbonat unter Entfernen des entstehenden Äthanols (*Ki., Tan*). Beim Erhitzen von Triacetsäure-lacton (E III/IV **17** 5915) mit Acetessigsäure-äthylester und wenig Natriumhydrogencarbonat (*Ki., Tan*; vgl. H 165).

Krystalle; F: 215−216°.

Reaktion mit Brom unter Bildung von 3,8-Dibrom-4,7-dimethyl-pyrano[4,3-*b*]= pyran-2,5-dion ($C_{10}H_6Br_2O_4$; Formel XI [X = Br]; Krystalle [aus Bzl.], F:258−259°): *Ki., Tan*.

XI   XII   XIII   XIV

(*RS,RS*)-1,7-Dioxa-dispiro[4.0.4.2]dodeca-3,9-dien-2,8-dion, (±)-Anemonin $C_{10}H_8O_4$, Formel XII + Spiegelbild (E II 182).

Konfigurationszuordnung: *Kataoka et al.*, Bl. chem. Soc. Japan **38** [1965] 2027;

Karle, Karle, Acta cryst. **20** [1966] 555; *Sugiyama et al.*, J. synth. org. Chem. Japan **25** [1967] 582; C. A. **67** [1967] 116604.

Diese Verbindung hat auch in einem von *Muskat et al.* (Am. Soc. **52** [1930] 326, 328) sowie von *Muskat* und *Becker* (Am. Soc. **52** [1930] 817) als 5-Methylen-5*H*-furan-2-on angesehenen Präparat (F: 143°) vorgelegen (*Kipping*, Soc. **1935** 1145).

B. Beim Erhitzen von (±)-3-Brom-4-oxo-valeriansäure unter 20 Torr bis auf 138° (*Nakazaki*, J. Japan Chem. **3** [1949] 108; C. A. **1952** 4484). Beim Erhitzen von (±)-4,5-Di≠ chlor-pent-2-ensäure (E III **2** 1301) oder von (±)-4,5-Dibrom-pent-2-ensäure (E III **2** 1302) unter vermindertem Druck (*Mu.*, *Be.*; *Mu. et al.*, l. c. S. 330; s. a. *Ki.*). Beim Behandeln einer Lösung von α-Angelicalacton (4-Hydroxy-pent-3*t*-ensäure-lacton) in Schwefelkohlenstoff mit Brom (*Iwakura et al.*, J. chem. Soc. Japan Pure Chem. Sect. **78** [1957] 746; C. A. **1960** 5448). Beim Erhitzen von (±)-5-Acetoxy-5-methyl-5*H*-furan-2-on unter 17 Torr bis auf 124° (*Na.*).

Krystalle; F: 152° [aus Acn. + A.] (*Na.*), 151—152° [aus A.] (*Ki.*), 144—145° [aus A.] (*Iw. et al.*), 143° [aus Acn.] (*Mu. et al.*). Orthorhombisch; Raumgruppe *Pbca* (= D_{2h}^{15}); aus dem Röntgen-Diagramm ermittelte Dimensionen der Elementarzelle: a = 11,65 Å; b = 13,86 Å; c = 11,07 Å; n = 8 (*Ka.*, *Ka.*, l. c. S. 556). Dichte der Krystalle: 1,428 (*Ka.*, *Ka.*). IR-Spektrum (1900—1500 cm^{-1}): *Iw. et al.*, l. c. S. 748.

(±)-(3a*r*,8a*ξ*,8b*c*)-3a,4,8a,8b-Tetrahydro-benzo[1,2-*b*;3,4-*c'*]difuran-1,3-dion, (±)-(3a*ξ*)-3a,4,5,6-Tetrahydro-benzofuran-4*r*,5*c*-dicarbonsäure-anhydrid C₁₀H₈O₄, Formel XIII + Spiegelbild.

B. Beim Behandeln von 2-Vinyl-furan mit Maleinsäure-anhydrid in Äther (*Paul*, Bl. [5] **10** [1943] 163, 165).

Krystalle (aus Eg.); F: 150° [Block].

(±)-(3a*r*,8a*ξ*,8b*c*)-3a,4,8a,8b-Tetrahydro-thieno[3,2-*e*]isobenzofuran, (±)-(3a*ξ*)-3a,4,5,6-Tetrahydro-benzo[*b*]thiophen-4*r*,5*c*-dicarbonsäure-anhydrid C₁₀H₈O₃S, Formel XIV + Spiegelbild.

B. Beim Erwärmen von 2-Vinyl-thiophen mit Maleinsäure-anhydrid und wenig Hydrochinon in Benzol (*Davies*, *Porter*, Soc. **1957** 4958).

F: 164—166°.

Dioxo-Verbindungen C₁₁H₁₀O₄

2-Methyl-2-phenyl-[1,3]dioxan-4,6-dion C₁₁H₁₀O₄, Formel I.

Diese Konstitution ist der nachstehend beschriebenen, von *Wul'fson* (Ž. obšč. Chim. **20** [1950] 435, 439; engl. Ausg. S. 459, 463) als 2-Methyl-4-oxo-2-phenyl-oxetan-3-carbonsäure angesehenen Verbindung auf Grund ihrer Bildungsweise zuzuordnen (vgl. das analog hergestellte 2-Phenyl-[1,3]dioxan-4,6-dion [S. 1984]).

B. Beim Behandeln von Malonsäure mit Acetanhydrid und wenig Schwefelsäure und Behandeln des von Acetanhydrid und Essigsäure befreiten Reaktionsgemisches mit Acetophenon (*Wu.*).

Krystalle (aus Bzl. + Bzn.); F: 91,5—92°.

I   II   III

*****5-Methyl-2-phenyl-[1,3]dioxan-4,6-dion, Methylmalonsäure-benzylidenester** C₁₁H₁₀O₄, Formel II.

Diese Konstitution ist der nachstehend beschriebenen, von *Michael* und *Weiner* (Am. Soc. **58** [1936] 680, 683) als 3-Methyl-2-oxo-4-phenyl-oxetan-3-carbonsäure angesehenen

Verbindung auf Grund ihrer Bildungsweise zuzuordnen (vgl. das analog hergestellte 2-Phenyl-[1,3]dioxan-4,6-dion [S. 1984]).

B. Beim Behandeln von Methylmalonsäure mit Acetanhydrid und wenig Schwefel=säure und Behandeln des von Acetanhydrid und Essigsäure befreiten Reaktionsge=misches mit Benzaldehyd (*Mi., We.*).

Krystalle (aus Acn. + Bzl.); F: 176—178° [Zers.].

(±)-3-Chlormethyl-3,4-dihydro-benzo[*f*][1,4]dioxocin-1,6-dion $C_{11}H_9ClO_4$, Formel III (H 165; dort als Phthalsäure-[γ-chlor-propylenester] bezeichnet).

Diese Verbindung ist beim Erwärmen von Phthalsäure-anhydrid mit (±)-Epichlor=hydrin und *N,N*-Dimethyl-anilin (s. H 165) nicht wieder erhalten worden (*Fisch, Hofmann,* J. Polymer Sci. **12** [1954] 497, 498).

---

*1-[2,3-Dihydro-benzo[1,4]dioxin-6-yl]-propan-1,2-dion-2-oxim $C_{11}H_{11}NO_4$, Formel IV.

B. Beim Behandeln einer Lösung von 1-[2,3-Dihydro-benzo[1,4]dioxin-6-yl]-propan-1-on in Benzol mit Butylnitrit und Behandeln der Reaktionslösung mit Chlorwasserstoff enthaltendem Äther (*I.G. Farbenind.*, D.R.P. 619332 [1931]; Frdl. **21** 693; *Winthrop Chem. Co.*, U.S.P. 1964973 [1932]).

Krystalle (aus Bzl.); F: 142—143°.

5-Acetoacetyl-benzo[1,3]dioxol, 1-Benzo[1,3]dioxol-5-yl-butan-1,3-dion, Piperonyloyl=aceton $C_{11}H_{10}O_4$, Formel V, und Tautomere.

B. Beim Behandeln von Piperonylsäure-methylester mit Aceton, Äther und Natrium (*Mors et al.*, Am. Soc. **79** [1957] 4507, 4511). Beim Erwärmen von 5-Benzo[1,3]dioxol-5-yl-3,5-dioxo-valeriansäure mit wss. Äthanol (*Mors et al.*, l. c. S. 4510).

Krystalle; F: 92—93°. UV-Absorptionsmaxima (A.): 238,5 nm, 253 nm und 335 nm (*Mors et al.*, l. c. S. 4511).

IV   V   VI   VII

(±)-6*c*,7*c*-Epoxy-(4a*r*,8a*c*)-4a,5,6,7,8,8a-hexahydro-1*H*-1*t*,5*t*-oxaäthano-naphthalin-4,9-dion, (±)-2*c*,3*c*-Epoxy-5*t*-hydroxy-8-oxo-(4a*r*,8a*c*)-1,2,3,4,4a,5,8,8a-octahydro-[1*t*]naphthoesäure-lacton $C_{11}H_{10}O_4$, Formel VI + Spiegelbild.

B. Beim Erwärmen von (±)-2*c*,3*c*-Epoxy-5*t*-hydroxy-8-oxo-(4a*r*,8a*c*)-1,2,3,4,4a,5,8,8a-octahydro-[1*t*]naphthoesäure (E III/IV **18** 6309) mit Acetanhydrid, Benzol und Natrium=acetat (*Woodward et al.*, Tetrahedron **2** [1958] 1, 33).

Krystalle (aus Acn.); F: 177—177,5° [Block]. IR-Spektrum (2—12 μ): *Wo. et al.*, l. c. S. 34. UV-Absorptionsmaximum (A.): 219 nm (*Wo. et al.*, l. c. S. 34).

Beim Erhitzen mit Aluminiumisopropylat in Isopropylalkohol ist 4*t*-Hydroxy-(4a*r*,8a*c*)-1,4,4a,7,8,8a-hexahydro-1*t*,7*t*-epoxido-naphthalin-5-carbonsäure-lacton erhalten worden (*Wo. et al.*, l. c. S. 40).

(3b*r*,4a*c*)-Octahydro-3*c*,5*c*-cyclo-cyclopropa[5,6]benzo[2,1-*b*;3,4-*b*']difuran-2,6-dion, 6*anti*,7*anti*-Dihydroxy-(1a*r*,5a*c*)-hexahydro-2*t*,5*t*-äthano-cyclopropabenzen-3*t*,4*t*-dicarbon=säure-3 → 7;4 → 6-dilacton $C_{11}H_{10}O_4$, Formel VII.

B. Beim Erhitzen von 6*anti*,7*anti*-Dihydroxy-(1a*r*,5a*c*)-hexahydro-2*t*,5*t*-äthano-cyclo=propabenzen-3*t*,4*t*-dicarbonsäure-3 → 7-lacton (F: 279—282° [E III/IV **18** 6309]) mit Acetanhydrid (*Alder, Jacobs*, B. **86** [1953] 1528, 1535).

Krystalle (aus Acetanhydrid); F: 291—293° [Zers.] (*Al., Ja.*).

Über ein Präparat vom F: 318—320° [Zers.] s. *Fray et al.*, Soc. [C] **1966** 592, 595.

Dioxo-Verbindungen $C_{12}H_{12}O_4$

2-Phenäthyl-[1,3]dioxan-4,6-dion $C_{12}H_{12}O_4$, Formel VIII.

Diese Konstitution ist der nachstehend beschriebenen, von *Wul'fson* (Ž. obšč. Chim. **20** [1950] 435, 440; engl. Ausg. S. 459, 463) als 2-Oxo-4-phenäthyl-oxetan-3-carbonsäure angesehenen Verbindung auf Grund ihrer Bildungsweise zuzuordnen (vgl. das analog hergestellte 2-Phenyl-[1,3]dioxan-4,6-dion [S. 1984]).

B. Beim Behandeln von Malonsäure mit Acetanhydrid und wenig Schwefelsäure und Behandeln des von Acetanhydrid und Essigsäure befreiten Reaktionsgemisches mit 3-Phenyl-propionaldehyd (*Wu.*).

Krystalle (aus Me. + Acn.); F: 139—140°.

2,2-Dimethyl-5-phenyl-[1,3]dioxan-4,6-dion, Phenylmalonsäure-isopropylidenester $C_{12}H_{12}O_4$, Formel IX.

B. Beim Behandeln von Phenylmalonsäure mit Acetanhydrid und wenig Schwefelsäure und anschliessend mit Aceton (*Scheuer, Cohen,* Am. Soc. **80** [1958] 4933, 4936).

Krystalle (aus E. + Bzn.); F: 133—134° [unkorr.; Zers.]. IR-Banden (CHCl₃) im Bereich von 2 μ bis 12 μ: *Sch., Co.,* l. c. S. 4938.

VIII   IX   X

(±)-*trans*-5-Phenacyl-2-trichlormethyl-[1,3]dioxol-4-on, (RS)-4-Oxo-4-phenyl-2-[(SR)-2,2,2-trichlor-1-hydroxy-äthoxy]-buttersäure-lacton $C_{12}H_9Cl_3O_4$, Formel X + Spiegelbild.

B. Beim Behandeln von (±)-[5-Oxo-2r-trichlormethyl-[1,3]dioxolan-4t-yl]-acetyl=chlorid („Äpfelsäure-chloralid-chlorid") mit Benzol und Aluminiumchlorid (*Vinkler, Börcsök,* Acta Univ. Szeged **1** [1942] 70, 80).

F: 149° [aus A.].

---

*1-[2,3-Dihydro-benzo[1,4]dioxin-6-yl]-butan-1,2-dion-2-oxim $C_{12}H_{13}NO_4$, Formel I.

B. Beim Behandeln einer Lösung von 1-[2,3-Dihydro-benzo[1,4]dioxin-6-yl]-butan-1-on in Benzol mit Chlorwasserstoff enthaltendem Äther und mit Butylnitrit (*I.G. Farbenind.,* D.R.P. 619332 [1931]; Frdl. **21** 693).

Krystalle; F: 125—126°.

10-Oxo-3,4,7,8-tetrahydro-2H,6H-10λ⁴-phenoxaselenin-1,9-dion $C_{12}H_{12}O_4Se$, Formel II.

B. Beim Behandeln von Cyclohexan-1,3-dion mit Methanol und Selendioxid (*King, Felton,* Soc. **1949** 274, 277).

Gelbe Krystalle (aus Me.); F: 180° [unkorr.; Zers.].

Beim Erwärmen mit Mineralsäuren erfolgt Zersetzung unter Abscheidung von Selen.

I   II   III   IV

3,7-Dimethyl-1,4a,5,8a-tetrahydro-dicyclopenta[1,4]dioxin-2,6-dion $C_{12}H_{12}O_4$, Formel III.

Diese Konstitution kommt wahrscheinlich der nachstehend beschriebenen opt.-inakt.

Verbindung zu (*Orchin, Butz*, Am. Soc. **65** [1943] 2296, 2297).

B. Beim Erhitzen von (±)-4-Hydroxy-2-methyl-cyclopentan-1,3-dion (E III **8** 1945) mit Kaliumhydrogensulfat unter 20 Torr auf 160° (*Or., Butz*, l. c. S. 2299).

Krystalle (aus Bzl.); F: 213,4—215,2°. UV-Absorptionsmaximum (A.): 252 nm.

(RS,RS)-3,9-Dimethyl-1,7-dioxa-dispiro[4.0.4.2]dodeca-3,9-dien-2,8-dion $C_{12}H_{12}O_4$, Formel IV + Spiegelbild.

Diese Konstitution und Konfiguration ist wahrscheinlich der nachstehend beschriebenen Verbindung auf Grund ihrer Bildungsweise zuzuordnen (*Buchta, Satzinger*, B. **92** [1959] 471, 473).

B. Aus 3-Methyl-5-methylen-5*H*-furan-2-on bei 10-tägigem Aufbewahren unter Ausschluss von Licht und Luft (*Bu., Sa.*, l. c. S. 474).

Krystalle (aus Cyclohexan + Bzl.); F: 135—136°.

3,4,5,8,9,10-Hexahydro-cyclopenta[5,6]pyrano[4,3-*b*]oxepin-2,6-dion $C_{12}H_{12}O_4$, Formel V.

Diese Konstitution kommt wahrscheinlich der früher (E II **2** 575, 576 im Artikel Adipinsäuredichlorid als Cyclodecanbiscyclobutandion bezeichnet) und nachstehend beschriebenen Verbindung $C_{12}H_{12}O_4$ zu (*Baldwin*, J. org. Chem. **28** [1963] 3112).

Krystalle (aus Bzl.); F: 142—144°. IR-Banden (CH_2Cl_2) im Bereich von 1770 cm^{-1} bis 960 cm^{-1}: *Ba.* UV-Absorptionsmaximum (A.): 313 nm.

Die beim Behandeln mit wss. Wasserstoffperoxid und Alkalilauge (s. E II **2** 576) sowie beim Erwärmen mit wss. Natronlauge (*Ba.*) erhaltene Säure (F: 170—171°) der vermeintlichen Zusammensetzung $C_{10}H_{14}O_4$ ist wahrscheinlich als 4-[4-Hydroxy-2-oxo-2,5,6,7-tetrahydro-cyclopenta[*b*]pyran-3-yl]-buttersäure ($C_{12}H_{14}O_5$) zu formulieren; in der als Nebenprodukt erhaltenen Säure (F: 81—82°) der vermeintlichen Zusammensetzung $C_6H_{10}O_3$ (s. E II **2** 576) hat Glutarsäure als Hauptbestandteil vorgelegen (*Ba.*).

1,2,3,4,5,8-Hexahydro-1*t*,4*t*-epoxido-4a*r*,8a*c*-[2]oxapropano-naphthalin-9,11-dion,
1,2,3,4,5,8-Hexahydro-1*t*,4*t*-epoxido-naphthalin-4a*r*,8a*c*-dicarbonsäure-anhydrid
$C_{12}H_{12}O_4$, Formel VI.

B. Beim Erhitzen einer Lösung von 7-Oxa-norborn-2-en-2,3-dicarbonsäure in Dioxan mit Buta-1,3-dien auf 180° (*Alder, Backendorf*, A. **535** [1938] 101, 112). Beim Behandeln von 1,2,3,4,5,8-Hexahydro-1*t*,4*t*-epoxido-naphthalin-4a*r*,8a*c*-dicarbonsäure-dimethylester mit methanol. Kalilauge und Ansäuern der Reaktionslösung (*Stork et al.*, Am. Soc. **75** [1953] 384, 389).

Krystalle; F: 164° [aus E. + Bzn.] (*Al., Ba.*), 162° (*St. et al.*).

V   VI   VII   VIII

(3a*RS*,9a*RS*)-(3a*r*,4a*t*,7a*t*,9b*t*)-3a,4,4a,7,7a,9b-Hexahydro-3*H*-indeno[1,2-*b*;1,7-*b′c′*]difuran-2,8-dion $C_{12}H_{12}O_4$, Formel VII + Spiegelbild.

Diese Konstitution und Konfiguration kommt wahrscheinlich der nachstehend beschriebenen Verbindung zu (*Hill, Barger*, J. org. Chem. **30** [1965] 2558).

B. Beim Erhitzen von Penta-1,4-dien mit Maleinsäure-anhydrid in Benzol auf 200° (*Alder, Münz*, A. **565** [1949] 126, 131; s. a. *Hill, Ba.*).

Krystalle; F: 151° [aus E.] (*Al., Münz*), 150—151° [aus Bzl.] (*Hill, Ba.*).

Eine von *Alder* und *Münz* (l. c. S. 132) beim Erhitzen mit wss. Natriumcarbonat-Lösung erhaltene Dicarbonsäure $C_{12}H_{14}O_5$ (F: 182°) ist vermutlich als [4*t*-Carboxy-3-oxo-

(3ar,7ac)-2,3,3a,4,5,7a-hexahydro-inden-2c-yl]-essigsäure, ein beim Erwärmen mit Meth=
anol und wenig Schwefelsäure erhaltener Dimethylester $C_{14}H_{18}O_5$ (F: 65°) ist vermutlich
als [4t-Methoxycarbonyl-3-oxo-(3ar,7ac)-2,3,3a,4,5,7a-hexahydro-inden-2c-yl]-essigsäure-
methylester zu formulieren (*Hill, Ba.*). Beim Erwärmen einer Lösung in Benzol mit Anilin
ist eine Verbindung $C_{18}H_{19}NO_4$ (Krystalle [aus Eg.]; F: 153°) erhalten worden (*Al.,
Münz*, l. c. S. 132).

**5c(?),6c(?)-Epoxy-(3ar,4ac,6ac,7ac)-octahydro-4t,7t-äthano-cyclobut[f]isobenzofuran-
1,3-dion, 1c(?),2c(?)-Epoxy-(2ar,6ac)-octahydro-3t,6t-äthano-cyclobutabenzen-
4t,5t-dicarbonsäure-anhydrid, 3t(?),4t(?)-Epoxy-(1rC^9,2tH,5tH)-tricyclo[4.2.2.0^{2,5}]decan-
7c,8c-dicarbonsäure-anhydrid** $C_{12}H_{12}O_4$, vermutlich Formel VIII.
B. Bei der Hydrierung von 1c(?),2c(?)-Epoxy-(2ar,6ac)-octahydro-3t,6t-ätheno-cyclo=
butabenzen-4t,5t-dicarbonsäure-anhydrid (F: 203° [S. 2015]) an Palladium/Calcium=
carbonat in Methanol (*Reppe et al.*, A. **560** [1948] 1, 89).
Krystalle (aus Bzl.); F: 240—245°.

Dioxo-Verbindungen $C_{13}H_{14}O_4$

**2,2,5-Trimethyl-5-phenyl-[1,3]dioxan-4,6-dion, Methyl-phenyl-malonsäure-isopropyliden=
ester** $C_{13}H_{14}O_4$, Formel IX.
B. Beim Behandeln von Methyl-phenyl-malonsäure mit Acetanhydrid und wenig
Schwefelsäure und anschliessend mit Aceton (*Scheuer, Cohen*, Am. Soc. **80** [1958] 4933,
4936).
Krystalle (aus Acn. + Bzn.); F: 146—148° [unkorr.]. IR-Banden (CHCl$_3$) im Bereich
von 2 μ bis 12 μ: *Sch., Co.*, l. c. S. 4938.

---

*1-[6-Propyl-benzo[1,3]dioxol-5-yl]-propan-1,2-dion-2-oxim $C_{13}H_{15}NO_4$, Formel X.
B. Beim Behandeln von 1-[6-Propyl-benzo[1,3]dioxol-5-yl]-propan-1-on mit Butyl=
nitrit und wss.-äthanol. Salzsäure (*Koelsch*, Am. Soc. **68** [1946] 148).
Gelbliche Krystalle (aus Ae. + Bzn.); F: 99—101°.
Beim Erwärmen mit Acetanhydrid ist 6-Propyl-benzo[1,3]dioxol-5-carbonsäure erhal=
ten worden.

IX   X   XI   XII

**(±)-1-Methyl-1,2,3,4,5,8-hexahydro-1t,4t-epoxido-4ar,8ac-[2]oxapropano-naphthalin-
9,11-dion, (±)-1-Methyl-1,2,3,4,5,8-hexahydro-1t,4t-epoxido-naphthalin-4ar,8ac-dicarbon=
säure-anhydrid** $C_{13}H_{14}O_4$, Formel XI + Spiegelbild.
B. Beim Erhitzen einer Lösung von (±)-1-Methyl-7-oxa-norborn-2-en-2,3-dicarbon=
säure in Dioxan mit Buta-1,3-dien auf 180° (*Alder, Backendorf*, A. **535** [1938] 101, 113).
Krystalle (aus Bzn.); F: 132—133°.

**(±)-4-Methyl-(3ar,9bc)-3a,6,7,8,9,9b-hexahydro-4H-4ξ,9aξ-epoxido-naphtho[1,2-c]furan-
1,3-dion, (±)-2-Methyl-3,4,5,6,7,8-hexahydro-2H-2ξ,4aξ-epoxido-naphthalin-
3r,4c-dicarbonsäure-anhydrid** $C_{13}H_{14}O_4$, Formel XII + Spiegelbild.
B. Beim Behandeln von 2-Methyl-4,5,6,7-tetrahydro-benzofuran mit Maleinsäure-
anhydrid in Benzol (*Baumgarten et al.*, Am. Soc. **80** [1958] 6609, 6611) oder in Äther
(*Boberg, Kieso*, A. **626** [1959] 71, 82).
Krystalle; F: 86° [aus Me.] (*Bo., Ki.*), 83—84° [aus Bzn.] (*Ba. et al.*).

Dioxo-Verbindungen $C_{14}H_{16}O_4$

**5-Äthyl-2,2-dimethyl-5-phenyl-[1,3]dioxan-4,6-dion, Äthyl-phenyl-malonsäure-iso=
propylidenester** $C_{14}H_{16}O_4$, Formel I.

B. Beim Behandeln von Äthyl-phenyl-malonsäure mit Acetanhydrid und wenig
Schwefelsäure und anschliessend mit Aceton (*Scheuer, Cohen*, Am. Soc. **80** [1958] 4933,
4936).

Krystalle (aus Bzn.); F: 93—94°. IR-Banden (CHCl₃) im Bereich von 2 μ bis 12 μ:
Sch., Co., l. c. S. 4938.

I   II   III

(±)-1-[2,2-Dimethyl-[1,3]dioxolan-4-yl]-3-phenyl-propan-1,3-dion $C_{14}H_{16}O_4$, Formel II,
und Tautomere.

B. Beim Behandeln von (±)-2,2-Dimethyl-[1,3]dioxolan-4-carbonsäure-methylester mit
Natrium und mit Acetophenon und Behandeln des Reaktionsgemisches mit wss. Schwefel=
säure (*Fischer, Baer*, Helv. **16** [1933] 534, 542).

Kp$_{0,4}$: 135°. n$_D^{16,5}$: 1,5670.

Kupfer(II)-Salz Cu(C₁₄H₁₅O₄)₂. Blaugrüne Krystalle (aus A. + PAe.); F: 190—191°.

1,2,3,6,7,8,9,12-Octahydro-dicyclopenta[*b,g*][1,6]dioxecin-5,11-dion $C_{14}H_{16}O_4$,
Formel III.

Diese Konstitution ist für die nachstehend beschriebene Verbindung in Betracht gezogen worden (*Kuehl et al.*, Soc. **1950** 2213, 2218).

B. Aus [2-Oxo-cyclopentyl]-essigsäure beim Erhitzen auf 270° (*Ku. et al.*).

Krystalle (aus Bzl. + Hexan); F: 169,5—171,5°.

*Opt.-inakt. 3,7-Dimethyl-10-oxo-3,4,7,8-tetrahydro-2*H*,6*H*-10λ⁴-phenoxaselenin-1,9-dion
$C_{14}H_{16}O_4Se$, Formel IV.

B. Beim Behandeln einer Lösung von 5-Methyl-cyclohexan-1,3-dion in warmem
Methanol mit Selendioxid (*King, Felton*, Soc. **1949** 274, 277).

Gelbe Krystalle (aus E.) mit 0,5 Mol Äthylacetat; F: 185° [unkorr.; Zers.].

Beim Behandeln mit wss. Mineralsäuren erfolgt Zersetzung.

IV   V   VI

3,5,7,8a-Tetramethyl-3a,8a-dihydro-3*H*,5*H*-dicyclopenta[1,4]dioxin-1,2-dion $C_{14}H_{16}O_4$,
Formel V, und **2-Hydroxy-3,5,7,8a-tetramethyl-3a,8a-dihydro-5*H*-dicyclopenta[1,4]=
dioxin-1-on** $C_{14}H_{16}O_4$, Formel VI.

Diese beiden Konstitutionsformeln kommen nach *Nasarow* und *Torgow* (Izv. Akad.
S.S.S.R. Otd. chim. **1951** 417, 422; C. A. **1952** 8021) für die nachstehend beschriebene
opt.-inakt. Verbindung in Betracht; die Positionen der C,C-Doppelbindungen sind nicht
bewiesen.

B. Beim Behandeln einer Lösung von (±)-3,5-Dimethyl-cyclopent-3-en-1,2-dion (E III **7** 3279) in Äthanol mit kleinen Mengen methanol. Natriummethylat-Lösung (*Na.*, *To.*, l. c. S. 431).

Gelbe Krystalle; F: 199—201° [Zers.; bei langsamem Erhitzen] bzw. F: 210—215° [bei schnellem Erhitzen].

Beim Behandeln mit wss. Kalilauge und anschliessenden Neutralisieren mit wss. Salzsäure ist 2,2-Dihydroxy-3,5,7,8a-tetramethyl-2,3,3a,8a-tetrahydro-5*H*-dicyclopenta[1,4]dioxin-1-on(?) ($C_{14}H_{18}O_5$; Formel VII [R = H]; Krystalle [aus Acn. + Bzl.]; F: 195—198° [Zers.]), beim Erwärmen mit Acetanhydrid und Natriumacetat ist 2,2-Diacetoxy-3,5,7,8a-tetramethyl-2,3,3a,8a-tetrahydro-5*H*-dicyclopenta[1,4]dioxin-1-on(?) ($C_{18}H_{22}O_7$; Formel VII [R = CO-CH$_3$]; Krystalle [aus Bzl. + Cyclohexan]; F: 147—147,5°), beim Behandeln mit Benzoylchlorid und Pyridin ist 2-Benzoyloxy-3,5,7,8a-tetramethyl-3a,8a-dihydro-5*H*-dicyclopenta[1,4]dioxin-1-on (?; F: 152—153°) erhalten worden (*Na.*, *To.*, l. c. S. 432, 433).

VII   VIII   IX

2-Chlor-2-hydroxy-3,5,7,8a-tetramethyl-2,3,3a,8a-tetrahydro-5*H*-dicyclopenta[1,4]dioxin-1-on $C_{14}H_{17}ClO_4$, Formel VIII (R = H).

Diese Konstitution ist von *Nasarow* und *Torgow* (Izv. Akad. S.S.S.R. Otd. chim. **1951** 417, 422; C. A. **1952** 8021) der nachstehend beschriebenen opt.-inakt. Verbindung zugeordnet worden.

B. Beim Behandeln einer Suspension der im vorangehenden Artikel beschriebenen Verbindung in Benzol mit Chlorwasserstoff (*Na.*, *To.*, l. c. S. 432).

Krystalle; F: 190,5—191,5° [Zers.].

2-Chlor-2-methoxy-3,5,7,8a-tetramethyl-2,3,3a,8a-tetrahydro-5*H*-dicyclopenta[1,4]dioxin-1-on $C_{15}H_{19}ClO_4$, Formel VIII (R = CH$_3$).

Diese Konstitution ist von *Nasarow* und *Torgow* (Izv. Akad. S.S.S.R. Otd. chim. **1951** 417, 422; C. A. **1952** 8021) der nachstehend beschriebenen opt.-inakt. Verbindung zugeordnet worden.

B. Beim Behandeln einer Suspension von opt.-inakt. 3,5,7,8a-Tetramethyl-3a,8a-dihydro-3*H*,5*H*-dicyclopenta[1,4]dioxin-1,2-dion (?; S. 1992) in Methanol mit Chlorwasserstoff (*Na.*, *To.*, l. c. S. 432).

Krystalle (aus Chlorwasserstoff enthaltendem Methanol); F: 167—167,5°.

(±)-2,4b,6,8b-Tetramethyl-(4a*r*,4b*c*,8a*c*,8b*c*)-4a,4b,8a,8b-tetrahydro-cyclobuta[1,2-*b*;3,4-*b*′]dipyran-4,8-dion $C_{14}H_{16}O_4$, Formel IX + Spiegelbild.

B. s. im folgenden Artikel.

Krystalle; F: 223—224° [unkorr.; geschlossene Kapillare; aus A.] (*Yates*, *MacGregor*, Canad. J. Chem. **51** [1973] 1267, 1276), 219—220° [geschlossene Kapillare; aus Bzl.] (*Yates*, *Jorgenson*, Am. Soc. **85** [1963] 2956, 2965).

Bei der Bestrahlung einer Lösung in Äthanol mit Sonnenlicht ist 2,4b,6,8b-Tetramethyl-octahydro-2,7;3,6-dicyclo-cyclobuta[1,2-*b*;3,4-*b*′]dipyran-4,8-dion (S. 1996) erhalten worden (*Ya.*, *Jo.*, l. c. S. 2966).

(±)-2,7,8a,8b-Tetramethyl-(4a*r*,4b*t*,8a*t*,8b*c*)-4a,4b,8a,8b-tetrahydro-cyclobuta[1,2-*b*;4,3-*b*′]dipyran-4,5-dion $C_{14}H_{16}O_4$, Formel X + Spiegelbild.

Diese Verbindung hat wahrscheinlich auch in dem früher (s. E I **17** 154) beschriebenen, als „dimeres Dimethylpyron" bezeichneten Präparat (F: 183°) vorgelegen (*Yates*, *MacGregor*, Canad. J. Chem. **51** [1973] 1267, 1273; *MacGregor*, Mol. Photochem. **6** [1974] 101, 102, 104).

B. Neben 2,4b,6,8b-Tetramethyl-octahydro-2,7;3,6-dicyclo-cyclobuta[1,2-*b*;3,4-*b'*]di=
pyran-4,8-dion (S. 1996) und dem im vorangehenden Artikel beschriebenen Isomeren
bei der Bestrahlung einer Lösung von 2,6-Dimethyl-pyran-4-on in Acetonitril oder
Benzol mit UV-Licht (*MacG.*; s. a. *Ya.*, *MacG.*).
Krystalle (aus A.); F: 181—182° (*Ya.*, *MacG.*, l. c. S. 1276).

**(±)-4-Cyclopentylmethyl-(3a*r*,7a*c*)-3a,4,7,7a-tetrahydro-4*t*(?),7*t*(?)-epoxido-isobenzo=
furan-1,3-dion, (±)-1-Cyclopentylmethyl-7-oxa-norborn-5-en-2*exo*(?),3*exo*(?)-di=
carbonsäure-anhydrid** $C_{14}H_{16}O_4$, vermutlich Formel XI + Spiegelbild.
Bezüglich der Konfigurationszuordnung vgl. das analog hergestellte 1-Methyl-7-oxa-
norborn-5-en-2*exo*,3*exo*-dicarbonsäure-anhydrid (S. 1966).
B. Beim Behandeln von 2-Cyclopentylmethyl-furan mit Maleinsäure-anhydrid in
Äther (*Schmidt*, B. **91** [1958] 28, 32).
F: 64—65°.

X   XI   XII   XIII

**4,9-Dimethyl-(3a*r*,9a*c*)-3a,4,5,6,7,8,9,9a-octahydro-4ξ,9ξ-epoxido-naphtho[2,3-*c*]furan-
1,3-dion, 1,4-Dimethyl-1,2,3,4,5,6,7,8-octahydro-1ξ,4ξ-epoxido-naphthalin-2*r*,3*c*-di=
carbonsäure-anhydrid** $C_{14}H_{16}O_4$, Formel XII.
B. Aus 1,3-Dimethyl-4,5,6,7-tetrahydro-isobenzofuran und Maleinsäure-anhydrid
(*Morel*, *Verkade*, R. **70** [1951] 35, 48).
F: 123—124°.

**(±)-4-Äthyl-(3a*r*,9b*c*)-3a,6,7,8,9,9b-hexahydro-4*H*-4ξ,9aξ-epoxido-naphtho[1,2-*c*]furan-
1,3-dion, (±)-2-Äthyl-3,4,5,6,7,8-hexahydro-2*H*-2ξ,4aξ-epoxido-naphthalin-3*r*,4*c*-di=
carbonsäure-anhydrid** $C_{14}H_{16}O_4$, Formel XIII + Spiegelbild.
B. Aus 2-Äthyl-4,5,6,7-tetrahydro-benzofuran und Maleinsäure-anhydrid (*Morel*,
Verkade, R. **70** [1951] 35, 47).
F: 88,5—90°.

**(±)-4,5-Dimethyl-(3a*r*,9b*c*)-3a,6,7,8,9,9b-hexahydro-4*H*-4ξ,9aξ-epoxido-naphtho[1,2-*c*]=
furan-1,3-dion, (±)-1,2-Dimethyl-3,4,5,6,7,8-hexahydro-2*H*-2ξ,4aξ-epoxido-naphthalin-
3*r*,4*c*-dicarbonsäure-anhydrid** $C_{14}H_{16}O_4$, Formel I + Spiegelbild.
B. Aus 2,3-Dimethyl-4,5,6,7-tetrahydro-benzofuran und Maleinsäure-anhydrid (*Morel*,
Verkade, R. **70** [1951] 35, 49).
F: 124—124,5°.

I   II   III

(3a$\varXi$,8R)-5,8-Dimethyl-(3ar,9bc)-3a,6,7,8,9,9b-hexahydro-4H-4ξ,9aξ-epoxido-naphtho-[1,2-c]furan-1,3-dion, (3$\varXi$,6R)-1,6-Dimethyl-3,4,5,6,7,8-hexahydro-2H-2ξ,4aξ-epoxido-naphthalin-3r,4c-dicarbonsäure-anhydrid $C_{14}H_{16}O_4$, Formel II oder III.

B. Beim Behandeln von (+)-Menthofuran ((R)-3,6-Dimethyl-4,5,6,7-tetrahydro-benzo‌furan) mit Maleinsäure-anhydrid in Benzol (*Treibs*, B. **70** [1937] 85, 88; *Bedoukian*, Am. Soc. **70** [1948] 621).

Krystalle (aus Bzl.); F: 138° (*Tr.*), 133—133,5° (*Be.*).

Beim Behandeln mit heisser Essigsäure erfolgt Zersetzung (*Tr.*).

2,3;6,7-Diepoxy-dodecahydro-anthracen-9,10-dion, 2,3;6,7-Diepoxy-dodecahydro-anthrachinon $C_{14}H_{16}O_4$.

a) **2ξ,3ξ;6ξ,7ξ-Diepoxy-(4ar,8at,9ac,10at)-dodecahydro-anthrachinon** $C_{14}H_{16}O_4$, Formel IV, vom F: 216°.

B. s. bei dem unter b) beschriebenen Stereoisomeren.

Krystalle (aus Dioxan + Isopropylalkohol); F: 214—216° [nach Sintern von 200° an] (*Hopff, Hoffmann*, Helv. **40** [1957] 1585, 1591).

Beim Behandeln mit methanol. Natronlauge ist das unter d) beschriebene Stereoisomere erhalten worden (*Ho., Ho.*, l. c. S. 1593).

IV   V   VI   VII

b) **2ξ,3ξ;6ξ,7ξ-Diepoxy-(4ar,8at,9ac,10at)-dodecahydro-anthrachinon** $C_{14}H_{16}O_4$, Formel IV, vom F: 186°.

B. Neben kleinen Mengen des unter a) beschriebenen Stereoisomeren beim Behandeln von (4ar,8at,9ac,10at)-1,4,4a,5,8,8a,9a,10a-Octahydro-anthrachinon (E III 7 3625) mit Peroxyessigsäure in Essigsäure unterhalb 25° (*Hopff, Hoffmann*, Helv. **40** [1957] 1585, 1591).

Krystalle (aus A.); F: 183—186° [nach Sintern von 175° an].

Beim Behandeln mit methanol. Natronlauge ist das unter e) beschriebene Stereoiso‌mere erhalten worden (*Ho., Ho.*, l. c. S. 1588, 1592).

c) **(±)-2ξ,3ξ;6ξ,7ξ-Diepoxy-(4ar,8ac,9ac,10at)-dodecahydro-anthrachinon** $C_{14}H_{16}O_4$, Formel V + Spiegelbild, vom F: 179°.

B. Beim Behandeln von (±)-(4ar,8ac,9ac,10at)-1,4,4a,5,8,8a,9a,10a-Octahydro-anthra‌chinon (E III 7 3625) mit Peroxyessigsäure in Essigsäure unterhalb 25° (*Hopff, Hoffmann*, Helv. **40** [1957] 1585, 1591).

Krystalle (aus Isopropylalkohol + Acn.); F: 177—179°.

Beim Behandeln mit methanol. Natronlauge ist das unter e) beschriebene Stereo‌isomere erhalten worden (*Ho., Ho.*, l. c. S. 1588, 1592).

d) **2ξ,3ξ;6ξ,7ξ-Diepoxy-(4ar,8at,9at,10ac)-dodecahydro-anthrachinon** $C_{14}H_{16}O_4$, Formel VI, das unterhalb 320° nicht schmilzt.

B. Als Hauptprodukt neben dem unter e) beschriebenen Stereoisomeren beim Behandeln von (4ar,8at,9at,10ac)-1,4,4a,5,8,8a,9a,10a-Octahydro-anthrachinon (E III 7 3625) mit Peroxyessigsäure in Essigsäure unterhalb 25° (*Hopff, Hoffmann*, Helv. **40** [1957] 1585, 1593). Beim Behandeln des unter a) beschriebenen Stereoisomeren mit methanol. Natron‌lauge (*Ho., Ho.*).

Krystalle (aus Dioxan + Isopropylalkohol), die bei 245—250° sintern; oberhalb 320° erfolgt Zersetzung.

e) **2ξ,3ξ;6ξ,7ξ-Diepoxy-(4ar,8at,9at,10ac)-dodecahydro-anthrachinon** $C_{14}H_{16}O_4$, Formel VI, vom F: 261°.

B. Beim Behandeln des unter b) beschriebenen oder des unter c) beschriebenen Stereoisomeren mit methanol. Natronlauge (*Hopff, Hoffmann*, Helv. **40** [1957] 1585, 1592). Weitere Bildungsweise s. bei dem unter d) beschriebenen Stereoisomeren.

Krystalle (aus Dioxan + Isopropylalkohol); F: 257—261° [nach Sintern von 233° an; evakuierte Kapillare].

2,4,8,10-Tetramethyl-3,9-dioxa-pentacyclo[6.4.0.0^{2,7}.0^{4,11}.0^{5,10}]dodecan-6,12-dion, 2,4b,6,8b-Tetramethyl-octahydro-2,7;3,6-dicyclo-cyclobuta[1,2-*b*;3,4-*b'*]dipyran-4,8-dion $C_{14}H_{16}O_4$, Formel VII.

Diese Verbindung hat nach *Yates* und *Jorgenson* (Am. Soc. **85** [1963] 2956, 2963) auch in dem von *Paternò* (G. **44** [1914] 151, 162) bei der Bestrahlung von 2,6-Dimethyl-pyran-4-on mit Sonnenlicht erhaltenen Präparat (bei 270—280° schmelzend) als Hauptbestandteil vorgelegen.

B. Bei der Bestrahlung von feinverteiltem 2,6-Dimethyl-pyran-4-on oder von 2,4b,= 6,8b-Tetramethyl-(4a*r*,4b*c*,8a*c*,8b*c*)-4a,4b,8a,8b-tetrahydro-cyclobuta[1,2-*b*;3,4-*b'*]di= pyran-4,8-dion (S. 1993) mit Sonnenlicht (*Ya., Jo.*, l. c. S. 2963, 2966).

Krystalle (aus Dimethylformamid); F: 281—284° [Zers.; geschlossene Kapillare] (*Ya., Jo.*).

Dioxo-Verbindungen $C_{15}H_{18}O_4$

(3a*S*)-5a-Isopropenyl-3*c*-methyl-(3a*r*,5aξ,9b*t*)-3a,4,5,5a,8,9b-hexahydro-3*H*-furo[2,3-*f*]= chromen-2,7-dion $C_{15}H_{18}O_4$, Formel VIII.

Die Konfiguration ergibt sich aus der genetischen Beziehung zu Photosantonsäure (E III/IV **18** 5507).

B. Beim Erwärmen von (3a*S*)-5a-[α-Brom-isopropyl]-3*c*-methyl-(3a*r*,5aξ,9b*t*)-3a,4,= 5,5a,8,9b-hexahydro-3*H*-furo[2,3-*f*]chromen-2,7-dion (S. 1976) mit Essigsäure und Na= triumacetat (*van Tamelen et al.*, Am. Soc. **81** [1959] 1666, 1675). Beim Behandeln einer Lösung von (3a*S*)-5a-[α-Hydroxy-isopropyl]-3*c*-methyl-(3a*r*,5aξ,9b*t*)-3a,4,5,5a,8,9b-hexahydro-3*H*-furo[2,3-*f*]chromen-2,7-dion (F: 178,8—180° und F: 172—175°) in Pyr= idin mit Thionylchlorid (*v. Ta. et al.*; *Barton et al.*, Soc. **1958** 3314, 3318).

Krystalle; F: 139—140,2° [aus Ae.] (*v. Ta. et al.*), 137—139° [Kofler-App.] (*Ba. et al.*). [α]$_D$: +88° [CHCl$_3$] (*Ba. et al.*). UV-Spektrum (A.; 200—220 nm): *v. Ta. et al.*, l. c. S. 1671. UV-Absorptionsmaximum (A.): 204 nm (*Ba. et al.*).

(5a*R*,10*S*)-5,5a,8-Trimethyl-(5a*r*,9a*c*)-2,3,5a,9a-tetrahydro-5*H*,6*H*-spiro[2*t*,5*t*-methano-benz[*b*]oxepin-10,2'-oxiran]-4,7-dion, 12,13-Epoxy-trichothec-9-en-4,8-dion [1]), Tricho= thecodion $C_{15}H_{18}O_4$, Formel IX.

Konstitution und Konfiguration: *Godtfredsen, Vangedal*, Acta chem. scand. **19** [1965] 1088, 1094, 1095.

B. Beim Behandeln von Trichothecolon (12,13-Epoxy-4β-hydroxy-trichothec-9-en-8-on) mit Chrom(VI)-oxid in Essigsäure (*Freeman et al.*, Soc. **1959** 1105, 1119).

Krystalle (aus wss. A.); F: 218—219° [korr.] (*Fr. et al.*, l. c. S. 1119). UV-Absorptions= maximum: 225 nm (*Fr. et al.*, l. c. S. 1108).

Beim Erwärmen mit wss. Ammoniak oder mit wss.-methanol. Natronlauge ist Neo= trichothecodion (13-Hydroxy-apotrichotheca-2,9-dien-4,8-dion [E III/IV **18** 1445]) er= halten worden (*Fr. et al.*, l. c. S. 1126). Bildung von 2,5-Dimethyl-hydrochinon bzw. von 2,5-Dimethyl-[1,4]benzochinon beim kurzen Erhitzen (2 min bzw. 5 min) mit wss. Natronlauge (10%ig): *Fr. et al.*, l. c. S. 1124.

*(5a*R*,10*S*)-5,5a,8-Trimethyl-(5a*r*,9a*c*)-2,3,5a,9a-tetrahydro-5*H*,6*H*-spiro[2*t*,5*t*-methano-benz[*b*]oxepin-10,2'-oxiran]-4,7-dion-7-[2,4-dinitro-phenylhydrazon], 12,13-Epoxy-trichothec-9-en-4,8-dion-8-[2,4-dinitro-phenylhydrazon] $C_{21}H_{22}N_4O_7$, Formel X (R = $C_6H_3(NO_2)_2$, X = O).

B. Beim Behandeln von Trichothecodion (s. o.) mit [2,4-Dinitro-phenyl]-hydrazin, Äthanol und wenig Schwefelsäure (*Freeman et al.*, Soc. **1959** 1105, 1119).

---

[1]) Stellungsbezeichnung bei von Trichothecan abgeleiteten Namen s. E III/IV **17** 2337 Anm. 2.

Orangefarbene Krystalle (aus A.), F: 220—221° [korr.]; orangefarbene Krystalle (aus A.) vom F: 143° [korr.], deren Schmelze bei weiterem Erhitzen zu Krystallen vom F: 220—221° erstarrt.

| VIII | IX | X | XI |

*(5a*R*,10*S*)-5,5a,8-Trimethyl-(5a*r*,9a*c*)-2,3,5a,9a-tetrahydro-5*H*,6*H*-spiro[2*t*,5*t*-methano-benz[*b*]oxepin-10,2'-oxiran]-4,7-dion-bis-[2,4-dinitro-phenylhydrazon], 12,13-Epoxy-trichothec-9-en-4,8-dion-bis-[2,4-dinitro-phenylhydrazon], Trichothecodion-bis-[2,4-di=nitro-phenylhydrazon] $C_{27}H_{26}N_8O_{10}$, Formel X (R = $C_6H_3(NO_2)_2$, X = N-NH-$C_6H_3(NO_2)_2$).

B. Beim Erwärmen von Trichothecodion (S. 1996) mit [2,4-Dinitro-phenyl]-hydrazin und wss.-äthanol. Salzsäure (*Freeman et al.*, Soc. **1959** 1105, 1119).

Rote Krystalle (aus Acn.), die unterhalb 300° nicht schmelzen.

(5a*R*,10*S*)-5,5a,8-Trimethyl-(5a*r*,9a*c*)-2,3,5a,9a-tetrahydro-5*H*,6*H*-spiro[2*t*,5*t*-methano-benz[*b*]oxepin-10,2'-oxiran]-4,7-dion-7-semicarbazon, 12,13-Epoxy-trichothec-9-en-4,8-dion-8-semicarbazon $C_{16}H_{21}N_3O_4$, Formel X (R = CO-NH$_2$, X = O).

B. Aus Trichothecodion (S. 1996) und Semicarbazid (*Freeman et al.*, Soc. **1959** 1105, 1119).

Krystalle (aus wss. Me.); F: 227° [Zers.]. UV-Absorptionsmaximum (Me.): 268 nm.

(3a*S*)-9*c*,9a-Epoxy-3*c*,5a,9*t*-trimethyl-(3a*r*,5a*t*,9a*c*,9b*t*)-3a,5,5a,9,9a,9b-hexahydro-3*H*,4*H*-naphtho[1,2-*b*]furan-2,8-dion, (11*S*)-4,5-Epoxy-6α-hydroxy-3-oxo-eudesm-1-en-12-säure-lacton [1] $C_{15}H_{18}O_4$, Formel XI.

Diese Konstitution und Konfiguration kommt dem nachstehend beschriebenen **Santoninoxid** (H 166; E I 683) zu (*Hendrickson, Bogard,* Soc. **1962** 1678; über die Konfiguration am C-Atom 11 (Eudesman-Bezifferung) s. *Asher, Sim,* Soc. **1965** 1584).

B. Beim Behandeln von (–)-α-Santonin (E III/IV **17** 6232) mit Peroxybenzoesäure in Chloroform (*Wedekind, Tettweiler,* B. **64** [1931] 1796, 1799; vgl. *He., Bo.,* l. c. S. 1687). Beim Erwärmen von Santoninchlorhydrin ((11*S*)-4-Chlor-5,6α-dihydroxy-3-oxo-eudesm-1-en-12-säure-6-lacton [E III/IV **18** 1279]) mit methanol. Kalilauge (*Wedekind, Tett-weiler,* B. **64** [1931] 387, 394) oder mit wss. Kalilauge (*He., Bo.,* l. c. S. 1680).

Krystalle (aus A.); F: 214° (*We., Te.,* l. c. S. 394, 1799; s. a. *He., Bo.,* l. c. S. 1687).

Das mit Hilfe von Ozon erhaltene O z o n i d (F: 189°; s. E I **19** 684) ist auf Grund seiner Überführbarkeit in (*S*)-3-[(3a*S*)-3*c*,6-Dimethyl-2-oxo-(3a*r*,7a*t*)-2,3,3a,4,5,7a-hexahydro-benzofuran-7-yl]-3-hydroxy-2-oxo-buttersäure (E III/IV **18** 6466) durch Erhitzen mit Wasser wahrscheinlich als (11*S*)-1ξ,2ξ;4,5-D i e p o x y-6α-h y d r o x y-3-o x o-1a,1b-d i = o x a-1a,1b-d i h o m o-e u d e s m a n-12-s ä u r e-l a c t o n ($C_{15}H_{18}O_7$) zu formulieren (s. dazu *He., Bo.,* l. c. S. 1685). Beim Behandeln mit konz. wss. Salzsäure sind (11*S*)-1α,2β-Dichlor-6α-hydroxy-3-oxo-eudesm-4-en-12-säure-lacton (,,Dichlordihydrosantonin'' [E III/IV **17** 6111]) und kleine Mengen (11*S*)-4-Chlor-5,6α-dihydroxy-3-oxo-4βH-eudesm-1-en-12-säure-6-lacton (,,Iso-santonin-chlorhydrin'' [E III/IV **18** 1279]) erhalten wor-den (*We., Te.,* l. c. S. 395; vgl. *He., Bo.,* l. c. S. 1687). Hydrierung an Platin oder Palla=dium in Äthanol unter Bildung von α-Dihydrosantoninoxid ((11*S*)-4,5-Epoxy-6α-hydroxy-3-oxo-eudesman-12-säure-lacton [S. 1977]) und kleinen Mengen β-D i h y d r o s a n t o n i n=o x i d ($C_{15}H_{20}O_4$; Krystalle, F: 169°; O x i m $C_{15}H_{21}NO_4$, F: 189—190° [Zers.]): *We., Te.,* l. c. S. 394; s. dagegen *He., Bo.,* l. c. S. 1687.

---

[1]) Stellungsbezeichnung bei von E u d e s m a n abgeleiteten Namen s. E IV **5** 355 Anm. 2.

Dioxo-Verbindungen $C_{16}H_{20}O_4$

*x,x'-Dibutyl-[2,2']bifuryliden-5,5'-dion $C_{16}H_{20}O_4$, Formel I oder Stereoisomeres.

Über ein beim Behandeln von Hex-1-in mit Kohlenmonoxid, Octacarbonyldikobalt und Aceton bei 100°/900 at erhaltenes Präparat (Krystalle [aus E. + PAe.]; F: 123° bis 124°) s. *Sauer et al.*, Am. Soc. **81** [1959] 3677, 3679, 3681.

I   II

*3,4,3',4'-Tetraäthyl-[2,2']bifuryliden-5,5'-dion, 2,3,6,7-Tetraäthyl-4,5-dihydroxy-octa-2,4,6-triendisäure-1→4;8→5-dilacton $C_{16}H_{20}O_4$, Formel II oder Stereoisomeres.

B. Beim Behandeln von Hex-3-in mit Kohlenmonoxid, Octacarbonyldikobalt und Aceton bei 100°/900 at (*Sauer et al.*, Am. Soc. **81** [1959] 3677, 3680, 3681).

Krystalle; F: 95—96°. UV-Absorptionsmaximum (Acetonitril): 344 nm.

*Opt.-inakt. 3,6-Di-cyclohex-1-enyl-[1,4]dioxan-2,5-dion $C_{16}H_{20}O_4$, Formel III.

B. Beim Erwärmen von (±)-2,2,2-Trichlor-1-cyclohex-1-enyl-äthanol (Kp$_{15}$: 150°) mit Natriummethylat in Methanol (*Bergmann, Becker*, J. org. Chem. **23** [1958] 1553).

Kp$_{20}$: 140°.

Beim Erhitzen mit wss. Natronlauge ist Cyclohex-1-enyl-hydroxy-essigsäure erhalten worden.

III   IV

3,3,7,7-Tetramethyl-10-oxo-3,4,7,8-tetrahydro-2H,6H-10λ⁴-phenoxathiin-1,9-dion $C_{16}H_{20}O_4S$, Formel IV.

B. Beim Erwärmen von 5,5-Dimethyl-cyclohexan-1,3-dion mit Thionylchlorid und Benzol (*Desai, Wali*, J. Indian chem. Soc. **13** [1936] 735, 739).

Gelbliche Krystalle (aus Bzl. oder A.); F: 181—182°.

3,3,7,7-Tetramethyl-10-oxo-3,4,7,8-tetrahydro-2H,6H-10λ⁴-phenoxaselenin-1,9-dion $C_{16}H_{20}O_4Se$, Formel V.

B. Beim Erwärmen einer Lösung von 5,5-Dimethyl-cyclohexan-1,3-dion in Methanol (*Stamm, Gossrau*, B. **66** [1933] 1558, 1560) oder in Äthylacetat (*Borsche, Hartmann*, B. **73** [1940] 839, 842) mit Selendioxid.

Gelbe Krystalle (aus A. oder wss. Acn.); F: 167° [nach Sintern von 148° an] (*St., Go.*).

V   VI

*3,3,7,7-Tetramethyl-10-oxo-3,4,7,8-tetrahydro-2H,6H-10λ^4-phenoxaselenin-1,9-dion-bis-[2,4-dinitro-phenylhydrazon] $C_{28}H_{28}N_8O_{10}Se$, Formel VI.

B. Aus 3,3,7,7-Tetramethyl-10-oxo-3,4,7,8-tetrahydro-2H,6H-10λ^4-phenoxaselenin-1,9-dion und [2,4-Dinitro-phenyl]-hydrazin (*Borsche, Hartmann*, B. **73** [1940] 839, 842). Rotbraune Krystalle (aus Nitrobenzol + Me.); F: 281—282°.

3,3,7,7-Tetramethyl-10,10-dioxo-3,4,7,8-tetrahydro-2H,6H-10λ^6-phenoxaselenin-1,9-dion $C_{16}H_{20}O_5Se$, Formel VII.

B. Aus 3,3,7,7-Tetramethyl-10-oxo-3,4,7,8-tetrahydro-2H,6H-10λ^4-phenoxaselenin-1,9-dion mit Hilfe von Salpetrigsäure (*Stamm, Gossrau*, B. **66** [1933] 1558, 1562). Wenig beständig; bei 150° erfolgt Zersetzung.

VII   VIII

(±)-4-[3-Cyclopentyl-propyl]-(3ar,7ac)-3a,4,7,7a-tetrahydro-4t(?),7t(?)-epoxido-isobenzofuran-1,3-dion, (±)-1-[3-Cyclopentyl-propyl]-7-oxa-norborn-5-en-2exo(?),3exo(?)-dicarbonsäure-anhydrid $C_{16}H_{20}O_4$, vermutlich Formel VIII + Spiegelbild.

Bezüglich der Konfigurationszuordnung vgl. das analog hergestellte 1-Methyl-7-oxa-norborn-5-en-2exo,3exo-dicarbonsäure-anhydrid (S. 1966).

B. Beim Behandeln von 2-[3-Cyclopentyl-propyl]-furan mit Maleinsäure-anhydrid in Äther (*Schmidt*, B. **91** [1958] 28, 33). Krystalle; F: 68°.

(±)-4c-Methyl-(3ar,3bc,5at,9ac,11ac)-3b,4,5a,6,7,8,9,9a,11,11a-decahydro-3aH-thio-chromeno[3,4-e]isobenzofuran-1,3-dion, (±)-6t-Methyl-(4ar,6at,10bt)-2,3,4,4a,6,6a,7,8,9,10b-decahydro-1H-benzo[c]thiochromen-7c,8c-dicarbonsäure-anhydrid $C_{16}H_{20}O_3S$. Formel IX + Spiegelbild, und (±)-4t-Methyl-(3ar,3bc,5ac,9at,11ac)-3b,4,5a,6,7,8,9,9a,11,11a-decahydro-3aH-thiochromeno[3,4-e]isobenzofuran-1,3-dion, (±)-6t-Methyl-(4ar,6ac,10bt)2,3,4,4a,6,6a,7,8,9,10b-decahydro-1H-benzo[c]thiochromen-7t,8t-dicarbon-säure-anhydrid $C_{16}H_{20}O_3S$, Formel X + Spiegelbild.

Diese beiden Formeln kommen für die nachstehend beschriebene Verbindung in Betracht.

B. Beim Erwärmen von (±)-2c-Methyl-4-vinyl-(4ar,8at)-4a,5,6,7,8,8a-hexahydro-2H-thiochromen mit Maleinsäure-anhydrid in Benzol (*Nasarow et al.*, Ž. obšč. Chim. **19** [1949] 2164, 2173; engl. Ausg. S. a 637, a 646). Krystalle (aus Bzl. + PAe.); F: 154°.

IX   X   XI

4,6ξ,7ξ,9-Tetramethyl-(3ar,9ac)-3a,4,5,6,7,8,9,9a-octahydro-4ξ,9ξ-epoxido-naphtho-[2,3-c]furan-1,3-dion, 1,4,6ξ,7ξ-Tetramethyl-1,2,3,4,5,6,7,8-octahydro-1ξ,4ξ-epoxido-naphthalin-2r,3c-dicarbonsäure-anhydrid $C_{16}H_{20}O_4$, Formel XI.

B. Beim Erhitzen von 1r,2t-Diacetyl-4ξ,5ξ-dimethyl-cyclohexan (E III 7 3264) mit Zinkchlorid und Behandeln einer Lösung des Reaktionsprodukts (1,3,5,6-Tetramethyl-

4,5,6,7-tetrahydro-isobenzofuran) in Äther mit Maleinsäure-anhydrid (*Schenck*, B. **80** [1947] 226, 230).

Krystalle (aus CCl_4); F: 103—105°.

Dioxo-Verbindungen $C_{17}H_{22}O_4$

4′a-Methyl-3′,4′,4′a,4′b,6′,7′,8′a,9′-octahydro-1′H-spiro[[1,3]dioxolan-2,2′-phenanthren]-5′,8′-dion, 7,7-Äthandiyldioxy-4b-methyl-2,3,4a,4b,5,6,7,8,10,10a-decahydro-phenanthren-1,4-dion $C_{17}H_{22}O_4$.

a) **(±)-7,7-Äthandiyldioxy-4b-methyl-(4ar,4bc,10at)-2,3,4a,4b,5,6,7,8,10,10a-decahydro-phenanthren-1,4-dion** $C_{17}H_{22}O_4$, Formel I + Spiegelbild.

B. Beim Behandeln von (±)-7,7-Äthandiyldioxy-1c-hydroxy-4b-methyl-(4ar, 4bc,10at)-2,3,4a,4b,5,6,7,8,10,10a-decahydro-1H-phenanthren-4-on mit Chrom(VI)-oxid und Pyridin (*Poos et al.*, Am. Soc. **75** [1953] 422, 429).

Krystalle (aus Ae.); F: 171—172° [Kofler-App.].

b) **(4aR?)-7,7-Äthandiyldioxy-4b-methyl-(4ar,4bt,10ac)-2,3,4a,4b,5,6,7,8,10,10a-decahydro-phenanthren-1,4-dion** $C_{17}H_{22}O_4$, vermutlich Formel II.

B. Beim Behandeln von (4aR?)-7,7-Äthandiyldioxy-1t-hydroxy-4b-methyl-(4ar,4bt,10ac)-2,3,4a,4b,5,6,7,8,10,10a-decahydro-1H-phenanthren-4-on (F: 157°) mit Chrom(VI)-oxid und Pyridin (*Lukes, Sarett*, Am. Soc. **76** [1954] 1178).

Krystalle (aus Acn.), die bei 170—195° [Kofler-App.] schmelzen. $[M]_D^{25}$: $-6°$ [$CHCl_3$; c = 1].

I   II

c) **(±)-7,7-Äthandiyldioxy-4b-methyl-(4ar,4bt,10ac)-2,3,4a,4b,5,6,7,8,10,10a-decahydro-phenanthren-1,4-dion** $C_{17}H_{22}O_4$, Formel II + Spiegelbild.

B. Beim Behandeln von (±)-7,7-Äthandiyldioxy-1t-hydroxy-4b-methyl-(4ar,4bt,10ac)-2,3,4a,4b,5,6,7,8,10,10a-decahydro-1H-phenanthren-4-on mit Chrom(VI)-oxid und Pyridin (*Poos et al.*, Am. Soc. **75** [1953] 422, 428).

Krystalle (aus Ae.); F: 146—148° [Kofler-App.].

Beim Behandeln mit alkalischem Aluminiumoxid ist 7,7-Äthandiyldioxy-4b-methyl-(4ar,4bt,10at)-2,3,4a,4b,5,6,7,8,10,10a-decahydro-phenanthren-1,4-dion erhalten worden.

d) **(4aR)-7,7-Äthandiyldioxy-4b-methyl-(4ar,4bt,10at)-2,3,4a,4b,5,6,7,8,10,10a-decahydro-phenanthren-1,4-dion** $C_{17}H_{22}O_4$, Formel III.

B. Beim Behandeln von (4aR)-7,7-Äthandiyldioxy-4t-hydroxy-4b-methyl-(4ar,4bt,10at)-3,4,4a,4b,5,6,7,8,10,10a-decahydro-2H-phenanthren-1-on mit Chrom(VI)-oxid und Pyridin (*Lukes, Sarett*, Am. Soc. **76** [1954] 1178).

Krystalle (aus Ae.); F: 109° [Kofler-App.]. $[M]_D^{25}$: $+870°$ [$CHCl_3$; c = 1].

e) **(±)-7,7-Äthandiyldioxy-4b-methyl-(4ar,4bt,10at)-2,3,4a,4b,5,6,7,8,10,10a-decahydro-phenanthren-1,4-dion** $C_{17}H_{22}O_4$, Formel III + Spiegelbild.

B. Neben 7,7-Äthandiyldioxy-4t-hydroxy-4b-methyl-(4ar,4bt,10at)-3,4,4a,4b,5,6,7,8,10,10a-decahydro-2H-phenanthren-1-on (Hauptprodukt) beim Erhitzen einer Lösung von (±)-7,7-Äthandiyldioxy-4b-methyl-(4ar,4bt,10ac)-1,2,3,4,4a,4b,5,6,7,8,10,10a-dodecahydro-phenanthren-1t,4t-diol in Cyclohexanon und Benzol mit Aluminiumisopropylat in Benzol (*Poos et al.*, Am. Soc. **75** [1953] 422, 427). Beim Behandeln von (±)-7,7-Äthandiyldioxy-4t-hydroxy-4b-methyl-(4ar,4bt,10at)-3,4,4a,4b,5,6,7,8,10,10a-decahydro-2H-phenanthren-1-on mit Chrom(VI)-oxid und Pyridin (*Poos et al.*, l. c. S. 427).

F: 124° (*Grob, Schindler*, Experientia **10** [1954] 367). Krystalle (aus Ae.); F: 120° bis 120,5° [Kofler-App.] (*Poos et al.*).

Überführung in 7,7-Äthandiyldioxy-4b-methyl-(4ar,4bt,10at)-1,2,3,4,4a,4b,5,6,7,8,10,10a-dodecahydro-phenanthren-1t,4c-diol durch Behandlung mit Lithiumalanat in Tetra hydrofuran: *Poos et al.*, l. c. S. 428. Beim Behandeln mit Kohlensäure-dimethylester, Methanol und einer Suspension von Natriumhydrid in Äther ist 7,7-Äthandiyldioxy-4b-methyl-1,4-dioxo-(4a*r*,4b*t*,10a*t*)-1,2,3,4,4a,4b,5,6,7,8,10,10a-dodecahydro-phenanthren-2-carbonsäure-methylester (F: 149°) erhalten worden (*Lukes et al.*, Am. Soc. **75** [1953] 1707, 1711). Bildung von 2-Acetyl-7,7-äthandiyldioxy-4b-methyl-(4a*r*,4b*t*,10a*t*)-2,3,4a,= 4b,5,6,7,8,10,10a-decahydro-phenanthren-1,4-dion (F: 177°) beim Behandeln einer Lösung in Benzol mit Natriummethylat und Methylacetat: *Lu. et al.*

III   IV   V

(2*R*,2′a*S*)-2′a,5′a,7′*c*-Trimethyl-(2′a*r*,5′a*t*,8′b*c*)-3,4,3′,4′,5′,5′a,7′,8′b-octahydro-2′a*H*-spiro[furan-2,6′-naphtho[1,8-*bc*]furan]-5,2′-dion, 6,9-Dihydroxy-14,15,16-trinor-8β*H*-labd-6-en-13,19-disäure-13→9;19→6-dilacton[1]) $C_{17}H_{22}O_4$, Formel IV.

Diese Konstitution kommt der nachstehend beschriebenen Verbindung zu (*Burn*, *Rigby*, Soc. **1957** 2964, 2968, 2969); die Konfiguration ergibt sich aus der genetischen Beziehung zu Marrubiin (15,16-Epoxy-6β,9-dihydroxy-8β*H*-labda-13(16),14-dien-19-säure-6-lacton).

B. Beim Erhitzen von 9-Hydroxy-6-oxo-14,15,16-trinor-8β*H*-labdan-13,19-disäure-13-lacton (aus Marrubiin hergestellt) mit Acetanhydrid und Natriumacetat (*Cocker et al.*, Soc. **1953** 2540, 2547; *Burn*, *Ri.*, l. c. S. 2973).

Krystalle; F: 148—150° [aus wss. A.] (*Co. et al.*), 141—142° [aus E.] (*Burn*, *Ri.*). $[\alpha]_D^{17}$: −132° [$CHCl_3$; c = 0,5] (*Co. et al.*); $[\alpha]_D^{20}$: −138° [$CHCl_3$; c = 2] (*Burn*, *Ri.*).

Beim Behandeln einer Lösung in *tert*-Butylalkohol mit Osmium(VIII)-oxid und wss. Wasserstoffperoxid sind 7ξ,9-Dihydroxy-6-oxo-14,15,16-trinor-8β*H*-labdan-13,19-disäure-13→9-lacton (F: 211—215° [E III/IV **18** 6467]) und eine Verbindung $C_{17}H_{22}O_5$ (F: 216—219°) erhalten worden (*Hardy et al.*, Soc. **1957** 2955, 2964). Hydrierung an Platin in Essigsäure unter Bildung von 6β,9-Dihydroxy-14,15,16-trinor-8β*H*-labdan-13,19-disäure-13→9;19→6-dilacton und von 9-Hydroxy-14,15,16-trinor-8β*H*-labdan-13,19-disäure-13→9-lacton: *Burn*, *Ri.*, l. c. S. 2973.

(2a*R*)-2a,6*c*,9a-Trimethyl-2-methylen-(2a*r*,4a*t*,6a*c*,9a*t*,9b*c*,9c*c*)-decahydro-1,4-dioxa-dicyclopent[*cd*,*f*]azulen-3,9-dion, (11*R*)-6β,13-Epoxy-8α-hydroxy-11-methyl-13-methylen-4-oxo-ambrosan-12-säure-lacton[2]), **Anhydrodihydrotenulin** $C_{17}H_{22}O_4$, Formel V.

Die Konstitution und Konfiguration ergibt sich aus der genetischen Beziehung zu Tenulin (E III/IV **18** 2422).

B. Beim Erhitzen von Dihydrotenulin ((11*R*,13*Ξ*)-6β,13-Epoxy-8α,13-dihydroxy-11,13-dimethyl-4-oxo-ambrosan-12-säure-8-lacton [E III/IV **18** 2355]) mit Acetanhydrid und Natriumacetat (*Barton*, *de Mayo*, Soc. **1956** 142, 148).

Krystalle (aus Bzl. + PAe.); F: 173—175°. $[\alpha]_D$: +55° [$CHCl_3$; c = 1].

Dioxo-Verbindungen $C_{18}H_{24}O_4$

1,10-Dioxa-cycloeicosa-4,6-diin-11,20-dion, Decandisäure-octa-3,5-diindiylester, Sebacinsäure-octa-3,5-diindiylester $C_{18}H_{24}O_4$, Formel VI.

B. Beim Eintragen einer Lösung von Decandisäure-dibut-3-inylester in Äther und Pyridin in ein heisses Gemisch von Kupfer(II)-acetat, Äther und Pyridin (*Eglinton*, *Galbraith*, Soc. **1959** 889, 894).

---

[1]) Stellungsbezeichnung bei von Labdan abgeleiteten Namen s. E IV **5** 368, 369.

[2]) Stellungsbezeichnung bei von Ambrosan abgeleiteten Namen s. E III/IV **17** 4670.

Krystalle (aus Bzn.); F: 55—56°. UV-Absorptionsmaxima (Hexan): 226 nm, 238 nm und 254 nm.

VI   VII

*(±)-1'ξ,8'a-Dimethyl-(4'ar,4'bt,8'ac)-3',4',4'a,4'b,5',6',8'a,9'-octahydro-1'H-spiro[[1,3] =
dioxolan-2,2'-phenanthren]-7',8'-dion-7'-oxim, (±)-7,7-Äthandiyldioxy-8ξ,10a-dimethyl=
(4ar,4bt,10at)-3,4,4a,4b,5,6,7,8,10,10a-decahydro-phenanthren-1,2-dion-2-oxim
$C_{18}H_{25}NO_4$, Formel VII + Spiegelbild, und (±)-1'ξ,8'a-Dimethyl-(4'br,8'at)-3',4',4'b,=
5',6',8'a,9',10'-octahydro-1'H-spiro[[1,3]dioxolan-2,2'-phenanthren]-7',8'-dion-7'-oxim,
(±)-7,7-Äthandiyldioxy-8ξ,10a-dimethyl-(4ar,10at)-3,4,4a,5,6,7,8,9,10,10a-decahydro-
phenanthren-1,2-dion-2-oxim $C_{18}H_{25}NO_4$, Formel VIII + Spiegelbild.

Diese beiden Formeln kommen für die nachstehend beschriebene Verbindung in Betracht.

B. Beim Behandeln einer als (±)-7,7-Äthandiyldioxy-8ξ,10a-dimethyl-(4ar,4bt,10at)-
3,4,4a,4b,5,6,7,8,10,10a-decahydro-2H-phenanthren-1-on oder als (±)-7,7-Äthandiyldi=
oxy-8ξ,10a-dimethyl-(4ar,10at)-3,4,4a,5,6,7,8,9,10,10a-decahydro-2H-phenanthren-1-on
angesehenen Verbindung (F: 154—156° [S. 1734]) mit Kalium-*tert*-butylat in *tert*-Butyl=
alkohol und mit Amylnitrit (*Wieland et al.*, Helv. **36** [1953] 1803, 1807).

Krystalle (aus Bzl. + PAe.); F: 203—206° [unkorr.; Zers.].

Beim Erhitzen mit wss. Essigsäure, Natriumacetat und Brenztraubensäure sind
8,10a-Dimethyl-(4ar,4bt,10at)-3,4,4a,5,6,9,10,10a-octahydro-4bH-phenanthren-1,2,7-trion
und 8,10a-Dimethyl-(4ar,4bt,10at)-3,4,4a,5,6,9,10,10a-octahydro-4bH-phenanthren-1,2,7-
trion-2-oxim erhalten worden.

VIII   IX

4'a,7'-Dimethyl-3',4',4'a,4'b,6',7',8'a,9'-octahydro-1'H-spiro[[1,3]dioxolan-2,2'-phen=
anthren]-5',8'-dion, 7,7-Äthandiyldioxy-2,4b-dimethyl-2,3,4a,4b,5,6,7,8,10,10a-deca=
hydro-phenanthren-1,4-dion $C_{18}H_{24}O_4$.

a) (±)-7,7-Äthandiyldioxy-2t,4b-dimethyl-(4ar,4bt,10at)-2,3,4a,4b,5,6,7,8,10,10a-
decahydro-phenanthren-1,4-dion $C_{18}H_{24}O_4$, Formel IX + Spiegelbild.

Konfigurationszuordnung: *Lukes et al.*, Am. Soc. **75** [1953] 1707.

B. Beim Behandeln von (±)-7,7-Äthandiyldioxy-4t-hydroxy-2t,4b-dimethyl-(4ar,4bt,=
10at)-3,4,4a,4b,5,6,7,8,10,10a-decahydro-2H-phenanthren-1-on mit Chrom(VI)-oxid und
Pyridin (*Lu. et al.*, l. c. S. 1711). Beim Erwärmen von *rac*-3,3-Äthandiyldioxy-
14,15-seco-D-nor-13ξ-androst-5-en-11,14,16-trion mit Kaliumcarbonat in wss. Methanol
(*Lu. et al.*, l. c. S. 1711).

Krystalle (aus Ae.); F: 149—151°.

b) (±)-7,7-Äthandiyldioxy-2c,4b-dimethyl-(4ar,4bt,10at)-2,3,4a,4b,5,6,7,8,10,10a-
decahydro-phenanthren-1,4-dion $C_{18}H_{24}O_4$, Formel X + Spiegelbild.

Konfigurationszuordnung: *Lukes et al.*, Am. Soc. **75** [1953] 1707.

B. Beim Behandeln von (±)-7,7-Äthandiyldioxy-4t-hydroxy-2c,4b-dimethyl-(4ar,4bt,=
10at)-3,4,4a,4b,5,6,7,8,10,10a-decahydro-2H-phenanthren-1-on mit Chrom(VI)-oxid in
Pyridin (*Lu. et al.*, l. c. S. 1711). Neben kleinen Mengen 7,7-Äthandiyldioxy-2t,4b-di=
methyl-(4ar,4bt,10at)-2,3,4a,4b,5,6,7,8,10,10a-decahydro-phenanthren-1,4-dion beim Er-

wärmen von (±)-7,7-Äthandiyldioxy-2ξ,4b-dimethyl-1,4-dioxo-(4ar,4bt,10at)-1,2,3,4,4a,⁼
4b,5,6,7,8,10,10a-dodecahydro-phenanthren-2-carbonsäure-methylester (F: 121—124°)
mit Kaliumhydrogencarbonat in wss. Methanol (*Lu. et al.*, l. c. S. 1711).
    Krystalle (aus Ae.); F: 135—136°.
    Beim Behandeln einer Lösung in Benzol mit alkalischem Aluminiumoxid ist eine
(isomere) Verbindung $C_{18}H_{24}O_4$ vom F: 115—116° erhalten worden, die sich durch
Behandlung mit Kaliumcarbonat in wss. Methanol in 7,7-Äthandiyldioxy-2t,4b-di⁼
methyl-(4ar,4bt,10at)-2,3,4,4a,4b,5,6,7,8,10,10a-decahydro-phenanthren-1,4-dion hat überführen lassen.

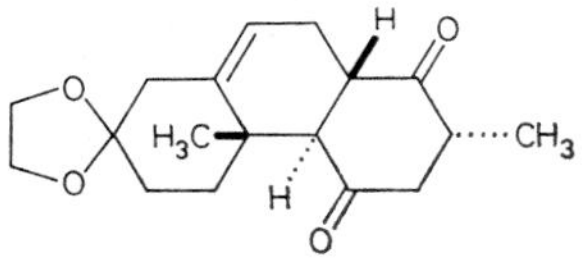

                   X 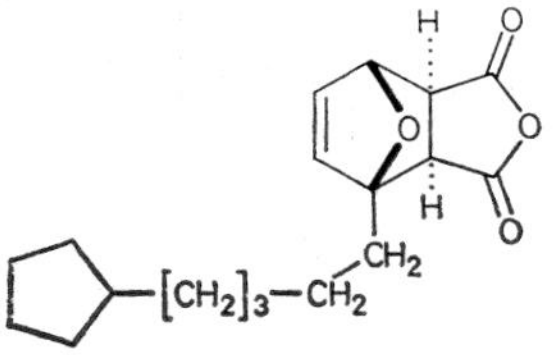   XI

**(±)-4-[5-Cyclopentyl-pentyl]-(3ar,7ac)-3a,4,7,7a-tetrahydro-4t(?),7t(?)-epoxido-iso⁼
benzofuran-1,3-dion,   (±)-1-[5-Cyclopentyl-pentyl]-7-oxa-norborn-5-en-2exo(?),3exo(?)-
dicarbonsäure-anhydrid** $C_{18}H_{24}O_4$, vermutlich Formel XI + Spiegelbild.
    Bezüglich der Konfigurationszuordnung vgl. das analog hergestellte 1-Methyl-7-oxa-
norborn-5-en-2exo,3exo-dicarbonsäure-anhydrid (S. 1966).
    B. Beim Behandeln von 2-[5-Cyclopentyl-pentyl]-furan mit Maleinsäure-anhydrid in
Äther (*Schmidt*, B. **91** [1958] 28, 33).
    Krystalle; F: 82° [Zers.].

Dioxo-Verbindungen $C_{19}H_{26}O_4$

1α,5-Disulfandiyl-5α-androstan-3,17-dion $C_{19}H_{26}O_2S_2$, Formel I.
    B. Beim Behandeln eines Gemisches von Androsta-1,4-dien-3,17-dion, Schwefel und
Pyridin mit Schwefelwasserstoff (*Tweit, Dodson*, Am. Soc. **81** [1959] 4409).
    Krystalle (aus CH_2Cl_2 + Acn.); F: 214—218° [Zers.; Fisher-Johns-App.]. $[\alpha]_D^{24}$:
—21° [$CHCl_3$]. UV-Absorptionsmaximum (Me.): 268 nm.
    Beim Behandeln mit Methanol und wss. Natriumboranat-Lösung sind 1α,5-Disulfan⁼
diyl-5α-androstan-3α,17β-diol und 1α,5-Dimercapto-5α-androstan-3α,17β-diol erhalten
worden.

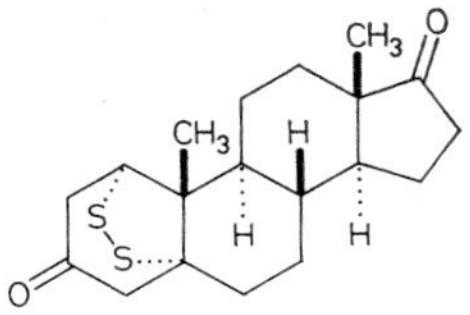

                   I 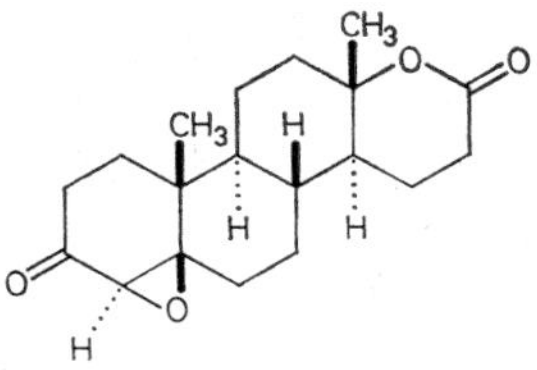   II

**4β,5-Epoxy-17a-oxa-D-homo-5β-androstan-3,17-dion, 4β,5-Epoxy-13-hydroxy-3-oxo-
5β,13αH-13,17-seco-androstan-17-säure-lacton** $C_{19}H_{26}O_4$, Formel II.
    B. Neben einer bei 204—240° schmelzenden Substanz beim Behandeln einer Lösung
von Testololacton (13-Hydroxy-3-oxo-13αH-13,17-seco-androst-4-en-17-säure-lacton
[E III/IV **17** 6254]) in Methanol mit wss. Wasserstoffperoxid und wss. Natronlauge (*Bible
et al.*, J. org. Chem. **22** [1957] 607).
    Krystalle (aus $CHCl_3$ + Me.); F: 252° [korr.; Zers.; Fisher-Johns-App.]. $[\alpha]_D$: +85°
[$CHCl_3$; c = 1]. UV-Absorptionsmaximum (Me.): 298—302 nm (*Bi. et al.*, l. c. S. 610).

(3aR)-11b-Methyl-(3ar,3bt,11at,11bc,13ac)-tetradecahydro-5ac,9c-methano-furo[3′,2′;=
5,6]naphth[2,1-c]oxocin-6,8-dion, (3aR)-9b-Methyl-(3ar,3bt,9at,9bc,11ac)-tetradeca=
hydro-phenanthro[2,1-b]furan-5at,7t-dicarbonsäure-anhydrid $C_{19}H_{26}O_4$, Formel III.

B. Beim Behandeln von (3aR)-9b-Methyl-(3ar,3bt,9at,9bc,11ac)-tetradecahydro-phen=
anthro[2,1-b]furan-5at,7t-dicarbonsäure (E III/IV **18** 4544) mit Acetanhydrid und
Pyridin (*Wettstein et al.*, Helv. **24** [1941] 332E, 352E).

Krystalle (aus Hexan + Acn.); F: 204−206° [korr.]. Bei 150°/0,008 Torr sublimierbar.

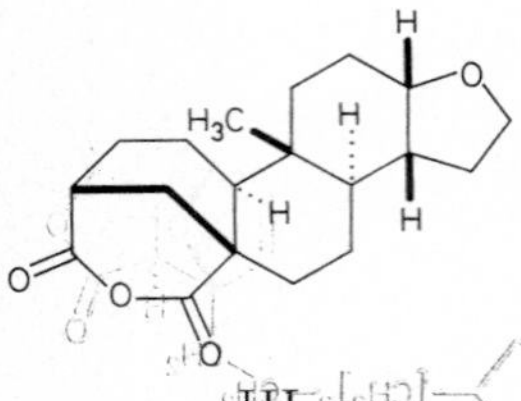

III 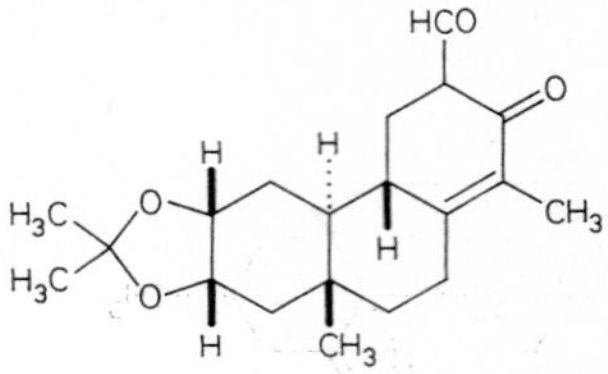   IV

Dioxo-Verbindungen $C_{20}H_{28}O_4$

(±)-4,6a,9,9-Tetramethyl-3-oxo-(6ar,7ac,10ac,11at,11bc)-1,2,3,5,6,6a,7,7a,10a,11,11a,=
11b-dodecahydro-phenanthro[2,3-d][1,3]dioxol-2-carbaldehyd, (±)-6t,7t-Isopropyliden=
dioxy-1,8a-dimethyl-2-oxo-(4ar,4bt,8ac)-2,3,4,4a,4b,5,6,7,8,8a,9,10-dodecahydro-phen=
anthren-3-carbaldehyd $C_{20}H_{28}O_4$, Formel IV + Spiegelbild, und Tautomere (z. B.
(±)-2-Hydroxymethylen-4,6a,9,9-tetramethyl-(6ar,7ac,10ac,11at,11bc)-1,5,6,6a,7,=
7a,10a,11,11a,11b-decahydro-2H-phenanthro[2,3-d][1,3]dioxol-3-on).

B. Beim Behandeln einer Lösung von (±)-6t,7t-Isopropylidendioxy-1,8a-dimethyl-
(4ar,4bt,8ac)-4,4a,4b,5,6,7,8,8a,9,10-decahydro-3H-phenanthren-2-on (S. 1735) in Ben=
zol mit Natriummethylat, Benzol und Äthylformiat (*Woodward et al.*, Am. Soc. **74** [1952]
4223, 4243).

Hellgelbe Krystalle (aus Ae. + PAe.); F: 128−130° [korr.]. IR-Spektrum (CHCl₃;
2−12 μ): *Wo. et al.*, l. c. S. 4243. UV-Absorptionsmaxima: 258 nm und 310 nm [A.]
bzw. 246 nm und 361 nm [äthanol. Natriumäthylat-Lösung] (*Wo. et al.*, l. c. S. 4244).

*Opt.-inakt. (3ar,7at,3″a$r′$,7″a$t′$)-Dodecahydro-dispiro[indan-2,2′-[1,4]dioxan-
5′,2″-indan]-3′,6′-dion $C_{20}H_{28}O_4$, Formel V und Formel VI + Spiegelbild.

B. Aus (±)-2-Hydroxy-(3ar,7at)-hexahydro-indan-2-carbonsäure beim Erhitzen auf
240° (*Lehmann, Krätschell*, B. **68** [1935] 360, 362).

Krystalle (aus Ae. oder aus PAe.); F: 201°.

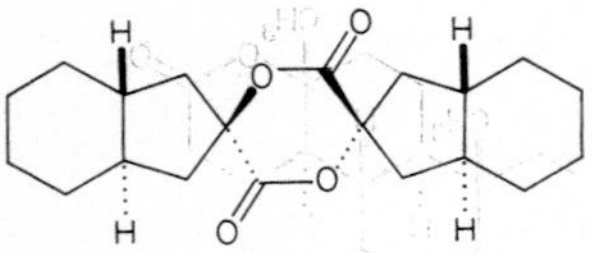

V 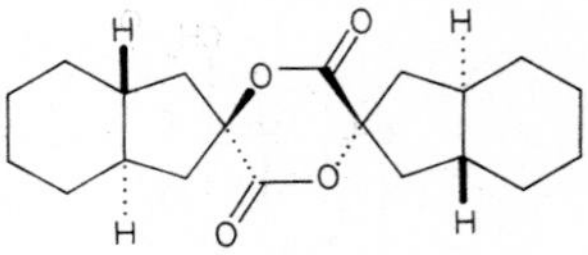   VI

Dioxo-Verbindungen $C_{21}H_{30}O_4$

3,3-Äthandiyldioxy-5α-androstan-6,17-dion $C_{21}H_{30}O_4$, Formel VII.

B. Beim Erhitzen von 5α-Androstan-3,6,17-trion mit 2-Äthyl-2-methyl-[1,3]dioxolan
und Toluol-4-sulfonsäure (*Rosenkranz et al.*, Am. Soc. **76** [1954] 5024).

Krystalle (aus Acn.); F: 219−221° [unkorr.]. [α]$_D^{20}$: +55° [CHCl₃].

3,3-Äthandiyldioxy-5β-androstan-11,17-dion $C_{21}H_{30}O_4$, Formel VIII.

B. Neben kleineren Mengen 3,3,17,17-Bis-äthandiyldioxy-5β-androstan-11-on beim
Erwärmen von 5β-Androstan-3,11,17-trion mit Äthylenglykol, Benzol und Toluol-4-sulfon=
säure (*Herzog et al.*, Am. Soc. **75** [1953] 266, 268).

Krystalle (aus Heptan); F: 171—172,5° [korr.]. [α]$_D^{25}$: +130° [Acn.; c = 1].

Beim Hydrieren an Platin in Pyridin enthaltendem Methanol und Erwärmen des Reaktionsprodukts mit konz. wss. Salzsäure und Aceton ist 17β-Hydroxy-5β-androstan-3,11-dion erhalten worden.

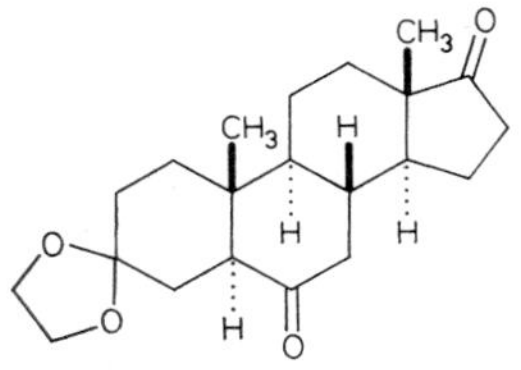

VII

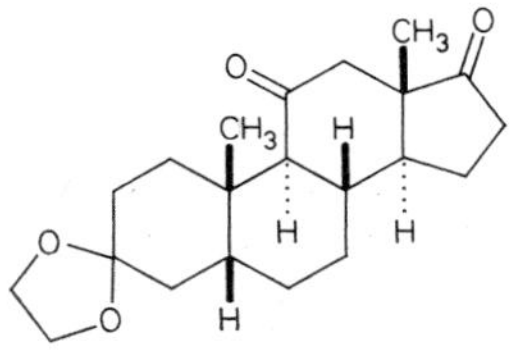

VIII

1α,5-Disulfandiyl-5α-pregnan-3,20-dion C$_{21}$H$_{30}$O$_2$S$_2$, Formel IX.

B. Beim Behandeln eines Gemisches von Pregna-1,4-dien-3,20-dion, Schwefel und Pyridin mit Schwefelwasserstoff (*Tweit, Dodson*, Am. Soc. **81** [1959] 4409, 4410).

Krystalle; F: 221—222° [Zers.; Fisher-Johns-App.]. [α]$_D^{24}$: −4° [CHCl$_3$].

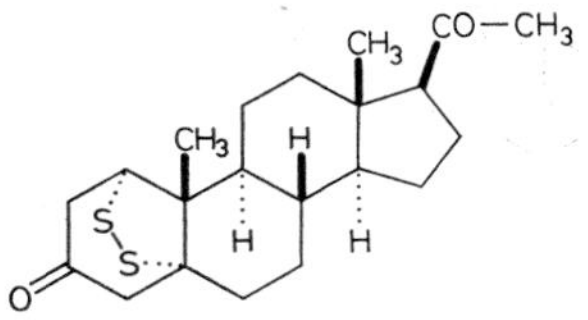

IX

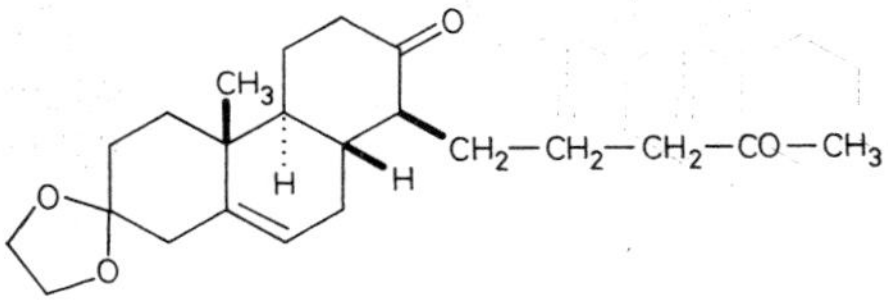

X

Dioxo-Verbindungen C$_{22}$H$_{32}$O$_4$

3,3-Äthandiyldioxy-13,17-seco-18-nor-pregn-5-en-13,20-dion C$_{22}$H$_{32}$O$_4$, Formel X.

B. Beim Behandeln einer Lösung von 3,3-Äthandiyldioxy-13,17-seco-pregna-5,13(18)-dien-20-on in Pyridin und Chloroform mit Ozon bei −15° und Behandeln des Reaktionsgemisches mit Pyridin, wss. Essigsäure und Zink bei −15° (*Anliker et al.*, Helv. **42** [1959] 1071, 1081, 1083).

Krystalle (aus CH$_2$Cl$_2$ + Hexan); F: 201° [unkorr.; evakuierte Kapillare]. [α]$_D^{20}$: −71° [CHCl$_3$; c = 1].

Beim Erwärmen mit neutralem aktiviertem Aluminiumoxid in einem Gemisch von Diisopropyläther und Benzol sind 3,3-Äthandiyldioxy-13-hydroxy-18-nor-13ξ,17ξH-pregn-5-en-20-on (F: 150—151°) und 3,3-Äthandiyldioxy-18-nor-pregna-5,13(17)-dien-20-on erhalten worden.

17a,17a-Äthandiyldioxy-*D*-homo-5β-androstan-3,11-dion C$_{22}$H$_{32}$O$_4$, Formel XI.

B. Beim Behandeln von 17a,17a-Äthandiyldioxy-3α-hydroxy-*D*-homo-5β-androstan-11-on mit Chrom(VI)-oxid und Pyridin (*Clinton et al.*, Am. Soc. **79** [1957] 6475, 6479).

Krystalle (aus E.); F: 184,9—186,8° [korr.]. [α]$_D^{25}$: +23,3° [CHCl$_3$; c = 1].

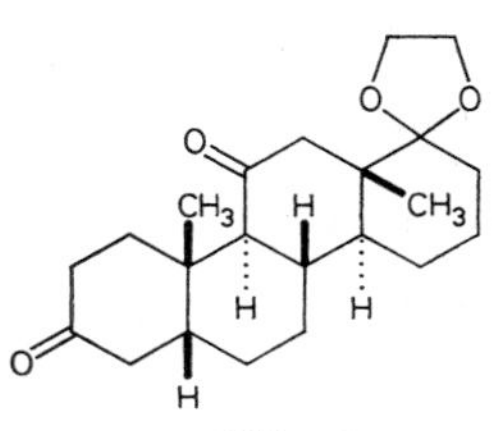

XI

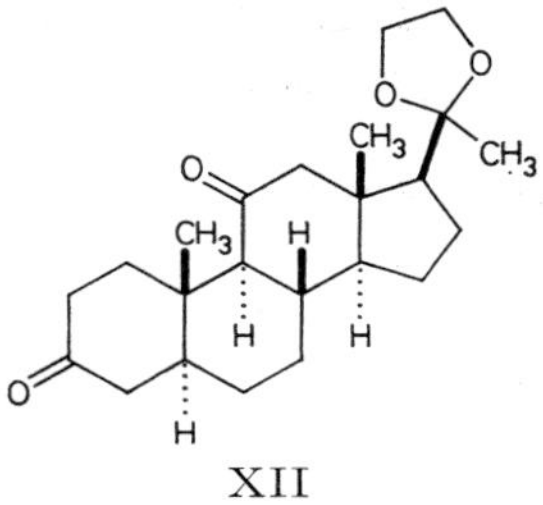

XII

Dioxo-Verbindungen $C_{23}H_{34}O_4$

20,20-Äthandiyldioxy-5α-pregnan-3,11-dion $C_{23}H_{34}O_4$, Formel XII.

B. Beim Behandeln von 20,20-Äthandiyldioxy-3β-hydroxy-5α-pregnan-11-on mit Chrom(VI)-oxid und Pyridin (*Rull, Ourisson*, Bl. **1958** 1573, 1577).

Krystalle (aus wss. Acn.) mit 0,5 Mol Aceton, F: 176—177° [korr.]; $[\alpha]_{578}^{20}$: +78° [CHCl₃].

Dioxo-Verbindungen $C_{24}H_{36}O_4$

20β_F,21-Isopropylidendioxy-5β-pregnan-3,11-dion $C_{24}H_{36}O_4$, Formel XIII.

B. Beim Behandeln einer Lösung von 3α-Hydroxy-20β_F,21-isopropylidendioxy-5β-pregnan-11-on in *tert*-Butylalkohol mit *N*-Brom-acetamid-hydrat und Pyridin (*Sarett*, Am. Soc. **71** [1949] 1165, 1168).

Krystalle (aus Ae. + PAe.); F: 168,5—169° und (nach Wiedererstarren bei weiterem Erhitzen) F: 179—180° [korr.; Kofler-App.]. $[\alpha]_D^{25}$: +55° [Acn.; c = 1].

XIII   XIV

Dioxo-Verbindungen $C_{26}H_{40}O_4$

(25R)-1,1,2,2-Tetraäthoxy-1,2-seco-A-nor-5β-spirostan, (25R)-1,2-Seco-A-nor-5β-spirostan-1,2-dial-bis-diäthylacetal $C_{34}H_{60}O_6$, Formel XIV.

B. Beim Behandeln einer Suspension von Tokorogenin ((25R)-5β-Spirostan-1β,2β,3α-triol [S. 1239]) in Äthanol mit Perjodsäure in Wasser (*Morita*, Bl. chem. Soc. Japan **32** [1959] 476, 478).

Krystalle (aus Me.); F: 150—151° [korr.].

Dioxo-Verbindungen $C_{27}H_{42}O_4$

5,6β-Dihydroxy-2,3-seco-5α-cholestan-2,3-disäure-2 → 5; 3 → 6-dilacton $C_{27}H_{42}O_4$, Formel XV.

Diese Konstitution und Konfiguration kommt wahrscheinlich der nachstehend beschriebenen Verbindung zu.

B. Beim Behandeln von 6β-Acetoxy-5-hydroxy-2,3-seco-5α-cholestan-2,3-disäure-2-lacton (?) (E III/IV **18** 6312) mit äthanol. Kalilauge (*Ellis, Petrow*, Soc. **1939** 1078, 1082).

Krystalle (aus PAe. + Acn.); F: 165° [korr.; nach Sintern bei 155°].

XV   XVI

Dioxo-Verbindungen C₃₂H₅₂O₄

3,3-Äthandiyldioxy-lanostan-7,11-dion $C_{32}H_{52}O_4$, Formel XVI.

B. Beim Erwärmen von Lanostan-3,7,11-trion mit Äthylenglykol, Benzol und Toluol-4-sulfonsäure unter Entfernen des entstehenden Wassers (*Barnes*, Austral. J. Chem. **11** [1958] 546, 557).

Krystalle (aus CHCl₃ + Me.); F: 211—213° [korr.].

[*Walentowski*]

Dioxo-Verbindungen $C_nH_{2n-14}O_4$

Dioxo-Verbindungen C₁₀H₆O₄

1,2-Di-[2]furyl-äthandion, [2,2′]Furil, Furil $C_{10}H_6O_4$, Formel I (H 166; E I 684; E II 183).

B. Aus [2,2′]Furoin beim Leiten von Luft durch eine Lösung in Essigsäure in Gegenwart von Kobaltacetat bzw. Kupfer(II)-benzoat bei 100° bzw. 60° (*ICI*, D.B.P. 817920 [1949]; D.R.B.P. Org. Chem. 1950—1951 **6** 2311) oder durch eine Lösung in Essigsäure und 2-Äthoxy-äthanol in Gegenwart von basischem Wismutcarbonat bei 100° (*Holden, Rigby*, Soc. **1951** 1924), beim Erhitzen mit Ammoniumnitrat, wenig Kup=fer(II)-acetat und wss. Essigsäure (*Weiss, Appel*, Am. Soc. **70** [1948] 3666; s. a. *Klein*, Am. Soc. **63** [1941] 1474), beim Behandeln einer Lösung in Benzol und Chloroform mit Mangan(IV)-oxid (*Turner*, Am. Soc. **76** [1954] 5195), beim Erwärmen mit Wismut(III)-oxid und wss. Essigsäure (*Rigby*, Soc. **1951** 793), beim Behandeln mit Thallium(I)-äthylat in Benzol (*McHatton, Soual*, Soc. **1952** 2771), beim Erwärmen mit Kupfer(II)-sulfat und wss. Pyridin (*Hartman, Dickey*, Am. Soc. **55** [1933] 1228) sowie beim Behandeln mit Nitrobenzol und wenig Thallium(I)-äthylat in Äthanol (*McHatton, Soual*, Soc. **1953** 4095).

Dipolmoment (ε; Bzl.): 3,15 D (*Nasarowa, Ṣyrkin*, Izv. Akad. S.S.S.R. Otd. chim. **1949** 35, 36; C. A. **1949** 4913).

Gelbe Krystalle; F: 165—166° [aus Me.] (*Ha., Di.*), 160° [unkorr.; aus wss. Eg.] (*Kl.*). UV-Absorptionsmaxima (W.): 227,5 nm und 302,5 nm (*Mackinney, Temmer*, Am. Soc. **70** [1948] 3586, 3587).

Beim Behandeln mit Nitromethan, Pyridin und äthanol. Natriumäthylat-Lösung sind Furan-2-carbonsäure-äthylester und kleine Mengen 2-[2-Nitro-vinyl]-furan (F: 74—75°) erhalten worden (*Fujise et al.*, B. **68** [1935] 1272, 1275). Bildung von 2-[Furan-2-carbonyl]-3-hydroxy-1-phenyl-pyridinium-picrat beim Erwärmen mit Anilin, Anilin-hydrochlorid und Äthanol und Behandeln einer wss. Lösung des Reaktionsprodukts mit Picrinsäure: *Borsche et al.*, B. **71** [1938] 957, 958, 964.

I   II   III   IV

1,2-Di-[2]furyl-äthandion-mono-(E)-oxim, [2,2′]Furil-mono-(E)-oxim $C_{10}H_7NO_4$, Formel II (H 166; dort als β-Furilmonoxim bezeichnet).

Über die Konfiguration s. *Martinek, Hovorka*, Collect. **22** [1957] 246, 247 Anm.; *Vláčil*, Collect. **32** [1967] 331, 336; *Toul et al.*, J. Chromatography **57** [1971] 107.

B. Beim Behandeln von [2,2′]Furil mit Hydroxylamin-hydrochlorid in wss. Äthanol (*Ma., Ho.*, l. c. S. 247; vgl. H 166).

Krystalle (aus Bzl.); F: 97—98° (*Ma., Ho.*).

Kobalt(III)-Komplexsalz Co(C₁₀H₆NO₄)₃. Konfiguration: *Vláčil, Jehličková*, Collect. **40** [1975] 539, 541. — Rote Krystalle (*Ma., Ho.*). Absorptionsspektrum (CHCl₃; 400 nm bis 700 nm): *Ma., Ho.*, l. c. S. 249.

1,2-Di-[2]furyl-äthandion-dioxim, [2,2′]Furil-dioxim $C_{10}H_8N_2O_4$.

a) **1,2-Di-[2]furyl-äthandion-(E,E)-dioxim, [2,2′]Furil-(E,E)-dioxim** $C_{10}H_8N_2O_4$, Formel III (H 167) (in der Literatur auch als β-Furildioxim und als *syn*-Furildioxim bezeichnet).

Konfigurationszuordnung: *Tanaka et al.*, Anal. chim. Acta **46** [1969] 125; s. a. *Shinra et al.*, J. chem. Soc. Japan Pure Chem. Sect. **74** [1953] 353; C. A. **1953** 10398.

B. Beim Erhitzen des unter c) beschriebenen Stereoisomeren (*Ta. et al.*) oder eines Gemisches der unter b) und c) beschriebenen Stereoisomeren (*Sh. et al.*) mit Äthanol auf 160°.

Krystalle; F: 193—194° (*Sh. et al.*), 188—190° [aus Ae. + Bzn.] (*Ta. et al.*, l. c. S. 127). ¹H-NMR-Absorption: *Ta. et al.*, l. c. S. 128. UV-Spektrum (A.; 250—350 nm): *Sh. et al.*, l. c. S. 354.

Bei der Bestrahlung mit UV-Licht oder Sonnenlicht erfolgt Umwandlung in [2,2′]Furil-(Z,Z)-dioxim [s. u.] (*Toul et al.*, J. Chromatography **57** [1971] 107, 110).

b) **1,2-Di-[2]furyl-äthandion-(E,Z)-dioxim, [2,2′]Furil-(E,Z)-dioxim** $C_{10}H_8N_2O_4$, Formel IV (in der Literatur auch als γ-Furildioxim und als *amphi*-Furildioxim bezeichnet).

Konfigurationszuordnung: *Tanaka et al.*, Anal. chim. Acta **46** [1969] 125; s. a. *Shinra et al.*, J. chem. Soc. Japan Pure Chem. Sect. **74** [1953] 353; C. A. **1953** 10398.

B. s. bei dem unter c) beschriebenen Stereoisomeren.

Krystalle (aus W.); F: 184—185° (*Ta. et al.*; *Yamasaki et al.*, J. chem. Soc. Japan Pure Chem. Sect. **78** [1957] 126; C. A. **1958** 7003; *Sh. et al.*), 184° (*Fryer et al.*, Analyst **88** [1963] 188). ¹H-NMR-Absorption: *Ta. et al.*, l. c. S. 128. UV-Spektrum (A.; 250 nm bis 350 nm): *Sh. et al.*, l. c. S. 354; *Ya. et al.*, l. c. S. 127.

Bei der Bestrahlung mit UV-Licht erfolgt Umwandlung in [2,2′]Furil-(Z,Z)-dioxim [s. u.] (*Toul et al.*, J. Chromatography **57** [1971] 107, 110).

Nickel(II)-Komplexsalz $NiC_{10}H_6N_2O_4$. Grün; in Äthanol schwer löslich (*Fr. et al.*; vgl. *Ta. et al.*).

Palladium(II)-Komplexsalz $PdC_{10}H_6N_2O_4$. Gelb (*Ya. et al.*). Absorptionsspektrum (CHCl₃; 200—600 nm): *Ya. et al.*, l. c. S. 127. UV-Absorptionsmaximum (CHCl₃ sowie A.): 265 nm (*Ta. et al.*, l. c. S. 126).

c) **1,2-Di-[2]furyl-äthandion-(Z,Z)-dioxim, [2,2′]Furil-(Z,Z)-dioxim,** $C_{10}H_8N_2O_4$, Formel V (in der Literatur auch als α-Furildioxim und als *anti*-Furildioxim bezeichnet).

In den früher (s. H. **19** 166 und E II **19** 184 sowie *Reed et al.*, J. org. Chem. **12** [1947] 792) unter dieser Konfiguration beschriebenen Präparaten (F: 166—168° [wasserfrei] bzw. F: 84—85° [Monohydrat]) haben Gemische von 1,2-Di-[2]furyl-äthandion-(Z,Z)-dioxim mit dem unter b) beschriebenen Stereoisomeren vorgelegen (*Shinra et al.*, J. chem. Soc. Japan Pure Chem. Sect. **74** [1953] 353; C. A. **1953** 10398; *Fryer et al.*, Analyst **88** [1963] 188).

Konfigurationszuordnung: *Tanaka et al.*, Anal. chim. Acta **46** [1969] 125; s. a. *Yamasaki et al.*, J. chem. Soc. Japan Pure Chem. Sect. **78** [1957] 126; C. A. **1958** 7003.

B. Neben [2,2′]Furil-(E,Z)-dioxim (s. o.) beim Erwärmen von [2,2′]Furil mit Hydroxyl=amin-hydrochlorid in Methanol (*Reed et al.*; vgl. H **19** 166).

Krystalle; F: 193° [aus A.] (*Fr. et al.*), 186—187° [aus W.] (*Ta. et al.*), 172—173° [aus W.] (*Ya. et al.*). ¹H-NMR-Absorption: *Ta. et al.*, l. c. S. 128. UV-Spektrum (A.; 200—350 nm): *Ya. et al.*, l. c. S. 127. UV-Absorptionsmaxima (CHCl₃ sowie A.): 285 nm und 380 nm (*Ta. et al.*, l. c. S. 126). Eutektikum mit [2,2′]Furil-(E,Z)-dioxim: *Fr. et al.*

Bis-[[2,2′]furil-(Z,Z)-dioximato]-nickel(II) $Ni(C_{10}H_7N_2O_4)_2$ (H 166). Atomab=stand Ni-Ni in den Krystallen (aus dem Röntgen-Diagramm ermittelt): 3,448 Å (*Banks, Barnum*, Am. Soc. **80** [1958] 3579, 3581). — Rote Krystalle (*Banks, Barnum*, Am. Soc. **80** [1958] 4767, 4771; s. a. *Ja. et al.*). Dichte der Krystalle: 1,747 (*Vander Haar, Banks*, U.S. Atomic Energy Comm. ISC-250 [1952] 1, 45; *Banks et al.*, Am. Soc. **77** [1955] 324). Absorptionsspektrum von Lösungen in Chloroform (330—600 nm bzw. 400—520 nm): *Va. Haar, Ba.*, l. c. S. 66; *Yamasaki, Matsumoto*, Sci. Rep. Osaka Univ. **2** [1953] 35; einer Suspension in Wasser (400—600 nm): *Ya., Ma.*, l. c. S. 36. Absorptionsmaxima: 537 nm [KBr] bzw. 293 nm, 384 nm und 435 nm [CHCl₃] (*Ban., Bar.*, l. c. S. 4770). Magnetische Suszeptibilität: — 193·10⁻⁶ cm³·mol⁻¹ (*Va. Haar, Ba.*, l. c. S. 47; *Ba. et al.*). Löslichkeit (mMol/l) bei 25° in 1,2-Dichlor-benzol: 1,8; in Chloroform: 1,6; in Wasser:

0,0006 (*Ban., Bar.*, l. c. S. 3581). — Assoziation mit Butylamin und mit Pyridin: *Va. Haar, Ba.*, l. c. S. 55, 66, 72.

Bis-[[2,2′]furil-(Z,Z)-dioximato]-palladium(II) $Pd(C_{10}H_7N_2O_4)_2$. Atomabstand Pd-Pd in den Krystallen (aus dem Röntgen-Diagramm ermittelt): 3,459 Å (*Ban. Bar.*, l. c. S. 3581). — Orangefarbene bis rote Krystalle (*Ban., Bar.*, l. c. S. 4771). Dichte der Krystalle: 1,832 (*Ba. et al.*, l. c. S. 324). Absorptionsspektrum (200—600 nm) von Lösungen in Chloroform, in wss. Kalilauge (1 n), in wss. Ammoniak (6 n) und in wss. Pyridin: *Ya. et al.* Absorptionsmaxima: 460 nm [KBr] bzw. 252 nm, 285 nm und 379 nm [CHCl₃] (*Ban., Bar.*, l. c. S. 4770). Magnetische Susceptibilität: $-210 \cdot 10^{-6}$ cm³·mol⁻¹ (*Ba. et al.*). Löslichkeit in Chloroform bei 25°: 0,81 mMol/l (*Ban., Bar.*, l. c. S. 3581).

*1,2-Di-[2]furyl-äthandion-bis-[4-nitro-phenylhydrazon], [2,2′]Furil-bis-[4-nitro-phenylhydrazon] $C_{22}H_{16}N_6O_6$, Formel VI (X = H).

Diese Konstitution kommt wahrscheinlich der nachstehend beschriebenen Verbindung zu (*Neuberg, Strauss*, Arch. Biochem. 7 [1945] 211, 225; *A. I. Vogel*, Text-Book of Practical Organic Chemistry, 3. Aufl. [London 1964] S. 347).

B. Aus [2,2′]Furil und [4-Nitro-phenyl]-hydrazin (*Ne., St.*).

Gelb; F: 208° (*Ne., St.*), 199° (*Vo.*).

V   VI   VII

*1,2-Di-[2]furyl-äthandion-bis-[2,4-dinitro-phenylhydrazon], [2,2′]Furil-bis-[2,4-dinitro-phenylhydrazon] $C_{22}H_{14}N_8O_{10}$, Formel VI (X = NO₂).

Diese Konstitution kommt wahrscheinlich der nachstehend beschriebenen Verbindung zu.

B. Aus [2,2′]Furil und [2,4-Dinitro-phenyl]-hydrazin (*Neuberg, Strauss*, Arch. Biochem. 7 [1945] 211, 225).

Rot; F: 209—210°.

1,2-Di-[2]thienyl-äthandion, [2,2′]Thenil $C_{10}H_6O_2S_2$, Formel VII.

B. Beim Erwärmen von [2,2′]Thenoin mit methanol. Natriummethylat-Lösung und Jod (*Deschamps et al.*, J. org. Chem. 14 [1949] 184, 186) oder mit Kupfer(II)-sulfat in wss. Pyridin (*Cardon, Lankelma*, Am. Soc. 70 [1948] 4248).

Gelbe Krystalle; F: 83—84° [aus Me.] (*Ca., La.*), 81—82° [aus A.] (*De. et al.*).

1,2-Di-[3]thienyl-äthandion, [3,3′]Thenil $C_{10}H_6O_2S_2$, Formel VIII.

B. Beim Erhitzen von [3,3′]Thenoin mit Kupfer(II)-sulfat in wss. Pyridin (*Campaigne, Bourgeois*, Am. Soc. 75 [1953] 2702).

Gelbe Krystalle (aus Me.); F: 75—76°.

3,4,3′,4′-Tetrachlor-[2,2′]bithienyl-5,5′-dicarbaldehyd $C_{10}H_2Cl_4O_2S_2$, Formel IX.

B. Beim Erhitzen von 3,4,3′,4′-Tetrachlor-5,5′-bis-dichlormethyl-[2,2′]bithienyl mit Calciumcarbonat und Calciumhydroxid in Wasser (*Steinkopf et al.*, A. 541 [1939] 260, 272).

Gelbe Krystalle; F: 179° [durch Sublimation gereinigtes Präparat].

3,7-Dihydro-benzo[1,2-b; 4,5-b′]difuran-2,6-dion $C_{10}H_6O_4$, Formel X.

B. Aus 2,5-Bis-carboxymethyl-hydrochinon beim kurzen Erhitzen auf Schmelztemperatur sowie beim Erwärmen mit Acetanhydrid und Benzol (*Wood et al.*, Am. Soc. **66** [1944] 1540).

Krystalle (aus A.); F: 281—282°.

VIII   IX   X   XI

*Opt.-inakt. 3,7-Dichlor-3,7-dihydro-benzo[1,2-*c*;4,5-*c*']difuran-1,5-dion, 2,5-Bis-[chlor-hydroxy-methyl]-terephthalsäure-dilacton $C_{10}H_4Cl_2O_4$, Formel XI (E II 184; dort als Dichlor-*p*-pyromellitid bezeichnet).

B. Beim Erwärmen von 2,5-Diformyl-terephthalsäure mit Phosphor(V)-chlorid (*de Diesbach*, *Riat*, Helv. **24** [1941] 1306, 1308).

Gelbliche Krystalle (aus Eg.); F: 256°.

Dioxo-Verbindungen $C_{11}H_8O_4$

3-[(*Ξ*)-Furfuryliden]-4-methyl-3*H*-pyran-2,6-dion, 4-[(*Ξ*)-Furfuryliden]-3-methyl-*cis*-pentendisäure-anhydrid $C_{11}H_8O_4$, Formel I.

B. Beim Erwärmen von 4-[(*E*)-Furfuryliden]-3-methyl-*trans*-pentendisäure (E III/IV **18** 4547) mit Acetanhydrid und Äthylacetat (*Petrow*, *Stephenson*, Soc. **1950** 1310, 1314).

Orangegelbe Krystalle; F: 138° [unkorr.]. UV-Absorptionsmaximum (Isopropylalkohol): 386 nm (*Pe.*, *St.*, l. c. S. 1312).

1,3-Di-[2]furyl-propan-1,3-dion $C_{11}H_8O_4$, Formel II, und Tautomeres (1,3-Di-[2]furyl-3-hydroxy-propenon).

B. Beim Erwärmen von 1-[2]Furyl-äthanon mit Furan-2-carbonsäure-äthylester und Natriummethylat in Äther (*Hammond*, *Schultz*, Am. Soc. **74** [1952] 329).

Gelbe Krystalle (aus A. + wss. Schwefelsäure); F: 74—77° (*Ha.*, *Sch.*). Absorptions-maxima einer Lösung in Äthanol: 284 nm und 365 nm; einer Lösung der Natrium-Ver-bindung in wss. Natronlauge: 276 nm und 375 nm (*Ha.*, *Sch.*, l. c. S. 331). Elektrolytische Dissoziation in 75%ig. wss. Dioxan: *Van Uitert et al.*, Am. Soc. **75** [1953] 455; *Van Uitert*, *Fernelius*, Am. Soc. **75** [1953] 3862. Stabilitätskonstante des Cer(III)-Komplexes in wss. Dioxan: *Van U.*, *Fe.*

Beim Erwärmen mit Hydroxylamin-hydrochlorid in Äthanol ist 3,5-Di-[2]furyl-isoxazol, beim Erwärmen mit Hydroxylamin-hydrochlorid und Natriumacetat in wss. Äthanol (?) ist hingegen 1,3-Di-[2]furyl-propan-1,3-dion-dioxim erhalten worden (*Ha.*, *Sch.*).

I   II   III

*1,3-Di-[2]furyl-propan-1,3-dion-dioxim $C_{11}H_{10}N_2O_4$, Formel III.

B. Aus 1,3-Di-[2]furyl-propan-1,3-dion sowie aus 2-[Furan-2-carbonyl]-1,3-di-[2]furyl-propan-1,3-dion mit Hilfe von Hydroxylamin-hydrochlorid und Natriumacetat (*Hammond*, *Schultz*, Am. Soc. **74** [1952] 329).

Krystalle (aus A. + W.); F: 174—178°. Absorptionsmaximum (A.): 264 nm (*Ha.*, *Sch.*, l. c. S. 331).

1-[2]Furyl-3-[2]thienyl-propan-1,3-dion $C_{11}H_8O_3S$, Formel IV, und Tautomere (3-[2]Furyl-3-hydroxy-1-[2]thienyl-propenon und 1-[2]Furyl-3-hydroxy-3-[2]thienyl-propenon).

B. Beim Behandeln von 1-[2]Thienyl-äthanon mit Natriumamid in Äther und anschliessenden Erwärmen mit Furan-2-carbonsäure-äthylester (*Harris, Levine,* Am. Soc. **71** [1949] 1120).

F: 54,5—55,5° (*Ha., Le.*). Bei 192—195°/6 Torr destillierbar (*Ha., Le.*). Elektrolytische Dissoziation in 75%ig. wss. Dioxan: *Van Uitert et al.,* Am. Soc. **75** [1953] 455, 457, 458; *Van Uitert, Fernelius,* Am. Soc. **75** [1953] 3862. Stabilitätskonstanten von Metall-Komplexen in 75%ig. wss. Dioxan: *Van Uitert et al.,* Am. Soc. **75** [1953] 458, 2736, 3862.

Kupfer(II)-Salz. F: 272—274° (*Ha., Le.*).

IV   V

1,3-Di-[2]thienyl-propan-1,3-dion $C_{11}H_8O_2S_2$, Formel V und Tautomeres (3-Hydroxy-1,3-di-[2]thienyl-propenon).

B. Beim Behandeln von 1-[2]Thienyl-äthanon mit Natriumamid in Äther und anschliessenden Erwärmen mit Thiophen-2-carbonsäure-äthylester (*Harris, Levine,* Am. Soc. **70** [1948] 3360).

F: 99—100° (*Ha., Le.*). Elektrolytische Dissoziation in 75%ig. wss. Dioxan: *Van Uitert et al.,* Am. Soc. **75** [1953] 455, 457, 458; *Van Uitert, Fernelius,* Am. Soc. **75** [1953] 3862. Stabilitätskonstanten von Metall-Komplexen in 75%ig. wss. Dioxan: *Van U. et al.,* l. c. S. 458; *Van U., Fe.*

Beim Erhitzen mit Hydrazin-hydrat ist 3,5-Di-[2]thienyl-pyrazol erhalten worden (*Parrini,* Ann. Chimica **47** [1957] 929, 946).

Kupfer(II)-Salz. F: 259—263° (*Ha., Le.*).

Bis-[5-formyl-[2]furyl]-methan, 5,5'-Methandiyl-bis-furan-2-carbaldehyd $C_{11}H_8O_4$, Formel VI.

B. Beim Behandeln eines Gemisches von Di-[2]furyl-methan, Cyanwasserstoff und Äther mit Chlorwasserstoff bei —15° und anschliessenden Hydrolysieren (*Reichstein et al.,* Helv. **15** [1932] 1066, 1072).

Gelbe Krystalle (aus A. oder Toluol); F: 118—119° [korr.]. Bei 165°/0,5 Torr destillierbar.

*Bis-[5-(hydroxyimino-methyl)-[2]furyl]-methan, 5,5'-Methandiyl-bis-furan-2-carb=aldehyd-dioxim $C_{11}H_{10}N_2O_4$, Formel VII (X = OH).

B. Beim Erwärmen einer Lösung von Bis-[5-formyl-[2]furyl]-methan in Methanol mit Hydroxylamin-hydrochlorid und Natriumacetat in Wasser (*Reichstein et al.,* Helv. **15** [1932] 1066, 1073).

Krystalle (aus A. + Toluol); F: 185—187° [korr.; Zers.].

VI   VII

*Bis-[5-semicarbazonomethyl-[2]furyl]-methan, 5,5'-Methandiyl-bis-furan-2-carb=aldehyd-disemicarbazon $C_{13}H_{14}N_6O_4$, Formel VII (X = NH-CO-NH$_2$).

B. Beim Behandeln von Bis-[5-formyl-[2]furyl]-methan mit Semicarbazid-acetat in wss. Methanol (*Reichstein et al.,* Helv. **15** [1932] 1066, 1073).

Krystalle (aus wss. A.); Zers. bei ca. 260°.

(±)-3,4-Dihydro-spiro[furan-2,1'-phthalan]-5,3'-dion $C_{11}H_8O_4$, Formel VIII (H **10** 867; dort als ,,Anhydro-Verbindung $C_{11}H_8O_4$'' bezeichnet).

Bestätigung der Konstitutionszuordnung: *Eskola, Suomalainen*, Suomen Kem. **17** B [1944] 15.

Krystalle (aus wss. A.); F: 120−121° (*Es., Su.*).

Überführung in 4-[2-Methoxycarbonyl-phenyl]-4-oxo-buttersäure-methylester durch Erwärmen mit Schwefelsäure enthaltendem Methanol: *Es., Su.* Beim Erwärmen mit Natriummethylat (2,5 Mol) in Methanol und Erhitzen des mit Xylol versetzten Reaktionsgemisches bis auf 140° unter Entfernen des Methanols ist [1,3-Dioxo-indan-2-yl]-essigsäure erhalten worden (*Es., Su.*). Eine von *Eskola* und *Suomalainen* (l. c.) bei der Umsetzung mit Hydroxylamin erhaltene Verbindung (F: 191−192°) ist als 3-[1-Oxo-1*H*-benz[*d*]-[1,2]oxazin-4-yl]-propionsäure zu formulieren (*Eskola*, Suomen Kem. **18** B [1945] 65, 66, 68).

VIII   IX   X

2,3-Dihydro-furo[3,2-*g*]chromen-5,7-dion, 3-[6-Hydroxy-benzofuran-5-yl]-3-oxo-propionsäure-lacton $C_{11}H_8O_4$, Formel IX, und Tautomere (z.B. 5-Hydroxy-2,3-dihydro-furo[3,2-*g*]chromen-7-on).

B. Beim Behandeln eines Gemisches von 2,3-Dihydro-benzofuran-6-ol, Cyanessigsäure-äthylester, Zinkchlorid und Äther mit Chlorwasserstoff, Erhitzen des Reaktionsprodukts mit Wasser und Erwärmen des danach isolierten Reaktionsprodukts mit wss. Schwefelsäure (*Horning, Reisner*, Am. Soc. **72** [1950] 1514, 1516).

Krystalle (aus A.); F: 261,5−263,5° [korr.; Zers.].

4a,9a-Dihydro-4*H*-benzo[4,5]thieno[2,3-*c*]pyran-1,3-dion, [2-Carboxy-2,3-dihydro-benzo[*b*]thiophen-3-yl]-essigsäure-anhydrid $C_{11}H_8O_3S$, Formel X.

Diese Konstitution kommt vermutlich der nachstehend beschriebenen opt.-inakt. Verbindung zu (*Koelsch, Stephens*, Am. Soc. **72** [1950] 2209, 2211).

B. Neben grösseren Mengen [2-Carboxy-2,3-dihydro-benzo[*b*]thiophen-3-yl]-essigsäure (F: 143−144°) beim Behandeln von opt.-inakt. [2-Methoxycarbonyl-2,3-dihydro-benzo[*b*]thiophen-3-yl]-essigsäure-methylester (E III/IV **18** 4549) mit wss.-äthanol. Natronlauge (*Ko., St.*).

Krystalle (aus wss. Eg.); F: 238−240°.

Dioxo-Verbindungen $C_{12}H_{10}O_4$

2-*trans*-Styryl-[1,3]dioxan-4,6-dion, Malonsäure-*trans*-cinnamylidenester, *trans*-Cinnamylidenmalonat $C_{12}H_{10}O_4$, Formel I.

Diese Konstitution und Konfiguration kommt vermutlich der nachstehend beschriebenen, von *Wul'fson* (Ž. obšč. Chim. **20** [1950] 595, 597; engl. Ausg. S. 627, 629) als [α-Hydroxy-cinnamyl]-malonsäure-lacton angesehenen Verbindung zu (vgl. *Davidson, Bernhard*, Am. Soc. **70** [1948] 3426; *Eistert, Geiss*, B. **94** [1961] 929).

B. Beim Behandeln des Disilber-Salzes der Malonsäure mit *trans*-Zimtaldehyd und Acetylchlorid (*Wu.*).

Krystalle (aus Acn.); F: 132−133° (*Wu.*).

(±)-5-[(*Ξ*)-4-Chlor-phenacyliden]-2-trichlormethyl-[1,3]dioxolan-4-on, (±)-4-[4-Chlor-phenyl]-4-oxo-2-[2,2,2-trichlor-1-hydroxy-äthoxy]-ξ-crotonsäure-lacton $C_{12}H_6Cl_4O_4$, Formel II.

Eine von *Rinderknecht et al.* (Biochem. J. **41** [1947] 463, 464, 467) unter dieser Konsti-

tution beschriebene Verbindung (F: 185—187°) ist als (±)-4-[4-Chlor-benzoyl]-5-trichlor=
methyl-dihydro-furan-2,3-dion (E III/IV **17** 6744) zu formulieren (*Rossi, Schinz*, Helv.
32 [1949] 1967, 1968, 1970 Anm. 1).

         I   **II**   **III**

*5*l*(?)-Benzo[1,3]dioxol-5-yl-pent-4-en-2,3-dion-2-[*O*-methyl-oxim] $C_{13}H_{13}NO_4$, vermutlich Formel III.

B. Beim Behandeln einer Lösung von Piperonal und Butandion-mono-[*O*-methyl-
oxim] (E II **1** 826) in Äthanol mit Natriummethylat in Methanol (*U.S. Vitamin Corp.*,
U.S.P. 2888464 [1958]).

Krystalle (aus Isopropylalkohol); F: 137—140°.

1,2-Bis-[5-methyl-[2]furyl]-äthandion, 5,5'-Dimethyl-[2,2']furil $C_{12}H_{10}O_4$, Formel IV.

B. Beim Erwärmen von 5-Methyl-furan-2-carbaldehyd mit Kaliumcyanid in wss.
Äthanol und Behandeln einer mit wss. Natronlauge versetzten äthanol. Lösung des er-
haltenen Reaktionsprodukts mit Luft (*Andrisano, Maioli*, G. **83** [1953] 264, 267
Anm. 12).

Hellgelbe Krystalle (aus A.); F: 170°.

            IV   **V**

1,2-Bis-[5-formyl-[2]furyl]-äthan, 5,5'-Äthandiyl-bis-furan-2-carbaldehyd $C_{12}H_{10}O_4$,
Formel V (H 168; dort als 5.5'-Äthylen-di-furfurol bezeichnet).

B. Beim Behandeln eines Gemisches von 1,2-Di-[2]furyl-äthan, Cyanwasserstoff und
Äther mit Chlorwasserstoff bei —15° und anschliessenden Hydrolysieren (*Reichstein*,
Helv. **13** [1930] 345, 348).

Krystalle (aus Bzl.); F: 119,5—121° [korr.] (*Re.*), 118—120° (*Newth, Wiggins*, Soc.
1947 396). Bei 160°/1 Torr destillierbar (*Re.*).

***1,2-Bis-[5-(hydroxyimino-methyl)-[2]furyl]-äthan, 5,5'-Äthandiyl-bis-furan-2-carb=
aldehyd-dioxim** $C_{12}H_{12}N_2O_4$, Formel VI (vgl. H 168).

B. Aus der im vorangehenden Artikel beschriebenen Verbindung und Hydroxylamin
(*Newth, Wiggins*, Soc. **1947** 396; vgl. H 168).

F: 200,5—201,5°.

5,5'-Diacetyl-[2,2']bithienyl $C_{12}H_{10}O_2S_2$, Formel VII (X = H).

B. Beim Erhitzen von [2,2']Bithienyl mit Acetanhydrid und wenig Phosphorsäure
(*Wynberg, Logothetis*, Am. Soc. **78** [1956] 1958, 1960).

Krystalle (aus Dioxan); F: 233,5—234° [korr.] (*Wy., Lo.*), 231—232° (*Steinkopf,
v. Petersdorff*, A. **543** [1940] 119, 124).

Beim Erhitzen mit Raney-Nickel in Dioxan und Behandeln des Reaktionsprodukts mit
Chrom(VI)-oxid in Essigsäure ist Dodecan-2,11-dion erhalten worden (*Wy., Lo.*).

5,5'-Diacetyl-3,3'-dinitro-[2,2']bithienyl $C_{12}H_8N_2O_6S_2$, Formel VII (X = NO_2).

B. Beim Erhitzen von 1-[5-Chlor-4-nitro-[2]thienyl]-äthanon mit Kupfer-Pulver bis
auf 215° (*Jean, Nord*, J. org. Chem. **20** [1955] 1363, 1368).

Gelbliche Krystalle (aus wss. Eg.); F: 128,5° [unkorr.; Fisher-Johns-App.] (*Jean, Nord*,

l. c. S. 1368). UV-Spektrum (A.; 220—300 nm): *Jean, Nord*, J. org. Chem. **20** [1955] 1370, 1377.

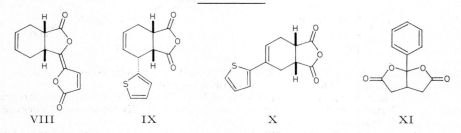

VI   VII

(±)-3-[(*E*)-5-Oxo-5*H*-[2]furyliden]-(3a*r*,7a*c*(?))-3a,4,7,7a-tetrahydro-3*H*-isobenzofuran-1-on $C_{12}H_{10}O_4$, vermutlich Formel VIII + Spiegelbild.

B. Beim Erhitzen von (*E*)-[2,2′]Bifuryliden-5,5′-dion mit Buta-1,3-dien und Dioxan auf 150° (*Holmquist et al.*, Am. Soc. **81** [1959] 3686, 3689; s. a. *Du Pont de Nemours & Co.*, U.S.P. 2859220 [1956]).

Krystalle (aus E. + PAe.); F: 109,5° (*Du Pont; Ho. et al.*).

(±)-4*t*(?)-[2]Thienyl-(3a*r*,7a*c*)-3a,4,7,7a-tetrahydro-isobenzofuran-1,3-dion,
(±)-3*c*(?)-[2]Thienyl-cyclohex-4-en-1*r*,2*c*-dicarbonsäure-anhydrid $C_{12}H_{10}O_3S$,
vermutlich Formel IX + Spiegelbild.

B. Beim Erwärmen von 1*t*(?)-[2]Thienyl-buta-1,3-dien (aus 4-[2]Thienyl-but-2-en-1-ol [EIII/IV **17** 1328] mit Hilfe von Kaliumhydroxid sowie aus (±)-1-[2]Thienyl-but-3-en-1-ol oder aus (±)-1-[2]Thienyl-but-3-en-2-ol mit Hilfe von Kaliumhydrogensulfat hergestellt) mit Maleinsäure-anhydrid in Benzol (*Gmitter, Benton*, Am. Soc. **72** [1950] 4586, 4588).

Krystalle (aus Bzl. + Bzn.); F: 100—101° [unkorr.].

VIII   IX   X   XI

(±)-5-[2]Thienyl-(3a*r*,7a*c*)-3a,4,7,7a-tetrahydro-isobenzofuran-1,3-dion,
(±)-4-[2]Thienyl-cyclohex-4-en-1*r*,2*c*-dicarbonsäure-anhydrid $C_{12}H_{10}O_3S$, Formel X + Spiegelbild.

B. Beim Erwärmen von (±)-2-[2]Thienyl-but-3-en-2-ol mit Kaliumhydrogensulfat und wenig Hydrochinon unter 2 Torr auf 80° und Erwärmen des Reaktionsprodukts mit Maleinsäure-anhydrid in Benzol (*Gmitter, Benton*, Am. Soc. **72** [1950] 4586, 4589).

Krystalle (aus Bzl. + Bzn.); F: 112—113° [unkorr.].

*6a-Phenyl-dihydro-furo[2,3-*b*]furan-2,5-dion, 3-[α,α-Dihydroxy-benzyl]-glutarsäure-dilacton $C_{12}H_{10}O_4$, Formel XI.

B. Beim Erhitzen von Tricarballylsäure (Propan-1,2,3-tricarbonsäure) mit Benzoe=säure-anhydrid in Xylol (*Lawson*, Soc. **1957** 144, 149).

Krystalle (aus Bzl.); F: 122°.

3,4,8,9-Tetrahydro-pyrano[2,3-*g*]chromen-2,7-dion $C_{12}H_{10}O_4$, Formel XII.

B. Beim Erhitzen von 1,4-Bis-[2-carboxy-äthyl]-2,5-dimethoxy-benzol oder von 1,4-Bis-[2,2-dicyan-äthyl]-2,5-dimethoxy-benzol mit wss. Bromwasserstoffsäure (*Westfahl, Gresham*, Am. Soc. **76** [1954] 1076, 1079).

Krystalle (aus A. oder aus Acn. + W.); F: 292—296° [unkorr.].

2,3,7,8-Tetrahydro-pyrano[2,3-g]chromen-4,9-dion $C_{12}H_{10}O_4$, Formel XIII.

B. Beim Erwärmen von 1,4-Bis-[2-carboxy-äthoxy]-benzol mit Acetylchlorid und wenig Schwefelsäure (*Gottesmann*, B. **66** [1933] 1168, 1177) oder mit Phosphor(V)-oxid und Phosphorsäure (*Arbusow, Isaewa*, Ž. obšč. Chim. **22** [1952] 1645; engl. Ausg. S. 1685).
Krystalle; F: 234° [Zers.; aus W.] (*Colonge, Guyot*, Bl. **1958** 325, 326), 229—230° [aus Bzl.] (*Ar., Is.*).
Über ein Dioxim $C_{12}H_{12}N_2O_4$ (gelbe Krystalle; Zers. bei 300°) s. *Co., Gu.*

XII   XIII   XIV   XV

2,3,7,8-Tetrahydro-thiopyrano[2,3-g]thiochromen-4,9-dion $C_{12}H_{10}O_2S_2$, Formel XIV.

B. Beim Erwärmen von 1,4-Bis-[2-carboxy-äthylmercapto]-benzol mit Schwefelsäure und wenig Phosphor(V)-oxid (*Bellavita*, G. **70** [1940] 599, 603).
Gelbe Krystalle (aus A.); F: 155°.

3,4,6,7-Tetrahydro-pyrano[3,2-g]chromen-2,8-dion $C_{12}H_{10}O_4$, Formel XV.

Diese Konstitution kommt der früher (s. E II **18** 9) als 5-Hydroxy-chroman-2-on beschriebenen Verbindung (F: 224—225°) zu (*Das Gupta et al.*, Soc. [C] **1969** 29, 30; s. a. *Nógrádi et al.*, Festschrift K. Venkataraman [New York 1962] S. 227, 230, 231).
B. Beim Behandeln eines Gemisches von 7-Hydroxy-chroman-2-on, Methylacrylat und Aluminiumchlorid mit Chlorwasserstoff bei 160° (*Das Gu. et al.*, Soc. [C] **1969** 29, 32).
Krystalle (aus A.); F: 224—225° (*Das Gu. et al.*).

4,8-Dimethyl-3,7-dihydro-benzo[1,2-b;4,5-b']difuran-2,6-dion $C_{12}H_{10}O_4$, Formel I.

B. Beim Erhitzen von 2,5-Bis-[bis-äthoxycarbonyl-methyl]-3,6-dimethyl-[1,4]benzochinon mit wss. Essigsäure und Zink (*Smith, Nichols*, Am. Soc. **65** [1943] 1739, 1745). Beim Erhitzen von 4,8-Dimethyl-2,6-dioxo-2,3,6,7-tetrahydro-benzo[1,2-b;4,5-b']difuran-3,7-dicarbonsäure-diäthylester (F: 129—131°) mit wss. Essigsäure (*Sm., Ni.*).
Krystalle (aus Eg.); Zers. bei 335—337°.

I   II   III

*Opt.-inakt. 1,1-Dioxo-3a,4,4a,7a,8,8a-hexahydro-1λ^6-4,8-ätheno-thieno[2,3-f]isobenzofuran-5,7-dion, 1,1-Dioxo-3a,4,5,6,7,7a-hexahydro-1λ^6-4,7-ätheno-benzo[b]thiophen-5,6-dicarbonsäure-anhydrid $C_{12}H_{10}O_5S$, Formel II.

B. Beim Behandeln von (±)-3-Brom-2,3-dihydro-thiophen-1,1-dioxid mit Piperidin und Benzol und Erhitzen des Reaktionsprodukts mit Maleinsäure-anhydrid in Brombenzol (*Backer, Melles*, Pr. Akad. Amsterdam [B] **54** [1951] 340, 342).
Krystalle (aus E.); F: 305—306°.

5c(?),6c(?)-Epoxy-(3ar,4ac,6ac,7ac)-octahydro-4t,7t-ätheno-cyclobut[f]isobenzofuran-1,3-dion, 1c(?),2c(?)-Epoxy-(2ar,6ac)-octahydro-3t,6t-ätheno-cyclobutabenzen-4t,5t-dicarbonsäure-anhydrid, 3t(?),4t(?)-Epoxy-(1rC⁹,2tH,5tH)-tricyclo[4.2.2.0²,⁵]dec-9-en-7c,8c-dicarbonsäure-anhydrid $C_{12}H_{10}O_4$, vermutlich Formel III.

Bezüglich der Konfigurationszuordnung vgl. *Avram et al.*, A. **636** [1960] 174, 175, 179; *Baxter, Garratt*, Am. Soc. **92** [1970] 1062.

B. Beim Erwärmen von 7,8-Epoxy-cycloocta-1,3,5-trien mit Maleinsäure-anhydrid in Benzol (*Reppe et al.*, A. **560** [1948] 1, 88; *Friess, Boekelheide*, Am. Soc. **71** [1949] 4145; *Cope et al.*, Am. Soc. **80** [1958] 5505). Beim Behandeln einer Lösung von (3a*r*,4a*c*,6a*c*,7a*c*)-3a,4,4a,6a,7,7a-Hexahydro-4*t*,7*t*-ätheno-cyclobut[*f*]isobenzofuran-1,3-dion (E III/IV **17** 6301) in Chloroform mit Peroxybenzoesäure in Benzol (*Cope et al.*).

Krystalle; F: 209,5—210° [Kofler-App.; aus Bzl. + Bzn.] (*Cope et al.*), 206—207° [unkorr.; aus Bzl.] (*Fr., Bo.*), 203° [nach Sintern von 185° an; aus Chlorbenzol] (*Re. et al.*).

Dioxo-Verbindungen $C_{13}H_{12}O_4$

1,5-Di-[2]thienyl-pentan-1,5-dion $C_{13}H_{12}O_2S_2$, Formel IV.
B. Beim Behandeln von Thiophen mit Glutarylchlorid, Aluminiumchlorid und Schwefel≈kohlenstoff (*Cagniant, Cagniant*, Bl. **1955** 680, 682).
Krystalle (aus A.); F: 88,5°.

IV

*1,5-Di-[2]thienyl-pentan-1,5-dion-mono-[2,4-dinitro-phenylhydrazon] $C_{19}H_{16}N_4O_5S_2$, Formel V.
B. Aus 1,5-Di-[2]thienyl-pentan-1,5-dion und [2,4-Dinitro-phenyl]-hydrazin (*Cagniant, Cagniant*, Bl. **1955** 680, 682).
Orangerote Krystalle; F: 181° [Block].

V   VI

Bis-[5-acetyl-[2]thienyl]-methan $C_{13}H_{12}O_2S_2$, Formel VI.
B. Beim Behandeln von Di-[2]thienyl-methan mit Acetylchlorid, Aluminiumchlorid und Schwefelkohlenstoff (*Buu-Hoï et al.*, C. r. **240** [1955] 442), mit Acetylchlorid, Zinn(IV)-chlorid und Benzol (*Du Pont de Nemours & Co.*, U.S.P. 2467439 [1947]) oder mit Acetanhydrid und mit Jod in Äther (*Cairns et al.*, Am. Soc. **73** [1951] 1270, 1271).
Krystalle (aus E. + Hexan bzw. aus Isobutylalkohol); F: 124—125° (*Du Pont*; *Ca. et al.*).
Beim Behandeln mit wss.-äthanol. Kalilauge und Behandeln der (blauen) Reaktions-lösung mit Sauerstoff sowie beim Erwärmen mit Chrom(VI)-oxid und wss. Essigsäure ist Bis-[5-acetyl-[2]thienyl]-keton, beim Behandeln einer Lösung in Chloroform mit alkal. wss. Natriumhypochlorit-Lösung ist dagegen Bis-[5-carboxy-[2]thienyl]-keton er-halten worden (*Ca. et al.*).

(±)-4*t*(?)-[2]Furyl-6-methyl-(3a*r*,7a*c*)-3a,4,7,7a-tetrahydro-isobenzofuran-1,3-dion,
(±)-3*c*(?)-[2]Furyl-5-methyl-cyclohex-4-en-1*r*,2*c*-dicarbonsäure-anhydrid $C_{13}H_{12}O_4$,
vermutlich Formel VII + Spiegelbild.
Über die Konstitution s. *Aršenjuk*, Ž. obšč. Chim. **31** [1961] 2924; engl. Ausg. S. 2725.
B. Beim Behandeln von 1*t*(?)-[2]Furyl-3-methyl-buta-1,3-dien (E III/IV **17** 409) mit Maleinsäure-anhydrid (1 Mol) in Benzol (*Aršenjuk*, Ž. obšč. Chim. **26** [1956] 766, 769; engl. Ausg. S. 877, 879) oder in Äther (*Ar.*, Ž. obšč. Chim. **31** 2924; engl. Ausg. S. 2725).
Krystalle; F: 73—75° [aus Ae. + PAe.] (*Ar.*, Ž. obšč. Chim. **26** 769; engl. Ausg. S. 879), 73,5—74,5° [aus Bzl. + Bzn.] (*Ar.*, Ž. obšč. Chim. **31** 2924; engl. Ausg. S. 2725).

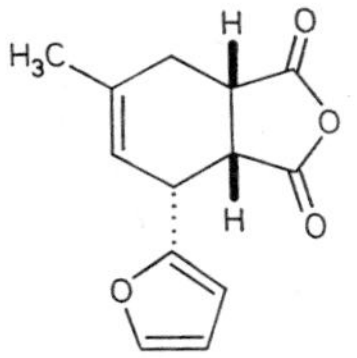

VII 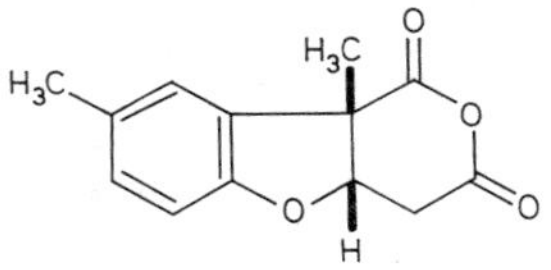   VIII 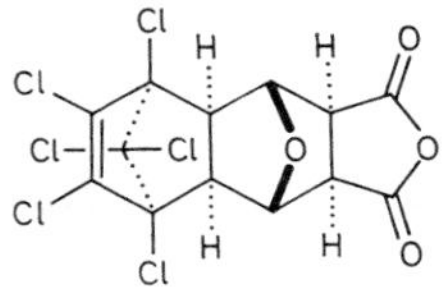   IX

(±)-8,9b-Dimethyl-(4ar,9bc)-4a,9b-dihydro-4H-benzofuro[3,2-c]pyran-1,3-dion,
(±)-[3c-Carboxy-3t,5-dimethyl-2,3-dihydro-benzofuran-2r-yl]-essigsäure-anhydrid
$C_{13}H_{12}O_4$, Formel VIII + Spiegelbild.

Diese Konstitution und Konfiguration ist der nachstehend beschriebenen, von *Westerfeld* und *Lowe* (J. biol. Chem. **145** [1942] 463, 467) als [2-Carboxy-2,5-dimethyl-2,3-dihydro-benzofuran-3-yl]-essigsäure-anhydrid ($C_{13}H_{12}O_4$) angesehenen Verbindung zuzuordnen.

B. Beim Behandeln von (±)-[3c-Carboxy-3t,5-dimethyl-2,3-dihydro-benzofuran-2r-yl]-essigsäure (E III/IV **18** 4551) mit Acetanhydrid und Pyridin (*We., Lowe*).

F: 125−126°.

5,6,7,8,11,11-Hexachlor-(3ar,4ac,8ac,9ac)-3a,4,4a,5,8,8a,9,9a-octahydro-4t,9t-epoxido-5c,8c-methano-naphtho[2,3-c]furan-1,3-dion, 5,6,7,8,9,9-Hexachlor-(4ar,8ac)-1,2,3,4,4a,⸗5,8,8a-octahydro-1t,4t-epoxido-5c,8c-methano-naphthalin-2t,3t-dicarbonsäure-anhydrid $C_{13}H_6Cl_6O_4$, Formel IX.

Diese Konfiguration kommt wahrscheinlich der nachstehend beschriebenen Verbindung zu (*Shell Devel. Co.*, U.S.P. 2733248 [1953]).

B. Beim Erwärmen von 7-Oxa-norborn-5-en-2exo,3exo-dicarbonsäure-anhydrid (E II **19** 181) mit Hexachlorcyclopentadien in Aceton (*Shell Devel. Co.*).

Krystalle (aus Acn. + Hexan); F: 282−283°.   [*Geibler*]

Dioxo-Verbindungen $C_{14}H_{14}O_4$

3-[2-Benzo[1,3]dioxol-5-yl-äthyliden]-pentan-2,4-dion, 3-[3,4-Methylendioxy-phen⸗äthyliden]-pentan-2,4-dion, 3-Homopiperonyliden-pentan-2,4-dion $C_{14}H_{14}O_4$, Formel I.

B. Beim Erwärmen von Benzo[1,3]dioxol-5-yl-acetaldehyd mit Pentan-2,4-dion, Pyridin und wenig Piperidin (*Howell, Taylor*, Soc. **1956** 4252, 4255).

Krystalle (aus A.); F: 108°.

1,1-Bis-[5-acetyl-[2]thienyl]-äthan $C_{14}H_{14}O_2S_2$, Formel II.

B. Beim Erwärmen von 1,1-Di-[2]thienyl-äthan mit Acetanhydrid und mit Jod in Äther (*Cairns et al.*, Am. Soc. **73** [1951] 1270, 1272).

Krystalle (aus A.); F: 66−66,5°. Absorptionsmaximum (wss.-äthanol. Natronlauge): 667 nm.

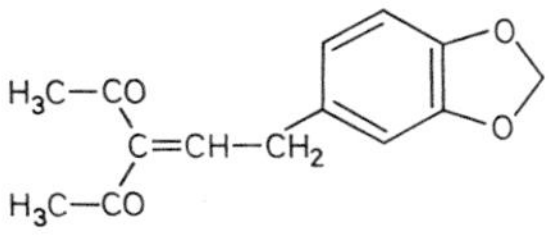

I 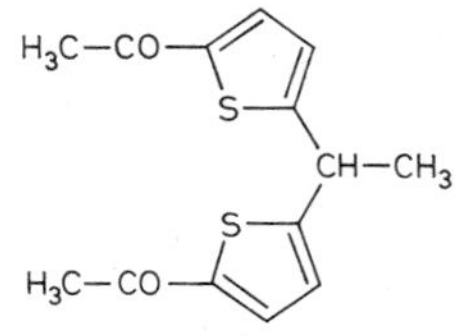   II 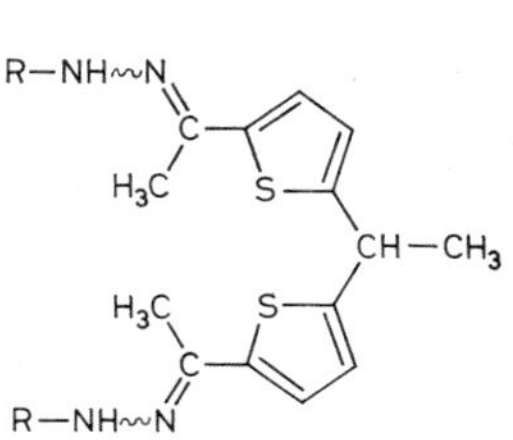   III

*1,1-Bis-{5-[1-(4-nitro-phenylhydrazono)-äthyl]-[2]thienyl}-äthan $C_{26}H_{24}N_6O_4S_2$, Formel III (R = C_6H_4-NO_2).

B. Aus 1,1-Bis-[5-acetyl-[2]thienyl]-äthan und [4-Nitro-phenyl]-hydrazin (*Cairns et al.*,

Am. Soc. **73** [1951] 1270, 1272).

Krystalle (aus Nitrobenzol oder Py.); F: 253—254°.

3,3'-Diacetyl-5,5'-dimethyl-[2,2']bithienyl $C_{14}H_{14}O_2S_2$, Formel IV.

B. Beim Behandeln von 5,5'-Dimethyl-[2,2']bithienyl mit Acetylchlorid und Schwefel=kohlenstoff unter Zusatz von Aluminiumchlorid (*Steinkopf, v. Petersdorff*, A. **543** [1940] 119, 125) oder von Zinn(IV)-chlorid, in diesem Falle neben 1-[5,5'-Dimethyl-[2,2']bi=thienyl-3-yl]-äthanon (*Lescot et al.*, Soc. **1959** 3233, 3236).

Krystalle; F: 111° [aus A.] (*Le. et al.*), 109—111° [aus PAe.] (*St., v. Pe.*).

5,6-Dimethyl-3-[5-oxo-5H-[2]furyliden]-3a,4,7,7a-tetrahydro-3H-isobenzofuran-1-on $C_{14}H_{14}O_4$.

a) **Opt.-inakt. 5,6-Dimethyl-3-[(E)-5-oxo-5H-[2]furyliden]-3a,4,7,7a-tetrahydro-3H-isobenzofuran-1-on** $C_{14}H_{14}O_4$, Formel V, vom F: 156°.

B. Beim Erhitzen von (E)-[2,2']Bifuryliden-5,5'-dion oder von (Z)-[2,2']Bifuryliden-5,5'-dion mit 2,3-Dimethyl-buta-1,3-dien und Dioxan bis auf 175° (*Holmquist et al.*, Am. Soc. **81** [1959] 3686, 3689).

Krystalle; F: 156°.

IV   V   VI

b) **Opt.-inakt. 5,6-Dimethyl-3-[(Z)-5-oxo-5H-[2]furyliden]-3a,4,7,7a-tetrahydro-3H-isobenzofuran-1-on** $C_{14}H_{14}O_4$, Formel VI, vom F: 209°.

B. Beim Erhitzen des unter c) beschriebenen Stereoisomeren mit 2,3-Dimethyl-buta-1,3-dien und Dioxan auf 150° (*Holmquist et al.*, Am. Soc. **81** [1959] 3686, 3689).

F: 208—209°.

c) **Opt.-inakt. 5,6-Dimethyl-3-[(Z)-5-oxo-5H-[2]furyliden]-3a,4,7,7a-tetrahydro-3H-isobenzofuran-1-on** $C_{14}H_{14}O_4$, Formel VI, vom F: 178°.

B. Neben grösseren Mengen des unter a) beschriebenen Stereoisomeren beim Erhitzen von (Z)-[2,2']Bifuryliden-5,5'-dion mit 2,3-Dimethyl-buta-1,3-dien und Dioxan auf 150° (*Holmquist et al.*, Am. Soc. **81** [1959] 3686, 3689).

Krystalle; F: 174—178°.

3,3,7,7-Tetramethyl-3,7-dihydro-benzo[1,2-c;4,5-c']difuran-1,5-dion, 2,5-Bis-[α-hydroxy-isopropyl]-terephthalsäure-dilacton $C_{14}H_{14}O_4$, Formel VII.

Diese Konstitution ist der nachstehend beschriebenen Verbindung zugeordnet worden (*Kariyone et al.*, J. pharm. Soc. Japan **73** [1953] 925; C. A. **1954** 12054).

B. Beim Erwärmen einer als 4,4,9,9-Tetramethyl-4,9-dihydro-pyrano[3,4-g]isochromen-1,3,6,8-tetraon angesehenen Verbindung (F: 340°) mit Kaliumpermanganat in wss. Schwefelsäure (*Ka. et al.*).

Krystalle; F: 338—339° [geschlossene Kapillare].

5-Methallyl-5,5a,8a,8b-tetrahydro-benzo[2,1-b;3,4-c']difuran-6,8-dion, 5-Methallyl-5,6,7,7a-tetrahydro-benzofuran-6,7-dicarbonsäure-anhydrid $C_{14}H_{14}O_4$, Formel VIII.

Diese Konstitution kommt vermutlich der nachstehend beschriebenen opt.-inakt. Verbindung zu.

B. Beim Erwärmen von α-Clausenan (3-[4-Methyl-penta-1,4-dienyl]-furan mit Malein=säure-anhydrid in Benzol (*Rao, Subramaniam*, Pr. Indian Acad. [A] **2** [1935] 574, 575).

Krystalle (aus PAe.); F: 85°.

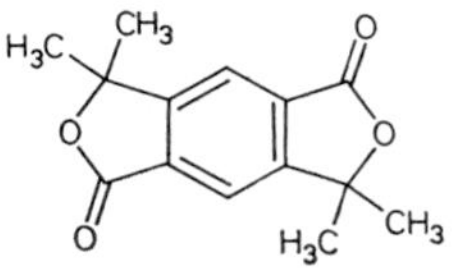

VII 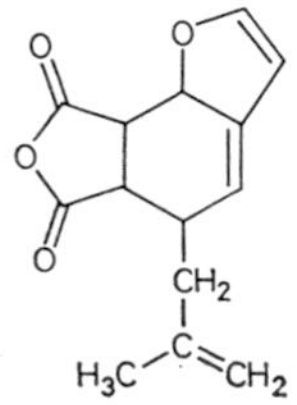   VIII 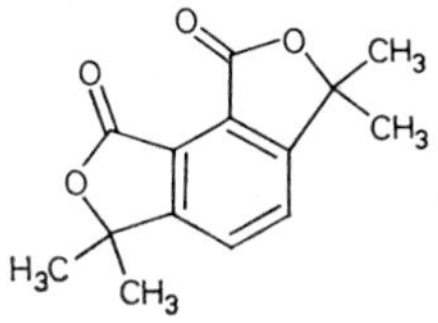   IX 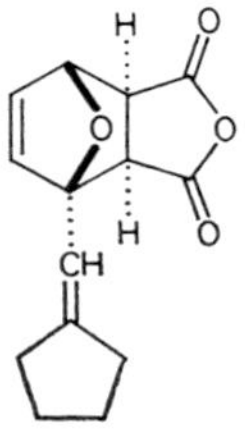   X

3,3,6,6-Tetramethyl-3,6-dihydro-benzo[1,2-c;3,4-c']difuran-1,8-dion, **3,6-Bis-[α-hydroxy-isopropyl]-phthalsäure-dilacton**, **Coriariadilacton** $C_{14}H_{14}O_4$, Formel IX.

Konstitutionszuordnung: *Kariyone, Okuda*, J. pharm. Soc. Japan **73** [1953] 928; C. A. **1954** 12055.

B. Beim Erhitzen einer Lösung von Coriarinsäure (5-[1-Carboxy-1-methyl-äthyl]-1,1-dimethyl-3-oxo-phthalan-4-carbonsäure) in wss. Schwefelsäure mit Kaliumperman-ganat in Wasser (*Kariyone, Oosumi*, J. pharm. Soc. Japan **62** [1942] 510, 514; dtsch. Ref. S. 158; C. A. **1951** 4708). Beim Behandeln von Benzol-1,2,3,4-tetracarbonsäure-1,2;3,4-di-anhydrid mit Methylmagnesiumjodid in Anisol (*Ka., Ok.*).

Krystalle (aus wss. A.); F: 255° (*Ka., Oo.*; *Ka., Ok.*). Bei 200° bis 250°/17 Torr sub-limierbar (*Ka., Ok.*).

(±)-4c-Cyclopentylidenmethyl-(3ar,7ac)-3a,4,7,7a-tetrahydro-4t,7t-epoxido-isobenzo-furan-1,3-dion, **(±)-1-Cyclopentylidenmethyl-7-oxa-norborn-5-en-2exo,3exo-dicarbon-säure-anhydrid** $C_{14}H_{14}O_4$, Formel X + Spiegelbild.

Diese Konstitution kommt vermutlich der nachstehend beschriebenen Verbindung zu (*Schmidt*, B. **91** [1958] 28, 30); bezüglich der Konfigurationszuordnung vgl. das analog hergestellte (3ar,7ac)-3a,4,7,7a-Tetrahydro-4t,7t-epoxido-isobenzofuran-1,3-dion (E II **19** 181; E III/IV **19** 1964).

B. Beim Behandeln von Furfurylidencyclopentan mit Maleinsäure-anhydrid in Äther (*Sch.*, l. c. S. 32).

Krystalle; F: 68—69°.

Dioxo-Verbindungen $C_{15}H_{16}O_4$

2,2-Bis-[5-acetyl-[2]furyl]-propan $C_{15}H_{16}O_4$, Formel I.

B. Beim Behandeln von 2,2-Di-[2]furyl-propan mit Acetanhydrid und dem Borfluorid-Äther-Addukt und anschliessenden Erwärmen (*Brown, French*, Canad. J. Chem. **36** [1958] 371, 374).

Öl; bei 178—182°/2—3 Torr destillierbar.

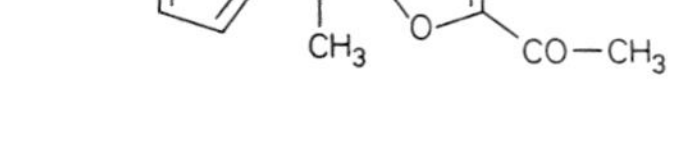

I 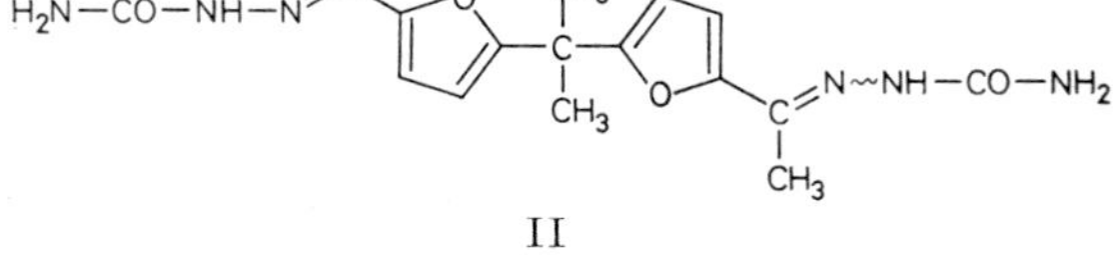   II

2,2-Bis-[5-(1-semicarbazono-äthyl)-[2]furyl]-propan $C_{17}H_{22}N_6O_4$, Formel II.

B. Aus 2,2-Bis-[5-acetyl-[2]furyl]-propan und Semicarbazid (*Brown, French*, Canad. J. Chem. **36** [1958] 371, 374).

F: 235° [korr.; Zers.].

2,2-Bis-[5-acetyl-[2]thienyl]-propan $C_{15}H_{16}S_2O_2$, Formel III.

B. Beim Behandeln von 2,2-Di-[2]thienyl-propan mit Acetanhydrid und mit Jod in Äther (*Badger et al.*, Soc. **1954** 4162, 4165).

Krystalle (aus A.); F: 75—75,5°.

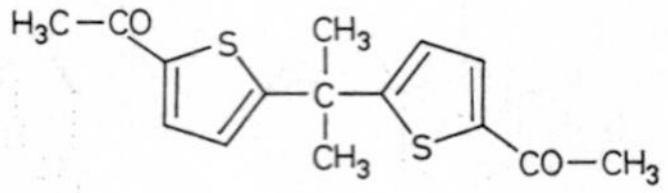

III

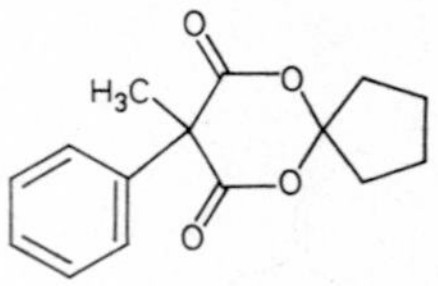

IV

8-Methyl-8-phenyl-6,10-dioxa-spiro[4.5]decan-7,9-dion, Methyl-phenyl-malonsäure-cyclopentylidenester $C_{15}H_{16}O_4$, Formel IV.

B. Beim Behandeln von Methyl-phenyl-malonsäure mit Acetanhydrid und wenig Schwefelsäure und Behandeln des Reaktionsprodukts mit Cyclopentanon (*Scheuer, Cohen*, Am. Soc. **80** [1958] 4933, 4936).

Krystalle (aus Cyclohexan); F: 88—89°. IR-Banden (CHCl₃) im Bereich von 3,3 μ bis 11,5 μ: *Sch., Co.*, l. c. S. 4938.

Dioxo-Verbindungen $C_{16}H_{18}O_4$

2,2-Dimethyl-5-[2,4,6-trimethyl-benzyliden]-[1,3]dioxan-4,6-dion, [2,4,6-Trimethyl-benzyliden]-malonsäure-isopropylidenester $C_{16}H_{18}O_4$, Formel V.

B. Beim Erwärmen von 2,4,6-Trimethyl-benzaldehyd mit 2,2-Dimethyl-[1,3]dioxan-4,6-dion und Pyridin (*Corey*, Am. Soc. **74** [1952] 5897, 5904).

Krystalle (aus A.); F: 149—150° [unkorr.].

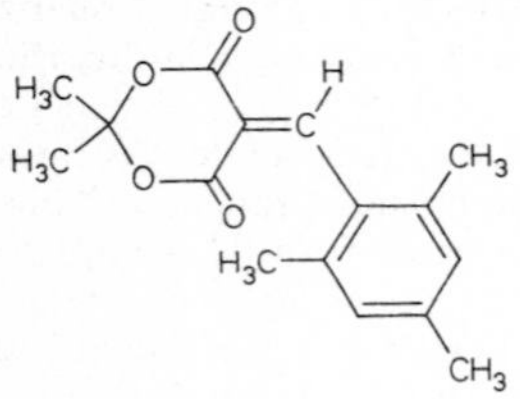

V

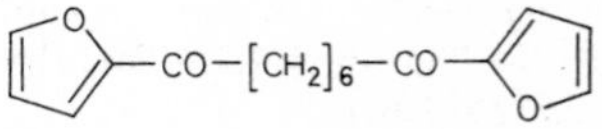

VI

1,8-Di-[2]furyl-octan-1,8-dion $C_{16}H_{18}O_4$, Formel VI.

B. Beim Behandeln von 1,6-Bis-[äthoxycarbonyl-nitroso-amino]-hexan mit Furfural und äthanol. Natronlauge (*Samour, Mason*, Am. Soc. **76** [1954] 441, 443).

F: 122,7—123,4°.

*1,8-Di-[2]furyl-octan-1,8-dion-bis-[2,4-dinitro-phenylhydrazon] $C_{28}H_{26}N_8O_{10}$, Formel VII.

B. Aus 1,8-Di-[2]furyl-octan-1,8-dion und [2,4-Dinitro-phenyl]-hydrazin (*Samour, Mason*, Am. Soc. **76** [1954] 441, 443 Tab. II, Anm. j).

F: 204,8—205,8° [Zers.].

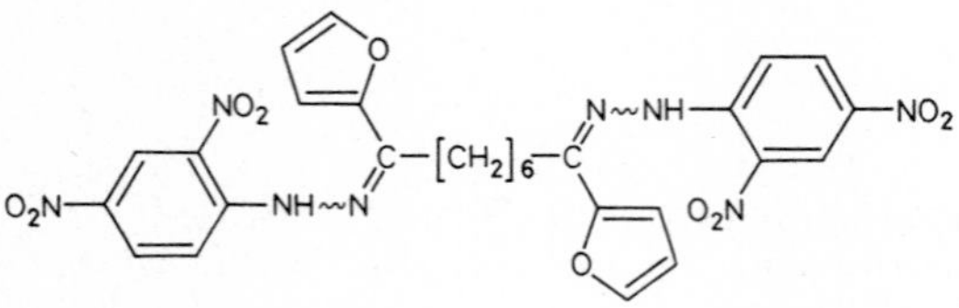

VII

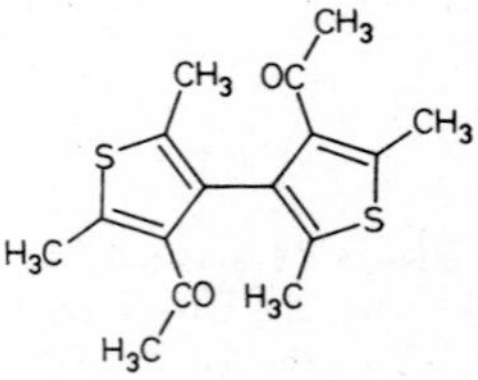

VIII

4,4'-Diacetyl-2,5,2',5'-tetramethyl-[3,3']bithienyl $C_{16}H_{18}O_2S_2$, Formel VIII.

B. Beim Behandeln von 2,5,2',5'-Tetramethyl-[3,3']bithienyl mit Acetylchlorid, Benzol und Titan(IV)-chlorid (*Steinkopf, v. Petersdorff*, A. **543** [1940] 119, 126).

Krystalle (aus PAe. + Ae.); F: 90—91°.

1,9,9-Trimethyl-5-phenyl-2,8-dioxa-bicyclo[3.3.1]nonan-3,7-dion, 3-[2,2-Dihydroxy-1,1-dimethyl-propyl]-3-phenyl-glutarsäure-dilacton $C_{16}H_{18}O_4$, Formel IX.

B. Neben anderen Verbindungen beim Behandeln einer Lösung von [2,2,3-Trimethyl-1-phenyl-cyclopent-3-enyl]-essigsäure-methylester in wss. Essigsäure mit Ozon und Behandeln der Reaktionslösung mit Wasser und anschliessend mit heissem Wasserdampf (*Bredt-Savelsberg, Buchkremer,* B. **66** [1933] 1921, 1930).

Krystalle (aus A.); F: 207—208°.

IX   X   XI

3,3,4,7,7,8-Hexamethyl-3,7-dihydro-benzo[1,2-b;4,5-b′]difuran-2,6-dion $C_{16}H_{18}O_4$, Formel X.

B. Neben anderen Verbindungen beim Erhitzen von 2,5-Dimethyl-[1,4]benzochinon mit 2,5-Dimethyl-hydrochinon, [α,α′]Azoisobutyronitril und Toluol (*Lopez Aparicio, Waters,* Soc. **1952** 4666, 4674).

Krystalle (aus PAe.); F: 224°. IR-Banden im Bereich von 1800 cm⁻¹ bis 1215 cm⁻¹: *Lo. Ap., Wa.*

(3ar,11bc)-3a,4,5,6,7,8,9,10,11,11b-Decahydro-3bt,11at-epoxido-phenanthro[9,10-c]‑furan-1,3-dion, 1,2,3,4,5,6,7,8,9,10-Decahydro-8ar,10ac-epoxido-phenanthren-9c,10c-di‑carbonsäure-anhydrid $C_{16}H_{18}O_4$, Formel XI.

Konstitutionszuordnung: *Treibs,* A. **630** [1960] 120, 122; bezüglich der Konfigurationszuordnung vgl. das analog hergestellte 7-Oxa-nornorn-5-en-2exo,3exo-dicarbonsäure-an‑hydrid (E II **19** 181; E III/IV **19** 1964).

B. Beim Behandeln von 1,2,3,4,6,7,8,9-Octahydro-dibenzofuran mit Maleinsäure-anhydrid in Benzol (*Tr.,* l. c. S. 126).

Krystalle; F: 170—171° [aus Bzl.] (*Tr.*), 170,5—171° (*Morel, Verkade,* R. **70**[1951] 35, 49).

Dioxo-Verbindungen $C_{17}H_{20}O_4$

(2aR)-2a,6c,9a-Trimethyl-2-methylen-(2ar,4at,9at,9bc,9cc)-2a,4a,5,6,8,9a,9b,9c-octa‑hydro-2H-1,4-dioxa-dicyclopent[cd,f]azulen-3,9-dion, (11R)-6β,13-Epoxy-8α-hydroxy-11-methyl-13-methylen-4-oxo-ambros-1-en-12-säure-lacton ¹), **Pyrotenulin** $C_{17}H_{20}O_4$, Formel XII.

Konstitution und Konfiguration: *Herz et al.,* Am. Soc. **84** [1962] 3857, 3861. Pyroten‑ulin hat auch in einem von *Clark* (Am. Soc. **61** [1939] 1836, 1839) beschriebenen Präparat (F: 240°) der vermeintlichen Zusammensetzung $C_{22}H_{26}O_5$ vorgelegen (*Barton, de Mayo,* Soc. **1956** 142, 144).

B. Aus Tenulin (E III/IV **18** 2422) beim Erhitzen ohne Zusatz auf 300° (*Ba., de Mayo,* l. c. S. 147; s. a. *Clark,* Am. Soc. **62** [1940] 597, 600) sowie beim Erhitzen mit Acetan‑hydrid und Natriumacetat (*Cl.,* Am. Soc. **61** 1839; *Ba., de Mayo*).

Krystalle (aus Me.); F: 235—237° (*Ba., de Mayo*), 235—236° (*Cl.,* Am. Soc. **62** 600). [α]_D: −34° [CHCl₃; c = 1] (*Ba., de Mayo*). IR-Spektrum (Nujol; 1800—750 cm⁻¹): *Ungnade et al.,* Am. Soc. **72** [1950] 3818. IR-Banden im Bereich von 1800 cm⁻¹ bis 800 cm⁻¹ (Nujol) bzw. im Bereich von 1800 cm⁻¹ bis 1600 cm⁻¹ (CHCl₃): *Ba., de Mayo,*

¹) Stellungsbezeichnung bei von **Ambrosan** abgeleiteten Namen s. E III/IV **17** 4670.

l. c. S. 144. UV-Spektrum (A.; $220-380$ nm): *Un. et al.* UV-Absorption (A.): *Ba,. de Mayo*, l. c. S. 147.

XII   XIII

Dioxo-Verbindungen $C_{18}H_{22}O_4$

meso(?)-3,4-Bis-[5-acetyl-[2]thienyl]-hexan $C_{18}H_{22}O_2S_2$, vermutlich Formel XIII (X = H).
B. Beim Erhitzen von *meso*(?)-3,4-Di-[2]thienyl-hexan mit Acetanhydrid und wenig Phosphorsäure auf 110° (*Sicé, Mednick*, Am. Soc. **75** [1953] 1628, 1630).
Krystalle (aus Acn.); F: $182-184°$ [korr.; evakuierte Kapillare; durch Sublimation im Hochvakuum bei $125-130°$ gereinigtes Präparat]. IR-Banden (Nujol) im Bereich von 1700 cm^{-1} bis 800 cm^{-1}: *Sicé, Me*. UV-Absorptionsmaxima (A.): 267 nm und 301 nm.

meso(?)-3,4-Bis-[5-bromacetyl-[2]thienyl]-hexan $C_{18}H_{20}Br_2O_2S_2$, vermutlich Formel XIII (X = Br).
B. Beim Behandeln einer Lösung von *meso*(?)-3,4-Bis-[5-acetyl-[2]thienyl]-hexan in Chloroform mit Brom in Tetrachlormethan (*Sicé, Mednick*, Am. Soc. **75** [1953] 1628. 1630).
Krystalle (aus A.); F: $155-158°$ [korr.; Zers.; evakuierte Kapillare].

Dioxo-Verbindungen $C_{21}H_{28}O_4$

3,3-Äthandiyldimercapto-androst-4-en-11,17-dion $C_{21}H_{28}O_2S_2$, Formel I.
B. Beim Behandeln einer Suspension von Androst-4-en-3,11,17-trion in Essigsäure mit Äthan-1,2-dithiol und Toluol-4-sulfonsäure-monohydrat (*Ralls, Riegel*, Am. Soc. **76** [1954] 4479).
Krystalle (aus E. + PAe.); F: $164-165°$. $[\alpha]_D$: $+205°$ [Acn.; c = 1].

I   II

Dioxo-Verbindungen $C_{22}H_{30}O_4$

3,3-Äthandiyldioxy-17-diazomethyl-13,17-seco-androsta-5,13(18)-dien-17-on $C_{22}H_{30}N_2O_3$, Formel II.
B. Beim Behandeln einer Suspension des Natrium-Salzes der 3,3-Äthandiyldioxy-13,17-seco-androsta-5,13(18)-dien-17-säure in Benzol und Pyridin mit Oxalylchlorid und Behandeln einer Lösung des Reaktionsprodukts in Benzol mit Diazomethan in Äther (*Anliker et al.*, Helv. **42** [1959] 1071, 1082).
Krystalle (aus Me.); F: $136-138°$ [unkorr.; Zers.; evakuierte Kapillare]. IR-Banden (Nujol) im Bereich von 3100 cm^{-1} bis 800 cm^{-1}: *An. et al.*

7′-Methallyl-4′a,7′-dimethyl-3′,4′,4′a,4′b,6′,7′,8′a,9′-octahydro-1′*H*-spiro[[1,3]dioxolan-2,2′-phenanthren]-5′,8′-dion $C_{22}H_{30}O_4$.

a) *rac*-3,3-Äthandiyldioxy-16-methyl-14,15-seco-androsta-5,15-dien-11,14-dion $C_{22}H_{30}O_4$, Formel III + Spiegelbild.

B. Beim Behandeln von *rac*-3,3-Äthandiyldioxy-11β-hydroxy-16-methyl-14,15-seco-androsta-5,15-dien-14-on mit Chrom(VI)-oxid und Pyridin (*Sarett et al.*, Am. Soc. **75** [1953] 2112, 2115).

Krystalle (aus wss. Me.); F: 139° [Kofler-App.] (*Sa. et al.*).

Beim Behandeln einer Lösung in Benzol mit Äthoxy-äthinylmagnesium-bromid in Äther und anschliessend mit wss. Ammoniumchlorid-Lösung sind *rac*-3,3-Äthandiyldioxy-16-äthoxy-14-hydroxy-16,17-seco-23,24-dinor-14β-chola-5,20-dien-15-in-11-on und kleinere Mengen *rac*-3,3-Äthandiyldioxy-16-äthoxy-14-hydroxy-16,17-seco-23,24-dinor-chola-5,20-dien-15-in-11-on erhalten worden (*Arth et al.*, Am. Soc. **76** [1954] 1715, 1718).

III   IV

b) *rac*-3,3-Äthandiydioxy-16-methyl-14,15-seco-13α-androsta-5,15-dien-11,14-dion $C_{22}H_{30}O_4$, Formel IV + Spiegelbild.

B. Neben kleinen Mengen des unter a) beschriebenen Stereoisomeren beim Behandeln von Lösungen von (±)-7,7-Äthandiyldioxy-2c,4b-dimethyl-(4ar,4bt,10at)-2,3,4a,4b,5,6,7,8,10,10a-decahydro-phenanthren-1,4-dion (*Merck & Co., Inc.*, D.B.P. 958474 [1953]; U.S.P. 2810729 [1954]) oder von Gemischen von (±)-7,7-Äthandiyldioxy-2c,4b-dimethyl-(4ar,4bt,10at)-2,3,4a,4b,5,6,7,8,10,10a-decahydro-phenanthren-1,4-dion und (±)-7,7-Äthandiyldioxy-2t,4b-dimethyl-(4ar,4bt,10at)-2,3,4a,4b,5,6,7,8,10,10a-decahydro-phenanthren-1,4-dion (*Sarett et al.*, Am. Soc. **75** [1953] 2112, 2115; *Merck & Co. Inc.*, U.S.P. 2720529 [1953]) in Benzol mit 3-Jod-2-methyl-propen und mit Kalium-*tert*-butylat in *tert*-Butylalkohol. Beim Behandeln von *rac*-3,3-Äthandiyldioxy-11β-hydroxy-16-methyl-14,15-seco-13α-androsta-5,15-dien-14-on mit Chrom(VI)-oxid und Pyridin (*Sa. et al.*, l. c. S. 2116).

Krystalle; F: 108—109° (*Merck & Co. Inc.*, U.S.P. 2720529 [1953], 2791591 [1955]), 107° [Kofler-App.; aus Ae.] (*Sa. et al.*).

Beim Behandeln einer Lösung in Benzol mit Äthoxy-äthinylmagnesium-bromid in Äther und anschliessend mit wss. Ammoniumchlorid-Lösung ist *rac*-3,3-Äthandiyldioxy-16-äthoxy-14-hydroxy-16,17-seco-23,24-dinor-13α,14β-chola-5,20-dien-15-in-11-on erhalten worden (*Arth et al.*, Am. Soc. **76** [1954] 1715, 1721).

Dioxo-Verbindungen $C_{23}H_{32}O_4$

20,20-Äthandiyldioxy-5α-pregn-16-en-3,11-dion $C_{23}H_{32}O_4$, Formel V.

B. Beim Behandeln von 20,20-Äthandiyldioxy-3β-hydroxy-5α-pregn-16-en-11-on mit Chrom(VI)-oxid und Pyridin (*Rull, Ourisson*, Bl. **1958** 1573, 1578).

Krystalle (aus CH_2Cl_2 + PAe.); F: 143—145° [korr.]. $[\alpha]_{578}$: +115° [$CHCl_3$; c = 1].

V   VI

3,3-Äthandiyldioxy-pregn-5-en-7,20-dion $C_{23}H_{32}O_4$, Formel VI.

B. Beim Behandeln einer warmen Lösung von 3,3;20,20-Bis-äthandiyldioxy-pregn-5-en in Tetrachlormethan mit Chromsäure-di-*tert*-butylester (E IV **1** 1614), Essigsäure und Acetanhydrid und Behandeln des Reaktionsgemisches mit Oxalsäure in Wasser (*Kishida*, Ann. Rep. Takamine Labor. **11** [1959] 27, 30; C. A. **1961** 6533).

Krystalle (aus Me. + Acn.); F: 190—191°. UV-Absorptionsmaximum (A.): 241 nm.

17-Acetyl-10,13-dimethyl-Δ⁵-dodecahydro-spiro[cyclopenta[*a*]phenanthren-3,2'-[1,3]dioxolan]-11-on $C_{23}H_{32}O_4$.

a) **3,3-Äthandiyldioxy-pregn-5-en-11,20-dion** $C_{23}H_{32}O_4$, Formel VII (X = H).

B. Neben kleinen Mengen 3,3;20,20-Bis-äthandiyldioxy-pregn-5-en-11-on beim Erwärmen von 20ξ-Hydroxy-3,11-dioxo-23,24-dinor-chol-4-en-22-säure-nitril (F: 157°) mit Chloroform, Äthylenglykol und wenig Toluol-4-sulfonsäure und Erhitzen des Reaktionsprodukts mit Pyridin (*Ercoli, de Ruggieri*, G. **85** [1955] 639, 643; s. a. *Vismara S. p A.*, U.S.P. 2835667 [1955]). Beim Behandeln von 3,3-Äthandiyldioxy-20β_F-hydroxy-pregn-5-en-11-on mit Chrom(VI)-oxid und Pyridin (*Constantin et al.*, Am. Soc. **75** [1953] 1716).

Krystalle; F: 175—176,5° [Kofler-App.; aus Bzl. + PAe.] (*Poos et al.*, Am. Soc. **76** [1954] 5031, 5033), 170—173° [Kofler-App.; aus E.] (*Co. et al.*), 170—171° [unkorr.; aus Me. + Py.] (*Er., de Ru.*). [α]_D^20: +55° [CHCl₃; c = 1] (*Er., de Ru.*); [α]_D^25: +53° [CHCl₃; c = 1] (*Poos et al.*).

b) **rac-3,3-Äthandiyldioxy-pregn-5-en-11,20-dion** $C_{23}H_{32}O_4$, Formel VII (X = H) + Spiegelbild.

B. Aus rac-3,3-Äthandiyldioxy-17βH-pregn-5-en-11,20-dion (s. u.) beim Behandeln von Lösungen in Benzol und Methanol mit Natriummethylat in Methanol (*Merck & Co. Inc.*, U.S.P. 2786064 [1952], 2891967 [1957], 2893999 [1957]; s. a. *Johns et al.*, Am. Soc. **76** [1954] 5026, 5029) sowie beim Erwärmen einer Lösung in Methanol mit wss. Kaliumcarbonat-Lösung (*Jo. et al.*). Bei der Hydrierung von rac-3,3-Äthandiyldioxy-pregna-5,16-dien-11,20-dion an Palladium/Bariumcarbonat in Benzol (*Poos et al.*, Am. Soc. **77** [1955] 1026). Bei der Hydrierung von rac-3,3-Äthandiyldioxy-16-[toluol-4-sulfonyloxy]-pregna-5,16-dien-11,20-dion an Palladium/Bariumcarbonat in Benzol (*Arth et al.*, Am. Soc. **77** [1955] 3834, 3838). Beim Behandeln von rac-3,3-Äthandiyldioxy-11α-hydroxy-pregn-5-en-20-on oder von rac-3,3-Äthandiyldioxy-11β-hydroxy-pregn-5-en-20-on mit Chrom(VI)-oxid und Pyridin (*Jo. et al.*, l. c. S. 5030).

Krystalle (aus A. + E.); F: 181,5—183,0° [Kofler-App.] (*Jo. et al.*, l. c. S. 5029).

c) **rac-3,3-Äthandiyldioxy-17βH-pregn-5-en-11,20-dion** $C_{23}H_{32}O_4$, Formel VIII + Spiegelbild.

B. Beim Behandeln von rac-3,3-Äthandiyldioxy-11α-hydroxy-17βH-pregn-5-en-20-on mit Chrom(VI)-oxid und Pyridin (*Johns et al.*, Am. Soc. **76** [1954] 5026, 5030). Beim Behandeln von rac-3,3-Äthandiyldioxy-16-[toluol-4-sulfonyloxy]-16,17-seco-pregn-5-en-11,20-dion mit Natriummethylat in Methanol oder mit Kalium-*tert*-butylat in *tert*-Butylalkohol und Benzol (*Merck & Co. Inc.*, U.S.P. 2786064 [1952], 2891967 [1957], 2893999 [1957]; s. a. *Jo. et al.*, l. c. S. 5029).

Krystalle; F: 214—216° [Kofler-App.; aus Acn.] (*Jo. et al.*, l. c. S. 5029), 212—215° [aus Ae. + PAe.] (*Merck & Co. Inc.*).

Beim Behandeln einer Lösung in Benzol und Methanol mit Natriummethylat in Methanol (*Merck & Co. Inc.*; s. a. *Jo. et al.*, l. c. S. 5029) sowie beim Erwärmen einer Lösung in Methanol mit wss. Kaliumcarbonat-Lösung (*Jo. et al.*, l. c. S. 5029) ist rac-3,3-Äthandiyldioxy-pregn-5-en-11,20-dion (s. o.) erhalten worden.

VII   VIII

d) *rac*-3,3-Äthandiyldioxy-14β,17ξH-pregn-5-en-11,20-dion $C_{23}H_{32}O_4$, Formel IX + Spiegelbild.

B. Bei der Hydrierung von *rac*-3,3-Äthandiyldioxy-16-[toluol-4-sulfonyloxy]-14β-pregna-5,16-dien-11,20-dion an Palladium/Bariumcarbonat in Benzol (*Arth et al.*, Am. Soc. **77** [1955] 3834, 3839).

Krystalle (aus E.); F: 171—172,5° [Kofler-App.].

IX   X

e) *rac*-3,3-Äthandiyldioxy-13α,17ξH-pregn-5-en-11,20-dion $C_{23}H_{32}O_4$, Formel X + Spiegelbild.

B. In kleiner Menge bei der Hydrierung von *rac*-3,3-Äthandiyldioxy-16-[toluol-4-sulfonyloxy]-13α-pregna-5,16-dien-11,20-dion an Palladium/Bariumcarbonat in Benzol (*Arth et al.*, Am. Soc. **77** [1955] 3834, 3839).

F: 142—145° [Kofler-App.].

17-Jodacetyl-10,13-dimethyl-Δ⁵-dodecahydro-spiro[cyclopenta[a]phenanthren-3,2'-[1,3]dioxolan]-11-on $C_{23}H_{31}IO_4$.

a) **3,3-Äthandiyldioxy-21-jod-pregn-5-en-11,20-dion** $C_{23}H_{31}IO_4$, Formel VII (X = I).

B. Beim Behandeln von 3,3-Äthandiyldioxy-pregn-5-en-11,20-dion mit Oxalsäure-diäthylester und Natriummethylat in Äther und Behandeln des Reaktionsprodukts mit Jod in Methanol und anschliessend mit Natriummethylat in Methanol (*Ercoli*, *de Ruggieri*, G. **85** [1955] 639, 644).

Krystalle (aus Me.); F: 138° [unkorr.] (*Er., de Ru.*).

Beim Erwärmen einer Lösung in Aceton mit Essigsäure und Acetanhydrid ist 21-Acet≠oxy-3,3-äthandiyldioxy-pregn-5-en-11,20-dion erhalten worden (*Er., de Ru.*, l. c. S. 645).

Über ein zwischen 75° und 90° schmelzendes, ebenfalls als 3,3-Äthandiyldioxy-21-jod-pregn-5-en-11,20-dion formuliertes Präparat s. *Poos et al.*, Am. Soc. **76** [1954] 5031, 5033.

b) *rac*-3,3-Äthandiyldioxy-21-jod-pregn-5-en-11,20-dion $C_{23}H_{31}IO_4$, Formel VII (X = I) + Spiegelbild.

B. Beim Behandeln einer Suspension von *rac*-3,3-Äthandiyldioxy-11,20,23-trioxo-21-nor-chol-5-en-24-säure-methylester in Methanol mit Natriummethylat und mit Jod und Behandeln der Reaktionslösung mit Natriummethylat (*Poos et al.*, Am. Soc. **76** [1954] 5031, 5033). Beim Behandeln einer mit Dinatriumhydrogenphosphat versetzten Lösung von *rac*-3,3-Äthandiyldioxy-11,20,23-trioxo-21-nor-chol-5-en-24-säure in Wasser mit Jod in Äther und Behandeln des Reaktionsgemisches mit wss. Natronlauge (*Poos et al.*).

Krystalle; zwischen 85° und 100° erfolgt Zersetzung.

3,3-Äthandiyldioxy-21,21-bis-benzyloxy-pregn-5-en-20-on $C_{37}H_{46}O_5$, Formel XI (R = CH₂-C₆H₅).

B. Beim Behandeln von 17,21-Dihydroxy-pregn-4-en-3,20-dion mit Chloroform und mit Chlorwasserstoff enthaltendem Benzylalkohol und Behandeln des als 21,21-Bis-benzyloxy-pregn-4-en-3,20-dion ($C_{35}H_{42}O_4$) angesehenen Reaktionsprodukts (Öl; λ_{max}: 240 nm) mit 2-Äthyl-2-methyl-[1,3]dioxolan und wenig Toluol-4-sulfonsäure-di≠hydrat (*Mancera et al.*, Am. Soc. **77** [1955] 5669, 5672).

Krystalle (aus CHCl₃ + Me.); F: 126—128° [unkorr.]. $[\alpha]_D^{20}$: +37° [CHCl₃ + wenig Pyridin].

Bei der Hydrierung an Palladium/Kohle in Äthanol ist 3,3-Äthandiyldioxy-21-hydroxy-pregn-5-en-20-on erhalten worden.

---

rac-16β,17β-Isopropylidendioxy-D-homo-androst-4-en-3,11-dion $C_{23}H_{32}O_4$, Formel XII (X = H) + Spiegelbild.

B. Beim Behandeln von *rac*-9-Brom-11β-hydroxy-16β,17β-isopropylidendioxy-D-homo-androst-4-en-3-on mit Chrom(VI)-oxid und Pyridin und Behandeln einer Lösung des Reaktionsprodukts in wss. Essigsäure mit Zink-Pulver (*Barkley et al.*, Am. Soc. **76** [1954] 5017).

Krystalle (aus Bzl. + Ae.); F: 199,5—202°.

Beim Behandeln einer Lösung in Dioxan mit Perjodsäure in Wasser und Erwärmen einer Lösung des Reaktionsprodukts in Benzol mit wenig Piperidin-acetat ist *rac*-3,11-Dioxo-androsta-4,16-dien-17-carbaldehyd erhalten worden.

XI   XII

rac-9-Brom-16β,17β-isopropylidendioxy-D-homo-androst-4-en-3,11-dion $C_{23}H_{31}BrO_4$, Formel XII (X = Br) + Spiegelbild.

B. Beim Behandeln von *rac*-9-Brom-11β-hydroxy-16β,17β-isopropylidendioxy-D-homo-androst-4-en-3-on mit Chrom(VI)-oxid und Pyridin (*Barkley et al.*, Am. Soc. **76** [1954] 5017).

Krystalle; F: 180—180,5°.

3β,21-Dihydroxy-24-nor-5ξ,14ξ,20ξH-cholan-19,23-disäure-19 → 3;23 → 21-dilacton $C_{23}H_{32}O_4$, Formel XIII.

a) **Stereoisomeres vom F: 269°.**

B. Als Hauptprodukt beim Behandeln einer Lösung von β-Hexahydrodianhydrostrophanthidin (E III/IV **18** 1499) in Essigsäure mit Chrom(VI)-oxid und wss. Schwefelsäure (*Jacobs et al.*, J. biol. Chem. **93** [1931] 127, 137). Neben dem unter b) beschriebenen Stereoisomeren bei der Hydrierung von 3β,21-Dihydroxy-24-nor-chola-5,14(?),20(22)t-trien-19,23-disäure-19 → 3;23 → 21-dilacton (F: 253—254°) an Palladium in Essigsäure (*Jacobs, Collins*, J. biol. Chem. **65** [1925] 491, 504; *Ja. et al.*, l. c. S. 134).

Krystalle; F: 268—269° [aus Acn.] (*Ja. et al.*), 265—267° [aus A.] (*Ja., Co.*, l. c. S. 505). $[\alpha]_D^{24}$: +13,6° [CHCl₃; c = 0,8] (*Ja. et al.*); $[\alpha]_D^{25}$: +14° [CHCl₃; c = 1] (*Ja., Co.*).

b) **Stereoisomeres vom F: 204°.**

B. s. bei dem unter a) beschriebenen Stereoisomeren.

Krystalle, F: 204° [aus Ae.] bzw. F: 196—199° [aus A.]; $[\alpha]_D^{26}$: +18° [CHCl₃; c = 1] (*Jacobs et al.*, J. biol. Chem. **93** [1931] 127, 134).

XIII   XIV

(20S?,21S?)-14,21-Epoxy-3-oxo-5β,14β-cardanolid $C_{23}H_{32}O_4$, vermutlich Formel XIV.

Diese Konstitution und Konfiguration kommt dem nachstehend beschriebenen **Isodigitoxigenon** zu.

B. Aus Digitoxigenon (E III/IV **18** 1615) mit Hilfe von Natronlauge (*Windaus, Stein*, B. **61** [1928] 2436, 2440). Aus Isodigitoxigenin [(20*S*?,21*S*?)-14,21-Epoxy-3β-hydroxy-5β,14β-cardanolid] (*Wi., St.*).

Krystalle; F: 264°. $[\alpha]_D^{16}$: +19,5° [CHCl$_3$; c = 0,5].

Dioxo-Verbindungen C$_{24}$H$_{34}$O$_4$

rac-3,3-Äthandiyldioxy-11-oxo-16,17-seco-23,24-dinor-chola-5,20-dien-16-al C$_{24}$H$_{34}$O$_4$, Formel I + Spiegelbild.

B. Neben anderen Verbindungen beim Behandeln von *rac*-3,3-Äthandiyldioxy-16,17-seco-23,24-dinor-chola-5,20-dien-11α,16-diol mit Chrom(VI)-oxid und Pyridin (*Poos et al.*, Am. Soc. **77** [1955] 1026).

Krystalle (aus Bzl. + Ae.); F: 148—150°.

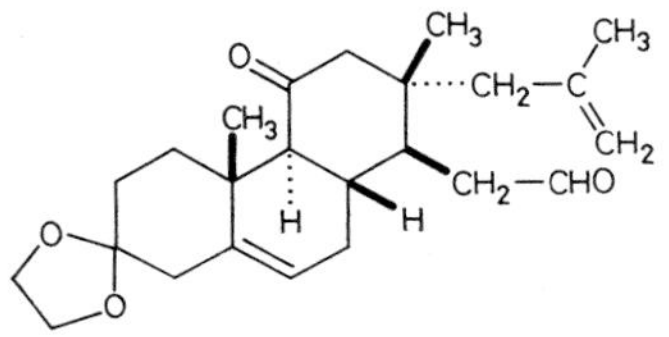

I 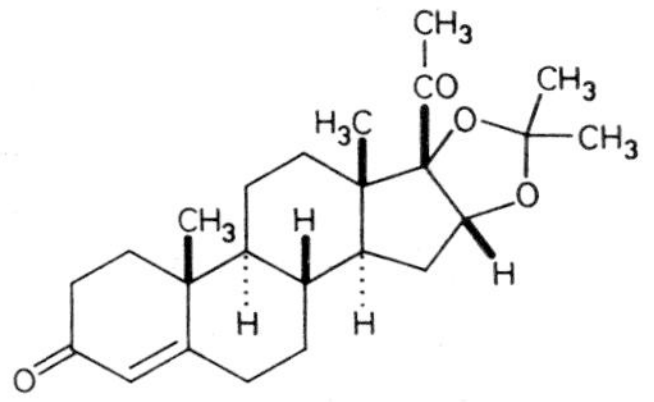   II

16α,17α-Isopropylidendioxy-pregn-4-en-3,20-dion C$_{24}$H$_{34}$O$_4$, Formel II.

B. Beim Behandeln von 16α,17α-Dihydroxy-pregn-4-en-3,20-dion mit Aceton und wenig Schwefelsäure (*Cooley et al.*, Soc. **1955** 4373, 4376). Beim Erhitzen einer Lösung von 3β-Hydroxy-16α,17α-isopropylidendioxy-pregn-5-en-20-on in Toluol mit Cyclohexanon und Aluminiumisopropylat (*Co. et al.*).

Krystalle (aus wss. A.); F: 210°. $[\alpha]_D^{20}$: +137° [CHCl$_3$; c = 0,7].

16α,17aα-Isopropylidendioxy-17aβ-methyl-*D*-homo-androst-4-en-3,17-dion C$_{24}$H$_{34}$O$_4$, Formel III.

B. Beim Behandeln von 16α,17aα-Dihydroxy-17aβ-methyl-*D*-homo-androst-4-en-3,17-dion mit Aceton und kleinen Mengen wss. Salzsäure (*Cooley et al.*, Soc. **1955** 4377, 4383).

Krystalle (aus wss. A.); F: 231—232°. $[\alpha]_D^{22}$: +68° [CHCl$_3$; c = 0,7].

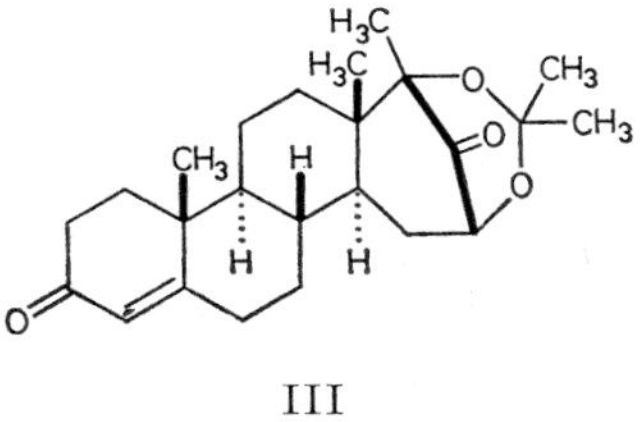

III 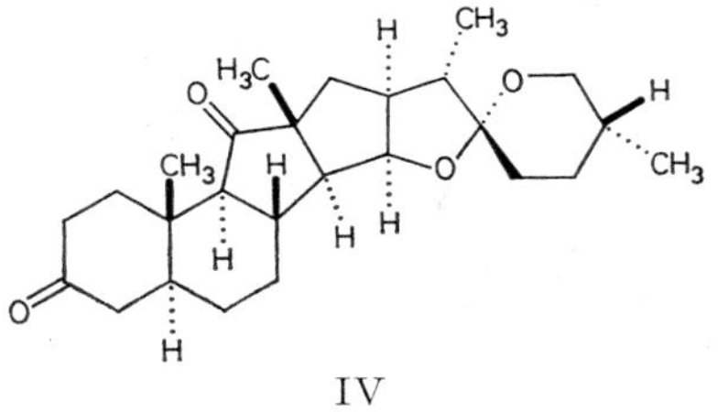   IV

Dioxo-Verbindungen C$_{26}$H$_{38}$O$_4$

(25*R*)-*C*-Nor-5α-spirostan-3,11-dion C$_{26}$H$_{38}$O$_4$, Formel IV.

B. Beim 3-tägigen Behandeln von (25*R*)-3β-Acetoxy-*C*-nor-5α-spirostan-11α(?)-carb-aldehyd (F: ca. 190°) mit Peroxybenzoesäure in Benzol, Erwärmen einer Lösung der neutralen Anteile des Reaktionsprodukts in Methanol und Tetrahydrofuran mit wss. Natronlauge und Behandeln des erhaltenen (25*R*)-*C*-Nor-5α-spirostan-3β,11ξ-diols (C$_{26}$H$_{42}$O$_4$) mit Chrom(VI)-oxid in Essigsäure (*Wendler et al.*, Am. Soc. **77** [1955] 1632, 1636).

Krystalle (aus Me.); F: 205,5—212,5° [korr.].

Dioxo-Verbindungen $C_{27}H_{40}O_4$

(25R)-5ξ-Spirostan-3,4-dion $C_{27}H_{40}O_4$, Formel V, und Tautomere.

Die nachstehend beschriebene Verbindung wird von *Romo de Vivar et al.* (Bol. Inst. Quim. Univ. Mexico **9** [1957] 59, 60) als (25R)-4-Hydroxy-spirost-4-en-3-on (Formel VI) formuliert.

B. Beim Behandeln einer Lösung von (25R)-4α,5-Epoxy-5α-spirostan oder von (25R)-4β,5-Epoxy-5β-spirostan in Essigsäure mit konz. Schwefelsäure (*Romo de Vi. et al.*, l. c. S. 64).

Krystalle (aus Acn. + Me.); F: 241—242° [unkorr.]. $[\alpha]_D^{23}$: −30° [CHCl₃]. UV-Absorptionsmaximum (A.): 278—280 nm.

Überführung in (25R)-4-Acetoxy-spirost-4-en-3-on durch Erhitzen mit Acetanhydrid und Pyridin: *Romo de Vi. et al.*

Charakterisierung als *o*-Phenylendiamin-Kondensationsprodukt (F: 247—249° [unkorr.]; $[\alpha]_D^{23}$: −61° [CHCl₃]): *Romo de Vi. et al.*

V   VI

(25R)-5β-Spirostan-2,3-dion $C_{27}H_{40}O_4$, Formel VII, und Tautomere.

Die nachstehend beschriebene Verbindung wird von *Morita* (Bl. chem. Soc. Japan **32** [1959] 796, 797) als (25R)-2-Hydroxy-5β-spirost-1-en-3-on (Formel VIII) formuliert.

B. Beim Erwärmen von (25R)-1β,2β-Dihydroxy-5β-spirostan-3-on oder von (25R)-1β,2β-Isopropylidendioxy-5β-spirostan-3-on mit methanol. Kalilauge (*Mo.*, l. c. S. 799).

Krystalle (aus Me.); F: 227—228°. UV-Absorptionsmaximum (A.): 269,5 nm.

Beim Erwärmen mit Methanol und kleinen Mengen wss. Salzsäure ist eine Verbindung $C_{27}H_{40}O_4$ (Krystalle [aus Me.], F: 254—255°; λ_{max} [A.]: 267 nm) erhalten worden (*Mo.*, l. c. S. 799). Überführung in (25R)-2,3-Seco-5β-spirostan-2,3-disäure mit Hilfe von wss. Wasserstoffperoxid und methanol. Kalilauge: *Mo.*, l. c. S. 799.

VII   VIII

4a,6a,7,5′-Tetramethyl-eicosahydro-spiro[naphth[2′,1′;4,5]indeno[2,1-*b*]furan-8,2′-pyran]-2,5-dion $C_{27}H_{40}O_4$.

a) **(25R)-5β-Spirostan-3,11-dion** $C_{27}H_{40}O_4$, Formel IX.

B. Beim Behandeln einer Lösung von (25R)-5β-Spirost-8-en-3,11-dion in Äther mit Lithium und flüssigem Ammoniak bei −40° und Behandeln einer Lösung des Reaktionsprodukts in Aceton mit Chrom(VI)-oxid und wss. Schwefelsäure (*Temin, Djerassi*, Am. Soc. **76** [1954] 5672).

Krystalle (aus Me.); F: 204—206° [korr.; Kofler-App.]. $[\alpha]_D^{25}$: —22° [CHCl$_3$].

Beim Behandeln mit Natriumboranat in wasserhaltigem Pyridin ist (25R)-3α-Hydr=
oxy-5β-spirostan-11-on erhalten worden.

   b) **(25R)-5α-Spirostan-3,11-dion** C$_{27}$H$_{40}$O$_4$, Formel X (R = X = H).

   B. Beim Behandeln von (25R)-5α-Spirostan-3β,11α-diol mit Chrom(VI)-oxid in Essig=
säure (*Nagata et al.*, Helv. **42** [1959] 1399, 1405) oder mit Natriumdichromat in Essigsäure
und Benzol (*Djerassi et al.*, Am. Soc. **74** [1952] 1712, 1714). Beim Erwärmen einer Lösung
von (25R)-11β-Hydroxy-5α-spirostan-3-on oder von (25R)-3β-Hydroxy-5α-spirostan-
11-on in Aceton mit Kaliumdichromat und wss. Schwefelsäure (*Brooks et al.*, Soc. **1950**
1175, 1183).

   Krystalle; F: 245—248° [Kofler-App.; aus Ae. + Hexan] (*Br. et al.*), 239°—247°
[Kofler-App.; aus Me.] (*Na. et al.*), 237—239° [aus wss. A.] (*Kirk et al.*, Soc. **1957**
1046, 1050), 236—238° [aus Ae. + Hexan] (*Dj. et al.*). $[\alpha]_D^{20}$: —19° [CHCl$_3$] (*Dj. et al.*);
$[\alpha]_D^{24}$: —19° [CHCl$_3$; c = 0,6] (*Kirk et al.*).

   Reaktion mit Brom in Essigsäure (2 Mol bzw. 2,8 Mol) unter Bildung von (23Ξ,25R)-
2α,23-Dibrom-5α-spirostan-3,11-dion (F: 214—216°) bzw. (23Ξ,25R)-2α,4α,23-Tribrom-
5α-spirostan-3,11-dion (F: 202—205°): *Kirk et al.*, l. c. S. 1050, 1051. Hydrierung an
Raney-Nickel in Äthanol unter Bildung von (25R)-3β-Hydroxy-5α-spirostan-11-on:
Djerassi et al., Am. Soc. **74** 1714, **76** [1954] 5535. Beim Erwärmen mit Lithiumalanat
in Äther ist (25R)-5α-Spirostan-3β,11β-diol (*Dj. et al.*, Am. Soc. **74** 1714), beim Behandeln
mit Lithium und flüssigem Ammoniak unter Zusatz von Dioxan, Methanol und Ammoni=
umchlorid ist (25R)-5α-Spirostan-3β,11α-diol (*Sondheimer et al.*, Am. Soc. **75** [1953] 1282,
1285) erhalten worden.

                IX   X

   (23Ξ,25R)-23-Brom-5α-spirostan-3,11-dion C$_{27}$H$_{39}$BrO$_4$, Formel X (R = H, X = Br).

   B. Beim Behandeln von (23Ξ,25R)-12α,23-Dibrom-5α-spirostan-3,11-dion (F: 209°
[s. u.]) mit Essigsäure, Benzol und Zink (*Kirk et al.*, Soc. **1957** 1046, 1050).

   Krystalle (aus CHCl$_3$ + A.); F: 232—234°. $[\alpha]_D^{24}$: —19° [CHCl$_3$].

   Reaktion mit Brom (1 Mol) in Essigsäure unter Bildung von (23Ξ,25R)-2α,23-Dibrom-
5α-spirostan-3,11-dion (F: 214—216°): *Kirk et al.* Beim Erhitzen mit Essigsäure, Natrium=
acetat und Zink ist (25R)-5α-Spirostan-3,11-dion erhalten worden (*Kirk et al.*).

   (23Ξ,25R)-2α,23-Dibrom-5α-spirostan-3,11-dion C$_{27}$H$_{38}$Br$_2$O$_4$, Formel X (R = X = Br).

   B. Beim Behandeln von (25R)-5α-Spirostan-3,11-dion oder von (23Ξ,25R)-23-Brom-
5α-spirostan-3,11-dion (F: 232—234°) mit Brom (2 Mol bzw. 1 Mol) in Essigsäure (*Kirk
et al.*, Soc. **1957** 1046, 1050).

   Krystalle (aus CH$_2$Cl$_2$); F: 214—216°. $[\alpha]_D^{25}$: —22° [CHCl$_3$].

   (23Ξ,25R)-12α,23-Dibrom-5α-spirostan-3,11-dion C$_{27}$H$_{38}$Br$_2$O$_4$, Formel XI (X = H).

   B. Beim Erwärmen des aus (23Ξ,25R)-3β-Acetoxy-11α,23-dibrom-5α-spirostan-12-on
(Stereoisomeren-Gemisch; aus (25R)-3β-Acetoxy-5α-spirostan-12-on hergestellt) mit Hilfe
von Natriumboranat erhaltenen Reduktionsprodukts mit äthanol. Kalilauge, Behandeln
des Reaktionsprodukts mit wss. Bromwasserstoffsäure und Dioxan und Behandeln des
danach isolierten Reaktionsprodukts mit Chrom(VI)-oxid und wss. Essigsäure (*Kirk
et al.*, Soc. **1957** 1046, 1050).

   Krystalle (aus A.); F: 209°. $[\alpha]_D^{27}$: —69° [CHCl$_3$].

   Reaktion mit Brom (1 Mol bzw. 2 Mol) in Essigsäure unter Bildung von (23Ξ,25R)-2α,=
12α,23-Tribrom-5α-spirostan-3,11-dion (F: 204—208°) bzw. (23Ξ,25R)-2α,4α,12α,23-

Tetrabrom-5α-spirostan-3,11-dion (F: 197—202°): *Kirk et al.*, l. c. S. 1051, 1052. Beim Behandeln mit Essigsäure, Benzol und Zink ist (23*Ξ*,25*R*)-23-Brom-5α-spirostan-3,11-dion (F: 232—234°) erhalten worden.

(23*Ξ*,25*R*)-2α,4α,23-Tribrom-5α-spirostan-3,11-dion $C_{27}H_{37}Br_3O_4$, Formel XII (X = H).
B. Beim Behandeln von (25*R*)-5α-Spirostan-3,11-dion mit Brom (2,8 Mol) in Essig≠
säure (*Kirk et al.*, Soc. **1957** 1046, 1051). Beim Behandeln von (23*Ξ*,25*R*)-23-Brom-5α-spi≠
rostan-3,11-dion (F: 232—234°) mit Brom (2 Mol) in Essigsäure und anschliessend mit
Bromwasserstoff in Essigsäure (*Kirk et al.*, l. c. S. 1051).
Krystalle (aus CH_2Cl_2 + Me.); F: 202—205°; $[\alpha]_D^{22}$: −21° [$CHCl_3$].

XI   XII

(23*Ξ*,25*R*)-2α,12α,23-Tribrom-5α-spirostan-3,11-dion $C_{27}H_{37}Br_3O_4$, Formel XI (X = Br).
B. Beim Behandeln von (23*Ξ*,25*R*)-12α,23-Dibrom-5α-spirostan-3,11-dion (F: 209°)
mit Brom (1 Mol) in Essigsäure (*Kirk et al.*, Soc. **1957** 1046, 1051).
Krystalle (aus CH_2Cl_2 + Me.); F: 204—208°. $[\alpha]_D^{23}$: −71° [$CHCl_3$].

(23*Ξ*,25*R*)-2α,4α,12α,23-Tetrabrom-5α-spirostan-3,11-dion $C_{27}H_{36}Br_4O_4$, Formel XII
(X = Br).
B. Beim Behandeln von (23*Ξ*,25*R*)-12α,23-Dibrom-5α-spirostan-3,11-dion (F: 209°)
mit Brom (2 Mol) in Essigsäure (*Kirk et al.*, Soc. **1957** 1046, 1052).
Krystalle (aus CH_2Cl_2 + Me.); F: 197—202°. $[\alpha]_D^{25}$: −70° [$CHCl_3$].

4a,6a,7,5′-Tetramethyl-octadecahydro-spiro[naphth[2′,1′;4,5]indeno[2,1-*b*]furan-8,2′-pyran]-2,6-dion $C_{27}H_{40}O_4$.
   a) **(25*R*)-5β-Spirostan-3,12-dion** $C_{27}H_{40}O_4$, Formel I.
B. Neben grösseren Mengen des unter b) beschriebenen Stereoisomeren bei der Hydrierung von (25*R*)-Spirost-4-en-3,12-dion an Palladium/Kohle in einem Gemisch von Dioxan
und methanol. Kalilauge (*Djerassi et al.*, Am. Soc. **75** [1953] 4885).
   Krystalle (aus Me. + $CHCl_3$); F: 226—228° [unkorr.]. $[\alpha]_D^{20}$: +10° [$CHCl_3$].
   b) **(25*R*)-5α-Spirostan-3,12-dion, Hecogenon** $C_{27}H_{40}O_4$, Formel II (R = X = H).
B. Beim Behandeln von (25*R*)-5α-Spirostan-3β,12α-diol mit Chrom(VI)-oxid in Essig≠
säure (*Elks et al.*, Soc. **1954** 1739, 1749). Beim Behandeln von Rockogenin ((25*R*)-5α-Spi≠
rostan-3β,12β-diol) mit Chrom(VI)-oxid und wss. Essigsäure (*Marker et al.*, Am. Soc. **69**
[1947] 2167, 2176). Neben kleineren Mengen des unter a) beschriebenen Stereoisomeren
bei der Hydrierung von (25*R*)-Spirost-4-en-3,12-dion an Palladium/Kohle in einem Gemisch von Dioxan und methanol. Kalilauge (*Djerassi et al.*, Am. Soc. **75** [1953] 4885).
Beim Behandeln von Hecogenin ((25*R*)-3β-Hydroxy-5α-spirostan-12-on) mit Chrom(VI)-
oxid und wss. Essigsäure (*Ma. et al.*,; *Marker, Lopez*, Am. Soc. **69** [1947] 2401). Beim
Erwärmen einer Lösung von (25*R*)-2α,3α-Epoxy-5α-spirostan-12-on in Benzol und Äther
mit Lithiumalanat und Behandeln einer Lösung des Reaktionsprodukts in Essigsäure
mit Chrom(VI)-oxid und wss. Essigsäure (*Wendler et al.*, Am. Soc. **74** [1952] 4894, 4896).
   Krystalle; F: 238—241° (*We. et al.*, l. c. S. 4897), 240° [aus Ae.] (*Ma., Lo.*; s. a. *Ma.
et al.*). $[\alpha]_D^{26}$: +17° [Dioxan; c = 1] (*Wagner et al.*, Am. Soc. **73** [1951] 2494, 2497); $[\alpha]_D^{24,5}$:
+23,8° [$CHCl_3$] (*We. et al.*).
   Beim Erwärmen mit Chrom(VI)-oxid und wss. Essigsäure ist Hecogensäure ((25*R*)-12-
Oxo-2,3-seco-5α-spirostan-2,3-disäure) erhalten worden (*Ma. et al.*, l. c. S. 2177; *Ma.,
Lo.*; *Wa. et al.*). Reaktion mit Brom (3,5 Mol) in Bromwasserstoff enthaltender Essigsäure

(Bildung von (23$\mathit{\Xi}$,25R)-2α,4α,23-Tribrom-5α-spirostan-3,12-dion [F: 178°]): *Syntex S. A.*, U.S.P. 2 813 095 [1953]; s. a. *Mueller et al.*, Am. Soc. **75** [1953] 4888, 4891; *Dj. et al.* Bildung von kleinen Mengen (25R)-5α-Spirostan-12-on beim Erwärmen einer Lösung in Äthanol mit Zink und konz. wss. Salzsäure: *Ma. et al.*, l. c. S. 2180.

I   II

(23$\mathit{\Xi}$,25R)-23-Brom-5α-spirostan-3,12-dion $C_{27}H_{39}BrO_4$, Formel II (R = H, X = Br).
In dem nachstehend beschriebenen Präparat hat vermutlich ein Gemisch der Stereoisomeren vorgelegen.
B. Beim Behandeln von (23$\mathit{\Xi}$,25R)-23-Brom-3β-hydroxy-5α-spirostan-12-on (Gemisch der Stereoisomeren; aus (25R)-3β-Acetoxy-5α-spirostan-12-on hergestellt) mit Chrom(VI)-oxid und wasserhaltiger Essigsäure (*Djerassi et al.*, Am. Soc. **75** [1953] 4885).
Krystalle (aus Acn.), F: 229—231° [unkorr.]; $[\alpha]_D$: 0° [CHCl$_3$] (*Dj. et al.*).
Beim Behandeln mit Brom (Überschuss) und Bromwasserstoff enthaltender Essigsäure ist (23$\mathit{\Xi}$,25R)-2α,4α,23-Tribrom-5α-spirostan-3,12-dion (F: 175°) erhalten worden (*Syntex S. A.*, U.S.P. 2 813 095 [1953]).

(23$\mathit{\Xi}$,25R)-2α,4α,23-Tribrom-5α-spirostan-3,12-dion $C_{27}H_{37}Br_3O_4$, Formel II (R = X = Br).
Bezüglich der Zuordnung der Konfiguration an den C-Atomen 2 und 4 vgl. das analog hergestellte (23$\mathit{\Xi}$,25R)-2α,4α,23-Tribrom-5α-spirostan-3,11-dion (S. 2030).
B. Beim Behandeln von Bromwasserstoff enthaltenden Lösungen von Hecogenon (S. 2030) oder von (23$\mathit{\Xi}$,25R)-23-Brom-5α-spirostan-3,12-dion (F: 225—228°) in Essigsäure mit Brom [3,5 bzw. 4 Mol] (*Syntex S. A.*, U.S.P. 2 813 095 [1953]).
F: 178° [Zers.] bzw. F: 175° [Zers.]; $[\alpha]_D$: —45° [CHCl$_3$] (*Syntex S. A.*).
Beim Erwärmen mit Natriumjodid in Aceton und Behandeln einer Lösung des Reaktionsprodukts in Aceton und Dioxan mit Chrom(II)-chlorid in wss. Salzsäure ist (23$\mathit{\Xi}$,25R)-23-Brom-spirost-4-en-3,12-dion [F: 236—240° bzw. F: 238—240°] (*Syntex S. A.*; *Djerassi et al.*, Am. Soc. **75** [1953] 4885), beim Erwärmen mit Natriumjodid in Aceton und Erwärmen einer Lösung des Reaktionsprodukts in Äthanol mit Zink ist (25R)-Spirost-4-en-3,12-dion (*Syntex S. A.*; *Mueller et al.*, Am. Soc. **75** [1953] 4888, 4891) erhalten worden.

(25R)-5α-Spirostan-3,7-dion $C_{27}H_{40}O_4$, Formel III.
B. Beim Behandeln von (25R)-3β-Hydroxy-5α-spirostan-7-on mit Chrom(VI)-oxid und wss. Essigsäure (*Marker et al.*, Am. Soc. **69** [1947] 2167, 2178; *Marker, Lopez*, Am. Soc. **69** [1947] 2401).
Krystalle (aus Ae.); F: 242° (*Ma., Lo.*), 240—242° (*Ma. et al.*).

III   IV

4a,6a,7,5′-Tetramethyl-eicosahydro-spiro[naphth[2′,1′;4,5]indeno[2,1-b]furan-8,2′-pyran]-2,12-dion $C_2'H_{40}O_4$.

a) **(25R)-5β-Spirostan-3,6-dion** $C_{27}H_{40}O_4$, Formel IV.

Diese Verbindung hat nach *Marker et al.* (Am. Soc. **62** [1940] 2537, 2538) möglicherweise in einem von *Windaus* (Z. physiol. Chem. **150** [1925] 205, 209) beschriebenen Präparat (F: 199°) der vermeintlichen Zusammensetzung $C_{26}H_{38}O_4$ vorgelegen, das beim Behandeln von rohem, andere Sapogenine enthaltendem Digitogenin (s. E III/IV **19** 1242) mit Chrom(VI)-oxid und wss. Schwefelsäure erhalten und durch Erwärmen mit äthanol. Kalilauge in Chlorogenon (s. u.) übergeführt worden ist (*Wi.*).

b) **(25R)-5α-Spirostan-3,6-dion, Chlorogenon** $C_{27}H_{40}O_4$, Formel V.

Diese Verbindung hat auch in einem von *Windaus* (Z. physiol. Chem. **150** [1925] 205, 209) als Diketon der vermeintlichen Zusammensetzung $C_{26}H_{38}O_4$ beschriebenen, beim Behandeln von rohem, andere Sapogenine enthaltendem Digitogenin (s. E III/IV **19** 1242) mit Chrom(VI)-oxid und wss. Schwefelsäure erhaltenen Präparat (Krystalle [aus Acn. oder Me.], F: 227—228°; Dioxim, F: 250—254°) vorgelegen (*Marker et al.*, Am. Soc. **62** [1940] 2537, 2538).

B. Beim Behandeln von Diosgenin (S. 862) mit Chrom(VI)-oxid und wss. Essigsäure und Erhitzen des Reaktionsgemisches mit Zink-Pulver (*Marker et al.*, Am. Soc. **62** [1940] 3006). Neben kleinen Mengen Chlorogenonsäure ((25R)-6-Oxo-2,3-seco-5α-spirostan-2,3-disäure) beim Behandeln einer Suspension von Chlorogenin (S. 1067) in Essigsäure mit Chrom(VI)-oxid und wss. Schwefelsäure (*Noller*, Am. Soc. **59** [1937] 1092). Beim Erhitzen von (25R)-Spirost-4-en-3,6-dion mit wss. Essigsäure und Zink-Pulver (*Tsukamoto et al.*, J. pharm. Soc. Japan **57** [1937] 985, 991; dtsch. Ref. S. 283, 289; C. A. **1938** 2537; s. a. *Ma. et al.*, Am. Soc. **62** 2539). Beim Erwärmen von (25R)-6β-Hydroxy-spirost-4-en-3-on mit wss.-methanol. Natronlauge (*Romo et al.*, J. org. Chem. **19** [1954] 1509, 1512).

Krystalle (aus Me., A. oder Acn.), F: 247—248° [nach Sintern bei 236°] und F: 236° bis 238° (*No.*, Am. Soc. **59** 1093); Krystalle (aus Ae.), F: 239—241° (*Marker et al.*, Am. Soc. **64** [1942] 1843, 1847), 236—238° (*Ma. et al.*, Am. Soc. **62** 3006); Krystalle (aus Acn.), F: 235—237° (*Ma. et al.*, Am. Soc. **62** 2539); Krystalle (aus $CHCl_3$ + Me.), F: 232—233° [unkorr.] (*Romo et al.*). Druck-Fläche-Beziehung von monomolekularen Schichten auf wss. Salzsäure (0,02 n): *Noller*, Am. Soc. **60** [1938] 1629.

Überführung in Chlorogenonsäure ((25R)-6-Oxo-2,3-seco-5α-spirostan-2,3-disäure) durch Behandlung mit Chrom(VI)-oxid und wss. Schwefelsäure: *No.*, Am. Soc. **59** 1093; durch Behandlung mit Chrom(VI)-oxid, Essigsäure und Schwefelsäure: *Ma. et al.*, Am. Soc. **64** 1847. Hydrierung an Platin in Äthanol unter Bildung von β-Chlorogenin ((25R)-5α-Spirostan-3β,6β-diol [S. 1067]): *Ma. et al.*, Am. Soc. **62** 2539. Überführung in Chlorogenin (S. 1067) durch Behandlung einer warmen Lösung in Äthanol mit Natrium: *Ma. et al.*, Am. Soc. **62** 2539. Beim Erwärmen mit Aluminiumisopropylat in Isopropylalkohol sind β-Chlorogenin (Hauptprodukt), Epichlorogenin ((25R)-5α-Spirostan-3α,6β-diol [S. 1068]) und Chlorogenin erhalten worden (*Marker et al.*, Am. Soc. **64** [1942] 221). Überführung in Pseudochlorogenon (E III/IV **18** 1621) durch Erhitzen mit Acetanhydrid auf 200° und Behandeln des Reaktionsprodukts mit äthanol. Kalilauge: *Ma. et al.*, Am. Soc. **62** 3006.

Dioxim $C_{27}H_{42}N_2O_4$. Krystalle (aus E.); F: 242—243° (*No.*, Am. Soc. **59** 1093).

Disemicarbazon $C_{29}H_{46}N_6O_4$. Krystalle (aus A.), die unterhalb 290° nicht schmelzen (*Marker, Rohrmann*, Am. Soc. **61** [1939] 946, 949).

V   VI

c) **(25S)-5α-Spirostan-3,6-dion, Neochlorogenon** $C_{27}H_{40}O_4$, Formel VI.

B. Beim Behandeln von Yamogenin ((25S)-Spirost-5-en-3β-ol) mit Chrom(VI)-oxid und wss. Essigsäure und Erhitzen des Reaktionsgemisches mit Zink-Pulver (*Marker et al.,* Am. Soc. **69** [1947] 2167, 2187; *Marker, Lopez,* Am. Soc. **69** [1947] 2373).

Krystalle (aus Ae.); F: 246—248° (*Ma. et al.*).

Bei der Hydrierung an Platin in Äthanol ist β-Neochlorogenin ((25S)-5α-Spirostan-3β,6β-diol), beim Behandeln mit warmem Äthanol und Natrium sind kleine Mengen Neochlorogenin ((25S)-5α-Spirostan-3β,6α-diol) erhalten worden (*Ma. et al.; Ma., Lo.,* l. c. S. 2374).

*(25R)-3-[2-Amino-phenylimino]-5α-spirostan-6-on, (25R)-5α-Spirostan-3,6-dion-3-[2-amino-phenylimin] $C_{33}H_{46}N_2O_3$, Formel VII, und **(25R)-6-[2-Amino-phenylimino]-5α-spirostan-3-on, (25R)-5α-Spirostan-3,6-dion-6-[2-amino-phenylimin]** $C_{33}H_{46}N_2O_3$, Formel VIII.

Diese beiden Formeln kommen für die nachstehend beschriebene Verbindung in Betracht.

B. Beim Erwärmen von Chlorogenon (S. 2032) mit *o*-Phenylendiamin in Äthanol (*Noller,* Am. Soc. **59** [1937] 1092).

Die Verbindung schmilzt beim langsamen Erhitzen bei 255—261°, nach dem Einbringen in ein auf 255° vorgeheiztes Bad bei 265—267°.

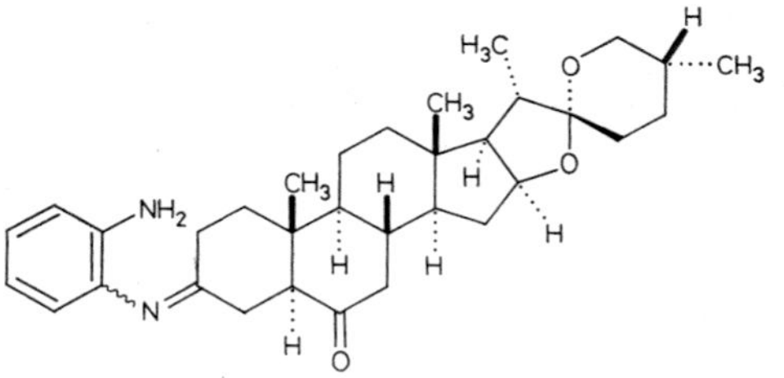

VII 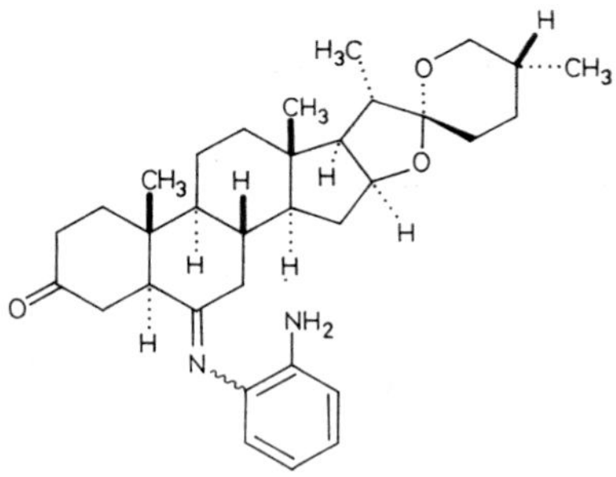   VIII

(25R)-5α-Spirostan-2,12-dion $C_{27}H_{40}O_4$, Formel IX (X = H).

B. Beim Erhitzen von (25R)-3α-Brom-5α-spirostan-2,12-dion mit Essigsäure und Zink (*Slates, Wendler,* Am. Soc. **78** [1956] 3749, 3752). Beim Behandeln von (25R)-2β,3β-Epoxy-5α-spirostan-12-on mit Lithiumalanat in Tetrahydrofuran und Äther und Behandeln des Reaktionsprodukts mit Chrom(VI)-oxid in Essigsäure (*Sl., We.*).

Krystalle (aus Ae.); F: 234—237° [korr.]. $[\alpha]_D$: +27,3° [$CHCl_3$].

(25R)-3α-Brom-5α-spirostan-2,12-dion $C_{27}H_{39}BrO_4$, Formel IX (X = Br).

B. Beim Behandeln von (25R)-3α-Brom-2β-hydroxy-5α-spirostan-12-on mit Chrom(VI)-oxid in Essigsäure (*Slates, Wendler,* Am. Soc. **78** [1956] 3749, 3752).

Krystalle (aus Acn.); F: 234—236° [korr.; Zers.].

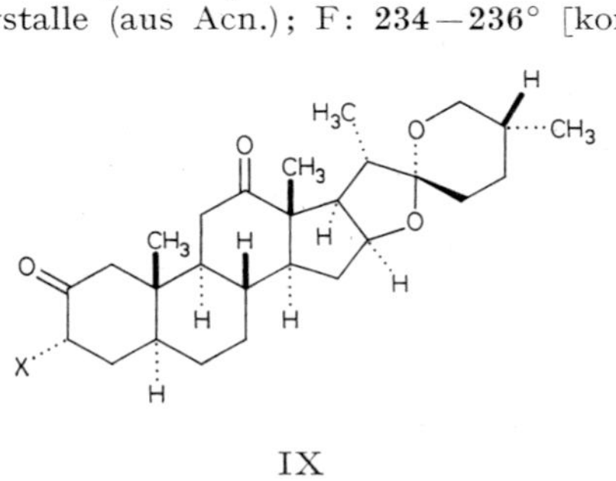

IX 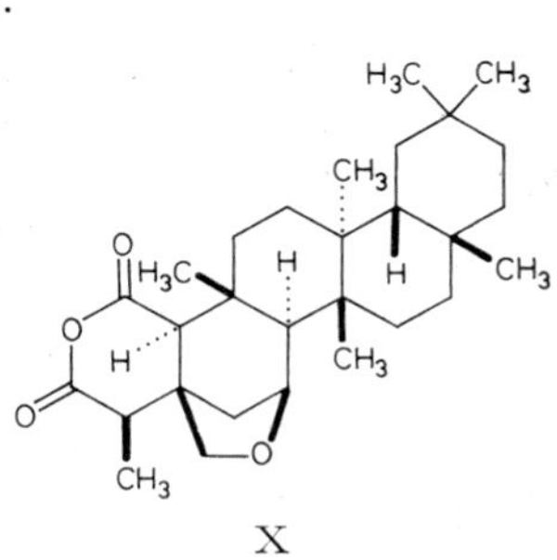   X

Dioxo-Verbindungen C$_{29}$H$_{44}$O$_4$

7β,24-Epoxy-2-oxa-friedelan-1,3-dion [1]), **7β,24-Epoxy-1,2-seco-A-nor-friedelan-1,2-disäure-anhydrid** C$_{29}$H$_{44}$O$_4$, Formel X.

B. Bei kurzem Erhitzen (5 min) von 7β,24-Epoxy-1,2-seco-A-nor-friedelan-1,2-disäure mit Acetanhydrid und Essigsäure (*Heymann et al.*, Am. Soc. **76** [1954] 3689, 3693).

Krystalle (aus Bzl. + PAe); F: 320—324° [unkorr.; Heiztisch]. IR-Banden (CHCl$_3$) im Bereich von 5,5 µ bis 10,5 µ: *He. et al.*

Dioxo-Verbindungen C$_{32}$H$_{50}$O$_4$

3,3-Äthandiyldioxy-21-oxo-friedelan-25-al [1]) C$_{32}$H$_{50}$O$_4$, Formel XI, und **3,3-Äthandiyldioxy-22-oxo-friedelan-25-al** [1]) C$_{32}$H$_{50}$O$_4$, Formel XII.

Diese beiden Formeln kommen für die nachstehend beschriebene Verbindung in Betracht (vgl. *Courtney, Shannon,* Tetrahedron Letters **1963** 13, 14; *Shannon et al.,* Tetrahedron Letters **1963** 173, 178; *Courtney, Stern,* Tetrahedron Letters **1965** 3733, 3735).

B. Beim Erhitzen von Friedelan-3,x,x-trion (F: 300—303°; [α]$_D$: +72° [CHCl$_3$]; aus Siphonodon australe isoliert; wahrscheinlich 3,21-Dioxo-friedelan-25-al oder 3,22-Dioxo-friedelan-25-al) mit 2-Äthyl-2-methyl-1,3-dioxolan und wenig Toluol-4-sulfonsäure (*Courtney, Gascoigne,* Soc. **1956** 2115, 2118).

Krystalle (aus Bzl.), F: 342—345°; [α]$_D$: +76° [CHCl$_3$; c = 1] (*Co., Ga.*).

Beim Erhitzen mit Hydrazin und Natriummethylat in Methanol auf 200° und Erwärmen einer Lösung des Reaktionsprodukts in Aceton mit wenig Toluol-4-sulfonsäure sind eine wahrscheinlich als 25-Hydroxy-friedelan-3-on zu formulierende Verbindung (F: 301—305°; [α]$_D$: −24° [CHCl$_3$]) sowie kleine Mengen Friedelan-3-on und Friedelan erhalten worden (*Co., Ga.*).   [*G. Grimm*]

XI   XII

Dioxo-Verbindungen C$_n$H$_{2n-16}$O$_4$

Dioxo-Verbindungen C$_{10}$H$_4$O$_4$

Benzo[4,5]thieno[2,3-c]furan-1,3-dion, Benzo[b]thiophen-2,3-dicarbonsäure-anhydrid C$_{10}$H$_4$O$_3$S, Formel I (E II 186; dort als Thionaphthen-dicarbonsäure-(2.3)-anhydrid bezeichnet).

F: 173° (*Linstead et al.*, Soc. **1937** 911, 917).

Beim Erhitzen mit Resorcin und Zinkchlorid auf 170° sind 3-[2,4-Dihydroxy-benzoyl]-benzo[b]thiophen-2-carbonsäure und 3-[6-Hydroxy-3-oxo-3H-xanthen-9-yl]-benzo[b]thiophen-2-carbonsäure erhalten worden (*Peters, Walker,* Soc. **1956** 1429, 1434; s. a. *Mayer,* A. **488** [1931] 259, 271). Bildung von 7,10-Dihydroxy-benzo[b]naphtho[2,3-d]thiophen-6,11-chinon beim Erhitzen mit Hydrochinon, Aluminiumchlorid und Natriumchlorid auf 190°: *Ma.,* l. c. S. 282.

---

[1]) Stellungsbezeichnung bei von Friedelan (D:A-Friedo-oleanan) abgeleiteten Namen s. E III **5** 1341, 1342..

Thieno[3,2-e]isobenzofuran-1,3-dion, Benzo[b]thiophen-4,5-dicarbonsäure-anhydrid
C₁₀H₄O₃S, Formel II.

B. Beim Erwärmen von 4-[2]Thienyl-buttersäure-äthylester mit Oxalsäure-diäthyl=
ester und Kaliumäthylat in Äther und Erhitzen des erhaltenen [2-[2]Thienyl-äthyl]-
oxalessigsäure-diäthylesters (C₁₄H₁₈O₅S; gelbes Öl) mit Phosphor(V)-oxid in Nitro=
benzol (*Wilputte, Martin*, Bl. Soc. chim. Belg. **65** [1956] 874, 879). Beim Erhitzen von
4,5,6,7-Tetrahydro-benzo[b]thiophen-4,5-dicarbonsäure (F: 213−214°) mit Schwefel auf
210° (*Davies, Porter*, Soc. **1957** 4958).

Hellgelbe Krystalle; F: 178−178,5° [aus CCl₄] (*Da., Po.*), 172,5−174° [aus Bzl.]
(*Wi., Ma.*).

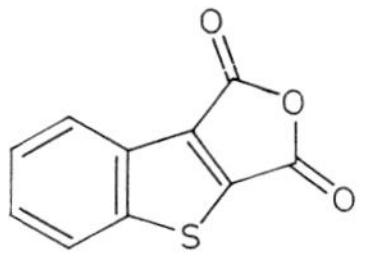

I 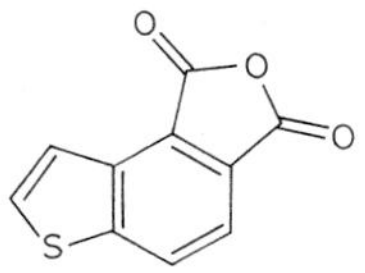   II 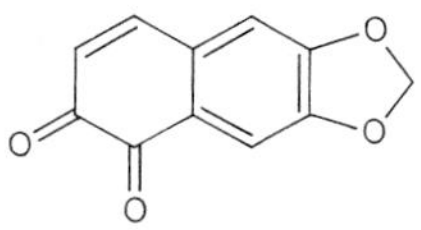   III 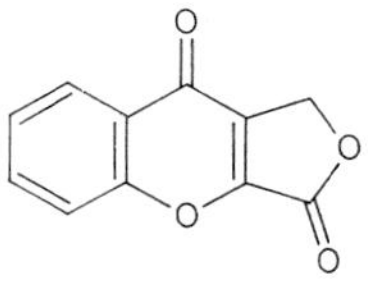   IV

Dioxo-Verbindungen C₁₁H₆O₄

Naphtho[2,3-d][1,3]dioxol-5,6-dion, 6,7-Methylendioxy-[1,2]naphthochinon C₁₁H₆O₄,
Formel III.

B. Beim Erhitzen von 4-Benzo[1,3]dioxol-5-yl-2-oxo-but-3-ensäure (F: 162−163°)
mit Acetanhydrid und Natriumacetat auf 210° (*Sen, Sen*, J. Indian chem. Soc. **11** [1934]
411, 416).

F: 160°.

**1H-Furo[3,4-b]chromen-3,9-dion, 3-Hydroxymethyl-4-oxo-4H-chromen-2-carbonsäure-
lacton** C₁₁H₆O₄, Formel IV.

B. Beim Erhitzen von 4-Salicyloyl-dihydro-furan-2,3-dion mit Essigsäure und wss.
Salzsäure (*Puetzer et al.*, Am. Soc. **67** [1945] 832, 836).

Krystalle (aus wss. Eg.); F: 242°.

9H-Furo[2,3-h]chromen-2,8-dion C₁₁H₆O₄, Formel V.

B. Beim Behandeln von (+)-cis-Khellacton ((9R)-9r,10c-Dihydroxy-8,8-dimethyl-
9,10-dihydro-8H-pyrano[2,3-f]chromen-2-on) mit Chrom(VI)-oxid und Pyridin (*Ralha,
Teixeira*, Rev. portug. Quim. **1** [1958] 305, 325).

Krystalle (aus Me.); F: 216−219° [im vorgeheizten Kofler-App.]. IR-Spektrum
(KBr; 4000−700 cm⁻¹): *Ra., Te.*, l. c. S. 326.

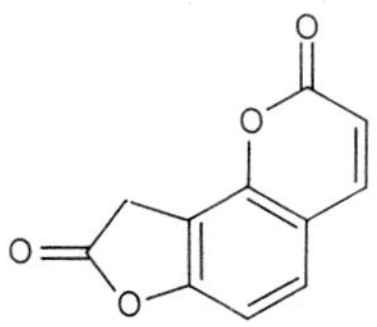

V 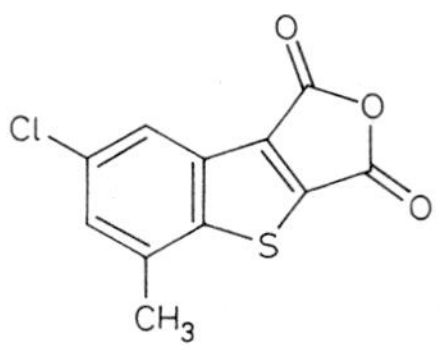   VI 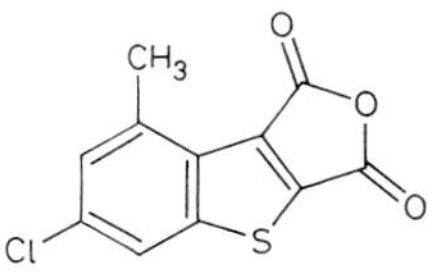   VII

**7-Chlor-5-methyl-benzo[4,5]thieno[2,3-c]furan-1,3-dion, 5-Chlor-7-methyl-benzo[b]=
thiophen-2,3-dicarbonsäure-anhydrid** C₁₁H₅ClO₃S, Formel VI.

B. Beim Erhitzen von 5-Chlor-7-methyl-benzo[b]thiophen-2,3-dicarbonsäure mit Acet=
anhydrid (*Mayer*, A. **488** [1931] 259, 274).

Rotbraune Krystalle (aus Acetanhydrid); F: 190°.

**6-Chlor-8-methyl-benzo[4,5]thieno[2,3-c]furan-1,3-dion, 6-Chlor-4-methyl-benzo[b]=
thiophen-2,3-dicarbonsäure-anhydrid** $C_{11}H_5ClO_3S$, Formel VII.

B. Beim Erhitzen von 6-Chlor-4-methyl-benzo[b]thiophen-2,3-dicarbonsäure mit
Acetanhydrid (*Mayer*, A. **488** [1931] 259, 274).

Gelbbraune Krystalle (aus Acetanhydrid); F: 188—189° (*Ma.*; *Peters, Walker*, Soc.
1956 1429, 1432).

Dioxo-Verbindungen $C_{12}H_8O_4$

2,3-Dihydro-naphtho[2,3-b][1,4]dioxin-5,10-dion, 2,3-Äthandiyldioxy-[1,4]naphthochinon
$C_{12}H_8O_4$, Formel VIII (X = H).

B. Beim Behandeln von 2,3-Dihydro-naphtho[2,3-b][1,4]dioxin-5-ylamin-hydrochlorid
mit Chrom(VI)-oxid in Essigsäure (*Heertjes et al.*, R. **73** [1954] 513, 526). Beim 5-tägigen
Behandeln einer Lösung von 5,10-Dinitro-2,3-dihydro-naphtho[2,3-b][1,4]dioxin in Essig=
säure mit Zinn(II)-chlorid und Chlorwasserstoff und Behandeln des Reaktionsprodukts
mit wss. Salzsäure und wss. Natriumnitrit-Lösung (*Heertjes et al.*, R. **74** [1955] 31, 38).

Orangefarbene Krystalle (aus A.); F: 274—275° (*He. et al.*, R. **73** 526).

VIII   IX   X   XI

**6-Nitro-2,3-dihydro-naphtho[2,3-b][1,4]dioxin-5,10-dion, 2,3-Äthandiyldioxy-5-nitro-
[1,4]naphthochinon** $C_{12}H_7NO_6$, Formel VIII (X = NO₂).

B. In kleiner Menge beim Erwärmen einer Lösung von 6-Nitro-2,3-dihydro-naphtho=
[2,3-b][1,4]dioxin in Essigsäure mit Chrom(VI)-oxid und Wasser (*Heertjes et al.*, R. **73**
[1954] 513, 527).

Orangefarbene Krystalle (aus Acn.); F: 291,5—292,5°.

**1-Phenyl-2,6-dioxa-bicyclo[2.2.2]oct-4(8)-en-3,5-dion, [3,3-Dihydroxy-3-phenyl-
propyliden]-malonsäure-dilacton** $C_{12}H_8O_4$, Formel IX.

Die früher (s. E II **19** 186; dort als Dilacton der [γ.γ-Dioxy-γ-phenyl-propyliden]-malon=
säure bezeichnet) mit Vorbehalt unter dieser Konstitution beschriebene, von *Wiley
et al.* (Am. Soc. **79** [1957] 2602, 2604) und von *Jacobs et al.* (Am. Soc. **80** [1958] 864)
als 2-Oxo-6-phenyl-2H-pyran-3-carbonsäure angesehene Verbindung vom F: 218° ist
als 5-Benzyliden-2-oxo-2,5-dihydro-furan-3-carbonsäure (E III/IV **18** 5635) zu formulieren
(*Castañer, Pascual*, Soc. **1958** 3962; *van Dam*, R. **83** [1964] 31, 34).

3,4-Dihydro-pyrano[3,2-c]chromen-2,5-dion $C_{12}H_8O_4$, Formel X.

B. Beim Erwärmen von 3-[4-Hydroxy-2-oxo-2H-chromen-3-yl]-propionsäure (E III/IV
18 6053) mit Thionylchlorid (*Müller et al.*, M. **81** [1950] 174, 177).

Krystalle (aus Acn.); F: 225—226° [korr.].

2-Methyl-furo[2,3-h]chromen-3,4-dion $C_{12}H_8O_4$, Formel XI, und Tautomeres (3-Hydr=
oxy-2-methyl-furo[2,3-h]chromen-4-on).

B. Beim Erhitzen von 3-Methoxy-2-methyl-furo[2,3-h]chromen-4-on mit wss. Jod=
wasserstoffsäure und Acetanhydrid (*Manjunath, Seetharamiah*, B. **72** [1939] 97).

Krystalle (aus wss. Eg.); F: 240—242°.

**9-Methyl-furo[2,3-h]chromen-2,4-dion, 3-[4-Hydroxy-3-methyl-benzofuran-5-yl]-
3-oxo-propionsäure-lacton** $C_{12}H_8O_4$, Formel XII, und Tautomere (z. B. 4-Hydroxy-
9-methyl-furo[2,3-h]chromen-2-on).

B. Beim Erwärmen von 1-[4-Hydroxy-3-methyl-benzofuran-5-yl]-äthanon mit Kohlen=

säure-diäthylester und Natrium und Erwärmen des Reaktionsprodukts mit Essigsäure und wss. Salzsäure (*Phillipps et al.*, Soc. **1952** 4951, 4957).

Krystalle (aus wss. A.); F: 256−259°.

4,8-Dimethyl-thieno[2,3-*f*]isobenzofuran-5,7-dion, 4,7-Dimethyl-benzo[*b*]thiophen-5,6-dicarbonsäure-anhydrid $C_{12}H_8O_3S$, Formel XIII.

B. Beim Erhitzen von 4,6-Dimethyl-thieno[3,4-*b*]thiophen mit Maleinsäure-anhydrid auf 160° (*Dann, Dimmling*, B. **87** [1954] 373, 378).

Krystalle (aus Dioxan); F: 249−250°. UV-Absorptionsmaxima (Me.): 240 nm und 316 nm.

9-Chlor-8-methyl-3*H*-pyrano[4,3,2-*de*]chromen-2,5-dion, 3-[3-Chlor-2,6-dihydroxy-4-methyl-phenyl]-*trans*-pentendisäure-1 → 6;5 → 2-dilacton $C_{12}H_7ClO_4$, Formel XIV (R = H, X = Cl).

B. Beim Erhitzen von [6-Chlor-5-hydroxy-7-methyl-2-oxo-2*H*-chromen-4-yl]-essigsäure auf 150° (*Chakravarti, Mukerjee*, J. Indian chem. Soc. **14** [1937] 725, 731).

Krystalle (aus wss. A.).

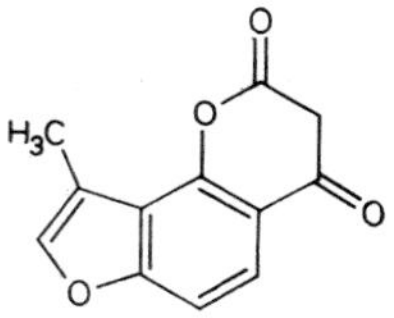

XII 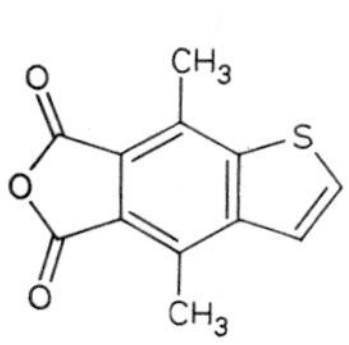   XIII 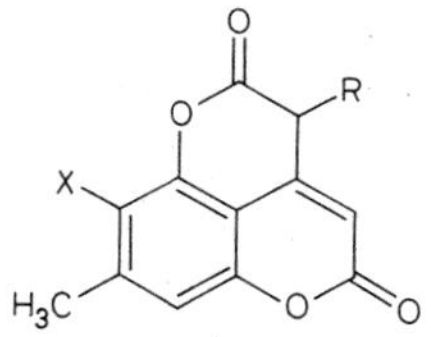   XIV

(±)-3-Brom-8-methyl-3*H*-pyrano[4,3,2-*de*]chromen-2,5-dion, (±)-4-Brom-3-[2,6-dihydroxy-4-methyl-phenyl]-*trans*-pentendisäure-dilacton $C_{12}H_7BrO_4$, Formel XIV (R = Br, X = H).

B. Beim Erwärmen von 8-Methyl-3*H*-pyrano[4,3,2-*de*]chromen-2,5-dion mit *N*-Brom-succinimid und Dibenzoylperoxid in Tetrachlormethan (*Sehgal, Seshadri*, J. scient. ind. Res. India **16** B [1957] 12).

Krystalle (aus E.), die unterhalb 330° nicht schmelzen.

Dioxo-Verbindungen $C_{14}H_{12}O_4$

*Opt.-inakt. 2-Methyl-5-phenyl-2,3-dihydro-7a*H*-furo[3,4-*b*]pyran-4,7-dion, 3-[(*E*)-α-Hydroxy-benzyliden]-6-methyl-4-oxo-tetrahydro-pyran-2-carbonsäure-lacton $C_{14}H_{12}O_4$, Formel I.

B. Bei mehrwöchigem Behandeln von 2,4-Dioxo-hept-5-ensäure-äthylester (E III **3** 1352) mit Benzaldehyd und Piperidin (*Rinderknecht et al.*, Biochem. J. **41** [1947] 463, 465).

Krystalle (aus Me.); F: 176−177°.

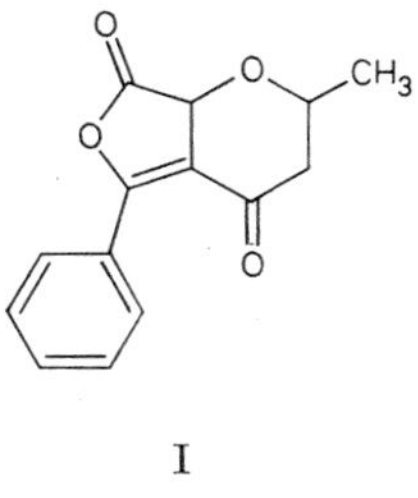

I 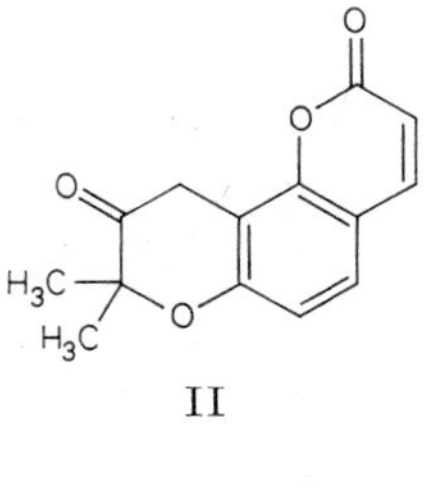   II 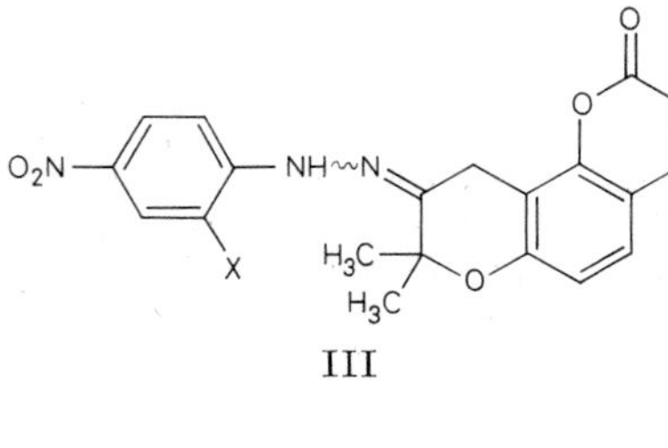   III

8,8-Dimethyl-10H-pyrano[2,3-f]chromen-2,9-dion, 3c-[5-Hydroxy-2,2-dimethyl-3-oxo-chroman-6-yl]-acrylsäure-lacton $C_{14}H_{12}O_4$, Formel II.

B. Beim Erwärmen von (+)-*cis*-Khellacton ((9*R*)-9*r*,10*c*-Dihydroxy-8,8-dimethyl-9,10-di=
hydro-8*H*-pyrano[2,3-f]chromen-2-on) oder von (−)-*trans*-Khellacton ((9*R*)-9*r*,10*t*-Dihydr=
oxy-8,8-dimethyl-9,10-dihydro-8*H*-pyrano[2,3-f]chromen-2-on) mit Toluol-4-sulfonsäure
in Benzol unter Entfernen des entstehenden Wassers (*Schroeder et al.*, B. **92** [1959] 2338,
2358). Beim Erhitzen von (±)-Seselinepoxid (9,10-Epoxy-8,8-dimethyl-9,10-dihydro-8*H*-
pyrano[2,3-f]chromen-2-on) mit wss. Schwefelsäure (*Sch. et al.*, l. c. S. 2362).

Krystalle; F: 157−158° [aus Ae.] (*Ralha, Teixeira*, Rev. portug. Quim. **1** [1958] 305,
322), 156,5−157,5° [Kofler-App.; aus Me.] (*Sch. et al.*, l. c. S. 2358). IR-Spektrum
(KBr; 2−15 μ): *Ra., Te.* UV-Spektrum (A.; 210−260 nm): *Ra., Te.*, l. c. S. 323; *Sch.
et al.*, l. c. S. 2342.

*****8,8-Dimethyl-10H-pyrano[2,3-f]chromen-2,9-dion-9-[4-nitro-phenylhydrazon],
3c-[5-Hydroxy-2,2-dimethyl-3-(4-nitro-phenylhydrazono)-chroman-6-yl]-acrylsäure-
lacton** $C_{20}H_{17}N_3O_5$, Formel III (X = H).

B. Aus 8,8-Dimethyl-10*H*-pyrano[2,3-f]chromen-2,9-dion und [4-Nitro-phenyl]-hydrazin
(*Ralha, Teixeira*, Rev. portug. Quim. **1** [1958] 305, 322).

Krystalle (aus Me.); F: 251−252°. Absorptionsspektrum (A.; 210−480 nm): *Ra.,Te.*

*****8,8-Dimethyl-10H-pyrano[2,3-f]chromen-2,9-dion-[2,4-dinitro-phenylhydrazon],
3c-[3-(2,4-Dinitro-phenylhydrazono)-5-hydroxy-2,2-dimethyl-chroman-6-yl]-acrylsäure-
lacton** $C_{20}H_{16}N_4O_7$, Formel III (X = NO₂).

B. Aus 8,8-Dimethyl-10*H*-pyrano[2,3-f]chromen-2,9-dion und [2,4-Dinitro-phenyl]-
hydrazin (*Schroeder et al.*, B. **92** [1959] 2338, 2358).

Krystalle (aus Py. + Me.); F: 245−246° [unkorr.; Zers.] (*Sch. et al.*). UV-Absorptions=
maximum (A.): 346 nm (*Bencze et al.*, Experientia **12** [1956] 137).

**9,9-Bis-äthylmercapto-8,8-dimethyl-9,10-dihydro-8H-pyrano[2,3-f]chromen-2-on,
3c-[3,3-Bis-äthylmercapto-5-hydroxy-2,2-dimethyl-chroman-6-yl]-acrylsäure-lacton**
$C_{18}H_{22}O_3S_2$, Formel IV (R = C_2H_5).

B. Beim Behandeln von 8,8-Dimethyl-10*H*-pyrano[2,3-f]chromen-2,9-dion mit Äthan=
thiol, Zinkchlorid und Natriumsulfat (*Schroeder et al.*, B. **92** [1959] 2338, 2358).

Gelbliches Öl; bei 160−180°/0,05 Torr destillierbar.

**4,5-Dihydro-3a,9b-[1]oxapropano-naphtho[2,1-b]furan-2,11-dion, [2,2-Dihydroxy-3,4-di=
hydro-2H-naphthalin-1,1-diyl]-di-essigsäure-dilacton** $C_{14}H_{12}O_4$, Formel V.

B. Beim Erhitzen von 1,1-Bis-methoxycarbonylmethyl-3,4-dihydro-1*H*-naphth=
alin-2-on mit wss. Kalilauge und Ansäuern der Reaktionslösung mit wss. Salzsäure
(*Soffer et al.*, Am. Soc. **72** [1950] 3704, 3709). Beim Erhitzen von 1,1-Bis-cyanmethyl-
3,4-dihydro-1*H*-naphthalin-2-on mit wss. Salzsäure (*So. et al.*).

Krystalle (aus A.); F: 140−140,5°.

IV   V   VI

Dioxo-Verbindungen $C_{15}H_{14}O_4$

**(±)-2,2-Dimethyl-5-phenyl-2,3-dihydro-7aH-furo[3,4-b]pyran-4,7-dion,
(±)-3-[(E)-α-Hydroxy-benzyliden]-6,6-dimethyl-4-oxo-tetrahydro-pyran-2-carbonsäure-
lacton** $C_{15}H_{14}O_4$, Formel VI.

Diese Konstitution ist von *Rinderknecht et al.* (Biochem. J. **41** [1947] 463, 465, 468) der
früher (s. E I **17** 286) als 4-[3-Methyl-crotonoyl]-5-phenyl-dihydro-furan-2,3-dion be-

schriebenen Verbindung vom F: 144° („niedrigerschmelzendes 4.5-Dioxo-2-phenyl-3-iso-propylidenacetyl-tetrahydrofuran") zugeordnet worden.

Dioxo-Verbindungen $C_{16}H_{16}O_4$

***Opt.-inakt. 4-Methyl-7-[5-methyl-hex-5-en-3-inyl]-3a,4,7,7a-tetrahydro-4,7-epoxido-isobenzofuran-1,3-dion, 1-Methyl-4-[5-methyl-hex-5-en-3-inyl]-7-oxa-norborn-5-en-2,3-dicarbonsäure-anhydrid** $C_{16}H_{16}O_4$, Formel VII.

B. Aus 2-Methyl-5-[5-methyl-hex-5-en-3-inyl]-furan und Maleinsäure-anhydrid (*Nasarow, Nagibina*, Izv. Akad. S.S.S.R. Otd. chim. **1947** 641, 645; C. A. **1948** 7736).

F: 130°.

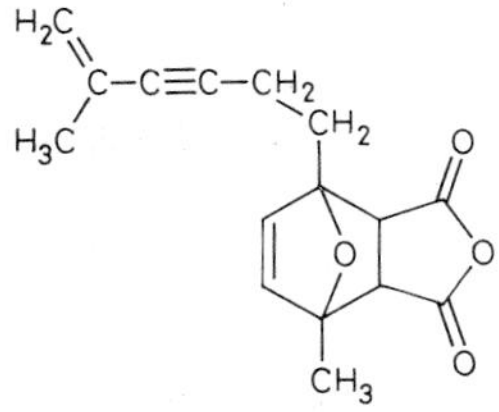

VII

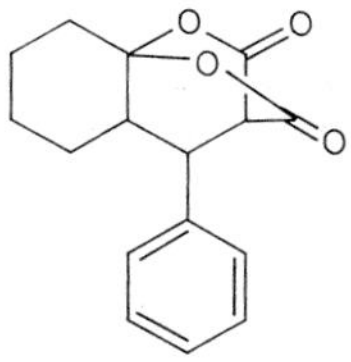

VIII

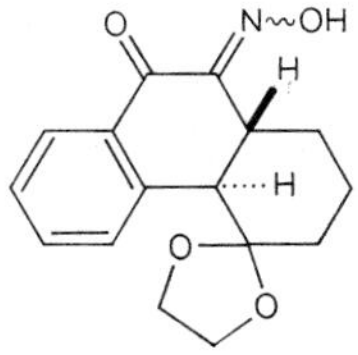

IX

***Opt.-inakt. 4-Phenyl-hexahydro-8a,3-oxaäthano-chromen-2,10-dion, [(2,2-Dihydroxy-cyclohexyl)-phenyl-methyl]-malonsäure-dilacton** $C_{16}H_{16}O_4$, Formel VIII.

Konstitutionszuordnung: *Badger et al.*, Soc. **1948** 2011, 2013 Anm.

B. Beim Erwärmen von opt.-inakt. [(2-Oxo-cyclohexyl)-phenyl-methyl]-malonsäure (F: 135°) mit Thionylchlorid und Benzol (*Ba. et al.*, l. c. S. 2015). Bei kurzem Erwärmen von opt.-inakt. 2-Oxo-4-phenyl-5,6,7,8-tetrahydro-chroman-3-carbonsäure-äthylester (E III/IV **18** 5646) mit Schwefelsäure (*Ba. et al.*, l. c. S. 2015).

Krystalle (aus A.); F: 169° [Zers.]. Bei 160°/0,4 Torr destillierbar.

Beim Erhitzen ist 4-Phenyl-5,6,7,8-tetrahydro-chroman-2-on erhalten worden.

***(±)-(4'ar,10'at)-2',3',4'a,10'a-Tetrahydro-1'*H*-spiro[[1,3]dioxolan-2,4'-phenanthren]-9',10'-dion-10'-oxim, (±)-4,4-Äthandiyldioxy-(4ar,10at)-1,2,3,4,4a,10a-hexahydro-phenanthren-9,10-dion-10-oxim** $C_{16}H_{17}NO_4$, Formel IX + Spiegelbild.

B. Beim Behandeln von (±)-4,4-Äthandiyldioxy-(4a*r*,10a*t*)-2,3,4,4a,10,10a-hexahydro-1*H*-phenanthren-9-on mit äthanol. Natriumäthylat-Lösung und Amylnitrit (*Ginsburg, Pappo*, Soc. **1953** 1524, 1530).

Krystalle (aus A.); F: 182–184° [Zers.; grüne Schmelze].

Bei der Hydrierung an Palladium/Kohle in mit wenig Salzsäure versetztem Äthanol sind 10-Amino-(4a*r*,10a*t*)-2,3,10,10a-tetrahydro-1*H*,4a*H*-phenanthren-4,9-dion (Hydrochlorid: F: 228–231°) und kleinere Mengen einer (isomeren) Verbindung $C_{14}H_{15}NO_2$ (Hydrochlorid, F: 190–192°) erhalten worden.

***Opt.-inakt. (*E*)-3a,4,7,7a,3'a,4',7',7'a-Octahydro-[1,1']biisobenzofuranyliden-3,3'-dion** $C_{16}H_{16}O_4$, Formel X.

B. Beim Erhitzen von (*E*)-[2,2']Bifuranyliden-5,5'-dion mit Buta-1,3-dien und Dioxan auf 200° (*Sauer et al.*, Am. Soc. **81** [1959] 3677, 3680).

Krystalle (aus Butanon oder E.); F: 232°.

4,5,8,9-Tetramethyl-(3ar,9ac)-3a,4,9,9a-tetrahydro-4ξ,9ξ-episulfido-naphtho[2,3-*c*]furan-1,3-dion, 1,4,5,8-Tetramethyl-1,2,3,4-tetrahydro-1ξ,4ξ-episulfido-naphthalin-2*r*,3*c*-dicarbonsäure-anhydrid $C_{16}H_{16}O_3S$, Formel XI.

B. Beim Erwärmen von 1,3,4,7-Tetramethyl-benzo[*c*]thiophen mit Maleinsäure-anhydrid (*Dann et al.*, B. **87** [1954] 140, 145).

Krystalle (aus Eg.); F: 211–211,5° [unkorr.]. UV-Spektrum (A.; 200–300 nm): *Dann et al.*

X   XI   XII

Dioxo-Verbindungen $C_{17}H_{18}O_4$

(±)-4-[3-Phenyl-propyl]-(3a*r*,7a*c*)-hexahydro-4*c*(?),7*c*(?)-epoxido-isobenzofuran-1,3-dion, (±)-1-[3-Phenyl-propyl]-7-oxa-norbornan-2*endo*(?),3*endo*(?)-dicarbonsäure-anhydrid $C_{17}H_{18}O_4$, vermutlich Formel XII + Spiegelbild.

B. Beim Erhitzen von (±)-1-[3-Phenyl-propyl]-7-oxa-norbornan-2*endo*(?),3*endo*(?)-di= carbonsäure (F: 146°) auf 180° (*Pfau et al.*, Helv. **18** [1935] 935, 945).
Krystalle (aus Bzn.); F: 96,5°.

Dioxo-Verbindungen $C_{18}H_{20}O_4$

(±)-6,6,8,8-Tetramethyl-(3a*r*,10a*c*)-3a,6,8,9,10,10a-hexahydro-naphtho[1,2-*c*;5,6-*c′*]di= furan-1,3-dion, (±)-1,1,3,3-Tetramethyl-1,3,6,7,8,9-hexahydro-naphtho[1,2-*c*]furan-6*r*,7*c*-dicarbonsäure-anhydrid $C_{18}H_{20}O_4$, Formel I + Spiegelbild.

B. Beim Erhitzen von 1,1,3,3-Tetramethyl-4-vinyl-phthalan mit Maleinsäure-anhydrid in Xylol (*Nasarow et al.*, Ž. obšč. Chim. **29** [1959] 3313, 3318; engl. Ausg. S. 3277, 3281).
Krystalle (aus Bzl.); F: 236—238°.

I   II   III   IV

Dioxo-Verbindungen $C_{19}H_{22}O_4$

(4a*S*)-2*t*-[3]Furyl-6a,10b-dimethyl-(4a*r*,6a*c*,10a*c*,10b*t*)-1,4a,5,6,6a,10,10a,10b-octahydro-2*H*-benz[*f*]isochromen-4,7-dion, *ent*-(12*R*)-15,16-Epoxy-12-hydroxy-5,9-dimethyl-4-oxo-17,18,19-trinor-5*β*,8*βH*-labda-2,13(16),14-trien-20-säure-lacton[1]), Pseudodecarboxy= isocolumbin, *φ*-Decarboxyisocolumbin $C_{19}H_{22}O_4$, Formel II.

Über die Position der C,C-Doppelbindung s. *Cava, Soboczenski*, Am. Soc. **78** [1956] 5317, 5319.

B. Beim Erwärmen von Decarboxycolumbin (S. 2041) oder von Decarboxyiso= columbin (s. u.) mit verdünnter methanol. Kalilauge und Ansäuern der Reaktionslösung mit wss. Salzsäure (*Cava, So.*, l. c. S. 5321, 5322).

Krystalle (aus Me.); F: 197—200° [unkorr.]. UV-Absorptionsmaxima (A.): 230 nm und 327 nm.

2-[3]Furyl-6a,10b-dimethyl-1,4a,5,6,6a,8,10a,10b-octahydro-2*H*-benz[*f*]isochromen-4,7-dion $C_{19}H_{22}O_4$.

a) (4a*S*)-2*t*-[3]Furyl-6a,10b-dimethyl-(4a*r*,6a*c*,10a*c*,10b*t*)-1,4a,5,6,6a,8,10a,10b-octahydro-2*H*-benz[*f*]isochromen-4,7-dion, *ent*-(12*R*)-15,16-Epoxy-12-hydroxy-5,9-di= methyl-4-oxo-17,18,19-trinor-5*β*,8*βH*-labda-1,13(16),14-trien-20-säure-lacton[1]), Decarboxyisocolumbin $C_{19}H_{22}O_4$, Formel III.

Konstitution und Konfiguration: *Barton, Elad*, Soc. **1956** 2085, 2090, 2091; *Cheung*

---

[1]) Stellungsbezeichnung bei von Labdan abgeleiteten Namen s. E IV **5** 368, 369.

et al., Soc. [B] **1966** 853.

B. Beim Erhitzen von Isocolumbin (*ent*-(12*R*)-15,16-Epoxy-1α,4,12-trihydroxy-5,9-dimethyl-17,19-dinor-5β,8β*H*-labda-2,13(16),14-trien-18,20-disäure-18 → 1; 20 → 12-dilacton) unter Stickstoff bis auf 240° (*Wessely et al.*, M. **66** [1935] 87, 107; *Cava, Soboczenski*, Am. Soc. **78** [1956] 5317, 5321; s. a. *Feist et al.*, A. **517** [1935] 119, 130).

Krystalle; F: 221° [aus A.; nach Sintern von 210° an] (*We. et al.*), 208° [aus A.] (*Fe. et al.*), 203—206° [unkorr.; aus Me.] (*Cava, So.*). [α]$_D^{16}$: −110,8° [Py.] (*We. et al.*). UV-Absorptionsmaximum (A.): 287 nm (*Cava, So.*).

Beim Erwärmen mit methanol. Kalilauge ist Pseudodecarboxyisocolumbin (S. 2040) erhalten worden (*Cava, So.*).

b) (4a*R*)-2*c*-[3]Furyl-6a,10b-dimethyl-(4a*r*,6a*t*,10a*t*,10b*c*)-1,4a,5,6,6a,8,10a,10b-octahydro-2*H*-benz[*f*]isochromen-4,7-dion, *ent*-(12*R*)-15,16-Epoxy-12-hydroxy-5,9-dimethyl-4-oxo-17,18,19-trinor-5β-labda-1,13(16),14-trien-20-säure-lacton [1]), Decarboxycolumbin C$_{19}$H$_{22}$O$_4$, Formel IV.

Konstitution und Konfiguration: *Barton, Elad*, Soc. **1956** 2090, 2091; *Overton et al.*, Soc. [C] **1966** 1482.

B. Beim Erhitzen von Columbin (*ent*-(12*R*)-15,16-Epoxy-1β,4,12-trihydroxy-5,9-dimethyl-17,19-dinor-5β-labda-2,13(16),14-trien-18,20-disäure-18 → 1; 20 → 12-dilacton) unter Stickstoff bis auf 220° (*Wessely et al.*, M. **66** [1935] 87, 99; *Cava, Soboczenski*, Am. Soc. **78** [1956] 5317, 5321; s. a. *Feist et al.*, A. **517** [1935] 119, 130).

Krystalle (aus A.); F: 148,5° (*We. et al.*, M. **66** 99), 146,8—148,2° [unkorr.] (*Cava, So.*), 144,5° (*Fe. et al.*). [α]$_D^{14}$: −19° [Py.] (*We. et al.*). UV-Absorptionsmaximum (A.): 290 nm (*Cava, So.*).

Bei der Hydrierung an Palladium in Methanol ist Octahydro-decarboxycolumbinsäure (E III/IV **18** 5491) erhalten worden (*Fe. et al.*; *Wessely et al.*, M. **68** [1936] 313, 324; *Cava, So.*).

Dioxo-Verbindungen C$_{20}$H$_{24}$O$_4$

21,22-Dithia-tricyclo[16.2.1.1^{8,11}]docosa-8,10,18,20-tetraen-2,12-dion, 1,8-Di-(2,5)thiena-cyclotetradecan-2,9-dion [2]) C$_{20}$H$_{24}$O$_2$S$_2$, Formel V.

B. Beim Behandeln von 6-[2]Thienyl-hexanoylchlorid mit Zinn(IV)-chlorid und Benzol (*Gol'dfarb et al.*, Ž. obšč. Chim. **29** [1959] 3564, 3569; engl. Ausg. S. 3526, 3530).

Krystalle (aus A. + Dioxan); F: 142—143,5°.

---

*Opt.-inakt. (*E*)-5,6,5′,6′-Tetramethyl-3a,4,7,7a,3′a,4′,7′,7′a-octahydro-[1,1′]biisobenzofuranyliden-3,3′-dion C$_{20}$H$_{24}$O$_4$, Formel VI.

B. Beim Erhitzen von (*E*)-[2,2′]Bifuryliden-5,5′-dion oder von opt.-inakt. 5,6-Dimethyl-3-[(*E*)-5-oxo-5*H*-[2]furyliden]-3a,4,7,7a-tetrahydro-3*H*-isobenzofuran-1-on (S. 2018) mit 2,3-Dimethyl-buta-1,3-dien und Dioxan auf 175° bzw. 150° (*Holmquist et al.*, Am. Soc. **81** [1959] 3686, 3689).

Krystalle; F: 244°.

1,12-Epoxy-11a-methyl-Δ^{7a}-dodecahydro-naphth[2′,1′;4,5]indeno[1,7a-*c*]furan-3,9-dion C$_{20}$H$_{24}$O$_4$.

a) (18*Ξ*)-11β,18-Epoxy-18-hydroxy-3-oxo-androst-4-en-17β-carbonsäure-lacton C$_{20}$H$_{24}$O$_4$, Formel VII.

B. Beim Behandeln einer Lösung von Aldosteron (11β,21-Dihydroxy-3,20-dioxo-pregn-4-en-18-al ⇌ (18*Ξ*)-11β,18-Epoxy-18,21-dihydroxy-pregn-4-en-3,20-dion) in Methanol mit wss. Natriumperjodat-Lösung (*Simpson et al.*, Helv. **37** [1954] 1200, 1214; s. a. *Ham et al.*, Am. Soc. **77** [1955] 1637, 1639).

Krystalle (aus Acn. + Ae.), F: 308—311° [korr.; Zers.; Kofler-App.]; [α]$_D^{25}$: +121,2° [CHCl$_3$] (*Si. et al.*). IR-Spektrum (CHCl$_3$; 2—13 μ): *Si. et al.*, l. c. S. 1202.

---

[1]) Stellungsbezeichnung bei von Labdan abgeleiteten Namen s. E IV **5** 368, 369.

[2]) Über diese Bezeichnungsweise s. *Kauffmann*, Tetrahedron **28** [1972] 5183.

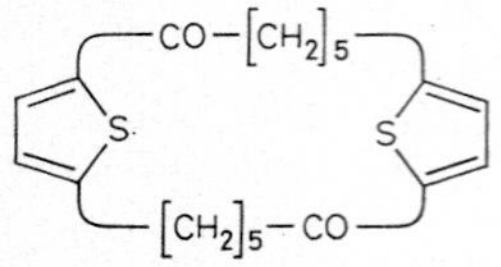

V 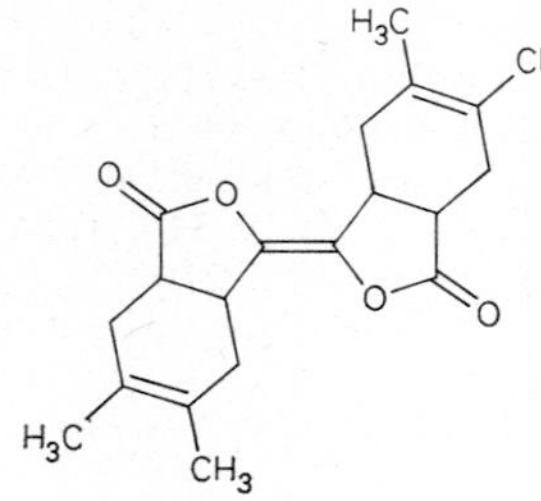   VI 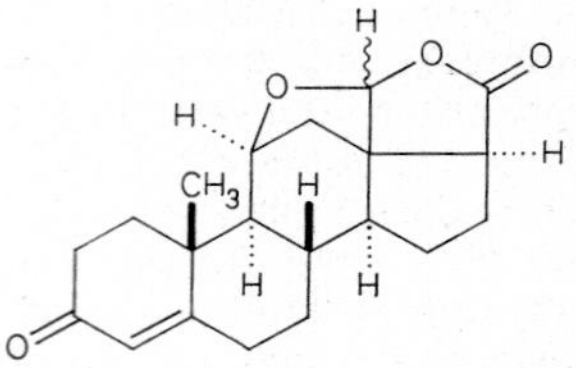   VII

b) **rac-(18 Ξ)-11β,18-Epoxy-18-hydroxy-3-oxo-androst-4-en-17β-carbonsäure-lacton** $C_{20}H_{24}O_4$, Formel VII + Spiegelbild.

B. Beim Behandeln einer Lösung von *rac*-Aldosteron (*rac*-11β,21-Dihydroxy-3,20-di≠ oxo-pregn-4-en-18-al ⇌ *rac*-(18Ξ)-11β,18-Epoxy-18,21-dihydroxy-pregn-4-en-3,20-dion) in Methanol mit wss. Perjodsäure und wenig Pyridin (*Schmidlin et al.*, Helv. **40** [1957] 2291, 2317).

Krystalle (aus CH_2Cl_2 + Acn.); F: 302—306° [unkorr.; Kofler-App.]. IR-Spektrum ($CHCl_3$; 2,5—11,5 μ): *Sch. et al.*, l. c. S. 2298.

Dioxo-Verbindungen $C_{21}H_{26}O_4$

rac-3,3-Äthandiyldioxy-D-homo-18-nor-13ξ-androsta-5,14-dien-11,16-dion $C_{21}H_{26}O_4$, Formel VIII + Spiegelbild.

B. Beim Erwärmen von *rac*-3,3-Äthandiyldioxy-11,14,16,18-tetraoxo-14,15-seco-*D*,18-dihomo-13α-androst-5-en-18a-säure-äthylester mit Piperidin-benzoat in Benzol (*Wettstein et al.*, Helv. **40** [1957] 323, 335).

Krystalle (aus Bzl. + Ae. + PAe.); F: 140—142° [unkorr.; Block]. UV-Absorptions≠ maximum (A.): 238 nm.

---

rac-3,3-Äthandiyldioxy-13α-androsta-5,14-dien-11,16-dion $C_{21}H_{26}O_4$, Formel IX + Spiegelbild.

B. Beim Erwärmen von *rac*-3,3-Äthandiyldioxy-14,15-seco-13α-androst-5-en-11,14,16-trion mit verdünnter wss. Kalilauge (*Merck & Co. Inc.*, D.B.P. 1008287 [1953]; U.S.P. 2884419 [1955]).

F: 155°.

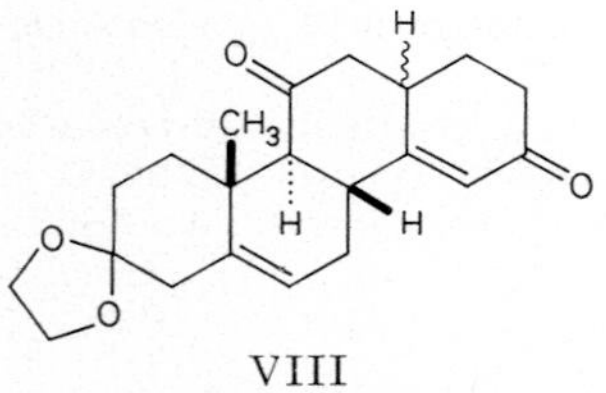

VIII 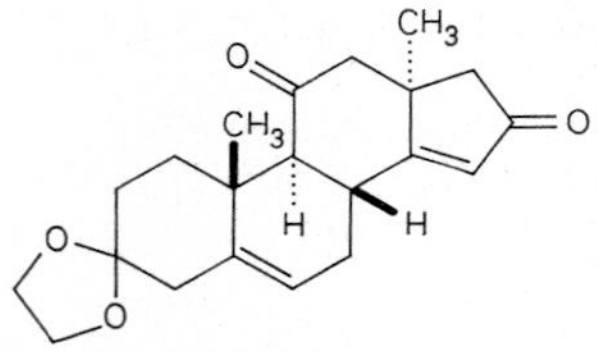   IX 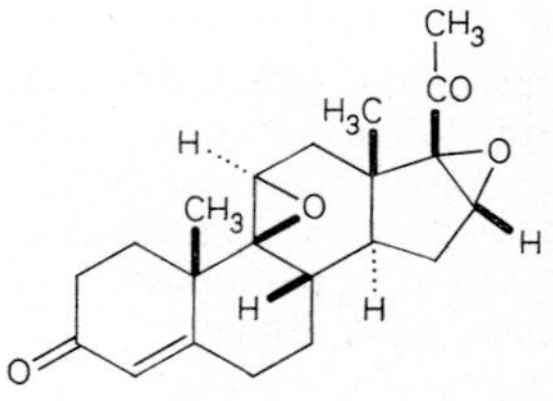   X

9,11β;16α,17-Diepoxy-9β-pregn-4-en-3,20-dion $C_{21}H_{26}O_4$, Formel X.

B. Beim Erwärmen von 9-Brom-16α,17-epoxy-11β-hydroxy-pregn-4-en-3,20-dion mit Kaliumacetat in Äthanol (*Bernstein et al.*, Am. Soc. **81** [1959] 4956, 4961).

Krystalle (aus Bzl.); F: 244—245°. $[\alpha]_D^{25}$: +59,5° [$CHCl_3$; c = 1]. UV-Absorptions≠ maximum (Me.): 242 nm.

Beim Behandeln einer Lösung in Dichlormethan mit einem Gemisch von Fluorwasser≠ stoff, Tetrahydrofuran und Dioxan bei −60° ist 16α,17-Epoxy-9-fluor-11β-hydroxy-pregn-4-en-3,20-dion erhalten worden.

Dioxo-Verbindungen $C_{22}H_{28}O_4$

1-Oxo-2-oxa-5β-carda-14,20(22)-dienolid, 2,21-Dihydroxy-1,2-seco-A,24-dinor-5β-chola-14,20(22)t-dien-1,23-disäure-1 → 2; 23 → 21-dilacton $C_{22}H_{28}O_4$, Formel XI.

B. Beim Behandeln von 3β-Hydroxy-1-oxo-5β-carda-14,20(22)-dienolid mit Chrom(VI)-

oxid, Essigsäure und wss. Schwefelsäure (*Veldsman*, S. African ind. Chemist **4** [1950] 204, 206).

Krystalle (aus Acn.); F: 256—258° [Zers.]. $[\alpha]_D^{26}$: —95,7° [CHCl$_3$; c = 0,2].

XI   XII

(3R)-3,9,13,13,14,14-Hexamethyl-3,4,5,6,9,10,11,12-octahydro-3r,6c; 9c,12c-dimethano-oxocino[3,2-c]chromen-2,7-dion C$_{22}$H$_{28}$O$_4$, Formel XII.

Diese Konstitution und Konfiguration kommt wahrscheinlich auch der früher (s. H **10** 643; E II **10** 442) beschriebenen, aus (+)-4,7,7-Trimethyl-3-oxo-norbornan-2-carbonsäure (,,(+)-Campher-carbonsäure-(3)") sowie aus (+)-4,7,7-Trimethyl-3-oxo-norbornan-2-carb=onylchlorid (,,(+)-Campher-carbonsäure-(3)-chlorid") hergestellten Verbindung C$_{22}$H$_{28}$O$_4$ vom F: 195—196° zu (*Yates, Chandross*, Tetrahedron Letters **1959** Nr. 20, S. 1, 5).

B. Beim Erhitzen von (+)-4,7,7-Trimethyl-3-oxo-norbornan-2-carbonylchlorid auf 160° (*Ya., Ch.*; vgl. E II **10** 442). Beim Erhitzen von (3S,5S,1'S)-8,9,9,4',7',7'-Hexa=methyl-5,6,7,8-tetrahydro-spiro[5,8-methano-chroman-3,2'-norbornan]-2,4,3'-trion (E III/IV **17** 6775) oder von (3R,5S,1'S)-8,9,9,4',7',7'-Hexamethyl-5,6,7,8-tetrahydro-spiro=[5,8-methano-chroman-3,2'-norbornan]-2,4,3'-trion (E III/IV **17** 6775) auf 180° (*Ya., Ch.*). Beim Erhitzen von (1R)-1,2,2-Trimethyl-3c-[(5S)-8,9,9-trimethyl-2,4-dioxo-3,4,5,6,=7,8-hexahydro-2H-5,8-methano-chromen-3-yl]-cyclopentan-r-carbonsäure (E III/IV **18** 6069) unter vermindertem Druck (*Ya., Ch.*).

F: 197—198°. UV-Absorptionsmaximum (A.): 326 nm.

Beim Behandeln mit wss. Salzsäure sind (1R)-1,2,2-Trimethyl-3c-[(5S)-8,9,9-trimethyl-2,4-dioxo-3,4,5,6,7,8-hexahydro-2H-5,8-methano-chromen-3-yl]-cyclopentan-r-carbon=säure (E III/IV **18** 6069) und (1R)-1,2,2-Trimethyl-3c-[2-oxo-2-((1R)-4,7,7-trimethyl-3-oxo-[2]norbornyl)-äthyl]-cyclopentan-r-carbonsäure erhalten worden.

Dioxo-Verbindungen C$_{23}$H$_{30}$O$_4$

***rac*-3,3-Äthandiyldioxy-pregna-5,16-dien-11,20-dion** C$_{23}$H$_{30}$O$_4$, Formel XIII + Spiegel-bild.

B. Beim Erwärmen von *rac*-3,3-Äthandiyldioxy-16,17-seco-pregn-5-en-11,16,20-trion mit wss. Kalilauge (*Poos et al.*, Am. Soc. **77** [1955] 1026). Beim Behandeln von *rac*-3,3-Äthandiyldioxy-pregna-5,16-dien-11β,20ξ-diol (S. 1080) mit Chrom(VI)-oxid und Pyridin (*Arth et al.*, Am. Soc. **77** [1955] 3834, 3838). Beim Behandeln von *rac*-3,3-Äthandiyldioxy-20-isopropoxy-pregna-5,17(20)-dien-11,16-dion (F: 184—186°) mit Natriumboranat in Äthanol und Behandeln einer Lösung des Reaktionsprodukts in Tetrahydrofuran mit wss. Schwefelsäure (*Arth et al.*).

Krystalle (aus Ae.); F: 195—197° (*Poos et al.*). UV-Absorptionsmaximum (Me.): 235 nm (*Poos et al.*).

3β,21-Dihydroxy-24-nor-5ξ,14ξ-chol-20(22)t-en-19,23-disäure-19 → 3; 23 → 21-dilacton C$_{23}$H$_{30}$O$_4$, Formel XIV.

B. Bei partieller Hydrierung von 3β,21-Dihydroxy-24-nor-chola-5,14(?),20(22)t-trien-19,23-disäure-19 → 3; 23 → 21-dilacton (S. 2074) an Palladium in Essigsäure (*Jacobs, Collins*, J. biol. Chem. **65** [1925] 491, 503).

Krystalle (aus A.), F: 275—277°; $[\alpha]_D^{28}$: +3° [CHCl$_3$; c = 1] (*Ja., Co.*).

Beim Erwärmen mit wss.-äthanol. Natronlauge ist 3β-Hydroxy-21-oxo-24-nor-5ξ,=

14ξ,20ξH-cholan-19,23-disäure-19-lacton (E III/IV **18** 6070) erhalten worden (*Jacobs et al.*, J. biol. Chem. **70** [1926] 1,10; s. a. *Ja., Co.*, l. c. S. 504).

XIII   XIV   XV

8,19-Epoxy-3-oxo-5α,14ξ-card-20(22)-enolid $C_{23}H_{30}O_4$, Formel XV.

Diese Konstitution und Konfiguration ist für die nachstehend beschriebene Verbindung in Betracht gezogen worden (*Hunger, Reichstein*, Helv. **35** [1952] 1073, 1085).

B. Beim Behandeln von α-Anhydrocoroglaucigenin (8,19-Epoxy-3β-hydroxy-5α,14ξ-card-20(22)-enolid(?)) mit Chrom(VI)-oxid in Essigsäure (*Hu., Re.*, l. c. S. 1096).

Krystalle (aus Me. + Ae.); F: 224—227° [korr.: Kofler-App.]. $[\alpha]_D^{16}$: $-1,4°$ [CHCl$_3$; c = 0,7].

Dioxo-Verbindungen $C_{24}H_{32}O_4$

16α,17α-Isopropylidendioxy-17β-methyl-D-homo-androsta-4,9(11)-dien-3,17a-dion $C_{24}H_{32}O_4$, Formel I.

B. Beim Erwärmen von 16α,17α-Dihydroxy-17β-methyl-D-homo-androsta-4,9(11)-dien-3,17a-dion mit Aceton und kleinen Mengen wss. Salzsäure (*Bernstein et al.*, Am. Soc. **81** [1959] 4956, 4960).

Krystalle (aus wss. Me.); F: 242—245°. $[\alpha]_D^{25}$: $+51,5°$ [CHCl$_3$; c = 2]. UV-Absorptionsmaximum (Me.): 238 nm.

I   II

16α,17-Isopropylidendioxy-pregna-4,9(11)-dien-3,20-dion $C_{24}H_{32}O_4$, Formel II.

B. Beim Erwärmen von 16α,17-Dihydroxy-pregna-4,9(11)-dien-3,20-dion mit Aceton und kleinen Mengen wss. Salzsäure (*Bernstein et al.*, Am. Soc. **81** [1959] 4956, 4960). Beim Erhitzen von 16α,17-Isopropylidendioxy-11α-methansulfonyloxy-pregn-4-en-3,20-dion mit Essigsäure und Natriumacetat (*Allen, Weiss*, Am. Soc. **81** [1959] 4968, 4974).

Krystalle (aus PAe.); F: 200—210° (*Be. et al.*), 198—199,5° [unkorr.] (*Al., We.*). $[\alpha]_D^{25}$: $+111°$ [CHCl$_3$; c = 1] (*Al., We.*); $[\alpha]_D^{25}$: $+107°$ [CHCl$_3$; c = 2] (*Be. et al.*). UV-Absorptionsmaximum (Me.): 241 nm (*Al., We.*) bzw. 239 nm (*Be. et al.*). Polarographie: *Al., We.*, l. c. S. 4976.

Semicarbazon $C_{25}H_{35}N_3O_4$. Krystalle (aus Me.), F: 244—247° [unkorr.; Zers.]; $[\alpha]_D^{25}$: $+145°$ [CHCl$_3$; c = 1] (*Al., We.*). UV-Absorptionsmaximum (Me.): 269 nm (*Al., We.*).

2α-Brom-16α,17-isopropylidendioxy-pregna-4,9(11)-dien-3,20-dion $C_{24}H_{31}BrO_4$, Formel III (X = H).

B. Beim Behandeln von 16α,17-Isopropylidendioxy-pregna-4,9(11)-dien-3,20-dion mit Oxalsäure-diäthylester (1,7 Mol) und Natriummethylat in Benzol und Behandeln des nach dem Ansäuern mit wss. Salzsäure erhaltenen Reaktionsprodukts mit Kaliumacetat in Methanol und mit Brom (1 Mol) in Tetrachlormethan (*Allen, Weiss*, Am. Soc. **81** [1959] 4968, 4975).

Krystalle (aus Me.); F: 177—179° [unkorr.; Zers.]. $[\alpha]_D^{25}$: +122° [CHCl₃; c = 1]. UV-Absorptionsmaximum (Me.): 241 nm.

2α,21-Dibrom-16α,17-isopropylidendioxy-pregna-4,9(11)-dien-3,20-dion $C_{24}H_{30}Br_2O_4$, Formel III (X = Br).

B. Beim Behandeln von 16α,17-Isopropylidendioxy-pregna-4,9(11)-dien-3,20-dion mit Oxalsäure-diäthylester (3,4 Mol) und Natriummethylat in Benzol und Behandeln des nach dem Ansäuern mit wss. Salzsäure erhaltenen Reaktionsprodukts mit Kaliumacetat in Methanol und mit Brom (2 Mol) in Tetrachlormethan (*Allen, Weiss*, Am. Soc. **81** [1959] 4968, 4976).

Krystalle (aus E.); F: 215—217° [unkorr.; Zers.]. $[\alpha]_D^{25}$: +113° [CHCl₃; c = 1]. UV-Absorptionsmaximum (Me.): 240 nm.

16α,17-Isopropylidendioxy-pregna-4,14-dien-3,20-dion $C_{24}H_{32}O_4$, Formel IV.

B. Beim Erhitzen von 3β-Hydroxy-16α,17-isopropylidendioxy-pregna-5,14-dien-20-on mit Aluminiumisopropylat, Cyclohexanon und Toluol (*Ellis et al.*, Soc. **1955** 4383, 4387).

Krystalle (aus wss. A.); F: 200—202°. $[\alpha]_D^{21}$: +73,5° [CHCl₃; c = 1].

III   IV   V

Dioxo-Verbindungen $C_{26}H_{36}O_4$

27,28-Dithia-tricyclo[22.2.1.1^{11,14}]octacosa-11,13,24,26-tetraen-2,15-dion, 1,11-Di-(2,5)thiena-cycloeicosan-2,12-dion [1]) $C_{26}H_{36}O_2S_2$, Formel V.

B. In kleiner Menge beim Behandeln von [9-[2]Thienyl-nonanoylchlorid mit Zinn(IV)-chlorid und Benzol (*Gol'dfarb et al.*, Ž. obšč. Chim. **29** [1959] 3564, 3572; engl. Ausg. S. 3526, 3532).

Krystalle (aus A.); F: 82—83,5°.

Dioxo-Verbindungen $C_{27}H_{38}O_4$

(23Ξ,25R)-23-Brom-5α-spirost-1-en-3,11-dion $C_{27}H_{37}BrO_4$, Formel VI (X = H).

B. Beim Erhitzen von (23Ξ,25R)-2α,23-Dibrom-5α-spirostan-3,11-dion (S. 2029) mit 2,4,6-Trimethyl-pyridin (*Kirk et al.*, Soc. **1957** 1046, 1051). Beim Behandeln einer Lösung von (23Ξ,25R)-12α,23-Dibrom-5α-spirost-1-en-3,11-dion (s. u.) in Essigsäure und Benzol mit Zink-Pulver (*Kirk et al.*).

Krystalle (aus CH₂Cl₂ + Me.); F: 226—227°. $[\alpha]_D^{25}$: +7° [CHCl₃]. UV-Absorptions= maximum (A.): 227 nm.

2,4-Dinitro-phenylhydrazon $C_{33}H_{41}BrN_4O_7$. Orangerote Krystalle (aus CHCl₃ + E.); F: 255—258°. UV-Absorptionsmaximum (CHCl₃): 375 nm.

(23Ξ,25R)-12α,23-Dibrom-5α-spirost-1-en-3,11-dion $C_{27}H_{36}Br_2O_4$, Formel VI (X = Br).

B. Beim Erhitzen von (23Ξ,25R)-2α,12α,23-Tribrom-5α-spirostan-3,11-dion (S. 2030) mit Semicarbazid-hydrochlorid und Natriumacetat in wss. Essigsäure und anschliessend mit 4-Hydroxy-benzaldehyd (*Kirk et al.*, Soc. **1957** 1046, 1051).

Krystalle (aus CH₂Cl₂ + Me.); F: 225°. $[\alpha]_D^{24}$: −57° [CHCl₃]. UV-Absorptionsmaximum (A.): 225 nm.

---

[1]) Über diese Bezeichnungsweise s. *Kauffmann*, Tetrahedron **28** [1972] 5183.

2,4-Dinitro-phenylhydrazon $C_{33}H_{40}Br_2N_4O_7$. F: $245-247°$. UV-Absorptions=maximum (Isopropylalkohol): $373-375$ nm.

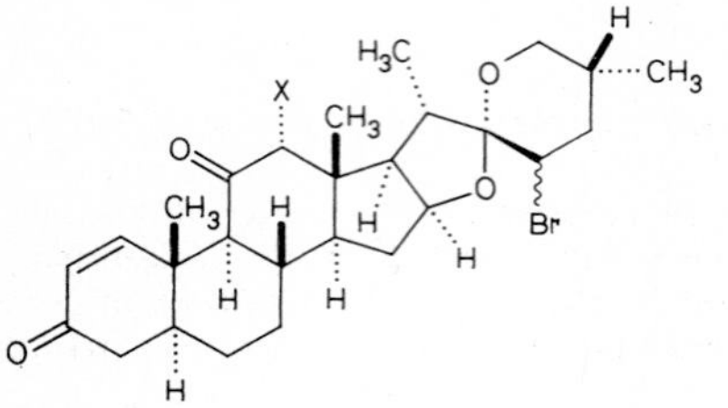

VI

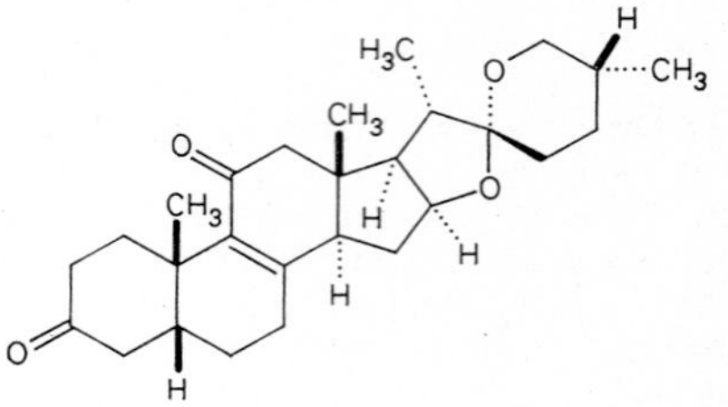

VII

4a,6a,7,5′-Tetramethyl-$\Delta^{4b(10b)}$-octadecahydro-spiro[naphth[2′,1′;4,5]indeno[2,1-b]=furan-8,2′-pyran]-2,5-dion $C_{27}H_{38}O_4$.

a) **(25R)-5β-Spirost-8-en-3,11-dion** $C_{27}H_{38}O_4$, Formel VII.

B. Beim Erwärmen von (25R)-9,11α-Epoxy-8ξ-hydroxy-5β-spirostan-3-on (F: 197° bis 199°) mit dem Borfluorid-Äther-Addukt in Benzol (*Lemin, Djerassi*, Am. Soc. **76** [1954] 5672).

Krystalle (aus Me.); F: $190-191°$ [korr.; Kofler-App.]. $[\alpha]_D^{25}$: $+48°$ [CHCl$_3$]. UV-Absorptionsmaximum (A.): 252 nm.

b) **(25R)-5α-Spirost-8-en-3,11-dion** $C_{27}H_{38}O_4$, Formel VIII.

B. Bei der Hydrierung von (25R)-Spirosta-4,8-dien-3,11-dion an Palladium/Kohle in Äthylacetat (*Lemin, Djerassi*, Am. Soc. **76** [1954] 5672). Beim Behandeln von (25R)-3β-Hydroxy-5α-spirost-8-en-11-on mit Chrom(VI)-oxid und Pyridin (*Le., Dj.*).

Krystalle (aus Me.); F: $210-212°$ [korr.; Kofler-App.]. $[\alpha]_D^{25}$: $+79°$ [CHCl$_3$]. UV-Absorptionsmaximum (A.): 253 nm.

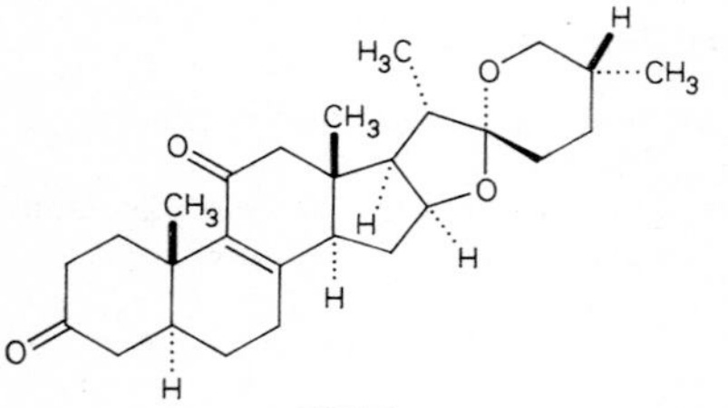

VIII

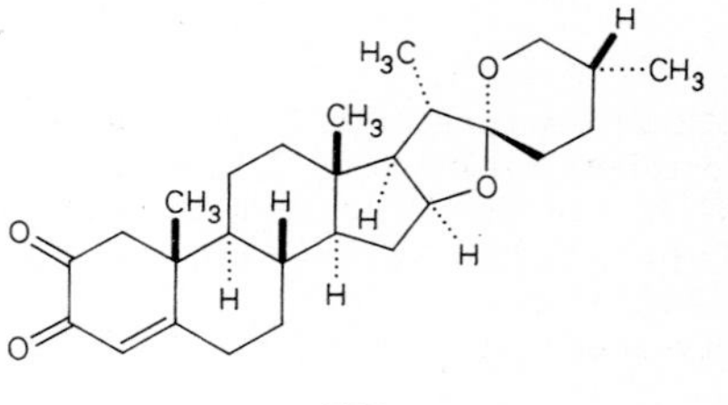

IX

(25R)-Spirost-4-en-2,3-dion $C_{27}H_{38}O_4$, Formel IX, und Tautomeres ((25R)-2-Hydroxy-spirosta-1,4-dien-3-on).

B. Beim Behandeln von (25R)-1β,2β-Äthandiyldioxy-5-hydroxy-5β-spirostan-3-on mit wss. Kalilauge (*Takeda et al.*, Tetrahedron **7** [1959] 62, 69).

Krystalle (aus Acn.); F: $224-227°$ [unkorr.]. $[\alpha]_D$: $-102°$ [CHCl$_3$; c = 0,4]. UV-Absorptionsmaximum (A.): 254 nm.

Charakterisierung als o-Phenylendiamin-Kondensationsprodukt (F: $283-284°$): *Ta. et al.*

(25R)-Spirost-4-en-3,11-dion $C_{27}H_{38}O_4$, Formel X (R = X = H).

B. Beim Erhitzen von (23Ξ,25R)-23-Brom-spirost-4-en-3,11-dion (s. u.) mit Essigsäure, Natriumacetat und Zink-Pulver (*Kirk et al.*, Soc. **1957** 1046, 1052).

Krystalle (aus Acn. + Hexan); F: $211-215°$. $[\alpha]_D^{26}$: $+60°$ [CHCl$_3$; c = 0,6]. UV-Absorptionsmaximum (A.): 237 nm.

(23Ξ,25R)-23-Brom-spirost-4-en-3,11-dion $C_{27}H_{37}BrO_4$, Formel X (R = H, X = Br).

B. Beim Erwärmen von (23Ξ,25R)-2α,4α,23-Tribrom-5α-spirostan-3,11-dion (S. 2030)

oder von (23Ξ,25R)-2α,4α,12α,23-Tetrabrom-5α-spirostan-3,11-dion (S. 2030) mit Natrium=
jodid in Aceton und Behandeln des jeweiligen Reaktionsprodukts mit Essigsäure und
Zink-Pulver (*Kirk et al.*, Soc. **1957** 1046, 1048, 1052).

Krystalle (aus A.); F: 217—219°. $[\alpha]_D^{26}$: +65° [CHCl₃]. UV-Absorptionsmaximum (A.):
238 nm.

(23Ξ,25R)-2ξ,6ξ,23-Tribrom-spirost-4-en-3,11-dion C₂₇H₃₅Br₃O₄, Formel X
(R = X = Br).

B. Beim Behandeln einer Suspension von (23Ξ,25R)-23-Brom-spirost-4-en-3,11-dion
(S. 2046) in Äther mit Brom in Essigsäure (*Kirk et al.*, Soc. **1957** 1046, 1052).

Krystalle (aus CH₂Cl₂ + Me.); F: 209—210°. $[\alpha]_D^{24}$: +8° [CHCl₃]. UV-Absorptions=
maximum (Isopropylalkohol): 236—237 nm.

(25R)-Spirost-4-en-3,12-dion C₂₇H₃₈O₄, Formel XI (X = H).

B. Beim Erwärmen von (23Ξ,25R)-23-Brom-spirost-4-en-3,12-dion (s. u.) mit Äthanol,
Essigsäure und Zink-Pulver (*Djerassi et al.*, Am. Soc. **75** [1953] 4885). Beim Erwärmen
von (23Ξ,25R)-2α,4α,23-Tribrom-5α-spirostan-3,12-dion (S. 2031) mit Natriumjodid in
Aceton und anschliessend mit Zink-Pulver und Äthanol (*Mueller et al.*, Am. Soc. **75**
[1953] 4888, 4891).

Krystalle; F: 235—237° [korr.; Kofler-App.; aus A.] (*Mu. et al.*), 233—235° [unkorr.;
aus Hexan + Acn.] (*Dj. et al.*). Netzebenenabstände: *Parsons et al.*, Anal. Chem. **29**
[1957] 762, 766. $[\alpha]_D^{20}$: +50° [CHCl₃] (*Dj. et al.*); $[\alpha]_D^{30}$: +20° [A.] (*Mu. et al.*). UV-Ab=
sorptionsmaximum (A.): 238 nm (*Dj. et al.*) bzw. 240—241 nm (*Mu. et al.*).

Bei der Hydrierung an Palladium/Kohle in mit methanol. Kalilauge versetztem
Dioxan sind (25R)-5α-Spirostan-3,12-dion und (25R)-5β-Spirostan-3,12-dion erhalten
worden (*Dj. et al.*).

X   XI

(23Ξ,25R)-23-Brom-spirost-4-en-3,12-dion C₂₇H₃₇BrO₄, Formel XI (X = Br).

B. Beim Erwärmen von (23Ξ,25R)-2α,4α,23-Tribrom-5α-spirostan-3,12-dion (S. 2031)
mit Natriumjodid in Aceton und Behandeln einer Lösung des Reaktionsprodukts in
Aceton und Dioxan mit Chrom(II)-chlorid in wss. Salzsäure (*Djerassi et al.*, Am. Soc. **75**
[1953] 4885).

Krystalle (aus Ae.); F: 238—240° [unkorr.]. $[\alpha]_D^{20}$: +34° [CHCl₃]. UV-Absorptions=
maximum (A.): 238 nm.

**4a,6a,7,5′-Tetramethyl-Δ¹⁽¹²ᵃ⁾-octadecahydro-spiro[naphth[2′,1′;4,5]indeno[2,1-*b*]furan-
8,2′-pyran]-2,12-dion** C₂₇H₃₈O₄.

a) **(25R)-Spirost-4-en-3,6-dion** C₂₇H₃₈O₄, Formel XII.

B. Beim Behandeln von Diosgenin [(25R)-Spirost-4-en-3β-ol] (*Marker et al.*, Am. Soc.
62 [1940] 2537, 2539) oder von (25R)-6β-Hydroxy-spirost-4-en-3-on (*Romo et al.*, J. org.
Chem. **19** [1954] 1509, 1512) mit Chrom(VI)-oxid und Essigsäure bzw. wss. Essigsäure.
Beim Erhitzen von (25R)-5-Hydroxy-5α-spirostan-3,6-dion unter vermindertem Druck
auf 280° (*Tsukamoto et al.*, J. pharm. Soc. Japan **57** [1937] 985, 991; dtsch. Ref. S. 283,
288; C. **1938** II 2753).

Krystalle; F: 197° [aus A.] (*Ts. et al.*), 194—195° [unkorr.; aus Acn. + Pentan] (*Romo
et al.*), 192—195° (*Ma. et al.*). $[\alpha]_D^{20}$: —115° [CHCl₃] (*Romo et al.*). UV-Absorptions=
maximum (A.): 250 nm (*Romo et al.*).

Beim Erhitzen mit wss. Essigsäure und Zink-Pulver ist (25*R*)-5α-Spirostan-3,6-dion erhalten worden (*Ts. et al.*; *Ma. et al.*).

XII   XIII

b) **(25*S*)-Spirost-4-en-3,6-dion** $C_{27}H_{38}O_4$, Formel XIII.

B. Beim Behandeln von Yamogenin ((25*S*)-Spirost-5-en-3β-ol) mit Chrom(VI)-oxid und wasserhaltiger Essigsäure (*Marker et al.*, Am. Soc. **69** [1947] 2167, 2186).

F: 227—228° [aus Ae.].

Dioxo-Verbindungen $C_{28}H_{40}O_4$

29,30-Dithia-tricyclo[24.2.1.1^{12,15}]triaconta-12,14,26,28-tetraen-2,16-dion, 1,12-Di-(2,5)thiena-cyclodocosan-2,13-dion [1]) $C_{28}H_{40}O_2S_2$, Formel XIV.

B. Neben 15-Thia-bicyclo[10.2.1]pentadeca-12,14-dien-2-on beim Behandeln von 10-[2]Thienyl-decanoylchlorid mit Aluminiumchlorid, Schwefelkohlenstoff und Äther (*Gol'dfarb et al.*, Ž. obšč. Chim. **29** [1959] 3564, 3574; engl. Ausg. S. 3526, 3534).

Krystalle (aus Heptan); F: 101—102°.

XIV   XV

*[14,14']Bi[7-oxa-dispiro[5.1.5.2]pentadecyliden]-15,15'-dion, 7,7'-Dioxa-[14,14']bi-[dispiro[5.1.5.2]pentadecyliden]-15,15'-dion $C_{28}H_{40}O_4$, Formel XV oder Stereoisomeres.

B. Beim Erhitzen von (±)-15-Brom-7-oxa-dispiro[5.1.5.2]pentadecan-14-on mit Natriumsulfid-nonahydrat auf 120° (*Korobizyna et al.*, Ž. obšč. Chim. **29** [1959] 2190, 2193; engl. Ausg. S. 2157, 2161).

Gelbe Krystalle (aus A.); 203—203,5°.

Dioxo-Verbindungen $C_nH_{2n-18}O_4$

Dioxo-Verbindungen $C_{12}H_6O_4$

Hexachlor-dibenzo[1,4]dioxin-2,3-dion $C_{12}Cl_6O_4$, Formel I (X = Cl) (H 169; dort als „Tetrachlor-*o*-phenylenäther des 3.6-Dichlor-4.5-dioxy-benzochinons-(1.2)" bezeichnet).

B. Beim Behandeln einer Lösung von 3,4,5,6-Tetrachlor-brenzcatechin in Essigsäure mit wss. Natriumnitrit-Lösung (*Frejka et al.*, Collect. **9** [1937] 238, 242).

Rote Krystalle (aus Bzl.); F: 285,5°.

An der Luft wenig beständig.

---

[1]) Über diese Bezeichnungsweise s. *Kauffmann*, Tetrahedron **28** [1972] 5183.

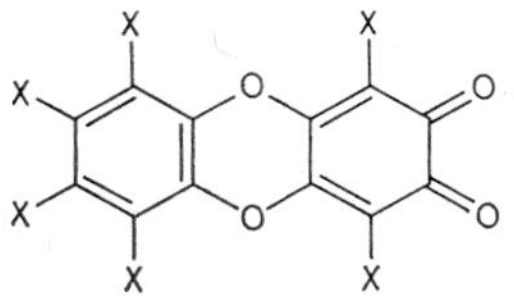

I 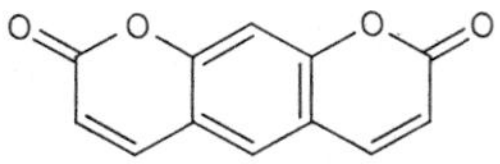   II 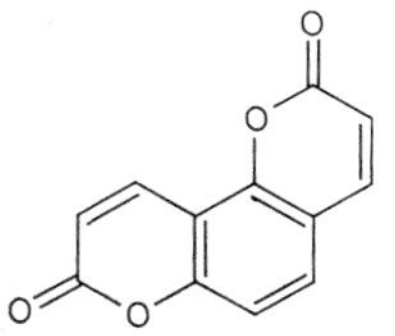   III

Hexabrom-dibenzo[1,4]dioxin-2,3-dion $C_{12}Br_6O_4$, Formel I (X = Br) (H 170; dort als „Tetrabrom-o-phenylenäther des 3.6-Dibrom-4.5-dioxy-benzochinons-(1.2)" bezeichnet).
B. Beim Behandeln einer Lösung von 3,4,5,6-Tetrabrom-brenzcatechin in Essigsäure mit wss. Natriumnitrit-Lösung (*Frejka et al.*, Collect. **9** [1937] 238, 244).

Pyrano[3,2-g]chromen-2,8-dion $C_{12}H_6O_4$, Formel II.
B. Neben Pyrano[2,3-f]chromen-2,8-dion beim Erwärmen von 7-Hydroxy-cumarin mit Äpfelsäure und Schwefelsäure (*Rangaswami, Seshadri*, Pr. Indian Acad. [A] **6** [1937] 112, 115; *Späth, Löwy*, M. **71** [1938] 365, 368).
Krystalle; F: 342° [korr.; evakuierte Kapillare; aus CHCl₃] (*Sp., Löwy*), 334—335° [Zers.; aus Py.] (*Ra., Se.*). Bei 170—190°/0,005 Torr sublimierbar (*Sp., Löwy*).

Pyrano[2,3-f]chromen-2,8-dion $C_{12}H_6O_4$, Formel III.
B. Beim Erhitzen von 2,4-Dihydroxy-isophthalaldehyd (*Späth, Löwy*, M. **71** [1938] 365, 369) oder von 7-Hydroxy-2-oxo-2H-chromen-8-carbaldehyd (*Rangaswami, Seshadri*, Pr. Indian Acad. [A] **6** [1937] 112, 114; *Sp., Löwy*) mit Acetanhydrid und Natriumacetat. Weitere Bildungsweise s. im vorangehenden Artikel.
Krystalle; F: 270° [evakuierte Kapillare; aus CHCl₃ + Me.] (*Sp., Löwy*), 258—260° [aus Py.] (*Ra., Se.*).

Dioxo-Verbindungen $C_{13}H_8O_4$

2-Methyl-pyrano[2,3-f]chromen-4,8-dion, 3c-[7-Hydroxy-2-methyl-4-oxo-4H-chromen-8-yl]-acrylsäure-lacton $C_{13}H_8O_4$, Formel IV.
B. Beim Erhitzen von 7-Hydroxy-2-methyl-4-oxo-4H-chromen-8-carbaldehyd mit Acetanhydrid und Natriumacetat (*Rao et al.*, J. org. Chem. **24** [1959] 685).
Krystalle (aus Me.); F: 233—234°.

4-Methyl-pyrano[2,3-f]chromen-2,8-dion $C_{13}H_8O_4$, Formel V (X = H).
B. Beim Erwärmen von 7-Hydroxy-4-methyl-cumarin mit Äpfelsäure und Schwefel= säure (*Sen, Chakravarti*, J. Indian chem. Soc. **6** [1929] 793, 798; *Rangaswami, Seshadri*, Pr. Indian Acad. [A] **6** [1937] 112, 117). Beim Erhitzen von 7-Hydroxy-4-methyl-2-oxo-2H-chromen-8-carbaldehyd mit Acetanhydrid und Natriumacetat (*Ra., Se.*).
Krystalle (aus Eg.); F: 304—305° (*Sen, Ch.; Ra., Se.*).

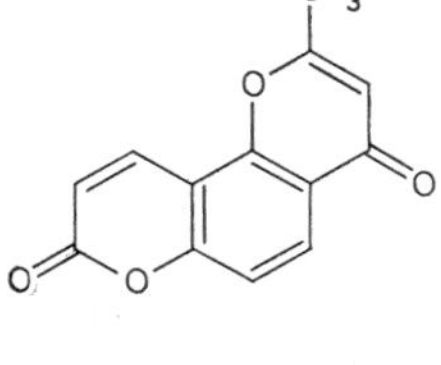

IV 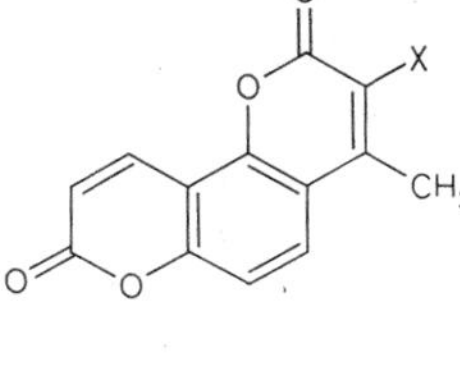   V 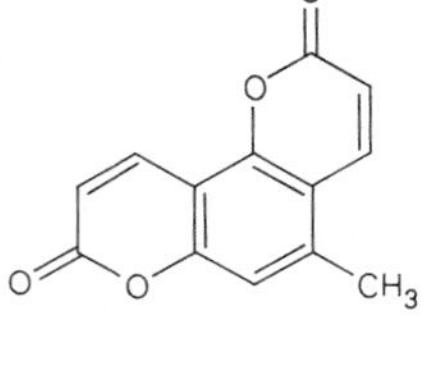   VI 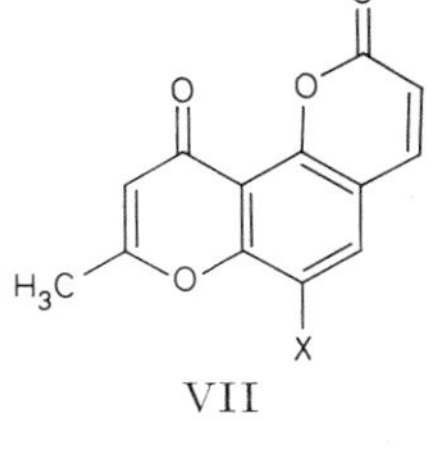   VII

3-Chlor-4-methyl-pyrano[2,3-f]chromen-2,8-dion $C_{13}H_7ClO_4$, Formel V (X = Cl).
B. Beim Erwärmen von 3-Chlor-7-hydroxy-4-methyl-cumarin mit Äpfelsäure und

Schwefelsäure (*Biswas*, Sci. Culture **2** [1936] 225).
Braune Krystalle (aus Eg.); F: 265—266°.

5-Methyl-pyrano[2,3-f]chromen-2,8-dion $C_{13}H_8O_4$, Formel VI.
B. Beim Erwärmen von 7-Hydroxy-5-methyl-cumarin mit Äpfelsäure und Schwefel=
säure (*Sen, Chakravarti*, J. Indian chem. Soc. **6** [1929] 793, 797).
Krystalle (aus Eg.); F: 318—320°.

6-Chlor-8-methyl-pyrano[2,3-f]chromen-2,10-dion, 3c-[8-Chlor-5-hydroxy-2-methyl-
4-oxo-4H-chromen-6-yl]-acrylsäure-lacton $C_{13}H_7ClO_4$, Formel VII (X = Cl).
B. Beim Erhitzen von 8-Acetyl-6-chlor-7-hydroxy-cumarin mit Acetanhydrid und
Natriumacetat (*Shah, Shah*, J. org. Chem. **19** [1954] 1938, 1942).
Krystalle (aus Eg.); F: 296°.

6-Brom-8-methyl-pyrano[2,3-f]chromen-2,10-dion, 3c-[8-Brom-5-hydroxy-2-methyl-
4-oxo-4H-chromen-6-yl]-acrylsäure-lacton $C_{13}H_7BrO_4$, Formel VII (X = Br).
B. Beim Erhitzen von 8-Acetyl-6-brom-7-hydroxy-cumarin mit Acetanhydrid und
Natriumacetat (*Shah, Shah*, J. org. Chem. **19** [1954] 1938, 1942).
Krystalle (aus Eg.); F: 305°.

Dioxo-Verbindungen $C_{14}H_{10}O_4$

1t(?),6t(?)-Di-[2]furyl-hexa-1,5-dien-3,4-dion $C_{14}H_{10}O_4$, vermutlich Formel VIII.
B. Beim Behandeln von Furfural mit Butandion, Äthanol und wenig Piperidin (*Karrer
et al.*, Helv. **29** [1946] 1836, 1840) oder mit Butandion, wasserhaltigem Methanol, Piperidin
und Essigsäure (*Schlenk*, B. **81** [1948] 175, 177).
Gelbe Krystalle; F: 156—157° [unkorr.; aus A.] (*Ka. et al.*), 150—157° [aus Me.] (*Sch.*).
Absorptionsspektrum (300—430 nm): *Ka. et al.*, l. c. S. 1837. Polarisationsgrad der
Fluorescenz einer Lösung in Glycerin bei 20—120° sowie mittlere Lebensdauer des angeregten Zustands bei —196° und bei +20°: *Nepotschatych*, Izv. Akad. S.S.S.R. Ser. fiz. **22**
[1958] 1417; engl. Ausg. S. 1407.

VIII   IX   X

(±)-5-[2]Furyl-4-[4-nitro-phenyl]-dihydro-furan-2,3-dion, (±)-4-[2]Furyl-4-hydroxy-
3-[4-nitro-phenyl]-2-oxo-buttersäure-lacton $C_{14}H_9NO_6$, Formel IX, und Tautomeres
((±)-5-[2]Furyl-3-hydroxy-4-[4-nitro-phenyl]-5H-furan-2-on).
B. Beim Behandeln von [4-Nitro-phenyl]-brenztraubensäure-äthylester mit Furfural
und äthanol. Kalilauge (*Cagniant*, A. ch. [12] **7** [1952] 442, 465).
Gelbe Krystalle (aus Bzl. + A.); F: 201° [Zers.; im vorgeheizten Block].

2-[2]Furyl-6-methyl-chroman-3,4-dion $C_{14}H_{10}O_4$, Formel X, und Tautomeres
(2-[2]Furyl-3-hydroxy-6-methyl-chromen-4-on).
B. Beim Behandeln von 1-[2-Hydroxy-5-methyl-phenyl]-äthanon mit Furfural,
Äthanol und wss. Natronlauge unter Luftzutritt (*Marathe*, J. Univ. Poona Nr. 14 [1958]
63, 66). Beim Behandeln einer Lösung von 3t(?)-[2]Furyl-1-[2-hydroxy-5-methyl-phenyl]-
propenon (E III/IV **18** 576) in Äthanol mit wss. Wasserstoffperoxid und wss. Natronlauge
(*Ma.*, l. c. S. 67).
Krystalle (aus Eg.); F: 220°.

2,8-Dimethyl-pyrano[2,3-*f*]chromen-4,10-dion $C_{14}H_{10}O_4$, Formel I.
B. Beim Erhitzen von 9-Acetyl-2,8-dimethyl-pyrano[2,3-*f*]chromen-4,10-dion mit wss. Natriumcarbonat-Lösung (*Rao et al.*, J. org. Chem. **24** [1959] 685).
Gelbe Krystalle (aus Me.); F: 260—261°.

2,10-Dimethyl-pyrano[2,3-*f*]chromen-4,8-dion, 3-[7-Hydroxy-2-methyl-4-oxo-4*H*-chromen-8-yl]-*trans*-crotonsäure-lacton $C_{14}H_{10}O_4$, Formel II (X = H).
B. Beim Erhitzen von 3-Acetyl-2,10-dimethyl-pyrano[2,3-*f*]chromen-4,8-dion mit verdünnter wss. Natronlauge und anschliessenden Ansäuern (*Kelkar, Karve*, Rasayanam **1** [1938] 151, 154).
Krystalle (aus A.); F: 255°.

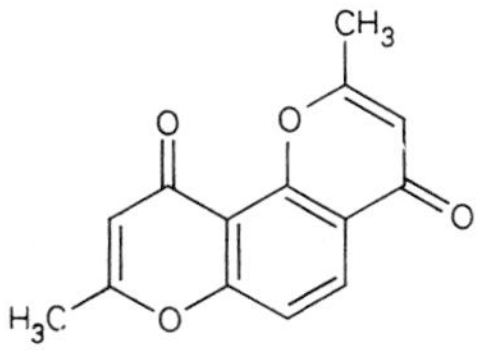

I 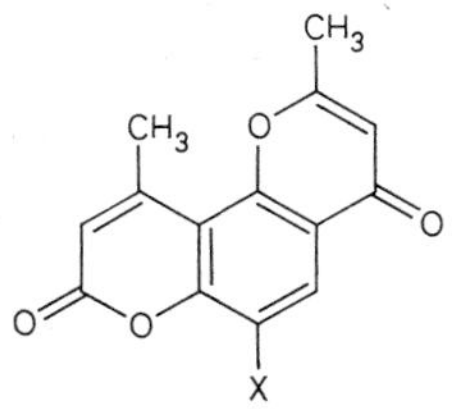   II 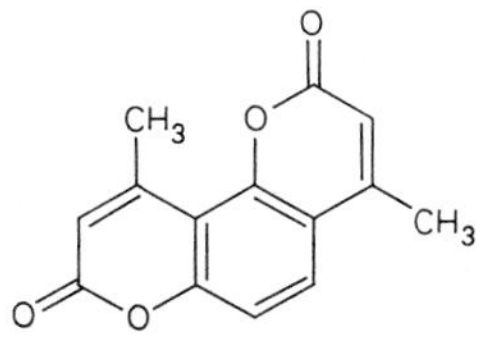   III

6-Brom-2,10-dimethyl-pyrano[2,3-*f*]chromen-4,8-dion, 3-[6-Brom-7-hydroxy-2-methyl-4-oxo-4*H*-chromen-8-yl]-*trans*-crotonsäure-lacton $C_{14}H_9BrO_4$, Formel II (X = Br).
B. Beim Erhitzen von 6-Acetyl-8-brom-5-hydroxy-4-methyl-cumarin mit Acetanhydrid und Natriumacetat (*Deliwala, Shah*, Pr. Indian Acad. [A] **13** [1941] 352, 356).
Krystalle (aus wss. A.); F: 240—241°.

4,10-Dimethyl-pyrano[2,3-*f*]chromen-2,8-dion $C_{14}H_{10}O_4$, Formel III.
Diese Konstitution kommt der früher (H **19** 171) als Dioxo-dimethyl-[di-(1.2-pyrano)-benzol] bezeichneten Verbindung zu (*Rangaswami, Seshadri*, Pr. Indian Acad. [A] **6** [1937] 112, 114).
B. Beim Behandeln von Resorcin mit Acetessigsäure-äthylester und Chlorwasserstoff enthaltendem Äthanol (*Ra., Se.*, l. c. S. 117). Beim Behandeln von 7-Hydroxy-4-methyl-cumarin mit Acetessigsäure-äthylester und Schwefelsäure (*Sen, Chakravarti*, J. Indian chem. Soc. **6** [1929] 793, 798; *Ra., Se.*, l. c. S. 117).
F: 333—335° (*Ra., Se.*, l. c. S. 117).

5,10-Dimethyl-pyrano[2,3-*f*]chromen-2,8-dion $C_{14}H_{10}O_4$, Formel IV (X = H).
B. Beim Erwärmen von 5-Hydroxy-4,7-dimethyl-cumarin mit Äpfelsäure und Schwefelsäure (*Sen, Chakravarti*, J. Indian chem. Soc. **6** [1929] 793, 798).
Krystalle (aus Eg. + Acetanhydrid); F: 310—313°.

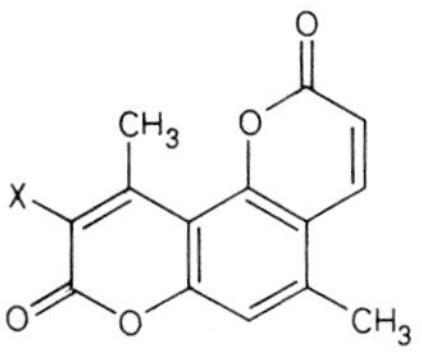

IV 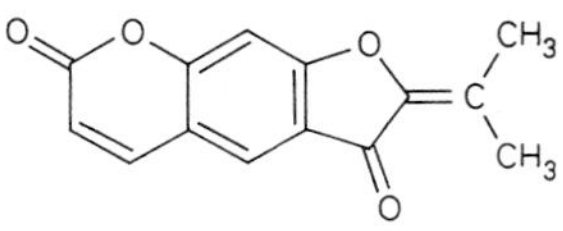   V 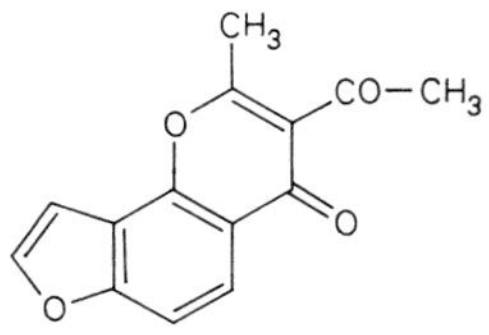   VI

9-Chlor-5,10-dimethyl-pyrano[2,3-*f*]chromen-2,8-dion $C_{14}H_9ClO_4$, Formel IV (X = Cl).
B. Beim Erwärmen von 3-Chlor-5-hydroxy-4,7-dimethyl-cumarin mit Äpfelsäure und Schwefelsäure (*Biswas*, Sci. Culture **2** [1936] 225).
Krystalle (aus Eg.); F: 288°.

2-Isopropyliden-furo[3,2-g]chromen-3,7-dion, 3c-[6-Hydroxy-2-isopropyliden-3-oxo-2,3-dihydro-benzofuran-5-yl]-acrylsäure-lacton $C_{14}H_{10}O_4$, Formel V.

B. Beim Erwärmen von 3-Hydroxy-furo[3.2-g]chromen-7-on mit Aceton und Zink= chlorid (*v. Bruchhausen, Hoffmann*, B. **74** [1941] 1584, 1591).

Krystalle (aus Eg.); F: 283—285° [korr.].

3-Acetyl-2-methyl-furo[2,3-h]chromen-4-on $C_{14}H_{10}O_4$, Formel VI.

B. Beim Erhitzen von 1-[4-Hydroxy-benzofuran-5-yl]-äthanon mit Acetanhydrid und Natrumacetat (*Rao et al.*, J. org. Chem. **24** [1959] 685).

Krystalle (aus Me. + PAe.); F: 118—119°.

2,4-Dinitro-phenylhydrazon $C_{20}H_{14}N_4O_7$. Orangerote Krystalle (aus E.); F: 283° bis 284°.

8-Acetyl-4-methyl-furo[2,3-h]chromen-2-on, 3-[2-Acetyl-4-hydroxy-benzofuran-5-yl]-*trans*-crotonsäure-lacton $C_{14}H_{10}O_4$, Formel VII.

B. Beim Erwärmen der Natrium-Verbindung des 7-Hydroxy-4-methyl-2-oxo-2*H*-chromen-8-carbaldehyds mit Chloraceton und Äthanol (*Nešmejanow et al.*, Ž. obšč. Chim. **7** [1937] 2767, 2770; C. **1938** II 2262).

Gelbe Krystalle (aus Me.); F: 216—217°.

Phenylhydrazon $C_{20}H_{16}N_2O_3$ (4-Methyl-8-[1-phenylhydrazono-äthyl]-furo=[2,3-h]chromen-2-on). Gelbe Krystalle (aus Me.); F: 229—230°.

VII   VIII   IX

(±)-5-Phenyl-(3ar,7ac)-3a,4,7,7a-tetrahydro-4ξ,7ξ-epoxido-isobenzofuran-1,3-dion, (±)(1Ξ,2Ξ)-5-Phenyl-7-oxa-norborn-5-en-2r,3c-dicarbonsäure-anhydrid $C_{14}H_{10}O_4$, Formel VIII + Spiegelbild.

B. Beim Erwärmen von 3-Phenyl-furan mit Maleinsäure-anhydrid (*Wynberg*, Am. Soc. **80** [1958] 364).

Krystalle (aus Me. + Bzl.); F: 132—132,5°.

(±)-(3ar,10aξ,10bc)-3a,4,10a,10b-Tetrahydro-benzo[4,5]thieno[2,3-e]isobenzofuran-1,3-dion, (±)-(4aξ)-2,3,4,4a-Tetrahydro-dibenzothiophen-3r,4c-dicarbonsäure-anhydrid $C_{14}H_{10}O_3S$, Formel IX + Spiegelbild.

B. Beim Erwärmen von 3-Vinyl-benzo[b]thiophen mit Maleinsäure-anhydrid und wenig Hydrochinon in Benzol (*Davies, Porter*, Soc. **1957** 4961, 4966).

Krystalle (aus Bzl.); F: 194—195°.

Beim Erhitzen mit einem Chlorwasserstoff enthaltendem Gemisch von Acetanhydrid und Essigsäure oder mit wss. Natronlauge ist 1,2,3,4-Tetrahydro-dibenzothiophen-3,4-dicarbonsäure (F: 236—237°) erhalten worden.

Dioxo-Verbindungen $C_{15}H_{12}O_4$

1t,7t-Di-[2]furyl-hepta-1,6-dien-3,5-dion $C_{15}H_{12}O_4$, Formel I, und Tautomeres (1t,7t-Di-[2]furyl-5-hydroxy-hepta-1,4,6-trien-3-on).

B. Beim Behandeln von 4-Acetyl-1t,7t-di-[2]furyl-hepta-1,6-dien-3,5-dion mit wss. Natronlauge und mit Kohlendioxid (*Lampe et al.*, Chem. Listy **26** [1932] 454, 456; C. **1933** I 3079).

Orangefarbene Krystalle (aus A.); F: 128—130°. Absorptionsmaximum (A.): 413 nm.

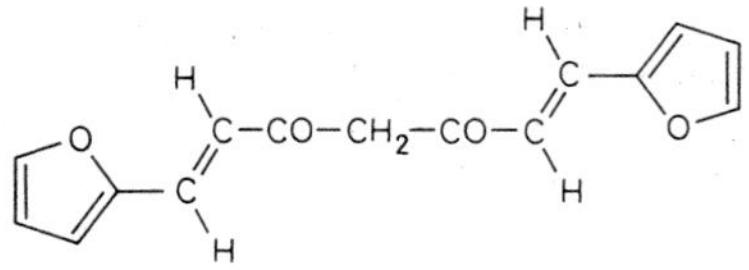

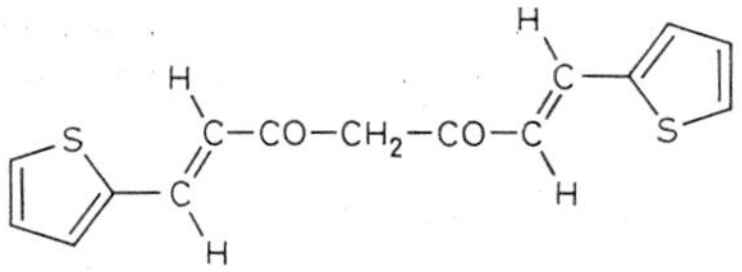

I　　　　　　　　　　　　　　　　　　II

1t,7t-Di-[2]thienyl-hepta-1,6-dien-3,5-dion $C_{15}H_{12}O_2S_2$, Formel II, und Tautomeres (4-Hydroxy-1t,7t-di-[2]thienyl-hepta-1,4,6-trien-3-on).

B. Beim Behandeln von 4-Acetyl-1t,7t-di-[2]thienyl-hepta-1,6-dien-3,5-dion mit wss. Natronlauge und mit Kohlendioxid (*Lampe et al.*, Chem. Listy **26** [1932] 454, 457; C. **1933** I 3079).

Orangefarbene Krystalle (aus A.); F: 182—184°. Absorptionsmaximum (A.): 423 nm.

4,7,8-Trimethyl-pyrano[3,2-g]chromen-2,6-dion, 3-[7-Hydroxy-2,3-dimethyl-4-oxo-4H-chromen-6-yl]-*trans*-crotonsäure-lacton $C_{15}H_{12}O_4$, Formel III.

B. Beim Erhitzen von 7-Hydroxy-4-methyl-6-propionyl-cumarin mit Acetanhydrid und Natriumacetat (*Desai, Ekhlas*, Pr. Indian Acad. [A] **8** [1938] 567, 574).

Krystalle (aus wss. Eg.), die unterhalb von 270° nicht schmelzen.

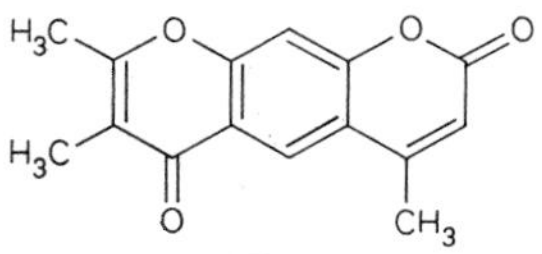

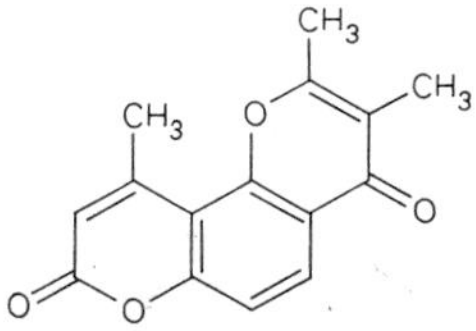

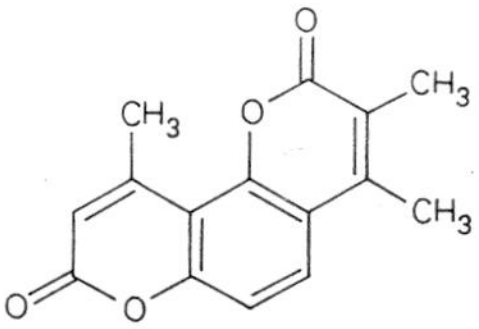

III　　　　　　　　　　　IV　　　　　　　　　　　V

2,3,10-Trimethyl-pyrano[2,3-f]chromen-4,8-dion, 3-[7-Hydroxy-2,3-dimethyl-4-oxo-4H-chromen-8-yl]-*trans*-crotonsäure-lacton $C_{15}H_{12}O_4$, Formel IV.

B. Beim Erhitzen von 5-Hydroxy-4-methyl-6-propionyl-cumarin mit Acetanhydrid und Natriumacetat (*Deliwala, Shah*, Soc. **1939** 1250, 1252).

Krystalle (aus A.); F: 241—242°.

3,4,10-Trimethyl-pyrano[2,3-f]chromen-2,8-dion $C_{15}H_{12}O_4$, Formel V.

B. Beim Erhitzen von 6-Acetyl-5-hydroxy-4-methyl-cumarin mit Propionsäure-anhydrid und Natriumpropionat (*Shah, Shah*, Am. Soc. **77** [1955] 1699).

Krystalle (aus A.); F: 225°.

4,5,10-Trimethyl-pyrano[2,3-f]chromen-2,8-dion $C_{15}H_{12}O_4$, Formel VI.

B. Beim Behandeln von 5-Hydroxy-4,7-dimethyl-cumarin mit Acetessigsäure-äthyl=ester und Schwefelsäure (*Sen, Chakravarti*, J. Indian chem. Soc. **6** [1929] 793, 799).

Krystalle (aus A.).

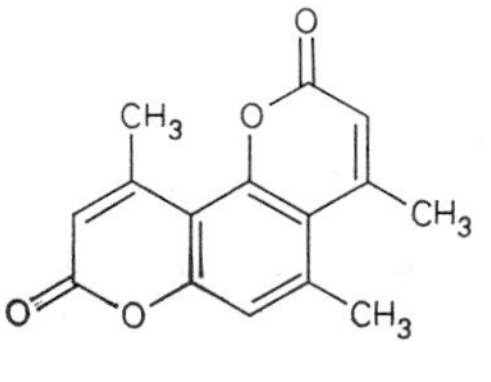

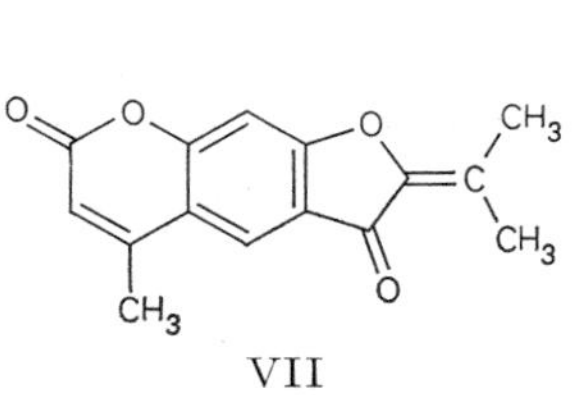

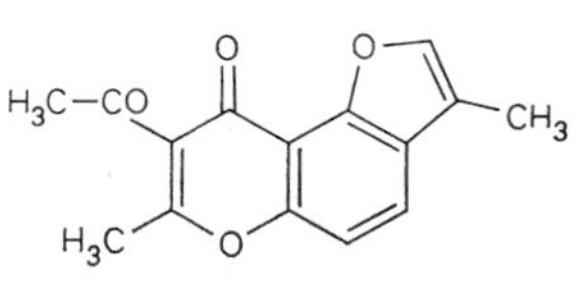

VI　　　　　　　　　　　VII　　　　　　　　　　　VIII

2-Isopropyliden-5-methyl-furo[3,2-g]chromen-3,7-dion, 3-[6-Hydroxy-2-isopropyliden-3-oxo-2,3-dihydro-benzofuran-5-yl]-*trans*-crotonsäure-lacton $C_{15}H_{12}O_4$, Formel VII.

B. Beim Erhitzen einer Lösung von 3-Hydroxy-5-methyl-furo[3,2-g]chromen-7-on in *N,N*-Dimethyl-anilin mit Aceton und wenig Piperidin bis auf 150° (*Gaind et al.*, J. Indian chem. Soc. **23** [1946] 370).

Krystalle (aus Xylol + PAe.); F: 232°.

8-Acetyl-3,7-dimethyl-furo[2,3-f]chromen-9-on $C_{15}H_{12}O_4$, Formel VIII.

B. Neben 3,9-Dimethyl-furo[2,3-f]chromen-7-on beim Erhitzen von 1-[6-Hydroxy-3-methyl-benzofuran-7-yl]-äthanon mit Acetanhydrid und Natriumacetat (*Limaye, Sathe,* Rasayanam **1** [1937] 87, 90).

Krystalle (aus A.); F: 173—174°.

(±)-6-Methyl-4-phenyl-(3ar,7ac)-3a,4,7,7a-tetrahydro-4ξ,7ξ-epoxido-isobenzofuran-1,3-dion, (±)(1Ξ,2Ξ)-5-Methyl-1-phenyl-7-oxa-norborn-5-en-2r,3c-dicarbonsäure-anhydrid $C_{15}H_{12}O_4$, Formel IX + Spiegelbild.

Diese Konstitution kommt wahrscheinlich der nachstehend beschriebenen Verbindung zu.

B. Bei 4-wöchigem Behandeln von 4-Methyl-2-phenyl-furan mit Maleinsäure-anhydrid in Äther (*Fabrizy, Goschtschinškiĭ,* Ž. obšč. Chim. **29** [1959] 81, 84; engl. Ausg. S. 83, 85).

Krystalle; Zers. bei 166—169°.

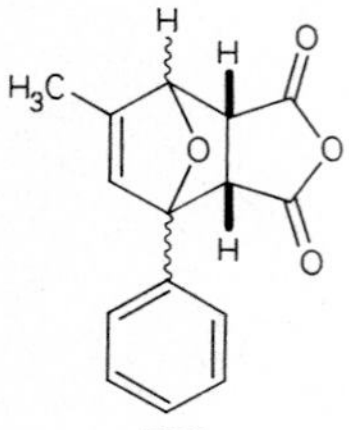

IX 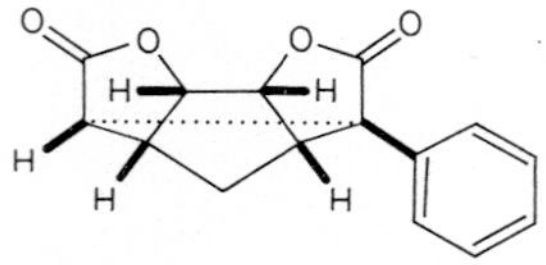   Xa 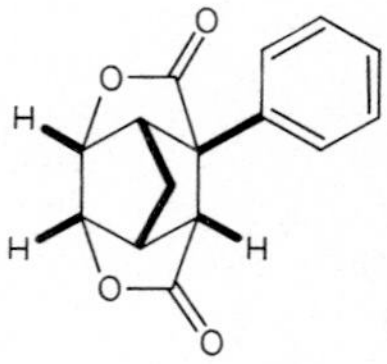   Xb

(±)-3-Phenyl-hexahydro-3,5-cyclo-cyclopenta[2,1-b;3,4-b']difuran-2,6-dion, (±)-5endo,6endo-Dihydroxy-2exo-phenyl-norbornan-2endo,3endo-dicarbonsäure-2→6;3→5-dilacton $C_{15}H_{12}O_4$, Formel Xa ≡ Xb + Spiegelbild.

B. Beim Erwärmen von (±)-6exo(?)-Brom-5endo-hydroxy-2exo-phenyl-norbornan-2endo,3endo-dicarbonsäure-3-lacton (E III/IV **18** 5644) mit methanol. Kalilauge und Erhitzen des Reaktionsprodukts mit Acetanhydrid (*Alder et al.*, A. **593** [1955] 1, 14).

Krystalle (aus E. oder W.); F: 238°.

Dioxo-Verbindungen $C_{16}H_{14}O_4$

7-Äthyl-4,8-dimethyl-pyrano[3,2-g]chromen-2,6-dion, 3-[3-Äthyl-7-hydroxy-2-methyl-4-oxo-4H-chromen-6-yl]-*trans*-crotonsäure-lacton $C_{16}H_{14}O_4$, Formel I.

B. Beim Erhitzen von 6-Butyryl-7-hydroxy-4-methyl-cumarin mit Acetanhydrid und Natriumacetat (*Desai, Ekhlas,* Pr. Indian Acad. [A] **8** [1938] 567, 575).

Krystalle (aus Eg.); F: 244—245°.

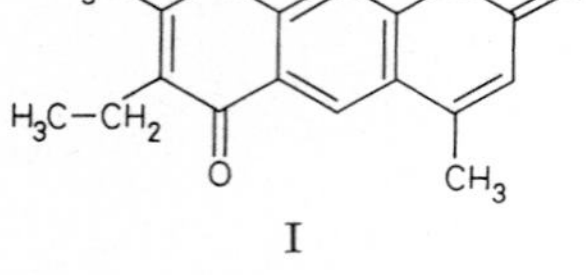

I 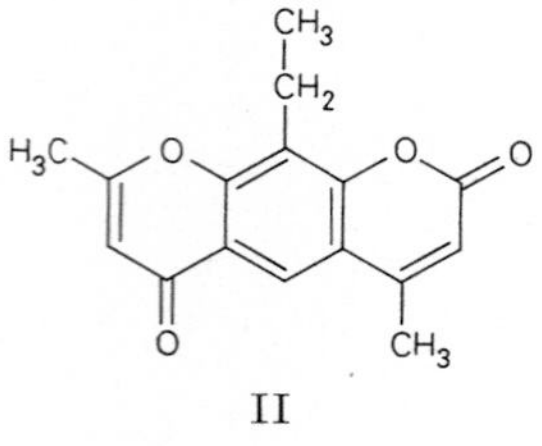   II 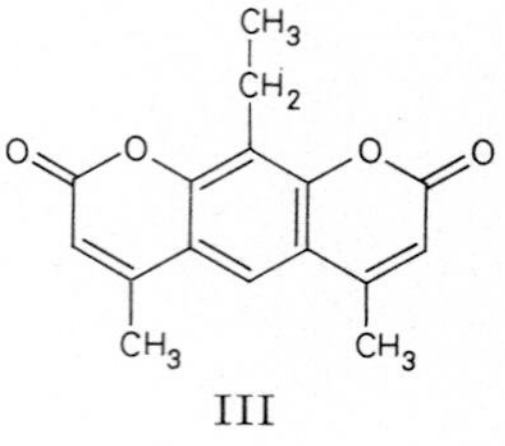   III

10-Äthyl-4,8-dimethyl-pyrano[3,2-g]chromen-2,6-dion, 3-[8-Äthyl-7-hydroxy-2-methyl-4-oxo-4H-chromen-6-yl]-*trans*-crotonsäure-lacton $C_{16}H_{14}O_4$, Formel II.

B. Beim Erhitzen von 7-Acetyl-10-äthyl-4,8-dimethyl-pyrano[3,2-g]chromen-2,6-dion mit wss. Natronlauge und Ansäuern des Reaktionsgemisches mit wss. Salzsäure (*Limaye, Ghate*, Rasayanam **1** [1939] 169, 174).

Krystalle (aus A.); F: 208°.

10-Äthyl-4,6-dimethyl-pyrano[3,2-g]chromen-2,8-dion $C_{16}H_{14}O_4$, Formel III.

B. Neben 7-Acetyl-10-äthyl-4,8-dimethyl-pyrano[3,2-g]chromen-2,6-dion beim Erhitzen von 6-Acetyl-8-äthyl-7-hydroxy-4-methyl-cumarin mit Acetanhydrid und Natriumacetat (*Limaye, Ghate*, Rasayanam **1** [1939] 169, 174, 175).

Krystalle (aus Eg.); F: 285°.

3-Äthyl-2,10-dimethyl-pyrano[2,3-f]chromen-4,8-dion, 3-[3-Äthyl-7-hydroxy-2-methyl-4-oxo-4H-chromen-8-yl]-*trans*-crotonsäure-lacton $C_{16}H_{14}O_4$, Formel IV.

B. Beim Erhitzen von 6-Butyryl-5-hydroxy-4-methyl-cumarin mit Acetanhydrid und Natriumacetat (*Deliwala, Shah*, Soc. **1939** 1250, 1252).

Krystalle (aus A.); F: 201—202°.

IV   V

3-Äthyl-4,10-dimethyl-pyrano[2,3-f]chromen-2,8-dion $C_{16}H_{14}O_4$, Formel V.

B. Beim Erhitzen von 6-Acetyl-5-hydroxy-4-methyl-cumarin mit Buttersäure-anhydrid und Natriumbutyrat auf 160° (*Shah, Shah*, Am. Soc. **77** [1955] 1699).

Krystalle (aus Eg.); F: 205°.

3,7-Diacetyl-2,6-dimethyl-benzo[1,2-b;4,5-b']difuran $C_{16}H_{14}O_4$, Formel VI.

B. Neben 1-[5-Hydroxy-2-methyl-benzofuran-3-yl]-äthanon beim Erwärmen von [1,4]Benzochinon mit Pentan-2,4-dion, Zinkchlorid und Methanol bzw. Äthanol (*Bernatek, Ramstad*, Acta chem. scand. **7** [1953] 1351, 1355; *Grinew et al.*, Ž. obšč. Chim. **29** [1959] 945, 947; engl. Ausg. S. 927, 929). Beim Behandeln von 2,5-Bis-[1-acetyl-2-oxo-propyl]-hydrochinon mit Schwefelsäure (*Be., Ra.*).

Krystalle; F: 248—249° [aus Eg.] (*Gr. et al.*), 247—248° [unkorr.; aus A.] (*Be., Ra.*).

VI   VII

*3,7-Bis-[1-(2,4-dinitro-phenylhydrazono)-äthyl]-2,6-dimethyl-benzo[1,2-b;4,5-b']difuran $C_{28}H_{22}N_8O_{10}$, Formel VII.

B. Beim Erhitzen von 3,7-Diacetyl-2,6-dimethyl-benzo[1,2-b;4,5-b']difuran mit [2,4-Dinitro-phenyl]-hydrazin und wss. Salzsäure (*Bernatek, Ramstad*, Acta chem. scand. **7** [1953] 1351, 1355).

Krystalle (aus Nitrobenzol); F: 250° [unkorr.; Zers.].

(±)-4-Phenäthyl-(3ar,7ac)-3a,4,7,7a-tetrahydro-4ξ,7ξ-epoxido-isobenzofuran-1,3-dion, (±)(1Ξ,2Ξ)-1-Phenäthyl-7-oxa-norborn-5-en-2r,3c-dicarbonsäure-anhydrid $C_{16}H_{14}O_4$, Formel VIII + Spiegelbild.

B. Beim Behandeln von 2-Phenäthyl-furan mit Maleinsäure-anhydrid in Äther (*Woodward*, Am. Soc. **62** [1940] 1478, 1481).

Krystalle (aus $CHCl_3$ + PAe.); F: 73—74°.

(±)-4,5-Dimethyl-7-phenyl-(3ar,7ac)-3a,4,7,7a-tetrahydro-4ξ,7ξ-epoxido-isobenzofuran-1,3-dion, (±)(1Ξ,2Ξ)-4,5-Dimethyl-1-phenyl-7-oxa-norborn-5-en-2r,3c-dicarbonsäure-anhydrid $C_{16}H_{14}O_4$, Formel IX + Spiegelbild.

B. Beim Behandeln von 2,3-Dimethyl-5-phenyl-furan mit Maleinsäure-anhydrid in Äther (*Weidlich*, *Daniels*, B. **72** [1939] 1590, 1595; *Wenuš-Danilowa*, *Al'bizkaja*, Ž. obšč. Chim. **22** [1952] 1568, 1572; engl. Ausg. S. 1611, 1613).

Krystalle; F: 195° [aus E.] (*Wei.*, *Da.*), 193—195° (*We.-Da.*, *Al.*).

VIII   IX   X   XI

(±)-4,7-Dimethyl-5-phenyl-(3ar,7ac)-3a,4,7,7a-tetrahydro-4ξ,7ξ-epoxido-isobenzofuran-1,3-dion, (±)(1Ξ,2Ξ)-1,4-Dimethyl-5-phenyl-7-oxa-norborn-5-en-2r,3c-dicarbonsäure-anhydrid $C_{16}H_{14}O_4$, Formel X + Spiegelbild.

B. Beim Behandeln von 2,5-Dimethyl-3-phenyl-furan mit Maleinsäure-anhydrid in Äther (*Smith*, *Showell*, J. org. Chem. **17** [1952] 827, 832; *Boberg*, *Schultze*, B. **90** [1957] 1215, 1225).

Krystalle; F: 107,5—108,5° [Zers.; aus Ae.] (*Sm.*, *Sh.*), 108° [Zers.; aus wss. Acn.] (*Bo.*, *Sch.*).

7,8,9,10,11,12-Hexahydro-cycloocta[e]thieno[2,3-g]isobenzofuran-4,6-dion, 6,7,8,9,10,11-Hexahydro-cycloocta[3,4]benzo[2,1-b]thiophen-4,5-dicarbonsäure-anhydrid $C_{16}H_{14}O_3S$, Formel XI.

B. Beim Erwärmen von 1-[2]Thienyl-cyclooocten mit Maleinsäure-anhydrid und Erhitzen des Reaktionsprodukts (F: 132—145°) mit Schwefel bis auf 280° (*Szmuszkowicz*, *Modest*, Am. Soc. **72** [1950] 571, 575, 576).

Gelbe Krystalle (aus Eg.); F: 164—165° [korr.].

Dioxo-Verbindungen $C_{17}H_{16}O_4$

(±)-4-[3-Phenyl-propyl]-(3ar,7ac)-3a,4,7,7a-tetrahydro-4ξ,7ξ-epoxido-isobenzofuran-1,3-dion, (±)(1Ξ,2Ξ)-1-[3-Phenyl-propyl]-7-oxa-norborn-5-en-2r,3c-dicarbonsäure-anhydrid $C_{17}H_{16}O_4$, Formel I + Spiegelbild.

B. Beim Behandeln von 1-[2]Furyl-3-phenyl-propan mit Maleinsäure-anhydrid in Äther (*Pfau et al.*, Helv. **18** [1935] 935, 944).

Krystalle; F: 77,5—78° [Zers.].

(±)-4-Äthyl-7-methyl-5-phenyl-(3ar,7ac)-3a,4,7,7a-tetrahydro-4ξ,7ξ-epoxido-isobenzofuran-1,3-dion, (±)(1Ξ,2Ξ)-4-Äthyl-1-methyl-5-phenyl-7-oxa-norborn-5-en-2r,3c-dicarbonsäure-anhydrid $C_{17}H_{16}O_4$, Formel II + Spiegelbild.

B. Beim Behandeln von 2-Äthyl-5-methyl-3-phenyl-furan mit Maleinsäure-anhydrid in Äther (*Boberg*, *Schultze*, B. **90** [1957] 1215, 1225).

Krystalle; F: 99° [nach Gelbfärbung bei 93°].

I   II   III

Dioxo-Verbindungen $C_{21}H_{24}O_4$

rac-11β,18a;14,15ξ-Diepoxy-18a-methyl-18-homo-14ξ-androsta-4,18-dien-3,16-dion,
rac-11β,20;14,15ξ-Diepoxy-20(17→18)-abeo-14ξ-pregna-4,18(20)-dien-3,16-dion
$C_{21}H_{24}O_4$, Formel III + Spiegelbild.
B. Beim Erwärmen von rac-3,3-Äthandiyldioxy-11β,18a;14,15ξ-diepoxy-18a-methyl-
18-homo-14ξ-androsta-5,18-dien-16-on (F: 199—201°) mit wss. Essigsäure (*Wieland et al.*,
Helv. **41** [1958] 74, 99).
Krystalle (aus Bzl. + Ae. + PAe.); F: 226—233° [unkorr.].

Dioxo-Verbindungen $C_{24}H_{30}O_4$

7-Decyl-4,8-dimethyl-pyrano[3,2-g]chromen-2,6-dion, 3-[3-Decyl-7-hydroxy-2-methyl-
4-oxo-4H-chromen-6-yl]-trans-crotonsäure-lacton $C_{24}H_{30}O_4$, Formel IV.
B. Beim Erhitzen von 7-Hydroxy-6-lauroyl-4-methyl-cumarin mit Acetanhydrid und
Natriumacetat (*Kansara, Shah*, J. Univ. Bombay **17**, Tl. 3 A [1948] 53, 56).
Krystalle (aus A.); F: 137—138°.

IV   V

3-Decyl-2,10-dimethyl-pyrano[2,3-f]chromen-4,8-dion, 3-[3-Decyl-7-hydroxy-2-methyl-
4-oxo-4H-chromen-8-yl]-trans-crotonsäure-lacton $C_{24}H_{30}O_4$, Formel V.
B. Beim Erhitzen von 5-Hydroxy-6-lauroyl-4-methyl-cumarin mit Acetanhydrid und
Natriumacetat (*Chudgar, Shah*, J. Indian chem. Soc. **21** [1944] 175, 177).
Krystalle (aus A.); F: 154°.

16α,17-Isopropylidendioxy-pregna-1,4,9(11)-trien-3,20-dion $C_{24}H_{30}O_4$, Formel VI.
B. Beim Erhitzen von 2α-Brom-16α,17-isopropylidendioxy-pregna-4,9(11)-dien-
3,20-dion mit 2,4,6-Trimethyl-pyridin (*Allen, Weiss*, Am. Soc. **81** [1959] 4968, 4975).
Krystalle (aus Acn. + PAe.); F: 204,5—205,5° [unkorr.]. $[\alpha]_D^{25}$: +22,2° [CHCl$_3$; c = 1].
UV-Absorptionsmaximum (Me.): 238 nm. Polarographie: *Al., We.*
Semicarbazon $C_{25}H_{33}N_3O_4$. Amorph; bei 204—210° [unkorr.] unter Zersetzung
schmelzend. UV-Absorptionsmaxima (Me.): 241 nm und 298 nm.

14,15β-Epoxy-3-oxo-5β,14β-bufa-20,22-dienolid, Anhydrobufalinon, Resibufo-
genon $C_{24}H_{30}O_4$, Formel VII.
B. Aus Bufalinonchlorid (15α-Chlor-14-hydroxy-3-oxo-5β,14β-bufa-20,22-dienolid)
beim Erhitzen mit Acetanhydrid und Natriumacetat (*Kotake*, A. **465** [1928] 1, 10) sowie
beim Chromatographieren einer Lösung in Chloroform und Benzol an Aluminiumoxid
(*Meyer*, Helv. **35** [1952] 2444, 2460). Beim Behandeln von Resibufogeninhydrochlorid

(15α-Chlor-3β,14-dihydroxy-5β,14β-bufa-20,22-dienolid) mit Chrom(VI)-oxid und Essig=
säure (*Schröter et al.*, Helv. **42** [1959] 1385, 1391).

Krystalle; F: 181—184° [korr.; Kofler-App.; aus Acn.] (*Sch. et al.*), 181—183° [aus A.]
(*Ko.*). [α]$_D^{17}$: +4° [CHCl$_3$; c = 1] (*Me.*).

VI   VII

Dioxo-Verbindungen C$_{27}$H$_{36}$O$_4$

(25R)-Spirosta-1,4-dien-3,11-dion C$_{27}$H$_{36}$O$_4$, Formel VIII (X = H).

B. Beim Erhitzen von (23Ξ,25R)-23-Brom-spirosta-1,4-dien-3,11-dion (s. u.) mit Na=
triumjodid in Essigsäure (*Kirk et al.*, Soc. **1957** 1046, 1052). Beim Erhitzen von (25R)-5α-
Spirostan-3,11-dion mit Selendioxid, 2-Methyl-butan-2-ol und Essigsäure (*Meystre et al.*,
Helv. **39** [1956] 734, 741).

Krystalle; F: 246—253° [korr.; Kofler-App.; aus Me.] (*Me. et al.*), 240—243° [aus
CH$_2$Cl$_2$ + Me.] (*Kirk et al.*). [α]$_D^{15}$: +36° [CHCl$_3$; c = 1] (*Kirk et al.*). UV-Absorptions=
maximum: 239 nm [A.] (*Me. et al.*) bzw. 238 nm [Isopropylalkohol] (*Kirk et al.*).

VIII   IX

(23Ξ,25R)-23-Brom-spirosta-1,4-dien-3,11-dion C$_{27}$H$_{35}$BrO$_4$, Formel VIII (X = Br).

B. Beim Erhitzen von (23Ξ,25R)-2α,4α,23-Tribrom-5α-spirostan-3,11-dion (S. 2030) mit
2,4,6-Trimethyl-pyridin (*Kirk et al.*, Soc. **1957** 1046, 1051).

Krystalle (aus CH$_2$Cl$_2$ + Me.); F: 216°. [α]$_D^{25}$: +30° [CHCl$_3$]. UV-Absorptionsmaximum
(Isopropylalkohol): 239 nm.

2,4-Dinitro-phenylhydrazon C$_{33}$H$_{39}$BrN$_4$O$_7$. Rote Krystalle; F: 257—260° [Zers.].
UV-Absorptionsmaximum (Isopropylalkohol): 389 nm.

(25R)-Spirosta-4,8-dien-3,11-dion C$_{27}$H$_{36}$O$_4$, Formel IX.

B. Beim Erwärmen von (25R)-9,11α-Epoxy-5-hydroxy-5α-spirost-7-en-3-on mit dem
Borfluorid-Äther-Addukt in Benzol (*Djerassi et al.*, Soc. **1954** 2346, 2349).

Krystalle (aus Acn. + Hexan); F: 205—206° [Kofler-App.]. [α]$_D$: +289° [CHCl$_3$].
UV-Absorptionsmaximum (A.): 236—242 nm.

2,4-Dinitro-phenylhydrazon C$_{33}$H$_{40}$N$_4$O$_7$. Krystalle (aus CHCl$_3$ + Me.); F: 258°
bis 260° [Kofler-App.]. UV-Absorptionsmaximum (CHCl$_3$): 389 nm.

Dioxo-Verbindungen C$_{28}$H$_{38}$O$_4$

**4,8-Dimethyl-7-tetradecyl-pyrano[3,2-g]chromen-2,6-dion, 3-[7-Hydroxy-2-methyl-
4-oxo-3-tetradecyl-4H-chromen-6-yl]-trans-crotonsäure-lacton** C$_{28}$H$_{38}$O$_4$, Formel X.

B. Beim Erhitzen von 7-Hydroxy-4-methyl-6-palmitoyl-cumarin mit Acetanhydrid

und Natriumacetat (*Kansara, Shah*, J. Univ. Bombay **17**, Tl. 3A [1948] 53, 56).
F: 129°.

X   XI

2,10-Dimethyl-3-tetradecyl-pyrano[2,3-*f*]chromen-4,8-dion, 3-[7-Hydroxy-2-methyl-4-oxo-3-tetradecyl-4*H*-chromen-8-yl]-*trans*-crotonsäure-lacton $C_{28}H_{38}O_4$, Formel XI.
B. Beim Erhitzen von 5-Hydroxy-4-methyl-6-palmitoyl-cumarin mit Acetanhydrid und Natriumacetat (*Chudgar, Shah*, J. Indian chem. Soc. **21** [1944] 175, 176).
Krystalle (aus A.); F: 133°.

Dioxo-Verbindungen $C_{30}H_{42}O_4$

7-Hexadecyl-4,8-dimethyl-pyrano[3,2-*g*]chromen-2,6-dion, 3-[3-Hexadecyl-7-hydroxy-2-methyl-4-oxo-4*H*-chromen-6-yl]-*trans*-crotonsäure-lacton $C_{30}H_{42}O_4$, Formel XII.
B. Beim Erhitzen von 7-Hydroxy-4-methyl-6-stearoyl-cumarin mit Acetanhydrid und Natriumacetat (*Kansara, Shah*, J. Univ. Bombay **17**, Tl. 3A [1948] 53, 55).
Krystalle (aus A.); F: 123—124°.

XII   XIII

3-Hexadecyl-2,10-dimethyl-pyrano[2,3-*f*]chromen-4,8-dion, 3-[3-Hexadecyl-7-hydroxy-2-methyl-4-oxo-4*H*-chromen-8-yl]-*trans*-crotonsäure-lacton $C_{30}H_{42}O_4$, Formel XIII.
B. Beim Erhitzen von 5-Hydroxy-4-methyl-6-stearoyl-cumarin mit Acetanhydrid und Natriumacetat (*Chudgar, Shah*, J. Univ. Bombay **11**, Tl. 3A [1942/43] 113).
Krystalle (aus A.); F: 135—136°.   [*Schmidt*]

Dioxo-Verbindungen $C_nH_{2n-20}O_4$

Dioxo-Verbindungen $C_{14}H_8O_4$

Dibenzo[*b,f*][1,5]dioxocin-6,12-dion, α-Disalicylid $C_{14}H_8O_4$, Formel I (X = H)
(E I 685; E II 188).
B. Beim Erwärmen von Salicil (E III **8** 3692) mit Blei(IV)-acetat in Essigsäure (*Erdtman, Spetz*, Acta chem. scand. **10** [1956] 1427, 1429).
Dipolmoment (ε; Bzl.): 6,26 D (*Edgerley, Sutton*, Soc. **1951** 1069, 1070).
Krystalle (aus CHCl₃); F: 225—230° [unkorr.] (*Er., Sp.*). n_D^{209}: 1,5794 [unterkühlte Schmelze]; n_D^{245}: 1,5700 (*Anschütz, Neher*, B. **77/79** [1944/46] 634, 644). C=O-Valenzschwingungsbanden: *Short*, Soc. **1952** 206. Raman-Spektrum (Krystalle): *Kahovec, Kohlrausch*, M. **74** [1943] 333, 343. UV-Spektrum (A.; 240—290 nm): *Wasmer*, B. **82** [1949] 342, 343.
Überführung in 2-Salicyloyloxy-benzoesäure durch Erhitzen mit wasserhaltiger Essigsäure oder mit Dioxan und wss. Natronlauge: *Baker et al.*, Soc. **1951** 201, 207. Geschwindigkeit der Hydrolyse in Wasser bei 37°: *An., Ne.*, l. c. S. 637, 641. Beim Erwärmen einer Suspension in Benzol mit äther. Methylmagnesiumjodid-Lösung ist 2-[2,4,4-Trimethyl-chroman-2-yl]-phenol (E III/IV **17** 1641) erhalten worden (*Ba. et al.*).

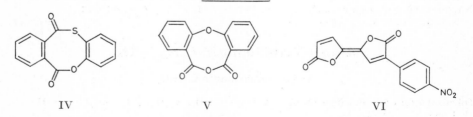

I   II   III

3,9-Dinitro-dibenzo[b,f][1,5]dioxocin-6,12-dion $C_{14}H_6N_2O_8$, Formel I (X = NO$_2$).

Für die nachstehend beschriebene Verbindung ist auf Grund ihrer Bildungsweise ausser dieser Konstitution auch die Formulierung als 6,14,22-Trinitro-1,9,17-trioxa-[2.2.2]orthocyclophan-2,10,18-trion ($C_{21}H_9N_3O_{12}$; Formel II) in Betracht zu ziehen (vgl. das ursprünglich als Disalicylid bezeichnete Trisalicylid [E II **19** 429]).

B. Beim Behandeln einer Suspension von 2-Hydroxy-4-nitro-benzoesäure in Pyridin mit Thionylchlorid und Chloroform (*Moureu et al.,* Bl. **1951** 743).

Krystalle (aus Nitrobenzol); F: 338° [Block].

Dibenzo[b,f][1,5]dithiocin-6,12-dion $C_{14}H_8O_2S_2$, Formel III (E I 686; dort als Dithio=disalicylid bezeichnet).

B. Neben anderen Verbindungen beim Erhitzen von 2-Mercapto-benzoesäure mit Phos=phor(V)-oxid in Toluol, Xylol oder Tetralin sowie mit Phosphorylchlorid und Xylol (*Baker et al.,* Soc. **1952** 3163, 3165, 3166). Über die Herstellung aus 2-Acetylmercapto-benzoesäure (vgl. E I **19** 686) s. a. *Ba. et al.*

Konformation in Lösung: *Ba. et al.* Dipolmoment: 6,39 D (*Ba. et al.,* l. c. S. 3164).

Lösungsmittelfreie Krystalle (aus CHCl$_3$); F: 176—177° [unkorr.] (*Ba.,* l. c. S. 3165).

Dibenzo[b,f][1,4]oxathiocin-6,11-dion $C_{14}H_8O_3S$, Formel IV.

B. Aus Phthaloylchlorid und 2-Mercapto-phenol (*Greenwood, Stevenson,* Soc. **1953** 1514, 1519).

Krystalle (aus Bzl. + PAe.); F: ca. 72° [Zers.].

IV   V   VI

Dibenzo[b,g][1,5]dioxocin-5,7-dion, 2,2′-Oxy-dibenzoesäure-anhydrid $C_{14}H_8O_4$, Formel V.

B. Aus Bis-[2-carboxy-phenyl]-äther beim Erhitzen mit Acetanhydrid sowie beim Behandeln mit Thionylchlorid, Pyridin und Benzol (*Anschütz, Neher,* J. pr. [2] **159** [1941/42] 264, 269, 270).

Krystalle (aus Nitrobenzol); F: 248—250°.

Beim Erhitzen unter 14 Torr bis auf 230° sind Dibenzo[b,f][1,5]dioxocin-6,12-dion (s. o.) und 1,9,17-Trioxa-[2.2.2]orthocyclophan-2,10,18-trion („Trisalicylid" [E II **19** 429]) erhalten worden (*An. Ne.,* l. c. S. 271).

(E)-4(?)-[4-Nitro-phenyl]-[2,2′]bifuryliden-5,5′-dion $C_{14}H_7NO_6$, vermutlich Formel VI.

B. Beim Behandeln einer warmen Lösung von (E)-[2,2′]Bifuryliden-5,5′-dion und Kupfer(II)-chlorid-dihydrat in Aceton mit einer Suspension von 4-Nitro-benzoldiazonium-

tetrafluoroborat in Wasser (*Holmquist et al.*, Am. Soc. **81** [1959] 3686, 3692).
Krystalle (aus Acn.); F: 230—240° [Zers.]. UV-Absorptionsmaximum: 380 nm.

6-Chlor-3-[thiophen-2-carbonyl]-cumarin $C_{14}H_7ClO_3S$, Formel VII (R = H, X = Cl).
B. Aus 3-Oxo-3-[2]thienyl-propionsäure-äthylester und 5-Chlor-2-hydroxy-benzaldehyd
mit Hilfe von Piperidin (*Buu-Hoi et al.*, Bl. **1957** 561).
Krystalle (aus A. + Acn.); F: 197°.

6,8-Dichlor-3-[thiophen-2-carbonyl]-cumarin $C_{14}H_6Cl_2O_3S$, Formel VII (R = X = Cl).
B. Aus 3-Oxo-3-[2]thienyl-propionsäure-äthylester und 3,5-Dichlor-2-hydroxy-benz=
aldehyd mit Hilfe von Piperidin (*Buu-Hoi et al.*, Bl. **1957** 561).
Krystalle (aus A. + Acn.); F: 207°.

6-Brom-3-[thiophen-2-carbonyl]-cumarin $C_{14}H_7BrO_3S$, Formel VII (R = H, X = Br).
B. Aus 3-Oxo-3-[2]thienyl-propionsäure-äthylester und 5-Brom-2-hydroxy-benzaldehyd
mit Hilfe von Piperidin (*Buu-Hoi et al.*, Bl. **1957** 561).
Krystalle (aus A. + Acn.); F: 204°.

6,8-Dibrom-3-[thiophen-2-carbonyl]-cumarin $C_{14}H_6Br_2O_3S$, Formel VII (R = X = Br).
B. Aus 3-Oxo-3-[2]thienyl-propionsäure-äthylester und 3,5-Dibrom-2-hydroxy-benz=
aldehyd mit Hilfe von Piperidin (*Buu-Hoi et al.*, Bl. **1957** 561).
Krystalle (aus A. + Acn.); F: 220°.

VII   VIII   IX

6,8-Dijod-3-[thiophen-2-carbonyl]-cumarin $C_{14}H_6I_2O_3S$, Formel VII (R = X = I).
B. Aus 3-Oxo-3-[2]thienyl-propionsäure-äthylester und 2-Hydroxy-3,5-dijod-benz=
aldehyd mit Hilfe von Piperidin (*Buu-Hoi et al.*, Bl. **1957** 561).
Krystalle (aus Acn.); F: 256°.

4-[(*Ξ*)-Furfuryliden]-isochroman-1,3-dion, 2-[2-Carboxy-phenyl]-3ξ-[2]furyl-acrylsäure-anhydrid $C_{14}H_8O_4$, Formel VIII.
a) Stereoisomeres vom F: 210°.
B. Beim Erhitzen von Isochroman-1,3-dion mit Furfural, Piperidin und Toluol oder mit
Furfural, Acetanhydrid und Essigsäure, in diesem Fall neben dem unter b) beschriebenen
Stereoisomeren (*Tirouflet, Soufi*, C. r. **248** [1959] 3568; s. a. *Buu-Hoi*, C. r. **211** [1940] 330).
Orangefarben; F: 210° [im vorgeheizten Block] (*Ti., So.*).
Bei der Bestrahlung einer Lösung in Dioxan mit Sonnenlicht ist das unter b) beschrie-
bene Stereoisomere erhalten worden (*Ti., So.*).
b) Stereoisomeres vom F: 159°.
B. s. bei dem unter a) beschriebenen Stereoisomeren.
Gelb; F: 159° [im vorgeheizten Block; unter Umwandlung in das unter a) beschriebene
Stereoisomere] (*Tirouflet, Soufi*, C. r. **248** [1959] 3568).

4-[(*Ξ*)-[2]Thienylmethylen]-isochroman-1,3-dion, 2-[2-Carboxy-phenyl]-3ξ-[2]thienyl-acrylsäure-anhydrid $C_{14}H_8O_3S$, Formel IX (R = X = H).
a) Stereoisomeres vom F: 239°.
B. Beim Erhitzen von Isochroman-1,3-dion mit Thiophen-2-carbaldehyd, Piperidin oder
mit Thiophen-2-carbaldehyd, Acetanhydrid und Essigsäure in diesem Fall neben dem

unter b) beschriebenen Stereoisomeren (*Tirouflet, Soufi*, C. r. **248** [1959] 3568).
Orangefarben; F: 239° [im vorgeheizten Block].
Bei der Bestrahlung einer Lösung in Dioxan mit Sonnenlicht erfolgt partielle Isomerisierung zu dem unter b) beschriebenen Stereoisomeren.

b) Stereoisomeres vom F: 161°.
B. s. bei dem unter a) beschriebenen Stereoisomeren.
Orangefarben; F: 161° [im vorgeheizten Block; unter Umwandlung in das unter a) beschriebene Stereoisomere] (*Tirouflet, Soufi*, C. r. **248** [1959] 3568).

4-[(*Ξ*)-4-Nitro-[2]thienylmethylen]-isochroman-1,3-dion, 2-[2-Carboxy-phenyl]-3ξ-[4-nitro-[2]thienyl]-acrylsäure-anhydrid $C_{14}H_7NO_5S$, Formel IX (R = H, X = NO$_2$).
B. Beim Erhitzen von Isochroman-1,3-dion mit 4-Nitro-thiophen-2-carbaldehyd, Piperidin und Toluol oder mit 4-Nitro-thiophen-2-carbaldehyd, Acetanhydrid und Essigsäure (*Tirouflet, Soufi*, C. r. **248** [1959] 3568).
Orangegelb; F: 256° [im vorgeheizten Block].

4-[(*Ξ*)-5-Nitro-[2]thienylmethylen]-isochroman-1,3-dion, 2-[2-Carboxy-phenyl]-3ξ-[5-nitro-[2]thienyl]-acrylsäure-anhydrid $C_{14}H_7NO_5S$, Formel IX (R = NO$_2$, X = H).
B. Beim Erhitzen von Isochroman-1,3-dion mit 5-Nitro-thiophen-2-carbaldehyd, Piperidin und Toluol oder mit 5-Nitro-thiophen-2-carbaldehyd, Acetanhydrid und Essigsäure (*Tirouflet, Soufi*, C. r. **248** [1959] 3568).
Orangefarben; F: 254° [im vorgeheizten Block].

3,8-Dihydro-naphtho[2,1-*b*; 6,5-*b'*]difuran-2,7-dion, [2,6-Dihydroxy-naphthalin-1,5-diyl]-diessigsäure-dilacton $C_{14}H_8O_4$, Formel X.
B. Aus 1,5-Bis-carboxymethyl-naphthalin-2,6-diol (*Winthrop Chem. Co.*, U.S.P. 2315661 [1940]).
Zers. bei 205°.

Thiochromeno[6,5,4-*def*]thiochromen-3,8-dion $C_{14}H_8O_2S_2$, Formel XI.
B. In kleiner Menge neben einer violetten Substanz beim Erwärmen von 1,5-Bis-carboxymethylmercapto-naphthalin mit Phosphor(V)-chlorid in Schwefelkohlenstoff und anschliessend mit Aluminiumchlorid in Äther (*Leandri*, G. **79** [1949] 286, 289, 290).
Krystalle (aus A.); F: 56°.

X   XI   XII

1,1,6,6-Tetraoxo-1λ⁶,6λ⁶-thiochromeno[6,5,4-*def*]thiochromen-3,8-dion $C_{14}H_8O_6S_2$, Formel XII.
B. Beim Erwärmen einer Lösung der im vorangehenden Artikel beschriebenen Verbindung in Essigsäure mit wss. Wasserstoffperoxid (*Leandri*, G. **79** [1949] 286, 290).
Krystalle (aus A.); F: 155°.

Dioxo-Verbindungen $C_{15}H_{10}O_4$

1-Benzo[1,3]dioxol-5-yl-2-phenyl-äthandion, 3,4-Methylendioxy-benzil $C_{15}H_{10}O_4$, Formel XIII (X = H).
B. Beim Erwärmen einer Lösung von 3,4-Methylendioxy-benzoin in Äthanol mit Fehling-Lösung (*Brass, Stroebel*, B. **63** [1930] 2617, 2618; s. a. *Tiffeneau, Lévy*, Bl. [4] **49** [1931] 725, 737).
Krystalle (aus A.); F: 120° (*Br., St.*, l. c. S. 2619), 117—118° (*Ti., Lévy*).
Gegen heisse wss. Salzsäure, konz. Schwefelsäure und kalte wss. Alkalilauge beständig

(*Br.*, *St.*). Überführung in 3,4-Dihydroxy-benzil durch Erhitzen mit Phosphor(V)-chlorid bis auf 125° und Erhitzen des Reaktionsgemisches mit Wasser: *Brass et al.*, B. **63** [1930] 2621, 2624.

Mono-[2,4-dinitro-phenylhydrazon] $C_{21}H_{14}N_4O_7$. Rote Krystalle (aus A.); F: 183—184° (*Br.*, *St.*, l. c. S. 2619).

Bis-[2,4-dinitro-phenylhydrazon] $C_{27}H_{18}N_8O_{10}$. Rote Krystalle (aus Eg.); F: 270° [Zers.] (*Br.*, *St.*).

Über eine Verbindung mit Zinn(IV)-chlorid (rote Krystalle [aus Bzl.]) s. *Br.*, *St.*

XIII   XIV

1-Benzo[1,3]dioxol-5-yl-2-[4-chlor-phenyl]-äthandion, 4′-Chlor-3,4-methylendioxy-benzil $C_{15}H_9ClO_4$, Formel XIII (X = Cl).

B. Beim Behandeln einer Lösung von (±)-4′-Chlor-3,4-methylendioxy-benzoin in Äthanol mit Fehling-Lösung (*Buck*, *Ide*, Am. Soc. **52** [1930] 4107, **54** [1932] 3302, 3306).

Gelbe Krystalle (aus A.); F: 132°.

3-[Furan-2-carbonyl]-2-methyl-chromen-4-on $C_{15}H_{10}O_4$, Formel XIV.

B. Beim Erhitzen von 1-[2]Furyl-3-[2-hydroxy-phenyl]-propan-1,3-dion mit Acet=anhydrid und Natriumacetat (*Baker et al.*, Soc. **1952** 1294, 1301).

Krystalle (aus wss. Me.); F: 148—150° [unkorr.].

Beim Erwärmen mit Benzylamin und Äthanol ist eine wahrscheinlich als 3-Benzylamino-1-[2-hydroxy-phenyl]-but-2-en-1-on zu formulierende Verbindung (F: 123—124° [E III **12** 2253]) erhalten worden (*Ba. et al.*, l. c. S. 1302).

Dioxo-Verbindungen $C_{16}H_{12}O_4$

3,3-Diphenyl-[1,4]oxathian-2,6-dion, 2,2-Diphenyl-sulfandiyldi-essigsäure-anhydrid $C_{16}H_{12}O_3S$, Formel I.

B. Beim Erwärmen von Carboxymethylmercapto-diphenyl-essigsäure mit Acetyl=chlorid (*Skinner*, *Bicking*, Am. Soc. **76** [1954] 2776, 2780).

Krystalle (aus Cyclohexan + Bzl.); F: 108—109°.

---

*Opt.-inakt. 3,6-Diphenyl-[1,4]dioxan-2,5-dion $C_{16}H_{12}O_4$, Formel II (vgl. H 172; dort als α.α′-Diphenyl-glykolid bezeichnet).

B. Beim Erhitzen von DL-Mandelsäure mit Xylol und wenig Toluol-4-sulfonsäure unter Entfernen des entstehenden Wassers (*Schöberl*, *Wiehler*, A. **595** [1955] 101, 125).

Krystalle (aus Xylol); F: 248—249° [unkorr.; Zers.; Block].

I   II   III

*Opt.-inakt. 3,5-Diphenyl-[1,4]dioxan-2,6-dion, 2,2′-Diphenyl-oxydi-essigsäure-anhydrid $C_{16}H_{12}O_4$, Formel III.

B. Beim Erhitzen von opt.-inakt. Bis-[carboxy-phenyl-methyl]-äther (E III **10** 454) mit Acetanhydrid (*Hurd, Raterink*, Am. Soc. **55** [1953] 1541, 1545).

Krystalle; F: 152—154°.

Beim Erhitzen auf 250° sind Kohlenmonoxid, Kohlendioxid, Wasser, Benzaldehyd, Phenylessigsäure und Diphenylmaleinsäure-anhydrid erhalten worden (*Hurd, Ra.*, l. c. S. 1543, 1544).

3-Benzyl-benzo[*b*][1,4]dioxepin-2,4-dion, Benzylmalonsäure-*o*-phenylenester $C_{16}H_{12}O_4$, Formel IV.

B. Neben 3-Benzyl-4,8-dihydroxy-cumarin beim Erhitzen von Benzylmalonsäure-bis-[2,4-dichlor-phenylester] mit Brenzcatechin bis auf 300° (*Ziegler et al.*, M. **90** [1959] 206, 208).

Krystalle (aus 1,1,2,2-Tetrachlor-äthan oder Nitrobenzol); F: 253—255°.

1-Benzo[1,3]dioxol-5-yl-3-[4-chlor-phenyl]-propan-1,3-dion $C_{16}H_{11}ClO_4$, Formel V (R = Cl, X = H), und Tautomere (4(oder 4')-Chlor-β-hydroxy-3',4'(oder 3,4)-methylendioxy-chalkon).

B. Beim Behandeln von (2*RS*,3*SR*?)-3-Benzo[1,3]dioxol-5-yl-2,3-dibrom-1-[4-chlor-phenyl]-propan-1-on (S. 1850) mit Natriummethylat in Methanol und Erwärmen des Reaktionsgemisches mit wss. Salzsäure (*Allan et al.*, Canad. J. Res. **11** [1934] 382, 388).

Krystalle; F: 151° [korr.].

Kupfer(II)-Salz. F: 290—292° [Zers.].

IV   V

1-[6-Brom-benzo[1,3]dioxol-5-yl]-3-phenyl-propan-1,3-dion $C_{16}H_{11}BrO_4$, Formel V (R = H, X = Br), und Tautomere 2(oder 2')-Brom-β-hydroxy-4,5(oder 4',5')-methylendioxy-chalkon).

B. Beim Erhitzen von 3-Äthoxy-3-[6-brom-benzo[1,3]dioxol-5-yl]-1-phenyl-prop-enon (F: 134—135°) mit wss. Salzsäure (*Deshmukh, Wheeler*, Soc. **1939** 96).

Krystalle (aus A.); F: 125—126°.

3-[6-Brom-benzo[1,3]dioxol-5-yl]-3-imino-1-phenyl-propan-1-on, 1-[6-Brom-benzo[1,3]dioxol-5-yl]-3-phenyl-propan-1,3-dion-1-imin $C_{16}H_{12}BrNO_3$ und Tautomere.

3ξ-Amino-3ξ-[6-brom-benzo[1,3]dioxol-5-yl]-1-phenyl-propenon, β-Amino-2-brom-4,5-methylendioxy-ξ-chalkon $C_{16}H_{12}BrNO_3$, Formel VI.

Eine von *Deshmukh* und *Wheeler* (Soc. **1939** 96) unter dieser Konstitution beschriebene Verbindung (F: 153°) ist vermutlich als [3-(6-Brom-benzo[1,3]dioxol-5-yl)-aziridin-2-yl]-phenyl-keton zu formulieren (s. dazu *Cromwell et al.*, Am. Soc. **65** [1943] 312; *Cromwell, Johnson*, Am. Soc. **65** [1943] 316; *Cromwell, Caughlan*, Am. Soc. **67** [1945] 2235).

3-Benzo[1,3]dioxol-5-yl-1-phenyl-propan-1,2-dion $C_{16}H_{12}O_4$, Formel VII (X = H), und Tautomeres (3-Benzo[1,3]dioxol-5-yl-2-hydroxy-1-phenyl-propenon, α-Hydroxy-3,4-methylendioxy-chalkon).

B. Aus 3-Benzo[1,3]dioxol-5-yl-2-hydroxy-3-methoxy-1-phenyl-propan-1-on (F: 117° bis 118°) beim Erwärmen mit Essigsäure und Natriumacetat sowie beim Erwärmen einer Lösung in Äthanol mit kleinen Mengen wss. Natronlauge (*Dodwadmath, Wheeler*, Pr. Indian Acad. [A] **2** [1935] 438, 448). Beim kurzen Erwärmen einer Lösung von 3-Benzo[1,3]dioxol-5-yl-2,3-epoxy-1-phenyl-propan-1-on (F: 99—100°) in Äthanol mit wss. Natronlauge (*Do., Wh.*).

Gelbe Krystalle (aus A.); F: 114—115°.

An der Luft wenig beständig.

VI   VII   VIII

*3-Benzo[1,3]dioxol-5-yl-1-phenyl-propan-1,2-dion-2-oxim $C_{16}H_{13}NO_4$, Formel VIII,
und Tautomeres.
  B. Beim Einleiten von Methylnitrit und Chlorwasserstoff in eine äther. Lösung von
3-Benzo[1,3]dioxol-5-yl-1-phenyl-propan-1-on (*Bar, Erb-Debruyne*, Ann. pharm. franç.
16 [1958] 235, 241).
  Gelbliche Krystalle (aus Bzl.); F: 119—120°.

3-[6-Chlor-benzo[1,3]dioxol-5-yl]-1-phenyl-propan-1,2-dion $C_{16}H_{11}ClO_4$, Formel VII
(X = Cl), und Tautomeres (3-[6-Chlor-benzo[1,3]dioxol-5-yl]-2-hydroxy-1-phen=
yl-propenon, 2-Chlor-α-hydroxy-4,5-methylendioxy-chalkon).
  B. Beim Erwärmen von 3-[6-Chlor-benzo[1,3]dioxol-5-yl]-2,3-epoxy-1-phenyl-propan-
1-on (F: 103—104°) mit äthanol. Natronlauge (*Dev, Wheeler*, J. Univ. Bombay **7**, Tl.
3 [1938] 205, 209).
  Gelbe Krystalle (aus A.); F: 157—158°.

3-Benzo[1,3]dioxol-5-yl-1-[4-chlor-phenyl]-propan-1,2-dion $C_{16}H_{11}ClO_4$, Formel IX,
und Tautomeres (3-Benzo[1,3]dioxol-5-yl-1-[4-chlor-phenyl]-2-hydroxy-
propenon, 4'-Chlor-α-hydroxy-3,4-methylendioxy-chalkon).
  B. Beim Behandeln von 5-[4-Chlor-phenyl]-5-hydroxy-3-phenyl-4-piperonyl-5*H*-furan-
2-on (Syst. Nr. 2895) mit Chrom(VI)-oxid in Essigsäure (*Allen, Frame*, Canad. J. Res. **6**
[1932] 605, 611).
  Gelbe Krystalle; F: 161—165° [Zers.].

3-[6-Brom-benzo[1,3]dioxol-5-yl]-1-phenyl-propan-1,2-dion $C_{16}H_{11}BrO_4$, Formel VII
(X = Br), und Tautomeres (3-[6-Brom-benzo[1,3]dioxol-5-yl]-2-hydroxy-
1-phenyl-propenon, 2-Brom-α-hydroxy-4,5-methylendioxy-chalkon).
  B. Beim Erwärmen von 3-[6-Brom-benzo[1,3]dioxol-5-yl]-2,3-epoxy-1-phenyl-propan-
1-on (F: 99—100°) mit äthanol. Natronlauge (*Dev, Wheeler*, J. Univ. Bombay **7**, Tl.
3 [1938] 205, 210).
  F: 151°.

2-Benzo[1,3]dioxol-5-yl-3-oxo-3-phenyl-propionaldehyd $C_{16}H_{12}O_4$, Formel X, und Tautomere (z. B. 2-Benzo[1,3]dioxol-5-yl-3-hydroxy-3-phenyl-acrylaldehyd).
  B. Beim Behandeln von opt.-inakt. 3-Benzo[1,3]dioxol-5-yl-2,3-epoxy-1-phenyl-propan-
1-on (F: 99—100°) mit wss. Schwefelsäure (*Algar, McKenna*, Pr. Irish Acad. **49** B [1943/44]
225, 232).
  Gelblichbraune Krystalle (aus wss. Acn.); F: 108—109° [korr.].

IX   X   XI

6,7-Dihydro-dibenzo[e,i][1,4]dioxecin-13,14-dion $C_{16}H_{12}O_4$, Formel XI.
  B. Beim Erwärmen von 14-Hydroxy-6,7-dihydro-14*H*-dibenzo[e,i][1,4]dioxecin-13-on
mit Äthanol und Fehling-Lösung (*LaForge*, Am. Soc. **55** [1953] 3040, 3047).
  Krystalle (aus A.); F: 200°.

2,8-Dimethyl-dibenzo[b,f][1,5]dioxocin-6,12-dion $C_{16}H_{12}O_4$, Formel I (vgl. E II 189; dort als Di-p-kresotid bezeichnet).

Diese Verbindung hat wahrscheinlich auch in einem von *Anschütz* und *Gross* (B. 77/79 [1944/46] 644, 648, 650) beschriebenen, als α-p-Dikresotid bezeichneten Präparat (F: 225—226° [Kofler-App.]) vorgelegen (s. dazu *Baker et al.*, Soc. 1951 209).

B. Neben kleineren Mengen Tri-p-kresotid (5,13,21-Trimethyl-1,9,17-trioxa-[2.2.2]≈ orthocyclophan-2,10,18-trion) beim Erhitzen von 2-Acetoxy-5-methyl-benzoesäure unter 18 Torr bis auf 250° (*Ba. et al.*, l. c. S. 212; s. a. *An.*, *Gr.*).

Dipolmoment (ε; Bzl.): 6,67 D (*Edgerley, Sutton*, Soc. 1951 1069, 1070, 1074).

Krystalle (aus Bzl.); F: 235—235,5° [unkorr.; Zers.] (*Ba. et al.*). C=O-Valenzschwin≈ gungsbanden: *Short*, Soc. 1952 206. UV-Spektrum (A.; 240—300 nm): *Wasmer*, B. 82 [1949] 342, 344.

Beim Erwärmen mit wss.-methanol. Salzsäure ist 2-[2-Hydroxy-5-methyl-benzoyloxy]-5-methyl-benzoesäure-methylester erhalten worden (*An.*, *Gr.*, l. c. S. 649, 650).

I   II   III

3,9-Dimethyl-dibenzo[b,f][1,5]dioxocin-6,12-dion $C_{16}H_{12}O_4$, Formel II (E II 189; dort als Di-m-kresotid bezeichnet).

Diese Verbindung hat wahrscheinlich auch in einem von *Anschütz* und *Gross* (B. 77/79 [1944/46] 644, 647) beschriebenen, als α-m-Dikresotid bezeichneten Präparat (F: 221° bis 222° [Kofler-App.]) vorgelegen (*Baker et al.*, Soc. 1951 209).

B. Beim Behandeln von 2-Hydroxy-4-methyl-benzoesäure mit Phosphorylchlorid und Pyridin (*Ba. et al.*, l. c. S. 212).

Dipolmoment (ε; Bzl.): 6,74 D (*Edgerley, Sutton*, Soc. 1951 1069, 1070, 1074).

Krystalle (aus Bzl.); F: 255° [Zers.; bei schnellem Erhitzen] (*Ba. et al.*, l. c. S. 212); über die Abhängigkeit des Schmelzpunkts von der Geschwindigkeit des Erhitzens s. *Ba. et al.* C=O-Valenzschwingungsbanden: *Short*, Soc. 1952 206. UV-Spektrum (A.; 240—290 nm): *Wasmer*, B. 82 [1949] 342, 344.

4,10-Dimethyl-dibenzo[b,f][1,5]dioxocin-6,12-dion $C_{16}H_{12}O_4$, Formel III (E II 188; dort als Di-o-kresotid bezeichnet).

Diese Verbindung hat wahrscheinlich auch in einem von *Anschütz* und *Gross* (B. 77/79 [1944/46] 644, 647) beschriebenen, als α-o-Dikresotid bezeichneten Präparat (F: 235° bis 236° [Kofler-App.]) vorgelegen (*Baker et al.*, Soc. 1951 209).

B. Als Hauptprodukt beim Erhitzen von 2-Acetoxy-3-methyl-benzoesäure unter 17 Torr bis auf 300° (*Ba. et al.*, l. c. S. 211; s. a. *An.*, *Gr.*; vgl. E II 188).

Dipolmoment (ε; Bzl.): 6,34 D (*Edgerley, Sutton*, Soc. 1951 1068, 1070, 1074).

Krystalle (aus CHCl₃); F: 240° [unkorr.; Zers.] (*Ba. et al.*), 235—236° [Kofler-App.] (*An.*, *Gr.*). C=O-Valenzschwingungsbanden: *Short*, Soc. 1952 206. UV-Spektrum (A.; 240—300 nm): *Wasmer*, B. 82 [1949] 342, 344.

2,7-Diacetyl-dibenzo[1,4]dioxin $C_{16}H_{12}O_4$, Formel IV (X = H).

B. Beim Erwärmen von Dibenzo[1,4]dioxin mit Acetylchlorid, Aluminiumchlorid (oder Aluminiumbromid) und Schwefelkohlenstoff (*Tomita*, J. pharm. Soc. Japan 54 [1934] 891, 893; dtsch. Ref. S. 165; C. A. 1937 103).

Krystalle (aus CHCl₃); F: 248° (*To.*). IR-Spektrum (Nujol; 2,5—15 μ): *Narisada*, J. pharm. Soc. Japan 79 [1959] 183.

*2,7-Bis-[1-hydroxyimino-äthyl]-dibenzo[1,4]dioxin $C_{16}H_{14}N_2O_4$, Formel V.

B. Beim Erwärmen von 2,7-Diacetyl-benzo[1,4]dioxin mit Hydroxylamin-hydrochlorid,

und Natriumacetat und Essigsäure (*Tomita*, J. pharm. Soc. Japan **54** [1934] 891, 894; dtsch. Ref. S. 165; C. A. **1937** 103).
Krystalle (aus Eg.); F: 265° [Zers.].

IV   V

2,7-Bis-chloracetyl-dibenzo[1,4]dioxin $C_{16}H_{10}Cl_2O_4$, Formel IV (X = Cl).
B. Beim Erwärmen von Dibenzo[1,4]dioxin mit Chloracetylchlorid, Aluminiumchlorid und Schwefelkohlenstoff (*Tomita*, J. pharm. Soc. Japan **56** [1936] 906, 909; dtsch. Ref. S. 168, 169; C. A. **1937** 3484).
Krystalle (aus *O*-Äthyl-diäthylenglykol); F: 282°.

2,7-Diacetyl-thianthren $C_{16}H_{12}O_2S_2$, Formel VI (X = H).
B. Beim Erwärmen von Thianthren mit Acetylchlorid, Aluminiumchlorid und Schwe=
felkohlenstoff bzw. Dichlormethan (*Tomita*, J. pharm. Soc. Japan **58** [1938] 517, 520; dtsch. Ref. S. 139; C. A. **1938** 7463; *Servoin-Sidoine et al.*, Bl. **1973** 1460, 1462).
Krystalle (aus Cyclohexan), F: 157° und (nach Wiedererstarren bei weiterem Erhitzen) F: 180—181° (*Se.-Si. et al.*); Krystalle (aus Acn.), F: 157° (*To.*); Krystalle, F: 179—181° (*Suszko, Ratajczak*, Bl. Acad. polon. Ser. chim. **7** [1959] 275, 277).

2,7-Diacetyl-5,5,10,10-tetraoxo-5λ⁶,10λ⁶-thianthren, 2,7-Diacetyl-thianthren-5,5,10,10-tetraoxid $C_{16}H_{12}O_6S_2$, Formel VII (X = H).
B. Beim Erhitzen von 2,7-Diacetyl-thianthren mit Essigsäure und wss. Wasserstoff=
peroxid (*Suszko, Ratajczak*, Bl. Acad. polon. Ser. chim. **7** [1959] 275, 277).
F: 247—248°.

VI   VII

2,7-Bis-[(E)-1-hydroxyimino-äthyl]-thianthren $C_{16}H_{14}N_2O_2S_2$, Formel VIII (R = H).
B. Aus 2,7-Diacetyl-thianthren und Hydroxylamin (*Suszko, Ratajczak*, Bl. Acad. polon. Ser. chim. **7** [1959] 275, 277).
F: 234—235°.
Überführung in 2,7-Bis-acetylamino-thianthren mit Hilfe von Chlorwasserstoff ent=
haltender Essigsäure und Acetanhydrid: *Su., Ra.*

2,7-Bis-[(E)-1-acetoxyimino-äthyl]-thianthren $C_{20}H_{18}N_2O_4S_2$, Formel VIII (R = CO-CH₃).
B. Aus 2,7-Bis-[(E)-1-hydroxyimino-äthyl]-thianthren (s. o.) mit Hilfe von Acet=
anhydrid und Essigsäure (*Suszko, Ratajczak*, Bl. Acad. polon. Ser. chim. **7** [1959] 275, 277).
F: 156—158°.

VIII   IX

*2,7-Bis-[1-phenylhydrazono-äthyl]-thianthren $C_{28}H_{24}N_4S_2$, Formel IX ($R = C_6H_5$).

B. Aus 2,7-Diacetyl-thianthren und Phenylhydrazin (*Suszko, Ratajczak*, Bl. Acad. polon, Ser. chim. **7** [1959] 275, 277).

F: 284—286°.

2,7-Bis-chloracetyl-thianthren $C_{16}H_{10}Cl_2O_2S_2$, Formel VI ($X = Cl$).

B. Beim Erwärmen von Thianthren mit Chloracetylchlorid, Aluminiumchlorid und Schwefelkohlenstoff (*Tomita*, J. pharm. Soc. Japan **58** [1938] 517, 519; dtsch. Ref. S. 139; C. A. **1938** 7463).

Hellgelbe Krystalle (aus Acn.); F: 177°.

2,7-Bis-chloracetyl-5,5,10,10-tetraoxo-5λ^6,10λ^6-thianthren, 2,7-Bis-chloracetyl-thianthren-5,5,10,10-tetraoxid $C_{16}H_{10}Cl_2O_6S_2$, Formel VII ($X = Cl$).

B. Beim Erwärmen von 2,7-Bis-chloracetyl-thianthren mit wss. Wasserstoffperoxid und Essigsäure (*Tomita, Ikeda*, J. pharm. Soc. Japan **58** [1938] 780, 782; dtsch. Ref. S. 231; C. A. **1939** 2526).

Krystalle (aus Eg.); F: 209—213°.

2,8-Diacetyl-phenoxathiin $C_{16}H_{12}O_3S$, Formel X.

B. Beim Erwärmen von Phenoxathiin mit Acetylchlorid, Aluminiumchlorid und Schwefelkohlenstoff (*Tomita*, J. pharm. Soc. Japan **58** [1938] 510, 514; dtsch. Ref. S. 136, 138; C. A. **1938** 7467; *Nobis et al.*, Am. Soc. **75** [1953] 3384, 3386).

Krystalle; F: 184—186° [aus Dioxan] (*No. et al.*), 175° [aus A.] (*To.*).

X

XI

2,8-Bis-[(E)-1-hydroxyimino-äthyl]-phenoxathiin $C_{16}H_{14}N_2O_3S$, Formel XI.

B. Beim Erwärmen von 2,8-Diacetyl-phenoxathiin mit Hydroxylamin-hydrochlorid, Pyridin und Äthanol (*Nobis et al.*, Am. Soc. **75** [1953] 3384, 3386).

F: 220—221° [aus A.].

Überführung in Phenoxathiin-2,8-diyldiamin mit Hilfe von Phosphor(V)-chlorid in Benzol: *No. et al.*

2,8-Bis-chloracetyl-phenoxathiin $C_{16}H_{10}Cl_2O_3S$, Formel XII.

B. Beim Erwärmen von Phenoxathiin mit Chloracetylchlorid, Aluminiumchlorid und Schwefelkohlenstoff (*Tomita*, J. pharm. Soc. Japan **58** [1938] 510, 514; dtsch. Ref. S. 136, 147; C. A. **1938** 7467).

Hellgelbe Krystalle (aus A. oder Acn.); F: 193°.

XII

XIII

2,8-Bis-chloracetyl-10,10-dioxo-10λ^6-phenoxathiin, 2,8-Bis-chloracetyl-phenoxathiin-10,10-dioxid $C_{16}H_{10}Cl_2O_5S$, Formel XIII.

B. Beim Erwärmen von 2,8-Bis-chloracetyl-phenoxathiin mit wss. Wasserstoffperoxid und Essigsäure (*Tomita, Ikeda*, J. pharm. Soc. Japan **58** [1938] 780, 782; dtsch. Ref. S. 231; C. A. **1939** 2526).

Krystalle (aus Eg.); F: 224—229°.

2,3,8,9-Tetrahydro-thiochromeno[8,7-*h*]thiochromen-1,7-dion $C_{16}H_{12}O_2S_2$, Formel XIV.

B. Beim Erwärmen von 3,3'-Naphthalin-1,5-diyldimercapto-di-propionsäure mit

konz. Schwefelsäure (*Leandri*, G. **78** [1948] 30, 36).
Hellgelbe Krystalle (aus Xylol); F: 310°.

XIV   XV   XVI

*Opt.-inakt. 4,10-Dioxo-2,3,8,9-tetrahydro-4λ^4,10λ^4-thiochromeno[8,7-h]thiochromen-1,7-dion $C_{16}H_{12}O_4S_2$, Formel XV.
B. Beim Behandeln von 2,3,8,9-Tetrahydro-thiochromeno[8,7-h]thiochromen-1,7-dion mit wss. Wasserstoffperoxid und Essigsäure (*Leandri*, G. **78** [1948] 30, 36).
Hellgelbe Krystalle (aus Eg.); F: 238—240°.

4,4,10,10-Tetraoxo-2,3,8,9-tetrahydro-4λ^6,10λ^6-thiochromeno[8,7-h]thiochromen-1,7-dion $C_{16}H_{12}O_6S_2$, Formel XVI.
B. Beim Erhitzen von 2,3,8,9-Tetrahydro-thiochromeno[8,7-h]thiochromen-1,7-dion mit wss. Wasserstoffperoxid und Essigsäure (*Leandri*, G. **78** [1948] 30, 37).
Krystalle, die unterhalb 316° nicht schmelzen.

Dioxo-Verbindungen $C_{17}H_{14}O_4$

1-Benzo[1,3]dioxol-5-yl-3-p-tolyl-propan-1,3-dion $C_{17}H_{14}O_4$, Formel I (X = H), und Tautomere (β-Hydroxy-4(oder 4′)-methyl-3′,4′(oder 3,4)-methylendioxy-chalkon).
In 0,3%ig. äthanol. Lösung beträgt der Enol-Gehalt anfangs 93%, nach 2 Tagen 100% (*Nadkarni et al.*, Soc. **1937** 1798, 1803).
B. Beim Erwärmen von 3-Benzo[1,3]dioxol-5-yl-2,3-dichlor-1-p-tolyl-propan-1-on (S. 1853) oder von (2RS,3SR?)-3-Benzo[1,3]dioxol-5-yl-2,3-dibrom-1-p-tolyl-propan-1-on (S. 1854) mit Natriummethylat in Methanol und Erhitzen des Reaktionsprodukts mit wss. Salzsäure (*Na. et al.*, l. c. S. 1803).
Gelbe Krystalle (aus A.); F: 114°.
Kupfer(II)-Verbindung $Cu(C_{17}H_{13}O_4)_2$. F: 268°.

1-[6-Brom-benzo[1,3]dioxol-5-yl]-3-p-tolyl-propan-1,3-dion $C_{17}H_{13}BrO_4$, Formel I (X = Br), und Tautomere (2(oder 2′)-Brom-β-hydroxy-4′(oder 4)-methyl-4,5(oder 4′,5′)-methylendioxy-chalkon).
B. Beim Erhitzen von 3-[6-Brom-benzo[1,3]dioxol-5-yl]-3-methoxy-1-p-tolyl-propenon (F: 107°) oder von 3-Äthoxy-3-[6-brom-benzo[1,3]dioxol-5-yl]-1-p-tolyl-propenon (F: 127°) mit wss. Salzsäure (*Nadkarni et al.*, Soc. **1937** 1798, 1804).
Gelbe Krystalle (aus A.); F: 110°.

I   II

3,7-Di-[(Ξ)-furfuryliden]-cycloheptan-1,2-dion $C_{17}H_{14}O_4$, Formel II.
B. Beim Erhitzen von Cycloheptan-1,2-dion mit Furfural, Äthanol und wenig Piperidin (*Leonard*, *Berry*, Am. Soc. **75** [1953] 4989).
Gelbe Krystalle (aus Acn.); F: 171—171,5° [korr.]. UV-Absorptionsmaxima (A.): 208 nm, 312 nm und 358 nm.

Dioxo-Verbindungen $C_{18}H_{16}O_4$

1,4,7,10-Tetramethyl-dibenzo[b,f][1,5]dioxocin-6,12-dion $C_{18}H_{16}O_4$, Formel III.

B. Neben 4,7,12,15,20,23-Hexamethyl-1,9,17-trioxa-[2.2.2]orthocyclophan-2,10,18-trion beim Erwärmen von 2-Hydroxy-3,6-dimethyl-benzoesäure mit Phosphorylchlorid und Xylol (*Baker et al.*, Soc. **1954** 2042, 2044). Beim Erhitzen von 2-Acetoxy-3,6-dimethyl-benzoesäure unter 15 Torr bis auf 350° (*Ba. et al.*).

Krystalle; F: 211—212°.

2,7-Dipropionyl-dibenzo[1,4]dioxin $C_{18}H_{16}O_4$, Formel IV (X = H).

B. Beim Erwärmen von Dibenzo[1,4]dioxin mit Propionylchlorid und Aluminium-chlorid in Schwefelkohlenstoff (*Tomita*, J. pharm. Soc. Japan **58** [1938] 498, 502; dtsch. Ref. S. 130; C. A. **1938** 7463).

Krystalle (aus Me.); F: 241°.

III   IV

*2,7-Bis-[1-hydroxyimino-propyl]-dibenzo[1,4]dioxin $C_{18}H_{18}N_2O_4$, Formel V.

B. Beim Erwärmen von 2,7-Dipropionyl-dibenzo[1,4]dioxin mit Hydroxylamin-hydrochlorid, Natriumacetat und Essigsäure (*Tomita*, J. pharm. Soc. Japan **58** [1938] 498, 502; dtsch. Ref. S. 130; C. A. **1938** 7463).

Krystalle (aus Me.); F: 235°.

2,7-Bis-[3-chlor-propionyl]-dibenzo[1,4]dioxin $C_{18}H_{14}Cl_2O_4$, Formel IV (X = Cl).

B. Beim Erwärmen von Dibenzo[1,4]dioxin mit 3-Chlor-propionylchlorid, Aluminium-chlorid und Schwefelkohlenstoff (*Tomita*, J. pharm. Soc. Japan **58** [1938] 498, 502; dtsch. Ref. S. 130; C. A. **1938** 7463).

Hellgelbe Krystalle (aus $CHCl_3$); F: 211° [Zers.].

V   VI

*Opt.inakt. 2,7-Bis-[2-brom-propionyl]-dibenzo[1,4]dioxin $C_{18}H_{14}Br_2O_4$, Formel VI.

B. Beim Erwärmen von Dibenzo[1,4]dioxin mit (±)-2-Brom-propionylbromid, Aluminiumchlorid und Schwefelkohlenstoff (*Tomita*, J. pharm. Soc. Japan **58** [1938] 503, 507; dtsch. Ref. S. 133, 134; C. A. **1938** 7464).

Krystalle (aus Acn.); F: 213°.

2,7-Diacetyl-3,8-dimethyl-dibenzo[1,4]dioxin $C_{18}H_{16}O_4$, Formel VII (X = H).

B. Beim Erwärmen von 2,7-Dimethyl-dibenzo[1,4]dioxin mit Acetylchlorid, Aluminiumchlorid (oder Aluminiumbromid) und Schwefelkohlenstoff (*Tomita*, J. pharm. Soc. Japan **54** [1934] 891, 895; dtsch. Ref. S. 165; C. A. **1937** 103).

Krystalle (aus Acn.); F: 211°.

*2,7-Bis-[1-hydroxyimino-äthyl]-3,8-dimethyl-dibenzo[1,4]dioxin $C_{18}H_{18}N_2O_4$, Formel VIII.

B. Beim Erwärmen von 2,7-Diacetyl-3,8-dimethyl-dibenzo[1,4]dioxin mit Hydroxyl-

amin-hydrochlorid, Natriumacetat und Essigsäure (*Tomita*, J. pharm. Soc. Japan **54**
[1934] 891, 895; dtsch. Ref. S. 165; C. A. **1937** 103).
Krystalle (aus Me.); F: 255°.

VII   VIII

2,7-Bis-chloracetyl-3,8-dimethyl-dibenzo[1,4]dioxin $C_{18}H_{14}Cl_2O_4$, Formel VII (X = Cl).
B. Beim Erwärmen von 2,7-Dimethyl-dibenzo[1,4]dioxin mit Chloracetylchlorid,
Aluminiumchlorid und Schwefelkohlenstoff (*Tomita*, J. pharm. Soc. Japan **58** [1938]
503, 506; dtsch. Ref. S. 133, 134; C. A. **1938** 7464).
Krystalle (aus *O*-Äthyl-diäthylenglykol); F: 248°.

3,8-Diacetyl-2,7-dimethyl-1(?)-nitro-dibenzo[1,4]dioxin $C_{18}H_{15}NO_6$, vermutlich Formel IX
(R = X = H).
B. Beim Erwärmen von 2,7-Diacetyl-3,8-dimethyl-dibenzo[1,4]dioxin mit wss.
Salpetersäure (D: 1,38) und Essigsäure (*Tomita*, J. pharm. Soc. Japan **54** [1934] 891,
895; dtsch. Ref. S. 165; C. A. **1937** 103).
Hellgelbe Krystalle; F: 378°.

3,8-Diacetyl-2,7-dimethyl-1(?),6(?)-dinitro-dibenzo[1,4]dioxin $C_{18}H_{14}N_2O_8$, vermutlich
Formel IX (R = H, X = NO$_2$).
B. Aus 2,7-Diacetyl-3,8-dimethyl-dibenzo[1,4]dioxin beim Erwärmen mit wss. Sal=
petersäure (D: 1,38) sowie beim Behandeln mit wss. Salpetersäure (D: 1,45) bei 0°
(*Tomita*, J. pharm. Soc. Japan **54** [1934] 891, 896; dtsch. Ref. S. 165; C. A. **1937** 103).
Krystalle (aus Me.); F: 231°.

3,8-Diacetyl-2,7-dimethyl-1(?),4(?),6(?)-trinitro-dibenzo[1,4]dioxin $C_{18}H_{13}N_3O_{10}$,
vermutlich Formel IX (R = X = NO$_2$).
B. Beim Behandeln von 2,7-Diacetyl-3,8-dimethyl-dibenzo[1,4]dioxin mit Salpeter=
säure (D: 1,5) bei 0° (*Tomita*, J. pharm. Soc. Japan **54** [1934] 891, 896; dtsch. Ref.
S. 165; C. A. **1937** 103).
Hellgelbe Krystalle (aus Me.); F: 175°.

———

***Opt.-inakt. 4a,12b;6a,12a-Diepoxy-1,2,3,4,4a,5,6,6a,12a,12b-decahydro-benz[*a*]anthr=
acen-7,12-dion** $C_{18}H_{16}O_4$, Formel X.
B. Beim Erwärmen einer Lösung von 1,2,3,4,5,6-Hexahydro-benz[*a*]anthracen-7,12-
dion in Äthanol mit wss. Wasserstoffperoxid und Natriumcarbonat (*Romo*, Bol. Inst.
Quim. Univ. Mexico **2** [1946] 35, 46).
Krystalle (aus A.); F: 159—160°.

IX   X   XI

Dioxo-Verbindungen $C_{19}H_{18}O_4$

3-Benzyl-5-phenäthyl-[1,4]dioxan-2,6-dion $C_{19}H_{18}O_4$, Formel XI.
Die früher (s. E II **19** 189) unter dieser Konstitution beschriebene, als 3.5-Dioxo-2-benzyl-

6-[β-phenäthyl]-1.4-dioxan bezeichnete Verbindung (F: 104°) ist als 3-Benzyl-2-hydroxy-2-phenäthyl-bernsteinsäure-anhydrid zu formulieren (*Bougault, Cordier*, Bl. **1951** 430, 433).

Dioxo-Verbindungen $C_{21}H_{22}O_4$

3,5-Dimethyl-6-{4-[($\varXi$)-2-methyl-3ξ-(4-nitro-phenyl)-allyliden]-tetrahydro-[2]furyl}-pyran-2,4-dion, 5c-Hydroxy-2,4-dimethyl-5t-{4-[($\varXi$)-2-methyl-3ξ-(4-nitro-phenyl)-allyliden]-tetrahydro-[2]furyl}-3-oxo-pent-4-ensäure-lacton $C_{21}H_{21}NO_6$, Formel XII und Tautomere.

Das nachstehend beschriebene **Desmethylisoaureothin** liegt im krystallinen Zustand ausschliesslich, in äthanol. Lösung fast ausschliesslich als (+)-4-Hydroxy-3,5-dimethyl-6-{4-[($\varXi$)-2-methyl-3ξ-(4-nitro-phenyl)-allyliden]-tetrahydro-[2]furyl}-pyran-2-on ((+)-3,5c-Dihydroxy-2,4-dimethyl-5t-{4-[($\varXi$)-2-methyl-3ξ-(4-nitro-phenyl)-allyliden]-tetrahydro-[2]furyl}-penta-2c,4-diensäure-5-lacton, Formel XIII) vor (*Yamada et al.*, J. chem. Soc. Japan Pure Chem. Sect. **81** [1960] 340, 342; C. A. **1961** 6462; *Hirata et al.*, Tetrahedron **14** [1961] 252, 260; *Nakata*, Bl. chem. Soc. Japan **33** [1960] 1688, 1691). Über den Enol-Gehalt in Chloroform, in Methanol, in Äthanol, in Ameisensäure und in Essigsäure s. *Yamazaki*, J. chem. Soc. Japan Pure Chem. Sect. **79** [1958] 1204, 1207; C. A. **1960** 24694.

B. Aus Aureothin ((+)-2-Methoxy-3,5-dimethyl-6-{4-[($\varXi$)-2-methyl-3ξ-(4-nitro-phenyl)-allyliden]-tetrahydro-[2]furyl}-pyran-4-on) beim Erwärmen einer methanol. Lösung mit wss. Salzsäure, wss. Jodwasserstoffsäure oder wss. Bromwasserstoffsäure (*Yamazaki*, J. chem. Soc. Japan Pure Chem. Sect. **78** [1957] 508, 511; C. A. **1959** 21853), beim Erwärmen einer äthanol. Lösung mit wss. Salzsäure (*Hirata et al.*, J. chem. Soc. Japan Pure Chem. Sect. **78** [1957] 1700, 1702; C. A. **1960** 465) sowie beim Erhitzen mit Pyridin (*Ya.*, J. chem. Soc. Japan Pure Chem. Sect. **79** 1207).

Gelbe Krystalle; F: 196—198° [aus A.] (*Hi. et al.*, J. chem. Soc. Japan Pure Chem. Sect. **78** 1702; Tetrahedron **14** 263), 195° [aus Me.] (*Ya.*, J. chem. Soc. Japan Pure Chem. Sect. **78** 511). $[\alpha]_D^{16}$: +118° [A.] (*Hi. et al.*, J. chem. Soc. Japan Pure Chem. Sect. **78** 1702; Tetrahedron **14** 263). Absorptionsspektrum (230—400 nm) von Lösungen in Äthanol und in äthanol. Natronlauge: *Ya.*, J. chem. Soc. Japan Pure Chem. Sect. **79** 1205; in wss.-äthanol. Natronlauge und in wss.-äthanol. Salzsäure: *Ya.*, J. chem. Soc. Japan Pure Chem. Sect. **78** 510. Scheinbarer Dissoziationsexponent pK_a' (Wasser ?): 4,6 (*Hi. et al.*, J. chem. Soc. Japan Pure Chem. Sect. **78** 1700).

Beim Behandeln mit Diazomethan (Überschuss) in Äther sind Isoaureothin [(+)-4-Methoxy-3,5-dimethyl-6-{4-[($\varXi$)-2-methyl-3ξ-(4-nitro-phenyl)-allyliden]-tetrahydro-[2]furyl}-pyran-2-on] (*Ya.*, J. chem. Soc. Japan Pure Chem. Sect. **78** 511; *Hi. et al.*, J. chem. Soc. Japan Pure Chem. Sect. **78** 1702; Tetrahedron **14** 260, 263) und kleine Mengen Aureothin (*Nakata et al.*, Tetrahedron Letters **1959** Nr. 16, S. 9, 13, 15; *Na.*, l. c. S. 1691, 1692) erhalten worden .

XII   XIII

Dioxo-Verbindungen $C_{22}H_{24}O_4$

***Opt.-inakt. 3,7-Diäthyl-3,7-diphenyl-[1,5]dioxocan-2,6-dion** $C_{22}H_{24}O_4$, Formel I.
B. Beim Behandeln von (±)-3-Acetoxy-2-äthyl-2-phenyl-propionylchlorid mit Pyridin und Harnstoff (*Testa*, Farmaco Ed. scient. **12** [1957] 836, 846).
Krystalle (aus Bzl. + PAe.); F: 92—93°.

3,9-Diisopropyl-1,7-dimethyl-dibenzo[b,f][1,5]dioxocin-6,12-dion $C_{22}H_{24}O_4$, Formel II.
Diese Konstitution kommt vermutlich der nachstehend beschriebenen Verbindung zu

(*Baker et al.*, Soc. **1954** 2042, 2044).

B. Beim Behandeln von 2-Hydroxy-4(?)-isopropyl-6(?)-methyl-benzoesäure (F: 136°; aus 3-Isopropyl-5-methyl-phenol und Kohlendioxid hergestellt) mit Acetanhydrid und Pyridin und langsamen Erhitzen des erhaltenen *O*-Acetyl-Derivates unter 15 Torr bis auf 350° (*Ba. et al.*, l. c. S. 2046).

Krystalle; F: 136°.

I   II   III

4,10-Diisopropyl-1,7-dimethyl-dibenzo[*b*,*f*][1,5]dioxocin-6,12-dion $C_{22}H_{24}O_4$, Formel III (H 173; dort als „hochschmelzendes Di-*o*-thymotid" bezeichnet).

In dem früher (s. H **19** 173) unter dieser Konstitution beschriebenen „niedrigschmelzenden Di-*o*-thymotid" sowie in einem von *Granatek* und *Jannke* (J. Am. pharm. Assoc. **43** [1954] 421) beschriebenen Präparat vom F: 174° hat lösungsmittelhaltiges 7,15,23-Triisopropyl-4,12,20-trimethyl-1,9,17-trioxa-[2.2.2]orthocyclophan-2,10,18-trion vorgelegen (*Baker et al.*, Soc. **1952** 1443, 1446; *Granatek, Jannke*, J. Am. pharm. Assoc. **45** [1956] 764).

B. Aus 2-Hydroxy-3-isopropyl-6-methyl-benzoesäure beim Erwärmen mit Thionylchlorid und Benzol (*Gr., Ja.*, J. Am. pharm. Assoc. **43** 421) sowie (neben 7,15,23-Triisopropyl-4,12,20-trimethyl-1,9,17-trioxa-[2.2.2]orthocyclophan-2,10,18-trion [„Tri-*o*-thymotid"]) beim Erwärmen mit Phosphor(V)-oxid und Xylol (*Gr., Ja.*, J. Am. pharm. Assoc. **43** 421; vgl. H 173; *Ba. et al.*, l. c. S. 1444) oder mit Phosphorylchlorid und Xylol (*Ba. et al.*, l. c. S. 1445; vgl. H 173). Neben kleinen Mengen Tri-*o*-thymotid beim Erhitzen von 2-Acetoxy-3-isopropyl-6-methyl-benzoesäure unter 18 Torr bis auf 300° (*Ba. et al.*; s. a. *Lespagnol, Dupas*, Bl. [5] **4** [1937] 541, 545).

Konformation in Lösung: *Ollis, Stoddart*, J. C. S. Chem. Commun. **1973** 571; s. a. *Ba. et al.*, l. c. S. 1444. Dipolmoment (ε; Bzl.) [?]: 6,63 D (*Sutton, Saxby* zit. bei *Ba. et al.*, l. c. S. 1444).

Krystalle (aus A.); F: 212° [Kofler-App.] (*Gr., Ja.*, J. Am. pharm. Assoc. **43** 421; s. a. *Le., Du.*), 207° (*Ba. et al.*, l. c. S. 1445). Brechungsindices der Krystalle: *Gr., Ja.*, J. Am. pharm. Assoc. **43** 421.

1,7-Diisopropyl-4,10-dimethyl-dibenzo[*b*,*f*][1,5]dioxocin-6,12-dion $C_{22}H_{24}O_4$, Formel IV.

B. Beim langsamen Erhitzen von 2-Acetoxy-6-isopropyl-3-methyl-benzoesäure unter 15 Torr bis auf 350° (*Baker et al.*, Soc. **1954** 2042, 2046). Als Hauptprodukt beim Erhitzen von 2-Hydroxy-6-isopropyl-3-methyl-benzoesäure mit Phosphor(V)-oxid in Xylol (*Ba. et al.*).

Konformation in Lösung: *Ollis, Stoddart*, J. C. S. Chem. Commun. **1973** 571.

Krystalle (aus A.); F: 174° (*Ba. et al.*).

IV   V

*Opt.-inakt. 2,7-Bis-[α-brom-isovaleryl]-dibenzo[1,4]dioxin $C_{22}H_{22}Br_2O_4$, Formel V.

B. Beim Erwärmen von Dibenzo-[1,4]dioxin mit (±)-α-Brom-isovalerylbromid, Alu=
miniumchlorid und Schwefelkohlenstoff (*Tomita*, J. pharm. Soc. Japan **58** [1938] 503,
508; dtsch. Ref. S. 133, 135; C. A. **1938** 7464).

Krystalle (aus Acn.); F: 196°.

***Opt.-inakt. 2-[(Ξ)-Furfuryliden]-6-[[2]furyl-(2-oxo-cyclohexyl)-methyl]-cyclo=
hexanon** $C_{22}H_{24}O_4$, Formel VI.

B. Beim Behandeln von 2-Furfuryliden-cyclohexanon (E III/IV **17** 4985) mit äthan=
ol. Natronlauge (*Tilitschenko, Chartschenko*, Doklady Akad. S.S.S.R. **110** [1956] 226,
228, 229; Pr. Acad. Sci. U.S.S.R. Chem. Sect. **106–111** [1956] 561, 562). Beim Behandeln
von 2,6-Difurfuryliden-cyclohexanon (S. 1852) mit Cyclohexanon (1 Mol) und äthanol.
Natronlauge (*Ti., Ch.*).

Krystalle (aus Bzl. + PAe.); F: 130—131°.

Verhalten beim Erhitzen auf 245° (Bildung von 2,6-Difurfuryliden-cyclohexanon
und Cyclohexanon): *Ti., Ch.* Beim Erwärmen mit Cyclohexanon und äthanol. Natron=
lauge ist 2,6-Bis-[[2]furyl-(2-oxo-cyclohexyl)-methyl]-cyclohexanon [F: 236—237°] er=
halten worden.

Dioxim $C_{22}H_{26}N_2O_4$. Krystalle (aus Bzl. + Bzn.); F: 158—159°.

VI   VII

Dioxo-Verbindungen $C_{23}H_{26}O_4$

3β,21-Dihydroxy-24-nor-chola-5,14(?),20(22)t-trien-19,23-disäure-19 → 3;23 → 21-dilacton
$C_{23}H_{26}O_4$, vermutlich Formel VII.

Über die Konstitution und Konfiguration s. *Ch. W. Shoppee*, Chemistry of the Steroids,
2. Aufl. [London 1964] S. 338.

B. Neben kleinen Mengen 3β,21-Dihydroxy-24-nor-chola-5,14(?),20(22)t-trien-19,23-di=
säure-23→21-lacton (F: 272—274° [Monohydrat]) beim Behandeln einer Lösung von
Dianhydrostrophanthidin (3β-Hydroxy-19-oxo-carda-5,14,20(22)-trienolid) in Essigsäure
mit Chrom(VI)-oxid und wss. Schwefelsäure (*Jacobs, Collins*, J. biol. Chem. **65** [1925]
491, 501).

Krystalle (aus Acn.), F: 253—254° [nach Erweichen]; $[\alpha]_D^{28}$: −178° [CHCl₃; c = 1]
(*Ja., Co.*).

Bei der Hydrierung an Palladium in Essigsäure sind (nach Aufnahme von 2 Mol Wasser=
stoff) 3β,21-Dihydroxy-24-nor-5ξ,14ξ-chol-20(22)t-en-19,23-disäure-19→3;23→21-di=
lacton (S. 2043) und (nach Aufnahme von 3 Mol Wasserstoff) zwei 3β,21-Dihydroxy-
24-nor-5ξ,14ξ,20ξH-cholan-19,23-disäure-19→3;23→21-dilactone (S. 2026) erhalten wor=
den (*Ja., Co.*, l. c. S. 503, 504; *Jacobs et al.*, J. biol. Chem. **93** [1931] 127, 134). Verhal=
ten beim Erwärmen mit wss.-äthanol. Natronlauge: *Ja., Co.*, l. c. S. 503.

Dioxo-Verbindungen $C_{24}H_{28}O_4$

4,10-Di-*tert*-butyl-1,7-dimethyl-dibenzo[b,f][1,5]dioxocin-6,12-dion $C_{24}H_{28}O_4$,
Formel VIII.

B. Beim Erhitzen von 2-Acetoxy-3-*tert*-butyl-6-methyl-benzoesäure unter 15 Torr bis
auf 350° (*Baker et al.*, Soc. **1954** 2042, 2045). Beim Erhitzen von 3-*tert*-Butyl-2-hydroxy-
6-methyl-benzoesäure mit Phosphor(V)-oxid in Xylol (*Ba. et al.*).

Krystalle (aus Bzl.); F: 238°.

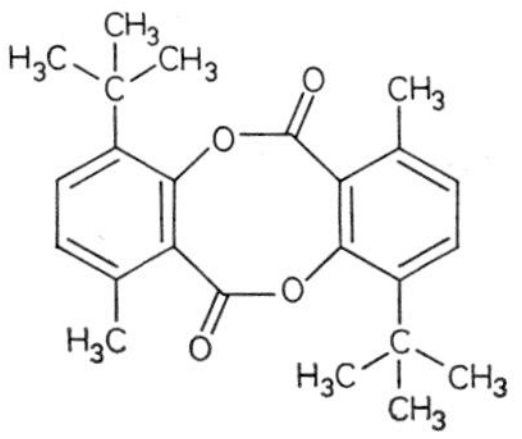

VIII 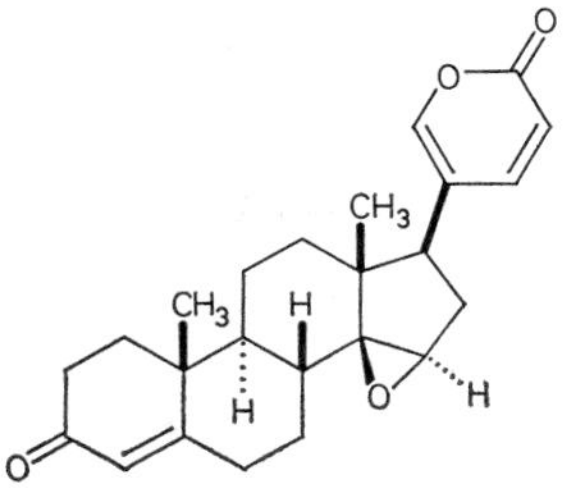   IX

14,15β-Epoxy-3-oxo-14β-bufa-4,20,22-trienolid, Anhydromarinobufagon $C_{24}H_{28}O_4$, Formel IX.

Konstitution und Konfiguration: *Schröter et al.*, Helv. **42** [1959] 1385, 1387. Zusammenfassende Darstellung: *Michl, Kaiser*, Toxicon **1** [1963] 175, 204.

B. Beim Behandeln von Marinobufagin (14,15β-Epoxy-3β,5-dihydroxy-5β,14β-bufa-20,22-dienolid) mit Chrom(VI)-oxid in Essigsäure (*Pataki, Meyer*, Helv. **38** [1955] 1631, 1647).

Krystalle (aus Acn. + Ae.), F: 239—241° [korr.; Kofler-App.]; $[\alpha]_D^{17}$: +70° [CHCl$_3$; c = 1] (*Pa., Me.*). IR-Spektrum (Nujol; 2—15 µ): *Pa., Me.*, l. c. S. 1640. UV-Spektrum (A.; 210—360 nm): *Pa., Me.*, l. c. S. 1639.

2,4-Dinitro-phenylhydrazon $C_{30}H_{32}N_4O_7$. Krystalle (aus CHCl$_3$ + A.); F: 189° bis 192° [Zers.; korr.; Kofler-App.] (*Pa., Me.*). Absorptionsspektrum (CHCl$_3$; 250 nm bis 430 nm): *Pa., Me.*, l. c. S. 1641.

Dioxo-Verbindungen $C_{25}H_{30}O_4$

*Opt.-inakt. **2,2-Dimethyl-4,5-bis-[2,4,6-trimethyl-benzoyl]-[1,3]dioxolan** $C_{25}H_{30}O_4$, Formel X.

B. Beim Behandeln von opt.-inakt. 2,3-Dihydroxy-1,4-dimesityl-butan-1,4-dion vom F: 161° (E III **8** 3763) mit Aceton, Schwefelsäure und Magnesiumsulfat (*Fuson et al.*, Am. Soc. **61** [1939] 3246, 3249).

F: 117—118° [korr.].

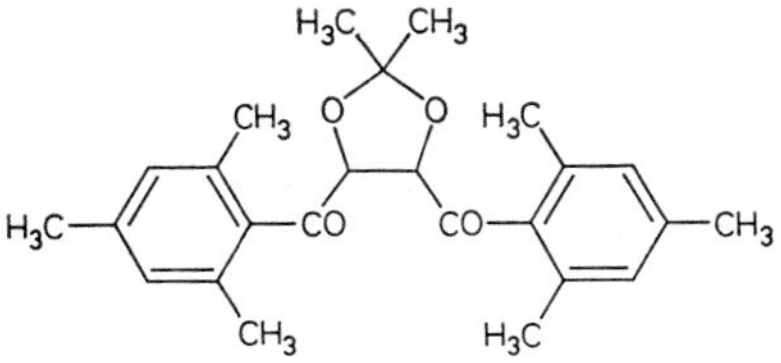

X 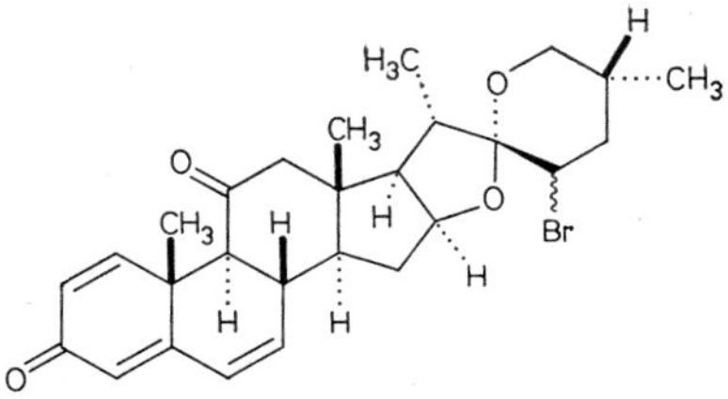   XI

Dioxo-Verbindungen $C_{27}H_{34}O_4$

(23Ξ,25R)-23-Brom-spirosta-1,4,6-trien-3,11-dion $C_{27}H_{33}BrO_4$, Formel XI.

B. Beim Erhitzen von (23Ξ,25R)-2ξ,6ξ,23-Tribrom-spirost-4-en-3,11-dion (F: 209° bis 210° [S. 2047]) mit 2,4,6-Trimethyl-pyridin (*Kirk et al.*, Soc. **1957** 1046, 1052).

Krystalle (aus Acn. + Hexan); F: 200—204°. $[\alpha]_D^{24}$: +51° [CHCl$_3$]. UV-Absorptions=maxima (Isopropylalkohol): 225 nm, 269 nm und 305 nm.

Dioxo-Verbindungen $C_nH_{2n-22}O_4$

Dioxo-Verbindungen $C_{14}H_6O_4$

Naphtho[2′,3′;4,5]thieno[2,3-c]furan-1,3-dion, Naphtho[2,3-b]thiophen-2,3-dicarbon=säure-anhydrid $C_{14}H_6O_3S$, Formel I.

B. Beim Erhitzen von Naphtho[2,3-b]thiophen-2,3-dicarbonsäure mit Acetanhydrid

(*Mayer*, A. **488** [1931] 259, 275).
Gelbe Krystalle (aus Eg.); F: 273—274°.

**Naphtho[1′,2′;4,5]thieno[2,3-c]furan-8,10-dion, Naphtho[2,1-b]thiophen-1,2-dicarbon=
säure-anhydrid** $C_{14}H_6O_3S$, Formel II.
B. Beim Erhitzen von Naphtho[2,1-b]thiophen-1,2-dicarbonsäure mit Acetanhydrid
(*Mayer*, A. **488** [1931] 259, 275).
F: 283°.
Beim Behandeln mit Benzol und Aluminiumchlorid ist 1-Benzoyl-naphtho[2,1-b]=
thiophen-2-carbonsäure (F: 275—276°) erhalten worden.

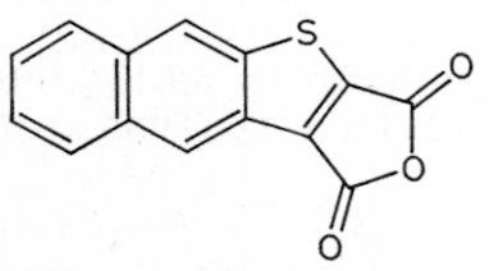

I	II	III	IV

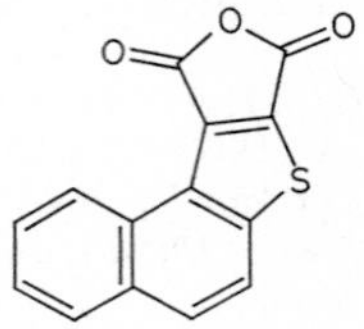

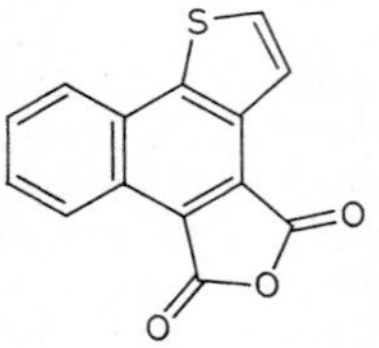

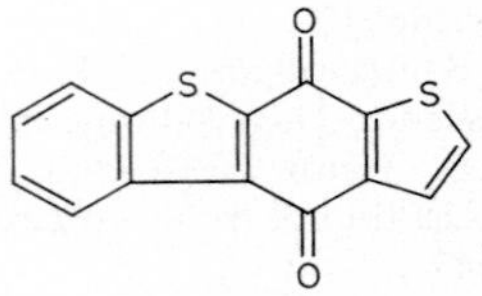

**Thieno[3′,2′;3,4]naphtho[1,2-c]furan-4,6-dion, Naphtho[1,2-b]thiophen-4,5-dicarbon=
säure-anhydrid** $C_{14}H_6O_3S$, Formel III.
B. Beim Erhitzen des aus 2-Cyclohex-1-enyl-thiophen (E III/IV 17 425) und Malein=
säure-anhydrid hergestellten Addukts $C_{18}H_{16}O_6S$ mit Schwefel bis auf 290° (*Szmuszkovicz*,
Modest, Am. Soc. **72** [1950] 571, 576).
Gelbe Krystalle (aus Eg.); F: 251—252° [korr.] (*Sz., Mo.*).
Beim Erwärmen mit Raney-Nickel in Äthanol ist 3-Äthyl-naphthalin-1,2-dicarbonsäure-
anhydrid erhalten worden (*Modest, Szmuszkovicz*, Am. Soc. **72** [1950] 577). Bildung von
Naphtho[1,2-b]thiophen beim Erhitzen mit Bariumhydroxid und Kupfer-Pulver unter
vermindertem Druck bis auf 350°: *Sz., Mo.*, l. c. S. 577.

Benzo[d]benzo[1,2-b;5,4-b′]dithiophen-4,10-chinon $C_{14}H_6O_2S_2$, Formel IV.
B. Beim Erwärmen von 2-[Thiophen-2-carbonyl]-benzo[b]thiophen-3-carbonsäure mit
Benzoylchlorid und wenig Schwefelsäure (*Ghaisas, Tilak*, J. scient. ind. Res. India **14** B
[1955] 11).
Orangefarbene Krystalle (aus Acn.); F: 188°.

Benzo[b]thieno[3′,2′;4,5]benzo[1,2-d]furan-2,3-dion $C_{14}H_6O_3S$, Formel V.
B. Neben kleinen Mengen einer bei 212° schmelzenden Substanz beim Behandeln
von Dibenzofuran-2-thiol mit Oxalylchlorid und Behandeln des Reaktionsprodukts
mit Aluminiumchlorid in Schwefelkohlenstoff (*Ghosal, Dutta*, J. Indian chem. Soc. **36**
[1959] 632).
Dunkelrote Krystalle (aus E.) bzw. gelbrote Krystalle (aus Eg.); F: 255° [unkorr.].

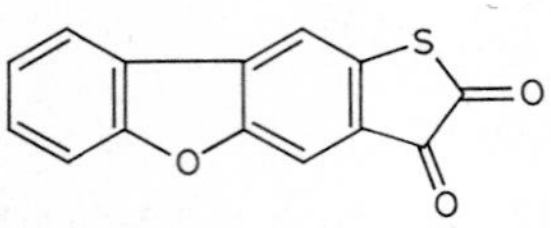

V	VI	VII

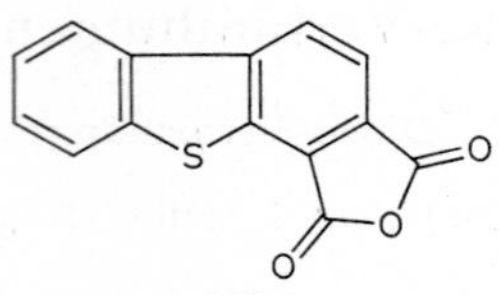

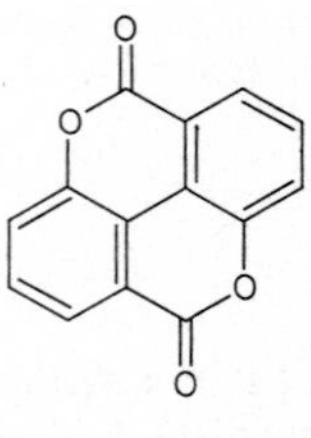

Benzo[4,5]thieno[2,3-*e*]isobenzofuran-1,3-dion, Dibenzothiophen-3,4-dicarbonsäure-anhydrid $C_{14}H_6O_2S$, Formel VI.

B. Beim Erhitzen von (4aξ)-2,3,4,4a-Tetrahydro-dibenzothiophen-3*r*,4*c*-dicarbonsäure-anhydrid (F: 194—195°) mit Selen auf 300° (*Davies, Porter*, Soc. **1957** 4961, 4966).
Gelbliche Krystalle (aus CCl₄); F: 288—289°.
Beim Erhitzen mit Bariumhydroxid und Kupfer-Pulver unter 30 Torr bis auf 350° ist Dibenzothiophen erhalten worden.

Chromeno[5,4,3-*cde*]chromen-5,10-dion, 6,6′-Dihydroxy-diphensäure-2→ 6′; 2′→ 6-dilacton $C_{14}H_6O_4$, Formel VII.

B. Neben 5,5′-Dichlor-diphensäure beim Erhitzen von 1,6-Dichlor-9-oxo-fluoren-4-carbonsäure mit Kaliumhydroxid in Diphenyläther bis auf 225° und Ansäuern der Reaktionslösung (*Huntress, Seikel*, Am. Soc. **61** [1939] 1358, 1362).
Krystalle (aus Eg. sowie nach Sublimation bei 270—280°/15—20 Torr), die oberhalb 330° sublimieren, aber unterhalb 350° nicht schmelzen.

Dioxo-Verbindungen $C_{15}H_8O_4$

Phenanthro[2,3-*d*][1,3]dioxol-5,6-dion, 2,3-Methylendioxy-phenanthren-9,10-chinon $C_{15}H_8O_4$, Formel VIII.

B. Beim Erwärmen von 2,3-Methylendioxy-phenanthren-9-carbonsäure mit Natrium=dichromat und wss. Essigsäure (*Pailer, Schleppnik*, M. **88** [1957] 367, 384).
Rotbraune Krystalle (aus A.), F: 258—259° (*Brass, Stroebel*, B. **63** [1930] 2617, 2620); dunkelrote Krystalle (aus Eg.), F: 253—254° [Kofler-App.] (*Pa., Sch.*). Bei 180°/0,001 Torr sublimierbar (*Pa., Sch.*).

(±)-[2,2′]Spirobi[benzo[*b*]thiophen]-3,3′-dion $C_{15}H_8O_2S_2$, Formel IX (X = H).

B. Beim Erwärmen von 3-Acetoxy-benzo[*b*]thiophen mit 2-[Toluol-4-sulfonyl]-benz[*d*]isothiazol-3-on, Toluol und wenig Piperidin (*Fowkes, McClelland*, Soc. **1945** 405). Beim Erhitzen von 2-[3-Hydroxy-benzo[*b*]thiophen-2-ylmercapto]-benzoesäure-[toluol-4-sulfonylamid] mit Xylol (*Fo., McC.*). Beim Erhitzen von 2-[3-Acetoxy-benzo[*b*]thio=phen-2-ylmercapto]-benzoesäure-[toluol-4-sulfonylamid] mit Pyridin (*Fo., McC.*).
Gelbe Krystalle (aus A.); F: 176°.

VIII   IX   X   XI

(±)-5,5′-Dichlor-[2,2′]spirobi[benzo[*b*]thiophen]-3,3′-dion $C_{15}H_6Cl_2O_2S_2$, Formel IX (X = Cl).

B. Beim Erhitzen von 3-Acetoxy-5-chlor-benzo[*b*]thiophen mit 2-Benzolsulfonyl-5-chlor-benz[*d*]isothiazol-3-on und Pyridin (*Fowkes, McClelland*, Soc. **1945** 405). Beim Erhitzen von 2-[3-Acetoxy-5-chlor-benzo[*b*]thiophen-2-ylmercapto]-5-chlor-benzoesäure-benzolsulfonylamid mit Pyridin (*Fo., McC.*).
Gelbe Krystalle (aus Toluol); F: 266—268°.

(±)-[1,1′]Spirobiisobenzofuran-3,3′-dion, (±)-[1,1′]Spirobiphthalan-3,3′-dion $C_{15}H_8O_4$,
Formel X (H **10** 881; E II **19** 189; dort als „Dilacton der α.α-Dioxy-diphenylmethan-dicarbonsäure-(2.2′)" bezeichnet).

B. Beim Erhitzen von Phthalsäure-anhydrid mit einem Kupferoxid-Chromoxid-Katalysator bis auf 190° (*Monsanto Chem. Co.*, U.S.P. 1999181 [1932]; D.R.P. 651612 [1935]; Frdl. **24** 175). Beim Erwärmen von 2-*o*-Toluoyl-benzoesäure mit wss. Natronlauge und wss. Kaliumpermanganat-Lösung (*Vaughan et al.*, Am. Soc. **76** [1954] 1748, 1752; s. a. *Scholl, Donat*, A. **512** [1934] 1, 22 Anm. 3). Beim Erhitzen von (±)-3,3′-Dioxo-3*H*,3′*H*-[1,1′]spirobiisobenzofuran-4-carbonsäure mit Kupfer-Pulver auf 300° (*Fieser*, Am. Soc. **53** [1931] 3546, 3555).

Krystalle (aus A.); F: 211° (*Fi.*), 208—211° [korr.] (*Cope, Fenton*, Am. Soc. **73** [1951] 1673, 1677), 205,5—207° [unkorr.] (*Va. et al.*).

Beim Erhitzen mit Aluminiumchlorid und Natriumchlorid bis auf 205° ist Anthrachinon erhalten worden (*Mayer*, A. **488** [1931] 259, 293).

9*H*-Cyclohepta[*e*]thieno[2,3-*g*]isobenzofuran-4,6-dion, 8*H*-Cyclohepta[3,4]benzo=[2,1-*b*]thiophen-4,5-dicarbonsäure-anhydrid $C_{15}H_8O_3S$, Formel XI.

B. Beim Erhitzen des aus 2-Cyclohept-1-enyl-thiophen (E III/IV **17** 439) und Malein=säure-anhydrid hergestellten Addukts $C_{19}H_{18}O_6S$ mit Schwefel bis auf 290° (*Szmuszkovicz, Modest*, Am. Soc. **72** [1950] 571, 576).

Gelbe Krystalle (aus $CHCl_3$); F: 255—256° [korr.].

8-Methyl-thieno[3′,2′;3,4]naphtho[1,2-*c*]furan-4,6-dion, 7-Methyl-naphtho[1,2-*b*]thio=phen-4,5-dicarbonsäure-anhydrid $C_{15}H_8O_3S$, Formel XII.

B. Beim Erhitzen des aus 2-[4-Methyl-cyclohex-1-enyl]-thiophen (E III/IV **17** 441) und Maleinsäure-anhydrid hergestellten Addukts $C_{19}H_{18}O_6S$ mit Schwefel bis auf 295° (*Szmuszkovicz, Modest*, Am. Soc. **72** [1950] 571, 576).

Gelbe Krystalle (aus Eg.); F: 219—220° [korr.].

XII   XIII   XIV   XV

9-Methyl-thieno[3′,2′;3,4]naphtho[1,2-*c*]furan-4,6-dion, 8-Methyl-naphtho=[1,2-*b*]thiophen-4,5-dicarbonsäure-anhydrid $C_{15}H_8O_3S$, Formel XIII.

Diese Konstitution ist von *Szmuszkovicz* und *Modest* (Am. Soc. **72** [1950] 571, 572) der nachstehend beschriebenen Verbindung zugeordnet worden.

B. Beim Erhitzen von 2-[5(?)-Methyl-cyclohex-1-enyl]-thiophen (E III/IV **17** 441) mit Maleinsäure-anhydrid auf 220° und Erhitzen des Reaktionsprodukts mit Schwefel bis auf 280° (*Sz., Mo.*, l. c. S. 576).

Gelbe Krystalle (aus Eg.); F: 193—194° [korr.].

10-Methyl-thieno[3′,2′;3,4]naphtho[1,2-*c*]furan-4,6-dion, 9-Methyl-naphtho[1,2-*b*]thio=phen-4,5-dicarbonsäure-anhydrid $C_{15}H_8O_3S$, Formel XIV.

Diese Konstitution ist von *Szmuszkovicz* und *Modest* (Am. Soc. **72** [1950] 571, 572) der nachstehend beschriebenen Verbindung zugeordnet worden.

B. Beim Erhitzen von 2-[2-Methyl-cyclohex-1-enyl]-thiophen (E III/IV **17** 441) mit Maleinsäure-anhydrid auf 220° und Erhitzen des Reaktionsprodukts mit Schwefel bis auf 270° (*Sz., Mo.*, l. c. S. 576).

Gelbe Krystalle (aus Eg.); F: 320° [nach Sintern von 270° an].

(±)-5a*H*-Benz[5,6]oxepino[2,3,4-*cd*]isobenzofuran-4,7-dion, (±)-2′-Dihydroxymethyl-biphenyl-2,3′-dicarbonsäure-dilacton $C_{15}H_8O_4$, Formel XV.

B. Neben Biphenyl-2,3,2′-tricarbonsäure beim Erhitzen von 2′-Hydroxyoxalyl-biphen=yl-2,3′-dicarbonsäure auf 240° (*Pozzo-Balbi*, G. **81** [1951] 125, 127).

Krystalle (aus Eg.); F: 243,5—245°.

Beim Erhitzen mit Essigsäure, wss. Salzsäure und amalgamiertem Zink ist 2′-Hydroxy=methyl-biphenyl-2,3-dicarbonsäure-3′-lacton erhalten worden (*Po.-Ba.*, l. c. S. 129).

Dioxo-Verbindungen $C_{16}H_{10}O_4$

[*trans*-2-[2]Furyl-vinyl]-phenyl-maleinsäure-anhydrid $C_{16}H_{10}O_4$, Formel I.

B. Beim Erhitzen des Natrium-Salzes der 4t-[2]Furyl-2-oxo-but-3-ensäure (E III/IV 18 5495) mit Phenylessigsäure und Acetanhydrid (*Friedmann, van Heyningen*, J. pr. [2] **146** [1936] 166, 177).

Gelbe Krystalle (aus 2-Äthoxy-äthanol); F: 174° [unkorr.; rote Schmelze].

2-Benzo[1,3]dioxol-5-yl-indan-1,3-dion $C_{16}H_{10}O_4$, Formel II (X = H), und Tautomeres (2-Benzo[1,3]dioxol-5-yl-3-hydroxy-inden-1-on).

B. Beim Erwärmen von Phthalid mit Piperonal und Natriumäthylat in Äthanol (*Salukaew, Wanag*, Latvijas Akad. Vēstis **1956** Nr. 3, S. 109, 114; C. A. **1957** 4335).

Krystalle (aus A.); F: 155—156°.

Beim Erwärmen mit wss. Salpetersäure (D: 1,38) und Essigsäure ist eine als 2-Nitro-2-[7-nitro-benzo[1,3]dioxol-5-yl]-indan-1,3-dion angesehene, vermutlich aber als 2-Nitro-2-[6-nitro-benzo[1,3]dioxol-5-yl]-indan-1,3-dion (Formel II [X = NO₂]) zu formulierende (vgl. der analog hergestellte 6-Nitro-benzo[1,3]dioxol-5-carbaldehyd [S. 1692]) Verbindung $C_{16}H_8N_2O_8$ (F: 155—156°) erhalten worden (*Sa., Wa.*, l. c. S. 111, 114).

I   II   III

3H,3'H-[3,3']Bi[benzo[*b*]thiophenyl]-2,2'-dion $C_{16}H_{10}O_2S_2$, Formel III, und Tautomere (z. B. [3,3']Bi[benzo[*b*]thiophenyl]-2,2'-diol); **Leukoisothioindigo**.

B. Beim Behandeln von 3H-Benzo[*b*]thiophen-2-on mit Nitrosobenzol oder N,N-Dimethyl-4-nitroso-anilin in Äthanol (*Chovin*, Bl. [5] **11** [1944] 92, 95).

Krystalle (aus CHCl₃); F: 260° [im vorgeheizten Block].

1H,1'H-[1,1']Biisobenzofuranyl-3,3'-dion, [1,1']Biphthalanyl-3,3'-dion, α,α'-Dihydroxy-bibenzyl-2,2'-dicarbonsäure-2 → α; 2' → α'-dilacton $C_{16}H_{10}O_4$ (vgl. H 173 und E II 190; dort als Diphthalidyl-(3.3') und Hydrodiphthalyl bezeichnet).

Gemische der beiden nachstehend beschriebenen Stereoisomeren haben wahrscheinlich in den bei der Bestrahlung einer Lösung von Phthalaldehydsäure in Isopropylalkohol mit Sonnenlicht (*Mustafa*, Soc. **1949** Spl. 83, 86), beim Erhitzen von Phthalsäure-anhydrid mit Zink-Pulver und Essigsäure (s. H **19** 173) sowie beim Erhitzen des Quecksilber(II)-Salzes der (±)-3-Oxo-phthalan-1-carbonsäure („Phthalid-carbonsäure-(3)") auf 195° (s. E II **19** 189) erhaltenen, als Diphthalidyl-(3.3') und Hydrodiphthalyl bezeichneten opt.-inakt. Präparaten vorgelegen (*Cohen et al.*, Tetrahedron Letters **1968** 4729, 4731); demgegenüber sind die beim Erhitzen von Phthalsäure-anhydrid mit Homophthalsäure und Natriumacetat sowie bei der Cyclisierung von α-Oxo-bibenzyl-2,2'-dicarbonsäure („Desoxybenzoin-dicarbonsäure-(2.2')") erhaltenen Präparate (s. H **19** 173 und E II **19** 190) als (±)-Spiro[isochroman-3,1'-phthalan]-1,3'-dion (S. 2080) anzusehen (*Molho, Aknin*, Bl. **1965** 3021, 3022; s. a. *Godfrey, Barnes*, Am. Soc. **80** [1958] 3902, 3903 Anm. 7; *Deshmukh et al.*, Indian J. Chem. **11** [1973] 413, 315).

a) **meso-1H,1'H-[1,1']Biisobenzofuranyl-3,3'-dion** $C_{16}H_{10}O_4$, Formel IV.

Diese Konfiguration kommt der nachstehend beschriebenen Verbindung zu (*Cohen et al.*, Tetrahedron Letters **1968** 4729, 4732 Anm. 5; s. dagegen *Molho, Aknin*, Bl. **1965** 3021, 3024).

B. Neben Phthalid und dem unter b) beschriebenen Stereoisomeren bei der elektrochemischen Reduktion des Kalium-Salzes der Phthalsäure (*Rodionow et al.*, Bl. [5] **4** [1937] 463, 469) oder des Kalium-Salzes der Phthalaldehydsäure (*Rodionow, Lewtschenko*, Ž. obšč. Chim. **6** [1936] 1563, 1565; C. **1938** II 4214) in wss. Lösung unter Verwendung einer Quecksilber-Kathode. Aus *cis*-Stilben-2,2'-dicarbonsäure-dimethylester mit Hilfe von Osmium(VIII)-oxid (*Co. et al.*).

Krystalle; F: 269° (*Co. et al.*), 268—269° [aus Eg. bzw. CHCl$_3$] (*Ro. et al.*, l. c. S. 472; *Ro., Le.*).

IV   V   VI

b) *racem.*-1*H*,1'*H*-[1,1']Biisobenzofuranyl-3,3'-dion $C_{16}H_{10}O_4$, Formel V + Spiegelbild.
Diese Konfiguration kommt der nachstehend beschriebenen Verbindung zu (*Cohen et al.*, Tetrahedron Letters **1968** 4729, 4732 Anm. 5; s. dagegen *Molho, Aknin*, Bl. **1965** 3021, 3024).

B. Aus *trans*-Stilben-2,2'-dicarbonsäure-dimethylester mit Hilfe von Osmium(VIII)-oxid (*Co. et al.*). Weitere Bildungsweise s. bei dem unter a) beschriebenen Stereoisomeren.

Krystalle; F: 252° [aus Eg. bzw. CHCl$_3$] (*Rodionow et al.*, Bl. [5] **4** [1937] 463, 472), 251—252° [aus CHCl$_3$] (*Rodionow, Lewtschenko*, Ž. obšč. Chim. **6** [1936] 1563, 1565; C. **1938** II 4214), 251° (*Co. et al.*).

*Opt.-inakt. 1,1'-Diazido-1*H*,1'*H*-[1,1']biisobenzofuranyl-3,3'-dion, α,α'-Diazido-α,α'-di= hydroxy-bibenzyl-2,2'-dicarbonsäure-2 → α; 2' → α'-dilacton $C_{16}H_8N_6O_4$, Formel VI.
B. Beim Behandeln von opt.-inakt. 1,1'-Dichlor-1*H*,1'*H*-[1,1']biisobenzofuranyl-3,3'-dion (F: 250—253° [E I 686]) mit Natriumazid in wasserhaltigem Aceton (*Goodyear Tire & Rubber Co.*, U.S.P. 2844595 [1954]).
Oberhalb 200° erfolgt Zersetzung.

(±)-Spiro[isochroman-3,1'-phthalan]-1,3'-dion, (±)-α,α-Dihydroxy-bibenzyl-2,2'-di= carbonsäure-dilacton $C_{16}H_{10}O_4$, Formel VII.
Diese Verbindung hat auch in denjenigen der früher (s. H **19** 173 und E II **19** 189) als 1*H*,1'*H*-[1,1']Biisobenzofuranyl-3,3'-dion („Hydrodiphthalyl") beschriebenen Präparate vorgelegen, die beim Erhitzen von Phthalsäure-anhydrid mit Homophthalsäure und Natriumacetat sowie bei der Cyclisierung von α-Oxo-bibenzyl-2,2'-dicarbonsäure („Desoxybenzoin-dicarbonsäure-(2.2')") erhalten worden sind (*Molho, Aknin*, Bl. **1965** 3021; s. a. *Godfrey, Barnes*, Am. Soc. **80** [1958] 3902, 3903 Anm. 7; *Deshmukh et al.*, Indian J. Chem. **11** [1973] 413, 415).

B. Beim Erhitzen von α-Oxo-bibenzyl-2,2'-dicarbonsäure mit konz. wss. Salzsäure (*De. et al.*; vgl. H 173).

Krystalle; F: 265—266° [aus Acn.] (*De. et al.*), 262° [aus Bzl.] (*Mo., Ak.*, l. c. S. 262), 254—256° [aus E.] (*Go., Ba.*).

Überführung in α-Oxo-bibenzyl-2,2'-dicarbonsäure durch Erwärmen mit wss.-äthanol. Kalilauge: *Go., Ba.*; vgl. H 173; mit wss. Natronlauge: *De. et al.*

4b,10b-Dihydro-chromeno[4,3-c]chromen-5,11-dion $C_{16}H_{10}O_4$.
Über die Konfiguration der folgenden Stereoisomeren s. *Chatterjea, Prasad*, J. Indian chem. Soc. **45** [1968] 35, 36.

a) (±)-*cis*-4b,10b-Dihydro-chromeno[4,3-c]chromen-5,11-dion $C_{16}H_{10}O_4$, Formel VIII + Spiegelbild.
B. Bei der Hydrierung von Chromeno[4,3-c]chromen-5,11-dion an Platin in Essigsäure (*Chatterjea*, J. Indian chem. Soc. **36** [1959] 69, 74).
Krystalle (aus Eg.); F: 218°.

VII   VIII   IX   X

b) *trans*-4b,10b-Dihydro-chromeno[4,3-*c*]chromen-5,11-dion $C_{16}H_{10}O_4$, Formel IX.
B. Beim Behandeln von Chromeno[4,3-*c*]chromen-5,11-dion mit Essigsäure und Zink-Pulver (*Chatterjea, Prasad*, J. Indian chem. Soc. **45** [1968] 35, 41).
Krystalle (aus Eg.); F: 235—236° [unkorr.; nach Sintern bei 229°]. UV-Absorptions= maxima (A.): 207 nm, 268 nm und 275 nm.

7,10-Dimethyl-thieno[3′,2′;3,4]naphtho[1,2-*c*]furan-4,6-dion, 6,9-Dimethyl-naphtho= [1,2-*b*]thiophen-4,5-dicarbonsäure-anhydrid $C_{16}H_{10}O_3S$, Formel X.
Diese Konstitution ist von *Szmuszkovicz, Modest* (Am. Soc. **72** [1950] 571, 572) der nachstehend beschriebenen Verbindung zugeordnet worden.
B. Beim Erwärmen einer Lösung von opt.-inakt. 2,5-Dimethyl-cyclohexanon (nicht charakterisiert) in Benzol mit [2]Thienylmagnesiumbromid in Äther und anschliessenden Behandeln mit wss. Schwefelsäure, Erhitzen des Reaktionsprodukts mit Maleinsäure-anhydrid auf 220° und Erhitzen des danach erhaltenen Addukts mit Schwefel bis auf 270° (*Sz., Mo.*, l. c. S. 575, 576).
Gelbe Krystalle (aus Eg.); F: 293—294° [korr.; nach Sintern von 240° an].

Dioxo-Verbindungen $C_{17}H_{12}O_4$

(±)-5-Benzyliden-2-phenyl-[1,3]dioxan-4,6-dion, (±)-Benzylidenmalonsäure-benzyliden= ester $C_{17}H_{12}O_4$, Formel XI.
B. In kleiner Menge neben Benzylidenmalonsäure beim Erhitzen von α,α-Diacetoxy-toluol mit Malonsäure, Essigsäure und wenig Schwefelsäure unter vermindertem Druck bis auf 105° (*Mowry*, Am. Soc. **69** [1947] 2362).
Krystalle (aus Dioxan + A.); F: 141—142°.

XI   XII

2-Piperonyl-indan-1,3-dion $C_{17}H_{12}O_4$, Formel XII, und Tautomeres (3-Hydroxy-2-piperonyl-inden-1-on).
B. Beim Erwärmen von 2-Piperonyliden-indan-1,3-dion mit Natriumdithionit in wss. Äthanol (*Wanag, Dumpiš*, Latvijas Akad. Vēstis **1959** Nr. 12, S. 65, 69; C. A. **1960** 22522; Doklady Akad. S.S.S.R. **125** [1959] 549, 551; Pr. Acad. Sci. U.S.S.R. Chem. Sect. **124—129** [1959] 226, 228).
Gelbe Krystalle; F: 123—125° [aus Me.] (*Wa., Du.*, Latvijas Akad. Vēstis **1959** Nr. 12, S. 69), 121—123° (*Wa., Du.*, Doklady Akad. S.S.S.R. **125** 551; Pr. Acad. Sci. U.S.S.R. Chem. Sect. **124—129** 228).

*2-Piperonyl-indan-1,3-dion-dioxim $C_{17}H_{14}N_2O_4$, Formel XIII.
B. Beim Erwärmen von 2-Piperonyl-indan-1,3-dion (s. o.) mit Hydroxylamin-hydro= chlorid und Natriumacetat in Äthanol (*Wanag, Dumpiš*, Latvijas Akad. Vēstis **1959** Nr. 12, S. 65, 69; C. A. **1960** 22522).
Krystalle (aus wss. Me.); F: 198—199°.

7-Phenyl-2,3-dihydro-furo[3,2-g]chromen-5,6-dion $C_{17}H_{12}O_4$, Formel XIV, und Tautomeres (6-Hydroxy-7-phenyl-2,3-dihydro-furo[3,2-g]chromen-5-on).

B. Neben 6-Methoxy-7-phenyl-2,3-dihydro-furo[3,2-g]chromen-5-on beim Erhitzen von 1-[6-Hydroxy-2,3-dihydro-benzofuran-5-yl]-2-methoxy-äthanon mit Benzoesäure-an=hydrid und Natriumbenzoat unter vermindertem Druck auf 180° und anschliessenden Erwärmen mit wss.-äthanol. Kalilauge (*Pavanaram, Row,* J. scient. ind. Res. India **14**B [1955] 157, 159).

Krystalle (aus A.); F: 188—189° [unkorr.].

XIII   XIV   XV

(±)-(3ar,3bc,6ac,6bc)-3b,6a,6b,7-Tetrahydro-3aH-thieno[3′,2′;3,4]fluoreno[1,2-c]=furan-4,6-dion, (±)-(3ar,5ac)-4,5,5a,6-Tetrahydro-3aH-fluoreno[4,3-b]thiophen-4t,5t-dicarbonsäure-anhydrid $C_{17}H_{12}O_3S$, Formel XV + Spiegelbild.

Diese Konfiguration kommt vermutlich der nachstehend beschriebenen Verbindung zu (vgl. das analog hergestellte 3c,6c-Dimethyl-cyclohex-4-en-1r,2c-dicarbonsäure-anhydrid [E III/IV **17** 6015]).

B. Beim Erwärmen von 2-Inden-3-yl-thiophen mit Maleinsäure-anhydrid (*Szmuszkovicz, Modest,* Am. Soc. **72** [1950] 571, 575).

Krystalle (aus Eg.); F: 212—213° [korr.].

Dioxo-Verbindungen $C_{18}H_{14}O_4$

1t(?),10t(?)-Di-[2]furyl-deca-1,3t(?),7t(?),9-tetraen-5,6-dion $C_{18}H_{14}O_4$, vermutlich Formel I.

B. Beim Behandeln einer äthanol. Lösung von 3t(?)-[2]Furyl-acrylaldehyd (E III/IV **17** 4695) mit Butandion und wenig Piperidin (*Karrer et al.,* Helv. **29** [1946] 1836, 1840).

Rote Krystalle (aus Bzl.); F: 182—184° [unkorr.] (*Ka. et al.*). Absorptionsspektrum (280—470 nm): *Ka. et al.,* l. c. S. 1837. Polarisationsgrad der Fluorescenz einer Lösung in Glycerin bei 20—120° sowie mittlere Lebensdauer des angeregten Zustands der Fluorescenz in Äthanol bei —196° und in Glycerin bei +20°: *Nepotschatych,* Izv. Akad. S.S.S.R. Ser. fiz. **22** [1958] 1417; engl. Ausg. S. 1407.

I   II

1,4-Bis-[(Ξ)-5-methyl-2-oxo-[3]thienylidenmethyl]-benzol $C_{18}H_{14}O_2S_2$, Formel II.

B. In kleiner Menge neben 3-[4-Formyl-benzyliden]-5-methyl-3H-thiophen-2-on (F: 167—168°) beim Erhitzen von 5-Methyl-thiophen-2-ol (E III/IV **17** 4301) mit Tereph=thalaldehyd, Essigsäure und kleinen Mengen wss. Salzsäure (*Steinkopf, Thormann,* A. **540** [1939] 1, 6).

Rotgelbe Krystalle (aus Eg.); F: 277—279°.

4ξ-Phenyl-7ξ-[2]thienyl-(3ar,7ac)-3a,4,7,7a-tetrahydro-isobenzofuran-1,3-dion,
3ξ-Phenyl-6ξ-[2]thienyl-cyclohex-4-en-1r,2c-dicarbonsäure-anhydrid $C_{18}H_{14}O_3S$,
Formel III.
B. Beim Erhitzen von 1-Phenyl-4-[2]thienyl-buta-1,3-dien (F: 141,5—142°) mit
Maleinsäure-anhydrid (*Miller, Nord*, J. org. Chem. **16** [1951] 1380, 1386).
Krystalle (aus Bzl.); F: 186,5—187,5°.

*Opt.-inakt. **3a,6a-Diphenyl-tetrahydro-furo[3,2-b]furan-2,5-dion, 3,4-Dihydroxy-**
3,4-diphenyl-adipinsäure-1 → 4; 6 → 3-dilacton $C_{18}H_{14}O_4$, Formel IV (vgl. E I 686; E II
189; dort als Dilacton der *rac-β.β'-Dioxy-β.β'-diphenyl-adipinsäure* bezeichnet).
B. Beim Behandeln von *racem.*-3,4-Dihydroxy-3,4-diphenyl-adipinsäure-diäthylester
(E II **10** 399) mit äthanol. Kalilauge und anschliessend mit Essigsäure (*Badger*, Soc.
1948 999).
F: 186°.
Beim Erwärmen mit wss. Natronlauge und Nickel-Aluminium-Legierung ist *meso*-
3,4-Diphenyl-adipinsäure, beim Erhitzen mit wss. Natronlauge und Zink-Pulver sind
3,4-Diphenyl-hex-3c-endisäure und 3,4-Diphenyl-hex-3t-endisäure erhalten worden.

III   IV   V   VI

*3a,6a-Diphenyl-dihydro-furo[2,3-b]furan-2,5-dion, 3-[α,α-Dihydroxy-benzyl]-3-phenyl-
glutarsäure-dilacton $C_{18}H_{14}O_4$, Formel V.
B. Beim Erhitzen von Cyan-[4-cyan-2-hydroxy-5-oxo-2,3-diphenyl-pyrrolidin-3-yl]-
essigsäure-amid (F: 426°) mit wss. Schwefelsäure (*Jocelyn, Queen*, Soc. **1957** 4437, 4440).
Krystalle (aus W.); F: 203—204° [korr.].

*Opt.-inakt. **3,4,3',4'-Tetrahydro-[3,3']bichromenyl-2,2'-dion** $C_{18}H_{14}O_4$, Formel VI.
In den früher (s. H **19** 174) unter dieser Konstitution beschriebenen, als 3.4.3'.4'-
Tetrahydro-dicumarinyl-(3.3') bezeichneten opt.-inakt. Präparaten (F: 284° bzw. F: 256°)
haben die beiden 3,4,3',4'-Tetrahydro-[4,4']bichromenyl-2,2'-dione (s. u.) vorgelegen
(*Patzak, Neugebauer*, M. **82** [1951] 662, 668).
B. Aus [3,3']Bichromenyl-2,2'-dion beim Hydrieren an Palladium/Kohle in Essigsäure
bei 90—100° (*v. Wessely, Plaichinger*, B. **75** [1942] 971, 975) sowie beim Erhitzen mit
wss. Natronlauge und Behandeln der Reaktionslösung mit Natrium-Amalgam unter
Einleiten von Kohlendioxid (*v. We., Pl.*, l. c. S. 974).
Krystalle (aus Eg.); F: 225—228° [unkorr.] (*v. We., Pl.*, l. c. S. 975).

3,4,3',4'-Tetrahydro-[4,4']bichromenyl-2,2'-dion $C_{18}H_{14}O_4$.
a) *meso*-3,4,3',4'-Tetrahydro-[4,4']bichromenyl-2,2'-dion $C_{18}H_{14}O_4$, Formel VII.
Diese Verbindung (über die Konfiguration s. *Huang*, Tetrahedron **26** [1970] 3917)
hat auch in dem früher (s. H **19** 174) als 3,4,3',4'-Tetrahydro-[3,3']bichromenyl-2,2'-dion
(„3.4.3'.4'-Tetrahydro-dicumarinyl-(3.3')") beschriebenen sog. α-Tetrahydrodi≠
cumarin (F: 284°) vorgelegen (*Patzak, Neugebauer*, M. **82** [1951] 662, 668).
B. Neben dem unter b) beschriebenen Stereoisomeren bei der elektrochemischen Reduktion von Cumarin in wss.-äthanol. Lösung vom pH 6 unter Verwendung einer Queck≠
silber-Kathode (*Pa., Ne.*, l. c. S. 670; s. a. *Harle, Lyons*, Soc. **1950** 1575, 1578).
Krystalle (aus Eg.); F: 225—228° [unkorr.] (*v. We., Pl.*, l. c. S. 975).
Dipolmoment (ε; Dioxan): 2,28 D (*Hu.*, l. c. S. 3922).

Krystalle; F: 288—289° [aus Bzl.] (*Hu.*, l. c. S. 3925), 283—285° [Zers.; aus E.] (*Pa., Ne.*), 280° [Zers.; aus Eg.] (*Ha., Ly.*). IR-Banden im Bereich von 2980 cm⁻¹ bis 490 cm⁻¹ (Hexachlor-buta-1,3-dien), von 1810 cm⁻¹ bis 490 cm⁻¹ (Nujol) sowie von 1770 cm⁻¹ bis 480 cm⁻¹(CHCl₃): *Hu.*, l. c. S. 3922.

VII   VIII   IX

b) **racem**-3,4,3′,4′-Tetrahydro-[4,4′]bichromenyl-2,2′-dion $C_{18}H_{14}O_4$, Formel VIII + Spiegelbild.

Diese Verbindung (über die Konfiguration s. *Huang*, Tetrahedron **26** [1970] 3917) hat auch in dem früher (s. H **19** 174) als 3,4,3′,4′-Tetrahydro-[3,3′]bichromenyl-2,2′-dion („3.4.3′.4′-Tetrahydro-dicumarinyl-(3.3′)") beschriebenen sog. β-Tetrahydrodicum= arin (F: 256°) vorgelegen (*Patzak, Neugebauer*, M. **82** [1951] 662, 668).

B. s. bei dem unter a) beschriebenen Stereoisomeren.

Dipolmoment (ε; Dioxan): 4,28 D (*Hu.*, l. c. S. 3922).

Krystalle; F: 263—265° [aus Bzl.] (*Hu.*, l. c. S. 3925), 254—256° [Zers.; aus E.] (*Pa., Ne.*, l. c. S. 670), 247° [Zers.; aus Eg.] (*Harle, Lyons*, Soc. **1950** 1575, 1578). IR-Banden im Bereich von 3060 cm⁻¹ bis 430 cm⁻¹ (Nujol sowie Hexachlor-buta-1,3-dien) und von 1770 cm⁻¹ bis 490 cm⁻¹ (CHCl₃): *Hu.*, l. c. S. 3923.

---

*Opt.-inakt. 2,2′-Dimethyl-[2,2′]bi[benzo[*b*]thiophenyl]-3,3′-dion $C_{18}H_{14}O_2S_2$, Formel IX.

B. Beim Erwärmen von 3-Acetoxy-2-methyl-benzo[*b*]thiophen mit wss. Kalilauge und wss. Kalium-hexacyanoferrat(III)-Lösung (*Rodionow et al.*, Ž. obšč. Chim. **18** [1948] 1901, 1904; C. A. **1949** 3816). Beim Erwärmen von 2-Methyl-3-propionyloxy-benzo= [*b*]thiophen mit äthanol. Natronlauge und Erwärmen der Reaktionslösung mit Kalium-hexacyanoferrat(III) in Wasser (*McClelland, D'Silva*, Soc. **1931** 2972, 2975). Beim Erhitzen von 2-Methyl-3-propionylamino-benzo[*b*]thiophen mit wss. Salzsäure und Behandeln des mit Wasserdampf flüchtigen Anteils des Reaktionsprodukts mit wss.-äthanol. Natronlauge und Kalium-hexacyanoferrat(III) (*D'Silva, McClelland*, Soc. **1932** 2883, 2887).

Krystalle; F: 151—153° [aus A.] (*McC., D'Si.*), 150—151° [aus A.] (*D'Si., McC.*).

---

*Opt.-inakt. 2,2′-Dimethyl-1,1,1′,1′-tetraoxo-1λ^6,1′λ^6-[2,2′]bi[benzo[*b*]thiophenyl]-3,3′-dion $C_{18}H_{14}O_6S_2$, Formel X.

B. Beim Erwärmen einer Lösung von opt.-inakt. 2,2′-Dimethyl-[2,2′]bi[benzo[*b*]thio= phenyl]-3,3′-dion (F: 151—153°) in Essigsäure mit wss. Wasserstoffperoxid (*McClelland, D'Silva*, Soc. **1931** 2972, 2975).

Krystalle (aus Eg.), die unterhalb von 300° nicht schmelzen.

X   XI   XII

(±)-(3a*r*,3b*c*,6a*c*,6b*c*)-3a,3b,6a,6b,7,8-Hexahydro-thieno[3′,2′;3,4]phenanthro[1,2-*c*]= furan-4,6-dion, (±)-(3a*r*,5a*c*)-3a,4,5,5a,6,7-Hexahydro-phenanthro[4,3-*b*]thiophen-4*t*,5*t*-dicarbonsäure-anhydrid $C_{18}H_{14}O_3S$, Formel XI + Spiegelbild.

Diese Konfiguration kommt vermutlich der nachstehend beschriebenen Verbindung zu (vgl. das analog hergestellte 3c,6c-Dimethyl-cyclohex-4-en-1r,2c-dicarbonsäure-anhydrid [E III/IV **17** 6015]).

B. Beim Erwärmen von 2-[3,4-Dihydro-[1]naphthyl]-thiophen mit Maleinsäure-anhydrid (*Szmuszkovicz, Modest,* Am. Soc. **72** [1950] 571, 575).

Krystalle (aus Acetanhydrid + Eg.); F: 212,9—213,4° [korr.].

Beim Erhitzen mit Schwefel bis auf 240° ist 6,7-Dihydro-phenanthro[4,3-b]thiophen-4,5-dicarbonsäure-anhydrid, beim Erhitzen mit Schwefel bis auf 300° ist hingegen Phenanthro[4,3-b]thiophen-4,5-dicarbonsäure-anhydrid erhalten worden (*Sz., Mo.,* l. c. S. 573, 576).

(±)-7,11-Dimethyl-(7ar,10ac)-7,7a,10a,11-tetrahydro-7ξ,11ξ-episulfido-phenanthro[2,3-c]furan-8,10-dion, (±)-1,4-Dimethyl-1,2,3,4-tetrahydro-1ξ,4ξ-episulfido-phenanthren-2r,3c-dicarbonsäure-anhydrid $C_{18}H_{14}O_3S$, Formel XII + Spiegelbild.

B. Beim Erwärmen von 1,3-Dimethyl-naphtho[1,2-c]thiophen mit Maleinsäure-anhydrid in Aceton (*Dann, Distler,* B. **87** [1954] 365, 372).

Krystalle (aus A. oder aus Me. + Dioxan); F: 169—170° [unkorr.]. UV-Spektrum (A.; 220—325 nm): *Dann, Di.,* l. c. S. 369.

Dioxo-Verbindungen $C_{19}H_{16}O_4$

1,5-Di-[2]furyl-3-phenyl-pentan-1,5-dion $C_{19}H_{16}O_4$, Formel I.

B. In kleiner Menge neben 1-[2]Furyl-3t-phenyl-propenon (E III/IV **17** 5263) beim Behandeln von 1-[2]Furyl-äthanon mit Benzaldehyd und wss.-äthanol. Natronlauge (*Alexander et al.,* Am. Soc. **72** [1950] 5506).

F: 103—104°.

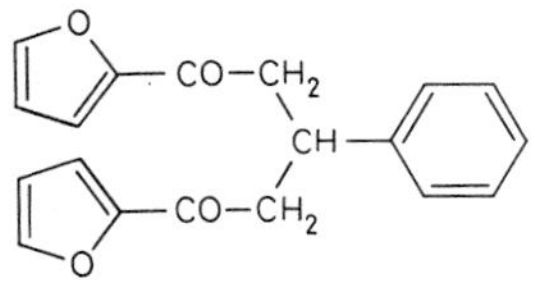

I 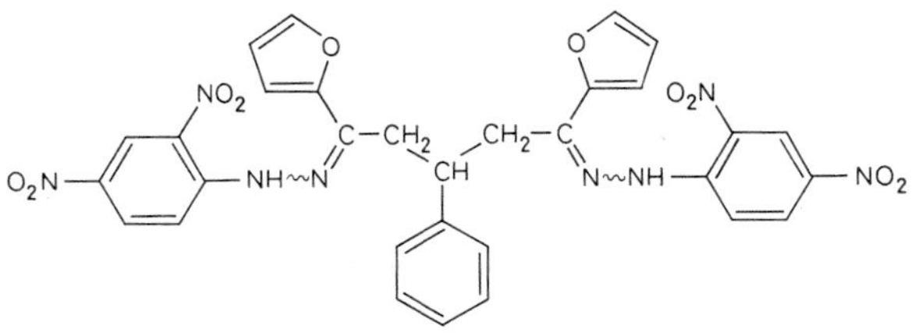   II

*1,5-Di-[2]furyl-3-phenyl-pentan-1,5-dion-bis-[2,4-dinitro-phenylhydrazon] $C_{31}H_{24}N_8O_{10}$, Formel II.

B. Aus 1,5-Di-[2]furyl-3-phenyl-pentan-1,5-dion und [2,4-Dinitro-phenyl]-hydrazin (*Alexander et al.,* Am. Soc. **72** [1950] 5506).

Orangefarbene Krystalle vom F: 236—238° sowie rote Krystalle vom F: 227—229°.

3-Phenyl-1,5-di-[2]thienyl-pentan-1,5-dion $C_{19}H_{16}O_2S_2$, Formel III (X = H).

B. Als Hauptprodukt neben 3,5-Diphenyl-1,7-di-[2]thienyl-4-[thiophen-2-carbonyl]-heptan-1,7-dion (F: 266°) beim Erwärmen von Benzaldehyd mit 1-[2]Thienyl-äthanon und wss.-äthanol. Natronlauge (*Steinkopf, Popp,* A. **540** [1939] 24, 27).

F: 103°.

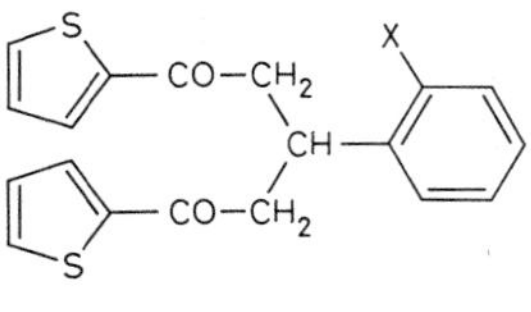

III 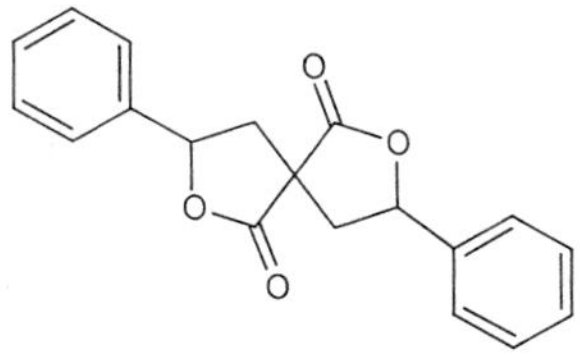   IV

3-[2-Chlor-phenyl]-1,5-di-[2]thienyl-pentan-1,5-dion $C_{19}H_{15}ClO_2S_2$, Formel III (X = Cl).

B. Beim Behandeln von 1-[2]Thienyl-äthanon mit 2-Chlor-benzaldehyd und wss.-

äthanol. Natronlauge (*Szmant, Basso*, Am. Soc. **73** [1951] 4521, 5933).

F: 110—112° [unkorr.]. UV-Absorptionsmaxima (A.): 263 nm und 285 nm.

---

*Opt.-inakt. 3,8-Diphenyl-2,7-dioxa-spiro[4.4]nonan-1,6-dion, Bis-[β-hydroxy-phen⸗ äthyl]-malonsäure-dilacton $C_{19}H_{16}O_4$, Formel IV (vgl. E I 687; dort als ,,Dilacton der Bis-[β-hydroxy-β-phenyl-äthyl]-malonsäure" bezeichnet).

B. Neben einer wahrscheinlich als 3,4t-Dihydroxy-3r,4c-diphenyl-cyclopentan-1,1-di⸗ carbonsäure zu formulierenden Verbindung (F: 210—215° [E III **10** 2535]) beim Er⸗ wärmen von Diphenacylmalonsäure-diäthylester mit wss.-äthanol. Kalilauge, anschlies⸗ senden Behandeln mit Natrium-Amalgam und Ansäuern der Reaktionslösung mit wss. Salzsäure (*Larsson*, Chalmers Handl. Nr. 51 [1946] 19, 20, 24).

Krystalle (aus Bzl.); F: 200—204°.

(±)-3,4-Epoxy-5,5-dimethyl-3,4-diphenyl-dihydro-pyran-2,6-dion, (±)-2,3-Epoxy- 4,4-dimethyl-2,3-diphenyl-glutarsäure-anhydrid $C_{19}H_{16}O_4$, Formel V (vgl. H 175; dort als [β.α'-Oxido-α.α-dimethyl-β.α'-diphenyl-glutarsäure]-anhydrid bezeichnet).

B. Beim Erhitzen von opt.-inakt. 2,3-Epoxy-4,4-dimethyl-2,3-diphenyl-glutarsäure (E III/IV **18** 4578) auf 175° (*Burton et al.*, Soc. **1933** 720, 725). Beim Erwärmen von 5,5,5',5'-Tetramethyl-1,2,1',2'-tetraphenyl-[3,3']bicyclopent-1-enyliden-4,4'-dion (F: 300° [E III **7** 4511]) mit Kaliumpermanganat in Aceton (*Bu. et al.*, l. c. S. 731).

Krystalle (aus Ae.); F: 160°.

V   VI   VII

6-Benzyl-2,3,8,9-tetrahydro-pyrano[2,3-f]chromen-4,10-dion $C_{19}H_{16}O_4$, Formel VI.

Diese Verbindung hat auch in einem von *Gregory* und *Tomlinson* (Soc. **1956** 795) als 7-Benzyloxy-chroman-4-on angesehenen Präparat (Krystalle [aus PAe.], F: 153—155°) vorgelegen (*Fitton, Ramage*, Soc. **1962** 4870, 4871).

B. Beim Behandeln von 1-Benzyl-2,4-bis-[2-carboxy-äthoxy]-benzol mit Polyphosphor⸗ säure (*Fi., Ra.*, l. c. S. 4873; s. a. *Gr., To.*).

Krystalle (aus A.); F: 161,5—163° (*Fi., Ra.*, l. c. S. 4873).

Überführung in ein Bis-[2,4-dinitro-phenylhydrazon] $C_{31}H_{24}N_8O_{10}$ (orange- farbene Krystalle [aus Dioxan]; F: 273—274°): *Fi., Ra.*

(±)-6,6'-Dimethyl-[4,4']spirobichromen-2,2'-dion, (±)-3,3-Bis-[2-hydroxy-5-methyl- phenyl]-glutarsäure-dilacton $C_{19}H_{16}O_4$, Formel VII.

B. Neben [6-Methyl-2-oxo-2H-chromen-4-yl]-essigsäure beim Erwärmen von (±)-[4-(2- Äthoxy-5-methyl-phenyl)-6-methyl-2-oxo-chroman-4-yl]-essigsäure (E III/IV **18** 6424) mit konz. Schwefelsäure (*Gogte*, Pr. Indian Acad. [A] **2** [1935] 185, 194).

Krystalle (aus Me.); F: 184°.

Dioxo-Verbindungen $C_{20}H_{18}O_4$

(±)-3,3-Diphenyl-1-oxa-4-thia-spiro[4.5]decan-2,6-dion $C_{20}H_{18}O_3S$, Formel VIII.

B. Beim Erwärmen von Mercapto-diphenyl-essigsäure mit Cyclohexan-1,2-dion, Benzol und wenig Toluol-4-sulfonsäure (*de Vivar, Romo*, J. org. Chem. **24** [1959] 1490, 1492).

Krystalle (aus Acn. + Hexan); F: 108—110° [unkorr.].

Beim Erwärmen mit Raney-Nickel und Äthanol ist 2-Diphenylacetoxy-cyclohexanol (F: 97—100°) erhalten worden (de Vi., Romo, l. c. S. 1491, 1493).

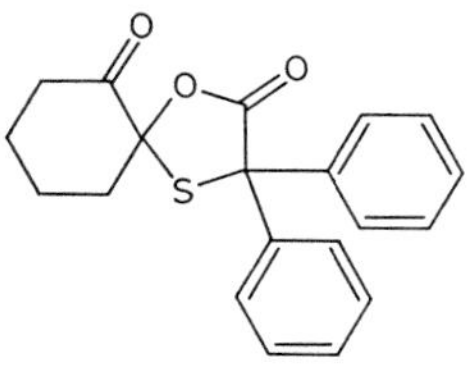

VIII

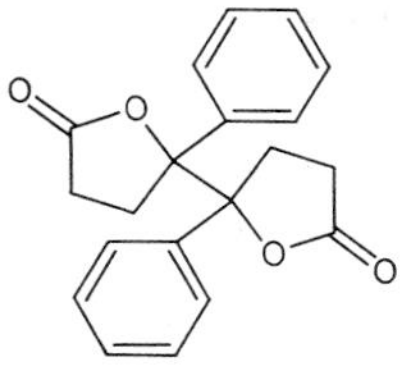

IX

2,2′-Diphenyl-tetrahydro-[2,2′]bifuryl-5,5′-dion, 4,5-Dihydroxy-4,5-diphenyl-octandisäure-1 → 4; 8 → 5-dilacton $C_{20}H_{18}O_4$, Formel IX.

a) Höherschmelzendes opt.-inakt. Stereoisomeres.

B. Neben 5-Phenyl-dihydro-furan-2-on (Hauptprodukt) und dem unter b) beschriebenen Stereoisomeren beim Erhitzen von 4-Oxo-4-phenyl-buttersäure mit Zink-Pulver und wss. Essigsäure (*Price, Tomisek,* Am. Soc. **64** [1942] 2727).

Krystalle (aus Eg.); F: 267°.

b) Niedrigerschmelzendes opt.-inakt. Stereoisomeres.

B. s. bei dem unter a) beschriebenen Stereoisomeren.

Krystalle (aus A.), die bei 165—175,5° schmelzen (*Price, Tomisek,* Am. Soc. **64** [1942] 2727).

*Opt.-inakt. 5,5′-Diphenyl-tetrahydro-[3,3′]bifuryl-2,2′-dion $C_{20}H_{18}O_4$, Formel X.

B. Bei der Hydrierung von (*E*)-5,5′-Diphenyl-[3,3′]bifuryliden-2,2′-dion („Pechmanns Farbstoff" [S. 2133]) an Platin in Äthylacetat (*Fang, Bergmann,* J. org. Chem. **16** [1951] 1231, 1236).

Krystalle (aus E.); F: 220°.

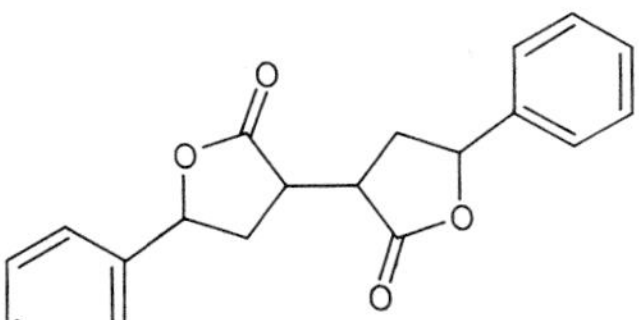

X

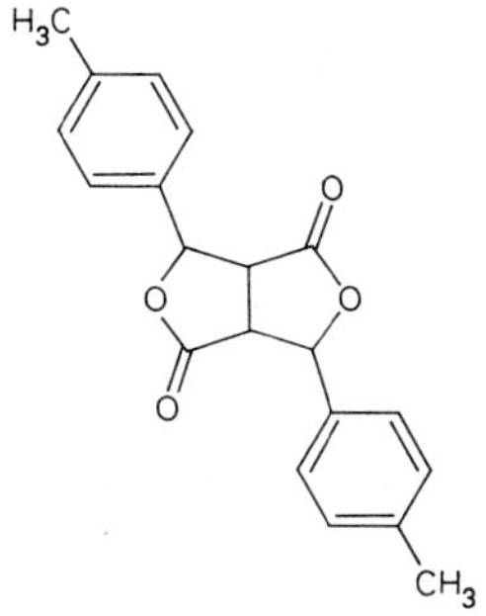

XI

*Opt.-inakt. 3,6-Di-p-tolyl-tetrahydro-furo[3,4-c]furan-1,4-dion $C_{20}H_{18}O_4$, Formel XI.

B. Beim Erwärmen einer Lösung von opt.-inakt. 2,3-Di-p-toluoyl-bernsteinsäure-diäthylester (F: 145°) in Äther mit Natrium und Behandeln der Reaktionslösung mit Jod (*Coulson,* Soc. **1934** 1406, 1410).

Krystalle (aus Bzl. + PAe.); F: 228—229°.

6,6′-Dimethyl-3,4,3′,4′-tetrahydro-[3,3′]bichromenyl-2,2′-dion $C_{20}H_{18}O_4$, Formel XII.

Diese Konstitution ist von *Košt et al.* (Ž. obšč. Chim. **29** [1959] 2310, 2311; engl. Ausg. S. 2275, 2276) der früher (s. E II **17** 341) als 6-Methyl-chroman-2-on und der nachstehend beschriebenen opt.-inakt. Verbindung mit Vorbehalt zugeordnet worden; auf Grund der Bildungsweise kommt aber auch die Formulierung als 6,6'-Dimethyl-3,4,3',4'-tetrahydro-[4,4']bichromenyl-2,2'-dion ($C_{20}H_{18}O_4$; Formel XIII) in Betracht (vgl. die analog hergestellten 3,4,3',4'-Tetrahydro-[4,4']bichromenyl-2,2'-dione [S. 2083]).

B. In kleiner Menge neben 3-[2-Hydroxy-5-methyl-phenyl]-propionsäure beim Behandeln von 6-Methyl-cumarin mit wss. Äthanol und Natrium-Amalgam und anschliessenden Ansäuern mit Schwefelsäure (*Košt et al.*, l. c. S. 2313 bzw. S. 2278).

Krystalle (aus A.); F: 225—226°.

XII

XIII

Dioxo-Verbindungen $C_{22}H_{22}O_4$

*Opt.-inakt. 2,2'-Di-p-tolyl-tetrahydro-[2,2']bifuryl-5,5'-dion, 4,5-Dihydroxy-4,5-di-p-tolyl-octandisäure-1→4;8→5-dilacton $C_{22}H_{22}O_4$, Formel I.

B. In kleiner Menge neben 5-*p*-Tolyl-dihydro-furan-2-on beim Erhitzen von 4-Oxo-4-*p*-tolyl-buttersäure mit wss. Essigsäure und Zink-Pulver (*Price*, Am. Soc. **62** [1940] 2884). In kleiner Menge neben 4-*p*-Tolyl-buttersäure beim Erhitzen von 4-Oxo-4-*p*-tolyl-buttersäure mit Xylol, amalgamiertem Zink und konz. wss. Salzsäure (*Chu, Shen*, J. Chin. chem. Soc. **10** [1943] 119, 122).

Krystalle; F: 275—276° (*Pr.*), 268—269° [Zers.] (*Chu, Shen*).

I

II

Dioxo-Verbindungen $C_{23}H_{24}O_4$

*Opt.-inakt. Bis-[6,8-dimethyl-2-oxo-chroman-3-yl]-methan $C_{23}H_{24}O_4$, Formel II.

B. Beim Erwärmen von opt.-inakt. 2,4-Bis-[2-hydroxy-3,5-dimethyl-benzyl]-glutarsäure-diäthylester (F: 154°) mit wss.-äthanol. Kalilauge und anschliessenden Ansäuern (*Friedrich, Schwarz*, B. **89** [1956] 1204, 1207).

Krystalle (aus wss. Me.); F: 135—136°.

Dioxo-Verbindungen $C_{27}H_{32}O_4$

(4a*R*)-4*c*-Äthyl-11b-methyl-2-[($\varXi$)-piperonyliden]-(4a*r*,11a*c*,11b*t*)-decahydro-6a*t*,9*t*-methano-cyclohepta[*a*]naphthalin-3,8-dion $C_{27}H_{32}O_4$, Formel III, und (4a*R*)-4*c*-Äthyl-11b-methyl-7-[($\varXi$)-piperonyliden]-(4a*r*,11a*c*,11b*t*)-decahydro-6a*t*,9*t*-methano-cyclohepta[*a*]naphthalin-3,8-dion $C_{27}H_{32}O_4$, Formel IV.

Diese beiden Formeln kommen für die nachstehend beschriebene, als Piperonyliden-norcafestandion bezeichnete Verbindung in Betracht.

B. Neben anderen Verbindungen beim Erwärmen von Norcafestandion ((4a*R*)-4*c*-Äthyl-11b-methyl-(4a*r*,11a*c*,11b*t*)-decahydro-6a*t*,9*t*-methano-cyclohepta[*a*]naphthalin-3,8-dion [E III **7** 3557]) mit Piperonal und Kaliumcarbonat in wss. Methanol (*Wettstein et al.*, Helv. **26** [1943] 1197, 1217).

Krystalle (aus Hexan + Acn.); F: 164—165° [korr.]. UV-Absorptionsmaxima (A.):
235 nm und 325 nm (*We. et al.*, l. c. S. 1218).

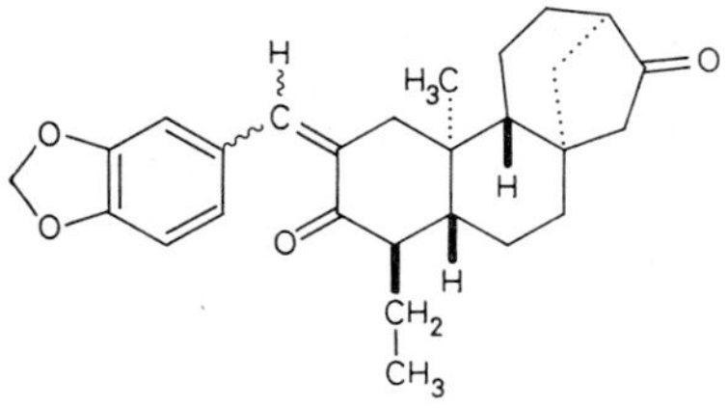

III

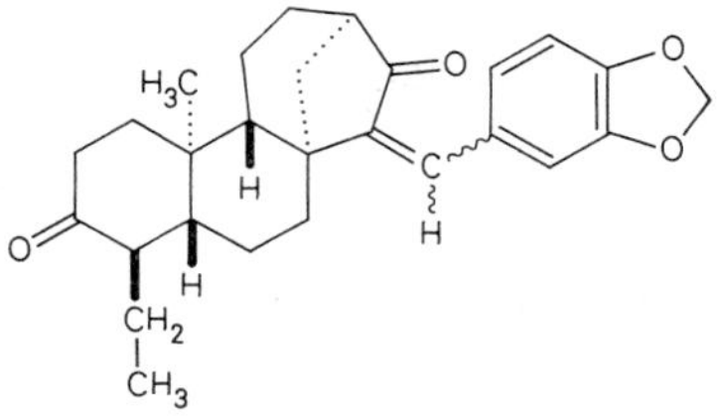

IV

Dioxo-Verbindungen C₂₈H₃₄O₄

***Opt.-inakt. 2,2′-Bis-[5-isopropyl-2-methyl-phenyl]-tetrahydro-[2,2′]bifuryl-5,5′-dion,
4,5-Dihydroxy-4,5-bis-[5-isopropyl-2-methyl-phenyl]-octandisäure-1 → 4; 8 → 5-dilacton**
C₂₈H₃₄O₄, Formel V.
    B. Neben anderen Verbindungen beim Erwärmen von 4-[5-Isopropyl-2-methyl-phenyl]-
4-oxo-buttersäure mit Äthanol, Benzol und amalgamiertem Aluminium (*Dev*, J. Indian
chem. Soc. **26** [1949] 31).
    Krystalle (aus wss. Eg.); F: 214—215°.

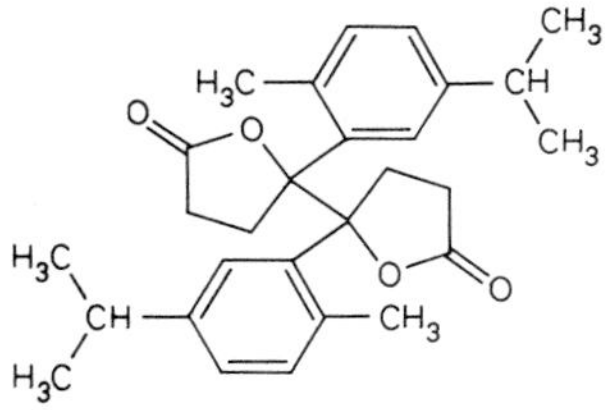

V

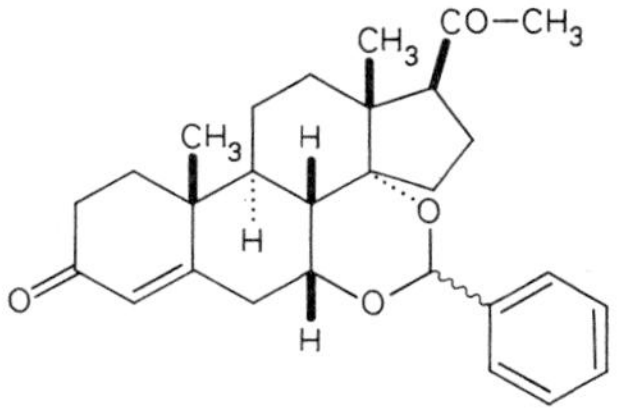

VI

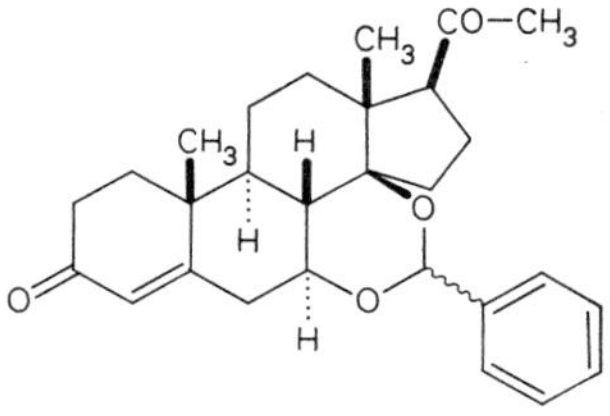

VII

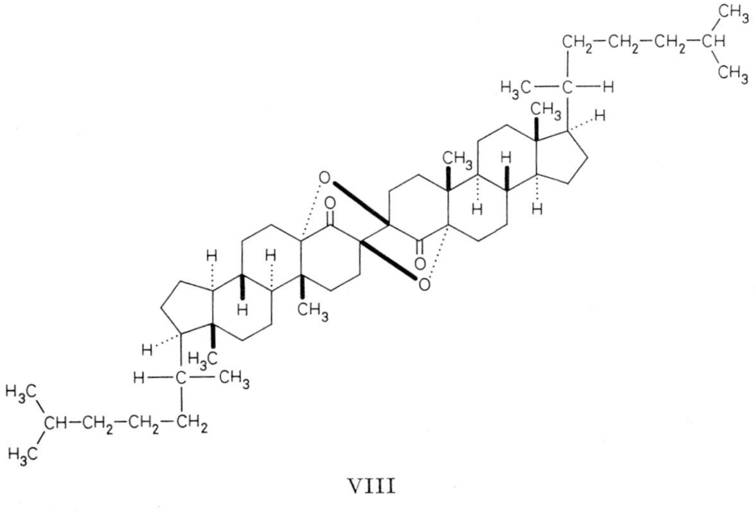

VIII

7α,14-[(Ξ)-Benzylidendioxy]-pregn-4-en-3,20-dion C₂₈H₃₄O₄, Formel VI, und
7β,14-[(Ξ)-Benzylidendioxy]-14β-pregn-4-en-3,20-dion C₂₈H₃₄O₄, Formel VII.
    Diese beiden Formeln kommen für die nachstehend beschriebene Verbindung in
Betracht.

B. Beim Behandeln von 7β,14-Dihydroxy-pregn-4-en-3,20-dion (F: 208—214°; [α]_D: +154,4° [CHCl₃]; über die Konfiguration dieser Verbindung s. *Tweit et al.*, J. org. Chem. **26** [1961] 2856, 2858) mit Benzaldehyd und Zinkchlorid (*Tanabe et al.*, Chem. pharm. Bl. **7** [1959] 811, 816).

Krystalle (aus Me.); F: 181—184,5° (*Ta. et al.*).

Dioxo-Verbindungen C₅₄H₈₆O₄

3,5′; 5,3′-Diepoxy-3βH,5α,3′βH,5′α-[3,3′]bicholestanyl-4,4′-dion C₅₄H₈₆O₄, Formel VIII.

B. Beim Behandeln von 3,5′; 5,3′-Diepoxy-3βH,5α,3′βH,5′α-[3,3′]bicholestanyl-4β,4′β-diol mit Chrom(VI)-oxid und Pyridin (*Bladon et al.*, Soc. **1958** 863, 869).

Amorph; F: 330° [evakuierte Kapillare]. [α]_D: −90,4° [CHCl₃; c = 1].

Beim Erwärmen mit Lithiummalanat in Tetrahydrofuran ist 3,5′; 5,3′-Diepoxy-3βH,5α,⸗ 3′βH,5′α-[3,3′]bicholestanyl-4β,4′β-diol zurückerhalten worden.

[*Geibler*]

Dioxo-Verbindungen C_nH_{2n−24}O₄

Dioxo-Verbindungen C₁₆H₈O₄

(*E*)-[2,2′]Bibenzofuranyliden-3,3′-dion, Oxindigo C₁₆H₈O₄, Formel I (H 177; E I 688).

Konfigurationszuordnung: *Pandraud*, Acta cryst. **15** [1962] 1131.

B. Beim Erhitzen von Benzofuran-3-on (E III/IV **17** 1456) mit Dischwefeldichlorid und Xylol auf 170° (*Chovin*, Bl. [5] **11** [1944] 82, 89).

Krystalle (aus Eg.), F: 336° [im vorgeheizten Block] (*Ch.*); F: 276—278° (*Güsten*, Chem. Commun. **1969** 133); hellgelbe Krystalle, die bei ca. 260° sublimieren (*Pa.*). Mono⸗ klin; Raumgruppe P2₁/c (=C²_{2h}); aus dem Röntgen-Diagramm ermittelte Dimensionen der Elementarzelle: a = 6,63 Å; b = 4,82 Å; c = 18,60 Å; β = 103°; n = 2 (*Pa.*). Dichte der Krystalle: 1,52 (*Pa.*).

I   II   III

(*E*?)-2-[3-Oxo-3H-benzo[*b*]thiophen-2-yliden]-benzofuran-3-on, (*E*?)-2-[3-Oxo-3*H*-benzofuran-2-yliden]-benzo[*b*]thiophen-3-on C₁₆H₈O₃S, vermutlich Formel II (vgl. E I 689; dort als [Cumaron-(2)]-[thionaphthen-(2)]-indigo bezeichnet).

B. Beim Erhitzen von Benzo[*b*]thiophen-2,3-dion-2-[4-dimethylamino-phenylimin] mit Benzofuran-3-on (E III/IV **17** 1456) und Acetanhydrid auf 150° (*Chovin*, Bl. [5] **11** [1944] 91, 96).

Hellrote Krystalle (aus Toluol); F: 309° [Block].

[2,2′]Bi[benzo[*b*]thiophenyliden]-3,3′-dion C₁₆H₈O₂S₂.

a) **(*Z*)-[2,2′]Bi[benzo[*b*]thiophenyliden]-3,3′-dion** C₁₆H₈O₂S₂, Formel III (X = H).

Konfigurationszuordnung: *Wyman*, *Brode*, Am. Soc. **73** [1951] 1487; *Egerton*, Nature **183** [1959] 389.

B. Bei der Bestrahlung einer Lösung des unter b) beschriebenen Stereoisomeren in Benzol mit gelbem Licht [λ > 520 nm] (*Wy.*, *Br.*, l. c. S. 1488).

Absorptionsspektrum von Lösungen in Benzol (270—600 nm bzw. 450—560 nm): *Brode*, *Wyman*, J. Res. Bur. Stand. **47** [1951] 170, 175; *Rogers et al.*, Am. Soc. **79** [1957] 2464, 2466; einer Lösung in 2% Äthanol enthaltendem Benzol (250—600 nm): *Wy.*, *Br.*, l. c. S. 1492; einer Lösung in Chloroform (250—600 nm): *Wy.*, *Br.*, l. c. S. 1490.

Einstellung eines Gleichgewichts mit dem unter b) beschriebenen Stereoisomeren in Lösungen in Benzol und in Chloroform nach der Bestrahlung mit Tageslicht und mit sichtbarem Licht verschiedener Wellenlängen: *Wy.*, *Br.*, l. c. S. 1491.

b) **(E)-[2,2']Bi[benzo[b]thiophenyliden]-3,3'-dion**, Thioindigo C$_{16}$H$_8$O$_2$S$_2$,
Formel IV (X = H) (H 177; E I 690; E II 192).

Konfigurationszuordnung: *Wyman, Brode*, Am. Soc. **73** [1951] 1487; *Egerton*, Nature
183 [1959] 389.

B. Beim Behandeln von Benzo[b]thiophen-3-on (E III/IV **17** 1458) mit Thionylchlorid
oder mit Dischwefeldichlorid (*Chovin*, C. r. **215** [1942] 419). Beim Behandeln von opt.-
inakt. 1-[3-Amino-3-hydroxy-2,3-dihydro-benzo[b]thiophen-2-yl]-pyridinium-chlorid (F:
235°) mit wss. Natronlauge und Erhitzen des Reaktionsprodukts (F: 200° [Zers.])
mit Acetanhydrid (*Boudet*, Bl. **1957** 756, 759, 760).

Krystalle, F: 359° (*Ch.*); Krystalle (aus 1,1,2,2-Tetrachlor-äthan oder Nitrobenzol),
F: 354° [geschlossene Kapillare; Block] (*Holt, Sadler*, Pr. roy. Soc. [B] **148** [1958] 495,
496, 500); Krystalle, die bei 280° sublimieren (*v. Eller*, Bl. **1955** 1426). Thioindigo tritt in
zwei monoklinen Modifikationen der Raumgruppe $P2_1/c$ (=C_{2h}^5) auf (*v. El.*, l. c. S. 1426);
aus den Röntgen-Diagrammen ermittelte Dimensionen der Elementarzelle der Modifikation I: a = 7,91 Å; b = 3,97 Å; c = 20,41 Å; β = 93°; n = 2 (*v. El.*, l. c. S. 1427) bzw.
a = 7,82 Å; b = 3,92 Å; c = 20,34 Å; β = 92,67°; n = 2 (*Gribowa*, Doklady Akad.
S.S.S.R. **102** [1955] 279; C. A. **1955** 15353); der Modifikation II: a = 3,97 Å; b = 20,4 Å;
c = 7,85 Å; β = 102°; n = 2 (*v. El.*, l. c. S. 1427). Dichte der Krystalle: 1,56 [Modifika-
tion I] bzw. 1,57 [Modifikation II] (*v. El.*, l. c. S. 1427). Absorptionsspektrum eines festen
Films auf Quarz (300—650 nm): *Eg.*; einer Lösung in Benzol (270—600 nm): *Brode,
Wyman*, J. Res. Bur. Stand. **47** [1951] 170, 175; von Lösungen in Chloroform (250 nm bis
600 nm): *Brode, Wyman*, Am. Soc. **73** [1951] 4267, 4269; *Wy., Br.*, l. c. S. 1490; einer Lösung
in Xylol (420—610 nm): *Guha*, J. Indian chem. Soc. **15** [1938] 501, 505; einer Lösung in
2% Äthanol enthaltendem Benzol (250—600 nm): *Wy., Br.* l. c. S. 1492; einer Lösung in
konz. Schwefelsäure (210—800 nm *Br., Wy.*, Am. Soc. **73** 4268. Absorptionsmaxima einer
Lösung in Xylol: 503 nm und 544 nm (*Nakajima*, Sci. Rep. Tohoku Univ. **37** [1953] 257,
262; einer Lösung in *m*-Xylol: 545 nm (*Okšengendler, Losinškiǐ*, Ukr. chim. Ž. **25** [1959]
95, 96; C. A. **1959** 20028); einer Lösung in 1,1,2,2-Tetrachlor-äthan: 620 nm (*Holt, Sa.*).
Absorptionsmaxima einer Lösung in Benzol: *Wy., Br.*, l. c. S. 1491. Reflexionsspektrum
(320—600 nm) von krystallinem sowie von an α-Quarz, an Bentonit, an Silicagel und an
Aluminiumoxiden adsorbiertem Thioindigo: *Schwab, Schneck*, Z. physik. Chem. [N. F.]
18 [1958] 206, 213, 214. Fluorescenzspektrum (560—660 nm) einer Lösung in Benzol nach
Anregung durch Licht der Wellenlänge 546 nm sowie Löschung dieser Fluorescenz durch
Zusatz von Äthanol: *Rogers et al.*, Am. Soc. **79** [1957] 2464, 2466. In 1 l 1,1,2,2-Tetrachlor-
äthan lösen sich bei 20° 0,68 g (*Holt, Sa.*). Assoziation mit Äthanol in Chloroform: *Wein-
stein, Wyman*, Am. Soc. **78** [1956] 4007, 4010.

Über das Gleichgewicht mit dem unter a) beschriebenen Stereoisomeren s. dort. Beim
Erwärmen mit der gleichen Gewichtsmenge Raney-Nickel und wss. Natronlauge sind
1,4-Diphenyl-butan-1,4-dion und Benzoesäure, beim Erwärmen mit der 5-fachen Menge
Raney-Nickel und wss. Natronlauge ist daneben 1,4-Diphenyl-butan (*Kao et al.*, Pr.
Indian Acad. [A] **32** [1950] 162, 166), beim Erwärmen mit der 10-fachen Menge Raney-
Nickel und Äthanol ist ausschliesslich 1,4-Diphenyl-butan (*Kao et al.*, Pr. Indian Acad.
[A] **38** [1953] 244, 248) erhalten worden.

Verbindung mit Leukothioindigo ([2,2']Bi[benzo[b]thiophenyl]-3,3'-diol)
C$_{16}$H$_8$O$_2$S$_2$·C$_{16}$H$_{10}$O$_2$S$_2$. Violettschwarze Krystalle; in konz. Schwefelsäure mit grüner
Farbe löslich (*CIBA*, Schweiz. P. 209112 [1937]).

(±)-(E)-1-Oxo-1λ^4-[2,2']bi[benzo[b]thiophenyliden]-3,3'-dion, (±)-Thioindigo-
S-monooxid C$_{16}$H$_8$O$_3$S$_2$, Formel V (H 178; E I 690; E II 193).

B. Beim Behandeln von opt.-inakt. 1-[3-Amino-3-hydroxy-2,3-dihydro-benzo[b]-
thiophen-2-yl]-pyridinium-chlorid (F: 235°) mit wss. Natronlauge und Behandeln einer
Lösung des Reaktionsprodukts (F: 200° [Zers.]) in Essigsäure mit wss. Kaliumpermanganat-Lösung (*Boudet*, Bl. **1957** 756, 759, 760).

Violette Krystalle (aus Bzl.); F: 310° [korr.].

(E?)-4,4'-Dichlor-[2,2']bi[benzo[b]thiophenyliden]-3,3'-dion C$_{16}$H$_6$Cl$_2$O$_2$S$_2$, vermutlich
Formel IV (X = Cl) (vgl. E II 193; dort als 4.4'-Dichlor-thioindigo bezeichnet).

B. Beim Behandeln von 4-Chlor-benzo[b]thiophen-3-on (E III/IV **17** 1460) mit wss.
Natronlauge und mit wss. Kalium-hexacyanoferrat(III)-Lösung (*Guha et al.*, J. Indian

chem. Soc. **32** [1955] 777, 779). Beim Erhitzen von 4-Chlor-benzo[b]thiophen-2,3-dion mit 4-Chlor-benzo[b]thiophen-3-on, Zinkchlorid und Essigsäure (*Dalgliesh, Mann*, Soc. **1945** 893, 902, 907).

Violettrote Krystalle [aus Nitrobenzol] (*Guha et al.; Da., Mann*).

Charakterisierung durch Überführung in 3,3'-Diacetoxy-4,4'-dichlor-[2,2']bi[benzo=[b]thiophenyl] (F: 277°): *Da., Mann.*

(E?)-5,5'-Dichlor-[2,2']bi[benzo[b]thiophenyliden]-3,3'-dion $C_{16}H_6Cl_2O_2S_2$, vermutlich Formel VI (X = Cl) (vgl. H 179; E I 691; E II 193; dort als 5.5'-Dichlor-thioindigo bezeichnet).

B. Beim Erwärmen von 5-Chlor-benzo[b]thiophen-3-on (E III/IV **17** 1460) mit wss. Natronlauge und mit wss. Kalium-hexacyanoferrat(III)-Lösung (*Guha, Basu-Mallick*, J. Indian chem. Soc. **23** [1946] 214).

Violettrote Krystalle (aus Nitrobenzol), die unterhalb von 305° nicht schmelzen.

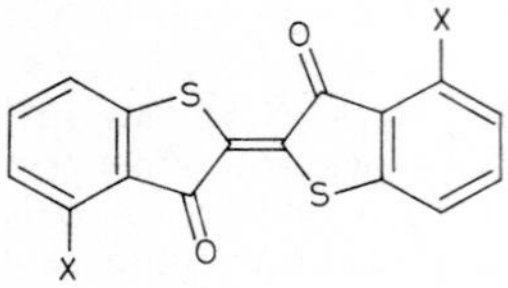

IV 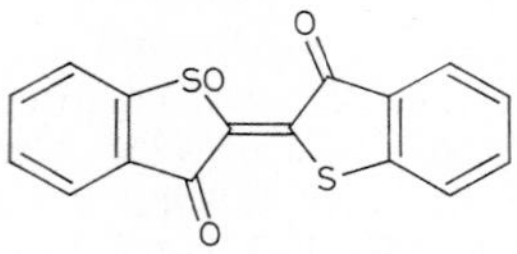   V 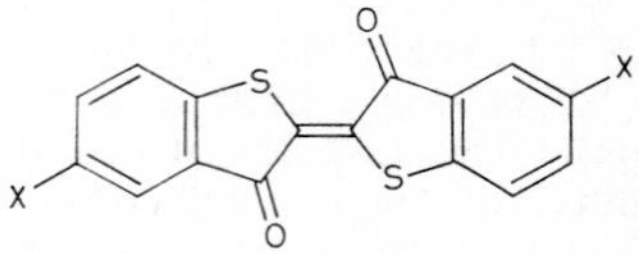   VI

(E)-6,6'-Dichlor-[2,2']bi[benzo[b]thiophenyliden]-3,3'-dion $C_{16}H_6Cl_2O_2S_2$, Formel VII (X = H) (H 179; E II 193; dort als 6.6'-Dichlor-thioindigo bezeichnet).

Konfigurationszuordnung: *Egerton*, Nature **183** [1959] 389.

B. Beim Erhitzen von 6-Chlor-benzo[b]thiophen-3-on (E III/IV **17** 1461) mit wss. Natronlauge und mit wss. Kalium-hexacyanoferrat(III)-Lösung (*Guha, Chatterjea*, J. Indian chem. Soc. **32** [1955] 551, 552, 555).

Violettrote Krystalle, die unterhalb von 320° nicht schmelzen (*Guha, Ch.*). Absorptionsspektrum (fester Film auf Quarz; 300—650 nm): *Eg.*

(E?)-7,7'-Dichlor-[2,2']bi[benzo[b]thiophenyliden]-3,3'-dion $C_{16}H_6Cl_2O_2S_2$, vermutlich Formel VIII (X = H).

B. Beim Erhitzen von 7-Chlor-benzo[b]thiophen-2,3-dion mit 7-Chlor-benzo[b]thiophen-3-on (E III/IV **17** 1461), Zinkchlorid und Essigsäure (*Dalgliesh, Mann*, Soc. **1945** 893, 902, 908). Beim Erwärmen von 7-Chlor-benzo[b]thiophen-3-on mit wss. Natronlauge und mit wss. Kalium-hexacyanoferrat(III)-Lösung (*Guha, Chatterjee*, J. Indian chem. Soc. **24** [1947] 473, 476).

Violette Krystalle (aus Nitrobenzol), die unterhalb von 320° nicht schmelzen (*Guha, Ch.*).

Charakterisierung durch Überführung in 3,3'-Diacetoxy-7,7'-dichlor-[2,2']bi[benzo=[b]thiophenyl] (F: 281°): *Da., Mann.*

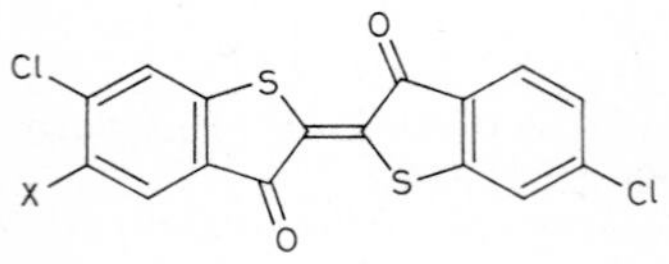

VII 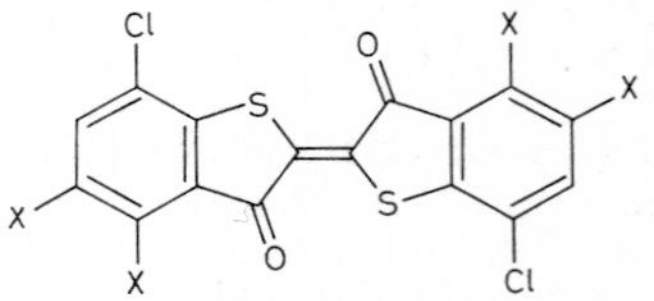   VIII

(E?)-5,6,6'-Trichlor-[2,2']bi[benzo[b]thiophenyliden]-3,3'-dion $C_{16}H_5Cl_3O_2S_2$, vermutlich Formel VII (X = Cl).

B. Aus 6-Chlor-benzo[b]thiophen-2,3-dion-2-[4-dimethylamino-phenylimin] und 5,6-Di=chlor-benzo[b]thiophen-3-on [E III/IV **17** 1461] (*CIBA*, D.R.P. 582690 [1931]; Frdl. **20** 1249).

Bläulichrot. In Schwefelsäure mit grüner Farbe löslich.

(Z)-4,5,7,4′,5′,7′-Hexachlor-[2,2′]bi[benzo[b]thiophenyliden]-3,3′-dion $C_{16}H_2Cl_6O_2S_2$, Formel III (X = Cl) auf S. 2090, und **(E)-4,5,7,4′,5′,7′-Hexachlor-[2,2′]bi[benzo[b]thio=phenyliden]-3,3′-dion** $C_{16}H_2Cl_6O_2S_2$, Formel VIII (X = Cl).

Mengenverhältnis der beiden Stereoisomeren (Gleichgewicht) in Lösungen in Benzol und in Chloroform nach der Bestrahlung mit Tageslicht und mit sichtbarem Licht verschiedener Wellenlängen: *Brode, Wyman*, J. Res. Bur. Stand. **47** [1951] 170, 171.

Krystalle [aus CHCl₃] (*Br., Wy.*). Absorptionsspektren (260—610 nm) von Lösungen der beiden Stereoisomeren in Benzol und in Chloroform: *Br., Wy.*, l. c. S. 176, 177. Fluorescenzmaximum (Bzl.) des (E)-Stereoisomeren nach Anregung durch Licht der Wellenlänge 546 nm: 590 nm (*Rogers et al.*, Am. Soc. **79** [1957] 2464, 2465).

(E)-5,5′-Dibrom-[2,2′]bi[benzo[b]thiophenyliden]-3,3′-dion $C_{16}H_6Br_2O_2S_2$, Formel VI (X = Br) (H 179; E I 691; E II 194; dort als 5.5′-Dibrom-thioindigo bezeichnet).

B. Beim Behandeln von 5-Brom-benzo[b]thiophen-3-on (E III/IV **17** 1462) mit wss. Natronlauge und mit wss. Kalium-hexacyanoferrat(III)-Lösung (*Guha, Banerjee*, J. Indian chem. Soc. **30** [1953] 820). Beim Behandeln von Thioindigo (S. 2091) mit Brom in Chloroschwefelsäure unterhalb von —5° (*Shibata, Okuyama*, J. Soc. chem. Ind. Japan **39** [1936] 604; J. Soc. chem. Ind. Japan Spl. **39** [1936] 282 B).

Violette Krystalle (aus Nitrobenzol), die unterhalb von 300° nicht schmelzen (*Guha, Ba.*).

(E?)-5,5′-Dijod-[2,2′]bi[benzo[b]thiophenyliden]-3,3′-dion $C_{16}H_6I_2O_2S_2$, vermutlich Formel VI (X = I).

B. Beim Erhitzen von 5-Jod-benzo[b]thiophen-3-on (E III/IV **17** 1462) mit wss. Natronlauge und mit wss. Kalium-hexacyanoferrat(III)-Lösung (*Sinha*, J. Indian chem. Soc. **31** [1954] 463, 466).

Violettrote Krystalle (aus Nitrobenzol); F: 303—304°.

(E)-[2,2′]Bi[benzo[b]selenophenyliden]-3,3′-dion, Selenoindigo $C_{16}H_8O_2Se_2$, Formel IX (E I 692).

Konfigurationszuordnung: v. *Eller*, Bl. **1955** 1429.

Rotbraune Krystalle (aus Xylol), F: 330—335° (*Kiss, Muth*, Acta chim. hung. **11** [1957] 57, 60); Krystalle, die bei 270° sublimieren (v. *Eller*, Bl. **1955** 1426). Selenoindigo tritt in drei Krystall-Modifikationen auf (v. *El.*, l. c. S. 1426). Die Modifikationen I und II sind monoklin; Raumgruppe $P2_1/c$ ($= C_{2h}^5$); aus dem Röntgen-Diagramm ermittelte Dimensionen der Elementarzelle der Modifikation I: a = 9,09 Å; b = 5,92 Å; c = 13,40 Å; $\beta = 113°$; n = 2; der Modifikation II: a = 4,06 Å; b = 20,54 Å; c = 7,98 Å; $\beta = 101°$; n = 2; die Modifikation III ist triklin; Raumgruppe $P\bar{1}$ ($= C_i^1$); aus dem Röntgen-Diagramm ermittelte Dimensionen der Elementarzelle: a = 4,57 Å; b = 10,86 Å; c = 17,48 Å; $\alpha = 60°$; $\beta = 79°$; $\gamma = 83°$; n = 2 (v. *El.*, l. c. S. 1427). Dichte der Krystalle: 1,91 [Modifikation I] bzw. 2,15 [Modifikation II] bzw. 1,74 [Modifikation III] (v. *El.*, l. c. S. 1427). Absorptionsspektren (240—600 nm) von Lösungen in Chloroform, in Dioxan und in Toluol: *Kiss, Muth*, l. c. S. 58.

***5,7,5′,7′-Tetrachlor-[2,3′]bibenzofuranyliden-3,2′-dion** $C_{16}H_4Cl_4O_4$, Formel X oder Stereoisomeres.

B. Beim Erwärmen einer Lösung von 5,7,5′,7′-Tetrachlor-[2,3′]bibenzofuranyl-3-ol (S. 928) in wss. Essigsäure mit wss. Wasserstoffperoxid (*Stefanye, Howard*, J. org. Chem. **20** [1955] 813, 817).

Gelbes Pulver, das bei 337—340° verkohlt. IR-Spektrum (Nujol; 2—14 μ): *St., Ho.*, l. c. S. 815.

IX   X   XI

*3-[3-Oxo-3*H*-benzo[*b*]thiophen-2-yliden]-3*H*-benzofuran-2-on, 2-[2-Oxo-benzo≠
furan-3-yliden]-benzo[*b*]thiophen-3-on $C_{16}H_8O_3S$, Formel XI oder Stereoisomeres
(vgl. E I 692; dort als [Cumaron-(3)]-[thionaphthen-(2)]-indigo bezeichnet).

B. Beim Erhitzen von Benzo[*b*]thiophen-2,3-dion-2-[4-dimethylamino-phenylimin] mit
3*H*-Benzofuran-2-on und Acetanhydrid auf 150° (*Chovin,* Bl. [5] **11** [1944] 91, 96).

Rote Krystalle; F: 258° [Block].

(*E*?)-[3,3']Bibenzofuranyliden-2,2'-dion $C_{16}H_8O_4$, vermutlich Formel I.

Diese Konstitution kommt dem nachstehend beschriebenen **Isooxindigo** zu (*Chatterjea,*
J. Indian chem. Soc. **36** [1959] 69, 71).

B. Beim Erhitzen von 3*H*-Benzofuran-2-on mit Dischwefeldichlorid und Xylol (*Chovin,*
Bl. [5] **11** [1944] 82, 88). Beim Erhitzen von Benzofuran-2,3-dion mit 3*H*-Benzofuran-
2-on und Phosphor(III)-bromid auf 140° (*Cho.*; s. a. *Cha.,* l. c. S. 74). Beim Erhitzen
von [2-Hydroxy-phenyl]-glyoxylsäure mit [2-Hydroxy-phenyl]-essigsäure und Phos≠
phor(III)-bromid auf 130° (*Cho.*).

Orangefarbene Krystalle (aus Bzl.), F: 283° [im vorgeheizten Block] (*Cho.,* l. c. S.88);
orangegelbe Krystalle (aus Eg.), F: 283° (*Cha.,* l. c. S. 74). Absorptionsspektrum (A.;
220—520 nm): *Bernatek, Berner,* Acta chem. scand. **3** [1949] 1117, 1121. Absorptionsmaxima (A.): 252 nm, 254 nm, 395 nm und 433 nm (*Cha.,* l. c. S. 74).

Beim Erwärmen mit äthanol. Kalilauge und anschliessenden Ansäuern (*Cho.,* l. c. S. 89),
beim Erhitzen mit Formamid (*Cho.,* l. c. S. 89) sowie beim Erwärmen mit Pyridin (*Cha.,*
l. c. S. 74) ist Chromeno[4,3-*c*]chromen-5,11-dion (S. 2096) erhalten worden.

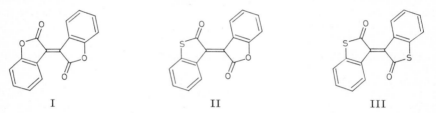

I   II   III

3-[(*E*?)-2-Oxo-benzo[*b*]thiophen-3-yliden]-3*H*-benzofuran-2-on, 3-[(*E*?)-2-Oxo-
benzofuran-3-yliden]-3*H*-benzo[*b*]thiophen-2-on $C_{16}H_8O_3S$, vermutlich
Formel II.

B. Beim Erhitzen von Benzo[*b*]thiophen-2,3-dion mit 3*H*-Benzofuran-2-on und
Acetanhydrid auf 150° (*Chovin,* Bl. [5] **11** [1944] 91, 95).

Orangegelbe Krystalle (aus Xylol); F: 236° [Block].

Beim Erwärmen mit Formamid sowie beim Erwärmen mit äthanol. Kalilauge und
Behandeln des Reaktionsgemisches mit wss.-äthanol. Essigsäure ist Thiochromeno≠
[4,3-*c*]chromen-5,11-dion (S. 2096) erhalten worden.

(*E*?)-[3,3']Bi[benzo[*b*]thiophenyliden]-2,2'-dion, Isothioindigo $C_{16}H_8O_2S_2$, vermutlich
Formel III.

B. Beim Behandeln von 3*H*-Benzo[*b*]thiophen-2-on mit Äthanol und Selendioxid
(*Chovin,* Bl. [5] **11** [1944] 91, 95).

Violettschwarze Krystalle (aus Bzl.); F: 224° [Zers.; im vorgeheizten Block].

[1,1']Biisobenzofuranyliden-3,3'-dion, Biphthalidyliden, α,α'-Dihydroxy-stilben-2,2'-di≠
carbonsäure-2 → α ; 2' → α'-dilacton $C_{16}H_8O_4$.

In den früher (s. H **19** 176, E I **19** 688 und E II **19** 192; s. a. *Sauer et al.,* Am. Soc. **81**
[1959] 3677, 3681; *Becker,* J. org. Chem. **29** [1964] 3070; *Molho, Aknin,* Bl. **1965** 3021,
3024) unter dieser Konstitution beschriebenen, als Diphthalidyliden (Diphthalyl)
bezeichneten Präparaten hat Isochromeno[4,3-*c*]isochromen-6,12-dion oder Isochromeno≠
[4,3-*c*]isochromen-6,12-dion im Gemisch mit (*E*)-[1,1']Biisobenzofuranyliden-3,3'-dion
vorgelegen (*Bisagni et al.,* Bl. **1968** 637, 639; s. a. *Staab, Ipaktschi,* B. **101** [1968]
1457, 1458; *Ramirez et al.,* J. org. Chem. **41** [1976] 3909, 3910).

a) **(*Z*)-[1,1′]Biisobenzofuranyliden-3,3′-dion** C$_{16}$H$_8$O$_4$, Formel IV.

In dem von *Staab* und *Ipaktschi* (Tetrahedron Letters **1966** 583) sowie von *Shah et al.* (Tetrahedron Letters **1968** 3983, 3984) unter dieser Konstitution und Konfiguration beschriebenen Präparaten (F: 285—290° bzw. F: 290—295°) hat S p i r o [i n d a n - 2,1′-p h t h a l a n]-1,3,3′-t r i o n (C$_{16}$H$_8$O$_4$; Formel V) vorgelegen (*Staab, Ipaktschi*, B. **101** [1968] 1457, 1458).

IV   V   VI

b) **(*E*)-[1,1′]Biisobenzofuranyliden-3,3′-dion** C$_{16}$H$_8$O$_4$, Formel VI.

Konfigurationszuordnung: *Bisagni et al.*, Bl. **1968** 637, 639; *Ramirez et al.*, J. org. Chem. **41** [1976] 3909.

B. Als Hauptprodukt neben Isochromeno[4,3-*c*]isochromen-6,12-dion beim Erhitzen von Phthalsäure-anhydrid mit Triäthylphosphit auf 190° (*Ra. et al.*, J. org. Chem. **41** 3910; s. a. *Ramirez et al.*, J. org. Chem. **24** [1959] 1838).

Gelbe Krystalle; F: 354° (*Bi. et al.*, l. c. S. 644), 352—354° [bei schnellem Erhitzen; aus Xylol oder Mesitylen; bei langsamem Erhitzen erfolgt bei 260° Sublimation] (*Ra. et al.*, J. org. Chem. **41** 3910). Monoklin; Raumgruppe: $P2_1/c$ (= C_{2h}^5); aus dem Röntgen-Diagramm ermittelte Dimensionen der Elementarzelle: a = 10,196 Å; b = 3,778 Å; c = 15,090 Å; cos β = 0,1228; n = 2 (*Ra. et al.*, J. org. Chem. **41** 3910). Dichte der Krystalle: 1,50 (*Ra. et al.*, J. org. Chem. **41** 3910).

Beim Erhitzen mit konz. Schwefelsäure unter Stickstoff auf 110° (vgl. *Becker et al.*, J. org. Chem. **29** [1964] 3070) erfolgt Isomerisierung zu Isochromeno[4,3-*c*]isochromen-6,12-dion (*Bi. et al.*, l. c. S. 644; *Ra. et al.*, J. org. Chem. **41** 3910).

Benzo[*b*]benzofuro[2,3-*e*]oxepin-6,12-dion, 2-Salicyloyl-benzofuran-3-carbonsäure-lacton C$_{16}$H$_8$O$_4$, Formel VII.

B. Beim Behandeln von 2-Salicyloyl-benzofuran-3-carbonsäure mit Acetanhydrid (*Chatterjea*, J. Indian chem. Soc. **32** [1955] 265, 272).

Krystalle (aus Eg.); F: 257—258° [unkorr.]. IR-Banden (Nujol) im Bereich von 2 μ bis 16 μ: *Ch.*

VII   VIII   IX

Pyrano[2,3-*a*]xanthen-4,12-dion C$_{16}$H$_8$O$_4$, Formel VIII.

B. Aus 4,12-Dioxo-4*H*,12*H*-pyrano[2,3-*a*]xanthen-2-carbonsäure beim Erhitzen auf Temperaturen oberhalb des Schmelzpunkts (*Davies et al.*, Soc. **1956** 2140, 2143).

Krystalle; F: 327°.

Pyrano[3,2-*a*]xanthen-3,12-dion, 3*c*-[2-Hydroxy-9-oxo-xanthen-1-yl]-acrylsäure-lacton C$_{16}$H$_8$O$_4$, Formel IX.

B. Beim Erhitzen von 2-Hydroxy-9-oxo-xanthen-1-carbaldehyd mit Acetanhydrid und Natriumacetat bis auf 180° (*Davies et al.*, Soc. **1958** 1790, 1793).

Krystalle (aus Eg.); F: 251°.

Beim Erwärmen einer Suspension in Aceton mit Dimethylsulfat und wss. Natronlauge ist 3*t*-[2-Methoxy-9-oxo-xanthen-1-yl]-acrylsäure-methylester erhalten worden.

Chromeno[3,4-*b*]chromen-6,12-dion, 3-[2-Hydroxy-phenyl]-4-oxo-4*H*-chromen-2-carbon=säure-lacton $C_{16}H_8O_4$, Formel X.

B. Beim Behandeln einer Lösung von 2,2'-Dihydroxy-desoxybenzoin in Pyridin mit Oxalsäure-äthylester-chlorid (*LaForge*, Am. Soc. **55** [1933] 3040, 3047).

Krystalle (aus A.); F: ca. 240° [Zers.].

Isochromeno[4,3-*c*]isochromen-6,12-dion, α,α'-Dihydroxy-*trans*-stilben-2,2'-dicarbon=säure-2 → α';2' → α-dilacton $C_{16}H_8O_4$, Formel XI.

Konstitutionszuordnung: *Cava et al.*, Am. Soc. **85** [1963] 2076, 2077; *Bisagni et al.*, Bl. **1968** 637, 639; *Staab, Ipaktschi*, B. **101** [1968] 1457, 1458.

Diese Verbindung oder Gemische dieser Verbindung mit (*E*)-[1,1']Biisobenzofuran=yliden-3,3'-dion haben in den früher (s. H **19** 176; E I **19** 688 und E II **19** 192; s. a. *Sauer et al.*, Am. Soc. **81** [1959] 3677, 3681; *Becker*, J. org. Chem. **29** [1964] 3070; *Molho, Aknin*, Bl. **1965** 3021, 3024) als [1,1']Biisobenzofuranyliden-3,3'-dion („Diphthalyl") be=schriebenen Präparaten vorgelegen (*Bi. et al.*; *Ramirez et al.*, J. org. Chem. **41** [1976] 3909).

B. Als Hauptprodukt neben (*E*)-[1,1']Biisobenzofuranyliden-3,3'-dion beim Erwärmen von Phthalaldehydsäure-methylester mit Kaliumcyanid in wss. Methanol (*Bi. et al.*, l. c. S. 644). Beim Erhitzen von (*E*)-[1,1']Biisobenzofuranyliden-3,3'-dion mit konz. Schwefel=säure auf 110° (*Bi. et al.*; vgl. *Be.*; *Ra. et al.*).

Krystalle; F: 336° [aus Xylol und aus Eg.] (*Bi.*), 334—336° (*Cava et al.*, l. c. S. 2079), 333—335° [unkorr.; aus A.] (*St., Ip.*, l. c. S. 1467).

Chromeno[4,3-*c*]chromen-5,11-dion $C_{16}H_8O_4$, Formel XII (in der Literatur auch als Dibenzonaphthyron bezeichnet).

Konstitutionszuordnung: *Chatterjea*, J. Indian chem. Soc. **36** [1959] 69, 71; *Chatterjea, Prasad*, J. Indian chem. Soc. **45** [1968] 35, 36.

B. Aus Isooxindigo (S. 2094) beim Erwärmen mit Pyridin (*Cha.*, l. c. S. 74), beim Erhitzen mit Formamid (*Chovin*, Bl. [5] **11** [1944] 82, 89) sowie beim Erwärmen mit äthanol. Kalilauge und Behandeln des Reaktionsgemisches mit wss. Essigsäure (*Cho.*).

Gelbe Krystalle; F: 305° [im vorgeheizten Block; aus Bzl.] (*Cho.*), 305° [aus Eg.] (*Cha.*). UV-Absorptionsmaxima (A.): 253 nm, 269 nm, 371 nm und 381 nm (*Cha.*).

X   XI   XII   XIII

Thiochromeno[4,3-*c*]chromen-5,11-dion $C_{16}H_8O_3S$, Formel XIII.

B. Aus 3-[(*E*?)-2-Oxo-benzo[*b*]thiophen-3-yliden]-3*H*-benzofuran-2-on (S. 2094) beim Erwärmen mit Formamid sowie beim Erwärmen mit äthanol. Kalilauge und Behandeln des Reaktionsgemisches mit wss.-äthanol. Essigsäure (*Chovin*, Bl. [5] **11** [1944] 91, 96).

Gelbe Krystalle; F: 309° [im vorgeheizten Block].

Dioxo-Verbindungen $C_{17}H_{10}O_4$

2-Piperonyliden-indan-1,3-dion $C_{17}H_{10}O_4$, Formel I.

B. Beim Erwärmen von Piperonal mit Indan-1,3-dion, Äthanol und wenig Piperidin (*Ionescu*, Bl. [4] **47** [1930] 210, 213, 214). Beim Behandeln von Piperonal mit Indan-1,3-dion und wss. Natronlauge (*Emerson et al.*, Am. Soc. **75** [1953] 1312).

Gelbe Krystalle (aus A.), F: 205—206° (*Io.*); Krystalle (aus Xylol), F: 201—202,5° (*Em. et al.*).

Beim Erhitzen mit Äthyl-vinyl-äther und wenig Hydrochinon auf 190° ist 2-Äthoxy-4-benzo[1,3]dioxol-5-yl-3,4-dihydro-2*H*-indeno[1,2-*b*]pyran-5-on (F: 130—132°) erhalten worden (*Em. et al.*). Reaktion mit Diazomethan unter Bildung von 3-Benzo[1,3]dioxol-5-yl-2,3-dihydro-indeno[1,2-*b*]furan-4-on: *Mustafa, Hilmy*, Soc. **1952** 1434.

I

II

7-Phenyl-furo[3,2-*g*]chromen-5,6-dion C$_{17}$H$_{10}$O$_4$, Formel II, und Tautomeres (6-Hydroxy-7-phenyl-furo[3,2-*g*]chromen-5-on).

B. Beim Erwärmen von 6-Methoxy-7-phenyl-2,3-dihydro-furo[3,2-*g*]chromen-5-on mit *N*-Brom-succinimid und Dibenzoylperoxid in Tetrachlormethan und Erhitzen des Reaktionsprodukts mit Chinolin (*Pavanaram, Ramachandra Row*, J. scient. ind. Res. India **14** B [1955] 157, 160).

Gelbe Krystalle (aus A.); F: 203—205°.

2-Phenyl-furo[2,3-*h*]chromen-3,4-dion C$_{17}$H$_{10}$O$_4$, Formel III, und Tautomeres (3-Hydroxy-2-phenyl-furo[2,3-*h*]chromen-4-on); **Karanjonol.**

B. Aus 3-Methoxy-2-phenyl-furo[2,3-*h*]chromen-4-on beim Erhitzen mit wss. Jod=wasserstoffsäure und Acetanhydrid (*Manjunath et al.*, B. **72** [1939] 93, 94) sowie beim Erhitzen mit Aluminiumchlorid und Nitrobenzol (*Krishnaswamy, Seshadri*, Pr. Indian Acad. [A] **15** [1942] 437, 439; *Kawase et al.*, Bl. chem. Soc. Japan **28** [1955] 273).

Krystalle; F: 200° [unkorr.; aus wss. A.] (*Ka. et al.*), 199—200° [aus wss. Eg.] (*Ma. et al.*), 192—193° [aus Eg.] (*Kr., Se.*).

III

IV

3-[(*Ξ*)-2-Oxo-2,3-dihydro-benzo[*b*]thiophen-3-ylmethylen]-3*H*-benzo[*b*]thiophen-2-on,
3*H*,3'*H*-3,3'-Methanylyliden-bis-benzo[*b*]thiophen-2-on C$_{17}$H$_{10}$O$_2$S$_2$, Formel IV, und Tautomeres (3-[(*Ξ*)-2-Hydroxy-benzo[*b*]thiophen-3-ylmethylen]-3*H*-benzo[*b*]thiophen-2-on).

B. Beim Erwärmen von 3*H*-Benzo[*b*]thiophen-2-on mit 2-Oxo-2,3-dihydro-benzo[*b*]=thiophen-3-carbaldehyd (E III/IV **17** 6160), Triäthylamin und Äthanol (*Glauert et al.*, Soc. **1955** 30, 32).

Rote Krystalle (aus Eg.); F: 162—163°. Absorptionsmaximum einer Lösung in Äthanol sowie einer mit methanol. Natronlauge versetzten Lösung in 2-Äthoxy-äthanol: 500 nm; einer mit wss. Salzsäure versetzten Lösung in 2-Äthoxy-äthanol: 430 nm (*Gl. et al.*, l. c. S. 33).

*6,6'-Dichlor-4-methyl-[2,2']bi[benzo[*b*]thiophenyliden]-3,3'-dion C$_{17}$H$_8$Cl$_2$O$_2$S$_2$, Formel V (X = H) oder Stereoisomeres.

B. Beim Erwärmen von 6-Chlor-benzo[*b*]thiophen-3-on (E III/IV **17** 1461) mit 6-Chlor-4-methyl-benzo[*b*]thiophen-2,3-dion-2-[4-dimethylamino-phenylimin] und Essigsäure sowie beim Erwärmen von 6-Chlor-4-methyl-benzo[*b*]thiophen-3-on (E III/IV **17** 1481) mit

6-Chlor-benzo[b]thiophen-2,3-dion-2-[4-dimethylamino-phenylimin] und Essigsäure (*I. G. Farbenind.*, D.R.P. 525668 [1928]; Frdl. **18** 1148).
Rotes Pulver. In konz. Schwefelsäure mit grüner Farbe löslich.

$$V \qquad\qquad VI$$

*6,5′,6′-Trichlor-4-methyl-[2,2′]bi[benzo[b]thiophenyliden]-3,3′-dion $C_{17}H_7Cl_3O_2S_2$,
Formel V (X = Cl) oder Stereoisomeres.
B. Beim Erwärmen von 6-Chlor-4-methyl-benzo[b]thiophen-2,3-dion-2-[4-dimethyl=amino-phenylimin] mit 5,6-Dichlor-benzo[b]thiophen-3-on (E III/IV **17** 1461) in Äthanol (*CIBA*, D.R.P. 582690 [1931]; Frdl. **20** 1249).
Bläulichrotes Pulver. In konz. Schwefelsäure mit grüner Farbe löslich.

*5,6′-Dichlor-6-methyl-[2,2′]bi[benzo[b]thiophenyliden]-3,3′-dion $C_{17}H_8Cl_2O_2S_2$,
Formel VI oder Stereoisomeres.
B. Aus 6-Chlor-benzo[b]thiophen-2,3-dion-2-[4-dimethylamino-phenylimin] und 5-Chlor-6-methyl-benzo[b]thiophen-3-on [E III/IV **17** 1484] (*CIBA*, D.R.P. 582613 [1930]; Frdl. **20** 1247).
Rot. In konz. Schwefelsäure mit grüner Farbe löslich.

*4,5-Dichlor-7-methyl-[2,2′]bibenzo[b]thiophenyliden-3,3′-dion $C_{17}H_8Cl_2O_2S_2$,
Formel VII oder Stereoisomeres.
B. Aus Benzo[b]thiophen-2,3-dion-2-[4-dimethylamino-phenylimin] und 4,5-Dichlor-7-methyl-benzo[b]thiophen-3-on [E III/IV **17** 1485] (*CIBA*, U.S.P. 1851070 [1930]).
Rot. In konz. Schwefelsäure mit grüner Farbe löslich.

$$VII \qquad\qquad VIII$$

2-Methyl-pyrano[3,2-*a*]xanthen-3,12-dion, 3c-[2-Hydroxy-9-oxo-xanthen-1-yl]-2-methyl-acrylsäure-lacton $C_{17}H_{10}O_4$, Formel VIII.
B. Beim Erhitzen von 2-Hydroxy-9-oxo-xanthen-1-carbaldehyd mit Propionsäure-anhydrid und Natriumpropionat bis auf 180° (*Davies et al.*, Soc. **1958** 1790, 1793).
Krystalle; F: 248°.

Dioxo-Verbindungen $C_{18}H_{12}O_4$

(*E*)-Diphenacyliden-[1,3]dithietan $C_{18}H_{12}O_2S_2$, Formel I.
Diese Konfiguration kommt dem früher (s. E I **19** 693) beschriebenen Diphenacyliden-[1,3]dithietan („Bis-benzoylvinyliden-disulfid") zu (*Lynch et al.*, Acta cryst. [B] **27** [1971] 1948).
Monokline Krystalle; Raumgruppe $P2_1/c$ (= C_{2h}^5); aus dem Röntgen-Diagramm ermittelte Dimensionen der Elementarzelle: a = 5,470 Å; b = 4,848 Å; c = 28,299 Å; $\beta = 96,9°$; n = 2 (*Ly. et al.*, l. c. S. 1950). Dichte der Krystalle: 1,45.

I   II

3-Methyl-7-phenyl-furo[2,3-*f*]chromen-8,9-dion $C_{18}H_{12}O_4$, Formel II, und Tautomeres
(8-Hydroxy-3-methyl-7-phenyl-furo[2,3-*f*]chromen-9-on).
B. Beim Behandeln einer warmen Lösung von 1-[6-Hydroxy-3-methyl-benzofuran-
7-yl]-3*t*(?)-phenyl-propenon (E III/IV **18** 805) in Äthanol mit wss. Wasserstoffperoxid
und wss. Natronlauge und anschliessenden Ansäuern mit wss. Salzsäure (*Marathey et al.*,
J. Univ. Poona Nr. 6 [1954] 83, 86).
Krystalle (aus A.); F: 193°.

**3-Benzyl-pyrano[3,2-*b*]benzofuran-2,4-dion, 2-Benzyl-3-[3-hydroxy-benzofuran-2-yl]-
3-oxo-propionsäure-lacton** $C_{18}H_{12}O_4$, Formel III, und Tautomere (z. B. 3-Benzyl-
4-hydroxy-pyrano[3,2-*b*]benzofuran-2-on).
B. Beim Erhitzen von Benzofuran-3-on (E III/IV **17** 1456) mit Benzylmalonsäure-bis-
[2,4-dichlor-phenylester] auf 255° (*Ziegler et al.*, M. **90** [1959] 594, 598).
Krystalle (aus Nitrobenzol, Eg. oder Tetralin); F: 245—247°.

III   IV   V

**3-Benzyl-benzo[4,5]thieno[3,2-*b*]pyran-2,4-dion, 2-Benzyl-3-[3-hydroxy-benzo[*b*]-
thiophen-2-yl]-3-oxo-propionsäure-lacton** $C_{18}H_{12}O_3S$, Formel IV, und Tautomere
(z. B. 3-Benzyl-4-hydroxy-benzo[4,5]thieno[3,2-*b*]pyran-2-on).
B. Beim Erhitzen von Benzo[*b*]thiophen-3-on (E III/IV **17** 1458) mit Benzylmalonsäure-
bis-[2,4-dichlor-phenylester] auf 255° (*Ziegler et al.*, M. **90** [1959] 594, 598).
Krystalle (aus Chlorbenzol, Nitrobenzol, Eg. oder A.); F: 247°.

(±)-3,4-Dihydro-[4,4']bichromenyl-2,2'-dion $C_{18}H_{12}O_4$, Formel V.
Eine von *Sastry* und *Seshadri* (Pr. Indian Acad. [A] **16** [1942] 29, 34) unter dieser
Konstitution beschriebene Verbindung (F: 293° [Zers.]) ist wahrscheinlich als 7-Hydroxy-
9-[2-oxo-2*H*-chromen-3-yl]-benzo[*c*]chromen-6-on ($C_{22}H_{12}O_5$) zu formulieren (*Koelsch,
Sundet*, Am. Soc. **72** [1950] 1844).

*****7-Chlor-4,6-dimethyl-[2,2']bi[benzo[*b*]thiophenyliden]-3,3'-dion** $C_{18}H_{11}ClO_2S_2$,
Formel VI (X = H) oder Stereoisomeres.
B. Beim Erwärmen von 7-Chlor-4,6-dimethyl-benzo[*b*]thiophen-3-on (E III/IV **17** 1491)
mit Benzo[*b*]thiophen-2,3-dion-2-[4-dimethylamino-phenylimin] in Äthanol (*CIBA*,
D.R.P. 638450 [1932]; Frdl. **23** 738).
Rotes Pulver. In konz. Schwefelsäure mit grüner Farbe löslich.

*****5,7-Dichlor-4,6-dimethyl-[2,2']bi[benzo[*b*]thiophenyliden]-3,3'-dion** $C_{18}H_{10}Cl_2O_2S_2$,
Formel VI (X = Cl) oder Stereoisomeres.
B. Beim Erwärmen von 5,7-Dichlor-4,6-dimethyl-benzo[*b*]thiophen-3-on (E III/IV **17**

1491) mit Benzo[*b*]thiophen-2,3-dion-2-[4-dimethylamino-phenylimin] in Äthanol (*CIBA*, D.R.P. 623554 [1933]; Frdl. **22** 776).
Bläulichrotes Pulver. In konz. Schwefelsäure mit grüner Farbe löslich.

VI   VII

(*E*?)-4,4'-Dimethyl-[2,2']bi[benzo[*b*]thiophenyliden]-3,3'-dion $C_{18}H_{12}O_2S_2$, vermutlich Formel VII.
B. Aus 4-Methyl-benzo[*b*]thiophen-3-on [E III/IV **17** 1480] (*Guha*, J. Indian chem. Soc. **15** [1958] 501, 507). Beim Erhitzen von 4-Methyl-benzo[*b*]thiophen-2,3-dion mit 4-Methyl-benzo[*b*]thiophen-3-on, Essigsäure und Zinkchlorid (*Dalgliesh, Mann*, Soc. **1945** 893, 906).
Rote Krystalle (aus Xylol oder Nitrobenzol), die unterhalb von 305° nicht schmelzen (*Guha*). Absorptionsspektrum (Xylol; 430—600 nm): *Guha*, l. c. S. 505.
Charakterisierung durch Überführung in 3,3'-Diacetoxy-4,4'-dimethyl-[2,2']bi[benzo= [*b*]thiophenyl] (F: 247—249°): *Da., Mann.*

(*Z*)-6,6'-Dichlor-4,4'-dimethyl-[2,2']bi[benzo[*b*]thiophenyliden]-3,3'-dion $C_{18}H_{10}Cl_2O_2S_2$, Formel VIII, und **(*E*)-6,6'-Dichlor-4,4'-dimethyl-[2,2']bi[benzo[*b*]thiophenyliden]-3,3'- dion** $C_{18}H_{10}Cl_2O_2S_2$, Formel IX.
Gemische dieser beiden Stereoisomeren haben wahrscheinlich in den nachstehend be- schriebenen Präparaten vorgelegen (*Egerton*, Nature **183** [1959] 389). Über das Mengen- verhältnis der beiden Stereoisomeren in Lösungen in Benzol und in Chloroform nach der Bestrahlung mit Tageslicht und mit sichtbarem Licht verschiedener Wellenlängen s. *Wyman, Brode*, Am. Soc. **73** [1951] 1487, 1491.
B. Aus 6-Chlor-4-methyl-benzo[*b*]thiophen-3-on (E III/IV **17** 1481) beim Erwärmen mit wss. Natronlauge und wss. Natriumpolysulfid-Lösung (*Bessubez, Ignatjuk-Maĭštrenko*, Ž. chim. Promyšl. **18** [1941] Nr. 10, S. 16, 18; C. A. **1944** 3477), beim Behandeln mit wss. Natronlauge und Schwefel (*Shibata, Nishi*, J. Soc. chem. Ind. Japan **39** [1936] 600, 602; J. Soc. chem. Ind. Japan Spl. **39** [1936] 280 B), beim Erhitzen mit wss. Natronlauge, Schwefel und Nickel(II)-sulfat (*Gen. Aniline Works*, U.S.P. 2029714 [1931]) sowie beim Erwärmen mit wss. Eisen(III)-chlorid-Lösung (*Minaew, Nikolaewa*, Anilinokr. Promyšl. **3** [1933] 258, 262; C. **1934** II 2750). Beim Erhitzen von 6-Chlor-4-methyl-benzo[*b*]thiophen- 2,3-dion mit 6-Chlor-4-methyl-benzo[*b*]thiophen-3-on, Zinkchlorid und Essigsäure (*Harley- Mason, Mann*, Soc. **1942** 404, 412).
Rote Krystalle [aus Nitrobenzol] (*Sh., Ni.*). Absorptionsspektrum einer Lösung in Benzol (270—600 nm): *Brode, Wyman*, J. Res. Bur. Stand. **47** [1951] 170, 177; einer Lösung in Chloroform (250—600 nm): *Wy., Br*; eines festen Films auf Quarz (300 nm bis 640 nm): *Eg.*; einer Lösung in konz. Schwefelsäure (210—800 nm): *Brode, Wyman*, Am. Soc. **73** [1951] 4267, 4268. Fluorescenzspektrum (540—650 nm) einer Lösung des (*E*)-Stereoisomeren in Benzol nach Anregung durch Licht der Wellenlänge 546 nm: *Rogers et al.*, Am. Soc. **79** [1957] 2464, 2466.
Beim Behandeln einer Lösung in konz. Schwefelsäure mit Brom ist eine rote Verbin- dung $C_{18}H_9BrCl_2O_2S_2$ (*Newport, Chem. Corp*, U.S.P. 1821705 [1927]), beim Behandeln mit Brom in Chloroschwefelsäure ist eine Verbindung $C_{18}H_8Br_2Cl_2O_2S_2$ [blauviolette Krystalle (aus Nitrobenzol); vermutlich 5,5'-Dibrom-6,6'-dichlor-4,4'-dimethyl- [2,2']bi[benzo[*b*]thiophenyliden]-3,3'-dion] (*Shibata, Okuyama*, J. Soc. chem. Ind. Japan **39** [1936] 604; J. Soc. chem. Ind. Japan Spl. **39** [1936] 282 B) erhalten worden; beim Erhitzen einer Suspension in Nitrobenzol mit Brom bis auf 170° ist eine Verbindung $C_{18}H_8Br_2Cl_2O_2S_2$ [rotviolette Krystalle (aus Nitrobenzol); vermutlich 7,7'-Dibrom- 6,6'-dichlor-4,4'-dimethyl-[2,2']bi[benzo[*b*]thiophenyliden]-3,3'-dion] (*Sh., Ok.*) erhalten worden.

Charakterisierung durch Überführung in 3,3'-Diacetoxy-6,6'-dichlor-4,4'-dimethyl-[2,2']bi[benzo[b]thiophenyl] (F: 290—292°): *Ha.-Ma., Mann*, l. c. S. 412.

Verbindung mit 6,6'-Dichlor-4,4'-dimethyl-[2,2']bi[benzo[b]thiophenyl]-3,3'-diol $C_{18}H_{10}Cl_2O_2S_2 \cdot C_{18}H_{12}Cl_2O_2S_2$. Rotbraunes Pulver; in konz. Schwefelsäure mit violetter Farbe löslich (*CIBA*, Schweiz. P. 211055 [1937]).

Verbindung mit 6,6'-Diäthoxy-[2,2']bi[benzo[b]thiophenyl]-3,3'-diol $C_{18}H_{10}Cl_2O_2S_2 \cdot C_{20}H_{18}O_4S_2$. Braunviolettes Pulver; in konz. Schwefelsäure mit violetter Farbe löslich (*CIBA*, Schweiz. P. 211056 [1937]).

VIII   IX

(Z)-5,7,6'-Trichlor-4,4'-dimethyl-[2,2']bi[benzo[b]thiophenyliden]-3,3'-dion $C_{18}H_9Cl_3O_2S_2$, Formel X, und **(E)-5,7,6'-Trichlor-4,4'-dimethyl-[2,2']bi[benzo[b]thiophenyliden]-3,3'-dion** $C_{18}H_9Cl_3O_2S_2$, Formel XI.

Gemische dieser beiden Stereoisomeren haben wahrscheinlich in den nachstehend beschriebenen Präparaten vorgelegen (*Egerton, Galil*, J. Soc. Dyers Col. **78** [1962] 167, 173, 174; *Egerton*, Nature **183** [1959] 389).

B. Beim Erwärmen von 5,7-Dichlor-4-methyl-benzo[b]thiophen-2,3-dion-2-[4-dimethyl-amino-phenylimin] mit 6-Chlor-4-methyl-benzo[b]thiophen-3-on (E III/IV **17** 1481) und Essigsäure (*I. G. Farbenind.*, D.R.P. 540862 [1929]; Frdl. **18** 1148).

Rotes Pulver; in warmer konz. Schwefelsäure mit grüner Farbe löslich (*I.G.Farbenind.*). Absorptionsspektrum (210—660 nm) eines festen Films auf Quarz sowie der in Cellophan-Folie eingebetteten Verbindung: *Eg., Ga.*, l. c. S. 173.

Beim Erwärmen mit konz. Schwefelsäure und Bis-chlormethyl-äther ist 5,7,6'-Trichlor-5'-chlormethyl-4,4'-dimethyl-[2,2']bi[benzo[b]thiophenyliden]-3,3'-dion ($C_{19}H_{10}Cl_4O_2S_2$; bläulichrot) erhalten worden (*Gen. Aniline & Film Corp.*, U.S.P. 2545497 [1949]).

X   XI

*6,6'-Dichlor-4,5'-dimethyl-[2,2']bi[benzo[b]thiophenyliden]-3,3'-dion $C_{18}H_{10}Cl_2O_2S_2$, Formel I (X = H) oder Stereoisomeres.

B. Beim Erwärmen von 6-Chlor-5-methyl-benzo[b]thiophen-2,3-dion oder von 6-Chlor-5-methyl-benzo[b]thiophen-2,3-dion-2-[4-dimethylamino-phenylimin] mit 6-Chlor-4-methyl-benzo[b]thiophen-3-on (E III/IV **17** 1481) in Benzol (*CIBA*, D.R.P. 552927 [1930]; Frdl. **19** 1824).

Hellrotes Pulver. In Schwefelsäure mit grüner Farbe löslich.

I   II

*6,6',7'-Trichlor-4,5'-dimethyl-[2,2']bi[benzo[b]thiophenyliden]-3,3'-dion $C_{18}H_9Cl_3O_2S_2$,
Formel I (X = Cl) oder Stereoisomeres.
B. Beim Erhitzen von 6-Chlor-4-methyl-benzo[b]thiophen-2,3-dion-2-[4-dimethyl=
amino-phenylimin] mit 6,7-Dichlor-5-methyl-benzo[b]thiophen-3-on (aus [2,3-Dichlor-
4-methyl-phenylmercapto]-essigsäure hergestellt) in Essigsäure (*I. G. Farbenind.*, Schweiz.
P. 193626 [1936]).
Rotes Pulver. In konz. Schwefelsäure mit dunkelgrüner Farbe löslich.

---

*6-Chlor-4,6'-dimethyl-[2,2']bi[benzo[b]thiophenyliden]-3,3'-dion $C_{18}H_{11}ClO_2S_2$,
Formel II (X = H) oder Stereoisomeres.
B. Beim Erhitzen von 6-Chlor-4-methyl-benzo[b]thiophen-2,3-dion-2-[4-dimethyl=
amino-phenylimin] mit 6-Methyl-benzo[b]thiophen-3-on (E III/IV **17** 1483) in Essig=
säure (*I. G. Farbenind.*, D.R.P. 538313 [1929]; Frdl. **18** 1156).
Rotes Pulver. In Schwefelsäure mit grüner Farbe löslich.

---

*6,5'-Dichlor-4,6'-dimethyl-[2,2']bi[benzo[b]thiophenyliden]-3,3'-dion $C_{18}H_{10}Cl_2O_2S_2$,
Formel II (X = Cl) oder Stereoisomeres.
B. Aus 6-Chlor-4-methyl-benzo[b]thiophen-2,3-dion-2-[4-dimethylamino-phenylimin]
und 5-Chlor-6-methyl-benzo[b]thiophen-3-on [E III/IV **17** 1484] (*CIBA*, D.R.P.582613
[1930]; Frdl. **20** 1247).
Violettrot. In konz. Schwefelsäure mit grüner Farbe löslich.

---

*4,7,6'-Trichlor-6,4'-dimethyl-[2,2']bi[benzo[b]thiophenyliden]-3,3'-dion $C_{18}H_9Cl_3O_2S_2$,
Formel III oder Stereoisomeres.
B. Aus 6-Chlor-4-methyl-benzo[b]thiophen-2,3-dion-2-[4-dimethylamino-phenylimin]
und 4,7-Dichlor-6-methyl-benzo[b]thiophen-3-on [E III/IV **17** 1484] (*CIBA*, D.R.P.
627389 [1933]; Frdl. **22** 780).
Rot. In konz. Schwefelsäure mit grüner Farbe löslich.

III   IV

*4,6,6'-Trichlor-7,4'-dimethyl-[2,2']bi[benzo[b]thiophenyliden]-3,3'-dion $C_{18}H_9Cl_3O_2S_2$,
Formel IV oder Stereoisomeres.
B. Beim Erwärmen von 6-Chlor-4-methyl-benzo[b]thiophen-2,3-dion-2-[4-dimethyl=
amino-phenylimin] mit 4,6-Dichlor-7-methyl-benzo[b]thiophen-3-on (E III/IV **17** 1485)
in Essigsäure (*CIBA*, Schweiz.P. 167514 [1933]).
Rotes Pulver. In konz. Schwefelsäure mit grüner Farbe löslich.

---

*4-Chlor-5,7-dimethyl-[2,2']bi[benzo[b]thiophenyliden]-3,3'-dion $C_{18}H_{11}ClO_2S_2$,
Formel V (X = H) oder Stereoisomeres.
B. Beim Erwärmen von Benzo[b]thiophen-2,3-dion-2-[4-dimethylamino-phenylimin]
mit 4-Chlor-5,7-dimethyl-benzo[b]thiophen-3-on (E III/IV **17** 1492) in Äthanol (*CIBA*,
D.R.P. 638450 [1932]; Frdl. **23** 738).
Rotes Pulver. In konz. Schwefelsäure mit grüner Farbe löslich.

V   VI

*4,6′-Dichlor-5,7-dimethyl-[2,2′]bi[benzo[*b*]thiophenyliden]-3,3′-dion $C_{18}H_{10}Cl_2O_2S_2$,
Formel V (X = Cl) oder Stereoisomeres.

B. Beim Erhitzen von 6-Chlor-benzo[*b*]thiophen-2,3-dion-2-[4-dimethylamino-phenyl-imin] mit 4-Chlor-5,7-dimethyl-benzo[*b*]thiophen-3-on (E III/IV **17** 1492) in Chlorbenzol (*CIBA*, D.R.P. 638450 [1932]; Frdl. **23** 738).

Rosarot. In konz. Schwefelsäure mit grüner Farbe löslich.

---

*5,5′-Dimethyl-[2,2′]bi[benzo[*b*]thiophenyliden]-3,3′-dion $C_{18}H_{12}O_2S_2$, Formel VI (X = H) oder Stereoisomeres (vgl. H 180; E II 195; dort als 5,5′-Dimethyl-thioindigo bezeichnet).

B. Beim Erhitzen von 5-Methyl-benzo[*b*]thiophen-2,3-dion mit 5-Methyl-benzo[*b*]thiophen-3-on (E II **17** 133), Zinkchlorid und Essigsäure (*Dalgliesh, Mann*, Soc. **1945** 893, 907).

Krystalle [aus Nitrobenzol] (*Da., Mann*). Absorptionsspektrum (Xylol; 420—610 nm): *Guha*, J. Indian chem. Soc. **15** [1938] 501, 505. Absorptionsmaximum (*m*-Xylol): 555,5 nm (*Okšengendler, Losinškiĭ*, Ukr. chim. Ž. **25** [1959] 95, 96; C. A. **1959** 20028).

Charakterisierung durch Überführung in 3,3′-Diacetoxy-5,5′-dimethyl-[2,2′]bi[benzo-[*b*]thiophenyl] (F: 253—255°): *Da., Mann*.

---

*5,5′-Bis-chlormethyl-[2,2′]bi[benzo[*b*]thiophenyliden]-3,3′-dion $C_{18}H_{10}Cl_2O_2S_2$,
Formel VI (X = Cl) oder Stereoisomeres.

B. Beim Erwärmen von [2,2′]Bi[benzo[*b*]thiophenyliden]-3,3′-dion (vgl. S. 2090) mit konz. Schwefelsäure und Bis-chlormethyl-äther (*Gen. Aniline & Film Corp.*, U.S.P. 2545497 [1949]).

Rot.

---

*5,5′-Dimethyl-[2,2′]bi[benzo[*b*]selenophenyliden]-3,3′-dion $C_{18}H_{12}O_2Se_2$, Formel VII oder Stereoisomeres.

B. Beim Erwärmen von 5-Methyl-benzo[*b*]selenophen-3-on (E III/IV **17** 1483) mit wss.-äthanol. Natronlauge und Kalium-hexacyanoferrat(III) (*Gosselck*, B. **91** [1958] 2345, 2349).

Rote Krystalle (aus Nitrobenzol); F: ca. 380°.

VII   VIII

*4,7,6′-Trichlor-6,5′-dimethyl-[2,2′]bi[benzo[*b*]thiophenyliden]-3,3′-dion $C_{18}H_9Cl_3O_2S_2$,
Formel VIII oder Stereoisomeres.

B. Beim Erwärmen von 6-Chlor-5-methyl-benzo[*b*]thiophen-2,3-dion-2-[4-dimethyl-amino-phenylimin] mit 4,7-Dichlor-6-methyl-benzo[*b*]thiophen-3-on [E III/IV **17** 1484] (*CIBA*, U.S.P. 1990010 [1933]).

Rot. In konz. Schwefelsäure mit grüner Farbe löslich.

---

*6,5′-Dichlor-5,7′-dimethyl-[2,2′]bi[benzo[*b*]thiophenyliden]-3,3′-dion $C_{18}H_{10}Cl_2O_2S_2$,
Formel IX oder Stereoisomeres.

B. Beim Erwärmen von 5-Chlor-7-methyl-benzo[*b*]thiophen-2,3-dion-2-[4-dimethyl-amino-phenylimin] mit 6-Chlor-5-methyl-benzo[*b*]thiophen-3-on [E III/IV **17** 1481] (*CIBA*, D.R.P. 552927 [1930]; Frdl. **19** 1824).

Bläulichrot.

---

*4,6,6′-Trichlor-7,5′-dimethyl-[2,2′]bi[benzo[*b*]thiophenyliden]-3,3′-dion $C_{18}H_9Cl_3O_2S_2$,
Formel X oder Stereoisomeres.

B. Beim Erwärmen von 6-Chlor-5-methyl-benzo[*b*]thiophen-2,3-dion-2-[4-dimethylamino-phenylimin] mit 4,6-Dichlor-7-methyl-benzo[*b*]thiophen-3-on [E III/IV **17** 1485] (*CIBA*, D.R.P. 627389 [1933]; Frdl. **22** 780).

Rot. In konz. Schwefelsäure mit grüner Farbe löslich.

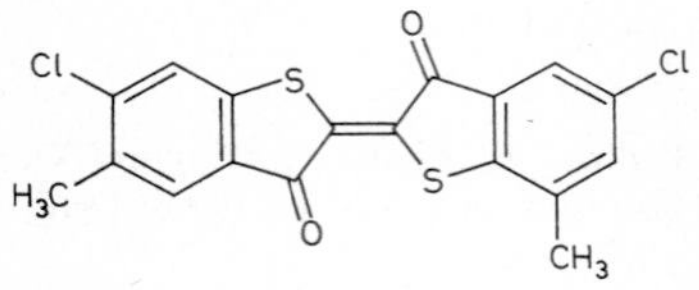

IX

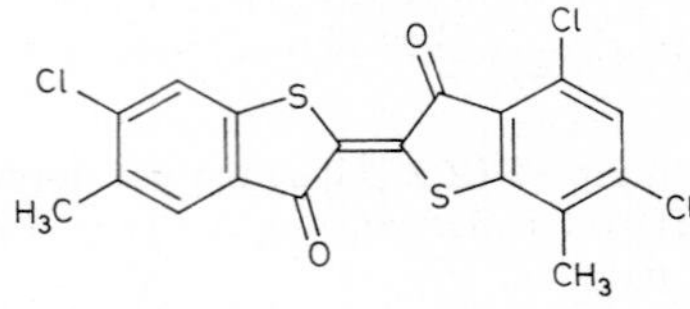

X

*6,6′-Dimethyl-[2,2′]bi[benzo[*b*]thiophenyliden]-3,3′-dion $C_{18}H_{12}O_2S_2$, Formel I oder Stereoisomeres (E II 196; dort als 6.6′-Dimethyl-thioindigo bezeichnet).

Absorptionsspektrum (Xylol; 420—620 nm) eines aus 6-Methyl-benzo[*b*]thiophen-3-on (E III/IV **17** 1483) hergestellten Präparats: *Guha*, J. Indian chem. Soc. **15** [1938] 501, 505.

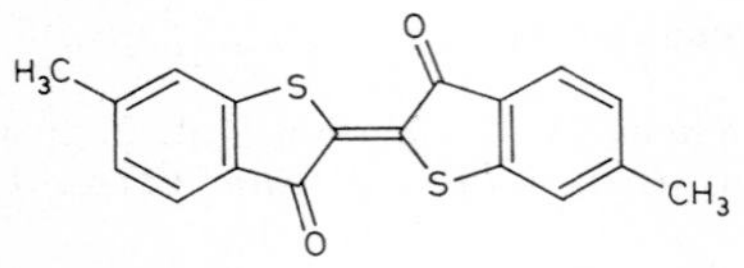

I

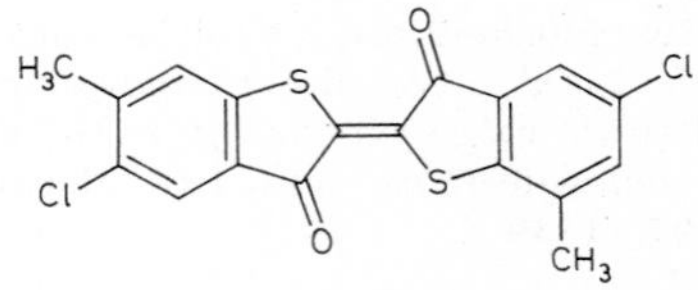

II

*5,5′-Dichlor-6,7′-dimethyl-[2,2′]bi[benzo[*b*]thiophenyliden]-3,3′-dion $C_{18}H_{10}Cl_2O_2S_2$, Formel II oder Stereoisomeres.

B. Beim Erwärmen von 5-Chlor-7-methyl-benzo[*b*]thiophen-2,3-dion-2-[4-dimethyl=amino-phenylimin] mit 5-Chlor-6-methyl-benzo[*b*]thiophen-3-on (E III/IV **17** 1484) in Äthanol (*CIBA*, D.R.P. 582613 [1930]; Frdl. **20** 1247).

Violettrotes Pulver. In konz. Schwefelsäure mit grüner Farbe löslich.

*4,7,5′-Trichlor-6,7′-dimethyl-[2,2′]bi[benzo[*b*]thiophenyliden]-3,3′-dion $C_{18}H_9Cl_3O_2S_2$, Formel III oder Stereoisomeres.

B. Aus 5-Chlor-7-methyl-benzo[*b*]thiophen-2,3-dion-2-[4-dimethylamino-phenylimin] und 4,7-Dichlor-6-methyl-benzo[*b*]thiophen-3-on [E III/IV **17** 1484] (*CIBA*, D.R.P. 627389 [1933]; Frdl. **22** 780).

Blaurot. In konz. Schwefelsäure mit grüner Farbe löslich.

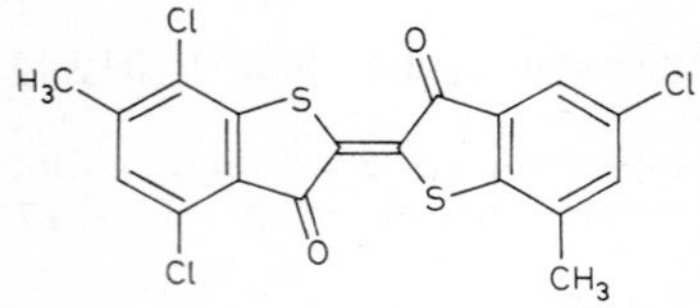

III

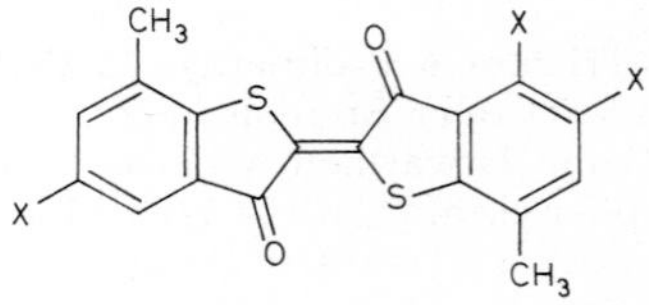

IV

*7,7′-Dimethyl-[2,2′]bi[benzo[*b*]thiophenyliden]-3,3′-dion $C_{18}H_{12}O_2S_2$, Formel IV (X = H) oder Stereoisomeres.

B. Beim Erwärmen von 7-Methyl-benzo[*b*]thiophen-3-on (E III/IV **17** 1484) mit wss. Natronlauge und mit wss. Kalium-hexacyanoferrat(III)-Lösung (*Guha*, J. Indian chem. Soc. **20** [1943] 37). Beim Erhitzen von 7-Methyl-benzo[*b*]thiophen-2,3-dion mit 7-Methyl-benzo[*b*]thiophen-3-on, Zinkchlorid und Essigsäure (*Dalgliesh, Mann*, Soc. **1945** 893, 908).

Rote Krystalle (aus Nitrobenzol), die unterhalb von 318° nicht schmelzen (*Guha*, J. Indian chem. Soc. **20** 39). Absorptionsspektrum (Xylol; 420—620 nm): *Guha*, J. Indian chem. Soc. **21** [1944] 87, 89. Absorptionsmaximum (*m*-Xylol): 548 nm (*Okšengendler*,

Losinškiǐ, Ukr. chim. Ž. **25** [1959] 95, 96; C. A. **1959** 20 028).
Charakterisierung durch Überführung in 3,3'-Diacetoxy-7,7'-dimethyl-[2,2']bi[benzo≠
[b]thiophenyl] (F: 244—246°): *Da., Mann.*

(Z)-5,5'-Dichlor-7,7'-dimethyl-[2,2']bi[benzo[b]thiophenyliden]-3,3'-dion $C_{18}H_{10}Cl_2O_2S_2$,
Formel V, und **(E)-5,5'-Dichlor-7,7'-dimethyl-[2,2']bi[benzo[b]thiophenyliden]-3,3'-dion**
$C_{18}H_{10}Cl_2O_2S_2$, Formel VI.
Gemische dieser beiden Stereoisomeren haben wahrscheinlich in den nachstehend
beschriebenen Präparaten vorgelegen (*Egerton*, Nature **183** [1959] 389). Über das Mengen-
verhältnis der beiden Stereoisomeren in Lösungen in Benzol und in Chloroform nach der
Bestrahlung mit Tageslicht und mit sichtbarem Licht verschiedener Wellenlängen s.
Wyman, Brode, Am. Soc. **73** [1951] 1487, 1491.
B. Beim Erhitzen von 5-Chlor-7-methyl-benzo[b]thiophen-2,3-dion mit 5-Chlor-
7-methyl-benzo[b]thiophen-3-on (E II **17** 134), Zinkchlorid und Essigsäure (*Harley-
Mason, Mann*, Soc. **1942** 404, 411, 412).
Krystalle [aus Nitrobenzol] (*Ha.-Ma., Mann*, l. c. S. 411). Absorptionsspektrum von
Lösungen in Benzol und in Chloroform (260—610 nm): *Brode, Wyman*, J. Res. Bur.
Stand. **47** [1951] 170, 175, 176; eines festen Films auf Quarz (300—640 nm): *Eg.*; einer
Lösung in konz. Schwefelsäure (210—800 nm): *Brode, Wyman*, Am. Soc. **73** [1951]
4267, 4268. Redoxpotential: *Weingarten*, Melliand Textilber. **38** [1957] 913, 917.
Beim Erwärmen mit D-Glucose und wss. Natronlauge und Erwärmen der Reaktionslösung mit Raney-Nickel sind 1,4-Bis-[3-chlor-5-methyl-phenyl]-butan-1,4-dion,
1-[3-Chlor-5-methyl-phenyl]-4-*m*-tolyl-butan-1,4-dion und 1,4-Di-*m*-tolyl-butan-1-ol erhalten worden (*Kao et al.*, Pr. Indian Acad. [A] **38** [1953] 244, 249). Bildung von 1,4-Di-
m-tolyl-butan beim Erwärmen mit Raney-Nickel in Äthanol: *Kao et al.*, l. c. S. 250.
Charakterisierung durch Überführung in 3,3'-Diacetoxy-5,5'-dichlor-7,7'-dimethyl-
[2,2']bi[benzo[b]thiophenyl] (F: 308—310°): *Ha.-Ma., Mann*, l. c. S. 412.

V   VI

*__**4,5,5'-Trichlor-7,7'-dimethyl-[2,2']bi[benzo[b]thiophenyliden]-3,3'-dion** $C_{18}H_9Cl_3O_2S_2$,
Formel IV (X = Cl) oder Stereoisomeres.
B. Aus 5-Chlor-7-methyl-benzo[b]thiophen-2,3-dion-2-[4-dimethylamino-phenylimin]
und 4,5-Dichlor-7-methyl-benzo[b]thiophen-3-on [E III/IV **17** 1485] (*CIBA*, U.S.P.
1 851 070 [1930]).
Bläulichrot. In konz. Schwefelsäure mit grüner Farbe löslich.

*__**4,6,5'-Trichlor-7,7'-dimethyl-[2,2']bi[benzo[b]thiophenyliden]-3,3'-dion** $C_{18}H_9Cl_3O_2S_2$,
Formel VII oder Stereoisomeres.
B. Aus 5-Chlor-7-methyl-benzo[b]thiophen-2,3-dion-2-[4-dimethylamino-phenylimin]
und 4,6-Dichlor-7-methyl-benzo[b]thiophen-3-on [E III/IV **17** 1485] (*CIBA*, D.R.P.
627389 [1933]; Frdl. **22** 780).
Rot. In konz. Schwefelsäure mit grüner Farbe löslich.

VII   VIII   IX

1,6-Dimethyl-furo[3,2-c]naphth[2,1-e]oxepin-10,12-dion, 2-[1-Carboxy-5-methyl-[2]naphthyl]-4-methyl-furan-3-carbonsäure-anhydrid $C_{18}H_{12}O_4$, Formel VIII.

B. Beim Erhitzen von 2-[1-Carboxy-5-methyl-[2]naphthyl]-4-methyl-furan-3-carbon= säure (E III/IV **18** 4579) mit Acetanhydrid (*Nakao, Fukushima*, J. pharm. Soc. Japan **54** [1934] 844; 855; engl. Ref. S. 154, 159).

Hellgelb; F: 185°.

1,7-Dimethyl-chromeno[8,7-h]chromen-3,9-dion $C_{18}H_{12}O_4$, Formel IX.

B. Beim Erhitzen von 7-Hydroxy-4-methyl-benzo[h]chromen-2-on mit Acetessigsäure= äthylester und wss. Schwefelsäure auf 120° (*Robinson, Weygand*, Soc. **1941** 386, 390).

Krystalle (aus Py.), die unterhalb von 360° nicht schmelzen. Bei 290−300°/0,05 Torr sublimierbar.

(6ar,6bc,12bc,12cc)-6a,6b,12b,12c-Tetrahydro-cyclobuta[1,2-c;4,3-c']dichromen-6,7-dion $C_{18}H_{12}O_4$, Formel X (H 181; E I 694; E II 196; dort als ζ-Biscumarin bezeichnet).

Konfigurationszuordnung: *Anet*, Canad. J. Chem. **40** [1962] 1249.

Krystalle (aus Eg.); F: 260−262° [unkorr.; Zers.] (*Anet*, l. c. S. 1255).

Die beim 1-stdg. Erhitzen mit wss. Natronlauge und anschliessenden Ansäuern erhaltene Hydroxycarbonsäure $C_{18}H_{16}O_6$ vom F: 245° („ζ-Biscumarinsäure"; s. E II **19** 196) ist nach *Anet* (l. c. S. 1250) vermutlich als 3c,4c-Bis-[2-hydroxy-phenyl]-cyclobutan-1r,2t-di= carbonsäure zu formulieren.

    X   XI   XII

(6ar,6bt,12at,12bc)-6a,6b,12a,12b-Tetrahydro-cyclobuta[1,2-c;3,4-c']dichromen-6,12-dion $C_{18}H_{12}O_4$, Formel XI (H 181; E II 197; dort als α-Biscumarin bezeichnet).

Konfigurationszuordnung: *Anet*, Canad. J. Chem. **40** [1962] 1249.

B. Beim Bestrahlen von 2-Hydroxy-*trans*-zimtsäure mit UV-Licht und anschliessenden Erhitzen mit Acetanhydrid (*v. Wessely, Plaichinger*, B. **75** [1942] 971).

Krystalle; F: 324° [unkorr.; aus Eg.] (*Anet*, l. c. S. 1256), 316−319° [unkorr.; aus Eg. oder Acetanhydrid] (*v. We., Pl.*).

8,9,10,11-Tetrahydro-thieno[3',2';3,4]anthra[1,2-c]furan-4,6-dion, 7,8,9,10-Tetrahydro-anthra[1,2-b]thiophen-4,5-dicarbonsäure-anhydrid $C_{18}H_{12}O_3S$, Formel XII.

Diese Konstitution kommt möglicherweise der nachstehend beschriebenen Verbindung zu (*Szmuszkovicz, Modest*, Am. Soc. **72** [1950] 571, 573).

B. Neben Anthra[1,2-b]thiophen-4,5-dicarbonsäure-anhydrid (Hauptprodukt) beim Erhitzen von (±)-2-[*trans*-1,4,4a,5,6,7,8,8a-Octahydro-[2]naphthyl]-thiophen mit Malein= säure-anhydrid auf 120° und Erhitzen des Reaktionsprodukts mit Schwefel bis auf 285° (*Sz., Mo.*, l. c. S. 576).

Orangefarbene Krystalle (aus Eg.); F: 212−213° [korr.] (*Sz., Mo.*, l. c. S. 576).

Dioxo-Verbindungen $C_{19}H_{14}O_4$

6-Methyl-3-xanthen-9-yl-pyran-2,4-dion, 5-Hydroxy-3-oxo-2-xanthen-9-yl-hex-4t-en= säure-lacton $C_{19}H_{14}O_4$, Formel I, und Tautomere (z. B. 4-Hydroxy-6-methyl-3-xan= then-9-yl-pyran-2-on).

B. Beim Erhitzen von 4-Hydroxy-6-methyl-pyran-2-on (E III/IV **17** 5915) mit Xanth= en-9-ol auf 160° (*Boltze, Heidenbluth*, B. **92** [1959] 982, 984).

Krystalle (aus Toluol); F: 256° (*Bo., He.*, l. c. S. 985).

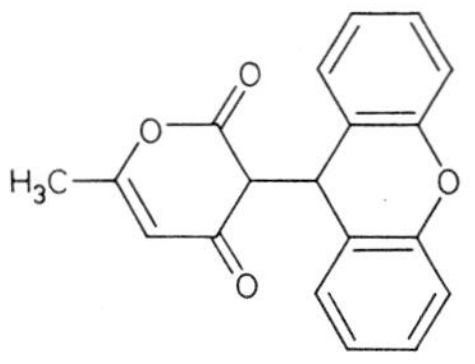

I

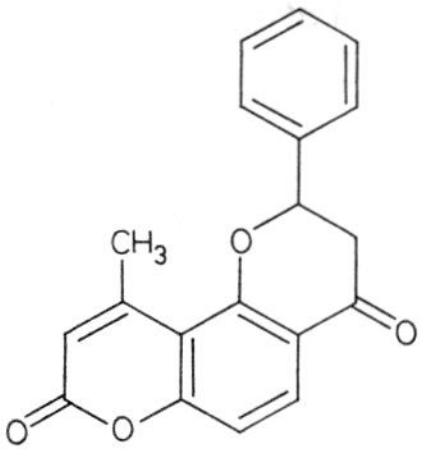

II

(±)-10-Methyl-2-phenyl-2,3-dihydro-pyrano[2,3-*f*]chromen-4,8-dion, (±)-3-[7-Hydroxy-4-oxo-2-phenyl-chroman-8-yl]-*trans*-crotonsäure-lacton $C_{19}H_{14}O_4$, Formel II.

B. Beim Erhitzen von 6-Cinnamoyl-5-hydroxy-4-methyl-cumarin (F: 176° [E III/IV **18** 1932]) mit wss. Natronlauge (*Shah*, J. Univ. Bombay **11**, Tl. 3A [1942] 109, 111). Krystalle (aus A.); F: 237°.

2-Phenäthyl-furo[2,3-*h*]chromen-3,4-dion $C_{19}H_{14}O_4$, Formel III, und Tautomeres (3-Hydroxy-2-phenäthyl-furo[2,3-*h*]chromen-4-on).

B. Beim Erhitzen von 3-Methoxy-2-*trans*(?)-styryl-furo[2,3-*h*]chromen-4-on mit Acet= anhydrid und wss. Jodwasserstoffsäure und Behandeln des Reaktionsprodukts mit heisser Essigsäure und heissem Wasser (*Manjunath, Seetharamiah*, B. **72** [1939] 97, 98). Hellgelbe Krystalle (aus wss. Eg.); F: 154—156°.

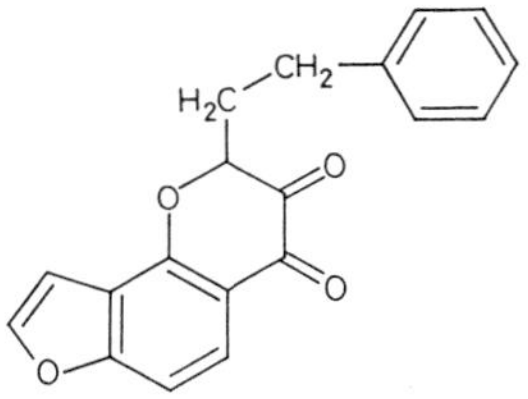

III

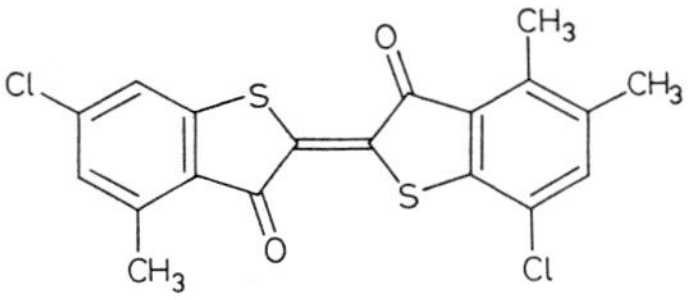

IV

*7,6′-Dichlor-4,5,4′-trimethyl-[2,2′]bi[benzo[*b*]thiophenyliden]-3,3′-dion $C_{19}H_{12}Cl_2O_2S_2$, Formel IV oder Stereoisomeres.

B. Beim Erhitzen von 6-Chlor-4-methyl-benzo[*b*]thiophen-2,3-dion-2-[4-dimethyl= amino-phenylimin] mit 7-Chlor-4,5-dimethyl-benzo[*b*]thiophen-3-on (E III/IV **17** 1490) in Essigsäure (*I.G. Farbenind.*, D.R.P. 547925 [1930]; Frdl. **18** 1149). Blaurote Krystalle. In Schwefelsäure mit grüner Farbe löslich.

*7,6′-Dichlor-4,6,4′-trimethyl-[2,2′]bi[benzo[*b*]thiophenyliden]-3,3′-dion $C_{19}H_{12}Cl_2O_2S_2$, Formel V (X = H) oder Stereoisomeres.

B. Aus 6-Chlor-4-methyl-benzo[*b*]thiophen-2,3-dion-2-[4-dimethylamino-phenylimin] und 7-Chlor-4,6-dimethyl benzo[*b*]thiophen-3-on [E III/IV **17** 1491] (*CIBA*, D.R.P. 638450 [1932]; Frdl. **23** 738). Rot. In konz. Schwefelsäure mit grüner Farbe löslich.

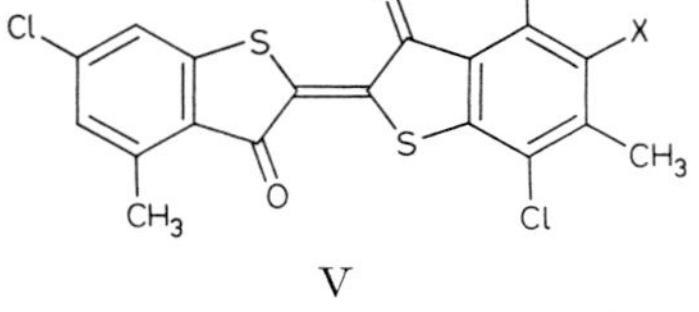

V

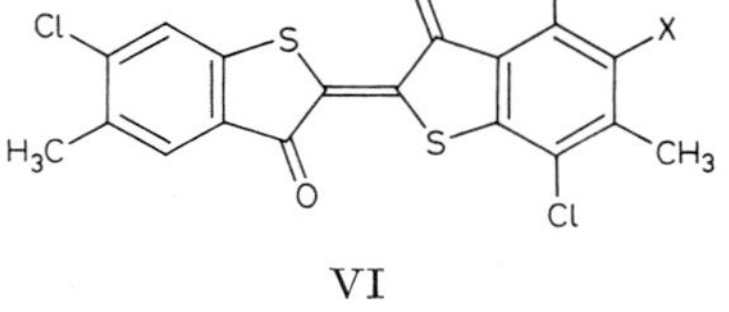

VI

*5,7,6′-Trichlor-4,6,4′-trimethyl-[2,2′]bi[benzo[b]thiophenyliden]-3,3′-dion $C_{19}H_{11}Cl_3O_2S_2$, Formel V (X = Cl) oder Stereoisomeres.

B. Aus 6-Chlor-4-methyl-benzo[b]thiophen-2,3-dion-2-[4-dimethylamino-phenylimin] und 5,7-Dichlor-4,6-dimethyl-benzo[b]thiophen-3-on [E III/IV **17** 1491] (*CIBA*, D.R.P. 623554 [1933]; Frdl. **22** 776).

Rot. In konz. Schwefelsäure mit grüner Farbe löslich.

---

*7,6′-Dichlor-4,6,5′-trimethyl-[2,2′]bi[benzo[b]thiophenyliden]-3,3′-dion $C_{19}H_{12}Cl_2O_2S_2$, Formel VI (X = H) oder Stereoisomeres.

B. Beim Erhitzen von 6-Chlor-5-methyl-benzo[b]thiophen-2,3-dion-2-[4-dimethyl≈amino-phenylimin] mit 7-Chlor-4,6-dimethyl-benzo[b]thiophen-3-on (E III/IV **17** 1491) in Essigsäure (*CIBA*, Schweiz. P. 165048 [1932]).

Rotviolettes Pulver. In konz. Schwefelsäure mit grüner Farbe löslich.

---

*5,7,6′-Trichlor-4,6,5′-trimethyl-[2,2′]bi[benzo[b]thiophenyliden]-3,3′-dion $C_{19}H_{11}Cl_3O_2S_2$, Formel VI (X = Cl) oder Stereoisomeres.

B. Aus 6-Chlor-5-methyl-benzo[b]thiophen-2,3-dion-2-[4-dimethylamino-phenylimin] und 5,7-Dichlor-4,6-dimethyl-benzo[b]thiophen-3-on [E III/IV **17** 1491] (*CIBA*, D.R.P. 623554 [1933]; Frdl. **22** 776).

Rot. In konz. Schwefelsäure mit grüner Farbe löslich.

---

*7,5′-Dichlor-4,6,7′-trimethyl-[2,2′]bi[benzo[b]thiophenyliden]-3,3′-dion $C_{19}H_{12}Cl_2O_2S_2$, Formel VII (X = H) oder Stereoisomeres.

B. Beim Erhitzen von 5-Chlor-7-methyl-benzo[b]thiophen-2,3-dion-2-[4-dimethyl≈amino-phenylimin] mit 7-Chlor-4,6-dimethyl-benzo[b]thiophen-3-on (E III/IV **17** 1491) in Essigsäure (*CIBA*, D.R.P. 638450 [1932]; Frdl. **23** 738).

Rotviolettes Pulver. In konz. Schwefelsäure mit blaugrüner Farbe löslich.

VII   VIII

*5,7,5′-Trichlor-4,6,7′-trimethyl-[2,2′]bi[benzo[b]thiophenyliden]-3,3′-dion $C_{19}H_{11}Cl_3O_2S_2$, Formel VII (X = Cl) oder Stereoisomeres.

B. Aus 5-Chlor-7-methyl-benzo[b]thiophen-2,3-dion-2-[4-dimethylamino-phenylimin] und 5,7-Dichlor-4,6-dimethyl-benzo[b]thiophen-3-on [E III/IV **17** 1491] (*CIBA*, D.R.P. 623554 [1933]; Frdl. **22** 776).

Rotviolett. In konz. Schwefelsäure mit grüner Farbe löslich.

---

*6-Chlor-4,4′,7′-trimethyl-[2,2′]bi[benzo[b]thiophenyliden]-3,3′-dion $C_{19}H_{13}ClO_2S_2$, Formel VIII oder Stereoisomeres.

B. Aus 4,7-Dimethyl-benzo[b]thiophen-2,3-dion-2-[4-dimethylamino-phenylimin] und 6-Chlor-4-methyl-benzo[b]thiophen-3-on [E III/IV **17** 1481] (*CIBA*, D.R.P. 616074 [1932]; Frdl. **21** 994).

Rot. In konz. Schwefelsäure mit grüner Farbe löslich.

---

*6,6′-Dichlor-4,7,4′-trimethyl-[2,2′]bi[benzo[b]thiophenyliden]-3,3′-dion $C_{19}H_{12}Cl_2O_2S_2$, Formel IX (X = H) oder Stereoisomeres.

B. Beim Erwärmen von 6-Chlor-4-methyl-benzo[b]thiophen-2,3-dion-2-[4-dimethyl≈amino-phenylimin] mit 6-Chlor-4,7-dimethyl-benzo[b]thiophen-3-on (E III/IV **17** 1491) in Benzol (*CIBA*, Schweiz. P. 192579 [1936]).

Rosarotes Pulver. In konz. Schwefelsäure mit grüner Farbe löslich.

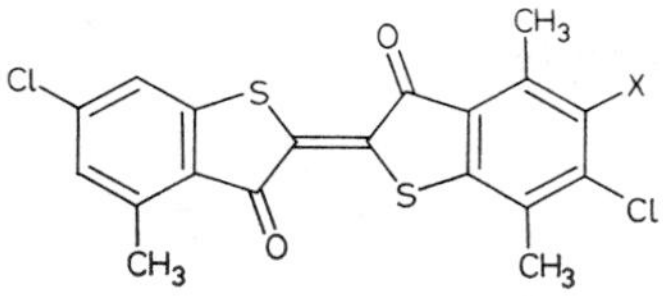

IX 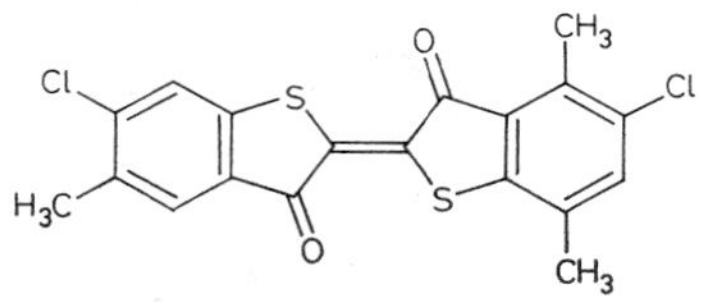   X

*5,6,6'-Trichlor-4,7,4'-trimethyl-[2,2']bi[benzo[b]thiophenyliden]-3,3'-dion
$C_{19}H_{11}Cl_3O_2S_2$, Formel IX (X = Cl) oder Stereoisomeres.

B. Beim Erwärmen von 6-Chlor-4-methyl-benzo[b]thiophen-2,3-dion-2-[4-dimethyl=
amino-phenylimin] mit 5,6-Dichlor-4,7-dimethyl-benzo[b]thiophen-3-on (E III/IV **17**
1491) in Benzol (*CIBA*, D.R.P. 700758 [1935]; D.R.P. Org. Chem. **1**, Tl. 2, S. 692).

Rotes Pulver. In konz. Schwefelsäure mit grüner Farbe löslich.

---

*5,6'-Dichlor-4,7,5'-trimethyl-[2,2']bi[benzo[b]thiophenyliden]-3,3'-dion $C_{19}H_{12}Cl_2O_2S_2$,
Formel X oder Stereoisomeres.

B. Aus 6-Chlor-5-methyl-benzo[b]thiophen-2,3-dion-2-[4-dimethylamino-phenylimin]
und 5-Chlor-4,7-dimethyl-benzo[b]thiophen-3-on [E III/IV **17** 1491] (*CIBA*, D.R.P.
616074 [1932]; Frdl. **21** 994).

Rosarot. In konz. Schwefelsäure mit grasgrüner Farbe löslich.

---

*5,5'-Dichlor-4,7,7'-trimethyl-[2,2']bi[benzo[b]thiophenyliden]-3,3'-dion $C_{19}H_{12}Cl_2O_2S_2$,
Formel XI oder Stereoisomeres.

B. Beim Erwärmen von 5-Chlor-7-methyl-benzo[b]thiophen-2,3-dion-2-[4-dimethyl=
amino-phenylimin] mit 5-Chlor-4,7-dimethyl-benzo[b]thiophen-3-on (E III/IV **17** 1491) in
Benzol (*CIBA*, D.R.P. 616074 [1932]; Frdl. **21** 994).

Violettes Pulver. In konz. Schwefelsäure mit blaugrüner Farbe löslich.

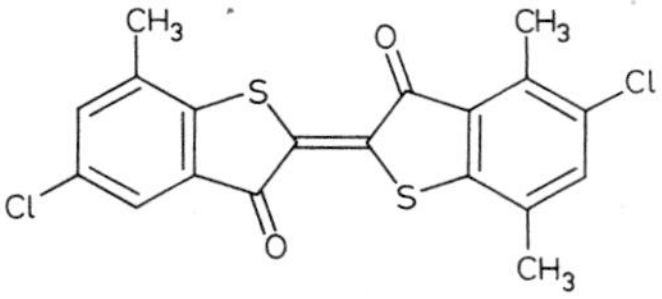

XI 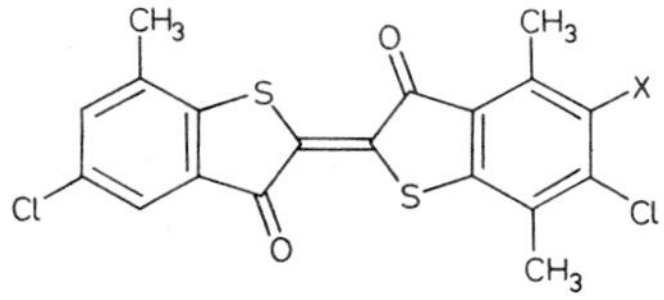   XII

*5,6,5'-Trichlor-4,7,7'-trimethyl-[2,2']bi[benzo[b]thiophenyliden]-3,3'-dion
$C_{19}H_{11}Cl_3O_2S_2$, Formel XII (X = Cl) oder Stereoisomeres.

B. Aus 5-Chlor-7-methyl-benzo[b]thiophen-2,3-dion-2-[4-dimethylamino-phenylimin]
und 5,6-Dichlor-4,7-dimethyl-benzo[b]thiophen-3-on [E III/IV **17** 1491] (*CIBA*, U.S.P.
2096141 [1936]).

Violettes Pulver. In konz. Schwefelsäure mit grüner Farbe löslich.

---

*5-Brom-6,5'-dichlor-4,7,7'-trimethyl-[2,2']bi[benzo[b]thiophenyliden]-3,3'-dion
$C_{19}H_{11}BrCl_2O_2S_2$, Formel XII (X = Br) oder Stereoisomeres.

B. Beim Erwärmen von 5-Chlor-7-methyl-benzo[b]thiophen-2,3-dion-2-[4-dimethyl=
amino-phenylimin] mit 6-Chlor-4,7-dimethyl-benzo[b]thiophen-3-on (E III/IV **17** 1492) in
Äthanol und Behandeln des Reaktionsprodukts mit konz. Schwefelsäure und Brom
(*CIBA*, U.S.P. 2096141 [1936]).

Violettes Pulver.

---

*6,6'-Dichlor-4,5',7'-trimethyl-[2,2']bi[benzo[b]thiophenyliden]-3,3'-dion $C_{19}H_{12}Cl_2O_2S_2$,
Formel XIII oder Stereoisomeres.

B. Beim Erhitzen von 6-Chlor-4-methyl-benzo[b]thiophen-2,3-dion-2-[4-dimethyl=
amino-phenylimin] mit 6-Chlor-5,7-dimethyl-benzo[b]thiophen-3-on (E III/IV **17** 1492) in
Essigsäure (*I. G. Farbenind.*, D.R.P. 634041 [1934]; Frdl. **23** 737).

Rotes Pulver. In konz. Schwefelsäure mit dunkelgrüner Farbe löslich.

XIII

XIV

*4,6'-Dichlor-5,7,5'-trimethyl-[2,2']bi[benzo[b]thiophenyliden]-3,3'-dion $C_{19}H_{12}Cl_2O_2S_2$, Formel XIV oder Stereoisomeres.

B. Aus 6-Chlor-5-methyl-benzo[b]thiophen-2,3-dion-2-[4-dimethylamino-phenylimin] und 4-Chlor-5,7-dimethyl-benzo[b]thiophen-3-on [E III/IV **17** 1492] (*CIBA*, D.R.P. 638450 [1932]; Frdl. **23** 738).

Rosarot. In konz. Schwefelsäure mit grüner Farbe löslich.

4,5'-Dichlor-5,7,7'-trimethyl-[2,2']bi[benzo[b]thiophenyliden]-3,3'-dion $C_{19}H_{12}Cl_2O_2S_2$, Formel XV oder Stereoisomeres.

B. Aus 5-Chlor-7-methyl-benzo[b]thiophen-2,3-dion-2-[4-dimethylamino-phenylimin] und 4-Chlor-5,7-dimethyl-benzo[b]thiophen-3-on [E III/IV **17** 1492] (*CIBA*, D.R.P. 638450 [1932]; Frdl. **23** 738).

Rot. In konz. Schwefelsäure mit grüner Farbe löslich.

XV

XVI

(±)-7-Acetonyl-7H-chromeno[4,3-b]chromen-6-on, (±)-4-Acetonyl-2-[2-hydroxy-phenyl]-4H-chromen-3-carbonsäure-lacton $C_{19}H_{14}O_4$, Formel XVI.

B. Beim Erhitzen von Chroman-2,4-dion (E III/IV **17** 6153) mit 4t-[2-Hydroxy-phenyl]-but-3-en-2-on und Pyridin (*Ikawa et al.*, Am. Soc. **66** [1944] 902, 904, 905).

Krystalle (aus Dioxan); F: 263° [Zers.].

Dioxo-Verbindungen $C_{20}H_{16}O_4$

*Bis-[2-oxo-1-phenyl-propyliden]-[1,3]dithietan $C_{20}H_{16}O_2S_2$, Formel I oder Stereoisomeres.

B. Beim Erwärmen von Phenylaceton mit Kaliumhydroxid und Schwefelkohlenstoff (*Yates et al.*, Canad. J. Chem. **49** [1971] 1456, 1464; s. a. *Yates, Moore*, Am. Soc. **80** [1958] 5577).

Gelbe Krystalle (aus Bzl. + Cyclohexan); F: 233—233,5° [unkorr.] (*Ya. et al.*; s. a. *Ya., Mo.*). ^{1}H-NMR-Absorption (CDCl$_3$): *Ya. et al.* UV-Absorptionsmaxima (CHCl$_3$): 246 nm und 374 nm (*Ya., Mo.*).

Beim Behandeln einer Lösung in Dioxan mit alkal. wss. Natriumhypochlorit-Lösung und Ansäuern des Reaktionsgemisches mit wss. Salzsäure ist Bis-[carboxy-phenyl-methylen]-[1,3]dithietan (F: 298—299°) erhalten worden (*Ya. et al.*, l. c. S. 1465; s. a. *Ya., Mo.*).

Dioxim $C_{20}H_{18}N_2O_2S_2$. Gelbe Krystalle (aus wss. A.); F: 209,5—210° [unkorr.; Zers.] (*Ya. et al.*, l. c. S. 1465; s. a. *Ya., Mo.*). UV-Absorptionsmaxima (A.): 347 nm und 368 nm (*Ya., Mo.*).

Mono-[2,4-dinitro-phenylhydrazon] $C_{26}H_{20}N_4O_5S_2$. Rote Krystalle (aus Bzl. + Bzn.); F: 250—251° [unkorr.] (*Ya. et al.*, l. c. S. 1465; s. a. *Ya., Mo.*). Absorptionsmaxima (CHCl$_3$): 356 nm und 450 nm (*Ya., Mo.*).

Bis-[2,4-dinitro-phenylhydrazon] $C_{32}H_{24}N_8O_8S_2$. Rotbraunes Pulver; F: 285° bis 286° [unkorr.] (*Ya. et al.*, l. c. S. 1465; s. a. *Ya., Mo.*). Absorptionsmaxima (CHCl₃): 260 nm, 341 nm und 505 nm (*Ya., Mo.*).

I   II

2,7-Bis-methacryloyl-dibenzo[1,4]dioxin $C_{20}H_{16}O_4$, Formel II.

B. Beim Erwärmen von Dibenzo[1,4]dioxin mit α-Brom-isobutyrylbromid, Aluminium‌chlorid und Schwefelkohlenstoff und Erwärmen des erhaltenen 2,7-Bis-[α-brom-isobutyryl]-dibenzo[1,4]dioxins ($C_{20}H_{18}Br_2O_4$; Krystalle [aus CHCl₃ + Acn.], F: 172°) mit Piperidin (*Tomita*, J. pharm. Soc. Japan **58** [1938] 503, 509; dtsch. Ref. S. 133, 135; C. A. **1938** 7464).

Krystalle (aus CHCl₃ oder Acn.); F: 255°.

1,1-Bis-[5-acetyl-[2]thienyl]-2-phenyl-äthylen $C_{20}H_{16}O_2S_2$, Formel III.

B. Beim Behandeln von 1-Phenyl-2,2-di-[2]thienyl-äthylen mit Acetylchlorid, Benzol und Zinn(IV)-chlorid (*Nam et al.*, Soc. **1954** 1690, 1693, 1695).

Orangegelbe Krystalle (aus Me.); F: 169°. Kp₀,₃: 259—261°.

III   IV   V

*2-Phenyl-1,1-bis-[5-(1-semicarbazono-äthyl)-[2]thienyl]-äthylen $C_{22}H_{22}N_6O_2S_2$, Formel IV (R = CO-NH₂).

B. Aus 1,1-Bis-[5-acetyl-[2]thienyl]-2-phenyl-äthylen und Semicarbazid (*Nam et al.*, Soc. **1954** 1690, 1695).

Gelbe Krystalle (aus A.); F: > 310°.

(±)-9-Acetyl-2-phenyl-3,4-dihydro-2H-pyrano[2,3-f]chromen-8-on, **(±)-2-Acetyl-3c-[7-hydroxy-2-phenyl-chroman-8-yl]-acrylsäure-lacton** $C_{20}H_{16}O_4$, Formel V.

B. Beim Behandeln von (±)-7-Hydroxy-2-phenyl-chroman-8-carbaldehyd mit Acet‌essigsäure-äthylester und Piperidin (*Robertson*, Soc. **1954** 3137, 3138).

Krystalle (aus Me.); F: 180°.

*5,5'-Diäthyl-[2,2']bi[benzo[b]thiophenyliden]-3,3'-dion $C_{20}H_{16}O_2S_2$, Formel VI oder Stereoisomeres.

B. Beim Erwärmen von [4-Äthyl-phenylmercapto]-essigsäure mit Phosphor(III)-chlorid in Chlorbenzol und anschliessend mit Aluminiumchlorid, Behandeln des Reak-tionsgemisches mit kalter wss. Salzsäure und Behandeln des Reaktionsprodukts mit wss. Alkalilauge und Kalium-hexacyanoferrat(III) (*Okšengendler, Losinškiǐ*, Ukr. chim. Ž. **25** [1959] 95, 97; C. A. **1959** 20028).

Krystalle (aus *m*-Xylol); F: 300—302° [geschlossene Kapillare] (*Ok., Lo.*, l. c. S. 98). Absorptionsmaximum (*m-Xylol*): 555 nm (*Ok., Lo.*, l. c. S. 96).

---

*7,7'-Diäthyl-[2,2']bi[benzo[*b*]thiophenyliden]-3,3'-dion $C_{20}H_{16}O_2S_2$, Formel VII (X = H) oder Stereoisomeres.

B. Beim Erwärmen von [2-Äthyl-phenylmercapto]-essigsäure mit Phosphor(III)-chlorid in Chlorbenzol und anschliessend mit Aluminiumchlorid, Behandeln des Reaktionsgemisches mit kalter wss. Salzsäure und Behandeln des Reaktionsprodukts mit wss. Alkalilauge und Kalium-hexacyanoferrat(III) (*Okšengendler, Losinškiĭ*, Ukr. chim. Ž. **25** [1959] 95, 97; C. A. **1959** 20028).

Krystalle (aus *m*-Xylol); F: 264—266° [geschlossene Kapillare] (*Ok., Lo.*, l. c. S. 98). Absorptionsmaximum (*m-Xylol*): 549 nm (*Ok., Lo.*, l. c. S. 96).

VI

VII

---

*7,7'-Diäthyl-5,5'-dibrom-[2,2']bi[benzo[*b*]thiophenyliden]-3,3'-dion $C_{20}H_{14}Br_2O_2S_2$, Formel VII (X = Br) oder Stereoisomeres.

B. Beim Behandeln von [2-Äthyl-4-brom-phenylmercapto]-essigsäure mit Chloro≈schwefelsäure unterhalb von —5° und Behandeln des Reaktionsgemisches mit Brom (*Okšengendler, Losinškiĭ*, Ukr. chim. Ž. **25** [1959] 95, 97; C. A. **1959** 20028).

Krystalle (aus *m*-Xylol); F: 312—314° [Zers.; geschlossene Kapillare] (*Ok., Lo.*, l. c. S. 98).

---

*7,7'-Dichlor-4,5,4',5'-tetramethyl-[2,2']bi[benzo[*b*]thiophenyliden]-3,3'-dion $C_{20}H_{14}Cl_2O_2S_2$, Formel VIII oder Stereoisomeres.

B. Beim Behandeln von [2-Chlor-4,5-dimethyl-phenylmercapto]-essigsäure mit Chloro≈schwefelsäure und Behandeln des Reaktionsgemisches mit Wasser (*I. G. Farbenind.*, D.R.P. 547925 [1930]; Frdl. **18** 1149). Beim Behandeln von 7-Chlor-4,5-dimethyl-benzo[*b*]thiophen-3-on (E III/IV **17** 1490) mit wss. Alkalilauge und Kalium-hexacyano≈ferrat(III) (*I. G. Farbenind.*).

Rote Krystalle. In konz. Schwefelsäure mit grüner Farbe löslich.

5,7,7'-Trichlor-4,6,4',6'-tetramethyl-[2,2']bi[benzo[*b*]thiophenyliden]-3,3'-dion $C_{20}H_{13}Cl_3O_2S_2$, Formel IX (X = H) oder Stereoisomeres.

B. Aus 7-Chlor-4,6-dimethyl-benzo[*b*]thiophen-2,3-dion-2-[4-dimethylamino-phenyl≈imin] und 5,7-Dichlor-4,6-dimethyl-benzo[*b*]thiophen-3-on [E III/IV **17** 1491] (*CIBA*, D.R.P. 623554 (1933); Frdl. **22** 776).

Rotviolett. In konz. Schwefelsäure mit grüner Farbe löslich.

VIII

IX

5,7,5',7'-Tetrachlor-4,6,4',6'-tetramethyl-[2,2']bi[benzo[*b*]thiophenyliden]-3,3'-dion $C_{20}H_{12}Cl_4O_2S_2$, Formel IX (X = Cl) oder Stereoisomeres.

B. Beim Erwärmen von 5,7-Dichlor-4,6-dimethyl-benzo[*b*]thiophen-3-on (E III/IV **17**

1491) mit wss.-äthanol. Natronlauge und mit einer Suspension von Schwefel in Wasser (*CIBA*, D.R.P. 623554 [1933]; Frdl. **22** 776).
Rot. In konz. Schwefelsäure mit grüner Farbe löslich.

*5,7-Dichlor-4,6,4′,7′-tetramethyl-[2,2′]bi[benzo[*b*]thiophenyliden]-3,3′-dion
$C_{20}H_{14}Cl_2O_2S_2$, Formel X oder Streoisomeres.
B. Aus 4,7-Dimethyl-benzo[*b*]thiophen-2,3-dion-2-[4-dimethylamino-phenylimin] und 5,7-Dichlor-4,6-dimethyl-benzo[*b*]thiophen-3-on [E III/IV **17** 1491] (*CIBA*, D.R.P. 623554 [1933]; Frdl. **22** 776).
Rot. In konz. Schwefelsäure mit grüner Farbe löslich.

X   XI

*5-Chlor-4,7,4′,7′-tetramethyl-[2,2′]bi[benzo[*b*]thiophenyliden]-3,3′-dion $C_{20}H_{15}ClO_2S_2$,
Formel XI oder Stereoisomeres.
B. Aus 4,7-Dimethyl-benzo[*b*]thiophen-2,3-dion-2-[4-dimethylamino-phenylimin] und 5-Chlor-4,7-dimethyl-benzo[*b*]thiophen-3-on [E III/IV **17** 1491] (*CIBA*, D.R.P. 616074 [1932]; Frdl. **21** 994).
Rosarot. In konz. Schwefelsäure mit grüner Farbe löslich.

(*Z*)-5,5′-Dichlor-4,7,4′,7′-tetramethyl-[2,2′]bi[benzo[*b*]thiophenyliden]-3,3′-dion
$C_{20}H_{14}Cl_2O_2S_2$, Formel XII, und **(*E*)-5,5′-Dichlor-4,7,4′,7′-tetramethyl-[2,2′]bi[benzo[*b*]**
thiophenyliden]-3,3′-dion $C_{20}H_{14}Cl_2O_2S_2$, Formel XIII.
Gemische dieser beiden Stereoisomeren haben wahrscheinlich in den nachstehend beschriebenen Präparaten vorgelegen (vgl. *Egerton, Galil*, J. Soc. Dyers Col. **78** [1962] 167, 173). Mengenverhältnis der beiden Stereoisomeren in Lösungen in Benzol und in Chloroform nach Bestrahlung mit Tageslicht und mit sichtbarem Licht verschiedener Wellenlängen: *Wyman, Brode*, Am. Soc. **73** [1951] 1487, 1491.
B. Beim Behandeln von 5-Chlor-4,7-dimethyl-benzo[*b*]thiophen-3-on (E III/IV **17** 1491) mit wss. Natronlauge und Kalium-hexacyanoferrat(III) (*Dann, Kokorudz*, B. **86** [1953] 1449, 1451).
Rote Krystalle [aus Nitrobenzol] (*Dann, Ko.*); Krystalle [aus CHCl₃] (*Wy., Br.*, l. c. S. 1488). Absorptionsspektrum von Lösungen der Stereoisomeren in Chloroform (255 nm bis 620 nm bzw. 270—640 nm): *Brode, Wyman*, J. Res. Bur. Stand. **47** [1951] 170, 176; *Wy., Br.*, l. c. S. 1492; von Lösungen in Benzol (270—620 nm): *Br., Wy.*, J. Res. Bur. Stand. **47** 176. Absorptionsspektrum eines festen Films auf Quarz sowie der in Cellophan-Folie eingebetteten Verbindung (250—650 nm): *Eg., Ga.*; einer Lösung in konz. Schwefelsäure (210—800 nm): *Brode, Wyman*, Am. Soc. **73** [1951] 4267, 4268. Fluorescenzmaximum des (*E*)-Stereoisomeren nach Anregung durch Licht der Wellenlänge 546 nm (Bzl.): 602 nm (*Rogers et al.*, Am. Soc. **79** [1957] 2464, 2465).

XII   XIII

(*Z*)-5,7,5′,7′-Tetramethyl-[2,2′]bi[benzo[*b*]thiophenyliden]-3,3′-dion $C_{20}H_{16}O_2S_2$,
Formel XIV, und **(*E*)-5,7,5′,7′-Tetramethyl-[2,2′]bi[benzo[*b*]thiophenyliden]-3,3′-dion**
$C_{20}H_{16}O_2S_2$, Formel XV.
Mengenverhältnis der beiden Stereoisomeren in Lösungen in Benzol und in Chloroform

nach Bestrahlung mit Tageslicht und mit sichtbarem Licht verschiedener Wellenlängen: *Brode, Wyman*, J. Res. Bur. Stand. **47** [1951] 170, 171.

Krystalle [aus CHCl$_3$] (*Br., Wy.*, J. Res. Bur. Stand. **47** 170). Absorptionsspektrum von Lösungen der Stereoisomeren in Benzol (280—620 nm) und in Chloroform (255 nm bis 620 nm): *Br., Wy.*, J. Res. Bur. Stand. **47** 176. Absorptionsspektrum (konz. Schwefel= säure; 210—800 nm): *Brode, Wyman*, Am. Soc. **73** [1951] 4267, 4268. Fluorescenzmaxi= mum (Bzl.) des (*E*)-Stereoisomeren nach Anregung durch Licht der Wellenlänge 546 nm: 600 nm (*Rogers et al.*, Am. Soc. **79** [1957] 2464, 2465).

XIV   XV

---

*Opt.-inakt. 1-[3,4-Dihydro-[2,2′]spirobichromen-4-yl]-propan-1,2-dion-1-oxim
$C_{20}H_{17}NO_4$, Formel XVI (X = O).

Konstitutionszuordnung: *Kuhn et al.*, A. **611** [1958] 83, 89 Anm.

B. Beim Behandeln von opt.-inakt. [3,4-Dihydro-[2,2′]spirobichromen-4-yl]-aceton (F: 196°) mit Amylnitrit, Chloroform und Chlorwasserstoff enthaltendem Methanol (*Kuhn et al.*, l. c. S. 94).

Gelbliche Krystalle (aus Eg.); F: 234° [Zers.].

XVI   XVII

---

*Opt.-inakt. 1-[3,4-Dihydro-[2,2′]spirobichromen-4-yl]-propan-1,2-dion-dioxim
$C_{20}H_{18}N_2O_4$, Formel XVI (X = N-OH).

B Beim Erhitzen der im vorangehenden Artikel beschriebenen Verbindung mit Hydr= oxylamin-hydrochlorid und Pyridin (*Kuhn et al.*, A. **611** [1958] 83, 94).

Gelbe Krystalle (aus Me.); F: 252—253° [Zers.].

2,11-Dimethyl-(6a*r*,6b*t*,12b*t*,12c*c*)-6a,6b,12b,12c-tetrahydro-cyclobuta[1,2-*c*;4,3-*c′*]= dichromen-6,7-dion $C_{20}H_{16}O_4$, Formel XVII + Spiegelbild.

Diese Konstitution und Konfiguration ist vermutlich der nachstehend beschriebenen Verbindung auf Grund ihrer Bildungsweise zuzuordnen (vgl. *Krauch et al.*, B. **99** [1966] 625, 633).

B. Bei mehrtägiger Bestrahlung einer Lösung von 6-Methyl-cumarin in Benzol mit Sonnenlicht (*Mustafa et al.*, J. org. Chem. **22** [1957] 888, 889).

Krystalle (aus Bzl.); F: 194° [unkorr.] (*Mu. et al.*, l. c. S. 890).

Beim Erhitzen auf 200° ist 6-Methyl-cumarin erhalten worden.

Dioxo-Verbindungen $C_{21}H_{18}O_4$

*Opt.-inakt. 2,2-Bis-[1-[2]furyl-2-nitro-äthyl]-indan-1,3-dion $C_{21}H_{16}N_2O_8$, Formel I.

B. Beim Behandeln von 2-[2-Nitro-vinyl]-furan (E III/IV **17** 359) mit Indan-1,3-dion, Benzol und wenig Triäthylamin (*Perekalin, Parfenowa*, Ž. obšč. Chim. **30** [1960] 388, 390; engl. Ausg. S. 412, 414; Doklady Akad. S.S.S.R. **124** [1959] 592; Pr. Acad. Sci. U.S.S.R. Chem. Sect. **124–129** [1959] 53).

F: 156,4° [aus Me. + Bzl.] (*Pe., Pa.*, Ž. obšč. Chim. **30** 391; engl. Ausg. S. 413).

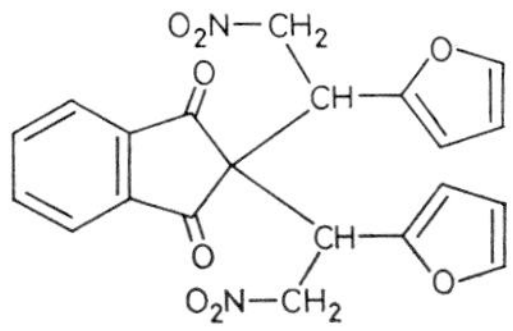

I 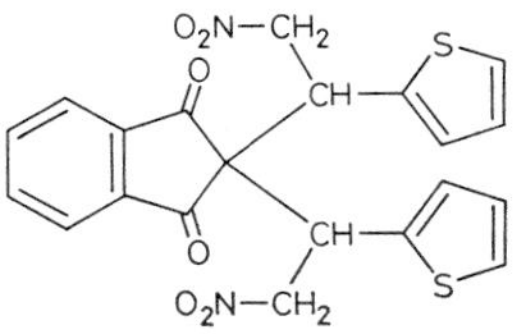   II 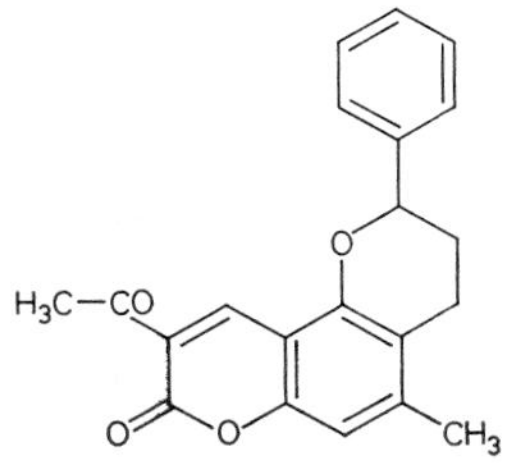   III

*Opt.-inakt. **2,2-Bis-[2-nitro-1-[2]thienyl-äthyl]-indan-1,3-dion** $C_{21}H_{16}N_2O_6S_2$, Formel II.

B. Beim Behandeln von 2-[2-Nitro-vinyl]-thiophen (E III/IV **17** 362) mit Indan-1,3-dion, Benzol und wenig Triäthylamin (*Perekalin, Parfenowa*, Ž. obšč. Chim. **30** [1960] 388, 390; engl. Ausg. S. 412, 414; Doklady Akad. S.S.S.R. **124** [1959] 592; Pr. Acad. Sci. U.S.S.R. Chem. Sect. **124–129** [1959] 53).

F: 212−213° [aus Dioxan] (*Pe., Pa.*, Ž. obšč. Chim. **30** 391; engl. Ausg. S. 413).

(±)-9-Acetyl-5-methyl-2-phenyl-3,4-dihydro-2H-pyrano[2,3-f]chromen-8-on,
(±)-2-Acetyl-3c-[7-hydroxy-5-methyl-2-phenyl-chroman-8-yl]-acrylsäure-lacton
$C_{21}H_{18}O_4$, Formel III.

B. Beim Behandeln von (±)-7-Hydroxy-5-methyl-2-phenyl-chroman-8-carbaldehyd mit Acetessigsäure-äthylester und Piperidin (*Robertson*, Soc. **1954** 3137, 3140).

Hellgelbe Krystalle (aus Bzn.); F: 103°.

Dioxo-Verbindungen $C_{22}H_{20}O_4$

*5,5'-Diisopropyl-[2,2']bi[benzo[b]thiophenyliden]-3,3'-dion $C_{22}H_{20}O_2S_2$, Formel IV oder Stereoisomeres.

B. Beim Erwärmen von [4-Isopropyl-phenylmercapto]-essigsäure mit Phosphor(III)-chlorid in Chlorbenzol und anschliessend mit Aluminiumchlorid, Behandeln des Reaktions-gemisches mit kalter wss. Salzsäure und Behandeln des Reaktionsprodukts mit wss. Alkalilauge und Kalium-hexacyanoferrat(III) (*Okšengendler, Losinškii*, Ukr. chim. Ž. **25** [1959] 95, 97; C. A. **1959** 20028).

Krystalle (aus m-Xylol); F: 270−272° [geschlossene Kapillare] (*Ok., Lo.*, l. c. S. 98). Absorptionsmaximum (m-Xylol): 556 nm (*Ok., Lo.*, l. c. S. 96).

---

*7,7'-Diisopropyl-[2,2']bi[benzo[b]thiophenyliden]-3,3'-dion $C_{22}H_{20}O_2S_2$, Formel V (X = H) oder Stereoisomeres.

B. Beim Erwärmen von [2-Isopropyl-phenylmercapto]-essigsäure mit Phosphor(III)-chlorid in Chlorbenzol und anschliessend mit Aluminiumchlorid, Behandeln des Reaktions-gemisches mit kalter wss. Salzsäure uud Behandeln des Reaktionsprodukts mit wss. Alkalilauge und Kalium-hexacyanoferrat(III) (*Okšengendler, Losinškii*, Ukr. chim. Ž. **25** [1959] 95, 97; C. A. **1959** 20028).

Krystalle (aus m-Xylol); F: 280−282° [geschlossene Kapillare] (*Ok., Lo.*, l. c. S. 98). Absorptionsmaximum (m-Xylol): 549 nm (*Ok., Lo.*, l. c. S. 96).

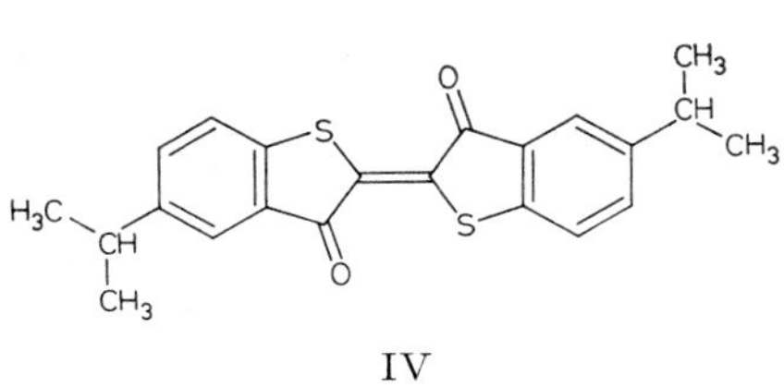

IV 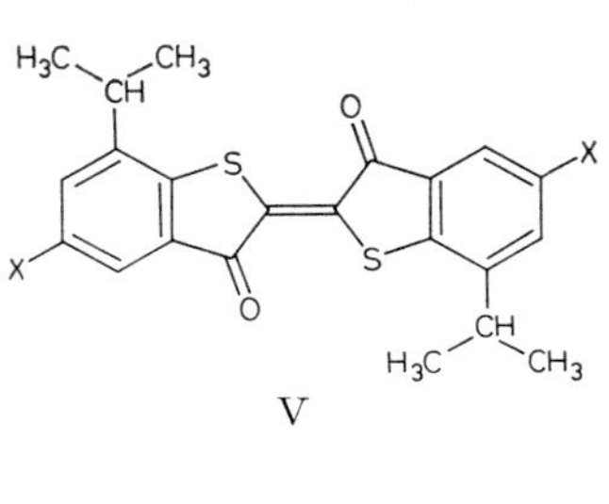   V

*5,5'-Dibrom-7,7'-diisopropyl-[2,2']bi[benzo[b]thiophenyliden]-3,3'-dion $C_{22}H_{18}Br_2O_2S_2$, Formel V (X = Br) oder Stereoisomeres.

B. Beim Behandeln von [4-Brom-2-isopropyl-phenylmercapto]-essigsäure mit Chloro= schwefelsäure unterhalb von $-5°$ und anschliessend mit Brom (*Okšengendler, Losinskiĭ,* Ukr. chim. Ž. **25** [1959] 95, 97; C. A. **1959** 20028).

Krystalle (aus *m*-Xylol); F: $335-336°$ [Zers.; geschlossene Kapillare] (*Ok., Lo.,* l. c. S. 98).

---

*5,6,7,5',6',7'-Hexamethyl-[2,2']bibenzofuranyliden-3,3'-dion $C_{22}H_{20}O_4$, Formel VI oder Stereoisomeres.

B. Beim Erhitzen von 1,4-Bis-[2-hydroxy-3,4,5-trimethyl-phenyl]-butan-1,4-dion (?) (bezüglich der Konstitutionszuordnung vgl. auch *Smith, Holmes,* Am. Soc. **73** [1951] 3847) mit Jod in Pyridin (*Smith, Holmes,* Am. Soc. **73** [1951] 4294, 4297).

Orangefarbene Krystalle (aus Nitrobenzol); F: $305-306°$ [unkorr.; Zers.] (*Sm., Ho.,* l. c. S. 4297).

VI   VII

2,11,12b,12c-Tetramethyl-6a,6b,12b,12c-tetrahydro-cyclobuta[1,2-c;4,3-c']dichromen-6,7-dion $C_{22}H_{20}O_4$, Formel VII.

Für die nachstehend beschriebene Verbindung kommt auch die Formulierung als 2,6b,8,12b-Tetramethyl-6a,6b,12a,12b-tetrahydro-cyclobuta[1,2-c;3,4-c']di= chromen-6,12-dion in Frage.

B. Bei mehrtägiger Bestrahlung einer Lösung von 4,6-Dimethyl-cumarin in Benzol mit Sonnenlicht (*Mustafa et al.,* J. org. Chem. **22** [1957] 888, 889).

Krystalle (aus Dioxan + PAe.); F: $220°$ [unkorr.] (*Mu. et al.,* l. c. S. 890).

3,10,12b,12c-Tetramethyl-6a,6b,12b,12c-tetrahydro-cyclobuta[1,2-c;4,3-c']dichromen-6,7-dion $C_{22}H_{20}O_4$, Formel VIII.

Für die nachstehend beschriebene Verbindung kommt auch die Formulierung als 3,6b,9,12b-Tetramethyl-6a,6b,12a,12b-tetrahydro-cyclobuta[1,2-c;3,4-c']di= chromen-6,12-dion in Frage.

B. Bei mehrwöchiger Bestrahlung einer Lösung von 4,7-Dimethyl-cumarin in Benzol mit Sonnenlicht (*Mustafa et al.,* J. org. Chem. **22** [1957] 888, 889).

Krystalle (aus Bzl. + PAe.); F: $211°$ [unkorr.] (*Mu. et al.,* l. c. S. 890).

VIII   IX

Dioxo-Verbindungen $C_{24}H_{24}O_4$

*5,5'-Di-*tert*-butyl-[2,2']bi[benzo[b]thiophenyliden]-3,3'-dion $C_{24}H_{24}O_2S_2$, Formel IX oder Stereoisomeres.

B. Beim Erwärmen von [4-*tert*-Butyl-phenylmercapto]-essigsäure mit Phosphor(III)-

chlorid in Chlorbenzol und anschliessend mit Aluminiumchlorid, Behandeln des Reaktionsgemisches mit kalter wss. Salzsäure und Behandeln des Reaktionsprodukts mit
wss. Alkalilauge und Kalium-hexacyanoferrat(III) (*Okšengendler, Losinskiĭ*, Ukr. chim.
Ž. **25** [1959] 95, 98; C. A. **1959** 20028).

Krystalle (aus *m*-Xylol); F: 303—305° [geschlossene Kapillare]. Absorptionsmaximum
(*m*-Xylol): 555,5 nm (*Ok., Lo.*, 1. c. S. 96).

---

*7,7′-Di-*tert*-butyl-[2,2′]bi[benzo[*b*]thiophenyliden]-3,3′-dion $C_{24}H_{24}O_2S_2$, Formel X
(X = H) oder Stereoisomeres.

B. Beim Erwärmen von [2-*tert*-Butyl-phenylmercapto]-essigsäure mit Phosphor(III)-
chlorid in Chlorbenzol und anschliessend mit Aluminiumchlorid, Behandeln des Reaktionsgemisches mit kalter wss. Salzsäure und Behandeln des Reaktionsprodukts mit
wss. Alkalilauge und Kalium-hexacyanoferrat(III) (*Okšengendler, Losinskiĭ*, Ukr. chim.
Ž. **25** [1959] 95, 97; C. A. **1959** 20028).

Krystalle (aus *m*-Xylol); F: 292—294° [geschlossene Kapillare] (*Ok., Lo.*, 1. c. S. 98).
Absorptionsmaximum (*m*-Xylol): 548 nm (*Ok., Lo.*, 1. c. S. 96).

X   XI

*5,5′-Dibrom-7,7′-di-*tert*-butyl-[2,2′]bi[benzo[*b*]thiophenyliden]-3,3′-dion $C_{24}H_{22}Br_2O_2S_2$,
Formel X (X = Br) oder Stereoisomeres.

B. Beim Behandeln von [4-Brom-2-*tert*-butyl-phenylmercapto]-essigsäure mit Chloroschwefelsäure unterhalb −5° und anschliessend mit Brom (*Okšengendler, Losinskiĭ*,
Ukr. chim. Ž. **25** [1959] 95, 97; C. A. **1959** 20028).

Krystalle (aus *m*-Xylol); F: 342—345° [Zers.; geschlossene Kapillare] (*Ok., Lo.*, 1. c.
S. 98).

---

*6,6′-Dichlor-7,7′-diisopropyl-4,4′-dimethyl-[2,2′]bi[benzo[*b*]thiophenyliden]-3,3′-dion
$C_{24}H_{22}Cl_2O_2S_2$, Formel XI oder Stereoisomeres.

B. Beim Erwärmen von 6-Chlor-7-isopropyl-4-methyl-benzo[*b*]thiophen-3-on (E III/IV
17 1499) mit wss. Natronlauge und Schwefel (*Hixson, Cauwenberg*, Am. Soc. **52** [1930]
2118, 2123).

Rote Krystalle (aus Xylol). Absorptionsmaximum (Xylol): 549 nm (*Hi., Ca.*, 1. c.
S. 2125).

XII   XIII

*4,4′-Diisopropyl-7,7′-dimethyl-[2,2′]bi[benzo[*b*]thiophenyliden]-3,3′-dion $C_{24}H_{24}O_2S_2$,
Formel XII oder Stereoisomeres.

B. Beim Erwärmen von 4-Isopropyl-7-methyl-benzo[*b*]thiophen-3-on (E III/IV **17**
1500) mit wss. Natronlauge und Schwefel (*Hixson, Cauwenberg*, Am. Soc. **52** [1930]

2125, 2128).

Rote Krystalle (aus Xylol). Absorptionsmaximum (Xylol): 559 nm (*Hi., Ca.*, l. c. S. 2129).

2,2-Dioxo-3a,7a-diphenacyl-(3ar,7ac)-octahydro-2λ^6-4c,7c-epoxido-benzo[c]thiophen, 3a,7a-Diphenacyl-(3ar,7ac)-octahydro-4c,7c-epoxido-benzo[c]thiophen-2,2-dioxid $C_{24}H_{24}O_5S$, Formel XIII.

B. Beim Behandeln einer Lösung von 6,7-Diphenyl-1,2,3,4,5,8-hexahydro-1t,4t-epoxido-4ar,8ac-[2]thiapropano-naphthalin in Chloroform mit Ozon und anschliessend mit Zink-Pulver und Essigsäure (*Stork et al.*, Am. Soc. **75** [1953] 384, 390).

F: 232—233° [korr.; aus A.]. 　　　　　　　　　　　　　　　　　　[*Walentowski*]

Dioxo-Verbindungen $C_nH_{2n-26}O_4$

Dioxo-Verbindungen $C_{16}H_6O_4$

Anthra[9,1-bc;10,5-b'c']difuran-2,7-dion, 9,10-Dihydroxy-anthracen-1,5-dicarbonsäure-1 → 9;5 → 10-dilacton $C_{16}H_6O_4$, Formel I (E II 198).

B. Beim Behandeln von [9,10-Dioxo-9,10-dihydro-anthracen-1,5-dicarbonsäure]-essig= säure-dianhydrid mit Essigsäure, Zink und Natriumacetat (*Fieser, Fieser*, Am. Soc. **55** [1933] 3010, 3014).

Bei kurzem Erhitzen mit einem Gemisch von wss. Salpetersäure und Essigsäure ist 9,10-Dioxo-9,10-dihydro-anthracen-1,5-dicarbonsäure erhalten worden (*Zinke, Wenger*, M. **55** [1930] 52, 55).

I 　　　　　　　　　　　　　　　　　　　II

Dioxo-Verbindungen $C_{17}H_8O_4$

7H-Thieno[3',2';3,4]fluoreno[1,2-c]furan-4,6-dion, 6H-Fluoreno[4,3-b]thiophen-4,5-di= carbonsäure-anhydrid $C_{17}H_8O_3S$, Formel II.

B. Beim Erhitzen von (3ar,3bc,6ac,6bc)-3b,6a,6b,7-Tetrahydro-3aH-thieno[3',2';= 3,4]fluoreno[1,2-c]furan-4,6-dion (S. 2082) mit Schwefel bis auf 230° (*Szmuszkovicz, Modest*, Am. Soc. **72** [1950] 571, 576).

Gelbe Krystalle (aus Acetanhydrid), F: 268—271° [korr.]; die Schmelze erstarrt bei weiterem Erhitzen wieder.

Dioxo-Verbindungen $C_{18}H_{10}O_4$

3-[(E)-2-Oxo-5-phenyl-[3]furyliden]-3H-benzofuran-2-on $C_{18}H_{10}O_4$, Formel III (X = H).

Diese Konstitution und Konfiguration kommt der nachstehend beschriebenen Ver- bindung zu (*Klingsberg*, Chem. Reviews **54** [1954] 59, 63), für die von *Chovin* (Bl. [5] **11** [1944] 82, 83, 88) auch die Formulierung als 3-Phenyl-pyrano[4,3-c]chromen-1,5-dion in Betracht gezogen worden ist.

B. Beim Erhitzen von 2,4-Dioxo-4-phenyl-buttersäure mit [2-Hydroxy-phenyl]-essig= säure und Phosphor(III)-bromid auf 125° (*Ch.*, l. c. S. 88).

Rote Krystalle (aus Bzl.); F: 269,5° [Block] (*Ch.*).

3-[(E)-5-(4-Brom-phenyl)-2-oxo-[3]furyliden]-3H-benzofuran-2-on $C_{18}H_9BrO_4$, Formel III (X = Br).

Diese Konstitution und Konfiguration kommt der nachstehend beschriebenen Verbindung zu, für die von *Chovin* (Bl. [5] **11** [1944] 82, 83) auch die Formulierung als 3-[4-Brom-phenyl]-pyrano[4,3-*c*]chromen-1,5-dion in Betracht gezogen worden ist (vgl. die im vorangehenden Artikel beschriebene Verbindung).

B. Beim Erhitzen von [2-Hydroxy-phenyl]-glyoxylsäure mit 4-[4-Brom-phenyl]-4-oxo-buttersäure und Phosphor(III)-bromid auf 125° (*Ch.*, l. c. S. 88). Rote Krystalle.

III   IV   V

5-Nitro-3-[2-oxo-5-phenyl-[3]furyliden]-phthalid $C_{18}H_9NO_6$, Formel IV, und **6-Nitro-3-[2-oxo-5-phenyl-[3]furyliden]-phthalid** $C_{18}H_9NO_6$, Formel V, sowie Stereoisomere.

Diese Konstitutionsformeln kommen für die nachstehend beschriebene Verbindung in Betracht (*Smith, Hanna,* Am. Soc. **73** [1951] 2387).

B. Beim Erwärmen von 4-Nitro-phthalsäure-anhydrid mit 4-Oxo-4-phenyl-buttersäure, Acetanhydrid und Natriumacetat (*Sm., Ha.*).

Krystalle (aus Chlorbenzol); F: 245—246,3° [korr.; Zers.; geschlossene Kapillare] (*Sm., Ha.*). Absorptionsspektrum (A.; 220—480 nm): *Hanna, Smith,* Pr. Iowa Acad. **58** [1951] 251, 258.

4-Nitro-3-[2-oxo-5-phenyl-[3]furyliden]-phthalid $C_{18}H_9NO_6$, Formel VI, und **7-Nitro-3-[2-oxo-5-phenyl-[3]furyliden]-phthalid** $C_{18}H_9NO_6$, Formel VII, sowie Stereoisomere.

Diese Konstitutionsformeln kommen für die nachstehend beschriebene Verbindung in Betracht (*Smith, Hanna,* Am. Soc. **73** [1951] 2387).

B. Beim Erwärmen von 3-Nitro-phthalsäure-anhydrid mit 4-Oxo-4-phenyl-buttersäure, Acetanhydrid und Natriumacetat (*Sm., Ha.*).

Krystalle (aus Chlorbenzol); F: 226—227° [korr.; Zers.; geschlossene Kapillare] (*Sm., Ha.*). Absorptionsspektrum (A.; 200—480 nm): *Hanna, Smith,* Pr. Iowa Acad. **58** [1951] 251, 258.

VI   VII   VIII

3,6-Diphenyl-furo[3,2-*b*]furan-2,5-dion, 3,4-Dihydroxy-2,5-diphenyl-hexa-2*c*,4*c*-diendisäure-1→4;6→3-dilacton, Pulvinsäure-lacton $C_{18}H_{10}O_4$, Formel VIII (H 182).

Isolierung aus Candelaria concolor: *Grover, Seshadri,* J. scient. ind. Res. India **18** B [1959] 238, 239; aus Sticta aurata: *Asano, Kameda,* B. **68** [1935] 1568, 1569; aus Sticta coronata und aus Sticta colensoi: *Murray,* Soc. **1952** 1345, 1347, 1349.

B. Neben anderen Verbindungen beim Behandeln von Phenylacetylchlorid mit Oxalylchlorid, Triäthylamin und Äther oder mit Oxalylchlorid, Pyridin und Schwefelkohlenstoff

(*Runge, Koch*, B. **91** [1958] 1217, 1222). Beim Erhitzen von Polyporsäure (2,5-Dihydr=
oxy-3,6-diphenyl-[1,4]benzochinon) mit Blei(IV)-acetat in Essigsäure (*Frank et al.*, Am.
Soc. **72** [1950] 1824, 1826).

Gelbe Krystalle; F: 227° [aus Bzl.] (*Mu.*, l. c. S. 1348), 226° [aus Eg.] (*Ru., Koch*),
220—221° [aus CHCl₃] (*Fr. et al.*, l. c. S. 1826). IR-Spektrum (Nujol; 3800—650 cm⁻¹):
Fr. et al., l. c. S. 1826.

Bei der Hydrierung an Palladium/Kohle in Essigsäure und Behandeln des Reaktionsprodukts mit wss. Natronlauge ist Dihydropulvinsäure ([3-Hydroxy-5-oxo-4-phenyl-
2,5-dihydro-[2]furyl]-phenyl-essigsäure [E III/IV **18** 6097]) erhalten worden (*Arata*,
J. pharm. Soc. Japan **68** [1948] 241, 242; C. A. **1954** 3955). Bildung von 5-[(*E*)-Benz=
imidazol-2-yl-phenyl-methylen]-4-hydroxy-3-phenyl-5*H*-furan-2-on beim Erhitzen mit
o-Phenylendiamin-hydrochlorid und *N,N*-Dimethyl-anilin: *Schönberg, Sina*, Soc. **1946**
601, 603. Reaktion mit L-Phenylalanin-methylester in Chloroform unter Bildung von
(+)-Rhizocarpsäure (*N*-[((*E*)-3-Hydroxy-5-oxo-4-phenyl-5*H*-[2]furyliden)-phenyl-acetyl]-
L-phenylalanin-methylester [E III/IV **18** 6102]): *Frank et al.*, Am. Soc. **72** [1950] 4454,
4456.

4,6-Diphenyl-furo[3,4-*c*]furan-1,3-dion, 2,5-Diphenyl-furan-3,4-dicarbonsäure-anhydrid
$C_{18}H_{10}O_4$, Formel IX (H 183; E II 199).

Krystalle (aus Eg.); F: 260—262° [unkorr.] (*Nightingale, Sukornick*, J. org. Chem. **24**
[1959] 497, 500).

Beim Behandeln mit Benzol und Aluminiumchlorid und Behandeln des Reaktionsgemisches mit wss. Salzsäure ist 4-Benzoyl-2,5-diphenyl-furan-3-carbonsäure erhalten
worden. Reaktion mit Phenyllithium in Äther unter Bildung von 3,3,4,6-Tetraphenyl-3*H*-
furo[3,4-*c*]furan-1-on: *Ni., Su.*

IX   X   XI

**2-Phenyl-pyrano[2,3-*f*]chromen-4,8-dion, 3*c*-[7-Hydroxy-4-oxo-2-phenyl-4*H*-chromen-
8-yl]-acrylsäure-lacton** $C_{18}H_{10}O_4$, Formel X.

B. Beim Erhitzen von 7-Hydroxy-4-oxo-2-phenyl-4*H*-chromen-8-carbaldehyd mit
Acetanhydrid und Natriumacetat (*Rangaswami, Seshadri*, Pr. Indian Acad. [A] **9** [1939]
7).

Krystalle (aus Eg.); F: 250°.

**3-Phenyl-pyrano[2,3-*f*]chromen-4,8-dion, 3*c*-[7-Hydroxy-4-oxo-3-phenyl-4*H*-chromen-
8-yl]-acrylsäure-lacton** $C_{18}H_{10}O_4$, Formel XI.

B. Beim Erhitzen von 7-Hydroxy-4-oxo-3-phenyl-4*H*-chromen-8-carbaldehyd mit
Acetanhydrid und Natriumacetat (*Kawase et al.*, Bl. chem. Soc. Japan **31** [1958] 997).

Krystalle (aus E.); F: 200—200,5°.

Beim Erwärmen mit wss. Kalilauge ist 2,6-Dihydroxy-3-phenylacetyl-ξ-zimtsäure
(F: 210—211°) erhalten worden.

10-Phenyl-pyrano[2,3-*f*]chromen-2,8-dion $C_{18}H_{10}O_4$, Formel I (X = H).

B. Beim Erhitzen von 8-Benzoyl-7-hydroxy-cumarin mit Acetanhydrid und Natrium=
acetat auf 170° (*Shah, Shah*, J. org. Chem. **19** [1954] 1938, 1943).

Krystalle (aus A.); F: 238°.

6-Chlor-10-phenyl-pyrano[2,3-*f*]chromen-2,8-dion C$_{18}$H$_9$ClO$_4$, Formel I (X = Cl).
B. Beim Erhitzen von 8-Benzoyl-6-chlor-7-hydroxy-cumarin mit Acetanhydrid und Natriumacetat auf 170° (*Shah, Shah*, J. org. Chem. **19** [1954] 1938, 1942).
Krystalle (aus A.); F: 250°.

I   II   III

2-[Thiophen-2-carbonyl]-benzo[*f*]chromen-3-on, 3*c*-[2-Hydroxy-[1]naphthyl]-2-[thiophen-2-carbonyl]-acrylsäure-lacton C$_{18}$H$_{10}$O$_3$S, Formel II, und Tautomere.
B. Beim Behandeln von 2-Hydroxy-[1]naphthaldehyd mit 3-Oxo-3-[2]thienyl-propionsäure-äthylester und wenig Pyridin (*Buu-Hoi et al.*, Soc. **1957** 2593, 2596).
Gelbliche Krystalle (aus A.); F: 245°.

8-[(*Ξ*)-Benzyliden]-furo[2,3-*h*]chromen-2,9-dion, 3*c*-[2-((*Ξ*)-Benzyliden)-4-hydroxy-3-oxo-2,3-dihydro-benzofuran-5-yl]-acrylsäure-lacton C$_{18}$H$_{10}$O$_4$, Formel III.
Diese Konstitution ist der nachstehend beschriebenen Verbindung zugeordnet worden.
B. Beim Behandeln einer Lösung von 9-Hydroxy-furo[2,3-*h*]chromen-2-on(?) in Essigsäure mit Benzaldehyd und mit Chlorwasserstoff (*Row, Seshadri*, Pr. Indian Acad. [A] **11** [1940] 206, 210).
Orangerote Krystalle; F: 284—286°.

[3,3']Bichromenyl-2,2'-dion C$_{18}$H$_{10}$O$_4$, Formel IV (H 183; E I 696; dort als Dicumarinyl-(3.3') bezeichnet).
B. Neben [2-Oxo-2*H*-chromen-3-yl]-essigsäure beim Erhitzen von Salicylaldehyd mit Bernsteinsäure-anhydrid und Natriumsuccinat auf 180° (*Dey, Sankaranarayanan*, J. Indian chem. Soc. **8** [1931] 817, 822; *Dey, Sankaran*, Pr. nation. Inst. Sci. India **6** [1940] 173, 189; Ar. **280** [1942] 1, 17).
Krystalle; F: 323—324,5° [unkorr.; aus Eg.] (*v. Wessely, Plaichinger*, B. **75** [1942] 971, 974), 315° (*Dey, Sankaranarayanam*).

IV   V   VI

4-Chlor-[3,4']biselenochromenyl-2,2'-dion C$_{18}$H$_9$ClO$_2$Se$_2$, Formel V.
B. Beim Erwärmen von 4-Hydroxy-selenochromen-2-on (E III/IV **17** 6158) mit Phosphorylchlorid und Dioxan (*Ziegler, Nölken*, M. **89** [1958] 737, 739).
Rote Krystalle (aus Trichloräthylen); F: 216° [Zers.].

[6,6']Bichromenyl-2,2'-dion C$_{18}$H$_{10}$O$_4$, Formel VI.
B. Beim Erhitzen von 4,4'-Dihydroxy-biphenyl-3,3'-dicarbaldehyd mit Acetanhydrid, Natriumacetat, Pyridin und wenig Jod bis auf 200° (*Sen, Dutt*, J. Indian chem. Soc. **8**

[1931] 223, 226).

Gelblichbraune Krystalle (aus wss. Py.); oberhalb von 200° erfolgt Zersetzung.

1,2-Bis-[(Ξ)-3-oxo-3H-benzo[b]thiophen-2-yliden]-äthan $C_{18}H_{10}O_2S_2$, Formel VII
(X = H) (E I 696; dort als α.β-Bis-[3-oxo-dihydrothionaphthen-2-yliden]-äthan bezeichnet).

B. Beim Erhitzen von Benzo[b]thiophen-3-ol mit Dihydro-[1,3,2]dioxathiolo[1,3,2]dioxathiol-2,2,5,5-tetraoxid („Glyoxalsulfat"), Essigsäure und kleinen Mengen wss. Salzsäure (*Guha, Chatterjea*, J. Indian chem. Soc. **30** [1953] 379, 381).

Rote Krystalle (aus Nitrobenzol); F: 303° [Zers.] (*Guha*, J. Indian chem. Soc. **15** [1938] 359, 363). Absorptionsmaximum (Xylol): 483,5 nm (*Guha*, J. Indian chem. Soc. **15** 362, **21** [1944] 391, 392).

VII   VIII

1,2-Bis-[(Ξ)-5-chlor-3-oxo-3H-benzo[b]thiophen-2-yliden]-äthan $C_{18}H_8Cl_2O_2S_2$, Formel VII (X = Cl).

B. Beim Erhitzen von 5-Chlor-benzo[b]thiophen-3-ol mit Dihydro-[1,3,2]dioxathiolo-[1,3,2]dioxathiol-2,2,5,5-tetraoxid („Glyoxalsulfat"), Essigsäure und kleinen Mengen wss. Salzsäure (*Guha, Chatterjea*, J. Indian chem. Soc. **30** [1953] 379, 381).

Violettrote Krystalle (aus Nitrobenzol), die unterhalb von 300° nicht schmelzen.

1,2-Bis-[(Ξ)-7-chlor-3-oxo-3H-benzo[b]thiophen-2-yliden]-äthan $C_{18}H_8Cl_2O_2S_2$, Formel VIII.

B. Beim Erhitzen von 7-Chlor-benzo[b]thiophen-3-ol mit Dihydro-[1,3,2]dioxathiolo-[1,3,2]dioxathiol-2,2,5,5-tetraoxid („Glyoxalsulfat"), Essigsäure und kleinen Mengen wss. Salzsäure (*Guha, Chatterjea*, J. Indian chem. Soc. **30** [1953] 379, 381).

Violettrote Krystalle (aus Nitrobenzol), die unterhalb von 300° nicht schmelzen.

1,2-Bis-[(Ξ)-5-brom-3-oxo-3H-benzo[b]thiophen-2-yliden]-äthan $C_{18}H_8Br_2O_2S_2$, Formel VII (X = Br).

B. Beim Erhitzen von 5-Brom-benzo[b]thiophen-3-ol mit Dihydro-[1,3,2]dioxathiolo-[1,3,2]dioxathiol-2,2,5,5-tetraoxid („Glyoxalsulfat"), Essigsäure und kleinen Mengen wss. Salzsäure (*Guha, Chatterjea*, J. Indian chem. Soc. **30** [1953] 379, 382).

Violettrote Krystalle (aus Nitrobenzol), die unterhalb von 300° nicht schmelzen.

1,2-Di-[(Ξ)-phthalidyliden]-äthan $C_{18}H_{10}O_4$, Formel IX (X = H) (vgl. H 184).

B. Beim Behandeln einer Lösung von 1,4-Bis-[2-carboxy-phenyl]-butan-1,4-dion in Äthanol mit Chlorwasserstoff (*Campbell, Khanna*, Soc. **1949** Spl. 33, 35).

Beim Erhitzen auf 290° ist 6,11-Dihydroxy-naphthacen-5,12-dion erhalten worden (*Beĭles, Poštowškiĭ*, Ž. obšč. Chim. **20** [1950] 518, 520; engl. Ausg. S. 547, 549). Bildung von Naphthacen beim Erhitzen mit Zink, Zinkchlorid und Natriumchlorid: *Be., Po.,* l. c. S. 521.

1,2-Bis-[(Ξ)-5-nitro-3-oxo-phthalanyliden]-äthan $C_{18}H_8N_2O_8$, Formel IX (X = NO_2), und **1,2-Bis-[(Ξ)-6-nitro-3-oxo-phthalanyliden]-äthan** $C_{18}H_8N_2O_8$, Formel X.

Diese Konstitutionsformeln kommen für die nachstehend beschriebene Verbindung in Betracht.

B. Beim Erhitzen von 4-Nitro-phthalsäure-anhydrid mit Bernsteinsäure und Kaliumacetat bis auf 220° (*Campbell, Khanna*, Soc. **1949** Spl. 33, 35).

Unterhalb von 350° nicht schmelzend.

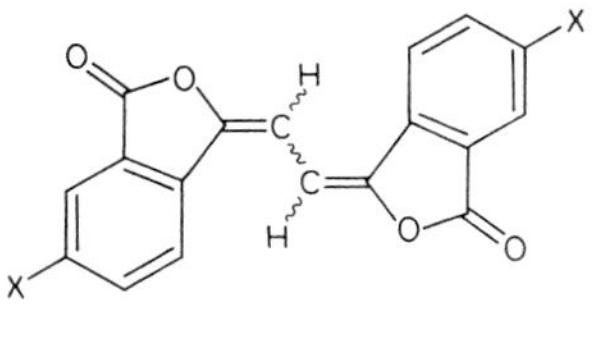

IX 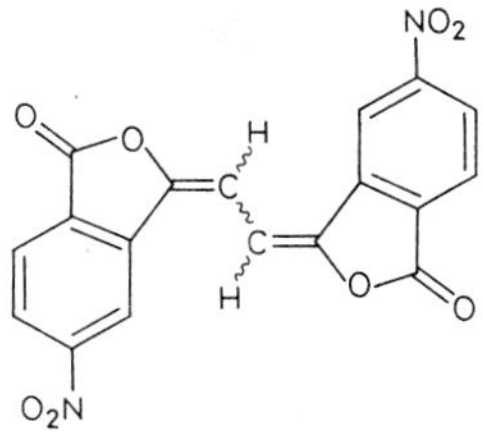   X

1,2-Bis-[(Ξ)-4-nitro-3-oxo-phthalanyliden]-äthan $C_{18}H_8N_2O_8$, Formel XI, und **1,2-Bis-[(Ξ)-7-nitro-3-oxo-phthalanyliden]-äthan** $C_{18}H_8N_2O_8$, Formel XII.

Diese Konstitutionsformeln kommen für die nachstehend beschriebene Verbindung in Betracht.

B. Beim Erhitzen von 3-Nitro-phthalsäure-anhydrid mit Bernsteinsäure und Kalium=acetat bis auf 220° (*Campbell, Khanna*, Soc. **1949** Spl. 33, 35).

Gelbe Krystalle (aus Nitrobenzol), die unterhalb von 350° nicht schmelzen.

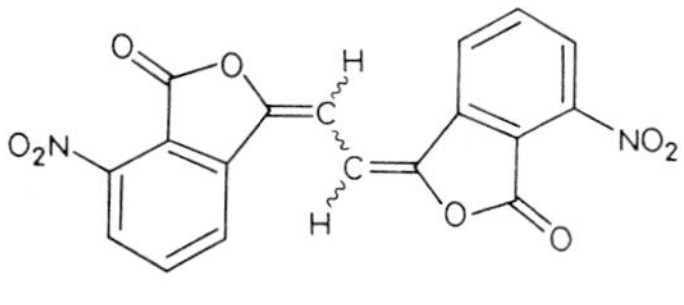

XI 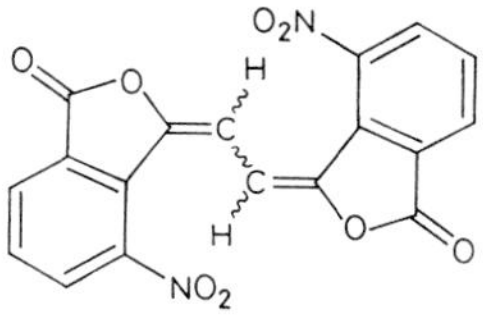   XII 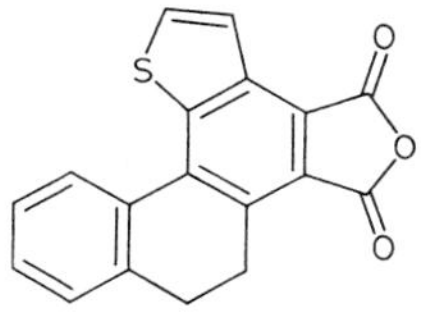   XIII

7,8-Dihydro-thieno[3',2';3,4]phenanthro[1,2-c]furan-4,6-dion, 6,7-Dihydro-phenanthro=[4,3-b]thiophen-4,5-dicarbonsäure-anhydrid $C_{18}H_{10}O_3S$, Formel XIII.

B. Beim Erwärmen von 2-[3,4-Dihydro-[1]naphthyl]-thiophen mit Chlormaleinsäure-anhydrid und Erhitzen des Reaktionsprodukts unter 0,001 Torr bis auf 280° (*Szmusz-kovicz, Modest*, Am. Soc. **72** [1950] 571, 576). Beim Erhitzen von (3a*r*,3b*c*,6a*c*,6b*c*)-3a,=3b,6a,6b,7,8-Hexahydro-thieno[3',2';3,4]phenanthro[1,2-c]furan-4,6-dion (S. 2084) mit Schwefel bis auf 240° (*Sm., Mo.*).

Gelbe Krystalle (aus Eg.); F: 230—231° [korr.].

Dioxo-Verbindungen $C_{19}H_{12}O_4$

4-Methyl-6-phenyl-pyrano[3,2-g]chromen-2,8-dion $C_{19}H_{12}O_4$, Formel I.

B. Beim Erhitzen von 6-Benzoyl-7-hydroxy-4-methyl-cumarin mit Acetanhydrid und Natriumacetat auf 175° (*Desai, Ekhlas*, Pr. Indian Acad. [A] **8** [1938] 567, 576).

Krystalle (aus A.); F: 255°.

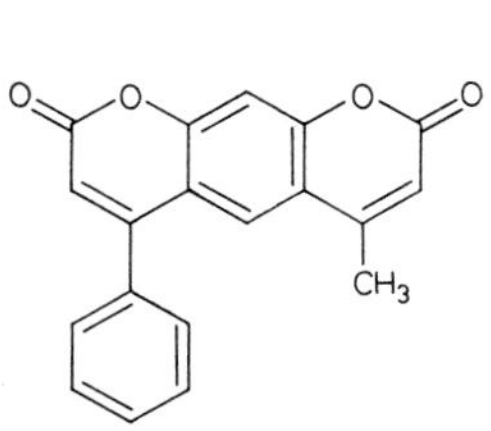

I 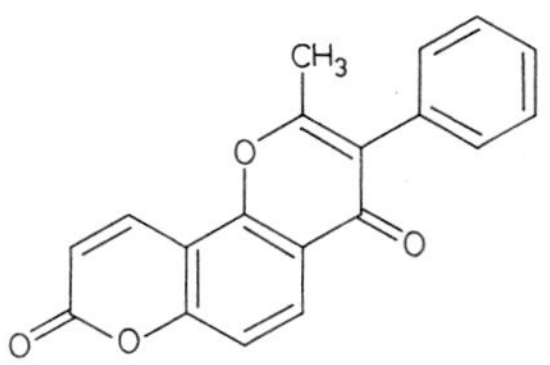   II 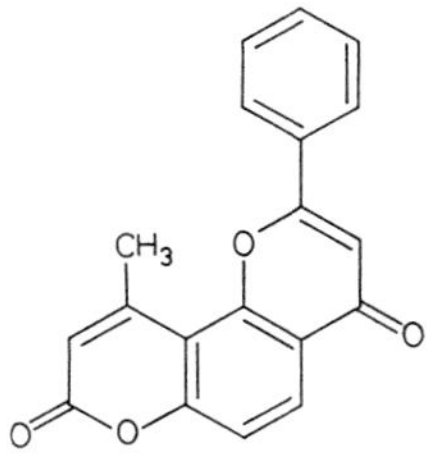   III

2-Methyl-3-phenyl-pyrano[2,3-f]chromen-4,8-dion, 3c-[7-Hydroxy-2-methyl-4-oxo-3-phenyl-4H-chromen-8-yl]-acrylsäure-lacton $C_{19}H_{12}O_4$, Formel II.

B. Beim Erhitzen von 2,4-Dihydroxy-α-oxo-bibenzyl-3-carbaldehyd oder von 7-Hydr=

oxy-2-methyl-4-oxo-3-phenyl-4*H*-chromen-8-carbaldehyd mit Acetanhydrid und Natri=
umacetat (*Kawase et al.*, Bl. chem. Soc. Japan **31** [1958] 997).

Krystalle (aus E.); F: 202—203,5°.

Beim Erwärmen mit wss. Kalilauge ist 2,6-Dihydroxy-3-phenylacetyl-ξ-zimtsäure
(F: 213—214° [Zers.]) erhalten worden.

**10-Methyl-2-phenyl-pyrano[2,3-*f*]chromen-4,8-dion, 3-[7-Hydroxy-4-oxo-2-phenyl-
4*H*-chromen-8-yl]-*trans*-crotonsäure-lacton** $C_{19}H_{12}O_4$, Formel III.

B. Beim Erhitzen von 6-Acetyl-5-hydroxy-4-methyl-cumarin mit Benzoylchlorid und
Pyridin (*Shah, Deliwala*, Pr. Indian Acad. [A] **16** [1942] 387, 389). Beim Erhitzen einer
Lösung von 6-ξ-Cinnamoyl-5-hydroxy-4-methyl-cumarin (E III/IV **18** 1932) in Pentan-1-ol
mit Selendioxid auf 180° (*Shah, De.*, l. c. S. 390). Beim Erwärmen von 5-Hydroxy-
4-methyl-6-[3-oxo-3-phenyl-propionyl]-cumarin mit Bromwasserstoff in Essigsäure
(*Bernfeld, Wheeler*, Soc. **1949** 1915, 1917).

Krystalle; F: 263—264° [aus Dioxan] (*Be., Wh.*), 251—252° [aus A.] (*Shah, De.*).

10-Methyl-4-phenyl-pyrano[2,3-*f*]chromen-2,8-dion $C_{19}H_{12}O_4$, Formel IV.

B. Beim Erhitzen von 6-Benzoyl-5-hydroxy-4-methyl-cumarin mit Acetanhydrid und
Natriumacetat auf 180° (*Shah, Shah*, Soc. **1938** 1424, 1427).

Krystalle (aus Eg.) mit 0,25 Mol H_2O; F: 220—221°.

IV

V

10-Methyl-9-phenyl-pyrano[2,3-*f*]chromen-2,8-dion $C_{19}H_{12}O_4$, Formel V.

B. Beim Erhitzen von 8-Acetyl-7-hydroxy-cumarin mit Acetanhydrid und Natrium-
phenylacetat auf 170° (*Shah, Shah*, J. org. Chem. **19** [1954] 1938, 1943).

Krystalle (aus Eg.), die unterhalb von 305° nicht schmelzen.

**8-[(Ξ)-Benzyliden]-4-methyl-furo[2,3-*h*]chromen-2,9-dion, 3-[2-((Ξ)-Benzyliden)-
4-hydroxy-3-oxo-2,3-dihydro-benzofuran-5-yl]-*trans*-crotonsäure-lacton** $C_{19}H_{12}O_4$,
Formel VI.

Diese Konstitution ist der nachstehend beschriebenen Verbindung zugeordnet worden.

B. Beim Behandeln einer Lösung von 9-Hydroxy-4-methyl-furo[2,3-*h*]chromen-2-on (?)
in Essigsäure mit Benzaldehyd und mit Chlorwasserstoff (*Row, Seshadri*, Pr. Indian Acad.
[A] **11** [1940] 206, 209).

Gelbe Krystalle (aus Eg.); F: 194—196°.

VI

VII

Bis-[4-oxo-4*H*-chromen-3-yl]-methan $C_{19}H_{12}O_4$, Formel VII.

B. Beim Behandeln von 1,5-Bis-[2-hydroxy-phenyl]-pentan-1,5-dion mit Äthylformiat
und Natrium (*Mentzer et al.*, Bl. [5] **12** [1945] 430, 436).

Krystalle (aus A.); F: 215°.

Dioxo-Verbindungen $C_{20}H_{14}O_4$

1,4-Bis-[3t(?)-[2]furyl-acryloyl]-benzol $C_{20}H_{14}O_4$, vermutlich Formel VIII.
B. Beim Erwärmen einer Lösung von 1,4-Diacetyl-benzol in Äthanol mit Furfural und kleinen Mengen wss. Natronlauge (*Azoplate Corp.*, U.S.P. 2768077 [1951]).
Gelbe Krystalle (aus A.); F: 234—235°.

VIII   IX

4,4'-Bis-[5-oxo-2,5-dihydro-[3]furyl]-biphenyl $C_{20}H_{14}O_4$, Formel IX.
B. Beim Erhitzen einer Lösung von 4,4'-Bis-acetoxyacetyl-biphenyl in Dioxan mit Bromessigsäure-äthylester und Zink, Behandeln des Reaktionsgemisches mit wss. Schwe=felsäure und Erhitzen des Reaktionsprodukts mit Essigsäure und konz. wss. Salzsäure (*Campbell, Hunt*, Soc. **1951** 960).
Gelbe Krystalle (aus Cyclohexanon); Zers. ab 320°.

10-Methyl-2-o-tolyl-pyrano[2,3-f]chromen-4,8-dion, 3-[7-Hydroxy-4-oxo-2-o-tolyl-4H-chromen-8-yl]-*trans*-crotonsäure-lacton $C_{20}H_{14}O_4$, Formel X.
B. Beim Behandeln von 5-Hydroxy-4-methyl-6-[3-oxo-3-o-tolyl-propionyl]-cumarin mit Bromwasserstoff in Essigsäure (*Bernfeld, Wheeler*, Soc. **1949** 1915, 1917).
Krystalle (aus Dioxan); F: 310°.

X   XI   XII

10-Methyl-4-p-tolyl-pyrano[2,3-f]chromen-2,8-dion $C_{20}H_{14}O_4$, Formel XI.
B. Beim mehrtägigen Erhitzen von 5-Hydroxy-4-methyl-6-p-toluoyl-cumarin mit Acetanhydrid und Natriumacetat auf 200° (*Deliwala, Shah*, Soc. **1939** 1250, 1253).
Krystalle (aus A.); F: 238—239°.

6-Äthyl-10-phenyl-pyrano[2,3-f]chromen-2,8-dion $C_{20}H_{14}O_4$, Formel XII.
B. Beim Erhitzen von 6-Äthyl-8-benzoyl-7-hydroxy-cumarin mit Acetanhydrid und Natriumacetat auf 170° (*Shah, Shah*, J. org. Chem. **19** [1954] 1938, 1942).
Krystalle (aus A.); F: 180°.

I   II

2,10-Dimethyl-3-phenyl-pyrano[2,3-f]chromen-4,8-dion, 3-[7-Hydroxy-2-methyl-4-oxo-3-phenyl-4H-chromen-8-yl]-*trans*-crotonsäure-lacton $C_{20}H_{14}O_4$, Formel I.

B. Beim Erhitzen von 5-Hydroxy-4-methyl-6-phenylacetyl-cumarin mit Acetanhydrid und Natriumacetat auf 175° (*Deliwala, Shah*, Soc. **1939** 1250, 1253).

Krystalle (aus A.); F: 237−238°.

3,10-Dimethyl-2-phenyl-pyrano[2,3-f]chromen-4,8-dion, 3-[7-Hydroxy-3-methyl-4-oxo-2-phenyl-4H-chromen-8-yl]-*trans*-crotonsäure-lacton $C_{20}H_{14}O_4$, Formel II.

Diese Konstitution kommt der nachstehend beschriebenen, von *Shah* und *Deliwala* (Pr. Indian Acad. [A] **16** [1942] 387, 390) als 10-Methyl-3-phenacyl-2-phenyl-pyrano=[2,3-f]chromen-4,8-dion angesehenen Verbindung zu (*Lakshmi, Rao*, Curr. Sci. **42** [1973] 19).

B. Beim Erhitzen von 5-Hydroxy-4-methyl-6-propionyl-cumarin mit Benzoesäure-anhydrid und Natriumbenzoat auf 170° (*Shah, De.*).

Krystalle (aus A.); F: 222° (*Shah, De.*).

4,10-Dimethyl-3-phenyl-pyrano[2,3-f]chromen-2,8-dion $C_{20}H_{14}O_4$, Formel III.

B. Beim Erhitzen von 6-Acetyl-5-hydroxy-4-methyl-cumarin mit Acetanhydrid und Natrium-phenylacetat auf 170° (*Shah, Shah*, Am. Soc. **77** [1955] 1699).

Krystalle (aus Eg.), die unterhalb von 300° nicht schmelzen.

III

IV

1,2-Bis-[($\varXi$)-4-methyl-3-oxo-3H-benzo[b]thiophen-2-yliden]-äthan $C_{20}H_{14}O_2S_2$, Formel IV.

B. Beim Erwärmen einer Lösung von 4-Methyl-benzo[b]thiophen-3-ol in Äthanol mit Glyoxal (als Natriumhydrogensulfit-Addukt eingesetzt) und wss. Salzsäure (*Guha*, J. Indian chem. Soc. **15** [1938] 359, 362).

Rote Krystalle (aus Toluol), die unterhalb von 312° nicht schmelzen (*Guha*, J. Indian chem. Soc. **15** 362). Absorptionsmaximum (Xylol): 481 nm (*Guha*, J. Indian chem. Soc. **15** 362, **21** [1944] 391, 392).

1,2-Bis-[($\varXi$)-5-methyl-3-oxo-3H-benzo[b]thiophen-2-yliden]-äthan $C_{20}H_{14}O_2S_2$, Formel V.

B. Beim Erhitzen von 5-Methyl-benzo[b]thiophen-3-ol mit Dihydro-[1,3,2]dioxathiolo=[1,3,2]dioxathiol-2,2,5,5-tetraoxid („Glyoxalsulfat"), Essigsäure und kleinen Mengen wss. Salzsäure (*Guha, Chatterjea*, J. Indian chem. Soc. **30** [1953] 379, 381).

Violettrote Krystalle (aus Nitrobenzol), die unterhalb von 300° nicht schmelzen (*Guha, Ch.*, l. c. S. 380). Absorptionsmaximum (Xylol) eines Präparats vom F: 307° [Zers.]: 492 nm (*Guha*, J. Indian chem. Soc. **15** [1938] 359, 362, **21** [1944] 391, 392).

V

VI

1,2-Bis-[(Ξ)-6-methyl-3-oxo-3H-benzo[b]thiophen-2-yliden]-äthan $C_{20}H_{14}O_2S_2$,
Formel VI.

B. Beim Erwärmen einer Lösung von 6-Methyl-benzo[b]thiophen-3-ol in Äthanol mit Glyoxal (als Natriumhydrogensulfit-Addukt eingesetzt) und wss. Salzsäure (*Guha*, J. Indian chem. Soc. **14** [1937] 709, 711).

Rote Krystalle (aus Toluol); F: 300° [Zers.]. (*Guha*, J. Indian chem. Soc. **14** 711). Absorptionsmaximum (Xylol): 476,5 nm (*Guha*, J. Indian chem. Soc. **15** [1938] 359, 362, **21** [1944] 391, 392).

1,2-Bis-[(Ξ)-7-methyl-3-oxo-3H-benzo[b]thiophen-2-yliden]-äthan $C_{20}H_{14}O_2S_2$,
Formel VII.

B. Beim Erhitzen von 7-Methyl-benzo[b]thiophen-3-ol mit Dihydro-[1,3,2]dioxathiolo≠ [1,3,2]dioxathiol-2,2,5,5-tetraoxid (,,Glyoxalsulfat''), Essigsäure und kleinen Mengen wss. Salzsäure (*Guha, Chatterjea*, J. Indian chem. Soc. **30** [1953] 379, 381).

Rote Krystalle (aus Xylol oder Py.), die unterhalb von 312° nicht schmelzen (*Guha*, J. Indian chem. Soc. **21** [1944] 391, 395). Absorptionsmaximum (Xylol): 475 nm (*Guha*, l. c. S. 392).

VII   VIII

*Opt.-inakt. 2-Piperonyliden-1,2,3a,8a-tetrahydro-cyclopent[a]inden-3,8-dion $C_{20}H_{14}O_4$,
Formel VIII.

B. Aus opt.-inakt. 1,2,3a,8a-Tetrahydro-cyclopent[a]inden-3,8-dion (F: 86—88°) und Piperonal (*Baker et al.*, Soc. **1957** 4022, 4024).

Gelbe Krystalle (aus Bzl. + A.); F: 181—182°.

Dioxo-Verbindungen $C_{21}H_{16}O_4$

(±)-5-trans-Cinnamyliden-2-trans-styryl-[1,3]dioxan-4,6-dion, **(±)-trans-Cinnamyliden≠ malonsäure-trans-cinnamylidenester** $C_{21}H_{16}O_4$, Formel IX.

B. Beim Behandeln von *trans*-Cinnamylidenmalonsäure mit *trans*-Zimtaldehyd, Acet≠ anhydrid, Essigsäure und wenig Schwefelsäure (*Michael, Weiner*, Am. Soc. **58** [1936] 680, 684; *Wul'fson*, Ž. obšč. Chim. **20** [1950] 595, 597; engl. Ausg. S. 627, 629).

Hellgelbe Krystalle (aus Bzl. + PAe.); F: 156,5—157,5° (*Wu.*), 157° [Zers.] (*Mi., We.*).

IX   X

Bis-[4-(5-oxo-2,5-dihydro-[3]furyl)-phenyl]-methan $C_{21}H_{16}O_4$, Formel X.

B. Beim Erhitzen einer Lösung von Bis-[4-acetoxyacetyl-phenyl]-methan in Dioxan mit Bromessigsäure-äthylester und Zink, Behandeln des Reaktionsgemisches mit wss. Schwefelsäure und Erhitzen des Reaktionsprodukts mit Essigsäure und konz. wss. Salz≠ säure (*Campbell, Hunt*, Soc. **1951** 960).

Krystalle (aus Dioxan); F: 256°.

3-Äthyl-10-methyl-2-phenyl-pyrano[2,3-f]chromen-4,8-dion, 3-[3-Äthyl-7-hydroxy-4-oxo-2-phenyl-4H-chromen-8-yl]-trans-crotonsäure-lacton $C_{21}H_{16}O_4$, Formel XI.

Diese Konstitution kommt der nachstehend beschriebenen, von *Shah* und *Deliwala* (Pr. Indian Acad. [A] **16** [1942] 387, 389, 391) als 10-Methyl-3-[3-oxo-3-phenyl-propyl]-2-phenyl-pyrano[2,3-f]chromen-4,8-dion angesehenen Verbindung zu (vgl. *Lakshmi, Rao,* Curr. Sci. **42** [1973] 19).

B. Beim Erhitzen von 6-Butyryl-5-hydroxy-4-methyl-cumarin mit Benzoesäure-anhydrid und Natriumbenzoat auf 180° (*Shah, De.*).

Krystalle (aus A.) mit 0,5 Mol H_2O; F: 220—221° (*Shah, De.*).

XI   XII

6-Äthyl-4-methyl-10-phenyl-pyrano[2,3-f]chromen-2,8-dion $C_{21}H_{16}O_4$, Formel XII.

B. Beim Erhitzen von 6-Äthyl-8-benzoyl-7-hydroxy-4-methyl-cumarin mit Acet=anhydrid und Natriumacetat (*Thakor, Shah,* J. Indian chem. Soc. **23** [1946] 234, 237).

Krystalle (aus A.); F: 144°.

(±)-4,4,4-Trifluor-1-[2]thienyl-2-xanthen-9-yl-butan-1,3-dion $C_{21}H_{13}F_3O_3S$, Formel XIII, und Tautomere.

B. Beim Behandeln von Xanthen-9-ol mit 4,4,4-Trifluor-1-[2]thienyl-butan-1,3-dion, Äthanol und Essigsäure (*Sawicki, Oliverio,* J. org. Chem. **21** [1956] 183, 186, 188).

Krystalle (aus Hexan oder Heptan); F: 133—134°.

XIII   XIV

(±)-4,4,4-Trifluor-1-[2]thienyl-2-thioxanthen-9-yl-butan-1,3-dion $C_{21}H_{13}F_3O_2S_2$, Formel XIV, und Tautomere.

B. Beim Behandeln von Thioxanthen-9-ol mit 4,4,4-Trifluor-1-[2]thienyl-butan-1,3-dion, Äthanol und Essigsäure (*Sawicki, Oliverio,* J. org. Chem. **21** [1956] 183, 186, 188).

Krystalle (aus Hexan oder Heptan); F: 143—144°.

Dioxo-Verbindungen $C_{22}H_{18}O_4$

1t(?),14t(?)-Di-[2]furyl-tetradeca-1,3t(?),5t(?),9t(?),11t(?),13-hexaen-7,8-dion $C_{22}H_{18}O_4$, vermutlich Formel I.

B. Beim Behandeln von 5t(?)-[2]Furyl-penta-2t(?),4-dienal (E III/IV **17** 4953) mit Butandion, Äthanol und wenig Piperidin (*Karrer et al.,* Helv. **29** [1946] 1835, 1840).

Rotviolette Krystalle (aus Bzl.). Absorptionsspektrum (300 nm—500 nm): *Ka. et al.,* l. c. S. 1838.

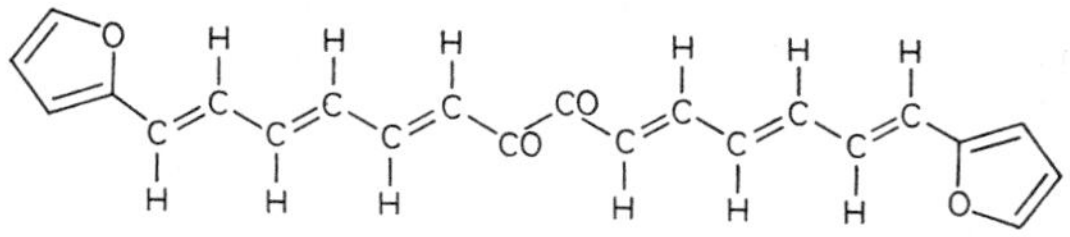

I

9t-Benzo[1,3]dioxol-5-yl-1t-phenyl-nona-1,6t,8-trien-3,5-dion $C_{22}H_{18}O_4$, Formel II, und Tautomere.

B. Beim Erhitzen von 7t-Benzo[1,3]dioxol-5-yl-2-*trans*-cinnamoyl-3-oxo-hepta-4t,6-diensäure-äthylester im geschlossenen Gefäss (*Lampe et al.*, Roczniki Chem. **14** [1934] 222, 224; C. **1934** II 3506).

Orangerote Krystalle (aus A.); F: 133—135°.

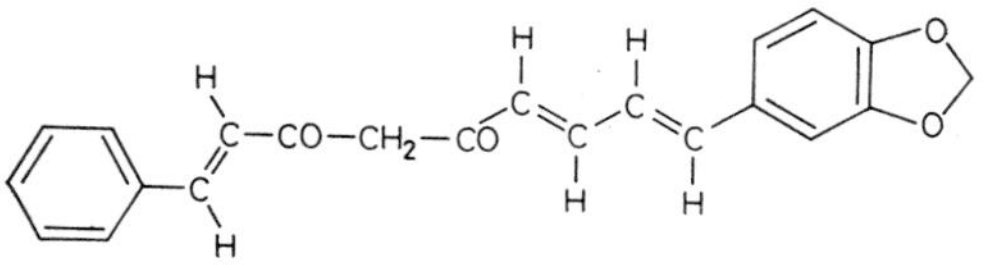

II

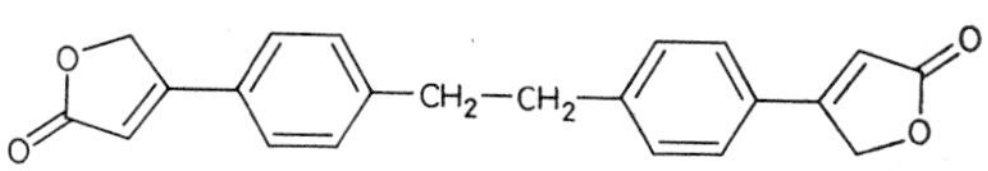

III

4,4'-Bis-[5-oxo-2,5-dihydro-[3]furyl]-bibenzyl $C_{22}H_{18}O_4$, Formel III.

B. Beim Erhitzen einer Lösung von 4,4'-Bis-acetoxyacetyl-bibenzyl in Dioxan mit Bromessigsäure-äthylester und Zink, Behandeln des Reaktionsgemisches mit wss. Schwefelsäure und Erhitzen des Reaktionsprodukts mit Bromwasserstoff in Essigsäure (*Campbell*, *Hunt*, Soc. **1951** 960).

Krystalle (aus Eg.); F: 277°.

6-Äthyl-3,4-dimethyl-10-phenyl-pyrano[2,3-f]chromen-2,8-dion $C_{22}H_{18}O_4$, Formel IV.

B. Beim Erhitzen von 6-Äthyl-8-benzoyl-7-hydroxy-3,4-dimethyl-cumarin mit Acet= anhydrid und Natriumacetat (*Thakor*, *Shah*, J. Indian chem. Soc. **23** [1946] 234, 237).

Krystalle (aus A.); F: 164—165°.

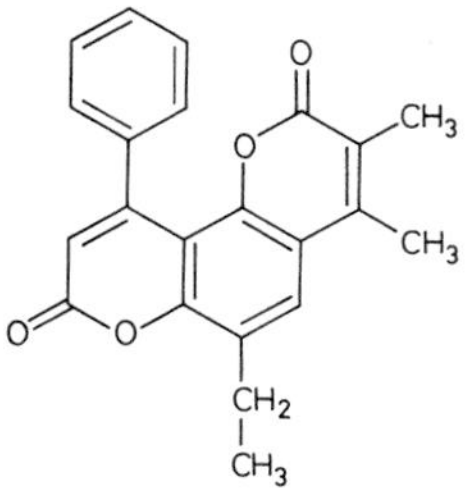

IV

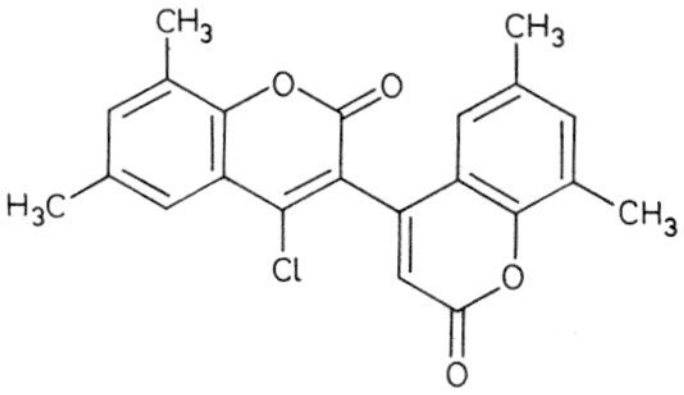

V

4-Chlor-6,8,6',8'-tetramethyl-[3,4']bichromenyl-2,2'-dion $C_{22}H_{17}ClO_4$, Formel V.

B. Als Hauptprodukt neben 4-Chlor-6,8-dimethyl-cumarin beim Erwärmen von 4-Hydroxy-6,8-dimethyl-cumarin (E III/IV **17** 6193) mit Phosphor(V)-chlorid in Chloro= form (*Ziegler*, *Maier*, M. **89** [1958] 143, 148).

Gelbe Krystalle (aus A.); F: 217—219°.

(±)-5ξ,7anti-Dibrom-6endo-hydroxy-7syn-[α-hydroxy-benzhydryl]-norbornan-2endo,3exo-dicarbonsäure-2 → α;3 → 6-dilacton $C_{22}H_{16}Br_2O_4$, Formel VI + Spiegelbild.

B. Beim Erwärmen von (±)-7-Benzhydryliden-norborn-5-en-2endo,3exo-dicarbonsäure mit wss. Natronlauge und anschliessenden Behandeln mit alkal. wss. Natriumhypo=

bromit-Lösung (*Alder et al.*, A. **566** [1950] 27, 50).
Krystalle (aus E.); F: 220—222°.

VI   VII

Dioxo-Verbindungen C$_{24}$H$_{22}$O$_4$

6-Äthyl-4-methyl-10-phenyl-3-propyl-pyrano[2,3-*f*]chromen-2,8-dion C$_{24}$H$_{22}$O$_4$,
Formel VII.

B. Beim Erhitzen von 6-Äthyl-8-benzoyl-7-hydroxy-4-methyl-3-propyl-cumarin mit
Acetanhydrid und Natriumacetat (*Thakor, Shah*, J. Indian chem. Soc. **23** [1946] 234, 237).
Krystalle (aus A.); F: 194—195°.

Dioxo-Verbindungen C$_{26}$H$_{26}$O$_4$

***meso*(?)-3,4-Bis-[4-(5-oxo-2,5-dihydro-[3]furyl)-phenyl]-hexan** C$_{26}$H$_{26}$O$_4$, vermutlich
Formel VIII.

B. Beim Erhitzen einer Lösung von *meso*(?)-3,4-Bis-[4-acetoxyacetyl-phenyl]-hexan
(E III **8** 3764) in Dioxan mit Bromessigsäure-äthylester und Zink, Behandeln des Reaktionsgemisches mit wss. Schwefelsäure und Erhitzen des Reaktionsprodukts mit Brom=
wasserstoff in Essigsäure (*Campbell, Hunt*, Soc. **1951** 960).
Krystalle (aus Pentan-1-ol); F: 303°.

VIII   IX

Dioxo-Verbindungen C$_{30}$H$_{34}$O$_4$

*****Opt.-inakt. 1,1'-Dibenzyl-dodecahydro-[1,1']biisobenzofuranyl-3,3'-dion** C$_{30}$H$_{34}$O$_4$,
Formel IX.

B. In kleiner Menge neben 3-Benzyl-hexahydro-isobenzofuran-1-on (F: 79°) beim
Erwärmen von (±)-2-Phenylacetyl-cyclohex-2-encarbonsäure mit wss. Natronlauge und
Natrium-Amalgam (*Berlingozzi, Senatori*, G. **65** [1935] 424, 438).
Krystalle (aus A.); F: 113°.

Dioxo-Verbindungen C$_n$H$_{2n-28}$O$_4$

Dioxo-Verbindungen C$_{18}$H$_8$O$_4$

**Thieno[3',2';3,4]anthra[1,2-*c*]furan-4,6-dion, Anthra[1,2-*b*]thiophen-4,5-dicarbonsäure-
anhydrid** C$_{18}$H$_8$O$_3$S, Formel I.

B. Neben kleinen Mengen 7,8,9,10-Tetrahydro-anthra[1,2-*b*]thiophen-4,5-dicarbon=

säure-anhydrid (?; S. 2106) beim Erhitzen von 2-[*trans*-1,4,4a,5,6,7,8,8a-Octahydro-[2]naphthyl]-thiophen mit Maleinsäure-anhydrid auf 120° und Erhitzen des Reaktions-produkts mit Schwefel bis auf 285° (*Szmuszkovicz, Modest*, Am. Soc. **72** [1950] 571, 573, 576).

Rote Krystalle (aus Acetanhydrid); F: 233—234° [korr.].

I   II   III

Thieno[3′,2′;3,4]phenanthro[1,2-c]furan-4,6-dion, Phenanthro[4,3-b]thiophen-4,5-di=carbonsäure-anhydrid C₁₈H₈O₃S, Formel II.

B. Beim Erhitzen von (3ar,5ac)-3a,4,5,5a,6,7-Hexahydro-phenanthro[4,3-b]thiophen-4t,5t-dicarbonsäure-anhydrid (S. 2084) mit Schwefel bis auf 300° (*Szmuszkovicz, Modest*, Am. Soc. **72** [1950] 571, 573, 576).

Gelbe Krystalle (aus Acetanhydrid); F: 291,5—292,5° [korr.] (*Sz., Mo.*).

Beim Erwärmen einer Lösung in Äthanol mit Raney-Nickel ist 3-Äthyl-phenanthren-1,2-dicarbonsäure-anhydrid erhalten worden (*Modest, Szmuszkovicz*, Am. Soc. **72** [1950] 577).

Benzo[4′,5′]thieno[2′,3′;3,4]naphtho[1,2-c]furan-1,3-dion, Benzo[b]naphtho[1,2-d]=thiophen-5,6-dicarbonsäure-anhydrid C₁₈H₈O₃S, Formel III.

B. Beim Erwärmen von 3-Cyclohex-1-enyl-benzo[b]thiophen mit Maleinsäure-anhydrid und Erhitzen des Reaktionsprodukts mit Schwefel bis auf 285° (*Szmuszkovicz, Modest*, Am. Soc. **72** [1950] 571, 573, 576).

Gelbe Krystalle (aus Dioxan); F: 267,5—268,5° [korr.; nach Sintern].

Benzo[4′,5′]thieno[3′,2′-b]naphtho[2,3-d]furan-6,11-dion C₁₈H₈O₃S, Formel IV.

B. Beim Erhitzen von 2,3-Dichlor-[1,4]naphthochinon mit Benzo[b]thiophen-3-ol und Pyridin (*Buu-Hoï et al.*, Soc. **1965** 2646; s. a. *Eistert*, B. **80** [1947] 47, 50).

Rotbraune Krystalle (aus Nitrobenzol); F: 335° (*Buu-Hoï et al.*).

IV   V

Dibenzo[d,d′]benzo[1,2-b;5,4-b′]difuran-6,12-dion, Benzo[1,2-b;5,4-b′]bisbenzofuran-6,12-dion C₁₈H₈O₄, Formel V.

B. Beim Behandeln von 2-[Benzofuran-2-carbonyl]-benzofuran-3-carbonsäure mit Thionylchlorid und Behandeln des Reaktionsprodukts mit Aluminiumchlorid in Schwefel=kohlenstoff (*Chatterjea*, J. Indian chem. Soc. **32** [1955] 265, 271).

Rote Krystalle (aus Nitrobenzol); F: 273—276° [unkorr.].

Dibenzo[d,d′]benzo[1,2-b;5,4-b′]dithiophen-6,12-dion C₁₈H₈O₂S₂, Formel VI.

B. Beim Erhitzen einer als [3,3′]Spirobi[benzo[4,5]thieno[2,3-c]furan]-1,1′-dion oder Dibenzo[4,5;4′,5′]dithieno[3,2-c;2′,3′-f]oxocin-5,7,13-trion angesehenen Verbindung

(F: 272—273°) mit Aluminiumchlorid und Natriumchlorid auf 140° (*Mayer*, A. **488** [1931] 259, 291). Beim Behandeln von 2-[Benzo[*b*]thiophen-2-carbonyl]-benzo[*b*]thiophen-3-carbonsäure mit Thionylchlorid und Behandeln des Reaktionsprodukts mit Aluminium≈ chlorid in Schwefelkohlenstoff (*Ma*., l. c. S. 292). Beim Erhitzen von Dibenzo[*d,d'*]benzo≈ [1,2-*b*;5,4-*b'*]dithiophen mit Natriumdichromat und Essigsäure (*Pandya et al.*, J. scient. ind. Res. India **18** B [1959] 198, 200).

Rote Krystalle; F: 312° [aus Eg.] (*Pa. et al.*), 310—312° [aus Nitrobenzol] (*Ma.*).

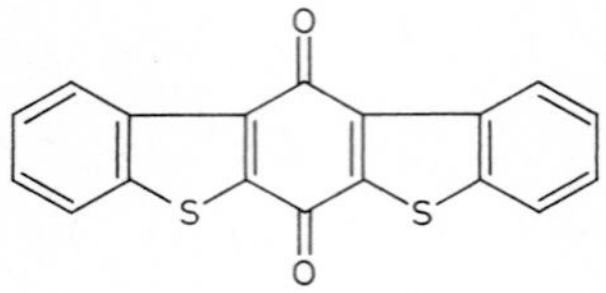

VI

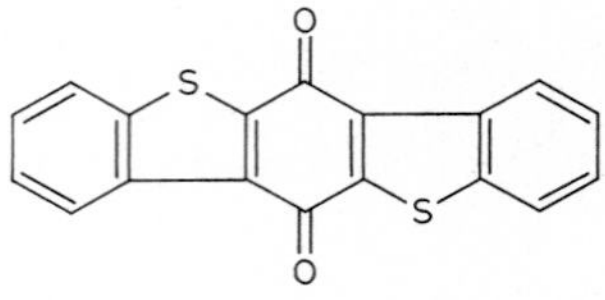

VII

Dibenzo[*d,d'*]benzo[1,2-*b*; 4,5-*b'*]dithiophen-6,12-dion $C_{18}H_8O_2S_2$, Formel VII.

B. Beim Erwärmen von 2-[Benzo[*b*]thiophen-3-carbonyl]-benzo[*b*]thiophen-3-carbon≈ säure mit Benzoylchlorid und wenig Schwefelsäure (*Ghaisas, Tilak*, J. scient. ind. Res. India **14** B [1955] 11).

Rote Krystalle (aus Nitrobenzol); F: 306—307°.

Dioxo-Verbindungen $C_{19}H_{10}O_4$

(±)-Spiro[naphtho[1,2-*c*]furan-1,1'-phthalan]-3,3'-dion $C_{19}H_{10}O_4$, Formel VIII.

B. Beim Erwärmen von 2-[3-Oxo-3*H*-cyclopenta[*a*]naphthalin-1-yl]-benzoesäure mit Chrom(VI)-oxid in Essigsäure (*Schroeder et al.*, Am. Soc. **78** [1956] 446, 449).

Krystalle (aus A.); F: 175—176°.

Beim Erhitzen mit Hydrazin-hydrat, Natriumhydroxid und Diäthylenglykol auf 195° ist 1-[4-Hydroxy-phthalazin-1-yl]-[2]naphthoesäure erhalten worden.

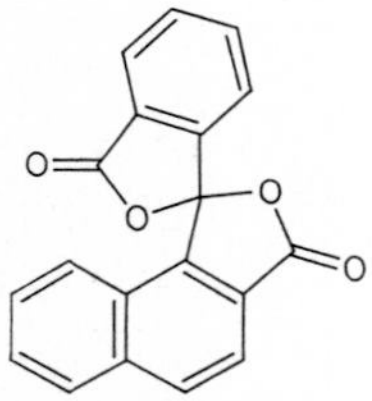

VIII

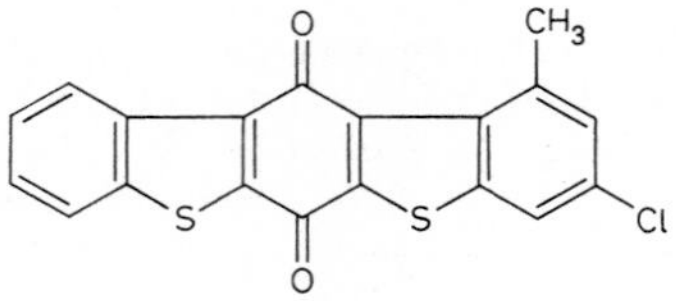

IX

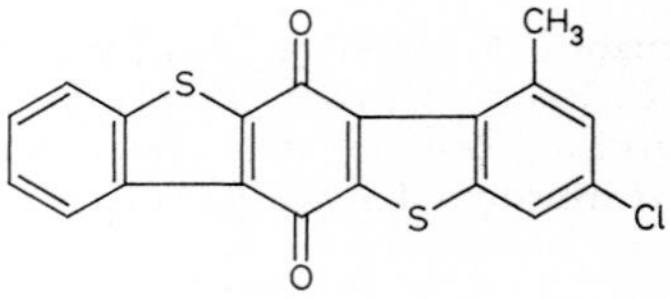

X

3-Chlor-1-methyl-dibenzo[*d,d'*]benzo[1,2-*b*; 5,4-*b'*]dithiophen-6,12-dion $C_{19}H_9ClO_2S_2$, Formel IX.

B. Beim Erhitzen einer als 6-Chlor-8-methyl-[3,3']spirobi[benzo[4,5]thieno[2,3-*c*]≈ furan]-1,1'-dion oder 3-Chlor-1-methyl-dibenzo[4,5;4',5']dithieno[3,2-*c*;2',3'-*f*]oxocin-5,7,13-trion angesehenen Verbindung (F: 314—315°) mit Aluminiumchlorid und Natri≈ umchlorid auf 140° (*Mayer*, A. **488** [1931] 259, 294).

Braune Krystalle (aus Nitrobenzol); F: 290°.

3-Chlor-1-methyl-dibenzo[*d,d'*]benzo[1,2-*b*; 4,5-*b'*]dithiophen-6,12-dion $C_{19}H_9ClO_2S_2$, Formel X.

B. Beim Erwärmen von 3-[6-Chlor-4-methyl-benzo[*b*]thiophen-2-carbonyl]-benzo[*b*]≈ thiophen-2-carbonsäure mit Phosphor(V)-chlorid und Phosphorylchlorid und Behandeln des Reaktionsprodukts mit Aluminiumchlorid in Nitrobenzol (*Mayer*, A. **488** [1931] 259, 295).

Krystalle (aus Nitrobenzol); F: 260—262°.

Dioxo-Verbindungen C₂₀H₁₂O₄

**3,4′-Diphenyl-[2,2′]bifuryliden-5,5′-dion, 4,5-Dihydroxy-2,6-diphenyl-octa-2,4,6-triendi=
säure-1 → 4;8 → 5-dilacton** $C_{20}H_{12}O_4$.

a) **(Z)-3,4′-Diphenyl-[2,2′]bifuryliden-5,5′-dion** $C_{20}H_{12}O_4$, Formel I.

Diese Konstitution und Konfiguration kommt der nachstehend beschriebenen, von
Sauer et al. (Am. Soc. **81** [1959] 3677, 3681) als [(Z)-4,4′-Diphenyl-[2,2′]bifuryliden]=
5,5′-dion angesehenen Verbindung zu (*Bird, Wong,* Tetrahedron **30** [1974] 2331, 2332).

B. Neben dem unter b) beschriebenen Stereoisomeren und anderen Verbindungen beim
Behandeln von Phenylacetylen mit Kohlenmonoxid, Octacarbonyldikobalt und Aceton
bei 100°/800 at (*Sa. et al.*).

Krystalle; F: 207—210° (*Sa. et al.*). UV-Absorptionsmaximum (Acetonitril): 381 nm
(*Sa. et al.*, l. c. S. 3680).

I   II

b) **(E)-3,4′-Diphenyl-[2,2′]bifuryliden-5,5′-dion** $C_{20}H_{12}O_4$, Formel II.

Konstitution und Konfiguration: *Bird, Wong,* Tetrahedron **30** [1974] 2331, 2332.

B. s. bei dem unter a) beschriebenen Stereoisomeren.

Krystalle; F: 176—178° (*Sauer et al.*, Am. Soc. **81** [1959] 3677, 3681). UV-Absorptions=
maximum (Acetonitril): 381 nm (*Sa. et al.*, l. c. S. 3680).

**(E)-4,4′-Diphenyl-[2,2′]bifuryliden-5,5′-dion, 4,5-Dihydroxy-2,7-diphenyl-octa-2c,4t,6c-
triendisäure-1 → 4;8 → 5-dilacton** $C_{20}H_{12}O_4$, Formel III.

Konstitution und Konfiguration: *Bird, Wong,* Tetrahedron **30** [1974] 2331, 2332.

B. Neben anderen Verbindungen beim Behandeln von Phenylacetylen mit Kohlen=
monoxid, Aceton, Phenylisocyanat und Octacarbonyldikobalt bei 100°/800 at (*Sauer
et al.*, Am. Soc. **81** [1959] 3677, 3681).

Krystalle; F: 305—308° [aus A.] (*Bird, Wong,* l. c. S. 2335), 295—297° (*Sa. et al.*).
Absorptionsmaximum (Acetonitril): 408 nm (*Bird, Wong,* l. c. S. 2335; *Sa. et al.*, l. c.
S. 3680).

Massenspektrum: *Bird, Wong,* l. c. S. 2335.

III   IV

(E)-5,5′-Diphenyl-[3,3′]bifuryliden-2,2′-dion $C_{20}H_{12}O_4$, Formel IV (R = X = H) (H 185;
E II 201; dort als „Di-γ-lacton der enolisierten Diphenacylfumarsäure" und als Pech-
mannscher Farbstoff bezeichnet).

Konstitution und Konfiguration: *Treibs et al.*, A. **702** [1967] 112, 114. (E)-5,5′-Diphenyl-
[3,3′]bifuryliden-2,2′-dion hat auch in den früher (s. H 19 185 und E II 19 201 beschriebenen, als „Di-γ-lacton der enolisierten Diphenacylmaleinsäure" bezeichneten Präparaten

vorgelegen (*Chovin*, A. ch. [11] **9** [1938] 447, 519).

B. Beim Erhitzen von 2-Hydroxy-4-oxo-4-phenyl-buttersäure mit Propionsäure-anhydrid, Kupfer(I)-chlorid und Ammoniumchlorid (*Am. Cyanamid Co.*, U.S.P. 2640837 [1951]). Beim Erhitzen von 4-Oxo-4-phenyl-*trans*-crotonsäure mit Acetanhydrid, Kupfer(I)-chlorid und Ammoniumchlorid (*Fang, Bergmann*, J. org. Chem. **16** [1951] 1231, 1235) oder mit Acetanhydrid, Kupfer(I)-chlorid und Borsäure (*Am. Cyanamid Co.*, U.S.P. 2640836 [1951]). Beim Erwärmen von 5-Phenyl-3*H*-furan-2-on mit 2,4-Dioxo-4-phenyl-buttersäure und Acetanhydrid (*Fang, Be.*). Aus 4-Oxo-2-[(*E*)-2-oxo-5-phenyl-[3]furyliden]-4-phenyl-buttersäure (E III/IV **18** 6105) beim Behandeln mit wss. Schwefel-säure sowie beim Erhitzen mit Acetanhydrid (*Dufraisse, Chovin*, Bl. [5] **1** [1934] 771, 785; *Klingsberg*, Chem. Reviews **54** [1954] 59, 70, 75).

Rote Krystalle (aus Bzl.); F: 317° [im vorgeheizten Block] (*Du., Ch.*, l. c. S. 781; *Ch.*, l. c. S. 497), 317° [aus Xylol; unter Sublimation] (*Fang, Be.*). IR-Spektrum (Nujol; 2—15 μ): *Kl.*, l. c. S. 74. Absorptionsspektrum (Toluol; 300—600 nm): *Kl.*, l. c. S. 68; s. a. *Du., Ch.*, l. c. S. 782. Absorptionsmaxima: 500 nm und 535 nm (*Fang, Be.*, l. c. S. 1233).

Bei der Hydrierung an Platin in Äthylacetat sind 5,5'-Diphenyl-tetrahydro-[3,3']-bifuryl-2,2'-dion (F: 220°) und 2,3-Bis-phenäthyl-bernsteinsäure (F: 185°) erhalten worden (*Fang, Be.*, l. c. S. 1236).

(*E*)-5-[4-Brom-phenyl]-5'-phenyl-[3,3']bifuryliden-2,2'-dion $C_{20}H_{11}BrO_4$, Formel IV (R = H, X = Br).

Diese Konstitution kommt der nachstehend beschriebenen, von *Chovin* (A. ch. [11] **9** [1938] 447, 492) als 3-[4-Brom-phenyl]-7-phenyl-pyrano[4,3-*c*]pyran-1,5-dion angesehenen Verbindung zu (*Klingsberg*, Chem. Reviews **54** [1954] 59, 61); bezüglich der Konfigurationszuordnung vgl. das analog hergestellte (*E*)-5,5'-Diphenyl-[3,3']bi-furyliden-2,2'-dion (S. 2133).

B. Beim Erhitzen von 4-Oxo-4-phenyl-buttersäure mit 4-[4-Brom-phenyl]-2,4-dioxo-buttersäure, Phosphor(III)-bromid und Toluol sowie beim Erhitzen von 4-[4-Brom-phenyl]-4-oxo-buttersäure mit 2,4-Dioxo-4-phenyl-buttersäure, Phosphor(III)-bromid und Toluol (*Ch.*).

Rote Krystalle; F: 347° (*Ch.*).

(*E*)-5,5'-Bis-[4-brom-phenyl]-[3,3']bifuryliden-2,2'-dion $C_{20}H_{10}Br_2O_4$, Formel IV (R = X = Br).

Diese Konstitution kommt der nachstehend beschriebenen, von *Chovin* (A. ch. [11] **9** [1938] 447, 488) als 3,7-Bis-[4-brom-phenyl]-pyrano[4,3-*c*]pyran-1,5-dion an-gesehenen Verbindung zu (*Klingsberg*, Chem. Reviews **54** [1954] 59, 61); bezüglich der Konfigurationszuordnung vgl. das analog hergestellte (*E*)-5,5'-Diphenyl-[3,3']bifuryliden-2,2'-dion (S. 2133).

B. Beim Erhitzen von 4-[4-Brom-phenyl]-4-oxo-buttersäure mit 4-[4-Brom-phenyl]-2,4-dioxo-buttersäure, Phosphor(III)-bromid und Toluol (*Ch.*). Beim Erhitzen von 4-[4-Brom-phenyl]-4-oxo-*trans*-crotonsäure mit Acetanhydrid, Kupfer(I)-chlorid und Boroxid (*Am. Cyanamid Co.*, U.S.P. 2640836 [1951]).

Rote Krystalle; F: 432° (*Ch.*).

(*E*)-5,5'-Bis-[3-nitro-phenyl]-[3,3']bifuryliden-2,2'-dion $C_{20}H_{10}N_2O_8$, Formel V.

B. Beim Erhitzen von 4-[3-Nitro-phenyl]-4-oxo-*trans*-crotonsäure mit Acetanhydrid, Kupfer(I)-chlorid und Ammoniumchlorid (*Fang, Bergmann*, J. org. Chem. **16** [1951] 1231, 1235).

Rote Krystalle (aus Xylol); F: 361°. Absorptionsmaxima (Xylol): 500 nm und 525 nm.

(*E*)-5,5'-Diphenyl-[3,3']bithienyliden-2,2'-dion $C_{20}H_{12}O_2S_2$, Formel VI.

Bezüglich der Konfigurationszuordnung vgl. das aus 5-Phenyl-3*H*-furan-2-on analog hergestellte (s. H **19** 185) (*E*)-5,5'-Diphenyl-[3,3']bifuryliden-2,2'-dion (S. 2133).

B. Beim Behandeln einer Lösung von 5-Phenyl-3*H*-thiophen-2-on in Äthanol oder Methanol mit Luft (*Kosak et al.*, Am. Soc. **76** [1954] 4450, 4454).

Grüne Krystalle (aus Dioxan); F: 304—305°.

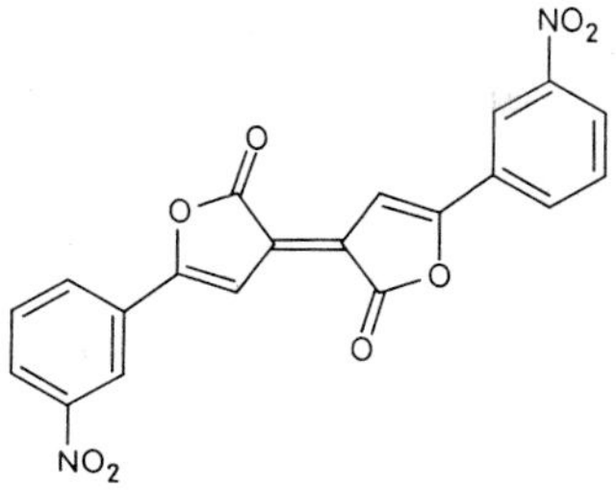

V

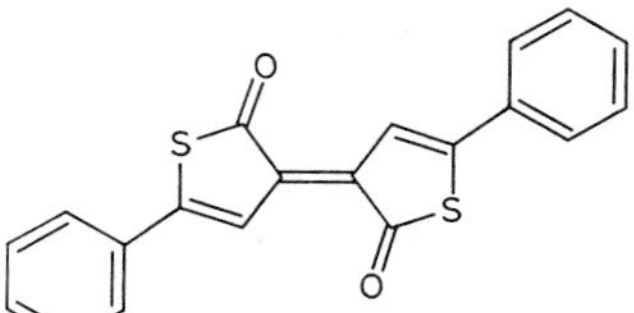

VI

3,7-Diphenyl-pyrano[4,3-c]pyran-1,5-dion $C_{20}H_{12}O_4$, Formel VII (H 186; E II 201; dort als „Di-δ-lacton der enolisierten Diphenacylfumarsäure" bezeichnet).

B. Beim Erhitzen von 2-Oxo-3-phenacyl-6-phenyl-2H-pyran-4-carbonsäure-methylester (E III/IV **18** 6105) unter vermindertem Druck bis auf 165° (*Chovin*, C. r. **209** [1939] 169).

Orangefarbene Krystalle (aus Bzl.); F: 332° [im vorgeheizten Block; unter Sublimation] (*Dufraisse, Chovin*, Bl. [5] **1** [1934] 771, 786).

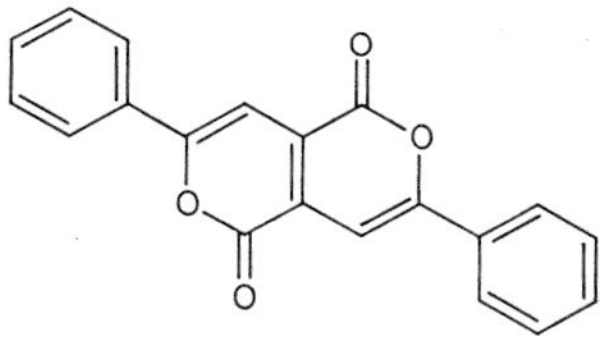

VII

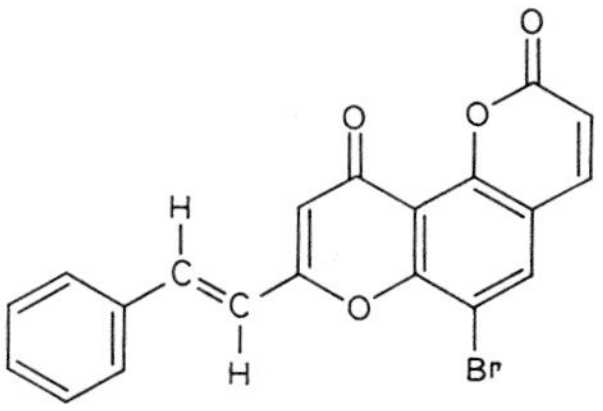

VIII

6-Brom-8-trans(?)-styryl-pyrano[2,3-f]chromen-2,10-dion, 3c-[8-Brom-5-hydroxy-4-oxo-2-trans(?)-styryl-4H-chromen-6-yl]-acrylsäure-lacton $C_{20}H_{11}BrO_4$, vermutlich Formel VIII.

B. Beim Behandeln von 6-Brom-8-methyl-pyrano[2,3-f]chromen-2,10-dion mit Benzaldehyd und mit Natriumäthylat in Äthanol (*Shah, Shah*, J. org. Chem. **19** [1954] 1938, 1943).

Krystalle (aus wss. A.); F: 132°.

(±)-3-Brom-4-phenylimino-3,4-dihydro-spiro[naphthalin-1,2'-naphth[1,2-d][1,3]oxathiol]-2-on, (±)-3-Brom-spiro[naphthalin-1,2'-naphth[1,2-d][1,3]oxathiol]-2,4-dion-4-phenylimin $C_{26}H_{16}BrNO_2S$, Formel IX, und Tautomere.

(±)-4-Anilino-3-brom-spiro[naphthalin-1,2'-naphth[1,2-d][1,3]oxathiol]-2-on $C_{26}H_{16}BrNO_2S$, Formel X.

B. Beim Erhitzen von (±)-3,4-Dibrom-spiro[naphthalin-1,2'-naphth[1,2-d][1,3]oxathiol]-2-on (S. 1900) mit Anilin und Essigsäure (*McClelland, Smiles*, Soc. **1932** 637, 641).

Gelbe Krystalle (aus Acn.); F: 240—241°.

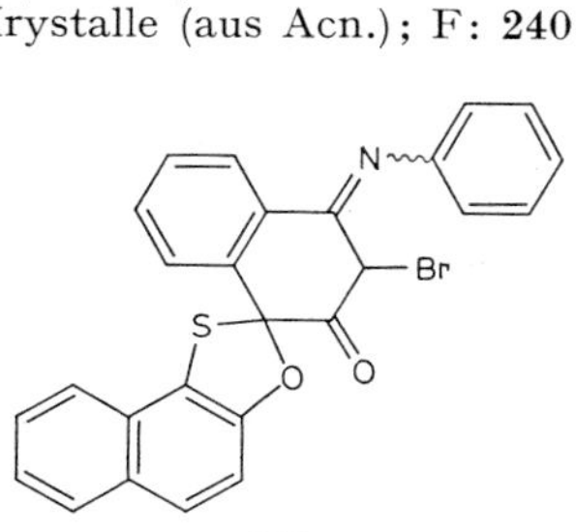

IX

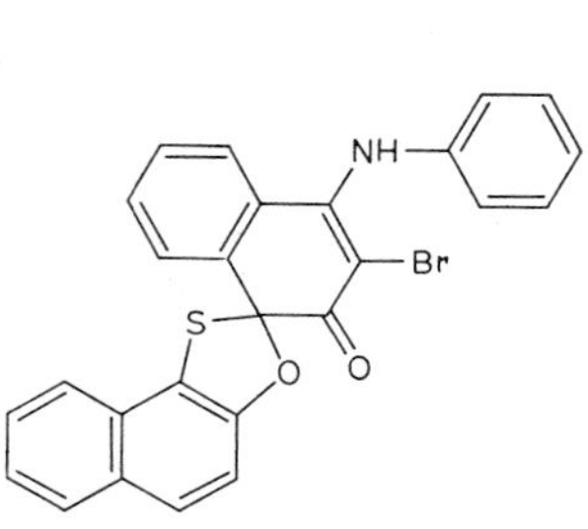

X

3,9-Dichlor-1,11-dimethyl-dibenzo[d,d']benzo[1,2-b;5,4-b']dithiophen-6,12-dion
$C_{20}H_{10}Cl_2O_2S_2$, Formel XI.

B. Beim Erhitzen von Bis-[3-carboxy-6-chlor-4-methyl-benzo[b]thiophen-2-yl]-keton mit Acetanhydrid und Erhitzen des Reaktionsgemisches mit Aluminiumchlorid und Natriumchlorid auf 140° (*Mayer*, A. **488** [1931] 259, 294).

Rote Krystalle (aus Nitrobenzol); F: 332°.

XI   XII

(9ar,12ac)-9,9a,12a,13-Tetrahydro-9ξ,13ξ-episulfido-triphenyleno[2,3-c]furan-10,12-dion, 1,2,3,4-Tetrahydro-1ξ,4ξ-episulfido-triphenylen-2r,3c-dicarbonsäure-anhydrid $C_{20}H_{12}O_3$,S, Formel XII.

B. Beim Erhitzen von Phenanthro[9,10-c]thiophen mit Maleinsäure-anhydrid auf 180° (*R. Gropper*, Diss. [Erlangen 1952], zit. bei *Dann et al.*, B. **87** [1954] 140, 144).

Krystalle (aus Toluol); F: 219—220° [unkorr.]. UV-Spektrum ($CHCl_3$; 225—370 nm): *Dann et al.*, l. c. S. 143.

Dioxo-Verbindungen $C_{21}H_{14}O_4$

16,17,18,19-Tetradehydro-8,9-dihydro-7H-dibenzo[h,n][1,7]dioxacyclopentadecin-6,10-dion, 16,17,18,19-Tetradehydro-8,9-dihydro-7H-5,11-dioxa-dibenzo[a,g]cyclopentadecen-6,10-dion, 1,7-Dioxa-[7.4]orthocyclophan-14,16-diin-2,6-dion $C_{21}H_{14}O_4$, Formel I.

B. Neben [2,2']Bibenzofuranyl beim Erwärmen von Glutarsäure-bis-[2-äthinyl-phenylester] mit Kupfer(II)-acetat in Pyridin (*Toda, Nakagawa*, Bl. chem. Soc. Japan **33** [1960] 223, 228; s. a. *Nakagawa, Toda*, Chem. and Ind. **1959** 458).

Krystalle (aus A.); F: 135—136° [unkorr.] (*Toda, Na.*). UV-Spektrum (A.; 220—340 nm [λ_{max}: 229,5 nm, 292 nm, 310 nm und 331 nm]): *Toda, Na.*, l. c. S. 225, 226.

Am Licht erfolgt Umwandlung in eine Substanz von hohem Molekulargewicht (*Toda, Na.*).

(E)-5-Phenyl-5'-p-tolyl-[3,3']bifuryliden-2,2'-dion $C_{21}H_{14}O_4$, Formel II (X = H).

Konstitutionszuordnung: *Klingsberg*, Chem. Reviews **54** [1954] 59, 61; bezüglich der Konfigurationszuordnung vgl. das analog hergestellte (E)-5,5'-Diphenyl-[3,3']bifuryliden-2,2'-dion (S. 2133).

B. Beim Erhitzen von 2,4-Dioxo-4-p-tolyl-buttersäure mit 4-Oxo-4-phenyl-buttersäure, Phosphor(III)-bromid und Toluol auf 120° (*Chovin*, A. ch. [11] **9** [1938] 447, 489).

Schwarzrote Krystalle (aus Xylol oder Nitrobenzol); F: 307° (*Ch.*).

I   II

(E)-5-[4-Brom-phenyl]-5'-p-tolyl-[3,3']bifuryliden-2,2'-dion $C_{21}H_{13}BrO_4$, Formel II (X = Br).

Diese Konstitution kommt der nachstehend beschriebenen, von *Chovin* (A. ch. [11]

9 [1938] 447, 494) als 3-[4-Brom-phenyl]-7-*p*-tolyl-pyrano[4,3-*c*]pyran-1,5-dion angesehenen Verbindung zu (*Klingsberg*, Chem. Reviews **54** [1954] 59, 61); bezüglich der Konfigurationszuordnung vgl. das analog hergestellte (*E*)-5,5'-Diphenyl-[3,3']bi≠ furyliden-2,2'-dion (S. 2133).

B. Beim Erhitzen von 4-Oxo-4-*p*-tolyl-buttersäure mit 4-[4-Brom-phenyl]-2,4-dioxo-buttersäure, Phosphor(III)-bromid und Toluol sowie beim Erhitzen von 4-[4-Brom-phenyl]-4-oxo-buttersäure mit 2,4-Dioxo-4-*p*-tolyl-buttersäure, Phosphor(III)-bromid und Toluol (*Ch.*, l. c. S. 494).

Rot; F: 397° [unreines Präparat] (*Ch.*).

3-Phenyl-7-*p*-tolyl-pyrano[4,3-*c*]pyran-1,5-dion C$_{21}$H$_{14}$O$_4$, Formel III.
Bezüglich der Konstitutionszuordnung vgl. *Klingsberg*, Chem. Reviews **54** [1954] 59, 64.

B. Neben (*E*)-5-Phenyl-5'-*p*-tolyl-[3,3']bifuryliden-2,2'-dion (S. 2136) beim Erhitzen von 5-Phenyl-3*H*-furan-2-on mit 2,4-Dioxo-4-*p*-tolyl-buttersäure-äthylester, Phosphor(III)-bromid und Toluol sowie beim Erhitzen von 5-*p*-Tolyl-3*H*-furan-2-on mit 2,4-Dioxo-4-phenyl-buttersäure-äthylester, Phosphor(III)-bromid und Toluol (*Chovin*, A. ch. [11] **9** [1938] 447, 505).

Gelb. F: 299° (*Ch.*).

III   IV

6-Benzyl-3-[thiophen-2-carbonyl]-cumarin C$_{21}$H$_{14}$O$_3$S, Formel IV.
B. Beim Behandeln von 3-Oxo-3-[2]thienyl-propionsäure-äthylester mit 5-Benzyl-2-hydroxy-benzaldehyd, wenig Äthanol und wenig Piperidin (*Buu-Hoi et al.*, Bl. **1957** 561).

Krystalle (aus Me.); F: 141°.

Dioxo-Verbindungen C$_{22}$H$_{16}$O$_4$

17,18,19,20-Tetradehydro-7,8,9,10-tetrahydro-dibenzo[*i,o*][1,8]dioxacyclohexadecin-6,11-dion, 17,18,19,20-Tetradehydro-7,8,9,10-tetrahydro-5,12-dioxa-dibenzo[*a,g*]cyclo≠ hexadecen-6,11-dion, 1,8-Dioxa-[8.4]orthocyclophan-15,17-diin-2,7-dion C$_{22}$H$_{16}$O$_4$, Formel V.
B. Beim Erwärmen von Adipinsäure-bis-[2-äthinyl-phenylester] mit Kupfer(II)-acetat in Pyridin (*Toda, Nakagawa*, Bl. chem. Soc. Japan **33** [1960] 223, 227; *Nakagawa, Toda*, Chem. and Ind. **1959** 458).

Krystalle (aus A.); F: 123,5° [unkorr.] (*Toda, Na.*). UV-Spektrum (A.; 220—240 nm [λ_{max}: 275 nm, 291 nm, 310 nm und 332 nm]): *Toda, Na.*, l. c. S. 226.

Beim Erwärmen mit wss.-äthanol. Kalilauge sind [2,2']Bibenzofuranyl und Adipinsäure erhalten worden (*Toda, Na.*, l. c. S. 228).

3,4-Diphenyl-3,4-dihydro-benzo[*f*][1,4]dioxocin-1,6-dion, Phthalsäure-bibenzyl-α,α'-diylester C$_{22}$H$_{16}$O$_4$.
    a) **cis-3,4-Diphenyl-3,4-dihydro-benzo[*f*][1,4]dioxocin-1,6-dion** C$_{22}$H$_{16}$O$_4$, Formel VI.
B. Neben einer vermutlich als *cis*-4,5-Diphenyl-spiro[[1,3]dioxolan-2,1'-phthalan]-3'-on zu formulierenden Verbindung (F: 198—199° [korr.]) beim Erwärmen von Benzo[*d*][1,2]≠ dioxin-1,4-dion mit *cis*-Stilben und Tetrachlormethan (*Greene*, Am. Soc. **78** [1956] 2250, 2253).

Krystalle (aus Bzl. + PAe.); F: 192—193° [korr.]. UV-Spektrum (Ae.; 230—310 nm): *Gr.*, l. c. S. 2252.

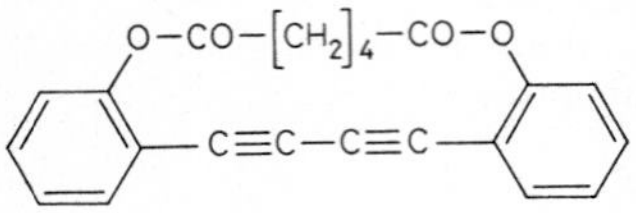

V 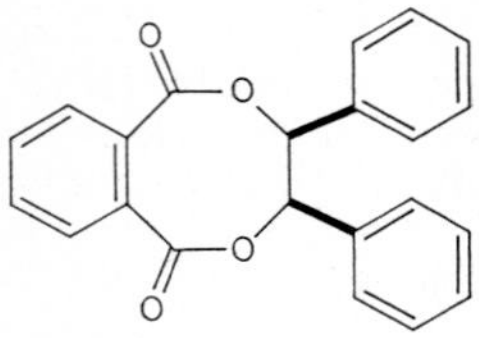   VI 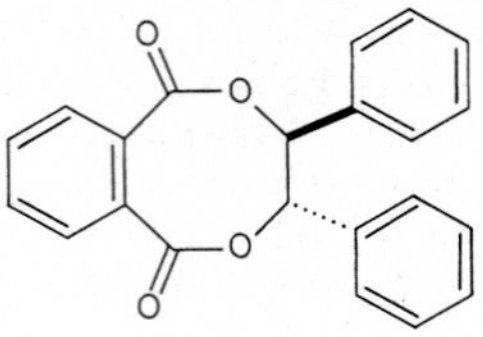   VII

b) (±)-*trans*-3,4-Diphenyl-3,4-dihydro-benzo[*f*][1,4]dioxocin-1,6-dion $C_{22}H_{16}O_4$, Formel VII + Spiegelbild.

B. Neben *trans*-4,5-Diphenyl-spiro[[1,3]dioxolan-2,1'-phthalan]-3'-on beim Erwärmen von Benzo[*d*][1,2]dioxin-1,4-dion mit *trans*-Stilben und Tetrachlormethan (*Greene*, Am. Soc. 78 [1956] 2250, 2253).

Krystalle (aus CCl$_4$); F: 206—207,5° [korr.]. UV-Spektrum (Ae.; 230—300 nm): *Gr.*, l. c. S. 2252.

***

4,4'-Bis-[5-oxo-2,5-dihydro-[3]furyl]-*trans*-stilben $C_{22}H_{16}O_4$, Formel VIII.

B. Beim Erhitzen von 4,4'-Bis-acetoxyacetyl-*trans*-stilben mit Bromessigsäure-äthyl= ester, Zink und Dioxan, Behandeln des Reaktionsgemisches mit wss. Salzsäure und Er= hitzen des Reaktionsprodukts mit Essigsäure und konz. wss. Salzsäure (*Campbell, Hunt,* Soc. 1951 960).

Orangefarbene Krystalle (aus Eg.); bei ca. 360° erfolgt Zersetzung.

***

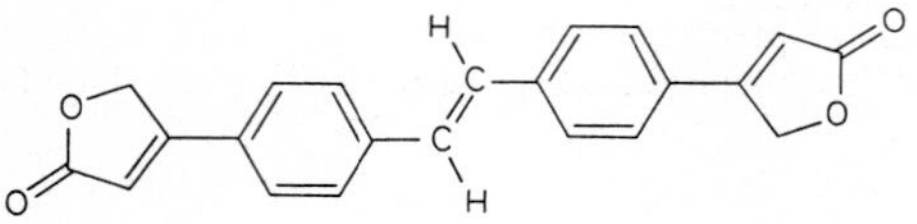

VIII 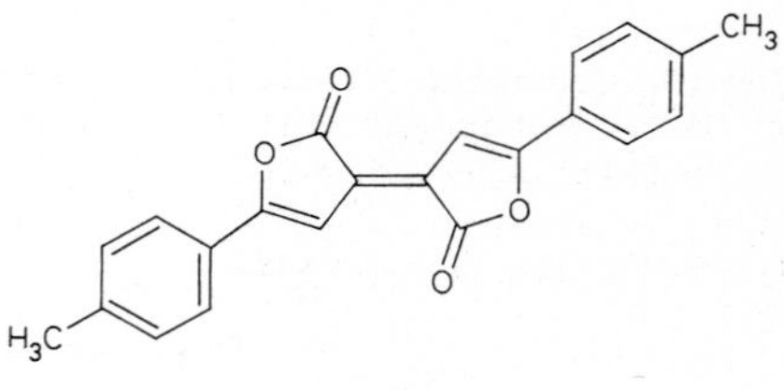   IX

(*E*)-5,5'-Di-*p*-tolyl-[3,3']bifuryliden-2,2'-dion $C_{22}H_{16}O_4$, Formel IX.

Konstitutionszuordnung: *Klingsberg*, Chem. Reviews 54 [1954] 59, 61; bezüglich der Konfigurationszuordnung vgl. das analog hergestellte (*E*)-5,5'-Diphenyl-[3,3']bifuryliden-2,2'-dion (S. 2133).

B. Beim Erhitzen von 4-Oxo-4-*p*-tolyl-buttersäure mit 2,4-Dioxo-4-*p*-tolyl-buttersäure, Phosphor(III)-bromid und Toluol auf 120° (*Chovin*, A. ch. [11] 9 [1938] 447, 488). Beim Erhitzen von 4-Oxo-4-*p*-tolyl-*trans*-crotonsäure mit Acetanhydrid, Kupfer-Pulver und Boroxid (*Am. Cyanamid Co.*, U.S.P. 2640836 [1951]) oder mit Acetanhydrid, Kupfer(I)-cyanid und Ammoniumchlorid (*Am. Cyanamid Co.*, U.S.P. 2640837 [1951]).

Rote Krystalle; F: 357° (*Ch.*).

***

3,7-Di-*p*-tolyl-pyrano[4,3-*c*]pyran-1,5-dion $C_{22}H_{16}O_4$, Formel I.

Diese Konstitution kommt wahrscheinlich der nachstehend beschriebenen Verbindung zu (vgl. *Klingsberg*, Chem. Reviews 54 [1954] 59, 72).

B. Beim Erhitzen von Bis-[4-methyl-phenacyl]-fumarsäure mit Acetanhydrid (*Chovin*, A. ch. [11] 9 [1938] 447, 506, 523).

Gelbe Krystalle (aus Acetanhydrid oder Xylol); F: 357° (*Ch.*).

***

4-Benzhydryliden-hexahydro-3,5-cyclo-cyclopenta[2,1-*b*;3,4-*b'*]difuran-2,6-dion,
7-Benzhydryliden-5*endo*,6*endo*-dihydroxy-norbornan-2*endo*,3*endo*-dicarbonsäure-
2→6;3→5-dilacton C$_{22}$H$_{16}$O$_4$, Formel II.

B. Beim Erwärmen von 7-Benzhydryliden-5*exo*-brom-6*endo*-hydroxy-norbornan-
2*endo*,3*endo*-dicarbonsäure-2-lacton mit methanol. Kalilauge und Erwärmen des Reaktionsprodukts mit Acetanhydrid (*Alder et al.*, A. **566** [1950] 27, 49).

Krystalle (aus E.); F: 275—276°.

Beim Erhitzen mit wss. Natronlauge und anschliessenden Ansäuern ist 7-Benzhydryl=
iden-5*endo*,6*endo*-dihydroxy-norbornan-2*endo*,3*endo*-dicarbonsäure-2→6-lacton   erhalten
worden.

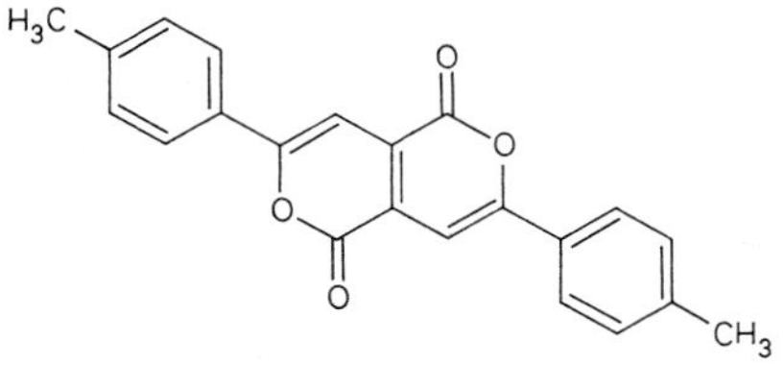

I 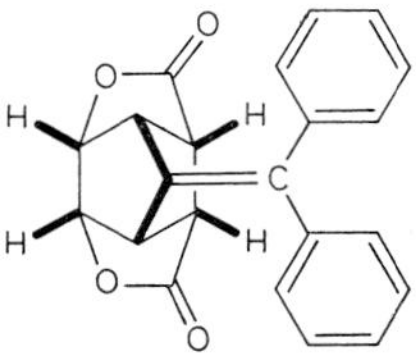   II 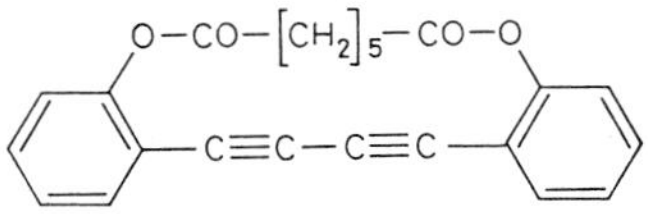   III

Dioxo-Verbindungen C$_{23}$H$_{18}$O$_4$

18,19,20,21-Tetradehydro-8,9,10,11-tetrahydro-7*H*-dibenzo[*j*,*p*][1,9]dioxacycloheptadecin-
6,12-dion, 18,19,20,21-Tetradehydro-8,9,10,11-tetrahydro-7*H*-5,13-dioxa-dibenzo[*a,g*]=
cycloheptadecen-6,12-dion, 1,9-Dioxa-[9.4]orthocyclophan-16,18-diin-2,8-dion C$_{23}$H$_{18}$O$_4$,
Formel III.

B. Beim Erwärmen von Pimelinsäure-bis-[2-äthinyl-phenylester] mit Kupfer(II)-
acetat und Pyridin (*Toda, Nakagawa*, Bl. chem. Soc. Japan **33** [1960] 223, 228; *Nakagawa,
Toda*, Chem. and Ind. **1959** 458).

Krystalle (aus Me.); F: 120,5—121,5° [unkorr.] (*Toda, Na.*). UV-Spektrum (A.; 220 nm
bis 340 nm [λ_{max}: 248,5 nm, 293 nm, 310 nm und 331 nm]): *Toda, Na.*, l. c. S. 225, 226.

10-Äthyl-4-methyl-8-*trans*-styryl-pyrano[3,2-*g*]chromen-2,6-dion, 3-[8-Äthyl-
7-hydroxy-4-oxo-2-*trans*-styryl-4*H*-chromen-6-yl]-*trans*-crotonsäure-lacton C$_{23}$H$_{18}$O$_4$,
Formel IV.

Diese Konstitution und Konfiguration kommt wahrscheinlich der nachstehend beschriebenen Verbindung zu.

B. Beim Behandeln von 10-Äthyl-4,8-dimethyl-pyrano[3,2-*g*]chromen-2,6-dion mit
Benzaldehyd und mit Natriumäthylat in Äthanol (*Limaye, Ghate*, Rasayanam **1** [1939]
169, 175).

Krystalle (aus Eg.); F: 174—175°.

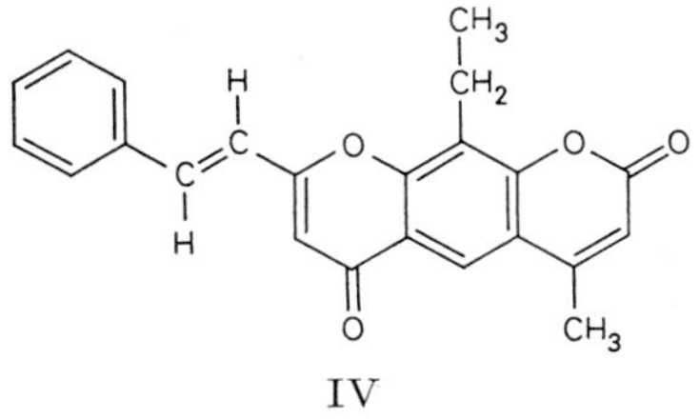

IV 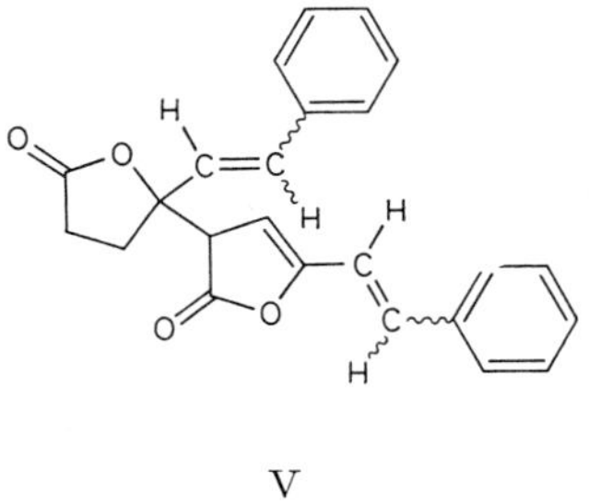   V

Dioxo-Verbindungen C$_{24}$H$_{20}$O$_4$

2,5'-Di-ξ-styryl-3,4-dihydro-2*H*,3'*H*-[2,3']bifuryl-5,2'-dion C$_{24}$H$_{20}$O$_4$, Formel V.
Diese Konstitution ist für die nachstehend beschriebene opt.-inakt. Verbindung in

Betracht gezogen worden (*Fang, Bergmann*, J. org. Chem. **16** [1951] 1231, 1235).

B. In geringer Menge beim Erhitzen von 4-Oxo-6-phenyl-hex-5-ensäure (E III **10** 3168) mit Acetanhydrid an der Luft (*Fang, Be.*).

Gelbliche Krystalle (aus Acn. + Me.); F: 159—160°.

10-Oxo-3,7-diphenyl-3,4,7,8-tetrahydro-2H,6H-10λ⁴-phenoxathiin-1,9-dion $C_{24}H_{20}O_4S$, Formel VI.

Diese Konstitution kommt vermutlich der nachstehend beschriebenen opt.-inakt. Verbindung zu (*Desai, Wali*, J. Indian chem. Soc. **13** [1936] 735, 739).

B. Beim Erwärmen von 5-Phenyl-cyclohexan-1,3-dion mit Thionylchlorid und Benzol (*De., Wali*).

Krystalle (aus Bzl.); F: 216°.

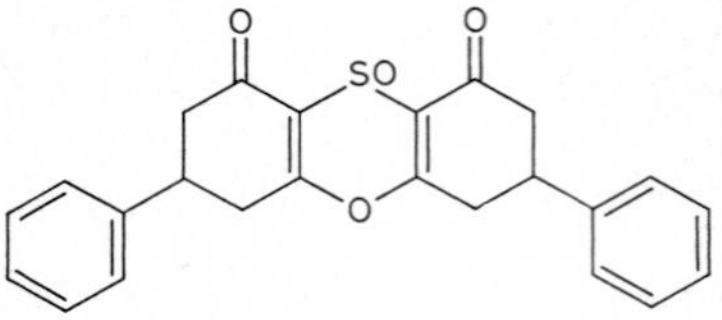

VI 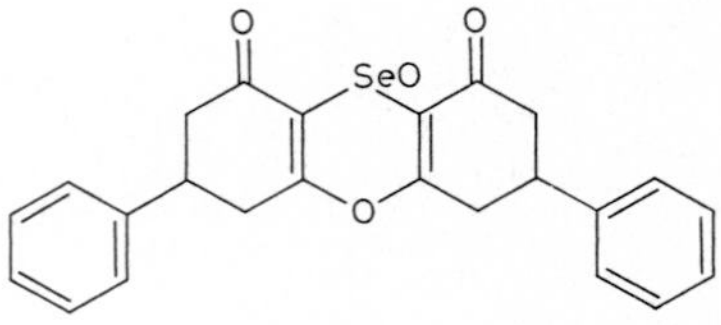   VII

---

*Opt.-inakt. **10-Oxo-3,7-diphenyl-3,4,7,8-tetrahydro-2H,6H-10λ⁴-phenoxaselenin-1,9-dion** $C_{24}H_{20}O_4Se$, Formel VII.

B. Beim Erwärmen einer Lösung von 5-Phenyl-cyclohexan-1,3-dion in Methanol mit Selendioxid (*King, Felton*, Soc. **1949** 274, 277).

Gelbe Krystalle (aus Bzl. + A.); F: 187—188° [unkorr.; Zers.].

Dioxo-Verbindungen $C_{26}H_{24}O_4$

(E)-5,5′-Dimesityl-[3,3′]bifuryliden-2,2′-dion $C_{26}H_{24}O_4$, Formel VIII.

Diese Konstitution und Konfiguration kommt vermutlich der nachstehend beschriebenen Verbindung zu (*Allen et al.*, Canad. J. Res. **11** [1934] 382, 392; *Klingsberg*, Chem. Reviews **54** [1954] 59, 61); bezüglich der Konfigurationszuordnung vgl. das analog hergestellte (E)-5,5′-Diphenyl-[3,3′]bifuryliden-2,2′-dion (S. 2133).

B. Neben 1-Acetoxy-1-mesityl-but-3-ensäure beim Erwärmen von 4-Mesityl-4-oxo-buttersäure mit Acetylchlorid (*Al. et al.*).

Purpurrote Krystalle; F: 288—290° (*Al. et al.*).

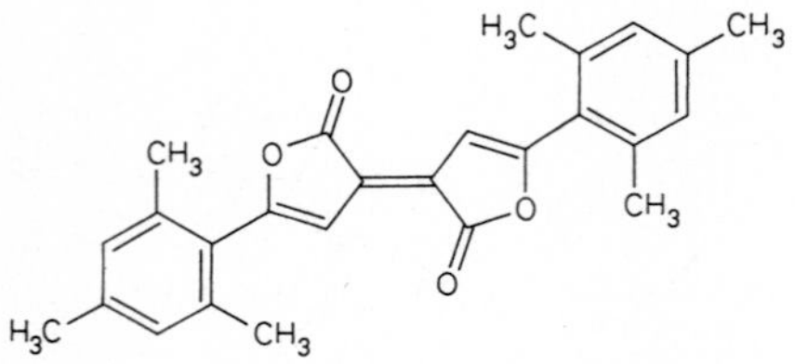

VIII 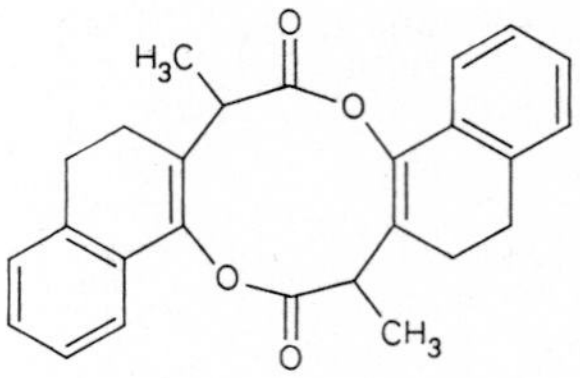   IX

---

*Opt.-inakt. **7,16-Dimethyl-5,7,14,16-tetrahydro-6H,15H-dinaphtho[1,2-b;1′,2′-g][1,6]dioxecin-8,17-dion** $C_{26}H_{24}O_4$, Formel IX.

B. Beim Erwärmen von 3,4-Dihydro-2H-naphthalin-1-on mit Brenztraubensäure (*Rosenmund, Gutschmidt*, Ar. **288** [1955] 6, 11). Beim Erwärmen von opt.-inakt. 2-[1-Oxo-1,2,3,4-tetrahydro-[2]naphthyl]-propionsäure (F: 135°) mit wenig Acetanhydrid (*Ro., Gu.*).

Krystalle (aus Eg.); F: 257°.

Dioxo-Verbindungen $C_{28}H_{28}O_4$

3,3,7,7-Tetramethyl-10-oxo-2,8-diphenyl-3,4,7,8-tetrahydro-2H,6H-10λ^4-phenoxaselenin-1,9-dion $C_{28}H_{28}O_4Se$, Formel X, und **3,3,7,7-Tetramethyl-10-oxo-4,6-diphenyl-3,4,7,8-tetrahydro-2H,6H-10λ^4-phenoxaselenin-1,9-dion** $C_{28}H_{28}O_4Se$, Formel XI.

Diese Konstitutionsformeln sind für die nachstehend beschriebene opt.-inakt. Verbindung in Betracht gezogen worden (*King, Felton*, Soc. **1949** 274, 277).

B. Beim Erwärmen einer Lösung von (±)-5,5-Dimethyl-4-phenyl-cyclohexan-1,3-dion in Methanol mit Selendioxid (*King, Fe.*).

Gelbe Krystalle (aus wss. Me.); F: 133° [unkorr.].

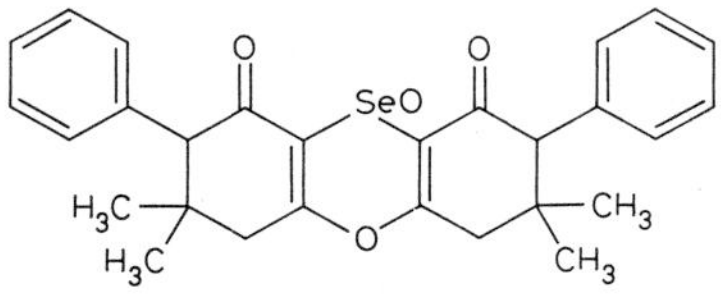

X 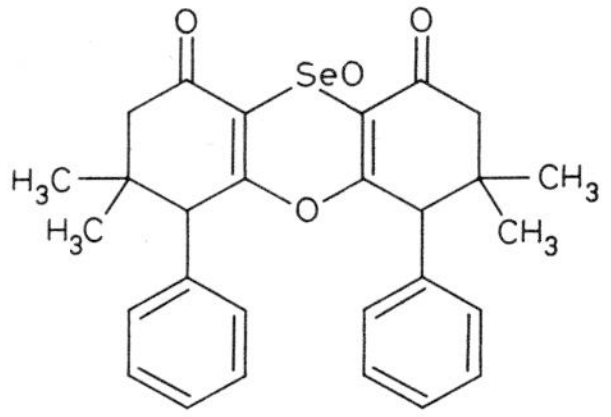   XI

Dioxo-Verbindungen $C_nH_{2n-30}O_4$

Dioxo-Verbindungen $C_{20}H_{10}O_4$

Dinaphtho[2,3-b;2',3'-e][1,4]dioxin-5,14-dion $C_{20}H_{10}O_4$, Formel I.

B. Beim Erhitzen von 2,3-Dichlor-[1,4]naphthochinon mit Naphthalin-2,3-diol und Pyridin (*Buu-Hoi*, Soc. **1952** 489, 491).

Rotbraune Krystalle (aus Py.), die unterhalb von 340° nicht schmelzen.

---

*2-[4-Chlor-3-oxo-3H-benzo[b]thiophen-2-yliden]-naphtho[2,3-b]thiophen-3-on $C_{20}H_9ClO_2S_2$, Formel II (R = Cl, X = H) oder Stereoisomeres.

B. Beim Erhitzen von 4-Chlor-benzo[b]thiophen-3-on mit Naphtho[2,3-b]thiophen-2,3-dion-2-[4-dimethylamino-phenylimin], Essigsäure und kleinen Mengen wss. Salzsäure (*Dalgliesh, Mann*, Soc. **1945** 893, 901, 905).

Krystalle (aus Nitrobenzol).

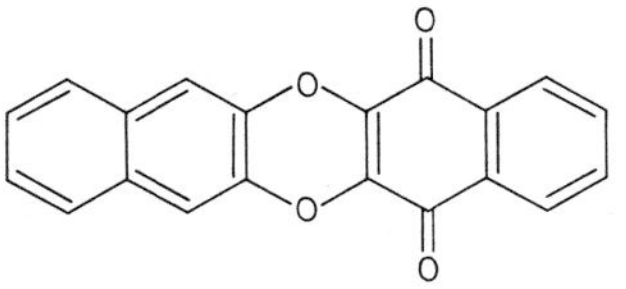

I 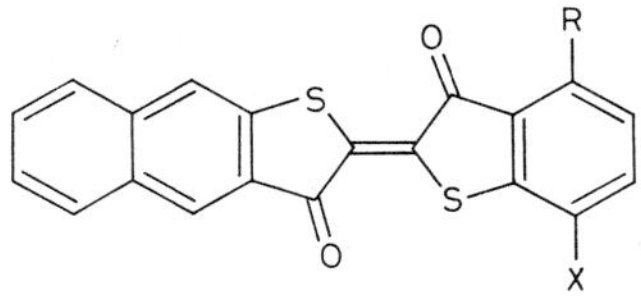   II

*2-[7-Chlor-3-oxo-3H-benzo[b]thiophen-2-yliden]-naphtho[2,3-b]thiophen-3-on $C_{20}H_9ClO_2S_2$, Formel II (R = H, X = Cl) oder Stereoisomeres.

B. Beim Erhitzen von 7-Chlor-benzo[b]thiophen-3-on mit Naphtho[2,3-b]thiophen-2,3-dion-2-[4-dimethylamino-phenylimin], Essigsäure und kleinen Mengen wss. Salzsäure (*Dalgliesh, Mann*, Soc. **1945** 893, 901, 905).

Krystalle (aus Nitrobenzol).

2,10-Dichlor-thiochromeno[3,2-b]thioxanthen-12,14-dion $C_{20}H_8Cl_2O_2S_2$, Formel III (X = Cl).

Diese Konstitution ist der nachstehend beschriebenen Verbindung zugeordnet worden (*Martani*, Ann. Chimica **48** [1958] 643, 648).

B. Beim Erhitzen von 1,3-Bis-[2-carboxy-4-chlor-phenylmercapto]-benzol mit konz. Schwefelsäure auf 100° oder mit Polyphosphorsäure auf 150° (*Ma*.).

Gelbe Krystalle (aus Nitrobenzol oder Eg.), die unterhalb von 300° nicht schmelzen.

III   IV

2,10-Dinitro-thiochromeno[3,2-*b*]thioxanthen-12,14-dion $C_{20}H_8N_2O_6S_2$, Formel III (X = NO_2).

Diese Konstitution ist der nachstehend beschriebenen Verbindung zugeordnet worden (*Martani*, Ann. Chimica **48** [1958] 643, 648).

B. Beim Erhitzen von 1,3-Bis-[2-carboxy-4-nitro-phenylmercapto]-benzol mit konz. Schwefelsäure auf 100° oder mit Polyphosphorsäure auf 150° (*Ma*.).

Gelbe Krystalle (aus Nitrobenzol oder Eg.); F: 330°.

Chromeno[2,3-*b*]xanthen-7,14-dion $C_{20}H_{10}O_4$, Formel IV (E II 203; dort als [Dichromono-2'.3':1.2;2''.3'':4.5-benzol] und als Dixanthon bezeichnet).

B. Beim Erwärmen einer Lösung von 2,5-Diphenoxy-terephthalsäure in Nitrobenzol mit Phosphor(V)-chlorid und Aluminiumchlorid (*Singh*, *Bedi*, J. Indian chem. Soc. **34** [1957] 321).

Gelbe Krystalle (aus Toluol); F: 404° [Block; unter Sublimation].

Thiochromeno[3,2-*a*]thioxanthen-13,14-dion $C_{20}H_{10}O_2S_2$, Formel V.

Diese Konstitution ist der nachstehend beschriebenen Verbindung zugeordnet worden (*Steinkopf et al.*, A. **527** [1937] 237, 244, 263).

B. Beim Erwärmen von 1,4-Bis-[2-carboxy-phenylmercapto]-benzol mit konz. Schwe=felsäure (*St. et al.*).

Gelbe Krystalle (aus Pentan-1-ol); F: 285—285,5° (*St. et al.*).

Beim Erhitzen einer Lösung in Pyridin mit Hydrazin-hydrat ist Bisthiochromeno=[4,3,2-*de*;2',3',4'-*ij*]phthalazin erhalten worden (*St. et al.*).

Verbindung mit Schwefelsäure $C_{20}H_{10}O_2S_2 \cdot H_2SO_4$. Rot (*Steinkopf*, A. **532** [1937] 282, 286).

Benz[*c*]isochromeno[3,4-*g*]chromen-5,12-dion, 2',5'-Dihydroxy-*p*-terphenyl-2,2''-di=carbonsäure-2→2';2''→5'-dilacton $C_{20}H_{10}O_4$, Formel VI (X = H).

B. Beim Behandeln einer Lösung von 2-Methyl-[1,4]naphthochinon in Chloroform mit Ozon, Behandeln der Reaktionslösung mit Wasser, Erwärmen mit wss.-äthanol. Natron=lauge und anschliessenden Ansäuern mit wss. Salzsäure (*Bernatek*, Acta chem. scand. **13** [1959] 1719). Beim Erhitzen von 2',5'-Dimethoxy-*p*-terphenyl-2,2''-dicarbonsäure-di=methylester mit Pyridin-hydrochlorid auf 200° (*Erdtman*, *Nilsson*, Acta chem. scand. **10** [1956] 735, 737).

Krystalle; F: 420—422° [aus Eg.] (*Be*.), ca. 410° [unkorr.; im vorgeheizten Block; aus Eg.] (*Er*., *Ni*.). Monoklin; Raumgruppe $P2_1/c$ (= C_{2h}^5); aus dem Röntgen-Diagramm ermittelte Dimensionen der Elementarzelle: a = 3,82 Å; b = 14,11 Å; c = 12,54 Å; $\beta = 94°$; n = 2 (*Pedersen*, Acta chem. scand. **13** [1959] 1721). Dichte der Krystalle bei 20°: 1,53 (*Be*.).

7-Chlor-benz[*c*]isochromeno[3,4-*g*]chromen-5,12-dion, 3'-Chlor-2',5'-dihydroxy-*p*-terphenyl-2,2''-dicarbonsäure-2→2';2''→5'-dilacton $C_{20}H_9ClO_4$, Formel VI (X = Cl).

B. Beim Behandeln einer Lösung von 2,5-Bis-[2-methoxycarbonyl-phenyl]-[1,4]benzo=chinon in Chloroform mit Chlorwasserstoff (*Erdtman*, *Nilsson*, Acta chem. scand. **10** [1956] 735, 737).

Krystalle (aus 4-Hydroxy-4-methyl-pentan-2-on); F: ca. 385° [unkorr.; im vorgeheizten Block].

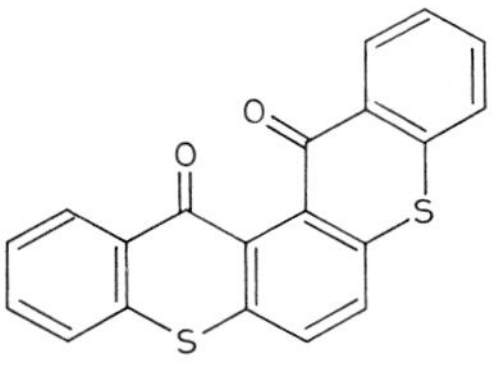

V 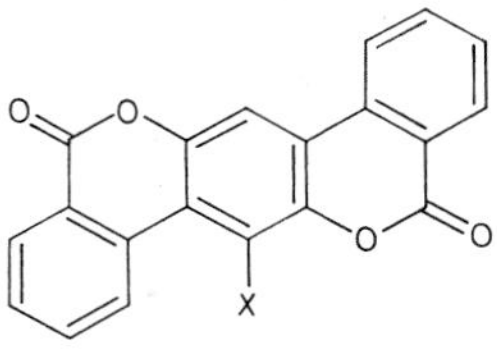   VI

Dioxo-Verbindungen $C_{21}H_{12}O_4$

*2-[4-Methyl-3-oxo-3H-benzo[b]thiophen-2-yliden]-naphtho[2,3-b]thiophen-3-on
$C_{21}H_{12}O_2S_2$, Formel VII (X = H) oder Stereoisomeres.
    B. Beim Erhitzen von Naphtho[2,3-b]thiophen-2,3-dion-2-[4-dimethylamino-phenyl≠
imin] mit 4-Methyl-benzo[b]thiophen-3-on, Essigsäure und kleinen Mengen wss. Salzsäure
(*Dalgliesh, Mann*, Soc. **1945** 893, 901, 905).
    Krystalle (aus Nitrobenzol).

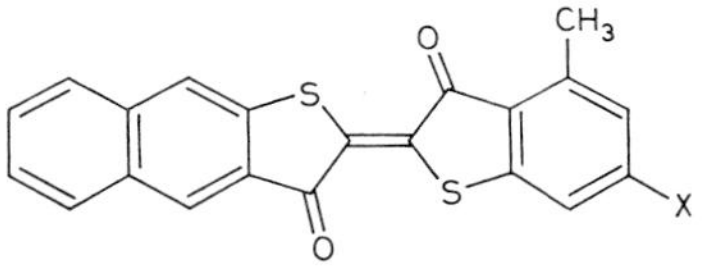

VII 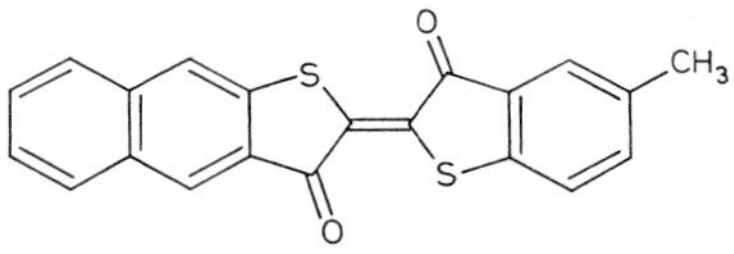   VIII

***2-[6-Chlor-4-methyl-3-oxo-3H-benzo[b]thiophen-2-yliden]-naphtho[2,3-b]thiophen-
3-on** $C_{21}H_{11}ClO_2S_2$, Formel VII (X = Cl) oder Stereoisomeres.
    B. Beim Erhitzen von Naphtho[2,3-b]thiophen-3-on mit 6-Chlor-4-methyl-benzo[b]≠
thiophen-2,3-dion, Essigsäure und wenig Zinkchlorid (*Harley-Mason, Mann*, Soc. **1942**
404, 411, 412). Beim Erhitzen von 6-Chlor-4-methyl-benzo[b]thiophen-2,3-dion-2-[4-di≠
methylamino-phenylimin] mit Naphtho[2,3-b]thiophen-3-on, Essigsäure und kleinen
Mengen wss. Salzsäure (*Ha.-Ma., Mann*). Beim Erhitzen von Naphtho[2,3-b]thiophen-
2,3-dion-2-[4-dimethylamino-phenylimin] mit 6-Chlor-4-methyl-benzo[b]thiophen-3-on,
Essigsäure und kleinen Mengen wss. Salzsäure (*Dalgliesh, Mann*, Soc. **1945** 893, 901, 905).
    Krystalle [aus Nitrobenzol] (*Ha.-Ma., Mann*; *Da., Mann*).
    Charakterisierung durch Überführung in 3-Acetoxy-2-[3-acetoxy-6-chlor-4-methyl-
benzo[b]thiophen-2-yl]-naphtho[2,3-b]thiophen (F: 261—263°) durch Erhitzen mit Zink,
Essigsäure und Acetanhydrid: *Ha.-Ma., Mann*; *Da., Mann*.

    —————

*2-[5-Methyl-3-oxo-3H-benzo[b]thiophen-2-yliden]-naphtho[2,3-b]thiophen-3-on
$C_{21}H_{12}O_2S_2$, Formel VIII oder Stereoisomeres.
    B. Beim Erhitzen von Naphtho[2,3-b]thiophen-2,3-dion-2-[4-dimethylamino-phenyl≠
imin] mit 5-Methyl-benzo[b]thiophen-3-on, Essigsäure und kleinen Mengen wss. Salzsäure
(*Dalgliesh, Mann*, Soc. **1945** 893, 901, 905).
    Krystalle (aus Nitrobenzol).
    Charakterisierung durch Überführung in 3-Acetoxy-2-[3-acetoxy-5-methyl-benzo[b]≠
thiophen-2-yl]-naphtho[2,3-b]thiophen (F: 267—269°) durch Erhitzen mit Zink, Essig≠
säure und Acetanhydrid: *Da., Mann*.

    —————

*2-[7-Methyl-2-oxo-benzo[b]thiophen-3-yliden]-naphtho[2,3-b]thiophen-3-on
$C_{21}H_{12}O_2S_2$, Formel IX oder Stereoisomeres.
    B. Beim Erhitzen von 7-Methyl-benzo[b]thiophen-2,3-dion mit Naphtho[2,3-b]thio≠
phen-3-on, Essigsäure und wenig Zinkchlorid (*Dalgliesh, Mann*, Soc. **1945** 893, 902, 908).
    Krystalle (aus Nitrobenzol).

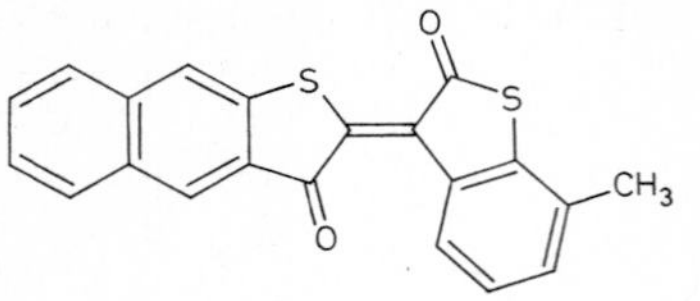

IX

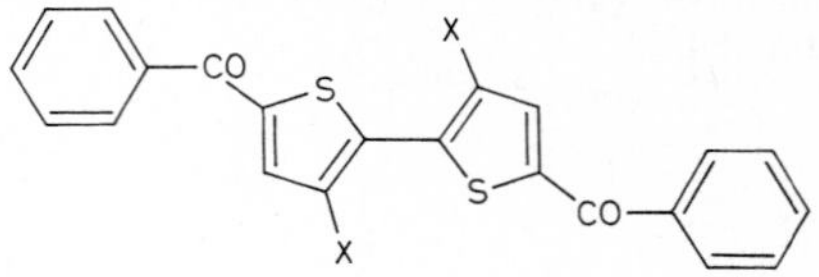

X

Dioxo-Verbindungen $C_{22}H_{14}O_4$

5,5'-Dibenzoyl-[2,2']bithienyl $C_{22}H_{14}O_2S_2$, Formel X (X = H).
B. Beim Behandeln von [2,2']Bithienyl mit Benzoylchlorid, Titan(IV)-chlorid und Benzol (*Steinkopf, Hanske*, A. **541** [1939] 238, 255).
Orangefarbene Krystalle (aus Dioxan); F: 250—252°.

5,5'-Dibenzoyl-3,3'-dibrom-[2,2']bithienyl $C_{22}H_{12}Br_2O_2S_2$, Formel X (X = Br).
B. Beim Behandeln von 5,5'-Dibenzoyl-[2,2']bithienyl mit Brom (*Steinkopf, Hanske*, A. **541** [1939] 238, 255).
Rötlichgelbe Krystalle (aus Bzn.); F: 195—197°.

(E?)-5-Phenyl-5'-ξ-styryl-[3,3']bifuryliden-2,2'-dion $C_{22}H_{14}O_4$, vermutlich Formel XI.
B. Beim Erwärmen von 5-ξ-Styryl-3H-furan-2-on (F: 96° [E III/IV **17** 5201]) mit 2,4-Dioxo-4-phenyl-buttersäure und Acetanhydrid (*Fang, Bergmann*, J. org. Chem. **16** [1951] 1231, 1236).
Rote Krystalle (aus Xylol); F: 324°. Absorptionsmaxima (Xylol): 535 nm und 555 nm.

---

*Opt.-inakt. 1,2-Diphthalidyl-benzol, 3,3'-o-Phenylen-di-phthalid $C_{22}H_{14}O_4$, Formel XII (vgl. E II 204).
B. Beim Erwärmen von opt.-inakt. Dispiro[1,1';3',1'']triphthalan-3,3''-dion (F: 302° bis 303°) mit wss. Natronlauge und Zink (*Clar, Stewart*, Soc. **1951** 3215, 3218).
Krystalle (aus Eg.); F: 211—212° [unkorr.; evakuierte Kapillare]. UV-Spektrum (A.; 225—290 nm [λ_{max}: 235 nm, 268 nm, 275 nm und 282 nm]): *Clar, St.*, l. c. S. 3217.
Beim Erhitzen mit wss. Jodwasserstoffsäure, rotem Phosphor und Xylol sind 1,2-Bis-[2-carboxy-benzyl]-benzol und Pentaphen erhalten worden.

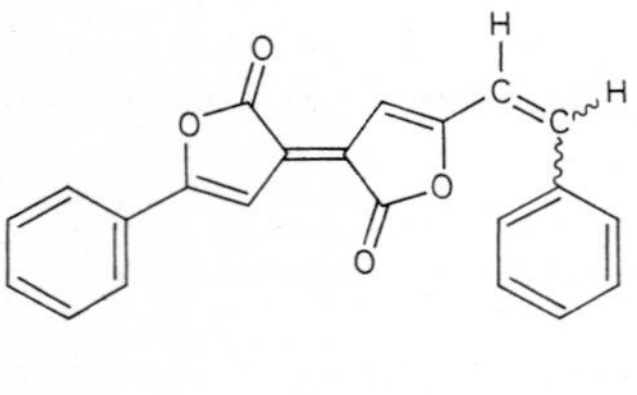

XI

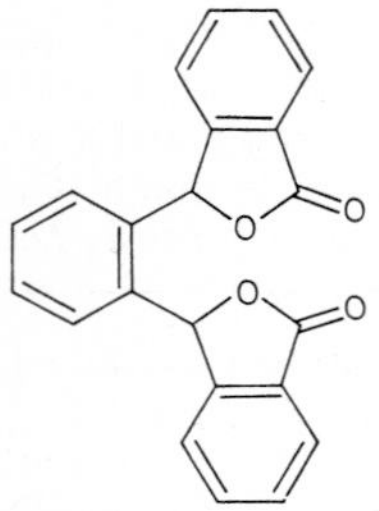

XII

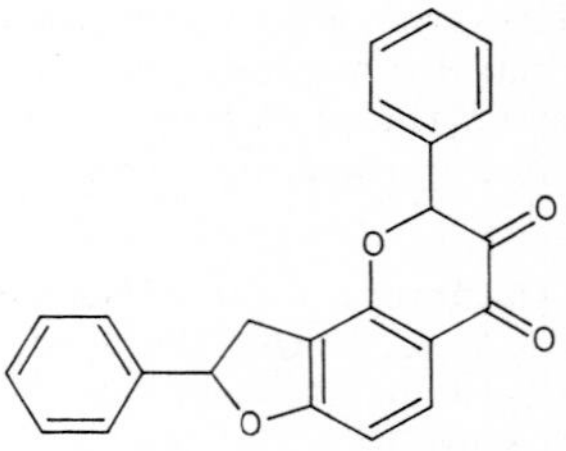

XIII

Dioxo-Verbindungen $C_{23}H_{16}O_4$

(±)-2,8-Diphenyl-8,9-dihydro-furo[2,3-h]chromen-3,4-dion $C_{23}H_{16}O_4$, Formel XIII, und Tautomeres ((±)-3-Hydroxy-2,8-diphenyl-8,9-dihydro-furo[2,3-h]chromen-4-on).
B. Beim Erwärmen von Karanjin (3-Methoxy-2-phenyl-furo[2,3-h]chromen-4-on) mit Benzol und Aluminiumchlorid (*Krishnaswamy, Seshadri*, Pr. Indian Acad. [A] **15** [1942] 437, 439).
Hellgelbe Krystalle (aus Eg.); F: 260—262°.

Dioxo-Verbindungen $C_{24}H_{18}O_4$

4,4'-Bis-[3-methyl-thiophen-2-carbonyl]-biphenyl $C_{24}H_{18}O_2S_2$, Formel XIV.

B. In kleiner Menge neben Biphenyl-4-yl-[3-methyl-[2]thienyl]-keton beim Behandeln von Biphenyl mit 3-Methyl-thiophen-2-carbonylchlorid, Aluminiumchlorid und Schwefel= kohlenstoff (*Buu-Hoi, Hoán*, R. **68** [1949] 5, 30).

Krystalle (aus Toluol); F: 175°.

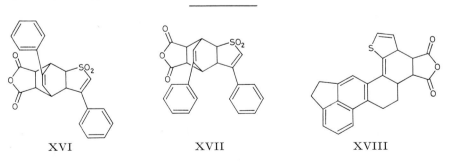

XIV   XV

*Opt.-inakt. 2,8-Diphenyl-2,3,7,8-tetrahydro-thiopyrano[3,2-*g*]thiochromen-4,6-dion $C_{24}H_{18}O_2S_2$, Formel XV.

Diese Konstitution ist der nachstehend beschriebenen Verbindung zugeordnet worden (*Finzi*, G. **60** [1930] 798, 805).

B. Beim Erwärmen von 1,3-Bis-[2-carboxy-1-phenyl-äthylmercapto]-benzol (s. E III **10** 553 im Artikel 1,3-Bis-[1-phenyl-2-carboxy-äthylsulfon]-benzol) mit Phosphorylchlorid oder mit Phosphor(V)-chlorid und Aluminiumchlorid (*Fi.*).

Hellgelbe Krystalle (aus A.); F: 120—125° [nach Erweichen von 65° an].

1,1-Dioxo-3,9-diphenyl-3a,4,4a,7a,8,8a-hexahydro-1λ^6-4,8-ätheno-thieno[2,3-*f*]isobenzo= **furan-5,7-dion, 1,1-Dioxo-3,8-diphenyl-3a,4,5,6,7,7a-hexahydro-1λ^6-4,7-ätheno-benzo[*b*]=** **thiophen-5,6-dicarbonsäure-anhydrid** $C_{24}H_{18}O_5S$, Formel XVI, und **1,1-Dioxo-3,10-di=** **phenyl-3a,4,4a,7a,8,8a-hexahydro-1λ^6-4,8-ätheno-thieno[2,3-*f*]isobenzofuran-5,7-dion,** **1,1-Dioxo-3,9-diphenyl-3a,4,5,6,7,7a-hexahydro-1λ^6-4,7-ätheno-benzo[*b*]thiophen-** **5,6-dicarbonsäure-anhydrid** $C_{24}H_{18}O_5S$, Formel XVII.

Diese Konstitutionsformeln kommen für die nachstehend beschriebene opt.-inakt. Verbindung in Betracht.

B. Beim Erhitzen von opt.-inakt. 3,5(oder 3,6)-Diphenyl-3a,4,7,7a-tetrahydro-4,7-epi= sulfido-benzo[*b*]thiophen-1,1,8-trioxid (F: 198°) mit Maleinsäure auf 140° (*Melles, Backer*, R. **72** [1953] 491, 495).

Krystalle (aus E.); F: 313—314°.

XVI   XVII   XVIII

*Opt.-inakt. 3a,3b,6a,6b,7,8,12,13-Octahydro-cyclopenta[6,7]thieno[3',2';3,4]chryseno= **[1,2-*c*]furan-4,6-dion, 3a,4,5,5a,6,7,11,12-Octahydro-cyclopenta[6,7]chryseno[4,3-*b*]=** **thiophen-4,5-dicarbonsäure-anhydrid** $C_{24}H_{18}O_3S$, Formel XVIII.

B. Beim Erwärmen von 7-[2]Thienyl-9,10-dihydro-acephenanthren mit Maleinsäure= anhydrid in Benzol (*Szmuszkovicz, Modest*, Am. Soc. **72** [1950] 571, 575).

Krystalle (aus Acetanhydrid); F: 240—241° [korr.].

Dioxo-Verbindungen $C_nH_{2n-32}O_4$

Dioxo-Verbindungen $C_{20}H_8O_4$

Xantheno[2,1,9,8-*klmna*]xanthen-4,10-dion, Perixanthenoxanthen-4,10-dion $C_{20}H_8O_4$, Formel I (E II 205).

B. Beim Erwärmen von 4,10-Diphthalimido-perixanthenoxanthen mit äthanol. Kali≠ lauge und Erhitzen des Reaktionsprodukts mit wss. Salzsäure auf 185° (*Pummerer et al.,* A. **503** [1933] 40, 60).

Rotbraune Krystalle; bei 300°/0,03 Torr sublimierbar (*Pummerer et al.,* A. **553** [1942] 103, 136).

Beim Erhitzen mit wss. Salpetersäure ist ein Dinitro-Derivat $C_{20}H_6N_2O_8$ (orangerote Krystalle [aus Nitrobenzol]; Zers. oberhalb 360°), beim Behandeln mit Salpetersäure und Schwefelsäure ist ein Trinitro-Derivat $C_{20}H_5N_3O_{10}$ (rotbraune Krystalle [aus Nitro≠ benzol]) erhalten worden (*Pu. et al.,* A. **533** 144, 145).

I   II   III

Dioxo-Verbindungen $C_{22}H_{12}O_4$

Dinaphtho[2,3-*b*;2′,3′-*f*][1,5]dioxocin-7,15-dion $C_{22}H_{12}O_4$, Formel II.

Bestätigung der Konstitutionszuordnung: *Kamel, Shoeb,* Tetrahedron **22** [1966] 1539, 1544.

B. Beim Erhitzen von 3-Hydroxy-[2]naphthoesäure mit Phosphorylchlorid und wenig Toluol auf 130° (*Jusa, v. Janovich,* M. **71** [1938] 186, 203).

Krystalle; F: 202—205° [nach Sintern; aus Bzl. + PAe.] (*Ka., Sh.,* l. c. S. 1545), 202—203° [aus A.] (*Jusa, v. Ja.*).

Dioxo-Verbindungen $C_{23}H_{14}O_4$

4-Methyl-3-[2-oxo-2*H*-chromen-3-yl]-benzo[*h*]chromen-2-on $C_{23}H_{14}O_4$, Formel III.

B. Beim Erhitzen des Natrium-Salzes der [4-Methyl-2-oxo-2*H*-benzo[*h*]chromen-3-yl]- essigsäure mit Salicylaldehyd, Acetanhydrid und wenig Jod bis auf 180° (*Banerjee,* J. Indian chem. Soc. **8** [1931] 777, 781).

Krystalle (aus Py.); F: 311°.

Dioxo-Verbindungen $C_{24}H_{16}O_4$

(*E*?)-5,5′-Di-ξ-styryl-[3,3′]bifuryliden-2,2′-dion $C_{24}H_{16}O_4$, vermutlich Formel IV.

B. Beim Erwärmen von 5-ξ-Styryl-3*H*-furan-2-on (F: 96° [E III/IV **17** 5201]) mit 2,4-Dioxo-6-phenyl-hex-5-ensäure (E I **10** 399) und Acetanhydrid (*Fang, Bergmann,* J. org. Chem. **16** [1951] 1231, 1236).

Rote Krystalle (aus Xylol); F: 345°. Absorptionsmaxima (Xylol): 555 nm, 565 nm und 575 nm.

(±)-7-Phenacyl-7*H*-chromeno[4,3-*b*]-chromen-6-on, (±)-2-[2-Hydroxy-phenyl]-4-phen≠ acyl-4*H*-chromen-3-carbonsäure-lacton $C_{24}H_{16}O_4$, Formel V.

B. Beim Erhitzen von 4-Hydroxy-cumarin (E III/IV **17** 6153) mit 3*t*-[2-Hydroxy-

phenyl]-1-phenyl-propenon in Pyridin (*Ikawa et al.*, Am. Soc. **66** [1944] 902, 905).
Krystalle (aus Dioxan); F: 240° [Zers.].

IV   V   VI

4,9-Diphenyl-(3a*r*,9a*c*)-3a,4,9,9a-tetrahydro-4ξ,9ξ-epoxido-naphtho[2,3-*c*]furan-1,3-dion, 1,4-Diphenyl-1,2,3,4-tetrahydro-1ξ,4ξ-epoxido-naphthalin-2*r*,3*c*-dicarbonsäre-anhydrid $C_{24}H_{16}O_4$, Formel VI (X = H).

    a) Höherschmelzendes Stereoisomeres.

    B. Beim Erwärmen von 1,3-Diphenyl-isobenzofuran mit Maleinsäure-anhydrid in Xylol (*Weiss, Abeles*, M. **61** [1932] 162, 164; *Dufraisse, Priou*, Bl. [5] **5** [1938] 502, 507; s. a. *Bergmann*, Soc. **1938** 1147, 1149). Beim Erhitzen des unter b) beschriebenen Stereo-isomeren mit Xylol (*Du., Pr.*; s. a. *de Barry Barnett*, Soc. **1935** 1326).

    Krystalle; F: 286—287° [im vorgeheizten Block; aus E.] (*Du., Pr.*), 279° [Zers.; aus E.] (*de Ba., Ba.*), 270—274° [unkorr.; aus Tetralin] (*We., Ab.*).

    Beim Erwärmen mit Chlorwasserstoff enthaltendem Methanol ist 1,4-Diphenyl-naphthalin-2,3-dicarbonsäure-anhydrid erhalten worden (*We., Ab.*, l. c. S. 165; s. a. *Be.*). Bildung von 1,4-Diphenyl-naphthalin-2,3-dicarbonsäure-anhydrid und einer als 1,4-Di-hydroxy-1,4-diphenyl-1,2,3,4-tetrahydro-naphthalin-2,3-dicarbonsäure-2 → 4;3 → 1-dilacton angesehenen Verbindung $C_{24}H_{16}O_4$ (F: 250—252°) beim Behan-deln mit Chlorwasserstoff enthaltendem Methanol, Erwärmen des Reaktionsprodukts mit methanol. Kalilauge und anschliessenden Erwärmen mit Thionylchlorid: *Be.* Beim Behandeln mit konz. Schwefelsäure ist Benz[*c*]indeno[2,1-*a*]fluoren-13,14-dion erhalten worden (*We., Ab.*, l. c. S. 165). Überführung in 1,4-Diphenyl-1,2,3,4-tetrahydro-1,4-epoxido-naphthalin-2,3-dicarbonsäure (F: 232—234° [Zers.]) durch Behandlung mit wss. Alkalilauge: *Du., Pr.*

    b) Niedrigerschmelzendes Stereoisomeres.

    B. Beim Behandeln von 1,3-Diphenyl-isobenzofuran mit Maleinsäure-anhydrid in Xylol bzw. Äther bei Raumtemperatur (*Dufraisse, Priou*, Bl. [5] **5** [1938] 502, 507; *Bertin*, A. ch. [12] **8** [1953] 296, 322.)

    Krystalle (aus E.); F: 232—234° [Zers.; im vorgeheizten Block; aus E.] (*Du., Pr.*), 232—234° [Zers.] (*Be.*).

    Beim Erhitzen mit Bromwasserstoff in Essigsäure ist 1,4-Diphenyl-naphthalin-2,3-di-carbonsäure-anhydrid erhalten worden (*Be.*). Überführung in 1,4-Diphenyl-1,2,3,4-tetra-hydro-1,4-epoxido-naphthalin-2,3-dicarbonsäure (F: 232—234° [Zers.]) durch Behand-lung mit wss. Alkalilauge: *Du., Pr.*

4,9-Bis-[4-chlor-phenyl]-(3a*r*,9a*c*)-3a,4,9,9a-tetrahydro-4ξ,9ξ-epoxido-naphtho[2,3-*c*]-furan-1,3-dion, 1,4-Bis-[4-chlor-phenyl]-1,2,3,4-tetrahydro-1ξ,4ξ-epoxido-naphthalin-2*r*,3*c*-dicarbonsäure-anhydrid $C_{24}H_{14}Cl_2O_4$, Formel VI (X = Cl).

    B. Beim Behandeln von 1,3-Bis-[4-chlor-phenyl]-isobenzofuran mit Maleinsäure-anhydrid in Benzol (*Adams, Wearn*, Am. Soc. **62** [1940] 1233, 1236, 1237).

    Krystalle (aus Bzl. + Bzn.); F: 264—266° [korr.].

Dioxo-Verbindungen $C_{25}H_{18}O_4$

(±)-3-Benzyl-5-phenyl-5H-pyrano[3,2-c]chromen-2,4-dion, (±)-2-Benzyl-3-[4-hydroxy-2-phenyl-2H-chromen-3-yl]-3-oxo-propionsäure-lacton $C_{25}H_{18}O_4$, Formel VII, und Tautomere (z.B. (±)-3-Benzyl-4-hydroxy-5-phenyl-5H-pyrano[3,2-c]chromen-2-on).

B. Beim Erhitzen von (±)-2-Phenyl-chroman-4-on mit Benzylmalonsäure-bis-[2,4-di≠ chlor-phenylester] auf 280° (*Ziegler et al.*, M. **90** [1959] 594, 599).

Gelbliche Krystalle (aus A., Eg. oder Chlorbenzol); F: 218°.

Dioxo-Verbindungen $C_{26}H_{20}O_4$

4,9-Di-p-tolyl-(3ar,9ac)-3a,4,9,9a-tetrahydro-4ξ,9ξ-epoxido-naphtho[2,3-c]furan-1,3-dion, 1,4-Di-p-tolyl-1,2,3,4-tetrahydro-1ξ,4ξ-epoxido-naphthalin-2r,3c-dicarbonsäure-anhydrid $C_{26}H_{20}O_4$, Formel VI (X = CH₃).

B. Beim Behandeln von 1,3-Di-p-tolyl-isobenzofuran mit Maleinsäure-anhydrid in Benzol (*Adams, Wearn*, Am. Soc. **62** [1940] 1233, 1236, 1237).

Krystalle (aus Bzl. + Bzn.); F: 256—258° [korr.].

5,8-Dimethyl-4,9-diphenyl-(3ar,9ac)-3a,4,9,9a-tetrahydro-4ξ,9ξ-epoxido-naphtho[2,3-c]≠ furan-1,3-dion, 5,8-Dimethyl-1,4-diphenyl-1,2,3,4-tetrahydro-1ξ,4ξ-epoxido-naphthalin-2r,3c-dicarbonsäure-anhydrid $C_{26}H_{20}O_4$, Formel VIII.

B. Beim Behandeln von 4,7-Dimethyl-1,3-diphenyl-isobenzofuran mit Maleinsäure-anhydrid in Äther oder Benzol (*Adams, Geissman*, Am. Soc. **61** [1939] 2083, 2088).

Krystalle (aus Eg.); F: 310—312° [Zers.].

6,7-Dimethyl-4,9-diphenyl-(3ar,9ac)-3a,4,9,9a-tetrahydro-4ξ,9ξ-epoxido-naphtho[2,3-c]≠ furan-1,3-dion, 6,7-Dimethyl-1,4-diphenyl-1,2,3,4-tetrahydro-1ξ,4ξ-epoxido-naphthalin-2r,3c-dicarbonsäure-anhydrid $C_{26}H_{20}O_4$, Formel IX (X = H).

B. Beim Behandeln von 5,6-Dimethyl-1,3-diphenyl-isobenzofuran mit Maleinsäure-anhydrid in Benzol (*Adams, Gold*, Am. Soc. **62** [1940] 56, 60).

Krystalle (aus Toluol); F: 254—255° [korr.; Zers.; geschlossene Kapillare].

4,9-Bis-[4-chlor-phenyl]-6,7-dimethyl-(3ar,9ac)-3a,4,9,9a-tetrahydro-4ξ,9ξ-epoxido-naphtho[2,3-c]furan-1,3-dion, 1,4-Bis-[4-chlor-phenyl]-6,7-dimethyl-1,2,3,4-tetrahydro-1ξ,4ξ-epoxido-naphthalin-2r,3c-dicarbonsäure-anhydrid $C_{26}H_{18}Cl_2O_4$, Formel IX (X = Cl).

a) Höherschmelzendes Stereoisomeres.

B. Beim Behandeln von 1,3-Bis-[4-chlor-phenyl]-5,6-dimethyl-isobenzofuran mit Maleinsäure-anhydrid in Benzol bei Raumtemperatur (*Adams, Wearn*, Am. Soc. **62** [1940] 1233, 1237).

Krystalle (aus Bzl.); F: 292—293° [korr.] (*Ad., We.*, l. c. S. 1236).

VII   VIII   IX

b) Niedrigerschmelzendes Stereoisomeres.
B. Beim Erwärmen von 1,3-Bis-[4-chlor-phenyl]-5,6-dimethyl-isobenzofuran mit
Maleinsäure-anhydrid in Benzol (*Adams, Wearn*, Am. Soc. **62** [1940] 1233, 1237). Beim
Erwärmen des unter a) beschriebenen Stereoisomeren mit Benzol (*Ad., We.*).
Krystalle (aus Bzl.); F: 270—272° [korr.] (*Ad., We.*, l. c. S. 1236).

Dioxo-Verbindungen $C_{28}H_{24}O_4$

**6,7-Dimethyl-4,9-di-*p*-tolyl-(3a*r*,9a*c*)-3a,4,9,9a-tetrahydro-4ξ,9ξ-epoxido-naphtho[2,3-*c*]⹀
furan-1,3-dion, 6,7-Dimethyl-1,4-di-*p*-tolyl-1,2,3,4-tetrahydro-1ξ,4ξ-epoxido-naphthalin-
2*r*,3*c*-dicarbonsäure-anhydrid** $C_{28}H_{24}O_4$, Formel IX (X = CH₃).
a) Höherschmelzendes Stereoisomeres.
B. Beim Behandeln von 5,6-Dimethyl-1,3-di-*p*-tolyl-isobenzofuran mit Maleinsäure-
anhydrid in Benzol bei Raumtemperatur (*Adams, Wearn*, Am. Soc. **62** [1940] 1233, 1237).
Krystalle (aus Bzl.); F: 285—286° [korr.] (*Ad., We.*, l. c. S. 1236).
b) Niedrigerschmelzendes Stereoisomeres.
B. Beim Erwärmen von 5,6-Dimethyl-1,3-di-*p*-tolyl-isobenzofuran mit Maleinsäure-
anhydrid in Benzol (*Adams, Wearn*, Am. Soc. **62** [1940] 1233, 1237). Beim Erwärmen des
unter a) beschriebenen Stereoisomeren mit Benzol (*Ad., We.*).
Krystalle (aus Bzl.); F: 267—268° [korr.] (*Ad., We.*, l. c. S. 1236).

[*Baumberger*]

Dioxo-Verbindungen $C_nH_{2n-34}O_4$

Dioxo-Verbindungen $C_{22}H_{10}O_4$

**Benzo[4′,5′]thieno[2′,3′;3,4]phenanthro[1,2-*c*]furan-7,9-dion, Benzo[*b*]phenanthro⹀
[4,3-*d*]thiophen-7,8-dicarbonsäure-anhydrid** $C_{22}H_{10}O_3S$, Formel I.
B. Beim Erwärmen von 3-[3,4-Dihydro-[1]naphthyl]-benzo[*b*]thiophen mit Malein⹀
säure-anhydrid und Erhitzen des Reaktionsprodukts mit Schwefel bis auf 315° (*Szmuszkovicz, Modest*, Am. Soc. **72** [1950] 571, 576).
Gelbe Krystalle (aus Dioxan); F: 296—297° [korr.].

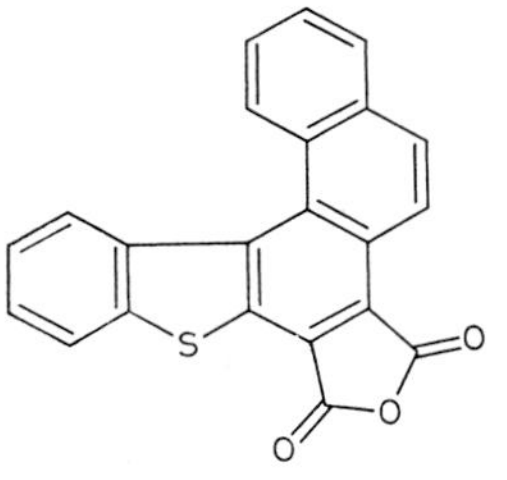

I 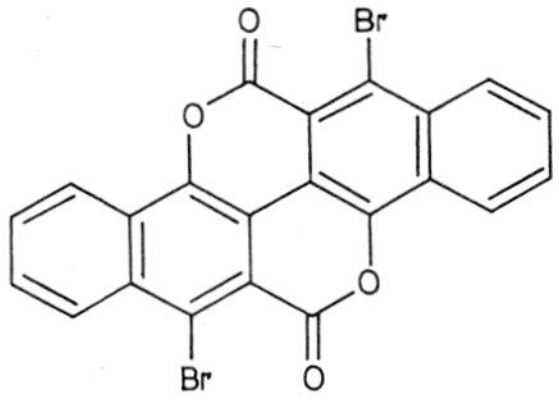   II

7,14-Dibrom-benzo[*h*]benzo[7,8]chromeno[5,4,3-*cde*]chromen-6,13-dion $C_{22}H_8Br_2O_4$,
Formel II.
Diese Konstitution kommt wahrscheinlich der nachstehend beschriebenen, von *Machek*
(M. **56** [1930] 116, 125) als 6,13-Dibrom-pentacen-5,7,12,14-dichinon formulierten Ver-
bindung zu (*Marschalk*, Bl. [5] **5** [1938] 156, 160).
B. Beim Erhitzen einer Lösung von 7,14-Dihydroxy-benzo[*h*]benzo[7,8]chromeno⹀
[5,4,3-*cde*]chromen-6,13-dion (über die Konstitution dieser Verbindung s. *Mar.*) in
Nitrobenzol mit Phosphor(V)-bromid (*Mac.*, M. **56** 125).
Gelbgrüne Krystalle (aus Nitrobenzol), die bei 370° erweichen und bei 400° geschmol-
zen sind (*Mac.*, M. **65** 126). Bei 300°/0,01—0,02 Torr sublimierbar (*Mac.*, M. **56** 126).
Absorptionsspektren (290—460 nm) von Lösungen in Benzol und in Pyridin: *Machek*,
M. **57** [1931] 201, 209.

Dioxo-Verbindungen $C_{24}H_{14}O_4$

*5-[2]Naphthyl-5′-phenyl-[3,3′]bifuryliden-2,2′-dion $C_{24}H_{14}O_4$, Formel III (X = H) oder Stereoisomeres.

Diese Konstitution kommt der nachstehend beschriebenen, von *Chovin* (A. ch. [11] **9** [1938] 447, 491; C. r. **208** [1939] 1228) als 3-[2]Naphthyl-7-phenyl-pyrano[4,3-*c*]pyran-1,5-dion angesehenen Verbindung zu (*Klingsberg*, Chem. Reviews **54** [1954] 59, 61; s. a. *Chovin, Gunthart*, Bl. [5] **12** [1945] 105, 107).

B. Beim Erhitzen von 4-[2]Naphthyl-2,4-dioxo-buttersäure mit 4-Oxo-4-phenyl-butter≈ säure, Phosphor(III)-bromid und Toluol (*Ch.*, A. ch. [11] **9** 491). Beim Erhitzen von 4-[2]Naphthyl-4-oxo-buttersäure mit 2,4-Dioxo-4-phenyl-buttersäure, Phosphor(III)-bromid und Toluol (*Ch.*, A. ch. [11] **9** 491).

Rote Krystalle; F: 297° (*Ch.*, A. ch. [11] **9** 491).

Beim Erwärmen mit äthanol. Kalilauge und anschliessenden Behandeln mit Essigsäure ist eine wahrscheinlich als 2-[(*E*)-5-[2]Naphthyl-2-oxo-[3]furyliden]-4-oxo-4-phenyl-buttersäure zu formulierende Verbindung (F: 246° [E III/IV **18** 6111]) erhalten worden (*Chovin*, C. r. **208** 1228).

III   IV

*5-[4-Brom-phenyl]-5′-[2]naphthyl-[3,3′]bifuryliden-2,2′-dion $C_{24}H_{13}BrO_4$, Formel III (X = Br) oder Stereoisomeres.

Diese Konstitution kommt der nachstehend beschriebenen, von *Chovin* (A. ch. [11] **9** [1938] 447, 493) als 3-[4-Brom-phenyl]-7-[2]naphthyl-pyrano[4,3-*c*]pyran-1,5-dion angesehenen Verbindung zu (*Klingsberg*, Chem. Reviews **54** [1954] 59, 61; s. a. *Chovin, Gunthart*, Bl. [5] **12** [1945] 105, 107).

B. Beim Erhitzen von 4-[2]Naphthyl-2,4-dioxo-buttersäure mit 4-[4-Brom-phenyl]-4-oxo-buttersäure, Phosphor(III)-bromid und Toluol (*Ch.*). Beim Erhitzen von 4-[2]Naphthyl-4-oxo-buttersäure mit 4-[4-Brom-phenyl]-2,4-dioxo-buttersäure, Phos≈ phor(III)-bromid und Toluol (*Ch.*).

Rote Krystalle (aus Nitrobenzol); F: 377° [unreines Präparat] (*Ch.*).

4,9-Diphenyl-pyrano[2,3-*g*]chromen-2,7-dion $C_{24}H_{14}O_4$, Formel IV.

B. Beim Erhitzen von 1,4-Diacetoxy-2,5-dibenzoyl-benzol bis auf 260° (*Dischendorfer, Limontschew*, M. **80** [1949] 58, 67). Beim Erhitzen von 2,5-Dibenzoyl-hydrochinon (*Di., Li.*) oder von 7-Benzoyl-6-methoxy-4-phenyl-cumarin (*Limontschew, Dischendorfer*, M. **81** [1950] 737, 744) mit Acetanhydrid und Natriumacetat auf 220° bzw. 270°.

Gelbe Krystalle (aus Py.); F: 364° [korr.] (*Di., Li.; Li., Di.*).

2,8-Diphenyl-pyrano[3,2-*g*]chromen-4,6-dion, Diflavon $C_{24}H_{14}O_4$, Formel V (E II 206).

B. Beim Erwärmen von 4,6-Bis-[3-oxo-3-phenyl-propionyl]-resorcin mit Chlorwasser≈ stoff enthaltendem Äthanol (*Algar et al.*, Pr. Irish Acad. **41** B [1933] 155, 159). Neben 6-Acetyl-7-hydroxy-2-phenyl-chromen-4-on beim Erhitzen von 1,5-Diacetyl-2,4-bis-benzoyloxy-benzol mit Glycerin auf 230° (*Lynch et al.*, Soc. **1952** 2063, 2065).

Krystalle; F: 280—281° [aus A.] (*Al. et al.*), 278° [unkorr.; aus Toluol] (*Ly. et al.*).

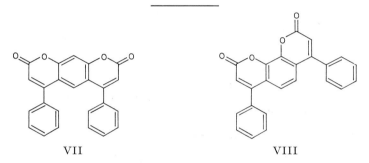

V   VI

2,8-Diphenyl-thiopyrano[3,2-g]thiochromen-4,6-dion $C_{24}H_{14}O_2S_2$, Formel VI.

Diese Konstitution ist der nachstehend beschriebenen Verbindung zugeordnet worden (*Finzi*, G. **60** [1930] 798, 802).

B. Aus 1,3-Bis-[2-carboxy-1-phenyl-vinylmercapto]-benzol (E III **10** 856) beim Behandeln mit Schwefelsäure sowie beim Erwärmen mit Aluminiumchlorid, Phosphor(V)-chlorid und Benzol (*Fi. et al.*, l. c. S. 808).

Hellgelbe Krystalle (aus Bzl.); F: 255—256°.

4,6-Diphenyl-pyrano[3,2-g]chromen-2,8-dion $C_{24}H_{14}O_4$, Formel VII.

B. Beim Erhitzen von 1,5-Diacetoxy-2,4-dibenzoyl-benzol auf 280° (*Limontschew, Pelikan-Kollmann*, M. **87** [1956] 399, 404).

Hellgelbe Krystalle (aus Chlorbenzol); F: 280°. Bei 230—240°/0,5 Torr sublimierbar.

VII   VIII

4,7-Diphenyl-pyrano[3,2-h]chromen-2,9-dion $C_{24}H_{14}O_4$, Formel VIII.

B. Beim Erhitzen von 3,6-Dibenzoyl-brenzcatechin oder von 2,3-Diacetoxy-1,4-dibenzoyl-benzol mit Acetanhydrid und Natriumacetat auf 240° (*Dischendorfer, Limontschew*, M. **80** [1949] 741, 745).

Hellgelbe Krystalle (aus Eg.); F: 271,5° [korr.].

1,10-Diphenyl-pyrano[3,2-f]chromen-3,8-dion $C_{24}H_{14}O_4$, Formel IX.

B. Beim Erhitzen von 1,4-Diacetoxy-2,3-dibenzoyl-benzol bis auf 310° (*Dischendorfer, Limontschew*, M. **80** [1949] 58, 69).

Hellgelbe Krystalle (aus Py.); F: 354° [korr.; Zers.]. Bei 300°/0,6 Torr sublimierbar.

IX   X

8-[(Ξ)-Benzyliden]-2-phenyl-furo[2,3-h]chromen-4,9-dion $C_{24}H_{14}O_4$, Formel X.

Diese Konstitution ist der nachstehend beschriebenen Verbindung zugeordnet worden.

B. Beim Behandeln einer Lösung von 9-Hydroxy-2-phenyl-furo[2,3-h]chromen-4-on(?) in Essigsäure mit Benzaldehyd und mit Chlorwasserstoff (*Row, Seshadri*, Pr. Indian Acad. [A] **11** [1940] 206, 210).

Krystalle mit 2 Mol Wasser; F: 224–225°.

3-[2]Naphthyl-7-phenyl-pyrano[4,3-c]pyran-1,5-dion $C_{24}H_{14}O_4$, Formel I.

Diese Konstitution kommt vermutlich der nachstehend beschriebenen Verbindung zu (vgl. *Klingsberg*, Chem. Reviews **54** [1954] 59, 75). Eine von *Chovin* (A. ch. [11] **9** [1938] 447, 491; C. r. **208** [1939] 1228) unter dieser Konstitution beschriebene Verbindung (F: 297°) ist als 5-[2]Naphthyl-5′-phenyl-[3,3′]bifuryliden-2,2′-dion zu formulieren (*Kl.*, l. c. S. 61; s. a. *Chovin, Gunthart*, Bl. [5] **12** [1945] 105, 107).

B. Aus 2-[2-[2]Naphthyl-2-oxo-äthyl]-3-phenacyl-fumarsäure (*Ch.*, C. r. **208** 1228).

Gelb; F: 305° (*Ch.*, C. r. **208** 1228).

I

II

1,4-Bis-[(Ξ)-phthalidylidenmethyl]-benzol $C_{24}H_{14}O_4$, Formel II.

B. Beim Erhitzen von 1,4-Bis-carboxymethyl-benzol mit Phthalsäure-anhydrid und Natriumacetat auf 260° (*Shigehara*, J. pharm. Soc. Japan **64** [1944] 9, 14; C. A. **1951** 5146).

Gelbe Krystalle (aus Nitrobenzol), die unterhalb von 330° nicht schmelzen.

Dioxo-Verbindungen $C_{25}H_{16}O_4$

*5-[2]Naphthyl-5′-p-tolyl-[3,3′]bifuryliden-2,2′-dion $C_{25}H_{16}O_4$, Formel III oder Stereoisomeres.

Diese Konstitution kommt der nachstehend beschriebenen, von *Chovin* (A. ch. [11] **9** [1938] 447, 492) als 3-[2]Naphthyl-7-p-tolyl-pyrano[4,3-c]pyran-1,5-dion angesehenen Verbindung zu (*Klingsberg*, Chem. Reviews **54** [1954] 59, 61; vgl. *Chovin, Gunthart*, Bl. [5] **12** [1945] 105, 107).

B. Beim Erhitzen von 4-[2]Naphthyl-2,4-dioxo-buttersäure mit 4-Oxo-4-p-tolyl-buttersäure, Phosphor(III)-bromid und Toluol (*Ch.*). Beim Erhitzen von 4-[2]Naphthyl-4-oxobuttersäure mit 2,4-Dioxo-4-p-tolyl-buttersäure, Phosphor(III)-bromid und Toluol (*Ch.*).

Rote Krystalle; F: 316° (*Ch.*).

III

IV

(±)-1H,1′H-[2,2′]Spirobi[benzo[f]chromen]-3,3′-dion $C_{25}H_{16}O_4$, Formel IV.

Diese Konstitution kommt vermutlich der nachstehend beschriebenen Verbindung zu (*Poppelsdorf, Holt*, Soc. **1954** 4094, 4095).

B. Beim Erhitzen von 1-[Äthylmercapto-methyl]-[2]naphthol mit Malonsäure-di=
äthylester und wenig Kaliumhydroxid unter vermindertem Druck auf 170° (*Po., Holt,*
l. c. S. 4098).

Krystalle (aus A.); F: 314°.

Dioxo-Verbindungen C₂₆H₁₈O₄

4,6-Dimethyl-3,7-diphenyl-pyrano[3,2-g]chromen-2,8-dion C$_{26}$H$_{18}$O$_4$, Formel V
(X = H).

B. Beim Erhitzen von 4,6-Diacetyl-resorcin mit Natrium-phenylacetat und Acet=
anhydrid (*Algar et al.,* Pr. Irish Acad. **41** B [1932] 1, 3; *Mahal, Venkataraman,* Soc. **1933**
616).

Krystalle (aus Eg.); F: 276—277° [Zers.] (*Al. et al.*), 276° (*Ma., Ve.*).

4,6-Dimethyl-3,7-bis-[4-nitro-phenyl]-pyrano[3,2-g]chromen-2,8-dion C$_{26}$H$_{16}$N$_2$O$_8$,
Formel V (X = NO₂).

B. Beim Erhitzen von 4,6-Diacetyl-resorcin mit Natrium-[(4-nitro-phenyl)-acetat] und
Acetanhydrid (*Algar et al.,* Pr. Irish Acad. **41** B [1932] 1, 4; *Mahal, Venkataraman,* Soc.
1933 616).

Hellgelbe Krystalle (aus Py. + A.), die unterhalb von 330° nicht schmelzen (*Al. et al.*);
hellgelbe Krystalle (aus Py.); Zers. bei 325° [nach Sintern bei 310°] (*Ma., Ve.*).

V   VI

3,7-Dibenzoyl-2,6-dimethyl-benzo[1,2-*b*;4,5-*b'*]difuran C$_{26}$H$_{18}$O$_4$, Formel VI.

B. Beim Erwärmen von [1,4]Benzochinon mit 1-Phenyl-butan-1,3-dion und Zink=
chlorid in Methanol (*Bernatek,* Acta chem. scand. **10** [1956] 273, 276).

Krystalle (aus Eg.); F: 221°.

2,4-Dinitro-phenylhydrazon C$_{32}$H$_{22}$N$_4$O$_7$. (3-Benzoyl-7-[α-(2,4-dinitro-phen=
ylhydrazono)-benzyl]-2,6-dimethyl-benzo[1,2-*b*;4,5-*b'*]difuran). Orangerot; F:
249—250°.

Dioxo-Verbindungen C₂₇H₂₀O₄

3-[9]Anthryl-1,5-bis-[5-chlor-[2]thienyl]-pentan-1,5-dion C$_{27}$H$_{18}$Cl$_2$O$_2$S$_2$, Formel VII.

B. Beim Behandeln von 1-[5-Chlor-[2]thienyl]-äthanon mit Anthracen-9-carbaldehyd,
Äthanol und wss. Natronlauge (*Buu-Hoï, Hoán,* J. org. Chem. **16** [1951] 874, 881).

Krystalle (aus A.); F: 146°.

VII   VIII

1,5-Bis-benzofuran-2-yl-3-phenyl-pentan-1,5-dion C$_{27}$H$_{20}$O$_4$, Formel VIII.

B. Als Hauptprodukt beim Behandeln von 1-Benzofuran-2-yl-äthanon mit Benz=
aldehyd, Äthanol und wss. Natronlauge (*Polonovski et al.,* Bl. **1953** 200, 202).

Krystalle (aus Eg.); F: 172° [Block].

Dioxo-Verbindungen $C_{29}H_{24}O_4$

*Opt.-inakt. 9-[2]Furyl-3,6-diphenyl-3,4,5,6,7,9-hexahydro-2H-xanthen-1,8-dion $C_{29}H_{24}O_4$, Formel IX.

B. Beim Behandeln einer Lösung von Bis-[2,6-dioxo-4-phenyl-cyclohexyl]-[2]furyl-methan in Äthanol mit Chlorwasserstoff (*Desai, Wali,* J. Indian chem. Soc. **13** [1936] 735, 738).

Krystalle (aus A.), die unterhalb von 280° nicht schmelzen.

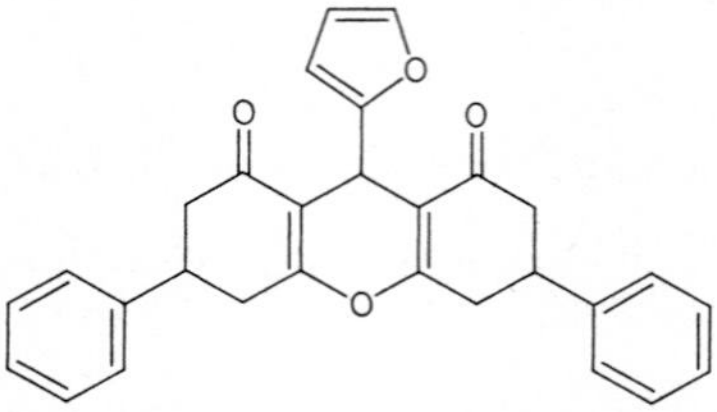

IX 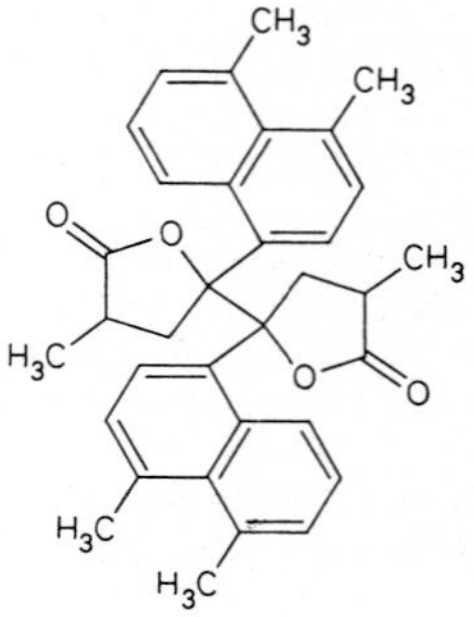   X

Dioxo-Verbindungen $C_{34}H_{34}O_4$

*Opt.-inakt. 2,2'-Bis-[4,5-dimethyl-[1]naphthyl]-4,4'-dimethyl-tetrahydro-[2,2']bifuryl-5,5'-dion, 4,5-Bis-[4,5-dimethyl-[1]naphthyl]-4,5-dihydroxy-2,7-dimethyl-octandisäure-1→4;8→5-dilacton $C_{34}H_{34}O_4$, Formel X.

B. Beim Erhitzen von (±)-4-[4,5-Dimethyl-[1]naphthyl]-2-methyl-4-oxo-buttersäure-methylester (aus der entsprechenden Säure mit Hilfe von Diazomethan hergestellt) mit amalgamiertem Zink, wss. Salzsäure, Toluol und Essigsäure (*Corran, Whalley,* Soc. **1958** 4719, 4721).

Krystalle (aus Bzl. + Bzn.); F: 282°.

Dioxo-Verbindungen $C_nH_{2n-36}O_4$

Dioxo-Verbindungen $C_{24}H_{12}O_4$

*[2,2']Bi[naphtho[2,3-*b*]thiophenyliden]-3,3'-dion $C_{24}H_{12}O_2S_2$, Formel I oder Stereoiso=meres (vgl. E I 699; E II 206; dort als 5.6;5'.6'-Dibenzo-thioindigo bezeichnet).

B. Beim Erhitzen von Naphtho[2,3-*b*]thiophen-2,3-dion-2-[4-dimethylamino-phenyl=imin] mit Naphtho[2,3-*b*]thiophen-3-ol, Essigsäure und kleinen Mengen wss. Salzsäure (*Harley-Mason, Mann,* Soc. **1942** 404, 413; *Dalgliesh, Mann,* Soc. **1945** 893, 905; vgl. E II 206).

Krystalle [aus Nitrobenzol] (*Ha.-Ma., Mann; Da., Mann*).

Charakterisierung durch Überführung in 3,3'-Diacetoxy-[2,2']bi[naphtho[2,3-*b*]thio=phenyl] (F: 297—300°) mit Hilfe von Zink, Essigsäure und Acetanhydrid: *Ha.-Ma,. Mann; Da., Mann.*

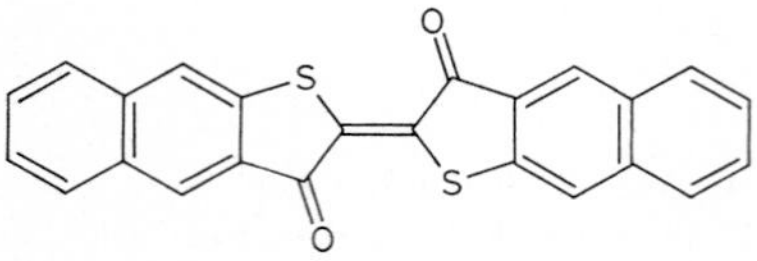

I 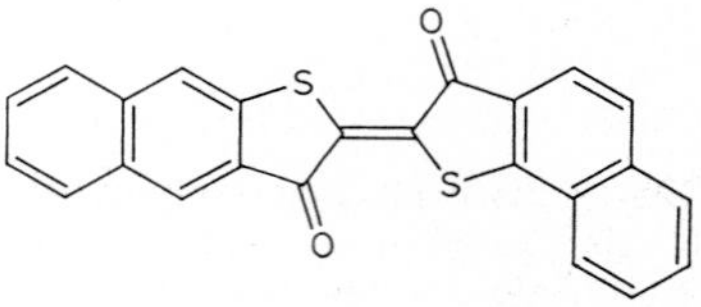   II

*2-[3-Oxo-3H-naphtho[2,3-b]thiophen-2-yliden]-naphtho[1,2-b]thiophen-3-on,
2-[3-Oxo-3H-naphtho[1,2-b]thiophen-2-yliden]-naphtho[2,3-b]thiophen-3-on $C_{24}H_{12}O_2S_2$, Formel II oder Stereoisomeres.

Diese Konstitution kommt der nachstehend beschriebenen, von *Dutta* (B. **67** [1934] 1324, 1328) als 3-[2-Oxo-naphtho[2,3-b]thiophen-3-yliden]-naphtho[1,2-b]thiophen-2-on angesehenen Verbindung zu (*Harley-Mason, Mann*, Soc. **1942** 404, 408; s. a. *Dalgliesh, Mann*, Soc. **1945** 893, 896).

B. Beim Erhitzen von Naphtho[1,2-b]thiophen-2,3-dion mit Naphtho[2,3-b]thiophen-3-ol in Essigsäure unter Zusatz von wss. Salzsäure (*Du.*) oder unter Zusatz von Zinkchlorid (*Ha.-Ma., Mann*, l. c. S. 413). Beim Erhitzen von Naphtho[1,2-b]thiophen-2,3-dion-2-[4-hydroxy-phenylimin] mit Naphtho[2,3-b]thiophen-3-ol in Essigsäure unter Zusatz von wss. Salzsäure (*Ha.-Ma., Mann*, l. c. S. 413; *Da., Mann*, l. c. S. 905).

Charakterisierung durch Überführung in 3-Acetoxy-2-[3-acetoxy-naphtho[2,3-b]thiophen-2-yl]-naphtho[1,2-b]thiophen (F: 252—253°) mit Hilfe von Zink, Essigsäure und Acetanhydrid: *Ha.-Ma., Mann*, l. c. S. 413.

---

*2-[3-Oxo-3H-naphtho[2,3-b]thiophen-2-yliden]-naphtho[2,1-b]thiophen-1-on
2-[1-Oxo-1H-naphtho[2,1-b]thiophen-2-yliden]-naphtho[2,3-b]thiophen-3-on $C_{24}H_{12}O_2S_2$, Formel III oder Stereoisomeres.

Diese Konstitution kommt der nachstehend beschriebenen, von *Dutta* (B. **67** [1934] 1324, 1328) als 1-[3-Oxo-3H-naphtho[2,3-b]thiophen-2-yliden]-naphtho[2,1-b]thiophen-2-on angesehenen Verbindung zu (*Harley-Mason, Mann*, Soc. **1942** 404, 408; s. a. *Dalgliesh, Mann*, Soc. **1945** 893, 896).

B. Beim Erhitzen von Naphtho[2,1-b]thiophen-1,2-dion mit Naphtho[2,3-b]thiophen-3-ol in Essigsäure unter Zusatz von wss. Salzsäure (*Du.*) oder unter Zusatz von Zinkchlorid (*Ha.-Ma., Mann*, l. c. S. 413). Beim Erhitzen von Naphtho[2,1-b]thiophen-1,2-dion-2-[4-dimethylamino-phenylimin] mit Naphtho[2,3-b]thiophen-3-ol in Essigsäure unter Zusatz von wss. Salzsäure (*Ha.-Ma., Mann*, l. c. S. 413; *Da., Mann*, l. c. S. 905).

Violette Krystalle (aus Nitrobenzol), die unterhalb von 290° nicht schmelzen (*Du.*).

Charakterisierung durch Überführung in 1-Acetoxy-2-[3-acetoxy-naphtho[2,3-b]thiophen-2-yl]-naphtho[2,1-b]thiophen (F: 263—265°) mit Hilfe von Zink, Essigsäure und Acetanhydrid: *Ha.-Ma., Mann*, l. c. S. 413.

III   IV

*[2,2']Bi[naphtho[1,2-b]thiophenyliden]-3,3'-dion $C_{24}H_{12}O_2S_2$, Formel IV oder Stereoisomeres (vgl. E I 699; E II 207; dort als 6.7;6'.7'-Dibenzo-thioindigo bezeichnet).

B. Aus 1-[2]Naphthyl-äthanon beim Erhitzen mit Schwefel auf 230° (*Dziewoński et al.*, Bl. Acad. polon. [A] **1930** 198, 201) sowie beim Erhitzen mit Dischwefeldichlorid und 1,2-Dichlor-benzol bis auf 170° (*I. G. Farbenind.*, D.R.P. 582852 [1930]; Frdl. **20** 1255; *Gen. Aniline Works*, U.S.P. 1972177 [1930]). Beim Erhitzen von Naphtho[1,2-b]thiophen-2,3-dion oder von Naphtho[1,2-b]thiophen-2,3-dion-2-[4-hydroxy-phenylimin] mit Naphtho[1,2-b]thiophen-3-ol und Essigsäure unter Zusatz von Zinkchlorid bzw. von wss. Salzsäure (*Harley-Mason, Mann*, Soc. **1942** 404, 413).

Rote Krystalle (aus Nitrobenzol); F: 415—416° [geschlossene Kapillare] (*Dz. et al.*).

Charakterisierung durch Überführung in 3,3'-Diacetoxy-[2,2']bi[naphtho[1,2-b]thiophenyl] (F: 318—319°) mit Hilfe von Zink, Essigsäure und Acetanhydrid: *Dz. et al.*

(Z)-[2,2']Bi[naphtho[2,1-b]thiophenyliden]-1,1'-dion $C_{24}H_{12}O_2S_2$, Formel V, und
(E)-[2,2']Bi[naphtho[2,1-b]thiophenyliden]-1,1'-dion $C_{24}H_{12}O_2S_2$, Formel VI (vgl. E I 700; E II 208; dort als 4.5;4'.5'-Dibenzo-thioindigo bezeichnet).

Mengenverhältnis der Stereoisomeren in Lösungen in Benzol und in Chloroform nach der Bestrahlung mit Tageslicht und mit sichtbarem Licht verschiedener Wellenlänge: *Wyman, Brode*, Am. Soc. **73** [1951] 1487, 1491.

B. Aus 1-[1]Naphthyl-äthanon beim Erhitzen mit Schwefel bis auf 260° (*Dziewoński et al.*, Bl. Acad. polon. [A] **1930** 198, 200) sowie beim Erhitzen mit Dischwefeldichlorid und Nitrobenzol bis auf 150° (*I. G. Farbenind.*, D.R.P. 582852 [1930]; Frdl. **20** 1255; *Gen. Aniline Works*, U.S.P. 1972177 [1930]). Beim Erhitzen von Naphtho[2,1-*b*]thiophen-1-ol mit wss. Natronlauge und wss. Natriumpolysulfid-Lösung (*Du Pont de Nemours & Co.*, U.S.P. 2158032 [1938]). Beim Erhitzen von Naphtho[2,1-*b*]thiophen-1,2-dion oder von Naphtho[2,1-*b*]thiophen-1,2-dion-2-[4-dimethylamino-phenylimin] mit Naphtho[2,1-*b*]thiophen-1-ol und Essigsäure unter Zusatz von Zinkchlorid bzw. von wss. Salzsäure (*Harley-Mason, Mann*, Soc. **1942** 404, 413).

Rotbraune Krystalle (aus Nitrobenzol); F: 411—412° [geschlossene Kapillare] (*Dz. et al.*). Absorptionsspektrum (210—800 nm) einer Lösung in konz. Schwefelsäure: *Brode, Wyman*, Am. Soc. **73** [1951] 4267, 4268.

Charakterisierung durch Überführung in 1,1'-Diacetoxy-[2,2']bi[naphtho[2,1-*b*]thiophenyl] (F: 278° [Zers.]) mit Hilfe von Zink, Essigsäure und Acetanhydrid: *Dz. et al.*

V   VI   VII

*[1,2']Bi[naphtho[2,1-b]furanyliden]-2,1'-dion $C_{24}H_{12}O_4$, Formel VII oder Stereoisomeres.

B. Beim Erhitzen von [1,2']Bi[naphtho[2,1-*b*]furanyl]-1'-ol mit Blei(IV)-oxid in Xylol (*Dziewoński, Dużyk*, Bl. Acad. polon. [A] **1934** 81, 89).

Orangegelbe Krystalle (aus Xylol); F: 335°.

*3-[3-Oxo-3H-benzo[b]thiophen-2-yliden]-3H-phenanthro[9,10-b]thiophen-2-on $C_{24}H_{12}O_2S_2$, Formel VIII oder Stereoisomeres.

Diese Konstitution ist der nachstehend beschriebenen Verbindung zugeordnet worden (*Dutta, Sinha*, J. Indian chem. Soc. **19** [1942] 239).

B. Beim Erhitzen von Phenanthro[9,10-*b*]thiophen-2,3-dion (E III/IV **17** 6500) mit Benzo[*b*]thiophen-3-ol, Essigsäure und wss. Salzsäure (*Du., Si.*).

Violette Krystalle (aus Py.), die unterhalb von 290° nicht schmelzen.

VIII   IX

Thioxantheno[4,3-c]thioxanthen-8,16-dion $C_{24}H_{12}O_2S_2$, Formel IX.

B. Beim Erwärmen von 1,5-Bis-[2-carboxy-phenylmercapto]-naphthalin mit Schwefelsäure (*Leandri*, G. **78** [1948] 30, 38).

Gelb. Unterhalb von 300° nicht schmelzend.

**12,13-Dihydro-cyclopenta[6,7]thieno[3',2';3,4]chryseno[1,2-c]furan-4,6-dion,
11,12-Dihydro-cyclopenta[6,7]chryseno[4,3-b]thiophen-4,5-dicarbonsäure-anhydrid**
$C_{24}H_{12}O_3S$, Formel X.

B. Beim Erhitzen von 3a,3b,6a,6b,7,8,12,13-Octahydro-cyclopenta[6,7]thieno[3',2';=
3,4]chryseno[1,2-c]furan-4,6-dion (S. 2145) mit Schwefel (*Szmuszkovicz, Modest,* Am.
Soc. **72** [1950] 571, 576).

Orangefarbene Krystalle (aus Brombenzol oder 1,1,2,2-Tetrachlor-äthan); F: ca. 370°.

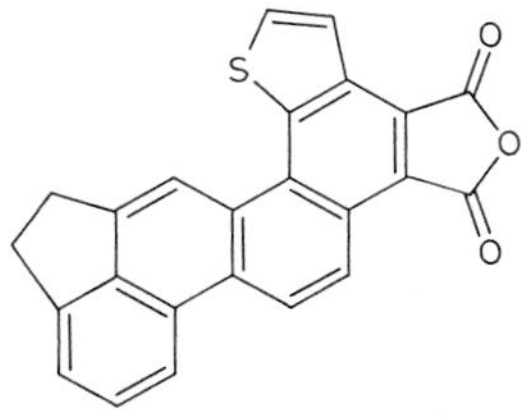

X 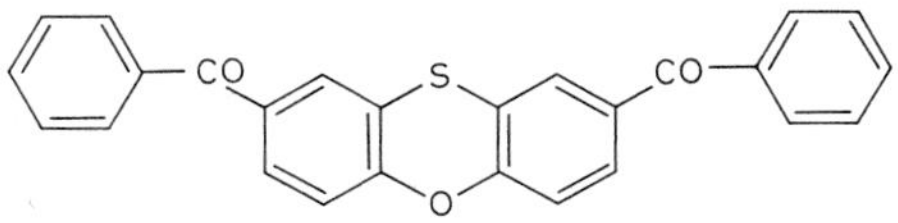   XI

Dioxo-Verbindungen $C_{26}H_{16}O_4$

2,8-Dibenzoyl-phenoxathiin $C_{26}H_{16}O_3S$, Formel XI.

Diese Konstitution kommt wahrscheinlich der nachstehend beschriebenen Verbindung
zu (*Suter et al.,* Am. Soc. **58** [1936] 717, 718).

B. Neben Phenoxathiin-2-yl-phenyl-keton beim Erwärmen von Phenoxathiin mit
Benzoylchlorid, Aluminiumchlorid und Schwefelkohlenstoff (*Su. et al.,* l. c. S. 719).

Gelbe Krystalle (aus Eg.); F: 197° [unkorr.].

---

*Opt.-inakt. 1,5-Diphthalidyl-naphthalin, 3,3'-Naphthalin-1,5-diyl-di-phthalid $C_{26}H_{16}O_4$,
Formel I.

B. Beim Erhitzen von Naphthalin mit (±)-3-Chlor-phthalid und Zinkchlorid bis auf
125° (*Du Pont de Nemours & Co.,* U.S.P. 2150595 [1934]).

Krystalle (aus Xylol); F: 276°.

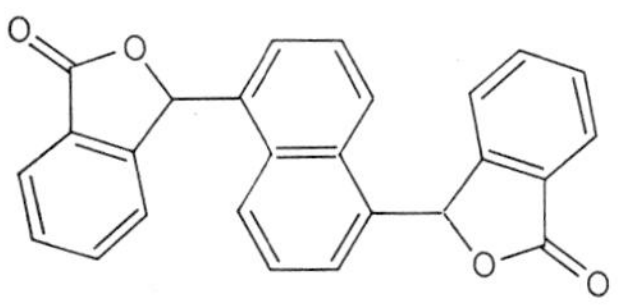

I 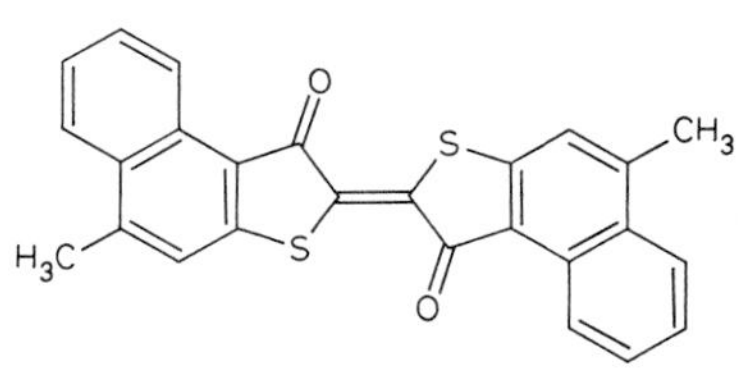   II

*5,5'-Dimethyl-[2,2']bi[naphtho[2,1-b]thiophenyliden]-1,1-dion $C_{26}H_{16}O_2S_2$, Formel II
oder Stereoisomeres.

B. Beim Erhitzen von 1-[4-Methyl-[1]naphthyl]-äthanon mit Schwefel auf 260° (*Dziewoński, Masurińska,* Bl. Acad. polon. [A] **1938** 316, 322).

Rotbraune Krystalle (aus Nitrobenzol), die unterhalb von 410° nicht schmelzen.

6a,6b,14b,14c-Tetrahydro-dibenzo[h,h']cyclobuta[1,2-c;4,3-c']dichromen-6,7-dion
$C_{26}H_{16}O_4$, Formel III, und **6a,6b,14a,14b-Tetrahydro-dibenzo[h,h']cyclobuta[1,2-c;3,4-c']=
dichromen-6,14-dion** $C_{26}H_{16}O_4$, Formel IV.

Diese beiden Konstitutionsformeln sind für die nachstehend beschriebene opt.-inakt.
Verbindung in Betracht zu ziehen.

B. Bei 6-monatiger Bestrahlung einer Lösung von Benzo[h]chromen-2-on in Essigsäure
mit Sonnenlicht (*Mustafa et al.,* J. org. Chem. **22** [1957] 888, 889).

Krystalle (aus Acn.); F: 225°.

III   IV

Dioxo-Verbindungen $C_{28}H_{20}O_4$

3,3,6,6-Tetraphenyl-[1,4]dioxan-2,5-dion, Benzilid $C_{28}H_{20}O_4$, Formel V (H 187; E I 700; E II 208).

B. Beim Erhitzen von Benzilsäure mit Toluol-4-sulfonsäure in Xylol unter Entfernen des entstehenden Wassers (*Arnold et al.*, Am. Soc. **71** [1949] 2439).

F: 195—196° [Fisher-Johns-App.] (*Ar. et al.*). IR-Spektrum (CHCl₃; 4—8 µ): *Wasserman, Zimmerman*, Am. Soc. **72** [1950] 5787.

V   VI   VII

Dioxo-Verbindungen $C_{29}H_{22}O_4$

*Opt.-inakt. 2-[α'-Oxo-bibenzyl-α-yl]-5,5-diphenyl-[1,3]dithiolan-4-on $C_{29}H_{22}O_2S_2$, Formel VI.

B. Beim Erhitzen von 2-[α'-Oxo-bibenzyl-α-yliden]-5,5-diphenyl-[1,3]dithiolan-4-on (S. 2161) mit Essigsäure und Zink-Pulver (*Yates et al.*, Canad. J. Chem. **49** [1971] 1691, 1702; s. a. *Yates, Christensen*, Chem. and Ind. **1958** 1441).

Krystalle [aus Bzl. + PAe.] (*Ya. et al.*). F: 209,5—210,5° (*Ya., Ch.; Ya. et al.*). UV-Absorptionsmaximum (A.): 252 nm (*Ya., Ch.; Ya. et al.*).

Dioxo-Verbindungen $C_{30}H_{24}O_4$

*2,2,2',2'-Tetramethyl-2H,2'H-[5,5']bi[benzo[*h*]chromenyliden]-6,6'-dion $C_{30}H_{24}O_4$, Formel VII oder Stereoisomeres.

Diese Konstitution kommt dem nachstehend beschriebenen **Dehydrotectol** zu.

Isolierung aus dem Kernholz von Tectona grandis: *Sandermann, Dietrichs*, Holzforschung **13** [1959] 137, 146.

B. Beim Erhitzen von Tectol (S. 1161) mit Tetrachlor-[1,4]benzochinon in Xylol (*Sa., Di.; Sandermann, Simatupang*, B. **97** [1964] 588, 595).

Schwarze Krystalle (aus Me.); F: 195—197° (*Sa., Si.*), 195—196° (*Sa., Di.*). IR-Spektrum (3—14 µ): *Sa., Di.*, l. c. S. 143. UV-Spektrum (A.; 210—390 nm): *Sa., Di.*, l. c. S. 142.

Dioxo-Verbindungen $C_{32}H_{28}O_4$

*Opt.-inakt. 3-Benzo[1,3]dioxol-5-yl-4-nitro-1,5,7-triphenyl-heptan-1,7-dion $C_{32}H_{27}NO_6$, Formel VIII (X = H).

B. Beim Behandeln einer Lösung von (±)-3-Benzo[1,3]dioxol-5-yl-4-nitro-1-phenyl-butan-1-on in Äthanol mit *trans*-Chalkon und Ammoniak (*Worrall, Bradway*, Am. Soc.

58 [1936] 1607).
Krystalle (aus Toluol oder wss. Acn.); F: 218—219° [Zers.].

*Opt.-inakt. 3-Benzo[1,3]dioxol-5-yl-5-[3-brom-phenyl]-4-nitro-1,7-diphenyl-heptan-1,7-dion $C_{32}H_{26}BrNO_6$, Formel VIII (X = Br).
B. Beim Behandeln einer Lösung von (±)-3-Benzo[1,3]dioxol-5-yl-4-nitro-1-phenyl-butan-1-on in Äthanol mit 3-Brom-*trans*(?)-chalkon (E III **7** 2392) und Ammoniak (*Worrall, Bradway,* Am. Soc. **58** [1936] 1607).
Krystalle (aus Toluol oder wss. Acn.); F: 215—216° [Zers.].

*Opt.-inakt. 3-Benzo[1,3]dioxol-5-yl-4-nitro-5-[3-nitro-phenyl]-1,7-diphenyl-heptan-1,7-dion $C_{32}H_{26}N_2O_8$, Formel VIII (X = NO_2).
B. Beim Behandeln einer Lösung von (±)-3-Benzo[1,3]dioxol-5-yl-4-nitro-1-phenyl-butan-1-on in Äthanol mit 3-Nitro-*trans*-chalkon und Ammoniak (*Worrall, Bradway,* Am. Soc. **58** [1936] 1607).
Krystalle (aus Toluol oder wss. Acn.); F: 218—219° [Zers.].

VIII   IX

Dioxo-Verbindungen $C_{33}H_{30}O_4$

*Opt.-inakt. 3-Benzo[1,3]dioxol-5-yl-4-nitro-1,7-diphenyl-5-*p*-tolyl-heptan-1,7-dion $C_{33}H_{29}NO_6$, Formel IX.
B. Beim Behandeln einer Lösung von (±)-3-Benzo[1,3]dioxol-5-yl-4-nitro-1-phenyl-butan-1-on in Äthanol mit 4-Methyl-*trans*-chalkon und Ammoniak (*Worrall, Bradway,* Am. Soc. **58** [1936] 1607).
Krystalle (aus Toluol oder wss. Acn.); F: 198—199° [Zers.].

Dioxo-Verbindungen $C_nH_{2n-38}O_4$

Dioxo-Verbindungen $C_{26}H_{14}O_4$

[4,4']Bithioxanthenyl-9,9'-dion $C_{26}H_{14}O_2S_2$, Formel I.
B. Beim Erwärmen von (±)-2,2'-Bis-[2-carboxy-phenylmercapto]-biphenyl mit Schwe=felsäure (*Steinkopf, Garbe,* J. pr. [2] **151** [1938] 327, 330).
Gelbe Krystalle (aus Äthylbenzoat). Oberhalb von 350° erfolgt Zersetzung. In 100 ml Äthylbenzoat lösen sich bei Raumtemperatur 0,08 g.

I   II

[2,2′]Bi[benzo[f]chromenyl]-3,3′-dion $C_{26}H_{14}O_4$, Formel II (H 188; dort als Bis-[5.6-benzo-cumarinyl-(3) bezeichnet).

B. Neben [3-Oxo-3H-benzo[f]chromen-2-yl]-essigsäure beim Erhitzen von 2-Hydroxy-[1]naphthaldehyd mit Bernsteinsäure-anhydrid und Natriumsuccinat auf 180° (*Dey et al.*, J. Indian chem. Soc. **9** [1932] 71, 77; vgl. H 188). Beim Erhitzen von [3-Oxo-3H-benzo=[f]chromen-2-yl]-essigsäure mit 2-Hydroxy-[1]naphthaldehyd und Acetanhydrid (*Dey, Sankaranarayanan*, J. Indian chem. Soc. **11** [1934] 381, 387).

Gelbe Krystalle (aus Nitrobenzol); F: 345° (*Dey et al.*).

1,2-Bis-[(Ξ)-3-oxo-3H-naphtho[2,3-b]thiophen-2-yliden]-äthan $C_{26}H_{14}O_2S_2$, Formel III.

B. Beim Erwärmen von Naphtho[2,3-b]thiophen-3-ol mit Glyoxal (als Natrium=hydrogensulfit-Addukt eingesetzt) und wss.-äthanol. Salzsäure (*Dutta*, B. **67** [1934] 1324, 1327).

Violette Krystalle (aus Nitrobenzol), die unterhalb von 290° nicht schmelzen.

III   IV

1,2-Bis-[(Ξ)-3-oxo-3H-naphtho[1,2-b]thiophen-2-yliden]-äthan $C_{26}H_{14}O_2S_2$, Formel IV.
B. Beim Erwärmen von Naphtho[1,2-b]thiophen-3-ol mit Glyoxal (als Natrium=hydrogensulfit-Addukt eingesetzt) und wss.-äthanol. Salzsäure (*Dutta*, B. **66** [1933] 1230).
Braune Krystalle (aus Nitrobenzol), die unterhalb von 295° nicht schmelzen.

1,2-Bis-[(Ξ)-1-oxo-1H-naphtho[2,1-b]thiophen-2-yliden]-äthan $C_{26}H_{14}O_2S_2$, Formel V.
B. Beim Erwärmen von Naphtho[2,1-b]thiophen-1-ol mit Glyoxal (als Natrium=hydrogensulfit-Addukt eingesetzt) und wss.-äthanol. Salzsäure (*Dutta*, B. **67** [1934] 9, 12).
Violettrote Krystalle (aus Nitrobenzol), die unterhalb von 290° nicht schmelzen.

V   VI

Bis-dibenzofuran-2-yl-äthandion $C_{26}H_{14}O_4$, Formel VI.
B. Beim Erwärmen von 1,2-Bis-dibenzofuran-2-yl-2-hydroxy-äthanon mit wss. Salpetersäure [D: 1,42] (*Hinkel et al.*, Soc. **1937** 778).
Gelbe Krystalle (aus A.); F: 236—237°.
Beim Erwärmen mit wss.-äthanol. Kalilauge ist Bis-dibenzofuran-2-yl-hydroxy-essig=säure erhalten worden.

Dioxo-Verbindungen $C_{28}H_{18}O_4$

*Opt.-inakt. **2,2′-Diphenyl-[2,2′]bi[benzo[b]thiophenyl]-3,3′-dion** $C_{28}H_{18}O_2S_2$, Formel VII (vgl. E I 701; E II 209; dort als Bis-[3-oxo-2-phenyl-dihydrothionaphth=enyl-(2)] bezeichnet).
B. Bei mehrtägiger Bestrahlung einer Lösung von 2-Phenyl-benzo[b]thiophen-3-ol in

Benzol mit Sonnenlicht unter Luftzutritt (*Schönberg, Mustafa*, Soc. **1945** 657, 660).

Hellgelbe Krystalle (aus Bzl.); F: 236° [Zers.; grüne Schmelze] (*Sch., Mu.*, Soc. **1945** 660).

Beim Erhitzen unter Kohlendioxid auf 270° (*Schönberg, Mustafa*, Soc. **1949** 889, 892) sowie beim Erhitzen mit Benzylalkohol auf 130° (*Schönberg, Mustafa*, Am. Soc. **73** [1951] 2401) ist 2-Phenyl-benzo[b]thiophen-3-ol erhalten worden.

---

*Opt.-inakt. 3,3'-Diphenyl-3H,3'H-[3,3']bibenzofuranyl-2,2'-dion $C_{28}H_{18}O_4$, Formel VIII (X = H) (vgl. E II 209; dort als Bis-[2-oxo-3-phenyl-cumaranyl-(3)] bezeichnet).

B. Aus (±)-3-Phenyl-3H-benzofuran-2-on bei mehrwöchiger Bestrahlung einer Lösung in Benzol mit Sonnenlicht unter Luftzutritt (*Schönberg, Mustafa*, Soc. **1945** 657, 660) sowie bei der Behandlung mit Calciumpermanganat in Aceton (*Arventi*, Ann. scient. Univ. Jassy **24** [1938] 219, 222).

Krystalle; F: 178° [aus Bzl. + PAe.] (*Sch., Mu.*, Soc. **1945** 660), 177° [aus Eg. oder Xylol] (*Ar.*). Die Schmelze ist violettrot (*Sch., Mu.*, Soc. **1945** 660).

Beim Erhitzen unter Kohlendioxid auf 270° (*Schönberg, Mustafa*, Soc. **1949** 889, 892) sowie beim Erhitzen mit Benzylalkohol auf 110° (*Schönberg, Mustafa*, Am. Soc. **73** [1951] 2401) ist 3-Phenyl-3H-benzofuran-2-on erhalten worden.

VII   VIII   IX

*Opt.-inakt. 5,5'-Dichlor-3,3'-diphenyl-3H,3'H-[3,3']bibenzofuranyl-2,2'-dion $C_{28}H_{16}Cl_2O_4$, Formel VIII (X = Cl).

B. Beim Behandeln von (±)-5-Chlor-3-phenyl-3H-benzofuran-2-on mit Calcium‌permanganat in Aceton (*Arventi*, Ann. scient. Univ. Jassy **24** [1938] 219, 224).

Krystalle (aus Eg.); F: 191—193°.

---

*Opt.-inakt. 1,1'-Diphenyl-1H,1'H-[1,1']biisobenzofuranyl-3,3'-dion $C_{28}H_{18}O_4$, Formel IX (X = H) (vgl. H 188; E I 701; dort als 3.3'-Diphenyl-diphthalidyl-(3.3') bezeichnet).

B. Bei der Bestrahlung einer Lösung von 2-Benzoyl-benzoesäure in Äthanol mit Sonnenlicht (*Limaye*, J. Univ. Bombay **1**, Tl. 2 [1932] 52). Beim Erhitzen von opt.-inakt. Bis-[3-oxo-1-phenyl-phthalan-1-yl]-sulfid (E III/IV **18** 612) mit Kupfer-Pulver oder Silber-Folie und Cymol (*O'Brochta, Lowy*, Am. Soc. **61** [1939] 2765, 2767).

Krystalle (aus Xylol); F: 265—266° [bei langsamem Erhitzen] (*O'Br., Lowy*).

*Opt.-inakt. 1,1'-Bis-[4-chlor-phenyl]-1H,1'H-[1,1']biisobenzofuranyl-3,3'-dion $C_{28}H_{16}Cl_2O_4$, Formel IX (X = Cl) (vgl. E I 701; dort als 3.3'-Bis-[4-chlor-phenyl]-di‌phalidyl-(3.3') bezeichnet).

B. Beim Erhitzen von opt.-inakt. Bis-[1-(4-chlor-phenyl)-3-oxo-phthalan-1-yl]-sulfid (E III/IV **18** 612) mit Silber-Folie und Cymol (*O'Brochta, Lowy*, Am. Soc. **61** [1939] 2765, 2768).

F: 247°.

Dioxo-Verbindungen $C_{29}H_{20}O_4$

2-[(Ξ)-α'-Oxo-bibenzyl-α-yliden]-5,5-diphenyl-[1,3]dithiolan-4-on $C_{29}H_{20}O_2S_2$, Formel I.

Diese Konstitution kommt der früher (s. E II **17** 533) mit Vorbehalt als 4-Benzoyl-2,2,4-triphenyl-5-thioxo-dihydro-thiophen-3-on formulierten Verbindung (F:153—154°) zu

(*Yates, Christensen*, Chem. and Ind. **1958** 1441; *Yates et al.*, Canad. J. Chem. **49** [1971] 1691, 1700).

Gelbe Krystalle (aus CS_2); F: 154—155° (*Ya., Ch.; Ya. et al.*). UV-Absorptionsmaxima (A.): 254 nm und 347 nm (*Ya., Ch.; Ya. et al.*).

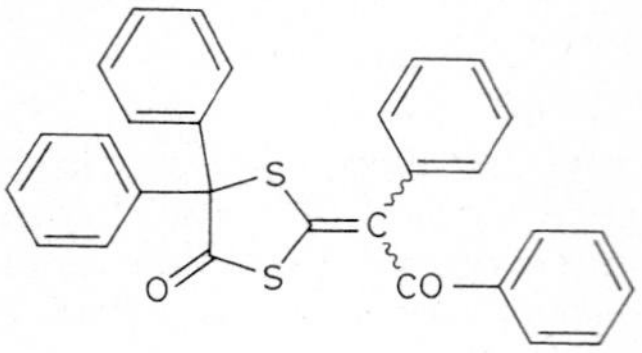

I 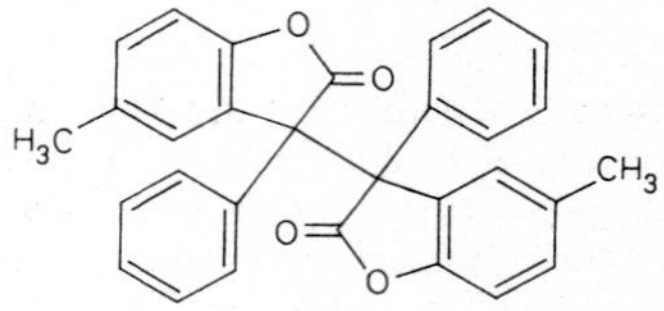   II

Dioxo-Verbindungen $C_{30}H_{22}O_4$

*Opt.-inakt. 5,5'-Dimethyl-3,3'-diphenyl-3H,3'H-[3,3']bibenzofuranyl-2,2'-dion
$C_{30}H_{22}O_4$, Formel II (vgl. E II 209; dort als Bis-[2-oxo-5-methyl-3-phenyl-cumaranyl-(3)] bezeichnet).

B. Beim Behandeln von (±)-5-Methyl-3-phenyl-3H-benzofuran-2-on mit Calcium= permanganat in Aceton (*Arventi*, Ann. scient. Univ. Jassy **24** [1938] 219, 223).

Krystalle (aus Acn.); F: 195—197° [bei schnellem Erhitzen].

---

*Opt.-inakt. 6,6'-Dimethyl-3,3'-diphenyl-3H,3'H-[3,3']bibenzofuranyl-2,2'-dion
$C_{30}H_{22}O_4$, Formel III (vgl. E II 209; dort als Bis-[2-oxo-6-methyl-3-phenyl-cumaranyl-(3)] bezeichnet).

B. Beim Behandeln von (±)-6-Methyl-3-phenyl-3H-benzofuran-2-on mit Calcium= permanganat in Aceton (*Arventi*, Ann. scient. Univ. Jassy **24** [1938] 219, 223).

Krystalle (aus Acn.); F: 187°.

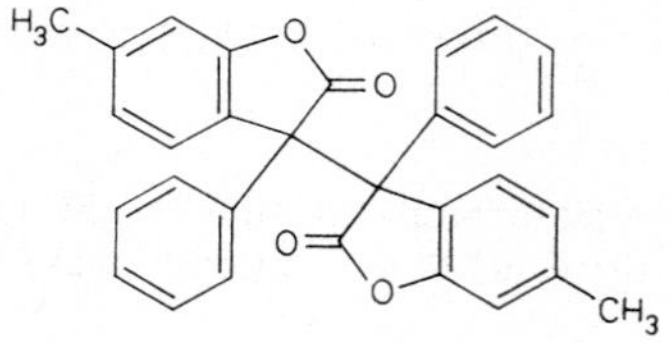

III 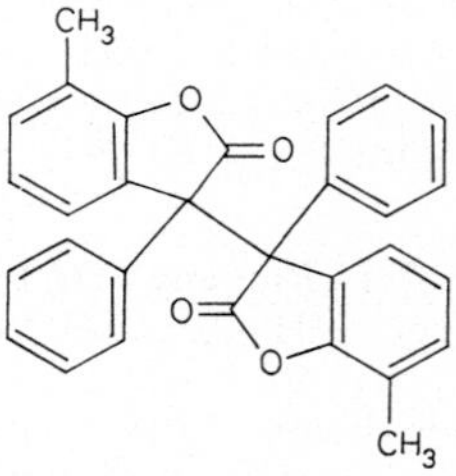   IV

*Opt.-inakt. 7,7'-Dimethyl-3,3'-diphenyl-3H,3'H-[3,3']bibenzofuranyl-2,2'-dion
$C_{30}H_{22}O_4$, Formel IV.

B. Beim Behandeln von (±)-7-Methyl-3-phenyl-3H-benzofuran-2-on mit Calcium= permanganat in Aceton (*Arventi*, Ann. scient. Univ. Jassy **24** [1938] 219, 223).

Krystalle (aus Acn.); F: 203°.

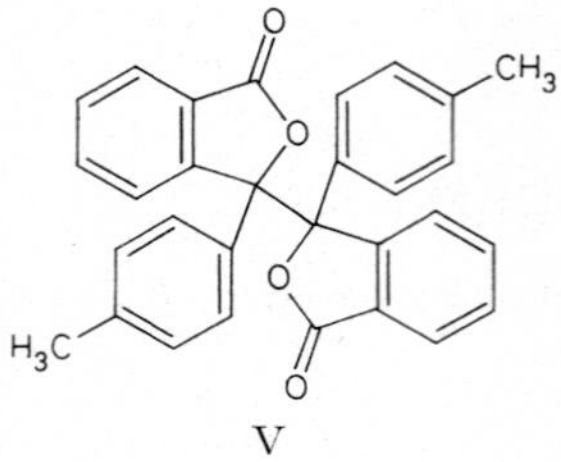

V 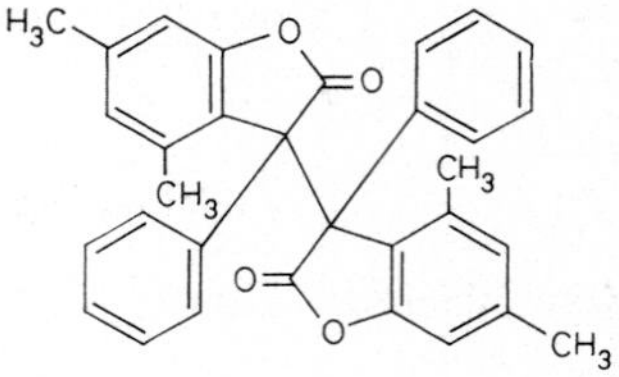   VI

*Opt.-inakt. 1,1'-Di-*p*-tolyl-1*H*,1'*H*-[1,1']biisobenzofuranyl-3,3'-dion C$_{30}$H$_{22}$O$_4$, Formel V.

B. Bei der Bestrahlung von Lösungen von 2-*p*-Toluoyl-benzoesäure mit Sonnenlicht (*Limaye*, J. Univ. Bombay **1**, Tl. 2 [1932] 52]. Beim Erhitzen von opt.-inakt. Bis-[3-oxo-1-*p*-tolyl-phthalan-1-yl]-sulfid (E III/IV **18** 646) mit Silber-Folie in Cymol (*O'Brochta, Lowy*, Am. Soc. **61** [1939] 2765, 2768).

F: 247—248° (*Li.*; *O'Br., Lowy*).

Dioxo-Verbindungen C$_{32}$H$_{26}$O$_4$

*Opt.-inakt. 4,6,4',6'-Tetramethyl-3,3'-diphenyl-3*H*,3'*H*-[3,3']bibenzofuranyl-2,2'-dion C$_{32}$H$_{26}$O$_4$, Formel VI.

B. Beim Erwärmen von (±)-4,6-Dimethyl-3-phenyl-3*H*-benzofuran-2-on mit Natrium in Äther und anschliessenden Behandeln mit Jod (*Arventi*, Ann. scient. Univ. Jassy **24** [1938] 219, 229).

F: 157° [nach Erweichen bei 135°; unreines Präparat].

Beim Aufbewahren an der Luft erfolgt Umwandlung in Bis-[4,6-dimethyl-2-oxo-3-phenyl-2,3-dihydro-benzofuran-3-yl]-peroxid (E III/IV **18** 660).

---

*Opt.-inakt. 5,6,5',6'-Tetramethyl-3,3'-diphenyl-3*H*,3'*H*-[3,3']bibenzofuranyl-2,2'-dion C$_{32}$H$_{26}$O$_4$, Formel VII.

B. Aus (±)-5,6-Dimethyl-3-phenyl-3*H*-benzofuran-2-on beim Behandeln mit Calcium=permanganat in Aceton sowie beim Erwärmen mit Natrium in Äther und anschliessenden Behandeln mit Jod (*Arventi*, Ann. scient. Univ. Jassy **24** [1938] 219, 225).

Krystalle (aus Bzl.) mit ca. 1 Mol Benzol; F: 177—179°.

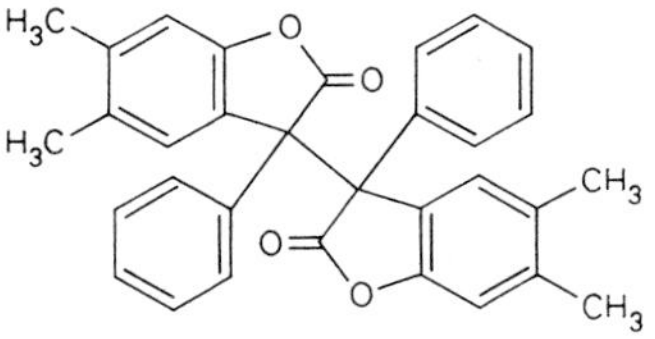

VII 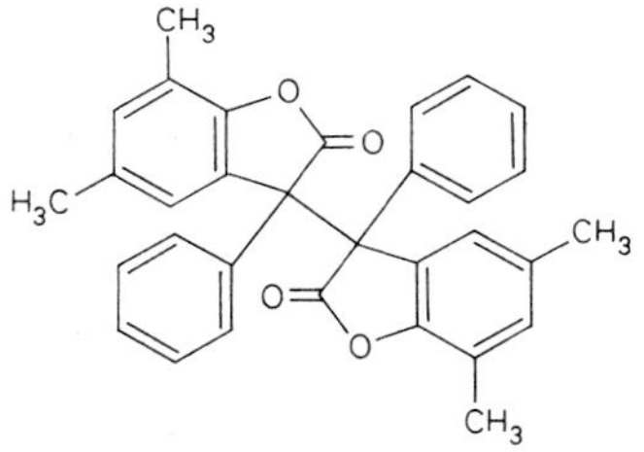   VIII

*Opt.-inakt. 5,7,5',7'-Tetramethyl-3,3'-diphenyl-3*H*,3'*H*-[3,3']bibenzofuranyl-2,2'-dion C$_{32}$H$_{26}$O$_4$, Formel VIII (E II 210; dort als Bis-[2-oxo-5.7-dimethyl-3-phenyl-cumaran=yl-(3)] bezeichnet).

B. Beim Behandeln von (±)-5,7-Dimethyl-3-phenyl-3*H*-benzofuran-2-on mit Calcium=permanganat in Aceton (*Arventi*, Ann. scient. Univ. Jassy **24** (1938] 219, 224).

Krystalle (aus Acn.); F: 200°.

Dioxo-Verbindungen C$_{36}$H$_{34}$O$_4$

*Opt.-inakt. 5,5'-Di-*tert*-butyl-3,3'-diphenyl-3*H*,3'*H*-[3,3']bibenzofuranyl-2,2'-dion C$_{36}$H$_{34}$O$_4$, Formel IX.

B. Beim Behandeln von (±)-5-*tert*-Butyl-3-phenyl-3*H*-benzofuran-2-on mit Calcium=permanganat in Aceton (*Arventi*, Ann. scient. Univ. Jassy **24** [1938] 219, 226).

Krystalle (aus Eg.); F: 202—203°.

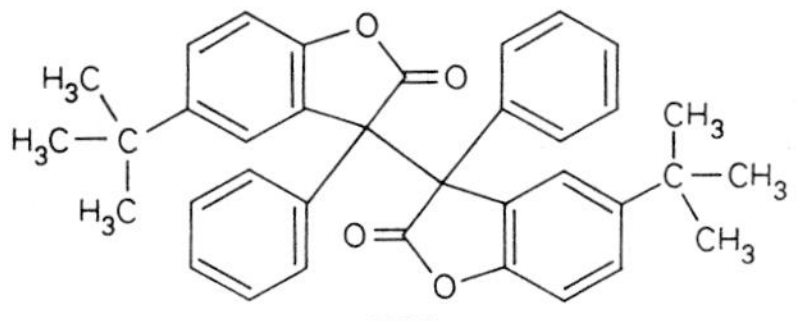

IX 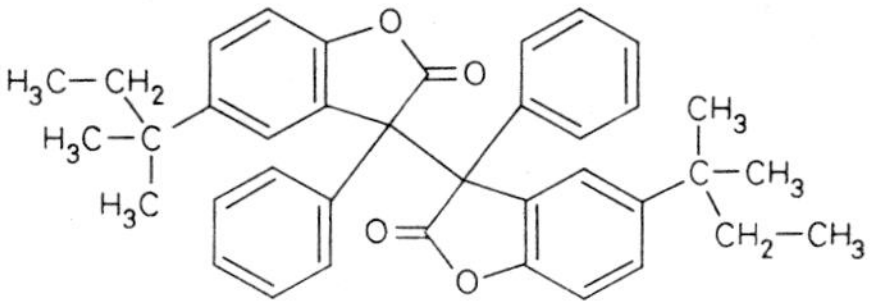   X

Dioxo-Verbindungen $C_{38}H_{38}O_4$

*Opt.-inakt. 5,5'-Di-*tert*-pentyl-3,3'-diphenyl-3*H*,3'*H*-[3,3']bibenzofuranyl-2,2'-dion $C_{38}H_{38}O_4$, Formel X.

B. Beim Behandeln von (±)-5-*tert*-Pentyl-3-phenyl-3*H*-benzofuran-2-on mit Calcium= permanganat in Aceton (*Arventi*, Ann. scient. Univ. Jassy **24** [1938] 219, 227).

Krystalle (aus Eg.); F: 216°.

Dioxo-Verbindungen $C_nH_{2n—40}O_4$

Dioxo-Verbindungen $C_{26}H_{12}O_4$

Dinaphtho[2,1-*d*;2',1'-*d'*]benzo[1,2-*b*;4,5-*b'*]difuran-7,15-dion $C_{26}H_{12}O_4$, Formel I (X = H).

B. Beim Erhitzen von [1]Naphthol mit Tetrachlor-[1,4]benzochinon und Pyridin (*Acharya et al.*, J. scient. ind. Res. India **16** B [1957] 400, 407).

Orangerote Krystalle (aus Dioxan oder Nitrobenzol), die unterhalb von 360° nicht schmelzen.

I   II

5,13-Dibrom-dinaphtho[2,1-*d*;2',1'-*d'*]benzo[1,2-*b*;4,5-*b'*]difuran-7,15-dion $C_{26}H_{10}Br_2O_4$, Formel I (X = Br).

B. Beim Erhitzen von 4-Brom-[1]naphthol mit Tetrachlor-[1,4]benzochinon und Pyridin (*Acharya et al.*, J. scient. ind. Res. India **16** B [1957] 400, 407).

Violette Krystalle (aus Nitrobenzol), die unterhalb von 360° nicht schmelzen.

Dinaphtho[1,2-*d*;1',2'-*d'*]benzo[1,2-*b*;5,4-*b'*]dithiophen-8,16-dion $C_{26}H_{12}O_2S_2$, Formel II.

B. Beim Erhitzen von (±)-[8,8']Spirobi[naphtho[1',2';4,5]thieno[2,3-*c*]furan]-10,10'-dion mit Aluminiumchlorid und Natriumchlorid bis auf 205° (*Mayer*, A. **488** [1931] 259, 293).

Rote Krystalle (aus Nitrobenzol); F: 307—308°.

Dinaphtho[1,2-*d*;1',2'-*d'*]benzo[1,2-*b*;4,5-*b'*]difuran-8,16-dion $C_{26}H_{12}O_4$, Formel III (X = H).

B. Beim Erhitzen von [2]Naphthol mit Tetrachlor-[1,4]benzochinon und Pyridin (*Osman*, J. org. Chem. **22** [1957] 342; *Acharya et al.*, J. scient. ind. Res. India **16** B [1957] 400, 406). Beim Erwärmen von Natrium-[2]naphtholat mit Tetrachlor-[1,4]benzochinon und Äthanol (*Ach. et al.*). Beim Erhitzen von 2,5-Dichlor-3,6-bis-[2]naphthyloxy-[1,4]= benzochinon mit Pyridin (*Ach. et al.*). Beim Erhitzen von 2,5-Dichlor-3,6-bis-[2-hydroxy-[1]naphthyl]-hydrochinon mit Pyridin an der Luft (*Os.*).

Rote Krystalle (aus Nitrobenzol), die unterhalb von 420° nicht schmelzen (*Ach. et al.*). Bei 320°/5 Torr sublimierbar (*Os.*).

3,11-Dibrom-dinaphtho[1,2-*d*;1',2'-*d'*]benzo[1,2-*b*;4,5-*b'*]difuran-8,16-dion $C_{26}H_{10}Br_2O_4$, Formel III (X = Br).

B. Beim Erhitzen von 6-Brom-[2]naphthol mit Tetrachlor-[1,4]benzochinon und Pyridin (*Acharya et al.*, J. scient. ind. Res. India **16** B [1957] 400, 407).

Orangebraune Krystalle (aus Nitrobenzol), die unterhalb von 360° nicht schmelzen.

III   IV   V

Benzo[1,2,3-*kl*;4,5,6-*k'*,*l'*]dixanthen-2,10-dion $C_{26}H_{12}O_4$, Formel IV.
B. Beim Erhitzen von 1,5-Bis-[3-methoxy-phenoxy]-anthrachinon mit 75%ig. wss. Schwefelsäure auf 180° (*King*, Soc. **1934** 1064).
Grüne Krystalle (aus wss. Schwefelsäure).

Anthra[1,9-*bc*;4,10-*b'c'*]dichromen-3,10-dion, *cis*-Coerodioxonon $C_{26}H_{12}O_4$, Formel V.
B. Beim Erhitzen von 1,4-Bis-[3-methoxy-phenoxy]-anthrachinon mit 75%ig. wss. Schwefelsäure auf 170° (*Cook, Waddington*, Soc. **1945** 404).
Krystalle (aus Acn.), die bei 280—290° schmelzen.

Dioxo-Verbindungen $C_{28}H_{16}O_4$

(*E*)-5,5'-Di-[2]naphthyl-[3,3']bifuryliden-2,2'-dion $C_{28}H_{16}O_4$, Formel VI.
Diese Konstitution kommt der nachstehend beschriebenen, von *Chovin* (A. ch. [11] **9** [1938] 447, 488) als 3,7-Di-[2]naphthyl-pyrano[4,3-*c*]pyran-1,5-dion angesehenen Verbindung zu (*Klingsberg*, Chem. Reviews **54** [1954] 59, 61; s. a. *Chovin, Gunthart*, Bl. [5] **12** [1945] 105, 107). In der früher (s. E II **19** 210) als 5,5'-Di-[1]naphthyl-[3,3']=bifuryliden-2,2'-dion (,,Di-α-naphthacylfumarsäuredilacton'') beschriebenen Verbindung, die nicht aus 4-[1]Naphthyl-4-oxo-crotonsäure, sondern aus 4-[2]Naphthyl-4-oxo-crotonsäure (E III **10** 3308) hergestellt worden ist, hat ebenfalls ein 5,5'-Di-[2]=naphthyl-[3,3']bifuryliden-2,2'-dion vorgelegen; demgegenüber bleibt die Identität des früher (s. E II **19** 210) als 5,5'-Di-[2]naphthyl-[3,3']bifuryliden-2,2'-dion beschriebenen Präparats (,,Di-β-naphthacylfumarsäuredilacton''), das nicht aus 4-[2]Naphthyl-4-oxo-crotonsäure, sondern aus 1-Oxo-2,3-dihydro-1*H*-cyclopenta[*a*]naphthalin-3-carbonsäure (E III **10** 3309) hergestellt worden ist, ungewiss. Bezüglich der Konfigurationszuordnung vgl. das analog hergestellte (*E*)-5,5'-Diphenyl-[3,3']bifuryliden-2,2'-dion (S. 2133).
B. Beim Erhitzen von 4-[2]Naphthyl-4-oxo-buttersäure mit 4-[2]Naphthyl-2,4-dioxo-buttersäure, Phosphor(III)-bromid und Toluol (*Ch.*). Beim Erwärmen von 5-[2]Naphthyl-3*H*-furan-2-on mit Eisen(III)-chlorid in Methanol (*Ch.*).
Rote Krystalle; F: 361° (*Ch.*).

VI   VII

*5,5'-Diphenyl-[2,2']bi[benzo[*b*]thiophenyliden]-3,3'-dion $C_{28}H_{16}O_2S_2$, Formel VII oder Stereoisomeres.
B. Beim Behandeln von 5-Phenyl-benzo[*b*]thiophen-3-ol mit wss. Natronlauge und mit

wss. Kalium-hexacyanoferrat(III)-Lösung (*Dutta, Mandal*, J. Indian chem. Soc. **31** [1954] 827, 828).

Violette Krystalle (aus Nitrobenzol), die unterhalb von 290° nicht schmelzen.

4,10-Diphenyl-chromeno[6,5-*f*]chromen-2,8-dion $C_{28}H_{16}O_4$, Formel VIII.

B. Beim Erhitzen von 1,5-Dibenzoyl-naphthalin-2,6-diol mit Acetanhydrid und Natriumacetat auf 250° (*Dischendorfer, Hinterbauer*, M. **82** [1951] 1, 9).

Hellgelbe Krystalle (aus Nitrobenzol); F: 365° [Zers.; geschlossene Kapillare; im vorgeheizten Block].

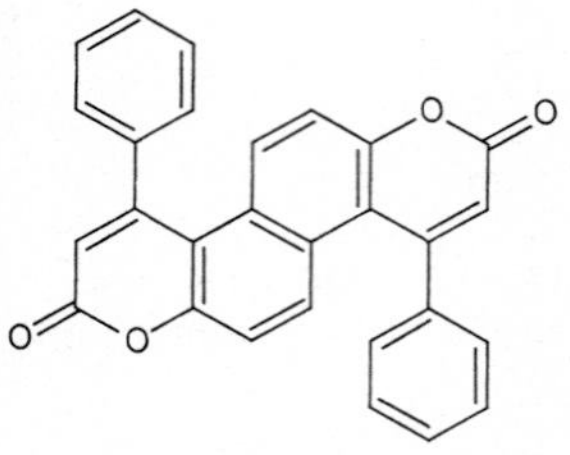

VIII

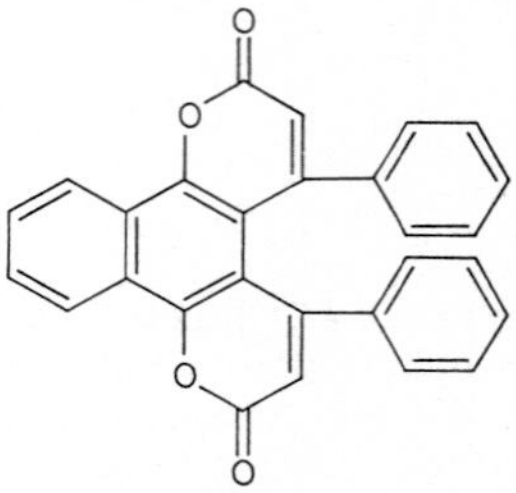

IX

4,5-Diphenyl-benzo[*h*]pyrano[3,2-*f*]chromen-2,7-dion $C_{28}H_{16}O_4$, Formel IX.

B. Beim Erhitzen von 2,3-Dibenzoyl-naphthalin-1,4-diol mit Acetanhydrid und Natriumacetat auf 220° (*Dischendorfer et al.*, M. **80** [1949] 333, 340). Beim Erhitzen von 6-Acetoxy-5-benzoyl-4-phenyl-benzo[*h*]chromen-2-on auf 260° (*Di. et al.*, l. c. S. 341).

Hellgelbe Krystalle (aus Acetanhydrid); F: 328° [korr.; im vorgeheizten Bad].

4,9-Diphenyl-benzo[*f*]pyrano[3,2-*h*]chromen-2,11-dion $C_{28}H_{16}O_4$, Formel X.

B. Beim Erhitzen von 1,4-Dibenzoyl-naphthalin-2,3-diol oder von 2,3-Diacetoxy-1,4-dibenzoyl-naphthalin mit Acetanhydrid und Natriumacetat auf 220° (*Dischendorfer et al.*, M. **81** [1950] 725, 732).

Gelbe Krystalle (aus Eg.); F: 352° [korr.; nach Sintern bei 340°; rote Schmelze]. Bei 260—280°/0,04 Torr sublimierbar.

---

*Opt.-inakt. 5b,10b-Diphenyl-5b,10b-dihydro-anthra[9,1-*bc*;10,5-*b'c'*]difuran-2,7-dion, **9,10-Dihydroxy-9,10-diphenyl-9,10-dihydro-anthracen-1,5-dicarbonsäure-1→9;5→10-di≠ lacton** $C_{28}H_{16}O_4$, Formel XI (X = H).

B. Beim Behandeln von 9,10-Dioxo-9,10-dihydro-anthracen-1,5-dicarbonylchlorid mit Benzol, Aluminiumchlorid und Nitrobenzol (*Scholl et al.*, A. **494** [1932] 201, 212).

Krystalle (aus Eg.), die unterhalb von 360° nicht schmelzen (*Sch. et al.*).

Überführung in Dibenzo[*a,j*]perylen-8,16-dion durch Erwärmen mit Schwefelsäure: *Sch. et al.*, l. c. S. 215. Beim Erhitzen mit Zink-Pulver auf 500° sind 9,10-Diphenyl-anthracen und Rubicen erhalten worden (*Scholl, Meyer*, B. **65** [1932] 926).

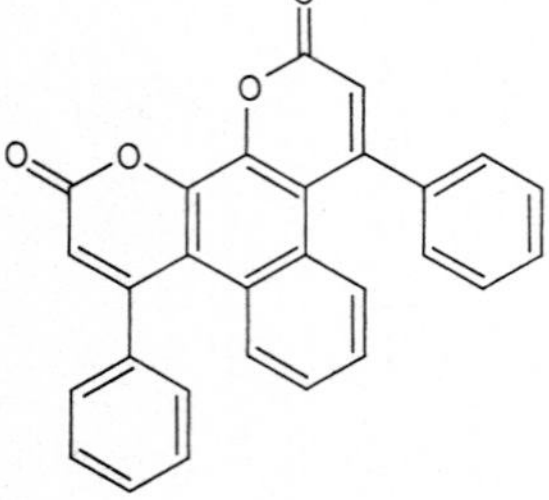

X

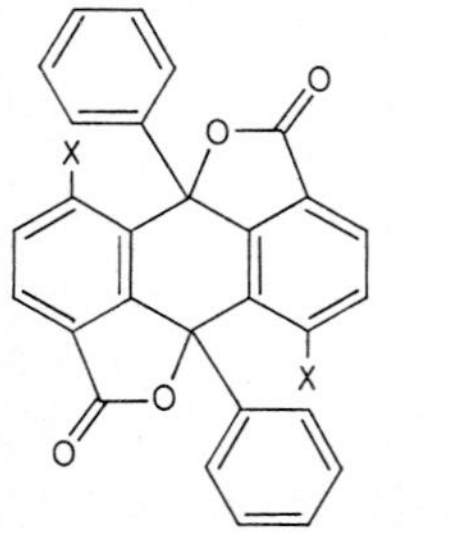

XI

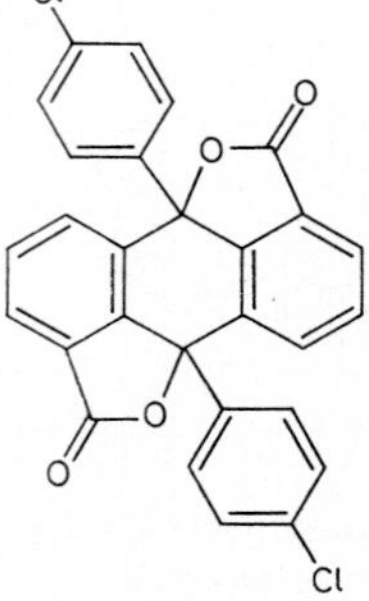

XII

*Opt.-inakt. **5,10-Dichlor-5b,10b-diphenyl-5b,10b-dihydro-anthra[9,1-*bc*;10,5-*b'c'*]di=
furan-2,7-dion, 4,8-Dichlor-9,10-dihydroxy-9,10-diphenyl-9,10-dihydro-anthracen-1,5-di=
carbonsäure-1 → 9;5 → 10-dilacton** $C_{28}H_{14}Cl_2O_4$, Formel XI (X = Cl).
   B. Bei mehrtägigem Behandeln von 4,8-Dichlor-9,10-dioxo-9,10-dihydro-anthracen-
1,5-dicarbonylchlorid (aus der entsprechenden Dicarbonsäure mit Hilfe von Thionyl=
chlorid hergestellt) mit Benzol, Aluminiumchlorid und Nitrobenzol (*Scholl et al.*, A. **494**
[1932] 201, 221).
   Krystalle (aus Eg.).

*Opt.-inakt. **5b,10b-Bis-[4-chlor-phenyl]-5b,10b-dihydro-anthra[9,1-*bc*;10,5-*b'c'*]di=
furan-2,7-dion, 9,10-Bis-[4-chlor-phenyl]-9,10-dihydroxy-9,10-dihydro-anthracen-1,5-di=
carbonsäure-1 → 9;5 → 10-dilacton** $C_{28}H_{14}Cl_2O_4$, Formel XII.
   B. Beim Erhitzen von 9,10-Dioxo-9,10-dihydro-anthracen-1,5-dicarbonylchlorid mit
Chlorbenzol, Aluminiumchlorid und Nitrobenzol (*Scholl et al.*, A. **494** [1932] 201, 219).
   Krystalle (aus Eg.), die unterhalb von 360° nicht schmelzen.

Dioxo-Verbindungen $C_{30}H_{20}O_4$

*__2,4-Bis-[α'-oxo-bibenzyl-α-yliden]-[1,3]dithietan__ $C_{30}H_{20}O_2S_2$, Formel I oder Stereo-
isomeres (H 188; dort als Bis-[phenyl-benzoyl-vinyliden]-disulfid bezeichnet).
   Gelbe Krystalle (aus Nitrobenzol); F: 300,5—302,5° [Zers.] (*Yates et al.*, Canad. J.
Chem. **49** [1971] 1456, 1461). Absorptionsmaxima (CHCl₃): 266 nm und 419 nm (*Yates,
Moore*, Am. Soc. **80** [1958] 5577).

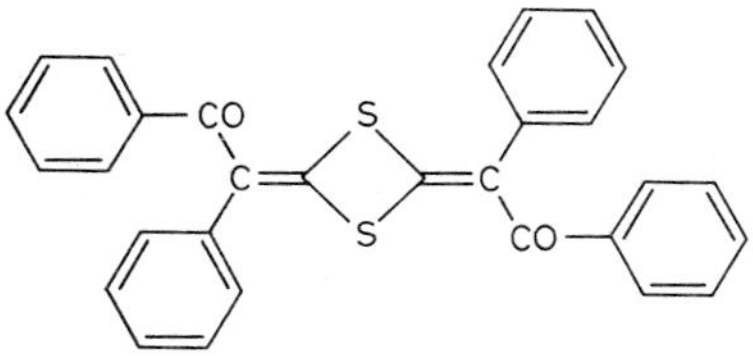

I

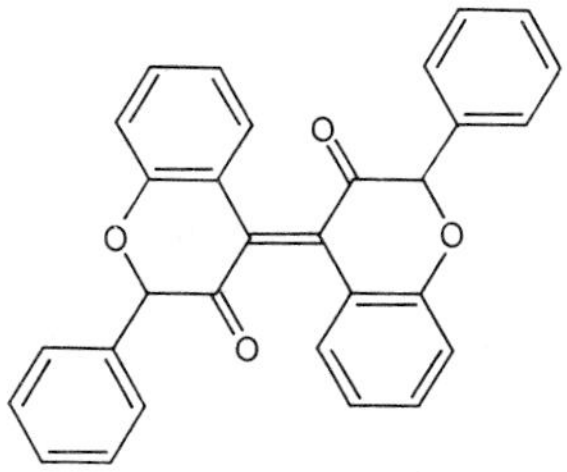

II

(*E*)-2,2'-Diphenyl-[4,4']bichromenyliden-3,3'-dion $C_{30}H_{20}O_4$, Formel II, und Tautomere.
   Die nachstehend beschriebene Verbindung ist nach *Dilthey, Höschen* (J. pr. [2] **138**
[1933] 145, 148) vermutlich als **(*E*)-2,2'-Diphenyl-[4,4']bichromenyliden-3,3'-diol**
(Formel III) zu formulieren.
   B. Beim Erwärmen von 3-Hydroxy-2-phenyl-chromenylium-perchlorat mit Natrium=
acetat und Äthanol (*Di., Hö.*, l. c. S. 154).
   Gelbe Krystalle (aus Bzl.) mit 0,5 Mol Benzol; F: 192—193° (*Di., Hö.*, l. c. S. 154).

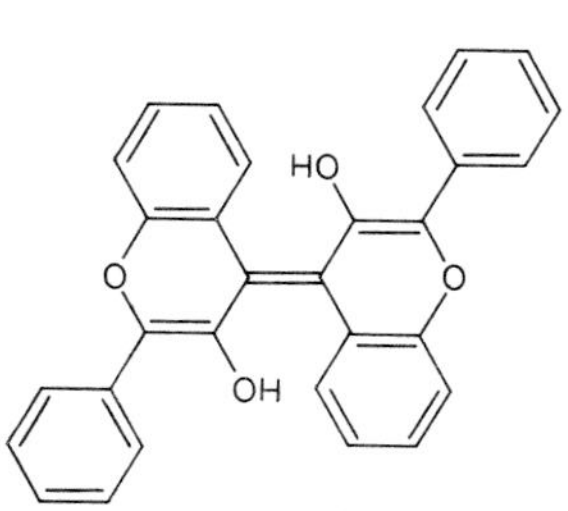

III

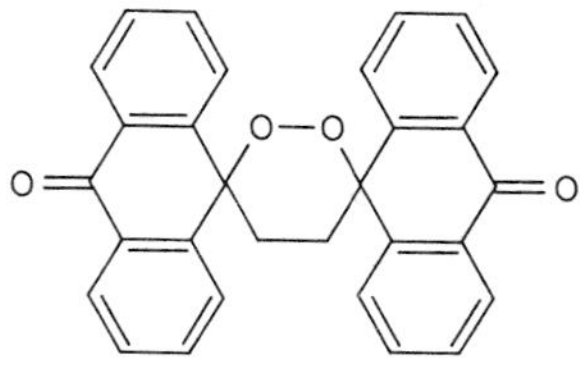

IV

Dispiro[anthracen-9,3'-[1,2]dioxan-6',9''-anthracen]-10,10''-dion $C_{30}H_{20}O_4$, Formel IV.
   Diese Konstitution ist der nachstehend beschriebenen Verbindung zugeordnet worden
(*Mustafa, Islam*, Soc. **1949** Spl. 81).

B. Bei 10-tägiger Bestrahlung einer Lösung von 10-Methylen-anthron in Benzol mit Sonnenlicht an der Luft (*Mu., Is.*).

Krystalle (aus Bzl. + PAe.); F: 200° [Zers.].

Beim Erhitzen auf 300° ist Anthrachinon erhalten worden.

6a,6b-Diphenyl-6a,6b,12b,12c-tetrahydro-cyclobuta[1,2-c;4,3-c']dichromen-6,7-dion $C_{30}H_{20}O_4$, Formel V, und **6a,12a-Diphenyl-6a,6b,12a,12b-tetrahydro-cyclobuta[1,2-c;3,4-c']dichromen-6,12-dion** $C_{30}H_{20}O_4$, Formel VI.

Diese beiden Konstitutionsformeln kommen für die nachstehend beschriebene opt.-inakt. Verbindung in Betracht.

B. Bei der Bestrahlung einer Lösung von 3-Phenyl-cumarin in Benzol mit Sonnenlicht (*Schönberg et al.*, Soc. **1950** 374, 377).

Krystalle (aus Bzl. + Ae.); F: ca. 242°.

Beim Erhitzen unter vermindertem Druck auf 300° ist 3-Phenyl-cumarin erhalten worden.

V   VI

6a,6b-Diphenyl-6a,6b,12b,12c-tetrahydro-cyclobuta[1,2-c;4,3-c']diisochromen-5,8-dion $C_{30}H_{20}O_4$, Formel VII, und **6a,12a-Diphenyl-6a,6b,12a,12b-tetrahydro-cyclobuta[1,2-c;3,4-c']diisochromen-5,11-dion** $C_{30}H_{20}O_4$, Formel VIII.

Diese beiden Konstitutionsformeln kommen für die nachstehend beschriebene opt.-inakt. Verbindung in Betracht.

B. Bei der Bestrahlung einer Lösung von 3-Phenyl-isocumarin in Benzol mit Sonnenlicht (*Schönberg et al.*, Soc. **1950** 374, 377).

Krystalle (aus Bzl.); F: 254°.

Beim Erhitzen auf 300° unter vermindertem Druck ist 3-Phenyl-isocumarin erhalten worden.

VII   VIII   IX

*Opt.-inakt. **5b,10b-Di-p-tolyl-5b,10b-dihydro-anthra[9,1-bc;10,5-b'c']difuran-2,7-dion**, 9,10-Dihydroxy-9,10-di-p-tolyl-9,10-dihydro-anthracen-1,5-dicarbonsäure-1→9;5→10-dilacton $C_{30}H_{20}O_4$, Formel IX.

B. Neben anderen Verbindungen beim Behandeln von 9,10-Dioxo-9,10-dihydro-anthracen-1,5-dicarbonylchlorid mit Toluol, Aluminiumchlorid und Nitrobenzol (*Scholl et al.*, A. **494** [1932] 201, 218).

Krystalle (aus Eg.).

---

*Opt.-inakt. 3,8-Dimethyl-5b,10b-diphenyl-5b,10b-dihydro-anthra[9,1-*bc*;10,5-*b'c'*]di⸗ furan-2,7-dion, 9,10-Dihydroxy-2,6-dimethyl-9,10-diphenyl-9,10-dihydro-anthracen-1,5-dicarbonsäure-1→9;5→10-dilacton C$_{30}$H$_{20}$O$_4$, Formel X.

B. Beim Erwärmen einer Lösung von 2,6-Dimethyl-9,10-dioxo-9,10-dihydro-anthracen-1,5-dicarbonsäure in Benzol mit Phosphor(V)-chlorid und anschliessend mit Eisen(III)-chlorid (*Scholl et al.*, A. **494** [1932] 201, 223).

Krystalle (aus Eg., Xylol oder Nitrobenzol); F: 382—383°.

---

*Opt.-inakt. 6a,10b-Di-*p*-tolyl-6a,10b-dihydro-anthra[9,1-*bc*;10,4-*b'c'*]difuran-2,5-dion, 9,10-Dihydroxy-9,10-di-*p*-tolyl-9,10-dihydro-anthracen-1,4-dicarbonsäure-1→9;4→10-di⸗ lacton C$_{30}$H$_{20}$O$_4$, Formel XI.

B. Beim Behandeln von 9,10-Dioxo-9,10-dihydro-anthracen-1,4-dicarbonylchlorid mit Toluol, Aluminiumchlorid und Nitrobenzol (*Scholl, Meyer*, A. **512** [1934] 112, 120).

Krystalle (aus Acetanhydrid); F: 253°.

X   XI   XII

Dioxo-Verbindungen C$_{32}$H$_{24}$O$_4$

*Opt.-inakt. 5b,10b-Bis-[2,4-dimethyl-phenyl]-5b,10b-dihydro-anthra[9,1-*bc*;10,5-*b'c'*]⸗ difuran-2,7-dion, 9,10-Bis-[2,4-dimethyl-phenyl]-9,10-dihydroxy-9,10-dihydro-anthr⸗ acen-1,5-dicarbonsäure-1→9;5→10-dilacton C$_{32}$H$_{24}$O$_4$, Formel XII (R = H, X = CH$_3$).

B. Beim Behandeln von 9,10-Dioxo-9,10-dihydro-anthracen-1,5-dicarbonylchlorid mit *m*-Xylol, Aluminiumchlorid und Nitrobenzol (*Scholl et al.*, A. **494** [1932] 201, 209).

Krystalle (aus Eg.); F: 328,5—329°.

---

*Opt.-inakt. 5b,10b-Bis-[2,5-dimethyl-phenyl]-5b,10b-dihydro-anthra[9,1-*bc*;10,5-*b',c'*]⸗ difuran-2,7-dion, 9,10-Bis-[2,5-dimethyl-phenyl]-9,10-dihydroxy-9,10-dihydro-anthracen-1,5-dicarbonsäure-1→9;5→10-dilacton C$_{32}$H$_{24}$O$_4$, Formel XII (R = CH$_3$, X = H).

B. Beim Behandeln von 9,10-Dioxo-9,10-dihydro-anthracen-1,5-dicarbonylchlorid mit *p*-Xylol, Aluminiumchlorid und Nitrobenzol (*Scholl et al.*, A. **494** [1932] 201, 211).

Krystalle (aus Eg.); F: 327—328°.

Dioxo-Verbindungen C$_n$H$_{2n-42}$O$_4$

Dioxo-Verbindungen C$_{28}$H$_{14}$O$_4$

(±)-4b,12b-Epidioxido-dibenzo[*a,j*]perylen-8,16-dion C$_{28}$H$_{14}$O$_4$, Formel I.

B. Bei der Bestrahlung einer Lösung von Dibenzo[*a,j*]perylen-8,16-dion in Schwefel⸗ kohlenstoff mit Sonnenlicht an der Luft (*Mellier*, A. ch. [12] **10** [1955] 666, 691).

Krystalle.
Beim Erhitzen auf 150° ist Dibenzo[a,j]perylen-8,16-dion erhalten worden.

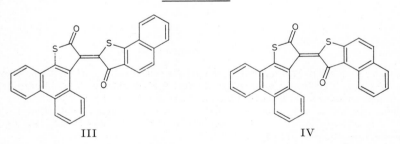

I   II

*3-[3-Oxo-3H-naphtho[2,3-b]thiophen-2-yliden]-3H-phenanthro[9,10-b]thiophen-2-on
$C_{28}H_{14}O_2S_2$, Formel II oder Stereoisomeres.
Diese Konstitution ist der nachstehend beschriebenen Verbindung zugeordnet worden
(*Dutta, Sinha*, J. Indian chem. Soc. **19** [1942] 239).
B. Beim Erhitzen von Phenanthro[9,10-b]thiophen-2,3-dion (E III/IV **17** 6500) mit
Naphtho[2,3-b]thiophen-3-ol, Essigsäure und wss. Salzsäure (*Du., Si.*).
Violette Krystalle (aus Nitrobenzol), die unterhalb von 295° nicht schmelzen.

*3-[3-Oxo-3H-naphtho[1,2-b]thiophen-2-yliden]-3H-phenanthro[9,10-b]thiophen-2-on
$C_{28}H_{14}O_2S_2$, Formel III oder Stereoisomeres.
Diese Konstitution ist der nachstehend beschriebenen Verbindung zugeordnet worden
(*Dutta, Sinha*, J. Indian chem. Soc. **19** [1942] 239).
B. Beim Erhitzen von Phenanthro[9,10-b]thiophen-2,3-dion (E III/IV **17** 6500) mit
Naphtho[1,2-b]thiophen-3-ol, Essigsäure und wss. Salzsäure (*Du., Si.*).
Braune Krystalle (aus Nitrobenzol), die unterhalb von 295° nicht schmelzen.

III   IV

*3-[1-Oxo-1H-naphtho[2,1-b]thiophen-2-yliden]-3H-phenanthro[9,10-b]thiophen-2-on
$C_{28}H_{14}O_2S_2$, Formel IV oder Stereoisomeres.
Diese Konstitution ist der nachstehend beschriebenen Verbindung zugeordnet worden
(*Dutta, Sinha*, J. Indian chem. Soc. **19** [1942] 239).
B. Beim Erhitzen von Phenanthro[9,10-b]thiophen-2,3-dion (E III/IV **17** 6500) mit
Naphtho[2,1-b]thiophen-1-ol, Essigsäure und wss. Salzsäure (*Du., Si.*).
Braune Krystalle (aus Nitrobenzol), die unterhalb von 295° nicht schmelzen.

Dioxo-Verbindungen $C_{30}H_{18}O_4$

3,3'-Bis-[4-oxo-4H-chromen-2-yl]-biphenyl $C_{30}H_{18}O_4$, Formel V.
B. Beim Erhitzen von 2-[3-Jod-phenyl]-chromen-4-on mit Kupfer-Pulver (*Chen et al.*,
Pr. chem. Soc. **1959** 232; *Chen*, J. Chin. agric. chem. Soc. **5** [1967] A 14; C. A. **69** [1968]
106446).
F: 311—312° (*Chen*), 308—310° (*Chen et al.*).

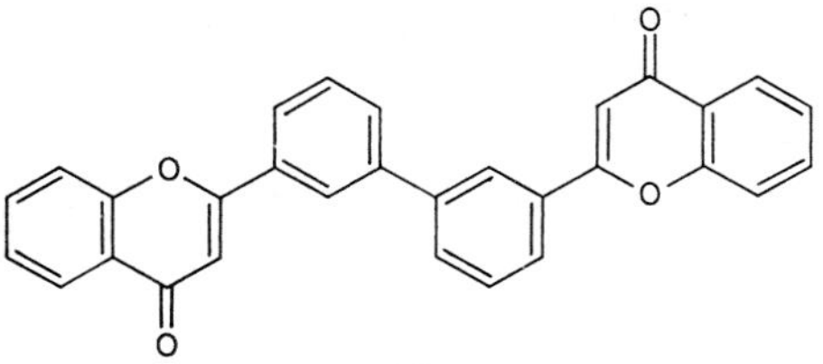

V

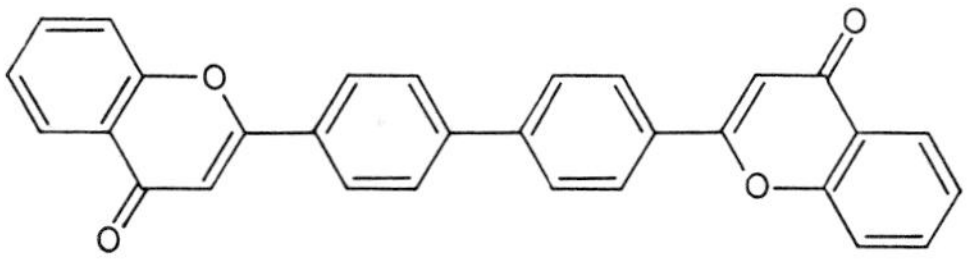

VI

4,4'-Bis-[4-oxo-4H-chromen-2-yl]-biphenyl $C_{30}H_{18}O_4$, Formel VI.

B. Beim Erhitzen von 2-[4-Jod-phenyl]-chromen-4-on mit Kupfer-Pulver (*Chen et al.,* Pr. chem. Soc. **1959** 232; *Chen,* J. Chin. agric. chem. Soc. **5** [1967] A 14; C. A. **69** [1968] 106446).

F: 325° (*Chen*), 320—322° (*Chen et al.*).

2,2'-Diphenyl-[3,3']bichromenyl-4,4'-dion $C_{30}H_{18}O_4$, Formel VII.

B. Beim Erhitzen von 3-Brom-2-phenyl-chromen-4-on mit Kupfer-Pulver auf 220° (*Chen, Liu,* J. Taiwan pharm. Assoc. **5** [1953] 53; C. A. **1955** 5464).

F: 287—288° (*Chen, Liu*). UV-Spektrum (A.: 200—340 nm): *Lin et al.,* J. Chin. chem. Soc. [II] **4** [1957] 105, 108; Formosan Sci. **12** [1958] 117, 121; C. A. **1959** 4898.

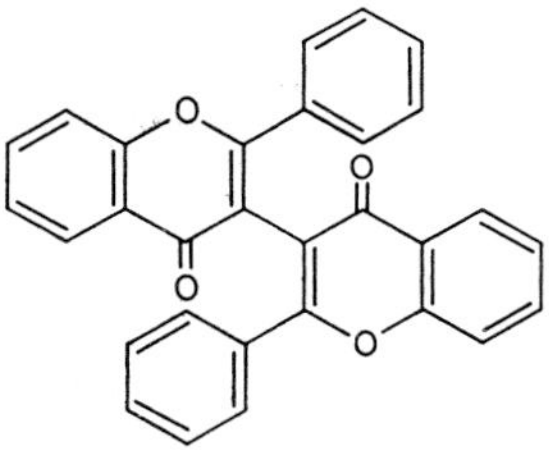

VII

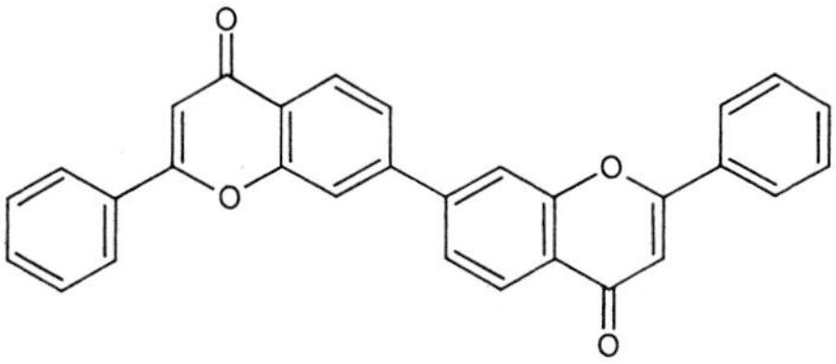

VIII

2,2'-Diphenyl-[7,7']bichromenyl-4,4'-dion $C_{30}H_{18}O_4$, Formel VIII.

B. Beim Erhitzen von 7-Jod-2-phenyl-chromen-4-on mit Kupfer-Pulver (*Chen et al.,* Pr. chem. Soc. **1959** 232; *Chen,* J. Chin. agric. chem. Soc. **5** [1967] A 14; C. A. **69** [1968] 106446).

F: 346° (*Chen*), 339—341° (*Chen et al.*). UV-Spektrum (A. (?); 200—360 nm): *Lin et al.,* J. Chin. chem. Soc. [II] **5** [1958] 60, 64.

1,2-Bis-[(Ξ)-3-oxo-5-phenyl-3H-benzo[b]thiophen-2-yliden]-äthan $C_{30}H_{18}O_2S_2$, Formel IX.

B. Beim Erhitzen von 5-Phenyl-benzo[b]thiophen-3-ol mit Glyoxal (als Natriumhydro= gensulfit-Addukt eingesetzt), Essigsäure und wss. Salzsäure (*Dutta, Mandal,* J. Indian chem. Soc. **31** [1954] 827, 830).

Violette Krystalle (aus Eg.), die unterhalb von 305° nicht schmelzen.

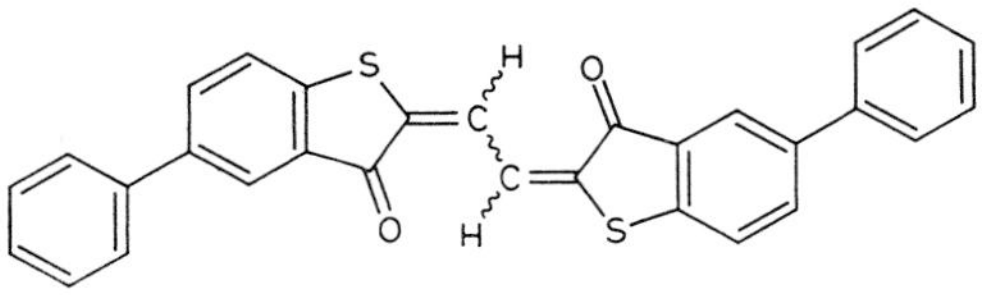

IX

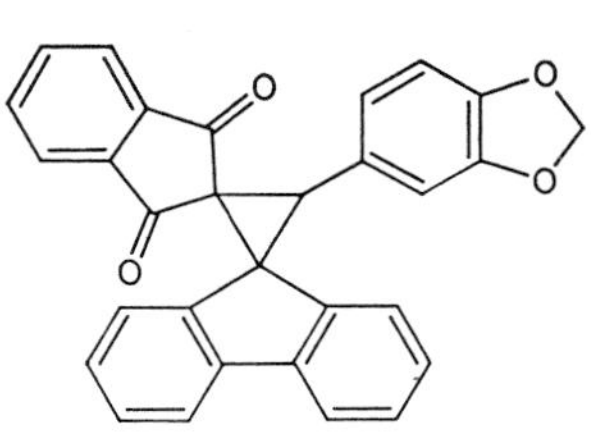

X

(±)-3'-Benzo[1,3]dioxol-5-yl-dispiro[fluoren-9,1'-cyclopropan-2',2''-indan]-1'',3''-dion $C_{30}H_{18}O_4$, Formel X.

Diese Konstitution ist für die nachstehend beschriebene Verbindung in Betracht gezogen worden (*Mustafa, Harhash*, Am. Soc. **78** [1956] 1649).

B. Beim Erwärmen von 2-Piperonyliden-indan-1,3-dion mit 9-Diazo-fluoren in Benzol (*Mu., Ha.*).

Krystalle (aus Bzl.); F: 224° [Zers.].

---

*Opt.-inakt. **3'a,6'a-Dihydro-dispiro[fluoren-9,1'-furo[3,4-c]furan-4',9''-fluoren]-3',6'-dion** $C_{30}H_{18}O_4$, Formel XI.

B. Beim Erhitzen von Difluoren-9-yliden-bernsteinsäure mit Essigsäure und wss. Brom wasserstoffsäure (*Campbell, Fairfull*, Soc. **1949** 1102, 1106).

Krystalle (aus wss. A.); F: 284–286°.

XI   XII

Dioxo-Verbindungen $C_{32}H_{22}O_4$

2,4,2',4'-Tetraphenyl-2H,2'H-[2,2']bifuryl-5,5'-dion, 4,5-Dihydroxy-2,4,5,7-tetraphenyl-octa-2c,6c-diendisäure-1→4;8→5-dilacton $C_{32}H_{22}O_4$, Formel XII.

Diese Konstitution kommt der nachstehend beschriebenen opt.-inakt Verbindung zu (*Wasserman et al.*, Chem. and Ind. **1961** 1795; *Maier*, B. **95** [1962] 611; s. a. *Yates, Clark*, Tetrahedron Letters **1961** 435), die ursprünglich (s. H **7** 879) als *trans*-1,2,3-Tribenzoyl-cyclopropan, später (s. H **17** 379; s. a. *Davey, Tivey*, Soc. **1958** 1230, 1232) als 3,5-Di phenyl-5H-furan-2-on („α.γ-Diphenyl-$\Delta^{\alpha,\beta}$-crotonlacton"), von *Pummerer* und *Buchta* (B. **69** [1936] 1005, 1008) als 3,5,3',5'-Tetraphenyl-3H,3'H-[3,3']bifuryl-2,2'-dion, von *Baddar* und *Sherif* (Soc. **1960** 2309) als 3,5-Diphenyl-3H-furan-2-on formuliert worden ist.

B. Neben 3,5-Diphenyl-5H-furan-2-on aus (±)-4-Oxo-2,4-diphenyl-buttersäure beim Erwärmen mit Acetanhydrid (*Pu., Bu.*, l. c. S. 1016; *Da., Ti.*, l. c. S. 1234; vgl. H **17** 379) sowie beim Erhitzen auf 165° (*Da., Ti.*).

Krystalle (aus A.); F: 283–285° (*Da., Ti.*).

Beim Erhitzen mit 1,2-Dichlor-benzol oder mit Anisol tritt eine grüne Färbung auf (*Pu., Bu.*).

---

*Opt.-inakt. **2,5,2',5'-Tetraphenyl-[2,2']bifuryl-3,3'-dion** $C_{32}H_{22}O_4$, Formel XIII (X = H).

B. Beim Erwärmen einer äthanol. Lösung von 3-Acetoxy-2,5-diphenyl-furan mit Eisen(III)-chlorid und wss. Salzsäure (*Lutz et al.*, Am. Soc. **65** [1943] 843, 846). Beim Erwärmen von (±)-2-Chlor-2,5-diphenyl-furan-3-on mit Methylmagnesiumchlorid in Äther (*Lutz et al.*).

Krystalle; F: 257–259° [aus Dioxan] (*Lutz et al.*), 255° (*Kohler, Woodward*, Am. Soc. **58** [1936] 1933, 1934). UV-Absorptionsmaxima (A.): 247 nm und 306 nm (*Lutz, Dien*, J. org. Chem. **23** [1958] 1861, 1867).

*Opt.-inakt. **4,4'-Dichlor-2,5,2',5'-tetraphenyl-[2,2']bifuryl-3,3'-dion** $C_{32}H_{20}Cl_2O_4$, Formel XIII (X = Cl).

B. In kleiner Menge neben 2-Chlor-1,4-diphenyl-but-2c-en-1,4-dion beim Erhitzen von 3-Chlor-2,5-diphenyl-furan mit wss. Wasserstoffperoxid und Essigsäure (*Lutz, Dien*, J.

org. Chem. **23** [1958] 1861, 1867).

Krystalle (aus E. + A.); F: 300—302°. UV-Absorptionsmaxima (A.): 253 nm und 319 nm.

*Opt.-inakt. 4,4'-Dibrom-2,5,2',5'-tetraphenyl-[2,2']bifuryl-3,3'-dion $C_{32}H_{20}Br_2O_4$, Formel XIII (X = Br).

B. Beim Erwärmen von opt.-inakt. 2,5,2',5'-Tetraphenyl-[2,2']bifuryl-3,3'-dion (S. 2172) mit Brom in Tetrachlormethan (*Lutz et al.*, Am. Soc. **65** [1943] 843, 847).

Krystalle (aus Dioxan); F: 278—280° [Zers.].

XIII   XIV

Dioxo-Verbindungen $C_{34}H_{26}O_4$

*Opt.-inakt. 4,4'-Dimethyl-2,5,2',5'-tetraphenyl-[2,2']bifuryl-3,3'-dion $C_{34}H_{26}O_4$, Formel XIII (X = CH$_3$).

B. Beim Erwärmen von (±)-2-Hydroxy-4-methyl-2,5-diphenyl-furan-3-on (E III 7 4630) mit Essigsäure und Zink (*Lutz, Stuart*, Am. Soc. **59** [1937] 2316, 2321). Aus (±)-2-Chlor-4-methyl-2,5-diphenyl-furan-3-on beim Erwärmen mit Kupfer-Pulver und Benzol, beim Behandeln mit Essigsäure und Zink sowie beim Hydrieren an Palladium in Äthylacetat (*Lutz, St.*).

Krystalle (aus Dioxan + PAe., aus Bzl. oder aus Dioxan); F: 283—285° [korr.].

Dioxo-Verbindungen $C_{36}H_{30}O_4$

2,4,2',4'-Tetra-*p*-tolyl-2*H*,2'*H*-[2,2']bifuryl-5,5'-dion, 4,5-Dihydroxy-2,4,5,7-tetra-*p*-tolyl-octa-2*c*,6*c*-diendisäure-1 → 4; 8 → 5-dilacton $C_{36}H_{30}O_4$, Formel XIV.

Diese Konstitution kommt vermutlich der nachstehend beschriebenen, von *Pummerer*, *Buchta* (B. **69** [1936] 1005, 1011) als 3,5,3',5'-Tetra-*p*-tolyl-3*H*,3'*H*-[3,3']bifuryl-2,2'-dion formulierten opt.-inakt. Verbindung zu (vgl. *Maier*, B. **95** [1962] 611).

B. Beim Erwärmen von (±)-4-Oxo-2,4-di-*p*-tolyl-buttersäure mit Acetylchlorid und wenig Schwefelsäure (*Pu., Bu.*).

Krystalle (aus Eg.); Zers. bei 263° (*Pu., Bu.*).

Beim Erwärmen mit Essigsäure und amalgamiertem Zink ist 3,5-Di-*p*-tolyl-5*H*-furan-2-on (E III/IV **17** 5469), beim Erhitzen mit Essigsäure und Zink-Pulver ist eine Verbindung $C_{36}H_{32}O_3$ (Krystalle [aus Ae.], F: 98°) erhalten worden (*Pu., Bu.*).

Beim Erhitzen von Lösungen in organischen Lösungsmitteln treten grüne Färbung und rote Fluorescenz auf (*Pu., Bu.*).

---

*Opt.-inakt. 2,2'-Bis-biphenyl-4-yl-3,4,3',4'-tetramethyl-2*H*,2'*H*-[2,2']bifuryl-5,5'-dion, 4,5-Bis-biphenyl-4-yl-4,5-dihydroxy-2,3,6,7-tetramethyl-octa-2*c*,6*c*-diendisäure-1 → 4; 8 → 5-dilacton $C_{36}H_{30}O_4$, Formel XV.

B. Beim Behandeln von (±)-5-Biphenyl-4-yl-3,4-dimethyl-3*H*-furan-2-on oder von (±)-5-Biphenyl-4-yl-3,4-dimethyl-5*H*-furan-2-on mit ammoniakal. wss. Silbersalz-Lösung (*Lutz, Couper*, J. org. Chem. **6** [1941] 91, 99). Beim Erwärmen von (±)-5-Biphenyl-4-yl-5-chlor-3,4-dimethyl-5*H*-furan-2-on mit Kupfer-Pulver und Benzol (*Lutz, Couper*, J. org. Chem. **6** [1941] 77, 87).

Krystalle (aus E.); F: 231—234° [Zers.] (*Lutz, Co.*, l. c. S. 87).

XV   XVI

Dioxo-Verbindungen $C_{44}H_{46}O_4$

*Opt.-inakt. 2,5,2′,5′-Tetramesityl-[2,2′]bifuryl-3,3′-dion $C_{44}H_{46}O_4$, Formel XVI.

B. Beim Behandeln von 3-Acetoxy-2,5-dimesityl-furan mit Äthylmagnesiumbromid in Äther und Aufbewahren einer Lösung des nach der Hyrolyse (wss. Salzsäure) erhaltenen Reaktionsprodukts in Methanol an der Luft (*Lutz, McGinn*, Am. Soc. **65** [1943] 849, 852).

Krystalle (aus E.); F: 184—185° [korr.].

Beim Erhitzen mit wss. Salzsäure und Essigsäure ist 1,4-Dimesityl-butan-1,2,4-trion (E III **7** 4635), beim Behandeln mit Acetanhydrid und wenig Schwefelsäure ist 3,4-Di≈acetoxy-2,5-dimesityl-furan erhalten worden.

Dioxo-Verbindungen $C_nH_{2n-44}O_4$

Dioxo-Verbindungen $C_{32}H_{20}O_4$

(*E*)-5,5′-Bis-biphenyl-4-yl-[3,3′]bifuryliden-2,2′-dion $C_{32}H_{20}O_4$, Formel I.

Bezüglich der Konfigurationszuordnung vgl. das analog hergestellte (*E*)-5,5′-Diphenyl-[3,3′]bifuryliden-2,2′-dion (S. 2133).

B. Beim Erhitzen von 4-Biphenyl-4-yl-4-oxo-crotonsäure (vgl. E II **10** 539) mit Acet≈anhydrid, Kupfer(I)-chlorid und Ammoniumchlorid (*Fang, Bergmann*, J. org. Chem. **16** [1951] 1231, 1235; s. a. *Bogert, Greenberg*, Collect. **2** [1930] 83, 92).

Rote Krystalle (aus Xylol); F: 297° (*Fang, Be.*).

I   II

4,9-Di-[1]naphthyl-(3a*r*,9a*c*)-3a,4,9,9a-tetrahydro-4ξ,9ξ-epoxido-naphtho[2,3-*c*]furan-1,3-dion, 1,4-Di-[1]naphthyl-1,2,3,4-tetrahydro-1ξ,4ξ-epoxido-naphthalin-2*r*,3*c*-dicarbon≈säure-anhydrid $C_{32}H_{20}O_4$, Formel II.

B. Beim Erhitzen von 1,3-Di-[1]naphthyl-isobenzofuran mit Maleinsäure-anhydrid in

Xylol (*Weiss, Koltes*, M. **65** [1935] 351, 354).

Gelbe Krystalle (aus Acetanhydrid); F: 243—245°.

Beim Behandeln einer Lösung in Äthanol mit Chlorwasserstoff ist 1,4-Di-[1]naphthyl-naphthalin-2,3-dicarbonsäure-diäthylester erhalten worden.

Dioxo-Verbindungen $C_{36}H_{28}O_4$

10-Oxo-2,3,7,8-tetraphenyl-3,4,7,8-tetrahydro-2H,6H-10λ^4-phenoxaselenin-1,9-dion $C_{36}H_{28}O_4Se$, Formel III, und **10-Oxo-3,4,6,7-tetraphenyl-3,4,7,8-tetrahydro-2H,6H-10λ^4-phenoxaselenin-1,9-dion** $C_{36}H_{28}O_4Se$, Formel IV.

Diese beiden Konstitutionsformeln sind für die nachstehend beschriebene opt.-inakt. Verbindung in Betracht gezogen worden (*King, Felton*, Soc. **1949** 274, 277).

B. Beim Erwärmen von 4,5-Diphenyl-cyclohexan-1,3-dion mit Selendioxid und Methanol (*King, Fe.*; s. a. *Takeda et al.*, Ann. Rep. Shionogi Res. Labor. Nr. 5 [1955] 525, 528).

Krystalle (aus A.), F: 176° (*Ta. et al.*); hellgelbe Krystalle (aus wss. Me.) mit 2 Mol H_2O, F: 164° (*King, Fe.*).

III   IV

Dioxo-Verbindungen $C_nH_{2n-46}O_4$

Dioxo-Verbindungen $C_{28}H_{10}O_4$

Anthra[2,1,9,8-klmna; 6,5,10,4-k'l'm'n'a']dixanthen-7,14-dion $C_{28}H_{10}O_4$, Formel V.

B. Beim Erwärmen von Benzo[1,2,3-kl;4,5,6-k'l']dixanthen-5,13-dicarbonsäure mit konz. Schwefelsäure (*Scholl et al.*, B. **67** [1934] 599, 604).

Blaue Krystalle (aus Chinolin).

V   VI

Dioxo-Verbindungen $C_{36}H_{26}O_4$

*Opt.-inakt. **5,5'-Bis-[α'-oxo-bibenzyl-α-yl]-[2,2']bithienyl** $C_{36}H_{26}O_2S_2$, Formel VI.

B. Beim Erhitzen von 5,5'-Bis-[α'-oxo-bibenzyl-α-yliden]-5H,5'H-[2,2']bithienyliden (S. 2178) mit Essigsäure und Zink-Pulver (*Steinkopf, Hanske*, A. **541** [1939] 238, 257).

Krystalle (aus Toluol + Bzn.); F: 219,5—220,5° [blaue Schmelze].

Dioxo-Verbindungen $C_nH_{2n-48}O_4$

Dioxo-Verbindungen $C_{32}H_{16}O_4$

*[2,2′]Bi[phenanthro[2,1-*b*]thiophenyliden]-3,3′-dion $C_{32}H_{16}O_2S_2$. Formel VII oder Stereoisomeres.

Diese Konstitution ist der nachstehend beschriebenen Verbindung zugeordnet worden (*Dutta, Chaudhury*, J. Indian chem. Soc. **28** [1951] 169).

B. Beim Erwärmen von [2]Phenanthrylmercapto-essigsäure mit Phosphor(V)-chlorid, Pyridin und Petroläther, Erwärmen des Reaktionsprodukts mit Aluminiumchlorid in Petroläther, anschliessenden Behandeln mit wss. Salzsäure und Behandeln des danach isolierten Reaktionsprodukts mit wss. Natronlauge und Kalium-hexacyanoferrat(III) (*Du., Ch.*, l. c. S. 174).

Braune Krystalle (aus Bzl.); F: 197—198°.

VII   VIII

*[2,2′]Bi[phenanthro[3,4-*b*]thiophenyliden]-1,1′-dion $C_{32}H_{16}O_2S_2$, Formel VIII oder Stereoisomeres.

Diese Konstitution ist der nachstehend beschriebenen Verbindung zugeordnet worden (*Dutta, Chaudhury*, J. Indian chem. Soc. **28** [1951] 169).

B. Beim Erwärmen von [3]Phenanthrylmercapto-essigsäure mit Phosphor(V)-chlorid, Pyridin und Petroläther, Erwärmen des Reaktionsprodukts mit Aluminiumchlorid und Petroläther, anschliessenden Behandeln mit wss. Salzsäure und Behandeln des danach isolierten Reaktionsprodukts mit wss. Natronlauge und Kalium-hexacyanoferrat(III) (*Du., Ch.*, l. c. S. 171).

Violette Krystalle (aus E.); F: 226° [nach Sintern] bei 207°.

*[2,2′]Bi[phenanthro[9,10-*b*]thiophenyliden]-3,3′-dion $C_{32}H_{16}O_2S_2$, Formel IX oder Stereoisomeres.

B. Beim Behandeln von Phenanthro[9,10-*b*]thiophen-3-on (E III/IV **17** 1697) mit wss. Natronlauge und Kalium-hexacyanoferrat(III) (*Dutta*, J. Indian chem. Soc. **26** [1949] 27, 29).

Braune Krystalle (aus Py.), die unterhalb von 280° nicht schmelzen.

IX   X

*[3,3']Bi[phenanthro[9,10-b]furanyliden]-2,2'-dion $C_{32}H_{16}O_4$, Formel X oder Stereoisomeres.

Diese Konstitution kommt der nachstehend beschriebenen, von *Diels* und *Kassebart* (A. **536** [1938] 78, 80) als Diphenanthro[9,10-b;9',10'-b]oxocin-18,19,20-trion ($C_{31}H_{16}O_4$) formulierten Verbindung zu (*Bloom*, Am. Soc. **83** [1961] 3808, 3809).

B. Bei mehrtägigem Behandeln von Phenanthren-9,10-chinon mit Acetanhydrid und Pyridin unter Lichtausschluss (*Di., Ka.*, l. c. S. 83). Beim Erhitzen von opt.-inakt. 3,3'-Diacetoxy-3H,3'H-[3,3']bi[phenanthro[9,10-b]furanyl]-2,2'-dion (Zers. bei ca. 275°; über die Konstitution dieser Verbindung s. *Bl.*) unter Stickstoff auf 280° (*Di., Ka.*).

Blauschwarze Krystalle (aus Nitrobenzol oder N,N-Dimethyl-anilin); Zers. bei ca. 340° (*Di., Ka.*).

Bei mehrtägiger Bestrahlung einer Lösung in Pyridin mit Sonnenlicht ist Dibenzo=[f,h]phenanthro[9',10';4,5]furo[3,2-c]chromen-10-on (S. 1918) erhalten worden (*Di., Ka.*, l. c. S. 86). Verhalten beim Erwärmen mit wss. Kalilauge: *Di., Ka.* Reaktion mit Anilin (Bildung einer vermutlich als 3-[10-Hydroxy-[9]phenanthryl]-2-oxo-2H-dibenzo[f,h]=chromen-4-carbonsäure-anilid zu formulierenden Verbindung [E III/IV **18** 6449]): *Di., Ka.*

Dibenzo[f,h]dibenzo[5,6;7,8]chromeno[4,3-c]chromen-10,20-dion $C_{32}H_{16}O_4$, Formel XI.

Diese Konstitution kommt der nachstehend beschriebenen, von *Diels* und *Kassebart* (A. **536** [1938] 78, 82) als [2,2']Spirobi[phenanthro[9,10-b]furan]-3,3'-dion ($C_{31}H_{16}O_4$) angesehenen Verbindung zu (*Bloom*, Am. Soc. **83** [1961] 3808, 3809).

B. Beim Erhitzen von Phenanthren-9,10-chinon mit Acetanhydrid und Pyridin auf 160° (*Di., Ka.*, l. c. S. 84). Beim Erhitzen von Bis-[10-hydroxy-[9]phenanthryl]-fumar=säure (E III **10** 2552) mit Acetanhydrid (*Di., Ka.*, l. c. S. 88).

Orangefarbene Krystalle (aus Nitrobenzol); F: ca. 400° [Zers.; nach Sintern] (*Di., Ka.*).

XI   XII

Dioxo-Verbindungen $C_{34}H_{20}O_4$

2,3,5,6-Tetraphenyl-benzo[1,2-b;5,4-b']difuran-4,8-dion $C_{34}H_{20}O_4$, Formel XII.

B. Beim Erwärmen von 6-Hydroxy-5-[α'-oxo-bibenzyl-α-yl]-2,3-diphenyl-benzo=furan-4,7-dion mit Acetanhydrid (*Sugiyama*, Bl. Inst. phys. chem. Res. Tokyo **21** [1942] 744, 748; C. A. **1947** 5506). Beim Erhitzen von 2,3,5,6-Tetraphenyl-benzo[1,2-b;5,4-b']=difuran-8-ol mit Salpetersäure und Essigsäure (*Su.*).

Rote Krystalle (aus Nitrobenzol); F: 305°.

XIII   XIV

Dioxo-Verbindungen $C_{35}H_{22}O_4$

2,2-Di-xanthen-9-yl-indan-1,3-dion $C_{35}H_{22}O_4$, Formel XIII.

Diese Konstitution ist der nachstehend beschriebenen Verbindung zugeordnet worden (*Wanag, Aren*, Chim. Nauka Promyšl. **3** [1958] 537; C. A. **1959** 4266).

B. Beim Behandeln von 2-Xanthen-9-yl-indan-1,3-dion oder von Indan-1,3-dion mit Xanthen-9-ol, Äthanol und Essigsäure (*Va., Aren*).

F: 183—185°.

Dioxo-Verbindungen $C_{36}H_{24}O_4$

*5,5′-Bis-[α′-oxo-bibenzyl-α-yliden]-5H,5′H-[2,2′]bithienyliden $C_{36}H_{24}O_2S_2$, Formel XIV oder Stereoisomeres.

B. Beim Erwärmen von 2-Methoxy-1,2-diphenyl-2-[2]thienyl-äthanon mit Essigsäure und Schwefelsäure (*Steinkopf, Hanske*, A. **541** [1939] 238, 256).

Gelbgrüne Krystalle (aus Nitrobenzol); F: 223°. In organischen Lösungsmitteln mit blauer Farbe löslich.

4,6,7,9-Tetraphenyl-(3ar,9ac)-3a,4,9,9a-tetrahydro-4ξ,9ξ-epoxido-naphtho[2,3-c]furan-1,3-dion, 1,4,6,7-Tetraphenyl-1,2,3,4-tetrahydro-1ξ,4ξ-epoxido-naphthalin-2r,3c-dicarbonsäure-anhydrid $C_{36}H_{24}O_4$, Formel XV.

B. Beim Erwärmen von 1,3,5,6-Tetraphenyl-isobenzofuran mit Maleinsäure-anhydrid in Benzol (*Allen, Gates*, Am. Soc. **65** [1943] 1283).

Krystalle (aus Bzl.); F: 246—247°.

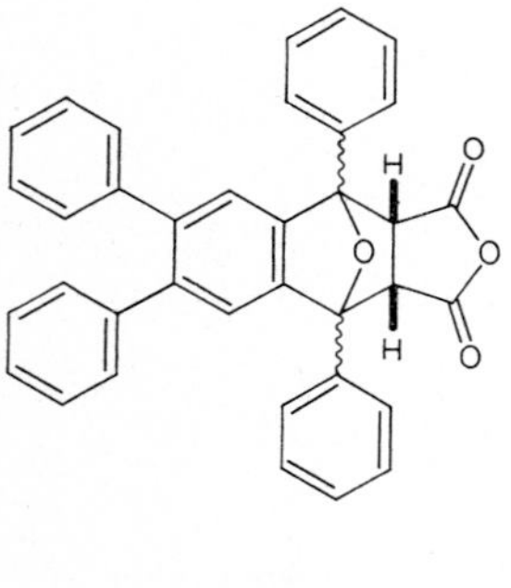

XV 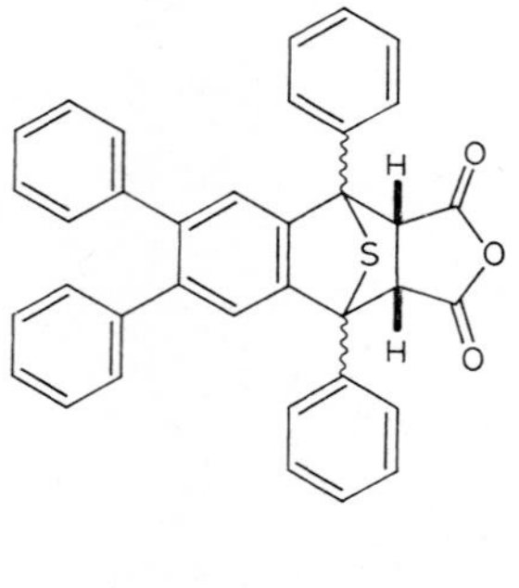   XVI 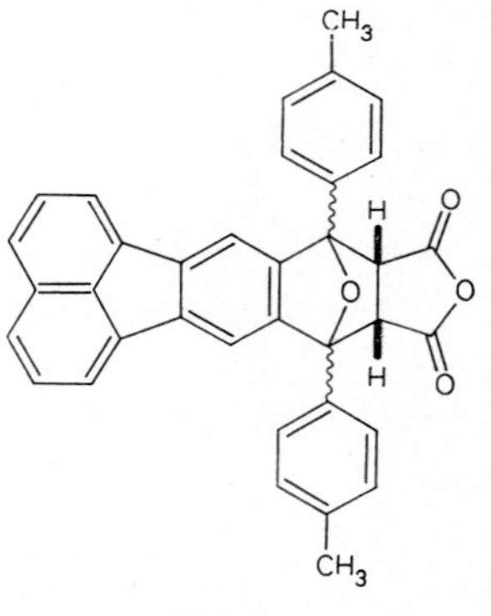   XVII

4,6,7,9-Tetraphenyl-(3ar,9ac)-3a,4,9,9a-tetrahydro-4ξ,9ξ-episulfido-naphtho[2,3-c]furan-1,3-dion, 1,4,6,7-Tetraphenyl-1,2,3,4-tetrahydro-1ξ,4ξ-episulfido-naphthalin-2r,3c-dicarbonsäure-anhydrid $C_{36}H_{24}O_3S$, Formel XVI.

B. Beim Erhitzen von 1,3,5,6-Tetraphenyl-benzo[c]thiophen mit Maleinsäure-anhydrid (*Allen, Gates*, Am. Soc. **65** [1943] 1283).

Krystalle (aus Xylol); F: 245° [Zers.].

8,12-Di-p-tolyl-(8ar,11ac)-8,8a,11a,12-tetrahydro-8ξ,12ξ-epoxido-acenaphtho[1′,2′;6,7]-naphtho[2,3-c]furan-9,11-dion, 8,11-Di-p-tolyl-8,9,10,11-tetrahydro-8ξ,11ξ-epoxido-benzo[k]fluoranthen-9r,10c-dicarbonsäure-anhydrid $C_{36}H_{24}O_4$, Formel XVII.

B. Beim Erwärmen von 8,10-Di-p-tolyl-fluorantheno[8,9-c]furan mit Maleinsäure-anhydrid in Äthanol (*Campbell, Gow*, Soc. **1949** 1555, 1559).

Krystalle, die je nach Geschwindigkeit des Erhitzens zwischen 220° und 264° schmelzen.

Dioxo-Verbindungen $C_nH_{2n-50}O_4$

Dioxo-Verbindungen $C_{34}H_{18}O_4$

3,9-Dibenzoyl-xantheno[2,1,9,8-*klmna*]xanthen, 3,9-Dibenzoyl-perixanthenoxanthen $C_{34}H_{18}O_4$, Formel I (X = H) (E II 211).

B. Beim Erhitzen von Perixanthenoxanthen mit Benzoylchlorid, Aluminiumchlorid und Chlorbenzol (*Pummerer et al.*, A. **553** [1942] 103, 121; vgl. E II 211).

Gelbe Krystalle (aus Phenetol); F: 324°.

3,9-Bis-[2-brom-benzoyl]-perixanthenoxanthen $C_{34}H_{16}Br_2O_4$, Formel I (X = Br).

B. Beim Erhitzen von Perixanthenoxanthen mit 2-Brom-benzoylchlorid, Aluminium≠ chlorid und Chlorbenzol (*Pummerer et al.*, A. **553** [1942] 103, 123).

Gelbe Krystalle (aus Xylol); F: 346°.

Beim Erhitzen mit Chinolin und Kaliumhydroxid ist 8,17-Dioxa-anthra[7,8,9,1,2,3-*rstuvwx*]benzo[*o*]hexaphen-5,14-dion (S. 2180) erhalten worden.

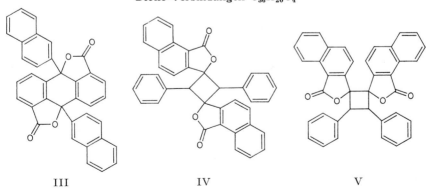

             I   II

Dioxo-Verbindungen $C_{36}H_{22}O_4$

*Opt.-inakt. 3,3′-Diphenyl-3*H*,3′*H*-[3,3′]bi[naphto[1,2-*b*]furanyl]-2,2′-dion $C_{36}H_{22}O_4$, Formel II.

B. Beim Behandeln von (±)-3-Phenyl-3*H*-naphtho[1,2-*b*]furan-2-on mit Calciumper≠ manganat in Aceton (*Arventi*, Ann. scient. Univ. Jassy **24** [1938] 219, 227).

Krystalle (aus Eg.); F: 190—191°.

Dioxo-Verbindungen $C_nH_{2n-52}O_4$

Dioxo-Verbindungen $C_{36}H_{20}O_4$

             III   IV   V

5b,10b-Di-[2]naphthyl-5b,10b-dihydro-anthra[9,1-*bc*; 10,5-*b′c′*]difuran-2,7-dion, 9,10-Dihydroxy-9,10-di-[2]naphthyl-9,10-dihydro-anthracen-1,5-dicarbonsäure-1 → 9;5 → 10-dilacton $C_{36}H_{20}O_4$, Formel III.

Diese Konstitution kommt vermutlich der nachstehend beschriebenen, von *Scholl et al.*

(A. **494** [1932] 201, 220) sowie von *Scholl* und *Meyer* (B. **67** [1934] 1229, 1234) als 5b,10b-Di-[1]naphthyl-5b,10b-dihydro-anthra[9,1-*bc*;10,5-*b′c′*]difuran-2,7-dion angesehenen opt.-inakt. Verbindung zu (*Clar, Kelly*, Soc. **1956** 3875).

B. Beim Behandeln von 9,10-Dioxo-9,10-dihydro-anthracen-1,5-dicarbonylchlorid mit Naphthalin und Aluminiumchlorid in Nitrobenzol (*Sch. et al.*).

Krystalle (aus Nitrobenzol oder Pyridin), die unterhalb von 360° nicht schmelzen (*Sch. et al.*).

Beim Erhitzen mit Zink-Pulver unter Wasserstoff von 20 Torr Druck auf 500° ist Dibenzo[*f,r*]rubicen (?) (E III **5** 2777) erhalten worden (*Sch., Me.*).

Dioxo-Verbindungen $C_{38}H_{24}O_4$

2′,4′-Diphenyl-dispiro[naphtho[1,2-*c*]furan-3,1′-cyclobutan-3′,3″-naphtho[1,2-*c*]furan]-1,1″-dion $C_{38}H_{24}O_4$, Formel IV, und **3′,4′-Diphenyl-dispiro[naphtho[1,2-*c*]furan-3,1′-cyclobutan-2′,3″-naphtho[1,2-*c*]furan]-1,1″-dion** $C_{38}H_{24}O_4$, Formel V.

Diese Konstitutionsformeln kommen für die nachstehend beschriebene opt.-inakt. Verbindung in Betracht.

B. Bei der Bestrahlung einer Lösung von 3-Benzyliden-naphtho[1,2-*c*]furan-1-on (E III/IV **17** 5557) in Benzol mit Sonnenlicht (*Mustafa, Zayed*, Am. Soc. **78** [1956] 6174, 6176).

Krystalle (aus Bzl.); F: 252° [Zers.].

Beim Erhitzen auf 300° ist 3-Benzyliden-naphtho[1,2-*c*]furan-1-on zurückerhalten worden.

Dioxo-Verbindungen $C_nH_{2n-54}O_4$

Dioxo-Verbindungen $C_{34}H_{14}O_4$

8,17-Dioxa-anthra[7,8,9,1,2,3-*rstuvwx*]benzo[*o*]hexaphen-5,14-dion, Dinaphtho[3,2,1-*cd*;3′,2′,1′-*lm*]perixanthenoxanthen-5,14-dion $C_{34}H_{14}O_4$, Formel VI.

B. Beim Erhitzen von 2-Hydroxy-benz[*de*]anthracen-7-on mit Kupfer(II)-oxid und wenig Nitrobenzol bis auf 310° (*Pummerer et al.*, A. **553** [1942] 103, 127). Beim Erhitzen von 3,9-Bis-[2-brom-benzoyl]-perixanthenoxanthen mit Chinolin und Kaliumhydroxid (*Pu. et al.*).

Rote Krystalle (nach Sublimation bei 460°/0,05 Torr). In Schwefelsäure mit blaugrüner Farbe und rotbrauner Fluorescenz löslich.

VI   VII

Dioxo-Verbindungen $C_{40}H_{26}O_4$

4,4′-Bis-[3-oxo-1-phenyl-phthalan-1-yl]-biphenyl $C_{40}H_{26}O_4$, Formel VII.

Diese Konstitution kommt vermutlich der nachstehend beschriebenen opt.-inakt. Verbindung zu (*I. G. Farbenind.*, D.R.P. 692956 [1936]; D.R.P. Org. Chem. **6** 2176).

B. Beim Behandeln von 2-Benzoyl-benzoesäure mit Biphenyl und Schwefelsäure (*I. G. Farbenind.*).

Krystalle (aus Eg.); F: 261°.

Dioxo-Verbindungen $C_nH_{2n-56}O_4$

*[8,8']Bi[pyreno[2,1-*b*]thiophenyliden]-9,9'-dion $C_{36}H_{16}O_2S_2$, Formel VIII oder Stereoisomeres.

B. Beim Erhitzen von 1-Pyren-1-yl-äthanon mit Schwefel bis auf 260° (*Dziewoński, Sternbach*, Roczniki Chem. **17** [1937] 101, 103; C. **1937** II 65).

Violettbraune Krystalle (aus Chinolin), die unterhalb von 400° nicht schmelzen.

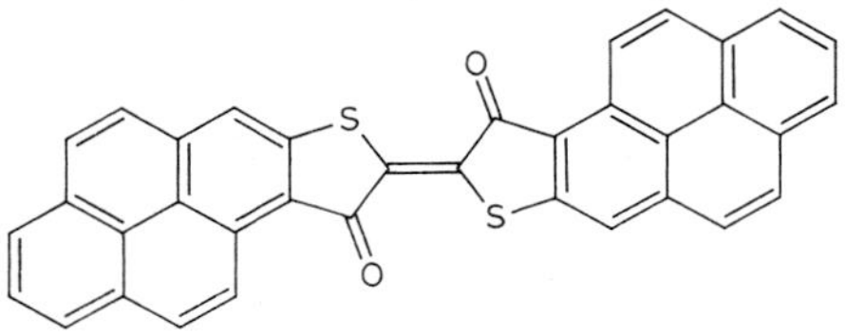

VIII 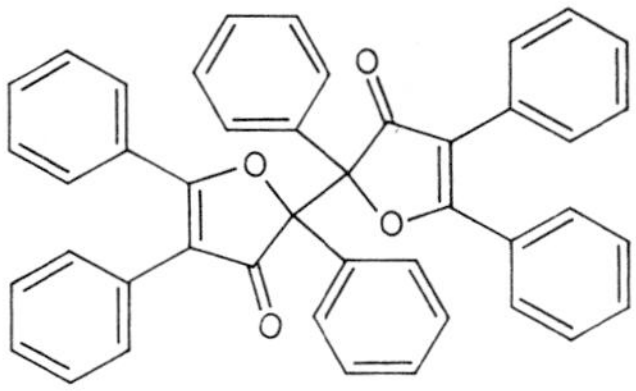   IX

Dioxo-Verbindungen $C_nH_{2n-58}O_4$

*Opt.-inakt. 2,4,5,2',4',5'-Hexaphenyl-[2,2']bifuryl-3,3'-dion $C_{44}H_{30}O_4$, Formel IX.

B. Beim Behandeln von (±)-2-Brom-2,4,5-triphenyl-furan-3-on mit Kupfer-Pulver und Benzol (*Kohler et al.*, Am. Soc. **58** [1936] 264, 266). Beim Erhitzen von 3-Acetoxy-2,4,5-triphenyl-furan mit Eisen(III)-chlorid oder Jod in Essigsäure und wss. Salzsäure (*Lutz et al.*, Am. Soc. **65** [1943] 843, 847).

Krystalle (aus Bzl. + Acn.); F: 274—275° (*Lutz et al.*), 272—274° (*Ko. et al.*).

Dioxo-Verbindungen $C_nH_{2n-60}O_4$

*Opt.-inakt. 5,7,12,14-Tetraphenyl-5,5a,6a,7,12,12a,13a,14-octahydro-5,14;7,12-diep*oxido-pentacen-6,13-dion $C_{46}H_{32}O_4$, Formel X.

B. Beim Erwärmen von 1,3-Diphenyl-isobenzofuran mit [1,4]Benzochinon in Äthanol (*Allen, Gates*, Am. Soc. **65** [1943] 1502; *Étienne, Heymès*, Bl. **1947** 1038, 1040).

Krystalle; F: 210—211° [aus E.; im vorgeheizten Block] (*Ét., He.*), 197—198° [aus Chlorbenzol] (*Al., Ga.*).

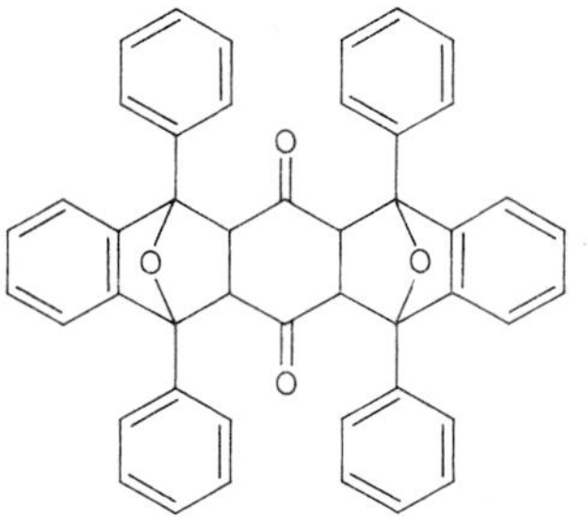

X 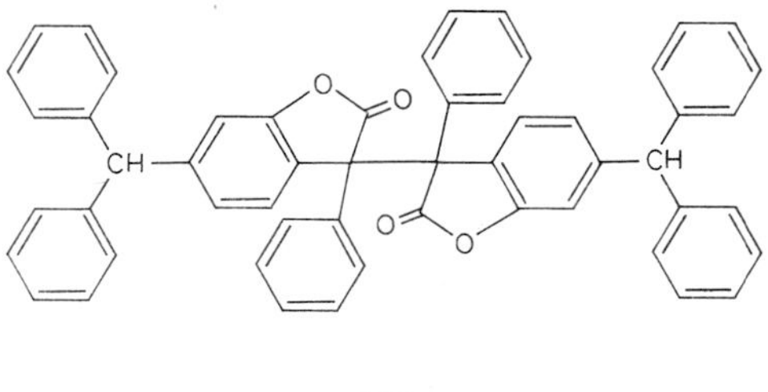   XI

Dioxo-Verbindungen $C_nH_{2n-70}O_4$

*Opt.-inakt. 6,6'-Dibenzhydryl-3,3'-diphenyl-3*H*,3'*H*-[3,3']bibenzofuranyl-2,2'-dion $C_{54}H_{38}O_4$, Formel XI.

B. Beim Behandeln von (±)-6-Benzhydryl-3-phenyl-3*H*-benzofuran-2-on mit Chrom-(VI)-oxid und wss. Essigsäure (*Wasserman et al.*, Am. Soc. **77** [1955] 973, 978).

Krystalle (aus E.); F: 214—218° [Zers.; rote Schmelze].

Dioxo-Verbindungen $C_nH_{2n-78}O_4$

2,2'-Bis-[9,10-diphenyl-[2]anthryl]-tetrahydro-[2,2']bifuryl-5,5'-dion, 4,5-Bis-[9,10-di=phenyl-[2]anthryl]-4,5-dihydroxy-octandisäure-1 → 4; 8 → 5-dilacton $C_{60}H_{42}O_4$, Formel XII.

Diese Konstitution kommt wahrscheinlich der nachstehend beschriebenen opt.-inakt. Verbindung zu (*Douris*, A. ch. [13] **4** [1959] 478, 498).

B. Neben **4-[9,10-Diphenyl-[2]anthryl]-buttersäure** beim Erhitzen von **4-[9,10-Di=phenyl-[2]anthryl]-4-oxo-buttersäure** mit amalgamiertem Zink, Essigsäure, wss. Salz=säure und Toluol (*Do.*, l. c. S. 505).

Lösungsmittelhaltige Krystalle (aus Toluol); F: 345°.

[*Schmidt*]

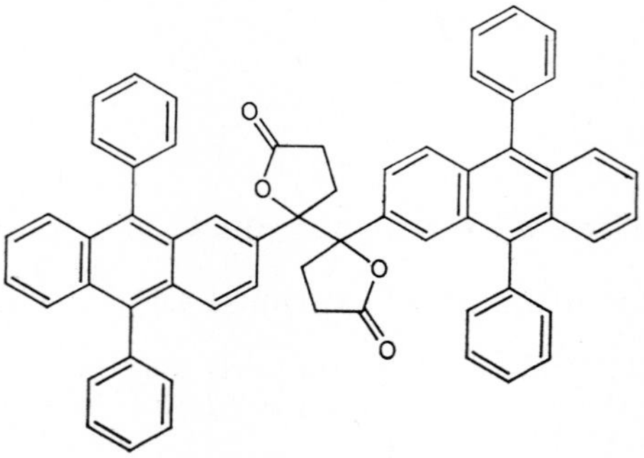

XII

C. Trioxo-Verbindungen

Trioxo-Verbindungen $C_nH_{2n-6}O_5$

Trioxo-Verbindungen $C_6H_6O_5$

2,2-Dimethyl-[1,3]dioxan-4,5,6-trion-5-phenylhydrazon $C_{12}H_{12}N_2O_4$, Formel I
($R = C_6H_5$), und Tautomere (z. B. 6-Hydroxy-2,2-dimethyl-5-phenylazo-
[1,3]dioxin-4-on).

Diese Konstitution ist der nachstehend beschriebenen, von *Chaimow* (Trudy Tadžiksk.
selskochoz. Inst. **1** [1958] 19, 23; C. A. **1961** 427) als 2,2-Dimethyl-4-oxo-3-phenylazo-
oxetan-3-carbonsäure angesehenen Verbindung zuzuordnen, nachdem sich die ursprünglich als 2,2-Dimethyl-4-oxo-oxetan-3-carbonsäure angesehene Ausgangsverbindung (F:
96—97°) als 2,2-Dimethyl-[1,3]dioxan-4,6-dion (S. 1926) erwiesen hat.

B. Beim Behandeln von 2,2-Dimethyl-[1,3]dioxan-4,6-dion mit Äthanol und wss.
Benzoldiazonium-Salz-Lösung (*Ch.*, l. c. S. 26; s. a. *Eistert, Geiss*, B. **94** [1961] 929, 947).
Krystalle (aus Me.); F: 175° [Zers.] (*Ei., Ge.*, l. c. S. 947), 170,5—171,5° [unkorr.]
(*Ch.*, l. c. S. 27).

Beim Erwärmen mit wss.-äthanol. Natronlauge ist eine Verbindung $C_{11}H_{14}N_2O_3$
(gelbliche Krystalle, F: 112,5—113,5° [unkorr.]) erhalten worden (*Ch.*, l. c. S. 25, 29).

2,2-Dimethyl-[1,3]dioxan-4,5,6-trion-5-[4-nitro-phenylhydrazon] $C_{12}H_{11}N_3O_6$, Formel I
($R = C_6H_4\text{-}NO_2$), und Tautomere (z. B. 6-Hydroxy-2,2-dimethyl-5-[4-nitro-
phenylazo]-[1,3]dioxin-4-on).

Diese Konstitution ist wahrscheinlich der nachstehend beschriebenen, ursprünglich als
2,2-Dimethyl-3-[4-nitro-phenylazo]-4-oxo-oxetan-3-carbonsäure angesehenen Verbindung
zuzuordnen (vgl. die Bemerkung im vorangehenden Artikel).

B. Beim Behandeln von 2,2-Dimethyl-[1,3]dioxan-4,6-dion (S. 1926) mit Äthanol
und wss. 4-Nitro-benzoldiazonium-Salz-Lösung (*Chaimow*, Trudy Tadžiksk. selskochoz.
Inst. **1** [1958] 19, 28; C. A. **1961** 427).

Gelbgrüne Krystalle (aus Me.); F: 213—214° [unkorr.] (*Ch.*, l. c. S. 28).

Beim Erwärmen mit wss.-äthanol. Natronlauge ist eine Verbindung $C_{11}H_{13}N_3O_5$
(gelbgrüne Krystalle [aus Me.], F: 203—204° [unkorr.]) erhalten worden (*Ch.*, l. c. S. 26,
30).

2,2-Dimethyl-[1,3]dioxan-4,5,6-trion-5-o-tolylhydrazon $C_{13}H_{14}N_2O_4$, Formel I
($R = C_6H_4\text{-}CH_3$), und Tautomere (z. B. 6-Hydroxy-2,2-dimethyl-5-o-tolylazo-
[1,3]dioxin-4-on).

Diese Konstitution ist wahrscheinlich der nachstehend beschriebenen, ursprünglich als
2,2-Dimethyl-4-oxo-3-o-tolylazo-oxetan-3-carbonsäure angesehenen Verbindung zuzuordnen (vgl. die Bemerkung im Artikel 2,2-Dimethyl-[1,3]dioxan-4,5,6-trion-5-phen≠
ylhydrazon [s. o.]).

B. Beim Behandeln von 2,2-Dimethyl-[1,3]dioxan-4,6-dion (S. 1926) mit Äthanol und
wss. Toluol-2-diazonium-Salz-Lösung (*Chaimow*, Trudy Tadžiksk. selskochoz. Inst. **1**
[1958] 19, 27; C. A. **1961** 427).

Gelbe Krystalle (aus Me. oder A.); F: 118—119° [unkorr.] (*Ch.*, l. c. S. 27).

Beim Erwärmen mit wss.-äthanol. Natronlauge ist eine Verbindung $C_{12}H_{16}N_2O_3$
(gelbgrüne Krystalle [aus Me.], F: 128—129° [unkorr.]) erhalten worden (*Ch.*, l. c. S. 26,
30).

2,2-Dimethyl-[1.3]dioxan-4,5,6-trion-5-m-tolylhydrazon $C_{13}H_{14}N_2O_4$, Formel I
($R = C_6H_4\text{-}CH_3$), und Tautomere (z. B. 6-Hydroxy-2,2-dimethyl-5-m-tolylazo-
[1,3]dioxin-4-on).

Diese Konstitution ist wahrscheinlich der nachstehend beschriebenen, ursprünglich als 2,2-Dimethyl-4-oxo-3-*m*-tolylazo-oxetan-3-carbonsäure angesehenen Verbindung zu-zuordnen (vgl. die Bemerkung im Artikel 2,2-Dimethyl-[1,3]dioxan-4,5,6-trion-5-phenyl=hydrazon [S. 2183]).

B. Beim Behandeln von 2,2-Dimethyl-[1,3]dioxan-4,6-dion (S. 1926) mit Äthanol und wss. Toluol-3-diazonium-Salz-Lösung (*Chaimow*, Trudy Tadžiksk. selskochoz. Inst. **1** [1958] 19, 27; C. A. **1961** 427).

Orangefarbene Krystalle (aus A.); F: 181—182° (*Ch.*, l. c. S. 28).

Beim Erwärmen mit wss.-äthanol. Natronlauge ist eine Verbindung $C_{12}H_{16}N_2O_3$ (gelbliche Krystalle [aus A.]; F: 122—123° [unkorr.]) erhalten worden (*Ch.*, l. c. S. 26, 30).

I   II   III

2,2-Dimethyl-[1,3]dioxan-4,5,6-trion-5-*p*-tolylhydrazon $C_{13}H_{14}N_2O_4$, Formel I

(R = C_6H_4-CH_3), und Tautomere (z. B. 6-Hydroxy-2,2-dimethyl-5-*p*-tolylazo-[1,3]dioxin-4-on).

Diese Konstitution ist wahrscheinlich der nachstehend beschriebenen, ursprünglich als 2,2-Dimethyl-4-oxo-3-*p*-tolylazo-oxetan-3-carbonsäure angesehenen Verbindung zuzu-ordnen (vgl. die Bemerkung im Artikel 2,2-Dimethyl-[1,3]dioxan-4,5,6-trion-5-phenyl=hydrazon [S. 2183]).

B. Beim Behandeln von 2,2-Dimethyl-[1,3]dioxan-4,6-dion (S. 1926) mit Äthanol und wss. Toluol-4-diazonium-Salz-Lösung (*Chaimow*, Trudy Tadžiksk. selskochoz. Inst. **1** [1958] 19, 28; C. A. **1961** 427).

Gelbe Krystalle (aus A.); F: 155—156° [unkorr.] (*Ch.*, l. c. S. 28).

Beim Erwärmen mit wss.-äthanol. Natronlauge ist eine Verbindung $C_{12}H_{16}N_2O_3$ (gelbe Krystalle [aus wss. Me.]; F: 131—132° [unkorr.]) erhalten worden (*Ch.*, l. c. S. 26, 30).

2,2-Dimethyl-[1,3]dioxan-4,5,6-trion-5-[1]naphthylhydrazon $C_{16}H_{14}N_2O_4$, Formel II,

und Tautomere (z. B. 6-Hydroxy-2,2-dimethyl-5-[1]naphthylazo-[1,3]dioxin-4-on).

Diese Konstitution ist wahrscheinlich der nachstehend beschriebenen, ursprünglich als 2,2-Dimethyl-3-[1]naphthylazo-4-oxo-oxetan-3-carbonsäure angesehenen Verbindung zu-zuordnen (vgl. die Bemerkung im Artikel 2,2-Dimethyl-[1,3]dioxan-4,5,6-trion-5-phenyl=hydrazon [S. 2183]).

B. Beim Behandeln von 2,2-Dimethyl-[1,3]dioxan-4,6-dion (S. 1926) mit Äthanol und wss. Naphthalin-1-diazonium-Salz-Lösung (*Chaimow*, Trudy Tadžiksk. selskochoz. Inst. **1** [1958] 19, 28; C. A. **1961** 427).

F: 149—150° (*Ch.*, l. c. S. 29).

Beim Erwärmen mit wss.-äthanol. Natronlauge ist eine Verbindung $C_{15}H_{16}N_2O_3$ (gelbe Krystalle [aus Me.]; F: 161—162° [unkorr.]) erhalten worden (*Ch.*, l. c. S. 26, 30).

Trioxo-Verbindungen $C_7H_8O_5$

(±)-*trans*-5-[3-Diazo-acetonyl]-2-trichlormethyl-[1,3]dioxolan-4-on, (*2RS*)-5-Diazo-4-oxo-2-[(*1SR*)-2,2,2-trichlor-1-hydroxy-äthoxy]-valeriansäure-lacton $C_7H_5Cl_3N_2O_4$, Formel III + Spiegelbild.

B. Beim Behandeln von (±)-[5-Oxo-2*t*-trichlormethyl-[1,3]dioxolan-4*r*-yl]-acetyl=chlorid (aus (±)-[5-Oxo-2*t*-trichlormethyl-[1,3]dioxolan-4*r*-yl]-essigsäure mit Hilfe von Thionylchlorid hergestellt) mit Diazomethan in Äther (*Katsura*, J. chem. Soc. Japan Pure Chem. Sect. **77** [1956] 1105; C. A. **1959** 5126).

Gelbe Krystalle (aus Bzl. + PAe.); F: 99°.

Trioxo-Verbindungen $C_nH_{2n-8}O_5$

Trioxo-Verbindungen $C_7H_6O_5$

3-Methyl-dihydro-furo[3,4-*b*]furan-2,4,6-trion, 4-Methyl-5-oxo-tetrahydro-furan-2,3-dicarbonsäure-anhydrid $C_7H_6O_5$, Formel IV.

a) Opt.-inakt. Präparat vom F: 162°.

B. Beim Erwärmen von opt.-inakt. 4-Methyl-5-oxo-tetrahydro-furan-2,3-dicarbonsäure vom F: 182° mit Acetylchlorid (*Tschitschibabin, Schtschukina*, B. **63** [1930] 2793, 2800). Krystalle (aus Acn. + Ae.); F: 162°.

b) Opt.-inakt. Präparat vom F: 201°.

B. Beim Erwärmen von opt.-inakt. 4-Methyl-5-oxo-tetrahydro-furan-2,3-dicarbonsäure vom F: 185° mit Acetylchlorid (*Tschitschibabin, Schtschukina*, B. **63** [1930] 2793, 2801). Krystalle; F: 200−201°.

IV   V   VI

Trioxo-Verbindungen $C_{11}H_{14}O_5$

(±)-3-[3-Tetrahydro[2]furyl-propionyl]-furan-2,4-dion, (±)-2-Glykoloyl-3-oxo-5-tetrahydro[2]furyl-valeriansäure-lacton $C_{11}H_{14}O_5$, Formel V, und Tautomere (z. B. (±)-4-Hydroxy-3-[3-tetrahydro[2]furyl-propionyl]-5*H*-furan-2-on).

B. Bei der Hydrierung von 3-[3*t*(?)-[2]Furyl-acryloyl]-furan-2,4-dion (F: 146−148°) an Raney-Nickel in wss. Natronlauge (*Baker et al.*, Soc. **1943** 241). Krystalle (aus PAe.); F: 73,5−74°.

Trioxo-Verbindungen $C_{17}H_{26}O_5$

(1*S*,11*Ξ*)-4*ξ*,6*endo*,8*endo*,13*ξ*,14*anti*-Pentamethyl-2,12-dioxa-bicyclo[9.2.1]tetradecan-3,5,9-trion, L$_r$-8-[(3*R*)-4*t*-Hydroxy-3*r*,5*ξ*-dimethyl-tetrahydro-[2*ξ*]furyl]-2*ξ*,4*r*$_F$,6*c*$_F$-trimethyl-3,7-dioxo-octansäure-lacton, L$_r$-9*ξ*,12*ξ*-Epoxy-11*t*$_F$-hydroxy-2*ξ*,4*r*$_F$,6*c*$_F$,10*c*$_F$-tetramethyl-3,7-dioxo-tridecansäure-lacton $C_{17}H_{26}O_5$, Formel VI.

Diese Konstitution und Konfiguration kommt dem nachstehend beschriebenen **Dehydrocycloneomethynolid** zu.

B. Beim Behandeln einer Lösung von Cycloneomethynolid (D$_r$-9*ξ*,12*ξ*-Epoxy-3*t*$_F$,11*c*$_F$-dihydroxy-2*r*$_F$,4*t*$_F$,6*t*$_F$,10*t*$_F$-tetramethyl-7-oxo-tridecansäure-11-lacton; aus Neomethymycin [E III/IV **18** 7406] erhalten) in Aceton mit Chrom(VI)-oxid und Schwefelsäure (*Djerassi, Halpern*, Tetrahedron **3** [1958] 255, 268). Krystalle (aus PAe.); F: 122−124° [Kofler-App.; unter Sublimation]. $[\alpha]_D$: +60° [CHCl$_3$].

Trioxo-Verbindungen $C_nH_{2n-10}O_5$

Trioxo-Verbindungen $C_8H_6O_5$

2'*H*-[3,3']Bifuryl-2,4,5'-trion $C_8H_6O_5$, Formel VII, und Tautomere (z. B. 4-Hydroxy-5*H*,2'*H*-[3,3']bifuryl-2,5'-dion).

Diese Konstitution kommt der früher (s. H **17** 404 im Artikel Tetronsäure) und nachstehend beschriebenen Anhydrotetronsäure zu (*Marrian et al.*, Soc. **1947** 1365, 1366).

B. Beim Erhitzen von Tetronsäure (4-Hydroxy-acetessigsäure-lacton) mit Wasser (*Ma. et al.*, l. c. S. 1367; vgl. H **17** 404).

Krystalle (aus W.); F: 263° [Zers.] (*Ma. et al.*, l. c. S. 1367). UV-Absorptionsmaxima (A.): 256 nm und 310 nm (*Ma. et al.*, l. c. S. 1368). Scheinbarer Dissoziationsexponent pK_a' (Wasser; potentiometrisch ermittelt): 1,99 (*Ma. et al.*, l. c. S. 1367).

Beim Behandeln einer Lösung in Wasser mit Brom in Chloroform ist ein Brom-Derivat $C_8H_5BrO_5$ (Krystalle mit 1 Mol H_2O; F: 144−146°) erhalten worden. Verhalten beim Erhitzen mit wss. Schwefelsäure: *Ma. et al.*, l. c. S. 1368.

Tetrahydro-4,7-epoxido-isobenzofuran-1,3,5-trion,   5-Oxo-7-oxa-norbornan-2,3-dicarbon=säure-anhydrid $C_8H_6O_5$, Formel VIII.

Die Konstitution der nachstehend beschriebenen opt.-inakt. Verbindung ist zweifelhaft (vgl. *Hofmann et al.*, Helv. **48** [1965] 1322, 1329).

B. Beim Erwärmen einer als Furan-3-ol angesehenen Verbindung (F: 58° [E III/IV **17** 1233]) mit Maleinsäure-anhydrid in Äther (*Hodgson, Davies*, Soc. **1939** 806, 808).

Braune Krystalle; F: 132° [Zers.] (*Ho., Da.*).

VII   VIII   IX   X

Trioxo-Verbindungen $C_9H_8O_5$

7,7-Dimethyl-6,7-dihydro-furo[3,4-c]pyran-1,3,4-trion, 4-Hydroxy-3,3-dimethyl-but-1-en-1,1,2-tricarbonsäure-1,2-anhydrid-1-lacton, Biglandulinsäure-anhydrid $C_9H_8O_5$. Formel IX.

Konstitutionszuordnung: *Falsone, Noack*, A. **1976** 1009.

B. Aus Biglandulinsäure (E III/IV **18** 6129) beim Erhitzen auf Temperaturen oberhalb von 171° sowie beim Erhitzen mit Acetanhydrid (*Kir'jalow*, Ž. obšč. Chim. **8** [1938] 740, 742; C. **1939** I 967).

F: 210−212° (*Ki.*).

(±)-4-Diacetoxymethyl-(3ar,7ac)-hexahydro-4t,7t-epoxido-isobenzofuran-1,3-dion, (±)-1-Diacetoxymethyl-7-oxa-norbornan-2exo,3exo-dicarbonsäure-anhydrid $C_{13}H_{14}O_8$, Formel X + Spiegelbild.

B. Neben grösseren Mengen 1-Diacetoxymethyl-7-oxa-norbornan-2exo,3exo-dicarbon=säure-2(oder 3)-methylester (F: 163−164° [Zers.]) bei der Hydrierung von (±)-1-Di=acetoxymethyl-7-oxa-norborn-5-en-2exo,3exo-dicarbonsäure-anhydrid (S. 2189) an Raney-Nickel oder Palladium/Kohle in Methanol (*Suzuki*, J. chem. Soc. Japan Pure Chem. Sect. **78** [1957] 153, 155; *Murakami, Suzuki*, Mem. Inst. scient. ind. Res. Osaka Univ. **15** [1958] 191).

Krystalle (aus E.); F: 181−182° (*Su.*).

Trioxo-Verbindungen $C_{11}H_{12}O_5$

(±)-6-Chlormethyl-2-[2-methyl-5-oxo-tetrahydro-[2]furyl]-pyran-3,4-dion, (±)-4-[6-Chlormethyl-3,4-dioxo-3,4-dihydro-2H-pyran-2-yl]-4-hydroxy-valeriansäure-lacton $C_{11}H_{11}ClO_5$, Formel I, und Tautomeres ((±)-6-Chlormethyl-3-hydroxy-2-[2-methyl-5-oxo-tetrahydro-[2]furyl]-pyran-4-on).

Diese Konstitution ist der nachstehend beschriebenen Verbindung zugeordnet worden (*Woods*, Am. Soc. **75** [1953] 2009).

B. Beim Behandeln einer als (±)-3-Hydroxy-6-hydroxymethyl-2-[2-methyl-5-oxo-tetrahydro-[2]furyl]-pyran-4-on angesehenen Verbindung (F: 153,5° [s. E III/IV **18**

1146 im Artikel Kojisäure]) mit Thionylchlorid (*Wo.*).

Krystalle (aus A.); F: 167—169° [Fisher-Johns-App.; durch Sublimation gereinigtes Präparat].

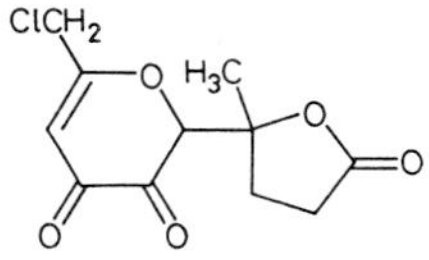

I 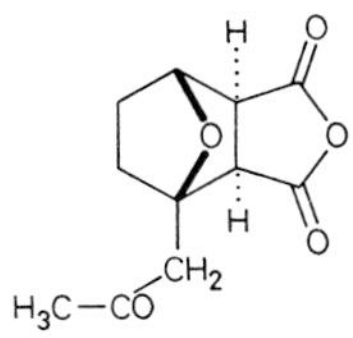 II 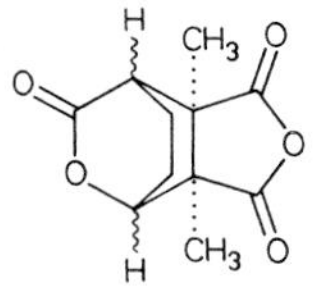 III

(±)-4-Acetonyl-(3a*r*,7a*c*)-hexahydro-4*t*,7*t*-epoxido-isobenzofuran-1,3-dion, (±)-1-Acetonyl-7-oxa-norbornan-2*exo*,3*exo*-dicarbonsäure-anhydrid C₁₁H₁₂O₅,
Formel II + Spiegelbild.

B. Bei der Hydrierung von (±)-1-Acetonyl-7-oxa-norborn-5-en-2*exo*,3*exo*-dicarbon= säure-anhydrid an Palladium/Strontiumcarbonat in Äthylacetat (*Fétizon, Baranger,* Bl. **1957** 1311, 1314).

Krystalle (aus Bzl. + Hexan); F: 110—111°. UV-Absorptionsmaximum (A.): 270 nm.

(±)-3a,7a-Dimethyl-(3a*r*,7a*c*)-tetrahydro-4ξ,7ξ-äthano-furo[3,4-*c*]pyran-1,3,6-trion, (±)-6ξ-Hydroxy-1,2*t*-dimethyl-cyclohexan-1*r*,2*c*,3ξ-tricarbonsäure-1,2-anhydrid-3-lacton C₁₁H₁₂O₅, Formel III + Spiegelbild.

Diese Konstitution (und Konfiguration) ist für die nachstehend beschriebene Verbin= dung in Betracht gezogen worden (*Ziegler et al.,* A. **551** [1942] 1, 43).

B. Beim Erhitzen einer als (±)-6*c*-Hydroxy-1,2*t*-dimethyl-cyclohexan-1*r*,2*c*,3ξ-tri= carbonsäure-2-lacton oder (±)-6ξ-Hydroxy-1,2*t*-dimethyl-cyclohexan-1*r*,2*c*,3ξ-tricarbon= säure-3-lacton angesehenen Verbindung (E III/IV **18** 6133) mit Acetanhydrid (*Zi. et al.,* l. c. S. 79).

Krystalle (aus A.); F: 296—297°.

Trioxo-Verbindungen C₁₂H₁₄O₅

4'-Äthyl-hexahydro-spiro[cyclopenta[*c*]furan-4,2'-furan]-1,3,5'-trion, 3-Äthyl-2-oxo-1-oxa-spiro[4.4]nonan-6,7-dicarbonsäure-anhydrid C₁₂H₁₄O₅

a) (3*R*,5*R*,6*R*)-3-Äthyl-2-oxo-1-oxa-spiro[4.4]nonan-6*r*,7*c*-dicarbonsäure-anhydrid C₁₂H₁₄O₅, Formel IV.

B. Neben (3*R*,5*S*,6*S*)-3-Äthyl-2-oxo-1-oxa-spiro[4.4]nonan-6*r*,7*c*-dicarbonsäure-an= hydrid beim Erhitzen von (3*R*,5*S*,6*S*)-3-Äthyl-2-oxo-1-oxa-spiro[4.4]nonan-6*r*,7*c*-di= carbonsäure-anhydrid unter vermindertem Druck bis auf 250° (*Halpern, Schmid,* Helv. **41** [1958] 1109, 1132, 1152).

Krystalle (aus CH₂Cl₂ + Ae.); F: 146—147° [Kofler-App.]. [α]¹⁸_D: −2° [CHCl₃; c = 0,4]; [α]_D: −4,8° [wss. Natronlauge (0,5 n)]. IR-Spektrum (CHCl₃; 2—12 μ): *Ha., Sch.,* l. c. S. 1131.

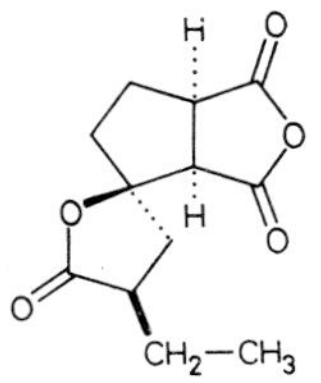

IV 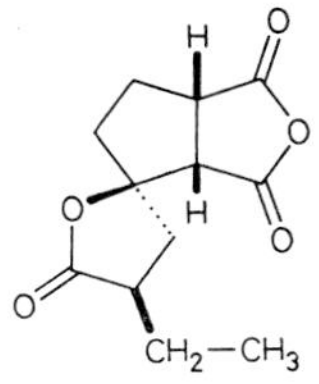 V 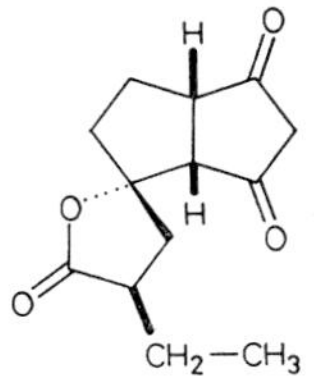 VI

b) (3*R*,5*R*,6*S*)-3-Äthyl-2-oxo-1-oxa-spiro[4.4]nonan-6*r*,7*c*-dicarbonsäure-anhydrid C₁₂H₁₄O₅, Formel V.

B. Neben anderen Verbindungen beim Erhitzen von (4a*S*,7*R*,4'*R*)-4'-Äthyl-1ξ-hydroxy-

5'-oxo-(4a*r*,7a*c*)-octahydro-spiro[cyclopenta[*c*]pyran-7,2'-furan]-4*t*-carbonsäure-methyl⸗
ester (E III/IV **18** 6464) mit wss. Schwefelsäure und Chrom(VI)-oxid (*Halpern, Schmid,*
Helv. **41** [1958] 1109, 1147). Beim Erhitzen von (4a*S*,7*R*,4'*R*)-4'-Äthyl-1*c*-β-D-gluco⸗
pyranosyloxy-5'-oxo-(4a*r*,7a*c*)-octahydro-spiro[cyclopenta[*c*]pyran-7,2'-furan]-4*t*-carbon⸗
säure-methylester oder von (4a*S*,7*R*,4'*R*)-4'-Äthyl-1*c*-β-D-glucopyranosyloxy-5'-oxo-
(4a*r*,7a*c*)-4a,5,6,7a,4',5'-hexahydro-1*H*,3'*H*-spiro[cyclopenta[*c*]pyran-7,2'-furan]-4-carb⸗
onsäure-methylester (beide aus Plumierid hergestellt) mit wss. Schwefelsäure und
Chrom(VI)-oxid (*Ha., Sch.*, l. c. S. 1149).

Krystalle (aus CH_2Cl_2 + Ae.); F: 129° [Kofler-App.]. $[\alpha]_D^{19}$: +44,8° [$CHCl_3$; c = 0,8];
$[\alpha]_D^{17}$: +45,9° [wss. Natronlauge (0,5 n)]. IR-Spektrum ($CHCl_3$; 2—12 μ): *Ha., Sch.*, l. c.
S. 1131.

c) **(3***R***,5***S***,6***S***)-3-Äthyl-2-oxo-1-oxa-spiro[4.4]nonan-6***r***,7***c***-dicarbonsäure-anhydrid**
$C_{12}H_{14}O_5$, Formel VI.

B. Beim Erwärmen von (*S*)-3-[(*R*)-2-Carboxy-butyl]-cyclopent-2-en-1,2-dicarbon⸗
säure-dimethylester mit wss. Natronlauge und Erhitzen des nach dem Ansäuern isolierten
Reaktionsprodukts im Hochvakuum (*Halpern, Schmid*, Helv. **41** [1958] 1109, 1132,
1151). Weitere Bildungsweise s. bei dem unter a) beschriebenen Stereoisomeren.

Krystalle (aus CH_2Cl_2 + Ae.); F: 182° [Kofler-App.]. $[\alpha]_D^{18}$: +41° [$CHCl_3$; c = 0,3];
$[\alpha]_D^{18}$: 0° [wss. Natronlauge (0,5 n)]. IR-Spektrum ($CHCl_3$; 2—12 μ): *Ha., Sch.*, l. c.
S. 1131.

Trioxo-Verbindungen $C_{13}H_{16}O_5$

7,9a-Dimethyl-hexahydro-cyclohepta[1,2-*b***;4,5-***b***']difuran-2,4,6-trion** $C_{13}H_{16}O_5$.

a) **(−)(3a***S***)-7***c***,9a-Dimethyl-(3a***r***,4a***t***,7a***c***,9a***ξ***)-hexahydro-cyclohepta[1,2-***b***;4,5-***b***']⸗
difuran-2,4,6-trion** $C_{13}H_{16}O_5$, Formel VII.

B. Beim Behandeln von Isophoto-α-santoninlacton ((11*S*)-6α,10-Dihydroxy-3-oxo-
guaj-4-en-12-säure-6-lacton [E III/IV **18** 1275]) in Chloroform mit Ozon und anschliessen⸗
den Erwärmen mit Wasser (*Barton et al.*, Soc. **1957** 929, 933).

Krystalle (aus E.); F: 198—212° [Zers.; Kofler-App.]. $[\alpha]_D$: −31° [Py.; c = 0,8].
UV-Absorptionsmaximum (A.): 294 nm.

Oxim $C_{13}H_{17}NO_5$. Krystalle (aus Me. + Ae. + Bzn.); F: 214—224° [Zers.]. $[\alpha]_D$: +9°
[$CHCl_3$; c = 0,7].

b) **(+)(3a***S***)-7***c***,9a-Dimethyl-(3a***r***,4a***t***,7a***c***,9a***ξ***)-hexahydro-cyclohepta[1,2-***b***;4,5-***b***']⸗
difuran-2,4,6-trion** $C_{13}H_{16}O_5$, Formel VII.

B. Beim Behandeln von Isophoto-α-santoninlacton ((11*S*)-6α,10-Dihydroxy-3-oxo-guaj-
4-en-12-säure-6-lacton [E III/IV **18** 1275]) in Chloroform mit Ozon und anschliessend
mit kaltem Wasser (*Barton et al.*, Soc. **1957** 929, 933).

Krystalle (aus E.); F: 198—212° [Zers.; Kofler-App.]. $[\alpha]_D$: +70° [Py.; c = 0,7].

Beim 10-stdg. Behandeln mit Pyridin erfolgt Umwandlung in das unter a) beschriebene
Stereoisomere.

(±)-4-Methyl-7-[3-oxo-butyl]-(3a*r***,7a***c***)-hexahydro-4***t***(?),7***t***(?)-epoxido-isobenzofuran-
1,3-dion, (±)-1-Methyl-4-[3-oxo-butyl]-7-oxa-norbornan-2***exo***(?),3***exo***(?)-dicarbonsäure-
anhydrid** $C_{13}H_{16}O_5$, vermutlich Formel VIII + Spiegelbild.

B. Neben anderen Verbindungen bei der Hydrierung von (±)-1-Methyl-4-[3-oxo-butyl]-
7-oxa-norborn-5-en-2*exo*(?),3*exo*(?)-dicarbonsäure-anhydrid (S. 2191) an Platin in Äthyl⸗
acetat (*Alder, Schmidt*, B. **76** [1943] 183, 195).

Krystalle (aus W.); F: 143°.

(±)(*Ξ***)-3-[7-Methyl-1,3-dioxo-(3a***r***,7a***c***)-octahydro-4***t***(?),7***t***(?)-epoxido-isobenzofuran-
4-yl]-butyraldehyd, (±)-1-Methyl-4-[(***Ξ***)-1-methyl-3-oxo-propyl]-7-oxa-norbornan-
2***exo***(?),3***exo***(?)-dicarbonsäure-anhydrid** $C_{13}H_{16}O_5$, vermutlich Formel IX + Spiegelbild.

B. Bei der Hydrierung von (±)-1-Methyl-4-[(*Ξ*)-1-methyl-3-oxo-propyl]-7-oxa-
norborn-5-en-2*exo*(?),3*exo*(?)-dicarbonsäure-anhydrid (F: 84—85° [S. 2191]) an Platin
in Äthylacetat (*Alder, Schmidt*, B. **76** [1943] 183, 203).

Krystalle (aus E.); F: 146°.

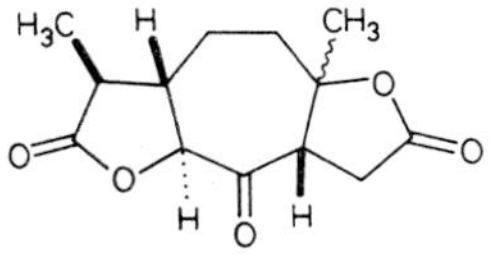

VII 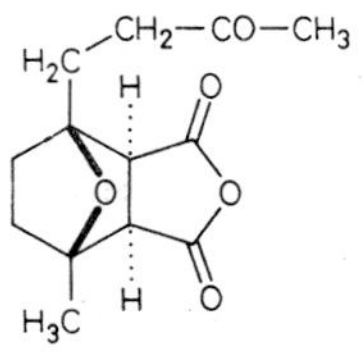   VIII 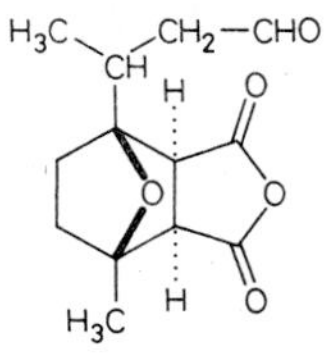   IX 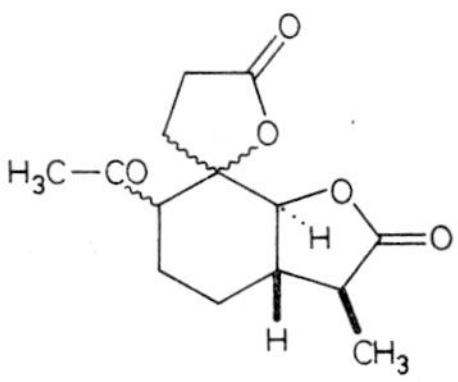   X

Trioxo-Verbindungen $C_{14}H_{18}O_5$

(3aS,7Ξ)-6ξ-Acetyl-3c-methyl-(3ar,7at)-hexahydro-spiro[benzofuran-7,2'-furan]-2,5'-dion $C_{14}H_{18}O_5$, Formel X.

B. Beim Behandeln einer Lösung von (3aS,7Ξ)-6ξ-Isopropenyl-3c-methyl-(3ar,7at)-hexahydro-spiro[benzofuran-7,2'-furan]-2,5'-dion (F: 224,7—225,3° [S. 1975]) in Essig= säure mit Ozon und anschliessenden Erwärmen mit Wasser (*van Tamelen et al.*, Am. Soc. **81** [1959] 1666, 1678).

Krystalle (aus E. + Cyclohexan); F: 215,5—217,5° [Zers.].

Trioxo-Verbindungen $C_nH_{2n-12}O_5$

Trioxo-Verbindungen $C_9H_6O_5$

(±)-4-Diacetoxymethyl-(3ar,7ac)-3a,4,7,7a-tetrahydro-4t,7t-epoxido-isobenzofuran-1,3-dion, (±)-1-Diacetoxymethyl-7-oxa-norborn-5-en-2exo,3exo-dicarbonsäure-anhydrid $C_{13}H_{12}O_8$, Formel I + Spiegelbild.

Über die Konfiguration s. *Mavoungou-Gomès*, Bl. **1967** 1758, 1760.

B. Beim Erwärmen von 2-Diacetoxymethyl-furan mit Maleinsäure-anhydrid in Cyclo= hexan (*Suzuki*, J. chem. Soc. Japan Pure Chem. Sect. **78** [1957] 153, 155; *Murakami, Suzuki*, Mem. Inst. scient. ind. Res. Osaka Univ. **15** [1958] 191).

Krystalle (aus E.); F: 137—138° (*Su.*; *Mu., Su.*).

(±)-(3ar,7ac)-3a,4,7,7a-Tetrahydro-4t,7t-ätheno-furo[3,4-c]pyran-1,3,6-trion, (±)-6t-Hydroxy-cyclohex-4-en-1r,2c,3t-tricarbonsäure-1,2-anhydrid-3-lacton $C_9H_6O_5$, Formel II + Spiegelbild.

Konfigurationszuordnung: *Schuscherina et al.*, Ž. obšč. Chim. **40** [1970] 1418; engl. Ausg. S. 1402.

B. Beim Erhitzen von Pyran-2-on mit Maleinsäure-anhydrid in Toluol (*Diels, Alder,* A. **490** [1931] 257, 264).

Krystalle (aus Acetonitril); F: 187° (*Di., Al.*).

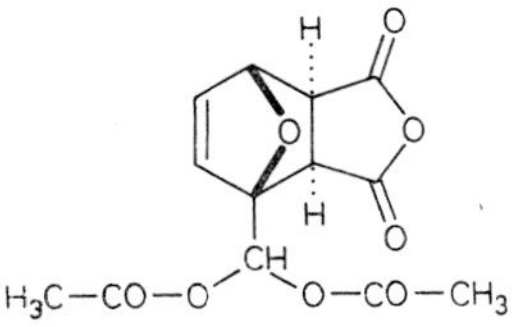

I 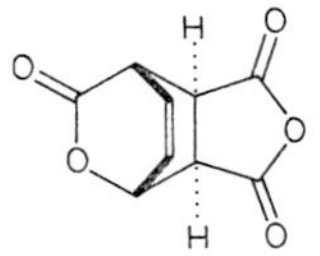   II 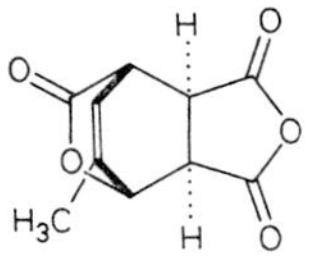   III

Trioxo-Verbindungen $C_{10}H_8O_5$

(±)-9-Methyl-(3ar,7ac)-3a,4,7,7a-tetrahydro-4t(?),7t(?)-ätheno-furo[3,4-c]pyran-1,3,6-trion, (±)-6t(?)-Hydroxy-5-methyl-cyclohex-4-en-1r,2c,3t(?)-tricarbonsäure-1,2-anhydrid-3-lacton $C_{10}H_8O_5$, vermutlich Formel III + Spiegelbild.

Bezüglich der Zuordnung von Konstitution und Konfiguration vgl. die im voran- gehenden Artikel beschriebene, analog hergestellte Verbindung.

B. Beim Erhitzen von 5-Methyl-pyran-2-on mit Maleinsäure-anhydrid in Toluol (*Fried*, *Elderfield*, J. org. Chem. **6** [1941] 566, 572).

Krystalle (aus Acn.); F: 194,5—195,5° [korr.; Zers.].

Trioxo-Verbindungen $C_{11}H_{10}O_5$

*Opt.-inakt. 1,3-Bis-[3,4-dichlor-5-oxo-2,5-dihydro-[2]furyl]-aceton, 2,3,9,10-Tetrachlor-4,8-dihydroxy-6-oxo-undeca-2c,9c-diendisäure-1 → 4; 11 → 8-dilacton $C_{11}H_6Cl_4O_5$, Formel IV (X = Cl).

B. In kleiner Menge beim Behandeln von Mucochlorsäure (Dichlormaleinaldehyd-säure ⇌ 3,4-Dichlor-5-hydroxy-5H-furan-2-on) mit Aceton, Methanol und wss. Natronlauge und anschliessend mit wss. Salzsäure (*Mowry*, Am. Soc. **75** [1953] 1909).

F: 194° [korr.; Zers.].

*Opt.-inakt. 1,3-Bis-[3,4-dibrom-5-oxo-2,5-dihydro-[2]furyl]-aceton, 2,3,9,10-Tetra-brom-4,8-dihydroxy-6-oxo-undeca-2c,9c-diendisäure-1 → 4; 11 → 8-dilacton $C_{11}H_6Br_4O_5$, Formel IV (X = Br).

B. Neben 5-Acetonyl-3,4-dibrom-5H-furan-2-on beim Behandeln von Mucobromsäure (Dibrommaleinaldehydsäure ⇌ 3,4-Dibrom-5-hydroxy-5H-furan-2-on) mit Aceton und wss. Natronlauge und Ansäuern der Reaktionslösung mit wss. Salzsäure (*Winogradowa*, *Schemjakin*, Ž. obšč. Chim. **16** [1946] 709, 717; C. A. **1947** 1208).

Krystalle (aus A.); Zers. bei 162—163°.

(±)-4-Acetonyl-(3ar,7ac)-3a,4,7,7a-tetrahydro-4t,7t-epoxido-isobenzofuran-1,3-dion, (±)-1-Acetonyl-7-oxa-norborn-5-en-2exo,3exo-dicarbonsäure-anhydrid $C_{11}H_{10}O_5$, Formel V + Spiegelbild.

B. Beim Behandeln von [2]Furylaceton mit Maleinsäure-anhydrid in Äther (*Fétizon*, *Baranger*, Bl. **1957** 1311, 1314).

Krystalle; F: 147° [Block].

(±)-9-Äthyl-(3ar,7ac)-3a,4,7,7a-tetrahydro-4t(?),7t(?)-ätheno-furo[3,4-c]pyran-1,3,6-trion, (±)-5-Äthyl-6t(?)-hydroxy-cyclohex-4-en-1r,2c,3t(?)-tricarbonsäure-1,2-anhydrid-3-lacton $C_{11}H_{10}O_5$, vermutlich Formel VI + Spiegelbild.

Bezüglich der Zuordnung von Konstitution und Konfiguration vgl. das analog hergestellte (±)-(3ar,7ac)-3a,4,7,7a-Tetrahydro-4t,7t-ätheno-furo[3,4-c]pyran-1,3,6-trion (S. 2189).

B. Aus 5-Äthyl-pyran-2-on und Maleinsäure-anhydrid (*Fried*, *Elderfield*, J. org. Chem. **6** [1941] 566, 573).

Krystalle (aus Acn. + PAe.); F: 161—162° [korr.].

IV   V   VI   VII

Trioxo-Verbindungen $C_{12}H_{12}O_5$

(±)-4-[3-Oxo-butyl]-(3ar,7ac)-3a,4,7,7a-tetrahydro-4t(?),7t(?)-epoxido-isobenzofuran-1,3-dion, (±)-1-[3-Oxo-butyl]-7-oxa-norborn-5-en-2exo(?),3exo(?)-dicarbonsäure-anhydrid $C_{12}H_{12}O_5$, vermutlich Formel VII + Spiegelbild.

Bezüglich der Konfigurationszuordnung vgl. das analog hergestellte 1-Methyl-7-oxa-norborn-5-en-2exo,3exo-dicarbonsäure-anhydrid (S. 1966).

B. Aus 4-[2]Furyl-butan-2-on und Maleinsäure-anhydrid (*van Campen*, *Johnson*, Am. Soc. **55** [1933] 430).

F: 86—87°.

Trioxo-Verbindungen $C_{13}H_{14}O_5$

(±)-4-Methyl-7-[3-oxo-butyl]-(3ar,7ac)-3a,4,7,7a-tetrahydro-4t(?),7t(?)-epoxido-isobenzofuran-1,3-dion, (±)-1-Methyl-4-[3-oxo-butyl]-7-oxa-norborn-5-en-2exo(?),= 3exo(?)-dicarbonsäure-anhydrid $C_{13}H_{14}O_5$, vermutlich Formel VIII + Spiegelbild.

Bezüglich der Konfigurationszuordnung vgl. das analog hergestellte 1-Methyl-7-oxa-norborn-5-en-2exo,3exo-dicarbonsäure-anhydrid (S. 1966).

B. Beim Behandeln von 4-[5-Methyl-[2]furyl]-butan-2-on mit Maleinsäure-anhydrid in Äther (*Alder, Schmidt,* B. **76** [1943] 183, 194).

Krystalle; Zers. bei 84° [Rohprodukt].

(±)($\varXi$)-3-[7-Methyl-1,3-dioxo-(3ar,7ac)-1,3,3a,4,7,7a-hexahydro-4t(?),7t(?)-epoxido-isobenzofuran-4-yl]-butyraldehyd, (±)-1-Methyl-4-[($\varXi$)-1-methyl-3-oxo-propyl]-7-oxa-norborn-5-en-2exo(?),3exo(?)-dicarbonsäure-anhydrid $C_{13}H_{14}O_5$, vermutlich Formel IX + Spiegelbild.

Bezüglich der Konfigurationszuordnung vgl. das analog hergestellte 1-Methyl-7-oxa-norborn-5-en-2exo,3exo-dicarbonsäure-anhydrid (S. 1966).

B. Beim Behandeln von (±)-3-[5-Methyl-[2]furyl]-butyraldehyd mit Maleinsäure-anhydrid in Äther (*Alder, Schmidt,* B. **76** [1943] 183, 203).

Krystalle; F: 84—85° [Zers.].

VIII   IX   X   XI

Trioxo-Verbindungen $C_{14}H_{16}O_5$

(3aS)-5a-Acetyl-3c-methyl-(3ar,5aξ,9bt)-3a,4,5,5a,8,9b-hexahydro-3H-furo[2,3-f]= chromen-2,7-dion $C_{14}H_{16}O_5$, Formel X.

B. Beim Behandeln von (3aS)-5a-[($\varXi$)-α,β-Dihydroxy-isopropyl]-3c-methyl-(3ar,5aξ,= 9bt)-3a,4,5,5a,8,9b-hexahydro-3H-furo[2,3-f]chromen-2,7-dion (Stereoisomere vom F: 148—150° bzw. F: 220—225°) mit Perjodsäure in wss. Dioxan (*Barton et al.,* Soc. **1958** 3314, 3319).

F: 97—98°. $[\alpha]_D$: +210° [$CHCl_3$; c = 1].

(3aS)-3c,5a,6-Trimethyl-(3ar,5ac,9bt)-hexahydro-6t,9at-cyclo-furo[3,2-h]isochromen-2,7,9-trion, (3aS)-3c,5a,6-Trimethyl-2-oxo-(3ar,5ac,6bt)-octahydro-cyclopropa[g]= benzofuran-6c,6ac-dicarbonsäure-anhydrid $C_{14}H_{16}O_5$, Formel XI.

B. Beim Behandeln von (3aS)-9ξ-Hydroxy-3c,5a,6-trimethyl-(3ar,5ac,9bt)-hexahydro-6t,9at-cyclo-furo[3,2-h]isochromen-2,7-dion (E III/IV **18** 6026) mit Natriumdichromat in Essigsäure (*Barton et al.,* Soc. **1958** 140, 144).

F: 66—69°; $[\alpha]_D$: —105° [$CHCl_3$; c = 1] (durch Sublimation bei 150°/0,0001 Torr gereinigtes Präparat).

Trioxo-Verbindungen $C_{16}H_{20}O_5$

(±)-4-Methyl-7-[5-methyl-3-oxo-hexyl]-(3ar,7ac)-3a,4,7,7a-tetrahydro-4t(?),7t(?)-epoxido-isobenzofuran-1,3-dion, (±)-1-Methyl-4-[5-methyl-3-oxo-hexyl]-7-oxa-norborn-5-en-2exo(?),3exo(?)-dicarbonsäure-anhydrid $C_{16}H_{20}O_5$, vermutlich Formel XII + Spiegelbild.

Bezüglich der Konfigurationszuordnung vgl. das analog hergestellte 1-Methyl-7-oxa-norborn-5-en-2exo,3exo-dicarbonsäure-anhydrid (S. 1966).

B. Aus 5-Methyl-1-[5-methyl-[2]furyl]-hexan-3-on und Maleinsäure-anhydrid (*Nasarow, Nagibina*, Izv. Akad. S.S.S.R. Otd. chim. **1947** 641, 645; C. A. **1948** 7736).
F: 70—71° [Zers.].

(2a*S*)-2a,6*c*,9a-Trimethyl-(2a*r*,4a*t*,6a*c*,9a*t*,9b*c*,9c*c*)-decahydro-1,4-dioxa-dicyclopent-[*cd,f*]azulen-2,3,9-trion, (11*S*)-6β,8α-Dihydroxy-11-methyl-4-oxo-ambrosan-12,13-disäure-dilacton[1] $C_{16}H_{20}O_5$, Formel XIII.
B. Beim Behandeln von Anhydrodihydrotenulin (S. 2001) in Chloroform mit Ozon und anschliessenden Erwärmen mit Wasser (*Barton, de Mayo*, Soc. **1956** 142, 148).
Krystalle (aus Me.); F: 256—258°. [α]$_D$: +82° [CHCl$_3$; c = 1].

XII   XIII   XIV

Trioxo-Verbindungen $C_{17}H_{22}O_5$

(2*R*,6′a*R*)-3′,6′a,8′*t*-Trimethyl-(6′a*r*)-octahydro-spiro[furan-2,7′-(3*t*,9a*t*-methano-cyclopent[*b*]oxocin)]-5,2′,10′-trion $C_{17}H_{22}O_5$, Formel XIV.
Diese Konstitution kommt wahrscheinlich der nachstehend beschriebenen Verbindung zu (*Hardy et al.*, Soc. **1957** 2955, 2957).
B. Beim Behandeln von 9-Hydroxy-6-oxo-14,15,16-trinor-8β*H*-labdan-13,19-disäure-13-lacton (E III/IV **18** 6028) mit wss. Natronlauge und Kaliumpermanganat und anschliessenden Behandeln mit wss. Salzsäure (*Ghigi*, G. **81** [1951] 336, 347; *Ghigi, Drusiani*, G. **86** [1956] 682, 686; s. a. *Cocker et al.*, Chem. and Ind. **1955** 1484). Aus 3-[(6a*R*)-7*t*-Hydroxy-3,6a,8*t*-trimethyl-2,10-dioxo-(6a*r*)-octahydro-3*t*,9a*t*-methano-cyclopent[*b*]-oxocin-7*c*-yl]-propionsäure (?; E III/IV **18** 6467) beim Erhitzen auf 210° (*Ha. et al.*, l. c. S. 2963) sowie beim Behandeln mit wss. Salzsäure (*Co. et al.*).
Krystalle; F: 214° [aus W.] (*Gh., Dr.*, l. c. S. 686), 214° (*Co. et al.*), 210—210,5° [nach Sublimation bei 180° unter vermindertem Druck] (*Ha. et al.*, l. c. S. 2963). [α]$_D^{21}$: +46,5° [CHCl$_3$; c = 2] (*Co. et al.*); [α]$_D^{20}$: +50,0° [Acn.; c = 1] (*Ghigi, Balbi*, G. **84** [1954] 428, 432). UV-Absorptionsmaximum (A.): 298 nm (*Ha. et al.*, l. c. S. 2963).
Oxim $C_{17}H_{23}NO_5$. Krystalle; F: 290—292° [Zers.; im vorgeheizten Bad; aus A.] (*Ha. et al.*, l. c. S. 2963), 265° (*Co. et al.*). [α]$_D^{19}$: −21,5° [CHCl$_3$; c = 0,5] (*Co. et al.*).

(2*R*,2′a*S*)-2′a,5′a,7′*c*-Trimethyl-(2′a*r*,5′a*t*,8′a*c*,8′b*c*)-octahydro-spiro[furan-2,6′-naphtho-[1,8-*bc*]furan]-4,5,2′-trion, 6β,9-Dihydroxy-12-oxo-14,15,16-trinor-8β*H*-labdan-13,19-disäure-13→9;19→6-dilacton[2] $C_{17}H_{22}O_5$, Formel XV (X = O).
B. Neben (4*R*,2′a*S*)-2′a,5′a,7′*c*-Trimethyl-(2′a*r*,5′a*t*,8′a*c*,8′b*c*)-octahydro-spiro[[1,3]di-oxan-4,6′-naphtho[1,8-*bc*]furan]-2,6,2′-trion beim Behandeln von [(2*R*,2′a*S*)-2′a,5′a,7′*c*-Trimethyl-5,2′-dioxo-(2′a*r*,5′a*t*,8′a*c*,8′b*c*)-dodecahydro-spiro[furan-2,6′-naphtho[1,8-*bc*]-furan]-4-yl]-glyoxylsäure (F: 184,5—185°; aus Marrubiin hergestellt) in Chloroform mit Ozon bei −60° und anschliessend mit Wasser (*Burn, Rigby*, Soc. **1957** 2964, 2971).
Krystalle (aus A.); F: 235,5—236,5°. [α]$_D^{23}$: −31,3° [CHCl$_3$; c = 1]. UV-Absorptions-maximum: 234 nm [A.] bzw. 270 nm [wss.-äthanol. Natronlauge].

(2*R*,2′a*S*)-2′a,5′a,7′*c*-Trimethyl-(2′a*r*,5′a*t*,8′a*c*,8′b*c*)-octahydro-spiro[furan-2,6′-naphtho-[1,8-*bc*]furan]-4,5,2′-trion-4-oxim, 6β,9-Dihydroxy-12-hydroxyimino-14,15,16-trinor-8β*H*-labdan-13,19-disäure-13→9;19→6-dilacton $C_{17}H_{23}NO_5$, Formel XV (X = N-OH).
B. Aus der im vorangehenden Artikel beschriebenen Verbindung und Hydroxylamin (*Burn, Rigby*, Soc. **1957** 2964, 2971).

---

[1]) Stellungsbezeichnung bei von Ambrosan abgeleiteten Namen s. E III/IV **17** 4670.
[2]) Stellungsbezeichnung bei von Labdan abgeleiteten Namen s. E IV **5** 368, 369.

Krystalle (aus A.); F: 259,5—261,5° [Zers.]. UV-Absorptionsmaximum: 228 nm [A.] bzw. 275 nm [wss.-äthanol. Natronlauge].

(2R,2′aS)-2′a,5′a,7′c-Trimethyl-(2′ar,5′at,8′ac,8′bc)-octahydro-spiro[furan-2,6′-naphtho=[1,8-bc]furan]-4,5,2′-trion-4-[O-methyl-oxim], 6β,9-Dihydroxy-12-methoxyimino-14,15,16-trinor-8βH-labdan-13,19-disäure-13→9;19→6-dilacton $C_{18}H_{25}NO_5$, Formel XV (X = N-O-CH$_3$).

B. Aus dem im vorangehenden Artikel beschriebenen Oxim mit Hilfe von Diazomethan (*Burn, Rigby*, Soc. **1957** 2964, 2971).

Krystalle (aus Ae.); F: 187,5—188,5° [Zers.]. UV-Absorptionsmaximum (A.): 279 nm.

XV   XVI

Trioxo-Verbindungen $C_{21}H_{30}O_5$

(3aR)-3c-Hexanoyl-9a-methyl-6ξ-propyl-(3ar,9at)-3a,4,5,6,8,9a-hexahydro-3H-furo=[3,2-g]isochromen-2,9-dion, (S)-2-[(6R)-7t-Hydroxy-7c-methyl-8-oxo-3ξ-propyl-3,4,5,6,7,8-hexahydro-1H-isochromen-6r-yl]-3-oxo-octansäure-lacton $C_{21}H_{30}O_5$, Formel XVI.

Die Konstitution (und Konfiguration) kommt dem nachstehend beschriebenen **Tetra=hydromonascin** zu (*Fielding et al.*, Soc. **1961** 4579, 4580).

B. Bei der Hydrierung von Monascin (S. 2198) an Palladium in Äthanol (*Fi. et al.*, l. c. S. 4586; *Inouye et al.*, Tetrahedron **18** [1962] 1195, 1201).

Krystalle; F: 136—137° [unkorr.; aus A.] (*In. et al.*), 135° [aus wss. A.] (*Fi. et al.*, l. c. S. 4586).

Tetrahydromonascin hat vermutlich auch in einem von *Salomon* und *Karrer* (Helv. **15** [1932] 18, 21) bei der Hydrierung von Monascin an Platin in Essigsäure erhaltenen, als Dihydromonascin angesehenen Präparat (Krystalle [aus A.], F: 130—131°) vorgelegen (*Fi. et al.*, l. c. S. 4580).

Trioxo-Verbindungen $C_nH_{2n-14}O_5$

Trioxo-Verbindungen $C_{10}H_6O_5$

2-Phenyl-[1,3]dioxan-4,5,6-trion-5-phenylhydrazon $C_{16}H_{12}N_2O_4$, Formel I (R = C_6H_5), und Tautomere (z. B. 6-Hydroxy-2-phenyl-5-phenylazo-[1,3]dioxin-4-on).

Diese Konstitution ist wahrscheinlich der nachstehend beschriebenen, von *Chaimow* (Trudy Tadžiksk. selskochoz. Inst. **1** [1958] 33, 36; C. A. **1960** 20975) als 2-Oxo-4-phen=yl-3-phenylazo-oxetan-3-carbonsäure angesehenen Verbindung zuzuordnen, nachdem sich die ursprünglich als 2-Oxo-4-phenyl-oxetan-3-carbonsäure angesehene Ausgangs-verbindung (F: 145—146°) als 2-Phenyl-[1,3]dioxan-4,6-dion (S. 1984) erwiesen hat.

B. Beim Behandeln einer Lösung von 2-Phenyl-[1,3]dioxan-4,6-dion in Äthanol mit wss. Benzoldiazonium-Salz-Lösung (*Ch.*).

Gelbliche Krystalle (aus Me.); F: 202—203° [unkorr.] (*Ch.*, l. c. S. 37).

Beim Erwärmen mit wss.-äthanol. Natronlauge ist eine Verbindung $C_{15}H_{14}N_2O_3$ (gelbe Krystalle [aus Me.], F: 114—115° [unkorr.]) erhalten worden (*Ch.*, l. c. S. 36, 38).

2-Phenyl-[1,3]dioxan-4,5,6-trion-5-[4-nitro-phenylhydrazon] $C_{16}H_{11}N_3O_6$, Formel I (R = C_6H_4-NO$_2$), und Tautomere (z. B. 6-Hydroxy-5-[4-nitro-phenylazo]-2-phenyl-[1,3]dioxin-4-on).

Diese Konstitution ist wahrscheinlich der nachstehend beschriebenen, von *Chaimow* (Trudy Tadžiksk. selskochoz. Inst. **1** [1958] 33, 37; C. A. **1960** 20975) als 3-[4-Nitro-phenylazo]-2-oxo-4-phenyl-oxetan-3-carbonsäure angesehenen Verbindung zuzuordnen (vgl. die Bemerkung im vorangehenden Artikel).

B. Beim Behandeln einer Lösung von 2-Phenyl-[1,3]dioxan-4,6-dion (S. 1984) in Äthanol mit wss. 4-Nitro-benzoldiazonium-Salz-Lösung (*Ch.*).

Gelbe Krystalle (aus A. oder Eg.); F: 227—228° [unkorr.] (*Ch.*, l. c. S. 37).

Beim Erwärmen mit wss.-äthanol. Natronlauge ist eine Verbindung $C_{15}H_{13}N_3O_5$ (gelbe Krystalle [aus Me.], F: 201—202° [unkorr.]) erhalten worden (*Ch.*, l. c. S. 36, 39).

2-Phenyl-[1,3]dioxan-4,5,6-trion-5-*o*-tolylhydrazon $C_{17}H_{14}N_2O_4$, Formel I (R = C_6H_4-CH$_3$), und Tautomere (z. B. 6-Hydroxy-2-phenyl-5-*o*-tolylazo-[1,3]dioxin-4-on).

Diese Konstitution ist wahrscheinlich der nachstehend beschriebenen, von *Chaimow* (Trudy Tadžiksk. selskochoz. Inst. **1** [1958] 33, 37; C. A. **1960** 20975) als 2-Oxo-4-phenyl-3-*o*-tolylazo-oxetan-3-carbonsäure angesehenen Verbindung zuzuordnen (vgl. die Bemerkung im Artikel 2-Phenyl-[1,3]dioxan-4,5,6-trion-5-phenylhydrazon [S. 2193]).

B. Beim Behandeln einer Lösung von 2-Phenyl-[1,3]dioxan-4,6-dion (S. 1984) in Äthanol mit wss. Toluol-2-diazonium-Salz-Lösung (*Ch.*).

Orangefarbene Krystalle (aus Me.); F: 169—170° [unkorr.] (*Ch.*, l. c. S. 37).

Beim Erwärmen mit wss.-äthanol. Natronlauge ist eine Verbindung $C_{16}H_{16}N_2O_3$ (orangefarbene Krystalle [aus A.], F: 117—118° [unkorr.]) erhalten worden (*Ch.*, l. c. S. 36, 38).

2-Phenyl-[1,3]dioxan-4,5,6-trion-5-*m*-tolylhydrazon $C_{17}H_{14}N_2O_4$, Formel I (R = C_6H_4-CH$_3$), und Tautomere (z. B. 6-Hydroxy-2-phenyl-5-*m*-tolylazo-[1,3]dioxin-4-on).

Diese Konstitution ist wahrscheinlich der nachstehend beschriebenen, von *Chaimow* (Trudy Tadžiksk. selskochoz. Inst. **1** [1958] 33, 37; C. A. **1960** 20975) als 2-Oxo-4-phenyl-3-*m*-tolylazo-oxetan-3-carbonsäure angesehenen Verbindung zuzuordnen (vgl. die Bemerkung im Artikel 2-Phenyl-[1,3]dioxan-4,5,6-trion-5-phenylhydrazon [S. 2193]).

B. Beim Behandeln einer Lösung von 2-Phenyl-[1,3]dioxan-4,6-dion (S. 1984) in Äthanol mit wss. Toluol-3-diazonium-Salz-Lösung (*Ch.*).

Orangefarbene Krystalle (aus A.); F: 181—182° [unkorr.] (*Ch.*, l. c. S. 37).

Beim Erwärmen mit wss.-äthanol. Natronlauge ist eine Verbindung $C_{16}H_{16}N_2O_3$ (gelbe Krystalle [aus Me.], F: 143—144° [unkorr.]) erhalten worden (*Ch.*, l. c. S. 36, 38).

2-Phenyl-[1,3]dioxan-4,5,6-trion-5-*p*-tolylhydrazon $C_{17}H_{14}N_2O_4$, Formel I (R = C_6H_4-CH$_3$), und Tautomere (z. B. 6-Hydroxy-2-phenyl-5-*p*-tolylazo-[1,3]dioxin-4-on).

Diese Konstitution ist wahrscheinlich der nachstehend beschriebenen, von *Chaimow* (Trudy Tadžiksk. selskochoz. Inst. **1** [1958] 33, 38; C. A. **1960** 20975) als 2-Oxo-4-phenyl-3-*p*-tolylazo-oxetan-3-carbonsäure angesehenen Verbindung zuzuordnen (vgl. die Bemerkung im Artikel 2-Phenyl-[1,3]dioxan-4,5,6-trion-5-phenylhydrazon [S. 2193]).

B. Beim Behandeln einer Lösung von 2-Phenyl-[1,3]dioxan-4,6-dion (S. 1984) in Äthanol mit wss. Toluol-4-diazonium-Salz-Lösung (*Ch.*).

Gelbe Krystalle (aus A.); F: 201—202° [unkorr.] (*Ch.*, l. c. S. 38).

Beim Erwärmen mit wss.-äthanol. Natronlauge ist eine Verbindung $C_{16}H_{16}N_2O_3$ (gelbliche Krystalle [aus Me.], F: 156—157° [unkorr.]) erhalten worden (*Ch.*, l. c. S. 36, 39).

I   II

Trioxo-Verbindungen $C_{11}H_8O_5$

3-[3*t*(?)-[2]Furyl-acryloyl]-furan-2,4-dion, 5*t*(?)-[2]Furyl-2-glykoloyl-3-oxo-pent-4-ensäure-lacton $C_{11}H_8O_5$, vermutlich Formel II, und Tautomere (z. B. 3-[3*t*(?)-[2]Furyl-acryloyl]-4-hydroxy-5*H*-furan-2-on).

B. Beim Erwärmen von 3-Acetyl-furan-2,4-dion mit Furfural, Essigsäure und wenig Piperidin (*Baker et al.*, Soc. **1943** 241).

Orangegelbe Krystalle (aus Bzn.); F: 146—148°.

Trioxo-Verbindungen C$_{16}$H$_{18}$O$_5$

(±)-4-Methyl-7-[5-methyl-3-oxo-hex-4-enyl]-(3ar,7ac)-3a,4,7,7a-tetrahydro-4t(?),7t(?)-epoxido-isobenzofuran-1,3-dion, (±)-1-Methyl-4-[5-methyl-3-oxo-hex-4-enyl]-7-oxa-norborn-5-en-2exo(?),3exo(?)-dicarbonsäure-anhydrid C$_{16}$H$_{18}$O$_5$, vermutlich Formel III + Spiegelbild.

Bezüglich der Konfigurationszuordnung vgl. das analog hergestellte 1-Methyl-7-oxa-norborn-5-en-2exo,3exo-dicarbonsäure-anhydrid (S. 1966).

B. Aus 5-Methyl-1-[5-methyl-[2]furyl]-hex-4-en-3-on und Maleinsäure-anhydrid (*Nasarow*, *Nagibina*, Izv. Akad. S.S.S.R. Otd. chim. **1947** 641, 645; C. A. **1948** 7736).

F: 82—84°.

III   IV

Trioxo-Verbindungen C$_{18}$H$_{22}$O$_5$

(±)-4′a-Methyl-5′,8′-dioxo-(4′ar,4′bt,8′ac)-3′,4′,4′a,4′b,5′,6′,7′,8′,8′a,9′-decahydro-1′H-spiro[[1,3]dioxolan-2,2′-phenanthren]-7′-carbaldehyd, (±)-7,7-Äthandiyldioxy-4b-methyl-1,4-dioxo-(4ar,4bt,10at)-1,2,3,4,4b,5,6,7,8,10,10a-dodecahydro-phenanthren-2-carbaldehyd C$_{18}$H$_{22}$O$_5$, Formel IV + Spiegelbild, und Tautomere.

B. Beim Behandeln von (±)-7,7-Äthandiyldioxy-4b-methyl-(4ar,4bt,10at)-2,3,4a,4b,5,=6,7,8,10,10a-decahydro-phenanthren-1,4-dion mit Natriummethylat in Methanol und mit Methylformiat (*Merck & Co. Inc.*, U.S.P. 2862004 [1953]).

Krystalle (aus A.); F: 159—161°.

Trioxo-Verbindungen C$_{19}$H$_{24}$O$_5$

(±)-7′-Acetyl-4′a-methyl-(4′ar,4′bt,8′ac)-3′,4′,4′a,4′b,6′,7′,8′a,9′-octahydro-1′H-spiro=[[1,3]dioxolan-2,2′-phenanthren]-5′,8′-dion, (±)-2-Acetyl-7,7-äthandiyldioxy-4b-methyl-(4ar,4bt,10at)-2,3,4a,4b,5,6,7,8,10,10a-decahydro-phenanthren-1,4-dion C$_{19}$H$_{24}$O$_5$, Formel V + Spiegelbild, und Tautomere.

B. Beim Behandeln von (±)-7,7-Äthandiyldioxy-4b-methyl-(4ar,4bt,10at)-2,3,4a,4b,5,=6,7,8,10,10a-decahydro-phenanthren-1,4-dion in Benzol mit Natriummethylat und Essigsäure-methylester (*Lukes et al.*, Am. Soc. **75** [1953] 1707, 1711).

Krystalle (aus Acn.); F: 176—177° [Kofler-App.]. UV-Absorptionsmaximum (Me.): 288 nm.

V   VI

Trioxo-Verbindungen C$_{20}$H$_{26}$O$_5$

(±)-7′ξ-Acetyl-4′a,7′ξ-dimethyl-(4′ar,4′bt,8′ac)-3′,4′,4′a,4′b,6′,7′,8′a,9′-octahydro-1′H-spiro[[1,3]dioxolan-2,2′-phenanthren]-5′,8′-dion, (±)-2ξ-Acetyl-7,7-äthandiyldioxy-2ξ,4b-dimethyl-(4ar,4bt,10at)-2,3,4a,4b,5,6,7,8,10,10a-decahydro-phenanthren-1,4-dion, *rac*-3,3-Äthandiyldioxy-14,15-seco-D-nor-13ξ-androst-5-en-11,14,16-trion C$_{20}$H$_{26}$O$_5$, Formel VI + Spiegelbild.

B. Beim Behandeln einer Suspension von (±)-2-Acetyl-7,7-äthandiyldioxy-4b-methyl-

(4ar,4bt,10at)-2,3,4a,4b,5,6,7,8,10,10a-decahydro-phenanthren-1,4-dion (S. 2195) in Aceton mit Methyljodid und Kaliumcarbonat (*Lukes et al.*, Am. Soc. **75** [1953] 1707, 1711). Beim Behandeln von (±)-2ξ-Acetyl-7,7-äthandiyldioxy-4t-hydroxy-2ξ,4b-dimethyl-(4ar,4bt,10at)-3,4,4a,4b,5,6,7,8,10,10a-decahydro-2H-phenanthren-1-on (Gemisch der Stereoisomeren) mit Chrom(VI)-oxid und Pyridin (*Lu. et al.*).

Krystalle (aus Acn.); F: 200—203° [Kofler-App.].

Trioxo-Verbindungen $C_{21}H_{28}O_5$

(3aR)-3c-Hexanoyl-9a-methyl-6-propyl-(3ar,9at)-3a,4,8,9a-tetrahydro-3H-furo[3,2-g]isochromen-2,9-dion, (S)-2-[(6R)-7t-Hydroxy-7c-methyl-8-oxo-3-propyl-5,6,7,8-tetrahydro-1H-isochromen-6r-yl]-3-oxo-octansäure-lacton, Dihydromonascin $C_{21}H_{28}O_5$, Formel VII.

B. Bei der Hydrierung von Monascin (S. 2198) an Palladium/Bariumsulfat in Äther (*Nishikawa*, J. agric. chem. Soc. Japan **8** [1932] 1007, 1012; C. **1932** II 1639) oder in Äthanol (*Fielding et al.*, Soc. **1961** 4579, 4586; *Inouye et al.*, Tetrahedron **18** [1962] 1195, 1201).

Hellgelbe Krystalle; F: 122° [unkorr.; aus A.] (*In. et al.*), 120° [nach Erweichen bei 110°; aus wss. A.] (*Ni.*), 119—121° [Zers.; aus wss. A.] (*Fi. et al.*). $[\alpha]_D^{14}$: +429,8° [CHCl$_3$; c = 2] (*Ni.*); $[\alpha]_D^{21}$: +445° [CHCl$_3$; c = 1] (*Fi. et al.*); $[\alpha]_D^{10}$: +359,8° [A.; c = 0,4] (*Ni.*).

VII   VIII

7'-Acetonyl-4'a,7'-dimethyl-3',4',4'a,4'b,6',7',8'a,9'-octahydro-1'H-spiro[[1,3]dioxolan-2,2'-phenanthren]-5',8'-dion $C_{21}H_{28}O_5$.

a) **rac-3,3-Äthandiyldioxy-14,15-seco-androst-5-en-11,14,16-trion $C_{21}H_{28}O_5$,** Formel VIII + Spiegelbild.

B. Beim Behandeln von rac-3,3-Äthandiyldioxy-11β-hydroxy-14,15-seco-androst-5-en-14,16-dion mit Chrom(VI)-oxid und Pyridin (*Sarett et al.*, Am. Soc. **75** [1953] 2112, 2116).

Krystalle; F: 175—176° [Kofler-App.].

b) **rac-3,3-Äthandiyldioxy-14,15-seco-13α-androst-5-en-11,14,16-trion $C_{21}H_{28}O_5$,** Formel IX + Spiegelbild.

B. Beim Behandeln einer Lösung von rac-3,3-Äthandiyldioxy-15,16ξ-dihydroxy-16ξ-methyl-14,15-seco-13α-androst-5-en-11,14-dion (F: 179—181°) in Methanol und Pyridin mit Perjodsäure in Wasser (*Sarett et al.*, Am. Soc. **75** [1953] 2112, 2117).

Krystalle (aus Acn.); F: 166° [Kofler-App.].

IX   X

Trioxo-Verbindungen $C_{23}H_{32}O_5$

rac-3,3-Äthandiyldioxy-16,17-seco-pregn-5-en-11,16,20-trion $C_{23}H_{32}O_5$, Formel X + Spiegelbild.

B. Beim Behandeln einer Lösung von rac-3,3-Äthandiyldioxy-20,22-dihydroxy-

16,17-seco-23,24-dinor-20ξH-chol-5-en-11,16-dion (F: 171—175°) in Tetrahydrofuran und Pyridin mit Perjodsäure in Wasser (*Poos et al.*, Am. Soc. **77** [1955] 1026).
Krystalle (aus Ae.); F: 131—133° [Kofler-App.].

Trioxo-Verbindungen $C_nH_{2n-16}O_5$

Trioxo-Verbindungen $C_{12}H_8O_5$

6,6-Dimethyl-6H-benzo[1,2-c;3,4-c']difuran-1,3,8-trion, 4-[α-Hydroxy-isopropyl]-benzol-1,2,3-tricarbonsäure-1,2-anhydrid-3-lacton $C_{12}H_8O_5$, Formel I.
B. Aus 1,1-Dimethyl-3-oxo-phthalan-4,5-dicarbonsäure beim Erwärmen mit Acetyl= chlorid (*Hansen*, B. **66** [1933] 849, 852) sowie beim Erhitzen unter 12 Torr auf 290° (*Horrmann*, Ar. **273** [1935] 433, 444).
Krystalle; F: 293° [Zers.; aus Eg.] (*Ho.*), 286° [aus Acetanhydrid] (*Ha.*).

(±)-(2ar,4ac,8ac,8bt)-2a,8,8a,8b-Tetrahydro-4aH-naphtho[1,8-bc;4,5-b'c']difuran-2,5,7-trion, (±)-5c,8-Dihydroxy-7-oxo-(4ar)-1,4,4a,5,6,7-hexahydro-naphthalin-1c,4c-dicarbonsäure-1 → 8; 4 → 5-dilacton $C_{12}H_8O_5$, Formel II + Spiegelbild.
Für die nachstehend beschriebene Verbindung kommt ausser dieser Konstitution und Konfiguration auch die Formulierung als (2ar,6at)-2a,3,6,6a-Tetrahydro-3c,6c-methano-oxepino[3,4,5-cd]benzofuran-2,5,9-trion ((±)-2c,8-Dihydroxy-7-oxo-(4ar)-1,2,3,4,4a,7-hexahydro-naphthalin-1c,4c-dicarbonsäure-1→8;4→2-di= lacton; Formel III + Spiegelbild) in Betracht (*Patchett, Witkop*, J. org. Chem. **22** [1957] 1477, 1480, 1481).
B. In kleiner Menge beim Erwärmen von (±)-5ξ-Hydroperoxy-5ξ-hydroxy-6-oxo-(4ar,8ac)-1,4,4a,5,6,8a-hexahydro-naphthalin-1c,4c-dicarbonsäure (F: ca. 140° [Zers.]) mit Zink-Pulver und Essigsäure, Erwärmen des Reaktionsprodukts mit Acetanhydrid und Natriumacetat und Erhitzen des danach isolierten Reaktionsprodukts im Hoch-vakuum (*Pa., Wi.*, l. c. S. 1483).
Gelbe Krystalle (aus Me.); F: 244° [korr.]. UV-Absorptionsmaximum: 250 nm und 346 nm [A.] bzw. 248 nm, 305 nm und 345 nm [äthanol. Alkalilauge].

I   II   III   IV

Trioxo-Verbindungen $C_{13}H_{10}O_5$

3-[3t(?)-[2]Furyl-acryloyl]-6-methyl-pyran-2,4-dion, 2-[3t(?)-[2]Furyl-acryloyl]-5-hydroxy-3-oxo-hex-4t-ensäure-lacton $C_{13}H_{10}O_5$, vermutlich Formel IV, und Tautomere (z. B. 3-[3t(?)-[2]Furyl-acryloyl]-4-hydroxy-6-methyl-pyran-2-on).
B. Beim Erwärmen von Dehydracetsäure (3-Acetyl-6-methyl-pyran-2,4-dion) mit Furfural, Chloroform und wenig Piperidin (*Wiley et al.*, Am. Soc. **77** [1955] 5102).
Krystalle (aus Bzl. oder E.); F: 144° [korr.].

6-Methyl-3-[3t(?)-[2]thienyl-acryloyl]-pyran-2,4-dion, 5-Hydroxy-3-oxo-2-[3t(?)-[2]thienyl-acryloyl]-hex-4t-ensäure-lacton $C_{13}H_{10}O_4S$, vermutlich Formel V, und Tautomere (z. B. 4-Hydroxy-6-methyl-3-[3t(?)-[2]thienyl-acryloyl]-pyran-2-on).
B. Beim Erwärmen von Dehydracetsäure (3-Acetyl-6-methyl-pyran-2,4-dion) mit Thiophen-2-carbaldehyd, Chloroform und wenig Piperidin (*Wiley et al.*, Am. Soc. **77** [1955] 5102).
Krystalle (aus E.); F: 157° [korr.].

V   VI

Bis-[5-acetyl-[2]thienyl]-keton $C_{13}H_{10}O_3S_2$, Formel VI.

B. Aus Bis-[5-acetyl-[2]thienyl]-methan beim Behandeln einer Lösung in Äthanol mit wss. Kalilauge und mit Sauerstoff sowie beim Erwärmen einer Lösung in Essigsäure mit Chrom(VI)-oxid und Wasser (*Cairns et al.*, Am. Soc. **73** [1951] 1270, 1272).

Gelbliche Krystalle (aus Eg.); F: 262—263°.

Trioxo-Verbindungen $C_{14}H_{12}O_5$

5-Acetyl-2,3,7,8-tetrahydro-thiopyrano[2,3-g]thiochromen-4,9-dion $C_{14}H_{12}O_3S_2$, Formel VII.

B. Beim Erhitzen von 1-[2,5-Bis-(2-carboxy-äthylmercapto)-phenyl]-äthanon mit Polyphosphorsäure auf 160° (*Cagnoli et al.*, Ann. Chimica **47** [1957] 606, 612). Beim Erhitzen von 3-[8-Acetyl-4-oxo-thiochroman-6-ylmercapto]-propionsäure mit Polyphosphorsäure auf 130° (*Ca. et al.*).

Orangefarbene Krystalle (aus A.); F: 258—259° [Zers.].

VII   VIII   IX

Trioxo-Verbindungen $C_{15}H_{14}O_5$

3,3,6,6-Tetramethyl-3,6-dihydro-furo[3,4-h]isochromen-1,7,9-trion,   Coriarinsäure-anhydrid $C_{15}H_{14}O_5$, Formel VIII.

B. Beim Erhitzen von Coriarinsäure (2-[4-Carboxy-1,1-dimethyl-3-oxo-phthalan-5-yl]-2-methyl-propionsäure [E III/IV **18** 6170]) auf 150° (*Kariyone, Oosumi*, J. pharm. Soc. Japan **62** [1942] 510, 513; dtsch. Ref. S. 158; C. A. **1951** 4708).

Krystalle (aus E. + Hexan); F: 220°.

Trioxo-Verbindungen $C_{16}H_{16}O_5$

(±)-7-Isopropyl-10-methyl-4a,10b-dihydro-1H-pyrano[3,4-c]chromen-2,4,5-trion $C_{16}H_{16}O_5$, Formel IX.

Diese Konstitution ist der nachstehend beschriebenen Verbindung mit Vorbehalt zugeordnet worden (*Yasuda*, J. scient. Res. Inst. Tokyo **52** [1958] 83, 88).

B. Beim Erwärmen von opt.-inakt. 2,4-Dicyan-3-[2-hydroxy-3-isopropyl-6-methyl-phenyl]-glutarsäure-diäthylester (F: 142,5—143,5°) mit Methanol und konz. wss. Salzsäure (*Ya.*, l. c. S. 97).

Krystalle (aus W.); F: 173—174°. IR-Spektrum (Nujol; 1—15 μ): *Ya.*, l. c. S. 89.

Trioxo-Verbindungen $C_{21}H_{26}O_5$

(3aR)-3c-Hexanoyl-9a-methyl-6-trans-propenyl-(3ar,9at)-3a,4,8,9a-tetrahydro-3H-furo[3,2-g]isochromen-2,9-dion, (S)-2-[(6R)-7t-Hydroxy-7c-methyl-8-oxo-3-trans-propenyl-5,6,7,8-tetrahydro-1H-isochromen-6r-yl]-3-oxo-octansäure-lacton, Monascin, Monascoflavin $C_{21}H_{26}O_5$, Formel X.

Konstitutionszuordnung: *Fielding et al.*, Soc. **1961** 4579, 4580; *Chen et al.*, Soc. [C]

1971 3577. Konfigurationszuordnung: *Chen et al.*; *Steyn, Vleggaar*, J.C.S. Perkin I **1976** 204; *Whalley et al.*, J.C.S. Perkin I **1976** 1366, 1368.

Isolierung aus Kulturen von Monascus purpureus: *Salomon, Karrer*, Helv. **15** [1932] 18, 20; *Nishikawa*, J. agric. chem. Soc. Japan **8** [1932] 1007, 1011; C. **1932** II 1639; *Fi. et al.*, l. c. S. 4586; von Monascus rubropunctatus: *Haws et al.*, Soc. **1959** 3598, 3605.

Gelbe Krystalle; F: 145° [aus A.] (*Ni.*), 142—144° [Zers.; aus Ae.] (*Haws et al.*), 142° bis 144° [Zers.; aus Ae. oder A.] (*Fi. et al.*, l. c. S. 4586), 141—142° (*Karrer, Geiger*, Helv. **24** [1941] 289, 290). $[\alpha]_D^{12}$: +535,2° [CHCl$_3$; c = 0,8] (*Ni.*); $[\alpha]_D$: +544° [CHCl$_3$; c = 1] (*Haws et al.*; *Fi. et al.*, l. c. S. 4586); $[\alpha]_D^{10}$: +590,1° [A.; c = 0,4] (*Ni.*); $[\alpha]_D^{18}$: +571,5° [A.; c = 0,2] (*Ka., Ge.*, l. c. S. 296). Absorptionsspektrum (260—465 nm): *Ka., Ge.*, l. c. S. 290. UV-Absorptionsspektrum (A.): 231 nm, 287 nm und 390 nm (*Fi. et al.*, l.c. S. 4586).

Beim Behandeln einer Lösung in Essigsäure mit Brom ist eine **Verbindung** C$_{21}$H$_{26}$Br$_2$O$_5$ (gelbe Krystalle [aus A.], Zers. bei 175—183°; vermutlich (3a*R*)-6-[(1*Ξ*,2*Ξ*)-**Dibrompropyl]-3*c*-hexanoyl-9a-methyl-(3a*r*,9a*t*)-3a,4,8,9a-tetrahydro-3*H*-furo[3,2-*g*]isochromen-2,9-dion**) erhalten worden (*Ni.*, l. c. S. 1013).

X   XI

Trioxo-Verbindungen C$_{23}$H$_{30}$O$_5$

17-Acetyl-10,13-dimethyl-Δ^5-dodecahydro-spiro[cyclopenta[*a*]phenanthren-3,2'-[1,3]dioxolan]-11,16-dion C$_{23}$H$_{30}$O$_5$ und Tautomere.

a) **rac-3,3-Äthandiyldioxy-14β,17ξ*H*-pregn-5-en-11,16,20-trion** C$_{23}$H$_{30}$O$_5$, Formel XI + Spiegelbild.

B. Beim Behandeln einer Lösung von *rac*-3,3-Äthandiyldioxy-11,20-dioxo-16,17-seco-14β-pregn-5-en-16-säure-methylester in Benzol mit Natriummethylat (*Arth et al.*, Am. Soc. **77** [1955] 3834, 3839).

Krystalle (aus A.); F: 213,5—215° [Kofler-App.].

b) **rac-3,3-Äthandiyldioxy-17ξ*H*-pregn-5-en-11,16,20-trion** C$_{23}$H$_{30}$O$_5$, Formel XII + Spiegelbild.

B. Beim Behandeln einer Lösung von *rac*-3,3-Äthandiyldioxy-11,20-dioxo-16,17-seco-pregn-5-en-16-säure-methylester in Benzol mit Natriummethylat (*Arth et al.*, Am. Soc. **77** [1955] 3834, 3837).

Krystalle (aus A.); F: 154—156° [Kofler-App.]. Absorptionsmaximum (Me.): 285 nm.

Beim Erwärmen mit Isopropyljodid, Kaliumcarbonat und Aceton sind *rac*-3,3-Äthandiyldioxy-16-isopropoxy-pregn-5,16-dien-11,20-dion und *rac*-3,3-Äthandiyldioxy-20-isopropoxy-pregn-5,17(20)ξ-dien-11,16-dion (F: 184—186°) erhalten worden (*Arth et al.*, l. c. S. 3838).

XII   XIII

c) **rac-3,3-Äthandiyldioxy-13α,17ξ*H*-pregn-5-en-11,16,20-trion** C$_{23}$H$_{30}$O$_5$, Formel XIII + Spiegelbild.

B. Beim Behandeln von *rac*-3,3-Äthandiyldioxy-11,20-dioxo-16,17-seco-13α-pregn-

5-en-16-säure-methylester in Benzol mit Natriummethylat (*Arth et al.*, Am. Soc. **77** [1955] 3834, 3839).

Krystalle (aus E.); F: 226—229° [Kofler-App.]. UV-Absorptionsmaximum: 285 nm [Me.] bzw. 287 nm [Lösung vom pH 1] bzw. 303 nm [Lösung vom pH 13].

(20*S*,21*S*)-14,21-Epoxy-3,12-dioxo-5β,14β-cardanolid, Isodigoxigenon C$_{23}$H$_{30}$O$_5$, Formel XIV.

B. Beim Behandeln von Digoxigenon (14-Hydroxy-3,12-dioxo--5β,14β-card-20(22)-enolid [E III/IV **18** 2588]) mit wss.-methanol. Kalilauge und anschliessend mit wss. Salzsäure (*Smith*, Soc. **1935** 1305, 1308). Beim Behandeln von Isodigoxigenin ((20*S*,21*S*)-14,21-Epoxy-3β,12β-dihydroxy-5β,14β-cardanolid) mit Chrom(VI)-oxid und wss. Essig= säure (*Sm.*, l. c. S. 1307).

Krystalle (aus CHCl$_3$); F: 335° [Zers.] (*Sm.*, l. c. S. 1307, 1308).
O x i m C$_{23}$H$_{31}$NO$_5$. Krystalle; F: 305° [Zers.] (*Sm.*, l. c. S. 1307).
S e m i c a r b a z o n C$_{24}$H$_{33}$N$_3$O$_5$. Krystalle; F: 295° [Zers.] (*Sm.*, l. c. S. 1307).

XIV   XV

Trioxo-Verbindungen C$_{29}$H$_{42}$O$_5$

19β-Hydroxy-1,3-dioxo-2-oxa-18α-oleanan-28-säure-lacton[1], **19β-Hydroxy-1,2-seco-*A*-nor-18α-oleanan-1,2,28-trisäure-1,2-anhydrid-28-lacton** C$_{29}$H$_{42}$O$_5$, Formel XV.

B. Beim Erhitzen von 19β-Hydroxy-2-oxo-*A*-nor-18α-oleanan-28-säure-lacton mit Chrom(VI)-oxid und wss. Essigsäure und Erhitzen des erhaltenen 19β-Hydroxy-1,2-seco-*A*-nor-18α-oleanan-1,2,28-trisäure-28-lactons auf 370° (*Ruzicka et al.*, Helv. **17** [1934] 426, 433).

Krystalle (aus Toluol); F: ca. 385° [Zers.].

13-Hydroxy-1,3-dioxo-2-oxa-18α-oleanan-28-säure-lacton[1], **13-Hydroxy-1,2-seco-*A*-nor-18α-oleanan-1,2,28-trisäure-1,2-anhydrid-28-lacton** C$_{29}$H$_{42}$O$_5$, Formel XVI.

Diese Konstitution und Konfiguration kommt vermutlich dem nachstehend beschrie-benen **Oleanintrisäure-anhydrid-monolacton** zu; bezüglich der Zuordnung der Konfigura-tion am C-Atom 18 vgl. *Barton, Holness*, Soc. **1952** 78, 80.

B. Beim Behandeln von Oleanintrisäure (1,2-Seco-*A*-nor-olean-12-en-1,2,28-trisäure) oder von Oleanintrisäure-trimethylester mit Bromwasserstoff in Essigsäure und Chloro= form (*Kitasato*, Acta phytoch. Tokyo **10** [1938] 239, 255).

Krystalle (aus CHCl$_3$ + A.); F: 358—360° [Zers.] (*Ki.*, l. c. S. 357).

XVI   XVII

[1]) Stellungsbezeichnung bei von O l e a n a n abgeleiteten Namen s. E III **5** 1341.

Trioxo-Verbindungen C₃₀H₄₄O₅

19β-Hydroxy-2,4-dioxo-3-oxa-*A*-homo-18α-oleanan-28-säure-lacton [1]), **19β-Hydroxy-2,3-seco-18α-oleanan-2,3,28-trisäure-2,3-anhydrid-28-lacton** $C_{30}H_{44}O_5$, Formel XVII.
Diese Konstitution kommt dem früher (s. E II **6** 941) beschriebenen Oxyallobetulin‚disäureanhydrid zu (*J. Simonsen, W. C. J. Ross*, The Terpenes, Bd. **4** [Cambridge 1957] S. 322); die Konfiguration ergibt sich aus der genetischen Beziehung zu Allo‚betulin (19β,28-Epoxy-18α-oleanan-3β-ol [E III/IV **17** 1528]).
Beim Erwärmen einer Lösung in Chloroform mit Phosphor(V)-chlorid und anschliessend mit Brom ist eine Verbindung $C_{30}H_{43}BrO_5$ (Krystalle [aus Acn. + W.], Zers. bei 315° [nach Sintern bei 300°]) erhalten worden (*Dischendorfer, Juvan*, M. **56** [1930] 272, 280, 281).

Trioxo-Verbindungen $C_nH_{2n-18}O_5$

Trioxo-Verbindungen $C_{11}H_4O_5$

Naphtho[2,3-*d*][1,3]dithiol-2,4,9-trion, 2,3-Carbonyldimercapto-[1,4]naphthochinon $C_{11}H_4O_3S_2$, Formel I.
B. Beim Erwärmen von 2-Methylimino-naphtho[2,3-*d*][1,3]dithiol-4,9-dion mit wss.-äthanol. Salzsäure (*Sundholm, Smith*, Am. Soc. **73** [1951] 3459, 3461). Beim Erhitzen von [4,9-Dioxo-4,9-dihydro-naphtho[2,3-*d*][1,3]dithiol-2-yliden]-dimethyl-ammonium-chlorid mit wss. Salzsäure (*Su., Sm.*, l. c. S. 3462).
Gelbe Krystalle (aus A.); F: 169—169,5° [unkorr.].

2-Methylimino-naphtho[2,3-*d*][1,3]dithiol-4,9-dion, Naphtho[2,3-*d*][1,3]dithiol-2,4,9-trion-2-methylimin $C_{12}H_7NO_2S_2$, Formel II (R = CH₃).
B. Beim Erwärmen von Methyl-dithiocarbamidsäure-[3-chlor-1,4-dioxo-1,4-dihydro-[2]naphthylester] mit Äthanol (*Sundholm, Smith*, Am. Soc. **73** [1951] 3459, 3461). Beim Erhitzen von [4,9-Dioxo-4,9-dihydro-naphtho[2,3-*d*][1,3]dithiol-2-yliden]-dimethyl-am‚monium-chlorid unter 0,5 Torr auf 220° (*Su., Sm.*, l. c. S. 3462).
Rotviolette Krystalle (aus A.); F: 185—186° [unkorr.] (*Su., Sm.*, l. c. S. 3461). Absorp‚tionsspektrum (A.; 220—400 nm): *Su., Sm.*, l. c. S. 3461.

[4,9-Dioxo-4,9-dihydro-naphtho[2,3-*d*][1,3]dithiol-2-yliden]-dimethyl-ammonium $[C_{13}H_{10}NO_2S_2]^+$, Formel III.
Chlorid $[C_{13}H_{10}NO_2S_2]Cl$. *B.* Beim Erhitzen von [1,4]Naphthochinon mit μ-Disulfido-1,2-dithio-dikohlensäure-bis-dimethylamid (E IV **4** 242) in Benzin auf 108° und Behandeln einer Suspension des Reaktionsprodukts (F: 195—200° [Zers.]) in Essigsäure mit Chlor (*Sundholm, Smith*, Am. Soc. **73** [1951] 3459, 3462). Aus 2,3-Dichlor-[1,4]naphthochinon beim Erhitzen mit μ-Disulfido-1,2-dithio-dikohlensäure-bis-dimethylamid auf 140° sowie beim Erwärmen einer Suspension in Äthanol mit einer aus Dimethylamin, Schwefel‚kohlenstoff und wss. Äthanol hergestellten Lösung von Dimethylamin-dimethyldithio‚carbamat (*Su., Sm.*, l. c. S. 3462). — Gelbe Krystalle (aus wss. Salzsäure) mit 1 Mol H_2O; F: 226—228° [unkorr.; Zers.; im vorgeheizten Bad] (*Su., Sm.*, l. c. S. 3462). Absorptions‚spektrum (A.; 220—400 nm): *Su., Sm.*, l. c. S. 3461. pH einer gesättigten wss. Lösung bei 29°: 5,3. Löslichkeit in Wasser bei 27°: 0,5%. — Beim Erwärmen mit wss. Natronlauge ist Dibenzo[*b,i*]thianthren-5,7,12,14-tetraon erhalten worden.

I   II   III

---

[1]) Stellungsbezeichnung bei von Oleanan abgeleiteten Namen s. E III **5** 1341.

2-Äthylimino-naphtho[2,3-*d*][1,3]dithiol-4,9-dion, Naphtho[2,3-*d*][1,3]dithiol-2,4,9-trion-2-äthylimin $C_{13}H_9NO_2S_2$, Formel II (R = C_2H_5).

B. Beim Erwärmen von Äthyl-dithiocarbamidsäure-[3-chlor-1,4-dioxo-1,4-dihydro-[2]naphthylester] mit Äthanol (*Sundholm, Smith*, Am. Soc. **73** [1951] 3459, 3462).

Rote Krystalle (aus A.); F: 192—193° [unkorr.].

Furo[3,2-*g*]chromen-4,7,9-trion, 3*c*-[6-Hydroxy-4,7-dioxo-4,7-dihydro-benzofuran-5-yl]-acrylsäure-lacton, Bergaptenchinon, Psoralenchinon $C_{11}H_4O_5$, Formel IV (E I 704; dort als Furano-2'.3': 2.3(1.2-pyrono)-5''.6'': 5.6-benzochinon-(1.4) bezeichnet).

B. Beim Erhitzen von Xanthotoxin [9-Methoxy-furo[3,2-*g*]chromen-7-on] (*Brokke, Christensen*, J. org. Chem. **24** [1959] 523, 525), von 9-Hydroxy-4-methoxy-furo[3,2-*g*]chromen-7-on (*Kincl et al.*, Soc. **1956** 4163, 4168) oder von Phellopterin [4-Methoxy-9-[3-methyl-but-2-enyloxy]-furo[3,2-*g*]chromen-7-on] (*Noguchi, Kawanami*, J. pharm. Soc. Japan **60** [1940] 57, 61; C. A. **1940** 3718) mit Chrom(VI)-oxid und wss. Essigsäure. Beim Behandeln von Byak-Angelicin [9-[(R)-2,3-Dihydroxy-3-methyl-butoxy]-4-methoxy-furo[3,2-*g*]chromen-7-on] (*Noguchi, Kawanami*, B. **71** [1938] 344, 351; J. pharm. Soc. Japan **58** [1938] 370, 377) oder von Byak-Angelicol [9-[(R)-2,3-Epoxy-3-methyl-butoxy]-4-methoxy-furo[3,2-*g*]chromen-7-on] (*Noguchi, Kawanami*, J. pharm. Soc. Japan **58** [1938] 1052, 1059; B. **72** [1939] 483, 487) mit Chrom(VI)-oxid und wss. Essigsäure.

Orangefarbene Krystalle; F: 275—277° [Zers.; aus A.] (*Br., Ch.*), 251—253° [Zers.; Kofler-App.; aus Acn.] (*Ki. et al.*). Absorptionsmaxima (A.): 273 nm, 314 nm und 426 nm (*Ki. et al.*).

Furo[3,2-*g*]chromen-4,5,9-trion $C_{11}H_4O_5$, Formel V.

B. Beim Behandeln von Norkhellin (4,9-Dimethoxy-furo[3,2-*g*]chromen-5-on) mit wss. Salpetersäure (*Schönberg, Aziz*, Am. Soc. **75** [1953] 3265).

Orangefarbene Krystalle (aus Acn.); F: 242° [Zers.].

IV   V   VI   VII

Trioxo-Verbindungen $C_{12}H_6O_5$

Pyrano[3,2-*c*]chromen-2,4,5-trion $C_{12}H_6O_5$, Formel VI (X = H), und Tautomere (z. B. 4-Hydroxy-pyrano[3,2-*c*]chromen-2,5-dion).

B. Neben 4-Hydroxy-cumarin (E III/IV **17** 6153) beim Erhitzen von Phenol mit Malonsäure und Phosphorylchlorid auf 100° und anschliessend mit Aluminiumchlorid auf 180° (*Ziegler et al.*, M. **87** [1956] 386, 388). Aus 4-Hydroxy-cumarin beim Erhitzen einer Lösung in 1,1,2,2-Tetrachlor-äthan mit Malonsäure und Phosphorylchlorid oder Thionylchlorid, beim Erhitzen mit Malonsäure-diphenylester und Phenol auf 220°, beim Erhitzen mit Malonylchlorid und 1,1,2,2-Tetrachlor-äthan (*Zi. et al.*, l. c. S. 388, 389) sowie beim Erhitzen mit Malonsäure-bis-[2,6-dimethyl-phenylester] und 2,6-Dimethyl-phenol auf 220° (*Ziegler, Maier*, M. **89** [1958] 143, 146).

Gelbe Krystalle; F: 250—251° (*Zi. et al.*, l. c. S. 389), 249—250,5° [aus Eg.] (*Nakata*, J. chem. Soc. Japan Pure Chem. Sect. **78** [1957] 1780, 1782; C. A. **1960** 1505), 249° [aus Eg.] (*Zi., Ma.*).

9-Chlor-pyrano[3,2-*c*]chromen-2,4,5-trion $C_{12}H_5ClO_5$, Formel VII (X = Cl), und Tautomere (z. B. 9-Chlor-4-hydroxy-pyrano[3,2-*c*]chromen-2,5-dion).

B. Neben grösseren Mengen 6-Chlor-4-hydroxy-cumarin (E III/IV **17** 6156) beim Erhitzen von Malonsäure-bis-[4-chlor-phenylester] mit Aluminiumchlorid auf 180° (*Ziegler,*

Junek, M. **86** [1955] 506, 509).
Krystalle (aus Nitrobenzol); F: 267°.

7,9-Dichlor-pyrano[3,2-c]chromen-2,4,5-trion $C_{12}H_4Cl_2O_5$, Formel VIII, und Tautomere (z. B. 7,9-Dichlor-4-hydroxy-pyrano[3,2-c]chromen-2,5-dion).

B. Neben kleinen Mengen 3-Acetyl-6,8-dichlor-4-hydroxy-cumarin (E III/IV **17** 6743) beim Erhitzen von Malonsäure-bis-[2,4-dichlor-phenylester] mit Aluminiumchlorid auf 185° (*Ziegler, Junek*, M. **86** [1955] 506, 510).
Krystalle (aus Dioxan); F: 232,5°.

8,9-Dichlor-pyrano[3,2-c]chromen-2,4,5-trion $C_{12}H_4Cl_2O_5$, Formel VI (X = Cl), und Tautomere (z. B. 8,9-Dichlor-4-hydroxy-pyrano[3,2-c]chromen-2,5-dion).

B. Neben 6,7-Dichlor-4-hydroxy-cumarin (E III/IV **17** 6157) beim Erhitzen von Malonsäure-bis-[3,4-dichlor-phenylester] mit Aluminiumchlorid auf 190° (*Ziegler, Junek*, M. **86** [1955] 506, 510).
Krystalle (aus Nitrobenzol); F: 262°.

9-Brom-pyrano[3,2-c]chromen-2,4,5-trion $C_{12}H_5BrO_5$, Formel VII (X = Br), und Tautomere (z. B. 9-Brom-4-hydroxy-pyrano[3,2-c]chromen-2,5-dion).

B. In kleiner Menge neben anderen Verbindungen beim Erhitzen von Malonsäure-bis-[4-brom-phenylester] mit Aluminiumchlorid auf 180° (*Ziegler, Junek*, M. **86** [1955] 506, 509). Beim Erhitzen von 6-Brom-4-hydroxy-cumarin (E III/IV **17** 6157) mit Malonsäure, Phosphorylchlorid und 1,1,2,2-Tetrachlor-äthan auf 135° (*Ziegler et al.*, M. **87** [1956] 386, 389).
Krystalle; F: 250° [aus Dioxan] (*Zi. et al.*), 250° [aus Dioxan oder Amylacetat] (*Zi., Ju.*).

Thiochromeno[4,3-b]pyran-2,4,5-trion $C_{12}H_6O_4S$, Formel IX, und Tautomere (z. B. 4-Hydroxy-thiochromeno[4,3-b]pyran-2,5-dion).

B. Beim Erhitzen von 4-Hydroxy-thiochromen-2-on (E III/IV **17** 6158) mit Malonylchlorid und 1,1,2,2-Tetrachlor-äthan bis auf 130° (*Ziegler et al.*, M. **87** [1956] 386, 389).
Krystalle (aus wss. Dioxan); F: 235°.

VIII   IX   X   XI

Selenochromeno[4,3-b]pyran-2,4,5-trion $C_{12}H_6O_4Se$, Formel X, und Tautomere (z. B. 4-Hydroxy-selenochromeno[4,3-b]pyran-2,5-dion).

B. Neben kleinen Mengen einer als 1,6,13-Trioxa-8-selena-picen-2,4,5,7,14-pentaon angesehenen Verbindung (F: 300° [Zers.]) beim Erhitzen von 4-Hydroxy-selenochromen-2-on (E III/IV **17** 6158) mit Malonylchlorid und 1,1,2,2-Tetrachlor-äthan bis auf 145° (*Ziegler, Nölken*, M. **89** [1958] 737, 739).
Gelbe Krystalle (aus Amylacetat); F: 220°.

7-Methyl-furo[3,2-g]chromen-4,5,9-trion, Khellinchinon $C_{12}H_6O_5$, Formel XI.

B. Beim Behandeln von Khellin (4,9-Dimethoxy-7-methyl-furo[3,2-g]chromen-5-on) mit wss. Salpetersäure (*Murti, Seshadri*, Pr. Indian Acad. [A] **30** [1949] 107, 112; *Fourneau*, Ann. pharm. franç. **11** [1953] 685, 690). Beim Behandeln von 9-Amino-4-hydroxy-7-methyl-furo[3,2-g]chromen-5-on mit wss. Schwefelsäure und wss. Natriumdichromat-Lösung (*Schönberg, Badran*, Am. Soc. **73** [1951] 2960).
Rote Krystalle (aus Acn.), F: 266° [Block] (*Fo.*); Krystalle (aus Acn.), F: ca. 239° [Zers.] (*Sch., Ba.*); orangegelbe Krystalle (aus A.), F: 215—216° [Zers.] (*Mu., Se.*).
Bei 60-tägigem Behandeln mit Benzaldehyd und Benzol unter Bestrahlung mit Sonnen-

licht ist 4-Benzoyloxy-9-hydroxy-7-methyl-furo[3,2-g]chromen-5-on erhalten worden (*Schönberg, Sidky*, J. org. Chem. **22** [1957] 1698).

Trioxo-Verbindungen $C_{13}H_8O_5$

9-Chlor-7-methyl-pyrano[3,2-c]chromen-2,4,5-trion $C_{13}H_7ClO_5$, Formel XII, und Tautomere (z. B. 9-Chlor-4-hydroxy-7-methyl-pyrano[3,2-c]chromen-2,5-dion).

B. Neben anderen Verbindungen beim Erhitzen von Malonsäure-bis-[4-chlor-2-methyl-phenylester] mit Aluminiumchlorid auf 180° (*Ziegler, Junek*, M. **86** [1955] 506, 508).

Krystalle (aus Dioxan + W.); F: 212—213°.

XII   XIII   XIV

Trioxo-Verbindungen $C_{14}H_{10}O_5$

7,9-Dimethyl-pyrano[3,2-c]chromen-2,4,5-trion $C_{14}H_{10}O_5$, Formel XIII, und Tautomere (z. B. 4-Hydroxy-7,9-dimethyl-pyrano[3,2-c]chromen-2,5-dion).

B. Beim Erhitzen von 4-Hydroxy-6,8-dimethyl-cumarin (E III/IV **17** 6193) mit Malon=säure-bis-[2,4,6-trichlor-phenylester] auf 220° (*Ziegler, Maier*, M. **89** [1958] 143, 149).

Orangegelbe Krystalle (aus Eg., aus 1,1,2,2-Tetrachlor-äthan oder Amylacetat); F: 214—215°.

Beim Erhitzen mit o-Phenylendiamin und Essigsäure ist eine Verbindung $C_{20}H_{16}N_2O_4$ (Krystalle [aus Nitrobenzol], F: 294—295° [Zers.]) erhalten worden.

8,8-Dimethyl-pyrano[2,3-f]chromen-2,9,10-trion, 3c-[5-Hydroxy-2,2-dimethyl-3,4-dioxo-chroman-6-yl]-acrylsäure-lacton $C_{14}H_{10}O_5$, Formel XIV.

B. Neben 7-Hydroxy-2-oxo-2H-chromen-8-carbonsäure beim Behandeln von 8,8-Di=methyl-10H-pyrano[2,3-f]chromen-2,9-dion mit wss. Kalilauge unter Durchleiten von Sauerstoff (*Schroeder et al.*, B. **92** [1959] 2338, 2359). In kleiner Menge beim Erwärmen einer Lösung von 9r,10t-Dihydroxy-8,8-dimethyl-9,10-dihydro-8H-pyrano[2,3-f]=chromen-2-on in Chloroform mit Mangan(IV)-oxid (*Sch. et al.*, l. c. S. 2359).

Krystalle (aus Dichlormethan + PAe.), F: 262—264° [Kofler-App.; durch Sublimation im Hochvakuum gereinigtes Präparat] (*Sch. et al.*, l. c. S. 2359); Krystalle (aus wss. Dioxan) mit 1 Mol Wasser (*Sch. et al.*, l. c. S. 2359). Absorptionsspektrum (Dioxan; 250—410 nm) der wasserfreien Verbindung sowie Absorptionsspektrum (wss. Dioxan; 230—380 nm) des Monohydrats: *Sch. et al.*, l. c. S. 2347.

Trioxo-Verbindungen $C_{15}H_{12}O_5$

3-Acetyl-1,2-di-[2]furyl-pent-2-en-1,4-dion $C_{15}H_{12}O_5$, Formel I.

Diese Konstitution ist der nachstehend beschriebenen Verbindung zugeordnet worden (*Sircar, Guha*, J. Indian chem. Soc. **13** [1936] 704, 707).

B. Beim Behandeln von [2,2']Furil mit Pentan-2,4-dion und wenig Piperidin (*Si., Guha*).

Braune Krystalle (aus A.), die unterhalb von 258° nicht schmelzen.

3-Isopropyl-pyrano[3,2-c]chromen-2,4,5-trion $C_{15}H_{12}O_5$, Formel II, und Tautomere (z. B. 4-Hydroxy-3-isopropyl-pyrano[3,2-c]chromen-2,5-dion).

B. Beim Erwärmen von 4-Hydroxy-cumarin (E III/IV **17** 6153) mit Isopropylmalon=säure, Dioxan und Phosphorylchlorid (*Ziegler et al.*, M. **87** [1956] 439, 444).

Krystalle (aus A. + Toluol); F: 209,5—210°.

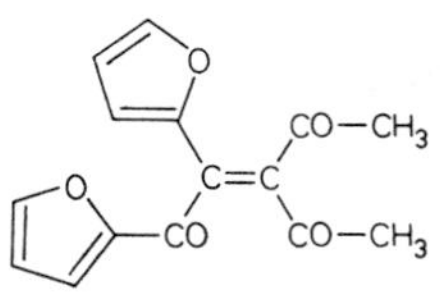

I

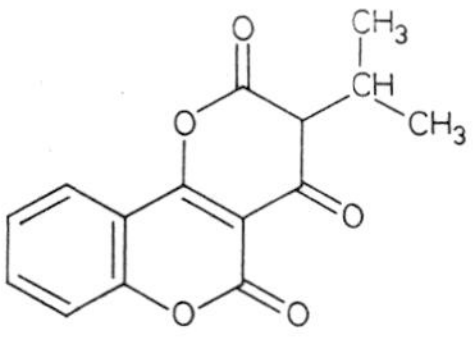

II

Trioxo-Verbindungen $C_{16}H_{14}O_5$

3-Butyl-pyrano[3,2-c]chromen-2,4,5-trion $C_{16}H_{14}O_5$, Formel III, und Tautomere
(z. B. 3-Butyl-4-hydroxy-pyrano[3,2-c]chromen-2,5-dion).

B. Beim Erhitzen von 4-Hydroxy-cumarin (E III/IV **17** 6153) mit Butylmalonsäure-diphenylester bis auf 270° (*Ziegler et al.*, M. **87** [1956] 439, 443).

Krystalle (aus Acn. + W.); F: 169°.

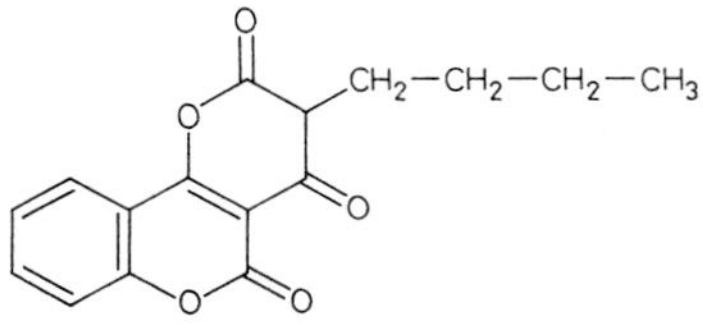

III

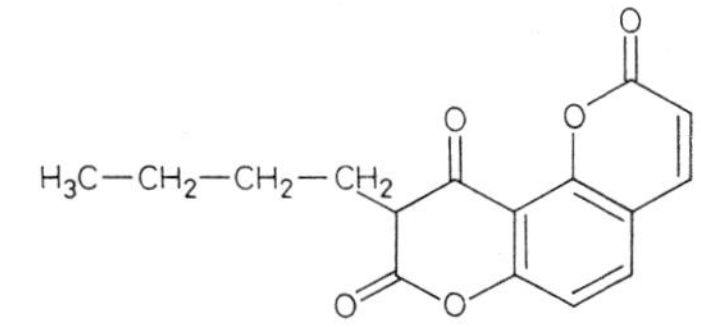

IV

9-Butyl-pyrano[2,3-f]chromen-2,8,10-trion $C_{16}H_{14}O_5$, Formel IV, und Tautomere
(z. B. 9-Butyl-10-hydroxy-pyrano[2,3-f]chromen-2,8-dion).

Diese Konstitution kommt vermutlich der nachstehend beschriebenen Verbindung zu.

B. Beim Erhitzen von Butylmalonsäure-bis-[2-oxo-2H-chromen-7-ylester] auf 275°
(*Ziegler, Schaar*, M. **90** [1959] 866, 868).

F: 242°.

Trioxo-Verbindungen $C_{17}H_{16}O_5$

3-Isopentyl-pyrano[3,2-c]chromen-2,4,5-trion $C_{17}H_{16}O_5$, Formel V, und Tautomere (z. B.
4-Hydroxy-3-isopentyl-pyrano[3,2-c]chromen-2,5-dion).

B. Neben 4-Hydroxy-3-[5-methyl-hexanoyl]-cumarin (E III/IV **17** 6756) beim Er-hitzen einer Lösung von 4-Hydroxy-cumarin (E III/IV **17** 6153) in 1,1,2,2-Tetrachlor-äthan mit Isopentylmalonsäure und Phosphorylchlorid (*Ziegler et al.*, M. **87** [1956] 439, 444).

Krystalle (aus A.); F: 183,5—184,5°.

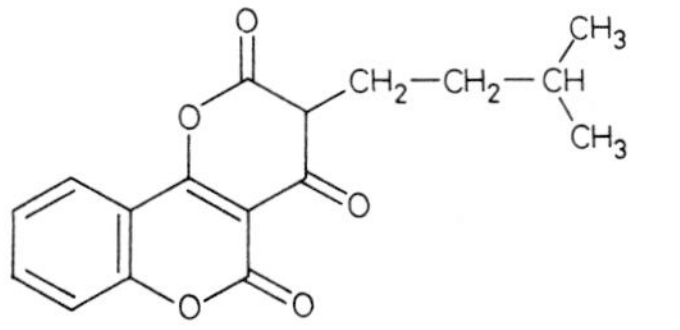

V

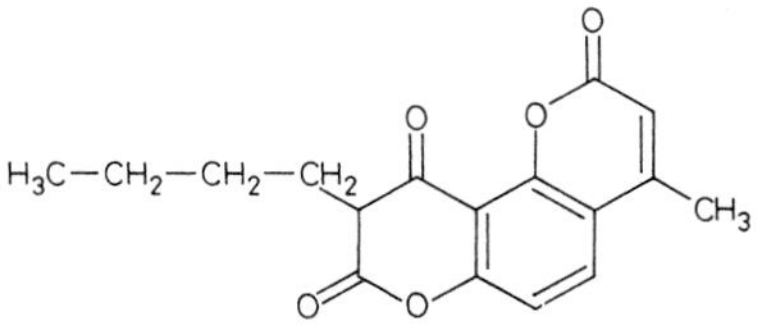

VI

9-Butyl-4-methyl-pyrano[2,3-f]chromen-2,8,10-trion $C_{17}H_{16}O_5$, Formel VI, und Tauto-mere (z. B. 9-Butyl-10-hydroxy-4-methyl-pyrano[2,3-f]chromen-2,8-dion).

Diese Konstitution kommt vermutlich der nachstehend beschriebenen Verbindung zu.

B. Beim Erhitzen von Butylmalonsäure-bis-[4-methyl-2-oxo-2H-chromen-7-ylester]
auf 255° (*Ziegler, Schaar*, M. **90** [1959] 866, 869).

F: 281°.

Trioxo-Verbindungen $C_{18}H_{18}O_5$

**2-[3*t*(?)-Benzo[1,3]dioxol-5-yl-acryloyl]-5,5-dimethyl-cyclohexan-1,3-dion, 5,5-Di=
methyl-2-[3,4-methylendioxy-*trans*(?)-cinnamoyl]-cyclohexan-1,3-dion,** 5,5-Dimethyl-
2-[3,4-methylendioxy-*trans*(?)-cinnamoyl]-dihydroresorcin $C_{18}H_{18}O_5$, vermutlich Formel VII, und Tautomere.

Diese Konstitution ist der nachstehend beschriebenen, von *Iyer* (J. Indian Inst. Sci.
[A] **23** [1941] 175, 182) als (±)-2-Benzo[1,3]dioxol-5-yl-5-hydroxy-7,7-dimethyl-
2,3,7,8-tetrahydro-chromen-4-on ($C_{18}H_{18}O_5$) angesehenen Verbindung zuzuordnen
(vgl. *Forsén, Nilsson*, Acta chem. scand. **13** [1959] 1383, 1386).

B. Beim Behandeln von 2-Acetyl-5,5-dimethyl-cyclohexan-1,3-dion (E III **7** 4561) mit
Piperonal unter Zusatz von Natriumhydroxid (*Iyer*), unter Zusatz von Natriumäthylat
in Äthanol (*Ukita et al.*, Japan. J. exp. Med. **20** [1949] 109, 113) oder unter Zusatz von
Piperidin (*Birch*, Soc. **1951** 3026, 3030).

Gelbe Krystalle (aus Me.), F: 116° (*Bi.*); Krystalle (aus A.), F: 115° (*Iyer*); orangefarbene Krystalle (aus A.), F: 113° (*Uk. et al.*).

Bis-[2,4-dinitro-phenylhydrazon] $C_{30}H_{26}N_8O_{11}$. F: 215–216° [Zers.] (*Iyer*).

**(±)-4-Methyl-7-[3-oxo-3-phenyl-propyl]-(3a*r*,7a*c*)-hexahydro-4*t*(?),7*t*(?)-epoxido-iso=
benzofuran-1,3-dion, (±)-1-Methyl-4-[3-oxo-3-phenyl-propyl]-7-oxa-norbornan-2*exo*(?),=
3*exo*(?)-dicarbonsäure-anhydrid** $C_{18}H_{18}O_5$, vermutlich Formel VIII + Spiegelbild.

B. Bei der Hydrierung von (±)-1-Methyl-4-[3-oxo-3-phenyl-propyl]-7-oxa-norborn-
5-en-2*exo*(?),3*exo*(?)-dicarbonsäure-anhydrid (S. 2212) an Platin in Äthylacetat (*Alder*,
Schmidt, B. **76** [1943] 183, 199).

Krystalle (aus E. + Bzn.); F: 145°.

VII   VIII   IX

Trioxo-Verbindungen $C_{19}H_{20}O_5$

**2-[3*t*(?)-Benzo[1,3]dioxol-5-yl-acryloyl]-4,4,6-trimethyl-cyclohexan-1,3-dion, 4,4,6-Tri=
methyl-2-[3,4-methylendioxy-*trans*(?)-cinnamoyl]-cyclohexan-1,3-dion,** 4,4,6-Tri-
methyl-2-[3,4-methylendioxy-*trans*(?)-cinnamoyl]-dihydroresorcin $C_{19}H_{20}O_5$,
vermutlich Formel IX, und Tautomere.

Diese Konstitution kommt vermutlich der nachstehend beschriebenen Verbindung zu
(vgl. das analog hergestellte 5,5-Dimethyl-2-[3,4-methylendioxy-*trans*(?)-cinnamoyl]-
cyclohexan-1,3-dion [s. o.]).

B. Beim Erwärmen einer Lösung von (−)-Angustion ((−)-2-Acetyl-4,4,6-trimethyl-
cyclohexan-1,3-dion) und Piperonal in Äthanol unter Zusatz von wenig Piperidin (*Gibson
et al.*, Soc. **1930** 1184, 1193).

Gelbe Krystalle (aus A.); F: 166–167°.

Trioxo-Verbindungen $C_{21}H_{24}O_5$

**(9a*R*)-3-Hexanoyl-9a-methyl-6-propyl-9a*H*-furo[3,2-*g*]isochromen-2,9-dion, 2-[(6*Z*,7*R*)-
7-Hydroxy-7-methyl-8-oxo-3-propyl-7,8-dihydro-isochromen-6-yliden]-3-oxo-octansäure-
lacton, Dihydrorubropunctatin** $C_{21}H_{24}O_5$, Formel X.

B. Bei der Hydrierung von Rubropunctatin (S. 2213) an Palladium/Bariumsulfat in
Äther (*Haws et al.*, Soc. **1959** 3598, 3605).

Gelbe Krystalle (aus PAe.); F: 118–119°. $[\alpha]_D$: −2474° [$CHCl_3$; c = 1]. UV-Ab=
sorptionsmaxima (A.): 218 nm und 400 nm.

5-Hydroxy-3,5-seco-*A*,19,24-trinor-20β_F(?)*H*-chola-5(10),14-dien-3,21,23-trisäure-21,23-anhydrid-3-lacton C$_{21}$H$_{24}$O$_5$, vermutlich Formel XI.

Diese Konstitution und Konfiguration ist der nachstehend beschriebenen Verbindung zugeordnet worden (*L. F. Fieser*, *M. Fieser*, Steroids [New York 1959] S. 746; dtsch. Ausg. Steroide [Weinheim 1961] S. 821).

B. Beim Erwärmen von Duodephanthondisäure (wahrscheinlich 14-Hydroxy-5-oxo-3,5-seco-*A*,19,24-trinor-14β,20$_F$(?)*H*-cholan-3,21,23-trisäure-21-lacton   [E III/IV **18** 6220]) mit Acetanhydrid und Acetylchlorid (*Jacobs*, *Gustus*, J. biol. Chem. **92** [1931] 323, 337).

Krystalle (aus wss. Acn.); F: 242° (*Ja., Gu.*).

X   XI

rac-16α,17-Epoxy-11β-hydroxy-3,20-dioxo-pregn-4-en-18-säure-lacton C$_{21}$H$_{24}$O$_5$, Formel XII + Spiegelbild.

B. Beim Erwärmen von *rac*-3,3-Äthandiyldioxy-16α,17-epoxy-11β-hydroxy-20-oxo-pregn-5-en-18-säure-lacton mit wss. Essigsäure (*Wieland et al.*, Helv. **41** [1958] 1561, 1566).

Krystalle (aus CH$_2$Cl$_2$ + Ae.); F: 263—265° [nach Sublimation von 220° an]. UV-Absorptionsmaximum (A.): 238 nm.

XII   XIII

Trioxo-Verbindungen C$_{23}$H$_{28}$O$_5$

(9a*R*)-9a-Methyl-3-octanoyl-6-propyl-9a*H*-furo[3,2-*g*]isochromen-2,9-dion, 2-[(6*Z*,7*R*)-7-Hydroxy-7-methyl-8-oxo-3-propyl-7,8-dihydro-isochromen-6-yliden]-3-oxo-decan-säure-lacton, Dihydromonascorubrin C$_{23}$H$_{28}$O$_5$, Formel XIII.

B. Bei der Hydrierung von Monascorubrin (S. 2214) an Palladium/Bariumsulfat in Äther (*Kumasaki et al.*, Tetrahedron **18** [1962] 1171, 1178; s. a. *Nishikawa*, J. agric. chem. Soc. Japan **8** [1932] 1007, 1010; C. **1936** II 1639).

Gelbe Krystalle (aus A.); F: 93—94° (*Ku. et al.*). Absorptionsmaxima (Me.): 261 nm, 295 nm, 364 nm, 438 nm, 465 nm und 525 nm (*Ku. et al.*).

8,14-Epoxy-3,7-dioxo-5β,8ξ,14ξ-card-20(22)-enolid C$_{23}$H$_{28}$O$_5$, Formel XIV, und
8,14-Epoxy-3,15-dioxo-5β,8ξ,14ξ-card-20(22)-enolid C$_{23}$H$_{28}$O$_5$, Formel XV.

Diese beiden Formeln sind für die nachstehend beschriebene Verbindung in Betracht gezogen worden (*Cardwell*, *Smith*, Soc. **1954** 2012, 2017, 2020).

B. Neben α-Anhydrodigitoxigenon (3-Oxo-5β-carda-8(14),20(22)-dienolid) beim Behandeln einer Lösung von α-Anhydrodigitoxigenin (3β-Hydroxy-5β-carda-8(14),20(22)-

dienolid) in Essigsäure mit Chrom(VI)-oxid und wss. Schwefelsäure (*Smith*, Soc. **1935** 1050).

Krystalle (aus Me.); F: 275° (*Sm.*).

XIV   XV

Trioxo-Verbindungen C$_{27}$H$_{36}$O$_5$

(25R)-5α-Spirost-8-en-3,7,11-trion C$_{27}$H$_{36}$O$_5$, Formel XVI.

B. Beim Behandeln von (25R)-3β,11α-Dihydroxy-5α-spirost-8-en-7-on oder von (25R)-11α-Hydroxy-5α-spirost-8-en-3,7-dion mit Chrom(VI)-oxid und Essigsäure (*Djerassi et al.*, Am. Soc. **74** [1952] 1712, 1715).

Gelbliche Krystalle (aus CHCl$_3$ + Ae.); F: 243—245° [unkorr.]. [α]$_D^{20}$: −3° [CHCl$_3$]. UV-Absorptionsmaximum (A.): 268 nm.

Bei der Hydrierung an Raney-Nickel in Äthanol ist (25R)-3β-Hydroxy-5α-spirost-8-en-7,11-dion erhalten worden.

XVI   XVII

Trioxo-Verbindungen C$_{29}$H$_{40}$O$_5$

9,13-Dihydroxy-3ξ-isopropyl-5-methyl-11-oxo-A,C,23,24,25-pentanor-5ξ,10ξ,18ξ-ursan-27,28-disäure-27 → 9;28 → 13-dilacton [1]), **9,13-Dihydroxy-11-oxo-3ξH,5ξ,10ξ,18ξ-5(4 → 3), 25(10 → 5)-diabeo-C-nor-ursan-27,28-disäure-27 → 9;28 → 13-dilacton**, **9,13-Dihydroxy-11-oxo-3ξH,5ξ,10ξ,18ξ-A:B-neo-C-nor-ursan-27,28-disäure-27 → 9;28 → 13-dilacton** [2]) C$_{29}$H$_{40}$O$_5$, Formel XVII.

Über die Konstitution s. *J. Simonsen, W. C. J. Ross*, The Terpenes, Bd. 5 [Cambridge 1957] S. 108, 109.

B. Beim Behandeln von 9,11ξ,13-Trihydroxy-3ξ-isopropyl-5-methyl-A,C,23,24,25,27,28-heptanor-5ξ,10ξ,18ξ-ursan-11ξ,14,17-tricarbonsäure-14 → 9;17 → 13-dilacton (F: 183° bis 185°; aus Chinovasäure hergestellt) mit Chrom(VI)-oxid in Essigsäure (*Wieland, Hoshino*, A. **479** [1930] 179, 191).

Krystalle (aus A.); F: 198—199°.

---

[1]) Stellungsbezeichnung bei von Ursan abgeleiteten Namen s. E III **5** 1340.

[2]) Über die Bezeichnung „A:B-neo" s. *Allard, Ourisson*, Tetrahedron **1** [1957] 277.

Trioxo-Verbindungen $C_nH_{2n-20}O_5$

Trioxo-Verbindungen $C_{14}H_8O_5$

7-Phenyl-pyrano[4,3-*b*]pyran-2,4,5-trion $C_{14}H_8O_5$, Formel I, und Tautomere (z. B. 4-Hydroxy-7-phenyl-pyrano[4,3-*b*]pyran-2,5-dion).

B. Beim Erhitzen von Acetophenon mit Malonsäure-bis-[2,4-dichlor-phenylester] auf 250° (*Ziegler, Junek,* M. **89** [1958] 323, 328). Beim Erhitzen von 6-Phenyl-pyran-2,4-dion mit Malonylchlorid und 1,1,2,2-Tetrachlor-äthan auf 110° oder mit Malonsäure-bis-[2,4-dichlor-phenylester] auf 250° (*Zi., Ju.*). Beim Erhitzen von 3-Benzyl-7-phenyl-pyrano[4,3-*b*]pyran-2,4,5-trion mit Aluminiumchlorid auf 160° (*Zi., Ju.*).

Krystalle (aus Eg., Chlorbenzol, Xylol oder wss. Dioxan); F: 249—250°.

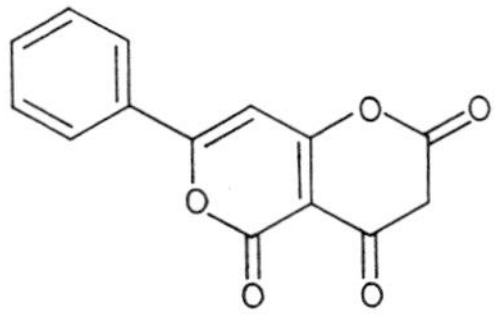

I 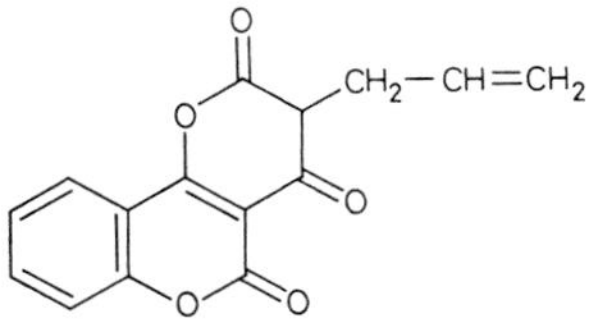   II 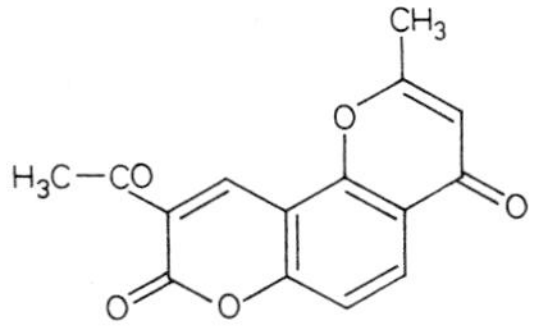   III

Trioxo-Verbindungen $C_{15}H_{10}O_5$

3-Allyl-pyrano[3,2-*c*]chromen-2,4,5-trion $C_{15}H_{10}O_5$, Formel II, und Tautomere (z. B. 3-Allyl-4-hydroxy-pyrano[3,2-*c*]chromen-2,5-dion).

B. Beim Erhitzen von 4-Hydroxy-cumarin (E III/IV **17** 6153) mit Allylmalonsäure, Dioxan und Phosphorylchlorid (*Ziegler et al.,* M. **87** [1956] 439, 444).

Krystalle (aus A. + Toluol); F: 164,5—165°.

9-Acetyl-2-methyl-pyrano[2,3-*f*]chromen-4,8-dion, 2-Acetyl-3*c*-[7-hydroxy-2-methyl-4-oxo-4*H*-chromen-8-yl]-acrylsäure-lacton $C_{15}H_{10}O_5$, Formel III.

B. Beim Behandeln von 7-Hydroxy-2-methyl-4-oxo-4*H*-chromen-8-carbaldehyd mit Acetessigsäure-äthylester und wenig Piperidin (*Rao et al.,* J. org. Chem. **24** [1959] 685).

Gelbliche Krystalle (aus E. + PAe.); F: 241—242°.

9-Acetyl-8-methyl-pyrano[2,3-*f*]chromen-2,10-dion, 3*c*-[3-Acetyl-5-hydroxy-2-methyl-4-oxo-4*H*-chromen-6-yl]-acrylsäure-lacton $C_{15}H_{10}O_5$, Formel IV.

B. Beim Erhitzen von 8-Acetyl-7-hydroxy-cumarin mit Acetanhydrid und Natrium=acetat (*Shah, Shah,* J. org. Chem. **19** [1954] 1938, 1943).

Krystalle (aus A.); F: 227°.

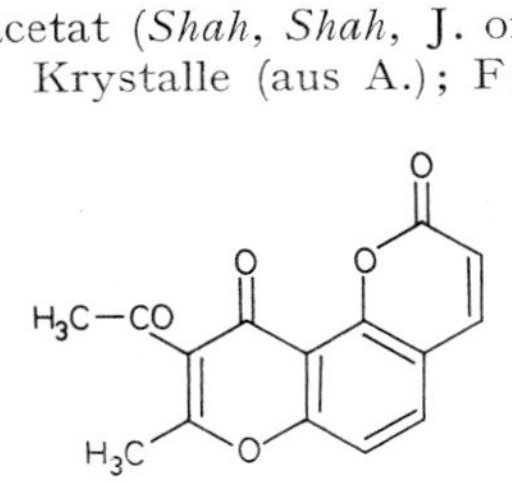

IV 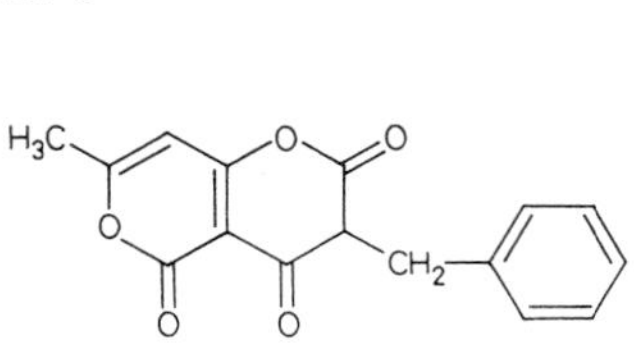   V 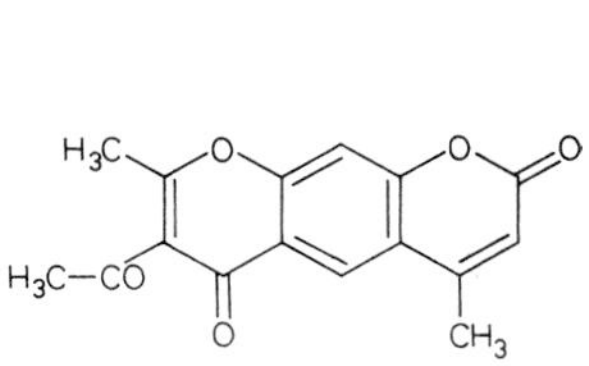   VI

Trioxo-Verbindungen $C_{16}H_{12}O_5$

3-Benzyl-7-methyl-pyrano[4,3-*b*]pyran-2,4,5-trion $C_{16}H_{12}O_5$, Formel V, und Tautomere (z. B. 3-Benzyl-4-hydroxy-7-methyl-pyrano[4,3-*b*]pyran-2,5-dion).

B. Beim Erhitzen von Triacetsäure-lacton (E III/IV **17** 5915) mit Benzylmalonsäure-

bis-[2,4-dichlor-phenylester] auf 250° (*Ziegler, Junek,* M. **89** [1958] 323, 329).
Krystalle (aus Nitrobenzol, Eg. oder Dioxan); F: 225—226°.

7-Acetyl-4,8-dimethyl-pyrano[3,2-g]chromen-2,6-dion, 3-[3-Acetyl-7-hydroxy-2-methyl-4-oxo-4H-chromen-6-yl]-trans-crotonsäure-lacton $C_{16}H_{12}O_5$, Formel VI.

B. Neben-7-Acetoxy-6-acetyl-4-methyl-cumarin beim Erhitzen von 6-Acetyl-7-hydr‍oxy-4-methyl-cumarin mit Acetanhydrid und Natriumacetat (*Limaye, Gangal,* Rasay‍anam **1** [1936] 15, 22; *Desai, Hamid,* Pr. Indian Acad. [A] **6** [1937] 175, 189).
Krystalle (aus A. bzw. Eg.); F: 245° (*De., Ha.; Li., Ga.*).

3-Acetyl-2,10-dimethyl-pyrano[2,3-f]chromen-4,8-dion, 3-[3-Acetyl-7-hydroxy-2-methyl-4-oxo-4H-chromen-8-yl]-trans-crotonsäure-lacton $C_{16}H_{12}O_5$, Formel VII.

B. Beim Erhitzen von 6-Acetyl-5-hydroxy-4-methyl-cumarin mit Acetanhydrid und Natriumacetat (*Kelkar, Karve,* Rasayanam **1** [1938] 151, 154; *Sethna et al.,* Soc. **1938** 228, 232).
Krystalle (aus A.); F: 206° (*Ke., Ka.*), 204° (*Se. et al.*).

VII   VIII   IX

9-Acetyl-2,8-dimethyl-pyrano[2,3-f]chromen-4,10-dion $C_{16}H_{12}O_5$, Formel VIII (vgl. E II 213; dort als 4′.4″-Dioxo-6′.6″-dimethyl-5′-acetyl-[dipyrano-2′.3′:1.2;2″.3″.3.4-benzol] bezeichnet).
Krystalle (aus Me.); F: 185—186° [Zers.; durch Sublimation gereinigtes Präparat] (*Rao et al.,* J. org. Chem. **24** [1959] 685).
Mono-[2,4-dinitro-phenylhydrazon] $C_{22}H_{16}N_4O_8$. Gelbe Krystalle (aus E. + PAe.); F: 243—244° [Zers.].

9-Acetyl-4,8-dimethyl-pyrano[2,3-f]chromen-2,10-dion, 3-[3-Acetyl-5-hydroxy-2-methyl-4-oxo-4H-chromen-6-yl]-trans-crotonsäure-lacton $C_{16}H_{12}O_5$, Formel IX.

B. Neben 4,10-Dimethyl-pyrano[2,3-f]chromen-2,8-dion beim Erhitzen von 8-Acetyl-7-hydroxy-4-methyl-cumarin mit Acetanhydrid und Natriumacetat (*Limaye, Kulkarni,* Rasayanam **1** [1943] 251, 252; s. a. *Desai, Hamid,* Pr. Indian Acad. [A] **6** [1937] 185, 189).
Krystalle; F: 265° [aus Eg.] (*Li., Ku.*), 260° [aus A.] (*De., Ha.*).

Trioxo-Verbindungen $C_{17}H_{14}O_5$

4-Acetyl-1t,7t-di-[2]furyl-hepta-1,6-dien-3,5-dion $C_{17}H_{14}O_5$, Formel I, und Tautomere.

B. Beim Erwärmen der Natrium-Verbindung des 6t-[2]Furyl-hex-5-en-2,4-dions mit 3t-[2]Furyl-acryloylchlorid und Äther (*Lampe et al.,* Chem. Listy **26** [1932] 454, 456; C. **1933** I 3079).
Gelbe Krystalle (aus PAe.); F: 98—100°.

I   II   III

4-Acetyl-1*t*,7*t*-di-[2]thienyl-hepta-1,6-dien-3,5-dion $C_{17}H_{14}O_3S_2$, Formel II, und Tautomere.

B. Beim Erwärmen der Natrium-Verbindung des 6*t*-[2]Thienyl-hex-5-en-2,4-dions mit 3*t*-[2]Thienyl-acryloylchlorid und Äther (*Lampe et al.*, Chem. Listy **26** [1932] 454, 457; C. **1933** I 3079).

Gelbe Krystalle (aus PAe.); F: 107−108°.

(±)-3-[1-[2]Furyl-3-oxo-butyl]-chroman-2,4-dion, (±)-3-[2]Furyl-5-oxo-2-salicyloyl-hexansäure-lacton $C_{17}H_{14}O_5$, Formel III, und Tautomere (z. B. (±)-3-[1-[2]Furyl-3-oxo-butyl]-4-hydroxy-cumarin).

B. Beim Erhitzen von 4-Hydroxy-cumarin (E III/IV **17** 6153) mit 4*t*(?)-[2]Furyl-but-3-en-2-on (E III/IV **17** 4714) und Natriumphosphat in Wasser (*Norddeutsche Affinerie, Spiess & Sohn*, D.B.P. 947164 [1952]).

Krystalle; F: 124°.

9-Acetyl-6-äthyl-8-methyl-pyrano[2,3-*f*]chromen-2,10-dion, 3*c*-[3-Acetyl-8-äthyl-5-hydroxy-2-methyl-4-oxo-4*H*-chromen-6-yl]-acrylsäure-lacton $C_{17}H_{14}O_5$, Formel IV.

B. Beim Erhitzen von 8-Acetyl-6-äthyl-7-hydroxy-cumarin mit Acetanhydrid und Natriumacetat (*Shah, Shah*, J. org. Chem. **19** [1954] 1938, 1942).

Krystalle (aus A.); F: 246°.

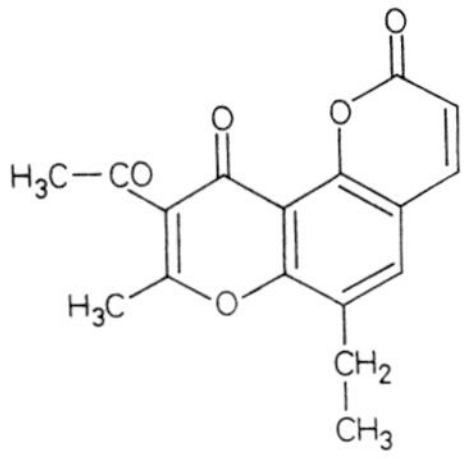

IV 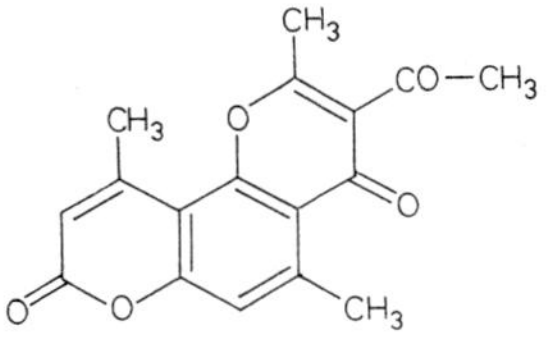   V 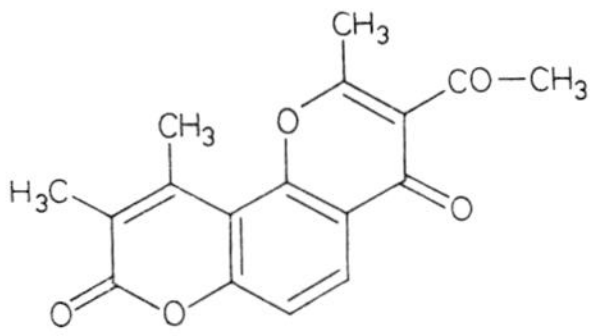   VI

3-Acetyl-2,5,10-trimethyl-pyrano[2,3-*f*]chromen-4,8-dion, 3-[3-Acetyl-7-hydroxy-2,5-dimethyl-4-oxo-4*H*-chromen-8-yl]-*trans*-crotonsäure-lacton $C_{17}H_{14}O_5$, Formel V.

B. Beim Erhitzen von 6-Acetyl-5-hydroxy-4,7-dimethyl-cumarin mit Acetanhydrid und Natriumacetat (*Shah, Shah*, Soc. **1938** 1424, 1427).

Rötliche Krystalle (aus Eg.); F: 275−276°.

3-Acetyl-2,9,10-trimethyl-pyrano[2,3-*f*]chromen-4,8-dion, 3-[3-Acetyl-7-hydroxy-2-methyl-4-oxo-4*H*-chromen-8-yl]-2-methyl-*trans*-crotonsäure-lacton $C_{17}H_{14}O_5$, Formel VI.

B. Beim Erhitzen von 6-Acetyl-5-hydroxy-3,4-dimethyl-cumarin mit Acetanhydrid und Natriumacetat (*Deliwala, Shah*, Pr. Indian Acad. [A] **17** [1943] 7, 9).

Krystalle (aus A.); F: 205−206°.

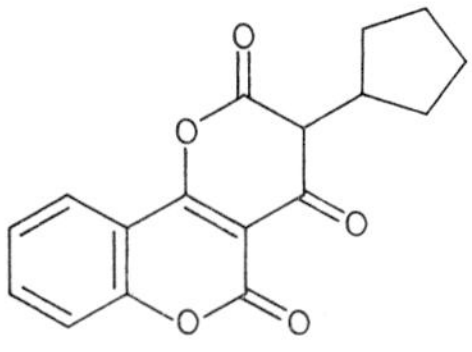

VII 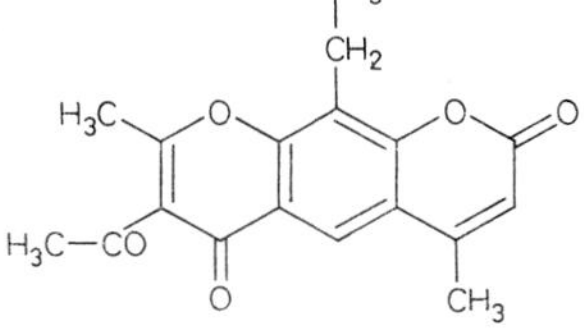   VIII 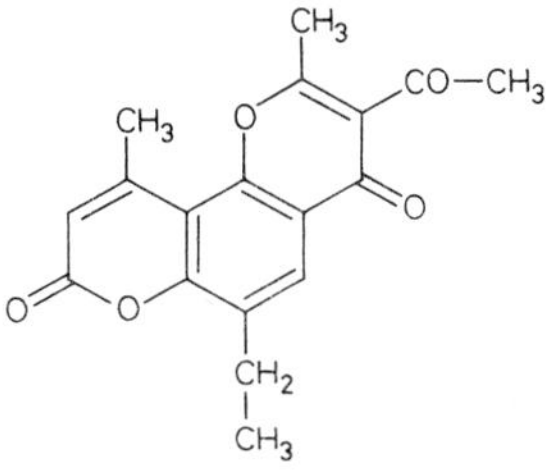   IX

3-Cyclopentyl-pyrano[3,2-*c*]chromen-2,4,5-trion $C_{17}H_{14}O_5$, Formel VII, und Tautomere (z. B. 3-Cyclopentyl-4-hydroxy-pyrano[3,2-*c*]chromen-2,5-dion).

B. Neben [3,4′]Bichromenyl-2,4,2′-trion beim Erhitzen von 4-Hydroxy-cumarin

(E III/IV **17** 6153) mit Cyclopentylmalonsäure-diphenylester auf 250° (*Ziegler et al.*, M. **87** [1956] 439, 443).

Krystalle (aus Eg. oder aus Dioxan + A.); F: 221—222°.

Trioxo-Verbindungen $C_{18}H_{16}O_5$

7-Acetyl-10-äthyl-4,8-dimethyl-pyrano[3,2-g]chromen-2,6-dion, 3-[3-Acetyl-8-äthyl-7-hydroxy-2-methyl-4-oxo-4H-chromen-6-yl]-trans-crotonsäure-lacton $C_{18}H_{16}O_5$, Formel VIII.

B. Neben 10-Äthyl-4,6-dimethyl-pyrano[3,2-g]chromen-2,8-dion beim Erhitzen von 6-Acetyl-8-äthyl-7-hydroxy-4-methyl-cumarin mit Acetanhydrid und Natriumacetat (*Limaye, Ghate*, Rasayanam **1** [1939] 169, 173).

Krystalle (aus A.); F: 225°.

3-Acetyl-6-äthyl-2,10-dimethyl-pyrano[2,3-f]chromen-4,8-dion, 3-[3-Acetyl-6-äthyl-7-hydroxy-2-methyl-4-oxo-4H-chromen-8-yl]-trans-crotonsäure-lacton $C_{18}H_{16}O_5$, Formel IX.

B. Beim Erhitzen von 6-Acetyl-8-äthyl-5-hydroxy-4-methyl-cumarin mit Acetanhydrid und Natriumacetat (*Desai, Ekhlas*, Pr. Indian Acad. [A] **8** [1938] 567, 571; *Deliwala, Shah*, Pr. Indian Acad. [A] **13** [1941] 352, 356).

Krystalle (aus Eg. bzw. A.); F: 173° (*De., Ek.*; *De., Shah*).

9-Acetyl-6-äthyl-4,8-dimethyl-pyrano[2,3-f]chromen-2,10-dion, 3-[3-Acetyl-8-äthyl-5-hydroxy-2-methyl-4-oxo-4H-chromen-6-yl]-trans-crotonsäure-lacton $C_{18}H_{16}O_5$, Formel X.

B. Beim Erhitzen von 8-Acetyl-6-äthyl-7-hydroxy-4-methyl-cumarin mit Acetanhydrid und Natriumacetat (*Desai, Ekhlas*, Pr. Indian Acad. [A] **8** [1938] 194, 198).

Krystalle (aus Bzl.); F: 192°.

X   XI   XII

3-Cyclohexyl-pyrano[3,2-c]chromen-2,4,5-trion $C_{18}H_{16}O_5$, Formel XI, und Tautomere (z. B. 3-Cyclohexyl-4-hydroxy-pyrano[3,2-c]chromen-2,5-dion).

B. Beim Erhitzen von 4-Hydroxy-cumarin (E III/IV **17** 6153) mit Cyclohexylmalon≈säure-diphenylester auf 250° (*Ziegler et al.*, M. **87** [1956] 439, 443).

Krystalle (aus Nitrobenzol, Dioxan oder Eg.); F: 259—260°.

(±)-4-Methyl-7-[3-oxo-3-phenyl-propyl]-(3ar,7ac)-3a,4,7,7a-tetrahydro-4t(?),7t(?)-epoxido-isobenzofuran-1,3-dion, (±)-1-Methyl-4-[3-oxo-3-phenyl-propyl]-7-oxa-norborn-5-en-2exo(?),3exo(?)-dicarbonsäure-anhydrid $C_{18}H_{16}O_5$, vermutlich Formel XII + Spiegelbild.

Bezüglich der Konfigurationszuordnung vgl. das analog hergestellte 1,4-Dimethyl-7-oxa-norborn-5-en-2exo,3exo-dicarbonsäure-anhydrid (S. 1968).

B. Beim Behandeln von 3-[5-Methyl-[2]furyl]-1-phenyl-propan-1-on mit Maleinsäure-anhydrid in Äther (*Alder, Schmidt*, B. **76** [1943] 183, 199).

Krystalle; F: 109° [Rohprodukt].

Trioxo-Verbindungen $C_{19}H_{18}O_5$

2-[3t(?)-Benzo[1,3]dioxol-5-yl-acryloyl]-4,6,6-trimethyl-cyclohex-4-en-1,3-dion,
4,6,6-Trimethyl-2-[3,4-methylendioxy-*trans*(?)-cinnamoyl]-cyclohex-4-en-1,3-dion
$C_{19}H_{18}O_5$, vermutlich Formel XIII, und Tautomere.

Diese Konstitution ist vermutlich der nachstehend beschriebenen Verbindung zuzuordnen (vgl. das analog hergestellte 5,5-Dimethyl-2-[3,4-methylendioxy-*trans*(?)-cinnamo=
yl]-cyclohexan-1,3-dion [S. 2206]).

B. Aus Dehydroangustion (2-Acetyl-4,6,6-trimethyl-cyclohex-4-en-1,3-dion und Tautomere [E III 7 4567]) und Piperonal (*Gibson et al.*, Soc. **1930** 1184, 1199).

Gelbe Krystalle (aus A.); F: 169—170°.

XIII   XIV

9-Acetyl-6-äthyl-3,4,8-trimethyl-pyrano[2,3-*f*]chromen-2,10-dion, 3-[3-Acetyl-8-äthyl-
5-hydroxy-2-methyl-4-oxo-4*H*-chromen-6-yl]-2-methyl-*trans*-crotonsäure-lacton
$C_{19}H_{18}O_5$, Formel XIV.

B. Aus 8-Acetyl-6-äthyl-7-hydroxy-3,4-dimethyl-cumarin mit Hilfe von Acetanhydrid
und Natriumacetat (*Thakor, Shah*, J. Indian chem. Soc. 23 [1946] 234, 236).

Krystalle (aus Bzl.); F: 214,5°.

Trioxo-Verbindungen $C_{21}H_{22}O_5$

9-Acetyl-6-äthyl-4,8-dimethyl-3-propyl-pyrano[2,3-*f*]chromen-2,10-dion, 3-[3-Acetyl-
8-äthyl-5-hydroxy-2-methyl-4-oxo-4*H*-chromen-6-yl]-2-propyl-*trans*-crotonsäure-lacton
$C_{21}H_{22}O_5$, Formel I.

B. Aus 8-Acetyl-6-äthyl-7-hydroxy-4-methyl-3-propyl-cumarin mit Hilfe von Acet=
anhydrid und Natriumacetat (*Thakor, Shah*, J. Indian chem. Soc. 23 [1946] 234, 236).

Krystalle (aus A.); F: 191—192°.

I   II   III

(9a*R*)-3-Hexanoyl-9a-methyl-6-*trans*-propenyl-9a*H*-furo[3,2-*g*]isochromen-2,9-dion,
2-[(6*Z*,7*R*)-7-Hydroxy-7-methyl-8-oxo-3-*trans*-propenyl-7,8-dihydro-isochromen-
6-yliden]-3-oxo-octansäure-lacton, Rubropunctatin $C_{21}H_{22}O_5$, Formel II.

Konfigurationszuordnung: *Steyn, Vleggaar*, J.C.S. Perkin I **1976** 204; *Whalley et al.*,
J.C.S. Perkin I **1976** 1366, 1368.

Isolierung aus dem Mycel von Monascus rubropunctatus: *Haws et al.*, Soc. **1959** 3598,
3605.

Orangefarbene Krystalle (aus Ae. oder A.), F: 156,5—157° [Zers.]; $[\alpha]_D$: —3481° [CHCl$_3$; c = 1] (*Haws et al.*). Absorptionsmaxima (A.): 218 nm, 246 nm, 290 nm und 460 nm (*Haws et al.*, l. c. S. 3605).

Beim Behandeln einer Lösung in Äther mit wss. Ammoniak ist Rubropunctatamin ((9a*R*)-3-Hexanoyl-9a-methyl-6-*trans*-propenyl-7*H*,9a*H*-furo[3,2-*g*]isochinolin-2,9-dion) erhalten worden (*Haws et al.*, l. c. S. 3606).

(−)-6ξ-Methyl-(2a*r*,4aξ,8a*t*,12b*t*,12c*t*)-2a,3,4,4a,5,6,7,8a,12b,12c-decahydro-5ξ,12dξ-äthano-furo[4′,3′,2′;4,10]anthra[9,1-*bc*]oxepin-2,9,12-trion, (−)-8*t*-Hydroxy-3ξ-methyl-9,12-dioxo-(4aξ,7a*r*,12b*c*)-Δ$^{8a(12a),10}$-dodecahydro-4ξ,12cξ-äthano-anthra[9,1-*bc*]oxepin-7*c*-carbonsäure-lacton C$_{21}$H$_{22}$O$_5$, Formel III oder Spiegelbild.

Diese Konstitution und Konfiguration kommt dem nachstehend beschriebenen **Pleurotin** zu (*Grandjean, Huls*, Tetrahedron Letters **1974** 1893.

Isolierung aus Kulturfiltraten von Pleurotus griseus: *Robbins et al.*, Pr. nation. Acad. U.S.A. **33** [1947] 171, 172.

Krystalle (aus CHCl$_3$ + Ae.), F: 200—215° [Zers.]; der Schmelzpunkt ist von der Geschwindigkeit des Erhitzens abhängig (*Ro. et al.*). $[\alpha]_D^{23}$: —20° [CHCl$_3$; c = 0,6] (*Ro. et al.*). ^{1}H-NMR-Absorption, ^{13}C-NMR-Absorption sowie ^{1}H-^{1}H-Spin-Spin-Kopplungskonstanten: *Gr., Huls*. UV-Absorptionsmaximum (A.): 250 nm (*Ro. et al.*). Löslichkeit bei 25° in Wasser: 0,12 mg/ml; in 95%ig. wss. Äthanol: 6,8 mg/ml; in 5%ig. wss. Äthanol: 0,37 mg/ml; in Diäthyläther: 3,5 mg/ml (*Ro. et al.*).

Trioxo-Verbindungen C$_{22}$H$_{24}$O$_5$

9-Acetyl-6-äthyl-3-butyl-4,8-dimethyl-pyrano[2,3-*f*]chromen-2,10-dion, 3-[3-Acetyl-8-äthyl-5-hydroxy-2-methyl-4-oxo-4*H*-chromen-6-yl]-2-butyl-*trans*-crotonsäure-lacton C$_{22}$H$_{24}$O$_5$, Formel IV.

B. Aus 8-Acetyl-6-äthyl-3-butyl-7-hydroxy-4-methyl-cumarin mit Hilfe von Acetanhydrid und Natriumacetat (*Thakor, Shah*, J. Indian chem. Soc. **23** [1946] 234, 236).

Krystalle (aus Eg.); F: 182°.

IV

V

Trioxo-Verbindungen C$_{23}$H$_{26}$O$_5$

(9a*R*)-9a-Methyl-3-octanoyl-6-*trans*-propenyl-9a*H*-furo[3,2-*g*]isochromen-2,9-dion, 2-[(6*Z*,7*R*)-7-Hydroxy-7-methyl-8-oxo-3-*trans*-propenyl-7,8-dihydro-isochromen-6-yliden]-3-oxo-decansäure-lacton, Monascorubrin C$_{23}$H$_{26}$O$_5$, Formel V.

Konstitutionszuordnung: *Fielding et al.*, Tetrahedron Letters **1960** Nr. 5, S. 24; *Kumasaki et al.*, Tetrahedron **18** [1962] 1171. Konfigurationszuordnung: *Steyn, Vleggaar*, J.C.S. Perkin I **1976** 204; *Whalley et al.*, J.C.S. Perkin I **1976** 1366, 1368.

Isolierung aus Kulturen von Monascus purpureus: *Nishikawa*, J. agric. chem. Soc. Japan **8** [1932] 1007, 1009; C. **1936** II 1639; *Fielding et al.*, Soc. **1961** 4579, 4586.

Krystalle (aus A.); F: 134—135° (*Ku. et al.*, l. c. S. 1178; s. a. *Ohashi et al.*, Am. Soc. **81** [1959] 6339). $[\alpha]_{700}^{16}$: —1500° [A.; c = 0,1] (*Ku. et al.*, l. c. S. 1178; s. a. *Oh. et al.*). Absorptionsmaxima (Me.): 221 nm, 260 nm, 385 nm, 470 nm, 500 nm und 556 nm (*Ku. et al.*, l. c. S. 1178).

(5bS)-12b-Methyl-(3aξ,5br,12ac,12bt,14bξ)-Δ^5-dodecahydro-4ξ,14aξ-epoxido-7at,10t-methano-cyclohepta[7,8]phenanthro[1,2-c]furan-1,3,9-trion, (4bS)-11b-Methyl-8-oxo-(4br,11ac,11bt)-Δ^4-tetradecahydro-3ξ,13aξ-epoxido-6at,9t-methano-cyclohepta[a]phenanthren-1ξ,2ξ-dicarbonsäure-anhydrid C$_{23}$H$_{26}$O$_5$, Formel VI.

B. Beim Behandeln von Epoxynorcafestadienon ((3bS)-10b-Methyl-(3br,10ac,10bt)-$\Delta^{2,3a(12a)}$-decahydro-5at,8t-methano-cyclohepta[5,6]naphtho[2,1-b]furan-7-on [E III/IV **17** 5249]) mit Maleinsäure-anhydrid in Benzol (*Wettstein et al.*, Helv. **24** [1941] 332 E, 349 E).

Krystalle (aus Acn. + Ae.); F: 192° [unkorr.; Zers.] (*Djerassi et al.*, J. org. Chem. **18** [1953] 1449, 1459), 190° [korr.; Zers.] (*We. et al.*).

VI   VII

Trioxo-Verbindungen C$_{33}$H$_{46}$O$_5$

3β,24-Isopropylidendioxy-oleana-9(11),13(18)-dien-12,19,21-trion[1]) C$_{33}$H$_{46}$O$_5$, Formel VII.

B. Beim Behandeln von 21α-Hydroxy-3β,24-isopropylidendioxy-oleana-9(11),13(18)-dien-12,19-dion mit Chrom(VI)-oxid und Pyridin (*Smith et al.*, Tetrahedron **4** [1958] 111, 129).

Krystalle (aus CHCl$_3$ + Bzn.); F: 282—284° [unkorr.]. [α]$_D^{20}$: −208° [CHCl$_3$; c = 1]. UV-Absorptionsmaximum (A.): 280 nm.

Trioxo-Verbindungen C$_n$H$_{2n-22}$O$_5$

Trioxo-Verbindungen C$_{16}$H$_{10}$O$_5$

3-[3t(?)-[2]Furyl-acryloyl]-chroman-2,4-dion, 5t(?)Furyl-3-oxo-2-salicyloyl-pent-4-ensäure-lacton C$_{16}$H$_{10}$O$_5$, vermutlich Formel I, und Tautomere (z. B. 3-[3t(?)-[2]Furyl-acryloyl]-4-hydroxy-cumarin).

B. Beim Erwärmen von 3-Acetyl-chroman-2,4-dion mit Furfural und mit Natrium-äthylat in Äthanol (*Ukita et al.*, J. pharm. Soc. Japan **72** [1952] 800, 802).

Gelbliche Krystalle (aus A. oder Eg.); F: 204—205°.

I   II   III

Trioxo-Verbindungen C$_{19}$H$_{16}$O$_5$

3-Benzyl-7,8,9,10-tetrahydro-pyrano[3,2-c]chromen-2,4,5-trion C$_{19}$H$_{16}$O$_5$, Formel II, und Tautomere (z. B. 3-Benzyl-4-hydroxy-7,8,9,10-tetrahydro-pyrano[3,2-c]chromen-2,5-dion).

B. Beim Erhitzen von 5,6,7,8-Tetrahydro-chroman-2,4-dion mit Benzylmalonsäure-

---

[1]) Stellungsbezeichnung bei von Oleanan abgeleiteten Namen s. E III **5** 1341.

bis-[2,4-dichlor-phenylester] auf 260° (*Ziegler et al.*, M. **89** [1958] 678, 682).
Krystalle (aus A. oder Cyclohexan); F: 141—142°.

Trioxo-Verbindungen C$_{20}$H$_{18}$O$_5$

3-Benzyl-8,9,10,11-tetrahydro-7*H*-cyclohepta[*b*]pyrano[2,3-*d*]pyran-2,4,5-trion C$_{20}$H$_{18}$O$_5$,
Formel III, und Tautomere (z. B. 3-Benzyl-4-hydroxy-8,9,10,11-tetrahydro-7*H*-cyclohepta[*b*]pyrano[2,3-*d*]pyran-2,5-dion).
B. Beim Erhitzen von 6,7,8,9-Tetrahydro-5*H*-cyclohepta[*b*]pyran-2,4-dion mit Benzyl=
malonsäure-bis-[2,4-dichlor-phenylester] auf 260° (*Ziegler et al.*, M. **89** [1958] 678, 682).
Krystalle (aus A. oder E.); F: 143°.

Trioxo-Verbindungen C$_{21}$H$_{20}$O$_5$

3-Benzyl-7,8,9,10,11,12-hexahydro-cycloocta[*b*]pyrano[2,3-*d*]pyran-2,4,5-trion
C$_{21}$H$_{20}$O$_5$, Formel IV, und Tautomere (z. B. 3-Benzyl-4-hydroxy-7,8,9,10,11,12-hexahydro-cycloocta[*b*]pyrano[2,3-*d*]pyran-2,5-dion).
B. Beim Erhitzen von 5,6,7,8,9,10-Hexahydro-cycloocta[*b*]pyran-2,4-dion mit Benzyl=
malonsäure-bis-[2,4-dichlor-phenylester] bis auf 280° (*Ziegler et al.*, M. **89** [1958] 678, 682).
Krystalle (aus A. oder Cyclohexan); F: 132—133°.

IV   V

Trioxo-Verbindungen C$_{23}$H$_{24}$O$_5$

**(9a*S*)-3-Acetyl-6-[(*S*)-3,5-dimethyl-hepta-1,3*t*-dien-*t*-yl]-9a-methyl-9a*H*-furo[3,2-*g*]=
isochromen-2,9-dion, 2-[(6*Z*,7*S*)-3-((*S*)-3,5-Dimethyl-hepta-1,3*t*-dien-*t*-yl)-7-hydroxy-
7-methyl-8-oxo-7,8-dihydro-isochromen-6-yliden]-acetessigsäure-lacton, Rotiorin**
C$_{23}$H$_{24}$O$_5$, Formel V.
Konstitutionszuordnung: *Holker et al.*, Soc. **1963** 3641. Konfigurationszuordnung:
Jackman et al., Soc. **1958** 1825, 1829; *Steyn, Vleggaar*, J.C.S. Perkin I **1976** 204; *Whalley
et al.*, J.C.S. Perkin I **1976** 1366, 1367.
Isolierung aus dem Mycel von Penicillium sclerotiorum: *Eade et al.*, Soc. **1957** 4913,
4918; *Ja. et al.*
Rote Krystalle (aus Me. bzw. aus A.); F: 246° [Zers.] (*Eade et al.*; *Ja. et al.*). Bei 190°/
0,005 Torr sublimierbar (*Ja. et al.*). [α]$_D^{22}$: +5,1° [CHCl$_3$; c = 0,002] (*Ja. et al.*). Absorptionsmaxima (A.): 238 nm, 242 nm, 282 nm, 312 nm und 493 nm (*Ja. et al.*).
Beim Erhitzen mit wss. Natronlauge sind (*S*)-4,6-Dimethyl-octa-2*t*,4*t*-diensäure und
(*S*)-2,4-Dimethyl-hex-2*t*-enal erhalten worden (*Ja. et al.*). Überführung in Rotioramin
((9a*S*)-3-Acetyl-6-[(*S*)-3,5-dimethyl-hepta-1,3*t*-dien-*t*-yl]-9a-methyl-7*H*,9a*H*-furo[3,2-*g*]=
isochinolin-2,9-dion) durch Behandlung mit wss. Ammoniak: *Ja. et al.*

Trioxo-Verbindungen C$_{26}$H$_{30}$O$_5$

**14,15β;21,23-Diepoxy-4,4,8-trimethyl-24-nor-5ξ,13α,14β,17β*H*-chola-1,20,22-trien-
3,6,7-trion** C$_{26}$H$_{30}$O$_5$, Formel VI, und Tautomeres.
Das nachstehend beschriebene **Cedrelon** liegt nach Ausweis der IR-Absorption
und der ^{1}H-NMR-Absorption in Tetrachlormethan-Lösung und in Chloroform-Lösung
überwiegend als 14,15β;21,23-Diepoxy-6-hydroxy-4,4,8-trimethyl-24-nor-13α,=
14β,17β*H*-chola-1,5,20,22-tetraen-3,7-dion (Formel VII) vor (*Cairns et al.*, Soc. **1965**
1235, 1237; *Powell*, Soc. [C] **1966** 1794, 1798). Über die Konstitution und Konfiguration

s. a. *Grant et al.*, Soc. **1963** 2506; *Gopinath et al.*, Pr. chem. Soc. **1961** 446; *Hodges et al.*, Soc. **1963** 2515.

Isolierung aus dem Holz von Cedrela toona: *Parihar, Dutt*, J. Indian chem. Soc. **27** [1950] 77, 78; *Ho. et al.*, l. c. S. 2522.

Krystalle; F: 209—214° [Kofler-App.; aus CHCl₃ + A.] (*Ho. et al.*, l. c. S. 2522), 204° [aus Bzl.] (*Pa., Dutt*, l. c. S. 79). Monoklin; Raumgruppe $P2_1/n$ (= C_{2h}^5); aus dem Röntgen-Diagramm ermittelte Dimensionen der Elementarzelle: a = 18,595 Å; b = 12,956 Å; c = 18,619 Å; β = 101,82°; n = 8 (*Chaudhuri et al.*, Indian J. Physics **36** [1962] 602). Dichte der Krystalle: 1,273 (*Ch. et al.*). $[\alpha]_D$: —64,5° [CHCl₃; c = 1] (*Ho. et al.*, l. c. S. 2522). ¹H-NMR-Absorption (CDCl₃) sowie ¹H-¹H-Spin-Spin-Kopplungskonstante: *Po.*

Beim Behandeln mit Brom in Benzol ist eine **Verbindung** $C_{26}H_{30}Br_2O_5$ (?) (gelbe Krystalle [aus A.], F: 116°) erhalten worden (*Pa., Dutt*, l. c. S. 79).

Charakterisierung als *O*-Acetyl-Derivat (F: 156—159°): *Ho. et al.*, l. c. S. 2522; als *O*-Phenylcarbamoyl-Derivat (F: 232°): *Pa., Dutt*, l. c. S. 80.

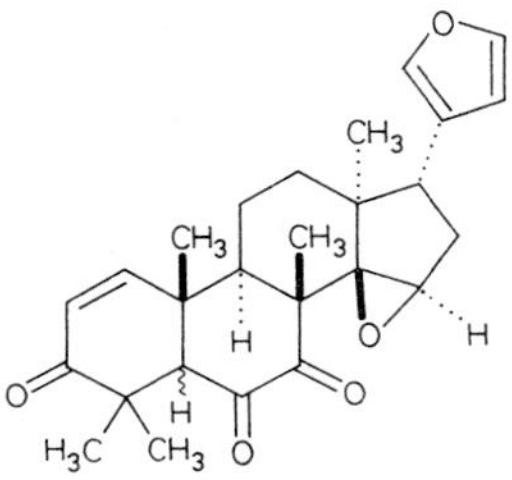

VI 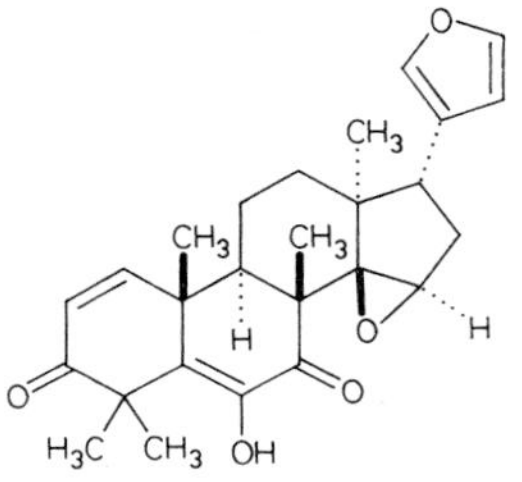   VII

Trioxo-Verbindungen $C_{28}H_{34}O_5$

*****Opt.-inakt. 2,6-Bis-[[2]furyl-(2-oxo-cyclohexyl)-methyl]-cyclohexanon** $C_{28}H_{34}O_5$, Formel VIII.

B. Beim Erwärmen von 2,6-Difurfuryliden-cyclohexanon (nicht charakterisiert) mit Cyclohexanon (2 Mol) und äthanol. Natronlauge (*Tilitschenko, Chartschenko*, Doklady Akad. S.S.S.R. **110** [1956] 226, 229; C. A. **1957** 5037). Beim Erwärmen von 2-Furfuryl=iden-6-[[2]furyl-(2-oxo-cyclohexyl)-methyl]-cyclohexanon (F: 130—131°) mit Cyclo=hexanon und äthanol. Natronlauge (*Ti., Ch.*).

Krystalle; F: 236—237° [Zers.].

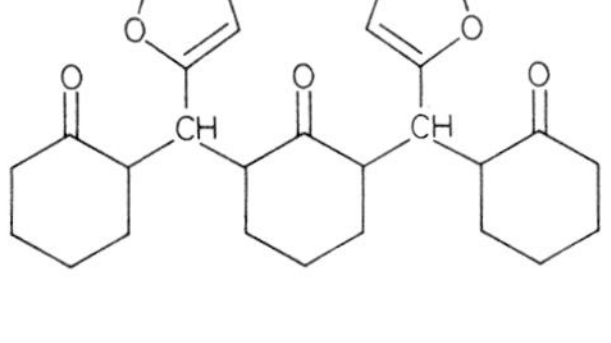

VIII 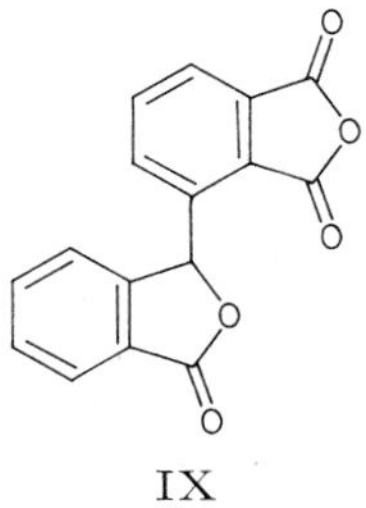   IX

Trioxo-Verbindungen $C_nH_{2n-24}O_5$

(±)-1*H*-[1,4′]Biisobenzofuranyl-3,1′,3′-trion, (±)-[1,4′]Biphthalanyl-3,1′,3′-trion, (±)-3-Phthalidyl-phthalsäure-anhydrid $C_{16}H_8O_5$, Formel IX.

B. Beim Erhitzen von (±)-3-Phthalidyl-phthalsäure auf Temperaturen oberhalb des Schmelzpunkts (*Fieser*, Am. Soc. **53** [1931] 3546, 3555).

Krystalle (aus Bzl. + Bzn.); F: 205°.

Trioxo-Verbindungen $C_nH_{2n-26}O_5$

Trioxo-Verbindungen $C_{18}H_{10}O_5$

5-[(E)-2-Oxo-benzofuran-3-yliden]-3-phenyl-furan-2,4-dion $C_{18}H_{10}O_5$, Formel I, und Tautomere (z. B. 3-[(E)-3-Hydroxy-5-oxo-4-phenyl-5H-furyliden]-benzofuran-2-on).

Diese Konstitution und Konfiguration kommen dem nachstehend beschriebenen, früher (s. E II **19** 245) als 3-[2-Hydroxy-phenyl]-6-phenyl-furo[3,2-b]furan-2,5-dion („Dilacton der 2.3-Dioxy-1-phenyl-4-[2-oxy-phenyl]-butadien-(1.3)-dicarbonsäure-(1.4)") angesehenen **Calycin** zu (*Åkermark*, Acta chem. scand. **15** [1961] 1695, 1697).

Isolierung aus Biatora lucida und aus Lepraria chlorina: *Grover, Seshadri*, J. scient. ind. Res. India **18** B [1959] 238; aus Lepraria flava: *Klosa*, Pharmazie **7** [1952] 687; aus Sticta aurata: *Asano, Kameda*, J. pharm. Soc. Japan **55** [1935] 1235, 1237; B. **68** [1935] 1568, 1569; aus Sticta coronata: *Murray*, Soc. **1952** 1345, 1347; aus Sticta colensoi: *Mu.*, l. c. S. 1349.

B. Beim Erhitzen von 2-[2-Methoxy-phenyl]-3,4-dioxo-5-phenyl-adiponitril mit Essig= säure und wss. Jodwasserstoffsäure (*As., Ka.*, B. **68** 1571; J. pharm. Soc. Japan **55** 1240) oder mit Essigsäure und wss. Bromwasserstoffsäure (*Åk.*, l. c. S. 1699).

Orangerote Krystalle; F: 249–249,5° [korr.; Kofler-App.; aus Eg.] (*Åk.*, l. c. S. 1699), 248° [aus A.] (*Mu.*, l. c. S. 1348), 244–245° [aus Eg.] (*As., Ka.*, B. **68** 1569; J. pharm. Soc. Japan **55** 1237).

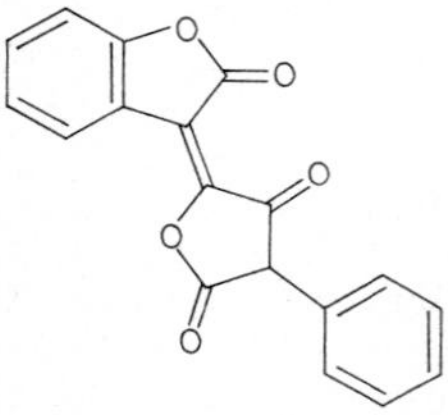

I

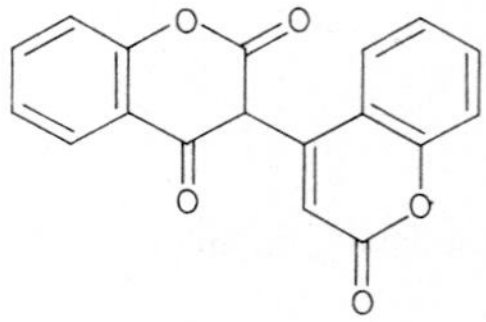

II

[3,4′]Bichromenyl-2,4,2′-trion $C_{18}H_{10}O_5$, Formel II, und Tautomere (z. B. 4-Hydroxy-[3,4′]bichromenyl-2,2′-dion).

B. Beim Erhitzen von 4-Hydroxy-cumarin (E III/IV **17** 6153) mit Phenol auf 300° (*Junek, Ziegler*, M. **87** [1956] 218, 221). Beim Erhitzen von (±)-4-Hydroxy-3-[1-phenyl-propyl]-cumarin (E III/IV **17** 6460) auf 300° (*Ju., Zi.*).

Krystalle (aus Nitrobenzol); F: 298°.

Trioxo-Verbindungen $C_{19}H_{12}O_5$

3-Benzyl-pyrano[3,2-c]chromen-2,4,5-trion $C_{19}H_{12}O_5$, Formel III, und Tautomere (z. B. 3-Benzyl-4-hydroxy-pyrano[3,2-c]chromen-2,5-dion).

B. Beim Erhitzen von 4-Hydroxy-cumarin (E III/IV **17** 6153) mit Benzylmalonsäure-bis-[2,4-dichlor-phenylester] bis auf 270° (*Ziegler et al.*, M. **87** [1956] 439, 442).

Krystalle (aus 1,1,2,2-Tetrachlor-äthan); F: 252°.

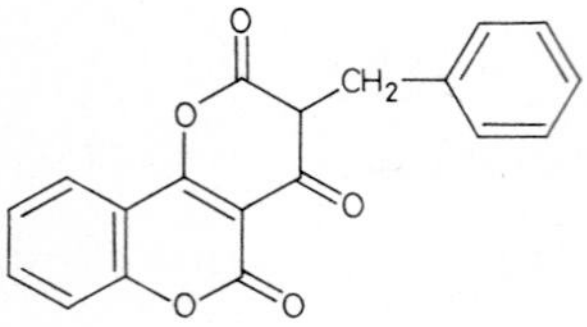

III

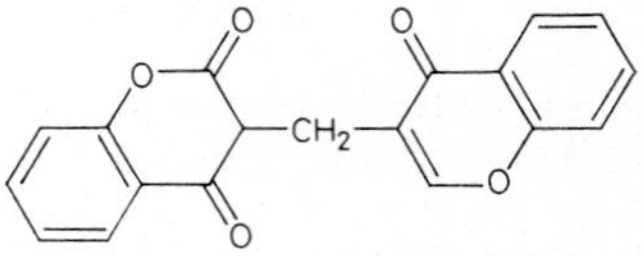

IV

3-[4-Oxo-4H-chromen-3-ylmethyl]-chroman-2,4-dion, 3-[4-Oxo-4H-chromen-3-yl]-2-salicyloyl-propionsäure-lacton $C_{19}H_{12}O_5$, Formel IV, und Tautomere (z. B. 4-Hydroxy-3-[4-oxo-4H-chromen-3-ylmethyl]-cumarin).

B. Beim Erhitzen von 3-Dimethylaminomethyl-chroman-2,4-dion mit Chromen-4-on bis auf 190° (*Spofa N.P.*, U.S.P. 2789986 [1954]). Beim Behandeln von 4-Hydroxy-3-[3-(2-hydroxy-phenyl)-3-oxo-propyl]-cumarin mit Äthylformiat und Natrium und Behandeln einer wss. Lösung des Reaktionsprodukts mit Säure (*Spofa N.P.*, D.B.P. 964327 [1955]).

Krystalle; F: 246° [aus Eg. oder Py.] (*Spofa N.P.*, D.B.P. 964327), 245° [aus Eg.] (*Spofa N.P.*, U.S.P. 2789986).

Trioxo-Verbindungen $C_{20}H_{14}O_5$

(±)-3-[1-Phenyl-äthyl]-pyrano[3,2-c]chromen-2,4,5-trion $C_{20}H_{14}O_5$, Formel V, und Tautomere (z. B. (±)-4-Hydroxy-3-[1-phenyl-äthyl]-pyrano[3,2-c]chromen-2,5-dion).

B. Neben (±)-4-Hydroxy-3-[1-phenyl-äthyl]-cumarin (E III/IV **17** 6453) beim Erhitzen von (±)-[1-Phenyl-äthyl]-malonsäure-diphenylester auf 280° (*Junek*, *Ziegler*, M. **87** [1956] 218, 221).

Krystalle (aus wss. Dioxan oder Eg.); F: 190°.

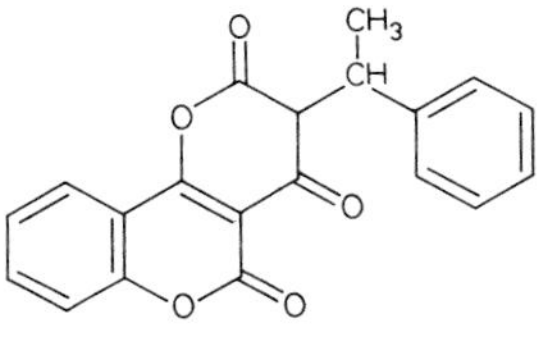

V

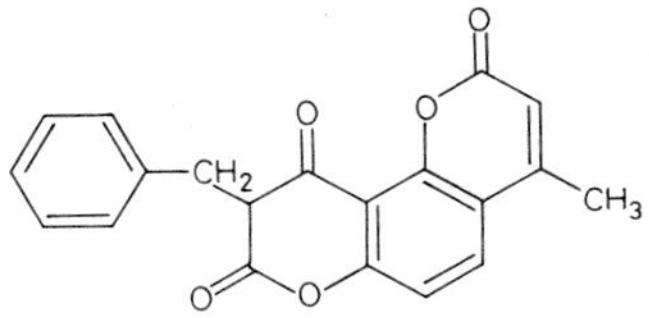

VI

9-Benzyl-4-methyl-pyrano[2,3-f]chromen-2,8,10-trion $C_{20}H_{14}O_5$, Formel VI, und Tautomere (z.B. 9-Benzyl-10-hydroxy-4-methyl-pyrano[2,3-f]chromen-2,8-dion).

Diese Konstitution kommt wahrscheinlich der nachstehend beschriebenen Verbindung zu (*Ziegler*, *Schaar*, M. **90** [1959] 866, 867).

B. Beim Erhitzen von Benzylmalonsäure-bis-[2,4-dichlor-phenylester] mit 7-Hydroxy-4-methyl-cumarin auf 280° (*Zi., Sch.*, l. c. S. 869).

Krystalle (aus 1,1,2,2-Tetrachlor-äthan); F: 271°.

(±)-3-[1-(4-Oxo-4H-chromen-3-yl)-äthyl]-chroman-2,4-dion, (±)-3-[4-Oxo-4H-chromen-3-yl]-2-salicyloyl-buttersäure-lacton $C_{20}H_{14}O_5$, Formel VII, und Tautomere (z. B. (±)-4-Hydroxy-3-[1-(4-oxo-4H-chromen-3-yl)-äthyl]-cumarin).

B. Beim Behandeln von (±)-4-Hydroxy-3-[3-(2-hydroxy-phenyl)-1-methyl-3-oxo-propyl]-cumarin mit Äthylformiat und Natrium und Ansäuern einer wss. Lösung des Reaktionsprodukts (*Spofa N.P.*, D.B.P. 1020030 [1956]).

Krystalle (aus Eg.); F: 179,5°.

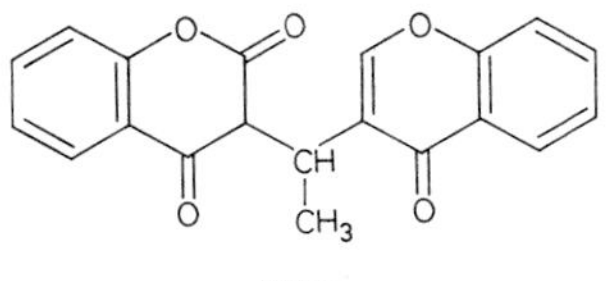

VII

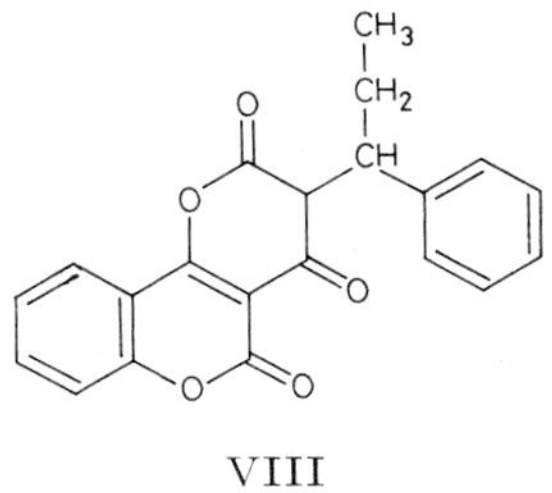

VIII

Trioxo-Verbindungen C₂₁H₁₆O₅

(±)-3-[1-Phenyl-propyl]-pyrano[3,2-c]chromen-2,4,5-trion $C_{21}H_{16}O_5$, Formel VIII, und Tautomere (z. B. (±)-4-Hydroxy-3-[1-phenyl-propyl]-pyrano[3,2-c]chromen-2,5-dion).

B. Beim Erhitzen von (±)-[1-Phenyl-propyl]-malonsäure-diphenylester auf 280° (*Junek, Ziegler*, M. **87** [1956] 218, 221). Beim Erhitzen von 4-Hydroxy-cumarin (E III/IV **17** 6153) mit (±)-[1-Phenyl-propyl]-malonsäure-diphenylester auf 270° (*Ju., Zi.*).

Krystalle (aus wss. Dioxan oder Eg.); F: 204°.

3-Benzyl-7,9-dimethyl-pyrano[3,2-c]chromen-2,4,5-trion $C_{21}H_{16}O_5$, Formel IX, und Tautomere (z. B. 3-Benzyl-4-hydroxy-7,9-dimethyl-pyrano[3,2-c]chromen-2,5-dion).

B. Beim Erhitzen von 4-Hydroxy-6,8-dimethyl-cumarin (E III/IV **17** 6193) mit Benzylmalonsäure-bis-[2,4-dichlor-phenylester] auf 250° (*Ziegler, Maier*, M. **89** [1958] 143, 150).

Gelbliche Krystalle (aus Eg., 1,1,2,2-Tetrachlor-äthan oder Nitrobenzol); F: 267° bis 269°.

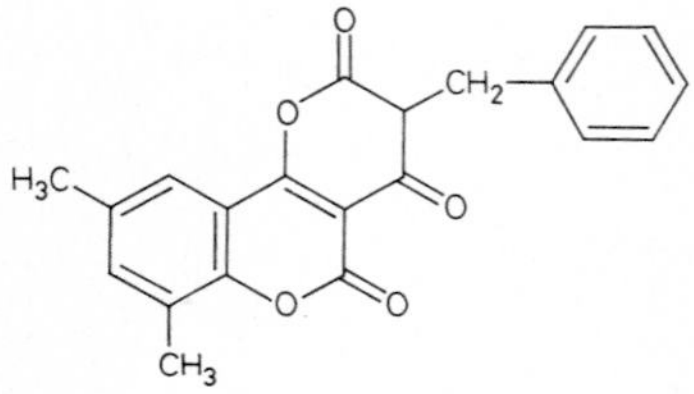

IX 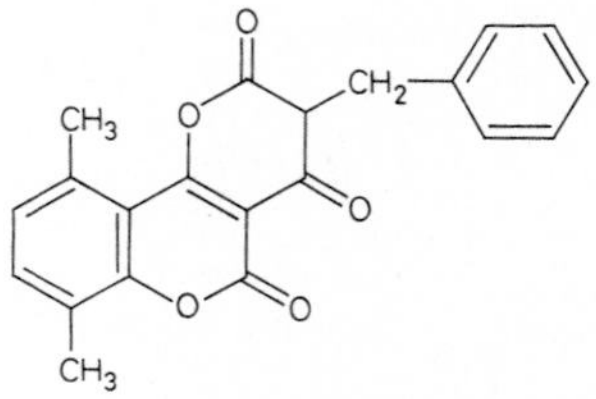   X

3-Benzyl-7,10-dimethyl-pyrano[3,2-c]chromen-2,4,5-trion $C_{21}H_{16}O_5$, Formel X, und Tautomere (z. B. 3-Benzyl-4-hydroxy-7,10-dimethyl-pyrano[3,2-c]chromen-2,5-dion).

B. Beim Erhitzen von 4-Hydroxy-5,8-dimethyl-cumarin (E III/IV **17** 6193) mit Benzylmalonsäure-bis-[2,4-dichlor-phenylester] auf 250° (*Ziegler, Maier*, M. **89** [1958] 143, 151).

Gelbliche Krystalle (aus Eg.); F: 208—209°.

6-Äthyl-4-methyl-8-phenyl-pyrano[2,3-f]chromen-2,9,10-trion, 3-[8-Äthyl-5-hydroxy-3,4-dioxo-2-phenyl-chroman-6-yl]-*trans*-crotonsäure-lacton $C_{21}H_{16}O_5$, Formel XI, und Tautomeres (6-Äthyl-9-hydroxy-4-methyl-8-phenyl-pyrano[2,3-f]chromen-2,10-dion).

B. Neben 3-[8-Äthyl-3,5-dihydroxy-4-oxo-2-phenyl-4H-chromen-6-yl]-ξ-crotonsäure (E III/IV **18** 6568) beim Erwärmen einer Suspension von 6-Äthyl-8-*trans*(?)-cinnamoyl-7-hydroxy-4-methyl-cumarin (E III/IV **18** 1934) in Äthanol mit wss. Wasserstoffperoxid und wss. Natronlauge und anschliessenden Ansäuern (*Marathey et al.*, J. Univ. Poona Nr. 6 [1954] 83, 84).

Krystalle (aus Eg.); F: 247°.

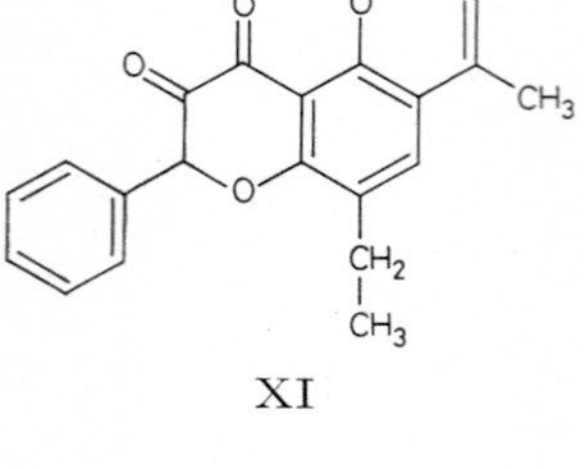

XI 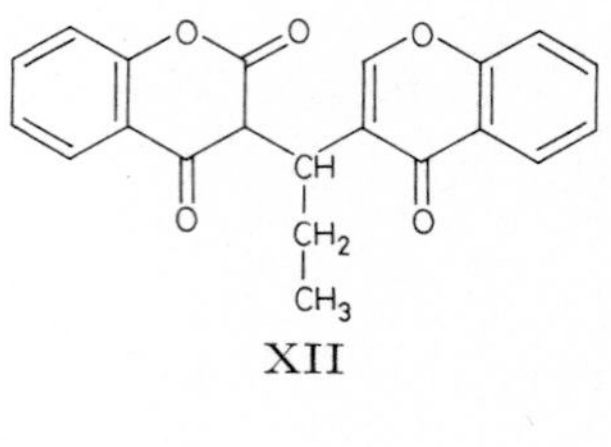   XII

(±)-3-[1-(4-Oxo-4H-chromen-3-yl)-propyl]-chroman-2,4-dion, (±)-3-[4-Oxo-4H-chrom=
en-3-yl]-2-salicyloyl-valeriansäure-lacton $C_{21}H_{16}O_5$, Formel XII, und Tautomere (z. B.
(±)-4-Hydroxy-3-[1-(4-oxo-4H-chromen-3-yl)-propyl]-cumarin).
    B. Beim Behandeln von (±)-3-[1-Äthyl-3-(2-hydroxy-phenyl)-3-oxo-propyl]-4-hydr=
oxy-cumarin mit Äthylformiat und Natrium und Ansäuern einer wss. Lösung des Reaktionsprodukts (*Spofa N.P.*, D.B.P. 1 020 030 [1956]).
    F: 148°.

Trioxo-Verbindungen $C_{22}H_{18}O_5$

(±)-3-[1-(4-Oxo-4H-chromen-3-yl)-butyl]-chroman-2,4-dion, (±)-3-[4-Oxo-4H-chrom=
en-3-yl]-2-salicyloyl-hexansäure-lacton $C_{22}H_{18}O_5$, Formel XIII, und Tautomere (z. B.
(±)-4-Hydroxy-3-[1-(4-oxo-4H-chromen-3-yl)-butyl]-cumarin).
    B. Beim Behandeln von (±)-4-Hydroxy-3-[3-(2-hydroxy-phenyl)-3-oxo-1-propyl-prop=
yl]-cumarin mit Äthylformiat und Natrium und Ansäuern einer wss. Lösung des Reaktionsprodukts (*Spofa N.P.*, D.B.P. 1 020 030 [1956]).
    F: 130°.

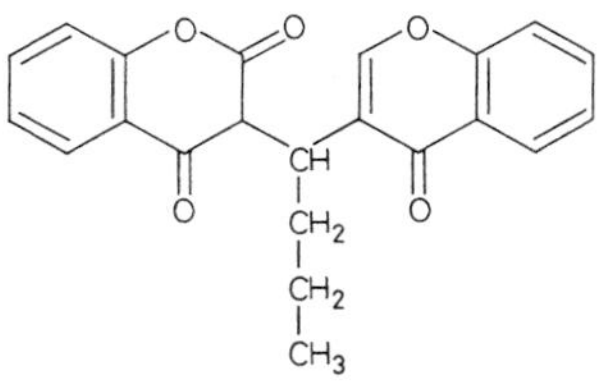

XIII 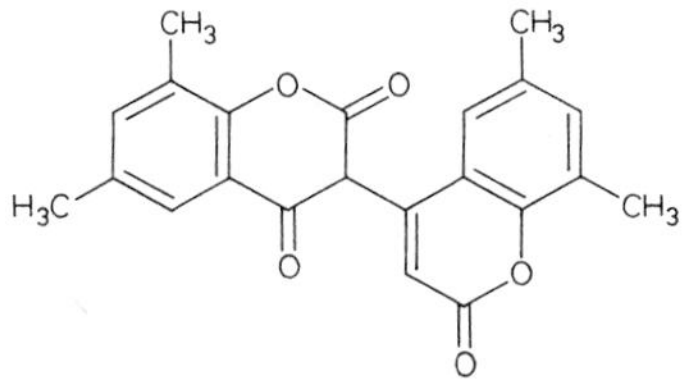   XIV

6,8,6′,8′-Tetramethyl-[3,4′]bichromenyl-2,4,2′-trion $C_{22}H_{18}O_5$, Formel XIV, und Tautomere (z. B. 4-Hydroxy-6,8,6′,8′-tetramethyl-[3,4′]bichromenyl-2,2′-dion).
    B. Beim Erhitzen von 4-Hydroxy-6,8-dimethyl-cumarin (E III/IV **17** 6193) mit
Phenol auf 300° (*Ziegler, Maier*, M. **89** [1958] 143, 148).
    Gelbliche Krystalle (aus Nitrobenzol); F: 316—318° [Zers.].

Trioxo-Verbindungen $C_nH_{2n-28}O_5$

Trioxo-Verbindungen $C_{21}H_{14}O_5$

3-Benzyl-7-phenyl-pyrano[4,3-b]pyran-2,4,5-trion $C_{21}H_{14}O_5$, Formel I, und Tautomere
(z. B. 3-Benzyl-4-hydroxy-7-phenyl-pyrano[4,3-b]pyran-2,5-dion).
    B. Beim Erhitzen von 6-Phenyl-pyran-2,4-dion mit Benzylmalonsäure-bis-[2,4-di=
chlor-phenylester] auf 250° (*Ziegler, Junek*, M. **89** [1958] 323, 327).
    Krystalle (aus Eg. oder Toluol); F: 252—253°.

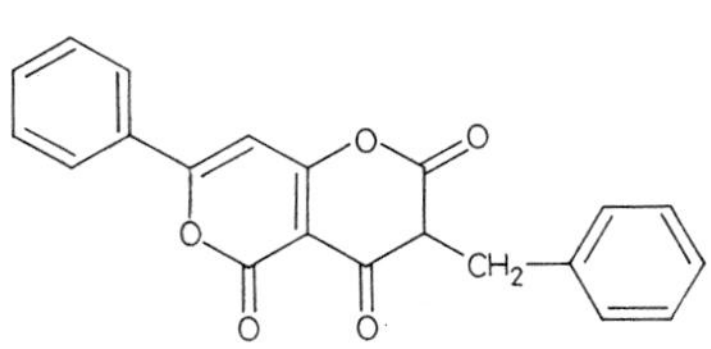

I 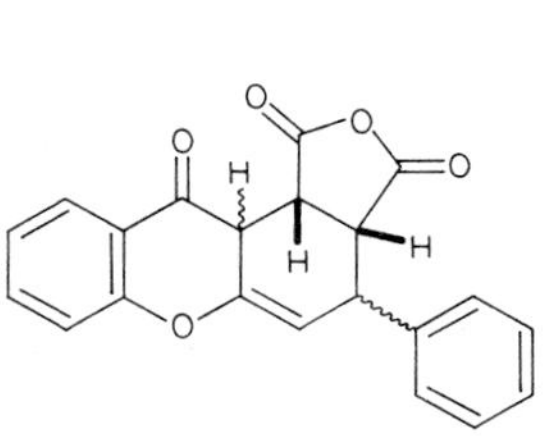   II

(±)-4ξ-Phenyl-(3ar,11aξ,11bc)-3a,4,11a,11b-tetrahydro-furo[3,4-a]xanthen-1,3,11-trion,
(±)-9-Oxo-3ξ-phenyl-(9aξ)-1,2,3,9a-tetrahydro-xanthen-1r,2c-dicarbonsäure-anhydrid
$C_{21}H_{14}O_5$, Formel II + Spiegelbild.
    B. Beim Erhitzen von 2-*trans*(?)-Styryl-chromen-4-on (E III/IV **17** 5501) mit Malein=

säure-anhydrid in Xylol (*Schönberg et al.*, Am. Soc. **76** [1954] 4576).
    Krystalle (aus Xylol); F: 246°.

Trioxo-Verbindungen C₂₂H₁₆O₅

(±)-3-[1-[2]Furyl-3-oxo-3-phenyl-propyl]-chroman-2,4-dion, (±)-3-[2]Furyl-5-oxo-5-phenyl-2-salicyloyl-valeriansäure-lacton $C_{22}H_{16}O_5$, Formel III, und Tautomere (z. B.
(±)-3-[1-[2]Furyl-3-oxo-3-phenyl-propyl]-4-hydroxy-cumarin).
    B. Beim Erhitzen von 4-Hydroxy-cumarin (E III/IV **17** 6153) mit 3*t*-[2]Furyl-1-phenyl-propenon und Natriumphosphat in Wasser (*Norddeutsche Affinerie, Spiess & Sohn*, D.B.P. 947164 [1952]).
    Krystalle; F: 129°.

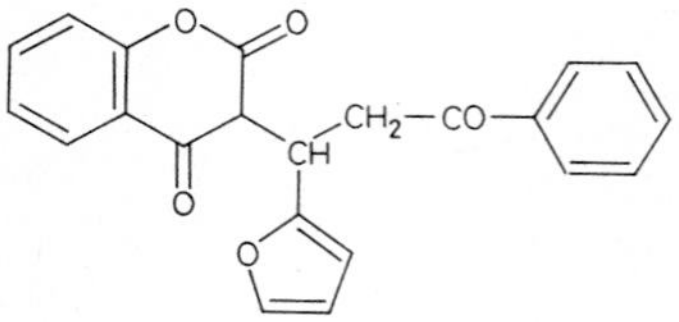

III 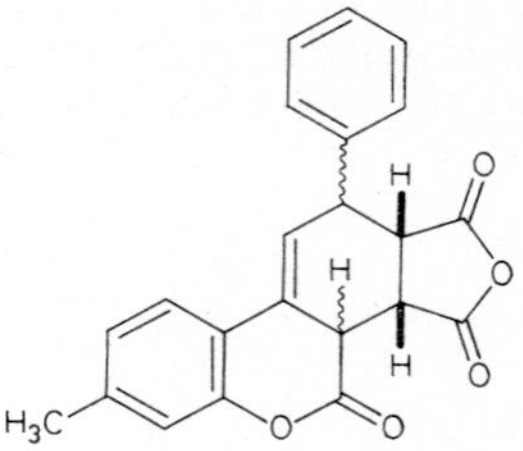   IV

(±)-7-Methyl-11ξ-phenyl-(3a*r*,3bξ,11a*c*)-3a,3b,11,11a-tetrahydro-isobenzofuro[4,5-*c*]-chromen-1,3,4-trion, (±)-4-[2-Hydroxy-4-methyl-phenyl]-6ξ-phenyl-cyclohex-4-en-1*r*,2*c*,3ξ-tricarbonsäure-1,2-anhydrid-3-lacton $C_{22}H_{16}O_5$, Formel IV + Spiegelbild.
    B. Beim Erhitzen von 7-Methyl-4-*trans*(?)-styryl-cumarin (F: 130—131°) mit Malein-säure-anhydrid in Xylol (*Mustafa et al.*, Am. Soc. **78** [1956] 4692).
    Krystalle (aus Acetanhydrid); F: 250° [unkorr.].

(±)-8-Methyl-11ξ-phenyl-(3a*r*,3bξ,11a*c*)-3a,3b,11,11a-tetrahydro-isobenzofuro[4,5-*c*]-chromen-1,3,4-trion, (±)-4-[2-Hydroxy-5-methyl-phenyl]-6ξ-phenyl-cyclohex-4-en-1*r*,2*c*,3ξ-tricarbonsäure-1,2-anhydrid-3-lacton $C_{22}H_{16}O_5$, Formel V + Spiegelbild.
    B. Beim Erhitzen von 6-Methyl-4-*trans*(?)-styryl-cumarin (F: 133°) mit Maleinsäure-anhydrid in Xylol (*Mustafa et al.*, Am. Soc. **78** [1956] 4692).
    Krystalle (aus Acetanhydrid); F: 194° [unkorr.].

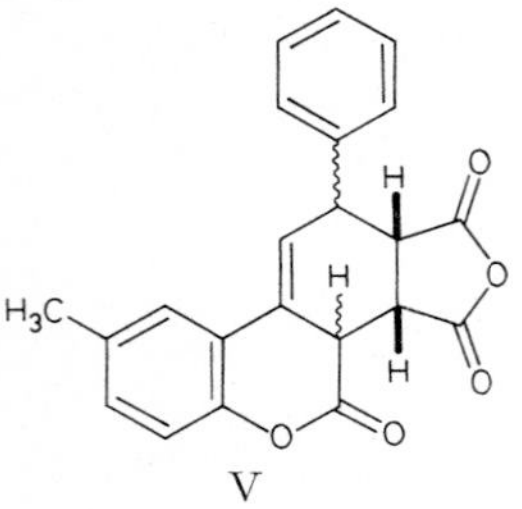

V 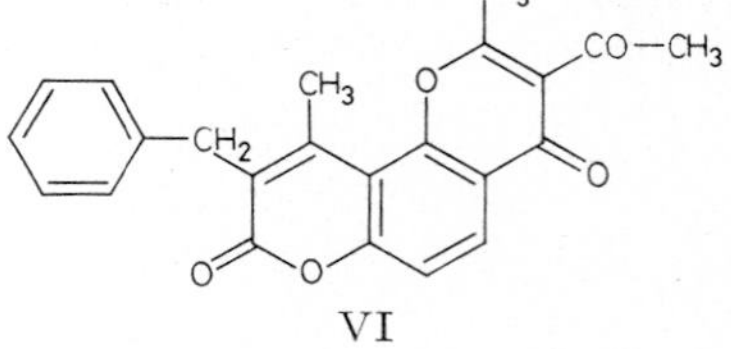   VI

Trioxo-Verbindungen C₂₃H₁₈O₅

3-Acetyl-9-benzyl-2,10-dimethyl-pyrano[2,3-*f*]chromen-4,8-dion, 3-[3-Acetyl-7-hydroxy-2-methyl-4-oxo-4*H*-chromen-8-yl]-2-benzyl-*trans*-crotonsäure-lacton $C_{23}H_{18}O_5$, Formel VI.
    B. Beim Erhitzen von 6-Acetyl-3-benzyl-5-hydroxy-4-methyl-cumarin mit Acet-anhydrid und Natriumacetat (*Deliwala, Shah*, Pr. Indian Acad. [A] **17** [1943] 7, 10).
    Rötlichgelbe Krystalle (aus A.); F: 181—182°.

Trioxo-Verbindungen $C_nH_{2n-32}O_5$

Trioxo-Verbindungen $C_{21}H_{10}O_5$

5,8-Dioxo-5,8-dihydro-benz[c]isochromeno[4,3-h]chromen-13-carbaldehyd, 5'-Formyl-2',3'-dihydroxy-p-terphenyl-2,2''-dicarbonsäure-2 → 2';2'' → 3'-dilacton $C_{21}H_{10}O_5$, Formel VII.

B. Beim Erhitzen von 5'-Formyl-2',3'-dimethoxy-p-terphenyl-2,2''-dicarbonsäure-dimethylester mit wss. Bromwasserstoffsäure und Essigsäure (*Nilsson*, Acta chem. scand. **12** [1958] 1830, 1832).

Krystalle (aus Eg.); F: ca. 360° [Zers.].

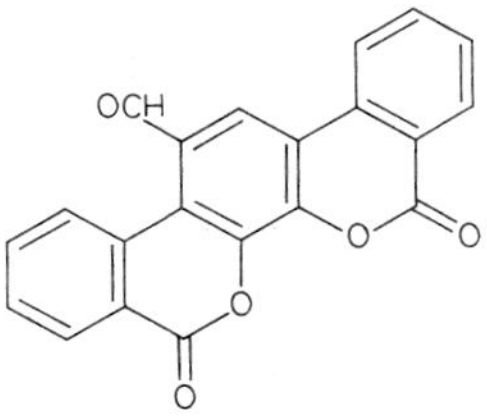

VII

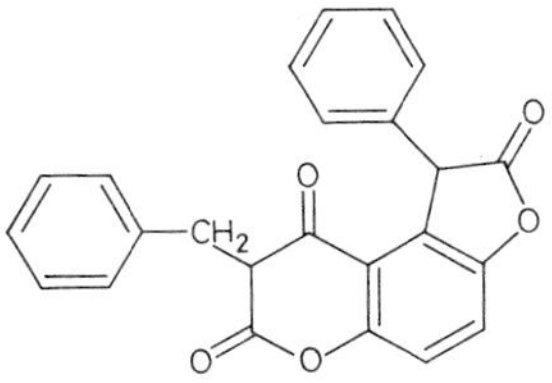

VIII

Trioxo-Verbindungen $C_{24}H_{16}O_5$

(±)-8-Benzyl-1-phenyl-1H-furo[3,2-f]chromen-2,7,9-trion $C_{24}H_{16}O_5$, Formel VIII, und Tautomere (z. B. (±)-8-Benzyl-9-hydroxy-1-phenyl-1H-furo[3,2-f]chromen-2,7-dion).

B. Beim Erhitzen von (±)-5-Hydroxy-3-phenyl-3H-benzofuran-2-on mit Benzylmalon=säure-bis-[2,4-dichlor-phenylester] auf 250° (*Ziegler, Schaar*, M. **90** [1959] 866, 870).

Krystalle (aus Xylol); F: 238° [Zers.].

Trioxo-Verbindungen $C_nH_{2n-34}O_5$

Trioxo-Verbindungen $C_{24}H_{14}O_5$

8-[(Ξ)-Benzyliden]-2-phenyl-furo[2,3-h]chromen-3,4,9-trion $C_{24}H_{14}O_5$, Formel IX, und Tautomeres (8-[(Ξ)-Benzyliden]-3-hydroxy-2-phenyl-furo[2,3-h]chromen-4,9-dion).

B. Aus 3,9-Dihydroxy-2-phenyl-furo[2,3-h]chromen-4-on und Benzaldehyd (*Row, Seshadri*, Pr. Indian Acad. [A] **11** [1940] 206, 210).

Krystalle (aus Eg.); F: 274°.

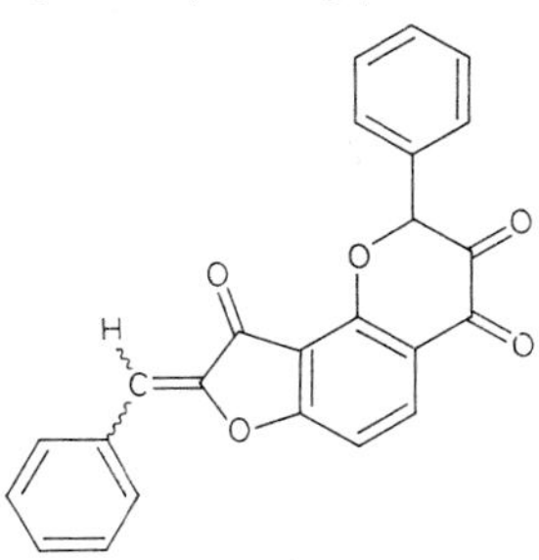

IX

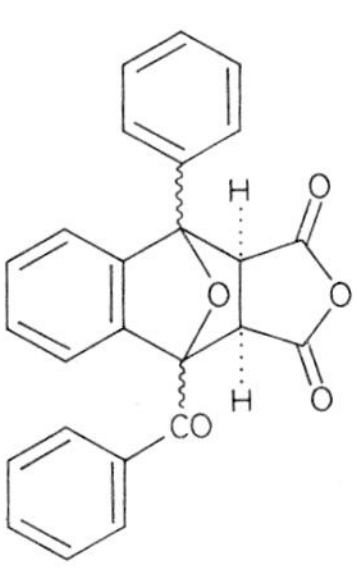

X

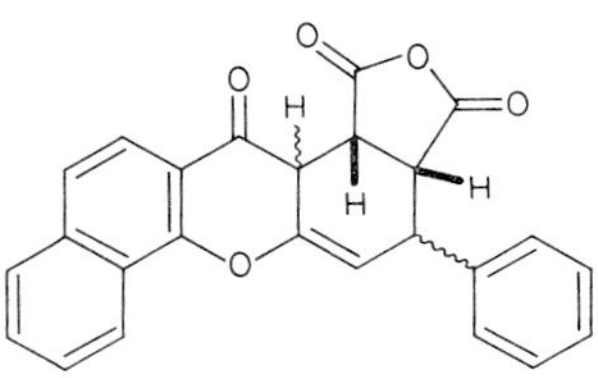

XI

Trioxo-Verbindungen $C_{25}H_{16}O_5$

(±)-4-Benzoyl-9-phenyl-(3ar,9ac)-3a,4,9,9a-tetrahydro-4ξ,9ξ-epoxido-naphtho[2,3-c]=furan-1,3-dion, (±)-1-Benzoyl-4-phenyl-1,2,3,4-tetrahydro-1ξ,4ξ-epoxido-naphthalin-2r,3c-dicarbonsäure-anhydrid $C_{25}H_{16}O_5$, Formel X + Spiegelbild.

B. Aus Phenyl-[3-phenyl-isobenzofuran-1-yl]-keton und Maleinsäure-anhydrid (*Allen,*

Gates, Am. Soc. **65** [1943] 1283).
Krystalle; F: 105—106°.

(±)-4ξ-Phenyl-(3ar,13aξ,13bc)-3a,4,13a,13b-tetrahydro-benzo[h]furo[3,4-a]xanthen-1,3,13-trion, 7-Oxo-10ξ-phenyl-(7aξ)-7a,8,9,10-tetrahydro-7H-benzo[c]xanthen-8r,9c-dicarbonsäure-anhydrid C₂₅H₁₆O₅, Formel XI + Spiegelbild.

B. Beim Erhitzen von 2-*trans*-Styryl-benzo[h]chromen-4-on mit Maleinsäure-anhydrid in Xylol (*Schönberg et al.*, Am. Soc. **78** [1956] 4689, 4690).
Krystalle (aus Xylol); F: 279°.

(±)-4ξ-Phenyl-(3ar,13aξ,13bc)-3a,4,13a,13b-tetrahydro-benz[h]isobenzofuro[4,5-c]=chromen-1,3,13-trion, (±)-4-[1-Hydroxy-[2]naphthyl]-6ξ-phenyl-cyclohex-4-en-1r,2c,3ξ-tricarbonsäure-1,2-anhydrid-3-lacton C₂₅H₁₆O₅, Formel XII (X = H) + Spiegelbild.

B. Beim Erhitzen von 4-*trans*(?)-Styryl-benzo[h]chromen-2-on (F: 176°) mit Malein= säure-anhydrid in Xylol (*Mustafa, Kamel*, Am. Soc. **77** [1955] 1828).
Krystalle (aus Nitrobenzol); F: 268° [unkorr.; Zers.].

(±)-4ξ-[2-Chlor-phenyl]-(3ar,13aξ,13bc)-3a,4,13a,13b-tetrahydro-benz[h]isobenzofuro=[4,5-c]chromen-1,3,13-trion, (±)-6ξ-[2-Chlor-phenyl]-4-[1-hydroxy-[2]naphthyl]-cyclohex-4-en-1r,2c,3ξ-tricarbonsäure-1,2-anhydrid-3-lacton C₂₅H₁₅ClO₅, Formel XII (X = Cl) + Spiegelbild.

B. Beim Erhitzen von 4-[2-Chlor-*trans*(?)-styryl]-benzo[h]chromen-2-on (F: 210°) mit Maleinsäure-anhydrid in Xylol (*Mustafa et al.*, Am. Soc. **78** [1956] 4692).
Krystalle (aus Nitrobenzol); F: 300° [unkorr.].

XII   XIII

Trioxo-Verbindungen C₂₆H₁₈O₅

3,7-Dibenzyl-9-chlor-pyrano[3,2-c]chromen-2,4,5-trion C₂₆H₁₇ClO₅, Formel XIII, und Tautomere (z. B. 3,7-Dibenzyl-9-chlor-4-hydroxy-pyrano[3,2-c]chromen-2,5-dion).

B. Beim Erhitzen von Benzylmalonsäure-bis-[2-benzyl-4-chlor-phenylester] auf 300° (*Junek, Ziegler*, M. **87** [1956] 218, 222).
Krystalle (aus Eg. oder Amylacetat); F: 206°.

Trioxo-Verbindungen CₙH₂ₙ₋₃₆O₅

Trioxo-Verbindungen C₂₄H₁₂O₅

1-Methyl-4,13-dioxa-benz[5,6]indeno[2,1-a]phenanthren-3,7,12-trion, 3-[4-Hydroxy-7,12-dioxo-7,12-dihydro-dinaphtho[1,2-b;2',3'-d]furan-3-yl]-*trans*-crotonsäure-lacton C₂₄H₁₂O₅, Formel I.
Diese Konstitution ist der nachstehend beschriebenen Verbindung zugeordnet worden.
B. Aus 7-Hydroxy-4-methyl-benzo[h]chromen-2-on(?) und 2,3-Dichlor-[1,4]naphtho= chinon (*Buu-Hoi, Lavit*, Soc. **1956** 1743, 1748).
Rotbraune Krystalle (aus Nitrobenzol), die unterhalb von 350° nicht schmelzen.

I

II

1-Methyl-4,7-dioxa-benz[5,6]indeno[1,2-*a*]phenanthren-3,8,13-trion, 3-[4-Hydroxy-8,13-dioxo-8,13-dihydro-dinaphtho[2,1-*b*;2′,3′-*d*]furan-3-yl]-*trans*-crotonsäure-lacton C$_{24}$H$_{12}$O$_5$, Formel II.

B. Beim Erhitzen von 8-Hydroxy-4-methyl-benzo[*h*]chromen-2-on mit 2,3-Dichlor-[1,4]naphthochinon in Pyridin (*Buu-Hoi, Lavit*, Soc. **1956** 1743, 1747).

Braune Krystalle (aus Nitrobenzol), die unterhalb von 350° nicht schmelzen.

Trioxo-Verbindungen C$_{26}$H$_{16}$O$_5$

3-Benzoyl-10-methyl-2-phenyl-pyrano[2,3-*f*]chromen-4,8-dion, 3-[3-Benzoyl-7-hydroxy-4-oxo-2-phenyl-4*H*-chromen-8-yl]-*trans*-crotonsäure-lacton C$_{26}$H$_{16}$O$_5$, Formel III (R = X = H).

B. Beim Erhitzen von 6-Acetyl-5-hydroxy-4-methyl-cumarin mit Benzoesäureanhydrid und Natriumbenzoat auf 180° (*Sethna et al.*, Soc. **1938** 228, 232). Beim Erhitzen von 5-Hydroxy-4-methyl-6-[3-oxo-3-phenyl-propionyl]-cumarin mit Benzoylchlorid und Pyridin (*Bernfeld, Wheeler*, Soc. **1949** 1915, 1918).

Krystalle; F: 304—306° [aus Eg.] (*Be., Wh.*), 301° [nach Sintern; aus Py. oder Eg.] (*Se. et al.*).

3-Benzoyl-10-methyl-2-[4-nitro-phenyl]-pyrano[2,3-*f*]chromen-4,8-dion, 3-[3-Benzoyl-7-hydroxy-2-(4-nitro-phenyl)-4-oxo-4*H*-chromen-8-yl]-*trans*-crotonsäure-lacton C$_{26}$H$_{15}$NO$_7$, Formel III (R = NO$_2$, X = H), und **10-Methyl-3-[4-nitro-benzoyl]-2-phenyl-pyrano[2,3-*f*]chromen-4,8-dion**, 3-[7-Hydroxy-3-(4-nitro-benzoyl)-4-oxo-2-phenyl-4*H*-chromen-8-yl]-*trans*-crotonsäure-lacton C$_{26}$H$_{15}$NO$_7$, Formel III (R = H, X = NO$_2$).

Diese beiden Konstitutionsformeln kommen für die nachstehend beschriebene Verbindung in Betracht.

B. Beim Erhitzen von 5-Hydroxy-4-methyl-6-[3-oxo-3-phenyl-propionyl]-cumarin mit 4-Nitro-benzoylchlorid und Pyridin (*Bernfeld, Wheeler*, Soc. **1949** 1915, 1918). Beim Erhitzen von 5-Hydroxy-4-methyl-6-[3-(4-nitro-phenyl)-3-oxo-propionyl]-cumarin mit Benzoylchlorid und Pyridin (*Be., Wh.*).

Krystalle (aus wss. Acn.); F: 310° [Zers.].

III

IV

Trioxo-Verbindungen C$_{27}$H$_{18}$O$_5$

10-Methyl-3-phenacyl-2-phenyl-pyrano[2,3-*f*]chromen-4,8-dion, 3-[7-Hydroxy-4-oxo-3-phenacyl-2-phenyl-4*H*-chromen-8-yl]-*trans*-crotonsäure-lacton C$_{27}$H$_{18}$O$_5$, Formel IV.

Eine von *Shah* und *Deliwala* (Pr. Indian Acad. [A] **16** [1942] 387, 390) unter dieser Konstitution beschriebene Verbindung (F: 221°) ist als 3,10-Dimethyl-2-phenyl-pyrano[2,3-*f*]chromen-4,8-dion zu formulieren (*Lakshmi, Rao*, Curr. Sci. **42** [1973] 19).

3-Benzoyl-10-methyl-2-*o*-tolyl-pyrano[2,3-*f*]chromen-4,8-dion, 3-[3-Benzoyl-7-hydroxy-4-oxo-2-*o*-tolyl-4*H*-chromen-8-yl]-*trans*-crotonsäure-lacton $C_{27}H_{18}O_5$, Formel V (R = CH_3, X = H), und 10-Methyl-2-phenyl-3-*o*-toluoyl-pyrano[2,3-*f*]chromen-4,8-dion, 3-[7-Hydroxy-4-oxo-2-phenyl-3-*o*-toluoyl-4*H*-chromen-8-yl]-*trans*-crotonsäure-lacton $C_{27}H_{18}O_5$, Formel V (R = H, X = CH_3).

Diese beiden Konstitutionsformeln kommen für die nachstehend beschriebene Verbindung in Betracht.

B. Beim Erhitzen von 5-Hydroxy-4-methyl-6-[3-oxo-3-phenyl-propionyl]-cumarin mit *o*-Toluoylchlorid und Pyridin (*Bernfeld, Wheeler*, Soc. **1949** 1915, 1918). Beim Erhitzen 5-Hydroxy-4-methyl-6-[3-oxo-3-*o*-tolyl-propionyl]-cumarin mit Benzoylchlorid und Pyridin (*Be., Wh.*).

F: 310−312° [aus CHCl₃ + A.].

V

VI

3-[8-Methyl-6-oxo-7,12-dihydro-6*H*-naphtho[2,3-*c*]chromen-7-yl]-chroman-2,4-dion $C_{27}H_{18}O_5$, Formel VI, und Tautomere (z. B. 7-[4-Hydroxy-2-oxo-2*H*-chromen-3-yl]-8-methyl-7,12-dihydro-naphtho[2,3-*c*]chromen-6-on).

Diese Konstitution ist für die nachstehend beschriebene Verbindung in Betracht gezogen worden (*Litvan, Stoll*, Helv. **42** [1959] 878, 885).

B. In kleiner Menge beim Erhitzen von 4-Hydroxy-cumarin (E III/IV **17** 6153) mit 2,6-Dimethyl-benzaldehyd und Essigsäure (*Li., St.*).

Krystalle (aus Dioxan + W.); F: 338−339° [korr.; Kofler-App.].

Trioxo-Verbindungen $C_{28}H_{20}O_5$

10-Methyl-3-[3-oxo-3-phenyl-propyl]-2-phenyl-pyrano[2,3-*f*]chromen-4,8-dion, 3-[7-Hydroxy-4-oxo-3-(3-oxo-3-phenyl-propyl)-2-phenyl-4*H*-chromen-8-yl]-*trans*-crotonsäure-lacton $C_{28}H_{20}O_5$, Formel VII.

Eine von *Shah* und *Deliwala* (Pr. Indian Acad. [A] **16** [1942] 387, 391) unter dieser Konstitution beschriebene Verbindung (F: 220−221°) ist wahrscheinlich als 3-Äthyl-10-methyl-2-phenyl-pyrano[2,3-*f*]chromen-4,8-dion zu formulieren (vgl. *Lakshmi, Rao*, Curr. Sci. **42** [1973] 19).

VII

VIII

10-Methyl-3-*o*-toluoyl-2-*o*-tolyl-pyrano[2,3-*f*]chromen-4,8-dion, 3-[7-Hydroxy-4-oxo-3-*o*-toluoyl-2-*o*-tolyl-4*H*-chromen-8-yl]-*trans*-crotonsäure-lacton $C_{28}H_{20}O_5$, Formel VIII.

B. Beim Erhitzen von 5-Hydroxy-4-methyl-6-[3-oxo-3-*o*-tolyl-propionyl]-cumarin mit *o*-Toluoylchlorid und Pyridin (*Bernfeld, Wheeler*, Soc. **1949** 1915, 1918).

Krystalle (aus (±)-Tetrahydrofurfurylalkohol) mit 0,5 Mol Wasser; F: 334−335°. Bei 220°/0,0001 Torr sublimierbar.

Trioxo-Verbindungen $C_nH_{2n-38}O_5$

Trioxo-Verbindungen $C_{26}H_{14}O_5$

**2,3-Dihydro-1H-5,14-dioxa-benz[5,6]indeno[2,1-a]cyclopenta[i]phenanthren-4,8,13-trion,
2-[4-Hydroxy-7,12-dioxo-7,12-dihydro-dinaphtho[1,2-b;2′,3′-d]furan-3-yl]-cyclopent-
1-encarbonsäure-lacton** $C_{26}H_{14}O_5$, Formel IX.

B. Beim Erhitzen von 1-Hydroxy-8,9-dihydro-7H-benzo[h]cyclopenta[c]chromen-6-on
mit 2,3-Dichlor-[1,4]naphthochinon und Pyridin (*Buu-Hoï, Lavit*, J. org. Chem. **21** [1956]
1022).

Braune Krystalle (aus Nitrobenzol), die unterhalb von 360° nicht schmelzen.

IX   X

**2,3-Dihydro-1H-5,8-dioxa-benz[5,6]indeno[1,2-a]cyclopenta[i]phenanthren-4,9,14-trion,
2-[4-Hydroxy-8,13-dioxo-8,13-dihydro-dinaphtho[2,1-b;2′,3′-d]furan-3-yl]-cyclopent-
1-encarbonsäure-lacton** $C_{26}H_{14}O_5$, Formel X.

B. Beim Erhitzen von 2-Hydroxy-8,9-dihydro-7H-benzo[h]cyclopenta[c]chromen-6-on
mit 2,3-Dichlor-[1,4]naphthochinon und Pyridin (*Buu-Hoï, Lavit*, J. org. Chem. **21**
[1956] 1022).

Braunrote Krystalle (aus Nitrobenzol), die unterhalb von 360° nicht schmelzen.

**2,3-Dihydro-1H-8,15-dioxa-benz[5,6]indeno[1,2-g]cyclopenta[a]phenanthren-
9,14,16-trion, 2-[1-Hydroxy-8,13-dioxo-8,13-dihydro-dinaphtho[2,1-b;2′,3′-d]furan-
2-yl]-cyclopent-1-encarbonsäure-lacton** $C_{26}H_{14}O_5$, Formel XI.

B. Beim Erhitzen von 3-Hydroxy-8,9-dihydro-7H-benzo[h]cyclopenta[c]chromen-6-on
mit 2,3-Dichlor-[1,4]naphthochinon und Pyridin (*Buu-Hoï, Lavit*, J. org. Chem. **21** [1956]
1022).

Braunrote Krystalle (aus Nitrobenzol), die unterhalb von 360° nicht schmelzen.

XI   XII

Trioxo-Verbindungen $C_{27}H_{16}O_5$

**1,2,3,4-Tetrahydro-6,9-dioxa-benz[5,6]indeno[1,2-a]chrysen-5,10,15-trion,
2-[4-Hydroxy-8,13-dioxo-8,13-dihydro-dinaphtho[2,1-b;2′,3′-d]furan-3-yl]-cyclohex-
1-encarbonsäure-lacton** $C_{27}H_{16}O_5$, Formel XII.

B. Beim Erhitzen von 2-Hydroxy-7,8,9,10-tetrahydro-dibenzo[c,h]chromen-6-on mit
2,3-Dichlor-[1,4]naphthochinon und Pyridin (*Buu-Hoï, Lavit*, J. org. Chem. **21** [1956]
1022).

Braunrote Krystalle (aus Nitrobenzol), die unterhalb von 360° nicht schmelzen.

Trioxo-Verbindungen $C_nH_{2n-40}O_5$

Trioxo-Verbindungen $C_{32}H_{24}O_5$

1,2,3-Tribenzoyl-5-phenyl-6,7-dioxa-bicyclo[3.2.0]heptan, 2,3,4-Tribenzoyl-1,2-epidioxy-1-phenyl-cyclopentan $C_{32}H_{24}O_5$, Formel XIII.

Diese Konstitution ist der nachstehend beschriebenen opt.-inakt. Verbindung zuge-ordnet worden (*Lutz, Palmer*, Am. Soc. **57** [1935] 1947, 1951).

B. Beim Behandeln einer Lösung einer als 2,3,4-Tribenzoyl-1-phenyl-cyclopenten angesehenen opt.-inakt. Verbindung (E III **7** 4709) in Chloroform mit Ozon und an-schliessend mit Wasser (*Lutz, Pa.*).

Krystalle (aus CHCl$_3$ + Ae. oder aus E. + Bzn.); F: 132–133° [korr.; Zers.].

XIII   XIV

Trioxo-Verbindungen $C_{34}H_{28}O_5$

*Opt.-inakt. **4-Benzoyl-1,7-diphenyl-3,5-di-[2]thienyl-heptan-1,7-dion** $C_{34}H_{28}O_3S_2$, Formel XIV.

B. Neben grösseren Mengen 1,5-Diphenyl-3-[2]thienyl-pentan-1,5-dion beim Erwärmen von Thiophen-2-carbaldehyd mit Acetophenon und wss.-äthanol. Natronlauge (*Steinkopf, Popp*, A. **540** [1939] 24, 26).

Krystalle (aus Tetralin); F: 251°.

Trioxo-Verbindungen $C_nH_{2n-42}O_5$

2-Benzoyl-3-phenyl-pyrano[3,2-a]xanthen-1,12-dion $C_{29}H_{16}O_5$, Formel XV.

B. Beim Erhitzen von 1-Acetyl-2-hydroxy-xanthen-9-on mit Benzoesäure-anhydrid und Natriumbenzoat auf 180° (*Lamb, Suschitzky*, Tetrahedron **5** [1959] 1, 9).

Rötliche Krystalle (aus A.); F: 280°.

XV   XVI

Trioxo-Verbindungen $C_nH_{2n-44}O_5$

10-Benzoyl-4,6-diphenyl-pyrano[3,2-g]chromen-2,8-dion $C_{31}H_{18}O_5$, Formel XVI.

B. Beim Erhitzen von 2,4,6-Tribenzoyl-resorcin mit Acetanhydrid und Natriumacetat (*Limaye, Chitale*, Rasayanam **2** [1950] 22, 26).

Krystalle (aus Eg.); F: 320°.   [*Appelt*]

D. Tetraoxo-Verbindungen

Tetraoxo-Verbindungen $C_nH_{2n-8}O_6$

Tetraoxo-Verbindungen $C_{10}H_{12}O_6$

4,8-Diacetyl-[1,5]dioxocan-2,6-dion $C_{10}H_{12}O_6$, Formel I.
Die früher (s. H **19** 193) unter dieser Konstitution beschriebene, als ,,Lactid der β-Oxy-lävulinsäure" bezeichnete opt.-inakt. Verbindung (F: 240° [Zers.]) ist als 4a,8a-Dimethyl-tetrahydro-difuro[2,3-*b*;2',3'-*e*][1,4]dioxin-2,6-dion zu formulieren (*Rappe*, Acta chem. scand. **16** [1962] 1143, 1145).

I   II

3,6-Diacetonyl-[1,4]dioxan-2,5-dion $C_{10}H_{12}O_6$, Formel II.
Die früher (s. H **19** 193) unter dieser Konstitution beschriebene, als ,,Lactid der α-Oxy-lävulinsäure" bezeichnete opt.-inakt. Verbindung (F: 263°) ist als 1,6,9,13-Tetraoxa-dispiro[4.2.4.2]tetradecan-2,10-dion zu formulieren (*Rappe*, Acta chem. scand. **16** [1962] 1143, 1145).

Tetraoxo-Verbindungen $C_{16}H_{24}O_6$

1,10-Dioxa-cyclooctadecan-2,9,11,18-tetraon, Octandisäure-dianhydrid, Korksäure-dianhydrid $C_{16}H_{24}O_6$, Formel III (in der Literatur auch als Korksäure-β-anhydrid bezeichnet).
B. Beim Erhitzen von Korksäure mit Acetanhydrid und Erhitzen des Reaktionspro-dukts (,,Korksäure-α-anhydrid") im Hochvakuum auf 160° (*Hill, Carothers*, Am. Soc. **55** [1933] 5023, 5029).
Krystalle; F: 55—57°.
Beim Erwärmen auf Temperaturen oberhalb des Schmelzpunkts ist eine bei 65—68° schmelzende makromolekulare Substanz (,,Korksäure-γ-anhydrid") erhalten worden.

III   IV   V

Tetraoxo-Verbindungen $C_{20}H_{32}O_6$

1,12-Dioxa-cyclodocosan-2,11,13,22-tetraon, Decandisäure-dianhydrid, Sebacinsäure-dianhydrid $C_{20}H_{32}O_6$, Formel IV (in der Literatur auch als Sebacinsäure-β-anhydrid bezeichnet).
B. Neben einer makromolekularen Substanz (,,Sebacinsäure-ω-anhydrid") beim Er-hitzen von Sebacinsäure mit Acetanhydrid und Erhitzen des Reaktionsprodukts (,,Se= bacinsäure-α-anhydrid") im Hochvakuum auf 200° (*Hill, Carothers*, Am. Soc. **54** [1932]

1569, 1574).

Krystalle (aus PAe. + Bzl.); F: 68° (*Hill, Ca.*, l. c. S. 1575).

Beim Erwärmen auf Temperaturen oberhalb des Schmelzpunkts ist eine bei 82° schmelzende makromolekulare Substanz (,,Sebacinsäure-γ-anhydrid") erhalten worden (*Hill, Ca.*, l. c. S. 1576).

Tetraoxo-Verbindungen $C_{24}H_{40}O_6$

1,14-Dioxa-cyclohexacosan-2,13,15,26-tetraon, Dodecandisäure-dianhydrid $C_{24}H_{40}O_6$, Formel V (in der Literatur auch als Dodecandisäure-β-anhydrid bezeichnet).

B. Beim Erhitzen von Dodecandisäure mit Acetanhydrid und Erhitzen des Reaktions-produkts (,,Dodecandisäure-α-anhydrid") im Hochvakuum auf 110° (*Hill, Cartohers*, Am. Soc. **55** [1933] 5023, 5026, 5030).

Krystalle; F: 76—78°.

Beim Erwärmen auf Temperaturen oberhalb des Schmelzpunkts ist eine bei 85—87° schmelzende makromolekulare Substanz erhalten worden.

Tetraoxo-Verbindungen $C_nH_{2n-10}O_6$

Tetraoxo-Verbindungen $C_8H_6O_6$

Tetrahydro-[3,3']bifuryl-2,5,2',5'-tetraon, Butan-1,2,3,4-tetracarbonsäure-1,2;3,4-dianhydrid $C_8H_6O_6$.

a) **(3RS,3'RS)-Tetrahydro-[3,3']bifuryl-2,5,2',5'-tetraon,** *racem.* **Butan-1,2,3,4-tetracarbonsäure-1,2;3,4-dianhydrid** $C_8H_6O_6$, Formel VI + Spiegelbild (H 193; dort als ,,Dianhydrid der hochschmelzenden Butan-α.β.γ.δ-tetracarbonsäure" bezeichnet).

B. Beim Erwärmen von *racem.* Butan-1,2,3,4-tetracarbonsäure mit Acetylchlorid (*Alder, Schumacher*, A. **564** [1949] 96, 108; vgl. H 193).

Krystalle (aus E. + Bzn.); F: 172—173° (*Al., Sch.*).

Beim Erhitzen auf Temperaturen oberhalb des Schmelzpunkts ist *meso*-Butan-1,2,3,4-tetracarbonsäure-1,2;3,4-dianhydrid erhalten worden (*Korolew, Mur*, Ž. obšč. Chim. **18** [1948] 1977, 1986; C. A. **1948** 6776).

b) **(3RS,3'SR)-Tetrahydro-[3,3']bifuryl-2,5;2',5'-tetraon,** *meso*-**Butan-1,2,3,4-tetracarbonsäure-1,2;3,4-dianhydrid** $C_8H_6O_6$, Formel VII (H 193; dort als ,,Dianhydrid der niedrigschmelzenden Butan-α.β.γ.δ-tetracarbonsäure" bezeichnet).

B. Beim Erhitzen von *meso*-4-Cyan-butan-1,2,3-tricarbonsäure-trimethylester mit konz. wss. Schwefelsäure auf 200° und Erhitzen des Reaktionsprodukts mit Acetanhydrid (*Michael, Weiner*, Am. Soc. **59** [1937] 744, 750).

Krystalle; F: ca. 260° (*Nagao et al.*, Acta cryst. [B] **27** [1971] 569), 259—260° (*Asahara, Fukui*, J. chem. Soc. Japan Ind. Chem. Sect. **70** [1967] 2388, 2389; C. A. **69** [1968] 19643). Orthorhombisch; Raumgruppe *Pcab* ($=D_{2h}^{15}$); aus dem Röntgen-Diagramm ermittelte Dimensionen der Elementarzelle: a = 9,009 Å; b = 13,893 Å; c = 6,590 Å; n = 4 (*Na. et al.*). Dichte der Krystalle: 1,59 (*Na. et al.*).

VI   VII   VIII   IX

Tetraoxo-Verbindungen $C_9H_8O_6$

Bis-[2,4-dioxo-tetrahydro-[3]furyl]-methan $C_9H_8O_6$, Formel VIII, und Tautomere (z. B. **Bis-[4-hydroxy-2-oxo-2,5-dihydro-[3]furyl]-methan**) (H 193; dort als α.α'-Methylen-di-tetronsäure bezeichnet).

B. Aus 2,4-Bis-bromacetyl-glutarsäure-diäthylester beim Erhitzen auf 200° (*Bodendorf*, Ar. **281** [1943] 89, 93).

Krystalle (aus A.); F: 243°.

Bis-[4,5-dioxo-tetrahydro-[3]furyl]-methan $C_9H_8O_6$, Formel IX, und Tautomere (z. B. Bis-[4-hydroxy-5-oxo-2,5-dihydro-[3]furyl]-methan) (E II **19** 214; dort als 3.3'-Methylen-bis-[4.5-dioxo-2.3.4.5-tetrahydro-furan] bezeichnet).

Diese Konstitution kommt auch der früher (s. E II **3** 401 im Artikel Brenztrauben=säure) als „Säure $C_{15}H_{14}O_{10}$" beschriebenen Verbindung (Zers. bei ca. 225°) zu (*Galantay et al.*, J. org. Chem. **29** [1964] 3560, 3562 Anm. 20).

In den Krystallen liegt nach Ausweis des IR-Spektrums Bis-[4-hydroxy-5-oxo-2,5-di=hydro-[3]furyl]-methan vor (*Reusch, Starkey*, J. org. Chem. **32** [1967] 931).

B. Beim Erwärmen von (±)-4a-Hydroxymethyl-(4a*r*,8a*c*)-dihydro-[1,3]dioxino[4,5-*d*]=[1,3]dioxin-8a-carbonsäure-lacton mit Schwefelsäure enthaltendem Methanol (*Olsen, Havre*, Acta chem. scand. **8** [1954] 47, 49).

Krystalle (aus Me. bzw. W.); F: 236—238° [Zers.] (*Ol., Ha.*; *Re., St.*, l. c. S. 933). IR-Banden (KBr) im Bereich von 3310 cm^{-1} bis 770 cm^{-1}: *Re., St.* UV-Absorptionsmaximum: 240 nm [A.] bzw. 286 nm [äthanol. Kalilauge] (*Re., St.*).

Beim Erwärmen mit wss. Formaldehyd-Lösung und wss. Salzsäure ist 2,9,13-Trioxa=dispiro[4.1.4.3]tetradecan-3,4,10,11-tetraon (F: 266—268°) erhalten worden (*Ol., Ha.*).

Tetraoxo-Verbindungen $C_{10}H_{10}O_6$

Tetrahydro-[4,4']bipyranyl-2,6,2',6'-tetraon, 3,4-Bis-carboxymethyl-adipinsäure-dianhydrid $C_{10}H_{10}O_6$, Formel X.

B. Beim Erhitzen von 3,4-Bis-carboxymethyl-adipinsäure mit Acetanhydrid (*Blood et al.*, Soc. **1952** 2268, 2271).

Krystalle (aus Acetanhydrid); F: 205—208° [Zers.].

9a-Methyl-tetrahydro-pyrano[4,3-*c*]oxepin-1,3,5,7-tetraon, 3-Methyl-pentan-1,2,3,5-tetra-carbonsäure-1,3;2,5-dianhydrid $C_{10}H_{10}O_6$, Formel XI.

Über eine beim Erhitzen der aus Cevin hergestellten (+)-3-Methyl-pentan-1,2,3,5-tetra=carbonsäure unter 0,2 Torr bis auf 230° erhaltene Verbindung (Krystalle [aus Acn.], die bei 154—160° [Zers.] schmelzen; $[\alpha]_D^{25}$: +67° [Acn.]) dieser Konstitution s. *Craig, Jacobs*, J. biol. Chem. **141** [1941] 253, 264.

X   XI   XII

Tetraoxo-Verbindungen $C_{13}H_{16}O_6$

*Opt.-inakt. Bis-[6-methyl-2,4-dioxo-tetrahydro-pyran-3-yl]-methan $C_{13}H_{16}O_6$, Formel XII, und Tautomere (z. B. opt.-inakt. Bis-[4-hydroxy-6-methyl-2-oxo-5,6-dihydro-2*H*-pyran-3-yl]-methan).

B. Beim Behandeln von (±)-6-Methyl-dihydro-pyran-2,4-dion mit wss. Formaldehyd-Lösung und wenig Piperidin (*Jones, Whiting*, Soc. **1949** 1419, 1422).

Krystalle (aus Bzl. + PAe.); F: 170—172° [Zers.].

Tetraoxo-Verbindungen $C_{15}H_{20}O_6$

(3a*R*)-3*c*-Methyl-4ξ-[(Ξ)-2-methyl-3,6-dioxo-heptyl]-(3a*r*,6a*c*)-dihydro-furo[3,4-*b*]=furan-2,6-dion $C_{15}H_{20}O_6$, Formel XIII.

B. Beim Behandeln einer Lösung von (3a*R*)-4*c*-Hydroxy-3*c*,6*t*-dimethyl-6*c*-[4-oxo-valeryl]-(3a*r*,7a*c*)-tetrahydro-benzofuran-2,7-dion (E III/IV **18** 3072) in Chloroform mit Aluminiumchlorid (*Chopra et al.*, Soc. **1955** 588, 593). Beim Erwärmen von Dihydroxy=pseudosantonin ((11*S*)-4,5,6β,8α-Tetrahydroxy-1-oxo-4ξ*H*,5ξ-eudesman-12-säure-6-lacton [E III/IV **18** 3069]) mit Blei(IV)-acetat in Benzol, Essigsäure und Methanol (*Ch., et al.* l. c. S. 592).

Krystalle (aus W.), F: 144°; [α]$_D^{15}$: −2° [CHCl$_3$] (*Ch. et al.*, l. c. S. 593). Krystalle (aus E. + PAe.), F: 140−141° (*Ch. et al.*, l. c. S. 592).

2,4-Dinitro-phenylhydrazon C$_{21}$H$_{24}$N$_4$O$_9$. F: 205−207° [Zers.] (*Ch. et al.*, l. c. S. 593).

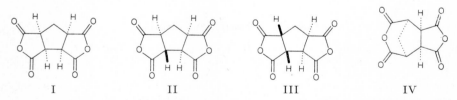

XIII   XIV

Tetraoxo-Verbindungen C$_{17}$H$_{24}$O$_6$

Bis-[5,5-diäthyl-2,4-dioxo-tetrahydro-[3]furyl]-methan C$_{17}$H$_{24}$O$_6$, Formel XIV, und Tautomere (z. B. Bis-[5,5-diäthyl-4-hydroxy-2-oxo-2,5-dihydro-[3]furyl]-methan).

B. Beim Behandeln von 5,5-Diäthyl-furan-2,4-dion mit wss. Formaldehyd-Lösung (*Lecocq*, C. r. **222** [1946] 299).

F: 198°.

Tetraoxo-Verbindungen C$_n$H$_{2n-12}$O$_6$

Tetraoxo-Verbindungen C$_9$H$_6$O$_6$

Tetrahydro-cyclopenta[1,2-c;3,4-c']difuran-1,3,4,6-tetraon, Cyclopentan-1,2,3,4-tetracarbonsäure-1,2;3,4-dianhydrid C$_9$H$_6$O$_6$.

a) **Cyclopentan-1r,2c,3c,4c-tetracarbonsäure-1,2;3,4-dianhydrid** C$_9$H$_6$O$_6$, Formel I.

B. Beim Erhitzen von Cyclopentan-1r,2c,3c,4c-tetracarbonsäure mit Acetylchlorid oder Acetanhydrid (*Alder, Schneider*, A. **524** [1936] 189, 198; *Alder et al.*, A. **611** [1958] 7, 22).

Krystalle; F: 222° [aus Eg.] (*Al., Sch.*), 222° [Zers.; aus E.] (*Al. et al*).

b) **(±)-Cyclopentan-1r,2c,3t,4c-tetracarbonsäure-1,2;3,4-dianhydrid** C$_9$H$_6$O$_6$, Formel II + Spiegelbild.

B. Bei mehrwöchigem Behandeln von (±)-Cyclopentan-1r,2c,3t,4c-tetracarbonsäure-1,2-anhydrid mit Acetylchlorid (*Alder et al.*, A. **611** [1958] 7, 23).

Krystalle (aus Acetonitril); F: 252−253° [Zers.].

I   II   III   IV

c) **(±)-Cyclopentan-1r,2c,3t,4t-tetracarbonsäure-1,2;3,4-dianhydrid** C$_9$H$_6$O$_6$, Formel III + Spiegelbild.

B. Aus (±)-Cyclopentan-1r,2c,3t,4t-tetracarbonsäure beim Erhitzen auf Temperaturen oberhalb des Schmelzpunktes sowie beim 14-tägigen Behandeln mit Acetylchlorid (*Alder et al.*, A. **611** [1958] 7, 24). Neben anderen Verbindungen beim Erhitzen von (±)-Cyclopentan-1r,2c,3t,4c-tetracarbonsäure-1,2-anhydrid auf 240° (*Al. et al.*, l. c. S. 26).

Krystalle (aus E.); F: 245° (*Al. et al.*, l. c. S. 24).

(3ar,8ac)-Tetrahydro-4c,8c-methano-furo[3,4-d]oxepin-1,3,5,7-tetraon, Cyclopentan-1r,2c,3c,4c-tetracarbonsäure-1,4;2,3-dianhydrid C$_9$H$_6$O$_6$, Formel IV.

B. Beim Behandeln einer Lösung von Norborn-5-en-2endo,3endo-dicarbonsäure-an=

hydrid in Methylacetat mit Ozon unterhalb −20°, Erwärmen des Reaktionsgemisches mit Peroxyessigsäure in Essigsäure und Erhitzen des Reaktionsprodukts mit Acet= anhydrid (*Wilms*, A. **567** [1950] 96, 98).
Krystalle; F: 198—200°.

Tetraoxo-Verbindungen $C_{10}H_8O_6$

(**3RS,1′RS**)-Spiro[furan-3,6′-(3-oxa-bicyclo[3.2.1]octan)]-2,5,2′,4′-tetraon $C_{10}H_8O_6$, Formel V + Spiegelbild.
Bezüglich der Konfigurationszuordnung s. *Hill, van Auken*, J. org. Chem. **23** [1958] 626.
B. Beim Erhitzen von (±)-1-Carboxymethyl-cyclopentan-1r,2t,4t-tricarbonsäure mit Acetanhydrid (*Alder et al.*, A. **593** [1955] 1, 17).
Krystalle (aus E.); F: 214° (*Al. et al.*).

---

*Opt.-inakt. **Hexahydro-benzo[1,2-c;4,5-c′]difuran-1,3,5,7-tetraon**, Cyclohexan-1,2,4,5-tetracarbonsäure-1,2;4,5-dianhydrid $C_{10}H_8O_6$, Formel VI.
B. Beim Erhitzen der opt.-inakt. Cyclohexan-1,2,4,5-tetracarbonsäure vom F: 249° bis 250° [Zers.] mit Acetanhydrid (*Farbw. Hoechst*, D.B.P. 855400 [1943]).
Krystalle; F: 238—240°.

Hexahydro-benzo[1,2-c;3,4-c′]difuran-1,3,6,8-tetraon, Cyclohexan-1,2,3,4-tetracarbon= säure-1,2;3,4-dianhydrid $C_{10}H_8O_6$.

a) **Cyclohexan-1r,2c,3c,4c-tetracarbonsäure-1,2;3,4-dianhydrid** $C_{10}H_8O_6$, Formel VII (E II 216).
B. Beim Erwärmen von Cyclohexan-1r,2c,3c,4c-tetracarbonsäure mit Acetylchlorid (*Alder, Vagt*, A. **571** [1951] 153, 157; *Alder et al.*, A. **611** [1958] 7, 27).
Krystalle; F: 225° (*Al., Vagt*), 222° (*Al. et al.*).
Bei kurzem Erhitzen mit Essigsäure ist Cyclohexan-1r,2c,3c,4c-tetracarbonsäure-1,2-anhydrid erhalten worden (*Al. et al.*, l. c. S. 27). Beim Erhitzen auf 220° sowie beim Umlösen aus Äthylacetat, Acetonitril oder Acetanhydrid erfolgt Umwandlung in Cyclo= hexan-1r,2c,3t,4t-tetracarbonsäure-1,2;3,4-dianhydrid (*Al. et al.*, l. c. S. 31, 32).

V   VI   VII   VIII

b) (±)-**Cyclohexan-1r,2c,3t,4c-tetracarbonsäure-1,2;3,4-dianhydrid** $C_{10}H_8O_6$, Formel VIII + Spiegelbild.
B. Beim Erwärmen von (±)-Cyclohexan-1r,2c,3t,4c-tetracarbonsäure mit Acetylchlorid (*Alder et al.*, A. **611** [1958] 7, 28).
Krystalle (aus Acetylchlorid); F: 216°.
Beim Umlösen aus Äthylacetat, Acetonitril oder Acetanhydrid erfolgt Umwandlung in Cyclohexan-1r,2c,3t,4t-tetracarbonsäure-1,2;3,4-dianhydrid (*Al. et al.*, l. c. S. 32).

c) (±)-**Cyclohexan-1r,2c,3t,4t-tetracarbonsäure-1,2;3,4-dianhydrid** $C_{10}H_8O_6$, Formel IX + Spiegelbild.
B. Aus (±)-Cyclohexan-1r,2c,3t,4t-tetracarbonsäure bei kurzem Erwärmen mit Acet= anhydrid (*Alder et al.*, A. **611** [1958] 7, 30) sowie beim Erhitzen auf Temperaturen oberhalb des Schmelzpunkts (*Al. et al.*, l. c. S. 32). Aus (±)-Cyclohexan-1r,2t,3c,4t-tetracarbonsäure beim Erwärmen mit Acetylchlorid sowie beim Erhitzen mit Acetanhydrid (*Al. et al.*, l. c. S. 32). Aus Cyclohexan-1r,2t,3t,4c-tetracarbonsäure beim Erhitzen auf 220° sowie beim Erhitzen mit Acetanhydrid (*Al. et al.*, l. c. S. 32). Beim Erhitzen von Cyclohexan-1r,2c,= 3c,4c-tetracarbonsäure oder von (±)-Cyclohexan-1r,2c,3t,4c-tetracarbonsäure mit Acet= anhydrid (*Al. et al.*, l. c. S. 32). Aus Cyclohexan-1r,2c,3c,4c-tetracarbonsäure-1,2;3,4-di=

anhydrid beim Erhitzen auf 220° (*Al. et al.*, l. c. S. 31) sowie beim Umlösen aus Äthyl=
acetat, Acetonitril oder Acetanhydrid (*Al. et al.*, l. c. S. 32). Aus (±)-Cyclohexan-
1*r*,2*c*,3*t*,4*c*-tetracarbonsäure-1,2;3,4-dianhydrid beim Umlösen aus Äthylacetat, Aceto=
nitril oder Acetanhydrid (*Al. et al.*, l. c. S. 32).

Krystalle (aus E.); F: 204° (*Al. et al.*, l. c. S. 30).

Beim Erhitzen mit Essigsäure ist eine vermutlich als Cyclohexan-1*r*,2*c*,3*t*,4*t*-tetracarbon=
säure-1,2-anhydrid zu formulierende Verbindung (F: 209—210° [E III/IV **18** 6209])
erhalten worden (*Al. et al.*, l. c. S. 30).

IX   X   XI   XII

Tetraoxo-Verbindungen $C_{11}H_{10}O_6$

**Hexahydro-cyclohepta[1,2-*c*;3,4-*c'*]difuran-1,3,7,9-tetraon, Cycloheptan-1,2,3,4-tetra=
carbonsäure-1,2;3,4-dianhydrid** $C_{11}H_{10}O_6$.

a) **Cycloheptan-1*r*,2*c*,3*c*,4*c*-tetracarbonsäure-1,2;3,4-dianhydrid** $C_{11}H_{10}O_6$, Formel X.

B. Beim Erwärmen von Cycloheptan-1*r*,2*c*,3*c*,4*c*-tetracarbonsäure mit Acetylchlorid
(*Alder, Mölls*, B. **89** [1956] 1960, 1969).

F: 230°.

b) **(±)-Cycloheptan-1*r*,2*c*,3*t*,4*c*-tetracarbonsäure-1,2;3,4-dianhydrid** $C_{11}H_{10}O_6$,
Formel XI + Spiegelbild.

B. Beim Erwärmen von (±)-Cycloheptan-1*r*,2*c*,3*t*,4*c*-tetracarbonsäure mit Acetylchlorid
(*Alder, Mölls*, B. **89** [1956] 1960, 1969).

Krystalle; F: 245—248° [Zers.].

c) **(±)-Cycloheptan-1*r*,2*c*,3*t*,4*t*-tetracarbonsäure-1,2;3,4-dianhydrid** $C_{11}H_{10}O_6$,
Formel XII + Spiegelbild.

B. Beim Erhitzen von Cycloheptan-1*r*,2*c*,3*c*,4*c*-tetracarbonsäure oder von (±)-Cyclo=
heptan-1*r*,2*c*,3*t*,4*t*-tetracarbonsäure mit Acetanhydrid (*Alder, Mölls*, B. **89** [1956] 1960,
1969, 1970). Beim Erwärmen von Cycloheptan-1*r*,2*c*,3*c*,4*c*-tetracarbonsäure-1,2;3,4-di=
anhydrid oder von (±)-Cycloheptan-1*r*,2*c*,3*t*,4*c*-tetracarbonsäure-1,2;3,4-dianhydrid mit
Acetonitril, mit Acetanhydrid oder mit Äthylacetat und Benzin (*Al.*, *Mö.*, l. c. S. 1969).

Krystalle (aus Acetonitril); F: 223—224°.

Tetraoxo-Verbindungen $C_{12}H_{12}O_6$

**8a,8b-Dimethyl-(3a*r*,5a*c*,8a*c*,8b*c*)-hexahydro-benzo[1,2-*c*;3,4-*c'*]difuran-1,3,6,8-tetraon,
2*t*,3*t*-Dimethyl-cyclohexan-1*r*,2*c*,3*c*,4*c*-tetracarbonsäure-1,2;3,4-dianhydrid** $C_{12}H_{12}O_6$,
Formel XIII.

B. Beim Erwärmen von 2*exo*,3*exo*-Dimethyl-5,6-dioxo-bicyclo[2.2.2]octan-2*endo*,=
3*endo*-dicarbonsäure mit Salpetersäure (*Ziegler et al.*, A. **551** [1942] 1, 67). Aus 2*t*,3*t*-Di=
methyl-cyclohexan-1*r*,2*c*,3*c*,4*c*-tetracarbonsäure-2,3-dimethylester beim Erhitzen unter
vermindertem Druck auf 185° sowie beim Erhitzen mit Acetanhydrid (*Ziegler et al.*,
A. **567** [1950] 204, 211).

Krystalle (aus Acetanhydrid); F: 245—246° (*Zi. et al.*, A. **551** 67), 243—245° (*Zi. et al.*,
A. **567** 211).

Beim mehrtägigen Behandeln einer Lösung in Aceton mit Wasser und Behandeln des
Reaktionsprodukts mit Diazomethan in Äther ist 2*t*,3*t*-Dimethyl-cyclohexan-1*r*,2*c*,3*c*,4*c*-
tetracarbonsäure-1,2-anhydrid-3,4-dimethylester, beim Behandeln einer Suspension in
Äther und Wasser mit Diazomethan in Äther sowie beim Behandeln mit Natrium=
methylat in Methanol und Behandeln der aus dem isolierten Natrium-Salz mit Hilfe von
wss. Salzsäure hergestellten Säure mit Diazomethan in Äther ist 2*t*,3*t*-Dimethyl-cyclo=
hexan-1*r*,2*c*,3*c*,4*c*-tetracarbonsäure-tetramethylester, beim Behandeln mit Natrium=

methylat in Methanol und aufeinanderfolgenden Erwärmen des Reaktionsprodukts mit Dimethylsulfat, mit Natriummethylat in Methanol und mit Dimethylsulfat ist 2c,3c-Di= methyl-cyclohexan-1r,2t,3t,4c-tetracarbonsäure-tetramethylester erhalten worden (*Zi. et al.*, A. **551** 68, 69).

XIII   XIV   XV

Tetraoxo-Verbindungen $C_{13}H_{14}O_6$

7a,4'-Dimethyl-tetrahydro-spiro[cyclopenta[c]pyran-5,3'-furan]-1,3,2',5'-tetraon $C_{13}H_{14}O_6$.

a) **(4aS,5R,7aS,4'S)-7a,4'-Dimethyl-tetrahydro--spiro[cyclopenta[c]pyran-5,3'-furan]-1,3,2',5'-tetraon** $C_{13}H_{14}O_6$, Formel XIV.

Diese Konstitution und Konfiguration kommt wahrscheinlich dem α-Santorsäure-di= anhydrid (H **19** 195) zu (*Woodward et al.*, Am. Soc. **70** [1948] 4216, 4218; *Woodward, Yates*, Am. Soc. **85** [1963] 551 Anm. 4).

b) **(4aS,5R,7aS,4'R)-7a,4'-Dimethyl-tetrahydro-spiro[cyclopenta[c]pyran-5,3'-furan]-1,3,2',5'-tetraon** $C_{13}H_{14}O_6$, Formel XV.

Diese Konstitution und Konfiguration kommt wahrscheinlich dem β-Santorsäure-di= anhydrid (H **19** 195) zu (*Woodward et al.*, Am. Soc. **70** [1948] 4216, 4218; *Woodward, Yates*, Am. Soc. **85** [1963] 551 Anm. 4).

Tetraoxo-Verbindungen $C_{16}H_{20}O_6$

2-[(R)-4-Acetonyl-5-methyl-2-oxo-2,5-dihydro-[3]furyl]-2-[(R)-5-methyl-2,4-dioxo-tetrahydro-[3]furyl]-propan, (R)-3-[1-((R)-4-Acetonyl-5-methyl-2-oxo-2,5-dihydro-[3]furyl)-1-methyl-äthyl]-5-methyl-furan-2,4-dion $C_{16}H_{20}O_6$, Formel XVI, und Tauto-mere (z. B. 2-[(R)-4-Acetonyl-5-methyl-2-oxo-2,5-dihydro-[3]furyl]-2-[(R)-4-hydroxy-5-methyl-2-oxo-2,5-dihydro-[3]furyl]-propan); Ramigen= säure.

B. Beim Erwärmen einer Lösung von (R)-5-Methyl-furan-2,4-dion (E III/IV **17** 5825) in Äthanol mit Aceton (*Clutterbuck et al.*, Biochem. J. **29** [1935] 1300, 1307). Neben (R)-5-Methyl-furan-2,4-dion beim Behandeln von Verticillsäure ((R)-4-[2,2-Bis-((R)-5-methyl-2,4-dioxo-tetrahydro-[3]furyl)-propyl]-3-[1-((R)-5-methyl-2,4-dioxo-tetrahydro-[3]furyl)-1-methyl-äthyl]-5-methyl-5H-furan-2-on) mit wss. Salzsäure und Natrium= acetat (*Cl. et al.*, Biochem. J. **29** 1306).

Krystalle (aus Acn. + Bzn. + PAe.), F: 171°; Krystalle (aus W.) mit 1 Mol Wasser, die bei 125° unter Abgabe des Krystallwassers erweichen (*Clutterbuck et al.*, Biochem. J. **28** [1934] 94, 107). $[\alpha]_{546}$: +28° [A.; c = 0,2] [wasserfreies Präparat]; $[\alpha]_{546}$: +85° [Natrium-Salz in Wasser (?)] (*Cl. et al.*, Biochem. J. **28** 108). UV-Absorptionsmaximum: 252 nm [W.] bzw. 235 nm [wss. Schwefelsäure (0,04n)] bzw. 254 nm [wss. Natronlauge (0,002n)] (*Herbert, Hirst*, Biochem. J. **29** [1935] 1881, 1884). 1 g löst sich bei Raumtem-peratur in 14 ml Aceton, in 16 ml Äthanol, in 30 ml Chloroform, in 90 ml Äthylacetat sowie in 180 ml Diäthyläther (*Cl. et al.*, Biochem. J. **28** 108).

4,7-Bis-[3-oxo-butyl]-(3ar,7ac)-hexahydro-4t(?),7t(?)-epoxido-isobenzofuran-1,3-dion, 1,4-Bis-[3-oxo-butyl]-7-oxa-norbornan-2exo(?),3exo(?)-dicarbonsäure-anhydrid $C_{16}H_{20}O_6$, Formel XVII.

B. Bei der Hydrierung von 1,4-Bis-[3-oxo-butyl]-7-oxa-norborn-5-en-2exo(?),3exo(?)-di= carbonsäure-anhydrid (F: 88° [S. 2238]) an Platin in Äthylacetat (*Alder, Schmidt*, B. **76** [1943] 183, 202).

Krystalle (aus W.); F: 141°.

XVI   XVII   XVIII

Tetraoxo-Verbindungen $C_{17}H_{22}O_6$

(S)-2-[(R)-2-((3aR)-4t,7a-Dimethyl-1,3-dioxo-(3ar,7ac)-octahydro-isobenzofuran-4c-yl)-5-oxo-tetrahydro-[2]furyl]-propionaldehyd, (1S)-1,3c-Dimethyl-3t-[(R)-5-oxo-2-((S)-β-oxo-isopropyl)-tetrahydro-[2]furyl]-cyclohexan-1r,2c-dicarbonsäure-anhydrid $C_{17}H_{22}O_6$, Formel XVIII.

B. Bei der Behandlung einer Lösung von 6,9-Dihydroxy-14,15,16-trinor-8βH-labd-6-en-13,19-disäure-13→9;19→6-dilacton (aus Marrubin hergestellt) in Äthylacetat mit Ozon und anschliessenden Hydrierung an Palladium/Kohle (*Cocker, Boyle*, Soc. **1964** 4972; s. a. *Cocker et al.*, Chem. and Ind. **1955** 772).

Krystalle (aus A.); F: 155—156° (*Co., Bo.*). $[\alpha]_D^{22}$: +6,6° [CHCl$_3$; c = 1] (*Co. et al.*; *Co., Bo.*).

Tetraoxo-Verbindungen $C_nH_{2n-14}O_6$

Tetraoxo-Verbindungen $C_{11}H_8O_6$

Bis-[4-methyl-2,5-dioxo-2,5-dihydro-[3]furyl]-methan, Hepta-2c,5c-dien-2,3,5,6-tetra-carbonsäure-2,3;5,6-dianhydrid $C_{11}H_8O_6$, Formel I.

Diese Konstitution kommt der nachstehend beschriebenen, ursprünglich (*Kraft*, A. **530** [1937] 20, 22) als 3-Hydroxy-2-methyl-1-oxo-hepta-2,5-dien-1,5,6-tricarbon-säure-5,6-anhydrid-1-lacton ($C_{11}H_8O_6$) angesehenen **Glauconin** zu (*Baldwin et al.*, Experientia **18** [1962] 345; *Barton, Sutherland*, Soc. **1965** 1769).

B. Beim Erhitzen von Glauconsäure ((4R)-7c,8c-Diäthyl-9t-hydroxy-4t-methyl-cyclo-nona-1,5-dien-1,2,4r,5-tetracarbonsäure-1,2;4,5-dianhydrid) auf 215° (*Wijkman*, A. **485** [1931] 61, 70).

Krystalle (aus Eg.); F: 171° (*Wi.*, l. c. S. 72). UV-Spektrum (220—320 nm): *Sutter, Wijkman*, A. **505** [1933] 248, 249.

Beim Erhitzen mit wss. Salzsäure auf 200° und Behandeln des Reaktionsprodukts mit Acetylchlorid sind (3RS,5rs,8RS)-3,8-Dimethyl-1,6-dioxa-spiro[4.4]nonan-2,7-dion, (3RS,5S$_a$R$_a$,8RS)-3,8-Dimethyl-1,6-dioxa-spiro[4.4]nonan-2,7-dion und (3RS,5R$_a$S$_a$,8SR)-3,8-Dimethyl-1,6-dioxa-spiro[4.4]nonan-2,7-dion [S. 1946] erhalten worden (*Sutter, Wijkman*, A. **519** [1935] 97, 107). Bildung von Hepta-2c,5c-dien-2,3,5,6-tetracarbonsäure-2,3-anhydrid-5,6-dimethylester beim Erwärmen mit wss. Kalilauge und anschliessenden Behandeln mit Dimethylsulfat: *Kraft, Porsch*, A. **527** [1937] 168, 172.

(3ar,8ac,9synH,10synH)-Tetrahydro-4c,8c-cyclopropano-furo[3,4-d]oxepin-1,3,5,7-tetra-on, (1r)-Norcaran-2t,3t,4t,5t-tetracarbonsäure-2,5;3,4-dianhydrid $C_{11}H_8O_6$, Formel II.

B. Beim Behandeln von 8,9-Dioxo-(1rC^8,2tH,4tH)-tricyclo[3.2.2.0^{2,4}]nonan-6c,7c-di-carbonsäure (F: 168—169°) mit wss. Natronlauge und wss. Wasserstoffperoxid und Er-hitzen des nach dem Ansäuern mit wss. Salzsäure isolierten Reaktionsprodukts mit Acet-anhydrid (*Alder, Jacobs*, B. **86** [1953] 1528, 1536). Beim Erwärmen von (1rC^8,2tH,4tH)-Tricyclo[3.2.2.0^{2,4}]non-8-en-6c,7c-dicarbonsäure-anhydrid (F: 101° [E III/IV **17** 6197]) mit Natriumcarbonat und Natriumpermanganat in Wasser unter Durchleiten von Kohlendioxid und Erhitzen des nach dem Ansäuern mit wss. Salzsäure isolierten Reak-tionsprodukts mit Acetanhydrid (*Al., Ja.*).

Krystalle; F: 206—207°.

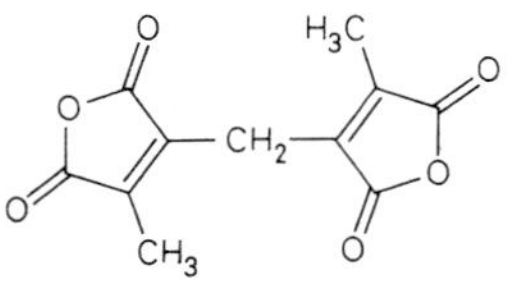

I 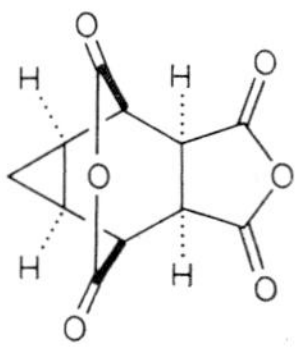   II 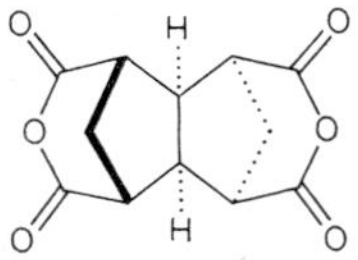   III 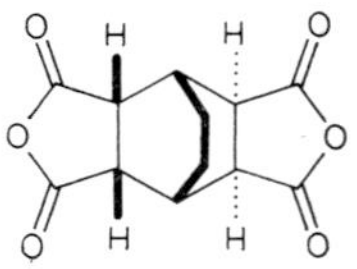   IV

Tetraoxo-Verbindungen $C_{12}H_{10}O_6$

(5ar,10ac)-Hexahydro-1c,5c;6t,10t-dimethano-oxepino[4,5-d]oxepin-2,4,7,9-tetraon,
(3ar,6ac)-Octahydro-pentalen-1c,3c,4t,6t-tetracarbonsäure-1,3;4,6-dianhydrid $C_{12}H_{10}O_6$,
Formel III.

B. Beim Erhitzen von (3ar,6ac)-Octahydro-pentalen-1c,3c,4t,6t-tetracarbonsäure mit
Acetanhydrid (*Stille, Frey,* Am. Soc. **81** [1959] 4273).

Krystalle (aus E. + Bzl.); F: 239—240°.

(3ar,4at(?),7at(?),8ac)-Hexahydro-4,8-äthano-benzo[1,2-c;4,5-c']difuran-1,3,5,7-tetra=
on, Bicyclo[2.2.2]octan-2r,3c,5t(?),6t(?)-tetracarbonsäure-2,3;5,6-dianhydrid $C_{12}H_{10}O_6$,
vermutlich Formel IV.

B. Beim Erwärmen von (±)-3c,4t-Diacetoxy-(1rC^9,2tH,5tH)-tricyclo[4.2.2.0^{2,5}]decan-
7t(?),8t(?)-dicarbonsäure-dimethylester (F: 137—138° [E III **10** 2421]) mit wss. Salpeter=
säure [D: 1,4] (*Reppe et al.,* A. **560** [1948] 1, 87).

Krystalle (aus Acetanhydrid); F: 353° [Zers.].

Tetraoxo-Verbindungen $C_{13}H_{12}O_6$

Bis-[6-methyl-2,4-dioxo-3,4-dihydro-2H-pyran-3-yl]-methan $C_{13}H_{12}O_6$, Formel V, und
Tautomere (z. B. Bis-[4-hydroxy-6-methyl-2-oxo-2H-pyran-3-yl]-methan)
(H 196; dort als Methylen-bis-triacetsäurelacton bezeichnet).

B. Beim Erwärmen von Triacetsäure-lacton (E III/IV **17** 5915) mit wss. Form=
aldehyd-Lösung und Essigsäure (*Borsche, Blount,* B. **65** [1932] 820, 827; vgl. H 196).

Krystalle; F: 251° (*Bo., Bl.*).

Beim Behandeln mit Diazomethan in Äther sind Bis-[4-methoxy-6-methyl-2-oxo-
2H-pyran-3-yl]-methan und [4-Hydroxy-6-methyl-2-oxo-2H-pyran-3-yl]-[2-methoxy-
6-methyl-4-oxo-4H-pyran-3-yl]-methan, beim aufeinanderfolgenden Behandeln mit
methanol. Natronlauge, mit Diazomethan in Äther und mit konz. wss. Salzsäure ist
[4-Hydroxy-6-methyl-2-oxo-2H-pyran-3-yl]-[4-methoxy-6-methyl-2-oxo-2H-pyran-3-yl]-
methan erhalten worden (*Cieślak, Chmielewska,* Roczniki Chem. **30** [1956] 825, 834, 835;
C. A. **1960** 16450). Bildung von 6-Methyl-pyran-2,3,4-trion-3-phenylhydrazon beim
Behandeln mit wss. Natriumcarbonat-Lösung und wss. Benzoldiazonium-Salz-Lösung:
Bo., Bl., l. c. S. 828.

Di-*O*-acetyl-Derivat $C_{17}H_{16}O_8$. Krystalle (aus Me.); F: 192° (*Bo., Bl.,* l. c. S. 827).

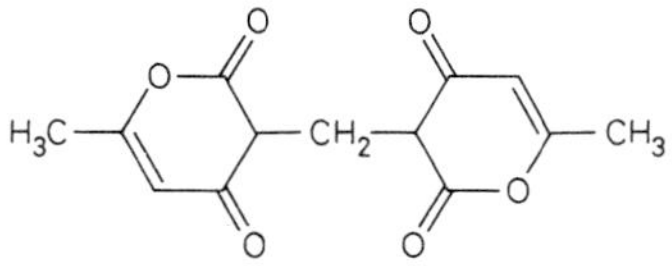

V 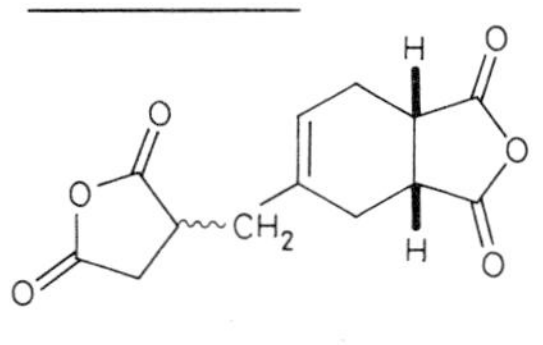   VI 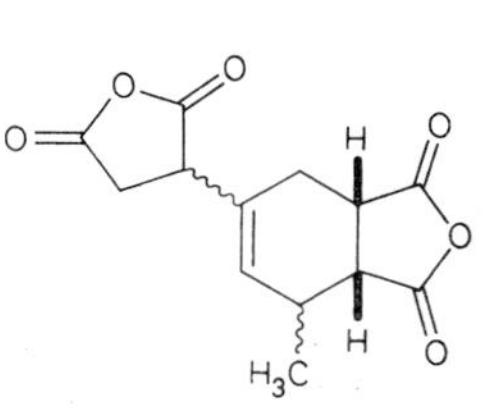   VII

(±)(3aΞ)-5-[(Ξ)-2,5-Dioxo-tetrahydro-[3]furylmethyl]-(3ar,7ac)-3a,4,7,7a-tetrahydro-
isobenzofuran-1,3-dion, (±)(1Ξ)-4-[(Ξ)-2,5-Dioxo-tetrahydro-[3]furylmethyl]-cyclo=
hex-4-en-1r,2c-dicarbonsäure-anhydrid $C_{13}H_{12}O_6$, Formel VI + Spiegelbild.

B. Beim Erhitzen von Methylencyclobutan mit Maleinsäure-anhydrid in Benzol auf

190° (*Alder, Dortmann,* B. **85** [1952] 556, 561).
Krystalle (aus Acn.); F: 170—171°.

———

(±)(3a*Ξ*)-6-[(*Ξ*)-2,5-Dioxo-tetrahydro-[3]furyl]-4*ξ*-methyl-(3a*r*,7a*c*)-3a,4,7,7a-tetra=
hydro-isobenzofuran-1,3-dion, (±)(1*Ξ*)-5-[(*Ξ*)-2,5-Dioxo-tetrahydro-[3]furyl]-3*ξ*-meth=
yl-cyclohex-4-en-1*r*,2*c*-dicarbonsäure-anhydrid C$_{13}$H$_{12}$O$_6$, Formel VII + Spiegelbild.
B. In kleiner Menge beim Erhitzen von Penta-1,2-dien mit Maleinsäure-anhydrid in
Benzol auf 150° (*Alder, Ackermann,* B. **90** [1957] 1697, 1704, 1707).
Krystalle (aus E.); F: 216°.

———

(±)(3a*Ξ*)-5-[(*Ξ*)-2,5-Dioxo-tetrahydro-[3]furyl]-6-methyl-(3a*r*,7a*c*)-3a,4,7,7a-tetra=
hydro-isobenzofuran-1,3-dion, (±)(1*Ξ*)-4-[(*Ξ*)-2,5-Dioxo-tetrahydro-[3]furyl]-5-methyl-
cyclohex-4-en-1*r*,2*c*-dicarbonsäure-anhydrid C$_{13}$H$_{12}$O$_6$, Formel VIII + Spiegelbild.
B. Neben 3-Isopropyliden-cyclobutan-1*r*,2*c*-dicarbonsäure-anhydrid beim Erhitzen von
3-Methyl-buta-1,2-dien mit Maleinsäure-anhydrid in Benzol auf 150° (*Alder, Ackermann,*
B. **90** [1957] 1697, 1707).
Krystalle (aus E.); F: 173—174°.

VIII   IX   X

Tetraoxo-Verbindungen C$_{14}$H$_{14}$O$_6$

*Opt.-inakt. 7'-Propyl-7',7'a-dihydro-3'a*H*-spiro[furan-3,4'-isobenzofuran]-2,5,1',3'-tetra=
on C$_{14}$H$_{14}$O$_6$, Formel IX.
B. Neben Fumarsäure beim Erhitzen von [(*Ξ*)-Hex-2*t*(?)-enyliden]-bernsteinsäure
(F: 164—165° [E IV **2** 2319]) mit Maleinsäure-anhydrid auf 180° (*Alder, Schumacher,*
B. **87** [1954] 447, 454).
Krystalle (aus E.); F: 141—142°.

Tetraoxo-Verbindungen C$_{16}$H$_{18}$O$_6$

4,7-Bis-[3-oxo-butyl]-(3a*r*,7a*c*)-3a,4,7,7a-tetrahydro-4*t*(?),7*t*(?)-epoxido-isobenzofuran-
1,3-dion, 1,4-Bis-[3-oxo-butyl]-7-oxa-norborn-5-en-2*exo*(?),3*exo*(?)-dicarbonsäure-an=
hydrid C$_{16}$H$_{18}$O$_6$, vermutlich Formel X.
Bezüglich der Konfigurationszuordnung vgl. das analog hergestellte 7-Oxa-norborn-
5-en-2*exo*,3*exo*-dicarbonsäure-anhydrid (E II **19** 181, E III/IV **19** 1964).
B. Beim Behandeln von 2,5-Bis-[3-oxo-butyl]-furan mit Maleinsäure-anhydrid in
Äther (*Alder, Schmidt,* B. **76** [1943] 183, 201).
Krystalle; F: 88° [Zers.].
Wenig beständig.

Tetraoxo-Verbindungen C$_{18}$H$_{22}$O$_6$

(10a*R*)-5*t*,6*t*-Diäthyl-10a-methyl-(3a*ξ*,10a*r*,11a*ξ*)-4,5,6,10a,11,11a-hexahydro-3a*H*-cyclo=
nona[1,2-*c*;4,5-*c'*]difuran-1,3,8,10-tetraon, (4*R*)-7*c*,8*c*-Diäthyl-4-methyl-cyclonon-5-en-
1*ξ*,2*ξ*,4*r*,5-tetracarbonsäure-1,2;4,5-dianhydrid C$_{18}$H$_{22}$O$_6$, Formel XI.
Diese Konstitution und Konfiguration kommt der nachstehend beschriebenen **Dihydro=
glaucansäure** zu (*Barton, Sutherland,* Soc. **1965** 1769, 1770).
B. Neben anderen Verbindungen beim Erhitzen von Glaucansäure (S. 2244) mit
Essigsäure und Zink-Pulver (*Sutter et al.,* A. **521** [1936] 189, 196).
Krystalle (aus Bzl. + PAe.); F: 192° (*Su. et al.*).

XI XII

Tetraoxo-Verbindungen $C_{26}H_{38}O_6$

1,4-Bis-[(1S)-6endo,9,9-trimethyl-3-oxo-2-oxa-bicyclo[3.3.1]non-6exo-yl]-butan-1,4-dion
$C_{26}H_{38}O_6$, Formel XII.

B. Beim Erhitzen von 1,4-Bis-[(1S)-2t-carboxymethyl-4t-hydroxy-1,3,3-trimethyl-cyclohex-*r*-yl]-butan-1,4-dion (aus Di-*O*-acetyl-β-onocerin [E III **6** 5219] hergestellt) im Hochvakuum auf 220° (*Schaffner et al.*, Helv. **39** [1956] 174, 182).

Krystalle (aus CH_2Cl_2 + Me.); F: 292—293° [korr.; evakuierte Kapillare]. [α]$_D$: +69° [CHCl$_3$; c = 1].

Tetraoxo-Verbindungen $C_nH_{2n-16}O_6$

Tetraoxo-Verbindungen $C_{12}H_8O_6$

(3ar,4ac,7ac,8ac)-Hexahydro-4t,8t-ätheno-benzo[1,2-c;4,5-c']difuran-1,3,5,7-tetraon, Bicyclo[2.2.2]oct-7-en-2exo,3exo,5exo,6exo-tetracarbonsäure-2,3;5,6-dianhydrid $C_{12}H_8O_6$, Formel I, und **(3ar,4at,7at,8ac)-Hexahydro-4,8-ätheno-benzo[1,2-c;4,5-c']difuran-1,3,5,7-tetraon, Bicyclo[2.2.2]oct-7-en-2exo,3exo,5endo,6endo-tetracarbonsäure-2,3;5,6-dianhydrid** $C_{12}H_8O_6$, Formel II.

Diese beiden Formeln kommen für die nachstehend beschriebene Verbindung in Betracht.

B. Beim Erhitzen von Pyran-2-on mit Maleinsäure-anhydrid (*Diels, Alder*, A. **490** [1931] 257, 264). Beim Behandeln von Crotonaldehyd mit Acetanhydrid, wenig Thionin (7-Amino-phenothiazin-3-on-imin) und Toluol-4-sulfonsäure und Erhitzen des Reaktions-produkts mit Maleinsäure-anhydrid, Acetanhydrid und Toluol-4-sulfonsäure (*Lonza A.G.*, D.B.P. 1020626 [1953]). Beim Erhitzen von Selenophen mit Maleinsäure-anhydrid auf 150° (*Arbusow, Kataew*, Doklady Akad. S.S.S.R. **65** [1949] 493; C. A. **1951** 6164). Beim Erhitzen von cis-Cyclohexa-3,5-dien-1,2-dicarbonsäure-anhydrid mit Maleinsäure-anhydrid (*Di., Al.*, l. c. S. 266). Beim Erhitzen von (3ar,7ac)-3a,4,7,7a-Tetrahydro-4t,7t-ätheno-furo[3,4-c]pyran-1,3,6-trion (S. 2189) mit Maleinsäure-anhydrid in Xylol (*Di., Al.*, l. c. S. 265).

Krystalle; F: 349° [Zers.] (*Di., Al.*, l. c. S. 264), 345—349° [Zers.; Block] (*Ar., Ka.*), 335° [Zers.] (*Lonza A.G.*).

————

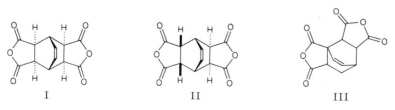

I II III

Tetrahydro-4,8a-ätheno-benzo[1,2-c;3,4-c']difuran-1,3,6,8-tetraon, Bicyclo[2.2.2]oct-7-en-1,2,3,6-tetracarbonsäure-1,6;2,3-dianhydrid $C_{12}H_8O_6$, Formel III.

Diese Konstitutionsformel ist für die nachstehend beschriebene opt.-inakt. Verbindung in Betracht gezogen worden (*Flaig*, Reichsamt Wirtschaftsausbau Chem. Ber. **1942** 1073, 1090).

B. Beim Erhitzen von (±)-3c-Acetoxy-cyclohex-4-en-1r,2c-dicarbonsäure-anhydrid mit Maleinsäure-anhydrid auf 200° (*Fl.*, l. c. S. 1107).
Krystalle; F: 358° [Zers.].

Tetraoxo-Verbindungen $C_{13}H_{10}O_6$

6-[2,6-Dimethyl-4-oxo-4H-pyran-3-carbonyl]-pyran-3,4-dion $C_{13}H_{10}O_6$, Formel IV, und Tautomeres ([2,6-Dimethyl-4-oxo-4H-pyran-3-yl]-[5-hydroxy-4-oxo-4H-pyran-2-yl]-keton).
B. Beim Erhitzen von 2,6-Dimethyl-pyran-4-on mit Komensäure (4,5-Dioxo-5,6-di=hydro-4H-pyran-2-carbonsäure [E III/IV **18** 5985]) und Zinkchlorid in Xylol (*Woods*, Am. Soc. **80** [1958] 1440).
Krystalle (aus Dioxan + wss. Salzsäure). Oberhalb von 276° erfolgt Zersetzung.

IV   V   VI

*Opt.-inakt. **4-Methyl-hexahydro-4,8-ätheno-benzo[1,2-c;4,5-c']difuran-1,3,5,7-tetraon, 1-Methyl-bicyclo[2.2.2]oct-7-en-2,3,5,6-tetracarbonsäure-2,3;5,6-dianhydrid** $C_{13}H_{10}O_6$, Formel V.
B. Beim Erhitzen von 2-Methyl-selenophen mit Maleinsäure-anhydrid auf 150° (*Arbusow, Kataew*, Doklady Akad. S.S.S.R. **65** [1949] 493; C. A. **1951** 6164).
Krystalle (aus Amylacetat); F: 296—298° [Zers.; Block].

10-Methyl-tetrahydro-4,8a-ätheno-benzo[1,2-c;3,4-c']difuran-1,3,6,8-tetraon, 8-Methyl-bicyclo[2.2.2]oct-7-en-1,2,3,6-tetracarbonsäure-1,6;2,3-dianhydrid $C_{13}H_{10}O_6$, Formel VI.
Diese Konstitution ist für die nachstehend beschriebene opt.-inakt. Verbindung in Betracht gezogen worden (*Tischtschenko*, Ž. obšč. Chim. **6** [1936] 1116, 1130; C. **1937** I 573).
B. Beim Erwärmen von 1-Chlor-2-methyl-buta-1,3-dien mit Maleinsäure-anhydrid (*Ti.*).
F: 370—375° [Zers.].

Tetraoxo-Verbindungen $C_{14}H_{12}O_6$

3-[2,4-Dimethyl-6-oxo-6H-pyran-3-carbonyl]-6-methyl-pyran-2,4-dion $C_{14}H_{12}O_6$, Formel VII, und Tautomere (z. B. [2,4-Dimethyl-6-oxo-6H-pyran-3-yl]-[4-hydr=oxy-6-methyl-2-oxo-2H-pyran-3-yl]-keton).
B. Beim Erwärmen von Triacetsäure-lacton (E III/IV **17** 5915) mit Isodehydr=acetsäure-chlorid [2,4-Dimethyl-6-oxo-6H-pyran-3-carbonylchlorid] (*Miyaki et al.*, J. pharm. Soc. Japan **76** [1956] 433, 436; C. A. **1956** 13894).
Krystalle (aus A.); F: 154—156°.

VII   VIII

*Opt.-inakt. 5-[2,5-Dioxo-tetrahydro-[3]furyl]-hexahydro-4,7-ätheno-isobenzofuran-1,3-dion, 7-[2,5-Dioxo-tetrahydro-[3]furyl]-bicyclo[2.2.2]oct-5-en-2,3-dicarbonsäure-anhydrid, 7-[1,2-Dicarboxy-äthyl]-bicyclo[2.2.2]oct-5-en-2,3-dicarbonsäure-dianhydrid $C_{14}H_{12}O_6$, Formel VIII.

B. Beim Erhitzen von Cyclohexa-1,4-dien mit Maleinsäure-anhydrid (3 Mol) in Benzol auf 200° (*Alder, Münz,* A. **565** [1949] 126, 133). Beim Erwärmen von opt.-inakt. 7-[1,2-Di=carboxy-äthyl]-bicyclo[2.2.2]oct-5-en-2,3-dicarbonsäure-monoanhydrid vom F: 222° (E III/IV **18** 6219) mit Acetylchlorid (*Al., Münz,* l. c. S. 134).

Krystalle (aus E. + Bzn.), F: 182—183°; Krystalle mit 1 Mol Benzol, F: 104—106°.

(3a*r*,5a*c*,8a*c*,10a*c*)-3a,4,5,5a,8a,9,10,10a-Octahydro-naphtho[2,3-*c*;6,7-*c'*]difuran-1,3,6,8-tetraon, 1,2,3,4,5,6,7,8-Octahydro-naphthalin-2*r*,3*c*,6*c*,7*c*-tetracarbonsäure-2,3;6,7-dianhydrid $C_{14}H_{12}O_6$, Formel IX, und (3a*r*,5a*t*,8a*t*,10a*c*)-3a,4,5,5a,8a,9,10,10a-Octahydro-naphtho[2,3-*c*;6,7-*c'*]difuran-1,3,6,8-tetraon, 1,2,3,4,5,6,7,8-Octahydro-naphthalin-2*r*,3*c*,6*t*,7*t*-tetracarbonsäure-2,3;6,7-dianhydrid $C_{14}H_{12}O_6$, Formel X.

Diese beiden Formeln kommen für die nachstehnd beschriebene Verbindung in Betracht.

B. Beim Erhitzen von Allen mit Maleinsäure-anhydrid in Benzol (*Alder, Ackermann,* B. **87** [1954] 1567, 1570; *Blomquist, Verdol,* Am. Soc. **78** [1956] 109, 111; *Cripps et al.,* Am. Soc. **81** [1959] 2723, 2727). Beim Erhitzen von 1,2-Dimethylen-cyclobutan oder von Bicyclo[4.2.0]oct-1(6)-en-3*r*,4*c*-dicarbonsäure-anhydrid mit Maleinsäure-anhydrid und wenig 2,5-Di-*tert*-butyl-hydrochinon in Benzol auf 150° (*Bl., Ve.*).

Krystalle; F: 245° [korr.; Block; aus Acetanhydrid] (*Bl., Ve.*), 240—242° [unkorr.; aus E.] (*Cr. et al.*), 240—242° [aus E.] (*Al., Ack.*).

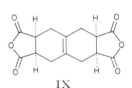 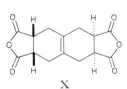 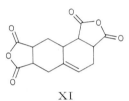

IX   X   XI

*Opt.-inakt. 3a,4,6,6a,9a,10,10a,10b-Octahydro-naphtho[1,2-*c*;6,7-*c'*]difuran-1,3,7,9-tetraon, 1,2,3,5,6,7,8,8a-Octahydro-naphthalin-1,2,6,7-tetracarbonsäure-1,2;6,7-di=anhydrid $C_{14}H_{12}O_6$, Formel XI.

B. Beim Erwärmen von 3-Methylen-penta-1,4-dien mit Maleinsäure-anhydrid in Benzol (*Blomquist, Verdol,* Am. Soc. **77** [1955] 81) oder in Toluol (*Bailey, Economy,* Am. Soc. **77** [1955] 1133, 1135).

Krystalle; F: 248—250° [unkorr.; aus Toluol + Dioxan] (*Ba., Ec.*), 238—239° [korr; Fischer-Johns-App.; aus Bzl.] (*Bl., Ve.*).

***4,8-Dimethyl-hexahydro-4,8-ätheno-benzo[1,2-*c*;4,5-*c'*]difuran-1,3,5,7-tetraon, 1,4-Dimethyl-bicyclo-[2.2.2]oct-7-en-2,3,5,6-tetracarbonsäure-2,3;5,6-dianhydrid** $C_{14}H_{12}O_6$, Formel I (X = H).

B. Beim Erhitzen von 2,5-Dimethyl-thiophen-1,1-dioxid (*Melles,* R. **71** [1952] 869, 874) oder von 2,5-Dimethyl-selenophen (*Arbusow, Kataew,* Doklady Akad. S.S.S.R. **65** [1949] 493; C. A. **1951** 6164) mit Maleinsäure-anhydrid auf 150°.

Krystalle; F: 321—322° [Zers.; aus Acn. + Me.] (*Me.*), 302—304° [Zers.; Block] (*Ar., Ka.*).

***9,10-Dibrom-4,8-dimethyl-hexahydro-4,8-ätheno-benzo[1,2-*c*;4,5-*c'*]difuran-1,3,5,7-tetraon, 7,8-Dibrom-1,4-dimethyl-bicyclo[2.2.2]oct-7-en-2,3,5,6-tetracarbonsäure-2,3;5,6-dianhydrid** $C_{14}H_{10}Br_2O_6$, Formel I (X = Br).

B. Beim Erwärmen von 3,4-Dibrom-2,5-dimethyl-thiophen-1,1-dioxid mit Maleinsäure-anhydrid in Benzol (*Melles,* R. **71** [1952] 869, 875).

Krystalle; F: 352° [Zers.].

(±)-3ar,4ac,7ac,8ac)-4,9-Dimethyl-hexahydro-4*t*,8*t*-ätheno-benzo[1,2-*c*;4,5-*c'*]difuran-1,3,5,7-tetraon, (±)-1,8-Dimethyl-bicyclo[2.2.2]oct-7-en-2*exo*,3*exo*,5*exo*,6*exo*-tetracarbon= säure-2,3;5,6-dianhydrid $C_{14}H_{12}O_6$, Formel II + Spiegelbild.

Konfigurationszuordnung: *Wolinsky*, *Login*, J. org. Chem. **37** [1972] 121, 122.

B. Beim Erhitzen von 4,6-Dimethyl-pyran-2-on mit Maleinsäure-anhydrid auf 150° (*Diels*, *Alder*, A. **490** [1931] 257, 263). Beim Erhitzen von Mesityloxid (4-Methyl-pent-3-en-2-on) mit Acetylchlorid (oder Acetanhydrid), Maleinsäure-anhydrid, wenig Thionin (7-Amino-phenothiazin-3-on-imin) und Toluol-4-sulfonsäure (*Lonza* A. G., D.B.P. 1020626 [1953]).

Krystalle; F: 274° [aus Eg.] (*Di.*, *Al.*), 268° [aus Eg. oder Acetanhydrid] (*Lonza A.G.*).

Beim Erwärmen mit Wasser und Behandeln des Reaktionsprodukts mit Diazomethan in Äther ist eine ursprünglich (*Di.*, *Al.*; s. a. E III **9** 4870) als 1,8-Dimethyl-bicyclo= [2.2.2]oct-7-en-2*exo*(?),3*exo*(?),5*exo*(?),6*exo*(?)-tetracarbonsäure-tetramethylester ange-sehene, nach *Wolinsky* und *Login* (l.c. S. 121, 124) aber als 7-Hydroxy-4,7-dimethyl-bicyclo[2.2.2]octan-2*exo*,3*exo*,5*exo*,6*exo*-tetracarbonsäure-2-lacton-3,5,6-trimethylester zu formulierende Verbindung $C_{17}H_{22}O_8$ (F: 155°) erhalten worden (*Di.*, *Al.*).

---

*Opt.-inakt. 4,10-Dimethyl-hexahydro-4,8-ätheno-benzo[1,2-*c*;4,5-*c'*]difuran-1,3,5,7-tetraon, 1,7-Dimethyl-bicyclo[2.2.2]oct-7-en-2,3,5,6-tetracarbonsäure-2,3;5,6-dianhydrid $C_{14}H_{12}O_6$, Formel III (X = H).

B. Beim Erhitzen von 5,6-Dimethyl-pyran-2-on mit Maleinsäure-anhydrid in Xylol (*Schuscherina et al.*, Ž. obšč. Chim. **29** [1959] 403, 406; engl. Ausg. S. 405, 407).

Krystalle (aus Acn. + PAe.); F: 290°.

I   II   III   IV

*Opt.-inakt. 4-Brom-8,9-dimethyl-hexahydro-4,8-ätheno-benzo[1,2-*c*;4,5-*c'*]difuran-1,3,5,7-tetraon, 4-Brom-1,7-dimethyl-bicyclo[2.2.2]oct-7-en-2,3,5,6-tetracarbonsäure-2,3;5,6-dianhydrid $C_{14}H_{11}BrO_6$, Formel III (X = Br).

B. Beim Erhitzen von 3-Brom-5,6-dimethyl-pyran-2-on mit Maleinsäure-anhydrid in Xylol (*Schuscherina et al.*, Doklady Akad. S.S.S.R. **126** [1959] 589; Pr. Acad. Sci. U.S.S.R. Chem. Sect. **124–129** [1959] 385).

Krystalle (aus E. + PAe.); F: 289–290°.

---

*9,10-Dimethyl-hexahydro-4,8-ätheno-benzo[1,2-*c*;4,5-*c'*]difuran-1,3,5,7-tetraon, 7,8-Dimethyl-bicyclo[2.2.2]oct-7-en-2,3,5,6-tetracarbonsäure-2,3;5,6-dianhydrid $C_{14}H_{12}O_6$, Formel IV.

B. Beim Erwärmen von 3,4-Dimethyl-thiophen-1,1-dioxid mit Maleinsäure-anhydrid in Benzol (*Melles*, R. **71** [1952] 869, 874).

Krystalle; oberhalb von 360° erfolgt Zersetzung.

Tetraoxo-Verbindungen $C_{15}H_{14}O_6$

*Opt.-inakt. 10-Äthyl-4-methyl-hexahydro-4,8-ätheno-benzo[1,2-*c*;4,5-*c'*]difuran-1,3,5,7-tetraon, 7-Äthyl-1-methyl-bicyclo[2.2.2]oct-7-en-2,3,5,6-tetracarbonsäure-2,3;5,6-dianhydrid $C_{15}H_{14}O_6$, Formel V (X = H).

B. Beim Erhitzen von 5-Äthyl-6-methyl-pyran-2-on mit Maleinsäure-anhydrid in Xylol (*Schuscherina et al.*, Ž. obšč. Chim. **29** [1959] 403, 406; engl. Ausg. S. 405, 407).

Krystalle (aus Acn. + PAe.); F: 276–277°.

*Opt.-inakt. 9-Äthyl-4-brom-8-methyl-hexahydro-4,8-ätheno-benzo[1,2-*c*;4,5-*c'*]di= furan-1,3,5,7-tetraon, 7-Äthyl-4-brom-1-methyl-bicyclo[2.2.2]oct-7-en-2,3,5,6-tetra= carbonsäure-2,3;5,6-dianhydrid $C_{15}H_{13}BrO_6$, Formel V (X = Br).

B. Beim Erhitzen von 5-Äthyl-3-brom-6-methyl-pyran-2-on mit Maleinsäure-anhydrid in Xylol (*Schuscherina et al.*, Doklady Akad. S.S.S.R. **126** [1959] 589; Pr. Acad. Sci. U.S.S.R. Chem. Sect. **124–129** [1959] 385).

Krystalle (aus E. + PAe.); F: 305–306°.

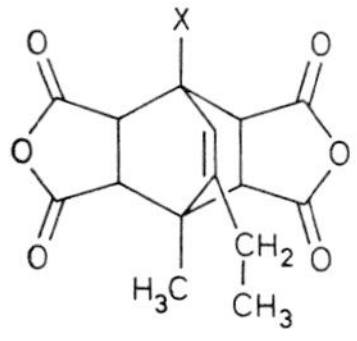

V 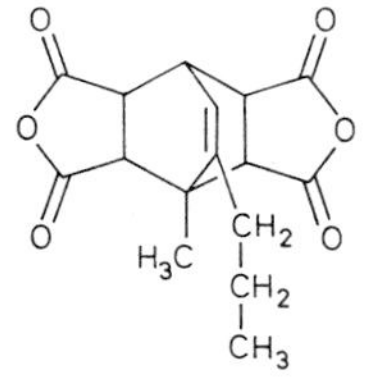   VI 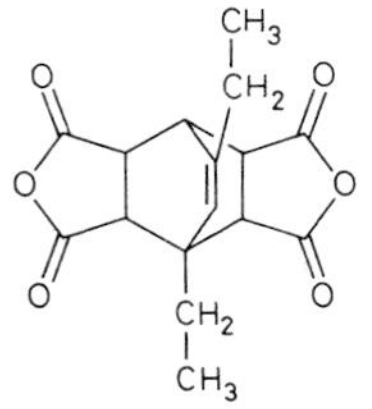   VII 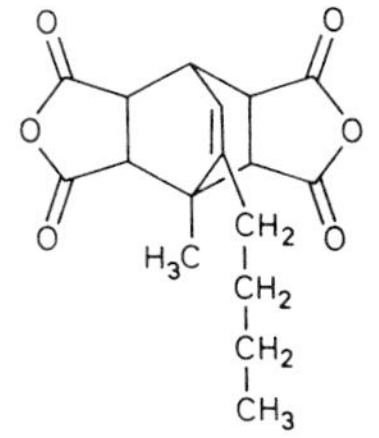   VIII

Tetraoxo-Verbindungen $C_{16}H_{16}O_6$

*Opt.-inakt. 4-Methyl-10-propyl-hexahydro-4,8-ätheno-benzo[1,2-*c*;4,5-*c*′]difuran-1,3,5,7-tetraon, 1-Methyl-7-propyl-bicyclo[2.2.2]oct-7-en-2,3,5,6-tetracarbonsäure-2,3;5,6-dianhydrid $C_{16}H_{16}O_6$, Formel VI.

B. Beim Erhitzen von 6-Methyl-5-propyl-pyran-2-on mit Maleinsäure-anhydrid in Xylol (*Schuscherina et al.*, Ž. obšč. Chim. **29** [1959] 403, 406; engl. Ausg. S. 405, 407). Krystalle (aus Acn. + PAe.); F: 231–232°.

---

*Opt.-inakt. 4,9-Diäthyl-hexahydro-4,8-ätheno-benzo[1,2-*c*;4,5-*c*′]difuran-1,3,5,7-tetraon, 1,8-Diäthyl-bicyclo[2.2.2]oct-7-en-2,3,5,6-tetracarbonsäure-2,3;5,6-dianhydrid $C_{16}H_{16}O_6$, Formel VII.

B. Beim Erhitzen von 2-Äthyl-hex-2-enal (E IV **1** 3494) mit Maleinsäure-anhydrid, Acetanhydrid, wenig Naphthalin-2-sulfonsäure und wenig Thionin[7-Amino-phenothiazin-3-on-imin] (*Lonza A.G.*, D.B.P. 1020626 [1953]). Krystalle (aus Acetanhydrid); F: 241°.

Tetraoxo-Verbindungen $C_{17}H_{18}O_6$

*Opt.-inakt. 10-Butyl-4-methyl-hexahydro-4,8-ätheno-benzo[1,2-*c*;4,5-*c*′]difuran-1,3,5,7-tetraon, 7-Butyl-1-methyl-bicyclo[2.2.2]oct-7-en-2,3,5,6-tetracarbonsäure-2,3;5,6-di⸗anhydrid $C_{17}H_{18}O_6$, Formel VIII.

B. Beim Erhitzen von 5-Butyl-6-methyl-pyran-2-on mit Maleinsäure-anhydrid in Xylol (*Schuscherina et al.*, Ž. obšč. Chim. **29** [1959] 403, 406; engl. Ausg. S. 405, 407). Krystalle (aus Acn. + PAe.); F: 208–209°.

Tetraoxo-Verbindungen $C_{18}H_{20}O_6$

3,5-Diacetyl-4-benzo[1,3]dioxol-5-yl-heptan-2,6-dion $C_{18}H_{20}O_6$, Formel IX, und Tautomere.

B. Beim Behandeln von Piperonal mit Pentan-2,4-dion, Äthanol und wenig Piperidin (*Martin et al.*, Am. Soc. **80** [1958] 5851, 5852). Krystalle (aus Me.); F: 163,5–164°. UV-Absorptionsmaxima (A.): 257 nm und 287 nm (*Ma. et al.*, l. c. S. 5854).

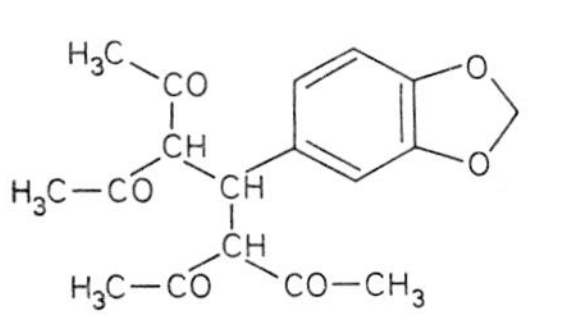

IX 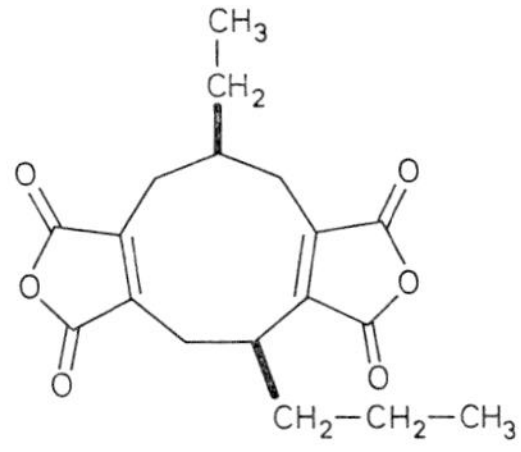   X 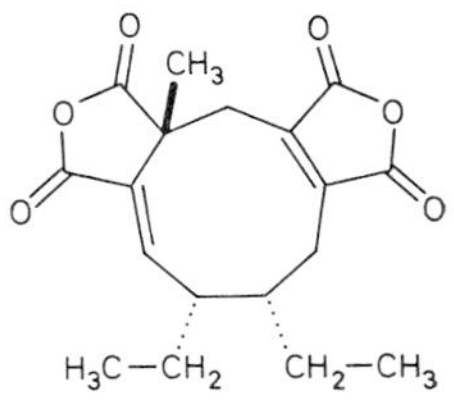   XI

(4S)-10c-Äthyl-4r-propyl-5,9,10,11-tetrahydro-4H-cyclonona[1,2-c;5,6-c′]difuran-1,3,6,8-tetraon, (3S)-8c-Äthyl-3r-propyl-cyclonona-1,5-dien-1,2,5,6-tetracarbonsäure-1,2;5,6-dianhydrid, Byssochlamsäure $C_{18}H_{20}O_6$, Formel X.

Konstitution und Konfiguration: *Baldwin et al.*, Experientia **18** [1962] 345, 350; *Paul et al.*, Soc. **1963** 5502; *Baldwin et al.*, Soc. **1965** 1787.

Isolierung aus den bei der Vergärung von D-Glucose mit Hilfe von Byssochlamys fulva erhaltenen Substanzen: *Raistrick, Smith*, Biochem. J. **72** [1933] 1814, 1815, 1817.

Krystalle (aus A.); F: 163,5° (*Ra., Sm.*). $[\alpha]_{579}^{20}$: $+108°$ [$CHCl_3$; c = 0,4]; $[\alpha]_{546}^{20}$: $+127°$ [$CHCl_3$; c = 0,4] (*Ra., Sm.*, l. c. S. 1818). Bei Raumtemperatur lösen sich in 100 ml Aceton 63 g, in 100 ml Äthylacetat 33 g, in 100 ml Chloroform 20 g, in 100 ml Benzol 7,5 g, in 100 ml Diäthyläther 0,33 g, in 100 ml Äthanol 0,3 g (*Ra., Sm.*).

(10aR)-5t,6t-Diäthyl-10a-methyl-(10ar)-5,6,10a,11-tetrahydro-4H-cyclonona[1,2-c;4,5-c′]difuran-1,3,8,10-tetraon, (4R)-7c,8c-Diäthyl-4-methyl-cyclonona-1,5-dien-1,2,4r,5-tetracarbonsäure-1,2;4,5-dianhydrid, Glaucansäure, Glauconsäure-II $C_{18}H_{20}O_6$, Formel XI.

Konstitution und Konfiguration: *Baldwin et al.*, Experientia **18** [1962] 345, 349; *Barton, Sutherland*, Soc. **1965** 1769; *Barton et al.*, Soc. **1965** 1772, 1779, 1780.

Isolierung aus den bei der Vergärung von Saccharose mit Hilfe von Penicillium purpurogenum (s. diesbezüglich *Bal. et al.*, l. c. S. 345) erhaltenen Substanzen: *Wijkman*, A. **485** [1931] 61, 63, 72.

Krystalle; F: 188° (*Sutter et al.*, A. **521** [1936] 189, 194), 186° [aus A.] (*Wi.*). $[\alpha]_D^{20}$: $+184,3°$ [Bzl.; c = 2]; $[\alpha]_D^{20}$: $+189,6°$ [$CHCl_3$; c = 0,7] (*Su. et al.*, l. c. S. 194). UV-Spektrum (220—320 nm): *Sutter, Wijkman*, A. **505** [1933] 248, 249.

Beim Erhitzen mit Essigsäure und Zink-Pulver sind Dihydroglaucandicarbonsäure ((4R)-7c,8c-Diäthyl-4-methyl-cyclonon-5-en-1ξ,2ξ,4r,5-tetracarbonsäure-4,5-anhydrid [E III/IV **18** 6218]), Dihydroglaucansäure (4R)-7c,8c-Diäthyl-4-methyl-cyclonon-5-en-1ξ,2ξ,4r,5-tetracarbonsäure-1,2;4,5-dianhydrid [S. 2238]) und eine Verbindung $C_{20}H_{24}O_7$ oder $C_{20}H_{26}O_7$ (F: 201°) erhalten worden (*Su. et al.*, l. c. S. 196°). Reaktion mit Phenyl= hydrazin unter Bildung von (10aR)-5t,6t-Diäthyl-2,9-dianilino-10a-methyl-(10ar)-5,6,= 10a,11-tetrahydro-4H-cyclonona[1,2-c;4,5-c′]dipyrrol-1,3,8,10-tetraon: *Su. et al.*, l. c. S. 195. Bildung einer Verbindung $C_{18}H_{21}NO_6$ (Krystalle [aus A.], F: 207—208°) beim Behandeln mit wss. Natronlauge und wss. Hydroxylamin-hydrochlorid-Lösung: *Su. et al.*, l. c. S. 195.

Tetraoxo-Verbindungen $C_{20}H_{24}O_6$

*Opt.-inakt. **2,3;6,7-Diepoxy-2,6-diisopropyl-4a,8a-dimethyl-octahydro-biphenylen-1,4,5,8-tetraon** $C_{20}H_{24}O_6$, Formel XII.

B. Beim Behandeln einer Lösung von opt.-inakt. 2,6-Diisopropyl-4a,8a-dimethyl-4a,4b,8a,8b-tetrahydro-biphenylen-1,4,5,8-tetraon (F: 198—200°; „Dithymochinon") in Pyridin mit wss. Wasserstoffperoxid und Natriumcarbonat (*Zavarin*, J. org. Chem. **23** [1958] 47, 50).

Krystalle (aus $CHCl_3$ + Acn.); F: 217,7—218,5° [korr.]. UV-Spektrum (A.; 220 nm bis 350 nm): *Za.*, l. c. S. 48.

XII   XIII

Tetraoxo-Verbindungen $C_{28}H_{40}O_6$

14,29-Dioxa-tetraspiro[4.2.4.3.4.2.4.3]triacontan-13,15,28,30-tetraon $C_{28}H_{40}O_6$, Formel XIII.

B. Beim Erhitzen von 1,2-Bis-[1-carboxy-cyclopentyl]-äthan mit Acetanhydrid

(*Mannich*, B. **74** [1941] 1007, 1011).
Krystalle (aus Bzn.); F: 187°.

Tetraoxo-Verbindungen $C_nH_{2n-18}O_6$

Tetraoxo-Verbindungen $C_{10}H_2O_6$

Benzo[1,2-c;4,5-c']difuran-1,3,5,7-tetraon, Benzol-1,2,4,5-tetracarbonsäure-1,2;4,5-dianhydrid, Pyromellithsäure-dianhydrid $C_{10}H_2O_6$, Formel I (H 196; E I 705; E II 216).
B. Beim Erhitzen von Benzol-1,2,4,5-tetracarbonsäure (hergestellt aus 1,2,4-Trimethyl-benzol über 2,4,5-Trimethyl-benzoesäure) auf 290° (*Clar*, B. **75** [1942] 1330, 1335). Beim Leiten von 1,2,4,5-Tetramethyl-benzol oder von 1,4-Diäthyl-2,5-dimethyl-benzol im Gemisch mit Luft über Vanadium(V)-oxid bei 450—565° (*California Research Corp.*, U.S.P. 2576625 [1947]; s. a. *California Research Corp.*, U.S.P. 2625555 [1947]).

Benzo[1,2-c;4,5-c']dithiophen-1,3,5,7-tetraon, Benzol-1,2,4,5-tetracarbonsäure-1,2;4,5-dithioanhydrid $C_{10}H_2O_4S_2$, Formel II.
B. Beim Behandeln von Benzol-1,2,4,5-tetracarbonsäure-1,2;4,5-dianhydrid mit Natriumsulfid und Behandeln des Reaktionsgemisches mit wss. Salzsäure (*Ott et al.*, B. **70** [1937] 2360).
Krystalle (aus Eg.); F: 239°.

———

Benzo[1,2-c;3,4-c']difuran-1,3,6,8-tetraon, Benzol-1,2,3,4-tetracarbonsäure-1,2;3,4-dianhydrid $C_{10}H_2O_6$, Formel III (E I 706; E II 217).
B. Beim Erhitzen von Benzol-1,2,3,4-tetracarbonsäure mit Acetylchlorid auf 160° (*Kariyone, Okuda*, J. pharm. Soc. Japan **73** [1953] 928; C. A. **1954** 12055).
Krystalle; F: 195—196°.

I   II   III   IV

Tetraoxo-Verbindungen $C_{11}H_4O_6$

4-Methyl-benzo[1,2-c;4,5-c']difuran-1,3,5,7-tetraon, 3-Methyl-benzol-1,2,4,5-tetra=carbonsäure-1,2;4,5-dianhydrid $C_{11}H_4O_6$, Formel IV.
B. Aus 3-Methyl-benzol-1,2,4,5-tetracarbonsäure beim Erhitzen mit Acetanhydrid sowie beim Erhitzen unter 0,01 Torr bis auf 200° (*Reindel, Niederländer*, A. **482** [1930] 264, 272).
Krystalle; F: 268°.

Tetraoxo-Verbindungen $C_{13}H_8O_6$

5-Acetyl-4-methyl-8H-benzo[1,2-b;3,4-c']difuran-1,3,7-trion, 7-Acetyl-6-methyl-2-oxo-2,3-dihydro-benzofuran-4,5-dicarbonsäure-anhydrid $C_{13}H_8O_6$, Formel V.
B. Beim Behandeln von [6-Acetyl-7-methyl-1,3,5-trioxo-octahydro-4,7-epoxido-iso=benzofuran-4-yl]-essigsäure (F: 180°; über die Konstitution dieser Verbindung s. *Bailey, Strunz*, Canad. J. Chem. **44** [1966] 2584; *Bird, Molton*, Tetrahedron **23** [1967] 4117; *Berner, Kolsaker*, Tetrahedron **24** [1968] 1199) mit konz. Schwefelsäure (*Berner*, Soc. **1946** 1052, 1057).
Krystalle (aus E. oder Toluol); F: 217—218° [unkorr.] (*Be.*).
Beim Erhitzen mit wss. Jodwasserstoffsäure und rotem Phosphor ist 6-Methyl-2-oxo-2,3-dihydro-benzofuran-4-carbonsäure erhalten worden (*Be.*).

V   VI   VII

Tetraoxo-Verbindungen $C_{14}H_{10}O_6$

1,6-Di-[2]thienyl-hexan-1,3,4,6-tetraon $C_{14}H_{10}O_4S_2$, Formel VI, und Tautomere.

B. Beim Behandeln von 1-[2]Thienyl-äthanon mit Oxalsäure-diäthylester und Natri=
umäthylat in Äther (*Gašpert, Ghyczy*, Arh. Kemiju **26** [1954] 101).

Krystalle (aus E.); F: 200—201° [unkorr.].

Charakterisierung durch Überführung in 2,3-Bis-[2-oxo-2-[2]thienyl-äthyl]-chinoxalin
(F: 247° [unkorr.]): *Ga., Gh.*

**(3ar,3bt,4at,7at,8at,8bc)-Octahydro-4c,8c-ätheno-furo[3′,4′;3,4]cyclobut[1,2-f]isobenzo=
furan-1,3,5,7-tetraon, (2ar,6ac)-Octahydro-3t,6t-ätheno-cyclobutabenzen-1c,2c,4t,5t-
tetracarbonsäure-1,2;4,5-dianhydrid, (1rC⁹,2tH,5tH)-Tricyclo[4.2.2.0²,⁵]dec-9-en-
3t,4t,7c,8c-tetracarbonsäure-3,4;7,8-dianhydrid** $C_{14}H_{10}O_6$, Formel VII.

Konfigurationszuordnung: *Grovenstein et al.*, Am. Soc. **83** [1961] 1705, 1708.

B. Bei der Bestrahlung eines Gemisches von Maleinsäure-anhydrid und Benzol mit
UV-Licht bei 55—60° (*Angus, Bryce-Smith*, Soc. **1960** 4791, 4794; s. a. *Angus, Bryce-
Smith*, Pr. chem. Soc. **1959** 326).

Bei 350° erfolgt Zersetzung (*An., Br.-Sm.*, Soc. **1960** 4794).

Tetraoxo-Verbindungen $C_{15}H_{12}O_6$

***Opt.-inakt. 3a,4,6,7,8,8b,9,10-Octahydro-4,8a-furo[3,4]ätheno-indeno[4,5-c]furan-
1,3,11,13-tetraon, 2,3,5,6-Tetrahydro-4H-3a,6-äthano-inden-4,5,8,9-tetracarbonsäure-
4,5;8,9-dianhydrid** $C_{15}H_{12}O_6$, Formel VIII (X = H).

B. Beim Erhitzen von 6,7-Dihydro-5H-cyclopenta[b]pyran-2-on mit Maleinsäure-
anhydrid in Toluol (*Schuscherina et al.*, Doklady Akad. S.S.S.R. **109** [1956] 117, 119;
Pr. Acad. Sci. U.S.S.R. Chem. Sect. **106—111** [1956] 367).

Krystalle (aus E.). Oberhalb von 320° erfolgt Zersetzung.

***Opt.-inakt. 4-Brom-3a,4,6,7,8,8b,9,10-octahydro-4,8a-furo[3,4]ätheno-indeno[4,5-c]=
furan-1,3,11,13-tetraon, 6-Brom-2,3,5,6-tetrahydro-4H-3a,6-äthano-inden-4,5,8,9-tetra=
carbonsäure-4,5;8,9-dianhydrid** $C_{15}H_{11}BrO_6$, Formel VIII (X = Br).

B. Beim Erhitzen von 3-Brom-6,7-dihydro-5H-cyclopenta[b]pyran-2-on mit Malein=
säure-anhydrid in Xylol (*Schuscherina et al.*, Doklady Akad. S.S.S.R. **126** [1959] 589; Pr.
Acad. Sci. U.S.S.R. Chem. Sect. **124—129** [1959] 385).

Krystalle (aus E. + PAe.); F: 318—319°.

VIII   IX   X

Tetraoxo-Verbindungen $C_{16}H_{14}O_6$

1,2-Bis-[2-oxo-tetrahydro-furan-3-carbonyl]-benzol $C_{16}H_{14}O_6$, Formel IX, und Tautomere.

B. Beim Erwärmen von Dihydro-furan-2-on mit Phthalsäure-diäthylester und Natrium

(*BASF*, D.B.P. 801276 [1948]; D.R.B.P. Org. Chem. 1950—1951 **6** 1494). Beim Behandeln von 3-Acetyl-dihydro-furan-2-on mit Phthalsäure-diäthylester und Natrium (*Reppe et al.*, A. **596** [1956] 1, 186).

Krystalle [aus A. oder W.] (*Re. et al.*); F: 186° (*BASF*; *Re. et al.*).

4,4,9,9-Tetramethyl-4,9-dihydro-pyrano[3,4-*g*]isochromen-1,3,6,8-tetraon C$_{16}$H$_{14}$O$_6$, Formel X.

Diese Konstitution ist der nachstehend beschriebenen Verbindung zugeordnet worden (*Kariyone et al.*, J. pharm. Soc. Japan **73** [1953] 925; C. A. **1954** 12054).

B. Beim Erwärmen einer als 3,3,7,7-Tetramethyl-*s*-hydrindacen-1-on angesehenen Verbindung (2,4-Dinitro-phenylhydrazon; F: 229° [Zers.]) mit Kaliumpermanganat und wss. Natriumcarbonat-Lösung (*Ka. et al.*).

Krystalle (aus W.); F: 340° [geschlossene Kapillare; bei ca. 240° sublimierend].

---

*Opt.-inakt. 4,9-Dimethyl-3a,5,5a,8a,10,10a-hexahydro-naphtho[1,2-*c*;5,6-*c'*]difuran-1,3,6,8-tetraon, 4,8-Dimethyl-1,2,3,5,6,7-hexahydro-naphthalin-1,2,5,6-tetracarbonsäure-1,2;5,6-dianhydrid C$_{16}$H$_{14}$O$_6$, Formel XI.

B. Beim Erhitzen von 2,5-Dimethyl-hexa-1,5-dien-3-in mit Maleinsäure-anhydrid ohne Lösungsmittel auf 130° (*Butz et al.*, J. org. Chem. **5** [1940] 379, 386) oder in Xylol auf 140° (*Dearborn et al.*, Ind. eng. Chem. **45** [1953] 2715, 2717).

Krystalle; F: 262—263° [unkorr.; im vorgeheizten Bad; aus E. oder Acn. + Bzl.] (*Butz et al.*), 255—258° [unkorr.; Zers.] (*De. et al.*).

---

*Opt.-inakt. 3a,6,7,8,9,9b,10,11-Octahydro-4*H*-4,9a-furo[3,4]ätheno-naphtho[1,2-*c*]-furan-1,3,12,14-tetraon, 3,4,5,6,7,8-Hexahydro-2*H*-2,4a-äthano-naphthalin-3,4,9,10-tetracarbonsäure-3,4;9,10-dianhydrid C$_{16}$H$_{14}$O$_6$, Formel XII (X = H).

B. Beim Erhitzen von 5,6,7,8-Tetrahydro-chromen-2-on mit Maleinsäure-anhydrid in Xylol (*Dreiding, Tomasewski*, Am. Soc. **76** [1954] 6388, 6391; s. a. *Schuscherina et al.*, Doklady Akad. S.S.S.R. **109** [1956] 117, 118; Pr. Acad. Sci. U.S.S.R. Chem. Sect. **106—111** [1956] 367).

Krystalle; F: 310—311° [aus Acn. + PAe.; geschlossene Kapillare] (*Sch. et al.*), 310° bis 311° [unkorr.; Fisher-Johns-App.; aus Xylol] (*Dr., To.*).

---

*Opt.-inakt. 4-Brom-3a,6,7,8,9,9b,10,11-Octahydro-4*H*-4,9a-furo[3,4]ätheno-naphtho[1,2-*c*]furan-1,3,12,14-tetraon, 2-Brom-3,4,5,6,7,8-hexahydro-2*H*-2,4a-äthano-naphthalin-3,4,9,10-tetracarbonsäure-3,4;9,10-dianhydrid C$_{16}$H$_{13}$BrO$_6$, Formel XII (X = Br).

B. Beim Erhitzen von 3-Brom-5,6,7,8-tetrahydro-chromen-2-on mit Maleinsäure-anhydrid in Xylol (*Schuscherina et al.*, Doklady Akad. S.S.S.R. **126** [1959] 589; Pr. Acad. Sci. U.S.S.R. Chem. Sect. **124—129** [1959] 385).

Krystalle (aus Acetonitril); F: 282—283°.

XI   XII   XIII   XIV

Tetraoxo-Verbindungen C$_{17}$H$_{16}$O$_6$

Bis-[3,5-dioxo-tetrahydro-thiopyran-4-yl]-phenyl-methan C$_{17}$H$_{16}$O$_4$S$_2$, Formel XIII, und Tautomere (z. B. Bis-[5-hydroxy-3-oxo-3,6-dihydro-2*H*-thiopyran-4-yl]-phenyl-methan).

B. Beim Erwärmen von Thiopyran-3,5-dion mit Benzaldehyd in wss. Äthanol unter Zusatz von Piperidin (*Fehnel, Paul*, Am. Soc. **77** [1955] 4241, 4242).

Krystalle (aus Me.); F: 212—213° [Zers.; im vorgeheizten Bad].

Bis-[2,4-dioxo-2,3,4,5,6,7-hexahydro-cyclopenta[*b*]pyran-3-yl]-methan $C_{17}H_{16}O_6$,
Formel XIV, und Tautomere (z. B. Bis-[4-hydroxy-2-oxo-2,5,6,7-tetrahydro-cyclopenta[*b*]pyran-3-yl]-methan).

B. Beim Erwärmen einer Lösung von 6,7-Dihydro-5*H*-cyclopenta[*b*]pyran-2,4-dion in Äthanol mit wss. Formaldehyd-Lösung und wss. Salzsäure (*Ziegler et al.*, M. **89** [1958] 678, 680).

Krystalle (aus E. oder Butan-1-ol); F: 234°.

Tetraoxo-Verbindungen $C_{18}H_{18}O_6$

*Opt.-inakt. **5,6'-Dimethyl-3a,4,7,7a,3'a,4',7',7'a-octahydro-[4,4']biisobenzofuranyl-1,3,1',3'-tetraon, 1,2'-Dimethyl-[3,3']bicyclohex-1-enyl-4,5,4',5'-tetracarbonsäure-4,5;4',5'-dianhydrid** $C_{18}H_{18}O_6$, Formel I.

B. Beim Behandeln von 2,6-Dimethyl-octa-1,3*t*,5*t*,7-tetraen (E IV **1** 1128) mit Maleinsäure-anhydrid in Benzol (*Sörensen, Sörensen*, Acta chem. scand. **8** [1954] 284, 290; *Nayler, Whiting*, Soc. **1954** 4006, 4009).

Krystalle (aus Acn. + PAe.); F: 198−199° (*Sö., Sö.*), 198° (*Na., Wh.*).

I   II   III

Tetraoxo-Verbindungen $C_{19}H_{20}O_6$

***Bis-[2-oxo-3-(1-phenylimino-äthyl)-tetrahydro-[3]furyl]-phenyl-methan** $C_{31}H_{30}N_2O_4$, Formel II.

B. Beim Erwärmen von 3-Acetyl-dihydro-furan-2-on mit Anilin, Benzaldehyd und Äthanol (*Ozawa, Nagaoka*, J. pharm. Soc. Japan **75** [1955] 1405; C. A. **1956** 10002). Beim Erwärmen von 3-[1-Phenylimino-äthyl]-dihydro-furan-2-on mit Benzaldehyd und Äthanol (*Oz., Na.*).

Krystalle (aus A.); F: 110° bzw. F: 109−110°.

Bis-[2,4-dioxo-3,4,5,6,7,8-hexahydro-2*H*-chromen-3-yl]-methan $C_{19}H_{20}O_6$, Formel III, und Tautomere (z. B. Bis-[4-hydroxy-2-oxo-5,6,7,8-tetrahydro-2*H*-chromen-3-yl]-methan).

B. Beim Erwärmen einer Lösung von 5,6,7,8-Tetrahydro-chromen-2,4-dion in Äthanol mit wss. Formaldehyd-Lösung und wss. Salzsäure (*Ziegler et al.*, M. **89** [1958] 678, 680).

Krystalle (aus Cyclohexan, A., E. oder Acn.); F: 192°.

Tetraoxo-Verbindungen $C_{20}H_{22}O_6$

(3a*S*,10b*S*)-1,1-Dimethyl-7-methylen-(3a*r*,10a*t*,13a*c*)-octahydro-5a*c*,8*c*-methano-cyclo‡hepta[*c*]furo[3,4-*e*]chromen-2,5,6,13-tetraon $C_{20}H_{22}O_6$, Formel IV.

B. Beim Behandeln von Enmein ((3a*S*,10b*S*)-2*c*,13*c*-Dihydroxy-1,1-dimethyl-7-methylen-(3a*r*,10a*t*,13a*c*)-decahydro-5a*c*,8*c*-methano-cyclohepta[*c*]furo[3,4-*e*]chromen-5,6-dion [E III/IV **18** 3114]) mit Chrom(VI)-oxid und wasserhaltiger Essigsäure (*Ikeda, Kanatomo*, J. pharm. Soc. Japan **78** [1958] 1128, 1132; C. A. **1959** 3389).

Krystalle (aus Acn.); F: 219−221° [Zers.].

2,4-Dinitro-phenylhydrazon $C_{26}H_{26}N_4O_9$. Orangegelbe Krystalle (aus E.); F: 242−243° [Zers.].

IV   V   VI

Tetraoxo-Verbindungen C₂₁H₂₄O₆

Bis-[2,4-dioxo-2,3,4,5,6,7,8,9-octahydro-cyclohepta[b]pyran-3-yl]-methan $C_{21}H_{24}O_6$,
Formel V, und Tautomere (z. B. Bis-[4-hydroxy-2-oxo-2,5,6,7,8,9-hexahydro-
cyclohepta[b]pyran-3-yl]-methan).
   B. Beim Erwärmen von 6,7,8,9-Tetrahydro-5H-cyclohepta[b]pyran-2,4-dion mit
Äthanol, wss. Formaldehyd-Lösung und wss. Salzsäure (*Ziegler et al.*, M. **89** [1958] 678,
681).
   Krystalle (aus A., Acn. oder E.); F: 177—178°.

Tetraoxo-Verbindungen C₂₂H₂₆O₆

**4,7-Bis-[5-methyl-3-oxo-hex-4-enyl]-(3ar,7ac)-3a,4,7,7a-tetrahydro-4t(?),7t(?)-
epoxido-isobenzofuran-1,3-dion, 1,4-Bis-[5-methyl-3-oxo-hex-4-enyl]-7-oxa-norborn-
5-en-2exo(?),3exo(?)-dicarbonsäure-anhydrid** $C_{22}H_{26}O_6$, vermutlich Formel VI.
   Bezüglich der Konfigurationszuordnung vgl. das analog hergestellte 7-Oxa-norborn-
5-en-2exo,3exo-dicarbonsäure-anhydrid (E II **19** 181, E III/IV **19** 1964).
   B. Beim Behandeln von 2,5-Bis-[5-methyl-3-oxo-hex-4-enyl]-furan mit Maleinsäure-
anhydrid in Äther (*Nasarow, Nagibina*, Izv. Akad. S.S.S.R. Otd. chim. **1947** 641, 643;
C. A. **1948** 7736).
   Krystalle; F: 88°.

**(17R)-Spiro[androst-4-en-17,4'-[1,3]dioxan]-3,11,2',5'-tetraon, 17,21-Carbonyldioxy-
pregn-4-en-3,11,20-trion, Kohlensäure-[3,11,20-trioxo-pregn-4-en-17,21-diylester]**
$C_{22}H_{26}O_6$, Formel VII.
   B. Beim Erwärmen von 21-Äthoxycarbonyloxy-17-hydroxy-pregn-4-en-3,11,20-trion
mit Toluol-4-sulfonsäure in Benzol (*Searle & Co.*, U.S.P. 2 889 321 [1957]).
   Krystalle (aus E.); F: 236,5—239°.

VII   VIII   IX

Tetraoxo-Verbindungen C₂₃H₂₈O₆

Bis-[2,4-dioxo-3,4,5,6,7,8,9,10-octahydro-2H-cycloocta[b]pyran-3-yl]-methan $C_{23}H_{28}O_6$,
Formel VIII, und Tautomere (z. B. Bis-[4-hydroxy-2-oxo-5,6,7,8,9,10-hexa-
hydro-2H-cycloocta[b]pyran-3-yl]-methan).
   B. Beim Erwärmen von 5,6,7,8,9,10-Hexahydro-cycloocta[b]pyran-2,4-dion mit wss.

Formaldehyd-Lösung und Essigsäure (*Ziegler et al.*, M. **89** [1958] 678, 681).
   Krystalle (aus A., Acn. oder E.); F: 204—205°.

Tetraoxo-Verbindungen $C_{25}H_{32}O_6$

Phenyl-bis-[2,2,6,6-tetramethyl-3,5-dioxo-tetrahydro-pyran-4-yl]-methan $C_{25}H_{32}O_6$,
Formel IX, und Tautomere (z. B. Bis-[5-hydroxy-2,2,6,6-tetramethyl-3-oxo-
3,6-dihydro-2H-pyran-4-yl]-phenyl-methan).
   B. Beim Erwärmen von 2,2,6,6-Tetramethyl-pyran-3,5-dion mit Benzaldehyd, Pyridin
und wenig Piperidin (*Korobizyna et al.*, Ž. obšč. Chim. **29** [1959] 691; engl. Ausg. S. 686).
   F: 123—125°.

Tetraoxo-Verbindungen $C_nH_{2n-20}O_6$

Tetraoxo-Verbindungen $C_{12}H_4O_6$

*7,9-Dichlor-pyrano[3,2-c]chromen-2,3,4,5-tetraon-3-[4-nitro-phenylhydrazon]
$C_{18}H_7Cl_2N_3O_7$, Formel I, und Tautomere (z. B. 7,9-Dichlor-4-hydroxy-3-[4-nitro-
phenylazo]-pyrano[3,2-c]chromen-2,5-dion).
   B. Aus 7,9-Dichlor-pyrano[3,2-c]chromen-2,4,5-trion und 4-Nitro-benzoldiazonium-
chlorid (*Ziegler et al.*, M. **87** [1956] 386, 389).
   Gelbe Krystalle (aus Nitrobenzol); F: 306°.

I   II   III

Tetraoxo-Verbindungen $C_{14}H_8O_6$

3-Acetyl-pyrano[3,2-c]chromen-2,4,5-trion $C_{14}H_8O_6$, Formel II, und Tautomere (z. B.
3-Acetyl-4-hydroxy-pyrano[3,2-c]chromen-2,5-dion).
   B. Beim Erhitzen von 4-Acetoxy-pyrano[3,2-c]chromen-2,5-dion mit Acetanhydrid
und wenig Schwefelsäure (*Ziegler et al.*, M. **87** [1956] 386, 389).
   Krystalle (aus Cyclohexylacetat, Nitrobenzol oder 1,1,2,2-Tetrachlor-äthan); F: 257°.

---

*Opt.-inakt. 3a,4,10,10a-Tetrahydro-naphtho[2,3-c;6,7-c']difuran-1,3,6,8-tetraon,
1,2,3,4-Tetrahydro-naphthalin-2,3,6,7-tetracarbonsäure-2,3;6,7-dianhydrid $C_{14}H_8O_6$,
Formel III.
   B. Beim Erhitzen von 1,2,3,4,5,6,7,8-Octahydro-naphthalin-2,3,6,7-tetracarbonsäure-
2,3;6,7-dianhydrid (S. 2241) mit Selendioxid und Acetanhydrid (*Alder, Ackermann*, B. **87**
[1954] 1567, 1570).
   Krystalle (aus E.); F: 267°.

Tetraoxo-Verbindungen $C_{16}H_{12}O_6$

3-[6-Methyl-2,4-dioxo-3,4-dihydro-2H-pyran-3-ylmethyl]-chroman-2,4-dion $C_{16}H_{12}O_6$,
Formel IV, und Tautomere (z. B. 4-Hydroxy-3-[4-hydroxy-6-methyl-2-oxo-
2H-pyran-3-ylmethyl]-cumarin).
   B. Neben anderen Verbindungen beim Erhitzen von 4-Hydroxy-cumarin (E III/IV **17**
6153) mit 6-Methyl-pyran-2,4-dion und wss. Formaldehyd-Lösung (*Meunier et al.*, Helv.
29 [1946] 1291, 1295; *Molho, Mentzer*, C. r. **248** [1959] 1344). Neben Bis-[2,4-dioxo-
chroman-3-yl]-methan beim Erhitzen von 3-Piperidinomethyl-chroman-2,4-dion mit
6-Methyl-pyran-2,4-dion auf 160° (*Mo., Men.*).

Krystalle (aus A.); F: 194° (*Meu. et al.*), 193° (*Mo., Men.*). UV-Absorptionsmaximum: 280 nm (*Meu. et al.*).

5-[2,5-Dioxo-tetrahydro-[3]furyl]-3a,4,5,9b-tetrahydro-naphtho[1,2-c]furan-1,3-dion, 4-[1,2-Dicarboxy-äthyl]-1,2,3,4-tetrahydro-naphthalin-1,2-dicarbonsäure-dianhydrid $C_{16}H_{12}O_6$, Formel V.

a) Opt.-inakt. Stereoisomeres vom F: 230°.

B. Neben dem unter b) beschriebenen Stereoisomeren beim Erhitzen von opt.-inakt. 4-[1,2-Dicarboxy-äthyl]-1,2,3,4-tetrahydro-naphthalin-1,2-dicarbonsäure vom F: 178° auf 240° (*Alder, Schmitz-Josten*, A. **595** [1955] 1, 26).

Krystalle (aus Acn.); F: 229—230°.

Beim Behandeln mit Aluminiumchlorid in Nitrobenzol ist eine Verbindung $C_{16}H_{12}O_6$ vom F: 242—244° erhalten worden, die sich durch Erwärmen mit Dimethylsulfat und Methanol in eine Verbindung $C_{19}H_{20}O_7$ vom F: 151° hat überführen lassen (*Al., Sch.-Jo.*, l. c. S. 32).

IV   V   VI

b) Opt.-inakt. Stereoisomeres vom F: 203°.

B. Neben anderen Verbindungen beim Erwärmen von Styrol mit Maleinsäure-anhydrid in Benzol unter Zusatz von Picrinsäure (*Alder, Schmitz-Josten*, A. **595** [1955] 1, 23; *Lora-Tamayo, Pérez Ossorio*, An. Soc. españ. [B] **53** [1957] 641, 646). Beim Erwärmen von opt.-inakt. 4-[1,2-Dicarboxy-äthyl]-1,2,3,4-tetrahydro-naphthalin-1,2-dicarbonsäure vom F: 220—221° mit Acetanhydrid (*Al., Sch.-Jo.*, l. c. S. 27). Weitere Bildungsweise s. bei dem unter a) beschriebenen Stereoisomeren.

Krystalle (aus Tetrahydrofuran); F: 203° (*Al., Sch.-Jo.*, l. c. S. 25; *Lo.-Ta., Pé. Os.*). UV-Spektrum (Tetrahydrofuran; 230—290 nm): *Lo.-Ta., Pé.Os.*, l. c. S. 642.

Beim Behandeln mit Aluminiumchlorid in Nitrobenzol ist 6-Oxo-2,3,3a,4,5,6-hexahydro-phenalen-1,2,4-tricarbonsäure-1,2-anhydrid vom F: 288—295° [Zers.] erhalten worden (*Al., Sch.-Jo.*, l. c. S. 31). Bildung von Acrylsäure und 3H-Naphtho[2,3-b]-furan-2-on beim Erhitzen auf 260°: *Al., Sch.-Jo.*, l. c. S. 31.

(±)-6a-Benzyl-(3ar,3bc,6ac,7ac)-tetrahydro-cyclopenta[1,2-c;3,4-c']difuran-1,3,4,6-tetraon, (±)-1-Benzyl-cyclopentan-1r,2c,3c,4c-tetracarbonsäure-1,2;3,4-dianhydrid $C_{16}H_{12}O_6$, Formel VI + Spiegelbild.

B. Beim Erwärmen von (±)-1-Benzyl-cyclopentan-1r,2c,3c,4c-tetracarbonsäure mit Acetylchlorid (*Alder, Holzrichter*, A. **524** [1936] 145, 176).

Krystalle (aus E. + Bzn.); F: 161°.

(±)-(3ar,6ac,9ac,10ac,10bc)-3a,4,6,6a,9a,10,10a,10b-Octahydro-6t,10t-ätheno-naphtho[1,2-c;6,7-c']difuran-1,3,7,9-tetraon, (±)-(4ar)-1,2,3,4,4a,5,6,7-Octahydro-1t,4t-ätheno-naphthalin-2t,3t,5t,6t-tetracarbonsäure-2,3;5,6-dianhydrid $C_{16}H_{12}O_6$, Formel VII + Spiegelbild.

Konstitutionszuordnung: *Alder, Schmitz-Josten*, A. **595** [1955] 1, 9; die Zuordnung der Konfiguration (*Al., Sch.-Jo.*, l. c. S. 18) ist nicht bewiesen.

B. Neben anderen Verbindungen beim Erwärmen von Styrol mit Maleinsäure-anhydrid in Benzol unter Zusatz von Picrinsäure (*Al., Sch.-Jo.*, l. c. S. 23; *Lora-Tamayo, Pérez Ossorio*, An. Soc. españ. [B] **53** [1957] 641, 646; vgl. *Hukki*, Ann. Acad. Sci. fenn. [A II]

Nr. **44** [1952] 54; Acta chem. scand. **5** [1951] 31, 52).

Krystalle; F: 268° [Zers.; aus Tetrahydrofuran, Acetanhydrid oder Acn.] (*Al., Sch.-Jo.,* l. c. S. 25; *Lo.-Ta., Pé.Os.*). UV-Spektrum (Tetrahydrofuran; 230—290 nm): *Lo.-Ta., Pé. Os.,* l. c. S. 642.

Beim Behandeln mit Salpetersäure und Essigsäure ist 8*t*-Hydroxy-8a-nitro-(4a*r*,8aξ)-decahydro-1*t*,4*t*-ätheno-naphthalin-2*t*,3*t*,5*t*,6*t*-tetracarbonsäure-2,3;5,6-dianhydrid (Zers. bei 300—320°) erhalten worden (*Al., Sch.-Jo.,* l. c. S. 36).

VII   VIII   IX

Tetraoxo-Verbindungen $C_{18}H_{16}O_6$

7-Methyl-2,3,3a,3b,6a,8,8a,11a-octahydro-1*H*-cyclopenta[3,4]naphtho[1,2-*c*;5,6-*c'*]difuran-4,6,9,11-tetraon, 6-Methyl-2,3,3a,4,5,7,8,9-octahydro-1*H*-cyclopenta[*a*]naphthalin-4,5,8,9-tetracarbonsäure-4,5;8,9-dianhydrid $C_{18}H_{16}O_6$, Formel VIII.

B. Beim Erhitzen von 4-Cyclopent-1-enyl-2-methyl-but-1-en-3-in mit Maleinsäure-anhydrid bis auf 160° (*Nudenberg, Butz,* Am. Soc. **65** [1943] 2059).

Krystalle (aus Bzl. + PAe.); F: 168—170°. UV-Absorptionsmaximum (A.): 250 nm.

(±)-5,11-Dimethyl-(3a*r*,6a*c*,9a*c*,10a*c*,10b*c*)-3a,4,6,6a,9a,10,10a,10b-octahydro-6*t*,10*t*-ätheno-naphtho[1,2-*c*;6,7-*c'*]difuran-1,3,7,9-tetraon, (±)-8,10-Dimethyl-(4a*r*)-1,2,3,4,4a,5,6,7-octahydro-1*t*,4*t*-ätheno-naphthalin-2*t*,3*t*,5*t*,6*t*-tetracarbonsäure-2,3;5,6-dianhydrid $C_{18}H_{16}O_6$, Formel IX + Spiegelbild.

Bezüglich der Konfigurationszuordnung vgl. das analog hergestellte (±)-(4a*r*)-1,2,3,4,4a,5,6,7-Octahydro-1*t*,4*t*-ätheno-naphthalin-2*t*,3*t*,5*t*,6*t*-tetracarbonsäure-2,3;5,6-dianhydrid (S. 2251).

B. Beim Erwärmen von 1-Isopropenyl-4-methyl-benzol oder von 2-*p*-Tolyl-propan-2-ol mit Maleinsäure-anhydrid, Acetanhydrid und wenig *N,N*-Dimethyl-anilin (*Hukki,* Acta chem. scand. **5** [1951] 31, 42; Ann. Acad. Sci. fenn. [A II] Nr. **44** [1952] 43).

Krystalle (aus Acetanhydrid oder Xylol); F: 255—256° [Zers.].

Tetraoxo-Verbindungen $C_{20}H_{20}O_6$

6-[3*t*(?)-Benzo[1,3]dioxol-5-yl-acryloyl]-2,2,4,4-tetramethyl-cyclohexan-1,3,5-trion, 2,2,4,4-Tetramethyl-6-[3,4-methylendioxy-*trans*(?)-cinnamoyl]-cyclohexan-1,3,5-trion $C_{20}H_{20}O_6$, vermutlich Formel X, und Tautomere.

B. Aus 6-Acetyl-2,2,4,4-tetramethyl-cyclohexan-1,3,5-trion und Piperonal (*Chan, Hassall,* Soc. **1956** 4983).

Gelbe Krystalle (aus Me.); F: 153—154°.

X   XI   XII

Benzo[1,3]dioxol-5-yl-bis-[2,6-dioxo-cyclohexyl]-methan $C_{20}H_{20}O_6$, Formel XI, und Tautomere (z. B. Benzo[1,3]dioxol-5-yl-bis-[2-hydroxy-6-oxo-cyclohex-1-enyl]-methan).

B. Beim Erwärmen von Cyclohexan-1,3-dion mit Piperonal, wss. Äthanol und wenig Piperidin (*King, Felton*, Soc. **1948** 1371).

Krystalle; F: 212°.

Tetraoxo-Verbindungen $C_{22}H_{24}O_6$

(17*R*)-Spiro[androsta-1,4-dien-17,4′-[1,3]dioxan]-3,11,2′,5′-tetraon, 17,21-Carbonyldioxy-pregna-1,4-dien-3,11,20-trion, Kohlensäure-[3,11,20-trioxo-pregna-1,4-dien-17,21-di= ylester] $C_{22}H_{24}O_6$, Formel XII.

B. Beim Erwärmen einer Lösung von (17*R*)-Spiro[androst-4-en-17,4′-[1,3]dioxan]-3,11,2′,5′-tetraon in *tert*-Butylalkohol mit Selendioxid und Essigsäure (*Searle & Co.*, U.S.P. 2 889 321 [1957]).

F: 269−274°.

Tetraoxo-Verbindungen $C_{24}H_{28}O_6$

Benzo[1,3]dioxol-5-yl-bis-[4,4-dimethyl-2,6-dioxo-cyclohexyl]-methan $C_{24}H_{28}O_6$, Formel XIII, und Tautomere (z. B. Benzo[1,3]dioxol-5-yl-bis-[2-hydroxy-4,4-dimethyl-6-oxo-cyclohex-1-enyl]-methan) (E II 217).

B. Beim Erwärmen von Dimedon (5,5-Dimethyl-cyclohexan-1,3-dion) mit Piperonal, wss. Äthanol und wenig Piperidin (*Horning, Horning*, J. org. Chem. **11** [1946] 95, 97, 98; vgl. E II 217).

Krystalle; F: 175,5−177° (*Ho., Ho.*).

Über ein Präparat vom F: 136−137° s. *Chakravarti et al.*, J. Indian Inst. Sci. [A] **14** [1931] 141, 152.

XIII   XIV

5,21-Dihydroxy-3,19-dioxo-19-homo-24-nor-5β,20ξH-chol-14-en-19a,23-disäure-19a→5; 23→21-dilacton $C_{24}H_{28}O_6$, Formel XIV.

Diese Konstitution und Konfiguration kommt dem nachstehend beschriebenen „An= hydrodiketohomodilacton" aus Dihydrostrophantidin zu.

B. Beim Behandeln einer Lösung von (19Ξ)-3β,5,19,21-Tetrahydroxy-19-homo-24-nor-5β,20ξH-chol-14-en-19a,23-disäure-19a→5;23→21-dilacton (F: 302−303°; [α]$_D^{21}$: −72° [Py.]; „Anhydro-α-homodilacton aus Dihydrostrophantidin") in Essigsäure mit Chrom(VI)-oxid und wss. Schwefelsäure (*Jacobs, Elderfield*, J. biol. Chem. **113** [1936] 625, 630).

Krystalle (aus wss. Acn.); F: 196° [Zers.; nach Sintern bei 191°].

Tetraoxo-Verbindungen $C_{28}H_{36}O_6$

9,13-Dihydroxy-2,11-dioxo-*A,C*-dinor-18ξ-ursan-27,28-disäure-27→9;28→13-dilacton[1]) $C_{28}H_{36}O_6$, Formel XV.

Diese Konstitution und Konfiguration kommt vermutlich der nachstehend beschrie-benen Verbindung zu.

---

[1]) Stellungsbezeichnung bei von Ursan abgeleiteten Namen s. E III **5** 1340.

B. Beim Erhitzen einer wahrscheinlich als 9,13-Dihydroxy-11-oxo-2,3-seco-*C*-nor-18ξ-ursan-2,3,27,28-tetrasäure-27→9;28→13-dilacton zu formulierenden Verbindung (F: 286—287°; aus Chinovasäure hergestellt) auf 300° (*Wieland, Utzino*, A. **488** [1931] 242, 255).

Krystalle (aus A.); F: 287°.

XV   XVI

Tetraoxo-Verbindungen $C_{30}H_{40}O_6$

9,13-Dihydroxy-3ξ-isopropyl-5-methyl-11,12-dioxo-*A*,23,24,25-tetranor-5ξ,10ξ,18ξ-ursan-27,28-disäure-27→9;28→13-dilacton[1]), **9,13-Dihydroxy-11,12-dioxo-3ξH,5ξ,10ξ,-18ξ-5(4→3);25(10→5)-diabeo-ursan-27,28-disäure-27→9;28→13→dilacton**, **9,13-Dihydroxy-11,12-dioxo-3ξH,5ξ,10ξ,18ξ-*A*:*B*-neo-ursan-27,28-disäure-27→9;28→13-dilacton**[2]) $C_{30}H_{40}O_6$, Formel XVI.

Diese Konstitution und Konfiguration kommt dem früher (s. E II **19** 217) und nachstehend beschriebenen **Novachinon** zu (vgl. *J. Simonsen, W.C. J. Ross*, The Terpenes, Bd. **5** [Cambridge 1957] S. 108, 236, 237).

B. Beim Behandeln von Anhydrochinovasäure (3ξ-Isopropyl-5-methyl-*A*,23,24,25-tetranor-5ξ,10ξ-ursa-9(11),12-dien-27,28-disäure [E III **9** 4493]) mit wss. Kalilauge und Kaliumpermanganat und Erwärmen des erhaltenen Säure-Gemisches mit Chrom(VI)-oxid und wss. Essigsäure (*Wieland, Hoshino*, A. **479** [1930] 179, 195). Beim Erwärmen von Novasäure (9-Hydroxy-3ξ-isopropyl-5-methyl-*A*,23,24,25-tetranor-5ξ,10ξ-urs-12-en-27,28-disäure-27-lacton [E III/IV **18** 5649]) mit wss. Kalilauge und Kaliumpermanganat und Erwärmen der erhaltenen Säure $C_{30}H_{42}O_6$ vom F: 237—238° mit Chrom(VI)-oxid und Essigsäure (*Wieland et al.*, A. **522** [1936] 191, 208).

Gelbe Krystalle; F: 231° [aus A.] (*Wi., Ho.*, l. c. S. 195), 230° [aus Me.] (*Wi. et al.*, A. **522** 208). Bei der Belichtung erfolgt Umwandlung in eine farblose Modifikation (*Wi., Ho.*, l. c. S. 181). Absorptionsspektrum (Dioxan; 250—490 nm): *Wieland et al.*, A. **539** [1939] 219, 222.

Überführung in 9,11ξ,13-Trihydroxy-3ξ-isopropyl-5-methyl-*A*,*C*,23,24,25,27,28-heptanor-5ξ,10ξ,18ξ-ursan-11ξ,14,17-tricarbonsäure-14→9;17→13-dilacton vom F: 183—185° durch Behandlung mit methanol. Kalilauge: *Wi., Ho.*, l. c. S. 191. Beim Erwärmen mit Essigsäure und wss. Wasserstoffperoxid (*Wi. et al.*, A. **522** 209) sowie beim Behandeln mit äthanol. Kalilauge und wss. Wasserstoffperoxid (*Schmitt, Wieland*, A. **542** [1939] 258, 267; s. a. *Schmitt, Wieland*, A. **557** [1947] 1, 15) ist 9,13-Dihydroxy-3ξ-isopropyl-5-methyl-11,12-seco-*A*,23,24,25-tetranor-5ξ,10ξ,18ξ-ursan-11,12,27,28-tetrasäure-27→9;28→13-dilacton vom F: 288° erhalten worden. Bildung von Dihydronovachinon (9,12ξ(oder 11ξ),13-Trihydroxy-3ξ-isopropyl-5-methyl-11(oder 12)-oxo-*A*,23,24,25-tetranor-5ξ,10ξ,-18ξ-ursan-27,28-disäure-27→9;28→13-dilacton [F: 267—268°]) beim Erwärmen mit wss. Wasserstoffperoxid und Dioxan sowie bei der Hydrierung an Platin in Essigsäure: *Sch., Wi.*, A. **542** 268; *Wi., Ho.*, l. c. S. 190. Überführung in ein Imin $C_{30}H_{41}NO_5$ (Krystalle [aus A.]; F: 217°) durch Behandlung einer äthanol. Lösung mit wss. Ammoniak: *Sch., Wi.*, A. **542** 272.

---

[1]) Stellungsbezeichnung bei von Ursan abgeleiteten Namen s. E III **5** 1340.
[2]) Über die Bezeichnung „*A*:*B*-neo" s. *Allard, Ourisson*, Tetrahedron **1** [1957] 277.

Tetraoxo-Verbindungen $C_nH_{2n-22}O_6$

Tetraoxo-Verbindungen $C_{16}H_{10}O_6$

2-[1,2-Di-[2]furyl-2-oxo-äthyliden]-cyclohexan-1,3,5-trion $C_{16}H_{10}O_6$, Formel I, und Tautomere.

B. Beim Erwärmen von [2,2']Furil mit Phloroglucin, Äthanol und wenig Piperidin (*Sircar, Guha,* J. Indian chem. Soc. **13** [1936] 704, 707).

Braune Krystalle (aus Acn.), die unterhalb von 272° nicht schmelzen.

---

*Opt.-inakt. 5-[2,5-Dioxo-tetrahydro-[3]furyl]-4,5-dihydro-naphtho[1,2-c]furan-1,3-dion, 4-[1,2-Dicarboxy-äthyl]-3,4-dihydro-naphthalin-1,2-dicarbonsäure-dianhydrid $C_{16}H_{10}O_6$, Formel II.

B. Beim Erhitzen von opt.-inakt. 4-[1,2-Dicarboxy-äthyl]-1,2,3,4-tetrahydro-naphthalin-1,2-dicarbonsäure vom F: 178° mit Selendioxid und Essigsäure und Erwärmen des Reaktionsprodukts mit Acetanhydrid (*Alder, Schmitz-Josten,* A. **595** [1955] 1, 30).

Krystalle (aus E. + Bzn.); F: 195° [Zers.].

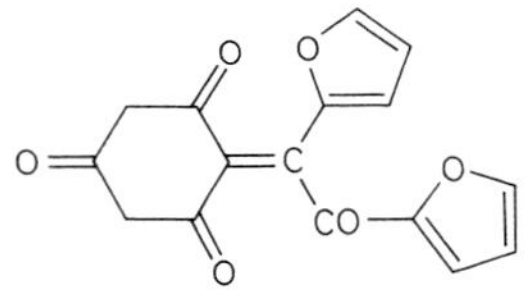

I 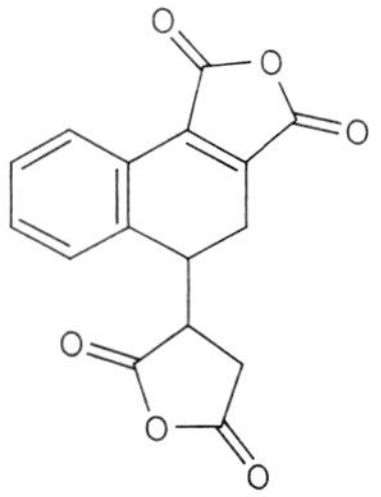   II 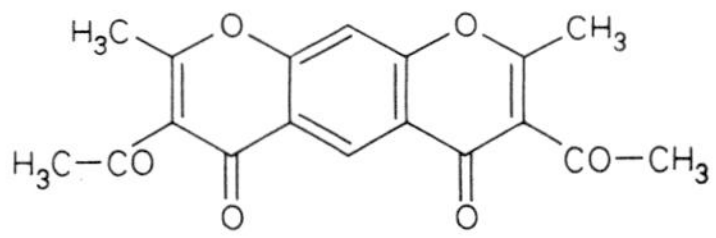   III

Tetraoxo-Verbindungen $C_{18}H_{14}O_6$

3,7-Diacetyl-2,8-dimethyl-pyrano[3,2-g]chromen-4,6-dion $C_{18}H_{14}O_6$, Formel III.

B. Neben 6-Acetyl-7-hydroxy-2-methyl-chromen-4-on beim Erhitzen von 4,6-Diacetyl-resorcin mit Acetanhydrid und Natriumacetat und anschliessenden Erwärmen mit äthanol. Kalilauge (*Gulati, Venkataraman,* Soc. **1931** 2376, 2380).

Hellbraune Krystalle (aus Naphthalin); F: 261—264° [Zers.].

---

*Opt.-inakt. 7,7a,7',7'a-Tetrahydro-3aH,3'aH-4,7;4',7'-dimethano-[4,4']biisobenzofuranyl-1,3,1',3'-tetraon, [1,1']Binorborna-5,5'-dienyl-2,3,2',3'-tetracarbonsäure-2,3;2',3'-dianhydrid $C_{18}H_{14}O_6$, Formel IV.

Diese Konstitution ist der nachstehend beschriebenen opt.-inakt. Verbindung zugeordnet worden (*Alder, Flock,* B. **87** [1954] 1916, 1921).

B. Beim Erhitzen von opt.-inakt. Bis-[3a,4,7,7a-tetrahydro-4,7-methano-inden-1-yl]-äther (F: 80°) mit Maleinsäure-anhydrid in Xylol (*Al., Fl.*).

Krystalle (aus Acetanhydrid). Oberhalb von 220° erfolgt Zersetzung.

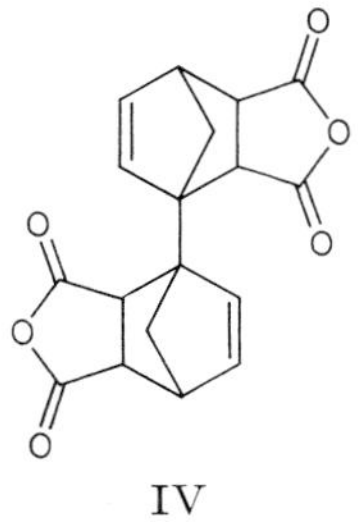

IV 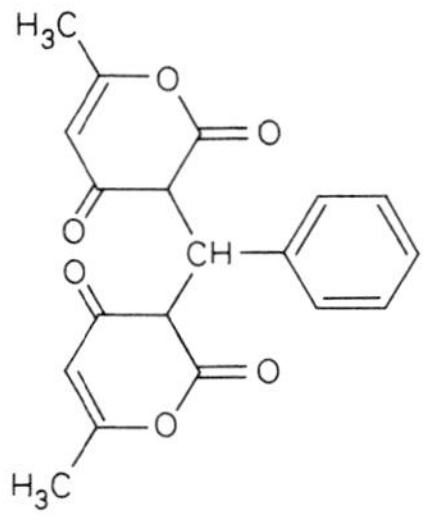   V 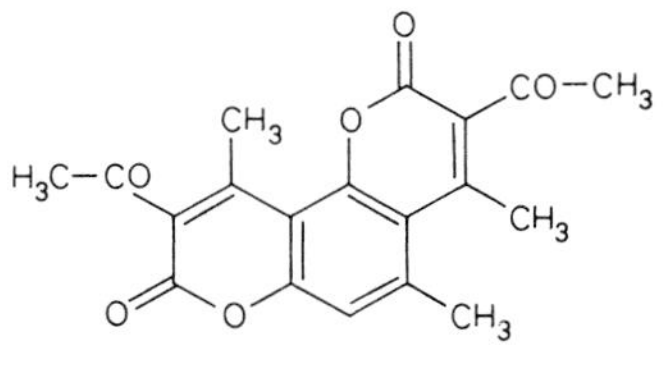   VI

Tetraoxo-Verbindungen $C_{19}H_{16}O_6$

Bis-[6-methyl-2,4-dioxo-3,4-dihydro-2H-pyran-3-yl]-phenyl-methan $C_{19}H_{16}O_6$, Formel V, und Tautomere (z. B. Bis-[4-hydroxy-6-methyl-2-oxo-2H-pyran-3-yl]-phenyl-methan).

B. Beim Erhitzen von Triacetsäure-lacton (E III/IV **17** 5915) mit Benzaldehyd und Essigsäure (*Borsche, Blount,* B. **65** [1932] 820, 828).

Krystalle (aus Me.); F: 215°.

3,9-Diacetyl-4,5,10-trimethyl-pyrano[2,3-f]chromen-2,8-dion $C_{19}H_{16}O_6$, Formel VI.

Diese Konstitution kommt der nachstehend beschriebenen, ursprünglich (*Steele et al.,* J. org. Chem. **14** [1949] 460, 464) als 2,6-Bis-[6-methyl-4-oxo-4H-pyran-2-yl-methyl]-pyran-4-on ($C_{19}H_{16}O_6$) angesehenen Verbindung zu (*Marcus, Chan,* J. org. Chem. **32** [1967] 2881, 2883).

B. Neben grösseren Mengen Dehydracetsäure (E III/IV **17** 6699) beim Erwärmen von Diketen (3-Hydroxy-but-3-ensäure-lacton) mit wenig Natriumphenolat in Benzol (*St. et al.,* l. c. S. 465; *Ma., Chan,* l. c. S. 2884).

Krystalle (aus Eg.); F: 235—236° (*St. et al.,* l. c. S. 465), 234—236° [unkorr.] (*Ma., Chan,* l. c. S. 2884). IR-Spektrum (Mineralöl; 3—14 μ): *St. et al.,* l. c. S. 462. UV-Spektrum (Eg.; 250—380 nm): *St. et al.,* l. c. S. 461.

Reaktion mit Brom unter Bildung eines Hexabrom-Derivats $C_{19}H_{10}Br_6O_6$ (gelbe Krystalle [aus Acn.]; F: 92—93°): *St. et al.,* l. c. S. 466.

---

*Opt.-inakt. 5-Cyclopropyl-3a,4,6,6a,9a,10,10a,10b-octahydro-6,10-ätheno-naphtho-[1,2-c;6,7-c']difuran-1,3,7,9-tetraon, 8-Cyclopropyl-1,2,3,4,4a,5,6,7-octahydro-1,4-ätheno-naphthalin-2,3,5,6-tetracarbonsäure-2,3;5,6-dianhydrid $C_{19}H_{16}O_6$, Formel VII.

B. In kleiner Menge beim Erwärmen von 1-Cyclopropyl-1-phenyl-äthylen mit Maleinsäure-anhydrid in Benzol (*Sarel, Breuer,* Am. Soc. **81** [1959] 6522).

F: 255—257°.

VII   VIII   IX

Tetraoxo-Verbindungen $C_{21}H_{20}O_6$

*Opt.-inakt. $\Delta^{6a,13a}$-Dodecahydro-cyclopenta[1,2]phenanthro[3,4-c;9,10-c']difuran-1,3,7,9-tetraon, $\Delta^{8(14),9}$-Dodecahydro-cyclopenta[a]phenanthren-6,7,11,12-tetracarbonsäure-6,7;11,12-dianhydrid $C_{21}H_{20}O_6$, Formel VIII.

B. Beim Erhitzen von Cyclohex-1-enyl-cyclopent-1-enyl-acetylen mit Maleinsäure-anhydrid bis auf 150° (*Butz, Joshel,* Am. Soc. **63** [1941] 3344, 3346).

Krystalle (aus E. oder Dioxan), F: 252—255° [korr.; evakuierte Kapillare]; Krystalle (aus Dioxan) mit 1 Mol Dioxan, F: 246—250° [korr.]. UV-Absorptionsmaximum (A.): 256 nm (*Butz, Jo.,* l. c. S. 3345).

Beim Erhitzen mit Palladium/Kohle bis auf 390° ist 16,17-Dihydro-15H-cyclopenta[a]-phenanthren erhalten worden (*Butz, Jo.,* l. c. S. 3346).

Tetraoxo-Verbindungen $C_{22}H_{22}O_6$

*Opt.-inakt. $\Delta^{7a,14a}$-Tetradecahydro-chryseno[5,6-c;11,12-c']difuran-1,3,8,10-tetraon, $\Delta^{4a,10a}$-Tetradecahydro-chrysen-5,6,11,12-tetracarbonsäure-5,6;11,12-dianhydrid $C_{22}H_{22}O_6$, Formel IX.

B. Beim Erhitzen von Di-cyclohex-1-enyl-acetylen mit Maleinsäure-anhydrid auf 150°

(*Joshel et al.*, Am. Soc. **63** [1941] 3348) oder mit Maleinsäure-anhydrid in Xylol (*U.S. Testing Co.*, U.S.P. 2863852 [1954]).

Krystalle; F: 251—254° [korr.; evakuierte Kapillare; aus Dioxan] (*Jo. et al.*); 235° bis 241° [unkorr.; Zers.] (*U.S. Testing Co.*). UV-Absorptionsmaximum (A.): 257 nm (*Butz*, *Joshel*, Am. Soc. **63** [1941] 3344, 3345).

Beim Erhitzen mit Platin/Kohle bis auf 350° sind Chrysen und 6-Hydroxymethyl-chrysen-5-carbonsäure-lacton erhalten worden (*Jo. et al.*).

---

*Opt.-inakt. Δ^{9a}-Tetradecahydro-10,14-ätheno-cycloocta[3,4]naphtho[1,2-*c*;6,7-*c'*]difuran-1,3,11,13-tetraon, 1,2,3,4,4a,5,6,6a,7,8,9,10,11,12-Tetradecahydro-1,4-äthenocycloocta[*a*]naphthalin-2,3,5,6-tetracarbonsäure-2,3;5,6-dianhydrid $C_{22}H_{22}O_6$, Formel X.

B. Beim Erwärmen von 1-Phenyl-cycloocten mit Maleinsäure-anhydrid (*Szmuszkovicz*, *Modest*, Am. Soc. **70** [1948] 2542).

Krystalle (aus wss. Dioxan); F: 249—250° [korr.].

Beim Erhitzen mit Schwefel bis auf 240° ist 7,8,9,10,11,12-Hexahydro-cycloocta[*a*]naphthalin-5,6-dicarbonsäure-anhydrid erhalten worden.

X   XI   XII

Tetraoxo-Verbindungen $C_{23}H_{24}O_6$

*Opt.-inakt. 3b-Methyl-Δ^{7a,14a}-tetradecahydro-chryseno[5,6-*c*;11,12-*c'*]difuran-1,3,8,10-tetraon, 6a-Methyl-Δ^{4a,10a}-tetradecahydro-chrysen-5,6,11,12-tetracarbonsäure-5,6;11,12-dianhydrid $C_{23}H_{24}O_6$, Formel XI.

B. Beim Erhitzen von Cyclohex-1-enyl-[2-methyl-cyclohex-1-enyl]-acetylen mit Maleinsäure-anhydrid auf 150° (*Joshel et al.*, Am. Soc. **63** [1941] 3348).

Krystalle (aus Dioxan); F: 278—280° [korr.; evakuierte Kapillare] (*Jo. et al.*). UV-Absorptionsmaximum (A.): 254 nm (*Butz*, *Joshel*, Am. Soc. **63** [1941] 3344, 3345).

Tetraoxo-Verbindungen $C_{25}H_{28}O_6$

9,11α-Epoxy-(6αH,7αH)-6,7-dihydro-5β,8-ätheno-pregn-6-eno[6,7-*c*]furan-3,20,2',5'-tetraon, 9,11α-Epoxy-3,20-dioxo-5β,8-ätheno-pregnan-6β,7β-dicarbonsäure-anhydrid $C_{25}H_{28}O_6$, Formel XII.

B. Beim Behandeln von 9,11α-Epoxy-3β-hydroxy-20-oxo-5β,8-ätheno-pregnan-6β,7β-dicarbonsäure-anhydrid mit Chrom(VI)-oxid, wasserhaltiger Essigsäure und Schwefelsäure (*Upjohn Co.*, U.S.P. 2577778 [1950], 2617801 [1950]).

Bei 248—256° unter Zersetzung schmelzend.

Tetraoxo-Verbindungen $C_nH_{2n-24}O_6$

Tetraoxo-Verbindungen $C_{14}H_4O_6$

Benzo[*de*]furo[3,4-*g*]isochromen-4,6,8,10-tetraon, Naphthalin-1,2,4,5-tetracarbonsäure-1,2;4,5-dianhydrid $C_{14}H_4O_6$, Formel I.

B. Beim Erhitzen von Naphthalin-1,2,4,5-tetracarbonsäure mit Essigsäure und wenig Acetanhydrid (*Fieser*, *Hershberg*, Am. Soc. **61** [1939] 1272, 1281).

Hellgelbe Krystalle; F: 262,5—263° [korr.].

Isochromeno[6,5,4-def]isochromen-1,3,6,8-tetraon, Naphthalin-1,4,5,8-tetracarbonsäure-1,8;4,5-dianhydrid $C_{14}H_4O_6$, Formel II (X = H) (H 196; E I 706; E II 217).

B. Beim Erwärmen von 1,3,6,8-Tetrachlor-pyren mit Schwefeltrioxid enthaltender Schwefelsäure und mit Salpetersäure sowie beim Erwärmen von 1,3,6,8-Tetrabrom-pyren mit konz. Schwefelsäure und anschliessend mit Salpetersäure (*I.G. Farbenind.*, D.R.P. 602445 [1932]; Frdl. **20** 1433; *Gen. Aniline Works*, U.S.P. 2009596 [1933]). Beim Erhitzen von 7-Amino-1,2-dihydro-cyclopenta[c,d]phenalen-5-on-imin (E III **7** 4114) mit wasserhaltiger Salpetersäure und Schwefelsäure bis auf 270° (*I.G. Farbenind.*, D.R.P. 566154 [1929]; Frdl. **19** 2182; *Gen. Aniline Works*, U.S.P. 1970651 [1930]). Neben Naphthalin-1,4,5,8-tetracarbonsäure beim Erhitzen von 2-Methyl-pyren-1,3,6,8-tetraon oder von 7-Brom-2-methyl-pyren-1,3,6,8-tetraon mit konz. Schwefelsäure und Salpetersäure (*Treibs, Möbius*, A. **619** [1958] 122, 132).

I II III

4-Chlor-isochromeno[6,5,4-def]isochromen-1,3,6,8-tetraon, 2-Chlor-naphthalin-1,4,5,8-tetracarbonsäure-1,8;4,5-dianhydrid $C_{14}H_3ClO_6$, Formel II (X = Cl).

B. Beim Erhitzen von 2-Chlor-naphthalin-1,4,5,8-tetracarbonsäure (*I.G. Farbenind.*, D.R.P. 556659 [1929]; Frdl. **19** 2179; *Gen. Aniline Works*, U.S.P. 2011805 [1930]). Beim Behandeln von 3(oder 4)-Chlor-acenaphthen-5,6-dicarbonsäure (F: 208—210°) mit Chrom(VI)-oxid und Essigsäure und Erhitzen des Reaktionsprodukts mit Acetanhydrid (*I.G. Farbenind.*, D.R.P. 596003 [1932]; Frdl. **20** 1440; *Gen. Aniline Works*, U.S.P. 2067138 [1933]).

Krystalle (aus Nitrobenzol); F: 334° (*I.G. Farbenind.*, D.R.P. 661756 [1933]; Frdl. **23** 1118; *Gen. Aniline Works*, U.S.P. 2087133 [1936]).

4,9-Dichlor-isochromeno[6,5,4-def]isochromen-1,3,6,8-tetraon, 2,6-Dichlor-naphthalin-1,4,5,8-tetracarbonsäure-1,8;4,5-dianhydrid $C_{14}H_2Cl_2O_6$, Formel III.

B. Neben 2,7-Dichlor-naphthalin-1,4,5,8-tetracarbonsäure-1,8;4,5-dianhydrid beim Erhitzen von 1,3,4,5,6,8,9,10-Octachlor-4,5,9,10-tetrahydro-pyren (F: 292°) auf 290°, Erwärmen des Reaktionsprodukts mit Schwefeltrioxid enthaltender Schwefelsäure und anschliessenden Behandeln mit Salpetersäure (*Vollmann et al.*, A. **531** [1937] 1, 89). Beim Erwärmen von 3,5,8,10-Tetrachlor-pyren-1,6-chinon mit konz. Schwefelsäure und anschliessenden Behandeln mit Salpetersäure (*Vo. et al.*).

Krystalle (aus Nitrobenzol); F: 390°.

4,10-Dichlor-isochromeno[6,5,4-def]isochromen-1,3,6,8-tetraon, 2,7-Dichlor-naphthalin-1,4,5,8-tetracarbonsäure-1,8;4,5-dianhydrid $C_{14}H_2Cl_2O_4$, Formel IV (X = H).

B. Beim Erwärmen von 3,8-Dichlor-acenaphthen-5,6-dicarbonsäure-anhydrid mit wss. Natronlauge und Kaliumpermanganat und Erhitzen des nach dem Ansäuern mit wss. Salzsäure isolierten Reaktionsprodukts auf 150° (*Vollmann et al.*, A. **531** [1937] 1, 90). Weitere Bildungsweise s. im vorangehenden Artikel.

Krystalle; F: 314—316° [unkorr.] (*Arient et al.*, Collect. **28** [1963] 2479, 2480), 297° [aus Toluol + Acetanhydrid] (*Vo. et al.*).

4,5,9,10-Tetrachlor-isochromeno[6,5,4-def]isochromen-1,3,6,8-tetraon, 2,3,6,7-Tetrachlor-naphthalin-1,4,5,8-tetracarbonsäure-1,8;4,5-dianhydrid $C_{14}Cl_4O_6$, Formel IV (X = Cl).

B. Beim Erhitzen von 1,3,4,5,6,8,9,10-Octachlor-pyren oder von Decachlorpyren mit Schwefeltrioxid enthaltender Schwefelsäure auf 110° und anschliessenden Behandeln mit Salpetersäure (*Vollmann et al.*, A. **531** [1937] 1, 18, 92).

Gelbliche Krystalle (aus Nitrobenzol), die unterhalb von 400° nicht schmelzen (*Vo. et al.*, l. c. S. 92).

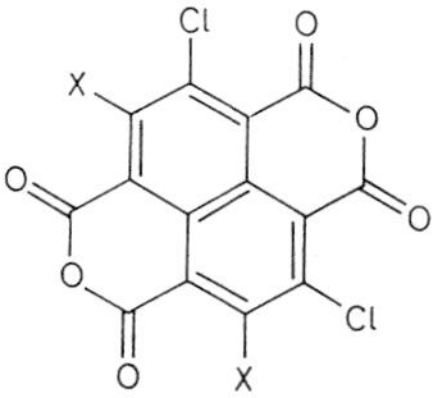

IV 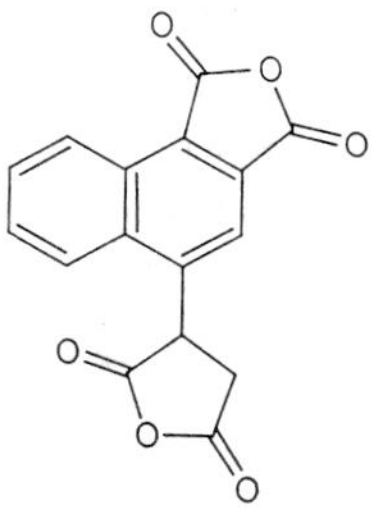   V

Tetraoxo-Verbindungen $C_{16}H_8O_6$

(±)-5-[2,5-Dioxo-tetrahydro-[3]furyl]-naphtho[1,2-c]furan-1,3-dion,   (±)-4-[1,2-Di-carboxy-äthyl]-naphthalin-1,2-dicarbonsäure-dianhydrid $C_{16}H_8O_6$, Formel V.

B. Beim Erhitzen von 5-[2,5-Dioxo-tetrahydro-[3]furyl]-3a,4,5,9b-tetrahydro-naphtho[1,2-c]furan-1,3-dion vom F: 203° (S. 2251) mit Brom und Essigsäure unter Bestrahlung mit UV-Licht (*Alder, Schmitz-Josten*, A. **595** [1955] 1, 28).

Krystalle (aus Acetanhydrid + Dioxan); F: 255° [Zers.].

Beim Behandeln mit wss. Kaliumpermanganat-Lösung und Schwefelsäure ist Naphthalin-1,2,4-tricarbonsäure erhalten worden.

Tetraoxo-Verbindungen $C_{18}H_{12}O_6$

*Opt.-inakt. 4-Phenyl-hexahydro-4,8-ätheno-benzo[1,2-c;4,5-c']difuran-1,3,5,7-tetraon, 1-Phenyl-bicyclo[2.2.2]oct-7-en-2,3,5,6-tetracarbonsäure-2,3;5,6-dianhydrid $C_{18}H_{12}O_6$, Formel VI.

B. Beim Erhitzen von 6-Phenyl-pyran-2-on mit Maleinsäure-anhydrid in Xylol auf 140° (*Lur'e et al.*, Ž. obšč. Chim. **28** [1958] 1351, 1354; engl. Ausg. S. 1410, 1412) oder ohne Lösungsmittel auf 230° (*Branchini et al.*, Ann. Chimica **49** [1959] 1850, 1862).

Krystalle; F: 296—297° [aus Acn.] (*Lur'e et al.*); 285—286° [Zers.; Block; aus Acn. + PAe.] (*Br. et al.*).

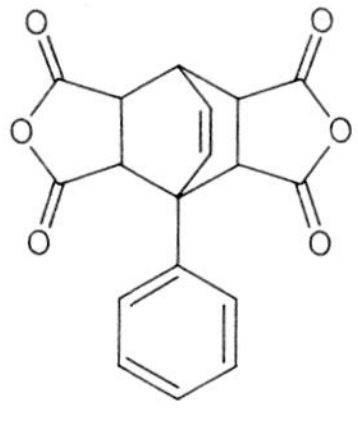

VI 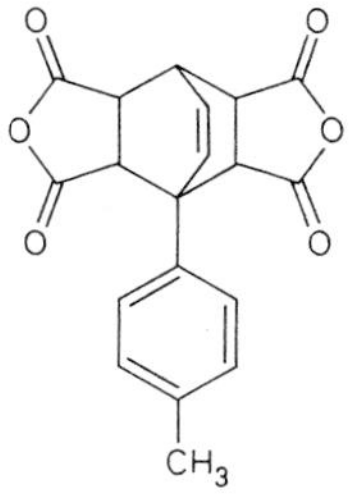   VII 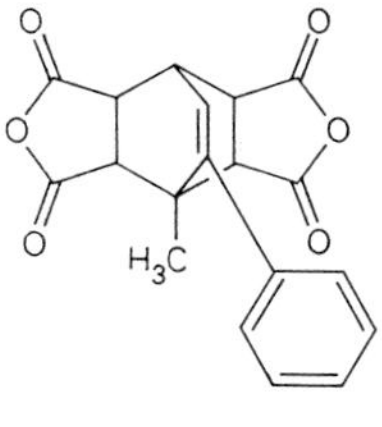   VIII 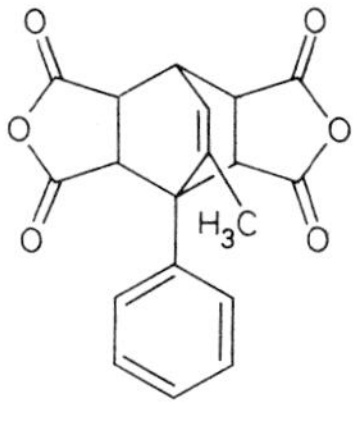   IX

Tetraoxo-Verbindungen $C_{19}H_{14}O_6$

*Opt.-inakt. 4-*p*-Tolyl-hexahydro-4,8-ätheno-benzo[1,2-c;4,5-c']difuran-1,3,5,7-tetraon, 1-*p*-Tolyl-bicyclo[2.2.2]oct-7-en-2,3,5,6-tetracarbonsäure-2,3;5,6-dianhydrid $C_{19}H_{14}O_6$, Formel VII.

B. Beim Erhitzen von 6-*p*-Tolyl-pyran-2-on mit Maleinsäure-anhydrid in Xylol (*Schuscherina et al.*, Ž. obšč. Chim. **29** [1959] 2942, 2945; engl. Ausg. S. 2903).

Krystalle (aus Xylol); F: 285—286° [Zers.; geschlossene Kapillare].

---

*Opt.-inakt. 4-Methyl-10-phenyl-hexahydro-4,8-ätheno-benzo[1,2-c;4,5-c']difuran-1,3,5,7-tetraon, 1-Methyl-7-phenyl-bicyclo[2.2.2]oct-7-en-2,3,5,6-tetracarbonsäure-2,3;5,6-dianhydrid $C_{19}H_{14}O_6$, Formel VIII.

B. Beim Erhitzen von 6-Methyl-5-phenyl-pyran-2-on mit Maleinsäure-anhydrid in

Xylol (*Schuscherina et al.*, Ž. obšč. Chim. **29** [1959] 2942, 2945; engl. Ausg. S. 2903).
Krystalle (aus Acetonitril); F: 233—234° [geschlossene Kapillare].

---

*Opt.-inakt. 10-Methyl-4-phenyl-hexahydro-4,8-ätheno-benzo[1,2-*c*;4,5-*c'*]difuran-
1,3,5,7-tetraon, 7-Methyl-1-phenyl-bicyclo[2.2.2]oct-7-en-2,3,5,6-tetracarbonsäure-2,3;=
5,6-dianhydrid* $C_{19}H_{14}O_6$, Formel IX.
B. Beim Erhitzen von 5-Methyl-6-phenyl-pyran-2-on mit Maleinsäure-anhydrid in
Xylol (*Schuscherina et al.*, Ž. obšč. Chim. **29** [1959] 2942, 2945; engl. Ausg. S. 2903).
Krystalle (aus Acn. + Bzn.); F: 283—284° [geschlossene Kapillare].

Tetraoxo-Verbindungen $C_{22}H_{20}O_6$

*2,7-Dimethyl-1,8-bis-[(Ξ)-4-methyl-2,6-dioxo-6H-pyran-3-yliden]-octa-
2t(?),4ξ,6t(?)-trien, 2,5,10,13-Tetramethyl-tetradeca-1,3ξ,5t(?),7ξ,9t(?),11ξ,13-heptaen-
1c,3,12,14c-tetracarbonsäure-1,3;12,14-dianhydrid* $C_{22}H_{20}O_6$, vermutlich Formel X.
B. Beim Erwärmen von 2,5,10,13-Tetramethyl-tetradeca-1,3ξ,5t(?),7ξ,9t(?),11ξ,13-
heptaen-1ξ,3,12,14ξ-tetracarbonsäure (E IV **2** 2459) mit Acetanhydrid und Äthylacetat
(*Ahmad, Weedon*, Soc. **1953** 3299, 3302).
Violette Krystalle (aus E.); F: 193° [Kofler-App.]. Absorptionsmaximum (CHCl$_3$):
476 nm (*Ah., We.*, l. c. S. 3300).

X   XI

Tetraoxo-Verbindungen $C_{23}H_{22}O_6$

*Androsta-2,4,16-trieno[3,2-*b*;17,16-*b'*]difuran-4',5',4'',5''-tetraon, [3,17-Dihydroxy-
androsta-2,4,16-trien-2,16-diyl]-di-glyoxylsäure-dilacton* $C_{23}H_{22}O_6$, Formel XI.
B. Beim Behandeln von Androst-4-en-3,17-dion mit Oxalsäure-diäthylester und
Natriumäthylat in Äthanol, Erwärmen des Reaktionsgemisches mit wss.-äthanol. Kali=
lauge und Erhitzen des nach dem Ansäuern isolierten Reaktionsprodukts mit Bromwasser=
stoff in Essigsäure (*C. F. Boehringer & Söhne*, D.B.P. 887810 [1939]).
Krystalle (aus Pyridin + Eg.) mit 1 Mol Wasser; F: 256—257°.

Tetraoxo-Verbindungen $C_nH_{2n-26}O_6$

Tetraoxo-Verbindungen $C_{16}H_6O_6$

[5,5']Biisobenzofuranyl-1,3,1',3'-tetraon, [5,5']Biphthalanyl-1,3,1',3'-tetraon,
Biphenyl-3,4,3',4'-tetracarbonsäure-3,4;3',4'-dianhydrid $C_{16}H_6O_6$, Formel I (E I 706).
B. Beim Erhitzen von Biphenyl-3,4,3',4'-tetracarbonsäure bis auf 300° (*I. G. Farben-
ind.*, D.R.P. 562009 [1929]; Frdl. **19** 1975).

Tetraoxo-Verbindungen $C_{18}H_{10}O_6$

4H,4'H-[4,4']Biisochromenyl-1,3,1',3'-tetraon $C_{18}H_{10}O_6$, Formel II.
B. Beim Behandeln der Natrium-Verbindung des Homophthalsäure-anhydrids mit
Jod in Benzol (*Möller*, A. **491** [1931] 251, 261).
Krystalle (aus Eg.); F: 160—161°.

I   II   III

Tetraoxo-Verbindungen $C_{19}H_{12}O_6$

Bis-[2,4-dioxo-chroman-3-yl]-methan, Dicumarol $C_{19}H_{12}O_6$, Formel III (X = H), und Tautomere (z. B. Bis-[4-hydroxy-2-oxo-2H-chromen-3-yl]-methan) (H 197; dort als 3.3′-Methylen-bis-[2.4-dioxo-chromen] bezeichnet).

In den Krystallen sowie in Lösungen in Chloroform und in Dioxan liegt nach Ausweis des IR-Spektrums Bis-[4-hydroxy-2-oxo-2H-chromen-3-yl]-methan (Formel IV [auf S. 2263]) vor (*Hutchinson, Tomlinson*, Tetrahedron **25** [1969] 2531, 2532, 2533). Über das Gleichgewicht der Tautomeren in sauren und neutralen wss. Lösungen s. *Knobloch et al.*, Chem. Listy **46** [1952] 416, 418; C. A. **1952** 11584.

Isolierung aus faulendem Heu von Melilotus albus: *Campbell et al.*, J. biol. Chem. **136** [1940] 47, 51; *Campbell, Link*, J. biol. Chem. **138** [1941] 21, 26; *Stahmann et al.*, J. biol. Chem. **138** [1941] 513, 518.

B. Beim Erwärmen von 4-Hydroxy-cumarin (E III/IV **17** 6153) mit wss. Formaldehyd-Lösung (*Stahmann et al.*, J. biol. Chem. **138** [1941] 513, 522; s. a. *Gen. Aniline & Film Corp.*, U.S.P. 2403040 [1944]; vgl. H 197). Beim Behandeln von 4-Hydroxy-cumarin mit wss. Formaldehyd-Lösung unter Zusatz von 2-Amino-äthanol und Äthanol oder von Piperidin und Erwärmen des Reaktionsprodukts mit Essigsäure (*Klosa*, Ar. **285** [1952] 327, 330). Beim Erwärmen von 4-Hydroxy-cumarin mit 4-Hydroxy-3-piperidinomethyl-cumarin in Äthanol und Erwärmen des Reaktionsprodukts mit wss.-äthanol. Salzsäure (*Abramovitch, Gear*, Canad. J. Chem. **36** [1958] 1501, 1507). Beim Erwärmen einer Lösung von 4-Hydroxy-3-piperidinomethyl-cumarin in Äthanol mit Methyljodid und anschliessend mit 4-Hydroxy-cumarin (*Ab., Gear*). Beim Erwärmen des Natrium-Salzes oder des Glycin-Salzes der 2,4-Dioxo-chroman-3-sulfonsäure mit wss. Formaldehyd-Lösung (*Huebner, Link*, Am. Soc. **67** [1945] 99, 101). Beim Erwärmen von 4-Hydroxy-3-piperidinomethyl-cumarin mit wss. Salzsäure (*Robertson, Link*, Am. Soc. **75** [1953] 1883).

Krystalle; F: 290—292° (*Robertson, Link*, Am. Soc. **75** [1953] 1883), 289—292°[unkorr.; aus Cyclohexanon] (*Abramovitch, Gear*, Canad. J. Chem. **36** [1958] 1501, 1507), 288—289° [aus Cyclohexanon] (*Stahmann et al.*, J. biol. Chem. **138** [1941] 513, 519, 523), 288—289° [aus Acn.] (*Campbell, Link*, J. biol. Chem. **138** [1941] 21, 28). ^{1}H-NMR-Absorption (CDCl₃): *Hutchinson, Tomlinson*, Tetrahedron **25** [1969] 2531, 2536. IR-Spektrum (Paraffinöl [1800—1500 cm⁻¹ und 1450—700 cm⁻¹] sowie 1,2-Dichlor-äthan [1500 cm⁻¹ bis 1450 cm⁻¹]): *Knobloch, Procházka*, Chem. Listy **47** [1953] 1285, 1289; C. A. **1955** 1027; Collect **19** [1954] 744, 748. IR-Banden (KCl, Nujol, CHCl₃ sowie Dioxan) im Bereich von 1660 cm⁻¹ bis 1560 cm⁻¹: *Hut., To.* UV-Spektrum einer Lösung in Hexan (240 nm bis 330 nm): *Knobloch et al.*, Chem. Listy **46** [1952] 416, 417; einer Lösung in Cyclohexan (250—330 nm): *St. et al.*, l. c. S. 523; einer Lösung in Äthanol (250—400 nm): *Pernich, Gallagher*, J. Soc. cosmet. Chemists **2** [1950] 92, 96; von Lösungen in Chlorwasserstoff enthaltendem Äthanol (240—340 nm) und in Natriumhydroxid enthaltendem Äthanol (230—350 nm): *Chmielewska, Ciecierska*, Przem. chem. **31** [1952] 253, 255; C. A. **1953** 9773. Scheinbare Dissoziationsexponenten pK'_{a1} und pK'_{a2} (Wasser; potentiometrisch ermittelt): 5,5 und 8,3 (*Ca., Link*, l. c. S. 24). In 100 ml Benzol löst sich bei 76° 1 g; in 100 ml Cyclohexan lösen sich bei 25° 0,8 g (*Ca., Link*, l. c. S. 29).

Beim Erhitzen mit Kaliumhydrogensulfat auf 270° sowie beim Erhitzen mit Jod, rotem Phosphor, und wss. Essigsäure auf 160° ist 7H-Pyrano[3,2-c;5,6-c′]dichromen-6,8-dion erhalten worden (*Huebner et al.*, Am. Soc. **65** [1943] 2292, 2294). Bildung einer als 4-Dimethoxyphosphoryloxy-3-[(4-hydroxy-2-oxo-2H-chromen-3-yl)-methyl]-cumarin formulierten Verbindung (F: 186—187°) beim Erwärmen mit Phosphor(V)-chlorid in Benzol und Behandeln des Reaktionsprodukts mit warmem Methanol: *Hu. et al.*, l. c. S. 2295. Hydrierung an Raney-Nickel in äthanol. Natronlauge bei 100°/100 at unter Bildung von Bis-[4-hydroxy-2-oxo-chroman-3-yl]-methan (F: 145°): *Eriksen et al.*, Acta pharmacol. toxicol. **1** [1945] 379, 381. Beim Erhitzen mit wss. Natronlauge ist 1,5-Bis-[2-hydroxy-phenyl]-pentan-1,5-dion, beim Erwärmen mit methanol. Kalilauge ist daneben Salicylsäure erhalten worden (*Stahmann et al.*, J. biol. Chem. **138** [1941] 513, 520, 521). Bildung von Chroman-2,3,4-trion-3-[4-nitro-phenylhydrazon] beim Behandeln mit wss. Natronlauge und wss. 4-Nitro-benzoldiazonium-Salz-Lösung: *Ziegler, Junek*, M. **86** [1955] 29, 34. Bildung von 5-[2-Hydroxy-phenyl]-2-phenyl-4-phenylazo-1,2-dihydro-pyrazol-3-on (F: 189—189,5°) beim Erhitzen mit Phenylhydrazin auf 135° und Behandeln des Reaktionsprodukts mit wss. Salzsäure: *St. et al.*, l. c. S. 522; *Huebner, Link*, Am. Soc. **67** [1945] 102, 104.

Natrium-Verbindung $NaC_{19}H_{11}O_6$. Krystalle [aus A.] (*Huebner et al.*, Am. Soc. **65** [1943] 2292, 2295).

Verbindung mit Hydrazin $C_{19}H_{12}O_6 \cdot N_2H_4$. Krystalle; F: 199—201° [unkorr.] (*Eckstein et al.*, Diss. pharm. **8** [1956] 137, 138; C. A. **1957** 11654).

Verbindung mit Dimethylamin $C_{19}H_{12}O_6 \cdot C_2H_7N$. Krystalle (aus A.); F: 217° bis 219° [unkorr.] (*Eckstein, Kocwa*, Diss. pharm. **8** [1956] 1, 5, 6; C. A. **1957** 10007).

Verbindung mit Trimethylamin $C_{19}H_{12}O_6 \cdot C_3H_9N$. Krystalle; F: 250° [unkorr.; geschlossene Kapillare] (*Eck. et al.*, l. c. S. 138).

Verbindung mit Äthylamin $C_{19}H_{12}O_6 \cdot C_2H_7N$. Krystalle (aus A.); F: 223—225° [unkorr.] (*Eck., Ko.*, l. c. S. 4, 5).

Verbindung mit Diäthylamin $C_{19}H_{12}O_6 \cdot C_4H_{11}N$. Krystalle; F: 223—227° [unkorr.] (*Fučík et al.*, Chem. Listy **43** [1949] 49, 50; *Fučík et al.*, Bl. **1949** 99, 103), 171° bis 172,5° [unkorr.; aus A.] (*Eck., Ko.*, l. c. S. 5, 6), 171—172° (*Robertson, Link*, Am. Soc. **75** [1953] 1883).

Verbindung mit Triäthylamin $C_{19}H_{12}O_6 \cdot C_6H_{15}N$. Krystalle (aus A.); F: 199° bis 201° [unkorr.] (*Eck., Ko.*, l. c. S. 5, 6).

Verbindung mit Isobutylamin $C_{19}H_{12}O_6 \cdot C_4H_{11}N$. Krystalle; F: 198° [unkorr.] (*Eck. et al.*, l. c. S. 138).

Verbindung mit Pentylamin $C_{19}H_{12}O_6 \cdot C_5H_{13}N$. Krystalle; F: 196—198° [unkorr.] (*Eck. et al.*, l. c. S. 138).

Verbindung mit Hexylamin $C_{19}H_{12}O_6 \cdot C_6H_{15}N$. Krystalle (aus A.); F: 192—193° [unkorr.] (*Eck., Ko.*, l. c. S. 4, 5).

Verbindung mit Allylamin $C_{19}H_{12}O_6 \cdot C_3H_7N$. Krystalle; F: 260° [unkorr.] (*Eck. et al.*, l. c. S. 138).

Verbindung mit Cyclohexylamin $C_{19}H_{12}O_6 \cdot C_6H_{13}N$. Krystalle; F: 107° [unkorr.] (*Eck. et al.*, l. c. S. 138).

Verbindung mit Dicyclohexylamin $C_{19}H_{12}O_6 \cdot C_{12}H_{23}N$. Krystalle; F: 226° [unkorr.] (*Eck. et al.*, l. c. S. 138).

Verbindung mit Benzylamin $C_{19}H_{12}O_6 \cdot C_7H_9N$. Krystalle; F: 140—142° [unkorr.] (*Eck. et al.*, l. c. S. 138).

Verbindung mit Benzyl-dimethyl-amin $C_{19}H_{12}O_6 \cdot C_9H_{13}N$. Krystalle; F: 186° bis 187° [unkorr.] (*Eck. et al.*, l. c. S. 138).

Verbindung mit (±)-1-Phenyl-äthylamin $C_{19}H_{12}O_6 \cdot C_8H_{11}N$. Krystalle; F: 140° bis 141° [unkorr.] (*Eck. et al.*, l. c. S. 138).

Verbindung mit Phenäthylamin $C_{19}H_{12}O_6 \cdot C_8H_{11}N$. Krystalle; F: 213—214° [unkorr.] (*Eck. et al.*, l. c. S. 138).

Verbindung mit Äthylendiamin $C_{19}H_{12}O_6 \cdot C_2H_8N_2$. Krystalle (aus A.); F: 219° bis 220° [unkorr.] (*Eck., Ko.*, l. c. S. 5, 6), 193—195° (*Lopes, Leal*, Rev. portug. Farm. **3** [1953] 120, 122).

Verbindung mit 2-Amino-äthanol $C_{19}H_{12}O_6 \cdot C_2H_7NO$. Krystalle (aus A.); F: 154—156° (*Klosa*, Arzneimittel-Forsch. **2** [1952] 141).

Verbindung mit 2-Dimethylamino-äthanol $C_{19}H_{12}O_6 \cdot C_4H_{11}NO$. Krystalle (aus A.); F: 137—138° [unkorr.] (*Eck., Ko.*, l. c. S. 5, 7).

Verbindung mit 2-Diäthylamino-äthanol $C_{19}H_{12}O_6 \cdot C_6H_{15}NO$. Krystalle (aus A.); F: 175—177° [unkorr.] (*Eck., Ko.*, l. c. S. 5, 7).

Verbindung mit Bis-[2-hydroxy-äthyl]-amin $C_{19}H_{12}O_6 \cdot C_4H_{11}NO_2$. Krystalle;

F: 174—176° [unkorr.; aus A.] (*Eck., Ko.*, l. c. S. 5, 6), 173—175° [aus Acn.] (*Kl.*).

Verbindung mit Tris-[2-hydroxy-äthyl]-amin $C_{19}H_{12}O_6 \cdot C_6H_{15}NO_3$. Krystalle; F: 191—192° (*Fu. et al.*), 174—175° [unkorr.; aus Bzl. + A.] (*Eck., Ko.*, l. c. S. 5, 8), 158—159° [aus Bzl.] (*Kl.*), 157—159° (*Lo., Leal*).

Verbindung mit [2-Benzhydryloxy-äthyl]-dimethyl-amin $C_{19}H_{12}O_6 \cdot C_{17}H_{21}NO$. Krystalle; F: 141—142° [unkorr.] (*Eck. et al.*, l. c. S. 139).

Verbindung mit 2-Benzoyloxy-1-dimethylamino-2-dimethylamino=methyl-butan $C_{19}H_{12}O_6 \cdot C_{16}H_{26}N_2O_2$. Krystalle; F: 117—118° [unkorr.] (*Eck. et al.*, l. c. S. 139).

Verbindung mit N,N'-Bis-[4-äthoxy-phenyl]-acetamidin $C_{19}H_{12}O_6 \cdot C_{18}H_{22}N_2O_2$. Krystalle; F: 190—191° [unkorr.] (*Eck. et al.*, l. c. S. 139).

Verbindung mit (1R,2S)-2-Methylamino-1-phenyl-propan-1-ol $C_{19}H_{12}O_6 \cdot C_{10}H_{15}NO$. Krystalle; F: 120—122° [unkorr.] (*Eck. et al.*, l. c. S. 139).

Verbindung mit (1RS,2SR)-2-Methylamino-1-phenyl-propan-1-ol $C_{19}H_{12}O_6 \cdot C_{10}H_{15}NO$. Krystalle; F: 98—99° (*Eck. et al.*, l. c. S. 139).

Verbindung mit 4-Amino-benzoesäure-[2-diäthylamino-äthylester] $C_{19}H_{12}O_6 \cdot C_{13}H_{20}N_2O_2$. Krystalle; F: 173—174° [unkorr.] (*Eck. et al.*, l. c. S. 139).

Verbindung mit 4-Butylamino-benzoesäure-[2-dimethylamino-äthyl=ester] $C_{19}H_{12}O_6 \cdot C_{15}H_{24}N_2O_2$. Krystalle; F: 98° (*Eck. et al.*, l. c. S. 139).

Verbindung mit Furfuryl-dimethyl-amin $C_{19}H_{12}O_6 \cdot C_7H_{11}NO$. Krystalle; F: 167° [unkorr.] (*Eck. et al.*, l. c. S. 138).

[6-Chlor-2,4-dioxo-chroman-3-yl]-[2,4-dioxo-chroman-3-yl]-methan, 6-Chlor-3-[2,4-di=oxo-chroman-3-ylmethyl]-chroman-2,4-dion $C_{19}H_{11}ClO_6$, Formel III (X = Cl) [auf S. 2261], und Tautomere (z. B. [6-Chlor-4-hydroxy-2-oxo-2H-chromen-3-yl]-[4-hydroxy-2-oxo-2H-chromen-3-yl]-methan).

B. Beim Erwärmen von 6-Chlor-chroman-2,4-dion mit 3-Piperidinomethyl-chroman-2,4-dion, Methyljodid und Äthanol (*Abramovitch, Gear*, Canad. J. Chem. **36** [1958] 1501, 1508).

Krystalle (aus Cyclohexanon); F: 266—268° [unkorr.].

IV   V

*Opt.-inakt. Bis-[3-chlor-2,4-dioxo-chroman-3-yl]-methan $C_{19}H_{10}Cl_2O_6$, Formel V.

B. Beim Behandeln von Bis-[2,4-dioxo-chroman-3-yl]-methan (S. 2261) mit Sulfuryl=chlorid (*Fučik et al.*, Collect. **18** [1953] 694, 703).

Krystalle (aus CCl_4); F: 149° (*Fu. et al.*, l. c. S. 704). UV-Spektrum (Cyclohexan; 240—340 nm): *Fu. et al.*, l. c. S. 707.

Bis-[6-chlor-2,4-dioxo-chroman-3-yl]-methan $C_{19}H_{10}Cl_2O_6$, Formel VI (X = Cl), und Tautomere (z. B. Bis-[6-chlor-4-hydroxy-2-oxo-2H-chromen-3-yl]-methan).

B. Beim Erhitzen von 6-Chlor-4-hydroxy-cumarin (E III/IV **17** 6156) mit wss. Form=aldehyd-Lösung (*Klosa*, Ar. **289** [1956] 143, 145).

Oberhalb von 310° erfolgt Zersetzung.

VI   VII

Bis-[6-brom-2,4-dioxo-chroman-3-yl]-methan $C_{19}H_{10}Br_2O_6$, Formel VI (X = Br), und Tautomere (z. B. Bis-[6-brom-4-hydroxy-2-oxo-2H-chromen-3-yl]-methan).
 B. Beim Erwärmen von 6-Brom-4-hydroxy-cumarin (E III/IV **17** 6157) mit Äthanol und wss. Formaldehyd-Lösung (*Huebner, Link*, Am. Soc. **66** [1944] 656).
 Krystalle (aus Cyclohexanon); F: 326—327°.

Bis-[6-jod-2,4-dioxo-chroman-3-yl]-methan $C_{19}H_{10}I_2O_6$, Formel VI (X = I), und Tautomere (z. B. Bis-[4-hydroxy-6-jod-2-oxo-2H-chromen-3-yl]-methan).
 B. Beim Behandeln von 4-Hydroxy-6-jod-cumarin (E III/IV **17** 6157) mit wss. Formal=dehyd-Lösung (*Covello, Piscopo*, G. **88** [1958] 101, 112).
 Krystalle (aus Bzl.); F: 307—308° [Zers.; Block].

Bis-[7-nitro-2,4-dioxo-chroman-3-yl]-methan $C_{19}H_{10}N_2O_{10}$, Formel VII, und Tautomere (z. B. Bis-[4 hydroxy-7-nitro-2-oxo-2H-chromen-3-yl]-methan).
 B. Beim Erhitzen von 4-Hydroxy-7-nitro-cumarin (E III/IV **17** 6158) mit wss. Form=aldehyd-Lösung (*Julia, Tchernoff*, Bl. **1952** 779, 781).
 Hellgelbe Krystalle (aus Eg.); F: 303°.

Bis-[2,4-dioxo-thiochroman-3-yl]-methan $C_{19}H_{12}O_4S_2$, Formel VIII, und Tautomere (z. B. Bis-[4-hydroxy-2-oxo-2H-thiochromen-3-yl]-methan).
 B. Beim Erwärmen von Thiochroman-2,4-dion (E III/IV **17** 6158) mit wss. Form=aldehyd-Lösung (*Mentzer et al.*, Bl. [5] **12** [1945] 430, 435; *Ziegler, Junek*, M. **86** [1955] 29, 38).
 Krystalle (aus Dioxan); F: 322° (*Me. et al.*), 305° (*Zi., Ju.*).

     VIII   IX

Bis-[2,4-dioxo-selenochroman-3-yl]-methan $C_{19}H_{12}O_4Se_2$, Formel IX, und Tautomere (z. B. Bis-[4-hydroxy-2-oxo-2H-selenochromen-3-yl]-methan).
 B. Beim Erwärmen von Selenochroman-2,4-dion (E III/IV **17** 6158) mit wss. Form=aldehyd-Lösung (*Ziegler, Nölken*, M. **89** [1958] 737, 739).
 Krystalle (aus Dioxan); F: 253—254°.

2,2-Bis-[1,3-dioxo-phthalan-5-yl]-propan, 4,4'-Isopropyliden-di-phthalsäure-dianhydrid $C_{19}H_{12}O_6$, Formel X.
 B. Beim Erhitzen von 2,2-Bis-[3,4-dimethyl-phenyl]-propan mit wss. Salpetersäure auf 250° und Erhitzen des Reaktionsprodukts mit Xylol unter Entfernen des entstehen=den Wassers (*Du Pont de Nemours & Co.*, U.S.P. 2712543 [1954]). Beim Erhitzen von 2,2-Bis-[3,4-dimethyl-phenyl]-propan mit wss. Salpetersäure auf 250°, anschliessenden Erhitzen mit wss. Natronlauge und Kaliumpermanganat und Erhitzen des nach dem Ansäuern mit wss. Salzsäure isolierten Reaktionsprodukts mit Xylol unter Entfernen des entstehenden Wassers (*Du Pont*). Beim Erhitzen von 2,2-Bis-[3,4-dimethyl-phenyl]-propan mit wss. Pyridin und Kaliumpermanganat und Erhitzen des nach dem Ansäuern isolierten Reaktionsprodukts mit Xylol unter Entfernen des entstehenden Wassers (*Du Pont*).
 Krystalle (aus Acn. + CCl_4); F: 187—188°.

     X   XI

*Opt.-inakt. 3a,4,6,10c,11,12-Hexahydro-4,10b-furo[3,4]ätheno-fluoreno[3,4-c]furan-1,3,13,15-tetraon, 2,3,4,9-Tetrahydro-2,4a-äthano-fluoren-3,4,10,11-tetracarbonsäure-3,4;10,11-dianhydrid $C_{19}H_{12}O_6$, Formel XI.

B. Aus 5H-Indeno[1,2-b]pyran-2-on und Maleinsäure-anhydrid (*Schuscherina et al.*, Vestnik Moskovsk. Univ. **12** [1957] Nr. 6, S. 173, 186, 188; C. A. **1959** 2174).

F: 328—329° [Zers.].

Tetraoxo-Verbindungen $C_{20}H_{14}O_6$

1,2-Bis-[2,4-dioxo-chroman-3-yl]-äthan $C_{20}H_{14}O_6$, Formel I, und Tautomere (z. B. 1,2-Bis-[4-hydroxy-2-oxo-2H-chromen-3-yl]-äthan).

B. In kleiner Menge beim Erhitzen von Adipinsäure-bis-[2-methoxycarbonyl-phenyl=ester] mit Natrium auf 170° (*Mentzer et al.*, Bl. [5] **12** [1945] 430, 436).

Krystalle (aus A.), die unterhalb von 300° nicht schmelzen.

1,1-Bis-[2,4-dioxo-chroman-3-yl]-äthan $C_{20}H_{14}O_6$, Formel II (X = H), und Tautomere (z. B. 1,1-Bis-[4-hydroxy-2-oxo-2H-chromen-3-yl]-äthan) (H 197; dort als 3.3'-Äthyliden-bis-[2,4-dioxo-chroman] bezeichnet).

B. Beim Erwärmen von 4-Hydroxy-cumarin (E III/IV **17** 6153) mit Acetaldehyd und Äthanol (*Sullivan et al.*, Am. Soc. **65** [1943] 2288, 2289, 2290; vgl. H 197).

Krystalle; F: 176—178° [unkorr.; aus A. + Dioxan] (*Su. et al.*). UV-Spektrum (Cyclo=hexan; 240—340 nm): *Fučík et al.*, Collect. **18** [1953] 694, 707.

I   II

*Opt.-inakt. 1,1-Bis-[3-chlor-2,4-dioxo-chroman-3-yl]-äthan $C_{20}H_{12}Cl_2O_6$, Formel II (X = Cl).

B. Beim Behandeln von 1,1-Bis-[2,4-dioxo-chroman-3-yl]-äthan (s. o.) mit Sulfuryl=chlorid (*Fučík et al.*, Collect. **18** [1953] 694, 704).

Krystalle (aus CCl₄ oder Eg.); F: 193°. UV-Spektrum (Cyclohexan; 240—340 nm): *Fu. et al.*, l. c. S. 707.

1,1-Bis-[6-chlor-2,4-dioxo-chroman-3-yl]-äthan $C_{20}H_{12}Cl_2O_6$, Formel III (R = Cl, X = H), und Tautomere (z. B. 1,1-Bis-[6-chlor-4-hydroxy-2-oxo-2H-chromen-3-yl]-äthan).

B. Beim Erwärmen von 6-Chlor-4-hydroxy-cumarin (E III/IV **17** 6156) mit Acet=aldehyd und Äthanol (*Klosa*, Ar. **289** [1956] 143, 146).

Krystalle (aus Eg.); F: 225—227°.

III   IV

1,1-Dichlor-2,2-bis-[2,4-dioxo-chroman-3-yl]-äthan $C_{20}H_{12}Cl_2O_6$, Formel III (R = H, X = Cl), und Tautomere (z. B. 1,1-Dichlor-2,2-bis-[4-hydroxy-2-oxo-2H-chrom=en-3-yl]-äthan).

B. Beim Erhitzen von 4-Hydroxy-cumarin (E III/IV **17** 6153) mit Dichloracetaldehyddiäthylacetal und Essigsäure (*Fučík et al.*, Bl. **1949** 626).

Krystalle; F: 224°.

Beim Behandeln mit wss. Natronlauge ist 6b,13a-Dihydro-chromeno[4,3-*b*]chromeno= [3′,4′;4,5]furo[3,2-*d*]furan-6,7-dion (F: 317°) erhalten worden.

[2,4-Dioxo-chroman-3-yl]-[6-methyl-2,4-dioxo-chroman-3-yl]-methan, 3-[2,4-Dioxo-chroman-3-ylmethyl]-6-methyl-chroman-2,4-dion $C_{20}H_{14}O_6$, Formel IV, und Tautomere (z. B. [4-Hydroxy-6-methyl-2-oxo-2*H*-chromen-3-yl]-[4-hydroxy-2-oxo-2*H*-chromen-3-yl]-methan).

B. Beim Erwärmen von 4-Hydroxy-6-methyl-cumarin (E III/IV **17** 6176) mit 4-Hydr= oxy-3-piperidinomethyl-cumarin, Methyljodid und Äthanol (*Abramovitch, Gear*, Canad. J. Chem. **36** [1958] 1501, 1508).

Krystalle (aus Cyclohexanon); F: 250—251° [unkorr.].

[2,4-Dioxo-chroman-3-yl]-[7-methyl-2,4-dioxo-chroman-3-yl]-methan, 3-[2,4-Dioxo-chroman-3-ylmethyl]-7-methyl-chroman-2,4-dion $C_{20}H_{14}O_6$, Formel V, und Tautomere (z. B. [4-Hydroxy-7-methyl-2-oxo-2*H*-chromen-3-yl]-[4-hydroxy-2-oxo-2*H*-chromen-3-yl]-methan).

B. Beim Erwärmen von 4-Hydroxy-7-methyl-cumarin (E III/IV **17** 6177) mit 4-Hydr= oxy-3-piperidinomethyl-cumarin, Methyljodid und Äthanol (*Abramovitch, Gear*, Canad. J. Chem. **36** [1958] 1501, 1507). Beim Erwärmen von 4-Hydroxy-cumarin (E III/IV **17** 6153) mit 4-Hydroxy-7-methyl-3-piperidinomethyl-cumarin, Methyljodid und Äthanol (*Ab., Gear*, l. c. S. 1508).

Krystalle (aus Cyclohexanon); F: 261—262° [unkorr.].

V   VI

Bis-[1,3-dioxo-1,3,3a,4,7,7a-hexahydro-isobenzofuran-4-yl]-butadiin $C_{20}H_{14}O_6$, Formel VI.

Diese Konstitution kommt vermutlich der nachstehend beschriebenen opt.-inakt. Ver= bindung zu.

B. Aus Dodeca-1,3ξ,9ξ,11-tetraen-5,7-diin (E IV **1** 1150) und Maleinsäure-anhydrid in Benzol (*Bohlmann, Inhoffen*, B. **89** [1956] 21, 26).

Krystalle (aus Tetrahydrofuran + PAe.); F: 198°.

2,3,4,9,10,11-Hexahydro-benzo[1,2-*c*;4,5-*c*′]dichromen-1,6,8,13-tetraon $C_{20}H_{14}O_6$, Formel VII.

B. Beim Erhitzen von Cyclohexan-1,3-dion mit 2,5-Dibrom-terephthalsäure, wss. Natronlauge und Kupfer(II)-sulfat und Behandeln des Reaktionsgemisches mit wss. Salzsäure (*Stetter, Siehnhold*, B. **88** [1955] 1223, 1225).

Gelbliche Krystalle (aus Eg.); Zers. bei 380°.

Beim Erhitzen mit Bariumhydroxid in Wasser ist 2,5-Bis-[5-carboxy-2-oxo-pentyl]- terephthalsäure erhalten worden.

---

*Opt.-inakt. 3a,6,7,11c,12,13-Hexahydro-4*H*-4,11b-furo[3,4]ätheno-phenanthro[3,4-*c*]= furan-1,3,14,16-tetraon, 3,4,9,10-Tetrahydro-2*H*-2,4a-äthano-phenanthren-3,4,11,12-tetra= carbonsäure-3,4;11,12-dianhydrid $C_{20}H_{14}O_6$, Formel VIII.

B. Beim Erhitzen von 5,6-Dihydro-benzo[*h*]chromen-2-on mit Maleinsäure-anhydrid in Xylol (*Schuscherina et al.*, Ž. obšč. Chim. **27** [1957] 2255, 2257; engl. Ausg. S. 2314, 2316).

Krystalle (aus Acn. + PAe.); F: 316—318° [geschlossene Kapillare].

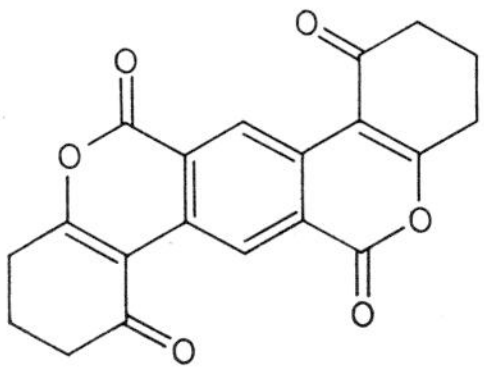

VII 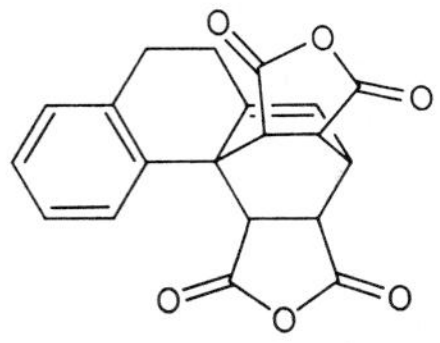   VIII

Tetraoxo-Verbindungen $C_{21}H_{16}O_6$

1,1-Bis-[2,4-dioxo-chroman-3-yl]-propan $C_{21}H_{16}O_6$, Formel IX (X = H), und Tautomere (z. B. 1,1-Bis-[4-hydroxy-2-oxo-2H-chromen-3-yl]-propan).

B. Aus 4-Hydroxy-cumarin (E III/IV **17** 6153) beim Erwärmen mit Propionaldehyd und Äthanol (*Sullivan et al.*, Am. Soc. **65** [1943] 2288, 2289, 2290), beim Erhitzen mit Propionaldehyd und Essigsäure auf 120° (*Grüssner*, Festschrift E. Barell [Basel **1946**] S. 238, 247) sowie beim Erhitzen mit Propionaldehyd und Wasser auf 140° (*Klosa*, Ar. **285** [1952] 327, 330).

Krystalle; F: 146° [korr.; Kofler-App.; aus A.] (*Gr.*), 145—146° [aus Eg.] (*Kl.*), 144° bis 145° [unkorr.] (*Su. et al.*).

1,1-Bis-[6-chlor-2,4-dioxo-chroman-3-yl]-propan $C_{21}H_{14}Cl_2O_6$, Formel IX (X = Cl), und Tautomere (z. B. 1,1-Bis-[6-chlor-4-hydroxy-2-oxo-2H-chromen-3-yl]-propan).

B. Beim Erwärmen von 6-Chlor-4-hydroxy-cumarin (E III/IV **17** 6156) mit Propion= aldehyd und Äthanol (*Klosa*, Ar. **289** [1956] 143, 146).

Krystalle; F: 233—235° [Zers.].

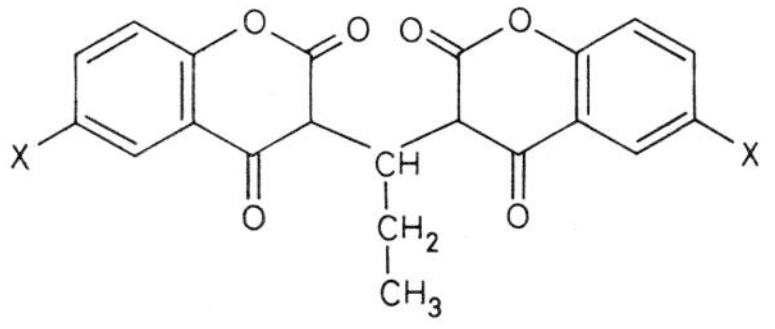

IX 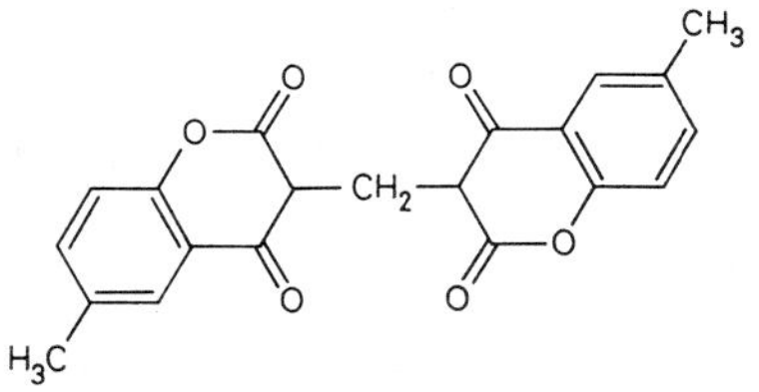   X

Bis-[6-methyl-2,4-dioxo-chroman-3-yl]-methan $C_{21}H_{16}O_6$, Formel X, und Tautomere (z. B. Bis-[4-hydroxy-6-methyl-2-oxo-2H-chromen-3-yl]-methan).

B. Beim Erhitzen von 4-Hydroxy-6-methyl-cumarin (E III/IV **17** 6176) mit wss. Formaldehyd-Lösung (*Klosa*, Ar. **289** [1956] 156, 157, 158).

Krystalle (aus A. oder Eg.); F: 280°.

Bis-[7-methyl-2,4-dioxo-chroman-3-yl]-methan $C_{21}H_{16}O_6$, Formel XI (X = H), und Tau= tomere (z. B. Bis-[4-hydroxy-7-methyl-2-oxo-2H-chromen-3-yl]-methan) (H 197; dort als 3.3′-Methylen-bis-[2.4-dioxo-7-methyl-chroman bezeichnet).

B. Beim Erwärmen von 4-Hydroxy-7-methyl-cumarin (E III/IV **17** 6177) mit wss.-äthanol. Formaldehyd-Lösung (*Abramovitch*, *Gear*, Canad. J. Chem. **36** [1958] 1501, 1508; vgl. H 197).

Krystalle (aus Eg.); F: 292—294° [unkorr.].

Bis-[6-chlor-7-methyl-2,4-dioxo-chroman-3-yl]-methan $C_{21}H_{14}Cl_2O_6$, Formel XI (X = Cl), und Tautomere (z. B. Bis-[6-chlor-4-hydroxy-7-methyl-2-oxo-2H-chromen-3-yl]-methan).

B. Beim Erhitzen von 6-Chlor-4-hydroxy-7-methyl-cumarin (E III/IV **17** 6177) mit wss. Formaldehyd-Lösung (*Klosa*, Ar. **289** [1956] 240, 241, 242).

Krystalle (aus Eg.); F: 330—332° [nach Sintern von 292° an; braunrote Schmelze].

XI   XII

Tetraoxo-Verbindungen $C_{22}H_{18}O_6$

1,2-Bis-[2,6-dimethyl-4-oxo-4H-pyran-3-carbonyl]-benzol $C_{22}H_{18}O_6$, Formel XII.

B. Beim Erhitzen von 2,6-Dimethyl-pyran-4-on mit Phthalsäure und Zinkchlorid in Xylol (*Woods*, Am. Soc. **80** [1958] 1440).

Krystalle (aus A. oder Dioxan); F: 193—195° [nach Erweichen von 178° an].

Beim Behandeln einer Lösung in Methanol mit Kaliumboranat ist eine Verbindung $C_{22}H_{22}O_6$ (F: 135°; vermutlich 1,2-Bis-[(2,6-dimethyl-4-oxo-4H-pyran-3-yl)-hydroxy-methyl]-benzol) erhalten worden.

1,1-Bis-[2,4-dioxo-chroman-3-yl]-butan $C_{22}H_{18}O_6$, Formel XIII (X = H), und Tautomere (z. B. 1,1-Bis-[4-hydroxy-2-oxo-2H-chromen-3-yl]-butan).

B. Aus 4-Hydroxy-cumarin (E III/IV **17** 6153) beim Erwärmen mit Butyraldehyd und Äthanol (*Sullivan et al.*, Am. Soc. **65** [1943] 2288, 2289, 2290), beim Erhitzen mit Butyr=aldehyd und Wasser auf 150° (*Klosa*, Ar. **285** [1952] 327, 330) sowie beim Erhitzen mit Butyraldehyd und Essigsäure auf 120° (*Grüssner*, Festschrift E. Barell [Basel 1946] S. 238, 247).

Krystalle; F: 126° [korr.; Kofler-App.; aus A.] (*Gr.*), 123—124° [unkorr.] (*Su. et al.*), 121—123° [aus Eg.] (*Kl.*).

1,1-Bis-[6-chlor-2,4-dioxo-chroman-3-yl]-butan $C_{22}H_{16}Cl_2O_6$, Formel XIII (X = Cl), und Tautomere (z. B. 1,1-Bis-[6-chlor-4-hydroxy-2-oxo-2H-chromen-3-yl]-butan).

B. Beim Erwärmen von 6-Chlor-4-hydroxy-cumarin (E III/IV **17** 6156) mit Butyr=aldehyd und Äthanol (*Klosa*, Ar. **289** [1956] 143, 146).

Gelbe Krystalle; F: 153—155°.

XIII   XIV

1,1-Bis-[2,4-dioxo-chroman-3-yl]-2-methyl-propan $C_{22}H_{18}O_6$, Formel XIV, und Tauto=mere (z. B. 1,1-Bis-[4-hydroxy-2-oxo-2H-chromen-3-yl]-2-methyl-propan).

B. Aus 4-Hydroxy-cumarin (E III/IV **17** 6153) beim Erwärmen mit Isobutyraldehyd und Äthanol (*Sullivan et al.*, Am. Soc. **65** [1943] 2288, 2289, 2290), beim Erhitzen mit Isobutyraldehyd und Wasser auf 150° (*Klosa*, Ar. **285** [1952] 327, 330) sowie beim Erhitzen mit Isobutyraldehyd und Essigsäure auf 120° (*Grüssner*, Festschrift E. Barell [Basel 1946] S. 238, 247).

Krystalle; F: 207—208° [korr.; Kofler-App.; aus Eg.] (*Gr.*), 199—200° [unkorr.; aus A. + Dioxan] (*Su. et al.*), 198—200° [aus Eg.] (*Kl.*).

1,1-Bis-[6-methyl-2,4-dioxo-chroman-3-yl]-äthan $C_{22}H_{18}O_6$, Formel XV, und Tautomere (z. B. 1,1-Bis-[4-hydroxy-6-methyl-2-oxo-2H-chromen-3-yl]-äthan).
B. Beim Erhitzen von 4-Hydroxy-6-methyl-cumarin (E III/IV **17** 6176) mit Acet=
aldehyd und Wasser (*Klosa*, Ar. **289** [1956] 156, 157, 158).
Krystalle (aus A. oder Eg.); F: 182°.

                 XV   XVI

1,1-Bis-[6-chlor-7-methyl-2,4-dioxo-chroman-3-yl]-äthan $C_{22}H_{16}Cl_2O_6$, Formel XVI,
und Tautomere (z. B. 1,1-Bis-[6-chlor-4-hydroxy-7-methyl-2-oxo-2H-chrom=
en-3-yl]-äthan).
B. Beim Erhitzen von 6-Chlor-4-hydroxy-7-methyl-cumarin (E III/IV **17** 6177) mit
Acetaldehyd und Wasser (*Klosa*, Ar. **289** [1956] 240, 241, 242).
Krystalle (aus Eg.); F: 236° [nach Sintern von 120° an; braune Schmelze].

Tetraoxo-Verbindungen $C_{23}H_{20}O_6$

*Opt.-inakt. Bis-[2,4-dioxo-6-phenyl-tetrahydro-pyran-3-yl]-methan $C_{23}H_{20}O_6$, Formel I,
und Tautomere (z. B. Bis-[4-hydroxy-2-oxo-6-phenyl-5,6-dihydro-2H-pyran-
3-yl]-methan).
B. Beim Behandeln von (±)-6-Phenyl-dihydro-pyran-2,4-dion mit wss.-methanol.
Formaldehyd-Lösung und wenig Piperidin (*Henbest, Jones*, Soc. **1950** 3628, 3632).
Krystalle (aus E. + Bzn.); F: 188—196° [korr.; Kofler-App.]. UV-Absorptionsmaxi=
mum (A.): 244 nm.

               I   II

1,1-Bis-[2,4-dioxo-chroman-3-yl]-pentan $C_{23}H_{20}O_6$, Formel II, und Tautomere (z. B.
1,1-Bis-[4-hydroxy-2-oxo-2H-chromen-3-yl]-pentan).
B. Aus 4-Hydroxy-cumarin (E III/IV **17** 6153) beim Erwärmen mit Valeraldehyd und
Äthanol (*Sullivan et al.*, Am. Soc. **65** [1943] 2288, 2289, 2290) sowie beim Erhitzen mit
Valeraldehyd und Wasser auf 160° (*Klosa*, Ar. **285** [1952] 327, 331).
Krystalle; F: 114—116° [aus Eg.] (*Kl.*), 113° [unkorr.] (*Su. et al.*).

1,1-Bis-[2,4-dioxo-chroman-3-yl]-3-methyl-butan $C_{23}H_{20}O_6$, Formel III, und Tautomere
(z. B. 1,1-Bis-[4-hydroxy-2-oxo-2H-chromen-3-yl]-3-methyl-butan).
B. Aus 4-Hydroxy-cumarin (E III/IV **17** 6153) beim Erwärmen mit Isovaleraldehyd
und Äthanol (*Sullivan et al.*, Am. Soc. **65** [1943] 2288, 2289, 2290) sowie beim Erhitzen
mit Isovaleraldehyd und Wasser auf 160° (*Klosa*, Ar. **285** [1952] 327, 331).
Krystalle; F: 142—143° [unkorr.] (*Su. et al.*), 142—143° [aus Eg.] (*Kl.*).

1,1-Bis-[6-methyl-2,4-dioxo-chroman-3-yl]-propan $C_{23}H_{20}O_6$, Formel IV, und Tautomere
(z. B. 1,1-Bis-[4-hydroxy-6-methyl-2-oxo-2H-chromen-3-yl]-propan).
B. Beim Erwärmen von 4-Hydroxy-6-methyl-cumarin (E III/IV **17** 6176) mit Propion=

aldehyd und Äthanol (*Klosa*, Ar. **289** [1956] 156, 157, 158).
Krystalle (aus A. oder Eg.); F: 253°.

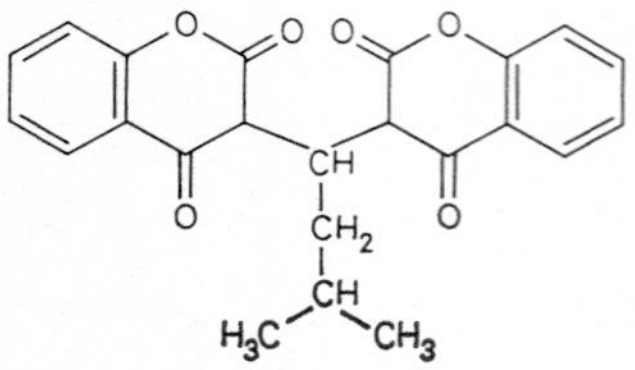

III

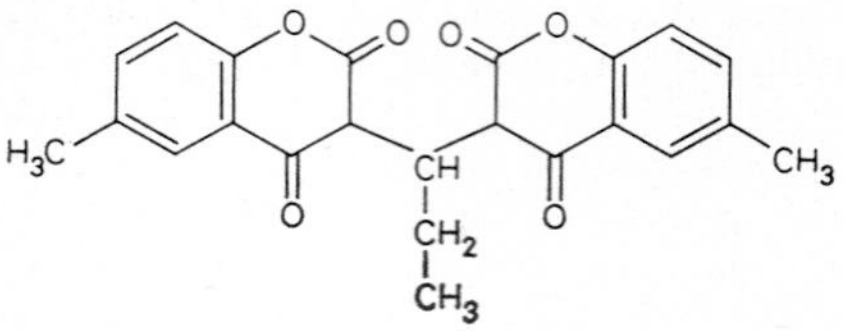

IV

1,1-Bis-[6-chlor-7-methyl-2,4-dioxo-chroman-3-yl]-propan $C_{23}H_{18}Cl_2O_6$, Formel V, und
Tautomere (z. B. 1,1-Bis-[6-chlor-4-hydroxy-7-methyl-2-oxo-2H-chromen-3-yl]-propan).
B. Beim Erwärmen von 6-Chlor-4-hydroxy-7-methyl-cumarin (E III/IV **17** 6177) mit
Propionaldehyd und Äthanol (*Klosa*, Ar. **289** [1956] 240, 241, 242).
Krystalle (aus Eg.); F: 236—238°.

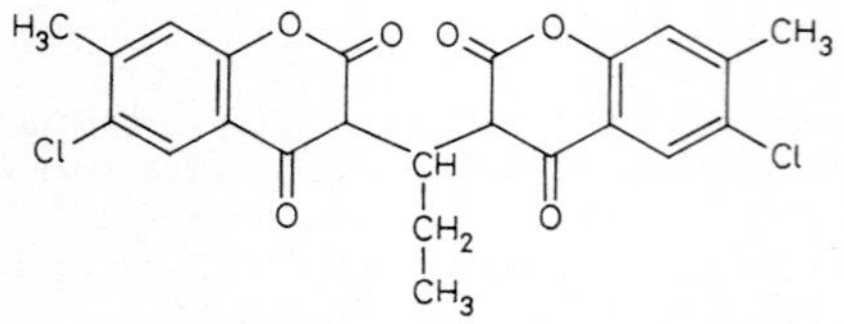

V

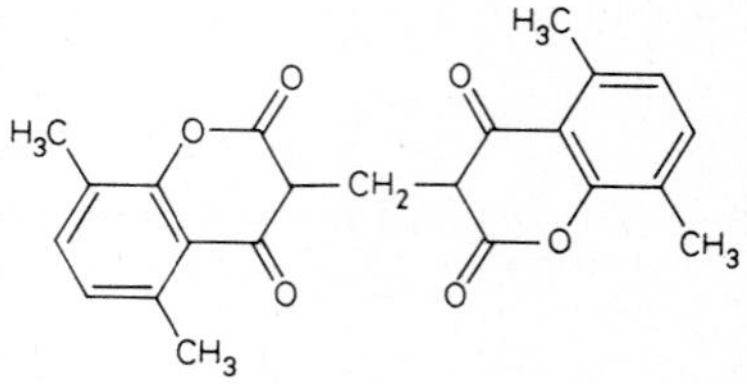

VI

Bis-[5,8-dimethyl-2,4-dioxo-chroman-3-yl]-methan $C_{23}H_{20}O_6$, Formel VI, und Tautomere
(z. B. Bis-[4-hydroxy-5,8-dimethyl-2-oxo-2H-chromen-3-yl]-methan).
B. Beim Behandeln von 4-Hydroxy-5,8-dimethyl-cumarin (E III/IV **17** 6193) mit wss.
Formaldehyd-Lösung und Alkalilauge (*Ziegler, Maier*, M. **89** [1958] 143, 151).
Krystalle (aus Eg.); F: 298—300° [Zers.].

Tetraoxo-Verbindungen $C_{24}H_{22}O_6$

1,1-Bis-[2,4-dioxo-chroman-3-yl]-hexan $C_{24}H_{22}O_6$, Formel VII, und Tautomere (z. B.
1,1-Bis-[4-hydroxy-2-oxo-2H-chromen-3-yl]-hexan).
B. Beim Erhitzen von 4-Hydroxy-cumarin (E III/IV **17** 6153) mit Hexanal, Dioxan
und Aluminiumchlorid (*Sullivan et al.*, Am. Soc. **65** [1943] 2288, 2289, 2290).
Krystalle (aus A.); F: 104—105° [unkorr.].

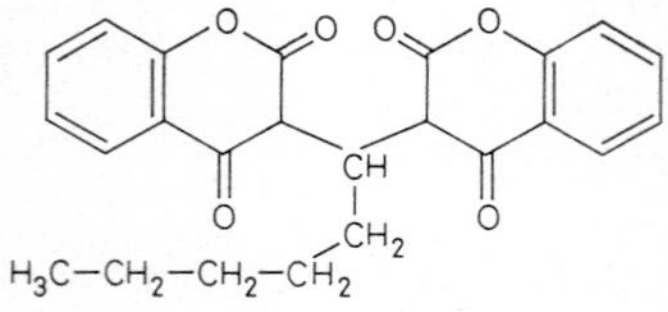

VII

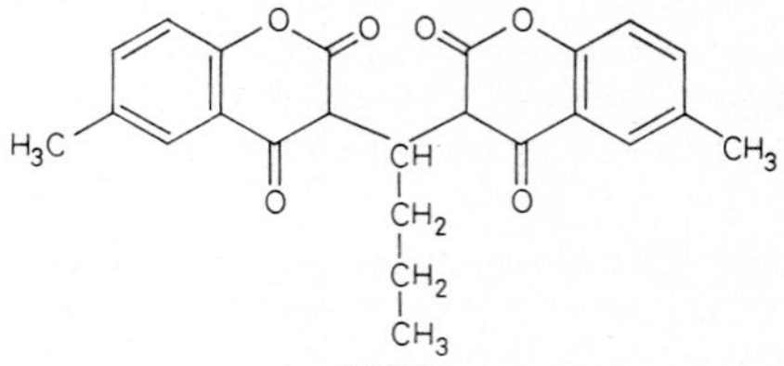

VIII

1,1-Bis-[6-methyl-2,4-dioxo-chroman-3-yl]-butan $C_{24}H_{22}O_6$, Formel VIII, und Tautomere
(z. B. 1,1-Bis-[4-hydroxy-6-methyl-2-oxo-2H-chromen-3-yl]-butan).
B. Beim Erwärmen von 4-Hydroxy-6-methyl-cumarin (E III/IV **17** 6176) mit Butyraldehyd und Äthanol (*Klosa*, Ar. **289** [1956] 156, 157, 158).
Krystalle (aus A. oder Eg.); F: 238°.

1,1-Bis-[6-chlor-7-methyl-2,4-dioxo-chroman-3-yl]-butan $C_{24}H_{20}Cl_2O_6$, Formel IX,
und Tautomere (z. B. 1,1-Bis-[6-chlor-4-hydroxy-7-methyl-2-oxo-2H-chrom≈
en-3-yl]-butan).

B. Beim Erwärmen von 6-Chlor-4-hydroxy-7-methyl-cumarin (E III/IV **17** 6177) mit
Butyraldehyd und Äthanol (*Klosa*, Ar. **289** [1956] 240, 241, 242).

Krystalle (aus Eg.); F: 219—221°.

       IX   X

Tetraoxo-Verbindungen $C_{25}H_{24}O_6$

1,1-Bis-[2,4-dioxo-chroman-3-yl]-heptan $C_{25}H_{24}O_6$, Formel X, und Tautomere (z. B.
1,1-Bis-[4-hydroxy-2-oxo-2H-chromen-3-yl]-heptan).

B. Beim Erhitzen von 4-Hydroxy-cumarin (E III/IV **17** 6153) mit Heptanal und Essig≈
säure auf 120° (*Grüssner*, Festschrift E. Barell [Basel 1946] S. 238, 247).

F: 78—80°.

Tetraoxo-Verbindungen $C_{27}H_{28}O_6$

1,1-Bis-[2,4-dioxo-chroman-3-yl]-nonan $C_{27}H_{28}O_6$, Formel XI, und Tautomere (z. B.
1,1-Bis-[4-hydroxy-2-oxo-2H-chromen-3-yl]-nonan).

B. Beim Erhitzen von 4-Hydroxy-cumarin (E III/IV **17** 6153) mit Nonanal und Essig≈
säure auf 120° (*Grüssner*, Festschrift E. Barell [Basel 1946] S. 238, 247).

F: 105—108° [korr.; Kofler-App.].

       XI   XII

Tetraoxo-Verbindungen $C_{28}H_{30}O_6$

1,1-Bis-[6-chlor-2,4-dioxo-chroman-3-yl]-decan $C_{28}H_{28}Cl_2O_6$, Formel XII, und Tautomere (z. B. 1,1-Bis-[6-chlor-4-hydroxy-2-oxo-2H-chromen-3-yl]-decan).

B. Beim Erwärmen von 6-Chlor-4-hydroxy-cumarin (E III/IV **17** 6156) mit Decanal
und Äthanol (*Klosa*, Ar. **289** [1956] 143, 146).

Gelbe Krystalle; F: 160—162°.   [*Roth*]

Tetraoxo-Verbindungen $C_nH_{2n-28}O_6$

Tetraoxo-Verbindungen $C_{19}H_{10}O_6$

**[2,4-Dioxo-chroman-3-yl]-[(Ξ)-2,4-dioxo-chroman-3-yliden]-methan, (Ξ)-3,3'-Methan≈
ylyliden-bis-chroman-2,4-dion** $C_{19}H_{10}O_6$, Formel I, und Tautomere (z. B. 3-[(Ξ)-4-Hydr≈
oxy-2-oxo-2H-chromen-3-ylmethylen]-chroman-2,4-dion).

B. Beim Erhitzen von 4-Hydroxy-cumarin (E III/IV **17** 6153) mit Orthoameisensäure-
triäthylester und Acetanhydrid (*Wisconsin Alumni Research Found.*, U.S.P. 2703320
[1953]).

Krystalle (aus E. oder Eg.); F: 215° [Zers.].

I   II   III

Tetraoxo-Verbindungen $C_{22}H_{16}O_6$

(±)-5-Phenyl-(3ar,6ac,9ac,10ac,10bc)-3a,4,6,6a,9a,10,10a,10b-octahydro-6t,10t-ätheno-naphtho[1,2-c;6,7-c']difuran-1,3,7,9-tetraon, (±)-8-Phenyl-(4ar)-1,2,3,4,4a,5,6,7-octahydro-1t,4t-ätheno-naphthalin-2t,3t,5t,6t-tetracarbonsäure-2,3;5,6-dianhydrid $C_{22}H_{16}O_6$, Formel II (X = H) + Spiegelbild.

Bezüglich der Konfigurationszuordnung s. *Alder, Schmitz-Josten*, A. **595** [1955] 1, 9.

B. Beim Erwärmen von 1,1-Diphenyl-äthylen mit Maleinsäure-anhydrid in Benzol oder Toluol (*Wagner-Jauregg*, B. **63** [1930] 3213, 3223; A. **491** [1931] 1, 6). Beim Erhitzen von 1,1-Diphenyl-äthanol mit Maleinsäure-anhydrid auf 160° (*Bergmann et al.*, Am. Soc. **69** [1947] 1773, 1775).

Krystalle (aus Eg.); F: 279—281° [korr.; Zers.] (*Wa.-Ja.*, B. **63** 3223), 279° [unkorr.] (*Be. et al.*). Bei 3 Torr sublimierbar (*Wa.-Ja.*, A. **491** 1).

Beim Erhitzen mit wss. Bromwasserstoffsäure und Essigsäure sind 4-Phenyl-1.2,3,4-tetrahydro-naphthalin-1,2-dicarbonsäure (F: 181,5°) und eine Verbindung $C_{22}H_{18}O_7$ vom F: 305—309° [korr.; Zers.] erhalten worden (*Wa.-Ja.*, A. **491** 9).

(±)-5-[4-Fluor-phenyl]-(3ar,6ac,9ac,10ac,10bc)-3a,4,6,6a,9a,10,10a,10b-octahydro-6t,10t-ätheno-naphtho[1,2-c;6,7-c']difuran-1,3,7,9-tetraon, (±)-8-[4-Fluor-phenyl]-(4ar)-1,2,3,4,4a,5,6,7-octahydro-1t,4t-ätheno-naphthalin-2t,3t,5t,6t-tetracarbonsäure-2,3;5,6-dianhydrid $C_{22}H_{15}FO_6$, Formel II (X = F) + Spiegelbild.

Bezüglich der Konfigurationszuordnung s. *Alder, Schmitz-Josten*, A. **595** [1955] 1, 17—21.

B. Beim Erhitzen von 1-[4-Fluor-phenyl]-1-phenyl-äthylen mit Maleinsäure-anhydrid auf 160° (*Bergmann, Szmuszkowicz*, Am. Soc. **70** [1948] 2748, 2750, 2751).

Krystalle (aus Acetanhydrid); F: 302—303° [unkorr.] (*Be., Sz.*).

(±)-11-Fluor-5-[4-fluor-phenyl]-(3ar,6ac,9ac,10ac,10bc)-3a,4,6,6a,9a,10,10a,10b-octa-hydro-6t,10t-ätheno-naphtho[1,2-c;6,7-c']difuran-1,3,7,9-tetraon, (±)-9-Fluor-8-[4-fluor-phenyl]-(4ar)-1,2,3,4,4a,5,6,7-octahydro-1t,4t-ätheno-naphthalin-2t,3t,5t,6t-tetracarbonsäure-2,3;5,6-dianhydrid $C_{22}H_{14}F_2O_6$, Formel III (X = F) + Spiegelbild.

Bezüglich der Konfigurationszuordnung s. *Alder, Schmitz-Josten*, A. **595** [1955] 1, 17—21.

B. Beim Erhitzen von 1,1-Bis-[4-fluor-phenyl]-äthylen mit Maleinsäure-anhydrid auf 150° (*Bergmann, Szmuszkowicz*, Am. Soc. **70** [1948] 2748, 2751).

Krystalle (aus Acetanhydrid + Butylacetat); F: 347—348° [unkorr.] (*Be., Sz.*).

(±)-5-[4-Chlor-phenyl]-(3ar,6ac,9ac,10ac,10bc)-3a,4,6,6a,9a,10,10a,10b-octahydro-6t,10t-ätheno-naphtho[1,2-c;6,7-c']difuran-1,3,7,9-tetraon, (±)-8-[4-Chlor-phenyl]-(4ar)-1,2,3,4,4a,5,6,7-octahydro-1t,4t-ätheno-naphthalin-2t,3t,5t,6t-tetracarbonsäure-2,3;5,6-dianhydrid $C_{22}H_{15}ClO_6$, Formel II (X = Cl) + Spiegelbild.

Bezüglich der Konfigurationszuordnung s. *Alder, Schmitz-Josten*, A. **595** [1955] 1, 17—21.

B. Beim Erhitzen von 1-[4-Chlor-phenyl]-1-phenyl-äthylen mit Maleinsäure-anhydrid auf 150° (*Bergmann, Szmuszkowicz*, Am. Soc. **70** [1948] 2748, 2751).

Krystalle (aus Eg. + Acetanhydrid); F: 275—277° [unkorr.] (*Be., Sz.*).

(±)-11-Chlor-5-[4-chlor-phenyl]-(3ar,6ac,9ac,10ac,10bc)-3a,4,6,6a,9a,10,10a,10b-octa≈
hydro-6*t*,10*t*-ätheno-naphtho[1,2-*c*;6,7-*c'*]difuran-1,3,7,9-tetraon, (±)-9-Chlor-
8-[4-chlor-phenyl]-(4a*r*)-1,2,3,4,4a,5,6,7-octahydro-1*t*,4*t*-ätheno-naphthalin-2*t*,3*t*,5*t*,6*t*-
tetracarbonsäure-2,3;5,6-dianhydrid C$_{22}$H$_{14}$Cl$_2$O$_6$, Formel III (X = Cl) + Spiegelbild.
Bezüglich der Konfigurationszuordnung s. *Alder, Schmitz-Josten*, A. **595** [1955] 1, 17—21.
B. Beim Erhitzen von 1,1-Bis-[4-chlor-phenyl]-äthylen mit Maleinsäure-anhydrid auf
180° (*Bergmann, Szmuszkowicz*, Am. Soc. **70** [1948] 2748, 2751).
Krystalle (aus Acetanhydrid); F: 303—305° [unkorr.] (*Be., Sz.*).

Tetraoxo-Verbindungen C$_{23}$H$_{18}$O$_6$

(±)-5-*o*-Tolyl-(3a*r*,6ac,9ac,10ac,10bc)-3a,4,6,6a,9a,10,10a,10b-octahydro-6*t*,10*t*-ätheno-
naphtho[1,2-*c*;6,7-*c'*]difuran-1,3,7,9-tetraon, (±)-8-*o*-Tolyl-(4a*r*)-1,2,3,4,4a,5,6,7-octa≈
hydro-1*t*,4*t*-ätheno-naphthalin-2*t*,3*t*,5*t*,6*t*-tetracarbonsäure-2,3;5,6-dianhydrid C$_{23}$H$_{18}$O$_6$,
Formel IV + Spiegelbild.
Bezüglich der Konfigurationszuordnung s. *Alder, Schmitz-Josten*, A. **595** [1955] 1, 17—21.
B. Beim Erhitzen von 1-Phenyl-1-*o*-tolyl-äthylen mit Maleinsäure-anhydrid auf 155°
(*Szmuszkowicz, Bergmann*, Am. Soc. **69** [1947] 1779).
Krystalle (aus Eg. + Acetanhydrid); F: 288—289° [unkorr.] (*Sz., Be.*).

(±)-5-*p*-Tolyl-(3a*r*,6ac,9ac,10ac,10bc)-3a,4,6,6a,9a,10,10a,10b-octahydro-6*t*,10*t*-ätheno-
naphtho[1,2-*c*;6,7-*c'*]difuran-1,3,7,9-tetraon, (±)-8-*p*-Tolyl-(4a*r*)-1,2,3,4,4a,5,6,7-octa≈
hydro-1*t*,4*t*-ätheno-naphthalin-2*t*,3*t*,5*t*,6*t*-tetracarbonsäure-2,3;5,6-dianhydrid C$_{23}$H$_{18}$O$_6$,
Formel V + Spiegelbild.
Bezüglich der Konfigurationszuordnung s. *Alder, Schmitz-Josten*, A. **595** [1955] 1, 17—21.
B. Beim Erhitzen von 1-Phenyl-1-*p*-tolyl-äthylen mit Maleinsäure-anhydrid auf 160°
(*Bergmann et al.*, Am. Soc. **69** [1947] 1773, 1775; *Bergmann, Szmuszkowicz*, Am. Soc. **70**
[1948] 2748, 2751).
Krystalle (aus Butylacetat); F: 238—239° [unkorr.] (*Be. et al.; Be., Sz.*).

IV   V   VI

Tetraoxo-Verbindungen C$_{24}$H$_{20}$O$_6$

(±)-11-Methyl-5-*p*-tolyl-(3a*r*,6ac,9ac,10ac,10bc)-3a,4,6,6a,9a,10,10a,10b-octahydro-
6*t*,10*t*-ätheno-naphtho[1,2-*c*;6,7-*c'*]difuran-1,3,7,9-tetraon, (±)-9-Methyl-8-*p*-tolyl-
(4a*r*)-1,2,3,4,4a,5,6,7-octahydro-1*t*,4*t*-ätheno-naphthalin-2*t*,3*t*,5*t*,6*t*-tetracarbonsäure-
2,3;5,6-dianhydrid C$_{24}$H$_{20}$O$_6$, Formel VI + Spiegelbild.
Bezüglich der Konfigurationszuordnung s. *Alder, Schmitz-Josten*, A. **595** [1955] 1, 17—21.
B. Beim Erhitzen von 1,1-Di-*p*-tolyl-äthylen mit Maleinsäure-anhydrid auf 150° (*Bergmann, Szmuszkowicz*, Am. Soc. **70** [1948] 2748, 2751).
Krystalle (aus Butylacetat + Toluol); F: 238—239° [unkorr.] (*Be., Sz.*).

Tetraoxo-Verbindungen C$_{26}$H$_{24}$O$_6$

(±)-2-[4-Acetonyl-2-oxo-5-phenyl-2,5-dihydro-[3]furyl]-2-[2,4-dioxo-5-phenyl-tetra≈
hydro-[3]furyl]-propan, (±)-3-[1-(4-Acetonyl-2-oxo-5-phenyl-2,5-dihydro-[3]furyl)-
1-methyl-äthyl]-5-phenyl-furan-2,4-dion C$_{26}$H$_{24}$O$_6$, Formel VII, und Tautomere (z. B.

(±)-2-[4-Acetonyl-2-oxo-5-phenyl-2,5-dihydro-[3]furyl]-2-[4-hydroxy-2-oxo-5-phenyl-2,5-dihydro-[3]furyl]-propan).

B. Beim Erwärmen von (±)-5-Phenyl-furan-2,4-dion mit Aceton und wenig Piperidin (*Haynes et al.*, Soc. **1956** 4661, 4663).

Krystalle (aus A.); F: 177°.

VII

VIII

Tetraoxo-Verbindungen C$_{28}$H$_{28}$O$_6$

(±)-11-Methyl-5-[2-methyl-2-*p*-tolyl-propyl]-(3a*r*,6a*c*,9a*c*,10a*c*,10b*c*)-3a,4,6,6a,9a,=
10,10a,10b-octahydro-6*t*,10*t*-ätheno-naphtho[1,2-*c*;6,7-*c'*]difuran-1,3,7,9-tetraon,
(±)-9-Methyl-8-[2-methyl-2-*p*-tolyl-propyl]-(4a*r*)-1,2,3,4,4a,5,6,7-octahydro-
1*t*,4*t*-ätheno-naphthalin-2*t*,3*t*,5*t*,6*t*-tetracarbonsäure-2,3;5,6-dianhydrid C$_{28}$H$_{28}$O$_6$,
Formel VIII + Spiegelbild.

Diese Konstitution kommt wahrscheinlich der nachstehend beschriebenen Verbindung zu (*Hukki*, Acta chem. scand. **5** [1951] 31, 40); bezüglich der Konfigurationszuordnung s. *Alder, Schmitz-Josten*, A. **595** [1955] 1, 17—21.

B. Beim Erwärmen von 1-Isopropenyl-4-methyl-benzol mit Maleinsäure-anhydrid in Benzol (*Hu.*, l. c. S. 50). Beim Erwärmen von 4-Methyl-2,4-di-*p*-tolyl-pent-1-en mit Maleinsäure-anhydrid (*Hu.*, l. c. S. 51). Beim Behandeln von 2-*p*-Tolyl-propan-2-ol mit Maleinsäure-anhydrid und wasserhaltiger Ameisensäure (*Hu.*, l. c. S. 51).

Krystalle (aus E. oder Acetanhydrid); F: 231—233° (*Hu.*).

Tetraoxo-Verbindungen C$_n$H$_{2n-30}$O$_6$

Tetraoxo-Verbindungen C$_{18}$H$_6$O$_6$

Benzo[1,2,3-*de*;6,5,4-*d'e'*]diisochromen-1,3,10,12-tetraon, Phenanthren-1,8,9,10-tetra=
carbonsäure-1,10;8,9-dianhydrid C$_{18}$H$_6$O$_6$, Formel I.

B. Beim Erhitzen von 5(?)-Nitro-4-oxo-4*H*-benz[*de*]anthracen-7,8-dicarbonsäure-an=
hydrid (E III/IV **17** 6813), von 1,11(oder 2,11)-Dichlor-perylen-3,10-chinon (E III **7** 4372) oder von 1,11(oder 2,11)-Bis-[4-chlor-phenoxy]-perylen-3,10-chinon (E III **8** 3911) mit einem Gemisch von wss. Salpetersäure und Essigsäure (*Zinke*, M. **57** [1931] 405, 415). Beim Erwärmen von 2,11-Dihydroxy-perylen-3,10-chinon mit konz. Schwefelsäure und Mangan(IV)-oxid (*Zinke et al.*, M. **64** [1934] 415, 423). Neben 4-Oxo-4*H*-benz[*de*]anthr=
acen-7,8-dicarbonsäure-anhydrid beim Erwärmen von Perylen-3,10-chinon mit Kalium=
permanganat in wasserhaltigem Pyridin und Erhitzen des nach dem Ansäuern isolierten Reaktionsprodukts in Nitrobenzol (*Brown, Todd*, Soc. **1954** 1280, 1284).

Gelbe Krystalle (aus Nitrobenzol), die unterhalb von 400° nicht schmelzen (*Zi.*). IR-Banden (Nujol) im Bereich von 1780 cm^{-1} bis 730 cm^{-1}: *Br., Todd.* Absorptions=
maxima: 303 nm, 314 nm und 406 nm [konz. Schwefelsäure] bzw. 265 nm, 305 nm und 315 nm [wss. Natronlauge] (*Br., Todd*).

I

II

Tetraoxo-Verbindungen $C_{21}H_{12}O_6$

1,3-Bis-[2-oxo-2H-chromen-3-yl]-propan-1,3-dion $C_{21}H_{12}O_6$, Formel II, und Tautomeres (3-Hydroxy-1,3-bis-[2-oxo-2H-chromen-3-yl]-propenon).

B. Beim Erhitzen einer Suspension der Kupfer(II)-Verbindung des 1-[2-Oxo-2H-chrom=en-3-yl]-butan-1,3-dions oder des 3-Oxo-3-[2-oxo-2H-chromen-3-yl]-propionsäure-äthyl=esters in Anisol mit 2-Oxo-2H-chromen-3-carbonylchlorid (*Trennnerówna*, Roczniki Chem. **16** [1936] 6, 8, 9; C. A. **1937** 2187). Beim Erhitzen von 3-Oxo-2-[2-oxo-2H-chromen-3-carbonyl]-3-[2-oxo-2H-chromen-3-yl]-propionsäure-äthylester mit Anisol oder Nitro=benzol (*Tr.*, l. c. S. 9).

Gelbe Krystalle (aus CHCl₃); F: 278°.

Tetraoxo-Verbindungen $C_{23}H_{16}O_6$

Bis-[2,4-dioxo-6-phenyl-3,4-dihydro-2H-pyran-3-yl]-methan $C_{23}H_{16}O_6$, Formel III, und Tautomere (z. B. Bis-[4-hydroxy-2-oxo-6-phenyl-2H-pyran-3-yl]-methan).

B. Beim Erwärmen einer Lösung von 6-Phenyl-pyran-2,4-dion in Äthanol und Essig=säure mit wss. Formaldehyd-Lösung (*Ziegler, Junek*, M. **89** [1958] 323, 327).

Krystalle (aus Chlorbenzol, Xylol oder wss. Dioxan); F: 262—263°.

III   IV

Tetraoxo-Verbindungen $C_{24}H_{18}O_6$

(±)-(6ar,6bc,9ac,9bc,10ac,13ac)-5,6,6a,6b,9a,9b,10,10a,13a,14-Decahydro-10t,14t-ätheno-benzo[5,6]phenanthro[2,3-c;9,10-c']difuran-7,9,11,13-tetraon, (±)-(4ar,6ac)-1,2,3,4,4a,=5,6,6a,7,8-Decahydro-1t,4t-ätheno-benzo[c]phenanthren-2t,3t,5t,6t-tetracarbonsäure-2,3;5,6-dianhydrid $C_{24}H_{18}O_6$, Formel IV (X = H) + Spiegelbild.

Bezüglich der Konfigurationszuordnung s. *Alder, Schmitz-Josten*, A. **595** [1955] 1, 17—21.

B. Beim Erhitzen von 4-Phenyl-1,2-dihydro-naphthalin mit Maleinsäure-anhydrid auf 160° (*Szmuszkovicz, Modest*, Am. Soc. **70** [1948] 2542; *Newman et al.*, Am. Soc. **75** [1953] 347).

Krystalle; F: 315—316° [korr.] (*Sz., Mo.*), 314° [unkorr.; aus Acn.] (*Ne. et al.*).

(±)-16-Chlor-(6ar,6bc,9ac,9bc,10ac,13ac)-5,6,6a,6b,9a,9b,10,10a,13a,14-decahydro-10t,14t-ätheno-benzo[5,6]phenanthro[2,3-c;9,10-c']difuran-7,9,11,13-tetraon, (±)-13-Chlor-(4ar,6ac)-1,2,3,4,4a,5,6,6a,7,8-decahydro-1t,4t-ätheno-benzo[c]phen=anthren-2t,3t,5t,6t-tetracarbonsäure-2,3;5,6-dianhydrid $C_{24}H_{17}ClO_6$, Formel IV (X = Cl) + Spiegelbild.

Bezüglich der Konfigurationszuordnung s. *Alder, Schmitz-Josten*, A. **595** [1955] 1, 17—21.

B. Beim Erhitzen von 4-[4-Chlor-phenyl]-1,2-dihydro-naphthalin mit Maleinsäure-an=hydrid auf 150° (*Szmuszkovicz, Modest*, Am. Soc. **72** [1950] 566, 569).

Krystalle; F: 346—347° [korr.] (*Sz., Mo.*).

Tetraoxo-Verbindungen $C_{25}H_{20}O_6$

(±)-2-Methyl-(6ar,6bc,9ac,9bc,10ac,13ac)-5,6,6a,6b,9a,9b,10,10a,13a,14-decahydro-10t,14t-ätheno-benzo[5,6]phenanthro[2,3-c;9,10-c']difuran-7,9,11,13-tetraon, (±)-11-Methyl-(4ar,6ac)-1,2,3,4,4a,5,6,6a,7,8-decahydro-1t,4t-ätheno-benzo[c]phen=anthren-2t,3t,5t,6t-tetracarbonsäure-2,3;5,6-dianhydrid $C_{25}H_{20}O_6$, Formel V + Spiegelbild.

Bezüglich der Konfigurationszuordnung s. *Alder, Schmitz-Josten*, A. **595** [1955] 1, 17—21.

B. Beim Erhitzen von 6-Methyl-4-phenyl-1,2-dihydro-naphthalin mit Maleinsäure-anhydrid auf 150° (*Newman et al.*, Am. Soc. **75** [1953] 347).
Krystalle (aus Eg. + Acetanhydrid); F: 307° [unkorr.] (*Ne. et al.*).

V   VI   VII

(±)-4-Methyl-(6a*r*,6b*c*,9a*c*,9b*c*,10a*c*,13a*c*)-5,6,6a,6b,9a,9b,10,10a,13a,14-decahydro-10*t*,14*t*-ätheno-benzo[5,6]phenanthro[2,3-*c*;9,10-*c'*]difuran-7,9,11,13-tetraon,
(±)-9-Methyl-(4a*r*,6a*c*)-1,2,3,4,4a,5,6,6a,7,8-decahydro-1*t*,4*t*-ätheno-benzo[*c*]phen=anthren-2*t*,3*t*,5*t*,6*t*-tetracarbonsäure-2,3;5,6-dianhydrid $C_{25}H_{20}O_6$, Formel VI + Spiegel-bild.

Bezüglich der Konfigurationszuordnung s. *Alder, Schmitz-Josten*, A. **595** [1955] 1, 17—21.
B. Beim Erhitzen von 8-Methyl-4-phenyl-1,2-dihydro-naphthalin mit Maleinsäure-anhydrid auf 150° (*Newman et al.*, Am. Soc. **75** [1953] 347).
Krystalle (aus Acn.); F: 316° [unkorr.] (*Ne. et al.*).

———

(±)-5*ξ*-Methyl-(6a*r*,6b*c*,9a*c*,9b*c*,10a*c*,13a*c*)-5,6,6a,6b,9a,9b,10,10a,13a,14-decahydro-10*t*,14*t*-ätheno-benzo[5,6]phenanthro[2,3-*c*;9,10-*c'*]difuran-7,9,11,13-tetraon,
(±)-8*ξ*-Methyl-(4a*r*,6a*c*)-1,2,3,4,4a,5,6,6a,7,8-decahydro-1*t*,4*t*-ätheno-benzo[*c*]phen=anthren-2*t*,3*t*,5*t*,6*t*-tetracarbonsäure-2,3;5,6-dianhydrid $C_{25}H_{20}O_6$, Formel VII + Spiegel-bild.

Bezüglich der Konfigurationszuordnung s. *Alder, Schmitz-Josten*, A. **595** [1955] 1, 17—21.
B. Beim Erhitzen von (±)-1-Methyl-4-phenyl-1,2-dihydro-naphthalin mit Maleinsäure-anhydrid auf 150° (*Newman et al.*, Am. Soc. **75** [1953] 347).
Krystalle (aus Acn.); F: 342° [unkorr.] (*Ne. et al.*).

———

(±)-6*ξ*-Methyl-(6a*r*,6b*c*,9a*c*,9b*c*,10a*c*,13a*c*)-5,6,6a,6b,9a,9b,10,10a,13a,14-decahydro-10*t*,14*t*-ätheno-benzo[5,6]phenanthro[2,3-*c*;9,10-*c'*]difuran-7,9,11,13-tetraon,
(±)-7*ξ*-Methyl-(4a*r*,6a*c*)-1,2,3,4,4a,5,6,6a,7,8-decahydro-1*t*,4*t*-ätheno-benzo[*c*]phen=anthren-2*t*,3*t*,5*t*,6*t*-tetracarbonsäure-2,3;5,6-dianhydrid $C_{25}H_{20}O_6$, Formel VIII + Spiegel-bild.

Bezüglich der Konfigurationszuordnung s. *Alder, Schmitz-Josten*, A. **595** [1955] 1, 17—21.
B. Beim Erhitzen von (±)-2-Methyl-4-phenyl-1,2-dihydro-naphthalin mit Maleinsäure-anhydrid auf 150° (*Newman et al.*, Am. Soc. **75** [1953] 347).
Krystalle (aus Acn.); F: 328° [unkorr.] (*Ne. et al.*).

———

VIII   IX   X

(±)-10-Methyl-(6ar,6bc,9ac,9bc,10ac,13ac)-5,6,6a,6b,9a,9b,10,10a,13a,14-decahydro-10*t*,14*t*-ätheno-benzo[5,6]phenanthro[2,3-*c*;9,10-*c'*]difuran-7,9,11,13-tetraon,

(±)-4-Methyl-(4ar,6ac)-1,2,3,4,4a,5,6,6a,7,8-decahydro-1*t*,4*t*-ätheno-benzo[*c*]phen= anthren-2*t*,3*t*,5*t*,6*t*-tetracarbonsäure-2,3;5,6-dianhydrid $C_{25}H_{20}O_{6}$, Formel IX + Spiegelbild.

Bezüglich der Konfigurationszuordnung s. *Alder, Schmitz-Josten*, A. **595** [1955] 1, 17—21.

B. Beim Erhitzen von 4-*m*-Tolyl-1,2-dihydro-naphthalin mit Maleinsäure-anhydrid auf 160° (*Szmuszkovicz, Modest*, Am. Soc. **72** [1950] 566, 569).

Krystalle (aus Acetanhydrid); F: 343—344° [korr.] (*Sz., Mo.*).

(±)-16-Methyl-(6ar,6bc,9ac,9bc,10ac,13ac)-5,6,6a,6b,9a,9b,10,10a,13a,14-decahydro-10*t*,14*t*-ätheno-benzo[5,6]phenanthro[2,3-*c*;9,10-*c'*]difuran-7,9,11,13-tetraon,

(±)-13-Methyl-(4ar,6ac)-1,2,3,4,4a,5,6,6a,7,8-decahydro-1*t*,4*t*-ätheno-benzo[*c*]phen= anthren-2*t*,3*t*,5*t*,6*t*-tetracarbonsäure-2,3;5,6-dianhydrid $C_{25}H_{20}O_{6}$, Formel X + Spiegelbild.

Bezüglich der Konfigurationszuordnung s. *Alder, Schmitz-Josten*, A. **595** [1955] 1, 17—21.

B. Beim Erhitzen von 4-*p*-Tolyl-1,2-dihydro-naphthalin mit Maleinsäure-anhydrid auf 160° (*Szmuszkovicz, Modest*, Am. Soc. **72** [1950] 566, 569; *Newman et al.*, Am. Soc. **75** [1953] 347).

Krystalle; F: 332—333° [korr.; aus Acetanhydrid] (*Sz., Mo.*), 330° [unkorr.; aus Acn.] (*Ne. et al.*).

Tetraoxo-Verbindungen $C_{n}H_{2n-32}O_{6}$

Tetraoxo-Verbindungen $C_{20}H_{8}O_{6}$

Dibenzo[*b,i*]thianthren-5,7,12,14-tetraon $C_{20}H_{8}O_{4}S_{2}$, Formel I (E II 218; dort als Di-[naphthochinon-(1.4)-ylen-(2.3)]-disulfid bezeichnet).

B. Beim Behandeln von 2,3-Dichlor-[1,4]naphthochinon mit Ammoniumdithiocarbamat in Wasser unter Zusatz der Natrium-Salze von Diisobutyl-naphthalin-sulfonsäuren und Erhitzen des Reaktionsprodukts mit Chlorbenzol (*Sundholm, Smith*, Am. Soc. **73** [1951] 3459, 3462). Beim Behandeln einer wss. Lösung von [4,9-Dioxo-4,9-dihydro-naphtho= [2,3-*d*][1,3]dithiol-2-yliden]-dimethyl-ammonium-chlorid (S. 2201) mit wss. Natronlauge (*Su., Sm.*).

I   II

Benz[*c*]isochromeno[3,4-*g*]chromen-5,7,12,14-tetraon $C_{20}H_{8}O_{6}$, Formel II.

B. Beim Behandeln von [1,4]Benzochinon mit wss. Schwefelsäure und mit einer aus Anthranilsäure, wss. Salzsäure und Natriumnitrit bereiteten, mit Natriumacetat versetzten Diazoniumsalz-Lösung (*Edwards, Lewis*, Soc. **1959** 3250, 3252). Beim Erhitzen von 2,5-Bis-[2-carboxy-phenyl]-3,6-dihydroxy-[1,4]benzochinon unter vermindertem Druck auf 200° (*Nilsson*, Acta chem. scand. **10** [1956] 1377, 1379).

Gelbe Krystalle (aus Anisol), die unterhalb von 400° nicht schmelzen (*Ed., Le.*). Oberhalb von 350° erfolgt Zersetzung (*Ni.*).

Tetraoxo-Verbindungen $C_{24}H_{16}O_{6}$

*****4,8-Diphenyl-hexahydro-4,8-ätheno-benzo[1,2-*c*;4,5-*c'*]difuran-1,3,5,7-tetraon,

1,4-Diphenyl-bicyclo[2.2.2]oct-7-en-2,3,5,6-tetracarbonsäure-2,3;5,6-dianhydrid** $C_{24}H_{16}O_{6}$, Formel III.

B. Beim Erhitzen von 2,5-Diphenyl-thiophen-1,1-dioxid mit Maleinsäure-anhydrid bis auf 190° (*Melles*, R. **71** [1952] 869, 874).

Krystalle (aus Acn. + Me.); F: 270° [Zers.].

---

*9,10-Diphenyl-hexahydro-4,8-ätheno-benzo[1,2-c;4,5-c']difuran-1,3,5,7-tetraon, 7,8-Diphenyl-bicyclo[2.2.2]oct-7-en-2,3,5,6-tetracarbonsäure-2,3;5,6-dianhydrid $C_{24}H_{16}O_6$, Formel IV.

B. Beim Erhitzen von 4-Hydroxy-3,4-diphenyl-cyclopent-2-enon mit Maleinsäure-anhydrid bis auf 230° (*Allen, Spanagel*, Am. Soc. **55** [1933] 3773, 3779). Beim Erwärmen von 3,4-Diphenyl-thiophen-1,1-dioxid mit Maleinsäure-anhydrid in Benzol (*Melles*, R. **71** [1952] 869, 874).

Krystalle; F: 358—359° (*Me.*), 346° [nach Sintern bei 334°; aus *p*-Cymol oder Acet= anhydrid] (*Al., Sp.*, l. c. S. 3780), 356° [Zers.] (*Al., Sp.*).

Beim Erhitzen mit Bariumhydroxid ist *o*-Terphenyl erhalten worden (*Allen, Pingert*, Am. Soc. **64** [1942] 1365, 1369).

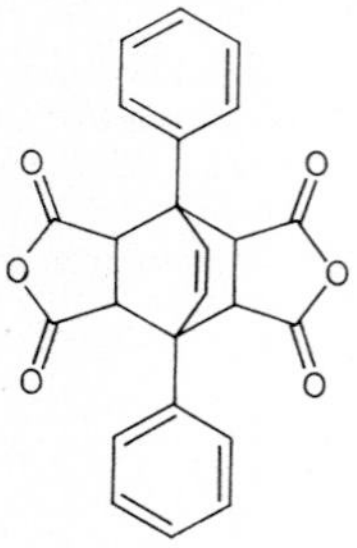

III 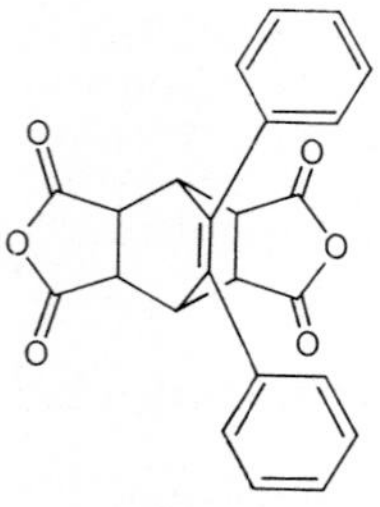   IV 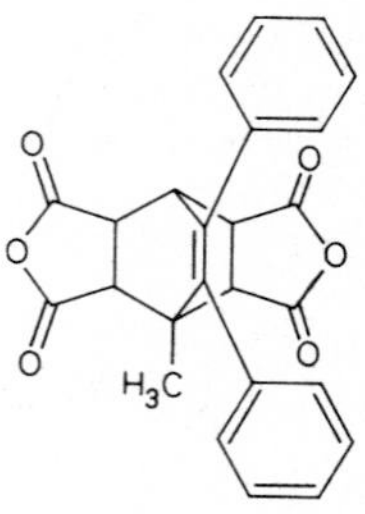   V

Tetraoxo-Verbindungen $C_{25}H_{18}O_6$

*Opt.-inakt. 4-Methyl-9,10-diphenyl-hexahydro-4,8-ätheno-benzo[1,2-c;4,5-c']difuran-1,3,5,7-tetraon, 1-Methyl-7,8-diphenyl-bicyclo[2.2.2]oct-7-en-2,3,5,6-tetracarbonsäure-2,3;5,6-dianhydrid $C_{25}H_{18}O_6$, Formel V.

B. Beim Erhitzen von (±)-4-Hydroxy-2-methyl-3,4-diphenyl-cyclopent-2-enon mit Maleinsäure-anhydrid, Trichlorbenzol und wenig Schwefelsäure (*Allen, Van Allan*, J. org. Chem. **10** [1945] 333, 338).

Krystalle (aus Acetanhydrid); F: 325°. Bei 340—360°/7 Torr destillierbar.

Tetraoxo-Verbindungen $C_{26}H_{20}O_6$

3,8-Dibenzyl-5,10-dihydro-pyrano[2,3-g]chromen-2,4,7,9-tetraon $C_{26}H_{20}O_6$, Formel VI, und Tautomere (z. B. 3,8-Dibenzyl-4,9-dihydroxy-5,10-dihydro-pyrano[2,3-g]= chromen-2,7-dion).

Diese Konstitution ist der nachstehend beschriebenen Verbindung zugeordnet worden (*Ziegler et al.*, M. **90** [1959] 594, 598).

B. Beim Erhitzen von Cyclohexan-1,4-dion mit Benzylmalonsäure-bis-[2,4-dichlor-phenylester] auf 260° (*Zi. et al.*).

Krystalle (aus Nitrobenzol, *p*-Kresol oder Benzylalkohol); F: 365° [Zers.].

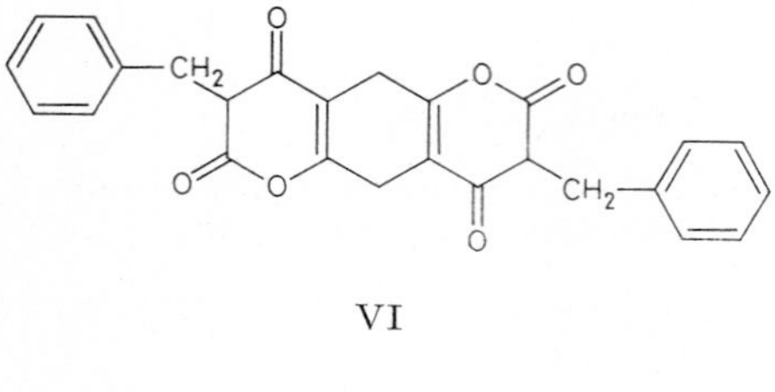

VI 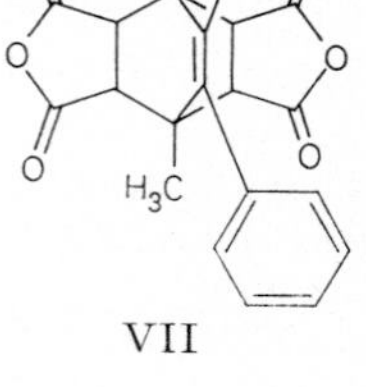   VII

4,8-Dimethyl-9,10-diphenyl-hexahydro-4,8-ätheno-benzo[1,2-c;4,5-c']difuran-1,3,5,7-tetraon, 1,4-Dimethyl-7,8-diphenyl-bicyclo[2.2.2]oct-7-en-2,3,5,6-tetracarbonsäure-2,3;5,6-dianhydrid $C_{26}H_{20}O_6$, Formel VII.

B. Beim Erwärmen von 4-Hydroxy-2,5-dimethyl-3,4-diphenyl-cyclopent-2-enon vom F: 150° mit Maleinsäure-anhydrid, Benzol und wenig Schwefelsäure (*Allen, van Allan,* Am. Soc. **64** [1942] 1260, 1266). Beim Erwärmen von 2,4,7,7a-Tetramethyl-3,3a,5,6-tetraphenyl-3a,4,7,7a-tetrahydro-4,7-methano-inden-1,8-dion vom F: 182° mit Maleinsäureanhydrid in Benzol (*Al., v. Al.*).

Krystalle (aus Acetanhydrid); F: 320°.

7,11-Diäthyl-7,7a,10a,11,12,13-hexahydro-7,11-furo[3,4]ätheno-fluorantheno[8,9-c]furan-8,10,14,16-tetraon, 7,10-Diäthyl-7,8,9,10-tetrahydro-7,10-äthano-fluoranthen-8,9,11,12-tetracarbonsäure-8,9;11,12-dianhydrid $C_{26}H_{20}O_6$, Formel VIII.

B. Beim Erhitzen einer als 4,5a,6,13-Tetraäthyl-6,13-dihydro-5aH-6,13-methano-naphtho[1′,8′;4,5,6]pentaleno[1,6a-k]fluoranthen-5,17-dion angesehenen Verbindung (F: 186°; aus Acenaphthenchinon und Heptan-4-on hergestellt) mit Maleinsäure-anhydrid in Essigsäure (*Allen, Van Allan,* J. org. Chem. **17** [1952] 845, 849, 852).

Gelbe Krystalle (aus Acetanhydrid); F: 320°.

VIII   IX   X

Tetraoxo-Verbindungen $C_{29}H_{26}O_6$

*Opt.-inakt. 4-Pentyl-9,10-diphenyl-hexahydro-4,8-ätheno-benzo[1,2-c;4,5-c']difuran-1,3,5,7-tetraon, 1-Pentyl-7,8-diphenyl-bicyclo[2.2.2]oct-7-en-2,3,5,6-tetracarbonsäure-2,3;5,6-dianhydrid $C_{29}H_{26}O_6$, Formel IX.

B. Beim Erhitzen von (±)-4-Hydroxy-2-pentyl-3,4-diphenyl-cyclopent-2-enon mit Maleinsäure-anhydrid, Trichlorbenzol und wenig Schwefelsäure (*Allen, Van Allan,* J. org. Chem. **10** [1945] 333, 338).

Krystalle (aus 1,2-Dichlor-benzol); F: 300°. Bei 1 Torr sublimierbar.

Tetraoxo-Verbindungen $C_{34}H_{36}O_6$

7,11-Dihexyl-7,7a,10a,11,12,13-hexahydro-7,11-furo[3,4]ätheno-fluorantheno[8,9-c]furan-8,10,14,16-tetraon, 7,10-Dihexyl-7,8,9,10-tetrahydro-7,10-äthano-fluoranthen-8,9,11,12-tetracarbonsäure-8,9;11,12-dianhydrid $C_{34}H_{36}O_6$, Formel X.

B. Beim Erhitzen einer als 4,5a,6,13-Tetrahexyl-6,13-dihydro-5aH-6,13-methano-naphtho[1′,8′;4,5,6]pentaleno[1,6a-k]fluoranthen-5,17-dion angesehenen Verbindung (F: 105°; aus Acenaphthenchinon und Pentadecan-8-on hergestellt) mit Maleinsäure-anhydrid in Essigsäure (*Allen, Van Allan,* J. org. Chem. **17** [1952] 845, 849, 852).

Gelbe Krystalle (aus Xylol); F: 300—303°.

Tetraoxo-Verbindungen $C_nH_{2n-34}O_6$

Tetraoxo-Verbindungen $C_{24}H_{14}O_6$

2,8-Diphenyl-pyrano[3,2-g]chromen-3,4,6,7-tetraon $C_{24}H_{14}O_6$, Formel I, und Tautomere (z. B. 3,7-Dihydroxy-2,8-diphenyl-pyrano[3,2-g]chromen-4,6-dion).

B. Beim Erwärmen einer Suspension von 4,6-Di-*trans*(?)-cinnamoyl-resorcin (E III **8**

3916) in Äthanol mit wss. Natronlauge und anschliessenden Behandeln mit wss. Wasser= stoffperoxid (*Algar, Hurley*, Pr. Irish Acad. **43** B [1936] 83, 84).

Gelbe Krystalle (aus Cyclohexanon); F: 323°.

I   II

Tetraoxo-Verbindungen $C_{25}H_{16}O_6$

Bis-[2,4-dioxo-chroman-3-yl]-phenyl-methan $C_{25}H_{16}O_6$, Formel II (X = H), und Tauto-mere (z. B. Bis-[4-hydroxy-2-oxo-2H-chromen-3-yl]-phenyl-methan).

B. Aus 4-Hydroxy-cumarin (E III/IV **17** 6153) beim Erwärmen mit Benzaldehyd und Äthanol (*Sullivan et al.*, Am. Soc. **65** [1943] 2288, 2289, 2290) sowie beim Erhitzen mit Benzaldehyd und Essigsäure (*Grüssner*, Festschrift E. Barell [Basel 1946] S. 238, 247).

Krystalle; F: 238−242° [korr.; Kofler-App.; aus Eg.] (*Gr.*), 228−229° [unkorr.] (*Su. et al.*).

Bis-[6-chlor-2,4-dioxo-chroman-3-yl]-phenyl-methan $C_{25}H_{11}Cl_2O_6$, Formel II (X = Cl), und Tautomere (z. B. Bis-[6-chlor-4-hydroxy-2-oxo-2H-chromen-3-yl]-phenyl-methan).

B. Beim Erwärmen von 6-Chlor-4-hydroxy-cumarin (E III/IV **17** 6156) mit Benzaldehyd und Äthanol (*Klosa*, Ar. **289** [1956] 143, 146).

Krystalle (aus Eg.); F: 212−214°.

Bis-[2,4-dioxo-chroman-3-yl]-[2-nitro-phenyl]-methan $C_{25}H_{15}NO_8$, Formel III, und Tautomere (z. B. Bis-[4-hydroxy-2-oxo-2H-chromen-3-yl]-[2-nitro-phenyl]-methan).

B. Beim Erhitzen von 4-Hydroxy-cumarin (E III/IV **17** 6153) mit 2-Nitro-benzaldehyd und Essigsäure (*Grüssner*, Festschrift E. Barell [Basel 1946] S. 238, 247; *Kocwa et al.*, Diss. pharm. **11** [1959] 243, 245).

Krystalle; F: 220−222° [korr.: Kofler-App.; aus Eg. oder Toluol] (*Gr.*), 220−221° [unkorr.; aus A.] (*Ko. et al.*).

III   IV

Bis-[2,4-dioxo-chroman-3-yl]-[3-nitro-phenyl]-methan $C_{25}H_{15}NO_8$, Formel IV (X = H), und Tautomere (z. B. Bis-[4-hydroxy-2-oxo-2H-chromen-3-yl]-[3-nitro-phenyl]-methan).

B. Beim Erhitzen von 4-Hydroxy-cumarin (E III/IV **17** 6153) mit 3-Nitro-benzaldehyd und Essigsäure (*Kocwa et al.*, Diss. pharm. **11** [1959] 243, 245).

Krystalle (aus A.); F: 231−232° [unkorr.].

Bis-[2,4-dioxo-chroman-3-yl]-[4-nitro-phenyl]-methan $C_{25}H_{15}NO_8$, Formel V, und Tautomere (z. B. Bis-[4-hydroxy-2-oxo-2H-chromen-3-yl]-[4-nitro-phenyl]-methan).

B. Beim Erhitzen von 4-Hydroxy-cumarin (E III/IV **17** 6153) mit 4-Nitro-benzaldehyd

und Essigsäure (*Kocwa et al.*, Diss. pharm. **11** [1959] 243, 245).
   Krystalle (aus A.); F: 235—236° [unkorr.].

Bis-[6-chlor-2,4-dioxo-chroman-3-yl]-[3-nitro-phenyl]-methan $C_{25}H_{13}Cl_2NO_8$, Formel IV
(X = Cl), und Tautomere (z. B. Bis-[6-chlor-4-hydroxy-2-oxo-2H-chromen-3-yl]-[3-nitro-phenyl]-methan).
   B. Beim Erwärmen von 6-Chlor-4-hydroxy-cumarin (E III/IV **17** 6156) mit 3-Nitrobenzaldehyd und Äthanol (*Klosa*, Ar. **289** [1956] 143, 147).
   Krystalle (aus A.); F: 198—200° [grüne Schmelze].

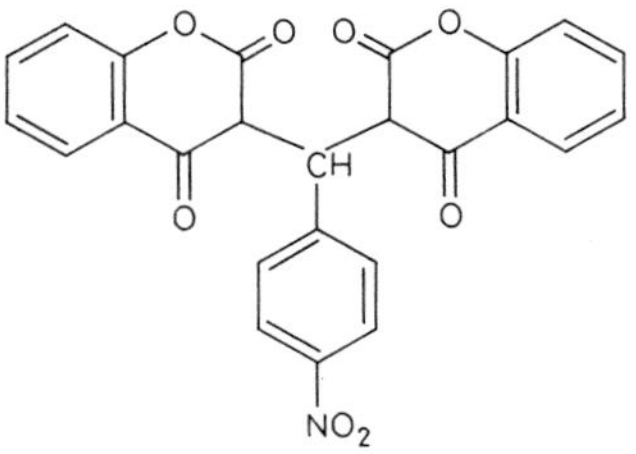

V

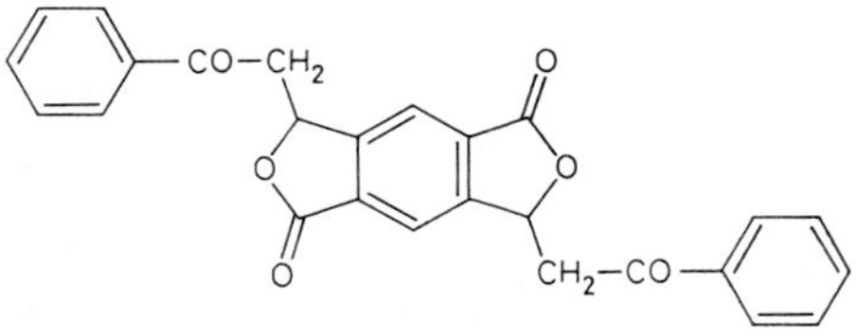

VI

Tetraoxo-Verbindungen $C_{26}H_{18}O_6$

*Opt.-inakt. 3,7-Diphenacyl-3,7-dihydro-benzo[1,2-c;4,5-c']difuran-1,5-dion $C_{26}H_{18}O_6$,
Formel VI.
   B. Beim Behandeln von 2,5-Diformyl-terephthalsäure mit Natriumäthylat in Äthanol und mit Acetophenon und Erhitzen des nach dem Ansäuern mit wss. Salzsäure isolierten Reaktionsprodukts in Nitrobenzol (*de Diesbach, Riat*, Helv. **24** [1941] 1306, 1309).
   Krystalle; F: 306—307° [Zers.].

1,1-Bis-[2,4-dioxo-chroman-3-yl]-2-phenyl-äthan $C_{26}H_{18}O_6$, Formel VII, und Tautomere
(z. B. 1,1-Bis-[4-hydroxy-2-oxo-2H-chromen-3-yl]-2-phenyl-äthan).
   B. Aus 4-Hydroxy-cumarin (E III/IV **17** 6153) beim Erwärmen mit Phenylacetaldehyd und Äthanol (*Sullivan et al.*, Am. Soc. **65** [1943] 2288, 2289, 2290) sowie beim Erhitzen mit Phenylacetaldehyd und Essigsäure (*Grüssner*, Festschrift E. Barell [Basel 1946] S. 238, 247).
   Krystalle; F: 192° [korr.; Kofler-App.; aus Eg.] (*Gr.*), 175—177° [unkorr.; aus A.
+ Acn.] (*Su. et al.*).

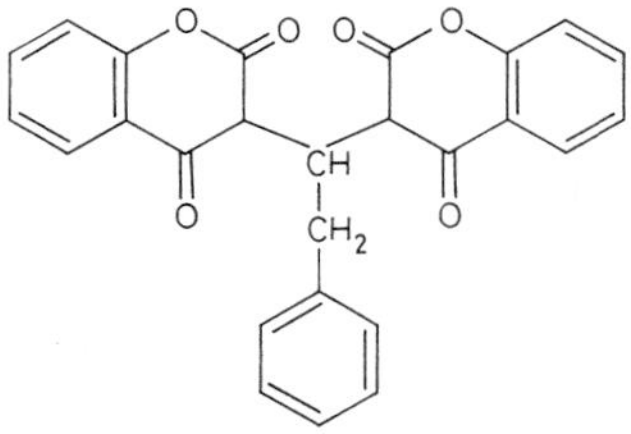

VII

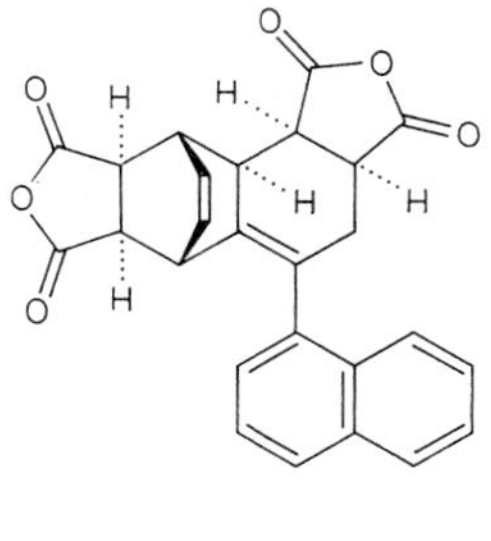

VIII

(±)-5-[1]Naphthyl-(3a*r*,6a*c*,9a*c*,10a*c*,10b*c*)-3a,4,6,6a,9a,10,10a,10b-octahydro-
6t,10t-ätheno-naphtho[1,2-c;6,7-c']difuran-1,3,7,9-tetraon, (±)-8-[1]Naphthyl-(4a*r*)-
1,2,3,4,4a,5,6,7-octahydro-1*t*,4*t*-ätheno-naphthalin-2*t*,3*t*,5*t*,6*t*-tetracarbonsäure-
2,3;5,6-dianhydrid $C_{26}H_{18}O_6$, Formel VIII + Spiegelbild.
   Bezüglich der Konfigurationszuordnung s. *Alder, Schmitz-Josten*, A. **595** [1955] 1, 17—21.
   B. Beim Erhitzen von 1-[1]Naphthyl-1-phenyl-äthylen mit Maleinsäure-anhydrid auf

160° (*Szmuszkowicz, Bergmann*, Am. Soc. **69** [1947] 1779).

Krystalle (aus Acetanhydrid); F: 333—334° [unkorr.] (*Sz., Be.*).

Tetraoxo-Verbindungen $C_{27}H_{20}O_6$

1,1-Bis-[2,4-dioxo-chroman-3-yl]-3-phenyl-propan $C_{27}H_{20}O_6$, Formel IX, und Tautomere (z. B. 1,1-Bis-[4-hydroxy-2-oxo-2*H*-chromen-3-yl]-3-phenyl-propan).

B. Aus 4-Hydroxy-cumarin (E III/IV **17** 6153) beim Erwärmen mit 3-Phenyl-propion=aldehyd und Äthanol (*Sullivan et al.*, Am. Soc. **65** [1943] 2288, 2289) sowie beim Erhitzen mit 3-Phenyl-propionaldehyd und Essigsäure (*Grüssner*, Festschrift E. Barell [Basel 1946] S. 238, 247).

Krystalle; F: 210° [korr.; Kofler-App.; aus Eg.] (*Gr.*), 197—198° [unkorr.; aus Bzl.] (*Su. et al.*).

IX   X

Bis-[6-methyl-2,4-dioxo-chroman-3-yl]-phenyl-methan $C_{27}H_{20}O_6$, Formel X, und Tauto=mere (z. B. Bis-[4-hydroxy-6-methyl-2-oxo-2*H*-chromen-3-yl]-phenyl-methan).

B. Beim Erwärmen von 4-Hydroxy-6-methyl-cumarin (E III/IV **17** 6176) mit Benz=aldehyd und Äthanol (*Klosa*, Ar. **289** [1956] 156, 157).

Krystalle (aus A. oder Eg.); F: 227°.

Bis-[6-chlor-7-methyl-2,4-dioxo-chroman-3-yl]-phenyl-methan $C_{27}H_{18}Cl_2O_6$, Formel XI, und Tautomere (z. B. Bis-[6-chlor-4-hydroxy-7-methyl-2-oxo-2*H*-chromen-3-yl]-phenyl-methan).

B. Beim Erwärmen von 6-Chlor-4-hydroxy-7-methyl-cumarin (E III/IV **17** 6177) mit Benzaldehyd und Äthanol (*Klosa*, Ar. **289** [1956] 240, 241).

Krystalle (aus Eg.); F: 214—216°.

XI   XII

Tetraoxo-Verbindungen $C_{28}H_{22}O_6$

7,7'-Diphenyl-3a,4,7,7a,3'a,4',7',7'a-octahydro-[4,4']biisobenzofuranyl-1,3,1',3'-tetraon, 6,6'-Diphenyl-[3,3']bicyclohex-1-enyl-4,5,4',5'-tetracarbonsäure-4,5;4',5'-dianhydrid $C_{28}H_{22}O_6$, Formel XII.

Diese Konstitution kommt vermutlich der nachstehend beschriebenen opt.-inakt. Ver=bindung zu; die Position der Doppelbindungen ist aber nicht bewiesen (*Kuhn, Wagner-Jauregg*, B. **63** [1930] 2662, 2666).

B. Neben einer (isomeren) Verbindung $C_{28}H_{22}O_6$ (Zers. bei 275° [korr.]) beim Erhitzen von 1*t*,8*t*-Diphenyl-octa-1,3*t*,5*t*,7-tetraen mit Maleinsäure-anhydrid in Xylol oder Tetralin (*Kuhn, Wa.-Ja.*, l. c. S. 2674, 2675).

Krystalle (aus Acetanhydrid); Zers. bei 265° [korr.] (*Kuhn, Wa.-Ja.*, l. c. S. 2674).

Tetraoxo-Verbindungen $C_nH_{2n-36}O_6$

Tetraoxo-Verbindungen $C_{27}H_{18}O_6$

3,3-Bis-[2,4-dioxo-chroman-3-yl]-1t(?)-phenyl-propen $C_{27}H_{18}O_6$, vermutlich Formel I, und Tautomere (z. B. 3,3-Bis-[4-hydroxy-2-oxo-2H-chromen-3-yl]-1t(?)-phenyl-propen).

B. Neben einer als 4-Hydroxy-3-[α-hydroxy-*trans*(?)-cinnamyl]-cumarin angesehenen Verbindung (F: 183—185° [E III/IV **18** 1908]) beim Erwärmen von 4-Hydroxy-cumarin (E III/IV **17** 6153) mit *trans*(?)-Zimtaldehyd und Äthanol (*Klosa*, Ar. **288** [1955] 545, 547). Krystalle (aus A.); F: 220—222°.

I   II

Tetraoxo-Verbindungen $C_{28}H_{20}O_6$

(±)-**5,11-Diphenyl-(3ar,6ac,9ac,10ac,10bc)-3a,4,6,6a,9a,10,10a,10b-octahydro-6t,10t-ätheno-naphtho[1,2-c;6,7-c']difuran-1,3,7,9-tetraon**, (±)-**8,9-Diphenyl-(4ar)-1,2,3,4,4a,5,6,7-octahydro-1t,4t-ätheno-naphthalin-2t,3t,5t,6t-tetracarbonsäure-2,3;5,6-dianhydrid** $C_{28}H_{20}O_6$, Formel II + Spiegelbild.

Bezüglich der Konfigurationszuordnung s. *Alder, Schmitz-Josten*, A. **595** [1955] 1, 17—21.

B. Beim Erhitzen von 1-Biphenyl-4-yl-1-phenyl-äthylen mit Maleinsäure-anhydrid auf 125° (*Bergmann et al.*, Am. Soc. **69** [1947] 1773, 1774, 1775). Krystalle (aus Eg.); F: 271° [unkorr.] (*Be. et al.*).

Tetraoxo-Verbindungen $C_{30}H_{24}O_6$

1,2-Bis-[1,3-dioxo-7-phenyl-1,3,3a,4,7,7a-hexahydro-isobenzofuran-4-yl]-äthylen $C_{30}H_{24}O_6$, Formel III.

Diese Verbindung hat vielleicht in dem nachstehend beschriebenen opt.-inakt. Präparat vorgelegen (*Kuhn, Wagner-Jauregg*, B. **63** [1930] 2662, 2667).

B. Neben einer (isomeren) Verbindung $C_{30}H_{24}O_6$ vom F: 255,5° [korr.; Zers.] und einer Verbindung $C_{34}H_{26}O_9$ (Zers. bei 276,5° [korr.]) beim Erhitzen von 1,10-Diphenyl-deca-1,3,5,7,9-pentaen (F: 253°) mit Maleinsäure-anhydrid in Xylol (*Kuhn, Wa.-Ja.*, l. c. S. 2676).

Krystalle (aus Acetanhydrid); F: 235,5° [korr.; Zers.].

III   IV

Tetraoxo-Verbindungen $C_{32}H_{28}O_6$

Benzo[1,3]dioxol-5-yl-bis-[2,6-dioxo-4-phenyl-cyclohexyl]-methan $C_{32}H_{28}O_6$, Formel IV,
und Tautomere (z. B. Benzo[1,3]dioxol-5-yl-bis-[2-hydroxy-6-oxo-4-phenyl-
cyclohex-1-enyl]-methan).
B. Beim Behandeln von Piperonal mit 5-Phenyl-cyclohexan-1,3-dion, Methanol und
wenig Piperidin (*Desai, Wali,* J. Indian chem. Soc. **13** [1936] 735, 738).
Krystalle (aus A.); F: 148°.

Tetraoxo-Verbindungen $C_nH_{2n-38}O_6$

Tetraoxo-Verbindungen $C_{24}H_{10}O_6$

[2,2′]Bi[naphtho[2,3-*b*]thienyl]-4,9,4′,9′-tetraon $C_{24}H_{10}O_4S_2$, Formel V.
B. In kleiner Menge beim Erhitzen von 5,5′-Bis-[2-carboxy-benzoyl]-[2,2′]bithienyl
mit Aluminiumchlorid und Natriumchlorid bis auf 210° (*Steinkopf, Kühnel,* A. **545** [1940]
33, 36).
Orangerote Krystalle (nach Sublimation im Hochvakuum); F: 507° [korr.].

V   VI

*3-[3-Oxo-3*H*-benzo[*b*]thiophen-2-yliden]-3*H*-anthra[1,2-*b*]furan-2,6,11-trion,
[1-Hydroxy-9,10-dioxo-9,10-dihydro-[2]anthryl]-[3-oxo-3*H*-benzo[*b*]thiophen-2-yliden]-
essigsäure-lacton** $C_{24}H_{10}O_5S$, Formel VI oder Stereoisomeres.
B. Beim Behandeln von 3*H*-Anthra[1,2-*b*]furan-2,6,11-trion mit Benzo[*b*]thiophen-
2,3-dion, Pyridin und wenig Piperidin (*Marschalk,* Bl. [5] **9** [1942] 801, 803). Beim Behandeln von 3*H*-Anthra[1,2-*b*]furan-2,6,11-trion mit Benzo[*b*]thiophen-2,3-dion-2-[4-di=
methylamino-phenylimin] und Essigsäure (*Ma.*). Beim Behandeln von Anthra[1,2-*b*]=
furan-2,3,6,11-tetraon-3-[4-dimethylamino-phenylimin] mit Benzo[*b*]thiophen-3-ol und
Essigsäure (*Ma.*).
Braunrote Krystalle; F: 450°, F: 447° bzw. F: 440−441° [Block] (drei Präparate).

*2-[3-Oxo-3*H*-benzo[*b*]thiophen-2-yliden]-anthra[2,1-*b*]thiophen-1,6,11-trion**
$C_{24}H_{10}O_4S_2$, Formel VII oder Stereoisomeres.
B. Beim Erhitzen von 1-Hydroxy-anthra[2,1-*b*]thiophen-6,11-dion mit Benzo[*b*]thio=
phen-2,3-dion, Nitrobenzol und Acetanhydrid (*Ruggli, Heitz,* Helv. **14** [1931] 257, 273).
Braunviolette Krystalle (aus Trichlorbenzol). Oberhalb von 360° erfolgt Zersetzung.

Tetraoxo-Verbindungen $C_{27}H_{16}O_6$

Bis-[2,4-dioxo-benzo[*h*]chroman-3-yl]-methan $C_{27}H_{16}O_6$, Formel VIII, und Tautomere
(z. B. Bis-[4-hydroxy-2-oxo-2*H*-benzo[*h*]chromen-3-yl]-methan).
B. Beim Erwärmen einer Lösung von 4-Hydroxy-benzo[*h*]chromen-2-on (E III/IV **17**
6398) in Äthanol mit wss. Formaldehyd-Lösung (*Anand, Venkataraman,* Pr. Indian Acad.
[A] **28** [1948] 151, 157).
Krystalle (aus Trichlorbenzol), die unterhalb von 300° nicht schmelzen.

Tetraoxo-Verbindungen $C_{28}H_{18}O_6$

3,7-Dibenzoyl-2,8-dimethyl-pyrano[3,2-*g*]chromen-4,6-dion $C_{28}H_{18}O_6$, Formel IX.
B. Beim Erhitzen von 4,6-Bis-[3-oxo-3-phenyl-propionyl]-resorcin mit Acetanhydrid

und Natriumacetat (*Algar et al.*, Pr. Irish Acad. **41** B [1933] 155, 159).
Krystalle (aus CHCl$_3$ + A.); F: 263—264°.

VII   VIII

Tetraoxo-Verbindungen C$_{30}$H$_{22}$O$_6$

(±)-16-Phenyl-(6a*r*,6b*c*,9a*c*,9b*c*,10a*c*,13a*c*)-5,6,6a,6b,9a,9b,10,10a,13a,14-decahydro-
10*t*,14*t*-ätheno-benzo[5,6]phenanthro[2,3-*c*;9,10-*c*′]difuran-7,9,11,13-tetraon,
(±)-13-Phenyl-(4a*r*,6a*c*)-1,2,3,4,4a,5,6,6a,7,8-decahydro-1*t*,4*t*-ätheno-benzo[*c*]phen=
anthren-2*t*,3*t*,5*t*,6*t*-tetracarbonsäure-2,3;5,6-dianhydrid C$_{30}$H$_{22}$O$_6$, Formel X + Spiegelbild.
   Bezüglich der Konfigurationszuordnung s. *Alder, Schmitz-Josten*, A. **595** [1955] 1, 17—21.
   B. Beim Erhitzen von 4-Biphenyl-4-yl-1,2-dihydro-naphthalin mit Maleinsäure-an=
hydrid auf 150° (*Szmuszkovicz, Modest*, Am. Soc. **72** [1950] 566, 569).
   Krystalle; F: 325—326° [korr.] (*Sz., Mo.*).

IX   X

Tetraoxo-Verbindungen C$_{38}$H$_{38}$O$_6$

3,3′-Diisopropyl-5,5′-dimethyl-8,11,8′,11′-tetrahydro-3*H*,7a*H*,3′*H*,7′a*H*-[6,6′]bi[benzo=
[*b*]naphtho[1,8-*cd*]furanyl]-1,2,1′,2′-tetraon C$_{38}$H$_{38}$O$_6$, Formel XI, und Tautomere
(z. B. 2,2′-Dihydroxy-3,3′-diisopropyl-5,5′-dimethyl-8,11,8′,11′-tetrahydro-
7a*H*,7′a*H*-[6,6′]bi[benzo[*b*]naphtho[1,8-*cd*]furanyl]-1,1′-dion).
   Diese Konstitution kommt wahrscheinlich der nachstehend beschriebenen opt.-inakt.
Verbindung zu (*Adams et al.*, Am. Soc. **60** [1938] 2193, 2195).
   B. Beim Erwärmen von Anhydrogossypol (4,4′-Dihydroxy-5,5′-diisopropyl-7,7′-di=
methyl-[8,8′]bi[naphtho[1,8-*bc*]furanyl]-3,3′-dion) mit Buta-1,3-dien in Benzol (*Adams
et al.*, Am. Soc. **60** [1938] 2160).
   Gelbe Krystalle (aus Acn. + Me.); F: 245—246° [Zers.] (*Ad. et al.*, l. c. S. 2162).

Tetraoxo-Verbindungen C$_{42}$H$_{46}$O$_6$

3,3′-Diisopropyl-5,9,10,5′,9′,10′-hexamethyl-8,11,8′,11′-tetrahydro-3*H*,7a*H*,3′*H*,7′a*H*-
[6,6′]bi[benzo[*b*]naphtho[1,8-*cd*]furanyl]-1,2,1′,2′-tetraon C$_{42}$H$_{46}$O$_6$, Formel XII, und
Tautomere (z. B. 2,2′-Dihydroxy-3,3′-diisopropyl-5,9,10,5′,9′,10′-hexamethyl-
8,11,8′,11′-tetrahydro-7a*H*,7′a*H*-[6,6′]bi[benzo[*b*]naphtho[1,8-*cd*]furanyl]-
1,1′-dion).
   Diese Konstitution kommt wahrscheinlich der nachstehend beschriebenen opt.-inakt.

Verbindung zu (*Adams et al.*, Am. Soc. **60** [1938] 2193, 2195).

B. Beim Erwärmen einer Lösung von Gossypol (E III **8** 4408) in Äthanol, einer Lösung von Diaminogossypol (E III **8** 4411) in Benzol oder einer Lösung von Anhydrogossy=
pol (4,4'-Dihydroxy-5,5'-diisopropyl-7,7'-dimethyl-[8,8']bi[naphtho[1,8-*bc*]furanyl]-3,3'-
dion) in Benzol mit 2,3-Dimethyl-buta-1,3-dien (*Adams et al.*, Am. Soc. **60** [1938] 2160).
Gelbe Krystalle (aus Acn. + Me.); F: 244—245° [Zers.] (*Ad. et al.*, l. c. S. 2162).

XI   XII

Tetraoxo-Verbindungen $C_nH_{2n-40}O_6$

Tetraoxo-Verbindungen $C_{24}H_8O_6$

**Anthra[2,1,9-*def*;6,5,10-*d'e'f'*]diisochromen-1,3,8,10-tetraon, Perylen-3,4,9,10-tetra=
carbonsäure-3,4;9,10-dianhydrid** $C_{24}H_8O_6$, Formel I (E II 220).

B. Beim Erhitzen von Perylen-3,4,9,10-tetracarbonsäure-3,4;9,10-diimid mit konz.
Schwefelsäure auf 220° (*Poraĭ-Koschiz, Pawluschenko*, Ž. obšč. Chim. **17** [1947] 1739,
1748; C. A. **1948** 5892).

Absorptionsspektrum (94%ig. wss. Schwefelsäure; 450—620 nm): *Po.-Ko., Pa.*, l. c.
S. 1743.

I   II

Tetraoxo-Verbindungen $C_{28}H_{16}O_6$

**Tetrabenzo[*b,e,i,l*][1,8]dioxacyclotetradecin-5,11,16,22-tetraon, 10,21-Dioxa-tetrabenzo=
[*a,d,h,k*]cyclotetradecen-5,11,16,22-tetraon, 1,16-Dioxa-[2.1.2.1]orthocyclophan-
2,9,17,24-tetraon** $C_{28}H_{16}O_6$, Formel II.

B. Beim Erwärmen von 2-Salicyloyl-benzoesäure mit Trifluoressigsäure-anhydrid,
Phosphorylchlorid oder Phosphor(V)-oxid in Benzol sowie beim Erwärmen von 2-Salicyl=
oyl-benzoesäure mit Thionylchlorid und Aluminiumchlorid und Erwärmen des Reaktionsprodukts mit *N,N*-Diäthyl-anilin und Dioxan (*Baker et al.*, Soc. **1952** 1452, 1454, 1455).
Krystalle (aus wss. Eg.); F: 320—322° [unkorr.]. Bei 240°/0,5 Torr sublimierbar.

Tetraoxo-Verbindungen $C_{29}H_{18}O_6$

Bis-[2,4-dioxo-chroman-3-yl]-[1]naphthyl-methan $C_{29}H_{18}O_6$, Formel III, und Tautomere
(z. B. Bis-[4-hydroxy-2-oxo-2*H*-chromen-3-yl]-[1]naphthyl-methan).

B. Beim Erhitzen von 4-Hydroxy-cumarin (E III/IV **17** 6153) mit [1]Naphthaldehyd
in Essigsäure oder in Äthanol (*Eckstein et al.*, Roczniki Chem. **32** [1958] 789, 795; C. A.

1959 10197).
Krystalle (aus Eg.); F: 214—215° [unkorr.].

III   IV

Bis-[2,4-dioxo-chroman-3-yl]-[2]naphthyl-methan $C_{29}H_{18}O_6$, Formel IV, und Tautomere (z. B. Bis-[4-hydroxy-2-oxo-2H-chromen-3-yl]-[2]naphthyl-methan).
B. Beim Erhitzen von 4-Hydroxy-cumarin (E III/IV **17** 6153) mit [2]Naphthaldehyd in Essigsäure oder in Äthanol (*Eckstein et al.*, Roczniki Chem. **32** [1958] 789, 795; C. A. **1959** 10197).
Krystalle (aus Eg.); F: 286—287° [unkorr.].

Tetraoxo-Verbindungen $C_{30}H_{20}O_6$

7,18-Dimethyl-tetrabenzo[*b,e,i,l*][1,8]dioxacyclotetradecin-5,11,16,22-tetraon, 7,18-Di=
methyl-10,21-dioxa-tetrabenzo[*a,d,h,k*]cyclotetradecen-5,11,16,22-tetraon, 12,27-Di=
methyl-1,16-dioxa-[2.1.2.1]orthocyclophan-2,9,17,24-tetraon $C_{30}H_{20}O_6$, Formel V.
B. Aus 2-[2-Hydroxy-5-methyl-benzoyl]-benzoesäure analog 1,16-Dioxa-[2.1.2.1]ortho=
cyclophan-2,9,17,24-tetraon [S. 2286] (*Baker et al.*, Soc. **1952** 1452, 1455).
Krystalle (aus wss. Eg.); F: 295—296° [unkorr.].

V   VI

3,6-Dibenzyl-benzo[*h*]pyrano[3,2-*f*]chromen-2,4,5,7-tetraon $C_{30}H_{20}O_6$, Formel VI, und Tautomere (z. B. 3,6-Dibenzyl-4,5-dihydroxy-benzo[*h*]pyrano[3,2-*f*]chromen-2,7-dion).
B. Beim Erhitzen von Naphthalin-1,4-diol mit Benzylmalonsäure-bis-[2,4-dichlor-phenylester] auf 270° (*Ziegler et al.*, M. **90** [1959] 206, 210).
Gelbe Krystalle (aus Nitrobenzol); F: 322° [Zers.].

*Opt.-inakt. 4,9,10-Triphenyl-hexahydro-4,8-ätheno-benzo[1,2-*c*;4,5-*c'*]difuran-1,3,5,7-
tetraon, 1,7,8-Triphenyl-bicyclo[2.2.2]oct-7-en-2,3,5,6-tetracarbonsäure-2,3;5,6-di=
anhydrid $C_{30}H_{20}O_6$, Formel VII.
B. Beim Erhitzen von (±)-4-Hydroxy-2,3,4-triphenyl-cyclopent-2-enon mit Malein=
säure-anhydrid bis auf 210° (*Polaczkowa et al.*, Roczniki Chem. **31** [1957] 115, 118; C. A. **1957** 14630).
Krystalle (aus Acn.); F: 315—317° [Zers.].

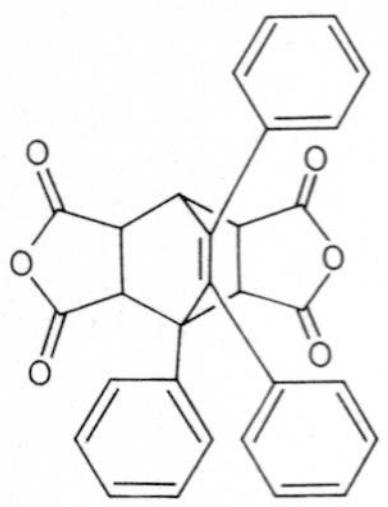

VII 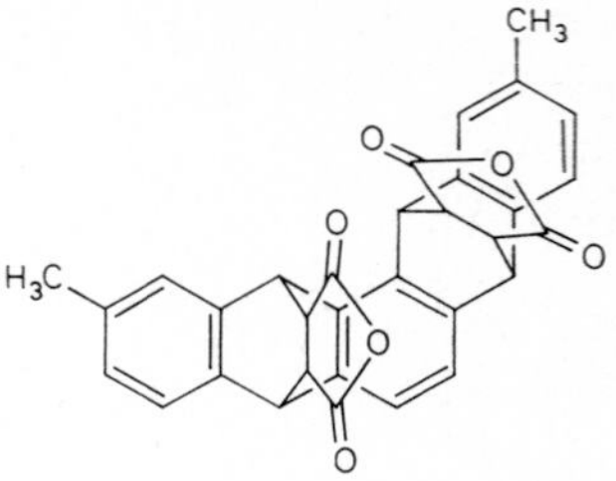   VIII

Tetraoxo-Verbindungen $C_nH_{2n-42}O_6$

*Opt.-inakt. 2,11-Dimethyl-5,8,13,14,15,16,20,21-octahydro-5,14;8,13-bis-furo[3,4]=
ätheno-pentaphen-17,19,22,24-tetraon, 2,11-Dimethyl-5,8,13,14-tetrahydro-5,14;8,13-di=
äthano-pentaphen-15,16,17,18-tetracarbonsäure-15,16;17,18-dianhydrid $C_{32}H_{22}O_6$,
Formel VIII.

B. Beim Erhitzen von 2,11-Dimethyl-pentaphen mit Maleinsäure-anhydrid in Nitro=
benzol (*Clar*, B. **64** [1931] 2194, 2199).

Krystalle (aus Xylol); F: 308° [unkorr.; Zers.].

Tetraoxo-Verbindungen $C_nH_{2n-44}O_6$

Benzo[1,2-*c*;4,5-*c'*]dixanthen-6,9,15,18-tetraon $C_{28}H_{12}O_6$, Formel IX.

B. Beim Erhitzen von 1,5-Bis-[2-carboxy-phenoxy]-anthrachinon mit Phosphor(V)-
chlorid in Nitrobenzol (*Dischendorfer, Fransević*, M. **59** [1932] 105, 111).

Krystalle (aus Nitrobenzol). Oberhalb von 380° erfolgt Zersetzung.

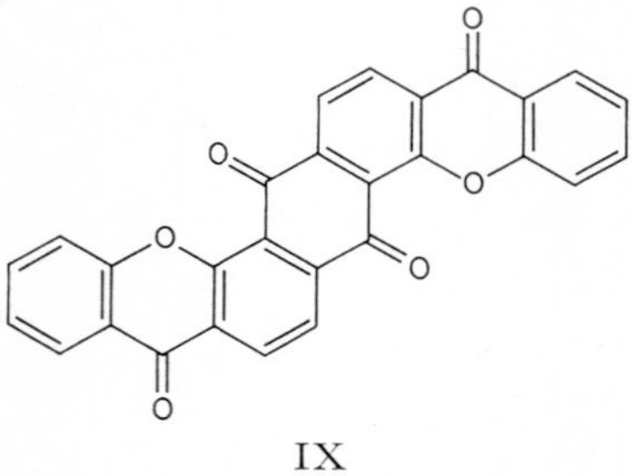

IX 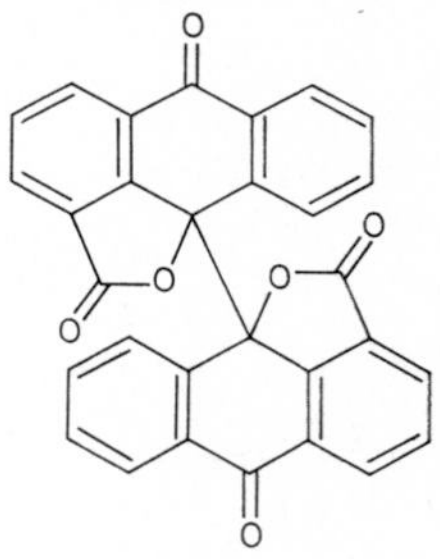   X

Tetraoxo-Verbindungen $C_nH_{2n-46}O_6$

Tetraoxo-Verbindungen $C_{30}H_{14}O_6$

*Opt.-inakt. [10b,10'b]Bi[anthra[9,1-*bc*]furanyl]-2,6,2',6'-tetraon, 9,9'-Dihydroxy-
10,10'-dioxo-9,10,9',10'-tetrahydro-[9,9']bianthryl-1,1'-dicarbonsäure-1→9;1'→9'-di=
lacton $C_{30}H_{14}O_6$, Formel X.

B. Beim Erhitzen von 9-Hydroxy-10-oxo-9,10-dihydro-anthracen-1-carbonsäure-lacton
mit Nitrobenzol (*Scholl, Wallenstein*, B. **69** [1936] 503, 513).

Krystalle (aus Trichlorbenzol, Nitrobenzol oder Py.); F: 282° [Zers.].

Tetraoxo-Verbindungen $C_{35}H_{24}O_6$

4-Benzhydryl-5-phenyl-6,6a,9a,10,10a,10b-hexahydro-6,10-ätheno-naphtho[1,2-*c*;6,7-*c'*]=
difuran-1,3,7,9-tetraon, 7-Benzhydryl-8-phenyl-1,2,3,4,4a,5-hexahydro-1,4-ätheno-
naphthalin-2,3,5,6-tetracarbonsäure-2,3;5,6-dianhydrid $C_{35}H_{24}O_6$.

a) Opt.-inakt. Stereoisomeres vom F: 314°; vermutlich (±)-7-Benzhydryl-8-phenyl-(4ar)-1,2,3,4,4a,5-hexahydro-1t,4t-ätheno-naphthalin-2c,3c,5t,6-tetracarbonsäure-2,3;5,6-dianhydrid $C_{35}H_{24}O_6$, Formel I + Spiegelbild.

B. Neben grösseren Mengen des unter b) beschriebenen Stereoisomeren beim Erhitzen von Tetraphenyl-allen mit Maleinsäure-anhydrid in Xylol (*Alder et al.*, B. **92** [1959] 99, 105).

Krystalle (aus Acn. + Bzn.); F: 314°.

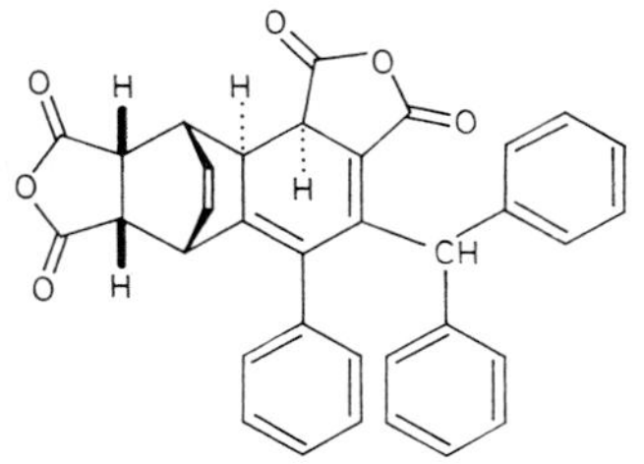

I 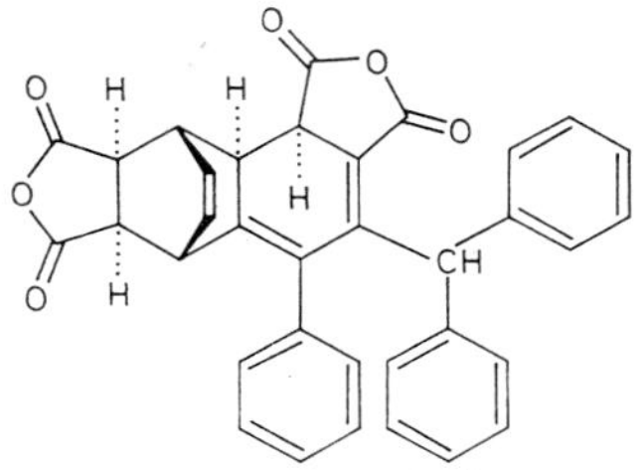   II

b) Opt.-inakt. Stereoisomeres vom F: 327°; vermutlich (±)-7-Benzhydryl-8-phenyl-(4ar)-1,2,3,4,4a,5-hexahydro-1t,4t-ätheno-naphthalin-2t,3t,5t,6-tetracarbonsäure-2,3;5,6-dianhydrid $C_{35}H_{24}O_6$, Formel II + Spiegelbild.

B. s. bei dem unter a) beschriebenen Stereoisomeren.

Krystalle (aus Nitrobenzol); F: 327° [Zers.] (*Alder et al.*, B. **92** [1959] 99, 105).

Tetraoxo-Verbindungen $C_nH_{2n-48}O_6$

Dibenzo[d,d']chryseno[3,2-b;9,8-b']dithiophen-6,9,15,18-tetraon $C_{30}H_{12}O_4S_2$, Formel III.

B. Beim Erwärmen von 1,5-Bis-[3-carboxy-benzo[b]thiophen-2-carbonyl]-naphthalin mit Phosphorylchlorid und Phosphor(V)-chlorid und Erwärmen des Reaktionsprodukts mit Aluminiumchlorid in Nitrobenzol (*Mayer*, A. **488** [1931] 259, 296).

Braune Krystalle (aus Nitrobenzol), die unterhalb von 350° nicht schmelzen.

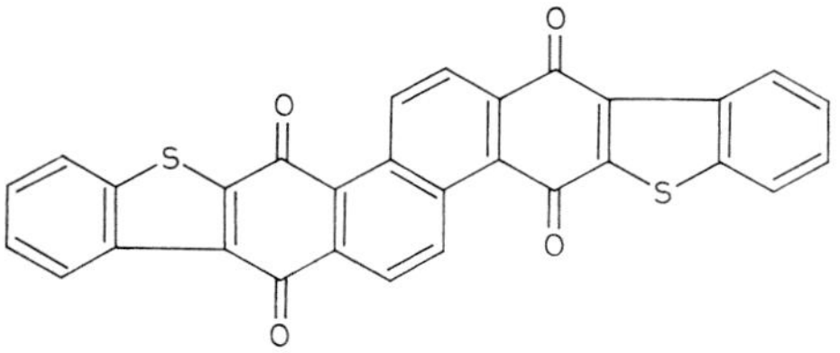

III 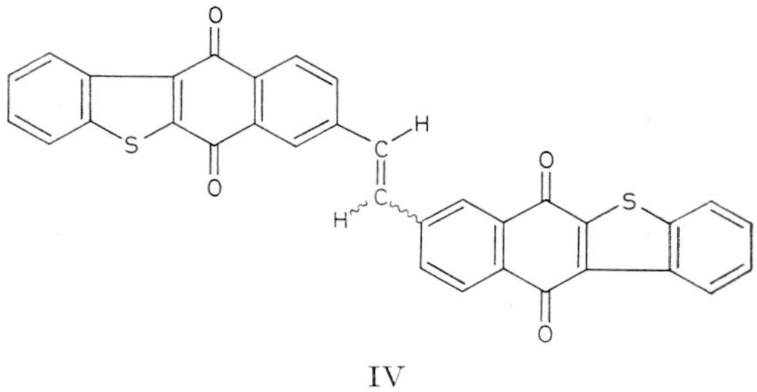   IV

Tetraoxo-Verbindungen $C_nH_{2n-52}O_6$

(Ξ)-1,2-Bis-[6,11-dioxo-6,11-dihydro-benzo[b]naphtho[2,3-d]thiophen-8-yl]-äthylen $C_{34}H_{16}O_4S_2$, Formel IV.

B. Beim Erhitzen von 8-Dibrommethyl-benzo[b]naphtho[2,3-d]thiophen-6,11-chinon mit Kupfer-Pulver in Nitrobenzol (*Mayer*, A. **488** [1931] 259, 282).

Rote Krystalle (aus Chinolin), die unterhalb von 350° nicht schmelzen.

Tetraoxo-Verbindungen $C_nH_{2n-54}O_6$

Tetraoxo-Verbindungen $C_{32}H_{10}O_6$

Benzo[7,8]coroneno[1,2-c;5,6-c']difuran-1,3,12,14-tetraon, Benzo[a]coronen-3,4,7,8-tetracarbonsäure-3,4;7,8-dianhydrid $C_{32}H_{10}O_6$, Formel V.

B. Beim Erhitzen von Naphtho[1,2,3,4-def]chrysen mit Maleinsäure-anhydrid und Tetrachlor-[1,4]benzochinon (Clar et al., Tetrahedron 6 [1959] 358, 361).

Bei 460° erfolgt Zersetzung.

V   VI

Tetraoxo-Verbindungen $C_{36}H_{18}O_6$

*14c,17a,18,19-Tetrahydro-14b,17b-furo[3,4]ätheno-phenanthro[1',10',9',8';5,6,7,8]=piceno[13,14-c]furan-15,17,20,22-tetraon, 15,16,-Dihydro-14b,16a-äthano-tribenzo=[fg,ij,rst]pentaphen-15,16,17,18-tetracarbonsäure-15,16;17,18-dianhydrid** $C_{36}H_{18}O_6$, Formel VI.

B. Beim Erhitzen von 15,16-Dihydro-tribenzo[fg,ij,rst]pentaphen-15r,16c-dicarbon=säure-anhydrid (E III/IV 17 6664) mit Maleinsäure-anhydrid (Clar, Zander, Soc. 1958 1861, 1865).

Krystalle; F: 364° [Zers.; evakuierte Kapillare]. Absorptionsspektrum (Acetanhydrid; 290—390 nm): Clar, Za., l. c. S. 1862.

Tetraoxo-Verbindungen $C_{38}H_{22}O_6$

3,7-Dibenzoyl-2,8-diphenyl-pyrano[3,2-g]chromen-4,6-dion $C_{38}H_{22}O_6$, Formel VII.

B. Beim Erhitzen von 4,6-Diacetyl-resorcin mit Benzoesäure-anhydrid und Natrium=benzoat auf 200° (Algar et al., Pr. Irish Acad. 41 B [1933] 155, 158).

Krystalle (aus $CHCl_3$ + A.); F: 292°.

VII   VIII

*Opt.-inakt. 5,10,15,18,19,20,24,25-Octahydro-5,18;10,15-bis-furo[3,4]ätheno-heptaphen-21,23,26,28-tetraon, 5,10,15,18-Tetrahydro-5,18;10,15-diäthano-heptaphen-19,20,21,22-tetracarbonsäure-19,20;21,22-dianhydrid** $C_{38}H_{22}O_6$, Formel VIII.

B. Beim Erhitzen von Heptaphen mit Maleinsäure-anhydrid in Xylol (Clar, Kelly, Am.

Soc. **76** [1954] 3502).

Krystalle; F: 292—296° [unkorr.; Zers.; evakuierte Kapillare].

Tetraoxo-Verbindungen C$_{44}$H$_{34}$O$_6$

*Opt.-inakt. 7,7'-Bis-[2,2-diphenyl-vinyl]-3a,4,7,7a,3'a,4',7',7'a-octahydro-[4,4']biiso≈ benzofuranyl-1,3,1',3'-tetraon, 6,6'-Bis-[2,2-diphenyl-vinyl]-[3,3']bicyclohex-1-enyl-4,5,4',5'-tetracarbonsäure-4,5;4',5'-dianhydrid C$_{44}$H$_{34}$O$_6$, Formel IX.

B. Neben 3ξ,6ξ-Bis-[4,4-diphenyl-buta-1,3-dien-ξ-yl]-cyclohex-4-en-1*r*,2*c*-dicarbon≈ säure-anhydrid (F: 260—261°) beim Erhitzen von 1,1,12,12-Tetraphenyl-dodeca-1,3,5,≈ 7,9,11-hexaen vom F: 214° mit Maleinsäure-anhydrid in Xylol (*Alder, Schumacher*, A. **570** [1950] 178, 187).

Krystalle (aus E. + Bzn.); F: 243°.

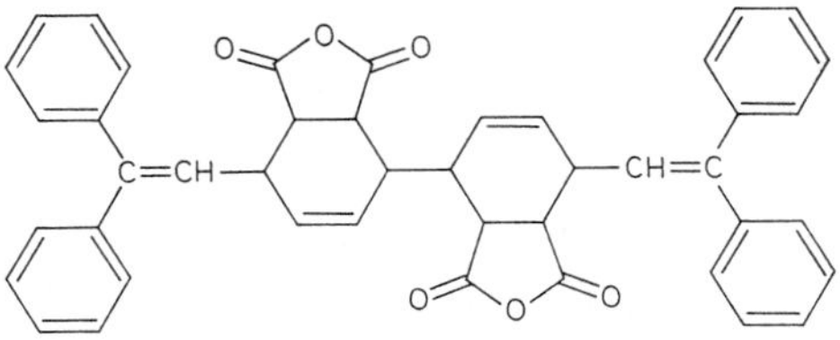

IX

Tetraoxo-Verbindungen C$_n$H$_{2n-58}$O$_6$

Tetraoxo-Verbindungen C$_{36}$H$_{14}$O$_6$

Naphtho[2,3-*i*]naphtho[2',3';6,7]xantheno[2,1,9,8-*klmna*]xanthen-5,10,15,20-tetraon, Dinaphtho[2,3-*b*;2',3'-*k*]perixanthenoxanthen-5,10,15,20-tetraon C$_{36}$H$_{14}$O$_6$, Formel X.

B. Beim Erhitzen von 3,9-Bis-[2-carboxy-benzoyl]-perixanthenoxanthen mit Phosphor≈ (V)-oxid, Trichlorbenzol und Benzoylchlorid (*Pummerer et al.*, A. **553** [1942] 103, 131).

Braune Krystalle (aus Trichlorbenzol). Bei 320—330° erfolgt Zersetzung.

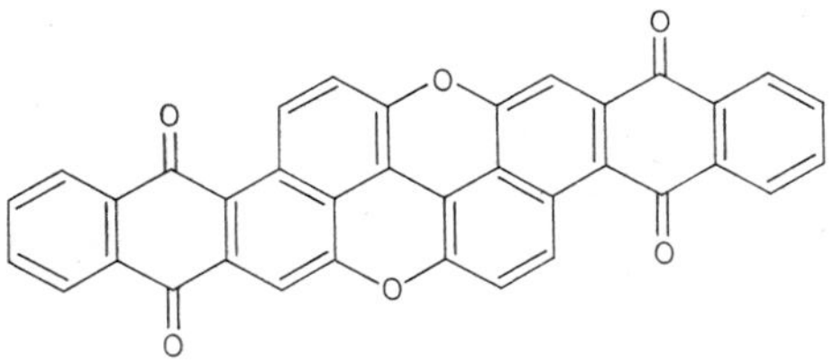

X 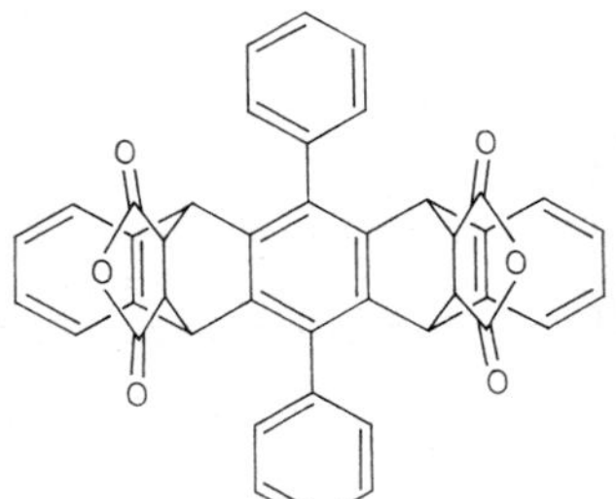   XI

Tetraoxo-Verbindungen C$_{42}$H$_{26}$O$_6$

*6,13-Diphenyl-5,7,12,14,15,16,20,21-octahydro-5,14;7,12-bis-furo[3,4]ätheno-pentacen-17,19,22,24-tetraon, 6,13-Diphenyl-5,7,12,14-tetrahydro-5,14;7,12-diäthano-pentacen-15,16,17,18-tetracarbonsäure-15,16;17,18-dianhydrid C$_{42}$H$_{26}$O$_6$, Formel XI.

B. Neben 6,13-Diphenyl-5,14-dihydro-5,14-äthano-pentacen-15*r*,16*c*-dicarbonsäure-an≈ hydrid (E III/IV **17** 6670) beim Erhitzen von 6,13-Diphenyl-pentacen mit Maleinsäure-anhydrid in Xylol (*Allen, Bell*, Am. Soc. **64** [1942] 1253, 1259).

Krystalle (aus Bzl. + Eg.); F: 255° [Zers.].

Tetraoxo-Verbindungen $C_nH_{2n-60}O_6$

Tetraoxo-Verbindungen $C_{36}H_{12}O_6$

Dibenzo[7,8;11,12]coroneno[1,2-*c*;5,6-*c'*]difuran-1,3,14,16-tetraon, Dibenzo[*a,g*]coronen-5,6,9,10-tetracarbonsäure-5,6;9,10-dianhydrid $C_{36}H_{12}O_6$, Formel XII.

B. Beim Erhitzen von Dibenzo[*h,rst*]pentaphen mit Maleinsäure-anhydrid und Tetra chlor-[1,4]benzochinon (*Clar et al.*, Tetrahedron **6** [1959] 358, 361).
Oberhalb von 500° erfolgt Zersetzung.

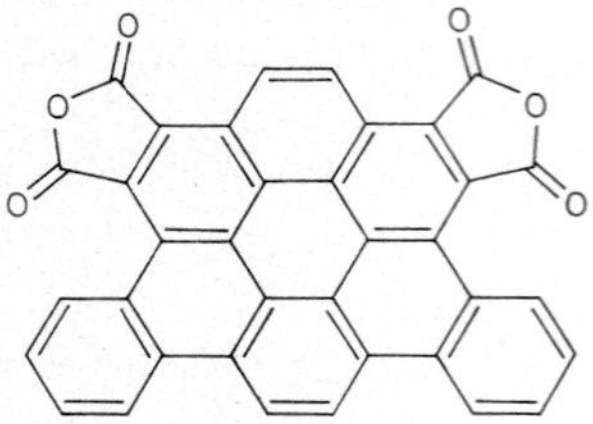

XII

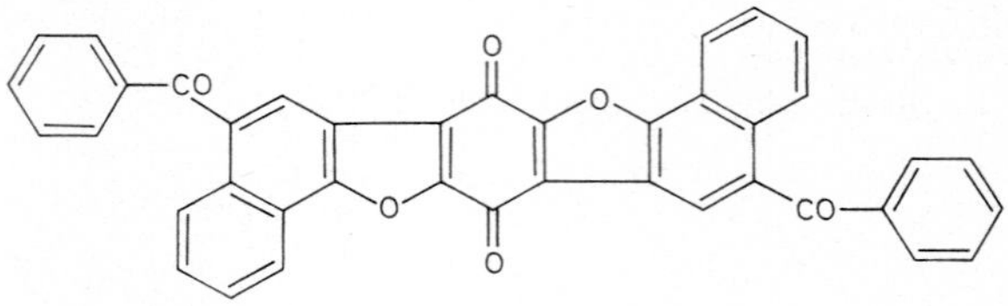

XIII

Tetraoxo-Verbindungen $C_{40}H_{20}O_6$

5,13-Dibenzoyl-dinaphtho[2,1-*d*;2',1'-*d'*]benzo[1,2-*b*;4,5-*b'*]difuran-7,15-dion $C_{40}H_{20}O_6$, Formel XIII.

B. Beim Erhitzen von Tetrachlor-[1,4]benzochinon mit [4-Hydroxy-[1]naphthyl]-phenyl-keton und Pyridin (*Acharya et al.*, J. scient. ind. Res. India **16** B [1957] 400, 407).
Rote Krystalle (aus Chlorbenzol), die unterhalb von 360° nicht schmelzen.

Tetraoxo-Verbindungen $C_nH_{2n-62}O_6$

Tetraoxo-Verbindungen $C_{41}H_{20}O_6$

*Bis-[3-oxo-2-(2-oxo-acenaphthen-1-yliden)-2,3-dihydro-benzo[*b*]thiophen-5-yl]-methan $C_{41}H_{20}O_4S_2$, Formel XIV (R = X = H) oder Stereoisomere.

B. Beim Erhitzen von Bis-[3-hydroxy-benzo[*b*]thiophen-5-yl]-methan (aus Bis-[4-carb oxymethylmercapto-phenyl]-methan hergestellt) mit Acenaphthenchinon, Essigsäure und wss. Salzsäure (*Dutta, Mandal*, J. Indian chem. Soc. **32** [1955] 497, 499).
Rote Krystalle (aus Nitrobenzol), die unterhalb von 305° nicht schmelzen.

Bis-[2-(5-nitro-2-oxo-acenaphthen-1-yliden)-3-oxo-2,3-dihydro-benzo[*b*]thiophen-5-yl]-methan $C_{41}H_{18}N_2O_8S_2$, Formel XIV (R = NO_2, X = H) oder Stereoisomere, und
Bis-[2-(6-nitro-2-oxo-acenaphthen-1-yliden)-3-oxo-2,3-dihydro-benzo[*b*]thiophen-5-yl]-methan $C_{41}H_{18}N_2O_8S_2$, Formel XIV (R = H, X = NO_2) oder Stereoisomere.
Diese Konstitutionsformeln kommen für die nachstehend beschriebene Verbindung in Betracht.

B. Beim Erhitzen von Bis-[3-hydroxy-benzo[*b*]thiophen-5-yl]-methan (aus Bis-[4-carb oxymethylmercapto-phenyl]-methan hergestellt) mit 5-Nitro-acenaphthenchinon, Essig säure und wss. Salzsäure (*Dutta, Mandal*, J. Indian chem. Soc. **32** [1955] 497, 499).
Rotviolette Krystalle (aus Nitrobenzol); F: 230° [nach Sintern bei 195°].

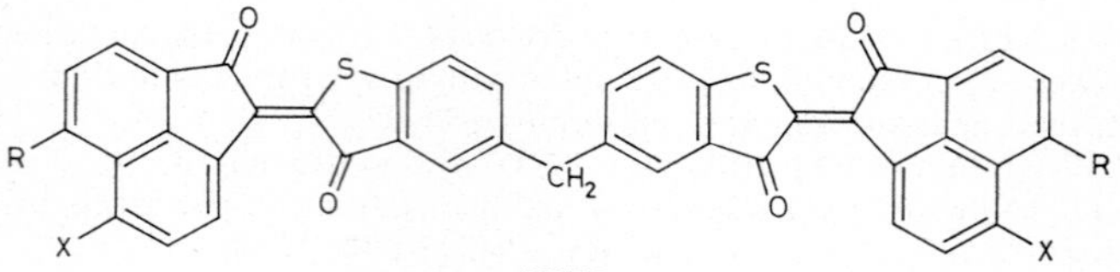

XIV

*Bis-[2-(5,6-dinitro-2-oxo-acenaphthen-1-yliden)-3-oxo-2,3-dihydro-benzo[*b*]thiophen-5-yl]-methan $C_{41}H_{16}N_4O_{12}S_2$, Formel XIV (R = X = NO$_2$) oder Stereoisomere.

B. Beim Erhitzen von Bis-[3-hydroxy-benzo[*b*]thiophen-5-yl]-methan (aus Bis-[4-carboxymethylmercapto-phenyl]-methan hergestellt) mit 5,6-Dinitro-acenaphthenchinon, Essigsäure und wss. Salzsäure (*Dutta, Mandal,* J. Indian chem. Soc. **32** [1955] 497, 499).

Violette Krystalle (aus Nitrobenzol), die unterhalb von 300° nicht schmelzen.

Tetraoxo-Verbindungen $C_{44}H_{26}O_6$

7,7′-Bis-[2,2-diphenyl-vinyl]-[4,4′]biisobenzofuranyl-1,3,1′,3′-tetraon, 7,7′-Bis-[2,2-diphenyl-vinyl]-[4,4′]biphthalanyl-1,3,1′,3′-tetraon, **4,4′-Bis-[2,2-diphenyl-vinyl]-biphenyl-2,3,2′,3′-tetracarbonsäure-2,3;2′,3′-dianhydrid** $C_{44}H_{26}O_6$, Formel XV.

B. Beim Erhitzen von 6,6′-Bis-[2,2-diphenyl-vinyl]-[3,3′]bicyclohex-1-enyl-4,5,4′,5′-tetracarbonsäure-4,5;4′,5′-dianhydrid (S. 2291) mit Selendioxid und Acetanhydrid (*Alder, Schumacher,* A. **570** [1950] 178, 188).

Gelbrote Krystalle (aus E.); F: 274°.

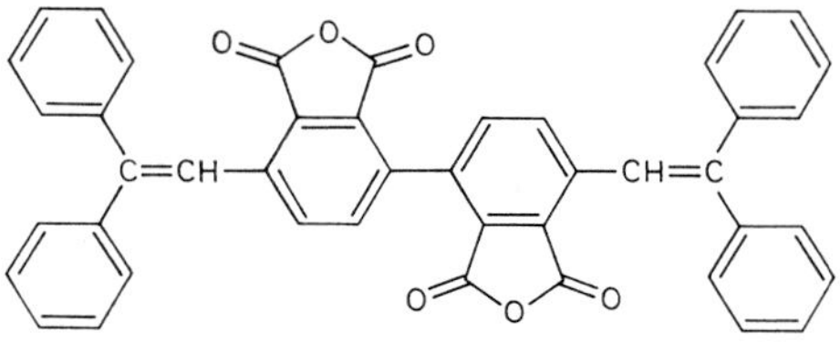

XV 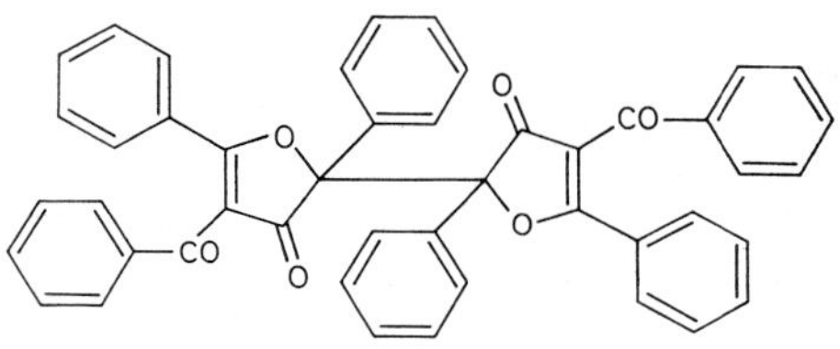   XVI

Tetraoxo-Verbindungen $C_{46}H_{30}O_6$

*Opt.-inakt. 4,4′-Dibenzoyl-2,5,2′,5′-tetraphenyl-[2,2′]bifuryl-3,3′-dion $C_{46}H_{30}O_6$, Formel XVI.

B. In kleiner Menge beim Erwärmen von 3-Acetoxy-4-benzoyl-2,5-diphenyl-furan mit Phosphor(V)-chlorid (*Dien, Lutz,* Am. Soc. **78** [1956] 1987, 1991). In kleiner Menge neben 2-Benzoyl-1,4-diphenyl-but-2-en-1,4-dion beim Erhitzen von [2,5-Diphenyl-[3]furyl]-phenyl-keton mit Essigsäure und wss. Wasserstoffperoxid (*Lutz, Dien,* J. org. Chem. **23** [1958] 1861, 1868).

Krystalle (aus Bzl. + A.); F: 260—262° [korr.] (*Dien, Lutz*). UV-Absorptionsmaxima (A.): 255 nm und 302 nm (*Dien, Lutz; Lutz, Dien*).

Tetraoxo-Verbindungen $C_nH_{2n-66}O_6$

*Bis-[3-oxo-2-(10-oxo-10*H*-[9]phenanthryliden)-2,3-dihydro-benzo[*b*]thiophen-5-yl]-methan $C_{45}H_{24}O_4S_2$, Formel VII oder Stereoisomere.

B. Beim Erhitzen von Bis-[3-hydroxy-benzo[*b*]thiophen-5-yl]-methan (aus Bis-[4-carboxymethylmercapto-phenyl]-methan hergestellt) mit Phenanthren-9,10-chinon, Essigsäure und wss. Salzsäure (*Dutta, Mandal,* J. Indian chem. Soc. **32** [1955] 497, 500).

Braune Krystalle (aus Nitrobenzol), die unterhalb von 300° nicht schmelzen.

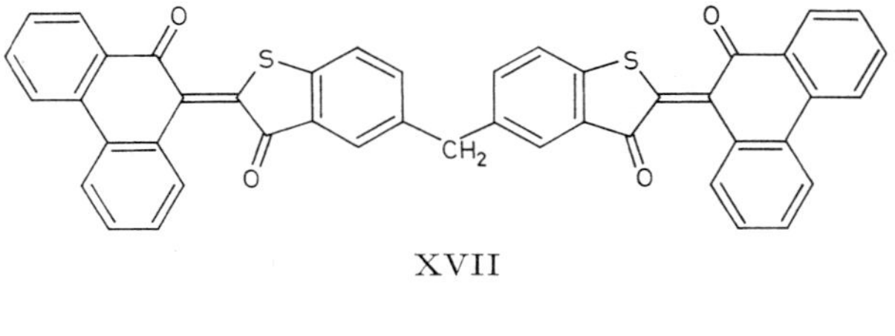

XVII

Tetraoxo-Verbindungen $C_nH_{2n-74}O_6$

Dibenzo[1,16;8,9]pyranthreno[4,5-*efg*;12,13-*e'*,*f'*,*g'*]diisobenzofuran-1,3,11,13-tetraon, Tetrabenzo[*def*,*lm*,*qrs*,*yz*]pyranthren-8,9,17,18-tetracarbonsäure-8,9;17,18-dianhydrid $C_{44}H_{14}O_6$, Formel XVIII.

B. Beim Erhitzen von Dibenzo[*lm*,*yz*]pyranthren mit Maleinsäure-anhydrid und anschliessend mit Tetrachlor-[1,4]benzochinon (*Clar, Kühn,* A. **601** [1956] 181, 192).

Braun; fest.

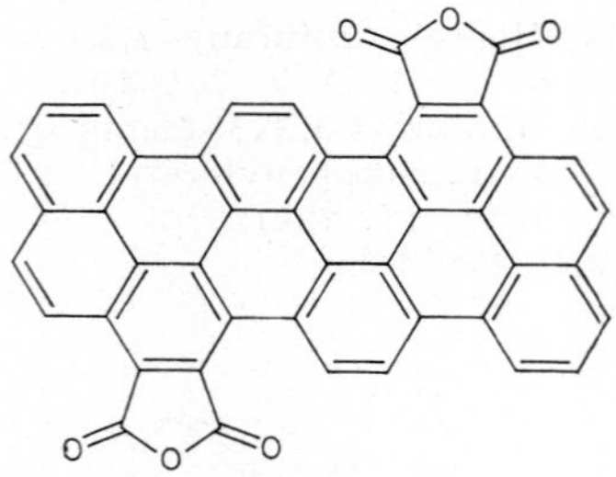

XVIII

[*Höffer*]

E. Pentaoxo-Verbindungen

Pentaoxo-Verbindungen $C_nH_{2n-12}O_7$

Bis-[4,5-dioxo-tetrahydro-[3]furyl]-keton $C_9H_6O_7$, Formel I, und Tautomere (z. B.
Bis-[4-hydroxy-5-oxo-2,5-dihydro-[3]furyl]-keton).
   B. Beim Behandeln der Dinatrium-Verbindung des 2,4,6-Trioxo-heptandisäure-di≠
äthylesters mit wss. Formaldehyd-Lösung und anschliessend mit wss. Salzsäure (*Puetzer
et al.*, Am. Soc. **67** [1945] 832, 836).
   Gelbe Krystalle (aus Acn.); F: 187° [Zers.].

I   II

Pentaoxo-Verbindungen $C_nH_{2n-18}O_7$

**5,5′-Diacetyl-5′H-[2,3′]bipyranyl-6,2′,6′-trion, 6-Hydroxy-2,10-dioxo-undeca-4t,6t,8t-
trien-3,5,9-tricarbonsäure-3,5-anhydrid-9-lacton** $C_{14}H_{10}O_7$, Formel II, und Tautomere
(z. B. 5,5′-Diacetyl-6′-hydroxy-[2,3′]bipyranyl-6,2′-dion).
   Diese Konstitution kommt der früher (s. H **3** 881 [im Artikel Äthylxanthophansäure]
und E II **10** 662 [im Artikel Diäthylxanthophansäure]) beschriebenen Verbindung
$C_{14}H_{10}O_7$ zu (*Crombie et al.*, Soc. [C] **1967** 763, 767).
   Gelbe Krystalle (aus CHCl₃ + Me. oder aus Eg.); F: 282—283° [Zers.] (*Cr. et al.*, l. c.
S. 772). ¹H-NMR-Absorption (Trifluoressigsäure) und ¹H-¹H-Spin-Spin-Kopplungskonstante: *Cr. et al.*, l. c. S. 772. IR-Banden (Nujol) im Bereich von 1730 cm⁻¹ bis
1530 cm⁻¹: *Cr. et al.*, l. c. S. 772. Absorptionsmaxima (A.): 308 nm, 403 nm und 488 nm
[A.] (*Cr. et al.*, l. c. S. 767) bzw. 300 nm, 470 nm und 495 nm [äthanol. Kalilauge] (*Cr.
et al.*, l. c. S. 772).

Pentaoxo-Verbindungen $C_nH_{2n-20}O_7$

**(±)-4t-Methyl-(3ar,6ac,9ac,10ac,10bc)-3a,4,6,6a,9a,10,10a,10b-octahydro-6t,10t-äthano-
naphtho[1,2-c;6,7-c′]difuran-1,3,7,9,11-pentaon, (±)-7t-Methyl-9-oxo-(4ar)-1,2,3,4,4a,≠
5,6,7-octahydro-1t,4t-äthano-naphthalin-2t,3t,5t,6t-tetracarbonsäure-2,3;5,6-dianhydrid**
$C_{17}H_{14}O_7$, Formel III (X = O) + Spiegelbild.
   B. Beim Erhitzen von (±)-9,9-Dihydroxy-7t-methyl-(4ar)-1,2,3,4,4a,5,6,7-octahydro-
1t,4t-äthano-naphthalin-2t,3t,5t,6t-tetracarbonsäure-5-lacton (E III **10** 4167) mit Acet≠
anhydrid (*Bruckner, Kovács*, J. org. Chem. **13** [1948] 641, 648). Beim Erhitzen von
(±)-9-Methoxy-7t-methyl-(4ar)-1,2,3,4,4a,5,6,7-octahydro-1t,4t-ätheno-naphthalin-2t,3t,≠
5t,6t-tetracarbonsäure-2,3;5,6-dianhydrid mit Ameisensäure (*Br., Ko.*).
   Krystalle (aus Nitrobenzol); F: 268° [Zers.].

**(±)-4t-Methyl-(3ar,6ac,9ac,10ac,10bc)-3a,4,6,6a,9a,10,10a,10b-octahydro-6t,10t-äthano-
naptho[1,2-c;6,7-c′]difuran-1,3,7,9,11-pentaon-11-[O-acetyl-oxim], (±)-9-Acetoxy≠
imino-7t-methyl-(4ar)-1,2,3,4,4a,5,6,7-octahydro-1t,4t-äthano-naphthalin-2t,3t,5t,6t-
tetracarbonsäure-2,3;5,6-dianhydrid** $C_{19}H_{17}NO_8$, Formel III (X = N-O-CO-CH₃)
+ Spiegelbild.
   Diese Konstitution kommt vermutlich der nachstehend beschriebenen Verbindung zu
(*Brucker, Kovács*, J. org. Chem. **13** [1948] 641, 649).

B. Beim Erhitzen der aus (±)-9,9-Dihydroxy-7*t*-methyl-(4a*r*)-1,2,3,4,4a,5,6,7-octahydro-1*t*,4*t*-äthano-naphthalin-2*t*,3*t*,5*t*,6*t*-tetracarbonsäure-5-lacton und Hydroxylamin-hydrochlorid erhaltenen Verbindung $C_{17}H_{19}NO_9$ vom F: 210—211° (s. E III **10** 4167) mit Acetanhydrid (*Br., Ko.*).

Krystalle; F: 270—272° [Zers.].

III

IV

Pentaoxo-Verbindungen $C_nH_{2n-22}O_7$

(4a*R*)-4a-Methyl-4*c*-{2-[(1*R*)-1-methyl-2-oxo-5*t*-(6-oxo-6*H*-pyran-3-yl)-cyclopent-*r*-yl]-äthyl}-(4a*r*)-4,4a,5,6-tetrahydro-isochromen-1,3,7-trion, 21-Hydroxy-3,14-dioxo-6,8;8,14-diseco-*B*-nor-chola-4,20,22-trien-6,8,24-trisäure-6,8-anhydrid-24-lacton $C_{23}H_{24}O_7$, Formel IV.

Diese Konstitution und Konfiguration kommt wahrscheinlich der nachstehend beschriebenen Verbindung zu (*v. Wartburg, Renz*, Helv. **42** [1959] 1620, 1631).

B. Beim Behandeln von Desacetylscillirosidin (3*β*,6*β*,8,14-Tetrahydroxy-14*β*-bufa-4,20,22-trienolid [E III/IV **18** 3177]) mit Chrom(VI)-oxid und Essigsäure (*v. Wa., Renz*, l. c. S. 1640).

Gelbliche Krystalle (aus Acn.); F: 244—254° [Kofler-App.] (*v. Wa., Renz*, l. c. S. 1641). IR-Spektrum (4000—700 cm⁻¹): *v. Wa., Renz*, l. c. S. 1631. UV-Absorptionsmaxima (Me.): 230 nm und 298 nm (*v. Wa., Renz*, l. c. S. 1641).

Pentaoxo-Verbindungen $C_nH_{2n-28}O_7$

Pentaoxo-Verbindungen $C_{21}H_{14}O_7$

1,1-Bis-[2,4-dioxo-chroman-3-yl]-aceton $C_{21}H_{14}O_7$, Formel V, und Tautomere (z. B. 1,1-Bis-[4-hydroxy-2-oxo-2*H*-chromen-3-yl]-aceton).

B. Beim Erhitzen von 4-Hydroxy-cumarin (E III/IV **17** 6153) mit Pyruvaldehyd-1-oxim in Wasser (*Fučik, Lábler*, Collect. **16/17** [1951/52] 319, 322). Beim Erhitzen einer wss. Lösung der Kalium-Verbindung des 4-Hydroxy-cumarins mit 1,1-Dichlor-aceton (*Fučik, Kořistek*, Collect. **16/17** [1951/52] 327, 329).

Krystalle (aus Eg.); F: 246° [unkorr.] (*Fu., Lá.*, l. c. S. 323).

Beim Erhitzen mit Essigsäure und wenig Schwefelsäure ist 3-[4-Hydroxy-2-oxo-2*H*-chromen-3-yl]-2-methyl-furo[3,2-*c*]chromen-4-on, beim Erwärmen mit Thionylchlorid ist daneben 7-Acetyl-7*H*-pyrano[3,2-*c*;5,6-*c'*]dichromen-6,8-dion erhalten worden (*Fu., Lá.*). Bildung von 7-Acetyl-7*H*-pyrano[3,2-*c*;5,6-*c'*]dichromen-6,8-dion und 3-[4-Acetoxy-2-oxo-2*H*-chromen-3-yl]-2-methyl-furo[3,2-*c*]chromen-4-on beim Erhitzen mit Acetanhydrid: *Fu., Lá.*, l. c. S. 324.

Verbindung mit Diäthylamin $C_{21}H_{14}O_7 \cdot C_4H_{11}N$. Krystalle (aus A.); F: 198° [unkorr.] (*Fu., Lá.*, l. c. S. 323).

Pentaoxo-Verbindungen $C_{22}H_{16}O_7$

(±)-5-Phenyl-(3a*r*,6a*c*,9a*c*,10a*c*,10b*c*)-3a,4,6,6a,9a,10,10a,10b-octahydro-6*t*,10*t*-äthano-naphtho[1,2-*c*;6,7-*c'*]difuran-1,3,7,9,11-pentaon, (±)-9-Oxo-8-phenyl-(4a*r*)-1,2,3,4,4a,5,6,7-octahydro-1*t*,4*t*-äthano-naphthalin-2*t*,3*t*,5*t*,6*t*-tetracarbonsäure-2,3;5,6-dianhydrid $C_{22}H_{16}O_7$, Formel VI + Spiegelbild.

B. Beim Erhitzen von (±)-9,9-Dihydroxy-8-phenyl-(4a*r*)-1,2,3,4,4a,5,6,7-octahydro-

$1t,4t$-äthano-naphthalin-$2t,3t,5t,6t$-tetracarbonsäure-5-lacton mit Acetanhydrid (*Bruckner et al.*, J. org. Chem. **16** [1951] 1649, 1654). Beim Erhitzen von ($\pm$)-9-Methoxy-8-phenyl-($4ar$)-1,2,3,4,4a,5,6,7-octahydro-$1t,4t$-ätheno-naphthalin-$2t,3t,5t,6t$-tetracarbonsäure-2,3;=5,6-dianhydrid mit Ameisensäure (*Br. et al.*, l. c. S. 1655).

Krystalle (aus Acetanhydrid); F: 298—300°.

V   VI

Pentaoxo-Verbindungen $C_nH_{2n-36}O_7$

1,2-Bis-[2,4-dioxo-chroman-3-yl]-2-phenyl-äthanon $C_{26}H_{16}O_7$, Formel VII, und Tautomere (z. B. 1,2-Bis-[4-hydroxy-2-oxo-2H-chromen-3-yl]-2-phenyl-äthanon).

Diese Konstitution ist für die nachstehend beschriebene Verbindung in Betracht gezogen worden (*Ziegler et al.*, M. **87** [1956] 439, 441).

B. In kleiner Menge beim Erhitzen von 4-Hydroxy-cumarin (E III/IV **17** 6153) mit DL-Mandelsäure, Phosphorylchlorid und 1,1,2,2-Tetrachlor-äthan (*Zi. et al.*, l. c. S. 445).

Krystalle (aus 1,1,2,2-Tetrachlor-äthan + Bzn.); F: 330° [Zers.].

VII   VIII

Pentaoxo-Verbindungen $C_nH_{2n-40}O_7$

Bis-[1,3-dioxo-benz[*de*]isochromen-6-yl]-keton, 4,4′-Carbonyl-bis-naphthalin-1,8-di=carbonsäure-1,8;1′,8′-dianhydrid $C_{25}H_{10}O_7$, Formel VIII.

B. Beim Erhitzen von Bis-[4,5-dicarboxy-[1]naphthyl]-keton mit Essigsäure oder Nitrobenzol (*Dziewoński et al.*, Roczniki Chem. **13** [1933] 154, 158; C. **1933** I 3567).

Gelbe Krystalle (aus Eg. oder Nitrobenzol); F: 348° (*Dz. et al.*, l. c. S. 159).

Verhalten beim Erwärmen mit Salpetersäure und Schwefelsäure (Bildung einer Verbindung $C_{25}H_8N_2O_{11}$ [gelbe Krystalle; Zers. bei ca. 230°]): *Dz. et al.*, l. c. S. 161. Beim Erwärmen einer Lösung in Äthanol mit wss. Kalilauge und Hydroxylamin-hydrochlorid ist eine Verbindung $C_{25}H_{12}N_2O_7$ (gelbe Krystalle [aus Nitrobenzol]; F: 368—370°), beim Erhitzen einer Lösung in Essigsäure mit Phenylhydrazin sind eine Verbindung $C_{37}H_{22}N_4O_5$ (rote Krystalle; F: ca. 385°) und eine Verbindung $C_{43}H_{28}N_6O_4$ (gelbe Krystalle; F: 362°) erhalten worden (*Dz. et al.*, l. c. S. 160).

F. Hexaoxo-Verbindungen

Hexaoxo-Verbindungen $C_nH_{2n-20}O_8$

$7\xi,7'\xi$-Dihydroxy-8,13,8',13'-tetraoxo-bis-8,13-seco-C-nor-abietan-18-säure-18 → 7';⸗
18' → 7-dilacton[1]), $7\xi,7'\xi$-Dihydroxy-14,14'-dimethyl-8,13,8',13'-tetraoxo-bis-16,20-dinor⸗
labdan-18-säure-18 → 7';18' → 7-dilacton[2]) $C_{38}H_{56}O_8$, Formel I.

Diese Konstitution und Konfiguration kommt wahrscheinlich der nachstehend beschriebenen Verbindung zu (*Ruzicka, Sternbach*, Helv. **24** [1941] 492, 493).

B. Aus $7\xi,8,13,14\xi,7'\xi,8',13',14'\xi$-Octahydroxy-$8\xi,13\xi H,8'\xi,13'\xi H$-bis-abietan-18-säu⸗
re-18→7';18'→7-dilacton ($[\alpha]_D$: $-77°$ [CHCl$_3$]; hergestellt aus Abietinsäure [E III **9**
2904]) beim Behandeln mit Blei(IV)-acetat in Chloroform und Essigsäure sowie beim
Erwärmen mit Chrom(VI)-oxid in Essigsäure (*Ru., St.,* l. c. S. 498).

Krystalle (aus Me. oder aus E. + Hexan); F: 162—164° [korr.] (*Ru., St.*). UV-Spektrum (A.; 220—320 nm): *Ruzicka et al.,* Helv. **24** [1941] 504, 506.

Bis-[4-nitro-phenylhydrazon] $C_{50}H_{66}N_6O_{10}$. Gelbe Krystalle (aus Bzl. + Me.);
F: 275—277° [korr.] (*Ru., St.,* l. c. S. 499).

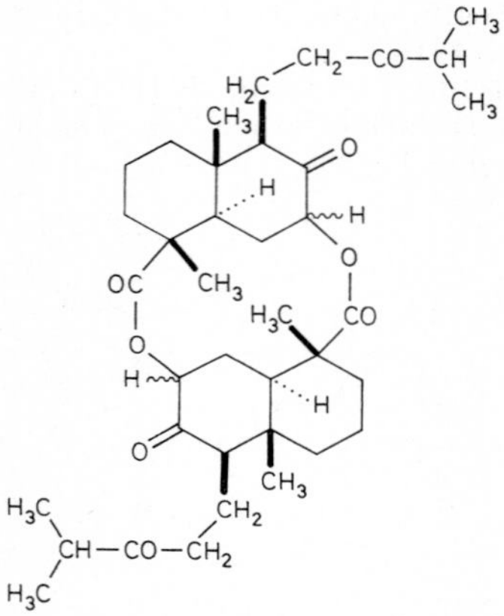

I 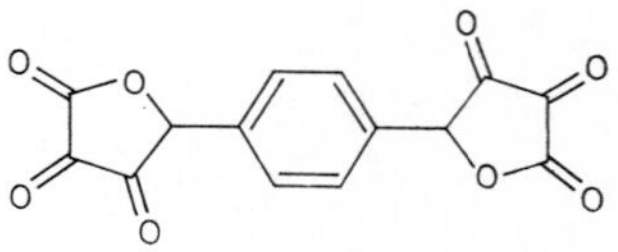   II

Hexaoxo-Verbindungen $C_nH_{2n-22}O_8$

*Opt.-inakt. 1,4-Bis-[trioxo-tetrahydro-[2]furyl]-benzol $C_{14}H_6O_8$, Formel II.

B. Beim Behandeln von opt.-inakt. 1,4-Bis-[3,4-dihydroxy-5-imino-2,5-dihydro-[2]⸗
furyl]-benzol (aus Terephthalaldehyd, Glyoxal und Kaliumcyanid hergestellt) mit wss.
Schwefelsäure, Aceton und wss. Natriumnitrit-Lösung (*Hasselquist*, Ark. Kemi **9** [1956]
489, 491).

Krystalle, die unterhalb von 300° nicht schmelzen.

Hexaoxo-Verbindungen $C_nH_{2n-30}O_8$

*Opt.-inakt. 1,4-Bis-[4,5-dioxo-2-phenyl-tetrahydro-[3]furyl]-butan-1,4-dion $C_{24}H_{18}O_8$,
Formel III, und Tautomere.

B. Beim Behandeln von 2,4,7,9-Tetraoxo-decandisäure-diäthylester mit Benzaldehyd
(2 Mol) und wenig Piperidin (*Musante, Stener*, G. **86** [1965] 1111, 1121).

---

[1]) Stellungsbezeichnung bei von A b i e t a n abgeleiteten Namen s. E III **5** 1310.
[2]) Stellungsbezeichnung bei von L a b d a n abgeleiteten Namen s. E IV **5** 368, 369.

Krystalle (aus Me. oder A.); F: 228—230° [Zers.].

Tetrakis-phenylhydrazon $C_{48}H_{42}N_8O_4$. Orangegelbe Krystalle (aus A.); F: 135° bis 137° [Zers.] (*Mu., St.*, l. c. S. 1123).

Bis-[4-nitro-phenylhydrazon] $C_{36}H_{28}N_6O_{10}$. Orangegelb; F: 167—170° [nach Sintern] (*Mu., St.*, l. c. S. 1122).

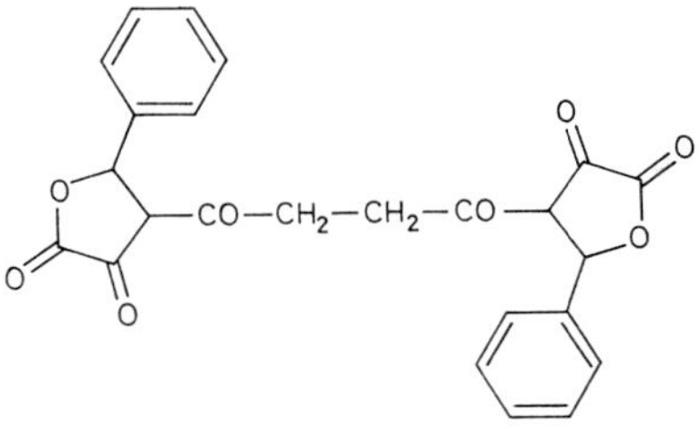

III

Hexaoxo-Verbindungen $C_nH_{2n-52}O_8$

*[3,3']Bi[anthra[1,2-*b*]furanyliden]-2,6,11,2',6',11'-hexaon $C_{32}H_{12}O_8$, Formel IV oder Stereoisomeres.

B. Beim Erwärmen von [1-Hydroxy-9,10-dioxo-9,10-dihydro-[2]anthryl]-essigsäure mit Thionylchlorid (2 Mol) und Nitrobenzol oder Xylol (*Marschalk*, Bl. [5] **9** [1942] 826, 829). Beim Erhitzen von 3H-Anthra[1,2-*b*]furan-2,6,11-trion mit Thionylchlorid und Nitro= benzol (oder Xylol), mit Brom und Nitrobenzol sowie mit Eisen(III)-chlorid oder Chrom(VI)-oxid in Essigsäure (*Ma.*, l. c. S. 830).

Orangerote Krystalle (aus Nitrobenzol); F: 448° [Block].

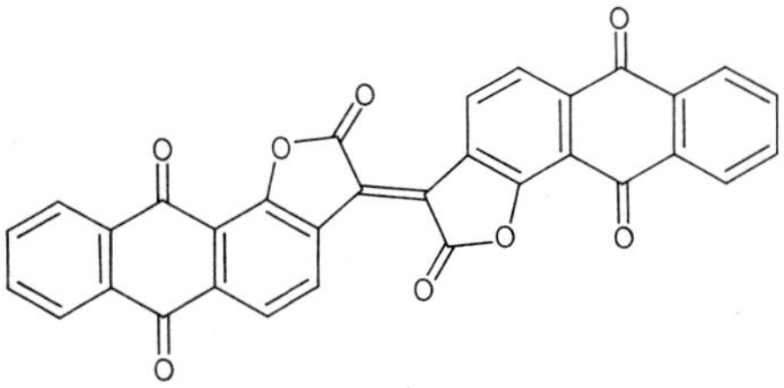

IV 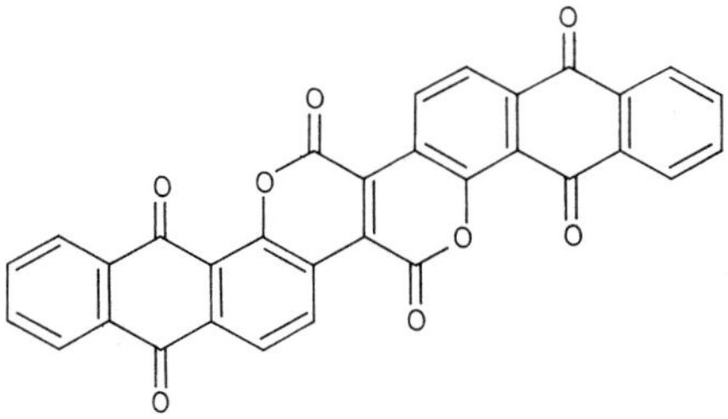   V

Naphtho[2,3-*h*]naphtho[2',3';7,8]chromeno[4,3-*c*]chromen-5,7,10,15,17,20-hexaon $C_{32}H_{12}O_8$, Formel V.

B. Beim Erwärmen von [3,3']Bi[anthra[1,2-*b*]furanyliden]-2,6,11,2',6',11'-hexaon (s. o.) mit konz. Schwefelsäure (*Marschalk*, Bl. [5] **9** [1942] 826, 830).

Gelbe Krystalle (aus Nitrobenzol oder aus 80%ig. wss. Schwefelsäure); F: 491° [Block].

Hexaoxo-Verbindungen $C_nH_{2n-54}O_8$

1,1,6,6-Tetrabenzyl-1,3a,6,8a-tetrahydro-chromeno[5,4,3-*cde*]chromen-2,3,5,7,8,10-hexaon, 3,3,3',3'-Tetrabenzyl-6,6'-dihydroxy-4,5,4',5'-tetraoxo-[1,1']bicyclohex-1-enyl-2,2'-dicarbonsäure-2 → 6'; 2' → 6-dilacton $C_{42}H_{30}O_8$, Formel VI, und Tautomere; Ellago= rubin.

Über die Konstitution s. *Jurd*, Am. Soc. **81** [1959] 4610. In den Krystallen liegt nach Ausweis des IR-Spektrums 1,1,6,6-Tetrabenzyl-3,8-dihydroxy-1,6-dihydro-chromeno[5,4,3-*cde*]chromen-2,5,7,10-tetraon (Formel VII) vor (*Stitt et al.*, Am. Soc. **81** [1959] 4615).

B. Beim Erwärmen von Ellagsäure (2,3,7,8-Tetrahydroxy-chromeno[5,4-3-*cde*]= chromen-5,10-dion) mit Benzylchlorid und wss. Natronlauge und Behandeln des Reaktionsprodukts mit Aceton und wss. Salzsäure (*Schmidt et al.*, B. **88** [1955] 91, 97; s. a. *Jurd*, Am. Soc. **79** [1957] 6043, 6045).

Rote Krystalle; F: 220—224° [unkorr.; aus Acn. oder E.; bei schnellem Erhitzen] (*Sch. et al.*, l. c. S. 98), 220° [aus Acn. + Me.] (*Jurd*, Am. Soc. **81** 4614). ¹H-NMR-Spektrum und ¹H-¹H-Spin-Spin-Kopplungskonstante: *St. et al.*, l. c. S. 4618. IR-Spek=trum (KBr; 2—15 μ): *Sch. et al.*, l. c. S. 95. Absorptionsspektrum (A.; 250—500 nm): *Jurd*, Am. Soc. **79** 6045.

Bei der Hydrierung an Palladium/Kohle in Äthylacetat (*Sch. et al.*, l. c. S. 98; s. a. *Jurd*, Am. Soc. **79** 6046) sowie beim Erwärmen mit Essigsäure und konz. wss. Salzsäure (*Sch. et al.*, l. c. S. 98, 99) ist 1,6-Dibenzyl-2,3,7,8-tetrahydroxy-chromeno[5,4,3-*cde*]=chromen-5,10-dion erhalten worden.

Dikalium-Salz $K_2C_{42}H_{28}O_8$. Blaue hygroskopische Krystalle [aus W.] (*Sch. et al.*, l. c. S. 98).

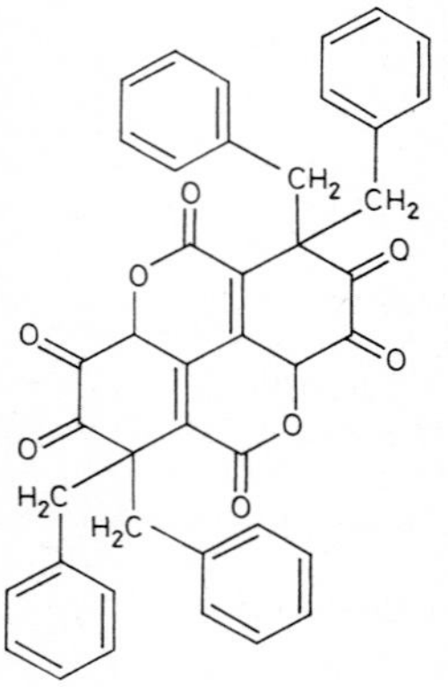

VI 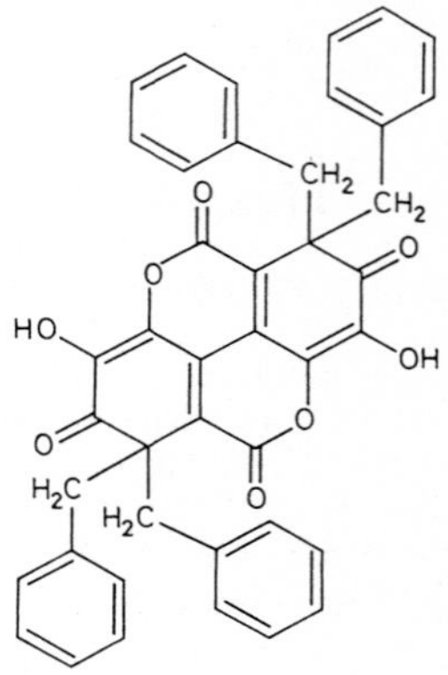   VII

Hexaoxo-Verbindungen $C_nH_{2n-56}O_8$

(1*Ξ*,1‴*Ξ*,2(*E*)-[2,2‴]Bi[dispiro[indan-1,2'-oxiran-3',2''-indan]-yliden]-3,1'',3'',3''',1'''',3'''''-hexaon $C_{36}H_{16}O_8$, Formel VIII.

Diese Konstitution und Konfiguration ist der nachstehend beschriebenen opt.-inakt. Verbindung zugeordnet worden (*Wanag*, A. **494** [1932] 107, 109).

B. Beim Erwärmen von (*E*)-3,3'-Bis-[1,3-dioxo-indan-2-yliden]-[2,2']biindanyliden-1,1'-dion („*trans*-Bis-bindonylen" [E III 7 4871]) mit Pyridin, Essigsäure und wenig Schwefelsäure oder mit Brom in Essigsäure oder Chloroform, jeweils unter Luftzutritt (*Wa.*, l. c. S. 113, 114).

Gelbe Krystalle (aus Nitrobenzol oder aus Trichloressigsäure + Eg.), die oberhalb von 360° sublimieren (*Wa.*, l. c. S. 109).

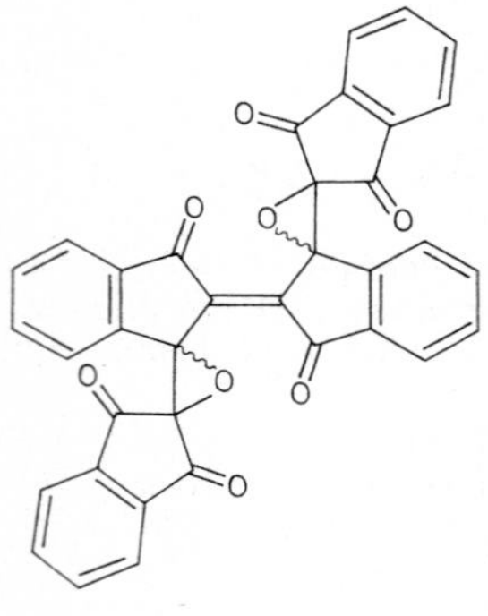

VIII 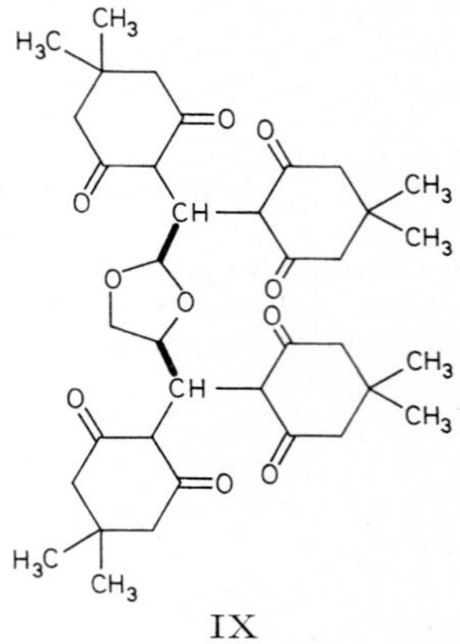   IX

G. Octaoxo-Verbindungen

Octaoxo-Verbindungen $C_nH_{2n-24}O_{10}$

(2R)-cis-2,4-Bis-[bis-(4,4-dimethyl-2,6-dioxo-cyclohexyl)-methyl]-[1,3]dioxolan
$C_{37}H_{50}O_{10}$, Formel IX, und Tautomere (z. B. (2R)-cis-2,4-Bis-[bis-(2-hydroxy-4,4-dimethyl-6-oxo-cyclohex-1-enyl)-methyl]-[1,3]dioxolan).

B. Aus (2R)-cis-[1,3]Dioxolan-2,4-dicarbaldehyd (S. 1925) und Dimedon [5,5-Dimethyl-cyclohexan-1,3-dion] (*van Tamelen et al.*, Am. Soc. **78** [1956] 4817; *Kuhn, Bister*, A. **617** [1958] 92, 104).

Krystalle; F: 135,6—136,2° (*v. Ta. et al.*), 135—136° [aus Me. + Bzn.] (*Kuhn, Bi.*, l. c. S. 104). [α]$_D^{22}$: —16,6° [A.; c = 1] (*Kuhn, Bi.*, l. c. S. 104); [α]$_D^{25}$: —13,3° [A.; c = 0,8] (*v. Ta. et al.*). IR-Spektrum (4000—650 cm⁻¹): *Kuhn, Bi.*, l. c. S. 95.   [*Höffer*]

Sachregister

Das folgende Register enthält die Namen der in diesem Band abgehandelten Verbindungen mit Ausnahme der Namen von Salzen, deren Kationen aus Metall-Ionen, Metallkomplex-Ionen oder protonierten Basen bestehen, und von Addionsverbindungen.

Die im Register aufgeführten Namen („Registernamen") unterscheiden sich von den im Text verwendeten Namen im allgemeinen dadurch, dass Substitutionspräfixe und Hydrierungsgradpräfixe hinter den Stammnamen gesetzt („invertiert") sind, und dass alle zur Konfigurationskennzeichnung dienenden genormten Präfixe und Symbole (s. „Stereochemische Bezeichnungsweisen") weggelassen sind.

Der Registername enthält demnach die folgenden Bestandteile in der angegebenen Reihenfolge:

1. den Register-Stammnamen (in Fettdruck); dieser setzt sich, sofern nicht ein Radikofunktionalname (s. u.) vorliegt, zusammen aus
    a) dem Stammvervielfachungsaffix (z.B. Bi in [1,2']Binaphthyl),
    b) stammabwandelnden Präfixen [1]),
    c) dem Namensstamm (z.B. Hex in Hexan; Pyrr in Pyrrol),
    d) Endungen (z. B. an, en, in zur Kennzeichnung des Sättigungszustandes von Kohlenstoff-Gerüsten; ol, in, olidin zur Kennzeichnung von Ringgrösse und Sättigungszustand bei Heterocyclen; ium, id zur Kennzeichnung der Ladung eines Ions),
    e) dem Funktionssuffix zur Kennzeichnung der Hauptfunktion (z. B. -säure, -carbonsäure, -on, -ol),
    f) Additionssuffixen (z.B. oxid in Äthylenoxid).
2. Substitutionspräfixe, d.h. Präfixe, die den Ersatz von Wasserstoff-Atomen durch andere Atome oder Gruppen („Substituenten") kennzeichnen (z.B. Äthyl-chlor in 2-Äthyl-1-chlor-naphthalin; Epoxy in 1,4-Epoxy-p-menthan).
3. Hydrierungsgradpräfixe (z.B. Hydro in 1,2,3,4-Tetrahydro-naphthalin; Dehydro in 4,4'-Didehydro-β,β'-carotin-3,3'-dion).
4. Funktionsabwandlungssuffixe (z.B. -oxim in Aceton-oxim; -methylester in Bernsteinsäure-dimethylester; -anhydrid in Benzoesäure-anhydrid).

Beispiele:
Dibrom-chlor-methan wird registriert als **Methan,** Dibrom-chlor-;
meso-1,6-Diphenyl-hex-3-in-2,5-diol wird registriert als **Hex-3-in-2,5-diol,** 1,6-Diphenyl-;

---

[1]) Zu den stammabwandelnden Präfixen gehören:

Austauschpräfixe (z.B. Oxa in 3,9-Dioxa-undecan; Thio in Thioessigsäure),

Gerüstabwandlungspräfixe (z. B. Cyclo in 2,5-Cyclo-benzocyclohepten; Bicyclo in Bicyclo[2.2.2]octan; Spiro in Spiro[4.5]octan; Seco in 5,6-Seco-cholestan-5-on; Iso in Isopentan),

Brückenpräfixe (nur in Namen verwendet, deren Stamm ein Ringgerüst ohne Seitenkette bezeichnet; z. B. Methano in 1,4-Methano-naphthalin; Epoxido in 4,7-Epoxido-inden [zum Stammnamen gehörig im Gegensatz zu dem bedeutungsgleichen Substitutionspräfix Epoxy]).

Anellierungspräfixe (z.B. Benzo in Benzocyclohepten; Cyclopenta in Cyclopenta[a]phen=anthren),

Erweiterungspräfixe (z.B. Homo in *D*-Homo-androst-5-en),

Subtraktionspräfixe (z.B. Nor in *A*-Nor-cholestan; Desoxy in 2-Desoxy-hexose).

4a,8a-Dimethyl-octahydro-naphthalin-2-on-semicarbazon wird registriert als
Naphthalin-2-on, 4a,8a-Dimethyl-octahydro-, semicarbazon;
8-Hydroxy-4,5,6,7-tetramethyl-3a,4,7,7a-tetrahydro-4,7-äthano-inden-9-on wird registriert
als **4,7-Äthano-inden-9-on,** 8-Hydroxy-4,5,6.7-tetramethyl-3a,4,7,7a-tetrahydro-.

Besondere Regelungen gelten für Radikofunktionalnamen, d. h. Namen, die
aus einer oder mehreren Radikalbezeichnungen und der Bezeichnung einer
Funktionsklasse (z. B. Äther) oder eines Ions (z.B. Chlorid) zusammengesetzt
sind:

a) Bei Radikofunktionalnamen von Verbindungen, deren (einzige) durch
einen Funktionsklassen-Namen oder Ionen-Namen bezeichnete Funktionsgruppe mit nur einem (einwertigen) Radikal unmittelbar verknüpft ist, umfasst der Register-Stammname die Bezeichnung des Radikals und die Funktionsklassenbezeichnung (oder Ionenbezeichnung) in unveränderter Reihenfolge; ausgenommen von dieser Regelung sind jedoch Radikofunktionalnamen,
die auf die Bezeichnung eines substituierbaren (d. h. Wasserstoff-Atome enthaltenden) Anions enden (s. unter c)). Präfixe, die eine Veränderung des
Radikals ausdrücken, werden hinter den Stammnamen gesetzt[1].

Beispiele:
Äthylbromid, Phenyllithium und Butylamin werden unverändert registriert;
4′-Brom-3-chlor-benzhydrylchlorid wird registriert als **Benzhydrylchlorid,** 4′-Brom-3-chlor-;
1-Methyl-butylamin wird registriert als **Butylamin,** 1-Methyl-.

b) Bei Radikofunktionalnamen von Verbindungen mit einem mehrwertigen
Radikal, das unmittelbar mit den durch Funktionsklassen-Namen oder Ionen-
Namen bezeichneten Funktionsgruppen verknüpft ist, umfasst der Register-
Stammname die Bezeichnung dieses Radikals und die (gegebenenfalls mit
einem Vervielfachungsaffix versehene) Funktionsklassenbezeichnung (oder
Ionenbezeichnung), nicht aber weitere im Namen enthaltene Radikalbezeich-
nungen, auch wenn sie sich auf unmittelbar mit einer der Funktionsgruppen
verknüpfte Radikale beziehen.

Beispiele:
Äthylendiamin und Äthylenchlorid werden unverändert registriert;
6-Methyl-1,2,3,4-tetrahydro-naphthalin-1,4-diyldiamin wird registriert als **Naphthalin-
1,4-diyldiamin,** 6-Methyl-1,2,3,4-tetrahydro-;
N,N-Diäthyl-äthylendiamin wird registriert als **Äthylendiamin,** *N,N*-Diäthyl-.

c) Bei Radikofunktionalnamen, deren (einzige) Funktionsgruppe mit mehreren Radikalen unmittelbar verknüpft ist oder deren als Anion bezeichnete
Funktionsgruppe Wasserstoff-Atome enthält, besteht der Register-Stammname
nur aus der Funktionsklassenbezeichnung (oder Ionenbezeichnung); die
Radikalbezeichnungen werden dahinter angeordnet.

Beispiele:
Benzyl-methyl-amin wird registriert als   **Amin,** Benzyl-methyl-;
Äthyl-trimethyl-ammonium wird registriert als **Ammonium,** Äthyl-trimethyl-;
Diphenyläther wird registriert als **Äther,** Diphenyl-;
[2-Äthyl-[1]naphthyl]-phenyl-keton-oxim wird registriert als **Keton,** [2-Äthyl-
[1]naphthyl]-phenyl-, oxim.

---

[1]) Namen mit Präfixen, die eine Veränderung des als Anion bezeichneten Molekülteils
ausdrücken sollen (z. B. Methyl-chloracetat), werden im Handbuch nicht mehr verwendet.

Nach der sog. Konjunktiv-Nomenklatur gebildete Namen (z. B. Cyclohexanmethanol, 2,3-Naphthalindiessigsäure) werden im Handbuch nicht mehr verwendet.

Massgebend für die Anordnung von Verbindungsnamen sind in erster Linie die nicht kursiv gesetzten Buchstaben des Register-Stammnamens; in zweiter Linie werden die durch Kursivbuchstaben und/oder Ziffern repräsentierten Differenzierungsmarken des Register-Stammnamens berücksichtigt; erst danach entscheiden die nachgestellten Präfixe und zuletzt die Funktionsabwandlungssuffixe.

Beispiele:

o-**Phenylendiamin,** 3-Brom- erscheint unter dem Buchstaben P nach *m*-**Phenylendiamin,** 2,4,6-Trinitro-;

Cyclopenta[*b*]naphthalin, 1-Brom-1*H*- erscheint nach **Cyclopenta[*a*]naphthalin,** 3-Methyl-1*H*-;

Aceton, 1,3-Dibrom-, hydrazon erscheint nach **Aceton,** Chlor-, oxim.

Von griechischen Zahlwörtern abgeleitete Namen oder Namensteile sind einheitlich mit c (nicht mit k) geschrieben.

Die Buchstaben i und j werden unterschieden. Die Umlaute ä, ö und ü gelten hinsichtlich ihrer alphabetischen Einordnung als ae, oe bzw. ue.

A

1(10→19)-Abeo-carda-5,7,9,20(22)-tetraenolid
—, 3,19-Epoxy- 1875
1(10→19)-Abeo-carda-5,7,9-trienolid
—, 3,19-Epoxy- 1861
20(17→18)-Abeo-pregna-4,18(20)-dien-3,16-dion
—, 11,20;14,15-Diepoxy- 2057
1(2→3)-Abeo-pregnan-2-al
—, 20,20-Äthandiyldimercapto- 1737
14(13→12)-Abeo-spirost-12-en-3-on 1811
Acenaphtho[1,2-c][1,2]dithiol-9-thion 1863
Acetaldehyd
—, Benzo[1,3]dioxol-5-yl- 1702
— acetylhydrazon 1703
— [2,4-dinitro-phenylhydrazon] 1703
— oxim 1703
—, Benzo[1,3]dioxol-5-yl-phenyl- 1847
— semicarbazon 1847
—, [1,2]Dithiol-3-yliden- 1621
— [2,4-dinitro-phenylhydrazon] 1621
Acetamid
—, N-[5-Nitro-thieno[2,3-b]thiophen-2-yl]- 1633
—, N-[5-Nitro-3H-thieno[2,3-b]thiophen-2-yliden]- 1633
—, N-Thieno[2,3-b]thiophen-2-yl- 1633
—, N-Thieno[3,2-b]thiophen-2-yl- 1632
—, N-[3H-Thieno[2,3-b]thiophen-2-yliden]- 1633
—, N-[3H-Thieno[3,2-b]thiophen-2-yliden]- 1632
Acetanilid
—, N-[Acetoxy-benzo[1,3]dioxol-5-yl-methyl]- 1654
—, N-[α-Acetoxy-3,4-methylendioxy-benzyl]- 1654
Acetat
—, Piperonylidendi- 1654
Acetessigsäure
—, 2-[3-(3,5-Dimethyl-hepta-1,3-dienyl)-7-hydroxy-7-methyl-8-oxo-7,8-dihydro-isochromen-6-yliden]-,
— lacton 2216
Acetoacetaldehyd
— 1-äthandiylacetal 1577
Aceton
—, Benzo[1,3]dioxol-5-yl- 1710
— [2,4-dinitro-phenylhydrazon] 1710
— hydrazon 1710
—, 1,3-Bis-[3,4-dibrom-5-oxo-2,5-dihydro-[2]furyl]- 2190
—, 1,3-Bis-[3,4-dichlor-5-oxo-2,5-dihydro-[2]furyl]- 2190

—, 1,1-Bis-[2,4-dioxo-chroman-3-yl]- 2296
—, 1,1-Bis-[4-hydroxy-2-oxo-2H-chromen-3-yl]- 2296
—, 1-Brom-1-[1,3]dioxolan-2-yl- 1577
—, 1-Chlor-3-[6-chlor-benzo[1,3]dioxol-5-yl]- 1710
—, [3,4-Dihydro-[2,2']spirobichromen-4-yl]- 1885
— [2,4-dinitro-phenylhydrazon] 1885
— oxim 1885
—, [1,3]Dioxolan-2-yl- 1577
— butylimin 1577
—, [1,3]Dioxolan-2-yliden- 1602
—, 1-[1,3]Dioxolan-2-yl-1-phenyl- 1721
— [2,4-dinitro-phenylhydrazon] 1722
—, [1,3]Dithiolan-2-yl- 1577
—, [2-Methyl-benzo[1,3]dioxol-2-yl]- 1718
—, [4-Methyl-[1,3]dioxan-2-yl]- 1586
— butylimin 1586
—, [2-Methyl-[1,3]dioxolan-2-yl]- 1583
—, [5-Methyl-[1,2]diselenol-3-yliden]- 1623
—, [5-Methyl-[1,2]dithiol-3-yliden]- 1622
— [2,4-dinitro-phenylhydrazon] 1623
—, [6-Nitro-benzo[1,3]dioxol-5-yl]- 1710
— semicarbazon 1711
—, Octahydro[2,3']bipyranyl-2'-yl- 1619
— semicarbazon 1619
—, Piperonyliden- 1756
—, Piperonyloyl- 1988
—, [1,1,3,3-Tetraoxo-1λ^6,3λ^6-[1,3]dithiolan-2-yl]- 1578
Acetopiperon 1701
Acrylaldehyd
—, 2-Äthyl-3-benzo[1,3]dioxol-5-yl- 1762
— oxim 1762
— phenylhydrazon 1762
—, 3-Benzo[1,3]dioxol-5-yl- 1750
—, 3-Benzo[1,3]dioxol-5-yl-2-brom- 1750
— oxim 1751
—, 2-Benzo[1,3]dioxol-5-yl-3-hydroxy-3-phenyl- 2065
—, 3-Benzo[1,3]dioxol-5-yl-2-methyl- 1756
— oxim 1756
— phenylhydrazon 1756
— semicarbazon 1756
—, 3-Benzo[1,3]dioxol-5-yl-2-pentyl- 1771
— phenylhydrazon 1771
— semicarbazon 1771
—, 2-Brom-3-[6-brom-benzo[1,3]dioxol-5-yl]- 1751
— oxim 1751

Acrylsäure
—, 3-[3-Acetyl-8-äthyl-5-hydroxy-2-
   methyl-4-oxo-4*H*-chromen-6-yl]-,
   — lacton 2211
—, 2-Acetyl-3-[7-hydroxy-2-methyl-4-
   oxo-4*H*-chromen-8-yl]-,
   — lacton 2209
—, 3-[3-Acetyl-5-hydroxy-2-methyl-4-
   oxo-4*H*-chromen-6-yl]-,
   — lacton 2209
—, 2-Acetyl-3-[7-hydroxy-5-methyl-2-
   phenyl-chroman-8-yl]-,
   — lacton 2115
—, 2-Acetyl-3-[7-hydroxy-2-phenyl-
   chroman-8-yl]-,
   — lacton 2111
—, 3-[3-Äthyl-6-hydroxy-benzofuran-7-
   yl]-,
   — lacton 1826
—, 3-[7-Äthyl-4-hydroxy-3-methyl-
   benzofuran-5-yl]-,
   — lacton 1830
—, 2-Benzo[*b*]thiophen-3-yl-3-[6-brom-2-
   hydroxy-[1]naphthyl]-,
   — lacton 1907
—, 2-Benzo[*b*]thiophen-3-yl-3-[2-hydroxy-
   [1]naphthyl]-,
   — lacton 1907
—, 3-[2-Benzyliden-4-hydroxy-3-oxo-2,3-
   dihydro-benzofuran-5-yl]-,
   — lacton 2121
—, 3-[3,3-Bis-äthylmercapto-5-hydroxy-
   2,2-dimethyl-chroman-6-yl]-,
   — lacton 2038
—, 2-Brom-3-[7-hydroxy-2,2-dimethyl-
   chroman-6-yl]-,
   — lacton 1797
—, 3-[4-Brom-5-hydroxy-2,3-diphenyl-
   benzofuran-6-yl]-3-phenyl-,
   — lacton 1916
—, 3-[4-Brom-7-hydroxy-2,3-diphenyl-
   benzofuran-6-yl]-3-phenyl-,
   — lacton 1916
—, 3-[8-Brom-5-hydroxy-2-methyl-4-oxo-
   4*H*-chromen-6-yl]-,
   — lacton 2050
—, 3-[6-Brom-2-hydroxy-[1]naphthyl]-2-
   [2]thienyl-,
   — lacton 1887
—, 3-[8-Brom-5-hydroxy-4-oxo-2-styryl-
   4*H*-chromen-6-yl]-,
   — lacton 2135
—, 2-[2-Carboxy-phenyl]-3-[2]furyl-,
   — anhydrid 2061
—, 2-[2-Carboxy-phenyl]-3-[4-nitro-
   [2]thienyl]-,
   — anhydrid 2062

—, 2-[2-Carboxy-phenyl]-3-[5-nitro-
   [2]thienyl]-,
   — anhydrid 2062
—, 2-[2-Carboxy-phenyl]-3-[2]thienyl-,
   — anhydrid 2061
—, 3-[7-Chlor-4-hydroxy-3-methyl-
   benzofuran-5-yl]-,
   — lacton 1822
—, 3-[8-Chlor-5-hydroxy-2-methyl-4-oxo-
   4*H*-chromen-6-yl]-,
   — lacton 2050
—, 3-[3,4-Dibrom-5-hydroxy-2,2-
   dimethyl-chroman-6-yl]-,
   — lacton 1798
—, 3-[3-(2,4-Dinitro-phenylhydrazono)-5-
   hydroxy-2,2-dimethyl-chroman-6-yl]-,
   — lacton 2038
—, 2-[8,9-Epoxy-10-hydroxy-4,8-
   dimethyl-cyclodeca-4-enyl]-,
   — lacton 1731
—, [2]Furyl-2-[2-hydroxy-äthyl]-,
   — lacton 1703
—, 3-[4-Hydroxy-benzofuran-5-yl]-,
   — lacton 1817
—, 3-[6-Hydroxy-benzofuran-5-yl]-,
   — lacton 1816
—, 3-[6-Hydroxy-benzofuran-5-yl]-3-
   phenyl-,
   — lacton 1888
—, 3-[14-Hydroxy-14*H*-dibenzo[*a,j*]≠
   xanthen-14-yl]-,
   — lacton 1911
—, 3-[6-Hydroxy-2,3-dihydro-
   benzofuran-5-yl]-,
   — lacton 1791
—, 3-[6-Hydroxy-2,3-dihydro-
   benzofuran-5-yl]-3-phenyl-,
   — lacton 1879
—, 3-[5-Hydroxy-2,2-dimethyl-chroman-
   6-yl]-,
   — lacton 1797
—, 3-[7-Hydroxy-2,2-dimethyl-chroman-
   6-yl]-,
   — lacton 1797
—, 3-[5-Hydroxy-2,2-dimethyl-
   2*H*-chromen-6-yl]-,
   — lacton 1829
—, 3-[7-Hydroxy-2,2-dimethyl-
   2*H*-chromen-6-yl]-,
   — lacton 1828
—, 3-[5-Hydroxy-2,2-dimethyl-3,4-dioxo-
   chroman-6-yl]-,
   — lacton 2204
—, 3-[5-Hydroxy-2,2-dimethyl-3-(4-nitro-
   phenylhydrazono)-chroman-6-yl]-,
   — lacton 2038
—, 3-[5-Hydroxy-2,2-dimethyl-3-oxo-
   chroman-6-yl]-,
   — lacton 2038

Adipinsäure (Fortsetzung)
—, 3,4-Dihydroxy-3,4-diphenyl-,
  — 1→4;6→3-dilacton 2083
—, 2,5-Dihydroxy-2-methyl-,
  — 1→5;6→2-dilacton 1944

Äthan
—, 1-Äthoxy-2-[1,3]dioxolan-2-yl-1-methoxy- 1570
—, 1-Äthylmercapto-2-[1,3]dioxolan-2-yl-1-methoxy- 1570
—, 1,1-Bis-[5-acetyl-[2]thienyl]- 2017
—, 1,2-Bis-[5-brom-3-oxo-3H-benzo[b]thiophen-2-yliden]- 2122
—, 1,1-Bis-[3-chlor-2,4-dioxo-chroman-3-yl]- 2265
—, 1,1-Bis-[6-chlor-2,4-dioxo-chroman-3-yl]- 2265
—, 1,1-Bis-[6-chlor-4-hydroxy-7-methyl-2-oxo-2H-chromen-3-yl]- 2269
—, 1,1-Bis-[6-chlor-4-hydroxy-2-oxo-2H-chromen-3-yl]- 2265
—, 1,1-Bis-[6-chlor-7-methyl-2,4-dioxo-chroman-3-yl]- 2269
—, 1,2-Bis-[5-chlor-3-oxo-3H-benzo[b]thiophen-2-yliden]- 2122
—, 1,2-Bis-[7-chlor-3-oxo-3H-benzo[b]thiophen-2-yliden]- 2122
—, 1,2-Bis-[2,3-dibrom-5-oxo-tetrahydro-[2]furyl]- 1947
—, 1,1-Bis-[2,4-dioxo-chroman-3-yl]- 2265
—, 1,2-Bis-[2,4-dioxo-chroman-3-yl]- 2265
—, 1,1-Bis-[2,4-dioxo-chroman-3-yl]-2-phenyl- 2281
—, 1,2-Bis-[5-formyl-[2]furyl]- 2013
—, 1,2-Bis-[5-(hydroxyimino-methyl)-[2]furyl]- 2013
—, 1,1-Bis-[4-hydroxy-6-methyl-2-oxo-2H-chromen-3-yl]- 2269
—, 1,1-Bis-[4-hydroxy-2-oxo-2H-chromen-3-yl]- 2265
—, 1,2-Bis-[4-hydroxy-2-oxo-2H-chromen-3-yl]- 2265
—, 1,1-Bis-[4-hydroxy-2-oxo-2H-chromen-3-yl]-2-phenyl- 2281
—, 1,1-Bis-[6-methyl-2,4-dioxo-chroman-3-yl]- 2269
—, 1,2-Bis-[4-methyl-3-oxo-3H-benzo[b]thiophen-2-yliden]- 2126
—, 1,2-Bis-[5-methyl-3-oxo-3H-benzo[b]thiophen-2-yliden]- 2126
—, 1,2-Bis-[6-methyl-3-oxo-3H-benzo[b]thiophen-2-yliden]- 2127
—, 1,2-Bis-[7-methyl-3-oxo-3H-benzo[b]thiophen-2-yliden]- 2127
—, 1,2-Bis-[4-nitro-3-oxo-phthalanyliden]- 2123

—, 1,2-Bis-[5-nitro-3-oxo-phthalanyliden]- 2122
—, 1,2-Bis-[6-nitro-3-oxo-phthalanyliden]- 2122
—, 1,2-Bis-[7-nitro-3-oxo-phthalanyliden]- 2123
—, 1,1-Bis-{5-[1-(4-nitro-phenylhydrazono)-äthyl]-[2]thienyl}- 2017
—, 1,2-Bis-[3-oxo-3H-benzo[b]thiophen-2-yliden]- 2122
—, 1,2-Bis-[5-oxo-2,5-dihydro-[2]furyl]- 1968
—, 1,2-Bis-[5-oxo-4,5-dihydro-[2]furyl]- 1967
—, 1,2-Bis-[1-oxo-1H-naphtho[2,1-b]thiophen-2-yliden]- 2160
—, 1,2-Bis-[3-oxo-3H-naphtho[1,2-b]thiophen-2-yliden]- 2160
—, 1,2-Bis-[3-oxo-3H-naphtho[2,3-b]thiophen-2-yliden]- 2160
—, 1,2-Bis-[3-oxo-5-phenyl-3H-benzo[b]thiophen-2-yliden]- 2171
—, 1,2-Bis-[5-oxo-tetrahydro-[2]furyl]- 1947
—, 1,1-Dichlor-2,2-bis-[2,4-dioxo-chroman-3-yl]- 2265
—, 1,1-Dichlor-2,2-bis-[4-hydroxy-2-oxo-2H-chromen-3-yl]- 2265
—, 1,2-Diphthalidyliden- 2122

Äthandion
—, 1-Benzo[1,3]dioxol-5-yl-2-[4-chlor-phenyl]- 2063
—, 1-Benzo[1,3]dioxol-5-yl-2-phenyl- 2062
  — bis-[2,4-dinitro-phenylhydrazon] 2063
  — mono-[2,4-dinitro-phenylhydrazon] 2063
—, Bis-dibenzofuran-2-yl- 2160
—, 1,2-Bis-[5-methyl-[2]furyl]- 2013
—, 1,2-Di-[2]furyl- 2007
  — bis-[2,4-dinitro-phenylhydrazon] 2009
  — bis-[4-nitro-phenylhydrazon] 2009
  — dioxim 2008
  — mono-oxim 2007
—, 1,2-Di-[2]thienyl- 2009
—, 1,2-Di-[3]thienyl- 2009

9,10-Äthano-anthracen
—, 11,12-Carbonyldioxy-9,10-dihydro- 1879

4,12c-Äthano-anthra[9,1-bc]oxepin-7-carbonsäure
—, 8-Hydroxy-3-methyl-9,12-dioxo-$\Delta^{8a(12a),10}$-dodecahydro-,
  — lacton 2214

Äthanon (Fortsetzung)

—, 2-[5-Methyl-[1,2]dithiol-3-yliden]-1-phenyl- 1791

—, 1-[5-Methyl-naphtho[2,3-*d*][1,3]≠dioxol-6-yl]- 1827

  — [2,4-dinitro-phenylhydrazon] 1827

—, 1-[2-Methyl-2-nonyl-benzo[1,3]dioxol-5-yl]- 1734

  — oxim 1735

  — semicarbazon 1735

—, 1-[5-Methyl-2-phenyl-[1,3]dioxan-5-yl]- 1725

  — [2,4-dinitro-phenylhydrazon] 1726

—, 1-[6-Nitro-benzo[1,3]dioxol-5-yl]- 1702

  — semicarbazon 1702

—, 1-[5-Nitro-thieno[2,3-*b*]thiophen-2-yl]- 1698

  — oxim 1698

—, 1-Phenoxathiin-2-yl- 1842

  — oxim 1843

  — phenylhydrazon 1843

—, 1-Phenoxathiin-2-yl-2-phenyl- 1898

—, 1-[6-Propyl-benzo[1,3]dioxol-5-yl]- 1724

—, 1-[Spiro[benzo[1,3]dioxol-2,1'-cyclohexan]-5-yl]- 1768

  — oxim 1768

  — semicarbazon 1769

—, 1-[Spiro[benzo[1,3]dioxol-2,1'-cyclopentan]-5-yl]- 1766

  — oxim 1766

  — semicarbazon 1767

—, 1-Thieno[2,3-*b*]thiophen-2-yl- 1697

  — [*O*-acetyl-oxim] 1697

  — [2,4-dinitro-phenylhydrazon] 1698

  — [4-nitro-phenylhydrazon] 1697

  — oxim 1697

—, 1-Thieno[3,2-*b*]thiophen-2-yl- 1696

  — [*O*-acetyl-oxim] 1696

  — [2,4-dinitro-phenylhydrazon] 1697

  — [4-nitro-phenylhydrazon] 1697

  — oxim 1696

  — phenylhydrazon 1696

—, 1-[2,4,5-Trimethyl-[1,3]dioxolan-2-yl]- 1588

—, 1-[2,2,4-Trimethyl-5-phenyl-[1,3]dioxolan-4-yl]- 1728

—, 1-[2,2,4-Trimethyl-5-vinyl-[1,3]dioxolan-4-yl]- 1614

1,4-Äthano-naphthalin-2,3,5,6-tetracarbonsäure

—, 9-Acetoxyimino-7-methyl-1,2,3,4,4a,5,≠6,7-octahydro-,

  — 2,3;5,6-dianhydrid 2295

—, 7-Methyl-9-oxo-1,2,3,4,4a,5,6,7-octahydro-,

  — 2,3;5,6-dianhydrid 2295

—, 9-Oxo-8-phenyl-1,2,3,4,4a,5,6,7-octahydro-,

  — 2,3;5,6-dianhydrid 2296

2,4a-Äthano-naphthalin-3,4,9,10-tetracarbonsäure

—, 2-Brom-3,4,5,6,7,8-hexahydro-2*H*-,

  — 3,4;9,10-dianhydrid 2247

—, 3,4,5,6,7,8-Hexahydro-2*H*-,

  — 3,4;9,10-dianhydrid 2247

6,10-Äthano-naphtho[1,2-*c*;6,7-*c'*]difuran-1,3,7,9,11-pentaon

—, 4-Methyl-3a,4,6,6a,9a,10,10a,10b-octahydro- 2295

  — 11-[*O*-acetyl-oxim] 2295

—, 5-Phenyl-3a,4,6,6a,9a,10,10a,10b-octahydro- 2296

2,4a-Äthano-phenanthren-3,4,11,12-tetracarbonsäure

—, 3,4,9,10-Tetrahydro-2*H*-,

  — 3,4;11,12-dianhydrid 2266

6,9-Äthano-pyrano[3,4-*c*]oxepin-1,3-dion

—, 4,7,7,9-Tetramethyl-hexahydro- 1963

3,5-Äthano-pyrano[3,4-*c*]pyran-1,8-dion

—, 3,6-Dimethyl-6-[4-methyl-pent-3-enyl]-hexahydro- 1979

—, 3,6,6-Trimethyl-hexahydro- 1961

14b,16a-Äthano-tribenzo[*fg,ij,rst*]pentaphen-15,16,17,18-tetracarbonsäure

—, 15,16-Dihydro-,

  — 15,16;17,18-dianhydrid 2290

Äthanthion

—, 2-[1,2]Dithiol-3-yliden-1-phenyl- 1788

—, 2-[5-Methyl-[1,2]dithiol-3-yliden]-1-phenyl- 1792

Äthen

—, 1,2-Bis-[2,4-dinitro-phenylmercapto]- 1598

Äthen-1,2-dithiol 1598

4,8-Ätheno-benzo[1,2-*c*;4,5-*c'*]difuran-1,3,5,7-tetraon

—, 9-Äthyl-4-brom-8-methyl-hexahydro- 2242

—, 10-Äthyl-4-methyl-hexahydro- 2242

—, 4-Brom-8,9-dimethyl-hexahydro- 2242

—, 10-Butyl-4-methyl-hexahydro- 2243

—, 4,9-Diäthyl-hexahydro- 2243

—, 9,10-Dibrom-4,8-dimethyl-hexahydro- 2241

—, 4,8-Dimethyl-9,10-diphenyl-hexahydro- 2279

—, 4,8-Dimethyl-hexahydro- 2241

—, 4,9-Dimethyl-hexahydro- 2242

—, 9,10-Dimethyl-hexahydro- 2242

—, 4,10-Dimethyl-hexahydro- 2242

—, 4,8-Diphenyl-hexahydro- 2277

—, 9,10-Diphenyl-hexahydro- 2278

Amin (Fortsetzung)
—, Benzyl-[2-[2]furyl-chromen-4-yliden]-
1839
—, Benzyl-piperonyliden- 1656
—, Biphenyl-4-yl-piperonyliden- 1657
—, [3,4-Bis-benzyloxy-phenäthyl]-
piperonyliden- 1662
—, [2′-Brom-biphenyl-4-yl]-
piperonyliden- 1657
—, [4′-Brom-biphenyl-4-yl]-
piperonyliden- 1657
—, Butyl-[2-[1,3]dioxolan-2-yl-1-methyl-
äthyliden]- 1577
—, Butyl-[1-methyl-2-(4-methyl-
[1,3]dioxan-2-yl)-äthyliden]- 1586
—, Chlor-piperonyliden- 1665
—, Cyclohexyl-piperonyliden- 1654
—, [2,3-Dimethoxy-phenäthyl]-
piperonyliden- 1661
—, [3,4-Dimethoxy-phenäthyl]-
piperonyliden- 1661
—, [4,2′-Dinitro-stilben-α-yl]-
piperonyliden- 1658
—, Fluoren-2-yl-piperonyliden- 1658
—, Indan-2-yl-piperonyliden- 1656
—, [4′-Jod-biphenyl-4-yl]-piperonyliden-
1657
—, [2-(2-Methoxy-[1]naphthyl)-äthyl]-
piperonyliden- 1661
—, [4,5-Methylendioxy-2-nitro-
benzyliden]-[1]naphthyl- 1693
—, Methyl-[2-methyl-5,6-dihydro-2,6-
methano-benz[g][1,3]oxathiocin-4-yliden]-
1764
—, Methyl-[2-methyl-6H-2,6-methano-
benz[g][1,3]oxathiocin-4-yl]- 1764
—, [1]Naphthyl-piperonyliden- 1657
—, [2]Naphthyl-piperonyliden- 1657
—, Phenäthyl-piperonyliden- 1656
—, [1-Phenyl-äthyl]-piperonyliden- 1656
—, Piperonyliden-[4,5,3′,4′-tetramethoxy-
biphenyl-2-yl]- 1662
—, Piperonyliden-[2-[2]thienyl-äthyl]-
1665

Aminoxid
—, Benzyl-piperonyliden- 1656

Ammonium
—, Diäthyl-[1,3]dithian-2-yliden- 1562
—, Diäthyl-[1,3]dithiepan-2-yliden- 1567
—, Diäthyl-[1,3]dithiolan-2-yliden- 1560
—, Dibenzyl-[1,3]dithian-2-yliden- 1562
—, [4,9-Dioxo-4,9-dihydro-naphtho⇒
[[2,3-d][1,3]dithiol-2-yliden]-dimethyl-
2201
—, [1,3]Dithian-2-yliden-dimethyl- 1562
—, [1,3]Dithian-2-yliden-dipropyl- 1562
—, Methyl-phenäthyl-piperonyliden-
1656

Amyrolin 1829
Androsta-5,14-dien-11,16-dion
—, 3,3-Äthandiyldioxy- 2042
Androsta-1,4-dien-3-on
—, 17,17-Äthandiyldioxy- 1804
Androsta-4,9(11)-dien-3-on
—, 17-[1,3]Dioxolan-2-yl- 1804
Androstan-3,17-dion
—, 1,5-Disulfandiyl- 2003
Androstan-6,17-dion
—, 3,3-Äthandiyldioxy- 2004
Androstan-11,17-dion
—, 3,3-Äthandiyldioxy- 2004
Androstan-17-on
—, 3,3-Äthandiyldioxy- 1736
**Androsta-2,4,16-trieno[3,2-b;17,16-b′]difuran-
4′,5′,4″,5″-tetraon** 2260
Androst-4-en-17-carbonsäure
—, 11,18-Epoxy-18-hydroxy-3-oxo-,
— lacton 2041
Androst-5-en-16-carbonsäure
—, 3,3-Äthandiyldioxy-17-oxo-,
— methylester 1776
Androst-4-en-11,17-dion
—, 3,3-Äthandiyldimercapto- 2022
Androst-4-en-3-on
—, 17,17-Äthandiyldioxy- 1776
—, 16,17-Isopropylidendioxy- 1777
—, 17-[2-Methyl-[1,3]oxathiolan-2-yl]- 1778
Androst-4-en-17-on
—, 3,3-Äthandiyldimercapto- 1775
Androst-5-en-3-on
—, 17,17-Äthandiyldioxy-4,4-dimethyl-
1779
Androst-5-en-17-on
—, 3,3-Äthandiyldioxy- 1775
—, 3,3-Äthandiyldioxy-2-methyl- 1777
Anemonin 1986
—, Dihydro- 1967
Angelicin 1817
Anhydrobufalinon 2057
Anhydrodihydrotenulin 2001
Anhydromarinobufagon 2075
Anhydromarmesin 1829
Anhydromarrubiin 1802
Anhydronodakenetin 1829
Anhydrotetrahydromarrubiin 1736
Anhydrotetronsäure 2185
Anilin
—, 4-Äthoxy-2,5-dibrom-
N-piperonyliden- 1659
—, 2-Brom-N-[2-brom-4,5-
methylendioxy-benzyliden]- 1690
—, [2-Brom-4,5-methylendioxy-
benzyliden]- 1689
—, 4-Brom-N-piperonyliden- 1655
—, [2-Chlor-4,5-methylendioxy-
benzyliden]- 1688

Crotonsäure (Fortsetzung)

—, 3-[3-Äthyl-7-hydroxy-2-methyl-4-oxo-
4H-chromen-6-yl]-,
— lacton 2054

—, 3-[3-Äthyl-7-hydroxy-2-methyl-4-oxo-
4H-chromen-8-yl]-,
— lacton 2055

—, 3-[8-Äthyl-7-hydroxy-2-methyl-4-oxo-
4H-chromen-6-yl]-,
— lacton 2055

—, 3-[3-Äthyl-7-hydroxy-4-oxo-2-phenyl-
4H-chromen-8-yl]-,
— lacton 2128

—, 3-[8-Äthyl-7-hydroxy-4-oxo-2-styryl-
4H-chromen-6-yl]-,
— lacton 2139

—, 3-[3-Benzoyl-7-hydroxy-2-(4-nitro-
phenyl)-4-oxo-4H-chromen-8-yl]-,
— lacton 2225

—, 3-[3-Benzoyl-7-hydroxy-4-oxo-2-
phenyl-4H-chromen-8-yl]-,
— lacton 2225

—, 3-[3-Benzoyl-7-hydroxy-4-oxo-2-
o-tolyl-4H-chromen-8-yl]-,
— lacton 2226

—, 3-[1-Benzyl-1-hydroxy-2-phenyl-
äthoxy]-,
— lacton 1873

—, 3-[2-Benzyliden-4-hydroxy-3-oxo-2,3-
dihydro-benzofuran-5-yl]-,
— lacton 2124

—, 2-Brom-3-[6-hydroxy-2,3-dihydro-
benzofuran-5-yl]-,
— lacton 1794

—, 3-[6-Brom-7-hydroxy-2-methyl-4-oxo-
4H-chromen-8-yl]-,
— lacton 2051

—, 3-[3-Butyl-4-hydroxy-benzofuran-5-yl]-,
— lacton 1833

—, 3-[3-Butyl-6-hydroxy-benzofuran-5-yl]-,
— lacton 1833

—, 4-[4-Chlor-phenyl]-4-oxo-2-[2,2,2-
trichlor-1-hydroxy-äthoxy]-,
— lacton 2012

—, 3-[3-Decyl-7-hydroxy-2-methyl-4-oxo-
4H-chromen-6-yl]-,
— lacton 2057

—, 3-[3-Decyl-7-hydroxy-2-methyl-4-oxo-
4H-chromen-8-yl]-,
— lacton 2057

—, 3-[3-Hexadecyl-7-hydroxy-2-methyl-4-
oxo-4H-chromen-6-yl]-,
— lacton 2059

—, 3-[3-Hexadecyl-7-hydroxy-2-methyl-4-
oxo-4H-chromen-8-yl]-,
— lacton 2059

—, 3-[4-Hydroxy-benzofuran-5-yl]-,
— lacton 1821

—, 3-[6-Hydroxy-benzofuran-5-yl]-,
— lacton 1820

—, 3-[6-Hydroxy-2,3-dihydro-
benzofuran-5-yl]-,
— lacton 1794

—, 3-[6-Hydroxy-2,4-dimethyl-2,3-
dihydro-benzofuran-7-yl]-,
— lacton 1799

—, 3-[6-Hydroxy-2,7-dimethyl-2,3-
dihydro-benzofuran-5-yl]-,
— lacton 1798

—, 3-[7-Hydroxy-2,3-dimethyl-4-oxo-
4H-chromen-6-yl]-,
— lacton 2053

—, 3-[7-Hydroxy-2,3-dimethyl-4-oxo-
4H-chromen-8-yl]-,
— lacton 2053

—, 3-[4-Hydroxy-7,12-dioxo-7,12-
dihydro-dinaphtho[1,2-b;2',3'-d]furan-3-
yl]-,
— lacton 2224

—, 3-[4-Hydroxy-8,13-dioxo-8,13-
dihydro-dinaphtho[2,1-b;2',3'-d]furan-3-
yl]-,
— lacton 2225

—, 3-[6-Hydroxy-3-isobutyl-benzofuran-
7-yl]-,
— lacton 1833

—, 3-[α-Hydroxy-isopropoxy]-,
— lacton 1604

—, 3-[6-Hydroxy-2-isopropyliden-3-oxo-
2,3-dihydro-benzofuran-5-yl]-,
— lacton 2054

—, 3-[4-Hydroxy-2-jodmethyl-2,3-
dihydro-benzofuran-5-yl]-,
— lacton 1796

—, 3-[6-Hydroxy-2-jodmethyl-4-methyl-
2,3-dihydro-benzofuran-7-yl]-,
— lacton 1799

—, 3-[6-Hydroxy-2-jodmethyl-7-methyl-
2,3-dihydro-benzofuran-5-yl]-,
— lacton 1799

—, 3-[4-Hydroxy-2-methyl-benzofuran-5-
yl]-,
— lacton 1826

—, 3-[4-Hydroxy-3-methyl-benzofuran-5-
yl]-,
— lacton 1827

—, 3-[6-Hydroxy-3-methyl-benzofuran-5-
yl]-,
— lacton 1825

—, 3-[6-Hydroxy-3-methyl-benzofuran-7-
yl]-,
— lacton 1826

—, 3-[7-Hydroxy-5-methyl-chroman-8-yl]-,
— lacton 1797

—, 3-[7-Hydroxy-2-methyl-4-oxo-
4H-chromen-8-yl]-,
— lacton 2051

Crotonsäure (Fortsetzung)

—, 3-[7-Hydroxy-2-methyl-4-oxo-3-phenyl-4*H*-chromen-8-yl]-,
 — lacton 2126

—, 3-[7-Hydroxy-3-methyl-4-oxo-2-phenyl-4*H*-chromen-8-yl]-,
 — lacton 2126

—, 3-[7-Hydroxy-2-methyl-4-oxo-3-tetradecyl-4*H*-chromen-6-yl]-,
 — lacton 2058

—, 3-[7-Hydroxy-2-methyl-4-oxo-3-tetradecyl-4*H*-chromen-8-yl]-,
 — lacton 2059

—, 3-[1-Hydroxy-1-methyl-propoxy]-,
 — lacton 1607

—, 3-[2-Hydroxy-5-methyl-[3]thienyl]-,
 — lacton 1703

—, 3-[7-Hydroxy-3-(4-nitro-benzoyl)-4-oxo-2-phenyl-4*H*-chromen-8-yl]-,
 — lacton 2225

—, 3-[7-Hydroxy-4-oxo-3-(3-oxo-3-phenyl-propyl)-2-phenyl-4*H*-chromen-8-yl]-,
 — lacton 2226

—, 3-[7-Hydroxy-4-oxo-3-phenacyl-2-phenyl-4*H*-chromen-8-yl]-,
 — lacton 2225

—, 3-[7-Hydroxy-4-oxo-2-phenyl-chroman-8-yl]-,
 — lacton 2107

—, 3-[7-Hydroxy-4-oxo-2-phenyl-4*H*-chromen-8-yl]-,
 — lacton 2124

—, 3-[7-Hydroxy-4-oxo-2-phenyl-3-*o*-toluoyl-4*H*-chromen-8-yl]-,
 — lacton 2226

—, 3-[7-Hydroxy-4-oxo-3-*o*-toluoyl-2-*o*-tolyl-4*H*-chromen-8-yl]-,
 — lacton 2226

—, 3-[7-Hydroxy-4-oxo-2-*o*-tolyl-4*H*-chromen-8-yl]-,
 — lacton 2125

—, 3-[6-Hydroxy-3-pentadecyl-benzofuran-7-yl]-,
 — lacton 1835

—, 3-[1-Hydroxy-1-phenyl-äthoxy]-,
 — lacton 1760

—, 3-[4-Hydroxy-3-phenyl-benzofuran-5-yl]-,
 — lacton 1892

—, 3-[6-Hydroxy-3-phenyl-benzofuran-5-yl]-,
 — lacton 1890

—, 3-[6-Hydroxy-3-phenyl-benzofuran-7-yl]-,
 — lacton 1891

—, 3-[4-Hydroxy-3-propyl-benzofuran-5-yl]-,
 — lacton 1832

—, 3-[6-Hydroxy-3-propyl-benzofuran-5-yl]-,
 — lacton 1831

—, 3-[6-Hydroxy-3-propyl-benzofuran-7-yl]-,
 — lacton 1831

—, 3-[4-Hydroxy-3-*m*-tolyl-benzofuran-5-yl]-,
 — lacton 1892

—, 3-[4-Hydroxy-3-*o*-tolyl-benzofuran-5-yl]-,
 — lacton 1892

—, 3-[4-Hydroxy-3-*p*-tolyl-benzofuran-5-yl]-,
 — lacton 1893

—, 3-[6-Hydroxy-3-undecyl-benzofuran-7-yl]-,
 — lacton 1834

—, 4,4,4-Trichlor-3-[1-hydroxy-cyclohexyloxy]-,
 — lacton 1626

Cumarin

—, 3-Benzo[*b*]thiophen-3-yl- 1889

—, 3-Benzo[*b*]thiophen-3-yl-6-brom- 1890

—, 3-Benzo[*b*]thiophen-3-yl-6-chlor- 1889

—, 6-Benzyl-3-[thiophen-2-carbonyl]- 2137

—, 6-Brom-3-[thiophen-2-carbonyl]- 2061

—, 6-Chlor-3-[thiophen-2-carbonyl]- 2061

—, 6,8-Dibrom-3-[thiophen-2-carbonyl]- 2061

—, 6,8-Dichlor-3-[thiophen-2-carbonyl]- 2061

—, 6,8-Dijod-3-[thiophen-2-carbonyl]- 2061

—, 3-[3-[2]Furyl-acryloyl]-4-hydroxy- 2215

—, 3-[1-[2]Furyl-3-oxo-butyl]-4-hydroxy- 2211

—, 3-[1-[2]Furyl-3-oxo-3-phenyl-propyl]-4-hydroxy- 2222

—, 4-Hydroxy-3-[4-hydroxy-6-methyl-2-oxo-2*H*-pyran-3-ylmethyl]- 2250

—, 4-Hydroxy-3-[1-(4-oxo-4*H*-chromen-3-yl)-äthyl]- 2219

—, 4-Hydroxy-3-[1-(4-oxo-4*H*-chromen-3-yl)-butyl]- 2221

—, 4-Hydroxy-3-[4-oxo-4*H*-chromen-3-ylmethyl]- 2219

—, 4-Hydroxy-3-[1-(4-oxo-4*H*-chromen-3-yl)-propyl]- 2221

—, 3-[2]Thienyl- 1839

Cycloartan-3-on

—, 2,2-Propandiyldimercapto- 1788

Dicyclopenta[*b,g*][1,6]dioxecin-5,11-dion
—, 1,2,3,6,7,8,9,12-Octahydro- 1992
Dicyclopenta[1,4]dioxin-1,2-dion
—, 3,5,7,8a-Tetramethyl-3a,8a-dihydro-
3*H*,5*H*- 1992
Dicyclopenta[1,4]dioxin-2,6-dion
—, 3,7-Dimethyl-1,4a,5,8a-tetrahydro- 1989
Dicyclopenta[1,4]dioxin-1-on
—, 2-Chlor-2-hydroxy-3,5,7,8a-
tetramethyl-2,3,3a,8a-tetrahydro-5*H*- 1993
—, 2-Chlor-2-methoxy-3,5,7,8a-
tetramethyl-2,3,3a,8a-tetrahydro-5*H*- 1993
—, 2,2-Diacetoxy-3,5,7,8a-tetramethyl-
2,3,3a,8a-tetrahydro-5*H*- 1993
—, 2,2-Dihydroxy-3,5,7,8a-tetramethyl-
2,3,3a,8a-tetrahydro-5*H*- 1993
—, 2-Hydroxy-3,5,7,8a-tetramethyl-
3a,8a-dihydro-5*H*- 1992
5,14;7,12-Diepoxido-pentacen-6,13-dion
—, 5,7,12,14-Tetraphenyl-5,5a,6a,7,12,⚌
12a,13a,14-octahydro- 2181
α-Diepoxydieucarvelon 1979
ε-Diepoxydieucarvelon 1980
Dieucarvelon
—, α-Diepoxy- 1979
—, ε-Diepoxy- 1980
Diflavon 2150
Diglykolid 1922
Diglykolsäure
— anhydrid 1924
Dihydroalantolactonoxid 1639
Dihydroanemonin 1967
Dihydrodioscoreasapogenon 1783
Dihydrodiosgenon 1783
Dihydroglaucansäure 2238
Dihydromonascin 2196
Dihydromonascorubrin 2207
Dihydrooroselon 1830
Dihydroparthenolid 1639
Dihydropsoralen 1791
Dihydroresorcin
—, 5,5-Dimethyl-2-[3,4-methylendioxy-
cinnamoyl]- 2206
— bis-[2,4-dinitro-phenylhydrazon] 2206
—, 4,4,6-Trimethyl-2-[3,4-methylendioxy-
cinnamoyl]- 2206
Dihydrorubropunctatin 2206
α-Dihydrosantoninoxid 1977
β-Dihydrosantoninoxid 1997
— oxim 1997
Dihydroseselin 1797
Dihydrotrianhydrostrophanthidin 1861
Dihydrotrichothecodion 1976
Dihydroxanthyletin 1797
Di-*m*-kresotid 2066
Di-*o*-kresotid 2066
Di-*p*-kresotid 2066
Dilactid 1927

Dilactylsäure
— anhydrid 1927
4,7;4′,7′-Dimethano-[4,4′]biisobenzofuranyl-
1,3,1′,3′-tetraon
—, 7,7a,7′,7′a-Tetrahydro-3a*H*,3′a*H*- 2255
1,4;5,8-Dimethano-naphthalin
—, 2,3-Carbonyldioxy-1,2,3,4,4a,5,8,8a-
octahydro- 1767
4,9;5,8-Dimethano-naphtho[2,3-*d*][1,3]dioxol-2-on
—, 3a,4,4a,5,8,8a,9,9a-Octahydro- 1767
1,5;6,10-Dimethano-oxepino[4,5-*d*]oxepin-
2,4,7,9-tetraon
—, Hexahydro- 2237
3,6;9,12-Dimethano-oxocino[3,2-*c*]chromen-
2,7-dion
—, 3,9,13,13,14,14-Hexamethyl-3,4,5,6,9,⚌
10,11,12-octahydro- 2043
Dinaphtho[1,2-*d*;1′,2′-*d′*]benzo[1,2-*b*;4,5-*b′*]⚌
difuran-8,16-dion 2164
—, 3,11-Dibrom- 2164
Dinaphtho[2,1-*d*;2′,1′-*d′*]benzo[1,2-*b*;4,5-*b′*]⚌
difuran-7,15-dion 2164
—, 5,13-Dibenzoyl- 2292
—, 5,13-Dibrom- 2164
Dinaphtho[1,2-*d*;1′,2′-*b′*]benzo[1,2-*b*;5,4-*d′*]⚌
dithiophen-8,16-dion 2164
Dinaphtho[1,2-*b*;1′,2′-*g*][1,6]dioxecin-8,17-dion
—, 7,16-Dimethyl-5,7,14,16-tetrahydro-
6*H*,15*H*- 2140
Dinaphtho[2,3-*b*;2′,3′-*e*][1,4]dioxin-5,14-dion
2141
Dinaphtho[2,3-*b*;2′,3′-*f*][1,5]dioxocin-7,15-
dion 2146
Dinaphtho[2,3-*b*;2′,3′-*k*]perixanthenoxanthen
s. Naphtho[2,3-*i*]naphtho[2′,3′;6,7]⚌
xantheno[2,1,9,8-*klmna*]xanthen
Dinaphtho[3,2,1-*cd*;3′,2′,1′-*lm*]⚌
perixanthenoxanthen-5,14-dion 2180
Dinaphtho[2,3-*b*;2′,3′-*k*]perixanthenoxanthen-
5,10,15,20-tetraon 2291
16,20-Dinor-labdan-18-säure
—, 7,7′-Dihydroxy-14,14′-dimethyl-
8,13,8′,13′-tetraoxo-bis-,
— 18→7′;18′→7-dilacton 2298
17,19-Dinor-labda-4,13(16),14-trien-18-säure
—, 15,16-Epoxy-5-hydroxymethyl-9-
methyl-,
— lacton 1802
A,C-Dinor-ursan-27,28-disäure
—, 9,13-Dihydroxy-2,11-dioxo-,
— 27→9;28→13-dilacton 2253
Dioscoreasapogenon
—, Dihydro- 1783
Diosgenon 1809
—, Dihydro- 1783
8,17-Dioxa-anthra[7,8,9,1,2,3-*rstuvwx*]benzo[*o*]⚌
hexaphen-5,14-dion 2180
9,15-Dioxa-anthra[3,2,1,9,8-*rstuva*]pentaphen-
3-on 1918

6,8;8,14-Diseco-*B*-nor-chola-4,20,22-trien-
6,8,24-trisäure
—, 21-Hydroxy-3,14-dioxo-,
— 6,8-anhydrid-24-lacton 2296
[1,2]Diselenepin-5-on
—, 3,7-Dimethyl- 1623
[1,2]Diselenepin-5-thion
—, 3,7-Dimethyl- 1623
7λ⁴-[1,2]Diselenolo[1,5-*b*][1,2]thioselenol
—, 2,5-Dimethyl- 1623
Dispiro[anthracen-9,3'-[1,2]dioxan-6',9''-
anthracen]-10,10''-dion 2167
Dispiro[benzo[1,3]dioxin-2,1'-cyclohexa-3',5'-
dien-2',2''-chroman]
—, 6,8,4',6',6'',8''-Hexamethyl-4*H*- 1895
Dispiro[fluoren-9,1'-cyclopropan-2',2''-indan]-
1'',3''-dion
—, 3'-Benzo[1,3]dioxol-5-yl- 2172
Dispiro[fluoren-9,1'-furo[3,4-*c*]furan-4',9''-
fluoren]-3',6'-dion
—, 3'a,6'a-Dihydro- 2172
Dispiro[indan-2,2'-[1,4]dioxan-5',2''-indan]-
3',6'-dion
—, Dodecahydro- 2004
Dispiro[indan-1,2'-[1,3]dioxan-5',2''-indan]-1''-on
1886
— oxim 1886
Dispiro[naphtho[1,2-*c*]furan-3,1'-cyclobutan-
2',3''-naphtho[1,2-*c*]furan]-1,1''-dion
—, 3',4'-Diphenyl- 2180
Dispiro[naphtho[1,2-*c*]furan-3,1'-cyclobutan-
3',3''-naphtho[1,2-*c*]furan]-1,1''-dion
—, 2',4'-Diphenyl- 2180
Dispiro[5.1.5.1]tetradecan-7,14-dion
— mono-propandiyldithioacetal 1640
Disulfid
—, Bis-[2-piperonylidencarbazoyl-phenyl]-
1681
1,9-Dithia-cyclohexadecan-5,13-dion 1935
1,5-Dithia-cyclopentadecan-3-on 1592
— semicarbazon 1593
1,3-Dithia-cyclotridecan-2-thion 1590
1,4-Dithia-dispiro[4.1.4.3]tetradecan-9-on
—, 8-Isopropyl-11,14-dimethyl- 1632
[1,4]Dithian
—, 2,5-Bis-[1]naphthylimino-3,6-dinitro-
1923
—, 2,5-Dinitro-3,6-bis-phenylimino-
1922
—, 2,5-Dinitro-3,6-bis-*p*-tolylimino- 1923
—, 2,2,5,5-Tetrakis-
äthoxycarbonylmethylmercapto- 1924
—, 2,2,5,5-Tetrakis-[benzylcarbamoyl-
methylmercapto]- 1924
—, 2,2,5,5-Tetrakis-benzylmercapto-
1923
—, 2,2,5,5-Tetrakis-
carbazoylmethylmercapto- 1924

—, 2,2,5,5-Tetrakis-[2-carboxy-
äthylmercapto]- 1924
—, 2,2,5,5-Tetrakis-
carboxymethylmercapto- 1923
—, 2,2,5,5-Tetrakis-
methoxycarbonylmethylmercapto- 1923
—, 2,2,5,5-Tetrakis-phenylmercapto-
1923
[1,4]Dithian-2,3-dion 1921
— bis-[4-nitro-phenylhydrazon] 1922
[1,4]Dithian-2,5-dion 1922
— mono-[2,4-dinitro-phenylhydrazon]
1922
—, 3,6-Dinitro-,
— bis-[1]naphthylimin 1923
— bis-phenylimin 1922
— bis-*p*-tolylimin 1923
[1,3]Dithian-2-on
—, 5-Methyl-,
— phenylhydrazon 1569
[1,3]Dithian-5-on 1563
— oxim 1563
— phenylhydrazon 1563
— semicarbazon 1563
— thiosemicarbazon 1563
—, 4,6-Bis-[1]naphthylmethylen- 1911
—, 2-[2-Chlor-phenyl]- 1705
—, 4,6-Dibenzyliden- 1879
—, 2,2-Dimethyl- 1576
— semicarbazon 1576
— thiosemicarbazon 1576
—, 2-Methyl- 1568
— semicarbazon 1568
— thiosemicarbazon 1568
[1,3]Dithian-2-thion 1563
—, 5-Methyl- 1569
1,4-Dithia-spiro[4.5]decan-6-on 1609
1,4-Dithia-spiro[4.17]docosan-14-on 1621
1,4-Dithia-spiro[4.15]eicosan-13-on 1621
1,5-Dithia-spiro[5.5]undecan-3-on 1612
— semicarbazon 1612
— thiosemicarbazon 1612
21,22-Dithia-tricyclo[16.2.1.1⁸,¹¹]docosa-
8,10,18,20-tetraen-2,12-dion 2041
27,28-Dithia-tricyclo[22.2.1.1¹¹,¹⁴]octacosa-
11,13,24,26-tetraen-2,15-dion 2045
29,30-Dithia-tricyclo[24.2.1.1¹²,¹⁵]triaconta-
12,14,26,28-tetraen-2,16-dion 2048
8,12-Dithia-trispiro[5.0.5.0.5.1]nonadecan-19-on
1640
[1,5]Dithiecan-3-on
— semicarbazon 1585
[1,3]Dithiecan-2-thion 1585
1,12-Di-(2,5)thiena-cyclodocosan-2,13-dion
2048
1,11-Di-(2,5)thiena-cycloeicosan-2,12-dion
2045
1,8-Di-(2,5)thiena-cyclotetradecan-2,9-dion
2041

E

Essigsäure (Fortsetzung)
—, [1,4]Dithian-2,2,5,5-
tetrayltetramercapto-tetra- 1923
— tetraäthylester 1924
— tetrahydrazid 1924
— tetrakis-benzylamid 1924
— tetramethylester 1923
—, [1-Hydroxy-äthoxy]-,
— lacton 1564
—, [2-Hydroxy-äthoxy]-,
— lacton 1563
—, [1-Hydroxy-äthoxy]-diphenyl-,
— lacton 1849
—, [1-Hydroxy-äthoxy]-phenyl-,
— lacton 1706
—, [2-(1-Hydroxy-äthoxy)-2,5,5,8a-
tetramethyl-decahydro-[1]naphthyl]-,
— lacton 1632
—, [α-Hydroxy-benzylmercapto]-,
— lacton 1698
—, [α-Hydroxy-benzylmercapto]-
diphenyl-,
— lacton 1898
—, [α-Hydroxy-benzyloxy]-phenyl-,
— lacton 1844
—, [α-Hydroxy-cinnamylmercapto]-,
— lacton 1755
—, [1-Hydroxy-cycloheptylmercapto]-
diphenyl-,
— lacton 1874
—, [1-Hydroxy-cyclohexylmercapto]-
diphenyl-,
— lacton 1874
—, [4-Hydroxy-5,6-dihydro-2*H*-pyran-3-
yl]-,
— lacton 1624
—, [1-Hydroxy-9,10-dioxo-9,10-dihydro-
[2]anthryl]-[3-oxo-3*H*-benzo[*b*]thiophen-2-
yliden]-,
— lacton 2284
—, [α-Hydroxy-isopropoxy]-mesityl-,
— lacton 1728
—, [α-Hydroxy-isopropoxy]-phenyl-,
— lacton 1715
—, [α-Hydroxy-isopropoxy]-*p*-tolyl-,
— lacton 1722
—, [α-Hydroxy-isopropoxy]-[2,4,6-
triisopropyl-phenyl]-,
— lacton 1736
—, [2-Hydroxy-6-isopropyl-tetrahydro-
pyran-3-yl]-,
— lacton 1616
—, Hydroxymethoxy-,
— lacton 1561
—, [2-Hydroxy-2-methyl-chroman-4-yl]-,
— lacton 1763
—, [2-Hydroxy-2-methyl-2,3-dihydro-
benzofuran-3-yl]-,
— lacton 1759

—, Hydroxymethylmercapto-,
— lacton 1561
—, [3-Hydroxymethyl-oxetan-3-yl]-,
— lacton 1603
—, [1-Hydroxy-1-methyl-pentyloxy]-
phenyl-,
— lacton 1728
—, [3-Hydroxy-[2]naphthyloxy]-,
— lacton 1818
—, [α-Hydroxy-2-nitro-benzyloxy]-
phenyl-,
— lacton 1844
—, [α-Hydroxy-3-nitro-benzyloxy]-
phenyl-,
— lacton 1844
—, [α-Hydroxy-4-nitro-benzyloxy]-
phenyl-,
— lacton 1844
—, [2-Hydroxy-4-nitro-phenoxy]-,
— lacton 1648
—, [2-Hydroxy-4-oxo-dihydro-pyran-3-
yliden]-,
— lacton 1953
—, [α-Hydroxy-phenacylmercapto]-
1985
— lacton 1985
—, [α-Hydroxy-phenäthylmercapto]-,
— lacton 1705
—, [10-Hydroxy-[9]phenanthryloxy]-
diphenyl-,
— lacton 1914
—, [2-Hydroxy-phenoxy]-,
— lacton 1647
—, [2-Hydroxy-phenoxy]-diphenyl-,
— lacton 1897
—, [1-Hydroxy-1-phenyl-äthylmercapto]-,
— lacton 1705
—, [2-Hydroxy-4-phenylhydrazono-
dihydro-pyran-3-yliden]-,
— lacton 1953
—, [2-Hydroxy-phenylmercapto]-,
— lacton 1648
—, [2-Hydroxy-4-propenyl-phenoxy]-,
— lacton 1755
—, [2-Hydroxy-propoxy]-,
— lacton 1570
—, [3-Hydroxy-propoxy]-,
— lacton 1568
—, [4-Hydroxy-6*H*-pyran-3-yliden]-,
— lacton 1633
—, [Hydroxy-(7,8,9,10-tetrahydro-
naphthacen-5-yl)-methylmercapto]-
diphenyl-,
— lacton 1917
—, [2-Hydroxy-tetrahydro-pyran-3-yl]-,
— lacton 1607
—, [4-Hydroxy-tetrahydro-pyran-3-yl]-,
— lacton 1607

Furo[2,3-*f*]chromen-7-on (Fortsetzung)
—, 2,4,9-Trimethyl- 1799
—, 2,4,9-Trimethyl-2,3-dihydro- 1799

Furo[2,3-*f*]chromen-9-on
—, 8-Acetyl-3,7-dimethyl- 2054
—, 2-Brom-3-methyl-7-phenyl- 1891
—, 3,7-Dimethyl- 1826
—, 8-Hydroxy-3-methyl-7-phenyl- 2099
—, 7-Methyl- 1820
  — oxim 1821
—, 3-Methyl-7-phenyl-7,8-dihydro- 1881
—, 3-Methyl-7-styryl- 1898

Furo[2,3-*g*]chromen-6-on
—, 4-Brom-2,3,8-triphenyl- 1916
—, 2,3,8-Triphenyl- 1916

Furo[2,3-*g*]chromen-8-on 1816
—, 2,3-Dihydro- 1791
—, 6-Methyl- 1819
—, 6-Methyl-2,3-dihydro- 1793

Furo[2,3-*h*]chromen-2-on 1817
—, 8-Acetyl-4-methyl- 2052
—, 6-Äthyl-9-methyl- 1830
—, 9-Äthyl-4-methyl- 1830
—, 9-Butyl-4-methyl- 1833
—, 6-Chlor-9-methyl- 1822
—, 3,4-Dihydro- 1791
—, 4,8-Dimethyl- 1826
—, 4,9-Dimethyl- 1827
—, 4,8-Dimethyl-8,9-dihydro- 1826
—, 4,9-Diphenyl- 1909
—, 4-Hydroxy-9-methyl- 2036
—, 8-Isopropenyl- 1843
—, 8-Isopropyl- 1830
—, 8-Isopropyl-3,4-dihydro- 1799
—, 8-Isopropyl-3,4,8,9-tetrahydro- 1770
—, 8-Jodmethyl-8,9-dihydro- 1794
—, 8-Jodmethyl-4-methyl-8,9-dihydro-
  1796
—, 4-Methyl- 1821
—, 8-Methyl- 1821
—, 9-Methyl- 1822
—, 8-Methyl-8,9-dihydro- 1821
—, 4-Methyl-9-phenyl- 1892
—, 9-Methyl-4-phenyl- 1892
—, 4-Methyl-8-[1-phenylhydrazono-äthyl]-
  2052
—, 4-Methyl-9-propyl- 1832
—, 4-Methyl-9-*m*-tolyl- 1892
—, 4-Methyl-9-*o*-tolyl- 1892
—, 4-Methyl-9-*p*-tolyl- 1893
—, 9-Phenyl- 1889

Furo[2,3-*h*]chromen-4-on
—, 3-Acetyl-2-methyl- 2052
—, 3-Benzoyl-2-phenyl- 1888
—, 2,9-Dimethyl- 1826
—, 2,3-Dimethyl-9-phenyl- 1893
—, 2,8-Dimethyl-3-phenyl- 1893

—, 2,9-Dimethyl-3-phenyl- 1893
—, 2,8-Dimethyl-3-phenyl-8,9-dihydro-
  1884
—, 3-Hydroxy-2,8-diphenyl-8,9-dihydro-
  2144
—, 3-Hydroxy-2-methyl- 2036
—, 3-Hydroxy-2-phenäthyl- 2107
—, 3-Hydroxy-2-phenyl- 2097
—, 2-Methyl- 1821
—, 9-Methyl- 1821
—, 2-Methyl-3-phenyl- 1891
—, 2-Methyl-9-phenyl- 1891
—, 2-Phenyl- 1888
—, 3-Phenyl- 1888
—, 2,3,9-Trimethyl- 1830

Furo[3,2-*f*]chromen-7-on
—, 1,2,9-Triphenyl- 1917

Furo[3,2-*g*]chromen-5-on
—, 7-Äthyl-2,3-dihydro- 1795
—, 2,3-Dihydro- 1791
—, 3,7-Dimethyl- 1825
—, 3,7-Dimethyl-2,3-dihydro- 1795
—, 6-Hydroxy-7-phenyl- 2097
—, 6-Hydroxy-7-phenyl-2,3-dihydro-
  2082
—, 2-Isopropenyl-7-methyl- 1848
—, 2-Isopropyl-7-methyl-2,3-dihydro-
  1800
—, 3-Methyl- 1820
—, 7-Methyl- 1820
—, 7-Methyl-2,3-dihydro- 1794
—, 7-Methyl-3-phenyl- 1891
—, 7-Methyl-6-phenyl- 1890
—, 7-Methyl-6-phenyl-2,3-dihydro-
  1881
—, 7-Methyl-2,3,6,7-tetrahydro- 1763
  — oxim 1763
—, 6-Phenyl- 1888
—, 7-Phenyl- 1888
—, 6-Phenyl-2,3-dihydro- 1879
—, 7-Phenyl-2,3-dihydro- 1879
—, 7-Propyl-2,3-dihydro- 1798

Furo[3,2-*g*]chromen-7-on 1816
—, 3-Äthyl-5-methyl- 1830
—, 6-Brom-5-methyl-2,3-dihydro-
  1794
—, 3-Butyl-5-methyl- 1833
—, 2,3-Dihydro- 1791
—, 5,6-Dihydro- 1791
—, 3,5-Dimethyl- 1825
—, 6-[1,1-Dimethyl-allyl]- 1852
—, 6-[2,2-Dimethyl-cyclopropyl]- 1853
—, 5-Hydroxy-2,3-dihydro- 2012
—, 2-Isopropyl- 1829
—, 2-Isopropyl-5,6-dihydro- 1798
—, 2-Isopropyl-2,3,5,6-tetrahydro- 1770
—, 2-Jodmethyl-5,9-dimethyl-2,3-
  dihydro- 1799

Furo[3,2-*g*]chromen-7-on　(Fortsetzung)
—, 3-Methyl- 1820
—, 5-Methyl- 1820
—, 3-Methyl-2,3-dihydro- 1794
—, 5-Methyl-2,3-dihydro- 1794
—, 5-Methyl-3-phenyl- 1890
—, 5-Methyl-3-propyl- 1831
—, 5-Methyl-2,3,5,6-tetrahydro- 1763
—, x-Nitro- 1817
—, 3-Phenyl- 1887
—, 5-Phenyl- 1888
—, 5-Phenyl-2,3-dihydro- 1879
—, 2,3,5,6-Tetrahydro- 1759
—, 2,5,9-Trimethyl- 1798
—, 2,5,9-Trimethyl-2,3-dihydro- 1798
—, 2,3,5-Triphenyl- 1916
Furo[3,2-*h*]chromen-8-on
—, 4-Brom-2,3,6-triphenyl- 1916
—, 2,3,6-Triphenyl- 1916
Furo[2,3-*h*]chromen-3,4,9-trion
—, 8-Benzyliden-2-phenyl- 2223
Furo[3,2-*f*]chromen-2,7,9-trion
—, 8-Benzyl-1-phenyl-1*H*- 2223
Furo[3,2-*g*]chromen-4,5,9-trion 2202
—, 7-Methyl- 2203
Furo[3,2-*g*]chromen-4,7,9-trion 2202
Furo[2′,3′;4,5]cyclohepta[1,2-*b*]pyran-2,10-dion
—, 3,5a,7-Trimethyl-octahydro- 1962
Furo[2′,3′;5,6]cyclohepta[1,2-*c*]pyran-2,7-dion
—, 4a,9-Dimethyl-3-methylen-octahydro- 1976
Furo[2,3-*b*]furan-2,5-dion
—, 6a-Äthyl-dihydro- 1945
—, 3a,6a-Diäthyl-dihydro- 1948
—, 3a,6a-Dimethyl-dihydro- 1945
　— mono-[2,4-dinitro-phenylhydrazon] 1945
—, 3a,6a-Diphenyl-dihydro- 2083
—, 3a,6a-Dipropyl-dihydro- 1951
　— mono-[2,4-dinitro-phenylhydrazon] 1951
—, 6a-Methyl-dihydro- 1943
—, 6a-Phenyl-dihydro- 2014
Furo[3,2-*b*]furan-2,5-dion
—, 6-Äthyl-3-chlor-3,3a-dimethyl-tetrahydro- 1948
—, 3,6-Diphenyl- 2119
—, 3a,6a-Diphenyl-tetrahydro- 2083
—, Tetrahydro- 1941
Furo[3,4-*b*]furan-2,6-dion
—, 3-Methyl-4-[2-methyl-3,6-dioxo-heptyl]-dihydro- 2231
Furo[3,4-*c*]furan-1,3-dion
—, 4,6-Diphenyl- 2120
Furo[3,4-*c*]furan-1,4-dion
—, 3,6-Di-*p*-tolyl-tetrahydro- 2087

—, 3,6-Di-*p*-tolyl-3,3a,6,6a-tetrahydro- 2087
—, Tetrahydro- 1941
Furo[3,4-*c*]furan-1-on
—, 3,3,4,6-Tetraphenyl-3*H*- 1917
—, 3,4,6-Triphenyl-3*H*- 1910
Furo[3,4-*b*]furan-2,4,6-trion
—, 3-Methyl-dihydro- 2185
Furo[3,2-*g*]isochromen-2,9-dion
—, 3-Acetyl-6-[3,5-dimethyl-hepta-1,3-dienyl]-9a-methyl-9a*H*- 2216
—, 6-[Dibrom-propyl]-3-hexanoyl-9a-methyl-3a,4,8,9a-tetrahydro-3*H*- 2199
—, 3-Hexanoyl-9a-methyl-6-propenyl-9a*H*- 2213
—, 3-Hexanoyl-9a-methyl-6-propenyl-3a,4,8,9a-tetrahydro-3*H*- 2198
—, 3-Hexanoyl-9a-methyl-6-propyl-9a*H*- 2206
—, 3-Hexanoyl-9a-methyl-6-propyl-3a,4,5,6,8,9a-hexahydro-3*H*- 2193
—, 3-Hexanoyl-9a-methyl-6-propyl-3a,4,8,9a-tetrahydro-3*H*- 2196
—, 9a-Methyl-3-octanoyl-6-propenyl-9a*H*- 2214
—, 9a-Methyl-3-octanoyl-6-propyl-9a*H*- 2207
Furo[3,4-*f*]isochromen-1,3-dion
—, 4,6,8-Trimethyl-4,6,8,9,9a,9b-hexahydro-3a*H*- 1974
Furo[3,4-*h*]isochromen-1,3-dion
—, 7,7-Dimethyl-3a,6,7,9,9a,9b-hexahydro-4*H*- 1973
Furo[3,4-*h*]isochromen-1,7,9-trion
—, 3,3,6,6-Tetramethyl-3,6-dihydro- 2198
Furo[3,2-*c*]naphth[2,1-*e*]oxepin-10,12-dion
—, 1,6-Dimethyl- 2106
Furo[3,4-*b*]oxepin-5,6-dion
—, 2-Äthyl-8-methyl-3,4-dihydro-2*H*,8*H*- 1959
—, Brom-8-methyl-3,4-dihydro-2*H*,8*H*- 1955
—, 8-Methyl-3,4-dihydro-2*H*,8*H*- 1955
—, 8-Methylen-3,4-dihydro-2*H*,8*H*- 1965
Furo[3,4-*b*]oxepin-6-on
—, 8-Methyl-3,4,5,8-tetrahydro-2*H*- 1625
Furo[2,3-*b*]pyran-2,4-dion
—, 3a-Chlor-tetrahydro- 1943
—, 5,6-Dihydro-7a*H*- 1953
　— 4-phenylhydrazon 1953
Furo[3,4-*b*]pyran-4,7-dion
—, 3-Brom-2,3-dihydro-5*H*- 1953

J

α-Jonon-diepoxid 1630
β-Jonon-diepoxid 1630

K

Karanjonol 2097
Kellinchinon
  s. Khellinchinon
α-Kessylonsäure
  — anhydrid 1963
β-Kessylonsäure
  — anhydrid 1962
Keton
—, [2-Äthyl-2-methyl-benzo[1,3]dioxol-5-yl]-phenyl- 1855
—, [5-Äthyl-[2]thienyl]-[5-brom-[2]thienyl]- 1758
—, [5-Äthyl-[2]thienyl]-[5-chlor-[2]thienyl]- 1757
—, [5-Äthyl-[2]thienyl]-[2]furyl- 1757
—, [5-Äthyl-[2]thienyl]-[2]thienyl- 1757
—, Benzo[1,3]dioxol-5-yl-phenyl- 1841
  — [O-benzyl-oxim] 1841
  — [2,4-dinitro-phenylhydrazon] 1841
  — imin 1841
  — oxim 1841
—, Bis-[5-acetyl-[2]thienyl]- 2198
—, Bis-[5-äthyl-[2]thienyl]- 1766
—, Bis-benzo[b]thiophen-3-yl- 1890
—, Bis-[2-brommethyl-2,3-dihydro-benzofuran-5-yl]- 1873
—, Bis-[5-brom-[2]thienyl]- 1746
—, Bis-[5-chlor-[2]thienyl]- 1746
—, Bis-dibenzofuran-4-yl- 1911
  — [2,4-dinitro-phenylhydrazon] 1912
  — oxim 1912
—, Bis-[2,5-di-tert-butyl-[3]thienyl]- 1780
—, Bis-[3,3-dimethyl-oxiranyl]- 1614
—, Bis-[2,5-dimethyl-[3]thienyl]- 1766
—, Bis-[1,3-dioxo-benz[de]isochromen-6-yl]- 2297
—, Bis-[4,5-dioxo-tetrahydro-[3]furyl]- 2295
—, Bis-[4-hydroxy-5-oxo-2,5-dihydro-[3]furyl]- 2295
—, Bis-[2-methyl-2,3-dihydro-benzofuran-7-yl]- 1873
  — [2,4-dinitro-phenylhydrazon] 1873
—, Bis-[5-methyl-[2]thienyl]- 1758
—, Bis-oxiranyl- 1602
—, Bis-[3-phenyl-oxiranyl]- 1872
—, [5-Brom-benzofuran-2-yl]-dibenzofuran-2-yl- 1907

—, [2-Brom-phenyl]-perixanthenoxanthen-3-yl- 1915
—, [5-Brom-[2]thienyl]-[5-chlor-[2]thienyl]- 1746
—, [5-Brom-[2]thienyl]-[2,5-dimethyl-[3]thienyl]- 1759
—, [5-Brom-[2]thienyl]-[5-p-tolyl-[2]thienyl]- 1869
—, [5-Chlor-benzofuran-2-yl]-dibenzofuran-2-yl- 1907
—, [2-Chlormethyl-2,3-dihydro-benzo[1,4]dioxin-6-yl]-phenyl- 1849
—, [4-Chlor-3-nitro-phenyl]-[2,2-dioxo-2λ⁶-naphth[1,8-cd][1,2]oxathiol-6-yl]- 1887
—, [5-(4-Chlor-phenyl)-[2]thienyl]-[5-chlor-[2]thienyl]- 1864
—, [5-(4-Chlor-phenyl)-[2]thienyl]-[2]furyl- 1864
—, [5-(4-Chlor-phenyl)-[2]thienyl]-[2]thienyl- 1864
—, [5-Chlor-[2]thienyl]-[2,5-dimethyl-[3]thienyl]- 1759
—, [5-Chlor-[2]thienyl]-[2]furyl- 1745
—, [5-Chlor-[2]thienyl]-[5-methyl-[2]thienyl]- 1752
—, [5-Chlor-[2]thienyl]-[2]thienyl- 1746
—, [5-Chlor-[2]thienyl]-[5-p-tolyl-[2]thienyl]- 1868
—, Cyclohexyl-[2,2-dioxo-2λ⁶-naphth[1,8-cd][1,2]oxathiol-6-yl]- 1857
—, Dibenzofuran-2-yl-[2]furyl- 1889
—, Dibenzofuran-2-yl-[2]thienyl- 1889
—, [3,4-Dibrom-[2]thienyl]-[2]thienyl- 1746
—, [3,4-Dibrom-[2]thienyl]-[tribrom-[2]thienyl]- 1746
—, [2,4-Dichlor-phenyl]-[2,2-dioxo-2λ⁶-naphth[1,8-cd][1,2]oxathiol-6-yl]- 1887
—, [2,5-Dichlor-[3]thienyl]-[2]thienyl- 1747
—, Di-[2]furyl- 1744
  — semicarbazon 1744
—, [2,2-Dimethyl-benzo[1,3]dioxol-5-yl]-phenyl- 1851
—, [2,3-Dimethyl-oxiranyl]-[3-methyl-oxiranyl]- 1611
—, [3,3-Dimethyl-oxiranyl]-oxiranyl- 1606
—, [2,4-Dimethyl-6-oxo-6H-pyran-3-yl]-[4-hydroxy-6-methyl-2-oxo-2H-pyran-3-yl]- 2240
—, [2,6-Dimethyl-4-oxo-4H-pyran-3-yl]-[5-hydroxy-4-oxo-4H-pyran-2-yl]- 2240
—, [2,5-Dimethyl-[3]thienyl]-[2]furyl- 1758
  — semicarbazon 1758

Malonsäure (Fortsetzung)
—, [3,3-Dihydroxy-1,1-dimethyl-butyl]-,
  — dilacton 1947
—, [1,8-Dihydroxy-neomenthyl]-,
  — dilacton 1961
—, [3,3-Dihydroxy-3-phenyl-propyliden]-,
  — dilacton 2036
—, [2-(2,2-Dihydroxy-propyl)-hexahydro-
indan-2-yl]-,
  — dilacton 1976
—, [1-(2,2-Dihydroxy-propyl)-3-methyl-
cyclohexyl]-,
  — dilacton 1960
—, [1-(2,2-Dihydroxy-propyl)-4-methyl-
cyclohexyl]-,
  — dilacton 1961
—, Dimethyl-,
  — isopropylidenester 1930
—, [5-Hydroxy-2-(1-hydroxy-1,5-
dimethyl-hex-4-enyl)-5-methyl-cyclohexyl]-,
  — dilacton 1979
—, Isopropyl-,
  — bis-piperonylidenhydrazid 1678
—, Methyl-,
  — benzylidenester 1987
  — bis-piperonylidenhydrazid 1677
  — isopropylidenester 1928
—, Methyl-phenyl-,
  — cyclopentylidenester 2020
  — isopropylidenester 1991
—, Phenyl-,
  — isopropylidenester 1989
—, Propyl-,
  — bis-piperonylidenhydrazid 1678
—, [2,4,6-Trimethyl-benzyliden]-,
  — isopropylidenester 2020
Marinobufagin
—, Dianhydro- 1875
Marinobufagon
—, Anhydro- 2075
Marrubiin
—, Anhydro- 1802
—, Anhydrotetrahydro- 1736
Meldrum-Säure 1926
p-**Menthan-3-on**
—, 1,2;4,8-Diepoxy- 1627
Methan
—, Acetoxy-[*N*-acetyl-anilino]-benzo[1,3]⸗
dioxol-5-yl- 1654
—, Benzo[1,3]dioxol-5-yl-bis-
benzoylamino- 1665
—, Benzo[1,3]dioxol-5-yl-bis-
[benzyloxycarbonyl-amino]- 1666
—, Benzo[1,3]dioxol-5-yl-bis-
butyrylamino- 1665
—, Benzo[1,3]dioxol-5-yl-bis-[1-carboxy-
äthylmercapto]- 1695
—, Benzo[1,3]dioxol-5-yl-bis-[2-carboxy-
äthylmercapto]- 1696

—, Benzo[1,3]dioxol-5-yl-bis-
carboxymethylmercapto- 1695
—, Benzo[1,3]dioxol-5-yl-bis-
cinnamoylamino- 1666
—, Benzo[1,3]dioxol-5-yl-bis-
[4,4-dimethyl-2,6-dioxo-cyclohexyl]- 2253
—, Benzo[1,3]dioxol-5-yl-bis-[2,6-dioxo-
cyclohexyl]- 2253
—, Benzo[1,3]dioxol-5-yl-bis-[2,6-dioxo-
4-phenyl-cyclohexyl]- 2284
—, Benzo[1,3]dioxol-5-yl-bis-[(2-fluor-
äthoxycarbonyl)-amino]- 1666
—, Benzo[1,3]dioxol-5-yl-bis-
heptanoylamino- 1665
—, Benzo[1,3]dioxol-5-yl-bis-[2-hydroxy-
4,4-dimethyl-6-oxo-cyclohex-1-enyl]-
2253
—, Benzo[1,3]dioxol-5-yl-bis-[2-hydroxy-
6-oxo-cyclohex-1-enyl]- 2253
—, Benzo[1,3]dioxol-5-yl-bis-[2-hydroxy-
6-oxo-4-phenyl-cyclohex-1-enyl]- 2284
—, Benzo[1,3]dioxol-5-yl-bis-[2-methyl-5-
nitro-benzoylamino]- 1666
—, Benzo[1,3]dioxol-5-yl-bis-
[phenylacetyl-amino]- 1665
—, Benzo[1,3]dioxol-5-yl-bis-
piperonylidenamino- 1666
—, Benzo[1,3]dioxol-5-yl-bis-
propionylamino- 1665
—, Bis-acetylamino-benzo[1,3]dioxol-5-yl-
1665
—, Bis-acetylamino-[6-brom-benzo[1,3]⸗
dioxol-5-yl]- 1690
—, Bis-acetylamino-[6-nitro-benzo[1,3]⸗
dioxol-5-yl]- 1693
—, Bis-[5-acetyl-[2]thienyl]- 2016
—, Bis-benzoylamino-[6-brom-benzo[1,3]⸗
dioxol-5-yl]- 1690
—, Bis-benzoylamino-[6-nitro-benzo[1,3]⸗
dioxol-5-yl]- 1694
—, Bis-[6-brom-2,4-dioxo-chroman-3-yl]-
2264
—, Bis-[6-brom-4-hydroxy-2-oxo-
2*H*-chromen-3-yl]- 2264
—, Bis-butyrylamino-[6-nitro-benzo[1,3]⸗
dioxol-5-yl]- 1694
—, Bis-[3-chlor-2,4-dioxo-chroman-3-yl]-
2263
—, Bis-[6-chlor-2,4-dioxo-chroman-3-yl]-
2263
—, Bis-[6-chlor-2,4-dioxo-chroman-3-yl]-
[3-nitro-phenyl]- 2281
—, Bis-[6-chlor-2,4-dioxo-chroman-3-yl]-
phenyl- 2280
—, Bis-[6-chlor-4-hydroxy-7-methyl-2-
oxo-2*H*-chromen-3-yl]- 2267
—, Bis-[6-chlor-4-hydroxy-7-methyl-2-
oxo-2*H*-chromen-3-yl]-phenyl- 2282

Methan (Fortsetzung)
—, Bis-[6-chlor-4-hydroxy-2-oxo-2H-chromen-3-yl]- 2263
—, Bis-[6-chlor-4-hydroxy-2-oxo-2H-chromen-3-yl]-[3-nitro-phenyl]- 2281
—, Bis-[6-chlor-4-hydroxy-2-oxo-2H-chromen-3-yl]-phenyl- 2280
—, Bis-[6-chlor-7-methyl-2,4-dioxo-chroman-3-yl]- 2267
—, Bis-[6-chlor-7-methyl-2,4-dioxo-chroman-3-yl]-phenyl- 2282
—, Bis-cinnamoylamino-[6-nitro-benzo[1,3]dioxol-5-yl]- 1694
—, Bis-[5,5-diäthyl-2,4-dioxo-tetrahydro-[3]furyl]- 2232
—, Bis-[5,5-diäthyl-4-hydroxy-2-oxo-2,5-dihydro-[3]furyl]- 2232
—, Bis-[5,8-dimethyl-2,4-dioxo-chroman-3-yl]- 2270
—, Bis-[6,8-dimethyl-2-oxo-chroman-3-yl]- 2088
—, Bis-[2-(5,6-dinitro-2-oxo-acenaphthen-1-yliden)-3-oxo-2,3-dihydro-benzo[b]thiophen-5-yl]- 2293
—, Bis-[2,4-dioxo-benzo[h]chroman-3-yl]- 2284
—, Bis-[2,4-dioxo-chroman-3-yl]- 2261
—, Bis-[2,4-dioxo-chroman-3-yl]-[1]naphthyl- 2286
—, Bis-[2,4-dioxo-chroman-3-yl]-[2]naphthyl- 2287
—, Bis-[2,4-dioxo-chroman-3-yl]-[2-nitro-phenyl]- 2280
—, Bis-[2,4-dioxo-chroman-3-yl]-[3-nitro-phenyl]- 2280
—, Bis-[2,4-dioxo-chroman-3-yl]-[4-nitro-phenyl]- 2280
—, Bis-[2,4-dioxo-chroman-3-yl]-phenyl- 2280
—, Bis-[2,4-dioxo-3,4,5,6,7,8-hexahydro-2H-chromen-3-yl]- 2248
—, Bis-[2,4-dioxo-2,3,4,5,6,7-hexahydro-cyclopenta[b]pyran-3-yl]- 2248
—, Bis-[2,4-dioxo-2,3,4,5,6,7,8,9-octahydro-cyclohepta[b]pyran-3-yl]- 2249
—, Bis-[2,4-dioxo-3,4,5,6,7,8,9,10-octahydro-2H-cycloocta[b]pyran-3-yl]- 2249
—, Bis-[2,4-dioxo-6-phenyl-3,4-dihydro-2H-pyran-3-yl]- 2275
—, Bis-[2,4-dioxo-6-phenyl-tetrahydro-pyran-3-yl]- 2269
—, Bis-[2,4-dioxo-selenochroman-3-yl]- 2264
—, Bis-[2,4-dioxo-tetrahydro-[3]furyl]- 2230
—, Bis-[4,5-dioxo-tetrahydro-[3]furyl]- 2231

—, Bis-[3,5-dioxo-tetrahydro-thiopyran-4-yl]-phenyl- 2247
—, Bis-[2,4-dioxo-thiochroman-3-yl]- 2264
—, Bis-formylamino-[6-nitro-benzo[1,3]dioxol-5-yl]- 1693
—, Bis-[5-formyl-[2]furyl]- 2011
—, Bis-heptanoylamino-[6-nitro-benzo[1,3]dioxol-5-yl]- 1694
—, Bis-[4-hydroxy-5,8-dimethyl-2-oxo-2H-chromen-3-yl]- 2270
—, Bis-[5-(hydroxyimino-methyl)-[2]furyl]- 2011
—, Bis-[4-hydroxy-6-jod-2-oxo-2H-chromen-3-yl]- 2264
—, Bis-[4-hydroxy-6-methyl-2-oxo-2H-chromen-3-yl]- 2267
—, Bis-[4-hydroxy-7-methyl-2-oxo-2H-chromen-3-yl]- 2267
—, Bis-[4-hydroxy-6-methyl-2-oxo-2H-chromen-3-yl]-phenyl- 2282
—, Bis-[4-hydroxy-6-methyl-2-oxo-5,6-dihydro-2H-pyran-3-yl]- 2231
—, Bis-[4-hydroxy-6-methyl-2-oxo-2H-pyran-3-yl]- 2237
—, Bis-[4-hydroxy-6-methyl-2-oxo-2H-pyran-3-yl]-phenyl- 2256
—, Bis-[4-hydroxy-7-nitro-2-oxo-2H-chromen-3-yl]- 2264
—, Bis-[4-hydroxy-2-oxo-2H-benzo[h]chromen-3-yl]- 2284
—, Bis-[4-hydroxy-2-oxo-2H-chromen-3-yl]- 2261
—, Bis-[4-hydroxy-2-oxo-2H-chromen-3-yl]-[1]naphthyl- 2286
—, Bis-[4-hydroxy-2-oxo-2H-chromen-3-yl]-[2]naphthyl- 2287
—, Bis-[4-hydroxy-2-oxo-2H-chromen-3-yl]-[2-nitro-phenyl]- 2280
—, Bis-[4-hydroxy-2-oxo-2H-chromen-3-yl]-[3-nitro-phenyl]- 2280
—, Bis-[4-hydroxy-2-oxo-2H-chromen-3-yl]-[4-nitro-phenyl]- 2280
—, Bis-[4-hydroxy-2-oxo-2H-chromen-3-yl]-phenyl- 2280
—, Bis-[4-hydroxy-2-oxo-2,5-dihydro-[3]furyl]- 2230
—, Bis-[4-hydroxy-5-oxo-2,5-dihydro-[3]furyl]- 2231
—, Bis-[5-hydroxy-3-oxo-3,6-dihydro-2H-thiopyran-4-yl]-phenyl- 2247
—, Bis-[4-hydroxy-2-oxo-2,5,6,7,8,9-hexahydro-cyclohepta[b]pyran-3-yl]- 2249
—, Bis-[4-hydroxy-2-oxo-5,6,7,8,9,10-hexahydro-2H-cycloocta[b]pyran-3-yl]- 2249
—, Bis-[4-hydroxy-2-oxo-6-phenyl-5,6-dihydro-2H-pyran-3-yl]- 2269

Methan (Fortsetzung)

—, Bis-[4-hydroxy-2-oxo-6-phenyl-2H-pyran-3-yl]- 2275

—, Bis-[4-hydroxy-2-oxo-2H-selenochromen-3-yl]- 2264

—, Bis-[4-hydroxy-2-oxo-5,6,7,8-tetrahydro-2H-chromen-3-yl]- 2248

—, Bis-[4-hydroxy-2-oxo-2,5,6,7-tetrahydro-cyclopenta[b]pyran-3-yl]- 2248

—, Bis-[4-hydroxy-2-oxo-2H-thiochromen-3-yl]- 2264

—, Bis-[5-hydroxy-2,2,6,6-tetramethyl-3-oxo-3,6-dihydro-2H-pyran-4-yl]-phenyl- 2250

—, Bis-[6-jod-2,4-dioxo-chroman-3-yl]- 2264

—, Bis-[6-methyl-2,4-dioxo-chroman-3-yl]- 2267

—, Bis-[7-methyl-2,4-dioxo-chroman-3-yl]- 2267

—, Bis-[6-methyl-2,4-dioxo-chroman-3-yl]-phenyl- 2282

—, Bis-[4-methyl-2,5-dioxo-2,5-dihydro-[3]furyl]- 2236

—, Bis-[6-methyl-2,4-dioxo-3,4-dihydro-2H-pyran-3-yl]- 2237

—, Bis-[6-methyl-2,4-dioxo-3,4-dihydro-2H-pyran-3-yl]-phenyl- 2256

—, Bis-[6-methyl-2,4-dioxo-tetrahydro-pyran-3-yl]- 2231

—, Bis-[7-nitro-2,4-dioxo-chroman-3-yl]- 2264

—, Bis-[2-(5-nitro-2-oxo-acenaphthen-1-yliden)-3-oxo-2,3-dihydro-benzo[b]≠thiophen-5-yl]- 2292

—, Bis-[2-(6-nitro-2-oxo-acenaphthen-1-yliden)-3-oxo-2,3-dihydro-benzo[b]≠thiophen-5-yl]- 2292

—, Bis-[4-oxo-4H-chromen-3-yl]- 2124

—, Bis-[4-(5-oxo-2,5-dihydro-[3]furyl)-phenyl]- 2127

—, Bis-[3-oxo-2-(2-oxo-acenaphthen-1-yliden)-2,3-dihydro-benzo[b]thiophen-5-yl]- 2292

—, Bis-[3-oxo-2-(10-oxo-10H-[9]phenanthryliden)-2,3-dihydro-benzo[b]≠thiophen-5-yl]- 2293

—, Bis-[2-oxo-3-(1-phenylimino-äthyl)-tetrahydro-[3]furyl]-phenyl- 2248

—, Bis-[5-semicarbazonomethyl-[2]furyl]- 2011

—, [6-Brom-benzo[1,3]dioxol-5-yl]-bis-heptanoylamino- 1690

—, [6-Brom-benzo[1,3]dioxol-5-yl]-bis-propionylamino- 1690

—, [6-Chlor-2,4-dioxo-chroman-3-yl]-[2,4-dioxo-chroman-3-yl]- 2263

—, [6-Chlor-4-hydroxy-2-oxo-2H-chromen-3-yl]-[4-hydroxy-2-oxo-2H-chromen-3-yl]- 2263

—, [2,4-Dioxo-chroman-3-yl]-[2,4-dioxo-chroman-3-yliden]- 2271

—, [2,4-Dioxo-chroman-3-yl]-[6-methyl-2,4-dioxo-chroman-3-yl]- 2266

—, [2,4-Dioxo-chroman-3-yl]-[7-methyl-2,4-dioxo-chroman-3-yl]- 2266

—, [4-Hydroxy-6-methyl-2-oxo-2H-chromen-3-yl]-[4-hydroxy-2-oxo-2H-chromen-3-yl]- 2266

—, [4-Hydroxy-7-methyl-2-oxo-2H-chromen-3-yl]-[4-hydroxy-2-oxo-2H-chromen-3-yl]- 2266

—, [6-Nitro-benzo[1,3]dioxol-5-yl]-bis-[phenylacetyl-amino]- 1694

—, [6-Nitro-benzo[1,3]dioxol-5-yl]-bis-propionylamino- 1694

—, Phenyl-bis-[2,2,6,6-tetramethyl-3,5-dioxo-tetrahydro-pyran-4-yl]- 2250

—, Tetrakis-[piperonylidenhydrazino-methyl]- 1684

4a,7-Methano-benzo[1,3]dioxin-4-on

—, 8,8-Dimethyl-2-trichlormethyl-tetrahydro- 1628

—, 9,9-Dimethyl-2-trichlormethyl-tetrahydro- 1629

5,8-Methano-benzo[1,3]dioxin-4-on

—, 2,2,8,9,9-Pentamethyl-hexahydro- 1631

—, 8,9,9-Trimethyl-2-trichlormethyl-hexahydro- 1629

2,6-Methano-benzo[d][1,3]dioxocin-4-on

—, 2-Äthyl-5,6-dihydro- 1767

—, 2-Methyl-5,6-dihydro- 1763

4,10a-Methano-benzo[d][1,3]dioxocin-2-on

—, 4,7,7-Trimethyl-octahydro- 1630

4,7-Methano-benzo[1,3]dioxol-2-on

—, 4,5,6,7,8,8-Hexachlor-3a,4,7,7a-tetrahydro- 1634

—, 4,5,6,7-Tetrachlor-8,8-dimethoxy-3a,4,7,7a-tetrahydro- 1964

—, 3a,4,7,7a-Tetrahydro- 1634

4,6-Methano-benzo[1,2]dithiol-3-on

—, 5,5-Dimethyl-4,5,6,7-tetrahydro-, — oxim 1635

4,6-Methano-benzo[1,2]dithiol-3-thion

—, 5,5-Dimethyl-4,5,6,7-tetrahydro- 1635

4,7-Methano-benzo[1,2]dithiol-3-thion

—, 7,8,8-Trimethyl-4,5,6,7-tetrahydro- 1636

4,6-Methano-benzo[1,2]dithiolylium

—, 5,5-Dimethyl-3-methylmercapto-4,5,6,7-tetrahydro- 1636

2,6-Methano-benz[g][1,3]oxathiocin

—, 2-Methyl-4-methylamino-6H- 1764

2,6-Methano-benz[*g*][1,3]oxathiocin-4-on
—, 2-Methyl-5,6-dihydro-,
  — methylimin 1764
2λ⁶-5,7a-Methano-benz[*d*][1,2]oxathiol-4-on
—, 3a-Methyl-2,2-dioxo-tetrahydro-
  1626
  — [4-nitro-phenylhydrazon]
  1626
1,5-Methano-benz[*d*]oxocin-4-carbonsäure
—, 11-Hydroxy-4,7,7,10a,11-
  pentamethyl-decahydro-,
  — lacton 1640
**5a,8-Methano-cyclohepta[*c*]furo[3,4-*e*]chromen-
2,5,6,13-tetraon**
—, 1,1-Dimethyl-7-methylen-octahydro-
  2248
**6a,9-Methano-cyclohepta[*a*]naphthalin-3,8-
dion**
—, 4-Äthyl-11b-methyl-2-piperonyliden-
  decahydro- 2088
—, 4-Äthyl-11b-methyl-7-piperonyliden-
  decahydro- 2088
**4,13a-Methano-cyclopenta[5,6]naphtho[2,1-*d*]⁼
[1,3]dioxocin-2-on**
—, 9-[1,5-Dimethyl-hexyl]-6a,8a-
  dimethyl-tetradecahydro- 1738
3,5-Methano-furo[3,2-*b*]furan-2-on
—, 6-Brom-7-trifluormethyl-tetrahydro-
  1624
**5a,9-Methano-furo[3′,2′;5,6]naphth[2,1-*c*]⁼
oxocin-6,8-dion**
—, 11b-Methyl-tetradecahydro-
  2004
**4,8-Methano-furo[3,4-*d*]oxepin-1,3,5,7-
tetraon**
—, Tetrahydro- 2232
4,7-Methano-isobenzofuran-1,3-dion
—, 5,6-Epoxy-hexahydro- 1966
—, 5,6-Epoxy-3a-methyl-hexahydro-
  1969
Methanol
—, Benzo[1,3]dioxol-5-yl-
  dibenzylphosphinoyl- 1687
3,10a-Methano-oxepino[3,4-*b*]benzofuran-1-on
—, 4,7,8-Tribrom-decahydro- 1637
**3,6-Methano-oxepino[3,4,5-*cd*]benzofuran-
2,5,9-trion**
—, 2a,3,6,6a-Tetrahydro- 2197
2,6-Methano-oxireno[*f*]isobenzofuran s.
4,7-Methano-isobenzofuran, 5,6-Epoxy-
6,9-Methano-pyrano[3,4-*d*]oxepin-1,8-dion
—, 9-Brom-3,3,6,10-tetramethyl-5,6,9,9a-
  tetrahydro-3*H*- 1974
—, 4a,9-Dibrom-3,3,6,10-tetramethyl-
  hexahydro- 1962
—, 3,3,6,10-Tetramethyl-hexahydro-
  1962

Methansulfonsäure
—, [1-Hydroxy-2-methyl-3-oxo-
  [2]norbornyl]-,
  — lacton 1626
Methylium
—, Bis-[4-(methyl-piperonyliden-
  hydrazino)-phenyl]-phenyl- 1686
Monascin 2198
—, Dihydro- 2196
—, Tetrahydro- 2193
Monascoflavin 2198
Monascorubrin 2214
—, Dihydro- 2207

N

Naphthalin
—, 1,2-Carbonyldioxy- 1814
—, 5,6-Carbonyldioxy-1,2,3,4-tetrahydro-
  1759
—, 1,5-Diphthalidyl- 2157
Naphthalin-1,2-dicarbonsäure
—, 4-[1,2-Dicarboxy-äthyl]-,
  — dianhydrid 2259
—, 4-[1,2-Dicarboxy-äthyl]-3,4-dihydro-,
  — dianhydrid 2255
—, 4-[1,2-Dicarboxy-äthyl]-1,2,3,4-
  tetrahydro-,
  — dianhydrid 2251
—, 4,4a-Epoxy-decahydro-,
  — anhydrid 1972
Naphthalin-1,4-dicarbonsäure
—, 2,8-Dihydroxy-7-oxo-1,2,3,4,4a,7-
  hexahydro-,
  — 1→8;4→2-dilacton 2197
—, 5,8-Dihydroxy-7-oxo-1,4,4a,5,6,7-
  hexahydro-,
  — 1→8;4→5-dilacton 2197
Naphthalin-1,8-dicarbonsäure
—, 4,4′-Carbonyl-bis-,
  — 1,8;1′,8′-dianhydrid 2297
Naphthalin-2,3-dicarbonsäure
—, 1,4-Dihydroxy-1,4-diphenyl-1,2,3,4-
  tetrahydro-,
  — 2→4;3→1-dilacton 2147
Naphthalin-1-on
—, 2,2-Äthandiyldimercapto-octahydro-
  1628
—, 6,6-Äthandiyldioxy-8a-methyl-3,5,6,7,⁼
  8,8a-hexahydro-2*H*- 1636
—, 6-[1,4-Dioxa-spiro[4.5]dec-7-en-8-yl]-
  8a-methyl-octahydro- 1735
Naphthalin-2-on
—, 5,5-Äthandiyldioxy-4a-methyl-
  4,4a,5,6,7,8-hexahydro-3*H*- 1636

Octansäure (Fortsetzung)
—, 2-[7-Hydroxy-7-methyl-8-oxo-3-
 propyl-3,4,5,6,7,8-hexahydro-
 1*H*-isochromen-6-yl]-3-oxo-,
 — lacton 2193
—, 2-[7-Hydroxy-7-methyl-8-oxo-3-
 propyl-5,6,7,8-tetrahydro-1*H*-isochromen-
 6-yl]-3-oxo-,
 — lacton 2196
Octa-2,4,6-trien
—, 2,7-Dimethyl-1,8-bis-[4-methyl-2,6-
 dioxo-6*H*-pyran-3-yliden]- 2260
Octa-2,4,6-triendisäure
—, 4,5-Dihydroxy-,
 — 1→4;8→5-dilacton 1981
—, 4,5-Dihydroxy-2,6-diphenyl-,
 — 1→4;8→5-dilacton 2133
—, 4,5-Dihydroxy-2,7-diphenyl-,
 — 1→4;8→5-dilacton 2133
—, 2,3,6,7-Tetraäthyl-4,5-dihydroxy-,
 — 1→4;8→5-dilacton 1998
Oct-1-en-3-on
—, 1-Benzo[1,3]dioxol-5-yl- 1771
—, 1,5-Di-[2]furyl- 1800
 — oxim 1800
—, 1,5-Di-[2]furyl-7-methyl- 1801
 — semicarbazon 1801
Östr-5-en-17-on
—, 3,3-Äthandiyldioxy- 1774
Oleana-11,13(18)-dien-21-on
—, 3,24-Isopropylidendioxy- 1837
Oleana-9(11),13(18)-dien-12,19,21-trion
—, 3,24-Isopropylidendioxy- 2215
Olean-12-en-16-on
—, 3,23-Isopropylidendioxy- 1813
Olean-12-en-21-on
—, 3,24-Isopropylidendioxy- 1813
Olean-13(18)-en-21-on
—, 3,24-Isopropylidendioxy- 1813
Olean-13(18)-en-22-on
—, 3,24-Isopropylidendioxy- 1813
Oleanintrisäure
 — anhydrid-monolacton 2200
Oroselon 1843
—, Dihydro- 1830
—, Hexahydro- 1770
Orthokohlensäure
 — dimethylester-*o*-phenylenester
 1646
5,3-Oxaäthano-benzofuran-2,9-dion
—, 7a-Isopropyl-5-methyl-hexahydro-
 1961
3,7-Oxaäthano-benzofuran-2-on
—, 3-Isopropyl-6,6,7a-trimethyl-
 hexahydro- 1631
—, 3,6,6,7a-Tetramethyl-hexahydro-
 1629
8a,3-Oxaäthano-chromen-2,10-dion
—, 4-Cyclohexyl-hexahydro- 1978

—, 4-Phenyl-hexahydro-
 2039
8a,5-Oxaäthano-chromen-2,10-dion
—, 5-Methyl-hexahydro- 1960
1,5-Oxaäthano-naphthalin-4,9-dion
—, 6,7-Epoxy-4a,5,6,7,8,8a-hexahydro-
 1*H*- 1988
3,9-Oxaäthano-naphtho[2,3-*b*]furan-2-on
—, 3,5,5,8a,9a-Pentamethyl-decahydro-
 1640
3-Oxa-bicyclo[3.3.1]nonan-2-carbonsäure
—, 9-Hydroxy-2-isopropyl-6,6,9-
 trimethyl-,
 — lacton 1631
—, 9-Hydroxy-2,6,6,9-tetramethyl-,
 — lacton 1629
2-Oxa-carda-14,20(22)-dienolid
—, 1-Oxo- 2042
**8-Oxa-2,5-epoxido-[4.3.3]propell-10-en-10-
 carbaldehyd** 1725
2-Oxa-friedelan-1,3-dion
—, 7,24-Epoxy- 2034
3-Oxa-glutarsäure
 — anhydrid 1924
—, 2,4-Dimethyl-,
 — anhydrid 1927
—, 2-Methyl-,
 — anhydrid 1925
17a-Oxa-*D*-homo-androstan-3,17-dion
—, 4,5-Epoxy- 2003
3-Oxa-*A*-homo-oleanan-28-säure
—, 19-Hydroxy-2,4-dioxo-,
 — lacton 2201
Oxalamidsäure
 — [2-brom-4,5-methylendioxy-
 benzylidenhydrazid] 1691
 — [2-chlor-4,5-methylendioxy-
 benzylidenhydrazid] 1688
 — [4,5-methylendioxy-2-nitro-
 benzylidenhydrazid] 1695
 — piperonylidenhydrazid 1676
—, *N,N'*-Äthandiyl-bis-,
 — äthylester-piperonylidenhydrazid
 1677
—, Cyclohexyl-,
 — piperonylidenhydrazid 1677
—, [2,4-Dimethyl-phenyl]-,
 — piperonylidenhydrazid 1677
—, Methyl-,
 — piperonylidenhydrazid 1677
—, Phenyl-,
 — piperonylidenhydrazid 1677
—, [2,4,5-Trimethyl-phenyl]-,
 — piperonylidenhydrazid 1677
Oxalat
—, Decandiyl- 1932
—, Undecandiyl- 1934

Propan-1,2-dion (Fortsetzung)
—, 3-[6-Brom-benzo[1,3]dioxol-5-yl]-1-phenyl- 2065
—, 3-[6-Chlor-benzo[1,3]dioxol-5-yl]-1-phenyl- 2065
—, 1-[2,3-Dihydro-benzo[1,4]dioxin-6-yl]-,
 — 2-oxim 1988
—, 1-[3,4-Dihydro-[2,2']spirobichromen-4-yl]-,
 — dioxim 2114
 — 1-oxim 2114
—, 1-[6-Propyl-benzo[1,3]dioxol-5-yl]-,
 — 2-oxim 1991

Propan-1,3-dion
—, 1-Benzo[1,3]dioxol-5-yl-3-[4-chlor-phenyl]- 2064
—, 1-Benzo[1,3]dioxol-5-yl-3-p-tolyl-2069
—, 1,3-Bis-[2-oxo-2H-chromen-3-yl]-2275
—, 1-[6-Brom-benzo[1,3]dioxol-5-yl]-3-phenyl- 2064
 — 1-imin 2064
—, 1-[6-Brom-benzo[1,3]dioxol-5-yl]-3-p-tolyl- 2069
—, 1,3-Di-[2]furyl- 2010
 — dioxim 2010
—, 1-[2,2-Dimethyl-[1,3]dioxolan-4-yl]-3-phenyl- 1992
—, 1,3-Di-[2]thienyl- 2011
—, 1-[2]Furyl-3-[2]thienyl- 2011

Propandiyldiamin
—, N,N-Diäthyl-N'-piperonyliden-1664

Propan-2-ol
—, 2-[5-Hydroxymethyl-2,6,6-trimethyl-tetrahydro-pyran-2-yl]- 1619

Propan-1-on
—, 1-[2-Äthyl-2-methyl-benzo[1,3]dioxol-5-yl]- 1726
 — oxim 1726
 — semicarbazon 1727
—, 1-Benzo[1,3]dioxol-4-yl- 1708
 — imin 1708
 — oxim 1708
—, 1-Benzo[1,3]dioxol-5-yl- 1709
 — [2,4-dinitro-phenylhydrazon] 1709
 — imin 1709
 — oxim 1709
 — phenylhydrazon 1709
—, 1-Benzo[1,3]dioxol-5-yl-2-brom- 1709
—, 3-Benzo[1,3]dioxol-5-yl-3-brom-2-chlor-1-p-tolyl- 1854
—, 3-Benzo[1,3]dioxol-5-yl-2,3-dibrom-1-[4-chlor-phenyl]- 1850
—, 3-Benzo[1,3]dioxol-5-yl-2,3-dibrom-1-phenyl- 1850
—, 3-Benzo[1,3]dioxol-5-yl-2,3-dibrom-1-p-tolyl- 1854

—, 3-Benzo[1,3]dioxol-5-yl-2,3-dichlor-1-p-tolyl- 1853
—, 1-Benzo[1,3]dioxol-5-yl-2-nitro-,
 — oxim 1710
—, 3-Benzo[1,3]dioxol-5-yl-1-phenyl-1849
 — oxim 1850
—, 3-[6-Brom-benzo[1,3]dioxol-5-yl]-2,3-dichlor-1-phenyl- 1850
—, 3-[6-Brom-benzo[1,3]dioxol-5-yl]-2,3-dichlor-1-p-tolyl- 1854
—, 3-[6-Brom-benzo[1,3]dioxol-5-yl]-3-imino-1-phenyl- 2064
—, 3-Brom-2-chlor-3-[6-chlor-benzo[1,3]⸗dioxol-5-yl]-1-p-tolyl- 1854
—, 2-Brom-1-[2,3-dihydro-benzo[1,4]⸗dioxin-6-yl]- 1716
—, 1-[2-Chlormethyl-2,3-dihydro-benzo⸗[1,4]dioxin-6-yl]-3-phenyl-,
 — [2,4-dinitro-phenylhydrazon] 1858
—, 1-[3-Chlormethyl-2,3-dihydro-benzo⸗[1,4]dioxin-6-yl]-3-phenyl- 1858
 — [2,4-dinitro-phenylhydrazon] 1858
—, 1-[2,2-Diäthyl-benzo[1,3]dioxol-5-yl]-1730
 — oxim 1730
 — semicarbazon 1730
—, 2,3-Dibrom-3-[6-brom-benzo[1,3]⸗dioxol-5-yl]-1-phenyl- 1850
—, 2,3-Dibrom-3-[6-brom-benzo[1,3]⸗dioxol-5-yl]-1-p-tolyl- 1854
—, 2,3-Dibrom-3-[6-chlor-benzo[1,3]⸗dioxol-5-yl]-1-p-tolyl- 1854
—, 2,3-Dibrom-1-[2-chlormethyl-2,3-dihydro-benzo[1,4]dioxin-6-yl]-3-phenyl-1858
—, 2,3-Dibrom-1-[3-chlormethyl-2,3-dihydro-benzo[1,4]dioxin-6-yl]-3-phenyl-1858
—, 2,3-Dibrom-3-[6-nitro-benzo[1,3]⸗dioxol-5-yl]-1-phenyl- 1851
—, 2,3-Dichlor-3-[6-chlor-benzo[1,3]⸗dioxol-5-yl]-1-phenyl- 1850
—, 2,3-Dichlor-3-[6-chlor-benzo[1,3]⸗dioxol-5-yl]-1-p-tolyl- 1854
—, 2,3-Dichlor-3-[6-nitro-benzo[1,3]⸗dioxol-5-yl]-1-phenyl- 1851
—, 1,3-Di-[2]furyl- 1757
 — [2,4-dinitro-phenylhydrazon] 1757
 — oxim 1757
—, 1-[2,3-Dihydro-benzo[1,4]dioxin-5-yl]-1715
—, 1-[2,2-Dimethyl-benzo[1,3]dioxol-5-yl]-1724
 — oxim 1724
 — semicarbazon 1724
—, 1-[1,4-Dioxa-spiro[4.5]dec-6-yl]- 1616
—, 1-[1,4-Dioxa-spiro[4.5]dec-8-yl]- 1616
—, 1-[1,4-Dioxa-spiro[4.4]non-6-yl]- 1615

Propan-1-on (Fortsetzung)
—, 1-[2,2-Dioxo-2λ^6-naphth[1,8-*cd*][1,2]≠
    oxathiol-6-yl]- 1825
    — phenylhydrazon 1825
—, 1-[9,10-Diphenyl-9,10-dihydro-9,10-
    epidioxido-anthracen-2-yl]- 1913
—, 2,3-Epoxy-3-[2]furyl-1-phenyl- 1825
—, 1-[2-Isopropyl-2-methyl-benzo[1,3]≠
    dioxol-5-yl]- 1729
    — oxim 1729
    — semicarbazon 1729
—, 2-Methyl-1,2-di-[2]thienyl- 1762
—, 1-[6-Nitro-benzo[1,3]dioxol-5-yl]-
    1709
—, 1-Phenoxathiin-2-yl- 1847
—, 1-[6-Propyl-benzo[1,3]dioxol-5-yl]-
    1726
—, 1-[Spiro[benzo[1,3]dioxol-2,1'-
    cyclohexan]-5-yl]- 1771
    — oxim 1771
    — semicarbazon 1772
—, 1-[Spiro[benzo[1,3]dioxol-2,1'-
    cyclopentan]-5-yl]- 1769
    — oxim 1769
    — semicarbazon 1769
—, 1-Thieno[3,2-*b*]thiophen-2-yl- 1703
    — [2,4-dinitro-phenylhydrazon] 1704
Propan-2-on
  s. Aceton
Propan-2-thion
—, [5-Methyl-[1,2]diselenol-3-yliden]-
    1623
—, [5-Methyl-[1,2]dithiol-3-yliden]- 1623
Propan-1,2,3-tricarbonsäure
—, 2-Hydroxy-,
    — tris-piperonylidenhydrazid 1683
Propen
—, 3,3-Bis-[2,4-dioxo-chroman-3-yl]-1-
    phenyl- 2283
—, 3,3-Bis-[4-hydroxy-2-oxo-
    2*H*-chromen-3-yl]-1-phenyl- 2283
—, 3,3-Diacetoxy-1-benzo[1,3]dioxol-5-yl-
    1750
Propenon
—, 1-[5-Äthyl-[2]thienyl]-3-[2]thienyl-
    1795
    — thiosemicarbazon 1795
—, 3-Amino-3-[6-brom-benzo[1,3]dioxol-
    5-yl]-1-phenyl- 2064
—, 3-Benzo[1,3]dioxol-5-yl-1-biphenyl-4-yl-
    1903
—, 3-Benzo[1,3]dioxol-5-yl-2-brom-1-
    p-tolyl- 1871
—, 3-Benzo[1,3]dioxol-5-yl-1-[2-chlor-
    phenyl]- 1867
—, 3-Benzo[1,3]dioxol-5-yl-1-[4-chlor-
    phenyl]- 1867
—, 3-Benzo[1,3]dioxol-5-yl-1-[4-chlor-
    phenyl]-2-hydroxy- 2065

—, 3-Benzo[1,3]dioxol-5-yl-2-chlor-1-
    p-tolyl- 1870
—, 3-Benzo[1,3]dioxol-5-yl-1-[2,5-dichlor-
    phenyl]- 1867
—, 3-Benzo[1,3]dioxol-5-yl-1,2-diphenyl-
    1902
—, 3-Benzo[1,3]dioxol-5-yl-1-[4-fluor-
    [1]naphthyl]- 1898
—, 3-Benzo[1,3]dioxol-5-yl-2-hydroxy-1-
    phenyl- 2064
—, 3-Benzo[1,3]dioxol-5-yl-1-[1]naphthyl-
    1898
—, 3-Benzo[1,3]dioxol-5-yl-1-[2]naphthyl-
    1898
    — semicarbazon 1898
—, 3-Benzo[1,3]dioxol-5-yl-1-phenyl-
    1866
—, 1-Benzofuran-2-yl-3-[2]furyl- 1865
—, 3-Benzo[*b*]thiophen-2-yl-1-[2]furyl-
    1865
—, 3-Benzo[*b*]thiophen-2-yl-1-[2]thienyl-
    1865
    — [2,4-dinitro-phenylhydrazon] 1865
—, 1,3-Bis-[5-(3-chlor-phenyl)-[2]thienyl]-
    1908
—, 1,3-Bis-[3,5-diphenyl-[2]thienyl]- 1919
—, 3-[6-Brom-benzo[1,3]dioxol-5-yl]-2-
    chlor-1-phenyl- 1867
—, 3-[6-Brom-benzo[1,3]dioxol-5-yl]-2-
    chlor-1-*p*-tolyl- 1871
—, 3-[6-Brom-benzo[1,3]dioxol-5-yl]-2-
    hydroxy-1-phenyl- 2065
—, 3-[6-Brom-benzo[1,3]dioxol-5-yl]-1-
    phenyl- 1867
—, 3-[6-Brom-benzo[1,3]dioxol-5-yl]-1-
    p-tolyl- 1870
—, 2-Brom-3-[6-brom-benzo[1,3]dioxol-5-
    yl]-1-phenyl- 1867
—, 2-Brom-3-[6-brom-benzo[1,3]dioxol-5-
    yl]-1-*p*-tolyl- 1871
—, 2-Brom-3-[6-chlor-benzo[1,3]dioxol-5-
    yl]-1-*p*-tolyl- 1871
—, 1-[5-Brom-[2]thienyl]-3-[5-chlor-
    [2]thienyl]- 1790
—, 1-[5-Brom-[2]thienyl]-3-[2,5-dimethyl-
    [3]thienyl]- 1795
    — thiosemicarbazon 1795
—, 1-[5-Brom-[2]thienyl]-3-[2]furyl- 1789
—, 1-[5-Brom-[2]thienyl]-3-[2]thienyl-
    1790
—, 3-[6-Chlor-benzo[1,3]dioxol-5-yl]-2-
    hydroxy-1-phenyl- 2065
—, 3-[6-Chlor-benzo[1,3]dioxol-5-yl]-1-
    phenyl- 1867
—, 3-[6-Chlor-benzo[1,3]dioxol-5-yl]-1-
    p-tolyl- 1870
—, 2-Chlor-3-[6-chlor-benzo[1,3]dioxol-5-
    yl]-1-*p*-tolyl- 1870

Propionsäure (Fortsetzung)
—, 3-[4-Hydroxy-2-isopropyl-
benzofuran-5-yl]-,
  — lacton 1799
—, 3-[6-Hydroxy-2-isopropyl-
benzofuran-5-yl]-,
  — lacton 1798
—, 3-[4-Hydroxy-2-isopropyl-2,3-
dihydro-benzofuran-5-yl]-,
  — lacton 1770
—, 3-[6-Hydroxy-2-isopropyl-2,3-
dihydro-benzofuran-5-yl]-,
  — lacton 1770
—, 2-Hydroxymethoxy-,
  — lacton 1567
—, 3-[4-Hydroxy-3-methyl-benzofuran-5-
yl]-3-oxo-,
  — lacton 2036
—, 2-[1-Hydroxy-1-methyl-propoxy]-,
  — lacton 1584
—, 3-[15-Hydroxy-pentadecyloxy]-,
  — lacton 1595
—, 2-[2-Hydroxy-phenoxy]-,
  — lacton 1701
—, 3-[13-Hydroxy-tridecyloxy]-,
  — lacton 1595
—, 3-[11-Hydroxy-undecyloxy]-,
  — lacton 1593
—, 2-Methyl- s. a. Isobuttersäure
—, 3-[4-Oxo-4H-chromen-3-yl]-2-
salicyloyl-,
  — lacton 2219
—, 2,2'-Oxy-di-,
  — anhydrid 1927
—, 2,2'-Piperonylidendimercapto-di- 1695
—, 3,3'-Piperonylidendimercapto-di- 1696
—, 2,2'-Sulfandiyl-di-,
  — anhydrid 1928
—, 3-Sulfo-,
  — anhydrid 1556
Propiopiperon 1709
Propylencarbonat 1564
Propylenoxalat 1925
Pseudodecarboxyisocolumbin 2040
Psoralen 1816
—, Dihydro- 1791
—, Tetrahydro- 1759
Psoralenchinon 2202
Pulvinsäure
  — lacton 2119
Pyran
—, 6-Benzoyl-2,3-epoxy-2,3,6-triphenyl-
tetrahydro- 1914
Pyran-2-carbonsäure
—, 5-Brom-3-hydroxymethyl-4-oxo-5,6-
dihydro-4H-,
  — lacton 1953

—, 3-[1-Hydroxy-äthyl]-6,6-dimethyl-4-
oxo-5,6-dihydro-4H-,
  — lacton 1957
—, 3-[α-Hydroxy-benzyliden]-6,6-
dimethyl-4-oxo-tetrahydro-,
  — lacton 2038
—, 3-[α-Hydroxy-benzyliden]-6-methyl-4-
oxo-tetrahydro-,
  — lacton 2037
—, 6-Hydroxy-2,5-dimethyl-tetrahydro-,
  — lacton 1611
—, 4-Hydroxyimino-3-hydroxymethyl-
5,6-dihydro-4H-,
  — lacton 1953
—, 3-Hydroxymethyl-6,6-dimethyl-4-oxo-
5,6-dihydro-4H-,
  — lacton 1956
—, 3-Hydroxymethyl-4-oxo-5,6-dihydro-
4H-,
  — lacton 1952
—, 6-Hydroxy-2-methyl-tetrahydro-,
  — lacton 1606
—, 6-Hydroxy-tetrahydro-,
  — lacton 1603
—, 4-Hydroxy-2,4,6-trimethyl-
tetrahydro-,
  — lacton 1614
Pyran-3-carbonsäure
—, 6-[1-Äthyl-1-hydroxy-propyl]-2,2,6-
trimethyl-tetrahydro-,
  — lacton 1620
—, 5-Brom-2-[2-hydroxy-phenyl]-6-
phenyl-5,6-dihydro-4H-,
  — lacton 1881
—, 4-[2-Hydroxy-äthyl]-5-jod-6-pent-1-
enyl-tetrahydro-,
  — lacton 1629
—, 4-[2-Hydroxy-äthyl]-5-jod-6-pentyl-
tetrahydro-,
  — lacton 1619
—, 6-[α-Hydroxy-benzhydryl]-2,2,6-
trimethyl-tetrahydro-,
  — lacton 1875
—, 6-[α-Hydroxy-isobutyl]-2,2,6-
trimethyl-tetrahydro-,
  — lacton 1620
—, 6-[α-Hydroxy-isopropyl]-2,2,6-
trimethyl-tetrahydro-,
  — lacton 1619
—, 2-[2-Hydroxy-phenyl]-6-methyl-4-
phenyl-4H-,
  — lacton 1892
—, 2-[2-Hydroxy-phenyl]-4,6,6-trimethyl-
6H-,
  — lacton 1831
Pyran-2,6-dicarbonsäure
—, Tetrahydro-,
  — anhydrid 1942

Spirosta-4,8-dien-3,11-dion 2058
— mono-[2,4-dinitro-phenylhydrazon] 2058
Spirosta-1,4-dien-3-on 1835
—, 23-Brom- 1836
—, 2-Hydroxy- 2046
Spirosta-3,5-dien-7-on 1835
Spirosta-4,6-dien-3-on 1836
— [2,4-dinitro-phenylhydrazon] 1837
Spirosta-4,7-dien-3-on 1836
Spirosta-7,9(11)-dien-3-on 1836
Spirostan-3-carbaldehyd 1785
Spirostan-2,3-dion 2028
Spirostan-2,12-dion 2033
—, 3-Brom- 2033
Spirostan-3,4-dion 2028
Spirostan-3,6-dion 2032
— 3-[2-amino-phenylimin] 2033
— 6-[2-amino-phenylimin] 2033
— dioxim 2032
— disemicarbazon 2032
Spirostan-3,7-dion 2031
Spirostan-3,11-dion 2028
—, 23-Brom- 2029
—, 2,23-Dibrom- 2029
—, 12,23-Dibrom- 2029
—, 2,4,12,23-Tetrabrom- 2030
—, 2,4,23-Tribrom- 2030
—, 2,12,23-Tribrom- 2030
Spirostan-3,12-dion 2030
—, 23-Brom- 2031
—, 2,4,23-Tribrom- 2031
Spirostan-1-on 1785
Spirostan-3-on 1781
— [2,4-dinitro-phenylhydrazon] 1783
— oxim 1782
— semicarbazon 1782
—, 16-Äthyl- 1786
—, 6-[2-Amino-phenylimino]- 2033
—, 23-Brom- 1783
—, 4,23-Dibrom- 1784
—, 16-Methyl- 1786
—, 2,4,23-Tribrom- 1784
Spirostan-6-on
—, 3-[2-Amino-phenylimino]- 2033
Spirostan-7-on 1785
Spirostan-12-on 1785
Spirosta-1,4,6-trien-3,11-dion
—, 23-Brom- 2075
Spirosta-1,4,6-trien-3-on 1862
Spirosta-1,4,25(27)-trien-3-on 1862
— [2,4-dinitro-phenylhydrazon] 1862
Spirosta-4,6,8-trien-3-on 1862
Spirosta-4,7,9(11)-trien-3-on 1862

Spirost-1-en-3,11-dion
—, 23-Brom- 2045
— mono-[2,4-dinitro-phenylhydrazon] 2045
—, 12,23-Dibrom- 2045
— mono-[2,4-dinitro-phenylhydrazon 2046
Spirost-4-en-2,3-dion 2046
Spirost-4-en-3,6-dion 2047
Spirost-4-en-3,11-dion 2046
—, 23-Brom- 2046
—, 2,6,23-Tribrom- 2047
Spirost-4-en-3,12-dion 2047
—, 23-Brom- 2047
Spirost-8-en-3,11-dion 2046
Spirost-5-en-12-ol 1809
Spirost-1-en-3-on 1808
—, 2-Hydroxy- 2028
Spirost-2-en-1-on 1808
Spirost-2-en-12-on 1808
Spirost-4-en-3-on 1809
— [2,4-dinitro-phenylhydrazon] 1810
—, 16-Äthyl- 1813
—, 6-Brom- 1810
—, 23-Brom- 1784, 1811
—, 2,6-Dibrom- 1811
—, 4-Hydroxy- 2028
—, 6-Jod- 1811
—, 6-Methyl- 1812
—, 16-Methyl- 1812
Spirost-5-en-11-on 1809
Spirost-5-en-12-on 1809
Spirost-7-en-3-on 1809
Spirost-8-en-3-on 1808
Spirost-8-en-3,7,11-trion 2208
Stilben
—, 4,4'-Bis-[5-oxo-2,5-dihydro-[3]furyl]- 2138
Stilben-2,2'-dicarbonsäure
—, α,α'-Dihydroxy-,
— 2→α';2'→α-dilacton 2096
— 2→α;2'→α'-dilacton 2094
Strophanthidin
—, Dihydrotrianhydro- 1861
—, Octahydrotrianhydro- 1779
—, Trianhydro- 1875
Succinaldehyd
—, 2,3-Isopropylidendioxy- 1928
Succinat
—, Butandiyl- 1930
—, Decandiyl- 1935
—, Dodecandiyl- 1937
—, Heptandiyl- 1932
—, Hexandiyl- 1931
—, Nonandiyl- 1934
—, Octadecandiyl- 1938
—, Octandiyl- 1933

Formelregister

Im Formelregister sind die Verbindungen entsprechend dem System von *Hill* (Am. Soc. **22** [1900] 478)

1. nach der Anzahl der C-Atome,
2. nach der Anzahl der H-Atome,
3. nach der Anzahl der übrigen Elemente

in alphabetischer Reihenfolge angeordnet. Isomere sind in Form des „Registernamens" (s. diesbezüglich die Erläuterungen zum Sachregister) in alphabetischer Reihenfolge aufgeführt. Verbindungen unbekannter Konstitution finden sich am Schluss der jeweiligen Isomeren-Reihe.

C₂

C₂Cl₂OS₂
[1,3]Dithietanon, Dichlor- 1555
C₂Cl₂S₃
[1,3]Dithietanthion, Dichlor- 1555
C₂H₂S₃
[1,3]Dithietanthion 1555
C₂H₄S₂
Äthen-1,2-dithiol 1598

C₃

C₃Cl₄O₃
[1,3]Dioxolan-2-on, Tetrachlor- 1559
[C₃H₂BrS₃]⁺
[1,3]Dithiolylium, 2-Brommercapto- 1598
  [C₃H₂BrS₃]Br 1598
C₃H₂Br₂O₃
[1,3]Dioxolan-2-on, 4,5-Dibrom- 1559
C₃H₂Cl₂O₃
[1,3]Dioxolan-2-on, 4,5-Dichlor- 1558
C₃H₂OS₂
[1,3]Dithiol-2-on 1598
C₃H₂O₃
[1,3]Dioxol-2-on 1597
C₃H₂O₃S
[1,3]Oxathiolan-2,5-dion 1921
C₃H₂O₄
[1,3]Dioxolan-2,4-dion 1921
C₃H₂S₃
[1,2]Dithiol-3-thion 1596
[1,3]Dithiol-2-thion 1598
C₃H₃ClO₃
[1,3]Dioxolan-2-on, 4-Chlor- 1558
[C₃H₄BrS₃]⁺
[1,3]Dithiolylium, 2-Brommercapto-4,5-dihydro- 1561
  [C₃H₄BrS₃]Br 1561

C₃H₄N₂S₂
[1,2]Dithiolan, 3,5-Diimino- 1921
C₃H₄OS₂
[1,3]Dithiolan-2-on 1560
C₃H₄O₂S
[1,3]Oxathiolan-2-on 1559
[1,3]Oxathiolan-5-on 1561
C₃H₄O₃
[1,3]Dioxolan-2-on 1556
[1,3]Dioxolan-4-on 1561
C₃H₄O₄S
Propionsäure, 3-Sulfo-, anhydrid 1556
C₃H₄S₃
[1,3]Dithiolan-2-thion 1560
C₃H₅NOS
[1,3]Oxathiolan-2-on-imin 1559
C₃H₅NOS₂
[1,3]Dithiolan-2-on-oxim 1560
C₃H₅NS₂
[1,3]Dithiolan-2-on-imin 1560
[C₃H₅N₂S₂]⁺
[1,2]Dithiolylium, 3,5-Diamino- 1921
  [C₃H₅N₂S₂]Cl 1921
  [C₃H₅N₂S₂]I 1921
  [C₃H₅N₂S₂]C₆H₂N₃O₇ 1921

C₄

C₄H₃Cl₃O₂S
[1,3]Oxathiolan-5-on, 2-Trichlormethyl- 1564
C₄H₄OS₂
[1,2]Dithiol-3-on, 5-Methyl- 1599
C₄H₄O₂S₂
[1,4]Dithian-2,3-dion 1921
[1,4]Dithian-2,5-dion 1922

C₄H₄O₃S
[1,4]Oxathian-2,6-dion 1924
C₄H₄O₄
[1,4]Dioxan-2,5-dion 1922
[1,4]Dioxan-2,6-dion 1924
[1,3]Dioxolan-2,4-dion, 5-Methyl- 1925
C₄H₄S₃
[1,2]Dithiol-3-thion, 4-Methyl- 1599
—, 5-Methyl- 1599
Thiophen-3,4-dithiol 1599
Thiophen-3,4-dithion 1599
C₄H₅ClO₃
[1,3]Dioxolan-2-on, 4-Chlormethyl- 1566
[C₄H₅S₃]⁺
[1,2]Dithiolylium, 3-Methylmercapto-
1597
[C₄H₅S₃]I 1597
[1,3]Dithiolylium, 2-Methylmercapto-
1599
[C₄H₅S₃]I 1599
[C₄H₅S₃]CH₃O₄S 1599
C₄H₆ClNOS
[1,3]Oxathiolan-2-on, 5-Chlormethyl-,
imin 1567
C₄H₆N₂O₂S
Harnstoff, [1,3]Oxathiolan-2-yliden- 1559
C₄H₆OS₂
[1,3]Dithian-5-on 1563
C₄H₆O₃
[1,3]Dioxan-2-on 1561
[1,4]Dioxan-2-on 1563
[1,3]Dioxolan-2-carbaldehyd 1564
[1,3]Dioxolan-2-on, 4-Methyl- 1564
[1,3]Dioxolan-4-on, 2-Methyl- 1564
—, 5-Methyl- 1567
C₄H₆O₄S
Isobuttersäure, β-Sulfo-, anhydrid 1564
C₄H₆S₃
[1,3]Dithian-2-thion 1563
[1,3]Dithiolan-2-thion, 4-Methyl- 1567
C₄H₇NOS
[1,3]Oxathian-2-on-imin 1562
[1,3]Oxathiolan, 2-Imino-5-methyl- 1566
C₄H₇NOS₂
[1,3]Dithian-5-on-oxim 1563
C₄H₇NS₂
[1,3]Dithiolan-2-on, 4-Methyl-, imin 1567
C₄H₇N₃OS₂
[1,2]Dithiolan-4-on-semicarbazon 1556

C₅

C₅H₂Br₃Cl₃O₃
[1,3]Dioxolan-4-on, 2-Tribrommethyl-5-
trichlormethyl- 1572
C₅H₂Cl₆O₃
[1,3]Dioxolan-4-on, 2,5-Bis-trichlormethyl-
1571

C₅H₄OS₂
Acetaldehyd, [1,2]Dithiol-3-yliden- 1621
[1,2]Dithiepin-5-on 1621
C₅H₄S₃
[1,2]Dithiepin-5-thion 1622
7λ⁴-[1,2]Dithiolo[1,5-b][1,2]dithiol 1621
Thioacetaldehyd, [[1,2]Dithiol-3-yliden]-
1621
[C₅H₆IS₃]⁺
[1,2]Dithiolylium, 3-Jodmercapto-4,5-
dimethyl- 1601
[C₅H₆IS₃]I 1601
C₅H₆OS₂
[1,2]Dithiol-3-on, Dimethyl- 1600
C₅H₆O₂S
2-Oxa-5-thia-norbornan-3-on 1602
C₅H₆O₃
[1,3]Dioxolan-2-on, 4-Vinyl- 1601
Pentan-3-on, 1,2;4,5-Diepoxy- 1602
C₅H₆O₄
[1,4]Dioxan-2,3-dion, 5-Methyl- 1925
[1,4]Dioxan-2,6-dion, 3-Methyl- 1925
[1,3]Dioxolan-2,4-dicarbaldehyd 1925
C₅H₆S₃
[1,2]Dithiin-3-thion, 4-Methyl-6H- 1601
[1,2]Dithiol-3-thion, 4-Äthyl- 1600
—, 5-Äthyl- 1600
—, Dimethyl- 1601
Thiophen-2,5-dithion, 3-Methyl-dihydro-
1601
C₅H₇ClN₂O₂S
Harnstoff, [5-Chlormethyl-[1,3]oxathiolan-
2-yliden]- 1566
C₅H₇NOS₂
[1,2]Dithiin-3-on, 4-Methyl-6H-, oxim
1600
[1,2]Dithiol-3-on, Dimethyl-, oxim 1600
[C₅H₇S₃]⁺
[1,2]Dithiolylium, 4-Methyl-3-
methylmercapto- 1600
[C₅H₇S₃]I 1600
C₅H₈N₂O₂S
Harnstoff, [5-Methyl-[1,3]oxathiolan-2-
yliden]- 1566
C₅H₈OS₂
[1,3]Dithian-5-on, 2-Methyl- 1568
[1,4]Dithiepan-6-on 1568
C₅H₈O₂S
[1,3]Dioxolan-2-thion, 4,5-Dimethyl- 1574
C₅H₈O₃
Äthanon, 1-[1,3]Dioxolan-2-yl- 1570
[1,3]Dioxan-2-carbaldehyd 1568
[1,3]Dioxan-2-on, 4-Methyl- 1569
[1,4]Dioxan-2-on, 6-Methyl- 1570
[1,3]Dioxepan-2-on 1567
[1,4]Dioxepan-2-on 1568
[1,3]Dioxolan-2-on, 4-Äthyl- 1571
—, 4,4-Dimethyl- 1573
—, 4,5-Dimethyl- 1573

C₅H₈O₃ (Fortsetzung)
[1,3]Dioxolan-4-on, 5-Äthyl- 1571
—, 2,5-Dimethyl- 1571
—, 5,5-Dimethyl- 1573
C₅H₈O₄S
Propionsäure, 2,2-Dimethyl-3-sulfo-,
    anhydrid 1570
C₅H₈O₄S₄
s. bei [C₄H₅S₃]⁺
C₅H₈O₅S₂
1λ⁶,4λ⁶-[1,4]Dithiepan-6-on, 1,1,4,4-
    Tetraoxo- 1568
C₅H₈S₃
[1,3]Dithian-2-thion, 5-Methyl- 1569
[1,3]Dithiolan-2-thion, 4,4-Dimethyl- 1573
C₅H₉N₃OS₂
[1,3]Dithian-5-on-semicarbazon 1563
C₅H₉N₃S₃
[1,3]Dithian-5-on-thiosemicarbazon 1563

C₆

C₆H₂O₃S
Thiophen-2,3-dicarbonsäure-anhydrid 1963
Thiophen-3,4-dicarbonsäure-anhydrid 1963
C₆H₄O₃S
Thiophen-3,4-dicarbonsäure, 2,5-Dihydro-,
    anhydrid 1952
C₆H₆Br₂O₄
[1,3]Dioxan-4,6-dion, 5,5-Dibrom-2,2-
    dimethyl- 1927
C₆H₆D₂O₄
[1,3]Dioxan-4,6-dion, 5,5-Dideuterio-2,2-
    dimethyl- 1926
C₆H₆OS₂
Äthanon, 1-[1,4]Dithiin-2-yl- 1622
Cyclopenta[1,2]dithiol-3-on, 5,6-Dihydro-
    4H- 1622
C₆H₆O₂S₂
Thieno[3,4-c]thiophen-1,3-dion,
    Tetrahydro- 1941
C₆H₆O₃S
Thiophen-2,5-dicarbonsäure, Tetrahydro-,
    anhydrid 1940
Thiophen-3,4-dicarbonsäure, Tetrahydro-,
    anhydrid 1941
C₆H₆O₄
2,5-Dioxa-bicyclo[2.2.2]octan-3,6-dion
    1942
Furo[3,2-b]furan-2,5-dion, Tetrahydro-
    1941
Furo[3,4-c]furan-1,4-dion, Tetrahydro-
    1941
C₆H₆S₃
Cyclopenta[1,2]dithiol-3-thion,
    5,6-Dihydro-4H- 1622

C₆H₇BrO₄
[1,3]Dioxan-4,6-dion, 5-Brom-2,2-
    dimethyl- 1926
C₆H₇Cl₃O₃
[1,3]Dioxolan-4-on, 5,5-Dimethyl-2-
    trichlormethyl- 1580
C₆H₈O₂S
Cyclopent[1,3]oxathiol-2-on, Tetrahydro-
    1603
C₆H₈O₃
Aceton, [1,3]Dioxolan-2-yliden- 1602
6,8-Dioxa-bicyclo[3.2.1]octan-7-on 1603
2,6-Dioxa-spiro[3.4]octan-7-on 1603
Hexan-3-on, 1,2;4,5-Diepoxy- 1603
C₆H₈O₃S
[1,4]Oxathian-2,6-dion, 3,5-Dimethyl-
    1928
C₆H₈O₄
[1,3]Dioxan-4,6-dion, 2,2-Dimethyl- 1926
[1,4]Dioxan-2,3-dion, 5,6-Dimethyl- 1927
[1,4]Dioxan-2,5-dion, 3,6-Dimethyl- 1927
[1,4]Dioxan-2,6-dion, 3,5-Dimethyl- 1927
C₆H₈S₃
[1,2]Dithiol-3-thion, 4-Äthyl-5-methyl-
    1602
—, 5-Äthyl-4-methyl- 1602
C₆H₉BrO₃
Aceton, 1-Brom-1-[1,3]dioxolan-2-yl- 1577
C₆H₉ClO₃
Äthanon, 1-[5-Chlor-[1,3]dioxan-5-yl]-
    1574
[C₆H₉S₃]⁺
[1,2]Dithiolylium, 4,5-Dimethyl-3-
    methylmercapto- 1601
    [C₆H₉S₃]I 1601
    [C₆H₉S₃]HgI₃ 1601
C₆H₁₀OS₂
Aceton, [1,3]Dithiolan-2-yl- 1577
[1,3]Dithian-5-on, 2,2-Dimethyl- 1576
C₆H₁₀O₃
Aceton, [1,3]Dioxolan-2-yl- 1577
Äthanon, 1-[1,3]Dioxan-5-yl- 1574
—, 1-[2-Methyl-[1,3]dioxolan-2-yl]-
    1578
[1,3]Dioxan-2-on, 4,6-Dimethyl- 1576
—, 5,5-Dimethyl- 1576
[1,3]Dioxolan-4-carbaldehyd,
    2,2-Dimethyl- 1579
[1,3]Dioxolan-2-on, 4,4,5-Trimethyl- 1580
[1,3]Dioxolan-4-on, 5-Äthyl-5-methyl-
    1578
—, 5-Isopropyl- 1578
—, 2,2,5-Trimethyl- 1578
—, 2,5,5-Trimethyl- 1580
C₆H₁₀O₄S
Buttersäure, 2,3-Dimethyl-4-sulfo-,
    anhydrid 1574
—, 3-Methyl-2-sulfomethyl-,
    anhydrid 1577

$C_6H_{10}O_5S_2$
Aceton, [1,1,3,3-Tetraoxo-$1\lambda^6,3\lambda^6$-[1,3]dithiolan-2-yl]- 1578
$C_6H_{11}N_3OS_2$
[1,3]Dithian-5-on, 2-Methyl-, semicarbazon 1568
[1,4]Dithiepan-6-on-semicarbazon 1568
$C_6H_{11}N_3S_3$
[1,3]Dithian-5-on, 2-Methyl-, thiosemicarbazon 1568
$[C_6H_{12}NS_2]^+$
Ammonium, [1,3]Dithian-2-yliden-dimethyl- 1562
$[C_6H_{12}NS_2]C_7H_7O_3S$ 1562

C_7

$C_7F_{12}O_3$
[1,3]Dioxolan-4-on, Tetrakis-trifluormethyl- 1584
$C_7HBr_3O_4S$
Benzoesäure, 2,3,5-Tribrom-6-sulfo-, anhydrid 1642
$C_7HI_3O_4S$
Benzoesäure, 2,3,5-Trijod-6-sulfo-, anhydrid 1642
$C_7H_2Br_2O_4S$
Benzoesäure, 3,6-Dibrom-2-sulfo-, anhydrid 1642
$C_7H_2Cl_2OS_2$
Benzo[1,2]dithiol-3-on, 5,7-Dichlor- 1645
$C_7H_2Cl_2O_4S$
Benzoesäure, 3,6-Dichlor-2-sulfo-, anhydrid 1642
$C_7H_2Cl_2S_3$
Benzo[1,2]dithiol-3-thion, 5,7-Dichlor- 1645
$C_7H_2I_2O_4S$
Benzoesäure, x,x-Dijod-2-sulfo-, anhydrid 1642
$C_7H_3BrO_4S$
Benzoesäure, 3-Brom-2-sulfo-, anhydrid 1642
$C_7H_3NO_4S$
Benz[1,3]oxathiol-2-on, 5-Nitro- 1646
$C_7H_3NO_6S$
Benzoesäure, 4-Nitro-2-sulfo-, anhydrid 1642
$C_7H_4Br_6Cl_3NO_3$
[1,3]Dioxolan-4-on, 2-Tribrommethyl-5-trichlormethyl-, [2,2,2-tribrom-1-hydroxy-äthylimin] 1572
$C_7H_4Cl_9NO_3$
[1,3]Dioxolan-4-on, 2,5-Bis-trichlormethyl-[2,2,2-trichlor-1-hydroxy-äthylimin] 1571
$C_7H_4OS_2$
Benzo[1,2]dithiol-3-on 1643

Benzo[1,3]dithiol-2-on 1646
Benz[1,3]oxathiol-2-thion 1646
$C_7H_4O_2S$
Benzo[1,3]dioxol-2-thion 1646
Benz[1,3]oxathiol-2-on 1646
$C_7H_4O_3$
Benzo[1,3]dioxol-2-on 1645
$C_7H_4O_3Se$
Selenophen-2,3-dicarbonsäure, 4-Methyl-, anhydrid 1964
$C_7H_4O_4S$
Benzoesäure, 2-Sulfo-, anhydrid 1641
$C_7H_4S_3$
Benzo[1,2]dithiol-3-thion 1645
$C_7H_5BrO_4$
Furo[3,4-b]pyran-4,7-dion, 3-Brom-2,3-dihydro-$5H$- 1953
$C_7H_5ClO_3$
Furo[3,2-c]pyran-2-on, 4-Chlor-$4H,6H$- 1633
$C_7H_5Cl_3N_2O_4$
[1,3]Dioxolan-4-on, 5-[3-Diazo-acetonyl]-2-trichlormethyl- 2184
$C_7H_5NOS_2$
Benzo[1,2]dithiol-3-on-oxim 1643
$C_7H_5NO_3S_2$
$1\lambda^6$-Benzo[1,2]dithiol-3-on, 1,1-Dioxo-, oxim 1644
$C_7H_6Cl_6O_3$
[1,3]Dioxan-4-on, 5-Methyl-2,6-bis-trichlormethyl- 1581
$C_7H_6N_2S_2$
Benzo[1,2]dithiol-3-on-hydrazon 1644
$C_7H_6OS_2$
Thieno[2,3-c]thiopyran-4-on, $7H$- 1633
$C_7H_6O_3$
Furo[3,2-c]pyran-2-on, $4H,6H$- 1633
$C_7H_6O_3S$
Thiopyran-2,3-dicarbonsäure, 5,6-Dihydro-$4H$-, anhydrid 1953
Thiopyran-3,4-dicarbonsäure, 5,6-Dihydro-$2H$-, anhydrid 1953
$C_7H_6O_4$
Furo[2,3-b]pyran-2,4-dion, 5,6-Dihydro-$7aH$- 1953
Furo[3,4-b]pyran-4,7-dion, 2,3-Dihydro-$5H$- 1952
$C_7H_6O_5$
Furan-2,3-dicarbonsäure, 4-Methyl-5-oxo-tetrahydro-, anhydrid 2185
$C_7H_7ClO_4$
Furo[2,3-b]pyran-2,4-dion, 3a-Chlor-tetrahydro- 1943
$C_7H_7Cl_3O_3$
[1,3]Dioxin-4-on, 2,2-Dimethyl-6-trichlormethyl- 1604
$C_7H_7NOS_2$
Thieno[2,3-c]thiopyran-4-on, $7H$-, oxim 1633

$C_7H_{13}N_3OS_2$
[1,3]Dithian-5-on, 2,2-Dimethyl-,
    semicarbazon 1576
[1,5]Dithiocan-3-on-semicarbazon 1574
$C_7H_{13}N_3S_3$
[1,3]Dithian-5-on, 2,2-Dimethyl-,
    thiosemicarbazon 1576
$[C_7H_{14}NS_2]^+$
Ammonium, Diäthyl-[1,3]dithiolan-2-
    yliden- 1560
    $[C_7H_{14}NS_2]B(C_6H_5)_4$ 1560

C_8

$C_8H_2Cl_6O_3$
4,7-Methano-benzo[1,3]dioxol-2-on,
    4,5,6,7,8,8-Hexachlor-3a,4,7,7a-
    tetrahydro- 1634
$C_8H_4BrClO_3$
Benzo[1,3]dioxol-2-on, 5-Brom-6-
    chlormethyl- 1649
$C_8H_4BrNO_5$
Benzo[1,3]dioxin-4-on, 8-Brom-6-nitro-
    1647
$C_8H_4Br_2O_3$
Benzo[1,3]dioxin-4-on, 6,8-Dibrom- 1647
$C_8H_4ClNO_5$
Benzo[1,3]dioxin-4-on, 8-Chlor-6-nitro-
    1647
$C_8H_4Cl_2O_3$
Benzo[1,3]dioxin-4-on, 6,8-Dichlor- 1647
Benzo[1,4]dioxin-2-on, 5,7-Dichlor- 1648
Benzo[1,3]dioxol-2-on, 5-Chlor-6-
    chlormethyl- 1649
$C_8H_4Cl_2O_4$
[2,2']Bifuryl-5,5'-dion, 2,2'-Dichlor-
    $2H,2'H$- 1964
Verbindung $C_8H_4Cl_2O_4$ aus
    [2,2']Bifuryliden-5,5'-dion 1981
$C_8H_4N_2O_7$
Benzo[1,3]dioxin-4-on, 6,8-Dinitro- 1647
$C_8H_4O_3S$
Benz[d][1,3]oxathiin-2,4-dion 1980
$C_8H_4O_4$
Benzaldehyd, 3,4-Carbonyldioxy- 1981
Benzo[1,3]dioxin-2,4-dion 1980
Benzo[d][1,2]dioxin-1,4-dion 1980
[2,2']Bifuryliden-5,5'-dion 1981
$C_8H_5BrO_3$
Benzo[1,3]dioxin-4-on, 6-Brom- 1647
Benzo[1,3]dioxol-5-carbaldehyd, 6-Brom-
    1689
—, 7-Brom- 1692
$C_8H_5BrO_4$
7-Oxa-norborn-5-en-2,3-dicarbonsäure,
    1-Brom-, anhydrid 1965
—, 5-Brom-, anhydrid 1965

$C_8H_5BrO_5$
Brom-Derivat $C_8H_5BrO_5$ aus
    $2'H$-[3,3']Bifuryl-2,4,5'-trion 2186
$C_8H_5ClO_4$
7-Oxa-norborn-5-en-2,3-dicarbonsäure,
    5-Chlor-, anhydrid 1965
$C_8H_5Cl_2NS_2$
[1,3]Dithietanon, Dichlor-, phenylimin
    1555
$C_8H_5DO_3$
Benzaldehyd, α-Deuterio-3,4-
    methylendioxy- 1654
$C_8H_5NO_3S_2$
Äthanon, 1-[5-Nitro-thieno[2,3-b]thiophen-
    2-yl]- 1698
$C_8H_5NO_5$
Benzo[1,4]dioxin-2-on, 7-Nitro- 1648
Benzo[1,3]dioxol-5-carbaldehyd, 6-Nitro-
    1692
$C_8H_6BrF_3O_3$
7-Oxa-norbornan-2-carbonsäure, 5-Brom-
    6-hydroxy-3-trifluormethyl-, lacton
    1624
$C_8H_6Br_2O_4$
7-Oxa-norbornan-2,3-dicarbonsäure,
    5,6-Dibrom-, anhydrid 1955
$C_8H_6ClNO_2$
Piperonal-chlorimin 1665
$C_8H_6Cl_2O_4$
7-Oxa-norbornan-2,3-dicarbonsäure,
    5,6-Dichlor-, anhydrid 1954
$C_8H_6N_2O_3S_2$
Äthanon, 1-[5-Nitro-thieno[2,3-b]thiophen-
    2-yl]-, oxim 1698
Thieno[2,3-b]thiophen, 2-Acetylamino-5-
    nitro- 1633
—, 2-Acetylimino-5-nitro-2,3-dihydro-
    1633
$C_8H_6N_2O_5$
Benzo[1,3]dioxol-5-carbaldehyd, 6-Nitro-,
    oxim 1694
$C_8H_6OS_2$
Äthanon, 1-Thieno[2,3-b]thiophen-2-yl-
    1697
—, 1-Thieno[3,2-b]thiophen-2-yl-
    1696
Benzo[1,4]dithiin-2-on 1648
Benzo[1,2]dithiol-3-on, 5-Methyl- 1648
Benz[1,3]oxathiol-2-thion, 5-Methyl- 1649
$C_8H_6O_2S$
Benz[1,4]oxathiin-2-on 1648
Benz[1,3]oxathiol-2-on, 5-Methyl- 1649
But-3-ensäure, 4-Hydroxy-4-[2]thienyl-,
    lacton 1696
$C_8H_6O_3$
Benzo[1,3]dioxin-4-on 1646
Benzo[1,4]dioxin-2-on 1647
Piperonal 1649

$C_8H_6O_4$

[2,2']Bifuryliden-5,5'-dion, 3,4-Dihydro-
1964
7-Oxa-norborn-5-en-2,3-dicarbonsäure-
anhydrid 1964

$C_8H_6O_5$

[3,3']Bifuryl-2,4,5'-trion, 2'H- 2185
7-Oxa-norbornan-2,3-dicarbonsäure,
5-Oxo-, anhydrid 2186

$C_8H_6O_6$

Butan-1,2,3,4-tetracarbonsäure-
1,2;3,4-dianhydrid 2230

$C_8H_6S_3$

Benzo[1,2]dithiol-3-thion, 5-Methyl- 1648
—, 7-Methyl- 1648
Benzo[1,3]dithiol-2-thion, 5-Methyl- 1649

$C_8H_7NOS_2$

Äthanon, 1-Thieno[2,3-b]thiophen-2-yl-,
oxim 1697
—, 1-Thieno[3,2-b]thiophen-2-yl-,
oxim 1696
Benzo[1,4]dithiin-2-on-oxim 1648
Benzo[1,2]dithiol-3-on-[O-methyl-oxim]
1643
Thieno[2,3-b]thiophen, 2-Acetylamino-
1633
—, 2-Acetylimino-2,3-dihydro- 1633
Thieno[3,2-b]thiophen, 2-Acetylamino-
1632
—, 2-Acetylimino-2,3-dihydro- 1632

$C_8H_7NO_3$

Piperonal-oxim 1666

$C_8H_7NO_3S_2$

$1\lambda^6$-Benzo[1,2]dithiol-3-on, 1,1-Dioxo-,
[O-methyl-oxim] 1644

$[C_8H_7S_3]^+$

Benzo[1,2]dithiolylium, 3-Methylmercapto-
1645
$[C_8H_7S_3]$I 1645

$C_8H_8Br_4O_4$

[1,4]Dioxan-2,5-dion, 3,6-Bis-[1,2-dibrom-
äthyl]- 1930

$C_8H_8OS_2$

[2,2']Bithienyl-4-on, 2,3-Dihydro- 1634
Thieno[2,3-c]thiopyran-4-on, 5-Methyl-
7H- 1634

$C_8H_8O_3$

4,7-Methano-benzo[1,3]dioxol-2-on, 3a,4,7,⁼
7a-Tetrahydro- 1634

$C_8H_8O_4$

Cyclohexan-1,2-dicarbonsäure, 4,5-Epoxy-,
anhydrid 1954
[1,4]Dioxan-2,5-dion, 3,6-Divinyl- 1954
7-Oxa-norbornan-2,3-dicarbonsäure-
anhydrid 1954

$C_8H_9NOS_2$

Thieno[2,3-c]thiopyran-4-on, 5-Methyl-
7H-, oxim 1634

$C_8H_9N_3OS_2$

Thieno[2,3-c]thiopyran-4-on, 7H-,
semicarbazon 1634

$C_8H_9N_3OS_3$

Benzo[1,2]dithiol-3-thiol, 3-Semicarbazido-
3H- 1645

$C_8H_{10}Cl_2O_4$

[1,4]Dioxan-2,5-dion, 3,6-Bis-[1-chlor-
äthyl]- 1930

$C_8H_{10}Cl_6O_4$

[1,3]Dioxan, 4,4-Dimethoxy-2,6-bis-
trichlormethyl- 1576

$C_8H_{10}NO_5P$

Phosphonsäure, [α-Amino-3,4-
methylendioxy-benzyl]- 1687

$C_8H_{10}O_3$

[2,3']Bifuryliden-2'-on, Tetrahydro- 1624

$C_8H_{10}O_4$

[2,2']Bifuryl-5,5'-dion, Tetrahydro- 1944
[3,3']Bifuryl-2,2'-dion, Tetrahydro- 1944
2,5-Dioxa-bicyclo[2.2.2]octan-3,6-dion,
1,4-Dimethyl- 1945
6,10-Dioxa-spiro[4.5]decan-7,9-dion 1944
Furo[2,3-b]furan-2,5-dion, 6a-Äthyl-
dihydro- 1945
—, 3a,6a-Dimethyl-dihydro- 1945

$C_8H_{12}N_2O_2S$

Harnstoff, [Hexahydro-benz[1,3]oxathiol-2-
yliden]- 1605

$C_8H_{12}OS_2$

1,4-Dithia-spiro[4.5]decan-6-on 1609
[1,2]Dithiol-3-on, 5-tert-Butyl-4-methyl-
1608
—, 4-Neopentyl- 1607

$C_8H_{12}O_2S$

1-Oxa-4-thia-spiro[4.5]decan-6-on 1609
1-Oxa-4-thia-spiro[4.5]decan-8-on 1610

$C_8H_{12}O_3$

[2,3']Bifuryl-2'-on, Hexahydro- 1611
Cyclopentanon, 2-[1,3]Dioxolan-2-yl- 1608
6,8-Dioxa-bicyclo[3.2.1]octan-7-on,
1,4-Dimethyl- 1611
1,3-Dioxa-spiro[4.5]decan-4-on 1608
1,4-Dioxa-spiro[4.5]decan-6-on 1609
1,4-Dioxa-spiro[4.5]decan-7-on 1609
1,4-Dioxa-spiro[4.5]decan-8-on 1610
7,9-Dioxa-spiro[4,5]decan-1-on 1610
1,3-Dioxa-spiro[4.4]nonan-4-on, 2-Methyl-
1610
[1,3]Dioxin-4-on, 2-Äthyl-2,6-dimethyl-
1607
Heptan-4-on, 2,3;5,6-Diepoxy-3-methyl-
1611
Pentan-3-on, 2-[1,3]Dioxolan-2-yliden-
1608

$C_8H_{12}O_3S$

[1,4]Oxathian-2,6-dion, 3,3-Diäthyl- 1930
—, 3,5-Diäthyl- 1931

$C_8H_{12}O_4$

[1,3]Dioxan-4,6-dion, 5-Äthyl-2,2-
dimethyl- 1930
—, 2,2,5,5-Tetramethyl- 1930
[1,4]Dioxan-2,5-dion, 3,3,6,6-Tetramethyl-
1931
[1,3]Dioxecan-2,7-dion 1929
[1,6]Dioxecan-2,5-dion 1930

$C_8H_{12}O_5S$

$4\lambda^6$-[1,4]Oxathian-2,6-dion, 3,5-Diäthyl-
4,4-dioxo- 1931

$C_8H_{12}S_3$

[1,2]Dithiol-3-thion, 4-Butyl-5-methyl-
1608
—, 5-tert-Butyl-4-methyl- 1608
—, 4-Neopentyl- 1607

$C_8H_{13}BrO_3$

Pentan-2-on, 1-Brom-1-[1,3]dioxolan-2-yl-
1587

$C_8H_{13}N_3O_3$

Hexan-3-on, 1,2;4,5-Diepoxy-5-methyl-,
semicarbazon 1606

$C_8H_{14}OS_2$

Pentan-2-on, 1-[1,3]Dithiolan-2-yl- 1587

$C_8H_{14}O_2S$

Butan-2-on, 3-[2-Methyl-[1,3]oxathiolan-2-
yl]- 1588

$C_8H_{14}O_3$

Aceton, [4-Methyl-[1,3]dioxan-2-yl]- 1586
Äthanon, 1-[2,4,5-Trimethyl-[1,3]dioxolan-
2-yl]- 1588
Butan-2-on, 3-[2-Methyl-[1,3]dioxolan-2-yl]-
1588
—, 4-[2-Methyl-[1,3]dioxolan-2-yl]-
1587
[1,3]Dioxan-2-on, 5,5-Diäthyl- 1586
—, 5-Methyl-5-propyl- 1586
[1,3]Dioxolan-4-on, 5,5-Diäthyl-2-methyl-
1588
Pentan-2-on, 1-[1,3]Dioxolan-2-yl- 1587

$C_8H_{14}O_5S_2$

Pentan-2-on, 1-[1,1,3,3-Tetraoxo-$1\lambda^6,3\lambda^6$-
[1,3]dithiolan-2-yl]- 1587

$C_8H_{14}S_3$

[1,3]Dithiecan-2-thion 1585

$C_8H_{15}N_3O_3$

Äthanon, 1-[2,2-Dimethyl-[1,3]dioxolan-4-
yl]-, semicarbazon 1584
—, 1-[5-Methyl-[1,3]dioxan-5-yl]-,
semicarbazon 1581

$[C_8H_{16}NS_2]^+$

Ammonium, Diäthyl-[1,3]dithian-2-yliden-
1562
$[C_8H_{16}NS_2]ClO_4$ 1562
$[C_8H_{16}NS_2]B(C_6H_5)_4$ 1562

$C_8H_{16}O_3S$

[1,3]Dioxolan, 2-[2-Äthylmercapto-2-
methoxy-äthyl]- 1570

$C_8H_{16}O_4$

[1,3]Dioxolan, 2-[2-Äthoxy-2-methoxy-
äthyl]- 1570

$C_8H_{16}S_3$

Verbindung $C_8H_{16}S_3$ aus 4-Methyl-
[1,2]dithiol-3-thion 1600

C_9

$C_9HBr_5OS_2$

Keton, [3,4-Dibrom-[2]thienyl]-
[tribrom-[2]thienyl]- 1746

$C_9H_4BrClOS_2$

Keton, [5-Brom-[2]thienyl]-[5-chlor-
[2]thienyl]- 1746

$C_9H_4Br_2OS_2$

Keton, Bis-[5-brom-[2]thienyl]- 1746
—, [3,4-Dibrom-[2]thienyl]-[2]thienyl-
1746

$C_9H_4Cl_2OS_2$

Keton, Bis-[5-chlor-[2]thienyl]- 1746
—, [2,5-Dichlor-[3]thienyl]-[2]thienyl-
1747

$C_9H_4Cl_3NO_5$

Benzo[1,3]dioxin-4-on, 6-Nitro-2-
trichlormethyl- 1700

$C_9H_4N_2O_6S$

Keton, [5-Nitro-[2]furyl]-[5-nitro-[2]thienyl]-
1745

$C_9H_5BrS_3$

[1,2]Dithiol-3-thion, 5-[4-Brom-phenyl]-
1742

$C_9H_5ClOS_2$

[1,2]Dithiol-3-on, 5-[4-Chlor-phenyl]- 1741
Keton, [5-Chlor-[2]thienyl]-[2]thienyl- 1746

$C_9H_5ClO_2S$

Keton, [5-Chlor-[2]thienyl]-[2]furyl- 1745

$C_9H_5ClO_4$

Benzo[1,3]dioxin-8-carbaldehyd, 6-Chlor-4-
oxo-4H- 1983

$C_9H_5ClS_3$

[1,2]Dithiol-3-thion, 5-[4-Chlor-phenyl]-
1742

$C_9H_5Cl_3O_2S$

Benz[d][1,3]oxathiin-4-on,
2-Trichlormethyl- 1700

$C_9H_5Cl_3O_3$

Benzo[1,3]dioxin-4-on, 2-Trichlormethyl-
1699

$C_9H_5IS_3$

[1,2]Dithiol-3-thion, 5-[4-Jod-phenyl]-
1742

$C_9H_5NO_4S$

Keton, [5-Nitro-[2]furyl]-[2]thienyl- 1745

$C_9H_5N_3O_5$

Äthanon, 2-Diazo-1-[6-nitro-benzo[1,3]≠
dioxol-5-yl]- 1983

$C_9H_6Br_6Cl_3NO_4$

[1,3]Dioxolan-4-on, 2-Tribrommethyl-5-
trichlormethyl-, [1-acetoxy-2,2,2-
tribrom-äthylimin] 1572

$C_9H_6Cl_2O_3$

Benzo[1,3]dioxin-4-on, 6-Chlor-8-
chlormethyl- 1700

$C_9H_6Cl_9NO_4$

[1,3]Dioxolan-4-on, 2,5-Bis-trichlormethyl-,
[1-acetoxy-2,2,2-trichlor-äthylimin]
1572

$C_9H_6OS_2$

Benzo[1,4]dithiin-2-carbaldehyd 1744
[2,2']Bithienyl-5-carbaldehyd 1747
[1,2]Dithiol-3-on, 5-Phenyl- 1740
Keton, Di-[2]thienyl- 1745
—, Di-[3]thienyl- 1747
—, [2]Thienyl-[3]thienyl- 1746

$C_9H_6O_2S$

Benz[1,4]oxathiin-2-carbaldehyd 1743
Keton, [2]Furyl-[2]thienyl- 1744

$C_9H_6O_3$

[2,2']Bifuryl-5-carbaldehyd 1747
Keton, Di-[2]furyl- 1744

$C_9H_6O_4$

Benzo[e][1,4]dioxepin-2,5-dion 1982
[1,3]Dioxolan-2,4-dion, 5-Phenyl- 1982
Isophthalaldehyd, 4,5-Methylendioxy-
1983
Phthalaldehyd, 4,5-Methylendioxy- 1983

$C_9H_6O_5$

Cyclohex-4-en-1,2,3-tricarbonsäure,
6-Hydroxy-, 1,2-anhydrid-3-lacton
2189

$C_9H_6O_6$

Cyclopentan-1,2,3,4-tetracarbonsäure-1,4;2,3-
dianhydrid 2232
— 1,2;3,4-dianhydrid 2232

$C_9H_6O_7$

Keton, Bis-[4,5-dioxo-tetrahydro-[3]furyl]-
2295

$C_9H_6S_3$

[1,2]Dithiol-3-thion, 4-Phenyl- 1743
—, 5-Phenyl- 1741

$C_9H_7BrO_3$

Äthanon, 1-Benzo[1,3]dioxol-5-yl-2-brom-
1701
Benzo[1,3]dioxin-4-on, 6-Brom-2-methyl-
1699

$C_9H_7ClO_3$

Benzo[1,3]dioxin-8-carbaldehyd, 6-Chlor-
4H- 1700
Benzo[1,3]dioxin-4-on, 6-Chlor-2-methyl-
1699

$C_9H_7NOS_2$

Benzo[1,4]dithiin-2-carbaldehyd-oxim 1744
[1,2]Dithiol-3-on, 4-Phenyl-, oxim 1742
—, 5-Phenyl-, oxim 1741

$C_9H_7NO_5$

Äthanon, 1-Benzo[1,3]dioxol-5-yl-2-nitro-
1702
—, 1-[6-Nitro-benzo[1,3]dioxol-5-yl]-
1702
Benzo[1,3]dioxin-4-on, 2-Methyl-6-nitro-
1700

$C_9H_7N_5O_7S_2$

s. bei $[C_3H_5N_2S_2]^+$

$C_9H_8BrN_3O_2S$

Benzo[1,3]dioxol-5-carbaldehyd, 7-Brom-,
thiosemicarbazon 1692

$C_9H_8BrN_3O_3$

Benzo[1,3]dioxol-5-carbaldehyd, 6-Brom-,
semicarbazon 1691

$C_9H_8ClN_3O_3$

Benzo[1,3]dioxol-5-carbaldehyd, 6-Chlor-,
semicarbazon 1688

$C_9H_8Cl_2O_4$

7-Oxa-norbornan-2,3-dicarbonsäure,
5,6-Dichlor-1-methyl-, anhydrid 1956

$C_9H_8N_2O_3$

Harnstoff, Piperonyliden- 1662

$C_9H_8N_2O_4$

Harnstoff-N-oxid, N-Piperonyliden- 1670
Oxaziridin-2-carbonsäure, 3-Benzo[1,3]=
dioxol-5-yl-, amid 1670
Piperonal-[O-carbamoyl-oxim] 1670

$C_9H_8N_4O_5$

Benzo[1,3]dioxol-5-carbaldehyd, 6-Nitro-,
semicarbazon 1695

$C_9H_8OS_2$

[1,3]Dithiolan-2-on, 4-Phenyl- 1699
Propan-1-on, 1-Thieno[3,2-b]thiophen-2-yl-
1703

$C_9H_8O_2S$

Benz[d][1,3]oxathiin-4-on, 2-Methyl- 1700
Benz[1,3]oxathiol-2-on, 4,6-Dimethyl-
1703
[1,3]Oxathiolan-5-on, 2-Phenyl- 1698
Thieno[2,3-b]pyran-2-on, 4,6-Dimethyl-
1703

$C_9H_8O_3$

Acetaldehyd, Benzo[1,3]dioxol-5-yl- 1702
Äthanon, 1-Benzo[1,3]dioxol-5-yl- 1701
Benzo[e][1,4]dioxepin-5-on, 2,3-Dihydro-
1699
Benzo[1,4]dioxin-6-carbaldehyd,
2,3-Dihydro- 1701
Benzo[1,3]dioxin-4-on, 2-Methyl- 1699
Benzo[1,4]dioxin-2-on, 3-Methyl- 1701
[1,3]Dioxolan-2-on, 4-Phenyl- 1698
Furan-2-on, 3-Furfuryliden-dihydro- 1703

$C_9H_8O_4$

3,5-Cyclo-cyclopenta[2,1-b;3,4-b']difuran-
2,6-dion, Hexahydro- 1967
2,7-Dioxa-spiro[4.4]nona-3,8-dien-1,6-dion,
3,8-Dimethyl- 1965

$C_9H_8O_4$ (Fortsetzung)
Furo[3,4-b]oxepin-5,6-dion, 8-Methylen-
3,4-dihydro-2H,8H- 1965
Norbornan-2,3-dicarbonsäure, 5,6-Epoxy-,
anhydrid 1966
7-Oxa-norborn-5-en-2,3-dicarbonsäure,
1-Methyl-, anhydrid 1966
—, 5-Methyl-, anhydrid 1966
$C_9H_8O_5$
But-1-en-1,1,2-tricarbonsäure, 4-Hydroxy-
3,3-dimethyl-, 1,2-anhydrid-1-lacton
2186
$C_9H_8O_6$
Methan, Bis-[2,4-dioxo-tetrahydro-
[3]furyl]- 2230
—, Bis-[4,5-dioxo-tetrahydro-
[3]furyl]- 2231
$C_9H_8S_3$
[1,3]Dithiolan-2-thion, 4-Phenyl- 1699
$C_9H_9BrO_4$
Furo[3,4-b]oxepin-5,6-dion, Brom-8-
methyl-3,4-dihydro-2H,8H- 1955
Furo[3,4-b]pyran-4,7-dion, 3-Brom-2,2-
dimethyl-2,3-dihydro-5H- 1956
$C_9H_9Cl_3O_3$
1,4-Dioxa-spiro[4.5]dec-6-en-2-on, 8,9,10-
Trichlor-6-methyl- 1625
C_9H_9NOS
[1,3]Oxathiolan-2-on, 4-Phenyl-, imin
1698
$C_9H_9NOS_2$
Benz[d]isothiazol-3-thion, 2-[2-Hydroxy-
äthyl]- 1643
Benzo[1,2]dithiol-3-on-[2-hydroxy-
äthylimin] 1643
$C_9H_9NO_3$
Acetaldehyd, Benzo[1,3]dioxol-5-yl-,
oxim 1703
Äthanon, 1-Benzo[1,3]dioxol-5-yl-, oxim
1701
$[C_9H_9N_2S_2]^+$
[1,2]Dithiolylium, 3,5-Diamino-4-phenyl-
1982
$[C_9H_9N_2S_2]I$ 1982
$[C_9H_9N_2S_2]C_6H_2N_3O_7$ 1982
$C_9H_9N_3O_2S$
Piperonal-thiosemicarbazon 1679
$C_9H_9N_3O_3$
Piperonal-semicarbazon 1679
$C_9H_9N_3S_3$
Benzo[1,4]dithiin-2-on-thiosemicarbazon
1648
$C_9H_9N_5O_4$
Piperonal-[nitrocarbamimidoyl-hydrazon]
1679
$[C_9H_9S_3]^+$
Benzo[1,3]dithiolylium, 5-Methyl-2-
methylmercapto- 1649
$[C_9H_9S_3]ClO_4$ 1649

$C_9H_{10}N_4O_2$
Piperonal-carbamimidoylhydrazon 1679
$C_9H_{10}O_3$
Butan-2-on, 3,4-Epoxy-4-[2]furyl-3-methyl-
1635
$C_9H_{10}O_4$
Benzo[1,3]dioxol, 2,2-Dimethoxy- 1646
Furo[3,4-b]oxepin-5,6-dion, 8-Methyl-3,4-
dihydro-2H,8H- 1955
Furo[3,4-b]pyran-4,7-dion, 2,2-Dimethyl-
2,3-dihydro-5H- 1956
7-Oxa-norbornan-2,3-dicarbonsäure,
1-Methyl-, anhydrid 1956
$C_9H_{10}O_6$
Cyclobutan, 1-Diacetoxymethyl-
1,2;3,4-diepoxy- 1622
$C_9H_{11}Cl_3O_3$
Benzo[1,3]dioxin-4-on, 2-Trichlormethyl-
hexahydro- 1613
$C_9H_{11}N_3OS_2$
Thieno[2,3-c]thiopyran-4-on, 5-Methyl-
7H-, semicarbazon 1634
$C_9H_{12}Cl_6O_4$
[1,3]Dioxan, 4,4-Dimethoxy-5-methyl-2,6-
bis-trichlormethyl- 1581
$C_9H_{12}O_3$
Benzo[1,3]dioxol-2-on, 5,6-Dimethyl-
3a,4,7,7a-tetrahydro- 1625
1,7-Dioxa-cyclopent[cd]inden-4-on,
Hexahydro- 1626
Furo[3,4-b]oxepin-6-on, 8-Methyl-3,4,5,8-
tetrahydro-2H- 1625
$C_9H_{12}O_4$
2,6-Dioxa-bicyclo[2.2.2]octan-3,5-dion,
1,8,8-Trimethyl- 1947
[1,3]Dioxan-4,6-dion, 2-Isopropyliden-5,5-
dimethyl- 1945
1,6-Dioxa-spiro[4.4]nonan-2,7-dion,
3-Äthyl- 1946
—, 3,8-Dimethyl- 1946
2,7-Dioxa-spiro[4.4]nonan-1,6-dion,
3,8-Dimethyl- 1947
1,5-Dioxa-spiro[5.5]undecan-2,4-dion 1945
2,8-Dioxa-spiro[5.5]undecan-1,7-dion 1946
$C_9H_{12}O_4S$
$2\lambda^6$-5,7a-Methano-benz[d][1,2]oxathiol-4-on,
3a-Methyl-2,2-dioxo-tetrahydro- 1626
$C_9H_{12}S_3$
Butan-2-thion, 1-[5-Äthyl-[1,2]dithiol-3-
yliden]- 1625
[1,2]Dithiepin-5-thion, 3,7-Diäthyl- 1625
$7\lambda^4$-[1,2]Dithiolo[1,5-b][1,2]dithiol,
2,5-Diäthyl- 1625
$C_9H_{14}OS_2$
1,5-Dithia-spiro[5.5]undecan-3-on 1612
$C_9H_{14}O_3$
Äthanon, 1-[1,4-Dioxa-spiro[4.4]non-6-yl]- 1613
But-2-en-1-on, 1-[1,3]Dioxan-5-yl-3-
methyl- 1611

C₉H₁₄O₃ (Fortsetzung)

Cyclohexanon, 2-[1,3]Dioxolan-2-yl- 1611

Cyclopenta[1,3]dioxin-4-on, 2,2-Dimethyl-
tetrahydro- 1614

2,6-Dioxa-bicyclo[3.2.1]octan-7-on,
1,3,5-Trimethyl- 1614

1,3-Dioxa-spiro[4.5]decan-4-on, 2-Methyl-
1613

1,4-Dioxa-spiro[4.5]decan-2-on, 3-Methyl-
1613

1,4-Dioxa-spiro[4.4]nonan-2-on,
3,3-Dimethyl- 1613

1,4-Dioxa-spiro[4.6]undecan-8-on 1612

2,4-Dioxa-spiro[5.5]undecan-7-on 1612

Heptan-4-on, 2,3;5,6-Diepoxy-2,6-
dimethyl- 1614

Octan-3-on, 1,2;4,5-Diepoxy-5-methyl-
1614

C₉H₁₄O₄

Butan-1,3-dion, 1-[2,2-Dimethyl-
[1,3]dioxolan-4-yl]- 1931

1,6-Dioxa-cycloundecan-2,5-dion 1931

C₉H₁₅NO₂

Pyran-4-on, 3-Äthylamino-2,2-dimethyl-
2,3-dihydro- 1606

Pyridin-4-on, 1-Äthyl-3-hydroxy-2,2-
dimethyl-2,3-dihydro-1H- 1606

C₉H₁₅N₃O₂S

1-Oxa-4-thia-spiro[4.5]decan-8-on-
semicarbazon 1610

C₉H₁₅N₃O₃

1,4-Dioxa-spiro[4.5]decan-6-on-
semicarbazon 1609

[C₉H₁₅S₃]⁺

[1,2]Dithiolylium, 3-tert-Butyl-4-methyl-5-
methylmercapto- 1608
[C₉H₁₅S₃]I 1608

—, 3-Methylmercapto-4-neopentyl-
1608
[C₉H₁₅S₃]I 1608

C₉H₁₆N₂O₂S

Harnstoff, Butyl-[5-methyl-[1,3]oxathiolan-
2-yliden]- 1566

C₉H₁₆O₃

1,3-Dioxa-cycloundecan-2-on 1588

[1,3]Dioxolan-4-on, 5-Isobutyl-2,2-
dimethyl- 1589

Pentan-2-on, 1-[1,3]Dioxolan-2-yl-4-
methyl- 1589

C₉H₁₇N₃OS₂

[1,5]Dithiecan-3-on-semicarbazon 1585

C₉H₁₇N₃O₃

Butan-2-on, 4-[2-Methyl-[1,3]dioxolan-2-yl]-,
semicarbazon 1588

[C₉H₁₈NS₂]⁺

Ammonium, Diäthyl-[1,3]dithiepan-2-
yliden- 1567
[C₉H₁₈NS₂]ClO₄ 1567

C₁₀

C₁₀H₂Cl₄O₂S₂

[2,2′]Bithienyl-5,5′-dicarbaldehyd, 3,4,3′,4′-
Tetrachlor- 2009

C₁₀H₂O₄S₂

Benzo[1,2-c;4,5-c′]dithiophen-1,3,5,7-
tetraon 2245

C₁₀H₂O₆

Benzol-1,2,3,4-tetracarbonsäure-
1,2;3,4-dianhydrid 2245

Benzol-1,2,4,5-tetracarbonsäure-
1,2;4,5-dianhydrid 2245

C₁₀H₄Cl₂O₄

Benzo[1,2-c;4,5-c′]difuran-1,5-dion,
3,7-Dichlor-3,7-dihydro- 2010

C₁₀H₄O₃S

Benzo[b]thiophen-2,3-dicarbonsäure-
anhydrid 2034

Benzo[b]thiophen-4,5-dicarbonsäure-
anhydrid 2035

C₁₀H₆Br₂OS₂

Äthanon, 2-Brom-1-[5′-brom-
[2,2′]bithienyl-5-yl]- 1753

C₁₀H₆Br₂O₃

Zimtaldehyd, 2,α-Dibrom-4,5-
methylendioxy- 1751

C₁₀H₆Br₂O₄

Pyrano[4,3-b]pyran-2,5-dion, 3,8-Dibrom-
4,7-dimethyl- 1986

C₁₀H₆Cl₃NO₄

Piperonal-[O-trichloracetyl-oxim] 1669

C₁₀H₆Cl₃NO₅

Benzo[1,3]dioxin-4-on, 7-Methyl-6-nitro-2-
trichlormethyl- 1707

C₁₀H₆Cl₄O₃

Benzo[1,4]dioxin-2-on, 5,6,7,8-Tetrachlor-
3,3-dimethyl- 1708

C₁₀H₆O₂S₂

Äthandion, 1,2-Di-[2]thienyl- 2009

—, 1,2-Di-[3]thienyl- 2009

C₁₀H₆O₃

Indeno[1,2-d][1,3]dioxol-8-on 1788

C₁₀H₆O₄

Äthandion, 1,2-Di-[2]furyl- 2007

Benzo[1,2-b;4,5-b′]difuran-2,6-dion,
3,7-Dihydro- 2009

C₁₀H₇BrOS₂

Äthanon, 1-[5′-Brom-[2,2]bithienyl-5-yl]-
1752

C₁₀H₇BrO₃

Zimtaldehyd, α-Brom-3,4-methylendioxy-
1750

C₁₀H₇BrS₃

[1,2]Dithiol-3-thion, 5-[4-Brom-phenyl]-4-
methyl- 1749

$C_{10}H_8S_3$
[1,2]Dithiol-3-thion, 4-Methyl-5-phenyl-
1748
—, 5-Methyl-4-phenyl- 1748
—, 4-p-Tolyl- 1748
—, 5-p-Tolyl- 1748
$C_{10}H_9BrO_3$
Äthanon, 2-Brom-1-[2,3-dihydro-benzo≈
[1,4]dioxin-6-yl]- 1708
Propan-1-on, 1-Benzo[1,3]dioxol-5-yl-2-
brom- 1709
$C_{10}H_9ClOS_2$
[1,3]Dithian-5-on, 2-[2-Chlor-phenyl]-
1705
$C_{10}H_9ClO_3$
Benzo[1,3]dioxin-4-on, 6-Chlor-2,8-
dimethyl- 1708
$C_{10}H_9ClO_4S$
$5\lambda^6$-Benz[b][1,5]oxathiocin-3-on, 8-Chlor-
5,5-dioxo-6H- 1706
$C_{10}H_9NOS_2$
Äthanon, 1-Benzo[1,4]dithiin-2-yl-, oxim
1750
Keton, [5-Methyl-[2]thienyl]-[2]thienyl-,
oxim 1752
Thiophen-2-carbaldehyd,
5-[2]Thienylmethyl-, oxim 1752
$C_{10}H_9NO_2S_2$
Äthanon, 1-Thieno[2,3-b]thiophen-2-yl-,
[O-acetyl-oxim] 1697
—, 1-Thieno[3,2-b]thiophen-2-yl-,
[O-acetyl-oxim] 1696
$C_{10}H_9NO_4$
Piperonal-[O-acetyl-oxim] 1668
Propan-1,2-dion, 1-Benzo[1,3]dioxol-5-yl-,
2-oxim 1985
$C_{10}H_9NO_5$
Aceton, [6-Nitro-benzo[1,3]dioxol-5-yl]-
1710
Propan-1-on, 1-[6-Nitro-benzo[1,3]dioxol-
5-yl]- 1709
$C_{10}H_9N_3O_2S$
Keton, [2]Furyl-[2]thienyl-, semicarbazon
1745
$C_{10}H_9N_3O_3$
[2,2']Bifuryl-5-carbaldehyd-semicarbazon
1747
Keton, Di-[2]furyl-, semicarbazon 1744
$C_{10}H_9N_3O_4$
Piperonal-aminooxalylhydrazon 1676
$C_{10}H_9N_3O_6$
Benzylidendiamin, N,N'-Diformyl-4,5-
methylendioxy-2-nitro- 1693
$C_{10}H_9N_3S_3$
[2,2']Bithienyl-5-carbaldehyd-
thiosemicarbazon 1747

$[C_{10}H_9S_3]^+$
[1,2]Dithiolylium, 3-Methylmercapto-4-
phenyl- 1743
$[C_{10}H_9S_3]I$ 1743
—, 3-Methylmercapto-5-phenyl-
1742
$[C_{10}H_9S_3]I$ 1742
$C_{10}H_{10}Br_4O_4$
Äthan, 1,2-Bis-[2,3-dibrom-5-oxo-
tetrahydro-[2]furyl]- 1947
$C_{10}H_{10}N_2O_2S$
Harnstoff, [4-Phenyl-[1,3]oxathiolan-2-
yliden]- 1699
$C_{10}H_{10}N_2O_2S_2$
Carbazinsäure, Benzo[1,2]dithiol-3-yliden-,
äthylester 1644
$C_{10}H_{10}N_2O_3$
Glycin, N-Piperonyliden-, amid 1662
$C_{10}H_{10}N_2O_4$
Propan-1,2-dion, 1-Benzo[1,3]dioxol-5-yl-,
dioxim 1985
$C_{10}H_{10}N_2O_5$
Propan-1-on, 1-Benzo[1,3]dioxol-5-yl-2-
nitro-, oxim 1710
$C_{10}H_{10}N_4O_5$
Äthanon, 1-[6-Nitro-benzo[1,3]dioxol-5-yl]-,
semicarbazon 1702
$C_{10}H_{10}OS_2$
Äthanon, 1-[3-Äthyl-thieno[2,3-b]thiophen-
2-yl]- 1712
—, 1-[4-Äthyl-thieno[2,3-b]thiophen-2-
yl]- 1712
—, 1-[5-Äthyl-thieno[2,3-b]thiophen-2-
yl]- 1712
—, 1-[5-Äthyl-thieno[3,2-b]thiophen-2-
yl]- 1711
Benzo[b][1,4]dithiepin-3-on, 7-Methyl-
1707
$C_{10}H_{10}O_2S$
[1,3]Oxathiolan-5-on, 2-Benzyl- 1705
—, 2-Methyl-2-phenyl- 1705
—, 4-Methyl-2-phenyl- 1706
$C_{10}H_{10}O_3$
Aceton, Benzo[1,3]dioxol-5-yl- 1710
Äthanon, 1-[2,3-Dihydro-benzo[1,4]dioxin-
6-yl]- 1708
Benzo[b][1,4]dioxepin-7-carbaldehyd,
3,4-Dihydro-2H- 1707
Benzo[1,3]dioxin-4-on, 2,2-Dimethyl- 1707
—, 2,8-Dimethyl- 1707
Benzo[1,3]dioxol-5-carbaldehyd, 6-Äthyl-
1711
[1,3]Dioxolan-2-on, 4-Methyl-4-phenyl-
1706
[1,3]Dioxolan-4-on, 2-Methyl-5-phenyl-
1706
Furan-2-on, 3-Furfuryl-5-methyl-3H- 1711
Propan-1-on, 1-Benzo[1,3]dioxol-4-yl-
1708

C₁₀H₁₄O₃ (Fortsetzung)

Butan-1-on, 2,3-Epoxy-1-[1,2-epoxy-
cyclohexyl]- 1627
p-Menthan-3-on, 1,2;4,8-Diepoxy- 1627
Pyrano[3,4-*c*]pyran-1-on, 5-Äthyl-
4,4a,8,8a-tetrahydro-3*H*- 1626

C₁₀H₁₄O₄

Äthan, 1,2-Bis-[5-oxo-tetrahydro-[2]furyl]-
1947
[2,3']Bifuryl-5,5'-dion, 2,2-Dimethyl-
tetrahydro- 1948
2,8-Dioxa-bicyclo[3.3.1]nonan-3,7-dion,
1,9,9-Trimethyl- 1948
1,5-Dioxa-spiro[5.6]dodecan-2,4-dion 1947
Furo[2,3-*b*]furan-2,5-dion, 3a,6a-Diäthyl-
dihydro- 1948
Pyrano[3,4-*c*]pyran-1,6-dion, 5-Äthyl-
hexahydro- 1948

C₁₀H₁₄O₄S

Bornan-10-sulfonsäure, 8-Hydroxy-2-oxo-,
lacton 1627

C₁₀H₁₆O₃

Äthanon, 1-[1,4-Dioxa-spiro[4.5]dec-6-yl]-
1615
—, 1-[2,2,4-Trimethyl-5-vinyl-
[1,3]dioxolan-4-yl]- 1614
Cycloheptanon, 2-[1,3]Dioxolan-2-yl- 1614
1,4-Dioxa-spiro[4.5]decan-2-on,
3,3-Dimethyl- 1615
1,4-Dioxa-spiro[4.4]nonan-2-on, 3-Äthyl-3-
methyl- 1615
Furan-2-on, 5-[2-Tetrahydro[2]furyl-äthyl]-
dihydro- 1615
Furo[2,3-*b*]pyran-2-on, 6-Isopropyl-
tetrahydro- 1616
—, 4,6,6-Trimethyl-tetrahydro- 1616
Propan-1-on, 1-[1,4-Dioxa-spiro[4.4]non-6-
yl]- 1615

C₁₀H₁₆O₄

1,6-Dioxa-cyclododecan-2,5-dion 1931
[1,3]Dioxan-4,6-dion, 2,2-Dipropyl- 1932

C₁₀H₁₇N₃OS₂

1,5-Dithia-spiro[5.5]undecan-3-on-
semicarbazon 1612

C₁₀H₁₇N₃O₃

2,4-Dioxa-spiro[5.5]undecan-7-on-
semicarbazon 1613

C₁₀H₁₇N₃S₃

1,5-Dithia-spiro[5.5]undecan-3-on-
thiosemicarbazon 1612

C₁₀H₁₈O₃

1,3-Dioxa-cyclododecan-2-on 1589
[1,3]Dioxan-2-on, 5-Äthyl-5-butyl- 1589
[1,3]Dioxolan-4-on, 2-Butyl-2,5,5-
trimethyl- 1590
Heptan-1-on, 1-[1,3]Dioxolan-2-yl- 1590
Heptan-2-on, 1-[1,3]Dioxolan-2-yl- 1590

C₁₀H₁₉NO₂

Aceton, [1,3]Dioxolan-2-yl-, butylimin
1577

[C₁₀H₂₀NS₂]⁺

Ammonium, [1,3]Dithian-2-yliden-
dipropyl- 1562
[C₁₀H₂₀NS₂]ClO₄ 1562

C₁₀H₂₀O₄

[1,3]Dioxolan-4-carbaldehyd,
2,2-Dimethyl-, diäthylacetal 1579

C₁₁

C₁₁H₄O₃S₂

[1,4]Naphthochinon,
2,3-Carbonyldimercapto- 2201

C₁₁H₄O₅

Furo[3,2-*g*]chromen-4,5,9-trion 2202
Furo[3,2-*g*]chromen-4,7,9-trion 2202

C₁₁H₄O₆

Benzol-1,2,4,5-tetracarbonsäure, 3-Methyl-,
1,2;4,5-dianhydrid 2245

C₁₁H₅BrO₂S

Naphth[1,2-*d*][1,3]oxathiol-2-on, 7-Brom-
1815

C₁₁H₅ClO₃S

Benzo[*b*]thiophen-2,3-dicarbonsäure,
5-Chlor-7-methyl-, anhydrid 2035
—, 6-Chlor-4-methyl-, anhydrid 2036

C₁₁H₅NO₅

Furo[3,2-*g*]chromen-7-on, x-Nitro- 1817

C₁₁H₅NO₆S

1λ⁶-Naphth[1,8-*cd*][1,2]oxathiin-3-on,
x-Nitro-1,1-dioxo- 1815

C₁₁H₆BrClOS₂

Propenon, 1-[5-Brom-[2]thienyl]-3-[5-chlor-
[2]thienyl]- 1790

C₁₁H₆Br₄O₅

Aceton, 1,3-Bis-[3,4-dibrom-5-oxo-2,5-
dihydro-[2]furyl]- 2190

C₁₁H₆Cl₄O₅

Aceton, 1,3-Bis-[3,4-dichlor-5-oxo-2,5-
dihydro-[2]furyl]- 2190

C₁₁H₆OS₂

Thieno[2,3-*b*]thiochromen-4-on 1817
Thieno[3,2-*b*]thiochromen-9-on 1816

C₁₁H₆O₂S

Naphth[1,2-*d*][1,3]oxathiol-2-on 1814

C₁₁H₆O₃

Furo[2,3-*g*]chromen-8-on 1816
Furo[2,3-*h*]chromen-2-on 1817
Furo[3,2-*g*]chromen-7-on 1816
Naphtho[1,2-*d*][1,3]dioxol-2-on 1814

C₁₁H₆O₄

Furo[2,3-*h*]chromen-2,8-dion, 9*H*- 2035
Furo[3,4-*b*]chromen-3,9-dion, 1*H*- 2035
[1,2]Naphthochinon, 6,7-Methylendioxy-
2035

C₁₂H₇ClO₃
Furo[2,3-*h*]chromen-2-on, 6-Chlor-9-
methyl- 1822

C₁₂H₇ClO₄
Pyrano[4,3,2-*de*]chromen-2,5-dion,
9-Chlor-8-methyl-3*H*- 2037

C₁₂H₇ClO₄S
Naphth[1,8-*cd*][1,2]oxathiol-2,2-dioxid,
6-Chloracetyl- 1819

C₁₂H₇NO₂S₂
Naphtho[2,3-*d*][1,3]dithiol-4,9-dion,
2-Methylimino- 2201

C₁₂H₇NO₆
[1,4]Naphthochinon, 2,3-Äthandiyldioxy-5-
nitro- 2036

C₁₂H₈Br₂OS₂
But-2-en-1-on, 1,3-Bis-[5-brom-[2]thienyl]-
1793

C₁₂H₈Cl₂OS₂
But-2-en-1-on, 1,3-Bis-[5-chlor-[2]thienyl]-
1793

C₁₂H₈Cl₂O₃
Penta-2,4-dien-1-on, 1-Benzo[1,3]dioxol-5-
yl-5,5-dichlor- 1792

C₁₂H₈N₂O₆S₂
[2,2']Bithienyl, 5,5'-Diacetyl-3,3'-dinitro-
2013

C₁₂H₈O₃
Furo[2,3-*f*]chromen-7-on, 3-Methyl- 1820
Furo[2,3-*f*]chromen-9-on, 7-Methyl- 1820
Furo[2,3-*g*]chromen-8-on, 6-Methyl- 1819
Furo[2,3-*h*]chromen-2-on, 4-Methyl- 1821
—, 8-Methyl- 1821
—, 9-Methyl- 1822
Furo[2,3-*h*]chromen-4-on, 2-Methyl- 1821
—, 9-Methyl- 1821
Furo[3,2-*g*]chromen-5-on, 3-Methyl- 1820
—, 7-Methyl- 1820
Furo[3,2-*g*]chromen-7-on, 3-Methyl- 1820
—, 5-Methyl- 1820
Naphtho[1,2-*d*][1,3]dioxin-4-on 1818
Naphtho[2,3-*b*][1,4]dioxin-2-on 1818

C₁₂H₈O₃S
Benzo[*b*]thiophen-5,6-dicarbonsäure,
4,7-Dimethyl-, anhydrid 2037

C₁₂H₈O₄
2,6-Dioxa-bicyclo[2.2.2]oct-4(8)-en-3,5-
dion, 1-Phenyl- 2036
Furo[2,3-*h*]chromen-2,4-dion, 9-Methyl-
2036
Furo[2,3-*h*]chromen-3,4-dion, 2-Methyl-
2036
[1,4]Naphthochinon, 2,3-Äthandiyldioxy-
2036
Pyrano[3,2-*c*]chromen-2,5-dion,
3,4-Dihydro- 2036

C₁₂H₈O₄S
Naphth[1,8-*cd*][1,2]oxathiol-2,2-dioxid,
6-Acetyl- 1818

C₁₂H₈O₅
Benzol-1,2,3-tricarbonsäure, 4-[α-Hydroxy-
isopropyl]-, 1,2-anhydrid-3-lacton 2197
3,6-Methano-oxepino[3,4,5-*cd*]benzofuran-
2,5,9-trion, 2a,3,6,6a-Tetrahydro- 2197
Naphtho[1,8-*bc*;4,5-*b'c'*]difuran-2,5,7-trion,
2a,8,8a,8b-Tetrahydro-4a*H*- 2197

C₁₂H₈O₆
Bicyclo[2.2.2]oct-7-en-1,2,3,6-
tetracarbonsäure-1,6;2,3-dianhydrid
2239
Bicyclo[2.2.2]oct-7-en-2,3,5,6-
tetracarbonsäure-2,3;5,6-dianhydrid
2239

C₁₂H₉BrO₃
Furo[3,2-*g*]chromen-7-on, 6-Brom-5-
methyl-2,3-dihydro- 1794

C₁₂H₉Cl₃O₄
[1,3]Dioxol-4-on, 5-Phenacyl-2-
trichlormethyl- 1989

C₁₂H₉IO₃
Furo[2,3-*h*]chromen-2-on, 8-Jodmethyl-8,9-
dihydro- 1794

C₁₂H₉NO₃
Furo[2,3-*f*]chromen-9-on, 7-Methyl-,
oxim 1821

C₁₂H₁₀ClN₃S₃
Propenon, 1-[5-Chlor-[2]thienyl]-3-
[2]thienyl-, thiosemicarbazon 1790
—, 3-[5-Chlor-[2]thienyl]-1-[2]thienyl-,
thiosemicarbazon 1790

C₁₂H₁₀Cl₂O₃
Pyran-4-on, 2-[1,2-Dichlor-2-[2]furyl-äthyl]-
6-methyl- 1762

C₁₂H₁₀OS₂
Äthanon, 2-[5-Methyl-[1,2]dithiol-3-yliden]-
1-phenyl- 1791
[1,2]Dithiepin-5-on, 3-Methyl-7-phenyl-
1791
Propenon, 3-[5-Methyl-[2]thienyl]-1-
[2]thienyl- 1793

C₁₂H₁₀O₂S₂
[2,2']Bithienyl, 5,5'-Diacetyl- 2013
Thiopyrano[2,3-*g*]thiochromen-4,9-dion,
2,3,7,8-Tetrahydro- 2015

C₁₂H₁₀O₃
Furan-2-carbaldehyd, 5-[2-(5-Methyl-
[2]furyl)-vinyl]- 1793
Furo[2,3-*g*]chromen-8-on, 6-Methyl-2,3-
dihydro- 1793
Furo[2,3-*h*]chromen-2-on, 8-Methyl-8,9-
dihydro- 1821
Furo[3,2-*g*]chromen-5-on, 7-Methyl-2,3-
dihydro- 1794
Furo[3,2-*g*]chromen-7-on, 3-Methyl-2,3-
dihydro- 1794
—, 5-Methyl-2,3-dihydro- 1794
Penta-2,4-dienal, 5-Benzo[1,3]dioxol-5-yl-
1792

$C_{12}H_{14}O_3$ (Fortsetzung)

1,4-Dioxa-dispiro[4.1.5.2]tetradeca-8,11-dien-10-on 1725

[1,3]Dioxan-2-on, 5-Äthyl-5-phenyl- 1720

[1,3]Dioxolan-4-on, 5-Benzyl-2,2-dimethyl-1722

—, 2,2-Dimethyl-5-p-tolyl- 1722

4,7-Epoxido-3a,7a-[2]oxapropano-inden-3-carbaldehyd, 4,5,6,7-Tetrahydro- 1725

Pentan-2-on, 3-Benzo[1,3]dioxol-5-yl- 1723

Pentan-3-on, 1-Benzo[1,3]dioxol-5-yl- 1722

Propan-1-on, 1-[2,2-Dimethyl-benzo[1,3]dioxol-5-yl]- 1724

$C_{12}H_{14}O_4$

3,6-Cyclo-benzo[2,1-b;3,4-b']difuran-2,7-dion, 3,6-Dimethyl-octahydro- 1973

1,4-Epoxido-naphthalin-4a,8a-dicarbonsäure, Octahydro-, anhydrid 1973

Indeno[1,2-b;1,7-b'c']difuran-2,8-dion, Octahydro- 1973

Naphthalin-1,2-dicarbonsäure, 4,4a-Epoxy-decahydro-, anhydrid 1972

7-Oxa-norborn-5-en-2,3-dicarbonsäure, 1,4-Diäthyl-, anhydrid 1971

—, 1-Isopropyl-4-methyl-, anhydrid 1971

—, 5-Methyl-1-propyl-, anhydrid 1971

—, 1,4,5,6-Tetramethyl-, anhydrid 1972

$C_{12}H_{14}O_5$

Buttersäure, 4-[4-Hydroxy-2-oxo-2,5,6,7-tetrahydro-cyclopenta[b]pyran-3-yl]-1990

1-Oxa-spiro[4.4]nonan-6,7-dicarbonsäure, 3-Äthyl-2-oxo-, anhydrid 2187

$C_{12}H_{15}Cl_3O_3$

Bornan-10-säure, 2-[2,2,2-Trichlor-1-hydroxy-äthoxy]-, lacton 1629

4a,7-Methano-benzo[1,3]dioxin-4-on, 8,8-Dimethyl-2-trichlormethyl-tetrahydro- 1628

$C_{12}H_{15}NO_3$

Äthanon, 1-[2-Äthyl-2-methyl-benzo[1,3]dioxol-5-yl]-, oxim 1724

Pentan-3-on, 1-Benzo[1,3]dioxol-5-yl-, oxim 1722

Propan-1-on, 1-[2,2-Dimethyl-benzo[1,3]dioxol-5-yl]-, oxim 1724

$C_{12}H_{15}N_3O_3$

Äthanon, 1-[2,2-Dimethyl-benzo[1,3]dioxol-5-yl]-, semicarbazon 1718

Benzo[b][1,4]dioxocin-8-carbaldehyd, 2,3,4,5-Tetrahydro-, semicarbazon 1715

Butan-2-on, 3-Benzo[1,3]dioxol-5-yl-, semicarbazon 1717

4,7-Epoxido-cycloocta[b]furan-9-on, 7-Methyl-5,6,7,8-tetrahydro-4H-, semicarbazon 1719

Keton, [1,3]Dioxan-5-yl-phenyl-, semicarbazon 1712

Propionaldehyd, 2-Benzo[1,3]dioxol-5-yl-2-methyl-, semicarbazon 1718

$C_{12}H_{15}N_3O_4$

[1,3]Dioxan, 2,2-Dimethyl-5-nitro-5-phenylazo- 1575

[1,3]Dioxolan-4-carbaldehyd, 2,2-Dimethyl-, [4-nitro-phenylhydrazon] 1580

$C_{12}H_{16}N_2O_3$

Verbindung $C_{12}H_{16}N_2O_3$ aus 2,2-Dimethyl-[1,3]dioxan-4,5,6-trion-5-m-tolylhydrazon 2184

Verbindung $C_{12}H_{16}N_2O_3$ aus 2,2-Dimethyl-[1,3]dioxan-4,5,6-trion-5-o-tolylhydrazon 2183

Verbindung $C_{12}H_{16}N_2O_3$ aus 2,2-Dimethyl-[1,3]dioxan-4,5,6-trion-5-p-tolylhydrazon 2184

$C_{12}H_{16}O_4$

6,13-Dioxa-dispiro[4.2.4.2]tetradecan-7,14-dion 1960

[1,3]Dioxan-4,6-dion, 5-Cyclohexyliden-2,2-dimethyl- 1960

$C_{12}H_{16}O_8S_6$

[1,4]Dithian, 2,2,5,5-Tetrakis-carboxymethylmercapto- 1923

$C_{12}H_{18}NO_5P$

Phosphonsäure, [α-Amino-3,4-methylendioxy-benzyl]-, diäthylester 1687

$C_{12}H_{18}OS_2$

Spiro[[1,3]dithiolan-2,2'-naphthalin]-1'-on, Octahydro- 1628

$C_{12}H_{18}O_3$

[2,3']Bifuryliden-2'-on, 5,5,5',5'-Tetramethyl-tetrahydro- 1628

Pyrano[4,3-b]pyran-3-carbaldehyd, 2,5,7-Trimethyl-4a,7,8,8a-tetrahydro-2H,5H- 1628

$C_{12}H_{18}O_4$

Benzo[b][1,4]dioxecin-2,7-dion, Decahydro- 1950

Cyclohexanon, 2-[2,2-Dimethyl-[1,3]dioxolan-4-carbonyl]- 1950

1,6-Dioxa-spiro[4.4]nonan-2,7-dion, 3,3,4,9,9-Pentamethyl- 1950

Furo[2,3-b]furan-2,5-dion, 3a,6a-Dipropyl-dihydro- 1951

Hex-4-en-1,3-dion, 1-[2,2-Dimethyl-[1,3]dioxolan-4-yl]-5-methyl- 1950

$C_{12}H_{19}N_3O_4$

2,8-Dioxa-bicyclo[3.3.1]nonan-3,7-dion, 1,5,9,9-Tetramethyl-, monosemicarbazon 1950

C₁₂H₂₀O₃

$C_{12}H_{20}O_3$

Äthanon, 1,2-Bis-tetrahydropyran-2-yl-
1618
Butan-1-on, 1-[1,4-Dioxa-spiro[4.4]non-6-
yl]-3-methyl- 1618
Butan-2-on, 4-[2,2-Dimethyl-hexahydro-
furo[2,3-b]furan-3-yl]- 1618
Cycloheptanon, 2-[2-Methyl-[1,3]dioxolan-
2-ylmethyl]- 1618
3,6-Dioxa-bicyclo[3.2.2]nonan-2-on,
4,4,5,7,7-Pentamethyl- 1619
Hept-2-enal, 7-[1,3]Dioxolan-2-yl-2,6-
dimethyl- 1617
Pentanal, 5-[Hexahydro-benzo[1,3]dioxol-
2-yl]- 1618

$C_{12}H_{20}O_4$

1,4-Dioxa-cyclotetradecan-2,3-dion 1932
1,4-Dioxa-cyclotetradecan-5,14-dion 1932
1,6-Dioxa-cyclotetradecan-2,5-dion 1933
1,8-Dioxa-cyclotetradecan-2,7-dion 1933
1,8-Dioxa-cyclotetradecan-2,9-dion 1933
[1,4]Dioxan-2,5-dion, 3,6-Diisobutyl- 1933
—, 3,6-Dimethyl-3,6-dipropyl- 1933
Pentan-1,3-dion, 1-[2,2-Dimethyl-
[1,3]dioxolan-4-yl]-4,4-dimethyl- 1933

$C_{12}H_{20}O_4S$

$4\lambda^6$-[1,4]Oxathiin-2-on, 3,6-Di-tert-butyl-
4,4-dioxo- 1617

$C_{12}H_{21}N_3O_2S$

1,4-Dioxa-spiro[4.5]decan-6-carbaldehyd,
7,7-Dimethyl-, thiosemicarbazon 1617

$C_{12}H_{22}O_3$

Butan-2-on, 3,3-Dimethyl-4-[2-propyl-
[1,3]dioxolan-2-yl]- 1591
1,3-Dioxa-cyclotetradecan-2-on 1591
Nonan-1-on, 1-[1,3]Dioxolan-2-yl- 1591
Pentan-2-on, 5-[2-Äthyl-[1,3]dioxolan-2-yl]-
3,3-dimethyl- 1591

$C_{12}H_{23}NO_2$

Aceton, [4-Methyl-[1,3]dioxan-2-yl]-,
butylimin 1586

$C_{12}H_{24}N_8O_4S_6$

[1,4]Dithian, 2,2,5,5-Tetrakis-
carbazoylmethylmercapto- 1924

$C_{12}H_{24}O_3$

Propan-2-ol, 2-[5-Hydroxymethyl-2,6,6-
trimethyl-tetrahydro-pyran-2-yl]- 1619

C_{13}

$C_{13}H_6Cl_6O_4$

1,4-Epoxido-5,8-methano-naphthalin-2,3-
dicarbonsäure, 5,6,7,8,9,9-Hexachlor-
1,2,3,4,4a,5,8,8a-octahydro-, anhydrid
2017

$C_{13}H_6S_3$

Acenaphtho[1,2-c][1,2]dithiol-9-thion 1863

$C_{13}H_7BrO_4$

Pyrano[2,3-f]chromen-2,10-dion, 6-Brom-8-
methyl- 2050

$C_{13}H_7ClO_4$

Pyrano[2,3-f]chromen-2,8-dion, 3-Chlor-4-
methyl- 2049
Pyrano[2,3-f]chromen-2,10-dion, 6-Chlor-
8-methyl- 2050

$C_{13}H_7ClO_5$

Pyrano[3,2-c]chromen-2,4,5-trion, 9-Chlor-
7-methyl- 2204

$C_{13}H_8Br_2O_3$

Penta-1,4-dien-3-on, 1,5-Bis-[5-brom-
[2]furyl]- 1823

$C_{13}H_8Cl_2O_3$

Penta-1,4-dien-3-on, 1,5-Bis-[5-chlor-
[2]furyl]- 1823

$C_{13}H_8I_2O_3$

Penta-1,4-dien-3-on, 1,5-Bis-[5-jod-
[2]furyl]- 1823

$C_{13}H_8N_2O_7$

Penta-1,4-dien-3-on, 1,5-Bis-[5-nitro-
[2]furyl]- 1824

$C_{13}H_8OS_2$

Thieno[3,2-b]thiophen-3-on, 2-Benzyliden-
1840
Thiochromen-4-on, 2-[2]Thienyl- 1839

$C_{13}H_8O_2S$

Chromen-4-thion, 2-[2]Furyl- 1839
Cumarin, 3-[2]Thienyl- 1839

$C_{13}H_8O_3$

Chromen-4-on, 2-[2]Furyl- 1839
Dibenzo[b,e][1,4]dioxepin-11-on 1838
Dibenzo[1,4]dioxin-2-carbaldehyd 1838

$C_{13}H_8O_4$

Pyrano[2,3-f]chromen-2,8-dion, 4-Methyl-
2049
—, 5-Methyl- 2050
Pyrano[2,3-f]chromen-4,8-dion, 2-Methyl-
2049

$C_{13}H_8O_6$

Benzofuran-4,5-dicarbonsäure, 7-Acetyl-6-
methyl-2-oxo-2,3-dihydro-, anhydrid
2245

$C_{13}H_8S_3$

[1,2]Dithiol-3-thion, 4-[1]Naphthyl- 1838
—, 5-[1]Naphthyl- 1838

$C_{13}H_9BrO_3$

Penta-1,4-dien-3-on, 1-[5-Brom-[2]furyl]-5-
[2]furyl- 1823

$C_{13}H_9ClO_3$

Penta-1,4-dien-3-on, 1-[5-Chlor-[2]furyl]-5-
[2]furyl- 1822

$C_{13}H_9IO_3$

Penta-1,4-dien-3-on, 1-[2]Furyl-5-[5-jod-
[2]furyl]- 1823

$C_{13}H_9NO_2S_2$

Naphtho[2,3-d][1,3]dithiol-4,9-dion,
2-Äthylimino- 2202

[C₁₃H₁₀NO₂S₂]⁺
Ammonium, [4,9-Dioxo-4,9-dihydro-naphtho≠
[2,3-d][1,3]dithiol-2-yliden]-dimethyl- 2201
[C₁₃H₁₀NO₂S₂]Cl 2201

C₁₃H₁₀N₂O₂
Chromen-4-on, 2-[2]Furyl-, hydrazon
1839

C₁₃H₁₀N₂O₃S
Piperonal-[(thiophen-2-carbonyl)-hydrazon]
1686

C₁₃H₁₀N₂S₂
Benzo[1,2]dithiol-3-on-phenylhydrazon
1644

C₁₃H₁₀N₄O₇
Furo[3,4-b]pyran-4,7-dion, 2,3-Dihydro-
5H-, 4-[2,4-dinitro-phenylhydrazon]
1953

C₁₃H₁₀OS₂
Penta-1,4-dien-3-on, 1,5-Di-[2]thienyl-
1824
Thieno[3,4-b]thiochromen-9-on,
1,3-Dimethyl- 1826

C₁₃H₁₀OSe₂
Penta-1,4-dien-3-on, 1,5-Di-selenophen-2-yl-
1824

C₁₃H₁₀O₂Se
Penta-1,4-dien-3-on, 1-[2]Furyl-5-
selenophen-2-yl- 1824

C₁₃H₁₀O₃
Chroman-4-on, 2-[2]Furyl- 1825
Furo[2,3-f]chromen-7-on, 3-Äthyl- 1826
—, 3,9-Dimethyl- 1826
Furo[2,3-f]chromen-9-on, 3,7-Dimethyl-
1826
Furo[2,3-h]chromen-2-on, 4,8-Dimethyl-
1826
—, 4,9-Dimethyl- 1827
Furo[2,3-h]chromen-4-on, 2,9-Dimethyl-
1826
Furo[3,2-g]chromen-5-on, 3,7-Dimethyl-
1825
Furo[3,2-g]chromen-7-on, 3,5-Dimethyl-
1825
Naphtho[2,3-d][1,3]dioxin-4-on, 2-Methyl-
1825
Penta-1,4-dien-3-on, 1,5-Di-[2]furyl- 1822
Penta-2,4-dien-1-on, 1,5-Di-[2]furyl- 1822
Propan-1-on, 2,3-Epoxy-3-[2]furyl-1-
phenyl- 1825

C₁₃H₁₀O₃S₂
Keton, Bis-[5-acetyl-[2]thienyl]- 2198

C₁₃H₁₀O₄S
Naphth[1,8-cd][1,2]oxathiol-2,2-dioxid,
6-Propionyl- 1825
Pyran-2,4-dion, 6-Methyl-3-[3-[2]thienyl-
acryloyl]- 2197

C₁₃H₁₀O₅
Pyran-2,4-dion, 3-[3-[2]Furyl-acryloyl]-6-
methyl- 2197

C₁₃H₁₀O₆
Bicyclo[2.2.2]oct-7-en-1,2,3,6-
tetracarbonsäure, 8-Methyl-,
1,6;2,3-dianhydrid 2240
Bicyclo[2.2.2]oct-7-en-2,3,5,6-
tetracarbonsäure, 1-Methyl-,
2,3;5,6-dianhydrid 2240
Pyran-3,4-dion, 6-[2,6-Dimethyl-4-oxo-
4H-pyran-3-carbonyl]- 2240

C₁₃H₁₁BrOS₂
Propenon, 1-[5-Brom-[2]thienyl]-3-
[2,5-dimethyl-[3]thienyl]- 1795

C₁₃H₁₁IO₃
Furo[2,3-h]chromen-2-on, 8-Jodmethyl-4-
methyl-8,9-dihydro- 1796

C₁₃H₁₁NO₆S
Furo[3,4-b]pyran-4,7-dion, 2,3-Dihydro-
5H-, 4-[O-benzolsulfonyl-oxim] 1953

C₁₃H₁₂N₂O₃
Furo[2,3-b]pyran-2,4-dion, 5,6-Dihydro-
7aH-, 4-phenylhydrazon 1953

C₁₃H₁₂N₄O₄S₂
Aceton, [5-Methyl-[1,2]dithiol-3-yliden]-,
[2,4-dinitro-phenylhydrazon] 1623

C₁₃H₁₂OS₂
Propenon, 1-[5-Äthyl-[2]thienyl]-3-
[2]thienyl- 1795

C₁₃H₁₂O₂S₂
Methan, Bis-[5-acetyl-[2]thienyl]- 2016
Pentan-1,5-dion, 1,5-Di-[2]thienyl- 2016

C₁₃H₁₂O₃
Cyclopentanon, 2-Piperonyliden- 1795
Furo[2,3-h]chromen-2-on, 4,8-Dimethyl-
8,9-dihydro- 1826
Furo[3,2-g]chromen-5-on, 7-Äthyl-2,3-
dihydro- 1795
—, 3,7-Dimethyl-2,3-dihydro- 1795

C₁₃H₁₂O₄
Cyclohex-4-en-1,2-dicarbonsäure,
3-[2]Furyl-5-methyl-, anhydrid 2016
Essigsäure, [2-Carboxy-2,5-dimethyl-2,3-
dihydro-benzofuran-3-yl]-, anhydrid
2017
—, [3-Carboxy-3,5-dimethyl-2,3-
dihydro-benzofuran-2-yl]-, anhydrid
2017

C₁₃H₁₂O₆
Cyclohex-4-en-1,2-dicarbonsäure,
4-[2,5-Dioxo-tetrahydro-[3]furylmethyl]-,
anhydrid 2237
—, 4-[2,5-Dioxo-tetrahydro-
[3]furyl]-5-methyl-, anhydrid 2238
—, 5-[2,5-Dioxo-tetrahydro-
[3]furyl]-3-methyl-, anhydrid 2238
Methan, Bis-[6-methyl-2,4-dioxo-3,4-
dihydro-2H-pyran-3-yl]- 2237

C₁₃H₁₂O₈
7-Oxa-norborn-5-en-2,3-dicarbonsäure,
1-Diacetoxymethyl-, anhydrid 2189

$C_{13}H_{22}N_6O_4$

2,8-Dioxa-bicyclo[3.3.1]nonan-3,7-dion,
  1,5,9,9-Tetramethyl-, disemicarbazon
  1950

$C_{13}H_{22}O_3$

Aceton, Octahydro[2,3']bipyranyl-2'-yl-
  1619
Butan-1-on, 1-[1,4-Dioxa-spiro[4.5]dec-6-
  yl]-3-methyl- 1619
3,6-Dioxa-bicyclo[3.2.2]nonan-2-on,
  4-Isopropyl-5,7,7-trimethyl- 1620
Pentan-3-on, 1,5-Bis-tetrahydro-[2]furyl-
  1619

$C_{13}H_{22}O_4$

1,4-Dioxa-cyclopentadecan-2,3-dion 1934
1,4-Dioxa-cyclopentadecan-5,15-dion 1934
1,5-Dioxa-cyclopentadecan-2,4-dion 1934
1,5-Dioxa-cyclopentadecan-6,15-dion 1934
1,6-Dioxa-cyclopentadecan-2,5-dion 1934
1,6-Dioxa-cyclopentadecan-7,15-dion 1934

$C_{13}H_{23}N_3O_3$

Butan-2-on, 4-[2,2-Dimethyl-hexahydro-
  furo[2,3-b]furan-3-yl]-, semicarbazon
  1619

$C_{13}H_{24}I_4S_5$

Verbindung $C_{13}H_{24}I_4S_5$ s. bei
  3-tert-Butyl-4-methyl-5-
  methylmercapto-[1,2]dithiolylium 1608

$C_{13}H_{24}OS_2$

1,5-Dithia-cyclopentadecan-3-on 1592

$C_{13}H_{24}O_3$

1,3-Dioxa-cyclopentadecan-2-on 1592
1,4-Dioxa-cyclopentadecan-5-on 1592
1,5-Dioxa-cyclopentadecan-2-on 1592

$C_{13}H_{25}N_3O_3$

Butan-2-on, 3,3-Dimethyl-4-[2-propyl-
  [1,3]dioxolan-2-yl]-, semicarbazon
  1592
Pentan-2-on, 5-[2-Äthyl-[1,3]dioxolan-2-yl]-
  3,3-dimethyl-, semicarbazon 1591

$C_{13}H_{28}O_5$

Tridecan-1,4,7,10,13-pentaol 1822

C_{14}

$C_{14}Cl_4O_6$

Naphthalin-1,4,5,8-tetracarbonsäure,
  2,3,6,7-Tetrachlor-,
  1,8;4,5-dianhydrid 2258

$C_{14}N_{16}O_3$

Furo[3,2-g]chromen-7-on, 2-Isopropyl-
  2,3,5,6-tetrahydro- 1770

$C_{14}H_2Cl_2O_4$

Naphthalin-1,4,5,8-tetracarbonsäure,
  2,7-Dichlor-, 1,8;4,5-dianhydrid 2258

$C_{14}H_2Cl_2O_6$

Naphthalin-1,4,5,8-tetracarbonsäure,
  2,6-Dichlor-, 1,8;4,5-dianhydrid 2258

$C_{14}H_3ClO_6$

Naphthalin-1,4,5,8-tetracarbonsäure,
  2-Chlor-, 1,8;4,5-dianhydrid 2258

$C_{14}H_4O_6$

Naphthalin-1,2,4,5-tetracarbonsäure-1,2;4,5-
  dianhydrid 2257
Naphthalin-1,4,5,8-tetracarbonsäure-1,8;4,5-
  dianhydrid 2258

$C_{14}H_6Br_2O_3S$

Cumarin, 6,8-Dibrom-3-[thiophen-2-
  carbonyl]- 2061

$C_{14}H_6Cl_2O_3S$

Cumarin, 6,8-Dichlor-3-[thiophen-2-
  carbonyl]- 2061

$C_{14}H_6I_2O_3S$

Cumarin, 6,8-Dijod-3-[thiophen-2-
  carbonyl]- 2061

$C_{14}H_6N_2O_8$

Dibenzo[b,f][1,5]dioxocin-6,12-dion,
  3,9-Dinitro- 2060

$C_{14}H_6O_2S_2$

Benzo[d]benzo[1,2-b;5,4-b']dithiophen-4,10-
  chinon 2076

$C_{14}H_6O_3S$

Benzo[b]thieno[3',2';4,5]benzo[1,2-d]furan-
  2,3-dion 2076
Dibenzothiophen-3,4-dicarbonsäure-
  anhydrid 2077
Naphtho[1,2-b]thiophen-4,5-dicarbonsäure-
  anhydrid 2076
Naphtho[2,1-b]thiophen-1,2-dicarbonsäure-
  anhydrid 2076
Naphtho[2,3-b]thiophen-2,3-dicarbonsäure-
  anhydrid 2075

$C_{14}H_6O_4$

Chromeno[5,4,3-cde]chromen-5,10-dion
  2077

$C_{14}H_6O_8$

Benzol, 1,4-Bis-[trioxo-tetrahydro-
  [2]furyl]- 2298

$C_{14}H_7BrO_2S$

Anthra[1,9-cd][1,2]oxathiol-6-on,
  10b-Brom-10bH- 1863

$C_{14}H_7BrO_3S$

Cumarin, 6-Brom-3-[thiophen-2-carbonyl]-
  2061

$C_{14}H_7ClO_3S$

Cumarin, 6-Chlor-3-[thiophen-2-carbonyl]-
  2061

$C_{14}H_7NO_5S$

Acrylsäure, 2-[2-Carboxy-phenyl]-3-
  [4-nitro-[2]thienyl]-, anhydrid 2062
—, 2-[2-Carboxy-phenyl]-3-[5-nitro-
  [2]thienyl]-, anhydrid 2062

$C_{14}H_7NO_6$

[2,2']Bifuryliden-5,5'-dion, 4-[4-Nitro-
  phenyl]- 2060

$C_{14}H_8Br_6Cl_3NO_4$
[1,3]Dioxolan-4-on, 2-Tribrommethyl-5-
  trichlormethyl-, [1-benzoyloxy-2,2,2-
  tribrom-äthylimin] 1572
$C_{14}H_8ClN_5O_8$
Piperonal-[3-chlor-2,4,6-trinitro-
  phenylhydrazon] 1673
$C_{14}H_8Cl_2O_3$
Benzo[1,3]dioxin-4-on, 2-[2,6-Dichlor-
  phenyl]- 1840
$C_{14}H_8Cl_9NO_4$
[1,3]Dioxolan-4-on, 2,5-Bis-trichlormethyl-,
  [1-benzoyloxy-2,2,2-trichlor-äthylimin]
  1572
$C_{14}H_8N_4O_8S_2$
Äthen, 1,2-Bis-[2,4-dinitro-
  phenylmercapto]- 1598
$C_{14}H_8N_4O_9$
Piperonal-[O-picryl-oxim] 1667
$C_{14}H_8O_2S_2$
Dibenzo[b,f][1,5]dithiocin-6,12-dion 2060
Thiochromeno[6,5,4-def]thiochromen-3,8-
  dion 2062
$C_{14}H_8O_3$
Phenalen-1-on, 2,3-Methylendioxy- 1863
$C_{14}H_8O_3S$
Acrylsäure, 2-[2-Carboxy-phenyl]-3-
  [2]thienyl-, anhydrid 2061
Dibenzo[b,f][1,4]oxathiocin-6,11-dion 2060
$C_{14}H_8O_4$
Acrylsäure, 2-[2-Carboxy-phenyl]-3-
  [2]furyl-, anhydrid 2061
Dibenzo[b,f][1,5]dioxocin-6,12-dion 2059
Dibenzo[b,g][1,5]dioxocin-5,7-dion 2060
Naphtho[2,1-b;6,5-b']difuran-2,7-dion,
  3,8-Dihydro- 2062
$C_{14}H_8O_5$
Pyrano[4,3-b]pyran-2,4,5-trion, 7-Phenyl-
  2209
$C_{14}H_8O_6$
Naphthalin-2,3,6,7-tetracarbonsäure,
  1,2,3,4-Tetrahydro-,
  2,3;6,7-dianhydrid 2250
Pyrano[3,2-c]chromen-2,4,5-trion,
  3-Acetyl- 2250
$C_{14}H_8O_6S_2$
$1\lambda^6,6\lambda^6$-Thiochromeno[6,5,4-def]⇌
  thiochromen-3,8-dion, 1,1,6,6-
  Tetraoxo- 2062
$C_{14}H_9BrN_4O_6$
Piperonal-[4-brom-2,6-dinitro-
  phenylhydrazon] 1672
$C_{14}H_9BrN_4O_8S$
Benzo[1,3]dioxol-5-carbaldehyd, 6-Brom-,
  [2,4-dinitro-benzolsulfonylhydrazon]
  1692
$C_{14}H_9BrO_2S$
Äthanon, 2-Brom-1-phenoxathiin-2-yl-
  1843

$C_{14}H_9BrO_4$
Pyrano[2,3-f]chromen-4,8-dion,
  6-Brom-2,10-dimethyl- 2051
$C_{14}H_9Br_2NO_2$
Anilin, 2-Brom-N-[2-brom-4,5-
  methylendioxy-benzyliden]- 1690
$C_{14}H_9Br_2NO_3$
Piperonal-[3,5-dibrom-4-hydroxy-
  phenylimin] 1659
$C_{14}H_9ClN_4O_6$
Piperonal-[4-chlor-2,6-dinitro-
  phenylhydrazon] 1672
— [5-chlor-2,4-dinitro-
  phenylhydrazon] 1672
$C_{14}H_9ClO_3$
Benzo[1,3]dioxin-4-on, 2-[2-Chlor-phenyl]-
  1840
$C_{14}H_9ClO_4$
Pyrano[2,3-f]chromen-2,8-dion, 9-Chlor-
  5,10-dimethyl- 2051
$C_{14}H_9Cl_2NO_2$
Piperonal-[2,3-dichlor-phenylimin] 1655
$C_{14}H_9NO_2S_2$
Benzo[1,2]dithiol-3-on-[O-benzoyl-oxim]
  1643
$C_{14}H_9NO_4S$
Dibenz[b,e][1,4]oxathiepin-6-on, 2-Methyl-
  8-nitro- 1842
$C_{14}H_9NO_5$
Benzo[1,3]dioxin-4-on, 2-[3-Nitro-phenyl]-
  1840
Benzophenon, 4,5-Methylendioxy-2-nitro-
  1841
$C_{14}H_9NO_6$
Furan-2,3-dion, 5-[2]Furyl-4-[4-nitro-
  phenyl]-dihydro- 2050
$C_{14}H_9N_3O_7$
Piperonal-[O-(2,4-dinitro-phenyl)-oxim]
  1667
$C_{14}H_9N_5O_8$
Piperonal-picrylhydrazon 1672
$C_{14}H_{10}BrNO_2$
Anilin, [2-Brom-4,5-methylendioxy-
  benzyliden]- 1689
Piperonal-[4-brom-phenylimin] 1655
$C_{14}H_{10}BrN_3O_4$
Benzo[1,3]dioxol-5-carbaldehyd, 6-Brom-,
  [4-nitro-phenylhydrazon] 1691
—, 7-Brom-, [4-nitro-
  phenylhydrazon] 1692
Piperonal-[2-brom-5-nitro-phenylhydrazon]
  1672
— [5-brom-2-nitro-phenylhydrazon]
  1672
$C_{14}H_{10}BrN_3O_6S$
Benzo[1,3]dioxol-5-carbaldehyd, 6-Brom-,
  [2-nitro-benzolsulfonylhydrazon] 1691
—, 6-Brom-, [4-nitro-
  benzolsulfonylhydrazon] 1691

$C_{14}H_{11}N_3O_6S$ (Fortsetzung)
Piperonal-[3-nitro-benzolsulfonylhydrazon]
     1686
—   [4-nitro-benzolsulfonylhydrazon]
     1686
$[C_{14}H_{11}O_2S]^+$
Chromenylium, 2-[2]Furyl-4-
     methylmercapto- 1839
     $[C_{14}H_{11}O_2S]I$ 1839
$C_{14}H_{12}Br_2O_3$
Pyrano[2,3-*f*]chromen-2-on, 9,10-Dibrom-
     8,8-dimethyl-9,10-dihydro-8*H*- 1798
$C_{14}H_{12}N_2O_2$
Piperonal-phenylhydrazon 1671
$C_{14}H_{12}N_2O_4S$
Sulfanilsäure, *N*-Piperonyliden-, amid
     1663
$C_{14}H_{12}N_2S_2$
Äthanon, 1-Thieno[3,2-*b*]thiophen-2-yl-,
     phenylhydrazon 1696
$C_{14}H_{12}N_6O_6$
Guanidin, {3-[5-Nitro-[2]furyl]-1-[2-(5-
     nitro-furyl)-vinyl]-allylidenamino}-
     1824
$C_{14}H_{12}O_2S$
Phthalid, 3-[2,5-Dimethyl-[3]thienyl]- 1828
$C_{14}H_{12}O_3$
Äthanon, 1-[5-Methyl-naphtho[2,3-*d*][1,3]⨝
     dioxol-6-yl]- 1827
Furo[2,3-*f*]chromen-7-on, 2,4,9-Trimethyl-
     1799
Furo[2,3-*h*]chromen-2-on, 6-Äthyl-9-
     methyl- 1830
—, 9-Äthyl-4-methyl- 1830
—, 8-Isopropyl- 1830
Furo[2,3-*h*]chromen-4-on, 2,3,9-Trimethyl-
     1830
Furo[3,2-*g*]chromen-7-on, 3-Äthyl-5-
     methyl- 1830
—, 2-Isopropyl- 1829
—, 2,5,9-Trimethyl- 1798
Naphtho[2,3-*b*][1,4]dioxin-2-on,
     3,3-Dimethyl- 1827
Penta-1,4-dien-3-on, 1,5-Di-[2]furyl-2-
     methyl- 1827
Pyrano[2,3-*f*]chromen-2-on, 8,8-Dimethyl-
     8*H*- 1829
Pyrano[3,2-*g*]chromen-2-on, 8,8-Dimethyl-
     8*H*- 1828
$C_{14}H_{12}O_3S_2$
Thiopyrano[2,3-*g*]thiochromen-4,9-dion,
     5-Acetyl-2,3,7,8-tetrahydro- 2198
$C_{14}H_{12}O_4$
Furo[3,4-*b*]pyran-4,7-dion, 2-Methyl-5-
     phenyl-2,3-dihydro-7a*H*- 2037
3a,9b-[1]Oxapropano-naphtho[2,1-*b*]furan-
     2,11-dion, 4,5-Dihydro- 2038
Pyrano[2,3-*f*]chromen-2,9-dion,
     8,8-Dimethyl-10*H*- 2038

$C_{14}H_{12}O_4S$
Naphth[1,8-*cd*][1,2]oxathiol-2,2-dioxid,
     6-Butyryl- 1828
$C_{14}H_{12}O_6$
Bicyclo[2.2.2]oct-5-en-2,3-dicarbonsäure,
     7-[2,5-Dioxo-tetrahydro-[3]furyl]-,
     anhydrid 2241
Bicyclo[2.2.2]oct-7-en-2,3,5,6-
     tetracarbonsäure, 1,4-Dimethyl-, 2,3;5,6-
     dianhydrid 2241
—, 1,7-Dimethyl-, 2,3;5,6-dianhydrid 2242
—, 1,8-Dimethyl-,
     2,3;5,6-dianhydrid 2242
—, 7,8-Dimethyl-,
     2,3;5,6-dianhydrid 2242
Naphthalin-1,2,6,7-tetracarbonsäure,
     1,2,3,5,6,7,8,8a-Octahydro-,
     1,2;6,7-dianhydrid 2241
Naphthalin-2,3,6,7-tetracarbonsäure,
     1,2,3,4,5,6,7,8-Octahydro-,
     2,3;6,7-dianhydrid 2241
Pyran-2,4-dion, 3-[2,4-Dimethyl-6-oxo-
     6*H*-pyran-3-carbonyl]-6-methyl- 2240
$C_{14}H_{13}BrO_3$
Pyrano[3,2-*g*]chromen-2-on, 3-Brom-8,8-
     dimethyl-7,8-dihydro-6*H*- 1797
$C_{14}H_{13}IO_3$
Furo[2,3-*f*]chromen-7-on, 2-Jodmethyl-4,9-
     dimethyl-2,3-dihydro- 1799
Furo[3,2-*g*]chromen-7-on, 2-Jodmethyl-5,9-
     dimethyl-2,3-dihydro- 1799
$C_{14}H_{13}NO_2S$
Piperonal-[2-[2]thienyl-äthylimin] 1665
$C_{14}H_{13}N_3O_4S$
Piperonal-sulfanilylhydrazon 1687
$C_{14}H_{14}BrN_3S_3$
Propenon, 1-[5-Brom-[2]thienyl]-3-
     [2,5-dimethyl-[3]thienyl]-,
     thiosemicarbazon 1795
$C_{14}H_{14}N_2O_6S$
Benzolsulfonsäure, 4-[*N'*-(α-Hydroxy-3,4-
     methylendioxy-benzyl)-hydrazino]-
     1671
$C_{14}H_{14}N_4O_7$
Furo[2,3-*b*]furan-2,5-dion, 3a,6a-Dimethyl-
     dihydro-, mono-[2,4-dinitro-
     phenylhydrazon] 1945
$C_{14}H_{14}O_2S$
Benz[*d*][1,3]oxathiin-4-on, 2-Phenyl-5,6,7,8-
     tetrahydro- 1796
$C_{14}H_{14}O_2S_2$
Äthan, 1,1-Bis-[5-acetyl-[2]thienyl]- 2017
[2,2']Bithienyl, 3,3'-Diacetyl-5,5'-dimethyl-
     2018
$C_{14}H_{14}O_3$
Cyclohexanon, 2-Piperonyliden- 1796
Cyclohex-2-enon, 6-Benzo[1,3]dioxol-5-yl-
     3-methyl- 1796

$C_{14}H_{14}O_3$ (Fortsetzung)
Furo[2,3-f]chromen-7-on, 2,4,9-Trimethyl-2,3-dihydro- 1799
Furo[2,3-h]chromen-2-on, 8-Isopropyl-3,4-dihydro- 1799
Furo[3,2-g]chromen-5-on, 7-Propyl-2,3-dihydro- 1798
Furo[3,2-g]chromen-7-on, 2-Isopropyl-5,6-dihydro- 1798
—, 2,5,9-Trimethyl-2,3-dihydro- 1798
Pyrano[2,3-f]chromen-2-on, 8,8-Dimethyl-9,10-dihydro-8H- 1797
Pyrano[2,3-f]chromen-8-on, 5,10-Dimethyl-3,4-dihydro-2H- 1797
Pyrano[3,2-g]chromen-2-on, 8,8-Dimethyl-7,8-dihydro-6H- 1797
Pyrano[3,2-g]chromen-4-on, 2,8-Dimethyl-7,8-dihydro-6H- 1797

$C_{14}H_{14}O_4$
Benzo[1,2-c;3,4-c']difuran-1,8-dion, 3,3,6,6-Tetramethyl-3,6-dihydro- 2019
Benzo[1,2-c;4,5-c']difuran-1,5-dion, 3,3,7,7-Tetramethyl-3,7-dihydro- 2018
Benzofuran-6,7-dicarbonsäure, 5-Methallyl-5,6,7,7a-tetrahydro-, anhydrid 2018
Dibenzo[b,f][1,4]dioxocin-6,11-dion, 1,2,3,4,4a,12a-Hexahydro- 1980
Isobenzofuran-1-on, 5,6-Dimethyl-3-[5-oxo-5H-[2]furyliden]-3a,4,7,7a-tetrahydro-3H- 2018
7-Oxa-norborn-5-en-2,3-dicarbonsäure, 1-Cyclopentylidenmethyl-, anhydrid 2019
Pentan-2,4-dion, 3-[3,4-Methylendioxy-phenäthyliden]- 2017
Spiro[benzo[1,3]dioxol-2,1'-phthalan]-3'-on, 3a,4,5,6,7,7a-Hexahydro- 1980

$C_{14}H_{14}O_6$
Propen, 3,3-Diacetoxy-1-benzo[1,3]dioxol-5-yl- 1750
Spiro[furan-3,4'-isobenzofuran]-2,5,1',3'-tetraon, 7'-Propyl-7',7'a-dihydro-3'aH- 2238

$C_{14}H_{15}BrO_3$
Isobenzofuran-1-on, 3-[2-Brom-[3]furyl]-3a,7-dimethyl-3a,4,5,6-tetrahydro-3H- 1769
—, 3-[5-Brom-[3]furyl]-3a,7-dimethyl-3a,4,5,6-tetrahydro-3H- 1769
—, 6-Brom-3-[3]furyl-3a,7-dimethyl-3a,4,5,6-tetrahydro-3H- 1769

$C_{14}H_{15}NO_2$
Verbindung $C_{14}H_{15}NO_2$ aus 4,4-Äthandiyldioxy-1,2,3,4,4a,10a-hexahydro-phenanthren-9,10-dion-10-oxim 2039

$C_{14}H_{15}NO_3$
Cyclohexanon, 2-Piperonyliden-, oxim 1796

$C_{14}H_{15}N_3S_3$
Propenon, 1-[5-Äthyl-[2]thienyl]-3-[2]thienyl-, thiosemicarbazon 1795

$C_{14}H_{16}F_2N_2O_6$
Carbamidsäure, N,N'-Piperonyliden-bis-, bis-[2-fluor-äthylester] 1666

$C_{14}H_{16}N_4O_5S$
1-Oxa-4-thia-spiro[4.5]decan-6-on-[2,4-dinitro-phenylhydrazon] 1609

$C_{14}H_{16}N_4O_6$
1,4-Dioxa-spiro[4.5]decan-6-on-[2,4-dinitro-phenylhydrazon] 1609
1,4-Dioxa-spiro[4.5]decan-7-on-[2,4-dinitro-phenylhydrazon] 1610
Heptan-4-on, 2,3;5,6-Diepoxy-3-methyl-, [2,4-dinitro-phenylhydrazon] 1611

$C_{14}H_{16}N_4O_7$
[1,3]Dioxecan-2,7-dion-7-[2,4-dinitro-phenylhydrazon] 1929

$C_{14}H_{16}O_3$
Äthanon, 1-[Spiro[benzo[1,3]dioxol-2,1'-cyclohexan]-5-yl]- 1768
Cyclohexanon, 2-Benzo[1,3]dioxol-5-yl-5-methyl- 1768
Furo[2,3-h]chromen-2-on, 8-Isopropyl-3,4,8,9-tetrahydro- 1770
Hex-1-en-3-on, 1-Benzo[1,3]dioxol-5-yl-5-methyl- 1767
Isobenzofuran-1-on, 3-[3]Furyl-3a,7-dimethyl-3a,4,5,6-tetrahydro-3H- 1769
Pent-1-en-3-on, 1-Benzo[1,3]dioxol-5-yl-4,4-dimethyl- 1768
Propan-1-on, 1-[Spiro[benzo[1,3]dioxol-2,1'-cyclopentan]-5-yl]- 1769
Pyrano[2,3-f]chromen-2-on, 8,8-Dimethyl-3,4,9,10-tetrahydro-8H- 1770
Pyrano[3,2-g]chromen-2-on, 8,8-Dimethyl-3,4,7,8-tetrahydro-6H- 1770
Pyrano[3,2-g]chromen-4-on, 2,8-Dimethyl-2,3,7,8-tetrahydro-6H- 1770

$C_{14}H_{16}O_4$
Anthrachinon, 2,3;6,7-Diepoxy-dodecahydro- 1995
Cyclobuta[1,2-b;3,4-b']dipyran-4,8-dion, 2,4b,6,8b-Tetramethyl-4a,4b,8a,8b-tetrahydro- 1993
Cyclobuta[1,2-b;4,3-b']dipyran-4,5-dion, 2,7,8a,8b-Tetramethyl-4a,4b,8a,8b-tetrahydro- 1993
2,7;3,6-Dicyclo-cyclobuta[1,2-b;3,4-b']≠dipyran-4,8-dion, 2,4b,6,8b-Tetramethyl-octahydro- 1996
Dicyclopenta[b,g][1,6]dioxecin-5,11-dion, 1,2,3,6,7,8,9,12-Octahydro- 1992

$C_{14}H_{16}O_4$ (Fortsetzung)

Dicyclopenta[1,4]dioxin-1,2-dion, 3,5,7,8a-
Tetramethyl-3a,8a-dihydro-3H,5H-
1992
Dicyclopenta[1,4]dioxin-1-on, 2-Hydroxy-
3,5,7,8a-tetramethyl-3a,8a-dihydro-
5H- 1992
[1,3]Dioxan-4,6-dion, 5-Äthyl-2,2-
dimethyl-5-phenyl- 1992
1,4-Epoxido-naphthalin-2,3-dicarbonsäure,
1,4-Dimethyl-1,2,3,4,5,6,7,8-octahydro-,
anhydrid 1994
2,4a-Epoxido-naphthalin-3,4-
dicarbonsäure, 2-Äthyl-3,4,5,6,7,8-
hexahydro-2H-, anhydrid 1994
—, 1,2-Dimethyl-3,4,5,6,7,8-
hexahydro-2H-, anhydrid 1994
—, 1,6-Dimethyl-3,4,5,6,7,8-
hexahydro-2H-, anhydrid 1995
7-Oxa-norborn-5-en-2,3-dicarbonsäure,
1-Cyclopentylmethyl-, anhydrid 1994
Propan-1,3-dion, 1-[2,2-Dimethyl-
[1,3]dioxolan-4-yl]-3-phenyl- 1992

$C_{14}H_{16}O_4Se$
10λ^4-Phenoxaselenin-1,9-dion,
3,7-Dimethyl-10-oxo-3,4,7,8-tetrahydro-
2H,6H- 1992

$C_{14}H_{16}O_5$
Cyclopropa[g]benzofuran-6,6a-
dicarbonsäure, 3,5a,6-Trimethyl-2-oxo-
octahydro-, anhydrid 2191
Furo[2,3-f]chromen-2,7-dion, 5a-Acetyl-3-
methyl-3a,4,5,5a,8,9b-hexahydro-3H-
2191

$C_{14}H_{16}O_6S_2$
Methan, Benzo[1,3]dioxol-5-yl-bis-
[1-carboxy-äthylmercapto]- 1695
—, Benzo[1,3]dioxol-5-yl-bis-
[2-carboxy-äthylmercapto]- 1696

$C_{14}H_{16}S_3$
[1,2]Dithiol-3-thion, 4-[4-$tert$-Pentyl-
phenyl]- 1767

$C_{14}H_{17}BrN_2O_4$
Benzylidendiamin, 2-Brom-4,5-
methylendioxy-N,N'-dipropionyl- 1690

$C_{14}H_{17}BrO_4$
6,9-Methano-pyrano[3,4-d]oxepin-1,8-dion,
9-Brom-3,3,6,10-tetramethyl-5,6,9,9a-
tetrahydro-3H- 1974

$C_{14}H_{17}ClO_4$
Dicyclopenta[1,4]dioxin-1-on, 2-Chlor-2-
hydroxy-3,5,7,8a-tetramethyl-2,3,3a,8a-
tetrahydro-5H- 1993

$C_{14}H_{17}NO_2$
Piperonal-cyclohexylimin 1654

$C_{14}H_{17}NO_3$
Äthanon, 1-[Spiro[benzo[1,3]dioxol-2,1'-
cyclohexan]-5-yl]-, oxim 1768

Propan-1-on, 1-[Spiro[benzo[1,3]dioxol-
2,1'-cyclopentan]-5-yl]-, oxim 1769

$C_{14}H_{17}N_3O_2S$
Pent-1-en-3-on, 1-Benzo[1,3]dioxol-5-yl-4-
methyl-, thiosemicarbazon 1765

$C_{14}H_{17}N_3O_3$
Äthanon, 1-[5-(1-[2]Furyl-1-methyl-äthyl)-
[2]furyl]-, semicarbazon 1766
—, 1-[Spiro[benzo[1,3]dioxol-2,1'-cyclopentan]-
5-yl]-, semicarbazon 1767
Hex-1-en-3-on, 1-Benzo[1,3]dioxol-5-yl-,
semicarbazon 1765
Pent-1-en-3-on, 1-Benzo[1,3]dioxol-5-yl-4-
methyl-, semicarbazon 1765

$C_{14}H_{17}N_3O_6$
Benzylidendiamin, 4,5-Methylendioxy-2-
nitro-N,N'-dipropionyl- 1694

$[C_{14}H_{17}S_3]^+$
[1,2]Dithiolylium, 4-[4-$tert$-Butyl-phenyl]-3-
methylmercapto- 1764
$[C_{14}H_{17}S_3]$I 1764

$C_{14}H_{18}Br_2O_4$
6,9-Methano-pyrano[3,4-d]oxepin-1,8-dion,
4a,9-Dibrom-3,3,6,10-tetramethyl-
hexahydro- 1962

$C_{14}H_{18}ClN_3O_4$
[1,3]Dioxan, 5-[4-Chlor-phenylazo]-2,2,4,6-
tetramethyl-5-nitro- 1586

$C_{14}H_{18}N_2O_4$
Piperonal-isopentyloxycarbonylhydrazon
1678
Piperonylidendiamin, N,N'-Dipropionyl-
1665

$C_{14}H_{18}N_4O_6$
[1,3]Dioxan, 2,2,4,6-Tetramethyl-5-nitro-5-
[4-nitro-phenylazo]- 1587

$C_{14}H_{18}O_3$
Äthanon, 1-[2-Isobutyl-2-methyl-benzo[1,3]=
dioxol-5-yl]- 1729
—, 1-[2,2,4-Trimethyl-5-phenyl-
[1,3]dioxolan-4-yl]- 1728
Butan-1-on, 1-[2-Äthyl-2-methyl-benzo[1,3]=
dioxol-5-yl]- 1728
[1,3]Dioxolan-4-on, 2-Butyl-2-methyl-5-
phenyl- 1728
—, 5-Mesityl-2,2-dimethyl- 1728
Propan-1-on, 1-[2,2-Diäthyl-benzo[1,3]=
dioxol-5-yl]- 1730
—, 1-[2-Isopropyl-2-methyl-benzo[1,3]=
dioxol-5-yl]- 1729

$C_{14}H_{18}O_4$
[2,2']Bipyranyl-4,4'-dion, 6,6,6',6'-
Tetramethyl-5,6,5',6'-tetrahydro- 1974
3,6-Cyclo-benzo[2,1-b;3,4-b']difuran-2,7-
dion, 3a-Isopropyl-5a-methyl-
octahydro- 1975
3,8-Cyclo-furo[2,3-g]isochromen-2,7-dion,
5,5,9a-Trimethyl-octahydro- 1975

$C_{14}H_{18}O_4$ (Fortsetzung)

3,8-Cyclo-oxepino[5,4,3-*cd*]benzofuran-2,4-
dion, 6,6,9-Trimethyl-octahydro- 1975
Isochromen-5,6-dicarbonsäure,
1,3,7-Trimethyl-3,4,4a,5,6,7-hexahydro-
1*H*-, anhydrid 1974
7-Oxa-norborn-5-en-2,3-dicarbonsäure,
5-Äthyl-1-methyl-4-propyl-, anhydrid
1974

$C_{14}H_{18}O_5$

Dicyclopenta[1,4]dioxin-1-on,
2,2-Dihydroxy-3,5,7,8a-tetramethyl-
2,3,3a,8a-tetrahydro-5*H*- 1993
Spiro[benzofuran-7,2'-furan]-2,5'-dion,
6-Acetyl-3-methyl-hexahydro- 2189

$C_{14}H_{18}O_5S$

Oxalessigsäure, [2-[2]Thienyl-äthyl]-,
diäthylester 2035

$C_{14}H_{19}NO_3$

Äthanon, 1-[2-Isobutyl-2-methyl-benzo[1,3]=
dioxol-5-yl]-, oxim 1729
Butan-1-on, 1-[2-Äthyl-2-methyl-benzo[1,3]=
dioxol-5-yl]-, oxim 1729
Propan-1-on, 1-[2,2-Diäthyl-benzo[1,3]=
dioxol-5-yl]-, oxim 1730
—, 1-[2-Isopropyl-2-methyl-benzo[1,3]=
dioxol-5-yl]-, oxim 1729

$C_{14}H_{19}N_3O_3$

Äthanon, 1-[2,2-Diäthyl-benzo[1,3]dioxol-
5-yl]-, semicarbazon 1728
—, 1-[2-Isopropyl-2-methyl-benzo[1,3]=
dioxol-5-yl]-, semicarbazon 1727
Butan-1-on, 1-[2,2-Dimethyl-benzo[1,3]=
dioxol-5-yl]-, semicarbazon 1726
Propan-1-on, 1-[2-Äthyl-2-methyl-benzo=
[1,3]dioxol-5-yl]-, semicarbazon 1727

$C_{14}H_{19}N_3O_4$

[1,3]Dioxan, 2,2,4,6-Tetramethyl-5-nitro-5-
phenylazo- 1586

$C_{14}H_{20}N_2O_2$

Piperonal-[2-diäthylamino-äthylimin] 1663

$C_{14}H_{20}O_4$

7,15-Dioxa-dispiro[5.2.5.2]hexadecan-8,16-
dion 1961
6,9-Methano-pyrano[3,4-*d*]oxepin-1,8-dion,
3,3,6,10-Tetramethyl-hexahydro- 1962

$C_{14}H_{21}N_3O_3$

Spiro[[1,3]dioxolan-2,1'-naphthalin]-6'-on,
8'a-Methyl-3',4',8',8'a-tetrahydro-
2'*H*,7'*H*-, semicarbazon 1636

$C_{14}H_{22}OS_2$

Spiro[[1,3]dithian-2,2'-naphthalin]-3'-on,
8'a-Methyl-octahydro- 1630

$C_{14}H_{22}O_3$

4,10a-Methano-benzo[*d*][1,3]dioxocin-2-on,
4,7,7-Trimethyl-octahydro- 1630
Norbornan-2-carbonsäure, 3-[α-Hydroxy-
isopropoxy]-4,7,7-trimethyl-, lacton
1631

$C_{14}H_{22}O_4$

[3,3']Bifuryl-2,2'-dion, 4,5,5,4',5',5'-
Hexamethyl-tetrahydro- 1951

$C_{14}H_{24}N_2O_4$

Hydrazin, Bis-[1-(5-methyl-[1,3]dioxan-5-
yl)-äthyliden]- 1581

$C_{14}H_{24}O_2S_2$

1,9-Dithia-cyclohexadecan-5,13-dion 1935
[1,5]Dithiocan-3,7-dion, Octamethyl- 1935

$C_{14}H_{24}O_3$

3,6-Dioxa-bicyclo[3.2.2]nonan-2-on,
4,4-Diäthyl-5,7,7-trimethyl- 1620

$C_{14}H_{24}O_4$

1,4-Dioxa-cyclohexadecan-5,16-dion 1935
1,6-Dioxa-cyclohexadecan-2,5-dion 1935
1,6-Dioxa-cyclohexadecan-7,16-dion 1935
1,9-Dioxa-cyclohexadecan-2,10-dion 1935

$C_{14}H_{25}N_3O_3$

Aceton, Octahydro[2,3']bipyranyl-2'-yl-,
semicarbazon 1619

$C_{14}H_{26}O_3$

1,3-Dioxa-cyclohexadecan-2-on 1593
1,4-Dioxa-cyclohexadecan-5-on 1593
1,5-Dioxa-cyclohexadecan-2-on 1593
1,5-Dioxa-cyclohexadecan-6-on 1593
Undecan-1-on, 1-[1,3]Dioxolan-2-yl- 1593

$C_{14}H_{27}N_3OS_2$

1,5-Dithia-cyclopentadecan-3-on-
semicarbazon 1593

C_{15}

$C_{15}H_6Cl_2O_2S_2$

[2,2']Spirobi[benzo[*b*]thiophen]-3,3'-dion,
5,5'-Dichlor- 2077

$C_{15}H_8Cl_2OS_2$

Keton, [5-(4-Chlor-phenyl)-[2]thienyl]-
[5-chlor-[2]thienyl]- 1864

$C_{15}H_8O_2S_2$

[2,2']Spirobi[benzo[*b*]thiophen]-3,3'-dion
2077

$C_{15}H_8O_3$

Benzofuro[3,2-*c*]chromen-6-on 1876
Benzo[*c*]furo[3,2-*g*]chromen-5-on 1876
Furo[3,2-*a*]xanthen-11-on 1876

$C_{15}H_8O_3S$

Cyclohepta[3,4]benzo[2,1-*b*]thiophen-4,5-
dicarbonsäure, 8*H*-, anhydrid 2078
Naphtho[1,2-*b*]thiophen-4,5-dicarbonsäure,
7-Methyl-, anhydrid 2078
—, 8-Methyl-, anhydrid 2078
—, 9-Methyl-, anhydrid 2078

$C_{15}H_8O_4$

Benz[5,6]oxepino[2,3,4-*cd*]isobenzofuran-
4,7-dion, 5a*H*- 2078
Phenanthren-9,10-chinon,
2,3-Methylendioxy- 2077
[1,1']Spirobiisobenzofuran-3,3'-dion 2077

C₁₅H₂₄O₃

Germacran-12-säure, 4,5-Epoxy-6-
hydroxy-, lacton 1631
3,7-Oxaäthano-benzofuran-2-on,
3-Isopropyl-6,6,7a-trimethyl-hexahydro-
1631

C₁₅H₂₆O₂

Verbindung C₁₅H₂₆O₂ aus 4,4-Diäthyl-
5,7,7-trimethyl-3,6-dioxa-bicyclo[3.2.2]≠
nonan-2-on 1620

C₁₅H₂₆O₃

Germacran-12-säure, 5,6-Dihydroxy-,
6-lacton 1731
Pentan-2-on, 4-Methyl-1-[5-methyl-
octahydro-[2,3']bifuryl-5-yl]- 1620

C₁₅H₂₆O₄

1,4-Dioxa-cycloheptadecan-5,17-dion 1936
1,7-Dioxa-cycloheptadecan-2,6-dion 1936
1,7-Dioxa-cycloheptadecan-8,17-dion 1936
1,8-Dioxa-cycloheptadecan-2,7-dion 1936
1,8-Dioxa-cycloheptadecan-9,17-dion 1936
1,9-Dioxa-cycloheptadecan-10,17-dion
1936

C₁₅H₂₈O₃

1,3-Dioxa-cycloheptadecan-2-on 1594
1,5-Dioxa-cycloheptadecan-6-on 1594
1,6-Dioxa-cycloheptadecan-7-on 1594
1,4-Dioxa-cyclohexadecan-5-on, 7-Methyl-
1594
1,5-Dioxa-cyclohexadecan-6-on, 4-Methyl-
1594
Verbindung C₁₅H₂₈O₃ aus 4-Methyl-1-
[5-methyl-2,3,4,5-tetrahydro-
[2,3']bifuryl-5-yl]-pentan-2-on 1638

C₁₅H₃₀O₆

threo-Tetrodialdose, O²,O³-Isopropyliden-,
bis-diäthylacetal 1929

C₁₆

C₁₆H₂Cl₆O₂S₂

[2,2']Bi[benzo[b]thiophenyliden]-3,3'-dion,
4,5,7,4',5',7'-Hexachlor- 2093

C₁₆H₄Cl₄O₄

[2,3']Bibenzofuranyliden-3,2'-dion, 5,7,5',≠
7'-Tetrachlor- 2093

C₁₆H₅Cl₃O₂S₂

[2,2']Bi[benzo[b]thiophenyliden]-3,3'-dion,
5,6,6'-Trichlor- 2092

C₁₆H₆Br₂O₂S₂

[2,2']Bi[benzo[b]thiophenyliden]-3,3'-dion,
5,5'-Dibrom- 2093

C₁₆H₆Cl₂O₂S₂

[2,2']Bi[benzo[b]thiophenyliden]-3,3'-dion,
4,4'-Dichlor- 2091
—, 5,5'-Dichlor- 2092

—, 6,6'-Dichlor- 2092
—, 7,7'-Dichlor- 2092

C₁₆H₆I₂O₂S₂

[2,2']Bi[benzo[b]thiophenyliden]-3,3'-dion,
5,5'-Dijod- 2093

C₁₆H₆O₄

Anthra[9,1-bc;10,5-b'c']difuran-2,7-dion
2118

C₁₆H₆O₆

Biphenyl-3,4,3',4'-tetracarbonsäure-3,4;3',4'-
dianhydrid 2260

C₁₆H₈N₂O₈

Indan-1,3-dion, 2-Nitro-2-[6-nitro-benzo≠
[1,3]dioxol-5-yl]- 2079
—, 2-Nitro-2-[7-nitro-benzo[1,3]≠
dioxol-5-yl]- 2079

C₁₆H₈N₆O₄

[1,1']Biisobenzofuranyl-3,3'-dion,
1,1'-Diazido-1H,1'H- 2080

C₁₆H₈O₂S₂

[2,2']Bi[benzo[b]thiophenyliden]-3,3'-dion
2090
[3,3']Bi[benzo[b]thiophenyliden]-2,2'-dion
2094

C₁₆H₈O₂Se₂

[2,2']Bi[benzo[b]selenophenyliden]-3,3'-
dion 2093

C₁₆H₈O₃S

Benzofuran-2-on, 3-[2-Oxo-benzo[b]≠
thiophen-3-yliden]-3H- 2094
—, 3-[3-Oxo-3H-benzo[b]thiophen-2-
yliden]-3H- 2094
Benzofuran-3-on, 2-[3-Oxo-3H-benzo[b]≠
thiophen-2-yliden]- 2090
Thiochromeno[4,3-c]chromen-5,11-dion
2096

C₁₆H₈O₃S₂

1λ⁴-[2,2']Bi[benzo[b]thiophenyliden]-3,3'-
dion, 1-Oxo- 2091

C₁₆H₈O₄

Benzo[b]benzofuro[2,3-e]oxepin-6,12-dion
2095
[2,2']Bibenzofuranyliden-3,3'-dion 2090
[3,3']Bibenzofuranyliden-2,2'-dion 2094
[1,1']Biisobenzofuranyliden-3,3'-dion 2094
Chromeno[3,4-b]chromen-6,12-dion 2096
Chromeno[4,3-c]chromen-5,11-dion 2096
Isochromeno[4,3-c]isochromen-6,12-dion
2096
Pyrano[2,3-a]xanthen-4,12-dion 2095
Pyrano[3,2-a]xanthen-3,12-dion 2095
Spiro[indan-2,1'-phthalan]-1,3,3'-trion 2095

C₁₆H₈O₅

Phthalsäure, 3-Phthalidyl-, anhydrid 2217

C₁₆H₈O₆

Naphtho[1,2-c]furan-1,3-dion,
5-[2,5-Dioxo-tetrahydro-[3]furyl]- 2259

$C_{16}H_9ClO_2S$
Naphtho[1,2-c]furan-1-on, 3-Chlor-3-
[2]thienyl-3H- 1877
Naphtho[1,2-c]furan-3-on, 1-Chlor-1-
[2]thienyl-1H- 1876
$C_{16}H_{10}BrClO_3$
Chalkon, 2-Brom-α-chlor-4,5-
methylendioxy- 1867
$C_{16}H_{10}Br_2N_2O_4$
Hydrazin, Bis-[2-brom-4,5-methylendioxy-
benzyliden]- 1691
$C_{16}H_{10}Br_2O_3$
Chalkon, 2,α-Dibrom-4,5-methylendioxy-
1867
$C_{16}H_{10}Cl_2N_2O_4$
Hydrazin, Bis-[2-chlor-4,5-methylendioxy-
benzyliden]- 1689
$C_{16}H_{10}Cl_2O_2S_2$
Thianthren, 2,7-Bis-chloracetyl- 2068
$C_{16}H_{10}Cl_2O_3$
Chalkon, 2',5'-Dichlor-3,4-methylendioxy-
1867
$C_{16}H_{10}Cl_2O_3S$
Phenoxathiin, 2,8-Bis-chloracetyl- 2068
$C_{16}H_{10}Cl_2O_4$
Dibenzo[1,4]dioxin, 2,7-Bis-chloracetyl-
2067
$C_{16}H_{10}Cl_2O_5S$
Phenoxathiin-10,10-dioxid, 2,8-Bis-
chloracetyl- 2068
$C_{16}H_{10}Cl_2O_6S_2$
Thianthren-5,5,10,10-tetraoxid, 2,7-Bis-
chloracetyl- 2068
$C_{16}H_{10}N_4O_8$
Hydrazin, Bis-[4,5-methylendioxy-2-nitro-
benzyliden]- 1695
$C_{16}H_{10}OS_2$
[2,3']Bi[benzo[b]thiophenyliden]-2'-on,
3H- 1877
[2,3']Bi[benzo[b]thiophenyl]-2'-ol 1877
[2,3']Bi[benzo[b]thiophenyl]-2'-on, 3'H-
1877
$C_{16}H_{10}O_2S_2$
[3,3']Bi[benzo[b]thiophenyl]-2,2'-dion,
3H,3'H- 2079
$C_{16}H_{10}O_3$
Benz[6,7]oxepino[4,3-b]benzofuran-12-on,
6H- 1877
Chromeno[3,4-b]chromen-12-on, 6H- 1877
Furo[3,2-a]xanthen-11-on, 1-Methyl- 1877
$C_{16}H_{10}O_3S$
Naphtho[1,2-b]thiophen-4,5-dicarbonsäure,
6,9-Dimethyl-, anhydrid 2081
$C_{16}H_{10}O_4$
[1,1']Biisobenzofuranyl-3,3'-dion, 1H,1'H-
2079
Chromeno[4,3-c]chromen-5,11-dion,
4b,10b-Dihydro- 2080

Indan-1,3-dion, 2-Benzo[1,3]dioxol-5-yl-
2079
Maleinsäure, [2-[2]Furyl-vinyl]-phenyl-,
anhydrid 2079
Spiro[isochroman-3,1'-phthalan]-1,3'-dion
2080
$C_{16}H_{10}O_5$
Chroman-2,4-dion, 3-[3-[2]Furyl-acryloyl]-
2215
$C_{16}H_{10}O_6$
Cyclohexan-1,3,5-trion, 2-[1,2-Di-[2]furyl-
2-oxo-äthyliden]- 2255
Naphtho[1,2-c]furan-1,3-dion,
5-[2,5-Dioxo-tetrahydro-[3]furyl]-4,5-
dihydro- 2255
$C_{16}H_{11}BrCl_2O_3$
Propan-1-on, 3-[6-Brom-benzo[1,3]dioxol-
5-yl]-2,3-dichlor-1-phenyl- 1850
$C_{16}H_{11}BrOS_2$
Keton, [5-Brom-[2]thienyl]-[5-p-tolyl-
[2]thienyl]- 1869
$C_{16}H_{11}BrO_3$
Chalkon, 2-Brom-4,5-methylendioxy- 1867
$C_{16}H_{11}BrO_4$
Propan-1,2-dion, 3-[6-Brom-benzo[1,3]-
dioxol-5-yl]-1-phenyl- 2065
Propan-1,3-dion, 1-[6-Brom-benzo[1,3]-
dioxol-5-yl]-3-phenyl- 2064
$C_{16}H_{11}Br_2ClO_3$
Propan-1-on, 3-Benzo[1,3]dioxol-5-yl-2,3-
dibrom-1-[4-chlor-phenyl]- 1850
$C_{16}H_{11}Br_2NO_5$
Propan-1-on, 2,3-Dibrom-3-[6-nitro-benzo-
[1,3]dioxol-5-yl]-1-phenyl- 1851
$C_{16}H_{11}Br_3O_3$
Propan-1-on, 2,3-Dibrom-3-[6-brom-
benzo[1,3]dioxol-5-yl]-1-phenyl- 1850
$C_{16}H_{11}ClOS_2$
Keton, [5-Chlor-[2]thienyl]-[5-p-tolyl-
[2]thienyl]- 1868
$C_{16}H_{11}ClO_3$
Chalkon, 2'-Chlor-3,4-methylendioxy-
1867
—, 2-Chlor-4,5-methylendioxy- 1867
—, 4'-Chlor-3,4-methylendioxy- 1867
$C_{16}H_{11}ClO_4$
Propan-1,2-dion, 3-Benzo[1,3]dioxol-5-yl-1-
[4-chlor-phenyl]- 2065
—, 3-[6-Chlor-benzo[1,3]dioxol-5-yl]-
1-phenyl- 2065
Propan-1,3-dion, 1-Benzo[1,3]dioxol-5-yl-3-
[4-chlor-phenyl]- 2064
$C_{16}H_{11}Cl_2NO_5$
Propan-1-on, 2,3-Dichlor-3-[6-nitro-benzo-
[1,3]dioxol-5-yl]-1-phenyl- 1851
$C_{16}H_{11}Cl_3O_3$
[1,3]Dioxolan-4-on, 5,5-Diphenyl-2-
trichlormethyl- 1849

$C_{16}H_{11}Cl_3O_3$ (Fortsetzung)
Propan-1-on, 2,3-Dichlor-3-[6-chlor-benzo=
    [1,3]dioxol-5-yl]-1-phenyl- 1850
$C_{16}H_{11}NO_3S_2$
Benzoesäure, 2-Hydroxy-4-[5-phenyl-
    [1,2]dithiol-3-ylidenamino]- 1740
$C_{16}H_{11}NO_5$
Chalkon, 4,5-Methylendioxy-2-nitro- 1868
$C_{16}H_{11}N_3O_6$
[1,3]Dioxan-4,5,6-trion, 2-Phenyl-,
    5-[4-nitro-phenylhydrazon] 2193
$C_{16}H_{12}BrNO_3$
Propenon, 3-Amino-3-[6-brom-benzo[1,3]=
    dioxol-5-yl]-1-phenyl- 2064
$C_{16}H_{12}Br_2O_3$
Propan-1-on, 3-Benzo[1,3]dioxol-5-yl-2,3-
    dibrom-1-phenyl- 1850
$C_{16}H_{12}N_2O_2$
Benzonitril, 2-Methyl-5-
    piperonylidenamino- 1663
$C_{16}H_{12}N_2O_4$
[1,3]Dioxan-4,5,6-trion, 2-Phenyl-,
    5-phenylhydrazon 2193
Harnstoff, N-Benzoyl-N'-piperonyliden-
    1662
Piperonal-azin 1686
$C_{16}H_{12}N_4O_4$
Piperonal-[(4-cyan-2-nitro-phenyl)-methyl-
    hydrazon] 1682
$C_{16}H_{12}N_4O_4S_2$
Äthanon, 1-Benzo[1,4]dithiin-2-yl-,
    [2,4-dinitro-phenylhydrazon] 1750
[1,4]Dithian-2,5-dion, 3,6-Dinitro-,
    bis-phenylimin 1922
$C_{16}H_{12}N_4O_6$
Benzo[1,3]dioxol-5-carbaldehyd, 6-Vinyl-,
    [2,4-dinitro-phenylhydrazon] 1751
Indeno[5,6-d][1,3]dioxol-5-on, 6,7-Dihydro-,
    [2,4-dinitro-phenylhydrazon] 1753
$C_{16}H_{12}OS_2$
Keton, [2]Thienyl-[5-p-tolyl-[2]thienyl]-
    1868
$C_{16}H_{12}O_2S_2$
Thianthren, 2,7-Diacetyl- 2067
Thiochromeno[8,7-h]thiochromen-1,7-dion,
    2,3,8,9-Tetrahydro- 2068
$C_{16}H_{12}O_3$
Benzo[1,3]dioxin-4-on, 2-Styryl- 1866
Biphenyl-2-carbaldehyd,
    4,5-Methylendioxy-3'-vinyl- 1868
Chalkon, 3,4-Methylendioxy- 1866
Furo[2,3-a]xanthen-11-on, 2-Methyl-2,3-
    dihydro- 1869
Keton, Phenyl-[5-phenyl-[1,3]dioxol-4-yl]-
    1866
Pyrano[2,3-a]xanthen-12-on, 3,4-Dihydro-
    2H- 1869
Spiro[chroman-3,2'-oxiran]-4-on,
    3'-Phenyl- 1869

$C_{16}H_{12}O_3S$
[1,4]Oxathian-2,6-dion, 3,3-Diphenyl- 2063
Phenoxathiin, 2,8-Diacetyl- 2068
$C_{16}H_{12}O_4$
Benzo[b][1,4]dioxepin-2,4-dion, 3-Benzyl-
    2064
Dibenzo[e,i][1,4]dioxecin-13,14-dion,
    6,7-Dihydro- 2065
Dibenzo[1,4]dioxin, 2,7-Diacetyl- 2066
Dibenzo[b,f][1,5]dioxocin-6,12-dion,
    2,8-Dimethyl- 2066
—, 3,9-Dimethyl- 2066
—, 4,10-Dimethyl- 2066
[1,4]Dioxan-2,5-dion, 3,6-Diphenyl- 2063
[1,4]Dioxan-2,6-dion, 3,5-Diphenyl- 2063
Propan-1,2-dion, 3-Benzo[1,3]dioxol-5-yl-1-
    phenyl- 2064
Propionaldehyd, 2-Benzo[1,3]dioxol-5-yl-3-
    oxo-3-phenyl- 2065
$C_{16}H_{12}O_4S_2$
$4\lambda^4,10\lambda^4$-Thiochromeno[8,7-h]thiochromen-
    1,7-dion, 4,10-Dioxo-2,3,8,9-
    tetrahydro- 2069
$C_{16}H_{12}O_5$
Pyrano[2,3-f]chromen-2,10-dion, 9-Acetyl-
    4,8-dimethyl- 2210
Pyrano[2,3-f]chromen-4,8-dion, 3-Acetyl-
    2,10-dimethyl- 2210
Pyrano[2,3-f]chromen-4,10-dion, 9-Acetyl-
    2,8-dimethyl- 2210
Pyrano[3,2-g]chromen-2,6-dion, 7-Acetyl-
    4,8-dimethyl- 2210
Pyrano[4,3-b]pyran-2,4,5-trion, 3-Benzyl-7-
    methyl- 2209
$C_{16}H_{12}O_6$
1,4-Ätheno-naphthalin-2,3,5,6-
    tetracarbonsäure, 1,2,3,4,4a,5,6,7-
    Octahydro-, 2,3;5,6-dianhydrid 2251
Chroman-2,4-dion, 3-[6-Methyl-2,4-dioxo-
    3,4-dihydro-2H-pyran-3-ylmethyl]-
    2250
Cyclopentan-1,2,3,4-tetracarbonsäure,
    1-Benzyl-, 1,2;3,4-dianhydrid 2251
Naphtho[1,2-c]furan-1,3-dion,
    5-[2,5-Dioxo-tetrahydro-
    [3]furyl]-3a,4,5,9b-tetrahydro- 2251
Verbindung $C_{16}H_{12}O_6$ aus 5-[2,5-Dioxo-
    tetrahydro-[3]furyl]-3a,4,5,9b-
    tetrahydro-naphtho[1,2-c]furan-1,3-
    dion 2251
$C_{16}H_{12}O_6S_2$
Thianthren-5,5,10,10-tetraoxid,
    2,7-Diacetyl- 2067
$4\lambda^6,10\lambda^6$-Thiochromeno[8,7-h]thiochromen-
    1,7-dion, 4,4,10,10-Tetraoxo-2,3,8,9-
    tetrahydro- 2069
$C_{16}H_{12}S_3$
[1,2]Dithiol-3-thion, 5-Benzyl-4-phenyl-
    1866

$C_{16}H_{13}BrO_6$
2,4a-Äthano-naphthalin-3,4,9,10-
tetracarbonsäure, 2-Brom-3,4,5,6,7,8-
hexahydro-2H-, 3,4;9,10-dianhydrid
2247

$C_{16}H_{13}Br_2NO_3$
Piperonal-[4-äthoxy-2,5-dibrom-
phenylimin] 1659

$C_{16}H_{13}ClO_3$
Dibenzo[e,i][1,4]dioxecin-13-on, 14-Chlor-
6,7-dihydro-14H- 1851
Keton, [2-Chlormethyl-2,3-dihydro-benzo=
[1,4]dioxin-6-yl]-phenyl- 1849

$C_{16}H_{13}NO_4$
Propan-1,2-dion, 3-Benzo[1,3]dioxol-5-yl-1-
phenyl-, 2-oxim 2065

$C_{16}H_{13}NO_5$
Piperonal-[O-(4-methoxy-benzoyl)-oxim]
1667

$C_{16}H_{13}N_3O_4$
Piperonal-[anilinooxalyl-hydrazon] 1677

$C_{16}H_{13}N_3O_6$
Piperonal-[2-hydroxymethyl-5-nitro-
benzoylhydrazon] 1682

$[C_{16}H_{13}S_3]^+$
[1,2]Dithiolylium, 3-Methylmercapto-4,5-
diphenyl- 1864
$[C_{16}H_{13}S_3]$I 1864

$C_{16}H_{14}ClN_3O_4$
[1,3]Dioxan, 5-[4-Chlor-phenylazo]-5-nitro-
2-phenyl- 1704

$C_{16}H_{14}Cl_2O_2S$
Oxonium, [5-Chlor-2,3-dimethyl-6-oxo-
cyclohexa-2,4-dienyliden]-[6-chlor-2-
mercapto-3,4-dimethyl-phenyl]-,
betain 1832
Spiro[benz[1,3]oxathiol-2,1'-cyclohexa-3',5'-
dien]-2'-on, 5,5'-Dichlor-4,7,3',6'-
tetramethyl- 1832
—, 7,3'-Dichlor-4,5,5',6'-tetramethyl-
1832
Sulfonium, [5-Chlor-2,3-dimethyl-6-oxo-
cyclohexa-2,4-dienyliden]-[3-chlor-2-
hydroxy-5,6-dimethyl-phenyl]-, betain
1832

$C_{16}H_{14}N_2O_2S_2$
Thianthren, 2,7-Bis-[1-hydroxyimino-äthyl]-
2067

$C_{16}H_{14}N_2O_3$
Piperonal-[phenylacetyl-hydrazon] 1676

$C_{16}H_{14}N_2O_3S$
Phenoxathiin, 2,8-Bis-[1-hydroxyimino-
äthyl]- 2068

$C_{16}H_{14}N_2O_4$
Dibenzo[1,4]dioxin, 2,7-Bis-
[1-hydroxyimino-äthyl]- 2066
[1,3]Dioxan-4,5,6-trion, 2,2-Dimethyl-,
5-[1]naphthylhydrazon 2184

Piperonal-[2-hydroxymethyl-
benzoylhydrazon] 1682
— [2-hydroxy-3-methyl-
benzoylhydrazon] 1683
— [2-hydroxy-4-methyl-
benzoylhydrazon] 1683
— [2-hydroxy-5-methyl-
benzoylhydrazon] 1683
— [phenoxyacetyl-hydrazon] 1681

$C_{16}H_{14}N_2O_5$
Piperonal-vanilloylhydrazon 1683

$C_{16}H_{14}N_4O_6$
Aceton, Benzo[1,3]dioxol-5-yl-,
[2,4-dinitro-phenylhydrazon] 1710
Benzo[1,3]dioxol-5-carbaldehyd, 6-Äthyl-,
[2,4-dinitro-phenylhydrazon] 1711
[1,3]Dioxan, 5-Nitro-5-[4-nitro-phenylazo]-
2-phenyl- 1704
Propan-1-on, 1-Benzo[1,3]dioxol-5-yl-,
[2,4-dinitro-phenylhydrazon] 1709

$C_{16}H_{14}N_4O_7$
Piperonal-[5-äthoxy-2,4-dinitro-
phenylhydrazon] 1675

$C_{16}H_{14}N_6O_4S_2$
[1,4]Dithian-2,3-dion-bis-[4-nitro-
phenylhydrazon] 1922

$C_{16}H_{14}OS_2$
Cyclohexanon, 2,6-Bis-[2]thienylmethylen-
1852
—, 2,6-Bis-[3]thienylmethylen- 1852
Keton, Phenyl-[2-phenyl-[1,3]dithiolan-2-
yl]- 1849

$C_{16}H_{14}O_2S$
Äthanon, 1-[8-Äthyl-phenoxathiin-2-yl]-
1851
Butan-1-on, 1-Phenoxathiin-2-yl- 1851

$C_{16}H_{14}O_3$
Benzophenon, 3,4-Isopropylidendioxy-
1851
Cyclohexanon, 2,6-Difurfuryliden- 1852
[1,3]Dioxan-2-on, 5,5-Diphenyl- 1848
[1,3]Dioxolan-4-on, 2-Methyl-5,5-diphenyl-
1849
Furo[3,2-g]chromen-7-on, 6-[1,1-Dimethyl-
allyl]- 1852
—, 6-[2,2-Dimethyl-cyclopropyl]-
1853
Keton, Phenyl-[2-phenyl-[1,3]dioxolan-2-yl]-
1849
Naphtho[2,1-b]furan-2-on, 1-[2,3-Epoxy-
butyl]-1H- 1853
Naphtho[2,3-b]furan-2-on, 3-[2,3-Epoxy-
butyl]-3H- 1853
Propan-1-on, 3-Benzo[1,3]dioxol-5-yl-1-
phenyl- 1849

$C_{16}H_{14}O_3S$
Cycloocta[3,4]benzo[2,1-b]thiophen-4,5-
dicarbonsäure, 6,7,8,9,10,11-
Hexahydro-, anhydrid 2056

$C_{16}H_{14}O_4$

Benzo[1,2-b;4,5-b']difuran, 3,7-Diacetyl-
2,6-dimethyl- 2055
7-Oxa-norborn-5-en-2,3-dicarbonsäure,
1,4-Dimethyl-5-phenyl-, anhydrid 2056
—, 4,5-Dimethyl-1-phenyl-,
anhydrid 2056
—, 1-Phenäthyl-, anhydrid 2056
Pyrano[2,3-f]chromen-2,8-dion, 3-Äthyl-
4,10-dimethyl- 2055
Pyrano[2,3-f]chromen-4,8-dion, 3-Äthyl-
2,10-dimethyl- 2055
Pyrano[3,2-g]chromen-2,6-dion, 7-Äthyl-
4,8-dimethyl- 2054
—, 10-Äthyl-4,8-dimethyl- 2055
Pyrano[3,2-g]chromen-2,8-dion, 10-Äthyl-
4,6-dimethyl- 2055

$C_{16}H_{14}O_5$

Pyrano[2,3-f]chromen-2,8,10-trion, 9-Butyl-
2205
Pyrano[3,2-c]chromen-2,4,5-trion, 3-Butyl-
2205

$C_{16}H_{14}O_6$

2,4a-Äthano-naphthalin-3,4,9,10-
tetracarbonsäure, 3,4,5,6,7,8-
Hexahydro-2H-, 3,4;9,10-dianhydrid
2247
Benzol, 1,2-Bis-[2-oxo-tetrahydro-furan-3-
carbonyl]- 2246
Naphthalin-1,2,5,6-tetracarbonsäure,
4,8-Dimethyl-1,2,3,5,6,7-hexahydro-,
1,2;5,6-dianhydrid 2247
Pyrano[3,4-g]isochromen-1,3,6,8-tetraon,
4,4,9,9-Tetramethyl-4,9-dihydro- 2247

$C_{16}H_{15}NO_2$

Piperonal-phenäthylimin 1656
— [1-phenyl-äthylimin] 1656

$C_{16}H_{15}NO_3$

Desoxybenzoin, 3',4'-Äthandiyldioxy-,
oxim 1849
Oxazolidin, 2-Benzo[1,3]dioxol-5-yl-5-
phenyl- 1660
Piperonal-[2-äthoxy-phenylimin] 1658
— [4-äthoxy-phenylimin] 1658
— [β-hydroxy-phenäthylimin] 1660
Propan-1-on, 3-Benzo[1,3]dioxol-5-yl-1-
phenyl-, oxim 1850

$C_{16}H_{15}NO_4$

Piperonal-[3,4-dimethoxy-phenylimin] 1661

$C_{16}H_{15}NO_5S$

Äthanon, 1-Benzo[1,3]dioxol-5-yl-,
[O-(toluol-4-sulfonyl)-oxim] 1701

$C_{16}H_{15}N_3O_2S$

Piperonal-[4-p-tolyl-thiosemicarbazon]
1680

$C_{16}H_{15}N_3O_3$

Acetaldehyd, Benzo[1,3]dioxol-5-yl-phenyl-,
semicarbazon 1847

Desoxybenzoin, 3',4'-Methylendioxy-,
semicarbazon 1846
—, 3,4-Methylendioxy-,
semicarbazon 1845

$C_{16}H_{15}N_3O_4$

[1,3]Dioxan, 5-Nitro-2-phenyl-5-phenylazo-
1704

$C_{16}H_{15}N_3O_5S$

Piperonal-[(N-acetyl-sulfanilyl)-hydrazon]
1687

$C_{16}H_{16}N_2O_2$

Piperonal-[4-dimethylamino-phenylimin]
1664
Propan-1-on, 1-Benzo[1,3]dioxol-5-yl-,
phenylhydrazon 1709

$C_{16}H_{16}N_2O_3$

Verbindung $C_{16}H_{16}N_2O_3$ aus 2-Phenyl-
[1,3]dioxan-4,5,6-trion-5-
o-tolylhydrazon 2194
Verbindung $C_{16}H_{16}N_2O_3$
aus 2-Phenyl-[1,3]dioxan-4,5,6-trion-
5-m-tolylhydrazon 2194
Verbindung $C_{16}H_{16}N_2O_3$
aus 2-Phenyl-[1,3]dioxan-4,5,6-trion-
5-p-tolylhydrazon 2194

$C_{16}H_{16}N_6O_6$

Piperonal-[5-(N',N'-dimethyl-hydrazino)-
2,4-dinitro-phenylhydrazon] 1685

$C_{16}H_{16}O_3$

Furo[2,3-f]chromen-7-on, 3-Isobutyl-9-
methyl- 1833
Furo[2,3-h]chromen-2-on, 9-Butyl-4-
methyl- 1833
Furo[3,2-g]chromen-7-on, 3-Butyl-5-
methyl- 1833
Octa-1,7-dien-3-on, 1,5-Di-[2]furyl- 1832

$C_{16}H_{16}O_3S$

1,4-Episulfido-naphthalin-2,3-
dicarbonsäure, 1,4,5,8-Tetramethyl-
1,2,3,4-tetrahydro-, anhydrid 2039

$C_{16}H_{16}O_4$

[1,1']Biisobenzofuranyliden-3,3'-dion,
3a,4,7,7a,3'a,4',7',7'a-Octahydro- 2039
8a,3-Oxaäthano-chromen-2,10-dion,
4-Phenyl-hexahydro- 2039
7-Oxa-norborn-5-en-2,3-dicarbonsäure,
1-Methyl-4-[5-methyl-hex-5-en-3-inyl]-,
anhydrid 2039

$C_{16}H_{16}O_5$

Pyrano[3,4-c]chromen-2,4,5-trion,
7-Isopropyl-10-methyl-4a,10b-dihydro-
1H- 2198

$C_{16}H_{16}O_6$

Bicyclo[2.2.2]oct-7-en-2,3,5,6-
tetracarbonsäure, 1,8-Diäthyl-, 2,3;5,6-
dianhydrid 2243
—, 1-Methyl-7-propyl-,
2,3;5,6-dianhydrid 2243

C₁₆H₂₂N₂O₄

Piperonylidendiamin, *N,N'*-Dibutyryl-
1665

C₁₆H₂₂O₃

Butan-1-on, 1-[2-Isobutyl-2-methyl-benzo≠
[1,3]dioxol-5-yl]- 1732
Nonan-3-on, 1-Benzo[1,3]dioxol-5-yl- 1732
Phenanthren-4-on, 1,1-Äthandiyldioxy-
2,3,4a,4b,5,6,7,8,10,10a-decahydro-
1*H*- 1733

C₁₆H₂₂O₄

Bernsteinsäure, [2-Methyl-3-(2,3,3,5-
tetramethyl-2,3-dihydro-[2]furyl)-allyl]-,
anhydrid 1977
—, [2-Methyl-1-(2,3,3,5-tetramethyl-
2,3-dihydro-[2]furyl)-propenyl]-,
anhydrid 1977
8a,3-Oxaäthano-chromen-2,10-dion,
4-Cyclohexyl-hexahydro- 1978

C₁₆H₂₃NO₃

Butan-1-on, 1-[2-Isobutyl-2-methyl-benzo≠
[1,3]dioxol-5-yl]-, oxim 1732

C₁₆H₂₃N₃O₃

Äthanon, 1-[2,2-Dipropyl-benzo[1,3]≠
dioxol-5-yl]-, semicarbazon 1731
Butan-1-on, 1-[2,2-Diäthyl-benzo[1,3]≠
dioxol-5-yl]-, semicarbazon 1731
Octan-3-on, 1-Benzo[1,3]dioxol-5-yl-,
semicarbazon 1730

C₁₆H₂₄O₃

14,15,16,19-Tetranor-labdan-13-säure,
4,5-Epoxy-9-hydroxy-, lacton 1639

C₁₆H₂₄O₄

[3,3']Bifuryliden-4,4'-dion, Octamethyl-
1963

C₁₆H₂₄O₆

Octandisäure-dianhydrid 2229

C₁₆H₂₄O₈S₆

[1,4]Dithian, 2,2,5,5-Tetrakis-[2-carboxy-
äthylmercapto]- 1924
—, 2,2,5,5-Tetrakis-
methoxycarbonylmethylmercapto- 1923

C₁₆H₂₅N₃O₃

Pentan-2-on, 4-Methyl-1-[5-methyl-2,3,4,5-
tetrahydro-[2,3']bifuryl-5-yl]-,
semicarbazon 1637

C₁₆H₂₆NO₅P

Phosphonsäure, [α-Amino-3,4-
methylendioxy-benzyl]-, dibutylester
1688

C₁₆H₂₆OS₂

Spiro[[1,3]dithian-2,2'-naphthalin]-3'-on,
4',4',8'a-Trimethyl-octahydro- 1631
—, 6',6',8'a-Trimethyl-octahydro-
1632

C₁₆H₂₆O₄

[3,3']Bifuryl-4,4'-dion, 2,2,5,5,2',2',5',5'-
Octamethyl-tetrahydro- 1952

Octan, 1,8-Bis-[5-oxo-tetrahydro-[2]furyl]-
1951

C₁₆H₂₈O₄

1,6-Dioxa-cyclooctadecan-2,5-dion 1937
1,8-Dioxa-cyclooctadecan-9,18-dion 1937
1,10-Dioxa-cyclooctadecan-2,11-dion 1937

C₁₆H₂₉N₃O₃

Pentan-2-on, 4-Methyl-1-[5-methyl-
octahydro-[2,3']bifuryl-5-yl]-,
semicarbazon 1620

C₁₆H₃₀O₃

1,5-Dioxa-cyclooctadecan-2-on 1595

C₁₇

C₁₇H₇Cl₃O₂S₂

[2,2']Bi[benzo[*b*]thiophenyliden]-3,3'-dion,
6,5',6'-Trichlor-4-methyl- 2098

C₁₇H₈ClNO₆S

Keton, [4-Chlor-3-nitro-phenyl]-[2,2-dioxo-
2λ⁶-naphth[1,8-*cd*][1,2]oxathiol-6-yl]-
1887

C₁₇H₈Cl₂O₂S₂

[2,2']Bi[benzo[*b*]thiophenyliden]-3,3'-dion,
4,5-Dichlor-7-methyl- 2098
—, 5,6'-Dichlor-6-methyl- 2098
—, 6,6'-Dichlor-4-methyl- 2097

C₁₇H₈Cl₂O₄S

Keton, [2,4-Dichlor-phenyl]-[2,2-dioxo-
2λ⁶-naphth[1,8-*cd*][1,2]oxathiol-6-yl]-
1887

C₁₇H₈O₃S

Fluoreno[4,3-*b*]thiophen-4,5-dicarbonsäure,
6*H*-, anhydrid 2118

C₁₇H₉BrO₂S

Benzo[*f*]chromen-3-on, 8-Brom-2-
[2]thienyl- 1887
Cumarin, 3-Benzo[*b*]thiophen-3-yl-6-brom-
1890

C₁₇H₉ClO₂S

Cumarin, 3-Benzo[*b*]thiophen-3-yl-6-chlor-
1889

C₁₇H₉NO₆S

Keton, [2,2-Dioxo-2λ⁶-naphth[1,8-*cd*][1,2]≠
oxathiol-6-yl]-[3-nitro-phenyl]- 1887
—, [2,2-Dioxo-2λ⁶-naphth[1,8-*cd*][1,2]≠
oxathiol-6-yl]-[4-nitro-phenyl]- 1887

C₁₇H₁₀OS₂

Keton, Bis-benzo[*b*]thiophen-3-yl- 1890

C₁₇H₁₀O₂S

Benzo[*b*]thiophen-3-on, 2-Chromen-2-
yliden- 1889
Cumarin, 3-Benzo[*b*]thiophen-3-yl- 1889
Keton, Dibenzofuran-2-yl-[2]thienyl- 1889

C₁₇H₁₀O₂S₂

Benzo[*b*]thiophen-2-on, 3-[2-Oxo-2,3-
dihydro-benzo[*b*]thiophen-3-ylmethylen]-
3*H*- 2097

C₁₇H₁₄N₂O₄

[1,3]Dioxan-4,5,6-trion, 2-Phenyl-,
　5-*m*-tolylhydrazon 2194
—, 2-Phenyl-, 5-*o*-tolylhydrazon 2194
—, 2-Phenyl-, 5-*p*-tolylhydrazon 2194
Indan-1,3-dion, 2-Piperonyl-, dioxim 2081

C₁₇H₁₄N₄O₄S

Thiocarbonohydrazid,
　1,5-Dipiperonyliden- 1680

C₁₇H₁₄N₄O₆

Propan-1-on, 1,3-Di-[2]furyl-, [2,4-dinitro-
　phenylhydrazon] 1757

C₁₇H₁₄OS₂

Äthanon, 1-Biphenyl-4-yl-2-[1,3]dithiolan-
　2-yliden- 1870
—, 2-[1,3]Dithiolan-2-yliden-1,2-
　diphenyl- 1870
Cycloheptatrienon, 2,7-Bis-
　[2]thienylmethyl- 1872
Cyclohept-3-enon, 2,7-Bis-
　[2]thienylmethylen- 1872

C₁₇H₁₄O₃

Nona-1,3,6,8-tetraen-5-on, 1,9-Di-[2]furyl-
　1869
Pentan-3-on, 1,2;4,5-Diepoxy-1,5-diphenyl-
　1872

C₁₇H₁₄O₃S₂

Hepta-1,6-dien-3,5-dion, 4-Acetyl-1,7-di-
　[2]thienyl- 2211

C₁₇H₁₄O₄

Cycloheptan-1,2-dion, 3,7-Difurfuryliden-
　2069
Propan-1,3-dion, 1-Benzo[1,3]dioxol-5-yl-3-
　p-tolyl- 2069

C₁₇H₁₄O₅

Chroman-2,4-dion, 3-[1-[2]Furyl-3-oxo-
　butyl]- 2211
Hepta-1,6-dien-3,5-dion, 4-Acetyl-1,7-di-
　[2]furyl- 2210
Pyrano[2,3-*f*]chromen-2,10-dion, 9-Acetyl-
　6-äthyl-8-methyl- 2211
Pyrano[2,3-*f*]chromen-4,8-dion, 3-Acetyl-
　2,5,10-trimethyl- 2211
—, 3-Acetyl-2,9,10-trimethyl- 2211
Pyrano[3,2-*c*]chromen-2,4,5-trion,
　3-Cyclopentyl- 2211

C₁₇H₁₄O₇

1,4-Äthano-naphthalin-2,3,5,6-
　tetracarbonsäure, 7-Methyl-9-oxo-
　1,2,3,4,4a,5,6,7-octahydro-,
　2,3;5,6-dianhydrid 2295

C₁₇H₁₅NO₂

Piperonal-indan-2-ylimin 1656

C₁₇H₁₅NO₅

Butan-1-on, 3-Benzo[1,3]dioxol-5-yl-4-
　nitro-1-phenyl- 1853

C₁₇H₁₅N₅O₄

Guanidin, *N,N'*-Bis-piperonylidenamino-
　1679

C₁₇H₁₆N₂O₂

Acrylaldehyd, 3-Benzo[1,3]dioxol-5-yl-2-
　methyl-, phenylhydrazon 1756

C₁₇H₁₆N₄O₆

Äthanon, 2-[1,3]Dioxolan-2-yl-1-phenyl-,
　[2,4-dinitro-phenylhydrazon] 1713
Benzo[*b*][1,4]dioxocin-8-carbaldehyd,
　2,3,4,5-Tetrahydro-, [2,4-dinitro-
　phenylhydrazon] 1715
Butan-2-on, 3-Benzo[1,3]dioxol-5-yl-,
　[2,4-dinitro-phenylhydrazon] 1717
4,7-Epoxido-cyclooocta[*b*]furan-9-on,
　7-Methyl-5,6,7,8-tetrahydro-4*H*-,
　[2,4-dinitro-phenylhydrazon] 1719
Keton, [1,4]Dioxanyl-phenyl-, [2,4-dinitro-
　phenylhydrazon] 1713

C₁₇H₁₆N₄O₇

Piperonal-[(5-äthoxy-2,4-dinitro-phenyl)-
　methyl-hydrazon] 1675

C₁₇H₁₆OS₂

Cycloheptanon, 2,7-Bis-[2]thienylmethylen-
　1856
Cyclohexanon, 3-Methyl-2,6-bis-
　[2]thienylmethylen- 1856
—, 4-Methyl-2,6-bis-
　[2]thienylmethylen- 1857

C₁₇H₁₆O₂S

Pentan-1-on, 1-Phenoxathiin-2-yl- 1855

C₁₇H₁₆O₃

Benzophenon, 3,4-*sec*-Butylidendioxy-
　1855
Butan-2-on, 3-Benzo[1,3]dioxol-5-yl-4-
　phenyl- 1855
Cycloheptanon, 2,7-Difurfuryliden- 1856
Cyclohexanon, 2,6-Difurfuryliden-4-
　methyl- 1857
Cyclopentanon, 2,5-Bis-[5-methyl-
　furfuryliden]- 1857
Desoxybenzoin, 3,4-Isopropylidendioxy-
　1855

C₁₇H₁₆O₄

7-Oxa-norborn-5-en-2,3-dicarbonsäure,
　4-Äthyl-1-methyl-5-phenyl-, anhydrid
　2056
—, 1-[3-Phenyl-propyl]-, anhydrid
　2056

C₁₇H₁₆O₄S

Naphth[1,8-*cd*][1,2]oxathiol-2,2-dioxid,
　6-Cyclohexancarbonyl- 1857

C₁₇H₁₆O₄S₂

Methan, Bis-[3,5-dioxo-tetrahydro-
　thiopyran-4-yl]-phenyl- 2247

C₁₇H₁₆O₅

Pyrano[2,3-*f*]chromen-2,8,10-trion, 9-Butyl-
　4-methyl- 2205
Pyrano[3,2-*c*]chromen-2,4,5-trion,
　3-Isopentyl- 2205

C_{17}H_{24}O_4
14,15,16-Trinor-labdan-13,19-disäure,
6,9-Dihydroxy-, 13→9;19→6-dilacton
1978

C_{17}H_{24}O_6
Methan, Bis-[5,5-diäthyl-2,4-dioxo-
tetrahydro-[3]furyl]- 2232

C_{17}H_{25}N_3O_3
Butan-1-on, 1-[2-Isobutyl-2-methyl-benzo=
[1,3]dioxol-5-yl]-, semicarbazon 1733

C_{17}H_{26}OS_2
8,12-Dithia-trispiro[5.0.5.0.5.1]nonadecan-
19-on 1640

C_{17}H_{26}O_3
Phenanthren-1-on, 7,7-Äthandiyldioxy-4b-
methyl-dodecahydro- 1640

C_{17}H_{26}O_5
2,12-Dioxa-bicyclo[9.2.1]tetradecan-3,5,9-
trion, 4,6,8,13,14-Pentamethyl- 2185

C_{17}H_{28}OS_2
1,4-Dithia-dispiro[4.1.4.3]tetradecan-9-on,
8-Isopropyl-11,14-dimethyl- 1632

C_{17}H_{30}O_4
1,6-Dioxa-cyclononadecan-2,5-dion 1937
Acetyl-Derivat C_{17}H_{30}O_4 einer
Verbindung C_{15}H_{28}O_3 s. bei
4-Methyl-1-[5-methyl-2,3,4,5-
tetrahydro-[2,3']bifuryl-5-yl]-pentan-2-on
1638

C_{17}H_{32}O_3
1,3-Dioxa-cyclononadecan-2-on 1595

C_{18}

C_{18}H_6O_6
Phenanthren-1,8,9,10-tetracarbonsäure-
1,10;8,9-dianhydrid 2274

C_{18}H_7Cl_2N_3O_7
Pyrano[3,2-c]chromen-2,3,4,5-tetraon,
7,9-Dichlor-, 3-[4-nitro-
phenylhydrazon] 2250

C_{18}H_8Br_2Cl_2O_2S_2
[2,2']Bi[benzo[b]thiophenyliden]-3,3'-dion,
5,5'-Dibrom-6,6'-dichlor-4,4'-dimethyl-
2100
—, 7,7'-Dibrom-6,6'-dichlor-4,4'-
dimethyl- 2100

C_{18}H_8Br_2O_2S_2
Äthan, 1,2-Bis-[5-brom-3-oxo-3H-benzo[b]=
thiophen-2-yliden]- 2122

C_{18}H_8Cl_2O_2S_2
Äthan, 1,2-Bis-[5-chlor-3-oxo-3H-benzo[b]=
thiophen-2-yliden]- 2122
—, 1,2-Bis-[7-chlor-3-oxo-3H-benzo[b]=
thiophen-2-yliden]- 2122

C_{18}H_8N_2O_8
Äthan, 1,2-Bis-[4-nitro-3-oxo-
phthalanyliden]- 2123

—, 1,2-Bis-[5-nitro-3-oxo-
phthalanyliden]- 2122
—, 1,2-Bis-[6-nitro-3-oxo-
phthalanyliden]- 2122
—, 1,2-Bis-[7-nitro-3-oxo-
phthalanyliden]- 2123

C_{18}H_8O_2S_2
Dibenzo[d,d']benzo[1,2-b;4,5-b']dithiophen-
6,12-dion 2132
Dibenzo[d,d']benzo[1,2-b;5,4-b']dithiophen-
6,12-dion 2131

C_{18}H_8O_3S
Anthra[1,2-b]thiophen-4,5-dicarbonsäure-
anhydrid 2130
Benzo[b]naphtho[1,2-d]thiophen-5,6-
dicarbonsäure-anhydrid 2131
Benzo[4',5']thieno[3',2'-b]naphtho[2,3-d]=
furan-6,11-dion 2131
Phenanthro[4,3-b]thiophen-4,5-
dicarbonsäure-anhydrid 2131

C_{18}H_8O_4
Dibenzo[d,d']benzo[1,2-b;5,4-b']difuran-
6,12-dion 2131

C_{18}H_9BrCl_2O_2S_2
Verbindung C_{18}H_9BrCl_2O_2S_2 aus
6,6'-Dichlor-4,4'-dimethyl-[2,2']bi=
[benzo[b]thiophenyliden]-3,3'-dion 2100

C_{18}H_9BrO_4
Benzofuran-2-on, 3-[5-(4-Brom-phenyl)-2-
oxo-[3]furyliden]-3H- 2118
Pyrano[4,3-c]chromen-1,5-dion, 3-[4-Brom-
phenyl]- 2119

C_{18}H_9ClO_2Se_2
[3,4']Biselenochromenyl-2,2'-dion, 4-Chlor-
2121

C_{18}H_9ClO_4
Pyrano[2,3-f]chromen-2,8-dion, 6-Chlor-
10-phenyl- 2121

C_{18}H_9Cl_3O_2S_2
[2,2']Bi[benzo[b]thiophenyliden]-3,3'-dion,
4,5,5'-Trichlor-7,7'-dimethyl- 2105
—, 4,6,5'-Trichlor-7,7'-dimethyl- 2105
—, 4,6,6'-Trichlor-7,4'-dimethyl- 2102
—, 4,6,6'-Trichlor-7,5'-dimethyl- 2103
—, 4,7,5'-Trichlor-6,7'-dimethyl- 2104
—, 4,7,6'-Trichlor-6,4'-dimethyl- 2102
—, 4,7,6'-Trichlor-6,5'-dimethyl- 2103
—, 5,7,6'-Trichlor-4,4'-dimethyl- 2101
—, 6,6',7'-Trichlor-4,5'-dimethyl-
2102

C_{18}H_9NO_6
Phthalid, 4-Nitro-3-[2-oxo-5-phenyl-
[3]furyliden]- 2119
—, 5-Nitro-3-[2-oxo-5-phenyl-
[3]furyliden]- 2119
—, 6-Nitro-3-[2-oxo-5-phenyl-
[3]furyliden]- 2119
—, 7-Nitro-3-[2-oxo-5-phenyl-
[3]furyliden]- 2119

C₁₈H₁₂O₄
[4,4']Bichromenyl-2,2'-dion, 3,4-Dihydro-
2099
Chromeno[8,7-*h*]chromen-3,9-dion,
1,7-Dimethyl- 2106
Cyclobuta[1,2-*c*;3,4-*c'*]dichromen-6,12-dion,
6a,6b,12a,12b-Tetrahydro- 2106
Cyclobuta[1,2-*c*;4,3-*c'*]dichromen-6,7-dion,
6a,6b,12b,12c-Tetrahydro- 2106
Furan-3-carbonsäure, 2-[1-Carboxy-5-
methyl-[2]naphthyl]-4-methyl-,
anhydrid 2106
Furo[2,3-*f*]chromen-8,9-dion, 3-Methyl-7-
phenyl- 2099
Pyrano[3,2-*b*]benzofuran-2,4-dion,
3-Benzyl- 2099

C₁₈H₁₂O₆
Bicyclo[2.2.2]oct-7-en-2,3,5,6-
tetracarbonsäure, 1-Phenyl-,
2,3;5,6-dianhydrid 2259

C₁₈H₁₃BrO₃
Penta-1,4-dien-3-on, 1-[6-Brom-benzo[1,3]⸗
dioxol-5-yl]-5-phenyl- 1880
Pyrano[3,2-*c*]chromen-5-on, 3-Brom-2-
phenyl-3,4-dihydro-2*H*- 1881

C₁₈H₁₃Br₄NO₅
Pentan-3-on, 1-Benzo[1,3]dioxol-5-yl-
1,2,4,5-tetrabrom-5-[2-nitro-phenyl]-
1859
—, 1-Benzo[1,3]dioxol-5-yl-1,2,4,5-
tetrabrom-5-[3-nitro-phenyl]- 1859
—, 1-Benzo[1,3]dioxol-5-yl-1,2,4,5-
tetrabrom-5-[4-nitro-phenyl]- 1859

C₁₈H₁₃ClN₂O₃S
Äthanon, 1-[2,2-Dioxo-2λ⁶-naphth[1,8-*cd*]⸗
[1,2]oxathiol-6-yl]-, [3-chlor-
phenylhydrazon] 1819

C₁₈H₁₃ClO₃
Chromeno[4,3-*b*]chromen-6-on, 9-Chlor-
7,11-dimethyl-7*H*- 1882

C₁₈H₁₃NO₂
Piperonal-[1]naphthylimin 1657
— [2]naphthylimin 1657

C₁₈H₁₃NO₅
Penta-1,4-dien-3-on, 1-Benzo[1,3]dioxol-5-
yl-5-[2-nitro-phenyl]- 1880
—, 1-Benzo[1,3]dioxol-5-yl-5-[3-nitro-
phenyl]- 1880
—, 1-Benzo[1,3]dioxol-5-yl-5-[4-nitro-
phenyl]- 1880

C₁₈H₁₃N₃O₁₀
Dibenzo[1,4]dioxin, 3,8-Diacetyl-2,7-
dimethyl-1,4,6-trinitro- 2071

C₁₈H₁₄Br₂O₄
Dibenzo[1,4]dioxin, 2,7-Bis-[2-brom-
propionyl]- 2070

C₁₈H₁₄Cl₂O₄
Dibenzo[1,4]dioxin, 2,7-Bis-chloracetyl-3,8-
dimethyl- 2071

—, 2,7-Bis-[3-chlor-propionyl]- 2070

C₁₈H₁₄N₂O₂
Piperonal-[2]naphthylhydrazon
1675

C₁₈H₁₄N₂O₃S
Äthanon, 1-[2,2-Dioxo-2λ⁶-naphth[1,8-*cd*]⸗
[1,2]oxathiol-6-yl]-, phenylhydrazon
1819

C₁₈H₁₄N₂O₈
Dibenzo[1,4]dioxin, 3,8-Diacetyl-2,7-
dimethyl-1,6-dinitro- 2071

C₁₈H₁₄OS₂
[1,3]Dithian-5-on, 4,6-Dibenzyliden-
1879

C₁₈H₁₄O₂S₂
Benzol, 1,4-Bis-[5-methyl-2-oxo-
[3]thienylidenmethyl]- 2082
[2,2']Bi[benzo[*b*]thiophenyl]-3,3'-dion,
2,2'-Dimethyl- 2084

C₁₈H₁₄O₃
Chromeno[4,3-*b*]chromen-6-on, 9,11-
Dimethyl-7*H*- 1882
Furo[2,3-*f*]chromen-9-on, 3-Methyl-7-
phenyl-7,8-dihydro- 1881
Furo[3,2-*g*]chromen-5-on, 7-Methyl-6-
phenyl-2,3-dihydro- 1881
Indan-1-on, 6-Methyl-2-piperonyliden-
1880
Penta-1,4-dien-3-on, 1-Benzo[1,3]dioxol-5-
yl-5-phenyl- 1879
Pyrano[2,3-*f*]chromen-8-on, 2-Phenyl-3,4-
dihydro-2*H*- 1881
Spiro[furan-2,9'-xanthen]-5-on,
3',6'-Dimethyl- 1882
—, 4',5'-Dimethyl- 1881

C₁₈H₁₄O₃S
Cyclohex-4-en-1,2-dicarbonsäure,
3-Phenyl-6-[2]thienyl-, anhydrid
2083
1,4-Episulfido-phenanthren-2,3-
dicarbonsäure, 1,4-Dimethyl-1,2,3,4-
tetrahydro-, anhydrid 2085
Phenanthro[4,3-*b*]thiophen-4,5-
dicarbonsäure, 3a,4,5,5a,6,7-
Hexahydro-, anhydrid 2084

C₁₈H₁₄O₄
[3,3']Bichromenyl-2,2'-dion, 3,4,3',4'-
Tetrahydro- 2083
[4,4']Bichromenyl-2,2'-dion, 3,4,3',4'-
Tetrahydro- 2083
Deca-1,3,7,9-tetraen-5,6-dion, 1,10-Di-
[2]furyl- 2082
Furo[2,3-*b*]furan-2,5-dion, 3a,6a-Diphenyl-
dihydro- 2083
Furo[3,2-*b*]furan-2,5-dion, 3a,6a-Diphenyl-
tetrahydro- 2083

$C_{18}H_{14}O_6$
[1,1']Binorborna-5,5'-dienyl-2,3,2',3'-
tetracarbonsäure-2,3;2',3'-dianhydrid
2255
Pyrano[3,2-g]chromen-4,6-dion,
3,7-Diacetyl-2,8-dimethyl- 2255

$C_{18}H_{14}O_6S_2$
$1\lambda^6,1'\lambda^6$-[2,2']Bi[benzo[b]thiophenyl]-3,3'-
dion, 2,2'-Dimethyl-1,1,1',1'-tetraoxo-
2084

$C_{18}H_{15}Br_2ClO_3$
Propan-1-on, 2,3-Dibrom-1-
[2-chlormethyl-2,3-dihydro-benzo[1,4]≠
dioxin-6-yl]-3-phenyl- 1858
—, 2,3-Dibrom-1-[3-chlormethyl-2,3-
dihydro-benzo[1,4]dioxin-6-yl]-3-
phenyl- 1858

$C_{18}H_{15}ClO_3$
Propenon, 1-[2-Chlormethyl-2,3-dihydro-
benzo[1,4]dioxin-6-yl]-3-phenyl- 1872
—, 1-[3-Chlormethyl-2,3-dihydro-
benzo[1,4]dioxin-6-yl]-3-phenyl- 1872

$C_{18}H_{15}NO_4$
Zimtsäure, 4-Piperonylidenamino-,
methylester 1663

$C_{18}H_{15}NO_6$
Dibenzo[1,4]dioxin, 3,8-Diacetyl-2,7-
dimethyl-1-nitro- 2071

$C_{18}H_{16}N_2O_2$
Penta-2,4-dienal, 5-Benzo[1,3]dioxol-5-yl-,
phenylhydrazon 1792

$C_{18}H_{16}N_2O_4$
Äthylendiamin, N,N'-Dipiperonyliden-
1664

$C_{18}H_{16}N_4O_4S_2$
Butan-1-on, 1,3-Di-[2]thienyl-,
[2,4-dinitro-phenylhydrazon] 1762
[1,4]Dithian-2,5-dion, 3,6-Dinitro-,
bis-p-tolylimin 1923

$C_{18}H_{16}O_3$
Spiro[furan-2,9'-xanthen]-5-on,
4',5'-Dimethyl-3,4-dihydro- 1873

$C_{18}H_{16}O_4$
Benz[a]anthracen-7,12-dion, 4a,12b;6a,12a-
Diepoxy-1,2,3,4,4a,5,6,6a,12a,12b-
decahydro- 2071
Dibenzo[1,4]dioxin, 2,7-Diacetyl-3,8-
dimethyl- 2070
—, 2,7-Dipropionyl- 2070
Dibenzo[b,f][1,5]dioxocin-6,12-dion,
1,4,7,10-Tetramethyl- 2070

$C_{18}H_{16}O_5$
7-Oxa-norborn-5-en-2,3-dicarbonsäure,
1-Methyl-4-[3-oxo-3-phenyl-propyl]-,
anhydrid 2212
Pyrano[2,3-f]chromen-2,10-dion, 9-Acetyl-
6-äthyl-4,8-dimethyl- 2212
Pyrano[2,3-f]chromen-4,8-dion, 3-Acetyl-6-
äthyl-2,10-dimethyl- 2212

Pyrano[3,2-g]chromen-2,6-dion, 7-Acetyl-
10-äthyl-4,8-dimethyl- 2212
Pyrano[3,2-c]chromen-2,4,5-trion,
3-Cyclohexyl- 2212

$C_{18}H_{16}O_6$
1,4-Ätheno-naphthalin-2,3,5,6-
tetracarbonsäure, 8,10-Dimethyl-
1,2,3,4,4a,5,6,7-octahydro-,
2,3;5,6-dianhydrid 2252
Cyclopenta[a]naphthalin-4,5,8,9-
tetracarbonsäure, 6-Methyl-2,3,3a,4,5,≠
7,8,9-octahydro-1H-,
4,5;8,9-dianhydrid 2252

$C_{18}H_{16}S_3$
[1,2]Dithiol-3-thion, 5-Phenyl-4-[1-phenyl-
propyl]- 1872

$C_{18}H_{17}ClN_4O_6$
[1,3]Dioxan, 2-[4-Chlor-phenyl]-4,6-
dimethyl-5-nitro-5-[4-nitro-phenylazo]-
1721

$C_{18}H_{17}ClO_3$
Propan-1-on, 1-[3-Chlormethyl-2,3-
dihydro-benzo[1,4]dioxin-6-yl]-3-
phenyl- 1858

$C_{18}H_{17}NO_5$
Acetanilid, N-[α-Acetoxy-3,4-
methylendioxy-benzyl]- 1654

$C_{18}H_{17}N_3O_4$
Piperonal-[(2,4-dimethyl-anilinooxalyl)-
hydrazon] 1677

$C_{18}H_{18}ClN_3O_4$
[1,3]Dioxan, 5-[4-Chlor-phenylazo]-4,6-
dimethyl-5-nitro-2-phenyl- 1720

$C_{18}H_{18}N_2O_2$
Acrylaldehyd, 2-Äthyl-3-benzo[1,3]dioxol-
5-yl-, phenylhydrazon 1762

$C_{18}H_{18}N_2O_4$
Dibenzo[1,4]dioxin, 2,7-Bis-
[1-hydroxyimino-äthyl]-3,8-dimethyl-
2070
—, 2,7-Bis-[1-hydroxyimino-propyl]-
2070

$C_{18}H_{18}N_4O_6$
Aceton, 1-[1,3]Dioxolan-2-yl-1-phenyl-,
[2,4-dinitro-phenylhydrazon] 1722
[1,3]Dioxan, 4,6-Dimethyl-5-nitro-5-
[4-nitro-phenylazo]-2-phenyl- 1720
4,7-Epoxido-3a,7a-[2]oxapropano-inden-3-
carbaldehyd, 4,5,6,7-Tetrahydro-,
[2,4-dinitro-phenylhydrazon] 1725

$C_{18}H_{18}N_4O_6S$
[1,3]Dioxan, 2,2-Dimethyl-5-nitro-5-[4-(4-
nitro-phenylmercapto)-phenylazo]-
1575

$C_{18}H_{18}O_3$
Cyclohexanon, 2,6-Bis-[5-methyl-
furfuryliden]- 1860
Desoxybenzoin, 3,4-sec-Butylidendioxy-
1859

$C_{18}H_{18}O_5$

Chromen-4-on, 2-Benzo[1,3]dioxol-5-yl-5-hydroxy-7,7-dimethyl-2,3,7,8-tetrahydro- 2206

Cyclohexan-1,3-dion, 5,5-Dimethyl-2-[3,4-methylendioxy-cinnamoyl]- 2206

7-Oxa-norbornan-2,3-dicarbonsäure, 1-Methyl-4-[3-oxo-3-phenyl-propyl]-, anhydrid 2206

$C_{18}H_{18}O_6$

[3,3']Bicyclohex-1-enyl-4,5,4',5'-tetracarbonsäure, 1,2'-Dimethyl-, 4,5;4',5'-dianhydrid 2248

$C_{18}H_{19}NO_3$

Desoxybenzoin, 3,4-sec-Butylidendioxy-, oxim 1859

Piperonal-[4-hydroxy-5-isopropyl-2-methyl-phenylimin] 1661

$C_{18}H_{19}NO_4$

Piperonal-[2,3-dimethoxy-phenäthylimin] 1661

— [3,4-dimethoxy-phenäthylimin] 1661

Verbindung $C_{18}H_{19}NO_4$ aus 3a,4,4a,7,7a,9b-Hexahydro-3H-indeno[1,2-b;1,7-b'c']difuran-2,8-dion 1991

$C_{18}H_{19}NO_5$

Oxazolidin, 2-Benzo[1,3]dioxol-5-yl-5-[3,4-dimethoxy-phenyl]- 1662

Piperonal-[β-hydroxy-3,4-dimethoxy-phenäthylimin] 1662

$C_{18}H_{19}N_3O_2S$

Pentan-1-on, 1-Phenoxathiin-2-yl-, semicarbazon 1856

$C_{18}H_{19}N_3O_3$

Butan-2-on, 3-Benzo[1,3]dioxol-5-yl-4-phenyl-, semicarbazon 1855

Desoxybenzoin, 3,4-Isopropylidendioxy-, semicarbazon 1855

$C_{18}H_{19}N_3O_4$

[1,3]Dioxan, 4,6-Dimethyl-5-nitro-2-phenyl-5-phenylazo- 1720

$C_{18}H_{20}Br_2O_2S_2$

Hexan, 3,4-Bis-[5-bromacetyl-[2]thienyl]- 2022

$[C_{18}H_{20}NS_2]^+$

Ammonium, Dibenzyl-[1,3]dithian-2-yliden- 1562

[$C_{18}H_{20}NS_2$]ClO$_4$ 1562

$C_{18}H_{20}O_2S$

Spiro[benz[1,3]oxathiol-2,1'-cyclohexa-3',5'-dien]-2'-on, 4,5,7,3',5',6'-Hexamethyl- 1834

$C_{18}H_{20}O_3$

Cyclohexanon, 6-Isopropyliden-3-methyl-2-piperonyliden- 1833

Norbornan-2-on, 1,7,7-Trimethyl-3-piperonyliden- 1834

$C_{18}H_{20}O_4$

Naphtho[1,2-c]furan-6,7-dicarbonsäure, 1,1,3,3-Tetramethyl-1,3,6,7,8,9-hexahydro-, anhydrid 2040

$C_{18}H_{20}O_6$

Cyclonona-1,5-dien-1,2,4,5-tetracarbonsäure, 7,8-Diäthyl-4-methyl-, 1,2;4,5-dianhydrid 2244

Cyclonona-1,5-dien-1,2,5,6-tetracarbonsäure, 8-Äthyl-3-propyl-, 1,2;5,6-dianhydrid 2244

Heptan-2,6-dion, 3,5-Diacetyl-4-benzo[1,3]dioxol-5-yl- 2243

$C_{18}H_{21}NO_6$

Verbindung $C_{18}H_{21}NO_6$ aus 7,8-Diäthyl-4-methyl-cyclonona-1,5-dien-1,2,4,5-tetracarbonsäure-1,2;4,5-dianhydrid 2244

$C_{18}H_{21}N_3O_4$

[1,3]Dioxan, 2,2,4,6-Tetramethyl-5-[2]naphthylazo-5-nitro- 1587

$C_{18}H_{22}N_4O_7$

Furo[2,3-b]furan-2,5-dion, 3a,6a-Dipropyl-dihydro-, mono-[2,4-dinitro-phenylhydrazon] 1951

$C_{18}H_{22}O_2S_2$

Hexan, 3,4-Bis-[5-acetyl-[2]thienyl]- 2022

$C_{18}H_{22}O_3S_2$

Pyrano[2,3-f]chromen-2-on, 9,9-Bis-äthylmercapto-8,8-dimethyl-9,10-dihydro-8H- 2038

$C_{18}H_{22}O_5$

Phenanthren-2-carbaldehyd, 7,7-Äthandiyldioxy-4b-methyl-1,4-dioxo-1,2,3,4,4a,4b,5,6,7,8,10,10a-dodecahydro- 2195

$C_{18}H_{22}O_6$

Cyclonon-5-en-1,2,4,5-tetracarbonsäure, 7,8-Diäthyl-4-methyl-, 1,2;4,5-dianhydrid 2238

$C_{18}H_{22}O_7$

Dicyclopenta[1,4]dioxin-1-on, 2,2-Diacetoxy-3,5,7,8a-tetramethyl-2,3,3a,8a-tetrahydro-5H- 1993

$C_{18}H_{23}N_3O_3$

Oct-1-en-3-on, 1,5-Di-[2]furyl-7-methyl-, semicarbazon 1801

$C_{18}H_{23}N_3O_4$

Pyrano[4,3-b]pyran-3-carbaldehyd, 2,5,7-Trimethyl-4a,7,8,8a-tetrahydro-2H,5H-, [4-nitro-phenylhydrazon] 1628

$C_{18}H_{24}N_4O_6$

Äthanon, 1,2-Bis-tetrahydropyran-2-yl-, [2,4-dinitro-phenylhydrazon] 1618

Butan-2-on, 4-[2,2-Dimethyl-hexahydro-furo[2,3-b]furan-3-yl]-, [2,4-dinitro-phenylhydrazon] 1619

$C_{18}H_{24}N_4O_6$ (Fortsetzung)

Pentanal, 5-[Hexahydro-benzo[1,3]dioxol-
  2-yl]-, [2,4-dinitro-phenylhydrazon]
  1618

$C_{18}H_{24}O_3$

Cyclohexanon, 6-Isopropyl-3-methyl-2-
  piperonyl- 1773

$C_{18}H_{24}O_4$

1,10-Dioxa-cycloeicosa-4,6-diin-11,20-dion
  2001
7-Oxa-norborn-5-en-2,3-dicarbonsäure,
  1-[5-Cyclopentyl-pentyl]-, anhydrid
  2003
Phenanthren-1,4-dion, 7,7-Äthandiyldioxy-
  2,4b-dimethyl-2,3,4a,4b,5,6,7,8,10,10a-
  decahydro- 2002
Verbindung $C_{18}H_{24}O_4$ aus
  7,7-Äthandiyldioxy-2,4b-dimethyl-
  2,3,4a,4b,5,6,7,8,10,10a-decahydro-
  phenanthren-1,4-dion 2003

$C_{18}H_{25}NO_4$

Phenanthren-1,2-dion, 7,7-Äthandiyldioxy-
  8,10a-dimethyl-3,4,4a,4b,5,6,7,8,10,10a-
  decahydro-, 2-oxim 2002
—, 7,7-Äthandiyldioxy-8,10a-
  dimethyl-3,4,4a,5,6,7,8,9,10,10a-
  decahydro-, 2-oxim 2002

$C_{18}H_{25}NO_5$

14,15,16-Trinor-labdan-13,19-disäure,
  6,9-Dihydroxy-12-methoxyimino-,
  13→9;19→6-dilacton 2193

$C_{18}H_{26}O_3$

Cyclopenta[a]naphthalin-7-on,
  3-[1,3]Dioxolan-2-yl-3a,6-dimethyl-
  1,2,3,3a,4,5,8,9,9a,9b-decahydro- 1734
Phenanthren-1-on, 7,7-Äthandiyldioxy-
  8,10a-dimethyl-3,4,4a,4b,5,6,7,8,10,10a-
  decahydro-2H- 1734
—, 7,7-Äthandiyldioxy-8,10a-
  dimethyl-3,4,4a,5,6,7,8,9,10,10a-
  decahydro-2H- 1734
Phenanthren-2-on, 8,8-Äthandiyldioxy-
  1,8a-dimethyl-4,4a,4b,5,6,7,8,8a,9,10-
  decahydro-3H- 1734

$C_{18}H_{26}O_4$

3,5-Äthano-pyrano[3,4-c]pyran-1,8-dion,
  3,6-Dimethyl-6-[4-methyl-pent-3-enyl]-
  hexahydro- 1979

$C_{18}H_{28}O_3$

3,9-Oxaäthano-naphtho[2,3-b]furan-2-on,
  3,5,5,8a,9a-Pentamethyl-decahydro-
  1640

$C_{18}H_{30}O_3$

13,14,15,16-Tetranor-labdan-12-säure,
  8-[1-Hydroxy-äthoxy]-, lacton 1632

$C_{18}H_{32}OS_2$

1,4-Dithia-spiro[4.15]eicosan-13-on 1621

$C_{18}H_{32}O_4$

1,6-Dioxa-cycloeicosan-2,5-dion 1937

1,11-Dioxa-cycloeicosan-2,10-dion 1937
1,11-Dioxa-cycloeicosan-2,12-dion 1938

$C_{18}H_{34}O_3$

1,5-Dioxa-cycloeicosan-2-on 1595

C_{19}

$C_{19}H_9ClO_2S_2$

Dibenzo[d,d']benzo[1,2-b;4,5-b']dithiophen-
  6,12-dion, 3-Chlor-1-methyl- 2132
Dibenzo[d,d']benzo[1,2-b;5,4-b']dithiophen-
  6,12-dion, 3-Chlor-1-methyl- 2132

$C_{19}H_{10}Br_2O_6$

Methan, Bis-[6-brom-2,4-dioxo-chroman-3-
  yl]- 2264

$C_{19}H_{10}Br_6O_6$

Hexabrom-Derivat $C_{19}H_{10}Br_6O_6$ aus
  3,9-Diacetyl-4,5,10-trimethyl-pyrano≠
  [2,3-f]chromen-2,8-dion 2256

$C_{19}H_{10}Cl_2O_6$

Methan, Bis-[3-chlor-2,4-dioxo-chroman-3-
  yl]- 2263
—, Bis-[6-chlor-2,4-dioxo-chroman-3-
  yl]- 2263

$C_{19}H_{10}Cl_4O_2S_2$

[2,2']Bi[benzo[b]thiophenyliden]-3,3'-dion,
  5,7,6'-Trichlor-5'-chlormethyl-4,4'-
  dimethyl- 2101

$C_{19}H_{10}I_2O_6$

Methan, Bis-[6-jod-2,4-dioxo-chroman-3-
  yl]- 2264

$C_{19}H_{10}N_2O_{10}$

Methan, Bis-[7-nitro-2,4-dioxo-chroman-3-
  yl]- 2264

$C_{19}H_{10}O_4$

Spiro[naphtho[1,2-c]furan-1,1'-phthalan]-
  3,3'-dion 2132

$C_{19}H_{10}O_6$

Methan, [2,4-Dioxo-chroman-3-yl]-
  [2,4-dioxo-chroman-3-yliden]- 2271

$C_{19}H_{11}BrCl_2O_2S_2$

[2,2']Bi[benzo[b]thiophenyliden]-3,3'-dion,
  5-Brom-6,5'-dichlor-4,7,7'-trimethyl-
  2109

$C_{19}H_{11}ClO_6$

Chroman-2,4-dion, 6-Chlor-3-[2,4-dioxo-
  chroman-3-ylmethyl]- 2263

$C_{19}H_{11}Cl_3O_2S_2$

[2,2']Bi[benzo[b]thiophenyliden]-3,3'-dion,
  5,6,5'-Trichlor-4,7,7'-trimethyl- 2109
—, 5,6,6'-Trichlor-4,7,4'-trimethyl-
  2109
—, 5,7,5'-Trichlor-4,6,7'-trimethyl-
  2108
—, 5,7,6'-Trichlor-4,6,4'-trimethyl-
  2108
—, 5,7,6'-Trichlor-4,6,5'-trimethyl-
  2108

C₁₉H₁₁NO₅
Keton, [3-Nitro-dibenzo[1,4]dioxin-1-yl]-
phenyl- 1897

C₁₉H₁₂Br₂N₄O₆
Penta-1,4-dien-3-on, 1,5-Bis-[5-brom-
[2]furyl]-, [2,4-dinitro-phenylhydrazon]
1823

C₁₉H₁₂Cl₂N₄O₆
Penta-1,4-dien-3-on, 1,5-Bis-[5-chlor-
[2]furyl]-, [2,4-dinitro-phenylhydrazon]
1823

C₁₉H₁₂Cl₂O₂S₂
[2,2']Bi[benzo[b]thiophenyliden]-3,3'-dion,
4,5'-Dichlor-5,7,7'-trimethyl- 2110
—, 4,6'-Dichlor-5,7,5'-trimethyl- 2110
—, 5,5'-Dichlor-4,7,7'-trimethyl- 2109
—, 5,6'-Dichlor-4,7,5'-trimethyl- 2109
—, 6,6'-Dichlor-4,5',7'-trimethyl-
2109
—, 6,6'-Dichlor-4,7,4'-trimethyl- 2108
—, 7,5'-Dichlor-4,6,7'-trimethyl- 2108
—, 7,6'-Dichlor-4,5,4'-trimethyl- 2107
—, 7,6'-Dichlor-4,6,4'-trimethyl- 2107
—, 7,6'-Dichlor-4,6,5'-trimethyl- 2108

C₁₉H₁₂I₂N₄O₆
Penta-1,4-dien-3-on, 1,5-Bis-[5-jod-
[2]furyl]-, [2,4-dinitro-phenylhydrazon]
1823

C₁₉H₁₂N₄O₆
Dibenzo[1,4]dioxin-2-carbaldehyd-
[2,4-dinitro-phenylhydrazon] 1839

C₁₉H₁₂N₆O₁₀
Penta-1,4-dien-3-on, 1,5-Bis-[5-nitro-
[2]furyl]-, [2,4-dinitro-phenylhydrazon]
1824

C₁₉H₁₂O₂S
Keton, Phenoxathiin-2-yl-phenyl- 1897

C₁₉H₁₂O₄
Furo[2,3-h]chromen-2,9-dion,
8-Benzyliden-4-methyl- 2124
Methan, Bis-[4-oxo-4H-chromen-3-yl]-
2124
Pyrano[2,3-f]chromen-2,8-dion, 10-Methyl-
4-phenyl- 2124
—, 10-Methyl-9-phenyl- 2124
Pyrano[2,3-f]chromen-4,8-dion, 2-Methyl-
3-phenyl- 2123
—, 10-Methyl-2-phenyl- 2124
Pyrano[3,2-g]chromen-2,8-dion, 4-Methyl-
6-phenyl- 2123

C₁₉H₁₂O₄S₂
Methan, Bis-[2,4-dioxo-thiochroman-3-yl]-
2264

C₁₉H₁₂O₄Se₂
Methan, Bis-[2,4-dioxo-selenochroman-3-
yl]- 2264

C₁₉H₁₂O₅
Chroman-2,4-dion, 3-[4-Oxo-4H-chromen-
3-ylmethyl]- 2219

Pyrano[3,2-c]chromen-2,4,5-trion,
3-Benzyl- 2218

C₁₉H₁₂O₆
2,4a-Äthano-fluoren-3,4,10,11-
tetracarbonsäure, 2,3,4,9-Tetrahydro-,
3,4;10,11-dianhydrid 2265
Methan, Bis-[2,4-dioxo-chroman-3-yl]-
2261
—, Bis-[4-hydroxy-2-oxo-
2H-chromen-3-yl]- 2261
Phthalsäure, 4,4'-Isopropyliden-di-,
dianhydrid 2264

C₁₉H₁₃BrN₄O₆
Penta-1,4-dien-3-on, 1-[5-Brom-[2]furyl]-5-
[2]furyl-, [2,4-dinitro-phenylhydrazon]
1823

C₁₉H₁₃ClN₄O₆
Penta-1,4-dien-3-on, 1-[5-Chlor-[2]furyl]-5-
[2]furyl-, [2,4-dinitro-phenylhydrazon]
1822

C₁₉H₁₃ClO₂S₂
[2,2']Bi[benzo[b]thiophenyliden]-3,3'-dion,
6-Chlor-4,4',7'-trimethyl- 2108

C₁₉H₁₃IN₄O₆
Penta-1,4-dien-3-on, 1-[2]Furyl-5-[5-jod-
[2]furyl]-, [2,4-dinitro-phenylhydrazon]
1823

C₁₉H₁₄N₂O₂
Chromen-4-on, 2-[2]Furyl-,
phenylhydrazon 1839

C₁₉H₁₄N₂O₄
Piperonal-[3-hydroxy-
[2]naphthoylhydrazon] 1683
— [O-[1]naphthylcarbamoyl-oxim]
1670

C₁₉H₁₄N₄O₄S₂
Penta-1,4-dien-3-on, 1,5-Di-[2]thienyl-,
[2,4-dinitro-phenylhydrazon] 1824

C₁₉H₁₄N₄O₆
Piperonal-[(2,4-dinitro-[1]naphthyl)-methyl-
hydrazon] 1675

C₁₉H₁₄O₂S
Phthalid, 3-[2]Thienyl-3-p-tolyl- 1892

C₁₉H₁₄O₃
Furo[2,3-h]chromen-2-on, 4-Methyl-9-
m-tolyl- 1892
—, 4-Methyl-9-o-tolyl- 1892
—, 4-Methyl-9-p-tolyl- 1893
Furo[2,3-h]chromen-4-on, 2,3-Dimethyl-9-
phenyl- 1893
—, 2,8-Dimethyl-3-phenyl- 1893
—, 2,9-Dimethyl-3-phenyl- 1893
Pyrano[3,2-c]chromen-5-on, 2-Methyl-4-
phenyl-4H- 1892

C₁₉H₁₄O₄
Chromeno[4,3-b]chromen-6-on,
7-Acetonyl-7H- 2110
Furo[2,3-h]chromen-3,4-dion, 2-Phenäthyl-
2107

$C_{19}H_{14}O_4$ (Fortsetzung)

Pyran-2,4-dion, 6-Methyl-3-xanthen-9-yl-
2106
Pyrano[2,3-f]chromen-4,8-dion, 10-Methyl-
2-phenyl-2,3-dihydro- 2107

$C_{19}H_{14}O_6$

Bicyclo[2.2.2]oct-7-en-2,3,5,6-
tetracarbonsäure, 1-Methyl-7-phenyl-,
2,3;5,6-dianhydrid 2259
—, 7-Methyl-1-phenyl-,
2,3;5,6-dianhydrid 2260
—, 1-p-Tolyl-, 2,3;5,6-dianhydrid
2259

$C_{19}H_{15}ClO_2S_2$

Pentan-1,5-dion, 3-[2-Chlor-phenyl]-1,5-di-
[2]thienyl- 2085

$C_{19}H_{15}ClO_3$

Chromeno[4,3-b]chromen-6-on, 7-Äthyl-9-
chlor-11-methyl-7H- 1884

$C_{19}H_{16}Br_2O_3$

Keton, Bis-[2-brommethyl-2,3-dihydro-
benzofuran-5-yl]- 1873

$C_{19}H_{16}N_2O_2$

Penta-1,4-dien-3-on, 1,5-Di-[2]furyl-,
phenylhydrazon 1822

$C_{19}H_{16}N_2O_3S$

Benz[c][1,2]oxathiol-1,1-dioxid,
3,3-Dianilino-3H- 1641
Propan-1-on, 1-[2,2-Dioxo-2λ⁶-naphth⸗
[1,8-cd][1,2]oxathiol-6-yl]-,
phenylhydrazon 1825

$C_{19}H_{16}N_4O_5S_2$

Pentan-1,5-dion, 1,5-Di-[2]thienyl-,
mono-[2,4-dinitro-phenylhydrazon]
2016

$C_{19}H_{16}N_4O_6$

Malonsäure-bis-piperonylidenhydrazid
1677

$C_{19}H_{16}O_2S_2$

Pentan-1,5-dion, 3-Phenyl-1,5-di-[2]thienyl-
2085

$C_{19}H_{16}O_3$

Benzocyclohepten-5-on, 6-Piperonyliden-
6,7,8,9-tetrahydro- 1883
Cyclopentanon, 2,5-Bis-[3-[2]furyl-
allyliden]- 1883
Cyclopent-2-enon, 3-Benzo[1,3]dioxol-5-yl-
5-methyl-4-phenyl- 1883
—, 4-Benzo[1,3]dioxol-5-yl-5-methyl-
3-phenyl- 1883
Furo[2,3-h]chromen-4-on, 2,8-Dimethyl-3-
phenyl-8,9-dihydro- 1884
Indan-1-on, 4,6-Dimethyl-2-piperonyliden-
1883
Pent-1-en-3-on, 1,5-Di-[2]furyl-5-phenyl-
1882
Pyrano[2,3-f]chromen-10-on, 8-Methyl-2-
phenyl-3,4-dihydro-2H- 1884

Pyrano[3,2-g]chromen-2-on, 10-Methyl-8-
phenyl-7,8-dihydro-6H- 1883
Undeca-1,3,6,8,10-pentaen-5-on, 1,11-Di-
[2]furyl- 1882

$C_{19}H_{16}O_4$

2,7-Dioxa-spiro[4.4]nonan-1,6-dion,
3,8-Diphenyl- 2086
Glutarsäure, 2,3-Epoxy-4,4-dimethyl-2,3-
diphenyl-, anhydrid 2086
Pentan-1,5-dion, 1,5-Di-[2]furyl-3-phenyl-
2085
Pyrano[2,3-f]chromen-4,10-dion, 6-Benzyl-
2,3,8,9-tetrahydro- 2086
[4,4']Spirobichromen-2,2'-dion,
6,6'-Dimethyl- 2086

$C_{19}H_{16}O_5$

Pyrano[3,2-c]chromen-2,4,5-trion,
3-Benzyl-7,8,9,10-tetrahydro- 2215

$C_{19}H_{16}O_6$

1,4-Ätheno-naphthalin-2,3,5,6-
tetracarbonsäure, 8-Cyclopropyl-
1,2,3,4,4a,5,6,7-octahydro-,
2,3;5,6-dianhydrid 2256
Methan, Bis-[6-methyl-2,4-dioxo-3,4-
dihydro-2H-pyran-3-yl]-phenyl- 2256
Pyrano[2,3-f]chromen-2,8-dion,
3,9-Diacetyl-4,5,10-trimethyl- 2256
Pyran-4-on, 2,6-Bis-[6-methyl-4-oxo-
4H-pyran-2-ylmethyl]- 2256

$C_{19}H_{17}NO_4$

Zimtsäure, 4-Piperonylidenamino-,
äthylester 1663

$C_{19}H_{17}NO_8$

1,4-Äthano-naphthalin-2,3,5,6-
tetracarbonsäure, 9-Acetoxyimino-7-
methyl-1,2,3,4,4a,5,6,7-octahydro-,
2,3;5,6-dianhydrid 2295

$C_{19}H_{18}O_3$

[1,3]Dioxin-4-on, 2,2-Dibenzyl-6-methyl-
1873
Keton, Bis-[2-methyl-2,3-dihydro-
benzofuran-7-yl]- 1873

$C_{19}H_{18}O_4$

[1,4]Dioxan-2,6-dion, 3-Benzyl-5-
phenäthyl- 2071

$C_{19}H_{18}O_5$

Cyclohex-4-en-1,3-dion, 4,6,6-Trimethyl-2-
[3,4-methylendioxy-cinnamoyl]- 2213
Pyrano[2,3-f]chromen-2,10-dion, 9-Acetyl-
6-äthyl-3,4,8-trimethyl- 2213

$C_{19}H_{19}N_3O_3$

Pent-1-en-3-on, 1-Benzo[1,3]dioxol-5-yl-,
[4-phenyl-semicarbazon] 1761

$C_{19}H_{19}N_3O_4$

Piperonal-[(2,4,5-trimethyl-anilinooxalyl)-
hydrazon] 1677

C$_{20}$H$_{14}$N$_4$O$_6$

Benzophenon, 3,4-Methylendioxy-,
[2,4-dinitro-phenylhydrazon] 1841
Biphenyl-2-carbaldehyd,
4,5-Methylendioxy-, [2,4-dinitro-
phenylhydrazon] 1842

C$_{20}$H$_{14}$N$_4$O$_7$

2,4-Dinitro-phenylhydrazon C$_{20}$H$_{14}$N$_4$O$_7$
aus 3-Acetyl-2-methyl-furo[2,3-h]≈
chromen-4-on 2052

C$_{20}$H$_{14}$O$_2$S

Äthanon, 1-Phenoxathiin-2-yl-2-phenyl-
1898

C$_{20}$H$_{14}$O$_2$S$_2$

Äthan, 1,2-Bis-[4-methyl-3-oxo-3H-benzo≈
[b]thiophen-2-yliden]- 2126
—, 1,2-Bis-[5-methyl-3-oxo-3H-benzo≈
[b]thiophen-2-yliden]- 2126
—, 1,2-Bis-[6-methyl-3-oxo-3H-benzo≈
[b]thiophen-2-yliden]- 2127
—, 1,2-Bis-[7-methyl-3-oxo-3H-benzo≈
[b]thiophen-2-yliden]- 2127

C$_{20}$H$_{14}$O$_3$

Benzo[1,4]dioxin-2-on, 3,3-Diphenyl- 1897
Furo[2,3-f]chromen-9-on, 3-Methyl-7-
styryl- 1898
Propenon, 3-Benzo[1,3]dioxol-5-yl-1-
[1]naphthyl- 1898
—, 3-Benzo[1,3]dioxol-5-yl-1-
[2]naphthyl- 1898

C$_{20}$H$_{14}$O$_4$

Benzol, 1,4-Bis-[3-[2]furyl-acryloyl]- 2125
Biphenyl, 4,4′-Bis-[5-oxo-2,5-dihydro-
[3]furyl]- 2125
Cyclopent[a]inden-3,8-dion,
2-Piperonyliden-1,2,3a,8a-tetrahydro-
2127
Pyrano[2,3-f]chromen-2,8-dion, 6-Äthyl-10-
phenyl- 2125
—, 4,10-Dimethyl-3-phenyl- 2126
—, 10-Methyl-4-p-tolyl- 2125
Pyrano[2,3-f]chromen-4,8-dion, 2,10-
Dimethyl-3-phenyl- 2126
—, 3,10-Dimethyl-2-phenyl- 2126
—, 10-Methyl-2-o-tolyl- 2125

C$_{20}$H$_{14}$O$_5$

Chroman-2,4-dion, 3-[1-(4-Oxo-
4H-chromen-3-yl)-äthyl]- 2219
Pyrano[2,3-f]chromen-2,8,10-trion,
9-Benzyl-4-methyl- 2219
Pyrano[3,2-c]chromen-2,4,5-trion,
3-[1-Phenyl-äthyl]- 2219

C$_{20}$H$_{14}$O$_6$

Äthan, 1,1-Bis-[2,4-dioxo-chroman-3-yl]-
2265
—, 1,2-Bis-[2,4-dioxo-chroman-3-yl]-
2265

2,4a-Äthano-phenanthren-3,4,11,12-
tetracarbonsäure, 3,4,9,10-Tetrahydro-
2H-, 3,4;11,12-dianhydrid 2266
Benzo[1,2-c;4,5-c']dichromen-1,6,8,13-
tetraon, 2,3,4,9,10,11-Hexahydro- 2266
Butadiin, Bis-[1,3-dioxo-1,3,3a,4,7,7a-
hexahydro-isobenzofuran-4-yl]- 2266
Chroman-2,4-dion, 3-[2,4-Dioxo-chroman-
3-ylmethyl]-6-methyl- 2266
—, 3-[2,4-Dioxo-chroman-3-ylmethyl]-
7-methyl- 2266

C$_{20}$H$_{15}$ClO$_2$S$_2$

[2,2′]Bi[benzo[b]thiophenyliden]-3,3′-dion,
5-Chlor-4,7,4′,7′-tetramethyl- 2113

C$_{20}$H$_{15}$NO$_2$

Amin, Benzyl-[2-[2]furyl-chromen-4-yliden]-
1839
Piperonal-biphenyl-4-ylimin 1657

C$_{20}$H$_{15}$N$_3$O$_6$S

Anilin, N-[4,5-Methylendioxy-2-nitro-
benzyliden]-4-sulfanilyl- 1693

C$_{20}$H$_{16}$N$_2$OS

Äthanon, 1-Phenoxathiin-2-yl-,
phenylhydrazon 1843

C$_{20}$H$_{16}$N$_2$O$_3$

Furo[2,3-h]chromen-2-on, 4-Methyl-8-
[1-phenylhydrazono-äthyl]- 2052

C$_{20}$H$_{16}$N$_2$O$_4$

Piperonal-[[2]naphthyloxyacetyl-hydrazon]
1681
Verbindung C$_{20}$H$_{16}$N$_2$O$_4$ aus
7,9-Dimethyl-pyrano[3,2-c]chromen-
2,4,5-trion 2204

C$_{20}$H$_{16}$N$_2$O$_4$S

Piperonal-[4-sulfanilyl-phenylimin] 1660

C$_{20}$H$_{16}$N$_4$O$_6$

Äthanon, 1-[5-Methyl-naphtho[2,3-d][1,3]≈
dioxol-6-yl]-, [2,4-dinitro-
phenylhydrazon] 1827

C$_{20}$H$_{16}$N$_4$O$_7$

Pyrano[2,3-f]chromen-2,9-dion,
8,8-Dimethyl-10H-, [2,4-dinitro-
phenylhydrazon] 2038

C$_{20}$H$_{16}$O$_2$S$_2$

Äthylen, 1,1-Bis-[5-acetyl-[2]thienyl]-2-
phenyl- 2111
[2,2′]Bi[benzo[b]thiophenyliden]-3,3′-dion,
5,5′-Diäthyl- 2111
—, 7,7′-Diäthyl- 2112
—, 5,7,5′,7′-Tetramethyl- 2113
[1,3]Dithietan, Bis-[2-oxo-1-phenyl-
propyliden]- 2110

C$_{20}$H$_{16}$O$_3$

Cyclopentanon, 2-Benzyliden-5-
piperonyliden- 1893

C$_{20}$H$_{16}$O$_4$

Cyclobuta[1,2-c;3,3-c']dichromen-6,7-dion,
2,11-Dimethyl-6a,6b,12b,12c-
tetrahydro- 2114

$C_{20}H_{16}O_4$ (Fortsetzung)

Dibenzo[1,4]dioxin, 2,7-Bis-methacryloyl-
2111

Pyrano[2,3-f]chromen-8-on, 9-Acetyl-2-
phenyl-3,4-dihydro-2H-
2111

$C_{20}H_{17}BrO_3$

Cyclohex-2-enon, 5-[6-Brom-benzo[1,3]=
dioxol-5-yl]-3-p-tolyl- 1885

$C_{20}H_{17}ClO_3$

Cyclohex-2-enon, 5-[6-Chlor-benzo[1,3]=
dioxol-5-yl]-3-p-tolyl- 1885

$C_{20}H_{17}NO_4$

Propan-1,2-dion, 1-[3,4-Dihydro-
[2,2']spirobichromen-4-yl]-, 1-oxim
2114

$C_{20}H_{17}N_3O_4$

[1,3]Dioxan, 5-[2]Naphthylazo-5-nitro-2-
phenyl- 1705

$C_{20}H_{17}N_3O_5$

Pyrano[2,3-f]chromen-2,9-dion,
8,8-Dimethyl-10H-, 9-[4-nitro-
phenylhydrazon] 2038

$C_{20}H_{18}Br_2O_4$

Dibenzo[1,4]dioxin, 2,7-Bis-[α-brom-
isobutyryl]- 2111

$C_{20}H_{18}N_2O_2S_2$

[1,3]Dithietan, Bis-[2-hydroxyimino-1-
phenyl-propyliden]- 2110

$C_{20}H_{18}N_2O_3S$

Butan-1-on, 1-[2,2-Dioxo-2λ^6-naphth=
[1,8-cd][1,2]oxathiol-6-yl]-,
phenylhydrazon 1828

$C_{20}H_{18}N_2O_4$

Propan-1,2-dion, 1-[3,4-Dihydro-
[2,2']spirobichromen-4-yl]-, dioxim
2114

$C_{20}H_{18}N_2O_4S_2$

Thianthren, 2,7-Bis-[1-acetoxyimino-äthyl]-
2067

$C_{20}H_{18}N_4O_6$

Bernsteinsäure-bis-piperonylidenhydrazid
1677

Cyclohex-2-enon, 6-Benzo[1,3]dioxol-5-yl-
3-methyl-, [2,4-dinitro-phenylhydrazon]
1796

Malonsäure, Methyl-,
bis-piperonylidenhydrazid
1677

$C_{20}H_{18}O_3$

Aceton, [3,4-Dihydro-[2,2']spirobichromen-
4-yl]- 1885

Cyclohexanon, 2,6-Bis-[3-[2]furyl-allyliden]-
1884

Cyclohex-2-enon, 5-Benzo[1,3]dioxol-5-yl-
3-p-tolyl- 1884

Dispiro[indan-1,2'-[1,3]dioxan-5',2''-indan]-
1''-on 1886

Pyrano[2,3-f]chromen-4-on, 8,8-Dimethyl-
2-phenyl-2,3-dihydro-8H- 1885

$C_{20}H_{18}O_3S$

1-Oxa-4-thia-spiro[4.5]decan-2,6-dion,
3,3-Diphenyl- 2086

$C_{20}H_{18}O_4$

[3,3']Bichromenyl-2,2'-dion, 6,6'-Dimethyl-
3,4,3',4'-tetrahydro- 2087

[4,4']Bichromenyl-2,2'-dion, 6,6'-Dimethyl-
3,4,3',4'-tetrahydro- 2088

[2,2']Bifuryl-5,5'-dion, 2,2'-Diphenyl-
tetrahydro- 2087

[3,3']Bifuryl-2,2'-dion, 5,5'-Diphenyl-
tetrahydro- 2087

Furo[3,4-c]furan-1,4-dion, 3,6-Di-p-tolyl-
tetrahydro- 2087

$C_{20}H_{18}O_5$

Cyclohepta[b]pyrano[2,3-d]pyran-2,4,5-
trion, 3-Benzyl-8,9,10,11-tetrahydro-
7H- 2216

$C_{20}H_{19}NO_3$

Aceton, [3,4-Dihydro-[2,2']spirobichromen-
4-yl]-, oxim 1885

Dispiro[indan-1,2'-[1,3]dioxan-5',2''-indan]-
1''-on-oxim 1886

$C_{20}H_{20}N_4O_6$

Pent-1-en-3-on, 1-Benzo[1,3]dioxol-5-yl-
4,4-dimethyl-, [2,4-dinitro-
phenylhydrazon] 1768

$C_{20}H_{20}OS_2$

Naphthalin-2-on, 1,3-Bis-
[2]thienylmethylen-octahydro- 1874

$C_{20}H_{20}O_2S$

1-Oxa-4-thia-spiro[4.5]decan-2-on,
3,3-Diphenyl- 1874

$C_{20}H_{20}O_3$

Benzo[c]phenanthren-6-on,
1,1-Äthandiyldioxy-1,3,4,4a,5,12-
hexahydro-2H- 1874

$C_{20}H_{20}O_6$

Cyclohexan-1,3,5-trion, 2,2,4,4-
Tetramethyl-6-[3,4-methylendioxy-
cinnamoyl]- 2252

Methan, Benzo[1,3]dioxol-5-yl-bis-
[2,6-dioxo-cyclohexyl]- 2253

$C_{20}H_{21}N_3O_3$

Hex-1-en-3-on, 1-Benzo[1,3]dioxol-5-yl-,
[4-phenyl-semicarbazon] 1765

$C_{20}H_{22}N_2O_2$

Hex-1-en-3-on, 1-Benzo[1,3]dioxol-5-yl-5-
methyl-, phenylhydrazon 1768

$C_{20}H_{22}O_3$

Benzophenon, 3,4-[1-Propyl-
butylidendioxy]- 1860

$C_{20}H_{22}O_6$

5a,8-Methano-cyclohepta[c]furo[3,4-e]=
chromen-2,5,6,13-tetraon,
1,1-Dimethyl-7-methylen-octahydro-
2248

$C_{20}H_{23}N_3O_3$
Äthanon, 1-[2,2-Diäthyl-benzo[1,3]dioxol-
5-yl]-2-phenyl-, semicarbazon 1860
$C_{20}H_{24}N_2O_4$
Essigsäure, [4,7,7-Trimethyl-3-oxo-
[2]norbornyl]-, piperonylidenhydrazid
1684
$C_{20}H_{24}O_2S_2$
21,22-Dithia-tricyclo[16.2.1.1^{8,11}]docosa-
8,10,18,20-tetraen-2,12-dion 2041
$C_{20}H_{24}O_4$
Androst-4-en-17-carbonsäure, 11,18-
Epoxy-18-hydroxy-3-oxo-, lacton 2041
[1,1']Biisobenzofuranyliden-3,3'-dion,
5,6,5',6'-Tetramethyl-3a,4,7,7a,3'a,4',7',=
7'a-octahydro- 2041
$C_{20}H_{24}O_6$
Biphenylen-1,4,5,8-
tetraon, 2,3;6,7-Diepoxy-2,6-
diisopropyl-4a,8a-dimethyl-octahydro-
2244
$C_{20}H_{24}O_7$
Verbindung $C_{20}H_{24}O_7$ aus 7,8-Diäthyl-4-
methyl-cyclonona-1,5-dien-1,2,4,5-
tetracarbonsäure-1,2;4,5-dianhydrid
2244
$C_{20}H_{26}O_3$
[4,5']Bicyclohept-1-enyliden-5-on, 6,7;6',7'-
Diepoxy-3,3,6,3',3',6'-hexamethyl- 1803
17,19-Dinor-labda-4,13(16),14-trien-18-
säure, 15,16-Epoxy-5-hydroxymethyl-9-
methyl-, lacton 1802
D-Homo-gona-4,13(17a)-dien-3-on, 17,17-
Äthandiyldioxy- 1803
D-Homo-gona-5(10),12-dien-4-on, 17,17-
Äthandiyldioxy- 1803
Labda-9(11),13(16),14-trien-19-säure,
15,16-Epoxy-6-hydroxy-, lacton 1802
$C_{20}H_{26}O_5$
14,15-Seco-D-nor-androst-5-en-11,14,16-
trion, 3,3-Äthandiyldioxy- 2195
$C_{20}H_{26}O_7$
Verbindung $C_{20}H_{26}O_7$ aus 7,8-Diäthyl-4-
methyl-cyclonona-1,5-dien-1,2,4,5-
tetracarbonsäure-1,2;4,5-dianhydrid
2244
$C_{20}H_{28}O_3$
D-Homo-gon-13(17a)-en-3-on, 17,17-
Äthandiyldioxy- 1774
Östr-5-en-17-on, 3,3-Äthandiyldioxy- 1774
$C_{20}H_{28}O_4$
Dispiro[indan-2,2'-[1,4]dioxan-5',2''-indan]-
3',6'-dion, Dodecahydro- 2004
Phenanthren-3-carbaldehyd,
6,7-Isopropylidendioxy-1,8a-dimethyl-2-
oxo-2,3,4,4a,4b,5,6,7,8,8a,9,10-
dodecahydro- 2004

$C_{20}H_{30}O_3$
[1,3]Dioxolan-4-on, 2,2-Dimethyl-5-[2,4,6-
triisopropyl-phenyl]- 1736
Labd-9(11)-en-19-säure, 15,16-Epoxy-6-
hydroxy-, lacton 1736
A-Nor-androstan-17-on,
2,2-Äthandiyldioxy- 1736
$C_{20}H_{30}O_4$
Bicycloheptyl-3,3'-dion, 6,7;6',7'-Diepoxy-
2,5,5,2',5',5'-hexamethyl- 1979
Phenanthro[2,3-d][1,3]dioxol-2-carbaldehyd,
4,6a,9,9-Tetramethyl-3-oxo-
tetradecahydro- 1979
$C_{20}H_{31}N_3O_3$
Äthanon, 1-[2-Methyl-2-nonyl-benzo[1,3]=
dioxol-5-yl]-, semicarbazon 1735
1,15-Dioxa-[15]paracyclophan-8-on-
semicarbazon 1735
$C_{20}H_{32}O_3$
Verbindung $C_{20}H_{32}O_3$ aus 15,16-Epoxy-
6-hydroxy-labd-9(11)-en-19-säure-
lacton 1736
$C_{20}H_{32}O_4$
[3,3']Bifuryliden-4,4'-dion, 2,5,2',5'-
Tetraäthyl-2,5,2',5'-tetramethyl- 1963
$C_{20}H_{32}O_6$
Decandisäure-dianhydrid 2229
$C_{20}H_{32}O_8S_6$
[1,4]Dithian, 2,2,5,5-Tetrakis-
äthoxycarbonylmethylmercapto- 1924
$C_{20}H_{36}OS_2$
1,4-Dithia-spiro[4.17]docosan-14-on 1621
$C_{20}H_{36}O_4$
1,12-Dioxa-cyclodocosan-2,13-dion 1938
[1,5]Dioxocan-2,6-dion, 4,8-Diheptyl- 1938
$C_{20}H_{38}O_3$
Pentadecan-2-on, 15-[2,2-Dimethyl-
[1,3]dioxolan-4-yl]- 1595

C_{21}

$C_{21}H_9N_3O_{12}$
1,9,17-Trioxa-[2.2.2]orthocyclophan-
2,10,18-trion, 6,14,22-Trinitro- 2060
$C_{21}H_{10}O_5$
Benz[c]isochromeno[4,3-h]chromen-13-
carbaldehyd, 5,8-Dioxo-5,8-dihydro-
2223
$C_{21}H_{11}BrO_2S$
Benzo[f]chromen-3-on, 2-Benzo[b]=
thiophen-3-yl-8-brom- 1907
$C_{21}H_{11}BrO_3$
Keton, [5-Brom-benzofuran-2-yl]-
dibenzofuran-2-yl- 1907
$C_{21}H_{11}ClO_2S_2$
Naphtho[2,3-b]thiophen-3-on, 2-[6-Chlor-
4-methyl-3-oxo-3H-benzo[b]thiophen-
2-yliden]- 2143

C₂₁H₁₁ClO₃
Keton, [5-Chlor-benzofuran-2-yl]-
dibenzofuran-2-yl- 1907

C₂₁H₁₂O₂S
Benzo[f]chromen-3-on, 2-Benzo[b]≠
thiophen-3-yl- 1907

C₂₁H₁₂O₂S₂
Naphtho[2,3-b]thiophen-3-on, 2-[4-Methyl-
3-oxo-3H-benzo[b]thiophen-2-yliden]-
2143
—, 2-[5-Methyl-3-oxo-3H-benzo[b]thiophen-
2-yliden]- 2143
—, 2-[7-Methyl-2-oxo-benzo[b]≠
thiophen-3-yliden]- 2143

C₂₁H₁₂O₆
Propan-1,3-dion, 1,3-Bis-[2-oxo-
2H-chromen-3-yl]-
2275

C₂₁H₁₃BrO₄
[3,3']Bifuryliden-2,2'-dion, 5-[4-Brom-
phenyl]-5'-p-tolyl- 2136
Pyrano[4,3-c]pyran-1,5-dion, 3-[4-Brom-
phenyl]-7-p-tolyl- 2137

C₂₁H₁₃ClO₂S
Propenon, 3-[4-Chlor-phenyl]-1-
phenoxathiin-2-yl- 1902

C₂₁H₁₃F₃O₂S₂
Butan-1,3-dion, 4,4,4-Trifluor-1-[2]thienyl-
2-thioxanthen-9-yl- 2128

C₂₁H₁₃F₃O₃S
Butan-1,3-dion, 4,4,4-Trifluor-1-[2]thienyl-
2-xanthen-9-yl- 2128

C₂₁H₁₄Cl₂O₆
Methan, Bis-[6-chlor-7-methyl-2,4-dioxo-
chroman-3-yl]- 2267
Propan, 1,1-Bis-[6-chlor-2,4-dioxo-
chroman-3-yl]- 2267

C₂₁H₁₄N₄O₄S₂
Propenon, 3-Benzo[b]thiophen-2-yl-1-
[2]thienyl-, [2,4-dinitro-
phenylhydrazon] 1865

C₂₁H₁₄N₄O₇
Äthandion, 1-Benzo[1,3]dioxol-5-yl-2-
phenyl-, mono-[2,4-dinitro-
phenylhydrazon] 2063

C₂₁H₁₄O₃S
Cumarin, 6-Benzyl-3-[thiophen-2-carbonyl]-
2137

C₂₁H₁₄O₄
[3,3']Bifuryliden-2,2'-dion, 5-Phenyl-5'-
p-tolyl- 2136
5,11-Dioxa-dibenzo[a,g]cyclopentadecen-
6,10-dion, 16,17,18,19-Tetradehydro-
8,9-dihydro-7H- 2136
Pyrano[4,3-c]pyran-1,5-dion, 3-Phenyl-7-
p-tolyl- 2137

C₂₁H₁₄O₅
Pyrano[4,3-b]pyran-2,4,5-trion, 3-Benzyl-7-
phenyl- 2221

Xanthen-1,2-dicarbonsäure, 9-Oxo-3-
phenyl-1,2,3,9a-tetrahydro-, anhydrid
2221

C₂₁H₁₄O₇
Aceton, 1,1-Bis-[2,4-dioxo-chroman-3-yl]-
2296

C₂₁H₁₅NO₂
Piperonal-fluoren-2-ylimin 1658

C₂₁H₁₆N₂O₆S₂
Indan-1,3-dion, 2,2-Bis-[2-nitro-1-
[2]thienyl-äthyl]- 2115

C₂₁H₁₆N₂O₈
Indan-1,3-dion, 2,2-Bis-[1-[2]furyl-2-nitro-
äthyl]- 2114

C₂₁H₁₆N₂S
Pyrazol-3-thion, 1,2,5-Triphenyl-1,2-
dihydro- 1742

C₂₁H₁₆O₂S
[1,3]Oxathiolan-5-on, 2,4,4-Triphenyl-
1898

C₂₁H₁₆O₄
[1,3]Dioxan-4,6-dion, 5-Cinnamyliden-2-
styryl- 2127
Methan, Bis-[4-(5-oxo-2,5-dihydro-[3]furyl)-
phenyl]- 2127
Pyrano[2,3-f]chromen-2,8-dion, 6-Äthyl-4-
methyl-10-phenyl- 2128
Pyrano[2,3-f]chromen-4,8-dion, 3-Äthyl-10-
methyl-2-phenyl- 2128

C₂₁H₁₆O₅
Chroman-2,4-dion, 3-[1-(4-Oxo-
4H-chromen-3-yl)-propyl]- 2221
Pyrano[2,3-f]chromen-2,9,10-trion,
6-Äthyl-4-methyl-8-phenyl- 2220
Pyrano[3,2-c]chromen-2,4,5-trion,
3-Benzyl-7,9-dimethyl- 2220
—, 3-Benzyl-7,10-dimethyl- 2220
—, 3-[1-Phenyl-propyl]- 2220

C₂₁H₁₆O₆
Methan, Bis-[6-methyl-2,4-dioxo-chroman-
3-yl]- 2267
—, Bis-[7-methyl-2,4-dioxo-chroman-
3-yl]- 2267
Propan, 1,1-Bis-[2,4-dioxo-chroman-3-yl]-
2267

C₂₁H₁₇NO₂
Piperonal-benzhydrylimin 1657

C₂₁H₁₇NO₃
Benzophenon, 3,4-Methylendioxy-,
[O-benzyl-oxim] 1841

C₂₁H₁₇N₃O₃
Propenon, 3-Benzo[1,3]dioxol-5-yl-1-
[2]naphthyl-, semicarbazon 1898

C₂₁H₁₈O₃
Spiro[chroman-2,1'-xanthen]-2'-on, 9',9'a-
Dihydro-4'aH- 1894
Trideca-1,3,5,8,10,12-hexaen-7-on, 1,13-
Di-[2]furyl- 1894

$C_{21}H_{27}N_3O_4$

Pentan-2-on, 4-Methyl-1-[5-methyl-2,3,4,5-tetrahydro-[2,3′]bifuryl-5-yl]-, [4-nitrophenylhydrazon] 1637

$C_{21}H_{28}O_2S_2$

Androst-4-en-11,17-dion, 3,3-Äthandiyldimercapto- 2022

$C_{21}H_{28}O_3$

Androsta-1,4-dien-3-on, 17,17-Äthandiyldioxy- 1804

D-Homo-18-nor-androsta-5,13-dien-17a-on, 3,3-Äthandiyldioxy- 1803

D-Homo-18-nor-androsta-5,16-dien-17a-on, 3,3-Äthandiyldioxy- 1804

$C_{21}H_{28}O_5$

Furo[3,2-g]isochromen-2,9-dion, 3-Hexanoyl-9a-methyl-6-propyl-3a,4,8,9a-tetrahydro-3H- 2196

14,15-Seco-androst-5-en-11,14,16-trion, 3,3-Äthandiyldioxy- 2196

$C_{21}H_{29}N_3O_3$

[4,5′]Bicyclohept-1-enyliden-5-on, 6,7;6′,7′-Diepoxy-3,3,6,3′,3′,6′-hexamethyl-, semicarbazon 1803

$C_{21}H_{30}OS_2$

Androst-4-en-17-on, 3,3-Äthandiyldimercapto- 1775

$C_{21}H_{30}O_2S$

Spiro[androst-4-en-3,2′-[1,3]oxathiolan]-17-on 1775

Spiro[androst-4-en-17,2′-[1,3]oxathiolan]-3-on 1776

$C_{21}H_{30}O_2S_2$

Pregnan-3,20-dion, 1,5-Disulfandiyl- 2005

$C_{21}H_{30}O_3$

Androst-4-en-3-on, 17,17-Äthandiyldioxy- 1776

Androst-5-en-17-on, 3,3-Äthandiyldioxy- 1775

D-Homo-18-nor-androst-5-en-17a-on, 3,3-Äthandiyldioxy- 1775

13,17-Seco-pregn-4-en-3-on, 13,20;18,20-Diepoxy- 1776

$C_{21}H_{30}O_4$

Androstan-6,17-dion, 3,3-Äthandiyldioxy- 2004

Androstan-11,17-dion, 3,3-Äthandiyldioxy- 2004

$C_{21}H_{30}O_5$

Furo[3,2-g]isochromen-2,9-dion, 3-Hexanoyl-9a-methyl-6-propyl-3a,4,5,6,8,9a-hexahydro-3H- 2193

$C_{21}H_{31}N_3O_3$

D-Homo-gon-13(17)-en-3-on, 17,17-Äthandiyldioxy-, semicarbazon 1774

$C_{21}H_{32}O_3$

Androstan-17-on, 3,3-Äthandiyldioxy- 1736

$C_{21}H_{40}O_3$

Hexadecan-3-on, 16-[2,2-Dimethyl-[1,3]dioxolan-4-yl]- 1596

$C_{21}H_{41}N_3O_3$

Pentadecan-2-on, 15-[2,2-Dimethyl-[1,3]dioxolan-4-yl]-, semicarbazon 1596

C_{22}

$C_{22}H_8Br_2O_4$

Benzo[h]benzo[7,8]chromeno[5,4,3-cde]chromen-6,13-dion, 7,14-Dibrom-2149

$C_{22}H_{10}O_3S$

Benzo[b]phenanthro[4,3-d]thiophen-7,8-dicarbonsäure-anhydrid 2149

$C_{22}H_{12}Br_2O_2S_2$

[2,2′]Bithienyl, 5,5′-Dibenzoyl-3,3′-dibrom-2144

$C_{22}H_{12}Cl_2O_3$

Chromeno[4,3-b]chromen-6-on, 9,11-Dichlor-7-phenyl-7H- 1908

$C_{22}H_{12}O_4$

Dinaphtho[2,3-b;2′,3′-f][1,5]dioxocin-7,15-dion 2146

$C_{22}H_{14}Br_2O_3$

Spiro[phthalan-1,9′-xanthen]-3-on, 2′,7′-Dibrom-3′,6′-dimethyl- 1904

—, 4′,5′-Dibrom-2′,7′-dimethyl- 1903

—, 4′,5′-Dibrom-3′,6′-dimethyl- 1904

$C_{22}H_{14}Cl_2O_6$

1,4-Ätheno-naphthalin-2,3,5,6-tetracarbonsäure, 9-Chlor-8-[4-chlorphenyl]-1,2,3,4,4a,5,6,7-octahydro-, 2,3;5,6-dianhydrid 2273

$C_{22}H_{14}F_2O_6$

1,4-Ätheno-naphthalin-2,3,5,6-tetracarbonsäure, 9-Fluor-8-[4-fluorphenyl]-1,2,3,4,4a,5,6,7-octahydro-, 2,3;5,6-dianhydrid 2272

$C_{22}H_{14}N_2O_7$

Spiro[phthalan-1,9′-xanthen]-3-on, 2′,7′-Dimethyl-4′,5′-dinitro- 1904

—, 3′,6′-Dimethyl-2′,7′-dinitro- 1905

—, 3′,6′-Dimethyl-4′,5′-dinitro- 1904

$C_{22}H_{14}N_8O_{10}$

Äthandion, 1,2-Di-[2]furyl-, bis-[2,4-dinitro-phenylhydrazon] 2009

$C_{22}H_{14}O_2S_2$

[2,2′]Bithienyl, 5,5′-Dibenzoyl- 2144

$C_{22}H_{14}O_3$

Furan-2-on, 5-[10-[2]Furyl-[9]anthryl]-3H-1907

$C_{22}H_{14}O_4$

Benzol, 1,2-Diphthalidyl- 2144

[3,3′]Bifuryliden-2,2′-dion, 5-Phenyl-5′-styryl- 2144

$C_{22}H_{15}ClO_6$
1,4-Ätheno-naphthalin-2,3,5,6-
tetracarbonsäure, 8-[4-Chlor-phenyl]-
1,2,3,4,4a,5,6,7-octahydro-,
2,3;5,6-dianhydrid 2272

$C_{22}H_{15}FO_6$
1,4-Ätheno-naphthalin-2,3,5,6-
tetracarbonsäure, 8-[4-Fluor-phenyl]-
1,2,3,4,4a,5,6,7-octahydro-,
2,3;5,6-dianhydrid 2272

$C_{22}H_{15}NO_5$
Spiro[phthalan-1,9'-xanthen]-3-on,
2',7'-Dimethyl-4-nitro- 1903
—, 2',7'-Dimethyl-4'-nitro- 1903
—, 2',7'-Dimethyl-7-nitro- 1903

$C_{22}H_{15}N_3O_6$
Piperonal-[4,2'-dinitro-stilben-α-ylimin]
1658

$C_{22}H_{16}Br_2O_4$
Norbornan-2,3-dicarbonsäure,
5,7-Dibrom-6-hydroxy-7-[α-hydroxy-
benzhydryl]-, 2→α;3→6-dilacton 2129

$C_{22}H_{16}Cl_2O_6$
Äthan, 1,1-Bis-[6-chlor-7-methyl-2,4-dioxo-
chroman-3-yl]- 2269
Butan, 1,1-Bis-[6-chlor-2,4-dioxo-chroman-
3-yl]- 2268

$C_{22}H_{16}N_4O_6$
Biphenyl-2-carbaldehyd,
4,5-Methylendioxy-3'-vinyl-,
[2,4-dinitro-phenylhydrazon] 1868

$C_{22}H_{16}N_4O_8$
Pyrano[2,3-f]chromen-4,10-dion, 9-Acetyl-
2,8-dimethyl-, mono-[2,4-dinitro-
phenylhydrazon] 2210

$C_{22}H_{16}N_6O_6$
Äthandion, 1,2-Di-[2]furyl-, bis-[4-nitro-
phenylhydrazon] 2009

$C_{22}H_{16}N_6O_8$
Benzol, 1,5-Dinitro-2,4-bis-
piperonylidenhydrazino- 1685

$C_{22}H_{16}OS_2$
Äthanon, 1,2-Diphenyl-2,2-di-[2]thienyl-
1903

$C_{22}H_{16}O_2S$
Spiro[phthalan-1,9'-thioxanthen]-3-on,
2',7'-Dimethyl- 1904

$C_{22}H_{16}O_3$
Chalkon, 3,4-Methylendioxy-4'-phenyl-
1903
Propenon, 3-Benzo[1,3]dioxol-5-yl-1,2-
diphenyl- 1902
Spiro[phthalan-1,9'-xanthen]-3-on,
3',6'-Dimethyl- 1904

$C_{22}H_{16}O_4$
Benzo[f][1,4]dioxocin-1,6-dion,
3,4-Diphenyl-3,4-dihydro- 2137
[3,3']Bifuryliden-2,2'-dion, 5,5'-Di-p-tolyl-
2138

3,5-Cyclo-cyclopenta[2,1-b;3,4-b']difuran-
2,6-dion, 4-Benzhydryliden-hexahydro-
2139
5,12-Dioxa-dibenzo[a,g]cyclohexadecen-
6,11-dion, 17,18,19,20-Tetradehydro-
7,8,9,10-tetrahydro- 2137
Pyrano[4,3-c]pyran-1,5-dion, 3,7-Di-
p-tolyl- 2138
Stilben, 4,4'-Bis-[5-oxo-2,5-dihydro-
[3]furyl]- 2138

$C_{22}H_{16}O_5$
Chroman-2,4-dion, 3-[1-[2]Furyl-3-oxo-3-
phenyl-propyl]- 2222
Cyclohex-4-en-1,2,3-tricarbonsäure,
4-[2-Hydroxy-4-methyl-phenyl]-6-
phenyl-, 1,2-anhydrid-3-lacton 2222
—, 4-[2-Hydroxy-5-methyl-phenyl]-6-
phenyl-, 1,2-anhydrid-3-lacton 2222

$C_{22}H_{16}O_6$
1,4-Ätheno-naphthalin-2,3,5,6-
tetracarbonsäure, 8-Phenyl-1,2,3,4,4a,5,=
6,7-octahydro-, 2,3;5,6-dianhydrid
2272

$C_{22}H_{16}O_7$
1,4-Äthano-naphthalin-2,3,5,6-
tetracarbonsäure, 9-Oxo-8-phenyl-
1,2,3,4,4a,5,6,7-octahydro-,
2,3;5,6-dianhydrid 2296

$C_{22}H_{17}BrN_2O_4$
Benzylidendiamin, N,N'-Dibenzoyl-2-
brom-4,5-methylendioxy- 1690

$C_{22}H_{17}ClO_4$
[3,4']Bichromenyl-2,2'-dion, 4-Chlor-
6,8,6',8'-tetramethyl- 2129

$C_{22}H_{17}NO_5$
Keton, Phenyl-[6,7,9-trimethyl-3-nitro-
dibenzo[1,4]dioxin-1-yl]- 1899
—, Phenyl-[6,8,9-trimethyl-3-nitro-
dibenzo[1,4]dioxin-1-yl]- 1899

$C_{22}H_{17}N_3O_4$
Chalkon, 4,5-Methylendioxy-2-nitro-,
phenylhydrazon 1868

$C_{22}H_{17}N_3O_6$
Benzylidendiamin, N,N'-Dibenzoyl-4,5-
methylendioxy-2-nitro- 1694

$C_{22}H_{18}BrN_3O_3$
Glycin, N-[4-Brom-phenyl]-, [phenyl-
piperonyliden-hydrazid] 1684

$C_{22}H_{18}Br_2O_2S_2$
[2,2']Bi[benzo[b]thiophenyliden]-3,3'-dion,
5,5'-Dibrom-7,7'-diisopropyl- 2116

$C_{22}H_{18}N_2O_4$
Benzoesäure, 4-[Benzyl-piperonyliden-
hydrazino]- 1682
Piperonylidendiamin, N,N'-Dibenzoyl-
1665

$C_{22}H_{18}N_2O_5S$
Piperonal-[4-(N-acetyl-sulfanilyl)-
phenylimin] 1660

$C_{22}H_{18}N_4O_4$

Benzol, 1,3-Bis-piperonylidenhydrazino-
1684

—, 1,4-Bis-piperonylidenhydrazino-
1686

$C_{22}H_{18}O_3$

[1,3]Dioxolan-2-on, 4-Benzyl-4,5-diphenyl-
1899

Pyran-3-on, 4-Furfuryliden-2,2-diphenyl-
dihydro- 1899

$C_{22}H_{18}O_4$

Bibenzyl, 4,4′-Bis-[5-oxo-2,5-dihydro-
[3]furyl]- 2129

Nona-1,6,8-trien-3,5-dion, 9-Benzo[1,3]⚡
dioxol-5-yl-1-phenyl- 2129

Pyrano[2,3-f]chromen-2,8-dion, 6-Äthyl-
3,4-dimethyl-10-phenyl- 2129

Tetradeca-1,3,5,9,11,13-hexaen-7,8-dion,
1,14-Di-[2]furyl- 2128

$C_{22}H_{18}O_5$

[3,4′]Bichromenyl-2,4,2′-trion, 6,8,6′,8′-
Tetramethyl- 2221

Chroman-2,4-dion, 3-[1-(4-Oxo-
4H-chromen-3-yl)-butyl]- 2221

$C_{22}H_{18}O_6$

Äthan, 1,1-Bis-[6-methyl-2,4-dioxo-
chroman-3-yl]- 2269

Benzol, 1,2-Bis-[2,6-dimethyl-4-oxo-
4H-pyran-3-carbonyl]- 2268

Butan, 1,1-Bis-[2,4-dioxo-chroman-3-yl]-
2268

Propan, 1,1-Bis-[2,4-dioxo-chroman-3-yl]-
2-methyl- 2268

$C_{22}H_{18}O_7$

Verbindung $C_{22}H_{18}O_7$ aus 8-Phenyl-
1,2,3,4,4a,5,6,7-octahydro-1,4-ätheno-
naphthalin-2,3,5,6-tetracarbonsäure-
2,3;5,6-dianhydrid 2272

$C_{22}H_{19}N_3O_3$

Glycin, N-Phenyl-, [phenyl-piperonyliden-
hydrazid] 1684

$C_{22}H_{20}N_2O_2$

Piperonal-[benzyl-p-tolyl-hydrazon] 1674

$C_{22}H_{20}N_4O_7$

Octa-1,7-dien-3-on, 1,5-Di-[2]furyl-,
[2,4-dinitro-phenylhydrazon] 1832

$C_{22}H_{20}O_2S_2$

[2,2′]Bi[benzo[b]thiophenyliden]-3,3′-dion,
5,5′-Diisopropyl- 2115

—, 7,7′-Diisopropyl- 2115

$C_{22}H_{20}O_4$

[2,2′]Bibenzofuranyliden-3,3′-dion, 5,6,7,5′,⚡
6′,7′-Hexamethyl- 2116

Cyclobuta[1,2-c;4,3-c′]dichromen-6,7-dion,
2,11,12b,12c-Tetramethyl-6a,6b,12b,⚡
12c-tetrahydro- 2116

—, 3,10,12b,12c-Tetramethyl-
6a,6b,12b,12c-tetrahydro- 2116

$C_{22}H_{20}O_6$

Tetradeca-1,3,5,7,9,11,13-heptaen-1,3,12,14-
tetracarbonsäure, 2,5,10,13-
Tetramethyl-, 1,3;12,14-dianhydrid
2260

$C_{22}H_{21}N_3O_4$

[1,3]Dioxan, 4,6-Dimethyl-5-
[2]naphthylazo-5-nitro-2-phenyl- 1721

$C_{22}H_{21}O_4P$

Phosphinoxid, Dibenzyl-[α-hydroxy-3,4-
methylendioxy-benzyl]- 1687

$C_{22}H_{22}Br_2O_4$

Dibenzo[1,4]dioxin, 2,7-Bis-[α-brom-
isovaleryl]- 2074

$C_{22}H_{22}N_4O_6$

Adipinsäure-bis-piperonylidenhydrazid
1678

Malonsäure, Isopropyl-,
bis-piperonylidenhydrazid 1678

—, Propyl-, bis-piperonyl⚡
idenhydrazid 1678

$C_{22}H_{22}N_6O_2S_2$

Äthylen, 2-Phenyl-1,1-bis-[5-(1-
semicarbazono-äthyl)-[2]thienyl]- 2111

$C_{22}H_{22}O_3$

Cyclohexanon, 2,6-Bis-[3-(5-methyl-
[2]furyl)-allyliden]- 1886

$C_{22}H_{22}O_4$

[2,2′]Bifuryl-5,5′-dion, 2,2′-Di-p-tolyl-
tetrahydro- 2088

$C_{22}H_{22}O_6$

1,4-Ätheno-cycloocta[a]naphthalin-2,3,5,6-
tetracarbonsäure, 1,2,3,4,4a,5,6,6a,7,8,⚡
9,10,11,12-Tetradecahydro-,
2,3;5,6-dianhydrid 2257

Benzol, 1,2-Bis-[(2,6-dimethyl-4-oxo-
4H-pyran-3-yl)-hydroxy-methyl]- 2268

Chrysen-5,6,11,12-tetracarbonsäure,
$\Delta^{4a,10a}$-Tetradecahydro-, 5,6;11,12-
dianhydrid 2256

$C_{22}H_{23}N_3O_5$

Isobenzofuran-1-on, 3-[2-Acetyl-
[3]furyl]-3a,7-dimethyl-3a,4,5,6-
tetrahydro-3H-, [4-nitro-
phenylhydrazon] 1769

—, 3-[5-Acetyl-[3]furyl]-3a,7-dimethyl-
3a,4,5,6-tetrahydro-3H-, [4-nitro-
phenylhydrazon] 1769

$C_{22}H_{24}OS_2$

Bicyclohexyl-4-on, 3,5-Bis-
[2]thienylmethylen- 1875

$C_{22}H_{24}O_3$

3,6-Dioxa-bicyclo[3.2.2]nonan-2-on,
5,7,7-Trimethyl-4,4-diphenyl- 1875

$C_{22}H_{24}O_4$

Cyclohexanon, 2-Furfuryliden-6-[[2]furyl-
(2-oxo-cyclohexyl)-methyl]- 2074

Dibenzo[b,f][1,5]dioxocin-6,12-dion,
1,7-Diisopropyl-4,10-dimethyl- 2073

C₂₂H₂₄O₄ (Fortsetzung)

Dibenzo[b,f][1,5]dioxin-6,12-dion, 3,9-Diisopropyl-1,7-dimethyl- 2072

—, 4,10-Diisopropyl-1,7-dimethyl-
2073

[1,5]Dioxocan-2,6-dion, 3,7-Diäthyl-3,7-diphenyl- 2072

C₂₂H₂₄O₅

Pyrano[2,3-f]chromen-2,10-dion, 9-Acetyl-6-äthyl-3-butyl-4,8-dimethyl- 2214

C₂₂H₂₄O₆

Pregna-1,4-dien-3,11,20-trion, 17,21-Carbonyldioxy- 2253

C₂₂H₂₆N₂O₄

Cyclohexanon, 2-Furfuryliden-6-[[2]furyl-(2-hydroxyimino-cyclohexyl)-methyl]-, oxim 2074

C₂₂H₂₆N₄O₆

[1,3]Dioxan, 5-Nitro-5-[4-nitro-phenylazo]-2-phenyl-4,6-dipropyl- 1732

C₂₂H₂₆O₂S

Decan-1-on, 1-Phenoxathiin-2-yl- 1861

C₂₂H₂₆O₆

7-Oxa-norborn-5-en-2,3-dicarbonsäure, 1,4-Bis-[5-methyl-3-oxo-hex-4-enyl]-, anhydrid 2249

Pregn-4-en-3,11,20-trion, 17,21-Carbonyldioxy- 2249

C₂₂H₂₇N₃O₃

Äthanon, 1-[2,2-Dipropyl-benzo[1,3]dioxol-5-yl]-2-phenyl-, semicarbazon 1861

C₂₂H₂₈N₄O₈

Verbindung C₂₂H₂₈N₄O₈ aus [2-Methyl-3-(2,3,3,5-tetramethyl-2,3-dihydro-[2]furyl)-allyl]-bernsteinsäure-anhydrid 1978

C₂₂H₂₈O₄

3,6;9,12-Dimethano-oxocino[3,2-c]chromen-2,7-dion, 3,9,13,13,14,14-Hexamethyl-3,4,5,6,9,10,11,12-octahydro- 2043

2-Oxa-carda-14,20(22)-dienolid, 1-Oxo-2042

C₂₂H₃₀N₂O₃

13,17-Seco-androsta-5,13(18)-dien-17-on, 3,3-Äthandiyldioxy-17-diazomethyl-2022

C₂₂H₃₀O₃

D-Homo-androsta-4,9(11)-dien-3-on, 17a,17a-Äthandiyldioxy- 1805

18-Nor-pregna-5,13(17)-dien-20-on, 3,3-Äthandiyldioxy- 1805

21-Nor-pregna-4,9(11)-dien-3-on, 20,20-Äthandiyldioxy- 1804

C₂₂H₃₀O₄

14,15-Seco-androsta-5,15-dien-11,14-dion, 3,3-Äthandiyldioxy-16-methyl- 2023

C₂₂H₃₂O₃

Androst-4-en-3-on, 16,17-Isopropylidendioxy- 1777

Androst-5-en-17-on, 3,3-Äthandiyldioxy-2-methyl- 1777

18-Nor-pregn-5-en-20-on, 3,3-Äthandiyldioxy- 1777

C₂₂H₃₂O₄

D-Homo-androstan-3,11-dion, 17a,17a-Äthandiyldioxy- 2005

13,17-Seco-18-nor-pregn-5-en-13,20-dion, 3,3-Äthandiyldioxy- 2005

C₂₂H₃₃BrN₂O₄

Benzylidendiamin, 2-Brom-N,N'-diheptanoyl-4,5-methylendioxy-1690

C₂₂H₃₃N₃O₆

Benzylidendiamin, N,N'-Diheptanoyl-4,5-methylendioxy-2-nitro- 1694

C₂₂H₃₄N₂O₄

Piperonylidendiamin, N,N'-Diheptanoyl-1665

C₂₂H₄₀O₄

1,6-Dioxa-cyclotetracosan-2,5-dion 1938
1,13-Dioxa-cyclotetracosan-2,14-dion 1938

C₂₂H₄₂O₃

Heptadecan-4-on, 17-[2,2-Dimethyl-[1,3]dioxolan-4-yl]- 1596

C₂₃

C₂₃H₁₄Cl₂OS₂

Propenon, 1,3-Bis-[5-(3-chlor-phenyl)-[2]thienyl]- 1908

C₂₃H₁₄O₂S

Benzo[b]thiophen-3-on, 2-[2-Xanthen-9-yliden-äthyliden]- 1910

C₂₃H₁₄O₃

Benzofuran-3-on, 2-[2-Xanthen-9-yliden-äthyliden]- 1910

Furo[2,3-h]chromen-2-on, 4,9-Diphenyl-1909

C₂₃H₁₄O₄

Benzo[h]chromen-2-on, 4-Methyl-3-[2-oxo-2H-chromen-3-yl]- 2146

C₂₃H₁₆O₃

Indeno[1,2-b][1,4]dioxin-9-on, 2,3-Diphenyl-2,3-dihydro- 1908

C₂₃H₁₆O₄

Furo[2,3-h]chromen-3,4-dion, 2,8-Diphenyl-8,9-dihydro- 2144

C₂₃H₁₆O₆

Methan, Bis-[2,4-dioxo-6-phenyl-3,4-dihydro-2H-pyran-3-yl]- 2275

C₂₃H₁₈Cl₂O₆

Propan, 1,1-Bis-[6-chlor-7-methyl-2,4-dioxo-chroman-3-yl]- 2270

C$_{23}$H$_{31}$ClO$_3$
Pregna-9(11),16-dien-20-on,
3,3-Äthandiyldioxy-4-chlor- 1806

C$_{23}$H$_{31}$IO$_4$
Pregn-5-en-11,20-dion, 3,3-Äthandiyldioxy-
21-jod- 2025

C$_{23}$H$_{31}$NO$_5$
Oxim C$_{23}$H$_{31}$NO$_5$ aus 14,21-Epoxy-3,12-
dioxo-cardanolid 2200

C$_{23}$H$_{32}$O$_2$
D-Homo-androsta-4,9(11)-dien-3-on,
16,17-Isopropylidendioxy- 1806

C$_{23}$H$_{32}$O$_3$
Card-20(22)-enolid, 2,3-Epoxy- 1807
—, 3,19-Epoxy- 1807
Pregna-4,16-dien-3-on, 20,20-
Äthandiyldioxy- 1805
Pregna-5,16-dien-20-on,
3,3-Äthandiyldioxy- 1806

C$_{23}$H$_{32}$O$_4$
Cardanolid, 14,21-Epoxy-3-oxo- 2026
D-Homo-androst-4-en-3,11-dion, 16,17-
Isopropylidendioxy- 2026
24-Nor-cholan-19,23-disäure, 3,21-
Dihydroxy-, 19→3;23→21-dilacton
2026
Pregn-5-en-7,20-dion, 3,3-Äthandiyldioxy-
2024
Pregn-5-en-11,20-dion, 3,3-Äthandiyldioxy-
2024
Pregn-16-en-3,11-dion, 20,20-
Äthandiyldioxy- 2023

C$_{23}$H$_{32}$O$_5$
Androst-5-en-16-carbonsäure,
3,3-Äthandiyldioxy-17-oxo-,
methylester 1776
16,17-Seco-pregn-5-en-11,16,20-trion,
3,3-Äthandiyldioxy- 2196

C$_{23}$H$_{33}$IO$_3$
Pregn-5-en-20-on, 3,3-Äthandiyldioxy-21-
jod- 1778

C$_{23}$H$_{34}$OS$_2$
Pregn-4-en-20-on, 3,3-Äthandiyl=
dimercapto- 1778

C$_{23}$H$_{34}$O$_2$S
Androst-4-en-3-on, 17-[2-Methyl-
[1,3]oxathiolan-2-yl]- 1778

C$_{23}$H$_{34}$O$_3$
Androst-5-en-3-on, 17,17-Äthandiyldioxy-
4,4-dimethyl- 1779
Cardanolid, 3,19-Epoxy- 1779
D-Homo-androst-9(11)-en-3-on, 16,17-
Isopropylidendioxy- 1779
Pregn-4-en-3-on, 20,20-Äthandiyldioxy-
1777
Pregn-5-en-20-on, 3,3-Äthandiyldioxy-
1778
13,17-Seco-pregna-5,13(18)-dien-20-on,
3,3-Äthandiyldioxy- 1777

C$_{23}$H$_{34}$O$_4$
Pregnan-3,11-dion, 20,20-Äthandiyldioxy-
2006

C$_{23}$H$_{36}$OS$_2$
A-Nor-pregnan-2-carbaldehyd, 20,20-
Äthandiyldimercapto- 1737

C$_{23}$H$_{36}$O$_3$
Pregnan-3-on, 20,20-Äthandiyldioxy- 1737

C$_{23}$H$_{44}$O$_3$
Octadecan-5-on, 18-[2,2-Dimethyl-
[1,3]dioxolan-4-yl]- 1596

C$_{24}$

C$_{24}$H$_8$O$_6$
Perylen-3,4,9,10-tetracarbonsäure-3,4;9,10-
dianhydrid 2286

C$_{24}$H$_{10}$O$_4$S$_2$
Anthra[2,1-*b*]thiophen-1,6,11-trion,
2-[3-Oxo-3*H*-benzo[*b*]thiophen-2-yliden]-
2284
[2,2′]Bi[naphtho[2,3-*b*]thienyl]-4,9,4′,9′-
tetraon 2284

C$_{24}$H$_{10}$O$_5$S
Anthra[1,2-*b*]furan-2,6,11-trion, 3-[3-Oxo-
3*H*-benzo[*b*]thiophen-2-yliden]-3*H*-
2284

C$_{24}$H$_{12}$O$_2$S$_2$
[2,2′]Bi[naphtho[1,2-*b*]thiophenyliden]-3,3′-
dion 2155
[2,2′]Bi[naphtho[2,1-*b*]thiophenyliden]-1,1′-
dion 2155
[2,2′]Bi[naphtho[2,3-*b*]thiophenyliden]-3,3′-
dion 2154
Naphtho[1,2-*b*]thiophen-2-on, 3-[2-Oxo-
naphtho[2,3-*b*]thiophen-3-yliden]- 2155
Naphtho[1,2-*b*]thiophen-3-on, 2-[3-Oxo-
3*H*-naphtho[2,3-*b*]thiophen-2-yliden]-
2155
Naphtho[2,1-*b*]thiophen-1-on, 2-[3-Oxo-
3*H*-naphtho[2,3-*b*]thiophen-2-yliden]-
2155
Naphtho[2,1-*b*]thiophen-3-on, 1-[3-Oxo-
3*H*-naphtho[2,3-*b*]thiophen-2-yliden]-
2155
Phenanthro[9,10-*b*]thiophen-2-on,
3-[3-Oxo-3*H*-benzo[*b*]thiophen-2-yliden]-
3*H*- 2156
Thioxantheno[4,3-*c*]thioxanthen-8,16-dion
2156

C$_{24}$H$_{12}$O$_3$S
Cyclopenta[6,7]chryseno[4,3-*b*]thiophen-4,5-
dicarbonsäure, 11,12-Dihydro-,
anhydrid 2157

C$_{24}$H$_{12}$O$_4$
[1,2′]Bi[naphtho[2,1-*b*]furanyliden]-2,1′-
dion 2156

$C_{24}H_{18}O_6$
1,4-Ätheno-benzo[c]phenanthren-2,3,5,6-
tetracarbonsäure, 1,2,3,4,4a,5,6,6a,7,8-
Decahydro-, 2,3;5,6-dianhydrid 2275

$C_{24}H_{18}O_8$
Butan-1,4-dion, 1,4-Bis-[4,5-dioxo-2-
phenyl-tetrahydro-[3]furyl]- 2298

$C_{24}H_{19}N_3O_4$
Penta-1,4-dien-3-on, 1-Benzo[1,3]dioxol-5-
yl-5-[2-nitro-phenyl]-, phenylhydrazon
1880
—, 1-Benzo[1,3]dioxol-5-yl-5-[3-nitro-
phenyl]-, phenylhydrazon 1880
—, 1-Benzo[1,3]dioxol-5-yl-5-[4-nitro-
phenyl]-, phenylhydrazon 1880

$C_{24}H_{20}Cl_2O_6$
Butan, 1,1-Bis-[6-chlor-7-methyl-2,4-dioxo-
chroman-3-yl]- 2271

$C_{24}H_{20}N_4O_8$
Piperonylidendiamin, N,N'-Bis-[2-methyl-
5-nitro-benzoyl]- 1666

$C_{24}H_{20}N_6O_8$
Benzol, 1,5-Bis-[methyl-piperonyliden-
hydrazino]-2,4-dinitro- 1685

$C_{24}H_{20}O_3$
Spiro[phthalan-1,9'-xanthen]-3-on, 1',3',6',=
8'-Tetramethyl- 1905
—, 2',3',6',7'-Tetramethyl- 1905
—, 2',4',5',7'-Tetramethyl- 1906

$C_{24}H_{20}O_4$
[2,3']Bifuryl-5,2'-dion, 2,5'-Distyryl-3,4-
dihydro-2H,3'H- 2139

$C_{24}H_{20}O_4S$
$10\lambda^4$-Phenoxathiin-1,9-dion, 10-Oxo-3,7-
diphenyl-3,4,7,8-tetrahydro-2H,6H-
2140

$C_{24}H_{20}O_4Se$
$10\lambda^4$-Phenoxaselenin-1,9-dion, 10-Oxo-3,7-
diphenyl-3,4,7,8-tetrahydro-2H,6H-
2140

$C_{24}H_{20}O_6$
1,4-Ätheno-naphthalin-2,3,5,6-
tetracarbonsäure, 9-Methyl-8-p-tolyl-
1,2,3,4,4a,5,6,7-octahydro-,
2,3;5,6-dianhydrid 2273

$C_{24}H_{21}Br_3O_3$
Spiro[chroman-2,1'-xanthen]-2'-on, 8,3',5'-
Tribrom-6,4'a,7'-trimethyl-9',9'a-
dihydro-4'aH- 1895

$C_{24}H_{21}ClN_4O_6$
Propan-1-on, 1-[2-Chlormethyl-2,3-
dihydro-benzo[1,4]dioxin-6-yl]-3-
phenyl-, [2,4-dinitro-phenylhydrazon]
1858
—, 1-[3-Chlormethyl-2,3-dihydro-
benzo[1,4]dioxin-6-yl]-3-phenyl-,
[2,4-dinitro-phenylhydrazon] 1858

$C_{24}H_{21}N_3O_6$
Benzylidendiamin, 4,5-Methylendioxy-2-
nitro-N,N'-bis-phenylacetyl- 1694

$C_{24}H_{22}Br_2O_2S_2$
[2,2']Bi[benzo[b]thiophenyliden]-3,3'-dion,
5,5'-Dibrom-7,7'-di-tert-butyl- 2117

$C_{24}H_{22}Cl_2O_2S_2$
[2,2']Bi[benzo[b]thiophenyliden]-3,3'-dion,
6,6'-Dichlor-7,7'-diisopropyl-4,4'-
dimethyl- 2117

$C_{24}H_{22}N_2O_4$
Piperonylidendiamin, N,N'-Bis-
phenylacetyl- 1665

$C_{24}H_{22}N_2O_6$
Carbamidsäure, N,N'-Piperonyliden-bis-,
dibenzylester 1666

$C_{24}H_{22}O_4$
Pyrano[2,3-f]chromen-2,8-dion, 6-Äthyl-4-
methyl-10-phenyl-3-propyl- 2130

$C_{24}H_{22}O_6$
Butan, 1,1-Bis-[6-methyl-2,4-dioxo-
chroman-3-yl]- 2270
Hexan, 1,1-Bis-[2,4-dioxo-chroman-3-yl]-
2270

$C_{24}H_{23}NO_6$
Piperonal-[4,5,3',4'-tetramethoxy-biphenyl-
2-ylimin] 1662

$C_{24}H_{24}O_2S_2$
[2,2']Bi[benzo[b]thiophenyliden]-3,3'-dion,
5,5'-Di-tert-butyl- 2116
—, 7,7'-Di-tert-butyl- 2117
—, 4,4'-Diisopropyl-7,7'-dimethyl-
2117

$C_{24}H_{24}O_3$
Spiro[chroman-2,1'-xanthen]-2'-on,
6,4'a,7'-Trimethyl-9',9'a-dihydro-
4'aH- 1894

$C_{24}H_{24}O_5S$
4,7-Epoxido-benzo[c]thiophen-2,2-dioxid,
3a,7a-Diphenacyl-octahydro- 2118

$C_{24}H_{26}O_6$
Methylester $C_{24}H_{26}O_6$ einer Säure
$C_{23}H_{24}O_6$ s. bei 1,4-Epoxy-A-homo-
19-nor-carda-5,7,9,20(22)-tetraenolid
1875

$C_{24}H_{28}N_2O_4$
Octandiyldiamin, N,N'-Dipiperonyliden-
1664

$C_{24}H_{28}O_3$
Bufa-3,5,20,22-tetraenolid, 14,15-Epoxy-
1875

$C_{24}H_{28}O_4$
Bufa-4,20,22-trienolid, 14,15-Epoxy-3-oxo-
2075
Dibenzo[b,f][1,5]dioxocin-6,12-dion, 4,10-
Di-tert-butyl-1,7-dimethyl- 2074

$C_{24}H_{28}O_6$

19-Homo-24-nor-chol-14-en-19a,23-disäure,
   5,21-Dihydroxy-3,19-dioxo-,
   19a→5;23→21-dilacton 2253
Methan, Benzo[1,3]dioxol-5-yl-bis-
   [4,4-dimethyl-2,6-dioxo-cyclohexyl]-
   2253

$C_{24}H_{30}Br_2O_4$

Pregna-4,9(11)-dien-3,20-dion, 2,21-
   Dibrom-16,17-isopropylidendioxy-
   2045

$C_{24}H_{30}N_4O_6$

[1,3]Dioxan, 4,6-Diisobutyl-5-nitro-5-
   [4-nitro-phenylazo]-2-phenyl- 1733

$C_{24}H_{30}O_4$

Bufa-20,22-dienolid, 14,15-Epoxy-3-oxo-
   2057
Pregna-1,4,9(11)-trien-3,20-dion, 16,17-
   Isopropylidendioxy- 2057
Pyrano[2,3-*f*]chromen-4,8-dion, 3-Decyl-
   2,10-dimethyl- 2057
Pyrano[3,2-*g*]chromen-2,6-dion, 7-Decyl-
   4,8-dimethyl- 2057

$C_{24}H_{31}BrO_4$

Pregna-4,9(11)dien-3,20-dion,
   2-Brom-16,17-isopropylidendioxy- 2044

$C_{24}H_{32}O_4$

D-Homo-androsta-4,9(11)-dien-3,17a-dion,
   16,17-Isopropylidendioxy-17-methyl-
   2044
Pregna-4,9(11)-dien-3,20-dion, 16,17-
   Isopropylidendioxy- 2044
Pregna-4,14-dien-3,20-dion, 16,17-
   Isopropylidendioxy- 2045

$C_{24}H_{33}N_3O_5$

Semicarbazon $C_{24}H_{33}N_3O_5$ aus 14,21-
   Epoxy-3,12-dioxo-cardanolid 2200

$C_{24}H_{34}O_4$

D-Homo-androst-4-en-3,17-dion, 16,17-
   Isopropylidendioxy-17a-methyl- 2027
Pregn-4-en-3,20-dion, 16,17-
   Isopropylidendioxy- 2027
16,17-Seco-23,24-dinor-chola-5,20-dien-16-al,
   3,3-Äthandiyldioxy-11-oxo- 2027

$C_{24}H_{36}O_3$

Pregn-4-en-3-on, 20,21-Isopropylidendioxy-
   1779
Pregn-5-en-20-on, 3,3-[Methyl-
   äthandiyldioxy]- 1780

$C_{24}H_{36}O_4$

Pregnan-3,11-dion, 20,21-
   Isopropylidendioxy- 2006

$C_{24}H_{38}O_3$

Pregnan-20-on, 3,3-Äthandiyldioxy-6-
   methyl- 1737

$C_{24}H_{40}O_6$

Dodecandisäure-dianhydrid 2230

$C_{24}H_{44}O_4$

1,14-Dioxa-cyclohexacosan-2,15-dion 1939

C_{25}

$C_{25}H_8N_2O_{11}$

Verbindung $C_{25}H_8N_2O_{11}$ aus
   Bis-[1,3-dioxo-benz[*de*]isochromen-6-yl]-
   keton 2297

$C_{25}H_{10}O_7$

Keton, Bis-[1,3-dioxo-benz[*de*]isochromen-
   6-yl]- 2297

$C_{25}H_{12}N_2O_7$

Verbindung $C_{25}H_{12}N_2O_7$ aus
   Bis-[1,3-dioxo-benzo[*de*]isochromen-6-yl]-
   keton 2297

$C_{25}H_{13}Cl_2NO_8$

Methan, Bis-[6-chlor-2,4-dioxo-chroman-3-
   yl]-[3-nitro-phenyl]- 2281

$C_{25}H_{14}Cl_2O_6$

Methan, Bis-[6-chlor-2,4-dioxo-chroman-3-
   yl]-phenyl- 2280

$C_{25}H_{14}O_3$

Keton, Bis-dibenzofuran-4-yl- 1911

$C_{25}H_{15}ClO_5$

Cyclohex-4-en-1,2,3-tricarbonsäure,
   6-[2-Chlor-phenyl]-4-[1-hydroxy-
   [2]naphthyl]-, 1,2-anhydrid-3-lacton
   2224

$C_{25}H_{15}NO_3$

Keton, Bis-dibenzofuran-4-yl-, oxim 1912

$C_{25}H_{15}NO_8$

Methan, Bis-[2,4-dioxo-chroman-3-yl]-
   [2-nitro-phenyl]- 2280
—, Bis-[2,4-dioxo-chroman-3-yl]-
   [3-nitro-phenyl]- 2280
—, Bis-[2,4-dioxo-chroman-3-yl]-
   [4-nitro-phenyl]- 2280

$C_{25}H_{16}O_4$

[3,3′]Bifuryliden-2,2′-dion, 5-[2]Naphthyl-
   5′-*p*-tolyl- 2152
Pyrano[4,3-*c*]pyran-1,5-dion,
   3-[2]Naphthyl-7-*p*-tolyl- 2152
[2,2′]Spirobi[benzo[*f*]chromen]-3,3′-dion,
   1*H*,1′*H*- 2152

$C_{25}H_{16}O_5$

Benzo[*c*]xanthen-8,9-dicarbonsäure, 7-Oxo-
   10-phenyl-7a,8,9,10-tetrahydro-7*H*-,
   anhydrid 2224
Cyclohex-4-en-1,2,3-tricarbonsäure,
   4-[1-Hydroxy-[2]naphthyl]-6-phenyl-,
   1,2-anhydrid-3-lacton 2224
1,4-Epoxido-naphthalin-2,3-dicarbonsäure,
   1-Benzoyl-4-phenyl-1,2,3,4-tetrahydro-,
   anhydrid 2223

$C_{25}H_{16}O_6$

Methan, Bis-[2,4-dioxo-chroman-3-yl]-
   phenyl- 2280

$C_{25}H_{17}ClO_3$

Cyclopent-2-enon, 2-Chlor-3,4-diphenyl-5-
   piperonyliden- 1910

$C_{25}H_{18}O_4$
Pyrano[3,2-*c*]chromen-2,4-dion, 3-Benzyl-
5-phenyl-5*H*- 2148

$C_{25}H_{18}O_6$
Bicyclo[2.2.2]oct-7-en-2,3,5,6-
tetracarbonsäure, 1-Methyl-7,8-
diphenyl-, 2,3;5,6-dianhydrid 2278

$C_{25}H_{20}N_6O_6$
Guanidin, *N,N',N''*-Tris-
piperonylidenamino- 1679

$C_{25}H_{20}O_3$
Cyclopenta[*a*]phenanthren-17-on,
16-Piperonyliden-11,12,13,14,15,16-
hexahydro- 1908

$C_{25}H_{20}O_6$
1,4-Ätheno-benzo[*c*]phenanthren-2,3,5,6-
tetracarbonsäure, 4-Methyl-1,2,3,4,4a,‑
5,6,6a,7,8-decahydro-,
2,3;5,6-dianhydrid 2277
—, 7-Methyl-1,2,3,4,4a,5,6,6a,7,8-
decahydro-, 2,3;5,6-dianhydrid 2276
—, 8-Methyl-1,2,3,4,4a,5,6,6a,7,8-
decahydro-, 2,3;5,6-dianhydrid 2276
—, 9-Methyl-1,2,3,4,4a,5,6,6a,7,8-
decahydro-, 2,3;5,6-dianhydrid 2276
—, 11-Methyl-1,2,3,4,4a,5,6,6a,7,8-
decahydro-, 2,3;5,6-dianhydrid 2275
—, 13-Methyl-1,2,3,4,4a,5,6,6a,7,8-
decahydro-, 2,3;5,6-dianhydrid 2277

$C_{25}H_{22}N_4O_6$
Keton, Bis-[2-methyl-2,3-dihydro-
benzofuran-7-yl]-, [2,4-dinitro-
phenylhydrazon] 1873

$C_{25}H_{22}O_3$
Phenanthren-1-on, 3,8,9-Trimethyl-2-
piperonyliden-3,4-dihydro-2*H*- 1906

$C_{25}H_{24}O_6$
Heptan, 1,1-Bis-[2,4-dioxo-chroman-3-yl]-
2271

$C_{25}H_{28}O_6$
5,8-Ätheno-pregnan-6,7-dicarbonsäure,
9,11-Epoxy-3,20-dioxo-, anhydrid 2257

$C_{25}H_{30}O_4$
[1,3]Dioxolan, 2,2-Dimethyl-4,5-bis-[2,4,6-
trimethyl-benzoyl]- 2075

$C_{25}H_{32}O_3$
1,14-Dioxa-[14.1]paracyclophan-21-on
1861

$C_{25}H_{32}O_6$
Methan, Phenyl-bis-[2,2,6,6-tetramethyl-
3,5-dioxo-tetrahydro-pyran-4-yl]- 2250

$C_{25}H_{33}N_3O_4$
Pregna-1,4,9(11)-trien-3,20-dion, 16,17-
Isopropylidendioxy-, mono-
semicarbazon 2057

$C_{25}H_{35}N_3O_4$
Pregna-4,9(11)-dien-3,20-dion, 16,17-
Isopropylidendioxy-, mono-
semicarbazon 2044

$C_{25}H_{38}OS_2$
Keton, Bis-[2,5-di-*tert*-butyl-[3]thienyl]-
1780

$C_{25}H_{38}O_3$
Pregn-5-en-3-on, 20,20-Äthandiyldioxy-4,4-
dimethyl- 1780

C_{26}

$C_{26}H_{10}Br_2O_4$
Dinaphtho[1,2-*d*;1',2'-*d'*]benzo[1,2-*b*;4,5-*b'*]‑
difuran-8,16-dion, 3,11-Dibrom- 2164
Dinaphtho[2,1-*d*;2',1'-*d'*]benzo[1,2-*b*;4,5-*b'*]‑
difuran-7,15-dion, 5,13-Dibrom- 2164

$C_{26}H_{12}O_2S_2$
Dinaphtho[1,2-*d*;1',2'-*b'*]benzo[1,2-*b*;5,4-*d'*]‑
dithiophen-8,16-dion 2164

$C_{26}H_{12}O_4$
Anthra[1,9-*bc*;4,10-*b'c'*]dichromen-3,10-
dion 2165
Benzo[1,2,3-*kl*;4,5,6-*k'l'*]dixanthen-2,10-
dion 2165
Dinaphtho[1,2-*d*;1',2'-*d'*]benzo[1,2-*b*;4,5-*b'*]‑
difuran-8,16-dion 2164
Dinaphtho[2,1-*d*;2',1'-*d'*]benzo[1,2-*b*;4,5-*b'*]‑
difuran-7,15-dion 2164

$C_{26}H_{14}O_2S_2$
Äthan, 1,2-Bis-[1-oxo-1*H*-naphtho[2,1-*b*]‑
thiophen-2-yliden]- 2160
—, 1,2-Bis-[3-oxo-3*H*-naphtho[1,2-*b*]‑
thiophen-2-yliden]- 2160
—, 1,2-Bis-[3-oxo-3*H*-naphtho[2,3-*b*]‑
thiophen-2-yliden]- 2160
[4,4']Bithioxanthenyl-9,9'-dion 2159

$C_{26}H_{14}O_4$
Äthandion, Bis-dibenzofuran-2-yl- 2160
[2,2']Bi[benzo[*f*]chromenyl]-3,3'-dion 2160

$C_{26}H_{14}O_5$
5,8-Dioxa-benz[5,6]indeno[1,2-*a*]cyclopenta‑
[*i*]phenanthren-4,9,14-trion,
2,3-Dihydro-1*H*- 2227
5,14-Dioxa-benz[5,6]indeno[2,1-*a*]‑
cyclopenta[*i*]phenanthren-4,8,13-trion,
2,3-Dihydro-1*H*- 2227
8,15-Dioxa-benz[5,6]indeno[1,2-*g*]‑
cyclopenta[*a*]phenanthren-9,14,16-trion,
2,3-Dihydro-1*H*- 2227

$C_{26}H_{15}NO_7$
Pyrano[2,3-*f*]chromen-4,8-dion, 3-Benzoyl-
10-methyl-2-[4-nitro-phenyl]- 2225
—, 10-Methyl-3-[4-nitro-benzoyl]-2-
phenyl- 2225

$C_{26}H_{16}BrNO_2S$
Spiro[naphthalin-1,2'-naphth[1,2-*d*][1,3]‑
oxathiol]-2-on, 4-Anilino-3-brom-
2135

$C_{26}H_{16}N_2O_8$
Pyrano[3,2-g]chromen-2,8-dion,
 4,6-Dimethyl-3,7-bis-[4-nitro-phenyl]-
 2153
$C_{26}H_{16}O_2S_2$
[2,2']Bi[naphtho[2,1-b]thiophenyliden]-1,1-
 dion, 5,5'-Dimethyl- 2157
$C_{26}H_{16}O_3$
Fluoren-9-on, 2,3-Benzhydrylidendioxy-
 1912
$C_{26}H_{16}O_3S$
Phenoxathiin, 2,8-Dibenzoyl- 2157
$C_{26}H_{16}O_4$
Dibenzo[h,h']cyclobuta[1,2-c;3,4-c']≠
 dichromen-6,14-dion, 6a,6b,14a,14b-
 Tetrahydro- 2157
Dibenzo[h,h']cyclobuta[1,2-c;4,3-c']≠
 dichromen-6,7-dion, 6a,6b,14b,14c-
 Tetrahydro- 2157
Naphthalin, 1,5-Diphthalidyl- 2157
$C_{26}H_{16}O_5$
Pyrano[2,3-f]chromen-4,8-dion, 3-Benzoyl-
 10-methyl-2-phenyl- 2225
$C_{26}H_{16}O_7$
Äthanon, 1,2-Bis-[2,4-dioxo-chroman-3-yl]-
 2-phenyl- 2297
$C_{26}H_{17}BrN_2OS$
Spiro[naphthalin-1,2'-naphth[1,2-d][1,3]≠
 oxathiol]-2-on, 4'-Brom-,
 phenylhydrazon 1900
$C_{26}H_{17}ClO_5$
Pyrano[3,2-c]chromen-2,4,5-trion,
 3,7-Dibenzyl-9-chlor- 2224
$C_{26}H_{18}Cl_2O_4$
1,4-Epoxido-naphthalin-2,3-dicarbonsäure,
 1,4-Bis-[4-chlor-phenyl]-6,7-dimethyl-
 1,2,3,4-tetrahydro-, anhydrid 2148
$C_{26}H_{18}N_2OS$
Spiro[naphthalin-1,2'-naphth[1,2-d][1,3]≠
 oxathiol]-2-on-phenylhydrazon 1899
$C_{26}H_{18}OS_2$
[1,3]Dithian-5-on, 4,6-Bis-
 [1]naphthylmethylen- 1911
$C_{26}H_{18}O_4$
Benzo[1,2-b;4,5-b']difuran, 3,7-Dibenzoyl-
 2,6-dimethyl- 2153
Pyrano[3,2-g]chromen-2,8-dion,
 4,6-Dimethyl-3,7-diphenyl- 2153
$C_{26}H_{18}O_6$
Äthan, 1,1-Bis-[2,4-dioxo-chroman-3-yl]-2-
 phenyl- 2281
1,4-Ätheno-naphthalin-2,3,5,6-
 tetracarbonsäure, 8-[1]Naphthyl-
 1,2,3,4,4a,5,6,7-octahydro-,
 2,3;5,6-dianhydrid 2281
Benzo[1,2-c;4,5-c']difuran-1,5-dion,
 3,7-Diphenacyl-3,7-dihydro- 2281

$C_{26}H_{20}Hg_2O_7$
Spiro[phthalan-1,9'-xanthen]-3-on,
 2',7'-Bis-acetoxomercurio-3',6'-
 dimethyl- 1904
—, 4',5'-Bis-acetoxomercurio-2',7'-
 dimethyl- 1903
—, 4',5'-Bis-acetoxomercurio-3',6'-
 dimethyl- 1904
$C_{26}H_{20}N_4O_5S_2$
Mono-[2,4-dinitro-phenylhydrazon]
 $C_{26}H_{20}N_4O_5S_2$ aus Bis-[2-oxo-1-
 phenyl-propyliden]-[1,3]dithietan 2110
$C_{26}H_{20}O_3$
Cyclopent-3-enon, 3-Benzo[1,3]dioxol-5-yl-
 5-benzyliden-2-methyl-4-phenyl- 1910
$C_{26}H_{20}O_4$
1,4-Epoxido-naphthalin-2,3-dicarbonsäure,
 5,8-Dimethyl-1,4-diphenyl-1,2,3,4-
 tetrahydro-, anhydrid 2148
—, 6,7-Dimethyl-1,4-diphenyl-1,2,3,4-
 tetrahydro-, anhydrid 2148
—, 1,4-Di-p-tolyl-1,2,3,4-tetrahydro-,
 anhydrid 2148
$C_{26}H_{20}O_6$
7,10-Äthano-fluoranthen-8,9,11,12-
 tetracarbonsäure, 7,10-Diäthyl-
 7,8,9,10-tetrahydro-, 8,9;11,12-
 dianhydrid 2279
Bicyclo[2.2.2]oct-7-en-2,3,5,6-
 tetracarbonsäure, 1,4-Dimethyl-7,8-
 diphenyl-, 2,3;5,6-dianhydrid 2279
Pyrano[2,3-g]chromen-2,4,7,9-tetraon,
 3,8-Dibenzyl-5,10-dihydro- 2278
$C_{26}H_{21}N_3O_6$
Benzylidendiamin, N,N'-Di-cinnamoyl-4,5-
 methylendioxy-2-nitro- 1694
$C_{26}H_{22}N_2O_4$
Piperonylidendiamin, N,N'-Di-cinnamoyl-
 1666
$C_{26}H_{22}N_4O_6$
Aceton, [3,4-Dihydro-[2,2']spirobichromen-
 4-yl]-, [2,4-dinitro-phenylhydrazon]
 1885
Malonsäure, Benzyl-,
 bis-piperonylidenhydrazid 1678
Pyrano[2,3-f]chromen-4-on, 8,8-Dimethyl-
 2-phenyl-2,3-dihydro-8H-, [2,4-dinitro-
 phenylhydrazon] 1885
$C_{26}H_{22}O_3$
Cyclopenta[a]phenanthren-17-on,
 13-Methyl-16-piperonyliden-11,12,13,≠
 14,15,16-hexahydro- 1908
$C_{26}H_{24}N_6O_4S_2$
Äthan, 1,1-Bis-{5-[1-(4-nitro-
 phenylhydrazono)-äthyl]-[2]thienyl}-
 2017
$C_{26}H_{24}O_3$
Spiro[phthalan-1,9'-xanthen]-3-on, 1',2',3',≠
 6',7',8'-Hexamethyl- 1906

C₂₆H₂₄O₄
[3,3']Bifuryliden-2,2'-dion, 5,5'-Dimesityl-
2140
Dinaphtho[1,2-b;1',2'-g][1,6]dioxecin-8,17-
dion, 7,16-Dimethyl-5,7,14,16-
tetrahydro-6H,15H- 2140

C₂₆H₂₄O₆
Furan-2,4-dion, 3-[1-(4-Acetonyl-2-oxo-5-
phenyl-2,5-dihydro-[3]furyl)-1-methyl-
äthyl]-5-phenyl- 2273

C₂₆H₂₆N₄O₉
2,4-Dinitro-phenylhydrazon C₂₆H₂₆N₄O₉
aus 1,1-Dimethyl-7-methylen-
octahydro-5a,8-methano-cyclohepta[c]≠
furo[3,4-e]chromen-2,5,6,13-tetraon
2248

C₂₆H₂₆O₄
Hexan, 3,4-Bis-[4-(5-oxo-2,5-dihydro-
[3]furyl)-phenyl]- 2130

C₂₆H₃₀Br₂O₅
Verbindung C₂₆H₃₀Br₂O₅ aus 14,15;21,≠
23-Diepoxy-4,4,8-trimethyl-24-nor-
chola-1,20,22-trien-3,6,7-trion 2217

C₂₆H₃₀N₄O₆
Sebacinsäure-bis-piperonylidenhydrazid
1678

C₂₆H₃₀O₅
24-Nor-chola-1,5,20,22-tetraen-3,7-dion,
14,15;21,23-Diepoxy-6-hydroxy-4,4,8-
trimethyl- 2216
24-Nor-chola-1,20,22-trien-3,6,7-trion,
14,15;21,23-Diepoxy-4,4,8-trimethyl-
2216

C₂₆H₃₆O₂S₂
27,28-Dithia-tricyclo[22.2.1.1¹¹,¹⁴]octacosa-
11,13,24,26-tetraen-2,15-dion 2045

C₂₆H₃₈O₄
C-Nor-spirostan-3,11-dion 2027

C₂₆H₃₈O₆
Butan-1,4-dion, 1,4-Bis-[6,9,9-trimethyl-3-
oxo-2-oxa-bicyclo[3.3.1]non-6-yl]- 2239

C₂₆H₄₀OS₂
Octadecan-1-on, 1-[2,2']Bithienyl-5-yl-
1781

C₂₆H₄₂O₄
C-Nor-spirostan-3,11-diol 2027

C₂₆H₄₈O₄
1,15-Dioxa-cyclooctacosan-2,16-dion 1939

C₂₇

C₂₇H₁₂O₃
9,15-Dioxa-anthra[3,2,1,9,8-rstuva]≠
pentaphen-3-on 1918

C₂₇H₁₃BrO₃
Keton, [2-Brom-phenyl]-
perixanthenoxanthen-3-yl- 1915

C₂₇H₁₄O₃
Keton, Perixanthenoxanthen-3-yl-phenyl-
1915

C₂₇H₁₆O₅
6,9-Dioxa-benz[5,6]indeno[1,2-a]chrysen-
5,10,15-trion, 1,2,3,4-Tetrahydro- 2227

C₂₇H₁₆O₆
Methan, Bis-[2,4-dioxo-benzo[h]chroman-
3-yl]- 2284

C₂₇H₁₈Cl₂O₂S₂
Pentan-1,5-dion, 3-[9]Anthryl-1,5-bis-
[5-chlor-[2]thienyl]- 2153

C₂₇H₁₈Cl₂O₆
Methan, Bis-[6-chlor-7-methyl-2,4-dioxo-
chroman-3-yl]-phenyl- 2282

C₂₇H₁₈N₈O₁₀
Äthandion, 1-Benzo[1,3]dioxol-5-yl-2-
phenyl-, bis-[2,4-dinitro-
phenylhydrazon] 2063

C₂₇H₁₈O₃
Phenaleno[1,2-b][1,4]dioxin-7-on, 9,10-
Diphenyl-9,10-dihydro- 1912

C₂₇H₁₈O₅
Chroman-2,4-dion, 3-[8-Methyl-6-oxo-
7,12-dihydro-6H-naphtho[2,3-c]≠
chromen-7-yl]- 2226
Pyrano[2,3-f]chromen-4,8-dion, 3-Benzoyl-
10-methyl-2-o-tolyl- 2226
—, 10-Methyl-3-phenacyl-2-phenyl-
2225
—, 10-Methyl-2-phenyl-3-o-toluoyl-
2226

C₂₇H₁₈O₆
Propen, 3,3-Bis-[2,4-dioxo-chroman-3-yl]-
1-phenyl- 2283

C₂₇H₁₉NO₂
Keton, Phenyl-[10-phenyl-9,10-dihydro-
9,10-epidioxido-anthracen-9-yl]-, imin
1912

C₂₇H₂₀O₄
Pentan-1,5-dion, 1,5-Bis-benzofuran-2-yl-3-
phenyl- 2153

C₂₇H₂₀O₆
Methan, Bis-[6-methyl-2,4-dioxo-chroman-
3-yl]-phenyl- 2282
Propan, 1,1-Bis-[2,4-dioxo-chroman-3-yl]-
3-phenyl- 2282

C₂₇H₂₁N₃
Pyrazol-3-on, 1,2,5-Triphenyl-1,2-dihydro-,
phenylimin 1742

C₂₇H₂₂S₆
[1,3]Dithiolan, 4,4,5,5-Tetrakis-
phenylmercapto- 1921

C₂₇H₂₃N₃
Cinnamamidin, β-Anilino-N,N'-diphenyl-
1742

C₂₇H₂₄O₃
But-3-en-2-on, 4-Benzo[1,3]dioxol-5-yl-3-
[1-fluoren-9-yl-1-methyl-äthyl]- 1909

C₂₇H₄₀O₄ (Fortsetzung)

Spirost-1-en-3-on, 2-Hydroxy- 2028
Spirost-4-en-3-on, 4-Hydroxy- 2028
Verbindung C₂₇H₄₀O₄ aus Spirostan-2,3-dion 2028

C₂₇H₄₁BrO₃

Spirostan-3-on, 23-Brom- 1783

C₂₇H₄₂N₂O₄

Spirostan-3,6-dion-dioxim 2032

C₂₇H₄₂O₃

Spirostan-1-on 1785
Spirostan-3-on 1781
Spirostan-7-on 1785
Spirostan-12-on 1785
Spirost-5-en-12-ol 1809

C₂₇H₄₂O₄

2,3-Seco-cholestan-2,3-disäure,
5,6-Dihydroxy-, 2→5;3→6-dilacton 2006

C₂₇H₄₃NO₃

Spirostan-3-on-oxim 1782

C₂₈

C₂₈H₁₀O₄

Anthra[2,1,9,8-klmna;6,5,10,4-k'l'm'n'a']≠dixanthen-7,14-dion 2175

C₂₈H₁₂O₆

Benzo[1,2-c;4,5-c']dixanthen-6,9,15,18-tetraon 2288

C₂₈H₁₄Cl₂O₄

Anthra[9,1-bc;10,5-b'c']difuran-2,7-dion,
5b,10b-Bis-[4-chlor-phenyl]-5b,10b-dihydro- 2167
—, 5,10-Dichlor-5b,10b-diphenyl-5b,10b-dihydro- 2167

C₂₈H₁₄O₂S₂

Phenanthro[9,10-b]thiophen-2-on,
3-[1-Oxo-1H-naphtho[2,1-b]thiophen-2-yliden]-3H- 2170
—, 3-[3-Oxo-3H-naphtho[1,2-b]≠thiophen-2-yliden]-3H- 2170
—, 3-[3-Oxo-3H-naphtho[2,3-b]≠thiophen-2-yliden]-3H- 2170

C₂₈H₁₄O₄

4b,12b-Epidioxido-dibenzo[a,j]perylen-8,16-dion 2169

C₂₈H₁₅BrO₃

Spiro[dibenzo[a,j]xanthen-14,1'-phthalan]-3'-on, 6-Brom- 1915

C₂₈H₁₆Cl₂O₄

[3,3']Bibenzofuranyl-2,2'-dion,
5,5'-Dichlor-3,3'-diphenyl-3H,3'H- 2161
[1,1']Biisobenzofuranyl-3,3'-dion, 1,1'-Bis-[4-chlor-phenyl]-1H,1'H- 2161

C₂₈H₁₆O₂S₂

[2,2']Bi[benzo[b]thiophenyliden]-3,3'-dion,
5,5'-Diphenyl- 2165

C₂₈H₁₆O₃

Spiro[dibenzo[a,j]xanthen-14,1'-phthalan]-3'-on 1915
Spiro[dibenzo[c,h]xanthen-7,1'-phthalan]-3'-on 1915

C₂₈H₁₆O₄

Anthra[9,1-bc;10,5-b'c']difuran-2,7-dion,
5b,10b-Diphenyl-5b,10b-dihydro- 2166
Benzo[f]pyrano[3,2-h]chromen-2,11-dion,
4,9-Diphenyl- 2166
Benzo[h]pyrano[3,2-f]chromen-2,7-dion,
4,5-Diphenyl- 2166
[3,3']Bifuryliden-2,2'-dion, 5,5'-Di-[1]naphthyl- 2165
—, 5,5'-Di-[2]naphthyl- 2165
Chromeno[6,5-f]chromen-2,8-dion, 4,10-Diphenyl- 2166
Pyrano[4,3-c]pyran-1,5-dion, 3,7-Di-[2]naphthyl- 2165

C₂₈H₁₆O₆

1,16-Dioxa-[2.1.2.1]orthocyclophan-2,9,17,24-tetraon 2286

C₂₈H₁₈O₂S₂

[2,2']Bi[benzo[b]thiophenyl]-3,3'-dion,
2,2'-Diphenyl- 2160

C₂₈H₁₈O₃

Phenanthro[9,10-b][1,4]dioxin-2-on,
3,3-Diphenyl- 1914

C₂₈H₁₈O₄

[3,3']Bibenzofuranyl-2,2'-dion,
3,3'-Diphenyl-3H,3'H- 2161
[1,1']Biisobenzofuranyl-3,3'-dion,
1,1'-Diphenyl-1H,1'H- 2161

C₂₈H₁₈O₆

Pyrano[3,2-g]chromen-4,6-dion,
3,7-Dibenzoyl-2,8-dmethyl- 2284

C₂₈H₂₀N₂O₄S

Sulfid, Bis-[4-piperonylidenamino-phenyl]- 1659

C₂₈H₂₀N₂O₅S

Sulfoxid, Bis-[4-piperonylidenamino-phenyl]- 1660

C₂₈H₂₀N₂O₆S

Sulfon, Bis-[4-piperonylidenamino-phenyl]- 1660

C₂₈H₂₀O₃

Äthanon, 1-[9,10-Diphenyl-9,10-dihydro-9,10-epidioxido-anthracen-2-yl]- 1913

C₂₈H₂₀O₄

[1,4]Dioxan-2,5-dion, 3,3,6,6-Tetraphenyl- 2158

C₂₈H₂₀O₅

Pyrano[2,3-f]chromen-4,8-dion, 10-Methyl-3-[3-oxo-3-phenyl-propyl]-2-phenyl- 2226

C$_{29}$

C$_{29}$H$_{16}$O$_5$
Pyrano[3,2-*a*]xanthen-1,12-dion, 2-Benzoyl-
3-phenyl- 2228

C$_{29}$H$_{17}$BrO$_3$
Furo[2,3-*g*]chromen-6-on, 4-Brom-2,3,8-
triphenyl- 1916
Furo[3,2-*h*]chromen-8-on, 4-Brom-2,3,6-
triphenyl- 1916

C$_{29}$H$_{18}$O$_3$
Furo[2,3-*g*]chromen-6-on, 2,3,8-Triphenyl-
1916
Furo[3,2-*f*]chromen-7-on, 1,2,9-Triphenyl-
1917
Furo[3,2-*g*]chromen-7-on, 2,3,5-Triphenyl-
1916
Furo[3,2-*h*]chromen-8-on, 2,3,6-Triphenyl-
1916
Spiro[anthracen-9,2'-phenanthro[9,10-*b*]
[1,4]dioxin]-10-on 1917

C$_{29}$H$_{18}$O$_6$
Methan, Bis-[2,4-dioxo-chroman-3-yl]-
[1]naphthyl- 2286
—, Bis-[2,4-dioxo-chroman-3-yl]-
[2]naphthyl- 2287

C$_{29}$H$_{20}$O$_2$S
[1,3]Oxathiolan-5-on, 2-[9]Anthryl-4,4-
diphenyl- 1914

C$_{29}$H$_{20}$O$_2$S$_2$
[1,3]Dithiolan-4-on, 2-[α'-Oxo-bibenzyl-
α-yliden]-5,5-diphenyl- 2161

C$_{29}$H$_{20}$O$_3$
Cyclopentanon, 2,3;4,5-Diepoxy-2,3,4,5-
tetraphenyl- 1914

C$_{29}$H$_{22}$O$_2$S$_2$
[1,3]Dithiolan-4-on, 2-[α'-Oxo-bibenzyl-
α-yl]-5,5-diphenyl- 2158

C$_{29}$H$_{22}$O$_3$
Äthanon, 1-[3-Methyl-9,10-diphenyl-9,10-
dihydro-9,10-epidioxido-anthracen-2-yl]-
1914
Propan-1-on, 1-[9,10-Diphenyl-9,10-
dihydro-9,10-epidioxido-anthracen-2-yl]-
1913

C$_{29}$H$_{24}$O$_4$
Xanthen-1,8-dion, 9-[2]Furyl-3,6-diphenyl-
3,4,5,6,7,9-hexahydro-2*H*- 2154

C$_{29}$H$_{26}$O$_6$
Bicyclo[2.2.2]oct-7-en-2,3,5,6-
tetracarbonsäure, 1-Pentyl-7,8-
diphenyl-, 2,3;5,6-dianhydrid 2279

C$_{29}$H$_{40}$O$_5$
A,C,23,24,25-Pentanor-ursan-27,28-disäure,
9,13-Dihydroxy-3-isopropyl-5-methyl-
11-oxo-, 27→9;28→13-dilacton 2208

C$_{29}$H$_{42}$O$_3$
Furo[2,3-*f*]chromen-7-on, 3-Heptadecyl-9-
methyl- 1837

C$_{29}$H$_{42}$O$_5$
1,2-Seco-*A*-nor-oleanan-1,2,28-trisäure,
13-Hydroxy-, 1,2-anhydrid-28-lacton
2200
—, 19-Hydroxy-, 1,2-anhydrid-28-
lacton 2200

C$_{29}$H$_{44}$O$_3$
Spirost-4-en-3-on, 16-Äthyl- 1813

C$_{29}$H$_{44}$O$_4$
1,2-Seco-*A*-nor-friedelan-1,2-disäure, 7,24-
Epoxy-, anhydrid 2034

C$_{29}$H$_{46}$N$_6$O$_4$
Spirostan-3,6-dion-disemicarbazon 2032

C$_{29}$H$_{46}$OS$_2$
Cholest-4-en-6-on, 3,3-Äthandiyl-
dimercapto- 1786

C$_{29}$H$_{46}$O$_3$
Cholest-5-en-4-on, 3,3-Äthandiyldioxy-
1786
Spirostan-3-on, 16-Äthyl- 1786

C$_{29}$H$_{48}$OS$_2$
Cholestan-4-on, 3,3-Äthandiyldimercapto-
1738
Cholestan-6-on, 3,3-Äthandiyldimercapto-
1739

C$_{30}$

C$_{30}$H$_{12}$O$_4$S$_2$
Dibenzo[*d,d'*]chryseno[3,2-*b*;9,8-*b'*]
dithiophen-6,9,15,18-tetraon 2289

C$_{30}$H$_{14}$O$_6$
[9,9']Bianthryl-1,1'-dicarbonsäure,
9,9'-Dihydroxy-10,10'-dioxo-9,10,9',10'-
tetrahydro-, 1→9;1'→9'-dilacton 2288

C$_{30}$H$_{18}$O$_2$S$_2$
Äthan, 1,2-Bis-[3-oxo-5-phenyl-3*H*-benzo
[*b*]thiophen-2-yliden]- 2171

C$_{30}$H$_{18}$O$_4$
[3,3']Bichromenyl-4,4'-dion, 2,2'-Diphenyl-
2171
[7,7']Bichromenyl-4,4'-dion, 2,2'-Diphenyl-
2171
Biphenyl, 3,3'-Bis-[4-oxo-4*H*-chromen-2-yl]-
2170
—, 4,4'-Bis-[4-oxo-4*H*-chromen-2-yl]-
2171
Dispiro[fluoren-9,1'-cyclopropan-2',2''-
indan]-1'',3''-dion, 3'-Benzo[1,3]dioxol-
5-yl- 2172
Dispiro[fluoren-9,1'-furo[3,4-*c*]furan-4',9''-
fluoren]-3',6'-dion, 3'a,6'a-Dihydro-
2172

$C_{33}H_{52}O_3$ (Fortsetzung)
Olean-12-en-21-on, 3,24-
Isopropylidendioxy- 1813
Olean-13(18)-en-21-on, 3,24-
Isopropylidendioxy- 1813
Olean-13(18)-en-22-on, 3,24-
Isopropylidendioxy- 1813
$C_{33}H_{54}OS_2$
Cycloartan-3-on, 2,2-Propandiyl=
dimercapto- 1788

C_{34}

$C_{34}H_{14}O_4$
8,17-Dioxa-anthra[7,8,9,1,2,3-*rstuvwx*]=
benzo[*o*]hexaphen-5,14-dion 2180
$C_{34}H_{16}Br_2O_4$
Perixanthenoxanthen, 3,9-Bis-[2-brom-
benzoyl]- 2179
$C_{34}H_{16}O_4S_2$
Äthylen, 1,2-Bis-[6,11-dioxo-6,11-dihydro-
benzo[*b*]naphtho[2,3-*d*]thiophen-8-yl]-
2289
$C_{34}H_{18}O_4$
Perixanthenoxanthen, 3,9-Dibenzoyl- 2179
$C_{34}H_{20}O_4$
Benzo[1,2-*b*;5,4-*b'*]difuran-4,8-dion,
2,3,5,6-Tetraphenyl- 2177
$C_{34}H_{26}N_2O_2$
Äthanon, 1-[9,10-Diphenyl-9,10-dihydro-
9,10-epidioxido-anthracen-2-yl]-,
phenylhydrazon 1913
$C_{34}H_{26}N_4O_4$
Benzol, 1,5-Dianilino-2,4-bis-
piperonylidenamino- 1664
$C_{34}H_{26}O_4$
[2,2']Bifuryl-3,3'-dion, 4,4'-Dimethyl-
2,5,2',5'-tetraphenyl- 2173
$C_{34}H_{26}O_9$
Verbindung $C_{34}H_{26}O_9$ s. bei 1,2-Bis-
[1,3-dioxo-7-phenyl-1,3,3a,4,7,7a-
hexahydro-isobenzofuran-4-yl]-äthylen
2283
$C_{34}H_{28}O_3S_2$
Heptan-1,7-dion, 4-Benzoyl-1,7-diphenyl-
3,5-di-[2]thienyl- 2228
$C_{34}H_{34}O_4$
[2,2']Bifuryl-5,5'-dion, 2,2'-Bis-
[4,5-dimethyl-[1]naphthyl]-4,4'-
dimethyl-tetrahydro- 2154
$C_{34}H_{36}O_6$
7,10-Äthano-fluoranthen-8,9,11,12-
tetracarbonsäure, 7,10-Dihexyl-
7,8,9,10-tetrahydro-, 8,9;11,12-
dianhydrid 2279
$C_{34}H_{60}O_6$
1,2-Seco-*A*-nor-spirostan, 1,1,2,2-
Tetraäthoxy- 2006

$C_{34}H_{64}O_4$
1,19-Dioxa-cyclohexatriacontan-2,20-dion
1940

C_{35}

$C_{35}H_{22}O_3$
Spiro[anthracen-9,2'-phenanthro[9,10-*b*]=
[1,4]dioxin]-10-on, 3'-Phenyl- 1920
$C_{35}H_{22}O_4$
Indan-1,3-dion, 2,2-Di-xanthen-9-yl- 2178
$C_{35}H_{24}OS_2$
Propenon, 1,3-Bis-[3,5-diphenyl-[2]thienyl]-
1919
$C_{35}H_{24}O_3$
Keton, [2,3-Diphenyl-2,3-dihydro-
phenanthro[9,10-*b*][1,4]dioxin-2-yl]-
phenyl- 1920
$C_{35}H_{24}O_6$
1,4-Ätheno-naphthalin-2,3,5,6-
tetracarbonsäure, 7-Benzhydryl-8-
phenyl-1,2,3,4,4a,5-hexahydro-, 2,3;5,6-
dianhydrid 2288
$C_{35}H_{42}O_4$
Pregn-4-en-3,20-dion, 21,21-Bis-benzyloxy-
2025
$C_{35}H_{66}OS_2$
Pentatriacontan-18-on, 9,10;26,27-
Diepithio- 1621

C_{36}

$C_{36}H_{12}O_6$
Dibenzo[*a,g*]coronen-5,6,9,10-
tetracarbonsäure-5,6;9,10-dianhydrid
2292
$C_{36}H_{14}O_6$
Naphtho[2,3-*i*]naphtho[2',3';6,7]xantheno=
[2,1,9,8-*klmna*]xanthen-5,10,15,20-
tetraon 2291
$C_{36}H_{16}O_2S_2$
[8,8']Bi[pyreno[2,1-*b*]thiophenyliden]-9,9'-
dion 2181
$C_{36}H_{16}O_8$
[2,2''']Bi[dispiro[indan-1,2'-oxiran-3',2''-
indan]-yliden]-3,1'',3'',3''',1''''',3'''''-
hexaon 2300
$C_{36}H_{18}O_6$
14b,16a-Äthano-tribenzo[*fg,ij,rst*]=
pentaphen-15,16,17,18-
tetracarbonsäure, 15,16-Dihydro-,
15,16;17,18-dianhydrid 2290
$C_{36}H_{20}O_4$
Anthra[9,1-*bc*;10,5-*b'c'*]difuran-2,7-dion,
5b,10b-Di-[2]naphthyl-5b,10b-dihydro-
2179

$C_{36}H_{22}O_4$
[3,3']Bi[naphtho[1,2-*b*]furanyl]-2,2'-dion,
   3,3'-Diphenyl-3*H*,3'*H*- 2179
$C_{36}H_{24}$
Kohlenwasserstoff $C_{36}H_{24}$ s. bei
   1,1-Äthandiyldioxy-1,3,4,4a,5,12-
   hexahydro-2*H*-benzo[*c*]phenanthren-6-on
   1874
$C_{36}H_{24}O_3S$
1,4-Episulfido-naphthalin-2,3-
   dicarbonsäure, 1,4,6,7-Tetraphenyl-
   1,2,3,4-tetrahydro-, anhydrid 2178
$C_{36}H_{24}O_4$
8,11-Epoxido-benzo[*k*]fluoranthen-9,10-
   dicarbonsäure, 8,11-Di-*p*-tolyl-
   8,9,10,11-tetrahydro-, anhydrid 2178
1,4-Epoxido-naphthalin-2,3-dicarbonsäure,
   1,4,6,7-Tetraphenyl-1,2,3,4-tetrahydro-,
   anhydrid 2178
$C_{36}H_{26}O_2S_2$
[2,2']Bithienyl, 5,5'-Bis-[α'-oxo-bibenzyl-
   α-yl]- 2175
$C_{36}H_{28}N_6O_{10}$
Bis-[4-nitro-phenylhydrazon] $C_{36}H_{28}N_6O_{10}$
   aus 1,4-Bis-[4,5-dioxo-2-phenyl-
   tetrahydro-[3]furyl]-butan-1,4-dion
   2299
$C_{36}H_{28}O_4Se$
10λ⁴-Phenoxaselenin-1,9-dion,
   10-Oxo-2,3,7,8-tetraphenyl-3,4,7,8-
   tetrahydro-2*H*,6*H*- 2175
—, 10-Oxo-3,4,6,7-tetraphenyl-3,4,7,8-
   tetrahydro-2*H*,6*H*- 2175
$C_{36}H_{30}N_4O_4$
Benzol, 1,5-Bis-piperonylidenamino-2,4-di-
   o-toluidino- 1665
$C_{36}H_{30}O_4$
[2,2']Bifuryl-5,5'-dion, 2,2'-Bis-biphenyl-4-
   yl-3,4,3',4'-tetramethyl-2*H*,2'*H*- 2173
—, 2,4,2',4'-Tetra-*p*-tolyl-2*H*,2'*H*-
   2173
[3,3']Bifuryl-2,2'-dion, 3,5,3',5'-Tetra-
   p-tolyl-3*H*,3'*H*- 2173
$C_{36}H_{32}O_3$
Verbindung $C_{36}H_{32}O_3$ aus 2,4,2',4'-
   Tetra-*p*-tolyl-2*H*,2'*H*-[2,2']bifuryl-5,5'-
   dion 2173
$C_{36}H_{34}O_2S_2$
[2,2']Bithienyliden, 5,5'-Bis-[α'-oxo-
   bibenzyl-α-yliden]-5*H*,5'*H*- 2178
$C_{36}H_{34}O_4$
[3,3']Bibenzofuranyl-2,2'-dion, 5,5'-Di-
   tert-butyl-3,3'-diphenyl-3*H*,3'*H*- 2163
$C_{36}H_{45}Cl_3O_3$
Spiro[chroman-2,1'-xanthen]-2'-on,
   6,4'a,7'-Tri-*tert*-butyl-8,3',5'-tris-
   chlormethyl-9',9'a-dihydro-4'a*H*- 1896

$C_{36}H_{68}O_4$
1,20-Dioxa-cyclooctatriacontan-2,21-dion
   1940

C_{37}

$C_{37}H_{22}N_4O_5$
Verbindung $C_{37}H_{22}N_4O_5$ aus Bis-
   [1,3-dioxo-benz[*de*]isochromen-6-yl]-
   keton 2297
$[C_{37}H_{31}N_4O_4]^+$
Methylium, Bis-[4-(methyl-piperonyliden-
   hydrazino)-phenyl]-phenyl- 1686
   $[C_{37}H_{31}N_4O_4]HSO_4$ 1686
$C_{37}H_{32}O_7$
Cyclopentanon, 2,5-Bis-[1-benzo[1,3]≠
   dioxol-5-yl-3-oxo-3-phenyl-propyl]-
   1866
$C_{37}H_{36}N_8O_8$
Propan, 1,3-Bis-piperonylidenhydrazino-
   2,2-bis-[piperonylidenhydrazino-methyl]-
   1684
$C_{37}H_{46}O_5$
Pregn-5-en-20-on, 3,3-Äthandiyldioxy-
   21,21-bis-benzyloxy- 2025
$C_{37}H_{50}O_{10}$
[1,3]Dioxolan, 2,4-Bis-[bis-(4,4-dimethyl-
   2,6-dioxo-cyclohexyl)-methyl]- 2301

C_{38}

$C_{38}H_{22}O_6$
5,18;10,15-Diäthano-heptaphen-19,20,21,≠
   22-tetracarbonsäure, 5,10,15,18-
   Tetrahydro-, 19,20;21,22-dianhydrid
   2290
Pyrano[3,2-*g*]chromen-4,6-dion,
   3,7-Dibenzoyl-2,8-diphenyl- 2290
$C_{38}H_{24}O_4$
Dispiro[naphtho[1,2-*c*]furan-3,1'-
   cyclobutan-2',3''-naphtho[1,2-*c*]furan]-
   1,1''-dion, 3',4'-Diphenyl- 2180
Dispiro[naphtho[1,2-*c*]furan-3,1'-
   cyclobutan-3',3''-naphtho[1,2-*c*]furan]-
   1,1''-dion, 2',4'-Diphenyl- 2180
$C_{38}H_{38}O_4$
[3,3']Bibenzofuranyl-2,2'-dion, 5,5'-Di-
   tert-pentyl-3,3'-diphenyl-3*H*,3'*H*- 2164
$C_{38}H_{38}O_6$
[6,6']Bi[benzo[*b*]naphtho[1,8-*cd*]furanyl]-
   1,2,1',2'-tetraon, 3,3'-Diisopropyl-5,5'-
   dimethyl-8,11,8',11'-tetrahydro-
   3*H*,7a*H*,3'*H*,7'a*H*- 2285
$C_{38}H_{56}O_8$
8,13-Seco-*C*-nor-abietan-18-säure,
   7,7'-Dihydroxy-8,13,8',13'-tetraoxo-bis-,
   18→7';18'→7-dilacton 2298

C_{39}

$C_{39}H_{30}O_3$
Spiro[anthracen-9,2'-phenanthro[9,10-*b*]⫫
[1,4]dioxin]-10-on, 6'-Isopropyl-12'-
methyl-3'-phenyl- 1920
—, 11'-Isopropyl-5'-methyl-3'-phenyl-
1920

C_{40}

$C_{40}H_{20}O_6$
Dinaphtho[2,1-*d*;2',1'-*d'*]benzo[1,2-*b*;4,5-*b'*]⫫
difuran-7,15-dion, 5,13-Dibenzoyl-
2292
$C_{40}H_{26}O_4$
Biphenyl, 4,4'-Bis-[3-oxo-1-phenyl-
phthalan-1-yl]- 2180
$C_{40}H_{44}N_4O_4S_6$
[1,4]Dithian, 2,2,5,5-Tetrakis-
[benzylcarbamoyl-methylmercapto]-
1924

C_{41}

$C_{41}H_{16}N_4O_{12}S_2$
Methan, Bis-[2-(5,6-dinitro-2-oxo-
acenaphthen-1-yliden)-3-oxo-2,3-
dihydro-benzo[*b*]thiophen-5-yl]- 2293
$C_{41}H_{18}N_2O_8S_2$
Methan, Bis-[2-(5-nitro-2-oxo-
acenaphthen-1-yliden)-3-oxo-2,3-
dihydro-benzo[*b*]thiophen-5-yl]- 2292
—, Bis-[2-(6-nitro-2-oxo-acenaphthen-
1-yliden)-3-oxo-2,3-dihydro-benzo[*b*]⫫
thiophen-5-yl]- 2292
$C_{41}H_{20}O_4S_2$
Methan, Bis-[3-oxo-2-(2-oxo-acenaphthen-
1-yliden)-2,3-dihydro-benzo[*b*]thiophen-
5-yl]- 2292

C_{42}

$C_{42}H_{26}O_6$
5,14;7,12-Diäthano-pentacen-15,16,17,18-
tetracarbonsäure, 6,13-Diphenyl-
5,7,12,14-tetrahydro-, 15,16;17,18-
dianhydrid 2291
$C_{42}H_{30}O_8$
Chromeno[5,4,3-*cde*]chromen-2,3,5,7,8,10-
hexaon, 1,1,6,6-Tetrabenzyl-1,3a,6,8a-
tetrahydro- 2299
Chromeno[5,4,3-*cde*]chromen-2,5,7,10-
tetraon, 1,1,6,6-Tetrabenzyl-3,8-
dihydroxy-1,6-dihydro- 2299

$C_{42}H_{46}O_6$
[6,6']Bi[benzo[*b*]naphtho[1,8-*cd*]furanyl]-
1,2,1',2'-tetraon, 3,3'-Diisopropyl-
5,9,10,5',9',10'-hexamethyl-8,11,8',11'-
tetrahydro-3*H*,7a*H*,3'*H*,7'a*H*- 2285
$C_{42}H_{54}O_3$
Spiro[chroman-2,1'-xanthen]-2'-on, 8,3',5'-
Tricyclohexyl-6,4'a,7'-trimethyl-9,9'a-
dihydro-4'a*H*- 1909
$C_{42}H_{60}O_3$
5,6-Seco-*β*,*β*-carotin-6-on,
4,4-Äthandiyldioxy- 1896

C_{43}

$C_{43}H_{28}N_6O_4$
Verbindung $C_{43}H_{28}N_6O_4$ aus Bis-
[1,3-dioxo-benz[*de*]isochromen-6-yl]-
keton 2297

C_{44}

$C_{44}H_{14}O_6$
Tetrabenzo[*def*,*im*,*qrs*,*yz*]pyranthren-
8,9,17,18-tetracarbonsäure-8,9;17,18-
dianhydrid 2294
$C_{44}H_{26}O_6$
Biphenyl-2,3,2',3'-tetracarbonsäure,
4,4'-Bis-[2,2-diphenyl-vinyl]-, 2,3;2',3'-
dianhydrid 2293
$C_{44}H_{30}O_4$
[2,2']Bifuryl-3,3'-dion, 2,4,5,2',4',5'-
Hexaphenyl- 2181
$C_{44}H_{34}O_6$
[3,3']Bicyclohex-1-enyl-4,5,4',5'-
tetracarbonsäure, 6,6'-Bis-
[2,2-diphenyl-vinyl]-, 4,5;4',5'-
dianhydrid 2291
$C_{44}H_{46}O_4$
[2,2']Bifuryl-3,3'-dion, 2,5,2',5'-
Tetramesityl- 2174

C_{45}

$C_{45}H_{24}O_4S_2$
Methan, Bis-[3-oxo-2-(10-oxo-10*H*-
[9]phenanthryliden)-2,3-dihydro-benzo⫫
[*b*]thiophen-5-yl]- 2293

C_{46}

$C_{46}H_{30}O_6$
[2,2']Bifuryl-3,3'-dion,
4,4'-Dibenzoyl-2,5,2',5'-tetraphenyl-
2293

$C_{46}H_{32}O_4$
5,14;7,12-Diepoxido-pentacen-6,13-dion,
     5,7,12,14-Tetraphenyl-5,5a,6a,7,12,12a,=
     13a,14-octahydro- 2181

$C_{46}H_{88}O_4$
1,25-Dioxa-cyclooctatetracontan-2,26-dion
     1940

C_{48}

$C_{48}H_{42}N_8O_4$
Tetrakis-phenylhydrazon $C_{48}H_{42}N_8O_4$
     aus 1,4-Bis-[4,5-dioxo-2-phenyl-
     tetrahydro-[3]furyl]-butan-1,4-dion
     2299

C_{50}

$C_{50}H_{66}N_6O_{10}$
Bis-[4-nitro-phenylhydrazon] $C_{50}H_{66}N_6O_{10}$

aus 7,7'-Dihydroxy-8,13,8',13'-
     tetraoxo-bis-8,13-seco-*C*-nor-abietan-
     18-säure-18→7';18'→7-dilacton 2298

C_{54}

$C_{54}H_{38}O_4$
[3,3']Bibenzofuranyl-2,2'-dion,
     6,6'-Dibenzhydryl-3,3'-diphenyl-
     3*H*,3'*H*- 2181

$C_{54}H_{86}O_4$
[3,3']Bicholestanyl-4,4'-dion, 3,5';5,3'-
     Diepoxy- 2090

C_{60}

$C_{60}H_{42}O_4$
[2,2']Bifuryl-5,5'-dion, 2,2'-Bis-[9,10-
     diphenyl-[2]anthryl]-tetrahydro- 2182